数 学 手 册

(原书第 10 版)

〔德〕布龙施泰因　〔德〕谢缅佳耶夫
〔德〕穆西奥尔　　〔德〕米利希　编

李文林　等　译

科 学 出 版 社

北 京

图字：01-2016-8841

内 容 简 介

本书以手册的形式涵盖了人们日常工作、学习所需用到的数学知识. 内容包括算术、函数、几何学、线性代数、代数学、离散数学、微分学、无穷级数、积分学、微分方程、变分法、线性积分方程、泛函分析、向量分析与向量场、函数论、积分变换、概率论与数理统计、动力系统与混沌、优化、数值分析、计算机代数系统等, 并专门设有数学常用表格章节, 方便读者查阅.

本书适合科研工作者、工程师、高校师生以及广大对数学感兴趣的读者查阅参考.

图书在版编目(CIP)数据

数学手册: 原书第 10 版/(德) 布龙施泰因等编; 李文林等译. —北京: 科学出版社, 2020.12

ISBN 978-7-03-063706-2

Ⅰ. 数… Ⅱ. ①布… ② 李… Ⅲ. ①数学-手册 Ⅳ. O1-62

中国版本图书馆 CIP 数据核字(2019) 第 280833 号

责任编辑: 顾英利 杨新改 / 责任校对: 杨聪敏
责任印制: 肖 兴 / 封面设计: 耕 者

科学出版社 出版
北京东黄城根北街 16 号
邮政编码: 100717
http://www.sciencep.com

北京中科印刷有限公司印刷
科学出版社发行 各地新华书店经销
*
2020 年 12 月第 一 版 开本: 890×1240 A5
2024 年11月第九次印刷 印张: 49 3/8
字数: 2 046 000
定价: 198.00 元
(如有印装质量问题, 我社负责调换)

译 者 名 单

（按姓名汉语拼音排序）

包宏伟	程　钊	冯德兴	胡俊美
李　金	李文林	陆柱家	孟　钢
聂淑媛	潘丽云	尚在久	王式柔
余德浩	朱尧辰		

德文第 10 版前言[1]

互联网时代, “Bronstein” 仍是受欢迎的数学参考书.

第 10 版进行了细微修订和补充, 首先更正了德国和广大国外读者所指出的本书先前版中的疏误. 谨此, 我们向所有读者表示衷心感谢. 同时, 我们也向欧洲教学出版社致以谢意, 特别是感谢物理学硕士克劳斯 · 霍恩 (Klaus Horn) 先生, 我们在很多版本修订中有良好合作.

教授穆西奥尔 (Gerhard Musiol) 博士　教授米利希 (Heiner Mühlig) 博士

2015 年 11 月于德累斯顿

① 各版前言均由潘丽云译

德文第 9 版前言

布龙施泰因 (I. N. Bronstein)、谢缅佳耶夫 (K. A. Semendjajew)、穆西奥尔 (G. Musiol) 和米利希 (H. Mühlig) 之前在哈里德意志 (Harri Deutsch) 出版社出版的《数学手册》在第 8 版出版两年之后, 将由欧洲教学出版社出版第 9 版修订版.

此次系列修订与增补, 更正几处错误, 同时施普林格出版社的英文版由第 5 版修订到第 6 版.

感谢欧洲教学出版社哈里德意志分社编辑, 并特别对物理学硕士克劳斯・霍恩先生与我们卓有成效的合作表示感谢.

教授穆西奥尔 (Gerhard Musiol) 博士　教授米利希 (Heiner Mühlig) 博士
2013 年 8 月于德累斯顿

德文第 8 版前言

正如 “Bronstein” 所指出, 数学参考手册特别是要满足不同领域读者面临不同任务的使用需求, 并确保及时指导实践. 因此对德文第 7 版进行修订和增补, 形成德文第 8 版.

这本手册是对数学的概览, 既面向学生, 也是实际工作、生活中工程师、科学家、数学家以及高中教师的必备读物. 本书遵循的原则, 按照首版作者布龙施泰因 (I. N. Bronstein) 和谢缅佳耶夫 (K. A. Semendjajew)(1937) 所言, 对工程师和科学家来说要直观、易于理解. 因此, 相比于一般公式和严格数学证明, 对于限定范围使用者的应用和指导更为重要. 后续问题在专业文献中另有说明.

德文第 8 版的编撰过程中, 特别注意满足由读者、同事与合著者提出的新要求. 另外, 还有一系列小的改动和补充, 其中包括新的、富有启发性的例子.

此外, 还注意增强了理解性和直观性. 德文第 8 版配有电子版, 本书全部内容以 HTML 格式配有彩图和搜索功能. 这是基于本书索引的扩展搜索, 可以快速访问关键词指向的所有内容, 事实证明这个功能非常有用; 电子版 “Bronstein” 可以在所有通用平台上直接运行 CD-ROM. 这样 “Bronstein” 即以高信息量快捷提供广泛数学知识.

与第 7 版一样, CD-ROM 不仅包含全书内容, 还包含第 7 版的章节 “量子力学的数学基础” 和 “量子计算机”. 子章节 “李群和李代数” 是出于工程需要考虑, CD-ROM 中包含了物理学家需要的变分法. 本书的补充内容在 CD-ROM 的子章节中涉及了偏微分方程.

本书的前几版的所有读者、同事和合著者的意见、评论、建议和工作使得修订得以顺利进行, 在此我们对本书的出版表示衷心的感谢.

我们特别感谢哈里德意志出版社, 以及物理学硕士克劳斯 · 霍恩 (Klaus Horn) 先生多年来成效卓著的合作.

教授穆西奥尔 (Gerhard Musiol) 博士　教授米利希 (Heiner Mühlig) 博士

2012 年 3 月于德累斯顿

德文第 7 版前言

Bronstein(1992) 的再版是由哈里德意志出版社完成, 新编辑及作者 G. Musiol 和 H. Mühlig 比较原版俄文第 3 版后提出任务, 更加强调某些数学领域以及新形成的领域, 如日益受关注的数学建模和技术、科学过程并重视计算机应用. 从而, 在第 1 版中就补充了如下章节或段落:

"计算机代数系统" " 计算数学中应用计算机" "动力系统与混沌" "泛函分析" "积分方程" "变分法" "积分变换" "最优化" "计算数学". 之前的 "代数" 章扩展为 "代数和离散数学", 现在也包含子章节 "基础数论" "密码" "图论算法" "模糊逻辑".

经典数学领域中的补充有:

"几何" 章扩展为三角的 "测量应用" 和一个详细的子章节 "球面三角"; "函数理论" 章从 "椭圆函数" 开始, 新加入一章 "概率论与数理统计" 中, 包括 "蒙特卡罗方法" "随机过程" "随机链", 以及在 "计算数学" 章中新增 "有限元方法" 和 "快速傅里叶分析".

每章的概述公式以表格形式给出 (特别是几何、微分计算、积分计算、向量分析和域论), 以方便实际使用.

第 7 版修订版中考虑了所有版本的补充, 如英文第 5 版 (施普林格出版社, 2005) 中包含的内容. 此外, 第 7 版包含在图像处理和机器人应用中的几何变换和坐标变换的概括表示, 如描述运动过程. 以相同观点在李群、李代数以及四元数中导入在计算机图像和卫星导航中的应用.

扩展了 "非线性最优化演进策略" 段落, 以及最优化策略的一般意义.

"计算数学" 章补充了通过用计算机代数系统 Matlab、Mathematics 和 Maple 描述和解决的重要计算任务.

所有读者、同事对本书上一版的意见、评论和建议使得再次修订顺利进行, 在此我们致以衷心感谢. 我们感谢哈里德意志出版社一如既往的高效合作.

教授穆西奥尔 (Gerhard Musiol) 博士　教授米利希 (Heiner Mühlig) 博士

2008 年 3 月于德累斯顿

“Bronstein” 新版前言

“Bronstein” 在德语里, 对于工程师和科学家以及教育领域和其他各行各业中应用数学的群体, 已成为一个固定用词①. 那么为何要在 1977 年俄文版基础上进行再版?

除了版权原因, 此次再版的首要目的是使 “Bronstein” 满足大量使用者希望能给出实际应用关系的需求.

特别感谢俄文原版 FIZMATLIT 出版社以及原版作者的授权, 同意根据现今使用者的需求做出相关修订.

教授穆西奥尔 (Gerhard Musiol) 博士　教授米利希 (Heiner Mühlig) 博士

1993 年 6 月于德累斯顿

①这套数学手册在这些群体中知名度很高, 经常用 Bronstein 一词指代这套手册. —— 译者注

使用说明[1]

1. 原版书在正文中提到 ×.× 节或 ×.×.×、×.×.×.× 等小节时, 大多数情况下未加"节"或"小节"; 提到公式 (×.×) 时也未加"式". 原文版这样的表述非常简洁. 在不影响阅读的前提下, 中文版予以沿用.
2. 原版书还有一些与国内习惯用法不尽相同的情况, 例如, 乘号未用 × 而用 ·, 除号未用 ÷ 而用/: 在不引发歧义的情况下, 中文版也予以沿用.
3. 本书设有参考文献、数学符号、人名译名对照表等实用附录.
4. 书末设有按汉语拼音排序的详细索引, 可供读者查检.

① 此使用说明为本书中文版出版者所加. —— 编者

目　录

第1章 算 术

1.1 基本运算法则

1.1.1 数

1.1.1.1 自然数、整数和有理数

1. 定义和记号

正整数、负整数、分数和零统称为*有理数*. 相关的符号有 (参见第 439 页 5.2.1,1.)

- 自然数集: $\mathbb{N}=\{0,1,2,3,\cdots\}$,
- 整数集: $\mathbb{Z}=\{\cdots,-2,-1,0,1,2,\cdots\}$,
- 有理数集: $\mathbb{Q}=\left\{x\middle|x=\dfrac{p}{q},p\in\mathbb{Z},q\in\mathbb{Z},q\neq 0\right\}$.

自然数的概念来源于计数和排序. 自然数也被称为*非负整数*.

2. 有理数集的性质

- 有理数集是无限的.
- 有理数集是*有序的*, 即任意给定两个不同的有理数 a 和 b, 总可以确定何者小, 何者大.
- 有理数集是*处处稠密的*, 即在任意两个不同的有理数 a 和 $b(a<b)$ 之间, 至少存在一个有理数 $c(a<c<b)$. 从而, 在任意两个不同的有理数之间, 存在着无限多个其他的有理数.

3. 算术运算

算术运算 (加、减、乘、除) 可以在任意两个有理数之间执行, 结果仍是一个有理数. 唯一的例外是*被零除*, 这是不可能的. 被写成 $a{:}0$ 的运算是无意义的, 因为其不能得到任何结果: 如果$a\neq 0$, 那么不存在任何有理数 b 能使 $b\cdot 0=a$ 成立; 而如果 $a=0$, 则 b 可以是任意有理数. 常常出现的表达式 $a{:}0=\infty$(无限大) 并不意味这一除法是可能的, 这只是一种记号, 其意义是: 当除数趋近于零, 而被除数不趋于零时, 那么商的绝对值 (大小) 可以大于任何有限的数.

4. 十进小数和连分数

每个有理数都可以表示为一个有限的或无限循环的十进小数, 或者表示为一个有限的连分数 (参见第 3 页 1.1.1.4).

5. 几何表示

在一条直线上确定一个*原点*作为*零点*, 确定一个正的方向作为*定向*, 确定一个长度单位 l 作为*量尺*(参见第 149 页 2.17.1 和图 1.1), 那么每一个有理数都对应此直线上一个确定的点. 该点具有坐标 a, 并称为*有理点*. 该直线称为*数轴*. 因为有理数集处处稠密, 所以在任意两个有理点之间存在无限多个其他有理点.

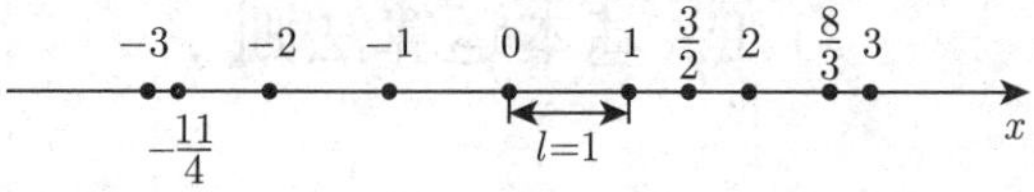

图 1.1

1.1.1.2 无理数和超越数

有理数在运算中并不够用. 虽然有理数是处处稠密的, 但它却不能覆盖整个数轴. 例如, 让单位正方形的对角线 AB 绕点 A 旋转, 使 B 落在数轴上的点 K 处, 那么其坐标将不是任何有理数 (图 1.2).

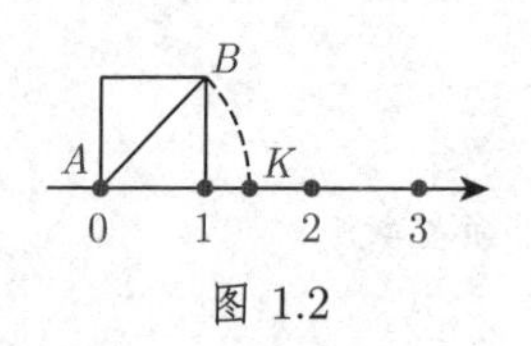

图 1.2

*无理数*的引进使数轴上每个点都有一个与之对应的数. 一般教科书中对无理数都有精确的定义, 比如借助区间套的定义. 而这里则仅限于指出: 无理数填充了数轴上所有的非有理点, 每一个无理数都对应于数轴上的一个点, 每个无理数都可以用一个无限不循环的十进小数来表示.

首先, 代数方程

$$x^n + a_{n-1}x^{n-1} + \cdots + a_1x + a_0 = 0 \quad (n > 1, \text{整数; 方程系数均为整数}) \tag{1.1a}$$

的非整数实根属于无理数, 这些根称为*代数无理数*.

■ **A**: 代数无理数最简单的例子是方程 $x^n - a = 0(a > 0)$ 的非有理实根, 记作 $\sqrt[n]{a}$.

■ **B**: $\sqrt[2]{2} = 1.414\cdots$, $\sqrt[3]{10} = 2.154\cdots$ 是代数无理数.

不是代数无理数的无理数称为*超越数*.

■ **A**: $\pi = 3.141592\cdots$, $\mathrm{e} = 2.718281\cdots$ 是超越数.

■ **B**: 形如 10^n 以外的所有整数的以 10 为底的对数都是超越数.

二次方程

$$x^2 + a_1x + a_0 = 0 \quad (a_1, a_0 \text{为整数}) \tag{1.1b}$$

的非整数根称为*二次无理数*, 它们具有 $\dfrac{a + b\sqrt{D}}{c}$(a, b, c 均为整数, $c \neq 0; D >0$, 是非平方数) 形式.

■ 一条线段按黄金比例 $x/a=(a-x)/x$(参见第 260 页 3.5.2.3,(3)) 所作的分割, 当 a =1 时导出方程 $x^2 + x - 1 = 0$. 解 $x = (\sqrt{5} - 1)/2$ 是一个二次无理数, 其包含了无理数 $\sqrt{5}$.

1.1.1.3 实数

有理数与无理数合起来形成**实数集**, 记为 $\mathbb{R}$.

1. 最重要的性质

实数集有下列重要性质 (亦可参见第 1 页 1.1.1.1, 2.):

- *无限性*.
- *有序性*.
- *处处稠密*.
- *封闭性*, 即数轴上任意一点都对应于一个实数. 有理数不具有这一性质.

2. 算术运算

任意两个实数之间都可以进行算术运算, 其结果仍为实数. 唯一的例外是不能被零除 (参见第 1 页 1.1.1.1, 3.). 实数可以进行乘方及其逆运算, 任一正实数都可以求其任意次开方根. 每一个正实数都有一个以除 1 外任意正数为底的对数.

数概念的进一步推广将导出**复数**的概念 (参见第 43 页 1.5).

3. 数区间

一个具有端点 a 和 b 的连通的实数集称为*以 a 和 b 为端点的数区间*, 此处 $a < b$, a 允许为 $-\infty$, b 允许为 $+\infty$. 如果区间不包含端点, 则称其为*开区间*, 反之, 则称之为*闭区间*.

一个区间用置于括号内的端点来表示: 方括号表示闭区间, 圆括号表示开区间. 两个端点都不属内的*开区间*记为 (a, b); 只有一个端点属内的*半开* (*半闭*)区间记为 $[a, b)$ 或 $(a, b]$; 两个端点都属内的*闭区间*记为 $[a, b]$. 有时会用 a, b 替代 (a, b) 来标记开区间, 类似地用 $[a, b$ 来替代 $[a, b)$. 在图示情形, 本书中以圆箭头表示区间的开端, 以实点表示其闭端.

1.1.1.4 连分数

连分数是具有套式结构的分数, 有理数和无理数都可以用它来表示并获得比十进小数更好的逼近 (参见第 1300 页 19.8.1.1 和第 5 页 ■**A** 与 ■ **B**).

1. 有理数

一个有理数的连分数是有限的表示式. 大于 1 的正有理数的连分数形如 (1.2)

$$\frac{p}{q} = a_0 + \cfrac{1}{a_1 + \cfrac{1}{a_2 + \cfrac{1}{\ddots + \cfrac{1}{a_{n-1} + \cfrac{1}{a_n}}}}}. \tag{1.2}$$

上式可以缩写为 $\dfrac{p}{q} = [a_0; a_1, a_2, \cdots, a_n]$, 其中 $a_k \geqslant 1 (k = 1, 2, \cdots, n)$.

数 a_k 可以借助欧几里得算法来计算:

$$\frac{p}{q} = a_0 + \frac{r_1}{q} \quad \left(0 < \frac{r_1}{q} < 1\right), \tag{1.3a}$$

$$\frac{q}{r_1} = a_1 + \frac{r_2}{r_1} \quad \left(0 < \frac{r_2}{r_1} < 1\right), \tag{1.3b}$$

$$\frac{r_1}{r_2} = a_2 + \frac{r_3}{r_2} \quad \left(0 < \frac{r_3}{r_2} < 1\right), \tag{1.3c}$$

$$\cdots\cdots$$

$$\frac{r_{n-2}}{r_{n-1}} = a_{n-1} + \frac{r_n}{r_{n-1}} \quad \left(0 < \frac{r_n}{r_{n-1}} < 1\right), \tag{1.3d}$$

$$\frac{r_{n-1}}{r_n} = a_n \quad (r_{n+1} = 0). \tag{1.3e}$$

■ $\dfrac{61}{27} = 2 + \dfrac{7}{27} = 2 + \dfrac{1}{3 + \dfrac{6}{7}} = 2 + \dfrac{1}{3 + \dfrac{1}{1 + \dfrac{1}{6}}} = [2; 3, 1, 6].$

2. 无理数

无理数的连分数是不中断的, 它们称为无限连分数, 记作 $[a_0; a_1, a_2, \cdots]$.

如果在一个连分数表示式中有某个 a_k 重复出现, 就称此分数为循环连分数或循环链分数(recurring chain franction). 每个循环连分数都表示一个二次无理数, 反之, 每个二次无理数都可以表示为循环连分数.

■ $\sqrt{2} = 1.4142135\cdots$ 是一个二次无理数, 它有循环连分数表示式 $\sqrt{2} = [1; 2, 2, 2, \cdots]$.

3. 实数的逼近

如果 $\alpha = [a_0; a_1, a_2, \cdots]$ 是任一实数, 则每一个有限连分数

$$\alpha_k = [a_0; a_1, a_2, \cdots, a_k] = \frac{p}{q} \tag{1.4}$$

表示 α 的一个逼近. 连分数 α_k 称为 α 的 k 阶逼近. 它可以通过递推公式

$$\alpha_k = \frac{p_k}{q_k} = \frac{a_k p_{k-1} + p_{k-2}}{a_k q_{k-1} + q_{k-2}} \quad (k \geqslant 1; p_{-1} = 1, p_0 = a_0; q_{-1} = 0, q_0 = 1) \tag{1.5}$$

来计算. 根据刘维尔逼近定理, 下列误差估计式成立

$$|\alpha - \alpha_k| = \left|\alpha - \frac{p_k}{q_k}\right| < \frac{1}{q_k^2} \tag{1.6}$$

还可以进一步证明: 该近似式以渐增的精度上下交替地逼近实数 α. 当 (1.4) 中的 $a_i (i = 1, 2, \cdots, k)$ 具有大数值时, 近似式迅速收敛于 α. 因此, 对于数 $[1; 1, 1, \cdots]$ 而言, 收敛是最差的.

■ **A**: 通过 (1.3a)—(1.3e) 可以从 π 的十进小数表示得到其连分数表示 $\pi = [3;7,15,1,292,\cdots]$. 相应的近似值 (1.5) 及根据 (1.6) 得到的误差估计为: $\alpha_1 = \frac{22}{7}$和 $|\pi - \alpha_1| < \frac{1}{7^2} \approx 2 \cdot 10^{-2}$, $\alpha_2 = \frac{333}{106}$和 $|\pi - \alpha_2| < \frac{1}{106^2} \approx 9 \cdot 10^{-5}$, $\alpha_3 = \frac{355}{113}$和 $|\pi - \alpha_3| < \frac{1}{113^2} \approx 8 \cdot 10^{-5}$. 实际误差更小些, 对 α_1 而言小于 $1.3 \cdot 10^{-3}$, 对 α_2 而言小于 $8.4 \cdot 10^{-5}$, 对 α_3 而言小于 $2.7 \cdot 10^{-7}$. 近似值 α_1, α_2 和 α_3 是对 π 的比相应位数的小数表示更好的逼近.

■ **B**: 黄金分割公式 $x/a = (a-x)/x$ (参见第 260 页 3.5.2.3,(3)) 可由以下两个连分数来表示: $x = a[1;1,1,\cdots]$ 和$x = \frac{a}{2}(1+\sqrt{5}) = \frac{a}{2}(1+[2;4,4,4,\cdots])$. 第一个表示式中近似值 α_4 的精确度为 $0.018a$, 第二个表示式的精确度则达到 $0.000001a$.

1.1.1.5 可公度性

一个表示式中如果两个数 a 和 b 分别为第三个数 c 的整数倍, 则称它们为可*公度的*, 即可以被同一个数量度. 由 $a = mc, b = nc$ $(m, n \in \mathbb{Z})$ 可得

$$\frac{a}{b} = x \quad (x\text{是有理数}), \tag{1.7}$$

否则就称 a 和 b 为*不可公度的*.

■ **A**: 一个正方形边长与其对角线长是不可公度的, 因为它们的比是无理数 $\sqrt{2}$.

■ **B**: 黄金分割线段是不可公度的, 因为它们的比包含有无理数 $\sqrt{5}$(参见第 260 页 3.5.2.3,(3)). 因此, 一个正五边形的边长与其对角线长是不可公度的 (参见第 182 页 3.1.5.3). 现在认为梅塔蓬图姆的希帕索斯 (Hippasos of Metapontum, 公元前 450 年) 正是通过这一例子发现了无理数.

1.1.2 证明的方法

通常使用的证明方法有以下三种:

- 直接证明法;
- 间接证明法;
- 数学 (或算术) 归纳法.

此外还有构造性证明法.

1.1.2.1 直接证明法

从已被证明的定理 (前提 p) 出发, 推导出新的定理 (结论 q). 为了获得结论, 这里最常用的逻辑步骤是蕴涵 (implication) 和等价 (equivalence).

1. 借助蕴涵的直接证明

蕴涵 $p \Rightarrow q$ 是指结论的正确性可由前提的正确性推出 (参见第 433 页 5.1.1, 3., 表 5-1 中的 "蕴涵").

■ 证明不等式 $\frac{a+b}{2} \geqslant \sqrt{ab}$, 此处 $a > 0, b > 0$. 前提是众所周知的二项式公式 $(a+b)^2 = a^2 + 2ab + b^2$. 两边同减 $4ab$ 得到 $(a+b)^2 - 4ab = (a-b)^2 \geqslant 0$. 如果仅限于正方根, 因为 $a > 0, b > 0$, 由上式即可获得结论命题.

2. 借助等价的直接证明

证明通过验证一个等价的命题来完成. 这实际上意味着从 p 转变为 q 过程中所使用的所有算术运算必须是唯一可逆的.

■ 证明不等式 $1 + a + a^2 + \cdots + a^n < \frac{1}{1-a}$, 此处 $0 < a < 1$.

以 $1-a$ 乘 $1+a+a^2+\cdots+a^n$ 得 $1-a+a-a^2+a^2-a^3 \perp \cdots + a^n - a^{n+1} = 1 - a^{n+1} < 1$. 由假设 $0 < a^{n+1} < 1$, 因此最后这个不等式成立. 因为所有用到的算术运算皆唯一可逆, 所要证明的不等式也成立.

1.1.2.2 间接证明法或反证法

要证明命题 q: 需从该命题的否命题 $\bar{q}$ 出发, 由 $\bar{q}$ 导出一个假命题 r, 即 $\bar{q} \Rightarrow r$(参见第 436 页 5.1.1,7.). 在这样的情况下, $\bar{q}$ 必定为假, 因为根据蕴涵法由假的假设必定推出假结论 (参见第 433 页 5.1.1, 3., 真值表). 若 $\bar{q}$ 假, 则 q 必真.

■ 证明 $\sqrt{2}$ 是无理数. 假设 $\sqrt{2}$ 是有理数, 则等式 $\sqrt{2} = \frac{a}{b}$ 成立, a, b 是整数且 $b \neq 0$. 假设 a, b 互素, 即它们没有任何公因数, 那就可以得到 $(\sqrt{2})^2 = 2 = \frac{a^2}{b^2}$ 或 $a^2 = 2b^2$, 从而 a^2 是一个偶数, 但这仅当 $a = 2n$ 为偶数时才能成立. 由此推得 $a^2 = 4n^2 = 2b^2$, 因此 b 也应为偶数. 这显然与 a, b 互素之假设相矛盾.

1.1.2.3 数学归纳法

依赖于自然数 n 的定理可以用数学归纳法来证明. 数学归纳法的原理如下: 若命题对自然数 n_0 成立, 并且若命题对某个自然数 $n \geqslant n_0$ 成立可推出其对 $n+1$ 也成立, 那么命题对任意自然数 $n \geqslant n_0$ 均成立. 据此, 数学归纳法证明步骤如下:

(1) 归纳的基础: 证明命题对 $n = n_0$ 成立, 在多数情况下可以选取 $n_0 = 1$.

(2) 归纳假设: 设命题对某个整数 n 成立 (前提 p).

(3) 归纳结论: 形成对 $n+1$ 的命题 (结论 q).

(4) 蕴涵证明: $p \Rightarrow q$.

(3) 和 (4) 一起称为*归纳步骤*或*从 n 到 $n+1$ 的逻辑演绎*.

■ 证明公式 $s_n = \frac{1}{1 \cdot 2} + \frac{1}{2 \cdot 3} + \frac{1}{3 \cdot 4} + \cdots + \frac{1}{n(n+1)} = \frac{n}{n+1}$.

数学归纳法证明步骤如下:

(1) $n=1$: $s_1=\dfrac{1}{1\cdot 2}=\dfrac{1}{1+1}$, 公式显然成立.

(2) 假设 $s_n=\dfrac{1}{1\cdot 2}+\dfrac{1}{2\cdot 3}+\dfrac{1}{3\cdot 4}+\cdots+\dfrac{1}{n(n+1)}=\dfrac{n}{n+1}$ 对某个 $n\geqslant 1$ 成立.

(3) 假设 (2) 成立, 要证明 $s_{n+1}=\dfrac{n+1}{n+2}$.

(4) 证明:

$$
\begin{aligned}
s_{n+1}&=\frac{1}{1\cdot 2}+\frac{1}{2\cdot 3}+\frac{1}{3\cdot 4}+\cdots+\frac{1}{n(n+1)}+\frac{1}{(n+1)(n+2)}\\
&=s_n+\frac{1}{(n+1)(n+2)}=\frac{n}{n+1}+\frac{1}{(n+1)(n+2)}=\frac{n^2+2n+1}{(n+1)(n+2)}\\
&=\frac{(n+1)^2}{(n+1)(n+2)}=\frac{n+1}{n+2}.
\end{aligned}
$$

1.1.2.4 构造性证明法

例如, 在逼近论中, 一条存在性定理的证明通常就是给出一个**构造程序**, 也就是说, 其证明过程就是给出计算满足该存在性定理的解的方法.

■ 三次样条插值函数 (参见第 1293 页 19.7.1.1) 的存在性可以证明如下: 证明满足存在性定理要求的样条函数的系数计算结果得到一个三对角的线性方程组, 而该方程组有唯一解 (参见第 1295 页 19.7.1.2).

1.1.3 和与积

1.1.3.1 和

1. 定义

使用**求和号**$\sum$ 来缩写一个和

$$a_1+a_2+\cdots+a_n=\sum_{k=1}^{n}a_k. \tag{1.8}$$

借助于这一符号可以表示 n 个被加项 $a_k(k=1,2,\cdots,n)$ 的和, k 称为**变动指标**或**求和变量**.

2. 计算法则

(1) 相等各项 (即 $a_k=a,k=1,2,\cdots,n$) 之和

$$\sum_{k=1}^{n}a_k=na. \tag{1.9a}$$

(2) 各项与一常数相乘

$$\sum_{k=1}^{n} ca_k = c\sum_{k=1}^{n} a_k. \tag{1.9b}$$

(3) 分部求和

$$\sum_{k=1}^{n} a_k = \sum_{k=1}^{m} a_k + \sum_{k=m+1}^{n} a_k \quad (1 < m < n). \tag{1.9c}$$

(4) 相同长度的和相加

$$\sum_{k=1}^{n}(a_k + b_k + c_k + \cdots) = \sum_{k=1}^{n} a_k + \sum_{k=1}^{n} b_k + \sum_{k=1}^{n} c_k + \cdots. \tag{1.9d}$$

(5) 重新编号

$$\sum_{k=1}^{n} a_k = \sum_{k=m}^{m+n-1} a_{k-m+1}, \quad \sum_{k=m}^{n} a_k = \sum_{k=l}^{n-m+l} a_{k+m-l}. \tag{1.9e}$$

(6) 双重和中变换求和次序

$$\sum_{i=1}^{n}\left(\sum_{k=1}^{m} a_{ik}\right) = \sum_{k=1}^{m}\left(\sum_{i=1}^{n} a_{ik}\right). \tag{1.9f}$$

1.1.3.2 积

1. 定义

积的缩写记号是求积号$\prod$:

$$a_1 a_2 \cdots a_n = \prod_{k=1}^{n} a_k. \tag{1.10}$$

借助于这一符号可以表示 n 个因子 $a_k(k = 1, 2, \cdots, n)$ 的积, k 称为变动指标.

2. 计算法则

(1) 重合因子 (即 $a_k = a, k = 1, 2, \cdots, n$) 之积

$$\prod_{k=1}^{n} a_k = a^n. \tag{1.11a}$$

(2) 各因子乘以一常数

$$\prod_{k=1}^{n} (ca_k) = c^n \prod_{k=1}^{n} a_k. \tag{1.11b}$$

(3) 分部求积

$$\prod_{k=1}^{n} a^k = \left(\prod_{k=1}^{m} a_k\right)\left(\prod_{k=m+1}^{n} a_k\right) \quad (1 < m < n). \tag{1.11c}$$

(4) 乘积的积

$$\prod_{k=1}^{n} a_k b_k c_k \cdots = \left(\prod_{k=1}^{n} a_k\right)\left(\prod_{k=1}^{n} b_k\right)\left(\prod_{k=1}^{n} c_k\right)\cdots. \tag{1.11d}$$

(5) 重新编号

$$\prod_{k=1}^{n} a_k = \prod_{k=m}^{m+n-1} a_{k-m+1}, \quad \prod_{k=m}^{n} a_k = \prod_{k=l}^{n-m+l} a_{k+m-l}. \tag{1.11e}$$

(6) 双重积中变换求积次序

$$\prod_{i=1}^{n}\left(\prod_{k=1}^{m} a_{ik}\right) = \prod_{k=1}^{m}\left(\prod_{i=1}^{n} a_{ik}\right). \tag{1.11f}$$

1.1.4 幂、根与对数

1.1.4.1 幂

记号 a^x 用来表示代数运算*乘方*. 数 a 称为*底*(或底数), x 称为*指数*或*幂数*, a^x 称为*幂*. 幂的定义见表 1.1.

表 1.1 幂的定义

底 a	指数 x	幂 a^x
任意 $\neq 0$ 的实数	0	1
	$n=1,2,3,\cdots$	$a^n=\underbrace{a\cdot a\cdot a\cdot\cdots\cdot a}_{n个}$($a$的$n$次幂)
	$n=-1,-2,-3,\cdots$	$a^n=\dfrac{1}{a^{-n}}$
正实数	有理数: $\dfrac{p}{q}$ (p,q为整数, $q>0$)	$a^{\frac{p}{q}}=\sqrt[q]{a^p}$ (a 的 p 次幂的 q 次根)
	无理数: $\lim\limits_{k\to\infty}\dfrac{p_k}{q_k}$	$\lim\limits_{k\to\infty} a^{\frac{p_k}{q_k}}$
0	正数	0

计算法则

$$a^x a^y = a^{x+y}, \quad a^x : a^y = \frac{a^x}{a^y} = a^{x-y}. \tag{1.12}$$

$$a^x b^x = (ab)^x, \quad a^x : b^x = \frac{a^x}{b^x} = \left(\frac{a}{b}\right)^x. \tag{1.13}$$

$$(a^x)^y = (a^y)^x = a^{xy}. \tag{1.14}$$

$$a^x = \mathrm{e}^{x\ln a} \quad (a>0). \tag{1.15}$$

这里 $\ln a$ 是自然对数, $\mathrm{e}=2.718281828459\cdots$ 是底. 特殊的幂有

$$(-1)^n = \begin{cases} +1, & n为偶数, \\ -1, & n为奇数. \end{cases} \tag{1.16a}$$

$$a^0 = 1, \quad a \neq 0. \tag{1.16b}$$

1.1.4.2 根

根据表 1.1, 一个正数 a 的 n 次根是记为

$$\sqrt[n]{a} \quad (a>0, \text{实数}; \ n>0, \text{整数}) \tag{1.17a}$$

的正数. 这种运算称为**取方根**或**开方**, a 是**被开方数**, n 是**根次**或**指数**.

$$\text{方程} \quad x^n = a \quad (a \text{ 为实数或复数}; \ n>0, \text{整数}) \tag{1.17b}$$

的解通常记为 $x=\sqrt[n]{a}$. 然而不应混淆的是: 相关的记号表示了方程所有的解, 也就是说, 表示了 n 个不同的被计算值 $x_k(k=1,2,\cdots,n)$. 在负数和复数的情形下, 方程的解由 (1.141b) 决定 (参见第 48 页 1.5.3.6).

■ **A**: 方程 $x^2=4$ 有两个实根, 即 $x_{1,2}=\pm 2$.

■ **B**: 方程 $x^3=-8$ 在复数范围内有三个根: $x_1=1+\mathrm{i}\sqrt{3}, x_2=-2$ 和 $x_3=1-\mathrm{i}\sqrt{3}$, 但只有一个是实数.

1.1.4.3 对数

1. 定义

一个正数 $x>0$ 的以 $b>0(b\neq 1)$ 为底的**对数**u, 是以 b 为底、x 为其值的幂的指数, 记为 $\log_b x=u$, 因此方程

$$b^u = x \tag{1.18a}$$

产生

$$\log_b x = u, \tag{1.18b}$$

反之, 后者产生前者. 特别有

$$\log_b 1 = 0, \quad \log_b b = 1, \quad \log_b 0 = \begin{cases} -\infty, & b>1, \\ +\infty, & b<1. \end{cases} \tag{1.18c}$$

负数的对数只能在复数范围内定义. 关于对数函数参见第 93 页 2.6.2.

取一个给定数的对数是指求它的对数. 取一个表达式的对数是指进行类似 (1.19a), (1.19b) 的变换. 由其对数来确定一个数或表达式的运算就称为**乘方**.

2. 对数的性质

a) 每个正数都有一个以除 1 外任何正数为底的对数.

b) 设 $x>0, y>0$, 以下运算法则对任意允许为底的 b 成立:

$$\log(xy) = \log x + \log y, \quad \log\frac{x}{y} = \log x - \log y, \tag{1.19a}$$

$$\log x^n = n\log x, \ \text{特别地, 有} \ \log\sqrt[n]{x} = \frac{1}{n}\log x, \tag{1.19b}$$

利用 (1.19a), (1.19b), 乘积和分数的对数可以化归为对数的和或差的计算.

■ 取表达式 $\dfrac{3x^2\sqrt[3]{y}}{2zu^3}$ 的对数:

$$\log\frac{3x^2\sqrt[3]{y}}{2zu^3} = \log(3x^2\sqrt[3]{y}) - \log(2zu^3)$$
$$= \log 3 + 2\log x + \frac{1}{3}\log y - \log 2 - \log z - 3\log u.$$

常常会要求进行逆运算, 即将包含有不同量的对数的表达式重写成一个表达式的对数.

■ $\log 3 + 2\log x + \dfrac{1}{3}\log y - \log 2 - \log z - 3\log u = \log\dfrac{3x^2\sqrt[3]{y}}{2zu^3}$.

c) 不同底的对数是成比例的, 即以 a 为底的对数可以通过乘法变换为以 b 为底的对数:

$$\log_a x = M\log_b x, \quad 此处 \quad M = \log_a b = \frac{1}{\log_b a}. \tag{1.20}$$

M 称为**变换的模**(modulus of transformation).

1.1.4.4 特殊对数

(1) 以 10 为底的对数称为**十进对数**或**布里格斯对数**, 有如下记号与公式:

$$\log_{10} x = \lg x \quad 和 \quad \lg(x10^\alpha) = \alpha + \lg x. \tag{1.21}$$

(2) 以 e 为底的对数称为**自然对数**或**纳皮尔对数**, 记为

$$\log_{\mathrm{e}} x = \ln x. \tag{1.22}$$

由自然对数变换为十进对数的模是

$$M = \lg\mathrm{e} = \frac{1}{\ln 10} \approx 0.4342944819. \tag{1.23}$$

由十进对数变换为自然对数的模是

$$M_1 = \frac{1}{M} = \ln 10 \approx 2.3025850930. \tag{1.24}$$

(3) 以 2 为底的对数称为**二进对数**, 记为

$$\log_2 x = \mathrm{ld}\ x \quad 或 \quad \log_2 x = \mathrm{lb}\ \ x. \tag{1.25}$$

(4) 十进对数和自然对数的数值可以通过**对数表**来查找. 以前, 对数曾被用来进行繁重的数值计算, 它可以使乘法和除法变得更容易. 最常用的是十进对数. 如今在袖珍计算器和个人计算机上都可以进行这方面的计算.

每个十进制的数 (从而每个实数) 在此被称为*反对数*(antilog), 可以通过提取 10 的适当次幂因子 (10^k, k 为整数) 将其写成如下形式:

$$x = \hat{x}10^k, \quad 1 \leqslant \hat{x} < 10 \tag{1.26a}$$

称此形式为*半对数表示*(half-logarithmic representation). 其中 $\hat{x}$ 由 x 的数字序列给出, 而 10^k 则是 x 的量阶. 这样其对数就可表示为

$$\lg x = k + \lg \hat{x}, \quad 0 \leqslant \lg \hat{x} < 1, \text{ 也就是说 } \lg \hat{x} = 0, \cdots. \tag{1.26b}$$

这里 k 称为*首数*, $\lg \hat{x}$ 小数点之后的数字序列称为*尾数*. 尾数可以在对数表中查到.

■ lg324=2.5105, 首数为 2, 尾数为 5105. 用 10^n 去乘或除这个数, 例如得到 324000, 3240, 3.24, 0.0324, 它们的对数尾数相同, 都是 5105, 但有不同的首数. 这就是为什么在对数表中要给出尾数的缘故. 为了确定一个数 x 的首数, 首先要将小数点向左或向右移动以得到一个介于 1 和 10 之间的数, 反对数 x 的首数就是小数点移动的位数.

(5) 计算尺. 除了对数, *计算尺*对数值计算也很有用. 计算尺的工作原理是基于公式 (1.19a), 这样乘法和除法就被转化成加法和减法. 计算尺上的刻度是根据对数值来标定的, 因此乘法和除法就可以通过加法和减法来施行 (参见第 149 页 2.17“标度与坐标纸”).

1.1.5 代数式

1.1.5.1 定义

1. 代数式

把一个或多个代数量如数字或符号, 用 $+, -, \cdot, :, \sqrt{\ }$ 等运算符号连接起来, 并通过各类括号确定运算顺序, 由此得到的式子称为*代数式*或*项*.

2. 恒等式

若代数式中的符号取任意值, 等式均成立, 两个代数式间的这种相等关系称为恒等.

3. 方程

若仅当代数式中的符号取某些数值时, 等式才成立, 两个代数式间的这种相等关系称为方程. 例如, 若有相同自变量的两个函数间的相等关系式

$$F(x) = f(x) \tag{1.27}$$

只对于变量的某些值成立, 称为*含一个变量的方程*. 如果等式对任意 x 值都成立, 则称为恒等式, 或者称等式恒成立, 记作 $F(x) \equiv f(x)$.

4. 恒等变换

把一个代数式变换成另一个与之恒等的代数式, 称为恒等变换, 其目的在于变换形式, 比如在进一步计算时能得到更简便的形式. 把代数式以一种特别便于解方程, 或取对数、求导或求积分等形式给出, 通常很有意义.

1.1.5.2 代数式的详细知识

1. 基本量

*基本量*是指根据代数式的分类, 出现在代数式中的一般数 (文字符号). 在任何单一情形下, 基本量是固定的. 对于函数, 自变量是基本量, 尚未给出数值的其他量是代数式的*参数*. 有些代数式中, 参数称为*系数*.

■ 比如, 所谓的系数出现在多项式、傅里叶级数和线性差分方程等情形中.

代数式的分类取决于对基本量进行运算的类型. 通常用字母表的后几个字母 x, y, z, u, v, $\cdots$ 表示基本量, 用前几个字母 a, b, c, $\cdots$ 表示参数. 并用字母 m, n, p, $\cdots$ 表示正整数参数值, 如求和指标或迭代指标.

2. 整有理式

整有理式指只对基本量进行加法、减法、乘法, 以及非负整数次幂运算的代数式.

3. 有理式

有理式也包含对基本量的除法运算, 即除以整有理式, 故基本量的指数也可为负整数.

4. 无理式

无理式包含根式, 即整有理式的非整有理次幂, 当然也包含基本量的有理式.

5. 超越式

超越式包含基本量的指数式、对数式或三角式, 即基本量代数式的指数中可存在无理数, 或者基本量的代数式可位于指数、三角式或对数式的自变量中.

1.1.6 整有理式

1.1.6.1 以多项式形式表示

任一整有理式通过单项式和多项式的加法、减法、乘法等基本变换, 可转化为多项式形式.

■ $(-a^3+2a^2x-x^3)(4a^2+8ax)+(a^3x^2+2a^2x^3-4ax^4)-(a^5+4a^3x^2-4ax^4)$

$$\begin{aligned}&= -4a^5+8a^4x-4a^2x^3-8a^4x+16a^3x^2-8ax^4+a^3x^2\\&\quad +2a^2x^3-4ax^4-a^5-4a^3x^2+4ax^4\\&= -5a^5+13a^3x^2-2a^2x^3-8ax^4.\end{aligned}$$

1.1.6.2 多项式的因式分解

多项式通常可分解成单项式和多项式的乘积. 可通过提取公因式、分组、利用方程的特殊公式和特殊性质完成分解.

■ **A**: 提取公因式: $8ax^2y - 6bx^3y^2 + 4cx^5 = 2x^2(4ay - 3bxy^2 + 2cx^3)$.

■ **B**: 分组解法: $6x^2 + xy - y^2 - 10xz - 5yz = 6x^2 + 3xy - 2xy - y^2 - 10xz - 5yz = 3x(2x + y) - y(2x + y) - 5z(2x + y) = (2x + y)(3x - y - 5z)$.

■ **C**: 利用方程的性质 (参见第 56 页 1.6.3.1): $P(x) = x^6 - 2x^5 + 4x^4 + 2x^3 - 5x^2$.

a) 提取公因子 x^2.

b) 由于 $\alpha_1 = 1$ 和 $\alpha_2 = -1$ 是方程 $P(x) = 0$ 的根, $P(x)$ 除以 $x^2(x-1)(x+1) = x^4 - x^2$ 可得商 $x^2 - 2x + 5$. 由于 $p = -2, q = 5, \frac{p^2}{4} - q < 0$, 商不能再分解为实因子, 故最终分解式为

$$x^6 - 2x^5 + 4x^4 + 2x^3 - 5x^2 = x^2(x-1)(x+1)(x^2 - 2x + 5).$$

1.1.6.3 特殊公式

$$(x \pm y)^2 = x^2 \pm 2xy + y^2, \tag{1.28}$$

$$(x + y + z)^2 = x^2 + y^2 + z^2 + 2xy + 2xz + 2yz, \tag{1.29}$$

$$\begin{aligned}(x + y + z + \cdots + t + u)^2 = {} & x^2 + y^2 + z^2 + \cdots + t^2 + u^2 \\ & + 2xy + 2xz + \cdots + 2xu \\ & + 2yz + \cdots + 2yu + \cdots + 2tu,\end{aligned} \tag{1.30}$$

$$(x \pm y)^3 = x^3 \pm 3x^2y + 3xy^2 \pm y^3. \tag{1.31}$$

计算表达式 $(x \pm y)^n$ 可借助于二项式公式 (参见 (1.36a)—(1.37a)).

$$(x + y)(x - y) = x^2 - y^2, \tag{1.32}$$

$$\frac{x^n - y^n}{x - y} = x^{n-1} + x^{n-2}y + \cdots + xy^{n-2} + y^{n-1} \quad (n \text{ 是整数, 且 } n > 1), \tag{1.33}$$

$$\frac{x^n + y^n}{x + y} = x^{n-1} - x^{n-2}y + \cdots - xy^{n-2} + y^{n-1} \quad (n \text{ 是奇数, 且 } n > 1), \tag{1.34}$$

$$\frac{x^n - y^n}{x + y} = x^{n-1} - x^{n-2}y + \cdots + xy^{n-2} - y^{n-1} \quad (n \text{ 是偶数, 且 } n > 1). \tag{1.35}$$

1.1.6.4 二项式定理

1. 两数代数和的幂 (第一类二项式公式)

公式

$$(a + b)^n = a^n + na^{n-1}b + \frac{n(n-1)}{2!}a^{n-2}b^2 + \frac{n(n-1)(n-2)}{3!}a^{n-3}b^3$$

$$+\cdots+\frac{n(n-1)\cdots(n-m+1)}{m!}a^{n-m}b^m+\cdots+nab^{n-1}+b^n \quad (1.36\text{a})$$

称为二项式定理, 其中 a 和 b 是实数或复数, $n=1,2,\cdots$. 利用二项式系数, 该式可更简便地记为

$$\begin{aligned}(a+b)^n=&\binom{n}{0}a^n+\binom{n}{1}a^{n-1}b\\&+\binom{n}{2}a^{n-2}b^2+\binom{n}{3}a^{n-3}b^3\\&+\cdots+\binom{n}{n-1}ab^{n-1}+\binom{n}{n}b^n\end{aligned} \quad (1.36\text{b})$$

或

$$(a+b)^n=\sum_{k=0}^{n}\binom{n}{k}a^{n-k}b^k. \quad (1.36\text{c})$$

2. 两数代数差的幂 (第二类二项式公式)

$$\begin{aligned}(a-b)^n=&\ a^n-na^{n-1}b+\frac{n(n-1)}{2!}a^{n-2}b^2-\frac{n(n-1)(n-2)}{3!}a^{n-3}b^3\\&+\cdots+(-1)^m\frac{n(n-1)\cdots(n-m+1)}{m!}a^{n-m}b^m\\&+\cdots+(-1)^nb^n\end{aligned} \quad (1.37\text{a})$$

或

$$(a-b)^n=\sum_{k=0}^{n}\binom{n}{k}(-1)^ka^{n-k}b^k. \quad (1.37\text{b})$$

3. 二项式系数

对于非负整数 n 和 k 的定义:

$$\binom{n}{k}=\frac{n!}{(n-k)!k!} \quad (0\leqslant k\leqslant n), \quad (1.38\text{a})$$

其中 $n!$ 是 1 到 n 这 n 个正整数的乘积, 称为 n 的阶乘:

$$n!=1\cdot2\cdot3\cdot\ldots\cdot n,\ \text{且定义}\quad 0!=1. \quad (1.38\text{b})$$

由表 1.2 的帕斯卡三角形易看出二项式系数. 每行的第一个数和最后一个数等于 1; 其余各数是其上一行左、右两数之和.

表 1.2 帕斯卡三角形

n	系数												
0							1						
1						1		1					
2					1		2		1				
3				1		3		3		1			
4			1		4		6		4		1		
5		1		5		10		10		5		1	
6	1		6		15		20		15		6		1
	↑		↑		↑		↑		↑		↑		↑
6	$\binom{6}{0}$		$\binom{6}{1}$		$\binom{6}{2}$		$\binom{6}{3}$		$\binom{6}{4}$		$\binom{6}{5}$		$\binom{6}{6}$
⋮	⋯	⋯	⋯	⋯	⋯	⋯	⋯	⋯	⋯	⋯	⋯	⋯	⋯

通过简单计算即可证明下述公式:

$$\binom{n}{k}=\binom{n}{n-k}=\frac{n!}{k!(n-k)!}, \tag{1.39a}$$

$$\binom{n}{0}=1, \quad \binom{n}{1}=n, \quad \binom{n}{n}=1. \tag{1.39b}$$

$$\binom{n+1}{k+1}=\binom{n}{k}+\binom{n-1}{k}+\binom{n-2}{k}+\cdots+\binom{k}{k}. \tag{1.39c}$$

$$\binom{n+1}{k}=\frac{n+1}{n-k+1}\binom{n}{k}. \tag{1.39d}$$

$$\binom{n}{k+1}=\frac{n-k}{k+1}\binom{n}{k}. \tag{1.39e}$$

$$\binom{n+1}{k+1}=\binom{n}{k+1}+\binom{n}{k}. \tag{1.39f}$$

对任意实数值 α ($\alpha \in \mathbb{R}$) 和非负整数 k, 可定义二项式系数 $\binom{\alpha}{k}$:

$$\binom{\alpha}{k}=\frac{\alpha(\alpha-1)(\alpha-2)\cdots(\alpha-k+1)}{k!}, \quad \text{其中 } k \text{ 是整数, 且 } k \geqslant 1, \quad \binom{\alpha}{0}=1. \tag{1.40}$$

■ $\binom{-\frac{1}{2}}{3}=\dfrac{-\frac{1}{2}\left(-\frac{1}{2}-1\right)\left(-\frac{1}{2}-2\right)}{3!}=-\dfrac{5}{16}.$

4. 二项式系数的性质

- 二项式系数逐渐增大, 直到二项式公式 (1.36b) 的中间; 然后, 开始减小.
- 对于式子端点和末尾对称的项, 其二项式系数相等.
- n 次二项式的系数之和等于 2^n.
- 奇数项系数之和等于偶数项系数之和.

5. 二项式级数

二项式定理的公式 (1.36a) 也可以扩展到负分数指数情形. 若 $|b| < a$, 则 $(a+b)^n$ 有**无穷收敛级数**(参见第 1373 页 21.5):

$$(a+b)^n = a^n + na^{n-1}b + \frac{n(n-1)}{2!}a^{n-2}b^2 + \frac{n(n-1)(n-2)}{3!}a^{n-3}b^3 + \cdots. \quad (1.41)$$

1.1.6.5 求两个多项式的最大公因式

次数分别为 n 和 $m(n \geqslant m)$ 的两个多项式 $P(x)$ 和 $Q(x)$, 可能有含 x 的公共多项式因子. 这些因子的最小公倍式是多项式的**最大公因式**.

■ $P(x) = (x-1)^2(x-2)(x-4), Q(x) = (x-1)^2(x-2)(x-3)$; 最大公因式是 $(x-1)^2(x-2)$.

若 $P(x)$ 和 $Q(x)$ 没有任何公共因子, 则称它们是**互素**的. 此时, 它们的最大公因式是常数.

两个多项式 $P(x)$ 和 $Q(x)$ 的最大公因式可由**辗转相除法**求出, 需把它们分解成因式:

(1) $P(x)$ 除以 $Q(x) = R_0(x)$, 商为 $T_1(x)$, 余项为 $R_1(x)$:

$$P(x) = Q(x)T_1(x) + R_1(x). \quad (1.42a)$$

(2) $Q(x)$ 除以 $R_1(x)$, 商为 $T_2(x)$, 余项为 $R_2(x)$:

$$Q(x) = R_1(x)T_2(x) + R_2(x). \quad (1.42b)$$

(3) $R_1(x)$ 除以 $R_2(x)$, 商为 $T_3(x)$, 余项为 $R_3(x)$ 等. 两个多项式的最大公因式是最后的非零余项 $R_k(x)$. 这种方法因自然数的算术而为大家熟知 (参见第 3 页 1.1.1.4).

例如, 当必须分离较高重数的根, 或运用斯图姆法求解方程时, 可使用最大公因式法 (参见第 57 页 1.6.3.2, 2.).

1.1.7 有理式

1.1.7.1 化成最简形式

任一有理式可记为两个互素多项式之商的形式, 只需进行基本变换, 如多项式和分式的加、减、乘、除, 以及分式化简, 即可做到这一点.

■ 求 $\dfrac{3x+\dfrac{2x+y}{z}}{x\left(x^2+\dfrac{1}{z^2}\right)}-y^2+\dfrac{x+z}{z}$ 的最简形式:

$$\begin{aligned}&\frac{(3xz+2x+y)z^2}{(x^3z^2+x)z}+\frac{-y^2z+x+z}{z}\\=&\frac{3xz^3+2xz^2+yz^2+(x^3z^2+x)(-y^2z+x+z)}{x^3z^3+xz}\\=&\frac{3xz^3+2xz^2+yz^2-x^3y^2z^3-xy^2z+x^4z^2+x^2+x^3z^3+xz}{x^3z^3+xz}.\end{aligned}$$

1.1.7.2 求整有理部分

有同一变量 x 的两个多项式之商, 若分子的次数低于分母的次数, 则称为**真分式**, 反之, 则称为**假分式**. 通过分子除以分母, 任何假分式都可以分解成真分式与多项式之和, 即分离出整有理部分.

■ 求 $R(x)=\dfrac{3x^4-10ax^3+22a^2x^2-24a^3x+10a^4}{x^2-2ax+3a^2}$ 的整有理部分:

$(3x^4-10ax^3+22a^2x^2-24a^3x+10a^4):(x^2-2ax+3a^2)=3x^2-4ax+5a^2+\dfrac{-2a^3x-5a^4}{x^2-2ax+3a^2}$[①]

$$\begin{array}{l}3x^4-6ax^3+9a^2x^2\\\hline\quad -4ax^3+13a^2x^2-24a^3x\\\quad -4ax^3+\ \ 8a^2x^2-12a^3x\\\hline\qquad\qquad 5a^2x^2-12a^3x+10a^4\\\qquad\qquad 5a^2x^2-10a^3x+15a^4\\\hline\qquad\qquad\quad -2a^3x-5a^4.\end{array}$$

$$R(x)=3x^2-4ax+5a^2+\frac{-2a^3x-5a^4}{x^2-2ax+3a^2}.$$

由于当 $|x|$ 较大时, 真分式部分的值趋向于 0, 故把有理函数 $R(x)$ 的整有理部分视为 $R(x)$ 的**渐近逼近**, $R(x)$ 主要为其多项式部分.

1.1.7.3 部分分式的分解

任何分子、分母为互素多项式的真有理分式

$$R(x)=\frac{P(x)}{Q(x)}=\frac{a_nx^n+a_{n-1}x^{n-1}+\cdots+a_1x+a_0}{b_mx^m+b_{m-1}x^{m-1}+\cdots+b_1x+b_0}\quad(n<m)\qquad(1.43)$$

① 原文中最后一个分式的分母为 $x^2-2ax-3a^2$, 译者认为, 应订正为 $x^2-2ax+3a^2$. —— 译者注

可唯一地分解成最简分式之和. 系数 $a_0, a_1, \cdots, a_n, b_0, b_1, \cdots, b_m$[①]是实数或复数. 最简分式形如

$$\frac{A}{(x-\alpha)^k} \tag{1.44a}$$

和

$$\frac{Dx+E}{(x^2+px+q)^m}, \quad 其中 \quad \left(\frac{p}{2}\right)^2 - q < 0. \tag{1.44b}$$

设 (1.43) 式中的 $R(x)$ 为实系数.

首先, 通过把 (1.43) 式的分子、分母同除以初始值 b_m, 转化分母 $Q(x)$ 的首项系数 b_m 为 1.

在实系数情形下, 要区分下述三种情况:

当 $R(x)$ 为复系数时, 由于复多项式可因式分解为一次多项式之积, 故只有前两种情况出现. 任何真有理分式 $R(x)$ 可展开成 (1.44a) 式中分式之和的形式, 其中 A 和 α 是复数.

1. 部分分式的分解 (第一种情况)

分母 $Q(x)$ 有 m 个不同的单根 $\alpha_1, \cdots, \alpha_m$, 则展开式形如

$$\frac{P(x)}{Q(x)} = \frac{a_n x^n + \cdots + a_0}{(x-\alpha_1)(x-\alpha_2)\cdots(x-\alpha_m)} = \frac{A_1}{x-\alpha_1} + \frac{A_2}{x-\alpha_2} + \cdots + \frac{A_m}{x-\alpha_m}, \tag{1.45a}$$

系数为

$$A_1 = \frac{P(\alpha_1)}{Q'(\alpha_1)}, \quad A_2 = \frac{P(\alpha_2)}{Q'(\alpha_2)}, \quad \cdots, \quad A_m = \frac{P(\alpha_m)}{Q'(\alpha_m)}, \tag{1.45b}$$

其中, 当 $x = \alpha_1, x = \alpha_2, \cdots$ 时, (1.45b) 式的分母是导数 $\dfrac{\mathrm{d}Q}{\mathrm{d}x}$ 的值.

■ $\dfrac{6x^2-x+1}{x^3-x} = \dfrac{A}{x} + \dfrac{B}{x-1} + \dfrac{C}{x+1}, \alpha_1 = 0, \alpha_2 = +1, \alpha_3 = -1;$

$$P(x) = 6x^2 - x + 1, Q'(x) = 3x^2 - 1, A = \frac{P(0)}{Q'(0)} = -1, B = \frac{P(1)}{Q'(1)} = 3,$$

$$C = \frac{P(-1)}{Q'(-1)} = 4, \quad \frac{P(x)}{Q(x)} = -\frac{1}{x} + \frac{3}{x-1} + \frac{4}{x+1}.$$

另一种求系数 $A_1, A_2, \cdots, A_m$ 的可行方法是比较系数法 (参见第 20 页4.).

2. 部分分式的分解 (第二种情况)

分母 $Q(x)$ 有 l 个重数分别是 $k_1, k_2, \cdots, k_l$ 的实重根 $\alpha_1, \alpha_2, \cdots, \alpha_l$, 则分解式形如

$$\begin{aligned}\frac{P(x)}{Q(x)} =& \frac{a_n x^n + a_{n-1}x^{n-1} + \cdots + a_0}{(x-\alpha_1)^{k_1}(x-\alpha_2)^{k_2}\cdots(x-\alpha_l)^{k_l}} \\ =& \frac{A_1}{x-\alpha_1} + \frac{A_2}{(x-\alpha_1)^2} + \cdots + \frac{A_{k_1}}{(x-\alpha_1)^{k_1}}\end{aligned}$$

① 原文中为 $b_0, b_1, \cdots, b_n$, 译者认为, 应订正为 $b_0, b_1, \cdots, b_m$.—— 译者注

$$+\frac{B_1}{x-\alpha_2}+\frac{B_2}{(x-\alpha_2)^2}+\cdots+\frac{B_{k_2}}{(x-\alpha_2)^{k_2}}+\cdots+\frac{L_{k_l}}{(x-\alpha_l)^{k_l}}. \tag{1.46}$$

■ $\dfrac{x+1}{x(x-1)^3}=\dfrac{A_1}{x}+\dfrac{B_1}{x-1}+\dfrac{B_2}{(x-1)^2}+\dfrac{B_3}{(x-1)^3}$. 可通过比较系数法求出系数 A_1, B_1, B_2, B_3.

3. 部分分式的分解 (第三种情况)

若分母 $Q(x)$ 也有复根, 则根据第 57 页的 (1.169) 式, 其分解式为

$$\begin{aligned}Q(x)=&(x-\alpha_1)^{k_1}(x-\alpha_2)^{k_2}\cdots(x-\alpha_l)^{k_l}(x^2+p_1x+q_1)^{m_1}\\&\cdot(x^2+p_2x+q_2)^{m_2}\cdots(x^2+p_rx+q_r)^{m_r}[①],\end{aligned} \tag{1.47}$$

其中, $\alpha_1, \alpha_2, \cdots, \alpha_l$ 是多项式 $Q(x)$ 的 l 个实根. 除此之外, $Q(x)$ 还有 r 对共轭复根, 它们是二次因式 $x^2+p_ix+q_i(i=1,2,\cdots,r)$[②] 的根. p_i, q_i 是实数, 且 $\left(\frac{p_i}{2}\right)^2-q_i<0$ 成立. 此时, 最简分式形如

$$\begin{aligned}\frac{P(x)}{Q(x)}=&\frac{a_nx^n+a_{n-1}x^{n-1}+\cdots+a_1x+a_0}{(x-\alpha_1)^{k_1}(x-\alpha_2)^{k_2}\cdots(x^2+p_1x+q_1)^{m_1}(x^2+p_2x+q_2)^{m_2}\cdots}\\=&\frac{A_1}{x-\alpha_1}+\frac{A_2}{(x-\alpha_1)^2}+\cdots+\frac{A_{k_1}}{(x-\alpha_1)^{k_1}}\\&+\frac{B_1}{x-\alpha_2}+\frac{B_2}{(x-\alpha_2)^2}+\cdots+\frac{B_{k_2}}{(x-\alpha_2)^{k_2}}+\cdots\\&+\frac{C_1x+D_1}{x^2+p_1x+q_1}+\frac{C_2x+D_2}{(x^2+p_1x+q_1)^2}+\cdots+\frac{C_{m_1}x+D_{m_1}}{(x^2+p_1x+q_1)^{m_1}}\\&+\frac{E_1x+F_1}{x^2+p_2x+q_2}+\frac{E_2x+F_2}{(x^2+p_2x+q_2)^2}\\&+\cdots+\frac{E_{m_2}x+F_{m_2}}{(x^2+p_2x+q_2)^{m_2}}+\cdots.\end{aligned} \tag{1.48}$$

■ $\dfrac{5x^2-4x+16}{(x-3)(x^2-x+1)^2}=\dfrac{A}{x-3}+\dfrac{C_1x+D_1}{x^2-x+1}+\dfrac{C_2x+D_2}{(x^2-x+1)^2}$. 可通过比较系数法求出系数 A, C_1, D_1, C_2, D_2.

4. 比较系数法

由于 $Z(x)\equiv P(x)$, 为求出 (1.48) 式的系数 $A_1, A_2, \cdots, E_1, F_1, F_2, \cdots$, 用 $Q(x)$ 乘以 (1.48) 式, 之后把所得结果 $Z(x)$ 和 $P(x)$ 进行比较. 由于 $Z(x)\equiv P(x)$, 把 $Z(x)$ 按 x 的幂次排列后, 通过比较 $Z(x)$ 和 $P(x)$ 中对应 x 次幂的系数, 可得方程组. 这种方法称为**比较系数法**或**待定系数法**.

① 原文中第二个因式为 $(x^2+2p_2x+q_2)^{m_2}$, 译者认为, 应订正为 $(x^2+p_2x+q_2)^{m_2}$.——译者注

② 原文中该因式为 $x^2-p_ix+q_i$, 译者认为, 应订正为 $x^2+p_ix+q_i$.—— 译者注

■ $\dfrac{6x^2-x+1}{x^3-x}=\dfrac{A}{x}+\dfrac{B}{x-1}+\dfrac{C}{x+1}=\dfrac{A(x^2-1)+Bx(x+1)+Cx(x-1)}{x(x^2-1)}$.

比较 x 同次幂的系数, 可得方程组 $6=A+B+C,-1=B-C,1=-A$, 其解为 $A=-1,B=3,C=4$.

1.1.7.4 比例变换

由等式

$$\frac{a}{b}=\frac{c}{d} \tag{1.49a}$$

可得

$$ad=bc,\qquad \frac{a}{c}=\frac{b}{d},\quad \frac{d}{b}=\frac{c}{a},\quad \frac{b}{a}=\frac{d}{c} \tag{1.49b}$$

且

$$\frac{a\pm b}{b}=\frac{c\pm d}{d},\quad \frac{a\pm b}{a}=\frac{c\pm d}{c},\quad \frac{a\pm c}{c}=\frac{b\pm d}{d},\quad \frac{a+b}{a-b}=\frac{c+d}{c-d}. \tag{1.49c}$$

由比例式

$$\frac{a_1}{b_1}=\frac{a_2}{b_2}=\cdots=\frac{a_n}{b_n} \tag{1.50a}$$

可推出

$$\frac{a_1+a_2+\cdots+a_n}{b_1+b_2+\cdots+b_n}=\frac{a_1}{b_1}. \tag{1.50b}$$

1.1.8 无理式

任何无理式都可通过下述方式化为更简洁的形式: ① 化简指数; ② 把项从根号中开出来; ③ 分母有理化.

(1) **化简指数** 若被开方式可因式分解, 且根式的指数和被开方式的指数有公共因子, 就可以化简指数; 根式的指数和被开方式的指数须除以其最大公约数.

■ $\sqrt[6]{16(x^{12}-2x^{11}+x^{10})}=\sqrt[6]{4^2\cdot x^{5\cdot 2}(x-1)^2}=\sqrt[3]{4x^5(x-1)}$.

(2) **移动无理式** 有多种方式可移动无理式到分子上.

■ **A**: $\sqrt{\dfrac{x}{2y}}=\sqrt{\dfrac{2xy}{4y^2}}=\dfrac{\sqrt{2xy}}{2y}$.　　■ **B**: $\sqrt[3]{\dfrac{x}{4yz^2}}=\sqrt[3]{\dfrac{2xy^2z}{8y^3z^3}}=\dfrac{\sqrt[3]{2xy^2z}}{2yz}$.

■ **C**: $\dfrac{1}{x+\sqrt{y}}=\dfrac{x-\sqrt{y}}{(x+\sqrt{y})(x-\sqrt{y})}=\dfrac{x-\sqrt{y}}{x^2-y}$.

■ **D**: $\dfrac{1}{x+\sqrt[3]{y}}=\dfrac{x^2-x\sqrt[3]{y}+\sqrt[3]{y^2}}{(x+\sqrt[3]{y})\left(x^2-x\sqrt[3]{y}+\sqrt[3]{y^2}\right)}=\dfrac{x^2-x\sqrt[3]{y}+\sqrt[3]{y^2}}{x^3+y}$.

(3) **幂和根式的最简形式** 幂和根式也可以化为最简形式.

■ **A**: $\sqrt[4]{\dfrac{81x^6}{(\sqrt{2}-\sqrt{x})^4}}=\sqrt{\dfrac{9x^3}{(\sqrt{2}-\sqrt{x})^2}}=\dfrac{3x\sqrt{x}}{\sqrt{2}-\sqrt{x}}=\dfrac{3x\sqrt{x}\left(\sqrt{2}+\sqrt{x}\right)}{2-x}$

$$= \frac{3x\sqrt{2x}+3x^2}{2-x}.$$

■ **B**: $\left(\sqrt{x}+\sqrt[3]{x^2}+\sqrt[4]{x^3}+\sqrt[12]{x^7}\right)\left(\sqrt{x}-\sqrt[3]{x}+\sqrt[4]{x}-\sqrt[12]{x^5}\right)$

$$\begin{aligned}
&= \left(x^{1/2}+x^{2/3}+x^{3/4}+x^{7/12}\right)\left(x^{1/2}-x^{1/3}+x^{1/4}-x^{5/12}\right)\\
&= x+x^{7/6}+x^{5/4}+x^{13/12}-x^{5/6}-x-x^{13/12}-x^{11/12}+x^{3/4}\\
&\quad +x^{11/12}+x+x^{5/6}-x^{11/12}-x^{13/12}-x^{7/6}-x\\
&= x^{5/4}-x^{13/12}-x^{11/12}+x^{3/4}=\sqrt[4]{x^5}-\sqrt[12]{x^{13}}-\sqrt[12]{x^{11}}+\sqrt[4]{x^3}\\
&= x^{3/4}\left(1-x^{1/6}-x^{1/3}+x^{1/2}\right)=\sqrt[4]{x^3}\left(1-\sqrt[6]{x}-\sqrt[3]{x}+\sqrt{x}\right).
\end{aligned}$$

1.2 有限级数

1.2.1 有限级数的定义

和式

$$s_n = a_0+a_1+a_2+\cdots+a_n=\sum_{i=0}^{n} a_i \tag{1.51}$$

称为有限级数. 被加数 $a_i(i=0,1,2,\cdots,n)$ 由一定的公式给出, 它们是数, 称为级数的项.

1.2.2 等差级数

1. 一阶等差级数

一阶等差级数是其项构成等差数列的有限级数, 即相邻两项的差是常数:

$$\Delta a_i = a_{i+1}-a_i = d = \text{常数}, \quad \text{故} \quad a_i = a_0+id. \tag{1.52a}$$

因此

$$s_n = a_0+(a_0+d)+(a_0+2d)+\cdots+(a_0+nd), \tag{1.52b}$$

$$s_n = \frac{a_0+a_n}{2}(n+1)=\frac{n+1}{2}(2a_0+nd). \tag{1.52c}$$

2. k 阶等差级数

k 阶等差级数是序列 $a_0,a_1,a_2,\cdots,a_n$ 的 k 阶差分 $\Delta^k a_i$ 为常数的有限级数. 高阶差分可通过公式

$$\Delta^v a_i = \Delta^{v-1}a_{i+1}-\Delta^{v-1}a_i \quad (v=2,3,\cdots,k) \tag{1.53a}$$

计算. 由差分模式(也称为差分表或三角模式), 可以很方便地计算高阶差分:

$$\begin{array}{llllll}
a_0 & & & & & \\
\;\Delta a_0 & & & & & \\
a_1 & \Delta^2 a_0 & & & & \\
\;\Delta a_1 & & \Delta^3 a_0 & & & \\
a_2 & \Delta^2 a_1 & & \ddots\ \Delta^k a_0 & & \\
\;\Delta a_2 & & \Delta^3 a_1 & & & \\
a_3 & \Delta^2 a_2 & & \ddots\ \ \Delta^k a_1 & \ddots & \\
\;\vdots & & \vdots & \vdots & \Delta^n a_0 & \\
\vdots & \vdots & & \Delta^k a_{n-k} & \cdot^{\cdot^{\cdot}} & \\
 & & \Delta^3 a_{n-3} \cdot^{\cdot^{\cdot}} & & & \\
 & \Delta^2 a_{n-2} & & & & \\
\;\Delta a_{n-1} & & & & & \\
a_n & & & & &
\end{array} \tag{1.53b}$$

对于其通项与前 n 项和, 有下述公式成立:

$$a_i = a_0 + \binom{i}{1}\Delta a_0 + \binom{i}{2}\Delta^2 a_0 + \cdots + \binom{i}{k}\Delta^k a_0 \quad (i = 1, 2, \cdots, n), \tag{1.53c}$$

$$s_n = \binom{n+1}{1} a_0 + \binom{n+1}{2}\Delta a_0 + \binom{n+1}{3}\Delta^2 a_0 + \cdots + \binom{n+1}{k+1}\Delta^k a_0. \tag{1.53d}$$

1.2.3 等比级数

和式 (1.51) 称为等比级数, 若其项构成等比数列, 即相邻两项的比值为常数:

$$\frac{a_{i+1}}{a_i} = q = \text{常数}, \quad \text{故} \quad a_i = a_0 q^i. \tag{1.54a}$$

因此

$$s_n = a_0 + a_0 q + a_0 q^2 + \cdots + a_0 q^n = a_0 \frac{q^{n+1} - 1}{q - 1} \quad (q \neq 1), \tag{1.54b}$$

$$s_n = (n+1) a_0 \quad (q = 1). \tag{1.54c}$$

当 $n \to \infty$ 时 (参见第 616 页 7.2.1.1, 2.), 上式是无穷等比级数, 若 $|q| < 1$, 级数有极限, 且极限值称为和 s:

$$s = \frac{a_0}{1 - q}. \tag{1.54d}$$

1.2.4 特殊的有限级数

$$1+2+3+\cdots+(n-1)+n=\frac{n(n+1)}{2}, \tag{1.55}$$

$$p+(p+1)+(p+2)+\cdots+(p+n)=\frac{(n+1)(2p+n)}{2}, \tag{1.56}$$

$$1+3+5+\cdots+(2n-3)+(2n-1)=n^2, \tag{1.57}$$

$$2+4+6+\cdots+(2n-2)+2n=n(n+1), \tag{1.58}$$

$$1^2+2^2+3^2+\cdots+(n-1)^2+n^2=\frac{n(n+1)(2n+1)}{6}, \tag{1.59}$$

$$1^3+2^3+3^3+\cdots+(n-1)^3+n^3=\frac{n^2(n+1)^2}{4}, \tag{1.60}$$

$$1^2+3^2+5^2+\cdots+(2n-1)^2=\frac{n(4n^2-1)}{3}, \tag{1.61}$$

$$1^3+3^3+5^3+\cdots+(2n-1)^3=n^2(2n^2-1), \tag{1.62}$$

$$1^4+2^4+3^4+\cdots+n^4=\frac{n(n+1)(2n+1)(3n^2+3n-1)}{30}, \tag{1.63}$$

$$1+2x+3x^2+\cdots+nx^{n-1}=\frac{1-(n+1)x^n+nx^{n+1}}{(1-x)^2} \quad (x\neq 1). \tag{1.64}$$

1.2.5 均值

参见第 1088 页 16.3.2.2, 1.和第 1108 页 16.4.1.3, 1..

1.2.5.1 算术平均或算术平均值

n 个数 $a_1, a_2, \cdots, a_n$ 的算术平均值是

$$x_{\mathrm{A}}=\frac{a_1+a_2+\cdots+a_n}{n}=\frac{1}{n}\sum_{k=1}^{n}a_k. \tag{1.65a}$$

对于两个数 a 和 b, 有

$$x_{\mathrm{A}}=\frac{a+b}{2}. \tag{1.65b}$$

数值 a, x_{A}, b 构成等差数列.

1.2.5.2 几何平均或几何平均值

n 个正数 $a_1, a_2, \cdots, a_n$ 的几何平均值是

$$x_{\mathrm{G}}=\sqrt[n]{a_1a_2\cdots a_n}=\left(\prod_{k=1}^{n}a_k\right)^{\frac{1}{n}}. \tag{1.66a}$$

对于两个正数 a 和 b, 有

$$x_{\mathrm{G}}=\sqrt{ab}. \tag{1.66b}$$

数值 a, x_{G}, b 构成等比数列. 若 a 和 b 是给定的直线段, 则可借助于图 1.3(a)或图 1.3(b)中的任一种方式构造长度为 $x_{\mathrm{G}}=\sqrt{ab}$ 的线段.

根据黄金分割, 几何平均值的一种特殊情形可通过分割直线段得到 (参见第 260 页 3.5.2.3, (3)).

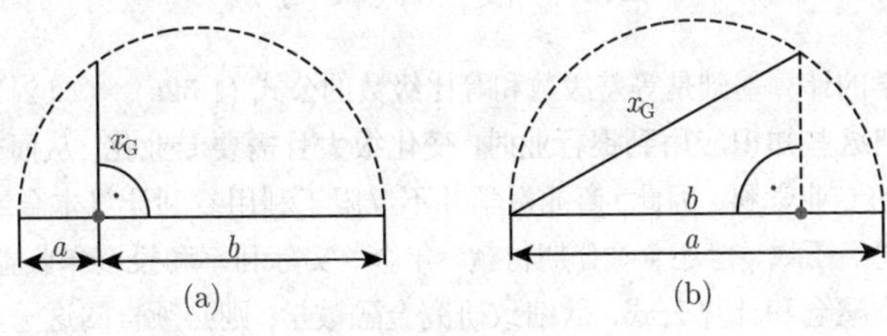

图 1.3

1.2.5.3 调和平均

n 个数 $a_1,a_2,\cdots,a_n(a_i\neq 0;i=1,2,\cdots,n)$ 的调和平均值是

$$x_{\mathrm{H}}=\left[\frac{1}{n}\left(\frac{1}{a_1}+\frac{1}{a_2}+\cdots+\frac{1}{a_n}\right)\right]^{-1}=\left[\frac{1}{n}\sum_{k=1}^{n}\frac{1}{a_k}\right]^{-1}. \tag{1.67a}$$

对于两个数 a 和 b, 有

$$x_{\mathrm{H}}=\left[\frac{1}{2}\left(\frac{1}{a}+\frac{1}{b}\right)\right]^{-1},\quad x_{\mathrm{H}}=\frac{2ab}{a+b}. \tag{1.67b}$$

1.2.5.4 二次均值

n 个数 $a_1,a_2,\cdots,a_n$ 的**二次均值**是

$$x_{\mathrm{Q}}=\sqrt{\frac{1}{n}(a_1^2+a_2^2+\cdots+a_n^2)}=\sqrt{\frac{1}{n}\sum_{k=1}^{n}a_k^2}. \tag{1.68a}$$

对于两个数 a 和 b, 有

$$x_{\mathrm{Q}}=\sqrt{\frac{a^2+b^2}{2}}. \tag{1.68b}$$

二次均值在观测误差理论中很重要.

1.2.5.5 两个正数均值之间的关系

对于 $x_{\mathrm{A}}=\dfrac{a+b}{2}$, $x_{\mathrm{G}}=\sqrt{ab}$, $x_{\mathrm{H}}=\dfrac{2ab}{a+b}$, $x_{\mathrm{Q}}=\sqrt{\dfrac{a^2+b^2}{2}}$, 有

(1) 若 $a<b$, 则

$$a<x_{\mathrm{H}}<x_{\mathrm{G}}<x_{\mathrm{A}}<x_{\mathrm{Q}}<b, \tag{1.69a}$$

(2) 若 $a=b$, 则

$$a=x_{\mathrm{A}}=x_{\mathrm{G}}=x_{\mathrm{H}}=x_{\mathrm{Q}}=b. \tag{1.69b}$$

1.3 商业数学

商业数学的计算基础是等差级数和等比级数的公式 (1.52a)—(1.52c)、(1.54a)—(1.54d), 但把这些知识应用到银行业时, 变化很大且需要专业化, 从而也创建了使用专门术语的专业学科. 因此, 商业数学并不仅限于利用复利计算本金或计算年金, 也包括对利息、还款、偿还金、分期付款、年金、实际利率和投资年收益率的计算. 下面讨论基本概念和计算公式. 欲细致研究金融数学, 则必须查阅这一主题的相关文献 (参见 [1.2], [1.9]).

保险数学和风险论运用概率论和数理统计方法, 且代表独立学科, 故此处暂不讨论 (参见 [1.3], [1.4]).

1.3.1 利息或百分率的计算

1.3.1.1 百分率或利息

K 的*百分之p* 指 $\frac{p}{100}K$, 其中, K 表示商业数学中的*本金*, 百分比的符号是%, 即有下述等式成立:

$$p\%=\frac{p}{100} \quad 或 \quad 1\%=0.01. \tag{1.70}$$

1.3.1.2 增量

若 K 增加 $p\%$, 则增值是

$$\widetilde{K}=K\left(1+\frac{p}{100}\right). \tag{1.71}$$

增量$K\frac{p}{100}$ 和新值 $\widetilde{K}$ 相关, 其比值是 $K\frac{p}{100}:\widetilde{K}=\tilde{p}:100$, 故 $\widetilde{K}$ 包含增量的百分比是

$$\tilde{p}=\frac{p\cdot 100}{100+p}. \tag{1.72}$$

■ 某商品定价€200, 增加 15% 的附加费, 最终价格是€230. 对消费者来说, 该价格包含了 $\tilde{p}=\frac{15\cdot 100}{115}=13.04$, 即 13.04%的增量.

1.3.1.3 打折或降价

对数值 K 按*折扣率$p\%$* 进行降价, 折后价是

$$\widetilde{K}=K\left(1-\frac{p}{100}\right). \tag{1.73}$$

比较降价 $K\frac{p}{100}$ 和新值 $\widetilde{K}$, 可得折扣的百分比是

$$\tilde{p}=\frac{p\cdot 100}{100-p}. \tag{1.74}$$

■ 某商品定价€300, 给出 10% 的折扣, 则现售价为€270. 对消费者来说, 该价格包含了 $\tilde{p}=\frac{10\cdot 100}{90}=11.11$, 即 11.11% 的折扣.

1.3.2 复利的计算

1.3.2.1 利息

利息是使用贷款的应付款项或应收账款的收益. 把本金 K 置于整个利息周期(通常是一年), 则在利息周期末, 应支付利息

$$K\frac{p}{100}, \tag{1.75}$$

其中, p 是利息周期的利率, 通常说对本金 K 支付 $p\%$ 的利息.

1.3.2.2 复利

复利指对本金以及尚未支付或收回的任何利息都要计算利息. 它是两个或更多个周期的本金利润. 通过利息增加的本金利息, 称为复利.

下面讨论依赖于本金变化的各种投资情况.

1. 单一储蓄

本金 K 以年复利计息, n 年后终值为 K_n, 则第 n 年年末 K_n 为

$$K_n=K\left(1+\frac{p}{100}\right)^n. \tag{1.76}$$

作为基本记法, 替换 $1+\frac{p}{100}=q$, q 称为累积因子或增长因子.

可依照任何时间周期计算复利: 年度、半年、月、日等. 把年分成 m 个等利息周期, 利息在每一周期末增加到本金 K, 则一个利息周期的利息是 $K\frac{p}{100m}$, n 年后, 经过 m 个利息周期, 本金增至

$$K_{m\cdot n}=K\left(1+\frac{p}{100m}\right)^{m\cdot n}. \tag{1.77}$$

数值 $1+\frac{p}{100}$ 称为名义利率, $\left(1+\frac{p}{100m}\right)^m$ 称为实利率.

■ 本金€5000, 年名义利率是 7.2%, 6 年内将增至

a) 按年度复利: $K_6=5000(1+0.072)^6=€7588.20$;

b) 按月度复利: $K_{72}=5000(1+0.072/12)^{72}=€7691.74$.

2. 定期储蓄

相等的时间间隔内存入相同数量资金 E. 相等时间间隔的投资周期必须等于利息支付周期. 可在间隔周期开始或结尾进行储蓄, 则在第 n 个利息周期末, 余额 K_n 是

a) **在开始储蓄**

$$K_n = Eq\frac{q^n - 1}{q - 1}. \tag{1.78a}$$

b) **在期末储蓄**

$$K_n = E\frac{q^n - 1}{q - 1}. \tag{1.78b}$$

3. 一年内储蓄

把一年或一个利息周期分成 m 个等周期, 在每个周期的开始或期末, 储蓄相同数量 E, 直至年末计算利息, 按照这种形式, 一年后, 余额 K_1 是

a) **在开始储蓄**

$$K_1 = E\left[m + \frac{(m+1)p}{200}\right]. \tag{1.79a}$$

b) **在期末储蓄**

$$K_1 = E\left[m + \frac{(m-1)p}{200}\right]. \tag{1.79b}$$

第 2 年, 整个 K_1 值产生利息, 进一步储蓄, 且类似于第一年的方式增加利息, n 年后, 对中期存款和年利息支付方式的存款余额 K_n 为

a) **在开始储蓄**

$$K_n = E\left[m + \frac{(m+1)p}{200}\right]\frac{q^n - 1}{q - 1}. \tag{1.80a}$$

b) **在期末储蓄**

$$K_n = E\left[m + \frac{(m-1)p}{200}\right]\frac{q^n - 1}{q - 1}. \tag{1.80b}$$

■ 储户以 $p = 5.2\%$ 的年利率每月末储蓄€1000, 问多少年后, 可增至€500000?

比如, 根据 (1.80b) 式, 由 $500000 = 1000\left(12 + \frac{11 \cdot 5.2}{200}\right) \cdot \frac{1.052^n - 1}{0.052}$, 可得答案, $n = 22.42$ 年.

1.3.3 分期付款的计算

1.3.3.1 分期付款

分期付款是一种信用还款, 假设:

(1) 债务S, 债务人在利息周期末以 $p\%$ 的利息还债.

(2) N 个利息周期后, 还清全部债务.

债务人的还债包括每个利息周期的利息和本金还款. 若利息周期是一年, 整年内的支付数量称为年金.

债务人有各种还债方式, 比如, 可在利息日或其间还款; 还款数额可次次不同, 或整个还款期间还款数额始终为常数.

1.3.3.2 等额本金还款

年内进行分期付款, 但不计算中期复利. 使用下述记号:

- 债务 S(在每期末以 $p\%$ 的利息还款),
- $T = \dfrac{S}{mN}$ 本金还款 ($T =$ 常数),
- m 是一个利息周期内的还款次数,
- N 是直到债务全部还完时的利息周期数.

除了本金还款, 债务人也可以实行利息还债:

a) 第 n 个利息周期的利息Z_n

$$Z_n = \frac{pS}{100}\left[1 - \frac{1}{N}\left(n - \frac{m+1}{2m}\right)\right]. \tag{1.81a}$$

b) 对于 mN 期债务S, N 个利息周期内, 利率为$p\%$, 需支付的全部利息 Z:

$$Z = \sum_{n=1}^{N} Z_n = \frac{pS}{100}\left[\frac{N-1}{2} + \frac{m+1}{2m}\right]. \tag{1.81b}$$

■ 债务€60000, 年利率是 8%, 60 个月进行本金还款, 应在每月月末还款€1000. 每年年末的实际利息是多少呢? 根据 (1.81a) 式计算每年的利息, $S = 60000, p = 8$, $N = 5$, $m = 12$, 结果列举如下.

第 1 年: $Z_1 =$ € 4360

第 2 年: $Z_2 =$ € 3400

第 3 年: $Z_3 =$ € 2440

第 4 年: $Z_4 =$ € 1480

第 5 年: $Z_5 =$ € 520

$Z =$ €12200

也可由 (1.81b) 式计算总利息, $Z = \dfrac{8 \cdot 60000}{100}\left(\dfrac{5-1}{2} + \dfrac{13}{24}\right) =$ €12200.

1.3.3.3 等额年金

对于等额本金还款 $T = \dfrac{S}{mN}$, 支付的利息在还款期限内逐渐减少 (见前例). 与此相反, 在等额年金情形下, 每个利息周期内偿还的数量相同. 常数年金 A 包括需偿还的本金和利息, 即在整个还款周期内, 债务人的还债是同一数量.

使用记号:

- 债务 S(在每期末以 $p\%$ 的利息还款),
- 任一利息周期的年金 A(A 是常数),
- a 是一次分期付款额, 每个利息周期内还款 m 次 (a 是常数),
- $q=1+\dfrac{p}{100}$ 是累积因子.

n 个利息周期后, 剩余的债务 S_n 是

$$S_n=Sq^n-a\left[m+\frac{(m-1)p}{200}\right]\frac{q^n-1}{q-1}, \tag{1.82}$$

其中, Sq^n 表示经过 n 次复利的利息周期后, 债务 S 的值 (参见 (1.78) 式). (1.82) 式的第二项给出使用复利计算的中期还款 a 的值 (参见 (1.80b) 式, 且 $E=a$). 对于年金有

$$A=a\left[m+\frac{(m-1)p}{200}\right], \tag{1.83}$$

其中, 还款 A 即指每次还款 a, 还款 m 次. 由 (1.83) 式, 可推出 $A\geqslant ma$. 由于 N 次利息周期后, 债务必须全部还清, 根据 (1.82) 式及 $S_N=0$, 考虑 (1.83) 式, 对于年金有

$$A=Sq^N\frac{q-1}{q^N-1}=S\frac{q-1}{1-q^{-N}}. \tag{1.84}$$

为解决商业数学问题, 由 (1.84) 式, 对数量 A, S, q, N, 知道其中任意三个, 可计算另一个.

■ **A:** 贷款€60000, 年利率是 8%, 等额分期付款 5 年内还清, 问年金 A 和月还款额 a 是多少? 由 (1.84) 式和 (1.83) 式, 可得

$$A=60000\frac{0.08}{1-\dfrac{1}{1.08^5}}=€15027.39,\quad a=\frac{15027.39}{12+\dfrac{11.8}{200}}=€1207.99.$$

■ **B:** 贷款 $S=€100000$, 以等额年金方式和 7.5% 的利率, 在 $N=8$ 年内还清, 每年末须支付€5000 的额外还款. 月还款额将是多少? 根据 (1.84) 式可推出, 每年的年金 A

$$A=100000\frac{0.075}{1-\dfrac{1}{1.075^8}}=€17072.70.$$

由于 A 包含了 12 个月的分期付款 a, 以及每年年末的额外还款€5000, 由 (1.83) 式, $A=a\left(12+\dfrac{11\cdot 7.5}{200}\right)+5000=17072.70$, 故月还款额 $a=€972.62$.

1.3.4 年金的计算

1.3.4.1 年金

若定期在相同的时间间隔内进行系列还款, 在间隔开始或期末, 以相等或变化的数量还款, 称为*年金支付*. 需要区分:

a) **分期付款** 周期付款, 称为租金, 分期偿还且产生复利, 因此可使用 1.3.2 节的公式.

b) **收款** 租金由产生复利的资金生成, 此时可使用 1.3.3 节的年金计算公式, 其中, 年金称为租金. 若支付的实际利息不超过租金, 称为*永久年金*.

租金还款 (储蓄和报酬) 可在利息期限内或在利息周期内较短的时间间隔, 即一年内进行.

1.3.4.2 普通年金的终值

计息日和还款日应该一致. 以 $p\%$ 的复利计算利息, 分期还款 (租金) 总是相同的, 都为 R. *普通年金的终值*R_n, 即 n 个周期后, 定期储蓄的数量将增至:

$$R_n = R\frac{q^n - 1}{q-1} \quad \text{且} \quad q = 1 + \frac{p}{100}. \tag{1.85}$$

普通年金的现值R_0 是第一个利息周期 (一次) 开始时应支付的数量, n 个周期内, 以复利达到终值 R_n:

$$R_0 = \frac{R_n}{q^n} \quad \text{且} \quad q = 1 + \frac{p}{100}. \tag{1.86}$$

■ 某人从公司每年年末索要€5000, 周期为 10 年. 第一次支付前, 公司宣布破产. 从破产资产管理处只能获得普通年金的现值 R_0. 若年利息为 4%, 此人可得

$$R_0 = \frac{1}{q^n}R\frac{q^n-1}{q-1} = R\frac{1-q^{-n}}{q-1} = 5000\frac{1-1.04^{-10}}{0.04} = €40554.48.$$

1.3.4.3 n 次年金支付后的余额

对于普通的年金支付, 资金 K 按 $p\%$ 的利息处置. 任一利息周期后, 支付数量为 r. n 次利息周期即 n 次租金还款后, 余额 K_n 为

$$K_n = Kq^n - R_n = Kq^n - r\frac{q^n-1}{q-1} \quad \text{且} \quad q = 1 + \frac{p}{100}. \tag{1.87a}$$

根据 (1.87a) 式进行计算:

$$r = K\frac{p}{100}. \tag{1.87b}$$

因此 $K_n = K$, 故资金不变, 这是*永久年金*情形.

$$r > K\frac{p}{100}. \tag{1.87c}$$

N 次租金还款后, 资金将全部用完. 由 (1.87a) 式, 可推出 $K_N = 0$:

$$K = \frac{r}{q^N}\frac{q^N - 1}{q - 1}. \tag{1.87d}$$

若计算中期利息, 且支付中期租金, 最初的利息周期被分成 m 个等间隔, 则在公式 (1.85)—(1.87a) 中, n 被 mn 代替, 相应地, $q = 1 + \frac{p}{100}$ 被 $q = 1 + \frac{p}{100m}$ 代替.

■ 20 年间, 每月末应存多少钱, 才能使得 20 年内每月将收付租金€2000? 利息周期是月, 利率为 0.5%.

由 (1.87d) 式, 可推出 $n = 20 \cdot 12 = 240$, 必须计算预期付款之和 K: $K = \frac{2000}{1.005^{240}}\frac{1.005^{240} - 1}{0.005} = €279161.54$. 由 (1.85) 式, 可给出必需的月储蓄额 R: $R_{240} = 279161.54 = R\frac{1.005^{240} - 1}{0.005}$, 即 $R = €604.19$.

1.3.5 折旧

1.3.5.1 折旧法

折旧这一术语多数用来指由于陈旧过时或物质因素, 资产的服务潜能在某年内有所下降. 折旧是把报告年度开始时的*原值* (*原价*)减少到年末*残值*的一种方法.

使用下述概念:

- A 为折旧基数,
- N 为有效期限 (以年给出),
- R_n 为n 年后的残值 ($n \leqslant N$),
- $a_n (n = 1, 2, \cdots, N)$ 为第 n 年的折旧率.

折旧法不同于其他基于*分期偿还率*的方法:

- *直线法*, 即年率相等,
- *递减分摊法*, 即年率递减.

1.3.5.2 直线法

年折旧是常数, 即对分期偿还率 a_n 和 n 年后的剩余值 R_n, 有

$$a_n = \frac{A - R_N}{N} = a, \tag{1.88}$$

$$R_n = A - n\frac{A - R_N}{N} \quad (n = 1, 2, \cdots, N). \tag{1.89}$$

用 $R_N = 0$ 进行替换, 则 N 年后给定事物的价值减小到 0, 即完全折旧.

■ 一台机器的购买价是 $A = €50000$, 5 年内将折价到 $R_5 = €10000$. 根据 (1.88) 和 (1.89) 式, 线性折旧生成下述*分摊表*, 表格显示, 对于实际原价的累积折旧率逐渐增大.

	折旧基数	折旧额	残值	对折旧基数的累积折旧率 (%)
1 年	50000	8000	42000	16.0
2 年	42000	8000	34000	19.0
3 年	34000	8000	26000	23.5
4 年	26000	8000	18000	30.8
5 年	18000	8000	10000	44.4

1.3.5.3 余额算术递减折旧法

这种情况下, 折旧不是常数. 它以相同数量 d(即所谓倍数) 逐年减小. 第 n 年的折旧满足:

$$a_n = a_1 - (n-1)d \quad (n = 2, 3, \cdots, N+1; a_1 \text{ 和 } d \text{ 已知}). \tag{1.90}$$

对于等式 $A - R_N = \sum\limits_{n=1}^{N} a_n$, 由以前的方程可推出:

$$d = \frac{2\left[Na_1 - (A - R_N)\right]}{N(N-1)}. \tag{1.91}$$

当 $d = 0$ 时, 即直线折旧的特殊情形. 若 $d > 0$, 由 (1.91) 式可推出

$$a_1 > \frac{A - R_N}{N} = a, \tag{1.92}$$

其中, a 是直线折旧的折旧率. 余额算术递减折旧法的第一个折旧率 a_1 必须满足下述不等式:

$$\frac{A - R_N}{N} < a_1 < 2\frac{A - R_N}{N}. \tag{1.93}$$

■ 购买价为€50000 的机器在 5 年内按照算术递减折旧法折价到€10000. 第一年应折旧€15000. 根据给定公式可算出下述折旧表, 表格显示, 除了最后一个数值, 折旧率大致相等.

	折旧基数	折旧额	残值	对折旧基数的折旧率 (%)
1 年	50000	15000	35000	30.0
2 年	35000	11500	23500	32.9
3 年	23500	8000	15500	34.0
4 年	15500	4500	11000	29.0
5 年	11000	1000	10000	9.1

1.3.5.4 余额数字递减折旧法

数字折旧是算术递减折旧的特殊情况, 此时需要最后的折旧率 a_N 等于倍数 d. 由 $a_N = d$ 可推出

$$d = \frac{2(A - R_N)}{N(N+1)}, \tag{1.94a}$$

$$a_1 = Nd,\ a_2 = (N-1)d, \cdots, a_N = d. \tag{1.94b}$$

■ 机器的购买价是 $A =$€50000, 5 年内按照数字折旧法折价到 $R_5 =$ €10000.

根据给定公式可算出下述折旧表, 表格显示, 折旧率大致相等.

	折旧基数	折旧额	残值	对折旧基数的折旧率 (%)
1 年	50000	$a_1 = 5d = 13335$	36665	26.7
2 年	36665	$a_2 = 4d = 10668$	25997	29.1
3 年	25997	$a_3 = 3d = 8001$	17996	30.8
4 年	17996	$a_4 = 2d = 5334$	12662	29.6
5 年	12662	$a_5 = d = 2667$	9995	21.1

1.3.5.5 余额几何递减折旧法

对于几何递减折旧法, 每年折旧实际价格的 $p\%$. n 年后的残值 R_n 为

$$R_n = A\left(1 - \frac{p}{100}\right)^n \quad (n = 1, 2, \cdots). \tag{1.95}$$

A(购置成本) 通常是已知的. 资产的有效期限是 N 年. 对于数量 R_N, p 和 N, 若已知两个, 则由 (1.95) 式可计算出第三个.

■ **A:** 购买价为€50000 的机器以 10% 的年率几何折旧, 几年后其值将首次降至€10000 以下? 根据 (1.95) 式可得

$$N = \frac{\ln\left(\dfrac{10000}{50000}\right)}{\ln(1 - 0.1)} = 15.27(\text{年}).$$

■ **B:** 购买价 $A =$€1000, 对于 $n = 1, 2, \cdots, 10$ 年, 残值 R_n 分别按下述方式折旧: ①直线, ②算术递减, ③ 几何递减, 结果见图 1.4.

1.3.5.6 不同类型分期折旧的折旧法

在几何递减折旧情形, 对于有限的 n, 残值不能等于 0, 因此, 经过一定时间后, 如经过 m 年, 几何递减折旧变换成直线折旧是合理的. m 是待确定的量, 从这一时

刻起, 几何递减折旧率小于直线折旧率. 根据这一要求, 可推出

$$m > N - \frac{100}{p}. \tag{1.96}$$

此时, m 是几何递减折旧的最后一年, N 是当残值为 0 时, 线性折旧的最后一年.

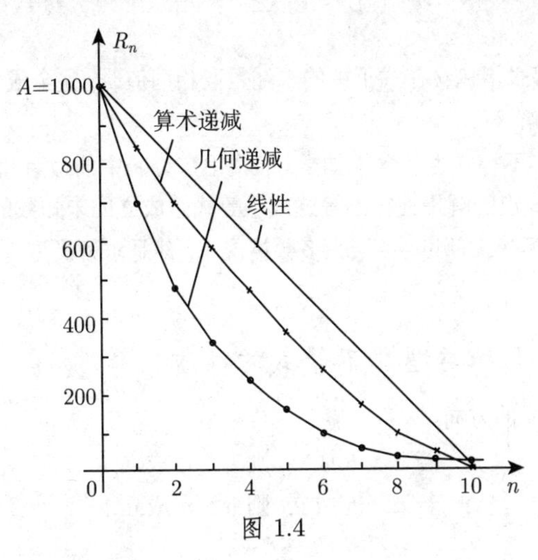

图 1.4

■ 购买价为€50000 的机器, 欲在 15 年内折旧到 0, 前 m 年以残值的 14%, 按照几何递减方式折旧, 然后以直线法折旧. 由 (1.96) 式可推出 $m > 15 - \frac{100}{14} = 7.86$, 即 $m = 8$ 年后, 变换成直线折旧比较合理.

1.4 不 等 式

1.4.1 纯不等式

1.4.1.1 定义

1. 不等式

不等式是对两个实代数式的比较, 用下述符号之一表示:

类型Ⅰ	$>$	(“大于”)	类型Ⅱ	$<$	(“小于”)
类型Ⅲ	$\neq$	(“不等于”)	类型Ⅲ a	$\gtrless$	(“大于或小于”)
类型Ⅳ	$\geqslant$	(“大于或等于”)	类型Ⅳ a	$\nless$	(“不小于”)
类型Ⅴ	$\leqslant$	(“小于或等于”)	类型Ⅴ a	$\ngtr$	(“不大于”)

符号Ⅲ和Ⅲ a, Ⅳ和Ⅳ a, Ⅴ和Ⅴ a 含义相同, 故它们可互相代替. 符号Ⅲ也可以用于 “大于” 或 “小于” 无法定义的那类量, 比如复数或向量, 但在这种情况下, 不能用Ⅲ a 代替.

2. 恒等不等式, 同向不等式和反向不等式, 等价不等式

(1) **恒等不等式**指式子中字母取任意值时都成立的不等式.

(2) **同向不等式**属于前两个中的同一类型, 即都属于类型 I 或都属于类型 II.

(3) **反向不等式**属于前两个中的不同类型, 即一个属于类型 I, 另一个属于类型 II.

(4) **等价不等式**指包含在式子中的未知数取相同值时, 完全成立的不等式.

3. 不等式的解

与等式相似, 不等式也包含未知数, 通常用字母表中的最后几个字母表示. 不等式的解或不等式组的解指使得不等式或不等式组成立的未知数的变化范围.

任何类型的不等式都可求解, 大多数情况下, 都是求解类型 I 和类型 II 的纯不等式.

1.4.1.2 类型 I 和类型 II 不等式的性质

1. 改变不等号的方向

$$若\ a > b\ 成立, 则\ b < a\ 成立; \tag{1.97a}$$

$$若\ a < b\ 成立, 则\ b > a\ 成立. \tag{1.97b}$$

2. 传递性

$$若\ a > b\ 和\ b > c\ 成立, 则\ a > c\ 成立; \tag{1.98a}$$

$$若\ a < b\ 和\ b < c\ 成立, 则\ a < c\ 成立. \tag{1.98b}$$

3. 加减同一个量

$$若\ a > b\ 成立, 则\ a \pm c > b \pm c\ 成立; \tag{1.99a}$$

$$若\ a < b\ 成立, 则\ a \pm c < b \pm c\ 成立. \tag{1.99b}$$

不等式两边同时加上或减去相同的量, 不等号的方向不变.

4. 不等式的加法

$$若\ a > b\ 和\ c > d\ 成立, 则\ a + c > b + d\ 成立; \tag{1.100a}$$

$$若\ a < b\ 和\ c < d\ 成立, 则\ a + c < b + d\ 成立. \tag{1.100b}$$

两个同向不等式可以相加.

5. 不等式的减法

$$若\ a > b\ 和\ c < d\ 成立, 则\ a - c > b - d\ 成立; \tag{1.101a}$$

$$若\ a < b\ 和\ c > d\ 成立, 则\ a - c < b - d\ 成立. \tag{1.101b}$$

反向不等式可以相减, 结果与第一个不等式的方向一致. 同向不等式不能相减.

6. 不等式乘以和除以同一个量

$$若\ a > b\ 和\ c > 0\ 成立, 则\ ac > bc\ 和\ \frac{a}{c} > \frac{b}{c}\ 成立; \tag{1.102a}$$

$$若\ a < b\ 和\ c > 0\ 成立, 则\ ac < bc\ 和\ \frac{a}{c} < \frac{b}{c}\ 成立; \tag{1.102b}$$

$$若\ a > b\ 和\ c < 0\ 成立,\ 则\ ac < bc\ 和\ \frac{a}{c} < \frac{b}{c}\ 成立; \tag{1.102c}$$

$$若\ a < b\ 和\ c < 0\ 成立,\ 则\ ac > bc\ 和\ \frac{a}{c} > \frac{b}{c}\ 成立. \tag{1.102d}$$

不等式的两边同时乘以或除以一个正数, 不等号的方向不变. 同时乘以或除以一个负数, 不等号的方向改变.

7. 不等式和倒数

$$若\ 0 < a < b\ 或\ a < b < 0\ 成立,\ 则\ \frac{1}{a} > \frac{1}{b}\ 成立. \tag{1.103}$$

1.4.2 特殊不等式

1.4.2.1 实数的三角不等式

对于任意实数 a, b 和 $a_1, a_2, \cdots, a_n \in \mathbb{R}$, 有以下不等式成立

$$|a+b| \leqslant |a| + |b|; \tag{1.104}$$

$$|a_1 + a_2 + \cdots + a_n| \leqslant |a_1| + |a_2| + \cdots + |a_n|. \tag{1.105}$$

两个或多个实数和的绝对值小于等于其绝对值之和, 当且仅当被加数的符号相同时, 等式成立.

1.4.2.2 复数的三角不等式

对于 n 个复数 $z_1, z_2, \cdots, z_n \in \mathbb{C}$, 有

$$|z_1 + z_2| \leqslant |z_1| + |z_2| \tag{1.106}$$

$$|z_1 + z_2 + \cdots + z_n| \leqslant |z_1| + |z_2| + \cdots + |z_n|. \tag{1.107}$$

1.4.2.3 实数和复数差的绝对值不等式

对于任意实数 $a, b \in \mathbb{R}$, 有不等式

$$||a| - |b|| \leqslant |a - b| \leqslant |a| + |b|. \tag{1.108a}$$

两个实数之差的绝对值小于等于其绝对值之和, 但大于等于其绝对值之差的绝对值. 对于任意两个复数 $z_1, z_2 \in \mathbb{C}$, 有

$$||z_1| - |z_2|| \leqslant |z_1 - z_2| \leqslant |z_1| + |z_2|. \tag{1.108b}$$

1.4.2.4 算术平均和几何平均不等式

$$\frac{a_1 + a_2 + \cdots + a_n}{n} \geqslant \sqrt[n]{a_1 a_2 \cdots a_n}, \quad 其中 \quad a_i > 0. \tag{1.109}$$

n 个正数的算术平均值大于等于其几何平均值, 当且仅当 n 个数全部相等时, 等式成立.

1.4.2.5 算术平均和二次均值不等式

$$\left|\frac{a_1+a_2+\cdots+a_n}{n}\right| \leqslant \sqrt{\frac{a_1^2+a_2^2+\cdots+a_n^2}{n}}. \tag{1.110}$$

n 个数算术平均值的绝对值小于等于其二次均值.

1.4.2.6 实数不同平均值的不等式

对于两个正实数 a 和 b 的调和平均值、几何平均值、算术平均值和二次均值, 当 $a<b$ 时, 有下述不等式成立 (也可参见第 25 页 1.2.5.5):

$$a<x_{\mathrm{H}}<x_{\mathrm{G}}<x_{\mathrm{A}}<x_{\mathrm{Q}}<b, \tag{1.111a}$$

其中

$$x_{\mathrm{A}}=\frac{a+b}{2},\quad x_{\mathrm{G}}=\sqrt{ab},\quad x_{\mathrm{H}}=\frac{2ab}{a+b},\quad x_{\mathrm{Q}}=\sqrt{\frac{a^2+b^2}{2}}. \tag{1.111b}$$

1.4.2.7 伯努利不等式

对于任意实数 $a \geqslant -1$ 和整数 $n \geqslant 1$, 有

$$(1+a)^n \geqslant 1+na. \tag{1.112}$$

当且仅当 $n=1$ 或 $a=0$ 时, 等式成立.

1.4.2.8 二项式不等式

对任意实数 $a,b\in\mathbb{R}$, 有

$$|ab| \leqslant \frac{1}{2}(a^2+b^2). \tag{1.113}$$

1.4.2.9 柯西–施瓦茨不等式

1. 柯西–施瓦茨实数不等式

对于任意实数 $a_i, b_j \in \mathbb{R}$, 有柯西–施瓦茨不等式成立:

$$|a_1b_1+a_2b_2+\cdots+a_nb_n| \leqslant \sqrt{a_1^2+a_2^2+\cdots+a_n^2}\sqrt{b_1^2+b_2^2+\cdots+b_n^2}, \tag{1.114a}$$

或

$$(a_1b_1+a_2b_2+\cdots+a_nb_n)^2 \leqslant \left(a_1^2+a_2^2+\cdots+a_n^2\right)\left(b_1^2+b_2^2+\cdots+b_n^2\right). \tag{1.114b}$$

对于有 n 个实数的两个有限序列, 对应数乘积之和小于等于两组数平方和的平方根之积. 当且仅当 $a_1:b_1=a_2:b_2=\cdots=a_n:b_n$ 时, 等式成立.

若 $n=3$, 把 $\{a_1,a_2,a_3\}$ 和 $\{b_1,b_2,b_3\}$ 视为笛卡儿坐标系中的向量, 则柯西 - 施瓦茨不等式即指两向量内积的绝对值小于等于两向量绝对值之积. 若 $n>3$, 这一表述可扩展到 n 维欧几里得空间的向量.

2. 柯西–施瓦茨复数不等式

考虑到复数 $|z|^2=z^*z$(z^* 是 z 的复共轭数), 对于任意复数 $z_i,w_j\in\mathbb{C}$, 不等式 (1.114b) 也成立:

$$(z_1w_1+z_2w_2+\cdots+z_nw_n)^*(z_1w_1+z_2w_2+\cdots+z_nw_n)$$
$$\leqslant(z_1^*z_1+z_2^*z_2+\cdots+z_n^*z_n)(w_1^*w_1+w_2^*w_2+\cdots+w_n^*w_n). \quad (1.115)$$

3. 无穷收敛级数的柯西–施瓦茨不等式和柯西–施瓦茨积分不等式

对无穷收敛级数和某些积分, 也有类似于 (1.114b) 式的柯西–施瓦茨不等式:

$$\left(\sum_{n=1}^{\infty}a_nb_n\right)^2\leqslant\left(\sum_{n=1}^{\infty}a_n^2\right)\left(\sum_{n=1}^{\infty}b_n^2\right), \quad (1.116)$$

$$\left[\int_a^b f(x)\varphi(x)\mathrm{d}x\right]^2\leqslant\left(\int_a^b[f(x)]^2\,\mathrm{d}x\right)\left(\int_a^b[\varphi(x)]^2\,\mathrm{d}x\right). \quad (1.117)$$

1.4.2.10 切比雪夫不等式

若 $a_1,a_2,\cdots,a_n$ 和 $b_1,b_2,\cdots,b_n$ 是正实数, 则下述不等式成立:

$$\left(\frac{a_1+a_2+\cdots+a_n}{n}\right)\left(\frac{b_1+b_2+\cdots+b_n}{n}\right)\leqslant\frac{a_1b_1+a_2b_2+\cdots+a_nb_n}{n}, \quad (1.118a)$$

其中

$$a_1\leqslant a_2\leqslant\cdots\leqslant a_n,\quad b_1\leqslant b_2\leqslant\cdots\leqslant b_n,$$

或

$$a_1\geqslant a_2\geqslant\cdots\geqslant a_n,\quad b_1\geqslant b_2\geqslant\cdots\geqslant b_n,$$

且

$$\left(\frac{a_1+a_2+\cdots+a_n}{n}\right)\left(\frac{b_1+b_2+\cdots+b_n}{n}\right)\geqslant\frac{a_1b_1+a_2b_2+\cdots+a_nb_n}{n}, \quad (1.118b)$$

其中 $a_1\leqslant a_2\leqslant\cdots\leqslant a_n, b_1\geqslant b_2\geqslant\cdots\geqslant b_n$.

两个有限序列各有 n 个正数, 若两序列都是递增序列或递减序列, 则两序列的算术平均值之积小于等于其对应数之积的算术平均值; 但若一个序列递增, 另一个序列递减, 则其反向不等式成立.

1.4.2.11 广义切比雪夫不等式

若 $a_1, a_2, \cdots, a_n$ 和 $b_1, b_2, \cdots, b_n$ 是正实数, 则下述不等式成立:

$$\sqrt[k]{\frac{a_1^k+a_2^k+\cdots+a_n^k}{n}}\sqrt[k]{\frac{b_1^k+b_2^k+\cdots+b_n^k}{n}}\leqslant\sqrt[k]{\frac{(a_1b_1)^k+(a_2b_2)^k+\cdots+(a_nb_n)^k}{n}},\tag{1.119a}$$

其中

$$a_1\leqslant a_2\leqslant\cdots\leqslant a_n,\quad b_1\leqslant b_2\leqslant\cdots\leqslant b_n,$$

或

$$a_1\geqslant a_2\geqslant\cdots\geqslant a_n,\quad b_1\geqslant b_2\geqslant\cdots\geqslant b_n,$$

且

$$\sqrt[k]{\frac{a_1^k+a_2^k+\cdots+a_n^k}{n}}\sqrt[k]{\frac{b_1^k+b_2^k+\cdots+b_n^k}{n}}\geqslant\sqrt[k]{\frac{(a_1b_1)^k+(a_2b_2)^k+\cdots+(a_nb_n)^k}{n}},\tag{1.119b}$$

其中, $a_1\leqslant a_2\leqslant\cdots\leqslant a_n, b_1\geqslant b_2\geqslant\cdots\geqslant b_n$.

1.4.2.12 赫尔德不等式

1. 赫尔德级数不等式

若 p 和 q 是两个实数, 且满足 $\frac{1}{p}+\frac{1}{q}=1$, 设 $x_1, x_2, \cdots, x_n$ 和 $y_1, y_2, \cdots, y_n$ 是任意 $2n$ 个复数, 则下述不等式成立:

$$\sum_{k=1}^{n}|x_ky_k|\leqslant\left[\sum_{k=1}^{n}|x_k|^p\right]^{\frac{1}{p}}\left[\sum_{k=1}^{n}|y_k|^q\right]^{\frac{1}{q}}.\tag{1.120a}$$

对于可数的无限数对, 该不等式仍然成立:

$$\sum_{k=1}^{\infty}|x_ky_k|\leqslant\left[\sum_{k=1}^{\infty}|x_k|^p\right]^{\frac{1}{p}}\left[\sum_{k=1}^{\infty}|y_k|^q\right]^{\frac{1}{q}}.\tag{1.120b}$$

其中, 根据右边级数的收敛性可推出左边级数的收敛性.

2. 赫尔德积分不等式

若 $f(x)$ 和 $g(x)$ 是可测空间 (X, A, μ) 的两个可测函数 (参见第 907 页 12.9.2), 则下述不等式成立:

$$\int_X|f(x)g(x)|\,\mathrm{d}\mu\leqslant\left[\int_X|f(x)|^p\,\mathrm{d}\mu\right]^{\frac{1}{p}}\left[\int_X|g(x)|^q\,\mathrm{d}\mu\right]^{\frac{1}{q}}.\tag{1.120c}$$

1.4.2.13 闵可夫斯基不等式

1. 闵可夫斯基级数不等式

若 $p \geqslant 1$, $\{x_k\}_{k=1}^{k=\infty}$ 和 $\{y_k\}_{k=1}^{\infty}$ 是两列数, 且 $x_k, y_k \in \mathbb{C}$, 则有

$$\left[\sum_{k=1}^{\infty}|x_k+y_k|^p\right]^{\frac{1}{p}} \leqslant \left[\sum_{k=1}^{\infty}|x_k|^p\right]^{\frac{1}{p}} + \left[\sum_{k=1}^{\infty}|y_k|^p\right]^{\frac{1}{p}}. \tag{1.121a}$$

2. 闵可夫斯基积分不等式

若 $f(x)$ 和 $g(x)$ 是可测空间 (X, A, μ) 的两个可测函数 (参见第 907 页 12.9.2), 则有

$$\left[\int_X |f(x)+g(x)|^p \,\mathrm{d}\mu\right]^{\frac{1}{p}} \leqslant \left[\int_X |f(x)|^p \,\mathrm{d}\mu\right]^{\frac{1}{p}} + \left[\int_X |g(x)|^p \,\mathrm{d}\mu\right]^{\frac{1}{p}}. \tag{1.121b}$$

1.4.3 线性不等式和二次不等式的解

1.4.3.1 概述

可通过逐步变换成等价不等式求不等式的解. 与求方程的解类似, 不等式两边可同时加上相同的式子; 从形式上, 被加数从不等式的一边移到另一边, 符号发生改变. 而且可在不等式的两边同时乘以或除以一个非零式, 其中, 当式子为正值时, 不等号的方向不变, 反之, 若为负值, 则不等号的方向改变. 一次不等式始终可以变换为形式

$$ax > b. \tag{1.122}$$

二次不等式的最简形式为

$$x^2 > m \tag{1.123a}$$

或

$$x^2 < m \tag{1.123b}$$

且在一般情形下, 形式为

$$ax^2 + bx + c > 0 \tag{1.124a}$$

或

$$ax^2 + bx + c < 0. \tag{1.124b}$$

1.4.3.2 线性不等式

一次线性不等式 (1.122) 的解为

$$\text{当 } a > 0 \text{ 时, } x > \frac{b}{a} \tag{1.125a}$$

以及

$$\text{当 } a<0 \text{ 时}, x<\frac{b}{a}. \tag{1.125b}$$

■ $5x+3<8x+1,\quad 5x-8x<1-3,\quad -3x<-2,\quad x>\dfrac{2}{3}.$

1.4.3.3 二次不等式

形如

$$x^2>m \tag{1.126a}$$

和

$$x^2<m \tag{1.126b}$$

的二次不等式, 其解为

a) $x^2>m$:

当 $m \geqslant 0$ 时, 其解为 $x>\sqrt{m}$ 和 $x<-\sqrt{m}\,(|x|>\sqrt{m})$; (1.127a)

当 $m<0$ 时, 对任意 x, 不等式显然成立. (1.127b)

b) $x^2<m$:

当 $m>0$ 时, 其解为 $-\sqrt{m}<x<\sqrt{m}\,(|x|<\sqrt{m})$; (1.128a)

当 $m \leqslant 0$ 时, 不等式无解. (1.128b)

1.4.3.4 二次不等式的一般情形

$$ax^2+bx+c>0 \tag{1.129a}$$

或

$$ax^2+bx+c<0. \tag{1.129b}$$

不等式两边先除以 a. 若 $a<0$, 则不等号的方向改变, 但无论何种情形, 都可以归为形式

$$x^2+px+q<0 \tag{1.129c}$$

或

$$x^2+px+q>0. \tag{1.129d}$$

配方可得

$$\left(x+\frac{p}{2}\right)^2<\left(\frac{p}{2}\right)^2-q \tag{1.129e}$$

或

$$\left(x+\frac{p}{2}\right)^2>\left(\frac{p}{2}\right)^2-q. \tag{1.129f}$$

用 z 替换 $x+\dfrac{p}{2}$, 用 m 替换 $\left(\dfrac{p}{2}\right)^2-q$, 可得不等式

$$z^2<m \tag{1.130a}$$

或

$$z^2 > m, \tag{1.130b}$$

解上述不等式可得 x 值.

■ **A:** $-2x^2+14x-20>0, x^2-7x+10<0, \left(x-\frac{7}{2}\right)^2<\frac{9}{4}, -\frac{3}{2}<x-\frac{7}{2}<\frac{3}{2}, -\frac{3}{2}+\frac{7}{2}<x<\frac{3}{2}+\frac{7}{2}$.

其解为 $2<x<5$.

■ **B:** $x^2+6x+15>0, (x+3)^2>-6$. 不等式恒成立.

■ **C:** $-2x^2+14x-20<0, \left(x-\frac{7}{2}\right)^2>\frac{9}{4}, x-\frac{7}{2}>\frac{3}{2}$ 和 $x-\frac{7}{2}<-\frac{3}{2}$.

其解为 $x>5$ 和 $x<2$.

1.5 复 数

1.5.1 虚数和复数

1.5.1.1 虚数单位

虚数单位用 i 表示, 代表不同于任何实数的一个数, 其平方等于 -1. 在电学中, 通常用字母 j 代替 i, 以避免和同样用 i 表示的电流强度混淆. 引入虚数单位使得数的概念广义化, 并产生复数, 这在代数和分析中意义重大. 在几何和物理学中, 复数有多种解释.

1.5.1.2 复数

复数的代数形式是

$$z = a + \mathrm{i}b. \tag{1.131a}$$

当 a 和 b 取遍所有可能实数值时, 则得到所有可能的复数 z. 数 a 是数 z 的实部, 数 b 是虚部:

$$a = \mathrm{Re}(z), \quad b = \mathrm{Im}(z). \tag{1.131b}$$

若 $b=0$, 则 $z=a$, 故实数是复数的子集. 若 $a=0$, $z=\mathrm{i}b$, 则是一个 “纯虚数”.

复数集用 $\mathbb{C}$ 表示.

注 关于复变量 $z=x+\mathrm{i}y$ 的函数 $\omega=f(z)$ 将在函数论中进行讨论 (参见第 953 页 14.1 及其后).

1.5.2 几何表示

1.5.2.1 向量表示

与实数在数轴上的表示类似, 复数可表示为所谓高斯平面上的点: 数 $z=a+\mathrm{i}b$ 用横坐标为 a、纵坐标为 b 的点表示 (图 1.5). 实数在横轴上, 横轴也称为实轴, 纯虚数在纵轴上, 纵轴也称为虚轴. 在高斯平面上, 每个点由其*位置向量*或*径向量*唯一给出 (参见第 243 页 3.5.1.1, 6.), 故任一复数都对应一个向量, 该向量的起点为原点, 且指向复数所定义的点. 因此, 复数可表示为点或向量 (图 1.6).

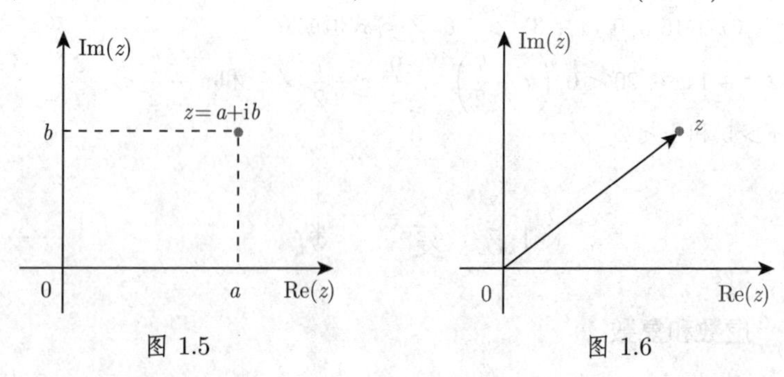

图 1.5　　　　图 1.6

1.5.2.2 复数的相等

两个复数相等是指其*实部*和*虚部*对应相等. 从几何观点来看, 两个复数相等是指其对应的位置向量相等. 反之, 则称两个复数不相等. 对复数而言, 概念 "大于" 和 "小于" 是无意义的.

1.5.2.3 复数的三角形式

形式

$$z=a+\mathrm{i}b \tag{1.132a}$$

称为复数的代数形式. 使用极坐标可得*复数的三角形式*(图 1.7):

$$z=\rho(\cos\varphi+\mathrm{i}\sin\varphi). \tag{1.132b}$$

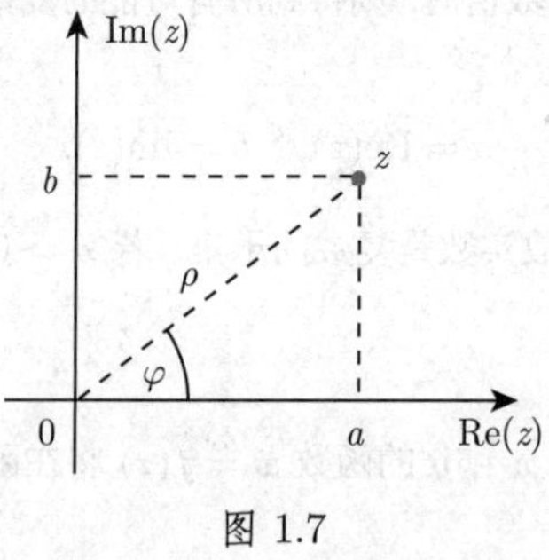

Im(z)
b　z
ρ
φ
0　a　Re(z)

图 1.7

一个点的位置向量的长度 $\rho = |z|$ 称为**复数的绝对值**或**复数的模**, 角 φ 称为**复数的辐角**, 用弧度度量, 记为 $\arg z$:

$$\rho = |z|, \quad \varphi = \arg z = \omega + 2k\pi,$$

其中, $0 \leqslant \rho < \infty, -\pi < \omega \leqslant +\pi, k = 0, \pm 1, \pm 2, \cdots$. (1.132c)

对于一个点来说, ρ, φ 和 a, b 的关系, 与该点笛卡儿坐标和极坐标的关系是相同的 (参见第 257 页 3.5.2.2, 3.):

$$a = \rho \cos \varphi, \tag{1.133a}$$

$$b = \rho \sin \varphi, \tag{1.133b}$$

$$\rho = \sqrt{a^2 + b^2}, \tag{1.133c}$$

$$\varphi = \begin{cases} \arccos \dfrac{a}{\rho}, & b \geqslant 0, \rho > 0, \\ -\arccos \dfrac{a}{\rho}, & b < 0, \rho > 0, \\ \text{无定义}, & \rho = 0, \end{cases} \tag{1.133d}$$

$$\varphi = \begin{cases} \arctan \dfrac{b}{a}, & a > 0, \\ \dfrac{\pi}{2}, & a = 0, b > 0, \\ -\dfrac{\pi}{2}, & a = 0, b < 0, \\ \arctan \dfrac{b}{a} + \pi, & a < 0, b \geqslant 0, \\ \arctan \dfrac{b}{a} - \pi, & a < 0, b < 0. \end{cases} \tag{1.133e}$$

复数 $z = 0$ 的绝对值等于 0, 其辐角 $\arg 0$ 无定义.

1.5.2.4 复数的指数形式

表达式

$$z = \rho e^{i\varphi} \tag{1.134a}$$

称为**复数的指数形式**, 其中 ρ 是复数的模, φ 是辐角.

欧拉关系式是公式

$$e^{i\varphi} = \cos \varphi + i \sin \varphi. \tag{1.134b}$$

■ 复数表达式有三种形式:

a) $z = 1 + i\sqrt{3}$(代数形式).

b) $z = 2\left(\cos \dfrac{\pi}{3} + i \sin \dfrac{\pi}{3}\right)$(三角形式).

c) $z = 2e^{i\frac{\pi}{3}}$(指数形式), 对应复数的辐角主值.

该式成立并不仅限于主值.

$$z = 1 + \mathrm{i}\sqrt{3} = 2\exp\left[\mathrm{i}\left(\frac{\pi}{3} + 2k\pi\right)\right]$$
$$= 2\left[\cos\left(\frac{\pi}{3} + 2k\pi\right) + \mathrm{i}\sin\left(\frac{\pi}{3} + 2k\pi\right)\right] \quad (k = 0, \pm 1, \pm 2, \cdots).$$

1.5.2.5 共轭复数

两个复数 z 和 z^* 称为**共轭复数**, 若其实部相等, 虚部互为相反数:

$$\mathrm{Re}(z^*) = \mathrm{Re}(z), \quad \mathrm{Im}(z^*) = -\mathrm{Im}(z). \tag{1.135a}$$

共轭复数对应点的几何解释是关于实轴的点对称. 共轭复数有相同的绝对值, 其辐角仅相差一个符号:

$$z = a + \mathrm{i}b = \rho(\cos\varphi + \mathrm{i}\sin\varphi) = \rho\mathrm{e}^{\mathrm{i}\varphi}, \tag{1.135b}$$

$$z^* = a - \mathrm{i}b = \rho(\cos\varphi - \mathrm{i}\sin\varphi) = \rho\mathrm{e}^{-\mathrm{i}\varphi}. \tag{1.135c}$$

通常使用记号 $\bar{z}$ 代替 z^*, 表示 z 的共轭复数.

1.5.3 复数的计算

1.5.3.1 加法和减法

以代数形式给出的两个或多个复数的加法和减法, 定义如下:

$$z_1 + z_2 - z_3 + \cdots = (a_1 + \mathrm{i}b_1) + (a_2 + \mathrm{i}b_2) - (a_3 + \mathrm{i}b_3) + \cdots$$
$$= (a_1 + a_2 - a_3 + \cdots) + \mathrm{i}(b_1 + b_2 - b_3 + \cdots). \tag{1.136}$$

上述计算与一般二项式的处理方式相同. 对加法和减法进行几何解释可考虑对应向量的加减法 (图 1.8), 一般的向量计算法则对复数都适用 (参见第 242 页 3.5.1.1). 对于 z 和 z^*, $z + z^*$ 总是实数, $z - z^*$ 是纯虚数.

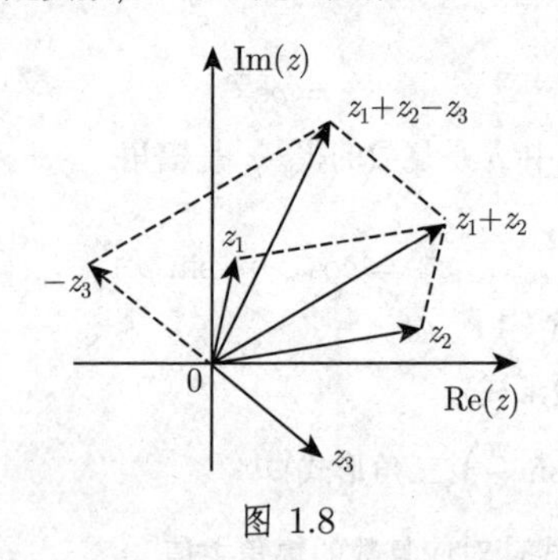

图 1.8

1.5.3.2 乘法

以代数形式给出的两个复数 z_1 和 z_2 的乘法, 定义如下:

$$z_1 z_2 = (a_1 + \mathrm{i}b_1)(a_2 + \mathrm{i}b_2) = (a_1 a_2 - b_1 b_2) + \mathrm{i}(a_1 b_2 + b_1 a_2). \tag{1.137a}$$

若复数以三角形式给出, 则有

$$\begin{aligned} z_1 z_2 &= [\rho_1(\cos\varphi_1 + \mathrm{i}\sin\varphi_1)]\,[\rho_2(\cos\varphi_2 + \mathrm{i}\sin\varphi_2)] \\ &= \rho_1\rho_2\,[\cos(\varphi_1 + \varphi_2) + \mathrm{i}\sin(\varphi_1 + \varphi_2)], \end{aligned} \tag{1.137b}$$

即乘积的模等于各因子的模之积, 积的辐角等于各因子的辐角之和.

积的指数形式为

$$z_1 z_2 = \rho_1\rho_2 \mathrm{e}^{\mathrm{i}(\varphi_1+\varphi_2)}. \tag{1.137c}$$

两个复数 z_1 和 z_2 乘积的几何解释是一个向量 (图 1.9). 该向量由 z_1 对应的向量旋转而成, 旋转的角度为向量 z_2 的辐角 (是顺时针旋转还是逆时针旋转, 取决于辐角的符号), 且向量长度伸展 $|z_2|$ 倍.

积 $z_1 z_2$ 也可通过简单的三角式表示 (图 1.9). 复数 z 的 i 倍即指旋转 $\frac{\pi}{2}$ 的角度, 其模不变(图 1.10).

对于 z 和 z^*, 有

$$zz^* = p^2 = |z|^2 = a^2 + b^2.$$

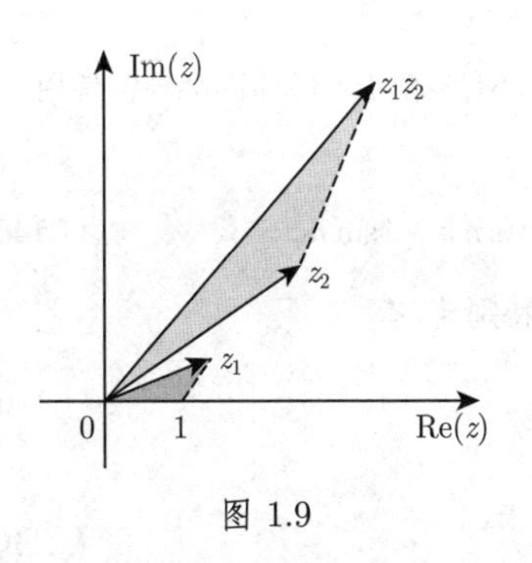

图 1.9

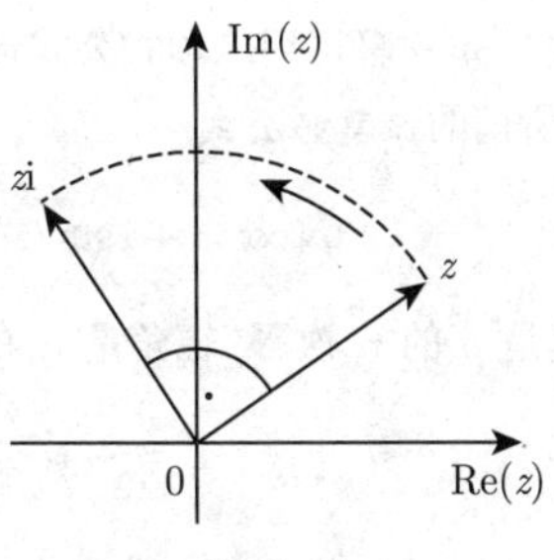

图 1.10

1.5.3.3 除法

除法定义为乘法的逆运算. 对于以代数形式给出的复数, 有

$$\frac{z_1}{z_2} = \frac{a_1 + \mathrm{i}b_1}{a_2 + \mathrm{i}b_2} = \frac{a_1 a_2 + b_1 b_2}{a_2^2 + b_2^2} + \mathrm{i}\frac{a_2 b_1 - a_1 b_2}{a_2^2 + b_2^2}. \tag{1.138a}$$

若复数以三角形式给出, 则有

$$\frac{z_1}{z_2} = \frac{\rho_1(\cos\varphi_1 + \mathrm{i}\sin\varphi_1)}{\rho_2(\cos\varphi_2 + \mathrm{i}\sin\varphi_2)} = \frac{\rho_1}{\rho_2}\,[\cos(\varphi_1 - \varphi_2) + \mathrm{i}\sin(\varphi_1 - \varphi_2)], \tag{1.138b}$$

即商的模等于被除数和除数模的比值; 商的辐角等于两辐角之差.

对于指数形式, 有

$$\frac{z_1}{z_2}=\frac{\rho_1}{\rho_2}\mathrm{e}^{\mathrm{i}(\varphi_1-\varphi_2)}. \tag{1.138c}$$

向量 $\frac{z_1}{z_2}$ 的几何表示为: 把向量 z_1 旋转角度 $-\arg z_2$, 然后收缩 $|z_2|$ 倍生成.

注　除以零向量不存在.

1.5.3.4　基本运算法则

关于复数 $z=a+\mathrm{i}b$ 的运算, 与一般二项式运算法则相同, 但需考虑到 $\mathrm{i}^2=-1$. 两个复数相除时, 首先对分式的分子分母同乘以除数的共轭复数, 把分母的虚部去掉. 这是可行的, 因为

$$(a+\mathrm{i}b)(a-\mathrm{i}b)=a^2+b^2 \tag{1.139}$$

是一个实数.

■ $$\frac{(3-4\mathrm{i})(-1+5\mathrm{i})^2}{1+3\mathrm{i}}+\frac{10+7\mathrm{i}}{5\mathrm{i}}=\frac{(3-4\mathrm{i})(1-10\mathrm{i}-25)}{1+3\mathrm{i}}+\frac{(10+7\mathrm{i})\,\mathrm{i}}{5\mathrm{i}\,\mathrm{i}}$$

$$=\frac{-2(3-4\mathrm{i})(12+5\mathrm{i})}{1+3\mathrm{i}}+\frac{7-10\mathrm{i}}{5}=\frac{-2(56-33\mathrm{i})(1-3\mathrm{i})}{(1+3\mathrm{i})(1-3\mathrm{i})}+\frac{7-10\mathrm{i}}{5}$$

$$=\frac{-2(-43-201\mathrm{i})}{10}+\frac{7-10\mathrm{i}}{5}=\frac{1}{5}(50+191\mathrm{i})=10+38.2\mathrm{i}.$$

1.5.3.5　复数的幂

复数的 n 次幂可用二项式公式计算, 非常不便. 由于实际原因会经常使用三角形式, 即所谓的*棣莫弗公式*:

$$[\rho(\cos\varphi+\mathrm{i}\sin\varphi)]^n=\rho^n(\cos n\varphi+\mathrm{i}\sin n\varphi), \tag{1.140a}$$

即幂的模是 ρ 的 n 次幂, 辐角是 φ 的 n 倍. 特别地, 有

$$\mathrm{i}^2=-1,\quad \mathrm{i}^3=-\mathrm{i},\quad \mathrm{i}^4=+1. \tag{1.140b}$$

一般地,

$$\mathrm{i}^{4n+k}=\mathrm{i}^k. \tag{1.140c}$$

1.5.3.6　复数的 n 次根

求复数的 n 次方根是幂的逆运算. 对于 $z=\rho(\cos\varphi+\mathrm{i}\sin\varphi)\neq 0$, 记号

$$z^{\frac{1}{n}}=\sqrt[n]{z}\quad (n>0, n\text{是整数}) \tag{1.141a}$$

是 n 个不同值

$$\omega_k=\sqrt[n]{\rho}\left(\cos\frac{\varphi+2k\pi}{n}+\mathrm{i}\sin\frac{\varphi+2k\pi}{n}\right)\quad (k=0,1,2,\cdots,n-1) \tag{1.141b}$$

的简单记法. 复数的加、减、乘、除和整数次幂, 都有唯一结果, 而 n 次方根有 n 个不同的解 ω_k.

点 ω_k 的几何解释是: 中心在原点的正 n 边形的顶点. 图 1.11中给出了 $\sqrt[6]{z}$ 的 6 个值.

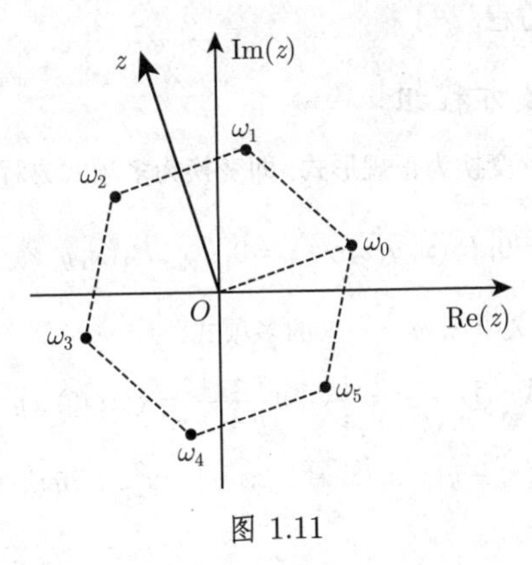

图 1.11

1.6 代数方程和超越方程

1.6.1 把代数方程变换为正规形式

1.6.1.1 定义

等式

$$F(x) = f(x) \tag{1.142}$$

中的变量 x 称为未知量, 若等式只对变量的某些值 $x_1, x_2, \cdots, x_n$ 成立, 这些值称为方程的解或方程的根. 如果两个方程有完全相同的根, 则称其是等价的.

方程称为代数方程, 如果函数 $F(x)$ 和 $f(x)$ 是代数的, 即它们是有理式或无理式; 当然, 其中之一也可为常数. 通过代数变换任意代数方程可转化为**正规形式**

$$P(x) = a_n x^n + a_{n-1}x^{n-1} + \cdots + a_1 x + a_0 = 0. \tag{1.143}$$

原方程的根在正规形式的根中出现, 但有些情况下, 一些根是多余的. 通常把**首项系数** a_n 化为 1.

指数 n 称为**方程的次数**.

■ 求方程 $\dfrac{x-1+\sqrt{x^2-6}}{3(x-2)} = 1 + \dfrac{x-3}{x}$ 的正规形式. 逐步进行变换:

$$x\left(x-1+\sqrt{x^2-6}\right) = 3x(x-2) + 3(x-2)(x-3),$$

$$x^2 - x + x\sqrt{x^2-6} = 3x^2 - 6x + 3x^2 - 15x + 18,$$

$$x\sqrt{x^2-6} = 5x^2 - 20x + 18, \quad x^2(x^2-6) = 25x^4 - 200x^3 + 580x^2 - 720x + 324,$$

$$24x^4 - 200x^3 + 586x^2 - 720x + 324 = 0.$$

结果是四次正规形式方程.

1.6.1.2 n 次代数方程组

任一代数方程组可变换为正规形式, 即变换为多项式方程组:

$$P_1(x,y,z,\cdots)=0, P_2(x,y,z,\cdots)=0, \cdots, P_n(x,y,z,\cdots)=0. \tag{1.144}$$

$P_i(i=1,2,\cdots,n)$ 是关于 $x,y,z,\cdots$ 的多项式.

■ 求方程组的正规形式: ① $\dfrac{x}{\sqrt{y}}=\dfrac{1}{z}$, ② $\dfrac{x-1}{y-1}=\sqrt{z}$, ③ $xy=z$.

正规形式是: ① $x^2z^2-y=0$, ② $x^2-2x+1-y^2z+2yz-z=0$, ③ $xy-z=0$.

1.6.1.3 增根

把代数方程变换为正规形式 (1.143) 后, 可能会出现方程 $P(x)=0$ 的某些根不是原方程 (1.142) 的解. 必须把方程 $P(x)=0$ 的根代入原方程进行检验, 以确定其是否真正是 (1.142) 式的解.

若进行非可逆变换, 则会出现增根.

1. 去分母

若方程形如

$$\frac{P(x)}{Q(x)}=0, \tag{1.145a}$$

其中, $P(x)$ 和 $Q(x)$ 为多项式, 则乘以分母 $Q(x)$ 后, (1.145a) 式的正规形式是

$$P(x)=0. \tag{1.145b}$$

(1.145b) 的根与 (1.145a) 的根是相同的, 除了分子和分母的公共根, 即满足 $P(x)=0$ 和 $Q(x)=0$ 的根. 若 $x=\alpha$ 是分母的根, 则在 $x=\alpha$ 时, 乘以 $Q(x)$ 等于乘以 0. 只要进行非恒等变换, 就必须检验方程的解 (参见第 56 页 1.6.3.1).

■ $\dfrac{x^3}{x-1}=\dfrac{1}{x-1}$. 对应的正规形式是 $x^4-x^3-x+1=0$. $x_1=1$ 是正规形式的解, 但不是原方程的解, 因为 $x=1$ 时, 分式无意义.

2. 无理方程

若原方程含有根式, 通常进行乘方得到正规形式. 比如, 平方运算就不是恒等变换 (因为它是不可逆的).

■ $\sqrt{x+7}+1=2x$ 或 $\sqrt{x+7}=2x-1$. 对二次根式方程两边同时平方, 其正规形

式是 $4x^2-5x-6=0$, 根是 $x_1=2$ 和 $x_2=-\frac{3}{4}$. 根 $x_1=2$ 是原方程的解, 而根 $x_2=-\frac{3}{4}$ 则不是原方程的解.

1.6.2 不高于四次的方程

1.6.2.1 一次方程 (线性方程)

1. 正规形式

$$ax+b=0 \quad (a\neq 0). \tag{1.146}$$

2. 解的个数

方程有唯一解

$$x=-\frac{b}{a}. \tag{1.147}$$

1.6.2.2 二次方程 (平方方程)

1. 正规形式

$$ax^2+bx+c=0 \quad (a\neq 0) \tag{1.148a}$$

或者除以 a:

$$x^2+px+q=0. \tag{1.148b}$$

2. 实方程的实根个数

实方程的实根个数取决于判别式

$$D=4ac-b^2 \quad 对于(1.148a)$$

或者

$$D=q-\frac{p^2}{4} \quad 对于(1.148b) \tag{1.149}$$

的符号, 有以下三种情况:

- 当 $D<0$ 时, 有两个实数解 (两个实根),
- 当 $D=0$ 时, 有一个实数解 (两个相同的根),
- 当 $D>0$ 时, 没有实数解 (两个复根).

3. 二次方程根的性质

若 x_1 和 x_2 是二次方程 (1.148a) 或 (1.148b) 的根, 则下述等式成立:

$$x_1+x_2=-\frac{b}{a}=-p, \quad x_1\cdot x_2=\frac{c}{a}=q. \tag{1.150}$$

4. 二次方程的解

方法 1 若方程可因式分解为

$$ax^2+bx+c=a(x-\alpha)(x-\beta) \tag{1.151a}$$

或

$$x^2+px+q=(x-\alpha)(x-\beta), \tag{1.151b}$$

即得其根

$$x_1=\alpha, \quad x_2=\beta. \tag{1.152}$$

■ $x^2+x-6=0, \quad x^2+x-6=(x+3)(x-2), \quad x_1=-3, \quad x_2=2.$

方法 2 当 $D\leqslant 0$ 时, 使用求根公式:

a) 对于 (1.148a), 方程的解是

$$x_{1,2}=\frac{-b\pm\sqrt{b^2-4ac}}{2a} \tag{1.153a}$$

或

$$x_{1,2}=\frac{-\dfrac{b}{2}\pm\sqrt{\left(\dfrac{b}{2}\right)^2-ac}}{a}. \tag{1.153b}$$

若 b 是偶数, 可使用第二个公式.

b) 对于 (1.148b), 方程的解是

$$x_{1,2}=-\frac{p}{2}\pm\sqrt{\frac{p^2}{4}-q}. \tag{1.154}$$

1.6.2.3 三次方程 (立方方程)

1. 正规形式

$$ax^3+bx^2+cx+d=0 \quad (a\neq 0) \tag{1.155a}$$

或者除以 a, 进行变量替换 $y=x+\dfrac{b}{3a}$, 有

$$y^3+3py+2q=0 \text{ 或简记为 } \quad y^3+p^*y+q^*=0, \tag{1.155b}$$

其中

$$q^*=2q=\frac{2b^3}{27a^3}-\frac{bc}{3a^2}+\frac{d}{a}, \quad p^*=3p=\frac{3ac-b^2}{3a^2}. \tag{1.155c}$$

2. 实根个数

实根个数取决于判别式

$$D=q^2+p^3 \tag{1.156}$$

的符号, 有以下三种情况:

• 当 $D>0$ 时, 有一个实数解 (一个实根, 两个复根);

• 当 $D<0$ 时, 有三个实数解 (三个不同的实根);

• 当 $D=0$ 时, 若 $p=q=0$, 有一个实数解 (一个三重实根); 若 $p^3=-q^2\neq 0$, 有两个实数解 (一个单根, 一个二重实根).

3. 三次方程根的性质

若 x_1, x_2 和 x_3 是三次方程 (1.155a) 的根, 则下述等式成立:

$$x_1 + x_2 + x_3 = -\frac{b}{a}, \quad x_1x_2 + x_1x_3 + x_2x_3 = \frac{c}{a}, \quad x_1x_2x_3 = -\frac{d}{a}. \tag{1.157}$$

4. 三次方程的解

方法 1 若方程左边可分解为一次项之积

$$ax^3 + bx^2 + cx + d = a(x-\alpha)(x-\beta)(x-\gamma), \tag{1.158a}$$

即得其根

$$x_1 = \alpha, \quad x_2 = \beta, \quad x_3 = \gamma. \tag{1.158b}$$

■ $x^3 + x^2 - 6x = 0, x^3 + x^2 - 6x = x(x+3)(x-2); x_1 = 0, x_2 = -3, x_3 = 2.$

方法 2 使用卡尔达诺公式. 进行变量替换 $y = u + v$, 则方程 (1.155b) 形如

$$u^3 + v^3 + (u+v)(3uv + 3p) + 2q = 0. \tag{1.159a}$$

若有

$$u^3 + v^3 = -2q, \quad uv = -p \tag{1.159b}$$

方程显然成立. 把 (1.159b) 式记为形式

$$u^3 + v^3 = -2q, \quad u^3v^3 = -p^3, \tag{1.159c}$$

则有两个未知量 u^3 和 v^3, 其和与积是已知的. 因此, 使用韦达定理 (参见第 51 页 1.6.2.2, 3.), 可求出二次方程

$$w^2 - (u^3 + v^3)w + u^3v^3 = w^2 + 2qw - p^3 = 0 \tag{1.159d}$$

的解:

$$w_1 = u^3 = -q + \sqrt{q^2 + p^3}, \quad w_2 = v^3 = -q - \sqrt{q^2 + p^3}, \tag{1.159e}$$

故对于 (1.155b) 式的解 y, 由卡尔达诺公式有

$$y = u + v = \sqrt[3]{-q + \sqrt{q^2 + p^3}} + \sqrt[3]{-q - \sqrt{q^2 + p^3}}. \tag{1.159f}$$

由于复数的立方根即三个不同的数 (参见第 48 页 (1.141b)), 所以上式有 9 种不同的情形, 但由于 $uv = -p$, 其解可简化为下述三种情况:

$$y_1 = u_1 + v_1 \quad (\text{若有可能, 考虑 } u_1 \text{ 和 } v_1 \text{ 的实立方根, 使得 } u_1v_1 = -p), \tag{1.159g}$$

$$y_2 = u_1\left(-\frac{1}{2} + \frac{\mathrm{i}}{2}\cdot\sqrt{3}\right) + v_1\left(-\frac{1}{2} - \frac{\mathrm{i}}{2}\cdot\sqrt{3}\right), \tag{1.159h}$$

$$y_3 = u_1\left(-\frac{1}{2} - \frac{\mathrm{i}}{2}\cdot\sqrt{3}\right) + v_1\left(-\frac{1}{2} + \frac{\mathrm{i}}{2}\cdot\sqrt{3}\right). \tag{1.159i}$$

■ $y^3 + 6y + 2 = 0, p = 2, q = 1$, 且$q^2 + p^3 = 9$. $u = \sqrt[3]{-1+3} = \sqrt[3]{2} = 1.2599$, $v = \sqrt[3]{-1-3} = \sqrt[3]{-4} = -1.5874$. 实根是 $y_1 = u + v = -0.3275$, 复根是

$$y_{2,3} = -\frac{1}{2}(u+v) \pm \mathrm{i}\frac{\sqrt{3}}{2}(u-v) = 0.1638 \pm \mathrm{i}\cdot 2.4659.$$

方法 3 对于实方程, 可使用表 1.3 中列出的**辅助值**. 对于 (1.155b) 式的 p, 进行替换

$$r = \pm\sqrt{|p|}, \tag{1.160}$$

其中, r 的符号与 q 的符号相同. 然后使用表 1.3, 可求出辅助变量 φ 的值, 由表可知, 根 y_1, y_2 和 y_3 取决于 p 和 $D = q^2 + p^3$ 的符号.

表 1.3 三次方程解的辅助值

$p < 0$		$p > 0$
$q^2 + p^3 \leqslant 0$	$q^2 + p^3 > 0$	
$\cos\varphi = \dfrac{q}{r^3}$	$\cosh\varphi = \dfrac{q}{r^3}$	$\sinh\varphi = \dfrac{q}{r^3}$
$y_1 = -2r\cos\dfrac{\varphi}{3}$	$y_1 = -2r\cosh\dfrac{\varphi}{3}$	$y_1 = -2r\sinh\dfrac{\varphi}{3}$
$y_2 = +2r\cos\left(60^\circ - \dfrac{\varphi}{3}\right)$	$y_2 = r\cosh\dfrac{\varphi}{3} + \mathrm{i}\sqrt{3}r\sinh\dfrac{\varphi}{3}$	$y_2 = r\sinh\dfrac{\varphi}{3} + \mathrm{i}\sqrt{3}r\cosh\dfrac{\varphi}{3}$
$y_3 = +2r\cos\left(60^\circ + \dfrac{\varphi}{3}\right)$	$y_3 = r\cosh\dfrac{\varphi}{3} - \mathrm{i}\sqrt{3}r\sinh\dfrac{\varphi}{3}$	$y_3 = r\sinh\dfrac{\varphi}{3} - \mathrm{i}\sqrt{3}r\cosh\dfrac{\varphi}{3}$

■ $y^3 - 9y + 4 = 0$. $p = -3, q = 2, q^2 + p^3 < 0, r = \sqrt{3}, \cos\varphi = \dfrac{2}{3\sqrt{3}} = 0.3849, \varphi = 67^\circ 22'$. $y_1 = -2\sqrt{3}\cos 22^\circ 27' = -3.201, y_2 = 2\sqrt{3}\cos(60^\circ - 22^\circ 27') = 2.747, y_3 = 2\sqrt{3}\cos(60^\circ + 22^\circ 27') = 0.455$.

检验: 考虑到计算精度, $y_1 + y_2 + y_3 = 0.001$ 可视为 0.

方法 4 数值近似解见第 1237 页 19.1.2; 求数值近似解, 参见第 167 页 2.19.3.3, 可借助算图.

1.6.2.4 四次方程

1. 正规形式

$$ax^4 + bx^3 + cx^2 + dx + e = 0 \quad (a \neq 0). \tag{1.161}$$

若系数全为实数, 则方程没有或有两个或四个实根.

2. 特殊形式

若 $b = d = 0$ 成立, 则**双二次方程**

$$ax^4 + cx^2 + e = 0 \tag{1.162a}$$

的根可利用公式

$$x_{1,2,3,4} = \pm\sqrt{y}, \quad y = \frac{-c \pm \sqrt{c^2 - 4ae}}{2a} \tag{1.162b}$$

计算. 对于 $a = e$ 和 $b = d$, 方程

$$ax^4 + bx^3 + cx^2 + bx + a = 0 \tag{1.162c}$$

的根可利用公式

$$x_{1,2,3,4} = \frac{y \pm \sqrt{y^2 - 4}}{2}, \quad y = \frac{-b \pm \sqrt{b^2 - 4ac + 8a^2}}{2a} \tag{1.162d}$$

计算.

3. 一般四次方程的解

方法 1 若方程左边可以某种方式因式分解为

$$ax^4 + bx^3 + cx^2 + dx + e = a(x - \alpha)(x - \beta)(x - \gamma)(x - \delta), \tag{1.163a}$$

即得其根

$$x_1 = \alpha, \quad x_2 = \beta, \quad x_3 = \gamma, \quad x_4 = \delta. \tag{1.163b}$$

■ $x^4 - 2x^3 - x^2 + 2x = 0, x(x^2 - 1)(x - 2) = x(x - 1)(x + 1)(x - 2);$

$$x_1 = 0, \quad x_2 = 1, \quad x_3 = -1, \quad x_4 = 2.$$

方法 2 当 $a = 1$ 时, 方程 (1.163a) 的根与方程

$$x^2 + (b + A)\frac{x}{2} + \left(y + \frac{by - d}{A}\right) = 0 \tag{1.164a}$$

的根相同. 其中, $A = \pm\sqrt{8y + b^2 - 4c}$, y 是三次方程

$$8y^3 - 4cy^2 + (2bd - 8e)y + e(4c - b^2) - d^2 = 0 \tag{1.164b}$$

的一个实根, 且 $B = \frac{b^3}{8} - \frac{bc}{2} + d \neq 0$. 当 $B = 0$ 时, 借助变量替换 $x = u - \frac{b}{4}$, 可生成关于 u 且 $a = 1$ 的双二次方程 (1.162a).

方法 3 近似解, 参见第 1237 页 19.1.2.

1.6.2.5 高次方程

对于一般的五次及以上的方程, 不存在求根公式 (也可参见第 1237 页, 19.1.2).

1.6.3 n 次方程

1.6.3.1 代数方程的一般性质

1. 根

方程

$$x^n + a_{n-1}x^{n-1} + \cdots + a_0 = 0 \tag{1.165a}$$

的左边是 n 次多项式 $P_n(x)$, (1.165a) 式的解是多项式 $P_n(x)$ 的根. 若 α 是多项式的根, 则 $P_n(x)$ 可被 $(x-\alpha)$ 整除. 一般情形下

$$P_n(x) = (x-\alpha)P_{n-1}(x) + P_n(\alpha), \tag{1.165b}$$

其中 $P_{n-1}(x)$ 是 $n-1$ 次多项式. 若 $P_n(x)$ 可被 $(x-\alpha)^k$ 整除, 但不能被 $(x-\alpha)^{k+1}$ 整除, 则称 α 为方程 $P_n(x)=0$ 的 k 重根. 此时, α 是多项式 $P_n(x)$ 及其导数的 $k-1$ 重公共根.

2. 代数基本定理

实系数或复系数的任一 n 次方程, 有 n 个实根或复根, 其中, 重根按重数计算. 记 $P(x)$ 的根为 $\alpha, \beta, \gamma, \cdots$, 其重数分别为 $k, l, m, \cdots$, 则多项式的乘积形式为

$$P(x) = (x-\alpha)^k (x-\beta)^l (x-\gamma)^m \cdots. \tag{1.166a}$$

把方程简化为与原方程有相同根、但只有单根的另一个方程 (若可行), 可简化方程 $P(x)=0$ 的求解. 为此, 把多项式分解成两个因式的乘积

$$P(x) = Q(x)T(x), \tag{1.166b}$$

使得

$$T(x) = (x-\alpha)^{k-1}(x-\beta)^{l-1}\cdots, \quad Q(x) = (x-\alpha)(x-\beta)\cdots. \tag{1.166c}$$

由于多项式 $P(x)$ 较高重数的根也是其导数 $P'(x)$ 的根, $T(x)$ 是多项式 $P(x)$ 及其导数 $P'(x)$ 的最大公因式 (参见第 17 页 1.1.6.5). $P(x)$ 除以 $T(x)$ 得到多项式 $Q(x)$, $Q(x)$ 有 $P(x)$ 的全部根, 且每个根的重数为 1.

3. 根的韦达定理

方程 (1.165a) 的 n 个根 $x_1, x_2, \cdots, x_n$ 和系数之间的关系是

$$x_1 + x_2 + \cdots + x_n = \sum_{i=1}^{n} x_i = -a_{n-1},$$

$$x_1 x_2 + x_1 x_3 + \cdots + x_{n-1}x_n = \sum_{\substack{i,j=1 \\ i<j}}^{n} x_i x_j = a_{n-2},$$

$$x_1x_2x_3 + x_1x_2x_4 + \cdots + x_{n-2}x_{n-1}x_n = \sum_{\substack{i,j,k=1 \\ i<j<k}}^{n} x_ix_jx_k = -a_{n-3}, \tag{1.167}$$

$$x_1\,x_2\,\cdots x_n = (-1)^n a_0.$$

1.6.3.2 实系数方程

1. 复根

实系数多项式也可能有复根, 但只限于成对的共轭复根, 即若 $\alpha = a + ib$ 是一个根, 则 $\beta = a - ib$ 也是一个根, 且二者重数相同. $p = -(\alpha + \beta) = -2a$ 和 $q = \alpha\beta = a^2 + b^2$ 满足不等式 $\left(\dfrac{p}{2}\right)^2 - q < 0$, 且

$$(x-\alpha)(x-\beta) = x^2 + px + q. \tag{1.168}$$

用 (1.168) 式对应的乘积替换 (1.166a) 式中的每一对因子, 可得到实系数多项式的实因子分解式:

$$\begin{aligned} P(x) =& (x-\alpha_1)^{k_1}(x-\alpha_2)^{k_2}\cdots(x-\alpha_l)^{k_l} \\ &\cdot (x^2 + p_1x + q_1)^{m_1}(x^2 + p_2x + q_2)^{m_2}\cdots(x^2 + p_rx + q_r)^{m_r}, \end{aligned} \tag{1.169}$$

其中, $\alpha_1, \alpha_2, \cdots, \alpha_l$ 是多项式 $P(x)$ 的 l 个实根. $P(x)$ 也有 r 对共轭复根, 它们是二次因式 $x^2 + p_ix + q_i (i = 1, 2, \cdots, r)$ 的根. $\alpha_j (j = 1, 2, \cdots, l)$, p_i 和 $q_i (i = 1, 2, \cdots, r)$ 是实数, 且不等式 $\left(\dfrac{p_i}{2}\right)^2 - q_i < 0$ 成立.

2. 实系数方程根的个数

根据 (1.168) 式, 任何奇次方程至少有一个实根. (1.165a) 式位于两个任意实数 $a < b$ 之间的更多实根的个数, 可按下述方式确定:

a) **分离重根** 去掉 $P(x) = 0$ 的重根, 可生成一个包含原方程的所有根, 但重数只能为 1 的方程, 然后必须生成基本定理中涉及的形式.

由于实际原因, 从求斯图姆链(斯图姆函数 ——(1.170) 式) 开始是一个好方法. 这与欧几里得算法中求最大公因式几乎完全相同, 但它给出了更多信息. 若 P_m 不是常数, 则 $P(x)$ 有必须被分离的重根. 因此, 下面可假定 $P(x) = 0$ 没有重根.

b) **创建斯图姆函数列**

$$P(x), P'(x), P_1(x), P_2(x), \cdots, P_m = \text{常数}. \tag{1.170}$$

其中, $P(x)$ 是方程的左边, $P'(x)$ 是 $P(x)$ 的一阶导数, $P_1(x)$ 是 $P(x)$ 除以 $P'(x)$ 后的余项, 但符号相反, $P_2(x)$ 是 $P'(x)$ 除以 $P_1(x)$ 后的余项, 也是符号相反, 等等, $P_m =$ 常数是最后的非零余项, 但必须为常数, 否则 $P(x)$ 和 $P'(x)$ 有公因子, $P(x)$ 有重根. 为简化计算, 余项可乘以正数, 结果不变.

c) **斯图姆定理** 若 A 是序列 (1.170) 中, $x=a$ 时符号的变化次数, 即符号从 "+" 到 "−" 与从 "−" 到 "+" 的变化数, B 是序列 (1.170) 中, $x=b$ 时符号的变化次数, 则其差 $A-B$ 等于 $P(x)=0$ 在区间 $[a,b]$ 内的实根个数. 若序列中某些数等于 0, 则不计入符号变化中.

■ 求方程 $x^4-5x^2+8x-8=0$ 在区间 $[0,2]$ 内的实根个数. 计算斯图姆函数:

$$P(x)=x^4-5x^2+8x-8;\quad P'(x)=4x^3-10x+8;\quad P_1(x)=5x^2-12x+16;$$

$$P_2(x)=-3x+284;\quad P_3=-1.$$

代入 $x=0$, 可得序列 $-8,+8,+16,+284,-1$, 符号有两次变化, 代入 $x=2$, 可得序列 $+4,+20,+12,+278,-1$, 符号有一次变化, 故 $A-B=2-1=1$, 即 0 到 2 之间有一个实根.

d) **笛卡儿法则** 方程 $P(x)=0$ 的正根个数不超过多项式 $P(x)$ 的系数列中符号的变化次数, 这两个数至多相差一个偶数.

■ 关于方程 $x^4+2x^3-x^2+5x-1=0$ 的根, 可得到哪些信息? 方程系数的符号为 $+,+,-,+,-$, 即符号有三次变化. 根据笛卡儿法则, 方程或者有三个根, 或者有一个根. 由于用 $-x$ 替换 x, 方程根的符号改变. 用 $x+h$ 替换 x, 根增大 h, 负根的个数, 或大于 h 的根, 可借助笛卡儿法则估计. 在所给例子中, 用 $-x$ 替换 x, 得到 $x^4-2x^3-x^2-5x-1=0$, 即方程最多有一个负根. 用 $x+1$ 替换 x, 得到 $x^4+6x^3+11x^2+13x+6=0$, 即方程的任一正根 (1 个或 3 个) 小于 1.

3. n 次方程的解

通常次数 $n>4$ 的方程只能近似求解. 实际上, 近似法也可用于求 3 次或 4 次方程的解.

为求代数方程的某些实根, 对非线性方程, 可使用一般的数值程序 (参见第 1233 页 19.1). 为求所有根, 包括 n 次代数方程的复根, 可使用布罗德斯基–斯米尔 (Brodetsky-Smeal) 方法 (参见 [1.7], [19.40]). 为求复根, 可使用贝尔斯托法 (参见 [19.15]).

1.6.4 化超越方程为代数方程

1.6.4.1 定义

方程 $F(x)=f(x)$ 是超越方程, 若函数 $F(x)$ 或 $f(x)$ 中至少有一个不是代数的.

■ **A:** $3^x=4^{x-2}\cdot 2^x$,

■ **B:** $2\log_5(3x-1)-\log_5(12x+1)=0$,

■ **C:** $3\cosh x=\sinh x+9$,

■ **D:** $2^{x-1}=8^{x-2}-4^{x-2}$,

■ **E:** $\sin x=\cos^2 x-\dfrac{1}{4}$,

■ **F:** $x\cos x=\sin x$.

在有些情况下, 比如通过适当的变量替换, 有可能把求解超越方程化为求解代数方程. 一般地, 超越方程只能近似求解. 下面讨论一些可化为代数方程的特殊超越方程.

1.6.4.2 指数方程

下述两种情况下, 若未知量 x 或多项式 $P(x)$ 只出现在数 $a, b, c, \cdots$ 的指数上, 则**指数方程**可化为代数方程:

a) 若幂 $a^{P_1(x)}, b^{P_2(x)}, \cdots$ 通过乘法或除法连接, 则可取任意底数的对数.

■ $3^x = 4^{x-2} \cdot 2^x; x \log 3 = (x-2)\log 4 + x \log 2; x = \dfrac{2\log 4}{\log 4 - \log 3 + \log 2}$.

b) 若 $a, b, c, \cdots$ 是同一数 k 的整数 (或有理数) 次幂, 即 $a = k^n, b = k^m, c = k^l, \cdots$, 则进行变量替换 $y = k^x$, 可得到关于 y 的代数方程, 求解该方程后, 可推出解 $x = \dfrac{\log y}{\log k}$.

■ $2^{x-1} = 8^{x-2} - 4^{x-2}; \dfrac{2^x}{2} = \dfrac{2^{3x}}{64} - \dfrac{2^{2x}}{16}$. 进行变量替换 $y = 2^x$, 可得到 $y^3 - 4y^2 - 32y = 0$, 则 $y_1 = 8, y_2 = -4, y_3 = 0; 2^{x_1} = 8, 2^{x_2} = -4, 2^{x_3} = 0$, 故可推出 $x_1 = 3$, 方程没有其他实根.

1.6.4.3 对数方程

下述两种情况下, 若未知量 x 或多项式 $P(x)$ 只出现在对数符号中, 则**对数方程**可化为代数方程:

a) 若方程只包含同一表达式的对数, 则把它替换为新未知量, 可求解关于新未知量的方程. 原未知量可通过对数求出.

■ $m[\log_a P(x)]^2 + n = a\sqrt{[\log_a P(x)]^2 + b}$. 进行变量替换 $y = \log_a P(x)$, 可得到方程 $my^2 + n = a\sqrt{y^2 + b}$. 求解 y 后可由方程 $P(x) = a^y$ 得到 x 的解.

b) 若方程是关于 x 的多项式的对数的线性组合, 且底同为 a, 系数为整数 $m, n, \cdots$, 即方程形如 $m\log_a P_1(x) + n\log_a P_2(x) + \cdots = 0$, 则左边可记为有理式的对数. (原方程可以是有理系数多项式和有理表达式的对数的组合, 或是底互为有理次幂的对数的组合.)

■ $2\log_5(3x-1) - \log_5(12x+1) = 0, \quad \log_5 \dfrac{(3x-1)^2}{12x+1} = \log_5 1, \quad \dfrac{(3x-1)^2}{12x+1} = 1;$ $x_1 = 0, x_2 = 2$. 在原方程中, 用 $x_1 = 0$ 进行替换, 则对数中出现负值, 即该对数是复值, 故 $x = 0$ 不是方程的解.

1.6.4.4 三角方程

若未知量 x 或含整数 n 的代数式 $nx+a$ 只出现于三角函数的辐角中, 则**三角方程**可化为代数方程. 使用三角函数公式后 (参见第 103 页 2.7.2 及其后), 方程将只包括含 x 的唯一函数, 用 y 替换该函数, 则形成代数方程. x 的解可由 y 的解得到, 自然要考虑解的多值性.

■ $\sin x = \cos^2 x - \frac{1}{4}$ 或 $\sin x = 1 - \sin^2 x - \frac{1}{4}$. 进行变量替换 $y = \sin x$, 得到 $y^2 + y - \frac{3}{4} = 0$, 则 $y_1 = \frac{1}{2}, y_2 = -\frac{3}{2}$. 由于对任意实数 x, 有 $|\sin x| \leqslant 1, y_2$ 没有给出实根; 由 $y_1 = \frac{1}{2}$ 可推出 $x = \frac{\pi}{6} + 2k\pi$ 和 $x = \frac{5\pi}{6} + 2k\pi$, 且 $k = 1, 2, 3, \cdots$.

1.6.4.5 双曲函数方程

若未知量 x 只出现于双曲函数的辐角中, 则**双曲函数方程**可化为代数方程. 把双曲函数重新记为指数式, 然后进行变量替换 $y = \mathrm{e}^x$ 和 $\frac{1}{y} = \mathrm{e}^{-x}$, 则结果是关于 y 的代数方程. 解此方程, 可得解 $x = \ln y$.

■ $3\cosh x = \sinh x + 9$; $\frac{3(\mathrm{e}^x + \mathrm{e}^{-x})}{2} = \frac{\mathrm{e}^x - \mathrm{e}^{-x}}{2} + 9$; $\mathrm{e}^x + 2\mathrm{e}^{-x} - 9 = 0$; $y + \frac{2}{y} - 9 = 0$, $y^2 - 9y + 2 = 0$; $y_{1,2} = \frac{9 \pm \sqrt{73}}{2}$; $x_1 = \ln\frac{9+\sqrt{73}}{2} \approx 2.1716$, $x_2 = \ln\frac{9-\sqrt{73}}{2} \approx -1.4784$.

(李文林 聂淑媛 译)

第2章　函　　数

2.1　函数的概念

2.1.1　函数的定义

2.1.1.1　函数

设有两个变量 x, y, 若对每个给定的 x, 按照某种对应法则, 都有唯一确定的 y 与之对应, 则称 y 是 x 的函数, 记为

$$y = f(x). \tag{2.1}$$

变量 x 称为**自变量**或者函数 y 的参数, 对于所有的 y, 相应的 x 值构成函数 $f(x)$ 的**定义域** D; 变量 y 称为**因变量**, 所有 y 值构成函数 $f(x)$ 的**值域** W. 函数可以通过点 (x, y) 表示成**曲线**或**函数的图像**.

2.1.1.2　实函数

若函数 $y = f(x)$ 的定义域和值域均仅为实数, 则称之为**实变量的实函数**.

■ **A:** $y = x^2$, 其中 $D:\ -\infty < x < +\infty$, $W:\ 0 \leqslant y < +\infty$.

■ **B:** $y = \sqrt{x}$, 其中 $D:\ 0 \leqslant x < +\infty$, $W:\ 0 \leqslant y < +\infty$.

2.1.1.3　多元函数

若变量 y 依赖于多个自变量 $x_1,\ x_2, \cdots, x_n$, 则称之为**多元函数**(参见第 153 页 2.18), 记为

$$y = f(x_1,\ x_2, \cdots, x_n). \tag{2.2}$$

2.1.1.4　复函数

若因变量和自变量分别为**复数** w, z, 则称 $w = f(z)$ 为**复变量的复函数**(参见第 953 页 14.1). 即使自变量 x 为实数, **复值函数** $w(x)$ 也称为复函数.

2.1.1.5　其他函数

在向量分析、向量场理论等不同数学领域中 (参见第 914 页 13.1), 还要考虑其他类型的函数, 其定义域及值域如下:

(1) 自变量为实数, 函数值为向量.

■ **A**: 向量函数 (参见第 914 页 13.1.1)

■ **B**: 曲线的参数表示 (参见第 343 页 3.6.2)

(2) 自变量为向量, 函数值为实数.

■ 标量场 (参见第 916 页 13.1.2)

(3) 自变量和函数值均为向量.

■ **A**: 向量场 (参见第 919 页 13.1.3)

■ **B**: 曲面的参数表示或向量形式 (参见第 350 页 3.6.3)

2.1.1.6 泛函

若一函数类中的任一函数 $x = x(t)$ 的值均为实数, 则称之为*泛函*.

■ **A**: 若 $x(t)$ 是 $[a,b]$ 上的可积函数, 则 $f(x) = \int_a^b x(t)\mathrm{d}t$ 是定义在由 $[a,b]$ 上可积的连续函数 $x(t)$ 构成的集合上的线性泛函 (参见第 884 页 12.5).

■ **B**: 变分问题中的积分表达式 (参见第 803 页 10.1).

2.1.1.7 函数与映射

设 X, Y 为两非空集合, 若按照某种对应法则

$$f: X \to Y, \tag{2.3}$$

对 X 中的每个元素 x, 都有 Y 中唯一确定的元素 y 与之对应, 则 y 称为 x 的像, 记为 $y = f(x)$, 集合 Y 称为 f 的*像空间*或*值域*, 集合 X 称为 f 的*原像空间*或*定义域*.

■ **A**: 若原像空间和像空间都为实数集的子集, 即 $X = D \subset \mathbb{R}$ 且 $Y = W \subset \mathbb{R}$, 则 (2.3) 定义了一个实变量 x 的实函数 $y = f(x)$.

■ **B**: 若 f 是一个 (m,n) 型的矩阵 $\boldsymbol{A} = (a_{ij})\,(i = 1, 2, \cdots, m; j = 1, 2, \cdots, n)$, 且 $X = \mathbb{R}^n, Y = \mathbb{R}^m$, 则 (2.3) 定义了一个从 $\mathbb{R}^n$ 到 $\mathbb{R}^m$ 的映射. 对应法则 (2.3) 可以用下面的 m 个线性方程构成的方程组表示:

$$\underline{\boldsymbol{y}} = \boldsymbol{A}\underline{\boldsymbol{x}} \quad \text{或} \quad \begin{aligned} y_1 &= a_{11}x_1 + a_{12}x_2 + \cdots + a_{1n}x_n, \\ y_2 &= a_{21}x_1 + a_{22}x_2 + \cdots + a_{2n}x_n, \\ &\cdots\cdots \\ y_m &= a_{m1}x_1 + a_{m2}x_2 + \cdots + a_{mn}x_n, \end{aligned}$$

即 $\boldsymbol{A}\underline{\boldsymbol{x}}$ 表示矩阵 $\boldsymbol{A}$ 与向量 $\underline{\boldsymbol{x}}$ 的乘积.

注 (1) 映射的概念是对函数概念的推广, 因此有些映射有时也称为函数.

(2) 关于映射的重要性质可参见第 447 页 5.2.3,5..

(3) 若抽象空间 X 中的每个元素在另一个抽象空间 Y 中都有唯一确定的元素与之对应, 则称这样的映射为*算子*. 其中*抽象空间*通常是指函数空间, 它是实际应

用中最重要的一类空间. 此外, 还存在其他的抽象空间, 如线性空间 (参见第 489 页 5.3.8 向量空间)、距离空间 (参见第 865 页 12.2) 和赋范空间 (参见第 874 页 12.3).

2.1.2 实函数的定义方法

2.1.2.1 函数的定义

函数可以按不同方式来定义, 如值表、图示 (曲线)、公式 (解析表达式), 或不同公式构成的分段函数. 其中的自变量只有在属于解析表达式的定义域时, 函数才有意义, 即函数取得唯一有限实值. 当没有给出定义域时, 认为定义域为使得该函数有意义的最大集合.

2.1.2.2 函数的解析表示

通常采用如下三种形式:

1. 显形式

$$y = f(x). \tag{2.4}$$

■ $y = \sqrt{1-x^2}$, $-1 \leqslant x \leqslant 1$, $y \geqslant 0$. 其图像为以原点为圆心的单位圆的上半部分.

2. 隐形式

$$F(x, y) = 0. \tag{2.5}$$

此时对每个 x 存在满足该方程的唯一一个 y, 也可以看出哪些解是函数值.

■ $x^2 + y^2 - 1 = 0$, $-1 \leqslant x \leqslant +1$, $y \geqslant 0$. 该图像仍为以原点为圆心的单位圆的上半部分, 要注意 $x^2 + y^2 - 1 = 0$ 本身并没有定义一个实函数.

3. 参数形式

$$x = \varphi(t), \quad y = \psi(t). \tag{2.6}$$

x, y 是辅助变量即参数t 的函数, 并根据 t 取得相应的数值. 函数 $\varphi(t)$ 和 $\psi(t)$ 的定义域必相同, 且只有当 $x = \varphi(t)$ 是 t 与 x 的一一对应时, 该表达式才定义一个实函数.

■ $x = \varphi(t)$, $y = \psi(t)$, 其中 $\varphi(t) = \cos t$, $\psi(t) = \sin t$, $0 \leqslant t \leqslant \pi$. 该图像仍为以原点为圆心的单位圆的上半部分.

注 参数形式的函数有时并不能表示为不含参数的显方程或隐方程.

■ $x = t + 2\sin t = \varphi(t)$, $y = t - \cos t = \psi(t)$.

分段函数举例:

■ **A:** 当 $n \leqslant x < n+1$ 且 n 为整数时,

$$y = E(x) = \mathrm{int}(x) = [x] = n.$$

函数 $E(x)$ 或 $\mathrm{int}(x)$(读作 "x 的整部") 表示小于等于 x 的最大整数 (图 2.1(a)). 图 2.1 (a), (b) 是相应的图示, 其中空心圆表示终点不在曲线上.

■ **B**: 函数 $y=\operatorname{frac}(x)=x-[x]$(读作"$x$ 的小数部分") 表示 x 与 $[x]$ 的差 (图 2.1 (b)).

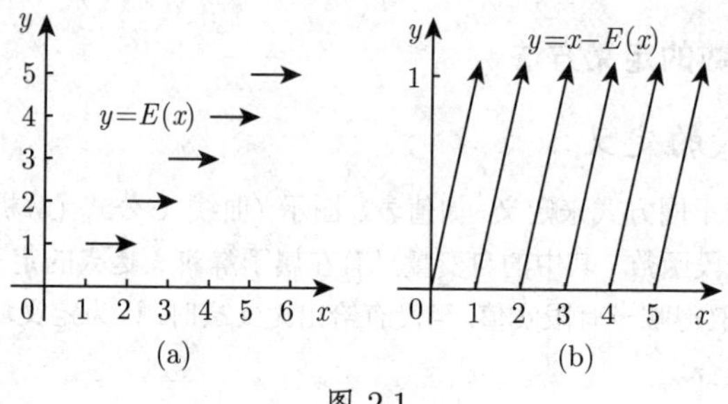

图 2.1

■ **C**: $y=\begin{cases} x, & x \leqslant 0, \\ x^2, & x \geqslant 0 \end{cases}$ (图 2.2(a)).

■ **D**: $y=\operatorname{sign}(x)=\begin{cases} -1, & x<0, \\ 0, & x=0, \\ +1, & x>0 \end{cases}$ (图 2.2 (b)), $\operatorname{sign}(x)$(读作 "x 的符号") 为符号函数.

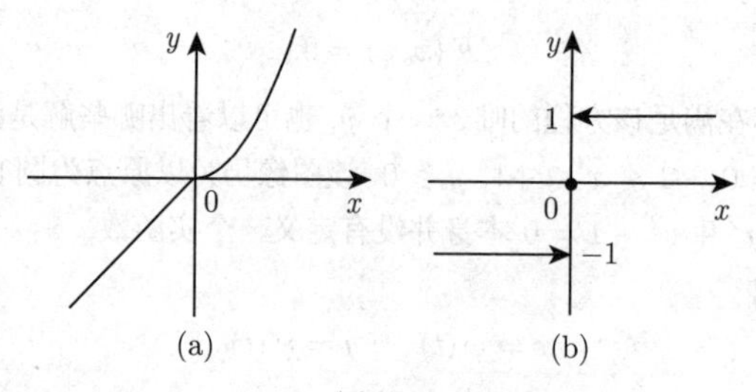

图 2.2

2.1.3 某些类型的函数

2.1.3.1 单调函数

若对定义域内的任意自变量 x_1, x_2, 当 $x_2>x_1$ 时, 函数满足关系

$$f(x_2) \geqslant f(x_1) \quad \text{或} \quad f(x_2) \leqslant f(x_1), \tag{2.7a}$$

则称函数为单调递增函数或单调递减函数(图 2.3(a), (b)).

若上述关系 (2.7a) 并非对函数定义域内的每个 x 都成立, 而是在其中一个区间或半轴上成立, 则称该函数为此区域内的单调函数. 若函数满足关系

$$f(x_2) > f(x_1) \quad \text{或} \quad f(x_2) < f(x_1), \tag{2.7b}$$

即 (2.7a) 中的等号恒不成立, 则称函数为严格单调递增函数或严格单调递减函数. 图 2.3(a) 表示一个严格单调递增函数; 图 2.3(b) 表示一个在 x_1, x_2 之间为常数的单调递减函数.

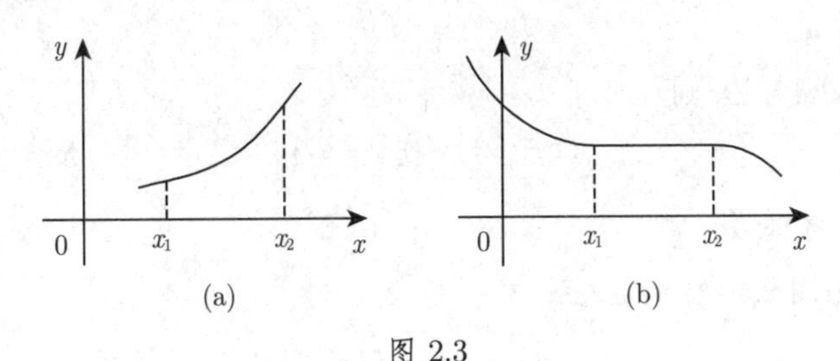

图 2.3

■ $y = \mathrm{e}^{-x}$ 是严格单调递减函数, $y = \ln x$ 是严格单调递增函数.

2.1.3.2 有界函数

函数称为有上界函数, 若存在一个数 (称为上界), 使得所有函数值都不大于该数. 函数称为有下界函数, 若存在一个数 (称为下界), 使得所有函数值都不小于该数. 若一个函数既有上界又有下界, 则简称它为有界函数.

■ **A**: $y = 1 - x^2$ 有上界 $(y \leqslant 1)$.

■ **B**: $y = \mathrm{e}^x$ 有下界 $(y > 0)$.

■ **C**: $y = \sin x$ 有界 $(-1 \leqslant y \leqslant +1)$.

■ **D**: $y = \dfrac{4}{1+x^2}$ 有界 $(0 < y \leqslant 4)$.

2.1.3.3 函数的极值

设函数 $f(x)$ 的定义域为 D, 若对 $\forall x \in D$, 有

$$f(a) \geqslant f(x), \tag{2.8a}$$

则称 $f(x)$ 在点 a 取得绝对极大值或全局极大值. 若不等式 (2.8a) 仅在点 a 的周围, 即 $a - \varepsilon < x < a + \varepsilon$, $\varepsilon > 0$, $x \in D$ 时成立, 则称函数 $f(x)$ 点 a 取得相对极大值或局部极大值.

类似地, 通过不等式

$$f(a) \leqslant f(x), \tag{2.8b}$$

可以定义绝对极小值或全局极小值以及相对极小值或局部极小值.

注 (1) 极大值和极小值也称为极值, 它们与函数的可微性无关, 即定义域内函数不可微的点也可能为极值点. 如曲线的间断点 (参见 75 页图 2.9 和 595 页图 6.10(b), (c)).

(2) 可微函数中极值的判定准则参见第 595 页 6.1.5.2.

2.1.3.4 偶函数

偶函数(图 2.4(a)) 满足关系

$$f(-x)=f(x)\,. \tag{2.9a}$$

若 f 的定义域为 D, 则

$$(x\in D)\Rightarrow(-x\in D)\,. \tag{2.9b}$$

2.1.3.5 奇函数

奇函数(图 2.4(b)) 满足关系

$$f(-x)=-f(x)\,. \tag{2.10a}$$

若 f 的定义域为 D, 则

$$(x\in D)\Rightarrow(-x\in D)\,. \tag{2.10b}$$

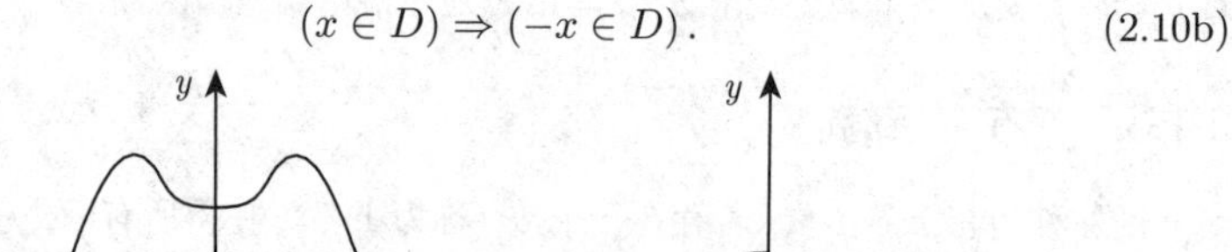

图 2.4

■ **A**: $y=\sin x$,
■ **B**: $y=x^3-x$.

2.1.3.6 偶函数和奇函数的表示

设函数 f 的定义域为 D, 若由 $x\in D$, 有 $-x\in D$, 则 f 可写成偶函数 g 与奇函数 u 之和:

$$f(x)=g(x)+u(x),\ \text{其中}g(x)=\frac{1}{2}[f(x)+f(-x)],\ u(x)=\frac{1}{2}[f(x)-f(-x)]\,. \tag{2.11}$$

■ $f(x)=\mathrm{e}^x=\frac{1}{2}\left(\mathrm{e}^x+\mathrm{e}^{-x}\right)+\frac{1}{2}\left(\mathrm{e}^x-\mathrm{e}^{-x}\right)=\cosh x+\sinh x$(参见第 115 页 2.9.1).

2.1.3.7 周期函数

周期函数满足关系

$$f(x+T)=f(x),\quad T\text{为非零常数}. \tag{2.12}$$

显然, 若上式对于某一常数 T 成立, 则对 T 的倍数也成立, 满足如上关系的最小正整数称为周期(图 2.5).

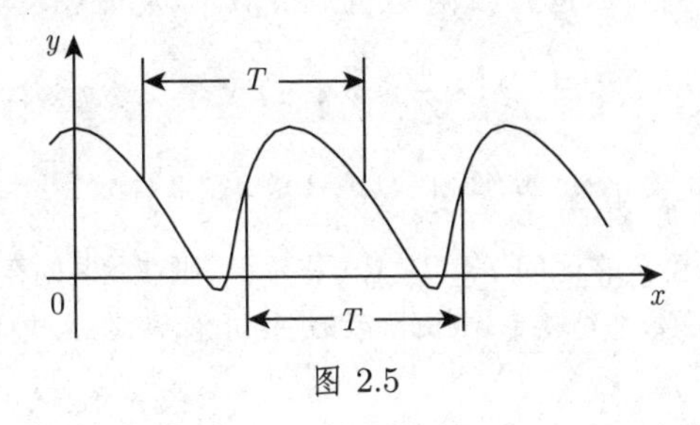

图 2.5

2.1.3.8 反函数

设函数 $y = f(x)$ 的定义域和值域分别为 D 和 W, 则对于任一 $x \in D$, 存在唯一的 $y \in W$. 反之, 若对任一 $y \in W$, 存在唯一的 $x \in D$, 则可以定义 f 的**反函数**, 记为 φ 或 f^{-1}. 其中 f^{-1} 是一个函数符号, 并不是 f 的幂.

为求 f 的反函数, 交换公式 f 中 x, y 的位置, 再利用 $x = f(y)$ 把 y 表示出来, 就得到 $y = \varphi(x)$. 又表达式 $y = f(x)$ 与 $x = \varphi(y)$ 等价, 由此可以得到如下重要公式:

$$f(\varphi(y)) = y \quad 和 \quad \varphi(f(x)) = x. \tag{2.13}$$

反函数 $y = \varphi(x)$ 的图像可由 $y = f(x)$ 的图像沿直线 $y = x$ 反射得到 (图 2.6).

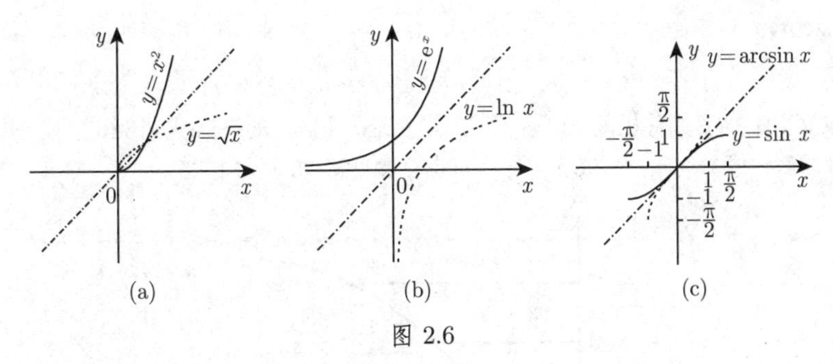

图 2.6

■ 函数 $y = f(x) = \mathrm{e}^x (D: -\infty < x < +\infty, W: y > 0)$ 显然与 $x = \varphi(y) = \ln y$ 等价, 且每个严格单调函数都有反函数.

反函数举例:

■ **A**: $y = f(x) = x^2$, 其中 $D: x \geqslant 0, W: y \geqslant 0$;

$$y = \varphi(x) = \sqrt{x}, \quad 其中 \quad D: x \geqslant 0, W: y \geqslant 0.$$

■ **B**: $y=f(x)=\mathrm{e}^x$, 其中 $D:-\infty<x<+\infty, W:y>0$;

$$y=\varphi(x)=\ln x,\ 其中\ D:x>0, W:-\infty<y<+\infty.$$

■ **C**: $y=f(x)=\sin x$, 其中 $D:-\frac{\pi}{2}\leqslant x\leqslant\frac{\pi}{2}, W:-1\leqslant y\leqslant 1$;

$$y=\varphi(x)=\arcsin x,\ \ 其中\ D:-1\leqslant x\leqslant 1, W:-\frac{\pi}{2}\leqslant y\leqslant\frac{\pi}{2}.$$

注 (1) 若函数 f 在区间 $I\subseteq D$ 上严格单调, 则在此区间存在反函数 f^{-1}.

(2) 若非单调函数在严格单调部分能够进行分割, 则在这些部分存在相应的反函数.

2.1.4 函数的极限

2.1.4.1 函数极限的定义

若当 x 无限趋近于 a 时, 函数 $y=f(x)$ 无限趋近于 A, 则称 $y=f(x)$ 在 $x=a$ 处的极限为 A, 记为

$$\lim_{x\to a}f(x)=A\ \ 或\ \ f(x)\to A\ (x\to a). \tag{2.14}$$

$f(x)$ 在 a 点不一定有定义, 即便有定义, $f(a)$ 也未必等于 A.

精确定义 若对任意正数 ε, 都存在正数 η, 使得对定义域中的每个 x, 当 $x\neq a$, 且

$$|x-a|<\eta \tag{2.15a}$$

时, 不等式

$$|f(x)-A|<\varepsilon \tag{2.15b}$$

恒成立 (图 2.7), 则称极限 (2.14) 存在. 若 a 是一个区间的终点, 则不等式 $|x-a|<\eta$ 可以简化成 $a-\eta<x$ 或 $x<a+\eta$(也可参见第 70 页 2.1.4.5).

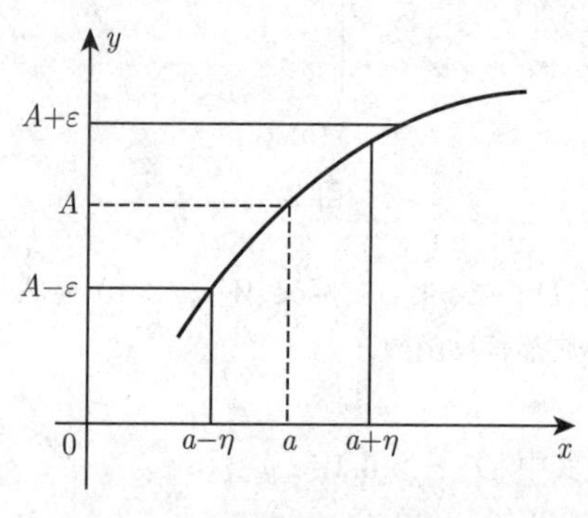

图 2.7

2.1.4.2 序列极限的定义

设函数 $f(x)$ 在 $x=a$ 处的极限为 A, 则对定义域中每个收敛于 a(但不等于 a) 的 x 的序列 $x_1, x_2, \cdots, x_n, \cdots$, 相应的函数值序列 $f(x_1), f(x_2), \cdots, f(x_n), \cdots$ 收敛于 A (参见第 614 页 7.1.2).

2.1.4.3 柯西收敛条件

函数 $f(x)$ 在 $x=a$ 处有极限的充分必要条件是: 若 x_1, x_2 为定义域内的任意两个不等于 a 且与 a 足够接近的变量, 则 $f(x_1)$ 与 $f(x_2)$ 也足够接近.

精确定义 函数 $f(x)$ 在 $x=a$ 处有极限的充分必要条件是: 若对任意正数 ε, 都存在正数 η, 使得对定义域中的任意 x_1, x_2, 当

$$|x_1 - a| < \eta, \quad |x_2 - a| < \eta \tag{2.16a}$$

时, 不等式

$$|f(x_1) - f(x_2)| < \varepsilon \tag{2.16b}$$

成立.

2.1.4.4 函数极限为无穷

符号

$$\lim_{x \to a} |f(x)| = \infty \tag{2.17}$$

表示当 x 趋近于 a 时, 绝对值 $|f(x)|$ 没有上界.

精确定义 若对任意给定的正数 K, 都存在正数 η, 使得当 $x \neq a$ 且

$$a - \eta < x < a + \eta \tag{2.18a}$$

时, 都有相应的 $|f(x)|$ 大于 K:

$$|f(x)| > K, \tag{2.18b}$$

则等式 (2.17) 成立.

若当

$$a - \eta < x < a + \eta \tag{2.18c}$$

时, 所有的 $f(x)$ 均为正数, 记作

$$\lim_{x \to a} f(x) = +\infty; \tag{2.18d}$$

若所有的 $f(x)$ 均为负数, 记作

$$\lim_{x \to a} f(x) = -\infty. \tag{2.18e}$$

2.1.4.5 函数的左极限和右极限

若 x 从 a 的左侧趋于 a 时, 有函数 $f(x)$ 趋于 A^-, 则称 A^- 为 $f(x)$ 在 $x=a$ 处的*左极限*, 记作

$$A^- = \lim_{x\to a-0} f(x) = f(a-0). \tag{2.19a}$$

类似地, 若 x 从 a 的右侧趋于 a 时, 有函数 $f(x)$ 趋于 A^+, 则称 A^+ 为 $f(x)$ 在 $x=a$ 处的*右极限*, 记作

$$A^+ = \lim_{x\to a+0} f(x) = f(a+0). \tag{2.19b}$$

仅当左极限与右极限都存在且相等, 即

$$A^+ = A^- = A \tag{2.19c}$$

时, 等式 $\lim\limits_{x\to a} f(x) = A$ 才成立.

■ 当 $x \to 1$ 时, 函数 $f(x) = \dfrac{1}{1+\mathrm{e}^{\frac{1}{x-1}}}$ 的左、右极限不相等: $f(1-0)=1$, $f(1+0)=0$(图 2.8).

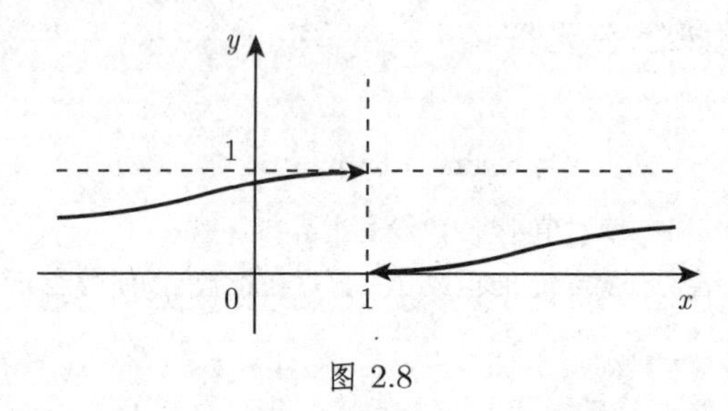

图 2.8

2.1.4.6 x 趋于无穷时函数的极限

情形 a) 若对任意正数 ε, 都存在 $N>0$, 当 $x>N$ 时, 有 $A-\varepsilon<f(x)<A+\varepsilon$, 则称数 A 为函数 $f(x)$ 当 $x\to+\infty$ 时的极限, 记作

$$\lim_{x\to+\infty} f(x) = A. \tag{2.20a}$$

类似地, 若对任意正数 ε, 都存在 $N>0$, 当 $x<-N$ 时, 有 $A-\varepsilon<f(x)<A+\varepsilon$, 则称数 A 为函数 $f(x)$ 当 $x\to-\infty$ 时的极限, 记作

$$\lim_{x\to-\infty} f(x) = A. \tag{2.20b}$$

■ **A**: $\lim\limits_{x\to+\infty}\dfrac{x+1}{x}=1$, ■ **B**: $\lim\limits_{x\to-\infty}\dfrac{x+1}{x}=1$, ■ **C**: $\lim\limits_{x\to-\infty}\mathrm{e}^x=0$.

情形 b) 若对任意正数 K, 都存在正数 N, 使得当 $x>N$ 或 $x<-N$ 时, 有 $|f(x)|>K$, 则记作

$$\lim_{x\to+\infty}|f(x)|=\infty \quad \text{或} \quad \lim_{x\to-\infty}|f(x)|=\infty. \tag{2.20c}$$

■ **A**: $\lim\limits_{x\to+\infty}\dfrac{x^3-1}{x^2}=+\infty$, ■ **B**: $\lim\limits_{x\to-\infty}\dfrac{x^3-1}{x^2}=-\infty$,

■ **C**: $\lim\limits_{x\to+\infty}\dfrac{1-x^3}{x^2}=-\infty$, ■ **D**: $\lim\limits_{x\to-\infty}\dfrac{1-x^3}{x^2}=+\infty$.

2.1.4.7 函数极限定理

(1) **常函数的极限** 常函数的极限是这个常数本身:

$$\lim_{x\to a}A=A. \tag{2.21}$$

(2) **和或差的极限** 对于有限多个函数, 若每个函数都有极限, 则它们的和或差的极限等于极限的和或差 (若最终表达式不含 $\infty-\infty$ 型):

$$\lim_{x\to a}[f(x)+\varphi(x)-\psi(x)]=\lim_{x\to a}f(x)+\lim_{x\to a}\varphi(x)-\lim_{x\to a}\psi(x). \tag{2.22}$$

(3) **积的极限** 对于有限多个函数, 若每个函数都有极限, 则它们积的极限等于极限的积 (若最终表达式不含 $0\cdot\infty$ 型):

$$\lim_{x\to a}[f(x)\varphi(x)\psi(x)]=\left[\lim_{x\to a}f(x)\right]\left[\lim_{x\to a}\varphi(x)\right]\left[\lim_{x\to a}\psi(x)\right]. \tag{2.23}$$

(4) **商的极限** 若两个函数的极限都存在且分母极限不等于 0, 则两函数商的极限等于极限的商 (若最终表达式不是 $\dfrac{\infty}{\infty}$ 型):

$$\lim_{x\to a}\frac{f(x)}{\varphi(x)}=\frac{\lim\limits_{x\to a}f(x)}{\lim\limits_{x\to a}\varphi(x)}. \tag{2.24}$$

若分母的极限为 0, 通常可以通过检验分子的符号 $\left(\dfrac{0}{0}\text{ 型未定式}\right)$ 来判断极限存在与否. 类似地, 我们可以通过选取适当的极限的幂来计算幂的极限 (若它不是 0^0, 1^∞ 或 ∞^0 型).

(5) **夹逼定理** 若函数 $f(x)$ 的值介于 $\varphi(x)$ 与 $\psi(x)$ 的值之间, 即 $\varphi(x)<f(x)<\psi(x)$, 且 $\lim\limits_{x\to a}\varphi(x)=A$, $\lim\limits_{x\to a}\psi(x)=A$, 则 $f(x)$ 的极限也存在, 且

$$\lim_{x\to a}f(x)=A. \tag{2.25}$$

2.1.4.8 极限的计算

利用前面五条定理以及一些变形可以计算极限值.

1. 适当的变形

为了计算极限, 需要把表达式变成适当的形式. 不同情况有不同的变形方法, 在此举三个例子.

■ **A**: $\lim\limits_{x\to1}\dfrac{x^3-1}{x-1}=\lim\limits_{x\to1}\left(x^2+x+1\right)=3.$

■ **B**: $\lim\limits_{x\to0}\dfrac{\sqrt{1+x}-1}{x}=\lim\limits_{x\to0}\dfrac{\left(\sqrt{1+x}-1\right)\left(\sqrt{1+x}+1\right)}{x\left(\sqrt{1+x}+1\right)}=\lim\limits_{x\to0}\dfrac{1}{\sqrt{1+x}+1}=\dfrac{1}{2}.$

■ **C**: $\lim\limits_{x\to0}\dfrac{\sin2x}{x}=\lim\limits_{x\to0}\dfrac{2\left(\sin2x\right)}{2x}=2\lim\limits_{x\to0}\dfrac{\sin2x}{2x}=2.$

2. 伯努利–洛必达 (Bernoulli-l'Hospital) 法则

对于形如 $\dfrac{0}{0}$, $\dfrac{\infty}{\infty}$, $0\cdot\infty$, $\infty-\infty$, 0^0, ∞^0, 1^∞ 型的未定式, 通常可利用伯努利–洛必达法则(一般简称洛必达法则).

情形 a) $\dfrac{0}{0}$ 或 $\dfrac{\infty}{\infty}$ 型未定式 利用定理前首先检查 $f(x)=\dfrac{\varphi(x)}{\psi(x)}$ 是否为 $\dfrac{0}{0}$ 或 $\dfrac{\infty}{\infty}$ 型.

假设$\varphi(x)$ 和 $\psi(x)$ 在 a 的某邻域有定义, $\lim\limits_{x\to a}\varphi(x)=0$, $\lim\limits_{x\to a}\psi(x)=0$, 或者 $\lim\limits_{x\to a}\varphi(x)=\infty$, $\lim\limits_{x\to a}\psi(x)=\infty$, 且二者在 a 的该去心邻域均可导, 并有 $\psi'(x)\neq0$, $\lim\limits_{x\to a}\dfrac{\varphi(x)}{\psi(x)}$ 存在, 则

$$\lim_{x\to a}f(x)=\lim_{x\to a}\frac{\varphi(x)}{\psi(x)}=\lim_{x\to a}\frac{\varphi'(x)}{\psi'(x)}. \tag{2.26}$$

注 若导数比值的极限不存在, 并不意味着原式极限不存在. 可能极限存在, 但是不能通过洛必达法则来判断.

若 $\lim\limits_{x\to a}\dfrac{\varphi'(x)}{\psi'(x)}$ 仍为未定式, 分子和分母满足上述定理的条件, 可以再次使用洛必达法则.

■ $\lim\limits_{x\to0}\dfrac{\ln\sin2x}{\ln\sin x}=\lim\limits_{x\to0}\dfrac{\dfrac{2\cos2x}{\sin2x}}{\dfrac{\cos x}{\sin x}}=\lim\limits_{x\to0}\dfrac{2\tan x}{\tan2x}=\lim\limits_{x\to0}\dfrac{\dfrac{2}{\cos^2x}}{\dfrac{2}{\cos^22x}}=\lim\limits_{x\to0}\dfrac{\cos^22x}{\cos^2x}=1.$

情形 b) $0\cdot\infty$型未定式 若 $f(x)=\varphi(x)\psi(x)$, $\lim\limits_{x\to a}\varphi(x)=0$, $\lim\limits_{x\to a}\psi(x)=\infty$, 为了对 $\lim\limits_{x\to a}f(x)$ 应用洛必达法则, 要把它变为 $\lim\limits_{x\to a}\dfrac{\varphi(x)}{\dfrac{1}{\psi(x)}}$ 或 $\lim\limits_{x\to a}\dfrac{\psi(x)}{\dfrac{1}{\varphi(x)}}$ 的形式, 由此它化简成了情形 a) 中的 $\dfrac{0}{0}$ 或 $\dfrac{\infty}{\infty}$ 型未定式.

■ $\lim\limits_{x\to\frac{\pi}{2}}(\pi-2x)\tan x=\lim\limits_{x\to\frac{\pi}{2}}\dfrac{\pi-2x}{\cot x}=\lim\limits_{x\to\frac{\pi}{2}}\dfrac{-2}{-\dfrac{1}{\sin^2 x}}=2.$

情形 c) $\infty-\infty$型未定式 若 $f(x)=\varphi(x)-\psi(x)$, $\lim\limits_{x\to a}\varphi(x)=\infty$, $\lim\limits_{x\to a}\psi(x)=\infty$, 则通常可采用几种不同方法把表达式转换成 $\dfrac{0}{0}$ 或 $\dfrac{\infty}{\infty}$ 型未定式, 如 $\varphi-\psi=\left(\dfrac{1}{\psi}-\dfrac{1}{\varphi}\right)\Big/\dfrac{1}{\varphi\psi}$, 再利用情形 a) 的方法.

■ $\lim\limits_{x\to1}\left(\dfrac{x}{x-1}-\dfrac{1}{\ln x}\right)=\lim\limits_{x\to1}\left(\dfrac{x\ln x-x+1}{x\ln x-\ln x}\right)=\dfrac{0}{0}$, 再利用两次洛必达法则, 得到

$$\lim_{x\to1}\left(\frac{x\ln x-x+1}{x\ln x-\ln x}\right)=\lim_{x\to1}\left(\frac{\ln x}{\ln x+1-\dfrac{1}{x}}\right)=\lim_{x\to1}\left(\frac{\dfrac{1}{x}}{\dfrac{1}{x}+\dfrac{1}{x^2}}\right)=\frac{1}{2}.$$

情形 d) 0^0, ∞^0, 1^∞型未定式 若 $f(x)=\varphi(x)^{\psi(x)}$, $\lim\limits_{x\to a}\varphi(x)=+0$, $\lim\limits_{x\to a}\psi(x)=0$, 首先要计算 $\ln f(x)=\psi(x)\ln\varphi(x)$ 的极限 A, 变成 $0\cdot\infty$ 型未定式 (情形 b)), 则有 $\lim\limits_{x\to a}f(x)=\mathrm{e}^A$.

类似地, 可计算 ∞^0, 1^∞ 型未定式.

■ $\lim\limits_{x\to+0}x^x=X$, $\ln x^x=x\ln x$, $\lim\limits_{x\to+0}x\ln x=\lim\limits_{x\to+0}\dfrac{\ln x}{x^{-1}}=\lim\limits_{x\to+0}(-x)=0$, 即 $A=\ln X=0$, 故 $X=1$, 因此 $\lim\limits_{x\to+0}x^x=1$.

3. 泰勒展开式

对于未定型, 除了利用洛必达法则外, 也可以将表达式展开成泰勒级数 (参见第 630 页 7.3.3.3).

■ $\lim\limits_{x\to0}\dfrac{x-\sin x}{x^3}=\lim\limits_{x\to0}\dfrac{x-\left(x-\dfrac{x^3}{3!}+\dfrac{x^5}{5!}-\cdots\right)}{x^3}=\lim\limits_{x\to0}\left(\dfrac{1}{3!}-\dfrac{x^2}{5!}+\cdots\right)=\dfrac{1}{6}.$

2.1.4.9 函数的量级与朗道符号

比较两个函数时, 常常要考虑它们关于某个自变量 $x=a$ 的相互关系, 此外也很容易比较它们的量级.

(1) 若当 x 趋于 a 时, $|f(x)|$, $|g(x)|$ 及 $\left|\dfrac{f(x)}{g(x)}\right|$ 均为无穷大, 则称在 a 点函数 $f(x)$ 是比 $g(x)$ 低阶的 (速度更快) 无穷大.

(2) 若当 x 趋于 a 时, $|f(x)|$, $|g(x)|$ 及 $\left|\dfrac{f(x)}{g(x)}\right|$ 均趋于 0, 则称在 a 点函数 $f(x)$ 是比 $g(x)$ 高阶的无穷小.

(3) 若当 x 趋于 a 时, $0 < m < \left|\dfrac{f(x)}{g(x)}\right| < M$, m, M 为常数, 则函数 $f(x)$ 与 $g(x)$ 是同阶无穷小或无穷大.

(4) **朗道符号**　两个函数在 $x = a$ 的关系可以用朗道符号 O(“大 O”) 或 o(“小 o”) 来描述, 具体如下: 当 $x \to a$ 时,

$$f(x) = O(g(x)) \quad \text{表示} \quad \lim_{x\to a}\frac{f(x)}{g(x)} = A \neq 0, \quad A \text{ 为常数}. \tag{2.27a}$$

$$f(x) = o(g(x)) \quad \text{表示} \quad \lim_{x\to a}\frac{f(x)}{g(x)} = 0, \tag{2.27b}$$

其中 a 也可以为 $\pm\infty$, 且只有假设 x 趋于给定的 a 时, 朗道符号才有意义.

■ **A**: 当 $x \to 0$ 时, $\sin x = O(x)$. 事实上, 设 $f(x) = \sin x$, $g(x) = x$, 则 $\lim\limits_{x\to 0}\dfrac{\sin x}{x} = 1 \neq 0$, 即在 $x = 0$ 的邻域中, $\sin x$ 与 x 表现形式类似.

■ **B**: 设 $f(x) = 1 - \cos x$, $g(x) = \sin x$, 则当 $x \to 0$ 时, $f(x)$ 是比 $g(x)$ 高阶的无穷小. 事实上, $\lim\limits_{x\to 0}\left|\dfrac{f(x)}{g(x)}\right| = \lim\limits_{x\to 0}\left|\dfrac{1-\cos x}{\sin x}\right| = 0$, 即 $1 - \cos x = o(\sin x)$.

■ **C**: 设 $f(x) = 1 - \cos x$, $g(x) = x^2$, 则当 $x \to 0$ 时, $f(x)$ 是 $g(x)$ 的同阶无穷小. 事实上, $\lim\limits_{x\to 0}\left|\dfrac{f(x)}{g(x)}\right| = \lim\limits_{x\to 0}\left|\dfrac{1-\cos x}{x^2}\right| = \dfrac{1}{2}$, 即 $1 - \cos x = O\left(x^2\right)$.

(5) **多项式**　多项式在 $\pm\infty$ 的量级可以用它们的次数表示. 因此函数 $f(x) = x$ 的阶为 1, $n+1$ 次多项式比 n 次多项式高 1 阶.

(6) **指数函数**　当 $x \to \infty$ 时, 指数函数 e^x 比任意多次的幂函数 x^n(n 为一个固定的正数) 趋于无穷的速度都快:

$$\lim_{x\to\infty}\left|\frac{\mathrm{e}^x}{x^n}\right| = \infty. \tag{2.28a}$$

事实上, 利用洛必达法则, 对于任意自然数 n, 有

$$\lim_{x\to\infty}\frac{\mathrm{e}^x}{x^n} = \lim_{x\to\infty}\frac{\mathrm{e}^x}{nx^{n-1}} = \cdots = \lim_{x\to\infty}\frac{\mathrm{e}^x}{n!} = \infty. \tag{2.28b}$$

(7) **对数函数**　对数函数比任意低次的幂函数 $x^{1/n}$(n 为一个固定的正数, $x \to \infty$) 趋于无穷的速度都慢:

$$\lim_{x\to\infty}\left|\frac{\log x}{x^{1/n}}\right| = 0. \tag{2.29}$$

利用洛必达法则可以进行证明.

2.1.5　函数的连续性

2.1.5.1　连续与间断的概念

实际上大部分函数都是连续函数, 也就是函数自变量变化很小时, 连续函数$y(x)$的变化也很小, 这样的函数图像为一条连续曲线. 如果曲线在某些点断开, 相应的函

数就不是连续函数, 曲线断开的自变量的值称为间断点. 图 2.9 所示为分段连续曲线, 间断点为 A, B, C, D, E, F, G, 箭头表示端点不在曲线上.

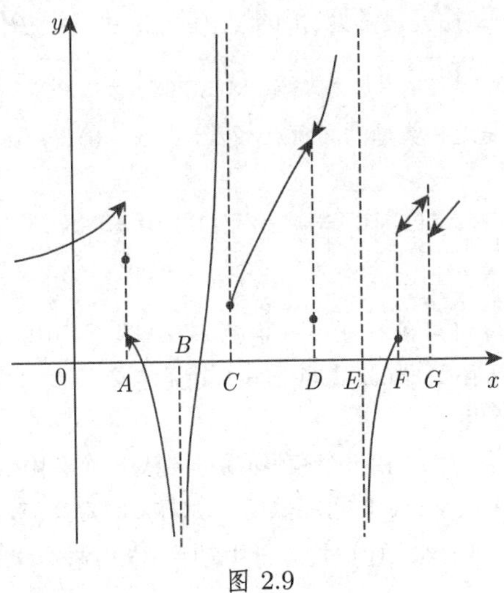

图 2.9

2.1.5.2 连续的定义

函数 $y=f(x)$ 称为在点 $x=a$连续, 若

(1) $f(x)$ 在 a 点有定义;

(2) $\lim\limits_{x\to a} f(x)$ 存在且 $\lim\limits_{x\to a} f(x)=f(a)$.

即对任意 $\varepsilon>0$, 存在 $\delta(\varepsilon)>0$, 使得当 $|x-a|<\delta$ 时, 对一切 x 有

$$|f(x)-f(a)|<\varepsilon. \tag{2.30}$$

若不管 $\lim\limits_{x\to a} f(x)=f(a)$ 与否, 只考虑一侧的极限 $\lim\limits_{x\to a-0} f(x)\Big($或 $\lim\limits_{x\to a+0} f(x)\Big)$ 且其等于 $f(a)$, 则称为单侧 (左侧或右侧) 连续.

若函数在 a 到 b 区间内每一点连续, 则称函数为该区间的连续函数, 其中的区间可以为开区间、半开 (半闭) 区间或闭区间 (参见第 3 页 1.1.1.3,3.). 若函数在数轴上的每一点都有定义且连续, 则称该函数为处处连续函数.

若函数在 $x=a$ 处无定义, 或有定义但 $\lim\limits_{x\to a} f(x)\neq f(a)$, 或极限不存在, 则 $x=a$ 为函数的间断点, 它可能是函数定义域的内点或端点.

若函数仅在 $x=a$ 的一侧有定义, 如 $\sqrt{x}$ 仅在 $x=0$ 的一侧有定义, $\arccos x$ 仅在 $x=1$ 的一侧有定义, 则它不是间断点, 但是为终点.

若函数除在有限个有限跳跃间断点外, 在区间上的每一点都连续, 则称该函数为分段连续函数.

2.1.5.3 常见间断点的类型

1. 函数值趋近无穷

当函数趋于 $\pm\infty$ 时, 是最常见的间断点 (图 2.9 中的点 B, C, E).

■ **A**: $f(x) = \tan x$, $f\left(\frac{\pi}{2} - 0\right) = +\infty$, $f\left(\frac{\pi}{2} + 0\right) = -\infty$(参见第 99 页图 2.34), 图 2.9 中的点 E 也是这种类型的间断点, 符号 $f(a-0)$, $f(a+0)$ 的意义参见第 70 页 2.1.4.5.

■ **B**: $f(x) = \frac{1}{(x-1)^2}$, $f(1-0) = +\infty$, $f(1+0) = +\infty$, 图 2.9 中的点 B 是这种类型的间断点.

■ **C**: $f(x) = \mathrm{e}^{\frac{1}{x-1}}$, $f(1-0) = 0$, $f(1+0) = \infty$, 图 2.9 中的点 C 是这种类型的间断点, 不同之处在于函数 $f(x)$ 在点 $x=1$ 处无定义.

2. 有限跳跃间断点

在 $x=a$ 时, 函数 $f(x)$ 由一个有限值跳跃到另一个有限值 (如图 2.9 中的点 A, F, G). 函数 $f(x)$ 在 $x=a$ 时可能像点 G 那样没有定义; 或 $f(a)$ 等于 $f(a-0)$ 与 $f(a+0)$ 之一 (点 F); 或 $f(a)$ 与 $f(a-0)$ 和 $f(a+0)$ 均不相等 (点 A).

■ **A**: $f(x) = \frac{1}{1+\mathrm{e}^{\frac{1}{x-1}}}$, $f(1-0) = 1$, $f(1+0) = 0$(参见第 70 页图 2.8).

■ **B**: $f(x) = E(x)$(参见第 64 页图 2.1), $f(n-0) = n-1$, $f(n+0) = n$(n 为整数).

■ **C**: $f(x) = \lim\limits_{n\to\infty} \frac{1}{1+x^{2n}}$, $f(1-0) = 1$, $f(1+0) = 0$, $f(1) = \frac{1}{2}$.

3. 可去间断点

设 $\lim\limits_{x\to a} f(x)$ 存在, 即 $f(a-0) = f(a+0)$, 但函数在 $x=a$ 处或者没定义, 或者 $f(a) \neq \lim\limits_{x\to a} f(x)$(如 75 页图 2.9 中的点 D). 因为若定义 $f(a) = \lim\limits_{x\to a} f(x)$, 函数在 $x=a$ 处连续, 所以 $x=a$ 称为*可去间断点*, 此时只需在曲线上添加一个点或者改变点 D 的位置, 就变为连续曲线. 当 $x=a$ 时对于不同的未定式, 若利用洛必达法则或其他方法判断其具有有限极限, 则 $x=a$ 为可去间断点.

■ 当 $x\to 0$ 时, $f(x) = \frac{\sqrt{1+x}-1}{x}$ 是 $\frac{0}{0}$ 型未定式, 但是 $\lim\limits_{x\to 0} f(x) = \frac{1}{2}$; 函数

$$f(x) = \begin{cases} \dfrac{\sqrt{1+x}-1}{x}, & x \neq 0 \\ \dfrac{1}{2}, & x = 0 \end{cases}$$

是连续函数.

2.1.5.4 初等函数的连续性与间断性

初等函数是其定义域内的连续函数, 在定义域内没有间断点. 下列结论成立:

(1) 多项式是处处连续函数.

(2) 设 $P(x)$ 和 $Q(x)$ 为多项式, 则除了在 $Q(x)=0$ 处外, 对所有点 x, 有理函数 $\dfrac{P(x)}{Q(x)}$ 都连续. 若当 $x=a$ 时, $Q(a)=0$, $P(a)\neq 0$, 则函数在 a 的两侧趋于 $\pm\infty$, 这个点称为*极点*. 若 $P(a)=0$, 但 a 是分母比分子更高重的根 (参见第 56 页 1.6.3.1,2.), 则函数也有一个极点, 否则该间断点是可去间断点.

(3) **无理函数** 多项式的根对其定义域内的每个 x 都是连续函数. 若被开方式变号, 则其在区间端点处可能是有限值. 在被开方式间断的 x 处, 有理函数的根也是间断的.

(4) **三角函数** 函数 $\sin x$, $\cos x$ 处处连续; $\tan x$, $\sec x$ 在点 $x=\dfrac{(2n+1)\pi}{2}$ 处有无穷间断点; 函数 $\cot x$, $\csc x$ 在点 $x=n\pi$(n 为整数) 处有无穷间断点.

(5) **反三角函数** 函数 $\arctan x, \operatorname{arccot} x$ 处处连续. 因为 $-1\leqslant x\leqslant 1$, 故 $\arcsin x, \arccos x$ 在区间端点中断, 且在端点处单侧连续.

(6) **指数函数e^{x}或a^{x}**$(a>0)$ 它们是处处连续函数.

(7) **底数是任意正数的对数函数$\log x$** 对任意正数 x 函数都连续, 因为右极限 $\lim\limits_{x\to+0}\log x=-\infty$, 所以函数在 $x=0$ 处中断.

(8) **复合初等函数** 它们的连续性可由复合过程中每个初等函数在点 x 的连续性来判断 (也可参见本页 2.1.5.5,2. 中复合函数).

■ 求函数 $y=\dfrac{\mathrm{e}^{\frac{1}{x-2}}}{x\sin\sqrt[3]{1-x}}$ 的间断点. $x=2$ 是 $\dfrac{1}{x-2}$ 的无穷间断点, 又 $\left(\mathrm{e}^{\frac{1}{x-2}}\right)_{x=2-0}=0$, $\left(\mathrm{e}^{\frac{1}{x-2}}\right)_{x=2+0}=\infty$, 故 $x=2$ 也是 $\mathrm{e}^{\frac{1}{x-2}}$ 的无穷间断点. 当 $x=2$ 时, y 的分母是有限值, 因此 $x=2$ 是与图 2.9 点 C 相同的无穷间断点.

当 $x=0$ 时, $\sin\sqrt[3]{1-x}=\sin 1$, 故分母为 0. $\sin\sqrt[3]{1-x}=0$ 的根为 $\sqrt[3]{1-x}=n\pi$ 或 $x=1-n^3\pi^3$, 其中 n 为任意整数. 而当 x 为上述数时, 分子不等于 0, 因此点 $x=0$, $x=1$, $x=1\pm\pi^3$, $x=1\pm 8\pi^3$, $x=1\pm 27\pi^3$, $\cdots$ 也是函数的间断点, 且与 75 页图 2.9 中的点 E 类似.

2.1.5.5 连续函数的性质

1. 连续函数的和、差、积、商仍为连续函数

若 $f(x)$, $g(x)$ 是区间 $[a, b]$ 上的连续函数, 则 $f(x)\pm g(x)$, $f(x)g(x)$ 也是该区间的连续函数, 且若在 $[a, b]$ 上 $g(x)\neq 0$, $\dfrac{f(x)}{g(x)}$ 仍为连续函数.

2. 复合函数 $y=f(u(x))$ 的连续性

若 $u(x)$ 在 $x=a$ 连续, $f(u)$ 在 $u=u(a)$ 连续, 则复合函数 $y=f(u(x))$ 在 $x=a$ 连续, 且

$$\lim_{x\to a} f(u(x))=f\left(\lim_{x\to a} u(x)\right)=f(u(a)). \tag{2.31}$$

这说明连续函数的连续函数仍为连续函数.

注 反之不成立, 不连续函数的复合函数也可能为连续函数.

3. 波尔查诺定理

若函数 $f(x)$ 在有限闭区间 $[a,\ b]$ 上连续, $f(a)f(b)<0$, 则在此区间上至少有 $f(x)$ 的一个根, 即 $[a,\ b]$ 至少有一个内点 c 满足:

$$f(c)=0,\quad a<c<b. \tag{2.32}$$

上述定理的几何意义为: 若连续函数的图像可以从 x 轴的一侧走向另一侧, 则曲线与 x 轴至少有一个交点.

4. 介值定理

若函数 $f(x)$ 在区间 $[a,\ b]$ 上连续, 且

$$f(a)=A,\quad f(b)=B,\quad A\neq B, \tag{2.33a}$$

则对于任意介于 $A,\ B$ 之间的数 C, 存在 $c\in(a,b)$, 使得

$$f(c)=C\quad (a<c<b,\ A<C<B\ 或\ B<C<A). \tag{2.33b}$$

换句话说, 对于介于 $A,\ B$ 的每个值, 函数 $f(x)$ 在 (a,b) 内至少能有一次取得该值, 或者说一个区间的连续像仍为一个区间.

5. 反函数的存在性

若一个一对一函数是某区间上的连续函数, 则它在该区间严格单调.

若函数 $f(x)$ 在连通区域 I 上连续, 且严格单调递增或递减, 则该函数也存在一个连续的、严格单调递增或递减的反函数 $\varphi(x)$(参见第 67 页 2.1.3.8), 其定义域是由 $f(x)$ 的值域所确定的区域 II(图 2.10).

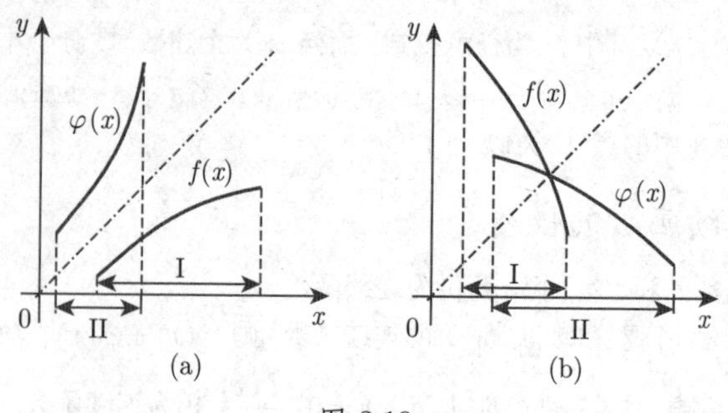

图 2.10

注 为了保障 $f(x)$ 的反函数的连续性, 要求 $f(x)$ 必须在一个区间连续. 若仅假设函数在区间上严格单调, 在内点 c 连续, 且 $f(c)=C$, 则有反函数存在, 但可能在点 C 不连续.

6. 函数有界性定理

若函数 $f(x)$ 在有限闭区间 $[a, b]$ 上连续, 则它在该区间有界, 即存在两个数 m, M, 使得

$$m \leqslant f(x) \leqslant M, \quad a \leqslant x \leqslant b. \tag{2.34}$$

7. 魏尔斯特拉斯定理

若函数 $f(x)$ 在有限闭区间 $[a, b]$ 上连续, 则 $f(x)$ 有一个绝对极大值 M 和一个绝对极小值 m, 即该区间至少存在一点 c 和至少存在一点 d, 使得当 $a \leqslant x \leqslant b$ 时, 有

$$m = f(d) \leqslant f(x) \leqslant f(c) = M. \tag{2.35}$$

连续函数最大值与最小值之差称为函数在给定区间的*变化量*, 变化量的概念可以推广到函数没有最大值和最小值的情形.

2.2 初等函数

*初等函数*可定义为对自变量和常数进行有限多次运算后得到的公式, 这些运算包含四种基本算术运算、方幂和开根、指数和对数函数、三角和反三角函数. 初等函数分为代数初等函数和超越初等函数, 其他类型的函数称为*非初等函数*(如 681 页 8.2.5).

2.2.1 代数函数

在*代数函数*中, 自变量 x 和函数 y 由如下形式的*代数方程*联系起来:

$$p_0(x) + p_1(x)y + p_2(x)y^2 + \cdots + p_n(x)y^n = 0, \tag{2.36}$$

其中, $p_0, p_1, \cdots, p_n$ 是关于 x 的多项式.

■ $3xy^3 - 4xy + x^3 - 1 = 0$, 即 $p_0(x) = x^3 - 1, p_1(x) = -4x, p_2(x) = 0, p_3(x) = 3x$.

若能够解出关于 y 的代数方程 (2.36), 则存在一个以下类型的最简代数函数.

2.2.1.1 多项式

仅进行自变量 x 的加、减、乘法运算, 有

$$y = a_n x^n + a_{n-1}x^{n-1} + \cdots + a_0. \tag{2.37}$$

特别地, $y = a$ 是*常函数*, $y = ax + b$ 是*线性函数*, $y = ax^2 + bx + c$ 是*二次函数*.

2.2.1.2 有理函数

有理函数总能表示成两个多项式的比值:

$$y = \frac{a_n x^n + a_{n-1} x^{n-1} + \cdots + a_0}{b_m x^m + b_{m-1} x^{m-1} + \cdots + b_0}. \tag{2.38a}$$

特别地,

$$y = \frac{ax+b}{cx+d} \tag{2.38b}$$

称为齐次或线性分式函数.

2.2.1.3 无理函数

除了列举的有理函数的运算外, 自变量也可出现在开方符号中.

■**A**: $y = \sqrt{2x+3}$, ■ **B**: $y = \sqrt[3]{(x^2-1)\sqrt{x}}$.

2.2.2 超越函数

*超越函数*不能由形如 (2.36) 的代数方程得到, 接下来介绍几种最简单的初等超越函数.

2.2.2.1 指数函数

底为常数, 指数为变量 x 或 x 的代数函数 (参见第 92 页 2.6.1).

■ **A**: $y = \mathrm{e}^x$, ■ **B**: $y = a^x$, ■ **C**: $y = 2^{3x^2-5x}$.

2.2.2.2 对数函数

底数为常数, 真数为变量 x 或 x 的代数函数 (参见第 93 页 2.6.2).

■ **A**: $y = \ln x$, ■ **B**: $y = \lg x$, ■ **C**: $y = \log_2 (5x^2 - 3x)$.

2.2.2.3 三角函数

关于 x 或 x 的代数函数在符号 sin, cos, tan, cot, sec, csc 下的函数 (参见第 97 页 2.7).

■ **A**: $y = \sin x$, ■ **B**: $y = \cos(2x+3)$, ■ **C**: $y = \tan\sqrt{x}$.

一般地, 三角函数的自变量不仅可以是几何定义中的角或圆弧, 也可以是任意量, 即可以不利用几何而从纯分析的角度来定义三角函数, 如用级数展开式表示它们. 另外, 像正弦函数, 可以将其表示成微分方程 $\frac{\mathrm{d}^2 y}{\mathrm{d}x^2} + y = 0$ 的解, 其初始值为 $y = 0$ 且当 $x = 0$ 时 $\frac{\mathrm{d}y}{\mathrm{d}x} = 1$. 三角函数自变量的数值等于单位弧度下的弧长. 在处理三角函数时, 认为自变量是*弧度制*.

2.2.2.4 反三角函数

反三角函数 (参见第 110 页 2.8)arcsin, arccos 的自变量为 x 或 x 的代数函数.

■ **A**: $y=\arcsin x$, ■ **B**: $y=\arccos\sqrt{1-x}$.

2.2.2.5 双曲函数

参见第 115 页 2.9.

2.2.2.6 反双曲函数

参见第 120 页 2.10.

2.2.3 复合函数

复合函数是上述代数函数和超越函数的所有可能的复合, 即一个函数以另一个函数作为自变量.

■ **A**: $y=\ln\sin x$, ■ **B**: $y=\dfrac{\ln x+\sqrt{\arcsin x}}{x^2+5\mathrm{e}^x}$.

有限多个初等函数的这种复合可再次得到一个初等函数.

2.3 多 项 式

2.3.1 线性函数

线性函数

$$y=ax+b \tag{2.39}$$

的图像是一条**直线**(图 2.11(a)), **比例因子**为 a, 直线与坐标轴的交点为 b.

当 $a>0$ 时, 函数单调递增, 当 $a<0$ 时, 函数单调递减; 当 $a=0$ 时, 函数为零次多项式, 即为常函数. (2.39) 的截距点坐标为 $A\left(-\dfrac{b}{a},0\right)$ 和 $B(0,b)$(具体分析参见第 262 页 3.5.2.6,1.). 当 $b=0$ 时, 函数为**正比例函数**

$$y=ax, \tag{2.40}$$

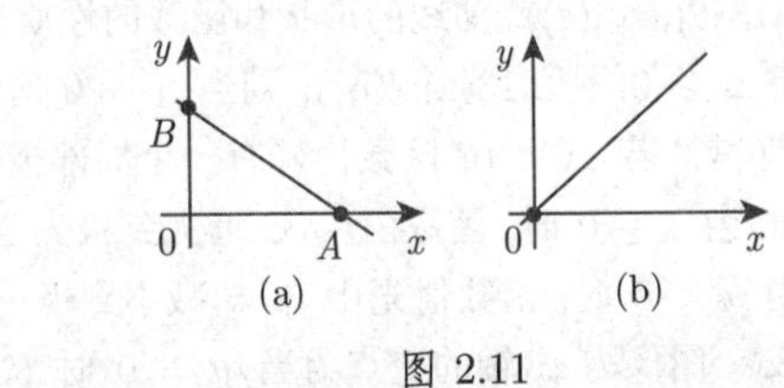

图 2.11

图像为一条过原点的直线 (图 2.11(b)).

2.3.2 二次多项式

二次多项式

$$y = ax^2 + bx + c \tag{2.41}$$

定义一以 $x = -\dfrac{b}{2a}$ 为垂直对称轴的抛物线(图 2.12). 当 $a > 0$ 时, 函数先单调递减取得最小值, 再单调递增; 当 $a < 0$ 时, 函数先单调递增取得最大值, 再单调递减. 当 $b^2 - 4ac > 0$ 时, 函数与 x 轴的交点 A_1, A_2 为 $\left(\dfrac{-b \pm \sqrt{b^2 - 4ac}}{2a},\ 0\right)$, 与 y 轴的交点 B 为 $(0,\ c)$; 当 $b^2 - 4ac = 0$ 时, 函数与 x 轴有一个交点 (切点); 当 $b^2 - 4ac < 0$ 时, 函数与 x 轴没有交点. 曲线的极值点为 $C\left(-\dfrac{b}{2a},\ \dfrac{4ac - b^2}{4a}\right)$(关于抛物线的详细说明参见第 275 页 3.5.2.10).

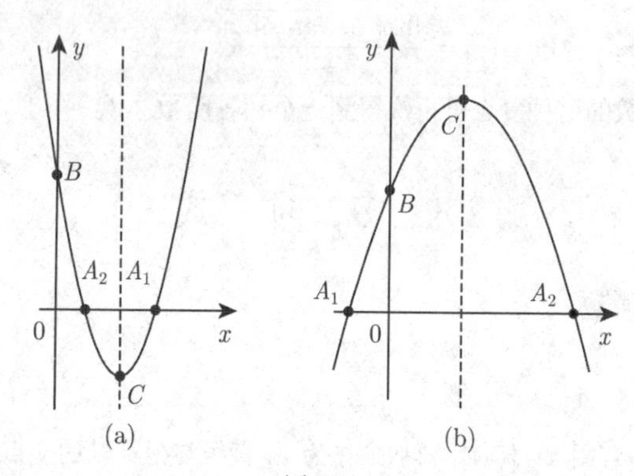

图 2.12

2.3.3 三次多项式

三次多项式

$$y = ax^3 + bx^2 + cx + d \tag{2.42}$$

定义一三次抛物线(图 2.13(a),(b),(c)), 曲线的形状和函数的性质均依赖于 a 和判别式 $\varDelta = 3ac - b^2$. 若 $\varDelta \geqslant 0$(图 2.13(a), (b)), 则当 $a > 0$ 时, 函数单调递增, 当 $a < 0$ 时, 函数单调递减. 若 $\varDelta < 0$, 函数恰好有一个局部极小值和一个局部极大值 (图 2.13(c)), 此时当 $a > 0$ 时, 函数由 $-\infty$ 增大到极大值, 然后减到极小值, 接着增大到 $+\infty$; 当 $a < 0$ 时, 函数值先由 $+\infty$ 减小到极小值, 然后增大到极大值, 接着减小到 $-\infty$. 图像与 x 轴的交点为当 $y = 0$ 时 (2.42) 的实根, 且函数可能有一个、两个 (此时存在一点, 在该点处 x 轴是曲线的切线) 或三个实根

A_1, A_2, A_3. 图像与 y 轴的交点为 $B(0, d)$, 曲线若有极值点 C, D, 则其坐标为 $\left(-\dfrac{b \pm \sqrt{-\Delta}}{3a}, \dfrac{d+2b^3-9abc \pm (6ac-2b^2)\sqrt{-\Delta}}{27a^2}\right)$.

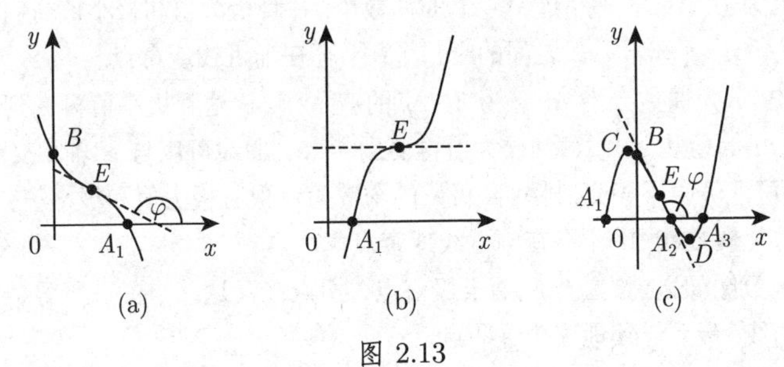

图 2.13

拐点也为曲线的对称中心 $E\left(-\dfrac{b}{3a}, \dfrac{2b^3-9abc}{27a^2}+d\right)$, 此处切线的斜率 $\tan\varphi = \left(\dfrac{\mathrm{d}y}{\mathrm{d}x}\right)_E = \dfrac{\Delta}{3a}$.

2.3.4 n 次多项式

n 次整有理函数

$$y = a_n x^n + a_{n-1} x^{n-1} + \cdots + a_1 x + a_0 \tag{2.43}$$

定义一抛物型 n次或 n阶曲线(参见第 261 页 3.5.2.5)(图 2.14).

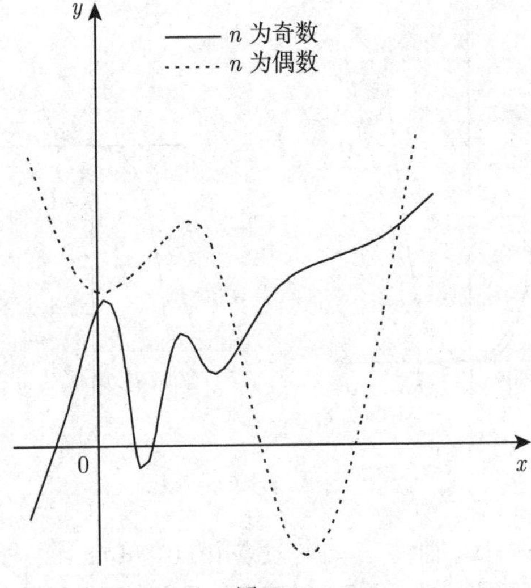

图 2.14

情形 1, n为奇数 当 $a_n > 0$ 时, y 的值从 $-\infty$ 到 $+\infty$ 连续变化, 当 $a_n < 0$ 时, y 的值从 $+\infty$ 到 $-\infty$ 连续变化. 曲线可以与 x 轴相交或相切至 n 次, 且至少有一个交点 (n 次方程的解参见第 56 页 1.6.3.1 和第 1237 页 19.1.2). 函数 (2.43) 的极值可能为 0 个或者不超过 $n-1$ 的偶数个, 并且极大值和极小值交错出现; 拐点的个数为介于 1 和 $n-2$ 之间的奇数个; 不存在渐近线或奇点.

情形 2, n为偶数 当 $a_n > 0$ 时, y 的值从 $+\infty$ 达到极小值再变到 $+\infty$, 当 $a_n < 0$ 时, y 的值从 $-\infty$ 达到极大值再变到 $-\infty$. 曲线可以与 x 轴相交或相切至 n 次, 但也可能一直不相交或相切. 极值的个数为奇数且极大值和极小值交错出现; 拐点的个数为偶数或 0; 不存在渐近线或奇点.

在画函数图像之前, 首先应确定极值点、拐点以及这些点的一阶导数, 再画出这些点的切线, 最后连续地连接这些点.

2.3.5 n 次抛物线

函数

$$y = ax^n \quad (n\text{为大于零的整数}) \tag{2.44}$$

称为 n次或 n阶抛物线(图 2.15).

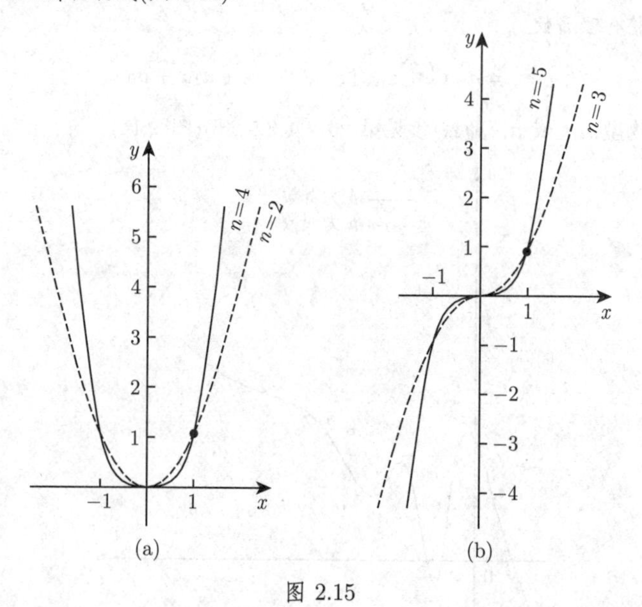

图 2.15

(1) **特殊情况$a = 1$** 曲线 $y = x^n$ 过点 (0, 0) 和 (1, 1), 与 x 轴的切点或交点为原点. 当 n 为偶数时, 曲线关于 y 轴对称, 且在原点取得极小值; 当 n 为奇数时, 曲线关于原点对称, 且原点为一拐点. 曲线无渐近线.

(2) **一般情况$a \neq 0$** 通过把曲线 $y = x^n$ 的坐标拉伸 $|a|$ 倍, 可得到曲线 $y = ax^n$. 当 $a < 0$ 时, 曲线 $y = |a|\,x^n$ 可由原图像沿 x 轴反射得到.

2.4 有理函数

2.4.1 特殊的分式线性函数 (反比)

函数

$$y = \frac{a}{x} \tag{2.45}$$

的图像为一等轴双曲线, 渐近线为坐标轴 (图 2.16), 间断点为 $x = 0$, 此时 $y = \pm\infty$. 若 $a > 0$, 函数在区间 $(-\infty,\ 0)$ 上严格单调递减, 函数值从 0 到 $-\infty$ 变化; 函数在区间 $(0,\ +\infty)$ 上也严格单调递减, 函数值从 $+\infty$ 到 0 上变化 (曲线位于一、三象限). 若 $a < 0$, 函数在区间 $(-\infty,\ 0)$ 上严格单调递增, 函数值从 0 到 $+\infty$ 变化; 函数在区间 $(0,\ +\infty)$ 上也严格单调递增, 函数值从 $-\infty$ 到 0 上变化 (虚曲线位于二、四象限). 当 $a > 0$ 时, 顶点 A, B 分别为 $(\sqrt{a},\ \sqrt{a})$ 和 $(-\sqrt{a},\ -\sqrt{a})$; 当 $a < 0$ 时, 顶点 A', B' 分别为 $\left(-\sqrt{|a|},\ \sqrt{|a|}\right)$ 和 $\left(\sqrt{|a|},\ -\sqrt{|a|}\right)$. 函数无极值 (关于双曲线的更详细说明参见 271 页 3.5.2.9).

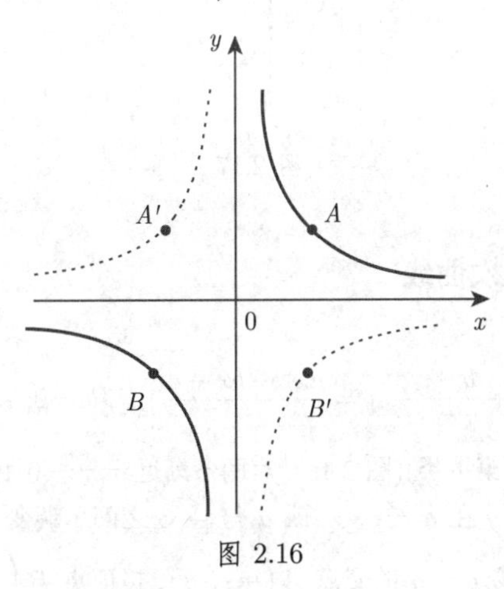

图 2.16

2.4.2 线性分式函数

函数

$$y = \frac{a_1 x + b_1}{a_2 x + b_2} \quad \left(a_2 \neq 0,\ \Delta = \begin{vmatrix} a_1 & b_1 \\ a_2 & b_2 \end{vmatrix} = a_1 b_2 - b_1 a_2 \neq 0\right) \tag{2.46}$$

的图像为一等轴双曲线, 渐近线与坐标轴平行 (图 2.17). 中心在点 $C\left(-\dfrac{b_2}{a_2}, \dfrac{a_1}{a_2}\right)$. 等式 (2.45) 中的参数 a 与此处的 $-\dfrac{\Delta}{a_2^2}$ 对应, 其中 $\Delta = \begin{vmatrix} a_1 & b_1 \\ a_2 & b_2 \end{vmatrix}$. 双曲线顶点 $A \neq 0$, B 分别为 $\left(-\dfrac{b_2 \pm \sqrt{|\Delta|}}{a_2}, \dfrac{a_1 + \sqrt{|\Delta|}}{a_2}\right)$ 和 $\left(-\dfrac{b_2 \pm \sqrt{|\Delta|}}{a_2}, \dfrac{a_1 - \sqrt{|\Delta|}}{a_2}\right)$, 当 $\Delta < 0$ 时取相同符号, 当 $\Delta > 0$ 时取相反符号. 间断点为 $x = -\dfrac{b_2}{a_2}$. 若 $\Delta < 0$, 函数值由 $\dfrac{a_1}{a_2}$ 到 $-\infty$ 和 $+\infty$ 到 $\dfrac{a_1}{a_2}$ 递减; 若 $\Delta > 0$, 函数值从 $\dfrac{a_1}{a_2}$ 到 $+\infty$ 和 $-\infty$ 到 $\dfrac{a_1}{a_2}$ 递增. 函数无极值.

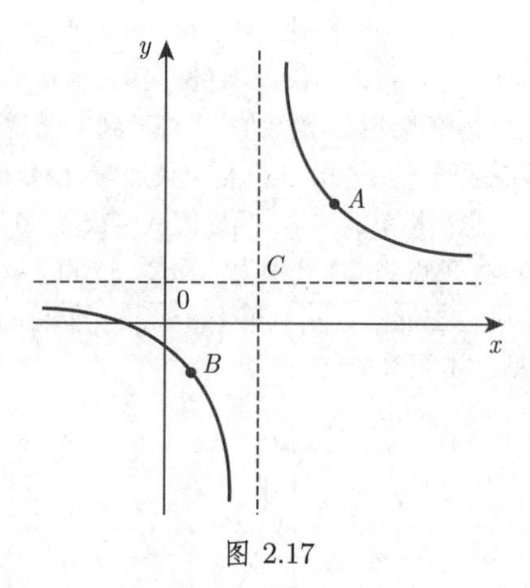

图 2.17

2.4.3 第 I 类三次曲线

函数

$$y = a + \frac{b}{x} + \frac{c}{x^2}\left(= \frac{ax^2 + bx + c}{x^2}\right) \quad (b \neq 0,\ c \neq 0) \tag{2.47}$$

的图像为一三次曲线(第 I 类)(图 2.18), 有两条渐近线 $x = 0$ 和 $y = a$, 且有两个分支. 其中一个分支上, y 在 a 与 $+\infty$ 或 a 与 $-\infty$ 之间单调变化; 另一个分支穿过三个特征点: 与渐近线 $y = a$ 的交点 $A\left(-\dfrac{c}{b}, a\right)$, 极值点 $B\left(-\dfrac{2c}{b}, a - \dfrac{b^2}{4c}\right)$ 及拐点 $C\left(-\dfrac{3c}{b}, a - \dfrac{2b^2}{9c}\right)$. 分支的位置取决于 b, c 的符号, 共四种情况 (图 2.18). 若与 x 轴有交点 D, E, 则当 $a \neq 0$ 时交点坐标为 $\left(\dfrac{-b \pm \sqrt{b^2 - 4ac}}{2a}, 0\right)$, 当 $a = 0$ 时交点坐标为 $\left(-\dfrac{c}{b}, 0\right)$; 根据 $b^2 - 4ac > 0$, $b^2 - 4ac = 0$ 或 $b^2 - 4ac < 0$, 交点的个数可能为两个、一个 (x 轴为切线) 或 0 个.

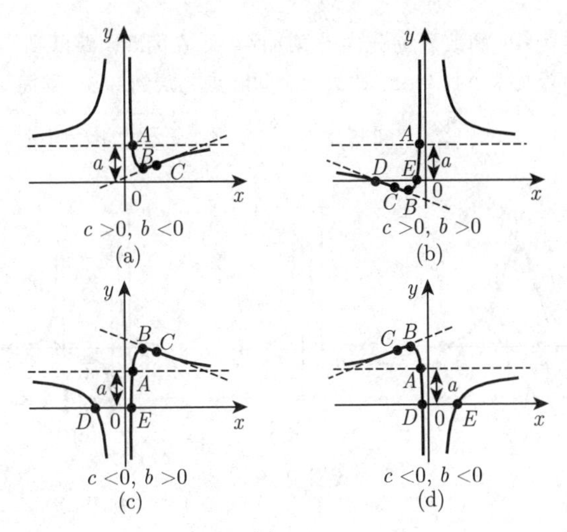

图 2.18

当 $b=0$ 时, 函数 (2.47) 变为 $y=a+\dfrac{c}{x^2}$(参见 (图 2.21) 倒数幂), 当 $c=0$ 时, 函数 (2.47) 变成单应函数 $y=\dfrac{ax+b}{x}$, 它是 (2.46) 的一种特殊情况.

2.4.4 第 II 类三次曲线

函数

$$y=\frac{1}{ax^2+bx+c}\quad (a\neq 0) \tag{2.48}$$

的图像为一三次曲线(第 II 类), 关于铅直直线 $x=-\dfrac{b}{2a}$ 对称, 因为 $\lim\limits_{x\to\pm\infty}y=0$, 故 x 轴为它的渐近线 (图 2.19). 该曲线的形状与 a 和 $\Delta=4ac-b^2$ 的符号有关. 在 $a>0$ 和 $a<0$ 两种情况中, 仅考虑第一种情况, 事实上, 只需将 $y=\dfrac{1}{(-a)x^2-bx-c}$ 沿 x 轴反射就可以得到第二种情况.

情形 a) $\boldsymbol{\Delta>0}$ 对任意变量 x, 函数都是正的连续函数, 且在 $\left(-\infty,-\dfrac{b}{2a}\right)$ 上单调递增, 并取得极大值 $\dfrac{4a}{\Delta}$, 接着在 $\left(-\dfrac{b}{2a},+\infty\right)$ 单调递减. 曲线的极值点为 $A\left(-\dfrac{b}{2a},\dfrac{4a}{\Delta}\right)$, 拐点 B, C 为 $\left(-\dfrac{b}{2a}\pm\dfrac{\sqrt{\Delta}}{2a\sqrt{3}},\dfrac{3a}{\Delta}\right)$; 相应切线的斜率 (角系数)$\tan\varphi=\mp a^2\left(\dfrac{3}{\Delta}\right)^{3/2}$ (图 2.19(a)).

情形 b) $\boldsymbol{\Delta=0}$ 对任意变量 x, 函数取值均为正, 先从 0 增加到 $+\infty$, $x=-\dfrac{b}{2a}=x_0$ 为间断点 (极点), $\lim\limits_{x\to x_0}y=+\infty$, 接着再由 $+\infty$ 减少到 0(图 2.19(b)).

情形 c)$\varDelta<0$ 函数值 y 先由 0 增加 $+\infty$, 在间断点跳跃到 $-\infty$, 然后递增取得极大值, 接着又减小到 $-\infty$; 在另一个间断点跳跃到 $+\infty$, 继而又减小到 0. 曲线的极值点为 $A\left(-\dfrac{b}{2a}, \dfrac{4a}{\varDelta}\right)$, 间断点为 $x=\dfrac{-b\pm\sqrt{-\varDelta}}{2a}$(图 2.19(c)).

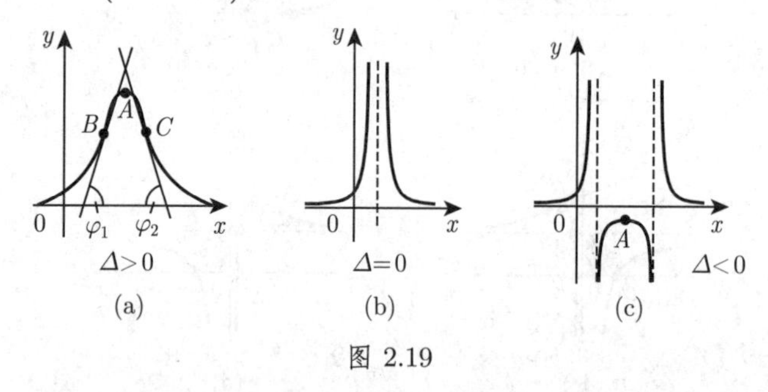

图 2.19

2.4.5 第 III 类三次曲线

函数

$$y=\frac{x}{ax^2+bx+c}\quad(a\neq 0,\ b\neq 0,\ c\neq 0)\tag{2.49}$$

的图像为一过原点的三次曲线(第III类), x 轴为它的一条渐近线 (图 2.20). 该函数的性状除了与 a 和 $\Delta=4ac-b^2$ 的符号有关外, 当 $\Delta<0$, 还与方程 $ax^2+bx+c=0$ 的根 α, β 的符号有关; 当 $\Delta=0$ 时, 与 b 的符号有关. 在 $a>0$ 和 $a<0$ 两种情况中, 仅考虑第一种情况, 因为只需将 $y=\dfrac{x}{(-a)\,x^2-bx-c}$ 沿 x 轴反射就可以得到第二种情况.

情形 a)$\varDelta>0$ 函数处处连续, 它的值先由 0 减小到极小值, 再增加到极大值, 最后再次减小到 0.

曲线的极值点 A, B 为 $\left(\pm\sqrt{\dfrac{c}{a}}, \dfrac{-b\pm 2\sqrt{ac}}{\varDelta}\right)$, 且曲线有三个拐点 (图 2.20(a)).

情形 b)$\varDelta=0$ 函数的性质与 b 的符号有关, 因此分为两种情况. 在每种情况中, 函数都有一个间断点 $x=-\dfrac{b}{2a}$ 和一个拐点.

• $b>0$: 函数值先由 0 减小到 $-\infty$, 经过一个间断点后, 函数值又由 $-\infty$ 增加到极大值, 接着再减小到 0(图 2.20(b_1)). 曲线的极值点为 $A\left(+\sqrt{\dfrac{c}{a}}, \dfrac{1}{2\sqrt{ac}+b}\right)$.

• $b<0$: 函数值先由 0 减小到极小值, 再经过原点增加到 $+\infty$, 接着函数经过一个间断点后又由 $+\infty$ 减小到 0(图 2.20(b_2)). 曲线的极值点为 $A\left(-\sqrt{\dfrac{c}{a}}, -\dfrac{1}{2\sqrt{ac}-b}\right)$.

情形 c)$\varDelta<0$ 函数有两个间断点 $x=\alpha$, $x=\beta$; 其性质与 α, β 的符号

有关.

• α, β 的符号互异：函数值先从 0 减小到 $-\infty$, 接着跳跃到 $+\infty$, 然后由 $+\infty$ 减小到 $-\infty$, 且通过原点, 随后又跳跃到 $+\infty$ 并减小到 0(图 2.20(c_1)). 函数无极值.

• α, β 均为负数：函数值先从 0 减小到 $-\infty$, 接着跳跃到 $+\infty$, 然后减少到极小值后再次增加到 $+\infty$, 随后跳跃到 $-\infty$ 并增加到极大值, 最后逐渐减小至趋于 0 (图 2.20(c_2)).

极值点 A, B 可以利用与 2.4.5 中的情形 a) 类似的公式来计算.

• α, β 均为正数：函数值先从 0 减小到极小值, 再增加到 $+\infty$, 接着跳跃到 $-\infty$, 增加到极大值并再次减小到 $-\infty$, 随后跳跃到 $+\infty$ 且逐渐减小至趋于 0(图 2.20(c_3)).

极值点 A, B 可以利用与 2.4.5 情形 a) 类似的公式来计算.

在这三种情况中, 曲线都有一个拐点.

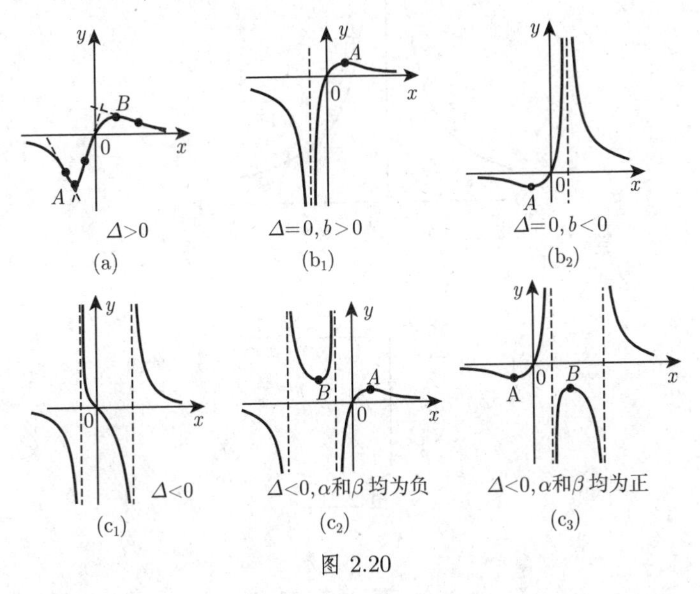

图 2.20

2.4.6 倒数幂

函数

$$y = \frac{a}{x^n} = ax^{-n} \quad (a \neq 0,\ n \text{ 为大于零的整数}) \tag{2.50}$$

的图像为一**双曲型曲线**, 坐标轴是渐近线, 间断点为 $x = 0$(图 2.21).

情形 a) 当 $a > 0$ 且 n 为偶数时, 函数值由 0 增加到 $+\infty$, 再由 $+\infty$ 减小到趋于 0, 且一直为正. 当 n 为奇数时, 函数值由 0 减小到 $-\infty$, 然后跳跃到 $+\infty$ 并减小到趋于 0.

情形 b) 当 $a<0$ 且 n 为偶数时, 函数值由 0 减小到 $-\infty$, 再增加至趋于 0, 且一直为负. 当 n 为奇数时, 函数值由 0 增加到 $+\infty$, 然后跳跃到 $-\infty$ 并增加到趋于 0.

函数没有极值. n 越大, 曲线趋近 x 轴的速度越快, 趋近 y 轴的速度越慢. 若 n 为偶数, 曲线关于 y 轴对称; 若 n 为奇数, 曲线关于原点呈中心对称. 图 2.21 是当 $a=1$ 时 $n=2$ 和 $n=3$ 的图像.

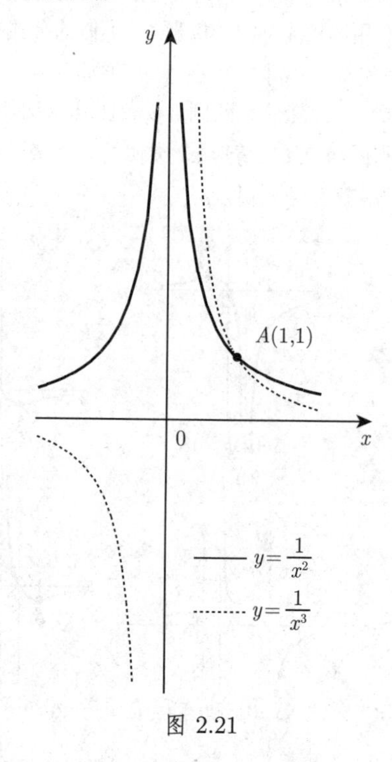

图 2.21

2.5 无理函数

2.5.1 线性二项式的平方根

两个函数联立的曲线

$$y=\pm\sqrt{ax+b}\quad (a\neq 0) \tag{2.51}$$

是关于 x 轴对称的一条抛物线. 顶点 A 为 $\left(-\frac{b}{a},\ 0\right)$, 半焦弦(参见第 275 页 3.5.2.10)$p=\frac{a}{2}$, 函数的定义域和曲线的形状与 a 的符号有关 (图 2.22)(关于抛

物线更详尽的说明参见第 275 页 3.5.2.10).

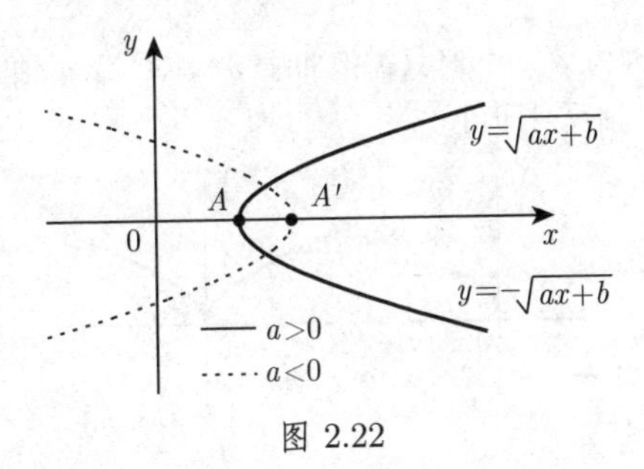

图 2.22

2.5.2 二次多项式的平方根

两个函数联立的曲线

$$y = \pm\sqrt{ax^2 + bx + c} \quad (a \neq 0,\ \Delta = 4ac - b^2 \neq 0), \tag{2.52}$$

当 $a < 0$ 时是**椭圆**; 当 $a > 0$ 时是**双曲线**(图 2.23), 其中一条对称轴是 x 轴, 另一条对称轴是直线 $x = -\dfrac{b}{2a}$.

顶点 A, C 和 B, D 的坐标为 $\left(-\dfrac{b \pm \sqrt{-\Delta}}{2a},\ 0\right)$ 和 $\left(-\dfrac{b}{2a},\ \pm\sqrt{\dfrac{\Delta}{4a}}\right)$, 其中 $\Delta = 4ac - b^2$.

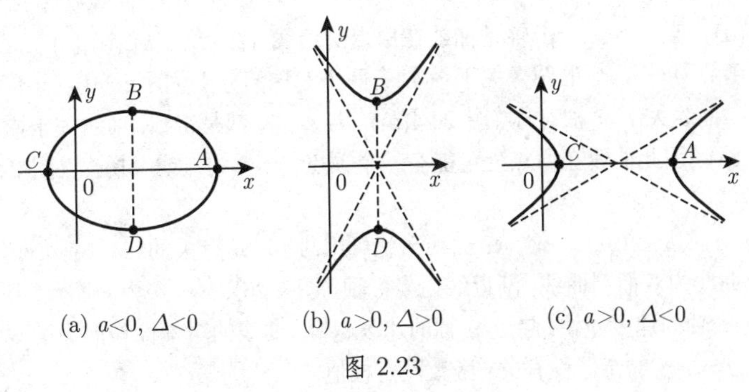

(a) $a<0$, $\Delta<0$　(b) $a>0$, $\Delta>0$　(c) $a>0$, $\Delta<0$

图 2.23

函数的定义域和曲线的形状与 a 和 Δ 的符号有关 (图 2.23). 当 $a < 0$ 且 $\Delta > 0$ 时, 函数仅有一个虚值, 因此曲线不存在 (关于椭圆和双曲线更详尽的说明参见第 267 页 3.5.2.8 和第 271 页 3.5.2.9).

2.5.3 幂函数

下面分 $k > 0$ 和 $k < 0$ 两种情况 (图 2.24, 图 2.25) 讨论幂函数

$$y = ax^k = ax^{\pm m/n} \quad (m,\ n\text{为互素的正整数}). \tag{2.53}$$

此处仅考察 $a = 1$, 因为 $a \neq 1$ 时只需把曲线 $y = x^k$ 沿 y 轴方向拉伸 $|a|$ 倍, 若 $a < 0$, 把该图像沿 x 轴反射即可.

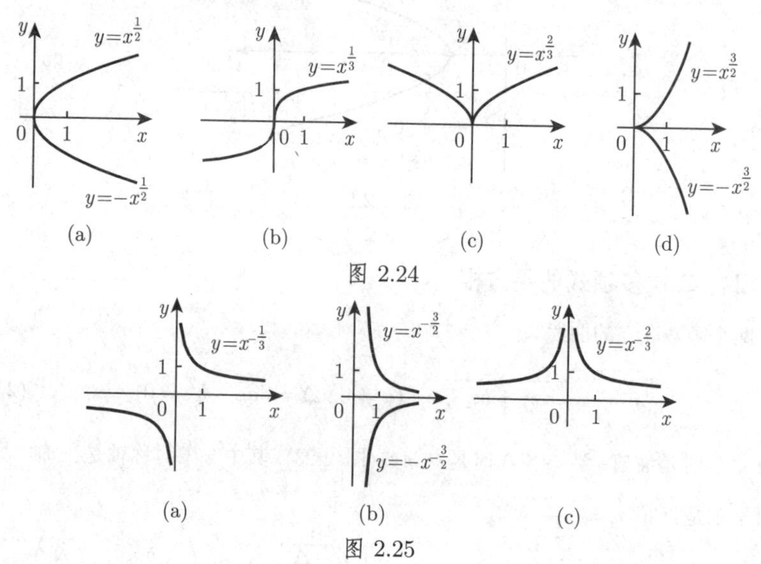

图 2.24

图 2.25

情形 a) $k > 0,\ y = x^{\frac{m}{n}}$：曲线形状可用与 $m,\ n$ 有关的四个特例来说明, 如图 2.24. 曲线过点 (0, 0) 和 (1, 1). 若 $k > 1$, x 轴是曲线在原点的切线 (图 2.24(d)), 若 $k < 1$, y 轴是曲线在原点的切线 (图 2.24(a),(b),(c)). 当 n 为偶数时, 函数 $y = \pm x^k$ 的图像关于 x 轴有两个对称的分支 (图 2.24(a), (d)), 当 m 为偶数时, 曲线关于 y 轴对称 (图 2.24(c)). 若 $m,\ n$ 都是奇数, 曲线关于原点对称 (图 2.24(b)). 因此曲线在原点处可能有一个顶点、一个尖点或者拐点 (图 2.24), 但没有渐近线.

情形 b) $k < 0,\ y = x^{-\frac{m}{n}}$：曲线形状可用与 $m,\ n$ 有关的三个特例来说明, 如图 2.25. 曲线为双曲型曲线, 渐近线为坐标轴 (图 2.25), $x = 0$ 为间断点. $|k|$ 越大, 曲线趋近 x 轴的速度越快, 趋近 y 轴的速度越慢. 曲线的对称性与前面 $k > 0$ 时的相同, 也与 $m,\ n$ 的奇偶性有关. 函数没有极值.

2.6 指数函数和对数函数

2.6.1 指数函数

函数

$$y = a^x = \mathrm{e}^{bx} \quad (a > 0,\ b = \ln a) \tag{2.54}$$

称为指数函数, 其图像为指数曲线(图 2.26). 由 (2.54), 令 $a = \mathrm{e}$, 得到自然指数曲线的函数

$$y = \mathrm{e}^x, \tag{2.55}$$

该函数只取正值, 定义域为 $(-\infty, +\infty)$. 当 $a > 1$ 即 $b > 0$ 时, 函数严格单调递增, 取值范围为 0 到 $+\infty$. 当 $a < 1$ 即 $b < 0$ 时, 函数严格单调递减, 取值范围为 $+\infty$ 到 0. $|b|$ 越大, 函数增加或减小的速度越快. 曲线过点 $(0,1)$, 当 $b > 0$ 时在左边渐近趋近 x 轴, 当 $b < 0$ 时在右边渐近趋近 x 轴, 且 $|b|$ 越大, 趋近 x 轴的速度越快. 若 $a < 1$, $y = a^{-x} = \left(\dfrac{1}{a}\right)^x$ 是增函数; 若 $a > 1$, y 是减函数.

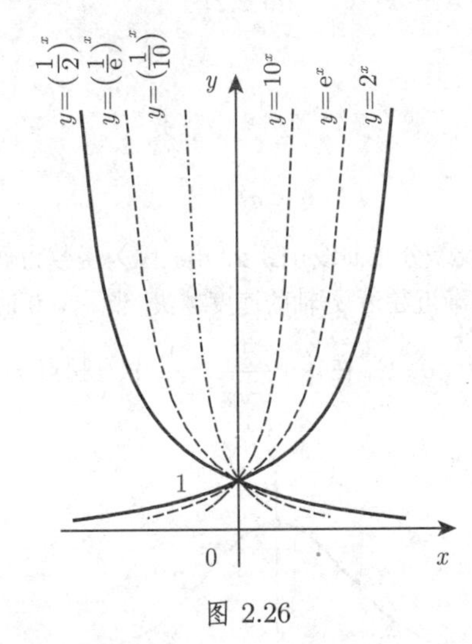

图 2.26

2.6.2 对数函数

函数

$$y = \log_a x \quad (a > 0,\ a \neq 1) \tag{2.56}$$

描述了对数曲线(图 2.27); 该曲线可由指数曲线沿直线 $y = x$ 反射得到. 由 (2.56), 令 $a = \mathrm{e}$, 得到自然对数曲线的函数

$$y = \ln x, \tag{2.57}$$

仅当 $x > 0$ 时, 实对数函数才有定义. 若 $a > 1$, 函数严格单调递增, 从 $-\infty$ 到 $+\infty$ 取值; 若 $a < 1$, 函数严格单调递减, 从 $+\infty$ 到 $-\infty$ 取值, 且 $|\ln a|$ 越小, 函数增加或减小的速度越快. 曲线过点 $(1, 0)$, 当 $a > 1$ 时, 向下渐近趋近 y 轴, 当 $a < 1$ 时, 向上渐近趋近 y 轴, 且 $|\ln a|$ 越大, 趋近 y 轴的速度越快.

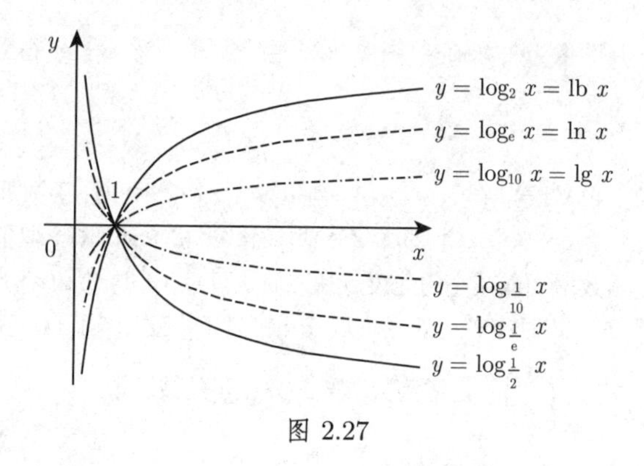

图 2.27

2.6.3　误差曲线

函数

$$y = \mathrm{e}^{-(ax)^2} \tag{2.58}$$

描述了*误差曲线*(高斯误差分布曲线)(图 2.28). 因为函数为偶函数, 故曲线关于 y 轴对称, 且 $|a|$ 越大, 它渐近趋近 x 轴的速度越快, 当 $x = 0$ 时, 函数取得极大值 1, 因此曲线的极值点 A 为 (0, 1), 在 $\left(\pm\dfrac{1}{a\sqrt{2}}, \dfrac{1}{\sqrt{\mathrm{e}}}\right)$ 有拐点 B, C, 拐点处切线的斜率 $\tan\varphi = \mp a\sqrt{2/\mathrm{e}}$.

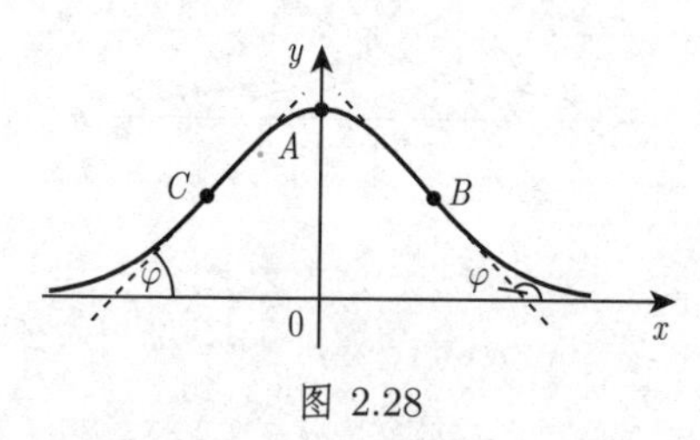

图 2.28

误差曲线 (2.58) 在描述观测误差的正态分布性质时有着重要应用 (参见第 1069 页 16.2.4.1 和第 1107 页 16.4.1.2,3.):

$$y = \varphi(x) = \frac{1}{\sigma\sqrt{2\pi}} \exp\left(-\frac{x^2}{2\sigma^2}\right). \tag{2.59}$$

2.6.4　指数和

函数

$$y = a\mathrm{e}^{bx} + c\mathrm{e}^{dx} \tag{2.60}$$

的特征符号关系如图 2.29 所示. 通过把两曲线的坐标相加, 即 $y_1 = a\mathrm{e}^{bx}$ 与 $y_2 = c\mathrm{e}^{dx}$ 求和, 得到函数的和, 且该函数为连续函数. 若 a, b, c, d 均不等于

0, 曲线是图 2.29 中的四种形式之一. 依参数的符号不同, 图像可能会沿坐标轴反射.

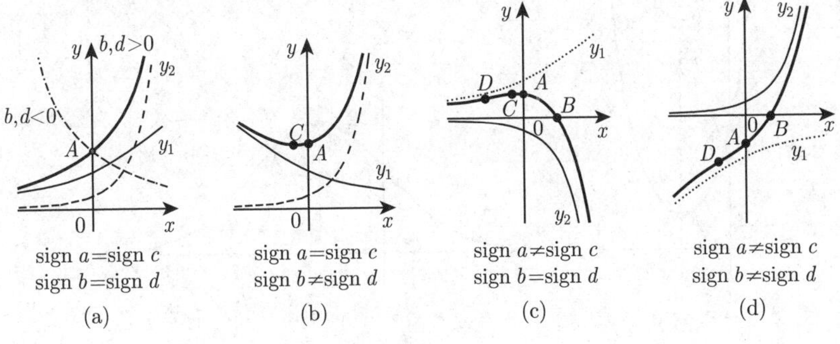

图 2.29

设曲线与 y 轴和 x 轴的交点分别为 $A(0,\ a+c)$ 和 $B\left(\dfrac{\ln(-a/c)}{d-b}, 0\right)$, 若函数有极值点 C 和拐点 D, 则它们分别在 $x=\dfrac{1}{d-b}\ln\left(-\dfrac{ab}{cd}\right)$ 和 $x=\dfrac{1}{d-b}\ln\left(-\dfrac{ab^2}{cd^2}\right)$ 处取得.

情形 a) 参数 a 与 c 符号相同, b 与 d 符号相同: 函数不变号且严格单调; 它的值从 0 变到 $+\infty$ 或 $-\infty$, 亦或从 $+\infty$ 或 $-\infty$ 变到 0; 无拐点, 渐近线是 x 轴 (图 2.29(a)).

情形 b) 参数 a 与 c 符号相同, b 与 d 符号相反: 函数不变号, 它的值或者从 $+\infty$ 变到 $+\infty$, 且有极小值, 或者从 $-\infty$ 变到 $-\infty$, 且有极大值, 无拐点 (图 2.29(b)).

情形 c) 参数 a 与 c 符号相反, b 与 d 符号相同: 函数有极值, 且在极值之前和之后均严格单调. 函数符号改变一次, 它的值可能由 0 变为极值, 再从极值变化到 $+\infty$ 或 $-\infty$; 或者先从 $+\infty$ 或 $-\infty$ 变化到极值, 再趋于 0. x 轴是它的一条渐近线, 曲线的极值点为 C, 拐点为 D(图 2.29(c)).

情形 d) 参数 a 与 c 符号相反, b 与 d 符号也相反: 函数严格单调, 它的值从 $-\infty$ 增加到 $+\infty$ 或从 $+\infty$ 减少到 $-\infty$, 拐点为 D(图 2.29(d)).

2.6.5 广义误差函数

函数

$$y=a\mathrm{e}^{bx+cx^2}=a\mathrm{e}^{-\frac{b^2}{4c}}\mathrm{e}^{c\left(x+\frac{b}{2c}\right)^2}\quad (c\neq 0) \tag{2.61}$$

的图像可以看作是误差函数(2.58) 的推广, 关于铅直直线 $x=-\dfrac{b}{2c}$ 对称, 且与 x 轴无交点, 与 y 轴的交点 D 为 $(0,\ a)$(图 2.30(a),(b)).

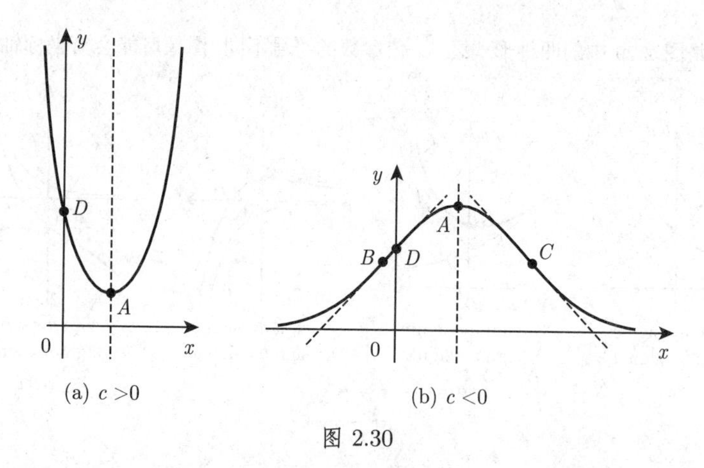

(a) $c>0$

(b) $c<0$

图 2.30

曲线形状与 a 和 c 的符号有关, 此处仅讨论 $a>0$ 的情况, 因为 $a<0$ 时仅需将前一图形沿 x 轴反射.

情形 a) $c>0$ 函数先由 $+\infty$ 减小到极小值, 然后再增加到 $+\infty$, 且取值恒为正. 曲线极值点 A 为 $\left(-\dfrac{b}{2c},\ a\mathrm{e}^{-\frac{b^2}{4c}}\right)$, 对应函数的极小值; 函数无拐点和渐近线 (图 2.30(a)).

情形 b) $c<0$ 函数的渐近线是 x 轴, 曲线极值点 A 为 $\left(-\dfrac{b}{2c},\ a\mathrm{e}^{-\frac{b^2}{4c}}\right)$, 对应函数的极大值, 拐点 B, C 为 $\left(-\dfrac{b\pm\sqrt{-2c}}{2c},\ a\mathrm{e}^{\frac{-\left(b^2+2c\right)}{4c}}\right)$(图 2.30(b)).

2.6.6 幂函数与指数函数的乘积

此处仅在 $a>0$ 时, 对函数

$$y=ax^b\mathrm{e}^{cx}\quad(c\neq 0)\tag{2.62}$$

进行讨论, 因为 $a<0$ 时, 只需将前一图形沿 x 轴反射. 若 b 不是整数, 仅在 $x>0$ 时给出定义; 若 b 是整数, 当 $x<0$ 时, 曲线的形状可归为如下情况 (图 2.31).

图 2.31 给出了任意参数下曲线的性状.

若 $b>0$, 曲线过原点, 且当 $b>1$ 时, 原点处的切线为 x 轴; 当 $b=1$ 时, 原点处的切线为 $y=x$;

当 $0<b<1$ 时, 原点处的切线为 y 轴. 若 $b<0$, y 轴为曲线的一条渐近线. 若 $c>0$, 函数不断增加且超过任何给定的值; 若 $c<0$, 函数渐近趋近于 0. 若 b, c 异号, 函数在 $x=-\dfrac{b}{c}$ 处 (曲线上点 A) 有极值. 曲线在 $x=-\dfrac{b\pm\sqrt{b}}{c}$ 有 0 个、1 个或 2 个拐点 (参见图 2.31(c), (e), (f), (g) 中的点 C, D).

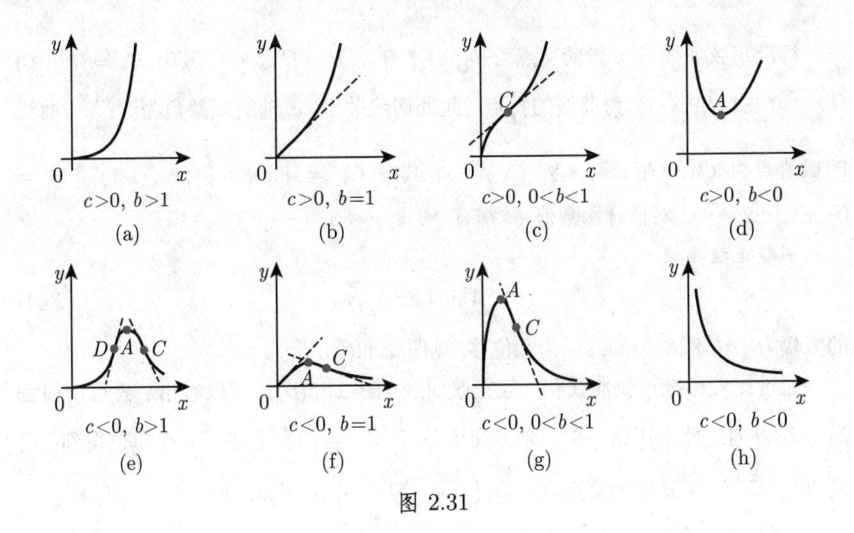

图 2.31

2.7 三角函数 (角函数)

2.7.1 基本概念

2.7.1.1 定义及表示

1. 定义

因为三角函数是从几何角度引入进来的, 所以它们的定义及自变量采用角度或者弧度制 (参见第 170 页 3.1.1.5).

2. 正弦

标准正弦函数

$$y = \sin x \tag{2.63}$$

是周期为 $T = 2\pi$ 的连续曲线 (参见图 2.32(a)).

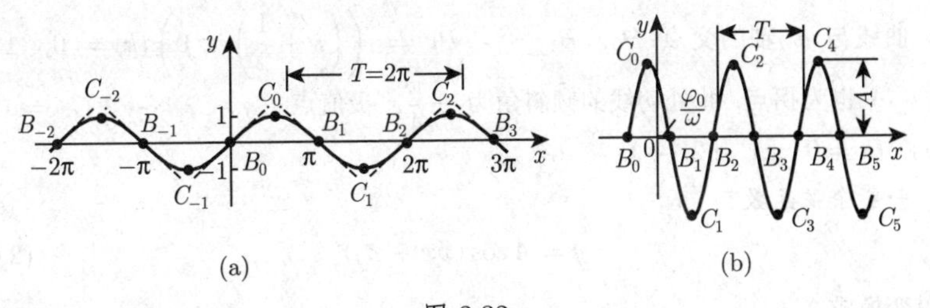

图 2.32

标准正弦曲线与 x 轴的交点为B_0, B_1, B_{-1}, B_2, $B_{-2}, \cdots$, 其中 $B_k=(k\pi, 0)$ $(k=0, \pm1, \pm2, \cdots)$ 为曲线的拐点, 此处切线关于 x 轴的倾斜角为 $\pm\dfrac{\pi}{4}$. 曲线的极值点为 C_0, C_1, C_{-1}, C_2, $C_{-2}, \cdots$, 其中 $C_k=\left(\left(k+\dfrac{1}{2}\right)\pi,\ (-1)^k\right)(k=0,\ \pm1,\ \pm2, \cdots)$. 对任意函数值 y, 都有 $-1\leqslant y\leqslant 1$.

一般正弦函数

$$y=A\sin(\omega x+\varphi_0) \tag{2.64}$$

的振幅为 $|A|$, 频率为 ω, φ_0 为相位移, 见图 2.32(b).

通过比较标准正弦曲线和一般正弦曲线 (图 2.32(b)), 可以看出后者可由前者沿 y 轴方向拉伸 $|A|$ 倍, 沿 x 轴方向压缩 $\dfrac{1}{\omega}$ 倍, 再向左平移 $\dfrac{\varphi_0}{\omega}$ 个单位得到. 周期 $T=\dfrac{2\pi}{\omega}$, 与 x 轴的交点 $B_k=\left(\dfrac{k\pi-\varphi_0}{\omega},\ 0\right)(k=0,\ \pm1,\ \pm2, \cdots)$, 极值点

$$C_k=\left(\frac{\left[\left(k+\dfrac{1}{2}\right)\pi-\varphi_0\right]}{\omega},\ (-1)^k A\right)\quad(k=0,\ \pm1,\ \pm2, \cdots).$$

3. 余弦

标准余弦函数

$$y=\cos x=\sin\left(x+\frac{\pi}{2}\right) \tag{2.65}$$

如图 2.33 所示.

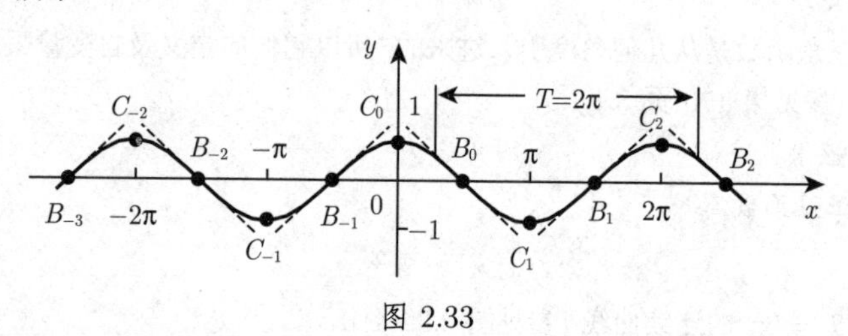

图 2.33

曲线与 x 轴的交点 B_0, B_1, $\cdots, B_k=\left(\left(k+\dfrac{1}{2}\right)\pi,\ 0\right)(k=0,\ \pm1,$ $\pm2, \cdots)$ 也为拐点, 此处切线的倾斜角为 $\pm\dfrac{\pi}{4}$. 极值点 C_0, C_1, $\cdots$, $C_k=(k\pi,$ $(-1)^k)(k=0,\ \pm1,\ \pm2, \cdots)$.

一般余弦函数

$$y=A\cos(\omega x+\varphi_0) \tag{2.66}$$

可以变换成

$$y=A\sin\left(\omega x+\varphi_0+\frac{\pi}{2}\right), \tag{2.67}$$

即由一般正弦函数向左平移 $\varphi=\dfrac{\pi}{2}$ 个单位.

4. 正切

正切函数

$$y=\tan x \tag{2.68}$$

的周期$T=\pi$, 渐近线为 $x=\left(k+\dfrac{1}{2}\right)\pi\ \ (k=0,\ \pm1,\ \pm2,\cdots)$(图 2.34). 函数在区间 $\left(-\dfrac{\pi}{2}+k\pi,\ +\dfrac{\pi}{2}+k\pi\right)(k=0,\ \pm1,\ \pm2,\cdots)$ 单调递增, 取值范围为由 $-\infty$ 到 $+\infty$, 曲线与 x 轴的交点为 $A_0,\ A_1,\ A_{-1}, A_2,\ A_{-2},\cdots$, 其中 $A_k=(k\pi,\ 0)\,(k=0,\ \pm1,\ \pm2,\cdots)$ 且为曲线的拐点, 此处切线的倾斜角为 $\dfrac{\pi}{4}$.

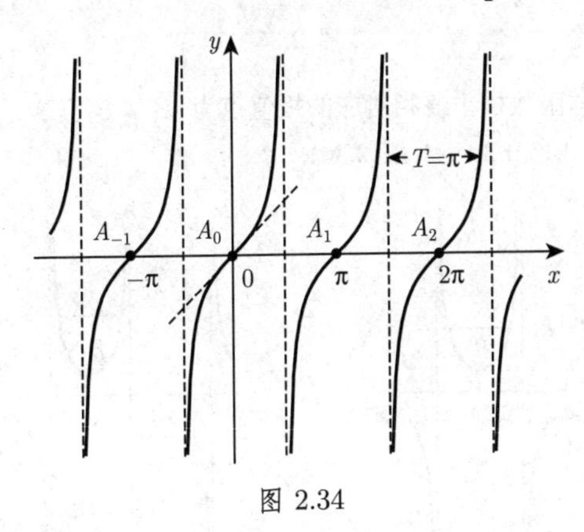

图 2.34

5. 余切

余切函数

$$y=\cot x=-\tan\left(x+\frac{\pi}{2}\right) \tag{2.69}$$

的图像可由正切曲线沿 x 轴反射并向左平移 $\dfrac{\pi}{2}$ 个单位得到 (图 2.35), 渐近线为 $x=k\pi(k=0,\ \pm1,\ \pm2,\cdots)$. 函数在 $(0,\ \pi)$ 单调递减, 取值范围为由 $+\infty$ 到 $-\infty$; 周期 $T=\pi$. 曲线与 x 轴的交点为 $A_0,\ A_1,\ A_{-1}, A_2,\ A_{-2},\cdots$, 其中 $A_k=\left(\left(k+\dfrac{1}{2}\right)\pi,\ 0\right)(k=0,\ \pm1,\ \pm2,\cdots)$ 且为曲线的拐点, 此处切线的倾斜角为 $-\dfrac{\pi}{4}$.

6. 正割

正割函数

$$y=\sec x=\frac{1}{\cos x} \tag{2.70}$$

的周期$T=2\pi$, 渐近线为 $x=\left(k+\dfrac{1}{2}\right)\pi\ \ (k=0,\ \pm1,\ \pm2,\cdots)$; 显然 $|y|\geqslant 1$. 与函数的极大值相对应的极值点为 $A_0,\ A_1,\ A_{-1},\cdots$, 其中 $A_k=((2k+1)\,\pi,\ -1)\,(k=$

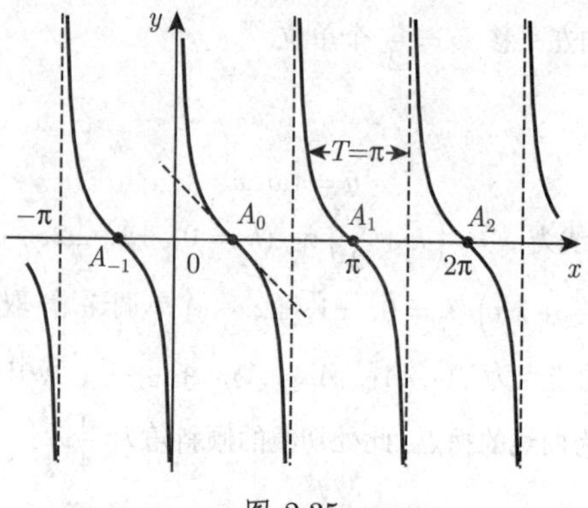

图 2.35

$0, \pm1, \pm2, \cdots$)；与函数极小值相对应的极值点为 B_0, B_1, $B_{-1}, \cdots$, 其中 $B_k = (2k\pi, +1)\ (k=0, \pm1, \pm2, \cdots)$(图 2.36).

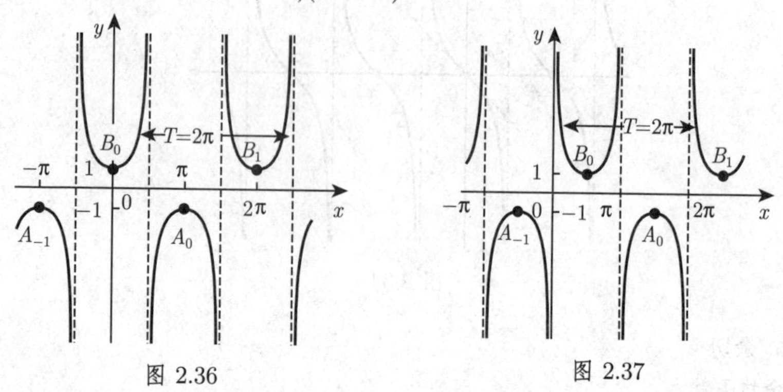

图 2.36 图 2.37

7. 余割

余割函数

$$y = \csc x = \frac{1}{\sin x} \tag{2.71}$$

的图像可由正割函数图像向右平移 $x = \dfrac{\pi}{2}$ 个单位得到, 渐近线为 $x = k\pi(k = 0, \pm1, \pm2, \cdots)$. 与函数的极大值相对应的极值点为 A_0, A_1, $A_{-1}, \cdots$, 其中 $A_k = \left(\dfrac{4k+3}{2}\pi, -1\right)(k=0, \pm1, \pm2, \cdots)$；与函数极小值相对应的极值点为 B_0, B_1, $B_{-1}, \cdots$, 其中 $B_k = \left(\dfrac{4k+1}{2}\pi, +1\right)(k=0, \pm1, \pm2, \cdots)$(图 2.37).

2.7.1.2 函数的值域与性质

1. 角度范围 $0^\circ \leqslant x \leqslant 360^\circ$

图 2.38 描述了六个三角函数从 0° 到 360° 或从 0 到 2π 弧度这四个象限的情况.

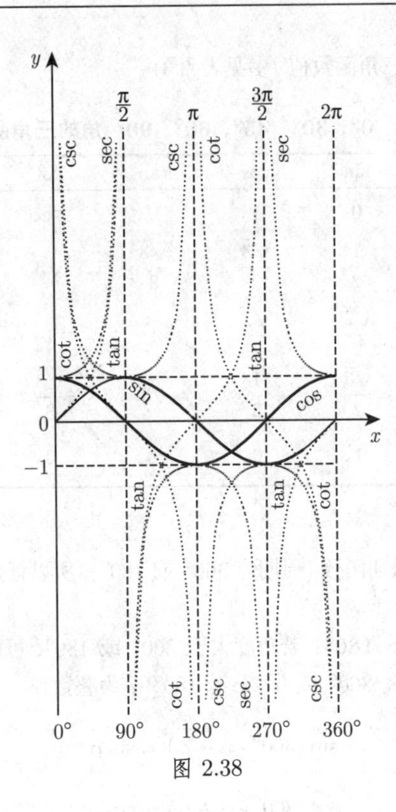

图 2.38

表 2.1 回顾了这些函数的定义域和值域. 函数的符号与自变量所属的象限有关, 见表 2.2.

表 2.1 三角函数的定义域和值域

定义域	值域	定义域	值域
$-\infty < x < \infty$	$-1 \leqslant \sin x \leqslant 1$	$x \neq (2k+1)\dfrac{\pi}{2}$	$-\infty < \tan x < \infty$
	$-1 \leqslant \cos x \leqslant 1$	$x \neq k\pi$	$-\infty < \cot x < \infty$
		$(k = 0, \pm 1, \pm 2, \cdots)$	

表 2.2 三角函数的符号

象限	角	sin	cos	tan	cot	sec	csc
I	$0° < \alpha < 90°$	+	+	+	+	+	+
II	$90° < \alpha < 180°$	+	−	−	−	−	+
III	$180° < \alpha < 270°$	−	−	+	+	−	−
IV	$270° < \alpha < 360°$	−	+	−	−	+	−

2. 某些特殊角的三角函数值 (参见表 2.3)

表 2.3 0°, 30°, 45°, 60°, 90° 角的三角函数值

角度	弧度	sin	cos	tan	cot	sec	csc
0°	0	0	1	0	$\mp\infty$	1	$\mp\infty$
30°	$\frac{1}{6}\pi$	$\frac{1}{2}$	$\frac{\sqrt{3}}{2}$	$\frac{\sqrt{3}}{3}$	$\sqrt{3}$	$\frac{2\sqrt{3}}{3}$	2
45°	$\frac{1}{4}\pi$	$\frac{\sqrt{2}}{2}$	$\frac{\sqrt{2}}{2}$	1	1	$\sqrt{2}$	$\sqrt{2}$
60°	$\frac{1}{3}\pi$	$\frac{\sqrt{3}}{2}$	$\frac{1}{2}$	$\sqrt{3}$	$\frac{\sqrt{3}}{3}$	2	$\frac{2\sqrt{3}}{3}$
90°	$\frac{1}{2}\pi$	1	0	$\pm\infty$	0	$\pm\infty$	1

3. 任意角

因为三角函数为周期函数 (周期为 360° 或 180°), 所以任意角 x 的三角函数值可以用如下法则来确定.

角$x > 360°$或$x > 180°$: 若角度大于 360° 或 180°, 可以按下面方法化简到值 α, 使其满足 $0 \leqslant \alpha \leqslant 360°$ 或 $0 \leqslant \alpha \leqslant 180°$($n$ 为整数):

$$\sin(360° \cdot n + \alpha) = \sin\alpha; \tag{2.72}$$

$$\cos(360° \cdot n + \alpha) = \cos\alpha; \tag{2.73}$$

$$\tan(180° \cdot n + \alpha) = \tan\alpha; \tag{2.74}$$

$$\cot(180° \cdot n + \alpha) = \cot\alpha. \tag{2.75}$$

角$x < 0°$: 若为负角, 可以按下面公式转化为正角的三角函数计算:

$$\sin(-\alpha) = -\sin\alpha; \tag{2.76}$$

$$\cos(-\alpha) = \cos\alpha; \tag{2.77}$$

$$\tan(-\alpha) = -\tan\alpha; \tag{2.78}$$

$$\cot(-\alpha) = -\cot\alpha. \tag{2.79}$$

角$90° < x < 360°$: 若 $90° < x < 360°$, 则利用表 2.4 中的简化公式, 角可以化成锐角 α. 相差 90°, 180° 或 270° 的角之间函数值的关系称为*象限关系*.

表 2.4 第一列和第二列给出了余角公式. 因为 $x = 90° - \alpha$ 是角 α 的余角 (参见第 168 页 3.1.1.2), 故下面关系

$$\cos\alpha = \sin x = \sin(90° - \alpha), \tag{2.80a}$$

$$\sin\alpha = \cos x = \cos(90^\circ - \alpha) \tag{2.80b}$$

称为余角公式.

表 2.4 三角函数的简化公式与象限关系

函数	$x = 90^\circ \pm \alpha$	$x = 180^\circ \pm \alpha$	$x = 270^\circ \pm \alpha$	$x = 360^\circ - \alpha$
$\sin x$	$+\cos\alpha$	$\mp\sin\alpha$	$-\cos\alpha$	$-\sin\alpha$
$\cos x$	$\mp\sin\alpha$	$-\cos\alpha$	$\pm\sin\alpha$	$+\cos\alpha$
$\tan x$	$\mp\cot\alpha$	$\pm\tan\alpha$	$\mp\cot\alpha$	$-\tan\alpha$
$\cot x$	$\mp\tan\alpha$	$\pm\cot\alpha$	$\mp\tan\alpha$	$-\cot\alpha$

若 $\alpha + x = 180^\circ$, 则补角三角函数间的关系 (参见第 168 页 3.1.1.2)

$$\sin\alpha = \sin x = \sin(180^\circ - \alpha), \tag{2.81a}$$

$$-\cos\alpha = \cos x = \cos(180^\circ - \alpha) \tag{2.81b}$$

称为补角公式.

角$0^\circ < x < 90^\circ$: 锐角 ($0^\circ < x < 90^\circ$) 三角函数的值可以从表 2.4 中得到, 当今常用计算机计算.

■ $\sin(-1000^\circ) = -\sin 1000^\circ = -\sin(360^\circ \cdot 2 + 280^\circ)$

$= -\sin 280^\circ = +\cos 10^\circ = +0.9848.$

4. 弧度角

以弧度制即单位圆弧给出的角, 很容易用公式 (3.2) 进行转换 (参见 170 页 3.1.1.5).

2.7.2 三角函数的重要公式

2.7.2.1 三角函数间的关系

$$\sin^2\alpha + \cos^2\alpha = 1, \tag{2.82}$$

$$\sec^2\alpha - \tan^2\alpha = 1, \tag{2.83}$$

$$\csc^2\alpha - \cot^2\alpha = 1, \tag{2.84}$$

$$\sin\alpha \cdot \csc\alpha = 1, \tag{2.85}$$

$$\cos\alpha \cdot \sec\alpha = 1, \tag{2.86}$$

$$\tan\alpha \cdot \cot\alpha = 1, \tag{2.87}$$

$$\frac{\sin\alpha}{\cos\alpha} = \tan\alpha, \tag{2.88}$$

$$\frac{\cos\alpha}{\sin\alpha}=\cot\alpha. \tag{2.89}$$

当 $0<\alpha<\dfrac{\pi}{2}$ 时, 为了便于查看, 表 2.5 总结了它们间的重要关系, 该表其他区间平方根的符号依自变量所处的象限决定.

表 2.5 当 $0<\alpha<\dfrac{\pi}{2}$ 时, 同角三角函数间的关系

α	$\sin\alpha$	$\cos\alpha$	$\tan\alpha$	$\cot\alpha$
$\sin\alpha$	–	$\sqrt{1-\cos^2\alpha}$	$\dfrac{\tan\alpha}{\sqrt{1+\tan^2\alpha}}$	$\dfrac{1}{\sqrt{1+\cot^2\alpha}}$
$\cos\alpha$	$\sqrt{1-\sin^2\alpha}$	–	$\dfrac{1}{\sqrt{1+\tan^2\alpha}}$	$\dfrac{\cot\alpha}{\sqrt{1+\cot^2\alpha}}$
$\tan\alpha$	$\dfrac{\sin\alpha}{\sqrt{1-\sin^2\alpha}}$	$\dfrac{\sqrt{1-\cos^2\alpha}}{\cos\alpha}$	–	$\dfrac{1}{\cot\alpha}$
$\cot\alpha$	$\dfrac{\sqrt{1-\sin^2\alpha}}{\sin\alpha}$	$\dfrac{\cos\alpha}{\sqrt{1-\cos^2\alpha}}$	$\dfrac{1}{\tan\alpha}$	–

2.7.2.2 两角和与差的三角函数 (加法定理)

$$\sin(\alpha\pm\beta)=\sin\alpha\cos\beta\pm\cos\alpha\sin\beta, \tag{2.90}$$

$$\cos(\alpha\pm\beta)=\cos\alpha\cos\beta\mp\sin\alpha\sin\beta, \tag{2.91}$$

$$\tan(\alpha\pm\beta)=\frac{\tan\alpha\pm\tan\beta}{1\mp\tan\alpha\tan\beta}, \tag{2.92}$$

$$\cot(\alpha\pm\beta)=\frac{\cot\alpha\cot\beta\mp1}{\cot\beta\pm\cot\alpha}, \tag{2.93}$$

$$\begin{aligned}\sin(\alpha+\beta+\gamma)=&\sin\alpha\cos\beta\cos\gamma+\cos\alpha\sin\beta\cos\gamma\\&+\cos\alpha\cos\beta\sin\gamma-\sin\alpha\sin\beta\sin\gamma,\end{aligned} \tag{2.94}$$

$$\begin{aligned}\cos(\alpha+\beta+\gamma)=&\cos\alpha\cos\beta\cos\gamma-\sin\alpha\sin\beta\cos\gamma\\&-\sin\alpha\cos\beta\sin\gamma-\cos\alpha\sin\beta\sin\gamma.\end{aligned} \tag{2.95}$$

2.7.2.3 倍角的三角函数

$$\sin2\alpha=2\sin\alpha\cos\alpha, \tag{2.96}$$

$$\sin3\alpha=3\sin\alpha-4\sin^3\alpha, \tag{2.97}$$

$$\cos2\alpha=\cos^2\alpha-\sin^2\alpha, \tag{2.98}$$

$$\cos3\alpha=4\cos^3\alpha-3\cos\alpha, \tag{2.99}$$

$$\sin 4\alpha = 8\cos^3\alpha\sin\alpha - 4\cos\alpha\sin\alpha\,, \tag{2.100}$$

$$\cos 4\alpha = 8\cos^4\alpha - 8\cos^2\alpha + 1\,, \tag{2.101}$$

$$\tan 2\alpha = \frac{2\tan\alpha}{1-\tan^2\alpha}, \tag{2.102}$$

$$\tan 3\alpha = \frac{3\tan\alpha - \tan^3\alpha}{1-3\tan^2\alpha}, \tag{2.103}$$

$$\tan 4\alpha = \frac{4\tan\alpha - 4\tan^3\alpha}{1-6\tan^2\alpha+\tan^4\alpha}, \tag{2.104}$$

$$\cot 2\alpha = \frac{\cot^2\alpha - 1}{2\cot\alpha}, \tag{2.105}$$

$$\cot 3\alpha = \frac{\cot^3\alpha - 3\cot\alpha}{3\cot^2\alpha - 1}, \tag{2.106}$$

$$\cot 4\alpha = \frac{\cot^4\alpha - 6\cot^2\alpha + 1}{4\cot^3\alpha - 4\cot\alpha}\,. \tag{2.107}$$

当 n 较大时, 为了得到 $\sin n\alpha$ 和 $\cos n\alpha$, 要利用棣莫弗公式(参见第 48 页 1.5.3.5). 利用二项式定理 (参见第 14 页 1.1.6.4), 有

$$\begin{aligned}
&\cos n\alpha + \mathrm{i}\sin n\alpha \\
&= \sum_{k=0}^{n}\binom{n}{k}\mathrm{i}^k\cos^{n-k}\alpha\sin^k\alpha = (\cos\alpha + \mathrm{i}\sin\alpha)^n \\
&= \cos^n\alpha + \mathrm{i}n\cos^{n-1}\alpha\sin\alpha - \binom{n}{2}\cos^{n-2}\alpha\sin^2\alpha \\
&\quad - \mathrm{i}\binom{n}{3}\cos^{n-3}\alpha\sin^3\alpha + \binom{n}{4}\cos^{n-4}\alpha\sin^4\alpha + \cdots,
\end{aligned} \tag{2.108}$$

由此得到

$$\begin{aligned}
\cos n\alpha =& \cos^n\alpha - \binom{n}{2}\cos^{n-2}\alpha\sin^2\alpha + \binom{n}{4}\cos^{n-4}\alpha\sin^4\alpha \\
&- \binom{n}{6}\cos^{n-6}\alpha\sin^6\alpha + \cdots,
\end{aligned} \tag{2.109}$$

$$\begin{aligned}
\sin n\alpha =& n\cos^{n-1}\alpha\sin\alpha - \binom{n}{3}\cos^{n-3}\alpha\sin^3\alpha \\
&+ \binom{n}{5}\cos^{n-5}\alpha\sin^5\alpha - \cdots\,.
\end{aligned} \tag{2.110}$$

2.7.2.4 半角的三角函数

下列公式中平方根必须依据半角所处的象限确定正负号.

$$\sin\frac{\alpha}{2}=\sqrt{\frac{1}{2}(1-\cos\alpha)}, \tag{2.111}$$

$$\cos\frac{\alpha}{2}=\sqrt{\frac{1}{2}(1+\cos\alpha)}, \tag{2.112}$$

$$\tan\frac{\alpha}{2}=\sqrt{\frac{1-\cos\alpha}{1+\cos\alpha}}=\frac{1-\cos\alpha}{\sin\alpha}=\frac{\sin\alpha}{1+\cos\alpha}, \tag{2.113}$$

$$\cot\frac{\alpha}{2}=\sqrt{\frac{1+\cos\alpha}{1-\cos\alpha}}=\frac{1+\cos\alpha}{\sin\alpha}=\frac{\sin\alpha}{1-\cos\alpha}. \tag{2.114}$$

2.7.2.5 两三角函数的和与差

$$\sin\alpha+\sin\beta=2\sin\frac{\alpha+\beta}{2}\cos\frac{\alpha-\beta}{2}, \tag{2.115}$$

$$\sin\alpha-\sin\beta=2\cos\frac{\alpha+\beta}{2}\sin\frac{\alpha-\beta}{2}, \tag{2.116}$$

$$\cos\alpha+\cos\beta=2\cos\frac{\alpha+\beta}{2}\cos\frac{\alpha-\beta}{2}, \tag{2.117}$$

$$\cos\alpha-\cos\beta=-2\sin\frac{\alpha+\beta}{2}\sin\frac{\alpha-\beta}{2}, \tag{2.118}$$

$$\tan\alpha\pm\tan\beta=\frac{\sin(\alpha\pm\beta)}{\cos\alpha\cos\beta}, \tag{2.119}$$

$$\cot\alpha\pm\cot\beta=\pm\frac{\sin(\alpha\pm\beta)}{\sin\alpha\sin\beta}, \tag{2.120}$$

$$\tan\alpha+\cot\beta=\frac{\cos(\alpha-\beta)}{\cos\alpha\sin\beta}, \tag{2.121}$$

$$\cot\alpha-\tan\beta=\frac{\cos(\alpha+\beta)}{\sin\alpha\cos\beta}. \tag{2.122}$$

2.7.2.6 三角函数的积

$$\sin\alpha\sin\beta=\frac{1}{2}[\cos(\alpha-\beta)-\cos(\alpha+\beta)], \tag{2.123}$$

$$\cos\alpha\cos\beta=\frac{1}{2}[\cos(\alpha-\beta)+\cos(\alpha+\beta)], \tag{2.124}$$

$$\sin\alpha\cos\beta=\frac{1}{2}[\sin(\alpha-\beta)+\sin(\alpha+\beta)], \tag{2.125}$$

$$\begin{aligned}\sin\alpha\sin\beta\sin\gamma=&\frac{1}{4}[\sin(\alpha+\beta-\gamma)+\sin(\beta+\gamma-\alpha)\\&+\sin(\gamma+\alpha-\beta)-\sin(\alpha+\beta+\gamma)],\end{aligned} \tag{2.126}$$

$$\begin{aligned}\sin\alpha\cos\beta\cos\gamma=&\frac{1}{4}[\sin(\alpha+\beta-\gamma)-\sin(\beta+\gamma-\alpha)\\&+\sin(\gamma+\alpha-\beta)+\sin(\alpha+\beta+\gamma)],\end{aligned} \tag{2.127}$$

$$\sin\alpha\sin\beta\cos\gamma = \frac{1}{4}[-\cos(\alpha+\beta-\gamma)+\cos(\beta+\gamma-\alpha) \\ +\cos(\gamma+\alpha-\beta)-\cos(\alpha+\beta+\gamma)], \tag{2.128}$$

$$\cos\alpha\cos\beta\cos\gamma = \frac{1}{4}[\cos(\alpha+\beta-\gamma)+\cos(\beta+\gamma-\alpha) \\ +\cos(\gamma+\alpha-\beta)+\cos(\alpha+\beta+\gamma)]. \tag{2.129}$$

2.7.2.7 三角函数的幂

$$\sin^2\alpha = \frac{1}{2}(1-\cos 2\alpha), \tag{2.130}$$

$$\cos^2\alpha = \frac{1}{2}(1+\cos 2\alpha), \tag{2.131}$$

$$\sin^3\alpha = \frac{1}{4}(3\sin\alpha-\sin 3\alpha), \tag{2.132}$$

$$\cos^3\alpha = \frac{1}{4}(\cos 3\alpha+3\cos\alpha), \tag{2.133}$$

$$\sin^4\alpha = \frac{1}{8}(\cos 4\alpha-4\cos 2\alpha+3), \tag{2.134}$$

$$\cos^4\alpha = \frac{1}{8}(\cos 4\alpha+4\cos 2\alpha+3). \tag{2.135}$$

当 n 很大时, 可以利用 $\cos n\alpha$ 和 $\sin n\alpha$ 来表示 $\sin^n\alpha$ 和 $\cos^n\alpha$(参见第 104 页 2.7.2.3).

2.7.3 振动的描述

2.7.3.1 问题表述

在工程和物理中常常会遇到如下由时间决定的量

$$u(t) = A\sin(\omega t+\varphi), \tag{2.136}$$

也称之为**正弦量**, 它们对时间的依赖产生谐振荡. 如图 2.39 所示, 式 (2.136) 是一般**正弦曲线**.

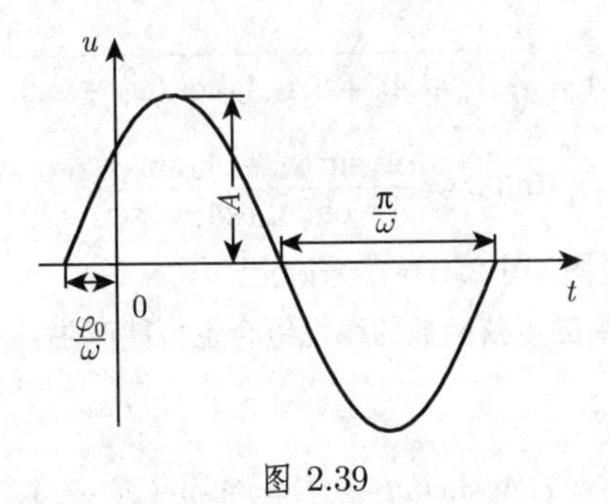

图 2.39

一般正弦曲线与简单正弦曲线 $y = \sin x$ 不同之处在于:

a) 振幅A, 即曲线上的点与时间轴 t 的最大距离;

b) 周期$T = \dfrac{2\pi}{\omega}$, 它对应波长(ω 是振动的频率, 在波动理论中称为角频率或径向频率);

c) 初始角 $\varphi \neq 0$ 时的初相位或相位移.

量 $u(t)$ 也可以表示为

$$u(t) = a \sin \omega t + b \cos \omega t, \tag{2.137}$$

其中 a, b 满足 $A = \sqrt{a^2 + b^2}$ 且 $\tan \varphi = \dfrac{b}{a}$. a, b, A 和 φ 可由直角三角形的边和角表示 (图 2.40).

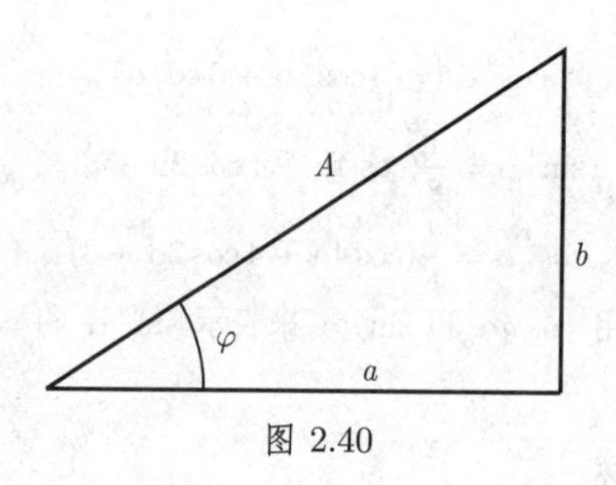

图 2.40

2.7.3.2 振动的叠加

振动叠加中最简单的情况是两个具有相同频率的振动叠加, 得到的仍是具有相同频率的谐振荡:

$$A_1 \sin(\omega t + \varphi_1) + A_2 \sin(\omega t + \varphi_2) = A \sin(\omega t + \varphi), \tag{2.138a}$$

其中

$$A = \sqrt{A_1^2 + A_2^2 + 2A_1A_2 \cos(\varphi_2 - \varphi_1)},$$

$$\tan \varphi = \frac{A_1 \sin \varphi_1 + A_2 \sin \varphi_2}{A_1 \cos \varphi_1 + A_2 \cos \varphi_2}, \tag{2.138b}$$

此处 A 和 φ 可由向量图 (图 2.41(a)) 来确定.

几个具有相同频率的正弦函数的线性组合也可能产生具有相同频率的一般正弦函数 (谐振荡):

$$\sum_i c_i A_i \sin(\omega t + \varphi_i) = A \sin(\omega t + \varphi). \tag{2.138c}$$

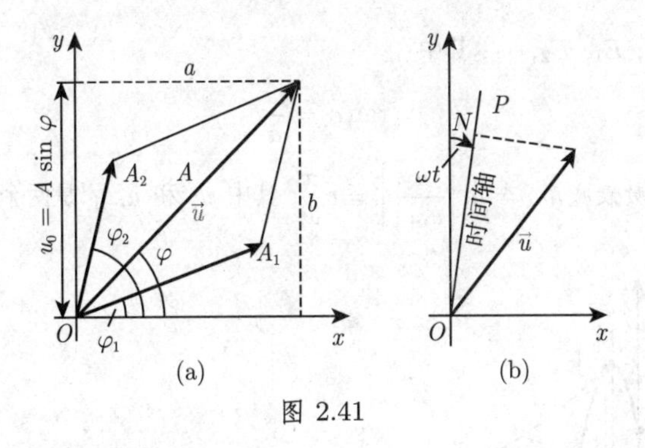

图 2.41

2.7.3.3 振动的向量图

一般正弦曲线 (2.136), (2.137) 可由极坐标 $\rho = A, \varphi$ 及笛卡儿坐标 $x = a$, $y = b$ 在平面内简单表示出来 (参见第 255 页 3.5.2.1). 两个一般正弦曲线的和的形式与两向量和的形式相同 (图 2.41(a)), 类似地, 几个向量的和是几个一般正弦函数的线性组合, 这种表示称为向量图.

给定时间 t, 利用图 2.41(b) 可由向量图得到 u: 首先时间轴 $OP(t)$ 必须过原点且顺时针以恒角速度 ω 绕 O 旋转, 当 $t = 0$ 时对应 y 轴, 接着对任意时刻 t, 向量 $\vec{u}$ 在时间轴上的投影 ON 都等于一般正弦函数 $u = A\sin(\omega t + \varphi)$ 的绝对值. 当 $t = 0$ 时, 在 y 轴上的投影 $u_0 = A\sin\varphi$(图 2.41(b)).

2.7.3.4 振荡的阻尼

函数

$$u(t) = Ae^{-at}\sin(\omega t + \varphi_0) \quad (a,\ t > 0) \tag{2.139}$$

产生一阻尼振荡曲线(图 2.42).

随着曲线渐近地趋近 t 轴, 振动沿 t 轴进行. 正弦曲线介于指数曲线 $u(t) = \pm Ae^{-at}$ 之间, 并与之在点

$$A_0,\ A_1,\ A_2, \cdots, A_k = \left(\frac{\left(k+\dfrac{1}{2}\right)\pi - \varphi_0}{\omega}, (-1)^k A\exp\left(-a\frac{\left(k+\dfrac{1}{2}\right)\pi - \varphi_0}{\omega}\right)\right)$$

相交, 与坐标轴的交点

$$B = (0,\ A\sin\varphi_0), \quad C_0,\ C_1, C_2, \cdots, C_k = \left(\frac{k\pi - \varphi_0}{\omega},\ 0\right).$$

当 $t_k = \dfrac{k\pi - \varphi_0 + \alpha}{\omega}$时, 有极值点 D_0, D_1, $D_2, \cdots$; 当 $t_k = \dfrac{k\pi - \varphi_0 + 2\alpha}{\omega}$

时, 有拐点 E_0, E_1, $E_2,\cdots$, 其中

$$\tan\alpha=\frac{\omega}{a}.$$

阻尼的对数衰减率$\delta=\ln\left|\frac{u_i}{u_{i+1}}\right|=a\frac{\pi}{\omega}$, 其中 u_i 和 u_{i+1} 是两个相继极值的纵坐标.

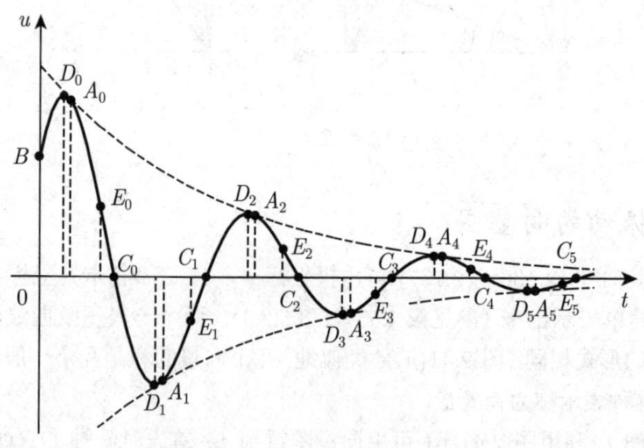

图 2.42

2.8 测圆或反三角函数

测圆函数或弧函数是三角函数的反函数. 在一个明确定义中, 三角函数的定义域可以分解成单调区间, 在每个单调区间都有一个反函数, 因此, 存在无穷多个这样的区间, 并在每个区间上可以定义它的反函数. 为了加以区分, 用指数 k 表示相应的区间, 显然在这些区间上每个反三角函数都单调.

2.8.1 反三角函数的定义

现在针对正弦函数的反函数来说明如何定义反三角函数 (图 2.43), 反正弦函数通常记为 $\arcsin x$. $y=\sin x$ 的定义域可以分解成单调区间 $k\pi-\frac{\pi}{2}\leqslant x\leqslant k\pi+\frac{\pi}{2}$, $k=0,\ \pm1,\ \pm2,\cdots$.

曲线 $y=\sin x$ 沿直线 $y=x$ 反射得到其反函数

$$y=\operatorname{arc}_k\sin x \tag{2.140a}$$

曲线, 其中定义域和值域分别为

$$-1\leqslant x\leqslant+1 \quad 和 \quad k\pi-\frac{\pi}{2}\leqslant y\leqslant k\pi+\frac{\pi}{2}, \quad 其中 \quad k=0,\ \pm1,\ \pm2,\cdots. \tag{2.140b}$$

$y=\operatorname{arc}_k\sin x$ 亦即 $x=\sin y$.

类似地, 可以得到其他反三角函数, 如图 2.44~图 2.46 所示, 这些反函数的定义域和值域见表 2.6.

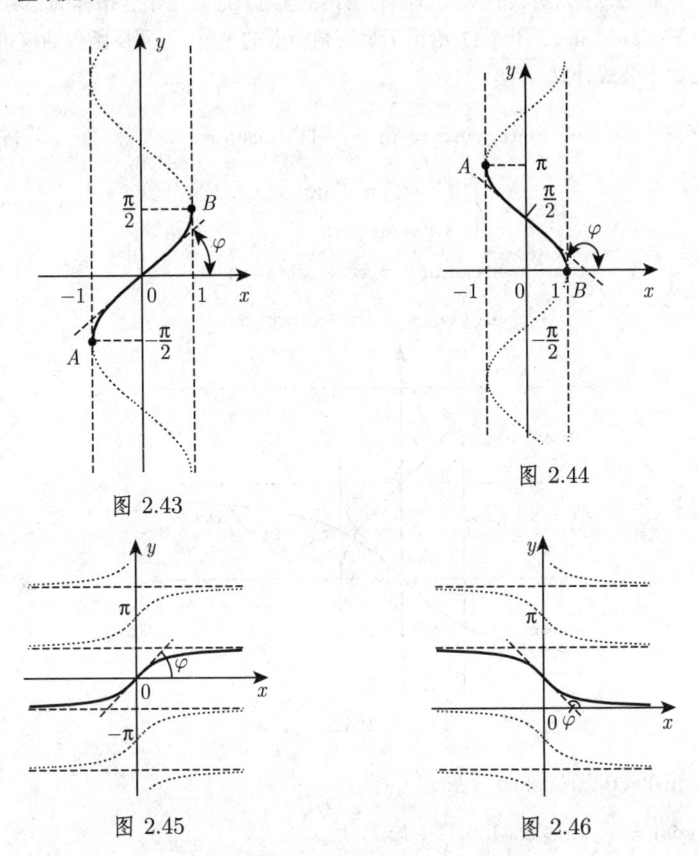

图 2.43

图 2.44

图 2.45

图 2.46

表 2.6 反三角函数的定义域和值域

反函数	定义域	值域	具有相同意义的三角函数
arcsin $y=\operatorname{arc}_k\sin x$	$-1\leqslant x\leqslant 1$	$k\pi-\dfrac{\pi}{2}\leqslant y\leqslant k\pi+\dfrac{\pi}{2}$	$x=\sin y$
arccos $y=\operatorname{arc}_k\cos x$	$-1\leqslant x\leqslant 1$	$k\pi\leqslant y\leqslant (k+1)\pi$	$x=\cos y$
arctan $y=\operatorname{arc}_k\tan x$	$-\infty<x<\infty$	$k\pi-\dfrac{\pi}{2}<y<k\pi+\dfrac{\pi}{2}$	$x=\tan y$
arccot $y=\operatorname{arc}_k\cot x$	$-\infty<x<\infty$	$k\pi<y<(k+1)\pi$	$x=\cot y$

$k=0,\ \pm1,\ \pm2,\cdots$, 当 $k=0$ 时, 得到反三角函数的主值, 通常用不含指标的记号表示, 如 $\arcsin x\equiv \operatorname{arc}_0\sin x$.

2.8.2 约化为主值

当 $k=0$ 时, 在弧函数的定义域中有所谓的主值, 通常用不含指标的记号表示, 如 $\arcsin x \equiv \mathrm{arc}_0 \sin x$. 图 2.47 给出了反三角函数的主值. 不同反函数的值可以利用主值经如下公式计算:

$$\mathrm{arc}_k \sin x = k\pi + (-1)^k \arcsin x; \tag{2.141}$$

$$\mathrm{arc}_k \cos x = \begin{cases} (k+1)\pi - \arccos x, & k\text{为奇数}, \\ k\pi + \arccos x, & k\text{为偶数}; \end{cases} \tag{2.142}$$

$$\mathrm{arc}_k \tan x = k\pi + \arctan x; \tag{2.143}$$

$$\mathrm{arc}_k \cot x = k\pi + \mathrm{arccot}\ x. \tag{2.144}$$

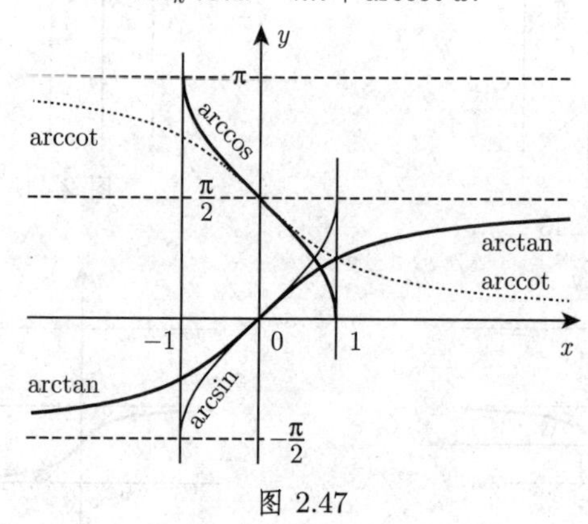

图 2.47

■ **A**: $\arcsin 0 = 0,\ \mathrm{arc}_k \sin 0 = k\pi.$

■ **B**: $\mathrm{arccot} 1 = \dfrac{\pi}{4},\ \mathrm{arc}_k \cot 1 = \dfrac{\pi}{4} + k\pi.$

■ **C**: $\arccos \dfrac{1}{2} = \dfrac{\pi}{3},\ \mathrm{arc}_k \cos \dfrac{1}{2} = \begin{cases} -\dfrac{\pi}{3} + (k+1)\pi, & k\text{为奇数}, \\ \dfrac{\pi}{3} + k\pi, & k\text{为偶数}. \end{cases}$

注 计算器给出的是反三角函数的主值.

2.8.3 主值间的关系

$$\begin{aligned} \arcsin x &= \frac{\pi}{2} - \arccos x = \arctan \frac{x}{\sqrt{1-x^2}} \\ &= \begin{cases} -\arccos\sqrt{1-x^2} & (-1 \leqslant x \leqslant 0), \\ \arccos\sqrt{1-x^2} & (0 \leqslant x \leqslant 1), \end{cases} \end{aligned} \tag{2.145}$$

$$\arccos x = \frac{\pi}{2} - \arcsin x = \mathrm{arccot} \frac{x}{\sqrt{1-x^2}}$$

$$= \begin{cases} \pi - \arcsin \sqrt{1-x^2} & (\pi - 1 \leqslant x \leqslant 0), \\ \arcsin \sqrt{1-x^2} & (0 \leqslant x \leqslant 1), \end{cases} \tag{2.146}$$

$$\arctan x = \frac{\pi}{2} - \operatorname{arccot} x = \arcsin \frac{x}{\sqrt{1+x^2}}, \tag{2.147}$$

$$\arctan x = \begin{cases} \operatorname{arccot} \frac{1}{x} - \pi & (x < 0) \\ \operatorname{arccot} \frac{1}{x} & (x > 0) \end{cases} = \begin{cases} -\arccos \frac{1}{\sqrt{1+x^2}} & (x \leqslant 0), \\ \arccos \frac{1}{\sqrt{1+x^2}} & (x \geqslant 0), \end{cases} \tag{2.148}$$

$$\operatorname{arccot} x = \frac{\pi}{2} - \arctan x = \arccos \frac{x}{\sqrt{1+x^2}}, \tag{2.149}$$

$$\operatorname{arccot} x = \begin{cases} \arctan \frac{1}{x} + \pi & (x < 0) \\ \arctan \frac{1}{x} & (x > 0) \end{cases} = \begin{cases} \pi - \arcsin \frac{1}{\sqrt{1+x^2}} & (x \leqslant 0), \\ \arcsin \frac{1}{\sqrt{1+x^2}} & (x \geqslant 0). \end{cases} \tag{2.150}$$

2.8.4 负角公式

$$\arcsin(-x) = -\arcsin x, \tag{2.151}$$

$$\arctan(-x) = -\arctan x, \tag{2.152}$$

$$\arccos(-x) = \pi - \arccos x, \tag{2.153}$$

$$\operatorname{arccot}(-x) = \pi - \operatorname{arccot} x. \tag{2.154}$$

2.8.5 $\arcsin x$ 与 $\arcsin y$ 的和与差

$$\arcsin x + \arcsin y$$

$$= \arcsin\left(x\sqrt{1-y^2} + y\sqrt{1-x^2}\right) \quad (xy \leqslant 0 \text{ 或 } x^2+y^2 \leqslant 1) \tag{2.155a}$$

$$= \pi - \arcsin\left(x\sqrt{1-y^2} + y\sqrt{1-x^2}\right) \quad (x>0, y>0,\ x^2+y^2>1) \tag{2.155b}$$

$$= -\pi - \arcsin\left(x\sqrt{1-y^2} + y\sqrt{1-x^2}\right) \quad (x<0, y<0,\ x^2+y^2>1). \tag{2.155c}$$

$$\arcsin x - \arcsin y$$

$$= \arcsin\left(x\sqrt{1-y^2} - y\sqrt{1-x^2}\right) \quad (xy \geqslant 0 \text{ 或 } x^2+y^2 \leqslant 1) \tag{2.156a}$$

$$= \pi - \arcsin\left(x\sqrt{1-y^2} - y\sqrt{1-x^2}\right) \quad (x>0,\ y<0,\ x^2+y^2>1) \tag{2.156b}$$

$$= -\pi - \arcsin\left(x\sqrt{1-y^2} - y\sqrt{1-x^2}\right) \quad (x<0,\ y>0,\ x^2+y^2>1)\,. \tag{2.156c}$$

2.8.6 $\arccos x$ 与 $\arccos y$ 的和与差

$$\arccos x + \arccos y$$

$$= \arccos\left(xy - \sqrt{1-x^2}\sqrt{1-y^2}\right) \quad (x+y \geqslant 0) \tag{2.157a}$$

$$= 2\pi - \arccos\left(xy - \sqrt{1-x^2}\sqrt{1-y^2}\right) \quad (x+y<0)\,. \tag{2.157b}$$

$$\arccos x - \arccos y$$

$$= -\arccos\left(xy + \sqrt{1-x^2}\sqrt{1-y^2}\right) \quad (x \geqslant y) \tag{2.158a}$$

$$= \arccos\left(xy + \sqrt{1-x^2}\sqrt{1-y^2}\right) \quad (x<y). \tag{2.158b}$$

2.8.7 $\arctan x$ 与 $\arctan y$ 的和与差

$$\arctan x + \arctan y = \arctan\frac{x+y}{1-xy} \quad (xy<1) \tag{2.159a}$$

$$= \pi + \arctan\frac{x+y}{1-xy} \quad (x>0,\ xy>1) \tag{2.159b}$$

$$= -\pi + \arctan\frac{x+y}{1-xy} \quad (x<0,\ xy>1)\,. \tag{2.159c}$$

$$\arctan x - \arctan y = \arctan\frac{x-y}{1+xy} \quad (xy>-1) \tag{2.160a}$$

$$= \pi + \arctan\frac{x-y}{1+xy} \quad (x>0,\ xy<-1) \tag{2.160b}$$

$$= -\pi + \arctan\frac{x-y}{1+xy} \quad (x<0,\ xy<-1). \tag{2.160c}$$

2.8.8 $\arcsin x$, $\arccos x$ 及 $\arctan x$ 间的特殊关系

$$2\arcsin x = \arcsin\left(2x\sqrt{1-x^2}\right) \quad \left(|x| \leqslant \frac{1}{\sqrt{2}}\right) \tag{2.161a}$$

$$= \pi - \arcsin\left(2x\sqrt{1-x^2}\right) \quad \left(\frac{1}{\sqrt{2}} < x \leqslant 1\right) \tag{2.161b}$$

$$= -\pi - \arcsin\left(2x\sqrt{1-x^2}\right) \quad \left(-1 \leqslant x < -\frac{1}{\sqrt{2}}\right). \tag{2.161c}$$

$$2\arccos x = \arccos(2x^2-1) \quad (0 \leqslant x \leqslant 1) \tag{2.162a}$$

$$= 2\pi - \arccos(2x^2 - 1) \quad (-1 \leqslant x < 0). \tag{2.162b}$$

$$2\arctan x = \arctan\frac{2x}{1-x^2} \quad (|x| < 1) \tag{2.163a}$$

$$= \pi + \arctan\frac{2x}{1-x^2} \quad (x > 1) \tag{2.163b}$$

$$= -\pi + \arctan\frac{2x}{1-x^2} \quad (x < -1). \tag{2.163c}$$

$$\cos(n\arccos x) = T_n(x) \quad (n \geqslant 1), \tag{2.164}$$

其中的 $n \geqslant 1$ 也可能为分数,

$$T_n(x) = \frac{\left(x+\sqrt{x^2-1}\right)^n + \left(x-\sqrt{x^2-1}\right)^n}{2}. \tag{2.165}$$

对任意整数 n, $T_n(x)$ 是关于 x 的多项式 (**切比雪夫多项式**). 关于切比雪夫多项式的性质参见第 1283 页 19.6.3.

2.9 双 曲 函 数

2.9.1 双曲函数的定义

双曲正弦、**双曲余弦**、**双曲正切**定义如下:

$$\sinh x = \frac{e^x - e^{-x}}{2}, \tag{2.166}$$

$$\cosh x = \frac{e^x + e^{-x}}{2}, \tag{2.167}$$

$$\tanh x = \frac{e^x - e^{-x}}{e^x + e^{-x}}. \tag{2.168}$$

几何定义 (参见第 172 页 3.1.2.2) 与三角函数类似.

双曲余切、双曲正割和双曲余割定义成如上相应函数的倒数:

$$\coth x = \frac{1}{\tanh x} = \frac{e^x + e^{-x}}{e^x - e^{-x}}, \tag{2.169}$$

$$\operatorname{sech} x = \frac{1}{\cosh x} = \frac{2}{e^x + e^{-x}}, \tag{2.170}$$

$$\operatorname{csch} x = \frac{1}{\sinh x} = \frac{2}{e^x - e^{-x}}. \tag{2.171}$$

双曲函数曲线的形状如图 2.48~图 2.52 所示.

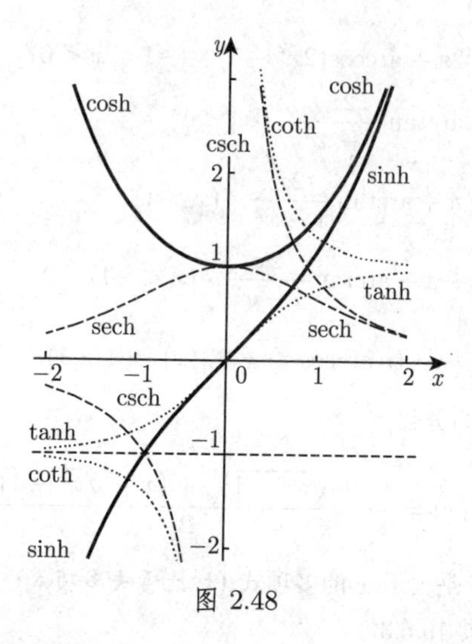

图 2.48

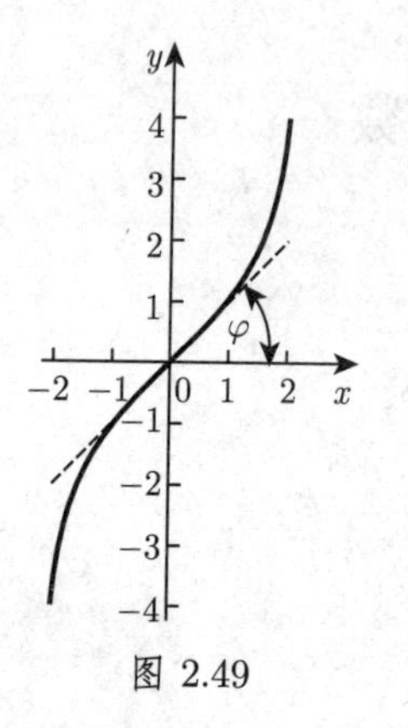

图 2.49

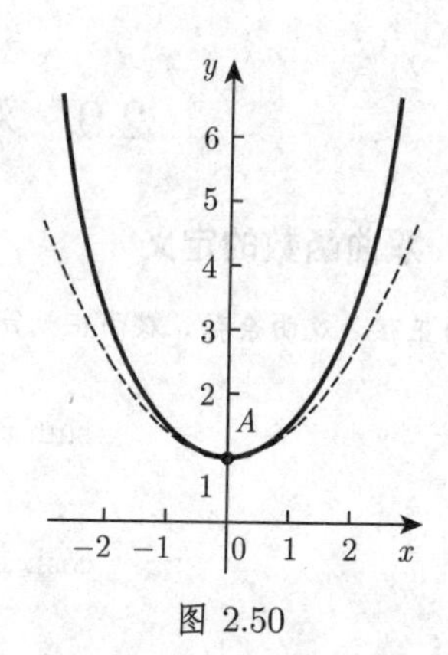

图 2.50

2.9.2 双曲函数的图示

2.9.2.1 双曲正弦

$y = \sinh x$ (2.166) 是严格单调递增的奇函数, 值域为 $-\infty$ 到 $+\infty$(图 2.49). 原点既为对称中心, 又为拐点, 且此处切线的倾斜角 $\varphi = \dfrac{\pi}{4}$, 无渐近线.

2.9.2.2 双曲余弦

$y = \cosh x$ (2.167) 为偶函数, 若 $x < 0$, 函数值从 $+\infty$ 到 1 严格单调递减, 若 $x > 0$, 函数值从 1 到 $+\infty$ 严格单调递增 (图 2.50), 当 $x = 0$ 时, 取最小值 1(点

$A(0,1)$); 无渐近线. 曲线关于 y 轴对称, 且恒位于二次抛物曲线 $y=1+\dfrac{x^2}{2}$(虚线) 的上方. 因为函数表现为一条悬链曲线, 因此该曲线也称为**悬链线**(参见第 139 页 2.15.1).

2.9.2.3 双曲正切

$y=\tanh x$ (2.168) 为奇函数, 在 $-\infty$ 到 $+\infty$ 上, 函数从 -1 到 1 严格单调递增 (图 2.51). 原点既为对称中心, 又为拐点, 且此处切线的倾斜角 $\varphi=\dfrac{\pi}{4}$, 渐近线为 $y=\pm1$.

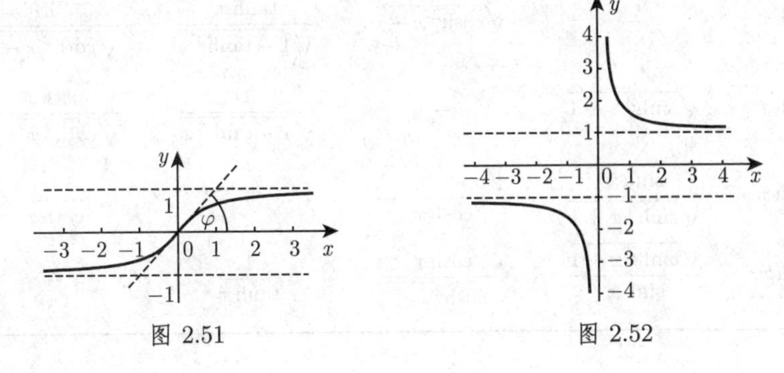

图 2.51　　图 2.52

2.9.2.4 双曲余切

$y=\coth x$ (2.169) 为奇函数, 在 $x=0$ 处不连续 (图 2.52). 当 $-\infty<x<0$ 时, 函数从 -1 到 $-\infty$ 严格单调递减; 当 $0<x<+\infty$ 时, 函数从 $+\infty$ 到 1 严格单调递减. 函数无拐点和极值, 渐近线为 $x=0$ 和 $y=\pm1$.

2.9.3 有关双曲函数的重要公式

双曲函数之间存在着与三角函数之间类似的关系, 利用双曲函数的定义可以直接证明接下来的公式成立. 另外, 由 (2.199)~(2.206), 考虑到当自变量为复数时这些函数的定义和关系, 可以利用已知的三角函数公式计算它们.

2.9.3.1 单变量双曲函数

$$\cosh^2 x-\sinh^2 x=1, \tag{2.172}$$

$$\coth^2 x-\operatorname{csch}^2 x=1, \tag{2.173}$$

$$\operatorname{sech}^2 x+\tanh^2 x=1, \tag{2.174}$$

$$\tanh x\cdot\coth x=1, \tag{2.175}$$

$$\frac{\sinh x}{\cosh x}=\tanh x, \tag{2.176}$$

$$\frac{\cosh x}{\sinh x} = \coth x. \tag{2.177}$$

2.9.3.2 某一双曲函数用具有相同自变量的另一个双曲函数的表示

相应公式见表 2.7.

表 2.7 $x > 0$ 时, 具有相同自变量的两双曲函数间的关系

	$\sinh x$	$\cosh x$	$\tanh x$	$\coth x$
$\sinh x$	–	$\sqrt{\cosh^2 x - 1}$	$\frac{\tanh x}{\sqrt{1-\tanh^2 x}}$	$\frac{1}{\sqrt{\coth^2 x - 1}}$
$\cosh x$	$\sqrt{\sinh^2 x + 1}$	–	$\frac{1}{\sqrt{1-\tanh^2 x}}$	$\frac{\coth x}{\sqrt{\coth^2 x - 1}}$
$\tanh x$	$\frac{\sinh x}{\sqrt{\sinh^2 x + 1}}$	$\frac{\sqrt{\cosh^2 x - 1}}{\cosh x}$	–	$\frac{1}{\coth x}$
$\coth x$	$\frac{\sqrt{\sinh^2 x + 1}}{\sinh x}$	$\frac{\cosh x}{\sqrt{\cosh^2 x - 1}}$	$\frac{1}{\tanh x}$	–

2.9.3.3 负角公式

$$\sinh(-x) = -\sinh x\,, \tag{2.178}$$

$$\tanh(-x) = -\tanh x\,, \tag{2.179}$$

$$\cosh(-x) = \cosh x\,, \tag{2.180}$$

$$\coth(-x) = -\coth x\,. \tag{2.181}$$

2.9.3.4 两自变量和与差的双曲函数 (加法定理)

$$\sinh(x \pm y) = \sinh x \cosh y \pm \cosh x \sinh y\,, \tag{2.182}$$

$$\cosh(x \pm y) = \cosh x \cosh y \pm \sinh x \sinh y\,, \tag{2.183}$$

$$\tanh(x \pm y) = \frac{\tanh x \pm \tanh y}{1 \pm \tanh x \tanh y}, \tag{2.184}$$

$$\coth(x \pm y) = \frac{1 \pm \coth x \coth y}{\coth x \pm \coth y}. \tag{2.185}$$

2.9.3.5 倍角的双曲函数

$$\sinh 2x = 2\sinh x\cosh x\,, \tag{2.186}$$

$$\cosh 2x = \sinh^2 x + \cosh^2 x\,, \tag{2.187}$$

$$\tanh 2x = \frac{2\tanh x}{1+\tanh^2 x}\,, \tag{2.188}$$

$$\coth 2x = \frac{1+\coth^2 x}{2\coth x}\,. \tag{2.189}$$

2.9.3.6 双曲函数的棣莫弗公式

$$(\cosh x \pm \sinh x)^n = (\mathrm{e}^{\pm x})^n = \mathrm{e}^{\pm nx} = \cosh nx \pm \sinh nx. \tag{2.190}$$

2.9.3.7 半角的双曲函数

$$\sinh\frac{x}{2} = \pm\sqrt{\frac{1}{2}(\cosh x - 1)}\,, \tag{2.191}$$

$$\cosh\frac{x}{2} = \sqrt{\frac{1}{2}(\cosh x + 1)}\,, \tag{2.192}$$

当 $x > 0$ 时, (2.191) 中平方根的符号为正; 当 $x < 0$ 时, 符号为负.

$$\tanh\frac{x}{2} = \frac{\cosh x - 1}{\sinh x} = \frac{\sinh x}{\cosh x + 1}\,, \tag{2.193}$$

$$\coth\frac{x}{2} = \frac{\sinh x}{\cosh x - 1} = \frac{\cosh x + 1}{\sinh x}\,. \tag{2.194}$$

2.9.3.8 双曲函数的和与差

$$\sinh x \pm \sinh y = 2\sinh\frac{x \pm y}{2}\cosh\frac{x \mp y}{2}\,, \tag{2.195}$$

$$\cosh x + \cosh y = 2\cosh\frac{x+y}{2}\cosh\frac{x-y}{2}\,, \tag{2.196}$$

$$\cosh x - \cosh y = 2\sinh\frac{x+y}{2}\sinh\frac{x-y}{2}\,, \tag{2.197}$$

$$\tanh x \pm \tanh y = \frac{\sinh(x \pm y)}{\cosh x\cosh y}\,. \tag{2.198}$$

2.9.3.9 复角 z 的双曲函数与三角函数间的关系

$$\sin z = -\mathrm{i}\sinh \mathrm{i}z\,, \tag{2.199}$$

$$\cos z = \cosh \mathrm{i}z\,, \tag{2.200}$$

$$\tan z = -\mathrm{i}\tanh \mathrm{i}z\,, \tag{2.201}$$

$$\cot z = \mathrm{i}\coth \mathrm{i}z\,, \tag{2.202}$$

$$\sinh z = -\mathrm{i}\sin \mathrm{i}z\,, \tag{2.203}$$

$$\cosh z = \cos \mathrm{i}z\,, \tag{2.204}$$

$$\tanh z = -\mathrm{i}\tan \mathrm{i}z\,, \tag{2.205}$$

$$\coth z = \mathrm{i}\cot \mathrm{i}z\,. \tag{2.206}$$

通过把 $\sin\alpha$ 代换成 $\mathrm{i}\sinh x$, 把 $\cos\alpha$ 代换成 $\cosh x$, 利用相应的三角函数关系, 可以得到关于 x 或 ax 但不能得到 $ax+b$ 的双曲函数间的关系.

■ **A**: $\cos^2\alpha + \sin^2\alpha = 1$, $\cosh^2 x + \mathrm{i}^2\sinh^2 x = 1$ 或 $\cosh^2 x - \sinh^2 x = 1$.

■ **B**: $\sin 2\alpha = 2\sin\alpha\cos\alpha$, $\mathrm{i}\sinh 2x = 2\mathrm{i}\sinh x\cosh x$ 或
$\sinh 2x = 2\sinh x\cosh x$.

2.10 面积函数

2.10.1 定义

*面积函数*是双曲函数的反函数, 即反双曲函数. 函数 $\sinh x$, $\tanh x$ 和 $\coth x$ 均严格单调, 因此没有任何限制地具有唯一反函数; 函数 $\cosh x$ 有两个单调区间, 因此存在两个反函数. 面积一词意指这些函数的几何意义是某些双曲线扇形的面积 (参见第 172 页 3.1.2.2).

2.10.1.1 面积正弦

函数

$$y = \operatorname{Arsinh} x \tag{2.207}$$

(图 2.53) 为严格单调递增的奇函数, 定义域和值域见表2.8. 该函数等价于表达式 $x = \sinh y$, 原点为曲线的对称中心和拐点, 此处切线的倾斜角 $\varphi = \dfrac{\pi}{4}$.

2.10.1.2 面积余弦

函数

$$y = \operatorname{Arcosh} x \quad 和 \quad y = -\operatorname{Arcosh} x \tag{2.208}$$

(图 2.54) 或 $x = \cosh y$ 的定义域和值域见表 2.8; 仅当 $x \geqslant 1$ 时, 函数有定义. 函数曲线的起点为 $A(1,\ 0)$, 此处有一条垂直切线, $y = \operatorname{Arcosh} x$ 和 $y = -\operatorname{Arcosh} x$ 分别严格单调递增和严格单调递减.

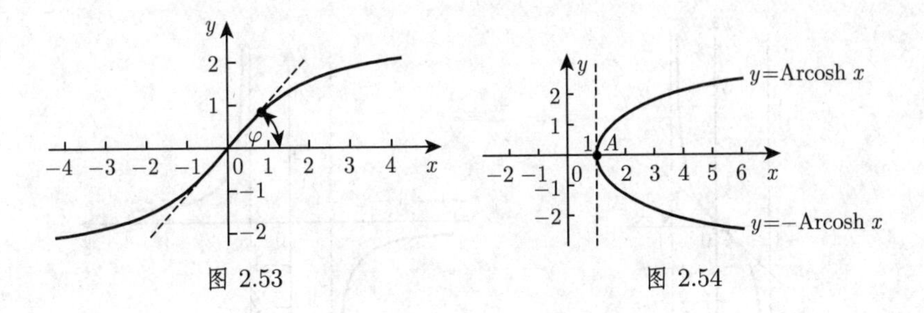

图 2.53　　图 2.54

表 2.8　面积函数的定义域和值域

面积函数	定义域	值域	具有相同意义的双曲函数
面积正弦 $y = \text{Arsinh}\, x$	$-\infty < x < \infty$	$-\infty < y < \infty$	$x = \sinh y$
面积余弦 $y = \text{Arcosh}\, x$ $y = -\text{Arcosh}\, x$	$1 \leqslant x < \infty$	$0 \leqslant y < \infty$ $-\infty < y \leqslant 0$	$x = \cosh y$
面积正切 $y = \text{Artanh}\, x$	$\|x\| < 1$	$-\infty < y < \infty$	$x = \tanh y$
面积余切 $y = \text{Arcoth}\, x$	$\|x\| > 1$	$-\infty < y < 0$ $0 < y < \infty$	$x = \coth y$

2.10.1.3　面积正切

函数

$$y = \text{Artanh}\, x \tag{2.209}$$

(图 2.55) 或 $x = \tanh y$ 为奇函数, 仅在 $|x| < 1$ 时有定义, 定义域和值域见表 2.8. 原点为曲线的对称中心和拐点, 此处切线的倾斜角 $\varphi = \dfrac{\pi}{4}$. 函数具有铅直渐近线 $x = \pm 1$.

2.10.1.4　面积余切

函数

$$y = \text{Arcoth}\, x \tag{2.210}$$

(图 2.56) 或 $x = \coth y$ 为奇函数, 仅在 $|x| > 1$ 时有定义, 定义域和值域见表 2.8. 在区间 $(-\infty, -1)$ 上, 函数从 0 到 $-\infty$ 严格单调递减, 在区间 $(1, +\infty)$ 上, 函数从 $+\infty$ 到 0 严格单调递减. 函数有三条渐近线, 分别为 $y = 0$ 和 $x = \pm 1$.

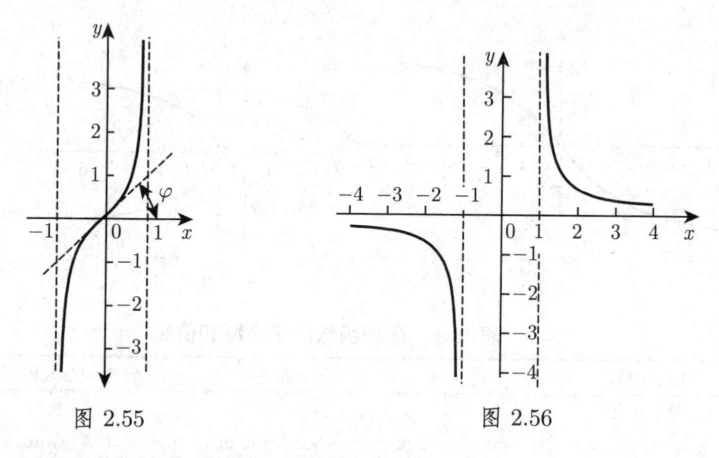

图 2.55　　　　图 2.56

2.10.2 利用自然对数对面积函数的确定

由双曲函数 ((2.166)~(2.171), 参见第 115 页 2.9.1) 的定义可知, 面积函数可由对数函数来表示:

$$\operatorname{Arsinh} x = \ln\left(x+\sqrt{x^2+1}\right), \tag{2.211}$$

$$\operatorname{Arcosh} x = \ln\left(x+\sqrt{x^2-1}\right) = \ln\left(\frac{1}{x-\sqrt{x^2-1}}\right) \quad (x \geqslant 1), \tag{2.212}$$

$$\operatorname{Artanh} x = \frac{1}{2}\ln\frac{1+x}{1-x} \quad (|x|<1), \tag{2.213}$$

$$\operatorname{Arcoth} x = \frac{1}{2}\ln\frac{x+1}{x-1} \quad (|x|>1). \tag{2.214}$$

2.10.3 不同面积函数间的关系

$$\begin{aligned}\operatorname{Arsinh} x &= (\operatorname{sign} x)\operatorname{Arcosh}\sqrt{x^2+1} = \operatorname{Artanh}\frac{x}{\sqrt{x^2+1}} \\ &= \operatorname{Arcoth}\frac{\sqrt{x^2+1}}{x} \quad (|x|<\infty),\end{aligned} \tag{2.215}$$

$$\begin{aligned}\operatorname{Arcosh} x &= \operatorname{Arsinh}\sqrt{x^2-1} = \operatorname{Artanh}\frac{\sqrt{x^2-1}}{x} \\ &= \operatorname{Arcoth}\frac{x}{\sqrt{x^2-1}} \quad (|x| \geqslant 1),\end{aligned} \tag{2.216}$$

$$\begin{aligned}\operatorname{Artanh} x &= \operatorname{Arsinh}\frac{x}{\sqrt{1-x^2}} = \operatorname{Arcoth}\frac{1}{x} \\ &= (\operatorname{sign} x)\operatorname{Arcosh}\frac{1}{\sqrt{1-x^2}} \quad (|x|<1),\end{aligned} \tag{2.217}$$

$$\begin{aligned}\operatorname{Arcoth} x &= \operatorname{Artanh}\frac{1}{x} = (\operatorname{sign} x)\operatorname{Arsinh}\frac{1}{\sqrt{x^2-1}} \\ &= (\operatorname{sign} x)\operatorname{Arcosh}\frac{|x|}{\sqrt{x^2-1}} \quad (|x|>1).\end{aligned} \tag{2.218}$$

2.10.4 面积函数的和与差

$$\operatorname{Arsinh} x \pm \operatorname{Arsinh} y = \operatorname{Arsinh}\left(x\sqrt{1+y^2} \pm y\sqrt{1+x^2}\right), \tag{2.219}$$

$$\operatorname{Arcosh} x \pm \operatorname{Arcosh} y = \operatorname{Arcosh}\left(xy \pm \sqrt{(x^2-1)(y^2-1)}\right), \tag{2.220}$$

$$\operatorname{Artanh} x \pm \operatorname{Artanh} y = \operatorname{Artanh}\frac{x \pm y}{1 \pm xy}. \tag{2.221}$$

2.10.5 负角公式

$$\operatorname{Arsinh}(-x) = -\operatorname{Arsinh} x, \tag{2.222}$$

$$\operatorname{Artanh}(-x) = -\operatorname{Artanh} x, \tag{2.223}$$

$$\operatorname{Arcoth}(-x) = -\operatorname{Arcoth} x. \tag{2.224}$$

函数 Arsinh x, Artanh x 和 Arcoth x 为奇函数, 当 $x < 1$ 时, Arcosh x 无定义.

2.11 三阶 (三次) 曲线

若曲线可以写成关于两个变量的多项式方程 $F(x, y) = 0$ 的形式, 其中方程的左边为一个 n 次多项式表达式, 则称该曲线为 n 阶代数曲线.

■ 心脏线 $\left(x^2+y^2\right)\left(x^2+y^2-2ax\right)-a^2y^2=0 (a>0)$(参见第 129 页 2.12.4) 是一四阶代数曲线. 著名的圆锥曲线 (参见第 277 页 3.5.2.11) 是一二阶曲线.

2.11.1 二分之三次抛物线

方程

$$y = ax^{\frac{3}{2}} \quad (a > 0,\ x \geqslant 0) \tag{2.225a}$$

或参数方程

$$x = t^2, \quad y = at^3 \quad (a > 0,\ -\infty < t < \infty) \tag{2.225b}$$

确定了*二分之三次抛物线*(图 2.57). 原点为尖点, 函数无渐近线, 曲率 $K = \dfrac{6a}{\sqrt{x}\left(4+9a^2x\right)^{3/2}}$ 取遍从 ∞ 到 0 的所有值. 从原点到点 $P(x, y)$ 的曲线弧长 $L = \dfrac{1}{27a^2}\left[\left(4+9a^2x\right)^{3/2}-8\right]$.

2.11.2 阿涅西箕舌线

方程

$$y = \frac{a^3}{a^2+x^2} \quad (a > 0,\ -\infty < x < \infty) \tag{2.226a}$$

确定的曲线如图 2.58 所示, 称为*阿涅西箕舌线*. 渐近线方程为 $y = 0$, 极值点为

$A(0,\ a)$, 该点处曲率半径 $r=\dfrac{a}{2}$. 拐点 B, C 为 $\left(\pm\dfrac{a}{\sqrt{3}},\ \dfrac{3a}{4}\right)$, 此处切线倾斜角的斜率 $\tan\varphi=\mp\dfrac{3\sqrt{3}}{8}$.

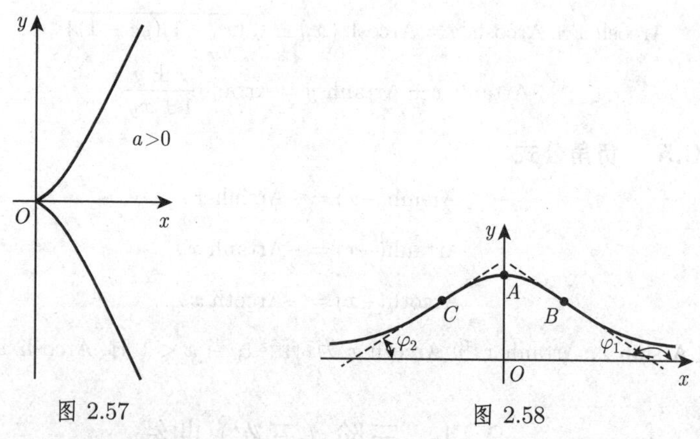

图 2.57　　　　　　　　图 2.58

曲线和渐近线围成的面积 $S=\pi a^2$, 阿涅西箕舌线 (2.226a) 是洛伦兹 (Lorentz) 曲线或布赖特–维格纳 (Breit-Wigner) 曲线

$$y=\frac{a}{b^2+(x-c)^2}\quad(a>0,\ b\neq 0)\tag{2.226b}$$

的特殊情况.

■ 阻尼振荡的傅里叶变换是洛伦兹或布赖特–维格纳曲线 (参见第 1033 页 15.3.1.4).

2.11.3　笛卡儿叶形线

方程

$$x^3+y^3=3axy\quad(a>0)\tag{2.227a}$$

或参数方程

$$x=\frac{3at}{1+t^3},\quad y=\frac{3at^2}{1+t^3},$$

其中

$$t=\tan\sphericalangle POx(a>0,\ -\infty<t<-1,-1<t<\infty)\tag{2.227b}$$

确定了笛卡儿叶形线, 如图 2.59 所示. 曲线两次通过原点, 故原点为二重点, 坐标轴为该点处的切线. 原点处两曲线分支的曲率半径均为 $r=\dfrac{3a}{2}$, 渐近线方程为 $x+y+a=0$, 顶点 A 的坐标为 $\left(\dfrac{3}{2}a,\ \dfrac{3}{2}a\right)$. 环部面积 $S_1=\dfrac{3a^2}{2}$, 曲线与渐近线围成的面积 S_2 的值与之相同.

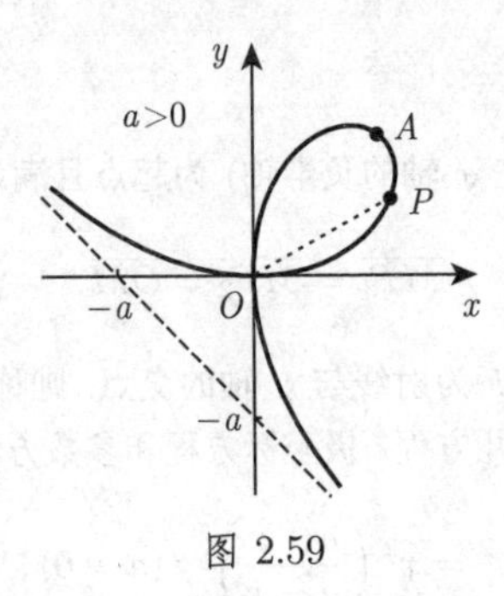

图 2.59

2.11.4 蔓叶线

方程

$$y^2 = \frac{x^3}{a-x} \quad (a>0) \tag{2.228a}$$

或参数方程

$$x = \frac{at^2}{1+t^2}, \quad y = \frac{at^3}{1+t^2},$$

其中

$$t = \tan \sphericalangle POx \quad (a>0,\ -\infty < t < \infty), \tag{2.228b}$$

或极坐标方程

$$\rho = \frac{a\sin^2\varphi}{\cos\varphi} \quad (a>0) \tag{2.228c}$$

(图 2.60) 是满足

$$\overline{OP} = \overline{MQ} \tag{2.229}$$

的点 P 的轨迹. 其中 M 是直线 OP 和半径为 $\dfrac{a}{2}$ 的圆的交点, 且 Q 为直线 OP 和渐近线 $x=a$ 的交点. 曲线与渐近线围成的面积 $S = \dfrac{3}{4}\pi a^2$.

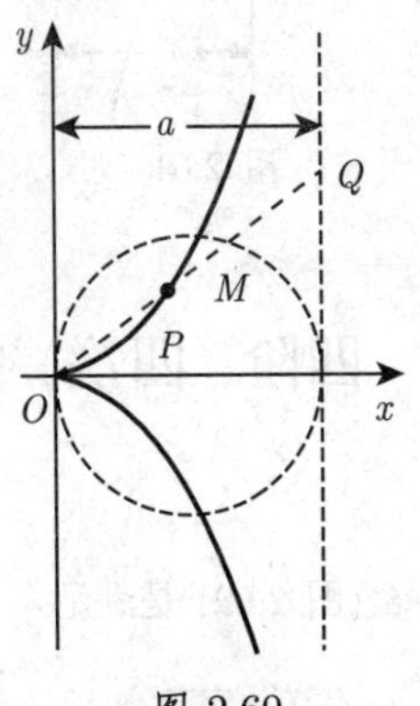

图 2.60

2.11.5 环索线

设 P_1, P_2 是以 A(A 在 x 轴的负半轴) 为起点且满足

$$\overline{MP_1} = \overline{MP_2} = \overline{OM} \tag{2.230}$$

的任意射线上的点, 其中 M 为射线与 y 轴的交点, 则称点 P_1, P_2 的轨迹为环索线(图 2.61). 环索线的笛卡儿方程、极坐标方程和参数方程分别为

$$y^2 = x^2\left(\frac{a+x}{a-x}\right) \quad (a>0), \tag{2.231a}$$

$$\rho = -a\frac{\cos 2\varphi}{\cos\varphi} \quad (a>0), \tag{2.231b}$$

$$x = a\frac{t^2-1}{t^2+1}, \quad y = at\frac{t^2-1}{t^2+1}, \text{ 其中 } t = \tan\sphericalangle POx \quad (a>0,\ -\infty<t<\infty). \tag{2.231c}$$

原点为二重点, 此处切线方程为 $y=\pm x$. 函数渐近线方程为 $x=a$, 顶点为 $A(-a, 0)$. 环部面积 $S_1 = 2a^2 - \frac{1}{2}\pi a^2$, 曲线与渐近线围成的面积 $S_2 = 2a^2 + \frac{1}{2}\pi a^2$.

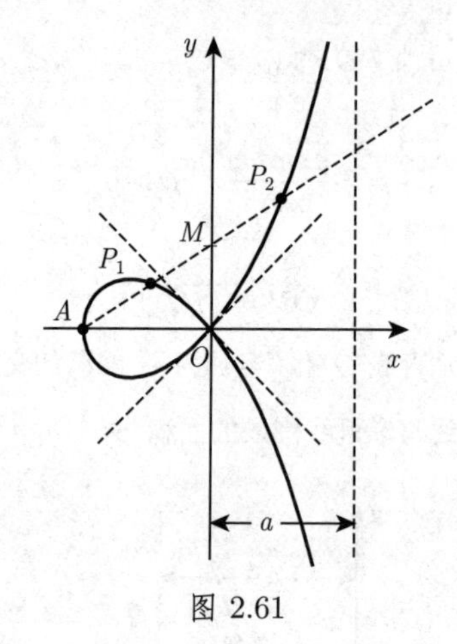

图 2.61

2.12 四阶 (四次) 曲线

2.12.1 尼科梅德斯蚌线

尼科梅德斯(Nicomedes)蚌线(图 2.62) 是满足

$$\overline{OP} = \overline{OM} \pm l \tag{2.232}$$

的点 P 的环形线, 其中点 M 为直线 $\overline{OP_1OP_2}$ 与渐近线 $x=a$ 的交点. 相对于渐近线, 曲线的右分支符号取 "+", 左分支取 "− ". 尼科梅德斯蚌线的笛卡儿坐标、参数方程和极坐标方程分别为

$$(x-a)^2\left(x^2+y^2\right)-l^2x^2=0 \quad (a>0,\ l>0), \tag{2.233a}$$

$$x=a+l\cos\varphi, \quad y=a\tan\varphi+l\sin\varphi$$

$$\left(a>0, \text{右分支：} -\frac{\pi}{2}<\varphi<\frac{\pi}{2}, \text{左分支：} \frac{\pi}{2}<\varphi<\frac{3\pi}{2}\right), \tag{2.233b}$$

$$\rho=\frac{a}{\cos\varphi}\pm l \quad (+:\text{右分支}, -:\text{左分支}) \quad (a>0). \tag{2.233c}$$

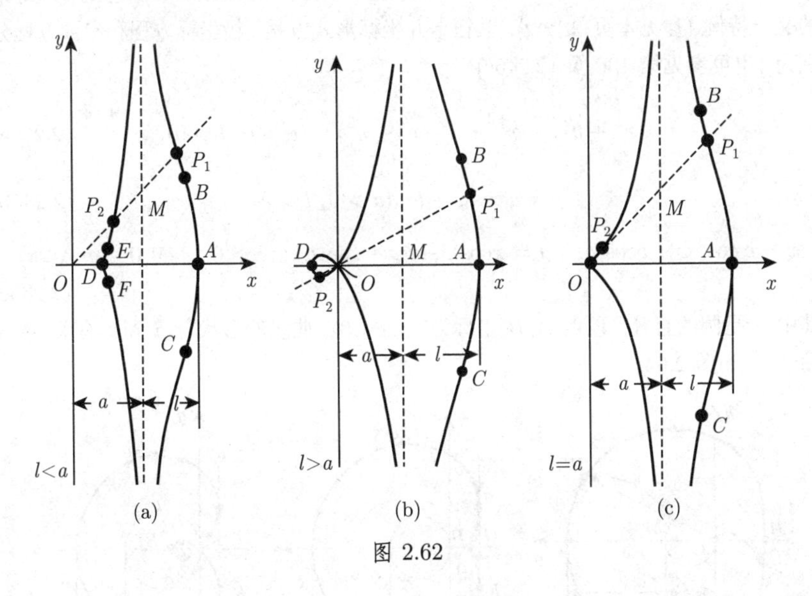

图 2.62

(1) **右分支** 渐近线为 $x=a$. 顶点 A 的坐标为 $(a+l,\ 0)$, 拐点 B, C 的横坐标为方程 $x^3-3a^2x+2a\left(a^2-l^2\right)=0$ 的最大根, 右分支与渐近线围成的面积 $S=\infty$.

(2) **左分支** 渐近线为 $x=a$. 顶点 D 的坐标为 $(a-l,\ 0)$, 原点为奇点, 它的类型与 a 和 l 有关:

情形 a) 若 $l<a$, 原点为孤立点 (图 2.62(a)), 曲线有两个拐点 E, F, 其横坐标为方程 $x^3-3a^2x+2a\left(a^2-l^2\right)=0$ 的第二大根.

情形 b) 若 $l>a$, 原点为二重点 (图 2.62(b)), 曲线在点 $x=a-\sqrt[3]{al^2}$ 有一个极大值和极小值. 原点处切线的斜率 $\tan\alpha=\dfrac{\pm\sqrt{l^2-a^2}}{a}$, 曲率半径 $r_0=\dfrac{l\sqrt{l^2-a^2}}{2a}$.

情形 c) 若 $l=a$, 原点为尖点 (图 2.62(c)).

2.12.2 一般蚌线

尼科梅德斯蚌线是一般蚌线的特例, 通过把每点位置向量的长度延长一给定的常数 $\pm l$, 可得到一已知曲线的蚌线. 若曲线的极坐标方程为 $\rho = f(\varphi)$, 则其蚌线方程为

$$\rho = f(\varphi) \pm l, \tag{2.234}$$

因此尼科梅德斯蚌线是直线的蚌线.

2.12.3 帕斯卡蜗线

(2.232) 中, 原点在圆周上的圆的蚌线称为帕斯卡蜗线(图 2.63), 它是一般蚌线的又一特例 (参见本页 2.12.2). 其笛卡儿坐标形式方程、极坐标方程和参数方程分别为 (也可参见第 136 页 (2.246c))

$$\left(x^2 + y^2 - ax\right)^2 = l^2\left(x^2 + y^2\right) \quad (a > 0,\ l > 0), \tag{2.235a}$$

$$\rho = a\cos\varphi + l \quad (a > 0,\ l > 0), \tag{2.235b}$$

$$x = a\cos^2\varphi + l\cos\varphi, \quad y = a\cos\varphi\sin\varphi + l\sin\varphi \quad (a > 0, l > 0, 0 \leqslant \varphi < 2\pi), \tag{2.235c}$$

其中 a 是圆的直径. 顶点 A, B 坐标为 $(a \pm l, 0)$, 曲线的形状与 a 和 l 有关, 参见图 2.63 和图 2.64.

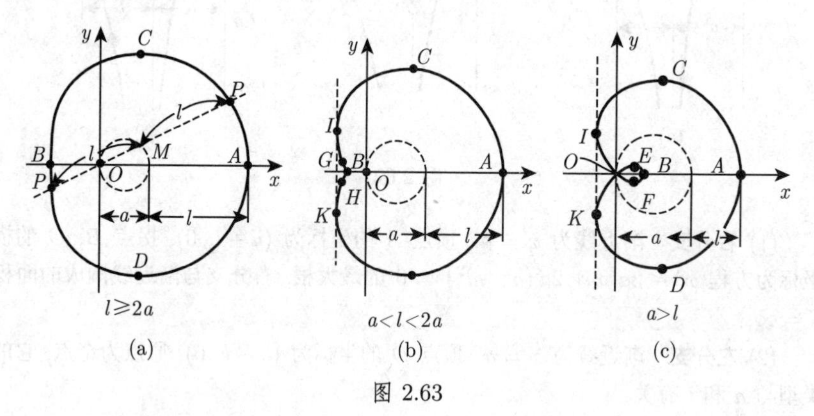

图 2.63

a) **极值点和拐点** 若 $a > l$, 曲线有四个极值点 C, D, E, F; 若 $a \leqslant l$, 曲线在 $\cos\varphi = \dfrac{-l \pm \sqrt{l^2 + 8a^2}}{4a}$ 处有两个极值点. 若 $a < l < 2a$, 在 $\cos\varphi = -\dfrac{2a^2 + l^2}{3al}$ 处有两拐点 G 和 H.

b) **二重切线** 若 $l < 2a$, 在点 I, K 即 $\left(-\dfrac{l^2}{4a}, \pm\dfrac{l\sqrt{4a^2 - l^2}}{4a}\right)$ 处有二重切线.

c) **奇点** 原点为奇点. 若 $a<l$, 该点为孤立点; 若 $a>l$, 该点为二重点, 此处切线斜率 $\tan\alpha=\pm\dfrac{\sqrt{a^2-l^2}}{l}$, 曲率半径 $r_0=\dfrac{1}{2}\sqrt{a^2-l^2}$.

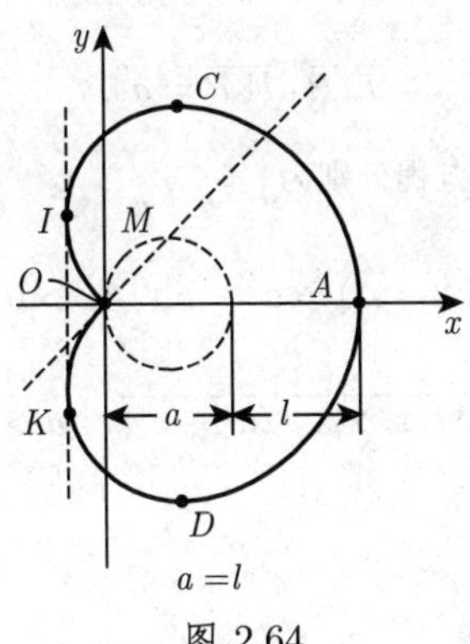

图 2.64

当 $a=l$ 时, 原点是尖点; 该曲线称为心脏线.

蜗线的面积 $S=\dfrac{\pi a^2}{2}+\pi l^2$, 其中当 $a>l$ 时 (图 2.63(c)), 内部环形的面积要计算两次.

2.12.4 心脏线

心脏线(图 2.64) 可以按如下两种方式定义:

(1) 满足

$$\overline{OP}=\overline{OM}\pm a \tag{2.236}$$

的帕斯卡蜗线的特例, 其中 a 是圆的直径.

(2) 外摆线在定圆和动圆具有相同直径 a 时的特例. 方程为

$$\left(x^2+y^2\right)^2-2ax\left(x^2+y^2\right)=a^2y^2 \quad (a>0), \tag{2.237a}$$

其参数方程和极坐标方程分别为

$$x=a\cos\varphi\,(1+\cos\varphi), \quad y=a\sin\varphi\,(1+\cos\varphi) \quad (a>0,\ 0\leqslant\varphi<2\pi), \tag{2.237b}$$

$$\rho=a\,(1+\cos\varphi) \quad (a>0). \tag{2.237c}$$

原点是一个尖点, 顶点 A 的坐标为 $(2a,0)$; 当 $\cos\varphi=\dfrac{1}{2}$ 时, 有极值点 C 和 D, 坐标为 $\left(\dfrac{3}{4}a,\ \pm\dfrac{3\sqrt{3}}{4}a\right)$. 面积 $S=\dfrac{3}{2}\pi a^2$, 即为圆的面积与直径 a 乘积的六倍; 曲线长 $L=8a$.

2.12.5　卡西尼曲线

与两焦点 $F_1(c,0)$ 和 $F_2(-c,0)$ 的距离乘积为常数 $a^2 \neq 0$ 的点 P 的轨迹称为**卡西尼曲线**(图 2.65):

$$\overline{F_1P} \cdot \overline{F_2P} = a^2, \tag{2.238}$$

其笛卡儿坐标方程与极坐标方程分别为

$$(x^2+y^2)^2 - 2c^2(x^2-y^2) = a^4 - c^4 \quad (a>0\,,\ c>0)\,, \tag{2.239a}$$

$$\rho^2 = c^2\cos 2\varphi \pm \sqrt{c^4\cos^2 2\varphi + (a^4-c^4)} \quad (a>0\,,\ c>0)\,. \tag{2.239b}$$

曲线的形状与 a 和 c 有关:

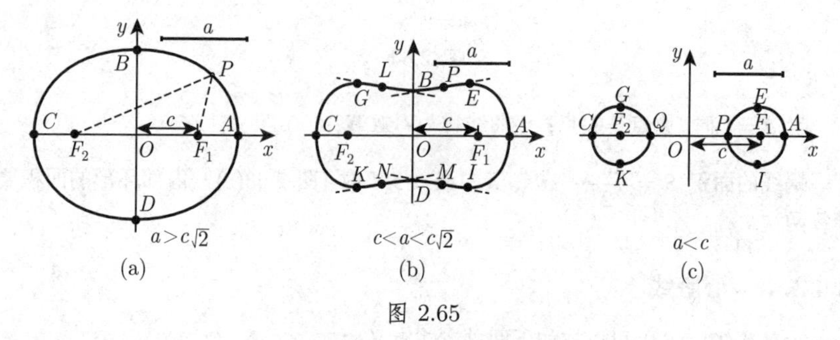

图 2.65

$a > c\sqrt{2}$　当 $a > c\sqrt{2}$ 时, 曲线形状为类似椭圆的卵形 (图 2.65(a)), 与 x 轴交点 A, C 的坐标为 $(\pm\sqrt{a^2+c^2}, 0)$, 与 y 轴交点 B, D 的坐标为 $(0, \pm\sqrt{a^2-c^2})$.

$a = c\sqrt{2}$　当 $a = c\sqrt{2}$ 时, 曲线在点 $A, C(\pm c\sqrt{3}, 0)$ 和点 $B, D(0, \pm c)$ 的类型相同, 在点 B, D 的曲率为 0, 即与直线 $y = \pm c$ 存在紧密接触.

$c < a < c\sqrt{2}$　当 $c < a < c\sqrt{2}$ 时, 曲线为压卵形 (图 2.65(b)), 与坐标轴的交点同 $a > c\sqrt{2}$ 时的情况相同, 极值点除 B, D 外, 点 E, G, K, I 也为极值点, 坐标为 $\left(\pm\dfrac{\sqrt{4c^4-a^4}}{2c}, \pm\dfrac{a^2}{2c}\right)$, 点 P, L, M, N 为四个拐点, 坐标为 $\left(\pm\sqrt{\dfrac{1}{2}(m-n)}, \pm\sqrt{\dfrac{1}{2}(m+n)}\right)$, 其中 $n = \dfrac{a^4-c^4}{3c^2}, m = \sqrt{\dfrac{a^4-c^4}{3}}$.

$a = c$　当 $a = c$ 时, 曲线为**双纽线**.

$a < c$　当 $a < c$ 时, 为两条卵形线 (图 2.65(c)), 与 x 轴交点 A, C 和 P, Q 的坐标分别为 $(\pm\sqrt{a^2+c^2}, 0)$ 和 $(\pm\sqrt{c^2-a^2}, 0)$. 极值点 E, G, K, I 的坐标为 $\left(\pm\dfrac{\sqrt{4c^4-a^4}}{2c}, \pm\dfrac{a^2}{2c}\right)$, 曲率半径 $r = \dfrac{2a^2\rho^3}{c^4-a^4+3\rho^4}$, 其中 ρ 满足极坐标表达式.

2.12.6 双纽线

双纽线(图 2.66) 是卡西尼曲线的特殊情况, 满足条件

$$\overline{F_1P}\cdot\overline{F_2P}=\left(\frac{\overline{F_1F_2}}{2}\right)^2, \tag{2.240}$$

定点 F_1, F_2 坐标为 $(\pm a, 0)$. 曲线在笛卡儿坐标系下的方程为

$$(x^2+y^2)^2-2a^2(x^2-y^2)=0 \quad (a>0), \tag{2.241a}$$

极坐标方程为

$$\rho=a\sqrt{2\cos 2\varphi} \quad (a>0). \tag{2.241b}$$

原点为一个二重点, 同时也为拐点, 此处的切线方程为 $y=\pm x$.

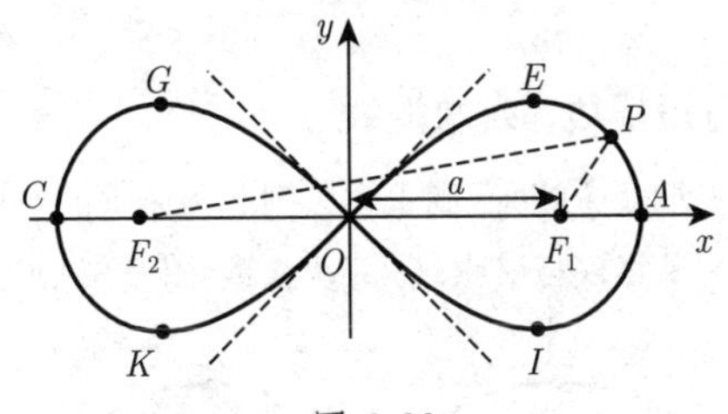

图 2.66

与 x 轴交点 A, C 的坐标为 $(\pm a\sqrt{2}, 0)$, 曲线极值点 E, G, K, I 的坐标为 $\left(\pm\frac{a\sqrt{3}}{2}, \pm\frac{a}{2}\right)$, 极值点处极角 $\varphi=\pm\frac{\pi}{6}$. 曲率半径 $r=\frac{2a^2}{3\rho}$, 每个环形的面积均为 $S=a^2$.

2.13 摆 线

2.13.1 常见 (标准) 摆线

摆线是当圆沿一直线做无滑动滚动时, 圆周上的一个固定点所经过的轨迹(图 2.67). 通常摆线的参数方程为

$$x=a(t-\sin t), \quad y=a(1-\cos t) \quad (a>0, -\infty<t<\infty), \tag{2.242a}$$

其中 a 为圆的半径, t 为角 $\measuredangle PC_1B$ 的弧度. 在笛卡儿坐标系下, 有

$$x+\sqrt{y(2a-y)}=a\operatorname{arc}_k\cos\frac{a-y}{a} \quad (a>0,\ k=0,\pm1,\pm2,\cdots). \tag{2.242b}$$

曲线是以 $\overline{O_0O_1}=2\pi a$ 为周期的周期曲线, 点 $O_0, O_1, O_2, \cdots, O_k=(2k\pi a, 0)$ 为尖点, 最高点为 $A_{k+1}=((2k+1)\pi a, 2a)$ $(k=0,\pm1,\pm2,\cdots)$. O_0P 的弧长

$L = 8a\sin^2\left(\dfrac{t}{4}\right)$, 单拱形的长度 $L_{O_0A_1O_1} = 8a$, 单拱形围成的面积 $S = 3\pi a^2$, 曲率半径 $r = 4a\sin\dfrac{t}{2}$, 在最高点处曲率 $r_A = 4a$. 摆线的渐屈线 (参见第 341 页 3.6.1.6) 为全等的摆线, 如图 2.67 中虚线所示.

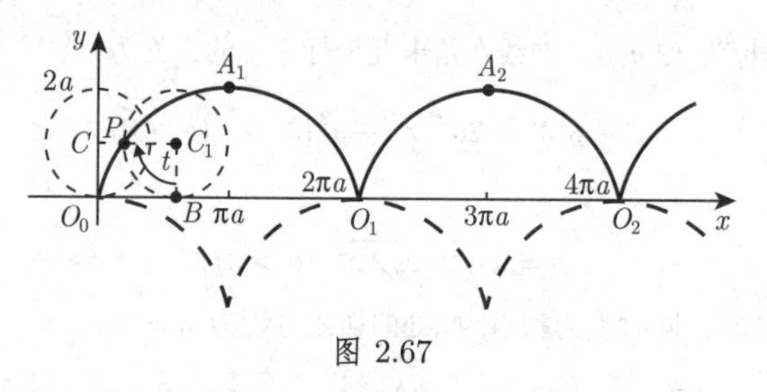

图 2.67

2.13.2 长摆线与短摆线, 或次摆线

当圆沿一直线做无滑动滚动时, 固定在以圆心为始点的半直线上的圆内或圆外一定点经过的轨迹称为长摆线与短摆线, 或次摆线(图 2.68).

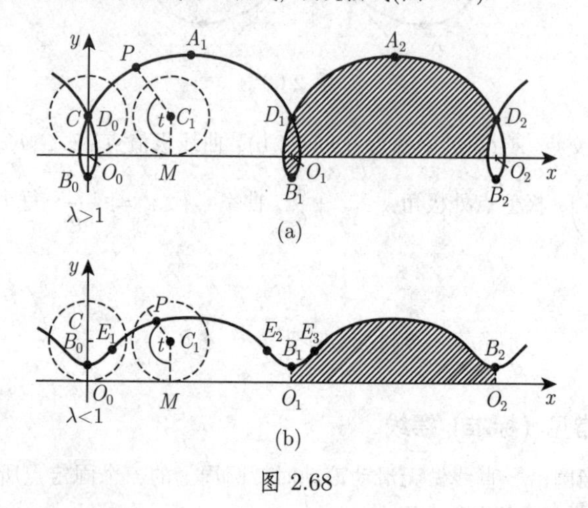

图 2.68

次摆线的参数方程形如

$$x = a(t - \lambda\sin t), \tag{2.243a}$$

$$y = a(1 - \lambda\cos t), \tag{2.243b}$$

其中 a 为圆的半径, t 为角 $\sphericalangle PC_1M, \lambda a = \overline{C_1P}$.

当 $\lambda > 1$ 时, 为长摆线, 当 $\lambda < 1$ 时, 为短摆线.

曲线为以 $\overline{O_0O_1} = 2\pi a$ 为周期的周期曲线, 极大值点

$$A_1, A_2, \cdots, A_{k+1} = ((2k+1)\pi a, (1+\lambda)a),$$

极小值点

$$B_0, B_1, B_2, \cdots, B_k = (2k\pi a, (1-\lambda)a) \quad (k = 0, \pm 1, \pm 2, \cdots).$$

长摆线有二重点 D_0, D_1, $D_2, \cdots$, $D_k = \left(2k\pi a, a\left(1 - \sqrt{\lambda^2 - t_0^2}\right)\right)$, 其中 t_0 为方程 $t = \lambda \sin t$ 的最小正根.

短摆线有拐点 E_1, $E_2, \cdots$, $E_{k+1} = \left[a\left(\mathrm{arc}_k \cos\lambda - \lambda\sqrt{1-\lambda^2}\right), a(1-\lambda^2)\right]$. 通过计算积分 $L = a\int_0^{2\pi} \sqrt{1+\lambda^2 - 2\lambda\cos t}\,\mathrm{d}t$ 可得到一个周期的曲线长. 图 2.68 中阴影部分的面积 $S = \pi a^2\left(2+\lambda^2\right)$. 曲率半径 $r = a\dfrac{\left(1+\lambda^2 - 2\lambda\cos t\right)^{3/2}}{\lambda\left(\cos t - \lambda\right)}$, 且在极大值点曲率 $r_A = -a\dfrac{(1+\lambda)^2}{\lambda}$, 极小值点曲率 $r_B = a\dfrac{(1-\lambda)^2}{\lambda}$.

2.13.3 外摆线

一个动圆沿着另一个定圆的外侧做无滑动滚动时, 圆周上一点的轨迹称为外摆线(图 2.69). 外摆线的参数方程为

$$\begin{aligned} x &= (A+a)\cos\varphi - a\cos\frac{A+a}{a}\varphi, \\ y &= (A+a)\sin\varphi - a\sin\frac{A+a}{a}\varphi \quad (-\infty < \varphi < \infty), \end{aligned} \tag{2.244}$$

其中 A 为定圆为半径, a 为动圆的半径, φ 为角 $\measuredangle C0x$, 曲线的形状与商 $m = \dfrac{A}{a}$ 有关.

当 $m=1$ 时, 曲线为心脏线(参见第 129 页 2.12.4).

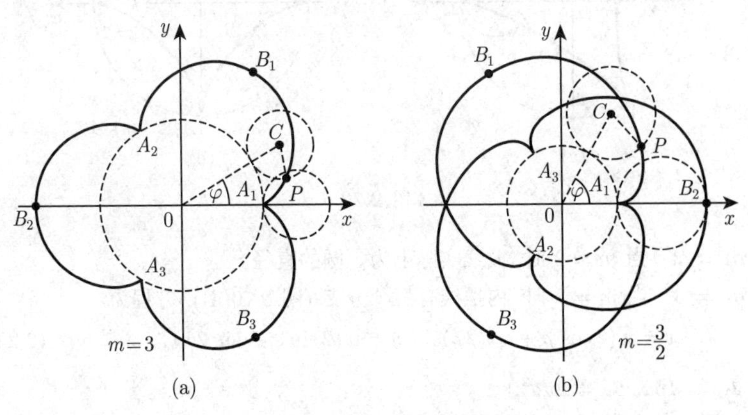

图 2.69

m 为整数 当 m 为整数时, 曲线由围绕着固定曲线的 m 个形状相同分支组成 (图 2.69(a)). 尖点 $A_1, A_2, \cdots, A_m$ 坐标为 $\left(\rho=A, \varphi=\dfrac{2k\pi}{m}(k=0,1,\cdots,m-1)\right)$, 顶点 $B_1, B_2, \cdots, B_m$ 坐标为 $\left(\rho=A+2a, \varphi=\dfrac{2\pi}{m}\left(k+\dfrac{1}{2}\right)\right)$.

m 为有理分数 若 m 为非整有理数, 形状相同的分支彼此依次绕一定圆, 且与前一分支相交, 直到动点 P 经有限次循环后回到起点 (图 2.69(b)).

m 为无理数 当 m 为无理数时, 动点 P 要往返无穷多次, 且永远不会回到起点.

一个分支的长度 $L_{A_1B_1A_2}=\dfrac{8(A+a)}{m}$, 故对整数 m, 封闭曲线的总长 $L_{总}=8(A+a)$. 区域 $A_1B_1A_2A_1$ 的面积 (不包括定圆部分)$S=\pi a^2\left(\dfrac{3A+2a}{A}\right)$. 曲率半径 $r=\dfrac{4a(A+a)}{2a+A}\sin\dfrac{A\varphi}{2a}$, 顶点处 $r_B=\dfrac{4a(A+a)}{2a+A}$.

2.13.4 内摆线与星形线

一个动圆内切于一个定圆做无滑动滚动时, 动圆圆周上一点的轨迹称为*内摆线*(图 2.70). 内摆线的方程、顶点坐标、尖点坐标、弧长公式、面积公式以及曲率半径都与外摆线的相应公式类似, 只需用 “$-a$” 代替原来的 “$+a$”. 当 m 为整数、有理数和无理数时, 尖点的个数都与外摆线相同 (现在 $m>1$ 成立).

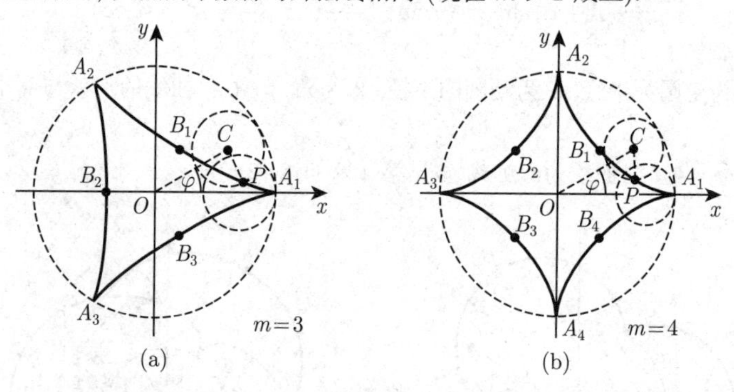

图 2.70

$m=2$ 当 $m=2$ 时, 曲线实际上为定圆的直径.

$m=3$ 当 $m=3$ 时, 内摆线有三个分支 (图 2.70(a)), 方程为

$$x=a(2\cos\varphi+\cos 2\varphi),\quad y=a(2\sin\varphi-\sin 2\varphi), \tag{2.245a}$$

且有 $L_{总}=16a$, $S_{总}=2\pi a^2$.

$m=4$ 当 $m=4$ 时 (图 2.70(b)), 内摆线有四个分支, 称为*星形线*. 笛卡儿坐标系下的方程和参数方程分别为

$$x^{\frac{2}{3}}+y^{\frac{2}{3}}=A^{\frac{2}{3}},\tag{2.245b}$$

$$x=A\cos^3\varphi,\quad y=A\sin^3\varphi\quad(0\leqslant\varphi<\pi),\tag{2.245c}$$

且有 $L_{总}=24a=6A, S_{总}=\dfrac{3}{8}\pi A^2$.

2.13.5　长短幅外摆线与内摆线

长短幅外摆线和长短幅内摆线也称为外旋轮线和内旋轮线, 是指一动圆绕一定圆的内侧 (内旋轮线) 或外侧 (外旋轮线) 做无滑动滚动时, 在动圆的内侧或外侧, 从动圆圆心出发的射线上一点的轨迹 (图 2.71 和图 2.72).

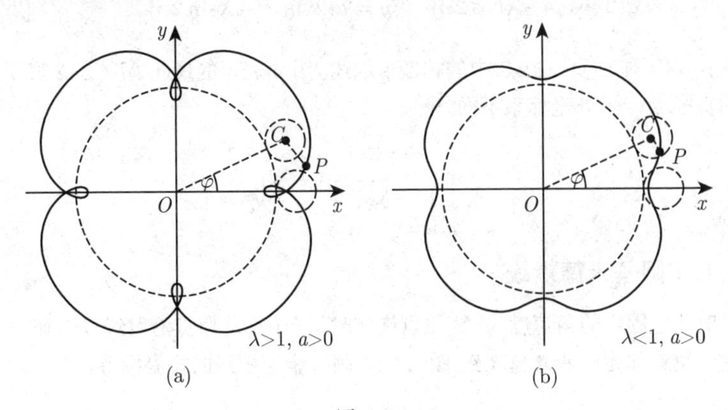

图 2.71

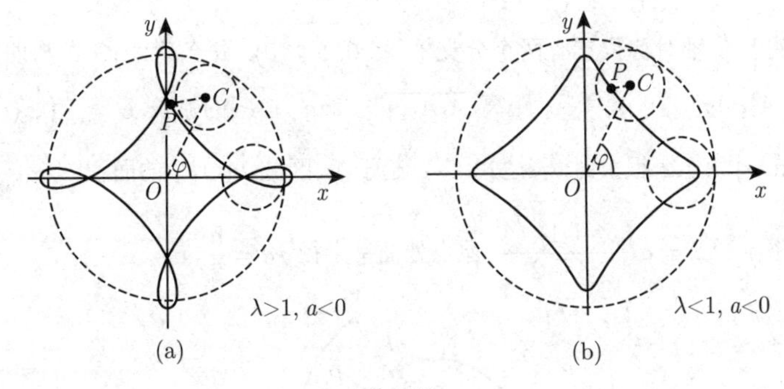

图 2.72

外旋轮线的参数方程为

$$x=(A+a)\cos\varphi-\lambda a\cos\left(\frac{A+a}{a}\varphi\right),$$

$$y=(A+a)\sin\varphi-\lambda a\sin\left(\frac{A+a}{a}\varphi\right),\tag{2.246a}$$

其中 A 为定圆的半径, a 为动圆的半径. 用 “$-a$” 代替上式中的 “$+a$”, 得内旋轮线的参数方程. 当 $\lambda a = \overline{CP}$ 时, 根据考虑的是长辐曲线还是短辐曲线, 不等式 $\lambda > 1$ 或 $\lambda < 1$ 有一个成立.

若 $A = 2a$, 对任意 $\lambda \neq 1$, 内摆线方程

$$x = a(1+\lambda)\cos\varphi\,, \quad y = a(1-\lambda)\sin\varphi \quad (0 \leqslant \varphi < 2\pi) \tag{2.246b}$$

是半轴为 $a(1+\lambda)$ 和 $a(1-\lambda)$ 的椭圆. 当 $A = a$ 时, 曲线为帕斯卡蜗线(也可参见第 128 页 2.12.3)

$$x = a(2\cos\varphi - \lambda\cos 2\varphi)\,, \quad y = a(2\sin\varphi - \lambda\sin 2\varphi)\,. \tag{2.246c}$$

注　对于 128 页 2.12.3 中的帕斯卡蜗线, 用 a 表示的量此处用 $2\lambda a$ 表示, l 是此处的直径 $2a$. 另外坐标系不同.

2.14　螺　线

2.14.1　阿基米德螺线

当射线以固定的角速度 w 绕原点旋转时, 一个点从原点沿射线以匀速 v 移动所产生的轨迹称为阿基米德螺线(图 2.73), 阿基米德螺线的极坐标方程为

$$\rho = a|\varphi|, \quad a = \frac{v}{\omega} \quad (a > 0\,, -\infty < \varphi < \infty)\,. \tag{2.247}$$

曲线在关于 y 轴对称位置有两个分支 ($\varphi \leqslant 0, \varphi \geqslant 0$). 每条射线 OK 与曲线的交点为 $O, A_1, A_2, \cdots, A_n, \cdots$; 距离 $\overline{A_iA_{i+1}} = 2\pi a$. $\widehat{OP}$ 的弧长 $L = \frac{a}{2}\Big(\varphi\sqrt{\varphi^2+1} + \operatorname{Arsinh}\varphi\Big)$, 当 φ 很大时, 表达式 $\frac{2L}{a\varphi^2}$ 趋于 1. 区域 P_1OP_2 的面积 $S = \frac{a^2}{6}(\varphi_2^3 - \varphi_1^3)$. 曲率半径 $r = a\frac{(\varphi^2+1)^{3/2}}{\varphi^2+2}$, 原点处曲率半径 $r_0 = \frac{a}{2}$.

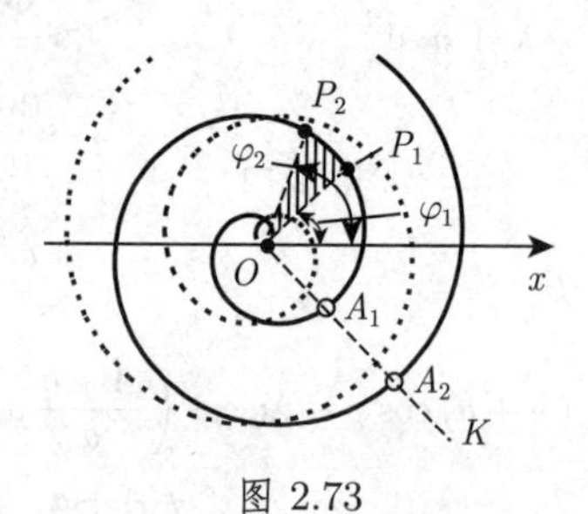

图 2.73

2.14.2 双曲螺线

双曲螺线的极坐标方程为

$$\rho=\frac{a}{|\varphi|}\quad(a>0\,,\,-\infty<\varphi<0\,,\,0<\varphi<\infty)\,. \tag{2.248}$$

双曲螺线 (图 2.74) 在关于 y 轴对称位置有两个分支 $(\varphi\leqslant 0,\varphi\geqslant 0)$. 直线 $y=a$ 为两个分支的渐近线, 原点为渐近点. 区域 P_1OP_2 的面积 $S=\dfrac{a^2}{2}\left(\dfrac{1}{\varphi_1}-\dfrac{1}{\varphi_2}\right)$, 且 $\lim\limits_{\varphi_2\to\infty}S=\dfrac{a^2}{2\varphi_1}$. 曲率半径 $r=\dfrac{a}{\varphi}\left(\dfrac{\sqrt{1+\varphi^2}}{\varphi}\right)^3$.

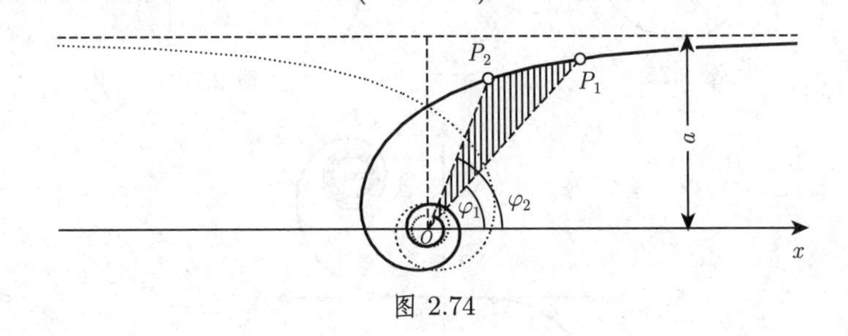

图 2.74

2.14.3 对数螺线

对数螺线(图 2.75) 与从原点 O 出发的所有射线的交角均相等, 为 α. 对数螺线的极坐标方程为

$$\rho=a\mathrm{e}^{k\varphi}\quad(a>0\,,\,-\infty<\varphi<\infty)\,, \tag{2.249}$$

其中 $k=\cot\alpha$. 曲线的渐近点为原点, $\widehat{P_1P_2}$ 的弧长 $L=\dfrac{\sqrt{1+k^2}}{k}(\rho_2-\rho_1)$, 从原点到 P 的曲线 $\widehat{OP}$ 弧长的极限 $L_0=\dfrac{\sqrt{1+k^2}}{k}\rho$. 曲率半径 $r=\sqrt{1+k^2}\rho=L_0k$.

圆的特例 若 $\alpha=\dfrac{\pi}{2}$, 则 $k=0$, 曲线为圆.

2.14.4 圆的渐伸线

把一条细绳绕在一个定圆上, 拉开绳子的一端并拉直, 绳子端点的轨迹是一条曲线, 满足 $\widehat{AB}=\overline{BP}$, 这条曲线称作圆的渐伸线(图 2.76). 圆的渐伸线的参数方程为

$$x=a\cos\varphi+a\varphi\sin\varphi\,,\quad y=a\sin\varphi-a\varphi\cos\varphi\,, \tag{2.250}$$

其中 a 为圆的半径, $\varphi=\measuredangle BOx$. 曲线在关于 x 轴对称的位置有两个分支, $A(a,0)$ 为尖点, 与 x 轴的交点坐标 $x=\dfrac{a}{\cos\varphi_0}$, 其中 φ_0 为方程 $\tan\varphi=\varphi$ 的根. $\widehat{AP}$ 的

弧长 $L=\dfrac{1}{2}a\varphi^2$. 曲率半径 $r=a\varphi=\sqrt{2aL}$; 曲率中心 B 在圆上, 即圆是曲线的渐屈线.

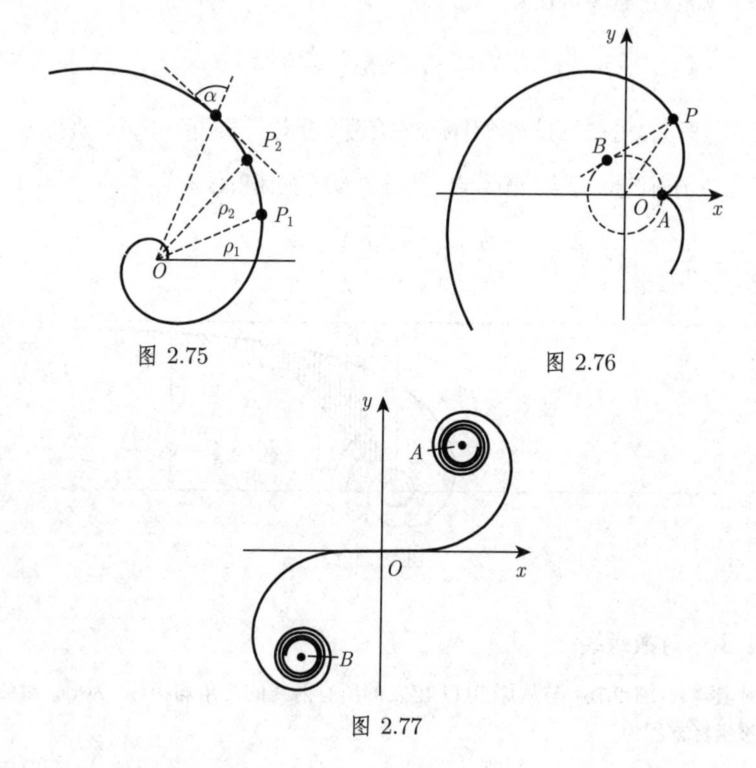

图 2.75

图 2.76

图 2.77

2.14.5 回旋螺线

在一点处曲率半径与原点到该点的弧长成反比的点的集合为回旋螺线(图 2.77), 即

$$r=\frac{a^2}{s}\quad(a>0)\,. \tag{2.251a}$$

回旋螺线的参数方程为

$$x=a\sqrt{\pi}\int_0^t\cos\frac{\pi t^2}{2}\,\mathrm{d}t,\quad y=a\sqrt{\pi}\int_0^t\sin\frac{\pi t^2}{2}\,\mathrm{d}t,\quad \text{其中}\quad t=\frac{s}{a\sqrt{\pi}},\quad s=\overset{\frown}{OP}. \tag{2.251b}$$

上述积分尽管不能用初等函数表示, 但对任意给定的参数值 $t=t_0,t_1,\cdots$, 可用数值积分进行计算 (参见第 1252 页 19.3), 因此回旋螺线可以逐点画出. 计算机算法见文献 [3.12].

曲线关于原点中心对称, 原点也为拐点. 拐点处的切线为 x 轴, A,B 为曲线的渐近点, 坐标分别为 $\left(+\dfrac{a\sqrt{\pi}}{2},+\dfrac{a\sqrt{\pi}}{2}\right)$ 和 $\left(-\dfrac{a\sqrt{\pi}}{2},-\dfrac{a\sqrt{\pi}}{2}\right)$. 回旋螺线广泛应用

于公路工程, 如用回旋螺线段实现直线和圆弧间的过渡.

2.15 各种其他曲线

2.15.1 悬链线

一质地均匀、柔韧但不能伸展的粗链悬挂两端得到的连续曲线称为悬链线(图 2.78). 悬链线方程为

$$y = a\cosh\frac{x}{a} = a\frac{\mathrm{e}^{\frac{x}{a}} + \mathrm{e}^{-\frac{x}{a}}}{2} \quad (a > 0), \tag{2.252}$$

顶点 $A(0,a)$ 由参数 a 确定. 曲线关于 y 轴对称, 且始终位于抛物线 $y = a + \dfrac{x^2}{2a}$ (如图 2.78 中虚线所示) 的上方, $\widehat{AP}$ 弧长 $L = a\sinh\dfrac{x}{a} = a\dfrac{\mathrm{e}^{\frac{x}{a}} - \mathrm{e}^{-\frac{x}{a}}}{2}$, 区域 $OAPM$ 的面积 $S = a\,L = a^2\sinh\dfrac{x}{a}$. 曲率半径 $r = \dfrac{y^2}{a} = a\cosh^2\dfrac{x}{a} = a + \dfrac{L^2}{a}$.

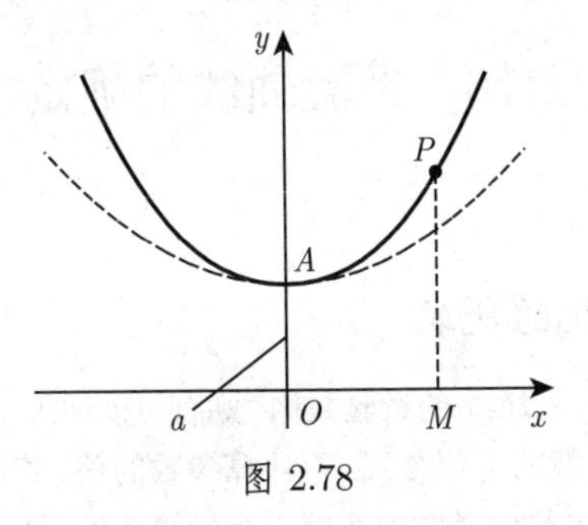

图 2.78

悬链线是曳物线的渐屈线 (参见第 341 页 3.6.1.6, 1.), 因此曳物线是顶点为 $A(0,a)$ 的悬链线的渐伸线 (参见第 341 页 3.6.1.6,2.).

2.15.2 曳物线

若曲线为曳物线(图 2.79 中的粗线), 则它满足对于曲线上一点 P, 如果过点 P 的切线与给定直线 (此处为 x 轴) 的交点为 M, 有 $\overline{PM}$ 为常数 a. 将一条长为 a 的不能伸展的绳子的一端系有质点 P, 拽着绳子的另一端沿一直线 (x 轴) 移动, 点 P 的轨迹为曳物线. 曳物线方程为

$$\begin{aligned} x &= a\mathrm{Arcosh}\frac{a}{y} \pm \sqrt{a^2 - y^2} \\ &= a\ln\frac{a \pm \sqrt{a^2 - y^2}}{y} \mp \sqrt{a^2 - y^2} \quad (a > 0\,,\ 0 < y \leqslant a)\,. \end{aligned} \tag{2.253}$$

x 轴为渐近线, 点 $A(0,a)$ 为尖点, 且曲线关于 y 轴对称. $\widehat{AP}$ 的弧长 $L = a\ln\dfrac{a}{y}$, 当弧长 L 增加时, $L-x$ 趋于 $a(1-\ln 2)\approx 0.307\,a$, 其中 x 为点 P 的横坐标. 曲率半径 $r = a\cot\dfrac{x}{y}$, 且曲率半径 $\overline{PC}$ 与线段 $\overline{PE}=b$ 成反比: $rb=a^2$. 曳物线的渐屈线 (参见第 341 页 3.6.1.6, 2.), 即曲率圆的中心 C 的轨迹曲线, 是如图 2.79 中虚线所示的悬链线 (2.252).

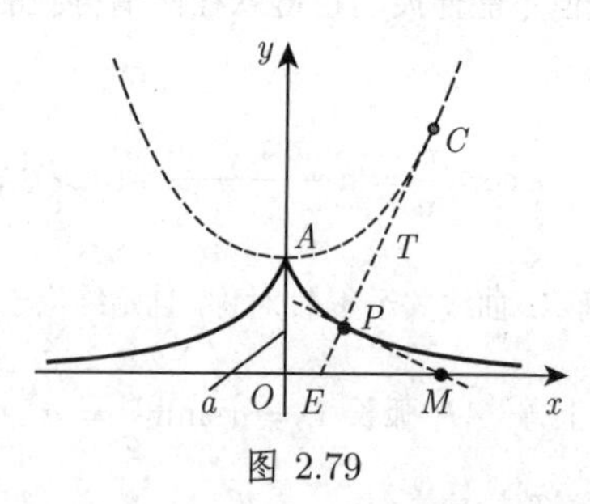

图 2.79

2.16 经验曲线的确定

2.16.1 步骤

2.16.1.1 曲线形状的比较

若只有关于函数 $y=f(x)$ 的经验数据, 则有可能通过两步得到一个近似公式. 首先选择一个含三个参数的近似公式, 再计算参数的值. 若对这类公式没有理论上的描述, 可以先从所有可能的函数中选择一个最简单的近似公式, 再将其曲线与经验数据曲线相比较. 有时从直观上去判断的相似性并不可靠, 故此选择完近似公式后, 确定参数之前必须检查它是否恰当.

2.16.1.2 修正

假设 x 与 y 之间有明确关系, 选择近似公式时引进两个函数 $X=\varphi(x,y)$ 和 $Y=\psi(x,y)$, 满足线性关系

$$Y = AX + B, \tag{2.254}$$

其中 A, B 为常数. 对给定的 x 和 y 的值, 计算相应的 X 和 Y 的值, 借助其图示很容易判断出它们是否大约在一条直线上, 据此能够判断所选择的公式恰当与否.

■ **A:** 若近似公式为 $y=\dfrac{x}{ax+b}$, 则可令 $X=x$, $Y=\dfrac{x}{y}$, 有 $Y=aX+b$；另外也

可令 $X = \frac{1}{x}, Y = \frac{1}{y}$, 有 $Y = a + bX$.

■ **B:** 利用半对数坐标纸, 参见第 151 页 2.17.2.1.

■ **C:** 利用双对数坐标纸, 参见第 152 页 2.17.2.2.

为了确定经验数据是否满足线性关系 $Y = AX + B$, 可以利用**线性回归**或**相关**(参见第 1095 页 16.3.4). 把函数关系化简成线性关系称为**修正**, 本页 2.16.2 中举例介绍了一些公式的修正, 148 页 2.16.2.12 也详细讨论了一个例子.

2.16.1.3 参数的确定

最小二乘法是确定参数的最重要、最准确的方法 (参见第 1097 页 16.3.4.2), 但有时也可以成功地采用一些更简单的方法, 如**平均值法**.

1. 平均值法

利用 "修正" 的变量 X 和 Y 的线性相关性 $Y = AX + B$, **平均值法**如下进行: 把给定值 Y_i, X_i 的条件方程分为两组, 每组方程的数目相等或者近似相等, 通过向这两组方程中添加方程, 可以得到两个方程, 从中确定出 A, B. 接着由最初的 x, y 代替 X 和 Y, 就得到了要找的 x, y 之间的关系.

若不能确定所有的参数, 可以借助其他量 $\overline{X}$ 和 $\overline{Y}$ 的修正再次利用平均值法 (参见第 147 页 2.16.2.11 中的例子).

当某些参数出现在近似公式的非线性关系中时, 前面所说的修正和平均值法都会用到, 具体例子见 (2.267b) 和 (2.267c).

2. 最小二乘法

当某些参数出现在近似公式的非线性关系中时, **最小二乘法**往往会产生**非线性拟合问题**. 它们的解往往要经过大量数值计算和一个比较好的初始近似, 利用修正和平均值法可能确定这些近似.

2.16.2 实用的经验公式

本节讨论经验函数相关性的一些简单情形, 并给出相应的图示. 每个图示都给出几条与公式中不同参数值相对应的曲线, 在随后几节中讨论参数对曲线形状的影响.

为了选择恰当的函数, 必须考虑其对应的图像, 以便再现经验数据. 例如, 我们不能仅在经验数据曲线有极大或极小值时判断公式 $y = ax^2 + bx + c$ 是否合理.

2.16.2.1 幂函数

1. $y = ax^b$ 型

图 2.80 给出了当幂函数

$$y = ax^b \tag{2.255a}$$

的指数 b 取不同值时曲线的形状. 图 2.15、图 2.21、图 2.24~ 图 2.26 也给出了不同指数的曲线. 将 (2.44)、(2.45) 和 (2.50) 作为 n 次抛物线、反比函数和倒数幂进行了讨论, 做修正时可取对数

$$X=\log x,\quad Y=\log y:\quad Y=\log a+bX. \tag{2.255b}$$

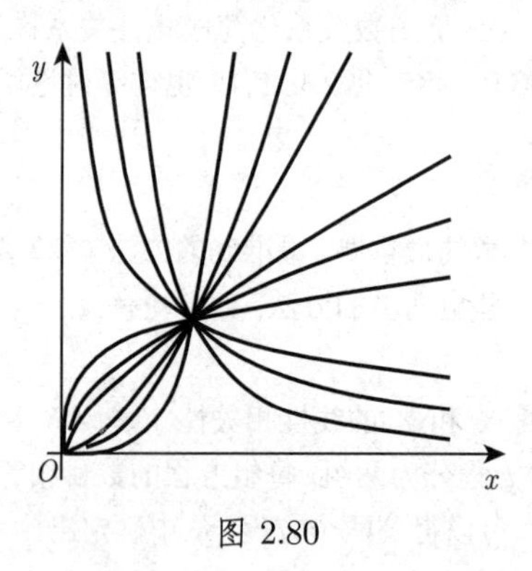

图 2.80

2. $y=ax^b+c$ 型

公式

$$y=ax^b+c \tag{2.256a}$$

所表示的曲线与 (2.255a) 类似, 但要在 y 轴方向上平移 c 个单位 (图 2.82), 若 b 已知, 可做修正

$$X=x^b,\quad Y=y:\quad Y=aX+c. \tag{2.256b}$$

若 b 未知, 首先确定 c, 然后可做修正

$$X=\log x\,,\quad Y=\log(y-c):\quad Y=\log a+bX. \tag{2.256c}$$

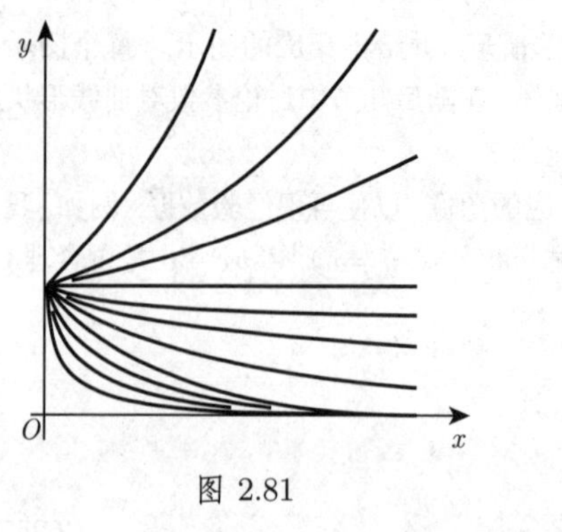

图 2.81

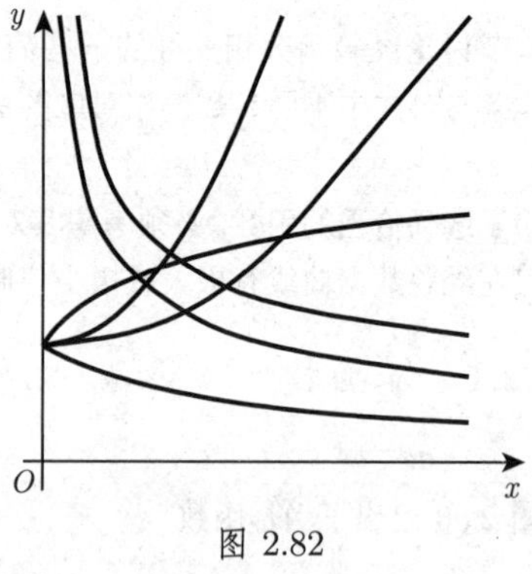

图 2.82

为了确定 c, 可以任选两个横坐标 x_1, x_2 和第三个横坐标 $x_3 = \sqrt{x_1 x_2}$, 以及三个相应的纵坐标 y_1, y_2, y_3, 满足

$$c = \frac{y_1 y_2 - {y_3}^2}{y_1 + y_2 - 2y_3}. \tag{2.256d}$$

在确定出 a, b 之后, 可以得到正确的 c, 即量 $y - ax^b$ 的均值.

2.16.2.2 指数函数

1. $y = a\mathrm{e}^{bx}$ 型

图 2.81 给出了函数

$$y = a\mathrm{e}^{bx} \tag{2.257a}$$

的曲线图形. 92 页 2.6.1 中讨论了指数函数(2.54) 和它的图像 (图 2.26). 可进行如下修正

$$X = x, \quad Y = \log y: \quad Y = \log a + b \log \mathrm{e} \cdot X\,. \tag{2.257b}$$

2. $y = a\,\mathrm{e}^{bx} + c$ 型

公式

$$y = a\,\mathrm{e}^{bx} + c \tag{2.258a}$$

所表示的曲线与 (2.257a) 相同, 但要在 y 轴方向上平移 c 个单位 (图 2.83). 对 c 确定出 c_1 后可做如下修正

$$Y = \log(y - c_1)\,, \quad X = x: \quad Y = \log a + b \log \mathrm{e} \cdot X\,. \tag{2.258b}$$

为了确定像 (2.256d) 中那样的 c, 可以任选两个横坐标 x_1, x_2 和第三个横坐标 $x_3 = \dfrac{x_1 + x_2}{2}$, 以及三个相应的纵坐标 y_1, y_2, y_3, 得到 $c = \dfrac{y_1 y_2 - y_3^2}{y_1 + y_2 - 2y_3}$. 确定出 a, b 之后, 可以得到正确的 c, 即量 $y - a\mathrm{e}^{bx}$ 的均值.

2.16.2.3 二次多项式

图 2.84 给出了二次多项式

$$y = ax^2 + bx + c \tag{2.259a}$$

的所有可能的曲线形状. 关于二次多项式 (2.41) 及其曲线图示 2.12 的讨论见 82 页 2.3.2. 通常利用最小二乘法可确定出系数 a, b, c; 但在这种情况下也可能进行修正. 选择任一数据点 (x_1, y_1), 做修正

$$X = x, \quad Y = \frac{y - y_1}{x - x_1}: \quad Y = (b + ax_1) + aX\,. \tag{2.259b}$$

若给定的 x 值构成一个公差为 h 的等差数列, 可做修正

$$Y = \Delta y, \quad X = x: \quad Y = (bh + ah^2) + 2ahX\,. \tag{2.259c}$$

在这两种情况中, 由方程

$$\sum y = a\sum x^2 + b\sum x + nc \tag{2.259d}$$

确定出 a, b 后, 可计算 c; n 为给定的 x 值的个数, 并由此可以计算和式.

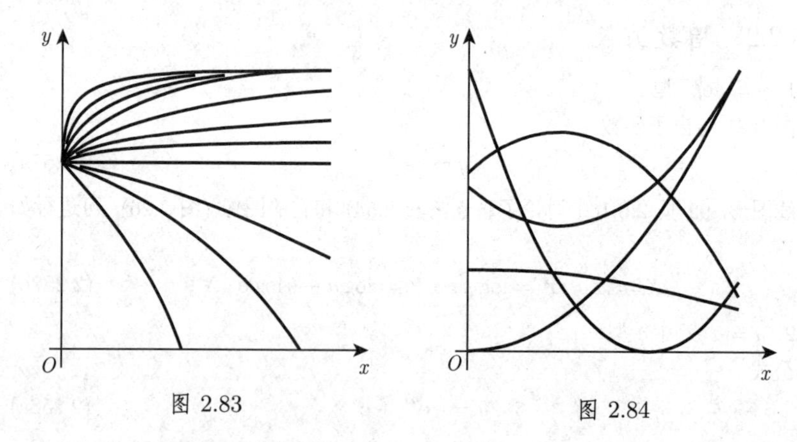

图 2.83

图 2.84

2.16.2.4 有理线性函数

第 85 页 2.4 中 (2.46) 和图 2.17(参见第 86 页) 已讨论了有理线性函数:

$$y = \frac{ax+b}{cx+d}. \tag{2.260a}$$

对任一数据点 (x_1, y_1), 可按如下方式进行修正

$$Y = \frac{x-x_1}{y-y_1}, \quad X = x: \quad Y = A + BX. \tag{2.260b}$$

A, B 确定后, 可得到形如 (2.260c) 的关系

$$y = y_1 + \frac{x-x_1}{A+Bx}. \tag{2.260c}$$

有时有理线性函数不是 (2.260a) 的形式, 而是满足 (2.260d)

$$y = \frac{x}{cx+d} \quad 或 \quad y = \frac{1}{cx+d}, \tag{2.260d}$$

在前一情况下可做修正 $X = \dfrac{1}{x}, Y = \dfrac{1}{y}$ 或 $X = x, Y = \dfrac{x}{y}$; 后一情况可做修正 $X = x, Y = \dfrac{1}{y}$.

2.16.2.5 二次多项式的平方根

方程

$$y^2 = ax^2 + bx + c \tag{2.261}$$

可能表示的曲线形状如图 2.85 所示. 91 页中已讨论过函数 (2.52) 及其图像 (图 2.23). 若引进新的变量 $Y = y^2$, 这个问题可以转化成 143 页 2.16.2.3 中二次多项式的情况.

2.16.2.6 一般误差曲线

函数

$$y = a\mathrm{e}^{bx+cx^2} \quad 或 \quad \log y = \log a + bx \log \mathrm{e} + cx^2 \log \mathrm{e} \tag{2.262}$$

的典型曲线图像如图 2.86 所示. 方程 (2.61) 和图 2.30[①] 已讨论过这个函数 (参见 95~96 页).

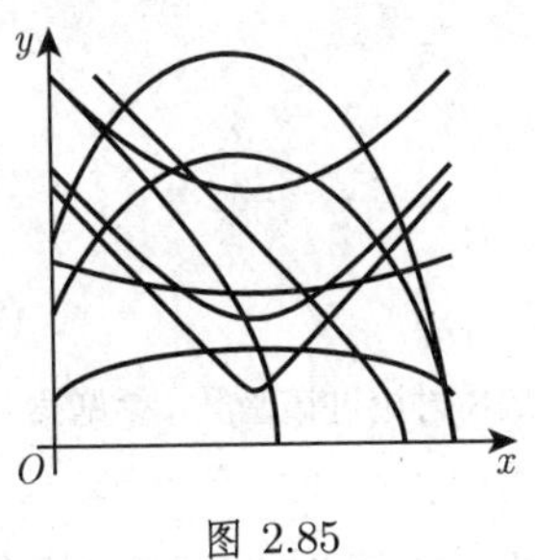

图 2.85

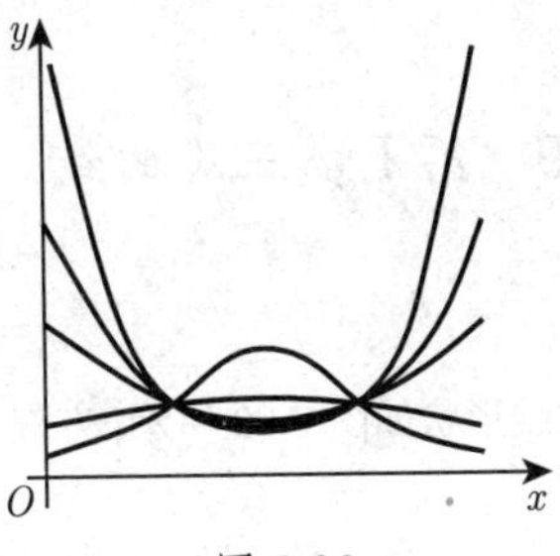

图 2.86

若引进新的变量 $Y = \log y$, 这个问题可以转化成 143 页 2.16.2.3 中二次多项式的情况.

2.16.2.7 第 II 类三次曲线

函数

$$y = \frac{1}{ax^2 + bx + c} \tag{2.263}$$

的所有可能形状如图 2.87 所示, 方程 (2.48) 和图 2.19 曾讨论过该函数 (参见第 87~88 页).

若引进新的变量 $Y = \dfrac{1}{y}$, 这个问题可以转化成 143 页 2.16.2.3 中二次多项式的情况.

2.16.2.8 第 III 类三次曲线

函数

$$y = \frac{x}{ax^2 + bx + c} \tag{2.264}$$

①原文中为图 2.31, 译者认为, 应订正为图 2.30.—— 译者注

的典型曲线形状如图 2.88 所示, 方程 (2.49) 和图 2.20 讨论过该函数 (参见 88~89 页).

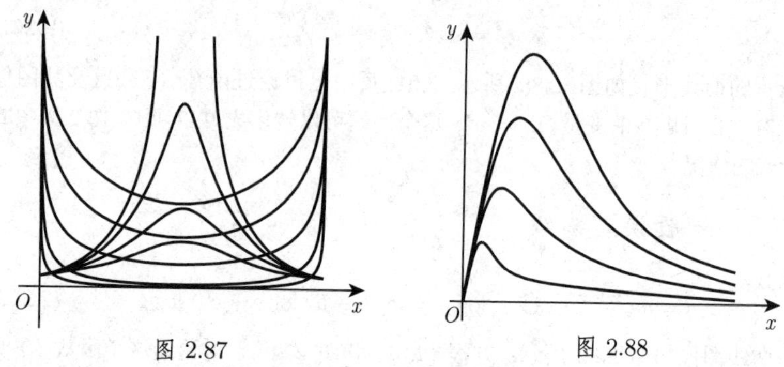

图 2.87 图 2.88

若引进新的变量 $Y = \frac{x}{y}$, 这个问题可以转化成 143 页 2.16.2.3 中二次多项式的情况.

2.16.2.9 第 I 类三次曲线

函数

$$y = a + \frac{b}{x} + \frac{c}{x^2} \tag{2.265}$$

的典型曲线形状如图 2.89 所示, 方程 (2.47) 和图 2.18 讨论过该函数 (参见第 86~87 页).

若引进新的变量 $X = \frac{1}{x}$, 这个问题可以转化成 143 页 2.16.2.3 中二次多项式的情况.

2.16.2.10 幂函数和指数函数的乘积

函数

$$y = ax^b e^{cx} \quad (c \neq 0) \tag{2.266a}$$

的典型曲线形状如图 2.90 所示, 方程 (2.62) 和图 2.31 讨论过该函数 (参见第 96~97 页).

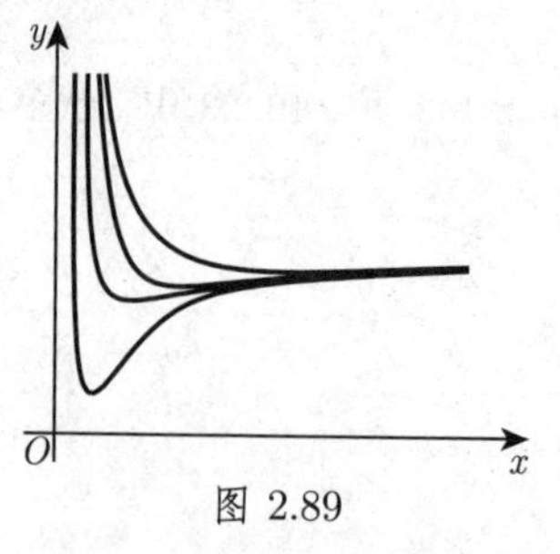

图 2.89

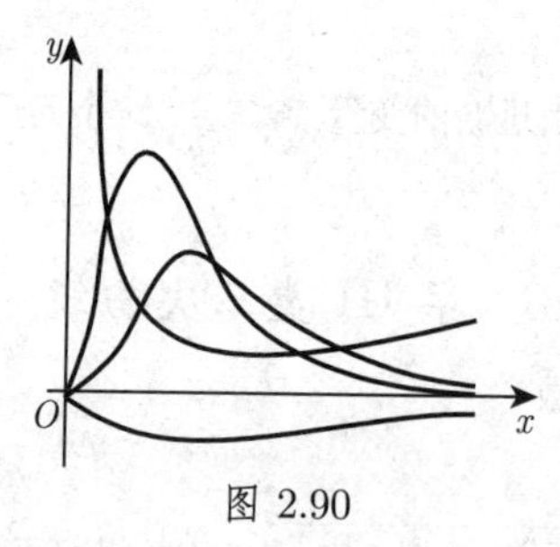

图 2.90

若 x 的经验值构成公差为 h 的等差数列, 可按

$$Y = \Delta \log y, \quad X = \Delta \log x: \quad Y = hc \log \mathrm{e} + bX \tag{2.266b}$$

做修正. 其中 $\Delta \log y$ 和 $\Delta \log x$ 分别表示两个相继的 $\log y$ 和 $\log x$ 之差. 若 x 的经验值构成公比为 q 的等比数列, 可按

$$X = x, \quad Y = \Delta \log y: \quad Y = b \log q + c(q-1) X \log \mathrm{e} \tag{2.266c}$$

做修正. b, c 确定之后, 可得到给定方程的对数, 并像 (2.259d) 那样计算出 $\log a$ 的值.

若 x 的值不构成等比数列, 但可选择由两个 x 的值构成的数对, 满足它们的商为常数 q, 则作代换 $Y = \Delta_1 \log y$ 后可按 x 的值为等比数列的修正方法进行修正. 其中 $\Delta_1 \log y$ 表示商为常数 q 的两个 x 值所对应的两个 $\log y$ 的差 (参见第 148 页 2.16.2.12).

2.16.2.11 指数和

指数和

$$y = a\mathrm{e}^{bx} + c\mathrm{e}^{dx} \tag{2.267a}$$

的典型曲线形状如图 2.91 所示. 方程 (2.60) 和图 2.29 讨论过该函数 (参见第 94~95 页).

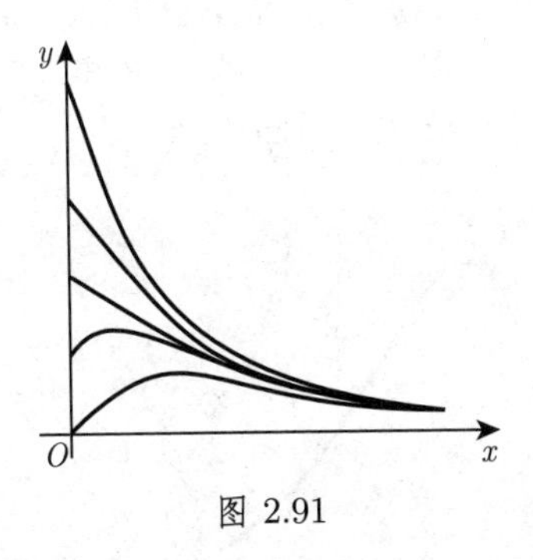

图 2.91

若 x 的值构成公差为 h 的等差数列, y, y_1, y_2 为已知函数的任意三个连续的值, 则可做如下修正

$$Y = \frac{y_2}{y}, \quad X = \frac{y_1}{y}: \quad Y = (\mathrm{e}^{bh} + \mathrm{e}^{dh}) X - \mathrm{e}^{bh}\mathrm{e}^{dh}. \tag{2.267b}$$

b, d 确定之后, 利用

$$\overline{Y} = y\mathrm{e}^{-dx}, \quad \overline{X} = \mathrm{e}^{(b-d)x}: \quad \overline{Y} = a\overline{X} + c \tag{2.267c}$$

可再次进行修正.

2.16.2.12 数值算例

根据表 2.9 中给定的 x, y 值, 求一个用以描述 x, y 之间关系的经验公式.

表 2.9 经验函数关系的近似确定

x	y	$\frac{x}{y}$	$\Delta\frac{x}{y}$	$\lg x$	$\lg y$	$\Delta\lg x$	$\Delta\lg y$	$\Delta_1\lg y$	y_{err}
0.1	1.78	0.056	0.007	−1.000	0.250	0.301	0.252	0.252	1.78
0.2	3.18	0.063	0.031	−0.699	0.502	0.176	+0.002	−0.097	3.15
0.3	3.19	0.094	0.063	−0.523	0.504	0.125	−0.099	−0.447	3.16
0.4	2.54	0.157	0.125	−0.398	0.405	0.097	−0.157	−0.803	2.52
0.5	1.77	0.282	0.244	−0.301	0.248	0.079	−0.191	−1.134	1.76
0.6	1.14	0.526	0.488	−0.222	0.057	0.067	−0.218	−1.455	1.14
0.7	0.69	1.014	0.986	−0.155	−0.161	0.058	−0.237	−	0.70
0.8	0.40	2.000	1.913	−0.097	−0.398	0.051	−0.240	−	0.41
0.9	0.23	3.913	3.78	−0.046	−0.638	0.046	−0.248	−	0.23
1.0	0.13	7.69	8.02	0.000	−0.886	0.041	−0.269	−	0.13
1.1	0.07	15.71	14.29	0.041	−1.155	0.038	−0.243	−	0.07
1.2	0.04	30.0	−	0.079	−1.398	−	−	−	0.04

选择近似函数 首先画出由这些给定的数据所表示的图像 (图 2.92), 通过把该图像与前面讨论的曲线进行对比, 可以看到图 2.88 和图 2.90 中曲线所刻画的函数 (2.264) 或 (2.266a) 符合目前研究的这种类型.

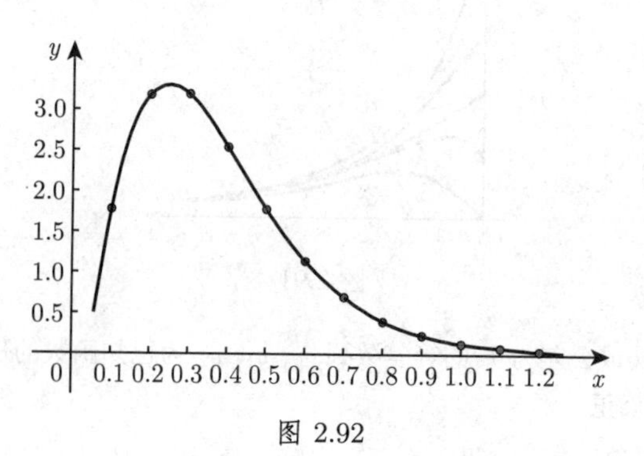

图 2.92

确定参数 利用公式 (2.264) 做修正 $\Delta\frac{x}{y}$ 和 x, 但计算显示 x 和 $\Delta\frac{x}{y}$ 之间的关系并不是线性的, 为此要说明公式 (2.266a) 是否适合. 在图 2.93 中, 对 $h = 0.1$ 时描出 $\Delta\lg x$ 和 $\Delta\lg y$ 的关系图, 也可在图 2.94 中对 $q = 2$ 描出 $\Delta_1\lg y$ 和 x 的关系图, 可发现在这两种情况下的点都与直线足够吻合, 因此可以选择公式 $y = ax^b e^{cx}$.

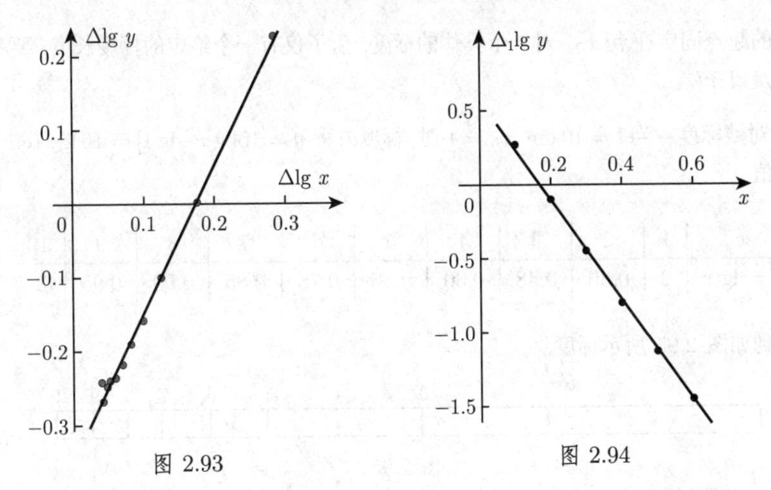

图 2.93　　图 2.94

为了确定常数 a, b, c, 要利用平均值法考察 x 和 $\Delta_1 \log y$ 间的线性关系, 在每三个方程构成的方程组中增加条件方程 $\Delta_1 \log y = b\log 2 + cx\log \mathrm{e}$, 有

$$-0.292 = 0.903b + 0.2606c, \quad -3.392 = 0.903b + 0.6514c,$$

由此得到 $b = 1.966, c = -7.932$. 为了确定 a, 要增加形如 $\log y = \log a + b\log x + c\log \mathrm{e} \cdot x$ 的方程, 有 $-2.670 = 12\log a - 6.529 - 26.87$, 因此 $\log a = 2.561$, 故 $a = 364$. 利用公式 $y = 364x^{1.966}\mathrm{e}^{-7.032x}$ 可计算出 y 的值, 如表 2.9 最后一列所示, 记为 y_{err}, 表示 y 的近似值. 误差的平方和为 0.0024.

由经过修正所确定的参数作为非线性最小二乘问题 (参见第 1282 页 19.6.2.4) 迭代解的初始值

$$\sum_{i=1}^{12}[y_i - ax_i^b\mathrm{e}^{cx_i}]^2 = \min$$

得到 $a = 396.601986, b = 1.998098, c = -8.0000916$, 误差的平方和为 0.0000916.

2.17 标度与坐标纸

2.17.1 标度

标度的基是一个函数 $y = f(x)$, 其目标是从这个函数构造出一个标度, 满足在如直线等曲线上, 能够把函数值 y 像自变量 x 一样描出来. 标度可看作数表的一维表示形式.

函数 $y = f(x)$标度方程为

$$y = l[f(x) - f(x_0)], \tag{2.268}$$

标度的起点固定在点 x_0. 对一个具体的标度, 为了仅有一个给定的标度长度, 要考虑标度因子l.

■ **A 对数标度** 当 $l = 10$ cm, $x_0 = 1$ 时, 标度方程 $y = 10[\lg x - \lg 1] = 10\lg x(\text{cm})$, 由表值

x	1	2	3	4	5	6	7	8	9	10
$y = \lg x$	0	0.30	0.48	0.60	0.70	0.78	0.85	0.90	0.95	1

可得到如图 2.95 所示标度.

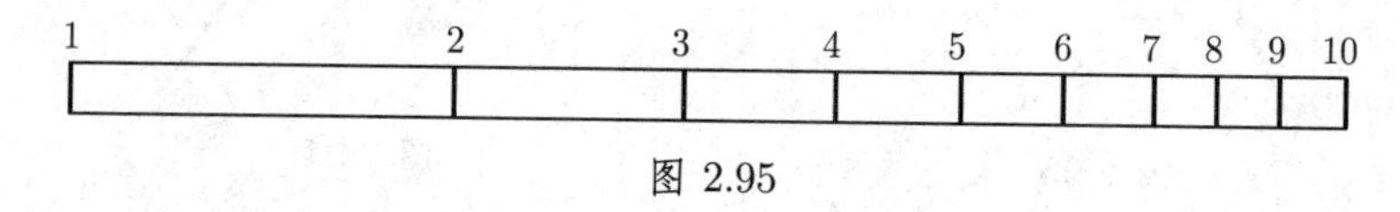

图 2.95

■ **B 滑尺** 从历史看, 滑尺是对数标度中最重要的应用. 例如, 利用两个同样的能沿彼此相互移动的标准对数标度, 可以进行乘法和除法运算.

由图 2.96 可看出: $y_3 = y_1 + y_2$, 即 $\lg x_3 = \lg x_1 + \lg x_2 = \lg x_1x_2$, 因此 $x_3 = x_1 \cdot x_2$; $y_1 = y_3 - y_2$, 即 $\lg x_1 = \lg x_3 - \lg x_2 = \lg \dfrac{x_3}{x_2}$, 因此 $x_1 = \dfrac{x_3}{x_2}$.

■ **C** 一圆锥形漏斗的侧面上的**体积标度** 为了能够读出漏斗内部的体积, 在漏斗上刻有标度. 漏斗的高 $H = 15$ cm, 上面直径 $D = 10$ cm.

图 2.97(a) 给出的标度方程如下: 体积 $V = \dfrac{1}{3}r^2\pi h$, 边心距 $s = \sqrt{h^2 + r^2}$, $\tan\alpha = \dfrac{r}{h} = \dfrac{D/2}{H} = \dfrac{1}{3}$. 由此 $h = 3r, s = r\sqrt{10}$, $V = \dfrac{\pi}{(\sqrt{10})^3}$, 故标度方程为 $s = \dfrac{\sqrt{10}}{\sqrt[3]{\pi}}\sqrt[3]{V} \approx 2.16\sqrt[3]{V}$. 下表包含了图示中漏斗的标准刻度:

V	0	50	100	150	200	250	300	350
s	0	7.96	10.03	11.48	12.63	13.61	14.46	15.22

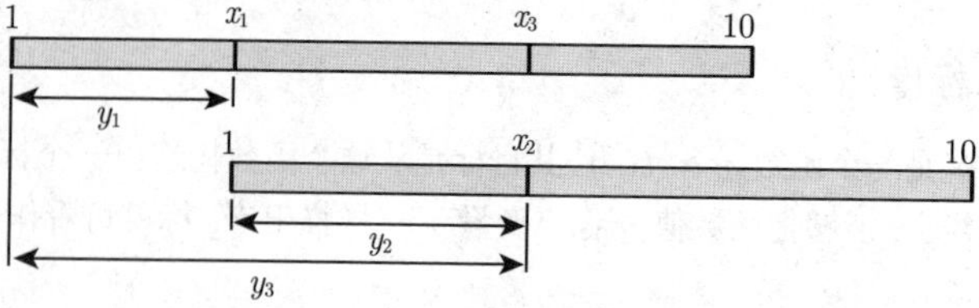

图 2.96

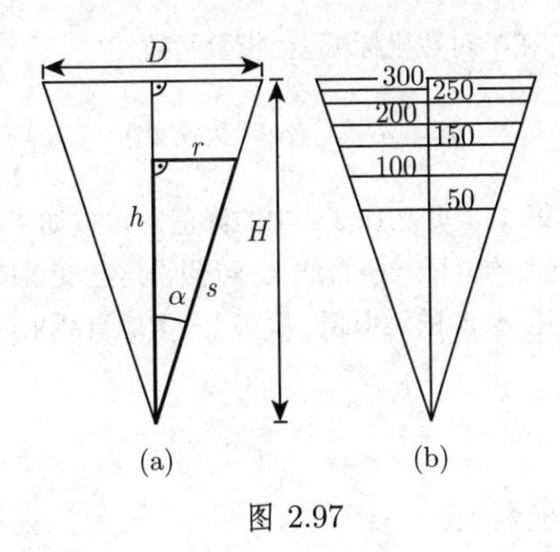

图 2.97

2.17.2 坐标纸

最常用的坐标纸是通过把直角坐标系的坐标轴用标度方程

$$x = l_1[g(u) - g(u_0)], \quad y = l_2[f(v) - f(v_0)] \tag{2.269}$$

标准化后得到的. 其中 l_1, l_2 为标度因子, u_0, v_0 为标度的初始点.

2.17.2.1 半对数坐标纸

若对 x 轴进行等距划分, 对 y 轴进行对数划分, 就得到半对数坐标纸或半对数坐标系.

标度方程

$$x = l_1[u - u_0] \quad (\text{线性标度}), \quad y = l_2[\lg v - \lg v_0] \quad (\text{对数标度}). \tag{2.270}$$

图 2.98 是半对数坐标纸的一个例子.

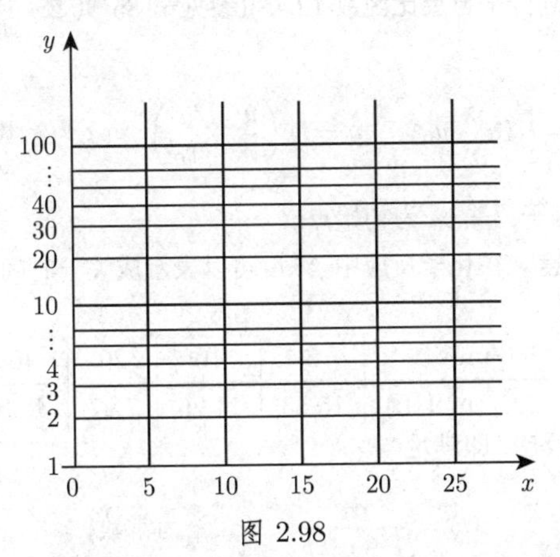

图 2.98

指数函数的表示 在半对数坐标纸上, 指数函数

$$y = \alpha \mathrm{e}^{\beta x} \quad (\alpha, \beta \text{ 为常数}) \tag{2.271a}$$

的图像为一直线 (参见第 143 页 2.16.2.2 中的修正). 可按如下方法利用该性质: 若半对数坐标纸上的测点大约位于一条直线上, 可假设这些变量的关系满足 (2.271a). 借助此直线, 可目测确定 α, β 的近似值. 事实上, 考虑直线上的两点 $P_1(x_1, y_1)$ 和 $P_2(x_2, y_2)$, 可得

$$\beta = \frac{\ln y_2 - \ln y_1}{x_2 - x_1}, \quad \alpha = y_1 \mathrm{e}^{\beta x_1}. \tag{2.271b}$$

2.17.2.2 双对数坐标纸

若直角坐标系的坐标轴 x 轴和 y 轴都是经过对数函数标准化后得到的, 则称之为*双对数坐标纸*、*重对数坐标纸*或*双对数坐标系*.

标度方程

$$x = l_1[\lg u - \lg u_0], \quad y = l_2[\lg v - \lg v_0], \tag{2.272}$$

其中 l_1, l_2 为标度因子, u_0, v_0 为初始点.

幂函数的表示 (参见第 91 页 2.5.3) 双对数坐标纸与半对数坐标纸方法类似, 只不过其 x 轴也进行的是对数划分. 在此坐标系中, 幂函数

$$y = \alpha x^{\beta} \quad (\alpha, \beta \text{ 为常数}) \tag{2.273}$$

的图像为一直线 (参见第 142 页 2.16.2.1 中幂函数的修正). 这一性质的使用方法与半对数坐标纸中的类似.

2.17.2.3 倒数标度的坐标纸

坐标轴的标度划分来自反比函数 (2.45)(参见第 85 页 2.4.1).

标度方程

$$x = l_1(u - u_0), \quad y = l_2\left(\frac{a}{v} - \frac{a}{v_0}\right) \quad (a \text{ 为常数}), \tag{2.274}$$

其中 l_1, l_2 为标度因子, u_0, v_0 为初始点.

■ **化学反应中的浓度** 在化学反应中, 浓度可以表示成关于时间 t 的函数 $c = c(t)$, 对 c, 有如下结果:

t/min	5	10	20	40
$c \cdot 10^3$/(mol/L)	15.53	11.26	7.27	4.25

假设该反应为二级反应, 即满足

$$c(t) = \frac{c_0}{1 + c_0 kt} \quad (c_0, k \text{ 为常数}), \tag{2.275}$$

两边取倒数, 得 $\frac{1}{c}=\frac{1}{c_0}+kt$. 故此, 若坐标纸选择对 y 轴作倒数划分, x 轴作线性划分, 则方程 (2.275) 表示一条直线. 如 y 轴的标度方程 $y=10\cdot\frac{1}{v}\text{cm}$.

由相应的图 2.99, 显然测点大约位于一条直线上, 即可认为假设的关系 (2.275) 成立.

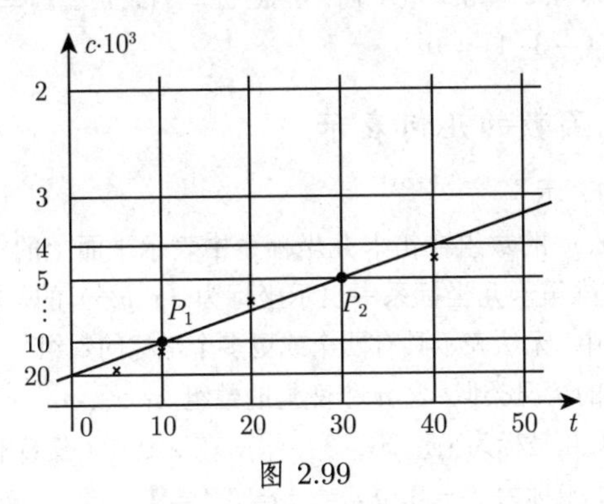

图 2.99

通过这些点, 能确定参数 k (反应速率) 和 c_0(初始浓度) 的近似值. 如若选取两点 $P_1(10,10)$ 和 $P_2(30,5)$, 有

$$k=\frac{1/c_1-1/c_2}{t_2-t_1}\approx 0.005,\quad c_0\approx 20\cdot 10^{-3}.$$

2.17.2.4 注

还有绘制和使用坐标纸的其他方法. 尽管当今每天仅凭实验室中得到的几个数据, 高速计算机便能分析出经验数据和测量结果, 但是坐标纸仍是用以说明函数关系和近似参数值最常用的方法, 而这些近似参数值正是采用数值方法所必须的初始值 (参见第 1282 页 19.6.2.4 中的非线性最小二乘法).

2.18 多元函数

2.18.1 定义及其表示

2.18.1.1 多元函数的表示

设函数 u 含有 n个独立的变元 $x_1,x_2,\cdots,x_n$, 若对于任意一组给定的值, u 都有唯一确定的值与之对应, 则称 u 为 n 元函数. 根据变量的个数, 如两个、三个或 n 个, 可以写成

$$u=f(x,y),\quad u=f(x,y,z),\quad u=f(x_1,x_2,\cdots,x_n). \tag{2.276}$$

赋予这 n 个独立变量值后, 得到一个变量数组, 它可看成 n维空间中的一个点. 单个的独立变量称为自变量; 有时整个 n 元数组也称为函数的自变量.

函数值举例:

■ **A:** 当 $x=2, y=3$ 时, 函数 $u=f(x,y)=xy^2$ 的值 $f(2,3)=2\cdot 3^2=18$.

■ **B:** 当 $x=3, y=4, z=3, t=1$ 时, 函数 $u=f(x,y,z,t)=x\ln(y-zt)$ 的值 $f(3,4,3,1)=3\ln(4-3\cdot 1)=0$.

2.18.1.2 多元函数的几何表示

1. 变量数组的表示

两个自变量 x, y 的数组在笛卡儿坐标系中表示平面上的一点; 三个自变量 x, y, z 的数组在三维笛卡儿坐标系中表示坐标为 (x,y,z) 的一点. 显然, 在我们所理解的三维空间中, 无法表示具有四个或更多个坐标的数组.

与三维空间中的情况类似, 含 n 个变量的数组 $x_1, x_2, \cdots, x_n$ 可以看成 n 维空间中的一点, 其笛卡儿坐标为 $(x_1, x_2, \cdots, x_n)$. 在 2.18.1.1 例**B**中, 4 个变量定义了四维空间中的一点, 坐标为 $x=3$, $y=4$, $z=3, t=1$.

2. 二元函数 $u=f(x,y)$ 的表示

a) 与一元函数的图示类似, 含两个独立变量的函数可用三维空间的一曲面来表示 (图 2.100, 也可参见第 350 页 3.6.3.1). 把定义域中自变量的值作为笛卡儿坐标系中点的前两个坐标, 函数值 $u=f(x,y)$ 作为第三个坐标, 这些点就构成了三维空间中的一个曲面.

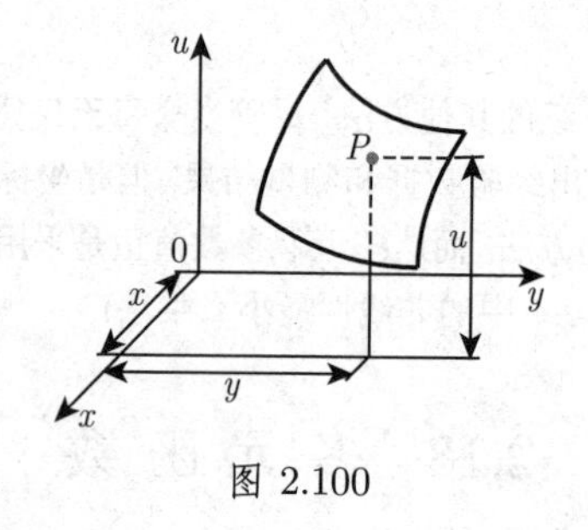

图 2.100

函数曲面举例:

■ **A:** $u=1-\dfrac{x}{2}-\dfrac{y}{3}$ 表示一平面 (图 2.101(a), 也可参见第 293 页 3.5.3.10).

■ **B:** $u=\dfrac{x^2}{2}+\dfrac{y^2}{4}$ 表示一椭圆抛物面 (图 2.101(b), 也可参见第 303 页 3.5.3.13,5.).

■ **C:** $u=\sqrt{16-x^2-y^2}$ 表示一半径 $r=4$ 的半球面 (图 2.101(c)).

b) 利用平行于坐标面的平面与曲面 $u=f(x,y)$ 相截得到的交线, 可以描绘出函数 $u=f(x,y)$ 表示的曲面形状. 交线 u 等于常数称为等高线.

■ 在图 2.101(b), (c) 中等高线分别为椭圆和同心圆 (没有在图示中标明).

注 在三维空间中无法表示三元或更多变元的函数. 与三维空间中的曲面类似, 在 n 维空间中使用**超曲面**的概念.

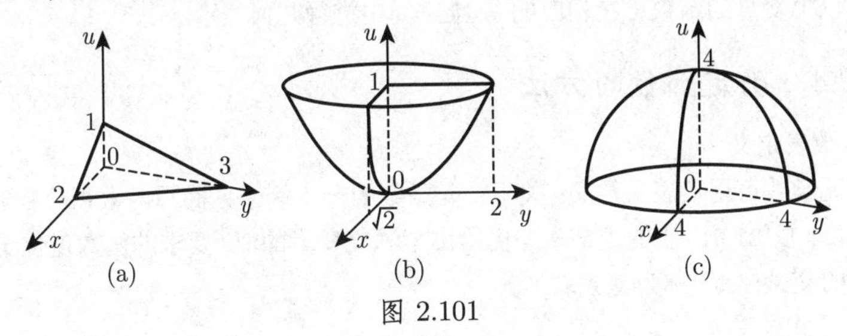

图 2.101

2.18.2 平面中的不同区域

2.18.2.1 函数的定义域

函数的定义域是数组或点的集合, 依函数自变量的取值而定. 按这种方式定义的定义域可大不相同, 通常它们为点的有界或无界连通集. 根据边界是否属于定义域, 定义域分为闭集或开集. 开的连通点集称为**区域**. 若边界属于定义域, 则称之为**闭区域**, 若不属于定义域, 有时称为**开区域**.

2.18.2.2 二维区域

图 2.102 给出了含两个变量的连通点集的最简单情况. 阴影部分表示的是区域; 在图中闭区域即包含边界的区域, 其边界用实线表示; 开区域的边界用虚线表示. 包含全平面在内, 图 2.102 中仅有**单连通区域**.

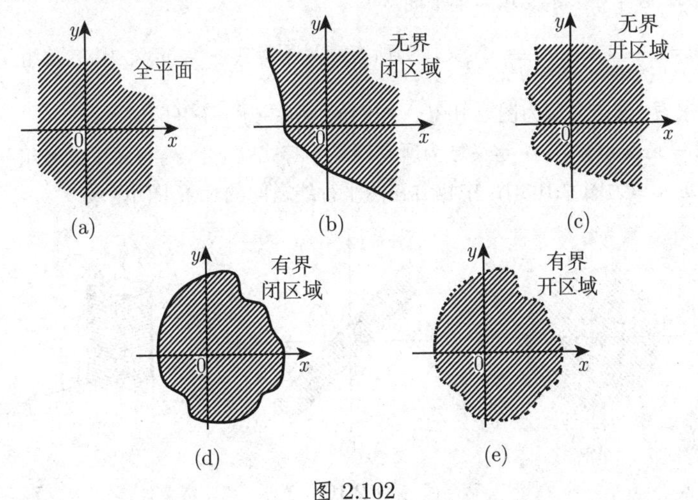

图 2.102

2.18.2.3 三维或多维区域

对三维或多维区域的处理方法与二维类似, 也分为单连通区域和多连通区域. 含三个以上变量的函数可在相应的 n 维空间中进行几何表示.

2.18.2.4 确定函数的方法

1. 数表定义

多元函数可用数表来定义. 关于二元函数的一个例子见椭圆函数积分数表 (参见第 1424 页 21.9). 表的顶部和左侧给出了独立变量的值, 要求的函数值位于相应行和列的交叉位置, 称为*复式表*.

2. 公式定义

多元函数可用一个或多个公式来定义.

■ **A:** $u = xy^2$.

■ **B:** $u = x\ln(y - zt)$.

■ **C:** $u = \begin{cases} x+y, & x \geqslant 0, y \geqslant 0, \\ x-y, & x \geqslant 0, y < 0, \\ -x+y, & x < 0, y \geqslant 0, \\ -x-y, & x < 0, y < 0. \end{cases}$

3. 由公式给出的函数的定义域

在分析中, 大部分这样的函数可由公式来定义, 函数的定义域则为使解析表达式有意义, 即使得解析表达式取得唯一、有限实值的所有数组的并.

定义域举例:

■ **A:** $u = x^2 + y^2$: 定义域为全平面.

■ **B:** $u = \dfrac{1}{\sqrt{16 - x^2 - y^2}}$: 定义域为所有满足不等式 $x^2 + y^2 < 16$ 的数组 x, y. 从几何上来看, 该定义域为图 2.103(a) 中圆的内部, 为一个开区域.

■ **C:** $u = \arcsin(x + y)$: 定义域为所有满足不等式 $-1 \leqslant x + y \leqslant 1$ 的数组 x, y, 即函数的定义域为图 2.103(b) 中包含在两平行线之间的长条形闭区域.

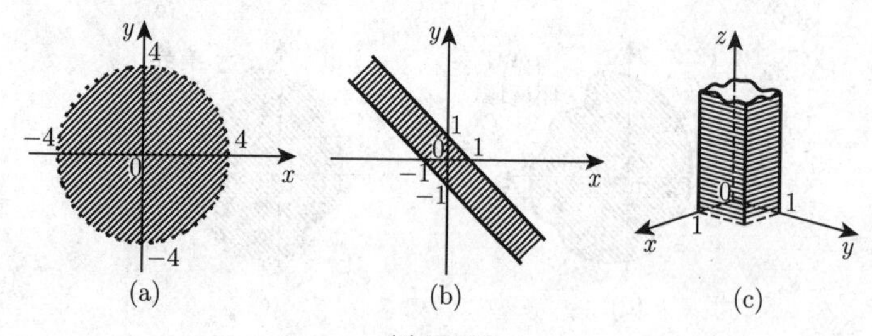

图 2.103

■ **D:** $u=\arcsin(2x-1)+\sqrt{1-y^2}+\sqrt{y}+\ln z$: 定义域为所有满足不等式 $0\leqslant x\leqslant 1$, $0\leqslant y\leqslant 1$, $z>0$ 的数组 x,y,z, 即函数的定义域由位于图 2.103(c) 中边长为 1 的正方形上方的所有三维点 x,y,z 构成.

若一点或一有界单连通点集从平面某部分的内部消失, 如图 2.104 所示, 则称之为**双连通区域**; 图 2.105 表示**多连通区域**; 图 2.106 为**非连通区域**.

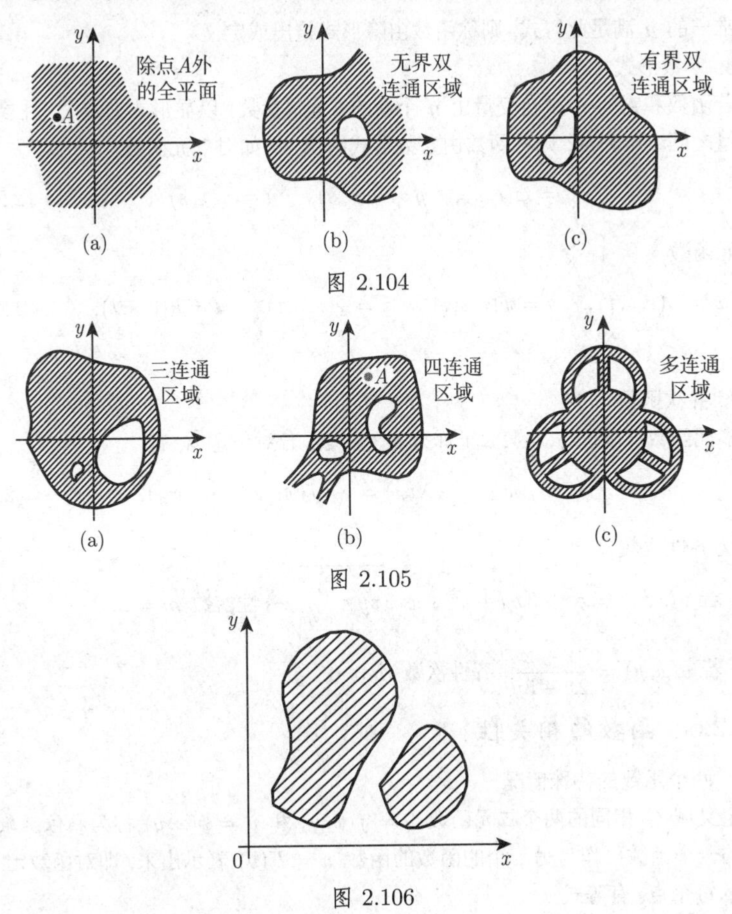

图 2.104

图 2.105

图 2.106

2.18.2.5 函数解析表示的各种形式

正如一元函数, 多元函数可以按不同的方式来定义.

1. 显形式

若函数值 (因变量) 由独立的变量来表示, 即

$$u=f(x_1,x_2,\cdots,x_n), \tag{2.277}$$

则称函数由显形式给出或定义.

2. 隐形式

若函数值与自变量的关系按如下方式给出:

$$F(x_1, x_2, \cdots, x_n, u) = 0\,, \tag{2.278}$$

且有唯一的 u 满足此等式, 则称函数由隐形式给出或定义.

3. 参数形式

若函数和它的 n 个自变量由 n 个新的变量 (参数) 以显形式来定义, 且参数和自变量之间一一对应, 则称函数由参数形式给出. 例如对二元函数,

$$x = \varphi(r, s)\,, \quad y = \psi(r, s)\,, \quad u = \chi(r, s)\,; \tag{2.279a}$$

对三元函数,

$$x = \varphi(r, s, t)\,, \quad y = \psi(r, s, t)\,, \quad z = \chi(r, s, t)\,, \quad u = \kappa(r, s, t); \tag{2.279b}$$

等等.

4. 齐次函数

多元函数 $f(x_1, x_2, \cdots, x_n)$ 称为**齐次函数**, 若对任意 λ, 有

$$f(\lambda x_1, \lambda x_2, \cdots, \lambda x_n) = \lambda^m f(x_1, x_2, \cdots, x_n), \tag{2.280}$$

m 称为齐性次数.

■ **A**: 若 $u(x, y) = x^2 - 3xy + y^2 + x\sqrt{xy + \dfrac{x^3}{y}}$, 齐性次数 $m = 2$.

■ **B**: 若 $u(x, y) = \dfrac{x + z}{2x - 3y}$, 齐性次数 $m = 0$.

2.18.2.6 函数的相关性

1. 两个函数的特殊情况

定义域 G 相同的两个二元函数 $u = f(x, y)$ 和 $v = \varphi(x, y)$ 称为**相依函数**, 若其中的一个函数可作为另一个的函数的函数 $u = F(v)$ 表示出来, 即对函数定义域 G 中的每个点, 有等式

$$f(x, y) = F(\varphi(x, y)) \quad 或 \quad \Phi(f, \varphi) = 0 \tag{2.281}$$

成立. 若不存在这样的函数 $F(\varphi)$ 或 $\Phi(f, \varphi)$, 则称它们为**独立函数**.

■ $u(x, y) = (x^2 + y^2)^2$, $v = \sqrt{x^2 + y^2}$ 的定义域为 $x^2 + y^2 \geqslant 0$, 即全平面, 因为 $u = v^4$, 所以二者为相依函数.

2. 多个函数的一般情况

与两个函数的情况类似, 具有相同定义域 G 的 m 个 n 元 $x_1, x_2, \cdots, x_n$ 函数 $u_1, u_2, \cdots, u_m$ 称为相依函数, 若其中一个函数可作为其他函数的函数表示出来, 即对函数定义域 G 中的每个点, 有等式

$$u_i = f(u_1, u_2, \cdots, u_{i-1}, u_{i+1}, \ldots, u_m) \quad \text{或} \quad \Phi(u_1, u_2, \cdots, u_m) = 0 \tag{2.282}$$

成立. 若不存在这样的函数关系, 则称它们为独立函数.

■ 函数

$$u = x_1 + x_2 + \cdots + x_n, \quad v = {x_1}^2 + {x_2}^2 + \cdots + {x_n}^2,$$
$$w = x_1x_2 + x_1x_3 + \cdots + x_1x_n + x_2x_3 + \cdots + x_{n-1}x_n$$

为相依函数, 这是因为 $v = u^2 - 2w$ 成立.

3. 独立的解析条件

假设下面的每个偏导数都存在. 若两个函数 $u = f(x, y), v = \varphi(x, y)$ 的函数行列式或雅可比行列式不恒等于零, 则它们独立. n 个 n 元函数 $u_1 = f_1(x_1, \cdots, x_n)$, $\cdots, u_n = f_n(x_1, \cdots, x_n)$ 的独立性与之类似.

若函数 u_1, u_2, $\cdots$, u_m 的个数 m 少于变量 $x_1, x_2, \cdots, x_n$ 的个数, 且矩阵 (2.283c) 中至少有一个 m 阶子式不为零, 则函数 $u_1, u_2, \cdots, u_m$ 独立. 独立函数的个数等于矩阵 (2.283c) 的秩 r (参见第 367 页 4.1.4,7.), 这些独立函数的导数构成 r 阶非零行列式的元素. 若 $m > n$, 则给定的 m 个函数中最多有 n 个独立.

$$\begin{vmatrix} \dfrac{\partial f}{\partial x} & \dfrac{\partial f}{\partial y} \\ \dfrac{\partial \varphi}{\partial x} & \dfrac{\partial \varphi}{\partial y} \end{vmatrix}, \quad \text{简记为} \quad \frac{D(f, \varphi)}{D(x, y)} \quad \text{或} \quad \frac{D(u, v)}{D(x, y)}, \tag{2.283a}$$

$$\begin{vmatrix} \dfrac{\partial f_1}{\partial x_1} & \dfrac{\partial f_1}{\partial x_2} & \cdots & \dfrac{\partial f_1}{\partial x_n} \\ \dfrac{\partial f_2}{\partial x_1} & \dfrac{\partial f_2}{\partial x_2} & \cdots & \dfrac{\partial f_2}{\partial x_n} \\ \vdots & \vdots & & \vdots \\ \dfrac{\partial f_n}{\partial x_1} & \dfrac{\partial f_n}{\partial x_2} & \cdots & \dfrac{\partial f_n}{\partial x_n} \end{vmatrix} \equiv \frac{D(f_1, f_2, \cdots, f_n)}{D(x_1, x_2, \cdots, x_n)} \neq 0. \tag{2.283b}$$

$$\begin{pmatrix} \dfrac{\partial u_1}{\partial x_1} & \dfrac{\partial u_1}{\partial x_2} & \cdots & \dfrac{\partial u_1}{\partial x_n} \\ \dfrac{\partial u_2}{\partial x_1} & \dfrac{\partial u_2}{\partial x_2} & \cdots & \dfrac{\partial u_2}{\partial x_n} \\ \vdots & \vdots & & \vdots \\ \dfrac{\partial u_m}{\partial x_1} & \dfrac{\partial u_m}{\partial x_2} & \cdots & \dfrac{\partial u_m}{\partial x_n} \end{pmatrix}. \tag{2.283c}$$

2.18.3 极限

2.18.3.1 定义

若当 x, y 分别以任意方式趋近于 a, b 时, 二元函数 $u = f(x, y)$ 的值任意趋近于值 A, 则称函数 $u = f(x, y)$ 在 $x = a, y = b$ 处的极限为 A, 记为

$$\lim_{\substack{x \to a \\ y \to b}} f(x, y) = A. \tag{2.284}$$

函数可能在点 (a, b) 没定义, 或有定义但 $f(a, b) \neq A$.

2.18.3.2 精确定义

若对任意给定的正数 ε, 总存在正数 η, 使得对于正方形

$$|x - a| < \eta, \quad |y - b| < \eta \tag{2.285a}$$

内的每个点 (x, y)(参见图 2.107), 都有

$$|f(x, y) - A| < \varepsilon, \tag{2.285b}$$

则称二元函数 $u = f(x, y)$ 在点 (a, b) 处有极限

$$A = \lim_{\substack{x \to a \\ y \to b}} f(x, y). \tag{2.285c}$$

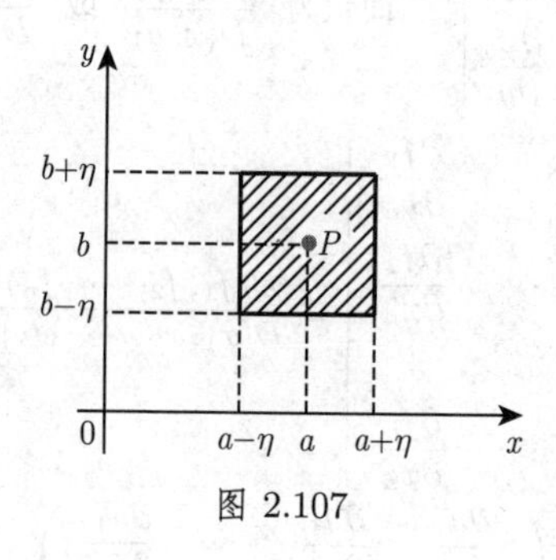

图 2.107

2.18.3.3 向多元函数的推广

a) 与二元函数类似, 可以定义多元函数极限的概念.

b) 把一元函数极限的判别方法进行推广, 可得多元函数极限的判别方法, 即化简成一个序列的极限或者利用柯西收敛条件 (参见第 69 页 2.1.4.3).

2.18.3.4 累次极限

若首先确定出二元函数 $f(x,y)$ 在 $x\to a, y$ 为常数时的极限, 再把它看成 y 的函数, 求 $y\to b$ 时的极限, 则最终结果

$$B=\lim_{y\to b}\left(\lim_{x\to a}f(x,y)\right) \tag{2.286a}$$

称为*累次极限*. 改变计算顺序通常会得到另一个极限

$$C=\lim_{x\to a}\left(\lim_{y\to b}f(x,y)\right). \tag{2.286b}$$

一般地, 即使两个极限都存在, 也有 $B\neq C$.

■ 当 $x\to 0, y\to 0$ 时, 函数 $f(x,y)=\dfrac{x^2-y^2+x^3+y^3}{x^2+y^2}$ 的累次极限 $B=-1, C=+1$.

注 若函数 $f(x,y)$ 的极限 $A=\lim\limits_{\substack{x\to a\\y\to b}}f(x,y)$, 且 B, C 均存在, 则 $B=C=A$. 由极限 A 的存在性不能得到极限 B, C 的存在性, 同样由极限 $B=C$ 也不能得到极限 A 的存在性.

2.18.4 连续性

二元函数 $f(x,y)$ 在 $x=a$, $y=b$, 即在点 (a,b) 处连续, 若

(1) (a,b) 属于函数的定义域;

(2) 当 $x\to a, y\to b$ 时, 极限存在且等于 (a,b) 处的函数值, 即

$$\lim_{\substack{x\to a\\y\to b}}f(x,y)=f(a,b), \tag{2.287}$$

否则函数在点 (a,b) 不连续. 若函数在一个连通区域上的每个点都有定义且连续, 则称它在整个区域上连续. 类似地, 可以定义二元以上函数的连续性.

2.18.5 连续函数的性质

2.18.5.1 波尔查诺零点定理

若函数 $f(x,y)$ 在一连通区域有定义且连续, 且对于定义域中的两点 (x_1,y_1), (x_2,y_2) 函数取值异号, 则在该定义域中至少存在一点 (x_3,y_3), 使得 $f(x,y)$ 在该点处等于 0, 即

$$\text{若 } f(x_1,y_1)>0, f(x_2,y_2)<0, \text{ 则 } f(x_3,y_3)=0. \tag{2.288}$$

2.18.5.2 介值定理

若函数 $f(x,y)$ 在一连通区域有定义且连续, 对于定义域中的两点 (x_1,y_1), (x_2,y_2) 函数取值分别为 $A=f(x_1,y_1)$ 和 $B=f(x_2,y_2)$, 且 $A\neq B$, 则对介于 A 与 B 之间的任意值 C, 都至少存在一点 (x_3,y_3), 满足

$$f(x_3,y_3)=C,\quad A<C<B \quad \text{或} \quad B<C<A. \tag{2.289}$$

2.18.5.3 函数的有界性定理

若函数 $f(x,y)$ 在一有界闭区域上连续, 则它在该区域有界, 即存在两个数 m 和 M, 使得对于该区域内的任意点 (x,y), 都有

$$m\leqslant f(x,y)\leqslant M. \tag{2.290}$$

2.18.5.4 魏尔斯特拉斯定理 (最值存在定理)

若函数 $f(x,y)$ 在一有界闭区域上连续, 则它在该区域上有最大值和最小值, 即存在一点 (x',y'), 满足定义域上的所有值 $f(x,y)$ 均小于等于 $f(x',y')$, 又存在一点 (x'',y''), 满足定义域上的所有值 $f(x,y)$ 均大于等于 $f(x'',y'')$, 即对定义域中的任意点 (x,y), 都有

$$f(x',y')\geqslant f(x,y)\geqslant f(x'',y''). \tag{2.291}$$

2.19 算 图 法

2.19.1 算图

算图是描述三个或更多个变量间的函数对应关系的图示. 由算图, 可以直接看出已知公式 (关键公式) 在定义域中各变量所对应的值. 最常见的算图是网络算图和贯线算图.

即使在计算机时代, 实验室还常常使用网络算图, 如用它们计算近似值或进行迭代时的初始推断.

2.19.2 网络算图

为了表示由方程

$$F(x,y,z)=0 \tag{2.292}$$

给出的各变量间的对应关系 (在很多情况下, 可直接表示成 $z=f(x,y)$), 可以把变量看成空间中的坐标. 方程 (2.292) 定义了一个曲面, 我们可以利用等高线在二维平面上将其直观化 (参见第 154 页 2.18.1.2). 每个变量都被赋予一族曲线, 这些曲线构成一个网: 平行于坐标轴的直线表示变量 x 和 y, 等高线族表示变量 z.

■ 欧姆定律 $U = R \cdot I$. 电压 U 可用依赖于两个变量的等高线表示, 若把 R 和 I 选为笛卡儿坐标, 则对任意常数, 方程 $U =$ 常数对应一条双曲线 (图 2.108). 通过图像, 能够看出每对 I, R 所对应的 U 的值, 每对 R,U 所对应的 I 的值, 以及每对 I,U 所对应的 R 的值. 当然, 上述研究范围仅限制在定义域, 即图 2.108 中的 $0 < R < 10$, $0 < I < 10$ 及 $0 < U < 100$ 范围内.

注 (1) 通过改变标度, 算图法也能用于其他区域, 例如, 若图 2.108 中的定义域变为 $0 < I < 1$, R 保持不变, 则 U 的双曲线变为 $\dfrac{U}{10}$.

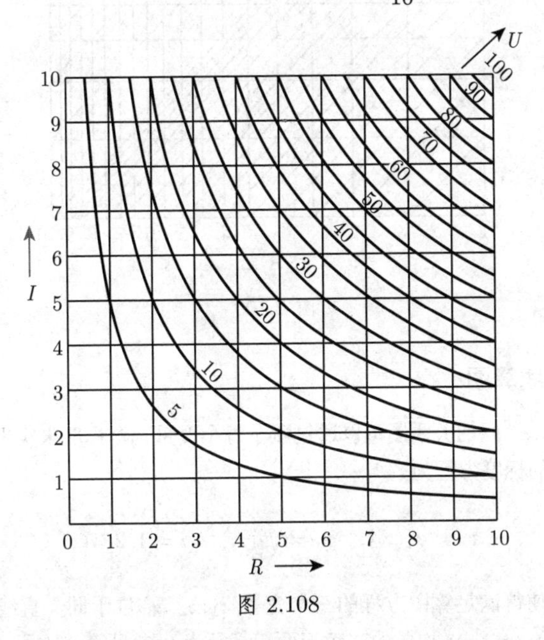

图 2.108

(2) 利用标度 (参见第 149 页 2.17.1) 有可能把复杂曲线的算图转换成直线算图. 如利用 x, y 的等分标度, 每个形如

$$x\varphi(z) + y\psi(z) + \chi(z) = 0 \tag{2.293}$$

的方程都能表示成由直线组成的算图. 若利用函数标度 $x = f(z_2), y = g(z_2)$, 对于变量 z_1, z_2, z_3, 形如

$$f(z_2)\varphi(z_1) + g(z_2)\psi(z_1) + \chi(z_1) = 0 \tag{2.294}$$

的方程能够表示为平行于坐标轴的两族曲线和任意一族直线.

■ 利用对数标度 (参见第 150 页 2.17.1) 可把欧姆定律表示成一直线算图. 对 $R \cdot I = U$ 取对数, 有 $\log R + \log I = \log U$. 令 $x = \log R$, $y = \log I$, 有 $x + y = \log U$, 即得到 (2.294) 的特殊形式. 图 2.109 给出了相应的算图.

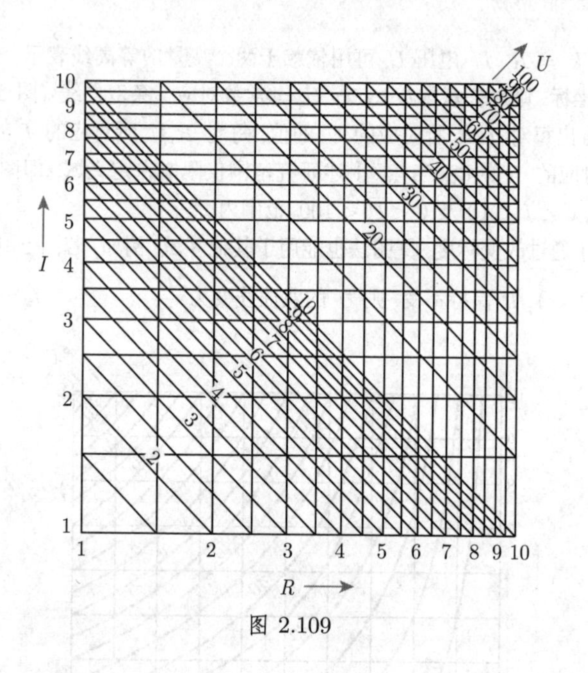

图 2.109

2.19.3 贯线算图

变量 z_1, z_2, z_3 间的关系图可以通过赋予每个变量一个标度来实现 (参见第 149 页 2.17.1). z_i 的标度方程为

$$x_i = \varphi_i(z_i), \quad y_i = \psi_i(z_i) \quad (i = 1, 2, 3), \tag{2.295}$$

函数 φ_i, ψ_i 应使得满足算图方程的三个变量 z_1, z_2, z_3 位于同一直线上. 为此, 点 $(x_1, y_1), (x_2, y_2), (x_3, y_3)$ 构成的三角形面积必须为 0(参见第 261 页 (3.301)), 即必有

$$\begin{vmatrix} x_1 & y_1 & 1 \\ x_2 & y_2 & 1 \\ x_3 & y_3 & 1 \end{vmatrix} = \begin{vmatrix} \varphi_1(z_1) & \psi_1(z_1) & 1 \\ \varphi_2(z_2) & \psi_2(z_2) & 1 \\ \varphi_3(z_3) & \psi_3(z_3) & 1 \end{vmatrix} = 0. \tag{2.296}$$

能够转化成形式 (2.296) 的三个变量 z_1, z_2, z_3 间任意两个的关系都可用贯线算图表示.

接下来给出 (2.296) 的一些重要特例.

2.19.3.1 过一点具有三个直线标度的贯线算图

若零点是具有三个标度 z_1, z_2, z_3 的直线的公共点, 因为过原点的直线方程为 $y = mx$, 则 (2.296) 的形式为

$$\begin{vmatrix} \varphi_1(z_1) & m_1\varphi_1(z_1) & 1 \\ \varphi_2(z_2) & m_2\varphi_2(z_2) & 1 \\ \varphi_3(z_3) & m_3\varphi_3(z_3) & 1 \end{vmatrix} = 0. \tag{2.297}$$

计算行列式 (2.297), 有

$$\frac{m_2 - m_3}{\varphi_1(z_1)} + \frac{m_3 - m_1}{\varphi_2(z_2)} + \frac{m_1 - m_2}{\varphi_3(z_3)} = 0 \tag{2.298a}$$

或

$$\frac{C_1}{\varphi_1(z_1)} + \frac{C_2}{\varphi_2(z_2)} + \frac{C_3}{\varphi_3(z_3)} = 0, \quad C_1 + C_2 + C_3 = 0\,, \tag{2.298b}$$

其中 C_1, C_2, C_3 为常数.

■ 方程 $\frac{1}{a} + \frac{1}{b} = \frac{2}{f}$ 是 (2.298b) 的一种特殊情况, 它在光学、电阻的并联等中是一种重要关系. 相应的贯线算图由 3 条标度相同的直线构成.

2.19.3.2 具有两平行倾斜直线标度和一条倾斜直线标度的贯线算图

其中第一个标度在 y 轴上, 第二个在与它距离为 d 的平行线上, 第三个标度在直线 $y = mx$ 上, 此时 (2.296) 具有形式

$$\begin{vmatrix} 0 & \psi_1(z_1) & 1 \\ d & \psi_2(z_2) & 1 \\ \varphi_3(z_3) & m\varphi_3(z_3) & 1 \end{vmatrix} = 0. \tag{2.299}$$

按第一列展开计算行列式, 得到

$$d(m\varphi_3(z_3) - \psi_1(z_1)) + \varphi_3(z_3)(\psi_1(z_1) - \psi_2(z_2)) = 0. \tag{2.300a}$$

因此

$$\psi_1(z_1)\,\frac{\varphi_3(z_3) - d}{\varphi_3(z_3)} - (\psi_2(z_2) - md) = 0 \text{ 或 } f(z_1)\cdot g(z_3) - h(z_2) = 0. \tag{2.300b}$$

有时为了使用方便, 引入形如

$$E_1 f(z_1)\frac{E_2}{E_1}g(z_3) - E_2 h(z_2) = 0 \tag{2.300c}$$

的分度标度 E_1, E_2, 则 $\varphi_3(z_3) = \dfrac{d}{1 - \dfrac{E_2}{E_1}g(z_3)}$. 可以选择 $E_2 : E_1$ 使之满足第三个标度接近或集中在某一点. 令 $m = 0$, 则 $E_2 h(z_2) = \psi_2(z_2)$, 且此时第三个标度

线穿过第一个和第二个标度的起点. 因此这两个标度必须被方向相反的标度划分取代, 而第三个标度位于二者之间.

■ xOy 面上一点的笛卡儿坐标 x, y 与极坐标中相应角度 φ 之间的关系为

$$y^2 = x^2 \tan^2 \varphi, \tag{2.301}$$

对应的算图如图 2.110 所示. x, y 的标度划分相同, 但方向相反. 为了与二者之间的第三个标度有更好的交点, 其初始点要经过适当的平移. 第三个标度与第一个或第二个标度的交点分别为记为 $\varphi = 0°$ 或 $\varphi = 90°$.

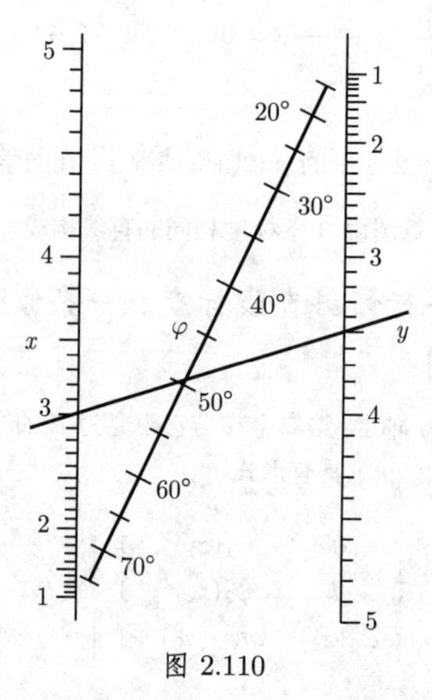

图 2.110

■ 例如, 当 $x = 3, y = 3.5$ 时, 有 $\varphi \approx 49.5°$.

2.19.3.3 具有两平行直线和一条曲线标度的贯线算图

其中一个直线标度在 y 轴, 另一个直线标度与它的距离为 d, 则方程 (2.296) 具有形式

$$\begin{vmatrix} 0 & \psi_1(z_1) & 1 \\ d & \psi_2(z_2) & 1 \\ \varphi_3(z_3) & \psi_3(z_3) & 1 \end{vmatrix} = 0. \tag{2.302}$$

因此

$$\psi_1(z_1) + \psi_2(z_2)\frac{\varphi_3(z_3)}{d - \varphi_3(z_3)} - d\frac{\psi_3(z_3)}{d - \varphi_3(z_3)} = 0. \tag{2.303a}$$

设第一个标度为 E_1, 第二个为 E_2, 则 (2.303a) 变为

$$E_1 f(z_1) + E_2 g(z_2)\frac{E_1}{E_2}h(z_3) + E_1 k(z_3) = 0, \tag{2.303b}$$

其中 $\psi_1(z_1)=E_1f(z_1)$, $\psi_2(z_2)=E_2g(z_2)$, 且

$$\varphi_3(z_3)=\frac{dE_1h(z_3)}{E_2+E_1h(z_3)},\quad \psi_3(z_3)=-\frac{E_1E_2k(z_3)}{E_2+E_1h(z_3)}. \tag{2.303c}$$

■ 简化的三次方程 $z^3+p^*z+q^*=0$ (参见 52 页 1.6.2.3) 的形式为 (2.303b). 经代换 $E_1=E_2=1, f(z_1)=q^*, g(z_2)=p^*, h(z_3)=z$ 后, 用来计算曲线标度坐标的公式为 $x=\varphi_3(z)=\dfrac{d\cdot z}{1+z}$ 和 $y=\psi_3(z)=-\dfrac{z^3}{1+z}$.

图 2.111 仅为 z 取正数时的曲线的标度, 若用 $-z$ 代替 z, 确定方程 $z^3+p^*z-q^*=0$ 的正根后, 可得到 z 的负值. 复根 $u+\mathrm{i}v$ 也可由算图确定出来. 实根总存在, 记为 z_1, 则复根的实部 $u=-\dfrac{z_1}{2}$, 虚部 v 可由方程 $3u^3-v^2+p^*=\dfrac{3}{4}z_1^2-v^2+p^*=0$ 得到.

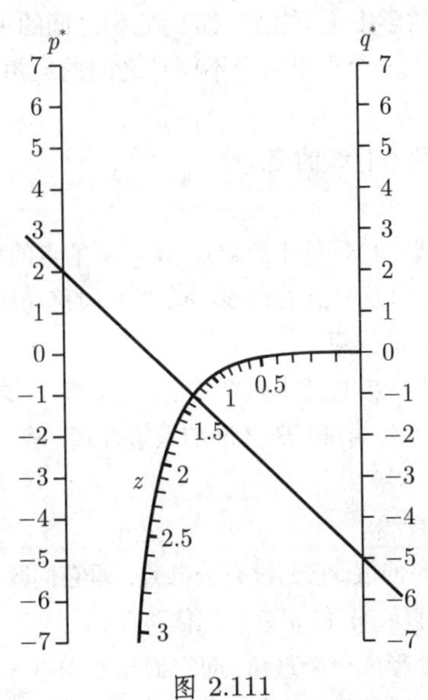

图 2.111

■ 例如, $y^3+2y-5=0$, 即 $p^*=2$, $q^*=-5$, 有 $z_1\approx 1.3$.

2.19.4 三个以上变量的网络算图

为了构造含三个以上变量公式的算图, 可以借助辅助变量, 将表达式分解成几个公式, 使得每个公式仅含三个变量. 其中, 每个辅助变量必须恰好包含在两个新的方程中. 所有的方程都用一个贯线算图来表示, 且共同的辅助变量具有相同的标度.

(胡俊美 译)

第3章 几 何 学

3.1 平面几何学

3.1.1 基本概念

3.1.1.1 点、直线、射线、线段

1. 点和直线

点和直线在今天的数学中是不加定义的. 它们之间的关系仅由公理确定. 直线的图形可以想象成平面上一个点沿两个不同点之间的最短路径不改变方向移动所形成的一条轨迹.

一个点可以理解成两条直线的交.

2. 射线和线段

一条射线是一条直线上恰好位于给定点 O 一侧的点的集合, 包括这一点 O. 一条射线可以想象成从 O 出发的点沿直线不改变方向移动所形成的一条轨迹, 就像是一条发出的不改变方向的光束.

一条线段$\overline{AB}$ 是位于一条直线上两个给定点 A 和 B 之间的点的集合, 包括点 A 和 B. 线段是平面上两点 A 和 B 之间的最短连接. 有向线段记作 $\overrightarrow{AB}$, 其方向开始于 A 终止于 B.

3. 平行直线和正交直线

平行直线沿相同方向伸展; 它们没有公共点, 即它们既不相互离开也不相互接近, 没有任何交点. 两条直线 g 和 g' 平行记作 $g//g'$.

正交直线在其相交处形成一个直角, 即它们相互垂直.

正交与平行是两条直线的相互位置.

3.1.1.2 角

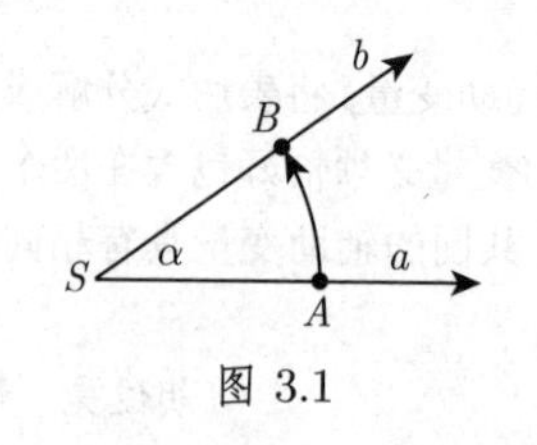

图 3.1

1. 角的概念

一个角由在同一点 S 发出的两条射线 a 和 b 定义, 使得它们通过旋转可以彼此变换到另一条 (图 3.1). 如果 A 是射线 a 上的一点, B 在射线 b 上, 则图 3.1 所给方向的角可以用符号记作 (a, b) 或 $\sphericalangle ASB$, 或用希腊字母标记.

点 S 称为顶点, 射线 a 和 b 称为角的边.

在数学中, 一个角称为正的或负的取决于是逆时针旋转还是顺时针旋转. 将角 $\sphericalangle ASB$与角 $\sphericalangle BSA$进行区分是重要的. 实际上, $\sphericalangle ASB = -\sphericalangle BSA$ ($0° \leqslant \sphericalangle ASB \leqslant 180°$) 或 $\sphericalangle ASB = 360° - \sphericalangle BSA$ ($180° \leqslant \sphericalangle ASB \leqslant 360°$).

评论 在大地测量学中, 旋转的正方向定义为顺时针方向 (参见第 192 页 3.2.2.1).

2. 角的名称

角依照它们的边的不同位置而具有不同的名称. 表 3.1 给出的名称用于区间 $0° \leqslant \alpha \leqslant 360°$ 中的角α (图 3.2).

表 3.1 以度和弧度给出的角的名称

角的名称	度	弧度	角的名称	度	弧度
周 (全) 角	$\alpha = 360°$	$\alpha = 2\pi$	直角	$\alpha = 90°$	$\alpha = \pi/2$
凸角	$\alpha > 180°$	$\pi < \alpha < 2\pi$	锐角	$0° < \alpha < 90°$	$0° < \alpha < \pi/2$
平角	$\alpha = 180°$	$\alpha = \pi$	钝角	$90° < \alpha < 180°$	$\pi/2 < \alpha < \pi$

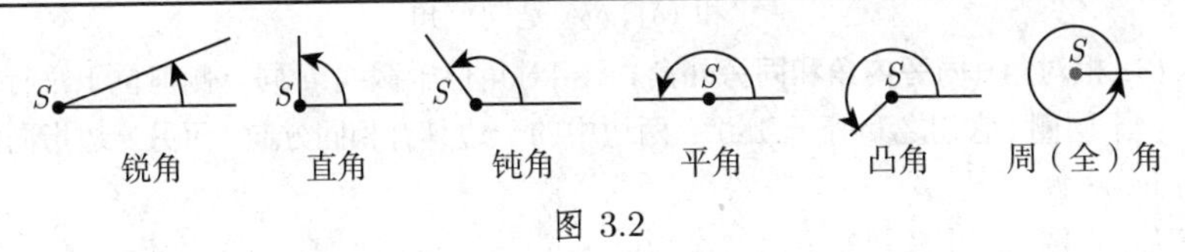

图 3.2

3.1.1.3 两条相交直线间的夹角

在两条直线 g_1, g_2 的交点处, 存在四个角$\alpha, \beta, \gamma, \delta$ (图 3.3). 可以区分出邻角、对顶角、余角和补角.

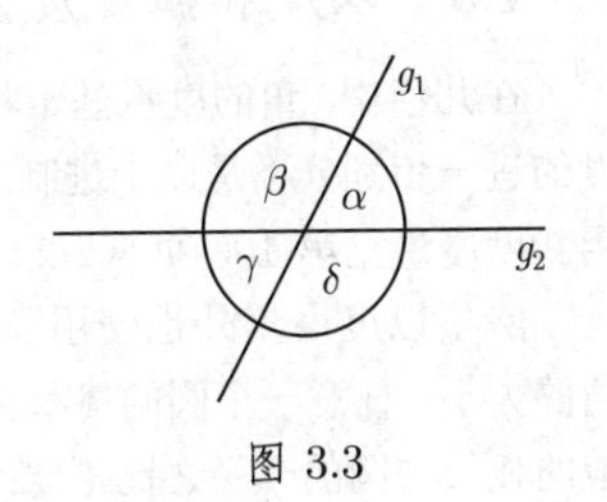

图 3.3

(1) **邻角** 邻角是在两条直线的交点处具有一个公共顶点 S 的相邻的角, 并且具有一条公共边; 两条非公共边位于同一直线上, 它们是由 S 发出的射线但方向相反, 因此邻角之和等于 180°.

■ 在图 3.3 中偶对 $(\alpha, \beta), (\beta,\gamma), (\gamma,\delta)$ 和 (α, δ) 是邻角.

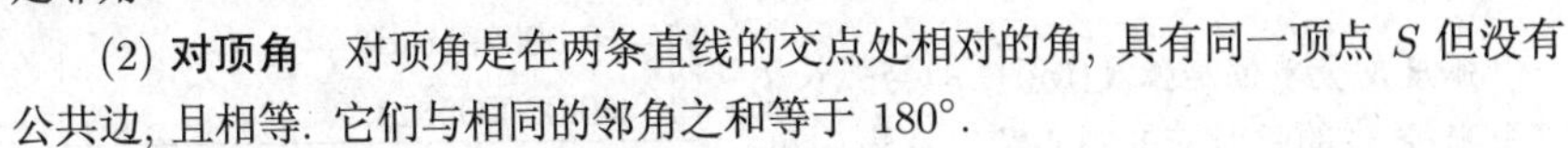

(2) **对顶角** 对顶角是在两条直线的交点处相对的角, 具有同一顶点 S 但没有公共边, 且相等. 它们与相同的邻角之和等于 180°.

■ 在图 3.3 中 (α, γ) 和 (β, δ) 是对顶角.

(3) **余角** 两角之和等于 90° 的角互为余角.

(4) **补角** 两角之和等于 180° 的角互为补角.

■ 在图 3.3 中角偶对 (α, β) 和 (γ,δ) 是补角.

3.1.1.4 截平行线所成的角偶对

用第三条直线 g 截两条平行直线 p_1, p_2 得到八个角 (图 3.4). 除具有同一顶点 S 的邻角和对顶角外, 还可以区分出具有不同顶点的交错角、同位角和相对角 (同旁内角和同旁外角).

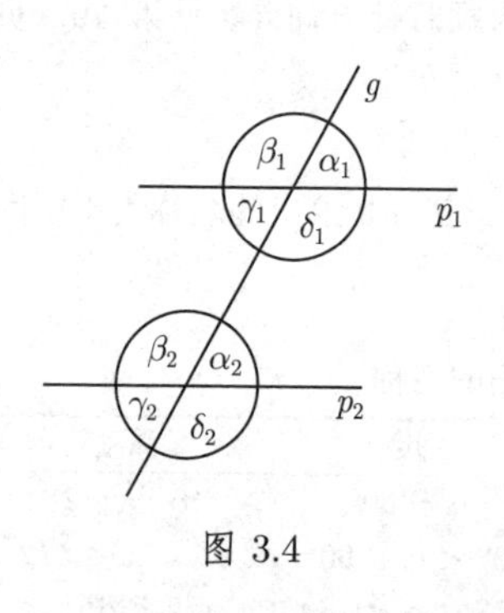

图 3.4

(1) **交错角和外错角** 交错角具有相同大小, 它们位于截线 g 和平行线 p_1, p_2 相对的两侧. 交错角的边双双指向相反的方向.

■ 例如, 在图 3.4 中 (α_1, γ_2), (β_1, δ_2), (γ_1, α_2), (δ_1, β_2) 是交错角. 其中前两对是外错角, 后两对是内错角.

(2) **同位角** 同位角具有相同大小, 它们位于截线 g 和平行线 p_1, p_2 相同一侧. 同位角的边双双指向同一方向.

■ 在图 3.4 中角偶对 (α_1, α_2), (β_1, β_2), (γ_1, γ_2) 和 (δ_1, δ_2) 是同位角.

(3) **相对角 (同旁内角和同旁外角)** 相对角位于截线 g 同一侧但位于平行线 p_1, p_2 不同侧. 它们之和等于 180°. 两边中的一边具有相同方向, 而另一边指向相反方向.

■ 例如, 在图 3.4 中角偶对 (α_1, δ_2), (β_1, γ_2), (γ_1, β_2) 和 (δ_1, α_2) 是相对角. 其中前两对是同旁外角, 后两对是同旁内角.

3.1.1.5 以度和弧度度量的角

在几何中, 角的度量基于将*全角*分成 360 等份或 360°(度). 这称为*以度度量*. 度的进一步划分不是以十进制, 而是以六十进制: $1^\circ = 60'$(分), $1' = 60''$(秒). 关于用新度度量见第 193 页 3.2.2.2 和下面的评论.

除了以度度量外也使用弧度定义一个角的大小. 任意一个圆的*圆心角* α 大小由对应的弧长与圆的半径之比给定:

$$\alpha = \frac{l}{r}. \tag{3.1}$$

弧度度量单位是弧度(rad), 即与弧长 l 等于半径 r 的弧对应的圆心角. 在表中可以找到近似的转换值.

1rad=57°17′44.8″=57.2958°,
1° =0.017453rad,
1′ =0.000291rad,
1″=0.000005rad.

如果角的度量是 α° 和 αrad, 则以下换算成立:

$$\alpha^\circ = \varrho\alpha = 180^\circ\frac{\alpha}{\pi}, \quad \alpha = \frac{\alpha^\circ}{\varrho} = \frac{\pi}{180^\circ}\alpha^\circ, \quad \text{其中} \quad \varrho = \frac{180^\circ}{\pi}. \tag{3.2}$$

特别地, 360°=2π, 180°=π, 90°=$\frac{\pi}{2}$, 270°=$\frac{3\pi}{2}$ 等等. 公式 (3.2) 涉及小数, 下面的例子则表明如何用分和秒进行计算.

■ **A:** 将以度给定的角转换成弧度:

$$52^\circ\, 37'\, 23'' = 52 \cdot 0.017453 + 37 \cdot 0.000291 + 23 \cdot 0.000005 = 0.918447 \text{ rad}\,.$$

■ **B:** 将以弧度给定的角转换成度

$$5.645 \,\text{rad} = 323 \cdot 0.017453 + 26 \cdot 0.000291 + 5 \cdot 0.000005 = 323^\circ\, 26'\, 05''\,.$$

该结果得自

$$5.645 : 0.017453 = 323 + 0.007611,$$
$$0.007611 : 0.000291 = 26 + 0.000025,$$
$$0.000025 : 0.000005 = 5.$$

如果从文中明显看出所涉及的数指的是角的弧度, 那么标记 rad 通常被省略.

评论 在大地测量学中, 一个全角被分成 400 等份, 称为新度. 这称为以*新度度量*. 一个直角是 100 新度 (gon), 一新度被划分成 100 新分 (mgon).

在计算器上, 标记 DEG 用于度, GRAD 用于新度, RAD 用于弧度. 关于不同度量之间的换算, 参见第 193 页表 3.5.

3.1.2 圆函数与双曲函数的几何定义

3.1.2.1 圆函数或三角函数的定义

1. 用单位圆定义

一个角α的三角函数是就半径 $R = 1$ 的单位圆和一个直角三角形的锐角 (图 3.5(a),(b)) 借助*邻边*b、*对边*a 和*斜边*c 来定义的. 在单位圆中一个角的度量由一条固定半径 $\overline{OA}$(长度 1) 和一条逆时针 (正向) 移动的半径 $\overline{OC}$ 做成:

$$\text{正弦} : \sin\alpha = \overline{BC} = \frac{a}{c}, \tag{3.3}$$

$$\text{余弦} : \cos\alpha = \overline{OB} = \frac{b}{c}, \tag{3.4}$$

$$\text{正切} : \tan\alpha = \overline{AD} = \frac{a}{b}, \tag{3.5}$$

$$\text{余切} : \cot\alpha = \overline{EF} = \frac{b}{a}, \tag{3.6}$$

$$\text{正割} : \sec\alpha = \overline{OD} = \frac{c}{b}, \tag{3.7}$$

$$\text{余割} : \csc\alpha = \overline{OF} = \frac{c}{a}. \tag{3.8}$$

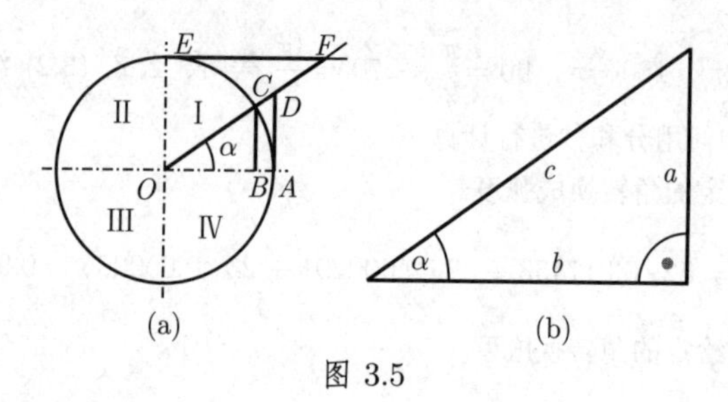

图 3.5

2. 三角函数的符号

依赖于移动的半径 $\overline{OC}$ 所在单位圆的象限 (图 3.5(a)), 这些函数具有唯一定义的符号, 它们可以从表 2.2(见第 101 页) 中确定.

3. 由扇形面积给出的三角函数定义

函数 $\sin\alpha$, $\cos\alpha$, $\tan\alpha$定义为 $R = 1$ 的单位圆的线段 $\overline{BC}, \overline{OB}, \overline{AD}$ (图 3.6), 其中自变量是圆心角$\alpha = \sphericalangle AOC$. 对于这个定义我们也可以使用扇形$COK$的面积 t, 它表示为图 3.6 中的阴影面积. 使用以弧度度量的圆心角 2α, 对于 $R = 1$ 我们得到其面积 $t = \frac{1}{2}R^2 2\alpha = \alpha$. 因此, 我们有如同在 (3.3)~(3.5) 中一样的等式 $\sin t=\overline{BC}$, $\cos t=\overline{OB}$, $\tan t=\overline{AD}$.

3.1.2.2　双曲函数的定义

为了与 (3.3)—(3.5) 中三角函数的定义作类比, 现以方程为 $x^2 - y^2 = 1$ 的双曲线 (仅使用图 3.7 中右边一支) 的相应弧三角形面积代替方程为 $x^2 + y^2 = 1$ 的单位圆的扇形面积. 用 t 表示 COK 的面积, 即图 3.7 中的阴影面积, 双曲函数的定义等式为

$$\sinh t = \overline{BC}, \tag{3.9}$$

$$\cosh t = \overline{OB}, \tag{3.10}$$

$$\tanh t = \overline{AD}. \tag{3.11}$$

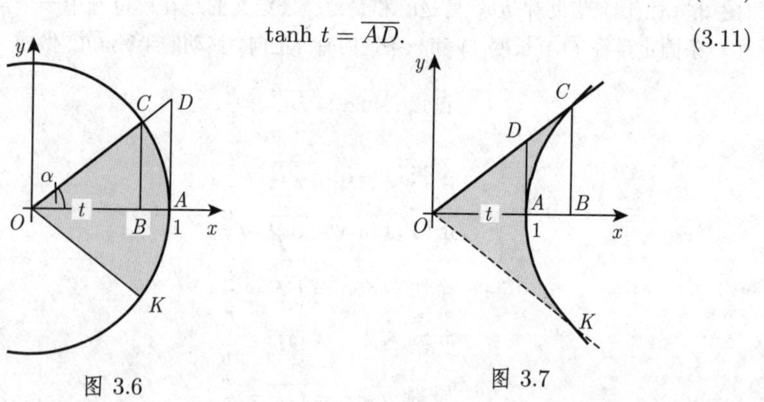

图 3.6　　图 3.7

利用积分计算面积 t, 并将结果用 $\overline{BC},\overline{OB}$ 和 $\overline{AD}$ 表示, 得

$$t=\ln\left(\overline{BC}+\sqrt{\overline{BC}^2+1}\right)=\ln\left(\overline{OB}+\sqrt{\overline{OB}^2-1}\right)=\frac{1}{2}\ln\frac{1+\overline{AD}}{1-\overline{AD}}, \tag{3.12}$$

于是, 从现在起, 双曲函数可以用指数函数表示成

$$\overline{BC}=\frac{\mathrm{e}^t-\mathrm{e}^{-t}}{2}=\sinh t, \tag{3.13a}$$

$$\overline{OB}=\frac{\mathrm{e}^t+\mathrm{e}^{-t}}{2}=\cosh t, \tag{3.13b}$$

$$\overline{AD}=\frac{\mathrm{e}^t-\mathrm{e}^{-t}}{\mathrm{e}^t+\mathrm{e}^{-t}}=\tanh t. \tag{3.13c}$$

这些等式所表示的是双曲函数最广为人知的定义.

3.1.3 平面三角形

3.1.3.1 有关平面三角形的命题

(1) 平面三角形的两边之和大于第三边 (图 3.8):

$$b+c>a. \tag{3.14}$$

(2) 平面三角形的内角之和是

$$\alpha+\beta+\gamma=180^\circ. \tag{3.15}$$

(3) 一个三角形是由下列信息唯一确定的:

- 三条边, 或
- 两条边及其夹角, 或
- 两角及其所夹的边.

如果给定两条边及其中一边所对的角, 那么它们定义两个、一个或者没有这样的三角形 (参见第 191 页, 表 3.4 中第三个基本问题).

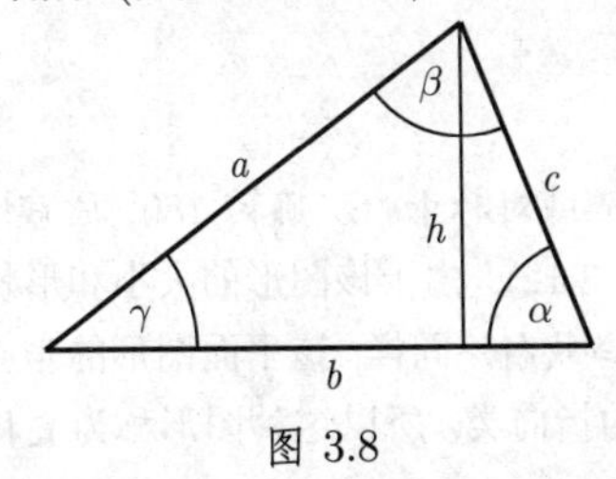

图 3.8

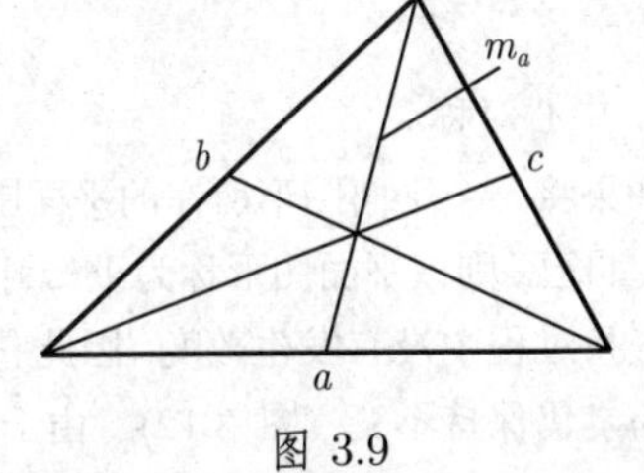

图 3.9

(4) **三角形的中线**是连接该三角形的一个顶点和所对的边的中点的一条线. 三角形的中线相交于一点, 是该三角形的**重心**(图 3.9), 从顶点算起它分它们的比为 2 : 1.

(5) **三角形的角平分线**是将一个内角分成两个相等部分的一条线. 角平分线相交于一点.

(6) **内切圆**是内切于一个三角形的圆, 即该三角形的全部边都是此圆的切线. 它的圆心是角平分线的交点 (图 3.10). 内切圆的半径称为**边心距**或**短半径**.

(7) **外接圆**是围绕一个三角形, 即通过该三角形的顶点所画的圆 (图 3.11). 其圆心是该三角形三条边**垂直平分线**的交点.

(8) **三角形的高**是从顶点出发垂直于对边的垂线. 三条高交于一点, 即**垂心**.

(9) **等腰三角形**是具有两条长度相等的边的三角形. 第三边上的高、中线和垂直平分线相重合. 对一个三角形来说, 三条边中的任何两条边相等都足以构成等腰三角形.

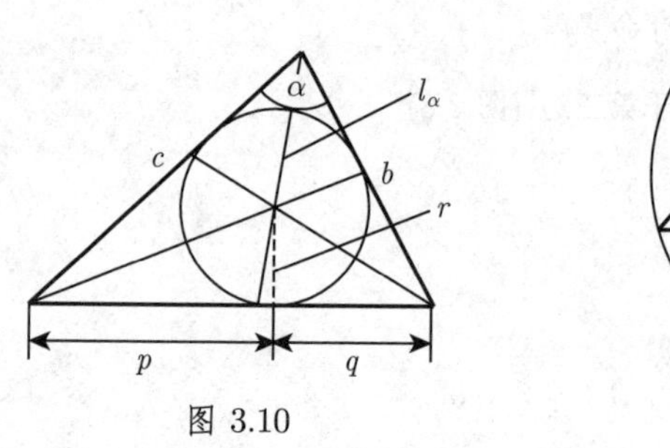

图 3.10

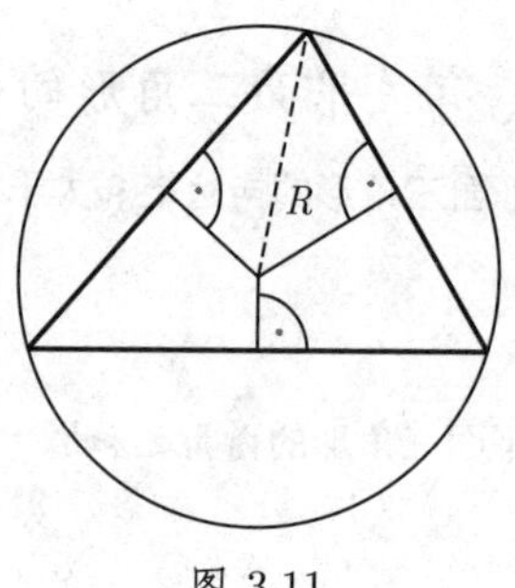

图 3.11

(10) **等边三角形**的三条边相等, 其内切圆圆心、外接圆圆心、重心和垂心相重合.

(11) **中位线**是连接一个三角形两边中点的一条直线; 它平行于第三边并且具有该边一半的长度.

(12) **直角三角形**是具有一个直角 (90° 的角) 的三角形 (参见第 188 页图 3.31).

3.1.3.2 对称

1. 中心对称

如果将一个平面图形所在的平面围绕**中心点**或**对称中心** S 旋转 180° 后它恰好覆盖住自己, 则该平面图形称为**中心对称的**(图 3.12). 由于该图形的大小和形状在这一变换过程中没有发生改变, 因此它称为**相合映射**. 同样, 该平面图形的**指向类**或**定向类**仍保持不变 (图 3.12). 由于有相同的指向类, 所以这种图形称为**直接合同的**.

图形的定向是指一个图形的边界朝某个方向的旋转: 正向, 即逆时针方向; 负向, 即顺时针方向 (图 3.12, 图 3.13).

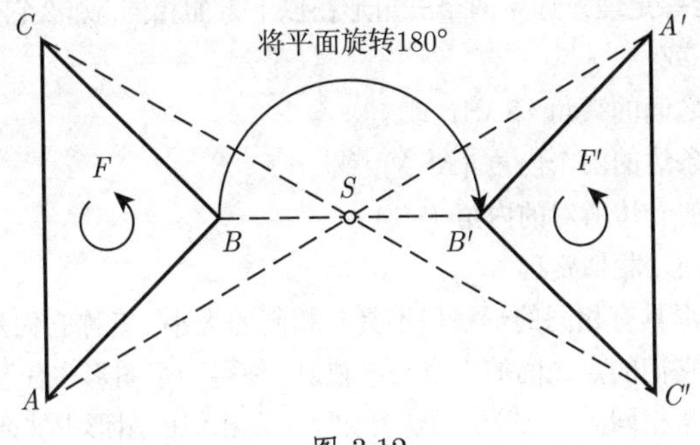

图 3.12

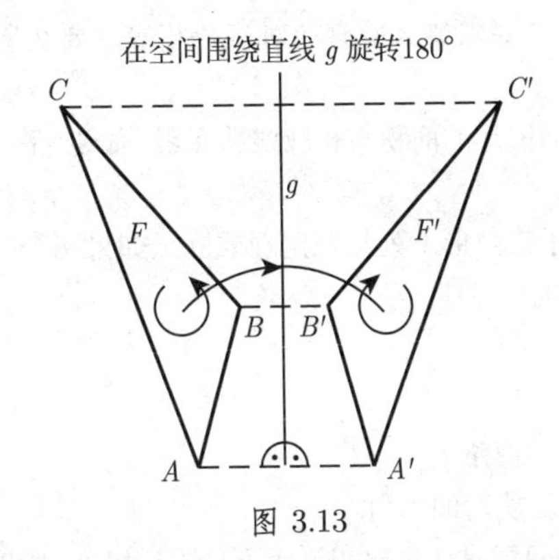

图 3.13

2. 轴对称

如果将一个平面图形在空间围绕一条直线 g 旋转 180° 后对应的点相互覆盖, 则该平面图形称为*轴对称的*(图 3.13). 对应的点与轴 g, 即对称轴具有相同的距离. 对关于直线 g 的轴对称来说图形的定向相反. 因此这样的图形称为是*间接合同的*. 这一变换称为对 g 的一个反射. 由于图形的大小和形状都没有改变, 所以它也称为一个*间接合同映射*. 在这一变换下平面图形的*定向类*是相反的 (图 3.13).

评论 对于空间图形也有类似的说法.

3. 全等三角形, 全等定理

a) **全等** 如果平面图形的大小和形状相符合, 就称它们是*全等的*. 通过以下三种变换: *平移*、*旋转*和*反射*, 以及这些变换的组合, 可以把全等的图形变换到相重合的位置.

需要在*直接全等图形*与*间接全等图形*之间作出区分. 直接全等图形可以通过平移和旋转变换到重合位置. 由于间接全等图形具有一个反指向类, 所以还需要一个关于一条直线的轴对称变换将它们变换到重合位置.

■ 轴对称图形是间接全等的. 为了将它们彼此变换到另一个, 全部需要三种变换.

b) **三角形全等定理** 如果两个三角形在以下方面相同, 那么它们就是全等的:

- 三条边 (SSS), 或
- 两条边和它们之间的夹角 (SAS), 或
- 一条边和夹这条边的两个内角 (ASA), 或
- 两条边和较长的一边所对的内角 (SSA).

4. 相似三角形, 相似定理

如果平面图形具有相同的形状但不具有相同的大小, 就称它们是*相似的*. 对于相似的图形存在它们的点之间的一个一一映射, 使得一个图形中任意一个角与另一个图形中对应的角相同. 一个等价的定义如下: 在相似的图形中彼此对应的线段之长成比例.

a) *图形的相似性* 要求要么所有的对应角相等, 要么所有的对应线段之比相等.

b) *面积* 相似平面图形的面积与相应线性元素, 如边、高、对角线等等之比的平方成比例.

c) *相似定理* 对于三角形下列相似定理成立. 如果两个三角形在以下方面相同, 那么它们就是相似的:

- 三边之比,
- 两个内角,
- 两边之比和它们所夹的内角,
- 两边之比和较长的一边所对的内角.

由于在相似定理中只要求边之比相等而不是边长相等, 所以相似定理比相应的全等定理要求要少.

5. 截距定理

*截距定理*是三角形相似定理的推论.

a) *第一截距定理* 如果从同一点 S 发出的两条射线被两条平行线 p_1, p_2 所截, 则一条射线上的线段之比与另一条上的对应线段之比相同 (图 3.14(a)):

$$\left|\frac{\overline{SP_1}}{\overline{SQ_1}}\right| = \left|\frac{\overline{SP_2}}{\overline{SQ_2}}\right|. \tag{3.16}$$

因此, 一条射线上的每一线段与另一条射线上的对应线段成比例.

b) *第二截距定理* 如果从同一点 S 发出的两条射线被两条平行线 p_1, p_2 所截, 则所截的平行线段与射线上的相应线段具有同样的比 (图 3.14(a)):

$$\left|\frac{\overline{SP_1}}{\overline{SQ_1}}\right| = \left|\frac{\overline{P_1P_2}}{\overline{Q_1Q_2}}\right| \quad \text{或} \quad \left|\frac{\overline{SP_2}}{\overline{SQ_2}}\right| = \left|\frac{\overline{P_1P_2}}{\overline{Q_1Q_2}}\right|. \tag{3.17}$$

如果点 S 位于平行线之间, 那么截距定理对于在点 S 相交的直线这种情形也成立 (图 3.14(b)).

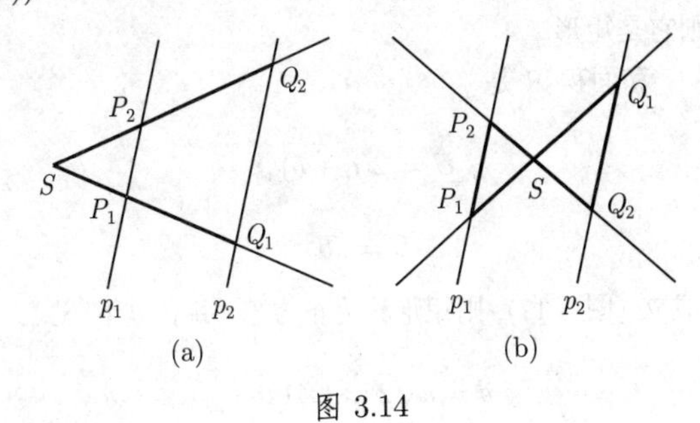

图 3.14

3.1.4 平面四边形

3.1.4.1 平行四边形

一个四边形如果具有以下属性就称为平行四边形 (图 3.15):

- 相对的边具有相同的长度,
- 相对的边互相平行,
- 对角线互相平分,
- 对角相等.

假设一个四边形的上述属性只有一个成立, 或假定一对对边相等且平行, 那么由此可推出所有其余的属性.

对角线, 边和面积之间的关系如下:

$$d_1^2 + d_2^2 = 2(a^2 + b^2)\,, \tag{3.18}$$

$$h = b \sin \alpha\,, \tag{3.19}$$

$$S = ah. \tag{3.20}$$

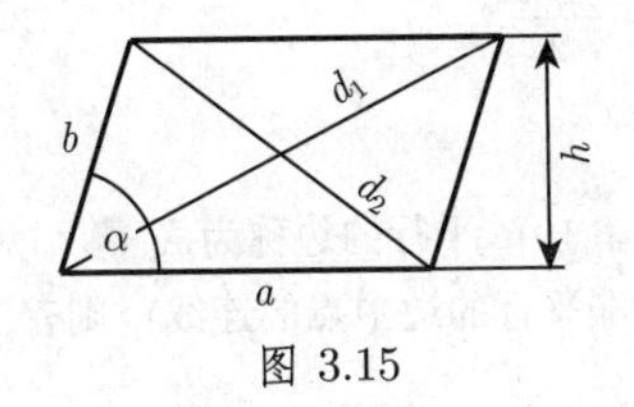

图 3.15

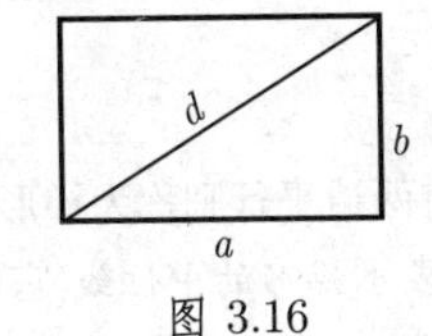

图 3.16

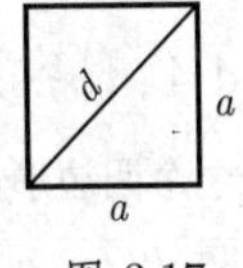

图 3.17

3.1.4.2 矩形和正方形

一个平行四边形如果是矩形 (图 3.16), 则它

- 只具有直角, 或
- 具有相同长度的对角线.

仅具有这些属性中的一个就够了, 因为它们中的任何一个都可以从另一个推出来. 只需证明平行四边形的一个角是直角, 则所有的角都是直角. 如果一个四边形具有四个直角, 则它是矩形.

矩形的周长 U 和面积 S 是

$$U = 2(a+b)\,, \tag{3.21a}$$

$$S = ab. \tag{3.21b}$$

如果 $a = b$ 成立 (图 3.17), 则矩形称为正方形, 并有以下公式:

$$d = a\sqrt{2} \approx 1.414a\,, \tag{3.22}$$

$$a = d\frac{\sqrt{2}}{2} \approx 0.707d\,, \tag{3.23}$$

$$S = a^2 = \frac{d^2}{2}. \tag{3.24}$$

3.1.4.3 菱形

一个菱形 (图 3.18) 是一个平行四边形, 其中

- 所有的边具有相同长度, 或
- 对角线相互垂直, 或
- 对角线是平行四边形的角平分线.

上述属性中单独任何一个已足够; 其他所有的属性都可以从它推出来. 对于菱形, 有

$$d_1 = 2a\cos\frac{\alpha}{2}\,, \tag{3.25}$$

$$d_2 = 2a\sin\frac{\alpha}{2}\,, \tag{3.26}$$

$$d_1^2 + d_2^2 = 4a^2. \tag{3.27}$$

$$S = ah = a^2\sin\alpha = \frac{d_1 d_2}{2}. \tag{3.28}$$

3.1.4.4 梯形

一个四边形如果有两边平行则称为梯形 (图 3.19). 平行的边称为底. 以 a 和 b 表示底, h 表示高, m 表示**梯形的中位线**(它是两非平行的边中点的连线), 则有

$$m = \frac{a+b}{2}\,, \tag{3.29}$$

$$S = \frac{(a+b)h}{2} = mh\,, \tag{3.30}$$

$$h_S = \frac{h(a+2b)}{3(a+b)}. \tag{3.31}$$

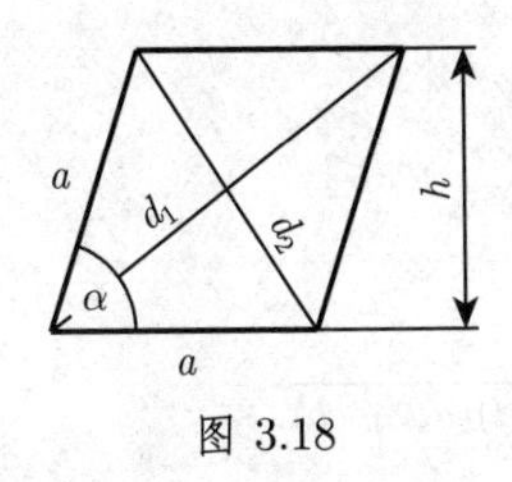

图 3.18

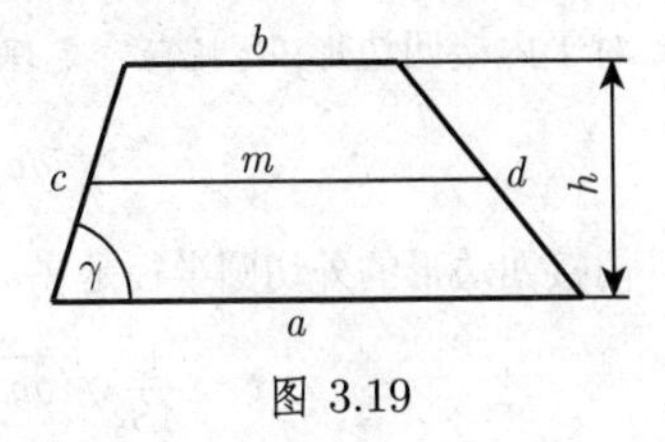

图 3.19

质心位于两平行的底 a 和 b 中点的连线上, 与底 a 的距离为 h_S(3.31). 关于用积分计算质心坐标, 见第 672 页 8.2.2.3,5..

对于等腰梯形有 $d = c$.

$$S = (a - c\cos\gamma)c\sin\gamma = (b + c\cos\gamma)c\sin\gamma\,. \tag{3.32}$$

3.1.4.5 一般四边形

由四条直线段所围的封闭平面图形称为*一般四边形*. 如果对角线全部位于该四边形内部, 则称它是*凸四边形*, 否则称其为*凹四边形*. 一般四边形可以被两条对角线 d_1, d_2 中的每一条分成两个三角形 (图 3.20). 因此, 每个四边形的内角之和是 $2{\cdot}180^\circ = 360^\circ$.

$$\sum_{i=1}^{4}\alpha_i = 360^\circ\,. \tag{3.33}$$

连接对角线中点 (图 3.20) 的线段 m 之长由下式给出

$$a^2 + b^2 + c^2 + d^2 = d_1^2 + d_2^2 + 4m^2\,. \tag{3.34}$$

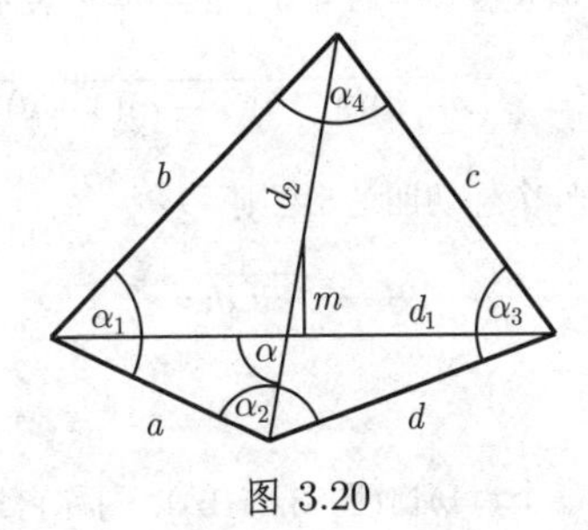

图 3.20

一般四边形的面积是

$$S = \frac{1}{2}d_1d_2\sin\alpha. \tag{3.35}$$

3.1.4.6 内接四边形

能被一个外接圆外接的四边形称为*内接四边形*(图 3.21(a)), 其边是该圆的弦. 一个四边形是内接四边形当且仅当它的对角之和是 180°:

$$\alpha + \gamma = \beta + \delta = 180^\circ. \tag{3.36}$$

对于内接四边形, 有**托勒密定理**成立:

$$ac + bd = d_1 d_2. \tag{3.37}$$

内接四边形的外切圆半径是

$$R = \frac{1}{4S}\sqrt{(ab+cd)(ac+bd)(ad+cb)}. \tag{3.38}$$

对角线可以通过以下公式计算:

$$d_1 = \sqrt{\frac{(ac+bd)(ab+cd)}{ad+bc}}, \tag{3.39a}$$

$$d_2 = \sqrt{\frac{(ac+bd)(ad+bc)}{ab+cd}}. \tag{3.39b}$$

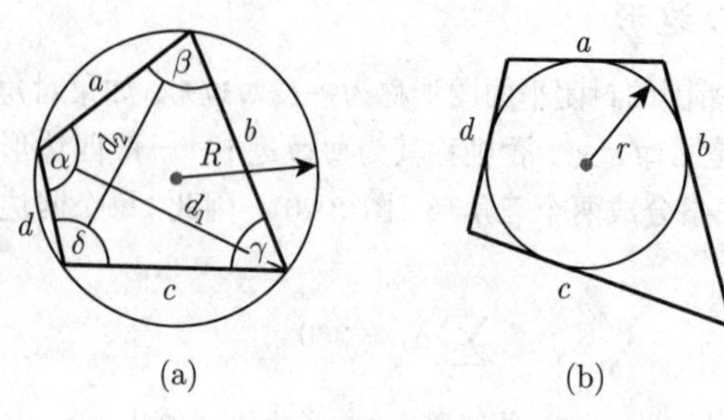

图 3.21

面积可以用四边形半周长 $s = \frac{1}{2}(a+b+c+d)$ 来表示:

$$S = \sqrt{(s-a)(s-b)(s-c)(s-d)}. \tag{3.40}$$

如果内接四边形也是一个外切四边形, 则

$$S = \sqrt{abcd}. \tag{3.41}$$

3.1.4.7 外切四边形

如果一个四边形具有一个**内切圆**(图 3.21(b)), 则称它为一个**外切四边形**, 并且边是该圆的切线. 一个四边形具有一个内切圆当且仅当对边长度之和相等, 并且这个和也等于半周长 s:

$$s = \frac{1}{2}(a+b+c+d) = a+c = b+d. \tag{3.42}$$

外切四边形的面积是

$$S = (a+c)r = (b+d)r, \tag{3.43}$$

其中 r 是内切圆的半径.

3.1.5 平面上的多边形

3.1.5.1 一般多边形

由直线段作为边所围成的一个封闭平面图形可以分解成$n-2$个三角形 (图 3.22). 其外角β_i 之和, 内角γ_i 之和, 以及对角线数是

$$\sum_{i=1}^{n} \beta_i = 360^\circ, \tag{3.44}$$

$$\sum_{i=1}^{n} \gamma_i = 180^\circ(n-2), \tag{3.45}$$

$$D = \frac{n(n-3)}{2}. \tag{3.46}$$

3.1.5.2 正凸多边形

正凸多边形(图 3.23) 具有 n 条相等的边和 n 个相等的角. 边的中垂线的交点是半径分别为 r 和 R 的内切圆和外接圆的中心 M. 这些多边形的边是内切圆的切线和外接圆的弦. 它们对于内切圆来说形成一个外切多边形或切线多边形, 而就外接圆而言形成一个内接多边形. 分解一个正凸 n 边形将得到 n 个环绕中心 M 的等腰全等三角形.

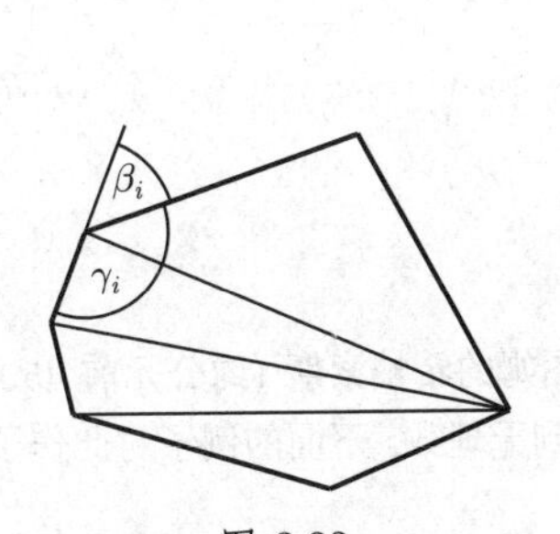

图 3.22

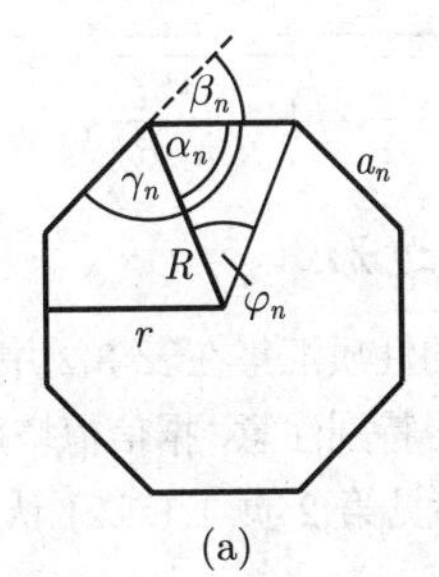

(a)

R
r
M

(b)

图 3.23

中心角

$$\varphi_n = \frac{360^\circ}{n}. \tag{3.47}$$

底角

$$\alpha_n = \left(1 - \frac{2}{n}\right) \cdot 90^\circ. \tag{3.48}$$

外角

$$\beta_n = \frac{360^\circ}{n}. \tag{3.49}$$

内角

$$\gamma_n = 180^\circ - \beta_n. \tag{3.50}$$

外接圆半径

$$R=\frac{a_n}{2\sin\dfrac{180^\circ}{n}},\quad R^2=r^2+\frac{1}{4}a_n^2.\tag{3.51}$$

内切圆半径

$$r=\frac{a_n}{2}\cot\frac{180^\circ}{n}=R\cos\frac{180^\circ}{n}.\tag{3.52}$$

边长

$$a_n=2\sqrt{R^2-r^2}=2R\sin\frac{\varphi_n}{2}=2r\tan\frac{\varphi_n}{2}.\tag{3.53}$$

周长

$$U=na_n.\tag{3.54}$$

$2n$ 边形的边长

$$a_{2n}=R\sqrt{2-2\sqrt{1-\left(\frac{a_n}{2R}\right)^2}},\quad a_n=a_{2n}\sqrt{4-\left(\frac{a_{2n}^2}{R^2}\right)}.\tag{3.55}$$

n 边形的面积

$$S_n=\frac{1}{2}na_nr=nr^2\tan\frac{\varphi_n}{2}=\frac{1}{2}nR^2\sin\varphi_n=\frac{1}{4}na_n^2\cot\frac{\varphi_n}{2}.\tag{3.56}$$

$2n$ 边形的面积

$$S_{2n}=\frac{nR^2}{\sqrt{2}}\sqrt{1-\sqrt{1-\frac{4S_n^2}{n^2R^4}}},\quad S_n=S_{2n}\sqrt{1-\frac{S_{2n}^2}{n^2R^4}}.\tag{3.57}$$

3.1.5.3 某些正凸多边形

已将某些正凸多边形的性质汇集在表 3.2 中.

五边形和五角星形值得特别注意, 据信梅塔蓬图姆的希帕索斯 (约公元前 450) 通过这些多边形的性质 (参见第 2 页 1.1.1.2) 认识到无理数. 下面的例子对此作了讨论.

■ 正五边形的对角线 (图 3.24) 构成一个*内接五角星形*. 它的边又围成一个正五边形. 在正五边形中, 对角线和边之比等于边和 (对角线 − 边) 之比: $a_0 : a_1 = a_1 : (a_0 - a_1) = a_1 : a_2$, 其中 $a_2 = a_0 - a_1$.

考虑越来越小的嵌套五边形并有 $a_3 = a_1 - a_2$, $a_4 = a_2 - a_3$, $\cdots$ 以及 $a_2 < a_1$, $a_3 < a_2$, $a_4 < a_3$, $\cdots$, 得到 a_0: $a_1 = a_1 : a_2 = a_2 : a_3 = a_3 : a_4 = \cdots$. 对于 a_0 和 a_1 来说这个欧几里得算法永远不会终止, 因为 $a_0 = 1\cdot a_1 + a_2$, $a_1 = 1\cdot a_2 + a_3$, $a_2 = 1\cdot a_3 + a_4$, $\cdots$, 因此 $q_n = 1$. 正五边形的边 a_1 和对角线 a_0 是不可公度的. 由 a_0:a_1 所确定的连分数与第 5 页, 1.1.1.4, 3., ■ **B**中的黄金分割完全相同, 即它导致一个无理数.

表 3.2 一些正多边形的性质

正多边形	a_n	R	r	S_n
三边形	$a_3 = R\sqrt{3} = 2r\sqrt{3}$	$= \frac{a^3}{3}\sqrt{3} = 2r = \frac{2}{3}h,$ $h = \frac{a_3}{2}\sqrt{3} = \frac{3}{2}R$	$= \frac{a^3}{6}\sqrt{3} = \frac{R}{2} = \frac{1}{3}h$	$= \frac{a_3^2}{4}\sqrt{3} = \frac{3R^2}{4}\sqrt{3}$ $= 3r^2\sqrt{3}$
五边形	$a_5 = \frac{R}{2}\sqrt{10-2\sqrt{5}}$ $= 2r\sqrt{5-2\sqrt{5}}$	$= \frac{a_5}{10}\sqrt{50+10\sqrt{5}}$ $= r(\sqrt{5}-1)$	$= \frac{a_5}{10}\sqrt{25+10\sqrt{5}}$ $= \frac{R}{4}(\sqrt{5}+1)$	$= \frac{a_5^2}{4}\sqrt{25+10\sqrt{5}}$ $= \frac{5R^2}{8}\sqrt{10+2\sqrt{5}}$ $= 5r^2\sqrt{5-2\sqrt{5}}$
六边形	$a_6 = \frac{2}{3}r\sqrt{3}$	$= \frac{2}{3}r\sqrt{3}$	$= \frac{R}{2}\sqrt{3}$	$= \frac{3a_6^2}{2}\sqrt{3} = \frac{3R^2}{2}\sqrt{3}$ $= 2r^2\sqrt{3}$
八边形	$a_8 = R\sqrt{2-\sqrt{2}}$ $= 2r(\sqrt{2}-1)$	$= \frac{a_8}{2}\sqrt{4+2\sqrt{2}}$ $= r\sqrt{4-2\sqrt{2}}$	$= \frac{a_8}{2}(\sqrt{2}+1)$ $= \frac{R}{2}\sqrt{2+\sqrt{2}}$	$= 2a_8^2(\sqrt{2}+1)$ $= 2R^2\sqrt{2}$ $= 8r^2(\sqrt{2}-1)$
十边形	$a_{10} = \frac{R}{2}(\sqrt{5}-1)$ $= \frac{2r}{5}\sqrt{25-10\sqrt{5}}$	$= \frac{a_{10}}{2}(\sqrt{5}+1)$ $= \frac{r}{5}\sqrt{50-10\sqrt{5}}$	$= \frac{a_{10}}{2}\sqrt{5+2\sqrt{5}}$ $= \frac{R}{4}\sqrt{10+2\sqrt{5}}$	$= \frac{5a_{10}^2}{2}\sqrt{5+2\sqrt{5}}$ $= \frac{5R^2}{4}\sqrt{10-2\sqrt{5}}$ $= 2r^2\sqrt{25-10\sqrt{5}}$

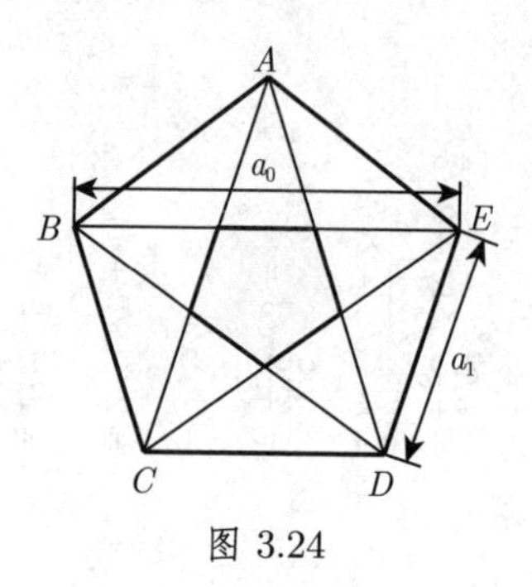

图 3.24

3.1.6 圆和有关的图形

3.1.6.1 圆

圆是平面上与一个给定点即圆心保持相同给定距离的点的轨迹. 该距离本身, 还有连接圆心与圆上任意点之间的线段称为半径. 圆的圆周环绕着圆的面积. 连接圆上两点的线段称为弦. 穿过圆上两点的直线称为割线. 和圆只有一个公共点的直线称为该圆的切线.

弦定理(图 3.26)

$$\overline{AC}\cdot\overline{AD}=\overline{AB}\cdot\overline{AE}=r^2-m^2\,. \tag{3.58}$$

割线定理(图 3.27)

$$\overline{AB}\cdot\overline{AE}=\overline{AC}\cdot\overline{AD}=m^2-r^2\,. \tag{3.59}$$

切割线定理(图 3.27)

$$\overline{AT}^2=\overline{AB}\cdot\overline{AE}=\overline{AC}\cdot\overline{AD}=m^2-r^2\,. \tag{3.60}$$

周长

$$U=2\pi\,r\approx 6.283\,r\,,\quad U=\pi\,d\approx 3.142\,d\,,\quad U=2\sqrt{\pi S}\approx 3.545\sqrt{S}\,. \tag{3.61}$$

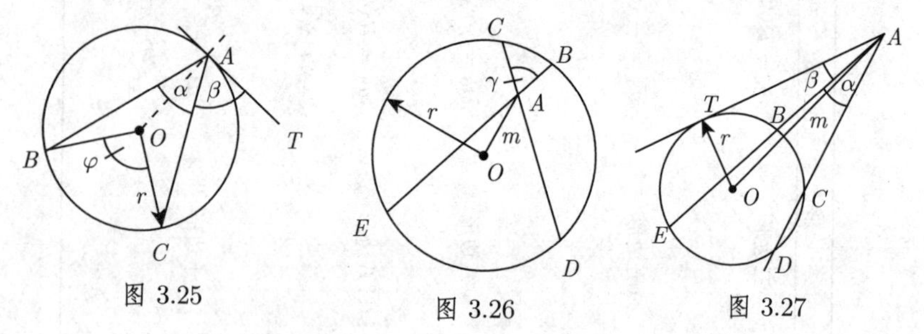

图 3.25 图 3.26 图 3.27

面积

$$S = \pi r^2 \approx 3.142\, r^2\,, \quad S = \frac{\pi d^2}{4} \approx 0.785\, d^2\,, \quad S = \frac{Ud}{4}\,. \tag{3.62}$$

半径

$$r = \frac{U}{2\pi} \approx 0.159\, U. \tag{3.63}$$

直径

$$d = 2r = 2\sqrt{\frac{S}{\pi}} \approx 1.128\sqrt{S}\,. \tag{3.64}$$

对于下列与角有关的公式, 见第 168 页 3.1.1.2 中角的定义.

圆周角(图 3.25)

$$\alpha = \frac{1}{2}\widehat{BC} = \frac{1}{2}\sphericalangle BOC = \frac{1}{2}\varphi. \tag{3.65a}$$

泰勒斯定理的一种特殊情形(参见第 188 页 3.2.1)

$$\varphi = 180^\circ, \quad 即 \quad \alpha = 90^\circ\,. \tag{3.65b}$$

弦与切线之间的夹角(图 3.25)

$$\beta = \frac{1}{2}\widehat{AC} = \frac{1}{2}\sphericalangle COA\,. \tag{3.66}$$

内角(图 3.26)

$$\gamma = \frac{1}{2}(\widehat{CB} + \widehat{ED}) = \frac{1}{2}(\sphericalangle BOC + \sphericalangle EOD)\,. \tag{3.67}$$

外角(图 3.27)

$$\alpha = \frac{1}{2}(\widehat{DE} - \widehat{BC}) = \frac{1}{2}(\sphericalangle EOC - \sphericalangle COB). \tag{3.68}$$

割线与切线之间的夹角(图 3.27)

$$\beta = \frac{1}{2}(\widehat{TE} - \widehat{TB}) = \frac{1}{2}(\sphericalangle TOE - \sphericalangle BOT). \tag{3.69}$$

切线角(图 3.28) D 和 E 是左边弧和右边弧上的任意一点.

$$\begin{aligned}\alpha &= \frac{1}{2}(\widehat{BDC} - \widehat{CEB}) = \frac{1}{2}(\sphericalangle BOC - \sphericalangle COB)\\ &= \frac{1}{2}(360^\circ - \sphericalangle COB - \sphericalangle COB) = 180^\circ - \sphericalangle COB\,.\end{aligned} \tag{3.70}$$

3.1.6.2 圆弓形和圆扇形

定义量 半径 r 和圆心角α (图 3.29). 要确定的量是:

弦

$$a = 2\sqrt{2hr - h^2} = 2r\sin\frac{\alpha}{2}. \tag{3.71}$$

圆心角

$$\alpha = 2\arcsin\frac{a}{2r} \quad (\alpha \text{ 以度度量}). \tag{3.72}$$

弓形的高

$$h = r - \sqrt{r^2 - \frac{a^2}{4}} = r\left(1 - \cos\frac{\alpha}{2}\right) = \frac{a}{2}\tan\frac{\alpha}{4}. \tag{3.73}$$

弧长

$$l = \frac{2\pi r\alpha}{360} \approx 0.01745r\alpha \quad (\alpha \text{ 以弧度度量}) \tag{3.74a}$$

$$l \approx \frac{8b - a}{3} \quad \text{或} \quad l \approx \sqrt{a^2 + \frac{16}{3}h^2}. \tag{3.74b}$$

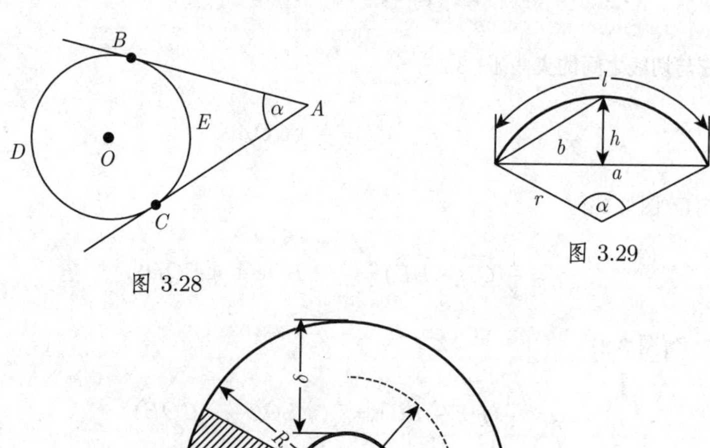

图 3.28

图 3.29

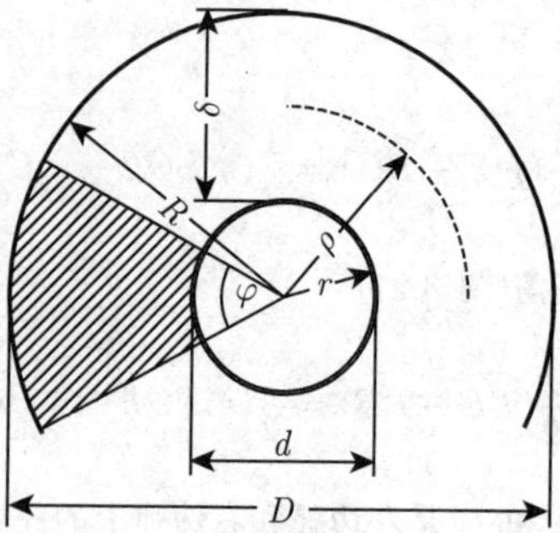

图 3.30

扇形面积

$$S = \frac{\pi r^2\alpha}{360} \approx 0.00873r^2\alpha. \tag{3.75}$$

弓形面积

$$S=\frac{r^2}{2}\left(\frac{\pi\alpha}{180}-\sin\alpha\right)=\frac{1}{2}[lr-a(r-h)],\quad S\approx\frac{h}{15}(6a+8b). \tag{3.76}$$

3.1.6.3 圆环

圆环的定义量 外环半径 R、内环半径 r 和圆心角φ (图 3.30).

外环直径

$$D=2R. \tag{3.77}$$

内环直径

$$d=2r. \tag{3.78}$$

平均半径

$$\rho=\frac{R+r}{2}. \tag{3.79}$$

圆环的宽度

$$\delta=R-r. \tag{3.80}$$

圆环面积

$$S=\pi(R^2-r^2)=\frac{\pi}{4}(D^2-d^2)=2\pi\,\rho\,\delta\,. \tag{3.81}$$

对应圆心角φ的圆环面积(图 3.30 中的阴影面积)

$$S_\varphi=\frac{\varphi\pi}{360}\left(R^2-r^2\right)=\frac{\varphi\pi}{1440}\left(D^2-d^2\right)=\frac{\varphi\,\pi}{180}\rho\,\delta\quad(\varphi\text{ 以弧度度量}). \tag{3.82}$$

3.2 平面三角学

3.2.1 三角形

3.2.1.1 平面直角三角形中的计算

1. 基本公式

记号 (图 3.31):

c 为斜边; a, b 为其他两边, 或两直角边; α 和 β 为边 a 和 b 分别所对应的角; h 为高; p, q 为斜边上的线段; S 为面积.

内角之和

$$\alpha+\beta+\gamma=180^\circ,\quad \gamma=90^\circ, \tag{3.83}$$

边的计算

$$\begin{aligned}a&=c\sin\alpha=c\cos\beta\\&=b\tan\alpha=b\cot\beta,\end{aligned} \tag{3.84}$$

毕达哥拉斯 (勾股) 定理

$$a^2 + b^2 = c^2. \tag{3.85}$$

泰勒斯定理 半圆中以直径为底的所有内接三角形的顶角是直角, 即半圆中直径上的所有圆周角是直角 (参见图 3.32 和第 185 页 (3.65b)).

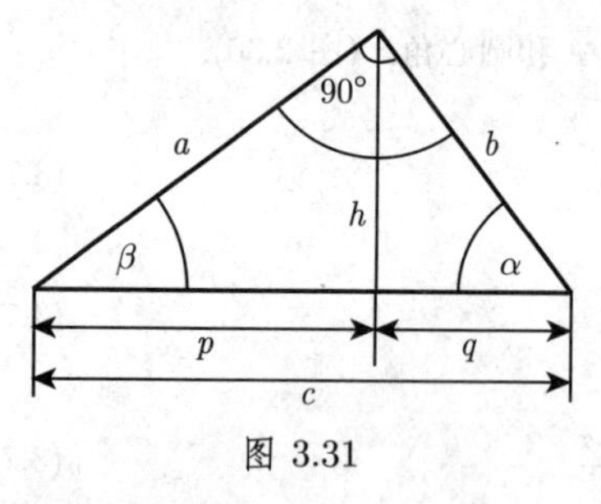

图 3.31

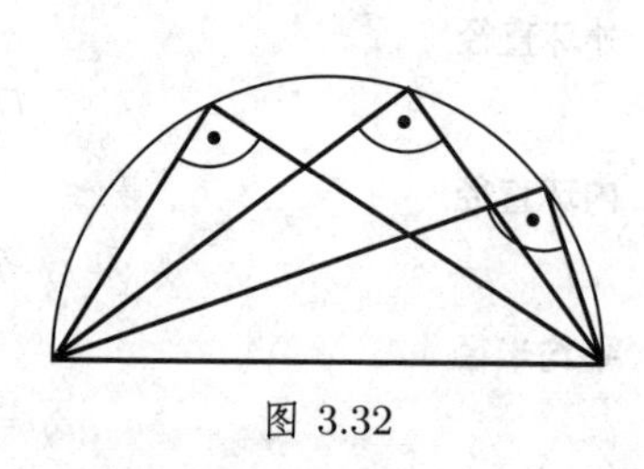

图 3.32

欧几里得定理

$$h^2 = pq, \quad a^2 = pc, \quad b^2 = qc. \tag{3.86}$$

面积

$$S = \frac{ab}{2} = \frac{a^2}{2}\tan\beta = \frac{c^2}{4}\sin 2\beta. \tag{3.87}$$

2. 平面直角三角形边和角的计算

在一个直角三角形中有六个定义量 (三个角α, β, γ 和它们所对的边 a, b, c, 当然, 它们不全都独立), 一个角 (图 3.31 中的角γ) 已知为 90°.

一个平面三角形可以由三个定义量确定, 但它们不能任意给定 (参见第 173 页 3.1.3.1). 因此在直角三角形的情形中, 只能再给定两个量. 剩下的三个量可以由表 3.3 以及 (3.15) 和 (3.83) 确定.

表 3.3 平面直角三角形的定义量

已知	其他量的计算		
例如 a, α	$\beta = 90° - \alpha$	$b = a\cot\alpha$	$c = \dfrac{a}{\sin\alpha}$
例如 b, α	$\beta = 90° - \alpha$	$a = b\tan\alpha$	$c = \dfrac{b}{\cos\alpha}$
例如 c, α	$\beta = 90° - \alpha$	$a = c\sin\alpha$	$b = c\cos\alpha$
例如 a, b	$\dfrac{a}{b} = \tan\alpha$	$c = \dfrac{a}{\sin\alpha}$	$\beta = 90° - \alpha$

3.2.1.2 一般 (斜) 平面三角形中的计算

1. 基本公式

记号 (图 3.33): a, b, c 为边; α, β, γ为它们所对的角; S 为面积; R 为外接圆

半径; r 为内切圆半径; $s=\dfrac{a+b+c}{2}$ 为半周长.

轮换 由于斜三角形不具有特殊的边或角, 所以从每个包含边和角的公式出发, 有可能按照图 3.34 通过边和角的轮换得到另外两个公式.

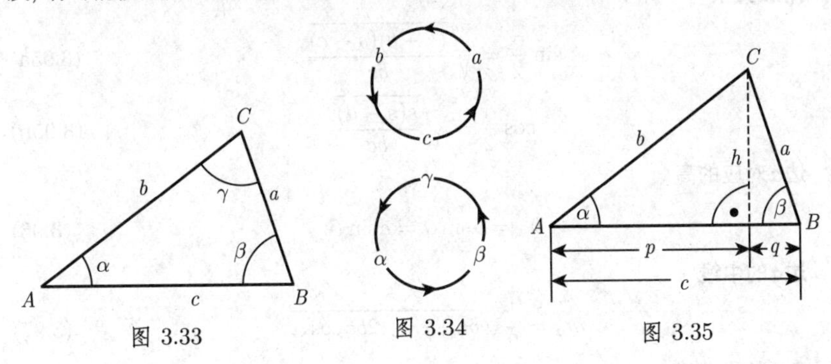

图 3.33 图 3.34 图 3.35

- 从 $\dfrac{a}{b}=\dfrac{\sin\alpha}{\sin\beta}$ (正弦定律) 出发, 可以通过轮换得到: $\dfrac{b}{c}=\dfrac{\sin\beta}{\sin\gamma},\dfrac{c}{a}=\dfrac{\sin\gamma}{\sin\alpha}$.

正弦定律

$$\frac{a}{\sin\alpha}=\frac{b}{\sin\beta}=\frac{c}{\sin\gamma}=2R\,. \tag{3.88}$$

投影法则(图 3.35)

$$c=a\cos\beta+b\cos\alpha\,. \tag{3.89}$$

余弦定律或一般三角形的毕达哥拉斯定理

$$c^2=a^2+b^2-2ab\cos\gamma\,. \tag{3.90}$$

莫尔韦德等式

$$(a+b)\sin\frac{\gamma}{2}=c\cos\left(\frac{\alpha-\beta}{2}\right), \tag{3.91a}$$

$$(a-b)\cos\frac{\gamma}{2}=c\sin\left(\frac{\alpha-\beta}{2}\right). \tag{3.91b}$$

正切定律

$$\frac{a+b}{a-b}=\frac{\tan\dfrac{\alpha+\beta}{2}}{\tan\dfrac{\alpha-\beta}{2}}. \tag{3.92}$$

半角公式

$$\tan\frac{\alpha}{2}=\sqrt{\frac{(s-b)\,(s-c)}{s\,(s-a)}}. \tag{3.93}$$

正切公式

$$\tan\alpha = \frac{a\sin\beta}{c - a\cos\beta} = \frac{a\sin\gamma}{b - a\cos\gamma}. \tag{3.94}$$

附加关系

$$\sin\frac{\alpha}{2} = \sqrt{\frac{(s-b)(s-c)}{bc}}, \tag{3.95a}$$

$$\cos\frac{\alpha}{2} = \sqrt{\frac{s(s-a)}{bc}}. \tag{3.95b}$$

边a对应的高

$$h_a = b\sin\gamma = c\sin\beta. \tag{3.96}$$

边a的中线

$$m_a = \frac{1}{2}\sqrt{b^2 + c^2 + 2bc\cos\alpha}. \tag{3.97}$$

角α的平分线

$$l_\alpha = \frac{2bc\cos\dfrac{\alpha}{2}}{b+c}. \tag{3.98}$$

外接圆半径

$$R = \frac{a}{2\sin\alpha} = \frac{b}{2\sin\beta} = \frac{c}{2\sin\gamma}. \tag{3.99}$$

内切圆半径

$$r = \sqrt{\frac{(s-a)(s-b)(s-c)}{s}} = s\tan\frac{\alpha}{2}\tan\frac{\beta}{2}\tan\frac{\gamma}{2} \tag{3.100}$$

$$= 4R\sin\frac{\alpha}{2}\sin\frac{\beta}{2}\sin\frac{\gamma}{2}. \tag{3.101}$$

面积

$$S = \frac{1}{2}ab\sin\gamma = 2R^2\sin\alpha\sin\beta\sin\gamma = rs = \sqrt{s(s-a)(s-b)(s-c)}. \tag{3.102}$$

公式 $S = \sqrt{s(s-a)(s-b)(s-c)}$ 称为*海伦公式*.

2. 一般三角形中边、角和面积的计算

根据全等定理 (参见第 175 页 3.1.3.2), 一个三角形由三个独立的量确定. 其中必须至少有一边.

由此推出四个所谓的*基本问题*. 如果从六个定义量 (三个角α, β, γ 和它们所对的边 a, b, c) 出发给定三个独立的量, 那么我们就能用表 3.4 中的等式计算剩下的三个量.

表 3.4 一般三角形的定义量, 基本问题

	已知量	用于计算其他量的公式
(1)	1 边及 2 角 (a,α,β)	$\gamma=180^\circ-\alpha-\beta,\quad b=\dfrac{a\sin\beta}{\sin\alpha},$ $c=\dfrac{a\sin\gamma}{\sin\alpha},\quad S=\dfrac{1}{2}\ a\ b\sin\gamma.$
(2)	2 边及其夹角 (a,b,γ)	$\tan\dfrac{\alpha-\beta}{2}=\dfrac{a-b}{a+b}\cot\dfrac{\gamma}{2},\dfrac{\alpha+\beta}{2}=90^\circ-\dfrac{1}{2}\gamma;$ α 和 β 来自 $\alpha+\beta$ 和 $\alpha-\beta$, $c=\dfrac{a\sin\gamma}{\sin\alpha},\quad S=\dfrac{1}{2}\ a\ b\sin\gamma.$
(3)	2边及其中一边的对角 (a,b,α)	$\sin\beta=\dfrac{b\sin\alpha}{a},$ 如果 $a\geqslant b$ 成立, 则有 $\beta<90^\circ$ 并且是唯一确定的. 如果 $a<b$ 成立，则出现下列情形: ① 对于 $b\sin\alpha<a$ 来说, β 有两个值 $(\beta_2=180^\circ-\beta_1)$ ② 对于 $b\sin\alpha=a$ 来说, β 恰有一个值 (90°). ③ 对于 $b\sin\alpha>a$ 来说, 不存在这样的三角形. $\gamma=180^\circ-(\alpha+\beta),\quad c=\dfrac{a\sin\gamma}{\sin\alpha},\quad S=\dfrac{1}{2}\ a\ b\sin\gamma.$
(4)	3 边 (a,b,c)	$r=\sqrt{\dfrac{(s-a)(s-b)(s-c)}{s}},$ $\tan\dfrac{\alpha}{2}=\dfrac{r}{s-a},\tan\dfrac{\beta}{2}=\dfrac{r}{s-b},\tan\dfrac{\gamma}{2}=\dfrac{r}{s-c},$ $S=r\,s=\sqrt{s\,(s-a)(s-b)(s-c)}.$

与球面三角学 (参见第 229 页表 3.9 中第二基本问题) 形成对照, 在一个平面三角形中任何一边都无法只从角得到.

3.2.2 大地测量学应用

3.2.2.1 测地坐标

在几何学中通常使用右手坐标系来确定平面或空间中的点 (图 3.170). 与之相反, 在大地测量学中使用的是左手坐标系.

1. 测地直角坐标

在平面左手坐标系 (图 3.37) 中, 表示横坐标的 x 轴是朝上的, 而表示纵坐标的 y 轴则朝向右. 一个点 P 具有坐标 y_P, x_P. x 轴的定向是出于实际的考虑. 在测量长距离时, 大都使用佐德纳或高斯–克吕格坐标系 (参见第 216 页 3.4.1.2), x 轴正向是格网北向, y 轴朝右指向东. 与通常几何学中的做法相反, 象限是按顺时针方

向列出来的 (图 3.37, 图 3.38).

如果除平面上一个点的位置外还要考虑它的高度, 那么我们可以使用三维左手直角坐标系 (y, x, z), 其中 z 轴指向天顶(图 3.36).

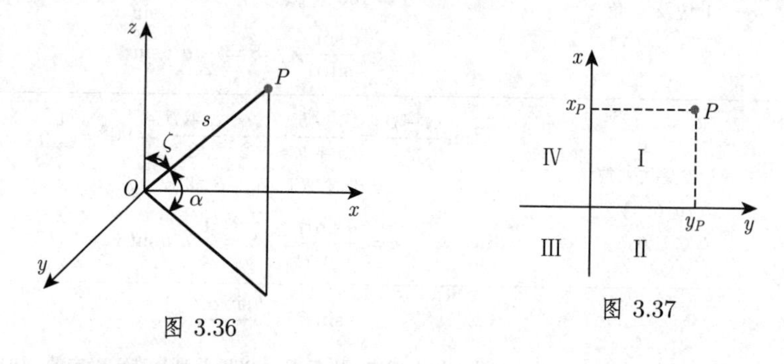

图 3.36　　　　图 3.37

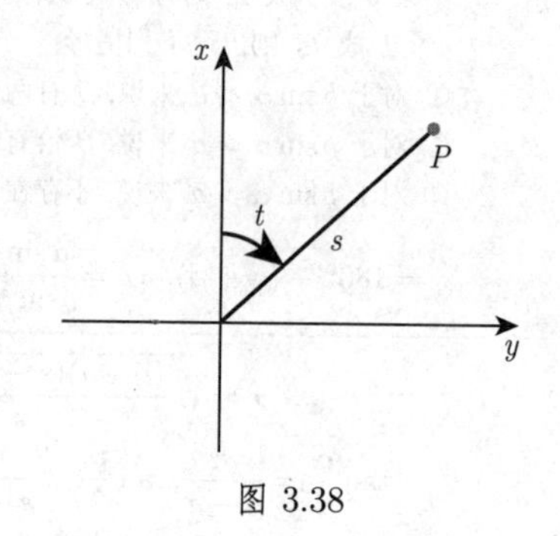

图 3.38

2. 测地极坐标

在大地测量学的左手平面极坐标系中 (图 3.38), 一个点 P 是由横坐标轴和线段 s 之间的方向 (方位) 角 t, 以及线段 s 在点和原点 (称为极点) 之间的长度给定的. 在大地测量学中角的正向是顺时针方向.

为了确定高度, 可以使用天顶角 ζ 或仰角也就是倾斜角α. 图 3.36 显示的是在一个三维直角左手坐标系 (参见第 280 页 3.5.3.1,2. 左手和右手坐标系) 中, 天顶轴 z 与线段 s 之间的天顶角, 线段 s 与其在 y, x 平面上垂直投影之间的倾斜角的度量.

3. 比例尺

在制图学中, 比例因子 M 是坐标系 K_1 中的线段 s_{K_1} 关于另一坐标系 K_2 中的对应线段 s_{K_2} 之比.

(1) **线段的换算**　设 m 是模数或尺度, N 是自然指标, K 是地图指标, 则有

$$M = 1 : m = s_K : s_N. \tag{3.103a}$$

对于具有不同模数 m_1, m_2 的两个线段 s_{K_1}, s_{K_2} 有

$$s_{K_1} : s_{K_2} = m_2 : m_1. \tag{3.103b}$$

(2) **面积的换算** 如果面积按照公式 $F_K = a_K b_K, F_N = a_N b_N$ 计算, 则有

$$F_N = F_K m^2. \tag{3.104a}$$

对于具有不同模数 m_1, m_2 的两个面积 F_{K_1}, F_{K_2} 有

$$F_{K_1} : F_{K_2} = m_2^2 : m_1^2. \tag{3.104b}$$

3.2.2.2 大地测量学中的角

1. 新度

不同于数学 (参见第 170 页 3.1.1.5), 在大地测量学中用来度量角的单位是新度. 在这里, 周角或全角对应于 400 新度. 度与新度之间可以用表 3.5 中的公式进行转换.

表 3.5 度与新度之间的换算

1 全角 =360°	=2π rad=400 gon
1 直角 =90°	$=\dfrac{\pi}{2}$ rad=100 gon
1gon	$=\dfrac{\pi}{200}$ rad=1000 mgon

2. 方位角

在一点 P 处的方位角 t 给出了一条有向线段相对于一条穿过点 P 平行于 x 轴的直线的方向 (见图 3.39 中的点 A 和方位角 t_{AB}). 由于在大地测量学中角是按顺时针方向度量的 (图 3.37, 图 3.38), 因此, 象限是以和平面三角中右手笛卡儿坐标系相反的顺序列出的 (表 3.6). 平面三角中的公式仍然成立而无须改变.

表 3.6 通过径直输入 arctan 的正确符号所得的方位角

象限	I	II	III	IV
计算器中的显示	+	−	−	+
$\dfrac{\Delta y}{\Delta x}$	$\tan > 0$	$\tan < 0$	$\tan > 0$	$\tan < 0$
方位角 t	t_0 gon	$t_0 + 200$ gon	$t_0 + 200$ gon	$t_0 + 400$ gon

3. 坐标变换

(1) **从直角坐标计算极坐标** 对于一个直角坐标系 (图 3.39) 中的两点 $A(y_A, x_A)$ 和 $B(y_B, x_B)$ 以及从 A 到 B 的有向线段 s_{AB} 和方位角 t_{AB}, t_{BA}, 以下公式

成立:

$$\frac{y_B - y_A}{x_B - x_A} = \frac{\Delta y_{AB}}{\Delta x_{AB}}, \tag{3.105a}$$

$$s_{AB} = \sqrt{\Delta y_{AB}^2 + \Delta x_{AB}^2}, \tag{3.105b}$$

$$\tan t_{AB} = \frac{\Delta y_{AB}}{\Delta x_{AB}}, \tag{3.105c}$$

$$t_{BA} = t_{AB} \pm 200\,\text{gon}. \tag{3.105d}$$

角 t 的象限依赖于 Δy_{AB} 和 Δx_{AB} 的符号. 如果使用计算器以 Δy 和 Δx 的正确符号输入 $\dfrac{\Delta y}{\Delta x}$, 那么按下 arctan 键我们就得到一个角 t_0, 在表 3.6 中还根据对应象限给出了增加的新度值.

(2) **从距离和角计算直角坐标** 在一个直角坐标系中, 一个点 C 的坐标是通过在本地极坐标系中的测量来确定的 (图 3.40).

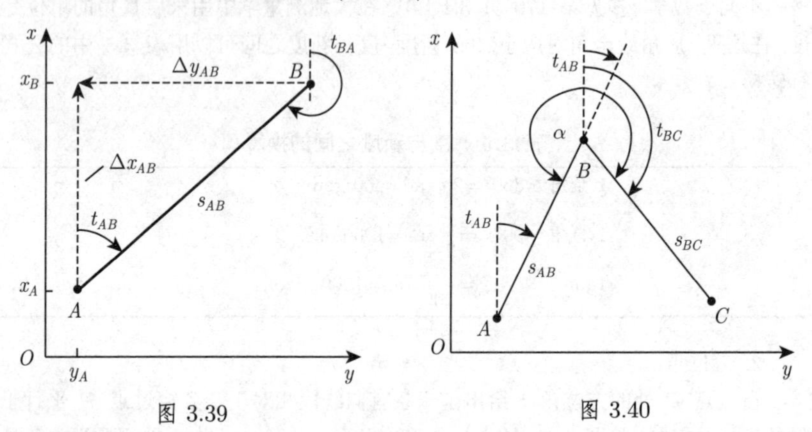

图 3.39 图 3.40

已知: $y_A, x_A; y_B, x_B$. **所测**: α, s_{BC}. **所求**: y_C, x_C.

解

$$\tan t_{AB} = \frac{\Delta y_{AB}}{\Delta x_{AB}}, \tag{3.106a}$$

$$t_{BC} = t_{AB} + \alpha \pm 200\,\text{gon}, \tag{3.106b}$$

$$y_C = y_B + s_{BC} \sin t_{BC}, \tag{3.106c}$$

$$x_C = x_B + s_{BC} \cos t_{BC}. \tag{3.106d}$$

如果还测量了 s_{AB}, 那么本地测量的距离与从坐标计算出的距离之间的差别可以通过乘以比例因子q 来考虑, 其中 q 一定非常接近于 1:

$$q = \frac{\text{计算出的距离}}{\text{测量出的距离}} = \frac{\sqrt{\Delta y_{AB}^2 + \Delta x_{AB}^2}}{s_{AB}}, \tag{3.107a}$$

$$y_C = y_B + s_{BC} q \sin t_{BC}, \tag{3.107b}$$

$$x_C = x_B + s_{BC} q \cos t_{BC} . \tag{3.107c}$$

(3) **两直角坐标系之间的坐标变换** 为了在一张国家地图上定位一个给定点, 需要将本地坐标系 y', x' 变换成地图坐标系 y, x(图 3.41). 将坐标系 y', x' 旋转一个角度φ成为 y, x 并平移 y_0, x_0. 以θ表示坐标系 y', x' 中的方位角. 在两个坐标系中给出 A 和 B 的坐标并在 x',y' 坐标系中给出点 C 的坐标. 变换由下列关系给出:

$$s_{AB} = \sqrt{\Delta y_{AB}^2 + \Delta x_{AB}^2}, \tag{3.108a}$$

$$s'_{AB} = \sqrt{\Delta y_{AB}'^2 + \Delta x_{AB}'^2}, \tag{3.108b}$$

$$q = \frac{s_{AB}}{s'_{AB}}, \tag{3.108c}$$

$$\varphi = t_{AB} - \vartheta_{AB} , \tag{3.108d}$$

$$\tan t_{AB} = \frac{\Delta y_{AB}}{\Delta x_{AB}}, \tag{3.108e}$$

$$\tan \vartheta_{AB} = \frac{\Delta y'_{AB}}{\Delta x'_{AB}}, \tag{3.108f}$$

$$y_0 = y_A - q x_A \sin\varphi - q y_A \cos\varphi , \tag{3.108g}$$

$$x_0 = x_A + q y_A \sin\varphi - q x_A \cos\varphi , \tag{3.108h}$$

$$y_C = y_A + q\sin\varphi(x'_C - x'_A) + q\cos\varphi(y'_C - y'_A) , \tag{3.108i}$$

$$x_C = x_A + q\cos\varphi(x'_C - x'_A) - q\sin\varphi(y'_C - y'_A) . \tag{3.108j}$$

评论 下面两个公式可用作检验.

$$y_C = y_A + q s'_{AC} \sin(\varphi + \vartheta_{AC}) , \tag{3.108k}$$

$$x_C = x_A + q s'_{AC} \cos(\varphi + \vartheta_{AC}) . \tag{3.108l}$$

如果线段AB在 x' 轴上, 那么这些公式就简化为

$$a = \frac{\Delta y_{AB}}{y'_B} = q\sin\varphi , \tag{3.109a}$$

$$b = \frac{\Delta x_{AB}}{x'_B} = q\cos\varphi , \tag{3.109b}$$

$$y_C = y_A + a x'_C + b y'_C , \tag{3.109c}$$

$$x_C = x_A + b x'_C - a y'_C , \tag{3.109d}$$

$$y'_C = \Delta y_{AC} b - \Delta x_{AC} a , \tag{3.109e}$$

$$x'_C = \Delta x_{AC} b + \Delta y_{AC} a . \tag{3.109f}$$

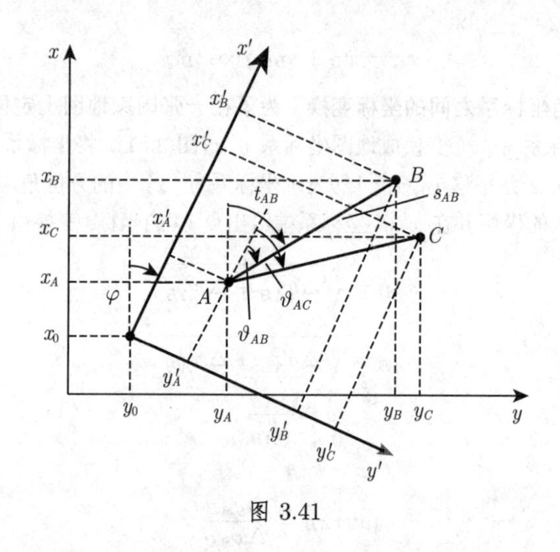

图 3.41

3.2.2.3 测量中的应用

在大地测量学中, 确定由三角测量定位的一点 N 的坐标是一种经常出现的测量任务. 其解决方法是交会法、后方交会法、弧交会法、自由设站法和导线测量. 最后两种方法在此不做讨论.

1. 交会法

(1) **经由两条定向直线的交会法**或三角测量的第一基本问题 通过两个已知点 A 和 B, 借助三角形ABN确定点 N(图 3.42).

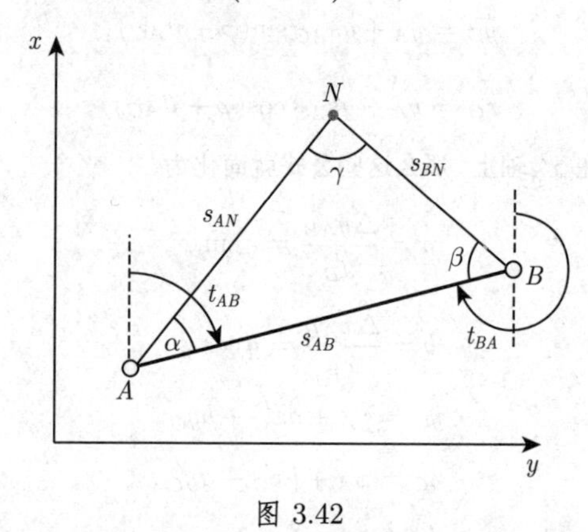

图 3.42

已知: $y_A, x_A; y_B, x_B$. **所测:** α, β, 如果可能的话还有 γ 或 $\gamma = 200\ \text{gon} - \alpha - \beta$.
所求: y_N, x_N.

解

$$\tan t_{AB} = \frac{\Delta y_{AB}}{\Delta x_{AB}}, \tag{3.110a}$$

$$s_{AB} = \sqrt{\Delta y_{AB}^2 + \Delta x_{AB}^2} = |\Delta y_{AB} \sin t_{AB}| + |\Delta x_{AB} \cos t_{AB}|, \tag{3.110b}$$

$$s_{BN} = s_{AB} \frac{\sin\alpha}{\sin\gamma} = s_{AB} \frac{\sin\alpha}{\sin(\alpha+\beta)}, \tag{3.110c}$$

$$s_{AN} = s_{AB} \frac{\sin\beta}{\sin\gamma} = s_{AB} \frac{\sin\beta}{\sin(\alpha+\beta)}, \tag{3.110d}$$

$$t_{AN} = t_{AB} - \alpha, \tag{3.110e}$$

$$t_{BN} = t_{BA} + \beta = t_{AB} + \beta \pm 200\,\text{gon}, \tag{3.110f}$$

$$y_N = y_A + s_{AN} \sin t_{AN} = y_B + s_{BN} \sin t_{BN}, \tag{3.110g}$$

$$y_N = x_A + s_{AN} \cos t_{AN} = x_B + s_{BN} \cos t_{BN}. \tag{3.110h}$$

(2) **涉及不可见B的交会问题** 如果从 A 处不能看见点 B, 那么方位角 t_{AN} 和 t_{BN} 则是通过关于其他坐标已知的可见点 D 和 E 的参考方向来确定的 (图 3.43).

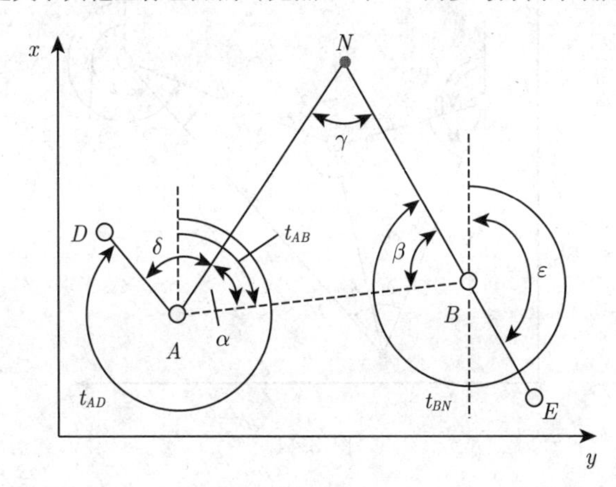

图 3.43

已知: $y_A, x_A; y_B, x_B; y_D, x_D; y_E, x_E$.

所测: A 处 δ, B 处 ε, 如果可能的话, 还有 γ.

所求: y_N, x_N.

解 化为第一基本问题, 根据 (3.110a) 计算 $\tan t_{AB}$, 得

$$\tan t_{AD} = \frac{\Delta y_{AD}}{\Delta x_{AD}}, \tag{3.111a}$$

$$\tan t_{BE} = \frac{\Delta y_{EB}}{\Delta x_{EB}}, \tag{3.111b}$$

$$t_{AN} = t_{AD} + \delta, \tag{3.111c}$$

$$t_{BN} = t_{BE} + \varepsilon\,, \tag{3.111d}$$

$$\alpha = t_{AB} - t_{AN}\,, \tag{3.111e}$$

$$\beta = t_{BN} - t_{BA}\,, \tag{3.111f}$$

$$\tan t_{AN} = \frac{\Delta y_{NA}}{\Delta x_{NA}}\,, \tag{3.111g}$$

$$\tan t_{BN} = \frac{\Delta y_{NB}}{\Delta x_{NB}}\,, \tag{3.111h}$$

$$x_N = \frac{\Delta y_{BA} + x_A \tan t_{AN} - x_B \tan t_{BN}}{\tan t_{AN} - \tan t_{BN}}\,, \tag{3.111i}$$

$$y_N = y_B + (x_N - x_B)\tan t_{BN}\,. \tag{3.111j}$$

2. 后方交会法

(1) **后方交会法的斯涅耳问题** 或通过三个已知点 A, B, C 确定点 N; 也称为三角测量的第二基本问题(图 3.44):

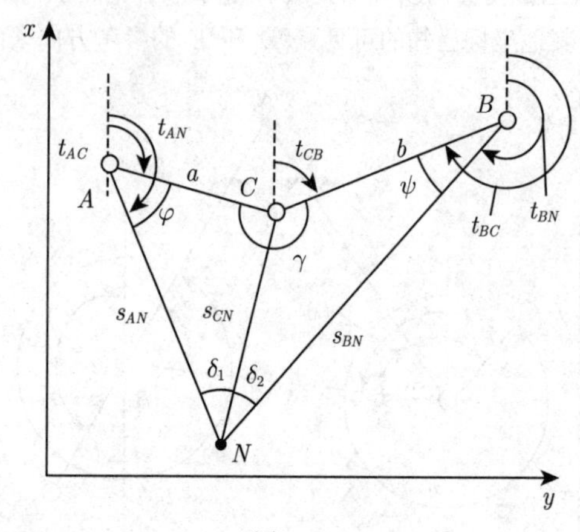

图 3.44

已知: $y_A, x_A; y_B, x_B; y_C, x_C$.

所测: N 处 δ_1, δ_2. **所求**: y_N, x_N.

解

$$\tan t_{AC} = \frac{\Delta y_{AC}}{\Delta x_{AC}}\,, \tag{3.112a}$$

$$\tan t_{BC} = \frac{\Delta y_{BC}}{\Delta x_{BC}}\,, \tag{3.112b}$$

$$a = \frac{\Delta y_{AC}}{\sin t_{AC}} = \frac{\Delta x_{AC}}{\cos t_{AC}}\,, \tag{3.112c}$$

$$b = \frac{\Delta y_{BC}}{\sin t_{BC}} = \frac{\Delta x_{BC}}{\cos t_{BC}}\,, \tag{3.112d}$$

$$\gamma = t_{CA} - t_{CB} = t_{AC} - t_{BC}\,, \tag{3.112e}$$

$$\frac{\varphi+\psi}{2}=180^\circ-\frac{\gamma+\delta_1+\delta_2}{2}, \tag{3.112f}$$

等式 (3.112f) 是确定φ和ψ的第一个条件. 从第 106 页 (2.115) 和 (2.116), 我们得到第二个条件:

$$\frac{\sin\varphi+\sin\psi}{\sin\varphi-\sin\psi}=\tan\frac{\varphi+\psi}{2}\cdot\cot\frac{\varphi-\psi}{2}. \tag{3.112g}$$

利用正弦定律 (3.88) 推出

$$\frac{\sin\varphi}{\sin\delta_1}=\frac{s_{CN}}{a},\quad \frac{\sin\psi}{\sin\delta_2}=\frac{s_{CN}}{b}, \tag{3.112h}$$

代入 (3.112g) 有

$$\tan\frac{\varphi-\psi}{2}=\tan\frac{\varphi+\psi}{2}\cdot\frac{\sin\varphi-\sin\psi}{\sin\varphi+\sin\psi}=\tan\frac{\varphi+\psi}{2}\cdot\frac{b\sin\delta_1-a\sin\delta_2}{b\sin\delta_1+a\sin\delta_2}. \tag{3.112i}$$

由 (3.112i) 我们得到 $\frac{\varphi-\psi}{2}$, 连同 (3.112f) 可解出

$$\varphi=\frac{\varphi+\psi}{2}+\frac{\varphi-\psi}{2},\quad \psi=\frac{\varphi+\psi}{2}-\frac{\varphi-\psi}{2}. \tag{3.112j}$$

由此我们可以确定下列线段和点:

$$s_{AN}=\frac{a}{\sin\delta_1}\sin(\delta_1+\varphi), \tag{3.112k}$$

$$s_{BN}=\frac{b}{\sin\delta_2}\sin(\delta_2+\psi), \tag{3.112l}$$

$$s_{CN}=\frac{a}{\sin\delta_1}\sin\varphi=\frac{b}{\sin\delta_2}\sin\psi, \tag{3.112m}$$

$$x_N=x_A+s_{AN}\cos t_{AN}=x_B+s_{BN}\cos t_{BN}, \tag{3.112n}$$

$$y_N=y_A+s_{AN}\sin t_{AN}=y_B+s_{BN}\sin t_{BN}. \tag{3.112o}$$

(2) **卡西尼后方交会法**

已知: $y_A, x_A; y_B, x_B; y_C, x_C$.

所测: N 处 δ_1, δ_2. **所求**: y_N, x_N.

这一方法要用到两个参考点 P 和 Q, 它们在穿过 A, C, P 和 B, C, Q 的参考圆上, 因此两者都位于包含 N 的直线上 (图 3.45). 圆 H_1 和 H_2 的中心分别是 $\overline{AC}$ 和 $\overline{BC}$ 的中垂线与线段 PC 和 QC 的交点. 在 N 处所测的δ_1, δ_2 也作为圆周角出现在 P 和 Q 处.

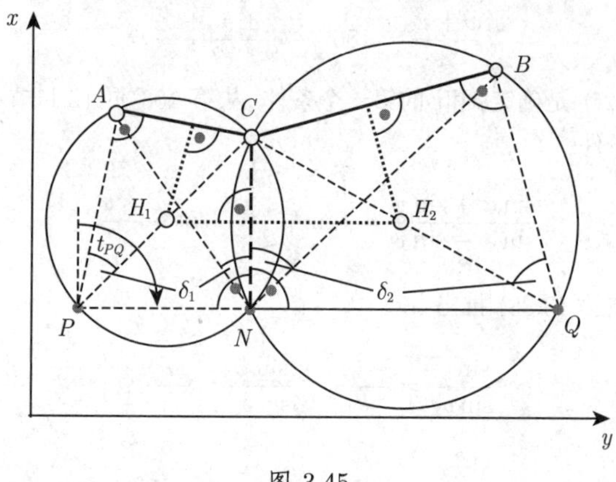

图 3.45

解

$$y_P = y_A + (x_C - x_A)\cot\delta_1, \tag{3.113a}$$

$$x_P = x_A + (y_C - y_A)\cot\delta_1, \tag{3.113b}$$

$$y_Q = y_B + (x_B - x_C)\cot\delta_2, \tag{3.113c}$$

$$x_Q = x_B + (y_B - y_C)\cot\delta_2, \tag{3.113d}$$

$$\cot t_{PQ} = \frac{\Delta y_{PQ}}{\Delta x_{PQ}}, \tag{3.113e}$$

$$x_N = x_P + \frac{y_C - y_P + (x_C - x_P)\cot t_{PQ}}{\tan t_{PQ} + \cot t_{PQ}}, \tag{3.113f}$$

$$y_N = y_P + (x_N - x_P)\tan t_{PQ} \quad (\tan t_{PQ} < \cot t_{PQ}), \tag{3.113g}$$

$$y_N = y_C - (x_N - x_C)\cot t_{PQ} \quad (\cot t_{PQ} < \tan t_{PQ}), \tag{3.113h}$$

危险圆 在选取点时要保证它们不位于一个圆上, 因为那时将不存在解; 我们这里谈论的就是所谓的*危险圆*. 点越靠近危险圆, 该方法的精确性就越低.

3. 弧交会法

应用这一方法要确定一个所谓的新点 N, 它是环绕具有已知坐标和所测半径 s_{AN}, s_{BN} 的两点 A 和 B 的两条弧之交点 (图 3.46). 计算未知线段长度 s_{AB} 则从三角形ABN目前已知的三边即可计算角.

第二种解法 (这里不作讨论) 开始于将一般三角形分解为两个直角三角形.

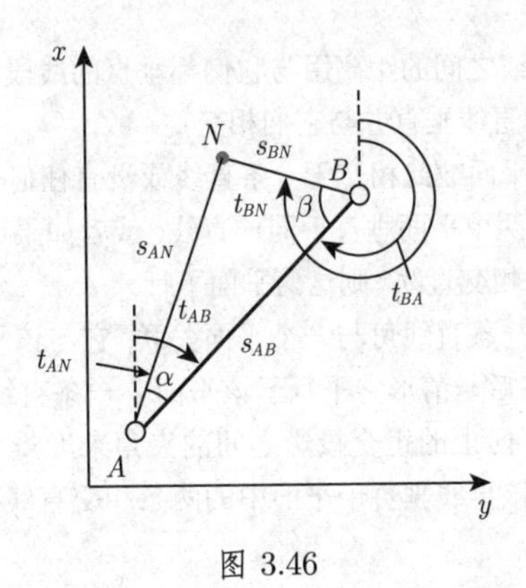

图 3.46

已知: $y_A, x_A : y_B, x_B$. **所测**: $s_{AN}; s_{BN}$. **所求**: s_{AB}, y_N, x_N.

解

$$s_{AB} = \sqrt{\Delta y_{AB}^2 + \Delta x_{AB}^2}\,, \tag{3.114a}$$

$$\tan t_{AB} = \frac{\Delta y_{AB}}{\Delta x_{AB}}\,, \tag{3.114b}$$

$$t_{BA} = t_{AB} + 200\,\mathrm{gon}\,, \tag{3.114c}$$

$$\cos\alpha = \frac{s_{AN}^2 + s_{AB}^2 - s_{BN}^2}{2 s_{AN} s_{AB}}\,, \tag{3.114d}$$

$$\cos\beta = \frac{s_{BN}^2 + s_{AB}^2 - s_{AN}^2}{2 s_{BN} s_{AB}}\,, \tag{3.114e}$$

$$t_{AN} = t_{AB} - \alpha\,, \tag{3.114f}$$

$$t_{BN} = t_{BA} + \beta\,, \tag{3.114g}$$

$$y_N = y_A + s_{AN} \sin t_{AN}\,, \tag{3.114h}$$

$$x_N = x_A + s_{AN} \cos t_{AN}\,, \tag{3.114i}$$

$$y_N = y_B + s_{BN} \sin t_{BN}\,, \tag{3.114j}$$

$$x_N = x_B + s_{BN} \cos t_{BN}. \tag{3.114k}$$

3.3 立体几何学

3.3.1 空间中的直线与平面

(1) **两条直线** 同一平面中的两条直线要么有一个交点，要么没有交点．在第二种情形它们是平行的．如果两条直线不包含在任何平面中，则它们是相错直线．两条相错直线之间的夹角用过同一点平行于它们的两条直线之间的夹角来定义

(图 3.47). 两条相错直线之间的距离用与它们都垂直的线段来定义 (总是存在唯一一条横截线与两条相错直线垂直并与它们相交).

(2) **两个平面**　两平面彼此相交于一条直线或没有任何公共点. 在第二种情形中它们是平行的. 如果两个平面垂直于同一直线, 或者如果这两个平面其中之一平行于另一平面中的两条相交直线, 则这两平面平行.

(3) **直线与平面**　一条直线可与一个平面关联, 它与该平面可以有一个公共点或没有任何公共点. 在后一情形它平行于该平面. 一条直线与一个平面之间的夹角用该直线与它在此平面上的正交投影之间的夹角来度量 (图 3.48). 如果此投影只是一个点, 即如果该直线垂直于平面中的两条相交直线, 则它与此平面*垂直*或*正交*.

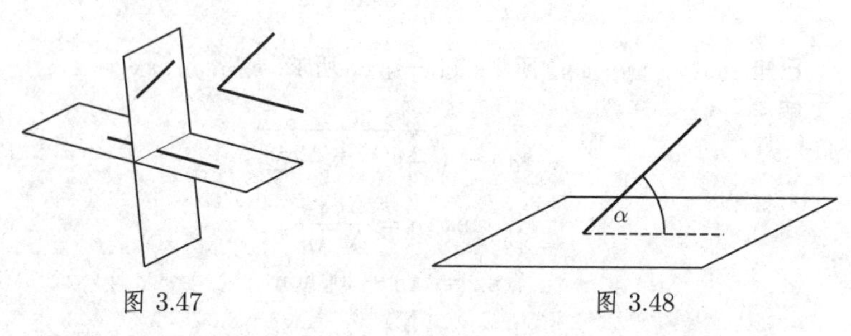

图 3.47　　　　图 3.48

3.3.2　棱角、隅角、立体角

(1) *棱角*或*二面角*是从同一条直线出发的两个半平面形成的图形 (图 3.49). 在日常用语中, 棱这个字是指两个半平面的交线. 我们用*平面棱角* ABC 来度量二面角, 它是位于两个半平面并在点 B 与交线DE垂直的两条半直线之间的夹角.

(2) *隅角*或*多面角*$OABCDE$(图 3.50) 是由若干平面, 即侧面形成的图形, 它们过一个公共点, 即顶点 O, 并分别交于直线 OA, OB, $\cdots$.

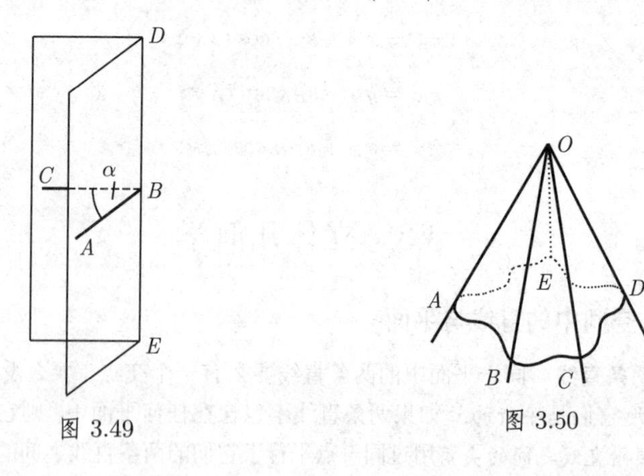

图 3.49　　　　图 3.50

界定同一侧面的两条直线形成一个*平面角*，而相邻的面则形成一个*二面角*.

如果两个多面体可以重叠, 则它们彼此相等, 即它们是*全等的*. 此时对应的元素, 即棱和顶点处的平面角一定重合. 如果两个多面体在顶点处对应的元素相等, 但它们具有相反的顺序, 则两个隅角不能重叠, 此时称它们为*对称隅角*, 因为如图 3.51 显示的那样, 可以将它们放在彼此对称的位置.

*凸多面角*完全位于它的每个面的一侧.

对每个凸多面体来说, 平面角之和 $AOB + BOC + \cdots + EOA$ (图 3.50) 小于 360°.

(3) 两个*三面角*如果有下列元素重合就是全等的:

- 两个面和对应的二面角,
- 一个面和属于它的两个二面角,
- 按相同顺序排列的三个对应的面,
- 按相同顺序排列的三个对应的二面角.

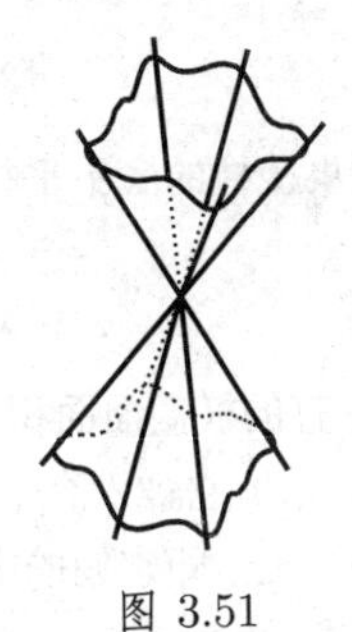

图 3.51

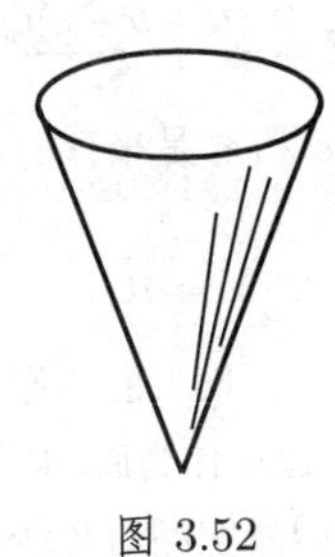

图 3.52

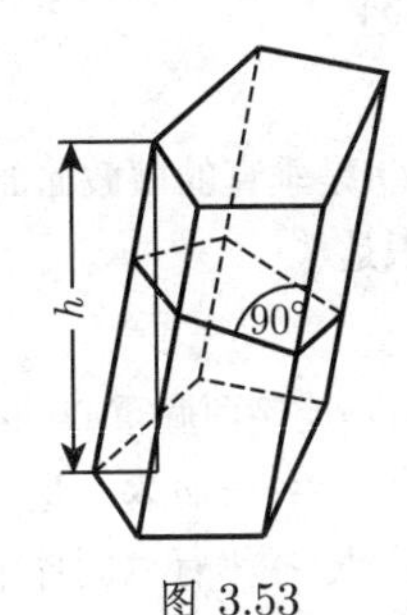

图 3.53

(4) *立体角* 从同一点出发 (并与一条封闭曲线相截) 的一束射线形成空间中的一个立体角 (图 3.52). 它被记作 $\varOmega$ 并由等式

$$\varOmega = \frac{S}{r^2} \tag{3.115a}$$

计算, 这里 S 是指由立体角从一个半径为 r, 中心位于该立体角顶点的球切下来的一片球面. 立体角的单位是*球面度*(sr):

$$1\,\mathrm{sr} = \frac{1\,\mathrm{m}^2}{1\,\mathrm{m}^2}, \tag{3.115b}$$

即一个 1sr 的立体角从单位球 ($r = 1\mathrm{m}$) 切下来 $1\mathrm{m}^2$ 面积的球面.

■ **A:** 全立体角是 $\varOmega = 4\pi r^2/r^2 = 4\pi$.

■ **B:** 一个具有顶角$\alpha = 120°$ 的锥面定义 (确定) 了一个立体角

$$\varOmega = 2\pi r^2 \frac{1-\cos\dfrac{\alpha}{2}}{r^2} = \pi,$$

其中用到了球冠 (3.163) 的公式.

3.3.3 多面体

在这一节中我们将使用以下记号: V 为体积, S 为表面积, M 为侧面积, h 为高, A_G 为底面积.

(1) 多面体　是由平面多边形所界的立体.

(2) 棱柱(图 3.53)　是具有两个全等的底并且以平行四边形作为侧面的多面体, 正棱柱是以正多边形作为底的直棱柱. 对于棱柱成立以下公式:

$$V = A_G h\,, \tag{3.116}$$

$$M = pl\,, \tag{3.117}$$

$$S = M + 2A_G, \tag{3.118}$$

这里 p 是与棱垂直的横截面周长，l 是棱长. 如果棱仍彼此平行, 但底不平行, 则侧面是梯形. 如果三角棱柱的底彼此不平行, 则它的体积可以用下列公式计算(图 3.54):

$$V = \frac{(a+b+c)Q}{3}, \tag{3.119}$$

其中 Q 是垂直的横截面面积, a, b 和 c 是平行的棱之长. 如果棱柱的底不平行, 则其体积是

$$V = lQ, \tag{3.120}$$

其中 l 是连接两底重心的线段 $\overline{BC}$ 之长, 而 Q 则是与该线垂直的横截面面积.

(3) 平行六面体　是以平行四边形作为底的棱柱 (图 3.55), 即它被六个平行四边形所界. 在平行六面体中, 全部四条空间对角线彼此交于同一点, 即它们的中点.

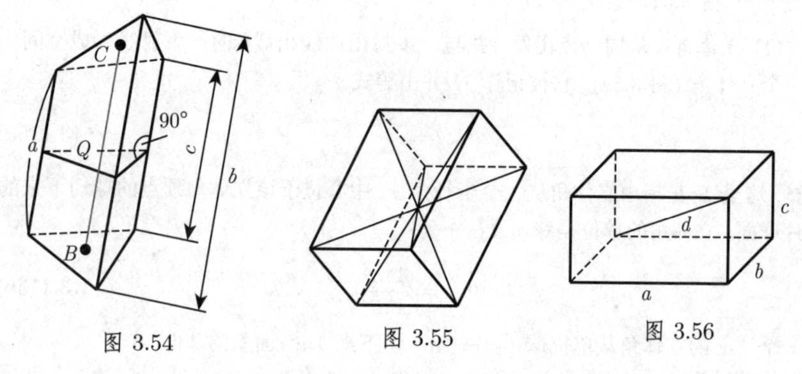

图 3.54　　图 3.55　　图 3.56

(4) 长方体　是以矩形为底的直角平行六面体. 在长方体中 (图 3.56), 空间对角线的长相等. 如果 a, b 和 c 是长方体的棱长, d 是对角线长, 则有

$$d^2 = a^2 + b^2 + c^2\,, \tag{3.121}$$

$$V = abc, \tag{3.122}$$

$$S = 2(ab + bc + ca)\,. \tag{3.123}$$

(5) **立方体(或正六面体)** 是具有相等棱长的长方体: $a = b = c$,

$$d^2 = 3a^2\,, \tag{3.124}$$

$$V = a^3\,, \tag{3.125}$$

$$S = 6a^2\,. \tag{3.126}$$

(6) **棱锥**(图 3.57) 是底为多边形, 侧面为具有公共点, 即顶点的三角形的多面体. 如果从顶点到底 A_G 的垂足位于底的中点, 则称它为**直棱锥**. 如果直棱锥的底是一个正多边形 (图 3.58) 并且当底是 n 边形时有 n 个侧面, 则称它为**正棱锥**. 棱锥连同底一起有 $(n + 1)$ 个面. 对于其体积有公式

$$V = \frac{A_G h}{3} \tag{3.127}$$

成立. 关于正棱锥的侧面积有公式

$$M = \frac{1}{2} p h_s \tag{3.128}$$

成立, 其中 p 表示底的周长, h_s 表示一个侧面的高.

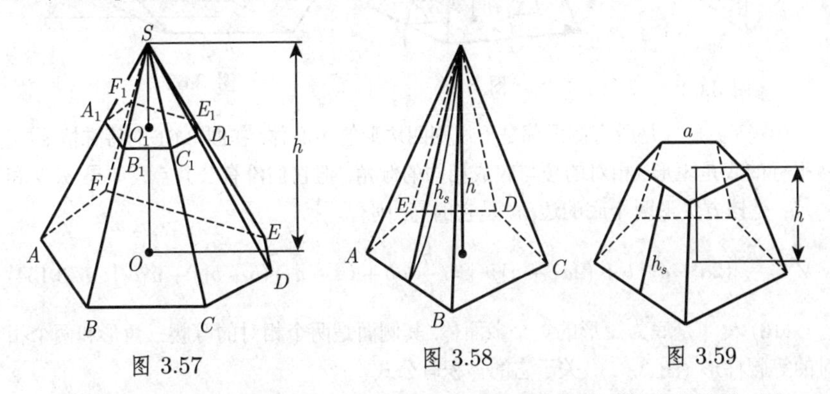

图 3.57 图 3.58 图 3.59

(7) **平截头棱锥体或截棱锥** 是顶被一个平行于底的平面截去的棱锥 (图 3.57, 图 3.59). 用 $\overline{SO}$ 表示棱锥的高, 即从顶到底的垂线, 则有

$$\frac{\overline{SA_1}}{\overline{A_1A}} = \frac{\overline{SB_1}}{\overline{B_1B}} = \frac{\overline{SC_1}}{\overline{C_1C}} = \ldots = \frac{\overline{SO_1}}{\overline{O_1O}}\,, \tag{3.129}$$

$$\frac{\text{面积}ABCDEF}{\text{面积}A_1B_1C_1D_1E_1F_1} = \left(\frac{\overline{SO}}{\overline{SO_1}}\right)^2 \tag{3.130}$$

成立. 如果 A_D 和 A_G 分别是上底和下底, h 是截棱锥的高, 即两底之间的距离, 而 a_D 和 a_G 是这两底对应的边, 则有

$$V = \frac{1}{3}h\left[A_G + A_D + \sqrt{A_G A_D}\right] = \frac{1}{3}hA_G\left[1 + \frac{a_D}{a_G} + \left(\frac{a_D}{a_G}\right)^2\right]. \tag{3.131}$$

正截棱锥的侧面积是

$$M=\frac{p_D+p_G}{2}h_s, \tag{3.132}$$

其中 p_D 和 p_G 是底的周长, h_s 是侧面的高.

(8) **四面体** 是一个三角棱锥 (图 3.60). 使用记号

$\overline{OA}=a,\quad \overline{OB}=b,\quad \overline{OC}=c,\quad \overline{CA}=q,\quad \overline{BC}=p,\quad \overline{AB}=r,$

则下列公式成立

$$V^2=\frac{1}{288}\begin{vmatrix} 0 & r^2 & q^2 & a^2 & 1 \\ r^2 & 0 & p^2 & b^2 & 1 \\ q^2 & p^2 & 0 & c^2 & 1 \\ a^2 & b^2 & c^2 & 0 & 1 \\ 1 & 1 & 1 & 1 & 0 \end{vmatrix}. \tag{3.133}$$

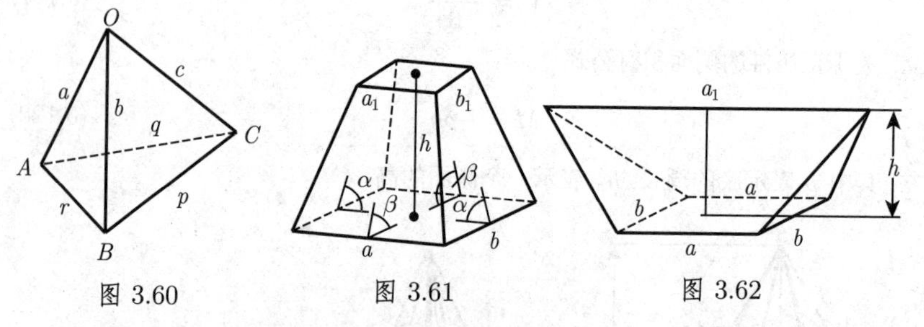

图 3.60　　图 3.61　　图 3.62

(9) *方尖形* 是所有侧面都是不规则四边形的多面体. 在图 3.61 的特殊情形中, 两平行的底是矩形, 相对的棱与底成相同的倾角, 但它们没有公共点. 如果 a, b 和 a_1, b_1 是该方尖形两个底的边, h 是它的高, 则有

$$V=\frac{h}{6}\left[(2a+a_1)\,b+(2a_1+a)\,b_1\right]=\frac{h}{6}\left[ab+(a+a_1)\,(b+b_1)+a_1b_1\right]. \tag{3.134}$$

(10) *楔* 是底为矩形的一个多面体, 其侧面是两个相对的等腰三角形和两个相对的等腰梯形 (图 3.62). 关于它的体积有公式

$$V=\frac{1}{6}\,(2a+a_1)\,b\,h. \tag{3.135}$$

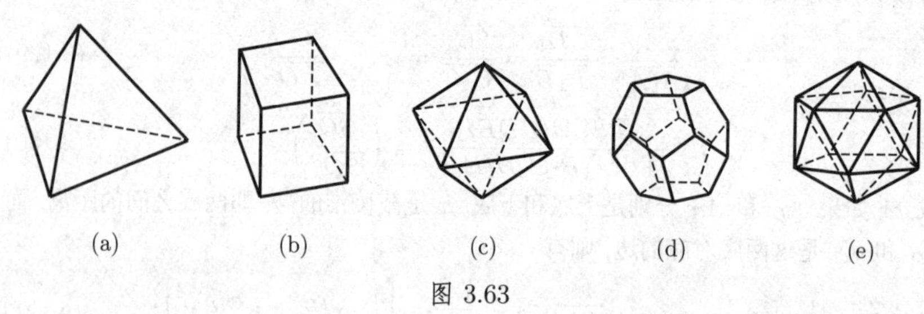

图 3.63

(11) 正多面体 具有全等的正多边形作为界面并具有全等的正则隅角. 图 3.63 中表示的是五种可能的正多面体; 表 3.7 显示的是相应数据.

(12) 欧拉关于多面体的定理 如果 e 是一个凸多面体的顶点数, f 是面数, k 是棱数, 则

$$e - k + f = 2. \tag{3.136}$$

例子由表 3.7 给出.

表 3.7 棱长为 a 的正多面体的有关数据

名称	面的数目和形状	棱数	顶点数	表面积 $\frac{S}{a^2}$	体积 $\frac{V}{a^3}$
正四面体	4 个正三角形	6	4	$\sqrt{3}=1.7321$	$\frac{\sqrt{2}}{12}=0.1179$
立方体	6 个正方形	12	8	$6=6.0$	$1=1.0$
正八面体	8 个正三角形	12	6	$2\sqrt{3}=3.4641$	$\frac{\sqrt{2}}{3}=0.4714$
正十二面体	12 个正五边形	30	20	$3\sqrt{5(5+2\sqrt{5})}=20.6457$	$\frac{15+7\sqrt{5}}{4}=7.6631$
正二十面体	20 个正三角形	30	12	$5\sqrt{3}=8.6603$	$\frac{5(3+\sqrt{5})}{12}=2.1817$

3.3.4 由曲面所界的立体

在这一节中我们将使用以下记号: V 为体积, S 为表面积, M 为侧面积, h 为高, A_G 为底面积.

(1) 柱面 可以通过一条直线, 即母线沿一条曲线, 即所谓准线平移得到 (图 3.64).

(2) 柱体 是由具有一条封闭准线的柱面和该柱面从两个平行平面截出的两个平行的底所界的立体. 对于每个底的周长为 p, 垂直于母线的横截面周长为 s, 面积为 Q, 母线长为 l 的任意柱体 (图 3.65), 以下公式成立:

$$V = A_G h = Ql, \tag{3.137}$$

$$M = ph = sl. \tag{3.138}$$

(3) 直圆柱 以圆作为底并且其母线垂直于圆面 (图 3.66). 设底半径为 R, 则有

$$V = \pi R^2 h, \tag{3.139}$$

$$M = 2\pi Rh, \tag{3.140}$$

$$S = 2\pi R(R+h). \tag{3.141}$$

(4) 斜截圆柱(图 3.67)

$$V = \pi R^2 \frac{h_1 + h_2}{2}, \tag{3.142}$$

$$M = \pi R(h_1 + h_2)\,, \tag{3.143}$$

$$S = \pi R\left[h_1 + h_2 + R + \sqrt{R^2 + \left(\frac{h_2 - h_1}{2}\right)^2}\right]. \tag{3.144}$$

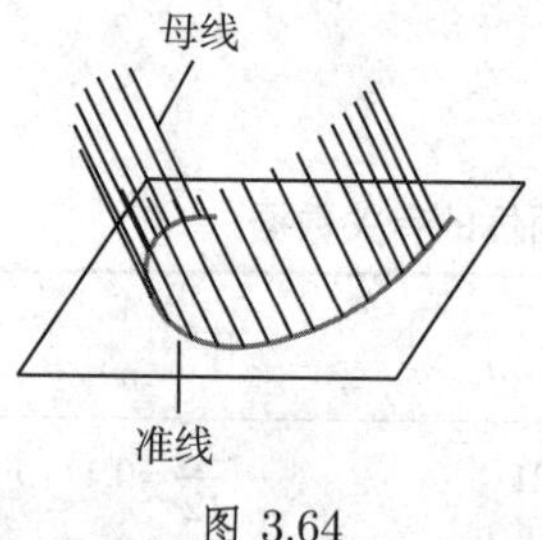

图 3.64

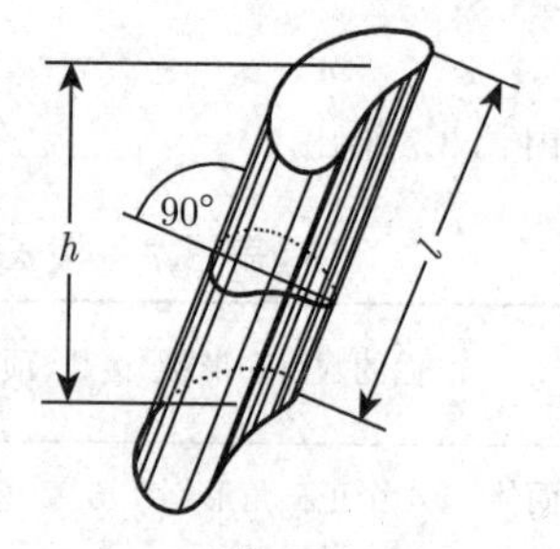

图 3.65

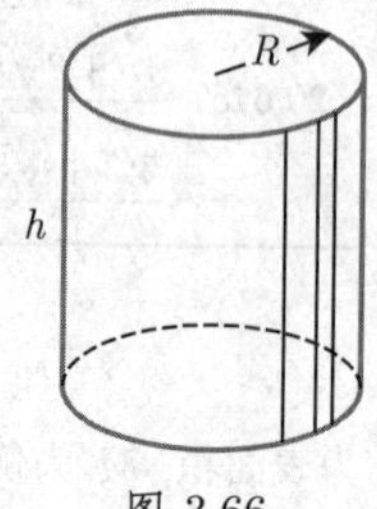

图 3.66

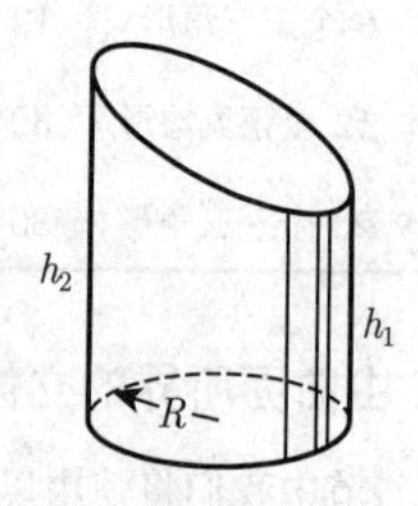

图 3.67

(5) **柱段** 应用图 3.68 的记号, 设$\alpha = \varphi/2$ 并以弧度记, 则有

$$\begin{aligned} V &= \frac{h}{3b}\left[a(3R^2 - a^2) + 3R^2(b - R)\alpha\right] \\ &= \frac{hR^3}{b}\left(\sin\alpha - \frac{\sin^3\alpha}{3} - \alpha\cos\alpha\right), \end{aligned} \tag{3.145}$$

$$M = \frac{2Rh}{b}\left[(b - R)\alpha + a\right], \tag{3.146}$$

其中当 $b > R$, $\varphi>\pi$ 时公式仍成立.

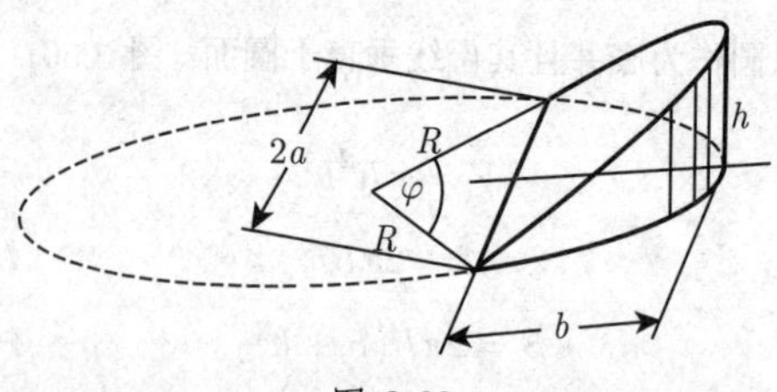

图 3.68

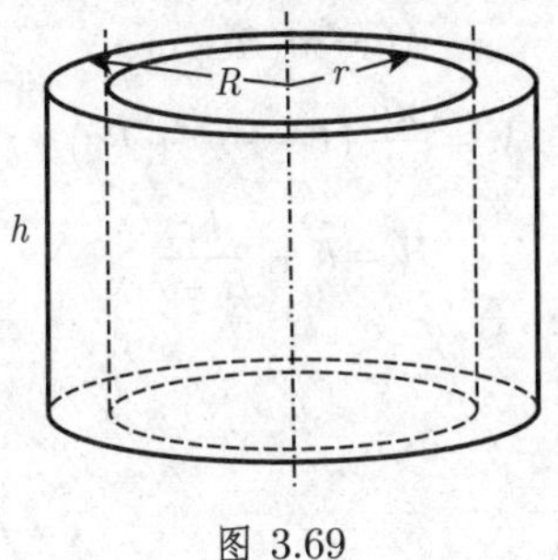

图 3.69

(6) **空心圆柱** 应用记号 R 表示外半径, r 表示内半径, $\delta=R-r$ 表示两半径之差, $\rho=\dfrac{R+r}{2}$ 表示两半径的平均值 (图 3.69), 则有

$$V=\pi h(R^2-r^2)=\pi h\delta(2R-\delta)=\pi h\delta(2r+\delta)=2\pi h\delta\rho. \tag{3.147}$$

(7) **锥面** 是由一条直线, 即母线沿一条曲线, 即准线移动使得该直线总是通过一个定点, 即顶点而产生的 (图 3.70).

(8) **锥**(图 3.71) 是由具有一条封闭准线的锥面和该锥面从一个平面截出的底所界的立体. 对于任意一个锥, 则有

$$V=\frac{hA_G}{3}. \tag{3.148}$$

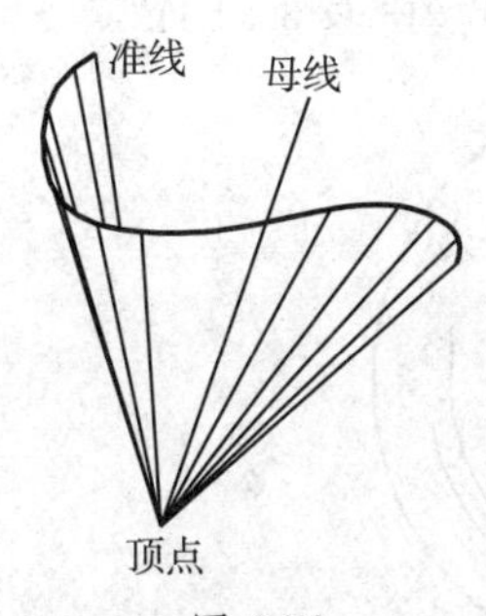

图 3.70

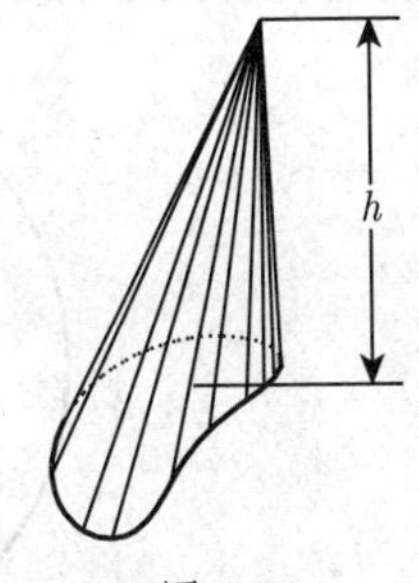

图 3.71

(9) **直圆锥** 以圆作为底而其顶点在该圆上方正对着圆心 (图 3.72). 以 l 表示母线长, R 表示底圆半径, 则有

$$V=\frac{1}{3}\pi R^2h, \tag{3.149}$$

$$M=\pi Rl=\pi R\sqrt{R^2+h^2}, \tag{3.150}$$

$$S=\pi R(R+l). \tag{3.151}$$

(10) **直锥台或截锥**(图 3.73)

$$l=\sqrt{h^2+(R-r)^2}, \tag{3.152}$$

$$M = \pi l(R + r), \tag{3.153}$$

$$V = \frac{\pi h}{3}\left(R^2 + r^2 + Rr\right), \tag{3.154}$$

$$H = h + \frac{hr}{R - r}. \tag{3.155}$$

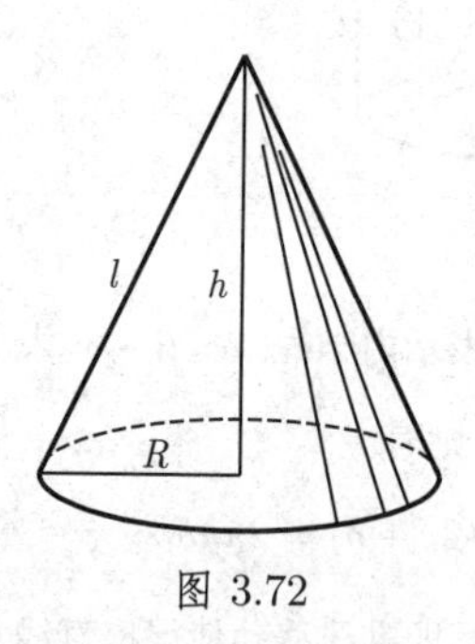

图 3.72

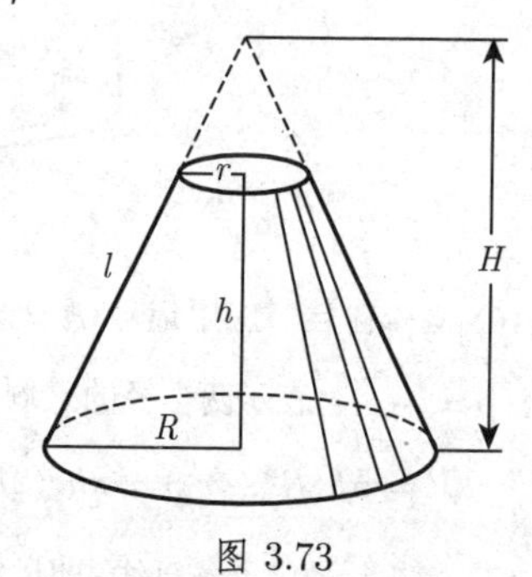

图 3.73

(11) **圆锥截面** 参见第 277 页 3.5.2.11.

(12) **球**(图 3.74) 具有半径 R 和直径 $D = 2R$. 其与任一平面的截线都是圆. 过球心的平面产生的截线是半径为 R 的**大圆**(参见第 213 页 3.4.1.1). 如果球面上的两个点不是同一条直径的端点, 那么只能有一个大圆适合通过它们. 球面上两点在球面上的最短连线是它们之间的大圆弧 (参见第 213 页 3.4.1.1).

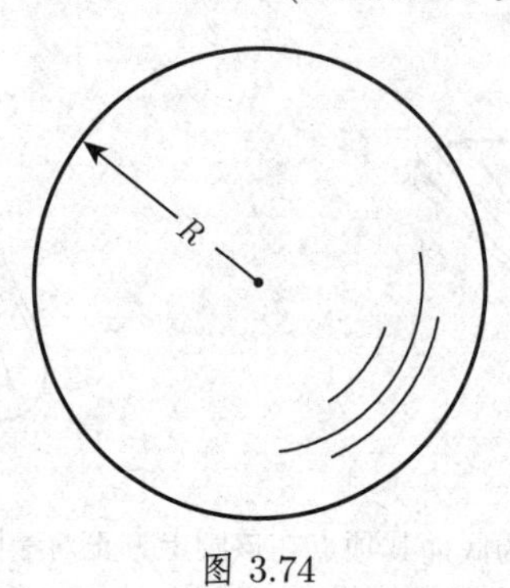

图 3.74

涉及球的表面积和体积的公式如下:

$$S = 4\pi R^2 \approx 12.57R^2, \tag{3.156a}$$

$$S = \pi D^2 \approx 3.142D^2, \tag{3.156b}$$

$$S = \sqrt[3]{36\pi V^2} \approx 4.836\sqrt[3]{V^2}, \tag{3.156c}$$

$$V = \frac{4}{3}\pi R^3 \approx 4.189R^3, \tag{3.157a}$$

$$V = \frac{\pi D^3}{6} \approx 0.5236 D^3 , \tag{3.157b}$$

$$V = \frac{1}{6}\sqrt{\frac{S^3}{\pi}} \approx 0.09403\sqrt{S^3} , \tag{3.157c}$$

$$R = \frac{1}{2}\sqrt{\frac{S}{\pi}} \approx 0.2821\sqrt{S} , \tag{3.158a}$$

$$R = \sqrt[3]{\frac{3V}{4\pi}} \approx 0.6204\sqrt[3]{V} . \tag{3.158b}$$

(13) 球心角体(图 3.75)

$$S = \pi R(2h + a) , \tag{3.159}$$

$$V = \frac{2\pi R^2 h}{3} . \tag{3.160}$$

(14) 球冠(图 3.76)

$$a^2 = h(2R - h) , \tag{3.161}$$

$$V = \frac{1}{6}\pi h\left(3a^2 + h^2\right) = \frac{1}{3}\pi h^2(3R - h) , \tag{3.162}$$

$$M = 2\pi Rh = \pi\left(a^2 + h^2\right) , \tag{3.163}$$

$$S = \pi\left(2Rh + a^2\right) = \pi\left(h^2 + 2a^2\right) . \tag{3.164}$$

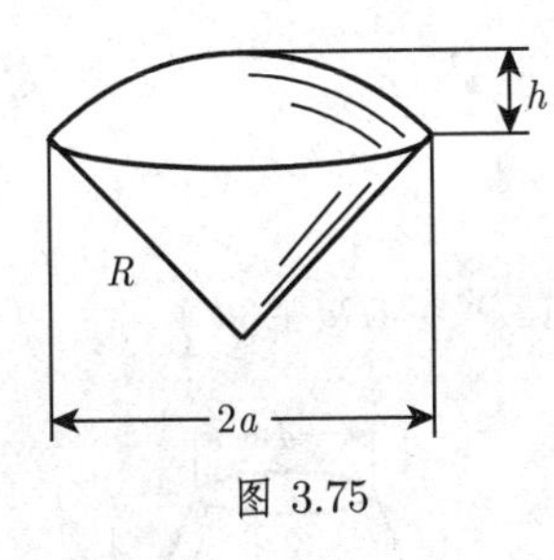

图 3.75

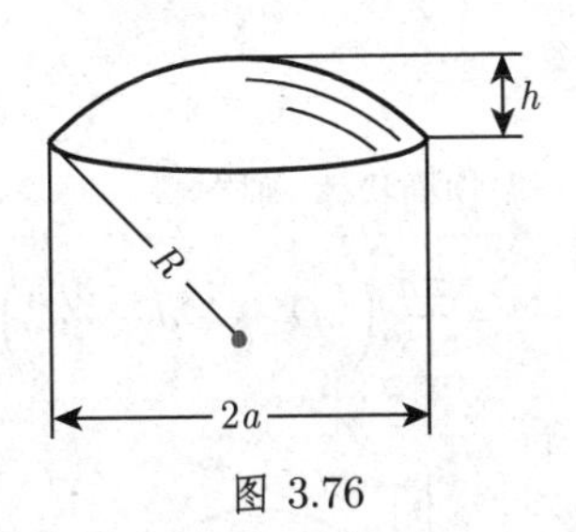

图 3.76

(15) 球层(图 3.77)

$$R^2 = a^2 + \left(\frac{a^2 - b^2 - h^2}{2h}\right)^2 , \tag{3.165}$$

$$V = \frac{1}{6}\pi h\left(3a^2 + 3b^2 + h^2\right) , \tag{3.166}$$

$$M = 2\pi Rh, \tag{3.167}$$

$$S = \pi\left(2Rh + a^2 + b^2\right) . \tag{3.168}$$

如果 V_1 是内接于球层的截锥 (图 3.78) 的体积, l 是它的母线长, 则有

$$V - V_1 = \frac{1}{6}\pi h l^2 . \tag{3.169}$$

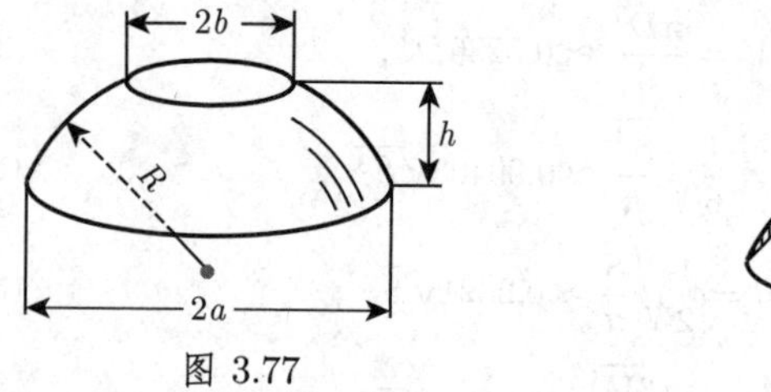

图 3.77

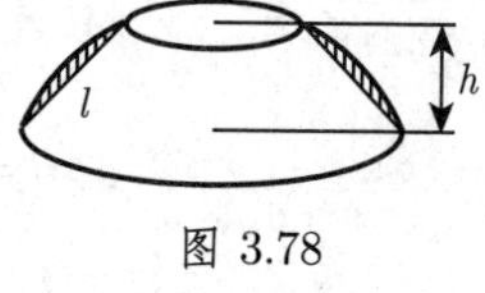

图 3.78

(16) **环面**(图 3.79) 是一个圆绕位于它所在平面且不与该圆相交的一个轴旋转产生的立体.

$$S = 4\pi^2 R\,r \approx 39.48R\,r\,, \tag{3.170a}$$

$$S = \pi^2 D\,d \approx 9.870D\,d\,, \tag{3.170b}$$

$$V = 2\pi^2 R\,r^2 \approx 19.74R\,r^2\,, \tag{3.171a}$$

$$V = \frac{1}{4}\pi^2 D\,d^2 \approx 2.467D\,d^2\,. \tag{3.171b}$$

(17) **桶状体**(图 3.80) 由母曲线旋转产生; **圆桶状体**是由圆弧旋转形成的, **抛物桶状体**是由抛物线段旋转形成的. 对于圆桶状体有下列近似公式成立:

$$V \approx 0.262h\left(2D^2 + d^2\right) \tag{3.172a}$$

或

$$V \approx 0.0873h(2D + d)^2, \tag{3.172b}$$

而对于抛物桶状体, 则有

$$V = \frac{\pi h}{15}\left(2D^2 + Dd + \frac{3}{4}d^2\right) \approx 0.05236h\left(8D^2 + 4Dd + 3d^2\right)\,. \tag{3.173}$$

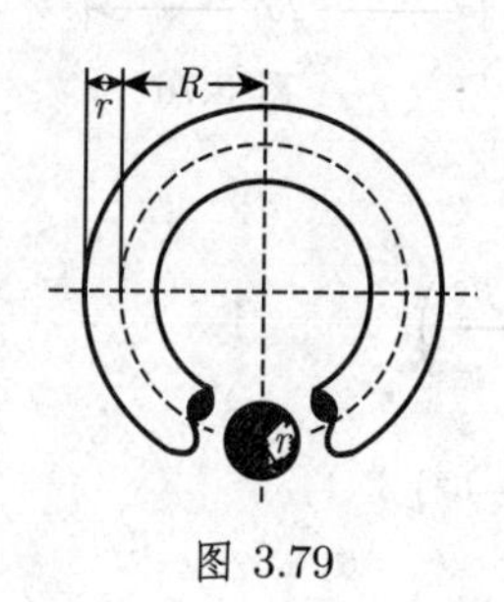

图 3.79

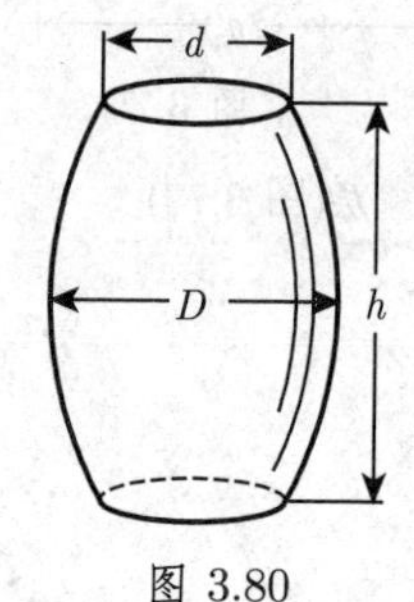

图 3.80

3.4 球面三角学

由于大地测量跨越很长的距离, 所以必须要考虑地球的球形这一因素. 于是球面几何学就成为必需. 特别是, 人们需要球面三角形 (即位于球面上的三角形) 的公式. 古希腊人也认识到了这一点, 所以除平面三角学外还发展了球面三角学, 现在人们公认球面几何学的创始人是希帕科斯 (约公元前 150 年).

3.4.1 球面几何学的基本概念

3.4.1.1 球面上的曲线、弧和角

1. 球面曲线、大圆和小圆

球面上的曲线称为*球面曲线*. 重要的球面曲线有大圆和小圆. 它们是穿过球的平面, 即所谓的*截割平面*截出的*相交圆*(图 3.81).

如果半径为 R 的球被与球心 O 距离为 h 的平面 K 所截, 则相交圆的半径 r 满足

$$r=\sqrt{R^2-h^2}\quad (0\leqslant h\leqslant R)\,. \tag{3.174}$$

当 $h=0$ 时, 截割平面穿过球心, r 取最大可能的值. 在这一情形, 平面 Γ 中的相交圆 g 称为*大圆*. 任何其他的相交圆都有 $0<h<R$, 称为*小圆*, 例如图 3.81 中的圆 k. 当 $h=R$ 时平面 K 和球只有一个公共点. 这时它称为*切平面*.

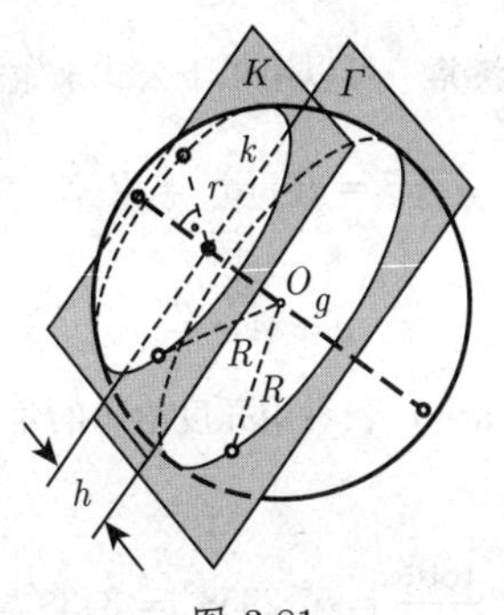

图 3.81

■ 在地球上, *赤道*和*子午线*及其*相对子午线* —— 它们是子午线关于地球自转轴的反射 —— 表示大圆. 平行的纬线是小圆 (参见第 215 页 3.4.1.2,1.).

2. 球面距离

通过球面上不是相对点 (即它们不是同一直径的端点) 的两点 A 和 B, 可以画出无穷多个小圆, 但仅有一个大圆 (和大圆 g 所在平面). 考虑通过 A 和 B 的两个小圆 k_1, k_2 并将它们旋转入通过 A 和 B 的大圆平面中 (图 3.82). 大圆具有最大的半径, 从而有最小的曲率. 因此大圆较短的弧就是 A 和 B 之间的最短连线. 它也是球面上 A, B 两点之间的最短连线, 称为*球面距离*.

3. 测地线

*测地线*是曲面上两点之间的最短连线 (参见第 359 页 3.6.3.6).

■ 平面上的直线, 球面上的大圆都是测地线 (也见第 215 页 3.4.1.2,1.).

4. 球面距离的度量

两点的球面距离可以表示成长度, 也可以表示成角度 (图 3.83).

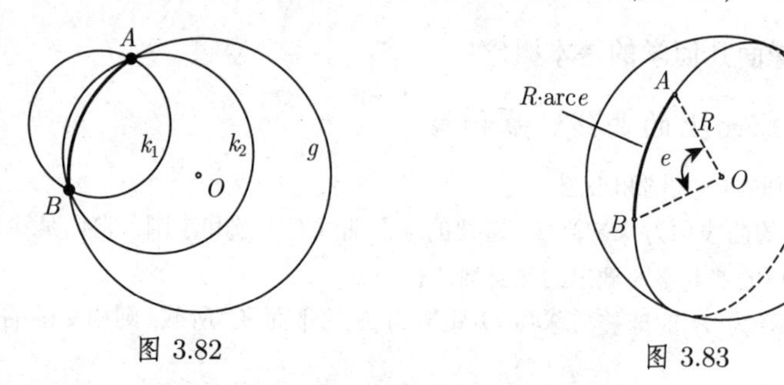

图 3.82　　　　图 3.83

(1) *作为角度的球面距离*　是在球心 O 处所测的半径 $\overline{OA}$ 和 $\overline{OB}$ 之间的角. 这个角唯一确定了该球面距离, 以下将用小写拉丁字母表示它. 这一记号可以用在球心处或大圆弧上.

(2) *作为长度的球面距离*　是 A 和 B 之间大圆弧的长. 我们用 $\widehat{AB}$(弧 AB) 来标记.

(3) *角度与长度之间的换算*　可以用以下公式来做:

$$\widehat{AB} = R\,\mathrm{arc}\,e = R\frac{e}{\varrho}, \tag{3.175a}$$

$$e = \widehat{AB}\,\frac{\varrho}{R}. \tag{3.175b}$$

这里 e 表示用度给出的角, arc e 表示用弧度给出的角 (参见第 170 页 3.1.1.5 弧度). 换算因子ϱ等于

$$\varrho = 1\mathrm{rad} = \frac{180^\circ}{\pi} = 57.2958^\circ = 3438' = 206265''. \tag{3.175c}$$

距离作为长度和角度来确定是等价的, 但在球面三角学中球面距离大多数情况下是以角度给出的.

■ **A:** 对于地球表面的球面计算通常考虑和克拉索夫斯基 (Krassowski) 双轴参考椭球同样体积的一个球. 该地球半径是 $R = 6371.110$ km, 因此有 $1^\circ \triangleq 111.2$ km, $1' = 1853.3$ m= 1 旧海里. 今天 1 n mile = 1852 m.

■ **B:** 德累斯顿与圣彼得堡之间的球面距离是 $\widehat{AB} = 1433$ km 或

$$e = \frac{1433\,\mathrm{km}}{6371\,\mathrm{km}}57.3^\circ = 12.89^\circ = 12^\circ 53'.$$

5. 交叉角、航向角、方位角

两条球面曲线之间的*交叉角*是在交点 P_1 处它们的切线之间的夹角. 如果其中之一是子午线, 那么与从 P_1 点起朝北的曲线段形成的交叉角α 在导航中称为航向

角. 为了区别偏向东的曲线和偏向西的曲线, 按照图 3.84(a), (b) 指派给航向角一个符号, 并将其限制在区间 $-90^\circ < \alpha \leqslant 90^\circ$ 内. 因此航向角是一个有向角, 即它具有符号. 就其含义来说, 它与曲线的定向无关.

如图 3.84(c) 从 P_1 到 P_2 的曲线的定向可以用方位角 δ 来描述: 它是通过 P_1 的子午线的北半部分与从 P_1 到 P_2 的曲线之间的交叉角. 方位角被限制在区间 $0^\circ \leqslant \delta < 360^\circ$ 内.

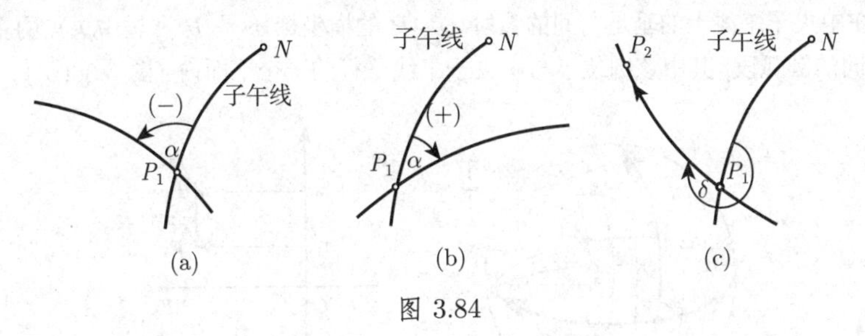

图 3.84

评论 在导航中位置坐标通常以六十进度数给出; 球面距离, 航向角和方位角则以十进度数给出.

3.4.1.2 特殊坐标系

1. 地理坐标

为了确定地球表面的点 P, 需要使用地理坐标(图 3.85), 即具有地球半径的球面坐标: 地理经度λ和地理纬度φ.

为了确定经度度数, 人们将地球表面用从北极到南极的半大圆, 即所谓子午线进行划分. 零子午线通过格林尼治天文台. 由此出发人们借助 180 条子午线算出东经, 同样借助 180 条子午线算出西经. 在赤道它们彼此相距 111 km. 在给出东经时采用正值, 西经则用负值给出. 因此 $-180^\circ \leqslant \lambda \leqslant 180^\circ$.

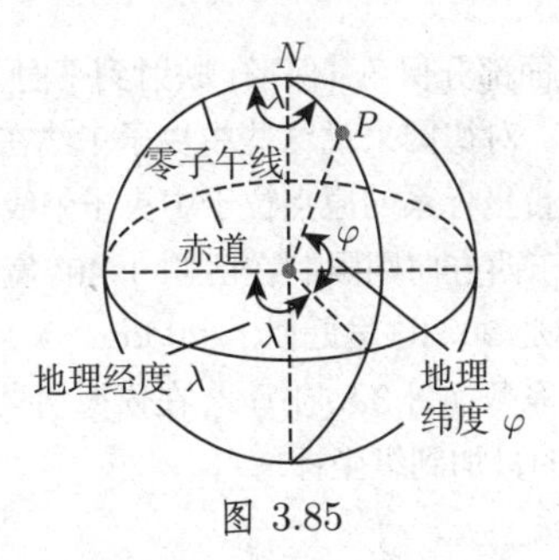

图 3.85

为了确定纬度, 人们将地球表面用平行于赤道的小圆进行划分. 从赤道开始向北算出 90 个纬度, 即北向纬度差, 同样算出 90 个南纬度. 北纬取正值, 南纬取负值. 因此 $-90° \leqslant \varphi \leqslant 90°$.

2. 佐德纳坐标

在大范围测量中直角佐德纳 (Soldner) 坐标和高斯–克吕格坐标是重要的. 为了将弯曲的地球表面部分映射到平面中的直角坐标系, 在纵坐标方向保持距离, 按照佐德纳的做法, 需要将 x 轴放置在一条子午线 (称为中央子午线) 上, 原点置于测量好的中央点 (图 3.86(a)). 点 P 的纵坐标 y 是 P 和过 P 点的球面正交曲线 (大圆) 在中央子午线上的垂足之间的弧段. 点 P 的横坐标 x 是 P 和过中央点的主纬线之间的圆弧段, 其中该圆位于与中央子午线平行的一个平面内 (图 3.86(b)).

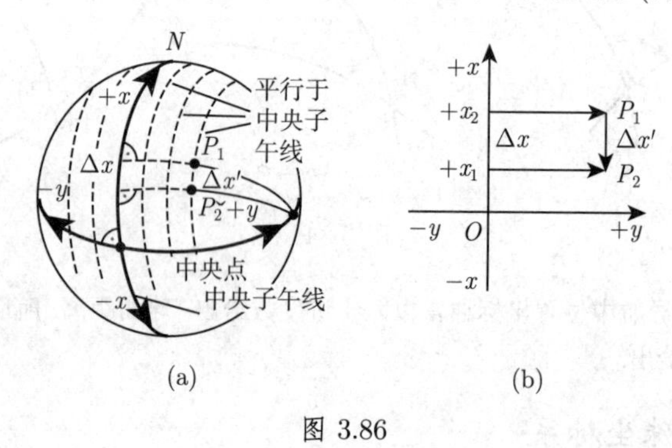

图 3.86

如果将球面横坐标和纵坐标转换成平面坐标系, 那么线段 Δx 将被拉伸并且方向发生改变. 在横坐标方向上的伸长系数 a 是

$$a=\frac{\Delta x}{\Delta x'}=1+\frac{y^2}{2R^2},\quad R=6371\,\mathrm{km}. \tag{3.176}$$

为了调节拉伸, 坐标系在中央子午线两侧的延伸不能超过 64 km. 在 $y=64$ km 处 1 km 长的线段具有 0.05 m 的伸长量.

3. 高斯–克吕格坐标

为了将弯曲的地球表面部分保角 (保形) 映射到平面上, 在高斯–克吕格坐标系中首先要划分出子午线带. 对德国来说这些中央子午线在东经 6°, 9°, 12° 和 15° (图 3.87(a)). 每个子午线带坐标系的原点位于中央子午线和赤道的交点处. 在南北方向要考虑全部范围, 在东西方向则限制在两侧 $1°40'$ 宽的带内. 在德国它大约相当于 ±100 km. 重叠部分是 $20'$, 这里近似于 20 km.

横坐标方向上的伸长系数 (图 3.87(b)) 与在佐德纳坐标系 (3.176) 中一样. 为保持保角映射, 需要将 b 的量加到纵坐标:

$$b=\frac{y^3}{6R^2}. \tag{3.177}$$

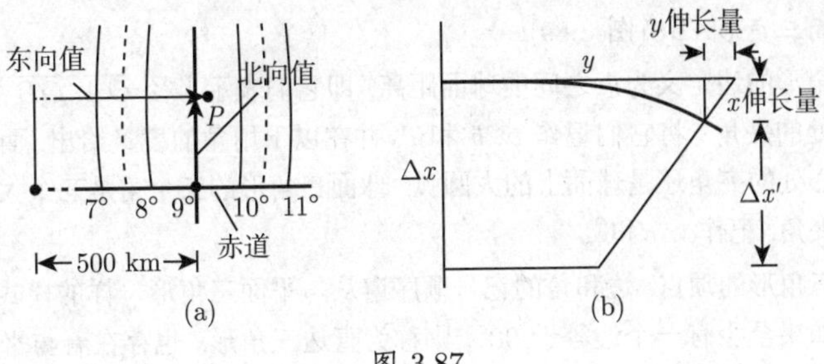

图 3.87

3.4.1.3 球面新月形或二角形

假设有两个平面 Γ_1 和 Γ_2 通过球的直径的端点 A 和 B 并围成一个角α (图 3.88), 由此确定两个大圆 g_1 和 g_2. 球面被两个大圆一半所界的部分称为**球面新月形或球面二角形**. 球面二角形的两边由大圆上 A 和 B 之间的球面距离定义, 两者都是 180°.

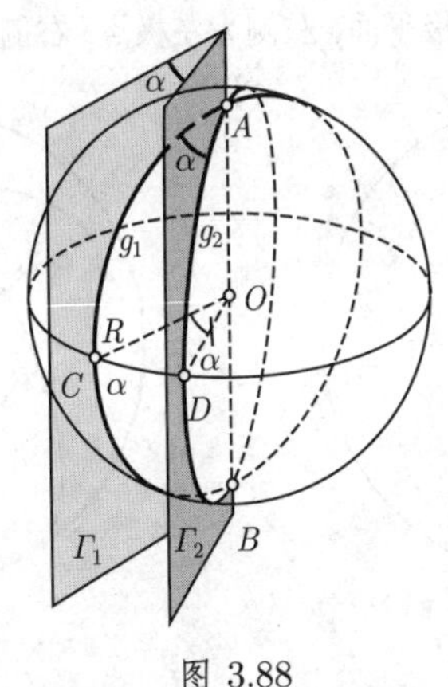

图 3.88

二角形的角定义为大圆 g_1 和 g_2 在点 A 和 B 处切线之间的夹角. 它们与平面 Γ_1 和 Γ_2 之间所谓的二面角α相同. 如果 C 和 D 是 A 与 B 之间两个大圆弧的平分点, 则角α可以表示成 C 与 D 之间的球面距离. 球面二角形的面积 A_b 随着α变到 360° 而与球的表面积成正比. 因此这个面积是

$$A_b = \frac{4\pi R^2 \alpha}{360^\circ} = \frac{2R^2\alpha}{\varrho} = 2R^2 \operatorname{arc}\alpha, \tag{3.178}$$

这里 ϱ 是如 (3.175c) 中的换算因子.

3.4.1.4 球面三角形

考虑球面上不在同一大圆上的三点 A, B 和 C. 将它们用大圆弧两两相连则得到一个球面三角形ABC(图 3.89).

该三角形的边定义为点之间的球面距离, 即它们表示半径 $\overline{OA}$, $\overline{OB}$ 和 $\overline{OC}$ 之间在球心处的夹角. 将它们记作 a, b 和 c, 并在以下用角的度量给出, 而不管它们表示为球心处的夹角还是球面上的大圆弧. 球面三角形的三个角是三个大圆平面两两之间的夹角, 记作α, β和γ.

球面三角形的顶点, 边和角的记号顺序遵从与平面三角形一样的模式. 一个球面三角形如果至少有一个边等于 90°, 则称为直边三角形. 也存在着与平面直角三角形类似的球面直角三角形.

3.4.1.5 极三角形

1. 极点和极平面

球直径的端点 P_1 和 P_2 称为极点, 与该直径垂直的大圆 g 所在平面称为极平面(图 3.90). 极点与大圆 g 上任一点之间的球面距离都是 90°. 极平面的方向是任意定义的: 沿选取方向横穿极平面, 左侧为左极点, 右侧为右极点.

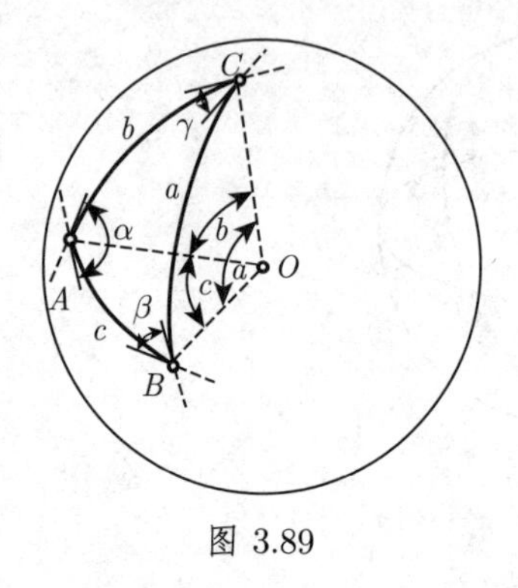

图 3.89

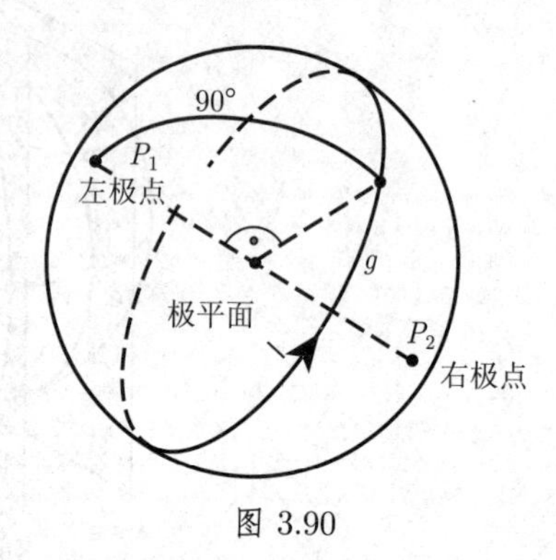

图 3.90

2. 极三角形

一个已知球面三角形ABC的极三角形 $A'B'C'$ 是这样一个球面三角形, 使得对其边 (所在的大圆) 而言原来三角形的顶点是极点 (图 3.91). 对于每个球面三角形ABC都存在一个极三角形 $A'B'C'$. 如果三角形 $A'B'C'$ 是球面三角形ABC 的极三角形, 那么三角形ABC也是三角形 $A'B'C'$ 的极三角形. 球面三角形的角与其极三角形相应的边是互补的角, 而球面三角形的边与其极三角形相应的角也是互补的角.

$$a' = 180^\circ - \alpha, \quad b' = 180^\circ - \beta, \quad c' = 180^\circ - \gamma, \tag{3.179a}$$

$$\alpha' = 180^\circ - a, \quad \beta' = 180^\circ - b, \quad \gamma' = 180^\circ - c. \tag{3.179b}$$

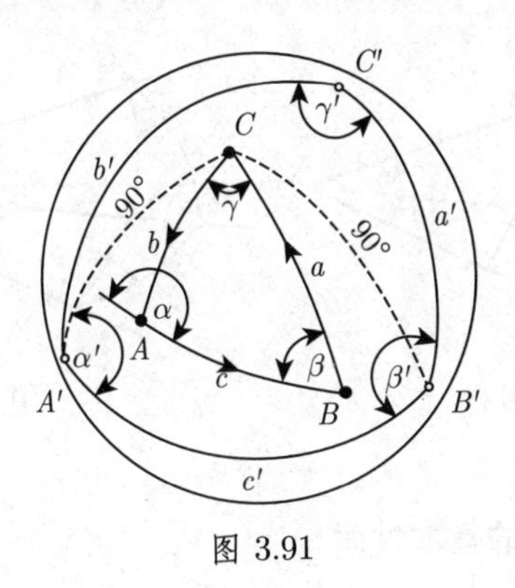

图 3.91

3.4.1.6 欧拉三角形与非欧拉三角形

一个球面三角形的顶点 A, B, C 将每个大圆分成两个 (通常是不同的) 部分. 因此存在着若干具有相同顶点的不同三角形, 例如, 图 3.92(a) 中具有边 a', b, c 和阴影面的三角形. 根据欧拉定义, 应该总是选取小于 180° 的弧作为球面三角形的边. 这对应于作为顶点之间球面距离的边的定义. 在这种情况下, 所有边和角都小于 180° 的球面三角形称为*欧拉三角形*, 否则称为非欧拉三角形. 图 3.92(b) 中显示的是一个欧拉三角形和一个*非欧拉三角形*.

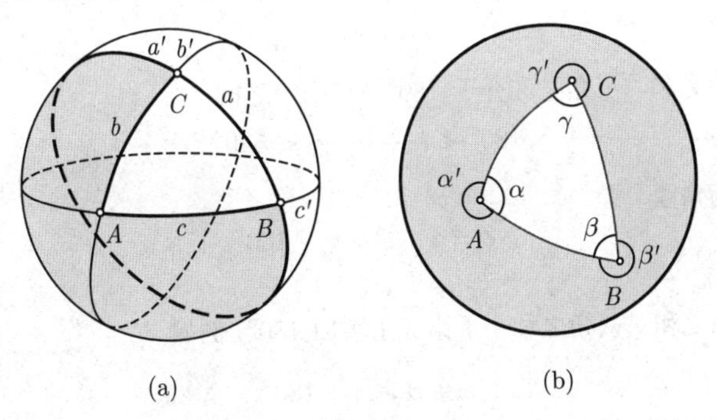

图 3.92

3.4.1.7 三面角

这是由从顶点 O 出发的三条棱 s_a, s_b, s_c 形成的三面立体 (图 3.93(a)). 角 a, b, c 定义为该三面角的边, 它们中的每一个被两条棱所围. 两条棱之间的区域称为该三面角的面. 三面角的角α, β和 γ 是面之间的夹角. 如果三面角的顶点在球心 O, 则它在球面上截出一个球面三角形 (图 3.93(b)). 该球面三角形以及相应的三面角的边和角是一致的, 因此对一个三面角得到的每个定理对于相应的球面三角形都成立, 反之亦然.

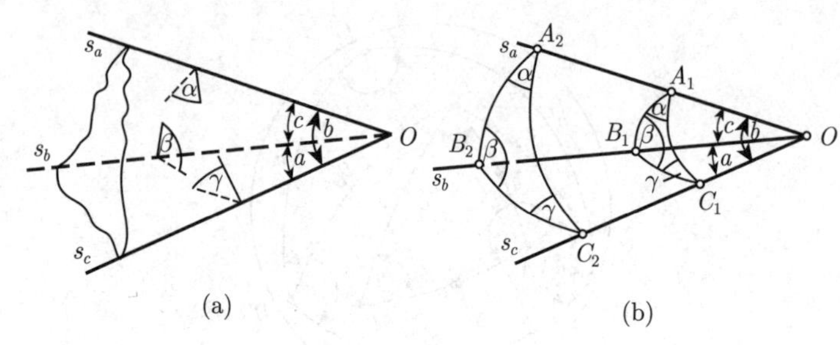

图 3.93

3.4.2 球面三角形的基本性质

3.4.2.1 一般命题

对于一个边为 a、b、c, 它们所对的角为 α、β、γ 的欧拉三角形, 以下命题为真:

(1) **三边之和** 三边之和介于 0° 和 180° 之间:

$$0^\circ < a + b + c < 360^\circ. \tag{3.180}$$

(2) **两边之和** 两边之和大于第三边, 例如

$$a + b > c. \tag{3.181}$$

(3) **两边之差** 两边之差的绝对值小于第三边, 例如

$$|a - b| < c. \tag{3.182}$$

(4) **三角之和** 三角之和介于 180° 和 540° 之间:

$$180^\circ < \alpha + \beta + \gamma < 540^\circ. \tag{3.183}$$

(5) **球面角盈** 差

$$\epsilon = \alpha + \beta + \gamma - 180^\circ \tag{3.184}$$

称为*球面角盈*.

(6) **两角之和** 两角之和小于第三角增加 180°, 例如

$$\alpha + \beta < \gamma + 180^\circ. \tag{3.185}$$

(7) **对边和角** 较大的边所对的角也较大, 反之亦然.

(8) **面积** 球面三角形的面积 A_T 可以用球面角盈 ϵ 和球半径 R 表示成公式

$$A_\mathrm{T} = \epsilon R^2 \cdot \frac{\pi}{180^\circ} = \frac{R^2 \epsilon}{\varrho} = R^2 \operatorname{arc} \epsilon. \tag{3.186a}$$

这里ϱ是换算因子 (3.175c). 用 A_S 表示球的表面积, 则根据吉拉尔定理有

$$A_\mathrm{T} = \frac{A_\mathrm{S}}{720^\circ} \epsilon. \tag{3.186b}$$

如果边是已知的并且不是角盈, 则可借助吕利耶 (L'Huilier) 公式 (3.201) 计算 ϵ.

3.4.2.2 基本公式与应用

本段中所涉及的量的记号与图 3.89 中的那些记号一致.

1. 正弦定律

$$\frac{\sin a}{\sin b}=\frac{\sin\alpha}{\sin\beta}, \tag{3.187a}$$

$$\frac{\sin b}{\sin c}=\frac{\sin\beta}{\sin\gamma}, \tag{3.187b}$$

$$\frac{\sin c}{\sin a}=\frac{\sin\gamma}{\sin\alpha}. \tag{3.187c}$$

(3.187a) 至 (3.187c) 的等式也可以写成连比的形式, 即球面三角形中边的正弦与所对角的正弦之间的关系:

$$\frac{\sin a}{\sin\alpha}=\frac{\sin b}{\sin\beta}=\frac{\sin c}{\sin\gamma}. \tag{3.187d}$$

球面三角学的正弦定律对应于平面三角学的正弦定律.

2. 余弦定律或关于边的余弦定律

$$\cos a=\cos b\cos c+\sin b\sin c\cos\alpha, \tag{3.188a}$$

$$\cos b=\cos c\cos a+\sin c\sin a\cos\beta, \tag{3.188b}$$

$$\cos c=\cos a\cos b+\sin a\sin b\cos\gamma. \tag{3.188c}$$

球面三角学关于边的余弦定律对应于平面三角学的余弦定律. 我们从记号可以看出余弦定律包含了球面三角学的三条边.

3. 正弦–余弦定律

$$\sin a\cos\beta=\cos b\sin c-\sin b\cos c\cos\alpha, \tag{3.189a}$$

$$\sin a\cos\gamma=\cos c\sin b-\sin c\cos b\cos\alpha. \tag{3.189b}$$

通过量的轮换 (图 3.34), 我们可以再得到四个等式.

正弦–余弦定律对应于平面三角学的投影法则. 因为它包含球面三角形的五个量, 所以并不直接用于解球面三角形问题, 而是用于推导更多的等式.

4. 关于角的余弦定律

$$\cos\alpha=-\cos\beta\cos\gamma+\sin\beta\sin\gamma\cos a, \tag{3.190a}$$

$$\cos\beta=-\cos\gamma\cos\alpha+\sin\gamma\sin\alpha\cos b, \tag{3.190b}$$

$$\cos\gamma=-\cos\alpha\cos\beta+\sin\alpha\sin\beta\cos c. \tag{3.190c}$$

这个余弦定律的每一种情形包含球面三角形的三个角和一条边. 借助这个定律可以很容易地将一个角用它的对边和夹对边的角来表示, 或者用角表示边; 因此每条边都可以用角来表示. 相比之下, 对于平面三角形来说第三个角是从 180° 内角和计算得出的.

评论 平面三角形的任何一条边都不可能由角来确定, 因为存在着无穷多相似三角形.

5. 对偶正弦–余弦定律

$$\sin\alpha\cos b = \cos\beta\sin\gamma + \sin\beta\cos\gamma\cos a\,, \tag{3.191a}$$

$$\sin\alpha\cos c = \cos\gamma\sin\beta + \sin\gamma\cos\beta\cos a\,. \tag{3.191b}$$

可以通过量的轮换 (图 3.34) 得到其余四个等式.

正如正弦–余弦定律一样, 对偶正弦–余弦定律通常也不直接用于球面三角形的计算, 而是用于推导更多的公式.

6. 半角公式

为了用球面三角形的边确定它的一个角, 我们可以使用关于边的余弦定律. 半角公式则可以让我们通过角的正切来计算它们, 这类似于平面三角学的半角公式:

$$\tan\frac{\alpha}{2} = \sqrt{\frac{\sin(s-b)\sin(s-c)}{\sin s\sin(s-a)}}\,, \tag{3.192a}$$

$$\tan\frac{\beta}{2} = \sqrt{\frac{\sin(s-c)\sin(s-a)}{\sin s\sin(s-b)}}\,, \tag{3.192b}$$

$$\tan\frac{\gamma}{2} = \sqrt{\frac{\sin(s-a)\sin(s-b)}{\sin s\sin(s-c)}}\,, \tag{3.192c}$$

$$s = \frac{a+b+c}{2}. \tag{3.192d}$$

如果要从球面三角形的三条边确定全部三个角, 那么以下计算是有用的:

$$\tan\frac{\alpha}{2} = \frac{k}{\sin(s-a)}\,, \tag{3.193a}$$

$$\tan\frac{\beta}{2} = \frac{k}{\sin(s-b)}\,, \tag{3.193b}$$

$$\tan\frac{\gamma}{2} = \frac{k}{\sin(s-c)}, \tag{3.193c}$$

$$k = \sqrt{\frac{\sin(s-a)\sin(s-b)\sin(s-c)}{\sin s}}\,, \tag{3.193d}$$

$$s = \frac{a+b+c}{2}. \tag{3.193e}$$

7. 半边公式

使用半边公式可以从球面三角形的三个角确定它的一条边或全部三条边.

$$\cot\frac{a}{2}=\sqrt{\frac{\cos(\sigma-\beta)\cos(\sigma-\gamma)}{-\cos\sigma\cos(\sigma-\alpha)}}, \tag{3.194a}$$

$$\cot\frac{b}{2}=\sqrt{\frac{\cos(\sigma-\gamma)\cos(\sigma-\alpha)}{-\cos\sigma\cos(\sigma-\beta)}}, \tag{3.194b}$$

$$\cot\frac{c}{2}=\sqrt{\frac{\cos(\sigma-\alpha)\cos(\sigma-\beta)}{-\cos\sigma\cos(\sigma-\gamma)}}, \tag{3.194c}$$

$$\sigma=\frac{\alpha+\beta+\gamma}{2} \tag{3.194d}$$

或

$$\cot\frac{a}{2}=\frac{k'}{\cos(\sigma-\alpha)}, \tag{3.195a}$$

$$\cot\frac{b}{2}=\frac{k'}{\cos(\sigma-\beta)}, \tag{3.195b}$$

$$\cot\frac{c}{2}=\frac{k'}{\cos(\sigma-\gamma)}, \tag{3.195c}$$

其中

$$k'=\sqrt{\frac{\cos(\sigma-\alpha)\cos(\sigma-\beta)\cos(\sigma-\gamma)}{-\cos\sigma}}, \tag{3.195d}$$

$$\sigma=\frac{\alpha+\beta+\gamma}{2}. \tag{3.195e}$$

因为根据 (3.183), 对于球面三角形的三内角之和有

$$180^\circ<2\sigma<540^\circ \quad 或 \quad 90^\circ<\sigma<270^\circ \tag{3.196}$$

成立, 所以总有 $\cos\sigma<0$ 一定为真. 鉴于对欧拉三角形的要求, 所有的根都是实数.

8. 球面几何基本公式的应用

借助已知的基本公式, 例如距离公式, 可以确定地球上的方位角和航向角.

■ **A:** 确定德累斯顿 (Dresden) ($\lambda_1=13^\circ46'$, $\varphi_1=51^\circ16'$) 与阿拉木图 (Alma Ata) ($\lambda_2=76^\circ55'$, $\varphi_2=43^\circ18'$) 之间的最短距离.

解 地理坐标 (λ_1,φ_1), (λ_2,φ_2) 和北极 N(图 3.94) 为三角形 P_1P_2N 提供了位于子午线上的两条边 $a=90^\circ-\varphi_2$ 和 $b=90^\circ-\varphi_1$ 以及它们之间的夹角 $\gamma=\lambda_2-\lambda_1$. 因 $c=e$, 由余弦定律 (3.188c)

$$\cos c=\cos a\cos b+\sin a\sin b\cos\gamma$$

得

$$\begin{aligned}\cos e&=\cos(90^\circ-\varphi_1)\cos(90^\circ-\varphi_2)+\sin(90^\circ-\varphi_1)\sin(90^\circ-\varphi_2)\cos(\lambda_2-\lambda_1)\\&=\sin\varphi_1\sin\varphi_2+\cos\varphi_1\cos\varphi_2\cos(\lambda_2-\lambda_1),\end{aligned} \tag{3.197}$$

即 $\cos e = 0.53498 + 0.20567 = 0.74065, e = 42.213^\circ$. 应用 (3.175a) 得大圆弧段 $\widehat{P_1P_2}$ 的长为 4694 km.

■ **B:** 计算出发和到达时的航向角δ_1 和δ_2, 以及从孟买 ($\lambda_1 = 72^\circ 48'$, $\varphi_1 = 19^\circ 00'$) 到达累斯萨拉姆 ($\lambda_2 = 39^\circ 28'$, $\varphi_2 = -6^\circ 49'$) 沿大圆的航程 (以海里 (n mile) 计).

解 在球面三角形 P_1P_2N 中借助地理坐标 (λ_1,φ_1), (λ_2,φ_2) (图 3.95) 计算两边 $a = 90^\circ - \varphi_1 = 71^\circ 00'$, $b = 90^\circ - \varphi_2 = 96^\circ 49'$ 和它们之间的夹角$\gamma = \lambda_1 - \lambda_2 = 33^\circ 20'$. 再由余弦定律 (3.188c)$\cos c = \cos e = \cos a \cos b + \sin a \sin b \cos\gamma$ 得 $\widehat{P_1P_2} = e = 41.777^\circ$. 因为 $1' \approx 1$ n mile, 推得 $\widehat{P_1P_2} \approx 2507$ n mile.

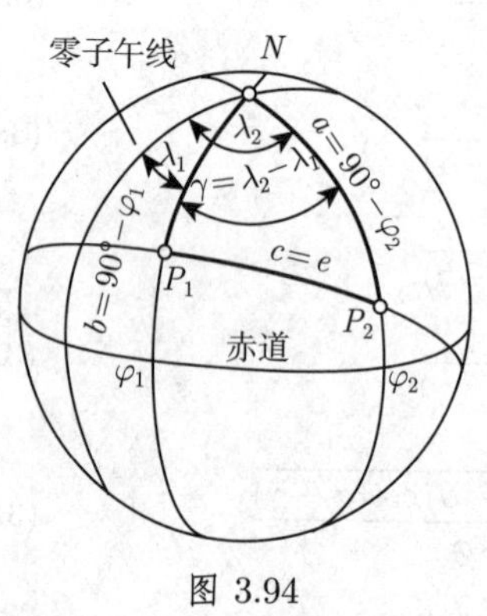

图 3.94

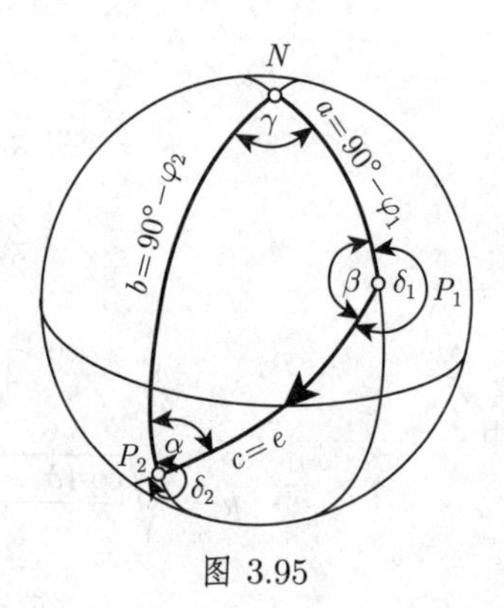

图 3.95

利用关于边的余弦定律 (3.188a) 得

$$\alpha = \arccos\frac{\cos a - \cos b\cos c}{\sin b\sin c} = 51.248^\circ$$

和

$$\beta = \arccos\frac{\cos b - \cos a\cos c}{\sin a\sin c} = 125.018^\circ.$$

因此, 结果是

$$\delta_1 = 360^\circ - \beta = 234.982^\circ \quad 和 \quad \delta_2 = 180^\circ + \alpha = 231.248^\circ.$$

评论 只有当问题中的角明显是锐角或钝角时应用正弦定律确定边和角才有意义.

3.4.2.3 更多的公式

1. 德朗布尔 (Delambre) 等式

类似于平面三角学中的莫尔韦德公式, 对于球面三角形相应的德朗布尔公式成立:

$$\frac{\cos\dfrac{\alpha-\beta}{2}}{\sin\dfrac{\gamma}{2}} = \frac{\sin\dfrac{a+b}{2}}{\sin\dfrac{c}{2}}, \tag{3.198a}$$

$$\frac{\sin\frac{\alpha-\beta}{2}}{\cos\frac{\gamma}{2}}=\frac{\sin\frac{a-b}{2}}{\sin\frac{c}{2}}, \tag{3.198b}$$

$$\frac{\cos\frac{\alpha+\beta}{2}}{\sin\frac{\gamma}{2}}=\frac{\cos\frac{a+b}{2}}{\cos\frac{c}{2}}, \tag{3.198c}$$

$$\frac{\sin\frac{\alpha+\beta}{2}}{\cos\frac{\gamma}{2}}=\frac{\cos\frac{a-b}{2}}{\cos\frac{c}{2}}. \tag{3.198d}$$

因为对每个等式来说通过轮换还可以再得到两个等式, 所以共有 12 个德朗布尔等式.

2. 纳皮尔 (Neper) 等式和正切定律

$$\tan\frac{\alpha-\beta}{2}=\frac{\sin\frac{a-b}{2}}{\sin\frac{a+b}{2}}\cot\frac{\gamma}{2}, \tag{3.199a}$$

$$\tan\frac{\alpha+\beta}{2}=\frac{\cos\frac{a-b}{2}}{\cos\frac{a+b}{2}}\cot\frac{\gamma}{2}, \tag{3.199b}$$

$$\tan\frac{a-b}{2}=\frac{\sin\frac{\alpha-\beta}{2}}{\sin\frac{\alpha+\beta}{2}}\tan\frac{c}{2}, \tag{3.199c}$$

$$\tan\frac{a+b}{2}=\frac{\cos\frac{\alpha-\beta}{2}}{\cos\frac{\alpha+\beta}{2}}\tan\frac{c}{2}. \tag{3.199d}$$

这些等式也称为纳皮尔类比. 从这些公式可以推出与平面三角学中正切定律类似的公式:

$$\frac{\tan\frac{a-b}{2}}{\tan\frac{a+b}{2}}=\frac{\tan\frac{\alpha-\beta}{2}}{\tan\frac{\alpha+\beta}{2}}, \tag{3.200a}$$

$$\frac{\tan\frac{b-c}{2}}{\tan\frac{b+c}{2}}=\frac{\tan\frac{\beta-\gamma}{2}}{\tan\frac{\beta+\gamma}{2}}, \tag{3.200b}$$

$$\frac{\tan\frac{c-a}{2}}{\tan\frac{c+a}{2}}=\frac{\tan\frac{\gamma-\alpha}{2}}{\tan\frac{\gamma+\alpha}{2}}. \tag{3.200c}$$

3. 吕利耶等式

球面三角形的面积可以从已知角α, β, γ出发, 或者, 假如三边 a, b, c 已知, 则通过公式 (3.193a)~(3.193e) 求出角, 然后根据 (3.184) 借助球面角盈来计算 (3.186a). 吕利耶等式则可以从边出发直接计算角盈 ϵ:

$$\tan\frac{\epsilon}{4}=\sqrt{\tan\frac{s}{2}\tan\frac{s-a}{2}\tan\frac{s-b}{2}\tan\frac{s-c}{2}}\,. \tag{3.201}$$

这个等式对应于平面三角学中的海伦公式.

3.4.3 球面三角形的计算

3.4.3.1 基本问题、精度评估

这里所谓的基本问题是指球面三角形计算中最常出现的各种情形. 对于锐角球面三角形来说, 有好几种方法去求解每个基本问题, 这取决于计算是否仅基于公式 (3.187a) 至 (3.191b), 或者还基于公式 (3.192a) 至 (3.201), 以及只求该三角形的一个量还是多个量.

包含正切函数的公式在数值上可以得到更精确的结果, 尤其是相比于该数值接近于 90° 时用正弦函数确定它和该数值接近于 0° 或 180° 时用余弦函数确定它. 对于欧拉三角形来说, 用正弦定律计算的量有两个值, 因为正弦函数在两个第一象限中都取正, 而从其他函数得到的结果是唯一的.

3.4.3.2 直角球面三角形

1. 专门公式

在直角球面三角形中至少有一个角是 90°. 边和角的记法类似于平面直角三角形. 如果像图 3.96 那样γ是一个直角, 则边 c 称为斜边, a 和 b 称为直角边, α和β称为侧角. 对于$\gamma=90°$ 从等式 (3.187d) 至 (3.191b) 推出:

$$\sin a=\sin\alpha\sin c\,, \tag{3.202a}$$

$$\sin b=\sin\beta\sin c\,, \tag{3.202b}$$

$$\cos c=\cos a\cos b\,, \tag{3.202c}$$

$$\cos c=\cot\alpha\cot\beta\,, \tag{3.202d}$$

$$\tan a=\cos\beta\tan c\,, \tag{3.202e}$$

$$\tan b=\cos\alpha\tan c\,, \tag{3.202f}$$

$$\tan b=\sin a\tan\beta\,, \tag{3.202g}$$

$$\tan a=\sin b\tan\alpha\,, \tag{3.202h}$$

$$\cos\alpha = \sin\beta\cos a\,, \tag{3.202i}$$

$$\cos\beta = \sin\alpha\cos b\,. \tag{3.202j}$$

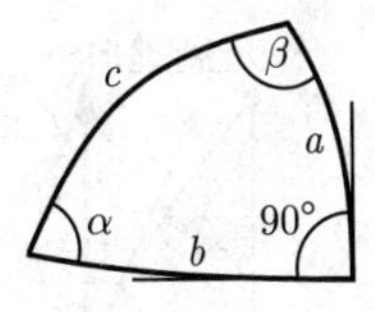

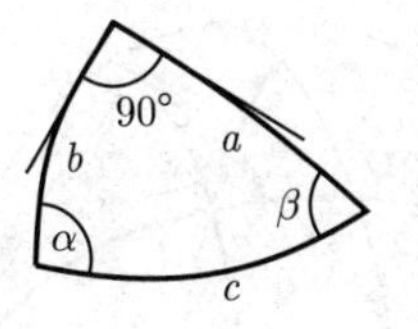

图 3.96

如果在一些问题中给定了其他的边或角, 例如量 b, γ, α而不是α, β, γ, 则可以通过这些量的轮换得到必需的等式. 对于直角球面三角形中的计算, 通常从三个已知量 ($\gamma = 90°$ 和两个其他的量) 开始. 表 3.8 表示存在着的六个基本问题.

表 3.8　确定球面直角三角形中的量

基本问题	已知的确定量	确定其余的量所需公式的编号
(1)	斜边和一直角边 c, a	α (3.202a), β (3.202e), b (3.202c)
(2)	两直角边 a, b	α (3.202h), β (3.202g), c (3.202c)
(3)	斜边和一个角 c, α	a (3.202a), b (3.202f), β (3.202d)
(4)	一直角边和其上的角 a, β	c (3.202e), b (3.202j), α (3.202i)
(5)	一直角边和其所对的角 a, α	b (3.202h), c (3.202a), β (3.202i)
(6)	两个角 α, β	a (3.202i), b (3.202j), c (3.202d)

2. 纳皮尔法则

等式 (3.202a)—(3.202j) 可以概括成纳皮尔法则. 如果一个直角球面三角形的五个确定的量 (不算直角) 按它们在三角形中同样的顺序沿一个圆排列, 并将直角边替换为它们的余角 $90° - a$, $90° - b$(图 3.97), 则以下事实成立:

(1) 每个确定的量的余弦等于其相邻的量的余切值之积.

(2) 每个确定的量的余弦等于其不相邻的量的正弦值之积.

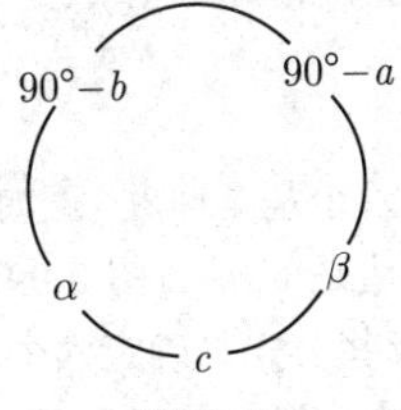

图 3.97

■ **A:** $\cos\alpha = \cot(90° - b)\cot c = \dfrac{\tan b}{\tan c}$ (见 (3.202f)).

■ **B:** $\cos(90° - a) = \sin c\sin\alpha = \sin a$ (见 (3.202a)).

■ **C:** 将球的经纬线绘制在沿**中央子午线**与球相切的圆柱体上. 该子午线与赤道构成了高斯–克吕格坐标系的坐标轴 (图 3.98(a),(b)).

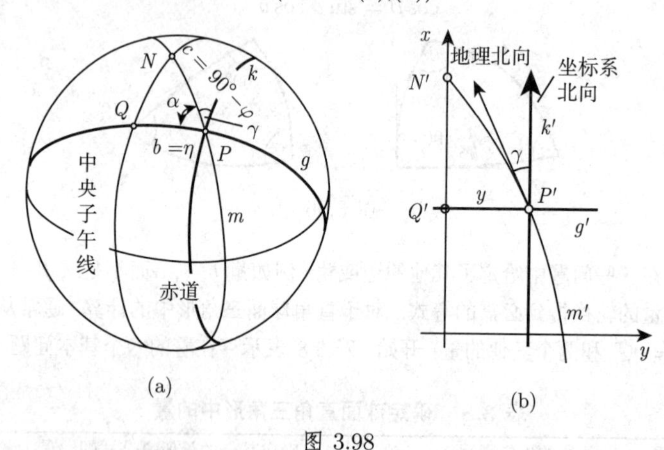

图 3.98

解 球面上的一点 P 将对应于平面上的点 P'. 通过点 P 垂直于中央子午线的大圆 g 映射成垂直于 x 轴的一条直线 g', 而过 P 点平行于给定子午线的小圆 k 成为平行于 x 轴的直线 k'(格网子午线). 通过 P 点的子午线 m 的像不是直线而是一条曲线 m'(真实子午线). P' 处 m' 的切线向上的方向给出**地理北向**, k' 向上的方向给出**坐标系北向**. 两个北向之间的夹角γ称为**子午线收敛角**.

在 $c = 90° - \varphi$, $b = \eta$的直角球面三角形QPN中, 可以从$\alpha = 90° - \gamma$得到γ. 纳皮尔法则给出 $\cos\alpha = \dfrac{\tan b}{\tan c}$ 或 $\cos(90° - \gamma) = \dfrac{\tan\eta}{\tan(90° - \varphi)}$, $\sin\gamma = \tan\eta\tan\varphi$. 因为$\gamma$和$\eta$非常小, 故可以认为 $\sin\gamma \approx \gamma$, $\tan\eta \approx \eta$; 于是 $\gamma = \eta\tan\varphi$ 成立. 对于很小的距离η这个圆柱体图的长度偏差也非常小, 因此可以替换 $\eta = \dfrac{y}{R}$, 其中 y 是 P 的纵坐标. 由此得 $\gamma = \left(\dfrac{y}{R}\right)\tan\varphi$. 对于$\varphi = 50°$,$y = 100$ 千米, 得出子午线收敛角$\gamma = 0.018706$ 或将γ从弧度转换成角度, 得 $\gamma = 1°04'19''$.

3.4.3.3 斜球面三角形

对于三个已知量, 要区分出六个基本问题, 正如在直角球面三角形时所做的那样. 角的记号是 α, β, γ, 所对的边是 a, b, c(图 3.99).

表 3.9~表 3.12 对应该用哪些公式来确定六个基本问题情形中的量进行了汇总. 问题 3~问题 6 也可以通过将一般三角形分解为两个直角三角形来解. 为此对于问题 3 和问题 4 (图 3.100, 图 3.101) 可以使用从 B 到AC上 D 点处的球面垂线, 而对于问题 5 和问题 6 (图 3.102) 则使用从 C 到AB上 D 点的垂线.

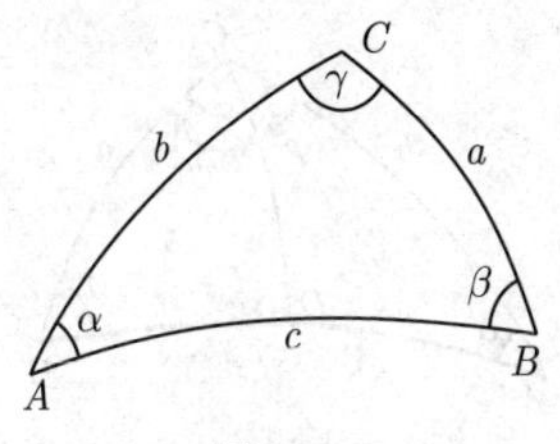

图 3.99

表 3.9 斜球面三角形的第一和第二基本问题

第一基本问题 SSS 已知: 3 边 a,b,c	第二基本问题 WWW 已知: 3 角 α,β,γ
条件: $0° < a+b+c < 360°$, $a+b>c, a+c>b, b+c>a$	条件: $180° < \alpha+\beta+\gamma < 540°$, $\alpha+\beta < 180°+\gamma, \alpha+\gamma < 180°+\beta$, $\beta+\gamma < 180°+\alpha$
解 1: 求 α. $\cos\alpha = \dfrac{\cos a - \cos b\cos c}{\sin b\sin c}$ 或 $\tan\dfrac{\alpha}{2} = \sqrt{\dfrac{\sin(s-b)\sin(s-c)}{\sin s\sin(s-a)}}$, $s = \dfrac{a+b+c}{2}$. 解 2: 求 α,β,γ. $k = \sqrt{\dfrac{\sin(s-a)\sin(s-b)\sin(s-c)}{\sin s}}$, $\tan\dfrac{\alpha}{2} = \dfrac{k}{\sin(s-a)}, \tan\dfrac{\beta}{2} = \dfrac{k}{\sin(s-b)}$, $\tan\dfrac{\gamma}{2} = \dfrac{k}{\sin(s-c)}$. 检验: $(s-a)+(s-b)+(s-c)=s$, $\tan\dfrac{\alpha}{2}\tan\dfrac{\beta}{2}\tan\dfrac{\gamma}{2}\sin s = k$	解 1: 求 a. $\cos a = \dfrac{\cos\alpha + \cos\beta\cos\gamma}{\sin\beta\sin\gamma}$ 或 $\cot\dfrac{a}{2} = \sqrt{\dfrac{\cos(\sigma-\beta)\cos(\sigma-\gamma)}{-\cos\sigma\cos(\sigma-\alpha)}}$, $\sigma = \dfrac{\alpha+\beta+\gamma}{2}$. 解 2: 求 a,b,c. $k' = \sqrt{\dfrac{\cos(\sigma-\alpha)\cos(\sigma-\beta)\cos(\sigma-\gamma)}{-\cos\sigma}}$. $\cot\dfrac{a}{2} = \dfrac{k'}{\cos(\sigma-\alpha)}, \cot\dfrac{b}{2} = \dfrac{k'}{\cos(\sigma-\beta)}$, $\cot\dfrac{c}{2} = \dfrac{k'}{\cos(\sigma-\gamma)}$. 检验: $(\sigma-\alpha)+(\sigma-\beta)+(\sigma-\gamma)=\sigma$, $\cot\dfrac{a}{2}\cot\dfrac{b}{2}\cot\dfrac{c}{2}(-\cos\sigma) = k'$

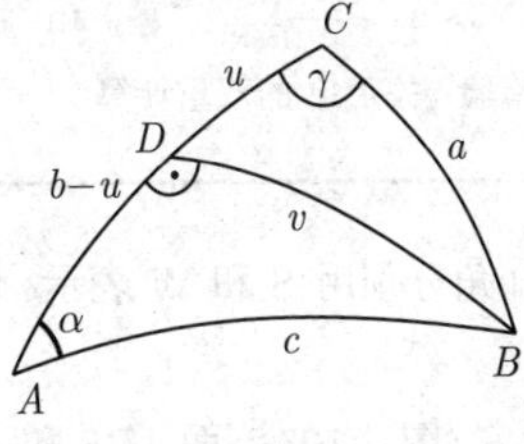

图 3.100

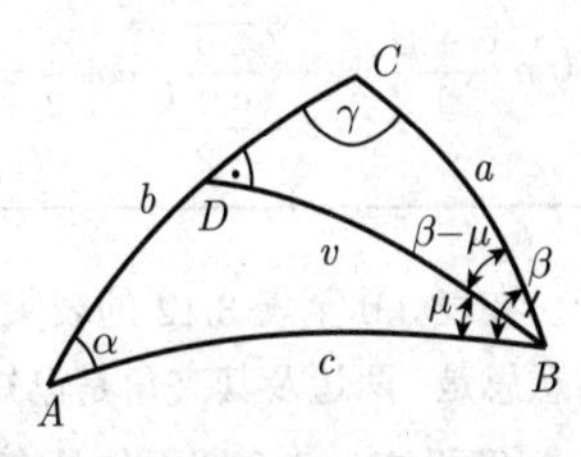

图 3.101

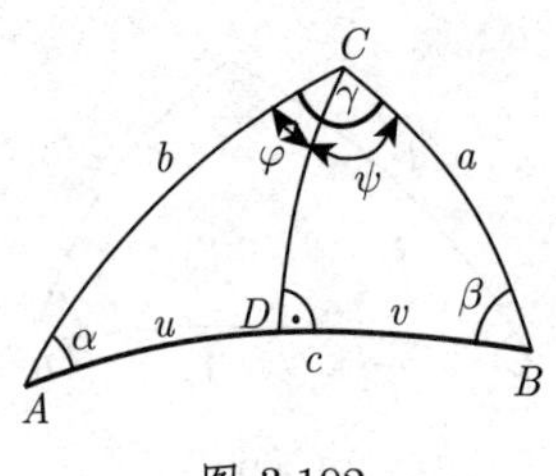

图 3.102

表 3.10 斜球面三角形的第三基本问题

第三基本问题

已知: 2 边及其夹角, 例如, a, b, γ SWS

条件: 无

解 1: 求 c, 或 c 和 α.

$$\cos c = \cos a \cos b + \sin a \sin b \cos \gamma,$$

$$\sin \alpha = \frac{\sin a \sin \gamma}{\sin c}.$$

α 可以位于象限 I 或 II.

我们应用定理:

较大的角所对的

边较大, 或

检验计算:

$$\cos a - \cos b \cos c \gtrless 0 \to \begin{matrix} \alpha\text{在象限 I}. \\ \alpha\text{在象限 II}. \end{matrix}$$

解 2: 求 α, 或 α 和 c.

$$\tan u = \tan a \cos \gamma$$

$$\tan \alpha = \frac{\tan \gamma \sin u}{\sin(b-u)}$$

$$\tan c = \frac{\tan(b-u)}{\cos \alpha}.$$

解 3: 求 α 和 (或)β.

$$\tan \frac{\alpha+\beta}{2} = \frac{\cos \frac{a-b}{2}}{\cos \frac{a+b}{2}} \cot \frac{\gamma}{2}$$

$$\tan \frac{\alpha-\beta}{2} = \frac{\sin \frac{a-b}{2}}{\sin \frac{a+b}{2}} \cot \frac{\gamma}{2}$$

$$\left(-90° < \frac{\alpha-\beta}{2} < 90°\right)$$

$$\alpha = \frac{\alpha+\beta}{2} + \frac{\alpha-\beta}{2}, \beta = \frac{\alpha+\beta}{2} - \frac{\alpha-\beta}{2}.$$

解 4: 求 α, β, c.

$$\tan \frac{\alpha+\beta}{2} = \frac{\cos \frac{a-b}{2} \cos \frac{\gamma}{2}}{\cos \frac{a+b}{2} \sin \frac{\gamma}{2}} = \frac{Z}{N},$$

$$\tan \frac{\alpha-\beta}{2} = \frac{\sin \frac{a-b}{2} \cos \frac{\gamma}{2}}{\sin \frac{a+b}{2} \sin \frac{\gamma}{2}} = \frac{Z'}{N'}$$

$$\left(-90° < \frac{\alpha+\beta}{2} < 90°\right)$$

$$\alpha = \frac{\alpha+\beta}{2} + \frac{\alpha-\beta}{2}, \beta = \frac{\alpha+\beta}{2} - \frac{\alpha-\beta}{2},$$

$$\cos \frac{c}{2} = \frac{Z}{\sin \frac{\alpha+\beta}{2}}, \sin \frac{c}{2} = \frac{Z'}{\sin \frac{\alpha-\beta}{2}}.$$

检验: 关于 c 的双重计算

在表 3.9 至表 3.12 的表头中, 已知边和已知角分别用 S 和 W 表示. 例如 SWS 的意思是: 两边及其夹角是已知的.

■ **A 四面体** 一个四面体具有底 ABC 和顶点 S (图 3.103). 面ABS 和 BCS 相互交成角$\beta = 74°18'$, BCS 和 CAS 交成角$\gamma = 63°\ 40'$, CAS 和 ABS 交成角 $\alpha =$

$80°00'$. 问AS, BS和CS每两个棱之间的夹角有多大?

解 从围绕该棱锥顶点 S 的一个球面, 三面角 (图 3.103) 截出一个边为 a, b, c 的球面三角形.

侧面之间的夹角就是球面三角形的三个角, 所求棱之间的夹角是球面三角形的边. 确定角 a, b, c 对应于第二基本问题. 由表 3.9 中的解 2 得

$$\sigma = 108°59', \quad \sigma-\alpha = 28°59', \quad \sigma-\beta = 34°41', \quad \sigma-\gamma = 45°19',$$
$$k' = 1.246983, \quad \cot\left(\frac{a}{2}\right) = 1.425514, \quad \cot\left(\frac{b}{2}\right) = 1.516440,$$
$$\cot\left(\frac{c}{2}\right) = 1.773328.$$

表 3.11 斜球面三角形的第四基本问题

第四基本问题 WSW

已知: 一边和两个邻角, 例如, α, β, c

条件: 无

解 1: 求 γ 或 γ 和 a.

$$\cos\gamma = -\cos\alpha\cos\beta + \sin\alpha\sin\beta\cos c,$$

$$\sin a = \frac{\sin c\sin\alpha}{\sin\gamma}.$$

a 可以位于象限 I 或 II.

我们应用定理: 较大的边所对的角也较大, 或

检验计算:

$$\cos\alpha + \cos\beta\cos\gamma \gtrless 0 \to \begin{array}{l}\alpha\text{在象限 I}.\\ \alpha\text{在象限 II}.\end{array}$$

解 2: 求 a 或 a 和 γ.

$$\cot\mu = \tan\alpha\cos c, \tan a = \frac{\tan c\cos\mu}{\cos(\beta-\mu)},$$

$$\tan\gamma = \frac{\cot(\beta-\mu)}{\cos a}.$$

解 3: 求 a 和 (或)b.

$$\tan\frac{a+b}{2} = \frac{\cos\dfrac{\alpha-\beta}{2}}{\cos\dfrac{\alpha+\beta}{2}}\tan\frac{c}{2},$$

$$\tan\frac{a-b}{2} = \frac{\sin\dfrac{\alpha-\beta}{2}}{\sin\dfrac{\alpha+\beta}{2}}\tan\frac{c}{2}$$

$$\left(-90° < \frac{a-b}{2} < 90°\right),$$

$$a = \frac{a+b}{2} + \frac{a-b}{2}, b = \frac{a+b}{2} - \frac{a-b}{2}.$$

解 4: 求 a, b, γ.

$$\tan\frac{a+b}{2} = \frac{\cos\dfrac{\alpha-\beta}{2}\sin\dfrac{c}{2}}{\cos\dfrac{\alpha+\beta}{2}\cos\dfrac{c}{2}} = \frac{Z}{N},$$

$$\tan\frac{a-b}{2} = \frac{\sin\dfrac{\alpha-\beta}{2}\sin\dfrac{c}{2}}{\sin\dfrac{\alpha+\beta}{2}\cos\dfrac{c}{2}} = \frac{Z'}{N'}$$

$$\left(90° < \frac{a-b}{2} < 90°\right),$$

$$a = \frac{a+b}{2} + \frac{a-b}{2}, b = \frac{a+b}{2} - \frac{a-b}{2},$$

$$\sin\frac{\gamma}{2} = \frac{Z}{\sin\dfrac{a+b}{2}}, \cos\frac{\gamma}{2} = \frac{Z'}{\sin\dfrac{a-b}{2}}.$$

检验: 关于 γ 的双重计算

表 3.12 斜球面三角形的第五和第六基本问题

第五基本问题 SSW	第六基本问题 WWS
已知: 2 边和其中之一所对的角, 例如, a, b, α	已知: 2 角和其中之一所对的边, 例如 , a, α, β
条件: 见分情况讨论.	条件: 见分情况讨论.
解: 所求为任何缺失的量.	解: 所求为任何缺失的量.
$\sin\beta = \dfrac{\sin b \sin\alpha}{\sin a}$ 可能有 2 个值 β_1, β_2.	$\sin b = \dfrac{\sin a \sin\beta}{\sin\alpha}$ 可能有 2 个值 b_1, b_2.
设 β_1 是锐角而 $\beta_2 = 180° - \beta_1$ 是钝角.	设 b_1 是锐角而 $b_2 = 180° - b_1$ 是钝角.
分情况讨论:	分情况讨论:
1. $\dfrac{\sin b \sin\alpha}{\sin a} > 1$ 0 个解.	1. $\dfrac{\sin a \sin\beta}{\sin\alpha} > 1$ 0 个解.
2. $\dfrac{\sin b \sin\alpha}{\sin a} = 1$ 1 个解 $\beta = 90°$.	2. $\dfrac{\sin a \sin\beta}{\sin\alpha} = 1$ 1 个解 $b = 90°$.
3. $\dfrac{\sin b \sin\alpha}{\sin a} < 1$:	3. $\dfrac{\sin a \sin\beta}{\sin\alpha} < 1$:
3.1. $\sin a > \sin b$:	3.1. $\sin\alpha > \sin\beta$:
3.1.1. $b < 90°$ 1 个解 β_1.	3.1.1. $\beta < 90°$ 1 个解 b_1.
3.1.2. $b > 90°$ 1 个解 β_2.	3.1.2. $\beta > 90°$ 1 个解 b_2.
3.2. $\sin a < \sin b$:	3.2. $\sin\alpha < \sin\beta$:
3.2.1. $\left.\begin{matrix} a < 90°, \alpha < 90° \\ a > 90°, \alpha > 90° \end{matrix}\right\}$ 2 个解 β_1, β_2.	3.2.1. $\left.\begin{matrix} a < 90°, \alpha < 90° \\ a > 90°, \alpha > 90° \end{matrix}\right\}$ 2 个解 b_1, b_2.
3.2.2. $\left.\begin{matrix} a < 90°, \alpha > 90° \\ a > 90°, \alpha < 90° \end{matrix}\right\}$ 0个解.	3.2.2. $\left.\begin{matrix} a < 90°, \alpha > 90° \\ a > 90°, \alpha < 90° \end{matrix}\right\}$ 0个解.
用一个角或用两个角 β 做进一步计算:	用一条边或用两条边 b 做进一步计算:

方法 1

$$\begin{aligned} \tan u &= \tan b \cos\alpha, \\ \tan v &= \tan a \cos\beta, \\ c &= u + v, \\ \cot\varphi &= \cos b \tan\alpha, \\ \cot\psi &= \cos a \tan\beta, \\ \gamma &= \varphi + \psi \end{aligned}$$

方法 2

$$\tan\frac{c}{2} = \tan\frac{a+b}{2}\,\frac{\cos\dfrac{\alpha+\beta}{2}}{\cos\dfrac{\alpha-\beta}{2}} = \tan\frac{a-b}{2}\,\frac{\sin\dfrac{\alpha+\beta}{2}}{\sin\dfrac{\alpha-\beta}{2}},$$

$$\tan\frac{\gamma}{2} = \cot\frac{\alpha+\beta}{2}\,\frac{\cos\dfrac{a-b}{2}}{\sin\dfrac{a+b}{2}} = \cot\frac{\alpha-\beta}{2}\,\frac{\sin\dfrac{a-b}{2}}{\sin\dfrac{a+b}{2}}$$

检验: 关于 $\dfrac{c}{2}$ 和 $\dfrac{\gamma}{2}$ 的双重计算

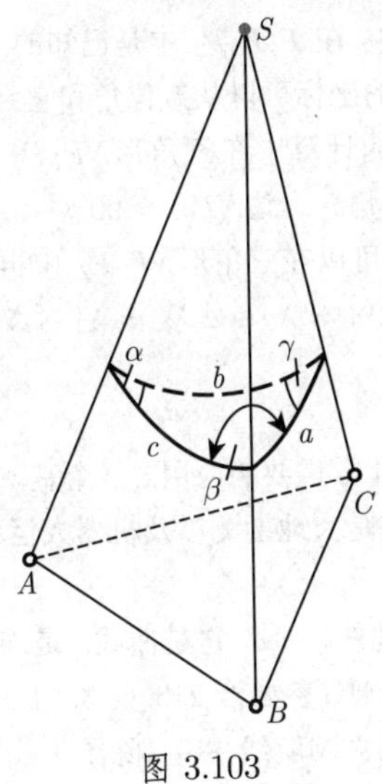

图 3.103

■ **B 无线电定向** 在无线电定向的例子中, 两个固定站点 $P_1(\lambda_1,\varphi_1)$ 和 $P_2(\lambda_2,\varphi_2)$ 接收一条船通过无线电波发射的方位角δ_1 和δ_2 (图 3.104). 这项任务就是要确定船的位置 P_0 的地理坐标. 该问题在航海学中以岸对船定向著称, 是球上的一种交会问题, 解法上与平面中的交会问题类似 (参见第 196 页 3.2.2.3).

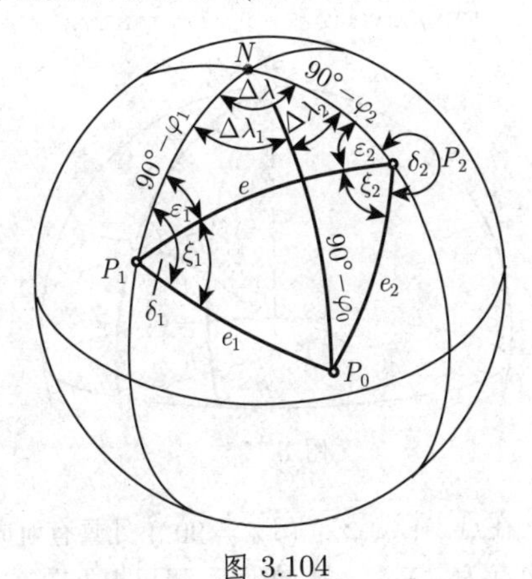

图 3.104

(1) **三角形P_1P_2N中的计算** 在三角形 P_1P_2N 中边 $P_1N = 90°-\varphi_1, P_2N = 90°-\varphi_2$和角$\sphericalangle P_1NP_2= \lambda_2-\lambda_1 = \Delta\lambda$ 已知. 角 $\sphericalangle\varepsilon_1,\varepsilon_2$ 和线段的 $P_1P_2 = e$ 的计算对应于第三基本问题.

(2) **三角形$P_1P_2P_0$中的计算** 因为$\xi_1 = \delta_1- \varepsilon_1$, $\xi_2 = 360°-(\delta_2 + \varepsilon_2)$, 所

以边 e 及它上面的角 ξ_1 和 ξ_2 在 $P_1P_0P_2$ 中是已知的. 边 e_1 和 e_2 的计算, 对应于第四基本问题, 解 3. 点 P_0 的坐标可以从方位角和它到 P_1 或 P_2 的距离计算出来.

(3) **三角形NP_1P_0中的计算** 在三角形NP_1P_0 中有已知的两条边$NP_1 = 90° - \varphi_1$, $P_1P_0 = e_1$ 及夹角δ_1. 边$NP_0 = 90° - \varphi_0$ 和角 $\Delta\lambda_1$ 按照第三基本问题, 解 1 计算. 为了检验, 可以在三角形NP_0P_2 中再次计算$NP_0= 90° - \varphi_0$, 还有 $\Delta\lambda_2$. 于是, 点 P_0 的经度$\lambda_0 = \lambda_1 + \Delta\lambda_1 = \lambda_2 - \Delta\lambda_2$ 和纬度φ_0 就知道了.

3.4.3.4 球面曲线

球面三角学在航海中有非常重要的应用. 一个基本问题是确定航向角, 它给出最优的航线. 其他的应用领域是大地勘测以及机器人运动设计.

1. 大圆航线

(1) **概念** 球表面的测地线 —— 它是曲线, 是连接 A 和 B 两点的最短路径 —— 被称为大圆航线或大圆 (参见第 213 页 3.4.1.1, 3.).

(2) **大圆航线的方程** 沿大圆航线 —— 除子午线和赤道外 —— 运动需要航向角的连续变化. 这些具有与位置有关的航向角α的大圆航线可以通过它们最接近北极的点 $P_N(\lambda_N, \varphi_N)$ 唯一给出, 其中$\varphi_N > 0°$. 大圆航线在最接近北极的点具有航向角$\alpha_N = 90°$. 根据图 3.105 利用纳皮尔法则 (参见第 227 页 3.4.3.2, 2.), 可以给出通过 P_N 和运行点 $Q(\lambda_Q, \varphi_Q)$(它与 P_N 的相对位置是任意的) 的大圆航线方程, 为

$$\tan\varphi_N \cos(\lambda_Q - \lambda_N) = \tan\varphi_Q. \tag{3.203}$$

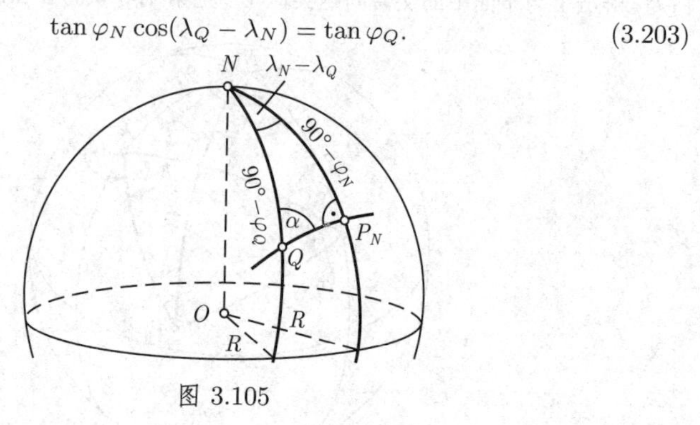

图 3.105

最接近北极的点 在点 $A(\lambda_A,\varphi_A)$ ($\varphi_A \neq 90°$) 处具有航向角α_A($\alpha_A \neq 0°$) 的大圆航线最接近北极的点 $P_N(\lambda_N, \varphi_N)$ 的坐标, 可以根据图 3.106 考虑 P_N 的相对位置和α_A 的符号利用纳皮尔法则来计算:

$$\varphi_N = \arccos(\sin|\alpha_A|\cos\varphi_A) \tag{3.204a}$$

和

$$\lambda_N = \lambda_A + \operatorname{sign}(\alpha_A)\left|\arccos\frac{\tan\varphi_A}{\tan\varphi_N}\right|. \tag{3.204b}$$

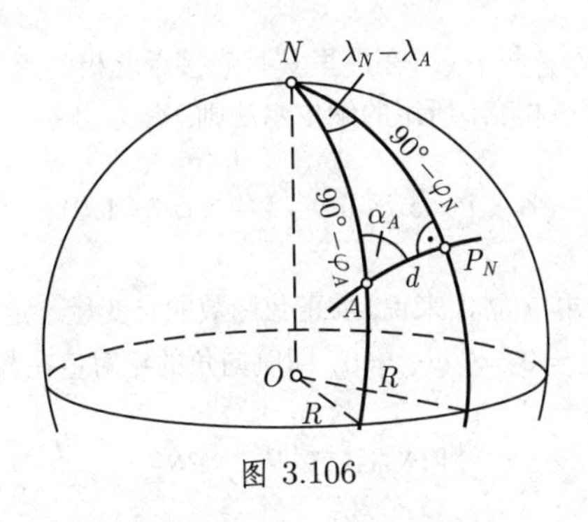

图 3.106

评论 如果计算出来的地理距离λ不在 $-180°<\lambda \leqslant 180°$ 内, 则对于 $\lambda \neq \pm k\cdot 180°$ $(k\in\mathbb{N})$ 简化的地理距离$\lambda_{\rm red}$ 是

$$\lambda_{\rm red} = 2\arctan\left(\tan\frac{\lambda}{2}\right). \tag{3.205}$$

这称为角在定义域内的简化.

与赤道的交点 大圆航线与赤道的交点 $P_{\rm E_1}(\lambda_{\rm E_1},0°)$ 和 $P_{\rm E_2}(\lambda_{\rm E_2},0°)$ 可以由 (3.203) 计算, 因为 $\tan\varphi_{\rm N}\cos(\lambda_{{\rm E}_\nu}-\lambda_N)=0$ $(\nu=1,2)$ 必须满足:

$$\lambda_{{\rm E}_\nu} = \lambda_N \mp 90° \quad (\nu=1,2). \tag{3.206}$$

评论 在某些情形中需要根据 (3.205) 来做角的简化.

(3) **弧长** 如果大圆航线通过点 $A(\lambda_A,\varphi_A)$ 和 $B(\lambda_B,\varphi_B)$, 则由边的余弦定律得出球面距离 d 或两点之间的弧长:

$$d = \arccos[\sin\varphi_A\sin\varphi_B + \cos\varphi_A\cos\varphi_B\cos(\lambda_B-\lambda_A)]. \tag{3.207a}$$

要是考虑地球半径 R, 则这个圆心角可以换算成长度:

$$d = \arccos[\sin\varphi_A\sin\varphi_B + \cos\varphi_A\cos\varphi_B\cos(\lambda_B-\lambda_A)]\cdot\frac{\pi R}{180°}. \tag{3.207b}$$

(4) **航向角** 使用边的正弦定律和余弦定律计算 $\sin\alpha_A$ 和 $\cos\alpha_A$, 相除后给出航向角α_A 的最终结果:

$$\alpha_A = \arctan\frac{\cos\varphi_A\cos\varphi_B\sin(\lambda_B-\lambda_A)}{\sin\varphi_B-\sin\varphi_A\cos d}. \tag{3.208}$$

评论 利用公式 (3.207a), (3.208), (3.204a) 和 (3.204b), 对于由两点 A 和 B 给出的大圆航线可以计算出最接近北极的点 P_N 的坐标.

(5) **与平行圆的交点** 关于大圆航线与平行圆 $\varphi=\varphi_X$ 的交点 $X_1(\lambda_{X_1},\varphi_X)$ 和 $X_2(\lambda_{X_2},\varphi_X)$, 我们从 (3.203) 得

$$\lambda_{X_\nu} = \lambda_{\rm N} \mp \arccos\frac{\tan\varphi_X}{\tan\varphi_N} \quad (\nu=1,2). \tag{3.209}$$

从对两个交角 α_{X_1} 和 α_{X_2} (在那里具有最接近北极的点 $P_N(\lambda_N,\varphi_N)$ 的大圆航线与平行圆 $\varphi=\varphi_X$ 相交) 所用的纳皮尔法则, 得

$$|\alpha_{X_\nu}|=\arcsin\frac{\cos\varphi_N}{\cos\varphi_X}\quad(\nu=1,2)\,. \tag{3.210}$$

对于最小的航向角 $|\alpha_{\min}|$ 来说, 反正弦函数的自变量一定是关于变量φ_X 的极值. 由此得到: $\sin\varphi_X=0\ \Rightarrow\ \varphi_X=0$, 即航向角的绝对值在与赤道交点处最小:

$$|\alpha_{X_{\min}}|=90^\circ-\varphi_N\,. \tag{3.211}$$

评论 1 (3.209) 的解仅当 $|\varphi_X|\leqslant\varphi_N$ 时存在.

评论 2 在某些情形中需要根据 (3.205) 进行角的简化.

(6) **与子午线的交点** 根据 (3.203), 人圆航线与子午线$\lambda=\lambda_Y$ 的交点 $Y(\lambda_Y,\varphi_Y)$ 由下式给出

$$\varphi_Y=\arctan[\tan\varphi_N\cos(\lambda_Y-\lambda_N)]. \tag{3.212}$$

2. 小圆

(1) **概念** 这里, 需要比在第 213 页 3.4.1.1 中更加精确的球面上小圆的定义: 小圆是球面上与固定点 $M(\lambda_M,\varphi_M)$ 的球面距离为 r $(r<90^\circ)$ 的点的轨迹 (图 3.107). 用 M 表示小圆的球面中心; r 称为小圆的球面半径.

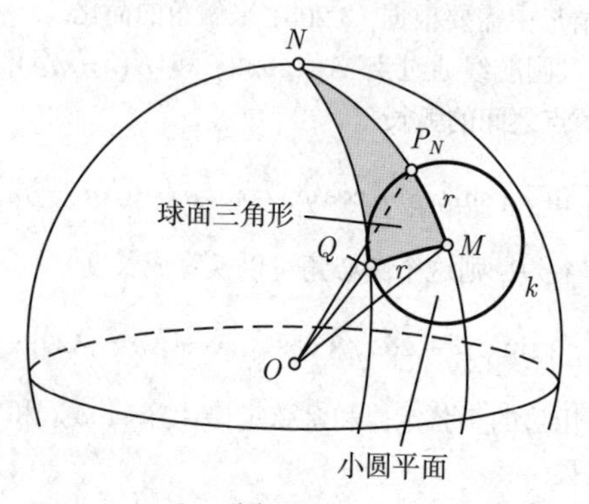

图 3.107

小圆平面是高为 h 的球冠的底 (参见第 207 页 3.3.4). 球面中心 M 位于小圆平面上的小圆圆心上方. 在这个平面上小圆的平面半径是 r_0(图 3.108). 因此, 平行圆是具有$\varphi_M=\pm\,90^\circ$ 的特殊小圆.

■ 当 $r\to 90^\circ$ 时小圆趋向于大圆航线.

(2) **小圆的方程** 作为定义参数, 要么使用 M 和 r, 要么使用最接近北极的小圆上的点 $P_N(\lambda_N,\,\varphi_N)$ 和 r. 如果小圆上的运行点是 $Q(\lambda,\,\varphi)$, 那么根据图 3.107

利用关于边的余弦定律我们可以得到小圆的方程:

$$\cos r = \sin\varphi\sin\varphi_M + \cos\varphi\cos\varphi_M\cos(\lambda - \lambda_M). \tag{3.213a}$$

因为$\varphi_M = \varphi_N - r$ 且$\lambda_M = \lambda_N$, 由此得

$$\cos r = \sin\varphi\sin(\varphi_N - r) + \cos\varphi\cos(\varphi_N - r)\cos(\lambda - \lambda_N). \tag{3.213b}$$

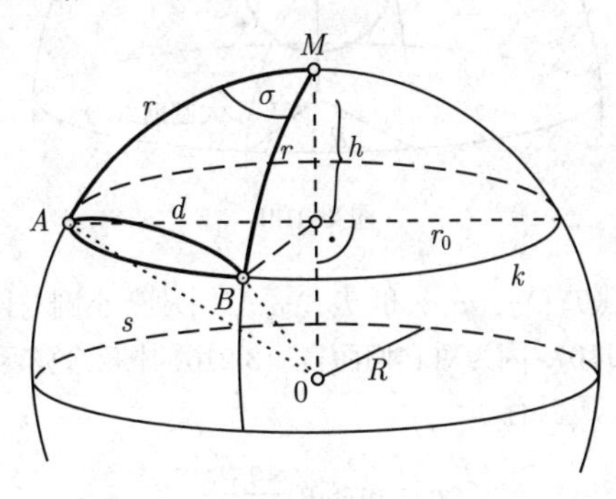

图 3.108

■ **A:** 当$\varphi_M = 90^\circ$ 时, 因为 $\cos r = \sin\varphi \Rightarrow \sin(90^\circ - r) = \sin\varphi \Rightarrow \varphi =$ 常数, 所以由 (3.213a) 得到平行圆.

■ **B:** 当 $r \to 90^\circ$ 时, 由 (3.213b) 推出大圆航线.

(3) **弧长** 小圆 k 上两点 $A(\lambda_A,\varphi_A)$ 和 $B(\lambda_B,\varphi_B)$ 之间的弧长 s 可以根据图 3.108 由等式 $\dfrac{s}{\sigma} = \dfrac{2\pi r_0}{360^\circ}$, $\cos d = \cos^2 r + \sin^2 r\cos\sigma$ 和 $r_0 = R\sin r$ 计算:

$$s = \sin r \arccos\frac{\cos d - \cos^2 r}{\sin^2 r}\cdot\frac{\pi R}{180^\circ}. \tag{3.214}$$

■ 当 $r \to 90^\circ$ 时小圆成为大圆航线, 从 (3.214) 和 (3.207b) 推出 $s = d$.

(4) **航向角** 根据图 3.109, 通过 $A(\lambda_A,\varphi_A)$ 和 $M(\lambda_M,\varphi_M)$ 的大圆航线与半径为 r 的小圆垂直相交. 对于大圆航线的航向角α_{Orth} 来说, 据 (3.208) 有

$$\alpha_{\mathrm{Orth}} = \arctan\frac{\cos\varphi_A\cos\varphi_M\sin(\lambda_M - \lambda_A)}{\sin\varphi_M - \sin\varphi_A\cos r}, \tag{3.215a}$$

因此, 我们得到所求的小圆在点 A 处的航向角α_A:

$$\alpha_A = (|\alpha_{\mathrm{Orth}}| - 90^\circ)\operatorname{sign}(\alpha_{\mathrm{Orth}}). \tag{3.215b}$$

(5) **与平行圆的交点** 关于小圆与平行圆 $\varphi = \varphi_X$ 交点 $X_1(\lambda_{X_1},\varphi_X)$ 和 $X_2(\lambda_{X_2},\varphi_X)$ 的地理经度, 我们从 (3.213a) 推得

$$\lambda_{X_\nu} = \lambda_M \mp \arccos\frac{\cos r - \sin\varphi_X\sin\varphi_M}{\cos\varphi_X\cos\varphi_M} \qquad (\nu = 1, 2). \tag{3.216}$$

评论 在某些情形中需要根据 (3.205) 进行角的简化.

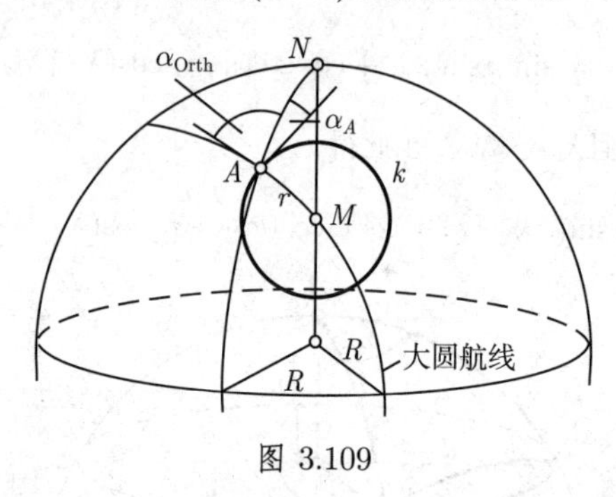

图 3.109

(6) **切点** 在切点$T_1(\lambda_{T_1},\varphi_T)$ 和 $T_2(\lambda_{T_2},\varphi_T)$ 处, 小圆与两条子午线, 即切向子午线相接触 (图 3.110). 因为对它们而言, (3.216) 中反余弦函数的自变量一定是关于变量φ_X 的极值, 所以有

$$\varphi_T=\arcsin\frac{\sin\varphi_M}{\cos r}, \tag{3.217a}$$

$$\lambda_{T_\nu}=\lambda_M\mp\arccos\frac{\cos r-\sin\varphi_X\sin\varphi_M}{\cos\varphi_X\cos\varphi_M}\quad(\nu=1,2). \tag{3.217b}$$

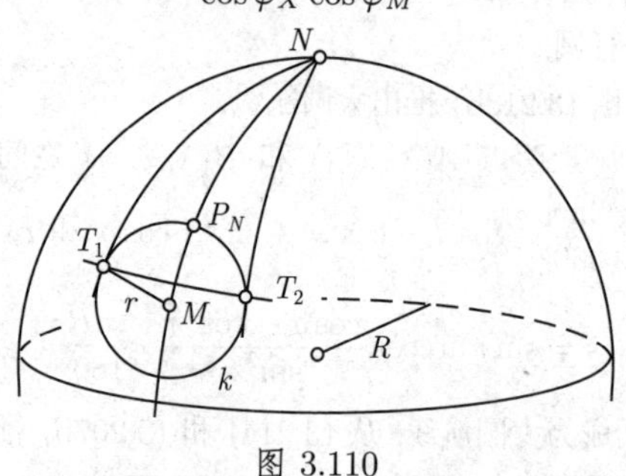

图 3.110

评论 在某些情形中需要根据 (3.205) 进行角的简化.

(7) **与子午线的交点** 小圆与子午线 $\lambda=\lambda_Y$ 的交点 $Y_1(\lambda_Y,\varphi_{Y_1})$ 和 $Y_2(\lambda_Y,\varphi_{Y_2})$ 的地理纬度可以根据 (3.213a) 利用等式

$$\varphi_{Y_\nu}=\arcsin\frac{-AC\pm B\sqrt{A^2+B^2-C^2}}{A^2+B^2}\qquad(\nu=1,2), \tag{3.218a}$$

来计算, 其中用到了以下记号:

$$A=\sin\varphi_M,\qquad B=\cos\varphi_M\cos(\lambda_Y-\lambda_M),\qquad C=-\cos r. \tag{3.218b}$$

一般来说, 对于 $A^2+B^2>C^2$, 存在两个不同的解, 而如果极点在小圆上, 则会丢掉一个.

如果 $A^2+B^2=C^2$ 成立并且没有极点在小圆上, 则子午线在具有地理纬度 $\varphi_{Y_1}=\varphi_{Y_2}=\varphi_T$ 的切点处与小圆相切.

3. 斜航线

(1) **概念** 以相同航向角与所有子午线相交的一条球面曲线称为斜航线或球面螺旋线. 因此纬线 ($\alpha=90°$) 和子午线 ($\alpha=0°$) 是特殊的斜航线.

(2) **斜航线的方程** 图 3.111 显示的是以航向角α 通过运行点 $Q(\lambda,\varphi)$ 和无限接近的点 $P(\lambda+\mathrm{d}\lambda,\varphi+\mathrm{d}\varphi)$ 的斜航线. 直角球面三角形QCP因为很小所以可以看成平面三角形. 于是有

$$\tan\alpha=\frac{R\cos\varphi\mathrm{d}\,\lambda}{R\mathrm{d}\varphi}\ \Rightarrow\ \mathrm{d}\lambda=\frac{\tan\alpha\,\mathrm{d}\varphi}{\cos\varphi}\,. \tag{3.219a}$$

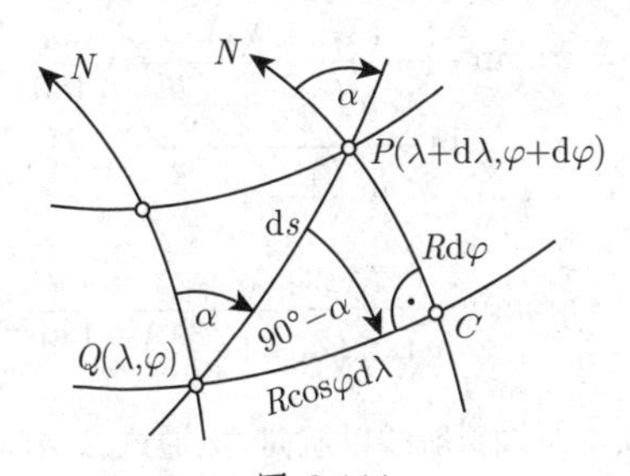

图 3.111

考虑到斜航线必须通过点 $A(\lambda_A,\varphi_A)$, 因此利用积分推出斜航线的方程:

$$\lambda-\lambda_A=\tan\alpha\ln\frac{\tan\left(45°+\dfrac{\varphi}{2}\right)}{\tan\left(45°+\dfrac{\varphi_A}{2}\right)}\cdot\frac{180°}{\pi}\quad(\alpha\neq 90°)\,. \tag{3.219b}$$

特别当 A 是斜航线与赤道的交点 $P_{\mathrm{E}}(\lambda_{\mathrm{E}},0°)$ 时, 则有

$$\lambda-\lambda_{\mathrm{E}}=\tan\alpha\ln\tan\left(45°+\frac{\varphi}{2}\right)\cdot\frac{180°}{\pi}\quad(\alpha\neq 90°)\,. \tag{3.219c}$$

评论 可以利用 (3.224) 计算λ_{E}.

(3) **弧长** 从图 3.111 我们可以看出微分关系

$$\cos\alpha=\frac{R\mathrm{d}\varphi}{\mathrm{d}s}\ \Rightarrow\ \mathrm{d}s=\frac{R\mathrm{d}\varphi}{\cos\alpha}. \tag{3.220a}$$

关于φ积分, 得端点为 $A(\lambda_A,\varphi_A)$ 和 $B(\lambda_B,\varphi_B)$ 的弧段的弧长 s:

$$s=\frac{|\varphi_B-\varphi_A|}{\cos\alpha}\cdot\frac{\pi R}{180°}\quad(\alpha\neq 90°)\,. \tag{3.220b}$$

如果 A 是起点, B 是终点, 则从给定的值 A, α和 s 出发可以根据 (3.220b) 逐步地先计算出φ_B, 然后再根据 (3.219b) 计算出λ_B.

近似公式 根据图 3.111, 设 $Q = A$ 和 $P = B$, 我们利用地理纬度的算术平均值以及 (3.221a) 和 (3.221b) 可以得到弧长 l 的近似值:

$$\sin\alpha = \frac{\cos\dfrac{\varphi_A+\varphi_B}{2}(\lambda_B-\lambda_A)}{l}\cdot\frac{\pi R}{180^\circ}. \tag{3.221a}$$

$$l = \frac{\cos\dfrac{\varphi_A+\varphi_B}{2}}{\sin\alpha}(\lambda_B-\lambda_A)\cdot\frac{\pi R}{180^\circ}. \tag{3.221b}$$

(4) **航向角** 根据 (3.219b) 和 (3.219c), 对于通过点 $A(\lambda_A,\varphi_A)$ 和 $B(\lambda_B,\varphi_B)$, 或者通过点 $A(\lambda_A,\varphi_A)$ 和它与赤道交点 $P_{\mathrm{E}}(\lambda_{\mathrm{E}},0^\circ)$ 的斜航线的航向角α, 下列公式成立:

$$\alpha = \arctan\frac{(\lambda_B-\lambda_A)}{\ln\dfrac{\tan\left(45^\circ+\dfrac{\varphi_B}{2}\right)}{\tan\left(45^\circ+\dfrac{\varphi_A}{2}\right)}}\cdot\frac{\pi}{180^\circ}, \tag{3.222a}$$

$$\alpha = \arctan\frac{(\lambda_A-\lambda_{\mathrm{E}})}{\ln\tan\left(45^\circ+\dfrac{\varphi_A}{2}\right)}\cdot\frac{\pi}{180^\circ}. \tag{3.222b}$$

(5) **与平行圆的交点** 假设斜航线以航向角α通过点 $A(\lambda_A,\varphi_A)$. 斜航线与平行圆$\varphi=\varphi_X$ 交点 $X(\lambda_X,\varphi_X)$ 由 (3.219b) 计算:

$$\lambda_X = \lambda_A + \tan\alpha\cdot\ln\frac{\tan\left(45^\circ+\dfrac{\varphi_X}{2}\right)}{\tan\left(45^\circ+\dfrac{\varphi_A}{2}\right)}\cdot\frac{180^\circ}{\pi}\quad(\alpha\neq 90^\circ). \tag{3.223}$$

利用 (3.223) 计算与赤道的交点 $P_{\mathrm{E}}(\lambda_{\mathrm{E}},0^\circ)$ 得

$$\lambda_{\mathrm{E}} = \lambda_A - \tan\alpha\cdot\ln\tan\left(45^\circ+\frac{\varphi_A}{2}\right)\cdot\frac{180^\circ}{\pi}\quad(\alpha\neq 90^\circ). \tag{3.224}$$

评论 在某些情形中需要根据 (3.205) 进行角的简化.

(6) **与子午线的交点** 斜航线——除平行圆和子午线外 —— 以螺旋形环绕极点 (图 3.112). 以航向角α通过点 $A(\lambda_A,\varphi_A)$ 的斜航线与子午线$\lambda=\lambda_Y$ 的无穷多交点 $Y_\nu(\lambda_Y,\varphi_{Y_\nu})(\nu\in\mathbb{Z})$ 可以由 (3.219b) 计算出来:

$$\varphi_{Y_\nu} = 2\arctan\left\{\exp\left[\frac{\lambda_Y-\lambda_A+\nu\cdot 360^\circ}{\tan\alpha}\cdot\frac{\pi}{180^\circ}\right]\cdot\tan\left(45^\circ+\frac{\varphi_A}{2}\right)\right\}-90^\circ\quad(\nu\in\mathbb{Z}). \tag{3.225}$$

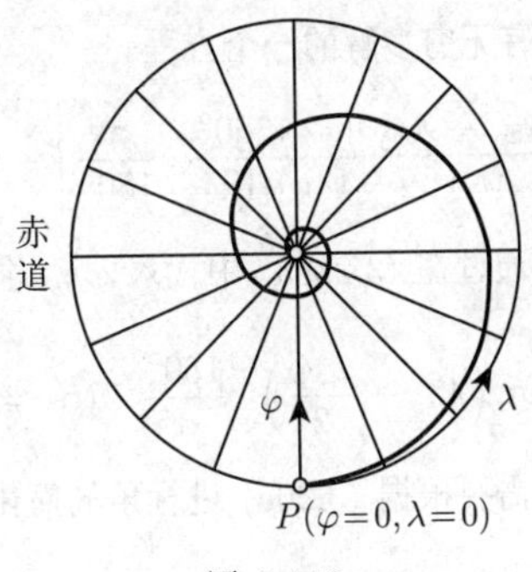

图 3.112

如果 A 是斜航线的赤道交点 $P_{\mathrm{E}}(\lambda_{\mathrm{E}},\,0^\circ)$, 则简单地有

$$\varphi_{Y_\nu}=2\arctan\exp\left[\frac{\lambda_Y-\lambda_{\mathrm{E}}+\nu\cdot 360^\circ}{\tan\alpha}\cdot\frac{\pi}{180^\circ}\right]-90^\circ\quad(\nu\in\mathbb{Z})\,. \tag{3.226}$$

4. 球面曲线的交点

(1) **两条大圆航线的交点** 假设所考虑的大圆航线具有最接近北极的点 $P_{\mathrm{N}_1}(\lambda_{N_1},\varphi_{N_1})$ 和 $P_{N_2}(\lambda_{N_2},\varphi_{N_2})$, 其中 $P_{N_1}\neq P_{N_2}$ 成立. 在两个大圆航线方程中代入交点 $S(\lambda_S,\varphi_S)$ 给出方程组:

$$\tan\varphi_{N_1}\cos(\lambda_S-\lambda_{N_1})=\tan\varphi_S\,, \tag{3.227a}$$

$$\tan\varphi_{N_2}\cos(\lambda_S-\lambda_{N_2})=\tan\varphi_S\,. \tag{3.227b}$$

消去φ_S 并利用余弦函数的加法定律得

$$\tan\lambda_S=-\frac{\tan\varphi_{N_1}\cos\lambda_{N_1}-\tan\varphi_{N_2}\cos\lambda_{N_2}}{\tan\varphi_{N_1}\sin\lambda_{N_1}-\tan\varphi_{N_2}\sin\lambda_{N_2}}\,. \tag{3.228}$$

方程 (3.228) 在地理经度的取值范围 $-180^\circ<\lambda\leqslant 180^\circ$ 内有两个解 λ_{S_1}和λ_{S_2}. 相应的地理纬度可以从 (3.227a) 得到

$$\varphi_{S_\nu}=\arctan[\tan\varphi_{\mathrm{N}_1}\cos(\lambda_{S_\nu}-\lambda_{N_1})]\quad(\nu=1,2)\,. \tag{3.229}$$

交点 S_1 和 S_2 是对径点, 即它们彼此是关于球心的镜像.

(2) **两条斜航线的交点** 假设所考虑的斜航线具有赤道交点 $P_{\mathrm{E}_1}(\lambda_{\mathrm{E}_1},0^\circ)$ 和 $P_{\mathrm{E}_2}(\lambda_{\mathrm{E}_2},0^\circ)$ 以及航向角α_1 和$\alpha_2(\alpha_1\neq\alpha_2)$. 在两个斜航线方程中代入交点 $S(\lambda_S,\varphi_S)$ 给出方程组:

$$\lambda_S-\lambda_{\mathrm{E}_1}=\tan\alpha_1\cdot\ln\tan\left(45^\circ+\frac{\varphi_S}{2}\right)\cdot\frac{180^\circ}{\pi}\quad(\alpha_1\neq 90^\circ)\,, \tag{3.230a}$$

$$\lambda_S-\lambda_{\mathrm{E}_2}=\tan\alpha_2\cdot\ln\tan\left(45^\circ+\frac{\varphi_S}{2}\right)\cdot\frac{180^\circ}{\pi}\quad(\alpha_2\neq 90^\circ)\,. \tag{3.230b}$$

消去λ_S 并表示φ_S 给出具有无穷多解的一个方程:

$$\varphi_{S_\nu} = 2\arctan\exp\left[\frac{\lambda_{\mathrm{E}_1} - \lambda_{\mathrm{E}_2} + \nu\cdot 360^\circ}{\tan\alpha_2 - \tan\alpha_1}\cdot\frac{\pi}{180^\circ}\right] - 90^\circ \quad (\nu \in \mathbb{Z}). \tag{3.231}$$

相应的地理经度 λ_{S_ν} 可以通过在 (3.230a) 中代入 φ_{S_ν} 求得

$$\lambda_{S_\nu} = \lambda_{\mathrm{E}_1} + \tan\alpha_1 \ln\tan\left(45^\circ + \frac{\varphi_{S_\nu}}{2}\right)\cdot\frac{180^\circ}{\pi} \quad (\alpha_1 \neq 90^\circ) \quad (\nu \in \mathbb{Z}). \tag{3.232}$$

评论 在某些情形中需要根据 (3.205) 进行角的简化.

3.5 向量代数与解析几何学

3.5.1 向量代数

3.5.1.1 向量的定义

1. 标量和向量

取值为实数的量称为**标量**. 例如, 质量、温度、能量和功都是标量 (关于标量不变量, 参见第 247 页 3.5.1.5, 3., 第 287 页 3.5.3.4, 3. 和第 385 页 4.3.5.2, (2)).

空间中可以用大小和方向完全描述的量称为**向量**. 例如, 力、速度、加速度、角速度、角加速度以及电场和磁场强度都是向量. 我们用空间中的有向线段表示向量. 在本书中三维欧几里得空间中的向量记作 $\vec{a}$, 在矩阵论中记作 $\underline{\boldsymbol{a}}$.

2. 极向量和轴向量

极向量表示具有大小和空间方向的量, 如速度和加速度; **轴向量**表示具有大小, 空间方向和旋转方向的量, 如角速度和角加速度. 在图示上它们用极箭头和轴箭头来区别 (图 3.113). 但在数学讨论中对它们并不加以区别.

3. 模和空间中的方向

向量 $\vec{a}$ 或 $\underline{\boldsymbol{a}}$ 作为起点 A 和终点 B 之间的线段, 其量的描述是**模**$|\vec{a}|$, 即该线段的长度, 以及**空间中的方向**, 它由一组角给出.

4. 向量的相等

两个向量 $\vec{a}$ 和 $\vec{b}$ 如果模相等且方向相同, 则称它们是相等的.

反向的相等向量具有相同的模, 但方向相反:

$$\overrightarrow{AB} = \vec{a}, \quad \overrightarrow{BA} = -\vec{a} \quad \text{但是} \quad |\overrightarrow{AB}| = |\overrightarrow{BA}|. \tag{3.233}$$

在这一情形, 轴向量具有相反和相同的旋转方向.

5. 自由向量、固定向量、滑动向量

自由向量被认为是相同的, 即它在做平行移动时不改变模和方向, 因此它的起点可以是空间中的任意一点. 如果一个向量的性质与一个确定的起点相关联, 则它被称为约束向量或固定向量. 滑动向量只能沿它所在的直线移动.

6. 特殊向量

a)**单位向量**$\vec{a}^0=\vec{e}$ 是长度或模等于 1 的向量. 利用它, 向量 $\vec{a}$ 可以表示为该向量的模与该向量同方向的单位向量之积:

$$\vec{a}=\vec{e}|\vec{a}|. \tag{3.234}$$

单位向量 $\vec{i}, \vec{j}, \vec{k}$ 或 $\vec{e}_i, \vec{e}_j, \vec{e}_k$(图 3.114) 常用来表示三个坐标轴的坐标值增加方向. 在图 3.114 中由三个单位向量所给的方向构成了一个正交三元组. 这些单位向量定义了一个直角坐标系, 因为它们的标量积满足:

$$\vec{e}_i\vec{e}_j=\vec{e}_i\vec{e}_k=\vec{e}_j\vec{e}_k=0, \tag{3.235}$$

而且还有

$$\vec{e}_i\vec{e}_i=\vec{e}_j\vec{e}_j=\vec{e}_k\vec{e}_k=1 \tag{3.236}$$

成立, 即它是一个规范正交坐标系.

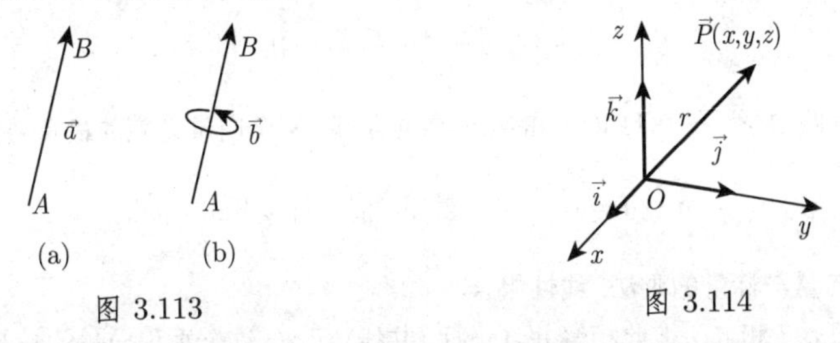

图 3.113 图 3.114

b) **零向量 $\vec{0}$** 是模等于 0 的向量, 即它的起点和终点重合, 而其方向是不加定义的.

c) **向径** $\vec{r}$ 或点 P 的位置向量是起点在原点终点在 P 的向量 $\overrightarrow{OP}$(图 3.114). 在这一情形, 原点也称作极或极点. 点 P 是由向径唯一定义的.

d) **共线向量** 是与同一直线平行的向量.

e) **共面向量** 是平行于同一平面的向量. 它们满足等式 (3.260).

3.5.1.2 向量的计算法则

1. 向量的和

a) **两个向量**$\overrightarrow{AB}=\vec{a}$ 与 $\overrightarrow{AD}=\vec{b}$ **的和**也可以表示成平行四边形 $ABCD$ 的对角线, 即图 3.115(b) 中的向量 $\overrightarrow{AC}=\vec{c}$. 两个向量之和最重要的性质是交换律和三角不等式:

$$\vec{a}+\vec{b}=\vec{b}+\vec{a}, \quad |\vec{a}+\vec{b}|\leqslant|\vec{a}|+|\vec{b}|. \tag{3.237a}$$

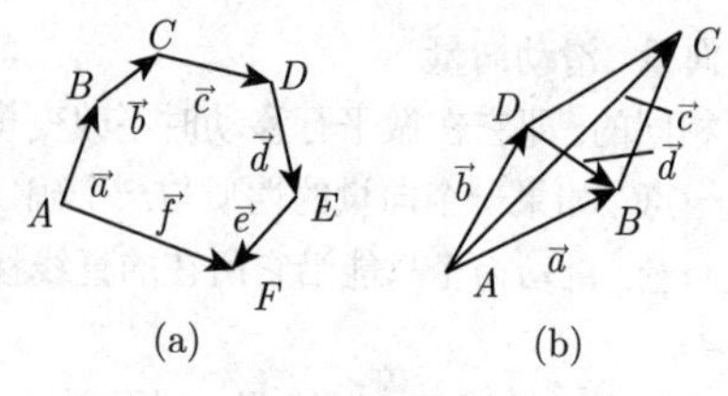

图 3.115

b) **若干个向量**$\vec{a},\vec{b},\vec{c},\cdots,\vec{e}$ **之和**是向量 $\vec{f}=\overrightarrow{AF}$, 如图 3.115(a), 它将从 $\vec{a}$ 到 $\vec{e}$ 的向量形成的折线封闭. 对于 n 个向量 $\vec{a}_i(i=1,2,\cdots,n)$ 成立有

$$\sum_{i=1}^{n}\vec{a}_i=\vec{f}. \tag{3.237b}$$

若干个向量之和的重要性质是加法的交换律和结合律. 对于三个向量成立有

$$\vec{a}+\vec{b}+\vec{c}=\vec{c}+\vec{b}+\vec{a},\quad (\vec{a}+\vec{b})+\vec{c}=\vec{a}+(\vec{b}+\vec{c}). \tag{3.237c}$$

c) **两个向量的差**$\vec{a}-\vec{b}$ 可以看成是向量 $\vec{a}$ 和 $-\vec{b}$ 的和, 即

$$\vec{a}-\vec{b}=\vec{a}+(-\vec{b})=\vec{d}. \tag{3.237d}$$

它是平行四边形 (图 3.115(b)) 的另一条对角线. 两个向量之差的最重要性质是

$$\vec{a}-\vec{a}=\vec{0}\quad (\text{零向量}),\quad |\vec{a}-\vec{b}|\geqslant ||\vec{a}|-|\vec{b}||. \tag{3.237e}$$

2. 向量与标量的乘法, 线性组合

乘积 $\alpha\vec{a}$ 和 $\vec{a}\alpha$ 彼此相等并且平行 (共线) 于 $\vec{a}$. 这个乘积向量的长等于 $|\alpha||\vec{a}|$. 对于$\alpha>0$, 积向量与 $\vec{a}$ 具有相同的方向; 对于$\alpha<0$, 它具有相反的方向. 向量与标量之积最重要的性质是

$$\alpha\,\vec{a}=\vec{a}\,\alpha,\quad \alpha\,\beta\,\vec{a}=\beta\,\alpha\,\vec{a},\quad (\alpha+\beta)\,\vec{a}=\alpha\,\vec{a}+\beta\,\vec{a},\quad \alpha\,(\vec{a}+\vec{b})=\alpha\,\vec{a}+\alpha\,\vec{b}. \tag{3.238a}$$

向量 $\vec{a},\vec{b},\vec{c},\cdots,\vec{d}$ 与标量 $\alpha,\beta,\cdots,\delta$ 的线性组合是向量

$$\vec{k}=\alpha\,\vec{a}+\beta\,\vec{b}+\cdots+\delta\,\vec{d}. \tag{3.238b}$$

3. 向量的分解

在三维空间中每个向量 $\vec{a}$ 可以唯一地分解为三个向量之和, 它们平行于三个给定的非共面向量 $\vec{u},\vec{v},\vec{w}$(图 3.116(a), (b)):

$$\vec{a}=\alpha\,\vec{u}+\beta\,\vec{v}+\gamma\,\vec{w}. \tag{3.239a}$$

$\alpha\vec{u}$, $\beta\vec{v}$ 和 $\gamma\vec{w}$ 称为这一分解的**分量**, 标量因子α, β 和γ 称为**系数**. 当所有向量都平行于一个平面时, 可以写成

$$\vec{a}=\alpha\vec{u}+\beta\vec{v}, \tag{3.239b}$$

这里 $\vec{u}$ 和 $\vec{v}$ 是平行于同一平面的两个**非共线向量**(图 3.116(c), (d)).

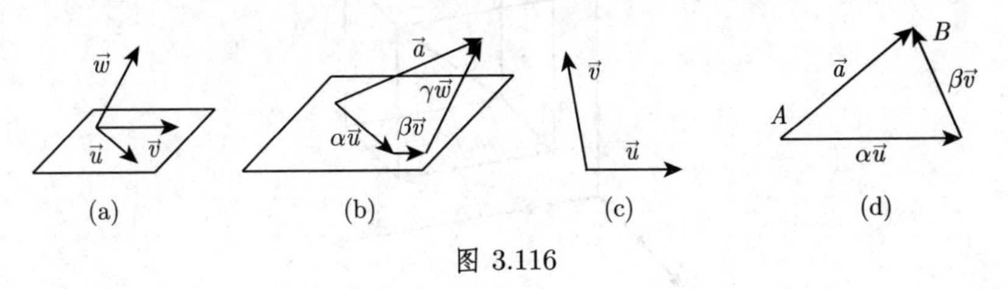

图 3.116

3.5.1.3 向量的坐标

1. 笛卡儿坐标

根据 (3.239a), 每个向量 $\overrightarrow{AB}=\vec{a}$ 可以唯一分解成平行于坐标系的基向量 $\vec{i},\vec{j},\vec{k}$ 或 $\vec{e}_i,\vec{e}_j,\vec{e}_k$ 的向量之和:

$$\vec{a}=a_x\vec{i}+a_y\vec{j}+a_z\vec{k}=a_x\vec{e}_i+a_y\vec{e}_j+a_z\vec{e}_k\,, \tag{3.240a}$$

其中标量 a_x, a_y, a_z 是向量 $\vec{a}$ 在基向量为 $\vec{e}_i,\vec{e}_j,\vec{e}_k$ 的坐标系中的**笛卡儿坐标**. 也写成

$$\vec{a}=\{a_x,a_y,a_z\}\ \text{ 或 }\ \vec{a}\,(a_x,a_y,a_z)\,. \tag{3.240b}$$

由单位向量定义的三个方向构成一个正交**方向三元组**. 向量的分量是该向量在坐标轴上的投影 (图 3.117).

若干个向量的线性组合的坐标等同于这些向量的坐标的线性组合, 因此向量方程 (3.238b) 对应于下面的坐标方程:

$$\begin{aligned} k_x&=\alpha\,a_x+\beta\,b_x+\cdots+\delta\,d_x\,,\\ k_y&=\alpha\,a_y+\beta\,b_y+\cdots+\delta\,d_y\,,\\ k_z&=\alpha\,a_z+\beta\,b_z+\ldots+\delta\,d_z\,. \end{aligned} \tag{3.241}$$

对于两个向量的和与差

$$\vec{c}=\vec{a}\pm\vec{b} \tag{3.242a}$$

的坐标, 有等式

$$c_x=a_x\,\pm\,b_x\,,\quad c_y=a_y\,\pm\,b_y\,,\quad c_z=a_z\,\pm\,a_z \tag{3.242b}$$

成立. 点 $P(x, y, z)$ 的向径 $\vec{r}$ 具有该点的笛卡儿坐标:

$$r_x = x,\quad r_y = y,\quad r_z = z;\quad \vec{r} = x\vec{i} + y\vec{j} + z\vec{k}. \tag{3.243}$$

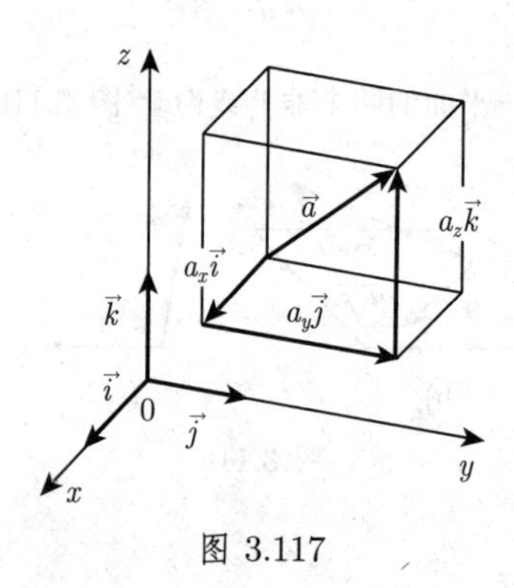

图 3.117

2. 仿射坐标

仿射是笛卡儿坐标的一般化, 它基于三个线性无关但不必正交的向量, 即不共面的基向量 $\vec{e}_1, \vec{e}_2, \vec{e}_3$ 组成的坐标系. 系数是 a^1, a^2, a^3, 这里的上标不是指数. 类似于 (3.240a, b), 对于 $\vec{a}$ 成立有

$$\vec{a} = a^1\,\vec{e}_1 + a^2\,\vec{e}_2 + a^3\,\vec{e}_3 \tag{3.244a}$$

或

$$\vec{a} = \left\{a^1, a^2, a^3\right\} \quad 或 \quad \vec{a}\left(a^1, a^2, a^3\right). \tag{3.244b}$$

当标量 a^1, a^2, a^3 是一个向量的反变坐标 (参见第 253 页 3.5.1.8) 时, 这种记法特别适合. 对于 $\vec{e}_1 = \vec{i}$, $\vec{e}_2 = \vec{j}$, $\vec{e}_3 = \vec{k}$, 公式 (3.244a, b) 变成 (3.240a, b). 对于向量的线性组合 (3.238b) 类似于 (3.241) 的坐标方程成立, 对于两个向量的和与差也一样 (3.242a, b):

$$\begin{aligned} k^1 &= \alpha\,a^1 + \beta\,b^1 + \cdots + \delta\,d^1, \\ k^2 &= \alpha\,a^2 + \beta\,b^2 + \cdots + \delta\,d^2, \\ k^3 &= \alpha\,a^3 + \beta\,b^3 + \cdots + \delta\,d^3; \end{aligned} \tag{3.245}$$

$$c^1 = a^1 \pm b^1,\quad c^2 = a^2 \pm b^2,\quad c^3 = a^3 \pm b^3. \tag{3.246}$$

3.5.1.4 方向系数

向量 $\vec{a}$ 沿向量 $\vec{b}$ 的**方向系数**是标量积:

$$a_b = \vec{a}\vec{b}^0 = |\vec{a}|\cos\varphi, \tag{3.247}$$

其中 $\vec{b}^0 = \dfrac{b}{|\vec{b}|}$ 是 $\vec{b}$ 方向上的单位向量, φ是 $\vec{a}$ 和 $\vec{b}$ 之间的夹角.

方向系数代表 $\vec{a}$ 在 $\vec{b}$ 上的投影.

■ 在笛卡儿坐标系中, 向量 $\vec{a}$ 沿 x, y, z 轴的方向系数是坐标 a_x, a_y, a_z. 这一结论在非正交坐标系中通常不成立.

3.5.1.5 标量积与向量积

1. 标量积

两个向量 $\vec{a}$ 和 $\vec{b}$ 的*标量积*或*点积*定义为等式

$$\vec{a}\cdot\vec{b} = \vec{a}\,\vec{b} = (\vec{a}\,\vec{b}) = |\vec{a}\,|\,|\vec{b}\,|\cos\varphi, \tag{3.248}$$

其中φ是考虑 $\vec{a}$ 和 $\vec{b}$ 具有共同的出发点时它们之间的夹角 (图 3.118). 标量积的值是标量.

2. 向量积

两个向量 $\vec{a}$ 和 $\vec{b}$ 的*向量积*或*叉积*是一个向量 $\vec{c}$ 使得它垂直于向量 $\vec{a}$ 和 $\vec{b}$, 并且向量按照 $\vec{a}$, $\vec{b}$ 和 $\vec{c}$ 的顺序形成右手系 (图 3.119): 如果向量具有相同的起点, 则从 $\vec{c}$ 的终点看 $\vec{a}$ 和 $\vec{b}$ 的平面, $\vec{a}$ 最快是以逆时针旋转到 $\vec{b}$ 的方向. 向量 $\vec{a}$,$\vec{b}$ 和 $\vec{c}$ 具有和右手的拇指, 食指和中指同样的布局. 因此这称为*右手法则*. 向量积 (3.249a) 具有模 (3.249b).

$$\vec{a}\times\vec{b} = |\vec{a}\,\vec{b}| = \vec{c}, \tag{3.249a}$$

$$|\vec{c}| = |\vec{a}\,|\,|\vec{b}\,|\sin\varphi, \tag{3.249b}$$

其中φ是 $\vec{a}$ 和 $\vec{b}$ 之间的夹角. $\vec{c}$ 的长度在数值上等于由向量 $\vec{a}$ 和 $\vec{b}$ 定义的平行四边形的面积.

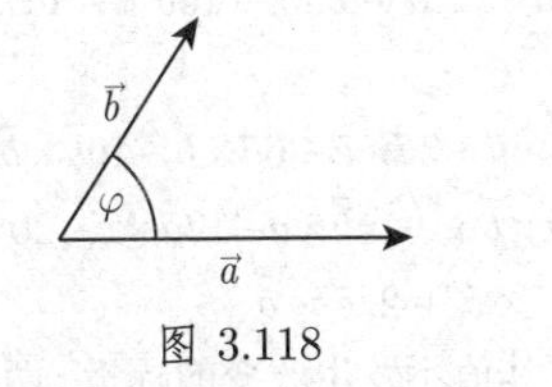

图 3.118

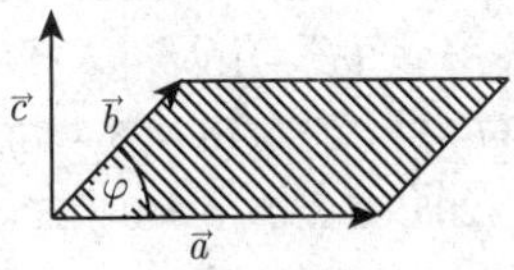

图 3.119

3. 向量的乘积的性质

a) **标量积**是可交换的:

$$\vec{a}\,\vec{b} = \vec{b}\,\vec{a}. \tag{3.250}$$

b) **向量积**是反交换的 (交换因子后改变符号):

$$\vec{a}\times\vec{b} = -(\vec{b}\times\vec{a}). \tag{3.251}$$

c) **与一个标量相乘满足结合律**:

$$\alpha(\vec{a}\,\vec{b}) = (\alpha\,\vec{a})\,\vec{b}, \tag{3.252a}$$

$$\alpha(\vec{a}\times\vec{b}) = (\alpha\,\vec{a})\times\vec{b}. \tag{3.252b}$$

d) **结合律**对于二重标量积和二重向量积不成立:

$$\vec{a}\,(\vec{b}\,\vec{c}) \neq (\vec{a}\,\vec{b})\,\vec{c}, \tag{3.253a}$$

$$\vec{a}\times(\vec{b}\times\vec{c}) \neq (\vec{a}\times\vec{b})\times\vec{c}. \tag{3.253b}$$

e) **分配律**成立:

$$\vec{a}\,(\vec{b}+\vec{c}) = \vec{a}\,\vec{b}+\vec{a}\,\vec{c}, \tag{3.254a}$$

$$\vec{a}\times(\vec{b}+\vec{c}) = \vec{a}\times\vec{b}+\vec{a}\times\vec{c} \quad \text{和} \quad (\vec{b}+\vec{c})\times\vec{a} = \vec{b}\times\vec{a}+\vec{c}\times\vec{a}. \tag{3.254b}$$

f) **两个向量的正交性** 如果等式

$$\vec{a}\,\vec{b} = 0 \tag{3.255}$$

成立, 并且 $\vec{a}$ 和 $\vec{b}$ 都不是零向量, 则两个向量互相垂直 ($\vec{a}\perp\vec{b}$).

g) **两个向量的共线性** 如果等式

$$\vec{a}\times\vec{b} = \vec{0} \tag{3.256}$$

成立, 并且 $\vec{a}$ 和 $\vec{b}$ 都不是零向量, 则两个向量是共线的 ($\vec{a}\|\vec{b}$).

h) **相同向量的乘法**

$$\vec{a}\,\vec{a} = \vec{a}^{\,2} = a^2, \quad \vec{a}\times\vec{a} = \vec{0}. \tag{3.257}$$

i) **向量的线性组合** 可以用和标量多项式相同的方法相乘 (因为分配律成立), 对于向量积来说, 只有一点必须加以注意. 如果交换因子则也要改变符号.

■ **A:** $(3\vec{a}+5\vec{b}-2\vec{c})\,(\vec{a}-2\vec{b}-4\vec{c}) = 3\vec{a}^{\,2}+5\vec{b}\vec{a}-2\vec{c}\vec{a}-6\vec{a}\vec{b}-10\vec{b}^{\,2}+4\vec{c}\vec{b}-12\vec{a}\vec{c}-20\vec{b}\vec{c}+8\vec{c}^{\,2} = 3\vec{a}^{\,2}-10\vec{b}^{\,2}+8\vec{c}^{\,2}-\vec{a}\vec{b}-14\vec{a}\vec{c}-16\vec{b}\vec{c}$.

■ **B:** $(3\vec{a}+5\vec{b}-2\vec{c})\times(\vec{a}-2\vec{b}-4\vec{c}) = 3\vec{a}\times\vec{a}+5\vec{b}\times\vec{a}-2\vec{c}\times\vec{a}-6\vec{a}\times\vec{b}-10\vec{b}\times\vec{b}+4\vec{c}\times\vec{b}-12\vec{a}\times\vec{c}-20\vec{b}\times\vec{c}+8\vec{c}\times\vec{c} = 0-5\vec{a}\times\vec{b}+2\vec{a}\times\vec{c}-6\vec{a}\times\vec{b}+0-4\vec{b}\times\vec{c}-12\vec{a}\times\vec{c}-20\vec{b}\times\vec{c}+0 = -11\vec{a}\times\vec{b}-10\vec{a}\times\vec{c}-24\vec{b}\times\vec{c} = 11\vec{b}\times\vec{a}+10\vec{c}\times\vec{a}+24\vec{c}\times\vec{b}$.

j) **标量不变量**是在坐标系的平移和旋转下其值不发生改变的标量. 两个向量的标量积是一个标量不变量.

■ **A:** 向量 $\vec{a}=\{a_1,a_2,a_3\}$ 的坐标不是标量不变量, 因为在不同的坐标系下它们具有不同的值.

■ **B:** 向量 $\vec{a}$ 的模是一个标量不变量, 因为它在不同的坐标系下具有相同的值.

■ **C:** 因为两个向量的标量积是一个标量不变量, 所以一个向量与其自身的标量积也是一个标量不变量, 即 $\vec{a}\vec{a}=|\vec{a}|^2\cos\varphi=|\vec{a}|^2$, 因为 $\varphi=0$.

3.5.1.6 向量乘积的组合

1. 二重向量积

二重向量积 $\vec{a}\times(\vec{b}\times\vec{c})$ 的结果是与 $\vec{b}$ 和 $\vec{c}$ 共面的一个向量:

$$\vec{a}\times(\vec{b}\times\vec{c})=\vec{b}(\vec{a}\,\vec{c})-\vec{c}(\vec{a}\,\vec{b})\,. \tag{3.258}$$

2. 混合积

混合积$(\vec{a}\times\vec{b})\,\vec{c}$ 也称**三重积**, 其结果是一个标量, 它的绝对值在数值上等于由这三个向量定义的平行六面体的体积; 如果 $\vec{a},\vec{b}$ 和 $\vec{c}$ 构成右手系则结果取正, 否则取负. 括号和叉乘号可以省略:

$$(\vec{a}\times\vec{b})\vec{c}=\vec{a}(\vec{b}\times\vec{c})=\vec{a}\,\vec{b}\,\vec{c}=\vec{b}\,\vec{c}\,\vec{a}=\vec{c}\,\vec{a}\,\vec{b}=-\vec{a}\,\vec{c}\,\vec{b}=-\vec{b}\,\vec{a}\,\vec{c}=-\vec{c}\,\vec{b}\,\vec{a}\,. \tag{3.259}$$

交换任何两项的结果将变号; 将全部三项轮换不影响结果.

对于**共面向量**, 即如果 $\vec{a}$ 平行于由 $\vec{b}$ 和 $\vec{c}$ 定义的平面, 则有

$$\vec{a}(\vec{b}\times\vec{c})=0\,. \tag{3.260}$$

3. 多重乘积的公式

a) **拉格朗日恒等式**

$$(\vec{a}\times\vec{b})(\vec{c}\times\vec{d})=(\vec{a}\,\vec{c})\,(\vec{b}\,\vec{d})-(\vec{b}\,\vec{c})\,(\vec{a}\,\vec{d}), \tag{3.261}$$

b) $$\vec{a}\,\vec{b}\,\vec{c}\cdot\vec{e}\,\vec{f}\,\vec{g}=\begin{vmatrix}\vec{a}\,\vec{e} & \vec{a}\,\vec{f} & \vec{a}\,\vec{g}\\ \vec{b}\,\vec{e} & \vec{b}\,\vec{f} & \vec{b}\,\vec{g}\\ \vec{c}\,\vec{e} & \vec{c}\,\vec{f} & \vec{c}\,\vec{g}\end{vmatrix}. \tag{3.262}$$

4. 用笛卡儿坐标表示的乘积公式

如果将向量 $\vec{a},\vec{b},\vec{c}$ 表示成坐标形式

$$\vec{a}=\{a_x,a_y,a_z\}\,,\quad \vec{b}=\{b_x,b_y,b_z\}\,,\quad \vec{c}=\{c_x,c_y,c_z\}\,, \tag{3.263}$$

则可以用下面的公式计算乘积:

(1) **标量积**

$$\vec{a}\,\vec{b}=a_xb_x+a_yb_y+a_zb_z\,. \tag{3.264}$$

(2) **向量积**

$$\begin{aligned}\vec{a}\times\vec{b}&=(a_yb_z-a_zb_y)\,\vec{i}+(a_zb_x-a_xb_z)\,\vec{j}+(a_xb_y-a_yb_x)\,\vec{k}\\ &=\begin{vmatrix}\vec{i} & \vec{j} & \vec{k}\\ a_x & a_y & a_z\\ b_x & b_y & b_z\end{vmatrix}.\end{aligned} \tag{3.265}$$

(3) **混合积**

$$\vec{a}\,\vec{b}\,\vec{c}=\begin{vmatrix} a_x & a_y & a_z \\ b_x & b_y & b_z \\ c_x & c_y & c_z \end{vmatrix}. \tag{3.266}$$

5. 用仿射坐标表示的乘积公式

(1) *度量系数与互反向量组* 如果在 $\vec{e}_1, \vec{e}_2, \vec{e}_3$ 系中给定两个向量 $\vec{a}$ 和 $\vec{b}$ 的仿射坐标, 即

$$\vec{a}=a^1\,\vec{e}_1+a^2\,\vec{e}_2+a^3\,\vec{e}_3\,,\quad \vec{b}=b^1\,\vec{e}_1+b^2\,\vec{e}_2+b^3\,\vec{e}_3, \tag{3.267}$$

而需要计算标量积

$$\begin{aligned}\vec{a}\,\vec{b}=&\,a^1b^1\,\vec{e}_1\,\vec{e}_1+a^2\,b^2\,\vec{e}_2\,\vec{e}_2+a^3\,b^3\,\vec{e}_3\,\vec{e}_3+\left(a^1\,b^2+a^2\,b^1\right)\,\vec{e}_1\,\vec{e}_2\\&+\left(a^2\,b^3+a^3\,b^2\right)\vec{e}_2\,\vec{e}_3+\left(a^3\,b^1+a^1\,b^3\right)\vec{e}_3\,\vec{e}_1\end{aligned} \tag{3.268}$$

或向量积

$$\vec{a}\times\vec{b}=\left(a^2\,b^3-a^3\,b^2\right)\,\vec{e}_2\times\vec{e}_3+\left(a^3\,b^1-a^1\,b^3\right)\vec{e}_3\times\vec{e}_1+\left(a^1\,b^2-a^2\,b^1\right)\vec{e}_1\times\vec{e}_2\,, \tag{3.269a}$$

后者用到等式

$$\vec{e}_1\times\vec{e}_1=\vec{e}_2\times\vec{e}_2=\vec{e}_3\times\vec{e}_3=\vec{0}, \tag{3.269b}$$

那么就必须要知道坐标向量的两两乘积. 对于标量积而言这些是六个*度量系数*:

$$\begin{aligned}&g_{11}=\vec{e}_1\,\vec{e}_1\,,\quad g_{22}=\vec{e}_2\,\vec{e}_2\,,\quad g_{33}=\vec{e}_3\,\vec{e}_3\,,\\&g_{12}=\vec{e}_1\,\vec{e}_2=\vec{e}_2\,\vec{e}_1\,,\quad g_{23}=\vec{e}_2\,\vec{e}_3=\vec{e}_3\,\vec{e}_2\,,\quad g_{31}=\vec{e}_3\,\vec{e}_1=\vec{e}_1\,\vec{e}_3,\end{aligned} \tag{3.270}$$

而对向量积来说是三个向量

$$\vec{e}^{\,1}=\Omega\left(\vec{e}_2\times\vec{e}_3\right)\,,\quad \vec{e}^{\,2}=\Omega\left(\vec{e}_3\times\vec{e}_1\right)\,,\quad \vec{e}^{\,3}=\Omega\left(\vec{e}_1\times\vec{e}_2\right)\,, \tag{3.271a}$$

它们是关于 $\vec{e}_1\,, \vec{e}_2\,, \vec{e}_3$ 的三个*互反向量*, 其中系数

$$\Omega=\frac{1}{\vec{e}_1\,\vec{e}_2\,\vec{e}_3}\,, \tag{3.271b}$$

是坐标向量混合积的倒数. 这个记号在下面的讨论中仅用来作简写. 借助关于基向量的乘法表 3.13 和表 3.14 容易算出这些系数.

表 3.13 基向量的标量积

	$\vec{e}_1$	$\vec{e}_2$	$\vec{e}_3$
$\vec{e}_1$	g_{11}	g_{12}	g_{13}
$\vec{e}_2$	g_{21}	g_{22}	g_{23}
$\vec{e}_3$	g_{31}	g_{32}	g_{33}

$(g_{ki}=g_{ik})$

表 3.14 基向量的向量积

		乘数		
		$\vec{e}_1$	$\vec{e}_2$	$\vec{e}_3$
被乘数	$\vec{e}_1$	0	$\dfrac{\vec{e}^{\,3}}{\Omega}$	$-\dfrac{\vec{e}^{\,2}}{\Omega}$
	$\vec{e}_2$	$-\dfrac{\vec{e}^{\,3}}{\Omega}$	0	$\dfrac{\vec{e}^{\,1}}{\Omega}$
	$\vec{e}_3$	$\dfrac{\vec{e}^{\,2}}{\Omega}$	$-\dfrac{\vec{e}^{\,1}}{\Omega}$	0

(2) **对于笛卡儿坐标的应用** 笛卡儿坐标是仿射坐标的特殊情形. 由表 3.15 和表 3.16 对于基向量

$$\vec{e}_1=\vec{i},\quad \vec{e}_2=\vec{j},\quad \vec{e}_3=\vec{k} \tag{3.272a}$$

得度量系数

$$g_{11}=g_{22}=g_{33}=1,\quad g_{12}=g_{23}=g_{31}=0,\quad \Omega=\frac{1}{\vec{i}\,\vec{j}\,\vec{k}}=1 \tag{3.272b}$$

和互反基向量

$$\vec{e}^{\,1}=\vec{i},\quad \vec{e}^{\,2}=\vec{j},\quad \vec{e}^{\,3}=\vec{k}\,. \tag{3.272c}$$

因此, 该坐标系的基向量与互反向量一致, 换句话说, 在笛卡儿坐标系中基向量组就是它自己的互反组.

表 3.15 互反基向量的标量积

	$\vec{i}$	$\vec{j}$	$\vec{k}$
$\vec{i}$	1	0	0
$\vec{j}$	0	1	0
$\vec{k}$	0	0	1

表 3.16 互反基向量的向量积

		乘数		
		$\vec{i}$	$\vec{j}$	$\vec{k}$
被乘数	$\vec{i}$	0	$\vec{k}$	$-\vec{j}$
	$\vec{j}$	$-\vec{k}$	0	$\vec{i}$
	$\vec{k}$	$\vec{j}$	$-\vec{i}$	0

(3) **由坐标给出的向量的标量积**

$$\vec{a}\,\vec{b}=\sum_{m=1}^{3}\sum_{n=1}^{3}g_{mn}a^m\,b^n=g_{\alpha\beta}a^\alpha\,b^\beta\,. \tag{3.273}$$

对于笛卡儿坐标, (3.273) 与 (3.264) 相符.

在 (3.273) 中的第二个等号后, 用到了一种常在张量计算中表示求和的简记法 (参见第 376 页, 4.3.1, 2.): 只写出通项以取代完整求和, 因此应该对指标重复进行求和计算, 即对每次出现的上下标进行求和计算. 有时用希腊字母表示求和指标; 这里它们的值从 1 取到 3. 因此有

$$g_{\alpha\beta}a^{\alpha}b^{\beta} = g_{11}a^1b^1 + g_{12}a^1b^2 + g_{13}a^1b^3 + g_{21}a^2b^1 + g_{22}a^2b^2 + g_{23}a^2b^3 + g_{31}a^3b^1 + g_{32}a^3b^2 + g_{33}a^3b^3. \tag{3.274}$$

(4) **由坐标给出的向量的向量积** 根据 (3.269a) 有

$$\vec{a}\times\vec{b} = \vec{e}_1\,\vec{e}_2\,\vec{e}_3\begin{vmatrix} \vec{e}^1 & \vec{e}^2 & \vec{e}^3 \\ a^1 & a^2 & a^3 \\ b^1 & b^2 & b^3 \end{vmatrix} = \vec{c}_1\,\vec{c}_2\,\vec{e}_3\,[(a^2b^3 - a^3b^2)\vec{e}^1 + (a^3b^1 - a^1b^3)\vec{e}^2 + (a^1b^2 - a^2b^1)\vec{e}^3]. \tag{3.275}$$

对于笛卡儿坐标, (3.275) 与 (3.265) 相符.

(5) **由坐标给出的向量的混合积** 根据 (3.269a) 有

$$\vec{a}\,\vec{b}\,\vec{c} = \vec{e}_1\,\vec{e}_2\,\vec{e}_3\begin{vmatrix} a^1 & a^2 & a^3 \\ b^1 & b^2 & b^3 \\ c^1 & c^2 & c^3 \end{vmatrix}. \tag{3.276}$$

对于笛卡儿坐标, (3.276) 与 (3.266) 相符.

3.5.1.7 向量方程

表 3.17 概括了最简单的向量方程. 表中 $\vec{a},\vec{b},\vec{c},\vec{d}$ 是已知向量, $\vec{x}$ 是未知向量, α, β, γ 是已知标量, x, y, z 则是要计算的未知标量.

表 3.17 向量方程

方程	解
(1) $\vec{x}+\vec{a}=\vec{b}$	$\vec{x}=\vec{b}-\vec{a}$
(2) $\alpha\vec{x}=\vec{a}$	$\vec{x}=\dfrac{\vec{a}}{\alpha}$
(3) $\vec{x}\,\vec{a}=\alpha$	这是一个不定方程; 考虑具有相同起点, 满足这一方程的所有向量 $\vec{x}$, 则它们的终点形成一个垂直于向量 $\vec{a}$ 的平面. 方程 (3) 称为这个平面的向量方程
(4) $\vec{x}\times\vec{a}=\vec{b}\ (\vec{b}\perp\vec{a})$	这是一个不定方程; 考虑具有相同起点, 满足这一方程的所有向量 $\vec{x}$, 则它们的终点形成一条平行于向量 $\vec{a}$ 的直线. 方程 (4) 称为这条直线的向量方程

续表

方程	解
(5) $\begin{cases} \vec{x}\,\vec{a}=\alpha \\ \vec{x}\times\vec{a}=\vec{b} \quad (\vec{b}\perp\vec{a}) \end{cases}$	$\vec{x}=\dfrac{\alpha\,\vec{a}+\vec{a}\times\vec{b}}{a^2} \quad (a=\lvert\vec{a}\rvert)$
(6) $\begin{cases} \vec{x}\,\vec{a}=\alpha \\ \vec{x}\,\vec{b}=\beta \\ \vec{x}\,\vec{c}=\gamma \end{cases}$	$\vec{x}=\dfrac{\alpha\,(\vec{b}\times\vec{c})+\beta\,(\vec{c}\times\vec{a})+\gamma\,(\vec{a}\times\vec{b})}{\vec{a}\vec{b}\,\vec{c}}=\alpha\,\tilde{\vec{a}}+\beta\,\tilde{\vec{b}}+\gamma\,\tilde{\vec{c}}$, 其中 $\tilde{\vec{a}},\tilde{\vec{b}},\tilde{\vec{c}}$ 是 $\vec{a},\vec{b},\vec{c}$ 的互反向量 (参见第 249 页 3.5.1.6,1.)
(7) $\vec{d}=x\,\vec{a}+y\,\vec{b}+z\,\vec{c}$	$x=\dfrac{\vec{d}\,\vec{b}\,\vec{c}}{\vec{a}\vec{b}\,\vec{c}},\quad y=\dfrac{\vec{a}\,\vec{d}\,\vec{c}}{\vec{a}\,\vec{b}\,\vec{c}},\quad z=\dfrac{\vec{a}\,\vec{b}\,\vec{d}}{\vec{a}\,\vec{b}\,\vec{c}}$
(8) $\vec{d}=x(\vec{b}\times\vec{c})+y\,(\vec{c}\times\vec{a})+z\,(\vec{a}\times\vec{b})$	$x=\dfrac{\vec{d}\,\vec{a}}{\vec{a}\,\vec{b}\,\vec{c}},\quad y=\dfrac{\vec{d}\,\vec{b}}{\vec{a}\,\vec{b}\,\vec{c}},\quad z=\dfrac{\vec{d}\,\vec{c}}{\vec{a}\,\vec{b}\,\vec{c}}$

注: $\vec{x}$ 是未知向量; $\vec{a},\vec{b},\vec{c},\vec{d}$ 是已知向量; x,y,z 是未知标量; α,β,γ 是已知标量

3.5.1.8 向量的共变坐标和反变坐标

1. 定义

向量 $\vec{a}$ 在以 $\vec{e}_1$, $\vec{e}_2$, $\vec{e}_3$ 为基向量的坐标系中由公式

$$\vec{a}=a^1\,\vec{e}_1+a^2\,\vec{e}_2+a^3\,\vec{e}_3=a^\alpha\,\vec{e}_\alpha \tag{3.277}$$

定义的仿射坐标 a^1, a^2, a^3 也称为该向量的反变坐标. 共变坐标是关于基向量 $\vec{e}^{\,1}$, $\vec{e}^{\,2}$, $\vec{e}^{\,3}$, 即关于 $\vec{e}_1$, $\vec{e}_2$, $\vec{e}_3$ 的互反基向量的分解式中的系数. 利用向量 $\vec{a}$ 的共变坐标 a_1, a_2, a_3 得

$$\vec{a}=a_1\,\vec{e}^{\,1}+a_2\,\vec{e}^{\,2}+a_3\,\vec{e}^{\,3}=a_\alpha\,\vec{e}^{\,\alpha}. \tag{3.278}$$

在笛卡儿坐标系中, 向量的共变坐标和反变坐标是一致的.

2. 利用标量积表示坐标

向量 $\vec{a}$ 的共变坐标等于该向量与坐标系对应基向量的标量积:

$$a_1=\vec{a}\,\vec{e}_1\,,\quad a_2=\vec{a}\,\vec{e}_2\,,\quad a_3=\vec{a}\,\vec{e}_3\,. \tag{3.279}$$

向量 $\vec{a}$ 的反变坐标等于该向量与对应的互反基向量的标量积:

$$a^1=\vec{a}\,\vec{e}^{\,1}\,,\quad a^2=\vec{a}\,\vec{e}^{\,2}\,,\quad a^3=\vec{a}\,\vec{e}^{\,3}. \tag{3.280}$$

在笛卡儿坐标系中 (3.279) 与 (3.280) 是一致的:

$$a_x=\vec{a}\,\vec{i}\,,\quad a_y=\vec{a}\,\vec{j}\,,\quad a_z=\vec{a}\,\vec{k}\,. \tag{3.281}$$

3. 借助坐标表示标量积

用两个向量的反变坐标确定它们的标量积得到公式 (3.273). 对于共变坐标, 相应的公式为

$$\vec{a}\,\vec{b} = g^{\alpha\beta}\,a_\alpha\,b_\beta\,, \tag{3.282}$$

其中 $g^{mn} = \vec{e}^{\,m}\,\vec{e}^{\,n}$ 是互反向量系中的度量系数. 它们与系数 g_{mn} 的关系是

$$g^{mn} = \frac{(-1)^{m+n}\,A^{mn}}{\begin{vmatrix} g_{11} & g_{12} & g_{13} \\ g_{21} & g_{22} & g_{23} \\ g_{31} & g_{32} & g_{33} \end{vmatrix}}\,, \tag{3.283}$$

其中 A^{mn} 是分母的行列式划掉元素 g_{mn} 所在的行和列后得到的子式.

如果向量 $\vec{a}$ 由共变坐标给定, 向量 $\vec{b}$ 由反变坐标给定, 则它们的标量积是

$$\vec{a}\,\vec{b} = a^1\,b_1 + a^2\,b_2 + a^3\,b_3 = a^\alpha\,b_\alpha. \tag{3.284}$$

类似地, 有

$$\vec{a}\,\vec{b} = a_\alpha\,b^\alpha\,. \tag{3.285}$$

3.5.1.9　向量代数的几何应用

表 3.18 显示的是向量代数的一些几何应用. 解析几何的其他应用, 如平面和直线的向量方程, 在第 252 页 3.5.1.7 和第 293 页 3.5.3.10 中讨论.

表 3.18　向量代数的几何应用

确定	向量公式	用笛卡儿坐标表示的公式
向量 $\vec{a}$ 的长度	$a = \sqrt{\vec{a}^{\,2}}$	$a = \sqrt{a_x^2 + a_y^2 + a_z^2}$
由向量 $\vec{a}$ 和 $\vec{b}$ 确定的平行四边形的面积	$S = \left\lvert \vec{a}\times\vec{b} \right\rvert$	$S = \sqrt{\begin{vmatrix} a_y & a_z \\ b_y & b_z \end{vmatrix}^2 + \begin{vmatrix} a_z & a_x \\ b_z & b_x \end{vmatrix}^2 + \begin{vmatrix} a_x & a_y \\ b_x & b_y \end{vmatrix}^2}$
由向量 $\vec{a}, \vec{b}, \vec{c}$ 确定的平行六面体的体积	$V = \left\lvert \vec{a}\vec{b}\,\vec{c} \right\rvert$	$V = \begin{vmatrix} a_x & a_y & a_z \\ b_x & b_y & b_z \\ c_x & c_y & c_z \end{vmatrix}$
向量 $\vec{a}$ 和 $\vec{b}$ 之间的夹角	$\cos\varphi = \dfrac{\vec{a}\vec{b}}{\sqrt{\vec{a}^2\vec{b}^2}}$	$\cos\varphi = \dfrac{a_x b_x + a_y b_y + a_z b_z}{\sqrt{a_x^2 + a_y^2 + a_z^2}\,\sqrt{b_x^2 + b_y^2 + b_z^2}}$

3.5.2　平面解析几何

3.5.2.1　基本概念、平面坐标系

平面的每个点 P 的位置可以用任意一个坐标系给出. 确定点的位置的数称为坐标. 大多数情况下使用笛卡儿坐标和极坐标.

1. 笛卡儿坐标

点 P 的笛卡儿坐标是在已给的确定尺度下该点到两个相互垂直的坐标轴的符号距离 (图 3.120). 坐标轴的交点 O 称为原点. 水平坐标轴称为横轴, 通常为 x 轴, 垂直坐标轴称为纵轴, 通常为 y 轴.

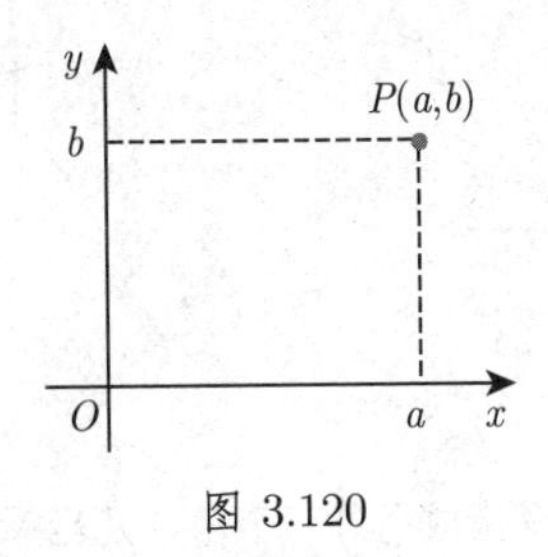

图 3.120

在这些轴上给定了正向: 通常 x 轴的正向朝右, y 轴的正向朝上. 点 P 的坐标的正负取决于该点在哪半轴上的投影 (图 3.121). 坐标 x 和 y 分别称为点 P 的横坐标和纵坐标. 具有横坐标 a 和纵坐标 b 的点记作 $P(a, b)$. x, y 平面被坐标轴分成四个象限 I, II, III和 IV (图 3.121(a)).

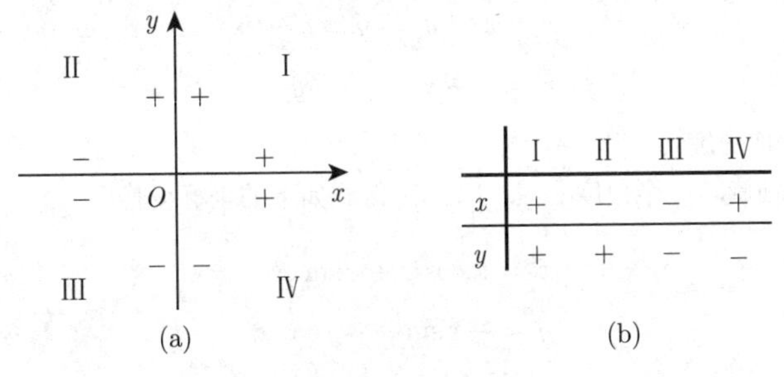

(a)

	I	II	III	IV
x	+	−	−	+
y	+	+	−	−

(b)

图 3.121

2. 极坐标

点 P 的极坐标 (图 3.122) 是极径 ρ, 即该点到一个给定的极点 O 的距离, 以及极角φ, 即直线 OP 与一条给定的穿过极点的射线 (极轴)之间的夹角. 极点也称为原点. 如果从极轴出发按逆时针度量则极角为正的, 否则为负.

3. 曲线坐标系

这一坐标系由平面上两个单参数曲线族, 即坐标曲线族 (图 3.123) 构成. 通过平面上的每一点恰好有两个族中一条曲线. 它们在该点彼此相交. 对应于该点的参数是它的曲线坐标. 在图 3.123 中点 P 具有曲线坐标 $u = a_1$ 和 $v = b_3$. 在笛卡儿坐标系中, 坐标曲线是平行于坐标轴的直线; 在极坐标系中, 坐标曲线是以极点为圆心的同心圆和从极点发出的射线.

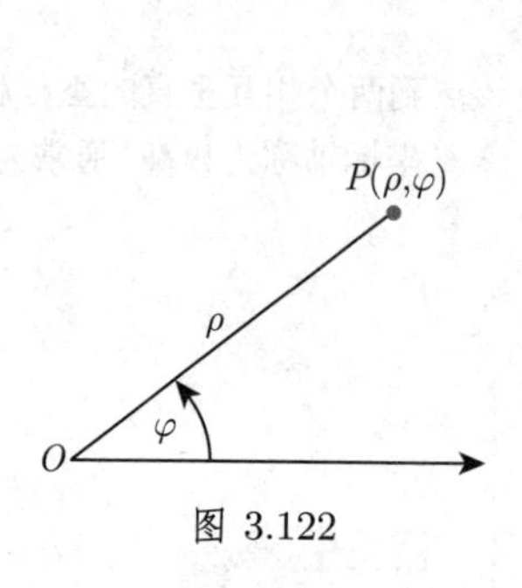

图 3.122

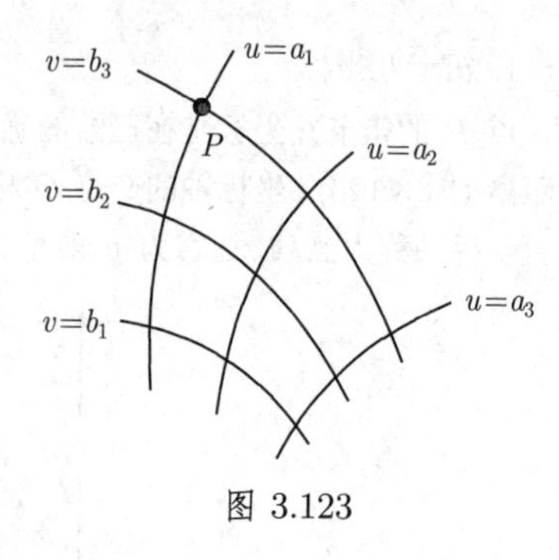

图 3.123

3.5.2.2 坐标变换

在将一个笛卡儿坐标系变换成另外一个笛卡儿坐标系时, 坐标将按确定的法则发生改变.

1. 坐标轴的平移

将横坐标轴移动 a 单位, 纵坐标轴移动 b 单位 (图 3.124). 假设点 P 在平移前具有坐标 x, y, 之后具有坐标 x', y'. 新原点 O' 的旧坐标是 a, b. 新旧坐标之间的关系如下:

$$x = x' + a, \quad y = y' + b, \tag{3.286a}$$

$$x' = x - a, \quad y' = y - b. \tag{3.286b}$$

2. 坐标轴的旋转

将坐标轴旋转一个角度φ (图 3.125), 得到如下的坐标变换:

$$\begin{aligned} x' &= x\cos\varphi + y\sin\varphi, \\ y' &= -x\sin\varphi + y\cos\varphi, \end{aligned} \tag{3.287a}$$

$$\begin{aligned} x &= x'\cos\varphi - y'\sin\varphi, \\ y &= x'\sin\varphi + y'\cos\varphi. \end{aligned} \tag{3.287b}$$

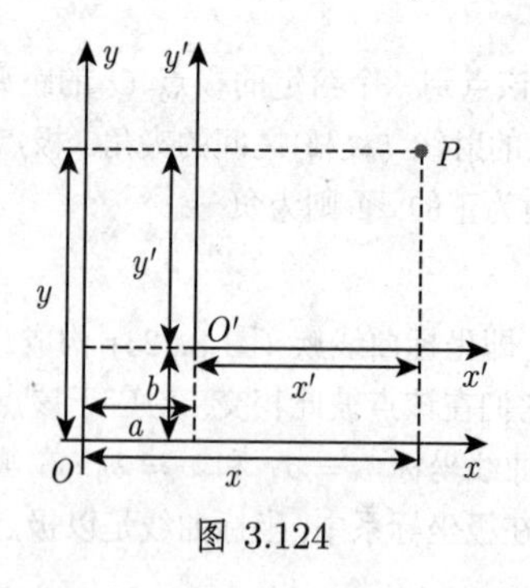

图 3.124

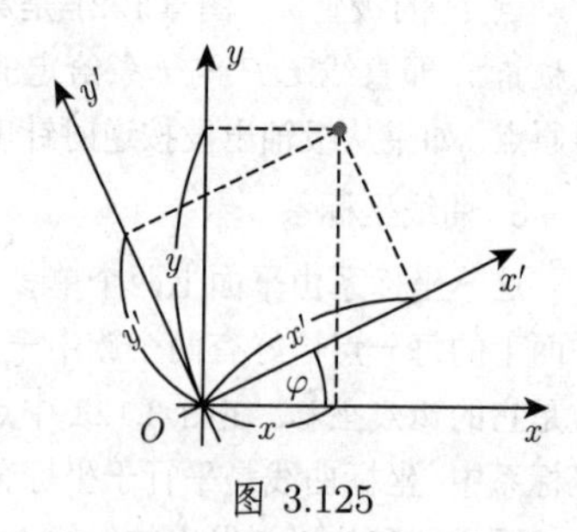

图 3.125

属于 (3.287a) 的矩阵

$$\boldsymbol{D}=\begin{pmatrix}\cos\varphi & \sin\varphi\\ -\sin\varphi & \cos\varphi\end{pmatrix} \text{用于} \begin{pmatrix}x'\\ y'\end{pmatrix}=\boldsymbol{D}\begin{pmatrix}x\\ y\end{pmatrix} \text{和} \begin{pmatrix}x\\ y\end{pmatrix}=\boldsymbol{D}^{-1}\begin{pmatrix}x'\\ y'\end{pmatrix} \tag{3.287c}$$

称为*旋转矩阵*.

一般来说, 一个笛卡儿坐标系到另一个笛卡儿坐标系的变换可以分作两步: 坐标轴的平移和旋转.

评论 利用这里讨论的所谓*坐标变换*虽然改变了坐标系, 但所表示的对象仍然处在它的位置. 相比之下, 利用所谓的*几何变换*将改变对象, 但坐标系却仍处在它的位置而不发生改变.

在第 308 页 3.5.4.1, 我们用

$$\begin{pmatrix}x'_P\\ y'_P\end{pmatrix}=\boldsymbol{R}\begin{pmatrix}x_P\\ y_P\end{pmatrix} \tag{3.288}$$

刻画一个对象的旋转, 其中 $\boldsymbol{R}$ 是旋转矩阵. $\boldsymbol{D}$ 和 $\boldsymbol{R}$ 之间存在关系

$$\boldsymbol{R}=\boldsymbol{D}^{-1}. \tag{3.289}$$

3. 笛卡儿坐标与极坐标之间的变换

假设原点与极点重合并且横坐标轴与极轴重合 (图 3.126), 则有

$$x=\rho(\varphi)\cos\varphi, \quad y=\rho(\varphi)\sin\varphi \quad (-\pi<\varphi\leqslant\pi, \rho\geqslant 0); \tag{3.290a}$$

$$\rho=\sqrt{x^2+y^2}, \tag{3.290b}$$

$$\varphi=\begin{cases}\arctan\dfrac{y}{x}+\pi, & x<0,\\ \arctan\dfrac{y}{x}, & x>0,\\ \dfrac{\pi}{2}, & x=0, y>0,\\ -\dfrac{\pi}{2}, & x=0, y<0,\\ \text{未定义}, & x=y=0.\end{cases} \tag{3.290c}$$

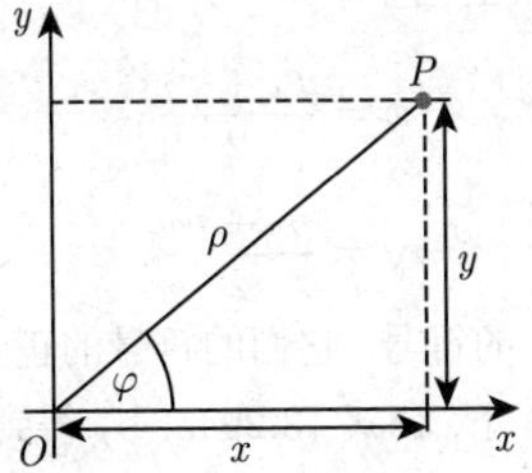

图 3.126

3.5.2.3 平面上的特殊点

1. 两点之间的距离

如果在笛卡儿坐标系中给定两点 $P_1(x_1,y_1)$ 和 $P_2(x_2,y_2)$ (图 3.127), 则它们的距离是

$$d=\sqrt{(x_2-x_1)^2+(y_2-y_1)^2}. \tag{3.291}$$

如果它们由极坐标给出为 $P_1(\rho_1,\varphi_1)$ 和 $P_2(\rho_2,\varphi_2)$ (图 3.128), 则它们的距离是

$$d=\sqrt{\rho_1^2+\rho_2^2-2\rho_1\rho_2\cos(\varphi_2-\varphi_1)}. \tag{3.292}$$

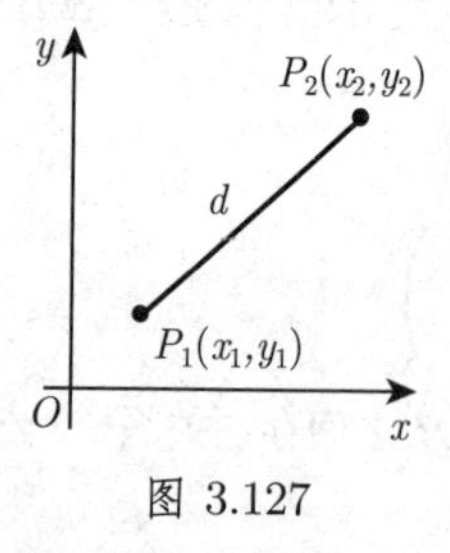

图 3.127

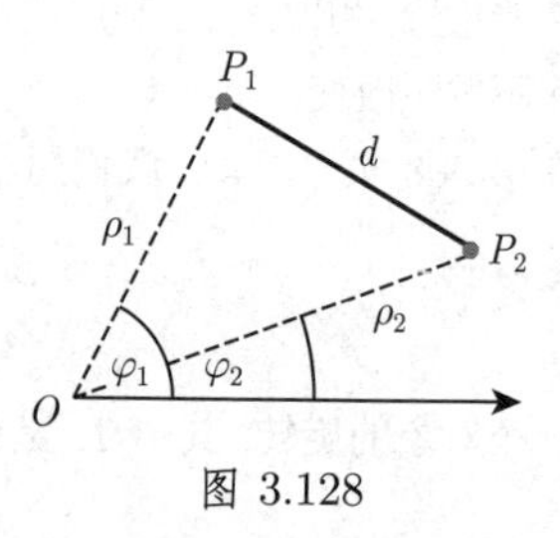

图 3.128

2. 质心坐标

具有质量 $m_i(i=1,2,\cdots,n)$ 的质点系 $M_i(x_i,y_i)$ 的质心坐标 (x,y) 由下列公式计算:

$$x=\frac{\sum m_ix_i}{\sum m_i},\quad y=\frac{\sum m_iy_i}{\sum m_i}. \tag{3.293}$$

3. 线段的分割

(1) **定比分割** 线段 $\overline{P_1P_2}$ 的具有分割比 $\dfrac{\overline{P_1P}}{\overline{PP_2}}=\dfrac{m}{n}=\lambda$ 点 P 的坐标由公式

$$x=\frac{nx_1+mx_2}{n+m}=\frac{x_1+\lambda x_2}{1+\lambda}, \tag{3.294a}$$

$$y=\frac{ny_1+my_2}{n+m}=\frac{y_1+\lambda y_2}{1+\lambda} \tag{3.294b}$$

计算. 对于线段 $\overline{P_1P_2}$ 的中点 M, 因为 $\lambda=1$, 有

$$x=\frac{x_1+x_2}{2}, \tag{3.294c}$$

$$y=\frac{y_1+y_2}{2}. \tag{3.294d}$$

可以定义 $\overline{P_1P}$ 和 $\overline{PP_2}$ 的符号. 它们的符号的正负依赖于它们的方向是否与 $\overline{P_1P_2}$ 一致. 因此在情形$\lambda<0$ 下, 公式 (3.294a, b) 得到线段 $\overline{P_1P_2}$ 之外的一点. 这称为外分.

如果 P 在线段 $\overline{P_1P_2}$ 之内, 它称为内分. 我们定义

a) 如果 $P = P_1$, 则$\lambda = 0$,

b) 如果 $P = P_2$, 则$\lambda = \infty$,

c) 如果 P 是直线 g 的一个无穷远点或反常点, 即如果 P 在 g 上距离 $\overline{P_1P_2}$ 无穷远, 则$\lambda = -1$.

图 3.129(b) 显示的是λ的形状.

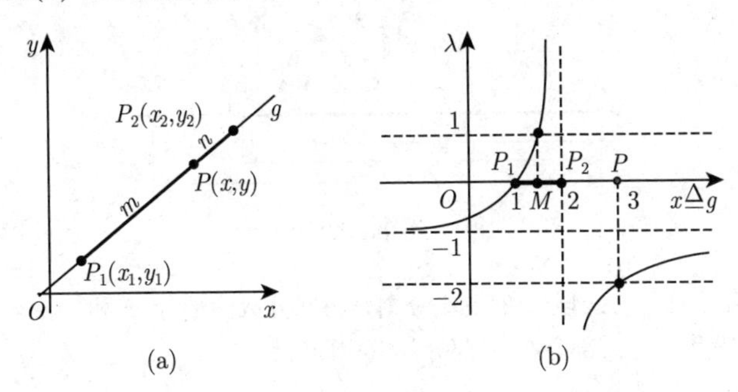

图 3.129

■ 对于一点 P, 如果 P_2 是线段 $\overline{P_1P}$ 的中点, 则成立有 $\lambda = \dfrac{\overline{P_1P}}{\overline{PP_2}} = -2$.

(2) **调和分割** 如果一个线段的内分和外分具有相同的绝对值 $|\lambda|$, 则产生**调和分割**. P_i 和 P_a 分别表示内分点和外分点, λ_i 和λ_a 分别表示内分比和外分比. 则

$$\frac{\overline{P_1P_i}}{\overline{P_iP_2}} = \lambda_i = \frac{\overline{P_1P_a}}{\overline{P_aP_2}} = -\lambda_a \tag{3.295a}$$

或

$$\lambda_i + \lambda_a = 0\,. \tag{3.295b}$$

如果 M 表示线段 $\overline{P_1P_2}$ 的中点, 它与 P_1 的距离是 b (图 3.130), P_i 和 P_a 与 M 的距离分别记作 x_i 和 x_a, 则

$$\frac{b+x_i}{b-x_i} = \frac{x_a+b}{x_i-b} \quad \text{或} \quad \frac{x_i}{b} = \frac{b}{x_a}, \quad \text{即}, \quad x_i x_a = b^2\,. \tag{3.296}$$

名称**调和分割**与调和平均有关. 在图 3.131 中, 对于$\lambda = 5{:}1$ 表示了调和分割, 与图 3.14 类似. 根据 (3.295a), 线段 $\overline{P_1P_i} = p$ 和 $\overline{P_1P_a} = q$ 的调和平均 r 与第 25 页 (1.67b) 一致, 等于

$$r = \frac{2pq}{p+q} = 2b \quad (\text{参见图 } 3.132). \tag{3.297}$$

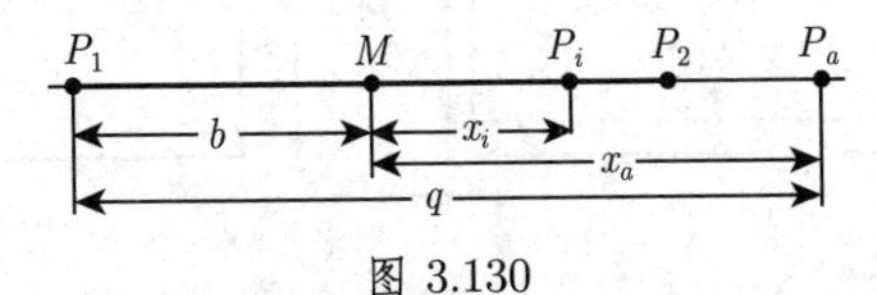

图 3.130

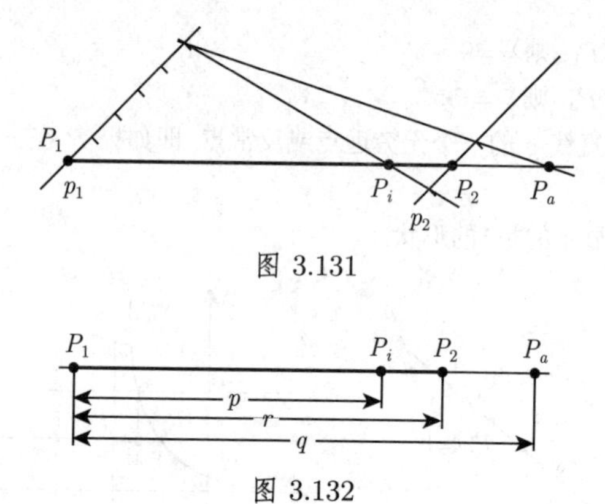

图 3.131

图 3.132

(3) **黄金分割** 一线段 a 的黄金分割是将它分成两部分 x 和 $a-x$ 使得 x 部分与整个线段和 $a-x$ 部分与 x 部分具有相同的比:

$$\frac{x}{a}=\frac{a-x}{x}. \tag{3.298a}$$

在此情形, x 是 a 和 $a-x$ 的几何平均 (参见第 2 页 1.1.1.2 中的黄金分割), 它成立有

$$x=\sqrt{a(a-x)}, \tag{3.298b}$$

$$x=\frac{a(\sqrt{5}-1)}{2}\approx 0.618\cdot a. \tag{3.298c}$$

该线段的 x 部分可以如图 3.133(a) 所示通过几何作图给出.

评论1 线段 x 也是具有外接圆半径 a 的正十边形的边长 (参见第 182 页 3.1.5.3).

评论2 下面的几何问题也导致黄金分割方程: 给定一个具有常数边长 a 和变量边长 $a-x$ 的矩形. 求 x 的值使得该矩形的面积 $a(a-x)$ 等于以 x 为边长的正方形的面积 x^2(图 3.133(b)).

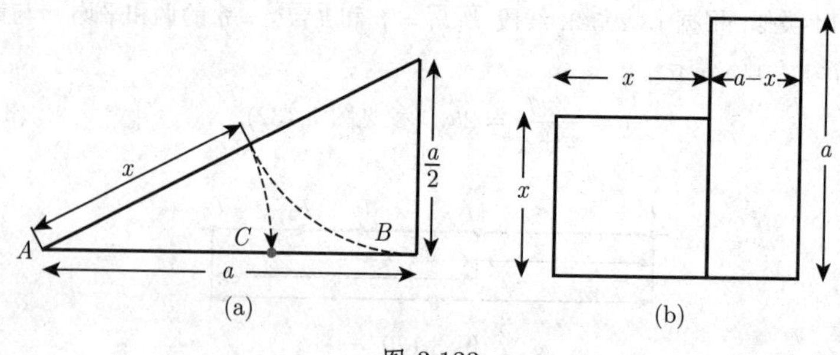

图 3.133

3.5.2.4 面积

1. 凸多边形面积

如果给定凸多边形的顶点 $P_1(x_1,y_1)$, $P_2(x_2,y_2)$, $\cdots$, $P_n(x_n,y_n)$, 则它的面积是

$$S=\frac{1}{2}\left[\left(x_1-x_2\right)\left(y_1+y_2\right)+\left(x_2-x_3\right)\left(y_2+y_3\right)+\cdots+\left(x_n-x_1\right)\left(y_n+y_1\right)\right]. \tag{3.299}$$

如果按反时针顺序计数顶点, 则公式 (3.299) 和 (3.300) 得出正的面积, 否则面积为负.

2. 三角形面积

如果给定三角形的顶点 $P_1(x_1,y_1)$, $P_2(x_2,y_2)$ 和 $P_3(x_3,y_3)$ (图 3.134), 则其面积可以用以下公式计算:

$$\begin{aligned}S&=\frac{1}{2}\begin{vmatrix}x_1 & y_1 & 1\\ x_2 & y_2 & 1\\ x_3 & y_3 & 1\end{vmatrix}=\frac{1}{2}\left[x_1\left(y_2-y_3\right)+x_2\left(y_3-y_1\right)+x_3\left(y_1-y_2\right)\right]\\&=\frac{1}{2}\left[\left(x_1-x_2\right)\left(y_1+y_2\right)+\left(x_2-x_3\right)\left(y_2+y_3\right)+\left(x_3-x_1\right)\left(y_3+y_1\right)\right].\end{aligned} \tag{3.300}$$

如果 $\begin{vmatrix}x_1 & y_1 & 1\\ x_2 & y_2 & 1\\ x_3 & y_3 & 1\end{vmatrix}=0$ 成立, 则三点 P_1, P_2, P_3 共线. (3.301)

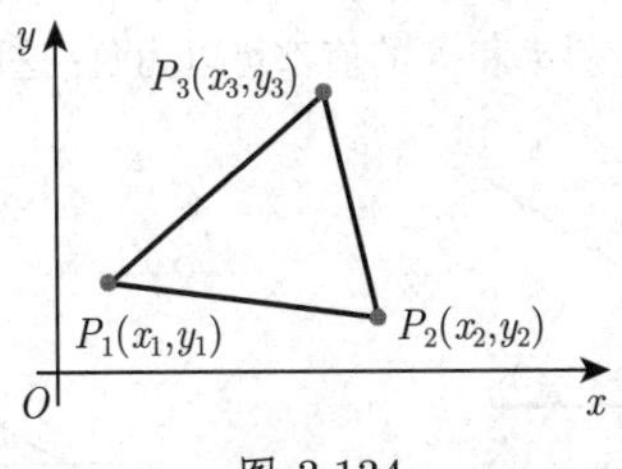

图 3.134

3.5.2.5 曲线方程

对于坐标 x 和 y 而言, 方程 $F(x, y)=0$ 常常对应于一条曲线, 它具有如下性质: 这条曲线上的每个点 P 的坐标满足该方程, 反之, 坐标满足该方程的任何点都在这条曲线上. 这些点的集合也称几何轨迹, 或简称轨迹. 如果平面上没有任何实点满足方程 $F(x, y)=0$, 则不存在任何实曲线, 这时我们谈论的就是一条虚曲线.

■ **A:** $x^2+y^2+1=0$,

■ **B:** $y-\ln\left(1-x^2-\cosh x\right)=0$.

如果 $F(x, y)$ 是一个多项式, 则相应于方程 $F(x, y)=0$ 的曲线称为代数曲线, 该多项式的次数也是曲线的次数或阶数(参见第 83 页 2.3.4). 如果曲线方程不能够变形成 $F(x, y)=0$, 其中 $F(x, y)$ 是多项式, 则该曲线称为超越曲线.

曲线方程可以在任何一个坐标系中以相同的方式定义. 但本书从现在起只使用笛卡儿坐标系, 除非另作说明.

3.5.2.6 直线

1. 直线方程

每个坐标线性方程都表示一条直线, 反之, 每条直线的方程都是一个坐标线性方程.

(1) **直线的一般方程**

$$Ax+By+C=0 \quad (A, B, C\text{是常数}). \tag{3.302}$$

当 $A=0$ 时直线平行于 x 轴, $B=0$ 时直线平行于 y 轴, $C=0$ 时直线通过原点 (图 3.135).

(2) **直线的斜截式方程** 与 y 轴不平行的任何一条直线可以用如下形式的方程表示:

$$y=kx+b \quad (k, b\text{ 是常数}). \tag{3.303}$$

量 k 称为是直线的斜率或角系数; 它等于该直线与 x 轴正向夹角的正切 (图 3.136). 直线在 y 轴上的截距是 b. 斜率和 b 的值都可以为负, 这取决于直线的位置.

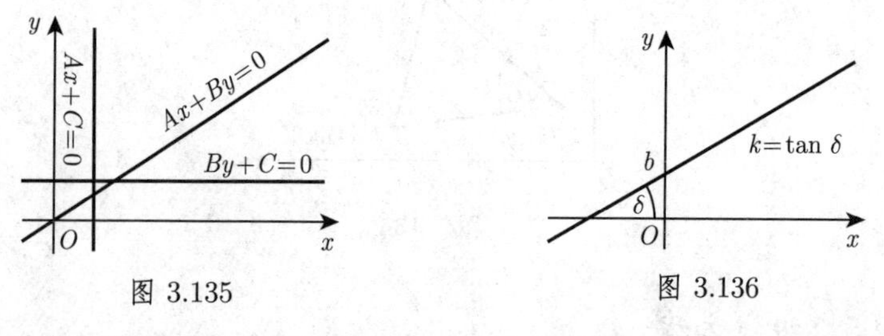

图 3.135 图 3.136

(3) **直线的点斜式方程** 以给定方向 (图 3.137) 通过一给定点 $P_1(x_1,y_1)$ 的直线方程是

$$y-y_1=k\,(x-x_1)\,, \quad \text{其中} \quad k=\tan\delta\,. \tag{3.304}$$

(4) **直线的两点式方程** 如果给定直线上两点 $P_1(x_1,y_1)$ 和 $P_2(x_2,y_2)$ (图 3.138), 则直线的方程是

$$\frac{y-y_1}{y_2-y_1}=\frac{x-x_1}{x_2-x_1}. \tag{3.305}$$

(5) **直线的截距式方程** 如果直线在坐标轴上的截距是 a 和 b, 考虑它们的符号, 则直线的方程是 (图 3.139)

$$\frac{x}{a}+\frac{y}{b}=1. \tag{3.306}$$

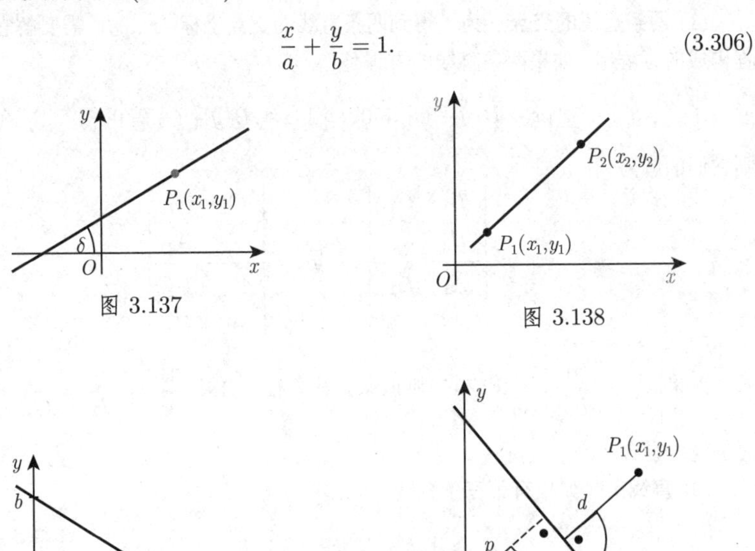

图 3.137

图 3.138

图 3.139

图 3.140

(6) **直线方程的法线式 (黑塞法式)** 设 p 是原点到直线的距离, α是 x 轴与过原点的法线之间的夹角 (图 3.140), 其中 $p>0$, 而 $0\leqslant\alpha<2\pi$, 则直线方程的黑塞法式为

$$x\cos\alpha+y\sin\alpha-p=0. \tag{3.307}$$

黑塞法式可以从直线的一般方程 (3.302) 通过乘以正规化因子

$$\mu=\pm\frac{1}{\sqrt{A^2+B^2}} \tag{3.308}$$

得到. μ的符号必须和 (3.302) 中 C 的符号相反.

(7)**直线的极坐标方程**(图 3.141) 设 p 是极点到直线的距离 (从极点到直线的法线段), α是极轴与过极点到直线的法线之间的夹角, 则该直线的极坐标方程为

$$\rho=\frac{p}{\cos(\varphi-\alpha)}. \tag{3.309}$$

2. 点到直线的距离

点 $P_1(x_1,y_1)$ 到一条直线的距离 d(图 3.140) 可以通过将该点的坐标代入黑塞法式 (3.307) 左边得到

$$d=x_1\cos\alpha+y_1\sin\alpha-p. \tag{3.310}$$

如果 P_1 和原点位于直线的两侧, 则有 $d>0$, 否则有 $d<0$.

3. 直线的交点

(1) **两条直线的交点** 为了得到两条直线的交点坐标 (x_0,y_0), 需要解它们的方程构成的方程组. 如果两条直线的方程是

$$A_1x+B_1y+C_1=0\,,\quad A_2x+B_2y+C_2=0, \tag{3.311a}$$

则它们的解为

$$x_0=\frac{\begin{vmatrix} B_1 & C_1 \\ B_2 & C_2 \end{vmatrix}}{\begin{vmatrix} A_1 & B_1 \\ A_2 & B_2 \end{vmatrix}},\quad y_0=\frac{\begin{vmatrix} C_1 & A_1 \\ C_2 & A_2 \end{vmatrix}}{\begin{vmatrix} A_1 & B_1 \\ A_2 & B_2 \end{vmatrix}}. \tag{3.311b}$$

如果$\begin{vmatrix} A_1 & B_1 \\ A_2 & B_2 \end{vmatrix}=0$ 成立, 则两条直线平行. 如果 $\dfrac{A_1}{A_2}=\dfrac{B_1}{B_2}=\dfrac{C_1}{C_2}$ 成立, 则两条直线重合.

(2) **直线束** 如果有第三条直线

$$A_3x+B_3y+C_3=0 \tag{3.312a}$$

通过前两条直线的交点 (图 3.142), 则关系

$$\begin{vmatrix} A_1 & B_1 & C_1 \\ A_2 & B_2 & C_2 \\ A_3 & B_3 & C_3 \end{vmatrix}=0 \tag{3.312b}$$

必须满足.

方程

$$(A_1x+B_1y+C_1)+\lambda(A_2x+B_2y+C_2)=0\quad(-\infty<\lambda<+\infty) \tag{3.312c}$$

给出了通过两条直线 (3.311a) 的交点 $P_0(x_0,y_0)$ 的全部直线 ($A_2x+B_2y+C_2=0$ 除外). (3.312c) 定义了以 $P_0(x_0,y_0)$ 为中心的平面束. 如果最初的两条直线方程由法线式给出, 则$\lambda=\pm1$ 时得到交点处角的平分线方程 (图 3.143).

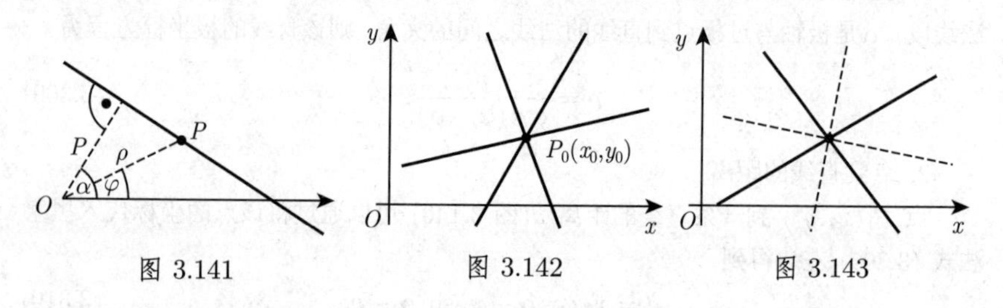

图 3.141　　图 3.142　　图 3.143

4. 两条直线的夹角

图 3.144 中有两条相交直线. 如果它们的方程由一般式

$$A_1x + B_1y + C_1 = 0 \quad \text{和} \quad A_2x + B_2y + C_2 = 0 \tag{3.313a}$$

给出, 则对于角φ成立有

$$\tan\varphi = \frac{A_1B_2 - A_2B_1}{A_1A_2 + B_1B_2}, \tag{3.313b}$$

$$\cos\varphi = \frac{A_1A_2 + B_1B_2}{\sqrt{A_1^2 + B_1^2}\sqrt{A_2^2 + B_2^2}}, \tag{3.313c}$$

$$\sin\varphi = \frac{A_1B_2 - A_2B_1}{\sqrt{A_1^2 + B_1^2}\sqrt{A_2^2 + B_2^2}}. \tag{3.313d}$$

借助两条相交直线的斜率 k_1 和 k_2 则有

$$\tan\varphi = \frac{k_2 - k_1}{1 + k_1k_2}, \tag{3.313e}$$

$$\cos\varphi = \frac{1 + k_1k_2}{\sqrt{1 + k_1^2}\sqrt{1 + k_2^2}}, \tag{3.313f}$$

$$\sin\varphi = \frac{k_2 - k_1}{\sqrt{1 + k_1^2}\sqrt{1 + k_2^2}}, \tag{3.313g}$$

这里的角φ是按从第一条直线到第二条直线的逆时针方向度量的.

对于平行直线(图 3.145(a)) 有等式 $\dfrac{A_1}{A_2} = \dfrac{B_1}{B_2}$ 或 $k_1 = k_2$ 成立.

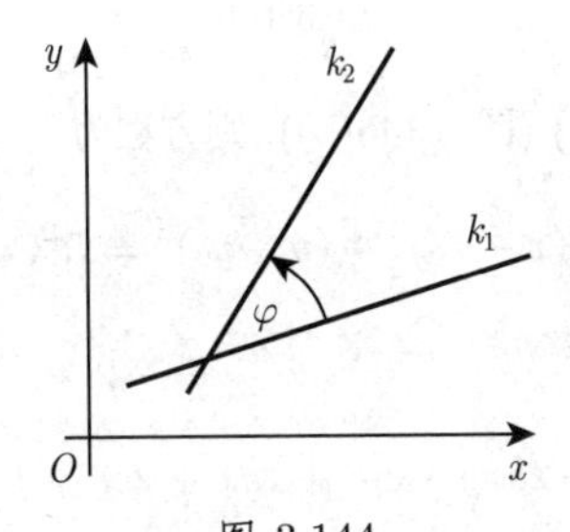

图 3.144

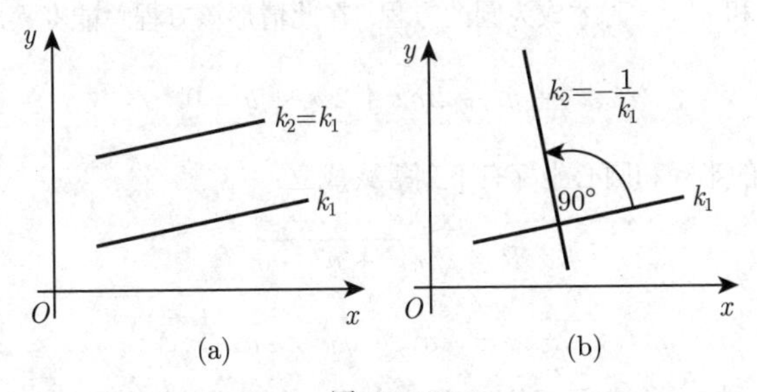

图 3.145

对于垂直 (正交) 直线 (图 3.145(b)) 有 $A_1A_2+B_1B_2=0$ 或 $k_2=-\dfrac{1}{k_1}$ 成立.

3.5.2.7 圆

1. 圆的定义

与给定的点具有相同的给定距离的点的轨迹称为圆. 给定的距离称为该圆的半径而给定的点称为该圆的圆心.

2. 圆的笛卡儿坐标方程

当圆心在原点时 (图 3.146(a)), 圆的笛卡儿坐标方程为

$$x^2+y^2=R^2. \tag{3.314a}$$

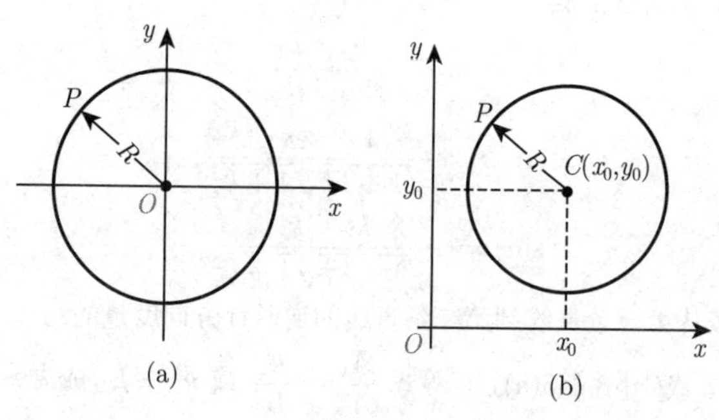

图 3.146

如果圆心在点 $C(x_0,y_0)$ (图 3.146(b)), 则方程为

$$(x-x_0)^2+(y-y_0)^2=R^2. \tag{3.314b}$$

一般的二次方程

$$ax^2+2bxy+cy^2+2dx+2ey+f=0 \tag{3.315a}$$

只有当 $b=0$ 和 $a=c$ 时才成为圆的方程. 在此情形该方程总能变换成形式

$$x^2+y^2+2mx+2ny+q=0. \tag{3.135b}$$

对于该圆的半径和圆心坐标有下列等式成立:

$$R=\sqrt{m^2+n^2-q}, \tag{3.316a}$$

$$x_0=-m, \quad y_0=-n. \tag{3.316b}$$

如果 $q>m^2+n^2$ 成立, 则该方程定义了一条虚曲线; 如果 $q=m^2+n^2$, 则曲线只是单独一个点 $P(x_0,y_0)$.

3. 圆的参数表达式

$$x = x_0 + R\cos t\,, \quad y = y_0 + R\sin t, \tag{3.317}$$

其中 t 是动半径与 x 轴正向之间的夹角 (图 3.147).

4. 圆的极坐标方程

在与图 3.148 对应的一般情形中, 圆的极坐标方程为

$$\rho^2 - 2\rho\rho_0\cos(\varphi - \varphi_0) + \rho_0^2 = R^2\,. \tag{3.318a}$$

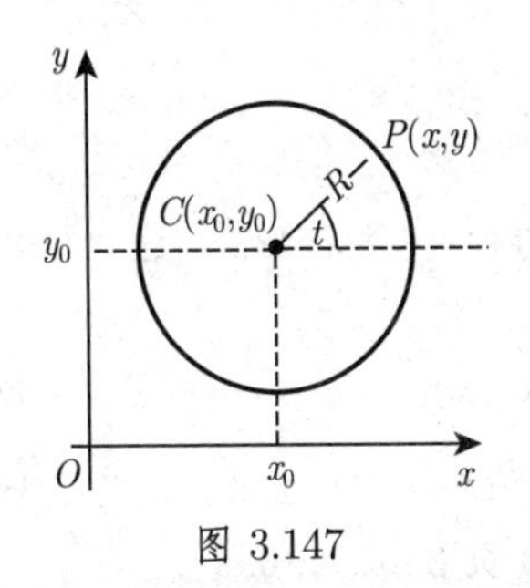

图 3.147

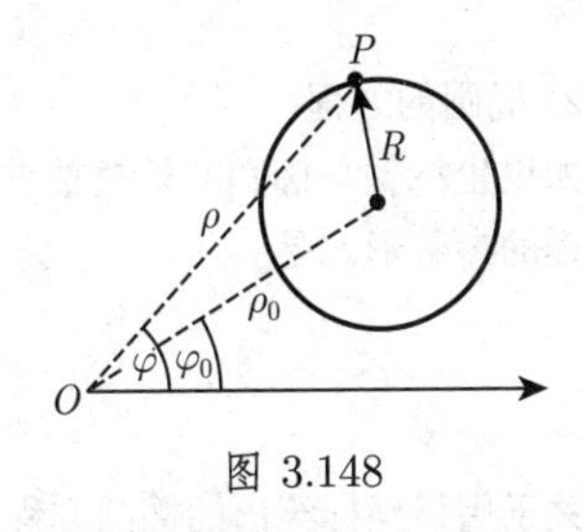

图 3.148

如果圆心在极轴上且圆通过极点 (图 3.149), 则方程具有形式

$$\rho = 2R\cos\varphi. \tag{3.318b}$$

5. 圆的切线

由 (3.314a) 给出的圆在点 $P(x_0,y_0)$ 处的切线 (图 3.150) 方程具有形式

$$xx_0 + yy_0 = R^2. \tag{3.319}$$

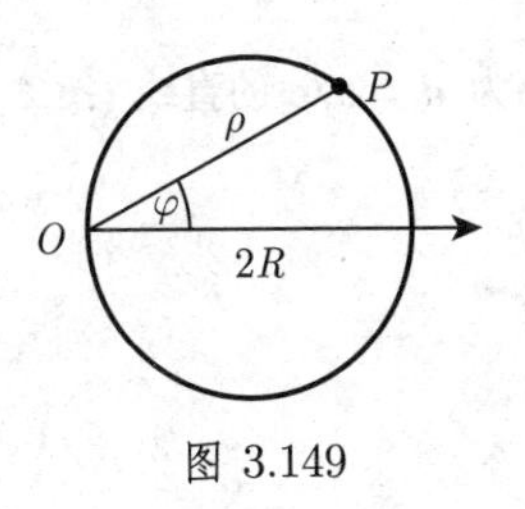

图 3.149

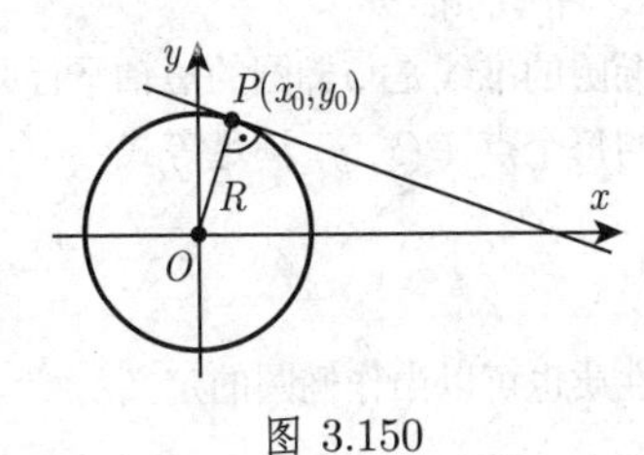

图 3.150

3.5.2.8 椭圆

1. 椭圆的要素

在图 3.151 中, $AB = 2a$ 是长轴, $CD = 2b$ 是短轴, A, B, C, D 是顶点, F_1, F_2 是两侧与中心距离为 $c = \sqrt{a^2 - b^2}$ 的焦点, $e = \dfrac{c}{a} < 1$ 是数值离心率, $p = \dfrac{b^2}{a}$ 是半焦弦, 即过焦点平行于短轴的弦的一半.

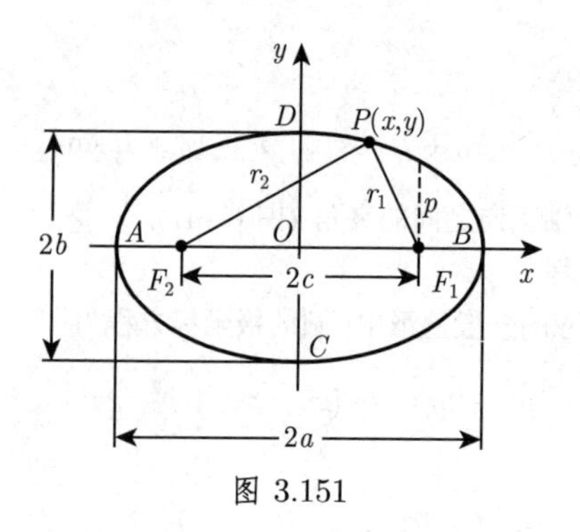

图 3.151

2. 椭圆的方程

如果坐标轴与椭圆的长短轴重合, 椭圆的方程具有标准形式. 这一方程以及这一方程的参数形式是

$$\frac{x^2}{a^2}+\frac{y^2}{b^2}=1, \tag{3.320a}$$

$$x=a\cos t, \quad y=b\sin t. \tag{3.320b}$$

关于用极坐标给出的椭圆方程, 参见第 280 页 3.5.2.11, 6..

3. 椭圆的定义, 焦点性质

椭圆是与两个给定点 (焦点) 的距离之和等于常数 $2a$ 的点的轨迹. 这两段距离也称为椭圆上的点的焦半径, 可以由如下等式表示为坐标 x 的函数:

$$r_1=\overline{F_1P}=a-ex, \quad r_2=\overline{F_2P}=a+ex, \quad r_1+r_2=2a. \tag{3.321}$$

在此以及在下面的笛卡儿坐标公式中, 我们假设椭圆方程是由标准形式给出的.

4. 椭圆的准线

椭圆的准线是与椭圆的短轴平行并和它距离为 $d=a/e$ 的直线 (图 3.152). 椭圆上的每个点 $P(x, y)$ 满足等式

$$\frac{r_1}{d_1}=\frac{r_2}{d_2}=e, \tag{3.322}$$

这一性质也可以当作椭圆的定义.

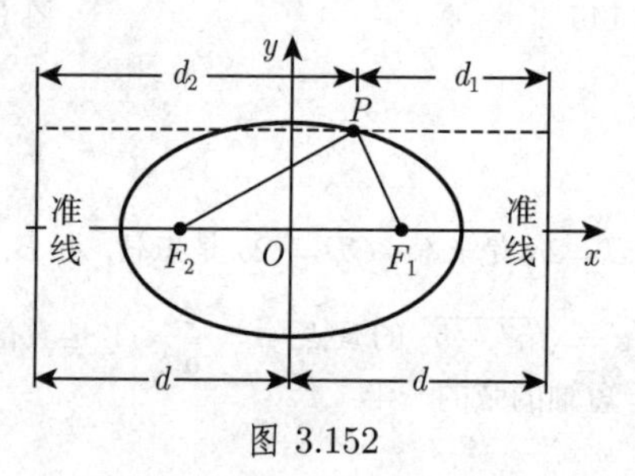

图 3.152

5. 椭圆的直径

通过椭圆中心的弦称为椭圆的直径. 椭圆的中心也是该直径的中点 (图 3.153). 平行于同一直径的所有弦的中点的轨迹也是一条直径; 它称为前一条直径的共轭直径. 对于两条共轭直径的斜率 k 和 k', 等式

$$kk' = \frac{-b^2}{a^2} \tag{3.323}$$

成立. 如果 $2a_1$ 和 $2b_1$ 是两条共轭直径的长, α 和β是两条直径与长轴所夹的锐角, 从而 $k = -\tan\alpha$ 和 $k' = \tan\beta$ 成立, 则有下面形式的阿波罗尼奥斯定理:

$$a_1 b_1 \sin(\alpha + \beta) = ab, \qquad a_1^2 + b_1^2 = a^2 + b^2 . \tag{3.324}$$

6. 椭圆的切线

在点 $P(x_0,y_0)$ 处椭圆的切线由方程

$$\frac{xx_0}{a^2} + \frac{yy_0}{b^2} = 1 \tag{3.325}$$

给出. 椭圆在点 P 处的法线和切线 (图 3.154) 是连接点 P 与焦点的半径所形成的内角和外角的角平分线. 如果有等式

$$A^2a^2 + B^2b^2 - C^2 = 0 \tag{3.326}$$

成立, 则直线$Ax + By + C= 0$ 是该椭圆的切线.

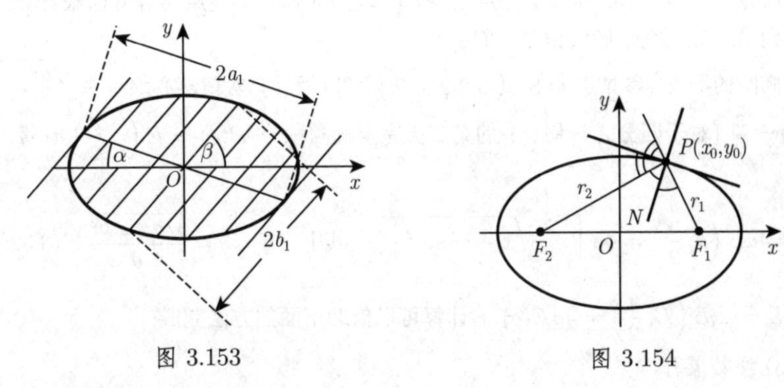

图 3.153　　图 3.154

7. 椭圆的曲率半径 (图 3.154)

如果 u 表示切线与连接切点 $P(x_0,y_0)$ 和焦点的径向量之间的夹角, 则曲率半径是

$$R = a^2b^2\left(\frac{x_0^2}{a^4} + \frac{y_0^2}{b^4}\right)^{\frac{3}{2}} = \frac{(r_1r_2)^{\frac{3}{2}}}{ab} = \frac{p}{\sin^3 u} . \tag{3.327}$$

在顶点 A 和 B 以及 C 和 D, 曲率半径分别是 $R_A = R_B = \dfrac{b^2}{a} = p$ 和 $R_C = R_D = \dfrac{a^2}{b}$.

8. 椭圆的面积 (图 3.155)

a) **椭圆:**

$$S = \pi ab. \tag{3.328a}$$

b) **椭圆扇形 $\boldsymbol{BOP}$:**

$$S_{BOP} = \frac{ab}{2}\arccos\frac{x}{a}. \tag{3.328b}$$

c) **椭圆弓形 $\boldsymbol{PBN}$:**

$$S_{PBN} = ab\arccos\frac{x}{a} - xy. \tag{3.328c}$$

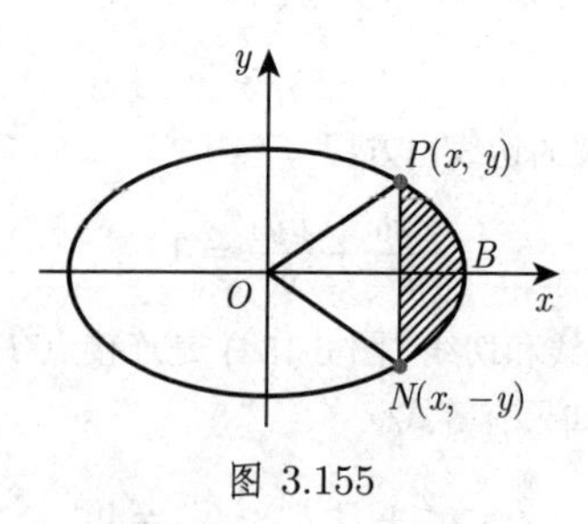

图 3.155

9. 椭圆的弧长和周长

就像抛物线一样, 椭圆上两点 A 和 B 之间的弧长不能用初等方法来计算, 而要用到第二类不完全椭圆积分 $E(k,\varphi)$.

椭圆的周长 (参见第 668 页 8.2.2.2, 2.) 可以用具有数值离心率 $e = \dfrac{\sqrt{a^2 - b^2}}{a}$ 和 $\varphi = \dfrac{\pi}{2}$ (对于四分之一周长) 的第二类完全椭圆积分 $E(e) = E\left(e, \dfrac{\pi}{2}\right)$ 计算, 它等于

$$L = 4aE\left(k, \frac{\pi}{2}\right) = 4a\int_0^{\pi/2}\sqrt{1 - k^2\sin^2\psi}, \quad \text{其中} \quad k = e = \frac{\sqrt{a^2 - b^2}}{a}. \tag{3.329a}$$

$L = 4aE\left(E, \dfrac{\pi}{2}\right) = 4aE(e)$ 的计算可以借助下面的方法完成:

a) 级数展开

$$L = 4aE(e) = 2\pi a\left[1 - \left(\frac{1}{2}\right)^2 e^2 - \left(\frac{1\cdot 3}{2\cdot 4}\right)^2\frac{e^4}{3} - \left(\frac{1\cdot 3\cdot 5}{2\cdot 4\cdot 6}\right)^2\frac{e^6}{5} - \cdots\right], \tag{3.329b}$$

$$L = \pi(a + b)\left(1 + \frac{\lambda^2}{4} + \frac{\lambda^4}{64} + \frac{\lambda^6}{256} + \frac{25\lambda^8}{16384} + \cdots\right), \quad \text{其中} \quad \lambda = \frac{a - b}{a + b}. \tag{3.329c}$$

b) 近似公式

$$L \approx \pi\left[1,5(a + b) - \sqrt{ab}\right] \tag{3.329d}$$

或

$$L \approx \pi(a+b)\frac{64-3\lambda^4}{64-16\lambda^2}. \tag{3.329e}$$

c) 利用第 1424 页关于第二类完全椭圆积分的表 21.9.

d) 确定 (3.329a) 中积分的数值积分方法.

■ 对于 $a = 1.5$, $b = 1$ 我们得到下面的 L 的近似值: 根据 (3.329e) 得 $L \approx 7.9327$, 借助第 1424 页表 21.9 得 $L \approx 7.94$ (参见第 654 页 8.1.4.3, ■), 应用数值积分得更精确的值 $L \approx 7.932711$.

3.5.2.9 双曲线

1. 双曲线的要素

在图 3.156 中, $AB = 2a$ 是实轴; A, B 是顶点; O 是中心; F_1 和 F_2 是在实轴上两侧与中心距离为 $c > a$ 的焦点; $CD = 2b = 2\sqrt{c^2-a^2}$ 是虚轴; $p = \dfrac{b^2}{a}$ 是双曲线的半焦弦, 即垂直于实轴且过焦点的弦的一半; $e = \dfrac{c}{a} > 1$ 是数值离心率.

2. 双曲线的方程

双曲线的标准方程 (即 x 轴与实轴一致) 和参数方程是

$$\frac{x^2}{a^2} - \frac{y^2}{b^2} = 1, \tag{3.330a}$$

$$x = \pm a\cosh t, \quad y = b\sinh t \quad (-\infty < t < +\infty), \tag{3.330b}$$

$$x = \pm\frac{a}{\cos t}, \quad y = b\tan t \quad \left(-\frac{\pi}{2} < t < \frac{\pi}{2}\right). \tag{3.330c}$$

极坐标的情形见第 280 页 3.5.2.11, 6..

3. 双曲线的定义, 焦点性质

双曲线是与两个给定点 (焦点) 的距离之差等于常数 $2a$ 的点的轨迹. 满足 $r_1 - r_2 = 2a$ 的点属于双曲线的一支 (图 3.156 左边一支), 满足 $r_2 - r_1 = 2a$ 的点属于另一支 (图 3.156 右边一支). 这些距离也称为焦半径, 它们可以由下面的公式计算

$$r_1 = \pm(ex-a), \quad r_2 = \pm(ex+a), \quad r_2 - r_1 = \pm 2a, \tag{3.331}$$

其中右边一支取正号, 左边一支取负号.

在此以及在下面的笛卡儿坐标公式中, 我们假设双曲线方程是由标准形式给出的.

4. 双曲线的准线

双曲线的准线是与实轴垂直并和虚轴距离为 $d = a/c$ 的直线 (图 3.157). 双曲线上的每个点 $P(x, y)$ 满足等式

$$\frac{r_1}{d_1} = \frac{r_2}{d_2} = e. \tag{3.332}$$

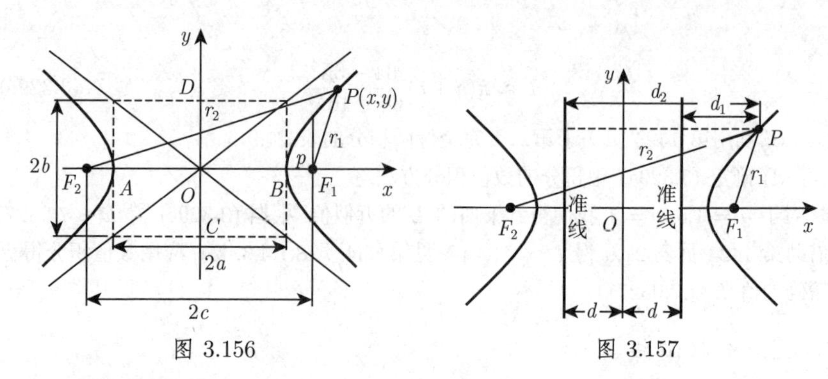

图 3.156　　图 3.157

5. 双曲线的切线

在点 $P(x_0,y_0)$ 处双曲线的切线由方程

$$\frac{xx_0}{a_2}-\frac{yy_0}{b_2}=1 \tag{3.333}$$

给出. 双曲线在点 P 处的法线和切线 (图 3.158) 是连接点 P 与焦点的半径所形成的内角和外角的角平分线. 如果有等式

$$A^2a^2-B^2b^2-C^2=0 \tag{3.334}$$

成立, 则直线$Ax+By+C=0$ 是该椭圆的切线.

6. 双曲线的渐近线

双曲线的渐近线是当 $|x|\to\infty$ 时被双曲线的两支无限趋近的直线(图 3.159). (关于渐近线的定义见第 338 页 3.6.1.4) 渐近线的斜率是 $k=\pm\tan\delta=\pm\frac{b}{a}$. 渐近线的方程是

$$y=\pm\left(\frac{b}{a}\right)x. \tag{3.335}$$

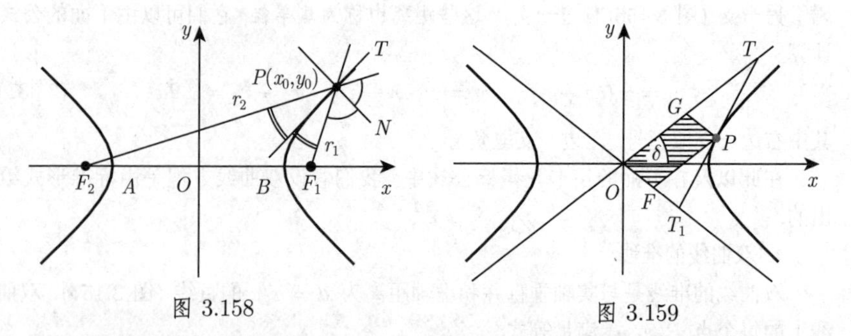

图 3.158　　图 3.159

一条切线被渐近线所截, 形成双曲线的一个切线段, 即线段TT_1(图 3.159). 该切线段的中点是切点 P, 因此有$TP=T_1P$. 对于任何切点 P 来说, 切线与渐近线

之间的三角形 TOT_1 的面积是相同的, 它等于

$$S_{TOT_1}=ab\,. \tag{3.336}$$

对于任何切点 P, 由渐近线和两条过点 P 且平行于渐近线的直线所确定的平行四边形 $OFPG$ 的面积是

$$S_{OFPG}=\frac{ab}{2}. \tag{3.337}$$

7. 共轭双曲线 (图 3.160)

共轭双曲线具有方程

$$\frac{x^2}{a^2}-\frac{y^2}{b^2}=1 \quad 和 \quad \frac{y^2}{b^2}-\frac{x^2}{a^2}=1, \tag{3.338}$$

其中第二个方程对应的曲线在图 3.160 中用虚线表示. 它们有相同的渐近线, 因此它们之中的一个实轴是另一个的虚轴, 反之亦然.

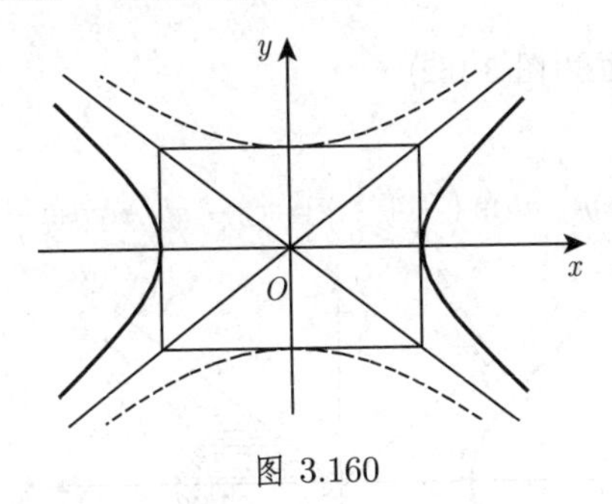

图 3.160

8. 双曲线的直径 (图 3.161)

双曲线的直径是双曲线两支之间过中心的弦, 双曲线的中心也是这些弦的中点. 具有斜率 k 和 k' 的两条直径称为是共轭的, 如果其中一条属于一个双曲线而另一条属于它的共轭, 并且 $kk'=\dfrac{b^2}{a^2}$ 成立. 平行于一条直径的弦的中点位于它的共轭直径上 (图 3.161). 两条共轭直径当中符合 $|k|<\dfrac{b}{a}$ 的一条与双曲线相交. 如果两条共轭直径的长是 $2a_1$ 和 $2b_1$, 并且它们与实轴之间所夹的锐角是 α 和 $\beta<\alpha$, 则有等式

$$a_1^2-b_1^2=a^2-b^2, \quad ab=a_1b_1\sin(\alpha-\beta) \tag{3.339}$$

成立.

9. 双曲线的曲率半径

双曲线在点 $P(x_0,y_0)$(图 3.159) 处的曲率半径是

$$R=a^2b^2\left(\frac{x_0^2}{a^4}+\frac{y_0^2}{b^4}\right)^{3/2}=\frac{r_1r_2^{3/2}}{ab}=\frac{p}{\sin^3u}, \tag{3.340a}$$

其中 u 是切线与连接切点和焦点的径向量之间的夹角. 在顶点 A 和 B 处曲率半径是

$$R_A = R_B = p = \frac{b^2}{a}. \tag{3.340b}$$

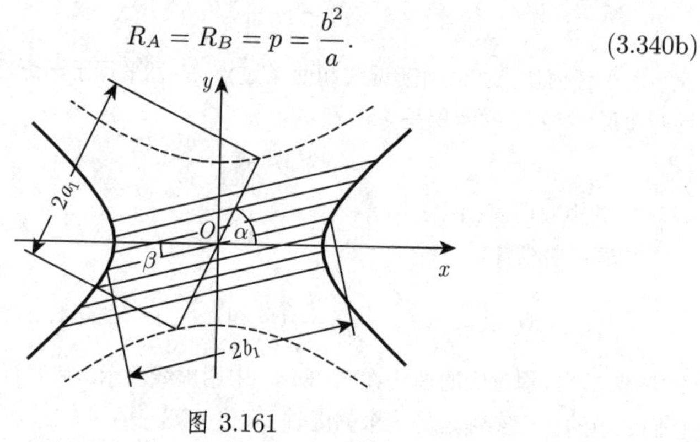

图 3.161

10. 双曲线中的面积(图 3.162)

a) **弓形 $\boldsymbol{APN}$**:

$$S_{APN} = xy - ab\ln\left(\frac{x}{a} + \frac{y}{b}\right) = xy - ab \operatorname{Arcosh}\frac{x}{a}. \tag{3.341a}$$

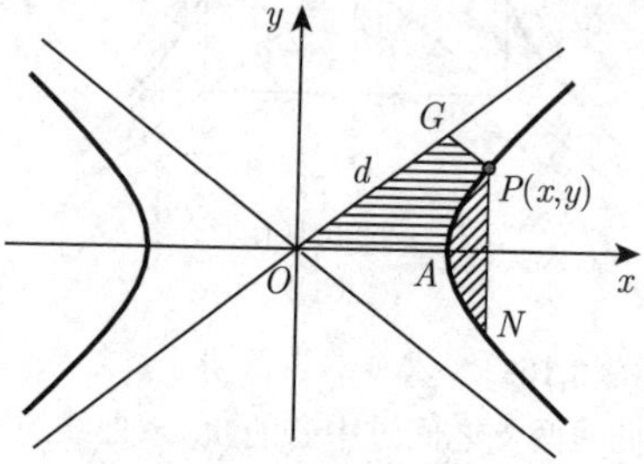

图 3.162

b) **面积 $\boldsymbol{OAPG}$**:

$$S_{OAPG} = \frac{ab}{4} + \frac{ab}{2}\ln\frac{2d}{c}. \tag{3.341b}$$

线段PG平行于下面的渐近线, c 是焦距, $d = OG$.

11. 双曲线的弧长

就像抛物线一样, 双曲线上两点 A 和 B 之间的弧长类似于椭圆的弧长 (参见第 270 页 3.5.2.8, 9.), 不能用初等方法来计算, 而要用到第二类不完全椭圆积分 $E(k,\varphi)$ (参见第 654 页 8.1.4.3, 2.).

12. 等边双曲线

等边双曲线具有相同长度的轴, 因此它的方程是

$$x^2 - y^2 = a^2. \tag{3.342a}$$

等边双曲线的渐近线是直线 $y=\pm x$; 它们相互垂直. 如果渐近线与坐标轴重合 (图 3.163), 则其方程为

$$xy=\frac{a^2}{2}. \tag{3.342b}$$

3.5.2.10 抛物线

1. 抛物线的要素

在图 3.164 中, x 轴与抛物线的轴重合, O 是抛物线的顶点, F 是抛物线的焦点, 它位于 x 轴上且与原点的距离为 $\frac{p}{2}$, 其中 p 称为抛物线的半焦弦. 准线记作NN'; 它是在与焦点相对的一侧距原点 $\frac{p}{2}$ 处与 x 轴垂直相交的直线. 半焦弦等于过焦点与轴垂直的弦长的一半. 抛物线的数值离心率等于 1(参见第 279 页 3.5.2.11, 4.).

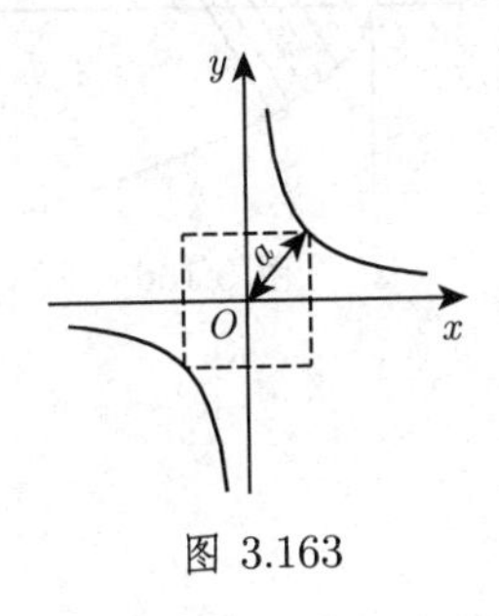

图 3.163

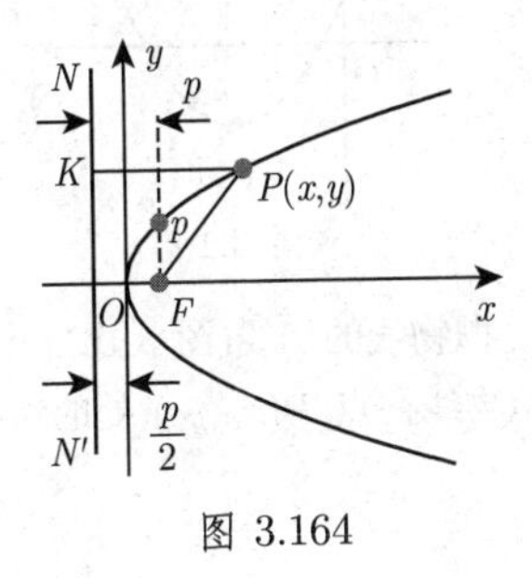

图 3.164

2. 抛物线的方程

如果原点是抛物线的顶点且位于抛物线左侧, x 轴是抛物线的轴, 则抛物线方程的标准形式为

$$y^2=2px. \tag{3.343}$$

关于极坐标形式的抛物线方程, 见第 280 页 3.5.2.11, 6., 具有垂直轴 (图 3.165) 的抛物线方程为

$$y=ax^2+bx+c. \tag{3.344a}$$

由这一形式给出的抛物线的参数为

$$p=\frac{1}{2|a|}. \tag{3.344b}$$

如果有 $a>0$, 则抛物线开口朝上, 当 $a<0$ 时, 开口朝下. 顶点的坐标是

$$x_0=-\frac{b}{2a},\quad y_0=\frac{4ac-b^2}{4a}. \tag{3.344c}$$

3. 抛物线的性质

(抛物线的定义) 抛物线是到给定点 (焦点) 的距离与到给定直线 (准线) 的距离相等的点的轨迹 (图 3.164). 在此以及在下面的笛卡儿坐标公式中, 我们假设抛物线方程是由标准形式给出的, 因此成立等式

$$PF = PK = x + \frac{p}{2}, \tag{3.345}$$

其中FP 是起点在焦点而终点为抛物线上的点的径向量.

4. 抛物线的直径

抛物线的直径是平行于抛物线的轴的直线 (图 3.166). 抛物线的直径平分与其端点处的切线平行的弦 (图 3.166). 设弦的斜率为 k, 则直径的方程是

$$y = \frac{p}{k}. \tag{3.346}$$

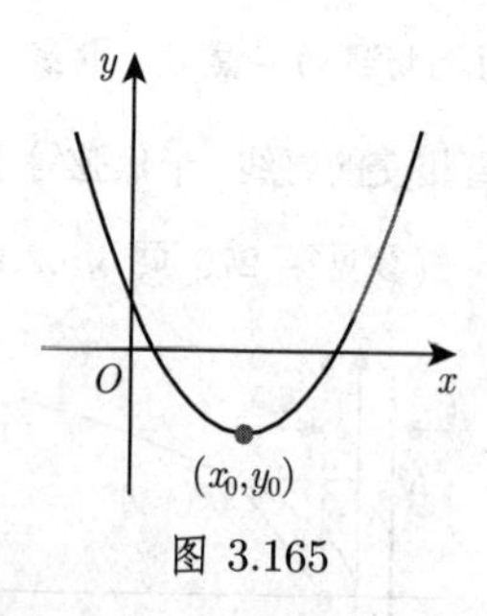

图 3.165

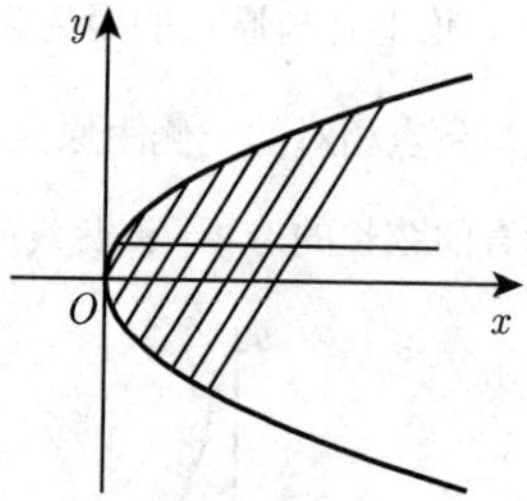

图 3.166

5. 抛物线的切线(图 3.167)

抛物线在点 $P(x_0,y_0)$ 处的切线方程是

$$yy_0 = p\,(x + x_0)\,. \tag{3.347}$$

切线和法线是从焦点出发的半径与从切点出发的直径之间所夹的角的角平分线. 顶点处的切线, 即 y 轴平分切点与切线在抛物线的轴, 即 x 轴上的交点之间的切线段:

$$TS = SP\,, \quad TO = OM = x_0, \quad TF = FP. \tag{3.348}$$

如果

$$p = 2bk,$$

则方程 $y = kx + b$ 所表示的直线是抛物线的切线. (3.349)

6. 抛物线的曲率半径

在点 $P(x_0,y_0)$ 处法线PN (图 3.167) 的长为 l_n, 则抛物线的曲率半径是

$$R = \frac{(p + 2x_0)^{3/2}}{\sqrt{p}} = \frac{p}{\sin^3 u} = \frac{l_n^3}{p^2} \tag{3.350a}$$

而在顶点 O 它是

$$R = p\,. \tag{3.350b}$$

7. 抛物线中的面积(图 3.168)

a) **抛物线弓形 *PON***:

$$S_{OPN} = \frac{2}{3} S_{MQNP} \quad (MQNP\ \text{是平行四边形}). \tag{3.351a}$$

b) **面积 OPR(抛物线曲线下的面积)**

$$S_{OPR} = \frac{2xy}{3}. \tag{3.351b}$$

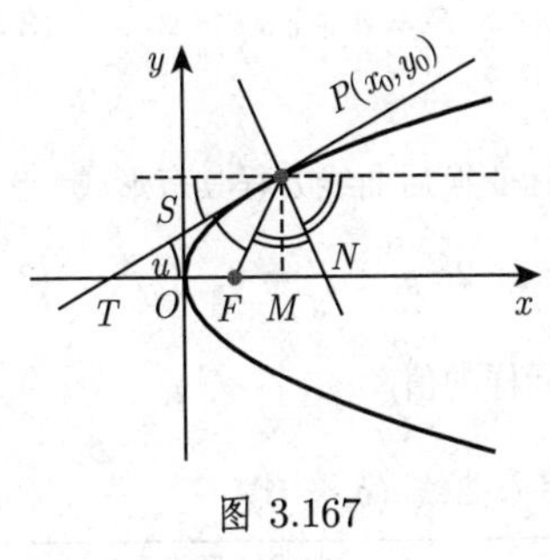

图 3.167

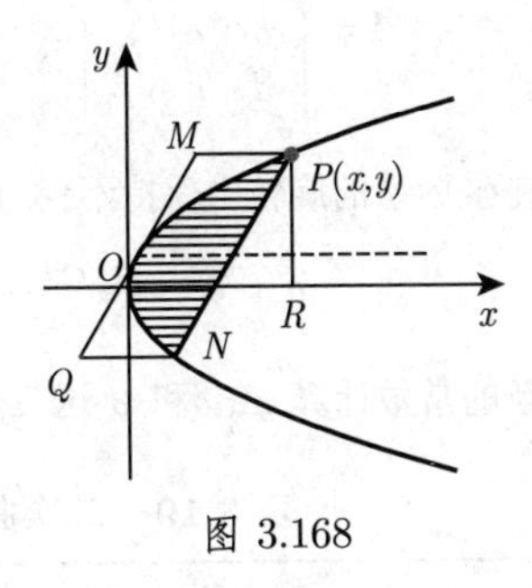

图 3.168

8. 抛物线的弧长

从顶点 O 到点 $P(x,y)$ 的一段抛物线弧长为

$$l_{OP} = \frac{p}{2}\left[\sqrt{\frac{2x}{p}\left(1+\frac{2x}{p}\right)} + \ln\left(\sqrt{\frac{2x}{p}} + \sqrt{1+\frac{2x}{p}}\right)\right] \tag{3.352a}$$

$$= -\sqrt{x\left(x+\frac{p}{2}\right)} + \frac{p}{2}\mathrm{Arsinh}\sqrt{\frac{2x}{p}}. \tag{3.352b}$$

对于 $\frac{x}{y}$ 值较小的情况, 可以使用下面的近似公式

$$l_{OP} \approx y\left[1+\frac{2}{3}\left(\frac{x}{y}\right)^2 - \frac{2}{5}\left(\frac{x}{y}\right)^4\right]. \tag{3.352c}$$

3.5.2.11 二次曲线(圆锥曲线)

1. 二次曲线的一般方程

利用二次曲线的一般方程

$$ax^2 + 2bxy + cy^2 + 2dx + 2ey + f = 0 \tag{3.353a}$$

可以定义椭圆, 它的特殊情形 —— 圆、双曲线、抛物线或作为奇异圆锥曲线的两条直线.

借助表 3.19 和表 3.20 给出的坐标变换可以将这个方程化简为标准形式.

评论 1 (3.353a) 中的系数并非特殊圆锥曲线中的参数.

评论 2 如果有两个系数 (a 和 b 或 b 和 c) 等于 0, 则所需的坐标变换简化为坐标轴的平移.

方程 $cy^2 + 2dx + 2ey + f = 0$ 可以写成形式 $(y - y_0)^2 = 2p(x - x_0)$;

方程 $ax^2 + 2dx + 2ey + f = 0$ 可以写成形式 $(x - x_0)^2 = 2p(y - y_0)$.

2. 二次曲线的不变量

二次曲线的不变量是如下三个量:

$$\Delta=\begin{vmatrix} a & b & d \\ b & c & e \\ d & e & f \end{vmatrix}, \quad \delta=\begin{vmatrix} a & b \\ b & c \end{vmatrix}, \quad S=a+c. \tag{3.353b}$$

它们在坐标系的旋转中保持不变, 即如果在坐标变换后曲线方程具有形式

$$a'x'^2+2b'x'y'+c'y'^2+2d'x'+2e'y'+f'=0, \tag{3.353c}$$

则用新的常数计算 Δ, δ和 S 这三个量将得到同样的值.

表 3.19 二次曲线的方程有心曲线 ($\delta \neq 0$)*

量 δ 和 Δ			曲线的形状
有心曲线 $\delta \neq 0$	$\delta>0$	$\Delta \neq 0$	椭圆 a) 当 $\Delta \cdot S<0$: 实椭圆, b) 当 $\Delta \cdot S>0$: 虚椭圆 **
		$\Delta=0$	一对具有实公共点的虚 ** 直线
	$\delta<0$	$\Delta \neq 0$	双曲线
		$\Delta=0$	一对相交直线

所需坐标变换	变换后方程的标准形式
1. 原点平移到曲线的中心, 其坐标是 $x_0=\dfrac{be-cd}{\delta}$, $y_0=\dfrac{bd-ae}{\delta}$	$a'x'^2+c'y'^2+\dfrac{\Delta}{\delta}=0$
2. 将坐标轴旋转 α 角, 这里 $\tan 2\alpha=\dfrac{2b}{a-c}$ $\sin 2\alpha$ 的符号必须和 $2b$ 的符号相一致.	$a'=\dfrac{a+c+\sqrt{(a-c)^2+4b^2}}{2}$
这里新 x' 轴的斜率是 $k=\dfrac{c-a+\sqrt{(c-a)^2+4b^2}}{2b}$	$c'=\dfrac{a+c-\sqrt{(a-c)^2+4b^2}}{2}$ (a' 和 c' 是二次方程 $u^2-Su+\delta=0$ 的根)

*Δ, δ和 S 是 (3.353b) 中给出的数.

** 该曲线方程对应于一条虚曲线.

3. 二次曲线 (圆锥曲线) 的形状

如果一个对顶直圆锥被一个平面所截, 则导致圆锥曲线. 如果该平面不通过圆锥的顶点, 则结果是一个双曲线、一个抛物线或一个椭圆, 这取决于该平面是否平行于圆锥的两条母线, 一条母线或不平行于圆锥的任何母线. 如果该平面通过顶点, 则结果是一个*奇异圆锥曲线*, 并有 $\Delta=0$. 圆柱, 即顶点在无穷远处的奇异圆锥的圆锥曲线是平行线. 圆锥曲线的形状可以借助表 3.19 和表 3.20 来确定.

4. 二次曲线的一般性质

到定点 F(焦点) 的距离与到定直线 (准线) 的距离之比为常数 e 的点 (图 3.169) 的轨迹是具有数值离心率e 的二次曲线. 当 $e<1$ 时为椭圆, 当 $e=1$ 时为抛物线, 当 $e>1$ 时为双曲线.

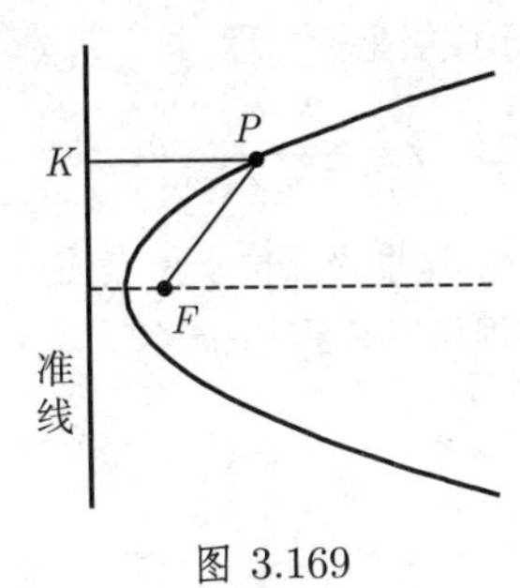

图 3.169

表 3.20 二次曲线的方程抛物曲线 ($\delta=0$)

量 δ 和 Δ		曲线的形状	
抛物曲线 *, $\delta=0$	$\Delta\neq 0$	抛物线	
	$\Delta=0$	两条直线:	平行直线, 当 $d^2-af>0$, 二重直线, 当 $d^2-af=0$, 虚 ** 直线, 当 $d^2-af<0$.

所需坐标变换	变换后方程的标准形式
$\Delta\neq 0$ 1. 原点平移到抛物线的顶点, 其坐标 x_0 和 y_0 由方程 $ax_0+by_0+\dfrac{ad+be}{S}=0$ 和 $\left(d+\dfrac{dc-be}{S}\right)x_0+\left(e+\dfrac{ae-bd}{S}\right)y_0+f=0$ 定义. 2. 将坐标轴旋转 α 角, 这里 $\tan\alpha=-\dfrac{a}{b}$; $\sin\alpha$ 的符号必须不同于 a 的符号.	$y'^2=2px'$ $p=\dfrac{ae-bd}{S\sqrt{a^2+b^2}}$
$\Delta=0$ 将坐标轴旋转 α 角, 这里 $\tan\alpha=-\dfrac{a}{b}$; $\sin\alpha$ 的符号必须不同于 a 的符号.	$Sy'^2+2\dfrac{ad+be}{\sqrt{a^2+b^2}}y'+f=0$ 可以变换成形式 $(y'-y_0')(y'-y_1')=0.$

∗ 在$\delta=0$ 的情形, 假设系数 a, b, c 都不等于 0.

∗∗ 该曲线方程对应于一条虚曲线.

5. 通过五个点确定一条曲线

过平面上五个给定的点有且仅有一条二次曲线. 如果其中有三个点位于同一条直线上, 则它是奇异或退化圆锥曲线.

6. 二次曲线的极坐标方程

所有二次曲线都可以表示成极坐标方程

$$\rho = \frac{p}{1 + e\cos\varphi}, \tag{3.354}$$

其中 p 是半焦弦, e 是离心率. 这里极点位于焦点处, 而极轴从焦点指向较近的顶点. 对于双曲线来说, 这个方程只定义了它的一支.

3.5.3 空间解析几何

3.5.3.1 基本概念

1. 坐标与坐标系

空间中的每个点 P 可以由一个坐标系来确定. 坐标线的方向由单位向量的方向给定. 图 3.170(a) 所表示的是笛卡儿坐标系中的关系. 需要区分直角坐标系和斜坐标系, 其中单位向量相互垂直或者相互倾斜. 另一个重要的区别是, 它属于右手坐标系还是左手坐标系.

最常用的空间坐标系是笛卡儿坐标系、球坐标系和柱坐标系.

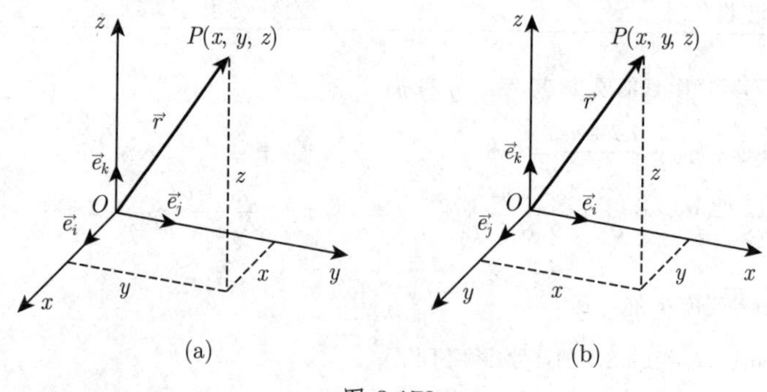

图 3.170

2. 右手系和左手系

*右手系*和*左手系*或*右手坐标系*和*左手坐标系*的区分依赖于正坐标方向的先后次序. 例如, 右手系有三个不共面的单位向量, 依下标的字母顺序是 $\vec{e}_i, \vec{e}_j, \vec{e}_k$. 当一个观察者面向 $\vec{e}_i$, $\vec{e}_j$ 平面同时朝 $\vec{e}_k$ 的方向看时, 能够沿最小的角, 即顺时针旋转 $\vec{e}_i$ 到 $\vec{e}_j$; 从 $\vec{e}_k$ 的尖头朝 $\vec{e}_i$, $\vec{e}_j$ 平面看, 他能将 $\vec{e}_i$ 反时针旋转到 $\vec{e}_j$. 左手系在这两种情形中需要相反的旋转. 旋转的字母顺序已经用符号表示在图 3.34 中, 其中记号 a, b, c 要替换成下标 i, j, k.

右手系和左手系, 可以通过交换两个单位向量互相变换到对方. 交换两个单位向量将改变其**定向**: 右手系成为左手系, 反之, 左手系成为右手系.

交换向量的一种非常重要的方法是**轮换**, 其中定向保持不变. 如图 3.34 所示, 通过轮换交换右手系的向量得到反时针方向的一个旋转, 即按图式 ($i \to j \to k \to i$, $j \to k \to i \to j$, $k \to i \to j \to k$). 在左手系中通过轮换交换向量得到一个顺时针旋转, 即按图式 ($i \to k \to j \to i$, $k \to j \to i \to k$, $j \to i \to k \to j$).

一个右手系是不可能叠合在左手系上的.

右手系关于原点的反射是左手系 (参见第 385 页 4.3.5.1, 2.)

■ **A**: 具有坐标轴 x, y, z 的笛卡儿坐标系是一个右手系 (图 3.170(a)).

■ **B**: 具有坐标轴 x, z, y 的笛卡儿坐标系是一个左手系 (图 3.170(b)).

■ **C**: 交换向量 $\vec{e}_j$ 和 $\vec{e}_k$, 我们将从右手系 $\vec{e}_i, \vec{e}_j, \vec{e}_k$ 得到左手系 $\vec{e}_i, \vec{e}_k, \vec{e}_j$.

■ **D**: 通过轮换, 从右手系 $\vec{e}_i, \vec{e}_j, \vec{e}_k$ 得到右手系 $\vec{e}_j, \vec{e}_k, \vec{e}_i$, 由此我们又得到一个右手系 $\vec{e}_k, \vec{e}_i, \vec{e}_j$.

3. 笛卡儿坐标

点 P 的笛卡儿坐标是带有给定符号并按指定度量单位度量的它到三个相互垂直平面的距离. 它们表示点 P 的向径 $\vec{r}$(参见第 243 页 3.5.1.1, 6.) 在三个相互垂直的坐标轴上的投影 (图 3.170). 三个平面的交点 O 也是三个轴的交点, 称为**原点**. 坐标 x, y 和 z 称为**横坐标、纵坐标和竖坐标**. 书写形式 $P(a, b, c)$ 指的是点 P 具有坐标 $x = a$, $y = b$, $z = c$. 坐标的符号由点 P 所位于的卦限来决定 (图 3.171, 表 3.21).

表 3.21 卦限中的坐标符号

卦限	I	II	III	IV	V	VI	VII	VIII
x	+	−	−	+	+	−	−	+
y	+	+	−	−	+	+	−	−
z	+	+	+	+	−	−	−	−

在右手笛卡儿坐标系 (图 3.170(a)) 中对于按次序 $\vec{e}_i, \vec{e}_j, \vec{e}_k$ 给定的正交单位向量, 等式

$$\vec{e}_i \times \vec{e}_j = \vec{e}_k\,, \quad \vec{e}_j \times \vec{e}_k = \vec{e}_i\,, \quad \vec{e}_k \times \vec{e}_i = \vec{e}_j \tag{3.355a}$$

成立, 即**右手法则**成立 (参见第 247 页 3.5.1.5). 对单位向量**轮换**, 这三个公式可以相互变换成另一个.

在左手笛卡儿坐标系 (图 3.170(b)) 中, 等式

$$\vec{e}_i \times \vec{e}_j = -\vec{e}_k\,, \quad \vec{e}_j \times \vec{e}_k = -\vec{e}_i\,, \quad \vec{e}_k \times \vec{e}_i = -\vec{e}_j \tag{3.355b}$$

成立. 向量积的负号产生自单位向量的左手次序 (图 3.170(b)), 即来自它们的顺时针排列.

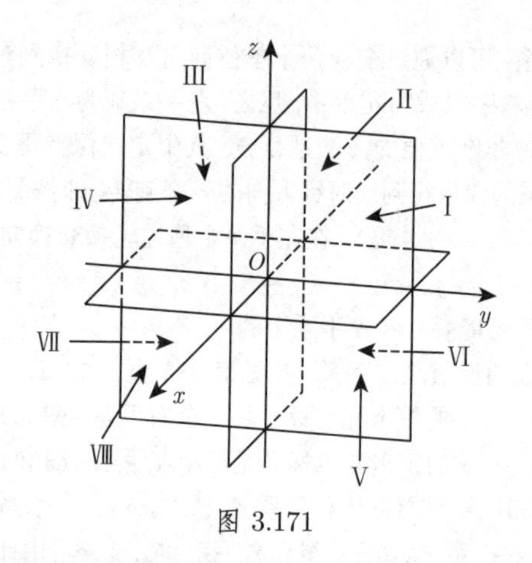

图 3.171

注意在两种情形中等式

$$\vec{e}_i \times \vec{e}_i = \vec{e}_j \times \vec{e}_j = \vec{e}_k \times \vec{e}_k = \vec{0} \tag{3.355c}$$

都成立. 通常我们使用右手坐标系; 公式则不依赖于这种选择. 在大地测量学中常使用左手坐标系 (参见第 191 页 3.2.2.1)

4. 坐标曲面与坐标曲线

坐标曲面具有一个常坐标. 在笛卡儿坐标系中它们是平行于其他两坐标轴所在平面的平面. 通过三个坐标曲面 $x = 0$, $y = 0$ 和 $z = 0$, 三维空间被分成八个卦限 (图 3.171). **坐标线**或**坐标曲线**是具有一个变动坐标而其他坐标是常数的曲线. 在笛卡儿坐标系中它们是平行于坐标轴的直线. 坐标曲面相互交于坐标线.

3.5.3.2 空间坐标系

1. 曲线三维坐标系

如果给定三个曲面族使得空间中任意一点恰有三族曲面中各一个曲面通过它, 则产生一个曲线三维坐标系. 一个点的位置将由通过它的曲面的参数值给出. 最常使用的曲线坐标系是柱坐标系和球坐标系.

2. 柱坐标系(图 3.172)

包含:

- 点 P 在 x, y 平面上投影的极坐标ρ和φ以及
- 点 P 的竖坐标 z.

柱坐标系的坐标曲面是:

- 具有半径$\rho =$ 常数, 且以 z 轴为轴的圆柱面,
- 从 z 轴出发的半平面, $\varphi =$ 常数, 以及
- 垂直于 z 轴的平面, $z =$ 常数.

这些坐标曲面的交线是坐标曲线.

笛卡儿坐标系与柱坐标系之间的变换公式 (也见表 3.22) 是

$$x = \varrho\cos\varphi\,,\quad y = \varrho\sin\varphi\,,\quad z = z\,; \tag{3.356a}$$

$$\varrho = \sqrt{x^2+y^2}\,,\quad \varphi = \arctan\frac{y}{x} = \arcsin\frac{y}{\varrho},\quad x > 0\,. \tag{3.356b}$$

关于φ 需要区分的情形, 见 (3.290c).

3. 球坐标系(图 3.173)

包含:

- 点 P 的向径 $\vec{r}$ 的长 r,
- z 轴与向径 $\vec{r}$ 之间的夹角θ, 以及
- x 轴与 $\vec{r}$ 在 x, y 平面上投影之间的夹角φ.

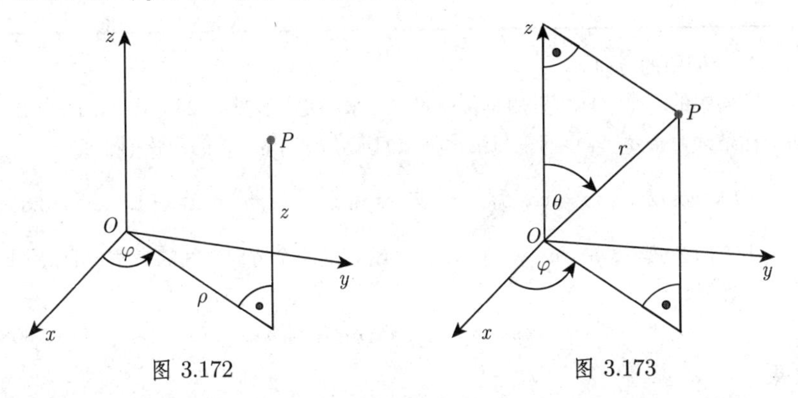

图 3.172　　　　图 3.173

这里的正方向 (图 3.173) 对 $\vec{r}$ 来说是从原点到点 P, 对于θ是从 z 轴到 $\vec{r}$, 对于φ是从 x 轴到 $\vec{r}$ 在 x, y 平面上投影. 空间中任何一点都可以用值 $0 \leqslant r < +\infty$, $0 \leqslant \theta \leqslant \pi$和 $0 \leqslant \varphi \leqslant 2\pi$来描述.

球坐标系的坐标曲面是:

- 以原点 O 为球心, 半径 $r =$ 常数的球面,
- $\theta =$ 常数, 顶点在原点, 以 z 轴为轴的圆锥面, 以及
- 从 z 轴出发的半平面, $\varphi =$ 常数.

这些坐标曲面的交线是坐标曲线.

4. 笛卡儿坐标、柱坐标和球坐标之间的关系

■ 笛卡儿坐标与球坐标之间的变换公式 (也见表 3.22) 是

$$x = r\sin\theta\cos\varphi,\quad y = r\sin\theta\sin\varphi,\quad z = r\cos\theta, \tag{3.357a}$$

$$r = \sqrt{x^2+y^2+z^2},\quad \theta = \arctan\frac{\sqrt{x^2+y^2}}{z},\quad \varphi = \arctan\frac{y}{x}. \tag{3.357b}$$

关于φ 需要区分的情形, 见 (3.290c).

表 3.22 笛卡儿坐标、柱坐标和球坐标之间的关系

笛卡儿坐标	柱坐标	球坐标
$x=$	$=\varrho\cos\varphi$	$=r\sin\theta\cos\varphi$
$y=$	$=\varrho\sin\varphi$	$=r\sin\theta\sin\varphi$
$z=$	$=z$	$=r\cos\theta$
$\sqrt{x^2+y^2}$	$=\varrho$	$=r\sin\theta$
$\arctan\dfrac{y}{x}$	$=\varphi$	$=\varphi$
$=z$	$=z$	$=r\cos\theta$
$\sqrt{x^2+y^2+z^2}$	$=\sqrt{\varrho^2+z^2}$	$=r$
$\arctan\dfrac{\sqrt{x^2+y^2}}{z}$	$=\arctan\dfrac{\varrho}{z}$	$=\theta$
$\arctan\dfrac{y}{x}$	$=\varphi$	$=\varphi$

5. 空间中的方向

空间中的一个方向可以用单位向量 $\vec{t}^{\,0}$ 来确定 (参见第 243 页 3.5.1.1, 6.), 它的坐标是**方向余弦**, 即该向量与坐标轴正向夹角α_0, β_0, γ_0 的余弦 (图 3.174)

$$l=\cos\alpha_0\,,\quad m=\cos\beta_0\,,\quad n=\cos\gamma_0\,,\quad l^2+m^2+n^2=1. \tag{3.358a}$$

由方向余弦 l_1, m_1, n_1 和 l_2, m_2, n_2 给定的两个方向之间的夹角φ可以用下面的公式计算:

$$\cos\varphi=l_1l_2+m_1m_2+n_1n_2\,. \tag{3.358b}$$

如果

$$l_1l_2+m_1m_2+n_1n_2=0\,, \tag{3.358c}$$

则两个方向相互垂直.

3.5.3.3 正交坐标变换

1. 平移

如果原来的坐标是 x, y, z, 而 a, b, c 表示新坐标系的原点在旧坐标系中的坐标 (图 3.175), 则新坐标 x', y', z' 满足关系

$$x=x'+a\,,\quad y=y'+b\,,\quad z=z'+c.\quad x'=x-a,\quad y'=y-b,\quad z'=z-c. \tag{3.359}$$

2. 坐标系的旋转

旋转后原坐标 x, y, z 与新坐标 x', y', z' 之间的关系由

$$\underline{\boldsymbol{x}}'=\begin{pmatrix}x'\\y'\\z'\end{pmatrix}=\boldsymbol{D}\begin{pmatrix}x\\y\\z\end{pmatrix}=\boldsymbol{D}\underline{\boldsymbol{x}}. \tag{3.360a}$$

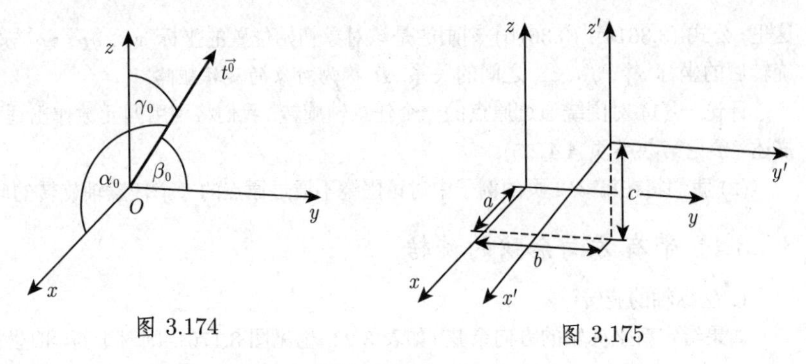

图 3.174

图 3.175

给出, $\boldsymbol{D}$ 称为坐标系的旋转矩阵. 特殊的旋转矩阵

$$\boldsymbol{D}_x(\alpha) = \begin{pmatrix} 1 & 0 & 0 \\ 0 & \cos\alpha & \sin\alpha \\ 0 & -\sin\alpha & \cos\alpha \end{pmatrix} \tag{3.360b}$$

刻画的是 x, y, z 坐标系绕 x 轴旋转α角. 类似地, x, y, z 坐标系绕 y 轴旋转β角或绕 z 轴旋转γ角可以用下面的旋转矩阵来刻画:

$$\boldsymbol{D}_y(\beta) = \begin{pmatrix} \cos\beta & 0 & -\sin\beta \\ 0 & 1 & 0 \\ \sin\beta & 0 & \cos\beta \end{pmatrix}, \tag{3.360c}$$

$$\boldsymbol{D}_z(\gamma) = \begin{pmatrix} \cos\gamma & \sin\gamma & 0 \\ -\sin\gamma & \cos\gamma & 0 \\ 0 & 0 & 1 \end{pmatrix}. \tag{3.360d}$$

评论 x, y, z 坐标系绕通过原点的任意轴旋转可以借助方向余弦 (参见 3.5.3.4), 卡丹角 (参见 3.5.3.5) 或欧拉角 (参见 3.5.3.6) 来刻画,

3. 对象的旋转

在几何中区分了两种类型的变换 (也见第 307 页, 3.5.4):

a) 坐标变换 (变换坐标系);

b) 几何变换 (在一个固定坐标系中改变几何对象的位置).

因此, 在绕通过原点的一个任意轴旋转中可以区分出下面两种:

a) 坐标系的旋转 (见 (3.360a)~(3.360d));

b) 一个对象在一个固定坐标系中的旋转. 在这一情形有

$$\underline{\boldsymbol{x}}'_P = \boldsymbol{R}\underline{\boldsymbol{x}}_P, \tag{3.361a}$$

$$\boldsymbol{R} = \boldsymbol{D}^{-1} = \boldsymbol{D}^{\mathrm{T}}. \tag{3.361b}$$

这里, 公式 (3.361a), (3.361b) 刻画的是该对象初始位置的坐标 x_P, y_P, z_P 与它在旋转后的坐标 x'_P, y'_P, z'_P 之间的关系. $\boldsymbol{R}$ 称为对象的*旋转矩阵*.

评论　(1) 对围绕通过原点的一个任意轴旋转, 我们将利用四元数作出适当的描述 (参见第 397 页 4.4.2.5).

(2) 我们将在第 312 页的例子中讨论围绕不通过原点的一个任意轴旋转的问题.

3.5.3.4　带有方向余弦的旋转

1. 坐标轴的旋转

如果给定新坐标轴的方向余弦 (如表 3.23, 也见图 3.176), 则对于新、旧坐标有

$$\begin{aligned} x' &= l_1 x + m_1 y + n_1 z\,, \\ y' &= l_2 x + m_2 y + n_2 z\,, \\ z' &= l_3 x + m_3 y + n_3 z\,; \end{aligned} \tag{3.362a}$$

$$\begin{aligned} x &= l_1 x' + l_2 y' + l_3 z'\,, \\ y &= m_1 x' + m_2 y' + m_3 z', \\ z &= n_1 x' + n_2 y' + n_3 z'. \end{aligned} \tag{3.362b}$$

变换 (3.362a) 的系数矩阵称为*旋转矩阵* $\boldsymbol{D}$, *变换行列式* Δ 为

$$\boldsymbol{D} = \begin{pmatrix} l_1 & l_2 & l_3 \\ m_1 & m_2 & m_3 \\ n_1 & n_2 & n_3 \end{pmatrix}, \tag{3.362c}$$

$$\det\boldsymbol{D} = \Delta = \begin{vmatrix} l_1 & l_2 & l_3 \\ m_1 & m_2 & m_3 \\ n_1 & n_2 & n_3 \end{vmatrix}. \tag{3.362d}$$

下列关系成立:

$$\begin{pmatrix} x' \\ y' \\ z' \end{pmatrix} = \boldsymbol{D} \begin{pmatrix} x \\ y \\ z \end{pmatrix} \quad 或 \quad \begin{pmatrix} x \\ y \\ z \end{pmatrix} = \boldsymbol{D}^{-1} \begin{pmatrix} x' \\ y' \\ z' \end{pmatrix}. \tag{3.362e}$$

表 3.23　坐标变换下的方向余弦记号

旧坐标轴	新坐标轴的方向余弦		
	x'	y'	z'
x	l_1	l_2	l_3
y	m_1	m_2	m_3
z	n_1	n_2	n_3

2. 变换行列式的性质

a) $\Delta = \pm 1$, 如果像原来一样, 变换后仍是左手系或右手系, 则取正号; 如果改变定向, 则取负号.

b) 行或列的元素平方之和总等于 1.

c) 两个不同的行或列的对应元素乘积之和等于 0 (参见第 368 页 4.1.4, 9.).

d) 每个元素可以写成 $\Delta = \pm 1$ 和它的代数余子式之积 (参见第 373 页 4.2.1).

3. 标量不变量

在平移和旋转过程中保持其值的标量称为标量不变量. 两个向量的标量积是一个标量不变量 (参见第 247 页 3.5.1.5, 3.).

■ **A**: 向量 $\vec{a} = \{a_1, a_2, a_3\}$ 的分量不是标量不变量, 因为其值在平移和旋转中发生了改变.

■ **B**: 向量 $\vec{a} = \{a_1, a_2, a_3\}$的长, 即量 $\sqrt{a_1^2 + a_2^2 + a_3^2}$ 是一个标量不变量.

■ **C**: 向量与其自身的标量积是一个标量不变量:

$$\vec{a}\vec{a} = \vec{a}^2 = |\vec{a}|^2 \cos\varphi = |\vec{a}^2|,$$

因为 $\varphi = 0$.

3.5.3.5 卡丹角

1. 卡丹角 (Cardan) 的定义

每个围绕通过原点的一个任意轴的坐标系旋转, 可以用三个相继的围绕坐标轴的旋转来刻画. 如果旋转按下面的次序进行 (图 3.176), 则旋转角 α, β, γ称为卡丹角:

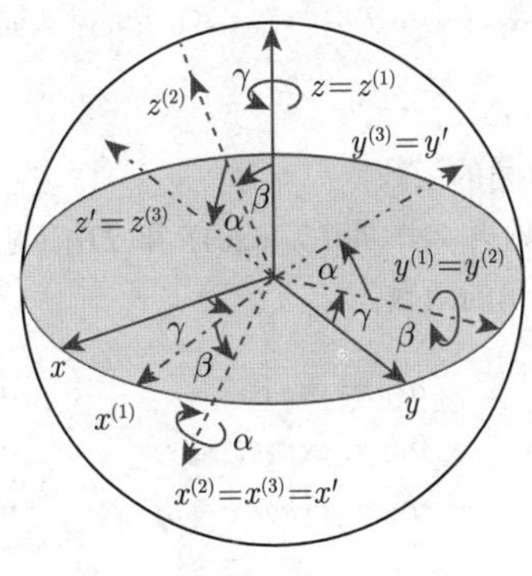

图 3.176

(1) 第一次是围绕 z 轴旋转一个角γ, 其结果是 $x^{(1)}$, $y^{(1)}$, $z^{(1)}$ 坐标系并且有 $z^{(1)} = z$.

(2) 第二次是围绕 y 轴在第一次旋转后的像旋转, 即围绕 $y^{(1)}$ 轴旋转一个角β, 其结果是 $x^{(2)}, y^{(2)}, z^{(2)}$ 坐标系并且有 $y^{(2)} = y^{(1)}$.

(3) 第三次是围绕 x 轴在第二次旋转后的像旋转, 即围绕 $x^{(2)}$ 轴旋转一个角α. 其结果是最终要求的 x', y', z' 坐标系, $x' = x^{(3)} = x^{(2)}$, $y' = y^{(3)}$, $z' = z^{(3)}$.

评论　文献中给出的卡丹角的定义并不完全相同.

2. 旋转矩阵 $\boldsymbol{D}_\mathrm{C}$ 的计算

由给定的旋转次序 (3.360a)~(3.360d) 推得旋转矩阵 $\boldsymbol{D} = \boldsymbol{D}_\mathrm{C}$ 为

$$\boldsymbol{D}_\mathrm{C} = \boldsymbol{D}_x(\alpha)\boldsymbol{D}_y(\beta)\boldsymbol{D}_z(\gamma)\,. \tag{3.363a}$$

根据法尔克 (Falk) 图式 (也参见第 366 页图 4.1, 图 4.2) 有

$$\begin{array}{c|c} & \boldsymbol{D}_z(\gamma) \\ \hline \boldsymbol{D}_y(\beta) & \boldsymbol{D}_y(\beta)\boldsymbol{D}_z(\gamma) \\ \hline \boldsymbol{D}_x(\alpha) & \boldsymbol{D}_\mathrm{C} \end{array} \tag{3.363b}$$

即

$$\begin{array}{ccc|ccc}
 & & & \cos\gamma & \sin\gamma & 0 \\
 & & & -\sin\gamma & \cos\gamma & 0 \\
 & & & 0 & 0 & 1 \\
\hline
\cos\beta & 0 & -\sin\beta & \cos\beta\cos\gamma & \cos\beta\sin\gamma & -\sin\beta \\
0 & 1 & 0 & -\sin\gamma & \cos\gamma & 0 \\
\sin\beta & 0 & \cos\beta & \cos\gamma\sin\beta & \sin\beta\sin\gamma & \cos\beta \\
\hline
1 & 0 & 0 & \cos\beta\cos\gamma & \cos\beta\sin\gamma & -\sin\beta \\
0 & \cos\alpha & \sin\alpha & -\cos\alpha\sin\gamma+\sin\alpha\cos\gamma\sin\beta & \cos\alpha\cos\gamma+\sin\alpha\sin\beta\sin\gamma & \sin\alpha\cos\beta \\
0 & -\sin\alpha & \cos\alpha & \sin\alpha\sin\gamma+\cos\alpha\cos\gamma\sin\beta & \cos\alpha\sin\beta\sin\gamma-\sin\alpha\cos\gamma & \cos\alpha\cos\beta
\end{array}$$

$$\boldsymbol{D}_\mathrm{C} = \begin{pmatrix} \cos\beta\cos\gamma & \cos\beta\sin\gamma & -\sin\beta \\ -\cos\alpha\sin\gamma + \sin\alpha\cos\gamma\sin\beta & \cos\alpha\cos\gamma + \sin\alpha\sin\beta\sin\gamma & \sin\alpha\cos\beta \\ \sin\alpha\sin\gamma + \cos\alpha\cos\gamma\sin\beta & \cos\alpha\sin\beta\sin\gamma - \sin\alpha\cos\gamma & \cos\alpha\cos\beta \end{pmatrix}. \tag{3.363c}$$

3. 方向余弦作为卡丹角的函数

因为旋转矩阵 $\boldsymbol{D}$(参见第 286 页 (3.362c)) 和 $\boldsymbol{D}_\mathrm{C}$ (见 (3.363c)) 相一致, 所以方向余弦可以表示成卡丹角的函数:

$$\begin{aligned} &l_1 = c_2c_3\,, && m_1 = c_2s_3\,, && n_1 = s_2\,; \\ &l_2 = -c_1s_3 + s_1c_3s_2\,, && m_2 = c_1c_3 + s_1s_2s_3\,, && n_2 = s_1c_2\,; \\ &l_3 = s_1s_3 + c_1c_3s_2\,, && m_3 = c_1s_2s_3 - s_1c_3\,, && n_3 = c_1c_3, \end{aligned} \tag{3.364a}$$

其中

$$\begin{gathered} c_1 = \cos\alpha\,,\quad c_2 = \cos\beta\,,\quad c_3 = \cos\gamma, \\ s_1 = \sin\alpha\,,\quad s_2 = \sin\beta\,,\quad s_3 = \sin\gamma. \end{gathered} \tag{3.364b}$$

3.5.3.6 欧拉角

1. 欧拉角的定义

新坐标系相对于旧坐标系的位置, 可以由欧拉引入的三个角唯一确定 (图 3.177).

a) **章动角θ** 是 z 轴与 z' 轴正向之间的夹角, 并有 $0 \leqslant \theta < \pi$.

b) **进动角ψ** 是 x 轴正向与 x, y 平面和 x', y' 平面的交线 K 之间的夹角. K 的正向的选取依赖于 z 轴, z' 轴和 K 是否形成一个与坐标轴具有相同定向的三元组 (参见第 246 页, 3.5.1.3, 2.). 角ψ是按从 x 轴到 y 轴的方向度量的, 并有 $0 \leqslant \psi < \pi$.

c) **旋转角φ** 是 x' 轴正向与交线 K 之间的夹角, 并有 $0 \leqslant \varphi < 2\pi$.

评论 在文献中对于欧拉角也使用其他的定义.

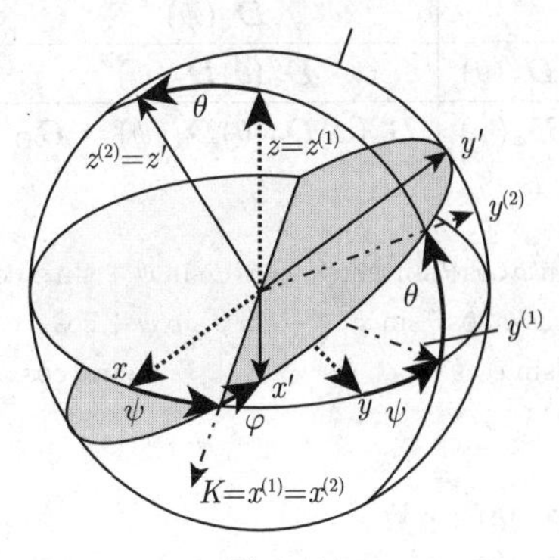

图 3.177

2. 旋转矩阵 $\boldsymbol{D}_{\mathrm{E}}$ 的计算

从坐标系 x, y, z 过渡到坐标系 x', y', z' (图 3.177) 可以通过以下考虑的三个旋转 (3.360a)~(3.360d) 给出:

(1) 第一次是围绕 z 轴旋转角ψ, 结果是坐标系 $x^{(1)}, y^{(1)}, z^{(1)}$, 其中 $z^{(1)} = z$:

$$\begin{pmatrix} x^{(1)} \\ y^{(1)} \\ z^{(1)} \end{pmatrix} = \begin{pmatrix} \cos\psi & \sin\psi & 0 \\ -\sin\psi & \cos\psi & 0 \\ 0 & 0 & 1 \end{pmatrix} \begin{pmatrix} x \\ y \\ z \end{pmatrix}, \text{ 即 } \underline{\boldsymbol{x}}^{(1)} = \boldsymbol{D}_z(\psi)\,\underline{\boldsymbol{x}}. \quad (3.365\text{a})$$

轴 $x^{(1)}$ 与交线 K 重合.

(2) 第二次是围绕 $x^{(1)}$ 轴旋转角θ, 结果是坐标系 $x^{(2)}, y^{(2)}, z^{(2)}$, 其中 $x^{(2)} = x^{(1)}$:

$$\begin{pmatrix} x^{(2)} \\ y^{(2)} \\ z^{(2)} \end{pmatrix} = \begin{pmatrix} 1 & 0 & 0 \\ 0 & \cos\theta & \sin\theta \\ 0 & -\sin\theta & \cos\theta \end{pmatrix} \begin{pmatrix} x^{(1)} \\ y^{(1)} \\ z^{(1)} \end{pmatrix}, \text{ 即 } \underline{\boldsymbol{x}}^{(2)} = \boldsymbol{D}_x(\vartheta)\,\underline{\boldsymbol{x}}^{(1)}. \quad (3.365\text{b})$$

(3) 第三次是围绕 $z^{(2)}$ 轴旋转角φ, 结果是最终的坐标系 x', y', z', 其中 $z' = z^{(2)}$:

$$\begin{pmatrix} x' \\ y' \\ z' \end{pmatrix} = \begin{pmatrix} \cos\varphi & \sin\varphi & 0 \\ -\sin\varphi & \cos\varphi & 0 \\ 0 & 0 & 1 \end{pmatrix} \begin{pmatrix} x^{(2)} \\ y^{(2)} \\ z^{(2)} \end{pmatrix}, \text{ 即 } \underline{\boldsymbol{x}}' = \boldsymbol{D}_z(\varphi)\,\underline{\boldsymbol{x}}^{(2)}. \tag{3.365c}$$

它们一起对于 (3.360a) 中的 $\boldsymbol{D} = \boldsymbol{D}_{\mathrm{E}}$ 成立有

$$\boldsymbol{D}_{\mathrm{E}} = \boldsymbol{D}_z(\varphi)\boldsymbol{D}_x(\theta)\boldsymbol{D}_z(\psi). \tag{3.366a}$$

类似于旋转矩阵 $\boldsymbol{D}_{\mathrm{C}}$ 的计算, 应用法尔克图式, 这里的形式为

	$\boldsymbol{D}_z(\psi)$
$\boldsymbol{D}_x(\theta)$	$\boldsymbol{D}_x(\theta)\boldsymbol{D}_z(\psi)$
$\boldsymbol{D}_z(\varphi)$	$\boldsymbol{D}_z(\varphi)\boldsymbol{D}_x(\theta)\boldsymbol{D}_z(\psi) = \boldsymbol{D}_{\mathrm{E}}$

(3.366b)

得

$$\boldsymbol{D}_{\mathrm{E}} = \begin{pmatrix} \cos\varphi\cos\psi - \sin\varphi\cos\theta\sin\psi & \cos\varphi\sin\psi + \sin\varphi\cos\theta\cos\psi & \sin\varphi\sin\theta \\ -\sin\varphi\cos\psi - \cos\varphi\cos\theta\sin\psi & -\sin\varphi\sin\psi + \cos\varphi\cos\theta\cos\psi & \cos\varphi\sin\theta \\ \sin\theta\sin\psi & -\sin\theta\cos\psi & \cos\theta \end{pmatrix} \tag{3.366c}$$

3. 方向余弦作为欧拉角的函数

因为旋转矩阵 $\boldsymbol{D}$(参见第 286 页 (3.362c)) 和 $\boldsymbol{D}_{\mathrm{E}}$ (见 (3.366c)) 等同, 所以对于方向余弦作为欧拉角的函数下列公式成立:

$$\begin{aligned} &l_1 = c_2c_3 - c_1s_2s_3, && m_1 = s_2c_3 + c_1c_2s_3, && n_1 = s_1s_3; \\ &l_2 = -c_2s_3 - c_1s_2c_3, && m_2 = -s_2s_3 + c_1c_2c_3, && n_2 = s_1c_3; \\ &l_3 = s_1s_2, && m_3 = -s_1c_2, && n_3 = c_1, \end{aligned} \tag{3.367a}$$

其中

$$\begin{aligned} &c_1 = \cos\theta, \quad c_2 = \cos\psi, \quad c_3 = \cos\varphi, \\ &s_1 = \sin\theta, \quad s_2 = \sin\psi, \quad s_3 = \sin\varphi. \end{aligned} \tag{3.367b}$$

3.5.3.7 空间中的特殊量

1. 质心坐标

n 个具有质量为 m_i 的质点 $P_i(x_i, y_i, z_i)$ 系的质心(常常被不正确地称为重心)坐标由下列公式计算, 其中求和指标从 1 变到 n:

$$\bar{x} = \frac{\sum m_i x_i}{\sum m_i}, \quad \bar{y} = \frac{\sum m_i y_i}{\sum m_i}, \quad \bar{z} = \frac{\sum m_i z_i}{\sum m_i}. \tag{3.368}$$

2. 线段的分割

以给定的比

$$\frac{\overline{P_1P}}{\overline{PP_2}} = \frac{m}{n} = \lambda \tag{3.369a}$$

分 $P_1(x_1, y_1, z_1)$ 和 $P_2(x_2, y_2, z_2)$ 之间线段的点 $P(x, y, z)$ 的坐标由下面的公式给出

$$x = \frac{nx_1 + mx_2}{n+m} = \frac{x_1 + \lambda x_2}{1+\lambda}, \tag{3.369b}$$

$$y = \frac{ny_1 + my_2}{n+m} = \frac{y_1 + \lambda y_2}{1+\lambda}, \tag{3.369c}$$

$$z = \frac{nz_1 + mz_2}{n+m} = \frac{z_1 + \lambda z_2}{1+\lambda}. \tag{3.369d}$$

该线段的中点坐标为

$$x_m = \frac{x_1 + x_2}{2}, \quad y_m = \frac{y_1 + y_2}{2}, \quad z_m = \frac{z_1 + z_2}{2}. \tag{3.369e}$$

3. 两点之间的距离

图 3.178 中两点 $P_1(x_1, y_1, z_1)$ 和 $P_2(x_2, y_2, z_2)$ 之间的距离是

$$d = \sqrt{(x_2 - x_1)^2 + (y_2 - y_1)^2 + (z_2 - z_1)^2}. \tag{3.370a}$$

这两点之间线段的方向余弦可以用下面的公式计算:

$$\cos\alpha = \frac{x_2 - x_1}{d}, \quad \cos\beta = \frac{y_2 - y_1}{d}, \quad \cos\gamma = \frac{z_2 - z_1}{d}. \tag{3.370b}$$

4. 四点系

四个点 $P(x, y, z)$, $P_1(x_1, y_1, z_1)$, $P_2(x_2, y_2, z_2)$ 和 $P_3(x_3, y_3, z_3)$ 可以形成一个四面体 (图 3.179) 或共面. 四面体的体积可以用下面的公式计算:

$$V = \frac{1}{6}\begin{vmatrix} x & y & z & 1 \\ x_1 & y_1 & z_1 & 1 \\ x_2 & y_2 & z_2 & 1 \\ x_3 & y_3 & z_3 & 1 \end{vmatrix} = \frac{1}{6}\begin{vmatrix} x - x_1 & y - y_1 & z - z_1 \\ x - x_2 & y - y_2 & z - z_2 \\ x - x_3 & y - y_3 & z - z_3 \end{vmatrix}, \tag{3.371}$$

其中, 如果三个向量 $\overrightarrow{PP_1}$, $\overrightarrow{PP_2}$, $\overrightarrow{PP_3}$ 的方向与坐标轴相同 (参见第 246 页 3.5.1.3, 2.), 则它具有正值 $V > 0$. 否则它是负的.

四点共面当且仅当有

$$\begin{vmatrix} x & y & z & 1 \\ x_1 & y_1 & z_1 & 1 \\ x_2 & y_2 & z_2 & 1 \\ x_3 & y_3 & z_3 & 1 \end{vmatrix} = 0. \tag{3.372}$$

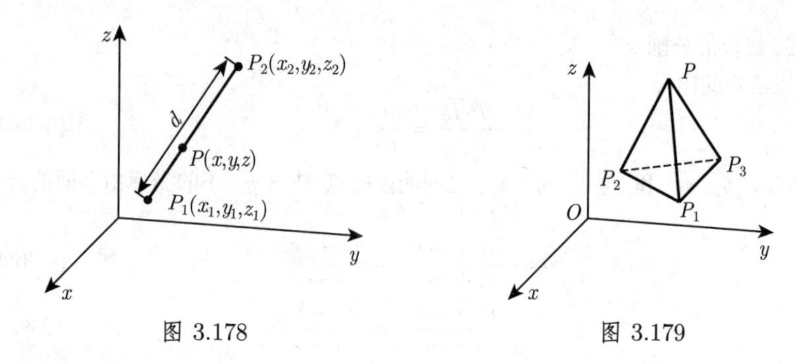

图 3.178 图 3.179

3.5.3.8 曲面的方程

方程

$$F(x,y,z)=0 \tag{3.373}$$

常常对应于一个曲面, 并有性质: 它的每个点的坐标满足上述方程. 反之, 坐标满足上述方程的点都是该曲面上的点. 方程 (3.373) 称为该曲面的方程. 如果空间中没有任何实点满足方程 (3.373), 则不存在实曲面.

1. 柱面的方程(参见第 207 页 3.3.4, (1))

柱面方程母线平行于 x 轴的柱面方程不含有 x 坐标: $F(y,\ z)=0$. 类似地, 母线平行于 y 轴或 z 轴的柱面方程不含有 y 坐标或 z 坐标: 分别为 $F(x,\ z)=0$ 或 $F(x,\ y)=0$. 方程 $F(x,\ y)=0$ 刻画了柱面与 $x,\ y$ 平面的交线. 如果给定柱面母线的方向余弦或比例量 l,m,n, 则该柱面方程具有形式

$$F(nx-lz,ny-mz)=0. \tag{3.374}$$

2. 旋转对称曲面的方程

旋转对称曲面是通过在 $x,\ z$ 平面上给定的一条曲线 $z=f(x)$ 绕 z 轴旋转产生的曲面 (图 3.180), 具有形式

$$z=f\left(\sqrt{x^2+y^2}\right). \tag{3.375}$$

其他变量情形的旋转对称曲面的方程也可以类似地得到.

■ 顶点在原点的锥面(参见第 209 页 3.3.4, (7)) 方程具有形式 $F(x,\ y,\ z)=0$, 其中 F 是坐标的齐次函数 (参见第 158 页 2.18.2.5, 4.), 如

$$F(x,y,z)=z-\sqrt{x^2+y^2}=0$$

具有齐性次数 1, 即 $F(\lambda x,\ \lambda y,\ \lambda z)=\lambda F(x,\ y,\ z)$.

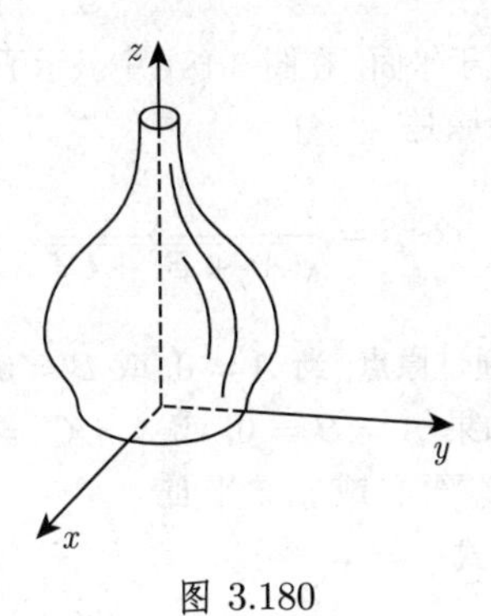

图 3.180

3.5.3.9 空间曲线的方程

一条空间曲线可以由三个参数方程

$$x = \varphi_1(t), \quad y = \varphi_2(t), \quad z = \varphi_3(t) \tag{3.376}$$

来定义.

对于参数 t 的每个值 (它不必具有几何意义), 都对应曲线的一个点.

定义空间曲线的另一种方法是用两个方程

$$F_1(x,y,z) = 0, \quad F_2(x,y,z) = 0 \tag{3.377}$$

来确定. 两者都定义了一个曲面. 空间曲线包含的是所有坐标满足两个方程的点, 即空间曲线是两个给定曲面的交线. 一般来说, 对于任意的λ, 形如

$$F_1 + \lambda F_2 = 0 \tag{3.378}$$

的每个方程都定义了通过所考虑的曲线的一个曲面, 因此, 它可以替换 (3.377) 中的任何一个方程.

3.5.3.10 空间中的直线和平面

1. 平面方程

每个坐标线性方程都定义了一个平面, 反之, 每个平面都具有一个一次方程.

(1) **平面的一般方程**

a) **坐标形式**

$$Ax + By + Cz + D = 0; \tag{3.379a}$$

b) **向量形式** *

$$\vec{r}\vec{N} + D = 0, \tag{3.379b}$$

*关于两个向量的标量积参见第 247 页 3.5.1.5, 按仿射坐标给出的标量积参见第 250 页 3.5.1.6, 5.; 关于平面的向量方程参见第 252 页 3.5.1.7.

其中向量 $\overrightarrow{N}(A,B,C)$ 垂直于平面. 在图 3.181 中显示了截距 a, b 和 c. 向量 $\overrightarrow{N}$ 称为平面的法向量. 其方向余弦是

$$\cos\alpha = \frac{A}{\sqrt{A^2+B^2+C^2}},\quad \cos\beta = \frac{B}{\sqrt{A^2+B^2+C^2}},\quad \cos\gamma = \frac{C}{\sqrt{A^2+B^2+C^2}}. \tag{3.379c}$$

如果 $D=0$ 成立, 则平面通过原点; 当 $A=0$, 或 $B=0$ 或 $C=0$ 时, 平面分别平行于 x 轴, y 轴或 z 轴. 如果 $A=B=0$, 或 $A=C=0$, 或 $B=C=0$, 则平面分别平行于 x, y 平面, x, z 平面, 或 y, z 平面.

(2) **平面方程的黑赛法式**

a)**坐标形式**

$$x\cos\alpha + y\cos\beta + z\cos\gamma - p = 0; \tag{3.380a}$$

b) **向量形式**

$$\vec{r}\overrightarrow{N}^{0} - p = 0, \tag{3.380b}$$

其中 $\overrightarrow{N}^0$ 是平面的单位法向量, p 是原点到平面的距离. 黑塞法式可以由平面的一般方程 (3.379a) 通过乘以正规化因子

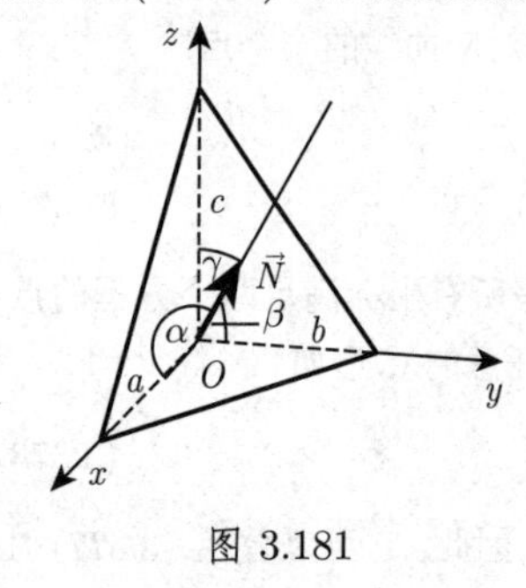

图 3.181

$$\pm\mu = \frac{1}{N} = \frac{1}{\sqrt{A^2+B^2+C^2}},\quad 其中\ N = |\vec{N}| \tag{3.380c}$$

得到. 这里μ的符号应取成与 D 的符号相反.

(3) **平面方程的截距式** 线段 a, b, c 是平面截坐标轴所得 (图 3.181), 根据它们在坐标轴上的位置考虑其符号, 则有

$$\frac{x}{a} + \frac{y}{b} + \frac{z}{c} = 1. \tag{3.381}$$

(4) **通过三点的平面方程**

如果点是 $P_1(x_1, y_1, z_1)$, $P_2(x_2, y_2, z_2)$ 和 $P_3(x_3, y_3, z_3)$, 则有

a) **坐标形式**

$$\begin{vmatrix} x-x_1 & y-y_1 & z-z_1 \\ x_2-x_1 & y_2-y_1 & z_2-z_1 \\ x_3-x_1 & y_3-y_1 & z_3-z_1 \end{vmatrix} = 0, \tag{3.382a}$$

b) **向量形式**†

$$(\vec{r}-\vec{r}_1)(\vec{r}_2-\vec{r}_1)(\vec{r}_3-\vec{r}_1) = 0. \tag{3.382b}$$

(5) **通过两点且平行于一条直线的平面方程** 通过两点 $P_1(x_1, y_1, z_1)$, $P_2(x_2, y_2, z_2)$ 并且平行于具有方向向量 $\vec{R}(l, m, n)$ 的直线的平面方程为

a) **坐标形式**

†关于三个向量的混合积见第 249 页 3.5.1.6, 2.

$$\begin{vmatrix} x - x_1 & y - y_1 & z - z_1 \\ x_2 - x_1 & y_2 - y_1 & z_2 - z_1 \\ l & m & n \end{vmatrix} = 0\,; \tag{3.383a}$$

b) **向量形式*** $(\vec{r} - \vec{r}_1)(\vec{r}_2 - \vec{r}_1)\vec{R} = 0.$ (3.383b)

(6) **通过一点且平行于两条直线的平面方程** 如果直线的方向向量是 $\vec{R}_1(l_1, m_1, n_1)$ 和 $\vec{R}_2(l_2, m_2, n_2)$, 则有

a) **坐标形式**

$$\begin{vmatrix} x - x_1 & y - y_1 & z - z_1 \\ l_1 & m_1 & n_1 \\ l_2 & m_2 & n_2 \end{vmatrix} = 0\,; \tag{3.384a}$$

b) **向量形式***

$$(\vec{r} - \vec{r}_1)\,\vec{R}_1\vec{R}_2 = 0. \tag{3.384b}$$

(7) **通过一点且垂直于一条直线的平面方程** 如果点是 $P_1(x_1, y_1, z_1)$, 直线的方向向量是 $\vec{N}(A, B, C)$, 则有

a) **坐标形式**

$$A\,(x - x_1) + B\,(y - y_1) + C\,(z - z_1) = 0; \tag{3.385a}$$

b) **向量形式**†

$$(\vec{r} - \vec{r}_1)\,\vec{N} = 0\,. \tag{3.385b}$$

(8) **点到平面的距离** 在平面方程的黑赛法式 (3.380a)

$$x\cos\alpha + y\cos\beta + z\cos\gamma - p = 0 \tag{3.386a}$$

中代入点 $P(a, b, c)$ 的坐标, 结果为带符号的距离

$$\delta = a\cos\alpha + b\cos\beta + c\cos\delta - p, \tag{3.386b}$$

如果 P 和原点在平面的两侧, 则$\delta > 0$, 在相反的情形$\delta < 0$.

(9) **通过两平面交线的平面方程** 通过由方程 $A_1x + B_1y + C_1z + D_1 = 0$ 和 $A_2x + B_2y + C_2z + D_2 = 0$ 给定的两平面的交线的平面方程是

a) **坐标形式**

$$A_1x + B_1y + C_1z + D_1 + \lambda(A_2x + B_2y + C_2z + D_2) = 0. \tag{3.387a}$$

b) **向量形式**

$$\vec{r}\vec{N}_1 + D_1 + \lambda(\vec{r}\vec{N}_2 + D_2) = 0. \tag{3.387b}$$

*关于三个向量的混合积见第 249 页 3.5.1.6, 2.

† 关于两个向量的标量积见第 247 页 3.5.1.5, 1.; 按仿射坐标给出的标量积见第 250 页 3.5.1.6, 5.; 关于平面的向量方程见第 252 页 3.5.1.7.

这里λ是一个实参数, 因此 (3.387a) 和 (3.387b) 定义了一个平面束. 图 3.182 显示的是三个平面的情形. 如果在 (3.387a) 和 (3.387b) 中λ 取 $-\infty$ 和 $+\infty$ 之间的所有值, 则将得到平面束中的全部平面 ($A_2x+B_2y+C_2z+D_2=0$ 除外). 如果给定的两平面方程由法式表示, 则对于$\lambda=\pm1$ 将得到平分这两个平面夹角的平面方程.

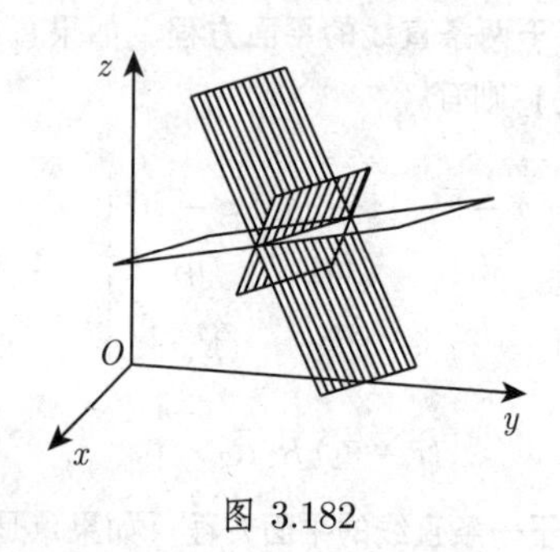

图 3.182

2. 空间中的两个和多个平面

(1) **两平面之间的夹角, 一般情形** 由方程 $A_1x+B_1y+C_1z+D_1=0$ 和 $A_2x+B_2y+C_2z+D_2=0$ 给定的两平面之间的夹角φ可以用下面的公式计算:

$$\cos\varphi=\frac{A_1A_2+B_1B_2+C_1C_2}{\sqrt{(A_1^2+B_1^2+C_1^2)(A_2^2+B_2^2+C_2^2)}}. \tag{3.388a}$$

如果两平面由向量方程 $\vec{r}\vec{N}_1+D_1=0$ 和 $\vec{r}\vec{N}_2+D_2=0$ 给出, 则

$$\cos\varphi=\frac{\vec{N}_1\,\vec{N}_2}{N_1N_2},\quad 其中\quad N_1=|\vec{N}_1|\ 而\ N_2=|\vec{N}_2|. \tag{3.388b}$$

(2) **三个平面的交点** 三个给定的平面 $A_1x+B_1y+C_1z+D_1=0$, $A_2x+B_2y+C_2z+D_2=0$ 和 $A_3x+B_3y+C_3z+D_3=0$ 的交点坐标由公式

$$\bar{x}=\frac{-\varDelta_x}{\varDelta},\quad \bar{y}=\frac{-\varDelta_y}{\varDelta},\quad \bar{z}=\frac{-\varDelta_z}{\varDelta} \tag{3.389a}$$

计算, 其中

$$\varDelta=\begin{vmatrix}A_1&B_1&C_1\\A_2&B_2&C_2\\A_3&B_3&C_3\end{vmatrix},\quad \varDelta_x=\begin{vmatrix}D_1&B_1&C_1\\D_2&B_2&C_2\\D_3&B_3&C_3\end{vmatrix},$$

$$\varDelta_y=\begin{vmatrix}A_1&D_1&C_1\\A_2&D_2&C_2\\A_3&D_3&C_3\end{vmatrix},\quad \varDelta_z=\begin{vmatrix}A_1&B_1&D_1\\A_2&B_2&D_2\\A_3&B_3&D_3\end{vmatrix}. \tag{3.389b}$$

如果有 $\varDelta\neq0$, 则三个平面交于一点. 如果有 $\varDelta=0$ 并且至少有一个二阶非零子式, 则平面平行于一条直线; 如果每个二阶子式都等于 0, 则平面通过一条直线.

3. 两平面平行和垂直的条件

a) **平行的条件** 如果有

$$\frac{A_1}{A_2}=\frac{B_1}{B_2}=\frac{C_1}{C_2} \quad \text{或} \quad \vec{N}_1\times\vec{N}_2=\vec{0} \tag{3.390}$$

成立, 则两平面平行.

b) **垂直的条件** 如果有

$$A_1A_2+B_1B_2+C_1C_2=0 \quad \text{或} \quad \vec{N}_1\vec{N}_2=0 \tag{3.391}$$

成立, 则两平面互相垂直.

4. 四个平面的交点

四个平面 $A_1x+B_1y+C_1z+D_1=0$, $A_2x+B_2y+C_2z+D_2=0$, $A_3x+B_3y+C_3z+D_3=0$ 和 $A_4x+B_4y+C_4z+D_4=0$ 具有一个公共点仅当行列式

$$\delta=\begin{vmatrix} A_1 & B_1 & C_1 & D_1\\ A_2 & B_2 & C_2 & D_2\\ A_3 & B_3 & C_3 & D_3\\ A_4 & B_4 & C_4 & D_4 \end{vmatrix}=0 \tag{3.392}$$

成立. 在此情形该公共点由三个方程确定, 第四个方程是多余的, 它可以由其他方程导出.

5. 两平行平面之间的距离

如果由方程

$$Ax+By+Cz+D_1=0 \quad \text{和} \quad Ax+By+Cz+D_2=0 \tag{3.393}$$

给出的两平面平行, 则它们之间的距离是

$$d=\frac{|D_1-D_2|}{\sqrt{A^2+B^2+C^2}}. \tag{3.394}$$

3.5.3.11 空间中的直线

1. 直线的方程

(1) **空间直线的方程, 一般情形** 因为空间中的直线可以定义为两个平面的交线, 所以它可以表示为两个线性方程形成的方程组.

a) **坐标形式**

$$A_1x+B_1y+C_1z+D_1=0,\quad A_2x+B_2y+C_2z+D_2=0. \tag{3.395a}$$

b) **向量形式**

$$\vec{r}\vec{N}_1+D_1=0,\quad \vec{r}\vec{N}_2+D_2=0. \tag{3.395b}$$

(2) **两投影平面中的直线方程** 两个方程

$$y = kx + a\,, \quad z = hx + b \tag{3.396}$$

每一个都定义了一个平面, 它们过该直线并分别垂直于 x, y 平面和 x, z 平面 (图 3.183). 它们称为*投影平面*. 这一表示不能用于平行于 y, z 平面的直线, 因此在这种情形就要考虑其他坐标面的投影.

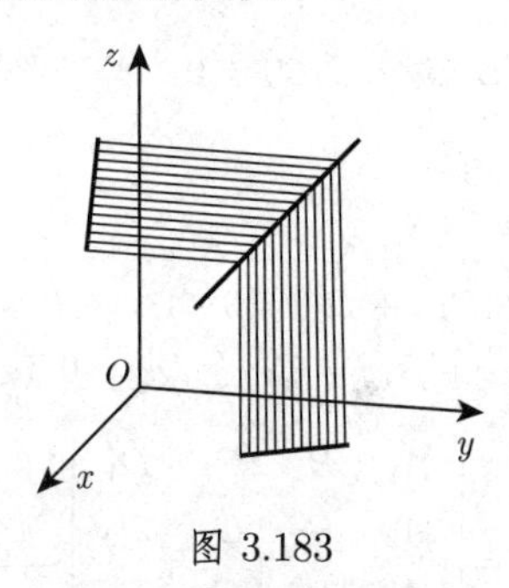

图 3.183

(3) **通过一点平行于一个方向向量的直线方程** 通过一点 $P_1(x_1, y_1, z_1)$ 平行于一个方向向量 $\vec{R}(l, m, n)$ (图 3.184) 的直线方程 (或方程组) 具有形式:

a) **坐标表示和向量形式**

$$\frac{x - x_1}{l} = \frac{y - y_1}{m} = \frac{z - z_1}{n}, \tag{3.397a}$$

$$(\vec{r} - \vec{r}_1) \times \vec{R} = \vec{0}; \tag{3.397b}$$

b) **参数形式和向量形式**

$$x = x_1 + lt\,, \quad y = y_1 + mt\,, \quad z = z_1 + nt\,, \tag{3.397c}$$

$$\vec{r} = \vec{r}_1 + \vec{R}t, \tag{3.397d}$$

其中数 x_1, y_1, z_1 满足 (3.395a) 中的方程. 从 (3.395a) 推出 (3.397a) 的表示需求出

$$l = \begin{vmatrix} B_1 & C_1 \\ B_2 & C_2 \end{vmatrix}, \quad m = \begin{vmatrix} C_1 & A_1 \\ C_2 & A_2 \end{vmatrix}, \quad n = \begin{vmatrix} A_1 & B_1 \\ A_2 & B_2 \end{vmatrix}, \tag{3.398a}$$

或按向量形式

$$\vec{R} = \vec{N}_1 \times \vec{N}_2. \tag{3.398b}$$

(4) **通过两点的直线方程** 通过两点 $P_1(x_1, y_1, z_1)$ 和 $P_2(x_2, y_2, z_2)$ 的直线方程 (图 3.185) 的

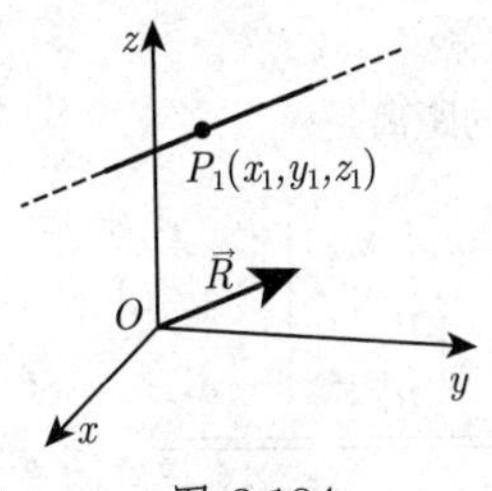

图 3.184

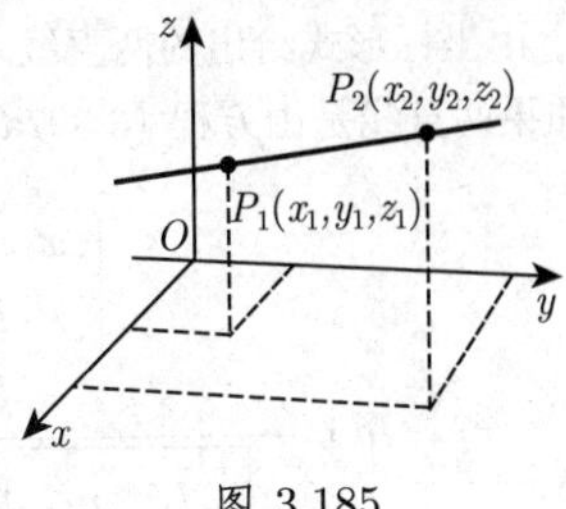

图 3.185

坐标形式和向量形式*

a) $\dfrac{x-x_1}{x_2-x_1}=\dfrac{y-y_1}{y_2-y_1}=\dfrac{z-z_1}{z_2-z_1}$, (3.399a)

b) $(\vec{r}-\vec{r}_1)\times(\vec{r}-\vec{r}_2)=\vec{0}$. (3.399b)

如果 $x_1=x_2$, 则方程的坐标形式为 $x=x_2, \dfrac{y-y_1}{y_2-y_1}=\dfrac{z-z_1}{z_2-z_1}$. 如果有 $x_1=x_2$, $y_1=y_2$ 都成立, 则方程的坐标形式为 $x=x_2$, $y=y_2$.

(5) **过一点且垂直于一个平面的直线方程** 过点 $P_1(x_1, y_1, z_1)$ 并垂直于由方程 $A_1x+B_1y+C_1z+D_1=0$ 或 $\vec{r}\vec{N}+D=0$ (图 3.186) 给定的一个平面的直线方程的

坐标形式和向量形式

a) $\dfrac{x-x_1}{A}=\dfrac{y-y_1}{B}=\dfrac{z-z_1}{C}$; (3.400a)

b) $(\vec{r}-\vec{r}_1)\times\vec{N}=\vec{0}$. (3.400b)

如果有 $A=0$ 成立, 则坐标形式的方程与前面的情形有类似的形式.

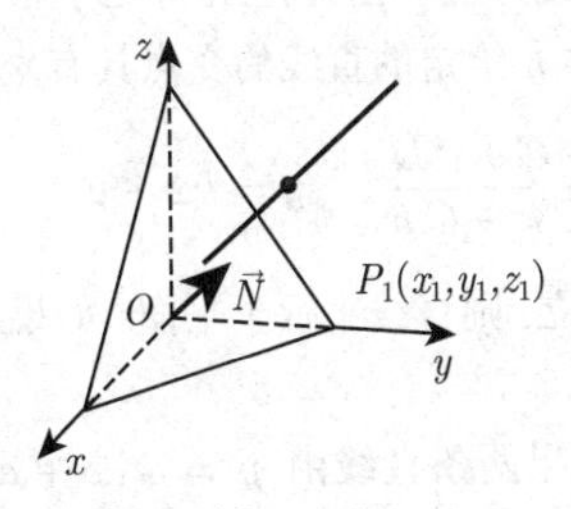

图 3.186

2. 点到直线距离的坐标形式

点 $M(a, b, c)$ 到由方程 (3.397a) 给出的直线的距离 d 满足:

$$d^2=\frac{[(a-x_1)\,m-(b-y_1)\,l]^2+[(b-y_1)\,n-(c-z_1)\,m]^2+[(c-z_1)\,l-(a-x_1)\,n]^2}{l^2+m^2+n^2}. \tag{3.401}$$

*关于向量积见第 247 页 3.5.1.5.

3. 由坐标形式给出的两直线之间的最短距离

如果两直线是由方程 (3.397a) 给出, 则它们的距离是

$$d=\frac{\pm\begin{vmatrix}x_1-x_2 & y_1-y_2 & z_1-z_2\\ l_1 & m_1 & n_1\\ l_2 & m_2 & n_2\end{vmatrix}}{\sqrt{\begin{vmatrix}l_1 & m_1\\ l_2 & m_2\end{vmatrix}^2+\begin{vmatrix}m_1 & n_1\\ m_2 & n_2\end{vmatrix}^2+\begin{vmatrix}n_1 & l_1\\ n_2 & l_2\end{vmatrix}^2}}. \tag{3.402}$$

如果分子中的行列式等于 0, 则两直线相交.

3.5.3.12 空间中直线与平面的交点和夹角

1. 直线与平面的交点

(1) **坐标形式的直线方程** 由方程$Ax+By+Cz+D=0$ 给定的平面与由 $\frac{x-x_1}{l}=\frac{y-y_1}{m}=\frac{z-z_1}{n}$ 给定的直线的交点坐标是

$$\bar{x}=x_1-l\rho,\quad \bar{y}=y_1-m\rho,\quad \bar{z}=z_1-n\rho, \tag{3.403a}$$

其中

$$\rho=\frac{Ax_1+By_1+Cz_1+D}{Al+Bm+Cn}. \tag{3.403b}$$

如果$Al+Bm+Cn=0$ 成立, 则直线平行于平面. 如果$Ax_1+By_1+Cz_1+D=0$ 也成立, 则直线位于平面内.

(2) **两投影平面中的直线方程** 由方程$Ax+By+Cz+D=0$ 给定的平面与由 $y=kx+a$ 和 $z=hx+b$ 给定的直线的交点具有坐标

$$\bar{x}=-\frac{Ba+Cb+D}{A+Bk+Ch},\quad \bar{y}=k\bar{x}+a,\quad \bar{z}=h\bar{x}+b. \tag{3.404}$$

如果 $A+Bk+Ch=0$ 成立, 则直线平行于平面. 如果$Ba+Cb+D=0$ 也成立, 则直线位于平面内.

(3) **两直线的交点** 如果两条直线由 $y=k_1x+a_1$, $z=h_1x+b_1$ 和 $y=k_2x+a_2$, $z=h_2x+b_2$ 给定, 则其交点 (若存在的话) 坐标为

$$\bar{x}=\frac{a_2-a_1}{k_1-k_2}=\frac{b_2-b_1}{h_1-h_2},\quad \bar{y}=\frac{k_1a_2-k_2a_1}{k_1-k_2},\quad \bar{z}=\frac{h_1b_2-h_2b_1}{h_1-h_2}, \tag{3.405a}$$

仅当

$$(a_1-a_2)(h_1-h_2)=(b_1-b_2)(k_1-k_2) \tag{3.405b}$$

时交点存在, 否则两直线不相交.

2. 平面和直线之间的夹角

(1) **两条直线之间的夹角**

a) **一般情形** 如果直线由方程 $\dfrac{x-x_1}{l_1}=\dfrac{y-y_1}{m_1}=\dfrac{z-z_1}{n_1}$ 和 $\dfrac{x-x_2}{l_2}=\dfrac{y-y_2}{m_2}=\dfrac{z-z_2}{n_2}$ 或以向量形式 $(\vec{r}-\vec{r}_1)\times\vec{R}_1=\vec{0}$ 和 $(\vec{r}-\vec{r}_2)\times\vec{R}_2=\vec{0}$给出，则关于它们之间的夹角有

$$\cos\varphi=\frac{l_1l_2+m_1m_2+n_1n_2}{\sqrt{(l_1^2+m_1^2+n_1^2)(l_2^2+m_2^2+n_2^2)}} \tag{3.406a}$$

或

$$\cos\varphi=\frac{\vec{R}_1\vec{R}_2}{R_1R_2}\ \text{其中}\ R_1=|\vec{R}_1|\ \text{且}\ R_2=|\vec{R}_2|. \tag{3.406b}$$

b) **平行的条件** 如果有

$$\frac{l_1}{l_2}=\frac{m_1}{m_2}=\frac{n_1}{n_2}\ \ \text{或}\ \ \vec{R}_1\times\vec{R}_2=\vec{0}, \tag{3.407}$$

则两条直线平行.

c) **垂直的条件** 如果有

$$l_1l_2+m_1m_2+n_1n_2=0\quad\text{或}\quad\vec{R}_1\vec{R}_2=0, \tag{3.408}$$

则两条直线互相垂直.

(2) **直线与平面之间的夹角**

a) 如果直线和平面由方程$\dfrac{x-x_1}{l}=\dfrac{y-y_1}{m}=\dfrac{z-z_1}{n}$ 和$Ax+By+Cz+D=0$ 或以向量形式 $(\vec{r}-\vec{r}_1)\times\vec{R}=\vec{0}$ 和 $\vec{r}\vec{N}+D=0$ 给出，则它们之间的夹角 φ 可由下面的公式得到

$$\sin\varphi=\frac{Al+Bm+Cn}{\sqrt{(A^2+B^2+C^2)(l^2+m^2+n^2)}} \tag{3.409a}$$

或

$$\sin\varphi=\frac{\vec{R}\vec{N}}{RN}\quad\text{其中}\quad R=|\vec{R}|\quad\text{且}\quad N=|\vec{N}|. \tag{3.409b}$$

b) **平行的条件** 如果有

$$Al+Bm+Cn=0\quad\text{或}\quad\vec{R}\vec{N}=0, \tag{3.410}$$

则直线与平面平行.

c) **垂直的条件** 如果有

$$\frac{A}{l}=\frac{B}{m}=\frac{C}{n}\quad\text{或}\quad\vec{R}\times\vec{N}=\vec{0}, \tag{3.411}$$

则直线与平面垂直.

3.5.3.13 二次曲面, 标准方程

1. 有心曲面

下面的方程, 也称为二次曲面方程的标准形式, 可以从二次曲面的一般方程通过将中心放置在原点导出 (参见第 306 页 3.5.3.14). 这里中心是通过它的弦的中点. 坐标轴是曲面的对称轴, 因此坐标面也是对称平面.

2. 椭球面

设半轴是 a, b, c (图 3.187), 则椭球面的方程为

$$\frac{x^2}{a^2}+\frac{y^2}{b^2}+\frac{z^2}{c^2}=1. \tag{3.412}$$

需要区分下列特殊情况:

a) **压缩的旋转椭球面(透镜形式)** $a=b>c$ (图 3.188).

b) **拉伸的旋转椭球面(雪茄形式)** $a=b<c$ (图 3.189).

c) **球面** $a=b=c$, 因此 $x^2+y^2+z^2=a^2$ 成立.

旋转椭球面的两种形式通过 x, z 平面上具有轴 a 和 c 的一个椭圆绕 z 轴旋转而成, 如果将一个圆绕任何轴旋转则得到一个球面. 如果一个平面通过一个椭球面, 则所截图形是一个椭圆; 在特殊情形它是一个圆. 椭球的体积是

$$V=\frac{4\pi abc}{3}. \tag{3.413}$$

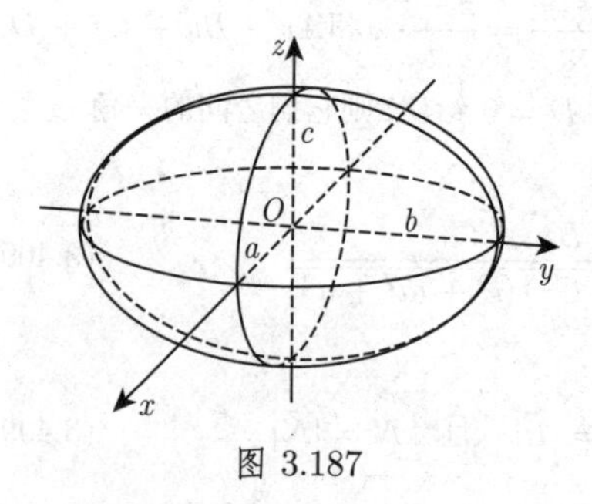

图 3.187

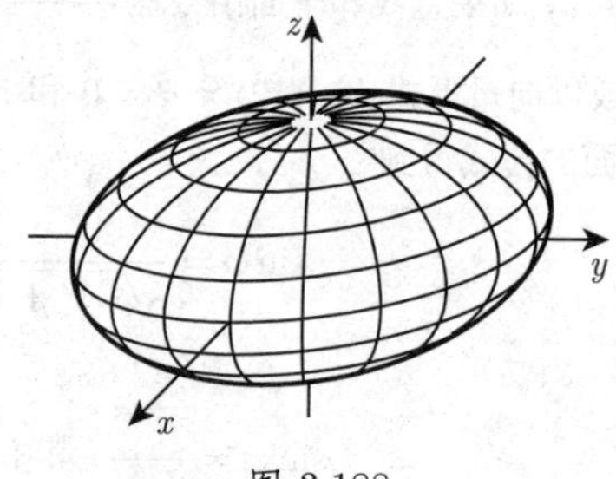

图 3.188

3. 双曲面

a) **单叶双曲面** (图 3.190) 设 a 和 b 为实半轴, c 为虚半轴, 则方程是 (关于母线见第 303 页)

$$\frac{x^2}{a^2}+\frac{y^2}{b^2}-\frac{z^2}{c^2}=1 \tag{3.414}$$

b) **双叶双曲面** (图 3.191) 设 c 为实半轴, a, b 为虚半轴, 则方程是

$$\frac{x^2}{a^2}+\frac{y^2}{b^2}-\frac{z^2}{c^2}=-1. \tag{3.415}$$

在双曲面的两种情形中, 用平行于 z 轴的平面去截它将得到双曲线. 在单叶双曲面的情形, 截痕也可以是两条相交直线. 在两种情形中平行于 x, y 面的截痕是椭圆.

当 $a=b$ 时, 双曲面可以表示成具有半轴 a 和 c 的双曲线绕轴 $2c$ 所得的旋转曲面. 在单叶双曲面的情形这是虚的, 而在双叶双曲面的情形这是实的.

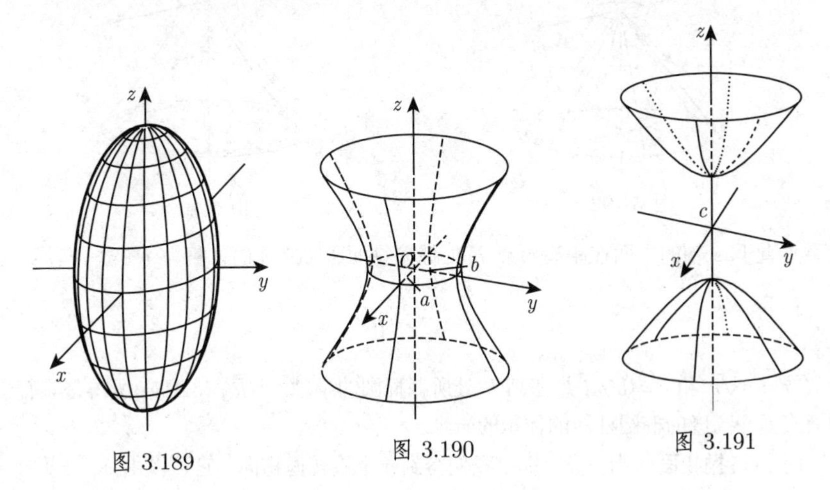

图 3.189　　图 3.190　　图 3.191

4. 锥面 (图 3.192)

如果顶点在原点, 则方程是

$$\frac{x^2}{a^2}+\frac{y^2}{b^2}-\frac{z^2}{c^2}=0. \tag{3.416}$$

作为准线可以考虑具有半轴 a 和 b 的椭圆, 它所在的平面在距离原点 c 处垂直于 z 轴. 这样表示的锥面可以看成是曲面

$$\frac{x^2}{a^2}+\frac{y^2}{b^2}-\frac{z^2}{c^2}=\pm 1 \tag{3.417}$$

的渐近锥面, 它的母线在无穷远处无限趋近于两个双曲面 (图 3.193). 当 $a=b$ 时存在一个直圆锥 (参见第 209 页 3.3.4, (9)).

5. 抛物面

因为抛物面没有中心, 所以在下节中假设顶点在原点, z 轴是其对称轴, x, z 平面和 y, z 平面是对称平面.

a) **椭圆抛物面**(图 3.194)

$$z=\frac{x^2}{a^2}+\frac{y^2}{b^2}. \tag{3.418}$$

平行于 z 轴的平面截出的图形是抛物线; 那些平行于 x, y 平面的平面截出的是椭圆.

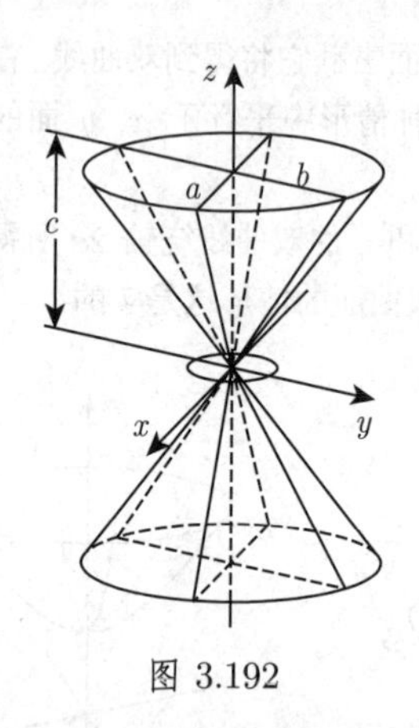

图 3.192

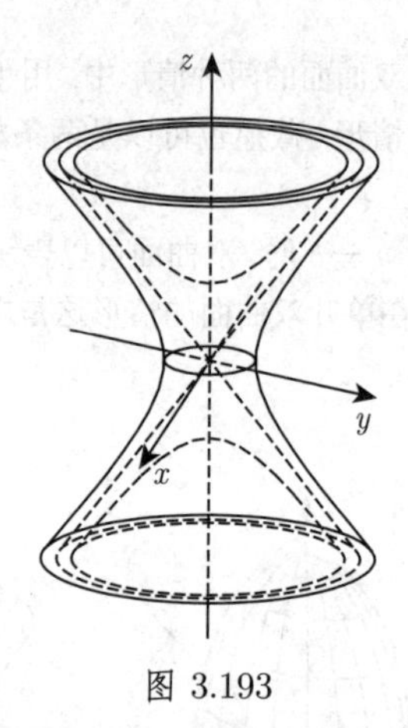

图 3.193

垂直于 z 轴的平面在距离原点 h 处截抛物面所得立体的体积为 (图 3.194)

$$V=\frac{1}{2}\pi\overline{a}\,\overline{b}\,h, \tag{3.419}$$

参数 $\overline{a}=a\sqrt{h}$ 和 $\overline{b}=b\sqrt{h}$ 是在高 h 处所截椭圆的半轴. 于是, (3.419) 所得是具有相同底面和高度的椭圆柱面的体积的一半.

b) **旋转抛物面** 当 $a=b$ 时, 我们得到一个旋转抛物面. 它可以由 x, z 平面上的抛物线 $z=\dfrac{x^2}{a^2}$ 绕 z 轴旋转产生.

c) **双曲抛物面** (图 3.195)

$$z=\frac{x^2}{a^2}-\frac{y^2}{b^2}. \tag{3.420}$$

平行于 y, z 平面或 x, z 平面的截痕是抛物线; 平行于 x, y 平面的截痕是双曲线或两条相交直线.

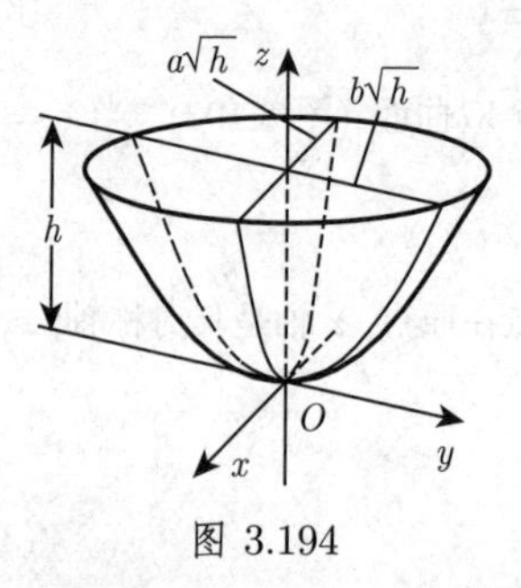

图 3.194

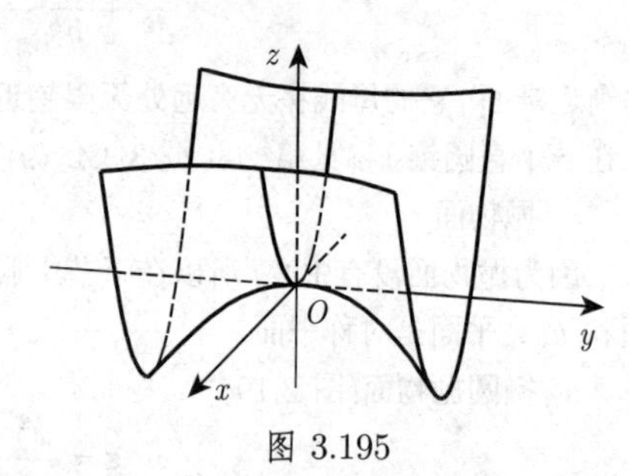

图 3.195

6. 直纹曲面

直纹曲面的直母线完全位于该曲面上. 例子有锥面和柱面的母线.

a) **单叶双曲面** (图 3.196)

$$\frac{x^2}{a^2}+\frac{y^2}{b^2}-\frac{z^2}{c^2}=1. \tag{3.421}$$

单叶双曲面具有两族直母线, 方程为

$$\frac{x}{a}+\frac{z}{c}=u\left(1+\frac{y}{b}\right),\quad u\left(\frac{x}{a}-\frac{z}{c}\right)=1-\frac{y}{b}; \tag{3.422a}$$

$$\frac{x}{a}+\frac{z}{c}=v\left(1-\frac{y}{b}\right),\quad v\left(\frac{x}{a}-\frac{z}{c}\right)=1+\frac{y}{b}, \tag{3.422b}$$

其中 u 和 v 是任意量.

b) **双曲抛物面** (图 3.197)

$$z=\frac{x^2}{a^2}-\frac{y^2}{b^2}. \tag{3.423}$$

双曲抛物面也具有两族直母线, 方程为

$$\frac{x}{a}+\frac{y}{b}=u\,,\quad u\left(\frac{x}{a}-\frac{y}{b}\right)=z; \tag{3.424a}$$

$$\frac{x}{a}-\frac{y}{b}=v\,,\quad v\left(\frac{x}{a}+\frac{y}{b}\right)=z. \tag{3.424b}$$

量 u 和 v 也取任意的值. 在两种情形中, 通过曲面的每个点有两条直线, 分别来自两个族. 图 3.196 和图 3.197 表示的只是一族直线.

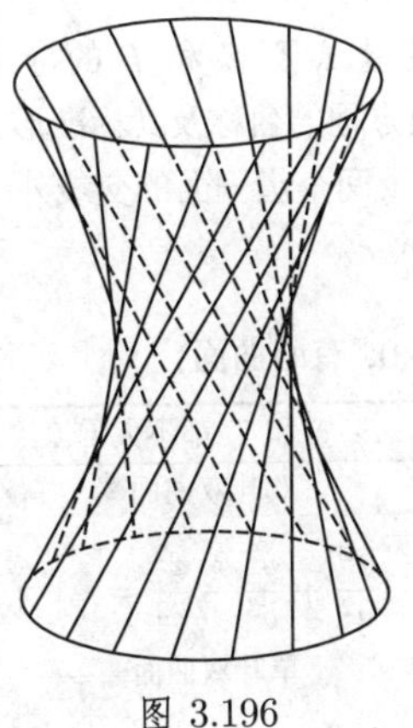

图 3.196

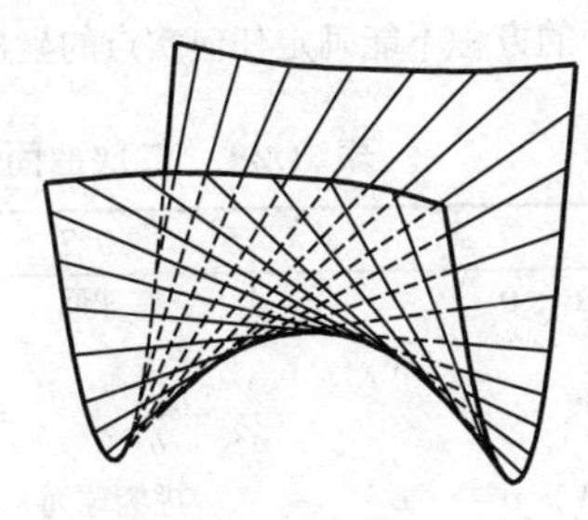

图 3.197

7. 柱面

a) **椭圆柱面** (图 3.198)

$$\frac{x^2}{a^2}+\frac{y^2}{b^2}=1. \tag{3.425}$$

b) **双曲柱面** (图 3.199)

$$\frac{x^2}{a^2}-\frac{y^2}{b^2}=1. \tag{3.426}$$

c) **抛物柱面** (图 3.200)

$$y^2 = 2px. \tag{3.427}$$

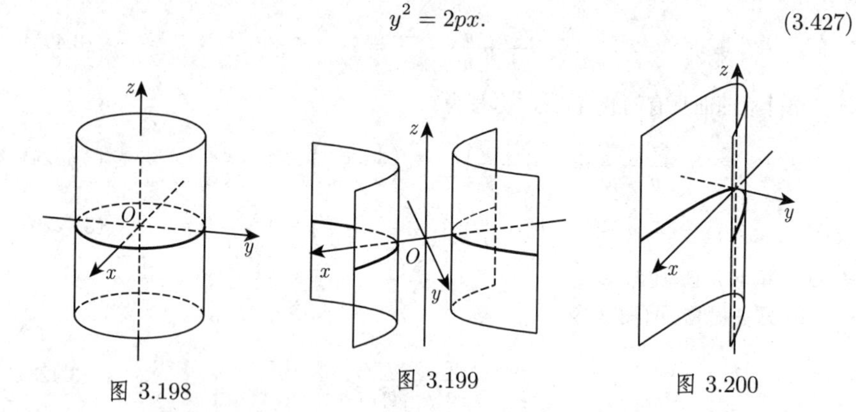

图 3.198

图 3.199

图 3.200

3.5.3.14 二次曲面, 一般理论

1. 二次曲面的一般方程

$$a_{11}x^2 + a_{22}y^2 + a_{33}z^2 + 2a_{12}xy + 2a_{23}yz + 2a_{31}zx + 2a_{14}x + 2a_{24}y + 2a_{34}z + a_{44} = 0. \tag{3.428}$$

2. 从其方程判断二次曲面的类型

二次曲面的类型可以从其方程出发利用其不变量Δ, δ, S 和 T 的符号来确定(表 3.24 和表 3.25). 在这里我们可以看到这些曲面方程的名称及其标准形式, 每个方程都可以变换成标准形式. 除了虚锥面的顶点以及两个虚平面的交线外, 从所谓虚曲面的方程不能确定任何实点的坐标.

表 3.24 二次曲面的类型 ($\delta \neq 0$, 有心曲面)

	$S\cdot\delta>0, T>0$	$S\cdot\delta$ 和 T 都不大于 0
$\Delta<0$	椭球面 $\frac{x^2}{a^2}+\frac{y^2}{b^2}+\frac{z^2}{c^2}=1$	双叶双曲面 $\frac{x^2}{a^2}+\frac{y^2}{b^2}-\frac{z^2}{c^2}=-1$
$\Delta>0$	虚椭球面 $\frac{x^2}{a^2}+\frac{y^2}{b^2}+\frac{z^2}{c^2}=-1$	单叶双曲面 $\frac{x^2}{a^2}+\frac{y^2}{b^2}-\frac{z^2}{c^2}=1$
$\Delta=0$	虚锥面 (具有实顶点) $\frac{x^2}{a^2}+\frac{y^2}{b^2}+\frac{z^2}{c^2}=0$	锥面 $\frac{x^2}{a^2}+\frac{y^2}{b^2}-\frac{z^2}{c^2}=0$

3. 二次曲面的不变量

替换 $a_{ik}=a_{ki}$, 则有

$$\Delta=\begin{vmatrix} a_{11} & a_{12} & a_{13} & a_{14} \\ a_{21} & a_{22} & a_{23} & a_{24} \\ a_{31} & a_{32} & a_{33} & a_{34} \\ a_{41} & a_{42} & a_{43} & a_{44} \end{vmatrix}, \tag{3.429a}$$

$$\delta=\begin{vmatrix} a_{11} & a_{12} & a_{13} \\ a_{21} & a_{22} & a_{23} \\ a_{31} & a_{32} & a_{33} \end{vmatrix}, \tag{3.429b}$$

$$S=a_{11}+a_{22}+a_{33}, \tag{3.429c}$$

$$T=a_{22}a_{33}+a_{33}a_{11}+a_{11}a_{22}-a_{23}^2-a_{31}^2-a_{12}^2. \tag{3.429d}$$

这些不变量在坐标系的平移或旋转过程中不变.

表 3.25 二次曲面的类型 ($\delta=0$, 抛物面, 柱面和两个平面)

	$\Delta<0$(这里$T>0$)	$\Delta>0$ (这里 $T<0$)
$\Delta\neq 0$	椭圆抛物面 $\frac{x^2}{a^2}+\frac{y^2}{b^2}=\pm z$	双曲抛物面 $\frac{x^2}{a^2}-\frac{y^2}{b^2}=\pm z$
$\Delta=0$	以二次曲线作为准线的柱面有下列不同类型: 如果该曲面没有退化为两个实平面, 虚平面或重合平面, 则当 $T>0$ 时为虚椭圆柱面, 当 $T<0$ 时为双曲柱面, 当 $T=0$ 时为抛物柱面. 退化的条件是 $\begin{vmatrix} a_{11} & a_{12} & a_{14} \\ a_{21} & a_{22} & a_{24} \\ a_{41} & a_{42} & a_{44} \end{vmatrix}+\begin{vmatrix} a_{11} & a_{13} & a_{14} \\ a_{31} & a_{33} & a_{34} \\ a_{41} & a_{43} & a_{44} \end{vmatrix}+\begin{vmatrix} a_{22} & a_{23} & a_{24} \\ a_{32} & a_{33} & a_{34} \\ a_{42} & a_{43} & a_{44} \end{vmatrix}=0$	

3.5.4 几何变换和坐标变换

1. 变换

变换刻画的是平面上或空间中对象的位置或形式的改变. 有两种考虑, 它们相互间有密切的联系 [3.22]. 第一种情形是在固定坐标系中对点或对象进行变换. 这称为几何变换(参见第 308 页 3.5.4.1, 第 314 页 3.5.4.5, 1.).

第二种情形中则是对象保持不变, 而对与对象关联的坐标系进行变换. 经过这种坐标变换后 (参见第 311 页 3.5.4.3, 第 315 页 3.5.4.5, 2.), 发生改变的不是对象而是其坐标表示. 在解题时, 其中的一个可能比另一个更适合.

2. 应用领域

- 在其本身的对象坐标系中刻画建筑构件.
- 相互关联的零件的运动描述 (例如, 机器人).
- 再现三维对象的二维投影.
- 在计算机图形学或计算机动画中刻画运动和变形.

3.5.4.1 几何 2D 变换

1. 平移

由笛卡儿坐标 x_P, y_P 给定的点 P 在 x 轴的正向上平移 t_x, 在 y 轴的正向上平移 t_y(图 3.201), 则变换后的点 $P'(x'_P, y'_P)$ 的新坐标为

$$x'_P = x_P + t_x\,, \quad y'_P = y_P + t_y\,. \tag{3.430}$$

如果坐标由列向量刻画, 则新坐标的变换公式和逆变换公式为

$$\begin{pmatrix} x'_P \\ y'_P \end{pmatrix} = \begin{pmatrix} x_P \\ y_P \end{pmatrix} + \begin{pmatrix} t_x \\ t_y \end{pmatrix}, \tag{3.431a}$$

$$\begin{pmatrix} x_P \\ y_P \end{pmatrix} = \begin{pmatrix} x'_P \\ y'_P \end{pmatrix} - \begin{pmatrix} t_x \\ t_y \end{pmatrix}. \tag{3.431b}$$

2. 围绕原点的旋转

在旋转时对象围绕原点旋转α角. 如果$\alpha > 0$, 则旋转为逆时针方向 (图 3.202). 点 $P(x_P, y_P)$ 的坐标映射由下面的关系刻画

$$x'_P = x_P \cdot \cos\alpha - y_P \cdot \sin\alpha\,, \quad y'_P = x_P \cdot \sin\alpha + y_P \cdot \cos\alpha. \tag{3.432}$$

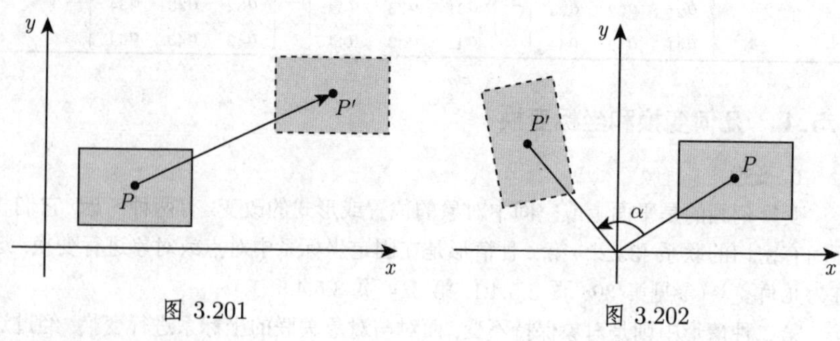

图 3.201

图 3.202

(3.432) 的矩阵形式为

$$\begin{pmatrix} x'_P \\ y'_P \end{pmatrix} = \begin{pmatrix} \cos\alpha & -\sin\alpha \\ \sin\alpha & \cos\alpha \end{pmatrix} \begin{pmatrix} x_P \\ y_P \end{pmatrix}. \tag{3.433a}$$

这一变换的逆对应于旋转 $-\alpha$角:

$$\begin{pmatrix} x_P \\ y_P \end{pmatrix} = \begin{pmatrix} \cos(-\alpha) & -\sin(-\alpha) \\ \sin(-\alpha) & \cos(-\alpha) \end{pmatrix} \begin{pmatrix} x'_P \\ y'_P \end{pmatrix} = \begin{pmatrix} \cos\alpha & \sin\alpha \\ -\sin\alpha & \cos\alpha \end{pmatrix} \begin{pmatrix} x'_P \\ y'_P \end{pmatrix}. \tag{3.433b}$$

3. 关于原点的缩放变换

在缩放变换时坐标分别乘以 s_x 和 s_y (图 3.203). 点 $P(x_P, y_P)$ 的变换由

$$x'_P = s_x \cdot x_P\,, \quad y'_P = s_y \cdot y_P \tag{3.434}$$

给出. 这一变换的矩阵形式及其逆为

$$\begin{pmatrix} x'_P \\ y'_P \end{pmatrix} = \begin{pmatrix} s_x & 0 \\ 0 & s_y \end{pmatrix} \begin{pmatrix} x_P \\ y_P \end{pmatrix}, \tag{3.435a}$$

$$\begin{pmatrix} x_P \\ y_P \end{pmatrix} = \begin{pmatrix} 1/s_x & 0 \\ 0 & 1/s_y \end{pmatrix} \begin{pmatrix} x'_P \\ y'_P \end{pmatrix}. \tag{3.435b}$$

缩放变换导致变换对象大小的改变. 一个正的乘数 $s_x < 1$ 的结果是该对象在 x 方向上收缩. 反之, 因子 $s_x > 1$ 的结果是扩张. 负因子 $s_x < 0$ 的结果是关于 y 轴的反射. 相应的陈述对于 s_y 也成立.

特殊情形的缩放变换:

- 关于 x 轴的反射: $s_x = 1$, $s_y = -1$.
- 关于 y 轴的反射: $s_x = -1$, $s_y = 1$.
- 关于原点的反射: $s_x = s_y = -1$.

4. 剪切变换

在剪切变换时每个坐标的值的改变与另一个坐标成比例. 这一变换的公式为

$$x'_P = x_P + a_x \cdot y_P\,, \quad y'_P = y_P + a_y \cdot x_P\,. \tag{3.436}$$

这一变换的矩阵形式 (符号 $m = 1 - a_x a_y$) 见下:

$$\begin{pmatrix} x'_P \\ y'_P \end{pmatrix} = \begin{pmatrix} 1 & a_x \\ a_y & 1 \end{pmatrix} \begin{pmatrix} x_P \\ y_P \end{pmatrix}, \tag{3.437a}$$

$$\begin{pmatrix} x_P \\ y_P \end{pmatrix} = \begin{pmatrix} 1/m & -a_x/m \\ -a_y/m & 1/m \end{pmatrix} \begin{pmatrix} x'_P \\ y'_P \end{pmatrix}. \tag{3.437b}$$

图 3.204 显示的是剪切变换的一个例子.

5. 变换的性质

上面引入的变换是**仿射变换**, 即变换点 P' 的 (x', y') 坐标可以用 P 原来坐标 (x, y) 的线性方程组表示.

评论 这些变换保持共线性和平行性, 即直线变换成直线, 平行线的像是平行线. 而且平移、旋转和反射是保距和保角映射.

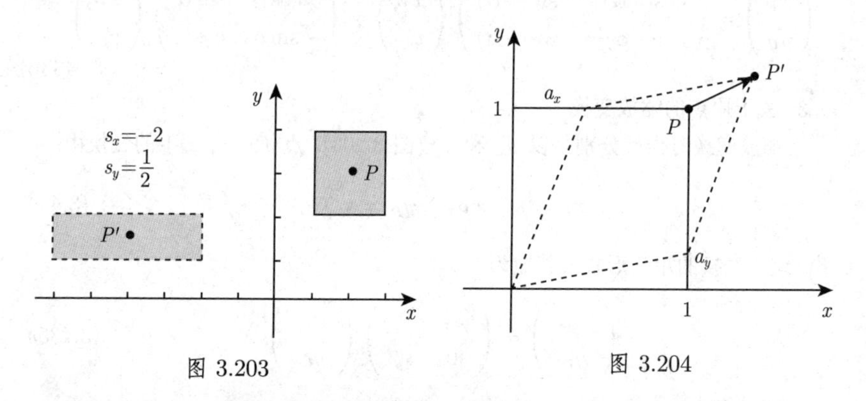

图 3.203 图 3.204

3.5.4.2 齐次坐标、矩阵表示

尽管旋转变换、缩放变换和剪切变换中的坐标改变能够用乘以 2×2 型矩阵 (3.433a), (3.435a) 和 (3.437a) 来刻画, 但平移并不具有这种表示. 为了能够以同样的方式处理所有这些变换, 我们将引入齐次坐标. 平面上的每个点将得到一个附加的坐标 $w \neq 0$. 点 $P(x, y)$ 将具有坐标 (x^h, y^h, w), 其中

$$x = \frac{x^h}{w}, \quad y = \frac{y^h}{w}. \tag{3.438}$$

在以下将固定 w 为 $w = 1$. 因此点 $P(x, y)$ 具有坐标 $(x, y, 1)$. 于是基本变换可以用下面形式的 3×3 型矩阵给出:

$$\begin{pmatrix} x'_P \\ y'_P \\ 1 \end{pmatrix} = \begin{pmatrix} m_{11} & m_{12} & m_{13} \\ m_{21} & m_{22} & m_{23} \\ 0 & 0 & 1 \end{pmatrix} \begin{pmatrix} x_P \\ y_P \\ 1 \end{pmatrix}, \quad \text{即}\ \underline{x}'_P = \boldsymbol{M}\underline{x}_P\ \text{成立}. \tag{3.439}$$

平移矩阵、旋转矩阵、缩放矩阵和剪切矩阵为

$$\boldsymbol{T}(t_x, t_y) = \underbrace{\begin{pmatrix} 1 & 0 & t_x \\ 0 & 1 & t_y \\ 0 & 0 & 1 \end{pmatrix}}_{\text{平移矩阵}}, \tag{3.440}$$

$$\boldsymbol{R}(\alpha) = \underbrace{\begin{pmatrix} \cos\alpha & -\sin\alpha & 0 \\ \sin\alpha & \cos\alpha & 0 \\ 0 & 0 & 1 \end{pmatrix}}_{\text{旋转矩阵}}, \tag{3.441}$$

$$\boldsymbol{S}(s_x, s_y) = \underset{\text{缩放矩阵}}{\begin{pmatrix} s_x & 0 & 0 \\ 0 & s_y & 0 \\ 0 & 0 & 1 \end{pmatrix}}, \tag{3.442}$$

$$\boldsymbol{V}(a_x, a_y) = \underset{\text{剪切矩阵}}{\begin{pmatrix} 1 & a_x & 0 \\ a_y & 1 & 0 \\ 0 & 0 & 1 \end{pmatrix}}. \tag{3.443}$$

3.5.4.3 坐标变换

在几何变换中, 关于对象的变换是在固定坐标系中进行的. 而坐标变换给出的是固定对象在两个不同坐标系中坐标表示之间的关系.

两种类型变换之间的关系显示在图 3.205 中. 如果借助向量 $\vec{t}$ 将坐标系移位, 则点 $P(x_P, y_P)$ 的坐标成为 $x'_P = x_P - t_x$, $y'_P = y_P - t_y$. 坐标系沿向量 $\vec{t}$ 平移的结果与点 P 沿向量 $-\vec{t}$ 平移的结果相同.

同样的结果对于旋转和缩放也成立. 因此, 坐标系的变换等价于对象的逆变换.

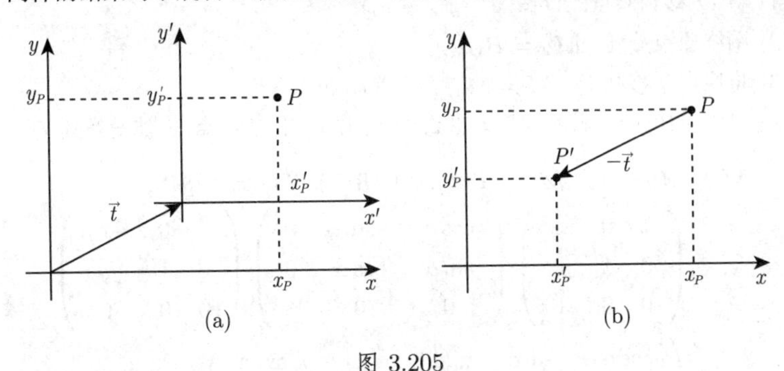

图 3.205

由平移、旋转或缩放导致的坐标变换可以由 3×3 变换矩阵 $\overline{\boldsymbol{T}}$, $\overline{\boldsymbol{R}}$ 和 $\overline{\boldsymbol{S}}$ 给出. 注意随后的几何变换矩阵 (3.440)~(3.442):

$$\overline{\boldsymbol{T}}(t_x, t_y) = \boldsymbol{T}(-t_x, -t_y) = \boldsymbol{T}^{-1}(t_x, t_y), \tag{3.444}$$

$$\overline{\boldsymbol{R}}(\alpha) = \boldsymbol{R}(-\alpha) = \boldsymbol{R}^{-1}(\alpha), \tag{3.445}$$

$$\overline{\boldsymbol{S}}(s_x, s_y) = \boldsymbol{S}\left(\frac{1}{s_x}, \frac{1}{s_y}\right) = \boldsymbol{S}^{-1}(s_x, s_y). \tag{3.446}$$

这样, 所有的基本变换都可以用一个 3×3 变换矩阵 $\overline{\boldsymbol{M}}$ 来刻画:

$$\begin{pmatrix} x'_P \\ y'_P \\ 1 \end{pmatrix} = \begin{pmatrix} \overline{m}_{11} & \overline{m}_{12} & \overline{m}_{13} \\ \overline{m}_{21} & \overline{m}_{22} & \overline{m}_{23} \\ 0 & 0 & 1 \end{pmatrix} \begin{pmatrix} x_P \\ y_P \\ 1 \end{pmatrix}, \quad \text{即} \quad \underline{x}'_P = \overline{\boldsymbol{M}}\underline{x}_P. \tag{3.447}$$

3.5.4.4 变换的复合

复杂的几何变换可以通过不同基本变换的组合来实现. 设有矩阵 $\boldsymbol{M}_1, \boldsymbol{M}_2, \cdots, \boldsymbol{M}_n$ 给出的一列变换. 连续执行这些变换经 n 步将点 $P(x, y)$ 转换为 P'. 由这一系列映射导致的变换矩阵 $\boldsymbol{M}$ 是这些矩阵的乘积:

$$\boldsymbol{M} = \boldsymbol{M}_n \cdot \boldsymbol{M}_{n-1} \cdot \cdots \cdot \boldsymbol{M}_2 \cdot \boldsymbol{M}_1. \tag{3.448}$$

类似地, 相反的变换

$$\boldsymbol{M}^{-1} = \boldsymbol{M}_1^{-1} \cdot \boldsymbol{M}_2^{-1} \cdot \cdots \cdot \boldsymbol{M}_{n-1}^{-1} \cdot \boldsymbol{M}_n^{-1}. \tag{3.449}$$

于是, 作为对一个点进行 n 次一系列基本变换的替代, 可以给出一个复合变换的矩阵直接应用于它.

每个仿射变换可以作为一连串平移、旋转和缩放的复合给出, 甚至剪切也可以作为一次旋转 $\boldsymbol{R}(\alpha)$, 一次缩放 $\boldsymbol{S}(s_x, s_y)$, 再一次旋转 $\boldsymbol{R}(\beta)$ 的相继应用给出. 参数可以这样来确定, 使得 $\boldsymbol{V}(a, b) = \boldsymbol{R}(\beta)\cdot\boldsymbol{S}(s_x, s_y)\cdot\boldsymbol{R}(\alpha)$ 成立.

■ 计算围绕任意一点 $Q(x_q, y_q)$ 旋转角α的变换矩阵: 该复合变换是以下基本变换复合的结果:

(1) 将 Q 移到原点: $\boldsymbol{M}_1 = \boldsymbol{T}(-x_q, -y_q)$.

(2) 围绕原点旋转: $\boldsymbol{M}_2 = \boldsymbol{R}(\alpha)$.

(3) 将原点平移回 Q: $\boldsymbol{M}_3 = \boldsymbol{M}_1^{-1} = \boldsymbol{T}(x_q, y_q)$.

这些变换的单个步骤序列见图 3.206. 经由 P_1 和 P_2, 点 P 被变换到 P'.

$$\begin{aligned}\boldsymbol{M} &= \boldsymbol{M}_3 \cdot \boldsymbol{M}_2 \cdot \boldsymbol{M}_1 = \boldsymbol{T}(x_q, y_q)\cdot\boldsymbol{R}(\alpha)\cdot\boldsymbol{T}(-x_q, -y_q)\\ &= \begin{pmatrix} 1 & 0 & x_q \\ 0 & 1 & y_q \\ 0 & 0 & 1 \end{pmatrix}\begin{pmatrix} \cos\alpha & -\sin\alpha & 0 \\ \sin\alpha & \cos\alpha & 0 \\ 0 & 0 & 1 \end{pmatrix}\begin{pmatrix} 1 & 0 & -x_q \\ 0 & 1 & -y_q \\ 0 & 0 & 1 \end{pmatrix}\\ &= \begin{pmatrix} \cos\alpha & -\sin\alpha & x_q(1-\cos\alpha)+y_q\sin\alpha \\ \sin\alpha & \cos\alpha & y_q(1-\cos\alpha)-x_q\sin\alpha \\ 0 & 0 & 1 \end{pmatrix}.\end{aligned}$$

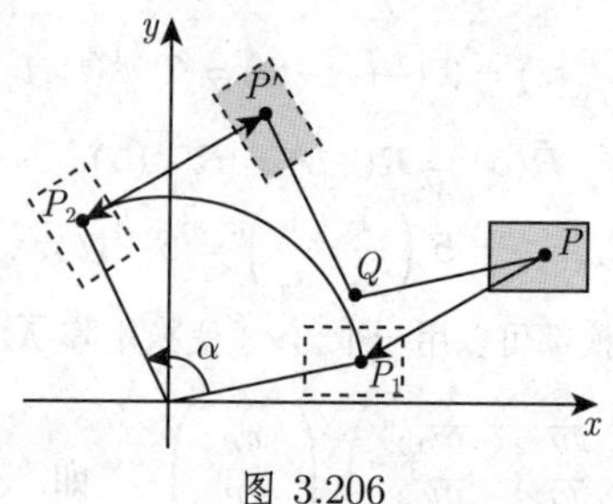

图 3.206

■ 关于由方程 $y = mx + n$ 给出的一条直线的反射:

(1) 将该直线平移通过原点: $\boldsymbol{M}_1 = \boldsymbol{T}(0, -n)$.

(2) 顺时针旋转该直线直到它与 x 轴重合: $\boldsymbol{M}_2 = \boldsymbol{R}(-\alpha)$, 并有 $\tan\alpha = m$.

(3) 关于 x 轴的反射: $\boldsymbol{M}_3 = \boldsymbol{S}(1, -1)$.

(4) 往回旋转 α : $\boldsymbol{M}_4 = \boldsymbol{M}_2^{-1} = \boldsymbol{R}(\alpha)$.

(5) 将该直线平移回原来的位置: $\boldsymbol{M}_5 = \boldsymbol{M}_1^{-1} = \boldsymbol{T}(0, n)$.

$$\begin{aligned}\boldsymbol{M} &= \boldsymbol{T}(0,n)\cdot\boldsymbol{R}(\alpha)\cdot\boldsymbol{S}(1,-1)\cdot\boldsymbol{R}(-\alpha)\cdot\boldsymbol{T}(0,-n)\\ &= \begin{pmatrix}1&0&0\\0&1&n\\0&0&1\end{pmatrix}\begin{pmatrix}\cos\alpha&-\sin\alpha&0\\\sin\alpha&\cos\alpha&0\\0&0&1\end{pmatrix}\begin{pmatrix}1&0&0\\0&-1&0\\0&0&1\end{pmatrix}\\ &\quad\begin{pmatrix}\cos\alpha&\sin\alpha&0\\-\sin\alpha&\cos\alpha&0\\0&0&1\end{pmatrix}\begin{pmatrix}1&0&0\\0&1&-n\\0&0&1\end{pmatrix}.\end{aligned}$$

利用著名的三角关系 $\sin\alpha = m/\sqrt{m^2+1}$ 和 $\cos\alpha = 1/\sqrt{m^2+1}$ 得变换矩阵

$$\boldsymbol{M} = \begin{pmatrix}\dfrac{1-m^2}{m^2+1}&\dfrac{2m}{m^2+1}&\dfrac{-2mn}{m^2+1}\\\dfrac{2m}{m^2+1}&\dfrac{m^2-1}{m^2+1}&\dfrac{2n}{m^2+1}\\0&0&1\end{pmatrix}.$$

■ 所裁边长为 a 和 b 的矩形到宽为 c 且高为 d 的窗口中相似矩形的完全中心变换 (图 3.207). 基本变换序列:

(1) 将 $P(x_P, y_P)$ 移到原点: $\boldsymbol{M}_1 = \boldsymbol{T}(-x_P, -y_P)$.

(2) 顺时针旋转角α : $\boldsymbol{M}_2 = \boldsymbol{R}(-\alpha)$.

(3) 按因子 $s = s_x = s_y = \min\left(\dfrac{c}{a}, \dfrac{d}{b}\right)$: $\boldsymbol{M}_3 = \boldsymbol{S}(s, s)$.

(4) 将原点移到窗口中心: $\boldsymbol{M}_4 = \boldsymbol{T}\left(\dfrac{c}{2}, \dfrac{d}{2}\right)$.

$$\begin{aligned}\boldsymbol{M} &= \boldsymbol{T}\left(\frac{c}{2},\frac{d}{2}\right)\cdot\boldsymbol{S}(s,s)\cdot\boldsymbol{R}(-\alpha)\cdot\boldsymbol{T}(-x_P,-y_P)\\ &= \begin{pmatrix}1&0&c/2\\0&1&d/2\\0&0&1\end{pmatrix}\begin{pmatrix}s&0&0\\0&s&0\\0&0&1\end{pmatrix}\begin{pmatrix}\cos\alpha&\sin\alpha&0\\-\sin\alpha&\cos\alpha&0\\0&0&1\end{pmatrix}\begin{pmatrix}1&0&-x_P\\0&1&-y_P\\0&0&1\end{pmatrix}\\ &= \begin{pmatrix}s\cos\alpha&s\sin\alpha&\dfrac{c}{2}-s(x_P\cos\alpha+y_P\sin\alpha)\\-s\sin\alpha&s\cos\alpha&\dfrac{d}{2}-s(y_P\cos\alpha-x_P\sin\alpha)\\0&0&1\end{pmatrix}.\end{aligned}$$

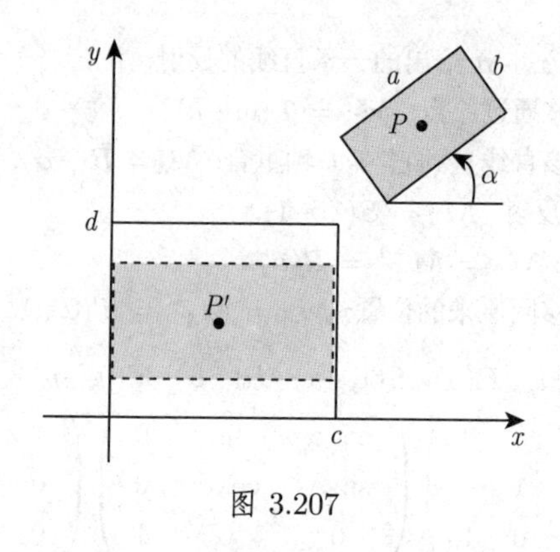

图 3.207

3.5.4.5　3D 变换

三维空间中几何变换和坐标变换的数学刻画基于已在 3.5.4.1~3.5.4.4 讨论过的二维情形同样的思想. 三维空间的仿射变换是如下基本变换的复合: 平移、围绕一个坐标轴的旋转和关于原点的缩放. 利用齐次坐标这些变换可以用 4×4 变换矩阵给出. 正如在二维情形一样, 复合变换可以用矩阵乘法来实现.

1. 几何变换

点 $P(x_P, y_P, z_P)$ 的变换按以下规则进行:

$$\begin{pmatrix} x'_P \\ y'_P \\ z'_P \\ 1 \end{pmatrix} = \begin{pmatrix} m_{11} & m_{12} & m_{13} & m_{14} \\ m_{21} & m_{22} & m_{23} & m_{24} \\ m_{31} & m_{32} & m_{33} & m_{34} \\ 0 & 0 & 0 & 1 \end{pmatrix} \begin{pmatrix} x_P \\ y_P \\ z_P \\ 1 \end{pmatrix}, \quad \text{即} \quad \underline{\boldsymbol{x}}'_P = \boldsymbol{M}\underline{\boldsymbol{x}}_P. \tag{3.450}$$

基本变换的变换矩阵是

$$\boldsymbol{T}(t_x, t_y, t_z) = \underbrace{\begin{pmatrix} 1 & 0 & 0 & t_x \\ 0 & 1 & 0 & t_y \\ 0 & 0 & 1 & t_z \\ 0 & 0 & 0 & 1 \end{pmatrix}}_{\text{平移}}, \tag{3.451}$$

$$\boldsymbol{S}(s_x, s_y, s_z) = \underbrace{\begin{pmatrix} s_x & 0 & 0 & 0 \\ 0 & s_y & 0 & 0 \\ 0 & 0 & s_z & 0 \\ 0 & 0 & 0 & 1 \end{pmatrix}}_{\text{关于原点的缩放}}, \tag{3.452}$$

$$\boldsymbol{R}_x(\alpha)=\begin{pmatrix}1&0&0&0\\0&\cos\alpha&-\sin\alpha&0\\0&\sin\alpha&\cos\alpha&0\\0&0&0&1\end{pmatrix}, \tag{3.453}$$

围绕 x 轴的旋转

$$\boldsymbol{R}_y(\alpha)=\begin{pmatrix}\cos\alpha&0&\sin\alpha&0\\0&1&0&0\\-\sin\alpha&0&\cos\alpha&0\\0&0&0&1\end{pmatrix}, \tag{3.454}$$

围绕 y 轴的旋转

$$\boldsymbol{R}_z(\alpha)=\begin{pmatrix}\cos\alpha&-\sin\alpha&0&0\\\sin\alpha&\cos\alpha&0&0\\0&0&1&0\\0&0&0&1\end{pmatrix}, \tag{3.455}$$

围绕 z 轴的旋转

$$\boldsymbol{V}_{xy}(a_x,a_y)=\begin{pmatrix}1&0&a_x&0\\0&1&a_y&0\\0&0&1&0\\0&0&0&1\end{pmatrix}. \tag{3.456}$$

平行于 x,y 平面的剪切

对于正的α, 旋转从坐标轴正向朝原点看是逆时针的. 对于逆变换有下面的关系成立:

$$\boldsymbol{T}^{-1}(t_x,t_y,t_z)=\boldsymbol{T}(-t_x,-t_y,-t_z),\quad \boldsymbol{S}^{-1}(s_x,s_y,s_z)=\boldsymbol{S}\left(\frac{1}{s_x},\frac{1}{s_y},\frac{1}{s_z}\right), \tag{3.457}$$

$$\boldsymbol{R}_x^{-1}(\alpha)=\boldsymbol{R}_x(-\alpha),\quad \boldsymbol{R}_y^{-1}(\alpha)=\boldsymbol{R}_y(-\alpha),\quad \boldsymbol{R}_z^{-1}(\alpha)=\boldsymbol{R}_z(-\alpha). \tag{3.458}$$

2. 坐标变换

类似于二维的情形, 坐标系的变换对于点的坐标表示来说具有和逆几何变换 (参见第 311 页 3.5.4.3) 相同的效果. 因此, 变换矩阵是

$$\overline{\boldsymbol{T}}(t_x,t_y,t_z)=\boldsymbol{T}(-t_x,-t_y,-t_z)=\boldsymbol{T}^{-1}(t_x,t_y,t_z), \tag{3.459}$$

$$\overline{\boldsymbol{R}}_x(\alpha_x)=\boldsymbol{R}_x(-\alpha_x)=\boldsymbol{R}_x^{-1}(\alpha_x), \tag{3.460}$$

$$\overline{\boldsymbol{R}}_y(\alpha_y)=\boldsymbol{R}_y(-\alpha_y)=\boldsymbol{R}_y^{-1}(\alpha_y), \tag{3.461}$$

$$\overline{\boldsymbol{R}}_z(\alpha_z)=\boldsymbol{R}_z(-\alpha_z)=\boldsymbol{R}_z^{-1}(\alpha_z), \tag{3.462}$$

$$\overline{\boldsymbol{S}}(s_x,s_y,s_z)=\boldsymbol{S}\left(\frac{1}{s_x},\frac{1}{s_y},\frac{1}{s_z}\right)=\boldsymbol{S}^{-1}(s_x,s_y,s_z)\,. \tag{3.463}$$

在实际应用中常会发生从一个右手笛卡儿坐标系到另一个笛卡儿坐标系一个特定的变换被取代的情况. 最初的一个常被称为*世界坐标系*, 而另一个则被称为*局部或对象坐标系*. 如果在世界坐标系中给出局部坐标系的原点 $U(x_u,\, y_u,\, z_u)$ 和单位向量 $\vec{e}_i=\{l_1,m_1,n_1\}$, $\vec{e}_j=\{l_2,m_2,n_2\}$, $\vec{e}_k=\{l_3,m_3,n_3\}$, 则从世界坐标系到局部坐标系的变换及其逆由矩阵

$$\overline{\boldsymbol{M}}=\begin{pmatrix} l_1 & m_1 & n_1 & -l_1x_u-m_1y_u-n_1z_u \\ l_2 & m_2 & n_2 & -l_2x_u-m_2y_u-n_2z_u \\ l_3 & m_3 & n_3 & -l_3x_u-m_3y_u-n_3z_u \\ 0 & 0 & 0 & 1 \end{pmatrix}, \tag{3.464}$$

$$\overline{\boldsymbol{M}}^{-1}=\begin{pmatrix} l_1 & l_2 & l_3 & x_u \\ m_1 & m_2 & m_3 & y_u \\ n_1 & n_2 & n_3 & z_u \\ 0 & 0 & 0 & 1 \end{pmatrix} \tag{3.465}$$

给出.

如果点 P 在世界坐标系中具有坐标 $(x_P,\, y_P,\, z_P)$ 而在局部坐标系中的坐标是 $(x'_P,\, y'_P,\, z'_P)$, 则下列等式成立:

$$\underline{\boldsymbol{x}}'_P=\overline{\boldsymbol{M}}\underline{\boldsymbol{x}}_P, \tag{3.466}$$

$$\underline{\boldsymbol{x}}_P=\overline{\boldsymbol{M}}^{-1}\underline{\boldsymbol{x}}'_P\,. \tag{3.467}$$

如果 $\overline{\boldsymbol{M}}_1$ 和 $\overline{\boldsymbol{M}}_2$ 表示从世界坐标系到两个局部坐标系的变换矩阵, 则两个局部坐标系之间的变换由矩阵

$$\overline{\boldsymbol{M}}=\overline{\boldsymbol{M}}_1\cdot\overline{\boldsymbol{M}}_2^{-1} \quad 和 \quad \overline{\boldsymbol{M}}^{-1}=\overline{\boldsymbol{M}}_2\cdot\overline{\boldsymbol{M}}_1^{-1} \tag{3.468}$$

给出.

■ 确定围绕通过点 $P(x_P,\, y_P,\, z_P)$ 和 $Q(x_q,\, y_q,\, z_q)$ 具有方向向量 $\vec{v}=\{v_x,\, v_y,\, v_z\}=\{x_P-x_q,\, y_P-y_q,\, z_P-z_q\}$的直线旋转$\theta$角的旋转矩阵. 易选取 P 和 Q 使它们之间的距离为一个单位, 因此 $\vec{v}$ 是一个单位向量. 首先将该直线变换成坐标系的 z 轴. 接下来, 围绕 z 轴旋转θ角. 最后将直线变换回原来的直线. 图 3.208 显示将特定直线变换成 z 轴是如何进行的. 它包括以下步骤:

(1) 将 Q 平移到原点: $\boldsymbol{M}_1=\boldsymbol{T}(-x_q,\, -y_q,\, -z_q)$.

(2) 围绕 z 轴旋转使得旋转轴被映射到 y, z 平面: $\boldsymbol{M}_2=\boldsymbol{R}_z(\alpha_z)$, 并有 $\cos\alpha_z=v_y\Big/\sqrt{v_x^2+v_y^2}$ 和 $\sin\alpha_z=v_x\Big/\sqrt{v_x^2+v_y^2}$.

点 P_2 具有坐标 $(0, \sqrt{v_x^2+v_z^2}, v_z)$.

(3) 围绕 x 轴旋转α_x 角直到方向向量 $\vec{v}$ 的像在 z 轴上: $\boldsymbol{M}_3 = \boldsymbol{R}_x(\alpha_x)$, 其中 $\cos\alpha_x = v_z\big/|\vec{v}|$ 和 $\sin\alpha_x = \sqrt{v_x^2+v_y^2}\Big/|\vec{v}|$, 点 P_3 具有坐标 $(0,0,|\vec{v}|)$.

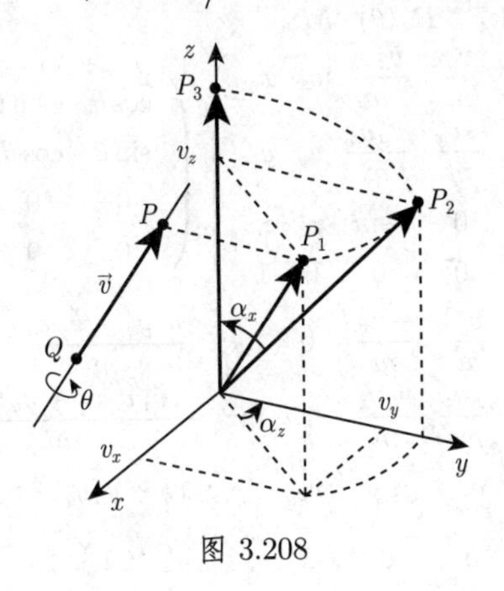

图 3.208

设 $m=\sqrt{v_x^2+v_y^2}$ 且 $|\vec{v}|=1$, 方向向量到 z 轴的变换矩阵是

$$\boldsymbol{M}_A = \boldsymbol{R}_x(\alpha_x)\cdot\boldsymbol{R}_z(\alpha_z)\cdot\boldsymbol{T}(-x_q,-y_q,-z_q)$$

$$=\begin{pmatrix}1&0&0&0\\0&v_z&-m&0\\0&m&v_z&0\\0&0&0&1\end{pmatrix}\begin{pmatrix}\dfrac{v_y}{m}&\dfrac{-v_x}{m}&0&0\\\dfrac{v_x}{m}&\dfrac{v_y}{m}&0&0\\0&0&1&0\\0&0&0&1\end{pmatrix}\begin{pmatrix}1&0&0&-x_q\\0&1&0&-y_q\\0&0&1&-z_q\\0&0&0&1\end{pmatrix},$$

$$\boldsymbol{M}_A=\begin{pmatrix}\dfrac{v_y}{m}&\dfrac{-v_x}{m}&0&\dfrac{v_xy_q-v_yx_q}{m}\\\dfrac{v_xv_z}{m}&\dfrac{v_yv_z}{m}&-m&mz_q-\dfrac{v_xv_zx_q+v_yv_zy_q}{m}\\v_x&v_y&v_z&-v_xx_q-v_yy_q-v_zz_q\\0&0&0&1\end{pmatrix},$$

$$\boldsymbol{M}_A^{-1}=\begin{pmatrix}\dfrac{v_y}{m}&\dfrac{v_xv_z}{m}&v_x&x_q\\\dfrac{-v_x}{m}&\dfrac{v_yv_z}{m}&v_y&y_q\\0&-m&v_z&z_q\\0&0&0&1\end{pmatrix}.$$

将 $\boldsymbol{M}_A$ 和 $\boldsymbol{M}_A^{-1}$ 与矩阵 (3.465) 和 (3.464) 比较表明, 空间直线到 z 轴的变换等同于从世界坐标系到原点为 Q 而 z 轴方向是 $\vec{v}$ 的局部坐标系的坐标变换. 在局

部坐标系中旋转围绕 z 轴进行. 全部旋转的变换矩阵由矩阵 (3.455) 给出

$$
\begin{aligned}
\boldsymbol{M} &= \boldsymbol{M}_A^{-1} \cdot \boldsymbol{R}_z(\theta) \cdot \boldsymbol{M}_A \\
&= \begin{pmatrix} \dfrac{v_y}{m} & \dfrac{v_x v_z}{m} & v_x & x_q \\ \dfrac{-v_x}{m} & \dfrac{v_y v_z}{m} & v_y & y_q \\ 0 & -m & v_z & z_q \\ 0 & 0 & 0 & 1 \end{pmatrix} \begin{pmatrix} \cos\theta & -\sin\theta & 0 & 0 \\ \sin\theta & \cos\theta & 0 & 0 \\ 0 & 0 & 1 & 0 \\ 0 & 0 & 0 & 1 \end{pmatrix} \\
&\quad \begin{pmatrix} \dfrac{v_y}{m} & \dfrac{-v_x}{m} & 0 & \dfrac{v_x y_q - v_y x_q}{m} \\ \dfrac{v_x v_z}{m} & \dfrac{v_y v_z}{m} & -m & m z_q - \dfrac{v_x v_z x_q + v_y v_z y_q}{m} \\ v_x & v_y & v_z & -v_x x_q - v_y y_q - v_z z_q \\ 0 & 0 & 0 & 1 \end{pmatrix}.
\end{aligned}
$$

在第 386 页 4.4 中我们将利用四元数的性质给出另一种方法来刻画旋转矩阵.

3.5.4.6 形变变换

在第 314 页 3.5.4.5 讨论的仿射变换改变了对象的位置并产生了沿给定方向的拉伸或压缩. 如果变换矩阵 $\boldsymbol{M}=(m_{ij})$ 的元素像到目前为止那样不是常数, 但它们是位置的函数, 那么这将导致广义的改变结构的变换类. 矩阵的元素现在具有形式:

$$m_{ij} = m_{ij}(x, y, z). \tag{3.469}$$

1. 收缩

这一变换是缩放的推广. 在沿 z 轴方向收缩时缩放参数 s_x, s_y 是 z 的函数. 变换矩阵为

$$\boldsymbol{S}(s_x(z), s_y(z), 1) = \begin{pmatrix} s_x(z) & 0 & 0 & 0 \\ 0 & s_y(z) & 0 & 0 \\ 0 & 0 & 1 & 0 \\ 0 & 0 & 0 & 1 \end{pmatrix}. \tag{3.470}$$

函数 $s_x(z)$ 和 $s_y(z)$ 定义了收缩外观. 如果 $s_x(z) > 1$, 则变换对象沿 x 轴被拉伸, 如果 $s_x(z) < 1$, 则对象被压缩. 图 3.209(b) 显示的是图 3.209(a) 中的单位立方体经函数 $s_x(z) = s_y(z) = 1/(1 - z^2)$ 变换的结果.

2. 围绕 z 轴的扭曲

这一变换是围绕 z 轴的旋转的推广. 旋转角沿 z 轴发生改变. 变换矩阵为

$$\boldsymbol{R}_z(\alpha(z)) = \begin{pmatrix} \cos\alpha(z) & -\sin\alpha(z) & 0 & 0 \\ \sin\alpha(z) & \cos\alpha(z) & 0 & 0 \\ 0 & 0 & 1 & 0 \\ 0 & 0 & 0 & 1 \end{pmatrix}. \tag{3.471}$$

函数$\alpha(z)$ 定义的是沿 z 轴的旋转角. 图 3.209(c) 显示的是单位立方体旋转 $\alpha(z) = \frac{\pi}{4}z$ 角.

3. 围绕 x 轴的弯曲

弯曲时旋转角沿与旋转轴垂直的方向改变. 变换矩阵具有下面的形式:

$$\boldsymbol{R}_x(\alpha(z)) = \begin{pmatrix} 1 & 0 & 0 & 0 \\ 0 & \cos\alpha(z) & -\sin\alpha(z) & 0 \\ 0 & \sin\alpha(z) & \cos\alpha(z) & 0 \\ 0 & 0 & 0 & 1 \end{pmatrix}. \tag{3.472}$$

图 3.209(d) 显示的是单位立方体以 $\alpha(z) = \frac{\pi}{8}z$ 角弯曲.

像仿射变换一样, 这些形变可以进行系列应用. 图 3.209(e) 中的对象是单位立方体先收缩后扭曲的结果.

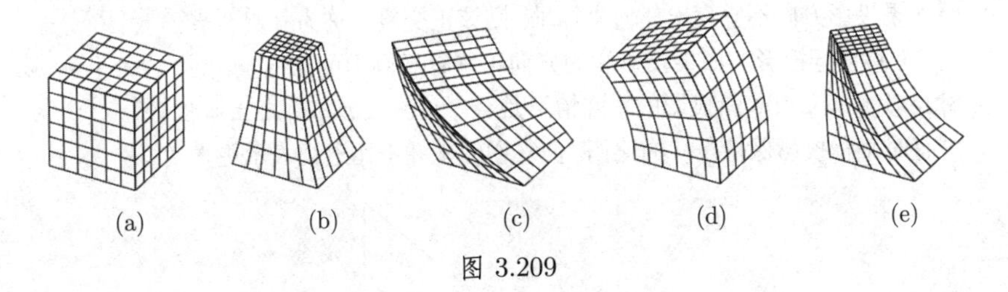

图 3.209

3.5.5 平面投影

有若干种方法使得三维对象在二维媒介中可视化 [3.22]. 其中最重要的是*平面投影*. 一个平面投影是一个映射, 其中三维空间中的点被指派到平面上的点. 一个像点作为该平面与连接观察者和空间点之射线的交点给出. 该平面称为*投影平面*或*画面*, 射线称为*投影线*, 其方向则为*投影方向*.

3.5.5.1 投影的分类

1. 中心投影

*中心投影*也称*透视投影*, 其中投影线是从一个公共中心点发出的 (图 3.210). 距离透视中心 C 较远的物体比接近该中心的物体所成的像较小. 不与投影平面平行

的平行线不再平行, 而是相交于所谓的*没影点*. 对于观看者来说透视投影给出了该物体的实际印象. 但是在这一映射中长度和角度之间的关系不再有了.

2. 平行投影

在*平行投影*时投影线相互平行 (图 3.211). 不平行于投影平面的线段变短, 而角通常被扭曲.

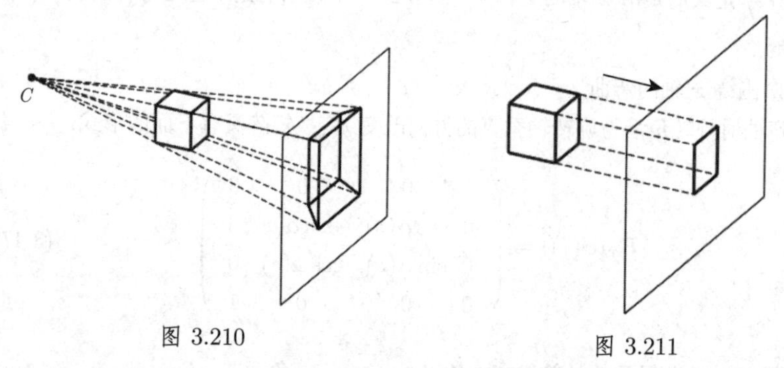

图 3.210　　图 3.211

(1) **正交平行投影**　如果投影线的方向垂直于画面则平行投影是*正交投影*. 如果还有画面垂直于其中一个坐标轴, 则它是一个*正投影*或*主投影*, 这在工业设计中是众所周知的.

如果投影方向不垂直于任何坐标轴, 则该正交投影称为*轴测投影*.

(2) **斜平行投影**　如果投影线的方向不平行于画面的法向量, 则一个平行投影是*斜投影*(图 3.212). 斜投影的特殊情形是*斜等轴测投影*和*斜角立体投影*.

有时平行投影保持尺寸的比例, 但它们似乎并不比透视表示更真实.

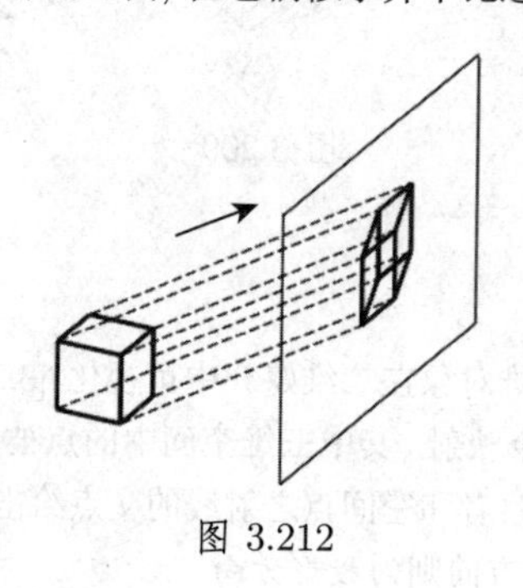

图 3.212

3.5.5.2 局部或投影坐标系

在世界坐标系中定义投影平面的方向和投影结果的坐标是不合理的. 应用图像坐标系似乎是有用的, 其 x, y 平面等同于投影平面. 这一图像坐标系表示的是从一个直视投影平面的观看者角度来看的投影.

设投影平面由参考点 $R(x_r,\, y_r,\, z_r)$ 和一个单位法向量 $\vec{n}=\{n_x,n_y,n_z\}$ 给定. 则图像坐标系按下列方式定义. 将原点置于 $R(x_r,\, y_r,\, z_r)$. 在单位坐标向量 $\vec{e}_i',\, \vec{e}_j'$ 和 $\vec{e}_k'$ 中首先固定 $\vec{e}_k'=\vec{n}$. 在画面中固定坐标向量 $\vec{e}_i'$ 和 $\vec{e}_j'$ 需要额外的信息. 在世界坐标系中选取一个 "朝上的" 向量 $\vec{u}$, 它在画面上的投影定义垂直方向, 即图像坐标系的 y' 方向. $\vec{u}$ 和 $\vec{n}$ 的正规化向量积定义向量 $\vec{e}_i'$. 概括如下:

$$\vec{e}_k'=\vec{n},\quad \vec{e}_i'=\frac{\vec{u}\times\vec{n}}{\|\vec{u}\times\vec{n}\|},\quad \vec{e}_j'=\vec{e}_k'\times\vec{e}_i'\,. \tag{3.473}$$

从世界坐标系到图像坐标系的映射的变换矩阵及其逆是通过在 (3.464) 和 (3.465) 中代入点 $R(x_r,\, y_r,\, z_r)$ 和向量 $\vec{e}_i',\, \vec{e}_j'$ 和 $\vec{e}_k'$ 的相应坐标给出的.

3.5.5.3 主投影

这种投影垂直于与其中一个坐标轴垂直的平面. 依赖于投影的方向和观看画面的方向, 在投影平面上形成了平面图, 俯视图或一个侧视图.

一点 $P(x_P,y_P,z_P)$ 到平行于 x,y 平面且方程为 $z=z_0$ 的投影平面的正交投影之矩阵形式是

$$\begin{pmatrix} x_P' \\ y_P' \\ z_P' \\ 1 \end{pmatrix}=\begin{pmatrix} 1&0&0&0 \\ 0&1&0&0 \\ 0&0&0&z_0 \\ 0&0&0&1 \end{pmatrix}\begin{pmatrix} x_P \\ y_P \\ z_P \\ 1 \end{pmatrix}. \tag{3.474}$$

通常选择 $z_0=0$ 的投影平面. 到坐标面的投影矩阵是

$$\boldsymbol{P}_x=\begin{pmatrix} 0&0&0&0 \\ 0&1&0&0 \\ 0&0&1&0 \\ 0&0&0&1 \end{pmatrix},\quad \boldsymbol{P}_y=\begin{pmatrix} 1&0&0&0 \\ 0&0&0&0 \\ 0&0&1&0 \\ 0&0&0&1 \end{pmatrix},\quad \boldsymbol{P}_z=\begin{pmatrix} 1&0&0&0 \\ 0&1&0&0 \\ 0&0&0&0 \\ 0&0&0&1 \end{pmatrix}. \tag{3.475}$$

3.5.5.4 轴测投影

与正投影形成对照, 现在投影平面的法向量 $\vec{n}=\{n_x,n_y,n_z\}$ 和投影方向不平行于任何坐标轴. 有三种不同情形要考虑:

- **等距投影** $\vec{n}$ 与每个坐标轴的夹角相同. 因此, 对于 $\vec{n}$ 的坐标有 $|n_x|=|n_y|=|n_z|$. 投影坐标轴之间的夹角是 $120°$. 平行于坐标轴的线段具有相同的扭曲因子 (图 3.213(a)).
- **双度量投影** $\vec{n}$ 与两个坐标轴具有相同的夹角. 沿这些方向相等的距离仍相等. $\vec{n}$ 的坐标中有两个具有相同的绝对值 (图 3.213(b)).
- **三度量投影** $\vec{n}$ 与每个坐标轴具有不同的夹角. 因此, 坐标轴具有不同的扭曲因子 (图 3.213(c)).

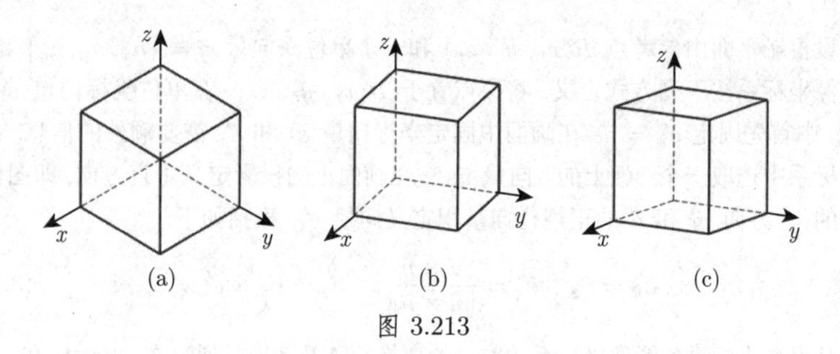

图 3.213

3.5.5.5 等距投影

考虑投影平面包含世界坐标系的原点并且其法向量是 $\vec{n}=\left\{\frac{1}{\sqrt{3}},\frac{1}{\sqrt{3}},\frac{1}{\sqrt{3}}\right\}$ 的情形.

为了确定投影矩阵, 到投影坐标系的一个坐标变换之后再合成一个沿 z' 轴到 x',y' 平面的投影. 图像坐标系的定义与 (3.473) 一致. 朝上的向量取作 $\vec{u}=\{0,0,1\}$. 这样 z 轴就被映射到 y' 轴. 图像坐标系的单位基向量是

$$\vec{e}'_i=\frac{\vec{u}\times\vec{n}}{\|\vec{u}\times\vec{n}\|}=\left\{-\frac{1}{\sqrt{2}},\frac{1}{\sqrt{2}},0\right\},\quad \vec{e}'_j=\vec{e}'_k\times\vec{e}'_i=\left\{-\frac{1}{\sqrt{6}},-\frac{1}{\sqrt{6}},\frac{2}{\sqrt{6}}\right\},$$

$$\vec{e}'_k=\vec{n}=\left\{\frac{1}{\sqrt{3}},\frac{1}{\sqrt{3}},\frac{1}{\sqrt{3}}\right\}.$$

从图像坐标系到世界坐标系的映射的变换矩阵以及由 (3.464) 和 (3.465) 给出的逆是

$$\overline{\boldsymbol{M}}_A=\begin{pmatrix}-\frac{1}{\sqrt{2}} & -\frac{1}{\sqrt{6}} & \frac{1}{\sqrt{3}} & 0\\ \frac{1}{\sqrt{2}} & -\frac{1}{\sqrt{6}} & \frac{1}{\sqrt{3}} & 0\\ 0 & \frac{2}{\sqrt{6}} & \frac{1}{\sqrt{3}} & 0\\ 0 & 0 & 0 & 1\end{pmatrix},\quad \overline{\boldsymbol{M}}_A^{-1}=\overline{\boldsymbol{M}}_A^{\mathrm{T}}=\begin{pmatrix}-\frac{1}{\sqrt{2}} & \frac{1}{\sqrt{2}} & 0 & 0\\ -\frac{1}{\sqrt{6}} & -\frac{1}{\sqrt{6}} & \frac{2}{\sqrt{6}} & 0\\ \frac{1}{\sqrt{3}} & \frac{1}{\sqrt{3}} & \frac{1}{\sqrt{3}} & 0\\ 0 & 0 & 0 & 1\end{pmatrix}. \tag{3.476}$$

于是, 在图像坐标系中沿 z' 轴的正交投影是

$$\boldsymbol{P}_A=\boldsymbol{P}_z\overline{\boldsymbol{M}}_A^{-1}=\begin{pmatrix}1&0&0&0\\0&1&0&0\\0&0&0&0\\0&0&0&1\end{pmatrix}\cdot\begin{pmatrix}-\frac{1}{\sqrt{2}} & \frac{1}{\sqrt{2}} & 0 & 0\\ -\frac{1}{\sqrt{6}} & -\frac{1}{\sqrt{6}} & \frac{2}{\sqrt{6}} & 0\\ \frac{1}{\sqrt{3}} & \frac{1}{\sqrt{3}} & \frac{1}{\sqrt{3}} & 0\\ 0 & 0 & 0 & 1\end{pmatrix}$$

$$
= \begin{pmatrix} -\frac{1}{\sqrt{2}} & \frac{1}{\sqrt{2}} & 0 & 0 \\ -\frac{1}{\sqrt{6}} & -\frac{1}{\sqrt{6}} & \frac{2}{\sqrt{6}} & 0 \\ 0 & 0 & 0 & 0 \\ 0 & 0 & 0 & 1 \end{pmatrix}. \tag{3.477}
$$

投影矩阵 $\boldsymbol{P}_A$ 将世界坐标系的点映射到图像坐标系的 x', y' 平面. 乘以矩阵 $\overline{\boldsymbol{M}}_A$ 后我们得到世界坐标系中的点. 全部投影的投影矩阵是

$$
\boldsymbol{P} = \overline{\boldsymbol{M}}_A \boldsymbol{P}_z \overline{\boldsymbol{M}}_A^{-1} = \frac{1}{3} \begin{pmatrix} 2 & -1 & -1 & 0 \\ -1 & 2 & -1 & 0 \\ -1 & -1 & 2 & 0 \\ 0 & 0 & 0 & 3 \end{pmatrix}. \tag{3.478}
$$

3.5.5.6 斜平行投影

在斜投影时投影线与投影平面以一个角β相交. 在图 3.214 中点 $P(x_P, y_P, z_P)$ 的斜投影是 $P'(x'_P, y'_P, z'_P)$, 而它的正交投影是 P'_0. 作为投影的线段 $\overline{P'_0P'}$ 之长是 L. 这一投影由两个量刻画. $d = \dfrac{L}{z} = \dfrac{1}{\tan\beta}$给出了垂直于投影平面的线段的缩放因子. α是 x 轴与垂直线段的投影像之间的夹角. 则全部投影的坐标所遵循的规则是

$$
x'_P = x_P - z_P\, d\cos\alpha\,, \quad y'_P = y_P - z_P\, d\sin\alpha\,, \quad z'_P = 0 \tag{3.479}
$$

或

$$
\begin{pmatrix} x'_P \\ y'_P \\ z'_P \\ 1 \end{pmatrix} = \begin{pmatrix} 1 & 0 & -d\cos\alpha & 0 \\ 0 & 1 & -d\sin\alpha & 0 \\ 0 & 0 & 0 & 0 \\ 0 & 0 & 0 & 1 \end{pmatrix} \begin{pmatrix} x_P \\ y_P \\ z_P \\ 1 \end{pmatrix}. \tag{3.480}
$$

如果投影平面不同于 x, y 平面, 则图像坐标系的坐标变换必须要在应用投影矩阵之前完成 (参见第 320 页 3.5.5.2).

■ 具有$\alpha = 45^\circ$ 和 $d = 1$, 即$\beta = 45^\circ$ 的单位立方体的斜等轴测投影. 垂直于投影平面的线段在这种情形没有变短 (图 3.215).

将不位于 x, y 平面的四个顶点作为一个矩阵的列. 用投影矩阵乘以这个矩阵将给出投影点的坐标:

$$
\begin{pmatrix} -\frac{1}{\sqrt{2}} & -\frac{1}{\sqrt{2}} & 1-\frac{1}{\sqrt{2}} & 1-\frac{1}{\sqrt{2}} \\ -\frac{1}{\sqrt{2}} & 1-\frac{1}{\sqrt{2}} & -\frac{1}{\sqrt{2}} & 1-\frac{1}{\sqrt{2}} \\ 0 & 0 & 0 & 0 \\ 1 & 1 & 1 & 1 \end{pmatrix} = \begin{pmatrix} 1 & 0 & -\frac{1}{\sqrt{2}} & 0 \\ 0 & 1 & -\frac{1}{\sqrt{2}} & 0 \\ 0 & 0 & 0 & 0 \\ 0 & 0 & 0 & 1 \end{pmatrix} \cdot \begin{pmatrix} 0 & 1 & 0 & 1 \\ 0 & 0 & 1 & 1 \\ 1 & 1 & 1 & 1 \\ 1 & 1 & 1 & 1 \end{pmatrix}.
$$

■ 具有$\alpha = 30°$ 和 $d = \frac{1}{2}$, 即$\beta = 63.4°$ 的单位立方体的斜角立体投影. 垂直于投影平面的线段在这种情形被减半 (图 3.216).

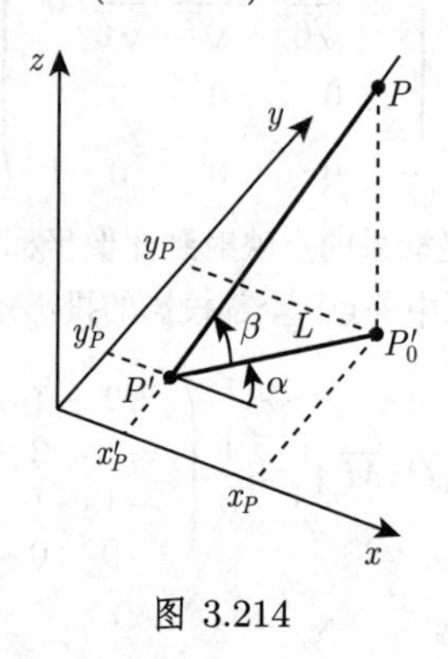

图 3.214

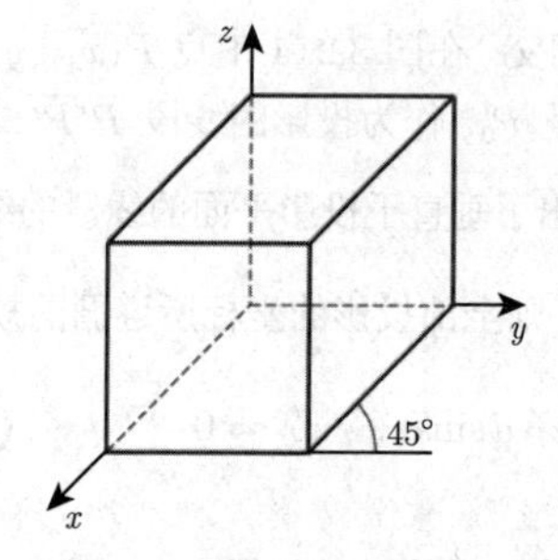

图 3.215

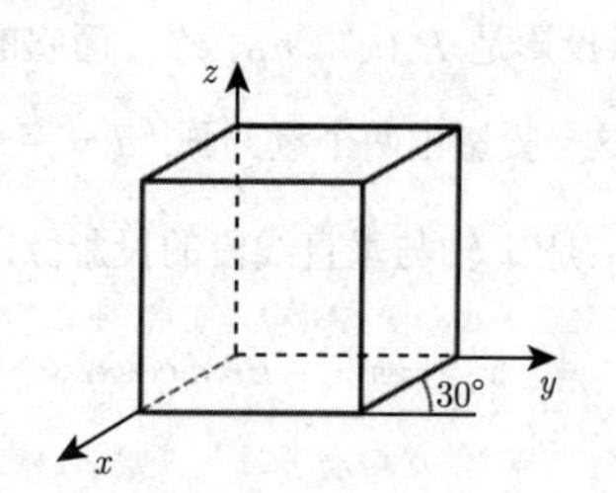

图 3.216

不位于 x, y 平面的四个顶点的投影坐标由

$$\begin{pmatrix} -\frac{\sqrt{3}}{4} & 1-\frac{\sqrt{3}}{4} & -\frac{\sqrt{3}}{4} & 1-\frac{\sqrt{3}}{4} \\ -\frac{1}{4} & -\frac{1}{4} & \frac{3}{4} & \frac{3}{4} \\ 0 & 0 & 0 & 0 \\ 1 & 1 & 1 & 1 \end{pmatrix} = \begin{pmatrix} 1 & 0 & -\frac{\sqrt{3}}{4} & 0 \\ 0 & 1 & -\frac{1}{4} & 0 \\ 0 & 0 & 0 & 0 \\ 0 & 0 & 0 & 1 \end{pmatrix} \cdot \begin{pmatrix} 0 & 1 & 0 & 1 \\ 0 & 0 & 1 & 1 \\ 1 & 1 & 1 & 1 \\ 1 & 1 & 1 & 1 \end{pmatrix}$$

计算.

3.5.5.7 透视投影

1. 映射公式

透视投影的映射公式可以在图像坐标系中合理地给出. 原点的选取要使得投影中心位于 z 轴上.

正如在图 3.217 中可以看到的, 点 $P(x_P, y_P, z_P)$ 与它的投影像 $P'(x'_P, y'_P, z'_P)$ 的坐标之间的关系可以用截距定理的等式 (参见第 176 页 3.1.3.2, 5.) 计算:

$$\frac{x'_P}{x_P} = \frac{z_0}{z_0 - z_P} = \frac{1}{1 - \dfrac{z_P}{z_0}}, \quad \frac{y'_P}{y_P} = \frac{1}{1 - \dfrac{z_P}{z_0}}, \quad z'_P = 0.$$

原坐标与像坐标之间的关系不是线性的. 然而利用齐次坐标 (参见第 310 页 3.5.4.2) 的性质, 投影规则可以用下面的矩阵形式给出:

$$\begin{pmatrix} x'_P \\ y'_P \\ z'_P \\ 1 \end{pmatrix} = \begin{pmatrix} x_P \\ y_P \\ 0 \\ 1 - \dfrac{z_P}{z_0} \end{pmatrix} = \begin{pmatrix} 1 & 0 & 0 & 0 \\ 0 & 1 & 0 & 0 \\ 0 & 0 & 0 & 0 \\ 0 & 0 & -\dfrac{1}{z_0} & 1 \end{pmatrix} \begin{pmatrix} x_P \\ y_P \\ z_P \\ 1 \end{pmatrix}. \tag{3.481}$$

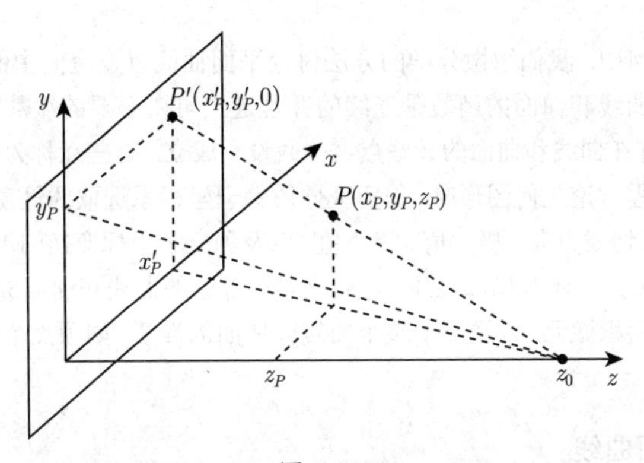

图 3.217

2. 没影点

透视投影具有性质: 不平行于画面的平行线看上去像是彼此相交于一点. 这个点称为*没影点*. 平行于坐标轴的直线的没影点称为*主点*或*主没影点*. 主点的个数等于和画面相交的坐标轴个数. 图 3.218 显示的是有一个、两个和三个主点的透视图像. 主点和画面与平行于坐标轴的射线之交点重合. 如果投影中心是 $C(x_c, y_c, z_c)$, 画面的一个点是 $R(x_r, y_r, z_r)$ 而法向量是 $\vec{n}=\{n_x, n_y, n_z\}$, 则主点存在时其坐标为

$$F_x\left(x_c + \frac{d}{n_x}, y_c, z_c\right), \quad F_y\left(x_c, y_c + \frac{d}{n_y}, z_c\right), \quad F_z\left(x_c, y_c, z_c + \frac{d}{n_z}\right), \tag{3.482a}$$

其中

$$d = (\vec{c} - \vec{r}) \cdot \vec{n} = (x_c - x_r)n_x + (y_c - y_r)n_y + (z_c - z_r)n_z. \tag{3.482b}$$

如果法向量 $\vec{n}$ 的一个坐标是零, 则在此方向没有主点.

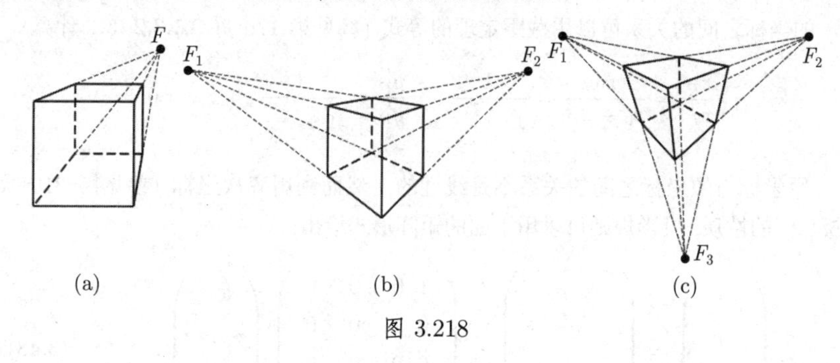

图 3.218

3.6 微分几何学

在微分几何中, 我们用微分学的方法讨论平面曲线以及空间中的曲线和曲面. 因此假设刻画曲线和曲面的函数是连续的并且连续可微必要的次数以便讨论相应的性质. 仅允许在曲线和曲面的一些点这些假设不成立. 这些点称为*奇点*.

在利用方程讨论几何图形时, 需要区分依赖于坐标系选取的性质, 如与坐标轴的交点, 斜率或切线方向、极大值、极小值, 以及独立于坐标变换的不变性质, 如拐点、曲率和虚圆点. 还有局部性质, 它们只对小部分的曲线和曲面成立, 如曲率和弧微分或曲面面积微元, 以及属于整个曲线或曲面的性质, 如顶点个数和闭曲线的长度.

3.6.1 平面曲线

3.6.1.1 定义平面曲线的方法

1. 坐标方程

(1) **笛卡儿坐标**

a) **隐式**

$$F(x,y)=0; \tag{3.483}$$

b) **显式**

$$y=f(x), \tag{3.484}$$

(2)**参数形式**

$$x=x(t), \quad y=y(t). \tag{3.485}$$

(3) **极坐标**

$$\rho=f(\varphi). \tag{3.486}$$

2. 曲线上的正方向

如果曲线是以 (3.485) 的形式给出, 则它上面的正方向定义为参数 t 的值增加时曲线上的点 $P(x(t), y(t))$ 移动的方向. 如果曲线由 (3.484) 的形式给出, 则横坐标可以看作参数 $(x = x, y = f(x))$, 因此正方向相应于横坐标的增加. 对于 (3.486) 的形式可以将角φ看成参数 $(x = f(\varphi)\cos\varphi, y = f(\varphi)\sin\varphi)$, 因此正方向相应于$\varphi$的增加, 即逆时针.

■ 图 3.219(a), (b), (c): **A:** $x = t^2, y = t^3$, **B:** $y = \sin x$, **C:** $\rho = a\varphi$.

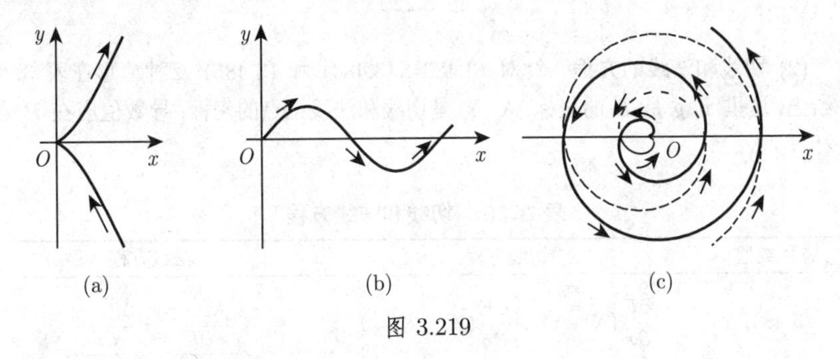

图 3.219

3.6.1.2 曲线的局部元素

依赖于曲线上的动点 P 是否按形式 (3.484)~(3.486) 给出, 其位置由 x, t 或 φ 定义. 在这里以参数值 $x + \mathrm{d}x, t + \mathrm{d}t$ 或 $\varphi+\mathrm{d}\varphi$任意接近于 P 的一个点记作 N.

1. 弧微分

如果 s 表示曲线从一个固定点 A 到点 P 的长, 则无穷小增量 $\Delta s = \widehat{PN}$ 可以近似地由弧长的微分, 即**弧微分**$\mathrm{d}s$表示:

$$\Delta s \approx \mathrm{d}s = \begin{cases} \sqrt{1+\left(\dfrac{\mathrm{d}y}{\mathrm{d}x}\right)^2}\,\mathrm{d}x, & \text{对于形式 (3.484)}, \quad (3.487) \\ \sqrt{x'^2+y'^2}\,\mathrm{d}t, & \text{对于形式 (3.485)}, \quad (3.488) \\ \sqrt{\rho^2+\rho'^2}\,\mathrm{d}\varphi, & \text{对于形式 (3.486)}. \quad (3.489) \end{cases}$$

■ **A:** $y = \sin x$, $\mathrm{d}s = \sqrt{1+\cos^2 x}\,\mathrm{d}x$.

■ **B:** $x = t^2$, $y = t^3$, $\mathrm{d}s = |t|\sqrt{4+9t^2}\,\mathrm{d}t$.

■ **C:** $\rho = a\varphi \ (a > 0), \mathrm{d}s = a\sqrt{1+\varphi^2}\,\mathrm{d}\varphi$.

2. 切线和法线

(1) **曲线在点 P 处的切线** 是割线PN当 $N \to P$ 时处于极限位置的一条直线; 此处的**法线**是过 P 垂直于切线的一条直线 (图 3.220).

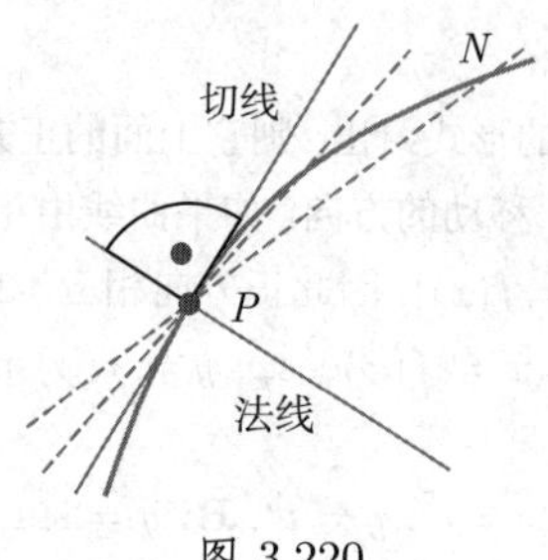

图 3.220

(2) **切线和法线的方程** 针对 (3.483), (3.484) 和 (3.485) 三种情形在表 3.26 中给出. 这里 x, y 是 P 的坐标, X, Y 是切线和法线上点的坐标. 导数值应在 P 点处计算.

表 3.26 切线和法线方程

方程类型	切线方程	法线方程
(3.483)	$\dfrac{\partial F}{\partial x}(X-x)+\dfrac{\partial F}{\partial y}(Y-y)=0$	$\dfrac{X-x}{\dfrac{\partial F}{\partial x}}=\dfrac{Y-y}{\dfrac{\partial F}{\partial y}}$
(3.484)	$Y-y=\dfrac{\mathrm{d}y}{\mathrm{d}x}(X-x)$	$Y-y=-\dfrac{1}{\dfrac{\mathrm{d}y}{\mathrm{d}x}}(X-x)$
(3.485)	$\dfrac{Y-y}{y'}=\dfrac{X-x}{x'}$	$x'(X-x)+y'(Y-y)=0$

关于曲线的切线方程和法线方程的一些例子

■ **A:** 圆 $x^2+y^2=25$ 在点 $P(3, 4)$:

a) **切线方程** $2x(X-x)+2y(Y-y)=0$ 或$Xx+Yy=25$, 考虑到点 P 位于圆上, 有: $3X+4Y=25$.

b) **法线方程** $\dfrac{X-x}{2x}=\dfrac{Y-y}{2y}$ 或 $Y=\dfrac{y}{x}X$; 在点 P: $Y=\dfrac{4}{3}X$.

■ **B:** 正弦曲线 $y=\sin x$ 在点 $O(0, 0)$:

a) **切线方程** $Y-\sin x=\cos x(X-x)$ 或 $Y=X\cos x+\sin x-x\cos x$; 在点 (0, 0): $Y=X$.

b) **法线方程** $Y-\sin x=-\dfrac{1}{\cos x}(X-x)$ 或 $Y=-X\sec x+\sin x+x\sec x$; 在点 (0, 0): $Y=-X$.

■ **C:** 曲线 $x=t^2, y=t^3$ 在点 $P(4,-8), t=-2$:

a) **切线方程** $\dfrac{Y-t^3}{3t^2}=\dfrac{X-t^2}{2t}$ 或 $Y=\dfrac{3}{2}tX-\dfrac{1}{2}t^3$; 在点 P: $Y=-3X+4$.

b) 法线方程: $2t(X-t^2)+3t^2(Y-t^3)=0$ 或 $2X+3tY=t^2(2+3t^2)$; 在点 $P(4,-8)$: $X-3Y=28$.

(3) **曲线的切线和法线的正方向** 如果曲线由 (3.484), (3.485), (3.486) 中的形式之一给出, 则切线和法线上的正方向按以下方式定义: 切线的正方向与切点处曲线的正方向相同, 而从切线的正方向逆时针围绕 P 旋转 90° 则得到法线的正方向(图 3.221). 切线和法线被点 P 分成正的和负的半直线.

(4) **切线的斜率** 可以由以下度量确定:

a) 切线的斜率角α, 即横坐标轴的正向与切线的夹角, 或

b) 角μ (如果曲线由极坐标给出), 即向径$OP(\overline{OP}=\rho)$ 与切线正方向之间的夹角 (图 3.222). 对于角α和μ下列公式成立, 其中$\mathrm{d}s$按 (3.487) 至 (3.489) 计算:

$$\tan\alpha=\frac{\mathrm{d}y}{\mathrm{d}x},\quad \cos\alpha=\frac{\mathrm{d}x}{\mathrm{d}s},\quad \sin\alpha=\frac{\mathrm{d}y}{\mathrm{d}s};\tag{3.490a}$$

$$\tan\mu=\frac{\rho}{\dfrac{\mathrm{d}\rho}{\mathrm{d}\varphi}},\quad \cos\mu=\frac{\mathrm{d}\rho}{\mathrm{d}s},\quad \sin\mu=\rho\frac{\mathrm{d}\varphi}{\mathrm{d}s}.\tag{3.490b}$$

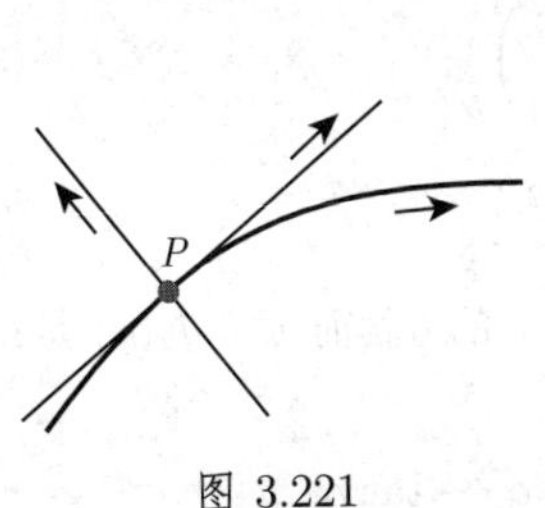

图 3.221

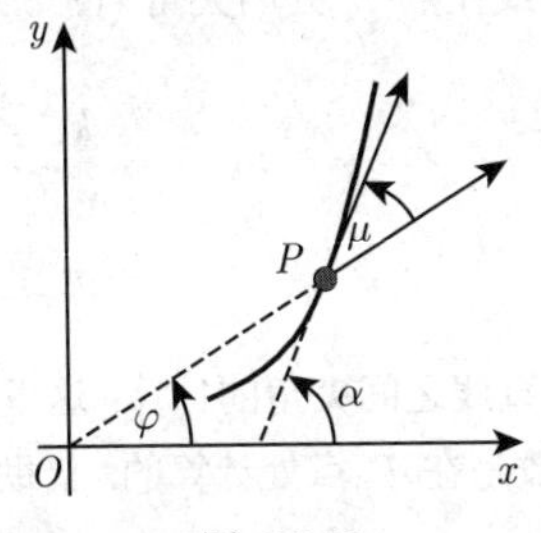

图 3.222

■ **A:** $y=\sin x,\ \tan\alpha=\cos x,\ \cos\alpha=\dfrac{1}{\sqrt{1+\cos^2 x}},\ \sin\alpha=\dfrac{\cos x}{\sqrt{1+\cos^2 x}}$;

■ **B:** $x=t^2,\ y=t^3,\ \tan\alpha=\dfrac{3t}{2},\ \cos\alpha=\dfrac{2}{\sqrt{4+9t^2}},\ \sin\alpha=\dfrac{3t}{\sqrt{4+9t^2}}$;

■ **C:** $\rho=a\varphi,\ \tan\mu=\varphi,\ \cos\mu=\dfrac{1}{\sqrt{1+\varphi^2}},\ \sin\mu=\dfrac{\varphi}{\sqrt{1+\varphi^2}}$.

(5) **切线和法线线段, 次切距和次法距**(图 3.223)

a) **应用笛卡儿坐标**对于 (3.484), (3.485) 形式的定义有

$$\overline{PT}=\left|\frac{y}{y'}\sqrt{1+y'^2}\right|\quad(\text{切线线段}),\tag{3.491a}$$

$$\overline{PN}=\left|y\sqrt{1+y'^2}\right|\quad(\text{法线线段}),\tag{3.491b}$$

$$\overline{P'T}=\left|\frac{y}{y'}\right|\quad(\text{次切距}),\tag{3.491c}$$

$$\overline{P'N}=|yy'| \quad (\text{次法距}). \tag{3.491d}$$

b) **应用极坐标**对于 (3.486) 形式的定义有

$$\overline{PT'}=\left|\frac{\rho}{\rho'}\sqrt{\rho^2+\rho'^2}\right| \quad (\text{极切线线段}), \tag{3.492a}$$

$$\overline{PN'}=\left|\sqrt{\rho^2+\rho'^2}\right| \quad (\text{极法线线段}), \tag{3.492b}$$

$$\overline{OT'}=\left|\frac{\rho^2}{\rho'}\right| \quad (\text{极次切距}), \tag{3.492c}$$

$$\overline{ON'}=|\rho'| \quad (\text{极次法距}). \tag{3.492d}$$

■ **A:** $y=\cosh x$, $y'=\sinh x$, $\sqrt{1+y'^2}=\cosh x$; $\overline{PT}=|\cosh x\coth x|$, $\overline{PN}=|\cosh^2 x|$, $\overline{P'T}=|\coth x|$, $\overline{P'N}=|\sinh x\cosh x|$.

■ **B:** $\rho=a\varphi\ (a>0)$, $\rho'=a$, $\sqrt{\rho^2+\rho'^2}=a\sqrt{1+\varphi^2}$; $\overline{PT'}=\left|a\varphi\sqrt{1+\varphi^2}\right|$, $\overline{PN'}=\left|a\sqrt{1+\varphi^2}\right|$, $\overline{OT'}=\left|a\varphi^2\right|$, $\overline{ON'}=a$.

(6) **两曲线之间的夹角** 两曲线Γ_1 和Γ_2 在它们的交点 P 处的夹角β定义为它们的切线在点 P 处的夹角 (图 3.224). 根据这一定义, 角β的计算简化为斜率是

$$k_1=\tan\alpha_1=\left(\frac{\mathrm{d}f_1}{\mathrm{d}x}\right)_P, \tag{3.493a}$$

$$k_2=\tan\alpha_2=\left(\frac{\mathrm{d}f_2}{\mathrm{d}x}\right)_P \tag{3.493b}$$

的两条直线之间夹角的计算. 这里 $y=f_1(x)$ 是Γ_1 的方程而 $y=f_2(x)$ 是Γ_2 的方程, 导数是在 P 点处计算的. 借助公式

$$\tan\beta=\tan(\alpha_2-\alpha_1)=\frac{\tan\alpha_2-\tan\alpha_1}{1+\tan\alpha_1\tan\alpha_2} \tag{3.494}$$

我们得到β.

■ 确定抛物线 $y=\sqrt{x}$ 和 $y=x^2$ 在点 $P(1,1)$ 处的夹角:

$$\tan\alpha_1=\left(\frac{\mathrm{d}\sqrt{x}}{\mathrm{d}x}\right)_{x=1}=\frac{1}{2},\quad \tan\alpha_2=\left(\frac{\mathrm{d}\left(x^2\right)}{\mathrm{d}x}\right)_{x=1}=2,$$

$$\tan\beta=\frac{\tan\alpha_2-\tan\alpha_1}{1+\tan\alpha_1\tan\alpha_2}=\frac{3}{4}.$$

3. 曲线的凸和凹部分

如果一条曲线由显式函数 $y=f(x)$ 给出, 则可以检查在包含点 P 的一小部分曲线是上凹还是下凹, 当然 P 是拐点或奇点除外 (参见第 334 页 3.6.1.3). 如果二阶导数 $f''(x)>0$ (假如存在的话), 则曲线是上凹的, 即朝 y 的正向 (图 3.225 中的点 P_2). 如果 $f''(x)<0$ 成立 (点 P_1), 则曲线是下凹的. 在 $f''(x)=0$ 的情形应该检验它是否是拐点.

■ $y = x^3$ (图 2.15(b)); $y'' = 6x$, 对于 $x > 0$ 曲线是上凹的, 对于 $x < 0$ 曲线是下凹的.

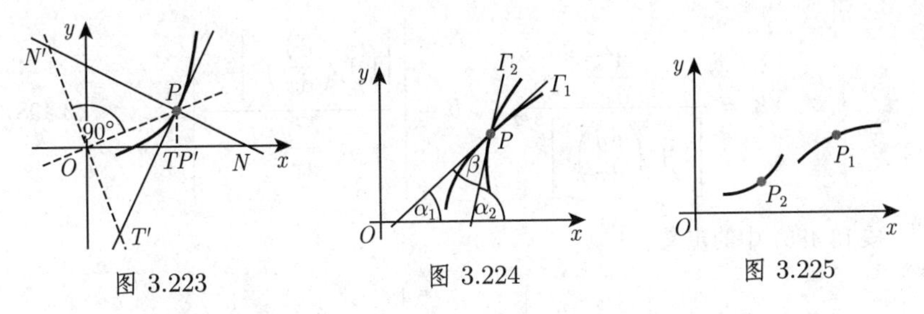

图 3.223 图 3.224 图 3.225

4. 曲率和曲率半径

(1) **曲线的曲率** 曲线在点 P 处的曲率 K 是点 P 和 N 处的正切线方向之间的夹角δ(图 3.226) 与弧长 $\widehat{PN}$(当 $\widehat{PN} \to 0$ 时) 之比的极限:

$$K = \lim_{\widehat{PN} \to 0} \frac{\delta}{\widehat{PN}}. \tag{3.495}$$

曲率 K 的符号依赖于该曲线朝法线正的一半 $(K > 0)$ 弯曲还是朝法线负的一半 $(K < 0)$ 弯曲 (参见第 327 页 3.6.1.1, 2.). 换句话说, 曲率中心对于 $K > 0$ 而言是在法线的正侧, 对于 $K < 0$ 而言是在法线的负侧. 有时曲率 K 仅被看成是一个正的量. 于是上述极限取绝对值.

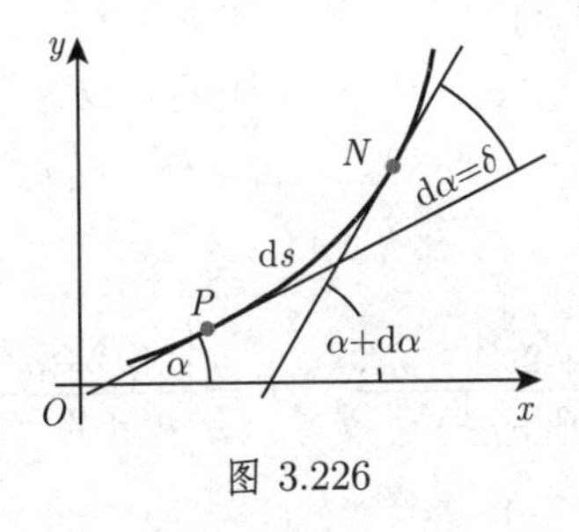

图 3.226

(2) **曲线的曲率半径** 曲线在点 P 处的曲率半径 R 是曲率绝对值的倒数:

$$R = \frac{1}{|K|}. \tag{3.496}$$

在点 P 处的曲率越大, 曲率半径越小.

■ **A:** 对于半径为 a 的圆, 每点处的曲率 $K = \dfrac{1}{a}$ 而曲率半径 $R = a$ 是常数.

■ **B:** 对于直线有 $K = 0$, $R = \infty$.

(3) **曲率和曲率半径的公式**

使用通常的记号$\delta = \mathrm{d}\alpha$和 $\widehat{PN} = \mathrm{d}s$, 有

$$K = \frac{\mathrm{d}\alpha}{\mathrm{d}s}, \quad R = \left|\frac{\mathrm{d}s}{\mathrm{d}\alpha}\right|. \tag{3.497}$$

对于第 326 页 3.6.1.1 曲线的不同定义公式, K 和 R 的不同表达式为:

按 (3.484) 中的定义:

$$K=\frac{\dfrac{\mathrm{d}^2y}{\mathrm{d}x^2}}{\left[1+\left(\dfrac{\mathrm{d}y}{\mathrm{d}x}\right)^2\right]^{3/2}},\quad R=\left|\frac{\left[1+\left(\dfrac{\mathrm{d}y}{\mathrm{d}x}\right)^2\right]^{3/2}}{\dfrac{\mathrm{d}^2y}{\mathrm{d}x^2}}\right|. \tag{3.498}$$

按 (3.485) 中的定义:

$$K=\frac{\begin{vmatrix} x' & y' \\ x'' & y'' \end{vmatrix}}{\left(x'^2+y'^2\right)^{3/2}},\quad R=\left|\frac{\left(x'^2+y'^2\right)^{3/2}}{\begin{vmatrix} x' & y' \\ x'' & y'' \end{vmatrix}}\right|. \tag{3.499}$$

按 (3.483) 中的定义:

$$K=\frac{\begin{vmatrix} F_{xx} & F_{xy} & F_x \\ F_{yx} & F_{yy} & F_y \\ F_x & F_y & 0 \end{vmatrix}}{\left({F_x}^2+{F_y}^2\right)^{3/2}},\quad R=\left|\frac{\left({F_x}^2+{F_y}^2\right)^{3/2}}{\begin{vmatrix} F_{xx} & F_{xy} & F_x \\ F_{yx} & F_{yy} & F_y \\ F_x & F_y & 0 \end{vmatrix}}\right|. \tag{3.500}$$

按 (3.486) 中的定义:

$$K=\frac{\rho^2+2\rho'^2-\rho\rho''}{(\rho^2+\rho'^2)^{3/2}},\quad R=\left|\frac{(\rho^2+\rho'^2)^{3/2}}{\rho^2+2\rho'^2-\rho\rho''}\right|. \tag{3.501}$$

■ **A:** $y=\cosh x,\quad K=\dfrac{1}{\cosh^2 x}$;

■ **B:** $x=t^2,\quad y=t^3,\quad K=\dfrac{6}{t(4+9t^2)^{3/2}}$;

■ **C:** $y^2-x^2=a^2,\quad K=\dfrac{a^2}{(x^2+y^2)^{3/2}}$;

■ **D:** $\rho=a\varphi,\quad K=\dfrac{1}{a}\cdot\dfrac{\varphi^2+2}{(\varphi^2+1)^{3/2}}$.

5. 曲率圆和曲率中心

(1) **曲率圆** 在 P 点处的曲率圆是过 P 和曲线上两个邻近的点 N 和 M 的圆当 $N\to P$ 和 $M\to P$ 时的极限位置 (图 3.227). 它过曲线上的点并在此具有与曲

线相同的一阶导数和二阶导数. 因此它在切点处对曲线拟合得特别好. 曲率圆也称为*密切圆*. 它的半径是*曲率半径*, 其值是曲率绝对值的倒数.

(2) **曲率中心** 曲率圆的中心 C 是点 P 的曲率中心. 它位于曲线凹的一侧, 并在该曲线的法线上.

(3) **曲率中心的坐标** 对于由第 326 页 3.6.1.1 中的方程定义的曲线, 其曲率中心的坐标 (x_C, y_C) 可以用以下公式确定.

按 (3.484) 中的定义:

$$x_C = x - \frac{\dfrac{\mathrm{d}y}{\mathrm{d}x}\left[1+\left(\dfrac{\mathrm{d}y}{\mathrm{d}x}\right)^2\right]}{\dfrac{\mathrm{d}^2y}{\mathrm{d}x^2}}, \quad y_C = y + \frac{1+\left(\dfrac{\mathrm{d}y}{\mathrm{d}x}\right)^2}{\dfrac{\mathrm{d}^2y}{\mathrm{d}x^2}}. \tag{3.502}$$

按 (3.485) 中的定义:

$$x_C = x - \frac{y'(x'^2+y'^2)}{\begin{vmatrix} x' & y' \\ x'' & y'' \end{vmatrix}}, \quad y_C = y + \frac{x'(x'^2+y'^2)}{\begin{vmatrix} x' & y' \\ x'' & y'' \end{vmatrix}}. \tag{3.503}$$

按 (3.486) 中的定义:

$$x_C = \rho\cos\varphi - \frac{(\rho^2+\rho'^2)(\rho\cos\varphi+\rho'\sin\varphi)}{\rho^2+2\rho'^2-\rho\rho''},$$

$$y_C = \rho\sin\varphi - \frac{(\rho^2+\rho'^2)(\rho\sin\varphi-\rho'\cos\varphi)}{\rho^2+2\rho'^2-\rho\rho''}. \tag{3.504}$$

按 (3.483) 中的定义:

$$x_C = x + \frac{F_x\left(F_x^2+F_y^2\right)}{\begin{vmatrix} F_{xx} & F_{xy} & F_x \\ F_{yx} & F_{yy} & F_y \\ F_x & F_y & 0 \end{vmatrix}}, \quad y_C = y + \frac{F_y\left(F_x^2+F_y^2\right)}{\begin{vmatrix} F_{xx} & F_{xy} & F_x \\ F_{yx} & F_{yy} & F_y \\ F_x & F_y & 0 \end{vmatrix}}. \tag{3.505}$$

这些公式可以变换成形式

$$x_C = x - R\sin\alpha, \quad y_C = y + R\cos\alpha \tag{3.506}$$

或

$$x_C = x - R\frac{\mathrm{d}y}{\mathrm{d}s}, \quad y_C = y + R\frac{\mathrm{d}x}{\mathrm{d}s} \text{ (图 3.228)}. \tag{3.507}$$

其中 R 应该像在 (3.498) 至 (3.501) 中那样计算.

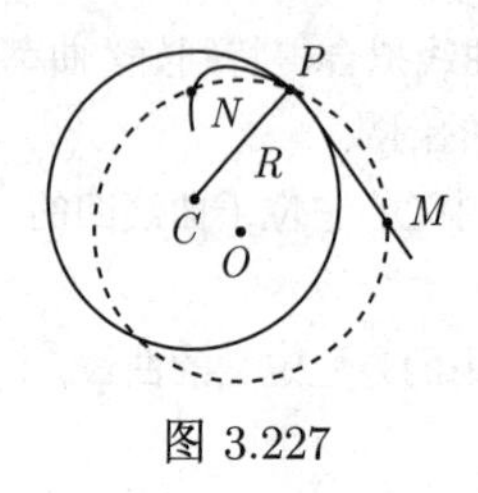

图 3.227

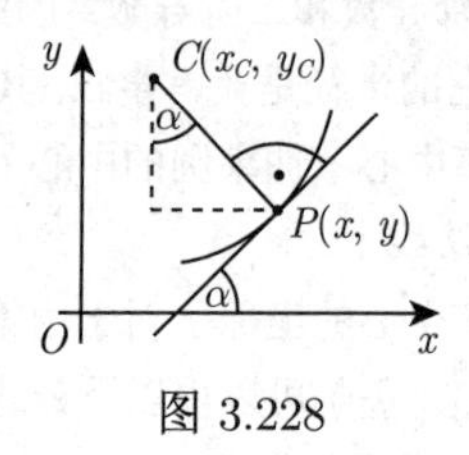

图 3.228

3.6.1.3 曲线的特殊点

以下仅讨论在坐标变换下仍保持不变的点. 极大值和极小值的确定见第 596 页 6.1.5.3.

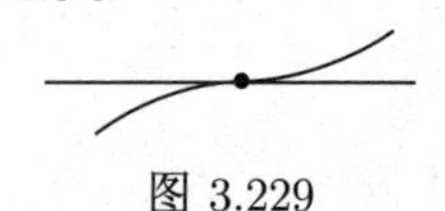

图 3.229

1. 拐点及其确定规则

拐点是曲线上曲率改变其符号的点 (图 3.229). 拐点处的切线与曲线相交, 因此在它附近曲线位于切线的两侧. 在拐点有 $K=0$ 且 $R=\infty$.

(1) **曲线的显定义式 (3.484)** $y=f(x)$.

a) **必要条件** 如果曲线上一点处存在二阶导数, 则该点为拐点的必要条件是此二阶导数的值为零 (关于不存在二阶导数的情形见 b))

$$f''(x)=0 \tag{3.508}$$

在二阶导数存在的情形, 为了确定拐点, 需要找出 $f''(x)=0$ 的所有根 $x_1, x_2, \cdots, x_i, \cdots, x_n$, 并将它们代入接下来所求的更高阶导数中. 如果对于值 x_i 而言的第一个非零导数具有奇数阶, 则在此存在一个拐点. 如果所考虑的点不是一个拐点, 因为第一个不为零的导数阶数 k 是偶数, 则对于 $f^{(k)}(x)<0$ 有曲线是下凹的; 对于 $f^{(k)}(x)>0$ 有曲线是上凹的. 对于高阶导数无法检验的情形, 例如它们不存在时, 见b).

b) **充分条件** 拐点存在的一个充分条件是当从该点左侧过渡到右侧时二阶导数 $f''(x)$ 的符号发生改变. 因此曲线在横坐标为 x_i 的点是否具有拐点的问题, 可以通过检验经该点的二阶导数的符号来回答: 如果经过时符号发生改变, 则存在一个拐点. 这一方法也可以用于 $y''=\infty$ 的情形.

■ **A:** $y=\dfrac{1}{1+x^2}$, $f''(x)=-2\dfrac{1-3x^2}{(1+x^2)^3}$, $x_{1,2}=\pm\dfrac{1}{\sqrt{3}}$, $f'''(x)=24x\dfrac{1-x^2}{(1+x^2)^4}$, $f'''(x_{1,2})\neq 0$. 拐点: $A\left(\dfrac{1}{\sqrt{3}},\dfrac{3}{4}\right)$, $B\left(-\dfrac{1}{\sqrt{3}},\dfrac{3}{4}\right)$.

■ **B:** $y=x^4$, $f''(x)=12x^2$, $x_1=0$, $f'''(x)=24x$, $f'''(x_1)=0$, $f^{IV}(x)=24$; 不存在拐点.

■ **C:** $y=x^{\frac{5}{3}}$, $y'=\dfrac{5}{3}x^{\frac{2}{3}}$, $y''=\dfrac{10}{9}x^{-\frac{1}{3}}$; 对 $x=0$ 我们有 $y''=\infty$.

由于 x 的值在从负到正的变化过程中, 二阶导数的符号从 "−" 变到 "+", 因此曲线在 $x=0$ 处具有拐点.

评论 在实践中, 如果从曲线的形状推出拐点存在, 例如在具有连续导数的极大值和极小值之间, 则仅确定点 x_i 而不检验更高阶的导数.

(2) **曲线的其他定义形式** 针对 (3.484) 情形的曲线定义形式而得到的拐点存在的必要条件 (3.508) 对于其他的定义公式将具有如下的分析形式:

a) 按 (3.485) 中的参数形式定义:

$$\begin{vmatrix} x' & y' \\ x'' & y'' \end{vmatrix} = 0. \tag{3.509}$$

b) 按 (3.486) 中的极坐标定义:

$$\rho^2 + 2\rho'^2 - \rho\rho'' = 0. \tag{3.510}$$

c) 按 (3.483) 中的隐式定义:

$$F(x,y)=0 \quad 和 \quad \begin{vmatrix} F_{xx} & F_{xy} & F_x \\ F_{yx} & F_{yy} & F_y \\ F_x & F_y & 0 \end{vmatrix} = 0\,. \tag{3.511}$$

在这些情形中, 解系给出了可能拐点的坐标.

■ **A:** $x = a\left(t - \dfrac{1}{2}\sin t\right),\quad y = a\left(1 - \dfrac{1}{2}\cos t\right)$(参见第 132 页短摆线 (图 2.68b));

$$\begin{vmatrix} x' & y' \\ x'' & y'' \end{vmatrix} = \frac{a^2}{4}\begin{vmatrix} 2-\cos t & \sin t \\ \sin t & \cos t \end{vmatrix} = \frac{a^2}{4}(2\cos t - 1);$$

$$\cos t_k = \frac{1}{2};\quad t_k = \pm\frac{\pi}{3} + 2k\pi \quad (k=0,\pm1,\pm2,\cdots).$$

对于参数值 t_k 该曲线具有无穷多个拐点.

■ **B:** $\rho = \dfrac{1}{\sqrt{\varphi}}$; $\rho^2 + 2\rho'^2 - \rho\rho'' = \dfrac{1}{\varphi} + \dfrac{1}{2\varphi^3} - \dfrac{3}{4\varphi^3} = \dfrac{1}{4\varphi^3}(4\varphi^2 - 1)$. 拐点位于角 $\varphi = \dfrac{1}{2}$.

■ **C:** $x^2 - y^2 = a^2$ (双曲线). $\begin{vmatrix} F_{xx} & \cdot & \cdot \\ \cdot & \cdot & \cdot \\ \cdot & \cdot & \cdot \end{vmatrix} = \begin{vmatrix} 2 & 0 & 2x \\ 0 & -2 & -2y \\ 2x & -2y & 0 \end{vmatrix} = 8x^2 - 8y^2$. 方程 $x^2 - y^2 = a^2$ 和 $8(x^2 - y^2) = 0$ 相互矛盾, 因此双曲线没有拐点.

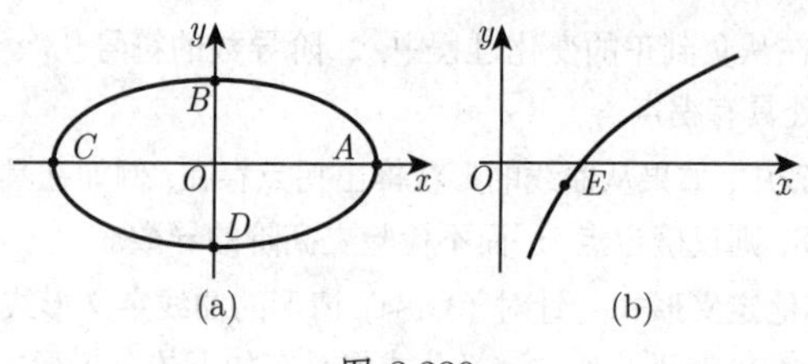

图 3.230

2. 顶点

顶点是曲线上曲率具有极大值或极小值的点. 例如椭圆具有四个顶点 A, B, C, D, 对数函数的曲线在 $E\left(\frac{1}{\sqrt{2}}, -\frac{\ln 2}{2}\right)$ 处具有一个顶点 (图 3.230). 确定顶点可以转化成确定 K 的极值, 或者 R 的极值, 如果这样做更简单的话. 公式 (3.498)~(3.501) 可用来计算.

3. 奇点

奇点是曲线上各种特殊点的总称.

(1) **奇点的类型** 点 a), b), $\cdots$, j) 对应于图 3.231 中的表示.

a) **二重点** 在二重点曲线与自己相交 (图 3.231(a)).

b) **孤立点** 孤立点满足曲线的方程; 但它与该曲线分离 (图 3.231(b)).

c), d) **尖点** 在尖点处曲线的方向发生改变; 根据切线的位置可以区分出第一类尖点和第二类尖点 (图 3.231(c), (d)).

e) **密切点** 在密切点处曲线与自身接触 (图 3.231(e)).

f) **角点** 在角点处曲线突然改变其方向, 但与尖点不同的是在此曲线的两不同支具有两条不同的切线 (图 3.231(f)).

g) **终点** 在终点处曲线终止 (图 3.231(g)).

h) **渐近点** 在渐近点附近当曲线任意趋近于它时通常将环绕无限次.

i), j) **更多的奇点** 有可能曲线在同一点处具有两个或更多的这样的奇点 (图 3.231(i), (j)).

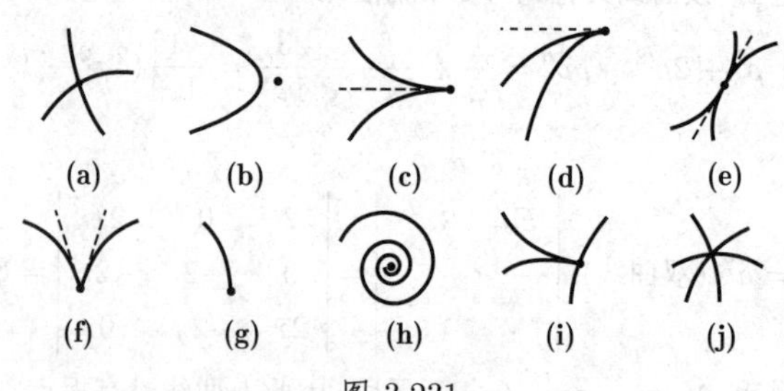

图 3.231

(2) **密切点、角点、终点和渐近点的确定** 这些类型的奇点仅在超越函数 (参见第 261 页 3.5.2.5) 的曲线上出现.

角点相应于导数 $\dfrac{\mathrm{d}y}{\mathrm{d}x}$ 的有限跳跃.

曲线的终点相应于函数 $y = f(x)$ 具有有限跳跃的间断点或直接终止.

渐近点可以在曲线由极坐标形式$\rho = f(\varphi)$ 给出的情形中以最容易的方式确定. 如果当$\varphi \to \infty$ 或$\varphi \to -\infty$ 时, 极限等于 0 ($\lim \rho = 0$), 这极点是一个渐近点.

■ **A:** 对于曲线 $y = \dfrac{x}{1+\mathrm{e}^{\frac{1}{x}}}$ (图 6.2c)(参见第 582 页 6.1.1) 原点是一个角点.

■ **B:** 点 (1, 0) 和 (1, 1) 是函数 $y = \dfrac{1}{1+\mathrm{e}^{\frac{1}{x-1}}}$ (图 2.8)(参见第 70 页 2.1.4.5) 的间断点.

■ **C:** 对数螺线$\rho = a\mathrm{e}^{k\varphi}$ (图 2.75)(参见第 138 页 2.14.3) 在原点处具有一个渐近点.

(3) **多重点的确定 (情形 a) 到 e), 以及 i) 和 j))** 这里用一般术语多重点表示二重点、三重点等等. 为了确定它们, 我们从形式为 $F(x, y) = 0$ 的曲线方程出发. 满足三个方程 $F = 0$, $F_x = 0$ 和 $F_y = 0$ 具有坐标 (x_1, y_1) 的一个点 A, 当三个二阶导数 F_{xx}, F_{xy} 和 F_{yy} 至少一个不为零时是一个二重点. 否则 A 是一个三重点或具有更高重数的点.

二重点的性质依赖于雅可比行列式

$$\Delta = \begin{vmatrix} F_{xx} & F_{xy} \\ F_{yx} & F_{yy} \end{vmatrix}_{\begin{pmatrix} x = x_1 \\ y = y_1 \end{pmatrix}} \tag{3.512}$$

的符号.

情形$\Delta < 0$ 当 $\Delta < 0$ 时曲线在点 A 处自身相交; 在点 A 处切线的斜率是方程

$$F_{yy}k^2 + 2F_{xy}k + F_{xx} = 0. \tag{3.513}$$

的根.

情形$\Delta > 0$ 当 $\Delta > 0$ 时 A 是一个孤立点.

情形$\Delta = 0$ 当 $\Delta = 0$ 时 A 要么是一个尖点要么是一个密切点; 切线的斜率是

$$\tan\alpha = -\frac{F_{xy}}{F_{yy}}. \tag{3.514}$$

关于多重点的更详细的研究, 建议将坐标系原点平移到点 A 并旋转坐标系使得 x 轴成为点 A 处的切线. 则从方程的形式人们可以说出它是第一类还是第二类尖点, 或是一个密切点.

■ **A:** $F(x, y) \equiv (x^2+y^2)^2 - 2a^2(x^2-y^2) = 0$ (参见第 131 页 2.12.6, 图 2.66, 双纽线); $F_x = 4x(x^2+y^2-a^2)$, $F_y = 4y(x^2+y^2+a^2)$; 方程组 $F_x = 0$, $F_y = 0$ 导致三个解 (0, 0), $(\pm a, 0)$, 其中只有一个满足条件 $F = 0$. 将 (0, 0) 代入二阶导数

得 $F_{xx} = -4a^2, F_{xy} = 0, F_{yy} = +4a^2$; $\varDelta = -16a^4 < 0$, 即在原点处曲线自身相交; 切线的斜率是 $\tan\alpha = \pm 1$, 其方程为 $y = \pm x$.

■ **B:** $F(x, y) \equiv x^3 + y^3 - x^2 - y^2 = 0$; $F_x = x(3x - 2)$, $F_y = y(3y - 2)$; 点 (0, 0), (0, 2/3), (2/3, 0) 和 $\left(\dfrac{2}{3}, \dfrac{2}{3}\right)$中只有第一个在曲线上; 有 $F_{xx} = -2$, $F_{xy} = 0$, $F_{yy} = -2$, $\varDelta = 4 > 0$, 即原点是一个孤立点.

■ **C:** $F(x, y) \equiv (y - x^2)^2 - x^5 = 0$. 方程组 $F_x = 0$, $F_y = 0$ 仅得到一个解 (0, 0), 它也满足方程 $F = 0$. 而且有 $\varDelta = 0$ 和 $\tan\alpha = 0$, 因此原点是一个第二类尖点. 这可以从方程的显式形式 $y = x^2(1 \pm \sqrt{x})$ 看出. 对于 $x < 0, y$ 没有定义, 而对于 $0 < x < 1$, y 的两个值都是正的; 在原点处切线是水平的.

(4) **$F(x, y) = 0$($F(x, y)$ 是关于x和y的多项式) 类型的代数曲线**

如果方程不包含常数和一次项, 则原点是一个二重点. 对应的切线可以通过使二次项之和相等来确定.

■ 对于双纽线 (参见第 131 页图 2.66) 在原点处的切线方程 $y = \pm x$ 可以由 $x^2 - y^2 = 0$ 推出.

如果方程也不包含二次项但包含三次项, 则原点是一个三重点.

3.6.1.4 曲线的渐近线

1. 定义

渐近线是当曲线远离原点时无限趋近的一条直线 (图 3.232).

曲线可以从一侧趋近于该直线 (图 3.232(a)), 或在趋近的过程中与它不断相交 (图 3.232(b)).

并不是任何一条曲线在无限地远离原点时 (曲线的无穷分支) 都有一条渐近线. 例如, 作为一种渐近逼近的假分式的整式部分 (参见第 18 页 1.1.7.2).

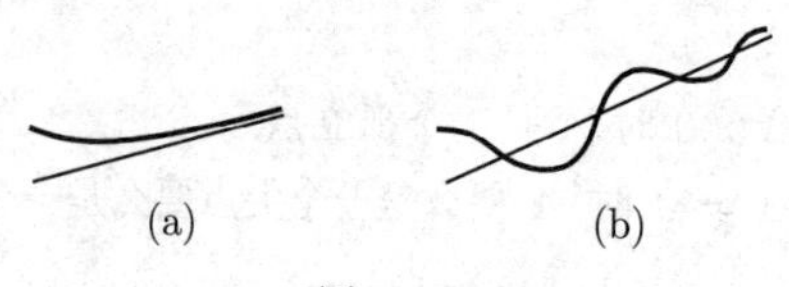

图 3.232

2. 以参数形式 $x = x(t), y = y(t)$ 给出的函数

为了确定渐近线的方程, 首先确定 $t \to t_i$ 时得出 $x(t) \to \pm\infty$ 或 $y(t) \to \pm\infty$ (或两者) 的那些值.

有下列情形:

a) 对于 $t \to t_i$ 有 $x(t) \to \infty$ 但 $y(t_i) = a \neq \infty$: $y = a$. 渐近线是水平直线.

$$(3.515a)$$

b) 对于 $t \to t_i$ 有 $y(t) \to \infty$ 但 $x(t_i) = a \neq \infty$: $x = a$. 渐近线是垂直直线.

$$(3.515b)$$

c) 如果 $y(t)$ 和 $x(t)$ 两者都趋向 $\pm\infty$, 则要计算下列极限:

$$k = \lim_{t \to t_i} \frac{y(t)}{x(t)} \quad 和 \quad b = \lim_{t \to t_i} [y(t) - k\,x(t)].$$

如果两者都存在, 则渐近线方程为

$$y = kx + b. \tag{3.515c}$$

■ $x = \dfrac{m}{\cos t}$, $y = n(\tan t - t)$, $t_1 = \dfrac{\pi}{2}$, $t_2 = -\dfrac{\pi}{2}$, 确定在 t_i 点的渐近线:

$$x(t_1) = y(t_1) = \infty, \quad k = \lim_{t \to \pi/2} \frac{n}{m}(\sin t - t\cos t) = \frac{n}{m},$$

$$b = \lim_{t \to \pi/2} \left[n(\tan t - t) - \frac{n}{m}\frac{m}{\cos t}\right] = n \lim_{t \to \pi/2} \frac{\sin t - t\cos t - 1}{\cos t} = -\frac{n\pi}{2}.$$ 对于渐近线由 (3.515c) 给出 $y = \dfrac{n}{m}x - \dfrac{n\pi}{2}$. 对于第二条渐近线, 等等, 类似地得 $y = -\dfrac{n}{m}x + \dfrac{n\pi}{2}$.

3. 以显式 $y = f(x)$ 给出的函数

垂直渐近线位于函数 $f(x)$ 的无穷跳跃间断点 (参见第 76 页 2.1.5.3) 处; 水平渐近线和斜渐近线具有方程

$$y = kx + b, \quad 其中 \quad k = \lim_{x \to \infty} \frac{f(x)}{x}, \quad b = \lim_{x \to \infty} [f(x) - kx]. \tag{3.516}$$

4. 以隐式多项式形式 $F(x, y) = 0$ 给出的函数

(1) 为了确定水平渐近线和垂直渐近线, 我们从关于 x 和 y 的多项式表达式中选取次数为 m 的最高次项, 然后将它们分离作为函数$\varPhi(x,\ y)$, 并对 x 和 y 求解 (如果可能的话) 方程$\varPhi(x,\ y) = 0$:

$$\varPhi(x, y) = 0 \quad 得出 \quad x = \varphi(y), \quad y = \psi(x). \tag{3.517}$$

值 $y_1 = a$, 当 $x \to \infty$ 时如果极限存在则给出水平渐近线 $y = a$; 值 $x_1 = b$, 当 $y \to \infty$ 时如果极限存在则给出垂直渐近线 $x = b$.

(2) 为了确定斜渐近线, 将直线 $y = kx + b$ 的方程代入 $F(x,\ y)$, 然后按照 x 的幂次排列作为结果所得的多项式:

$$F(x, kx + b) \equiv f_1(k, b)x^m + f_2(k, b)x^{m-1} + \cdots. \tag{3.518}$$

从方程

$$f_1(k, b) = 0, \quad f_2(k, b) = 0 \tag{3.519}$$

可以得到 (如果它们存在的话) 参数 k 和 b.

■ $x^3 + y^3 - 3axy = 0$ (参见第 125 页 2.11.3, 图 2.59, 笛卡儿叶形线). 基于方程 $F(x,\ kx + b) \equiv (1 + k^3)x^3 + 3(k^2b - ka)x^2 + \cdots$, 根据 (3.519) 得 $f_1(k,\ b) = 1 + k^3 = 0$ 和 $f_2(k,\ b) = k^2b - ka = 0$ 并解得 $k = -1$, $b = -a$, 渐近线方程是 $y = -x - a$.

3.6.1.5 关于由一个方程给出的曲线的一般讨论

研究由方程 (3.483)~(3.486) 之一给出的曲线通常是为了解它们的性质和形状.

1. 由显式函数 $y=f(x)$ 给出的曲线之作图

a) **确定定义域**(参见第 61 页 2.1.1)

b) **确定对称性** 确定曲线关于原点或 y 轴的对称性以检验函数是奇函数还是偶函数 (参见第 66 页 2.1.3.4).

c) **确定函数在 $\pm\infty$ 的行为** 这可以通过计算 $\lim\limits_{x\to-\infty} f(x)$ 和 $\lim\limits_{x\to+\infty} f(x)$ 来确定 (参见第 71 页 2.1.4.7).

d) **确定间断点**(参见第 76 页 2.1.5.3).

e) **确定与y轴和x轴的交点** 这可以通过计算 $f(0)$ 和解方程 $f(x)=0$ 来确定.

f) **确定极大值和极小值**并找出函数递增或递减的单调区间.

g) **确定拐点**以及在这些点处的切线方程 (参见第 334 页 3.6.1.3).

我们可以利用这些数据来描绘函数的图像, 如有必要, 还可以计算一些个别点以使得绘图更加精确.

■ 描绘函数 $y=\dfrac{2x^2+3x-4}{x^2}$ 的图像:

a) 该函数对于除 $x=0$ 外的所有 x 有定义.

b) 不具有对称性.

c) 当 $x\to-\infty$ 时有 $y\to 2$, 并且显然 $y=2-0$, 即从下方趋近, 而当 $x\to\infty$ 时也有 $y\to 2$, 但 $y=2+0$, 即从上方趋近.

d) $x=0$ 是一个间断点使得函数从左边和右边都趋向 $-\infty$, 因为对于 x 较小的值 y 是负的.

e) 因为 $f(0)=-\infty$ 成立, 所以与 y 轴没有交点, 由 $f(x)=2x^2+3x-4=0$ 得与 x 轴交点位于 $x_1\approx 0.85$ 和 $x_2\approx -2.35$.

f) 极大值在 $x=8/3\approx 2.66$ 处取得, 在此 $y\approx 2.56$.

g) 在 $x=4, y=2.5$ 处有一个拐点, 过该点的切线斜率为 $\tan\alpha=-\dfrac{1}{16}$.

h) 在基于这些数据描绘了函数的图像 (图 3.233) 后, 我们可以计算该曲线与渐近线的交点, 它位于 $x=4/3\approx 1.33$ 和 $y=2$.

2. 由隐函数 $F(x,y)=0$ 给出的曲线之作图

对于这种情形没有一般的规则, 因为根据函数的具体形式可以采取不同的步骤. 如有可能, 我们推荐下列步骤:

a) **确定与坐标轴的所有交点**

b) **确定曲线的对称性** 这可以通过将 x 替换为 $-x$ 和 y 替换为 $-y$ 来确定.

c) **确定极大值和极小值** 先关于 x 轴确定, 然后交换 x 和 y 再关于 y 轴确定(参见第 596 页 6.1.5.3).

d) **确定拐点和此处的切线斜率**(参见第 334 页 3.6.1.3).

e) **确定奇点**(参见第 336 页 3.6.1.3, 3.).

f) **确定顶点**(参见第 336 页 3.6.1.3, 2.) 和对应的曲率圆 (参见第 331 页 3.6.1.2, 4.). 在相对较大的一段曲线上, 常常很难区分曲线的弧段与曲率圆的圆弧段.

g) **确定渐近线的方程**(参见第 338 页 3.6.1.4) 以及曲线的支相对于渐近线的位置.

3.6.1.6 渐屈线和渐伸线

1. 渐屈线

一条曲线的渐屈线是该曲线曲率中心的轨迹 (参见第 332 页 3.6.1.2, 5.); 同时它也是该曲线法线的包络 (也见第 342 页 3.6.1.7). 如果将 (3.502)~(3.504) 中的 x_C 和 y_C 视为动点坐标, 则渐屈线的参数形式可以从曲率中心的坐标公式导出. 如果有可能从 (3.502)~(3.504) 中消去参数 (x, t 或φ), 则可以获得由笛卡儿坐标表示的渐屈线方程.

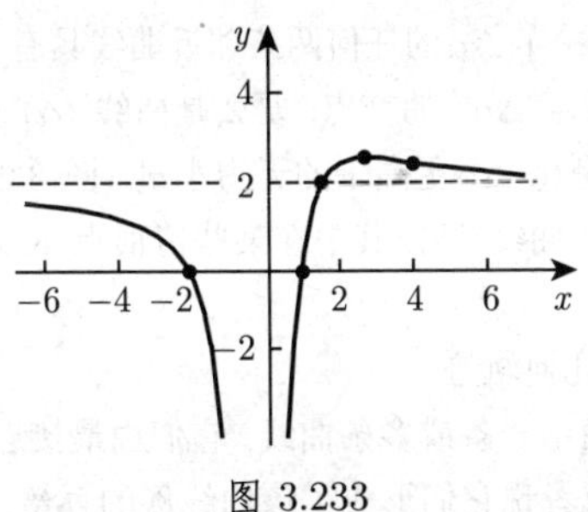

图 3.233

■ 确定抛物线 $y=x^2$ 的渐屈线 (图 3.234). 从 $X=x-\dfrac{2x(1+4x^2)}{2}=-4x^3$, $Y=x^2+\dfrac{1+4x^2}{2}=\dfrac{1+6x^2}{2}$, 考虑 X 和 Y 作为动点, 得渐屈线 $Y=\dfrac{1}{2}+3\left(\dfrac{X}{4}\right)^{2/3}$.

2. 渐伸线或渐开线

曲线Γ_2 的渐伸线 (也称为渐开线) 是一条曲线Γ_1, 后者的渐屈线是Γ_2. 因此, 渐伸线的每条法线PC是渐屈线的一条切线 (图 3.234), 渐屈线的弧长 $\widehat{CC_1}$ 等于渐伸线曲率半径的增量:

$$\widehat{CC}_1=\overline{P_1C_1}-\overline{PC}. \tag{3.520}$$

这些性质表明, 渐伸线Γ_1 可以看作是从Γ_2 伸开的棉纱线末端描绘的曲线. 一条给定的渐屈线对应一族曲线, 其中每条曲线由棉纱线的初始长度确定 (图 3.235).

渐屈线的方程可以通过积分对应于其渐屈线的微分方程组得到. 关于圆的渐伸线方程见第 137 页 2.14.4.

■ 悬链线是曳物线的渐屈线; 曳物线是悬链线的渐伸线 (参见第 139 页 2.15.1).

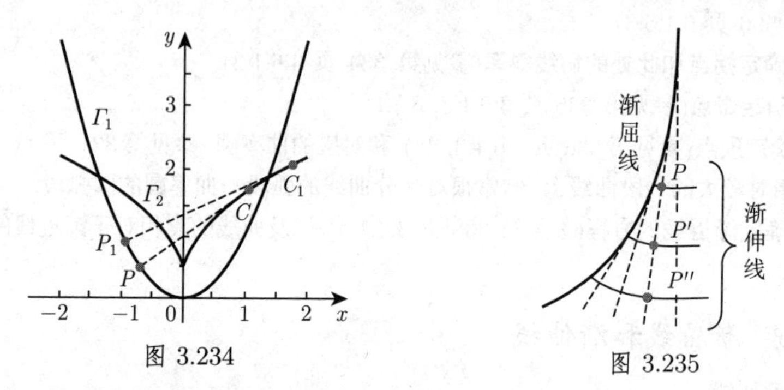

图 3.234　　图 3.235

3.6.1.7　曲线族的包络

1. 特征点

考虑由下面方程表示的 1-参数曲线族

$$F(x, y, \alpha) = 0. \tag{3.521}$$

这族里相应于参数值α和$\alpha + \Delta\alpha$的任何两条邻近曲线具有*最接近的点*K. 这样一个点要么是曲线 (α) 和 ($\alpha + \Delta\alpha$) 的交点; 要么是曲线 (α) 上的一个点, 它沿法线到曲线 ($\alpha + \Delta\alpha$) 的距离是比 $\Delta\alpha$更高阶的无穷小量 (图 3.236(a), (b)). 当 $\Delta\alpha \to 0$ 时曲线 ($\alpha + \Delta\alpha$) 趋近于曲线 (α), 其中在某些情形点 K 趋于一个极限位置, 即*特征点*.

2. 曲线族特征点的几何轨迹

方程 (3.521) 可以表示一条或多条曲线. 它们由最接近的点或该曲线族的边界点形成 (图 3.237(a)), 或者说它们形成了该曲线族的*包络*, 即与族中每条曲线相切的一条曲线 (图 3.237(b)). 也有可能是这两种情形的组合 (图 3.237(c), (d)).

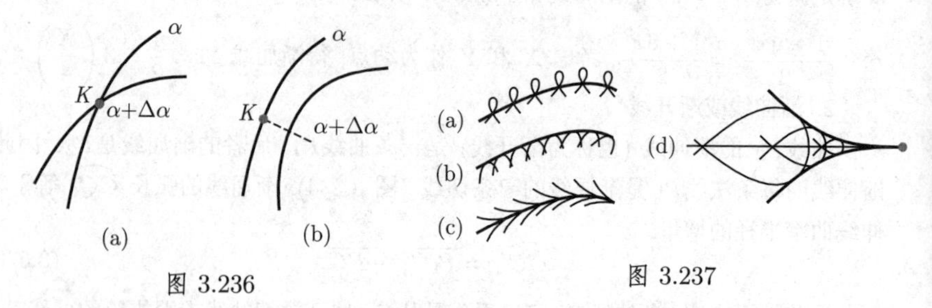

图 3.236　　图 3.237

3. 包络的方程

包络的方程可以从 (3.521) 计算, 其中α可以从下列方程组中消去:

$$F = 0, \quad \frac{\partial F}{\partial \alpha} = 0. \tag{3.522}$$

■ 确定当长为 $|AB| = l$ 的线段AB的端点沿坐标轴滑动时所产生的直线族的方程 (图 3.238(a)). 曲线族的方程是

$$\frac{x}{l\sin\alpha} + \frac{y}{l\cos\alpha} = 1$$

或 $F \equiv x\cos\alpha + y\sin\alpha - l\sin\alpha\cos\alpha = 0$, $\dfrac{\partial F}{\partial\alpha} = -x\sin\alpha + y\cos\alpha - l\cos^2\alpha + l\sin^2\alpha = 0$. 消去 α 给出作为包络的 $x^{2/3} + y^{2/3} = l^{2/3}$, 它是一条星形线 (也见图 3.238(b)).

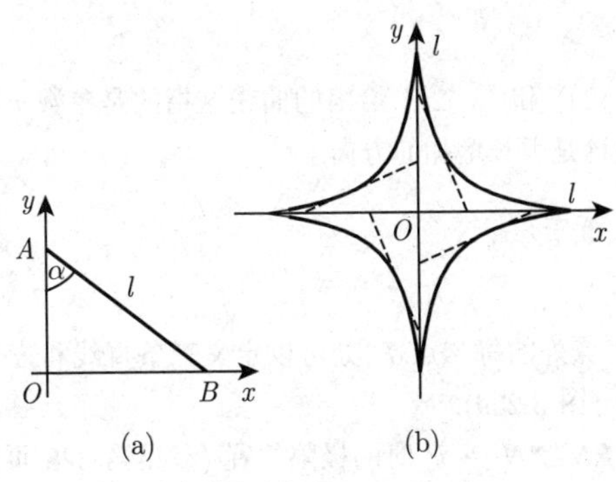

图 3.238

3.6.2 空间曲线

3.6.2.1 空间曲线的定义方式

1. 坐标方程

有下列可能方式用来定义空间曲线:

a) **两曲面的交线**

$$F(x,y,z) = 0\,, \quad \Phi(x,y,z) = 0. \tag{3.523}$$

b) **参数形式**

$$x = x(t)\,, \quad y = y(t)\,, \quad z = z(t), \tag{3.524}$$

其中 t 是一个任意参数; 通常使用 $t = x, y$ 或 z.

c) **参数形式**

$$x = x(s)\,, \quad y = y(s)\,, \quad z = z(s), \tag{3.525a}$$

其中以定点 A 与动点 P 之间的弧长 s:

$$s = \int_{t_0}^{t} \sqrt{\left(\frac{\mathrm{d}x}{\mathrm{d}t}\right)^2 + \left(\frac{\mathrm{d}y}{\mathrm{d}t}\right)^2 + \left(\frac{\mathrm{d}z}{\mathrm{d}t}\right)^2}\,\mathrm{d}t. \tag{3.525b}$$

作为参数.

2. 向量方程

设 $\vec{r}$ 是曲线上任意一点的向径 (参见第 243 页 3.5.1.1, 6.), 方程 (3.524) 可以写成形式

$$\vec{r}=\vec{r}(t),\quad \text{其中}\quad \vec{r}(t)=x(t)\vec{i}+y(t)\vec{j}+z(t)\vec{k},\tag{3.526}$$

而 (3.525a) 可以写成形式

$$\vec{r}=\vec{r}(s),\quad \text{其中}\quad \vec{r}(s)=x(s)\vec{i}+y(s)\vec{j}+z(s)\vec{k}\,.\tag{3.527}$$

3. 正方向

对于由形式 (3.524) 和 (3.526) 给出的曲线这指的是参数 t 增加的方向; 对于 (3.525a) 和 (3.527) 这是弧长增加的方向.

3.6.2.2 活动三面形

1. 定义

在空间曲线除奇点外的每一点 P 处可以定义三条直线和三个平面. 它们在点 P 相交, 并相互垂直 (图 3.239).

(1) **切线**是割线PN当 $N\to P$ 时的极限位置 (参见第 328 页图 3.220).

(2) **法平面**是与切线垂直的平面 (图 3.239). 在这一平面上通过点 P 的每条直线都称为该曲线在点 P 的法线.

(3) **密切平面**是通过三个邻近的点 M, P 和 N 的平面当 $N\to P$ 和 $M\to P$ 时的极限位置 (图 3.240). 切线在密切平面上.

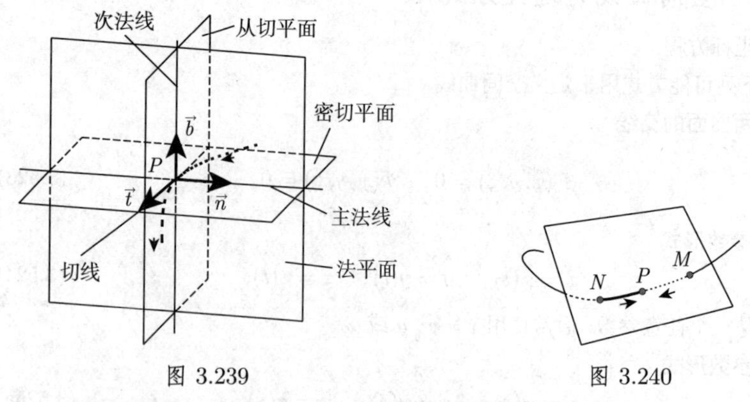

图 3.239　　图 3.240

(4) **主法线**是法平面与密切平面的交线, 即它是密切平面上的法线.

(5) **次法线**是过点 P 垂直于密切平面的直线.

(6) **从切平面**是由切线与次法线所展的平面.

(7) **活动三面形**, 切线、主法线和次法线上的正方向定义如下:

a) 在切线上由曲线的正方向给出; 单位切向量 $\vec{t}$ 具有这一方向.

b) 在主法线上它由曲线的曲率符号给出, 并由单位法向量 $\vec{n}$ 确定.

c) 在次法线上它由单位向量

$$\vec{b} = \vec{t} \times \vec{n} \tag{3.528}$$

确定, 其中 $\vec{t}, \vec{n}$ 和 $\vec{b}$ 构成右手直角坐标系, 称为*活动三面形*.

2. 相对于活动三面形的曲线位置

对于通常的曲线点, 空间曲线在点 P 处位于从切平面的一侧, 并与法平面和密切平面都相交 (图 3.241(a)). 曲线在点 P 处的一小段在三个平面上的投影大致具有下面的形状:

(1) 在密切平面上它类似于二次抛物线 (图 3.241(b)).

(2) 在从切平面上它类似于立方抛物线 (图 3.241(c)).

(3) 在法平面上它类似于半立方抛物线 (图 3.241(d)).

如果在 P 点曲线的曲率或挠率等于 0, 或者 P 是一个奇点, 即如果 $x'(t) = y'(t) = z'(t) = 0$ 成立, 则曲线可能具有不同的形状.

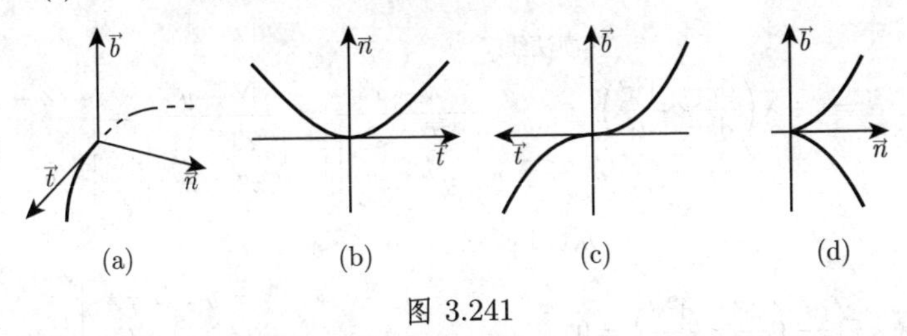

图 3.241

3. 活动三面形构成要素的方程

(1) **按 (3.523) 形式定义的曲线** 关于切线见 (3.529), 关于法平面见 (3.530):

$$\frac{X-x}{\begin{vmatrix} \dfrac{\partial F}{\partial y} & \dfrac{\partial F}{\partial z} \\ \dfrac{\partial \Phi}{\partial y} & \dfrac{\partial \Phi}{\partial z} \end{vmatrix}} = \frac{Y-y}{\begin{vmatrix} \dfrac{\partial F}{\partial z} & \dfrac{\partial F}{\partial x} \\ \dfrac{\partial \Phi}{\partial z} & \dfrac{\partial \Phi}{\partial x} \end{vmatrix}} = \frac{Z-z}{\begin{vmatrix} \dfrac{\partial F}{\partial x} & \dfrac{\partial F}{\partial y} \\ \dfrac{\partial \Phi}{\partial x} & \dfrac{\partial \Phi}{\partial y} \end{vmatrix}}, \tag{3.529}$$

$$\begin{vmatrix} X-x & Y-y & Z-z \\ \dfrac{\partial F}{\partial x} & \dfrac{\partial F}{\partial y} & \dfrac{\partial F}{\partial z} \\ \dfrac{\partial \Phi}{\partial x} & \dfrac{\partial \Phi}{\partial y} & \dfrac{\partial \Phi}{\partial z} \end{vmatrix} = 0, \tag{3.530}$$

这里 x, y, z 是曲线上的点 P 的坐标, X, Y, Z 是切线或法平面上的变动坐标; 偏导数在点 P 取值.

(2) **按 (3.524), (3.526) 形式定义的曲线** 在表 3.27 中利用 x, y, z 还有 $\vec{r}$ 给出了属于点 P 的坐标方程和向量方程. 动点的变动坐标和向径用 X, Y, Z 和 $\vec{R}$ 表示. 关于参数 t 的导数在点 P 取值.

表 3.27 三面形要素的向量方程和坐标方程

向量方程	坐标方程
切线:	
$\vec{R}=\vec{r}+\lambda\dfrac{\mathrm{d}\vec{r}}{\mathrm{d}t}$	$\dfrac{X-x}{x'}=\dfrac{Y-y}{y'}=\dfrac{Z-z}{z'}$
法平面:	
$(\vec{R}-\vec{r})\dfrac{\mathrm{d}\vec{r}}{\mathrm{d}t}=0$	$x'(X-x)+y'(Y-y)+z'(Z-z)=0$
密切平面:	
$(\vec{R}-\vec{r})\dfrac{\mathrm{d}\vec{r}}{\mathrm{d}t}\dfrac{\mathrm{d}^2\vec{r}}{\mathrm{d}t^2}=0^*$	$\begin{vmatrix} X-x & Y-y & Z-z \\ x' & y' & z' \\ x'' & y'' & z'' \end{vmatrix}=0$
次法线:	
$\vec{R}=\vec{r}+\lambda\left(\dfrac{\mathrm{d}\vec{r}}{\mathrm{d}t}\times\dfrac{\mathrm{d}^2\vec{r}}{\mathrm{d}t^2}\right)$	$\dfrac{X-x}{\begin{vmatrix} y' & z' \\ y'' & z'' \end{vmatrix}}=\dfrac{Y-y}{\begin{vmatrix} z' & x' \\ z'' & x'' \end{vmatrix}}=\dfrac{Z-z}{\begin{vmatrix} x' & y' \\ x'' & y'' \end{vmatrix}}$
从切平面:	
$(\vec{R}-\vec{r})\dfrac{\mathrm{d}\vec{r}}{\mathrm{d}t}\left(\dfrac{\mathrm{d}\vec{r}}{\mathrm{d}t}\times\dfrac{\mathrm{d}^2\vec{r}}{\mathrm{d}t^2}\right)=0^*$	$\begin{vmatrix} X-x & Y-y & Z-z \\ x' & y' & z' \\ l & m & n \end{vmatrix}=0$ $l=y'z''-y''z'$ $m=z'x''-z''x'$ $n=x'y''-x''y'$
主法线:	
$\vec{R}=\vec{r}+\lambda\dfrac{\mathrm{d}\vec{r}}{\mathrm{d}t}\times\left(\dfrac{\mathrm{d}\vec{r}}{\mathrm{d}t}\times\dfrac{\mathrm{d}^2\vec{r}}{\mathrm{d}t^2}\right)$	$\dfrac{X-x}{\begin{vmatrix} y' & z' \\ m & n \end{vmatrix}}=\dfrac{Y-y}{\begin{vmatrix} z' & x' \\ n & l \end{vmatrix}}=\dfrac{Z-z}{\begin{vmatrix} x' & y' \\ l & m \end{vmatrix}}$

注: $\vec{r}$ 空间曲线的位置向量, $\vec{R}$ 活动三面形的位置向量.

* 关于三向量的混合积, 参见第 249 页, 3.5.1.6, 2.

(3) **按 (3.525a), (3.527) 形式定义的曲线** 如果参数是弧长 s, 则对于切线和次法线以及法平面和密切平面, 与情形 2 一样的方程也成立, 只是 t 必须用 s 来代替. 主法线和从切平面的方程将比较简单 (表 3.28).

表 3.28 三面形要素作为弧长函数的向量方程和坐标方程

三面形的要素	向量方程	坐标方程
主法线	$\vec{R}=\vec{r}+\lambda\dfrac{\mathrm{d}^2\vec{r}}{\mathrm{d}s^2}$	$\dfrac{X-x}{x''}=\dfrac{Y-y}{y''}=\dfrac{Z-z}{z''}$
从切平面	$(\vec{R}-\vec{r})\dfrac{\mathrm{d}^2\vec{r}}{\mathrm{d}s^2}=0$	$x''(X-x)+y''(Y-y)+z''(Z-z)=0$

注: $\vec{r}$ 空间曲线的位置向量, $\vec{R}$ 活动三面形的位置向量

3.6.2.3 曲率和挠率

1. 曲线的曲率和曲率半径

曲线在点 P 处的*曲率*是刻画曲线在该点非常近的范围内偏离直线的一种度量. 精确的定义要借助切向量 $\vec{t}=\dfrac{\mathrm{d}\vec{r}}{\mathrm{d}s}$(图 3.242):

$$K=\lim_{\widehat{PN}\to 0}\frac{\Delta\vec{t}}{\widehat{PN}}=\frac{\mathrm{d}\vec{t}}{\mathrm{d}s}. \tag{3.531}$$

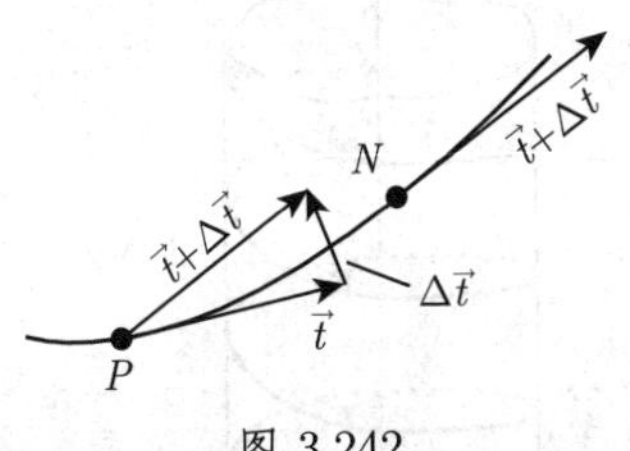

图 3.242

(1) **曲率半径** 曲率半径是曲率绝对值的倒数:

$$\rho=\frac{1}{K}. \tag{3.532}$$

(2) **计算 K 和 ρ 的公式**

a) 如果曲线的定义形式为 (3.525a), 则

$$K=\left|\frac{\mathrm{d}^2\vec{r}}{\mathrm{d}s^2}\right|=\sqrt{x''^2+y''^2+z''^2}, \tag{3.533}$$

其中导数是关于 s 来求的.

b) 如果曲线的定义形式为 (3.524), 则

$$K^2=\frac{\left(\dfrac{\mathrm{d}\vec{r}}{\mathrm{d}t}\right)^2\left(\dfrac{\mathrm{d}^2\vec{r}}{\mathrm{d}t^2}\right)^2-\left(\dfrac{\mathrm{d}\vec{r}}{\mathrm{d}t}\dfrac{\mathrm{d}^2\vec{r}}{\mathrm{d}t^2}\right)^2}{\left|\left(\dfrac{\mathrm{d}\vec{r}}{\mathrm{d}t}\right)^2\right|^3}$$

$$= \frac{(x'^2+y'^2+z'^2)(x''^2+y''^2+z''^2)-(x'x''+y'y''+z'z'')^2}{(x'^2+y'^2+z'^2)^3}, \tag{3.534}$$

这里导数是关于 t 来计算的.

(3) **螺旋线** 方程

$$x = a\cos t,\quad y = a\sin t,\quad z = bt \quad (a>0, b>0) \tag{3.535}$$

刻画的是一条*右手螺旋线*(图 3.243). 如果观察者注视 z 轴的正向, 它同时也是螺旋的轴, 则螺旋以逆时针方向爬升. 以相反方向绕自身的螺旋线称为*左手螺旋线*.

■ 确定螺旋线 (3.535) 的曲率. 以 $s = t\sqrt{a^2+b^2}$ 替换 t. 则有

$$x = a\cos\frac{s}{\sqrt{a^2+b^2}},\quad y = a\sin\frac{s}{\sqrt{a^2+b^2}},\quad z = \frac{bs}{\sqrt{a^2+b^2}},$$

根据 (3.533), $K = \dfrac{a}{a^2+b^2}$, $\rho = \dfrac{a^2+b^2}{a}$. K 和 ρ 这两个量都是常数.

另一种方法, 不用在 (3.534) 中作参数变换, 也产生同样的结果.

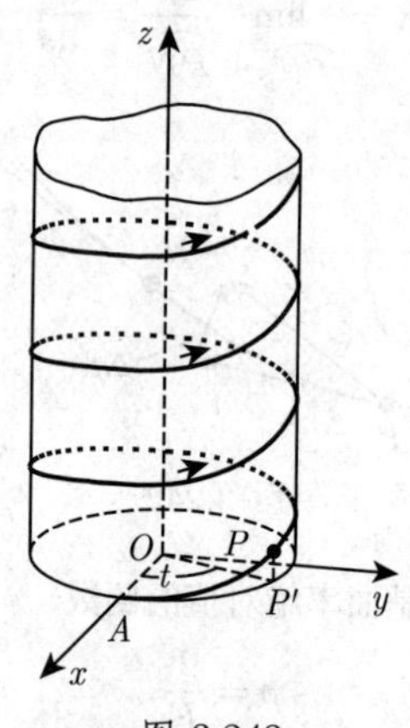

图 3.243

2. 曲线的挠率和挠率圆的半径

曲线在点 P 处的*挠率*是刻画曲线在该点非常近的范围内偏离平面曲线的一种度量. 精确的定义要借助次法向量 $\vec{b}$(3.528)(图 3.244):

$$T = \lim_{\overset{\frown}{PN}\to 0}\frac{\Delta\vec{b}}{\overset{\frown}{PN}} = \frac{\mathrm{d}\vec{b}}{\mathrm{d}s}. \tag{3.536}$$

*挠率半径*是

$$\tau = \frac{1}{|T|}. \tag{3.537}$$

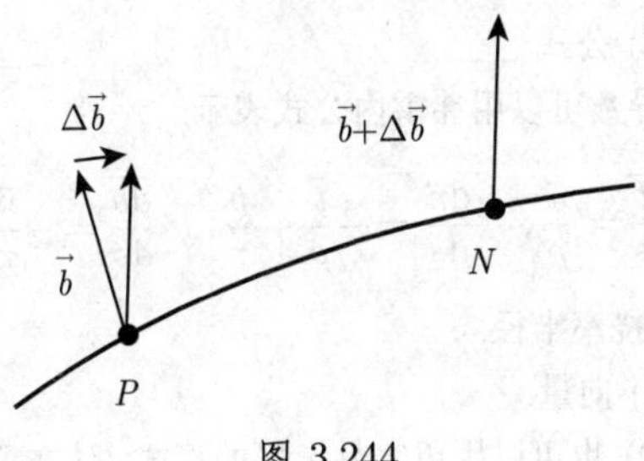

图 3.244

1) **计算 T 和 τ 的公式**

a) 如果曲线的定义形式为 (3.525a), 则

$$T=\frac{1}{\tau}=\rho^2\left(\frac{\mathrm{d}\vec{r}}{\mathrm{d}s}\frac{\mathrm{d}^2\vec{r}}{\mathrm{d}s^2}\frac{\mathrm{d}^3\vec{r}}{\mathrm{d}s^3}\right)^*=\frac{\begin{vmatrix} x' & y' & z' \\ x'' & y'' & z'' \\ x''' & y''' & z''' \end{vmatrix}}{(x''^2+y''^2+z''^2)}, \tag{3.538}$$

其中导数是关于 s 来求的.

b) 如果曲线的定义形式为 (3.524), 则

$$T=\frac{1}{\tau}=\rho^2\frac{\dfrac{\mathrm{d}\vec{r}}{\mathrm{d}t}\dfrac{\mathrm{d}^2\vec{r}}{\mathrm{d}t^2}\dfrac{\mathrm{d}^3\vec{r}}{\mathrm{d}t^3}^*}{\left|\left(\dfrac{\mathrm{d}\vec{r}}{\mathrm{d}t}\right)^2\right|^3}=\rho^2\frac{\begin{vmatrix} x' & y' & z' \\ x'' & y'' & z'' \\ x''' & y''' & z''' \end{vmatrix}}{(x'^2+y'^2+z'^2)^3}, \tag{3.539}$$

其中ρ要用 (3.532) 和 (3.533) 计算.

用 (3.538), (3.539) 计算的挠率可以是正的也可以是负的. 在 $T>0$ 的情形, 站在主法线上平行于次法线的观察者看到的曲线是右旋的; 在 $T<0$ 的情形, 是左旋的.

■ 螺旋线的挠率是常数. 用记号 R 表示右旋, L 表示左旋, 则挠率为

$$T_R=\left(\frac{a^2+b^2}{a}\right)^2\frac{\begin{vmatrix} -a\sin t & a\cos t & b \\ -a\cos t & -a\sin t & 0 \\ a\sin t & -a\cos t & 0 \end{vmatrix}}{[(-a\sin t)^2+(a\cos t)^2+b^2]^3}=\frac{b}{a^2+b^2},$$

$$\tau=\frac{a^2+b^2}{b};\quad T_L=-\frac{b}{a^2+b^2}.$$

---

* 关于三个向量的混合积, 参见第 249 页 3.5.1.6, 2.

3. 弗雷内 (Frenet) 公式

向量 $\vec{t},\vec{n}$ 和 $\vec{b}$ 的导数可以用弗雷内公式表示:

$$\frac{\mathrm{d}\vec{t}}{\mathrm{d}s}=\frac{\vec{n}}{\rho}, \quad \frac{\mathrm{d}\vec{n}}{\mathrm{d}s}=-\frac{\vec{t}}{\rho}+\frac{\vec{b}}{\tau}, \quad \frac{\mathrm{d}\vec{b}}{\mathrm{d}s}=-\frac{\vec{n}}{\tau}, \tag{3.540}$$

其中ρ是曲率半径, τ是挠率半径.

4. 达布 (Darboux) 向量

弗雷内公式 (3.540) 也可以用更容易记忆的形式 (达布公式) 表示

$$\frac{\mathrm{d}\vec{t}}{\mathrm{d}s}=\vec{d}\times\vec{t}, \quad \frac{\mathrm{d}\vec{n}}{\mathrm{d}s}=\vec{d}\times\vec{n}, \quad \frac{\mathrm{d}\vec{b}}{\mathrm{d}s}=\vec{d}\times\vec{b}, \tag{3.541}$$

其中 $\vec{d}$ 是达布向量, 它具有形式

$$\vec{d}=\frac{1}{\tau}\vec{t}+\frac{1}{\rho}\vec{b}. \tag{3.542}$$

评论 (1) 借助达布向量可以在运动学的意义上解释弗雷内公式 (见 [3.18]).

(2) 达布向量的模等于空间曲线的全曲率λ:

$$\lambda=\sqrt{\frac{1}{\rho^2}+\frac{1}{\tau^2}}=|\vec{d}|. \tag{3.543}$$

3.6.3 曲面

3.6.3.1 曲面的定义方式

1. 曲面的方程

曲面可以用不同方式来定义:

a) **隐形式**

$$F(x,y,z)=0. \tag{3.544}$$

b) **显形式**

$$z=f(x,y). \tag{3.545}$$

c) **参数形式**

$$x=x(u,v), \quad y=y(u,v), \quad z=z(u,v). \tag{3.546}$$

d) **向量形式**

$$\vec{r}=\vec{r}(u,v), \quad \vec{r}=x(u,v)\vec{i}+y(u,v)\vec{j}+z(u,v)\vec{k}. \tag{3.547}$$

如果参数 u 和 v 取遍所有的允许值, 则通过 (3.546) 和 (3.547) 就得到曲面上所有点的坐标和向径. 从参数形式 (3.546) 消去 u 和 v(如果可能的话) 就得到隐形式 (3.544). 显形式 (3.545) 是参数形式当 $u=x$ 和 $v=y$ 时的特殊情形.

■ 具有笛卡儿坐标、参数形式和向量形式的球面方程 (图 3.246):

$$x^2+y^2+z^2-a^2=0; \tag{3.548a}$$

$$x=a\cos u\sin v,\ y=a\sin u\sin v,\ z=a\cos v; \tag{3.548b}$$

$$\vec{r}=a(\cos u\sin v\vec{i}+\sin u\sin v\vec{j}+\cos v\vec{k}). \tag{3.548c}$$

2. 曲面上的曲线坐标

如果曲面是由形式 (3.546) 或 (3.547) 给出的, 而当固定另一个参数 $v=v_0$ 时参数值 u 可以变化, 则点 $\vec{r}(x,y,z)$ 在曲面上描绘出一条曲线 $\vec{r}=\vec{r}(u,v_0)$. 用不同但是固定的值 $v=v_1$, $v=v_2$, $\cdots$, $v=v_n$ 一个接一个地替换 v 则给出曲面上的曲线族. 当设 $v=$ 常数沿一条曲线移动时只有 u 在变动, 这条曲线称为*u 线* (图 3.245). 类似地, 我们可以通过变动 v 并固定 u_1, u_2, $\cdots$, u_n 使 $u=$ 常数得到另一族曲线, 即 *v 线*. 这样, 就在曲面 (3.546) 上定义了一个坐标线网, 其中两个固定的数 $u=u_i$ 和 $v=v_k$ 是曲面上点 P 的*曲线坐标*或*高斯坐标*.

如果曲面由形式 (3.545) 给出, 则坐标线是曲面与平面 $x=$ 常数和 $y=$ 常数的交线. 利用隐形式的方程 $F(u,v)=0$ 或这些坐标的参数方程 $u=u(t)$ 和 $v=v(t)$, 可以定义曲面上的曲线.

■ 在球面的参数方程 (3.548b, c) 中 u 指的是点 P 的*地理经度*, v 指的是它的*极距*. 这里 v 线是*子午线*APB; u 线是*平行圆*CPD (图 3.246).

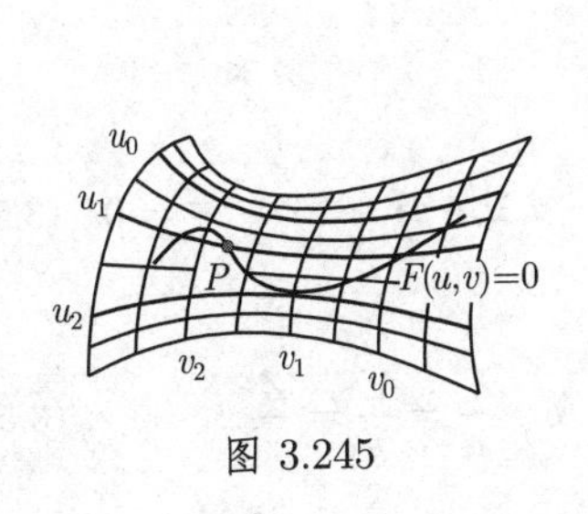

图 3.245

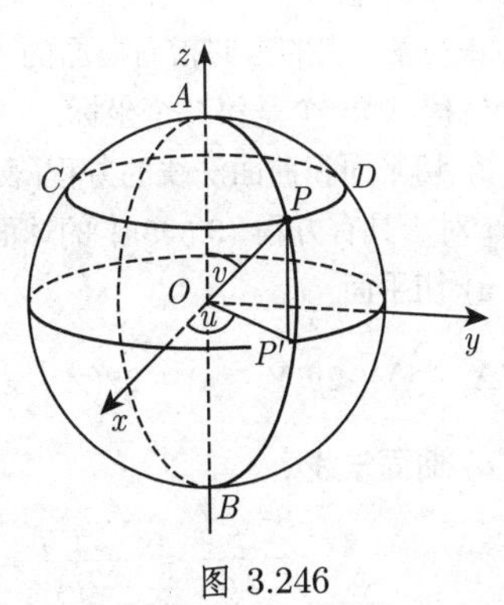

图 3.246

3.6.3.2 切平面和曲面法线

1. 定义

(1) **切平面** 关于切平面的精确的一般数学定义相当复杂, 因此这里限于研究当曲面是由两个参数定义的情形. 假设, 对于点 $P(x,y,z)$ 的邻域, 映射 $(u,v)\to\vec{r}(u,v)$ 是可逆的, 偏导数 $\vec{r}_u=\dfrac{\partial\vec{r}}{\partial u}$ 和 $\vec{r}_v=\dfrac{\partial\vec{r}}{\partial v}$ 是连续的, 并且不互相平行. 这时

$P(x,y,z)$ 称为曲面的正则点. 如果 P 是正则的, 则过 P 的所有曲线的切线在同一平面内, 这一平面称为曲面在 P 点处的*切平面*. 如果这种情况发生, 则偏导数 $\vec{r}_u$ 和 $\vec{r}_v$ 是平行的 (或 0) 仅对曲面的某些参数成立. 如果对于任何参数它们都是平行的, 则该点称为*奇点*(参见第 353 页 3.6.3.2, 3.).

(2) **曲面法线** 过点 P 垂直于切平面的直线称为 P 点处的*曲面法线*(图 3.247).

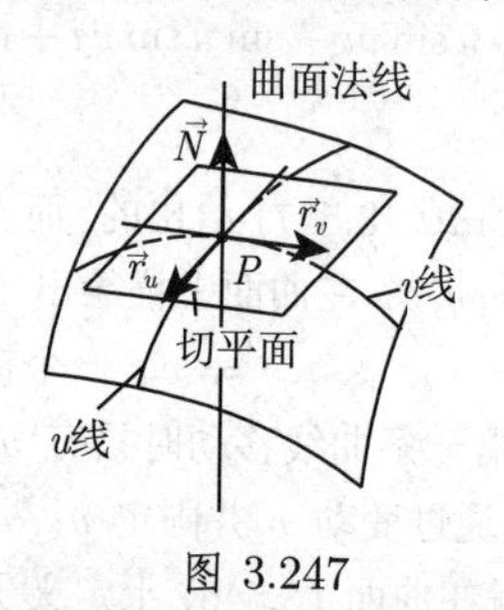

图 3.247

(3) **法向量** 切平面是由两个向量, 即 u 线和 v 线的切向量

$$\vec{r}_u = \frac{\partial \vec{r}}{\partial u}, \quad \vec{r}_v = \frac{\partial \vec{r}}{\partial v} \tag{3.549a}$$

张成的. 切向量的向量积 $\vec{r}_u \times \vec{r}_v$ 是曲面法线方向上的一个向量. 其单位向量

$$\vec{N}_0 = \frac{\vec{r}_u \times \vec{r}_v}{|\vec{r}_u \times \vec{r}_v|} \tag{3.549b}$$

称为*法向量*. 它的方向指向曲面的一侧或另一侧依赖于 u 和 v 中哪一个变量是第一个坐标, 哪一个是第二个坐标.

2. 切平面和曲面法线的方程(表 3.29)

■ **A**: 对于具有方程 (3.548a) 的球面有

a) **切平面**

$$2x(X-x)+2y(Y-y)+2z(Z-z)=0 \quad \text{或} \quad xX+yY+zZ-a^2=0\,; \tag{3.550a}$$

b) **曲面法线**

$$\frac{X-x}{2x}=\frac{Y-y}{2y}=\frac{Z-z}{2z} \quad \text{或} \quad \frac{X}{x}=\frac{Y}{y}=\frac{Z}{z}. \tag{3.550b}$$

■ **B**: 对于具有方程 (3.548b) 的球面有

a) **切平面**

$$X\cos u\sin v+Y\sin u\sin v+Z\cos v=a; \tag{3.550c}$$

b) **曲面法线**

$$\frac{X}{\cos u\sin v}=\frac{Y}{\sin u\sin v}=\frac{Z}{\cos v}. \tag{3.550d}$$

表 3.29 切平面和曲面法线的方程

方程类型	切平面	曲面法线
(3.544)	$\frac{\partial F}{\partial x}(X-x)+\frac{\partial F}{\partial y}(Y-y)+\frac{\partial F}{\partial z}(Z-z)=0$	$\frac{X-x}{\frac{\partial F}{\partial x}}=\frac{Y-y}{\frac{\partial F}{\partial y}}=\frac{Z-z}{\frac{\partial F}{\partial z}}$
(3.545)	$Z-z=p(X-x)+q(Y-y)$	$\frac{X-x}{p}=\frac{Y-y}{q}=\frac{Z-z}{-1}$
(3.546)	$\begin{vmatrix} X-x & Y-y & Z-z \\ \frac{\partial x}{\partial u} & \frac{\partial y}{\partial u} & \frac{\partial z}{\partial u} \\ \frac{\partial x}{\partial v} & \frac{\partial y}{\partial v} & \frac{\partial z}{\partial v} \end{vmatrix}=0$	$\frac{X-x}{\begin{vmatrix} \frac{\partial y}{\partial u} & \frac{\partial z}{\partial u} \\ \frac{\partial y}{\partial v} & \frac{\partial z}{\partial v} \end{vmatrix}}=\frac{Y-y}{\begin{vmatrix} \frac{\partial z}{\partial u} & \frac{\partial x}{\partial u} \\ \frac{\partial z}{\partial v} & \frac{\partial x}{\partial v} \end{vmatrix}}=\frac{Z-z}{\begin{vmatrix} \frac{\partial x}{\partial u} & \frac{\partial y}{\partial u} \\ \frac{\partial x}{\partial v} & \frac{\partial y}{\partial v} \end{vmatrix}}$
(3.547)	$(\vec{R}-\vec{r})\vec{r_1}\vec{r_2}=0^*$ 或$(\vec{R}-\vec{r})\vec{N}=0$	$\vec{R}=\vec{r}+\lambda(\vec{r_1}\times\vec{r_2})$ 或 $\vec{R}=\vec{r}+\lambda\vec{N}$

注: 在此表中 x, y, z 和 $\vec{r}$ 是曲线上点 P 的坐标和向径; X, Y, Z 和 $\vec{R}$ 是点 P 处切平面和曲面法线上动点的坐标和向径; 此外 $\vec{r}_1=\frac{\partial \vec{r}}{\partial u}$ $\vec{r}_2=\frac{\partial \vec{r}}{\partial v}$; $p=\frac{\partial z}{\partial x}, q=\frac{\partial z}{\partial y}$; $\vec{N}$ 是法向量.

* 关于三个向量的混合积, 参见第 249 页 3.5.1.6, 2.

3. 曲面的奇点

如果对于坐标为 $x=x_1$, $y=y_1$, $z=z_1$ 的曲面上的点和方程 (3.544), 等式

$$\frac{\partial F}{\partial x}=0, \quad \frac{\partial F}{\partial y}=0, \quad \frac{\partial F}{\partial z}=0, \quad F(x,y,z)=0 \tag{3.551}$$

同时满足, 即任何一阶偏导数在点 $P(x_1, y_1, z_1)$ 处都等于 0, 则该点称为*奇点*. 通过此点的切线并不形成一个平面而是一个二阶锥面, 方程为

$$\frac{\partial^2 F}{\partial x^2}(X-x_1)^2+\frac{\partial^2 F}{\partial y^2}(Y-y_1)^2+\frac{\partial^2 F}{\partial z^2}(Z-z_1)^2+2\frac{\partial^2 F}{\partial x\partial y}(X-x_1)(Y-y_1)$$
$$+2\frac{\partial^2 F}{\partial y\partial z}(Y-y_1)(Z-z_1)+2\frac{\partial^2 F}{\partial z\partial x}(Z-z_1)(X-x_1)=0, \tag{3.552}$$

其中二阶偏导数在点 $P(x_1, y_1, z_1)$ 处取值. 如果在该点处的二阶偏导数也等于 0, 则存在着一个更复杂类型的奇点. 那时切线形成的是一个三阶或甚至更高阶的锥面.

3.6.3.3 曲面的线素

1. 弧微分

考虑由形式 (3.546) 或 (3.547) 给出的曲面. 设 $P(u, v)$ 是曲面上的任意点, $N(u+\mathrm{d}u, v+\mathrm{d}v)$ 是曲面上另一个接近于 P 的点. 则曲面上弧段 $\overset{\frown}{PN}$ 的弧长可

以通过弧微分或曲面的线素利用下面的公式近似计算:

$$\mathrm{d}s^2 = E\mathrm{d}u^2 + 2F\mathrm{d}u\mathrm{d}v + G\mathrm{d}v^2, \tag{3.553a}$$

其中三个系数

$$E = \vec{r}_u^{\,2} = \left(\frac{\partial x}{\partial u}\right)^2 + \left(\frac{\partial y}{\partial u}\right)^2 + \left(\frac{\partial z}{\partial u}\right)^2, \quad F = \vec{r}_u\vec{r}_v = \frac{\partial x}{\partial u}\frac{\partial x}{\partial v} + \frac{\partial y}{\partial u}\frac{\partial y}{\partial v} + \frac{\partial z}{\partial u}\frac{\partial z}{\partial v},$$

$$G = \vec{r}_v^{\,2} = \left(\frac{\partial x}{\partial v}\right)^2 + \left(\frac{\partial y}{\partial v}\right)^2 + \left(\frac{\partial z}{\partial v}\right)^2 \tag{3.553b}$$

是在点 P 处计算的. 等式 (3.553a) 的右侧称为曲面的*第一二次基本形式*.

■ **A**: 对于由形式 (3.548c) 给出的球面, 显然有

$$E = a^2\sin^2 v\,, \quad F = 0\,, \quad G = a^2\,, \quad \mathrm{d}s^2 = a^2(\sin^2 v\mathrm{d}u^2 + \mathrm{d}v^2)\,. \tag{3.554}$$

■ **B**: 对于由形式 (3.545) 给出的曲面, 显然有

$$E = 1 + p^2\,, \quad F = pq\,, \quad G = 1 + q^2, \quad \text{其中} \quad p = \frac{\partial z}{\partial x}\,, \quad q = \frac{\partial z}{\partial y}\,. \tag{3.555}$$

2. 曲面上的度量

(1) **弧长** 曲面上曲线 $u = u(t)$, $v = v(t)$ $(0 \leqslant t \leqslant t_1)$ 的弧长由下面的公式计算

$$L = \int_{t_0}^{t_1} \mathrm{d}s = \int_{t_0}^{t_1} \sqrt{E\left(\frac{\mathrm{d}u}{\mathrm{d}t}\right)^2 + 2F\frac{\mathrm{d}u}{\mathrm{d}t}\frac{\mathrm{d}v}{\mathrm{d}t} + G\left(\frac{\mathrm{d}v}{\mathrm{d}t}\right)^2}\,\mathrm{d}t. \tag{3.556}$$

(2) **两曲线之间的夹角** 曲面 $\vec{r} = \vec{r}(u,v)$ 上两条曲线 $\vec{r}_1 = \vec{r}(u_1(t), v_1(t))$ 和 $\vec{r}_2 = \vec{r}(u_2(t), v_2(t))$ 之间的夹角是它们具有方向向量 $\dot{\vec{r}}_1$ 和 $\dot{\vec{r}}_2$ 的两条切线之间的夹角 (图 3.248). 它由下面的公式给出

$$\begin{aligned}\cos\alpha &= \frac{\dot{\vec{r}}_1\dot{\vec{r}}_2}{\sqrt{\dot{\vec{r}}_1^{\,2}\,\dot{\vec{r}}_2^{\,2}}} \\ &= \frac{E\,\dot{u}_1\dot{u}_2 + F\,(\dot{u}_1\dot{v}_2 + \dot{v}_1\dot{u}_2) + G\,\dot{v}_1\dot{v}_2}{\sqrt{E\,\dot{u}_1^2 + 2F\,\dot{u}_1\dot{v}_1 + G\,\dot{v}_1^2}\sqrt{E\,\dot{u}_2^2 + 2F\,\dot{u}_2\dot{v}_2 + G\,\dot{v}_2^2}},\end{aligned} \tag{3.557}$$

这里系数 E, F 和 G 是在点 P 计算的, $\dot{u}_1, \dot{u}_2, \dot{v}_1$ 和 $\dot{v}_2$ 表示 $u_1(t)$, $u_2(t)$, $v_1(t)$ 和 $v_2(t)$ 关于在点 P 对应的参数值 t 计算的一阶导数.

如果 (3.557) 的分子等于 0, 则两条曲线相互垂直. 坐标曲线 $v =$ 常数和 $u =$ 常数正交的条件是 $F = 0$.

(3)**曲面片的面积** 曲面上由任意曲线所界的曲面片面积 S 可以用二重积分计算:

$$S = \int\limits_{(S)} \mathrm{d}S, \tag{3.558a}$$

其中

$$dS = \sqrt{EG - F^2}\,du\,dv, \tag{3.558b}$$

dS 称为**曲面的面积元素**.

如果第一基本形式的系数 E, F 和 G 已知, 则利用 (3.556)~(3.558(a),(b)) 可以计算曲面上的长度、角和面积. 因此第一二次基本形式定义了**曲面上的度量**.

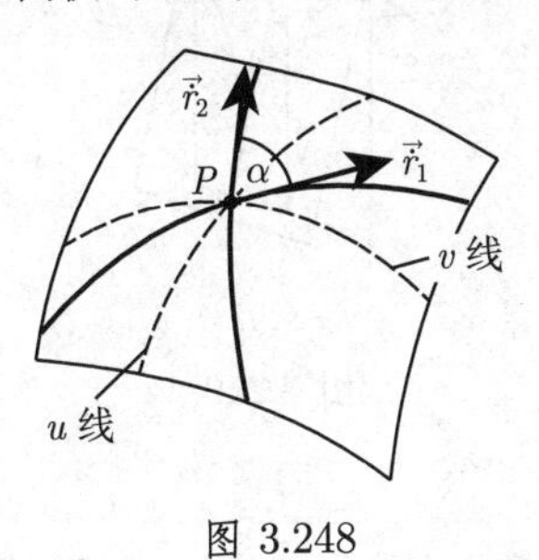

图 3.248

3. 通过弯曲进行曲面贴合

如果曲面通过弯曲变形, 而不是拉伸、压缩或撕裂, 则其度量保持不变. 换句话说, 第一二次基本形式在弯曲下是一个不变量. 具有相同第一二次基本形式的两个曲面可以相互贴合.

3.6.3.4 曲面的曲率

1. 曲面上曲线的曲率

如果引不同的曲线Γ通过曲面上的点 P (图 3.249), 则它们在点 P 处的曲率半径ρ有如下关系:

(1) **曲率半径** 曲线Γ在点 P 处的曲率半径 ρ 等于曲线 C 的曲率半径, 它是曲面与曲线Γ的密切平面的交线 (图 3.249(a)).

(2) **默尼耶 (Meusnier) 定理** 对于曲面的任意平面截曲线 C (图 3.249), 曲率半径可以用公式

$$\rho = R\cos(\vec{n}\,, \vec{N}) \tag{3.559}$$

计算. 这里 R 是法截线 C_{norm} 的曲率半径, 它和 C 一样过同一切线NQ并且也包含曲面法线的单位向量 $\vec{N}$; $\sphericalangle(n, N)$ 是曲线 C 的**主法截线**的单位向量 $\vec{n}$ 与曲面法线的单位向量 $\vec{N}$ 之间的夹角. 如果 $\vec{N}$ 位于曲线 C_{norm} 的凹侧, 则 (3.559) 中ρ 的符号为正, 否则为负.

(3) **欧拉公式** 对于点 P 处的任何一条法截线 C_{norm}, 曲面的曲率可以用欧拉公式

$$\frac{1}{R} = \frac{\cos^2\alpha}{R_1} + \frac{\sin^2\alpha}{R_2} \tag{3.560}$$

计算, 其中 R_1 和 R_2 是主曲率半径(见 (3.562a)), α是法截线 C_{norm} 和 C_1 的平面之间的夹角 (图 3.249(c)).

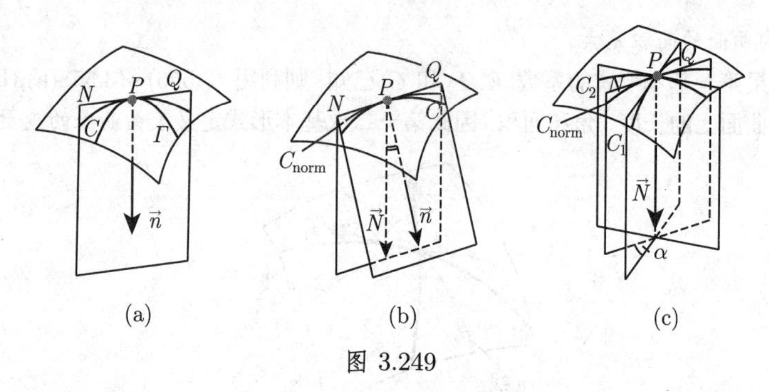

图 3.249

2. 主曲率半径

曲面的**主曲率半径**是具有极大值和极小值的半径. 它们可以用主法截线 C_1 和 C_2(图 3.249(c)) 计算. C_1 和 C_2 的平面相互垂直, 它们的方向用值 $\frac{\mathrm{d}y}{\mathrm{d}x}$ 确定, 后者可以由二次方程

$$[tpq-s(1+q^2)]\left(\frac{\mathrm{d}y}{\mathrm{d}x}\right)^2+[t(1+p^2)-r(1+q^2)]\frac{\mathrm{d}y}{\mathrm{d}x}+[s(1+p^2)-rpq]=0 \quad (3.561)$$

计算, 其中参数 p, q, r, s, t 由 (3.562b) 定义. 如果曲面由显形式 (3.545) 给出, 则 R_1 和 R_2 是下面二次方程的根:

$$(rt-s^2)R^2+h[2pqs-(1+p^2)t-(1+q^2)r]R+h^4=0, \quad (3.562a)$$

其中

$$p=\frac{\partial z}{\partial x},\quad q=\frac{\partial z}{\partial y},\quad r=\frac{\partial^2 z}{\partial x^2},\quad s=\frac{\partial^2 z}{\partial x\partial y},\quad t=\frac{\partial^2 z}{\partial y^2}\quad \text{和}\quad h=\sqrt{1+p^2+q^2}. \quad (3.562b)$$

R, R_1 和 R_2 的符号可以用和 (3.559) 中同样的规则确定.

如果曲面由向量形式 (3.547) 给出, 则取代 (3.561) 和 (3.562a) 相应的方程为

$$(GM-FN)\left(\frac{\mathrm{d}v}{\mathrm{d}u}\right)^2+(GL-EN)\frac{\mathrm{d}v}{\mathrm{d}u}+(FL-EM)=0, \quad (3.563a)$$

$$(LN-M^2)R^2-(EN-2FM+GL)R+(EG-F^2)=0, \quad (3.563b)$$

其中 L, M, N 是**第二二次基本形式**的系数. 它们由以下等式给出:

$$L=\vec{r}_{uu}\,\vec{R}=\frac{d}{\sqrt{EG-F^2}},\quad M=\vec{r}_{uv}\,\vec{R}=\frac{d'}{\sqrt{EG-F^2}},$$

$$N = \vec{r}_{vv}\,\vec{R} = \frac{d''}{\sqrt{EG - F^2}}, \tag{3.563c}$$

这里向量 $\vec{r}_{uu}, \vec{r}_{uv}$ 和 $\vec{r}_{vv}$ 是向径 $\vec{r}$ 关于参数 u 和 v 的二阶偏导数. 在分子中有行列式

$$d = \begin{vmatrix} \dfrac{\partial^2 x}{\partial u^2} & \dfrac{\partial^2 y}{\partial u^2} & \dfrac{\partial^2 z}{\partial u^2} \\ \dfrac{\partial x}{\partial u} & \dfrac{\partial y}{\partial u} & \dfrac{\partial z}{\partial u} \\ \dfrac{\partial x}{\partial v} & \dfrac{\partial y}{\partial v} & \dfrac{\partial z}{\partial v} \end{vmatrix}, \quad d' = \begin{vmatrix} \dfrac{\partial^2 x}{\partial u \partial v} & \dfrac{\partial^2 y}{\partial u \partial v} & \dfrac{\partial^2 z}{\partial u \partial v} \\ \dfrac{\partial x}{\partial u} & \dfrac{\partial y}{\partial u} & \dfrac{\partial z}{\partial u} \\ \dfrac{\partial x}{\partial v} & \dfrac{\partial y}{\partial v} & \dfrac{\partial z}{\partial v} \end{vmatrix},$$

$$d'' = \begin{vmatrix} \dfrac{\partial^2 x}{\partial v^2} & \dfrac{\partial^2 y}{\partial v^2} & \dfrac{\partial^2 z}{\partial v^2} \\ \dfrac{\partial x}{\partial u} & \dfrac{\partial y}{\partial u} & \dfrac{\partial z}{\partial u} \\ \dfrac{\partial x}{\partial v} & \dfrac{\partial y}{\partial v} & \dfrac{\partial z}{\partial v} \end{vmatrix}. \tag{3.563d}$$

表达式

$$L\mathrm{d}u^2 + 2M\mathrm{d}u\mathrm{d}v + N\mathrm{d}v^2 \tag{3.563e}$$

称为*第二二次基本形式*. 它包含曲面的曲率性质. *曲率线*是曲面上的曲线, 它在每一点处具有主法截线的方向. 通过积分 (3.561) 或 (3.563a) 可以得到它们的方程.

3. 曲面上点的分类

(1) **椭圆点** 如果在点 P 主曲率半径 R_1 和 R_2 具有相同的符号, 则在该点的邻近范围内曲面上的每一点都位于切平面的同侧, 这时 P 称为*椭圆点*(图 3.250(a)). 它的分析特征是关系

$$LN - M^2 > 0. \tag{3.564a}$$

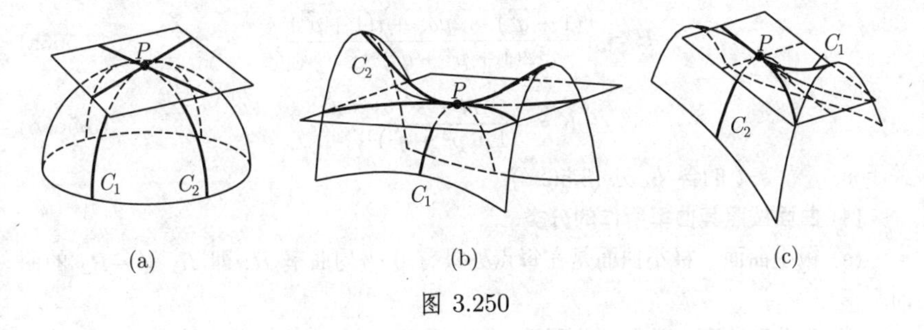

图 3.250

(2) **圆点或脐点** 这是曲面上的点 P, 在此处主曲率半径相等:

$$R_1 = R_2. \tag{3.564b}$$

因此对于法截线有 $R =$ 常数.

(3) **双曲点** 在主曲率半径 R_1 和 R_2 具有不同符号的情形, 主法截线的凹侧具有相反的方向. 切平面与曲面相交, 因此曲面在点 P 的邻近具有马鞍形. P 称为**双曲点**(图 3.250(b)); 该点的分析特征是关系

$$LN - M^2 < 0. \tag{3.564c}$$

(4) **抛物点** 如果两个主曲率半径 R_1 和 R_2 之一等于 ∞, 则主法截线中任何一条在此具有拐点, 或它是一条直线. 因此 P 是曲面的一个**抛物点**并有分析特征

$$LN - M^2 = 0. \tag{3.564d}$$

■ 椭球面上的所有点都是椭圆点, 单叶双曲面上的点是双曲点, 柱面上的点是抛物点.

4. 曲面的曲率

刻画曲面的曲率最常用的两个量如下.

(1) **平均曲率** 曲面在点 P 处的平均曲率:

$$H = \frac{1}{2}\left(\frac{1}{R_1} + \frac{1}{R_2}\right). \tag{3.565a}$$

(2) **高斯曲率** 曲面在点 P 处的高斯曲率:

$$K = \frac{1}{R_1 R_2}. \tag{3.565b}$$

■ **A:** 对于半径为 a 的圆柱面, 这些是 $H = \frac{1}{2a}$ 和 $K = 0$.

■ **B:** 对于椭圆点有 $K > 0$, 对于双曲点有 $K < 0$, 对于抛物点有 $K = 0$.

(3) ***H* 和 *K* 的计算.**

如果曲面由形式 $z = f(x, y)$ 给出, 则有

$$H = \frac{r(1+q^2) - 2pqs + t(1+p^2)}{2(1+p^2+q^2)^{3/2}}, \tag{3.566a}$$

$$K = \frac{rt - s^2}{(1+p^2+q^2)^2}. \tag{3.566b}$$

关于 p, q, r, s, t 的含义, 见 (3.562b).

(4) **曲面按照其曲率所作的分类.**

(a) **极小曲面** 极小曲面是在每点处具有 0 平均曲率 H, 即 $R_1 = -R_2$ 的曲面.

(b) **常曲率曲面** 常曲率曲面具有常高斯曲率 $K =$ 常数.

■ **A:** $K > 0$, 例如球面.

■ **B:** $K < 0$, 例如伪球面 (图 3.251), 即曳物线 (图 2.79) 围绕对称轴旋转所得到的曲面.

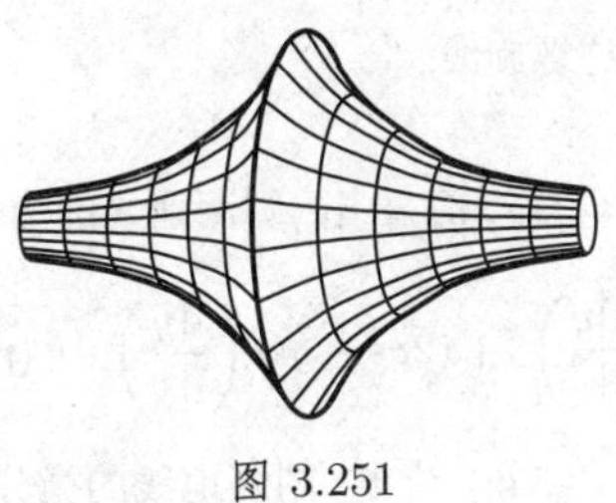

图 3.251

3.6.3.5 直纹面和可展曲面

1. 直纹面

如果曲面可以由空间中一条移动的直线生成, 则它称为**直纹面**.

2. 可展曲面

如果直纹面可以展开在平面上, 即铺开而不拉伸或压缩它的任何部分, 则该曲面称为**可展曲面**. 并不是任何直纹面都是可展的.

可展曲面具有下列属性:

a) 对于所有的点高斯曲率都等于 0, 并且

b) 如果曲面由显形式 $z = f(x, y)$ 给出则可展性的条件满足:

$$\text{a) } K = 0, \quad \text{b) } rt - s^2 = 0. \tag{3.567}$$

关于 r, t 和 s 的含义, 见 (3.562b).

■ **A:** 锥面 (图 3.192) 和柱面 (图 3.198) 是可展曲面.

■ **B:** 单叶双曲面 (图 3.196) 和双曲抛物面 (图 3.197) 是直纹面但它们不能展开在一个平面上.

3.6.3.6 曲面上的测地线

1. 测地线的概念

(也见第 213 页 3.4.1.1, 3.) 过曲面上的每一点, 沿微商 $\dfrac{\mathrm{d}v}{\mathrm{d}u}$ 所确定的任何方向可以有一条假想曲线通过, 它称为**测地线**. 它在曲面上与直线在平面上所起的作用相同, 并具有下列性质:

(1) 测地线是曲面上两点之间最短的曲线.

(2) 如果曲面上一个质点被在同一曲面上的另一个质点拖曳移动, 并且没有其他的力作用于它, 则它将沿测地线移动.

(3) 如果将一根松紧带在给定的曲面上拉伸, 则它具有测地线的形状.

2. 定义

曲面上的测地线是这样一条曲线使得它在每点处的主法线具有与曲面法线相同的方向.

■ 在圆柱面上测地线是圆柱螺旋线.

3. 测地线的方程

如果曲面由显形式 $z = f(x, y)$ 给出, 则测地线的微分方程是

$$(1+p^2+q^2)\frac{\mathrm{d}^2y}{\mathrm{d}x^2} = pt\left(\frac{\mathrm{d}y}{\mathrm{d}x}\right)^3 + (2ps-qt)\left(\frac{\mathrm{d}y}{\mathrm{d}x}\right)^2 + (pr-2qs)\frac{\mathrm{d}y}{\mathrm{d}x} - qr\,. \quad (3.568)$$

如果曲面由参数形式 (3.546) 给出, 则测地线的微分方程将会十分复杂. 关于 p, q, r, s 和 t 的含义, 见 (3.562b).

(程 钊 译)

第4章 线性代数

4.1 矩 阵

4.1.1 矩阵的概念

1. 大小为 (m,n) 的矩阵 $\boldsymbol{A}$ 或 (简记) $\boldsymbol{A}_{(m,n)}$

矩阵 $\boldsymbol{A}_{(m,n)}$ 是一个排列为 m 行和 n 列的 $m\times n$ 个元素 (例如, 实数或复数, 或函数、导数、向量) 的系统:

$$\boldsymbol{A}=(a_{ij})=\begin{pmatrix} a_{11} & a_{12} & \cdots & a_{1n} \\ a_{21} & a_{22} & \cdots & a_{2n} \\ \vdots & \vdots & & \vdots \\ a_{m1} & a_{m2} & \cdots & a_{mn} \end{pmatrix} \begin{matrix} \leftarrow \text{第 } 1 \text{ 行} \\ \leftarrow \text{第 } 2 \text{ 行} \\ \vdots \\ \leftarrow \text{第 } m \text{ 行} \end{matrix} \tag{4.1}$$

$$\begin{matrix} \uparrow & \uparrow & & \uparrow \\ \text{第} & \text{第} & & \text{第} \\ 1 & 2 & \vdots & n \\ \text{列} & \text{列} & & \text{列} \end{matrix}$$

借助矩阵的大小的概念将矩阵分类: 依据行数 m 和列数 n, 称 $\boldsymbol{A}$ 是大小为 (m,n) 的矩阵. 若一个矩阵行数与列数相等, 则将它称为方阵, 不然称为长方阵.

2. 实矩阵和复矩阵

实矩阵有实元素, 复矩阵有复元素. 如果一个矩阵有复元素

$$a_{\mu\nu}+\mathrm{i}b_{\mu\nu}, \tag{4.2a}$$

那么它可以分解为

$$\boldsymbol{A}+\mathrm{i}\boldsymbol{B} \tag{4.2b}$$

的形式, 其中 $\boldsymbol{A}$ 和 $\boldsymbol{B}$ 只有实元素 (算术运算参见第 365 页 4.1.4). 如果矩阵 $\boldsymbol{A}$ 有复元素, 那么它的共轭复矩阵 $\boldsymbol{A}^*$ 有元素

$$a^*_{\mu\nu}=\mathrm{Re}(a_{\mu\nu})-\mathrm{i}\,\mathrm{Im}(a_{\mu\nu}). \tag{4.2c}$$

3. 转置矩阵 $\boldsymbol{A}^{\mathrm{T}}$

互换 (m,n) 矩阵 $\boldsymbol{A}$ 的行和列就给出转置矩阵 $\boldsymbol{A}^{\mathrm{T}}$, 它是大小为 (n,m) 的矩阵, 并且有

$$(a_{\nu\mu})^{\mathrm{T}}=(a_{\mu\nu}). \tag{4.3}$$

4. 共轭转置矩阵

复矩阵 $\boldsymbol{A}$ 的共轭转置矩阵 $\boldsymbol{A}^{\mathrm{H}}$ 是它的共轭复矩阵 $\boldsymbol{A}^*$ 的转置:

$$\boldsymbol{A}^{\mathrm{H}} = (\boldsymbol{A}^*)^{\mathrm{T}} \tag{4.4}$$

(不要将它与伴随矩阵 $\boldsymbol{A}_{\mathrm{adj}}$ 混淆, 参见第 373 页 4.2.2).

5. 零矩阵

仅有零元素的矩阵

$$\mathbf{0} = \begin{pmatrix} 0 & 0 & \cdots & 0 \\ 0 & 0 & \cdots & 0 \\ \vdots & \vdots & & \vdots \\ 0 & 0 & \cdots & 0 \end{pmatrix} \tag{4.5}$$

称为零矩阵.

4.1.2 方阵

1. 定义

方阵有相同的行数和列数, 即 $m = n$:

$$\boldsymbol{A} = \boldsymbol{A}_{(n,n)} = \begin{pmatrix} a_{11} & \cdots & a_{1n} \\ \vdots & & \vdots \\ a_{n1} & \cdots & a_{nn} \end{pmatrix}. \tag{4.6}$$

矩阵 $\boldsymbol{A}$ 从左上角到右下角的对角线上的元素称为(主) 对角元素. 将它们记作 $a_{11}, a_{22}, \cdots, a_{nn}$, 即它们是全部满足 $\mu = \nu$ 的元素 $a_{\mu\nu}$.

2. 对角矩阵

方阵$\boldsymbol{D}$称为对角矩阵, 如果它的所有非对角元素全等于零: $a_{\mu\nu} = 0$ (当 $\mu \neq \nu$):

$$\boldsymbol{D} = \begin{pmatrix} a_{11} & 0 & \cdots & 0 \\ 0 & a_{22} & \cdots & 0 \\ \vdots & \vdots & & \vdots \\ 0 & 0 & \cdots & a_{nn} \end{pmatrix} = \begin{pmatrix} a_{11} & & \mathbf{0} \\ & a_{22} & \\ & & \ddots & \\ \mathbf{0} & & & a_{nn} \end{pmatrix}. \tag{4.7}$$

3. 标量矩阵

对角矩阵 $\boldsymbol{S}$ 称为标量矩阵, 如果它的所有对角元素是相等的实数或复数 c:

$$\boldsymbol{S} = \begin{pmatrix} c & 0 & \cdots & 0 \\ 0 & c & \cdots & 0 \\ \vdots & \vdots & & \vdots \\ 0 & 0 & \cdots & c \end{pmatrix}. \tag{4.8}$$

4. 矩阵的迹

对于一个方阵, 矩阵的迹定义为它的主对角元素之和:

$$\mathrm{Tr}(\boldsymbol{A}) = a_{11} + a_{22} + \cdots + a_{nn} = \sum_{\mu=1}^{n} a_{\mu\mu}. \tag{4.9}$$

5. 对称矩阵

如果方阵 $\boldsymbol{A}$ 等于自身的转置, 则它是对称的:

$$\boldsymbol{A} = \boldsymbol{A}^{\mathrm{T}}. \tag{4.10}$$

对于关于主对角线对称的位置上的元素有

$$a_{\mu\nu} = a_{\nu\mu}. \tag{4.11}$$

6. 正规矩阵

正规矩阵满足等式

$$\boldsymbol{A}^{\mathrm{H}}\boldsymbol{A} = \boldsymbol{A}\boldsymbol{A}^{\mathrm{H}} \tag{4.12}$$

(关于矩阵的积, 参见第 365 页 4.1.4).

7. 反对称或斜对称矩阵

反对称矩阵是具有性质

$$\boldsymbol{A} = -\boldsymbol{A}^{\mathrm{T}} \tag{4.13a}$$

的方阵 $\boldsymbol{A}$. 对于反对称矩阵的元素 $a_{\mu\nu}$, 有

$$a_{\mu\nu} = -a_{\mu\nu}, \quad a_{\mu\mu} = 0, \tag{4.13b}$$

所以反对称矩阵的迹为零:

$$\mathrm{Tr}(\boldsymbol{A}) = 0, \tag{4.13c}$$

关于主对角线对称的位置上的元素仅差一个符号.

每个方阵 $\boldsymbol{A}$ 可以分解为对称矩阵 $\boldsymbol{A}_{\mathrm{s}}$ 和反对称矩阵 $\boldsymbol{A}_{\mathrm{as}}$ 之和:

$$\boldsymbol{A} = \boldsymbol{A}_{\mathrm{s}} + \boldsymbol{A}_{\mathrm{as}}, \quad \text{其中 } \boldsymbol{A}_{\mathrm{s}} = \frac{1}{2}(\boldsymbol{A} + \boldsymbol{A}^{\mathrm{T}}); \boldsymbol{A}_{\mathrm{as}} = \frac{1}{2}(\boldsymbol{A} - \boldsymbol{A}^{\mathrm{T}}). \tag{4.13d}$$

8. 埃尔米特 (Hermitian) 矩阵或自共轭矩阵

埃尔米特矩阵是等于它自身的共轭转置矩阵的方阵 $\boldsymbol{A}$:

$$\boldsymbol{A} = (\boldsymbol{A}^*)^{\mathrm{T}} = \boldsymbol{A}^{\mathrm{H}}. \tag{4.14}$$

在实数域上, 对称矩阵与埃尔米特矩阵是相同的概念. 埃尔米特矩阵的行列式是实数.

9. 反埃尔米特矩阵或斜埃尔米特矩阵

反埃尔米特矩阵是等于其负共轭转置矩阵的方阵 $\boldsymbol{A}$:

$$\boldsymbol{A} = -(\boldsymbol{A}^*)^{\mathrm{T}} = -\boldsymbol{A}^{\mathrm{H}}. \tag{4.15a}$$

对于反埃尔米特矩阵的元素 $a_{\mu\nu}$ 和迹, 下列等式成立:

$$a_{\mu\nu} = -a^*_{\mu\nu},\ a_{\mu\mu} = 0; \quad \mathrm{Tr}(\boldsymbol{A}) = 0. \tag{4.15b}$$

每个方阵 $\boldsymbol{A}$ 可以分解为埃尔米特矩阵 $\boldsymbol{A}_{\mathrm{h}}$ 和反埃尔米特矩阵 $\boldsymbol{A}_{\mathrm{ah}}$ 之和:

$$\boldsymbol{A} = \boldsymbol{A}_{\mathrm{h}} + \boldsymbol{A}_{\mathrm{ah}}, \quad 其中\ \boldsymbol{A}_{\mathrm{h}} = \frac{1}{2}(\boldsymbol{A} + \boldsymbol{A}^{\mathrm{H}});\ \boldsymbol{A}_{\mathrm{ah}} = \frac{1}{2}(\boldsymbol{A} - \boldsymbol{A}^{\mathrm{H}}). \tag{4.15c}$$

10. 恒等矩阵 $\boldsymbol{I}$

恒等矩阵 $\boldsymbol{I}$ 是一个对角矩阵, 它的每个对角元素等于 1, 并且所有非对角元素都等于零:

$$\boldsymbol{I} = \begin{pmatrix} 1 & 0 & \cdots & 0 \\ 0 & 1 & \cdots & 0 \\ \vdots & \vdots & & \vdots \\ 0 & 0 & \cdots & 1 \end{pmatrix} = (\delta_{\mu\nu}), \quad 其中 \quad \delta_{\mu\nu} = \begin{cases} 0, & \mu \neq \nu, \\ 1, & \mu = \nu. \end{cases} \tag{4.16}$$

记号 $\delta_{\mu\nu}$ 称作*克罗内克符号*.

11. 三角矩阵

(1) **上三角矩阵** 上三角矩阵 $\boldsymbol{U}$ 是一个方阵, 它的所有位于主对角线之下的元素全等于零:

$$\boldsymbol{U} = (u_{\mu\nu}), \quad 其中 \quad u_{\mu\nu} = 0\ (当\mu > \nu). \tag{4.17}$$

(2) **下三角矩阵** 下三角矩阵 $\boldsymbol{L}$ 是一个方阵, 它的所有位于主对角线之上的元素全等于零:

$$\boldsymbol{L} = (l_{\mu\nu}), \quad 其中 \quad l_{\mu\nu} = 0\ (当\mu < \nu). \tag{4.18}$$

4.1.3 向量

大小为 $(n, 1)$ 的矩阵是 1 列矩阵或 n 维*列向量*. 大小为 $(1, n)$ 的矩阵是 1 行矩阵或 n 维*行向量*:

$$\textbf{列向量} \quad \underline{\boldsymbol{a}} = \begin{pmatrix} a_1 \\ a_2 \\ \vdots \\ a_n \end{pmatrix}; \tag{4.19a}$$

$$\textbf{行向量} \quad \underline{\boldsymbol{a}}^{\mathrm{T}} = (a_1, a_2, \cdots, a_n). \tag{4.19b}$$

通过转置, 列向量变为行向量, 反之, 行向量变为列向量. n 维行向量或列向量能够确定 n 维欧氏空间中的一个点. 零向量分别记为 $\underline{\mathbf{0}}$ 或 $\underline{\mathbf{0}}^{\mathrm{T}}$.

4.1.4 矩阵的算术运算

1. 矩阵的相等

两个矩阵 $\boldsymbol{A}=(a_{\mu\nu})$ 和 $\boldsymbol{B}=(b_{\mu\nu})$ 相等, 如果它们有相同的大小, 并且对应元素相等:

$$\boldsymbol{A}=\boldsymbol{B},\quad \text{当}\quad a_{\mu\nu}=b_{\mu\nu}\ (\mu=1,\cdots,m;\nu=1,\cdots,n). \tag{4.20}$$

2. 加法和减法

两个矩阵仅当大小相同时才可能相加减. 两个矩阵的和 (差) 由它们的对应元素相加 (相减) 得到:

$$\boldsymbol{A}\pm\boldsymbol{B}=(a_{\mu\nu})\pm(b_{\mu\nu})=(a_{\mu\nu}\pm b_{\mu\nu}). \tag{4.21a}$$

■ $\begin{pmatrix}1 & 3 & 7\\ 2 & -1 & 4\end{pmatrix}+\begin{pmatrix}3 & -5 & 0\\ 2 & 1 & 4\end{pmatrix}=\begin{pmatrix}4 & -2 & 7\\ 4 & 0 & 8\end{pmatrix}.$

对于矩阵的加法, 交换律和结合律成立:

a) **交换律** $\boldsymbol{A}+\boldsymbol{B}=\boldsymbol{B}+\boldsymbol{A}$; (4.21b)

b) **结合律** $(\boldsymbol{A}+\boldsymbol{B})+\boldsymbol{C}=\boldsymbol{A}+(\boldsymbol{B}+\boldsymbol{C})$. (4.21c)

3. 数乘矩阵

实数或复数 α 与大小为 (m,n) 的矩阵 $\boldsymbol{A}$ 相乘, 就是用 α 乘 $\boldsymbol{A}$ 的每个元素:

$$\alpha\boldsymbol{A}=\alpha(a_{\mu\nu})=(\alpha a_{\mu\nu}). \tag{4.22a}$$

■ $3\begin{pmatrix}1 & 3 & 7\\ 0 & -1 & 4\end{pmatrix}=\begin{pmatrix}3 & 9 & 21\\ 0 & -3 & 12\end{pmatrix}.$

由 (4.22a) 可知, 我们显然可以提出矩阵每个元素都含有的常数因子. 对于矩阵与标量的乘法, 乘法交换律、结合律及分配律都成立:、及

a) **交换律** $\alpha\boldsymbol{A}=\boldsymbol{A}\alpha$; (4.22b)

b) **结合律** $\alpha(\beta\boldsymbol{A})=(\alpha\beta)\boldsymbol{A}$; (4.22c)

c) **分配律** $(\alpha\pm\beta)\boldsymbol{A}=\alpha\boldsymbol{A}\pm\beta\boldsymbol{A}$; $\alpha(\boldsymbol{A}\pm\boldsymbol{B})=\alpha\boldsymbol{A}\pm\alpha\boldsymbol{B}$. (4.22d)

4. 数除以矩阵

用标量 $\gamma\neq 0$ 除矩阵即用 $\alpha=1/\gamma$ 乘矩阵.

5. 两矩阵相乘

(1) **矩阵乘积** 两个矩阵 $\boldsymbol{A}$ 和 $\boldsymbol{B}$ 的乘积 $\boldsymbol{AB}$ 仅当左边因子 $\boldsymbol{A}$ 的行数等于右边因子 $\boldsymbol{B}$ 的列数时才可计算. 如果 $\boldsymbol{A}$ 是大小为 (m,n) 的矩阵, 那么矩阵 $\boldsymbol{B}$ 的大小必须是 (n,p), 并且乘积 $\boldsymbol{AB}$ 是大小为 (m,p) 的矩阵 $\boldsymbol{C}=(c_{\mu\nu})$. 元素 $c_{\mu\nu}$ 等于左边因子 $\boldsymbol{A}$ 的第 μ 行与右边因子 $\boldsymbol{B}$ 的第 μ 列的标量积:

$$\boldsymbol{AB}=\left(\sum_{\nu=1}^{n}a_{\mu\nu}b_{\nu\lambda}\right)=(c_{\mu\lambda})=\boldsymbol{C}\quad(\mu=1,2,\cdots,m;\lambda=1,2,\cdots,p). \tag{4.23}$$

■ $\boldsymbol{A}=\begin{pmatrix} 1 & 3 & 7 \\ 2 & -1 & 4 \\ -1 & 0 & 1 \end{pmatrix}$, $\boldsymbol{B}=\begin{pmatrix} 3 & 2 \\ -5 & 1 \\ 0 & 3 \end{pmatrix}$, 依照公式 (4.23), 积矩阵 $\boldsymbol{C}$ 的元素 $c_{22}=2\cdot2-1\cdot1+4\cdot3=15$.

(2) **矩阵乘积的不相等** 即使乘积 $\boldsymbol{AB}$ 和 $\boldsymbol{BA}$ 都存在, 通常 $\boldsymbol{AB}\neq\boldsymbol{BA}$, 也就是说, 乘法交换律一般不成立. 如果等式 $\boldsymbol{AB}=\boldsymbol{BA}$ 成立, 那么我们称矩阵 $\boldsymbol{A}$ 和 $\boldsymbol{B}$ 是可换的或互相交换的.

(3) **法尔克 (Falk) 格式** 矩阵乘法 $\boldsymbol{AB}=\boldsymbol{C}$ 可以借助*法尔克格式*实现 (图 4.1). 积矩阵 $\boldsymbol{C}$ 的元素 $c_{\mu\nu}$ 恰好出现在 $\boldsymbol{A}$ 的第 μ 行与 $\boldsymbol{B}$ 的第 λ 列的交点.

■ 应用法尔克格式, 矩阵 $\boldsymbol{A}_{(3,3)}$ 与 $\boldsymbol{B}_{(3,2)}$ 相乘如图 4.2 所示.

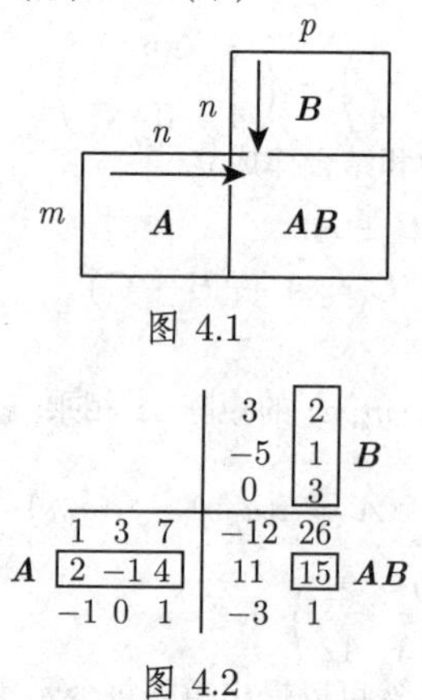

图 4.1

				3	2	
				−5	1	$\boldsymbol{B}$
				0	3	
	1	3	7	−12	26	
$\boldsymbol{A}$	2	−1	4	11	15	$\boldsymbol{AB}$
	−1	0	1	−3	1	

图 4.2

(4) **复元素矩阵 $\boldsymbol{K}_1$ 和 $\boldsymbol{K}_2$ 的乘法** 对于两个复元素矩阵的乘法, 可以应用依据公式 (4.2b) 得到的实部和虚部分解式: $\boldsymbol{K}_1=\boldsymbol{A}_1+\mathrm{i}\boldsymbol{B}_1, \boldsymbol{K}_2=\boldsymbol{A}_2+\mathrm{i}\boldsymbol{B}_2$, 这里 $\boldsymbol{A}_1,\boldsymbol{B}_1,\boldsymbol{A}_2,\boldsymbol{B}_2$ 是实矩阵. 作此分解后, 相乘得到一些矩阵之和, 其中各加项是实矩阵之积.

■ $(\boldsymbol{A}+\mathrm{i}\boldsymbol{B})(\boldsymbol{A}-\mathrm{i}\boldsymbol{B})=\boldsymbol{A}^2+\boldsymbol{B}^2+\mathrm{i}(\boldsymbol{BA}-\boldsymbol{AB})$ (关于矩阵的幂, 参见第 370 页 4.1.5, 8.). 当然, 在做这些矩阵的乘法时, 应当考虑到交换律对于乘法一般不成立, 即矩阵 $\boldsymbol{A}$ 与 $\boldsymbol{B}$ 通常是不可互相交换的.

6. 两个向量的标量积和并积

如果将向量 $\underline{\boldsymbol{a}}$ 和 $\underline{\boldsymbol{b}}$ 分别看作 1 行矩阵和 1 列矩阵, 那么依据矩阵乘法法则, 存在两种可能将它们相乘.

如果 $\underline{\boldsymbol{a}}$ 的大小是 $(1,n)$, $\underline{\boldsymbol{b}}$ 的大小是 $(n,1)$, 那么它们的乘积的大小是 $(1,1)$, 即是一个数. 它称作两个向量的*标量积*. 反之, 如果 $\underline{\boldsymbol{a}}$ 有大小 $(n,1)$, $\underline{\boldsymbol{b}}$ 有大小 $(1,m)$, 那么它们的乘积的大小是 (n,m), 即是一个矩阵. 这个矩阵称为这两个向量的*并积*.

(1) **两个向量的标量积** 行向量 $\underline{\boldsymbol{a}}^{\mathrm{T}}=(a_1,a_2,\cdots,a_n)$ 与列向量 $\underline{\boldsymbol{b}}=(b_1,$

$b_2, \cdots, b_n)^{\mathrm{T}}$(两者都有 n 个元素) 的标量积定义为数,

$$\underline{\boldsymbol{a}}^{\mathrm{T}}\underline{\boldsymbol{b}} = \underline{\boldsymbol{b}}^{\mathrm{T}}\underline{\boldsymbol{a}} = a_1b_1 + a_2b_2 + \cdots + a_nb_n = \sum_{\mu=1}^{n} a_\mu b_\mu. \tag{4.24}$$

乘法交换律对于标量积一般不成立, 因此必须准确保持 $\underline{\boldsymbol{a}}^{\mathrm{T}}$ 和 $\underline{\boldsymbol{b}}$ 的顺序. 如果交换乘法顺序, 那么乘积 $\underline{\boldsymbol{b}}\,\underline{\boldsymbol{a}}^{\mathrm{T}}$ 将是并积.

(2) **两个向量的并积或张量积**　n 维行向量 $\underline{\boldsymbol{a}} = (a_1, a_2, \cdots, a_n)^{\mathrm{T}}$ 与 m 维列向量 $\underline{\boldsymbol{b}}^{\mathrm{T}} = (b_1, b_2, \cdots, b_m)$ 的*并积*定义为下列大小为 (n, m) 的矩阵:

$$\underline{\boldsymbol{a}}\,\underline{\boldsymbol{b}}^{\mathrm{T}} = \begin{pmatrix} a_1b_1 & a_1b_2 & \cdots & a_1b_m \\ a_2b_1 & a_2b_2 & \cdots & a_2b_m \\ \vdots & \vdots & & \vdots \\ a_nb_1 & a_nb_2 & \cdots & a_nb_m \end{pmatrix}. \tag{4.25}$$

在此乘法交换律一般也不成立.

(3) **关于两个向量的向量积概念的提示**　在多向量或交错张量的范围中有所谓外积, 其三维形式就是熟知的*向量积*或*叉积* (参见第 247 页 3.5.1.5, 2. 及其后). 本书不讨论高秩多向量的外积.

7. 矩阵的秩

(1) **定义**　矩阵 $\boldsymbol{A}$ 中线性无关的列向量的最大个数 r 等于线性无关的行向量的最大个数. 这个数 r 称为*矩阵的秩*, 并且记作 $\mathrm{rank}(\boldsymbol{A}) = r$.

(2) **关于矩阵的秩的一些说明**

a)　因为在 m 维向量空间中不存在多于 m 个线性无关的行向量或列向量 (参见第 490 页 5.3.8.2), 所以大小为 (m, n) 的矩阵 $\boldsymbol{A}$ 的秩不可能大于 m 和 n 中的较小者:

$$\mathrm{rank}(\boldsymbol{A}_{(m,n)}) = r \leqslant \min\{m, n\}. \tag{4.26a}$$

b)　方阵 $\boldsymbol{A}_{(n,n)}$ 称为*正则矩阵*, 如果

$$\mathrm{rank}(\boldsymbol{A}_{(n,n)}) = r = n. \tag{4.26b}$$

大小为 (n, n) 的方阵是正则的, 当且仅当它的行列式不为零, 即 $\det \boldsymbol{A} \neq 0$ (参见第 373 页 4.2.2, 3.). 不然它是*奇异方阵*.

c)　因此, 对于奇异方阵 $\boldsymbol{A}_{(n,n)}$, 即 $\det \boldsymbol{A} = 0$, 有

$$\mathrm{rank}(\boldsymbol{A}_{(n,n)}) = r < n. \tag{4.26c}$$

d)　零矩阵 $\boldsymbol{0}$ 的秩等于零:

$$\mathrm{rank}(\boldsymbol{0}) = 0. \tag{4.26d}$$

e)　矩阵的和及积的秩满足关系式

$$|\text{rank}(\boldsymbol{A}) - \text{rank}(\boldsymbol{B})| \leqslant \text{rank}(\boldsymbol{A}+\boldsymbol{B}) \leqslant \text{rank}(\boldsymbol{A}) + \text{rank}(\boldsymbol{B}), \tag{4.26e}$$

$$\text{rank}(\boldsymbol{AB}) \leqslant \min\{\text{rank}(\boldsymbol{A}), \text{rank}(\boldsymbol{B})\}. \tag{4.26f}$$

(3) **确定秩的法则**　初等变换不改变矩阵的秩. 其中*初等变换*是

a)　交换两列或两行.

b)　用数乘一行或一列.

c)　将一行加到另一行或将一列加到另一列.

为了确定它们的秩, 可以通过适当的行的线性组合将每个矩阵变换为这种形式: 在第 μ 行中至少最初 $\mu-1$ 个元素等于零 $(\mu = 2, 3, \cdots, m)$(高斯算法原理, 参见第 417 页 4.5.2.4). 在变换得到的矩阵中非零向量的行向量的个数等于矩阵的秩 r.

8. 逆矩阵

对于正则矩阵 $\boldsymbol{A} = (a_{\mu\nu})$ 总存在 (对于乘法的) *逆矩阵* $\boldsymbol{A}^{-1}$, 即

$$\boldsymbol{A}\boldsymbol{A}^{-1} = \boldsymbol{A}^{-1}\boldsymbol{A} = \boldsymbol{I}. \tag{4.27a}$$

$\boldsymbol{A}^{-1} = (\beta_{\mu\nu})$ 的元素是

$$\beta_{\mu\nu} = \frac{\boldsymbol{A}_{\nu\mu}}{\det \boldsymbol{A}}, \tag{4.27b}$$

其中 $\boldsymbol{A}_{\nu\mu}$ 是属于矩阵 $\boldsymbol{A}$ 的元素 $a_{\nu\mu}$ 的余因子 (参见第 372 页 4.2.1, 1.). 为实际计算 $\boldsymbol{A}^{-1}$, 可应用第 373 页 4.2.2, 2. 所给出的方法. 在大小为 $(2,2)$ 的矩阵的情形中, 有

$$\boldsymbol{A} = \begin{pmatrix} a & b \\ c & d \end{pmatrix}, \quad \boldsymbol{A}^{-1} = \frac{1}{ad-bc}\begin{pmatrix} d & -b \\ -c & a \end{pmatrix}. \tag{4.28}$$

注　为什么不定义矩阵的除法, 而是应用逆矩阵进行计算? 这与除法不能唯一地定义的事实相关. 方程

$$\boldsymbol{B}\boldsymbol{X}_1 = \boldsymbol{A} \quad 与 \quad \boldsymbol{X}_2\boldsymbol{B} = \boldsymbol{A} \quad (其中\ \boldsymbol{B}\ 正则)$$

的解

$$\boldsymbol{X}_1 = \boldsymbol{B}^{-1}\boldsymbol{A} \quad 与 \quad \boldsymbol{X}_2 = \boldsymbol{A}\boldsymbol{B}^{-1} \tag{4.29}$$

一般是不同的.

9. 正交矩阵

如果对于方阵 $\boldsymbol{A}$ 关系式

$$\boldsymbol{A}^{\mathrm{T}} = \boldsymbol{A}^{-1} \quad 或 \quad \boldsymbol{A}\boldsymbol{A}^{\mathrm{T}} = \boldsymbol{A}^{\mathrm{T}}\boldsymbol{A} = \boldsymbol{I} \tag{4.30}$$

成立, 则称它是一个*正交矩阵*, 这就是说, 它的任一行与另一行的转置的标量积, 或任一列的转置与另一列的标量积都为零, 同时任一行与它自己的转置或任一列的转置与它自己的标量积都等于 1.

正交矩阵有下列性质:

a)　正交矩阵的转置和逆也是正交矩阵; 并且其行列式

$$\det \boldsymbol{A} = \pm 1. \tag{4.31}$$

b)　正交矩阵的积也是正交矩阵.

■　*旋转矩阵* $\boldsymbol{D}$ 也是正交矩阵, 它被用来刻画坐标系的旋转, 其元素是新轴向的方向余弦 (参见第 284 页 3.5.3.3, 2.).

10. 酉矩阵

如果对于复元素矩阵 $\boldsymbol{A}$ 关系式

$$(\boldsymbol{A}^*)^{\mathrm{T}} = \boldsymbol{A}^{-1} \quad 或 \quad \boldsymbol{A}(\boldsymbol{A}^*)^{\mathrm{T}} = (\boldsymbol{A}^*)^{\mathrm{T}}\boldsymbol{A} = \boldsymbol{I} \tag{4.32}$$

成立, 则称它是一个*酉矩阵*. 在实数情形, 酉矩阵与正交矩阵相同.

4.1.5　矩阵的运算法则

下列法则自然仅当运算可以实施时有效, 例如, 恒等矩阵 $\boldsymbol{I}$ 总具有与所给运算的要求相适应的大小.

1. 恒等矩阵与矩阵相乘

也称为*恒等变换*:

$$\boldsymbol{AI} = \boldsymbol{IA} = \boldsymbol{A}. \tag{4.33}$$

(这不意味着交换律一般地成立, 因为左边和右边的恒等矩阵 $\boldsymbol{I}$ 的大小可以不同.)

2. 标量矩阵 $\boldsymbol{S}$ 与方阵 $\boldsymbol{A}$ 相乘

标量矩阵 $\boldsymbol{S}$ 与方阵 $\boldsymbol{A}$ 相乘或者恒等矩阵 $\boldsymbol{I}$ 与方阵相乘, 是可换的:

$$\boldsymbol{AS} = \boldsymbol{SA} = c\boldsymbol{A} \quad (其中\ \boldsymbol{S}\ 由\ (4.8)\ 给出\ ) \tag{4.34a}$$

$$\boldsymbol{AI} = \boldsymbol{IA} = \boldsymbol{A} \tag{4.34b}$$

3. 零矩阵 $\boldsymbol{0}$ 与矩阵 $\boldsymbol{A}$ 相乘

零矩阵$\boldsymbol{0}$与矩阵 $\boldsymbol{A}$ 相乘, 结果是零矩阵:

$$\boldsymbol{A0} = \boldsymbol{0}, \quad \boldsymbol{0A} = \boldsymbol{0} \tag{4.35}$$

(上面的零矩阵可以有不同的大小). 逆命题一般不成立, 也就是说, 由 $\boldsymbol{AB} = \boldsymbol{0}$ 推不出 $\boldsymbol{A} = \boldsymbol{0}$ 或 $\boldsymbol{B} = \boldsymbol{0}$.

4. 两个矩阵之积为零

甚至两个矩阵 $\boldsymbol{A}$ 和 $\boldsymbol{B}$ 都不是零矩阵, 它们的积可以是零矩阵:

$$\boldsymbol{AB} = \boldsymbol{0}\ 或\ \boldsymbol{BA} = \boldsymbol{0}\ 或两者都成立,\ 虽然\ \boldsymbol{A} \neq \boldsymbol{0},\ \boldsymbol{B} \neq \boldsymbol{0}. \tag{4.36}$$

■ $$\begin{array}{cc|cc} & & 1 & 1 \\ & & 0 & 0 \\ \hline 0 & 1 & 0 & 0 \\ 0 & 1 & 0 & 0 \end{array}$$

5. 三个矩阵相乘

$$(\boldsymbol{AB})\boldsymbol{C} = \boldsymbol{A}(\boldsymbol{BC}), \tag{4.37}$$

即乘法结合律成立.

6. 两个矩阵之和或积的转置

$$(\boldsymbol{A}+\boldsymbol{B})^{\mathrm{T}} = \boldsymbol{A}^{\mathrm{T}}+\boldsymbol{B}^{\mathrm{T}}, \quad (\boldsymbol{AB})^{\mathrm{T}} = \boldsymbol{B}^{\mathrm{T}}\boldsymbol{A}^{\mathrm{T}}, \quad (\boldsymbol{A}^{\mathrm{T}})^{\mathrm{T}} = \boldsymbol{A}. \tag{4.38a}$$

对于可逆方阵 $\boldsymbol{A}_{(n,n)}$ 有

$$(\boldsymbol{A}^{\mathrm{T}})^{-1} = (\boldsymbol{A}^{-1})^{\mathrm{T}}. \tag{4.38b}$$

7. 两个矩阵之积的逆

$$(\boldsymbol{AB})^{-1} = \boldsymbol{B}^{-1}\boldsymbol{A}^{-1}. \tag{4.39}$$

8. 矩阵的幂

$$\boldsymbol{A}^{p} = \underbrace{\boldsymbol{A}\boldsymbol{A}\cdots\boldsymbol{A}}_{p\text{ 个因子}} \quad (p>0\text{ 是整数}). \tag{4.40a}$$

$$\boldsymbol{A}^{0} = \boldsymbol{I} \quad (\det\,\boldsymbol{A}\neq 0). \tag{4.40b}$$

$$\boldsymbol{A}^{-p} = (\boldsymbol{A}^{-1})^{p} \quad (p>0\text{ 是整数}; \det\,\boldsymbol{A}\neq 0). \tag{4.40c}$$

$$\boldsymbol{A}^{p+q} = \boldsymbol{A}^{p}\boldsymbol{A}^{q} \quad (p,q\text{ 是整数}). \tag{4.40d}$$

9. 克罗内克积

两个矩阵 $\boldsymbol{A}=(a_{\mu\nu})\big((m,n)$ 型$\big)$ 与 $\boldsymbol{B}=(b_{\mu\nu})\big((p,r)$ 型$\big)$ 的克罗内克积按照法则

$$\boldsymbol{A}\otimes\boldsymbol{B} = (a_{\mu\nu}\boldsymbol{B}) \tag{4.41}$$

定义. 由 $\boldsymbol{A}$ 的每个元素与矩阵 $\boldsymbol{B}$ 相乘, 所得结果是一个 $(m\cdot p, n\cdot r)$ 型的新矩阵.

■ $\boldsymbol{A}=\begin{pmatrix}3 & -5 & 0\\ 2 & 1 & 3\end{pmatrix}$ 是 $(2,3)$ 型矩阵, $\boldsymbol{B}=\begin{pmatrix}1 & 3\\ 2 & -1\end{pmatrix}$ 是 $(2,2)$ 型矩阵,

$$\boldsymbol{A}\otimes\boldsymbol{B} = \begin{pmatrix} 3\cdot\begin{pmatrix}1 & 3\\ 2 & -1\end{pmatrix} & -5\cdot\begin{pmatrix}1 & 3\\ 2 & -1\end{pmatrix} & 0\cdot\begin{pmatrix}1 & 3\\ 2 & -1\end{pmatrix} \\ 2\cdot\begin{pmatrix}1 & 3\\ 2 & -1\end{pmatrix} & 1\cdot\begin{pmatrix}1 & 3\\ 2 & -1\end{pmatrix} & 3\cdot\begin{pmatrix}1 & 3\\ 2 & -1\end{pmatrix} \end{pmatrix}$$

$$= \begin{pmatrix} 3 & 9 & -5 & -15 & 0 & 0 \\ 6 & -3 & -10 & 5 & 0 & 0 \\ 2 & 6 & 1 & 3 & 3 & 9 \\ 4 & -2 & 2 & -1 & 6 & -3 \end{pmatrix}$$

给出 $(4,6)$ 型矩阵.

对于转置和迹下列等式成立:

$$(\boldsymbol{A}\otimes\boldsymbol{B})^{\mathrm{T}}=\boldsymbol{A}^{\mathrm{T}}\otimes\boldsymbol{B}^{\mathrm{T}},\tag{4.42}$$

$$\mathrm{Tr}(\boldsymbol{A}\otimes\boldsymbol{B})=\mathrm{Tr}(\boldsymbol{A})\cdot\mathrm{Tr}(\boldsymbol{B}).\tag{4.43}$$

10. 矩阵的微分

如果矩阵 $\boldsymbol{A}=\boldsymbol{A}(t)=(a_{\mu\nu}(t))$ 具有参数 t 的可微元素 $a_{\mu\nu}(t)$, 那么它对于 t 的导数由

$$\frac{\mathrm{d}\boldsymbol{A}}{\mathrm{d}t}=\left(\frac{\mathrm{d}a_{\mu\nu}(t)}{\mathrm{d}t}\right)=(a'_{\mu\nu}(t))\tag{4.44}$$

给出.

4.1.6 向量范数和矩阵范数

向量和矩阵的范数可以看作数的绝对值的一般化. 于是, 对于每个向量 $\underline{\boldsymbol{x}}$ 或矩阵 $\boldsymbol{A}$, 分别赋予一个实数 $\|\underline{\boldsymbol{x}}\|$($\underline{\boldsymbol{x}}$ 的范数) 或 $\|\boldsymbol{A}\|$($\boldsymbol{A}$ 的范数), 这些数必须满足范数公理 (参见第 874 页 12.3.1,1). 对于向量 $\underline{\boldsymbol{x}}\in\mathbb{R}^n$, 它们是

(1) 对每个 $\underline{\boldsymbol{x}}$, $\|\underline{\boldsymbol{x}}\|\geqslant 0$; 当且仅当 $\underline{\boldsymbol{x}}=\boldsymbol{0}$ 时 $\|\underline{\boldsymbol{x}}\|=0$. (4.45)

(2) 对每个 $\underline{\boldsymbol{x}}$ 和每个实数 λ, $\|\lambda\underline{\boldsymbol{x}}\|=|\lambda|\|\underline{\boldsymbol{x}}\|$. (4.46)

(3) 对每个 $\underline{\boldsymbol{x}}$ 和 $\underline{\boldsymbol{y}}$, $\|\underline{\boldsymbol{x}}+\underline{\boldsymbol{y}}\|\leqslant\|\underline{\boldsymbol{x}}\|+\|\underline{\boldsymbol{y}}\|$(三角形不等式)(还可参见第 242 页 3.5.1.1, 1.). (4.47)

有多种不同的方法定义向量和矩阵的范数. 但由于实用, 最好定义矩阵范数 $\|\boldsymbol{A}\|$ 和向量范数 $\|\underline{\boldsymbol{x}}\|$ 使它们满足不等式

$$\|\boldsymbol{A}\underline{\boldsymbol{x}}\|\leqslant\|\boldsymbol{A}\|\|\underline{\boldsymbol{x}}\|.\tag{4.48}$$

这个不等式对于误差估计特别有用. 如果矩阵和向量范数满足这个不等式, 那么称它们是**互相相容的**. 如果对于矩阵 $\boldsymbol{A}$ 存在非零向量 $\underline{\boldsymbol{x}}$ 使得 (4.48) 中等式成立, 则称**矩阵范数** $\|\boldsymbol{A}\|$ **从属于向量范数** $\|\underline{\boldsymbol{x}}\|$.

4.1.6.1 向量范数

如果 $\underline{\boldsymbol{x}}=(x_1,x_2,\cdots,x_n)^{\mathrm{T}}$ 是 n 维实向量, 即 $\underline{\boldsymbol{x}}\in\mathbb{R}^n$, 那么最常用的向量范数是

1. 欧氏范数

$$\|\underline{\boldsymbol{x}}\|=\|\underline{\boldsymbol{x}}\|_2=\sqrt{\sum_{i=1}^{n}x_i^2}.\tag{4.49}$$

2. 上确界范数或一致范数

$$\|\underline{\boldsymbol{x}}\| = \|\underline{\boldsymbol{x}}\|_\infty = \max_{1\leqslant i\leqslant n} |x_i|. \tag{4.50}$$

3. 和范数

$$\|\underline{\boldsymbol{x}}\| = \|\underline{\boldsymbol{x}}\|_1 = \sum_{i=1}^{n} |x_i|. \tag{4.51}$$

■ 在 $\mathbb{R}^3$ 中, $\|\underline{\boldsymbol{x}}\|_2$ 被考虑作为基本向量分析中向量 $\underline{\boldsymbol{x}}$ 的大小. 数量 $|\underline{x}| = \|\underline{\boldsymbol{x}}\|_2$ 给出向量 $\underline{\boldsymbol{x}}$ 的长度.

4.1.6.2　矩阵范数

1. 实矩阵的谱范数

$$\|\boldsymbol{A}\| = \|\boldsymbol{A}\|_2 = \sqrt{\lambda_{\max}(\boldsymbol{A}^{\mathrm{T}}\boldsymbol{A})}, \tag{4.52}$$

其中 $\lambda_{\max}(\boldsymbol{A}^{\mathrm{T}}\boldsymbol{A})$ 表示矩阵 $\boldsymbol{A}^{\mathrm{T}}\boldsymbol{A}$ 的最大特征值 (参见第 421 页 4.6.1).

2. 行和范数

$$\|\boldsymbol{A}\| = \|\boldsymbol{A}\|_\infty = \max_{1\leqslant i\leqslant n} \sum_{j=1}^{n} |a_{ij}|. \tag{4.53}$$

3. 列和范数

$$\|\boldsymbol{A}\| = \|\boldsymbol{A}\|_1 = \max_{1\leqslant j\leqslant n} \sum_{i=1}^{n} |a_{ij}|. \tag{4.54}$$

可以证明矩阵范数 (4.52) 从属于向量范数 (4.49). 同样, (4.53) 从属于向量范数 (4.50), (4.54) 从属于向量范数 (4.51).

4.2　行　列　式

4.2.1　定义

1. 行列式

行列式是一个与方阵唯一关联的实数或复数. 与 (n, n) 矩阵 $\boldsymbol{A} = (a_{\mu\nu})$ 相关联的 n 阶行列式

$$D = \det \boldsymbol{A} = \det(a_{\mu\nu}) = \begin{vmatrix} a_{11} & a_{12} & \cdots & a_{1n} \\ a_{21} & a_{22} & \cdots & a_{2n} \\ \vdots & \vdots & & \vdots \\ a_{n1} & a_{n2} & \cdots & a_{nn} \end{vmatrix}, \tag{4.55}$$

应用拉普拉斯展开法则用递推方式计算:

$$\det \boldsymbol{A} = \sum_{\nu=1}^{n} a_{\mu\nu} A_{\mu\nu} \quad (\mu \text{ 固定, 按第 } \mu \text{ 行展开}), \tag{4.56a}$$

$$\det \boldsymbol{A} = \sum_{\mu=1}^{n} a_{\mu\nu} A_{\mu\nu} \quad (\nu \text{ 固定, 按第 } \nu \text{ 列展开}), \tag{4.56b}$$

其中 $A_{\mu\nu}$ 是属于元素 $a_{\mu\nu}$ 的子行列式与符号因子 $(-1)^{\mu+\nu}$ 之积. $A_{\mu\nu}$ 称作代数余子式.

2. 子行列式

n 阶行列式属于元素 $a_{\mu\nu}$ 的 $n-1$ 阶子行列式是划去第 μ 行和第 ν 列所得到的行列式.

■ 按第 3 行展开 4 阶行列式:

$$\begin{vmatrix} a_{11} & a_{12} & a_{13} & a_{14} \\ a_{21} & a_{22} & a_{23} & a_{24} \\ a_{31} & a_{32} & a_{33} & a_{34} \\ a_{41} & a_{42} & a_{43} & a_{44} \end{vmatrix} = a_{31} \begin{vmatrix} a_{12} & a_{13} & a_{14} \\ a_{22} & a_{23} & a_{24} \\ a_{42} & a_{43} & a_{44} \end{vmatrix} - a_{32} \begin{vmatrix} a_{11} & a_{13} & a_{14} \\ a_{21} & a_{23} & a_{24} \\ a_{41} & a_{43} & a_{44} \end{vmatrix}$$

$$+ a_{33} \begin{vmatrix} a_{11} & a_{12} & a_{14} \\ a_{21} & a_{22} & a_{24} \\ a_{41} & a_{42} & a_{44} \end{vmatrix} - a_{34} \begin{vmatrix} a_{11} & a_{12} & a_{13} \\ a_{21} & a_{22} & a_{23} \\ a_{41} & a_{42} & a_{43} \end{vmatrix}.$$

4.2.2 行列式计算法则

由拉普拉斯展开可知, 下列关于行的命题关于列也正确.

1. 行列式值的独立性

行列式值与展开时行的选取无关.

2. 余子式的代换

在展开行列式时, 若一行的余子式代换为另一行的余子式, 则结果为零:

$$\sum_{\nu=1}^{n} a_{\mu\nu} A_{\lambda\nu} = 0 \quad (\mu, \lambda \text{ 固定}, \lambda \neq \mu). \tag{4.57}$$

这个关系式和拉普拉斯展开产生

$$\boldsymbol{A}_{\mathrm{adj}} \boldsymbol{A} = \boldsymbol{A} \boldsymbol{A}_{\mathrm{adj}} = (\det \boldsymbol{A}) \boldsymbol{I}. \tag{4.58}$$

$\boldsymbol{A}$ 的伴随矩阵是由 $\boldsymbol{A}$ 的代数余子式组成的矩阵的转置, 记作 $\boldsymbol{A}_{\mathrm{adj}}$. 不要将此伴随矩阵与复矩阵的共轭转置 $\boldsymbol{A}^{\mathrm{H}}$(参见第 362 页 (4.4)) 相混淆. 由前面的等式我们得到逆矩阵

$$\boldsymbol{A}^{-1} = \frac{1}{\det \boldsymbol{A}} \boldsymbol{A}_{\mathrm{adj}}. \tag{4.59}$$

3. 行列式的零值

下列情形行列式等于零:

a) 有一行只含元素 0;

b) 有两行相等;

c) 有一行是其他某些行的线性组合.

4. 交换和相加

下列情形行列式的值不变:

a) 交换行和列, 即按主对角线翻转行列式, 不影响它的值:

$$\det \boldsymbol{A} = \det \boldsymbol{A}^{\mathrm{T}}; \tag{4.60}$$

b) 将任一行加到另一行, 或从另一行减去这一行;

c) 将任何行的倍数加到另一行, 或从另一行减去这一行的倍数;

d) 将其他行的线性组合加到任一行.

5. 交换行时的符号

若在一个行列式交换两行位置, 则行列式变号.

6. 数乘行列式

如果用 α 乘以某行各元素, 那么行列式的值也乘以这个数. 下面的公式表明这与 (n,n) 矩阵 $\boldsymbol{A}$ 与数 α 相乘之间的不同:

$$\det(\alpha \boldsymbol{A}) = \alpha^n \det \boldsymbol{A}. \tag{4.61}$$

7. 两个行列式相乘

两个行列式相乘可以归结为它们的矩阵相乘:

$$(\det \boldsymbol{A})(\det \boldsymbol{B}) = \det(\boldsymbol{AB}). \tag{4.62}$$

因为 $\det \boldsymbol{A} = \det \boldsymbol{A}^{\mathrm{T}}$ (见 (4.60)), 我们有等式

$$(\det \boldsymbol{A})(\det \boldsymbol{B}) = \det(\boldsymbol{AB}) = \det(\boldsymbol{AB}^{\mathrm{T}}) = \det(\boldsymbol{A}^{\mathrm{T}}\boldsymbol{B}) = \det(\boldsymbol{A}^{\mathrm{T}}\boldsymbol{B}^{\mathrm{H}}), \tag{4.63}$$

即容许取行与列、行与行、列与行或列与列的标量积.

8. 行列式的微分

设 n 阶行列式的各元素是参数 t 的可微函数, 即 $a_{\mu\nu} = a_{\mu\nu}(t)$. 为了对 t 微分行列式, 可以每次微分一个行, 最后将得到的 n 个行列式相加.

■ 对于大小为 $(3,3)$ 的行列式有

$$\frac{\mathrm{d}}{\mathrm{d}t}\begin{vmatrix} a_{11} & a_{12} & a_{13} \\ a_{21} & a_{22} & a_{23} \\ a_{31} & a_{32} & a_{33} \end{vmatrix} = \begin{vmatrix} a'_{11} & a'_{12} & a'_{13} \\ a_{21} & a_{22} & a_{23} \\ a_{31} & a_{32} & a_{33} \end{vmatrix} + \begin{vmatrix} a_{11} & a_{12} & a_{13} \\ a'_{21} & a'_{22} & a'_{23} \\ a_{31} & a_{32} & a_{33} \end{vmatrix} + \begin{vmatrix} a_{11} & a_{12} & a_{13} \\ a_{21} & a_{22} & a_{23} \\ a'_{31} & a'_{32} & a'_{33} \end{vmatrix}.$$

4.2.3 行列式的计算

1. 2 阶行列式的值

$$\begin{vmatrix} a_{11} & a_{12} \\ a_{21} & a_{22} \end{vmatrix} = a_{11}a_{22} - a_{21}a_{12}. \tag{4.64}$$

2. 3 阶行列式的值

萨吕(Sarrus)法则给出一个方便的计算方法, 但它只适用于 3 阶行列式. 法则如下:

$$\left|\begin{matrix} a_{11} & a_{12} & a_{13} \\ a_{21} & a_{22} & a_{23} \\ a_{31} & a_{32} & a_{33} \end{matrix}\right| \begin{matrix} a_{11} & a_{12} \\ a_{21} & a_{22} \\ a_{31} & a_{32} \end{matrix} = a_{11}a_{22}a_{33} + a_{12}a_{23}a_{31} + a_{13}a_{21}a_{32} - (a_{31}a_{22}a_{13} + a_{32}a_{23}a_{11} + a_{33}a_{21}a_{12}). \tag{4.65}$$

将最初两列在行列式后重复写出, 然后计算沿右下方向实线段上的元素之积的和, 再减去沿左下方向虚线段上的元素之积的和.

3. n 阶行列式的值

由展开法则, n 阶行列式的值的计算归结为 n 个 $n-1$ 阶行列式的计算. 但出于实用的原因 (减少所需运算量), 我们首先借助上面讨论过的法则将行列式变形, 使得它含有尽可能多的零元素.

■
$$\begin{vmatrix} 2 & 9 & 9 & 4 \\ 2 & -3 & 12 & 8 \\ 4 & 8 & 3 & -5 \\ 1 & 2 & 6 & 4 \end{vmatrix} \xlongequal[\text{(法则 4)}]{} \begin{vmatrix} 2 & 5 & 9 & 4 \\ 2 & -7 & 12 & 8 \\ 4 & 0 & 3 & -5 \\ 1 & 0 & 6 & 4 \end{vmatrix}$$

$$\xlongequal[\text{(法则 6)}]{} 3\begin{vmatrix} 2 & 5 & 3 & 4 \\ 2 & -7 & 4 & 8 \\ 4 & 0 & 1 & -5 \\ 1 & 0 & 2 & 4 \end{vmatrix} = 3\left(-5\underbrace{\begin{vmatrix} 2 & 4 & 8 \\ 4 & 1 & -5 \\ 1 & 2 & 4 \end{vmatrix}}_{=0\ \text{(法则 3)}} - 7\begin{vmatrix} 2 & 3 & 4 \\ 4 & 1 & -5 \\ 1 & 2 & 4 \end{vmatrix}\right)$$

$$\xlongequal[\text{(法则 4)}]{} -21\begin{vmatrix} 1 & 1 & 0 \\ 4 & 1 & -5 \\ 1 & 2 & 4 \end{vmatrix} = -21\left(\begin{vmatrix} 1 & -5 \\ 2 & 4 \end{vmatrix} - \begin{vmatrix} 4 & -5 \\ 1 & 4 \end{vmatrix}\right) = 147.$$

注　一个特别有效的确定 n 阶行列式的值的方法是, 将为了确定矩阵的秩所作的变换 (参见第 367 页 4.1.4, 7.) 同样地用于行列式, 即使得对角线 $a_{11}, a_{22}, \cdots, a_{nn}$ 下方所有元素都等于零. 于是行列式的值就是变换后的行列式的对角元素之积.

4.3 张　　量

4.3.1 坐标系的变换

1. 线性变换

由线性变换

$$\underline{\widetilde{\boldsymbol{x}}} = \boldsymbol{A}\underline{\boldsymbol{x}} \quad \text{或} \quad \begin{cases} \widetilde{x}_1 = a_{11}x_1 + a_{12}x_2 + a_{13}x_3, \\ \widetilde{x}_2 = a_{21}x_1 + a_{22}x_2 + a_{23}x_3, \\ \widetilde{x}_3 = a_{31}x_1 + a_{32}x_2 + a_{33}x_3 \end{cases} \tag{4.66}$$

定义三维空间中的坐标变换, 其中 x_μ 和 $\widetilde{x}_\mu(\mu = 1, 2, 3)$ 是同一个点在不同的坐标系 K 和 $\widetilde{K}$ 中的坐标.

2. 爱因斯坦求和约定

代替 (4.66), 我们可以写出

$$\widetilde{x}_\mu = \sum_{\nu=1}^{3} a_{\mu\nu} x_\nu \quad (\mu = 1, 2, 3) \tag{4.67a}$$

或者依照爱因斯坦求和约定, 简写为

$$\widetilde{x}_\mu = a_{\mu\nu} x_\nu, \tag{4.67b}$$

即它是对于重复的指标 ν 求和, 并且对 $\mu = 1, 2, 3$ 记下求和的结果. 一般地, *求和约定* 的意义是: 如果在一个表达式中某个指标重复出现两次, 那么这个表达式是对这个指标的所有值做加法. 如果在一个方程的表达式中某个指标只出现一次, 例如 (4.67b) 中的 μ, 那么就意味着这个等式对这个指标的所有值都成立.

3. 坐标系的旋转

如果笛卡儿坐标系 $\widetilde{K}$ 是通过坐标系 K 的旋转给出的, 那么对于 (4.66) 中的变换矩阵 $\boldsymbol{A} = \boldsymbol{D}$ 成立, 其中 $\boldsymbol{D} = (d_{\mu\nu})$ 是正交*旋转矩阵*. 正交旋转矩阵 $\boldsymbol{D}$ 有性质

$$\boldsymbol{D}^{-1} = \boldsymbol{D}^{\mathrm{T}}. \tag{4.68a}$$

$\boldsymbol{D}$ 的元素 $d_{\mu\nu}$ 是老轴与新轴间的夹角的方向余弦. 由 $\boldsymbol{D}$ 的正交性, 即由

$$\boldsymbol{D}\boldsymbol{D}^{\mathrm{T}} = \boldsymbol{I}, \quad \text{以及} \quad \boldsymbol{D}^{\mathrm{T}}\boldsymbol{D} = \boldsymbol{I}, \tag{4.68b}$$

可推出

$$\sum_{i=1}^{3} d_{\mu i} d_{\nu i} = \delta_{\mu\nu}, \quad \sum_{i=1}^{3} d_{k\mu} d_{k\nu} = \delta_{\mu\nu} \quad (\mu, \nu = 1, 2, 3). \tag{4.68c}$$

因为 $\delta_{\mu\nu}$ 是克罗内克符号 (参见第 364 页 4.1.2, 10), 所以等式 (4.68c) 表明矩阵 $\boldsymbol{D}$ 的行向量和列向量是*正交化的*.

旋转矩阵 $\boldsymbol{D}$ 的元素 $d_{\mu\nu}$ 可以由卡当 (Cardan) 角 (参见第 287 页 3.5.3.5) 或欧拉角 (参见第 289 页 3.5.3.6) 确定. 关于平面旋转, 参见第 256 页 3.5.2.2, 2.; 关于空间旋转, 参见第 284 页 3.5.3.3.

4.3.2 笛卡儿坐标下的张量

1. 定义

一个数学量或物理量 T 在笛卡儿坐标系 K 中可以用 3^n 个称作平移不变量的元素 $t_{ij\cdots m}$ 来刻画. 其中下标 $i,j,\cdots,m$ 的个数恰好等于 $n\,(n\geqslant 0)$. 指标是有序的, 并且它们中每个都取值 1, 2 和 3. 如果在一个由 K 到 $\widetilde{K}$ 的坐标变换下, 依据 (4.66), 对于元素 $t_{ij\cdots m}$,

$$\widetilde{t}_{\mu\nu\cdots\gamma}=\sum_{i=1}^{3}\sum_{j=1}^{3}\cdots\sum_{m=1}^{3}a_{\mu i}a_{\nu j}\cdots a_{\gamma m}t_{ij\cdots m} \tag{4.69}$$

成立, 那么 $\boldsymbol{T}$ 称作秩 n 张量, 并且将具有有序指标的元素 $t_{ij\cdots m}$(多数是数) 称作张量 $\boldsymbol{T}$ 的分量.

2. 秩 0 张量

秩 0 张量只有一个分量, 即它是一个标量. 因为它的值在每个坐标系中都是相同的, 所以我们称此为标量不变性或不变标量.

3. 秩 1 张量

秩 1 张量有 3 个分量 t_1,t_2 和 t_3. 变换律 (4.69) 在此是

$$\widetilde{t}_{\mu}=\sum_{i=1}^{3}a_{\mu i}t_i \quad (\mu=1,2,3). \tag{4.70}$$

这是向量的变换律, 也就是说, 向量是秩 1 张量.

4. 秩 2 张量

如果 $n=2$, 那么张量 $\boldsymbol{T}$ 有 9 个分量 t_{ij}, 它们可以排列为矩阵

$$\boldsymbol{T}=\mathbf{T}=\begin{pmatrix} t_{11} & t_{12} & t_{13}\\ t_{21} & t_{22} & t_{23}\\ t_{31} & t_{32} & t_{33}\end{pmatrix}. \tag{4.71a}$$

变换律 (4.70) 现在是

$$\widetilde{t}_{\mu\nu}=\sum_{i=1}^{3}\sum_{j=1}^{3}a_{\mu i}a_{\nu j}t_{ij} \quad (\mu,\nu=1,2,3). \tag{4.71b}$$

于是, 秩 2 张量可以表示为矩阵.

■ **A**: 刚体对于通过原点并且方向向量为 $\vec{a}=\underline{\boldsymbol{a}}^{\mathrm{T}}$ 的直线 g 的惯性矩 Θ_g 可以表示为形式

$$\Theta_g=\underline{\boldsymbol{a}}^{\mathrm{T}}\boldsymbol{\Theta}\underline{\boldsymbol{a}}, \tag{4.72a}$$

其中

$$\boldsymbol{\Theta}=(\Theta_{ij})=\begin{pmatrix} \Theta_x & -\Theta_{xy} & -\Theta_{xz}\\ -\Theta_{xy} & \Theta_y & -\Theta_{yz}\\ -\Theta_{xz} & -\Theta_{yz} & \Theta_z\end{pmatrix}, \tag{4.72b}$$

即所谓惯性张量,其中 Θ_x, Θ_y 和 Θ_z 是对于坐标轴的惯性矩, Θ_{xy}, Θ_{xz} 和 Θ_{yz} 是对于坐标轴的偏矩.

■**B**: 弹性变形体的负荷条件可以用张力张量给出:

$$\boldsymbol{\sigma} = \begin{pmatrix} \sigma_{11} & \sigma_{12} & \sigma_{13} \\ \sigma_{21} & \sigma_{22} & \sigma_{23} \\ \sigma_{31} & \sigma_{32} & \sigma_{33} \end{pmatrix}. \tag{4.73}$$

元素 $\sigma_{ik}(i,k=1,2,3)$ 用下列方法确定: 在弹性体的一点 P 选取小平面曲面元素, 其法向量指向直角笛卡儿坐标系的 x_1 轴的正向. 在这个元素上每曲面单位受力 (它与材料有关) 就是坐标为 $\sigma_{11}, \sigma_{12}, \sigma_{13}$ 的向量. 可以类似地解释其他分量.

5. 计算法则

(1) **初等代数运算** 类似于向量和矩阵的相应运算, 按分量定义数与张量相乘以及同秩张量的加法和减法.

(2) **张量积** 设给定秩 m 张量 $\boldsymbol{A}$ 和秩 n 张量 $\boldsymbol{B}$, 它们分别有分量 $a_{ij\cdots}$ 和 $b_{rs\cdots}$, 那么 3^{m+n} 个标量

$$c_{ij\cdots rs\cdots} = a_{ij\cdots} b_{rs\cdots} \tag{4.74a}$$

给出秩 $m+n$ 张量 $\boldsymbol{C}$ 的分量. 将此记作 $\boldsymbol{C} = \boldsymbol{AB}$, 并且称它为 $\boldsymbol{A}$ 和 $\boldsymbol{B}$ 的张量积. 结合律和分配律成立:

$$(\boldsymbol{AB})\boldsymbol{C} = \boldsymbol{A}(\boldsymbol{BC}), \quad \boldsymbol{A}(\boldsymbol{B}+\boldsymbol{C}) = \boldsymbol{AB} + \boldsymbol{AC}. \tag{4.74b}$$

(3) **并积** 两个秩 1 张量 $\boldsymbol{A} = (a_1, a_2, a_3)$ 和 $\boldsymbol{B} = (b_1, b_2, b_3)$ 给出元素为

$$c_{ij} = a_i b_j \quad (i,j=1,2,3) \tag{4.75a}$$

的秩 2 张量, 即张量积产生矩阵

$$\begin{pmatrix} a_1b_1 & a_1b_2 & a_1b_3 \\ a_2b_1 & a_2b_2 & a_3b_3 \\ a_3b_1 & a_3b_2 & a_3b_3 \end{pmatrix}. \tag{4.75b}$$

将此记作两个向量 $\underline{\boldsymbol{A}}$ 和 $\underline{\boldsymbol{B}}$ 的并积.

(4) **缩并** 在秩 $m\,(m \geqslant 2)$ 张量中令两个指标相等, 并且对它们求和, 那么我们得到一个秩 $m-2$ 张量, 将此称作张量的缩并.

■ (4.75a) 中的秩 2 张量, 其中 $c_{ij} = a_i b_j$, 是向量 $\underline{\boldsymbol{A}} = (a_1, a_2, a_3)$ 和 $\underline{\boldsymbol{B}} = (b_1, b_2, b_3)$ 的张量积, 可以通过指标 i, j 的缩并给出一个标量

$$a_i b_i = a_1 b_1 + a_2 b_2 + a_3 b_3, \tag{4.76}$$

它是秩 0 张量. 这给出向量 $\underline{\boldsymbol{A}}$ 和 $\underline{\boldsymbol{B}}$ 的标量积.

4.3.3 特殊性质的张量

4.3.3.1 秩 2 张量

1. 计算法则

矩阵计算法则对于秩 2 张量同样成立. 特别, 每个张量 $\boldsymbol{T}$ 可以分解为对称和斜对称张量之和:

$$\boldsymbol{T}=\frac{1}{2}(\boldsymbol{T}+\boldsymbol{T}^{\mathrm{T}})+\frac{1}{2}(\boldsymbol{T}-\boldsymbol{T}^{\mathrm{T}}). \tag{4.77a}$$

如果

$$t_{ij}=t_{ji}\quad (\text{对所有 } i,j), \tag{4.77b}$$

那么张量 $\boldsymbol{T}=(t_{ij})$ 称为对称的. 在

$$t_{ij}=-t_{ji}\quad (\text{对所有 } i,j) \tag{4.77c}$$

情形下, 称它为斜对称或反对称的. 显然, 斜对称张量的元素 t_{11},t_{22},t_{33} 等于零. 若认定某对元素, 则可将对称性和反对称性的概念扩充到更高秩张量.

2. 主轴变换

对于对称张量 $\boldsymbol{T}$, 即当 $t_{\mu\nu}=t_{\nu\mu}$ 成立时, 总存在正交变换 $\boldsymbol{D}$ 使得变换后张量有对角形:

$$\widetilde{\boldsymbol{T}}=\begin{pmatrix}\widetilde{t}_{11} & 0 & 0\\ 0 & \widetilde{t}_{22} & 0\\ 0 & 0 & \widetilde{t}_{33}\end{pmatrix}. \tag{4.78a}$$

元素 $\widetilde{t}_{11},\widetilde{t}_{22},\widetilde{t}_{33}$ 称作张量 $\boldsymbol{T}$ 的特征值. 它们等于 λ 的 3 次代数方程

$$\begin{vmatrix}t_{11}-\lambda & t_{12} & t_{13}\\ t_{21} & t_{22}-\lambda & t_{23}\\ t_{31} & t_{32} & t_{33}-\lambda\end{vmatrix}=0 \tag{4.78b}$$

的根 λ_1,λ_2 和 λ_3. 变换矩阵 $\boldsymbol{D}$ 的列向量 $\underline{\boldsymbol{d}}_1,\underline{\boldsymbol{d}}_2,\underline{\boldsymbol{d}}_3$ 称作对应于这些特征值的特征向量, 它们满足方程

$$\boldsymbol{T}\underline{\boldsymbol{d}}_\nu=\lambda_\nu\underline{\boldsymbol{d}}_\nu\quad (\nu=1,2,3). \tag{4.78c}$$

它们的方向称为主轴方向, 化对角形的变换 $\boldsymbol{T}$ 称为主轴变换.

4.3.3.2 不变张量

1. 定义

一个笛卡儿张量称为不变的, 如果它的分量在所有笛卡儿坐标系中都相同. 物理量如标量和向量是特殊的张量, 不依赖于确定它们的坐标系. 因此在平移原点或坐标系 K 旋转时它们的值不应该改变. 我们称此为平移不变性和旋转不变性, 或一般地, 称此为变换不变性.

2. 广义克罗内克 δ 函数和 δ 张量

如果一个秩 2 张量的元素 t_{ij} 是克罗内克符号, 即

$$t_{ij} = \delta_{ij} = \begin{cases} 1, & i = j, \\ 0, & i \neq j, \end{cases} \tag{4.79a}$$

那么由坐标系旋转情形的变换律 (4.71b), 并考虑 (4.68c), 可得到

$$\widetilde{t}_{\mu\nu} = d_{\mu i} d_{\nu j} = \delta_{\mu\nu}, \tag{4.79b}$$

即这些元素是*旋转不变量*. 将它们放在坐标系中, 则它们与原点的选取无关, 即它们是*平移不变量*, 于是数 δ_{ij} 形成秩 2 张量, 即所谓*广义克罗内克 δ* 或*δ张量*.

3. 交错张量

如果 $\vec{e}_i, \vec{e}_j$ 和 $\vec{e}_k$ 是直角坐标系的轴向单位向量, 那么对于混合积 (参见第 249 页 3.5.1.6, 2.) 有

$$\epsilon_{ijk} = \vec{e}_i(\vec{e}_j \times \vec{e}_k) = \begin{cases} 1, & i,j,k \text{ 循环 (右手法则)}, \\ -1, & i,j,k \text{ 反循环}, \\ 0, & \text{其他情形}. \end{cases} \tag{4.80a}$$

在此共有 $3^3 = 27$ 个元素, 它们是一个秩 3 张量的元素. 在坐标系旋转的情形下, 由变换律 (4.69) 可知

$$\widetilde{t}_{\mu\nu\rho} = d_{\mu i} d_{\nu j} d_{\rho k} \epsilon_{ijk} = \begin{vmatrix} d_{\mu 1} & d_{\nu 1} & d_{\rho 1} \\ d_{\mu 2} & d_{\nu 2} & d_{\rho 2} \\ d_{\mu 3} & d_{\nu 3} & d_{\rho 3} \end{vmatrix} = \epsilon_{\mu\nu\rho}, \tag{4.80b}$$

即这些元素是*旋转不变量*. 将其放在坐标系中, 则其与原点的选取无关, 即它们是*平移不变量*, 于是数 ϵ_{ijk} 形成秩 3 张量, 即所谓*交错张量*.

4. 张量不变量

在此不要将*张量不变量*与不变张量混淆. 张量不变量是张量的分量的函数, 当坐标系旋转时, 它们的形式和值不变.

■**A**: 如果 (例如) 张量 $\boldsymbol{T} = (t_{ij})$ 通过旋转被变换为 $\widetilde{\boldsymbol{T}} = (\widetilde{t}_{ij})$, 那么它的*迹*不变:

$$\mathrm{Tr}(\boldsymbol{T}) = t_{11} + t_{22} + t_{33} = \widetilde{t}_{11} + \widetilde{t}_{22} + \widetilde{t}_{33}. \tag{4.81}$$

张量 $\boldsymbol{T}$ 的迹等于特征值的和 (参见第 362 页 4.1.2, 4.).

■**B**: 对于张量 $\boldsymbol{T} = (t_{ij})$ 的行列式有

$$\begin{vmatrix} t_{11} & t_{12} & t_{13} \\ t_{21} & t_{22} & t_{23} \\ t_{31} & t_{32} & t_{33} \end{vmatrix} = \begin{vmatrix} \widetilde{t}_{11} & \widetilde{t}_{12} & \widetilde{t}_{13} \\ \widetilde{t}_{21} & \widetilde{t}_{22} & \widetilde{t}_{23} \\ \widetilde{t}_{31} & \widetilde{t}_{32} & \widetilde{t}_{33} \end{vmatrix}. \tag{4.82}$$

张量的行列式等于特征值的积.

4.3.4 曲线坐标系中的张量

4.3.4.1 共变和反变基向量

1. 共变基

借助可变位置向量, 我们引进一般的**曲线坐标** u, v, w:

$$\vec{r} = \vec{r}(u,v,w) = x(u,v,w)\vec{e}_x + y(u,v,w)\vec{e}_y + z(u,v,w)\vec{e}_z. \tag{4.83a}$$

对应于这个系的**坐标曲面**可以通过在 $\vec{r}(u,v,w)$ 中每次固定一个独立变量得到. 在所考虑的空间区域的每个点都有三个坐标曲面通过, 并且它们中任何两个互相交于**坐标曲线**, 当然这些曲线也通过所考虑的点. 三个向量

$$\frac{\partial \vec{r}}{\partial u}, \quad \frac{\partial \vec{r}}{\partial v}, \quad \frac{\partial \vec{r}}{\partial w} \tag{4.83b}$$

指向所考虑的点的坐标曲线的方向. 它们形成曲线坐标系的**共变基**.

2. 反变基

三个向量

$$\frac{1}{D}\left(\frac{\partial \vec{r}}{\partial v} \times \frac{\partial \vec{r}}{\partial w}\right), \quad \frac{1}{D}\left(\frac{\partial \vec{r}}{\partial w} \times \frac{\partial \vec{r}}{\partial u}\right), \quad \frac{1}{D}\left(\frac{\partial \vec{r}}{\partial u} \times \frac{\partial \vec{r}}{\partial v}\right) \tag{4.84a}$$

有函数行列式 (雅可比行列式, 参见第 159 页 2.18.2.6, 3.)

$$D = \frac{D(x,y,z)}{D(u,v,w)} = \begin{vmatrix} x_u & x_v & x_w \\ y_u & y_v & y_w \\ z_u & z_v & z_w \end{vmatrix}, \tag{4.84b}$$

它们总是垂直于所考虑的曲面单元的坐标曲面, 并且形成曲线坐标系的**反变基**.

注 在正交曲线坐标情形, 即若

$$\frac{D(x,y,z)}{D(u,v,w)} = \begin{vmatrix} t_{11} & t_{12} & t_{13} \\ t_{21} & t_{22} & t_{23} \\ t_{31} & t_{32} & t_{33} \end{vmatrix} = \begin{vmatrix} \widetilde{t}_{11} & \widetilde{t}_{12} & \widetilde{t}_{13} \\ \widetilde{t}_{21} & \widetilde{t}_{22} & \widetilde{t}_{23} \\ \widetilde{t}_{31} & \widetilde{t}_{32} & \widetilde{t}_{33} \end{vmatrix},$$

$$\frac{\partial \vec{r}}{\partial u} \cdot \frac{\partial \vec{r}}{\partial v} = 0, \quad \frac{\partial \vec{r}}{\partial u} \cdot \frac{\partial \vec{r}}{\partial w} = 0, \quad \frac{\partial \vec{r}}{\partial v} \cdot \frac{\partial \vec{r}}{\partial w} = 0, \tag{4.85}$$

则共变基和反变基的方向是一致的.

4.3.4.2 秩 1 张量的共变和反变坐标

为了应用爱因斯坦求和约定, 我们对共变基和反变基引进下列记号:

$$\frac{\partial \vec{r}}{\partial u} = \vec{g}_1, \quad \frac{\partial \vec{r}}{\partial v} = \vec{g}_2, \quad \frac{\partial \vec{r}}{\partial w} = \vec{g}_3, \quad \frac{1}{D}\left(\frac{\partial \vec{r}}{\partial v} \times \frac{\partial \vec{r}}{\partial w}\right) = \vec{g}^1,$$
$$\frac{1}{D}\left(\frac{\partial \vec{r}}{\partial w} \times \frac{\partial \vec{r}}{\partial u}\right) = \vec{g}^2, \quad \frac{1}{D}\left(\frac{\partial \vec{r}}{\partial u} \times \frac{\partial \vec{r}}{\partial v}\right) = \vec{g}^3. \tag{4.86}$$

那么下列表达式对 $\vec{v}$ 成立:

$$\vec{v}=V^1\vec{g}_1+V^2\vec{g}_2+V^3\vec{g}_3=V^k\vec{g}_k \quad \text{或} \quad \vec{v}=V_1\vec{g}^1+V_2\vec{g}^2+V_3\vec{g}^3. \tag{4.87}$$

分量 V^k 是向量 $\vec{v}$ 的反变坐标, 分量 V_k 是其共变坐标. 对于这些坐标, 等式

$$V^k=g^{kl}V_l, \quad \text{以及} \quad V_k=g_{kl}V^l \tag{4.88a}$$

成立, 其中分别有

$$g_{kl}=g_{lk}=\vec{g}_k\cdot\vec{g}_l, \quad \text{以及} \quad g^{kl}=g^{lk}=\vec{g}^k\cdot\vec{g}^l. \tag{4.88b}$$

此外, 应用克罗内克符号, 等式

$$\vec{g}_k\cdot\vec{g}^l=\delta_{kl} \tag{4.89a}$$

成立, 因而

$$g^{kl}g_{lm}=\delta_{km}. \tag{4.89b}$$

依照 (4.88b), 由 V^k 到 V_k 或由 V_k 到 V^k 的转换, 是由外加调整通过提升或下降指标刻画的.

注 在笛卡儿坐标系中共变坐标和反变坐标相等.

4.3.4.3 秩 2 张量的共变、反变和混合坐标

1. 坐标变换

在基向量为 $\vec{e}_1,\vec{e}_2$ 和 $\vec{e}_3$ 的笛卡儿坐标系中, 秩 2 张量 $\boldsymbol{T}$ 可表示为矩阵

$$\boldsymbol{T}=\begin{pmatrix} t_{11} & t_{12} & t_{13}\\ t_{21} & t_{22} & t_{23}\\ t_{31} & t_{32} & t_{33}\end{pmatrix}. \tag{4.90}$$

为了引进曲线坐标 u_1,u_2,u_3, 我们应用下列向量

$$\vec{r}=x_1(u_1,u_2,u_3)\vec{e}_1+x_2(u_1,u_2,u_3)\vec{e}_2+x_3(u_1,u_2,u_3)\vec{e}_3. \tag{4.91}$$

新基可由向量 $\vec{g}_1,\vec{g}_2,\vec{g}_3$ 表出. 现在有

$$\vec{g}_l=\frac{\partial\vec{r}}{\partial u_l}=\frac{\partial x_1}{\partial u_l}\vec{e}_1+\frac{\partial x_2}{\partial u_l}\vec{e}_2+\frac{\partial x_3}{\partial u_l}\vec{e}_3=\frac{\partial x_k}{\partial u_l}\vec{e}_k. \tag{4.92}$$

作代换 $\vec{e}_1=\vec{g}^1$, 可知 $\vec{g}_1$ 和 $\vec{g}^1$ 分别是共变基向量和反变基向量.

2. 线性向量函数

在一个由等式

$$\vec{w}=\boldsymbol{T}\vec{v} \tag{4.93a}$$

给出 (4.90) 中的张量 $\boldsymbol{T}$ 的固定坐标系中, 下列向量表达式

$$\vec{v}=V_k\vec{g}^k=V^k\vec{g}_k,\quad \vec{w}=W_k\vec{g}^k=W^k\vec{g}_k \tag{4.93b}$$

定义向量 $\vec{v}$ 和 $\vec{w}$ 间的线性关系. 所以 (4.93a) 被考虑为线性向量函数.

3. 混合坐标

改变坐标系, 等式 (4.93a) 将有形式

$$\vec{\widetilde{w}}=\widetilde{\boldsymbol{T}}\,\vec{\widetilde{v}}. \tag{4.94a}$$

$\boldsymbol{T}$ 和 $\widetilde{\boldsymbol{T}}$ 的分量间的关系如下:

$$\widetilde{t}_{kl}=\frac{\partial u_k}{\partial x_m}\frac{\partial x_n}{\partial u_l}l_{mn}. \tag{4.94b}$$

引进记号

$$\widetilde{t}_{kl}=T^{k}_{\cdot l}. \tag{4.94c}$$

因为 k 是反变指标, l 是共变指标, 所以我们将它称为张量的混合坐标. 对于向量 $\vec{v}$ 和 $\vec{u}$ 的分量有

$$W^k=T^{k}_{\cdot l}V^l. \tag{4.94d}$$

如果用反变基 $\vec{g}^k$ 代替共变基 $\vec{g}_k$, 那么类似于 (4.94b) 和 (4.94c), 我们得到

$$T_k^{\cdot l}=\frac{\partial x_m}{\partial u_k}\frac{\partial u_l}{\partial x_n}t_{mn}, \tag{4.95a}$$

并且 (4.94d) 变换为

$$W_k=T_k^{\cdot l}V_l. \tag{4.95b}$$

对于混合坐标 $T_k^{\cdot l}$ 和 $T^{k}_{\cdot l}$, 则有公式

$$T^{k}_{\cdot l}=g^{km}g_{ln}T_m^{\cdot n}. \tag{4.95c}$$

4. 纯共变和纯反变坐标

在关系式 (4.95b) 中用关系式 $V_l=g_{lm}V^m$ 代替 V_l, 那么我们得到

$$W_k=T_k^{\cdot l}g_{lm}V^m=T_{km}V^m, \tag{4.96a}$$

其中还认定

$$T_k^{\cdot l}g_{lm}=T_{km}. \tag{4.96b}$$

因为指标都是共变的, 所以 T_{km} 称为张量 $\boldsymbol{T}$ 的共变坐标. 类似地, 我们得到反变坐标

$$T_l^{km}=g^{ml}T^{k}_{\cdot l}. \tag{4.97}$$

明显公式是

$$T_{kl}=\frac{\partial x_m}{\partial u_k}\frac{\partial x_n}{\partial u_l}t_{mn}, \tag{4.98a}$$

$$T^{kl}=\frac{\partial u_k}{\partial x_m}\frac{\partial u_l}{\partial x_n}t_{mn}, \tag{4.98b}$$

4.3.4.4 计算法则

除在第 378 页 4.3.2, 5. 中所给出的法则外, 下列计算法则成立:

(1) **加法和减法** 同秩张量, 若它们对应指标都是共变的或都是反变的, 则可按元素相加减, 并且结果得到同秩张量.

(2) **乘法** 秩 n 的张量的坐标与秩 m 的张量的坐标相乘, 得到秩 $m+n$ 的张量.

(3) **收缩** 如果令一个秩 $n(n \geqslant 2)$ 张量的共变坐标和反变坐标的指标相等, 那么可以对这个指标应用爱因斯坦求和约定, 并且得到一个秩 $n-2$ 张量. 这种运算称作*收缩*.

(4) **外加调整** 两个张量的*外加调整*是指下列运算: 两者相乘, 并且进行收缩使得实施收缩的指标属于不同的因子.

(5) **对称性** 一个张量称作关于固定的两个共变指标或两个反变指标对称, 如果交换它们时张量不变.

(6) **斜对称性** 一个张量称作关于固定的两个共变指标或两个反变指标斜对称, 如果交换它们时张量被乘以 -1.

■ 交错张量 (参见第 380 页 4.3.3.2, 3.) 关于任意两个共变指标或反变指标反对称.

4.3.5 伪张量

张量的反射在物理学中起着特殊作用. 虽然*极向量*和*轴向量*在数学上可以用同样的方法处理, 但由于它们关于反射的不同性状 (参见第 242 页 3.5.1.1, 2.), 所以要加以区分. 极向量和轴向量相互间的差别在于它们的确定, 因为轴向量除了长度和方向外, 可以由定向来表示. 轴向量也称为*伪张量*. 因为向量可以看作张量, 所以引进伪张量的一般概念.

4.3.5.1 关于原点的对称性

1. 张量在空间反演下的性状

(1) **空间反演的概念** 空间中点的*位置坐标*关于原点的*反射*称作*空间反演*或*坐标反演*. 在三维笛卡儿坐标系空间反演意味着坐标变号:

$$(x,y,z) \to (-x,-y,-z). \tag{4.99}$$

由此右手坐标系变成左手坐标系. 类似的法则对于其他坐标系也成立. 在球坐标系中, 有

$$(r,\theta,\varphi) \to (-r,\pi-\theta,\varphi+\pi). \tag{4.100}$$

在这种类型的反射中向量的长度和向量的夹角不变. 可以通过线性变换进行转换.

(2) **变换矩阵** 依据 (4.66), 三维空间线性变换的变换矩阵 $\boldsymbol{A}=(a_{\mu\nu})$ 在空间反演情形有下列性质:

$$a_{\mu\nu}=-\delta_{\mu\nu},\quad \det\boldsymbol{A}=-1. \tag{4.101a}$$

对于 (4.69) 中秩 n 张量的分量, 有

$$\widetilde{t}_{\mu\nu\cdots\gamma}=(-1)^n t_{\mu\nu\cdots\gamma}. \tag{4.101b}$$

这就是说: 在关于原点对称的情形下, 秩 0 张量仍然是标量, 不变; 秩 1 张量仍然是向量, 并且变号; 秩 2 张量保持不变, 等等.

2. 几何表示

三维笛卡儿坐标系中空间反演可分两步实现 (图 4.3):

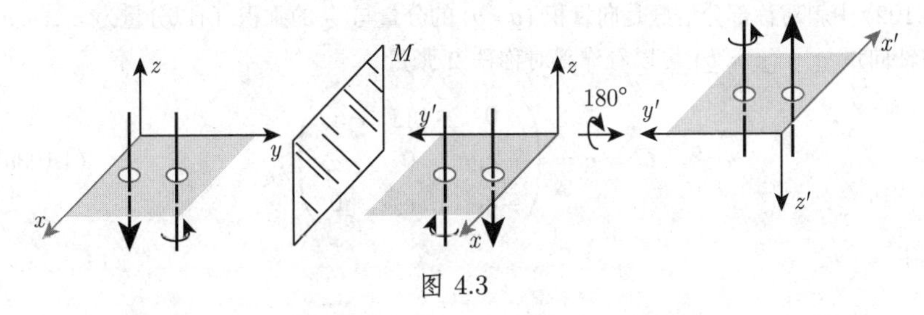

图 4.3

(1) 通过关于坐标平面 (例如 x,z 平面) 的反射, 坐标系 x,y,z 变为坐标系 $x,-y,z$. 右手系变成左手系 (参见第 281 页 3.5.3.1, 2.).

(2) 通过坐标系 x,y,z 绕 y 轴旋转 180°, 我们得到完全的关于原点对称的坐标系 x,y,z. 因为它是实施步骤 (1) 的结果, 所以这个坐标系保持为左手系.

结论 空间反演将极向量的定向改变 180°, 同时保持轴向量的定向.

4.3.5.2 伪张量概念引论

(1) **空间反演下的向量积** 在空间反演下, 两个极向量 $\underline{\boldsymbol{a}}$ 和 $\underline{\boldsymbol{b}}$ 被变为 $-\underline{\boldsymbol{a}}$ 和 $-\underline{\boldsymbol{b}}$, 即它们的分量满足秩 1 张量的变换公式 (4.101b). 但是如果考虑 (例如) 两个轴向量的向量积 $\underline{\boldsymbol{c}}=\underline{\boldsymbol{a}}\times\underline{\boldsymbol{b}}$, 那么在关于原点的反射下, 我们得到 $\underline{\boldsymbol{c}}=\underline{\boldsymbol{c}}$. 这违反秩 1 张量的变换公式 (4.101a). 因此轴向量 $\underline{\boldsymbol{c}}$ 称作*伪向量*, 或一般地, 称作*伪张量*.

■ 向量积 $\vec{r}\times\vec{v},\vec{r}\times\vec{F},\nabla\times\vec{v}=\operatorname{rot}\vec{v}$ 都是轴向量的例子, 它们在反射下有“违规”性状, 其中 $\vec{r}$ 是位置向量, $\vec{v}$ 是速度向量, $\vec{F}$ 是力向量, ∇ 是那布拉算子.

(2) **空间反演下的标量积** 如果对一个极向量和一个轴向量的标量积应用空间反演, 那么又出现违反秩 1 张量的变换公式 (4.101b) 的情形. 因为标量积的结果是一个标量, 并且一个标量在每个坐标系中应当是相同的, 所以在此它是一个特殊的标量, 称作*伪标量*. 它具有在空间反演下改变符号的性质. 伪标量没有标量的*旋转不变性*.

■ 极向量 $\vec{r}$(位置向量) 和 $\vec{v}$ (速度向量) 与轴向量 $\vec{\omega}$(角速度向量) 的标量积是标量 $\vec{r}\cdot\vec{\omega}$ 和 $\vec{v}\cdot\vec{\omega}$, 它们在反射下都有“违规”性状, 所以是伪标量.

(3) **空间反演下的混合积** 依据 (2), 极向量 $\underline{\boldsymbol{a}}, \underline{\boldsymbol{b}}$ 和 $\underline{\boldsymbol{c}}$ 的混合积 $(\underline{\boldsymbol{a}} \times \underline{\boldsymbol{b}}) \cdot \underline{\boldsymbol{c}}$ (参见第 249 页 3.5.1.6, 2.) 是伪标量, 因为因子 $(\underline{\boldsymbol{a}} \times \underline{\boldsymbol{b}})$ 是一个轴向量. 混合积在空间反演下变号.

(4) **伪向量和秩 2 斜对称张量** 依据 (4.74b), 轴向量 $\underline{\boldsymbol{a}} = (a_1, a_2, a_3)^{\mathrm{T}}$ 和 $\underline{\boldsymbol{b}} = (b_1, b_2, b_3)^{\mathrm{T}}$ 的张量积生产一个秩 2 张量, 其分量 $t_{ij} = a_i b_j \, (i, j = 1, 2, 3)$. 因为每个秩 2 张量可以分解为秩 2 对称张量和斜对称张量之和, 所以依据 (4.81) 有

$$t_{ij} = \frac{1}{2}(a_i b_j + a_j b_i) + \frac{1}{2}(a_i b_j - a_j b_i) \quad (i, j = 1, 2, 3). \tag{4.102}$$

(4.102) 中斜对称部分恰好是向量积 $(\underline{\boldsymbol{a}}\times\underline{\boldsymbol{b}})$ 的分量与 $\frac{1}{2}$ 的乘积, 所以分量为 c_1, c_2, c_3 的轴向量 $\underline{\boldsymbol{c}} = (\underline{\boldsymbol{a}} \times \underline{\boldsymbol{b}})$ 可以看作斜对称秩 2 张量

$$\boldsymbol{C} = \underline{\boldsymbol{c}} = \begin{pmatrix} 0 & c_{12} & c_{13} \\ -c_{12} & 0 & c_{23} \\ -c_{13} & -c_{23} & 0 \end{pmatrix}, \tag{4.103a}$$

其中

$$\begin{aligned} c_{23} &= a_2 b_3 - a_3 b_2 = c_1, \\ c_{31} &= a_3 b_1 - a_1 b_3 = c_2, \\ c_{12} &= a_1 b_2 - a_2 b_1 = c_3, \end{aligned} \tag{4.103b}$$

它的分量满足秩 2 张量的变换公式 (4.101b). 因此, 每个轴向量 (伪向量或伪秩 1 张量) $\underline{\boldsymbol{c}} = (c_1, c_2, c_3)^{\mathrm{T}}$ 可以看作秩 2 斜对称张量 $\boldsymbol{C}$:

$$\boldsymbol{C} = \underline{\boldsymbol{c}} = \begin{pmatrix} 0 & c_3 & -c_2 \\ -c_3 & 0 & c_1 \\ c_2 & -c_1 & 0 \end{pmatrix}. \tag{4.104}$$

(5) **秩 $\boldsymbol{n}$ 伪张量** 伪标量和伪向量概念的推广是秩 n 伪张量. 在旋转变换下它有与秩 n 张量相同的性质 (旋转矩阵 $\boldsymbol{D}$ 的行列式 $\det \boldsymbol{D} = 1$), 但它在关于原点反射后有一个因子 (-1). 高秩伪张量的例子可在文献, 例如, [4.2] 中找到.

4.4 四元数及应用

四元数是哈密顿在 1843 年定义的. 导致发现四元数的基本问题是在三维欧氏空间中应该怎样定义向量的除法. 将它们嵌入 $\mathbb{R}^4$, 并且引进四元数乘法是可能的, 这导致四元数除环.

四元数与复数一样, 都是以 2^n 个广义数

$$A=\sum_{l=1}^{2^n}\mathbf{i}_l a_l \quad (\mathbf{i}_l \text{ 是超复数元素}, \ a_l \text{ 是复数}) \tag{4.105a}$$

为基的 n 阶克利福德代数 (见 [4.20], [22.26]) 的特殊情形. 下列特殊情形有实际重要性:

$n=1$: 二维复数, 其中

$$\mathbf{i}_1=1, \quad \mathbf{i}_2=\mathrm{i}, \quad \mathrm{i} \text{ 是虚数单位}, \quad a_1, a_2 \text{ 是实数}. \tag{4.105b}$$

$n=2$: 四元数, 作为具有超复元素的四维数, 其中

$$\mathbf{i}_1=1,\ \mathbf{i}_2=\mathrm{i},\ \mathbf{i}_3=\mathrm{j},\ \mathbf{i}_4=\mathrm{k} \text{ 是超复元素}, \quad a_1,a_2,a_3,a_4 \text{ 是实数}, \tag{4.105c}$$

并且有乘法法则 (4.107). 在物理学中, 泡利自旋矩阵和旋子用四元数表示.

$n=3$: 八元数 (参见第 408 页 4.4.3.6, 1.).

$n=4$: 克利福德数, 在物理学中称作狄拉克矩阵.

四元数常用于刻画旋转. 四元数的优点是:

- 旋转是直接绕所要求的轴实现的.
- 不出现常平架锁定问题. 常平架是一个可使得绕单个轴旋转的驱轴支架 (例如陀螺罗盘), 常平架锁定意味着三个常平架中有两个, 它们的轴被驱动到平行状态.

四元数的缺点是只可用来刻画旋转. 若要描述平移, 必须应用比例或投影矩阵. 这个缺点可以借助八元数来弥补, 八元数可用来描述刚体的各种运动.

四元数也应用于计算机绘图学、卫星导行, 以及向量分析、物理学和力学中.

4.4.1 四元数

4.4.1.1 定义和表示

1. 虚数单位

四元数是形如

$$w+\mathbf{i}x+\mathbf{j}y+\mathbf{k}z \tag{4.106}$$

的广义复数, 其中 w,x,y,z 是实数, $\mathbf{i},\mathbf{j},\mathbf{k}$ 是广义虚数单位, 它们满足下列乘法法则:

$$\mathbf{i}^2=\mathbf{j}^2=\mathbf{k}^2=-1, \quad \mathbf{ij}=\mathbf{k}=-\mathbf{ji}, \quad \mathbf{jk}=\mathbf{i}=-\mathbf{kj}, \quad \mathbf{ki}=\mathbf{j}=-\mathbf{ik}, \tag{4.107}$$

广义虚数单位的乘法法则见所附的乘法表. 这个法则也可用图 4.4 中的圈表示. 按箭头方向做乘法得到正号, 反箭头方向产生负号.

乘法表

	i	**j**	**k**
i	−1	**k**	−**j**
j	−**k**	−1	**i**
k	**j**	−**i**	−1

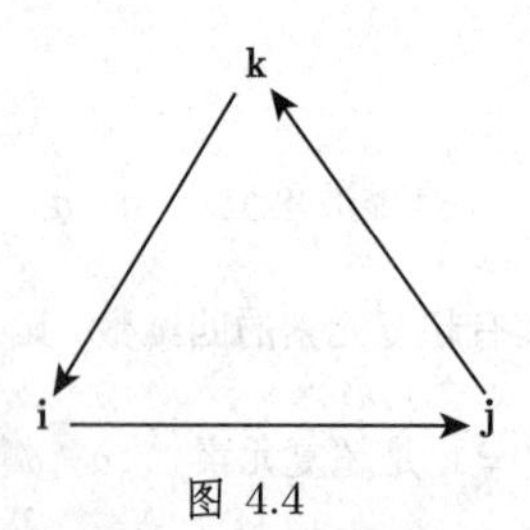

图 4.4

因此, 乘法不可交换, 但可结合. 为纪念哈密顿, 将定义了四元数乘法的四维欧氏向量空间 $\mathbb{R}^4$ 记作 $\mathbf{H}$. 四元数形成一个代数, 称作*四元数除环*.

2. 四元数的表示

四元数有不同的表示:

- 作为超复数 $q = w + \mathbf{i}x + \mathbf{j}y + \mathbf{k}z = q_0 + \underline{\boldsymbol{q}}$, 其中标量部分 $q_0 = \operatorname{Sc} q$, 向量部分 $\underline{\boldsymbol{q}} = \operatorname{Vec} q$.
- 作为由数 $w \in \mathbb{R}$ 和向量 $(x, y, z)^{\mathrm{T}} \in \mathbb{R}^3$ 组成的四维向量 $q = (w, x, y, z)^{\mathrm{T}} = (q_0, \underline{\boldsymbol{q}})^{\mathrm{T}}$.
- 三角式 $q = r(\cos\varphi + \underline{\boldsymbol{n}_{\boldsymbol{q}}} \sin\varphi)$, 其中 $r = |q| = \sqrt{w^2 + x^2 + y^2 + z^2}$ 是 $\mathbb{R}^4$ 中四维向量的长度, 并且 $\cos\varphi = \dfrac{w}{|q|}$, 以及 $\underline{\boldsymbol{n}_{\boldsymbol{q}}} = \dfrac{1}{|(x, y, z)^{\mathrm{T}}|}(x, y, z)^{\mathrm{T}}$.$\underline{\boldsymbol{n}_{\boldsymbol{q}}}$ 是 $\mathbb{R}^3$ 中与 $\underline{\boldsymbol{q}}$ 有关的单位向量.

注 四元数的乘法法则不同于通常在 $\mathbb{R}^3$ 和 $\mathbb{R}^4$ 中引进的法则 (参见 (4.109b), (4.114), (4.115)).

3. 超复数与三角式间的关系

如果 $|\underline{\boldsymbol{q}}| \neq 0$, 那么

$$q = q_0 + \underline{\boldsymbol{q}} = |q|\left(\frac{q_0}{|q|} + \frac{\underline{\boldsymbol{q}}}{|q|}\right) = |q|\left(\frac{q_0}{|q|} + \frac{\underline{\boldsymbol{q}}}{|\underline{\boldsymbol{q}}|}\frac{|\underline{\boldsymbol{q}}|}{|q|}\right) = r(\cos\varphi + \underline{\boldsymbol{n}_{\boldsymbol{q}}} \sin\varphi). \tag{4.108a}$$

如果 $|\underline{\boldsymbol{q}}| = 0$, 那么当 $q_0 \neq 0$ 时有

$$q = q_0 = |q_0|\frac{q_0}{|q_0|} = \begin{cases} |q_0| = |q_0|\cos 0, & q_0 > 0, \\ |q_0|(-1) = |q_0|\cos\pi, & q_0 < 0. \end{cases} \tag{4.108b}$$

4. 纯四元数

纯四元数的标量部分为零: $q_0 = 0$. 纯四元数的集合记作 $\mathbb{H}_0$. 我们经常将纯四元数 $\underline{\boldsymbol{q}}$ 等同于几何向量 $\vec{q} \in \mathbb{R}^3$, 即

$$q = q_0 + \begin{cases} \underline{\boldsymbol{q}}, & \text{若 } \underline{\boldsymbol{q}} \text{ 表示纯四元数}, \\ \vec{q}, & \text{若 } \underline{\boldsymbol{q}} \text{ 解释为几何向量}. \end{cases} \tag{4.109a}$$

对于 $\underline{\boldsymbol{p}}, \underline{\boldsymbol{q}} \in \mathbb{H}_0$,乘法法则是

$$\underline{\boldsymbol{p}}\ \underline{\boldsymbol{q}} = -\vec{\boldsymbol{p}} \cdot \vec{\boldsymbol{q}} + \vec{\boldsymbol{p}} \times \vec{\boldsymbol{q}}, \tag{4.109b}$$

其中 $\cdot$ 和 $\times$ 分别表示 $\mathbb{R}^3$ 中的点积和叉积. (4.109b) 的结果解释为一个四元数.

■ 令 $\nabla = \dfrac{\partial}{\partial x}\vec{\mathbf{i}} + \dfrac{\partial}{\partial y}\vec{\mathbf{j}} + \dfrac{\partial}{\partial z}\vec{\mathbf{k}}$ 是纳勃拉算子 (参见第 933 页 13.2.6.1), 并令 $\vec{\mathbf{v}} = v_1(x,y,z)\vec{\mathbf{i}} + v_2(x,y,z)\vec{\mathbf{j}} + v_3(x,y,z)\vec{\mathbf{k}}$ 是一个向量场. 这里 $\vec{\mathbf{i}}, \vec{\mathbf{j}}, \vec{\mathbf{k}}$ 是笛卡儿坐标系中平行于坐标轴的单位向量. 如果 ∇ 和 $\vec{\boldsymbol{v}}$ 解释为纯四元数, 那么依据 (4.107), 它们的积是

$$\begin{aligned} \nabla\vec{\boldsymbol{v}} = &-\frac{\partial v_1}{\partial x} - \frac{\partial v_2}{\partial y} - \frac{\partial v_3}{\partial z} + \vec{\mathbf{i}}\left(\frac{\partial v_3}{\partial y} - \frac{\partial v_2}{\partial z}\right) \\ &+ \vec{\mathbf{j}}\left(\frac{\partial v_1}{\partial z} - \frac{\partial v_3}{\partial x}\right) + \vec{\mathbf{k}}\left(\frac{\partial v_2}{\partial x} - \frac{\partial v_1}{\partial y}\right). \end{aligned}$$

这个四元数可以在向量解释下, 写成

$$\nabla\vec{\boldsymbol{v}} = -\mathrm{div}\tilde{\boldsymbol{v}} + \mathrm{rot}\tilde{\boldsymbol{v}},$$

但这个结果应该看作四元数.

5. 单位四元数

如果 $|q| = 1$, 那么四元数 q 是单位四元数. 单位四元数的集合记作 $\mathbb{H}_1$. $\mathbb{H}_1$ 是所谓乘法李群. 集合 $\mathbb{H}_1$ 可以等同于三维球 $S^3 = \{\underline{\boldsymbol{x}} \in \mathbb{R}^4 : |\underline{\boldsymbol{x}}| = 1\}$.

4.4.1.2 四元数的矩阵表示

1. 实矩阵

如果数 1 等同于恒等矩阵

$$1 \triangleq \begin{pmatrix} 1 & 0 & 0 & 0 \\ 0 & 1 & 0 & 0 \\ 0 & 0 & 1 & 0 \\ 0 & 0 & 0 & 1 \end{pmatrix}, \tag{4.110a}$$

以及

$$\mathbf{i} \triangleq \begin{pmatrix} 0 & -1 & 0 & 0 \\ 1 & 0 & 0 & 0 \\ 0 & 0 & 0 & 1 \\ 0 & 0 & -1 & 0 \end{pmatrix}, \quad \mathbf{j} \triangleq \begin{pmatrix} 0 & 0 & -1 & 0 \\ 0 & 0 & 0 & -1 \\ 1 & 0 & 0 & 1 \\ 0 & 1 & 0 & 0 \end{pmatrix}, \quad \mathbf{k} \triangleq \begin{pmatrix} 0 & 0 & 0 & 1 \\ 0 & 0 & -1 & 0 \\ 0 & 1 & 0 & 0 \\ -1 & 0 & 0 & 0 \end{pmatrix}, \tag{4.110b}$$

那么四元数 $q = w + \mathbf{i}x + \mathbf{j}y + \mathbf{k}z$ 可以表示为矩阵

$$q \triangleq \begin{pmatrix} w & -x & -y & z \\ x & w & -z & -y \\ y & z & w & x \\ -z & y & -x & w \end{pmatrix}. \tag{4.110c}$$

2. 复矩阵

四元数可以通过复矩阵

$$\mathbf{i} \triangleq \begin{pmatrix} 0 & -\mathrm{i} \\ -\mathrm{i} & 0 \end{pmatrix}, \quad \mathbf{j} \triangleq \begin{pmatrix} 0 & -1 \\ 1 & 0 \end{pmatrix}, \quad \mathbf{k} \triangleq \begin{pmatrix} -\mathrm{i} & 0 \\ 0 & \mathrm{i} \end{pmatrix} \tag{4.111a}$$

表示. 于是

$$q = w + \mathbf{i}x + \mathbf{j}y + \mathbf{k}z \triangleq \begin{pmatrix} w - \mathrm{i}z & \mathrm{i}x - y \\ \mathrm{i}x + y & w + \mathrm{i}z \end{pmatrix}. \tag{4.111b}$$

注 (1) 在方程 (4.111a, 4.111b) 的右边, i 表示复数的虚数单位.

(2) 四元数的矩阵表示并不唯一, 即有可能给出与 (4.110b, 4.110c) 及 (4.111a, 4.111b) 不同的表示.

3. 共轭与逆元素

四元数 $q = w - \mathbf{i}x + \mathbf{j}y + \mathbf{k}z$ 的共轭是四元数

$$\overline{q} = w - \mathbf{i}x - \mathbf{j}y - \mathbf{k}z. \tag{4.112a}$$

显然,

$$|q|^2 = q\overline{q} = \overline{q}q = w^2 + x^2 + y^2 + z^2. \tag{4.112b}$$

因此每个四元数 $q \in \mathbb{H} \setminus \{0\}$ 都有逆元素

$$q^{-1} = \frac{\overline{q}}{|q|^2}. \tag{4.112c}$$

4.4.1.3 计算法则

1. 加法和减法

两个或多个四元数的加法和减法定义为

$$
\begin{aligned}
&q_1 + q_2 - q_3 + \cdots \\
=&(w_1 + \mathbf{i}x_1 + \mathbf{j}y_1 + \mathbf{k}z_1) + (w_2 + \mathbf{i}x_2 + \mathbf{j}y_2 + \mathbf{k}z_2) \\
&- (w_3 + \mathbf{i}x_3 + \mathbf{j}y_3 + \mathbf{k}z_3) + \cdots \\
=&(w_1 + w_2 - w_3 + \cdots) + \mathbf{i}(x_1 + x_2 - x_3 + \cdots) \\
&+ \mathbf{j}(y_1 + y_2 - y_3 + \cdots) + \mathbf{k}(z_1 + z_2 - z_3 + \cdots).
\end{aligned} \tag{4.113}
$$

四元数的加减与 $\mathbb{R}^4$ 中的向量或矩阵的加减相同.

2. 乘法

乘法是结合的, 所以

$$
\begin{aligned}
q_1 q_2 =& (w_1 + \mathbf{i}x_1 + \mathbf{j}y_1 + \mathbf{k}z_1)(w_2 + \mathbf{i}x_2 + \mathbf{j}y_2 + \mathbf{k}z_2) \\
=& (w_1 w_2 - x_1 x_2 - y_1 y_2 - z_1 z_2) + \mathbf{i}(w_1 x_2 + w_2 x_1 + y_1 z_2 - z_1 y_2) \\
&+ \mathbf{j}(w_1 y_2 + w_2 y_1 + z_1 x_2 - z_2 x_1) + \mathbf{k}(w_1 z_2 + w_2 z_1 + x_1 y_2 - x_2 y_1).
\end{aligned} \tag{4.114}
$$

应用通常 $\mathbb{R}^3$ 中的向量积 (参见第 247 页 3.5.1.5), 它可以写成

$$
q_1 q_2 = (q_{01} + \underline{\boldsymbol{q}}_1)(q_{02} + \underline{\boldsymbol{q}}_2) = q_{01} q_{02} - \vec{\boldsymbol{q}}_1 \cdot \vec{\boldsymbol{q}}_2 + \vec{\boldsymbol{q}}_1 \times \vec{\boldsymbol{q}}_2, \tag{4.115}
$$

其中 $\vec{\boldsymbol{q}}_1 \cdot \vec{\boldsymbol{q}}_2$ 和 $\vec{\boldsymbol{q}}_1 \times \vec{\boldsymbol{q}}_2$ 是向量 $\vec{\boldsymbol{q}}_1, \vec{\boldsymbol{q}}_2 \in \mathbb{R}^3$ 的点积和叉积. 其次是 $\mathbb{R}^3$ 等同于纯四元数的空间 $\mathbb{H}_0$.

注 四元数的乘法不可交换!

乘积 $q_1 q_2$ 对应于矩阵 $\boldsymbol{L}_{q_1}$ 与向量 q_2 的矩阵乘法, 并且它等于矩阵 $\boldsymbol{R}_{q_2}$ 与向量 q_1 的积:

$$
\begin{aligned}
q_1 q_2 =& \boldsymbol{L}_{q_1} q_2 = \begin{pmatrix} w_1 & -x_1 & -y_1 & -z_1 \\ x_1 & w_1 & -z_1 & y_1 \\ y_1 & z_1 & w_1 & -x_1 \\ z_1 & -y_1 & x_1 & w_1 \end{pmatrix} \begin{pmatrix} w_2 \\ x_2 \\ y_2 \\ z_2 \end{pmatrix} \\
=& \boldsymbol{R}_{q_2} q_1 = \begin{pmatrix} w_2 & -x_2 & -y_2 & -z_2 \\ x_2 & w_2 & z_2 & -y_2 \\ y_2 & -z_2 & w_2 & x_2 \\ z_2 & y_2 & -x_2 & w_2 \end{pmatrix} \begin{pmatrix} w_1 \\ x_1 \\ y_1 \\ z_1 \end{pmatrix}
\end{aligned} \tag{4.116}
$$

3. 除法

两个四元数相除是基于乘法定义的: $q_1, q_2 \in \mathbb{H}, q_2 \neq 0$,

$$
\frac{q_1}{q_2} := q_1 q_2^{-1} = q_1 \frac{\overline{q}_2}{|q_2|^2}. \tag{4.117}
$$

因子的次序是重要的.

■ 令 $q_1=1+\mathbf{j}, q_2=\dfrac{1}{\sqrt{2}}(1-\mathbf{k})$, 那么 $|q_2|=1, \overline{q}_2=\dfrac{1}{\sqrt{2}}(1+\mathbf{k})$, 因而

$$\frac{q_1}{q_2}:=q_1\frac{\overline{q}_2}{|q_2|^2}=\frac{1}{\sqrt{2}}(1+\mathbf{i}+\mathbf{j}+\mathbf{k})\neq\frac{\overline{q}_2}{|q_2|^2}q_1=\frac{1}{\sqrt{2}}(1-\mathbf{i}+\mathbf{j}+\mathbf{k}).$$

4. 广义棣莫弗公式

设 $q\in\mathbb{H}, q=q_0+\underline{\boldsymbol{q}}=r(\cos\varphi+\underline{\boldsymbol{n}_{\boldsymbol{q}}}\sin\varphi)$, 其中 $r=|q|, \varphi=\arccos\dfrac{q_0}{|q|}, \cos\varphi=\dfrac{q_0}{|q|}, \sin\varphi=\dfrac{|\underline{\boldsymbol{q}}|}{|q|}$, 那么对于任何 $k\in\mathbb{N}$:

$$q^k=r^k\mathrm{e}^{\underline{\boldsymbol{n}_{\boldsymbol{q}}}k\varphi}=r^k\big(\cos(k\varphi)+\underline{\boldsymbol{n}_{\boldsymbol{q}}}\sin(k\varphi)\big). \tag{4.118}$$

5. 指数函数

对于 $q=q_0+\underline{\boldsymbol{q}}\in\mathbb{H}$, 它的指数函数定义为

$$\mathrm{e}^q=\sum_{k=0}^{\infty}\frac{q^k}{k!}=\mathrm{e}^{q_0}(\cos|\underline{\boldsymbol{q}}|+\underline{\boldsymbol{n}_{\boldsymbol{q}}}\sin|\underline{\boldsymbol{q}}|). \tag{4.119}$$

指数函数的性质 对于 $q\in\mathbb{H}$, 有

$\mathrm{e}^{-q}\mathrm{e}^q=1,$ (4.120a)

$\mathrm{e}^q\neq0,$ (4.120b)

$\mathrm{e}^q=\mathrm{e}^{q_0+\underline{\boldsymbol{q}}}=\mathrm{e}^{q_0}\mathrm{e}^{\underline{\boldsymbol{q}}},$ (4.120c)

$\mathrm{e}^{\underline{\boldsymbol{n}_{\boldsymbol{q}}}\pi}=-1,$ 特别 $\mathrm{e}^{\mathbf{i}\pi}=\mathrm{e}^{\mathbf{j}\pi}=\mathrm{e}^{\mathbf{k}\pi}=-1.$ (4.120d)

对于单位四元数 u 和 $\vartheta\in\mathbb{R}$: $\mathrm{e}^{\vartheta u}=\cos\vartheta+u\sin\vartheta.$ (4.120e)

如果 $q_1q_2=q_2q_1$, 那么 $\mathrm{e}^{q_1+q_2}=\mathrm{e}^{q_1}\mathrm{e}^{q_2}$. 但是, 由 $\mathrm{e}^{q_1+q_2}=\mathrm{e}^{q_1}\mathrm{e}^{q_2}$ 推不出 $q_1q_2=q_2q_1$.

■ 因为 $(\mathbf{i}\pi)(\mathbf{j}\pi)=\mathbf{k}\pi^2\neq-\mathbf{k}\pi^2=(\mathbf{j}\pi)(\mathbf{i}\pi)$, 所以也有

$$\mathrm{e}^{\mathbf{i}\pi}\mathrm{e}^{\mathbf{j}\pi}=(\cos\pi)(\cos\pi)=(-1)(-1)=1,$$

但是,

$$\mathrm{e}^{\mathbf{i}\pi+\mathbf{j}\pi}=\left(\cos(\sqrt{2}\pi)+\frac{\mathbf{i}+\mathbf{j}}{\sqrt{2}}\sin(\sqrt{2}\pi)\right)\neq1.$$

6. 三角函数

对于 $q\in\mathbb{H}$, 令

$$\cos q:=\frac{1}{2}(\mathrm{e}^{\underline{\boldsymbol{n}_{\boldsymbol{q}}}q}+\mathrm{e}^{-\underline{\boldsymbol{n}_{\boldsymbol{q}}}q}),\quad \sin q:=-\underline{\boldsymbol{n}_{\boldsymbol{q}}}(\mathrm{e}^{\underline{\boldsymbol{n}_{\boldsymbol{q}}}q}-\mathrm{e}^{-\underline{\boldsymbol{n}_{\boldsymbol{q}}}q}). \tag{4.121}$$

$\cos q$ 是偶函数, 与此相反, $\sin q$ 是奇函数.

加法公式 对于任何 $q=q_0+\underline{\boldsymbol{q}}\in\mathbb{H}$, 有

$$\cos q=\cos q_0\cos\underline{\boldsymbol{q}}-\sin q_0\sin\underline{\boldsymbol{q}},\quad \sin q=\sin q_0\cos\underline{\boldsymbol{q}}+\cos q_0\sin\underline{\boldsymbol{q}}. \tag{4.122}$$

7. 双曲线函数

对于 $q \in \mathbb{H}$, 令

$$\cosh q := \frac{1}{2}(\mathrm{e}^q + \mathrm{e}^{-q}), \quad \sinh q := -\underline{\boldsymbol{n}_{\boldsymbol{q}}}(\mathrm{e}^q - \mathrm{e}^{-q}). \tag{4.123}$$

$\cosh q$ 是偶函数, 与此相反, $\sinh q$ 是奇函数.

加法公式　对于任何 $q = q_0 + \underline{\boldsymbol{q}} \in \mathbb{H}$ 有

$$\cosh q = \cosh q_0 \cos \underline{\boldsymbol{q}} - \sinh q_0 \sinh \underline{\boldsymbol{q}}, \quad \sinh q = \sinh q_0 \cos \underline{\boldsymbol{q}} + \cosh q_0 \sinh \underline{\boldsymbol{q}}. \tag{4.124}$$

8. 对数函数

对于 $q = q_0 + \underline{\boldsymbol{q}} = r(\cos\varphi + \underline{\boldsymbol{n}_{\boldsymbol{q}}} \sin\varphi) \in \mathbb{H}$, 以及 $k \in \mathbb{Z}$, 对数函数的第 k 个分支定义为

$$\log_k q := \begin{cases} \ln r + \underline{\boldsymbol{n}_{\boldsymbol{q}}}(\varphi + 2k\pi), & |\underline{\boldsymbol{q}}| \neq 0, \text{ 或 } |\underline{\boldsymbol{q}}| = 0, \text{ 并且 } q_0 > 0, \\ \text{无定义}, & |\underline{\boldsymbol{q}}| \neq 0, \text{ 并且 } q_0 < 0. \end{cases} \tag{4.125}$$

对数函数的性质

$$\mathrm{e}^{\log_k q} = q, \quad \text{对于任何使得 } \log_k q \text{ 有定义的 } q \in \mathbb{H}, \tag{4.126a}$$

$$\log_0 \mathrm{e}^q = q, \quad \text{对于任何使得 } |\underline{\boldsymbol{q}}| \neq (2l+1)\pi\ (l \in \mathbb{Z}) \text{ 的 } q \in \mathbb{H}, \tag{4.126b}$$

$$\log_k 1 = 0, \tag{4.126c}$$

$$\log_0 \mathbf{i} = \frac{\pi}{2}\mathbf{i}, \quad \log_0 \mathbf{j} = \frac{\pi}{2}\mathbf{j}, \quad \log_0 \mathbf{k} = \frac{\pi}{2}\mathbf{k}. \tag{4.126d}$$

在 $\log q_1$ 与 $\log q_2$ 或 q_1 与 q_2 交换的情形下, 则当适当定义 k 时, 下面熟知的等式 (4.127) 成立:

$$\log(q_1 q_2) = \log q_1 + \log q_2. \tag{4.127}$$

对于单位四元数 $q \in \mathbb{H}_1$, 有 $|q| = 1$ 和 $q = \cos\varphi + \underline{\boldsymbol{n}_{\boldsymbol{q}}} \sin\varphi$, 因而

$$\log q := \log_0 q = \underline{\boldsymbol{n}_{\boldsymbol{q}}}\varphi \quad (\text{当 } q \neq -1). \tag{4.128}$$

9. 幂函数

设 $q \in \mathbb{H}$ 及 $\alpha \in \mathbb{R}$, 则

$$q^\alpha := \mathrm{e}^{\alpha \log q}. \tag{4.129}$$

4.4.2　$\mathbb{R}^3$ 中旋转的表示

空间旋转是绕着一个轴 (所谓旋转轴) 实现的. 旋转轴通过原点, 由 (在轴上的) 方向向量 $\vec{a} \neq \vec{0}$ 定向. 轴上的正向由 $\vec{a}$ 选取. 正旋转 (旋转角 $\varphi \geqslant 0$) 相对于正向逆时针旋转. 方向向量通常是标准化的, 即 $|\vec{a}| = 1$.

等式

$$\vec{w} = \boldsymbol{R}\vec{v} \tag{4.130a}$$

意味着向量 $\vec{w}$ 由向量 $\vec{v}$ 通过旋转矩阵 $\boldsymbol{R}$ 产生, 即*旋转矩阵* $\boldsymbol{R}$ 将向量 $\vec{v}$ 变换为 $\vec{w}$. 因为旋转矩阵是正交矩阵, 所以

$$\boldsymbol{R}^{-1} = \boldsymbol{R}^{\mathrm{T}}, \tag{4.130b}$$

并且 (4.130a) 等价于

$$\vec{v} = \boldsymbol{R}^{-1}\vec{w} = \boldsymbol{R}^{\mathrm{T}}\vec{w}. \tag{4.130c}$$

注 有必要将空间变换与下列变换加以区分:

a) *几何变换*, 即当几何对象相对于一个固定的坐标系被变换;

b) *坐标变换*, 即对象固定, 同时坐标系相对于对象被变换 (参见第 307 页 3.5.4).

现在几何变换是用四元数处理的.

4.4.2.1 物体绕坐标轴的旋转

在笛卡儿坐标系中轴是由基向量定向的. 绕 x 轴的旋转由矩阵 $\boldsymbol{R}_x$ 给出, 绕 y 轴的旋转由矩阵 $\boldsymbol{R}_y$ 给出, 绕 z 轴的旋转由矩阵 $\boldsymbol{R}_z$ 给出, 其中

$$\boldsymbol{R}_x(\alpha) := \begin{pmatrix} 1 & 0 & 0 \\ 0 & \cos\alpha & -\sin\alpha \\ 0 & \sin\alpha & \cos\alpha \end{pmatrix}, \quad \boldsymbol{R}_y(\beta) := \begin{pmatrix} \cos\beta & 0 & \sin\beta \\ 0 & 1 & 0 \\ -\sin\beta & 0 & \cos\beta \end{pmatrix},$$

$$\boldsymbol{R}_z(\gamma) := \begin{pmatrix} \cos\gamma & -\sin\gamma & 0 \\ \sin\gamma & \cos\gamma & 0 \\ 0 & 0 & 1 \end{pmatrix}. \tag{4.131}$$

物体的旋转与坐标系的旋转 (参见第 285 页 3.5.3.3, 3.) 间的关系是

$$\boldsymbol{R}_x(\alpha) = \boldsymbol{D}_x^{\mathrm{T}}(\alpha), \quad \boldsymbol{R}_y(\beta) = \boldsymbol{D}_y^{\mathrm{T}}(\beta), \quad \boldsymbol{R}_z(\gamma) = \boldsymbol{D}_z^{\mathrm{T}}(\gamma). \tag{4.132}$$

注 齐次坐标中旋转矩阵的表示在第 314 页 3.5.4.5 中给出.

4.4.2.2 卡丹角

每个绕通过原点的轴的旋转 $\boldsymbol{R}$ 可以作为在一个给定坐标系中一系列绕坐标轴的旋转给出 (参见第 287 页 3.5.3.5), 这里

- 第一次旋转是绕 x 轴, 旋转角为 α_{C},
- 第二次旋转是绕 y 轴, 旋转角为 β_{C},
- 第三次旋转是绕 z 轴, 旋转角为 γ_{C}.

角 $\alpha_C, \beta_C, \gamma_C$ 称作卡丹角. 于是旋转矩阵是

$$\boldsymbol{R} = \boldsymbol{R}_C := \boldsymbol{R}_z(\gamma_C)\boldsymbol{R}_y(\beta_C)\boldsymbol{R}_x(\alpha_C) \tag{4.133a}$$

$$= \begin{pmatrix} \cos\beta_C\cos\gamma_C & \sin\alpha_C\sin\beta_C\cos\gamma_C - \cos\alpha_C\sin\gamma_C & \cos\alpha_C\sin\beta_C\cos\gamma_C + \sin\alpha_C\sin\gamma_C \\ \cos\beta_C\sin\gamma_C & \sin\alpha_C\sin\beta_C\sin\gamma_C + \cos\alpha_C\cos\gamma_C & \cos\alpha_C\sin\beta_C\sin\gamma_C - \sin\alpha_C\cos\gamma_C \\ -\sin\beta_C & \sin\alpha_C\cos\beta_C & \cos\alpha_C\cos\beta_C \end{pmatrix}. \tag{4.133b}$$

优点

- 非常通用的旋转表示,
- 清晰的结构.

缺点

- 旋转的顺序是重要的, 即一般地,

$$\boldsymbol{R}_x(\alpha_C)\boldsymbol{R}_y(\beta_C)\boldsymbol{R}_z(\gamma_C) \neq \boldsymbol{R}_z(\gamma_C)\boldsymbol{R}_y(\beta_C)\boldsymbol{R}_x(\alpha_C). \tag{4.133c}$$

- 表示不唯一, 因为 $\boldsymbol{R}(\alpha_C, \beta_C, \gamma_C) = \boldsymbol{R}(-\alpha_C \pm 180°, \beta_C \pm 180°, \gamma_C \pm 180°)$.
- 对连续实施的旋转不适用 (如动画).
- 可能发生常平架锁定 (一个轴旋转 90° 成为另一个轴).

■ 常平架锁定情形: 绕 y 轴旋转 90°,

$$\boldsymbol{R}(\alpha_C, 90°, \gamma_C) = \begin{pmatrix} 0 & \sin(\alpha_C - \gamma_C) & \cos(\alpha_C - \gamma_C) \\ 0 & \cos(\alpha_C - \gamma_C) & -\sin(\alpha_C - \gamma_C) \\ -1 & 0 & 0 \end{pmatrix}. \tag{4.133d}$$

可见失去了一个自由度. 在实际应用中, 这可能引起难以预料的运动.

注 应该了解的是: 卡丹角有时被称为欧拉角, 但在文献中它们的定义可能是不同的 (参见第 289 页 3.5.3.6).

4.4.2.3 欧拉角

欧拉角 ψ, ϑ, φ 通常引进如下 (参见第 289 页 3.5.3.6):

- 第一次旋转是绕 z 轴, 旋转角为 ψ,
- 第二次旋转是绕 x 轴的象, 旋转角为 ϑ,
- 第三次旋转是绕 z 轴的象, 旋转角为 φ.

旋转矩阵是

$$\boldsymbol{R} = \boldsymbol{R}_E = \boldsymbol{R}_z(\varphi)\boldsymbol{R}_x(\vartheta)\boldsymbol{R}_z(\psi) \tag{4.134a}$$

$$= \begin{pmatrix} \cos\psi\cos\varphi - \sin\psi\cos\vartheta\sin\varphi & -\cos\psi\sin\varphi - \sin\psi\cos\vartheta\cos\varphi & \sin\psi\sin\vartheta \\ \sin\psi\cos\varphi + \cos\psi\cos\vartheta\sin\varphi & -\sin\psi\sin\varphi + \cos\psi\cos\vartheta\cos\varphi & -\cos\psi\sin\vartheta \\ \sin\vartheta\sin\varphi & \sin\vartheta\cos\varphi & \cos\vartheta \end{pmatrix}. \tag{4.134b}$$

4.4.2.4 绕任意零点轴的旋转

绕标准化向量 $\vec{\boldsymbol{a}} = (a_x, a_y, a_z)$, $|\vec{\boldsymbol{a}}| = 1$ 旋转角为 φ 的反时针方向旋转分 5 步完成:

(1) 按照 (4.135a) 应用 $\boldsymbol{R}_1, \vec{\boldsymbol{a}}$ 绕 y 轴旋转到 x, y 平面: $\vec{\boldsymbol{a}}' = \boldsymbol{R}_1 \vec{\boldsymbol{a}}$. 结果是: 向量 $\vec{\boldsymbol{a}}'$ 位于 x, y 平面上.

(2) 按照 (4.135b) 应用 $\boldsymbol{R}_2, \vec{\boldsymbol{a}}'$ 绕 z 轴旋转直到平行于 x 轴的位置: $\vec{\boldsymbol{a}}'' = \boldsymbol{R}_2 \vec{\boldsymbol{a}}'$. 结果是: 向量 $\vec{\boldsymbol{a}}''$ 平行于 x 轴.

$$\boldsymbol{R}_1 = \begin{pmatrix} \dfrac{a_x}{\sqrt{a_x^2 + a_z^2}} & 0 & \dfrac{a_z}{\sqrt{a_x^2 + a_z^2}} \\ 0 & 1 & 0 \\ \dfrac{-a_z}{\sqrt{a_x^2 + a_z^2}} & 0 & \dfrac{a_x}{\sqrt{a_x^2 + a_z^2}} \end{pmatrix}, \tag{4.135a}$$

$$\boldsymbol{R}_2 = \begin{pmatrix} \sqrt{a_x^2 + a_z^2} & a_y & 0 \\ -a_y & \sqrt{a_x^2 + a_z^2} & 0 \\ 0 & 0 & 1 \end{pmatrix}. \tag{4.135b}$$

(3) 应用 $\boldsymbol{R}_3$, 绕 x 轴旋转角度 φ:

$$\boldsymbol{R}_3 = \boldsymbol{R}_x(\varphi) = \begin{pmatrix} 1 & 0 & 0 \\ 0 & \cos\varphi & -\sin\varphi \\ 0 & \sin\varphi & \cos\varphi \end{pmatrix}. \tag{4.135c}$$

旋转 $\boldsymbol{R}_1$ 和 $\boldsymbol{R}_2$ 在下列两步中是反方向进行的.

(4) $\boldsymbol{R}_2$ 的逆向旋转, 即按照 (4.135d), 绕 z 轴旋转角度 β, 这里 $\sin\beta = a_y, \cos\beta = \sqrt{a_x^2 + a_z^2}$.

(5) $\boldsymbol{R}_1$ 的逆向旋转, 即按照 (4.135e), 绕 y 轴旋转角度 $-\alpha$, 这里 $\sin(-\alpha) = \dfrac{-a_z}{\sqrt{a_x^2 + a_z^2}}, \cos(-\alpha) = \dfrac{a_x}{\sqrt{a_x^2 + a_z^2}}$.

$$\boldsymbol{R}_2^{-1} = \begin{pmatrix} \sqrt{a_x^2 + a_z^2} & -a_y & 0 \\ a_y & \sqrt{a_x^2 + a_z^2} & 0 \\ 0 & 0 & 1 \end{pmatrix}, \tag{4.135d}$$

$$\boldsymbol{R}_1^{-1} = \begin{pmatrix} \dfrac{a_x}{\sqrt{a_x^2 + a_z^2}} & 0 & \dfrac{-a_z}{\sqrt{a_x^2 + a_z^2}} \\ 0 & 1 & 0 \\ \dfrac{a_z}{\sqrt{a_x^2 + a_z^2}} & 0 & \dfrac{a_x}{\sqrt{a_x^2 + a_z^2}} \end{pmatrix}. \tag{4.135e}$$

最后, 合成矩阵是

$$\begin{aligned}&\boldsymbol{R}(\vec{\boldsymbol{a}},\varphi)\\&=\boldsymbol{R}_1^{-1}\boldsymbol{R}_2^{-1}\boldsymbol{R}_3\boldsymbol{R}_2\boldsymbol{R}_1 \qquad (4.135\text{f})\\&=\begin{pmatrix}\cos\varphi+a_x^2(1-\cos\varphi) & a_xa_y(1-\cos\varphi)-a_z\sin\varphi & a_xa_z(1-\cos\varphi)+a_y\sin\varphi\\ a_ya_x(1-\cos\varphi)+a_z\sin\varphi & \cos\varphi+a_y^2(1-\cos\varphi) & a_ya_z(1-\cos\varphi)-a_x\sin\varphi\\ a_za_x(1-\cos\varphi)-a_y\sin\varphi & a_za_y(1-\cos\varphi)+a_x\sin\varphi & \cos\varphi+a_z^2(1-\cos\varphi)\end{pmatrix}. \qquad (4.135\text{g})\end{aligned}$$

矩阵 $\boldsymbol{R}(\vec{\boldsymbol{a}},\varphi)$ 是正交矩阵, 即它的逆等于它的转置: $\boldsymbol{R}^{-1}(\vec{\boldsymbol{a}},\varphi)=\boldsymbol{R}^{\mathrm{T}}(\vec{\boldsymbol{a}},\varphi)$. 还有下列公式成立:

$$\begin{aligned}\boldsymbol{R}\vec{\boldsymbol{x}}&=\boldsymbol{R}(\vec{\boldsymbol{a}},\varphi)\vec{\boldsymbol{x}}\\&=(\cos\varphi)\vec{\boldsymbol{x}}+(1-\cos\varphi)\frac{\vec{\boldsymbol{x}}\cdot\vec{\boldsymbol{a}}}{|\vec{\boldsymbol{a}}|^2}\vec{\boldsymbol{a}}+\frac{\sin\varphi}{|\vec{\boldsymbol{a}}|}\vec{\boldsymbol{a}}\times\vec{\boldsymbol{x}} \qquad (4.136\text{a})\\&=(\cos\varphi)\vec{\boldsymbol{x}}+(1-\cos\varphi)\vec{\boldsymbol{x}}_{\vec{\boldsymbol{a}}}+(\sin\varphi)\frac{\vec{\boldsymbol{a}}}{|\vec{\boldsymbol{a}}|}\times\vec{\boldsymbol{x}}. \qquad (4.136\text{b})\end{aligned}$$

在这些公式中向量 $\vec{\boldsymbol{x}}$ 分解为两个分量, 一个平行于 $\vec{\boldsymbol{a}}$, 另一个垂直于 $\vec{\boldsymbol{a}}$. 平行部分是 $\vec{\boldsymbol{x}}_{\vec{\boldsymbol{a}}}=\dfrac{\vec{\boldsymbol{x}}\cdot\vec{\boldsymbol{a}}}{|\vec{\boldsymbol{a}}|^2}\vec{\boldsymbol{a}}$, 垂直部分是 $\vec{\boldsymbol{r}}=\vec{\boldsymbol{x}}-\vec{\boldsymbol{x}}_{\vec{\boldsymbol{a}}}$. 垂直部分在法向量为 $\vec{\boldsymbol{a}}$ 的平面上, 所以它的象是 $(\cos\varphi)\vec{\boldsymbol{r}}+(\sin\varphi)\vec{\boldsymbol{r}}^*$, 其中 $\vec{\boldsymbol{r}}^*$ 由 $\vec{\boldsymbol{r}}$ 做正方向 90° 旋转得到: $\vec{\boldsymbol{r}}^*=\dfrac{1}{|\vec{\boldsymbol{a}}|}\vec{\boldsymbol{a}}\times\vec{\boldsymbol{r}}$. 向量 $\vec{\boldsymbol{x}}$ 旋转的结果是

$$\begin{aligned}&\vec{\boldsymbol{x}}_{\vec{\boldsymbol{a}}}+(\cos\varphi)\vec{\boldsymbol{r}}+(\sin\varphi)\vec{\boldsymbol{r}}^*\\=&\frac{\vec{\boldsymbol{x}}\cdot\vec{\boldsymbol{a}}}{|\vec{\boldsymbol{a}}|^2}\vec{\boldsymbol{a}}+(\cos\varphi)\left(\vec{\boldsymbol{x}}-\frac{\vec{\boldsymbol{x}}\cdot\vec{\boldsymbol{a}}}{|\vec{\boldsymbol{a}}|^2}\vec{\boldsymbol{a}}\right)+(\sin\varphi)\frac{1}{|\vec{\boldsymbol{a}}|}\vec{\boldsymbol{a}}\times\vec{\boldsymbol{r}}, \qquad (4.136\text{c})\end{aligned}$$

其中

$$\vec{\boldsymbol{a}}\times\vec{\boldsymbol{r}}=\vec{\boldsymbol{a}}\times(\vec{\boldsymbol{x}}-\vec{\boldsymbol{x}}_{\vec{\boldsymbol{a}}})=\vec{\boldsymbol{a}}\times\vec{\boldsymbol{x}}. \qquad (4.136\text{d})$$

优点

- 是计算机绘图学中的“标准表示”,
- 不必确定卡丹角,
- 不会发生常平架锁定.

缺点

- 不适用于动画 (即旋转的插值).

4.4.2.5 旋转和四元数

如果将 (4.135f) 中的单位向量 $\vec{a}$ 等同于纯四元数 $\underline{\mathbf{a}}$ (同时旋转角 φ 保持不变), 那么我们得到

$$R(\underline{\boldsymbol{a}},\varphi)=\begin{pmatrix} q_0^2+q_1^2-q_2^2-q_3^2 & 2q_1q_2-2q_0q_3 & 2q_1q_3+2q_0q_2 \\ 2q_1q_2+2q_0q_3 & q_0^2-q_1^2+q_2^2-q_3^2 & 2q_2q_3-2q_0q_1 \\ 2q_1q_3-2q_0q_2 & 2q_2q_3+2q_0q_1 & q_0^2-q_1^2-q_2^2+q_3^2 \end{pmatrix} =: \boldsymbol{R}(q), \tag{4.137a}$$

其中 $q_0=\cos\dfrac{\varphi}{2}$ 以及 $\underline{\boldsymbol{q}}=(q_1,q_2,q_3)^{\mathrm{T}}=(a_x,a_y,a_z)^{\mathrm{T}}\sin\dfrac{\varphi}{2}$, 即 q 是单位四元数 $q=q(\underline{\boldsymbol{a}},\varphi)=\cos\dfrac{\varphi}{2}+\underline{\boldsymbol{a}}\sin\dfrac{\varphi}{2}\in\mathbb{H}_1$. 如果将向量 $\vec{x}$ 看作 $\mathbb{R}^3\ni\vec{x}=x_1\mathbf{i}+x_2\mathbf{j}+x_3\mathbf{k}\in\mathbb{H}_0$, 那么

$$\boldsymbol{R}(\underline{\boldsymbol{a}},\varphi)\underline{\boldsymbol{x}}=\boldsymbol{R}(q)\underline{\boldsymbol{x}}=q\,\underline{\boldsymbol{x}}\,\overline{q}. \tag{4.137b}$$

特别地, 旋转矩阵的行是向量 $q\underline{\boldsymbol{e}}_k\overline{q}$:

$$\boldsymbol{R}(\underline{\boldsymbol{a}},\varphi)=\left(q\begin{pmatrix}1\\0\\0\end{pmatrix}\overline{q}\quad q\begin{pmatrix}0\\1\\0\end{pmatrix}\overline{q}\quad q\begin{pmatrix}0\\0\\1\end{pmatrix}\overline{q} \right)=\left(q\mathbf{i}\overline{q}\quad q\mathbf{j}\overline{q}\quad q\mathbf{k}\overline{q}\right). \tag{4.137c}$$

推论:

- 旋转矩阵可以借助四元数 $q=\cos\dfrac{\varphi}{2}+\underline{\boldsymbol{a}}\sin\dfrac{\varphi}{2}$ 确定.
- 在四元数乘法的意义下, 并且将 $\mathbb{R}^3$ 等同于纯四元数集 $\mathbb{H}_0$, 对于旋转向量 $\boldsymbol{R}(\underline{\boldsymbol{a}},\varphi)$, 有 $\boldsymbol{R}(\underline{\boldsymbol{a}},\varphi)\underline{\boldsymbol{x}}=q\,\underline{\boldsymbol{x}}\,\overline{q}$.

对于每个单位四元数 $q\in\mathbb{H}_1, q$ 和 $-q$ 确定相同的旋转, 所以 $\mathbb{H}_1$ 是 SO(3) 的双重覆盖. 一个接着一个实施旋转对应于四元数的乘法, 即

$$\boldsymbol{R}(q_2)\boldsymbol{R}(q_1)=\boldsymbol{R}(q_1q_2); \tag{4.138}$$

并且*共轭四元数*对应于逆旋转:

$$\boldsymbol{R}^{-1}(q)=\boldsymbol{R}(\overline{q}); \tag{4.139}$$

■ 绕轴 60° 旋转由 $(1,1,1)^{\mathrm{T}}$ 定义. 首先应当将方向向量标准化: $\underline{\boldsymbol{a}}=\dfrac{1}{\sqrt{3}}(1,1,1)^{\mathrm{T}}$. 那么由 $\sin\varphi=\sin 60^\circ=\dfrac{\sqrt{3}}{2}$ 及 $\cos\varphi=\cos 60^\circ=\dfrac{1}{2}$, 可知旋转矩阵成为

$$\boldsymbol{R}\left(\frac{1}{\sqrt{3}}(1,1,1)^{\mathrm{T}},60^\circ\right)=\frac{1}{3}\begin{pmatrix}2&-1&2\\2&2&-1\\-1&2&2\end{pmatrix}.$$

刻画这个旋转的四元数是

$$\begin{aligned} q=q\left(\frac{1}{\sqrt{3}}(1,1,1)^{\mathrm{T}},60^\circ\right)&=\cos 30^\circ+\frac{1}{\sqrt{3}}(\mathbf{i}+\mathbf{j}+\mathbf{k})\sin 30^\circ\\ &=\frac{\sqrt{3}}{2}+\frac{1}{\sqrt{3}}(\mathbf{i}+\mathbf{j}+\mathbf{k})\frac{1}{2}=\frac{\sqrt{3}}{2}+\frac{\sqrt{3}}{6}(\mathbf{i}+\mathbf{j}+\mathbf{k}). \end{aligned}$$

还有

$$q\begin{pmatrix}1\\0\\0\end{pmatrix}\overline{q}=\left(\frac{\sqrt{3}}{2}+\frac{\sqrt{3}}{6}(\mathbf{i}+\mathbf{j}+\mathbf{k})\right)\mathbf{i}\left(\frac{\sqrt{3}}{2}-\frac{\sqrt{3}}{6}(\mathbf{i}+\mathbf{j}+\mathbf{k})\right)$$

$$=\left(\frac{\sqrt{3}}{2}+\frac{\sqrt{3}}{6}(\mathbf{i}+\mathbf{j}+\mathbf{k})\right)\left(\frac{\sqrt{3}}{2}\mathbf{i}+\frac{\sqrt{3}}{6}-\frac{\sqrt{3}}{6}\mathbf{k}+\frac{\sqrt{3}}{6}\mathbf{j}\right)$$

$$=\frac{24}{36}\mathbf{i}+\frac{24}{36}\mathbf{j}-\frac{12}{36}\mathbf{k}=\frac{1}{3}(2\mathbf{i}+2\mathbf{j}-\mathbf{k})\triangleq\frac{1}{3}\begin{pmatrix}2\\2\\-1\end{pmatrix}.$$

可类似地确定另外两列:

$$q\begin{pmatrix}0\\1\\0\end{pmatrix}\overline{q}=\left(\frac{\sqrt{3}}{2}+\frac{\sqrt{3}}{6}(\mathbf{i}+\mathbf{j}+\mathbf{k})\right)\mathbf{j}\left(\frac{\sqrt{3}}{2}-\frac{\sqrt{3}}{6}(\mathbf{i}+\mathbf{j}+\mathbf{k})\right)$$

$$=\frac{1}{3}(-\mathbf{i}+2\mathbf{j}+2\mathbf{k})\triangleq\frac{1}{3}\begin{pmatrix}-1\\2\\2\end{pmatrix}.$$

$$q\begin{pmatrix}0\\0\\1\end{pmatrix}\overline{q}=\left(\frac{\sqrt{3}}{2}+\frac{\sqrt{3}}{6}(\mathbf{i}+\mathbf{j}+\mathbf{k})\right)\mathbf{k}\left(\frac{\sqrt{3}}{2}-\frac{\sqrt{3}}{6}(\mathbf{i}+\mathbf{j}+\mathbf{k})\right)$$

$$=\frac{1}{3}(2\mathbf{i}-\mathbf{j}+2\mathbf{k})\triangleq\frac{1}{3}\begin{pmatrix}2\\-1\\2\end{pmatrix}.$$

$$\boldsymbol{R}\frac{1}{\sqrt{3}}\begin{pmatrix}1\\1\\1\end{pmatrix},60^\circ=\left(\begin{matrix}q\begin{pmatrix}1\\0\\0\end{pmatrix}\overline{q} & q\begin{pmatrix}0\\1\\0\end{pmatrix}\overline{q} & q\begin{pmatrix}0\\0\\1\end{pmatrix}\overline{q}\end{matrix}\right)$$

$$=\frac{1}{3}\begin{pmatrix}2&-1&2\\2&2&-1\\-1&2&2\end{pmatrix}.$$

4.4.2.6 四元数和卡丹角

用卡丹角给出的旋转矩阵 (参见第 395 页 (4.133a, 4.133b)) 恰为单位四元数 $q\in\mathbb{H}_1$ 的旋转矩阵:

$$\boldsymbol{R}_{\mathrm{C}}(\alpha_{\mathrm{C}},\beta_{\mathrm{C}},\gamma_{\mathrm{C}})=\boldsymbol{R}_z(\gamma_{\mathrm{C}})\boldsymbol{R}_y(\beta_{\mathrm{C}})\boldsymbol{R}_x(\alpha_{\mathrm{C}}) \tag{4.140a}$$

$$=\begin{pmatrix}\cos\beta_{\mathrm{C}}\cos\gamma_{\mathrm{C}} & \sin\alpha_{\mathrm{C}}\sin\beta_{\mathrm{C}}\cos\gamma_{\mathrm{C}}-\cos\alpha_{\mathrm{C}}\sin\gamma_{\mathrm{C}} & \cos\alpha_{\mathrm{C}}\sin\beta_{\mathrm{C}}\cos\gamma_{\mathrm{C}}+\sin\alpha_{\mathrm{C}}\sin\gamma_{\mathrm{C}}\\ \cos\beta_{\mathrm{C}}\sin\gamma_{\mathrm{C}} & \sin\alpha_{\mathrm{C}}\sin\beta_{\mathrm{C}}\sin\gamma_{\mathrm{C}}+\cos\alpha_{\mathrm{C}}\cos\gamma_{\mathrm{C}} & \cos\alpha_{\mathrm{C}}\sin\beta_{\mathrm{C}}\sin\gamma_{\mathrm{C}}-\sin\alpha_{\mathrm{C}}\cos\gamma_{\mathrm{C}}\\ -\sin\beta_{\mathrm{C}} & \sin\alpha_{\mathrm{C}}\cos\beta_{\mathrm{C}} & \cos\alpha_{\mathrm{C}}\cos\beta_{\mathrm{C}}\end{pmatrix}. \tag{4.140b}$$

$$=[r_{ij}]_{i,j=1}^{3}$$

$$=\begin{pmatrix} q_0^2+q_1^2-q_2^2-q_3^2 & 2q_1q_2-2q_0q_3 & 2q_1q_3+2q_0q_2 \\ 2q_1q_2+2q_0q_3 & q_0^2-q_1^2+q_2^2-q_3^2 & 2q_2q_3-2q_0q_1 \\ 2q_1q_3-2q_0q_2 & 2q_2q_3+2q_0q_1 & q_0^2-q_1^2-q_2^2+q_3^2 \end{pmatrix}=\boldsymbol{R}(q) \quad (4.140\text{c})$$

$$=\left(q\begin{pmatrix}1\\0\\0\end{pmatrix}\overline{q} \quad q\begin{pmatrix}0\\1\\0\end{pmatrix}\overline{q} \quad q\begin{pmatrix}0\\0\\1\end{pmatrix}\overline{q} \right). \quad (4.140\text{d})$$

比较矩阵元素可得

$$\tan\gamma_{\mathrm{C}}=\frac{r_{21}}{r_{11}},\quad \sin\beta_{\mathrm{C}}=-r_{31},\quad \tan\alpha_{\mathrm{C}}=\frac{r_{32}}{r_{33}}. \quad (4.141\text{a})$$

一般地, 解并不唯一, 这是典型的三角问题. 然而, 可以通过定义域的讨论得到角的唯一性.

反之, 从旋转矩阵容易得到单位四元数:

$$4q_0q_1=r_{32}-r_{23},\quad 4q_0q_2=r_{13}-r_{31},\quad 4q_0q_3=r_{21}-r_{12}, \quad (4.141\text{b})$$

$$4q_0^2-1=4q_0^2-q_0^2-q_1^2-q_2^2-q_3^2=r_{11}+r_{22}+r_{33}. \quad (4.141\text{c})$$

因为 q 和 $-q$ 定义同一个的旋转, 可将 q_0 确定为

$$q_0=\frac{1}{2}\sqrt{r_{11}+r_{22}+r_{33}+1}. \quad (4.141\text{d})$$

其他分量是

$$q_1=\frac{r_{32}-r_{23}}{4q_0},\quad q_2=\frac{r_{13}-r_{31}}{4q_0},\quad q_3=\frac{r_{21}-r_{12}}{4q_0}. \quad (4.141\text{e})$$

■ 设旋转矩阵如下:

$$\boldsymbol{R}=\frac{1}{2}\begin{pmatrix}\sqrt{2} & -\frac{1}{2}\sqrt{6} & \frac{1}{2}\sqrt{2} \\ \sqrt{2} & \frac{1}{2}\sqrt{6} & -\frac{1}{2}\sqrt{2} \\ 0 & 1 & \sqrt{3}\end{pmatrix}.$$

(1) 确定卡丹角: 依据上述公式 $\sin\beta_{\mathrm{C}}=-r_{31}=0$, 所以 $\beta_{\mathrm{C}}=k\pi$, $k\in\mathbb{Z}$. 还有 $\tan\gamma_{\mathrm{C}}=\frac{r_{21}}{r_{11}}=1$, 所以 $\gamma_{\mathrm{C}}=\frac{\pi}{4}+k\pi$, $k\in\mathbb{Z}$; 并且由 $\tan\alpha_{\mathrm{C}}=\frac{r_{32}}{r_{33}}=\frac{1}{\sqrt{3}}$ 推出 $\alpha_{\mathrm{C}}=\frac{\pi}{6}+k\pi$, $k\in\mathbb{Z}$. 如果将这些角限定为“最小可能”的, 也就是角的绝对值 $\leqslant\frac{\pi}{2}$, 那么它们是唯一的. 于是这些角是

$$\alpha_{\mathrm{C}}=\frac{\pi}{6},\quad \beta_{\mathrm{C}}=0,\quad \gamma_{\mathrm{C}}=\frac{\pi}{4}.$$

(2) 确定产生这个旋转的单位四元数:

$$4q_0^2-1=\frac{1}{2}\left(\sqrt{2}+\frac{1}{2}\sqrt{6}+\sqrt{3}\right),$$

所以

$$q_0 = \frac{1}{2}\sqrt{1+\frac{1}{2}\left(\sqrt{2}+\frac{1}{2}\sqrt{6}+\sqrt{3}\right)} \approx 0.8924 = \cos\frac{\varphi}{2}.$$

(最小可能的) 角是 $\varphi = 53.6474°$, 所以 $\sin\frac{\varphi}{2} = 0.4512$.

(3) 确定 q 的其他分量及旋转轴的方向 $\underline{\boldsymbol{a}} = (a_x, a_y, a_z)^{\mathrm{T}}$:

$$q_1 = \frac{r_{32}-r_{23}}{4q_0} = \frac{\frac{1}{2}+\frac{1}{4}\sqrt{2}}{4q_0} \approx 0.2391, \quad 所以 \quad a_x = \frac{q_1}{\sin\frac{\varphi}{2}} \approx 0.5299.$$

$$q_2 = \frac{r_{13}-r_{31}}{4q_0} = \frac{\frac{1}{2}\cdot\frac{1}{2}\sqrt{2}}{4q_0} \approx 0.0991, \quad 所以 \quad a_y = \frac{q_2}{\sin\frac{\varphi}{2}} \approx 0.2195.$$

$$q_3 = \frac{r_{21}-r_{12}}{4q_0} = \frac{\frac{1}{2}\left(\sqrt{2}+\frac{1}{2}\sqrt{6}\right)}{4q_0} \approx 0.3696, \quad 所以 \quad a_z = \frac{q_3}{\sin\frac{\varphi}{2}} \approx 0.8192.$$

注 在计算 (4.141e) 中的分量时, 当 q_0 是零或接近于零时可能出现问题. 在这种情形, 单位四元数不能由 (4.141e) 中的公式确定. 为了理解这种情形, 我们讨论旋转矩阵的迹:

$$\mathrm{Tr}\boldsymbol{R} = r_{11} + r_{22} + r_{33} = 4q_0^2 - 1. \tag{4.142a}$$

如果 $\mathrm{Tr}\boldsymbol{R} > 0$, 那么 $q_0 = \frac{1}{2}\sqrt{\mathrm{Tr}\boldsymbol{R}+1} > 0$, 并且可以毫无问题地应用公式 (4.141e). 如果 $\mathrm{Tr}\boldsymbol{R} \leqslant 0$, 那么 q_0 可以接近于零. 此时要考虑主对角线上的最大元素. 设它是 r_{11}, 那么 $|q_1|$ 大于 $|q_2|$ 或 $|q_3|$. 分量 q_1, q_2, q_3 也可以由旋转矩阵的主对角元素确定. 平方根取正号, 可推出

$$q_1 = \frac{1}{2}\sqrt{1+r_{11}-r_{22}-r_{33}}, \quad q_2 = \frac{1}{2}\sqrt{1+r_{22}-r_{11}-r_{33}},$$
$$q_3 = \frac{1}{2}\sqrt{1+r_{33}-r_{11}-r_{22}}. \tag{4.142b}$$

计算法则 由这些事实可推出下列计算法则:

- 如果 $\mathrm{Tr}\boldsymbol{R} \leqslant 0$, 并且 $r_{11} \geqslant r_{22}, r_{11} \geqslant r_{33}$, 那么 q_1 的绝对值最大, 所以

$$q_0 = \frac{r_{32}-r_{23}}{4q_1}, \quad q_2 = \frac{r_{21}+r_{12}}{4q_1}, \quad q_3 = \frac{r_{13}+r_{31}}{4q_1}; \tag{4.142c}$$

- 如果 $\mathrm{Tr}\boldsymbol{R} \leqslant 0$, 并且 $r_{22} \geqslant r_{11}, r_{22} \geqslant r_{33}$, 那么 q_2 的绝对值最大, 所以

$$q_0 = \frac{r_{13}-r_{31}}{4q_2}, \quad q_1 = \frac{r_{21}+r_{12}}{4q_2}, \quad q_3 = \frac{r_{23}+r_{32}}{4q_2}; \tag{4.142d}$$

- 如果 $\mathrm{Tr}\boldsymbol{R} \leqslant 0$, 并且 $r_{33} \geqslant r_{11}, r_{33} \geqslant r_{22}$, 那么 q_3 的绝对值最大, 所以

$$q_0 = \frac{r_{21}-r_{12}}{4q_3}, \quad q_1 = \frac{r_{31}+r_{13}}{4q_3}, \quad q_2 = \frac{r_{23}+r_{32}}{4q_3}. \tag{4.142e}$$

因为卡丹角定义绕对应轴的旋转, 所以我们可以发现下列表中给出的配置关系. 于是旋转

$$\boldsymbol{R}(\alpha,\beta,\gamma)=\boldsymbol{R}\big((0,0,1)^{\mathrm{T}},\gamma\big)\boldsymbol{R}\big((0,1,0)^{\mathrm{T}},\beta\big)\boldsymbol{R}\big((1,0,0)^{\mathrm{T}},\alpha\big) \tag{4.142f}$$

对应于单位四元数

$$q=Q_zQ_yQ_x. \tag{4.142g}$$

旋转	卡丹角	绕轴	四元数
$\boldsymbol{R}_{\mathrm{C}}\big((1,0,0)^{\mathrm{T}},\alpha_{\mathrm{C}}\big)$	α_{C}	x 轴	$Q_x:=\cos\dfrac{\alpha_{\mathrm{C}}}{2}+\mathbf{i}\sin\dfrac{\alpha_{\mathrm{C}}}{2}$
$\boldsymbol{R}_{\mathrm{C}}\big((0,1,0)^{\mathrm{T}},\beta_{\mathrm{C}}\big)$	β_{C}	y 轴	$Q_y:=\cos\dfrac{\beta_{\mathrm{C}}}{2}+\mathbf{j}\sin\dfrac{\beta_{\mathrm{C}}}{2}$
$\boldsymbol{R}_{\mathrm{C}}\big((0,0,1)^{\mathrm{T}},\gamma_{\mathrm{C}}\big)$	γ_{C}	z 轴	$Q_z:=\cos\dfrac{\gamma_{\mathrm{C}}}{2}+\mathbf{i}\sin\dfrac{\gamma_{\mathrm{C}}}{2}$

■ 如果已知卡丹角是 $\alpha_{\mathrm{C}}=\dfrac{\pi}{6},\beta_{\mathrm{C}}=0,\gamma_{\mathrm{C}}=\dfrac{\pi}{4}$, 那么刻画这个旋转的四元数可用下列方式确定:

$$\begin{aligned}
Q_x&=\cos\frac{\alpha_{\mathrm{C}}}{2}+\mathbf{i}\sin\frac{\alpha_{\mathrm{C}}}{2}=\cos\frac{\pi}{12}+\mathbf{i}\sin\frac{\pi}{12},\\
Q_y&=\cos\frac{\beta_{\mathrm{C}}}{2}+\mathbf{j}\sin\frac{\beta_{\mathrm{C}}}{2}=\cos 0+\mathbf{j}\sin 0=1,\\
Q_z&=\cos\frac{\gamma_{\mathrm{C}}}{2}+\mathbf{k}\sin\frac{\gamma_{\mathrm{C}}}{2}=\cos\frac{\pi}{8}+\mathbf{k}\sin\frac{\pi}{8}.
\end{aligned}$$

最终结果与 399 页给出的是一致的:

$$\begin{aligned}
q&:=Q_zQ_yQ_x\\
&=\left(\cos\frac{\pi}{8}+\mathbf{k}\sin\frac{\pi}{8}\right)1\left(\cos\frac{\pi}{12}+\mathbf{i}\sin\frac{\pi}{12}\right)\\
&=\cos\frac{\pi}{8}\cdot\cos\frac{\pi}{12}+\mathbf{i}\cos\frac{\pi}{8}\cdot\sin\frac{\pi}{12}+\mathbf{j}\sin\frac{\pi}{8}\cdot\sin\frac{\pi}{12}+\mathbf{k}\sin\frac{\pi}{8}\cdot\cos\frac{\pi}{12}\\
&=0.8924+0.2391\mathbf{i}+0.0991\mathbf{j}+0.3696\mathbf{k}.
\end{aligned}$$

4.4.2.7 算法的有效性

为估计算法的有效性, 我们定义标准运算, 而更复杂的运算都源于这些运算. 关于与其他方法细致而复杂的比较, 可见 [4.26].

令

- M: 乘法的次数,
- A: 加法和减法的次数,
- D: 除法的次数,
- S: 引入标准函数的次数, 如三角函数, 是由相当次数的乘法、除法和加法的

合成.

- C: 表达式相比较的次数, 由于中断算法它增加了计算时间.

运算	A	M	D	S	C
四元数化为矩阵	12	12			
矩阵化为四元数 ($\mathrm{Tr}\boldsymbol{R} > 0$)	6	5	1	1	1
矩阵化为四元数 ($\mathrm{Tr}\boldsymbol{R} \leqslant 0$)	6	5	1	1	3

向量的旋转	A	M	注
用旋转矩阵	6	9	
用单位四元数	24	32	正规四元数乘法
用单位四元数	17	24	快速四元数乘法
用单位四元数	18	21	转换为旋转矩阵

旋转	A	M	注
用旋转矩阵	$6n$	$9n$	
用单位四元数	$24n$	$32n$	正规四元数乘法
用单位四元数	$17n$	$24n$	快速四元数乘法
用单位四元数	$12+6n$	$12+9n$	转换为旋转矩阵

两个旋转的合成	A	M
用旋转矩阵	18	27
用单位四元数	12	16

总结 仅当旋转是一个接一个地进行, 基于四元数的算法才较快. 这主要出现在动画片的计算机绘图 (即旋转的逼近) 中.

4.4.3 四元数的应用

4.4.3.1 计算机绘图学中的 3D 旋转

为了刻画运动流, 需要利用旋转的插值. 因为 3D 旋转可以用单位四元数表示, 所以在计算机绘图学中发展了对于旋转的插值算法. 最直接的想法是从与欧氏空间的线性插值类似的定义出发. 基本算法是 Lerp, Slerp 和 Squad.

1. Lerp(线性 (l) 插值 (erp))

设 $p, q \in \mathbb{H}_1$ 及 $t \in [0,1]$, 那么

$$\mathrm{Lerp}(p, q, t) = p(1-t) + qt. \tag{4.143}$$

- 这是 $\mathbb{R}^4$ 中的一条连接 $p \in \mathbb{H}_1 \sim \mathrm{S}^3 \subset \mathbb{R}^4$ 和 $q \in \mathbb{H}_1 \sim \mathrm{S}^3 \subset \mathbb{R}^4$ 的线段.
- 这条线段是 $\mathbb{R}^4$ 中单位球的内部, 并且不表示单位球 $\mathbb{H}_1 \sim \mathrm{S}^3$ 上的任何连通曲线.
- 因此旋转由所求得的四元数的规范化确定.

这个简单的算法几乎是完美的. 仅有的问题是在通过给定点和规范化了的所求得的四元数之间的割线上求得插值点后, 所得到的单位四元数不是等距四元数. 这个问题可以用下列算法解决.

2. Slerp(球面 (s) 线性 (l) 插值 (erp))

设 $p, q \in \mathbb{H}_1, t \in [0,1], \varphi(0 < \varphi < \pi)$ 是一个介于 p, q 之间的角. 那么

$$\mathrm{Slerp}(p,q,t) = p(\overline{p}q)^t = p^{1-t}q^t = p\left[\frac{\sin\left((1-t)\varphi\right)}{\sin\varphi}\right] + q\left[\frac{\sin(t\varphi)}{\sin\varphi}\right]. \qquad (4.144)$$

- 沿着单位球 $\mathrm{S}^3 \subset \mathbb{R}^4$ 上的大圆插值, 连接 p 和 q.
- 选取最短连接, $-\mathrm{Sc}(p,q) = \langle p, q\rangle > 0$ 必须成立 (此处 $\langle\ \cdot,\ \cdot\ \rangle$ 表示 p 和 $q \in \mathbb{R}^4$ 的点积).

在图 4.5 中比较了依据 Lerp(见图 4.5(a)) 和 Slerp(见图 4.5(b)) 的插值.

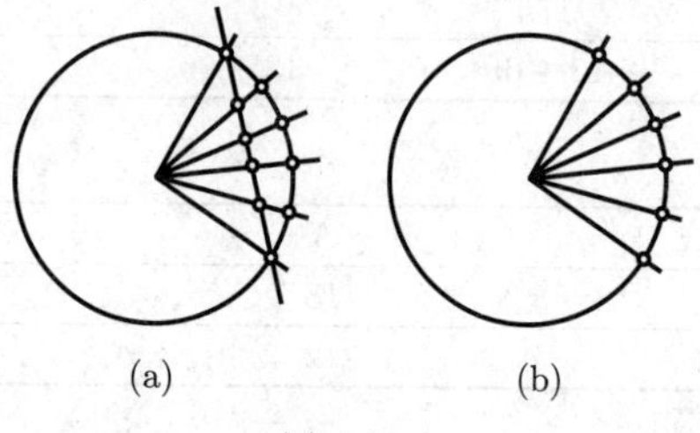

(a) (b)

图 4.5

特殊情形 $p=1$ 设 $p = 1 = (1,0,0,0)^{\mathrm{T}}$ 及 $q = \cos\varphi + \underline{\boldsymbol{n}_{\boldsymbol{q}}}\sin\varphi$, 那么

$$\mathrm{Slerp}(p,q,t) = \cos(t\varphi) + \underline{\boldsymbol{n}_{\boldsymbol{q}}}\sin(t\varphi). \qquad (4.145)$$

特殊情形等距网格 令 $\psi = \dfrac{\varphi}{n}$, 则

$$q_k := \mathrm{Slerp}\left(p, q, \frac{k}{n}\right) = \frac{1}{\sin\varphi}\big(\sin(\varphi - k\psi)p + \sin(k\psi)q\big), \quad k = 0, 1, \cdots, n. \qquad (4.146)$$

Slerp插值的解释 为证明 (4.144) 中两个表达式的等价性, 首先算出 $Q = p^{-1}q = \dfrac{\overline{p}}{|p|^2}q = \overline{p}q$. 因为 $p, q \in \mathbb{H}_1$, 所以标量部分是

$$Q_0 = \mathrm{Sc}\,Q = \mathrm{Sc}(\overline{p}q) = \langle p, q\rangle = \cos\varphi. \qquad (4.147)$$

因为 $p=p\cdot 1$, 以及 $q=pp^{-1}q=pQ$, 所以 1 和 Q 间的插值是乘以 p 以保持 p 和 q 间的插值.

$$\begin{aligned}Q(t)=&\frac{\sin\left((1-t)\varphi\right)}{\sin\varphi}+Q\frac{\sin(t\varphi)}{\sin\varphi}\\=&\frac{\sin\left((1-t)\varphi\right)}{\sin\varphi}+\cos\varphi\frac{\sin(t\varphi)}{\sin\varphi}+\vec{n}_{\vec{Q}}\frac{\sin(t\varphi)}{\sin\varphi}\\=&\frac{\sin\varphi\cos(t\varphi)-\sin(t\varphi)\cos\varphi+\sin(t\varphi)\cos\varphi}{\sin\varphi}+\vec{n}_{\vec{Q}}\frac{\sin(t\varphi)}{\sin\varphi}\\=&\cos(t\varphi)+\vec{n}_{\vec{Q}}\sin(t\varphi)=\mathrm{e}^{t\vec{n}_{\vec{Q}}\varphi}=\mathrm{e}^{t\log Q}=Q^t.\end{aligned}\tag{4.148}$$

由此得到

$$q(t)=pQ(t)=p\frac{\sin\left((1-t)\varphi\right)}{\sin\varphi}+q\frac{\sin(t\varphi)}{\sin\varphi}=pQ^t=p(p^{-1}q)^t=p^{1-t}q^t.\tag{4.149}$$

3. Squad(球面 (s) 和四角形 (quad) 插值)

对于 $q_i,q_{i+1}\in\mathbb{H}_1$ 及 $t\in[0,1]$, 法则是

$$\begin{aligned}&\mathrm{Squad}(q_i,q_{i+1},s_i,s_{i+1},t)\\=&\mathrm{Slerp}\big(\mathrm{Slerp}(q_i,q_{i+1},t),\mathrm{Slerp}(s_i,s_{i+1},t),2t(1-t)\big),\end{aligned}\tag{4.150}$$

其中

$$s_i=q_i\exp\left(-\frac{\log(q_i^{-1}q_{i+1})+\log(q_i^{-1}q_{i-1})}{4}\right).$$

- 所得曲线类似于贝济埃 (Bézier) 曲线, 代替线性插值, 它保持了球面插值.
- 算法产生了对于四元数序列 $q_0,q_1,\cdots,q_N$ 的插值曲线.
- 在第一个和最后一个区间表达式未被定义, 因为 q_{-1} 对于计算 s_0, 以及 q_{N+1} 对于计算 s_N 是必须的. 一个可能的方法是选取 $s_0=q_0$ 以及 $s_N=q_N$(或者定义 q_{-1} 和 q_{N+1}). 还有其他的基于四元数的算法: nlerp, log-lerp, islerp, 四元数德卡斯特里奥 (de Casteeljau) 样条.

4.4.3.2 旋转矩阵的插值

可以借助旋转矩阵完全类似地刻画 Slerp 算法. 3×3 旋转矩阵 $\boldsymbol{R}$(即群 SO(3) 的元素) 的对数是需要的, 并且用群论语言它被定义为满足 $\mathrm{e}^{\boldsymbol{r}}=\boldsymbol{R}$ 的斜对称矩阵 $\boldsymbol{r}$(即李群 so(3) 的元素). 于是 Slerp 算法可以用于旋转矩阵 $\boldsymbol{R}_0$ 和 $\boldsymbol{R}_1$ 间的插值, 这可以刻画为

$$\boldsymbol{R}(t)=\boldsymbol{R}_0(\boldsymbol{R}_0^{-1}\boldsymbol{R}_1)^t=\boldsymbol{R}_0\exp\left(t\log(\boldsymbol{R}_0^{-1}\boldsymbol{R}_1)\right).\tag{4.151}$$

一般地说, 应用四元数基本算法并且依据单位四元数转换为旋转矩阵的计算, 由四元数 $q(t)$ 确定 $\boldsymbol{R}(t)$ 要简单些.

4.4.3.3 球极平面投影

如果将 $1 \in \mathbb{H}_1 \sim S^3$ 取作三维球 S^3 的北极, 那么单位四元数或三维球的元素可以用球极平面投影

$$\mathbb{H}_1 \ni q \mapsto (1+q)(1-q)^{-1} \in \mathbb{H}_0 \sim \mathbb{R}^3$$

分别映为纯四元数或 $\mathbb{R}^3$ 的元素. 对应的逆映射是

$$\mathbb{R}^3 \sim \mathbb{H}_0 \ni p \mapsto (p-1)(p+1)^{-1} \in \mathbb{H}_1 \sim S^3. \tag{4.152}$$

4.4.3.4 卫星导航

环绕地球运行的人造卫星的航向是已经确定的. 恒星看作在无穷远处, 于是它们相对于地球和相对于卫星的方向是相同的 (图 4.6). 任何测量上的差别都可从不同的坐标系推导出来, 因而也可由不同坐标系的相对旋转推出.

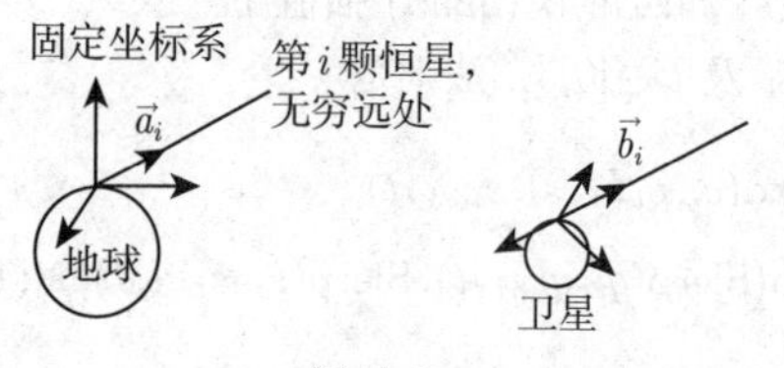

图 4.6

设 $\vec{a}_i$ 是在地球上的固定坐标系中指向第 i 颗恒星方向的单位向量, $\vec{b}_i$ 是在卫星上的固定坐标系中指向第 i 颗恒星方向的单位向量. 两个坐标系的相对旋转可以用单位四元数 $h \in \mathbb{H}_1$ 刻画:

$$\vec{b}_i = h\vec{a}_i\overline{h}. \tag{4.153}$$

如果考虑另一个恒星, 并且数据被测量误差覆盖, 那么解可以用最小二乘法, 即作为 (4.154) 的极小值确定, 其中 h 是单位四元数, $\underline{\boldsymbol{a}}_i = \vec{a}_i$ 和 $\underline{\boldsymbol{b}}_i = \vec{b}_i$ 是单位向量:

$$\begin{aligned} Q^2 &= \sum_{i=1}^{n} |\vec{b}_i - h\vec{a}_i\overline{h}|^2 = \sum_{i=1}^{n} (\vec{b}_i - h\vec{a}_i\overline{h}) \cdot (\vec{b}_i - h\vec{a}_i\overline{h}) \\ &= \sum_{i=1}^{n} (\underline{\boldsymbol{b}}_i - h\underline{\boldsymbol{a}}_i\overline{h})\overline{(\underline{\boldsymbol{b}}_i - h\underline{\boldsymbol{a}}_i\overline{h})} = \sum_{i=1}^{n} (2 - \underline{\boldsymbol{b}}_i h\overline{\underline{\boldsymbol{a}}}_i\overline{h} - h\underline{\boldsymbol{a}}_i\overline{h}\,\overline{\underline{\boldsymbol{b}}}_i). \end{aligned} \tag{4.154}$$

因为单位四元数群 $\mathbb{H}_1$ 形成一个李群, 所以 Q^2 的临界点可以借助导数

$$\partial_v h = \lim_{\vartheta \to 0} \frac{\mathrm{e}^{\vartheta v} h - h}{\vartheta} = vh \quad (v, h \text{ 是四元数}, \vartheta \text{ 是实数}) \tag{4.155}$$

从

$$\partial_v Q^2 = -\sum_{i=1}^{n} (\underline{\boldsymbol{b}}_i \underline{\boldsymbol{v}} h\overline{\underline{\boldsymbol{a}}}_i\overline{h} + \underline{\boldsymbol{b}}_i h\overline{\underline{\boldsymbol{a}}}_i\overline{(\underline{\boldsymbol{v}}h)} + \underline{\boldsymbol{v}} h\underline{\boldsymbol{a}}_i\overline{h}\,\overline{\underline{\boldsymbol{b}}}_i + h\underline{\boldsymbol{a}}_i\overline{(\underline{\boldsymbol{v}}h)}\,\overline{\underline{\boldsymbol{b}}}_i) = 0 \tag{4.156}$$

确定. 这里 $\underline{\boldsymbol{v}}, \underline{\boldsymbol{b}}_i$ 以及 $h\underline{\boldsymbol{a}}_i\overline{h}$ 是纯四元数, 所以 $\overline{\underline{\boldsymbol{v}}} = -\underline{\boldsymbol{v}}$, 因而 (4.156) 可以化简为

$$\partial_{\underline{\boldsymbol{v}}} Q^2 = -4\underline{\boldsymbol{v}} \cdot \left(\sum_{i=1}^{n} h\vec{\boldsymbol{a}}_i\overline{h} \times \underline{\boldsymbol{b}}_i \right) = 0. \tag{4.157}$$

因为这里 $\underline{\boldsymbol{v}}$ 是任意的, 所以这个表达式当

$$\sum_{i=1}^{n} h\vec{\boldsymbol{a}}_i\overline{h} \times \underline{\boldsymbol{b}}_i = \underline{\boldsymbol{0}} \tag{4.158}$$

时为零. 设 $\boldsymbol{R}$ 是由单位四元数 h 表示的旋转矩阵, 即 $h\vec{\boldsymbol{a}}_i\overline{h} = \boldsymbol{R}\vec{\boldsymbol{a}}_i$. 应用由向量 $\vec{\boldsymbol{a}} = (a_x, a_y, a_z) \in \mathbb{R}^3$ 定义的 3×3 矩阵

$$\boldsymbol{K}(\vec{\boldsymbol{a}}) = \begin{pmatrix} 0 & -a_z & a_y \\ a_z & 0 & -a_x \\ -a_y & a_x & 0 \end{pmatrix}, \tag{4.159}$$

对于任何向量 $\vec{\boldsymbol{b}} \in \mathbb{R}^3$ 我们得到

$$\boldsymbol{K}(\vec{\boldsymbol{a}})\vec{\boldsymbol{b}} = \vec{\boldsymbol{a}} \times \vec{\boldsymbol{b}}, \quad \boldsymbol{K}(\boldsymbol{K}(\vec{\boldsymbol{a}})\vec{\boldsymbol{b}}) = \vec{\boldsymbol{b}}\vec{\boldsymbol{a}}^{\mathrm{T}} - \vec{\boldsymbol{a}}\vec{\boldsymbol{b}}^{\mathrm{T}}. \tag{4.160}$$

由这个关系式可确定极小值问题的临界点:

$$\sum_{i=1}^{n} \boldsymbol{K}(\boldsymbol{R}\vec{\boldsymbol{a}}_i \times \vec{\boldsymbol{b}}_i) = \mathbb{O} \Leftrightarrow \sum_{i=1}^{n} (\vec{\boldsymbol{b}}_i\vec{\boldsymbol{a}}_i^{\mathrm{T}}\boldsymbol{R}^{\mathrm{T}} - \boldsymbol{R}\vec{\boldsymbol{a}}_i\vec{\boldsymbol{b}}_i^{\mathrm{T}}) = \mathbb{O} \Leftrightarrow \boldsymbol{R}\boldsymbol{P} = \boldsymbol{P}^{\mathrm{T}}\boldsymbol{R}^{\mathrm{T}}, \tag{4.161}$$

其中 $\boldsymbol{P} = \sum_{i=1}^{n} \vec{\boldsymbol{a}}_i\vec{\boldsymbol{b}}_i^{\mathrm{T}}$. 如果 $\boldsymbol{P}$ 分解为乘积 $\boldsymbol{P} = \boldsymbol{R}_p^{\mathrm{T}}\boldsymbol{S}$, 其中矩阵 $\boldsymbol{S}$ 是对称的, 而 $\boldsymbol{P} = \boldsymbol{R}_p$ 是旋转矩阵, 那么由 (4.161) 推出

$$\boldsymbol{R}\boldsymbol{R}_p^{\mathrm{T}}\boldsymbol{S} = \boldsymbol{S}\boldsymbol{R}_p\boldsymbol{R}^{\mathrm{T}}, \tag{4.162}$$

并且

$$\boldsymbol{R} = \boldsymbol{R}_p \tag{4.163}$$

显然是一个解; 因为在这种情形, 由于 $\boldsymbol{R}_p\boldsymbol{R}_p^{\mathrm{T}} = \boldsymbol{E}$, 所以 $\boldsymbol{R}_p\boldsymbol{R}_p^{\mathrm{T}}\boldsymbol{S} = \boldsymbol{S} = \boldsymbol{S}\boldsymbol{R}_p\boldsymbol{R}_p^{\mathrm{T}}$. 但无论如何, 还有另外 3 个解, 即

$$\boldsymbol{R} = \boldsymbol{R}_j\boldsymbol{R}_p \quad (j = 1, 2, 3), \tag{4.164}$$

其中 $\boldsymbol{R}_j$ 表示绕 $\boldsymbol{S}$ 的第 j 个特征向量旋转 π, 即有 $\boldsymbol{R}_j\boldsymbol{S}\boldsymbol{R}_j = \boldsymbol{S}$. 我们可以从

$$\boldsymbol{R}_j\boldsymbol{R}_p\boldsymbol{R}_p^{\mathrm{T}}\boldsymbol{S} = \boldsymbol{S}\boldsymbol{R}_p\boldsymbol{R}_p^{\mathrm{T}}\boldsymbol{R}_j^{\mathrm{T}} \Leftrightarrow \boldsymbol{R}_j\boldsymbol{S} = \boldsymbol{S}\boldsymbol{R}_j^{\mathrm{T}} \Leftrightarrow \boldsymbol{R}_j\boldsymbol{S}\boldsymbol{R}_j = \boldsymbol{S}$$

看出 $\boldsymbol{R} = \boldsymbol{R}_j\boldsymbol{R}_p$ 是 (4.162) 的解.

使得 Q^2 取极小的解是

$$\boldsymbol{R} = \begin{cases} \boldsymbol{R}_p, & \det \boldsymbol{P} > 0, \\ \boldsymbol{R}_{j_0}\boldsymbol{R}_p, & \det \boldsymbol{P} < 0, \end{cases} \tag{4.165}$$

其中 $\boldsymbol{R}_{j_0}$ 表示绕与 $\boldsymbol{S}$ 的绝对值最小的特征值相应的特征向量旋转 π.

4.4.3.5　向量分析

如果将算子 ∇(参见第 933 页 (13.67), 13.2.6.1) 和向量 $\vec{v}$(参见第 919 页 13.1.3) 等同于四元数计算中的 ∇_Q 和 $\underline{\boldsymbol{v}}$, 即

$$\nabla_Q = \mathbf{i}\frac{\partial}{\partial x} + \mathbf{j}\frac{\partial}{\partial y} + \mathbf{k}\frac{\partial}{\partial z}, \tag{4.166}$$

$$\underline{\boldsymbol{v}}(x,y,z) = v_1(x,y,z)\mathbf{i} + v_2(x,y,z)\mathbf{j} + v_3(x,y,z)\mathbf{k}, \tag{4.167}$$

其中 $\mathbf{i},\mathbf{j},\mathbf{k}$ 依据 (4.107)(参见第 387 页), 那么四元数的乘法法则 (参见第 389 页 (4.109b)) 给出

$$\nabla_Q\underline{\boldsymbol{v}} = -\nabla\cdot\vec{v} + \nabla\times\vec{v} = -\mathrm{div}\vec{v} + \mathrm{rot}\vec{v}. \tag{4.168}$$

(还可参见第 389 页 4.4.1.1, 4. 中 ■). 将

$$D = \frac{\partial}{\partial t} + \mathbf{i}\frac{\partial}{\partial x} + \mathbf{j}\frac{\partial}{\partial y} + \mathbf{k}\frac{\partial}{\partial z} \tag{4.169a}$$

及

$$\begin{aligned} w(t,x,y,z) &= w_0(t,x,y,z) + w_1(t,x,y,z)\mathbf{i} + w_2(t,x,y,z)\mathbf{j} + w_3(t,x,y,z)\mathbf{k} \\ &= w_0(t,x,y,z) + \underline{\boldsymbol{w}}(t,x,y,z) \end{aligned} \tag{4.169b}$$

代入, 则有

$$Dw = \frac{\partial}{\partial t}w_0 - \mathrm{div}\,\underline{\boldsymbol{w}} + \mathrm{rot}\,\underline{\boldsymbol{w}} + \mathrm{grad}\,w_0. \tag{4.169c}$$

特别, 对于任何二次连续可微函数 $t(t,x,y,z)$,

$$\nabla_Q\overline{\nabla}_Q f = \overline{\nabla}_Q\nabla_Q f = \nabla\nabla f = \frac{\partial^2 f}{\partial x^2} + \frac{\partial^2 f}{\partial y^2} + \frac{\partial^2 f}{\partial z^2} = \Delta_3 f, \tag{4.170a}$$

以及

$$\nabla_Q\nabla_Q f = -\nabla\nabla f = -\frac{\partial^2 f}{\partial x^2} - \frac{\partial^2 f}{\partial y^2} - \frac{\partial^2 f}{\partial z^2} = -\Delta_3 f, \tag{4.170b}$$

其中 Δ_3 表示 $\mathbb{R}^3$ 中的拉普拉斯算子 (参见第 934 页 13.2.6.5 中 (13.75)).

$$D\overline{D}f = \overline{D}Df = \frac{\partial^2 f}{\partial t^2} + \frac{\partial^2 f}{\partial x^2} + \frac{\partial^2 f}{\partial y^2} + \frac{\partial^2 f}{\partial z^2} = \Delta_4 f, \tag{4.170c}$$

其中 Δ_4 表示 $\mathbb{R}^4$ 中的拉普拉斯算子.∇_Q, 恰如 D 一样, 常称为狄拉克或柯西-黎曼算子.

4.4.3.6　规范化四元数和刚体运动

1.　八元数

一个八元数 $\check{h}$ 有形式

$$\check{h} = h_0 + \epsilon h_1, \quad h_0, h_1 \in \mathbb{H}. \tag{4.171}$$

这里 ϵ 是对偶单位, 它与每个四元数交换, 并且 $\epsilon^2 = 0$. 乘法运算是通常的四元数乘法 (参见第 391 页 (4.115)).

2. 刚体运动

在 $\mathbb{R}^3$ 中可以借助单位八元数, 即具有下列性质的八元数

$$\check{h}\bar{\check{h}} = (h_0 + \epsilon h_1)(\overline{h_0} + \epsilon \overline{h}_1) = 1 \Leftrightarrow \begin{cases} h_0\overline{h}_0 = 1, \\ h_0\overline{h}_1 + h_1\overline{h}_0 = 0 \end{cases} \tag{4.172}$$

刻画刚体运动 (旋转和平移相互交替) (表 4.1).

表 4.1 用八元数表示刚体运动

元素	表示
空间中点 $\underline{\boldsymbol{p}} = (p_x, p_y, p_z)$	$\check{p} = 1 + \underline{\boldsymbol{p}}\epsilon$, 其中 $\underline{\boldsymbol{p}} = p_x\mathbf{i} + p_y\mathbf{j} + p_z\mathbf{k}$
旋转	$r \in \mathbb{H}_1$, 单位四元数
平移 $\underline{\boldsymbol{t}} = (t_x, t_y, t_z)$	$1 + \dfrac{1}{2}\underline{\boldsymbol{t}}\epsilon$, 其中 $\underline{\boldsymbol{t}} = t_x\mathbf{i} + t_y\mathbf{j} + t_z\mathbf{k}$

因为 h 和 $-h$ 刻画相同的刚体运动, 所以单位八元数

$$\check{h} = h_0 + h_1\epsilon = \left(1 + \frac{1}{2}\underline{\boldsymbol{t}}\epsilon\right) r = r + \frac{1}{2}\underline{\boldsymbol{t}}r\epsilon, \quad \underline{\boldsymbol{t}} \in \mathbb{H}_0,\ r \in \mathbb{H}_1, \tag{4.173}$$

给出 $\mathbb{R}^3$ 中刚体运动群 $\mathbf{SE(3)}$ 的双重覆盖.

4.5 线性方程组

4.5.1 线性系, 选主元法

4.5.1.1 线性系

一个线性系含 m 个线性型

$$y_1 = a_{11}x_1 + a_{12}x_2 + \cdots + a_{1n}x_n + a_1,$$
$$y_2 = a_{21}x_1 + a_{22}x_2 + \cdots + a_{2n}x_n + a_2,$$
$$\cdots\cdots$$
$$y_m = a_{m1}x_1 + a_{m2}x_2 + \cdots + a_{mn}x_n + a_m$$

或

$$\underline{\boldsymbol{y}} = \boldsymbol{A}\underline{\boldsymbol{x}} + \underline{\boldsymbol{a}}, \tag{4.174a}$$

其中

$$\boldsymbol{A}=\begin{pmatrix} a_{11} & a_{12} & \cdots & a_{1n} \\ a_{21} & a_{22} & \cdots & a_{2n} \\ \vdots & \vdots & & \vdots \\ a_{m1} & a_{m2} & \cdots & a_{mn} \end{pmatrix},\quad \underline{\boldsymbol{a}}=\begin{pmatrix} a_1 \\ a_2 \\ \vdots \\ a_m \end{pmatrix},\quad \underline{\boldsymbol{x}}=\begin{pmatrix} x_1 \\ x_2 \\ \vdots \\ x_n \end{pmatrix},\quad \underline{\boldsymbol{y}}=\begin{pmatrix} y_1 \\ y_2 \\ \vdots \\ y_m \end{pmatrix}. \tag{4.174b}$$

大小为 (m,n) 的矩阵 $\boldsymbol{A}$ 的元素 $a_{\mu\nu}$ 及列向量 $\underline{\boldsymbol{a}}$ 的分量 $a_\mu(\mu=1,2,\cdots,n)$ 是常数. 列向量 $\underline{\boldsymbol{x}}$ 的分量 $x_\nu(\nu=1,2,\cdots,n)$ 是独立变量, 列向量 $\underline{\boldsymbol{y}}$ 的分量 $x_\mu(\mu=1,2,\cdots,m)$ 是相关变量.

4.5.1.2 选主元法

1. 选主元法格式

如果 (4.174a) 中元素 a_{ik} 不等于零, 那么在所谓选主元步骤中, 变量 y_i 可调换为独立变量, 而变量 x_k 可调换为相关变量. 选主元步骤是主元法的基本组成部分, 应用它可以解 (例如) 线性方程组和线性最优化问题. 通过对应于方程组 (4.174a) 的格式:

	x_1	x_2	$\cdots$	x_k	$\cdots$	x_n	1
y_1	a_{11}	a_{12}	$\cdots$	a_{1k}	$\cdots$	a_{1n}	a_1
y_2	a_{21}	a_{22}	$\cdots$	a_{2k}	$\cdots$	a_{2n}	a_2
$\vdots$	$\vdots$	$\vdots$		$\vdots$		$\vdots$	$\vdots$
y_i	a_{i1}	a_{i2}	$\cdots$	$\boxed{a_{ik}}$	$\cdots$	a_{in}	a_i
$\vdots$	$\vdots$	$\vdots$		$\vdots$		$\vdots$	$\vdots$
y_m	a_{m1}	a_{m2}	$\cdots$	a_{mk}	$\cdots$	a_{mn}	a_m
x_k	α_{i1}	α_{i2}	$\cdots$	α_{ik}	$\cdots$	α_{in}	α_i

选主元步骤得到格式:

	x_1	x_2	$\cdots$	x_k	$\cdots$	x_n	1
y_1	α_{11}	α_{12}	$\cdots$	α_{1k}	$\cdots$	α_{1n}	α_1
y_2	α_{21}	α_{22}	$\cdots$	α_{2k}	$\cdots$	α_{2n}	α_2
$\vdots$	$\vdots$	$\vdots$		$\vdots$		$\vdots$	$\vdots$
x_i	α_{i1}	α_{i2}	$\cdots$	α_{ik}	$\cdots$	α_{in}	α_i
$\vdots$	$\vdots$	$\vdots$		$\vdots$		$\vdots$	$\vdots$
y_m	α_{m1}	α_{m2}	$\cdots$	α_{mk}	$\cdots$	α_{mn}	α_m

(4.175)

2. 选主元法则

在格式中画了框的元素 $a_{ik}(a_{ik}\neq 0)$ 称为主元; 它位于主列和主行的交点处.

右边新格式中元素 $\alpha_{\mu\nu}$ 和 α_μ 按下列选主元法则计算:

(1) $\alpha_{ik} = \dfrac{1}{a_{ik}}$; (4.176a)

(2) $\alpha_{\mu k} = \dfrac{a_{\mu k}}{a_{ik}}$ $(\mu = 1, \cdots, m; \mu \neq i)$; (4.176b)

(3) $\alpha_{i\nu} = -\dfrac{a_{i\nu}}{a_{ik}}$, $\alpha_i = -\dfrac{a_i}{a_{ik}}$ $(\nu = 1, 2, \cdots, n; \nu \neq k)$; (4.176c)

(4) $\alpha_{\mu\nu} = a_{\mu\nu} - a_{\mu k}\dfrac{a_{i\nu}}{a_{ik}} = a_{\mu\nu} + a_{\mu k}\alpha_{i\nu}$, $\alpha_\mu = a_\mu + a_{\mu k}\alpha_i$ (对每个 $\mu \neq i$ 及每个 $\nu \neq k$). (4.176d)

为使计算容易些 (法则 4), 我们将元素 $\alpha_{i\nu}$ 写在选主元法格式的第 $m+1$ 行 (最低行). 应用这个选主元法则可以调换其他变量.

4.5.1.3 线性相关性

如果每个 y_μ 都可以调换为某个独立变量 x_ν, 那么线性型 (4.174a) 是线性无关的 (参见第 732 页 9.1.2.3, 2.). 线性无关性将用来 (例如) 确定矩阵的秩. 不然, 可直接由选主元法格式找出相关性关系.

■ 3 次选主元步骤后 (例如 $y_4 \to x_4, y_2 \to x_1, y_1 \to x_3$) 下列左表变成右表:

	x_1	x_2	x_3	x_4	1
y_1	2	1	1	0	–2
y_2	1	–1	0	0	2
y_3	1	5	2	0	0
y_4	0	2	0	1	0

	y_2	x_2	y_1	y_4	1
x_3	–2	–3	1	0	6
x_1	1	1	0	0	–2
y_3	–3	[0]	2	0	10
x_4	0	–2	0	1	0

因为 $\alpha_{32} = 0$, 所以不可能作进一步的调换, 并且可以看到相关关系: $y_3 = 2y_1 - 3y_2 + 10$. 对于另外一个主元法序列, 仍然有一对不可调换的变量.

4.5.1.4 逆矩阵的计算

如果 $\boldsymbol{A}$ 是一个 $n \times n$ 正则矩阵, 那么对于方程组 $\underline{\boldsymbol{y}} = \boldsymbol{A}\underline{\boldsymbol{x}}$ 应用选主元法实施 n 次步骤就可得到逆矩阵 $\boldsymbol{A}^{-1}$.

■ $\boldsymbol{A} = \begin{pmatrix} 3 & 5 & 1 \\ 2 & 4 & 5 \\ 1 & 2 & 2 \end{pmatrix} \Rightarrow$

	x_1	x_2	x_3
y_1	3	5	1
y_2	2	4	5
y_3	[1]	2	2

,

	y_3	x_2	x_3
y_1	3	–1	–5
y_2	2	0	[1]
x_1	1	–2	–2

,

	y_3	x_2	y_2
y_1	13	[–1]	–5
x_3	–2	0	1
x_1	5	–2	–2

,

	y_3	y_1	y_2
x_2	13	–1	–5
x_3	–2	0	1
x_1	–21	2	8

.

重新排列元素后就得到 $A^{-1} = \begin{pmatrix} 2 & 8 & -21 \\ -1 & -5 & 13 \\ 0 & 1 & -2 \end{pmatrix}$. (按 y_i 的下标重排矩阵的列, 按 x_k 的下标重排矩阵的行.)

4.5.2 解线性方程组

4.5.2.1 定义和可解性

1. 线性方程组

由 m 个含 n 个未知数 $x_1, x_2, \cdots, x_n$ 的线性方程形成的组

$$\begin{aligned} a_{11}x_1 + a_{12}x_2 + \cdots + a_{1n}x_n &= a_1, \\ a_{21}x_1 + a_{22}x_2 + \cdots + a_{2n}x_n &= a_2, \\ &\cdots\cdots \\ a_{m1}x_1 + a_{m2}x_2 + \cdots + a_{mn}x_n &= a_m, \end{aligned}$$

或简明地记为

$$A\underline{x} = \underline{a}, \tag{4.177a}$$

称为*线性方程组*. 在此应用下列记号:

$$A = \begin{pmatrix} a_{11} & a_{12} & \cdots & a_{1n} \\ a_{21} & a_{22} & \cdots & a_{2n} \\ \vdots & \vdots & & \vdots \\ a_{m1} & a_{m2} & \cdots & a_{mn} \end{pmatrix}, \quad \underline{a} = \begin{pmatrix} a_1 \\ a_2 \\ \vdots \\ a_m \end{pmatrix}, \quad \underline{x} = \begin{pmatrix} x_1 \\ x_2 \\ \vdots \\ x_n \end{pmatrix}. \tag{4.177b}$$

如果行向量 $\underline{a}$ 是零向量 ($\underline{a} = \underline{0}$), 那么方程组称为*齐次方程组*, 不然称为*非齐次方程组*. 方程组的系数 $a_{\mu\nu}$ 是所谓*系数矩阵* A 的元素, 列向量 $\underline{a}$ 的分量是*常数项* (*绝对项*).

2. 线性方程组的可解性

如果一个线性方程组有解, 即至少存在一个向量 $\underline{x} = \underline{\alpha}$ 使得 (4.177a) 是恒等式, 则称它是*可解的*或*相容的*, 或*协调的*. 不然称为是不相容的. 解的存在性和唯一性依赖于*增广矩阵* $(A, \underline{a})$ 的秩. 将向量 $\underline{a}$ 作为第 $n+1$ 行添加到矩阵 A, 就得到增广矩阵.

(1) **非齐次线性方程组的一般法则** 如果

$$\operatorname{rank}(A) = \operatorname{rank}(A, \underline{a}), \tag{4.178a}$$

那么非齐次线性方程组 $A\underline{x} = \underline{a}$ 至少有一个解. 此外, 如果 r 表示 A 的秩, 即 $r = \operatorname{rank}(A)$, 那么

a) 当 $r = n$ 时方程组有唯一解; (4.178b)

b) 当 $r < n$ 时方程组有无穷多个解, (4.178c)

即 $n - r$ 个未知数的值作为参数可以自由选取.

■ **A**:

$$x_1 - 2x_2 + 3x_3 - x_4 + 2x_5 = 2,$$
$$3x_1 - x_2 + 5x_3 - 3x_4 - x_5 = 6,$$
$$2x_1 + x_2 + 2x_3 - 2x_4 - 3x_5 = 8.$$

$\boldsymbol{A}$ 的秩是 2, 系数增广矩阵$(\boldsymbol{A}, \underline{\boldsymbol{a}})$ 的秩是 3, 所以方程组不相容.

■ **B**:

$$x_1 - x_2 + 2x_3 = 1,$$
$$x_1 - 2x_2 - x_3 = 2,$$
$$3x_1 - x_2 + 5x_3 = 3,$$
$$-2x_1 + 2x_2 + 3x_3 = -4.$$

矩阵 $\boldsymbol{A}$ 和 $(\boldsymbol{A}, \underline{\boldsymbol{a}})$ 的秩都等于 3. 因为 $r = n = 3$, 所以方程组有唯一解 $x_1 = \frac{10}{7}, x_2 = -\frac{1}{7}, x_3 = -\frac{2}{7}$.

■ **C**:

$$x_1 - x_2 + x_3 - x_4 = 1,$$
$$x_1 - x_2 - x_3 + x_4 = 0,$$
$$x_1 - x_2 - 2x_3 + 2x_4 = -\frac{1}{2}.$$

矩阵 $\boldsymbol{A}$ 和 $(\boldsymbol{A}, \underline{\boldsymbol{a}})$ 的秩都等于 2. 方程组相容, 但因为 $r < n$, 所以解不唯一. 因此 $n - r = 2$ 个未知数可以考虑作为自由参数:$x_2 = x_1 - \frac{1}{2}, x_3 = x_4 + \frac{1}{2}$ (x_1, x_4 取任意值).

■ **D**:

$$x_1 + 2x_2 - x_3 + x_4 = 1,$$
$$2x_1 - x_2 + 2x_3 + 2x_4 = 2,$$
$$3x_1 + x_2 + x_3 + 3x_4 = 3,$$
$$x_1 - 3x_2 + 3x_3 + x_4 = 0.$$

方程个数与未知数个数相等, 但因为 $\operatorname{rank}(\boldsymbol{A}) = 2$, 而 $\operatorname{rank}(\boldsymbol{A}, \underline{\boldsymbol{a}}) = 3$, 所以方程组无解.

(2) **齐次线性方程组的平凡解和基本解**

a) 齐次方程组 $\boldsymbol{A}\underline{\boldsymbol{x}} = \underline{\boldsymbol{0}}$ 总有一个解, 即所谓平凡解

$$x_1 = x_2 = \cdots = x_n = 0. \tag{4.179a}$$

(等式 $\mathrm{rank}(\boldsymbol{A}) = \mathrm{rank}(\boldsymbol{A}, \underline{\boldsymbol{0}})$ 总成立.)

b) 如果齐次方程组有非平凡解 $\underline{\boldsymbol{\alpha}} = (\alpha_1, \alpha_2, \cdots, \alpha_n)$ 和 $\underline{\boldsymbol{\beta}} = (\beta_1, \beta_2, \cdots, \beta_n)$, 即 $\underline{\boldsymbol{\alpha}} \neq \underline{\boldsymbol{0}}$, 并且 $\underline{\boldsymbol{\beta}} \neq \underline{\boldsymbol{0}}$, 那么 $\underline{\boldsymbol{x}} = s\underline{\boldsymbol{\alpha}} + l\underline{\boldsymbol{\beta}}$(其中 s, l 是任意常数) 也是一个解, 即解的任何线性组合也是一个解.

设方程组恰有 l 个线性无关的非平凡解 $\underline{\boldsymbol{\alpha}}_1, \underline{\boldsymbol{\alpha}}_2, \cdots, \underline{\boldsymbol{\alpha}}_l$, 那么这些解形成所谓解的基本系(参见第 732 页 9.1.2.3, 2.), 并且齐次方程组的一般解有形式

$$\underline{\boldsymbol{x}} = k_1\underline{\boldsymbol{\alpha}}_1 + k_2\underline{\boldsymbol{\alpha}}_2 + \cdots + k_l\underline{\boldsymbol{\alpha}}_l \quad (k_1, k_2, \cdots, k_l \text{ 是任意常数}). \tag{4.179b}$$

如果齐次方程组的系数矩阵 $\boldsymbol{A}$ 的秩 r 小于未知数的个数 n, 即 $r < n$, 那么方程组有 $l = n - r$ 个线性无关的非平凡解. 如果 $r = n$, 那么解唯一, 即齐次方程组仅有平凡解.

在 $r < n$ 的情形下, 为确定基本系可以选取 $n - r$ 个未知数作为自由参数, 并且通过它们表示出其他未知数. 如果重新排列方程和未知数, 使得左上角 r 阶子行列式不等于零, 那么可得 (例如)

$$\begin{aligned} x_1 &= x_1(x_{r+1}, x_{r+2}, \cdots, x_n), \\ x_2 &= x_2(x_{r+1}, x_{r+2}, \cdots, x_n), \\ &\cdots\cdots \\ x_r &= x_r(x_{r+1}, x_{r+2}, \cdots, x_n). \end{aligned} \tag{4.180}$$

于是选取自由参数, 我们可以得到一个 (例如) 下列形式的基本系:

$$\begin{array}{lccccc} & x_{r+1} & x_{r+2} & x_{r+3} & \cdots & x_n \\ \hline \text{第 1 个基本解:} & 1 & 0 & 0 & \cdots & 0 \\ \text{第 2 个基本解:} & 0 & 1 & 0 & \cdots & 0 \\ \vdots & \vdots & \vdots & \vdots & & \vdots \\ \text{第 } n-r \text{ 个基本解:} & 0 & 0 & 0 & \cdots & 1 \end{array} \tag{4.181}$$

■ **E**:

$$\begin{aligned} x_1 - x_2 + 5x_3 - x_4 &= 0, \\ x_1 + x_2 - 2x_3 + 3x_4 &= 0, \\ 3x_1 - x_2 + 8x_3 + x_4 &= 0, \\ x_1 + 3x_2 - 9x_3 + 7x_4 &= 0. \end{aligned}$$

矩阵 $\boldsymbol{A}$ 的秩等于 2. 由方程组解出 x_1 和 x_2 得到 $x_1 = -\frac{3}{2}x_3 - x_4, x_2 = \frac{7}{2}x_3 - 2x_4\,(x_3, x_4$ 任意). 基本解是

$$\underline{\boldsymbol{\alpha}}_1 = \left(-\frac{3}{2}, \frac{7}{2}, 1, 0\right)^{\mathrm{T}}, \quad \underline{\boldsymbol{\alpha}}_2 = (-1, -2, 0, 1)^{\mathrm{T}}.$$

4.5.2.2 选主元法的应用

1. 与线性方程组对应的线性函数组

为解 (4.177a) 对于方程组 $\boldsymbol{A}\underline{\boldsymbol{x}} = \underline{\boldsymbol{a}}$ 确定一组线性函数 $\underline{\boldsymbol{y}} = \mathbf{A}\underline{\boldsymbol{x}} - \underline{\boldsymbol{a}}$, 使得有可能应用选主元法 (参见第 410 页 4.5.1.2):

$$\boldsymbol{A}\underline{\boldsymbol{x}} = \underline{\boldsymbol{a}} \tag{4.182a}$$

等价于

$$\underline{\boldsymbol{y}} = \boldsymbol{A}\underline{\boldsymbol{x}} - \underline{\boldsymbol{a}} = \underline{\boldsymbol{0}}. \tag{4.182b}$$

$\boldsymbol{A}$ 是 $m \times n$ 矩阵, $\underline{\boldsymbol{a}}$ 是有 m 个分量的列向量, 即方程个数 m 未必等于未知数个数 n. 完成选主元法后我们作代换 $\underline{\boldsymbol{y}} = \underline{\boldsymbol{0}}$. $\boldsymbol{A}\underline{\boldsymbol{x}} = \underline{\boldsymbol{a}}$ 的解的存在性和唯一性可以直接从选主元法的最后格式得到.

2. 线性方程组的可解性

如果对于对应的线性函数 (4.182b) 下列两种情形之一成立, 那么线性方程组 (4.182) 有解:

情形 1: 所有 $y_\mu(\mu = 1, 2, \cdots, m)$ 都可以与某个 x_ν 调换. 这意味着对应的线性函数组是线性无关的.

情形 2: 至少有一个 y_σ 不可能与任何 x_ν 调换, 即

$$y_\sigma = \lambda_1 y_1 + \lambda_2 y_2 + \cdots + \lambda_m y_m + \lambda_0 \tag{4.183}$$

成立, 并且还有 $\lambda_0 = 0$. 这意味着对应的线性函数组是线性相关的.

3. 线性方程组的不相容性

如果上面的情形 2 中 $\lambda_0 \neq 0$, 那么线性方程组无解. 在此情形方程组中有互相矛盾的方程.

■
$$x_1 - 2x_2 + 4x_3 - x_4 = 2,$$
$$-3x_1 + 3x_2 - 3x_3 + 4x_4 = 3,$$
$$2x_1 - 3x_2 + 5x_3 - 3x_4 = -1.$$

■ 3 次选主元步骤后 (例如 $y_1 \to x_1, y_3 \to x_4, y_2 \to x_2$) 下列左表变成右表:

	x_1	x_2	x_3	x_4	1
y_1	1	−2	4	−1	−2
y_2	−3	3	−3	4	−3
y_3	2	−3	5	−3	1

	y_1	y_2	x_3	y_3	1
x_1	$\frac{3}{2}$	$-\frac{3}{2}$	2	$-\frac{5}{2}$	1
x_2	$-\frac{1}{2}$	$-\frac{1}{2}$	3	$-\frac{1}{2}$	−2
x_4	$\frac{3}{2}$	$-\frac{1}{2}$	0	$-\frac{3}{2}$	3

这个计算结果出现情形 1: y_1, y_2, y_3 和 x_3 是独立变量. 代入 $y_1 = y_2 = y_3 = 0$ 及 $x_3 = t(-\infty < t < \infty$ 是参数), 因而解是

$$x_1 = 2t + 1, \quad x_2 = 3t - 2, \quad x_3 = t, \quad x_4 = 3.$$

4.5.2.3 克拉默法则

一个非常重要的特殊情形是当方程个数等于未知数个数:

$$\begin{aligned} a_{11}x_1 + a_{12}x_2 + \cdots + a_{1n}x_n &= a_1, \\ a_{21}x_1 + a_{22}x_2 + \cdots + a_{2n}x_n &= a_2, \\ &\cdots\cdots \\ a_{n1}x_1 + a_{n2}x_2 + \cdots + a_{nn}x_n &= a_n, \end{aligned} \tag{4.184a}$$

并且系数行列式不为零, 即

$$D = \det \boldsymbol{A} \neq 0. \tag{4.184b}$$

在此情形方程组 (4.184a) 的唯一解可用明显且唯一的形式给出:

$$x_1 = \frac{D_1}{D}, x_2 = \frac{D_2}{D}, \cdots, x_n = \frac{D_n}{D}. \tag{4.184c}$$

D_ν 表示用常数项 a_μ 代替 D 的第 ν 列的元素 $a_{\mu\nu}$ 得到的行列式, 例如

$$D_2 = \begin{vmatrix} a_{11} & a_1 & a_{13} & \cdots & a_{1n} \\ a_{21} & a_2 & a_{23} & \cdots & a_{2n} \\ \vdots & \vdots & \vdots & & \vdots \\ a_{n1} & a_n & a_{n3} & \cdots & a_{nn} \end{vmatrix}. \tag{4.184d}$$

如果 $D = 0$ 并且至少有一个 $D_\nu \neq 0$, 那么方程组 (4.184a) 无解.

在 $D = 0$, 并且 $D_\nu = 0$(对所有 $\nu = 1, 2, \cdots, n$) 的情形, 方程组可能有解但不唯一 (参见第 417 页注).

■ $2x_1 + x_2 + 3x_3 = 9,$
$x_1 - 2x_2 + x_3 = -2,$
$3x_1 + 2x_2 + 2x_3 = 7.$

$$D = \begin{vmatrix} 2 & 1 & 3 \\ 1 & -2 & 1 \\ 3 & 2 & 2 \end{vmatrix} = 13, \quad D_1 = \begin{vmatrix} 9 & 1 & 3 \\ -2 & -2 & 1 \\ 7 & 2 & 2 \end{vmatrix} = -13,$$

$$D_2 = \begin{vmatrix} 2 & 9 & 3 \\ 1 & -2 & 1 \\ 3 & 7 & 2 \end{vmatrix} = 26, \quad D_3 = \begin{vmatrix} 2 & 1 & 9 \\ 1 & -2 & -2 \\ 3 & 2 & 7 \end{vmatrix} = 39.$$

方程组有唯一解

$$x_1 = \frac{D_1}{D} = -1, \quad x_2 = \frac{D_2}{D} = 2, \quad x_3 = \frac{D_3}{D} = 3.$$

注 从实用性考虑, 克拉默法则对于高维问题不适用. 因为问题的维数增加时所要求的运算量很快增加, 所以对于线性方程组的数值解我们应用高斯算法, 或选主元法, 以及迭代程序 (参见第 1233 页 19.1.1).

4.5.2.4 高斯算法

(1) **高斯消元法** 为了解 m 个含 n 个未知数的方程组成的线性方程组 (4.177a) $\boldsymbol{A}\underline{\boldsymbol{x}} = \underline{\boldsymbol{a}}$, 我们可以应用*高斯消元法*. 借助一个方程, 从所有其他方程中消去某个未知数. 于是我们得到一个含 $m-1$ 个方程和 $n-1$ 个未知数的方程组. 重复应用这个方法, 直到得到*行阶梯形*方程组, 于是容易从这个形式确定解的存在性和唯一性, 并且若解存在则可求出这个解.

(2) **高斯步骤** 第一高斯步骤是在系数增广矩阵 $(\boldsymbol{A}, \underline{\boldsymbol{a}})$ 上演示的:

设 $a_{11} \neq 0$, 不然将另一方程调换为第一个方程. 在矩阵

$$\left(\begin{array}{cccc|c} a_{11} & a_{12} & \cdots & a_{1n} & a_1 \\ a_{21} & a_{22} & \cdots & a_{2n} & a_2 \\ \vdots & \vdots & & \vdots & \vdots \\ a_{m1} & a_{m2} & \cdots & a_{mn} & a_m \end{array}\right) \tag{4.185a}$$

中, 用适当的数乘第 1 行加到所有其他的行使得其中 x_1 的系数等于零, 也就是用 $-\dfrac{a_{21}}{a_{11}}, -\dfrac{a_{31}}{a_{11}}, \cdots, -\dfrac{a_{m1}}{a_{11}}$ 乘第 1 行, 然后分别加到第 2 行, 第 3 行, $\cdots$, 第 m 行. 变换后的矩阵有形式

$$\left(\begin{array}{cccc|c} a_{11} & a_{12} & \cdots & a_{1n} & a_1 \\ 0 & a'_{22} & \cdots & a'_{2n} & a'_2 \\ \vdots & \vdots & & \vdots & \vdots \\ 0 & a'_{m2} & \cdots & a'_{mn} & a'_m \end{array}\right) \tag{4.185b}$$

应用高斯步骤 $(r-1)$ 次, 结果为行梯形矩阵:

$$\left(\begin{array}{cccccccc|c} a_{11} & a_{12} & a_{13} & \cdots & a_{1,r} & a_{1,r+1} & \cdots & a_{1n} & a_1 \\ 0 & a'_{22} & a'_{23} & \cdots & a'_{2,r} & a'_{2,r+1} & \cdots & a'_{2n} & a'_2 \\ 0 & 0 & a''_{33} & \cdots & a''_{3,r} & a''_{3,r+1} & \cdots & a''_{3n} & a''_3 \\ \vdots & \vdots & \vdots & & \vdots & \vdots & & \vdots & \vdots \\ 0 & 0 & 0 & \cdots & a^{(r-1)}_{r,r} & a^{(r-1)}_{r,r+1} & \cdots & a^{(r-1)}_{rn} & a^{(r-1)}_r \\ 0 & 0 & 0 & \cdots & 0 & 0 & \cdots & 0 & a^{(r-1)}_{r+1} \\ \vdots & \vdots & \vdots & & \vdots & \vdots & & \vdots & \vdots \\ 0 & 0 & 0 & \cdots & 0 & 0 & \cdots & 0 & a^{(r-1)}_m \end{array}\right). \tag{4.186}$$

(3) **解的存在性和唯一性** 高斯算法步骤基本上是行运算, 所以不影响矩阵 $(\boldsymbol{A},\underline{\boldsymbol{a}})$ 的秩, 从而解的存在性和唯一性以及解本身都不会改变. 公式 (4.186) 蕴涵关于非齐次线性方程组的解有可能出现下列一些情形:

情形 1: 如果每个数 $a^{(r-1)}_{r+1}, a^{(r-1)}_{r+2}, \cdots, a^{(r-1)}_m$ 都不为零, 则方程组无解.

情形 2: 如果 $a^{(r-1)}_{r+1} = a^{(r-1)}_{r+2} = \cdots = a^{(r-1)}_m = 0$, 则方程组有解. 此时存在两种情形:

a) $r=n$: 解唯一.

b) $r<n$: 解不唯一; $n-r$ 个未知数可选作自由参数.

如果方程组有解, 那么未知数可以从具有行阶梯形矩阵 (4.186) 的方程组的最后一行开始逐次确定.

■ **A** :

$$\begin{aligned} x_1+2x_2+3x_3+4x_4&=-2,\\ 2x_1+3x_2+4x_3+x_4&=2,\\ 3x_1+4x_2+x_3+2x_4&=2,\\ 4x_1+x_2+2x_3+3x_4&=-2. \end{aligned}$$

实施 3 次高斯步骤后系数增广矩阵有形式

$$\left(\begin{array}{cccc|c} 1 & 2 & 3 & 4 & -2 \\ 0 & -1 & -2 & -7 & 6 \\ 0 & 0 & -4 & 4 & -4 \\ 0 & 0 & 0 & 40 & -40 \end{array}\right).$$

解唯一, 并且由与三角矩阵对应的方程组求出 $x_4=-1, x_3=0, x_2=1, x_1=0$.

■ **B**:

$$
\begin{aligned}
&-x_1-3x_2-12x_3=-5,\\
&-x_1+2x_2+5x_3=2,\\
&5x_2+17x_3=7,\\
&3x_1-x_2+2x_3=1,\\
&7x_1-4x_2-x_3=0.
\end{aligned}
$$

实施 2 次高斯步骤后系数增广矩阵有形式

$$
\left(\begin{array}{ccc|c}
-1 & -3 & -12 & -5\\
0 & 5 & 17 & 7\\
0 & 0 & 0 & 0\\
0 & 0 & 0 & 0\\
0 & 0 & 0 & 0
\end{array}\right).
$$

有解但不唯一. 选取一个未知数作为自由参数, 例如, 取 $x_3=t(-\infty<t<\infty)$, 我们得到 $x_3=t, x_2=\dfrac{7}{5}-\dfrac{17}{5}t, x_1=\dfrac{4}{5}-\dfrac{9}{5}t$.

4.5.3 超定线性方程组

4.5.3.1 超定线性方程组和线性最小二乘问题

1. 超定方程组

考虑具有长方系数矩阵 $\boldsymbol{A}=(a_{ij})\,(i=1,2,\cdots,m; j=1,2,\cdots,n; m>n)$ 的线性方程组

$$
\boldsymbol{A}\underline{\boldsymbol{x}}=\underline{\boldsymbol{b}}. \tag{4.187}
$$

矩阵 $\boldsymbol{A}$ 和右边的向量 $\underline{\boldsymbol{b}}=(b_1,b_2,\cdots,b_m)^{\mathrm{T}}$ 是给定的, 向量 $\underline{\boldsymbol{x}}=(x_1,x_2,\cdots,x_n)^{\mathrm{T}}$ 是未知的. 因为 $m>n$, 所以这个方程组称为*超定组*. 我们可以讨论解的存在性和唯一性, 并且有时还可用 (例如) 选主元法求解.

2. 线性最小二乘问题

如果 (4.187) 是表示实际问题的数学模型 (即 $\boldsymbol{A},\underline{\boldsymbol{b}},\underline{\boldsymbol{x}}$ 是实的), 那么因为测量或其他误差, 不可能求出 (4.187) 满足所有方程的精确解. 如果代入任何向量 $\underline{\boldsymbol{x}}$, 那么将产生由

$$
\underline{\boldsymbol{r}}=\boldsymbol{A}\underline{\boldsymbol{x}}-\underline{\boldsymbol{b}},\quad \underline{\boldsymbol{r}}\neq\underline{\boldsymbol{0}} \tag{4.188}
$$

给出的**残差向量** $\underline{r} = (r_1, r_2, \cdots, r_m)^{\mathrm{T}}$. 在此情形要确定 $\underline{x}$ 使得残差向量的模尽可能小. 现在设 $\boldsymbol{A}, \underline{b}, \underline{x}$ 是实的. 如果考虑欧氏模, 那么必须有

$$\sum_{i=1}^{m} r_i^2 = \underline{r}^{\mathrm{T}} \underline{r} = (\boldsymbol{A}\underline{x} - \underline{b})^{\mathrm{T}} (\boldsymbol{A}\underline{x} - \underline{b}) = \min, \tag{4.189}$$

即**残差平方和**必须极小. 高斯就已经有这样的思想. 公式 (4.189) 称为**线性最小二乘方问题**. 残差向量 $\underline{r}$ 的模 $\|\underline{r}\| = \sqrt{\underline{r}^{\mathrm{T}} \underline{r}}$ 称为**残差**.

3. 高斯变换

如果残差向量 $\underline{r}$ 与 $\boldsymbol{A}$ 的每个列正交, 那么向量 $\underline{x}$ 是 (4.189) 的解. 这就是

$$\boldsymbol{A}^{\mathrm{T}} \underline{r} = \boldsymbol{A}^{\mathrm{T}} (\boldsymbol{A}\underline{x} - \underline{b}) = \underline{\mathbf{0}} \quad \text{或} \quad \boldsymbol{A}^{\mathrm{T}} \boldsymbol{A} \underline{x} = \boldsymbol{A}^{\mathrm{T}} \underline{b}. \tag{4.190}$$

方程 (4.190) 实际上是系数矩阵是方阵的线性方程组. 将它称为**正规方程组**. 它的维数为 n. 由 (4.187) 到 (4.190) 的转化称作**高斯变换**. 矩阵 $\boldsymbol{A}^{\mathrm{T}} \boldsymbol{A}$ 是对称的.

如果矩阵 $\boldsymbol{A}$ 的秩为 n (因为 $m > n$, 所以 $\boldsymbol{A}$ 的所有列是线性无关的), 那么矩阵 $\boldsymbol{A}^{\mathrm{T}} \boldsymbol{A}$ 是正定的, 因而是正则的, 即如果 $\boldsymbol{A}$ 的秩等于未知数的个数, 那么正规方程组有唯一解.

4.5.3.2 对最小二乘问题数值解的建议

1. 楚列斯基方法

因为矩阵 $\boldsymbol{A}^{\mathrm{T}} \boldsymbol{A}$ 是对称的, 并且在 $\operatorname{rank}(\boldsymbol{A}) = n$ 的情形是正定的, 所以为解正规方程组我们可以应用楚列斯基方法 (参见第 1245 页 19.2.1.2). 不幸的是, 这个算法虽然在“大”残差 $\|\underline{r}\|$ 和“小”解 $\|\underline{x}\|$ 的情形实施得还算不错, 但在数值上是相当不稳定的.

2. 豪斯霍尔德方法

适用于解最小二乘问题的数值方法是**正交化方法**, 它基于分解 $\boldsymbol{A} = \boldsymbol{Q}\boldsymbol{R}$. 特别适用的是**豪斯霍尔德方法**, 其中 $\boldsymbol{Q}$ 是大小为 (m, m) 的正交矩阵, $\boldsymbol{R}$ 是大小为 (m, n) 的三角矩阵 (参见第 364 页 4.1.2, 11.).

3. 正则化问题

在**秩亏格**情形, 即如果 $\operatorname{rank}(\boldsymbol{A}) < n$, 那么正规方程组不再有唯一解, 并且正交化方法给出无用的结果. 于是代替 (4.189) 考虑所谓**正则化问题**:

$$\underline{r}^{\mathrm{T}} \underline{r} + \alpha \underline{x}^{\mathrm{T}} \underline{x} = \min!, \tag{4.191}$$

这里 $\alpha > 0$ 是**正则化参数**. 对于 (4.191) 的正规方程是

$$(\boldsymbol{A}^{\mathrm{T}} \boldsymbol{A} + \alpha \boldsymbol{I}) \underline{x} = \boldsymbol{A}^{\mathrm{T}} \underline{b}. \tag{4.192}$$

当 $\alpha > 0$ 时这个线性方程组的系数矩阵正定并且正则, 但选取合适的正则化参数是一个困难的问题 (见 [4.7]).

4.6 矩阵特征值问题

4.6.1 一般特征值问题

设 $\boldsymbol{A}$ 和 $\boldsymbol{B}$ 是两个 n 阶方阵. 它们的元素可以是实数或复数. **一般特征值问题**是确定满足方程

$$\boldsymbol{A}\underline{\boldsymbol{x}} = \lambda \boldsymbol{B}\underline{\boldsymbol{x}} \tag{4.193}$$

的数 λ 及相应的向量 $\underline{\boldsymbol{x}} \neq \underline{\boldsymbol{0}}$. 数 λ 称为**特征值**, 向量 $\underline{\boldsymbol{x}}$ 称为对应于 λ 的**特征向量**. 因为若 $\underline{\boldsymbol{x}}$ 是一个对应于 λ 的特征向量, 则 $c\underline{\boldsymbol{x}}$($c$ 是常数) 也是一个特征向量, 所以特征向量可以确定到不计常数因子. 在 $\boldsymbol{B} = \boldsymbol{I}$ 的特殊情形 (这里 $\boldsymbol{I}$ 是 n 阶单位矩阵), 即

$$\boldsymbol{A}\underline{\boldsymbol{x}} = \lambda\underline{\boldsymbol{x}} \quad \text{或} \quad (\boldsymbol{A} - \lambda)\underline{\boldsymbol{x}} = \underline{\boldsymbol{0}}, \tag{4.194}$$

相应问题称作**特殊特征值问题**.它经常出现在实际问题中, 特别是 $\boldsymbol{A}$ 为对称矩阵的问题中, 因而下面要详细讨论. 关于一般特征值问题的更多的信息可在文献 [4.1] 中找到.

4.6.2 特殊特征值问题

4.6.2.1 特征多项式

特征值方程 (4.194) 产生一个齐次方程组, 它仅当

$$\det(\boldsymbol{A} - \lambda\boldsymbol{I}) = 0 \tag{4.195a}$$

时有非平凡解 $\underline{\boldsymbol{x}} \neq \underline{\boldsymbol{0}}$. 展开行列式 $\det(\boldsymbol{A} - \lambda\boldsymbol{I})$ 得到

$$\det(\boldsymbol{A} - \lambda\boldsymbol{I}) = \begin{vmatrix} a_{11} - \lambda & a_{12} & a_{13} & \cdots & a_{1n} \\ a_{21} & a_{22} - \lambda & a_{23} & \cdots & a_{2n} \\ \vdots & \vdots & \vdots & & \vdots \\ a_{n1} & a_{n2} & a_{n3} & \cdots & a_{nn} - \lambda \end{vmatrix}$$

$$= P_n(\lambda) = (-1)^n\lambda^n + a_{n-1}\lambda^{n-1} + \cdots + a_1\lambda + a_0 = 0. \tag{4.195b}$$

因此特征值行列式等价于一个多项式方程. 这个方程称为**特征方程**, 多项式 $P_n(\lambda)$ 称为**特征多项式**. 它的根是矩阵 $\boldsymbol{A}$ 的特征值. 对于任意 n 阶方阵 $\boldsymbol{A}$, 下列命题成立.

情形 1: 因为 n 次多项式有 n 个根 (若考虑它们的重数), 所以矩阵 $\boldsymbol{A}_{(n,n)}$ 恰有 n 个特征值 $\lambda_1, \lambda_2, \cdots, \lambda_n$. 实对称矩阵的特征值都是实数, 在其他情形特征值也可能是复数.

情形 2: 如果所有 n 个特征值互异, 那么矩阵 $\boldsymbol{A}_{(n,n)}$ 恰有 n 个线性无关的特征向量 $\underline{\boldsymbol{x}}_i$, 它们是方程组 (4.194) 当 $\lambda = \lambda_i$ 时的解.

情形 3: 如果在特征值中 λ_i 的重数是 n_i, 并且矩阵 $\boldsymbol{A}_{(n,n)} - \lambda_i \boldsymbol{I}$ 的秩等于 r_i, 那么对应于 λ_i 的线性无关的特征向量的个数等于所谓系数矩阵的零化度$n - r_i$. 不等式 $1 \leqslant n - r_i \leqslant n_i$ 成立, 即对于实或复方阵 $\boldsymbol{A}_{(n,n)}$ 存在至少 1 个、至多 n 个实或复的线性无关的特征向量.

■ **A** :
$$\begin{pmatrix} 2 & -3 & 1 \\ 3 & 1 & 3 \\ -5 & 2 & -4 \end{pmatrix},$$

$$\det(\boldsymbol{A} - \lambda \boldsymbol{I}) = \begin{vmatrix} 2-\lambda & -3 & 1 \\ 3 & 1-\lambda & 3 \\ -5 & 2 & -4-\lambda \end{vmatrix} = -\lambda^3 - \lambda^2 + 2\lambda = 0.$$

特征值是 $\lambda_1 = 0, \lambda_2 = 1, \lambda_3 = -2$. 特征向量由对应的线性齐次方程组确定:

- $\lambda_1 = 0$:

$$\begin{aligned} 2x_1 - 3x_2 + x_3 &= 0, \\ 3x_1 + x_2 + 3x_3 &= 0, \\ -5x_1 + 2x_2 - 4x_3 &= 0. \end{aligned}$$

用 (例如) 选主元法求得: x_1 任意, $x_2 = \dfrac{3}{10}x_1, x_3 = -2x_1 + 3x_2 = -\dfrac{11}{10}x_1$. 若取 $x_1 = 10$, 则特征向量是

$$\underline{\boldsymbol{x}}_1 = C_1 \begin{pmatrix} 10 \\ 3 \\ -11 \end{pmatrix},$$

其中 $C_1 \neq 0$ 是任意常数.

- $\lambda_2 = 1$: 对应的齐次方程组产生: x_3 任意, $x_2 = 0, x_1 = 3x_2 - x_3 = -x_3$. 若取 $x_3 = 1$, 则特征向量是

$$\underline{\boldsymbol{x}}_2 = C_2 \begin{pmatrix} -1 \\ 0 \\ 1 \end{pmatrix},$$

其中 $C_2 \neq 0$ 是任意常数.

- $\lambda_3 = -2$: 对应的齐次方程组产生: x_2 任意, $x_1 = \dfrac{4}{3}x_2, x_3 = -4x_1 + 3x_2 = -\dfrac{7}{3}x_2$. 若取 $x_2 = 3$, 则特征向量是

$$\underline{\boldsymbol{x}}_3 = C_3 \begin{pmatrix} 4 \\ 3 \\ -7 \end{pmatrix},$$

其中 $C_3 \neq 0$ 是任意常数.

■ **B** : $\begin{pmatrix} 3 & 0 & -1 \\ 1 & 4 & 1 \\ -1 & 0 & 3 \end{pmatrix}$,

$$\det(\boldsymbol{A} - \lambda \boldsymbol{I}) = \begin{vmatrix} 3-\lambda & 0 & -1 \\ 1 & 4-\lambda & 1 \\ -1 & 0 & 3-\lambda \end{vmatrix} = -\lambda^3 + 10\lambda^2 - 32\lambda + 32 = 0.$$

特征值是 $\lambda_1 = 2, \lambda_2 = \lambda_3 = 4$.

• $\lambda_1 = 2$: 我们求得: x_3 任意, $x_2 = -x_3, x_1 = x_3$, 并且取 (例如) $x_3 = 1$. 于是对应的特征向量是

$$\underline{\boldsymbol{x}}_1 = C_1 \begin{pmatrix} 1 \\ -1 \\ 1 \end{pmatrix},$$

其中 $C_1 \neq 0$ 是任意常数.

• $\lambda_2 = \lambda_3 = 4$: 我们得到: x_3, x_3 任意, $x_1 = -x_3$. 存在两个线性无关的特征向量, 例如, 当 $x_2 = 1, x_3 = 0$ 及 $x_2 = 0, x_3 = 1$ 时,

$$\underline{\boldsymbol{x}}_2 = C_2 \begin{pmatrix} 0 \\ 1 \\ 0 \end{pmatrix}, \quad \underline{\boldsymbol{x}}_3 = C_3 \begin{pmatrix} -1 \\ 0 \\ 1 \end{pmatrix},$$

其中 $C_2 \neq 0, C_3 \neq 0$ 是任意常数.

4.6.2.2 实对称矩阵、相似变换

在对于实对称矩阵 $\boldsymbol{A}$ 的特殊特征值问题 (4.194) 情形, 下列命题成立.

1. 与特征值问题有关的性质

(1) **特征值的个数** 矩阵 $\boldsymbol{A}$ 恰有 n 个实特征值 $\lambda_i (i = 1, 2, \cdots, n)$, 这里计数要考虑它们的重数.

(2) **特征向量的正交性** 对应于不同的特征值 $\lambda_i \neq \lambda_j$ 的特征向量 $\underline{\boldsymbol{x}}_i$ 和 $\underline{\boldsymbol{x}}_j$ 互相正交, 即对于 $\underline{\boldsymbol{x}}_i$ 和 $\underline{\boldsymbol{x}}_j$ 的标量积有

$$\underline{\boldsymbol{x}}_i^{\mathrm{T}} \underline{\boldsymbol{x}}_j = (\underline{\boldsymbol{x}}_i, \underline{\boldsymbol{x}}_j) = 0. \tag{4.196}$$

(3) **有 p 重特征值的矩阵** 对于重数为 p 的特征值 $(\lambda = \lambda_1 = \lambda_2 = \cdots = \lambda_p)$, 存在 p 个线性无关的特征向量 $\underline{\boldsymbol{x}}_1, \underline{\boldsymbol{x}}_2, \cdots, \underline{\boldsymbol{x}}_p$. 由 (4.194), 它们所有非平凡线性组合也是对应于 λ 的特征向量. 应用格拉姆-施密特正交化方法, 我们可以从这些组合中选取 p 个使它们互相正交.

综而言之: $\boldsymbol{A}$ 恰有 n 个是实正交特征向量.

■ $\boldsymbol{A}=\begin{pmatrix}0&1&1\\1&0&1\\1&1&0\end{pmatrix}$, $\det(\boldsymbol{A}-\lambda\boldsymbol{I})=-\lambda^3+3\lambda+2=0$. 特征值是 $\lambda_1=\lambda_2=-1$ 及 $\lambda_3=2$.

- $\lambda_1=\lambda_2=-1$: 由对应的齐次方程组得到: x_1 任意, x_2 任意, $x_3=-x_1-x_2$. 首先取 $x_1=1, x_2=0$, 然后取 $x_1=0, x_2=1$, 我们得到线性无关的特征向量 $\underline{\boldsymbol{x}}_1=C_1\begin{pmatrix}1\\0\\-1\end{pmatrix}$ 和 $\underline{\boldsymbol{x}}_2=C_2\begin{pmatrix}0\\1\\-1\end{pmatrix}$, 其中 $C_1\neq 0$ 和 $C_2\neq 0$ 是任意常数.
- $\lambda_3=2$: 我们得到 x_1 任意, $x_2=x_1, x_3=x_1$, 并且取 (例如) $x_1=1$, 得到特征向量 $\underline{\boldsymbol{x}}_3=C_3\begin{pmatrix}1\\1\\1\end{pmatrix}$, 其中 $C_3\neq 0$ 是任意常数. 矩阵 $\boldsymbol{A}$ 对称, 所以对应于不同的特征值的特征向量正交.

(4) **格拉姆-施密特正交化方法** 设 V_n 是任意 n 维欧氏向量空间. 设向量 $\underline{\boldsymbol{x}}_1, \underline{\boldsymbol{x}}_2, \cdots, \underline{\boldsymbol{x}}_n\in V_n$ 线性无关, 那么存在正交向量组 $\underline{\boldsymbol{y}}_1, \underline{\boldsymbol{y}}_2, \cdots, \underline{\boldsymbol{y}}_n\in V_n$, 它们可以由向量 $\underline{\boldsymbol{x}}_i$ 得到如下:

$$\underline{\boldsymbol{y}}_1=\underline{\boldsymbol{x}}_1,\quad \underline{\boldsymbol{y}}_k=\underline{\boldsymbol{x}}_k-\sum_{i=1}^{k-1}\frac{(\underline{\boldsymbol{x}}_k,\underline{\boldsymbol{y}}_i)}{(\underline{\boldsymbol{y}}_i,\underline{\boldsymbol{y}}_i)}\quad (k=2,3,\cdots,n). \tag{4.197}$$

注 (1) 此处 $(\underline{\boldsymbol{x}}_k,\underline{\boldsymbol{y}}_i)=\underline{\boldsymbol{x}}_k^{\mathrm{T}}\underline{\boldsymbol{y}}_i$ 是向量 $\underline{\boldsymbol{x}}_k$ 和 $\underline{\boldsymbol{y}}_i$ 的标量积.

(2) 对应于正交向量组 $\underline{\boldsymbol{y}}_1, \underline{\boldsymbol{y}}_2, \cdots, \underline{\boldsymbol{y}}_n$, 我们得到正交组 $\underline{\widetilde{\boldsymbol{x}}}_1, \underline{\widetilde{\boldsymbol{x}}}_2, \cdots, \underline{\widetilde{\boldsymbol{x}}}_n$, 其中 $\underline{\widetilde{\boldsymbol{x}}}_1=\dfrac{\underline{\boldsymbol{y}}_1}{\|\underline{\boldsymbol{y}}_1\|}$, $\underline{\widetilde{\boldsymbol{x}}}_2=\dfrac{\underline{\boldsymbol{y}}_2}{\|\underline{\boldsymbol{y}}_2\|}$, $\cdots$, $\underline{\widetilde{\boldsymbol{x}}}_n=\dfrac{\underline{\boldsymbol{y}}_2}{\|\underline{\boldsymbol{y}}_n\|}$, $\|\underline{\boldsymbol{y}}_i\|=\sqrt{(\underline{\boldsymbol{y}}_i,\underline{\boldsymbol{y}}_i)}$ 是向量 $\underline{\boldsymbol{y}}_i$ 的欧氏模.

■ $\underline{\boldsymbol{x}}_1=\begin{pmatrix}0\\1\\1\end{pmatrix}$, $\underline{\boldsymbol{x}}_2=\begin{pmatrix}1\\0\\1\end{pmatrix}$, $\underline{\boldsymbol{x}}_3=\begin{pmatrix}1\\1\\0\end{pmatrix}$. 由此可得

$$\underline{\boldsymbol{y}}_1=\underline{\boldsymbol{x}}_1=\begin{pmatrix}0\\1\\1\end{pmatrix}\quad 和\quad \underline{\widetilde{\boldsymbol{x}}}_1=\frac{1}{\sqrt{2}}\begin{pmatrix}0\\1\\1\end{pmatrix};$$

$$\underline{\boldsymbol{y}}_2=\underline{\boldsymbol{x}}_2-\frac{(\underline{\boldsymbol{x}}_2,\underline{\boldsymbol{y}}_1)}{(\underline{\boldsymbol{y}}_1,\underline{\boldsymbol{y}}_1)}\underline{\boldsymbol{y}}_1=\begin{pmatrix}1\\-1/2\\1/2\end{pmatrix}\quad 和\quad \underline{\widetilde{\boldsymbol{x}}}_2=\frac{1}{\sqrt{6}}\begin{pmatrix}2\\-1\\1\end{pmatrix};$$

$$\underline{\boldsymbol{y}}_3=\underline{\boldsymbol{x}}_3-\frac{(\underline{\boldsymbol{x}}_3,\underline{\boldsymbol{y}}_1)}{(\underline{\boldsymbol{y}}_1,\underline{\boldsymbol{y}}_1)}\underline{\boldsymbol{y}}_1-\frac{(\underline{\boldsymbol{x}}_3,\underline{\boldsymbol{y}}_2)}{(\underline{\boldsymbol{y}}_2,\underline{\boldsymbol{y}}_2)}\underline{\boldsymbol{y}}_2=\begin{pmatrix}2/3\\2/3\\-2/3\end{pmatrix}\quad 和\quad \underline{\widetilde{\boldsymbol{x}}}_3=\frac{1}{\sqrt{3}}\begin{pmatrix}1\\1\\-1\end{pmatrix}.$$

2. 主轴变换、相似变换

对于每个实对称矩阵 $\boldsymbol{A}$, 存在正交矩阵 $\boldsymbol{U}$ 和对角矩阵 $\boldsymbol{D}$ 满足

$$\boldsymbol{A}=\boldsymbol{U}\boldsymbol{D}\boldsymbol{U}^{\mathrm{T}}. \tag{4.198}$$

$\boldsymbol{D}$ 的对角元素是 $\boldsymbol{A}$ 的特征值, 且 $\boldsymbol{U}$ 的列是对应的规范化特征向量. 由 (4.198) 显然有

$$\boldsymbol{D}=\boldsymbol{U}^{\mathrm{T}}\boldsymbol{A}\boldsymbol{U}. \tag{4.199}$$

(4.199) 称作*主轴变换*. 这样将 $\boldsymbol{A}$ 归结为对角矩阵 (还可参见第 362 页 4.1.2, 2.).

如果方阵 $\boldsymbol{A}$ (不必对称) 通过正则方阵 $\boldsymbol{G}$ 被变换为

$$\boldsymbol{G}^{-1}\boldsymbol{A}\boldsymbol{G}=\widetilde{\boldsymbol{A}}, \tag{4.200}$$

那么称它是*相似变换*. 矩阵 $\boldsymbol{A}$ 和 $\widetilde{\boldsymbol{A}}$ 称为*相似*, 并且它们有下列性质:

(1) 矩阵 $\boldsymbol{A}$ 和 $\widetilde{\boldsymbol{A}}$ 有相同的特征值, 即相似变换不影响特征值.

(2) 如果 $\boldsymbol{A}$ 对称且 $\boldsymbol{G}$ 正交, 那么 $\widetilde{\boldsymbol{A}}$ 对称, 还有

$$\widetilde{\boldsymbol{A}}=\boldsymbol{G}^{\mathrm{T}}\boldsymbol{A}\boldsymbol{G}, \quad 以及 \quad \boldsymbol{G}^{\mathrm{T}}\boldsymbol{G}=\boldsymbol{I}. \tag{4.201}$$

关系式 (4.201) 称为*正交相似变换*. 在此术语下, (4.199) 表明实对称矩阵 $\boldsymbol{A}$ 可以被变换为与某个实对角矩阵 $\boldsymbol{D}$ 正交相似.

4.6.2.3 二次型的主轴变换

1. 实二次型定义

变量 $x_1,x_2,\cdots,x_n$ 的*实二次型*有形式:

$$Q=\sum_{i=1}^{n}\sum_{j=1}^{n}a_{ij}x_ix_j=\underline{\boldsymbol{x}}^{\mathrm{T}}\boldsymbol{A}\underline{\boldsymbol{x}}, \tag{4.202}$$

其中 $\underline{\boldsymbol{x}}=(x_1,x_2,\cdots,x_n)^{\mathrm{T}}$ 是实变量向量, 矩阵 $\boldsymbol{A}$ 是实对称矩阵.

如果型 Q 除当 $x_1=x_2=\cdots=x_n=0$ 情形取值零外只取正值或只取负值, 那么它分别称为*正定的*或*负定的*.

型 Q 称为*半正定的*或*半负定的*, 如果它所取的非零值仅是正的或仅是负的, 并且当非零向量也可能取值零.

实二次型称为*不定的*, 如果它取正值也取负值. 依据 Q 的性状, 与它相关的实对称矩阵称为正定的、负定的、半正定的或不定的.

2. 实正定二次型, 性质

(1) 在实正定二次型 Q 中, 对应的实对称矩阵 $\boldsymbol{A}$ 的主对角元都是正的, 即有

$$a_{ii}>0 \quad (i=1,2,\cdots,n). \tag{4.203}$$

(4.203) 表述了正定矩阵的一个很重要的性质.

(2) 实二次型 Q 是正定的, 当且仅当对应的实对称矩阵 $\boldsymbol{A}$ 的所有特征值是正的.

(3) 设对应于实二次型 $Q = \underline{\boldsymbol{x}}^{\mathrm{T}}\boldsymbol{A}\underline{\boldsymbol{x}}$ 的矩阵 $\boldsymbol{A}$ 的秩等于 r, 那么二次型可以通过线性变换

$$\underline{\boldsymbol{x}} = \boldsymbol{C}\underline{\widetilde{\boldsymbol{x}}} \tag{4.204}$$

化为纯二次项之和, 即所谓*标准形*

$$Q = \underline{\widetilde{\boldsymbol{x}}}^{\mathrm{T}}\boldsymbol{K}\underline{\widetilde{\boldsymbol{x}}} = \sum_{i=1}^{r} p_i \widetilde{x}_i^2, \tag{4.205}$$

其中 $p_i = (\operatorname{sign}\lambda_i)k_i$, 并且 $k_1, k_2, \cdots, k_r$ 是任意预先给定的正常数.

注 对于任何将秩为 r 的实二次型变换为标准形 (4.205) 的非奇异变换 (4.204), 标准形中正系数个数 p 和负系数个数 $q = r - p$ 是不变的 (*西尔维斯特惯性定理*). 值 p 称为*二次型的惯性指数*.

3. 标准形的生成

应用变换 (4.205) 的一个实用方法是从主轴变换 (4.199) 得来的. 首先通过正交矩阵 $\boldsymbol{U}$ 实施坐标系的旋转, 这里 $\boldsymbol{U}$ 的各列是 $\boldsymbol{A}$ 的特征向量 (即新坐标系的轴的方向是特征向量的方向). 这给出型

$$Q = \underline{\widetilde{\boldsymbol{x}}}^{\mathrm{T}}\boldsymbol{L}\underline{\widetilde{\boldsymbol{x}}} = \sum_{i=1}^{r} \lambda_i \widetilde{x}_i^2. \tag{4.206}$$

这里 $\boldsymbol{L}$ 是对角元为 $\boldsymbol{A}$ 的特征值的对角矩阵. 然后通过对角矩阵 $\boldsymbol{D}$ 实施伸缩, 这里 $\boldsymbol{D}$ 的对角元是 $d_i = \sqrt{\dfrac{k_i}{|\lambda_i|}}$. 于是整个变换由矩阵

$$\boldsymbol{C} = \boldsymbol{U}\boldsymbol{D} \tag{4.207}$$

给出, 并且我们得到

$$\begin{aligned} Q &= \underline{\widetilde{\boldsymbol{x}}}^{\mathrm{T}}\boldsymbol{A}\underline{\widetilde{\boldsymbol{x}}} = (\boldsymbol{U}\boldsymbol{D}\underline{\widetilde{\boldsymbol{x}}})^{\mathrm{T}}\boldsymbol{A}(\boldsymbol{U}\boldsymbol{D}\underline{\widetilde{\boldsymbol{x}}}) = \underline{\widetilde{\boldsymbol{x}}}^{\mathrm{T}}(\boldsymbol{D}^{\mathrm{T}}\boldsymbol{U}^{\mathrm{T}}\boldsymbol{A}\boldsymbol{U}\boldsymbol{D})\underline{\widetilde{\boldsymbol{x}}} \\ &= \underline{\widetilde{\boldsymbol{x}}}^{\mathrm{T}}\boldsymbol{D}^{\mathrm{T}}\boldsymbol{L}\boldsymbol{D}\underline{\widetilde{\boldsymbol{x}}} = \underline{\widetilde{\boldsymbol{x}}}^{\mathrm{T}}\boldsymbol{K}\underline{\widetilde{\boldsymbol{x}}}. \end{aligned} \tag{4.208}$$

注 二次型的主轴变换在二阶曲线和曲面的的分类中起着本质性作用 (参见第 277 页 3.5.2.11 及第 306 页 3.5.3.14).

4. 若尔当标准形

设 $\boldsymbol{A}$ 是任意 n 阶实或复矩阵, 那么存在非奇异矩阵 $\boldsymbol{T}$ 使得

$$\boldsymbol{T}^{-1}\boldsymbol{A}\boldsymbol{T} = \boldsymbol{J}, \tag{4.209}$$

其中 $\boldsymbol{J}$ 称为 $\boldsymbol{A}$ 的**若尔当矩阵**或**若尔当标准形**. 若尔当矩阵有 (4.210) 形式的分块对角结构, 其中 $\boldsymbol{J}$ 的元素 $\boldsymbol{J}_j$ 称为**若尔当块**:

$$\boldsymbol{J}=\begin{pmatrix}\boldsymbol{J}_1 & & & & \\ & \boldsymbol{J}_2 & & & \boldsymbol{O} \\ & & \ddots & & \\ \boldsymbol{O} & & & \boldsymbol{J}_{k-1} & \\ & & & & \boldsymbol{J}_k\end{pmatrix}. \tag{4.210}$$

$$\boldsymbol{J}=\begin{pmatrix}\lambda_1 & & & & \\ & \lambda_2 & & & \boldsymbol{O} \\ & & \ddots & & \\ \boldsymbol{O} & & & \lambda_{n-1} & \\ & & & & \lambda_n\end{pmatrix}. \tag{4.211}$$

它们有下列结构:

(1) 如果 $\boldsymbol{A}$ 只有单特征值 λ_j, 那么 $\boldsymbol{J}_j=\lambda_j$, 并且 $k=n$, 即 $\boldsymbol{J}$ 是对角矩阵 (4.211).

(2) 如果 λ_j 是重数为 p_j 的特征值, 那么存在一个或多个 (4.212) 形式的块:

$$\boldsymbol{J}_j=\begin{pmatrix}\lambda_j & 1 & & & \\ & \lambda_j & 1 & & \boldsymbol{O} \\ & & \ddots & \ddots & \\ \boldsymbol{O} & & & \lambda_j & 1 \\ & & & & \lambda_j\end{pmatrix}, \tag{4.212}$$

这里所有这样的块的大小之和等于 p_j, 并且 $\sum_{j=1}^{k} p_j=n$. 若尔当块的精确结构取决于特征矩阵 $\boldsymbol{A}-\lambda\boldsymbol{I}$ 的初等因子的结构.

进一步的信息见 [4.18], [19.3](第 1 卷).

4.6.2.4 对于特征值的数值计算的建议

(1) 特征值可以作为特征方程 (4.195b) 的根计算. 为了求出它们必须确定矩阵 $\boldsymbol{A}$ 的特征多项式的系数 $a_i(i=0,1,2,\cdots,n-1)$. 但是我们必须避开这些计算方法, 因为这些方法是极不稳定的, 也就是说, 多项式系数 a_i 的微小变化会导致根 λ_j 的大的变化.

(2) 有许多解对称矩阵特征值问题的算法. 它们可区分为两种类型 (见 [4.7]):

a) 变换方法, 例如, 雅可比方法、豪斯霍尔德三对角化、QR 算法.

b) 迭代法, 例如, 向量迭代、瑞利-里茨算法、逆迭代、兰乔斯方法、对分法. 作为例子我们在此讨论**米泽斯乘幂法**.

(3) **米泽斯乘幂法** 设 $\boldsymbol{A}$ 是实对称矩阵, 并且只有唯一主特征值. 迭代法确定这个特征值及相应的特征向量. 设主特征值记作 λ_1, 于是

$$|\lambda_1| > |\lambda_2| \geqslant |\lambda_3| \geqslant \cdots \geqslant |\lambda_n|. \tag{4.213}$$

设 $\underline{\boldsymbol{x}}_1, \underline{\boldsymbol{x}}_2, \cdots, \underline{\boldsymbol{x}}_n$ 是相应的线性无关的特征向量, 那么

a) $\boldsymbol{A}\underline{\boldsymbol{x}}_i = \lambda_i \underline{\boldsymbol{x}}_i (i = 1, 2, \cdots, n)$. (4.214)

b) 每个元素 $\underline{\boldsymbol{x}} \in \mathbb{R}^n$ 可以表示为这些特征向量 $\underline{\boldsymbol{x}}_i$ 的线性组合:

$$\underline{\boldsymbol{x}} = c_1\underline{\boldsymbol{x}}_1 + c_2\underline{\boldsymbol{x}}_2 + \cdots + c_n\underline{\boldsymbol{x}}_n \quad (c_i \text{ 是常数}; i = 1, 2, \cdots, n). \tag{4.215}$$

在 (4.215) 两边用 $\boldsymbol{A}$ 乘 k 次, 那么应用 (4.214) 得到

$$\begin{aligned} \boldsymbol{A}^k\underline{\boldsymbol{x}} &= c_1\lambda_1^k\underline{\boldsymbol{x}}_1 + c_2\lambda_2^k\underline{\boldsymbol{x}}_2 + \cdots + c_n\lambda_n^k\underline{\boldsymbol{x}}_n \\ &= \lambda_1^k \left(c_1\underline{\boldsymbol{x}}_1 + c_2\left(\frac{\lambda_2}{\lambda_1}\right)^k \underline{\boldsymbol{x}}_2 + \cdots + c_n\left(\frac{\lambda_n}{\lambda_1}\right)^k \underline{\boldsymbol{x}}_n \right). \end{aligned} \tag{4.216}$$

由此关系式和 (4.213) 可见当 $k \to \infty$ 时,

$$\frac{\boldsymbol{A}^k\underline{\boldsymbol{x}}}{\lambda_1^k c_1} \to \underline{\boldsymbol{x}}_1, \quad \text{即} \quad \boldsymbol{A}^k\underline{\boldsymbol{x}} \approx c_1\lambda_1^k\underline{\boldsymbol{x}}_1. \tag{4.217}$$

这是下列迭代程序的基础:

步骤 1 选择任意初始向量 $\underline{\boldsymbol{x}}^{(0)} \in \mathbb{R}^n$.

步骤 2 迭代计算

$$\underline{\boldsymbol{x}}^{(k+1)} = \boldsymbol{A}\underline{\boldsymbol{x}}^k \quad (k = 0, 1, 2, \cdots; \underline{\boldsymbol{x}}^{(0)}\text{给定}). \tag{4.218}$$

由 (4.218) 并且注意 (4.217) 可得到

$$\underline{\boldsymbol{x}}^{(k)} = \boldsymbol{A}^k\underline{\boldsymbol{x}}^{(0)} \approx c_1\lambda_1^k\underline{\boldsymbol{x}}_1. \tag{4.219}$$

步骤 3 由 (4.218) 和 (4.219) 得到

$$\begin{gathered} \underline{\boldsymbol{x}}^{(k+1)} = \boldsymbol{A}\underline{\boldsymbol{x}}^{(k)} = \boldsymbol{A}(\boldsymbol{A}^k\underline{\boldsymbol{x}}^{(0)}), \\ \boldsymbol{A}(\boldsymbol{A}^k\underline{\boldsymbol{x}}^{(0)}) \approx \boldsymbol{A}(c_1\lambda_1^k\underline{\boldsymbol{x}}_1) = c_1\lambda_1^k(\boldsymbol{A}\underline{\boldsymbol{x}}_1), \\ c_1(\lambda_1^k\boldsymbol{A}\underline{\boldsymbol{x}}_1) = \lambda_1(c_1\lambda_1^k\underline{\boldsymbol{x}}_1) \approx \lambda_1\underline{\boldsymbol{x}}^{(k)}, \end{gathered}$$

因此,

$$\underline{\boldsymbol{x}}^{(k+1)} \approx \lambda_1\underline{\boldsymbol{x}}^{(k)}, \tag{4.220}$$

这就是说, 对于大的 k 值相继向量 $\underline{\boldsymbol{x}}^{(k+1)}$ 和 $\underline{\boldsymbol{x}}^{(k)}$ 近似地相差一个因子 λ_1.

步骤 4 关系式 (4.219) 和 (4.220) 蕴涵对于 $\underline{x}_1$ 和 λ_1 有

$$\underline{x}_1 \approx \underline{x}^{(k+1)}, \quad \lambda_1 \approx \frac{(\underline{x}^{(k)}, \underline{x}^{(k+1)})}{(\underline{x}^{(k)}, \underline{x}^{(k)})}. \tag{4.221}$$

■ 例如, 设

$$A = \begin{pmatrix} 3.23 & -1.15 & 1.77 \\ -1.15 & 9.25 & -2.13 \\ 1.77 & -2.13 & 1.56 \end{pmatrix}, \quad \underline{x}^{(0)} = \begin{pmatrix} 1 \\ 0 \\ 0 \end{pmatrix}.$$

$\underline{x}^{(0)}$	$\underline{x}^{(1)}$	$\underline{x}^{(2)}$	$\underline{x}^{(3)}$	规范化	$\underline{x}^{(4)}$	$\underline{x}^{(5)}$	规范化
1	3.23	14.89	88.27	1	7.58	67.75	1
0	–1.15	–18.12	–208.03	–2.36	–24.93	–256.85	–3.79
0	1.77	10.93	82.00	0.93	8.24	79.37	1.17
λ_1				9.964			10.177

$\underline{x}^{(6)}$	$\underline{x}^{(7)}$	规范化	$\underline{x}^{(8)}$	$\underline{x}^{(9)}$	规范化
9.66	96.40	1	10.09	102.33	$\begin{pmatrix} 1 \\ -4.129 \\ 1.229 \end{pmatrix} \approx \underline{x}_1$
–38.78	–394.09	–4.09	–41.58	–422.49	
11.67	117.78	1.22	12.38	125.73	
		10.16			$10.161 \approx \lambda_1$

注 (1) 因为除常数因子外特征向量是唯一确定的, 所以如例题所示将向量 $\underline{x}^{(k)}$ 规范化是更为可取的.

(2) 具有最小绝对值的特征值及相应的特征向量可以将米泽斯乘幂法应用于 A^{-1} 而得到. 如果 A^{-1} 不存在, 那么 0 就是这个特征值, 并且 A 的零空间中的任何向量都可选作相应的特征向量.

(3) A 的其他特征值及相应的特征向量可以通过反复应用下列想法而得到. 选取初始向量与已知向量 $\underline{x}_1$ 正交, 并且在这个子空间中 λ_2 成为主特征值, 这可以应用乘幂法得到. 为了求 λ_3, 初始向量与已知向量必须与 $\underline{x}_1$ 和 $\underline{x}_2$ 正交, 等等. 这个方法称为*矩阵压缩*.

(4) 基于 (4.218), 乘幂法有时称作*向量迭代*.

4.6.3 奇异值分解

(1) **奇异值和奇异向量** 设 A 是大小为 (m, n) 的实矩阵, 秩等于 r. 矩阵 AA^{T} 和 $A^{\mathrm{T}}A$ 有 r 个非零特征值 λ_ν, 并且对于这两个矩阵它们是相同的. 矩阵 $A^{\mathrm{T}}A$ 的特征值 λ_ν 的正平方根 $d_\nu = \sqrt{\lambda_\nu}(\nu = 1, 2, \cdots, r)$ 称为矩阵 A 的*奇异值*. $A^{\mathrm{T}}A$ 对

应的特征向量 $\underline{\boldsymbol{u}}_\nu$ 称为矩阵 $\boldsymbol{A}$ 的*右奇异向量*, $\boldsymbol{A}\boldsymbol{A}^{\mathrm{T}}$ 对应的特征向量 $\underline{\boldsymbol{v}}_\nu$ 称为*左奇异向量*:

$$\boldsymbol{A}^{\mathrm{T}}\boldsymbol{A}\underline{\boldsymbol{u}}_\nu = \lambda_\nu \underline{\boldsymbol{u}}_\nu, \quad \boldsymbol{A}\boldsymbol{A}^{\mathrm{T}}\underline{\boldsymbol{v}}_\nu = \lambda_\nu \underline{\boldsymbol{v}}_\nu \quad (\nu = 1, 2, \cdots, r). \tag{4.222a}$$

左右奇异向量间的关系是

$$\boldsymbol{A}\underline{\boldsymbol{u}}_\nu = d_\nu \underline{\boldsymbol{v}}_\nu, \quad \boldsymbol{A}^{\mathrm{T}}\underline{\boldsymbol{v}}_\nu = d_\nu \underline{\boldsymbol{u}}_\nu. \tag{4.222b}$$

秩为 r 的大小为 (m,n) 的矩阵 $\boldsymbol{A}$ 有 r 个正奇异值 $d_\nu(\nu = 1, 2, \cdots, r)$, 有 r 个正交规范化右奇异向量 $\underline{\boldsymbol{u}}_\nu$ 和 r 个正交规范化左奇异向量 $\underline{\boldsymbol{v}}_\nu$. 此外, 对于零奇异值存在 $n-r$ 个正交规范化右奇异向量 $\underline{\boldsymbol{u}}_\nu(\nu = r+1, \cdots, n)$ 和 $m-r$ 个正交规范化左奇异向量 $\underline{\boldsymbol{v}}_\nu(\nu = r+1, \cdots, m)$. 因此, 大小为 (m,n) 的矩阵有 n 个右奇异向量和 m 个左奇异向量, 并且可由它们构成两个正交矩阵

$$\boldsymbol{U} = (\underline{\boldsymbol{u}}_1, \underline{\boldsymbol{u}}_2, \cdots, \underline{\boldsymbol{u}}_n), \quad \boldsymbol{V} = (\underline{\boldsymbol{v}}_1, \underline{\boldsymbol{v}}_2, \cdots, \underline{\boldsymbol{v}}_m) \tag{4.223}$$

(参见第 368 页 4.1.4, 9.).

(2) **奇异值分解**　表达式

$$\boldsymbol{A} = \boldsymbol{V}\hat{\boldsymbol{A}}\boldsymbol{U}^{\mathrm{T}} \tag{4.224a}$$

称为矩阵 $\boldsymbol{A}$ 的*奇异值分解*, 其中

$$\hat{\boldsymbol{A}} = \underbrace{\left(\begin{array}{ccccc|ccc} d_1 & 0 & 0 & \cdots & 0 & 0 & \cdots & 0 \\ 0 & d_2 & & & 0 & 0 & & 0 \\ \vdots & & \ddots & & \vdots & \vdots & & \vdots \\ \vdots & & & \ddots & 0 & \vdots & & \vdots \\ 0 & \cdots & \cdots & 0 & d_r & 0 & \cdots & 0 \\ \hline 0 & 0 & \cdots & \cdots & 0 & 0 & \cdots & 0 \\ 0 & & & & 0 & \vdots & & \vdots \\ \vdots & & & & \vdots & \vdots & & \vdots \\ 0 & 0 & \cdots & \cdots & 0 & 0 & \cdots & 0 \end{array}\right)}_{r \text{ 列} \;|\; n-r \text{ 列}} \begin{array}{l} \left.\vphantom{\begin{array}{c}1\\1\\1\\1\\1\end{array}}\right\} r \text{ 行} \\ \left.\vphantom{\begin{array}{c}1\\1\\1\\1\end{array}}\right\} m-r \text{ 行} \end{array} \tag{4.224b}$$

矩阵 $\hat{\boldsymbol{A}}$ 与矩阵 $\boldsymbol{A}$ 的大小同为 (m,n), 并且除最初 r 个对角元 $\hat{a}_{\nu\nu} = d_\nu(\nu = 1, 2, \cdots, r)$ 外, 只有零元素. 数 d_ν 是 $\boldsymbol{A}$ 的奇异值.

注　用 $\boldsymbol{A}^{\mathrm{H}}$ 代替 $\boldsymbol{A}^{\mathrm{T}}$, 并且代替正交矩阵考虑酉矩阵 $\boldsymbol{U}$ 和 $\boldsymbol{V}$, 那么关于奇异值分解的所有论述对于复元素矩阵也成立.

(3) **应用** 奇异值分解可用来确定大小为 (m,n) 的矩阵 $\boldsymbol{A}$ 的秩, 并且可用于超定方程组 $\boldsymbol{A}\underline{\boldsymbol{x}} = \underline{\boldsymbol{b}}$ (参见第 419 页 4.5.3.1) 的近似解的计算, 即借助所谓正则化方法解问题

$$\|\boldsymbol{A}\underline{\boldsymbol{x}} - \underline{\boldsymbol{b}}\|^2 + \alpha\|\underline{\boldsymbol{x}}\|^2 = \sum_{i=1}^{m}\left[\sum_{k=1}^{n} a_{ik}x_k - b_i\right]^2 + \alpha\sum_{k=1}^{n} x_k^2 = \min!, \qquad (4.225)$$

其中 $\alpha > 0$ 是正则化参数.

(朱尧辰 译)

第 5 章　代数和离散数学

5.1　逻　辑

5.1.1　命题演算

1. 命题

命题是一个事实的思想反映, 它表示为自然或人工语言下的一个句子. 每个命题被考虑为是真的或是假的. 这是二值性原理 (与多值性及模糊逻辑不同, 参见第 554 页 5.9.1). “真”和“假”被称为命题的真值, 并且将它们分别记为 T(或 1) 和 F(或 0). 真值可以看作命题常数.

2. 命题联结词

命题逻辑研究命题的复合的真值, 它们取决于分量的真值, 只是与命题对应的语句的外延被考虑. 因此复合的真值仅与分量的真值及所使用的运算有关. 于是, 特别地, 命题运算

“非 A” $(\neg A)$, (5.1)

“A 和 B” $(A \wedge B)$, (5.2)

“A 或 B” $(A \vee B)$, (5.3)

“若 A, 则 B” $(A \Rightarrow B)$, (5.4)

以及

$$\text{“}A \text{ 当且仅当 } B\text{”} \quad (A \Leftrightarrow B) \tag{5.5}$$

的结果的真值由分量的真值确定. 这里“逻辑或”总意味“包括或”, 也就是“和/或”. 在蕴涵情形, 对于 $A \Rightarrow B$, 也使用下列词语表达的形式:

$$A \text{ 蕴涵 } B, \quad B \text{ 对于 } A \text{ 是必须的}, \quad A \text{ 对于 } B \text{ 是充分的}.$$

3. 真值表

在命题演算中, 命题 A 和 B 被看作变量 (命题变量), 它们可以只取值 F 和 T. 于是表 5.1 中的真值表含有定义命题运算的真值函数.

4. 命题演算中的公式

命题演算中的复合表达式 (公式)可以由命题变量通过一元运算 (否定) 和二元运算 (合取、析取、蕴涵和等价) 合成. 这些表达式即公式是用归纳的方式定义的:

表 5.1 命题演算的真值表

否定		合取			析取			蕴涵			等价		
A	$\neg A$	A	B	$A\wedge B$	A	B	$A\vee B$	A	B	$A\Rightarrow B$	A	B	$A\Leftrightarrow B$
F	T	F	F	F	F	F	F	F	F	T	F	F	T
T	F	F	T	F	F	T	T	F	T	T	F	T	F
		T	F	F	T	F	T	T	F	F	T	F	F
		T	T	T	T	T	T	T	T	T	T	T	T

(1) 命题变量及常数 T, F 是公式. (5.6)

(2) 如果 A 和 B 是公式, 那么 $(\neg A), (A\wedge B), (A\vee B), (A \Rightarrow B), (A \Leftrightarrow B)$ 也是公式. (5.7)

为简化公式, 在引进**优先规则**后圆括号可以省略. 在下列序列中每个命题运算都比序列中下一个运算约束得更强:

$$\neg, \wedge, \vee, \Rightarrow, \Leftrightarrow .$$

记号 $\overline{A}$ 常用来代替"$\neg A$", 并且省略符号 $\wedge$. 借助这些简化, 例如, 公式 $((A\vee(\neg B))\Rightarrow((A \wedge B)\vee C))$ 可以改写为更简明的形式:

$$A \vee \overline{B} \Rightarrow AB \vee C.$$

5. 真值函数

对公式的每个命题变量指定一个真值, 这种指派称为命题变量的**解释**. 应用命题运算的定义 (真值表) 对于变量的每个可能的解释我们可以对公式指定真值. 例如, 上面的公式确定三个变量的真值函数 (布尔函数参见第 530 页 5.7.5).

A	B	C	$A \vee \overline{B}$	$AB \vee C$	$A \vee \overline{B} \Rightarrow AB \vee C$
F	F	F	T	F	F
F	F	T	T	T	T
F	T	F	F	F	T
F	T	T	F	T	T
T	F	F	T	F	F
T	F	T	T	T	T
T	T	F	T	T	T
T	T	T	T	T	T

■ 因此, 每个有 n 个命题变量的公式确定一个 n 位 (或 n 项) 真值函数, 即对每个 n 真值组指派一个真值的函数. 存在 2^{2^n} 个 n 位真值函数, 特别地, 这些是 16 个二元函数.

6. 命题演算的基本定律

若两个命题公式 A 和 B 确定相同的真值函数, 则称它们逻辑等价或语义等价, 并记为 $A=B$. 因此命题公式的逻辑等价性可以通过真值表检验. 例如, 由上面给出的公式的真值表可知, 有 $A\vee\overline{B}\Rightarrow AB\vee C=B\vee C$, 即公式 $A\vee\overline{B}\Rightarrow AB\vee C$ 实际上与 A 无关. 特别地, 有下列命题演算的基本定律:

(1) **结合律**

$$(A\wedge B)\wedge C=A\wedge(B\wedge C), \tag{5.8a}$$

$$(A\vee B)\vee C=A\vee(B\vee C). \tag{5.8b}$$

(2) **交换律**

$$A\wedge B=B\wedge A, \tag{5.9a}$$

$$A\vee B=B\vee A. \tag{5.9b}$$

(3) **分配律**

$$(A\vee B)C=AC\vee BC, \tag{5.10a}$$

$$AB\vee C=(A\vee C)(B\vee C). \tag{5.10b}$$

(4) **吸收律**

$$A(A\vee B)=A, \tag{5.11a}$$

$$A\vee AB=A. \tag{5.11b}$$

(5) **幂等性律**

$$AA=A, \tag{5.12a}$$

$$A\vee A=A. \tag{5.12b}$$

(6) **排中律**

$$A\overline{A}=\mathrm{F}, \tag{5.13a}$$

$$A\vee\overline{A}=\mathrm{T}. \tag{5.13b}$$

(7) **德摩根法则**

$$\overline{AB}=\overline{A}\vee\overline{B}, \tag{5.14a}$$

$$\overline{A\vee B}=\overline{A}\,\overline{B}. \tag{5.14b}$$

(8) **对于 T 和 F 的定律**

$$A\mathrm{T} = A, \tag{5.15a}$$

$$A \vee \mathrm{F} = A, \tag{5.15b}$$

$$A\mathrm{F} = \mathrm{F}, \tag{5.15c}$$

$$A \vee \mathrm{T} = \mathrm{T}, \tag{5.15d}$$

$$\overline{\mathrm{T}} = \mathrm{F}, \tag{5.15e}$$

$$\overline{\mathrm{F}} = \mathrm{T}. \tag{5.15f}$$

(9) **双重否定**

$$\overline{\overline{A}} = A. \tag{5.16}$$

应用对于蕴涵和等价的真值表可得到恒等式

$$A \Rightarrow B = \overline{A} \vee B, \tag{5.17a}$$

$$A \Leftrightarrow B = AB \vee \overline{A}\,\overline{B}. \tag{5.17b}$$

因此蕴涵和等价可以通过其他命题运算表示. 定律 (5.17a), (5.17b) 被用于改述命题公式.

■ 恒等式 $A \vee \overline{B} \Rightarrow AB \vee C = B \vee C$ 可以验证如下:$A \vee \overline{B} \Rightarrow AB \vee C = \overline{A \vee \overline{B}} \vee AB \vee C = \overline{A}\,\overline{\overline{B}} \vee AB \vee C = \overline{A}B \vee AB \vee C = (\overline{A} \vee A)B \vee C = TB \vee C = B \vee C.$

(10) **其他变换**

$$A(\overline{A} \vee B) = AB, \tag{5.18a}$$

$$A \vee \overline{A}B = A \vee B, \tag{5.18b}$$

$$(A \vee C)(B \vee \overline{C})(A \vee B) = (A \vee C)(B \vee \overline{C}), \tag{5.18c}$$

$$AC \vee B\overline{C} \vee AB = AC \vee B\overline{C}. \tag{5.18d}$$

(11) NAND **函数和** NOR **函数** 众所周知, 每个命题公式确定一个真值函数. 检验这个语句的如下的逆: 每个真值函数可以表示为命题逻辑中一个适当公式的真值表. 依据 (5.17a) 和 (5.17b), 蕴涵和等价可以从公式中消去 (还可见第 528 页 5.7). 这个事实及德摩根 (De Morgan) 法则 (5.14a) 和 (5.14b) 蕴涵着我们可以仅通过否定和析取或者否定和合取表示每个公式, 因而表示每个真值函数. 还存在另外两个二变量的二元真值函数适宜用于表示所有真值函数. 它们称为 NAND 函数或谢费尔 (Sheffer) 函数 (记号是"|")以及 NOR 函数或皮尔斯 (Peirce) 函数 (记号是"↓"), 并且在表 5.2 和表 5.3 中给出它们的真值表. 将这些运算的真值表与合取和析取的真值表加以比较就可明白术语 NAND 函数 (NOT AND) 及 NOR 函数 (NOT OR) 的意义.

表 5.2 NAND 函数

A	B	$A\|B$
F	F	T
F	T	T
T	F	T
T	T	F

表 5.3 NOR 函数

A	B	$A \downarrow B$
F	F	T
F	T	F
T	F	F
T	T	F

7. 重言式、数学中的推理

如果命题演算中一个公式的真值函数的值恒为 T, 那么将它称为*重言式*. 因此, 如果公式 $A \Leftrightarrow B$ 是重言式, 那么称两个公式 A 和 B 逻辑等价. 命题演算定律经常表现数学中使用的推理方法. 作为一个例子, 我们考虑*换位律*, 即重言式

$$A \Rightarrow B \ \Leftrightarrow \ \overline{B} \Rightarrow \overline{A}. \tag{5.19a}$$

这个定律还有形式

$$A \Rightarrow B \ = \ \overline{B} \Rightarrow \overline{A}. \tag{5.19b}$$

可以这样解释这个定律: 证明 B 是 A 的推论与证明 $\overline{A}$ 是 $\overline{B}$ 的推论是一回事. *间接证明*(还可参见第 6 页 1.1.2.2) 是基于下列原理: 为了证明 B 是 A 的推论, 我们假设 B 错误, 并且在 A 正确的假设下导出矛盾. 在命题演算中可以用多种方式将这个原理形式化:

$$A \Rightarrow B \ = \ A\overline{B} \Rightarrow \overline{A} \tag{5.20a}$$

或

$$A \Rightarrow B \ = \ A\overline{B} \Rightarrow B \tag{5.20b}$$

或

$$A \Rightarrow B \ = \ A\overline{B} \Rightarrow \mathrm{F} \tag{5.20c}$$

5.1.2 谓词演算公式

为了发展数学的逻辑基础, 我们需要一种逻辑, 它具有比命题演算更强的表达力. 为刻画多数数学对象的性质和这些对象间的关系, 谓词演算是必须的.

1. 谓词

被研究的对象包含在一个集合中, 即包含在*个体区域*(或*全域*)X 中, 例如, 这个区域可以是自然数集 $\mathbb{N}$. 个体的性质, 例如, “n 是素数”, 以及个体间的关系, 例如, “m 小于 n”, 被认为是*谓词*.个体区域 X 上的n *位谓词*乃是一个指派 $P : X^n \to \{\mathrm{F}, \mathrm{T}\}$, 它对每个 n 个体组派定一个真值. 于是上面引进的自然数集上的谓词是 1 位 (或一元) 谓词和 2 位 (或二元) 谓词.

2. 量词

谓词逻辑的一个特色是使用*量词*, 即*全域量词*或*“对于每个”量词* $\forall$, 以及*存在量词*或*“对于某个”量词* $\exists$. 如果 P 是一元谓词, 那么语句“$P(x)$ 对于 X 中的每个 x 真”表示为 $\forall x\, P(x)$, 并且语句“在 X 中存在 $P(x)$ 真的 x”表示为 $\exists x\, P(x)$.

对于一元谓词 P 应用量词就给出一个语句. 如果 (例如) $\mathbb{N}$ 是自然数个体区域, 而 P 表示 (一元) 谓词 "n 是素数", 那么 $\forall n\, P(n)$ 是假语句, 而 $\exists n\, P(n)$ 是真语句.

3. 谓词演算公式

谓词演算公式是用归纳方式定义的:

(1) 如果 $x_1, \cdots, x_n$ 是个体变量 (变量在个体变量域上运行), 而 P 是一个 n 位谓词符号, 那么

$$P(x_1, \cdots, x_n)\text{是一个公式 (基本公式).} \tag{5.21}$$

(2) 如果 A 和 B 是公式, 那么

$$(\neg A), (A \wedge B), (A \vee B), (A \Rightarrow B), (A \Leftrightarrow B), (\forall x\, A) \text{ 以及 } (\exists x\, A) \tag{5.22}$$

也是公式.

将命题变量看作零位谓词, 那么命题演算可以看作谓词演算的一个部分. 如果个体变量 x 是 $\forall x$ 或 $\exists x$ 中的一个变量, 或 x 是在这些类型量词的范围中出现, 那么 x 在公式中的出现是约束的; 不然 x 在这个公式中的出现是自由的. 如果一个谓词逻辑公式不含有任何自由出现的个体变量, 那么称它为闭公式.

4. 谓词演算公式的解释

谓词演算公式的一个解释是一个由

- 一个集合 (个体区域),
- 一个指派 (对每个 n 项谓词符号派定一个 n 位谓词)

组成的对. 对于自由变量每个预先指定的值, 公式真值计算的概念与命题情形类似. 闭公式的真值是 T 或 F. 在公式含自由变量的情形, 可以将它与使公式真值计算为真的个体的值相结合; 这些值在全域 (个体区域) 上形成某个关系 (参见第 444 页 5.2.3, 1.).

■ 设 P 表示个体区域 $\mathbb{N}$ 上的 2 位关系 $\leqslant$, 这里 $\mathbb{N}$ 是自然数集, 那么

- $P(x,y)$ 刻画所有满足 $x \leqslant y$($\mathbb{N}$ 上的 2 位或二元关系) 的自然数对 (x,y) 的集合; 这里 x, y 是自由变量.
- $\forall y\, P(x,y)$ 刻画 $\mathbb{N}$ 的仅由 0 组成的子集 (一元关系); 这里 x, y 是约束变量.
- $\exists x\, \forall y\, P(x,y)$ 对应于语句"存在最小的自然数"; 真值是真; 这里 x, y 是约束变量.

5. 逻辑有效公式

若一个公式对于每个解释恒真, 则称为逻辑有效的(或是一个重言式). 公式的否定由下列的恒等式刻画:

$$\neg\forall x\, P(x) = \exists x\, \neg P(x) \quad \text{或} \quad \neg\exists x\, P(x) = \forall x\, \neg P(x). \tag{5.23}$$

应用 (5.23) 量词 $\forall$ 和 $\exists$ 可以互相由对方表示:

$$\forall x\, P(x) = \neg\exists x\, \neg P(x) \quad \text{或} \quad \exists x\, P(x) = \neg\forall x\, \neg P(x). \tag{5.24}$$

其他的量词演算恒等式是

$$\forall x \forall y\, P(x,y) = \forall y \forall x\, P(x,y), \tag{5.25}$$

$$\exists x \exists y\, P(x,y) = \exists y \exists x\, P(x,y), \tag{5.26}$$

$$\forall x\, P(x) \wedge \forall x\, Q(x) = \forall\, x\, (P(x) \wedge Q(x)), \tag{5.27}$$

$$\exists x\, P(x) \vee \exists x\, Q(x) = \exists x\, (P(x) \vee Q(x)). \tag{5.28}$$

下列蕴涵也是有效的:

$$\forall x\, P(x) \vee \forall x\, Q(x) \Rightarrow \forall\, x\, (P(x) \vee Q(x)), \tag{5.29}$$

$$\exists x\, (P(x) \wedge Q(x)) \Rightarrow \exists x\, P(x) \wedge \exists x\, Q(x), \tag{5.30}$$

$$\forall x\, (P(x) \Rightarrow Q(x)) \Rightarrow (\forall x\, P(x) \Rightarrow \forall x\, Q(x)), \tag{5.31}$$

$$\forall x (P(x) \Leftrightarrow Q(x)) \Rightarrow (\forall x\, P(x) \Leftrightarrow \forall x\, Q(x)), \tag{5.32}$$

$$\exists x\, \forall y\, P(x,y) \Rightarrow \forall y\, \exists x\, P(x,y). \tag{5.33}$$

这些蕴涵的逆并不成立, 特别, 我们要注意量词 $\forall$ 和 $\exists$ 不交换的事实 (最后给出的蕴涵其逆是假).

6. 约束谓词

将谓词限制于给定集合的子集常常是有用的. 例如, 将

$$\forall x \in X\, P(x) \text{ 看作 } \forall (x \in X \Rightarrow P(x)) \text{ 的简短记号,} \tag{5.34}$$

以及将

$$\exists x \in X\, P(x) \text{ 看作 } \exists (x \in X \Rightarrow P(x)) \text{ 的简短记号.} \tag{5.35}$$

5.2 集 论

5.2.1 集合的概念、特殊集

集论的创始人是 G. 康托尔 (1845—1918). 他引进的这个概念的重要性后来才为人所知. 集论在数学所有分支中都有决定性的作用, 并且它是当今数学及其应用中的本质性工具.

1. 从属关系

(1) **集合和它的元素** 集论的基本概念是从属关系. 一个集合 A 是由于某些原因而归在一起的某些不同的事物 (个体、观念等) a 的总体. 这些个体称作集合的

元素. 我们分别用记号“$a \in A$”或“$a \notin A$”表示“a 是 A 的一个元素”或“a 不是 A 的一个元素”. 集合可以通过在花括号中列出其元素, 比如 $M = \{a, b, c\}$ 或 $U = \{1, 2, 3, \cdots\}$, 或者借助恰由这个集合的元素所满足的规定的性质来给出. 例如, 奇自然数的集合 U 用 $U = \{x \,|\, x \text{ 是奇自然数}\}$ 定义和表示. 对于数集, 下列记号是通用的:

$$
\begin{aligned}
&\mathbb{N} = \{0, 1, 2, \cdots\} && \text{自然数集},\\
&\mathbb{Z} = \{0, 1, -1, 2, -2, \cdots\} && \text{整数集},\\
&\mathbb{Q} = \left\{ \frac{p}{q} \,\middle|\, p, q \in \mathbb{Z} \wedge q \neq 0 \right\} && \text{有理数集},\\
&\mathbb{R} && \text{实数集},\\
&\mathbb{C} && \text{复数集}.
\end{aligned}
$$

(2) **集合的外延性原则** 两个集合 A 和 B 恒等, 当且仅当它们恰有相同的元素, 即

$$A = B \Leftrightarrow \forall x (x \in A \Leftrightarrow x \in B). \tag{5.36}$$

■ 集合 $\{3, 1, 3, 7, 2\}$ 和 $\{1, 2, 3, 7\}$ 相同.

一个集合每个元素仅含有“一次”, 即使它被多次列举.

2. 子集

(1) **子集** 如果 A 和 B 是集合, 并且

$$\forall x (x \in A \Rightarrow x \in B) \tag{5.37}$$

成立, 那么 A 称为 B 的子集, 并且记作 $A \subseteq B$. 换言之: 若 A 的所有元素也属于 B, 则 A 是 B 的子集. 如果当 $A \subseteq B$ 时还存在 B 的某些元素不在 A 中, 那么称 A 是 B 的*真子集*, 并且将此记作 $A \subset B$ (图 5.1). 显然, 每个集合是它自身的子集 $A \subseteq A$.

■ 设 $A = \{2, 4, 6, 8, 10\}$ 是偶数的集合, 而 $B = \{1, 2, 3, \cdots, 10\}$ 是自然数的集合. 因为集合 A 不含奇数, 所以 A 是 B 的真子集.

(2) **空集** 空集 $\varnothing$ 没有元素, 引进这个概念是重要并且有用的. 由外延性原则, 仅有一个空集.

■ **A**: 集合 $\{x \,|\, x \in \mathbb{R} \wedge x^2 + 2x + 2 = 0\}$ 是空集.

■ **B**: 对于每个集合 M, 有 $\varnothing \subseteq M$, 即空集是每个集合 M 的子集.

对于集合 A, 空集和 A 自身称为 A 的*平凡子集*.

(3) **集合的相等** 两个集合相等, 当且仅当两者互为对方的子集:

$$A = B \Leftrightarrow A \subseteq B \wedge B \subseteq A. \tag{5.38}$$

这个事实经常用来证明两个集合恒等.

(4) **幂集** 集合 M 的所有子集的集合称为 M 的幂集, 并且记作 $\mathbb{P}(M)$, 即 $\mathbb{P}(M)=\{A \mid A\subseteq M\}$.

■ 对于集合 $M=\{a,b,c\}$, 幂集是

$$\mathbb{P}(M)=\{\varnothing,\{a\},\{b\},\{c\},\{a,b\},\{a,c\},\{b,c\},\{a,b,c\}\}.$$

下列性质成立:

a) 如果集合 M 有 m 个元素, 那么幂集 $\mathbb{P}(M)$ 有 2^m 个元素.

b) 对于每个集合 M, 有 $M,\varnothing\in\mathbb{P}(M)$, 即 M 自身及空集是 M 的幂集的元素.

(5) **基数** 有限集合 M 的元素个数称为 M 的基数, 并记作 $\mathrm{card}M$, 有时也记作 $|M|$.

关于有无穷多元素的集合的基数, 参见第 449 页 5.2.5.

5.2.2 集合运算

1. 维恩图

若用平面图形表示集合, 以此给出集合及集合运算的图形解释, 就是所谓 维恩(Venn) 图解. 例如, 图 5.1 表示子集关系 $A\subseteq B$.

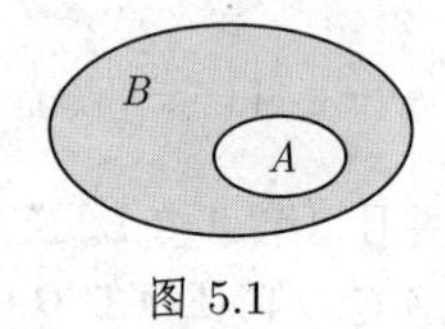

图 5.1

2. 并、交、补

借助集合运算, 可以用不同方式由给定集合形成新的集合:

(1) **并** 设 A 和 B 是两个集合. 它们的并集或并(记作 $A\cup B$) 定义为

$$A\cup B=\{x \mid x\in A\vee x\in B\},\tag{5.39}$$

读作"A 并 B"或"A 与 B 的并". 如果 A 和 B 分别由性质 E_1 和 E_2 给定, 那么并集 $A\cup B$ 具有至少其中一个性质, 即至少属于其中一个集合的元素. 图 5.2 中阴影区域表示并集.

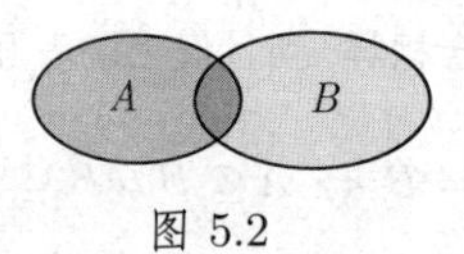

图 5.2

■ $\{1,2,3\}\cup\{2,3,5,6\}=\{1,2,3,5,6\}$.

(2) **交**　设 A 和 B 是两个集合. 它们的交集或交、割、割集 (记作 $A\cap B$) 定义为

$$A\cap B=\{x\,|\,x\in A\wedge x\in B\}, \tag{5.40}$$

读作"A 与 B 的交"或"A 交 B". 如果 A 和 B 分别由性质 E_1 和 E_2 给定, 那么交集 $A\cup B$ 具有性质 E_1 和 E_2, 即同时属于这两个集合的元素. 图 5.3 中阴影区域表示交集.

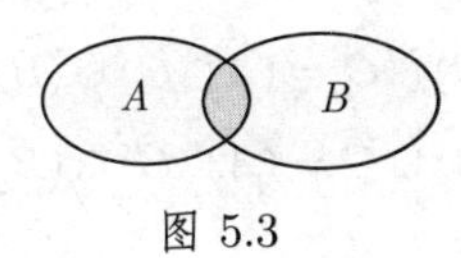

图 5.3

■ 我们可以用两个数 a 和 b 的因子集合 $T(a)$ 和 $T(b)$ 的交来定义最大公因子 (参见第 499 页 5.4.1.4). 对于 $a=12$ 和 $b=18$, 有 $T(a)=\{1,2,3,4,6,12\}$ 和 $T(b)=\{1,2,3,6,9,18\}$, 所以 $T(12)\cap T(18)$ 含有公因子, 并且最大公因子是 $\gcd(12,18)=6$.

(3) **不相交集**　若两个集合 A 和 B 没有公共元素, 则称它们是不相交的. 对于它们, 有

$$A\cap B=\varnothing, \tag{5.41}$$

即它们的交是空集.

■ 奇数集和偶数集不相交; 它们的交是空集, 即

$$\{\text{奇数}\}\cap\{\text{偶数}\}=\varnothing.$$

(4) **补**　如果只考虑一个给定集合 M 的子集, 那么 A 对于 M 的补集或补 $C_M(A)$ 含有 M 的所有不属于 A 的元素:

$$C_M(A)=\{x\,|\,x\in M\vee x\notin A\}, \tag{5.42}$$

读作"A 对于 M 的补", 并且 M 称为基本集, 有时也称为泛集. 如果基本集 M 显然来自所考虑的问题, 那么也用记号 $\overline{A}$ 表示补集. 图 5.4 中阴影区域表示补集.

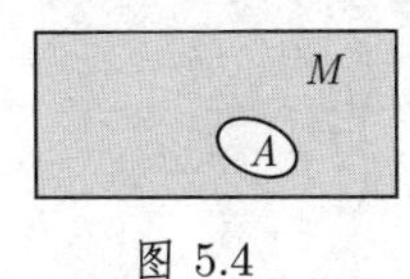

图 5.4

3. 集代数的基本律

集合运算具有与逻辑运算类似的性质. 集代数的基本律是

(1) **结合律**

$$(A\cap B)\cap C=A\cap(B\cap C), \tag{5.43}$$

$$(A\cup B)\cup C=A\cup(B\cup C). \tag{5.44}$$

(2) **交换律**

$$A\cap B=B\cap A, \tag{5.45}$$

$$A\cup B=B\cup A. \tag{5.46}$$

(3) **分配律**

$$(A\cup B)\cap C=(A\cap C)\cup(B\cap C), \tag{5.47}$$

$$(A\cap B)\cup C=(A\cup C)\cap(B\cup C). \tag{5.48}$$

(4) **吸收律**

$$A\cap(A\cup B)=A, \tag{5.49}$$

$$A\cup(A\cap B)=A. \tag{5.50}$$

(5) **幂等律**

$$A\cap A=A, \tag{5.51}$$

$$A\cup A=A. \tag{5.52}$$

(6) **德摩根律**

$$\overline{A\cap B}=\overline{A}\cup\overline{B}, \tag{5.53}$$

$$\overline{A\cup B}=\overline{A}\cap\overline{B}. \tag{5.54}$$

(7) **一些其他定律**

$$A\cap\overline{A}=\varnothing, \tag{5.55}$$

$$A\cup\overline{A}=M(M\text{ 是基本集}), \tag{5.56}$$

$$A\cap M=A, \tag{5.57}$$

$$A\cup\varnothing=A, \tag{5.58}$$

$$A\cap\varnothing=\varnothing, \tag{5.59}$$

$$A\cup M=M, \tag{5.60}$$

$$\overline{M}=\varnothing, \tag{5.61}$$

$$\overline{\varnothing}=M, \tag{5.62}$$

$$\overline{\overline{A}}=A. \tag{5.63}$$

这个表也可以应用下列代换从命题演算基本律 (参见第 434 页 5.1.1) 得到: $\cap$ 代 $\wedge$,$\cup$ 代 $\vee$, M 代 T, 以及 $\varnothing$ 代 F. 这个一致性不是偶然的; 我们将在 528 页 5.7 讨论它.

4. 其他的集运算

除了上面定义的运算外, 这里定义两个集合 A 和 B 间的一些其他运算: *差集*或*差* $A\backslash B$, *对称差* $A\triangle B$, 以及*笛卡儿积* $A\times B$.

(1) **两个集合的差**　A 的不属于 B 的元素的集合称作 A 与 B 的*差集*或*差*:

$$A\backslash B=\{x\,|\,x\in A\wedge x\notin B\}. \tag{5.64a}$$

如果 A 由性质 E_1, B 由性质 E_2 定义, 那么 $A\backslash B$ 含有具有性质 E_1 但不具有性质 E_2 的元素.

图 5.5 中阴影区域表示差集.

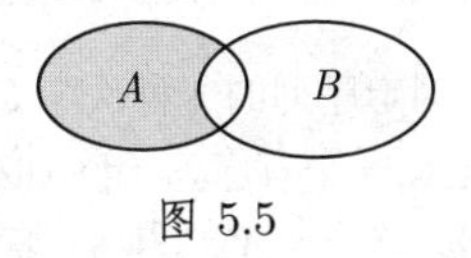

图 5.5

■　$\{1,2,3,4\}\backslash\{3,4,5\}=\{1,2\}$.

(2) **两个集合的对称差**　对称差 $A\triangle B$ 是所有恰好属于集合 A 和 B 之一的元素的集合:

$$A\triangle B=\{x\,|\,(x\in A\vee x\notin B)\wedge(x\in B\vee x\notin A)\}. \tag{5.64b}$$

由定义可知

$$A\triangle B=(A\backslash B)\cup(B\backslash A)=(A\cup B)\backslash(A\cap B), \tag{5.64c}$$

即对称差含有恰好具有定义性质 E_1 (对于 A) 和 E_2 (对于 B) 之一的元素.

图 5.6 中阴影区域表示对称差.

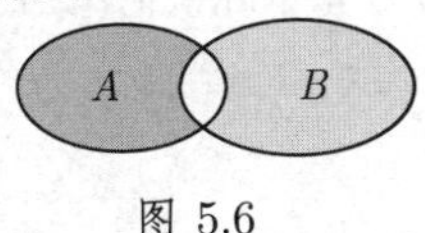

图 5.6

■　$\{1,2,3,4\}\triangle\{3,4,5\}=\{1,2,5\}$.

(3) **两个集合的笛卡儿积**　两个集合的*笛卡儿积*由

$$A\times B=\{(a,b)\,|\,a\in A\wedge b\in B\} \tag{5.65a}$$

定义. $A\times B$ 的元素 (a,b) 称为*有序对*, 并且由

$$(a,b)=(c,d)\ \Leftrightarrow\ a=c\vee b=d \tag{5.65b}$$

刻画. 两个有限集的笛卡儿积的元素个数等于

$$\operatorname{card}(A\times B)=(\operatorname{card}A)(\operatorname{card}B). \tag{5.65c}$$

■ **A**: 对于 $A=\{1,2,3\}$ 和 $B=\{2,3\}$, 我们得到

$$A\times B=\{(1,2),(1,3),(2,2),(2,3),(3,2),(3,3)\},$$

以及

$$B\times A=\{(2,1),(2,2),(2,3),(3,1),(3,2),(3,3)\},$$

并且 $\operatorname{card}A=3, \operatorname{card}B=2, \operatorname{card}(A\times B)=\operatorname{card}(B\times A)=6$.

■ **B**: x,y 平面的每个点可以用笛卡儿积 $\mathbb{R}\times\mathbb{R}$($\mathbb{R}$ 是实数集) 定义. 坐标 x,y 的集用 $\mathbb{R}\times\mathbb{R}$ 表示, 所以

$$\mathbb{R}^2=\mathbb{R}\times\mathbb{R}=\{(x,y)\,|\,x\in\mathbb{R},y\in\mathbb{R}\}.$$

(4) **n 个集合的笛卡儿积** 固定序列的一种次序 (第一个元素, 第二个元素, $\cdots$, 第 n 个元素), 可由 n 个元素定义一个有序 n 组. 如果 $a_i\in A_i(i=1,2,\cdots,n)$ 是这些元素, 那么记 n 组为 $(a_1,a_2,\cdots,a_n)$, 其中 a_i 称为第 i 个分量.

对于 $n=3,4,5$, 这些 n 组称为*三元组*、*四元组*、*五元组*.

n 项笛卡儿积 $A_1\times A_2\times\cdots\times A_n$ 是所有有序 n 组 $(a_1,a_2,\cdots,a_n)$(其中 $a_i\in A_i$) 的集合:

$$A_1\times A_2\times\cdots\times A_n=\{(a_1,a_2,\cdots,a_n)\,|\,a_i\in A_i\,(i=1,\cdots,n)\}. \tag{5.66a}$$

如果每个 A_i 都是有限集, 那么有序 n 组的个数是

$$\operatorname{card}(A_1\times A_2\times\cdots\times A_n)=\operatorname{card}A_1\operatorname{card}A_2\cdots\operatorname{card}A_n. \tag{5.66b}$$

注 集合 A 与其自身的 n 次笛卡儿积记作 A^n.

5.2.3 关系和映射

1. n 元关系

关系定义一个或不同的集合的元素间的对应. 集合 $A_1,\cdots,A_n$ 间的*n 元关系*或*n 位关系R* 是这些集合的笛卡儿积的子集, 即 $R\subseteq A_1\times\cdots\times A_n$. 如果集合 $A_i(i=1,\cdots,n)$ 全是同一个集合 A, 那么有 $R\subseteq A^n$, 并且将它称作集合 A 中的 n 元关系.

2. 二元关系

(1) **集合中二元关系的概念** 一个集合中二位 (*二元*) 关系具有特殊的重要性. 在二元关系情形, 也经常使用记号 aRb 代替 $(a,b)\in R$.

■ 作为一个例子, 考虑集合 $A=\{1,2,3,4\}$ 中的整除关系, 即二元关系

$$T=\{(a,b)\,|\,a,b\in A\wedge a\text{ 是 }b\text{ 的因子}\} \tag{5.67a}$$

$$=\{(1,1),(1,2),(1,3),(1,4),(2,2),(2,4),(3,3),(4,4)\}. \tag{5.67b}$$

(2) **箭头图或映射函数**　集合 A 中的有限二元关系可以用*箭头函数*或*箭头图*或用*关系矩阵*表示. A 的元素用平面上的点表示, 并且若存在关系 aRb, 则表示为一个从 a 到 b 的箭头.

图 5.7 给出 $A=\{1,2,3,4\}$ 中关系 T 的箭头图.

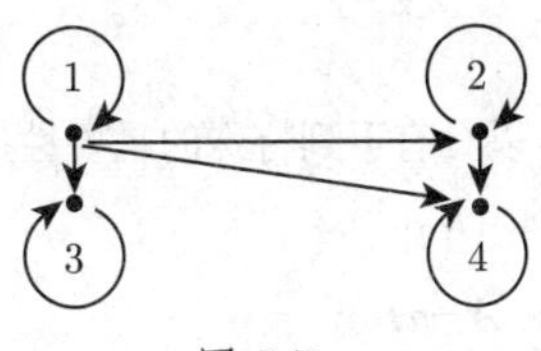

图 5.7

(3) **关系矩阵**　A 的元素作为矩阵的行元素和列元素 (参见第 361 页 4.1.1, 1.). 若 aRb, 则在 $a\in A$ 所在的行与 $b\in B$ 所在的列的交点处元素为 1, 不然为 0. 下面的表格给出 $A=\{1,2,3,4\}$ 中关系 T 的关系矩阵.

	1	2	3	4
1	1	1	1	1
2	0	1	0	1
3	0	0	1	0
4	0	0	0	1

表格: 关系矩阵

3.　关系积、逆关系

关系是特殊的集合, 所以通常的集合运算 (参见第 440 页 5.2.2) 可以在关系间实施. 除此之外, 对于二元关系, 还有*关系积*和*逆关系*, 具有特殊重要性.

设 $R\subseteq A\times B$ 和 $S\subseteq B\times C$ 是两个二元关系. 关系 R,S 的积 $R\circ S$ 定义为

$$R\circ S=\{(a,c)\mid \exists b(b\in B\wedge aRb\wedge bSc)\}. \tag{5.68}$$

关系积是结合的, 但不交换.

关系 R 的逆 R^{-1} 定义为

$$R^{-1}=\{(b,a)\mid (a,b)\in R\}. \tag{5.69}$$

对于集合 A 中的二元关系, 下列关系式成立:

$$(R\cup S)\circ T=(R\circ T)\cup(S\circ T), \tag{5.70a}$$

$$(R\cap S)\circ T\subseteq(R\circ T)\cap(S\circ T), \tag{5.70b}$$

$$(R\cup S)^{-1}=R^{-1}\cup S^{-1}, \tag{5.70c}$$

$$(R\cap S)^{-1}=R^{-1}\cap S^{-1}, \tag{5.70d}$$

$$(R\circ S)^{-1}=S^{-1}\circ R^{-1}. \tag{5.70e}$$

4. 二元关系的性质

集合 A 中的二元关系可以具有下列特殊的重要性质: R 称为

自反的, 如果 $\forall a\in A\ aRa;$ (5.71a)

非自反的, 如果 $\forall a\in A\,\neg aRa;$ (5.71b)

对称的, 如果 $\forall a,b\in A\,(aRb\Rightarrow bRa);$ (5.71c)

反对称的, 如果 $\forall a,b\in A\,(aRb\wedge bRa\Rightarrow a=b);$ (5.71d)

传递的, 如果 $\forall a,b,c\in A\,(aRb\wedge bRc\Rightarrow aRc);$ (5.71e)

线性的, 如果 $\forall a,b\in A\,(aRb\vee bRa).$ (5.71f)

这些关系式还可以用关系积刻画. 例如, 如果 $R\circ R\subseteq R$, 则二元关系 R 是传递的. 特别有趣的是, 关系 R 的闭包 $\mathrm{tra}(R)$. 它是最小的含有 R 的传递关系 (对于子集关系而言). 实际上,

$$\mathrm{tra}(R)=\bigcup_{n\geqslant 1}R^n=R^1\cup R^2\cup R^3\cup\cdots, \tag{5.72}$$

其中 R^n 是 R 与自身的 n 次关系积.

■ 设集合 $\{1,2,3,4,5\}$ 上的二元关系 R 由它的关系矩阵 M 给定:

M	1	2	3	4	5
1	1	0	0	1	0
2	0	0	0	1	0
3	0	0	1	0	1
4	0	1	0	0	1
5	0	1	0	0	0

M^2	1	2	3	4	5
1	1	1	0	1	1
2	0	1	0	0	1
3	0	1	1	0	1
4	0	1	0	1	0
5	0	0	0	1	0

M^3	1	2	3	4	5
1	1	1	0	1	1
2	0	1	0	1	0
3	0	1	1	1	1
4	0	1	0	1	1
5	0	1	0	0	1

用矩阵乘法计算 M^2, 在此将值 0 和 1 看作真值, 并且代替乘法和加法实施逻辑运算合取和析取, 那么 M^2 是属于 R^2 的关系矩阵. R^3,R^4 等的关系矩阵可以类似地计算.

$R\cup R^2\cup R^3$ 的关系矩阵 (即下面的矩阵) 可以用计算矩阵 M,M^2 和 M^3 的析取元素的方式得到. 因为 M 的较高次幂不含有新的元素 1, 所以这个矩阵已经与 $\mathrm{tra}(R)$ 的关系矩阵相同.

$M \vee M^2 \vee M^3$	1	2	3	4	5
1	1	1	0	1	1
2	0	1	0	1	1
3	0	1	1	1	1
4	0	1	0	1	1
5	0	1	0	1	1

关系矩阵和关系积在图论中路径长度的搜索中有重要应用 (参见第 540 页 5.8.2.1).

在有限二元关系情形, 我们可以容易地从箭头图或关系矩阵识别出上面的性质. 例如, 可以从箭头图中的“自循环圈”以及关系矩阵中的主对角元 1 看出自反性. 如果每个箭头都伴随一个反方向的箭头, 或者如果关系矩阵是对称矩阵 (参见第 444 页 5.2.3, 2.), 那么箭头图中对称性是显然的. 从箭头图或从关系矩阵还容易看出可除性 T 是自反的但不是对称关系.

5. 映射

从集合 A 到集合 B 的**映射**或**函数**(参见第 61 页 2.1.1.1), 记作 $f: A \to B$, 是一个法则, 它对于每个元素 $a \in A$ 恰指派一个元素 $b \in B$, 并称之为 $f(a)$. 映射 f 可以看作 $A \times B$ 的一个子集, 因而看作一个二元关系:

$$f = \{\big(a, f(a)\big) \mid a \in A\} \subseteq A \times B. \tag{5.73}$$

a) 如果对于每个 $b \in B$ 至多存在一个 $a \in A$ 使得 $f(a) = b$, 那么称 f 是**单射** 或**一对一映射**.

b) 如果对于每个 $b \in B$ 至少存在一个 $a \in A$ 使得 $f(a) = b$, 那么称 f 是从 A 到 B 的**满射**.

c) 如果 f 既是单射也是满射, 那么 f 称为**双射**.

如果 A 和 B 是有限集, 并且它们之间存在双射, 那么 A 和 B 的元素个数相同 (还可参见第 449 页 5.2.5).

对于双射映射 $f: A \to B$ 存在逆关系:$f^{-1}: B \to A$ 称为 f 的**逆映射**.

映射的关系积用于一个接着一个映射的复合: 如果 $f: A \to B$ 以及 $g: B \to A$ 是映射, 那么 $f \circ g$ 也是一个从 A 到 C 的映射, 并且定义为

$$(f \circ g) = g\big(f(a)\big). \tag{5.74}$$

注　注意这个方程中 f 和 g 的顺序 (在文献中它有不同的处理!).

5.2.4 等价性和序关系

对于集合 A, 最重要的两类二元关系是等价性和序关系.

1. 等价关系

若与集合 A 有关的二元关系 R 是自反、对称和传递的, 则称为**等价关系**. 如果已知等价关系 R, 那么对于 aRb 也可应用记号 $a \sim_R b$ 或 $a \sim b$, 并读作 a(对于 R) 等价于 b.

等价关系的例

■ **A**: $A=\mathbb{Z}, m \in \mathbb{N}\backslash\{0\}$. 恰当 a 和 b 被 m 除有相同的剩余时, 有 $\{a\} \sim_R \{b\}$ (它们模 m 同余).

■ **B**: 在不同区域中的等价关系, 例如, 在有理数集 $\mathbb{Q}$ 中:$\dfrac{p_1}{q_1}=\dfrac{p_2}{q_2} \Leftrightarrow p_1q_2 = p_2q_1$ (p_1, p_2, q_1, q_2 是整数, $q_1, q_2 \neq 0$), 这里第一个等式定义 $\mathbb{Q}$ 中的相等, 而第二个等式表示 $\mathbb{Z}$ 中的相等.

■ **C**: 几何图形的相似或全等.

■ **D**: 命题演算的表达式的逻辑等价 (参见第 434 页 5.1.1, 6.).

2. 等价类、分拆

(1) **等价类** 集合 A 中每个等价关系定义 A 的一个分划, 即将它分为两两不相交的非空子集 (等价类).

$$[a]_R := \{b \,|\, b \in A \wedge a \sim_R b\} \tag{5.75}$$

称为 a 对于 R 的一个等价类. 对于等价类, 下列性质成立:

$$[a]_R \neq \varnothing,\ a \sim_R b \Leftrightarrow [a]_R = [b]_R,\ \text{并且}\ a \nsim_R b \Leftrightarrow [a]_R \cap [b]_R = \varnothing. \tag{5.76}$$

这些等价类形成一个新的集合, 即*商集*A/R:

$$A/R = \{[a]_R \,|\, a \in A\}. \tag{5.77}$$

幂集 $\mathbb{P}(A)$ 的子集 $Z \subseteq \mathbb{P}(A)$ 称为 A 的一个*分拆*, 如果

$$\varnothing \notin Z,\ X, Y \in Z \wedge X \neq Y \Rightarrow X \cap Y = \varnothing,\ \bigcup_{X \in Z} = A. \tag{5.78}$$

(2) **分解定理** 集合 A 中每个等价关系 R 定义 A 的一个分拆 Z, 即 $Z = A/R$. 反之, 集合 A 的每个分拆定义 A 中的一个等价关系 R:

$$a \sim_R b \Leftrightarrow \exists X \in Z(a \in X \wedge b \in X). \tag{5.79}$$

集合 A 中的等价关系可以看作等式的推广, 在此 A 的元素的"无关重要"的性质被忽略, 而对于某些性质没有差异的元素属于同一个等价类.

3. 次序关系

集合 A 中的二元关系 R 称为*偏序的*, 如果 R 是自反、反对称并且传递的. 此外, 如果 R 是线性的, 那么 R 称为*线性序或链*.集合 A 称为关于 R 有序或线性有序. 在线性有序集中任何两个元素是可比较的. 如果由问题已知次序关系 R, 那么代替 aRb 也可使用记号 $a \leqslant_R b$ 或 $a \leqslant b$.

次序关系的例

■ **A**: 数集 $\mathbb{N}, \mathbb{Z}, \mathbb{Q}, \mathbb{R}$ 关于通常的 $\leqslant$ 关系是全序的.

■ **B**: 子集关系也是有序的, 但仅是偏序的.

■ **C**: 英语字的字典顺序是一个链.

注 如果 $Z=\{A,B\}$ 是 $\mathbb{Q}$ 的一个具有性质 $a\in A\wedge b\in B\Rightarrow a<b$ 的分拆, 那么 (a,b) 称为**戴德金分割**.如果 A 没有最大元素, 而 B 没有最小元素, 那么这个分割唯一确定一个无理数. 除了区间套 (参见第 2 页 1.1.1.2) 外, 戴德金分割的概念是另一种引进无理数的方法.

4. 哈塞图

有限有序集可以通过**哈塞图**表示: 设在有限集 A 上给定序关系 $\leqslant$. A 的元素用平面上的点表示, 在此若 $a<b$, 则点 $b\in A$ 位于点 $a\in A$ 上方. 如果没有 $c\in A$ 满足 $a<c<b$, 则称 a 和 b**相邻接**或是**相邻成员**. 于是用一个线段连接 a 和 b.

哈塞图是一个"简化"的箭头图, 其中所有的圈、箭头以及由关系的传递性产生的箭都被省略. 图 5.7 给出集合 $A=\{1,2,3,4\}$ 的可除性关系 T 的箭头图, 图 5.8 是其哈塞图表示.

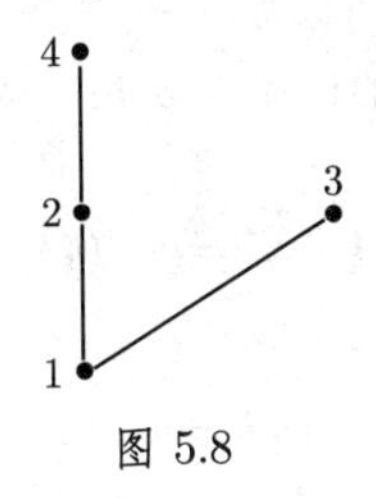

图 5.8

5.2.5 集合的基数

在第 440 页 5.2.1 中我们将一个有限集的元素个数称为这个集合的基数. 基数的概念可以扩充到无限集.

1. 基数

两个集合 A 和 B 称作**等计数的**, 如果它们之间存在双射. 对于每个集合 A 指派一个**基数** $|A|$ 或 $\operatorname{card} A$, 所以等计数集合有相同的基数. 一个集合与它的幂集绝不会等计数, 所以没有"最大"的基数.

2. 无限集

无限集可以用下列性质来刻画: 它们具有与集合自身等计数的真子集."最小"的无穷基数是自然数集 $\mathbb{N}$ 的基数, 将它记为 $\aleph_0$(阿列夫 0).

若一个集合与 $\mathbb{N}$ 等计数, 则称为**可枚举的**或**可数的**. 这意味着它的元素可以逐个列举, 或写成一个无穷序列 $a_1,a_2,\cdots$.

若一个集合不与 $\mathbb{N}$ 等计数, 则称为**不可数的**. 于是每个不能枚举的无限集是不可数的.

■ **A**: 整数集 $\mathbb{Z}$ 和有理数集 $\mathbb{Q}$ 是可数集.

■ **B**: 实数集 $\mathbb{R}$ 和复数集 $\mathbb{C}$ 是不可数集. 这些集合与自然数集的幂集 $\mathbb{P}(\mathbb{N})$ 等计数, 并且它们的基数称为*连续统*.

5.3 经典代数结构

5.3.1 运算

1. n 元运算

结构的概念在数学及其应用中起着重要作用. 其次是研究代数结构, 即在其上定义了运算的集合. 集合 A 上的一个*n 元运算*φ 是一个映射 $\varphi: A^n \to A$, 它对于每个 A 的元素的 n 组指派 A 的一个元素.

2. 二元运算的性质

特别重要的是 $n=2$ 的情形, 它称为*二元运算*, 例如, 数或矩阵的加法和乘法, 或集合的并和交. 一个二元运算可以看作一个映射 $*: A \times A \to A$, 在本章多数情形用*中缀形式*"$a*b$"代替这里的记号"$*(a,b)$". 若 A 中的二元运算 $*$, 对于每个 $a,b,c \in A$ 有

$$(a*b)*c = a*(b*c), \tag{5.80}$$

则称为*结合的*, 有

$$a*b = b*a. \tag{5.81}$$

则称为*交换的*.

元素 $e \in A$ 称为关于 A 中的二元运算 $*$ 的*中性元素*, 如果对于每个 $a \in A$ 有

$$a*e = e*a = a. \tag{5.82}$$

3. 外运算

有时还考虑外运算. 这就是从 $K \times A$ 到 K 的映射, 其中 K 是一个"外部"的并且多数是已经构造的集合 (参见第 489 页 5.3.8).

5.3.2 半群

最经常出现的代数结构有它们特有的名称. 一个具有结合的二元运算 $*$ 的集合 H 称为*半群*, 记号是 $H=(H,*)$.

半群的例

■ **A**: 数的区域关于加法或乘法.

■ **B**: 幂集关于并或交.

■ **C**: 矩阵关于加法或乘法.

■ **D**: 所有"字母表"A 上的"字"(串) 关于连接 (*自由半群*).

注 除矩阵乘法和字的连接外, 这些例中所有运算也是交换的, 在这种情形我们称它们是交换半群.

5.3.3 群

5.3.3.1 定义和基本性质

1. 定义、阿贝尔群

一个具有二元运算 $*$ 的集合 G 称为*群*, 如果

- $*$ 是结合的,
- $*$ 有中性元素 e, 并且对于每个元素 $a \in G$ 存在一个*逆元* a^{-1} 使得

$$a * a^{-1} = a^{-1} * a = e. \tag{5.83}$$

群是特殊的半群.

群的中性元素是唯一的, 也就是说, 仅有一个中性元素. 此外, 群中每个元素恰有一个逆. 如果运算 $*$ 是交换的, 那么这个群称为*阿贝尔群*. 如果群运算写成加, 即 $+$, 那么中性元素记作 0, 并且元素 a 的逆记作 $-a$.

有限群中元素个数称为*群的阶*.

群的例子

■ **A**: 数的区域 ($\mathbb{N}$ 除外) 中的数关于加法.

■ **B**: $\mathbb{Q}\backslash\{0\}, \mathbb{R}\backslash\{0\}$, 以及 $\mathbb{C}\backslash\{0\}$ 关于乘法.

■ **C**: $S_M = \{f : M \to M \wedge f$ 是双射$\}$ 关于映射的复合. 这个群称为对称群.

如果 M 是有 n 个元素的有限集, 那么 S_M 写成 S_n. S_n 有 $n!$ 个元素. 对称群 S_n 及其子群称为*置换群*. 例如, 二面体群 D_n 是置换群, 并且是 S_n 的子群.

■ **D**: 考虑平面上一个正 n 角形的所有覆盖变换的集合 D_n. 这里*覆盖变换*是 n 角形的两个对称位置间的转换, 即将 n 角形移动到某个可重合的位置. 用 d 表示转角为 $2\pi/n$ 的旋转, σ 是关于轴的反射, 那么 D_n 有 $2n$ 个元素

$$D_n = \{e, d, d^2, \cdots, d^{n-1}, \sigma, d\sigma, \cdots, d^{n-1}\sigma\}.$$

D_n 关于映射的复合是一个群, 即*二面体群*. 这里等式 $d^n = \sigma^2 = e$ 和 $\sigma d = d^{n-1}\sigma$ 成立.

■ **E**: 所有实数或复数上的正则矩阵 (参见第 367 页 4.1.4) 关于乘法是一个群.

注 矩阵在应用中起着非常重要的作用, 特别是在线性变换的表示中. 线性变换可以用矩阵群分类.

2. 群表或凯莱表

凯莱表或群表用来表示有限群: 用行和列中的字符记群的元素. 元素 $a * b$ 位于元素 a 所在行与元素 b 所在列的相交处.

■ 如果 $M=\{1,2,3\}$, 那么对称群 S_M 也记作 S_3. S_3 由集合 $\{1,2,3\}$ 的所有双射 (置换) 组成, 因此它有 $3!=6$ 个元素 (参见第 1053 页 16.1.1). 置换经常用两行表示, 其中第一行是 M 的元素, 在每个元素下面是它的象. 例如, S_3 的 6 个元素是

$$\begin{aligned} &\varepsilon=\begin{pmatrix}1&2&3\\1&2&3\end{pmatrix},\quad p_1=\begin{pmatrix}1&2&3\\1&3&2\end{pmatrix},\quad p_2=\begin{pmatrix}1&2&3\\3&2&1\end{pmatrix},\\ &p_3=\begin{pmatrix}1&2&3\\2&1&3\end{pmatrix},\quad p_4=\begin{pmatrix}1&2&3\\2&3&1\end{pmatrix},\quad p_5=\begin{pmatrix}1&2&3\\3&1&2\end{pmatrix}. \end{aligned} \tag{5.84}$$

逐次应用这些映射 (二元运算) 可得到 S_3 的群表如下:

$\circ$	ε	p_1	p_2	p_3	p_4	p_5
ε	ε	p_1	p_2	p_3	p_4	p_5
p_1	p_1	ε	p_5	p_4	p_3	p_2
p_2	p_2	p_4	ε	p_5	p_1	p_3
p_3	p_3	p_5	p_4	ε	p_2	p_1
p_4	p_4	p_2	p_3	p_1	p_5	ε
p_5	p_5	p_3	p_1	p_2	ε	p_4

(5.85)

- 由群表可见恒等置换 ε 是群的中性元素.
- 在群表中每个元素在每行和每列都恰只出现一次.
- 在表中容易识别任何群元素的逆, 即 S_3 中 p_4 的逆是 p_5, 因为 p_4 所在行与 p_5 所在列相交处是中性元素 ε.
- 如果群运算是交换的 (阿贝尔群), 那么表关于“主对角线”对称; S_3 不对称, 因为, 例如, $p_1\circ p_2\neq p_2\circ p_1$.
- 不易从表识别结合性.

5.3.3.2 子群和直接积

1. 子群

设 $G=(G,*)$ 是一个群, 并且 $U\subseteq G$. 如果 U 关于 $*$ 也是一个群, 那么 $u=(U,*)$ 称为 G 的*子群*.

群 $(G,*)$ 的非空子集 U 是 G 的子群, 当且仅当对于每个 $a,b\in U$, 元素 $a*b$ 和 a^{-1} 也在 U 中 (*子群判别法*).

(1) **循环子群** 群 G 自身及 $E=\{e\}$ 是 G 的子群, 即所谓*平凡子群*. 此外, 每个元素 $a\in G$ 对应一个子群, 即所谓由 a 生成的*循环子群*:

$$\langle a\rangle=\{\cdots,a^{-2},a^{-1},e,a,a^{2},\cdots\}. \tag{5.86}$$

如果群运算是加法, 那么用整数倍 ka(是 a 与自身的 k 次相加的简记号) 代替幂

a^k(是 a 与自身的 k 次运算的简记号), 我们写出

$$\langle a\rangle=\{\cdots,(-2)a,-a,0,a,2a,\cdots\}, \tag{5.87}$$

这里 $\langle a\rangle$ 是含有 a 的最小子群. 如果对于 G 的某个元素 a 有 $\langle a\rangle=G$, 那么 g 称为循环的.

存在无限循环群, 例如, $\mathbb{Z}$ 关于加法, 也存在有限循环群, 例如, Z_m(模 m 剩余类集关于剩余类加法)(参见第 505 页 5.4.3, 3.).

- 如果有限群 G 的元素个数是素数, 那么 G 总是循环的.

(2) **一般化** 循环群的概念可以推广如下: 如果 M 是群 G 的非空子集, 那么将 G 的这种子群记作 $\langle M\rangle$: 其元素可以写成有限多个 M 的元素及它们的逆之积的形式. 子集 M 称为 $\langle M\rangle$ 的*生成元系*. 如果 M 仅含一个元素, 那么 $\langle M\rangle$ 是循环的.

(3) **群的阶, 左陪集和右陪集** 群论中有限群的元素个数记作 $\operatorname{ord} G$. 如果由一个元素 a 生成的循环子群是有限的, 那么这个阶也称为*元素 a 的阶*, 即 $\operatorname{ord}\langle a\rangle=\operatorname{ord} a$.

如果 U 是群 $(G,*)$ 的子群, 以及 $a\in G$, 那么 G 的子集

$$aU:=\{a*u\,|\,u\in U\} \quad 和 \quad Ua:=\{u*a\,|\,u\in U\} \tag{5.88}$$

称为 U 在 G 中的*左陪集*和*右陪集*. 左陪集或右陪集分别形成 G 的分拆 (参见第 448 页 5.2.4, 2.).

子群 U 在 G 中的所有左陪集或右陪集有相同的元素个数, 即 $\operatorname{ord} U$. 由此推出左陪集的个数等于右陪集的个数. 这个个数称为 U 在 G 中的*指标*. 从这些事实可推出拉格朗日定理.

(4) **拉格朗日定理** 子群的阶是群的阶的因子.

一般难于确定一个群的所有子群. 在有限群的情形中, 拉格朗日定理作为子群存在性的必要条件是有用的.

2. 正规子群或不变子群

一般地, 对于子群 U, aU 与 Ua 不同 (但 $|aU|=|Ua|$ 成立). 如果对于所有 $a\in G$ 有 $aU=Ua$, 那么 U 称为 G 的*正规子群*或*不变子群*. 这些特殊的子群是形式因子群的基础 (参见第 455 页 5.3.3.3, 3.).

显然在阿贝尔群中每个子群都是正规子群.

子群和正规子群的例子

■ **A**: $\mathbb{R}\backslash\{0\},\mathbb{Q}\backslash\{0\}$ 关于乘法形成 $\mathbb{C}\backslash\{0\}$ 的子群.

■ **B**: 偶数关于加法形成 $\mathbb{Z}$ 的子群.

■ **C**: S_3 的子群: 依据拉格朗日定理有 6 个元素的群 S_3 可能仅有 2 个或 3 个元素的子群 (平凡子群除外). 事实上, S_3 有下列子群: $E=\{\varepsilon\},U_1=\{\varepsilon,p_1\},U_2=$

$\{\varepsilon, p_2\}, U_3 = \{\varepsilon, p_3\}, U_4 = \{\varepsilon, p_4, p_5\}, S_3$. 非平凡子群 U_1, U_2, U_3 及 U_4 是循环的, 因为它们的元素个数是素数. 但群 S_3 不是循环的. 除平凡正规子群外, S_3 仅有 U_4 是其正规子群.

无论如何, 群 G 的每个满足 $|U| = |G|/2$ 的子群 U 是 G 的正规子群.

每个对称群 S_M 及其子群称为*置换群*.

■ **D**: 所有 (n, n) 型的正则矩阵关于矩阵乘法的群 $\mathrm{GL}(n)$ 的特殊子群:

$\mathrm{SL}(n)$ 所有行列式为 1 的矩阵 A 的群.

$O(n)$ 所有正交矩阵的群.

$\mathrm{SO}(n)$ 所有行列式为 1 的正交矩阵的群.

群 $\mathrm{SL}(n)$ 是 $\mathrm{GL}(n)$ 的正规子群 (参见第 455 页 5.3.3.3, 3.), $\mathrm{SO}(n)$ 是 $O(n)$ 的正规子群.

■ **E**: 作为所有 (n, n) 型复矩阵 (参见第 365 页 4.1.4) 的子群:

$U(n)$ 所有酉矩阵的群.

$\mathrm{SU}(n)$ 所有行列式为 1 的酉矩阵的群.

3. 直接积

(1) **定义** 设 A 和 B 是群, 其群运算 (例如加或乘) 记作 $\cdot$. 在笛卡儿积 (参见第 443 页 5.2.2, 4.) $A \times B$ 中运算 $*$ 可以用下列方式引进:

$$(a_1, b_1) * (a_2, b_2) = (a_1 \cdot a_2, b_1 \cdot b_2). \tag{5.89a}$$

$A \times B$ 关于这个运算成为一个群, 并称作 A 和 B 的*直接积*. (e, e) 表示 $A \times B$ 的单位元, (a^{-1}, b^{-1}) 是 (a, b) 的逆元素. 对于有限群 A, B, 有

$$\mathrm{ord}(A \times B) = \mathrm{ord}\, A \cdot \mathrm{ord}\, B. \tag{5.89b}$$

群 $A' := \{(a, e) \,|\, a \in A\}$ 和 $B' := \{(e, b) \,|\, b \in B\}$ 是 $A \times B$ 的分别同构于 A 和 B 的正规子群.

阿贝尔群的直接积仍然是阿贝尔群.

两个循环群 A, B 的直接积是循环的, 当且仅当两个群的阶的最大公因子等于 1.

■ **A**: 取 $Z_2 = \{e, a\}$ 及 $Z_3 = \{e, b, b^2\}$, 直接积

$$Z_2 \times Z_3 = \{(e, e), (e, b), (e, b^2), (a, e), (a, b), (a, b^2)\}$$

是一个由 (a, b) 生成的同构于 Z_6 的群 (参见第 455 页 5.3.3.3, 2.).

■ **B**: 另一方面, $Z_2 \times Z_2 = \{(e, e), (e, b), (a, e), (a, b)\}$ 不是循环的. 这个群的阶为 4, 也称它为克莱因四元群, 并且它刻画了长方形的覆盖运算.

(2) **阿贝尔群的基本定理** 因为直接积是一个能够从“较小的”群做出“较大的”群的构造, 所以问题可以反向讨论: 何时有可能将较大的群 G 看作较小的群 A, B 的直接积, 也就是, 何时 G 能同构于 $A \times B$? 对于阿贝尔群, 有所谓基本定理:

每个有限阿贝尔群可以表示为阶为素数幂的循环群的直接积.

5.3.3.3 群间的映射

1. 同态与同构

(1) **群同态** 我们考虑的代数结构之间的映射, 并非是任意的, 而是“保持结构”的映射: 设 $G_1 = (G_1, *)$ 和 $G_2 = (G_2, \circ)$ 是两个群. 映射 $h : G_1 \to G_2$ 称为*群同态*, 如果对于所有 $a, b \in G_1$ 有

$$h(a * b) = h(a) \circ h(b) \quad (\text{“积的象等于象的积”}). \tag{5.90}$$

■ 作为例子, 考虑行列式的乘法律 (参见第 374 页 4.2.2, 7.):

$$\det(AB) = \det(A)\det(B), \tag{5.91}$$

其中右边是非零数的积, 左边是正则矩阵的积.

如果 $h : G_1 \to G_2$ 是群同态, 那么 G_1 中象为 G_2 的中性元素的那些元素的集合称为 h 的核, 并记作 $\ker h$. h 的核是 G_1 的正规子群.

(2) **群同构** 如果群同态 h 是双射, 那么 h 称为*群同构*, 并且群 G_1 和 G_2 称为互相同构(记号: $G_1 \cong G_2$). 于是有 $\ker h = E$.

同构的群有相同的结构, 即它们的差别仅在于它们元素的记号.

■ 对称群 S_3 和二面体群 D_3 是同构的 6 阶群, 并且刻画等边三角形的覆盖映射.

2. 凯莱定理

凯莱定理指出每个群可以解释为是一个置换群 (参见第 454 页 5.3.3.2, 2.):

每个群同构于一个置换群.

以将 a 映为 $G * g$ 的置换 $\pi_g (g \in G)$ 为元素的置换群 P 是 S_G 的一个同构于 $(G, *)$ 的子群.

3. 群的同态定理

群 G 的正规子群 N 的陪集的集合关于群运算也是一个群:

$$aN \circ bN = abN. \tag{5.92}$$

它称为 G 关于 N 的*商群*, 并记为 G/N.

下列定理给出群的同态象与商群间的对应, 因而它被称为群的同态定理:

群同态 $h : G_1 \to G_2$ 定义 G_1 的一个正规子群, 即 $\ker h = \{a \in G_1 \mid h(a) = e\}$. 商群 $G_1/\ker h$ 同构于同态象 $h(G_1) = \{h(a) \mid a \in G_1\}$. 反之, G_1 的每个正规子群

N 通过 $\mathrm{nat}_N(a) = aN$ 定义一个同态映射 $\mathrm{nat}_N : G_1 \to G_1/N$. 映射 nat_N 称为*自然同态*.

■ 因为行列式构造 $\det : \mathrm{GL}(n) \to \mathbb{R}\backslash\{0\}$ 是一个核为 $\mathrm{SL}(n)$ 的群同态, 所以 $\mathrm{SL}(n)$ 是 $\mathrm{GL}(n)$ 的正规子群, 并且 (依据同态定理): $\mathrm{GL}(n)/\mathrm{SL}(n)$ 同构于实数的乘法群 $\mathbb{R}\backslash\{0\}$(关于记号参见第 453 页 5.3.3.2, 2.).

5.3.4 群表示

5.3.4.1 定义

1. 表示

群 G的表示 $D(G)$ 是 G 到 n 维 (实或复) 向量空间 V_n 上非奇异线性变换 D 的群上的一个映射 (同态):

$$D(G) : a \to D(a), \quad a \in G. \tag{5.93}$$

向量空间 V_n 称为*表示空间*; n 是表示的维数 (还可参见第 859 页 12.1.3, 2.). 若在 V_n 中引进基 $\{\underline{e}_i\}\,(i = 1, 2, \cdots, n)$, 则每个向量 $\underline{\boldsymbol{x}}$ 可以写成基向量的线性组合:

$$\underline{\boldsymbol{x}} = \sum_{i=1}^{n} x_i \underline{\boldsymbol{e}}_i, \quad \underline{\boldsymbol{x}} \in V_n. \tag{5.94}$$

线性变换 $D(a), a \in G$ 在 $\underline{\boldsymbol{x}}$ 上的作用可以用方阵 $\boldsymbol{D}(a) = \big(D_{ik}(a)\big)\ (i, k = 1, 2, \cdots, n)$ 定义, 它给出变换得到的向量 $\underline{\boldsymbol{x}}'$ 在基 $\{\underline{\boldsymbol{e}}_i\}$ 下的坐标:

$$\underline{\boldsymbol{x}}' = \boldsymbol{D}(a)\underline{\boldsymbol{x}} = \sum_{i=1}^{n} x_i' \underline{\boldsymbol{e}}_i, \quad x_i' = \sum_{k=1}^{n} D_{ik}(a) x_k. \tag{5.95}$$

这个变换也可以看作基的变换 $\{\underline{\boldsymbol{e}}_i\} \to \{\underline{\boldsymbol{e}}_i'\}$:

$$\underline{\boldsymbol{e}}_i' = \underline{\boldsymbol{e}}_i \boldsymbol{D}(a) = \sum_{k=1}^{n} D_{ki}(a) \underline{\boldsymbol{e}}_k. \tag{5.96}$$

于是群的每个元素被指派一个*表示矩阵*$\boldsymbol{D} = \big(D_{ik}(a)\big)$:

$$D(G) : a \to \boldsymbol{D} = \big(D_{ik}(a)\big) \quad (i, k = 1, 2, \cdots, n), \quad a \in G. \tag{5.97}$$

表示矩阵与基的选取有关.

■ **A**: **阿贝尔点群 $\boldsymbol{C_n}$** 一个有 n 条边的正多边形 (参见第 181 页 3.1.5) 具有对称性, 使得它绕垂直于图形平面且通过它的中心 M 的轴 (图 5.9) 旋转角度 $\varphi_k = 2\pi k/n, k = 0, 1, \cdots, n-1$ 后所得到的多边形恒同于原多边形 (在某些旋转下的系统不变性). 旋转 $R_k(\varphi_k)$ 形成点 C_n 的阿贝尔群. C_n 是一个循环群 (参见第

452 页 5.3.3.2), 即这个群的每个元素可以表示为单个元素 R_1(其 n 次幂是单位元素 $e = R_0$) 的幂:

$$C_n = \{e, R_1, R_1^2, \cdots, R_1^{n-1}\}, \quad R_1^n = e. \tag{5.98a}$$

设等边三角形 ($n = 3$) 的中心是原点 (图 5.9), 那么依据 (5.98b) 旋转角和旋转是

$$\begin{aligned} k &= 0, \quad \varphi_0 = 0 \text{ 或 } 2\pi, \\ k &= 1, \quad \varphi_1 = 2\pi/3, \\ k &= 2, \quad \varphi_2 = 4\pi/3. \end{aligned} \tag{5.98b}$$

$$\begin{aligned} &R_0 : A \to A,\ B \to B,\ C \to C, \\ &R_1 : A \to B,\ B \to C,\ C \to A, \\ &R_3 : A \to C,\ B \to A,\ C \to B. \end{aligned} \tag{5.98c}$$

旋转 (5.98c) 满足关系式

$$R_2 = R_1^2, \quad R_1 \cdot R_2 = R_1^3 = R_0 = e. \tag{5.98d}$$

它们形成循环群 C_3.

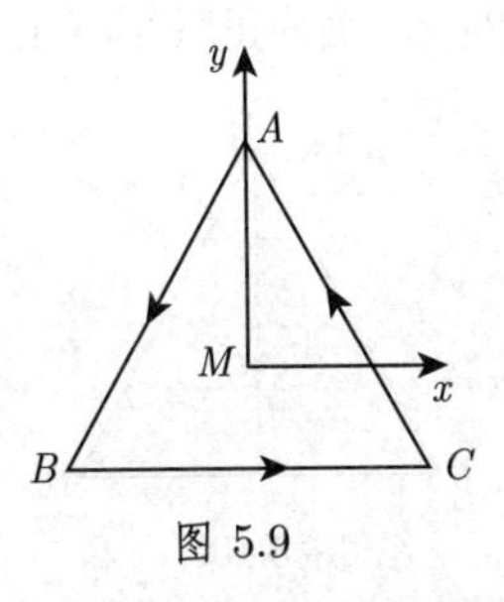

图 5.9

如果 φ 代以 (5.98b) 中给出的角度, 这个三角形的几何变换 (对于这个图形在固定坐标系中的旋转, 参见第 285 页 3.5.3.3, 3.) 的旋转矩阵 (见第 308 页 (3.432))

$$\boldsymbol{R}(\varphi) = \begin{pmatrix} \cos\varphi & -\sin\varphi \\ \sin\varphi & \cos\varphi \end{pmatrix} \tag{5.98e}$$

给出群 C_3 的表示:

$$\boldsymbol{D}(e) = \boldsymbol{R}(0) = \begin{pmatrix} 1 & 0 \\ 0 & 1 \end{pmatrix}, \quad \boldsymbol{D}(R_1) = \boldsymbol{R}(2\pi/3) = \begin{pmatrix} -1/2 & -\sqrt{3}/2 \\ \sqrt{3}/2 & -1/2 \end{pmatrix}, \tag{5.98f}$$

$$\boldsymbol{D}(R_2) = \boldsymbol{R}(4\pi/3) = \begin{pmatrix} -1/2 & \sqrt{3}/2 \\ -\sqrt{3}/2 & -1/2 \end{pmatrix}. \tag{5.98g}$$

对于表示矩阵 (5.98f) 和 (5.98g), 有与群元素 R_k 的关系式 (5.98d) 同样的关系式成立:

$$\boldsymbol{D}(R_2)=\boldsymbol{D}(R_1R_2)=\boldsymbol{D}(R_1)\boldsymbol{D}(R_2),\quad \boldsymbol{D}(R_1)\boldsymbol{D}(R_2)=\boldsymbol{D}(e). \tag{5.98h}$$

■ **B: 二面角群 D_3** 等边三角形对于绕其角平分线旋转角度 π 是不变的 (图 5.10). 这些旋转对应于与三角形平面垂直并且含有一条旋转轴的平面的反射 S_A, S_B, S_C.

$$\begin{aligned} &S_A: \text{旋转}\ A\to A,\ B\to C,\ C\to B;\\ &S_B: \text{旋转}\ A\to C,\ B\to B,\ C\to A;\\ &S_C: \text{旋转}\ A\to B,\ B\to A,\ C\to C.\end{aligned} \tag{5.99a}$$

对于反射有

$$S_\sigma S_\sigma = e \quad (\sigma = A, B, C). \tag{5.99b}$$

乘积 $S_\sigma S_\tau\ (\sigma\neq\tau)$ 产生旋转 R_1, R_2 之一, 例如, 将 S_AS_B 应用于 $\triangle ABC$:

$$S_AS_B(\triangle ABC)=S_A(\triangle CBA)=\triangle CAB=R_1(\triangle ABC), \tag{5.99c}$$

因此 $S_AS_B=R_1$, 其中 S_A, S_B, S_C 对应于图 5.10 上的结果.

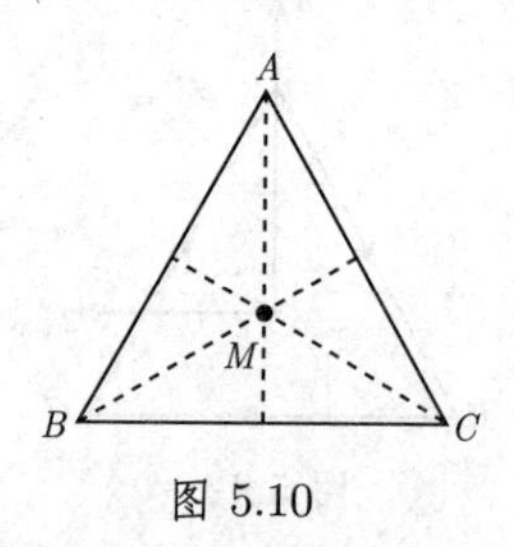

图 5.10

循环群 C_3 和反射 S_A, S_B, S_C 一起形成二面角群 D_3. 由 (5.99c), 反射并不形成子群. 反射的总体情况表示在群表 (5.99d) 中.

	e	R_1	R_2	S_A	S_B	S_C
e	e	R_1	R_2	S_A	S_B	S_C
R_1	R_1	R_2	e	S_C	S_A	S_B
R_2	R_2	e	R_1	S_B	S_C	S_A
S_A	S_A	S_B	S_C	e	R_1	R_2
S_B	S_B	S_C	S_A	R_2	e	R_1
S_C	S_C	S_A	S_B	R_1	R_2	e

(5.99d)

在反射 S_A 中只有点 B 和 C 的 x 坐标的符号改变 (图 5.9). 这个坐标变换由矩阵

$$\boldsymbol{D}(S_A)=\begin{pmatrix}-1 & 0\\ 0 & 1\end{pmatrix} \tag{5.99e}$$

给出. 表示反射 S_B 和 S_C 的矩阵可以在群表 (5.99d) 中以及从 (5.98f) 和 (5.98g) 中的表示矩阵找到:

$$\boldsymbol{D}(S_B)=\boldsymbol{D}(R_2)\boldsymbol{D}(S_A)=\begin{pmatrix}-1/2 & \sqrt{3}/2\\ -\sqrt{3}/2 & -1/2\end{pmatrix}\begin{pmatrix}-1 & 0\\ 0 & 1\end{pmatrix}=\begin{pmatrix}1/2 & \sqrt{3}/2\\ \sqrt{3}/2 & -1/2\end{pmatrix}, \tag{5.99f}$$

$$\boldsymbol{D}(S_C)=\boldsymbol{D}(R_1)\boldsymbol{D}(S_A)=\begin{pmatrix}-1/2 & -\sqrt{3}/2\\ \sqrt{3}/2 & -1/2\end{pmatrix}\begin{pmatrix}-1 & 0\\ 0 & 1\end{pmatrix}=\begin{pmatrix}1/2 & -\sqrt{3}/2\\ -\sqrt{3}/2 & -1/2\end{pmatrix}. \tag{5.99g}$$

矩阵 (5.98f) 和 (5.98g) 以及矩阵 (5.99f) 和 (5.99g) 一起形成二面角群 D_3 的表示.

2. 忠实表示

一个表示称为*忠实的*, 如果 $G \to D(G)$ 是同构, 即群元素对于表示矩阵的指派是一一映射.

3. 表示的性质

具有表示矩阵 $\boldsymbol{D}(a)$ 的表示有下列性质 ($a,b\in G,\boldsymbol{I}$ 是单位矩阵):

$$\boldsymbol{D}(a*b)=\boldsymbol{D}(a)\cdot\boldsymbol{D}(b),\quad \boldsymbol{D}(a^{-1})=\boldsymbol{D}^{-1}(a),\quad \boldsymbol{D}(e)=\boldsymbol{I}. \tag{5.100}$$

5.3.4.2 特殊表示

1. 恒等表示

任何群 G 有一个 1 维表示 (恒等表示), 对此表示群的每个元素被映为单位矩阵 $\boldsymbol{I}: a \to \boldsymbol{I}$ (对所有 $a\in G$).

2. 伴随表示

称表示 $D^+(G)$ 与 $D(G)$*伴随*, 如果对应的表示矩阵间的关系是复数共轭及关于主对角线的反射:

$$\boldsymbol{D}^+(G)=\widetilde{\boldsymbol{D}}^*(G). \tag{5.101}$$

3. 酉表示

对于*酉表示*, 所有的矩阵都是酉矩阵:

$$\boldsymbol{D}(G)\cdot\boldsymbol{D}^+(G)=\boldsymbol{I}, \tag{5.102}$$

其中 $\boldsymbol{I}$ 是单位矩阵.

4. 等价表示

两个表示 $D(G)$ 和 $D'(G)$ 被称为是*等价的*, 如果对于群的每个元素 a, 对应的表示矩阵由同一相似变换 $T=(T_{ij})$ 相关联:

$$\boldsymbol{D}'(a)=\boldsymbol{T}^{-1}\cdot\boldsymbol{D}(a)\cdot\boldsymbol{T},\quad D'_{ik}(a)=\sum_{j,l=1}^{n}T_{ij}^{-1}\cdot D_{jl}(a)\cdot T_{lk},\tag{5.103}$$

其中 T 为非奇异矩阵, T_{ij}^{-1} 表示 $\boldsymbol{T}$ 的逆矩阵 $\boldsymbol{T}^{-1}$ 的元素. 如果这样的关系不成立, 那么两个表示称为不等价. 从 $D(G)$ 到 $D'(G)$ 的转变对应于表示空间 V_n 的基变换 $T:\{\boldsymbol{e}_1,\boldsymbol{e}_2,\cdots,\boldsymbol{e}_n\}\rightarrow\{\boldsymbol{e}'_1,\boldsymbol{e}'_2,\cdots,\boldsymbol{e}'_n\}$:

$$\boldsymbol{e}'=\boldsymbol{e}T,\quad \boldsymbol{e}'_i=\sum_{k=1}^{n}T_{ki}\boldsymbol{e}_k\quad(i=1,2,\cdots,n).\tag{5.104}$$

有限群的任何表示等价于酉表示.

5. 群元素的特征

在表示 $D(a)$ 中群元素 a 的特征$\chi(a)$ 定义为表示矩阵 $\boldsymbol{D}(a)$ 的迹 (即矩阵主对角线元素之和):

$$\chi(a)=\mathrm{Tr}(\boldsymbol{D})=\sum_{i=1}^{n}D_{ii}(a).\tag{5.105}$$

单位元 e 的特征由表示的维数 n 给出: $\chi(e)=n$. 因为矩阵的迹在相似变换下不变, 所以对于等价表示群元素 a 有相同的特征.

■ 在原子或核物理学的壳层模型中, 空间坐标为 $\vec{r}_i\ (i=1,2,3)$ 的三个粒子中两个可以用波函数 $\varphi_\alpha(\vec{r})$ 刻画, 而第三个粒子有波函数 $\varphi_\beta(\vec{r})$ (组态 $\alpha^2\beta(\vec{r})$). 系统的波函数 ψ 是三个粒子波函数之积: $\psi=\varphi_\alpha\varphi_\alpha\varphi_\beta$. 依据粒子 1, 2, 3 对于波函数的可能的分布, 我们得到三个函数:

$$\begin{aligned}\psi_1&=\varphi_\alpha(\vec{r}_1)\varphi_\alpha(\vec{r}_2)\varphi_\beta(\vec{r}_3),\\ \psi_2&=\varphi_\alpha(\vec{r}_1)\varphi_\beta(\vec{r}_2)\varphi_\alpha(\vec{r}_3),\\ \psi_3&=\varphi_\beta(\vec{r}_1)\varphi_\alpha(\vec{r}_2)\varphi_\alpha(\vec{r}_3),\end{aligned}\tag{5.106a}$$

其中, 当实施置换时, 依据第 452 页 5.3.3.1, 2., 它们中一个变换为另一个. 这样我们对于函数 $\psi_1\psi_2\psi_3$ 得到对称群 S_3 的三维表示. 依据 (5.93), 表示矩阵的矩阵元素可以借助研究群元素 (5.84) 对基元素 $\boldsymbol{e}_i$ 的坐标下标的作用求出. 例如,

$$\begin{aligned}p_1\psi_1&=p_1\varphi_\alpha(\vec{r}_1)\varphi_\alpha(\vec{r}_2)\varphi_\beta(\vec{r}_3)\\ &=\varphi_\alpha(\vec{r}_1)\varphi_\beta(\vec{r}_2)\varphi_\alpha(\vec{r}_3)=D_{21}(p_1)\psi_2,\\ p_1\psi_2&=p_1\varphi_\alpha(\vec{r}_1)\varphi_\beta(\vec{r}_2)\varphi_\alpha(\vec{r}_3)\\ &=\varphi_\alpha(\vec{r}_1)\varphi_\alpha(\vec{r}_2)\varphi_\beta(\vec{r}_3)=D_{12}(p_1)\psi_1,\\ p_1\psi_3&=p_1\varphi_\beta(\vec{r}_1)\varphi_\alpha(\vec{r}_2)\varphi_\alpha(\vec{r}_3)\\ &=\varphi_\beta(\vec{r}_1)\varphi_\alpha(\vec{r}_2)\varphi_\alpha(\vec{r}_3)=D_{33}(p_1)\psi_3.\end{aligned}\tag{5.106b}$$

总起来我们求得

$$\boldsymbol{D}(e)=\begin{pmatrix}1&0&0\\0&1&0\\0&0&1\end{pmatrix},\quad \boldsymbol{D}(p_1)=\begin{pmatrix}0&1&0\\1&0&0\\0&0&1\end{pmatrix},$$

$$\boldsymbol{D}(p_2)=\begin{pmatrix}0&0&1\\0&1&0\\1&0&0\end{pmatrix},\quad \boldsymbol{D}(p_3)=\begin{pmatrix}1&0&0\\0&0&1\\0&1&0\end{pmatrix},\tag{5.106c}$$

$$\boldsymbol{D}(p_4)=\begin{pmatrix}0&1&0\\0&0&1\\1&0&0\end{pmatrix},\quad \boldsymbol{D}(p_5)=\begin{pmatrix}0&0&1\\1&0&0\\0&1&0\end{pmatrix}.$$

对于特征, 我们有

$$\chi(e)=3,\quad \chi(p_1)=\chi(p_2)=\chi(p_3)=1,\quad \chi(p_4)=\chi(p_5)=0.\tag{5.106d}$$

5.3.4.3 表示的直和

可以通过形成表示矩阵的直和由维数为 n_1 和 n_2 的表示 $D^{(1)}(G)$ 和 $D^{(2)}(G)$ 复合产生一个维数 $n=n_1+n_2$ 的新的表示 $D(G)$:

$$\boldsymbol{D}(a)=\boldsymbol{D}^{(1)}\oplus\boldsymbol{D}^{(2)}(a)=\begin{pmatrix}\boldsymbol{D}^{(1)}&\boldsymbol{0}\\\boldsymbol{0}&\boldsymbol{D}^{(2)}\end{pmatrix}.\tag{5.107}$$

表示矩阵的分块对角形蕴涵表示空间 V_n 是两个不变子空间 V_{n_1},V_{n_2} 的直和:

$$V_n=V_{n_1}\oplus V_{n_2},\quad n=n_1+n_2.\tag{5.108}$$

V_n 的子空间 $V_m\,(m<n)$ 称为不变子空间, 如果对于任何线性变换 $D(a),a\in G$, 每个向量 $\underline{\boldsymbol{x}}\in V_m$ 仍然被映为 V_m 的元素:

$$\underline{\boldsymbol{x}}'=\boldsymbol{D}(a)\underline{\boldsymbol{x}},\quad (\text{其中 } \underline{\boldsymbol{x}},\underline{\boldsymbol{x}}'\in V_m).\tag{5.109}$$

表示 (5.107) 的特征是单个表示的特征之和:

$$\chi(a)=\chi^{(1)}(a)+\chi^{(2)}(a).\tag{5.110}$$

5.3.4.4 表示的直积

如果 $\underline{\mathbf{e}}_i\,(i=1,2,\cdots,n_1)$ 和 $\underline{\mathbf{e}}'_k\,(k=1,2,\cdots,n_2)$ 分别是表示空间 V_{n_1} 和 V_{n_2} 的基向量, 那么张量积

$$\underline{\mathbf{e}}_{ik}=\{\underline{\mathbf{e}}_i\underline{\mathbf{e}}'_k\}\quad (i=1,2,\cdots,n_1;k=1,2,\cdots,n_2)\tag{5.111}$$

形成 $n_1 \cdot n_2$ 维积空间 $V_{n_1} \otimes V_{n_2}$ 的基. 应用分别是 V_{n_1} 和 V_{n_2} 中的表示 $D^{(1)}(a)$ 和 $D^{(2)}(a)$, 可以通过形成表示矩阵的直接积或 (内) 克罗内克积 (参见第 370 页 4.1.5, 9.) 构造积空间中的 $n_1 \cdot n_2$ 维表示 $D(G)$:

$$\boldsymbol{D}(G) = \boldsymbol{D}^{(1)}(G) \otimes \boldsymbol{D}^{(2)}(G), \quad \big(D(G)\big)_{ik,jl} = D_{ik}^{(1)} \cdot D_{jl}^{(2)}(a) \\ (i,k = 1,2,\cdots,n_1;\ j,l = 1,2,\cdots,n_2). \tag{5.112}$$

两个表示的克罗内克积的特征等于因子的特征之积:

$$\chi^{(1\times 2)}(a) = \chi^{(1)}(a) \cdot \chi^{(2)}(a). \tag{5.113}$$

5.3.4.5 可约和不可约表示

如果表示空间 V_n 有一个在群运算下不变的子空间 $V_m(m < n)$, 那么可以通过 V_n 的适当的基变换 $\boldsymbol{T}$, 依据

$$\boldsymbol{T}^{-1} \cdot \boldsymbol{D}(a) \cdot \boldsymbol{T} = \begin{pmatrix} \boldsymbol{D}_1(a) & \boldsymbol{A} \\ \boldsymbol{0} & \boldsymbol{D}_2(a) \end{pmatrix} \begin{matrix} \} & m \text{ 行} \\ \} & n-m \text{ 行} \end{matrix} \tag{5.114}$$

将表示矩阵分解. $\boldsymbol{D}_1(a)$ 和 $\boldsymbol{D}_2(a)$ 分别是 $a \in G$ 的 m 维和 $n-m$ 维矩阵表示.

如果 V_n 中没有真 (非平凡) 不变子空间, 那么表示 $D(a)$ 称为*不可约的*. 一个有限群的不等价的不可约表示的个数是有限的. 如果能够找到基的变换 $\boldsymbol{T}$ 使得 V_n 是不变子空间的直接和, 即

$$V_n = V_1 \oplus \cdots \oplus V_{n_j}, \tag{5.115}$$

那么对于每个 $a \in G$, 借助于应用 $\boldsymbol{T}$ 的相似变换可将表示矩阵 $\boldsymbol{D}(a)$ 变换为分块对角形 (在 (5.114) 中 $\boldsymbol{A} = \boldsymbol{0}$):

$$\boldsymbol{T}^{-1} \cdot \boldsymbol{D}(a) \cdot \boldsymbol{T} = \boldsymbol{D}^{(1)}(a) \oplus \cdots \oplus \boldsymbol{D}^{(h_j)}(a) \\ = \begin{pmatrix} \boldsymbol{D}^{(1)}(a) & & \boldsymbol{0} \\ & \ddots & \\ \boldsymbol{0} & & \boldsymbol{D}^{(n_j)}(a) \end{pmatrix}, \tag{5.116}$$

这样的表示称为*完全可约的*.

注 对于群论在自然科学中的应用, 一个基本任务是将给定群的所有不等价的不可约表示分类.

■ 在 (5.106c) 中给出的对称群 S_3 的表示是可约的. 例如, 在基变换 $\{\underline{e}_1, \underline{e}_2, \underline{e}_3\} \to \{\underline{e}_1' = \underline{e}_1 + \underline{e}_2 + \underline{e}_3, \underline{e}_2' = \underline{e}_2, \underline{e}_3' = \underline{e}_3\}$ 下, 我们得到置换 p_3(其中 $\psi_1 = \underline{e}_1, \psi_2 = \underline{e}_2, \psi_3 = \underline{e}_3$) 的表示矩阵:

$$\boldsymbol{D}(p_3) = \begin{pmatrix} 1 & 0 & 0 \\ 0 & 0 & 1 \\ 0 & 1 & 0 \end{pmatrix} = \begin{pmatrix} \boldsymbol{D}_1(p_3) & \boldsymbol{0} \\ \boldsymbol{A} & \boldsymbol{D}_2(p_3) \end{pmatrix}, \tag{5.117}$$

其中 $\boldsymbol{A}=\begin{pmatrix}0\\0\end{pmatrix}$, $\boldsymbol{D}_1(p_3)=1$ 是 S_3 的恒等表示, 并且 $\boldsymbol{D}_2(p_3)=\begin{pmatrix}0&1\\1&0\end{pmatrix}$.

5.3.4.6 第一舒尔 (Schur) 引理

如果 $\boldsymbol{C}$ 是一个算子, 与群的一个不可约表示的所有变换交换: $[\boldsymbol{C},\boldsymbol{D}(a)]=\boldsymbol{C}\cdot\boldsymbol{D}(a)-\boldsymbol{D}(a)\cdot\boldsymbol{D}=0, a\in G$, 并且表示空间 V_n 是 $\boldsymbol{C}$ 的不变子空间, 那么 $\boldsymbol{C}$ 是单位算子的倍数, 也就是说, 与不可约表示的所有矩阵交换的矩阵 $(\boldsymbol{c}_{ik})$ 是矩阵 $\boldsymbol{I}$ 的倍数: $\boldsymbol{C}=\lambda\cdot\boldsymbol{I},\lambda\in\mathbb{C}$.

5.3.4.7 克勒布施-戈丹 (Clebsch-Gordan) 级数

一般地, 两个不可约表示 $\boldsymbol{D}^{(1)}(G),\boldsymbol{D}^{(2)}(G)$ 的克罗内克积是可约的. 应用积空间 $\boldsymbol{D}^{(1)}(G)\otimes\boldsymbol{D}^{(2)}(G)$ 的适当的基变换可将它分解为它的不可约部分 $\boldsymbol{D}^{(\alpha)}(G)$ $(\alpha=1,2,\cdots,n)$ 的直和 (**克勒布施-戈丹定理**). 这个展开式称为**克勒布施-戈丹级数**:

$$\boldsymbol{D}^{(1)}(G)\otimes\boldsymbol{D}^{(2)}(G)=\sum_{\alpha=1}^{n}\oplus m_\alpha\boldsymbol{D}^{(\alpha)}(G), \tag{5.118}$$

其中 m_α 是不可约表示 $\boldsymbol{D}^{(\alpha)}(G)$ 在克勒布施-戈丹级数中出现的重数.

积空间中使得克罗内克积归约为它的不可约分量的基变换的矩阵元素称为**克勒布施-戈丹系数**.

5.3.4.8 对称群 S_M 的不可约表示

1. 对称群 S_M

对称群 S_M 的不等价的不可约表示由 M 的分拆唯一地刻画, 也就是说, 由 M 依照

$$[\lambda]=[\lambda_1,\lambda_2,\cdots,\lambda_M],\quad \lambda_1+\lambda_2+\cdots+\lambda_M=M,\quad \lambda_1\geqslant\lambda_2\geqslant\cdots\geqslant\lambda_M\geqslant 0 \tag{5.119}$$

的整数分解来刻画. 通过安排方盒为**杨氏 (Young) 图**可得到这个分拆的图形表示.

■ 对于群 S_4 我们得到 5 个杨氏图如下图:

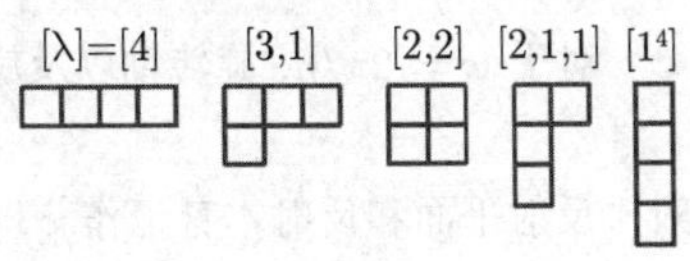

表示 $[\lambda]$ 的维数由

$$n^{[\lambda]}=M!\frac{\prod\limits_{i<j<k}(\lambda_i-\lambda_j+j-i)}{\prod\limits_{i=1}^{k}(\lambda_i+k-i)!} \tag{5.120}$$

给出.

通过交换行和列可构造与 $[\lambda]$ 共轭的杨氏图 $[\widetilde{\lambda}]$. 一般地, 如果将 S_M 的不可约表示限制在子群 $S_{M-1}, S_{M-2}, \cdots$ 之一, 则是可约的.

■ 在全同粒子系统的量子力学中泡利原理要求构造多体波函数, 使得对于任意两个粒子的所有坐标的交换是反对称的. 通常, 波函数是作为一个空间坐标函数与一个旋子变量函数的积的形式给出的. 如果这种情形由于粒子置换波函数的空间部分依据对称群的不可约表示 $[\lambda]$ 变换, 那么必须与依据 $[\widetilde{\lambda}]$ 变换的旋子函数组合, 以便得到一个当交换两个粒子时是反对称的全波函数.

5.3.5 群的应用

在化学和物理学中群被用来刻画相应的个体的"对称性". 这样的个体是, 例如, 分子、晶体、固体结构或量子力学系统. 这些应用的基本思想是冯・诺伊曼原理:

如果一个系统有某个对称运算群, 那么这个系统的每个物理观察量必有相同的对称性.

5.3.5.1 对称运算、对称元素

空间个体的*对称运算*是一个空间到自身的映射, 它保持线段长度不变并且将个体变到与自身相适应的位置. 对称运算 s 的不动点的集合, 即所有对于 s 保持不变的空间点的集合, 记作 $\mathrm{Fix}\, s$. 集合 $\mathrm{Fix}\, s$ 称为 s 的*对称性元素*. 申弗利斯 (Schoenflies) 记号用来表示对称运算.

对称元素区分为两种类型: 无不动点运算和至少有一个不动点的运算.

(1) **无不动点对称运算** 对于这种运算, 空间中没有一个点保持不变, 对于有界的空间个体这不可能出现, 但现在只考虑这种个体. 例如, 平移是一个无不动点对称性运算.

(2) **至少有一个不动点的对称运算** 例如, 旋转和反射. 下列的运算属于这种类型:

a) **绕轴旋转角度 φ** 对于 $\varphi = 2\pi/n$, 旋转轴以及旋转本身记作 C_n. 于是旋转轴称作 n 阶的.

b) **对于平面的反射** 反射平面和反射本身记作 σ. 如果还有主旋转轴, 那么我们将它画成是直立的, 而垂直于轴的反射平面记为 σ_h(h 来源于 horizontal (水平)), 通过旋转轴的反射平面记为 σ_v(v 来源于 vertical(垂直)) 或 σ_d(d 意味着 dihedral(二面体), 由此某些角被平分).

c) **非正常正交映射** 旋转 C_n 后紧接反射 σ_h 的运算称为*非正常正交映射*并记作 S_n. 旋转与反射是交换的. 因此旋转轴称为 n 阶非正常旋转轴, 并且也记作 S_n. 这个轴被相应地称作对称元素, 虽然在实施运算 S_n 时只有对称中心保持不变.

对于 $n = 2$, 非正常正交映射也称为点反射或反演 (参见第 384 页 4.3.5.1), 并记为 i.

5.3.5.2 对称群或点群

对于每个对称性运算 S, 存在逆运算 S^{-1}, 它将 S"返回", 即

$$SS^{-1} = S^{-1}S = \epsilon. \tag{5.121}$$

此处 ϵ 表示恒等运算, 它保持整个空间不变. 一族空间个体的对称运算对于它们的相继实施形成一个群, 一般它是个体的非交换**对称群**. 下列关系成立:

a) 每个旋转是两个反射的积. 两个反射平面的交是旋转轴.

b) 对于两个反射 σ 和 σ', 当且仅当相应的反射平面恒同或互相垂直时, 有

$$\sigma\sigma' = \sigma'\sigma. \tag{5.122}$$

这个积在第一种情形是恒等元 ϵ, 在第二种情形是旋转 C_2.

c) 旋转轴相交的两个旋转的积仍然是旋转, 其轴通过两个给定旋转轴的交点.

d) 对于旋转轴相同或互相垂直的两个旋转 C_2 和 C_2' 有

$$C_2C_2' = C_2'C_2. \tag{5.123}$$

此积仍然是旋转. 在第一种情形相应的旋转轴就是给定的轴, 在第二种情形旋转轴与给定轴之一垂直.

5.3.5.3 分子的对称运算

识别一个个体的每个对称元素要求做大量的工作. 在文献中, 例如在 [5.21], [5.22], [5.27] 中, 详细地讨论了如果已知所有的对称元素怎样去求分子的对称群. 下面的概念用于解释空间中的分子: 图 5.11 中 C 上方的符号表示 OH 群位于图平面的上方, C 右边的符号表示群 OC_2H_5 在 C 的下方.

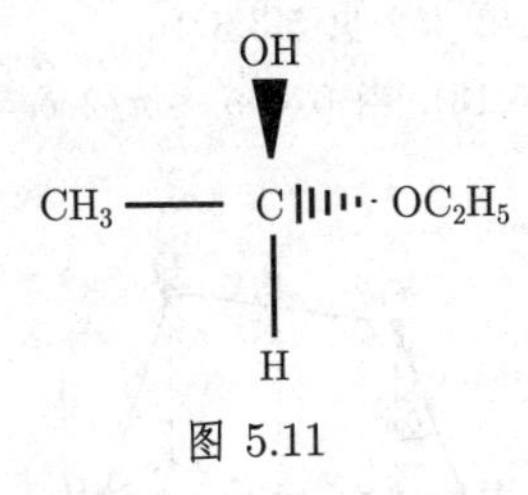

图 5.11

可用下列方法确定对称群.

1. 没有旋转轴

a) 如果没有对称元素, 那么 $G = \{\epsilon\}$, 即除恒等运算 ϵ 外, 分子没有任何对称运算.

■ 半乙缩醛分子 (图 5.11) 不是平面的, 并且有 4 个不同的原子群.

b) 如果 σ 是反射或 i 是反演, 那么有 $G = \{\epsilon, \sigma\} =: C_s$, 或 $G = \{\epsilon, i\} =: C_i$, 并且由此可知它同构于 Z_2.

■ 酒石酸的分子 (图 5.12) 可以对于中心 P 反射 (反演).

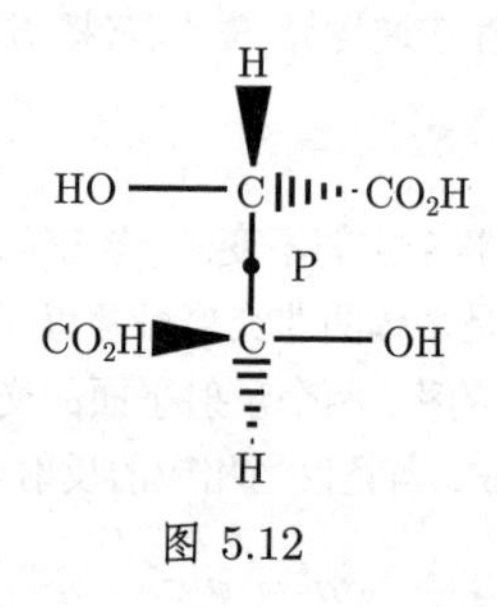

图 5.12

2. 恰有一个旋转轴 C

a) 如果可以旋转任何角度, 即 $C = C_\infty$, 那么分子是长条形, 并且对称群是无限的.

■ **A**: 对于氯化钠 (普通食盐)NaCl 的分子, 没有水平反射. 对应地由所有绕 C 旋转组成的对称群记作 $C_{\infty\, v}$.

■ **B**: 分子 O_2 有一个水平反射. 对应的对称群由旋转和这个反射生成, 并且将它记作 $D_{\infty\, h}$.

b) 旋转轴是 n 阶的, $C = C_n$, 但它不是 $2n$ 阶非正常旋转轴.

如果没有其他的对称性元素, 那么 G 由绕 C_n 转角为 π/n 的旋转 d 生成, 即 $G = \langle d \rangle \cong Z_n$. 在此情形 G 也记作 C_n.

如果还有一个垂直反射 σ_v, 那么有 $G = \langle d, \sigma_v \rangle \cong D_n$ (参见第 451 页 5.3.3.1), 并将 G 记作 C_{nv}.

如果还有水平反射 σ_h, 那么 $G = \langle d, \sigma_h \rangle \cong Z_n \times Z_2$. 将 G 记作 C_{nh}, 并且当 n 是奇数时它是循环的 (参见第 452 页 5.3.3.2).

■ **A**: 对于过氧化氢 (图 5.13), 当 $0 < \delta < \pi/2, \delta = 0$ 及 $\delta = \pi/2$ 时上面给出的阶的 3 种情形都出现.

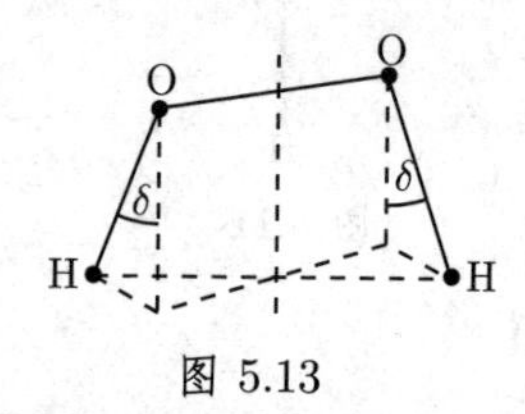

图 5.13

■ **B**: 作为对称性元素, 水 H_2O 的分子有一个 2 阶旋转轴和一个垂直反射平面. 因此, 水的对称群同构于群 D_2, 后者又同构于克莱因四元群 V_4(参见第 454 页

5.3.3.2, 3.).

c) 旋转轴是 n 阶的, 同时它也是一个 $2n$ 阶非正常旋转轴. 我们要区分两种情形:

α) 不存在其他的垂直反射, 于是有 $G \cong Z_{2n}$, 并且也将 G 记作 S_{2n}.

■ 一个例子是四羟基丙二烯, 有分子式 $C_3(OH)_4$ (图 5.14).

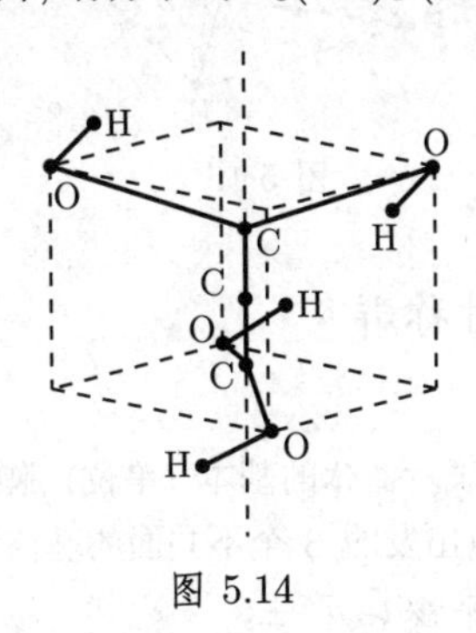

图 5.14

β) 如果还有垂直反射, 那么 G 是 $4n$ 阶群, 将它记作 D_{2n}.

■ $n = 2$ 给出 $G \cong D_4$, 即 8 阶二面体群. 一个例子是丙二烯分子 (图 5.15).

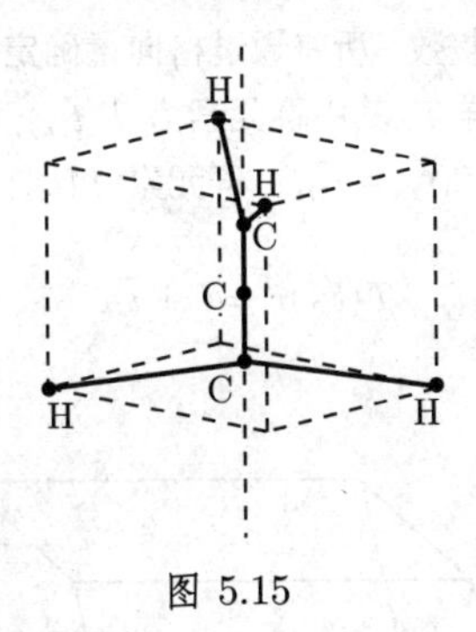

图 5.15

3. 多个旋转轴

如果有多个旋转轴, 那么要进一步区分不同情形. 特别地, 如果多个旋转轴的阶 $n \geqslant 3$, 那么下列的群是对应的对称群:

a) **四面体群** T_d 同构于 $S_4, \operatorname{ord} T_d = 24$.

b) **八面体群** O_h 同构于 $S_4 \times Z_2, \operatorname{ord} O_h = 48$.

c) **二十面体群** I_h $\operatorname{ord} I_h = 120$.

这些群是在 207 页 3.3.3, 表 3.7, 中讨论的正多面体的对称群 (图 3.63).

■ 甲烷分子 (图 5.16) 以四面体群作为对称群.

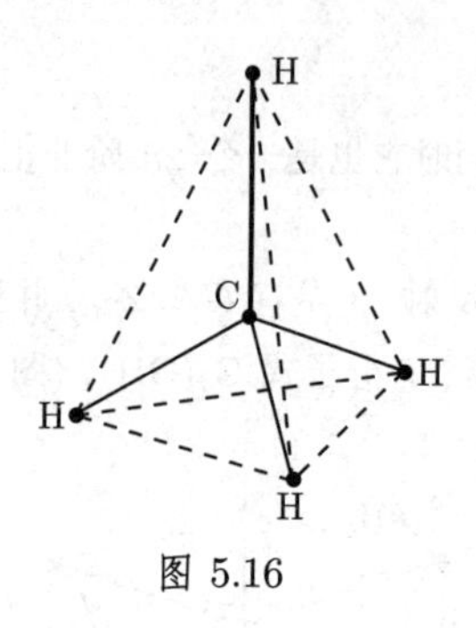

图 5.16

5.3.5.4　晶体学中的对称群

1. 格结构

在晶体学中平行六面体表示晶体的基本 (单位) 胞腔, 这与特殊的原子或离子的排列无关. 它由从一个格点出发的 3 个不共面的基向量 $\vec{a}_i$ 确定 (图 5.17). 无限几何格结构由实施所有本原平移 $\vec{t_{\boldsymbol{n}}}$ 产生:

$$\vec{t_{\boldsymbol{n}}} = n_1\vec{a}_1 + n_2\vec{a}_2 + n_3\vec{a}_3, \quad \boldsymbol{n} = (n_1, n_2, n_3), n_i \in \mathbb{Z}, \tag{5.124}$$

其中系数 $n_i\,(i = 1, 2, 3)$ 是整数. 所有通过格向量确定格 $L = \{\vec{t_{\boldsymbol{n}}}\}$ 的空间点的平移 $\vec{t_{\boldsymbol{n}}}$ 的总体形成一个平移群 T, 其中群元素为 $T(\vec{t_{\boldsymbol{n}}})$, 逆元素 $T^{-1}(\vec{t_{\boldsymbol{n}}}) = T(-\vec{t_{\boldsymbol{n}}})$, 合成律是 $T(\vec{t_{\boldsymbol{n}}}) * T(\vec{t_{\boldsymbol{m}}}) = T(\vec{t_{\boldsymbol{n}}} + \vec{t_{\boldsymbol{m}}})$. 群元素 $T(\vec{t_{\boldsymbol{n}}})$ 作用于位置向量 $\vec{r}$ 由

$$T(\vec{t_{\boldsymbol{n}}})\vec{r} = \vec{r} + \vec{t_{\boldsymbol{n}}} \tag{5.125}$$

刻画.

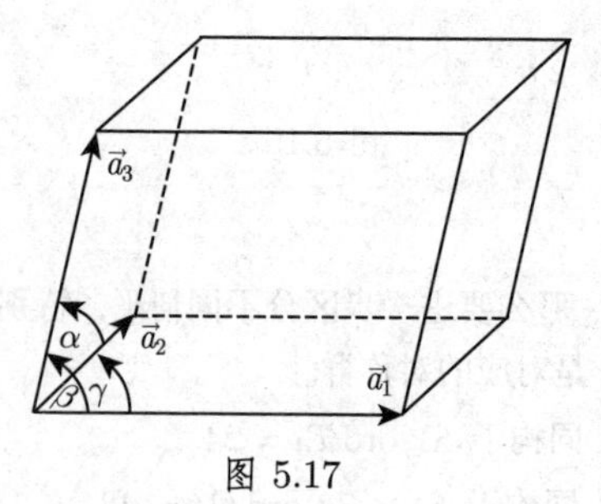

图 5.17

2. 布拉维格

考虑基向量 $\vec{a}_i$ 的相对长度和每对基向量间的夹角 (特别, 90° 角和 120° 角) 的可能的组合, 我们得到七种不同类型的具有相应的格, 即布拉维 (Bravais) 格的基本胞腔 (图 5.17, 表 5.4). 借助 7 个非本原基本胞腔及它们对应的格 (其中在面或体

的对角线的交点处增加附加的格点，并且保持基本胞腔的对称性)，可将这个分类扩充. 这样我们可以区分为单侧面中心化格、体中心化格和全侧面中心化格.

表 5.4　本原布拉维格

基本胞腔	基向量长度关系	基向量夹角
三斜晶	$a_1 \neq a_2 \neq a_3$	$\alpha \neq \beta \neq \gamma \neq 90^\circ$
单斜晶	$a_1 \neq a_2 \neq a_3$	$\alpha = \gamma = 90^\circ \neq \beta$
菱形晶	$a_1 \neq a_2 \neq a_3$	$\alpha = \beta = \gamma = 90^\circ$
三角晶	$a_1 = a_2 = a_3$	$\alpha = \beta = \gamma < 120^\circ (\neq 90^\circ)$
六方晶	$a_1 = a_2 \neq a_3$	$\alpha = \beta = 90^\circ, \gamma = 120^\circ$
正方晶	$a_1 = a_2 \neq a_3$	$\alpha = \beta = \gamma = 90^\circ$
立方晶	$a_1 = a_2 = a_3$	$\alpha = \beta = \gamma = 90^\circ$

3.　晶体格结构中的对称运算

在将空间格变换到等价位置的对称运算中有点群运算，如某些旋转、非正常旋转，以及对于平面或点的反射. 但并非所有的点群都是晶体学点群. 群元素对格向量 $\vec{t}_{\boldsymbol{n}}$ 的作用导致格点 $\vec{t}'_{\boldsymbol{n}} \in L$($L$ 是所有格点的集合) 的这个要求限制了容许的点群 P，其中群元素 $P(R)$ 按照

$$P = \{R : R\vec{t}_{\boldsymbol{n}} \in L\}, \quad \vec{t}_{\boldsymbol{n}} \in L \tag{5.126}$$

确定，其中 R 表示真旋转算子 ($R \in \mathrm{SO}(3)$) 或非正常旋转算子 ($R = IR' \in O(3), R' \in \mathrm{SO}(3), I$ 是反演算子，并且 $I\vec{r} = -\vec{r}, \vec{r}$ 是位置向量). 例如，仅有 n 重旋转轴 (其中 $n = 1, 2, 3, 4$ 或 6) 与格结构相适应. 因此总共有 32 个晶体学点群.

空间格的对称群也可以含有同时表示旋转和本原平移的作用的算子. 这样我们得到滑动反射，即平面中的反射和平行于平面的平移，以及螺旋式旋转，即旋转 $2\pi/n$ 并且按 $m\vec{a}/n$ 平移 (其中 $m = 1, 2, \cdots, n-1, \vec{a}$ 是基平移). 这样的运算称作非本原平移 $\vec{V}(R)$，因为它们对应于“分数”平移. 对于滑动反射 R 是一个反射，而对于螺旋式旋转 R 是一个真旋转.

使晶体格不变的空间群 G 的元素由晶体学点群 P 的元素 P，本原平移 $T(\vec{t}_{\boldsymbol{n}})$ 及非本原平移 $\vec{V}(R)$ 组成:

$$G = \{\{R\,|\,\vec{V}(R) + \vec{t}_{\boldsymbol{n}} : R \in P, \vec{t}_{\boldsymbol{n}} \in L\}\}. \tag{5.127}$$

空间群的单位元素是 $\{e\,|\,0\}$，其中 e 是 R 的单位元素. 元素 $\{e\,|\,\vec{t}_{\boldsymbol{n}}\}$ 表示本原平移，$\{R\,|\,0\}$ 表示旋转或反射. 将群元素 $\{R\,|\,\vec{t}_{\boldsymbol{n}}\}$ 作用于位置向量 $\vec{r}$，我们得到

$$\{R\,|\,\vec{t}_{\boldsymbol{n}}\}\vec{r} = R\vec{r} + \vec{t}_{\boldsymbol{n}}. \tag{5.128}$$

4. 晶体系 (全对称)

由 14 个布拉维格, $L=\{\vec{t}_{\boldsymbol{n}}\}$, 32 个晶体点群 $P=\{R\}$ 以及容许的非本原平移 $\vec{V}(R)$, 我们可以构造 230 个空间群 $G=\{R\,|\,\vec{V}(R)+\vec{t}_{\boldsymbol{n}}\}$. 点群对应于 32 个晶体类. 在点群中有 7 个群, 它们不是其他点群的子群但含有其他点群作为子群. 这 7 个点群中的每一个都形成一个*晶体系* (全对称). 这 7 个晶体系的对称性是反映在 7 个布拉维格的对称性中. 32 个晶体类与 7 个晶体系的关系在表 5.5 中通过申弗利斯记号给出.

注 空间群 G (5.127) 是"空"格的对称群. 真实的晶体是将某些原子或离子排列在格位上得到的. 这些晶体成分的排列显示了其自身的对称性. 因此, 一般地真实晶体的对称群 G_0 具有比 $G(G\supset G_0)$ 较低的对称性.

表 5.5 布拉维格、晶体系及晶体类

格型	晶体系 (全对称)	晶体类
三斜晶	C_i	C_1, C_i
单斜晶	C_{2h}	C_2, C_h, C_{2h}
菱形晶	D_{2h}	C_{2v}, D_2, D_{2h}
正方晶	D_{4h}	$C_4, S_4, C_{4h}, D_4, C_{4v}, D_{2d}, D_{4h}$
六方晶	D_{6h}	$C_6, C_{3h}, C_{6h}, D_6, C_{6v}, D_{3h}, D_{6h}$
三角晶	D_{3d}	$C_3, S_6, D_3, C_{3v}, D_{3d}$
立方晶	O_h	T, T_h, T_d, O, O_h

记号: C_n——绕 n 重旋转轴的旋转, D_n——二面体群, T_n—— 四面体群, O_n——八面体群, S_n——n 重轴的镜旋转.

5.3.5.5 量子力学中的对称群

保持量子力学系统的哈密顿算子 $\hat{H}$(参见第 780 页 9.2.4, 2.) 不变的线性坐标变换表现为一个对称群, 其元素 g 与 $\hat{H}$ 交换:

$$[g,\hat{H}]=g\hat{H}-\hat{H}g=0,\quad g\in G. \tag{5.129}$$

g 与 $\hat{H}$ 的交换性质蕴涵在将算子 g 和 $\hat{H}$ 的乘积应用于状态 φ 时算子作用的顺序是任意的:

$$g(\hat{H}\varphi)=\hat{H}(g\varphi). \tag{5.130}$$

因此我们有: 如果 $\varphi_{E_\alpha}\,(\alpha=1,2,\cdots,n)$ 是 $\hat{H}$ 的具有退化性 n 的能量特征值 E 的特征态, 即

$$\hat{H}\varphi_{E_\alpha}=E\varphi_{E_\alpha}\quad(\alpha=1,2,\cdots,n), \tag{5.131}$$

那么变换态 $g\varphi_{E_\alpha}$ 也是属于相同特征值 E 的特征态:

$$g\hat{H}\varphi_{E_\alpha}=\hat{H}g\varphi_{E_\alpha}=Eg\varphi_{E_\alpha}. \tag{5.132}$$

可以写成特征态 φ_{E_α} 的线性组合:

$$g\varphi_{E_\alpha} = \sum_{\beta=1}^{n} D_{\beta\alpha}(g)\varphi_{E_\beta}. \tag{5.133}$$

因此特征态 φ_{E_α} 形成哈密顿算子 $\hat{H}$ 的对称群 G 的表示 $D(G)$(其表示矩阵为 $D_{\alpha\beta}(g)$) 的 n 维表示空间的基. 如果不存在“隐藏的”对称性, 那么这个表示是不可约的. 我们可以说量子力学系统的能量特征态可以用哈密顿的对称群的不可约表示的符号差作为标志.

因此, 群表示理论可用于量子力学系统的这种能量谱模型的定性描述, 它们仅由系统的外在或内部对称性确立. 在对称性或能量特征态间跃迁的矩阵元素的选择法则遭到破坏所造成的摄动的影响下, 退化能量水平的分裂也可由对应于多状态共存及群运算下的算子变换的表示的研究得到.

大量的文献 (见, 例如, [5.14], [5.16], [5.24], [5.25], [5.26]) 给出群论在量子力学中的应用.

5.3.5.6 群论在物理学中的其他应用

关于特殊连续群在物理学中的应用的其他例子, 我们在此只能引述:

$U(1)$: 电动力学中的度规变换.

SU(2) : 粒子物理学中的自旋和同位旋转.

SU(3) : 粒子物理学中重子和介子的分类. 核物理学中的多体问题.

SO(3) : 量子力学中的角动量代数. 原子和核多体问题.

SO(4) : 氢光谱的退化.

SU(4) : 由自旋和同位旋转自由度的统一产生的核壳层模型中的维格纳超多重谱线. 夸克模型中味 (flavor) 多重谱线 (包括粲 (charm) 自由度) 的描述.

SU(6) : 由味自由度和自旋自由度的组合产生的夸克模型中的多重谱线; 核结构模型.

$U(n)$: 原子和核物理学中的壳层模型.

SU(n), SO(n) : 核物理学中的多体问题.

SU(2) $\otimes$ $U(1)$: 电弱交互效应的标准模型.

SU(5) $\supset$ SU(3) $\otimes$ SU(2) $\otimes$ $U(1)$: 基本交互效应的统一 (GUT).

注 群 SU(n) 和 SO(n) 是李群, 即连续群 (参见 5.3.6 以及 [5.14]).

5.3.6 李群和李代数

5.3.6.1 引言

李群和李代数是以挪威数学家索弗斯·李 (Sophus Lie, 1842—1899) 命名的. 本章只考虑矩阵的李群, 因为它们在应用中最重要. 矩阵李群的主要例子是:

- 正交矩阵群 $O(n)$,
- 行列式为 $+1$ 的正交矩阵 (即 $\mathbb{R}^n$ 中刻画旋转的正交矩阵) 形成的子群 $\mathrm{SO}(n)$.
- 刻画多体运动的欧几里得群 $\mathrm{SE}(n)$.

这些群在计算机制图和机器人理论中有许多应用.

李群和对应的李代数间最重要的关系将借助指数映射刻画. 这个关系可通过下列例子说明.

■ 一阶微分方程或微分方程组的初值问题的解可以应用指数函数确定.

对于 $y=y(t)$ 的初值问题 (5.143a), 有下列解 (5.134b):

$$\frac{\mathrm{d}y}{\mathrm{d}x}=xy\ (x\text{是常数}),\quad y(0)=y_0, \tag{5.134a}$$

$$y(t)=\mathrm{e}^{xt}y_0. \tag{5.134b}$$

类似地, 对于未知向量 $\vec{y}=\vec{y}(t)$ 的具有常系数矩阵 $\boldsymbol{X}$ 的一阶微分方程组, 初值问题 (5.135a)

$$\frac{\mathrm{d}\vec{y}}{\mathrm{d}t}=\left(\frac{\mathrm{d}y_1}{\mathrm{d}t},\frac{\mathrm{d}y_2}{\mathrm{d}t},\cdots,\frac{\mathrm{d}y_n}{\mathrm{d}t}\right)^{\mathrm{T}}=\boldsymbol{X}\vec{y}\,(\boldsymbol{X}\text{是常数矩阵}),\ \vec{y}(0)=\vec{y}_0, \tag{5.135a}$$

有含矩阵指数函数 $\mathrm{e}^{t\boldsymbol{X}}$ 的解 (5.135b):

$$\vec{y}(t)=\mathrm{e}^{\boldsymbol{X}t}\vec{y}_0,\quad \mathrm{e}^{t\boldsymbol{X}}=\sum_{k=0}^{\infty}\frac{1}{k!}t^k\boldsymbol{X}^k=\boldsymbol{I}_{n\times n}+\sum_{k=1}^{\infty}\frac{1}{k!}t^k\boldsymbol{X}^k. \tag{5.135b}$$

对于给定的 (n,n) 方阵 $\boldsymbol{X}$ 特殊的矩阵指数函数 $\mathrm{e}^{t\boldsymbol{X}}$, 有下列性质:

- $\mathrm{e}^{0\boldsymbol{X}}=\boldsymbol{I}_{(n,n)}$, 其中 $\boldsymbol{I}_{(n,n)}$ 表示单位矩阵.
- $\mathrm{e}^{t\boldsymbol{X}}$ 可逆, 因为 $\det \mathrm{e}^{t\boldsymbol{X}}=\mathrm{e}^{t\cdot \mathrm{Tr}\,\boldsymbol{X}}\neq 0$.
- 对于每个 $t_1,t_2\in\mathbb{R}, \mathrm{e}^{t_1\boldsymbol{X}}\mathrm{e}^{t_2\boldsymbol{X}}=\mathrm{e}^{(t_1+t_2)\boldsymbol{X}}=\mathrm{e}^{t_2\boldsymbol{X}}\mathrm{e}^{t_1\boldsymbol{X}}$, 但一般地, $\mathrm{e}^{\boldsymbol{X}_1}\mathrm{e}^{\boldsymbol{X}_2}\neq \mathrm{e}^{\boldsymbol{X}_2}\mathrm{e}^{\boldsymbol{X}_1}\neq \mathrm{e}^{\boldsymbol{X}_1+\boldsymbol{X}_2}$.
- 特别地, $\mathrm{e}^{-t\boldsymbol{X}}\mathrm{e}^{t\boldsymbol{X}}=\mathrm{e}^{t\boldsymbol{X}}\mathrm{e}^{-t\boldsymbol{X}}=\boldsymbol{I}_{(n,n)}$.
- $\left.\frac{\mathrm{d}}{\mathrm{d}t}\mathrm{e}^{t\boldsymbol{X}}\right|_{t=0}=\left.\boldsymbol{X}\mathrm{e}^{t\boldsymbol{X}}\right|_{t=0}=\boldsymbol{X}$.

因此, 元素 $\mathrm{e}^{t\boldsymbol{X}}$ (对于固定的 $\boldsymbol{X}$) 对于矩阵乘法形成一个乘法群. 因为 $t\in\mathbb{R}$, 所以矩阵 $\mathrm{e}^{t\boldsymbol{X}}$ 形成一维群. 同时它是李群的最简单的例子. 我们将证明矩阵 $\boldsymbol{X}$ 和 $t\boldsymbol{X}$ 是属于这个李群的李代数的元素 (参见第 477 页 5.3.6.4). 于是指数函数生成李代数的元素形成的李群.

5.3.6.2 矩阵李群

对于矩阵李群不必一般地定义李群. 对于一般的李群必须引进可微流形, 在此则不需要. 对于矩阵李群, 下列的定义是重要的, 同时在进一步的讨论中主要的论题是*一般线性群*.

1. 一般线性群

(1) **群** 群 (参见第 451 页 5.3.3) 是一个具有映射

$$G \times G \to G, \quad (g,h) \mapsto g * h \tag{5.136a}$$

的集合, 这个映射称为群运算或群乘法, 有下列性质:

- 结合律: 对于每个 $g, h, k \in G$,

$$g * (h * k) = (g * h) * k; \tag{5.136b}$$

- 恒等元的存在性: 存在元素 $e \in G$ 使得对于每个 $g \in G$,

$$g * e = e * g = g; \tag{5.136c}$$

- 逆元的存在性: 对于每个 $h \in G$, 存在元素 $h \in G$ 使得

$$g * h = h * g = e. \tag{5.136d}$$

注 1 如果对于每个 $g, h \in G, g * h = h * g$, 那么称群是*交换的*. 矩阵群在此认为是非交换的. 显然从定义可推出群的两个元素之积也属于这个群, 因此群对于群乘法是封闭的.

注 2 设 $M_n(\mathbb{R})$ 是所有 (n,n) 实元素矩阵的向量空间. 显然 $M_n(\mathbb{R})$ 关于矩阵乘法不是一个群, 因为并非每个 (n,n) 矩阵都是可逆的.

(2) **一般线性群的定义** 所有实可逆 (n,n) 矩阵显然对于矩阵乘法形成一个群, 称为*一般线性群*, 并且记为 $\mathrm{GL}(n,\mathbb{R})$.

2. 矩阵李群

(1) **矩阵的收敛性** 矩阵 $\boldsymbol{A}_m = (a_{kl}^{(m)})_{k,l=1}^{n}$ 的序列 $\{\boldsymbol{A}_m\}_{m=1}^{\infty}$ (其中 $\boldsymbol{A}_m \in M_n(\mathbb{R})$) 收敛于 (n,n) 矩阵 $\boldsymbol{A}$, 如果每个元素序列 $\{a_{kl}^{(m)}\}_{m=1}^{\infty}$ 在实数收敛的意义下收敛于对应的矩阵元素 a_{kl}.

(2) **矩阵李群的定义** 矩阵李群是 $\mathrm{GL}(n,\mathbb{R})$ 的具有下列性质的子群 G: 设 $\{\boldsymbol{A}_m\}_{m=1}^{\infty}$ 是任意一个 G 中矩阵的序列, 在 $M_n(\mathbb{R})$ 中收敛的意义下收敛于矩阵 $\boldsymbol{A} \in M_n(\mathbb{R})$, 那么或者 $\boldsymbol{A} \in G$, 或者 $\boldsymbol{A}$ 不可逆.

这个定义也可用下列方式叙述: 矩阵李群是一个子群, 它是 $\mathrm{GL}(n,\mathbb{R})$ 的闭子集 (这并不意味着 G 必须在 $M_n(\mathbb{R})$ 中闭).

(3) **矩阵李群的维数**　矩阵李群的维数定义为对应的李代数的维数 (参见第 477 页 5.3.6.4). 矩阵李群 $\mathrm{GL}(n, \mathbb{R})$ 有维数 n^2.

3. 连续群

矩阵李群也可以借助连续群 (见 [22.26], [5.18], [5.15]) 引进.

(1) **定义**　连续群是一个特殊的无限群, 其元素唯一地由连续参数向量 $\underline{\varphi} = (\varphi_1, \varphi_2, \cdots, \varphi_n)$ 给出:

$$a = a(\underline{\varphi}). \tag{5.137}$$

■ $\mathbb{R}^2$ 中的旋转矩阵群 (参见第 308 页 (3.432)):

$$D = \begin{pmatrix} \cos\varphi & -\sin\varphi \\ \sin\varphi & \cos\varphi \end{pmatrix} = a(\varphi), \quad 0 \leqslant \varphi \leqslant 2\pi. \tag{5.138}$$

群元素仅与一个实参数 φ 有关.

(2) **积**　元素为 $a = a(\underline{\varphi})$ 的连续群中两个元素 $a_1 = a(\underline{\varphi}_1), a_2 = a(\underline{\varphi}_2)$ 的积由

$$a_1 * a_2 = a_3 = a(\underline{\varphi}_3) \tag{5.139a}$$

给出其中

$$\underline{\varphi}_3 = f(\underline{\varphi}_1, \underline{\varphi}_2), \tag{5.139b}$$

这里 $f(\underline{\varphi}_1, \underline{\varphi}_2)$ 的分量是连续可微函数.

■ 如 (5.138) 中的两个旋转矩阵 $a = a(\varphi_1)$ 和 $a = a(\varphi_2)$ (其中 $0 \leqslant \varphi_1, \varphi_2 \leqslant 2\pi$) 之积是 $a_3 = a(\varphi_1) * a(\varphi_2) = a(\varphi_3)$, 其中 $\varphi_3 = f(\varphi_1, \varphi_2) = \varphi_1 + \varphi_2$. 应用 Falk 格式 (参见第 366 页 4.1.4, 5.) 以及加法定理可得

	$a(\varphi_2)$
$a(\varphi_1)$	$a(\varphi_3) = a(\varphi_1 + \varphi_2)$

,

或详细地,

		$\cos\varphi_2$	$-\sin\varphi_2$
		$\sin\varphi_2$	$\cos\varphi_2$
$\cos\varphi_1$	$-\sin\varphi_1$	$\cos\varphi_1\cos\varphi_2 - \sin\varphi_1\sin\varphi_2$	$-\cos\varphi_1\sin\varphi_2 - \sin\varphi_1\cos\varphi_2$
$\sin\varphi_1$	$\cos\varphi_1$	$\sin\varphi_1\cos\varphi_2 + \cos\varphi_1\sin\varphi_2$	$-\sin\varphi_1\sin\varphi_2 + \cos\varphi_1\cos\varphi_2$

(3) **维数**　参数向量 $\underline{\varphi}$ 是称作参数空间的向量空间的元素. 在这个参数空间中存在一个区域作为连续群的定义域, 将它称为群空间. 这个群空间的维数考虑为连续群的维数.

■ **A**: 实 (n, n) 可逆方阵的群有维数 n^2, 因为方阵的每个元素都可考虑为参数.

■ **B**: (5.138) 中旋转矩阵群 (对于矩阵乘法)D 有维数 1. 旋转矩阵是 $(2, 2)$ 型的, 但它的 4 个元素只与一个参数 $\varphi(0 \leqslant \varphi \leqslant 2\pi)$ 有关.

4. 李群

(1) **李群的定义** 李群是一个连续群, 其中群的所有元素是参数的连续函数.

(2) **特殊的矩阵李群及其维数**

■ A: **旋转 $\boldsymbol{R}$ 的群 $\mathbf{SO}(n)$** 旋转 $\boldsymbol{R}$ 的群 $\mathrm{SO}(n)$ 用矩阵乘法依照 $\vec{x}' = \boldsymbol{R}\vec{x} \in \mathbb{R}^n$ 作用在元素 $\vec{x} \in \mathbb{R}^n$ 上. $\mathrm{SO}(n)$ 是一个 $n(n-1)/2$ 维李群.

■ B: **特殊欧几里得群 $\mathbf{SE}(n)$** 特殊欧几里得群 $\mathrm{SE}(n)$ 由元素 $g = (\boldsymbol{R}, \vec{b})$ 组成, 其中 $\boldsymbol{R} \in \mathrm{SO}(n)$, 以及 $\vec{b} \in \mathbb{R}^n$, 并且群乘法 $g_1 \circ g_2 = (\boldsymbol{R}_1\boldsymbol{R}_2, \boldsymbol{R}_1\vec{b}_2 + \vec{b}_1)$. 它依照

$$\vec{x}' = \boldsymbol{R}\vec{x} + \vec{b} \tag{5.140}$$

作用于欧几里得空间 $\mathbb{R}^n$ 的元素. $\mathrm{SE}(n)$ 是 n 维欧几里得空间中刚体运动群, 是一个 $n(n+1)/2$ 维李群. $\mathrm{SE}(n)$ 的离散子群是, 例如, 晶体空间群即正则晶体格的对称群.

■ C: **标度欧几里得群 $\mathbf{SIM}(n)$** 标度欧几里得群 $\mathrm{SIM}(n)$ 由所有的对 $(\mathrm{e}^a\boldsymbol{R}, \vec{b})$ 组成, 其中 $a \in \mathbb{R}, \boldsymbol{R} \in \mathrm{SO}(n), \vec{b} \in \mathbb{R}^n$, 群乘法 $g_1 \circ g_2 = (\mathrm{e}^{a_1+a_2}\boldsymbol{R}_1\boldsymbol{R}_2, \boldsymbol{R}_1\vec{b}_2 + \vec{b}_1)$. 它通过平移、旋转和伸缩 (即伸长和收缩) 作用于 $\mathbb{R}^n$ 的元素:

$$\vec{x}' = \mathrm{e}^a\boldsymbol{R}\vec{x} + \vec{b}. \tag{5.141}$$

标度欧几里得群有维数 $1 + n(n+1)/2$.

■ D: **实特殊线性群 $\mathbf{SL}(n, \mathbb{R})$** 实特殊线性群 $\mathrm{SL}(n, \mathbb{R})$ 由所有行列式为 $+1$ 的 (实)(n, n) 矩阵组成. 它通过旋转、畸变和切变以 $\vec{x}' = \boldsymbol{L}\vec{x}$ 作用于 $\mathbb{R}^n$ 的元素, 使得体积保持不变, 并且平行线仍然保持平行. 其维数是 $n^2 - 1$.

■ E: **特殊仿射群** $\mathbb{R}^n$ 的特殊仿射群由所有的对 $(\mathrm{e}^a\boldsymbol{L}, \vec{b})$ 组成, 其中 $\boldsymbol{L} \in \mathrm{SL}(n)$ 及 $\vec{b} \in \mathbb{R}^n$, 通过旋转、平移、切变、畸变和伸缩作用于 $\mathbb{R}^n$ 的个体. 这个李群是欧氏空间中最一般的将平行线映为平行线的形变群; 它有维数 $n(n+1)$.

■ F: **群 $\mathbf{SO}(2)$** 群 $\mathrm{SO}(2)$ 刻画 $\mathbb{R}^2$ 中所有绕原点的旋转:

$$\mathrm{SO}(2) = \left\{ \begin{pmatrix} \cos\varphi & -\sin\varphi \\ \sin\varphi & \cos\varphi \end{pmatrix}, \ \varphi \in \mathbb{R} \right\}. \tag{5.142}$$

■ G: **群 $\mathbf{SL}(2)$** $\mathrm{SL}(2)$ 的每个元素可表示为

$$\begin{pmatrix} \cos\varphi & -\sin\varphi \\ \sin\varphi & \cos\varphi \end{pmatrix} \begin{pmatrix} \mathrm{e}^t & 0 \\ 0 & \mathrm{e}^{-t} \end{pmatrix} \begin{pmatrix} 1 & \xi \\ 0 & 1 \end{pmatrix}. \tag{5.143}$$

■ H: **群 $\mathbf{SE}(2)$** 群 $\mathrm{SE}(2)$ 的元素可以表示为 $(3, 3)$ 矩阵:

$$\begin{pmatrix} \cos\theta & -\sin\theta & x_1 \\ \sin\theta & \cos\theta & x_2 \\ 0 & 0 & 1 \end{pmatrix}, \quad 其中\ \theta \in \mathbb{R},\ \vec{x} = \begin{pmatrix} x_1 \\ x_2 \end{pmatrix} \in \mathbb{R}^2. \tag{5.144}$$

注 除实矩阵李群外, 也可以考虑复矩阵李群. 例如, $\mathrm{SL}(n, \mathbb{C})$ 是所有行列式为 $+1$ 的复 (n, n) 矩阵形成的李群. 类似地, 存在元素是四元数的矩阵李群.

5.3.6.3 重要应用

1. 刚体运动

群 SE(3) 是欧氏空间 $\mathbb{R}^3$ 中的刚体运动群. 这就是它经常应用于机器人控制的原因. 通常定义下列 6 个独立的变换:

a) x 方向平移;

b) y 方向平移;

c) z 方向平移;

d) 绕 x 轴旋转;

e) 绕 y 轴旋转;

f) 绕 z 轴旋转.

这些变换可以通过应用于三维齐次坐标 (参见第 310 页 3.5.4.2) 的 $(4,4)$ 矩阵来表示, 即 $(x,y,z)^{\mathrm{T}}\in\mathbb{R}^3$ 表示为具有 4 个坐标的向量 $(x,y,z,1)$.

对应于变换 a)~f) 的矩阵是

$$\boldsymbol{M}_1=\begin{pmatrix}1&0&0&a\\0&1&0&0\\0&0&1&0\\0&0&0&1\end{pmatrix},\quad \boldsymbol{M}_2=\begin{pmatrix}1&0&0&0\\0&1&0&b\\0&0&1&0\\0&0&0&1\end{pmatrix},\quad \boldsymbol{M}_3=\begin{pmatrix}1&0&0&0\\0&1&0&0\\0&0&1&c\\0&0&0&1\end{pmatrix},\tag{5.145a}$$

$$\boldsymbol{M}_4=\begin{pmatrix}1&0&0&0\\0&\cos\alpha&-\sin\alpha&0\\0&\sin\alpha&\cos\alpha&0\\0&0&0&1\end{pmatrix},\quad \boldsymbol{M}_5=\begin{pmatrix}\cos\beta&0&\sin\beta&0\\0&1&0&0\\-\sin\beta&0&\cos\beta&0\\0&0&0&1\end{pmatrix},$$

$$\boldsymbol{M}_6=\begin{pmatrix}\cos\gamma&-\sin\gamma&0&0\\\sin\gamma&\cos\gamma&0&0\\0&0&1&0\\0&0&0&1\end{pmatrix}.\tag{5.145b}$$

矩阵 $\boldsymbol{M}_4,\boldsymbol{M}_5,\boldsymbol{M}_6$ 刻画 $\mathbb{R}^3$ 中的旋转, 因此 SO(3) 是 SE(3) 的子群. 群 SE(3) 如下地作用在有齐次坐标 $(\vec{x},1)^{\mathrm{T}}$ 的 $\vec{x}=(x,y,z)^{\mathrm{T}}\in\mathbb{R}^3$ 上:

$$\begin{pmatrix}\vec{x}'\\1\end{pmatrix}=\begin{pmatrix}\boldsymbol{R}&\vec{v}\\0&1\end{pmatrix}\begin{pmatrix}\vec{x}\\1\end{pmatrix}=\begin{pmatrix}\boldsymbol{R}\vec{x}+\vec{v}\\1\end{pmatrix},\tag{5.146}$$

其中 $\boldsymbol{R}\in\mathrm{SO}(3)$ 是旋转, $\vec{v}=(a,b,c)^{\mathrm{T}}$ 是平移向量.

2. 2 维空间的仿射变换

2 维空间的仿射变换群 GA(2) 是具有下列 6 个维的六维矩阵李群:

a) x 方向平移;

b) y 方向平移;

c) z 方向平移;

d) 对于原点的伸长和收缩;

e) 切变 (对于 y, 对于 x 的伸长);

f) 与 (第)5(维) 有关的 45° 切变.

这些变换也可用 $(x,y)^{\mathrm{T}}\in\mathbb{R}^2$ 的齐次坐标 $(x,y,1)^{\mathrm{T}}$ 的矩阵刻画:

$$\boldsymbol{M}_1=\begin{pmatrix}1&0&a\\0&1&0\\0&0&1\end{pmatrix},\quad \boldsymbol{M}_2=\begin{pmatrix}1&0&0\\0&1&b\\0&0&1\end{pmatrix},\quad \boldsymbol{M}_3=\begin{pmatrix}\cos\alpha&-\sin\alpha&0\\\sin\alpha&\cos\alpha&0\\0&0&1\end{pmatrix},\tag{5.147a}$$

$$\boldsymbol{M}_4=\begin{pmatrix}\mathrm{e}^{\tau}&0&0\\0&\mathrm{e}^{\tau}&0\\0&0&1\end{pmatrix},\quad \boldsymbol{M}_5=\begin{pmatrix}\mathrm{e}^{\mu}&0&0\\0&\mathrm{e}^{-\mu}&0\\0&0&1\end{pmatrix},$$

$$\boldsymbol{M}_6=\begin{pmatrix}\cosh\nu&-\sinh\nu&0\\\sinh\nu&\cosh\nu&0\\0&0&1\end{pmatrix}.\tag{5.147b}$$

这个群以由 $\boldsymbol{M}_1$ 和 $\boldsymbol{M}_2$ 给出的平移群, $\boldsymbol{M}_1,\boldsymbol{M}_2$ 和 $\boldsymbol{M}_3$ 给出的欧几里得群 SE(2), 以及 $\boldsymbol{M}_1,\boldsymbol{M}_2,\boldsymbol{M}_3,\boldsymbol{M}_4$ 给出的相似群作为本质子群.

应用 群 GA(2) 可用来刻画平面个体的所有这种变换: 在微小的角度形变下它被在 3 维空间中移动的照相机记录. 如果透视角也可能出现大的变化, 那么可应用群 $P(2)$, 即所有射影空间变换的群. 矩阵李群由 $\boldsymbol{M}_1$—$\boldsymbol{M}_6$ 及另两个矩阵

$$\boldsymbol{M}_7=\begin{pmatrix}1&0&0\\0&1&0\\\beta&0&1\end{pmatrix},\quad \boldsymbol{M}_8=\begin{pmatrix}1&0&0\\0&1&0\\0&\gamma&1\end{pmatrix}\tag{5.147c}$$

生成. 这两个增加的群对应于水平线的变化或平面图形的边缘的消失.

5.3.6.4 李代数

1. 实李代数

实李代数是一个具有称作李括号的运算

$$[\cdot,\cdot]:\mathcal{A}\times\mathcal{A}\to\mathcal{A}\tag{5.148}$$

的实向量空间, 这个运算具有下列性质: 对于所有 $a,b,c\in\mathcal{A}$ 有

- $[\cdot,\cdot]$ 是线性的;
- $[a,b]=-[b,a]$, 即这个运算是斜对称的或反对称的;
- 所谓雅可比恒等式成立 (作为丧失结合性的替代物)

$$[a,[b,c]]+[c,[a,b]]+[b,[c,a]]=0.\tag{5.149}$$

显然 $[a,a]=0$ 成立.

2. 李括号

对于 (实) (n,n) 矩阵 $\boldsymbol{X}$ 和 $\boldsymbol{Y}$, 李括号由换位子给出, 即

$$[\boldsymbol{X},\boldsymbol{Y}]=\boldsymbol{XY}-\boldsymbol{YX}. \tag{5.150}$$

3. 特殊的李代数

存在与矩阵李群相伴的李代数.

(1) 函数 $g:\mathbb{R}\to \mathrm{GL}(n)$ 是 $\mathrm{GL}(n)$ 的*单参数子群*, 如果

- g 是连续的;
- $g(0)=\boldsymbol{I}_{(n,n)}$;
- 对所有 $t,s\in\mathbb{R}, g(t+s)=g(t)g(s)$.

特别地:

(2) 如果 g 是 $\mathrm{GL}(n)$ 的单参数子群, 那么存在一个唯一定义的矩阵 $\boldsymbol{X}$ 使得

$$g(t)=\mathrm{e}^{t\boldsymbol{X}} \quad (\text{参见第 472 页 5.3.6.1}). \tag{5.151}$$

(3) 对于任何 (n,n) 矩阵 $\boldsymbol{A}$, 对数 $\log \boldsymbol{A}$ 定义为

$$\log \boldsymbol{A}=\sum_{m=1}^{\infty}\frac{(-1)^{m+1}}{m}(\boldsymbol{A}-\boldsymbol{I})^m, \tag{5.152}$$

如果这个级数收敛. 特别, 当 $\|\boldsymbol{A}-\boldsymbol{I}\|<1$ 时此级数收敛.

4. 李群与李代数间的对应

矩阵李群与相伴的李代数间的对应如下.

(1) 设 G 是矩阵群. G 的*李代数* (记作 $\boldsymbol{g}$) 是所有使得 $\mathrm{e}^{t\boldsymbol{X}}\in G$ (对所有实数 t) 的矩阵 $\boldsymbol{X}$ 的集合.

在给定的矩阵李群中接近于单位矩阵的元素可以表示为 $g(t)=\mathrm{e}^{t\boldsymbol{X}}$, 其中 $\boldsymbol{X}\in\boldsymbol{g}$, 而 t 接近于零. 如果指数映射是满射, 例如当 $\mathrm{SO}(n)$ 和 $\mathrm{SE}(n)$ 情形, 那么可以借助对应的李代数的元素的矩阵指数函数将群元素参数化. 矩阵 $\dfrac{\mathrm{d}g}{\mathrm{d}t}g^{-1}$ 和 $g^{-1}\dfrac{\mathrm{d}g}{\mathrm{d}t}$ 分别称为 $g\in G$ 的*切向量*或*切元素*. 对 $t=0$ 计算这些元素, 我们得到 $\boldsymbol{X}$ 本身, 即 $\boldsymbol{g}$ 是恒等矩阵 $\boldsymbol{I}$ 的切空间 $T_{\boldsymbol{I}}G$.

(2) 可以证明这样设计的李群的李代数也是抽象意义下的李代数.

设 G 是一个矩阵李群, 相伴矩阵李代数是 $\boldsymbol{g}$, $\boldsymbol{X}$ 和 $\boldsymbol{Y}$ 是 $\boldsymbol{g}$ 的元素. 那么:

- 对于任何实数 s, $s\boldsymbol{X}\in\boldsymbol{g}$;
- $\boldsymbol{X}+\boldsymbol{Y}\in\boldsymbol{g}$;
- $[\boldsymbol{X},\boldsymbol{Y}]=\boldsymbol{XY}-\boldsymbol{YX}\in\boldsymbol{g}$.

■ **A**: 与李群 SO(2) 相伴的李代数 so(2) 可以从元素用 SO(2) 的表示 $g(\theta)=\begin{pmatrix}\cos\theta & -\sin\theta\\ \sin\theta & \cos\theta\end{pmatrix}$ 借助于切元素算出:

$$\left.\frac{\mathrm{d}g}{\mathrm{d}\theta}g^{-1}\right|_{\theta=0}=\left.\begin{pmatrix}-\sin\theta & -\cos\theta\\ \cos\theta & -\sin\theta\end{pmatrix}\begin{pmatrix}\cos\theta & \sin\theta\\ -\sin\theta & \cos\theta\end{pmatrix}\right|_{\theta=0}=\begin{pmatrix}0 & -1\\ 1 & 0\end{pmatrix}. \tag{5.153a}$$

因此,

$$\mathrm{so}(2)=\left\{s\begin{pmatrix}0 & -1\\ 1 & 0\end{pmatrix},\ s\in\mathbb{R}\right\}. \tag{5.153b}$$

反之, 从 $\boldsymbol{X}=\begin{pmatrix}0 & -1\\ 1 & 0\end{pmatrix}$ 得到

$$\mathrm{e}^{s\boldsymbol{X}}=\cos s\begin{pmatrix}1 & 0\\ 0 & 1\end{pmatrix}+\sin s\begin{pmatrix}0 & -1\\ 1 & 0\end{pmatrix}=\begin{pmatrix}\cos s & -\sin s\\ \sin s & \cos s\end{pmatrix}. \tag{5.153c}$$

■ **B**: 下列矩阵形成李代数 so(3) 的基:

$$\boldsymbol{X}_1=\begin{pmatrix}0 & 0 & 1\\ 0 & 0 & -1\\ 0 & 1 & 0\end{pmatrix},\quad \boldsymbol{X}_2=\begin{pmatrix}0 & 0 & 1\\ 0 & 0 & 0\\ -1 & 0 & 0\end{pmatrix},\quad \boldsymbol{X}_3=\begin{pmatrix}0 & -1 & 0\\ 1 & 0 & 0\\ 0 & 0 & 0\end{pmatrix}. \tag{5.154}$$

注 指数映射 so(3) → SO(3) 和 se(3) → SE(3) 蕴涵 (多值) 对数函数的存在性. 不过这个对数函数可应用于插值.

例如, 如果给定刚体运动 $\boldsymbol{B}_1,\boldsymbol{B}_2\in\mathrm{SE}(3)$, 那么可以算出 $\log\boldsymbol{B}_1,\log\boldsymbol{B}_2$ 是李代数 so(3) 的元素. 于是取这些对数间的线性插值 $(1-t)\log\boldsymbol{B}_1+t\log\boldsymbol{B}_2$, 然后应用指数映射以便由

$$\exp\left((1-t)\log\boldsymbol{B}_1+t\log\boldsymbol{B}_2\right) \tag{5.155}$$

得到刚体运动 $\boldsymbol{B}_1$ 和 $\boldsymbol{B}_2$ 间的插值.

■ **C**: 与矩阵李群 SE(3) 相伴的矩阵李代数 se(3) 由矩阵

$$\boldsymbol{E}_1=\begin{pmatrix}0&0&0&1\\0&0&0&0\\0&0&0&0\\0&0&0&0\end{pmatrix},\quad \boldsymbol{E}_2=\begin{pmatrix}0&0&0&0\\0&0&0&1\\0&0&0&0\\0&0&0&0\end{pmatrix},\quad \boldsymbol{E}_3=\begin{pmatrix}0&0&0&0\\0&0&0&0\\0&0&0&1\\0&0&0&0\end{pmatrix}, \tag{5.156a}$$

$$\boldsymbol{E}_4=\begin{pmatrix}0&0&0&0\\0&0&-1&0\\0&1&0&0\\0&0&0&0\end{pmatrix},\quad \boldsymbol{E}_5=\begin{pmatrix}0&0&1&0\\0&0&0&0\\-1&0&0&0\\0&0&0&0\end{pmatrix},\quad \boldsymbol{E}_6=\begin{pmatrix}0&-1&0&0\\1&0&0&0\\0&0&0&0\\0&0&0&0\end{pmatrix} \tag{5.156b}$$

生成.

5. 内积空间

如果适当地定义内积 (标量积), 那么对于给定的有限维矩阵李群总可能找到相伴李代数的正交基. 在此情形应用格拉姆-施密特正交化方法 (参见第 424 页 4.6.2.2, (4) 可由李代数的任何一组基得到正交基.

在实矩阵李群的情形李代数由实矩阵组成, 所以内积由

$$(\boldsymbol{X}, \boldsymbol{Y}) = \frac{1}{2}\mathrm{Tr}(\boldsymbol{X}\boldsymbol{W}\boldsymbol{Y}^{\mathrm{T}}) \tag{5.157}$$

给出, 其中 $\boldsymbol{W}$ 是一个正定实对称矩阵.

■ **A**: 刚体运动群 SE(2) 可以参数化为

$$g(x_1, x_2, \theta) = \mathrm{e}^{x_1\boldsymbol{X}_1 + x_2\boldsymbol{X}_2}\mathrm{e}^{\theta\boldsymbol{X}_3} = \begin{pmatrix} \cos\theta & -\sin\theta & x_1 \\ \sin\theta & \cos\theta & x_2 \\ 0 & 0 & 1 \end{pmatrix}, \tag{5.158a}$$

其中

$$\boldsymbol{X}_1 = \begin{pmatrix} 0 & 0 & 1 \\ 0 & 0 & 0 \\ 0 & 0 & 0 \end{pmatrix}, \quad \boldsymbol{X}_2 = \begin{pmatrix} 0 & 0 & 0 \\ 0 & 0 & 1 \\ 0 & 0 & 0 \end{pmatrix}, \quad \boldsymbol{X}_3 = \begin{pmatrix} 0 & -1 & 0 \\ 1 & 0 & 0 \\ 0 & 0 & 0 \end{pmatrix}. \tag{5.158b}$$

这里 $\boldsymbol{X}_1, \boldsymbol{X}_2, \boldsymbol{X}_3$ 对于由权矩阵

$$\begin{pmatrix} 1 & 0 & 0 \\ 0 & 1 & 0 \\ 0 & 0 & 2 \end{pmatrix} \tag{5.158c}$$

给出的内积形成李代数 se(2) 的正交基.

■ **B**: 李代数 $\mathrm{sl}(2, \mathbb{R})$ 的一组基是

$$\boldsymbol{X}_1 = \begin{pmatrix} 0 & -1 \\ 1 & 0 \end{pmatrix}, \quad \boldsymbol{X}_2 = \begin{pmatrix} 1 & 0 \\ 0 & -1 \end{pmatrix} \quad 和 \quad \boldsymbol{X}_3 = \begin{pmatrix} 0 & 1 \\ 1 & 0 \end{pmatrix}. \tag{5.159}$$

这些元素对于权矩阵 $\boldsymbol{W} = \boldsymbol{I}_{(2,2)} = \begin{pmatrix} 1 & 0 \\ 0 & 1 \end{pmatrix}$ 形成正交基.

5.3.6.5 在机器人理论中的应用

1. 机器人运动

刻画 $\mathbb{R}^3$ 中机器人运动的特殊欧几里得群 SE(3) 是群 SO(3)(绕原点的旋转) 和 $\mathbb{R}^3$(平移) 的半直接积:

$$\mathrm{SE}(3) = \mathrm{SO}(3) \times \mathbb{R}^3. \tag{5.160}$$

在直接积中因子没有交互作用, 但这里是半直接积, 因为旋转在平移上的作用显然是从矩阵乘法得到

$$\begin{pmatrix} \boldsymbol{R}_2 & \vec{t}_2 \\ 0 & 1 \end{pmatrix}\begin{pmatrix} \boldsymbol{R}_1 & \vec{t}_1 \\ 0 & 1 \end{pmatrix} = \begin{pmatrix} \boldsymbol{R}_2\boldsymbol{R}_1 & \boldsymbol{R}_2\vec{t}_1 + \vec{t}_2 \\ 0 & 1 \end{pmatrix}, \tag{5.161}$$

即加第二个平移向量前第一个平移向量已被旋转.

2. 沙勒定理

这个定理说每个不纯粹是平移的刚体运动可以刻画为 (有限的) 螺旋运动. 一个沿着经过原点的轴的 (有限的) 螺旋运动有形式

$$A(\theta)=\begin{pmatrix}\boldsymbol{R} & \dfrac{\theta p}{2\pi}\vec{x}\\ 0 & 1\end{pmatrix}, \tag{5.162a}$$

其中 $\vec{x}$ 是旋转轴方向的单位向量, θ 是旋转角, p 是角系数. 因为 $\vec{x}$ 是旋转轴, 所以 $\boldsymbol{R}\vec{x}=\vec{x}$, 即 $\vec{x}$ 是矩阵 $\boldsymbol{R}$ 属于单位特征值 1 的特征向量.

当旋转轴不经过原点, 那么在旋转轴上选择一个点 $\vec{u}$, 它被转移到原点, 那么经螺旋运动后它被转回:

$$\begin{pmatrix}\boldsymbol{I} & \vec{u}\\ 0 & 1\end{pmatrix}\begin{pmatrix}\boldsymbol{R} & \dfrac{\theta p}{2\pi}\vec{x}\\ 0 & 1\end{pmatrix}\begin{pmatrix}\boldsymbol{I} & -\vec{u}\\ 0 & 1\end{pmatrix}=\begin{pmatrix}\boldsymbol{R} & \dfrac{\theta p}{2\pi}\vec{x}+(\boldsymbol{I}-\boldsymbol{R})\vec{u}\\ 0 & 1\end{pmatrix}. \tag{5.162b}$$

沙勒定理告诉我们任意刚体运动可以用上面形式给出, 即对于给定的 $\boldsymbol{R},\vec{t}$ 和适当的 p 和 $\vec{u}$, 有

$$\begin{pmatrix}\boldsymbol{R} & \vec{t}\\ 0 & 1\end{pmatrix}=\begin{pmatrix}\boldsymbol{R} & \dfrac{\theta p}{2\pi}\vec{x}\\ 0 & 1\end{pmatrix}. \tag{5.163}$$

设从 $\boldsymbol{R}$ 已经知道旋转角 θ 和旋转轴 $\vec{x}$, 那么有

$$\frac{\theta p}{2\pi}=\vec{x}\cdot\vec{t}, \tag{5.164}$$

所以可以算出角系数 p. 于是线性方程组

$$(\boldsymbol{I}-\boldsymbol{R})\vec{u}=\frac{\theta p}{2\pi}\vec{x}-\vec{t} \tag{5.165}$$

的解给出 $\vec{u}$. 这是奇异方程组, 其中 $\vec{x}$ 是它的核. 因此除相差 $\vec{x}$ 的某个倍数外解 $\vec{u}$ 是唯一确定的. 为确定 $\vec{u}$, 要求 $\vec{u}$ 垂直于 $\vec{x}$ 是合理的. 当刚体运动是纯粹的旋转时, 则不可能确定适当的向量 $\vec{u}$.

3. 机械联结

一个自由度的联结可以由群 SE(3) 的单参数子群表示. 对于一般螺旋联结情形对应的子群是

$$A(\theta)=\begin{pmatrix}\boldsymbol{R} & \dfrac{\theta p}{2\pi}\vec{x}+(\boldsymbol{I}-\boldsymbol{R})\vec{u}\\ 0 & 1\end{pmatrix}, \tag{5.166}$$

其中 $\vec{x}$ 是旋转轴, θ 是旋转角, p 给出角系数, 而 $\vec{u}$ 是旋转轴上的任意一点.

最常出现的一类联结是旋转联结, 它可以由下列子群刻画:

$$A(\theta)=\begin{pmatrix}\boldsymbol{R} & (\boldsymbol{I}-\boldsymbol{R})\vec{u}\\ 0 & 1\end{pmatrix}. \tag{5.167}$$

对应于移位联结的子群是

$$A(\theta) = \begin{pmatrix} \boldsymbol{I} & \theta\vec{t} \\ 0 & 1 \end{pmatrix}, \tag{5.168}$$

其中 $\vec{t}$ 刻画移位方向.

4. 前向运动学

工业机器人情形的目标是最终效应器的运动和控制, 这是由运动链的联结完成的. 如果所有的联结都是单参数的并且机器人 (例如) 由 6 个联结组成, 那么机器人的每个位置可以由联结变量 $\vec{\theta}^{\mathrm{T}} = (\theta_1, \theta_2, \theta_3, \theta_4, \theta_5, \theta_6)$ 刻画. 机器人的输出状态由零向量刻画. 那么机器人的运动可这样刻画: 首先使最远的联结与最终效应器一起开动并且这个运动由矩阵 $A(\theta_6)$ 给出. 现在使第 5 个联结开动. 因为这个联结的轴不可能受到最后一个联结的运动的影响, 所以这个运动由矩阵 $A(\theta_5)$ 给出. 于是使所有联结开动, 并且最终效应器的完整运动由

$$K(\vec{\theta}) = A_1(\theta_1)A_2(\theta_2)A_3(\theta_3)A_4(\theta_4)A_5(\theta_5)A_6(\theta_6) \tag{5.169}$$

给出.

5. 向量积和李代数

螺旋运动由

$$A(\theta) = \begin{pmatrix} \boldsymbol{R} & \dfrac{\theta p}{2\pi}\vec{x} + (\boldsymbol{I} - \boldsymbol{R})\vec{u} \\ 0 & 1 \end{pmatrix} \tag{5.170}$$

给出, 并且它表示通过角 θ 参数化的刚体运动. 显然, $\theta = 0$ 给出恒等变换. 如果算出在 $\theta = 0$ 时的导数, 即当恒等变换时的导数, 那么李代数的一般元素如下:

$$S = \left.\frac{\mathrm{d}A}{\mathrm{d}\theta}\right|_{\theta=0} = \left.\begin{pmatrix} \dfrac{\mathrm{d}\boldsymbol{R}}{\mathrm{d}\theta} & \dfrac{\theta p}{2\pi}\vec{x} - \dfrac{\mathrm{d}\boldsymbol{R}}{\mathrm{d}\theta}\vec{u} \\ 0 & 0 \end{pmatrix}\right|_{\theta=0} = \begin{pmatrix} \boldsymbol{\Omega} & \dfrac{\theta p}{2\pi}\vec{x} - \boldsymbol{\Omega}\vec{u} \\ 0 & 0 \end{pmatrix}, \tag{5.171a}$$

其中 $\boldsymbol{\Omega} = \dfrac{\mathrm{d}\boldsymbol{R}}{\mathrm{d}\theta}(0)$ 是斜对称矩阵.可以证明 $\boldsymbol{R}$ 是正交矩阵, 那么有 $\boldsymbol{R}\boldsymbol{R}^{\mathrm{T}} = \boldsymbol{I}$ 以及 $\boldsymbol{R}^{\mathrm{T}}\boldsymbol{R} = \boldsymbol{I}$, 因而

$$\frac{\mathrm{d}}{\mathrm{d}\theta}(\boldsymbol{R}\boldsymbol{R}^{\mathrm{T}}) = \frac{\mathrm{d}\boldsymbol{R}}{\mathrm{d}\theta}\boldsymbol{R}^{\mathrm{T}} + \boldsymbol{R}\frac{\mathrm{d}\boldsymbol{R}^{\mathrm{T}}}{\mathrm{d}\theta} = \frac{\mathrm{d}\boldsymbol{I}}{\mathrm{d}\theta} = \boldsymbol{0}. \tag{5.171b}$$

因为当 $\theta = 0$ 时 $\boldsymbol{R} = \boldsymbol{I}$, 所以

$$\frac{\mathrm{d}\boldsymbol{R}}{\mathrm{d}\theta}(0) + \frac{\mathrm{d}\boldsymbol{R}^{\mathrm{T}}}{\mathrm{d}\theta}(0) = \boldsymbol{0}. \tag{5.171c}$$

于是每个斜对称矩阵

$$\boldsymbol{\Omega} = \begin{pmatrix} 0 & -\omega_z & \omega_y \\ \omega_z & 0 & -\omega_x \\ -\omega_y & \omega_x & 0 \end{pmatrix} \tag{5.171d}$$

可以等同于向量 $\vec{\omega}^{\mathrm{T}} = (\omega_x, \omega_y, \omega_z)$. 这样, 用矩阵 $\boldsymbol{\Omega}$ 乘任何三维向量 $\vec{p}$ 对应于与向量 $\vec{\omega}$ 的向量积:

$$\boldsymbol{\Omega}\vec{p} = \vec{\omega} \times \vec{p}. \tag{5.171e}$$

从而 $\vec{\omega}$ 是辐角为 ω 的刚体运动的角速度. 因此李代数 $\mathbf{se}(3)$ 的一般元素有形式

$$\boldsymbol{S} = \begin{pmatrix} \boldsymbol{\Omega} & \vec{v} \\ 0 & 0 \end{pmatrix}. \tag{5.171f}$$

这些矩阵形成一个六维向量空间, 它们通常等同于形如

$$\vec{s} = \begin{pmatrix} \vec{\omega} \\ \vec{v} \end{pmatrix} \tag{5.172}$$

的六维向量.

5.3.7 环和域

这一节讨论具有两个二元运算的代数结构.

5.3.7.1 定义

1. 环

具有两个二元运算 $+$ 和 $*$ 的集合 R 称为环(记作 $(R,+,*)$), 如果

- $(R,+)$ 是一个阿贝尔群;
- $(R,*)$ 是一个半群;
- 分配律成立:

$$a*(b+c) = (a*b)+(a*c), \quad (b+c)*a = (b*a)+(c*a). \tag{5.173}$$

如果 $(R,*)$ 是交换的或者 $(R,*)$ 有中性元素, 那么 $(R,+,*)$ 分别称作交换环或有恒等元素环 (有单位元素环).

有单位元素并且没有零因子的交换环称作*整区*.

环的非零元称为*零因子*或*奇异元素*, 如果存在环的非零元使得它们的积等于零. 在有零因子的环中下列的蕴涵关系一般是错误的: $a*b=0 \Rightarrow (a=0 \vee b=0)$.

如果 R 是有单位元素环, 那么最小的使得 $k1 = 1+1+\cdots+1 = 0$(k 乘 1 等于零) 的自然数 k 称为*环 R 的特征*, 并记为 $\operatorname{char} R = k$. 如果这样的 k 不存在, 那么 $\operatorname{char} R = 0$.

$\operatorname{char} R = k$ 意味着加群 $(R,+)$ 的由 1 生成的循环子群 $\langle 1 \rangle$ 有阶 k, 因而每个元素的阶都是 k 的因子.

如果 $\operatorname{char} R = k$, 那么对于所有 $r \in R, r+r+\cdots+r$(k 次) 等于零. 整区的特征是零或素数.

2. 除环、域

如果 $(R\setminus\{0\},*)$ 是一个群, 那么环 R 称为**除环**或**斜域**. 如果 $(R\setminus\{0\},*)$ 是交换群, 那么 R 是一个**域**. 因此, 每个域是一个整区, 并且也是一个除环. 反之, 每个有限整区以及每个有限除环是一个域. 这个命题称作韦德伯恩 (Wedderburn) 定理.

环和域的例子

■ **A**: 数集 $\mathbb{Z},\mathbb{Q},\mathbb{R}$ 和 $\mathbb{C}$ 对于加法和乘法是有恒等元环; $\mathbb{Q},\mathbb{R}$ 和 $\mathbb{C}$ 也是域. 偶数集是没有恒等元的环的例子.

■ **B**: 所有 n 阶实 (或复) 元素方阵的集合 M_n 对于矩阵加法和乘法是一个非交换环. 它有单位元, 即恒等矩阵. M_n 有零因子, 例如, 当 $n=2$ 时, $\begin{pmatrix}1&0\\1&0\end{pmatrix}\begin{pmatrix}0&0\\1&1\end{pmatrix}=\begin{pmatrix}0&0\\0&0\end{pmatrix}$, 即矩阵 $\begin{pmatrix}1&0\\1&0\end{pmatrix}$ 和 $\begin{pmatrix}0&0\\1&1\end{pmatrix}$ 是 M_n 中的零因子.

■ **C**: 实多项式 $p(x)=a_nx^n+a_{n-1}x^{n-1}+\cdots+a_1x+a_0$ 的集合对于多项式的通常加法和乘法形成一个环, 即多项式环 $\mathbb{R}[x]$. 更一般些, 代替 $\mathbb{R}$ 上的多项式, 可以考虑任意有恒等元的交换环上的多项式环.

■ **D**: 模 n**剩余类环**　$\mathbb{Z}_n$ 是有限环的例子. $\mathbb{Z}_n$ 由所有除以 n 时有相同余数的整数的类 $[a]_n$ 组成 ($[a]_n$ 是在 447 页 5.2.4, 1. 引进的由自然数 a 对于关系 $\sim_R$ 定义的等价类). $\mathbb{Z}_n$ 上的环运算 $\oplus,\odot$ 定义为

$$[a]_n\oplus[b]_n=[a+b]_n \quad 和 \quad [a]_n\odot[b]_n=[a\cdot b]_n. \tag{5.174}$$

如果自然数 n 是素数, 那么 $(\mathbb{Z}_n,\oplus,\odot)$ 是一个域. 不然 $\mathbb{Z}_n$ 有零因子, 例如, 在 $\mathbb{Z}_6$ 中 $[3]_6\cdot[2]_6=[0]_6$. 通常 $\mathbb{Z}_n$ 看作 $\mathbb{Z}_n=\{0,1,\cdots,n-1\}$, 即用代表元 (参见第 505 页 5.4.3, 3.) 代替剩余类.

3. 域扩张

设 K 和 L 是域, 并且 $K\subseteq L$, 那么 L 是 K 的**扩域**或**扩张域**. 此时 L 可看作 K 上的向量空间.

如果 L 是 K 上的有限维空间, 那么 L 称为一个**有限扩域**. 如果这个维数是 n, 那么 L 也称为 K 的n **次扩张**(记号: $[L:K]=n$).

例如, $\mathbb{C}$ 是 $\mathbb{R}$ 的有限扩张. $\mathbb{C}$ 在 $\mathbb{R}$ 上是 2 维的, 并且 $\{1,\mathrm{i}\}$ 是基. $\mathbb{R}$ 是 $\mathbb{Q}$ 上的无限维空间.

对于集合 $M\subseteq L, K(M)$ 表示含有域 K 及集合 M 的最小的域 (K 的一个扩域).

特别重要的是单代数扩张 $K(\alpha)$, 这里 $\alpha\in L$ 是 $K[x]$ 中一个多项式的根. 以 α 为根的最低次数并且首项系数为 1 的多项式称为α **在** K **上的极小多项式**. 如果 $\alpha\in L$ 的极小多项式的次数是 n, 那么 $K(\alpha)$ 是 n 次扩张, 即极小多项式的次数等于 L 作为 K 上向量空间的维数.

例如, $\mathbb{C}=\mathbb{R}(\mathrm{i})$, 并且 $\mathrm{i}\in\mathbb{C}$ 是多项式 $x^2+1\in\mathbb{R}[x]$ 的根, 即 $\mathbb{C}$ 是单代数扩张, 并且 $[\mathbb{C}:\mathbb{R}]=2$.

没有任何真子域的域称作*素域*.

每个域 k 都含有一个最小的子域, 即 K 的素域.

除同构外, $\mathbb{Q}$(对于特征 0 的域), 以及 $\mathbb{Z}_p$(p 是素数)(对于特征 p 的域) 是单素域.

5.3.7.2 子环、理想

1. 子环

设 $R=(R,+,*)$ 是一个环, 以及 $U\subseteq R$. 如果 U 对于 $+$ 和 $*$ 也是一个环, 那么 $U=(U,+,*)$ 称作 R 的子环.

环 $(R,+,*)$ 的非空子集 U 形成 R 的子环, 当且仅当对于所有 $a,b\in U, a+(-b)$ 和 $a*b$ 也在 R 中 (子环判别法).

2. 理想

子环 I 称为*理想*, 如果对于所有 $a\in I$ 和 $a\in R, r*a$ 和 $a*r$ 也在 I 中. 这些特殊的子环是形成商环的基础 (参见第 486 页 5.3.7.3).

平凡子环$\{0\}$ 和 R 总是 R 的理想. 域只有平凡子环.

3. 主理想

如果一个理想的所有元素可以由一个元素依据子环判别法生成, 那么它称为*主理想*. $\mathbb{Z}$ 的所有理想都是主理想. 它们可以写作 $m\mathbb{Z}=\{mg\,|\,g\in\mathbb{Z}\}$ 的形式, 并且将它们记作 (m).

5.3.7.3 同态、同构、同态定理

1. 环同态和环同构

(1) **环同态** 设 $R_1=(R_1,+,*)$ 和 $R_2=(R_2,\circ_+,\circ_*)$ 是两个环. 映射 $h: R_1\to R_2$ 称为*环同态*, 如果对于所有 $a,b\in R_1$,

$$h(a+b)=h(a)\circ_+ h(b) \quad 及 \quad h(a*b)=h(a)\circ_* h(b) \tag{5.175}$$

成立.

(2) **核** h 的核是 R_1 的在 h 作用下的象是 $(R_2,+)$ 的中性元素 0 的那些元素的集合, 并且记作 $\ker h$:

$$\ker h=\{a\in R_1\,|\,h(a)=0\}. \tag{5.176}$$

这里 $\ker h$ 是 R_1 的一个理想.

(3) **环同构** 如果 h 还是双射, 那么 h 称为*环同构*, 并且称环 R_1 和 R_2 是同构的.

(4) **商环** 如果 I 是环 $(R,+,*)$ 的理想, 那么 I 在环 R 的加群 $(R,+)$ 中的陪集 $\{a+I\,|\,a\in R\}$ (参见第 452 页 5.3.3, 1.) 的集合对于运算

$$(a+I)\circ_+(b+I)=(a+b)+I \quad 和 \quad (a+I)\circ_*(b+I)=(a*b)+I \tag{5.177}$$

形成一个环. 这个环称为 R 对于 I 的*商环*, 并将它记作 R/I.

$\mathbb{Z}$ 对于主理想 (m) 的商环是剩余类环 $\mathbb{Z}_m=Z/(m)$(参见第 484 页的环和域的例子).

2. 环同态定理

如果在群同态定理中用理想的概念代替正规子群的概念, 那么就可得到*环同态定理*: 环同态 $h:R_1\to R_2$ 定义 R_1 的一个理想, 即 $\ker h=\{a\in R_1\,|\,h(a)=0\}$. 商环 $R_1/\ker h$ 同构于同态象 $h(R_1)=\{h(a)\,|\,a\in R_1\}$. 反之, R_1 的每个理想 I 定义一个同态映射 $\mathrm{nat}_I:R_1\to R_2/I$, 并且 $\mathrm{nat}_I(a)=a+I$. 映射 nat_I 称为*自然同态*.

5.3.7.4 有限域与移位寄存器

1. 有限域

下列的论述给出有限域结构的概要.

(1) **伽罗瓦 (Galois) 域 GF** 对于每个素数幂 p^n 存在唯一的含 p^n 个元素的域 (不计同构), 并且每个有限域有 p^n 个元素. 含 p^n 个元素的域记作 $\mathrm{GF}(p^n)$(伽罗瓦域).

注意: 对于 $n>1, \mathrm{GF}(p^n)$ 与 $\mathbb{Z}_{p^n}$ 是不同的.

在构造含 p^n 个元素 (p 是素数, $n>1$) 时, 需要 $\mathbb{Z}_p$ 上的多项式环 (参见第 484 页 5.3.7.1, 2., ■C) 和不可约多项式: $\mathbb{Z}_p[x]$ 由所有的系数属于 $\mathbb{Z}_p$ 的多项式组成. 这些系数按模 p 计算.

(2) **带余除法和欧几里得算法** 在多项式环 $K[x]$ 中可以应用带余除法 (带有余数的多项式相除), 即对于 $f(x),g(x)\in K[x],\deg f(x)\leqslant\deg g(x)$, 存在 $q(x),r(x)\in K[x]$, 使得

$$g(x)=q(x)\cdot f(x)+r(x), \quad 并且 \quad \deg r(x)\leqslant\deg f(x). \tag{5.178}$$

这个关系式记作 $r(x)=g(x)\,(\mathrm{mod}\,f(x))$. 带余除法的重复实施称作多项式环的欧几里得算法, 并且最后的非零余数给出 $f(x)$ 和 $g(x)$ 的最大公因子.

(3) **不可约多项式** 若多项式 $f(x)\in K[x]$ 不能表示为较低次数的多项式之积, 即 (类似于 $\mathbb{Z}$ 中的素数)$f(x)$ 是 $K[x]$ 中的素元素, 则称它是*不可约的*. 例如, 对于二次或三次多项式, 不可约性意味着它们在 K 中没有根.

可以证明, $K[x]$ 中存在任意次数的不可约多项式. 如果 $f(x)\in K[x]$ 是不可约多项式, 那么

$$K[x]/f(x):=\{p(x)\in K[x]\,|\,\deg p(x)<\deg f(x)\} \tag{5.179}$$

是一个域, 这里加法和乘法由模 $f(x)$ 实施, 即 $g(x)*h(x)=g(x)\cdot h(x)\,(\mathrm{mod}\,f(x))$.

如果 $K=\mathbb{Z}_p$, 并且 $\deg f(x)=n$, 那么 $K[x]/f(x)$ 有 p^n 个元素, 即 $\mathrm{GF}(p^n)=\mathbb{Z}_p/f(x)$, 其中 $f(x)$ 是 n 次不可约多项式.

(4) **$\mathrm{GF}(p^n)$ 中的计算法则** 在 $\mathrm{GF}(p^n)$ 中下列有用的法则成立:

$$(a+b)^{p^r}=a^{p^r}+b^{p^r},\quad r\in\mathbb{N}. \tag{5.180}$$

于是在 $\mathrm{GF}(p^n)=\mathbb{Z}_p/f(x)$ 中存在一个元素 $\alpha=x$ 是 $\mathbb{Z}_p(x)$ 中不可约多项式 $f(x)$ 的一个根, 并且 $\mathrm{GF}(p^n)=\mathbb{Z}_p/f(x)=\mathbb{Z}_p(\alpha)$. 可以证明 $\mathbb{Z}_p(\alpha)$ 是 $f(x)$ 的分裂域. $\mathbb{Z}_p(\alpha)$ 中多项式的分裂域是 $\mathbb{Z}_p$ 的含 $f(x)$ 所有根的最小的扩张.

(5) **代数闭包、代数学基本定理** 域 K 是代数闭的, 如果 $K[x]$ 中所有多项式的根都在 K 中. 代数学基本定理是说, 复数域 $\mathbb{C}$ 是代数闭的. K 的代数扩张 L 称为 K 的代数闭包, 如果 L 是代数闭的. 有限域的代数闭包并不有限. 所以存在特征 p 的无限域.

(6) **循环群和乘法群** 有限域 K 的乘法群 $K^*=K\setminus\{0\}$ 是循环的, 即存在元素 $a\in K$ 使得 K^* 的每个元素都是 a 的幂: $K^*=\{1,a,a^2,\cdots,a^{q-1}\}$(若 K 有 q 个元素).

不可约多项式 $f(x)\in K[x]$ 称为本原的, 如果 x 的幂表示 $L:=K[x]/f(x)$ 的所有非零元素, 即 L 的乘法群 L^* 可由 x 生成.

应用 n 次本原多项式 $f(x)$ 有可能从 $\mathrm{GF}(p)[x]$ 中构造一个 $\mathrm{GF}(p^n)$ 的"对数表", 这个表使计算简化.

■ $\mathrm{GF}(2^3)$ 的构造和它的对数表.

$f(x)=1+x+x^3$ 在 $\mathbb{Z}[x]$ 上不可约, 因为无论 0 还是 1 都不是它的根:

$$\mathrm{GF}(2^3)=\mathbb{Z}_2[x]/f(x)=\{a_0+a_1x+a_2x^2\,|\,a_0,a_1,a_2\in\mathbb{Z}_2\wedge x^3=1+x\}. \tag{5.181}$$

$f(x)$ 是本原的, 所以对数表可以从 $\mathrm{GF}(2^3)$ 中产生.

$\mathbb{Z}_2[x]/f(x)$ 中每个多项式 $a_0+a_1x+a_2x^2$ 都可以确定两个表达式. 系数向量 a_0,a_1,a_2 和所谓对数, 后者乃是使得对于模 $1+x+x^3$ 有 $x^i=a_0+a_1x+a_2x^2$ 的自然数 i. 对数表是

KE	KV			Log.
1	1	0	0	0
x	0	1	0	1
x^2	0	0	1	2
x^3	1	1	0	3
x^4	0	1	1	4
x^5	1	1	1	5
x^6	1	0	1	6

- GF(8) 中域元素 (KE) 的加法:
- 按分量模 2(一般情形模 p) 坐标向量 (KV) 的加法.
- GF(8) 中域元素 (KE) 的乘法:
- 对数 (Log) 模 7(一般情形模 (p^n-1)) 的加法.

例: $\dfrac{x^2+x^4}{x^3+x^4}=\dfrac{x}{x^6}=x^{-5}=x^2.$

注 有限域在**编码理论**中如**线性码**是极其重要的, 其中考虑 $(\mathrm{GF}(q))^n$ 形式的向量空间. 这样的向量空间的子空间称作**线性码**(参见第 515 页 5.4.6.2, 3.). 线性码的元素 (码字) 也是有限域 $\mathrm{GF}(q^n)$ 的元素形成的 n 组. 应用于码的理论时重要的是要知道 X^n-1 的因子. $X^n-1\in K[X]$ 的分裂域称为 K 上的**第 n 个分圆域**. 如果 K 的特征不是 n 的因子, 并且 α 是本原 n 次单位根, 那么:

a) 扩域 $K(\alpha)$ 是 X^n-1 在 K 上的分裂域.

b) 在 $K(\alpha)$ 中, X^n-1 恰有 n 个两两互异的根, 它们形成一个循环群, 并且其中有 $\varphi(n)$ 个本原 n 次单位根, 此处 $\varphi(n)$ 表示欧拉函数 (参见第 509 页 5.4.4, 1.). 由一个本原 n 次单位根 α 的 k 次幂 ($k<n$, $\gcd(k,n)=1$) 可得到所有单位根.

2. 移位寄存器的应用

多项式的计算可以由**线性反馈移位寄存器** (图 5.18) 很好地实施. 对于基于反馈多项式 $f(x)=f_0+f_1x+\cdots+f_{r-1}x^{r-1}+x^r$ 的线性反馈移位寄存器, 我们由状态多项式 $s(x)=s_0+s_1x+\cdots+s_{r-1}x^{r-1}$ 可得到状态多项式

$$s(x)\cdot x-s_{r-1}\cdot f(x)=s(x)\cdot x\,(\mathrm{mod}\,f(x)).$$

特别地, 如果 $s(x)=1, i$ 步 (应用 i 次) 后状态多项式是 $x^i(\mathrm{mod}\ \ f(x))$.

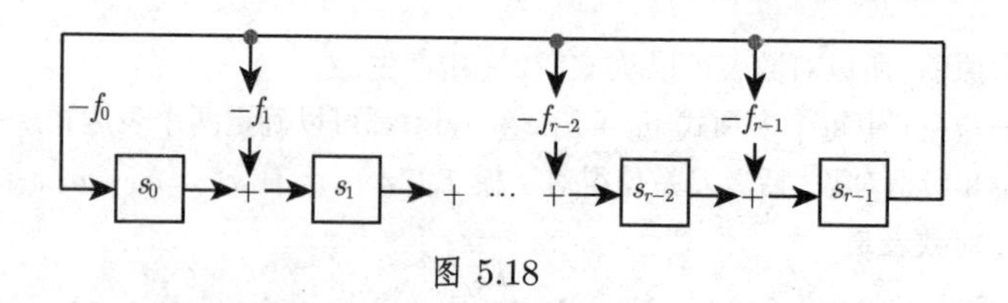

图 5.18

■ 对 487 页的例子的证明: 选取本原多项式 $f(x)=1+x+x^3\in\mathbb{Z}_2[x]$ 作为反馈多项式. 那么长度为 3 的移位寄存器有下列状态序列:

从初始状态开始:	$100\widehat{=}1$	$(\mathrm{mod}\,f(x))$
得到状态如下:	$010\widehat{=}x$	$(\mathrm{mod}\,f(x))$
	$001\widehat{=}x^2$	$(\mathrm{mod}\,f(x))$
	$110\widehat{=}x^3\equiv 1+x$	$(\mathrm{mod}\,f(x))$
	$011\widehat{=}x^4\equiv x+x^2$	$(\mathrm{mod}\,f(x))$

$$\begin{array}{ll} 111\hat{=}x^5 \equiv 1+x+x^2 & (\mathrm{mod}\, f(x)) \\ 101\hat{=}x^6 \equiv 1+x^2 & (\mathrm{mod}\, f(x)) \\ \hline 100\hat{=}x^7 \equiv 1 & (\mathrm{mod}\, f(x)) \end{array}$$

这些状态可以看作状态多项式 $s_0 + s_1x + s_2x^2$ 的系数向量.

一般地: 长度为 r 的线性反馈移位寄存器给出具有极大周期长度 $2^r - 1$ 的状态序列, 当且仅当反馈多项式是 r 次本原多项式.

5.3.8 向量空间[①]

5.3.8.1 定义

域 K 上的向量空间由"向量"的阿贝尔群 $V = (V, +)$(记成加法形式), "标量"域 $K = (K, +, *)$, 以及外乘法 $K \times V \to V$ 组成, 后者对每个有序对 (k, v)(其中 $k \in K, v \in V$) 确定一个向量 $kv \in V$. 这些运算有下列性质:

(V1) 对所有 $u, v, w \in V, (u+v)+w = u+(v+w)$. (5.182)

(V2) 存在向量 $0 \in V$ 使得对每个 $v \in V, v+0 = v$. (5.183)

(V3) 对每个向量 $v \in V$ 存在向量 $-v$ 使得 $v+(-v) = 0$. (5.184)

(V4) 对每个向量 $v, w \in V, v+w = w+v$. (5.185)

(V5) 对每个向量 $v \in V, 1v = v$, 1 表示 F 的单位元. (5.186)

(V6) 对每个 $r, s \in F$ 及每个 $v \in V, r(sv) = (rs)v$. (5.187)

(V7) 对每个 $r, s \in F$ 及每个 $v \in V, (r+s)v = rv + sv$. (5.188)

(V8) 对每个 $r \in F$ 及每个 $v, w \in V, r(v+w) = rv + rw$. (5.189)

如果 $F = \mathbb{R}$, 那么称它为实向量空间.

向量空间的例子

■ **A**: $(n, 1)$ 和 $(1, n)$ 型的单行和单列实矩阵对于加法和与实数的外乘法分别形成实向量空间 $\mathbb{R}^n$(行向量空间和列向量空间; 还可见第 364 页 4.1.3).

■ **B**: 所有 (m, n) 型实矩阵形成实向量空间.

■ **C**: 所有区间 $[a, b]$ 上的连续实函数对于运算

$$(f+g)(x) = f(x) + g(x) \quad 及 \quad (kf)(x) = k \cdot f(x) \tag{5.190}$$

形成实向量空间.

函数空间在泛函分析中起着基本作用 (参见第 12 章).

---

① 原注: 本节向量一般不用黑体

5.3.8.2 线性相关性

设 V 是 F 上的向量空间. 向量 $v_1, v_2, \cdots, v_m \in V$ 称作**线性相关的**, 如果存在不全等于零的 $k_1, k_2, \cdots, k_m \in K$ 使得 $0 = k_1v_1 + k_2v_2 + \cdots + k_mv_m$ 成立. 不然它们是**线性无关的**. 至少两个向量的线性相关性意味着其中一个是另一个的倍数.

如果向量空间 V 中存在的线性无关的向量的极大个数是 n, 那么向量空间 V 称作是**n 维的**. 数 n 是唯一确定的, 并称作**维数**. V 的每 n 个线性无关的向量形成一组**基**. 如果这样的极大数不存在, 那么向量空间称作**无限维的**. 上面例子中的向量空间分别是 n 维, $m \cdot n$ 维及无限维的.

在向量空间 $\mathbb{R}^n$ 中, n 个向量线性无关, 当且仅当以这些向量作为行或列的矩阵的行列式不等于零.

如果 $\{v_1, v_2, \cdots, v_n\}$ 形成 F 上 n 维向量空间的基, 那么每个向量 $v \in V$ 有**唯一**的表示式 $v = k_1v_1 + k_2v_2 + \cdots + k_nv_n$, 其中 $k_1, k_2, \cdots, k_n \in F$.

每个线性无关的向量的集合可以补充成向量空间的一组基.

5.3.8.3 线性算子

1. 线性算子的定义

设 V 和 W 是两个实线性空间. 一个从 V 到 W 的映射 $f: V \to W$ 称为从 V 到 W 的**线性映射**或**线性变换**或**线性算子**(还可参见第 861 页 12.1.5.2), 如果

$$f(u+v) = f(u) + f(v), \quad \text{对所有 } u, v \in V, \tag{5.191}$$

$$f(\lambda u) = \lambda f(u), \quad \text{对所有实数 } \lambda. \tag{5.192}$$

■ **A**: 映射 $f\,u := \int_\alpha^\beta u(t)\mathrm{d}t$, 将连续实函数的空间 $\mathcal{C}[\alpha, \beta]$ 变换到实数空间, 是线性的.

在特殊情形 $W = \mathbb{R}^1$, 线性变换称为**线性泛函**.

■ **B**: 设 $V = \mathbb{R}^n$, 并设 W 是所有次数至多为 $n-1$ 的实多项式的空间. 那么映射 $f(a_0, a_1, \cdots, a_{n-1}) := a_0 + a_1x + a_2x^2 + \cdots + a_{n-1}x^{n-1}$ 是线性的. 在此情形, 每个 n 元素向量对应于一个次数 $\leqslant n-1$ 的多项式.

■ **C**: 如果 $V = \mathbb{R}^n$ 及 $W = \mathbb{R}^m$, 那么所有从 V 到 W 的线性算子 $f\,(f: \mathbb{R}^n \to \mathbb{R}^m)$ 可以用 (m, n) 型实矩阵 $\boldsymbol{A} = (a_{ik})$ 刻画. 关系式 $\boldsymbol{A}\underline{\boldsymbol{x}} = \underline{\boldsymbol{y}}$ 对应于线性方程组 (4.174a)

$$\begin{pmatrix} a_{11} & a_{12} & \cdots & a_{1n} \\ a_{21} & a_{22} & \cdots & a_{2n} \\ \vdots & \vdots & & \vdots \\ a_{m1} & a_{m2} & \cdots & a_{mm} \end{pmatrix} \begin{pmatrix} x_1 \\ x_2 \\ \vdots \\ x_n \end{pmatrix} = \begin{pmatrix} y_1 \\ y_2 \\ \vdots \\ y_m \end{pmatrix}.$$

2. 两个线性算子的和与积

设 $f: V \to W, g: V \to W$ 以及 $h: W \to U$ 是线性算子. 那么和 $f+g: V \to W$ 定义为对所有 $u \in V$,

$$(f+g)u = fu + gu, \tag{5.193}$$

以及积 $hf: V \to U$ 定义为对所有 $u \in V$,

$$(hf)u = h(fu). \tag{5.194}$$

注 (1) 如果 f, g 和 h 是线性的, 那么 $f+g$ 和 fh 也是线性的.

(2) 两个线性算子之积 (5.194) 表示相继应用这些算子 f 和 h.

(3) 两个线性算子之积通常是非交换的, 甚至当这些积存在也有

$$hf \neq fh. \tag{5.195a}$$

如果

$$hf - fh = 0 \tag{5.195b}$$

成立, 那么存在可换性. 在量子力学中, 这个方程的左边 $hf - fh$ 称作交换子. 在情形 (5.195a) 算子 f 和 h 不交换, 因而要非常小心次序.

■ 作为线性算子的和和积的例子我们可以考虑对应的实矩阵的和和积.

5.3.8.4 子空间、维数公式

(1) **子空间** 设 V 是向量空间, U 是 V 的子集. 如果 U 对于 V 的运算也是向量空间, 那么 U 称为 V 的子空间.

V 的非空子集 U 是子空间, 当且仅当对每个 $u_1, u_2 \in U$ 及每个 $k \in F, u_1 + u_2$ 和 $k \cdot u_1$ 也在 U 中 (子空间判别法).

(2) **核、象** 设 V_1, V_2 是 F 上的向量空间. 如果 $f: V_1 \to V_2$ 是线性映射, 那么线性子空间核(记号: $\ker f$) 以及象(记号: $\operatorname{im} f$) 定义为

$$\ker f = \{v \in V \mid f(v) = 0\}, \quad \operatorname{im} f = \{f(v) \mid v \in V\}. \tag{5.196}$$

因此, 例如, 齐次线性方程组 $\boldsymbol{A}\underline{\boldsymbol{x}} = \underline{\boldsymbol{0}}$ 的解集是由系数矩阵 $\boldsymbol{A}$ 定义的线性映射的核.

(3) **维数** 维数 $\dim \ker f$ 和 $\dim \operatorname{im} f$ 分别称为 f 的亏量 ($\operatorname{defect} f$) 和秩 ($\operatorname{rank} f$). 对于这些维数等式

$$\operatorname{defect} f + \operatorname{rank} f = \dim V \tag{5.197}$$

成立, 并称作维数公式. 特别, 如果 $\operatorname{defect} f = 0$, 即 $\ker f = \{0\}$, 那么线性映射 f 是单射, 并且反过来也成立. 线性单射称作正则的.

5.3.8.5 欧几里得向量空间、欧几里得范数

为了能够在抽象向量空间中应用如长度、角度、正交性这样的概念, 我们引进**欧几里得向量空间**.

1. 欧几里得向量空间

设 V 是实向量空间. 如果 $\varphi : V \times V \rightarrow \mathbb{R}$ 是具有下列性质的影射 (代替 $\varphi(v,w)$ 写作 $v \cdot w$): 对于每个 $u,v,w \in V$ 及每个 $r \in \mathbb{R}$,

(S1) $v \cdot w = w \cdot v;$ (5.198)

(S2) $(u+v) \cdot w = u \cdot w + v \cdot w;$ (5.199)

(S3) $r \cdot (v \cdot w) = (rv) \cdot w = v \cdot (rw);$ (5.200)

(S4) $v \cdot v > 0$, 当且仅当 $v \neq 0$, (5.201)

那么 φ 称为 V 上的**标量积**. 如果存在 V 上定义的标量积, 那么 V 称为**欧几里得向量空间**.

这些性质也用来在更一般的空间上定义具有类似性质的标量积 (参见第 879 页 12.4.1.1).

2. 欧几里得范数

值

$$\|v\| = \sqrt{v \cdot v} \tag{5.202}$$

表示 v 的**欧几里得范数**(长度). V 中 v, w 间的夹角 α 由公式

$$\cos\alpha = \frac{v \cdot w}{\|v\| \cdot \|w\|} \tag{5.203}$$

定义. 如果 $v \cdot w = 0$, 那么称 v 和 w 互相**正交**.

■ **三角函数的正交性** 在傅里叶级数论 (参见第 634 页 7.4.1.1) 中, 存在 $\sin kx$ 和 $\cos kx$ 形式的函数. 这些函数可以看作函数空间 $C[0, 2\pi]$ 的元素. 在函数空间 $C[a, b]$ 中公式

$$f \cdot g = \int_a^b f(x)g(x)\mathrm{d}x \tag{5.204}$$

定义一个标量积. 因为

$$\int_0^{2\pi} \sin kx \cdot \sin lx \mathrm{d}x = 0 \quad (k \neq l) \tag{5.205}$$

$$\int_0^{2\pi} \cos kx \cdot \cos lx \mathrm{d}x = 0 \quad (k \neq l) \tag{5.206}$$

$$\int_0^{2\pi} \sin kx \cdot \cos lx \mathrm{d}x = 0, \tag{5.207}$$

函数 $\sin kx \in C[0, 2\pi]$ 和 $\cos lx \in C[0, 2\pi]$ 对每个 $k, l \in \mathbb{N}$ 是两两互相正交的. 这个**三角函数的正交性**在调和分析 (参见第 634 页 7.4.1.1) 中用来计算傅里叶系数.

5.3.8.6 双线性映射、双线性型

双线性映射可以看作向量间不同的积的一般化. 在这种情形双线性型用于相应的积对于向量加法的分配性.

1. 定义

设 U, V, W 是同一个域 K 上的向量空间. 映射 $f: U \times V \rightarrow W$ 称为**双线性的**, 如果

$$\begin{aligned}&\text{对于每个 } u \in U, \text{映射 } v \mapsto f(u,v) \text{ 是 } V \text{ 到 } W \text{ 的线性映射, 并且}\\&\text{对于每个 } v \in V, \text{映射 } u \mapsto f(u,v) \text{ 是 } U \text{ 到 } W \text{ 的线性映射,}\end{aligned} \tag{5.208}$$

这意味着映射 $f: U \times V \rightarrow W$ 是双线性的, 如果对于每个 $k \in K, u, u' \in U$ 和 $v, v' \in V$ 有

$$\begin{aligned}f(u+u',v)&=f(u,v)+f(u',v), \quad f(ku,v)=kf(u,v),\\f(u,v+v')&=f(u,v)+f(u',v), \quad f(u,kv)=kf(u,v).\end{aligned} \tag{5.209}$$

如果用点积, 或向量积, 或域中的乘法代替 f, 那么这些关系刻画了这个乘法对于向量加法的左侧和右侧分配性.

特别, 如果 $U = V$, 并且 $W = K$(基域), 那么 f 称为**双线性型**. 本书只考虑实 $(K = \mathbb{R})$ 和复 $(K = \mathbb{C})$ 的情形.

双线性型的例子

■ **A**: $U = V = \mathbb{R}^n, W = \mathbb{R}, f$ 是 $\mathbb{R}^n$ 中的点积: $f(u,v) = u^{\mathrm{T}}v = \sum_{i=1}^{n} u_i v_i$, 其中 u_i 和 $v_i\,(i = 1, 2, \cdots, n)$ 是 u 和 v 的笛卡儿坐标.

■ **B**: $U = V = W = \mathbb{R}^3, f$ 是 $\mathbb{R}^3$ 中的叉积:

$$f(u,v) = u \times v = (u_2v_3 - u_3v_2, v_1u_3 - u_1v_3, u_1v_2 - v_1u_2)^{\mathrm{T}}.$$

2. 特殊的双线性型

双线性型 $f: V \times V \rightarrow \mathbb{R}$ 称作

- 对称的, 如果对每个 $v, v' \in V, f(v, v') = f(v', v)$.
- 斜对称的, 如果对每个 $v, v' \in V, f(v, v') = -f(v', v)$.
- 正定的, 如果对每个 $v, \in V, v \neq 0, f(v, v) > 0$.

于是 V 中欧几里得点积 (参见第 492 页 5.3.8.5) 可以刻画为对称正定的双线性型. $\mathbb{R}^n$ 中标准欧几里得点积定义为 $f(u,v) = u^{\mathrm{T}}v$.

在有限维空间 V 中双线性型可以用矩阵表示: 如果 $f := V \times V \rightarrow \mathbb{R}$ 是一个双线性型, 并且 $B = (b_1, b_2, \cdots, b_n)$ 是 V 的基, 那么矩阵

$$\boldsymbol{A}_B(f) = (f(b_i, b_j)_{i,j}) \tag{5.210}$$

是 f 对于基 B 的**表示矩阵**. 于是双线性型可以写成矩阵乘积的形式:

$$f(v, v') = v^{\mathrm{T}} \boldsymbol{A}_B(f) v', \tag{5.211}$$

其中 v 和 v' 对于基 B 给出.

如果双线性型是对称的, 那么表示矩阵是对称的. 在复向量空间中 (因为 z^2 可以是负数), 对称的以及正定的双线性型没有太大的意义. 在 [5.6] 中用所谓半双线性型的概念来代替双线性型, 以此定义酉点积以及距离和角.

3. 半双线性型

映射 $f: V \times V \to \mathbb{C}$ 称为**半双线性型**, 如果对于每个 $v, v' \in V$ 和每个 $k \in \mathbb{C}$,

$$\begin{aligned} f(u+u', v) &= f(u, v) + f(u', v), \quad f(ku, v) = kf(u, v), \\ f(u, v+v') &= f(u, v) + f(u, v'), \quad f(u, kv) = k^* f(u, v), \end{aligned} \tag{5.212}$$

其中 k^* 表示 k 的复数共轭. 函数对于第一个自变量是线性的, 而对于第二个自变量是“半线性的”. 类似于实的情形, “对称性”是用下列方式定义的:

半双线性型 $f: V \times V \to \mathbb{C}$ 称为**埃尔米特的**, 如果对于每个 $v, v' \in V$, $f(v, v') = f(v', v)^*$.

于是 (酉) 点积可以通过埃尔米特正定半双线性型来刻画. $\mathbb{C}^n$ 中标准酉点积定义为 $f(u, v) = u^{\mathrm{T}} v^*$.

如果 V 是有限维的, 那么半双线性型可以用矩阵表示 (与实的情形类似):

如果 $f: V \times V \to \mathbb{C}$ 是半双线性型, 并且 $B = (b_1, b_2, \cdots, b_n)$ 是 V 的一组基, 那么矩阵 $\boldsymbol{A}_B(f) = (f(b_i, b_j))_{i,j}$ 是 f 对于基 B 的**表示矩阵**. 半双线性型可以写成矩阵乘积的形式:

$$f(v, v') = v^{\mathrm{T}} \boldsymbol{A}_B(f) v', \tag{5.213}$$

其中 v 和 v' 对于基 B 给出. 表示矩阵是埃尔米特的, 当且仅当半双线性型是埃尔米特的.

5.4 初等数论

初等数论研究整数的整除性.

5.4.1 整除性

5.4.1.1 整除性和基本整除法则

1. 因子

整数 $b \in \mathbb{Z}$ 可被整数 a 整除而无余数当且仅当存在整数 q 使得

$$qa = b \tag{5.214}$$

成立. 这里 a 是 b 在 $\mathbb{Z}$ 中的因子, q 是对于 a 的余因子; b 是 a 的倍数. 将"a 整除 b"记作 $a|b$. 将"a 不整除 b"记作 $a \nmid b$. 整除性关系 (5.214) 是 $\mathbb{Z}$ 中的二元关系 (参见第 444 页 5.2.3, 2.). 类似地, 整除性也在自然数集中定义.

2. 基本整除法则

(DR1) 对于每个 $a \in \mathbb{Z}$, 我们有 $1|a, a|a, a|0$. (5.215)

(DR2) 如果 $a|b$, 那么 $(-a)|b$ 及 $a|(-b)$. (5.216)

(DR3) $a|b, b|a$ 蕴涵 $a=b$, 或 $a=-b$. (5.217)

(DR4) $a|1$ 蕴涵 $a=1$, 或 $a=-1$. (5.218)

(DR5) $a|b$ 及 $b \neq 0$ 蕴涵 $|a| \leqslant |b|$. (5.219)

(DR6) $a|b$ 蕴涵 $a|zb$(对每个 $z \in \mathbb{Z}$). (5.220)

(DR7) $a|b$ 蕴涵 $az|bz$(对每个 $z \in \mathbb{Z}$). (5.221)

(DR8) $az|bz$ 并且 $b \neq 0$ 蕴涵 $a|b$(对每个 $z \in \mathbb{Z}$). (5.222)

(DR9) $a|b$ 并且 $b|c$ 蕴涵 $a|c$. (5.223)

(DR10) $a|b$ 并且 $c|d$ 蕴涵 $ac|bd$. (5.224)

(DR11) $a|b$ 并且 $a|c$ 蕴涵 $a|(z_1b+z_2c)$(对任意 $z_1, z_2 \in \mathbb{Z}$) (5.225)

(DR12) $a|b$ 并且 $a|(b+c)$ 蕴涵 $a|c$. (5.226)

5.4.1.2 素数

1. 素数的定义和性质

正整数 $p(p>1)$ 称为*素数*, 当且仅当 1 和 p 是它在正整数集 $\mathbb{N}$ 中仅有的因子. 不是素数的正整数称为*合数*.

对于每个整数, 最小的不为 1 的正因子是一个素数. 存在无穷多个素数.

正整数 $p(p>1)$ 是素数, 当且仅当对于任意正整数 $a, b, p|(ab)$ 蕴涵 $p|a$ 或 $p|b$.

2. 埃拉托色尼 (Eratosthenes) 筛法

应用*埃拉托色尼筛法*, 可以确定每个小于给定的正整数 n 的素数:

a) 列出所有 2 到 n 的正整数.

b) 在 2 下方画一道横线, 并去掉其后所有 2 的倍数.

c) 如果 p 是第一个没有去掉也没有在下方画横线的数, 那么在 p 下方画一道横线, 并去掉每个 p 的倍数 (从 $2p$ 开始, 按原列出的表计数).

d) 对每个 $p(p \leqslant \sqrt{n})$ 重复步骤 c), 并停止算法.

每个下方画了横线而没有去掉的数都是素数. 这样就得到所有 $\leqslant n$ 的素数.

素数称作整数集的*素元素*.

3. 素数对

相差 2 的两个素数形成一个*素数对*(孪生素数).

■ $(3,5),(5,7),(11,13),(17,19),(29,31),(41,43),(59,61),(71,73),(101,103)$ 是素数对.

4. 三素数组

出现在四个连续奇数中的三个素数称作*三素数组*.

■ $(5,7,11),(7,11,13),(11,13,17),(13,17,19),(17,19,23),(37,41,43)$ 是三素数组.

5. 四素数组

如果五个连续奇数中的前两个和后两个都是素数对, 那么这四个数称作一个*四素数组*.

■ $(5,7,11,13),(11,13,17,19),(101,103,107,109),(191,193,197,199)$ 是四素数组.

存在无穷多个素数对、三素数组和四素数组的猜想还未被证明.

6. 梅森素数

如果 $2^k-1, k\in\mathbb{N}$ 是素数, 那么 k 也是素数. 数 2^p-1(p 是素数) 称作梅森 (Mersenne) 数. 一个本身是素数的梅森数 2^p-1 称作梅森素数.

■ 对于下列最初几个 p 的值: 2, 3, 5, 7, 13, 17, 19, 31, 61, 89, 107, 等等, 2^p-1 是素数.

注 近几年来最大的已知素数总是梅森素数, 例如 $2^{43112609}-1$(2008 年), $2^{57885161}-1$(2013 年). 与此相反, 对于其他自然数形式为 2^k-1 的数可以用相对简单的方式检验它们是素数: 设 $p>2$ 是一个素数, 定义自然数列 $s_1=4, s_{i+1}:=s_i^2-2(i\geqslant 1)$. 数 2^p-1 是素数, 当且仅当数列的项 s_{p-1} 可被 2^p-1 整除.

基于这个命题的素数判别法称为卢卡斯-莱默 (Lucas-Lehmer) 判别法.

7. 费马素数

如果数 $2^k+1, k\in\mathbb{N}$ 是一个奇素数, 那么 k 是 2 的幂. 数 $2^k+1, k\in\mathbb{N}$ 称为*费马数*. 如果一个费马数是素数, 那么它称作*费马素数*.

■ 当 $k=0,1,2,3,4$ 时对应的费马数 $3,5,17,257,65537$ 是素数. 人们猜测没有其他的费马素数.

8. 初等数论基本定理

每个正整数 $n>1$ 可以表示为素数的乘积. 这种表示除因子次序外是唯一的. 因此称 n 恰有一个*素因子分解式*.

■ $360=2\cdot 2\cdot 2\cdot 3\cdot 3\cdot 5=2^3\cdot 3^2\cdot 5$.

注 类似地, 整数 (除 $-1,0,1$) 可表示为素元素之积, 除因子的次序和符号外表示是唯一的.

9. 标准素因子分解

正整数的素因子分解式中因子通常按它们的大小排列, 并且相同的因子组成幂. 如果规定不出现的素数的指数为 0, 那么每个正整数由它的素因子分解式的指数序列唯一确定.

■ 属于 $1533312=2^7\cdot 3^2\cdot 11^3$ 的指数序列是 $(7,2,0,0,3,0,0,\cdots)$.

对于正整数 n, 设 $p_1,p_2,\cdots,p_m$ 是 n 的两两不同的素因子, 还设 α_k 表示 n

的素因子分解式中素数 p_k 的指数. 那么

$$n=\prod_{k=1}^{m}p_k^{\alpha_k}, \tag{5.227a}$$

并且这个表示称为 n 的标准素因子分解. 它常记作

$$n=\prod_{p}p^{\nu_p(n)}, \tag{5.227b}$$

其中乘积应用于所有素数 p, 并且 $\nu_p(n)$ 是 p 作为 n 的因子的重数. 它总是表示有限积, 因为只有有限多个指数 $\nu_p(n)$ 异于 0.

10. 正因子

如果正整数 $n\geqslant 1$ 由它的标准素因子分解 (5.227a) 给出, 那么 n 的每个正因子 t 可写成形式

$$t=\prod_{k=1}^{m}p_k^{\tau_k},\quad \tau_k\in\{0,1,2,\cdots,\alpha_k\},\quad k=1,2,\cdots,n. \tag{5.228a}$$

n 的所有正因子的个数 $\tau(n)$ 是

$$\tau(n)=\prod_{k=1}^{m}(\alpha_k+1). \tag{5.228b}$$

■ **A**: $\tau(5040)=\tau(2^4\cdot 3^2\cdot 5\cdot 7)=(4+1)(2+1)(1+1)(1+1)=60.$

■ **B**: 如果 $p_1,p_2,\cdots,p_r$ 是两两不同的素数, 那么 $\tau(p_1p_2\cdots p_r)=2^r$.

n 的所有正因子之积 $P(n)$ 由

$$P(n)=n^{\frac{1}{2}\tau(n)} \tag{5.228c}$$

给出.

■ **A**: $P(20)=20^3=8000.$

■ **B**: 如果 p 为素数, 那么 $P(p^3)=p^6$.

■ **C**: 如果 p,q 是不同的素数, 那么 $P(pq)=p^2q^2$.

n 的所有正因子之和 $\sigma(n)$ 是

$$\sigma(n)=\prod_{k=1}^{m}\frac{p_k^{\alpha_k+1}-1}{p_k-1}. \tag{5.228d}$$

■ **A**: $\sigma(120)=\sigma(2^3\cdot 3\cdot 5)=15\cdot 4\cdot 6=360.$

■ **B**: 如果 p 为素数, 那么 $\sigma(p)=p+1$.

5.4.1.3 整除性判别法

1. 记号

考虑一个用十进制形式给出的正整数:

$$n = (a_k a_{k-1} \cdots a_2 a_1 a_0)_{10} = a_k 10^k + a_{k-1} 10^{k-1} + \cdots + a_2 10^2 + a_1 10 + a_0. \quad (5.229a)$$

那么

$$Q_1(n) = a_0 + a_1 + a_2 + \cdots + a_k \quad (5.229b)$$

和

$$Q_1'(n) = a_0 - a_1 + a_2 - + \cdots + (-1)^k a_k \quad (5.229c)$$

分别称为 n 的(一阶) 数字和以及(一阶) 数字交错和. 还有,

$$Q_2(n) = (a_1 a_0)_{10} + (a_3 a_2)_{10} + (a_5 a_4)_{10} + \cdots, \quad (5.229d)$$

和

$$Q_2'(n) = (a_1 a_0)_{10} - (a_3 a_2)_{10} + (a_5 a_4)_{10} - + \cdots \quad (5.229e)$$

分别称为(二阶) 数字和以及(二阶) 数字交错和, 以及

$$Q_3(n) = (a_2 a_1 a_0)_{10} + (a_5 a_4 a_3)_{10} + (a_8 a_7 a_6)_{10} + \cdots \quad (5.229f)$$

和

$$Q_2'(n) = (a_2 a_1 a_0)_{10} - (a_5 a_4 a_3)_{10} + (a_8 a_7 a_6)_{10} - + \cdots \quad (5.229g)$$

分别称为(三阶) 数字和以及(三阶) 数字交错和.

■ 数 $1,2,3,4,5,6,7,8,9$ 有下列数字和: $Q_1 = 9+8+7+6+5+4+3+2+1 = 45, Q_1' = 9-8+7-6+5-4+3-2+1 = 5, Q_2 = 89+67+45+23+1 = 225, Q_2' = 89-67+45-23+1 = 45, Q_3 = 789+456+123 = 1368, Q_3' = 789-456+123 = 456.$

2. 整除性判别法

有下列整除性判别法:

DC-1: $3|n \Leftrightarrow 3|Q_1(n),$ (5.230a)

DC-2: $7|n \Leftrightarrow 7|Q_3'(n),$ (5.230b)

DC-3: $9|n \Leftrightarrow 9|Q_1(n),$ (5.230c)

DC-4: $11|n \Leftrightarrow 11|Q_1'(n),$ (5.230d)

DC-5: $13|n \Leftrightarrow 13|Q_3'(n),$ (5.230e)

DC-6: $37|n \Leftrightarrow 37|Q_3(n),$ (5.230f)

DC-7: $101|n \Leftrightarrow 101|Q_2'(n),$ (5.230g)

DC-8: $2|n \Leftrightarrow 2|a_0,$ (5.230h)

DC-9: $5|n \Leftrightarrow 5|a_0,$ (5.230i)

DC-10: $2^k|n \Leftrightarrow 2^k|(a_{k-1}a_{k-2}\cdots a_1a_0)_{10}$, (5.230j)

DC-11: $5^k|n \Leftrightarrow 5^k|(a_{k-1}a_{k-2}\cdots a_1a_0)_{10}$. (5.230k)

■ **A**: $a = 123456789$ 被 9 整除, 因为 $Q_1(a) = 45$, 并且 $9|45$, 但不被 7 整除, 因为 $Q_3'(a) = 456$, 并且 $7 \nmid 456$.

■ **B**: 11 整除 91619, 因为 $Q_1'(91619) = 22$, 并且 $11|22$.

■ **C**: 2^4 整除 99994096, 因为 $2^4|4096$.

5.4.1.4 最大公因子和最小公倍数

1. 最大公因子

对于不全为零的整数 $a_1, a_2, \cdots, a_n$, 将 $a_1, a_2, \cdots, a_n$ 的公因子的集合中最大的数称作 $a_1, a_2, \cdots, a_n$ 的**最大公因子**, 并将它记作 $\gcd(a_1, a_2, \cdots, a_n)$. 如果 $\gcd(a_1, a_2, \cdots, a_n) = 1$, 那么称数 $a_1, a_2, \cdots, a_n$ **互素**.

为确定最大公因子, 只需考虑正的公因子. 如果给定 $a_1, a_2, \cdots, a_n$ 的标准素因子分解

$$a_i = \prod_p p^{\nu_p(a_i)}, \tag{5.231a}$$

那么

$$\gcd(a_1, a_2, \cdots, a_n) = \prod_p p^{\min\limits_i(\nu_p(a_i))}. \tag{5.231b}$$

■ 对于数 $a_1 = 15400 = 2^3 \cdot 5^2 \cdot 7 \cdot 11, a_2 = 7875 = 3^2 \cdot 5^3 \cdot 7, a_3 = 3850 = 2 \cdot 5^2 \cdot 7 \cdot 11$, 最大公因子是 $\gcd(a_1, a_2, a_3) = 5^2 \cdot 7 = 175$.

2. 欧几里得算法

两个整数 a, b 的最大公因子可以不用它们的素因子分解, 而是用**欧几里得算法**确定. 为此, 依据下列格式完成一系列带余除法. 对于 $a > b$, 令 $a_0 = a, a_1 = b$. 那么

$$\begin{aligned}
a_0 &= q_1a_1 + a_2, & 0 < a_2 < a_1. \\
a_1 &= q_2a_2 + a_3, & 0 < a_3 < a_2. \\
& \cdots\cdots \\
a_{n-2} &= q_{n-1}a_{n-1} + a_n, & 0 < a_n < a_{n-1}, \\
a_{n-1} &= q_na_n.
\end{aligned} \tag{5.232a}$$

因为数列 $a_2, a_3, \cdots$ 是严格单调减少的正整数列, 所以除法算法有限步后停止. 最后不等于 0 的余数 a_n 就是 a_0 和 a_1 的最大公因子.

■ 借助下面的表可见 $\gcd(38,105)=1$:

$$\begin{aligned}105&=2\cdot 38+29,\\38&=1\cdot 29+9,\\29&=3\cdot 9+2,\\9&=4\cdot 2+1,\\2&=2\cdot 1.\end{aligned}$$

由递推公式

$$\gcd(a_1,a_2,\cdots,a_n)=\gcd(\gcd(a_1,a_2,\cdots,a_{n-1}),a_n) \tag{5.232b}$$

可见 n 个正整数 $(n>2)$ 的最大公因子可以通过重复应用欧几里得算法确定.

■ $\gcd(150,105,56)=\gcd(\gcd(150,105),56)=\gcd(15,56)=1$.

■ 如果两个数是斐波那契 (Fibonacci) 数列 (参见第 501 页 5.4.1.5) 中的相邻数, 那么确定这两个数的 gcd 的欧几里得算法 (还可参见第 3 页 1.1.1.4, 1.) 有特别多的步骤. 下面附加的计算给出一个例子, 其中所有的商始终等于 1.

$$\begin{aligned}55&=1\cdot 34+21,\\34&=1\cdot 21+13,\\21&=1\cdot 13+8,\\13&=1\cdot 8+5,\\8&=1\cdot 5+3,\\5&=1\cdot 3+2,\\3&=1\cdot 2+1,\\2&=1\cdot 1+1,\\1&=1\cdot 1.\end{aligned}$$

3. 欧几里得算法定理

对于两个自然数 $a,b,a>b>0$, 令 $\lambda(a,b)$ 表示欧几里得算法中带余除法的次数, 并设 $\kappa(b)$ 是 b 的十进表示中数字个数. 那么

$$\lambda(a,b)\leqslant 5\cdot\kappa(b). \tag{5.233}$$

4. 作为线性组合的最大公因子

从欧几里得算法可以得到

$$
\begin{aligned}
a_2 &= a_0 - q_1 a_1 = c_0 a_0 + d_0 a_1, \\
a_3 &= a_1 - q_2 a_2 = c_1 a_0 + d_1 a_1, \\
&\cdots\cdots \\
a_n &= a_{n-2} - q_{n-1} a_{n-1} = c_{n-2} a_0 + d_{n-2} a_1.
\end{aligned} \tag{5.234a}
$$

这里 c_{n-2} 和 d_{n-2} 是整数. 于是 $\gcd(a_0, a_1)$ 可以表示为 a_0 和 a_1 的整系数线性组合:

$$
\gcd(a_0, a_1) = c_{n-2} a_0 + d_{n-2} a_1. \tag{5.234b}
$$

此外, $\gcd(a_1, a_2, \cdots, a_n)$ 可以表示为 $a_1, a_2, \cdots, a_n$ 的线性组合, 因为

$$
\begin{aligned}
\gcd(a_1, a_2, \cdots, a_n) &= \gcd(\gcd(a_1, a_2, \cdots, a_{n-1}), a_n) \\
&= c \cdot \gcd(a_1, a_2, \cdots, a_{n-1}) + d a_n.
\end{aligned} \tag{5.234c}
$$

■ $\gcd(150, 105, 56) = \gcd(\gcd(150, 105), 56) = \gcd(15, 56) = 1$, 并且 $15 = (-2) \cdot 150 + 3 \cdot 105$, 以及 $1 = 15 \cdot 15 + (-4) \cdot 56$, 于是 $\gcd(150, 105, 56) = (-30) \cdot 150 + 45 \cdot 105 + (-4) \cdot 56$.

5. 最小公倍数

对于全不为零的整数 $a_1, a_2, \cdots, a_n$, 将 $a_1, a_2, \cdots, a_n$ 的正公倍数的集合中最小的数称作 $a_1, a_2, \cdots, a_n$ 的**最小公倍数**, 并将它记作 $\operatorname{lcm}(a_1, a_2, \cdots, a_n)$.

如果给定 $a_1, a_2, \cdots, a_n$ 的标准素因子分解式 (5.231a), 那么

$$
\operatorname{lcm}(a_1, a_2, \cdots, a_n) = \prod_p p^{\max\limits_i (\nu_p(a_i))}. \tag{5.235}
$$

■ 对于数 $a_1 = 15400 = 2^3 \cdot 5^2 \cdot 7 \cdot 11$, $a_2 = 7875 = 3^2 \cdot 5^3 \cdot 7$, $a_3 = 3850 = 2 \cdot 5^2 \cdot 7 \cdot 11$, 最小公倍数是 $\operatorname{lcm}(a_1, a_2, a_3) = 2^3 \cdot 3^2 \cdot 5^3 \cdot 7 \cdot 11 = 693000$.

6. gcd 与 lcm 间的关系

对于任意整数 a, b:

$$
|ab| = \gcd(a, b) \cdot \operatorname{lcm}(a, b). \tag{5.236}
$$

因此, $\operatorname{lcm}(a, b)$ 可以借助欧几里得算法而不应用素因子分解确定.

5.4.1.5 斐波那契数

1. 递推公式

序列

$$
(F_n)_{n \in \mathbb{N}}, \quad F_1 = F_2 = 1, \quad F_{n+1} = F_n + F_{n+1} \tag{5.237}
$$

称为**斐波那契数列**. 它开头的元素是 $1, 1, 2, 3, 5, 8, 13, 21, 34, 55, 89, 144, 233, 377, \cdots$.

■ 这个数列的研究要回溯到斐波那契于 1202 年提出的一个问题: 如果每对兔子每月生育一对新兔子, 并且从第二个月开始生育后代, 那么一对兔子在年末总共繁殖多少对兔子? 答案是 $F_{14} = 377$.

2. 明显公式

除递推定义 (5.237) 外, 有一个斐波那契数的明显公式:

$$F_n = \frac{1}{\sqrt{5}}\left(\left[\frac{1+\sqrt{5}}{2}\right]^n - \left[\frac{1-\sqrt{5}}{2}\right]^n\right). \tag{5.238}$$

斐波那契数的一些重要性质如下. 对于 $m, n \in \mathbb{N}$:

(1) $F_{m+n} = F_{m-1}F_n + F_m F_{n+1} (m > 1)$. (5.239a)

(2) $F_m | F_{mn}$. (5.239b)

(3) $\gcd(m, n) = d$ 蕴涵 $\gcd(F_m, F_n) = F_d$. (5.239c)

(4) $\gcd(F_n, F_{n+1}) = 1$. (5.239d)

(5) 当且仅当 $m|k$ 时, $F_m | F_k$. (5.239e)

(6) $\sum_{i=1}^n F_i^2 = F_n F_{n+1}$. (5.239f)

(7) $\gcd(m, n) = 1$ 蕴涵 $F_m F_n | F_{mn}$. (5.239g)

(8) $\sum_{i=1}^n F_i = F_{n+2} - 1$. (5.239h)

(9) $F_n F_{n+2} - F_{n+1}^2 = (-1)^{n+1}$. (5.239i)

(10) $F_n^2 + F_{n+1}^2 = F_{2n+1}$. (5.239j)

(11) $F_{n+2}^2 - F_n^2 = F_{2n+2}$. (5.239k)

5.4.2 线性丢番图方程

1. 丢番图方程

方程 $f(x_1, x_2, \cdots, x_n) = b$ 称作 n 个未知数的**丢番图** (Diophantine) **方程**, 当且仅当 $f(x_1, x_2, \cdots, x_n)$ 是 $x_1, x_2, \cdots, x_n$ 的系数在整数集 $\mathbb{Z}$ 中的多项式, b 是一个整常数, 并且仅考虑整数解. 命名“丢番图”是为纪念希腊数学家丢番图, 他生活在公元 250 年前后.

在实际中, 丢番图方程出现在, 例如, 数量之间关系的刻画中. 迄今只有 2 个未知数并且至多两次的丢番图方程的一般解是已知的. 仅在特殊情形才知道高次丢番图方程的解.

2. n 个未知数的线性丢番图方程

n 个未知数的**线性丢番图方程**是指形如

$$a_1x_1 + a_2x_2 + \cdots + a_nx_n = b \quad (a_i \in \mathbb{Z}, b \in \mathbb{Z}) \tag{5.240}$$

的方程, 这里仅求整数解. 下面给出它的解法.

3. 可解性条件

如果系数 a_i 不全为零, 那么丢番图方程 (5.240) 可解, 当且仅当 $\gcd(a_1, a_2, \cdots, a_n)$ 是 b 的因子.

■ $114x + 315y = 3$ 可解, 因为 $\gcd(114, 315) = 3$.

如果一个含 $n(n > 1)$ 个未知数的线性丢番图方程有解, 而 $\mathbb{Z}$ 是变量区域, 那么方程有无穷多解. 于是在解集中有 $n-1$ 个自由变量. 对于 $\mathbb{Z}$ 的子集, 这个命题不正确.

4. $n = 2$ 时的解法

设

$$a_1x_1 + a_2x_2 = b \quad (a_1, a_2) \neq (0, 0) \tag{5.241a}$$

是一个可解的丢番图方程, 即有 $\gcd(a_1, a_2)|b$. 为了求方程的特解, 用 $\gcd(a_1, a_2)$ 除方程, 我们得到 $a_1'x_1 + a_2'x_2 = b'$, 其中 $\gcd(a_1', a_2') = 1$. 如在第 500 页 5.4.1.4, 4. 中所指出的, 确定 $\gcd(a_1', a_2')$ 最终可得到 a_1' 和 a_2' 的线性组合:$a_1'c_1' + a_2'c_2' = 1$. 代入给定方程可以证明有序整数对 $(c_1'b', c_2'b')$ 是所给丢番图方程的一组解.

■ $114x + 315y = 6$. 因为 $3 = \gcd(114, 315)$, 所以用 3 除方程. 这蕴涵 $38x + 105y = 2$, 以及 $38 \cdot 47 + 105 \cdot (-17) = 1$(参见第 500 页 5.4.1.4, 4.). 有序组 $(47 \cdot 2, (-17) \cdot 2) = (94, -34)$ 是方程 $114x + 315y = 6$ 的一个特解.

可求得 (5.241a) 的解集如下: 如果 (x_1^0, x_2^0) 是任意一个特解, 它也可以用平凡的方法得到, 那么

$$\{(x_1^0 + t \cdot a_2', x_2^0 - t \cdot a_1') \,|\, t \in \mathbb{Z}\} \tag{5.241b}$$

是所有解的集合.

■ 方程 $114x + 315y = 6$ 的解集是 $\{(94 + 315t, -34 - 114t) \,|\, t \in \mathbb{Z}\}$.

5. $n > 2$ 时的归约方法

设给定可解的丢番图方程

$$a_1x_1 + a_2x_2 + \cdots + a_nx_n = b, \tag{5.242a}$$

其中 $(a_1, a_2, \cdots, a_n) \neq (0, 0, \cdots, 0)$, 并且 $\gcd(a_1, a_2, \cdots, a_n) = 1$. 如果 $\gcd(a_1, a_2, \cdots, a_n) \neq 1$, 那么可用 $\gcd(a_1, a_2, \cdots, a_n)$ 除方程. 作变换

$$a_1x_1 + a_2x_2 + \cdots + a_{n-1}x_{n-1} = b - a_nx_n \tag{5.242b}$$

后, 将 x_n 看作一个整常数, 得到一个含有 $n-1$ 个变量的线性丢番图方程, 因而它当且仅当 $\gcd(a_1, a_2, \cdots, a_{n-1})$ 整除 $b - a_nx_n$ 时可解.

条件

$$\gcd(a_1, a_2, \cdots, a_{n-1}) \,|\, b - a_nx_n \tag{5.242c}$$

被满足, 当且仅当存在整数 $\underline{c}, \underline{c}_n$ 使得

$$\gcd(a_1, a_2, \cdots, a_{n-1}) \cdot \underline{c} + a_n \cdot \underline{c}_n = b. \tag{5.242d}$$

这是两个未知数的线性丢番图方程, 并且它可以如同第 503 页 5.4.2, 4. 那样求解. 如果确定了它的解, 那么剩下要解只有 $n-1$ 个未知数的丢番图方程. 继续这个过程直到得到两个未知数的丢番图方程, 这可用第 503 页 5.4.2, 4. 给出的方法求解. 最后, 所给方程的解由这样得到的解集构造出来.

■ 解丢番图方程

$$2x + 4y + 3z = 3. \tag{5.243a}$$

因为 $\gcd(2,4,3) = 1$ 是 3 的因子, 所以这个方程可解. 未知数为 x, y 的丢番图方程

$$2x + 4y = 3 - 3z \tag{5.243b}$$

当且仅当 $\gcd(2,4)$ 是 $3-3z$ 的因子时可解. 对应的丢番图方程 $2z' + 3z = 3$ 有解集 $\{(-3+3t, 3-2t) \mid t \in \mathbb{Z}\}$. 这蕴涵 $z = 3-2t$, 并且现在要对于每个 $t \in \mathbb{Z}$ 求出可解丢番图方程 $2x + 4y = 3 - 3(2t)$ 或

$$x + 2y = -3 + 3t \tag{5.243c}$$

的解. 因为 $\gcd(1,2) = 1 | (-3+3t)$, 所以方程 (5.243c) 可解. 现在有 $1 \cdot (-1) + 2 \cdot 1 = 1$, 以及 $1 \cdot (3-3t) + 2 \cdot (-3+3t) = -3+3t$. 解集是 $\{((3-3t)+2s, (-3+3t)-s) \mid s \in \mathbb{Z}\}$. 这蕴涵 $x = (3-3t)+2s, y = (-3+3t)-s$, 并且这样得到的 $\{(3-3t+2s, -3+3t-s, 3-2t) \mid s, t \in \mathbb{Z}\}$ 就是 (5.243a) 的解集.

5.4.3 同余和剩余类

1. 同余

设 m 是正整数, $m > 1$. 如果当除以 m 时两个整数 a 和 b 有相同的余数, 那么 a 和 b 称为模 m 同余, 并记作 $a \equiv b \bmod m$ 或 $a \equiv b(m)$.

■ $3 \equiv 13 \bmod 5, 38 \equiv 13 \bmod 5, 3 \equiv -2 \bmod 5$.

注 显然, $a \equiv b \bmod m$ 成立, 当且仅当 m 是差 $a-b$ 的因子. 模 m 同余是整数集合间的等价关系 (参见第 447 页 5.2.4, 1.). 注意下列性质:

$$a \equiv a \bmod m, \quad 对每个\ a \in \mathbb{Z}, \tag{5.244a}$$

$$a \equiv b \bmod m \Rightarrow b \equiv a \bmod m, \tag{5.244b}$$

$$a \equiv b \bmod m \wedge b \equiv c \bmod m \Rightarrow a \equiv c \bmod m. \tag{5.244c}$$

2. 计算法则

$$a \equiv b \bmod m \wedge c \equiv d \bmod m \Rightarrow a + c \equiv b + d \bmod m, \tag{5.245a}$$

$$a \equiv b \bmod m \wedge c \equiv d \bmod m \Rightarrow a \cdot c \equiv b \cdot d \bmod m, \tag{5.245b}$$

$$a \cdot c \equiv b \cdot c \bmod m \wedge \gcd(c, m) = 1 \Rightarrow a \equiv b \bmod m, \tag{5.245c}$$

$$a \cdot c \equiv b \cdot c \bmod m \wedge c \neq 0 \Rightarrow a \equiv b \bmod \frac{m}{\gcd(c, m)}. \tag{5.245d}$$

3. 剩余类、剩余类环

因为模 m 同余是 $\mathbb{Z}$ 中的等价关系, 所以这个关系导致将 $\mathbb{Z}$ 分拆为模 m 剩余类:

$$[a]_m = \{x \mid x \in \mathbb{Z} \wedge x \equiv a \bmod m\}. \tag{5.246}$$

剩余类“a 模 m”由所有用 m 除时有相等的余数的整数组成. 于是当且仅当 $a \equiv b \bmod m$ 时 $[a]_m = [b]_m$.

恰有 m 个模 m 剩余类, 并且通常用它们的最小非负代表元表示:

$$[0]_m, [1]_m, \cdots, [m-1]_m. \tag{5.247}$$

在模 m 剩余类的集合 $\mathbb{Z}_m$ 中, **剩余类加法**和**剩余类乘法**定义为

$$[a]_m \oplus [b]_m = [a+b]_m, \tag{5.248}$$

$$[a]_m \otimes [b]_m = [a \cdot b]_m. \tag{5.249}$$

这些剩余类运算与代表元的选取无关, 即 $[a]_m = [a']_m$ 和 $[b]_m = [b']_m$ 蕴涵

$$[a]_m \oplus [b]_m = [a']_m \oplus [b']_m \quad 及 \quad [a]_m \otimes [b]_m = [a']_m \otimes [b']_m. \tag{5.250}$$

模 m 剩余类关于剩余类加法和剩余类乘法形成一个有单位元的环 (参见第 504 页 5.4.3, 1.), 即**模 m 剩余类环**. 如果 p 是一个素数, 那么模 p 剩余类环是一个域 (参见第 484 页 5.3.7.1, 2.).

4. 与 m 互素的剩余类

满足 $\gcd(a, m) = 1$ 的剩余类称为**与 m 互素的剩余类**. 如果 p 是素数, 那么所有不等于 $[0]_p$ 的剩余类与 p 互素.

与 m 互素的剩余类对于剩余类乘法形成一个阿贝尔群 (参见第 451 页 5.3.3.1, 1.), 称作**与 m 互素的剩余类群**. 这个群的阶是 $\varphi(m)$, 这里 φ 是**欧拉函数** (参见第 509 页 5.4.4, 1.).

■ **A**: $[1]_8, [3]_8, [5]_8, [7]_8$ 是与 8 互素的剩余类.

■ **B**: $[1]_5, [2]_5, [3]_5, [4]_5$ 是与 5 互素的剩余类.

■ **C**: 有 $\varphi(8) = \varphi(5) = 4$.

5. 本原剩余类

一个与 m 互素的剩余类 $[a]_m$ 称作本原剩余类, 如果它在与 m 互素的剩余类群中有阶 $\varphi(m)$.

■ **A**: $[2]_5$ 是模 5 本原剩余类, 因为 $([2]_5)^2=[4]_5, ([2]_5)^3=[3]_5, ([2]_5)^4=[1]_5$.

■ **B**: 因为在与 8 互素的剩余类群中 $[1]_8$ 有阶 1, 并且 $[3]_8, [5]_8, [7]_8$ 有阶 2, 所以存在模 m 非本原剩余类.

注 当且仅当 $m=3, m=4, m=p^k$ 或 $m=2p^k$(其中 p 是奇素数, 而 k 是正整数) 时, 存在模 m 本原剩余类.

如果存在模 m 本原剩余类, 那么与 m 互素的剩余类群形成循环群.

6. 线性同余式

(1) **定义** 如果 a, b 和 $m>0$ 是整数, 那么

$$ax \equiv b(m) \tag{5.251}$$

称为(未知数 x 的) 线性同余式.

(2) **解** 满足 $ax^* \equiv b(m)$ 的整数 x^* 是这个同余式的一个解. 每个模 m 同余 x^* 的整数也是一个解. 为求 (5.259) 的所有解, 只需求模 m 两两互不同余且满足同余式的整数.

同余式 (5.251) 可解, 当且仅当 $\gcd(a,m)$ 是 b 的因子. 此时, 模 m 解数等于 $\gcd(a,m)$.

特别地, 如果 $\gcd(a,m)=1$, 那么同余式模 m 有唯一解.

(3) **解法** 线性同余式有不同的解法. 可将同余式 $ax \equiv b(m)$ 转换为丢番图方程 $ax+my=b$, 并且确定丢番图方程 $a'x+m'y=b'$ 的一个特解 (x^0, y^0), 此处 $a'=a/\gcd(a,m), m'=m/\gcd(a,m), b'=b/\gcd(a,m)$(参见第 502 页 5.4.2, 1.).

因为 $\gcd(a,m)=1$, 所以同余式 $a'x \equiv b'(m')$ 模 m' 有唯一解, 并且

$$x \equiv x^0(m'). \tag{5.252a}$$

同余式 $ax \equiv b(m)$ 模 m 恰有 $\gcd(a,m)$ 个解:

$$x^0, x^0+m, x^0+2m, \cdots, x^0+(\gcd(a,m)-1)m. \tag{5.252b}$$

■ 因为 $\gcd(114, 315)$ 是 6 的因子, 所以 $114x \equiv 6 \bmod 315$ 可解; 模 315 有 3 个解.

$38x \equiv 2 \bmod 105$ 有唯一解: $x \equiv 94 \bmod 105$(参见第 503 页 5.4.2, 4.). $94, 199$ 和 304 是 $114x \equiv 6 \bmod 315$ 的解.

7. 联立线性同余式

如果给定有限多个同余式

$$x \equiv b_1(m_1), x \equiv b_2(m_2), \cdots, x \equiv b_t(m_t), \tag{5.253}$$

那么 (5.253) 称作**联立线性同余式组**. 关于解集的一个结果是**中国剩余定理**: 考虑给定的同余式组 $x \equiv b_1(m_1), x \equiv b_2(m_2), \cdots, x \equiv b_t(m_t)$, 其中 $m_1, m_2, \cdots, m_t$ 是两两互素的整数. 如果

$$m = m_1 \cdot m_2 \cdots m_t,\ a_1 = \frac{m}{m_1}, a_2 = \frac{m}{m_2}, \cdots, a_t = \frac{m}{m_t}, \tag{5.254a}$$

并且选取 x_j 使得 $a_j x_j \equiv b_j\,(m_j)(j = 1, 2, \cdots, t)$, 那么

$$x' = a_1 x_1 + a_2 x_2 + \cdots + a_t x_t \tag{5.254b}$$

是同余式组的一个解. 同余式组模 m 有唯一解, 即如果 x' 一个解, 那么当且仅当 $x'' \equiv x' \bmod m$ 时 x'' 也是一个解.

■ 解同余式组 $x \equiv 1(2), x \equiv 2(3), x \equiv 4(5)$, 这里整数 2, 3, 5 两两互素. 于是 $m = 30, a_1 = 15, a_2 = 10, a_3 = 6$. 同余式 $15x_1 \equiv 1(2), 10x_2 \equiv 2(3), 6x_3 \equiv 4(5)$ 有特解 $x_1 = 1, x_2 = 2, x_3 = 4$. 给定的同余式组模 m 有唯一解 $x \equiv 15 \cdot 1 + 10 \cdot 2 + 6 \cdot 4(30)$, 即 $x \equiv 29(30)$.

注 应用联立线性同余式组可以将解模 m 非线性同余式的问题归结为解模素数幂同余式的问题 (参见第 508 页 5.4.3, 9.).

8. 二次同余式

(1) **模 m 二次剩余** 如果我们能解每个同余式 $x^2 \equiv a(m)$, 那么就能解每个同余式 $ax^2 + bx + c \equiv 0(m)$:

$$ax^2 + bx + c \equiv 0(m) \Leftrightarrow (2ax + b)^2 \equiv b^2 - 4ac(m). \tag{5.255}$$

首先考虑模 m 二次剩余: 设 $m \in \mathbb{N}, m > 1$, 以及 $a \in \mathbb{Z}$ 并且 $\gcd(a, m) = 1$. 数 a 称为**模 m 二次剩余**, 当且仅当存在 $a \in \mathbb{Z}$ 使得 $x^2 \equiv a(m)$.

如果给定 m 的标准素因子分解式, 即

$$m = \prod_{i=1}^{\infty} p_i^{\alpha_i}, \tag{5.256}$$

那么 r 是模 m 二次剩余, 当且仅当 r 对于 $i = 1, 2, 3, \cdots$ 是模 $p_i^{\alpha_i}$ 二次剩余.

如果 a 是模素数 p 二次剩余, 那么将此记作 $\left(\dfrac{a}{p}\right) = 1$; 如果 a 是模 p 二次非剩余, 那么记作 $\left(\dfrac{a}{p}\right) = -1$(勒让德符号).

■ 数 1, 4, 7 是模 9 二次剩余.

(2) **二次同余的性质**

(E1) $p \nmid ab$ 及 $a \equiv b(p)$ 蕴涵 $\left(\dfrac{a}{p}\right) = \left(\dfrac{b}{p}\right)$. (5.257a)

(E2) $\left(\dfrac{1}{p}\right) = 1$. (5.257b)

(E3) $\left(\frac{-1}{p}\right)=(-1)^{\frac{p-1}{2}}$. (5.257c)

(E4) $\left(\frac{ab}{p}\right)=\left(\frac{a}{p}\right)\left(\frac{b}{p}\right)$, 特别, $\left(\frac{ab^2}{p}\right)=\left(\frac{a}{p}\right)$. (5.257d)

(E5) $\left(\frac{2}{p}\right)=(-1)^{\frac{p^2-1}{8}}$. (5.257e)

(E6) 二次互反律: 如果 p 和 q 是不同的奇素数, 那么

$$\left(\frac{p}{q}\right)\left(\frac{q}{p}\right)=(-1)^{\frac{p-1}{2}\frac{q-1}{2}}. \tag{5.257f}$$

■ $\left(\frac{65}{307}\right)=\left(\frac{5}{307}\right)\cdot\left(\frac{13}{307}\right)=\left(\frac{2}{5}\right)\cdot\left(\frac{8}{13}\right)=(-1)^{\frac{5^2-1}{8}}\left(\frac{2^3}{13}\right)=-\left(\frac{2}{13}\right)=-(-1)^{\frac{13^2-1}{8}}=1$.

一般地 同余式 $x^2\equiv a(2^\alpha), \gcd(a,2)=1$ 可解, 当且仅当 $a\equiv 1(4)$(若 $\alpha=2$) 以及 $a\equiv 1(8)$(若 $\alpha\geqslant 3$). 如果这些条件被满足, 那么模 2^α 有一个解 (若 $\alpha=1$), 有两个解 (若 $\alpha=2$), 以及有四个解 (若 $\alpha\geqslant 3$).

一般形式的同余式

$$x^2\equiv a(m),\quad m=2^\alpha p_1^{\alpha_1}p_2^{\alpha_2}\cdots p_t^{\alpha_t},\quad \gcd(a,m)=1, \tag{5.258a}$$

可解性的必要条件是同余式

$$a\equiv 1(4)\ (\text{当 }\alpha=2),\ a\equiv 1(8)\ (\text{当 }\alpha\geqslant 3),\ \left(\frac{a}{p_1}\right)=1,\ \left(\frac{a}{p_2}\right)=1,\cdots,\left(\frac{a}{p_t}\right)=1 \tag{5.258b}$$

的可解性. 如果所有这些条件被满足, 那么解数等于 2^t(当 $\alpha=0$ 和 $\alpha=1$), 等于 2^{t+1}(当 $\alpha=2$), 以及等于 2^{t+2}(当 $\alpha\geqslant 3$).

9. 多项式同余

如果整数 $m_1,m_2,\cdots,m_t$ 两两互素, 那么同余式

$$f(x)\equiv a_nx^n+a_{n-1}x^{n-1}+\cdots+a_0\equiv 0(m_1m_2\cdots m_t) \tag{5.259a}$$

等价于同余式组

$$f(x)\equiv 0(m_1),\ f(x)\equiv 0(m_2),\cdots,f(x)\equiv 0(m_t). \tag{5.259b}$$

如果对于 $j=1,2,\cdots,t, f(x)\equiv 0(m_j)$ 的解数是 k_j, 那么 $f(x)\equiv 0(m_1m_2\cdots m_t)$ 的解数是 $k_1k_2\cdots k_t$. 这意味着同余式

$$f(x)\equiv 0(p_1^{\alpha_1}p_2^{\alpha_2}\cdots p_t^{\alpha_t}) \tag{5.259c}$$

(其中 $p_1,p_2,\cdots,p_t$ 是素数) 的解可以归结为 $f(x)\equiv 0(p^\alpha)$ 的解. 此外, 这些同余式可以用下列方式归结为模素数的同余式 $f(x)\equiv 0(p)$:

a) $f(x) \equiv 0(p^\alpha)$ 的解也是 $f(x) \equiv 0(p)$ 的解.

b) 当且仅当 p 不整除 $f'(x_1)$ 时, $f(x) \equiv 0(p)$ 的解 $x \equiv x_1(p)$ 由模 p^α 的解唯一确定:

设 $f(x_1) \equiv 0(p)$. 令 $x = x_1 + pt_1$, 并且确定线性同余式

$$\frac{f(x_1)}{p} + f'(x_1)t_1 \equiv 0(p) \tag{5.260a}$$

的唯一解 t_1'. 将 $t_1 = t_1' + pt_2$ 代入 $x = x_1 + pt_1$, 那么得到 $x = x_2 + p^2t_2$. 现在要确定线性同余式

$$\frac{f(x_2)}{p^2} + f'(x_2)t_2 \equiv 0(p) \tag{5.260b}$$

的模 p^2 解 t_2'. 将 $t_2 = t_2' + pt_3$ 代入 $x = x_2 + p^2t_2$, 得到结果 $x = x_3 + p^3t_3$. 继续这个过程产生 $f(x) \equiv 0(p^\alpha)$ 的解.

■ 解同余式 $f(x) = x^4 + 7x + 4 \equiv 0(27)$. $f(x) = x^4 + 7x + 4 \equiv 0(3)$ 蕴涵 $x \equiv 1(3)$, 即 $x = 1 + 3t_1$. 因为 $f'(x) = 4x^3 + 7$, 并且 $3 \nmid f'(1)$, 现在来求同余式 $f(1)/3 + f'(1) \cdot t_1 \equiv 4 + 11t_1 \equiv 0(3)$ 的解: $t_1 \equiv 1(3)$, 即 $t_1 = 1 + 3t_2$, 以及 $x = 4 + 9t_2$. 然后考虑 $f(4)/9 + f'(4) \cdot t_2 \equiv 0(3)$, 并且得到解 $t_2 \equiv 2(3)$, 即 $t_2 = 2 + 3t_3$, 以及 $x = 22 + 27t_3$. 因此 22 是 $x^4 + 7x + 4 \equiv 0(27)$ 的解, 并且模 27 唯一确定.

5.4.4 费马定理、欧拉定理和威尔逊定理

1. 欧拉函数

对于每个正整数 m, 我们可以确定当 $0 \leqslant x \leqslant m$ 时与 m 互素的整数 x 的个数. 对应的函数 φ 称为欧拉函数. 函数 $\varphi(m)$ 的值是与 m 互素的剩余类的个数 (参见第 505 页 5.4.3, 4.).

例如, $\varphi(1) = 1, \varphi(2) = 1, \varphi(3) = 2, \varphi(4) = 2, \varphi(5) = 4, \varphi(6) = 2, \varphi(7) = 6, \varphi(8) = 4$, 等等. 一般地, 对于每个素数 p 有 $\varphi(p) = p - 1$, 并且对于每个素数幂 p^α 有 $\varphi(p^\alpha) = p^\alpha - p^{\alpha-1}$. 如果 m 是一个任意正整数, 那么 $\varphi(m)$ 可以用下列方式确定:

$$\varphi(m) = m \prod_{p|m} \left(1 - \frac{1}{p}\right), \tag{5.261a}$$

其中乘积应用于 m 的所有素因子.

■ $\varphi(360) = \varphi(2^3 \cdot 3^2 \cdot 5) = 360 \cdot \left(1 - \frac{1}{2}\right) \cdot \left(1 - \frac{1}{3}\right) \cdot \left(1 - \frac{1}{5}\right) = 96.$

此外还有

$$\sum_{d|m} \varphi(d) = m. \tag{5.261b}$$

如果 $\gcd(m, n) = 1$, 那么我们有 $\varphi(mn) = \varphi(m)\varphi(n)$.

■ $\varphi(360)=\varphi(2^3\cdot 3^2\cdot 5)=4\cdot 6\cdot 4=96.$

2. 费马-欧拉定理

*费马-欧拉定理*是初等数论中最重要的定理之一. 如果 a 和 m 是互素正整数, 那么

$$a^{\varphi(m)}\equiv 1(m). \tag{5.262}$$

■ 确定 9^{9^9} 的十进制表示中最后三位数字. 这意味着确定 x 使得 $x\equiv 9^{9^9}(1000)$, 并且 $0\leqslant x\leqslant 999$. 现在有 $\varphi(1000)=400$, 并且依据费马定理, $9^{400}\equiv 1(1000)$. 此外还有 $9^9=(80+1)^4\cdot 9\equiv\left(\binom{4}{0}80^0\cdot 1^4+\binom{4}{1}80^1\cdot 1^3\right)\cdot 9=(1+4\cdot 80)\cdot 9\equiv -79\cdot 9\equiv 89(400)$. 由此推出 $9^{9^9}\equiv 9^{89}=(10-1)^{89}\equiv\binom{89}{0}10^0\cdot(-1)^{89}+\binom{89}{1}10^1\cdot(-1)^{88}+\binom{89}{2}10^2\cdot(-1)^{87}=-1+89\cdot 10-3916\cdot 100\equiv -1-110+400=289(1000)$. 因此 9^{9^9} 的十进制表示以数字 289 结尾.

注 当 $m=p$ 时上述定理 (即 $\varphi(p)=p-1$) 是费马证明的; 一般形式是欧拉证明的. 这个定理形成译码格式的基础 (见 5.4.6). 它含有正整数的素数性质的一个必要性判据: 如果 p 是素数, 那么对于每个 $p\nmid a$ 的整数 a 有 $a^{p-1}\equiv 1(p)$.

3. 威尔逊定理

还有其他的素数判别法, 称作威尔逊定理:

每个素数 p 满足 $(p-1)!\equiv -1(p)$.

逆命题也正确; 因而有:

数 p 是素数, 当且仅当 $(p-1)!\equiv -1(p)$.

5.4.5 素数检验

下面将给出两个随机性素数检验方法, 它们对于检验大数的素数性质是有用的, 而且出错的概率足够小. 应用这些检验方法有可能在不知道素因子的情形下证明一个数不是素数.

1. 费马素数检验

设自然数 n 是一个奇数, 而 a 是一个满足 $\gcd(a,n)=1$ 以及 $a^{n-1}\equiv 1(\bmod n)$ 的整数. 那么 n 称为对于基 a 的*伪素数*.

■ **A**: 341 是对于基 2 的伪素数; 341 不是对于基 3 的伪素数.

检验 设给定奇数 $n>1$. 选取 $a\in\mathbb{Z}_n\setminus\{0\}$.

- 如果 $\gcd(a,n)>1$, 那么 n 不是素数.
- 如果 $\gcd(a,n)=1$, 并且 $\left\{\begin{matrix}a^{n-1}\equiv 1\ (\bmod n)\\ a^{n-1}\not\equiv 1\ (\bmod n)\end{matrix}\right\}$, 那么 $n\left\{\begin{matrix}\text{通过}\\ \text{不通过}\end{matrix}\right\}$ 对于基 a

的检验. 如果 n 不通过检验, 那么 n 不是素数. 如果 n 通过检验, 那么它可能是一

个素数, 但还必须对其他基进行检验, 即对于 a 的其他值进行检验.

■ **B**: $n=15$: 对于 $a=4$ 检验给出 $4^{14}\equiv 1 \pmod{15}$. 对于 $a=7$ 检验给出 $7^{14}\equiv 4\not\equiv 1 \pmod{15}$. 因此 15 不是素数.

■ **C**: $n=561$: 对于任意的 $a\in\mathbb{Z}_{561}\setminus\{0\}$ 并且 $\gcd(a,561)=1$ 检验得到 $a^{560}\equiv 1 \pmod{561}$. 但 $561=3\cdot 11\cdot 17$ 不是素数.

注 对于所有 $a\in\mathbb{Z}_n\setminus\{0\}$ 满足 $a^{n-1}\equiv 1 \pmod{n}$, 并且 $\gcd(a,n)=1$ 的合数 n 称为卡迈克尔 (Carmichael) 数.

如果 n 不是素数并且不是卡迈克尔数, 那么我们可以证明第一种应用 k 个满足 $\gcd(a,n)=1$ 的数获得错误结果的误差水平至多是 $1/2^k$. 至少对于 $\mathbb{Z}_n\setminus\{0\}$ 中满足 $\gcd(a,n)=1$ 的数中的一半关系式 $a^{n-1}\not\equiv 1 \pmod{n}$ 成立.

2. 拉滨-米勒素数检验

拉滨-米勒 (Rabin-Miller) 素性检验以下列命题 (*) 为基础:

设 $n>2$ 是素数, $n-1=2^t u$(u 是奇数), $\gcd(a,n)=1$. 那么

对于某个 $j\in\{0,1,\cdots,t-1\}$, $a^u\equiv 1 \pmod{n}$ 或 $a^{2^j u}\equiv -1 \pmod{n}$. (*)

每个奇自然数 $n>1$ 可以用下列方法检验其素性:

检验 选取 $a\in\mathbb{Z}_n\setminus\{0\}$, 并且求出表达式 $n-2=2^t u$(u 是奇数).

- 如果 $\gcd(a,n)>1$, 那么 n 不是素数.
- 如果 $\gcd(a,n)=1$, 那么计算序列 $a^u \pmod{n}, a^{2u} \pmod{n}, \cdots, a^{2^{t-1}u} \pmod{n}$, 直到找到满足 (*) 的值为止. 序列的元素可以通过重复实施模 n 平方算出. 如果不存在这样的值, 那么 n 不是素数. 不然 n 通过对于基 a 的检验.

■ **A**: $n=561$, 并且要用 a 的不同值检验: $n-1=2^4\cdot 35, a=2$:

$$
\begin{aligned}
2^{35} &\equiv 263 \not\equiv \pm 1 \pmod{561},\\
2^{70} &\equiv 166 \not\equiv -1 \pmod{561},\\
2^{140} &\equiv 67 \not\equiv -1 \pmod{561},\\
2^{280} &\equiv 421 \not\equiv -1 \pmod{561}.
\end{aligned}
$$

因此 561 不是素数.

如果随机且独立地选取 k 个不同的值, 并且 n 对基 a 的每个值通过检验, 那么 n 不是素数的第一类误差率 $\leqslant 1/4^k$. 在实用中取 $k=25$.

■ **B**: 仅有一个数 $\leqslant 2.5\cdot 10^{10}$, 通过对于基 $a=2,3,5,7$ 的检验, 但它不是素数.

3. AKS 素数检验

AKS 素性检验基于确定一个数是素数还是合数的多项式算法. 它是Agrawal, Kayal 和Saxena 于 2002 年发表, 同时它显然可以有效地检验任何自然数的素性.

这个检验方法基于下列命题:

如果 $n>1$ 是自然数, 而 r 是一个素数, 满足下列假设:

- n 不被 $\leqslant r$ 的素数整除;
- 当 $i=1,2,\cdots,\lfloor(\log_2 n)^2\rfloor$ 时, $r^i \not\equiv 1 \pmod n$(符号 $\lfloor x\rfloor$ 表示"$\leqslant x$ 的最大整数");
- 对于每个 $1\leqslant a\leqslant\sqrt{r}\log n, (x+a)^n\equiv x^n+a \pmod{x^r-1, n}$,

那么 n 是一个素数幂.

设 $n>1$ 是一个奇自然数, 要检验它的素性, 并设 $m:=\lfloor(\log_2 n)^5\rfloor$. 如果 $n<5690034$, 那么可以通过将它与已知素数的表相比较检验它是否素数. 对于 $n>5690034$, 令 $n>m$:

检验

- 核验 n 是否能被区间 $[3,m]$ 中的自然数整除. 如果是, 那么 n 不是素数.
- 不然, 取素数 $r<n$, 使得 $r^i\not\equiv 1 \pmod n$ $(i=1,2,\cdots,\lfloor(\log_2 n)^2\rfloor)$.(可以证明这样的素数 r 存在.)
- 核验当 $a=1,2,\cdots,\lfloor\sqrt{r}\log_2 n\rfloor$ 时, 同余式 $(x+a)^n\equiv x^n+a \pmod{x^r-1,n}$ 是否成立. 若不成立, 则 n 不是素数. 若成立, 则 n 是一个素数幂. 在这种情形要检验是否存在自然数 q 和 $k>1$, 使得 $n=q^k$. 若不存在, 则 n 是一个素数.

与已知的算法及有效性随机性算法不同, 这个检验的结果是可信的, 甚至没有可忽略的小的错误概率误差. 但在密码学中拉滨-米勒素数检验更合适.

5.4.6 码

5.4.6.1 控制数字

在信息论方法中提供了数据组合误差的识别和纠正方法. 一些最简单的方法可以表示为下列控制数字的形式.

1. 国际标准书号 ISBN-10

数的同余的一个简单应用是将控制数字用于国际标准书号 ISBN. 对一本书设定一个形式为

$$\text{ISBN}\, a\text{-}bcd\text{-}efghi\text{-}p \tag{5.263a}$$

的 10 个数字的组合. 这些数字有下列意义: a 是组号 (例如, $a=3$ 告诉我们出版物国家为奥地利、德国或瑞士), bcd 是出版社号, 而 $efghi$ 是这家出版社确定的书名号. 添加控制数字 p 用来检测错误的书号从而有助于减少开支. 控制数字 p 是满足下列同余式的最小的非负数字:

$$10a+9b+8c+7d+6e+5f+4g+3h+2i+p\equiv 0\,(11). \tag{5.263b}$$

若控制数字 p 是 10, 则应用一元符号例如 X (还可参见第 513 页 5.4.6.1, 3.). 现在提供的 ISBN 可以检验含在 ISBN 中的控制数字和由所有其他数字确定的控制数字的匹配. 在不匹配的情形一定有错误. ISBN 控制数字方法可以发现下列差错:

(1) 单个数字错误;

(2) 两个数字互换.

统计研究表明用这个方法可以检测出 90% 以上的真实错误. 所有其他观察到的错误类型的相对频率小于 1%. 在多数情形中上述方法可以发现两个数字或两个完整的数字段的互换.

2. 药品和医学中的中心码

在医药学中, 一个类似的控制数字数值系统被用来验证药物. 在德国, 每个药品都设定一个 7 数字控制码:

$$abcdefp. \tag{5.264a}$$

最后一个数字是控制数字 p. 它是满足同余式

$$2a + 3b + 4c + 5d + 6e + 7f \equiv p\,(11) \tag{5.264b}$$

的最小的非负数字. 在这里可发现单个数字差错或两个数字互换.

3. 账号

银行和储蓄所应用为至多 10 位数字 (这取决于营业额) 的统一的账号. 第一个 (至多 4 个) 数字用于账号的分类. 其余 6 个数字表示实际的账号, 其中包括最末位的控制数字. 个别银行和储蓄所倾向于应用不同的控制数字方法, 例如:

a) 从最右边的数字开始交错地用 2 或 1 乘各个数字. 然后取控制数字 p, 使得它与这些积相加得到的新和是一个 (与原和) 最接近的能被 10 整除的数. 若给出含控制数字 p 的账号 $abcd\,e\,fghi\,p$, 则同余式

$$2i + h + 2g + f + 2e + d + 2c + b + 2a + p \equiv 0 \pmod{10} \tag{5.265}$$

成立.

b) 同方法 a), 但首先将两位数的积换成这两个数字的和, 然后计算总和.

在情形 a), 所有由相邻数字的互换以及几乎所有单个数字所引起的差错都可被发现.

但在情形 b), 所有由一个数字的改变以及几乎所有由于两个相邻数字的互换所引起的差错都可被发现. 这是由于两个非相邻数字的互换以及两个数字的改变所引起的差错常常不能被发现.

不应用能力更强的模 11 控制数字方法是出于非数学性的原因. 非数值符号 X(用来代替控制数字 10(参见第 512 页 5.4.6.1, 1.) 要求扩充数值键盘. 但放弃控制数字为 10 的那些账号将在相当多的情形防碍原账号的平稳扩充.

4. 欧洲论文编号 EAN

EAN 用于欧洲论文编号. 在多数论文中可以发现它是一个含 13 或 8 个数字的条码或字符. 条码可以借助计算器上的扫描仪读出. 在 13 个数字符的情形, 前两个数字表示来源国, 例如, 40, 41, 42 以及 43 用于德国. 接着的 5 个数字表示作者, 再下面 5 个数字表示特别的成果. 最后的数字是控制数字 p.

这个控制数字是这样得到的: 首先将字符的所有 12 个数字从最左一个开始交错地乘以 1 和 3, 然后将所有的积相加, 最后加上 p, 得到最接近的能被 10 整除的数. 若给出含控制数字 p 的论文号 $abcdefghikmnp$, 则同余式

$$a+3b+c+3d+e+3f+g+3h+i+3k+m+3n+p\equiv 0 \pmod{10} \quad (5.266)$$

成立. 这个控制数字方法总可以发现 EAN 中的单个数字差错, 并且常常能发现两个相邻数字的交换. 通常不能发现两个非相邻数字的交换以及两个数字的改变.

5.4.6.2　纠错码

1. 数据传输和差错纠正模型

在通过噪声信道传输信息时差错纠正常常是可能的. 首先将信息进行编码, 然后将传输后通常的有偏倚的码纠正为正确的码, 于是将它们译出就可重新得到原来的信息. 我们现在考虑这种情形: 信息的字长是 k, 码字长为 n, 并且它们都仅由 0 和 1 组成. 那么 k 是*信息位置*的个数, 而 $n-k$ 是*冗余位置*的个数. 每个信息字是 $\mathrm{GF}(2)^k$ 的元素 (参见第 486 页 5.3.7.4), 而每个码字是 $\mathrm{GF}(2)^n$ 的元素. 为简化记号, 信息字写作 $a_1,a_2,\cdots,a_k$ 形式, 码字写成 $c_1,c_2,\cdots,c_n$ 形式. 信息字不被传送, 只有码字被传输.

通常使用的纠错思想是首先将要传输的字 $d_1,d_2,\cdots,d_n$ 转换为有效的码字 $c_1,c_2,\cdots,c_n$, 它与要传输的字相差的数字个数最小 (译码 MLD). 这种方法能发现和纠正多少差错取决于编码及传输信道的性质.

■ 在数字重复的码中信息字 0 用码字 0000 表示. 如果传输后接受者得到字 0010, 那么他假设原来的码字是 0000, 并且将他译为信息字 0. 但如果接受到的字是 1010, 那么类似的假设可以不被采用, 因为信息字 1 被译作 1111, 从而差别是类似的. 至少可以辨认在收到的字中存在某个差错.

2. t 纠错码

所有码字的集合称为*码* $\mathcal{C}$. 两个码字的*距离*是指这种数字位置的个数, 在其上两个码字有不同的数字.$\mathcal{C}$ 的码字间距离中的最小值称为码的*最小距离* $d_{\min}(\mathcal{C})$.

■ 对于 $\mathcal{C}_1=\{0000,1111\}$, $d_{\min}(\mathcal{C}_1)=4$. 对于 $\mathcal{C}_2=\{000,011,101,110\}$, $d_{\min}(\mathcal{C}_2)=2$, 因为存在距离是 2 的两个码字. 对于 $\mathcal{C}_3=\{00000,01101,10111,11010\}$, $d_{\min}(\mathcal{C}_3)=3$, 因为 $\mathcal{C}_3$ 中存在距离是 3 的两个码字.

如果已知码 $\mathcal{C}$ 的最小距离 $d_{\min}(\mathcal{C})$, 那么容易判断有多少个传输差错可被纠正. 可纠正 t 个差错的码称为*t 纠错码*. 如果 $d_{\min}(\mathcal{C})\geqslant 2t+1$, 那么 $\mathcal{C}$ 是 t 纠错码.

■ (续)$\mathcal{C}_1$ 是 1 纠错码, $\mathcal{C}_2$ 是 0 纠错码 (这意味着不能纠错), $\mathcal{C}_3$ 是 1 纠错码.

对于每个 t 纠错码 $\mathcal{C}\subseteq\mathrm{GF}(2)^n$ 有 $\sum_{i=0}^{t}\begin{pmatrix}n\\i\end{pmatrix}\cdot|\mathcal{C}|\leqslant 2^n$. 如果等式成立, 那么 $\mathcal{C}$ 称为 t-完全码.

■ 数字重复码 $\mathcal{C}=\{00\cdots 0,11\cdots 1\}\subseteq\mathrm{GF}(2)^{2t+1}$ 是 t-完全码.

3. 线性码

如果非空子集 $\mathcal{C} \subseteq \mathrm{GF}(2)^n$ 是 $\mathrm{GF}(2)^n$ 的子向量, 那么 $\mathcal{C}$ 称为(二元) *线性码*. 如果线性码 $\mathcal{C} \subseteq \mathrm{GF}(2)^n$ 有维数 k, 那么它称作 (n,k)*线性码*.

■ (续)$\mathcal{C}_1$ 是 (4, 1) 线性码, $\mathcal{C}_2$ 是 (3, 2) 线性码, $\mathcal{C}_3$ 是 (5, 2) 线性码. 在线性码的情形, 极小距离 (以及作为推论, 可纠差错的个数) 容易确定: 这样一个码的极小距离是向量空间中的零向量与非零向量间的最小距离. 如果给出各码字 (除全为零的码字) 中 1 的最小个数, 就可求得极小距离.

对于每个 (n,k) 线性码存在*生成矩阵* $\boldsymbol{G}$ 使得 $\mathcal{C} = \{a\boldsymbol{G} \mid a \in \mathrm{GF}(2)^k\}$:

$$\boldsymbol{G} = \begin{pmatrix} g_{11} & \cdots & g_{1n} \\ \vdots & & \vdots \\ g_{k1} & \cdots & g_{kn} \end{pmatrix}_{k \times n} = \begin{pmatrix} g_1 \\ \vdots \\ g_k \end{pmatrix}. \tag{5.267}$$

码由生成矩阵唯一确定; 信息字 $a_1a_2\cdots a_k$ 的码字用下列方式确定:

$$a_1a_2\cdots a_k \mapsto \underbrace{a_1g_1 + a_2g_2 + \cdots + a_kg_k}_{a\boldsymbol{G}}. \tag{5.268}$$

在 (n,k) 线性码 $\mathcal{C}$ 的情形, 为了译码需要*校验矩阵*:

$$\boldsymbol{H} = \begin{pmatrix} h_{11} & \cdots & h_{1n} \\ \vdots & & \vdots \\ h_{n-k,1} & \cdots & h_{n-k,n} \end{pmatrix}_{(n-k) \times n}. \tag{5.269}$$

如果 $\boldsymbol{H}$ 的行是两两不同的非零向量, 那么 (二元) 线性码 $\mathcal{C}$ 是 1 纠错码. 如果传输的结果是字 $d = d_1d_2\cdots d_n$, 那么算出 $\boldsymbol{H}d^{\mathrm{T}}$. 如果结果是零向量, 那么 d 是一个码字. 不然, 如果 $\boldsymbol{H}d^{\mathrm{T}}$ 是校验矩阵 $\boldsymbol{H}$ 的第 i 行, 那么对应的码字是 $d + e_i$, 其中 $e_i = (0, \cdots, 0, 1, 0, \cdots, 0)$, 并且 1 在第 i 个位置.

4. 循环码

循环码是研究得最多的线性码. 它们提供有效的编码和译码. 一个 (二元)(n,k) 线性码称作*循环码*, 如果对于每个码字 $c_0c_1\cdots c_{n-1}$ 通过将分量右向循环移位也得到一个码字, 即 $c_0c_1\cdots c_{n-1} \in \mathcal{C} \Rightarrow c_{n-1}c_0c_1\cdots c_{n-2} \in \mathcal{C}$.

■ $\mathcal{C} = \{000, 110, 101, 011\}$ 是一个循环 (3, 2) 线性码.

为了有效地使用循环码, 码字是通过次数 $\leqslant n-1$ 的系数属于 GF(2) 的多项式表示的.

(二元)(n,k) 线性码 $\mathcal{C}$ 是循环的, 当且仅当对于每个 $c(x)$:

$$c(x) \in \mathcal{C} \Rightarrow c(x) \cdot x (\bmod x^n - 1) \in \mathcal{C}. \tag{5.270}$$

循环 (n,k) 线性码可以用生成多项式和控制多项式刻画如下: $n-k$ $(k\in\{1,2,\cdots,n-1\})$ 次**生成多项式** $g(x)$ 是 x^n-1 的一个因子. 满足 $g(x)h(x)=x^n-1$ 的 k 次多项式 $h(x)$ 称为**控制多项式**. 在多项式表示 $a(x)$ 下 $a_1a_2\cdots a_k$ 的编码由

$$a(x)\mapsto a(x)\cdot g(x) \tag{5.271}$$

给出. 如果生成多项式 $g(x)$ 是 $d(x)$ 的因子, 或者控制多项式 $h(x)$ 满足关系式 $d(x)h(x)\equiv 0 \pmod{x^n-1}$, 那么多项式 $d(x)$ 是码中的一个元素.

一类重要的循环码是 BCH 码. 在此可以对极小距离的下界 δ 以及码能够用它来纠正的差错的个数的下界提出要求. 其中 δ 称作码的**设计距离**.

一个 (二元)(n,k) 线性码 $\mathcal{C}$ 是 BCH 码, 如果对于生成多项式 $g(x)$ 有

$$g(x)=\operatorname{lcm}(m_{\alpha^b}(x),m_{\alpha^{b+1}}(x),\cdots,m_{\alpha^{b+\delta-2}}(x)), \tag{5.272}$$

其中 α 是本原 n 次单位根, b 是一个整数. 多项式 $m_{\alpha^j}(x)$ 是 α^j 的极小多项式.

对于极小距离为 δ 的 BCH 码 $\mathcal{C}$ 关系式 $d_{\min}(\mathcal{C})\geqslant\delta$ 必定成立.

5.5 保 密 学

5.5.1 保密学问题

保密学是用数据变换隐藏信息的科学.

防护数据未经许可而被存取的思想是相当古老的. 在 20 世纪 70 年代随着**基于公开密钥的密码体制**的引进, 保密学成为一门独立的学科. 今天保密学研究的主题是怎样防护数据被非法存取以及防备数据遭受破坏.

除经典的军事应用外, 对信息科学的需求使其重要性日益增加. 这种例子有电子邮件的安全发送, 电子货币转账 (家庭银行), PIN 和 EC 卡, 等等.

在当代, **密码学**和**密码分析学**被纳入保密学的概念中. 密码学涉及密码体制的发展, 密码体制的保密强度可通过应用破译密码体制的密码分析学方法获取.

5.5.2 密码体制

一个抽象的密码体制由下列集合组成: 消息集 M, 密文集 C, 密钥集 K 和 K', 以及函数集 $\mathbb{E}$ 和 $\mathbb{D}$. 一个消息 $m\in M$ 将应用一个函数 $E\in\mathbb{E}$ 和一个密钥 $k\in K$ 译成密文 $c\in C$, 并且通过通信信道发送. 接受者如果知道适当的函数 $D\in\mathbb{D}$ 和相应的密钥 $k'\in K'$, 就可从 c 恢复原来的消息 m. 存在两种类型的密码体制:

(1) **对称密码体制** 传统的对称密码体制将同一个密钥用于消息的加密和密文的解密. 使用者可以完全自由地确立协议密码体制. 但是, 加密和解密不应当搞得太复杂. 在任何情形, 通信两方间传输的可靠性是强制性的.

(2) **不对称密码体制** 不对称密码体制 (参见第 522 页 5.5.7.1) 使用两个密钥, 一个是私人密钥 (是保密的), 另一个是公开密钥. 公开密钥可以通过与密文同样的途径传递. 通信的安全性由使用所谓*单向函数*(参见第 522 页 5.5.7.2) 保证, 这个函数使得窃密者实际上不可能由密文推出明文.

5.5.3 数学基础

字母表 $A=\{a_0,a_1,\cdots,a_{n-1}\}$ 是一个有限非空全序集, 它的元素 a_i 称作字母. $|A|$ 是字母表的长. 一个长为 $n\in\mathbb{N}$ 的字母序列 $w=a_1'a_2'\cdots a_n'$(其中 $a_i'\in A$) 称为字母表 A 上的长为 n 的字. A^n 表示所有 A 上长为 n 的字的集合. 设 $m,n\in\mathbb{N},A,B$ 是字母表, 并且设 S 是一个有限集.

密码函数是一个映射 $t:A^n\times S\to B^m$, 使得对所有 $s\in S$ 映射 $t_s:A^n\to B^m:w\to t(w,s)$ 是单射. 函数 t_s 和 t_s^{-1} 分别称为加密函数和解密函数. w 称为明码, $t_s(w)$ 称为密码.

设给定密码函数 t, 那么单参数族 $\{t_s\}_{s\in S}$ 是一个密码体制 T_S. 如果除了映射 t 外, 密钥集的结构和大小是明确的, 那么就可使用术语*密码体制*. 所有属于一个密码体制的密钥的集合 S 称为密钥空间. 于是

$$T_S=\{t_s:A^n\to A^n\,|\,s\in S\} \tag{5.273}$$

称作 A^n 上的密码体制.

如果 T_S 是 A^n 上的密码体制, 并且 $n=1$, 那么 t_s 称为一个流密码; 不然则称为区组密码.

A^n 上的密码体制的密码函数适用于将任何长度的明码加密. 明码先被分裂为长度为 n 的区组, 然后对每个区组各自应用函数. 最后一个区组可能需要用填充符号加长以得到长为 n 的区组. 填充符号必须不会导致明文的曲解.

*上下文无关加密*与*上下文敏感加密*之间存在差别, 对于前者, 密文区组只是对应的明文区组和密钥的函数, 而对于后者, 密文区组与消息的其他区组有关. 理论上说, 区组的每个密文数字与对应的明文区组的所有数字以及密钥的所有数字有关. 明文或密钥的小的改变会引起密文的显著变化 (雪崩效应).

5.5.4 密码体制的安全

密码分析学涉及在不知道密钥的情形尽可能多地从密文产生关于明文的信息的方法. 依克尔克霍夫 (A. Kerkhoff) 的观点, 密码体制的安全仅仅依赖于探测密钥或 (更确切地说) 解密函数的困难性. 安全性必须与加密算法保持机密的假设无关. 有以下几种不同的评估密码体制的安全性的方法:

(1) **绝对安全密码体制** 仅有一种基于代换密码的绝对安全密码体制, 即*一次一密发射*. 这是香农作为他的信息理论的一个部分证明的.

(2) **解析安全密码体制** 不存在系统地破译密码体制的方法. 这种方法不存在性的证明可以从解码函数的不可计算性的证明推出.

(3) **基于复杂性理论判据的安全密码体制** 不存在多项式时间 (相对于文本的长度) 破译密码体制的算法.

(4) **实用安全密码体制** 尚不知道可以用来以有效的资源和满意的成本破译密码体制的方法.

密码分析常使用统计方法, 如确定字母和字的频率. 其他的方法有彻底搜索、尝试法, 以及密码体制的结构分析 (解方程组).

为了破解一个密码体制, 我们可以从加密频率流获益, 例如, 应用立体型短语、重复传输稍加修改的文本、选取非真实及可预料密钥, 以及应用填充符号.

5.5.4.1 协议密码学方法

除应用密码函数外, 还可能用*保密码*加密明文. 一个*码*是从字母表 A 上所有字的集合的某个子集 A' 到字母表 B 上所有字的集合的某个子集 B' 上的一一映射. 这种映射的所有信源-终点对的集合称为一个码本.

■

今晚	0815
明晚	1113

用短密文代替长密文的优点与相同的明文总是用相同的密文来代替的缺点形成对照. 码本的另一个缺点是完全更换所有码本需要高昂的成本, 甚至可能使码部分地遭到损害.

下面我们只考虑用密码函数加密. 密码函数还有其他优点: 它们不要求在交换前对消息的内容作任何排列.

*对换*和*代换*组成密码算法. 在密码学中, 对换是一种定义在几何模型上的特殊的置换. 现在对代换进行细致的讨论. 依据一个字母或多个字母用来呈现密文, 单一字母代换与多字母代换之间存在着差别. 一般地, 代换是对多字母而言 (甚至只使用一个字母), 但单个明文字母的加密与它在明文中的位置有关.

此外, 区分单一字母代换与多字母代换是非常有意义的. 在前一情形单个字母被代换, 在后一情形, 是固定长度 >1 的字母串被代换.

5.5.4.2 线性代换密码

设 $A = \{a_0, a_1, \cdots, a_{n-1}\}$ 是一个字母表, $k, s \in \{0, 1, \cdots, n-1\}$, 并且 $\gcd(k, n) = 1$. 将每个字母 a_i 映为 $t_s^k(a_i) = a_{ki+s}$ 的置换 t_s^k 称为线性代换密码. 存在 $n\varphi(n)$ 个 A 上的线性代换密码.

移位密码是 $k = 1$ 的线性代换密码. $s = 3$ 的移位密码已经被凯撒 (Julius Caesar, 公元前 100 年—前 44 年) 使用过, 所以称作凯撒密码.

5.5.4.3 Vigenère 密码

所谓 Vigenère 密码的加密是基于字母两两不同的密钥的周期应用. 明文字母译为密码由密钥字母确定, 密钥字母在密钥中的位置与这个明文字母在明文中的位置相同. 这就要求密钥与明文一样长. 较短的密钥要加以重复使得与明码的长度相匹配.

卡罗尔 (L. Carroll) 创立的 Vigenère 密码的一个变体应用所谓 Vigenère 表 (见下图) 来加密和解密. 每个行表示它的最左边的关键字母的密码. 明文的字母表列在顶行. 加密步骤如下: 设给定关键字母 D 和明文字母 C, 那么密文字母可在标着 D 的行和标着 C 的列的交叉处找到; 这个密文是 F. 解密过程与此相反.

	A	B	C	D	E	F	$\cdots$
A	A	B	C	D	E	F	$\cdots$
B	B	C	D	E	F	G	$\cdots$
C	C	D	E	F	G	H	$\cdots$
D	D	E	F	G	H	I	$\cdots$
E	E	F	G	H	I	J	$\cdots$
F	F	G	H	I	J	K	$\cdots$
$\vdots$	$\vdots$	$\vdots$	$\vdots$	$\vdots$	$\vdots$	$\vdots$	$\ddots$

■ 设密钥是“HUT”.

明文:	O	N	C	E	U	P	O	N	A	T	I	M	E
密钥:	H	U	T	H	U	T	H	U	T	H	U	T	H
密文:	V	H	V	L	O	I	V	H	T	A	C	F	L

从形式上看, Vigenère 密码可以用下列方式写出: 设 a_i 是明文字母, a_j 是对应的密钥字母, 那么 $k=i+j$ 确定密文字母 a_k. 在上面的例子中, 第一个明文字母是 O$=a_{14}$. 密钥的第 15 个位置由字母 $H=a_7$ 取定. 因此 $k=i+j=14+7=21$ 产生密文字母 $a_{21}=V$.

5.5.4.4 矩阵代换

设 $A=\{a_0,a_1,\cdots,a_{n-1}\}$ 是一个字母表, 以及 $\boldsymbol{S}=(s_{ij}), s_{ij}\in\{0,1,\cdots,m-1\}$ 是 (m,n) 型非奇异矩阵, 并且 $\gcd(\det \boldsymbol{S},n)=1$. 将明文区组 $a_{t(1)},a_{t(2)},\cdots,a_{t(m)}$ 映为密文的映射由向量 (要求所有向量按模 n 算术确定分量, 并且要转置)

$$\left(\boldsymbol{S}\cdot\begin{pmatrix}a_{t(1)}\\a_{t(2)}\\\vdots\\a_{t(m)}\end{pmatrix}\right)^{\mathrm{T}} \tag{5.274}$$

称作 Hill 密码. 这表示一个单一字母矩阵代换.

■ $S = \begin{pmatrix} 14 & 8 & 3 \\ 8 & 5 & 2 \\ 3 & 2 & 1 \end{pmatrix}$. 设字母表的字母标号为 $a_0 = \text{A}, a_1 = \text{B}, \cdots, a_{25} = \text{Z}$. 对于 $m = 3$ 及明文 AUTUMN, 串 AUT 和 UMN 对应于向量 $(0, 20, 19)$ 和 $(20, 12, 13)$. 那么 $S \cdot (0, 20, 19)^{\text{T}} = (217, 138, 59)^{\text{T}} \equiv (9, 8, 7)^{\text{T}} \pmod{26}$, 以及 $S \cdot (20, 12, 13)^{\text{T}} = (415, 246, 97)^{\text{T}} \equiv (25, 12, 19)^{\text{T}} \pmod{26}$. 于是明文 AUTUMN 被映为密文 JIHZMT.

5.5.5 经典密码分析方法

密码分析研究的目的是不知道密钥而由密文产生关于对应的明文的最优信息. 这些分析仅对于非法“窃听者”有意义, 但从使用者的观点看也有助于获取密码体制的安全性.

5.5.5.1 统计分析

每个自然语言显示特定字母、两个字母组合、字等的典型频率分布. 例如, 在英语中字母 e 以最高的频率使用:

字母	相对频率
E	12.7%
T, A, O, I, N, S, H, R	56.9%
D, L	8.3%
C, U, M, W, F, G, Y, P, B	19.9%
V, K, J, X, Q, Z	2.2%

如果给出足够长的的密文, 那么就有可能根据字母的频率分布破译单字母的单一密码代换.

5.5.5.2 Kasiski-Friedmann 测试

将 Kasiski 和 Friedmann 的方法相结合有可能破译 Vigenère 密码. 攻击得益于加密算法周期性地应用密钥的事实. 如果相同的明文字母串被密钥的同一部分加密, 那么将产生相同的密文字母串. 密文中这种相同的串相隔距离的长度 >2 必然是密码长度的倍数. 在几个重复出现的密文串的情形密码长度是所有距离的最大公因子的某个因子. 这种论述称为 Kasiski 测试. 但是我们应该意识到由于可以偶然地出现匹配而产生错误结论的可能性.

Kasiski 测试可使我们确定密钥长度至多是真实密钥长度的倍数. Friedmann 测试则产生密钥长度的数量. 设 n 是某个英文明文用 Vigenère 方法加密得到的密

码的长度. 那么密钥长度 l 由

$$l = \frac{0.027n}{(n-1)\mathrm{IC} - 0.038n + 0.065} \tag{5.275a}$$

确定, 其中 IC 表示密文的重合指标. 这个指标可以从字母 $a_i(i \in \{0, 1, \cdots, 25\})$ 在密文中出现的次数 n_i 推出

$$\mathrm{IC} = \frac{\sum_{i=1}^{26} n_i(n_i - 1)}{n(n-1)}. \tag{5.275b}$$

为确定密钥, 长度为 n 的密文被分裂为 l 个列. 因为 Vigenère 密码借助移位密码产生每个列的分量, 所以只需确定 E 在列基上的等价性. 如果 V 是在列中最频繁出现的字母, 那么 Vigenère 表将指出密钥的字母 R:

$$\begin{array}{ccc} & & \mathrm{E} \\ & & \vdots \\ \mathrm{R} & \cdots & \mathrm{V} \end{array} \tag{5.275c}$$

如果 Vigenère 密码使用非常长的密钥 (例如, 与明文一样长), 那么所说的方法迄今都未获成功. 但是, 它有可能推断应用的密码是否为单一字母的、短周期多字母的或长周期多字母的.

5.5.6 一次一密发射

一次一密发射是仅有的理论上安全的代换密码. 加密依附于 Vigenère 密码, 其中密钥是一个随机的与明文同样长度的字母串.

通常, 一次一密发射作为二元 Vigenère 密码: 明文和密文是以二进制数用模 2 加法表示的. 在此特殊情形密码是对合的, 这意味着密码的双重应用将恢复原来的明文. 二元 Vigenère 密码的具体实施基于移位寄存线路. 这些线路组合了开关和存储元素, 依据特殊的法则它们的状态是 0 和 1.

5.5.7 公共密钥方法

虽然约定加密方法可以有效地用现代计算机实施, 并且对于双向通信仅需要单个密钥, 但仍然有几点值得注意:

(1) 加密的安全性仅靠保持下一个密钥的秘密性.

(2) 在进行任何通信前, 密钥必须用足够安全的信道交换; 非人工通信是违规的.

(3) 此外, 绝不可能对第三方证实特定的消息已被特定发件人发送.

5.5.7.1　迪菲-赫尔曼密钥交换

用公开密钥加密的概念是迪菲 (Diffie) 和赫尔曼 (Hellman) 于 1976 年提出的. 每个参与者拥有两个密钥: 公布在一般容易接受的寄存器中的公共密钥, 以及只有参与者知道并且绝对保持机密的私人密钥. 具有这些性质的方法称为不对称密码 (参见第 517 页 5.5.2).

第 i 个参与者的公开密钥 KP_i 控制加密步骤 E_i, 他的私人密钥 KS_i 控制解密步骤 D_i. 下列条件必须满足:

(1) $D_i \circ E_i$ 组成恒等映射.

(2) E_i 和 D_i 的有效实施方法是知道的.

(3) 私人密钥 KS_i 不能由公开密钥 KP_i 在可预见到的未来时日推出.

(4) $E_i \circ D_i$ 也产生恒等映射.

那么加密算法能够作为使用公开密钥的电子签名方法. 电子签名方法可使发信人查出对信息的伪证签名.

如果 A 要向 B 发送加密消息 m, 那么 A 从寄存器中取回 B 的公开密钥 KP_{B}, 应用加密算法 E_{B}, 并计算 $E_{\mathrm{B}}(m) = c$. A 通过公开网络将密文 c 发送给 B, B 将应用他的解密函数 D_{B} 中的私人密钥 KS_{B} 恢复信息的明文: $D_{\mathrm{B}}(c) = D_{\mathrm{B}}(E_{\mathrm{B}}(m)) = m$. 为了预防信息被破坏, A 可以通过下列方式应用借助公开密钥的电子签名方法将他发送给 B 的消息电子签名: A 用他的私人密码加密信息 m : $D_{\mathrm{A}}(m) = d$.A 对 d 附加他的签名“A”并且应用 B 的公开密钥对总体加密: $E_{\mathrm{B}}(D_{\mathrm{A}}(m), \text{“A”}) = E_{\mathrm{B}}(d, \text{“A”}) = e$. 于是签名且加密的文件由 A 发送给 B.

参与者 B 应用他的私人密钥将消息解密, 并且得到 $D_{\mathrm{B}}(e) = D_{\mathrm{B}}(E_{\mathrm{B}}(d, \text{“A”})) = (d, \text{“A”})$. 依据这个文件 B 可以证实 A 是发送者, 并且现在可以应用 A 的公共密钥解密 $d : E_{\mathrm{A}}(d) = E_{\mathrm{A}}(D_{\mathrm{A}}(m)) = m$.

5.5.7.2　迪菲-赫尔曼单向函数

应用公开密钥的方法的加密算法必须确立具有“陷门”的单向函数. 在此所谓陷门是某个必须保持秘密的特殊的附加信息. 一个单射函数 $f : X \to Y$ 称为具有陷门的单向函数, 如果下列条件成立:

(1) 存在 f 和 f^{-1} 的有效计算方法;

(2) 在不知道保密的附加信息时不能从 f 算出 f^{-1}.

在没有保密的附加信息时不可能产生从 f 得到 f^{-1} 的有效方法.

5.5.7.3　RSA 码和 RSA 方法

1. RSA 码

Rivest, Shamir 和Adleman 发展了一种基于欧拉-费马定理的保密信息的加密方法 (参见第 510 页 5.4.4, 2.). 这个方法称为RSA 算法 (用他们的姓氏的第一个字母命名), 可以使解密所需要的密钥部分公开而不危害消息的机密性. 有鉴于此, 在本书中也使用术语公开密钥码.

为了应用 RSA 算法, 接受者 B 选取两个非常大的素数 p 和 q, 算出 $m = pq$, 并且选取数 r 使与 $\varphi(m) = (p-1)(q-1)$ 互素, 而且 $1 < r < \varphi(m)$. B 公布数 m 和 r, 因为它们对于解密是必须的.

为从发送者 A 向接受者 B 传送一个保密信息, 首先必须将消息文本转换为数字串, 并且将数字串分裂成 N 个相同长度的 (小于 100 个十进数位) 的区组. 现在 A 算出 m 除以 N^r 的余数 R:

$$N^r \equiv R(\bmod m). \tag{5.276a}$$

发送者 A 对于由原文本得到的 N 个区组中的每一个计算出数 R, 并且将它发送给 B. 如果接受者有线性同余式 $rs \equiv 1 \pmod{\varphi(m)}$ 的解, 那么他就能将消息 R 解密. 数 N 是 m 除以 R^s 的余数:

$$R^s \equiv (N^r)^s \equiv N^{1+k\varphi(m)} \equiv N \cdot (N^{\varphi(m)})^k \equiv N(m). \tag{5.276b}$$

这里应用了欧拉-费马定理 (参见第 510 页 5.4.4, 2.) 以及 $N^{\varphi(m)} \equiv 1\,(m)$. 最后, B 将数字串转换成文本.

■ 接受者 B 希望得到从 A 发送来的机密信息, 选取素数 $p = 29$ 及 $q = 37$ (实际上这对于实用目的太小了), 算出 $m = 29 \cdot 37 = 1037$(以及 $\varphi(1037) = \varphi(29) \cdot \varphi(37) = 1008$), 并且取 $r = 5$(它满足要求 $\gcd(1008, 5) = 1$). B 将值 $m = 1037$ 和 $r = 5$ 传递给 A.

A 想将机密消息 $N = 8$ 发送给 B. A 通过计算 $N^r = 8^5 \equiv 578\,(1073)$ 将 N 加密为 $R = 578$, 并且确实将值 $R = 578$ 发送给 B. B 解同余式 $5 \cdot s \equiv (1008)$, 得到解 $s = 605$, 于是确定 $R^s = 578^{605} \equiv 8 = N\,(1073)$.

注 RSA 码的安全性与非法窃听者分解 m 所需要的时间有关. 依据当代计算机的速度, RSA 算法的使用者应该选取素数 p 和 q 至少具有 100 个十进制数位, 迫使窃密者要花费大约 74 年实施解密. 但对于合法的使用者确定与 $\varphi(pq) = (p-1)(q-1)$ 互素的 r, 其付出两相比较是小的.

2. RSA 方法

RSA 方法是最普及的非对称加密方法.

(1) **假设** 设 p 和 q 是两个素数, 并且 $pq \approx 10^{2048}$, 以及 $n = pq$. p 和 q 的十进制数位相差应该是一个小的数; 还有, p 和 q 相差不太大. 此外, 数 $p-1$ 和 $q-1$ 应当含相当大的素因子, 同时 $p-1$ 和 $q-1$ 的最大公因子应当相当小. 设 $e > 1$ 与 $(p-1)(q-1)$ 互素, 并且令 d 满足 $d \cdot e \equiv 1 \pmod{(p-1)(q-1)}$. 现在将 n 和 e 作为公共密钥, 而将 d 作为私人密钥.

(2) **加密算法**

$$E:\{0,1,\cdots,n-1\}\rightarrow\{0,1,\cdots,n-1\},\quad E(x):=x^e \pmod n. \tag{5.277a}$$

(3) **解密算法**

$$D:\{0,1,\cdots,n-1\}\rightarrow\{0,1,\cdots,n-1\},\quad D(x):=x^d \pmod n. \tag{5.277b}$$

于是对于信息 m 有 $D\big(E(m)\big)=E\big(D(m)\big)=m$.

当 $n>10^{200}$ 时这个加密方法中的函数成为一个侯选的具有陷门的单向函数 (参见第 522 页 5.5.7.2). 要求的附加信息是怎样分解 n 的知识. 没有这种知识就不可能解同余式 $d\cdot e\equiv 1 \pmod{(p-1)(q-1)}$. 只要上面的条件被满足, RSA 方法实用中将被看作是安全的. 与其他方法相比较, 它的缺点是密钥相对较大, 并且 RSA 比 DES 慢 1000 倍.

5.5.8 DES 算法 (数据加密标准)

DES 方法是 1976 年美国国家标准局 (现称 NIST) 作为美国官方加密标准公布的. 这个算法属于对称加密方法类 (参见第 516 页 5.5.2), 并且在密码学方法中起着支配性作用. 但这个方法不再适宜极机密信息的加密, 因为现代技术手段可以通过穷尽所有密钥试验而将它破译.

DES 算法是置换和非线性代换的组合. 算法要求一个 56 比特的密钥. 实际上使用了 64 比特的密钥, 但只有 56 个比特可以自由选取; 其余 8 个比特用作奇偶性比特, 使得对于每个 7 比特区组可产生含奇数个 1 的 8 比特区组.

明文每 64 比特分裂为一个区组. DES 将每个 64 比特明文区组转换为一个 64 比特的密文区组. 明文区组首先被实施一个初始置换, 然后被进行 16 轮加密, 每个操作使用不同的子密钥 $K_1,K_2,\cdots,K_{16}$. 用最后置换 (它是初始置换的逆) 完成加密.

解密使用同样的算法, 差别是子密钥具有相反的顺序 $K_{16},K_{15},\cdots,K_1$.

密码的强度在于映射的性质, 这些映射是每轮加密的一部分. 可以证明密文区组的每个比特与相应的明文的每个比特及密钥的每个比特有关.

虽然 DES 算法被非常深入地研究过, 但迄今还没有攻击者宣布过不通过穷尽所有 256 个密钥试验就能将它破译.

5.5.9 IDEA 算法 (国际数据加密标准)

IDEA 算法是 Lai 和 Massay 于 1991 年发明并且获得专利的. 它是类似于 DES 算法的对称性加密方法, 并且形成 DES 的一个潜在的后继者. IDEA 已经作为颇具盛名的用于加密电子邮件的软件包 PGP(Pretty Good Privacy) 的一部分.

与 DES 相反, 不仅算法而且它的基本设计判据都是公开的, 目的是应用特别简单的运算 (模 2 加法, 模 2^{16} 加法, 模 2^{16+1} 乘法).

IDEA 使用长度为 128 比特的密钥. IDEA 对每个 64 比特明文区组加密. 算法将每个区组分裂为 4 个各为 16 比特的子区组. 从 128 比特密钥导出 52 个各长 16 比特的子密钥. 在 8 轮加密中每次使用 6 个子密钥; 其余 4 个密钥用于最后的变换, 作为结果构造出 64 比特密文. 解密使用密钥次序相反的相同的算法.

IDEA 比 DES 快 2 倍, 但它在硬件中实施更困难. 还不知道对于 IDEA 的成功的攻击. 考虑密钥的长度, 试图穷尽所有 2^{56} 个密钥试验将它破译是不可能的.

5.6 泛代数学

泛代数学由一个集合, 称**基集**, 以及在这个集合上的运算组成. 简单的例子有半群、群、环和域, 它们在 5.3.2, 5.3.3 及 5.3.7 中讨论过. 泛代数学 (多数是多种类的, 即有几个基域) 特别在理论信息学中被研究. 在这里它们形成抽象数据的类型和系统以及项重写系统的代数说明的基础.

5.6.1 定义

设 Ω 是运算符号的集合, 它被划分为两两不相交的子集 $\Omega_n, n \in \mathbb{N}$. Ω_0 含常数, $\Omega_n, n > 0$, 含 n 重运算符号. 族 $(\Omega_n)_{n\in\mathbb{N}}$ 称为**型**或**标志**. 如果 A 是一个集合, 并且对于每个 n 重运算符号 $\omega \in \Omega_n$ 指派一个 A 中的 n 重运算 ω^A, 那么 $A = (A, \{\omega^A \mid \omega \in \Omega\})$ 称为Ω **代数**或**型 (或标志) 为 Ω 的代数**.

如果 Ω 是有限的, $\Omega = \{\omega_1, \cdots, \omega_k\}$, 那么也可以将 A 记作 $A = \{A, \omega_1^A, \cdots, \omega_k^A\}$.

如果将环 (参见第 483 页 5.3.7) 考虑为一个 Ω 代数, 那么 Ω 分拆为 $\Omega_0 = \{\omega_1\}, \Omega_1 = \{\omega_2\}, \Omega_2 = \{\omega_3, \omega_4\}$, 这里对运算符号 $\omega_1, \omega_2, \omega_3, \omega_4$ 指派常数 0, 取加法逆、加法和乘法.

设 A 和 B 是 Ω 代数. B 称为 A 的Ω **子代数**, 如果 $B \subseteq A$ 并且 ω^B 是运算 $\omega^A(\omega \in \Omega)$ 限制在子集 B 上的运算.

5.6.2 同余关系、商代数

在对泛代数构造商结构时, 需要同余关系的概念. 同余关系是一个与结构相容的等价关系: 设 $A = (A, \{\omega^A \mid \omega \in \Omega\})$ 是一个 Ω 代数, R 是 A 中的一个等价关系. 如果对于所有 $\omega \in \Omega_n(n \in \mathbb{N})$ 及所有使得 $a_iRb_i(i = 1, \cdots, n)$ 的 $a_i, b_i \in A$ 有

$$\omega^A(a_1, \cdots, a_n)R\omega^A(b_1, \cdots, b_n), \tag{5.278}$$

那么 R 称为 A 中的一个同余关系. 对于同余关系的等价类形成的集合 (商集), 关于以代表元方式进行的计算也形成一个 Ω 代数: 设 $A=(A,\{\omega^A\,|\,\omega\in\Omega\})$ 是一个 Ω 代数, R 是 A 中的一个同余关系. 商集 A/R(参见第 448 页 5.2.4, 2.,) 是一个具有下列运算 $\omega^{A/R}(\omega\in\Omega_n, n\in\mathbb{N})$ 的 Ω 代数:

$$\omega^{A/R}([a_1]_R,\cdots,[a_n]_R)=[\omega^A(a_1,\cdots,a_n)]_R, \tag{5.279}$$

并且将它称作 A 对于 B 的商代数.

群和环的同余关系可以分别用特殊的子结构——正规子群 (参见第 453 页 5.3.3.2, 2.) 和理想 (参见第 485 页 5.3.7.2) 定义. 一般地, 例如, 在半群中同余关系的这种刻画是不可能的.

5.6.3 同态

恰如经典的代数结构, 同态定理给出同态与同余关系间的联系.

设 A 和 B 是 Ω 代数. 映射 $h:A\to B$ 称为同态, 如果对于每个 $\omega\in\Omega_n$ 及所有 $a_1,\cdots,a_n\in A$:

$$h(\omega^A(a_1,\cdots,a_n))=\omega^A(h(a_1),\cdots,h(a_n)). \tag{5.280}$$

如果 h 还是双射, 那么 h 称为同构; 称代数 A 和 B同构. Ω 代数 A 的同态象 h 是 B 的一个 Ω 子代数. 在同态映射 h 下 A 分解为具有相同的象的元素组成的子集, 这个分解对应于一个同余关系, 称它为 h 的核:

$$\ker h=\{(a,b)\in A\times A\,|\,h(a)=h(b)\}. \tag{5.281}$$

5.6.4 同态定理

设 A 和 B 是 Ω 代数, 而 $h:A\to B$ 是同态. 那么 h 定义 A 中一个同余关系 ker h. 商代数 $A/\ker h$ 同构于同态象 $h(A)$.

反之, 每个同余关系 R 定义一个同态映射 $\mathrm{nat}_R:A\to A/R$, 并且 $\mathrm{nat}_R(a)=[a]_R$. 图 5.19解释了同态定理.

5.6.5 簇

簇 V 是由一些 Ω 代数组成的一个类, 它在形成直接积、子代数以及同态象下是闭的, 即形成的这些结果不会超出 V. 这里直接积用下列方式定义:

考虑在这些 Ω 代数的基集的笛卡儿积上对应于 Ω 的以分量方式进行的运算, 就得到一个 Ω 代数, 即这些代数的直接积. 伯克霍夫 (Birkhoff) 定理 (参见第 527 页 5.6.6) 将簇刻画为能够用方程方式定义的 Ω 代数组成的类.

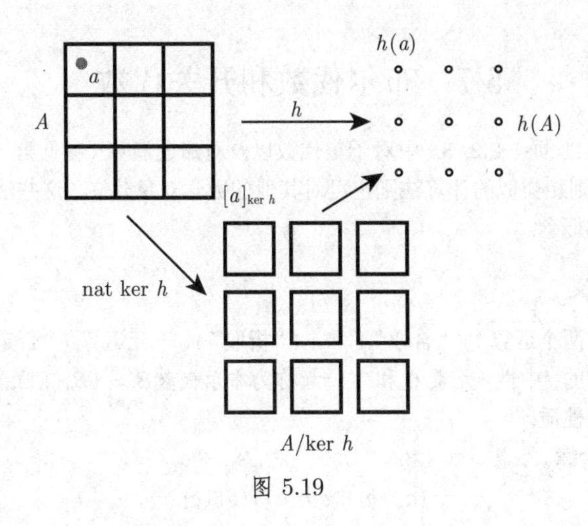

图 5.19

5.6.6 项代数、自由代数

设 $(\Omega_n)_{n\in\mathbb{N}}$ 是一个型 (标志), X 是簇的可数集. 用下列方式归纳地定义 X 上的 Ω 项的集合 $T_\Omega(X)$:

(1) $X\cup\Omega_0\subseteq T_\Omega(X)$;

(2) 如果 $t_1,\cdots,t_n\in T_\Omega(X)$, 并且 $\omega\in\Omega_n$, 那么也有 $\omega t_1\cdots t_n\in T_\Omega(X)$.

这样定义的集合 $T_\Omega(X)$ 是一个 Ω 代数的基集, 即 X 上型为 Ω 的项代数, 并且具有下列运算: 如果 $t_1,\cdots,t_n\in T_\Omega(X)$, 并且 $\omega\in\Omega_n$, 那么 $\omega^{T_\Omega(X)}$ 定义为

$$\omega^{T_\Omega(X)}(t_1,\cdots,t_n)=\omega t_1\cdots t_n. \tag{5.282}$$

项代数是所有 Ω 代数的类中“最一般”的代数, 即“方程式”在项代数中无效. 这些代数称为自由代数.

方程式是指一对变量 $x_1,\cdots,x_n$ 的 Ω 项 $(s(x_1,\cdots,x_n),t(x_1,\cdots,x_n))$. 如果对于所有 $a_1,\cdots,a_n\in A$ 有

$$s^A(x_1,\cdots,x_n)=t^A(x_1,\cdots,x_n), \tag{5.283}$$

那么称 Ω 代数 A满足这样一个方程.

用方程式定义的 Ω 代数的类是指由满足一组给定的方程式的 Ω 代数所形成的类.

伯克霍夫定理 由方程式定义的类恰为簇.

■ 例如, 分别由所有半群、群、阿贝尔群, 以及环组成的类都是簇. 但是, 例如, 循环群的直接积不是循环群, 域的直接积不是域. 因此循环群或域不形成簇, 并且不能由方程定义.

5.7 布尔代数和开关代数

与在第 441 页 5.2.2, 3. 中对于集代数以及对命题演算 (参见第 434 页 5.1.1, 6.) 确立的法则相类似的计算法则也可对其他的数学对象建立. 这些法则的研究产生布尔代数的概念.

5.7.1 定义

集合 B、两个运算 $\sqcap$(“合取”) 和 $\sqcup$(“析取”)、一元运算 (“否定”), 以及 B 中的两个不同的 (中性) 元素 0 和 1 一起称为*布尔代数*$B=(B,\sqcap,\sqcup,^{-},0,1)$, 如果它们具有下列性质:

(1) **结合律**

$$(a\sqcap b)\sqcap c=a\sqcap(b\sqcap c),\tag{5.284}$$

$$(a\sqcup b)\sqcup c=a\sqcup(b\sqcup c).\tag{5.285}$$

(2) **交换律**

$$a\sqcap b=b\sqcap a,\tag{5.286}$$

$$a\sqcup b=b\sqcup a.\tag{5.287}$$

(3) **吸收律**

$$a\sqcap(a\sqcup b)=a,\tag{5.288}$$

$$a\sqcup(a\sqcap b)=a.\tag{5.289}$$

(4) **分配律**

$$(a\sqcup b)\sqcap c=(a\sqcap b)\sqcup(b\sqcap c),\tag{5.290}$$

$$(a\sqcap b)\sqcup c=(a\sqcup c)\sqcap(b\sqcup c).\tag{5.291}$$

(5) **中性元素**

$$a\sqcap 1=a,\tag{5.292}$$

$$a\sqcup 0=a.\tag{5.293}$$

$$a\sqcap 0=0,\tag{5.294}$$

$$a\sqcup 1=1.\tag{5.295}$$

(6) **补**

$$a\sqcap\overline{a}=0,\tag{5.296}$$

$$a\sqcup\overline{a}=1.\tag{5.297}$$

一个具有结合律、交换律和吸收律的结构称为*格*. 如果分配律也成立, 那么这个格称作*分配格*. 因此布尔代数是一个特殊的分配格.

注 应用于布尔代数的记号不一定与命题演算中的运算记号相同.

5.7.2 对偶原理

1. 对偶化

在布尔代数的“公理”中包含下列的对偶性: 在一个公理中, 用 $\sqcup$ 代替 $\sqcap$, 用 $\sqcap$ 代替 $\sqcup$, 用 1 代替 0, 用 0 代替 1, 总是给出同一行中另一个公理. 同一行中的公理是互相**对偶的**, 并且代换过程称为**对偶化**. 通过对偶化可以从布尔代数的一个陈述推出**对偶陈述**.

2. 布尔代数的对偶原理

一个对于布尔代数正确的陈述的对偶陈述也是对于布尔代数正确的陈述, 即对于每个被证明的命题, 对偶命题也被证明.

3. 性质

例如, 我们从公理得到布尔代数的下列性质.

(E1) 运算 $\sqcap$ 和 $\sqcup$ 是幂等的:

$$a \sqcap a = a. \tag{5.298}$$

$$a \sqcup a = a. \tag{5.299}$$

(E2) 德摩根法则:

$$\overline{a \sqcap b} = \overline{a} \sqcup \overline{b}. \tag{5.300}$$

$$\overline{a \sqcup b} = \overline{a} \sqcap \overline{b}. \tag{5.301}$$

(E3) 其他性质:

$$\overline{\overline{a}} = a. \tag{5.302}$$

只需证明上面每条的两个性质之一就足够了, 因为另外一个是对偶性质. 最后一个性质是自身对偶的.

5.7.3 有限布尔代数

所有有限布尔代数容易刻画到“同构”情形. 设 B_1, B_2 是两个布尔代数, 并且 $f: B_1 \to B_2$ 是双射. f 称为**同构**, 如果有

$$f(a \sqcap b) = f(a) \sqcap f(b), \quad f(a \sqcup b) = f(a) \sqcup f(b) \quad \text{和} \quad f(\overline{a}) = \overline{f(a)}. \tag{5.303}$$

每个有限布尔代数同构于一个有限集的幂集的布尔代数. 特别地, 每个有限布尔代数有 2^n 个元素, 并且每两个元素个数相同的有限布尔代数是同构的.

今后用 B 表示有两个元素 $\{0,1\}$ 并且有下列运算的布尔代数:

$\sqcap$	0	1
0	0	0
1	0	1

$\sqcup$	0	1
0	0	1
1	1	1

	$^-$
0	1
1	0

在 n 重笛卡儿积 $B^n = \{0,1\} \times \cdots \times \{0,1\}$ 上按分量定义运算 $\sqcap, \sqcup$, 以及 $\bar{}$, 那么 B^n 是一个元素为 $0 = (0, \cdots, 0)$ 和 $1 = (1, \cdots, 1)$ 的布尔代数. B^n 称为 B 的n 重直接积. 因为 B^n 含有 2^n 个元素, 所以这样我们得到所有有限布尔代数 (不计同构者).

5.7.4 作为序关系的布尔代数

可以对每个布尔代数 B 确定一个序关系: 若 $a \sqcap b = a$(或等价地, $a \sqcup b = b$) 成立, 则有 $a \leqslant b$.

因此, 每个有限布尔代数可以用一个哈塞图解来表示 (参见第 449 页 5.2.4, 4.).

■ 设 B 是 30 的因子集合 $\{1, 2, 3, 5, 6, 10, 15, 30\}$. 那么最小公倍数和最大公因子可以定义为二元运算, 并且补作为一元运算. 数 1 和 30 对应于互异元素 0 和 1. 相应的哈塞图解见图 5.20.

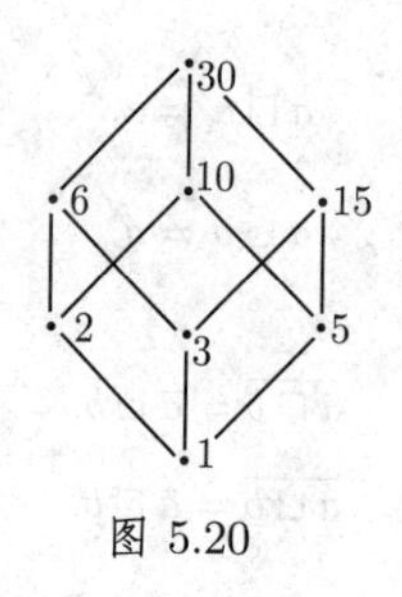

图 5.20

5.7.5 布尔函数、布尔表达式

1. 布尔函数

用 B 表示有两个元素的布尔代数 (如第 529 页 5.7.3), 那么n 重布尔函数 f是一个从 B^n 到 B 的映射. 有 2^n 个 n 重布尔函数. 所有具有运算

$$(f \sqcap g)(b) = f(b) \sqcap g(b), \tag{5.304}$$

$$(f \sqcup g)(b) = f(b) \sqcup g(b) \tag{5.305}$$

$$\overline{f}(b) = \overline{f(b)} \tag{5.306}$$

的 n 重布尔函数的集合是一个布尔代数. 这里 b 总是表示 $B = \{0,1\}$ 的元素的 n 组, 并且方程右边的运算是在 B 中实施的. 互异元素 0 和 1 对应于函数 f_0 和 f_1, 并且对于所有 $b \in B^n$,

$$f_0(b) = 0, \quad f_1(b) = 1. \tag{5.307}$$

■ **A**: 在 $n = 1$ 的情形, 即对于仅有一个布尔变量的情形, 存在 4 个布尔

函数:

$$恒等\ f(b)=b,\ 否定\ f(b)=\bar{b},\ 重言\ f(b)=b,\ 矛盾\ f(b)=b. \tag{5.308}$$

■ **B**: 在 $n=2$ 的情形, 即对于两个布尔变量 a 和 b 的情形, 存在 16 个布尔函数, 这里最重要的是它们的名称和记号. 它们列在表 5.6 中.

表 5.6 一些两变量 a 和 b 的布尔函数

函数名称	不同的记号	不同的符号	$\binom{a}{b}=\binom{0}{0},\binom{0}{1},\binom{1}{0},\binom{1}{1}$ 的值表
Sheffer 或 NAND	$\overline{a\cdot b}$, $a\mid b$, $\mathrm{NAND}(a,b)$	&	1, 1, 1, 0
Peirce 或 NOR	$\overline{a+b}$, $a\downarrow b$, $\mathrm{NOR}(a,b)$	⩾1	1, 0, 0, 0
反等价 或 XOR	$\bar{a}b+a\bar{b}$, a XOR b, $a\not\equiv b, a\oplus b$	=1, ⊕	0, 1, 1, 0
等价	$\bar{a}\bar{b}+ab$, $a\equiv b$, $a\leftrightarrow b$	=1, ⊕	1, 0, 0, 1
蕴涵	$\bar{a}+b, a\to b$		1, 1, 0, 1

2. 布尔表达式

布尔表达式是用归纳的方式定义的: 设 $X=\{x,y,\cdots\}$ 是一个布尔变量(它们只能够在 $\{0,1\}$ 中取值) 的 (可数) 集:

(1) 常数 0 和 1 作为 X 中的布尔变量恰为布尔表达式. (5.309)

(2) 如果 S 和 T 是布尔表达式, 那么 $\overline{T},(S\sqcap T)$ 和 $(S\sqcup T)$ 也是布尔表达式. (5.310)

如果一个布尔表达式含变量 $x_1,\cdots,x_n$, 那么它表示一个 n 重布尔表达式 f_T: 设 b 是布尔变量 $x_1,\cdots,x_n$ 的一个"赋值", 即 $b=(b_1,\cdots,b_n)\in B^n$.

对表达式 T 用下列方式指派一个布尔函数:

(1) 如果 $T=0$, 那么 $f_T=f_0$; 如果 $T=1$, 那么 $f_T=f_1$. (5.311a)

(2) 如果 $T=x_i$, 那么 $f_T(b)=b_i$; 如果 $T=\overline{S}$, 那么 $f_T(b)=\overline{f_S(b)}$. (5.311b)

(3) 如果 $T=R\sqcap S$, 那么 $f_T(b)=f_R(b)\sqcap f_S(b)$. (5.311c)

(4) 如果 $T=R\sqcup S$, 那么 $f_T(b)=f_R(b)\sqcup f_S(b)$. (5.311d)

另一方面, 每个布尔函数 f 可以用一个布尔表达式 T 表示 (参见第 532 页 5.7.6).

3. 共点或语义等价的布尔表达式

布尔表达式 S 和 T 称为*共点或语义等价*, 如果它们表示相同的布尔函数. 布尔表达式相等, 当且仅当它们可以依据布尔代数的公理互相变换.

在此对于布尔表达式的变换要特别考虑两个方面:

- 形式尽可能"简单"的变换 (参见第 533 页 5.7.7).
- "正规形式"的变换.

5.7.6 正规形式

1. 基本合取、基本析取

设 $B = \{B, \sqcap, \sqcup, ^-, 0, 1\}$ 是一个布尔代数, $\{x_1, \cdots, x_n\}$ 是一组布尔变量. 每个合取或析取, 若其中每个变量或其否定恰出现一次, 则分别称为 (变量 $x_1, \cdots, x_n$ 的) *基本合取*或*基本析取*.

设 $T(x_1, \cdots, x_n)$ 是一个布尔表达式. 若基本合取的析取 D 满足 $D = T$, 则称它为 T 的*主析取正规形式* (PDNF). 若基本析取的合取 C 满足 $C = T$, 则称它为 T 的*主合取正规形式* (PCNF).

- **部分 1**　为了说明每个布尔函数 f 可以表示为一个布尔表达式, 我们来构造附表中给出的函数 f 的 PDNF 形式:

布尔函数 f 的 PDNF 含有基本合取 $\bar{x} \sqcap \bar{y} \sqcap z, x \sqcap \bar{y} \sqcap z, x \sqcap y \sqcap \bar{z}$. 这些基本合取属于使得函数 f 取值 1 的那些变量的赋值 b. 如果变量 v 在 b 中有值 1, 那么 v 就实施基本合取, 不然 $\bar{v}$ 实施基本合取.

x	y	z	$f(x,y,z)$
0	0	0	0
0	0	1	1
0	1	0	0
0	1	1	0
1	0	0	0
1	0	1	1
1	1	0	1
1	1	1	0

- **部分 2**　对于部分 1 中的例子, PDNF 是

$$(\bar{x} \sqcap \bar{y} \sqcap z) \sqcup (x \sqcap \bar{y} \sqcap z) \sqcup (x \sqcap y \sqcap \bar{z}). \tag{5.312}$$

PDNF 的"对偶"形式是 PCNF: 基本析取属于函数 f 取值 0 的那些变量的赋值 b.

如果变量 v 在 b 中有值 0, 那么 v 就实施基本析取, 不然 $\bar{v}$ 实施基本析取. 于是 PCNF 是

$$(x \sqcup y \sqcup z) \sqcap (x \sqcup \bar{y} \sqcup z) \sqcap (x \sqcup \bar{y} \sqcup \bar{z}) \sqcap (\bar{x} \sqcup y \sqcup z) \sqcap (\bar{x} \sqcup \bar{y} \sqcup \bar{z}). \tag{5.313}$$

如果变量的顺序和赋值的顺序给定, 即如果将赋值考虑为二进数并且将它们按递增顺序排列, 那么 f 的 PDNF 和 PCNF 是唯一确定的.

2. 主正规形式

将布尔函数 f_T 的主正规形式看作对应的布尔表达式 T 的主正规形式.

通过变换检验两个布尔表达式的等价性通常是困难的. 主正规形式是有用的: 如果两个布尔表达式所对应的唯一确定的主正规形式是按字母逐个恒等的, 那么它们确实是语义等价的.

- **部分 3** 在考虑的例子 (见部分 1 和部分 2) 中, 表达式 $(\bar{y} \sqcap z) \sqcup (x \sqcap y \sqcap \bar{z})$ 和 $(x \sqcup ((y \sqcup z) \sqcap (\bar{y} \sqcup z) \sqcap (\bar{y} \sqcup \bar{z}))) \sqcap (\bar{x} \sqcup ((y \sqcup z) \sqcap (\bar{y} \sqcup z)))$ 是语义等价的, 因为两者的主析取 (或合取) 正规形式是相同的.

5.7.7 开关代数

布尔代数的典型应用是串联-并联 (SPC) 的简化. 因此一个布尔表达式被指派给某个 SPC(变换). 应用布尔代数的变换法则这个表达式将被“化简”. 最后, 一个 SPC 被指派给这个表达式 (逆变换). 结果是一个简化了的 SPD, 它产生与初始连接系统同样的效果 (图 5.21).

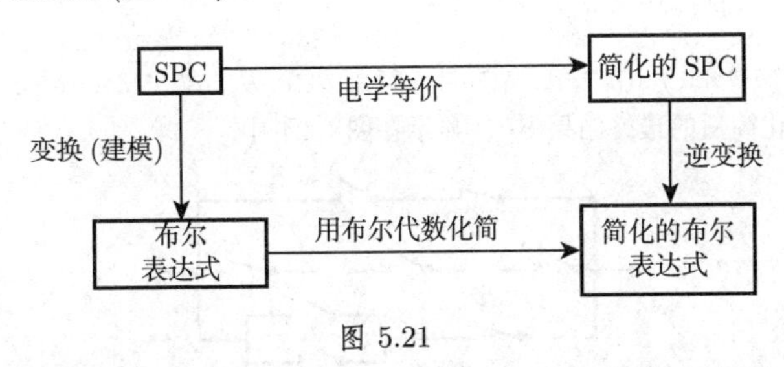

图 5.21

SPC 有两种类型的连接点: “接通”和“断开”, 并且两种类型有两种状态: 开或关. 通常的符号表示是: 当设备工作时, 接通点闭且断开点开. 应用布尔变量对开关设备的连接指派如下:

设备的位置“关”或“开”对应于布尔变量的值 0 或 1. 由相同设备切换的连接用相同的符号即属于这个设备的布尔变量来表示. 依据开关是未通电或是已通电, SPC 的连接值是 0 或 1. 连接值取决于连接的位置, 所以它是指派给开关设备的变量的布尔函数 S (开关函数). 图 5.22 给出了连接点、开关、符号以及对应的布尔表达式.

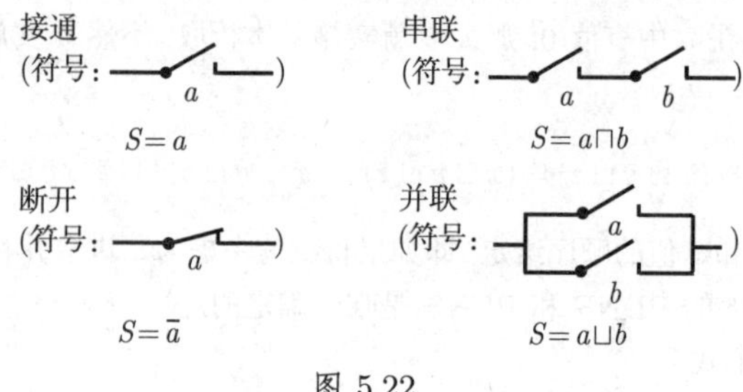

图 5.22

表示 SPC 的开关函数的布尔表达式有一个特殊的性质, 即否定符号只可能出现在变量的上方 (从不在子表达式的上方).

■ 图 5.23 中 SPC 的化简. 这个联结对应于作为开关函数的布尔表达式

$$S = (\bar{a} \sqcap b) \sqcup (a \sqcap b \sqcap \bar{c}) \sqcup (\bar{a} \sqcap (b \sqcup c)). \tag{5.314}$$

依据布尔代数的变换公式, 有

$$\begin{aligned} S &= (b \sqcap (\bar{a} \sqcup (a \sqcap \bar{c}))) \sqcup (\bar{a} \sqcap (b \sqcup c)) \\ &= (b \sqcap (\bar{a} \sqcup \bar{c})) \sqcup (\bar{a} \sqcap (b \sqcup c)) \\ &= (\bar{a} \sqcap b) \sqcup (b \sqcap \bar{c}) \sqcup (\bar{a} \sqcap c) \\ &= (\bar{a} \sqcap b \sqcap c) \sqcup (\bar{a} \sqcap b \sqcap \bar{c}) \sqcup (b \sqcap \bar{c}) \sqcup (a \sqcap b \sqcap \bar{c}) \sqcup (\bar{a} \sqcap c) \sqcup (\bar{a} \sqcap \bar{b} \sqcap c) \\ &= (\bar{a} \sqcap c) \sqcup (b \sqcap \bar{c}), \end{aligned} \tag{5.315}$$

其中我们从 $(\bar{a} \sqcap b \sqcap c) \sqcup (\bar{a} \sqcap c) \sqcup (\bar{a} \sqcap \bar{b} \sqcap c)$ 得到 $\bar{a} \sqcap c$, 从 $(\bar{a} \sqcap b \sqcap \bar{c}) \sqcup (b \sqcap \bar{c}) \sqcup (a \sqcap b \sqcap \bar{c})$ 得到 $b \sqcap \bar{c}$. 化简后的最终结果 SPC 显示在图 5.24 中.

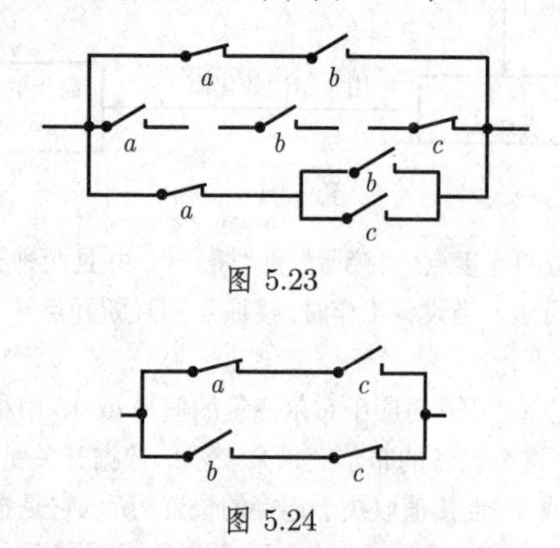

图 5.23

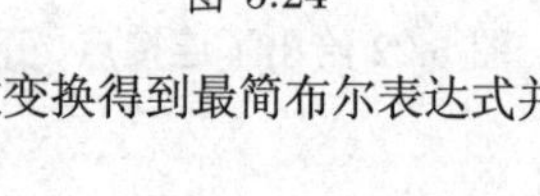

图 5.24

这个例子表明通常通过变换得到最简布尔表达式并不那么容易. 在文献中我们可以找到不同的化简方法.

5.8 图论算法

图论是离散数学中对于信息论 (例如, 对于表示数据结构、有限自动机、通信网络、形式语言的导出等) 有特殊重要意义的一个领域. 它也应用于物理学、化学、电工学、生物学以及心理学. 此外, 流可以用于运输网络、运筹学中的网络分析, 以及组合最优化.

5.8.1 基本概念和记号

1. 无向图和有向图

图G 是**顶点**集合 V 和**边**集合 E 的有序对. 存在一个定义在 E 上的称作**关联函数**的映射, 对 E 的每个元素指派一个 V 的 (不一定互异的) 元素的有序或无序对. 如果对 E 的每个元素指派的是无序对, 那么 G 称为**无向图**(图 5.25). 如果指派的是有序对, 那么 G 称为**有向图**(图 5.26), 并且 E 的元素称为**弧**或**有向边**. 所有其他的图称作**混合图**.

在图的表示中, 用点记图的顶点, 用箭记有向边, 并用没有方向的线记无向边.

图 5.25 图 5.26

■ **A**: 对于图 5.27 中的图 G:

$$V=\{v_1,v_2,v_3,v_4,v_5\},\quad E=\{e_1,e_2,e_3,e_4,e_5,e_6,e_7\},$$

$$f_1(e_1)=\{v_1,v_2\},\quad f_1(e_2)=\{v_1,v_2\},\quad f_1(e_3)=\{v_2,v_3\},$$

$$f_1(e_4)=\{v_3,v_4\},\quad f_1(e_5)=\{v_3,v_4\},\quad f_1(e_6)=\{v_4,v_2\},$$

$$f_1(e_7)=\{v_5,v_5\}.$$

■ **B**: 对于图 5.26 中的图 G:

$$V=\{v_1,v_2,v_3,v_4,v_5\},\quad E'=\{e_1',e_2',e_3',e_4'\},$$

$$f_2(e_1')=(v_2,v_3),\quad f_2(e_2')=(v_4,v_3),\quad f_2(e_3')=(v_4,v_2),$$

$$f_2(e_4')=(v_5,v_5).$$

■ **C**: 对于图 5.25 中的图 G:

$$V=\{v_1,v_2,v_3,v_4,v_5\},\quad E''=\{e_1'',e_2'',e_3'',e_4''\},$$

$$f_3(e_1'')=(v_2,v_3),\quad f_3(e_2'')=(v_4,v_3),\quad f_3(e_3'')=(v_4,v_2),\quad f_3(e_4'')=(v_5,v_5).$$

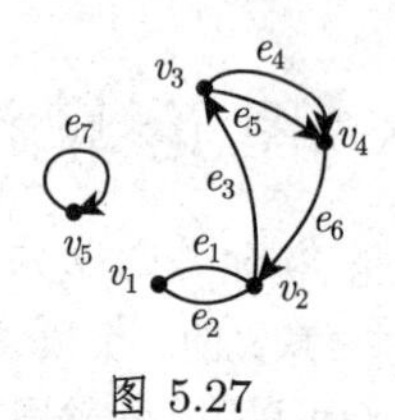

图 5.27

2. 邻接性

如果 $(v,w) \in E$, 那么称顶点 v 与顶点 w邻接. 顶点 v 称为 (v,w) 的始点, w 称为 (v,w) 的终点, 并且 v 和 w 称为 (v,w) 的端点.

无向图中邻接性及无向边的端点可以类似地定义.

3. 简单图

如果多个边或弧指派给同一个顶点的有向对或无向对, 那么它们称为重边. 具有相同的端点边称为环. 没有环和重边及重弧的图称为简单图.

4. 顶点的次数

与一个顶点 v 关联的边或弧的个数称为顶点 v 的次数$d_G(v)$. 一个环被两次计数. 次数为零的顶点称为孤立顶点.

对于有向图 G 的每个顶点 v, 我们区分 v 的外次数$d_G^+(v)$ 和内次数 $d_G^-(v)$ 如下:

$$d_G^+(v) = |\{w \mid (v,w) \in E\}|, \tag{5.316a}$$

$$d_G^-(v) = |\{w \mid (w,v) \in E\}|. \tag{5.316b}$$

5. 特殊的图类

有限图有有限的顶点集和有限的边集. 不然称图是无限的. 在r 次正则图中每个顶点有次数 r.

对于顶点集为 V 的无限简单图, 若 V 中任何两个顶点都被一条边连接, 则将它称为完全图. 顶点集有 n 个元素的完全图记为 K_n.

如果一个无向简单图 G 的顶点集可以分拆为两个不相交的类 X 和 Y, 使得 G 的每条边连接 X 的一个顶点和 Y 的一个顶点, 那么 G 称为二部图. 一个二部图称为完全二部图, 如果 X 的每个顶点都有边与 Y 的每个顶点连接. 如果 X 有 n 个元素, Y 有 m 个元素, 那么这个图记作 $K_{n,m}$.

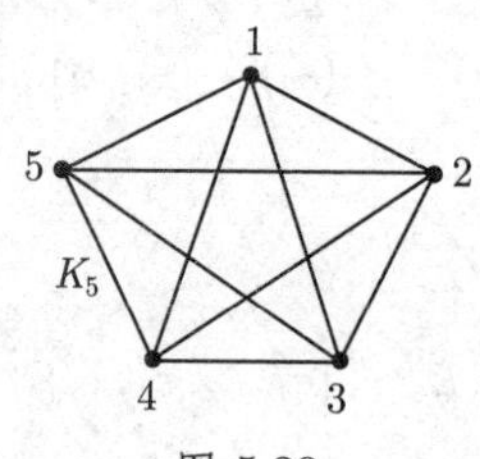

图 5.28

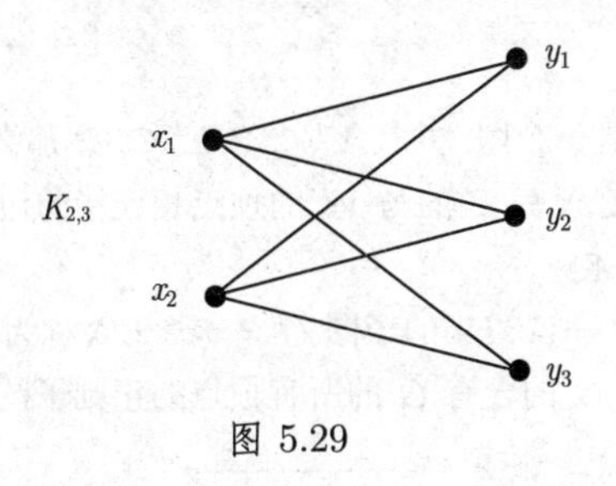

图 5.29

- 图 5.28 表示有 5 个顶点的完全图.
- 图 5.29 表示具有 2 元素集 X 和 3 元素集 Y 的完全二部图.

其他特殊的图类有平面图, 树和运输网络. 它们的性质将在后节讨论.

6. 图的表示

有限图可以直观表示: 对于每个顶点指定平面上一个点, 并且用有向或无向曲线连接两个点 (如果图中有相应的边). 图 5.30~图 5.33 给出一些例子. 图 5.33 给出彼得森 (Petersen) 图, 它是几个还没有一般性地证明的图论猜想中的一个著名的反例.

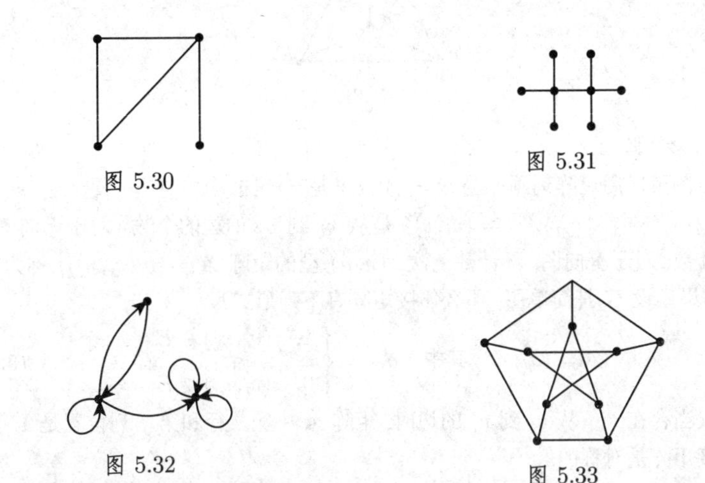

图 5.30　图 5.31　图 5.32　图 5.33

7. 图的同构

图 $G_1 = (V_1, E_1)$ 称作与图 $G_2 = (V_2, E_2)$同构, 当且仅当存在与关联函数相容的从 V_1 到 V_2 的双射 φ, 以及从 E_1 到 E_2 的双射 ψ, 即如果 u, v 是一条边的端点, 或者 u 是一条弧的始点, 而 v 是其终点, 那么 $\varphi(u)$ 和 $\varphi(v)$ 是一条边的端点, 或者 $\varphi(u)$ 和 $\varphi(v)$ 分别是一条弧的始点和终点. 图 5.34 和图 5.35 给出两个同构的图, 使得 $\varphi(1) = a, \varphi(2) = b, \varphi(3) = c, \varphi(4) = d$ 的映射 φ 是同构. 在此情形, 每个从 $\{1, 2, 3, 4\}$ 到 $\{a, b, c, d\}$ 的双射是同构, 因为两个图是顶点个数相同的完全图.

8. 子图、因子

如果 $G=(V,E)$ 是一个图, 并且 $V'\subseteq V, E'\subseteq E$, 那么图 $G'=(V',E')$ 称作 G 的子图. 如果 G' 恰好含有 E 的与 V' 的顶点相连接的边, 那么 G' 称为 G 的由 V' 导出的子图 (导出子图).

使得 $V'=V$ 的 $G=(V,E)$ 的子图 $G'=(v',E')$ 称为 G 的部分图.

图 G 的因子 F 是 G 的含有 G 的所有顶点的正则子图.

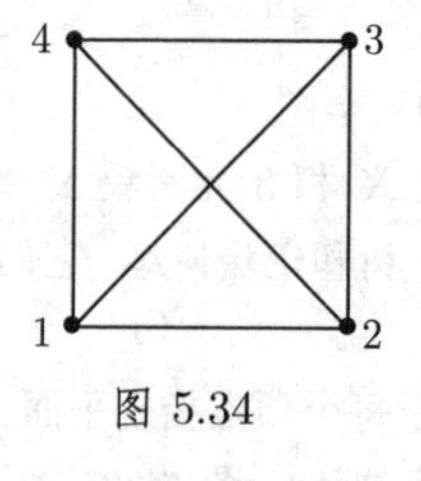

图 5.34

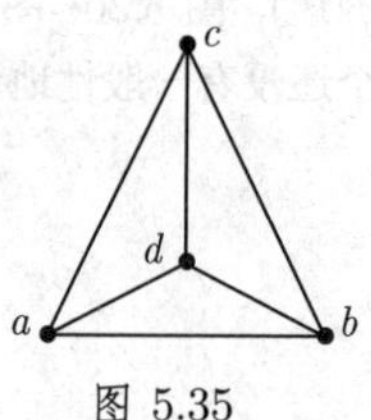

图 5.35

9. 邻接矩阵

有限图可以用矩阵刻画: 设 $G=(V,E)$ 是一个图, 其中 $V=\{v_1,v_2,\cdots,v_n\}$ 和 $E=\{e_1,e_2,\cdots,e_m\}$. 设 $m(v_i,v_j)$ 是从 v_i 到 v_j 的边的个数. 对于无向图, 环要两次计数; 对于有向图, 环计数一次. (n,n) 型的矩阵 $\boldsymbol{A}=(m(v_i,v_j))$ 称为邻接矩阵. 如果还设 G 是简单图, 那么邻接矩阵有下列形式:

$$\boldsymbol{A}=(a_{ij}),\quad 其中\quad a_{ij}=\begin{cases}1, & (v_i,v_j)\in E,\\ 0, & (v_i,v_j)\notin E,\end{cases}\tag{5.317}$$

即当且仅当存在一条从 v_i 到 v_j 的边时, 矩阵 $\boldsymbol{A}$ 中第 i 行和第 j 列位置是 1. 无向图的邻接矩阵是对称的.

■ **A**: 图 5.36 旁边是有向图 G_1 的邻接矩阵 $\boldsymbol{A}_1=\boldsymbol{A}(G_1)$.

■ **B**: 图 5.37 旁边是无向简单图 G_2 的邻接矩阵 $\boldsymbol{A}_2=\boldsymbol{A}(G_2)$.

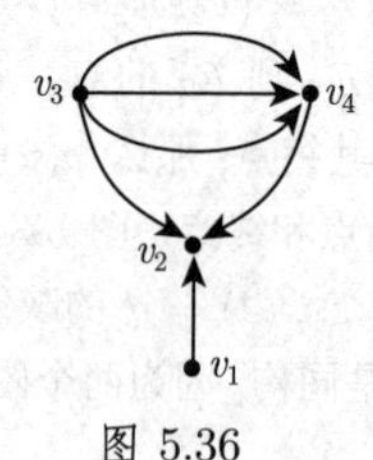

图 5.36

$$
\boldsymbol{A}_1 = \begin{pmatrix} 0 & 1 & 0 & 0 \\ 0 & 0 & 0 & 0 \\ 0 & 1 & 0 & 3 \\ 0 & 1 & 0 & 0 \end{pmatrix}
$$

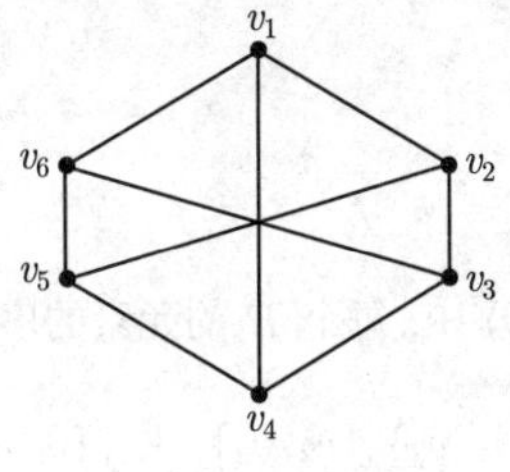

图 5.37

$$
\boldsymbol{A}_2 = \begin{pmatrix} 0 & 1 & 0 & 1 & 0 & 1 \\ 1 & 0 & 1 & 0 & 1 & 0 \\ 0 & 1 & 0 & 1 & 0 & 1 \\ 1 & 0 & 1 & 0 & 1 & 0 \\ 0 & 1 & 0 & 1 & 0 & 1 \\ 1 & 0 & 1 & 0 & 1 & 0 \end{pmatrix}
$$

10. 关联矩阵

对于无向图 $G=(V,E)$, 其中 $V=\{v_1,v_2,\cdots,v_n\}$ 和 $E=\{e_1,e_2,\cdots,e_m\}$, 由

$$
\boldsymbol{I}=(b_{ij}), \quad \text{其中} \quad b_{ij}=\begin{cases} 0, & v_i \text{ 不与 } e_j \text{ 关联}, \\ 1, & v_i \text{ 与 } e_j \text{ 关联, 并且 } e_j \text{ 不是环}, \\ 2, & v_i \text{ 与 } e_j \text{ 关联, 并且 } e_j \text{ 是环} \end{cases} \tag{5.318}
$$

给出的 (n,m) 型矩阵 $\boldsymbol{I}$ 称为**关联矩阵**.

对于有向图 $G=(V,E)$, 其中 $V=\{v_1,v_2,\cdots,v_n\}$ 和 $E=\{e_1,e_2,\cdots,e_m\}$, 关联矩阵 $\boldsymbol{I}$ 是一个由

$$
\boldsymbol{I}=(b_{ij}), \quad \text{其中} \quad b_{ij}=\begin{cases} 0, & v_i \text{ 不与 } e_j \text{ 关联}, \\ 1, & v_i \text{ 是 } e_j \text{ 的始点, 并且 } e_j \text{ 不是环}, \\ -1, & v_i \text{ 是 } e_j \text{ 的终点, 并且 } e_j \text{ 不是环}, \\ 0, & v_i \text{ 与 } e_j \text{ 关联, 并且 } e_j \text{ 是环} \end{cases} \tag{5.319}
$$

定义的 (n,m) 型矩阵.

11. 加权图

如果 $G=(V,E)$ 是一个图, 而 f 是对每条边指派一个实数的映射, 那么将 (V,E,f) 称为一个**加权图**, 并且称 $f(c)$ 为边 c 的**权**或

在应用中, 这些边的权表示由构建、维护或通信产生的费用.

5.8.2 无向图的遍历

5.8.2.1 边序列或路

1. 边序列或路

在一个无向图 $G=(V,E)$ 中, 每个 E 的元素的序列

$$F=(\{v_1,v_2\},\{v_2,v_3\},\cdots,\{v_s,v_{s+1}\})$$

称作长 s 的**边序列**.

如果 $v_1=v_{s+1}$, 那么序列称为一个**圈**, 不然它是一个**开边序列**. 一个边序列称作**路**, 当且仅当 $v_1,v_2,\cdots,v_s$ 是两两不同的顶点. **闭路**是指一个**环道**. **迹**是指一个没有重复边的边序列.

■ 在图 5.38 中, $F_1=(\{1,2\},\{2,3\},\{3,5\},\{5,2\},\{2,4\})$ 是一个长为 5 的边序列, $F_2=(\{1,2\},\{2,3\},\{3,4\},\{4,2\},\{2,1\})$ 是一个长为 5 的圈, $F_3=(\{2,3\},\{3,5\},\{5,2\},\{2,1\})$ 是一条路, $F_4=(\{1,2\},\{2,3\},\{3,4\})$ 是一条路. $F_5=(\{1,2\},\{2,5\},\{5,1\})$ 给出一个基本圈.

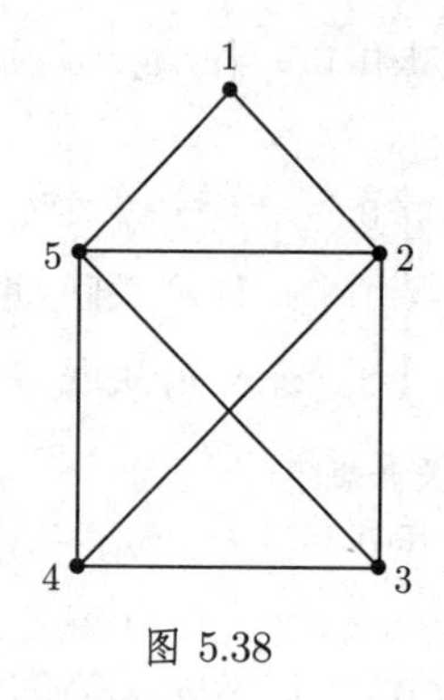

图 5.38

2. 连通图、分量

如果在图 G 中, 每对不同的顶点 v,w 之间至少存在一条路, 那么 G 称为**连通的**. 如果图 G 不连通, 那么它可以分解为**分量**, 即分解为具有极大个数顶点的诱导连通子图.

3. 顶点间的距离

无向图中两个顶点 v,w 间的距离 $\delta(v,w)$ 是指具有极小个数的连接 v 和 w 的边的路的长. 如果这样的路不存在, 那么令 $\delta(v,w)=\infty$.

4. 最短路问题

设 $G=(V,E,f)$ 是一个加权简单图, 并且对于每个 $e\in E, f(e)>0$. 对于 G 的两个顶点 v,w 确定从 v 到 w 的**最短路**, 即一条从 v 到 w 的路, 其中边和弧的权之和分别极小.

有一个解决此问题的丹齐格有效算法, 它是对有向图叙述的, 并且也可类似地应用于无向图 (参见第 551 页 5.8.6).

每个图 $G=(V,E,f)$, 其中 $V=\{v_1,v_2,\cdots,v_n\}$, 有一个 (n,n) 型的**距离矩阵** $\boldsymbol{D}$:

$$\boldsymbol{D}=(d_{ij}),\quad 其中\quad d_{ij}=\delta(v_i,v_j)\ (i,j=1,2,\cdots,n). \tag{5.320}$$

在每条边的权都为 1 的情形, 即 v 和 w 的距离等于在图中从 v 到达 w 所需要的边的极小个数, 那么可以应用关联矩阵确定两个顶点间的距离: 设 $v_1,v_2,\cdots,v_n$ 是 G 的顶点. G 的关联矩阵是 $\boldsymbol{A}=(a_{ij})$, 并且将关联矩阵关于通常矩阵乘法 (参见第 365 页 4.1.4, 5.) 的幂表示为 $\boldsymbol{A}^m=(a_{ij}^m), m\in\mathbb{N}$.

存在从顶点 v_i 到顶点 $v_j(i\neq j)$ 的长为 k 的最短路, 当且仅当

$$a_{ij}^k\neq 0,\quad 并且\quad a_{ij}^s=0\ (s=1,2,\cdots,k-1). \tag{5.321}$$

■ 图 5.39 中给出的加权图有距离矩阵 $\boldsymbol{D}$ (在图的旁边).

■ 图 5.40 中给出的图有关联矩阵 $\boldsymbol{A}$ (在图的旁边), 并且当 $m=2$ 或 $m=3$ 时得到矩阵 $\boldsymbol{A}^2$ 和 $\boldsymbol{A}^3$. 长为 2 的最短路连接顶点 1 和 3, 1 和 4, 1 和 5, 2 和 6, 3 和 4, 3 和 5, 4 和 5. 此外, 顶点 1 和 6, 3 和 6, 以及最后, 4 和 6 之间的最短路的长为 3.

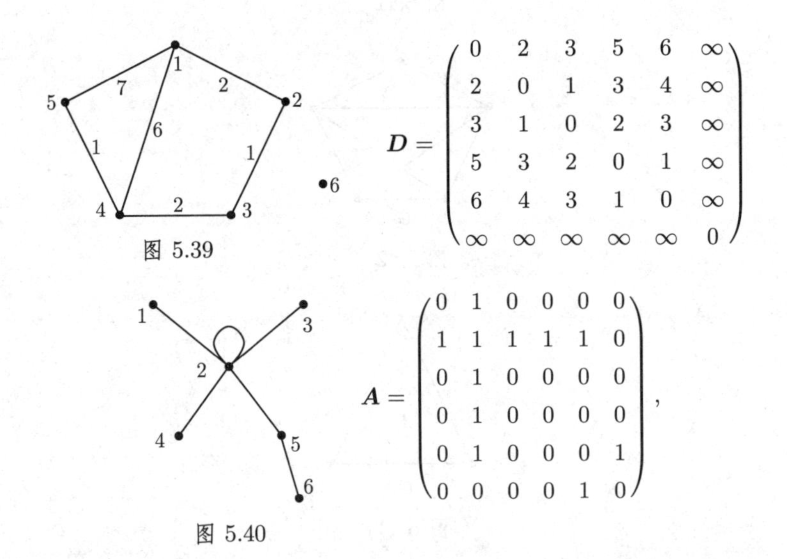

图 5.39

图 5.40

$$\boldsymbol{A}^2=\begin{pmatrix}1&1&1&1&1&0\\1&5&1&1&1&1\\1&1&1&1&1&0\\1&1&1&1&1&0\\1&1&1&1&2&0\\0&1&0&0&0&1\end{pmatrix},\quad \boldsymbol{A}^3=\begin{pmatrix}1&5&1&1&1&1\\5&9&5&5&6&1\\1&5&1&1&1&1\\1&5&1&1&1&1\\1&6&1&1&1&2\\1&1&1&1&2&0\end{pmatrix}.$$

5.8.2.2 欧拉迹

1. 欧拉迹、欧拉图

含有图 G 的每条边的迹称为 G 的开或闭的欧拉迹.

含有闭欧拉迹的连通图是一个欧拉图.

■ 图 G_1(图 5.41) 没有欧拉迹. 图 G_2(图 5.42) 有一个欧拉迹, 但它不是欧拉图. 图 G_3(图 5.43) 有一个闭欧拉迹, 但它不是欧拉图. 图 G_4(图 5.44) 是一个欧拉图.

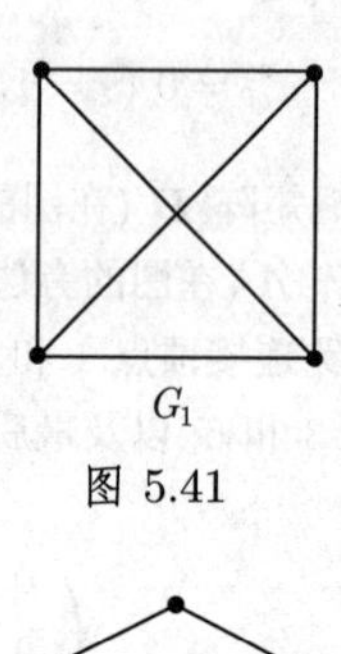

图 5.41

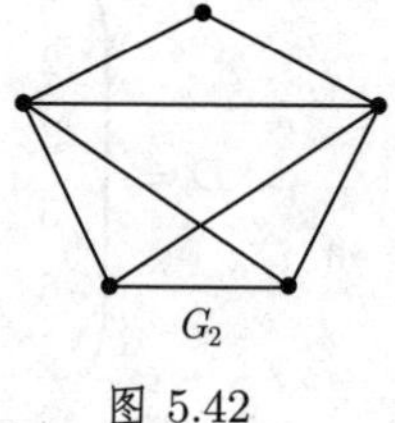

图 5.42

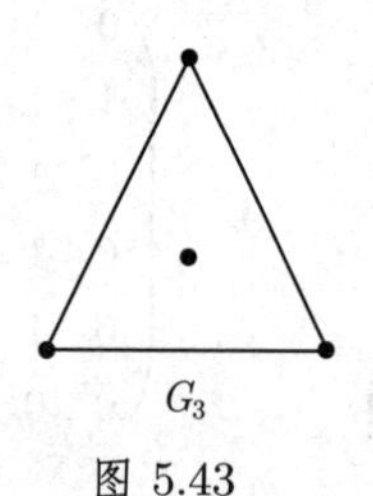

图 5.43

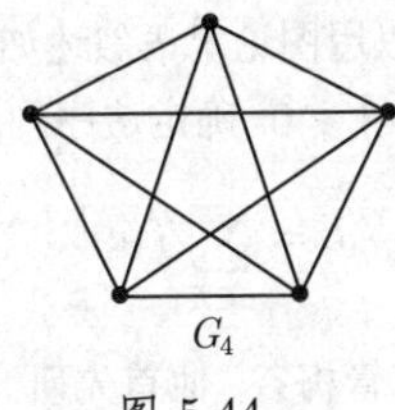

图 5.44

2. 欧拉-希尔霍尔策 (Euler-Hierholzer) 定理

有限连通图是欧拉图, 当且仅当它的所有顶点的次数都是正偶数.

3. 闭欧拉迹的构造

如果 G 是一个欧拉图, 那么我们可以选取 G 的任意一个顶点 v_1, 并且由 v_1 开始遍历 G 直到它不再可能继续下去, 这就构造一条迹 F_1. 如果 F_1 还没有含 G 的所有边, 那么我们构造另外一条含有不在 F_1 中的边的路 F_2, 但它从某过顶点 $v_2 \in F_1$ 开始并且直到它不再可能继续下去. 然后我们应用 F_1 和 F_2 组成 G 中一个闭迹: 从 v_1 开始遍历 F_1 直到到达 v_2, 然后继续遍历 F_2, 并且最后在以前没有用过的 F_1 的边上结束. 重复这个方法在有限步骤内可得到一个闭欧拉迹.

4. 开欧拉迹

图 G 中存在开欧拉迹, 当且仅当 G 中恰存在两个有奇次数的顶点. 图 5.45 给出一个图, 它没有闭欧拉迹, 但有一个开欧拉迹. 各边是相对于欧拉迹相继顺序标号的. 图 5.46 中有一个具有欧拉迹的图.

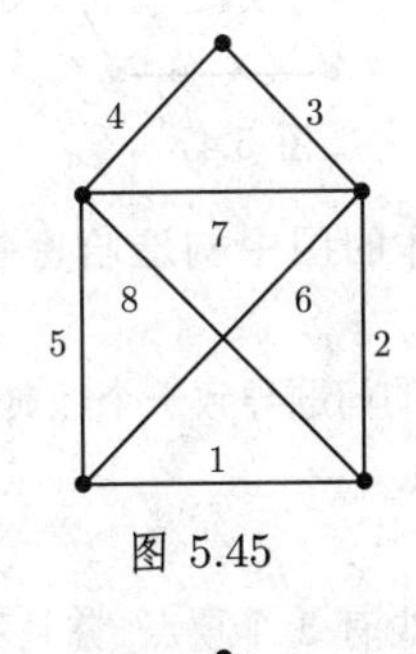

图 5.45

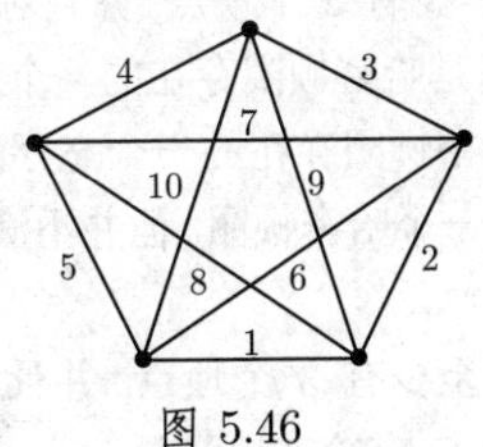

图 5.46

5. 中国邮递员问题

问题是: 邮递员必须至少一次通过他的服务区的所有街道且回到出发地, 并且要使路程尽可能短; 这个问题可以用图论术语叙述如下: 设 $G=(V,E,f)$ 是一个加权图, 并且对于每条边 $e\in E, f(e)\geqslant 0$. 确定边序列, 使得它具有极小总长

$$L=\sum_{e\in F} f(e). \tag{5.322}$$

这个问题的命名源于中国数学家管梅谷, 他首先研究此问题. 为解此问题要区分两种情形:

(1) G 是欧拉图, 那么每个闭欧拉迹是最优的;

(2) G 没有闭欧拉迹.

解这个问题的一个有效算法是埃德蒙兹 (Edmonds) 和约翰逊 (Johnson) 给出的 (见 [5.49]).

5.8.2.3 哈密顿圈

1. 哈密顿圈

哈密顿圈是覆盖图中所有顶点的基本圈.

■ 在图 5.47 中, 粗线条表示一个哈密顿圈.

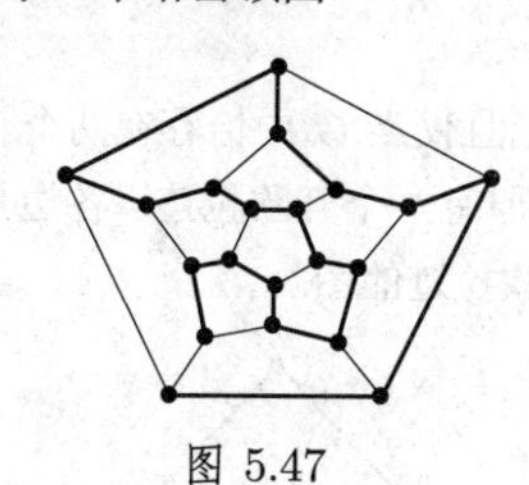

图 5.47

在面为五边形的十二面体的图中构造哈密顿圈游戏的想法可以追溯到哈密顿爵士.

注 刻画有哈密顿圈的图的问题导致一个经典的 NP 完全问题. 因此在此不能给出确定哈密顿圈的有效算法.

2. 狄拉克定理

如果简单图 $G=(V,E)$ 至少有 3 个顶点, 并且对于 G 的每个顶点 $v, d_G(v)\geqslant |V|/2$, 那么 G 有哈密顿圈. 这是哈密顿圈存在的一个充分而非必要的条件. 下面具有更一般的假设的定理也是哈密顿圈存在的一个充分而非必要的条件.

■ 图 5.48 给出一个图, 它有一个哈密顿圈, 但并不满足下述奥尔定理的假设.

3. 奥尔 (Ore) 定理

如果简单图 $G=(V,E)$ 至少有 3 个顶点, 并且对于每对非邻接的顶点 v 和 $w, d_G(v)+d_G(w)\geqslant |V|$, 那么 G 有哈密顿圈.

4. 波萨 (Posa) 定理

设简单图 $G=(V,E)$ 至少有 3 个顶点. 如果满足下列条件:

(1) 对于 $1 \leqslant k \leqslant (|V|-1)/2$, 次数不超过 k 的顶点的个数小于 k;

(2) 若 $|V|$ 是奇数, 则次数不超过 $(|V|-1)/2$ 的顶点的个数小于或等于 $(|V|-1)/2$, 那么 G 有哈密顿圈.

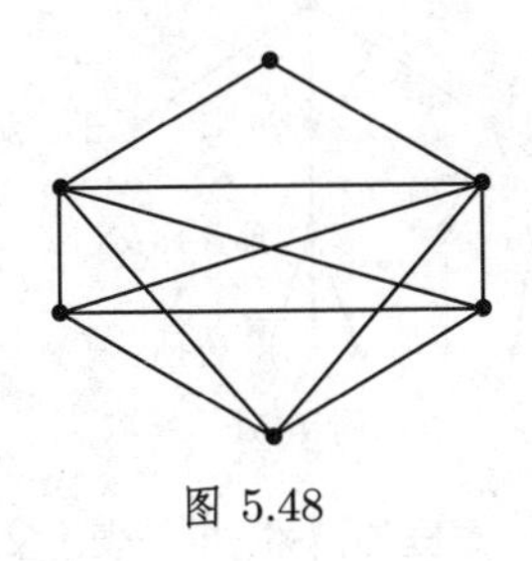

图 5.48

5.8.3 树和生成树

5.8.3.1 树

1. 树

一个没有圈的无向连通图称为树. 每个至少有 2 个顶点的树至少有 2 个次数为 1 的顶点. 每个有 n 个顶点的树恰有 $n-1$ 条边.

如果有向图 G 连通, 并且不含任何环道, 那么称它为树 (参见第 551 页 5.8.6).

■ 图 5.49 和图 5.50 表示两个不同构的有 14 个顶点的树. 它们表示丁烷和异构丁烷的化学结构.

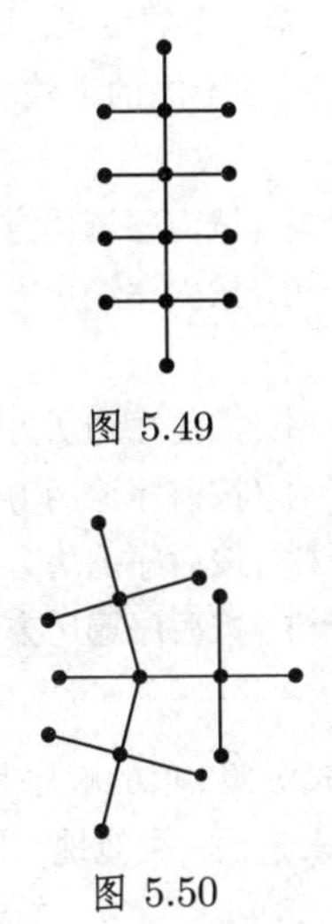

图 5.49

图 5.50

2. 有根树

具有一个特异顶点的树称作有根树, 并且这个特异顶点称作根. 在图示中, 根通常在顶部, 并且各边位于根的下方 (图 5.51). 有根树用来表示等级结构, 例如, 工厂中设备的等级、系谱图、语法结构.

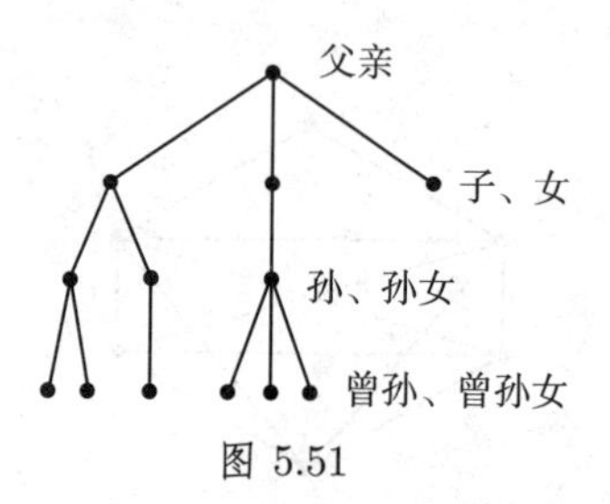

图 5.51

■ 图 5.51 用有根树表示一个家庭的谱系. 根是表示父亲的顶点.

3. 正则二元树

如果一个树恰有一个 2 次顶点且不然仅有 1 次或 3 次顶点, 那么称它为*正则二元树*.

正则二元树的顶点个数是奇数. 具有 n 个顶点的正则树有 $(n+1)/2$ 个 1 次顶点. 一个顶点的*水平*是指根到它的距离. 树中出现的最大水平称为树的*高*. 正则二元有根树 (例如在信息科学中) 有若干应用.

4. 有序二元树

算术表达式可以通过二元树表示. 在此，数和变量被指派为 1 次顶点，运算 “$+$”、“$-$” 和 “$\cdot$” 对应于次数 >1 的顶点, 并且左边的子树和右边的子树分别表示第一和第二运算对象, 一般地这也是一个表达式. 这些树称为*有序二元树*.

遍历一个有序二元树可以用三种不同的方法实施, 它们是用递推方式定义的 (还见图 5.52):

内序遍历: 遍历根的左子树 (按内序遍历方式) 抵达根,
遍历根的右子树 (按内序遍历方式).

前序遍历: 抵达根,
遍历根的左子树 (按前序遍历方式),
遍历根的右子树 (按前序遍历方式).

后序遍历: 遍历根的左子树 (按后序遍历方式),
遍历根的右子树 (按后序遍历方式),
抵达根.

应用内序遍历, 与给定表达式对照, 项的顺序是不变的. 用后序遍历得到的项称为*后缀表示法*或波兰(Polish) *表示法*. 类似地, 用前序遍历得到的项称为*前缀表示法*或*逆波兰表示法*.

前缀表示法和后缀表示法唯一地刻画一个树. 这个事实可以用于树的实现.

■ 在图 5.52 中项 $a\cdot(b-c)+d$ 是用图表示的. 内序遍历产生 $a\cdot b-c+d$, 前序

遍历产生 $+\cdot a-bcd$, 后序遍历产生 $abc-\cdot d+$.

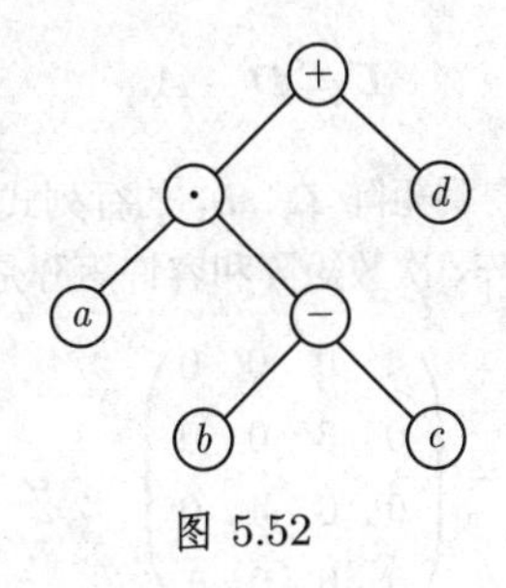

图 5.52

5.8.3.2 生成树

1. 生成树

如果一个树是无向图 G 的子图, 并且含有 G 的所有顶点, 那么称它为 G 的生成树. 每个有限连通图 G 含有一个生成树 H:

如果 G 含有一个圈, 那么去掉这个圈的一条边. 剩余的图 G_1 仍然是连通的并且又可以通过去掉 G_1 的一个圈的一条边 (如果存在这样的边). 经过有限多步后就可得到 G 的生成树.

■ 图 5.54 给出图 5.53 中的图 G 的生成树 H.

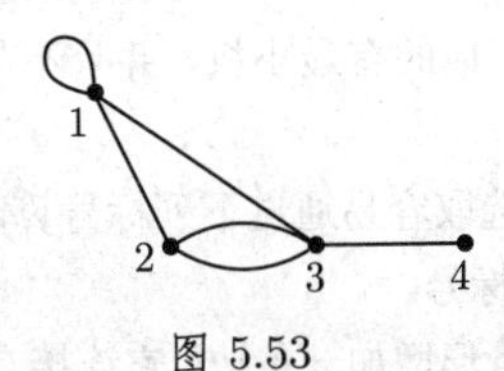

图 5.53

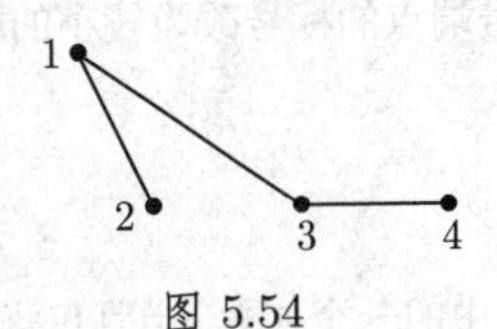

图 5.54

2. 凯莱定理

每个有 n 个顶点 $(n>1)$ 的完全图恰有 n^{n-2} 个生成树.

3. 矩阵生成树定理

设 $G=(V,E)$ 是一个图, 其中 $V=\{v_1,v_2,\cdots,v_n\}(n>1)$ 以及 $E=\{e_1,e_2,\cdots,e_m\}$. 定义 (n,n) 型的矩阵 $\boldsymbol{D}=(d_{ij})$:

$$d_{ij}=\begin{cases}0, & i\neq j,\\ d_G(v_i), & i=j,\end{cases} \tag{5.323a}$$

称它为*次数矩阵*. 次数矩阵和邻接矩阵的差是 G 的容许矩阵 $\boldsymbol{L}$:

$$\boldsymbol{L} = \boldsymbol{D} - \boldsymbol{A}. \tag{5.323b}$$

去掉 $\boldsymbol{L}$ 的第 i 行和第 i 列, 得到矩阵 $\boldsymbol{L}_i$. $\boldsymbol{L}_i$ 的行列式等于图 G 的生成树的个数.

■ 图 5.53 中的图的邻接矩阵、次数矩阵和容许矩阵是

$$\boldsymbol{A} = \begin{pmatrix} 2 & 1 & 1 & 0 \\ 1 & 0 & 2 & 0 \\ 1 & 2 & 0 & 1 \\ 0 & 0 & 1 & 0 \end{pmatrix}, \quad \boldsymbol{D} = \begin{pmatrix} 4 & 0 & 0 & 0 \\ 0 & 3 & 0 & 0 \\ 0 & 0 & 4 & 0 \\ 0 & 0 & 0 & 1 \end{pmatrix}, \quad \boldsymbol{L} = \begin{pmatrix} 2 & -1 & -1 & 0 \\ -1 & 3 & -2 & 0 \\ -1 & -2 & 4 & -1 \\ 0 & 0 & -1 & 1 \end{pmatrix}.$$

因为 $\det \boldsymbol{L}_3 = 5$, 所以这个图有 5 个生成树.

4. 极小生成树

设 $G = (V, E, f)$ 是一个连通加权图. 如果 G 的生成树 H 的*总长*

$$f(H) = \sum_{e \in H} f(e) \tag{5.324}$$

极小, 那么 H 称为*极小生成树*. 例如, 如果边权表示成本, 并且我们关心极小成本, 那么就要搜索极小生成树. 一个求极小生成树的方法是*克鲁斯卡尔 (Kruskal) 算法*:

a) 选取有极小权的边.

b) 尽可能地继续选取其他的有最小权，并且不与已经选得的边形成圈的边，将这样的边添加到树中.

在步骤 b) 中, 容许边的选取容易通过下列标号算法实现:

- 设图的顶点被两两不同地标号.
- 在每一步, 仅可能在这种情形增加一条边: 它连接有不同标号的顶点.
- 增加一条边后, 将较大标号端点的标号改为较小的端点标号值.

5.8.4 匹配

1. 匹配

图 G 的边集 M 称为 G 中的一个*匹配*, 当且仅当 M 不含环, 并且 M 的任何两条不同的边都没有公共端点.

G 的匹配 M^* 称作*饱和匹配*, 如果 G 中不存在匹配 M 使得 $M^* \subset M$. G 的匹配 M^{**} 称作*极大匹配*, 如果 G 中不存在匹配 M 使得 $|M| > |M^{**}|$.

如果 G 的匹配 M 使得 G 的每个顶点都是 M 的一条边的端点, 那么 M 称为*完全匹配*.

- 在图 5.55 中 $M_1 = \{\{2,3\},\{5,6\}\}$ 是饱和匹配, 而 $M_2 = \{\{1,2\},\{3,4\},\{5,6\}\}$ 是极大匹配, 并且也是完全匹配.

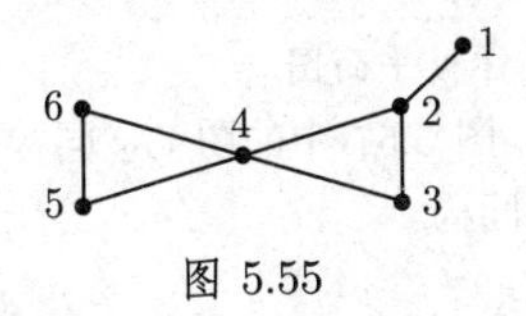

图 5.55

2. 塔特 (Tutte) 定理

设 $q(G-S)$ 表示 $G-S$ 的具有奇数个顶点的分量的个数. 图 $G=(V,E)$ 有完全匹配, 当且仅当 $|V|$ 是偶数, 并且对于顶点集的每个子集 S 有 $q(G-S)\leqslant|S|$. 这里 $G-S$ 表示从 G 中去掉 S 的顶点以及与这些顶点关联的边所得到的图.

完全匹配存在于 (例如) 有偶数个顶点的完全图、完全二部图 $K_{n,m}$ 以及任意次数 $r>0$ 的正则二部图中.

3. 交错路

设 G 是一个有匹配 M 的图. G 中的一条路 W 称作**交错路**, 当且仅当在 W 中每条使得 $e\in M$(或 $e\notin M$) 的边 e 都有一条边 e' 跟随, 并且 $e'\notin M$(或 $e\in M$).

开交错路称为**递增路**, 当且仅当路中没有端点与 M 的边关联.

4. 贝格 (Berge) 定理

图 G 中匹配 M 是极大的, 当且仅当 G 中不存在递增交错路.

如果 W 是一条递增交错路, 并且对应的遍历边的集合是 $E(W)$, 那么 $M'=(M\setminus E(W))\cup(E(W)\setminus M)$ 形成 G 中一个匹配, 并且 $|M'|=|M_1|+1$.

• 在图 5.55 中, $(\{1,2\},\{2,3\},\{3,4\})$ 是对于匹配 M_1 的递增交错路. 如上面所述得到匹配 M_2, 并且 $|M_2|=|M_1|+1$.

5. 极大匹配的确定

设 G 是一个具有匹配 M 的图.

a) 首先形成一个饱和匹配 M^*, 并且 $M\subseteq M^*$.

b) 选取 G 的一个不与 M^* 的边关联的顶点 v, 并且确定 G 中一条从 v 开始的递增交错路.

c) 如果这样的路存在, 那么上面叙述的方法产生一个匹配 M', 并且 $|M'|>|M^*|$. 如果这样的路不存在, 那么在 G 中去掉顶点 v 以及所有与 v 关联的边, 并且重复步骤 b).

有一个埃德蒙兹 (Edmonds) 算法, 是搜索极大匹配的有效方法, 但它的叙述相当复杂 (见 [5.48]).

5.8.5 可平面图

因为有向图是可平面图, 当且仅当相应的无向图是可平面图, 所以我们在此限于考虑无向图.

1. 可平面图

图 G 称为**平面图**, 当且仅当 G 可以画在一个平面上, 并且它的边仅在 G 的顶点相交. 与平面图同构的图称作可平面图.

图 5.56 给出平面图 G_1. 图 5.57 中的图 G_2 同构于 G_1, 它不是平面图, 但是一个可平面图, 因为它与 G_1 同构.

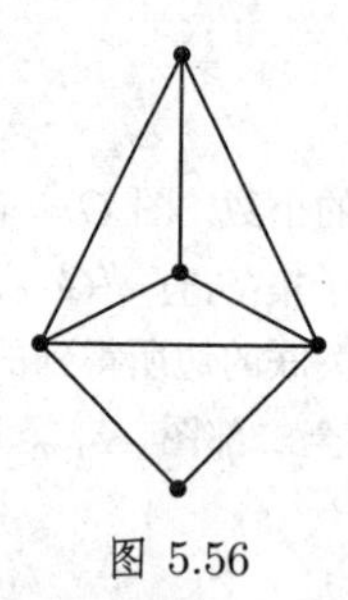

图 5.56

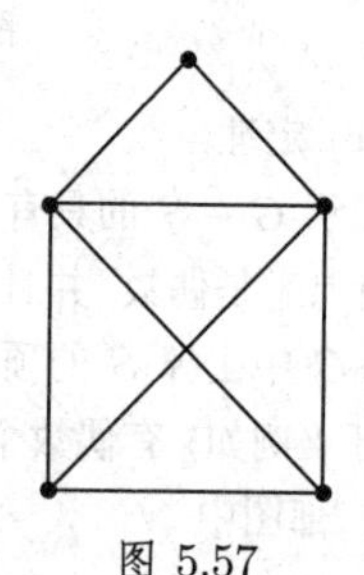

图 5.57

2. 非可平面图

完全图 K_5 和完全二部图 $K_{3,3}$ 是非可平面图.

3. 细分

如果将二次顶点插入 G 的边中, 那么我们就可得到图 G 的一个细分. 每个图都是它自身的细分. 图 5.58 和图 5.59 给出 K_5 和 $K_{3,3}$ 的某些细分.

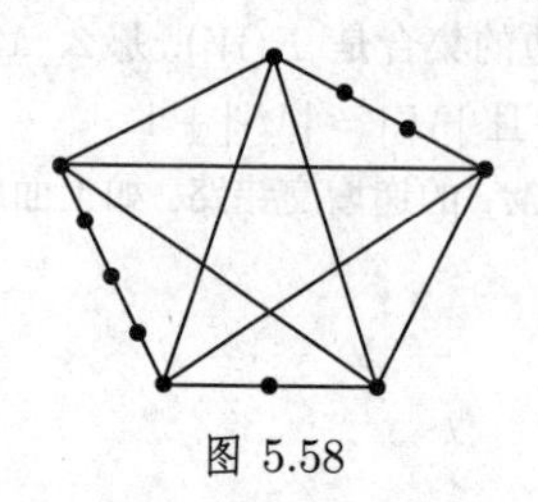

图 5.58

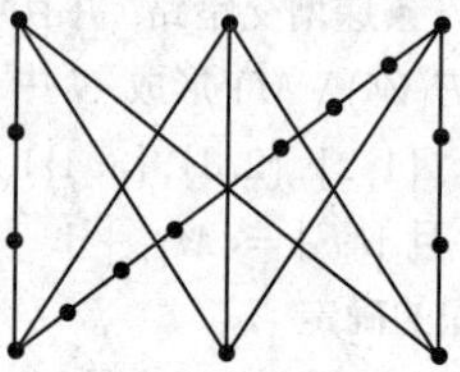

图 5.59

4. 库拉托夫斯基 (Kuratowski) 定理

一个图是非可平面的, 当且仅当它含有一个子图是完全二部图 $K_{3,3}$ 或完全图 K_5 的细分.

5.8.6　有向图中的路

1. 弧序列

有向图中一个弧序列 $F=(e_1,e_2,\cdots,e_s)$ 称为一个长 s 的链, 当且仅当 F 不两次含有任何一条弧并且每条弧 $e_i(i=2,3,\cdots,s-1)$ 的端点之一是 e_{i-1} 的一个端点, 而另外一个是 e_{i+1} 的一个端点.

一个链称作有向链, 当且仅当对于 $i=1,2,\cdots,s-1$ 弧 e_i 的终点与 e_{i+1} 的始点相重合.

遍历每个顶点至多一次的链或有向链分别称为基本链和基本有向链.

闭链称为圈. 一条闭有向路, 若它的每个顶点恰是两条弧的端点, 则称为环道.

• 图 5.60 包含不同种类的弧序列.

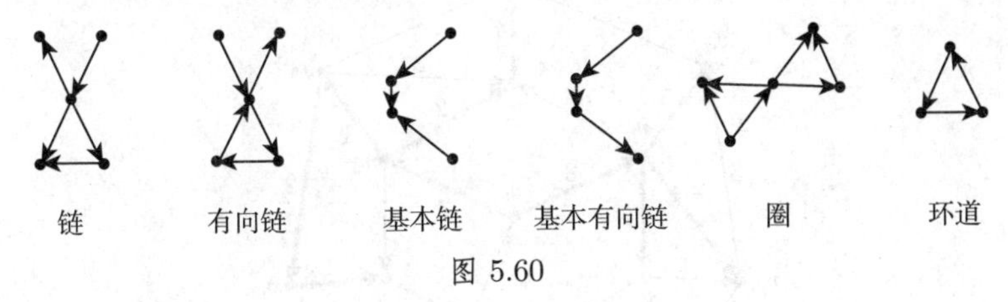

图 5.60

2. 连通图和强连通图

有向图 G 称为**连通的**, 当且仅当对于任何两个顶点存在一条连接它们的链. 图 G 称为**强连通的**, 当且仅当对于任何两个顶点 v, w 存在一条给定的连接它们的有向链.

3. 丹齐格算法

设 $G=(V,E,f)$ 是一个加权简单有向图, 并且对于每条弧 $e, f(e)>0$. 下列算法产生 G 的所有这样的顶点, 它们通过有向链与一个固定顶点 v_1 连接, 并且它们与 v_1 的距离:

a) 顶点 v_1 有标号 $t(v_1)=0$. 令 $S_1=\{v_1\}$.

b) 被加标号的顶点的集合是 S_m.

c) 如果 $U_m=\{e \mid e=(v_i,v_j)\in E, v_i\in S_m, v_j\notin S_m\}=\varnothing$, 那么算法结束.

d) 不然我们选取弧 $e^*=(x^*,y^*)$ 使得 $t(x^*)+f(e^*)$ 极小. 将 e^* 和 y^* 加标号, 并且令 $t(y^*)=t(x^*)+f(e^*)$, 以及 $S_{m+1}=S_m\cup\{y^*\}$, 并且重复 b), 其中 $m:=m+1$.

(如果所有弧的权是 1, 那么可以应用关联矩阵 (参见第 541 页 5.8.2.1, 4.) 求出从顶点 v 到顶点 w 的最短有向链的长.)

如果 G 的顶点 v 未被加标号, 那么不存在从 v_1 到 v 的有向路.

如果 v 有标号 $t(v)$, 那么 $t(v)$ 是这样的有向链的长. 在由被加标号的弧和顶点给出的树中可以找到从 v_1 到 v 的最短有向路, 即对于 v_1 的**距离树**.

• 在图 5.61 中, 加标号的弧和顶点表示图中对于 v_1 的距离树. 最短有向链的长是

从 v_1 到 v_3: 2, 从 v_1 到 v_6: 7,
从 v_1 到 v_7: 3, 从 v_1 到 v_8: 7,
从 v_1 到 v_9: 3, 从 v_1 到 v_{14}: 8,
从 v_1 到 v_2: 4, 从 v_1 到 v_5: 8,
从 v_1 到 v_{10}: 5, 从 v_1 到 v_{12}: 9,
从 v_1 到 v_4: 6, 从 v_1 到 v_{13}: 10,
从 v_1 到 v_{11}: 6.

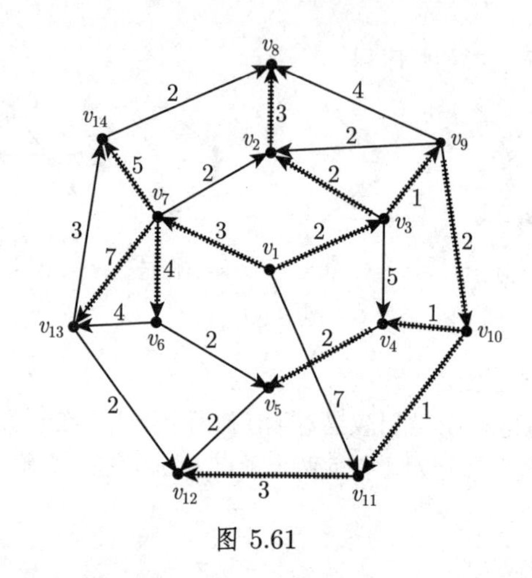

图 5.61

注　在 $G=(V,E,f)$ 有带负权的弧的情形, 还有一个修饰的求最短有向链的算法.

5.8.7　运输网络

1.　运输网络

一个连通有向图称为运输网络, 如果它有两个加标号的顶点 Q(称为源点) 和 S (称为汇点), 具有下列性质:

a)　存在一条从 S 到 Q 的弧 u_1, 其中 u_1 是仅有的以 S 为始点及仅有的以 Q 为终点的弧.

b)　每个与 u_1 不同的弧 u_i 被指派一个实数 $c(u_i)\geqslant 0$. 这个数称为它的容量. 弧 u_1 有容量 ∞.

若函数 φ 对每条弧指派一个实数, 并且对于每个顶点 v, 等式

$$\sum_{(u,v)\in G}\varphi(u,v)=\sum_{(v,w)\in G}\varphi(v,w) \tag{5.325a}$$

成立, 则称它为 G 上的流. 将和

$$\sum_{(Q,v)\in G}\varphi(Q,v) \tag{5.325b}$$

称为流的强度. 如果对于 G 的每条弧 u_i 有 $0\leqslant\varphi(u_i)\leqslant c(u_i)$, 那么称流 φ 是与容量相容的.

■　关于运输网络的例子, 见 553 页.

2. 福特 (Ford)-富尔克森 (Fulkerson) 极大流算法

应用极大流算法我们可以确认给定的流 φ 是否极大.

设 G 是运输网络, φ 是与容量相容的强度为 v_1 的流. 下面给出的算法包含给顶点标号后的步骤, 以及完成这些步骤后我们可以了解基于所选取的标号步骤有多少流的强度可以改进.

a) 对源点 Q 标号, 并令 $\varepsilon(Q)=\infty$.

b) 如果存在弧 $u_i=(x,y)$, 其中 x 被标号而 y 未标号, 并且 $\varphi(u_i)<c(u_i)$, 那么给 y 和 (x,y) 标号, 并且令 $\varepsilon(y)=\min\{\varepsilon(x),c(u_i)-\varphi(u_i)\}$, 然后重复步骤 b), 不然实施步骤 c).

c) 如果存在弧 $u_i=(x,y)$, 其中 x 未标号而 y 被标号, 并且 $\varphi(u_i)>0$ 以及 $u_i\neq u_1$, 那么给 x 和 (x,y) 标号, 代以 $\varepsilon(x)=\min\{\varepsilon(y),\varphi(u_i)\}$, 并返回继续实施步骤 b)(如果此步骤可行), 不然算法结束.

若 G 的汇点 S 被标号, 那么 G 中的流可以改进适当的量 $\varepsilon(S)$. 如果汇点未被标号, 那么这个流是极大的.

■ 极大流: 对于图 5.62 中的图, 权是紧贴着边写的. 图 5.63 中的加权图给出一个与这些容度相容的强度 13 的流. 它是一个极大流.

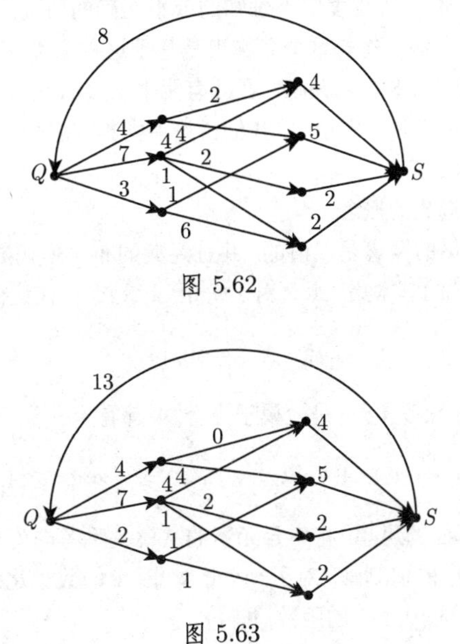

图 5.62

图 5.63

■ 运输网络: 某种产品由 p 个企业 $F_1,F_2,\cdots,F_p$ 生产, 有 q 个用户 $V_1,V_2,\cdots,V_q$. 在某个期间, F_i 生产 s_i(单位) 产品, V_j 需要 t_j(单位) 产品, 并且在该期间可以由 F_i 向 V_j 运送 c_{ij}(单位) 产品. 在此期间是否可能满足所有要求? 对应的图见图 5.64.

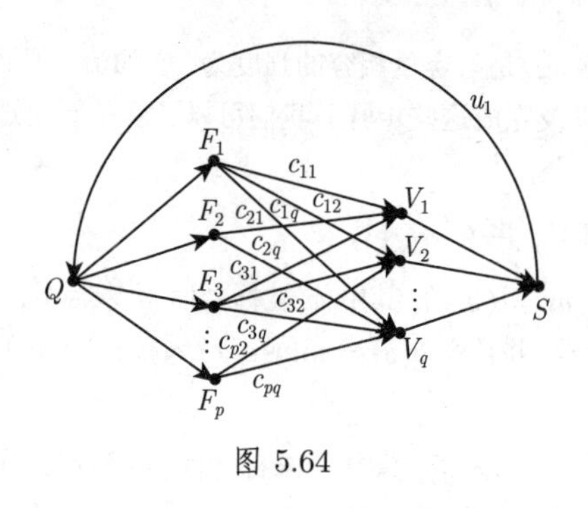

图 5.64

5.9 模 糊 逻 辑

5.9.1 模糊逻辑的基本概念

5.9.1.1 模糊集合的解释

现实世界中经常有多种程度的不确知的或不明确的情况, "模糊" 这个词也意味着某种不确定性, 而*模糊逻辑*这个名称也是基于这种意义. 基本上存在两种不同类型的模糊性: *不明确性*和*不确知性*. 在此有两个从属的概念: 模糊集合论和模糊测度论. 在下面来源于实际的引论中, 我们讨论模糊集的思想、方法和概念, 它们是多值逻辑的基本数学工具.

1. 经典集和模糊集的概念

经典的 (清晰) 集的概念是二值的, 并且经典的布尔集代数同构于二值命题逻辑. 令 X 是称作全域的基本集. 那么对于每个 $A \subseteq X$ 存在这样一个函数

$$f_A : X \to \{0,1\}, \tag{5.326a}$$

它表示对于每个 $x \in X$, 无论 x 是否属于集合 A 都有

$$f_A(x) = 1 \Leftrightarrow x \in A, \quad \text{以及} \quad f_A(x) = 0 \Leftrightarrow x \notin A. \tag{5.326b}$$

模糊集的概念基于下面的思想: 将集合元素的从属关系考虑为一个语句, 这个语句的真值由区间 $[0,1]$ 中的值刻画. 对于一个模糊集 A 的数学建模, 必须有一个值域是区间 $[0,1]$(用以代替 $\{0,1\}$) 的函数, 即

$$\mu_A : X \to [0,1]. \tag{5.327}$$

换言之: 对于每个元素 $x \in X$ 指派区间 $[0,1]$ 中的一个数 $\mu_A(x)$, 它表示 x 从属于 A 的等级. 映射 μ_A 称为*隶属函数*. 函数 $\mu_A(x)$ 在点 x 的值称为*隶属等级*. X 上的模糊集 A, B, C 等也称作 X 的模糊子集. 所有 X 上的模糊集的集合记作 $F(X)$.

2. 模糊集的性质及其他定义

下面的性质可以从定义直接推出:

(E1) 清晰集可以解释为具有隶属等级 0 和 1 的模糊集.

(E2) 隶属等级大于零, 即 $\mu_A(x) > 0$ 的自变量 x 的集合称作模糊集 A 的*支撑*:

$$\mathrm{supp}(A) = \{x \in X \mid \mu_A(x) > 0\}. \tag{5.328}$$

集合 $\ker(A) = \{x \in X \mid \mu_A(x) = 1\}$ 称作模糊集 A 的*核心*.

(E3) 全域 X 上的两个模糊集 A 和 B 相等, 当且仅当它们的隶属函数的值相等:

$$\text{若对于每个 } x \in X, \mu_A(x) = \mu_B(x) \text{ 成立, 则 } A = B. \tag{5.329}$$

(E4) 离散表示或有序对表示: 如果全域 X 是有限的, 即 $X = \{x_1, x_2, \cdots, x_n\}$. 用值表定义模糊集的隶属函数是适宜的. 模糊集 A 的表格表示见表 5.7. 它也可写成

$$A := \mu_A(x_1)/x_1 + \cdots + \mu_A(x_n)/x_n = \sum_{i=1}^{n} \mu_A(x_i)/x_i. \tag{5.330}$$

在 (5.330) 中分数线和加号仅有符号意义.

表 5.7 模糊集的表格表示

x_1	x_2	$\cdots$	x_n
$\mu_A(x_1)$	$\mu_A(x_2)$	$\cdots$	$\mu_A(x_n)$

(E5) 超模糊集: 依扎德 (Zadeh) 的定义, 如果模糊集的隶属函数本身也是一个模糊集, 那么它称为*超模糊集*.

3. 模糊语言学

一个设定了语言值 (例如, “小”“中”或“大”) 的量称为*语言量*或*语言变量*. 每个语言值可以用模糊集, 例如, 用具有支撑 (5.328) 的隶属函数 (参见 5.9.1.2) 的图象刻画. 模糊集的个数 (在“小”“中”“大”的情形, 它们是 3 个) 取决于问题.

在 5.9.1.2 中语言变量用 x 表示. 例如, 对于温度、压力、体积、频率、速度、亮度、年龄、穿戴等, 可以有语言值, 并且还有医学、电学、化学、生态学等的变量.

■ 应用语言变量的隶属函数 $\mu_A(x)$, 可以在由 $\mu_A(x)$ 表示的模糊集中确定一个固定 (清晰) 值的隶属等级. 也就是说, 一个“高”的量 (例如温度) 的建模, 作为由图 5.65 中梯形隶属函数给出的语言变量, 意味着给定的温度 α 以隶属等级 β(也称相容性等级或正确等级) 属于模糊集“高温”.

5.9.1.2 实直线上的隶属函数

隶属函数可以用在 0 和 1 之间取值的函数作为模型. 它们对给定不同的集的全域中的点表示不同的隶属等级.

1. 梯形隶属函数

梯形隶属函数是普遍使用的. 下面的例子描绘了经常使用的分段 (连续可微) 隶属函数以及它们的特殊情形, 例如, 三角形隶属函数. 如果模糊量用连续或分段连续的的隶属函数表示, 那么相关的模糊量给出较光滑的输出函数.

■ **A**: 对应于 (5.331) 的梯形函数 (图 5.65).

$$\mu_A(x)=\begin{cases}0, & x\leqslant a_1,\\ \dfrac{x-a_1}{a_2-a_1}, & a_1<x<a_2,\\ 1, & a_2\leqslant x\leqslant a_3,\\ \dfrac{a_4-x}{a_4-a_3}, & a_3<x<a_4,\\ 0, & x\geqslant a_4.\end{cases} \tag{5.331}$$

如果 $a_2=a_3=a$, 并且 $a_1<a<a_4$, 那么这个函数的图象就变成三角形函数. 选取 $a_1,\cdots,a_4$ 的不同的值, 就给出对称或非对称梯形函数, 对称三角形函数 ($a_2=a_3=a$, 并且 $|a-a_1|=|a_4-a|$) 或非对称三角形函数 ($a_2=a_3=a$, 并且 $|a-a_1|\neq|a_4-a|$).

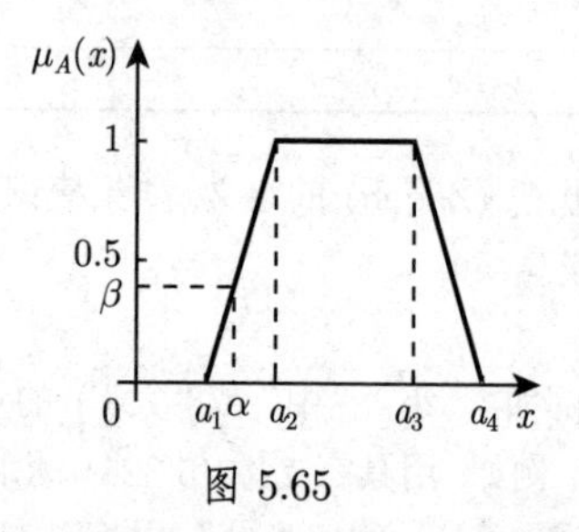

图 5.65

■ **B**: 对应于 (5.332) 的左侧和右侧有界的隶属函数 (图 5.66).

$$\mu_A(x)=\begin{cases}1, & x\leqslant a_1,\\ \dfrac{a_2-x}{a_2-a_1}, & a_1<x<a_2,\\ 0, & a_2\leqslant x\leqslant a_3,\\ \dfrac{x-a_3}{a_4-a_3}, & a_3<x<a_4,\\ 1, & a_4\leqslant x.\end{cases} \tag{5.332}$$

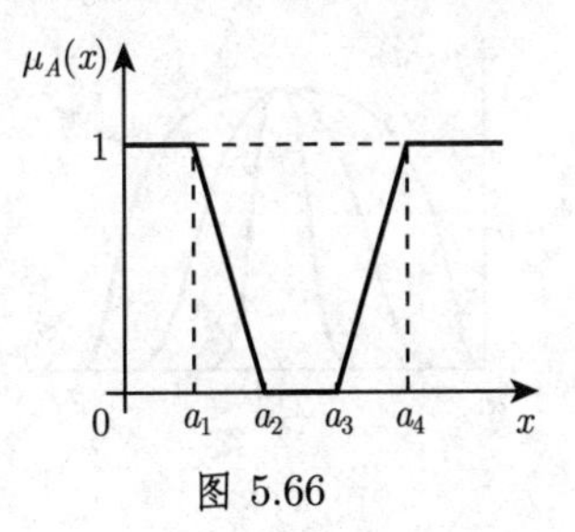

图 5.66

■ **C**: 对应于 (5.333) 的广义梯形函数 (图 5.67).

$$\mu_A(x)=\begin{cases}0, & x\leqslant a_1,\\ \dfrac{b_2(x-a_1)}{a_2-a_1}, & a_1<x<a_2,\\ \dfrac{(b_3-b_2)(x-a_2)}{a_3-a_2}+b_2, & a_2\leqslant x\leqslant a_3,\\ b_3=b_4=1, & a_3<x<a_4,\\ \dfrac{(b_4-b_5)(a_4-x)}{a_5-a_4}+b_5, & a_4\leqslant x\leqslant a_5,\\ \dfrac{b_5(a_6-x)}{a_6-a_5}, & a_5<x<a_6,\\ 0, & a_6\leqslant x.\end{cases} \tag{5.333}$$

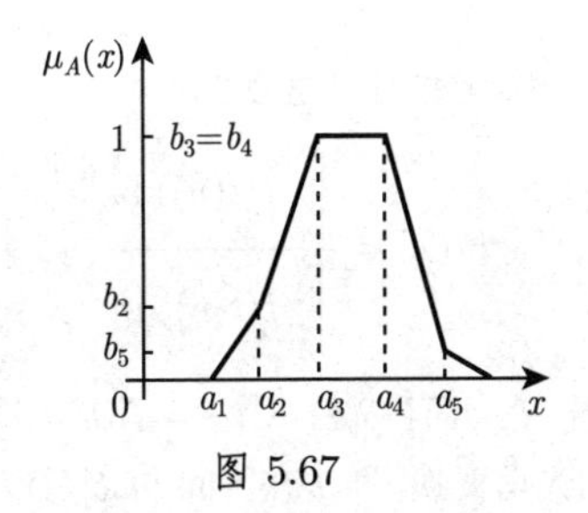

图 5.67

2. 钟形隶属函数

■ **A**: 选取适当的 $p(x)$, (5.334) 中的函数 $f(x)$ 给出一类钟形可微隶属函数:

$$f(x)=\begin{cases}0, & x\leqslant a,\\ \mathrm{e}^{-1/p(x)}, & a<x<b,\\ 0, & x\geqslant b.\end{cases} \tag{5.334}$$

对于 $p(x)=k(x-a)(b-x)$, 并且, 例如, 当 $k=10$ 或 $k=1$ 或 $k=0.1$ 时, 有一族不同宽度的具有隶属函数 $\mu_A(x)=f(x)\Big/f\left(\dfrac{a+b}{2}\right)$ 的非对称曲线 (图 5.68), 其中 $1\Big/f\left(\dfrac{a+b}{2}\right)$ 是正规化因子. 外曲线由 $k=10$ 得到, 内曲线由 $k=0.1$ 产生.

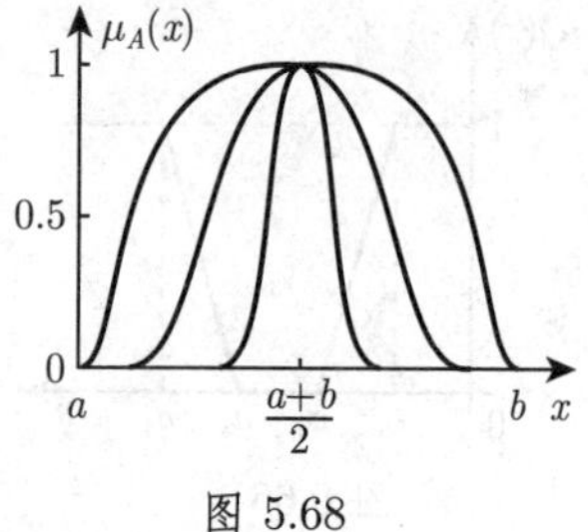

图 5.68

应用适当的正规化因子, 对于 (例如)$p(x) = x(1-x)(2-x)$ 或 $p(x) = x(1-x)(x+1)$ 得到 $[0,1]$ 中的反对称隶属函数 (图 5.69). 第一个多项式中因子 $(2-x)$ 导致极大值左移并且产生一个非对称形状的曲线. 类似地, 第二个多项式中因子 $(x+1)$ 导致极大值右移并且产生一个非对称形状.

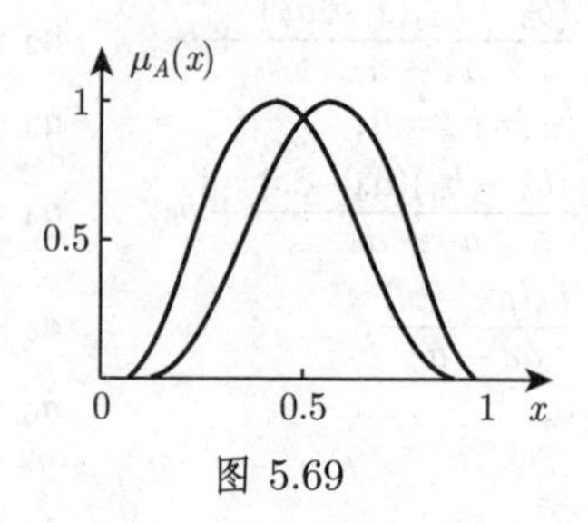

图 5.69

■ **B**: 一类更加灵活的隶属函数可以由公式

$$F_t(x) = \frac{\int_a^x f(t(u))\mathrm{d}u}{\int_a^b f(t(u))\mathrm{d}u} \tag{5.335}$$

得到, 其中 f 由 (5.334) 定义, 并且 $p(x) = (x-a)(b-x)$, 而 t 是 $[a,b]$ 上的一个变换. 如果 t 是 $[a,b]$ 上的光滑变换, 即 t 在区间 $[a,b]$ 上无穷多次可微, 那么 F_t 也是光滑的, 因为 f 是光滑的. 如果要求 t 是递增或递减的并且是光滑的, 那么变换 t 能够改变隶属函数的形状. 在实用中, 多项式特别适宜用作变换. 最简单的多项式是区间 $[a,b] = [0,1]$ 上的恒等多项式 $t(x) = x$.

稍差一点的最简单的具有给定性质的多项式是 $t(x) = -\frac{2}{3}cx^3 + cx^2 + \left(1 - \frac{c}{3}\right)x$, 其中常数 $c \in [-6,3]$. 取 $c = -6$ 产生最大曲率的多项式, 它的方程是 $q(x) = 4x^3 - 6x^2 + 3x$. 选取 q_0 为恒等函数, 即 $q_0(x) = x$, 那么由公式 $q_i = q \circ q_{i-1}$(对 $i \in \mathbb{N}$) 可以递推地得到其他多项式 q. 用对应的多项式变换 $q_0, q_1, \cdots$ 替换 (5.335) 中的 t, 就给出光滑函数列 F_{q_0}, F_{q_1} 和 F_{q_2} (图 5.70), 它们可以考虑作为隶属函数 $\mu_A(x)$, 其中 F_{q_n} 收敛于一条直线. 应用函数 F_{q_2}, 它的反射以及水平线, 可用可微函数逼近梯形隶属函数 (图 5.71).

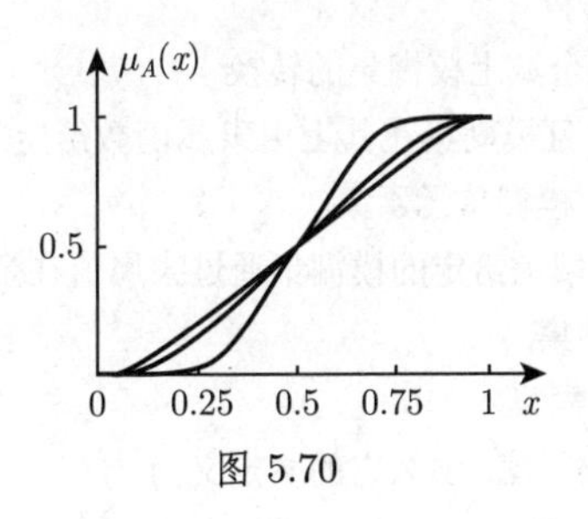

图 5.70

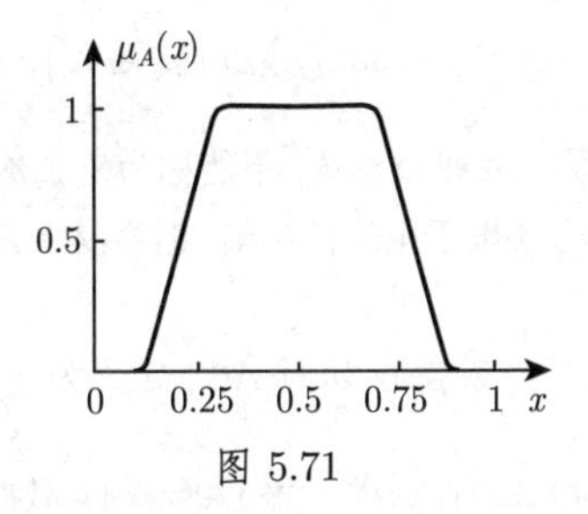

图 5.71

结束语 不精确的和非清晰的信息可以用模糊集描述, 并且可用隶属函数表示.

5.9.1.3 模糊集

1. 空模糊集和泛模糊集

a) **空模糊集** X 上的集合 A 称为空集, 如果 $\mu_A(x) = 0(\forall x \in X)$ 成立.

b) **泛模糊集** X 上的集合 A 称为泛集, 如果 $\mu_A(x) = 1(\forall x \in X)$ 成立.

2. 模糊子集

如果 $\mu_B(x) \leqslant \mu_A(x)(\forall x \in X)$, 那么 B 称为 A 的模糊子集(记作 $B \subseteq A$).

3. 实直线上模糊集容许区间和展形

如果 A 是一个实直线上的模糊集, 那么区间

$$[a, b] = \{x \in X \mid \mu_A(x) = 1\} \quad (a, b \text{ 是常数}, a < b) \tag{5.336}$$

称为模糊集 A 的容许区间, 区间 $[c, d] = \mathrm{cl}(\mathrm{supp}A)\,(c, d$ 是常数, $c < d)$ 称为 A 的展形, 其中 cl 表示集合的闭包. (容许区间有时也称作集 A 的尖峰.) 仅当核所含点数多于 1 时容许区间和核才相重合.

■ **A**: 在图 5.65 中 $[a_2, a_3]$ 是容许区间, $[a_1, a_4]$ 是展形.

■ **B**: 当 $a_2 = a_3 = a$ 时 (图 5.65), 给出一个三角形形状的隶属函数 μ. 在此情形三角形模糊集没有容许区间, 但它的核是集合 $\{a\}$. 此外, 如果还有 $a_1 = a = a_4$, 那么得到一个清晰值; 它称为单元素集. 单元素集 A 没有容许区间, 但 $\ker(A)$=$\mathrm{supp}(A)$=$\{a\}$.

4. 连续全域和离散全域上模糊集的转换

设全域是连续的, 并且模糊集在其上由隶属函数给定. 将全域离散化, 每个离散点与它的隶属值确定一模糊单元素集.

反之, 一个在离散全域上给定的模糊集通过隶属值在全域的离散点间插值可以转换为连续全域上的模糊集.

5. 正规和次正规模糊集

如果 A 是 X 的模糊子集, 那么它的高定义为

$$H(A) := \max\{\mu_A(x)\,|\,x \in X\}. \tag{5.337}$$

如果 $H(A)=1$, 那么 A 称为**正规模糊集**, 不然称为**次正规模糊集**.

本节中给出的概念和方法限于正规模糊集, 但容易将它们扩充到次正规模糊集.

6. 模糊集的切割

模糊集 A 的**α 切割** $A^{>\alpha}$ 或**强 α 切割** $A^{\geqslant\alpha}$ 定义为

$$A^{>\alpha} = \{x \in X\,|\,\mu_A(x) > \alpha\},\quad A^{\geqslant\alpha} = \{x \in X\,|\,\mu_A(x) \geqslant \alpha\},\quad \alpha \in [0,1], \tag{5.338}$$

并且 $A^{\geqslant 0} = \mathrm{cl}(A^{>0})$. α 切割和强 α 切割也分别称为**α 水平集**和**强 α 水平集**.

(1) 性质.

a) 模糊集的 α 切割是清晰集;

b) 支撑 $\mathrm{supp}(A)$ 是特殊的 α 切割: $\mathrm{supp}(A) = A^{>0}$;

c) 清晰 1 切割 $A^{\geqslant 1} = \{x \in X\,|\,\mu_A(x) = 1\}$ 称为 A 的**核**.

(2) 表示定理.

X 的每个模糊子集 A 可以唯一确定它的 α 切割的族 $(A^{>\alpha})_{\alpha\in[0,1)}$, 以及它的强 α 切割的族 $(A^{\geqslant\alpha})_{\alpha\in(0,1]}$. α 切割和强 α 切割是 X 中的子集的单调族, 因为

$$\alpha < \beta \Rightarrow A^{>\alpha} \supseteq A^{>\beta} \text{ 并且 } A^{\geqslant\alpha} \supseteq A^{\geqslant\beta}. \tag{5.339a}$$

反之, 如果存在 X 中的子集的单调族 $(U_\alpha)_{\alpha\in[0,1)}$ 或 $(V_\alpha)_{\alpha\in(0,1]}$, 那么存在唯一定义的模糊集 U 和 V, 使得 $U^{>\alpha} = U_\alpha$ 以及 $V^{\geqslant\alpha} = V_\alpha$, 并且

$$\mu_U(x) = \sup\{\alpha \in [0,1)\,|\,x \in U_\alpha\},\quad \text{以及}\quad \mu_V(x) = \sup\{\alpha \in (0,1]\,|\,x \in V_\alpha\}. \tag{5.339b}$$

7. 模糊集 A 和 B 的相似

(1) 具有隶属函数 $\mu_A, \mu_B : X \to [0,1]$ 的模糊集 A, B 称为模糊相似, 如果对于每个 $\alpha \in (0,1]$ 存在数 $\alpha_i \in (0,1](i=1,2)$ 使得

$$\mathrm{supp}(\alpha_1\mu_A)_\alpha \subseteq \mathrm{supp}(\mu_B)_\alpha,\quad \mathrm{supp}(\alpha_2\mu_B)_\alpha \subseteq \mathrm{supp}(\mu_A)_\alpha. \tag{5.340}$$

$(\mu_C)_\alpha$ 表示具有隶属函数

$$(\mu_C)_\alpha = \begin{cases} \mu_C(x), & \mu_C(x) > \alpha, \\ 0, & \text{其他} \end{cases}$$

的模糊集, 并且 $(\beta\mu_C)$ 表示具有隶属函数

$$(\beta\mu_C) = \begin{cases} \beta, & \mu_C(x) > \beta, \\ 0, & \text{其他} \end{cases}$$

的模糊集.

(2) **定理** 如果具有隶属函数 $\mu_A, \mu_B : X \to [0,1]$ 的模糊集 A, B 有相同的核:

$$\operatorname{supp}(\mu_A)_1 = \operatorname{supp}(\mu_B)_1, \tag{5.341a}$$

那么它们模糊相似, 因为核等于 1 切割, 即

$$\operatorname{supp}(\mu_A)_1 = \{x \in X \mid \mu_A(x) = 1\}. \tag{5.341b}$$

(3) A, B, 以及 $\mu_A, \mu_B : X \to [0,1]$ 称为强模糊相似, 如果它们有相同的支撑和相同的核:

$$\operatorname{supp}(\mu_A)_1 = \operatorname{supp}(\mu_B)_1, \tag{5.342a}$$

$$\operatorname{supp}(\mu_A)_0 = \operatorname{supp}(\mu_B)_0. \tag{5.342b}$$

5.9.2 模糊集的连接 (聚合)

模糊集可以通过算子加以聚合. 对于怎样将通常的集合运算加以推广, 如模糊集的并、交及补, 有几个不同的建议.

5.9.2.1 模糊集的聚合概念

1. 模糊集并、模糊集交

集合 $A \cup B$ 和 $A \cap B$ 中的任意元素 $x \in X$ 的隶属等级应该只与两个模糊集 A 和 B 中元素的隶属等级 $\mu_A(x)$ 和 $\mu_B(x)$ 有关. 模糊集的并和交借助两个函数

$$s, t : [0,1] \times [0,1] \to [0,1] \tag{5.343}$$

定义, 并且它们用下列方式定义:

$$\mu_{A\cup B}(x) := s\big(\mu_A(x), \mu_B(x)\big), \tag{5.344}$$

$$\mu_{A\cap B}(x) := t\big(\mu_A(x), \mu_B(x)\big). \tag{5.345}$$

隶属等级 $\mu_A(x)$ 和 $\mu_B(x)$ 被映为新的隶属等级. 函数 t 和 s 称作 t 范数和 t 余范数; 后者也称为 s 范数.

解释 函数 $\mu_{A\cup B}$ 和 $\mu_{A\cap B}$ 表示隶属真值, 它们由隶属真值 $\mu_A(x)$ 和 $\mu_B(x)$ 的聚合得到.

2. t 范数的定义

t 范数是 $[0,1]$ 中的一个二元运算 t:

$$t:[0,1]\times[0,1]\to[0,1]. \tag{5.346}$$

它是对称、结合、单调增加的, 它以 0 作为零元素, 以 1 作为中性元素. 对于 $x,y,z,v,w\in[0,1]$, 下列性质成立:

(E1) **交换性**

$$t(x,y)=t(y,x). \tag{5.347a}$$

(E2) **结合性**

$$t(x,t(y,z))=t(t(x,y),z). \tag{5.347b}$$

(E3) **与中性元素及零元素的特殊运算**

$$t(x,1)=x,\ \text{并且由于 (E1), 有 } t(1,x)=x;\ t(x,0)=t(0,x)=0. \tag{5.347c}$$

(E4) **单调性**

$$\text{如果 } x\leqslant v \text{ 并且 } y\leqslant w,\ \text{那么有 } t(x,y)\leqslant t(v,w). \tag{5.347d}$$

3. s 范数的定义

s 范数是 $[0,1]$ 中的一个二元函数:

$$s:[0,1]\times[0,1]\to[0,1]. \tag{5.348}$$

它有下列性质:

(E1) **交换性**

$$s(x,y)=s(y,x). \tag{5.349a}$$

(E2) **结合性**

$$s(x,s(y,z))=s(s(x,y),z). \tag{5.349b}$$

(E3) **与中性元素及零元素的特殊运算**

$$s(x,0)=s(0,x)=x;\quad s(x,1)=s(1,x)=1. \tag{5.349c}$$

(E4) **单调性**

$$\text{如果 } x\leqslant v \text{ 并且 } y\leqslant w,\ \text{那么 } s(x,y)\leqslant s(v,w). \tag{5.349d}$$

借助这些性质可以引进 t 范数的类 T 和 s 范数的类 S. 仔细地研究可给出下列的关系:

$$\min\{x,y\} \geqslant t(x,y), \quad \forall t \in T,\ \forall x,y \in [0,1], \tag{5.349e}$$

以及

$$\max\{x,y\} \leqslant s(x,y), \quad \forall s \in S,\ \forall x,y \in [0,1]. \tag{5.349f}$$

5.9.2.2 模糊集的实用聚合运算

1. 两个模糊集的交

两个模糊集 A 和 B 的交$A \cap B$ 通过在它们的隶属函数 $\mu_A(x)$ 和 $\mu_B(x)$ 上的极小值运算 $\min\{\cdot,\cdot\}$ 定义. 基于先前的要求有

$$C := A \cap B \text{ 以及 } \mu_C(x) := \min\{\mu_A(x), \mu_B(x)\}, \quad \forall x \in X, \tag{5.350a}$$

其中

$$\min\{a,b\} := \begin{cases} a, & a \leqslant b, \\ b, & a > b. \end{cases} \tag{5.350b}$$

交运算对应于两个隶属函数的 AND 运算 (图 5.72). 隶属函数 $\mu_C(x)$ 定义为 $\mu_A(x)$ 和 $\mu_B(x)$ 的极小值.

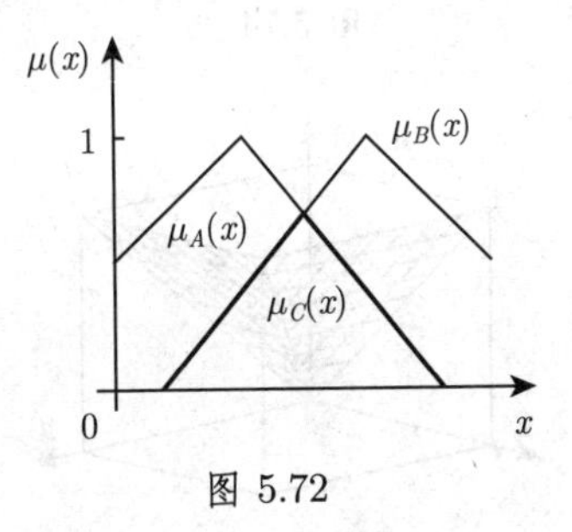

图 5.72

2. 两个模糊集的并

两个模糊集的并$A \cup B$ 通过在它们的隶属函数 $\mu_A(x)$ 和 $\mu_B(x)$ 上的极大值运算 $\max\{\cdot,\cdot\}$ 定义:

$$C := A \cup B \text{ 并且 } \mu_C(x) := \max\{\mu_A(x), \mu_B(x)\}, \quad \forall x \in X, \tag{5.351a}$$

其中

$$\max\{a,b\} := \begin{cases} a, & a \geqslant b, \\ b, & a < b. \end{cases} \tag{5.351b}$$

交运算对应于逻辑 OR 运算. 图 5.73 表明 $\mu_C(x)$ 是隶属函数 $\mu_A(x)$ 和 $\mu_B(x)$ 的极大值.

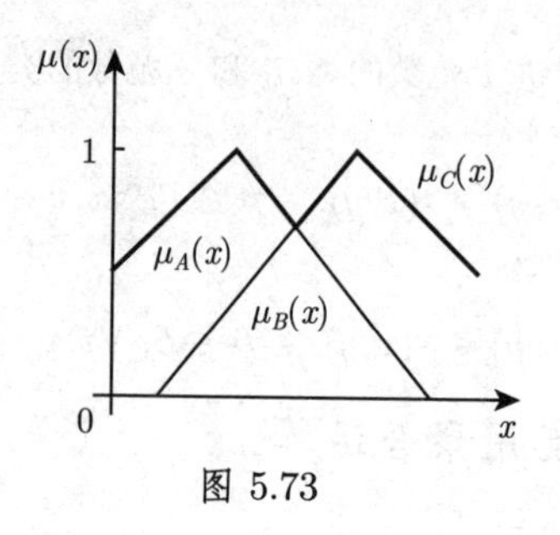

图 5.73

■ t 范数 $t(x,y)=\min\{x,y\}$ 和 s 范数 $s(x,y)=\max\{x,y\}$ 分别定义两个模糊集的交和并 (图 5.74 和图 5.75).

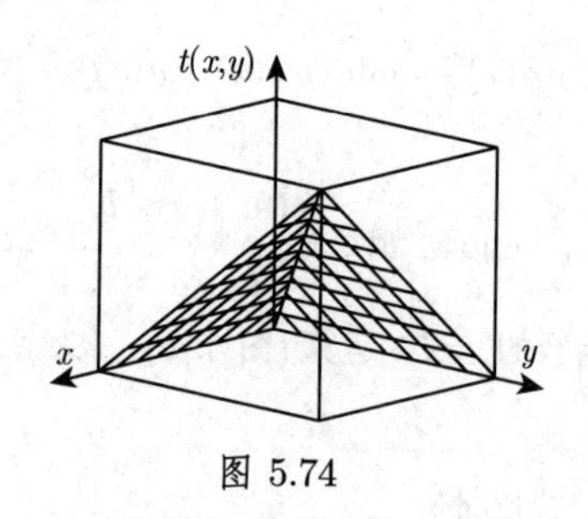

图 5.74

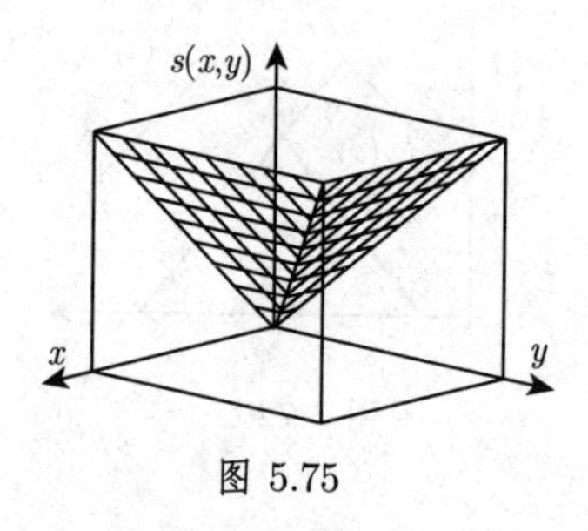

图 5.75

3. 其他聚合

其他聚合有有界聚合、代数聚合、极端和, 以及有界差分、代数积和极端积 (表 5.8).

例如, 代数和定义为

$$C := A + B \text{ 并且 } \mu_C(x) := \mu_A(x) + \mu_B(x) - \mu_A(x)\cdot\mu_B(x) \text{ (对所有 } x \in X). \tag{5.352a}$$

类似地, 对于并 (5.531a, 5.531b), 这个和也属于 s 范数类. 它们都包括在表 5.8 的左边的列中. 表 5.9 给出这些运算在布尔逻辑和模糊逻辑中的比较.

表 5.8 t 范数和 s 范数, $p \in \mathbb{R}$

作者	t 范数	s 范数
Zadeh	交: $t(x,y)=\min\{x,y\}$	并: $s(x,y)=\max\{x,y\}$
Lukasiewicz	有界差: $t_b(x,y)=\max\{0,x+y-1\}$	有界和: $s_b(x,y)=\min\{1,x+y\}$
	代数积: $t_a(x,y)=xy$	代数和: $s_a(x,y)=x+y-xy$
	极端积: $t_{\mathrm{dp}}(x,y)=\begin{cases}\min\{x,y\}, & x=1 \text{ 或 } y=1,\\ 0, & \text{其他}\end{cases}$	极端和: $s_{\mathrm{ds}}(x,y)=\begin{cases}\max\{x,y\}, & x=0 \text{ 或 } y=0,\\ 1, & \text{其他}\end{cases}$
Hamacher $(p \geqslant 0)$	$t_{\mathrm{h}}(x,y)=\dfrac{xy}{p+(1-p)(x+y-xy)}$	$s_{\mathrm{h}}(x,y)=\dfrac{x+y-xy-(1-p)xy}{1-(1-p)xy}$
Einstein	$t_{\mathrm{e}}(x,y)=\dfrac{xy}{1+(1-x)(1-y)}$	$s_{\mathrm{e}}(x,y)=\dfrac{x+y}{1+xy}$
Frank $(p>0, p\neq 1)$	$t_{\mathrm{f}}(x,y)=\log_p\left[1+\dfrac{(p^x-1)(p^y-1)}{p-1}\right]$	$s_{\mathrm{f}}(x,y)=1-\log_p\left[1+\dfrac{(p^{1-x}-1)(p^{1-y}-1)}{p-1}\right]$
Yager $(p>0)$	$t_{\mathrm{ya}}(x,y)=1-\min\{1,((1-x)^p+(1-y)^p)^{1/p}\}$	$s_{\mathrm{ya}}(x,y)=\min\{1,(x^p+y^p)^{1/p}\}$
Schweizer $(p>0)$	$t_{\mathrm{s}}(x,y)=\max\{0,x^{-p}+y^{-p}-1\}^{-1/p}$	$s_{\mathrm{s}}(x,y)=1-\max\{0,(1-x)^{-p}+(1-y)^{p}-1\}^{-1/p}$
Dombi $(p>0)$	$t_{\mathrm{do}}(x,y)=\left\{1+\left[\left(\dfrac{1-x}{x}\right)^p+\left(\dfrac{1-y}{y}\right)^p\right]^{1/p}\right\}^{-1}$	$s_{\mathrm{do}}(x,y)=1-\left\{1+\left[\left(\dfrac{x}{1-x}\right)^p+\left(\dfrac{y}{1-y}\right)^p\right]^{1/p}\right\}^{-1}$
Weber $(p \geqslant -1)$	$t_{\mathrm{w}}(x,y)=\max\{0,(1+p)(x+y-1)-pxy\}$	$s_{\mathrm{w}}(x,y)=\min\{1,x+y+pxy\}$
Dubois $(0 \leqslant p \leqslant 1)$	$t_{\mathrm{du}}(x,y)=\dfrac{xy}{\max\{x,y,p\}}$	$s_{\mathrm{du}}(x,y)=\dfrac{x+y-xy-\min\{x,y,(1-p)\}}{\max\{(1-x),(1-y),p\}}$

注:对于表中所列的 t 范数和 s 范数, 有下列顺序: $t_{\mathrm{dp}} \leqslant t_b \leqslant t_{\mathrm{e}} \leqslant t_a \leqslant t_{\mathrm{h}} \leqslant t \leqslant s \leqslant s_h \leqslant s_a \leqslant s_e \leqslant s_b \leqslant s_{\mathrm{ds}}$

表 5.9 布尔逻辑和模糊逻辑中运算的比较

算子	布尔逻辑	模糊逻辑 $(\mu_A, \mu_B \in [0,1])$
AND	$C = A \wedge B$	$\mu_{A\cap B} = \min\{\mu_A, \mu_B\}$
OR	$C = A \vee B$	$\mu_{A\cup B} = \max\{\mu_A, \mu_B\}$
NOT	$C = \neg A$	$\mu_A^C = 1 - \mu_A$ (μ_A^C 是 μ_A 的补)

类似于将和扩充为并运算的概念, 交也可以通过 (例如) 有界积、代数积和极端积来扩充. 例如, 代数积是用下列方式定义的:

$$C := A \cdot B \text{ 并且 } \mu_C(x) := \mu_A(x) \cdot \mu_B(x)(\text{对每个 } x \in X). \tag{5.352b}$$

类似于交 (5.350a, 5.350b), 它也属于 t 范数类, 并且它也可以在表 5.8 的中间一列中找到.

5.9.2.3 补偿算子

有时算子必须介于 t 范数和 s 范数之间; 它们称作补偿算子. λ 算子和 γ 算子是补偿算子的例子.

1. λ 算子

$$\mu_{A\lambda B}(x) = \lambda[\mu_A(x)\mu_B(x)] + (1-\lambda)[\mu_A(x) + \mu_B(x) - \mu_A(x)\mu_B(x)], \quad \lambda \in [0,1]. \tag{5.353}$$

情形 $\boldsymbol{\lambda = 0}$ 方程 (5.353) 产生称作代数和的形式 (表 5.8, s 范数); 它属于 OR 算子.

情形 $\boldsymbol{\lambda = 1}$ 方程 (5.353) 产生称作代数积的形式 (表 5.8, t 范数); 它属于 AND 算子.

2. γ 算子

$$\mu_{A\gamma B}(x) = [\mu_A(x)\mu_B(x)]^{1-\gamma}[1 - (1-\mu_A(x))(1-\mu_B(x))]^{\gamma}, \quad \gamma \in [0,1]. \tag{5.354}$$

情形 $\boldsymbol{\gamma = 1}$ 方程 (5.354) 产生代数和表达式.

情形 $\boldsymbol{\gamma = 0}$ 方程 (5.354) 产生代数积表达式.

将 γ 算子应用于任意个模糊集, 给出

$$\mu(x) = \left[\prod_{i=1}^{n} \mu_i(x)\right]^{1-\gamma} \left[1 - \prod_{i=1}^{n}(1-\mu_i(x))\right]^{\gamma}, \tag{5.355}$$

并且当带权 δ_i 时:

$$\mu(x) = \left[\prod_{i=1}^{n} \mu_i(x)^{\delta_i}\right]^{1-\gamma} \left[1 - \prod_{i=1}^{n}(1-\mu_i(x))^{\delta_i}\right]^{\gamma}, \quad x \in X,\ \sum_{i=1}^{n}\delta_i = 1,\ \gamma \in [0,1]. \tag{5.356}$$

5.9.2.4 扩张原理

上述讨论过将基本的集合运算推广到模糊集. 现在将映射的概念扩充到模糊区域. 概念的基础是不明确语句的接受等级. 经典的映射 $\varPhi: X^n \to Y$ 将一个清晰的函数值 $\varPhi(x_1,\cdots,x_n)\in Y$ 指派给点 $(x_1,\cdots,x_n)\in X^n$. 这个映射可以如下地扩充到模糊变量: 模糊映射是 $\widehat{\varPhi}: F(X)^n \to F(Y)$, 它将一个模糊函数值 $\widehat{\varPhi}(\mu_1,\cdots,\mu_n)$ 指派给由隶属函数 $(\mu_1,\cdots,\mu_n)\in F(X)^n$ 给出的模糊向量变量 $(x_1,\cdots,x_n)$.

5.9.2.5 模糊补

函数 $c: [0,1] \to [0,1]$ 称作补函数, 如果它具有下列性质: 对于任何 $x,y\in [0,1]$,

(EK1) **边界条件** $c(0)=1$ 且 $c(1)=0$. (5.357a)

(EK2) **单调性** $x<y \Rightarrow c(x)\geqslant c(y)$. (5.357b)

(EK3) **对合性** $c(c(x))=x$. (5.357c)

(EK4) **连续性** $c(x)$ 对每个 $x\in[0,1]$ 是连续的. (5.357d)

■ **A**: 最常用的 (连续且对合的) 补函数是

$$c(x) := 1-x. \tag{5.358}$$

■ **B**: 其他连续且对合的补函数是菅野 (Sugeno) 补:

$$c_\lambda(x) := (1-x)(1+\lambda x)^{-1}, \quad \lambda\in(-1,\infty),$$

以及耶格尔 (Yager) 补:

$$c_p(x) := (1-x^p)^{1/p}, \quad p\in(0,1).$$

5.9.3 模糊值关系

5.9.3.1 模糊关系

1. 模糊值关系建模

不确知或模糊值关系, 例如“近似相等”“基本上大于”“基本上小于”等在实际应用中起重要作用. 数之间的关系被理解为 $\mathbb{R}^2$ 的子集合. 例如, 相等“=”被定义为集合

$$\mathcal{A}=\{(x,y)\in\mathbb{R}^2 \mid x=y\}, \tag{5.359}$$

即用 $\mathbb{R}^2$ 中的一条直线 $y=x$ 定义.

可以应用 $\mathbb{R}^2$ 上的核为 $\mathcal{A}$ 的模糊子集给关系“近似相等”(将它记作 R_1) 建模. 此外还要求隶属函数是递减的并且沿着直线 $\mathcal{A}$ 趋于零. 可以用

$$\mu_{R_1}(x,y)=\max\{0,1-a|x-y|\}, \quad a\in\mathbb{R},\ a>0 \tag{5.360}$$

作为线性递减隶属函数的模型. 为建立关系 R_2“基本上大于”的模型, 从清晰关系“$\geqslant$”出发是有效的. 对应的值集由

$$\{(x,y)\in\mathbb{R}^2\,|\,x\leqslant y\} \tag{5.361}$$

给出. 它刻画了直线 $x=y$ 上方的清晰区域.

修饰语“基本上”意味着在 (5.361) 中半空间下方的稀疏区域也是以某个等级可以接受的. 于是 R_2 的模型是

$$\mu_{R_2}(x,y)=\begin{cases}\max\{0,1-a|x-y|\}, & y<x,\\ 1, & y\geqslant x,\end{cases}\quad \text{其中 } a\in\mathbb{R},\ a>0. \tag{5.362}$$

如果变量之一的值是固定的, 例如, $y=y_0$, 那么 R_2 可以解释为另一变量边界不确知的区域.

用模糊关系处理不确知边界在模糊最优化、定性数据分析以及模式分类中具有实际重要性.

前面的讨论表明模糊关系即几个对象间的模糊关系的概念可以用模糊集刻画. 下节将在由有序对组成的全域上讨论二元关系的基本性质.

2. 笛卡儿积

设 X 和 Y 是两个全域. 它们的“叉积”$X\times Y$, 或*笛卡儿积*, 是一个全域 G:

$$G=X\times Y=\{(x,y)\,|\,x\in X\wedge y\in Y\}. \tag{5.363}$$

于是, 类似于经典集合论, 若 G 上的一个模糊集由全域 X 和 Y 的一对值组成, 则它是一个模糊关系. G 中的一个模糊关系 R 是一个模糊子集 $R\in F(G)$, 其中 $F(G)$ 表示所有 $X\times Y$ 上的模糊集组成的集合. R 可以用隶属函数 $\mu_R(x,y)$ 给出, 这个函数对每个元素 $(x,y)\in G$ 指派一个属于 $[0,1]$ 的隶属等级 $\mu_R(x,y)$.

3. 模糊值关系的性质

(E1) 因为模糊关系是特殊的模糊集合, 所以对模糊集叙述的所有性质对模糊关系也成立.

(E2) 对模糊集定义的所有聚合也可以对模糊关系定义; 它们又产生一个模糊关系.

(E3) 上文定义的 α 切割概念可以毫无困难地转移到模糊关系.

(E4) 模糊关系 $R\in F(G)$ 的 0 切割 (支撑的闭包) 是 G 上的通常关系.

(E5) 用 $\mu_R(x,y)$ 表示隶属值, 即在此等级下一对量 (x,y) 之间关系 R 成立. 值 $\mu_R(x,y)=1$ 意味着对于一对量 (x,y), R 完全成立, 而值 $\mu_R(x,y)=0$ 意味着对于一对量 (x,y), R 根本不成立.

(E6) 设 $R\in F(G)$ 是一个模糊关系. 那么模糊关系 $S:=R^{-1}$, 即 R 的逆, 定义为

$$\mu_S(x,y)=\mu_R(y,x)\quad (\text{对每个 } (x,y)\in G). \tag{5.364}$$

■ 逆关系 R_2^{-1} 表示“基本上小于”(参见第 567 页 5.9.3.1, 1.); 并 $R_1 \cup R_2^{-1}$ 可以确定为“基本上小于或近似等于”.

4. n 重笛卡儿积

设 n 是全域的个数. 它们的叉积是一个 n 重笛卡儿积. n 重笛卡儿积上的模糊集表示 n 重模糊关系.

推论 到现在为止模糊集被看作一元模糊关系, 即在分析的意义下它们是全域上的曲线. 一个二元模糊关系可以看作全域 G 上的曲面. 有限离散支撑上的二元模糊关系可以用模糊关系矩阵表示.

■ 色彩成熟等级关系: 众所周知的色彩 x 与水果成熟等级 y 间的对应关系是用具有元素 $\{0,1\}$ 的二元关系矩阵的形式建立模型的. 可能的色彩是 $X=\{$绿, 黄, 红$\}$, 而成熟等级是 $Y=\{$未成熟, 半成熟, 成熟$\}$. 关系矩阵 (5.365) 从属于下表:

	未成熟	半成熟	成熟
绿	1	0	0
黄	0	1	0
红	0	0	1

$$R=\begin{pmatrix}1&0&0\\0&1&0\\0&0&1\end{pmatrix} \tag{5.365}$$

这个关系矩阵的解释 如果水果是绿色的, 那么它是未成熟的. 如果水果是黄色的, 那么它是半成熟的. 如果水果是红色的, 那么它是成熟的. 绿色、黄色、红色唯一地指派给未成熟的、半成熟的、成熟的 (水果). 如果除此之外要表述绿色水果可以以某个百分比看作半成熟的, 那么可以列出下列离散隶属值表:

$$\begin{aligned}
&\mu_R(\text{绿色, 未成熟})=1.0, &&\mu_R(\text{绿色, 半成熟})=0.5,\\
&\mu_R(\text{绿色, 成熟})=0.0, &&\mu_R(\text{黄色, 未成熟})=0.25,\\
&\mu_R(\text{黄色, 半成熟})=1.0, &&\mu_R(\text{黄色, 成熟})=0.25,\\
&\mu_R(\text{红色, 未成熟})=0.0, &&\mu_R(\text{红色, 半成熟})=0.5,\\
&\mu_R(\text{红色, 成熟})=1.0.
\end{aligned}$$

$\mu_R\in[0,1]$ 的关系矩阵是

$$R=\begin{pmatrix}1.0&0.5&0.0\\0.25&1.0&0.25\\0.0&0.5&1.0\end{pmatrix}. \tag{5.366}$$

5. 计算法则

通过极小值运算将在不同的全域上给出的 AND 型的模糊集 (例如)$\mu_1: X\to[0,1]$ 和 $\mu_2: Y\to[0,1]$ 的聚合表述如下:

$$\mu_R(x,y)=\min\{\mu_1(x),\mu_2(y)\} \quad \text{或} \quad (\mu_1\times\mu_2)(x,y)=\min\{\mu_1(x),\mu_2(y)\}, \tag{5.367a}$$

其中

$$\mu_1 \times \mu_2 : G \rightarrow [0,1] \quad (G = X \times Y). \tag{5.367b}$$

这个聚合的结果是叉积集 (模糊集的笛卡儿积全域)G(其中 $(x,y) \in G$) 上的模糊关系. 如果 X 和 Y 是离散有限集, 因而 $\mu_1(x), \mu_2(x)$ 可以表示为向量, 那么有

$$\mu_1 \times \mu_2 = \mu_1 \circ \mu_2^{\mathrm{T}}, \quad \mu_{R^{-1}}(x,y) := \mu_R(y,x), \quad \forall (x,y) \in G. \tag{5.368}$$

这里聚合算子 $\circ$ 并不表示通常的矩阵积. 此处乘法是按分量的极小值运算, 而加法是按分量的极大值运算.

对 (x,y) 的逆关系 R^{-1} 的有效等级总是等于对 (y,x) 的 R 的有效等级.

如果模糊关系在相同的笛卡儿积全域上给定, 那么它们聚合的结果可以给出如下: 设 $R_1, R_2 : X \times Y \rightarrow [0,1]$ 是二元模糊关系. 它们的 AND 型聚合的计算法则使用极小值算子, 即对于所有 $(x,y) \in G$:

$$\mu_{R_1 \cap R_2}(x,y) = \min\{\mu_{R_1}(x,y), \mu_{R_2}(x,y)\}. \tag{5.369}$$

对于 OR 型聚合, 相应的计算法则由极大值运算给出:

$$\mu_{R_1 \cup R_2}(x,y) = \max\{\mu_{R_1}(x,y), \mu_{R_2}(x,y)\}. \tag{5.370}$$

5.9.3.2 模糊集关系 $\boldsymbol{R \circ S}$

1. 复合或乘积关系

设 $R \in F(X \times Y)$ 和 $S \in F(Y \times Z)$ 是两个关系, 并且还设 $R, S \in F(G)$, 其中 $G \subseteq X \times Z$. 那么复合或模糊集关系$R \circ S$ 是

$$\mu_{R \circ S}(x,z) := \sup_{y \in Y}\{\min\{\mu_R(x,y), \mu_S(y,z)\}\}, \quad \forall (x,z) \in X \times Z. \tag{5.371}$$

如果对有限全域类似于 (5.366) 应用矩阵表示, 那么复合 $R \circ S$ 被导致如下: 设 $X = \{x_1, \cdots, x_n\}, Y = \{y_1, \cdots, y_m\}, Z = \{z_1, \cdots, z_l\}$, 以及 $R \in F(X \times Y), S \in F(Y \times Z)$, 并且设矩阵表示 R, S 的形式为 $R = (r_{ij})$ 和 $S = (s_{jk})$ $(i = 1, \cdots, n; j = 1, \cdots, m; k = 1, \cdots, l)$, 其中

$$r_{ij} = \mu_R(x_i, y_j), \quad \text{以及} \quad s_{jk} = \mu_S(y_j, z_k). \tag{5.372}$$

如果复合 $T = R \circ S$ 有矩阵表示 t_{ik}, 那么

$$t_{ik} = \sup_j \min\{r_{ij}, s_{jk}\}. \tag{5.373}$$

因为这里用最小上界 (上确界) 运算代替求和运算, 并且用下确界运算代替乘法, 所以最后结果并不是通常的矩阵乘积.

■ 应用 r_{ij} 和 s_{jk} 的表达式以及方程 (5.371), 逆关系 R^{-1} 也可通过 (r_{ij}) 的转置矩阵表示, 即 $R^{-1}=(r_{ij})^{\mathrm{T}}$.

解释 设 R 是从 X 到 Y 的关系, S 是从 Y 到 Z 的关系. 那么下列的复合是可能的:

a) 如果 R 和 S 的复合 $R\circ S$ 定义为 max-min 积, 那么得到的模糊复合称为 max-min 复合. 符号 sup 表示上确界, 并且若极大值不存在则表示最大值.

b) 如果乘积复合定义为通常的矩阵乘法, 那么得到 max 乘积复合.

c) 对于 max 平均复合, 用平均代替"乘法".

2. 复合法则

下列结果对模糊关系 $R,S,T\in F(G)$ 成立:

(E1) **结合律**

$$(R\circ S)\circ T=R\circ(S\circ T). \tag{5.374}$$

(E2) **复合对于并的分配律**

$$R\circ(S\cup T)=(R\circ S)\cup(R\circ T). \tag{5.375}$$

(E3) **复合对于交的弱形式分配律**

$$R\circ(S\cap T)\subseteq(R\circ S)\cap(R\circ T). \tag{5.376}$$

(E4) **逆运算**

$$(R\circ S)^{-1}=S^{-1}\circ R^{-1},\quad (R\cup S)^{-1}=R^{-1}\cup S^{-1},\quad (R\cap S)^{-1}=R^{-1}\cap S^{-1}. \tag{5.377}$$

(E5) **补和逆**

$$(R^{-1})^{-1}=R,\quad (R^{\mathrm{C}})^{-1}=(R^{-1})^{\mathrm{C}}. \tag{5.378}$$

(E6) **单调性质**

$$R\subseteq S\ \Rightarrow\ R\circ T\subseteq S\circ T,\quad \text{以及 } T\circ R\subseteq T\circ S. \tag{5.379}$$

■ **A**: 如同我们对交结构所作的那样, 乘积关系 $R\circ S$ 的方程 (5.371) 是由极小值运算定义的. 一般地, 任何 t 范数可以用来代替极小值运算.

■ **B**: 对于并、交以及复合的 α 切割是: $(A\cup B)^{>\alpha}=A^{>\alpha}\cup B^{>\alpha}, (A\cap B)^{>\alpha}=A^{>\alpha}\cap B^{>\alpha}, (A^{\mathrm{C}})^{>\alpha}=A^{\leqslant 1-\alpha}=\{x\in X\mid \mu_A(x)\leqslant 1-\alpha\}$. 对于强 α 切割相应的表述也成立.

3. 模糊逻辑推理

借助复合法则 $\mu_2=\mu_1\circ R$ 进行 (例如) 应用 IF THEN(若-则) 法则的模糊推理是可能的. 结论 μ_2 的详细公式由

$$\mu_2(y)=\max_{x\in X}\left\{\min\{\mu_1(x),\mu_R(x,y)\}\right\} \tag{5.380}$$

给出, 其中 $y \in Y, \mu_1 : X \to [0,1], \mu_2 : Y \to [0,1], R : G \to [0,1]$, 以及 $G = X \times Y$.

5.9.4 模糊推理 (近似推理)

*模糊推理*是模糊关系的一个重要应用, 其目的是获得对于不明确信息的模糊逻辑结论 (参见第 576 页 5.9.6.3). 在此不明确信息意味着模糊信息但不是不确知信息. 模糊推理也称作*蕴涵*, 包含一个或多个法则、一个事实和一个结论. 扎德称模糊推理为近似推理, 不可能用经典逻辑刻画.

1. 模糊蕴涵、IF THEN 法则

在最简单的情形模糊蕴涵含有一个 IF THEN 法则. IF 部分称为*前提*, 并且表示条件. THEN 部分是*结论*. 计算由 $\mu_2 = \mu_1 \circ R$ 和 (5.380) 产生.

解释 μ_2 是 μ_1 在模糊关系 R 下的模糊推理象, 即对于 IF THEN 法则或对于一组法则的计算规定.

2. 广义模糊推理格式

法则 IF(若) A_1 和 A_2 和 $A_3 \cdots$ 和 A_n THEN(则) B, 其中 $A_i : \mu_i : X_i \to [0,1]$ $(i = 1, 2, \cdots, n)$ 以及结论 B 的隶属函数 $\mu : Y \to [0,1]$ 是由一个 $(n+1)$-值关系

$$R : X_1 \times X_2 \times \cdots \times X_n \times Y \to [0,1] \tag{5.381a}$$

刻画的. 对于具有清晰值 $x_1', x_2', \cdots, x_n'$ 确实的输入, 法则 (5.381a) 通过

$$\begin{aligned}\mu_{B'}(y) &= \mu_R(x_1', x_2', \cdots, x_n', y)\\ &= \min\{\mu_1(x_1'), \mu_2(x_2'), \cdots, \mu_n(x_n'), \mu_B(y)\} \quad (y \in Y)\end{aligned} \tag{5.381b}$$

定义确实的模糊输出.

注 量 $\min\{\mu_1(x_1'), \mu_2(x_2'), \cdots, \mu_n(x_n')\}$ 称为法则的*满足等级*, 并且量 $\min\{\mu_1(x_1'), \mu_2(x_2'), \cdots, \mu_n(x_n')\}$ 表示模糊值输入量.

■ 形成连接量“中等”压力与“高”温间的模糊关系 (图 5.76): $\widetilde{\mu}_1(p,T) = \mu_1(p) \forall T \in X_2$ $(\mu_1 : X_1 \to [0,1])$ 是模糊集中等压力 (图 5.76(a)) 的柱面扩充 (图 5.76(c)). 类似地, $\widetilde{\mu}_2(p,T) = \mu_2(T)\ \forall p \in X_1$ $(\mu_2 : X_2 \to [0,1])$ 是模糊集高温 (图 5.76(b)) 的柱面扩充 (图 5.76(d)), 这里 $\widetilde{\mu}_1, \widetilde{\mu}_2 : G = X_1 \times X_2 \to [0,1]$.

图 5.77(a) 给出形成模糊关系的图形结果: 图 5.77(b) 给出用极小值算子 $\mu_R(p, T) = \min\{\mu_1(p), \mu_2(T)\}$ 的复合中等压力 AND(和) 高温的结果, 而图 5.77(b) 表示用极大值算子 $\mu_R(p,T) = \max\{\mu_1(p), \mu_2(T)\}$ 的复合 OR(或) 的结果.

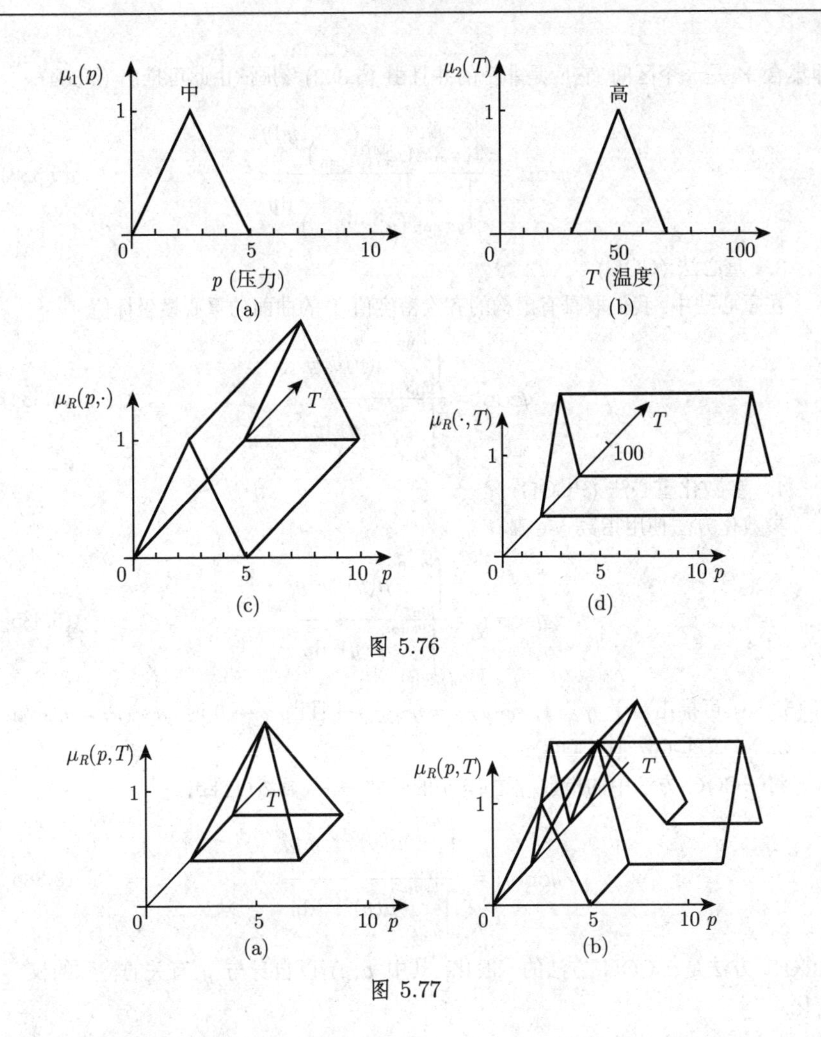

图 5.76

图 5.77

5.9.5 逆模糊化方法

在许多情形我们得到清晰集. 这个过程称为逆模糊化. 有多种方法得以达到此目的.

1. 极大值准则法

在具有极大隶属等级的模糊集 $\mu_{x_1,\cdots,x_n}^{\text{输出}}$ 的区域中选取一个任意值 $\eta \in Y$.

2. 极大值平均法 (MOM)

输出值是极大隶属等级值的平均值:

$$\sup\left(\mu_{x_1,\cdots,x_n}^{\text{输出}}\right) := \{y \in Y \mid \mu_{x_1,\cdots,x_n}(y) \geqslant \mu_{x_1,\cdots,x_n}(y^*),\ \forall y^* \in Y\}, \tag{5.382}$$

即集合 Y 是一个区间, 它应是非空的并且由 (5.382) 刻画, 由此可推出 (5.384):

$$\eta_{\text{MOM}}=\frac{\displaystyle\int_{y\in\sup\left(\mu_{x_1,\cdots,x_n}^{\text{输出}}\right)}y\mathrm{d}y}{\displaystyle\int_{y\in\sup\left(\mu_{x_1,\cdots,x_n}^{\text{输出}}\right)}\mathrm{d}y}. \tag{5.383}$$

3. 重心法 (COG)

在重心法中, 我们取具有虚构的齐次密度值 1 的曲面的重心横坐标值:

$$\eta_{\text{COG}}=\frac{\displaystyle\int_{y_{\inf}}^{y_{\sup}}\mu(y)y\mathrm{d}y}{\displaystyle\int_{y_{\inf}}^{y_{\sup}}\mu(y)\mathrm{d}y}. \tag{5.384}$$

4. 参数化重心法 (PCOG)

参数化方法使用指数 $\gamma\in\mathbb{R}$:

$$\eta_{\text{PCOG}}=\frac{\displaystyle\int_{y_{\inf}}^{y_{\sup}}\mu(y)^{\gamma}y\mathrm{d}y}{\displaystyle\int_{y_{\inf}}^{y_{\sup}}\mu(y)^{\gamma}\mathrm{d}y}. \tag{5.385}$$

由 (5.385) 可推出对于 $\gamma=1$, $\eta_{\text{PCOG}}=\eta_{\text{COG}}$, 并且当 $\gamma\to 0$ 时, $\eta_{\text{PCOG}}=\eta_{\text{MOM}}$.

5. 广义重心法 (GCOG)

将 PCOG 方法中的指数 γ 看作 y 的函数, 那么显然可推出

$$\eta_{\text{GCOG}}=\frac{\displaystyle\int_{y_{\inf}}^{y_{\sup}}\mu(y)^{\gamma(y)}y\mathrm{d}y}{\displaystyle\int_{y_{\inf}}^{y_{\sup}}\mu(y)^{\gamma(y)}\mathrm{d}y}. \tag{5.386}$$

GCOG 方法是 PCOG 方法的一般化, 其中 $\mu(y)$ 以自身与 y 有关的特殊的权 γ 变化.

6. 面积中心法 (COA)

我们求出纵轴的平行线, 使得位于隶属函数图形下的区域在其左边和右边部分的面积相等:

$$\int_{y_{\inf}}^{\eta}\mu(y)\mathrm{d}y=\int_{\eta}^{y_{\sup}}\mu(y)\mathrm{d}y. \tag{5.387}$$

7. 参数化面积中心法 (PCOA)

$$\int_{y_{\inf}}^{\eta_{\text{PB}}}\mu(y)^{\gamma}\mathrm{d}y=\int_{\eta_{\text{PF}}}^{y_{\sup}}\mu(y)^{\gamma}\mathrm{d}y. \tag{5.388}$$

8. 最大面积法 (LA)

选择有效子集合和上面定义的方法之一, 例如, 重心法 (COG) 或面积中心法 (COA) 应用于这个子集.

5.9.6 基于知识的模糊系统

在技术和非技术领域中, 单位区间上的多值模糊逻辑有多种应用的可能性. 一般性概念包括: 量和特征数的模糊化, 通过适当的知识基础和运算将它们聚合, 以及如有必要还包括将可能的模糊结果集合逆模糊化.

5.9.6.1 Mamdani 方法

下列步骤用于模糊控制过程:

(1) **法则基础** 设, 例如, 对于第 i 个法则

$$R^i: \quad \text{如果 } e \text{ 是 } E^i \text{ 并且 } \dot{e} \text{ 是 } \Delta E^i, \text{那么 } u \text{ 是 } U^i. \tag{5.389}$$

其中 e 刻画误差, $\dot{e}$ 刻画误差的变化, u 刻画 (非模糊值的) 输出值的变化. 每个量在其区域 $E, \Delta E$ 和 U 中定义. 令整个区域是 $E \times \Delta E \times U$. 误差和误差的变化将在这个区域中模糊化, 即它们由模糊集表示, 这里使用了语言描述.

(2) **模糊化算法** 一般地, 误差 e 及其变化 $\dot{e}$ 不是模糊值, 所以它们必须通过有效的描述模糊化. 模糊值将与法则基础中 IF THEN 法则的前提加以比较. 由此推出, 哪些法则是起作用的, 以及它们的权有多大.

(3) **聚合模** 具有各自不同权的起作用的法则将与一个代数运算相结合并应用于逆模糊化.

(4) **决策模** 在逆模糊化过程中将对控制量给出清晰值. 应用逆模糊化运算, 非模糊值的量是从可能值即清晰量的集合中确定的. 这个量表示应该怎样确定系统的控制参数以保持偏差极小.

模糊控制意味着步骤 (1)—(4) 是重复的, 直到达到取得最小的偏差及其变化的目的.

5.9.6.2 菅野方法

菅野 (Sugeno) 方法也用来设计模糊控制程序. 它与 Mamdani 概念的差别在于法则基础和逆模糊化方法. 它有下列步骤:

(1) **法则基础** 法则基础由下列形式的法则组成:

$$\begin{aligned} &R^i: \quad \text{如果 } x_1 \text{ 是 } A_1^i, \text{并且 } \cdots, \text{并且 } x_k \text{ 是 } A_k^i, \\ &\text{那么 } u_i = p_0^i + p_1^i x_1 + p_2^i x_2 + \cdots + p_k^i x_k. \end{aligned} \tag{5.390}$$

其中各个记号的意义是:

A_j: 由隶属函数确定的模糊集;

x_j: 清晰输入值, 如误差 e 和误差的变化 $\dot{e}$, 它们有时告诉我们关于系统动力学的一些信息;

p_j^i：　$x_j(j = 1, 2, \cdots, k)$ 的权;

u_i：　属于第 i $(i = 1, 2, \cdots, n)$ 个法则的输出值.

(2) **模糊算法**　对于每个法则 R^i 算出 $\mu_i \in [0, 1]$.

(3) **决策模**　非模糊值的量是从 u_i 的加权平均计算出来的, 其中权是模糊化

$$u = \sum_{i=1}^{n} \mu_i u_i \left(\sum_{i=1}^{n} \mu_i \right)^{-1} \tag{5.391}$$

中的 μ_i.

在此不进行 Mamdani 方法的逆模糊化. 问题是要得到有效的权参数 p_j^i. 这些参数可以用机器学习方法, 例如人工神经网络 (ANN) 确定.

5.9.6.3　认知系统

为了清楚地了解方法, 我们应用 Mamdani 方法研究下面著名的例子: 摆的校准 (使它垂直于它的活动底座)(图 5.78). 控制过程的目的是保持摆的平衡使得摆杆是垂直的, 即对于垂直方向的角位移及角速度为零. 这必须通过一个作用于摆的下端的力 F 才能做到. 这个力是控制量. 其模型基于人类“控制专家”的能动性 (认知问题). 专家用语言法则表述它的知识. 一般地, 语言法则由前提即测量值的说明, 以及给出适当的控制值的结论组成.

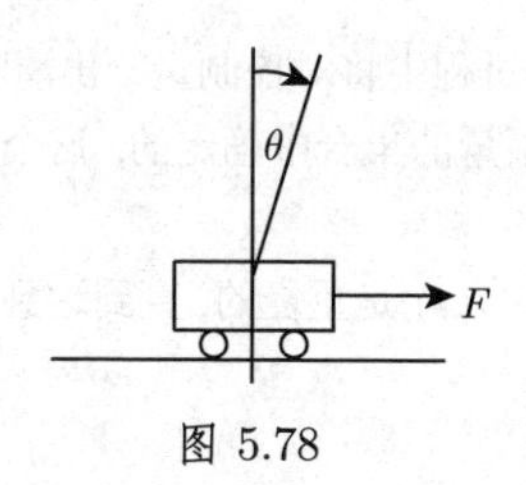

图 5.78

对于每个被测量的值 $X_1, X_2, \cdots, X_n$ 的集合以及控制量 Y, 定义适当的语言项: “几乎为零”“小的正数”等. 这里“几乎为零”对于测量值 ξ_1 以及测量值 ξ_2 可以有不同的意义.

■　**活动底座上的逆摆**(图 5.78)

(1) **建模**　对于集合 X_1(角的值) 以及类似的对于输入量 X_2(角速度的值), 选取 7 个语言项: 负大 (nl), 负中 (nm), 负小 (ns), 零 (z), 正小 (ps), 正中 (pm) 和正大 (pl).

为了数学建模, 如同我们对于模糊推理所指出的 (参见第 572 页 5.9.4), 必须对这些语言项中的每一个设定一个模糊集 (图 5.77).

(2) **选取值的范围**

- 角的值: $\Theta(-90^\circ < \Theta < 90^\circ)$： $X_1 := [-90^\circ, 90^\circ]$.

- 角速度的值: $\dot{\Theta}(-45°\mathrm{s}^{-1} \leqslant \dot{\Theta} \leqslant 45°\mathrm{s}^{-1})$: $X_2 := [-45°\mathrm{s}^{-1}, 45°\mathrm{s}^{-1}]$.
- 力的值: $F(-10\mathrm{N} \leqslant F \leqslant 10\mathrm{N})$: $Y := [-10\mathrm{N}, 10\mathrm{N}]$.

输入量 X_1 和 X_2 以及输出量 Y 的划分的图示见图 5.79. 通常初始值是精确测量值, 例如, $\Theta = 36°, \dot{\Theta} = -2.25°\mathrm{s}^{-1}$.

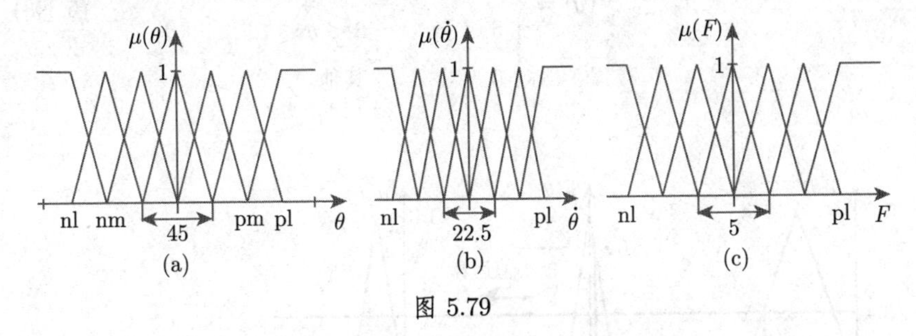

图 5.79

(3) **法则的选取** 考虑下面的表, 其中有 $49(= 7\times7)$ 个可能的法则, 但只有 19 个在实际中是重要的, 例如我们来讨论下面两个: R_1 和 R_2.

表: 含 19 个有实际意义的法则的法则基础

$\Theta\backslash\dot{\Theta}$	nl	nm	ns	z	ps	pm	pl
nl			ps	pl			
nm				pm			
ns	nm		ns	ps			
z	nl	nm	ns	z	ps	pm	pl
ps				ns	ps		pm
pm				nm			
pl				nl	ns		

R_1: 如果 Θ 是正小 (ps), 并且 $\dot{\Theta}$ 是零 (z), 那么 F 是正小 (ps). 对于前提的满足等级 (也称为法则的权), 由 $\alpha = \min\{\mu^{(1)}(\Theta), \mu^{(1)}(\dot{\Theta})\} = \min\{0.4, 0.8\} = 0.4$, 我们通过 α 切割得到输出集 (5.392), 因此输出模糊集在高度 $\alpha = 0.4$ 是正小 (ps)(图 5.80(c)).

$$\mu_{36;-2.25}^{\text{输出}(\mathrm{R}_1)}(y) = \begin{cases} \dfrac{2}{5}y, & 0 \leqslant y < 1, \\ 0.4, & 1 \leqslant y \leqslant 4, \\ 2 - \dfrac{2}{5}y, & 4 < y \leqslant 5, \\ 0, & \text{其他}. \end{cases} \tag{5.392}$$

R_2: 如果 Θ 是正中 (pm), 并且 $\dot{\Theta}$ 是零 (z), 那么 F 是正中 (pm). 对于前提的满足等级, 由 $\alpha = \min\{\mu^{(2)}(\Theta), \mu^{(2)}(\dot{\Theta})\} = \min\{0.6, 0.8\} = 0.6$, 类似于法则 R_1

得到输出集 (5.393)(图 5.80(f)):

$$\mu_{36;-2.25}^{\text{输出}(\mathrm{R}_2)}(y)=\begin{cases}\dfrac{2}{5}y-1, & 2.5\leqslant y<4,\\ 0.6, & 4\leqslant y\leqslant 6,\\ 3-\dfrac{2}{5}y, & 6<y\leqslant 7.5,\\ 0, & \text{其他}.\end{cases} \tag{5.393}$$

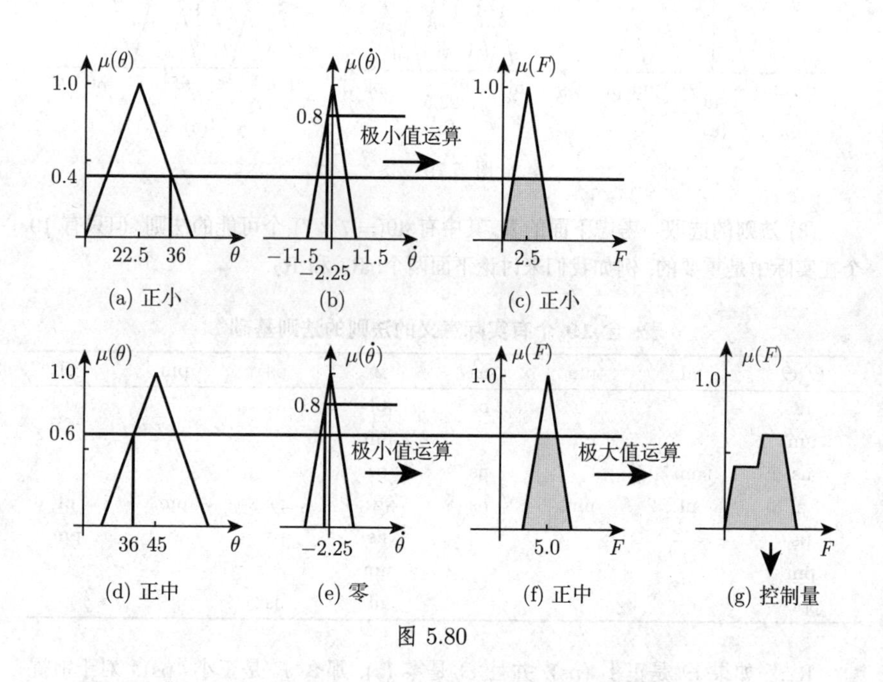

图 5.80

(4) **决策逻辑** 法则 R_1 应用极小值运算的计算产生图 5.80(a)~(c) 中的模糊集. 对于法则 R_2 相应的计算结果见图 5.80(d)~(f). 控制量是应用逆模糊化方法由模糊命题集最后算出的图 (5.80(g)). 应用极大值运算并且考虑模糊集 (图 5.80(c)) 和 (图 5.80(f)) 得到的结果是模糊集 (图 5.80(g)).

a) 这样得到的模糊集的计算要通过算子聚合 (参见第 570 页极大-极小复合 5.9.3.2, 1.). 决策逻辑产生:

$$\mu_{x_1,\cdots,x_n}^{\text{输出}}:Y\to[0,1];\ y\to\max_{r\in\{1,\cdots,k\}}\{\min\{\mu_{i_{l,r}}^{(1)}(x_1),\cdots,\mu_{i_{l,r}}^{(n)}(x_n),\mu_{i_r}(y)\}\}. \tag{5.394}$$

b) 取极大值后对模糊集的函数图象得到

$$\mu^{\text{输出}}_{36;-2.25}(y)=\begin{cases}\frac{2}{5}y, & 0\leqslant y<1,\\ 0.4, & 1\leqslant y<3.5,\\ \frac{2}{5}y-1, & 3.5\leqslant y<4,\\ 0.6, & 4\leqslant y<6,\\ 3-\frac{2}{5}y, & 6\leqslant y\leqslant 7.5,\\ 0, & \text{其他}.\end{cases}\tag{5.395}$$

c) 其余 17 个法则得到对于前提的满足等级等于零, 即得到本身是零的模糊集.

(5) 逆模糊化意味着要应用逆模糊化方法确定控制量.

应用重心法和极大值准则法得到控制量的值 $F=3.95$ 或 $F=5.0$.

(6) **注记**

(1) "基于知识"的路线建立在法则基础之上, 因而最终目的以法则偏差最小为中心.

(2) 应用逆模糊化时迭代过程被引进, 它最终抵达分区空间的中心, 即得到零控制量.

(3) 每个非线性特征域可以通过选择紧域上的适当参数以任意精确度逼近.

5.9.6.4 基于知识的插值系统

1. 插值技巧

可以借助模糊逻辑建立插值技巧. 模糊系统是处理模糊信息的系统. 有可能将它们用于函数逼近或插值. 一个可用来研究这个性质的简单的模糊系统是 Sugeno 控制器. 它有 n 个输出变量 $\xi_1,\cdots,\xi_n$, 并且用形式为

$$\begin{aligned}&\mathrm{R}_i:\ \text{IF(如果)}\xi_1\ \text{是}\ A_1^{(i)},\ \text{并且}\ \cdots,\ \text{并且}\ \xi_n\ \text{是}\ A_n^{(i)},\\ &\qquad \text{THEN(那么)}y=f_i(\xi_1,\cdots,\xi_n)\quad (i=1,2,\cdots,n)\end{aligned}\tag{5.396}$$

的法则 $\mathrm{R}_1,\cdots,\mathrm{R}_n$ 定义输出变量 y 的值. 模糊集 $A_j^{(1)},\cdots,A_j^{(k)}$ 总是分割输入集 X_j. 法则的结论 $f_i(\xi_1,\cdots,\xi_n)$ 是单元素集, 它可能与输入变量 $\xi_1,\cdots,\xi_n$ 有关.

结论的简单选取能够省去昂贵的逆模糊化, 并且输出值 y 将可作为带权的和计算. 为此控制器对每个法则 R_i 用 l 范数从单个输入的隶属等级算出实现等级 α_i, 并且确定输出值

$$y=\frac{\sum\limits_{i=1}^{N}\alpha_i f_i(\xi_1,\cdots,\xi_n)}{\sum\limits_{i=1}^{N}\alpha_i}.\tag{5.397}$$

2. 限于 1 维情形

对于仅有一个输入 $x=\xi_1$ 的模糊系统, 经常应用三角形函数表示的模糊集, 它们是在高 0.5 的切割. 这样的模糊集满足下列三个条件:

(1) 对于每个法则 R_i 存在仅满足一个法则的输入 x_i. 对于这个输入, 输出是用 f_i 计算的. 据此, 模糊系统的输出在 N 个结点 $x_1,\cdots,x_N$ 上是固定的. 实际上, 模糊系统插入了结点 $x_1,\cdots,x_N$. 在结点 x_i 仅有一个法则 R_i 成立的要求对于精确插值是充分的, 但不是必要的. 对于我们下面将要考虑的两个法则 R_1 和 R_2, 这个要求意味着 $\alpha_1(x_2)=\alpha_2(x_1)=0$ 成立. 为了满足第一个条件, $\alpha_1(x_2)=\alpha_2(x_1)=0$ 必须成立. 这是结点的精确插值的充分条件.

(2) 至多有两个法则在两个相继的结点间满足. 如果 x_1 和 x_2 是两个这样的具有法则 R_1 和 R_2 的结点, 那么对于输入 $x\in[x_1,x_2]$, 输出 y 是

$$y=\frac{\alpha_1(x)f_1(x)+\alpha_2(x)f_2(x)}{\alpha_1(x)+\alpha_2(x)}=f_1(x)+g(x)[f_2(x)-f_1(x)],$$

$$\text{其中}\quad g=:\frac{\alpha_2(x)}{\alpha_1(x)+\alpha_2(x)}. \tag{5.398}$$

x_1 与 x_2 间插值曲线的确切形状由函数 y 确定. 其形状仅与满足等级 α_1 和 α_2 有关, 这里 α_1 和 α_2 是隶属函数 $\mu_{A_i^{(1)}}$ 和 $\mu_{A_i^{(2)}}$ 在点 x 的值, 即有 $\alpha_1=\mu_{A^{(1)}}(x)$ 及 $\alpha_2=\mu_{A^{(2)}}(x)$, 或简记为 $\alpha_1=\mu_1(x)$ 及 $\alpha_2=\mu_2(x)$. 曲线的形状仅与隶属函数的比 μ_1/μ_2 有关.

(3) 因为隶属函数是正的, 所以输出 y 是结论 f_i 的凸组合. 对于给定情形和一般情形, (5.399) 和 (5.400) 分别成立:

$$\min\{f_1,f_2\}\leqslant y\leqslant\max\{f_1,f_2\}, \tag{5.399}$$

$$\min_{i\in\{1,2,\cdots,n\}} f_i\leqslant y\leqslant\max_{i\in\{1,2,\cdots,n\}} f_i. \tag{5.400}$$

对于常数结论, 项 f_1 和 f_2 只引起曲线 g 的形状的平移和伸展. 如果结论与输入变量有关, 那么曲线形状在不同方向有不同的扰动. 因此能够找到另一个输出函数.

对于输入 x 应用线性相关的结论以及和为常数的隶属函数, 那么输出是 $y=c\sum_{i=1}^{N}\alpha_i(x)f_i(x)$, 其中 α_i 与 x 有关, c 为常数, 于是插值函数是二次多项式. 这些多项式可用于应用二次多项式的插值方法.

一般地, 若选取 n 次多项式, 那么作为结论可得到 $(n+1)$ 次插值多项式. 在此意义下除用多项式局部插值 (例如用样条) 的约束插值方法外, 模糊系统是基于法则的插值系统的.

(朱尧辰 译)

第 6 章　微　分　学

6.1　一元函数的微分

6.1.1　微商

1. 函数的微商或导数

若极限 $\lim\limits_{\Delta x\to 0}\dfrac{f(x_0+\Delta x)-f(x_0)}{\Delta x}$ 存在且有限, 则称该极限为函数 $y=f(x)$ 在点 x_0 处的微商. 若对每个 x, 当 $\Delta x\to 0$ 时, 函数增量 Δy 与自变量增量 Δx 的商的极限 $\lim\limits_{\Delta x\to 0}\dfrac{f(x+\Delta x)-f(x)}{\Delta x}$ 存在, 则称它为函数 $y=f(x)$ 的导函数, 记为

$$f'(x)=\lim_{\Delta x\to 0}\frac{f(x+\Delta x)-f(x)}{\Delta x}. \tag{6.1}$$

$y=f(x)$ 关于变量 x 的导函数是 x 的另一个函数, 还可记为 $y', \dot{y}, Dy, \dfrac{\mathrm{d}y}{\mathrm{d}x}, Df(x)$ 或 $\dfrac{\mathrm{d}f(x)}{\mathrm{d}x}$.

2. 导数的几何表示

在笛卡儿坐标系中函数 $y=f(x)$ 如图 6.1 所示. 若 x 轴和 y 轴单位相同, 则

$$f'(x)=\tan\alpha. \tag{6.2}$$

x 轴与曲线在一点处切线的夹角 α 定义了角系数或切线的斜率 (参见第 327 页 3.6.1.2, 2.), 从 x 轴的正方向逆时针到切线的角称为坡度角或倾斜角.

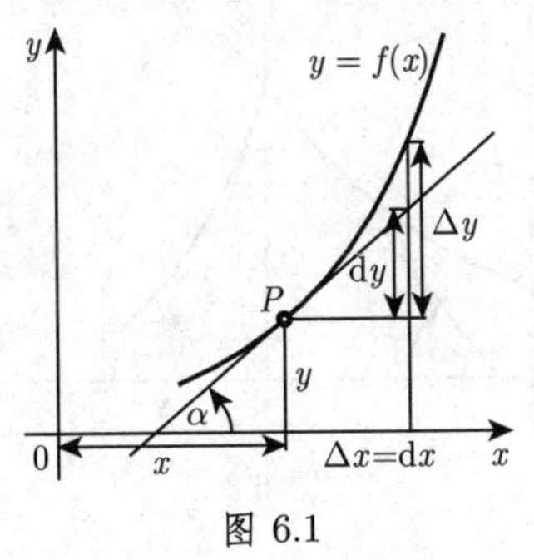

图 6.1

3. 可微性

由微商的定义易得: 对 x, 当微商 (6.1) 取有限值时, $f(x)$ 关于 x 可微. 导函数的定义域是原函数定义域的子集 (真子集或平凡子集). 若函数在点 x 连续, 但是导

数不存在, 则函数 $f(x)$ 在该点无切线, 或者切线垂直于 x 轴, 后者表现为 (6.1) 的极限为无穷, 记为 $f'(x)=+\infty$ 或 $-\infty$.

■ **A**: $f(x)=\sqrt[3]{x}$: $f'(x)=\dfrac{1}{3\sqrt[3]{x^2}}$, $f'(0)=\infty$. 在点 $x=0$ 处极限 (6.1) 趋于无穷, 因此在该点导数不存在 (图 6.2(a)).

■ **B**: $f(x)=x\sin\dfrac{1}{x}$, $x\neq 0$. 在点 $x=0$ 处函数无定义, 但极限为 0, 因此写成 $f(0)=0$, 然而 $x=0$ 处极限 (6.1) 不存在 (图 6.2(b)).

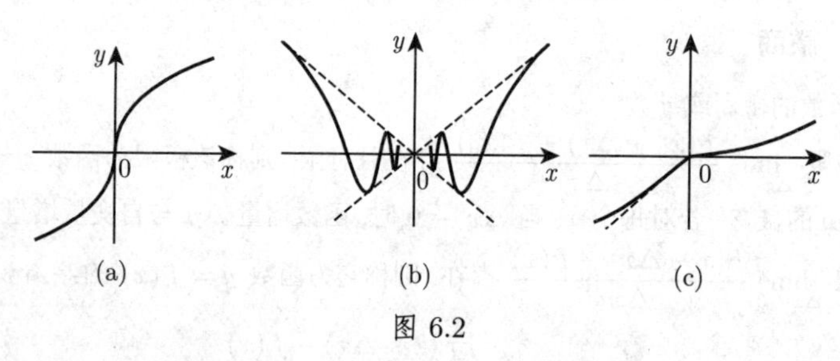

图 6.2

4. 左、右侧可微性

当 $x=a$ 时, 若极限 (6.1) 不存在, 但左极限或右极限存在, 则分别称其为左导数或右导数. 若左、右极限都存在, 则曲线在此处有两正切值

$$f'(a-0)=\tan\alpha_1,\quad f'(a+0)=\tan\alpha_2. \tag{6.3}$$

从几何上来看, 意味着曲线有一个尖点 (knee) (图 6.2(c), 图 6.3).

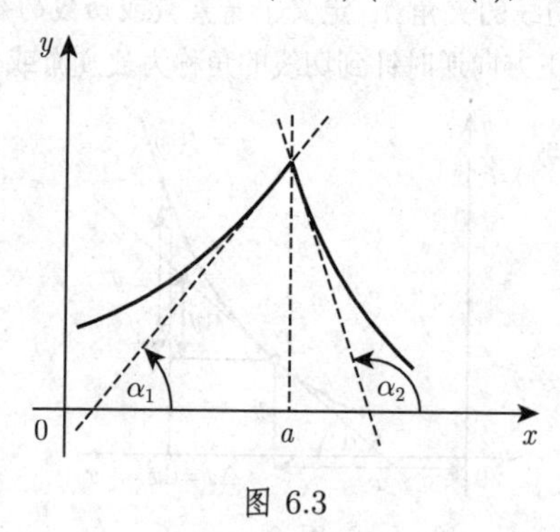

图 6.3

■ $f(x)=\dfrac{x}{1+\mathrm{e}^{\frac{1}{x}}}, x\neq 0$. 当 $x=0$ 时函数无定义, 但在 $x=0$ 处极限为 0, 因此记为 $f(0)=0$. $f(x)$ 的 (6.1) 形式在 $x=0$ 处无极限, 但有左极限 $f'(-0)=1$ 和右极限 $f'(+0)=0$, 即此处为曲线尖点 (图 6.2(c)).

6.1.2 一元函数微分法则

6.1.2.1 初等函数的导数

如图 6.2 所示, 除某些点外, 初等函数在整个定义域内均可导.

初等函数导数公式见表 6.1, 此外初等函数的导数也可利用表 8.1 中不定积分的逆运算来得到.

表 6.1 分母不为 0 的定义域内初等函数的导数

函数	导数	函数	导数
C (常数)	0	$\sec x$	$\dfrac{\sin x}{\cos^2 x}$
x	1	$\operatorname{cosec} x$	$\dfrac{-\cos x}{\sin^2 x}$
$x^n \quad (n\in\mathbb{R})$	nx^{n-1}	$\arcsin x \quad (\lvert x\rvert<1)$	$\dfrac{1}{\sqrt{1-x^2}}$
$\dfrac{1}{x} \quad (x\neq 0)$	$-\dfrac{1}{x^2}(x\neq 0)$	$\arccos x \quad (\lvert x\rvert<1)$	$-\dfrac{1}{\sqrt{1-x^2}}$
$\dfrac{1}{x^n} \ (x\neq 0)$	$-\dfrac{n}{x^{n+1}}$	$\arctan x$	$\dfrac{1}{1+x^2}$
$\sqrt{x} \ (x>0)$	$\dfrac{1}{2\sqrt{x}}$	$\operatorname{arccot} x$	$-\dfrac{1}{1+x^2}$
$\sqrt[n]{x} \quad (n\in\mathbb{R},\ n\neq 0,\ x>0)$	$\dfrac{1}{n\sqrt[n]{x^{n-1}}}$	$\operatorname{arcsec} x \quad (x>1)$	$\dfrac{1}{x\sqrt{x^2-1}}$
e^x	e^x	$\operatorname{arccosec} x \ (x>1)$	$-\dfrac{1}{x\sqrt{x^2-1}}$
$\mathrm{e}^{bx} \quad (b\in\mathbb{R})$	$b\mathrm{e}^{bx}$	$\sinh x$	$\cosh x$
$a^x \quad (a>0)$	$a^x\ln a$	$\cosh x$	$\sinh x$
$a^{bx} \quad (b\in\mathbb{R},\ a>0)$	$ba^{bx}\ln a$	$\tanh x$	$\dfrac{1}{\cosh^2 x}$
$\ln x \ (x>0)$	$\dfrac{1}{x}$	$\coth x \quad (x\neq 0)$	$-\dfrac{1}{\sinh^2 x}$
$\log_a x \quad (a>0,\ a\neq 1,\ x>0)$	$\dfrac{1}{x}\log_a \mathrm{e}=\dfrac{1}{x\ln a}$	$\operatorname{Arsinh} x$	$\dfrac{1}{\sqrt{1+x^2}}$
$\lg x \quad (x>0)$	$\dfrac{1}{x}\lg \mathrm{e}\approx\dfrac{0.4343}{x}$	$\operatorname{Arcosh} x \quad (x>1)$	$\dfrac{1}{\sqrt{x^2-1}}$
$\sin x$	$\cos x$	$\operatorname{Artanh} x \quad (\lvert x\rvert<1)$	$\dfrac{1}{1-x^2}$
$\cos x$	$-\sin x$	$\operatorname{Arcoth} x \quad (\lvert x\rvert>1)$	$-\dfrac{1}{x^2-1}$
$\tan x \quad \left(x\neq(2k+1)\dfrac{\pi}{2},\ k\in\mathbb{Z}\right)$	$\dfrac{1}{\cos^2 x}=\sec^2 x$	$[f(x)]^n \quad (n\in\mathbb{R})$	$n[f(x)]^{n-1}f'(x)$
$\cot x \quad (x\neq k\pi,\ k\in\mathbb{Z})$	$\dfrac{-1}{\sin^2 x}=-\operatorname{cosec}^2 x$	$\ln f(x) \quad (f(x)>0)$	$\dfrac{f'(x)}{f(x)}$

注 事实上, 为了便于微分, 可以把函数转化成一种更简单的形式, 如变成不含括号的和式 (参见第 13 页 1.1.6.1)、分离出表达式的整有理部分 (参见第 17 页 1.1.7) 或取表达式的对数 (参见第 10 页 1.1.4.3).

■ **A**: $y=\dfrac{2-3\sqrt{x}+4\sqrt[3]{x}+x^2}{x}=\dfrac{2}{x}-3x^{-\frac{1}{2}}+4x^{-\frac{2}{3}}+x$; $\dfrac{\mathrm{d}y}{\mathrm{d}x}=-2x^{-2}+\dfrac{3}{2}x^{-\frac{3}{2}}-\dfrac{8}{3}x^{-\frac{5}{3}}+1$.

■ **B**: $y=\ln\sqrt{\dfrac{x^2+1}{x^2-1}}=\dfrac{1}{2}\ln(x^2+1)-\dfrac{1}{2}\ln(x^2-1)$; $\dfrac{\mathrm{d}y}{\mathrm{d}x}=\dfrac{1}{2}\left(\dfrac{2x}{x^2+1}\right)-\dfrac{1}{2}\left(\dfrac{2x}{x^2-1}\right)=-\dfrac{2x}{x^4-1}$.

6.1.2.2 微分基本法则

设 u,v,w,y 是变量 x 的函数, u',v',w',y' 是关于 x 的导数, 其微分记为 $\mathrm{d}u,\mathrm{d}v,\mathrm{d}w,\mathrm{d}y$(参见第 599 页 6.2.1.3). 表 6.2 总结了微分基本法则, 下面逐一说明.

1. 常函数的导数

常函数 c 的导数为 0, 即

$$c'=0. \tag{6.4}$$

2. 数乘函数的导数

常因子 c 可从微分符号中分解出来, 即

$$(cu)'=cu', \quad \mathrm{d}(cu)=c\mathrm{d}u. \tag{6.5}$$

3. 和的导数

若函数 u,v,w 等均可微, 它们的和或差也可微, 且等于微分的和或差, 即

$$(u+v-w)'=u'+v'-w', \tag{6.6a}$$

$$\mathrm{d}(u+v-w)=\mathrm{d}u+\mathrm{d}v-\mathrm{d}w. \tag{6.6b}$$

可能每个被加式都不可微, 但它们的和或差可微, 此时其导数必须用定义中的公式 (6.1) 来计算.

4. 乘积的导数

若两个、三个或 n 个函数均可微, 则它们的乘积也可微, 且通过如下法则来计算:

a) 两函数乘积的导数

$$(uv)'=u'v+uv', \quad \mathrm{d}(uv)=v\mathrm{d}u+u\mathrm{d}v. \tag{6.7a}$$

可能每项都不可微, 但它们的乘积可微, 此时其导数必须用定义中的公式 (6.1) 来计算.

b) 三个函数乘积的导数

$$(uvw)' = u'vw + uv'w + uvw', \quad \mathrm{d}(uvw) = vw\mathrm{d}u + uw\mathrm{d}v + uv\mathrm{d}w. \tag{6.7b}$$

表 6.2 微分法则

表达式	求导数公式
常函数	$c' = 0$ (c 为常数)
常数倍	$(cu)' = cu'$ (c 为常数)
和	$(u \pm v)' = u' \pm v'$
两函数乘积	$(uv)' = u'v + uv'$
n 个函数的乘积	$(u_1 u_2 \cdots u_n)' = \sum\limits_{i=1}^{n} u_1 \cdots u_i' \cdots u_n$
商	$\left(\dfrac{u}{v}\right)' = \dfrac{vu' - uv'}{v^2}$ ($v \neq 0$)
两函数的链式法则	$y = u(v(x))$: $y' = \dfrac{\mathrm{d}u}{\mathrm{d}v}\dfrac{\mathrm{d}v}{\mathrm{d}x}$
三个函数的链式法则	$y = u(v(w(x)))$: $y' = \dfrac{\mathrm{d}u}{\mathrm{d}v}\dfrac{\mathrm{d}v}{\mathrm{d}w}\dfrac{\mathrm{d}w}{\mathrm{d}x}$
幂	$(u^\alpha)' = \alpha u^{\alpha-1}u'$ ($\alpha \in \mathbb{R}, \alpha \neq 0$) 特别地, $\left(\dfrac{1}{u}\right)' = -\dfrac{u'}{u^2}$ ($u \neq 0$)
对数微分	$\dfrac{\mathrm{d}(\ln y(x))}{\mathrm{d}x} = \dfrac{1}{y}y' \Longrightarrow y' = y\dfrac{\mathrm{d}(\ln y)}{\mathrm{d}x}$ 特别地, $(u^v)' = u^v\left(v'\ln u + \dfrac{vu'}{u}\right)$ ($u > 0$)
反函数可微分	设 φ 为 f 的反函数, 即 $y = f(x) \Longleftrightarrow x = \varphi(y)$, 有 $f'(x) = \dfrac{1}{\varphi'(y)}$ 或 $\dfrac{\mathrm{d}y}{\mathrm{d}x} = \dfrac{1}{\dfrac{\mathrm{d}x}{\mathrm{d}y}}$
隐函数微分	$F(x,y) = 0$: $F_x + F_y y' = 0$ 或 $y' = -\dfrac{F_x}{F_y}$ $\left(F_x = \dfrac{\partial F}{\partial x}, F_y = \dfrac{\partial F}{\partial y};\ F_y \neq 0\right)$
参数形式函数可微分	$x = x(t)$, $y = y(t)$ (t 为参数): $y' = \dfrac{\mathrm{d}y}{\mathrm{d}x} = \dfrac{\dot{y}}{\dot{x}}$ $\left(\dot{x} = \dfrac{\mathrm{d}x}{\mathrm{d}t}, \dot{y} = \dfrac{\mathrm{d}y}{\mathrm{d}t}\right)$
极坐标形式函数可微分	$\rho = \rho(\varphi)$: $\begin{matrix} x = \rho(\varphi)\cos\varphi \\ y = \rho(\varphi)\sin\varphi \end{matrix}$ (角 φ 为参数) $y' = \dfrac{\mathrm{d}y}{\mathrm{d}x} = \dfrac{\dot{\rho}\sin\varphi + \rho\cos\varphi}{\dot{\rho}\cos\varphi - \rho\sin\varphi}$ $\left(\dot{\rho} = \dfrac{\mathrm{d}\rho}{\mathrm{d}\varphi}\right)$

c) n 个函数乘积的导数

$$(u_1 u_2 \cdots u_n)' = \sum_{i=1}^{n} u_1 u_2 \cdots u_i' \cdots u_n. \tag{6.7c}$$

■ **A**: $y = x^3\cos x, y' = 3x^2\cos x - x^3\sin x$.

■ **B**: $y=x^3\mathrm{e}^x\cos x, y'=3x^2\mathrm{e}^x\cos x+x^3\mathrm{e}^x\cos x-x^3\mathrm{e}^x\sin x$.

5. 商的导数

若 u, v 均可微, 且 $v(x)\neq 0$, 则它们的比也可微, 有

$$\left(\frac{u}{v}\right)'=\frac{vu'-uv'}{v^2},\quad \mathrm{d}\left(\frac{u}{v}\right)=\frac{v\mathrm{d}u-u\mathrm{d}v}{v^2} \tag{6.8}$$

■ $y=\tan x=\dfrac{\sin x}{\cos x}, y'=\dfrac{(\cos x)(\sin x)'-(\sin x)(\cos x)'}{\cos^2 x}=\dfrac{\cos^2 x+\sin^2 x}{\cos^2 x}=\dfrac{1}{\cos^2 x}$.

6. 链式法则

复合函数 (参见第 77 页 2.1.5.5, 2.)$y=u(v(x))$ 的导数

$$\frac{\mathrm{d}y}{\mathrm{d}x}=u'(v)v'(x)=\frac{\mathrm{d}u}{\mathrm{d}v}\frac{\mathrm{d}v}{\mathrm{d}x}, \tag{6.9}$$

其中函数 $u=u(v)$ 和 $v=v(x)$ 均为关于其自变量的可微函数. $u(v)$ 称为外函数, $v(x)$ 称为内函数, 由此 $\dfrac{\mathrm{d}u}{\mathrm{d}v}$ 是外导数, $\dfrac{\mathrm{d}v}{\mathrm{d}x}$ 是内导数. 可能函数 u, v 均不可微, 但复合函数可微, 此时要利用定义中的公式 (6.1) 求导.

类似地, 若存在更长的 "链式", 即复合函数有多个中间变量, 我们必须继续进行计算. 例如, 当 $y=u(v(w(x)))$ 时,

$$y'=\frac{\mathrm{d}y}{\mathrm{d}x}=\frac{\mathrm{d}u}{\mathrm{d}v}\frac{\mathrm{d}v}{\mathrm{d}w}\frac{\mathrm{d}w}{\mathrm{d}x}. \tag{6.10}$$

■ **A**: $y=\mathrm{e}^{\sin^2 x}, \dfrac{\mathrm{d}y}{\mathrm{d}x}=\dfrac{\mathrm{d}\left(\mathrm{e}^{\sin^2 x}\right)}{\mathrm{d}\left(\sin^2 x\right)}\dfrac{\mathrm{d}\left(\sin^2 x\right)}{\mathrm{d}(\sin x)}\dfrac{\mathrm{d}(\sin x)}{\mathrm{d}x}=\mathrm{e}^{\sin^2 x}2\sin x\cos x$.

■ **B**: $y=\mathrm{e}^{\tan\sqrt{x}}$; $\dfrac{\mathrm{d}y}{\mathrm{d}x}=\dfrac{\mathrm{d}\left(\mathrm{e}^{\tan\sqrt{x}}\right)}{\mathrm{d}(\tan\sqrt{x})}\dfrac{\mathrm{d}(\tan\sqrt{x})}{\mathrm{d}(\sqrt{x})}\dfrac{\mathrm{d}(\sqrt{x})}{\mathrm{d}x}=\mathrm{e}^{\tan\sqrt{x}}\dfrac{1}{\cos^2\sqrt{x}}\dfrac{1}{2\sqrt{x}}$.

7. 对数微分法

若 $y(x)>0$, 可由函数 $\ln y(x)$ 计算 y', (利用链式法则) 有

$$\frac{\mathrm{d}(\ln y(x))}{\mathrm{d}x}=\frac{1}{y(x)}y'. \tag{6.11}$$

由此,

$$y'=y(x)\frac{\mathrm{d}(\ln y(x))}{\mathrm{d}x}. \tag{6.12}$$

注 1 借助对数微分, 某些微分问题可能得到简化, 对有些函数而言, 对数求导法是计算其导数的唯一方法, 例如, 若函数具有如下形式:

$$y=u(x)^{v(x)},\quad \text{其中}\quad u(x)>0, \tag{6.13}$$

由公式 (6.12), 这个方程的对数导数

$$y' = y\frac{\mathrm{d}\,(\ln u^v)}{\mathrm{d}x} = y\frac{\mathrm{d}(v\ln u)}{\mathrm{d}x} = u^v\left(v'\ln u + \frac{vu'}{u}\right), \tag{6.14}$$

■ $y = (2x+1)^{3x}, \ln y = 3x\ln(2x+1), \dfrac{y'}{y} = 3\ln(2x+1) + \dfrac{3x\cdot 2}{2x+1}$;

$y' = 3\,(2x+1)^{3x}\left(\ln(2x+1) + \dfrac{2x}{2x+1}\right)$.

注 2 当求几个函数乘积的导数时, 常常使用对数求导法.

■ **A**: $y = \sqrt{x^3\mathrm{e}^{4x}\sin x}, \ln y = \dfrac{1}{2}(3\ln x + 4x + \ln\sin x)$,

$\dfrac{y'}{y} = \dfrac{1}{2}\left(\dfrac{3}{x} + 4 + \dfrac{\cos x}{\sin x}\right), y' = \dfrac{1}{2}\sqrt{x^3\mathrm{e}^{4x}\sin x}\left(\dfrac{3}{x} + 4 + \cot x\right)$.

■ **B**: $y = uv, \ln y = \ln u + \ln v, \dfrac{y'}{y} = \dfrac{1}{u}u' + \dfrac{1}{v}v'$, 故有 $y' = (uv)' = vu' + uv'$, 因此可得乘积的导数公式 (6.7a)(假设 $u, v > 0$).

■ **C**: $y = \dfrac{u}{v}, \ln y = \ln u - \ln v, \dfrac{y'}{y} = \dfrac{1}{u}u' - \dfrac{1}{v}v'$, 故有 $y' = \left(\dfrac{u}{v}\right)' = \dfrac{u'}{v} - \dfrac{uv'}{v^2} = \dfrac{u'v - uv'}{v^2}$, 因此可得商的导数公式 (6.8)(假设 $u, v > 0$).

8. 反函数的导数

若 $y = \varphi(x)$ 是原函数 $y = f(x)$ 的反函数, 则 $y = f(x)$ 与 $x = \varphi(y)$ 等价. 对每组对应的值 x 和 y, 满足 f 关于 x 可微, 且 φ 关于 y 可微, 当每个导数都不等于 0 时, 则 f 的导数与反函数 φ 的导数之间具有关系:

$$f'(x) = \frac{1}{\varphi'(y)} \quad 或 \quad \frac{\mathrm{d}y}{\mathrm{d}x} = \frac{1}{\dfrac{\mathrm{d}x}{\mathrm{d}y}}. \tag{6.15}$$

■ 当 $-1 < x < 1$ 时, 函数 $y = f(x) = \arcsin x$ 与 $-\dfrac{\pi}{2} < y < \dfrac{\pi}{2}$ 时的函数 $x = \varphi(y) = \sin y$ 等价. 因为当 $-\dfrac{\pi}{2} < y < \dfrac{\pi}{2}$ 时, $\cos y \neq 0$, 故由 (6.15), 有

$$(\arcsin x)' = \frac{1}{(\sin y)'} = \frac{1}{\cos y} = \frac{1}{\sqrt{1-\sin^2 y}} = \frac{1}{\sqrt{1-x^2}}.$$

9. 隐函数的导数

设函数 $y = f(x)$ 由隐函数方程 $F(x, y)$ 给出, 利用多元函数微分法 (参见第 598 页 6.2), 计算关于 x 的导数. 若偏导数 $f = F_y \neq 0$, 有

$$\frac{\partial F}{\partial x} + \frac{\partial F}{\partial y}y' = 0, \quad 故 \quad y' = -\frac{F_x}{F_y}. \tag{6.16}$$

■ 半轴长为 a 和 b 的椭圆方程 $\dfrac{x^2}{a^2} + \dfrac{y^2}{b^2} = 1$ 的隐函数形式为 $F(x, y) = \dfrac{x^2}{a^2} + \dfrac{y^2}{b^2} - 1 =$

0. 由 (6.16), 在椭圆上的点 (x,y) 处, 切线的斜率

$$y' = -\frac{2x}{a^2}\Big/\frac{2y}{b^2} = -\frac{b^2}{a^2}\frac{x}{y}.$$

10. 参数形式的函数的导数

若函数 $y = f(x)$ 的参数方程为 $x = x(t), y = y(t)$, 则导数 y' 计算公式如下:

$$\frac{\mathrm{d}y}{\mathrm{d}x} = f'(x) = \frac{\dot{y}}{\dot{x}}, \tag{6.17}$$

其中 $\dot{y}(t) = \frac{\mathrm{d}y}{\mathrm{d}t}, \dot{x}(t) = \frac{\mathrm{d}x}{\mathrm{d}t}$, 且 $\dot{x}(t) \neq 0$.

■ **极坐标表示**: 若函数由极坐标(参见第 257 页 3.5.2.2, 3.)$\rho = \rho(\varphi)$ 给出, 则其参数形式为

$$x = \rho(\varphi)\cos\varphi, \quad y = \rho(\varphi)\sin\varphi, \tag{6.18}$$

其中角 φ 为参数, 由 (6.17), 曲线切线的斜率 (参见第 327 页 3.6.1.2, 2. 或 581 页 6.1.1, 2.)

$$y' = \frac{\dot{\rho}\sin\varphi + \rho\cos\varphi}{\dot{\rho}\cos\varphi - \rho\sin\varphi}, \quad 其中 \ \dot{\rho} = \frac{\mathrm{d}\rho}{\mathrm{d}\varphi}. \tag{6.19}$$

注 (1) 导数 $\dot{x}, \dot{y}$ 是曲线在点 $(x(t), y(t))$ 处切向量的分量.

(2) 常常要用到复关系:

$$x(t) + \mathrm{i}y(t) = z(t), \quad \dot{x}(t) + \mathrm{i}\dot{y}(t) = \dot{z}(t). \tag{6.20}$$

■ 圆周运动: $z(t) = r\mathrm{e}^{\mathrm{i}wt}$($r, w$ 为常数), $\dot{z}(t) = riw\mathrm{e}^{\mathrm{i}wt} = rw\mathrm{e}^{\mathrm{i}\left(wt+\frac{\pi}{2}\right)}$. 切向量在相对于位置向量前向位移 $\pi/2$ 处转动.

11. 图解微分法

若可微函数 $y = f(x)$ 可用笛卡儿坐标系中区间 (a, b) 上的曲线 Γ 来表示, 则它的导数曲线 Γ' 可以近似地构造出来. 虽然仅凭肉眼估计的切线结构准确率相当低, 但如果切线 MN 的方向已知 (图 6.4), 便可以更精确地确定出切点 A.

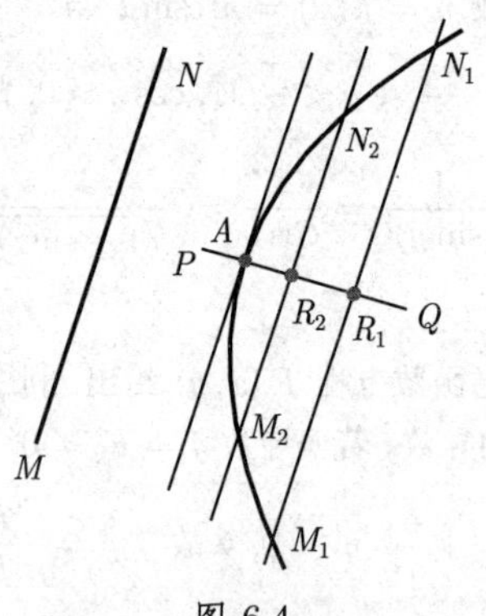

图 6.4

(1) 切线切点的构造.

首先作平行于切线方向 MN 的两条割线 $\overline{M_1N_1}, \overline{M_2N_2}$, 满足曲线在相距不远处与之相交. 接着确定出割线的中点, 过中点作一条直线 PQ, 并与曲线交于点 A, 这就是切线方向为 MN 时切点的近似点. 为了检查其正确性, 可以在靠近前两条割线的位置再作一条平行线, 直线 PQ 将与其在中点处相交.

(2) 导数曲线的构造.

a) 选择某些方向 $l_1, l_2, \cdots, l_n$, 使之为图 6.5 中曲线 $y=f(x)$ 在其定义域内的某些切线方向, 并确定出相应的切点 $A_1, A_2, \cdots, A_n$, 其中切线不必构造出来.

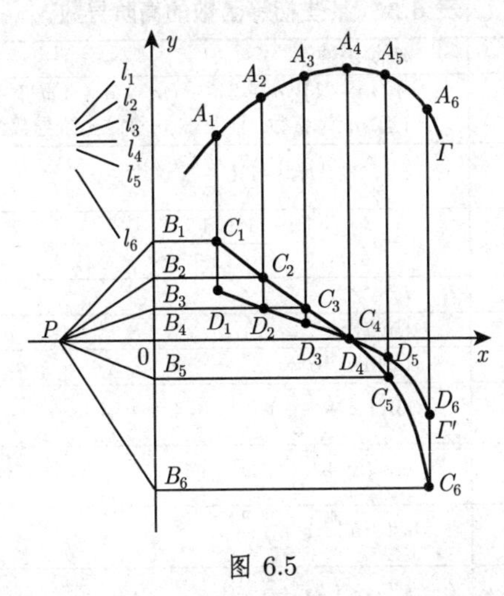

图 6.5

b) 在 x 轴的负半轴上选择一点 P 作为 "极点", 线段 $PO=a$ 越长曲线越平缓.

c) 过顶点 P 作平行于 $l_1, l_2, \cdots, l_n$ 的直线, 与 y 轴的交点记为 $B_1, B_2, \cdots, B_n$.

d) 从 $A_1, A_2, \cdots, A_n$ 引垂线, 交过 $B_1, B_2, \cdots, B_n$ 的水平线为 $C_1, C_2, \cdots, C_n$, 得 $B_1C_1, B_2C_2, \cdots, B_nC_n$.

e) 用曲线尺连接点 $C_1, C_2, \cdots, C_n$, 得到的曲线满足方程 $y=af'(x)$. 若线段 a 正好等于 y 轴的单位长度, 则得到的曲线是导数曲线. 否则, 必须把 $C_1, C_2, \cdots, C_n$ 的每个坐标乘上因子 $1/a$. 图 6.5 中的点 $D_1, D_2, \cdots, D_n$ 位于导数的精确标度曲线 Γ' 上.

6.1.3 高阶导数

6.1.3.1 高阶导数的定义

$y'=f'(x)$ 的导数, 即 $(y')'$ 或 $\dfrac{\mathrm{d}}{\mathrm{d}x}\left(\dfrac{\mathrm{d}y}{\mathrm{d}x}\right)$, 称为函数 $y=f(x)$ 的二阶导数, 记

为 $y'', \ddot{y}, \dfrac{\mathrm{d}^2y}{\mathrm{d}x^2}, f''(x)$ 或 $\dfrac{\mathrm{d}^2f(x)}{\mathrm{d}x^2}$. 类似地可定义高阶导数, 函数 $y = f(x)$ 的 n 阶导数记为

$$y^{(n)} = \frac{\mathrm{d}^n y}{\mathrm{d}x^n} = f^{(n)}(x) = \frac{\mathrm{d}^n f(x)}{\mathrm{d}x^n} \quad \left(n = 0, 1, \cdots;\ y^{(0)}(x) = f^{(0)}(x) = f(x)\right). \tag{6.21}$$

6.1.3.2 初等函数的高阶导数

最简单的函数的 n 阶导数见表 6.3.

表 6.3 某些初等函数的高阶导数

函数	n 阶函数
x^m	$m(m-1)(m-2)\cdots(m-n+1)x^{m-n}$ (当 m 为整数, 且 $n > m$ 时, n 阶导数为 0)
$\ln x\ (x > 0)$	$(-1)^{n-1}(n-1)!\dfrac{1}{x^n}$
$\log_a x\ (x > 0)$	$(-1)^{n-1}\dfrac{(n-1)!}{\ln a}\dfrac{1}{x^n}$
e^{kx}	$k^n\mathrm{e}^{kx}$
a^x	$(\ln a)^n a^x$
a^{kx}	$(k\ln a)^n a^{kx}$
$\sin x$	$\sin\left(x + \dfrac{n\pi}{2}\right)$
$\cos x$	$\cos\left(x + \dfrac{n\pi}{2}\right)$
$\sin kx$	$k^n \sin\left(kx + \dfrac{n\pi}{2}\right)$
$\cos kx$	$k^n \cos\left(kx + \dfrac{n\pi}{2}\right)$
$\sinh x$	当 n 为偶数时为 $\sinh x$, 当 n 为奇数时为 $\cosh x$
$\cosh x$	当 n 为偶数时为 $\cosh x$, 当 n 为奇数时为 $\sinh x$

6.1.3.3 莱布尼茨公式

为了计算两个函数乘积的 n 阶导数, 可利用莱布尼茨公式

$$\begin{aligned} D^n(uv) = {} & uD^nv + \frac{n}{1!}DuD^{n-1}v + \frac{n(n-1)}{2!}D^2uD^{n-2}v + \cdots \\ & + \frac{n(n-1)\cdots(n-m+1)}{m!}D^muD^{n-m}v + \cdots + D^nuv, \end{aligned} \tag{6.22}$$

其中$D^n = \dfrac{\mathrm{d}^n}{\mathrm{d}x^n}$. 若用 D^0u, D^0v 分别代替 u, v, 可得公式 (6.23), 它的结构与二项式公式对应 (参见第 14 页 1.1.6.4):

$$D^n(uv) = \sum_{m=0}^{n} \binom{n}{m} D^muD^{n-m}v. \tag{6.23}$$

■ **A**: $\left(x^2\cos ax\right)^{(50)}$：若令 $v=x^2, u=\cos ax$, 则 $u^{(k)}=a^k\cos\left(ax+k\frac{\pi}{2}\right)$, $v'=2x, v''=2, v'''=v^{(4)}=\cdots=0$. 除了前三种情况外, 其他的被加式均为 0, 所以

$$\begin{aligned}(uv)^{(50)} &= x^2a^{50}\cos\left(ax+50\frac{\pi}{2}\right)+\frac{50}{1}\cdot 2xa^{49}\cos\left(ax+49\frac{\pi}{2}\right)\\ &\quad+\frac{50\cdot 49}{1\cdot 2}\cdot 2a^{48}\cos\left(ax+48\frac{\pi}{2}\right)\\ &= a^{48}[(2450-a^2x^2)\cos ax-100ax\sin ax].\end{aligned}$$

■ **B**: $(x^3\mathrm{e}^x)^{(6)}=\binom{6}{0}\cdot x^3\mathrm{e}^x+\binom{6}{1}\cdot 3x^2\mathrm{e}^x+\binom{6}{2}\cdot 6x\mathrm{e}^x+\binom{6}{3}\cdot 6\mathrm{e}^x=\mathrm{e}^x(x^3+18x^2+90x+120)$.

6.1.3.4 参数形式函数的高阶导数

若函数 $y=f(x)$ 的参数方程为 $x=x(t), y=y(t)$, 则它的高阶导数 (y'', y''' 等) 可由以下公式来计算:

$$\frac{\mathrm{d}^2y}{\mathrm{d}x^2}=\frac{\dot{x}\ddot{y}-\dot{y}\ddot{x}}{\dot{x}^3},\quad \frac{\mathrm{d}^3y}{\mathrm{d}x^3}=\frac{\dot{x}^2\dddot{y}-3\dot{x}\ddot{x}\ddot{y}+3\dot{y}\ddot{x}^2-\dot{x}\dot{y}\dddot{x}}{\dot{x}^5},\cdots\quad (\dot{x}(t)\neq 0). \tag{6.24}$$

其中 $\dot{y}(t)=\frac{\mathrm{d}y}{\mathrm{d}t}, \dot{x}(t)=\frac{\mathrm{d}x}{\mathrm{d}t}, \ddot{y}(t)=\frac{\mathrm{d}^2y}{\mathrm{d}t^2}, \ddot{x}(t)=\frac{\mathrm{d}^2x}{\mathrm{d}t^2}$ 等表示关于参数 t 的导数.

6.1.3.5 反函数的高阶导数

若 $y=\varphi(x)$ 是原函数 $y=f(x)$ 的反函数, 则 $y=f(x)$ 与 $x=\varphi(y)$ 等价. 设 $\varphi'(y)\neq 0$, 函数 f 的导数与反函数 φ 的导数满足关系 (6.15), 则对高阶导数 (y'', y''' 等), 有

$$\frac{\mathrm{d}^2y}{\mathrm{d}x^2}=-\frac{\varphi''(y)}{[\varphi'(y)]^3},\quad \frac{\mathrm{d}^3y}{\mathrm{d}x^3}=\frac{3[\varphi''(y)]^2-\varphi'(y)\varphi'''(y)}{[\varphi'(y)]^5},\cdots. \tag{6.25}$$

6.1.4 微分学基本定理

6.1.4.1 单调性

若函数 $f(x)$ 在一连通区间上有定义且连续, 并对该区间的每个内点都可微, 则

$$f(x)\ \text{为单调递增函数, 当且仅当}\ f'(x)\geqslant 0; \tag{6.26a}$$

$$f(x)\ \text{为单调递减函数, 当且仅当}\ f'(x)\leqslant 0. \tag{6.26b}$$

若函数严格单调递增或递减, 则在给定区间的任意子区间上导函数 $f'(x)$ 不恒等于 0. 例如, 图 6.6(b) 上的线段 $\overline{BC}$ 不满足该条件.

单调性的几何意义为：单调递增函数的曲线不会随着自变量的增加而下降, 即或者上升或者沿水平方向移动 (图 6.6(a)), 因此曲线任意一点的切线或者与 x 轴正半轴的夹角为锐角, 或者与 x 轴平行; 当函数单调递减时 (图 6.6(b)), 叙述与递增时类似. 若函数严格单调, 则具有平行于 x 轴的切线仅在某些点取得, 例如图 6.6(a) 中的点 A, 也就是不可能在图 6.6(b) 那样的子区间 $\overline{BC}$ 取得.

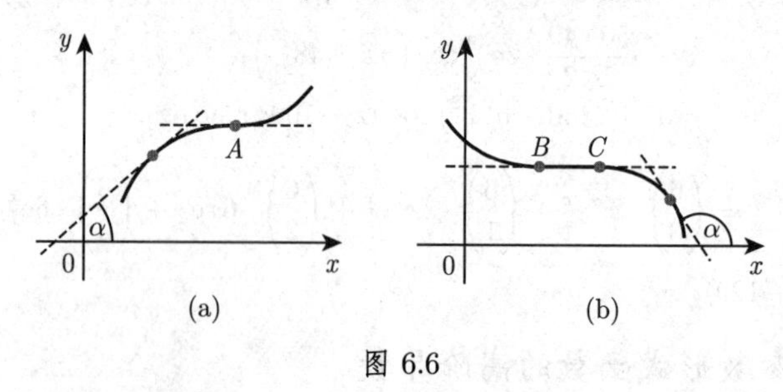

图 6.6

6.1.4.2 费马定理

若函数 $y = f(x)$ 在一连通区间上有定义, 在该区间的内点 $x = c$ 处有极大值或极小值, 即对该区间的任一点 x, 有

$$f(c) > f(x) \tag{6.27a}$$

或

$$f(c) < f(x), \tag{6.27b}$$

且函数在点 c 可导, 则在点 c 导数一定等于 0:

$$f'(c) = 0. \tag{6.27c}$$

费马定理的几何意义: 若函数满足定理假设条件, 则曲线在点 A 和 B 具有平行于 x 轴的切线 (图 6.7).

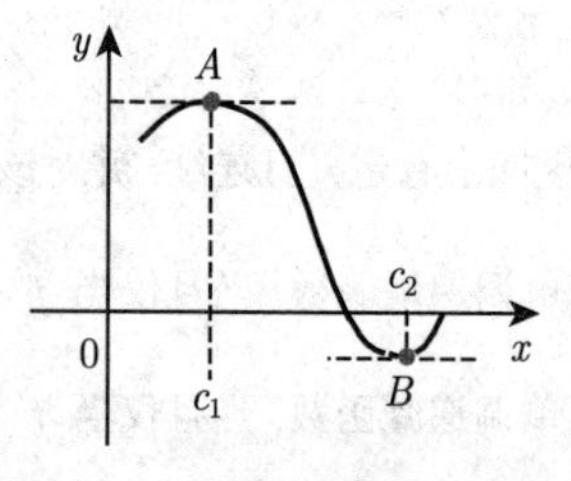

图 6.7

费马定理仅为函数在一点取得极大值和极小值的必要条件. 由图 6.6(a), 显然导数等于 0 不是函数取得极值的充分条件: 在点 A, $f'(x)=0$, 但在此处无极大值或极小值.

同样, 可微也不是取得极值的必要条件. 例如图 6.8(d) 在 e 点具有极大值, 但是该点导数不存在.

6.1.4.3　罗尔定理

若函数 $y=f(x)$ 在闭区间 $[a,b]$ 连续, 开区间 (a,b) 可微, 且

$$f(a)=0, \quad f(b)=0 \quad (a<b), \tag{6.28a}$$

则 a,b 间至少存在一点 c, 使得

$$f'(c)=0 \quad (a<c<b). \tag{6.28b}$$

罗尔定理的几何意义: 若区间 (a,b) 上连续函数 $y=f(x)$ 的图像与 x 轴交于 A,B 两点, 且在每一点都没有垂直切线, 则 A,B 间至少存在一点 C, 使得该点处的切线与 x 轴平行 (图 6.8(a)). 在此区间可能有多个这样的点, 如图 6.8(b) 中的点 C,D,E. 定理中连续性和可微性的性质非常重要: 图 6.8(c) 中的函数在 $x=d$ 处不连续, 图 6.8(d) 中的函数在 $x=e$ 处不可微, 在这两种情况下, 对于任意导数存在的点, 都有 $f'(x)\neq 0$.

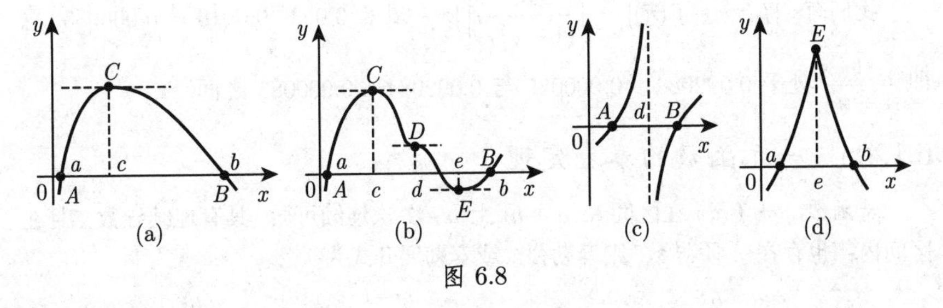

图 6.8

6.1.4.4　微分中值定理

若函数 $y=f(x)$ 在闭区间 $[a,b]$ 连续, 开区间 (a,b) 可微, 则在 a,b 间至少存在一点 c, 满足

$$\frac{f(b)-f(a)}{b-a}=f'(c) \quad (a<c<b). \tag{6.29a}$$

令 $b=a+h$, θ 为介于 0 和 1 之间的一个数, 则该定理可写为如下形式:

$$f(a+h)=f(a)+hf'(a+\Theta h) \quad (0<\Theta<1). \tag{6.29b}$$

(1) **几何意义** 定理的几何意义: 若函数 $y=f(x)$ 满足定理条件, 则函数图像在 A,B 间至少有一点 C, 使得该点处的切线与线段 AB 平行 (图 6.9). 也可能存在多个这样的点 (图 6.8(b)).

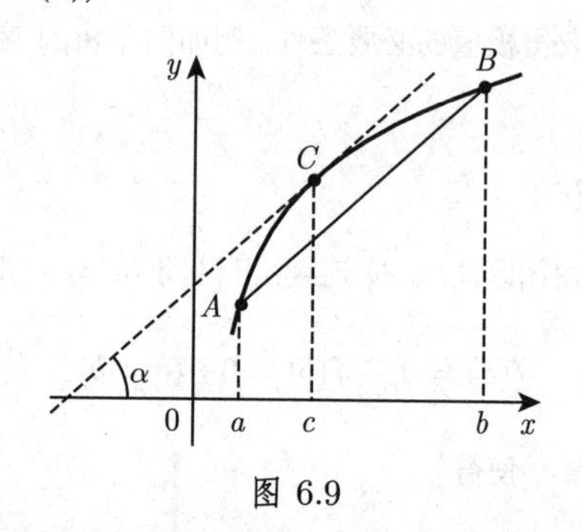

图 6.9

通过例子以及图 6.8(c), (d) 可以看出, 连续性与可微性的性质非常重要.

(2) **应用** 中值定理有几种重要应用.

■ **A**: 该定理可以证明如下形式的不等式:

$$|f(b)-f(a)|<K|b-a|, \tag{6.30}$$

对区间 $[a,b]$ 内的每一点, K 为 $|f'(x)|$ 的上界.

■ **B**: 若用 π 的近似值 $\bar{\pi}=3.14$ 代替 π, $f(\pi)=\dfrac{1}{1+\pi^2}$ 的精度如何?

我们有: $|f(\pi)-f(\bar{\pi})|=\left|\dfrac{2c}{(1+c^2)^2}\right||\pi-\bar{\pi}|\leqslant 0.053\cdot 0.0016=0.000085$, 意即 $\dfrac{1}{1+\pi^2}$ 处于 $0.092084-0.000085$ 与 $0.092084+0.000085$ 之间.

6.1.4.5 一元函数的泰勒定理

若函数 $y=f(x)$ 在区间 $[a,a+h]$ 上 $n-1$ 次连续可微 (具有连续导数), 且在区间内部也存在 n 阶导数, 则泰勒公式或泰勒展开式为

$$f(a+h)=f(a)+\frac{h}{1!}f'(a)+\frac{h^2}{2!}f''(a)+\cdots+\frac{h^{n-1}}{(n-1)!}f^{(n-1)}(a)+\frac{h^n}{n!}f^{(n)}(a+\Theta h), \tag{6.31}$$

其中 $0<\Theta<1$, h 可正可负. 中值定理 (6.29b) 是泰勒公式在 $n=1$ 时的特例.

6.1.4.6 广义微分中值定理 (柯西定理)

若两函数 $y=f(x)$ 和 $y=\varphi(x)$ 在闭区间 $[a,b]$ 连续, 至少在区间内部可微, 且在该区间上 $\varphi'(x)\neq 0$, 则 a,b 间至少存在一点 c, 使得

$$\frac{f(b)-f(a)}{\varphi(b)-\varphi(a)}=\frac{f'(c)}{\varphi'(c)}\quad (a<c<b). \tag{6.32}$$

广义中值定理的几何意义与第一个中值定理的几何意义相对应. 例如, 设图 6.9 中曲线的参数方程为 $x=\varphi(t), y=f(t)$, 则点 A, B 分别对应参数 $t=a, t=b$ 的函数值, 因此在点 C,

$$\tan\alpha=\frac{f(b)-f(a)}{\varphi(b)-\varphi(a)}=\frac{f'(c)}{\varphi'(c)}. \tag{6.33}$$

当 $\varphi(x)=x$ 时, 广义中值定理简化成了第一个中值定理.

6.1.5 极值和拐点的确定

6.1.5.1 极大值和极小值

若对任意足够小的正数或负数 h, 都有

$$f(x_0+h)<f(x_0) \quad (\text{极大值}) \tag{6.34a}$$

或

$$f(x_0+h)>f(x_0) \quad (\text{极小值}), \tag{6.34b}$$

则 $f(x)$ 在 $x=x_0$ 处的值 $f(x_0)$ 称为**相对极大值** (M) 或**相对极小值** (m). 相对极大值 $f(x_0)$ 比它邻域内的任何值都大, 类似地, 相对极小值比它邻域内的任何值都小. 相对极大值和极小值称为**相对极值**或**局部极值**; 函数在一个区间上的最大值或最小值称为**全局或绝对极大值或极小值**.

6.1.5.2 相对极值存在的必要条件

函数仅可能在导数等于 0 或导数不存在的点取得相对极大值或极小值, 即在函数取得相对极值的点, 其切线或者平行于 x 轴 (图 6.10(a)), 或者平行于 y 轴 (图 6.10(b)) 或者不存在 (图 6.10(c)). 然而, 它们不是函数取得相对极值的充分条件. 例如, 图 6.11 中的点 A, B, C 显然满足这些条件, 但在这些点函数不存在极值.

若一个连续函数有多个相对极值, 则极大值和极小值交替出现, 即在两个相邻的极大值间存在一个极小值, 反之也是如此.

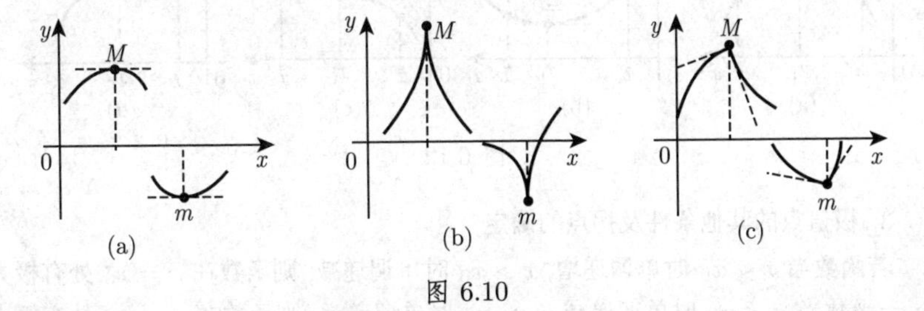

图 6.10

6.1.5.3 可微显函数 $y = f(x)$ 相对极值与拐点的确定

既然当导数存在时, $f'(x) = 0$ 是函数取得极值的必要条件, 在确定导数 $f'(x)$ 之后, 要首先计算方程 $f'(x) = 0$ 的所有实根 $x_1, x_2, \cdots, x_i, \cdots, x_n$, 且逐一按下面的方法检验是否在该点取得极值.

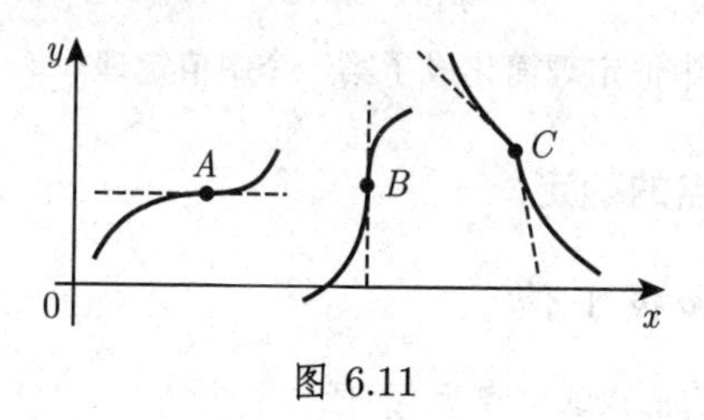

图 6.11

1. 符号改变法

对于比 x_i 稍小或稍大的值 x_- 和 x_+, 当 x_i 与 x_- 和 x_+ 之间没有 $f'(x)$ 其他根或间断点时, 可检验 $f'(x)$ 的符号. 若从 $f'(x_-)$ 向 $f'(x_+)$ 符号由 "+" 变 "−", 则函数 $f(x)$ 在 $x = x_i$ 处取得相对极大值 (图 6.12(a)); 若符号由 "−" 变 "+", 则函数 $f(x)$ 在 $x = x_i$ 处取得相对极小值 (图 6.12(b)); 若导数不变号 (图 6.12(c), (d)), 函数在 $x = x_i$ 处不取得极值, 但有一个切线平行于 x 轴的拐点.

2. 高阶导数法

若函数在 $x = x_i$ 处具有高阶导数, 可以把 $f'(x) = 0$ 的根 x_i 代入到二阶导数 $f''(x)$ 中. 若 $f''(x_i) < 0$, 则函数 $f(x)$ 在 x_i 处取得相对极大值; 若 $f''(x_i) > 0$, 则取得相对极小值. 若 $f''(x_i) = 0$, 则必须把 x_i 代入到三阶导数 $f'''(x)$ 中. 若 $f'''(x_i) \neq 0$, 则在 $x = x_i$ 处不取得极值但有一个拐点; 若仍有 $f'''(x_i) = 0$, 则可将 x_i 代入到四阶导数, 等等. 若 $f(x)$ 在 $x = x_i$ 处的第一个非零导数的阶数为偶数, 则 $f(x)$ 在 x_i 处取得极值: 若导数为正, 取得极小值, 若导数为负, 则取得极大值. 若 $f(x)$ 在 $x = x_i$ 处的第一个非零导数的阶数为奇数, 则在 x_i 处不取得极值 (实际上存在一个拐点).

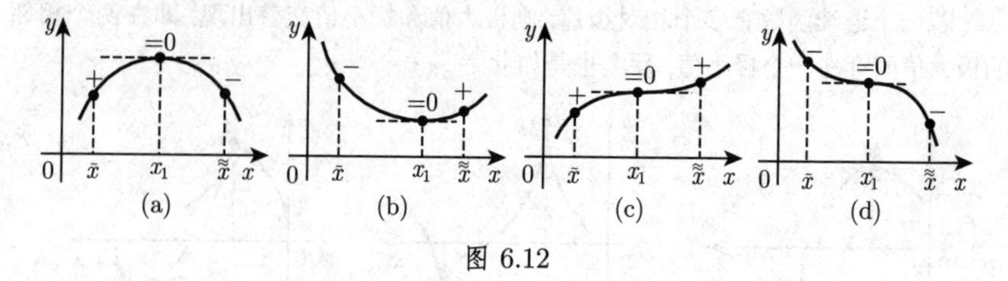

图 6.12

3. 极值点的其他条件及拐点的确定

若函数当 $x < x_0$ 时单调递增, $x > x_0$ 时单调递减, 则函数在 $x = x_0$ 处有极大值; 若函数当 $x < x_0$ 时单调递减, $x > x_0$ 时单调递赠, 则函数在 $x = x_0$ 处有极小值. 即使在图 6.10(b)、(c) 中导数不存在的情况下, 验证导数符号是否发生改变仍不失为一种有效方法. 若函数在一点一阶导数存在, 且该点为拐点, 则一阶导数在此点取得极值. 因此, 为了利用导数来寻找拐点, 必须像研究原函数的极值点那样, 对导函数进行相同的研究.

注 要确定不连续函数, 有时甚至是某些可微函数的极值, 也往往需要独特的思想. 可能函数有一个满足一阶导数存在且等于 0 的极值, 但是二阶导数不存在, 而且在一阶导数等于 0 的那个点的任意邻域都有无穷多个根, 这时再考虑符号的改变是没有意义的. 例如:

$$f(x)=\begin{cases} x^2\left(2+\sin\left(1/x\right)\right), & x\neq 0,\\ 0, & x=0. \end{cases}$$

6.1.5.4 绝对极值的确定

把自变量区间划分成一系列子区间, 使得函数在这些区间上具有连续导数, 则绝对极值在相对极值或子区间的端点处 (若端点在定义域) 取得. 对于不连续函数或者非封闭的区间, 可能在定义域上没有极大值和极小值.

极值的确定举例:

■ **A**: $y=\mathrm{e}^{-x^2}$, $x\in[-1,1]$. 函数在 $x=0$ 处有最大值, 在端点处有最小值 (图 6.13(a)).

■ **B**: $y=x^3-x^2$, $x\in[-1,2]$. 函数在区间端点 $x=+2$ 处有最大值, 在 $x=-1$ 处有最小值 (图 6.13(b)).

■ **C**: $y=\dfrac{1}{1+\mathrm{e}^{\frac{1}{x}}}$, $x\in[-3,3]\,, x\neq 0$. 函数无最大值和最小值. 在 $x=-3$ 处有相对极小值, 在 $x=3$ 处有相对极大值. 若定义 $x=0$ 时 $y=1$, 则函数在 $x=0$ 时取得绝对极大值 (图 6.13(c)).

■ **D**: $y=2-x^{\frac{2}{3}}$, $x\in[-1,+1]$. 函数在 $x=0$ 处有最大值 (图 6.13(d), 导数不是有限数).

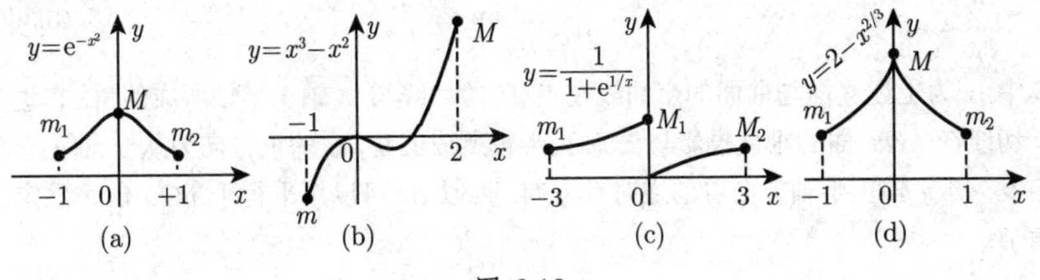

图 6.13

6.1.5.5 隐函数极值的确定

若函数由隐形式 $F(x,y)=0$ 给出, 且函数 F 本身及其偏导数 F_x, F_y 连续, 则

它的极大值和极小值可以按如下方式确定:

(1) **解方程组** $F(x,y)=0$, $F_x(x,y)=0$, 把得到的结果 $(x_1,y_1),(x_2,y_2),\cdots,(x_i,y_i),\cdots$ 代入到 F_y, F_{xx}.

(2) **对比**F_y, F_{xx}**在点**(x_i,y_i)**的符号**: 当它们异号时, 函数 $y=f(x)$ 在点 x_i 取得极小值; 当它们同号时, 函数 $y=f(x)$ 在点 x_i 取得极大值. 若 F_y 或 F_{xx} 在 (x_i,y_i) 取值为 0, 则需要用更复杂的方法去研究.

6.2 多元函数的微分

6.2.1 偏导数

6.2.1.1 函数的偏导数

n 元函数 $u=f(x_1,x_2,\cdots,x_i,\cdots,x_n)$ 的偏导数, 比如关于 x_1 的偏导数定义为

$$\frac{\partial u}{\partial x_1}=\lim_{\Delta x_1\to 0}\frac{f(x_1+\Delta x_1,x_2,x_3,\cdots,x_n)-f(x_1,x_2,x_3,\cdots,x_n)}{\Delta x_1}, \tag{6.35}$$

即认为 n 个变量中只有一个发生了改变, 而其他 $n-1$ 个是常数. 偏导数的符号为 $\dfrac{\partial u}{\partial x}, u'_x, \dfrac{\partial f}{\partial x}, f'_x$. n 元函数有 n 个一阶偏导数 $\dfrac{\partial u}{\partial x_1},\dfrac{\partial u}{\partial x_2},\dfrac{\partial u}{\partial x_3},\cdots,\dfrac{\partial u}{\partial x_n}$, 且可利用与一元函数相同的求导法则来计算偏导数.

■ $u=\dfrac{x^2y}{z}, \dfrac{\partial u}{\partial x}=\dfrac{2xy}{z}, \dfrac{\partial u}{\partial y}=\dfrac{x^2}{z}, \dfrac{\partial u}{\partial z}=-\dfrac{x^2y}{z^2}$.

6.2.1.2 二元函数的几何意义

函数 $u=f(x,y)$ 在笛卡儿坐标系中表示一曲面, 过曲面上一点 P 作平行于 uOx 面的平面与之相交 (图 6.14), 则

$$\frac{\partial u}{\partial x}=\tan\alpha, \tag{6.36a}$$

其中 α 为上述平面与曲面的交曲线在点 P 的切线与 x 轴正半轴所成的角, 它也等于切线在 uOx 面的垂直投影与 x 轴正半轴所成的角, α 的正方向为从 x 轴正半轴出发, 朝 y 轴正半轴方向看的逆时针方向. 类似 α, 可以用平行于 yOu 的平面定义角 β:

$$\frac{\partial u}{\partial y}=\tan\beta. \tag{6.36b}$$

关于给定方向的导数, 即所谓的*方向导数*, 以及关于空间的导数将在向量分析中讨论 (参见第 925 页 13.2.1.3).

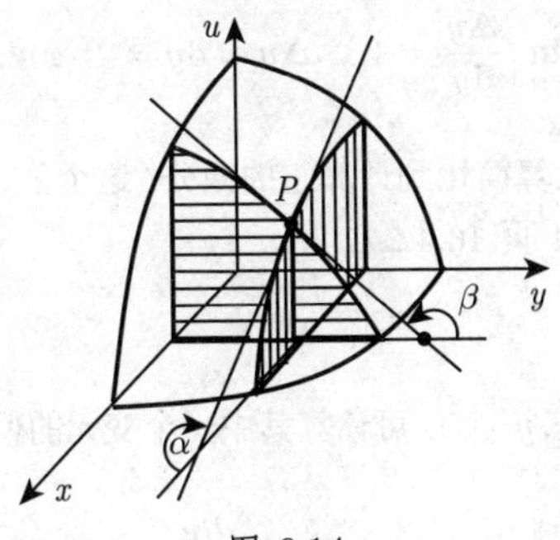

图 6.14

6.2.1.3 x 和 $f(x)$ 的微分

(1) 自变量 x 的微分 $\mathrm{d}x$ 等于增量 Δx, 即

$$\mathrm{d}x = \Delta x, \tag{6.37a}$$

其中 Δx 为任意量.

(2) 含一个变量 x 的函数 $y = f(x)$ 的微分 $\mathrm{d}y$: 对给定的 x 及 $\mathrm{d}x$, 定义

$$\mathrm{d}y = f'(x)\,\mathrm{d}x. \tag{6.37b}$$

(3) 对 $x + \Delta x$, 函数 $y = f(x)$ 的增量是差

$$\Delta y = f(x + \Delta x) - f(x). \tag{6.37c}$$

(4) 微分的几何意义:

在笛卡儿坐标系中把函数用一条曲线表示, 则 $\mathrm{d}y$ 是当 x 改变 $\mathrm{d}x$ 时, 切线纵坐标的增量 (图 6.1), 而 Δy 是曲线纵坐标的增量.

6.2.1.4 微分的基本性质

1. 不变性

不管 x 是自变量还是另一个变量 t 的函数, 都有

$$\mathrm{d}y = f'(x)\mathrm{d}x. \tag{6.38}$$

2. 量的阶

若 $\mathrm{d}x$ 为任意小量, 则 $\mathrm{d}y$ 和 $\Delta y = y(x + \Delta x) - y(x)$ 也为任意小量, 但它们等价, 即 $\lim\limits_{\Delta x \to 0} \dfrac{\Delta y}{\mathrm{d}y} = 1$. 因此它们的差 $\mathrm{d}y - \Delta y$ 也为任意小量, 而且是比 $\mathrm{d}x, \mathrm{d}y, \Delta x$ 高阶的任意小 (除非 $\mathrm{d}y = 0$), 故有

$$\lim_{\Delta x \to 0} \frac{\Delta y}{\mathrm{d}y} = 1, \quad \Delta y \approx \mathrm{d}y = f'(x)\mathrm{d}x, \tag{6.39}$$

于是可以把对小增量的计算简化到计算它的微分, 这个公式常用于近似计算 (参见第 593 页 6.1.4.4 和 1114 页 16.4.2.1, 2.).

6.2.1.5 偏微分

对多元函数 $u = f(x, y, \cdots)$, 可计算其中一个变元的偏微分, 例如关于 x 的偏微分可定义为

$$\mathrm{d}_x u = \mathrm{d}_x f = \frac{\partial u}{\partial x}\mathrm{d}x. \tag{6.40}$$

6.2.2 全微分和高阶微分

6.2.2.1 多元函数全微分的概念

1. 可微性

多元函数 $u = f(x_1, x_2, \cdots, x_i, \cdots, x_n)$ 称为在点 $P_0(x_{10}, x_{20}, \cdots, x_{i0}, \cdots, x_{n0})$ 可微, 若对任意小量 $\Delta x_1, \Delta x_2, \cdots, \Delta x_i, \cdots, \Delta x_n$, 在点 $P(x_{10} + \Delta x_1, x_{20} + \Delta x_2, \cdots, x_{i0} + \Delta x_i, \cdots, x_{n0} + \Delta x_n)$ 与在点 $P_0(x_{10}, x_{20}, \cdots, x_{i0}, \cdots, x_{n0})$ 处函数的全增量

$$\begin{aligned}\Delta u =& f(x_{10} + \Delta x_1, x_{20} + \Delta x_2, \cdots, x_{i0} + \Delta x_i, \cdots, x_{n0} + \Delta x_n) \\ &- f(x_{10}, x_{20}, \cdots, x_{i0}, \cdots, x_{n0})\end{aligned} \tag{6.41a}$$

与所有变量的偏微分之和

$$\left(\frac{\partial u}{\partial x_1}\mathrm{d}x_1 + \frac{\partial u}{\partial x_2}\mathrm{d}x_2 + \cdots + \frac{\partial u}{\partial x_n}\mathrm{d}x_n\right)_{x_{10}, x_{20}, \cdots, x_{n0}} \tag{6.41b}$$

相差为距离

$$\overline{P_0 P} = \sqrt{\Delta x_1^2 + \Delta x_2^2 + \cdots + \Delta x_n^2} = \sqrt{\mathrm{d}x_1^2 + \mathrm{d}x_2^2 + \cdots + \mathrm{d}x_n^2} \tag{6.41c}$$

的高阶无穷小.

若多元连续函数的偏导数作为多元函数在一点的邻域内连续, 则该多元函数在这一点可微. 这是可微的充分非必要条件, 事实上, 即使偏导数在一点存在, 函数在该点也未必连续.

2. 全微分

若 u 为可微函数, 则和式 (6.41b) 称为函数的全微分, 记为

$$\mathrm{d}u = \frac{\partial u}{\partial x_1}\mathrm{d}x_1 + \frac{\partial u}{\partial x_2}\mathrm{d}x_2 + \cdots + \frac{\partial u}{\partial x_n}\mathrm{d}x_n. \tag{6.42a}$$

由 n 维向量

$$\mathbf{grad}\underline{\boldsymbol{u}} = \left(\frac{\partial u}{\partial x_1}, \frac{\partial u}{\partial x_2}, \cdots, \frac{\partial u}{\partial x_n}\right)^{\mathrm{T}}, \tag{6.42b}$$

$$\mathbf{d}\underline{\boldsymbol{r}} = (\mathrm{d}x_1, \mathrm{d}x_2, \cdots, \mathrm{d}x_n)^{\mathrm{T}}, \tag{6.42c}$$

则全微分可以表示为标量积

$$\mathrm{d}u = (\mathbf{grad}\underline{\boldsymbol{u}})^{\mathrm{T}} \cdot \mathbf{d}\underline{\boldsymbol{r}}. \tag{6.42d}$$

(6.42b) 中含 n 个变元的向量为梯度, 其定义见 926 页 13.2.2.

3. 几何表示

二元函数 $u = f(x, y)$ 在笛卡儿坐标系中表示一曲面, 它的全微分的几何意义 (图 6.15): 若 $\mathrm{d}x, \mathrm{d}y$ 是 x, y 的增量, 则 $\mathrm{d}u$ 等于切平面 (在同一点) 的竖坐标 (参见第 281 页 3.5.3.1, 3.) 的增量.

由泰勒公式 (参见第 602 页 6.2.2.3, 1.), 可得对二元函数, 有

$$f(x, y) = f(x_0, y_0) + \frac{\partial f}{\partial x}(x_0, y_0)(x - x_0) + \frac{\partial f}{\partial y}(x_0, y_0)(y - y_0) + R_1. \tag{6.43a}$$

忽略掉余项 R_1, 有

$$u = f(x_0, y_0) + \frac{\partial f}{\partial x}(x_0, y_0)(x - x_0) + \frac{\partial f}{\partial y}(x_0, y_0)(y - y_0), \tag{6.43b}$$

它给出了曲面 $u = f(x, y)$ 在点 $P_0(x_0, y_0, z_0)$ 的切平面方程.

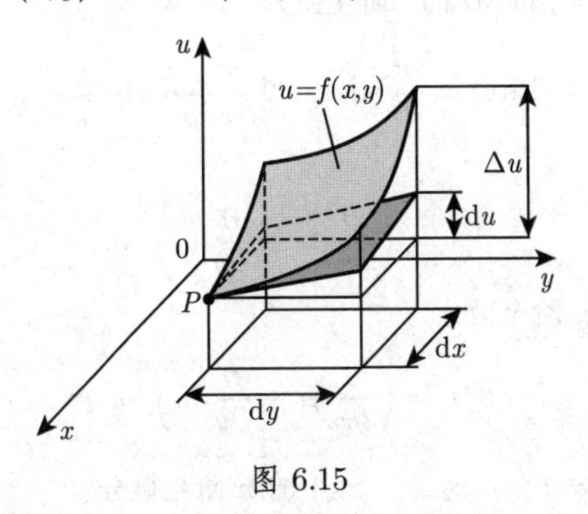

图 6.15

4. 全微分的基本性质

与一元函数中的公式 (6.38) 类似, 全微分关于自变量也具有微分形式不变性.

5. 在误差计算中的应用

在误差计算中, 常常使用全微分 $\mathrm{d}u$ 作为 Δu(参见 (6.41a)) 的误差估计 (具体例子参见第 1111 页 16.4.1.3, 5.). 由泰勒公式 (参见第 602 页 6.2.2.3, 1.), 有

$$|\Delta u| = |\mathrm{d}u + R_1| \leqslant |\mathrm{d}u| + |R_1| \approx |\mathrm{d}u|, \tag{6.44}$$

即绝对误差 $|\Delta u|$ 可用 $|\mathrm{d}u|$ 作初步近似, 由此 $\mathrm{d}u$ 是 Δu 的线性近似.

6.2.2.2 高阶导数与微分

1. 二阶偏导数、施瓦茨交换定理

多元函数 $u = f(x_1, x_2, \cdots, x_i, \cdots, x_n)$ 的二阶偏导数分两种情况: 一种是对同一个变量的偏导数, 如 $\dfrac{\partial^2 u}{\partial x_1^2}, \dfrac{\partial^2 u}{\partial x_2^2}, \cdots$; 另一种是对两个变量的偏导数, 如 $\dfrac{\partial^2 u}{\partial x_1 \partial x_2}$, $\dfrac{\partial^2 u}{\partial x_2 \partial x_3}, \dfrac{\partial^2 u}{\partial x_3 \partial x_1}, \cdots$. 第二种情况称为混合偏导数. 若在一点混合偏导数连续, 则对微分次序中独立的 x_1, x_2, 有

$$\frac{\partial^2 u}{\partial x_1 \partial x_2} = \frac{\partial^2 u}{\partial x_2 \partial x_1} \text{ (施瓦茨交换定理)}. \tag{6.45}$$

类似地, 可定义高阶偏导数, 如 $\dfrac{\partial^3 u}{\partial x_1^3}, \dfrac{\partial^3 u}{\partial x \partial y^2}, \cdots$.

2. 一元函数 $y = f(x)$ 的二阶微分

一元函数 $y = f(x)$ 的一阶微分的微分称为二阶微分, 记为 $\mathrm{d}^2 y, \mathrm{d}^2 f(x)$, 其中 $\mathrm{d}^2 y = \mathrm{d}(\mathrm{d}y) = f''(x)\mathrm{d}x^2$. 仅当 x 为自变量时, 才适于采用这样的符号, 若 x 由 $x = z(v)$ 的形式给出, 上述符号就不再适用. 类似地可以定义高阶微分. 若变元 $x_1, x_2, \cdots, x_i, \cdots, x_n$ 本身是其他变元的函数, 可得到更复杂的公式 (参见第 606 页 6.2.4).

3. 二元函数 $u = f(x, y)$ 的二阶全微分

$$\mathrm{d}^2 u = \mathrm{d}(\mathrm{d}u) = \frac{\partial^2 u}{\partial x^2}\mathrm{d}x^2 + 2\frac{\partial^2 u}{\partial x \partial y}\mathrm{d}x\mathrm{d}y + \frac{\partial^2 u}{\partial y^2}\mathrm{d}y^2, \tag{6.46a}$$

或象征性地写为

$$\mathrm{d}^2 u = \left(\frac{\partial}{\partial x}\mathrm{d}x + \frac{\partial}{\partial y}\mathrm{d}y\right)^2 u. \tag{6.46b}$$

4. 二元函数的 n 阶全微分

$$\mathrm{d}^n u = \left(\frac{\partial}{\partial x}\mathrm{d}x + \frac{\partial}{\partial y}\mathrm{d}y\right)^n u. \tag{6.47}$$

5. m 元函数 $u = f(x_1, x_2, \cdots, x_m)$ 的 n 阶全微分

$$\mathrm{d}^n u = \left(\frac{\partial}{\partial x_1}\mathrm{d}x_1 + \frac{\partial}{\partial x_2}\mathrm{d}x_2 + \cdots + \frac{\partial}{\partial x_m}\mathrm{d}x_m\right)^n u. \tag{6.48}$$

6.2.2.3 多元函数的泰勒定理

1. 二元函数的泰勒定理

a) **第一种表示形式**

$$f(x,y) = f(a,b) + \left.\frac{\partial f(x,y)}{\partial x}\right|_{(x,y)=(a,b)}(x-a) + \left.\frac{\partial f(x,y)}{\partial y}\right|_{(x,y)=(a,b)}(y-b)$$

$$+\frac{1}{2!}\left\{\left.\frac{\partial^2 f(x,y)}{\partial x^2}\right|_{(x,y)=(a,b)}(x-a)^2+2\left.\frac{\partial^2 f(x,y)}{\partial x\partial y}\right|_{(x,y)=(a,b)}(x-a)(y-b)\right.$$
$$\left.+\left.\frac{\partial^2 f(x,y)}{\partial y^2}\right|_{(x,y)=(a,b)}(y-b)^2\right\}+\frac{1}{3!}\{\cdots\}+\cdots+\frac{1}{n!}\{\cdots\}+R_n, \tag{6.49a}$$

其中 (a,b) 是展开式的中心, R_n 是余项. 有时采用简写符号, 如把

$$\frac{\partial f(x,y)}{\partial x}\Big|_{(x,y)=(x_0,y_0)},$$

简记为 $\dfrac{\partial f}{\partial x}(x_0,y_0)$.

(6.49a) 中更高阶的项可以借助下列符号清晰地表示出来:

$$\begin{aligned}f(x,y)=&f(a,b)+\frac{1}{1!}\left\{(x-a)\frac{\partial}{\partial x}+(y-b)\frac{\partial}{\partial y}\right\}f(x,y)\Big|_{(x,y)=(a,b)}\\&+\frac{1}{2!}\left\{(x-a)\frac{\partial}{\partial x}+(y-b)\frac{\partial}{\partial y}\right\}^2 f(x,y)\Big|_{(x,y)=(a,b)}\\&+\frac{1}{3!}\{\cdots\}^3 f(x,y)\Big|_{(x,y)=(a,b)}+\cdots+\frac{1}{n!}\{\cdots\}^n f(x,y)\Big|_{(x,y)=(a,b)}+R_n.\end{aligned} \tag{6.49b}$$

这种符号形式的意思是: 利用二项式定理后微分符号 $\dfrac{\partial}{\partial x},\dfrac{\partial}{\partial y}$ 的幂表示函数 $f(x,y)$ 的高阶导数, 然后让导数在点 (a,b) 取值.

b) **第二种表示形式**

$$\begin{aligned}f(x+h,y+k)=f(x,y)&+\frac{1}{1!}\left(\frac{\partial}{\partial x}h+\frac{\partial}{\partial y}k\right)f(x,y)+\frac{1}{2!}\left(\frac{\partial}{\partial x}h+\frac{\partial}{\partial y}k\right)^2 f(x,y)\\&+\frac{1}{3!}\left(\frac{\partial}{\partial x}h+\frac{\partial}{\partial y}k\right)^3 f(x,y)+\cdots\\&+\frac{1}{n!}\left(\frac{\partial}{\partial x}h+\frac{\partial}{\partial y}k\right)^n f(x,y)+R_n.\end{aligned} \tag{6.49c}$$

c) **余项** 余项的表达式为

$$R_n=\frac{1}{(n+1)!}\left(\frac{\partial}{\partial x}h+\frac{\partial}{\partial y}k\right)^{n+1} f(x+\Theta h,y+\Theta k)\qquad(0<\Theta<1). \tag{6.49d}$$

2. m 元函数的泰勒公式

用微分符号可类似地表示为

$$f(x+h,y+k,\cdots,t+l)$$

$$= f(x,y,\cdots,t) + \sum_{i=1}^{n} \frac{1}{i!}\left(\frac{\partial}{\partial x}h + \frac{\partial}{\partial y}k + \cdots + \frac{\partial}{\partial t}l\right)^{i} f(x,y,\cdots,t) + R_n, \tag{6.50a}$$

其中余项可用如下表达式来计算

$$R_n = \frac{1}{(n+1)!}\left(\frac{\partial}{\partial x}h + \frac{\partial}{\partial y}k + \cdots + \frac{\partial}{\partial t}l\right)^{n+1} \times f(x+\Theta h, y+\Theta k, \cdots, t+\Theta l) \quad (0 < \Theta < 1). \tag{6.50b}$$

6.2.3 多元函数的微分法则

6.2.3.1 复合函数的微分

1. 一元复合函数

$$u = f(x_1, x_2, \cdots, x_n), x_1 = x_1(\xi), x_2 = x_2(\xi), \cdots, x_n = x_n(\xi), \tag{6.51a}$$

$$\frac{\partial u}{\partial \xi} = \frac{\partial u}{\partial x_1}\frac{\mathrm{d}x_1}{\mathrm{d}\xi} + \frac{\partial u}{\partial x_2}\frac{\mathrm{d}x_2}{\mathrm{d}\xi} + \cdots + \frac{\partial u}{\partial x_n}\frac{\mathrm{d}x_n}{\mathrm{d}\xi}. \tag{6.51b}$$

2. 多元复合函数

$$u = f(x_1, x_2, \cdots, x_n),$$

$$x_1 = x_1(\xi, \eta, \cdots, \tau), x_2 = x_2(\xi, \eta, \cdots, \tau), \cdots, x_n = x_n(\xi, \eta, \cdots, \tau), \tag{6.52a}$$

$$\left.\begin{aligned} \frac{\partial u}{\partial \xi} &= \frac{\partial u}{\partial x_1}\frac{\partial x_1}{\partial \xi} + \frac{\partial u}{\partial x_2}\frac{\partial x_2}{\partial \xi} + \cdots + \frac{\partial u}{\partial x_n}\frac{\partial x_n}{\partial \xi}, \\ \frac{\partial u}{\partial \eta} &= \frac{\partial u}{\partial x_1}\frac{\partial x_1}{\partial \eta} + \frac{\partial u}{\partial x_2}\frac{\partial x_2}{\partial \eta} + \cdots + \frac{\partial u}{\partial x_n}\frac{\partial x_n}{\partial \eta}, \\ &\cdots\cdots \\ \frac{\partial u}{\partial \tau} &= \frac{\partial u}{\partial x_1}\frac{\partial x_1}{\partial \tau} + \frac{\partial u}{\partial x_2}\frac{\partial x_2}{\partial \tau} + \cdots + \frac{\partial u}{\partial x_n}\frac{\partial x_n}{\partial \tau}. \end{aligned}\right\} \tag{6.52b}$$

6.2.3.2 隐函数的微分

(1) 若一元函数 $y = f(x)$ 由方程

$$F(x,y) = 0 \tag{6.53a}$$

给出, 则利用 (6.51b) 可对 (6.53a) 进行微分

$$F_x + F_y y' = 0, \tag{6.53b}$$

故

$$y' = -\frac{F_x}{F_y} \quad (F_y \neq 0). \tag{6.53c}$$

用同样的方法可得 (6.53b) 的微分

$$F_{xx}+2F_{xy}y'+F_{yy}(y')^2+F_yy''=0. \tag{6.53d}$$

由 (6.53b), 有

$$y''=\frac{2F_xF_yF_{xy}-(F_y)^2F_{xx}-(F_x)^2F_{yy}}{(F_y)^3}. \tag{6.53e}$$

利用类似的方法可计算三阶导数

$$F_{xxx}+3F_{xxy}y'+3F_{xyy}(y')^2+F_{yyy}(y')^3+3F_{xy}y''+3F_{yy}y'y''+F_yy'''=0, \tag{6.53f}$$

由此可把 y''' 表示出来.

(2) **若多元函数** $u=f(x_1,x_2,\cdots,x_i,\cdots,x_n)$ 由方程

$$F(x_1,x_2,\cdots,x_i,\cdots,x_n,u)=0 \tag{6.54a}$$

给出, 可用类似前面的方法来计算偏导数

$$\frac{\partial u}{\partial x_1}=-\frac{F_{x_1}}{F_u},\frac{\partial u}{\partial x_2}=-\frac{F_{x_2}}{F_u},\cdots,\frac{\partial u}{\partial x_n}=-\frac{F_{x_n}}{F_u}, \tag{6.54b}$$

但是此处将会用到 (6.52b). 按同样的方法可计算高阶导数.

(3) **若两个一元函数** $y=f(x),z=\varphi(x)$ 由

$$F(x,y,z)=0 \quad 和 \quad \Phi(x,y,z)=0 \tag{6.55a}$$

构成的方程组给出. 根据 (6.51b), (6.55a) 的微分为

$$F_x+F_yy'+F_zz'=0, \quad \Phi_x+\Phi_yy'+\Phi_zz'=0, \tag{6.55b}$$

故

$$y'=\frac{F_z\Phi_x-\Phi_zF_x}{F_y\Phi_z-F_z\Phi_y}, \quad z'=\frac{F_x\Phi_y-F_y\Phi_x}{F_y\Phi_z-F_z\Phi_y}. \tag{6.55c}$$

由 y',z', 利用 (6.55b) 的微分, 用同样的方法可计算二阶导数 y'' 和 z''.

(4) n **个一元函数** 令 $y_1=f(x),y_2=\varphi(x),\cdots,y_n=\psi(x)$ 由 n 个方程

$$F(x,y_1,y_2,\cdots,y_n)=0, \quad \Phi(x,y_1,y_2,\cdots,y_n)=0,\cdots,\Psi(x,y_1,y_2,\cdots,y_n)=0 \tag{6.56a}$$

构成的方程组给出. 由 (6.51b), 可得 (6.56a) 的微分

$$\left.\begin{aligned}
F_x+F_{y_1}y_1'+F_{y_2}y_2'+\cdots+F_{y_n}y_n'&=0,\\
\Phi_x+\Phi_{y_1}y_1'+\Phi_{y_2}y_2'+\cdots+\Phi_{y_n}y_n'&=0,\\
\vdots+\ \vdots\ +\ \vdots\ +\vdots+\ \vdots\ \ &=0,\\
\Psi_x+\Psi_{y_1}y_1'+\Psi_{y_2}y_2'+\cdots+\Psi_{y_n}y_n'&=0.
\end{aligned}\right\}. \tag{6.56b}$$

解 (6.56b), 可得要求的导数 $y_1', y_2', \cdots, y_n'$. 用类似的方法可计算高阶导数.

(5) **若两个二元函数** $u = f(x,y), v = \varphi(x,y)$ 由

$$F(x,y,u,v) = 0 \quad 和 \quad \Phi(x,y,u,v) = 0 \tag{6.57a}$$

构成的方程组给出. 利用 (6.52b), (6.57a) 的关于 x, y 的微分为

$$\left.\begin{aligned} &\frac{\partial F}{\partial x} + \frac{\partial F}{\partial u}\frac{\partial u}{\partial x} + \frac{\partial F}{\partial v}\frac{\partial v}{\partial x} = 0, \\ &\frac{\partial \Phi}{\partial x} + \frac{\partial \Phi}{\partial u}\frac{\partial u}{\partial x} + \frac{\partial \Phi}{\partial v}\frac{\partial v}{\partial x} = 0. \end{aligned}\right\} \tag{6.57b}$$

$$\left.\begin{aligned} &\frac{\partial F}{\partial y} + \frac{\partial F}{\partial u}\frac{\partial u}{\partial y} + \frac{\partial F}{\partial v}\frac{\partial v}{\partial y} = 0, \\ &\frac{\partial \Phi}{\partial y} + \frac{\partial \Phi}{\partial u}\frac{\partial u}{\partial y} + \frac{\partial \Phi}{\partial v}\frac{\partial v}{\partial y} = 0. \end{aligned}\right\} \tag{6.57c}$$

分别从方程组 (6.57b) 和 (6.57c) 中解出 $\frac{\partial u}{\partial x}, \frac{\partial v}{\partial x}$ 和 $\frac{\partial u}{\partial y}, \frac{\partial v}{\partial y}$, 即得一阶偏导数. 利用同样的方法可计算高阶偏导数.

(6) **由** n **个方程构成的方程组给出的** n **个** m **元函数** 利用与前面类似的方法可计算一阶和高阶偏导数.

6.2.4 微分表达式中的变量代换与坐标变换

6.2.4.1 一元函数

已知一个函数 $y(x)$ 和一个含自变量、函数 $y(x)$ 及其导数的微分表达式 F:

$$y = f(x), \tag{6.58a}$$

$$F = F\left(x, y, \frac{\mathrm{d}y}{\mathrm{d}x}, \frac{\mathrm{d}^2y}{\mathrm{d}x^2}, \frac{\mathrm{d}^3y}{\mathrm{d}x^3}, \cdots\right). \tag{6.58b}$$

若作变量代换, 则可按如下方法计算导数.

情况 1a 用变量 t 代替变量 x, 有

$$x = \varphi(t), \tag{6.59a}$$

则

$$\frac{\mathrm{d}y}{\mathrm{d}x} = \frac{1}{\varphi'(t)}\frac{\mathrm{d}y}{\mathrm{d}t}, \quad \frac{\mathrm{d}^2y}{\mathrm{d}x^2} = \frac{1}{[\varphi'(t)]^3}\left\{\varphi'(t)\frac{\mathrm{d}^2y}{\mathrm{d}t^2} - \varphi''(t)\frac{\mathrm{d}y}{\mathrm{d}t}\right\}, \tag{6.59b}$$

$$\frac{\mathrm{d}^3y}{\mathrm{d}x^3} = \frac{1}{[\varphi'(t)]^5}\left\{[\varphi'(t)]^2\frac{\mathrm{d}^3y}{\mathrm{d}t^3} - 3\,\varphi'(t)\,\varphi''(t)\frac{\mathrm{d}^2y}{\mathrm{d}t^2}\right.$$

$$+[3[\varphi''(t)]^2-\varphi'(t)\,\varphi'''(t)]\frac{\mathrm{d}y}{\mathrm{d}x}\Big\},\cdots. \tag{6.59c}$$

情况 1b 若 x,t 之间的关系不是以显形式给出, 而是满足隐函数方程

$$\varPhi(x,t)=0, \tag{6.60}$$

则可按同样的公式计算导数 $\frac{\mathrm{d}y}{\mathrm{d}x},\frac{\mathrm{d}^2y}{\mathrm{d}x^2},\frac{\mathrm{d}^3y}{\mathrm{d}x^3}$, 不过导数 $\varphi'(t),\varphi''(t),\varphi'''(t)$ 必须根据隐函数法则来计算. 在这种情况下可能 (6.58b) 中包含着变量 x, 为了消去 x, 可利用 (6.60).

情况 2 若用函数 $u(x)$ 代替函数 y, 它们间的关系为

$$y=\varphi(u), \tag{6.61a}$$

则可利用下面的公式计算导数:

$$\frac{\mathrm{d}y}{\mathrm{d}x}=\varphi'(u)\frac{\mathrm{d}u}{\mathrm{d}x},\quad \frac{\mathrm{d}^2y}{\mathrm{d}x^2}=\varphi'(u)\frac{\mathrm{d}^2u}{\mathrm{d}x^2}+\varphi''(u)\left(\frac{\mathrm{d}u}{\mathrm{d}x}\right)^2, \tag{6.61b}$$

$$\frac{\mathrm{d}^3y}{\mathrm{d}x^3}=\varphi'(u)\frac{\mathrm{d}^3u}{\mathrm{d}x^3}+3\varphi''(u)\frac{\mathrm{d}u}{\mathrm{d}x}\frac{\mathrm{d}^2u}{\mathrm{d}x^2}+\varphi'''(u)\left(\frac{\mathrm{d}u}{\mathrm{d}x}\right)^3,\cdots. \tag{6.61c}$$

情况 3 用新的变量 t,u 代替 x,y , 它们间的关系为

$$x=\varphi(t,u),\quad y=\psi(t,u), \tag{6.62a}$$

则可利用下面的公式计算导数:

$$\frac{\mathrm{d}y}{\mathrm{d}x}=\frac{\dfrac{\partial\psi}{\partial t}+\dfrac{\partial\psi}{\partial u}\dfrac{\mathrm{d}u}{\mathrm{d}t}}{\dfrac{\partial\varphi}{\partial t}+\dfrac{\partial\varphi}{\partial u}\dfrac{\mathrm{d}u}{\mathrm{d}t}}, \tag{6.62b}$$

$$\frac{\mathrm{d}^2y}{\mathrm{d}x^2}=\frac{\mathrm{d}}{\mathrm{d}x}\left(\frac{\mathrm{d}y}{\mathrm{d}x}\right)=\frac{\mathrm{d}}{\mathrm{d}x}\left[\frac{\dfrac{\partial\psi}{\partial t}+\dfrac{\partial\psi}{\partial u}\dfrac{\mathrm{d}u}{\mathrm{d}t}}{\dfrac{\partial\varphi}{\partial t}+\dfrac{\partial\varphi}{\partial u}\dfrac{\mathrm{d}u}{\mathrm{d}t}}\right]=\frac{1}{\dfrac{\partial\varphi}{\partial t}+\dfrac{\partial\varphi}{\partial u}\dfrac{\mathrm{d}u}{\mathrm{d}t}}\frac{\mathrm{d}}{\mathrm{d}t}\left[\frac{\dfrac{\partial\psi}{\partial t}+\dfrac{\partial\psi}{\partial u}\dfrac{\mathrm{d}u}{\mathrm{d}t}}{\dfrac{\partial\varphi}{\partial t}+\dfrac{\partial\varphi}{\partial u}\dfrac{\mathrm{d}u}{\mathrm{d}t}}\right], \tag{6.62c}$$

$$\frac{1}{B}\frac{\mathrm{d}}{\mathrm{d}t}\left(\frac{A}{B}\right)=\frac{1}{B^3}\left(B\frac{\mathrm{d}A}{\mathrm{d}t}-A\frac{\mathrm{d}B}{\mathrm{d}t}\right), \tag{6.62d}$$

其中

$$A=\frac{\partial\psi}{\partial t}+\frac{\partial\psi}{\partial u}\frac{\mathrm{d}u}{\mathrm{d}t}, \tag{6.62e}$$

$$B=\frac{\partial\varphi}{\partial t}+\frac{\partial\varphi}{\partial u}\frac{\mathrm{d}u}{\mathrm{d}t}. \tag{6.62f}$$

类似地, 可确定三阶导数 $\frac{\mathrm{d}^3y}{\mathrm{d}x^3}$.

■ 利用

$$x=\rho\cos\varphi,\quad y=\rho\sin\varphi \tag{6.63a}$$

可把笛卡儿坐标变成极坐标. 由以下公式可计算一阶和二阶导数:

$$\frac{\mathrm{d}y}{\mathrm{d}x}=\frac{\rho'\sin\varphi+\rho\cos\varphi}{\rho'\cos\varphi-\rho\sin\varphi}, \tag{6.63b}$$

$$\frac{\mathrm{d}^2y}{\mathrm{d}x^2}=\frac{\rho^2+2\rho'^2-\rho\rho''}{(\rho'\cos\varphi-\rho\sin\varphi)^3}. \tag{6.63c}$$

6.2.4.2 二元函数

已知一函数 $w(x,y)$ 以及一个含自变量、函数 $w(x,y)$ 及其偏导数的微分表达式 F:

$$\omega=f(x,y), \tag{6.64a}$$

$$F=F\left(x,y,\omega,\frac{\partial\omega}{\partial x},\frac{\partial\omega}{\partial y},\frac{\partial^2\omega}{\partial x^2},\frac{\partial^2\omega}{\partial x\partial y},\frac{\partial^2\omega}{\partial y^2},\cdots\right). \tag{6.64b}$$

若用新的变量 u,v 代替 x,y

$$x=\varphi(u,v),\quad y=\psi(u,v), \tag{6.65a}$$

则一阶偏导数可由方程组

$$\frac{\partial\omega}{\partial u}=\frac{\partial\omega}{\partial x}\frac{\partial\varphi}{\partial u}+\frac{\partial\omega}{\partial y}\frac{\partial\psi}{\partial u},\quad \frac{\partial\omega}{\partial v}=\frac{\partial\omega}{\partial x}\frac{\partial\varphi}{\partial v}+\frac{\partial\omega}{\partial y}\frac{\partial\psi}{\partial v} \tag{6.65b}$$

给出, 设 A,B,C,D 为新变量 u,v 的新函数, 则

$$\frac{\partial\omega}{\partial x}=A\frac{\partial\omega}{\partial u}+B\frac{\partial\omega}{\partial v},\quad \frac{\partial\omega}{\partial y}=C\frac{\partial\omega}{\partial u}+D\frac{\partial\omega}{\partial v}. \tag{6.65c}$$

用同样的公式可计算二阶偏导数, 只不过不再用 w, 而是用偏导数 $\frac{\partial w}{\partial x},\frac{\partial w}{\partial y}$, 例如

$$\begin{aligned}\frac{\partial^2\omega}{\partial x^2}=&\frac{\partial}{\partial x}\left(\frac{\partial\omega}{\partial x}\right)=\frac{\partial}{\partial x}\left(A\frac{\partial\omega}{\partial u}+B\frac{\partial\omega}{\partial v}\right)\\ =&A\left(A\frac{\partial^2\omega}{\partial u^2}+B\frac{\partial^2\omega}{\partial u\partial v}+\frac{\partial A}{\partial u}\frac{\partial\omega}{\partial u}+\frac{\partial B}{\partial u}\frac{\partial\omega}{\partial v}\right)\\ &+B\left(A\frac{\partial^2\omega}{\partial u\partial v}+B\frac{\partial^2\omega}{\partial v^2}+\frac{\partial A}{\partial v}\frac{\partial\omega}{\partial u}+\frac{\partial B}{\partial v}\frac{\partial\omega}{\partial v}\right).\end{aligned} \tag{6.66}$$

用同样的方法可以计算高阶偏导数.

■ 把拉普拉斯算子 (参见第 934 页 13.2.6.5) 用极坐标 (参见第 255 页 3.5.2.1, 2.) 表示:

$$\Delta\omega=\frac{\partial^2\omega}{\partial x^2}+\frac{\partial^2\omega}{\partial y^2}, \tag{6.67a}$$

$$x=\rho\cos\varphi,\quad y=\rho\sin\varphi. \tag{6.67b}$$

计算如下:

$$\frac{\partial\omega}{\partial\rho}=\frac{\partial\omega}{\partial x}\cos\varphi+\frac{\partial\omega}{\partial y}\sin\varphi,\quad \frac{\partial\omega}{\partial\varphi}=-\frac{\partial\omega}{\partial x}\rho\sin\varphi+\frac{\partial\omega}{\partial y}\rho\cos\varphi,$$

$$\frac{\partial\omega}{\partial x}=\cos\varphi\frac{\partial\omega}{\partial\rho}-\frac{\sin\varphi}{\rho}\frac{\partial\omega}{\partial\varphi},\quad \frac{\partial\omega}{\partial y}=\sin\varphi\frac{\partial\omega}{\partial\rho}+\frac{\cos\varphi}{\rho}\frac{\partial\omega}{\partial\varphi},$$

$$\frac{\partial^2\omega}{\partial x^2}=\cos\varphi\frac{\partial}{\partial\rho}\left(\cos\varphi\frac{\partial\omega}{\partial\rho}-\frac{\sin\varphi}{\rho}\frac{\partial\omega}{\partial\varphi}\right)-\frac{\sin\varphi}{\rho}\frac{\partial}{\partial\varphi}\left(\cos\varphi\frac{\partial\omega}{\partial\rho}-\frac{\sin\varphi}{\rho}\frac{\partial\omega}{\partial\varphi}\right).$$

类似地, 可以计算 $\dfrac{\partial^2 w}{\partial y^2}$, 最终有

$$\Delta\omega=\frac{\partial^2\omega}{\partial\rho^2}+\frac{1}{\rho^2}\frac{\partial^2\omega}{\partial\varphi^2}+\frac{1}{\rho}\frac{\partial\omega}{\partial\rho}. \tag{6.67c}$$

注 若含有两个以上变量的函数被代换, 可得到类似的代换公式.

6.2.5 多元函数的极值

6.2.5.1 相对极值的定义

函数 $u=f(x_1,x_2,\cdots,x_i,\cdots,x_n)$ 称为在点 $P_0(x_{10},x_{20},\cdots,x_{i0},\cdots,x_{n0})$ 具有相对极值, 若存在数 ε, 满足对属于函数定义域区域 $x_{10}-\varepsilon<x_1<x_{10}+\varepsilon, x_{20}-\varepsilon<x_2<x_{20}+\varepsilon,\cdots,x_{n0}-\varepsilon<x_n<x_{n0}+\varepsilon$ 内的任意一点 $P(x_1,x_2,\cdots,x_n)$, 有不等式

$$f(x_1,x_2,\cdots,x_n)<f(x_{10},x_{20},\cdots,x_{n0}) \tag{6.68a}$$

或

$$f(x_1,x_2,\cdots,x_n)>f(x_{10},x_{20},\cdots,x_{n0}). \tag{6.68b}$$

利用多维空间的术语 (参见第 153 页 2.18.1), 若函数在一点比它邻域内的任何点都大或都小, 则称函数有相对极大值和相对极小值.

6.2.5.2 几何表示

二元函数在笛卡儿坐标系中表示一曲面 (参见第 154 页 2.18.1.2), 几何上其相对极值表示在点 A, 曲面的竖坐标 (参见第 281 页 3.5.3.1, 3.) 比在 A 点的一个足够小的邻域内任何其他点的竖坐标都大或者都小 (图 6.16).

若曲面在定义域的内点 P_0 处有极值, 且在该点存在一个切平面, 则该切平面平行于 xOy 面 (图 6.16(a), (b)). 此性质是 P_0 处取得极大值或极小值的必要非充分条件. 图 6.16(c) 则说明曲面在鞍点 P_0 有水平切平面, 但鞍点不是极值点.

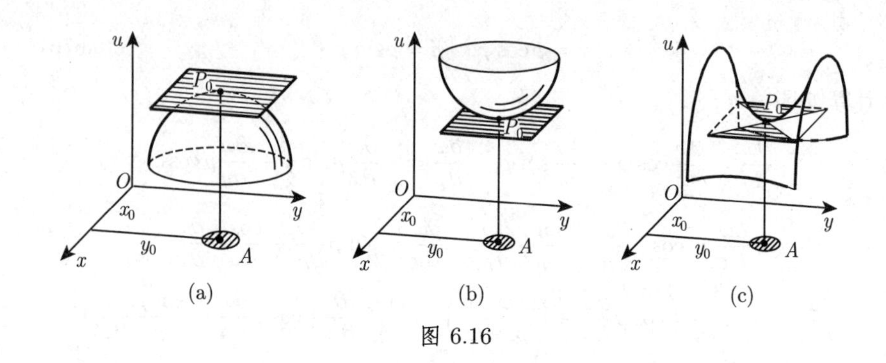

图 6.16

6.2.5.3 二元可微函数极值的确定

若已知 $u=f(x,y)$, 可解方程组 $f_x=0,\ f_y=0$, 得点对 $(x_1,y_1),(x_2,y_2),\cdots$, 再将其代入二阶导数

$$A=\frac{\partial^2 f}{\partial x^2},\quad B=\frac{\partial^2 f}{\partial x\partial y},\quad C=\frac{\partial^2 f}{\partial y^2}. \tag{6.69}$$

利用表达式

$$\varDelta=\begin{vmatrix} A & B \\ B & C \end{vmatrix}=AC-B^2=[f_{xx}f_{yy}-(f_{xy})^2]_{x=x_i,y=y_i}\quad (i=1,2,\cdots) \tag{6.70}$$

可以判断是否存在极值以及极值类型:

(1) 当 $\varDelta>0$ 时, 函数 $f(x,y)$ 在点 (x_i,y_i) 有极值, 且若 $f_{xx}<0$, $f(x,y)$ 有极大值, 若 $f_{xx}>0$, $f(x,y)$ 有极小值 (充分条件).

(2) 当 $\varDelta<0$ 时, 函数 $f(x,y)$ 无极值.

(3) 当 $\varDelta=0$ 时, 需要进一步判断函数是否存在极值.

6.2.5.4 n 元函数极值的确定

若已知 $u=f(x_1,x_2,\cdots,x_n)$, 首先可解由 n 个方程构成的方程组

$$f_{x_1}=0,\ f_{x_2}=0,\cdots,f_{x_n}=0, \tag{6.71}$$

得 $(x_{10},x_{20},\cdots,x_{n0})$, 这是由于 (6.71) 是函数有极值的必要非充分条件. 接下来建立一个由二阶偏导数构成的矩阵, 满足 $a_{ij}=\dfrac{\partial^2 f}{\partial x_i\partial x_j}$. 然后将方程组 (6.71) 的解代入到 a_{ij} 中, 得到顺序主子式 (左上角的子式)$(a_{11},a_{11}a_{22}-a_{12}a_{21},\cdots)$, 则存在如下情况:

(1) 若子式符号依次为 $-,+,-,+,\cdots$, 则函数存在极大值.

(2) 若子式符号依次为 $+,+,+,+,\cdots$, 则函数存在极小值.

(3) 若其中一些子式为 0, 但非零子式的符号与上述两种情况相应位置的符号一致, 则需要进一步判断函数是否有极值: 通常要检验 $(x_{10}, x_{20}, \cdots, x_{n0})$ 某一闭邻域内的函数值.

(4) 若子式符号不满足情形 1 和情形 2 中的符号规则, 则函数在该点无极值.

当然, 二元函数是 n 元函数情况的特例 (参见 [6.3]).

6.2.5.5 近似问题的解

借助多元函数极值的判定理论, 可以解决几类不同的近似问题, 如**拟合问题**和**最小二乘问题**.

用来解决的问题

- 确定傅里叶系数 (参见第 634 页 7.4.1.2, 1287 页 19.6.4.1).
- 确定可逼近函数的系数和参数 (参见第 1278 页 19.6.2).
- 确定超定线性方程组的近似解 (参见第 1246 页 19.2.1.3).

方法 解决上述问题的方法如下:

- 高斯最小二乘法 (例如参见第 1278 页 19.6.2).
- 最小二乘法 (参见第 1280 页 19.6.2.2).
- 均方 (连续或离散) 逼近 (参见第 1278 页 19.6.2).
- 观测 (或拟合)(参见第 1278 页 19.6.2) 与回归 (参见第 1097 页 16.3.4.2, 1.) 演算.

6.2.5.6 带有约束条件的极值问题

对于满足约束条件

$$\varphi(x_1, x_2, \cdots, x_n) = 0,\ \psi(x_1, x_2, \cdots, x_n) = 0, \cdots,\ \chi(x_1, x_2, \cdots, x_n) = 0 \quad (6.72a)$$

的 n 元函数 $u = f(x_1, x_2, \cdots, x_n)$, 由于上述条件, 变量不是相互独立的, 若有 k 个条件, 显然必有 $k < n$. 为了确定 u 的极值, 可能需要用条件方程组中的其他变量表示其中的 k 个变量, 并将其代入原函数, 由此可转化为含 $n-k$ 个变量的无条件极值问题. 另一种方法是**拉格朗日乘数法**. 引入 k 个未定乘数 $\lambda, \mu, \cdots, \kappa$, 得到含有 $n+k$ 个变量 $x_1, x_2, \cdots, x_n, \lambda, \mu, \cdots, \kappa$ 的**拉格朗日函数**

$$\begin{aligned}&\Phi(x_1, x_2, \cdots, x_n, \lambda, \mu, \cdots, \kappa)\\ =&f(x_1, x_2, \cdots, x_n) + \lambda\varphi(x_1, x_2, \cdots, x_n) + \mu\psi(x_1, x_2, \cdots, x_n) + \cdots\\ &+ \kappa\chi(x_1, x_2, \cdots, x_n).\end{aligned} \quad (6.72b)$$

函数 ϕ 有极值的必要条件是关于变量 $x_1, x_2, \cdots, x_n, \lambda, \mu, \cdots, \kappa$ 的 $n+k$ 个方程构成的方程组 (6.71) 满足

$$\varphi = 0, \psi = 0, \cdots, \chi = 0, \Phi_{x_1} = 0, \Phi_{x_2} = 0, \cdots, \Phi_{x_n} = 0. \quad (6.72c)$$

由于满足约束条件 (6.72a) 的函数 f 在点 $P_0(x_{10}, x_{20}, \cdots, x_{n0})$ 取得极值的必要条件是 $x_{10}, x_{20}, \cdots, x_{n0}$ 满足方程 (6.72c), 因此可以在方程组 (6.72c) 的解 $x_{10}, x_{20}, \cdots, x_{n0}$ 中寻找 f 的极值点. 为了判断在满足该必要条件的点中是否真有极值点, 还需要进一步的验证, 其通用的方法相当复杂. 一般我们要据函数 f 的特点采用一些恰当的、独特的计算方法来证明是否存在极值, 比如往往利用近似计算, 即对 P_0 邻域内的函数值进行对比.

■ 满足约束条件 $\varphi(x, y) = 0$ 的函数 $u = f(x, y)$ 的极值可以通过以下含有三个未知量的三个方程来确定:

$$\varphi(x,y)=0, \quad \frac{\partial}{\partial x}[f(x,y)+\lambda\varphi(x,y)]=0, \quad \frac{\partial}{\partial y}[f(x,y)+\lambda\varphi(x,y)]=0. \tag{6.73}$$

既然 (6.73) 中的三个方程仅为函数存在极值的必要非充分条件, 因此还需要进一步判断函数在这个方程组的解处是否取得极值, 其数学检验准则相当复杂 (参见 [6.3], [6.12]); 通常要比较函数在这些点的闭邻域内的取值.

(胡俊美 译)

第 7 章　无穷级数

7.1　数　　列

7.1.1　数列的性质

7.1.1.1　数列的定义

按一定顺序排列的无穷多个数

$$a_1, a_2, \cdots, a_n, \cdots \quad 或 \quad 简记为\ \{a_n\},\ n = 1, 2, \cdots \tag{7.1}$$

称为*无穷数列* (以后简称数列). 数列中的数称为数列的项, 在数列的项中, 相同的数可多次出现. 若按一定的*形式法则*即已知规则定义一个数列, 则该数列中的每一项能唯一确定. 通常存在通项 a_n 的公式.

数列举例

■ **A**: $a_n = n$: 1, 2, 3, 4, 5, $\cdots$.

■ **B**: $a_n = 4 + 3(n-1)$: 4, 7, 10, 13, 16, $\cdots$.

■ **C**: $a_n = 3\left(-\dfrac{1}{2}\right)^{n-1}$: 3, $-\dfrac{3}{2}$, $\dfrac{3}{4}$, $-\dfrac{3}{8}$, $\dfrac{3}{16}$, $\cdots$.

■ **D**: $a_n = (-1)^{n+1}$: 1, -1, 1, -1, 1, $\cdots$.

■ **E**: $a_n = 3 - \dfrac{1}{2^{n-2}}$: $1, 2, 2\dfrac{1}{2}, 2\dfrac{3}{4}, 2\dfrac{7}{8}, \cdots \quad \left(2\dfrac{3}{4} = \dfrac{11}{4}\right)$.

■ **F**: $a_n = 3\dfrac{1}{3} - \dfrac{1}{3} \cdot 10^{-\frac{n-1}{2}}$, n 为奇数;

$a_n = 3\dfrac{1}{3} + \dfrac{2}{3} \cdot 10^{-\frac{n}{2}+1}$, n 为偶数.

a_n: 3; 4; 3.3; 3.4; 3.33; 3.34; 3.333; 3.334; $\cdots$.

■ **G**: $a_n = \dfrac{1}{n}$: 1, $\dfrac{1}{2}$, $\dfrac{1}{3}$, $\dfrac{1}{4}$, $\dfrac{1}{5}$, $\cdots$.

■ **H**: $a_n = (-1)^{n+1}n$: 1, -2, 3, -4, 5, -6, $\cdots$.

■ **I**: $a_n = -\dfrac{n+1}{2}$, n 为奇数; $a_n = 0$, n 为偶数.

a_n: -1, 0, -2, 0, -3, 0, -4, 0, $\cdots$.

■ **J**: $a_n = 3 - \dfrac{1}{2^{\frac{n}{2}-\frac{3}{2}}}$, n 为奇数; $a_n = 13 - \dfrac{1}{2^{\frac{n}{2}-2}}$, n 为偶数.

a_n: 1, 11, 2, 12, $2\dfrac{1}{2}$, $12\dfrac{1}{2}$, $2\dfrac{3}{4}$, $12\dfrac{3}{4}$, $\cdots$.

7.1.1.2 单调数列

数列 $a_1, a_2, \cdots, a_n, \cdots$ 称为**单调递增数列**, 若

$$a_1 \leqslant a_2 \leqslant a_3 \leqslant \cdots \leqslant a_n \leqslant \cdots; \tag{7.2}$$

数列 $a_1, a_2, \cdots, a_n, \cdots$ 称为**单调递减数列**, 若

$$a_1 \geqslant a_2 \geqslant a_3 \geqslant \cdots \geqslant a_n \geqslant \cdots. \tag{7.3}$$

若 (7.2), (7.3) 中的等号恒不成立, 则相应的数列称为**严格单调递增数列**或**严格单调递减数列**.

单调数列举例

■ 在数列 A 到 J 中, 数列 A, B, E 严格单调递增.

■ 数列 G 严格单调递减.

7.1.1.3 有界数列

数列 $\{a_n\}$ 称为**有界数列**, 若对某 $K > 0$, 有各项

$$|a_n| < K. \tag{7.4}$$

若这样的 K 不存在, 则数列称为**无界数列**.

■ 在数列 A 到 J 中, 数列 C 以 $K = 4$ 为界, 数列 D 以 $K = 2$ 为界, 数列 E 以 $K = 3$ 为界, 数列 F 以 $K = 5$ 为界, 数列 G 以 $K = 2$ 为界, 数列 J 以 $K = 13$ 为界.

7.1.2 数列的极限

1. 数列的极限

若对无限增加的指标 n, 恒有 $a_n - A$ 任意小, 则称无穷数列 (7.1) 有**极限** A. 其精确定义为: 若对于任意小的 $\varepsilon > 0$, 总存在指标 $n_0(\varepsilon)$, 使得对于 $n > n_0$ 时的一切 a_n, 恒有

$$|a_n - A| < \varepsilon. \tag{7.5a}$$

若对于任意 $K > 0$, 总存在指标 $n_0(K)$, 使得对于 $n > n_0$ 时的一切 a_n, 恒有

$$a_n > K \quad (a_n < -K), \tag{7.5b}$$

则称数列 (7.1) 的极限为 $+\infty(-\infty)$.

2. 收敛数列

若数列 $\{a_n\}$ 满足 (7.5a), 则称该数列**收敛于** A, 记为

$$\lim_{n\to\infty} a_n = A \quad \text{或} \quad a_n \to A. \tag{7.6}$$

■ 在 7.1.1.1 的数列 A 到 J 中, 数列 C 收敛于 $A=0$, 数列 E 收敛于 $A=3$, 数列 F 收敛于 $A=3\frac{1}{3}$, 数列 G 收敛于 $A=0$.

3. 发散数列

不收敛的数列称为*发散数列*. (7.5b) 的情况称为*真发散*, 即随着 n 的无限增加, a_n 超过任意大的正数 $K(K>0)$, 且一直不会变小; 或者若随着 n 的无限增加, a_n 小于任意小的负数 $-K(K>0)$, 且一直不会变大. 若数列有极限 $\pm\infty$, 记为

$$\lim_{n\to\infty} a_n=\infty \quad (a_n>K, \forall n>n_0) \quad \text{或} \quad \lim_{n\to\infty} a_n=-\infty \ (a_n<-K, \forall n>n_0); \tag{7.7}$$

否则数列称为*假发散*.

发散数列举例

■ 在 7.1.1.1 的数列 A 到 J 中, 数列 A, B 趋于 $+\infty$, 为真发散数列.

■ 数列 D 是假发散数列.

4. 数列极限的定理

a) 若数列 $\{a_n\}$ 与 $\{b_n\}$ 均收敛, 则

$$\lim_{n\to\infty}(a_n+b_n)=\lim_{n\to\infty} a_n+\lim_{n\to\infty} b_n, \tag{7.8}$$

$$\lim_{n\to\infty}(a_n b_n)=\left(\lim_{n\to\infty} a_n\right)\left(\lim_{n\to\infty} b_n\right). \tag{7.9}$$

若对每个 n, $b_n\neq 0$, 且 $\lim\limits_{n\to\infty} b_n\neq 0$, 则

$$\lim_{n\to\infty}\frac{a_n}{b_n}=\frac{\lim\limits_{n\to\infty} a_n}{\lim\limits_{n\to\infty} b_n}. \tag{7.10}$$

注　若 $\lim\limits_{n\to\infty} b_n=0$, $\{a_n\}$ 有界, 即使 $\{a_n\}$ 没有有限极限, 仍有 $\lim\limits_{n\to\infty}(a_n b_n)=0$.

b) 若 $\lim\limits_{n\to\infty} a_n=\lim\limits_{n\to\infty} b_n=A$, 且至少从一个指标 n_1 之后, 恒有不等式 $a_n\leqslant c_n\leqslant b_n$, 则有

$$\lim_{n\to\infty} c_n=A. \tag{7.11}$$

c) 单调有界数列有有限极限. 若单调递增数列 $a_1\leqslant a_2\leqslant a_3\leqslant\cdots$ 有上界, 即对所有 n, $a_n\leqslant K_1$, 则该数列收敛, 且极限等于*最小上界*, 即所有可能的 K_1 的最小值. 若单调递减数列 $a_1\geqslant a_2\geqslant a_3\geqslant\cdots$ 有下界, 即对所有 n, $a_n\geqslant K_2$, 则该数列收敛, 且极限等于*最大下界*, 即所有可能的 K_2 的最大值.

7.2 数项级数

7.2.1 一般收敛定理

7.2.1.1 无穷级数的收敛与发散

1. 无穷级数与无穷级数的和

由无穷数列 $\{a_k\}$ 的各项 a_k(参见第 613 页 7.1.1.1), 可得到形式表达式

$$a_1 + a_2 + \cdots + a_n + \cdots = \sum_{k=1}^{\infty} a_k, \tag{7.12}$$

该式称为无穷级数 (以后简称级数), a_k 是级数的通项. 有限和

$$S_1 = a_1, \quad S_2 = a_1 + a_2, \cdots, \quad S_n = \sum_{k=1}^{n} a_k \tag{7.13}$$

称为部分和.

2. 收敛级数与发散级数

若部分和数列 $\{S_n\}$ 收敛, 则称级数 (7.12) 收敛, 极限

$$S = \lim_{n\to\infty} S_n = \sum_{k=1}^{\infty} a_k \tag{7.14}$$

称为级数的和. 若极限 (7.14) 不存在或等于 $\pm\infty$, 则称该级数发散, 此时部分和是无界的或振荡的. 因此要想确定无穷级数是否收敛, 只需确定数列 $\{S_n\}$ 的极限.

■ **A**: 几何级数 (参见第 23 页 1.2.3)

$$1 + \frac{1}{2} + \frac{1}{4} + \frac{1}{8} + \cdots + \frac{1}{2^n} + \cdots \tag{7.15}$$

收敛, 且和为 $S = 2$(参见第 23 页 (1.54b), 其中 $a_0 = 1,\ q = 1/2$).

■ **B**: 调和级数 (7.16) 以及级数 (7.17) 和 (7.18)

$$1 + \frac{1}{2} + \frac{1}{3} + \cdots + \frac{1}{n} + \cdots, \tag{7.16}$$

$$1 + 1 + 1 + \cdots + 1 + \cdots, \tag{7.17}$$

$$1 - 1 + 1 - \cdots + (-1)^{n-1} + \cdots \tag{7.18}$$

发散. 对级数 (7.16) 和 (7.17), $\lim\limits_{n\to\infty} S_n = \infty$, 级数 (7.18) 为振荡级数.

3. 余项

收敛级数 $S = \sum\limits_{k=1}^{\infty} a_k$ 的余项为它的和 S 与部分和 S_n 之差:

$$R_n = S - S_n = \sum_{k=n+1}^{\infty} a_k = a_{n+1} + a_{n+2} + \cdots. \tag{7.19}$$

7.2.1.2 收敛级数的一般定理

(1) **级数收敛的必要条件** 收敛级数的项列为零序列, 即

$$\lim_{n\to\infty} a_n = 0. \tag{7.20}$$

该条件为级数收敛的必要非充分条件.

■ 在调和级数 (7.16) 中, $\lim\limits_{n\to\infty} a_n = 0$, 但 $\lim\limits_{n\to\infty} S_n = \infty$.

(2) **去掉初始项** 若开始时在级数中去掉有限多个初始项或添加有限多个初始项, 或者改变有限多项的次序, 级数的敛散性不变. 若级数的和存在, 交换级数有限多项的次序并不影响和的值.

(3) **各项倍乘** 若把收敛级数各项同时乘以相同因子 c, 则级数的敛散性不变, 且其和也变为原来的 c 倍.

(4) **逐项相加或相减** 把两个收敛级数

$$a_1 + a_2 + \cdots + a_n + \cdots = \sum_{k=1}^{\infty} a_k = S_1, \tag{7.21a}$$

$$b_1 + b_2 + \cdots + b_n + \cdots = \sum_{k=1}^{\infty} b_k = S_2 \tag{7.21b}$$

逐项相加或相减, 得到的仍然是一个收敛级数, 其和或差为

$$(a_1 \pm b_1) + (a_2 \pm b_2) + \cdots + (a_n \pm b_n) + \cdots = S_1 \pm S_2. \tag{7.21c}$$

7.2.2 正项级数的审敛法

7.2.2.1 比较审敛法

设有两个正项级数

$$a_1 + a_2 + \cdots + a_n + \cdots = \sum_{n=1}^{\infty} a_n, \tag{7.22a}$$

$$b_1 + b_2 + \cdots + b_n + \cdots = \sum_{n=1}^{\infty} b_n \tag{7.22b}$$

$(a_n > 0,\ b_n > 0)$, 若自某个 n_0 后有 $a_n \geqslant b_n$, 则有: 当级数 (7.22a) 收敛时, 级数 (7.22b) 也收敛; 当级数 (7.22b) 发散时, 级数 (7.22a) 也发散. 前一情况中 (7.22a) 称为强收敛级数, 后一情况中 (7.22b) 称为强发散级数.

■ **A**: 比较级数

$$1 + \frac{1}{2^2} + \frac{1}{3^3} + \cdots + \frac{1}{n^n} + \cdots \tag{7.23a}$$

与几何级数 (7.15) 中的各项, 有 (7.23a) 收敛. 事实上, 自 $n=2$ 后, 级数 (7.23a) 中的各项要小于收敛级数 (7.15) 中的各项:

$$\frac{1}{n^n} < \frac{1}{2^{n-1}} \quad (n \geqslant 2). \tag{7.23b}$$

■ **B**: 比较级数

$$1 + \frac{1}{\sqrt{2}} + \frac{1}{\sqrt{3}} + \cdots + \frac{1}{\sqrt{n}} + \cdots \tag{7.24a}$$

与调和级数 (7.16) 中的各项, 有 (7.24a) 发散. 事实上, 当 $n>1$ 时, 级数 (7.24a) 中的各项要大于发散级数 (7.16) 中的各项:

$$\frac{1}{\sqrt{n}} > \frac{1}{n} \quad (n > 1). \tag{7.24b}$$

7.2.2.2 达朗贝尔比值审敛法

设有正项级数

$$a_1 + a_2 + \cdots + a_n + \cdots = \sum_{n=1}^{\infty} a_n. \tag{7.25a}$$

若自某个 n_0 之后, 所有的比值 $\frac{a_{n+1}}{a_n}$ 都小于数 $q<1$, 即

$$\frac{a_{n+1}}{a_n} \leqslant q < 1 \quad (n \geqslant n_0), \tag{7.25b}$$

则级数收敛.

若自某个 n_0 之后, 所有的比值都大于 $Q>1$, 则级数发散.

由上述两种论断, 有若极限

$$\lim_{n\to\infty} \frac{a_{n+1}}{a_n} = \rho \tag{7.25c}$$

存在, 则当 $\rho<1$ 时级数收敛, 当 $\rho>1$ 时级数发散. 当 $\rho=1$ 时, 无法判断级数收敛与否.

■ **A**: 级数

$$\frac{1}{2} + \frac{2}{2^2} + \frac{3}{2^3} + \cdots + \frac{n}{2^n} + \cdots \tag{7.26a}$$

收敛, 因为

$$\rho = \lim_{n\to\infty} \left(\frac{n+1}{2^{n+1}} : \frac{n}{2^n} \right) = \lim_{n\to\infty} \frac{1+\frac{1}{n}}{2} = \frac{1}{2} < 1. \tag{7.26b}$$

■ **B**: 对于级数

$$2 + \frac{3}{4} + \frac{4}{9} + \cdots + \frac{n+1}{n^2} + \cdots, \tag{7.27a}$$

因为

$$\rho = \lim_{n\to\infty} \left(\frac{n+2}{(n+1)^2} : \frac{n+1}{n^2} \right) = 1, \tag{7.27b}$$

所以无法用比值审敛法判断收敛与否.

7.2.2.3 柯西根值审敛法

设有正项级数

$$a_1 + a_2 + \cdots + a_n + \cdots = \sum_{n=1}^{\infty} a_n. \tag{7.28a}$$

若自某个 n_0 之后, 所有 $\sqrt[n]{a_n}$ 都满足

$$\sqrt[n]{a_n} < q < 1, \tag{7.28b}$$

则级数收敛. 若自某个 n_0 之后, 所有 $\sqrt[n]{a_n}$ 都大于数 Q, 其中 $Q > 1$, 则级数发散.

由前面的说明, 有若

$$\lim_{n\to\infty} \sqrt[n]{a_n} = \rho \tag{7.28c}$$

存在, 则当 $\rho < 1$ 时级数收敛, 当 $\rho > 1$ 时级数发散. 当 $\rho = 1$ 时, 无法判断级数收敛与否.

■ 级数

$$\frac{1}{2} + \left(\frac{2}{3}\right)^4 + \left(\frac{3}{4}\right)^9 + \cdots + \left(\frac{n}{n+1}\right)^{n^2} + \cdots \tag{7.29a}$$

收敛, 因为

$$\rho = \lim_{n\to\infty} \sqrt[n]{\left(\frac{n}{n+1}\right)^{n^2}} = \lim_{n\to\infty} \left(\frac{1}{1+\frac{1}{n}}\right)^n = \frac{1}{\mathrm{e}} < 1. \tag{7.29b}$$

7.2.2.4 柯西积分审敛法

(1) **收敛** 若级数的通项 $a_n = f(n)$, 且 $f(x)$ 为单调递减函数并满足广义积分

$$\int_c^{\infty} f(x)\mathrm{d}x \quad (\text{参见第 674 页 8.2.3.2, 1.}) \tag{7.30}$$

存在 (收敛), 则级数收敛.

(2) **发散** 若上述积分 (7.30) 发散, 则以 $a_n = f(n)$ 为通项的级数也发散.

积分下限 c 几乎是任意的, 只要满足函数 $f(x)$ 在 $c<x<\infty$ 上单调递减即可.

■ 级数 (7.27a) 发散, 因为

$$f(x) = \frac{x+1}{x^2}, \quad \int_c^{\infty} \frac{x+1}{x^2}\mathrm{d}x = \left[\ln x - \frac{1}{x}\right]_c^{\infty} = \infty. \tag{7.31}$$

7.2.3 绝对收敛和条件收敛

7.2.3.1 定义

级数 (7.12) 各项符号可能不同, 若 (7.12) 的各项均取原来的绝对值, 也可得到一个级数

$$|a_1|+|a_2|+\cdots+|a_n|+\cdots=\sum_{n=1}^{\infty}|a_n|, \tag{7.32}$$

若级数 (7.32) 收敛, 则原级数 (7.12) 也收敛 (这一命题对各复项级数也成立). 此时级数 (7.12) 称为**绝对收敛**. 若级数 (7.32) 发散, 则级数 (7.12) 可能发散也可能收敛, 若收敛, 则称 (7.12) **条件收敛**.

■ **A**: 设 α 为任意常数,

$$\frac{\sin\alpha}{2}+\frac{\sin 2\alpha}{2^2}+\cdots+\frac{\sin n\alpha}{2^n}+\cdots \tag{7.33a}$$

绝对收敛, 这是因为以 $\left|\dfrac{\sin n\alpha}{2^n}\right|$ 为通项的绝对值级数收敛, 此结果显然可通过与几何级数 (7.15) 相比较得到:

$$\left|\frac{\sin n\alpha}{2^n}\right|\leqslant\frac{1}{2^n}. \tag{7.33b}$$

■ **B**: 级数

$$1-\frac{1}{2}+\frac{1}{3}-\cdots+(-1)^{n-1}\frac{1}{n}+\cdots \tag{7.34}$$

条件收敛. 事实上, 由 (7.36b), 该级数收敛, 而由各项的绝对值构成的级数通项是 $\dfrac{1}{n}=|a_n|$, 它为发散的调和级数 (7.16).

7.2.3.2 绝对收敛级数的性质

1. 交换各项

a) 绝对收敛的级数可以任意交换各项的位置 (甚至可以交换无穷多项), 其和不变.

b) 条件收敛的级数交换无穷多项的位置不仅可能改变其和, 甚至可能改变其敛散性. **黎曼定理**: 条件收敛的级数可通过改变各项的位置得到任意值, 甚至 $\pm\infty$.

2. 加减

多个绝对收敛级数可以对应项逐项相加或相减, 其结果仍绝对收敛.

3. 乘积

一个和式乘以另一个和式等于第一个因式中的各项与第二个因式中的各项乘积之和. 其中两项之积可按不同的方式列出, 最常见的是两个级数均为幂级数, 即

$$\begin{aligned}&(a_1+a_2+\cdots+a_n+\cdots)(b_1+b_2+\cdots+b_n+\cdots)\\&=\underbrace{a_1b_1}+\underbrace{a_2b_1+a_1b_2}+\underbrace{a_3b_1+a_2b_2+a_1b_3}+\cdots\\&\quad+\underbrace{a_nb_1+a_{n-1}b_2+\cdots+a_1b_n}+\cdots.\end{aligned} \tag{7.35a}$$

若两级数均绝对收敛, 则它们的乘积也绝对收敛, 因此两项乘积的顺序无论怎样, 其和不变. 若 $\sum a_n=S_a$, $\sum b_n=S_b$, 则这些乘积之和

$$S = S_a S_b. \tag{7.35b}$$

若级数 $a_1 + a_2 + \cdots + a_n + \cdots = \sum\limits_{n=1}^{\infty} a_n$ 与 $b_1 + b_2 + \cdots + b_n + \cdots = \sum\limits_{n=1}^{\infty} b_n$ 均收敛, 且其中至少有一个绝对收敛, 则它们的乘积也收敛, 但不一定绝对收敛.

7.2.3.3 交错级数

1. 莱布尼茨交错级数审敛法 (莱布尼茨定理)

设 a_n 为正数, 若交错级数

$$a_1 - a_2 + a_3 - \cdots \pm a_n \mp \cdots \tag{7.36a}$$

满足:

(1) $\lim\limits_{n\to\infty} a_n = 0$;

(2) $a_1 > a_2 > a_3 > \cdots > a_n > \cdots$, (7.36b)

则该级数收敛.

■ 由此审敛法, 级数 (7.34) 收敛.

2. 交错级数的余项估计

考虑交错级数的前 n 项, 余项 R_n 的符号与首先省略掉的 a_{n+1} 符号相同, 且 R_n 的绝对值小于 $|a_{n+1}|$:

$$\mathrm{sign} R_n = \mathrm{sign}(a_{n+1}), \quad \text{其中} \quad R_n = S - S_n, \tag{7.37a}$$

$$|S - S_n| < |a_{n+1}|. \tag{7.37b}$$

■ 级数

$$1 - \frac{1}{2} + \frac{1}{3} - \frac{1}{4} + \cdots \pm \frac{1}{n} \mp \cdots = \ln 2, \tag{7.38a}$$

$$\text{余项的绝对值 } |\ln 2 - S_n| < \frac{1}{n+1}. \tag{7.38b}$$

7.2.4 某些特殊级数

7.2.4.1 一些重要数项级数的值

$$1 + \frac{1}{1!} + \frac{1}{2!} + \frac{1}{3!} + \cdots + \frac{1}{n!} + \cdots = \mathrm{e}, \tag{7.39}$$

$$1 - \frac{1}{1!} + \frac{1}{2!} - \frac{1}{3!} + \cdots + \frac{(-1)^n}{n!} + \cdots = \frac{1}{\mathrm{e}}, \tag{7.40}$$

$$1 - \frac{1}{2} + \frac{1}{3} - \frac{1}{4} + \cdots + \frac{(-1)^{n+1}}{n} + \cdots = \ln 2, \tag{7.41}$$

$$1+\frac{1}{2}+\frac{1}{4}+\frac{1}{8}+\cdots+\frac{1}{2^n}+\cdots=2, \tag{7.42}$$

$$1-\frac{1}{2}+\frac{1}{4}-\frac{1}{8}+\cdots+\frac{(-1)^n}{2^n}+\cdots=\frac{2}{3}, \tag{7.43}$$

$$1-\frac{1}{3}+\frac{1}{5}-\frac{1}{7}+\frac{1}{9}-\cdots+\frac{(-1)^{n-1}}{2n-1}+\cdots=\frac{\pi}{4}, \tag{7.44}$$

$$\frac{1}{1\cdot 2}+\frac{1}{2\cdot 3}+\frac{1}{3\cdot 4}+\cdots+\frac{1}{n(n+1)}+\cdots=1, \tag{7.45}$$

$$\frac{1}{1\cdot 3}+\frac{1}{3\cdot 5}+\frac{1}{5\cdot 7}+\cdots+\frac{1}{(2n-1)(2n+1)}+\cdots=\frac{1}{2}, \tag{7.46}$$

$$\frac{1}{1\cdot 3}+\frac{1}{2\cdot 4}+\frac{1}{3\cdot 5}+\cdots+\frac{1}{(n-1)(n+1)}+\cdots=\frac{3}{4}, \tag{7.47}$$

$$\frac{1}{3\cdot 5}+\frac{1}{7\cdot 9}+\frac{1}{11\cdot 13}+\cdots+\frac{1}{(4n-1)(4n+1)}+\cdots=\frac{1}{2}-\frac{\pi}{8}, \tag{7.48}$$

$$\frac{1}{1\cdot 2\cdot 3}+\frac{1}{2\cdot 3\cdot 4}+\cdots+\frac{1}{n(n+1)(n+2)}+\cdots=\frac{1}{4}, \tag{7.49}$$

$$\frac{1}{1\cdot 2\cdot\cdots\cdot l}+\frac{1}{2\cdot 3\cdot\cdots\cdot(l+1)}+\cdots+\frac{1}{n\cdot\cdots\cdot(n+l-1)}+\cdots=\frac{1}{(l-1)(l-1)!}, \tag{7.50}$$

$$1+\frac{1}{2^2}+\frac{1}{3^2}+\frac{1}{4^2}+\cdots+\frac{1}{n^2}+\cdots=\frac{\pi^2}{6}, \tag{7.51}$$

$$1-\frac{1}{2^2}+\frac{1}{3^2}-\frac{1}{4^2}+\cdots+\frac{(-1)^{n+1}}{n^2}+\cdots=\frac{\pi^2}{12}, \tag{7.52}$$

$$\frac{1}{1^2}+\frac{1}{3^2}+\frac{1}{5^2}+\cdots+\frac{1}{(2n+1)^2}+\cdots=\frac{\pi^2}{8}, \tag{7.53}$$

$$1+\frac{1}{2^4}+\frac{1}{3^4}+\frac{1}{4^4}+\cdots+\frac{1}{n^4}+\cdots=\frac{\pi^4}{90}, \tag{7.54}$$

$$1-\frac{1}{2^4}+\frac{1}{3^4}-\cdots+\frac{(-1)^{n+1}}{n^4}+\cdots=\frac{7\pi^4}{720}, \tag{7.55}$$

$$\frac{1}{1^4}+\frac{1}{3^4}+\frac{1}{5^4}+\cdots+\frac{1}{(2n+1)^4}+\cdots=\frac{\pi^4}{96}, \tag{7.56}$$

$$1+\frac{1}{2^{2k}}+\frac{1}{3^{2k}}+\frac{1}{4^{2k}}+\cdots+\frac{1}{n^{2k}}+\cdots=\frac{\pi^{2k}2^{2k-1}}{(2k)!}B_k\text{①}, \tag{7.57}$$

$$1-\frac{1}{2^{2k}}+\frac{1}{3^{2k}}-\frac{1}{4^{2k}}+\cdots+\frac{(-1)^{n+1}}{n^{2k}}+\cdots=\frac{\pi^{2k}(2^{2k-1}-1)}{(2k)!}B_k, \tag{7.58}$$

$$1+\frac{1}{3^{2k}}+\frac{1}{5^{2k}}+\frac{1}{7^{2k}}+\cdots+\frac{1}{(2n-1)^{2k}}+\cdots=\frac{\pi^{2k}(2^{2k}-1)}{2\cdot(2k)!}B_k, \tag{7.59}$$

$$1-\frac{1}{3^{2k+1}}+\frac{1}{5^{2k+1}}-\frac{1}{7^{2k+1}}+\cdots+\frac{(-1)^{n+1}}{(2n-1)^{2k+1}}+\cdots=\frac{\pi^{2k+1}}{2^{2k+2}(2k)!}E_k\text{②}. \tag{7.60}$$

① B_k 是伯努利数.

② E_k 是欧拉数.

7.2.4.2 伯努利数和欧拉数

(1) **伯努利数的第一定义** 某些特殊函数的幂级数展开式中会出现伯努利数 B_k, 如三角函数 $\tan x$, $\cot x$, $\csc x$, 以及双曲函数 $\tanh x$, $\coth x$, $\operatorname{cosech} x$. 伯努利数 B_k 可定义如下:

$$\frac{x}{e^x-1}=1-\frac{x}{2}+B_1\frac{x^2}{2!}-B_2\frac{x^4}{4!}\pm\cdots+(-1)^{n+1}B_n\frac{x^{2n}}{(2n)!}\pm\cdots\quad(|x|<2\pi).\tag{7.61}$$

利用系数对比法将其与 x 的方幂作比较, 可计算伯努利数. 用此方法计算的前几个伯努利数见表 7.1.

表 7.1 前几个伯努利数

k	B_k	k	B_k	k	B_k	k	B_k
1	$\frac{1}{6}$	4	$\frac{1}{30}$	7	$\frac{7}{6}$	10	$\frac{174611}{330}$
2	$\frac{1}{30}$	5	$\frac{5}{66}$	8	$\frac{3617}{510}$	11	$\frac{854513}{138}$
3	$\frac{1}{42}$	6	$\frac{691}{2730}$	9	$\frac{43867}{798}$		

(2) **伯努利数的第二定义** 有些人把伯努利数定义如下:

$$\frac{x}{e^x-1}=1+\overline{B_1}\frac{x}{1!}+\overline{B_2}\frac{x^2}{2!}+\cdots+\overline{B_{2n}}\frac{x^{2n}}{(2n)!}+\cdots\quad(|x|<2\pi).\tag{7.62}$$

由此得到递归公式

$$\overline{B_{k+1}}=(\overline{B}+1)^{k+1}\qquad(k=1,2,3,\cdots),\tag{7.63}$$

利用二项式定理 (参见第 14 页 1.1.6.4, 1.), 用 $\overline{B_v}$ 代替 $\overline{B}^v$, 即指数变为下标. 前几个新数为

$$\begin{aligned}&\overline{B_1}=-\frac{1}{2},\quad\overline{B_2}=\frac{1}{6},\quad\overline{B_4}=-\frac{1}{30},\quad\overline{B_6}=\frac{1}{42},\\&\overline{B_8}=-\frac{1}{30},\quad\overline{B_{10}}=\frac{5}{66},\quad\overline{B_{12}}=-\frac{691}{2730},\quad\overline{B_{14}}=\frac{7}{6},\\&\overline{B_{16}}=-\frac{3617}{510},\cdots,\overline{B_3}=\overline{B_5}=\overline{B_7}=\cdots=0,\end{aligned}\tag{7.64}$$

且有

$$B_k=(-1)^{k+1}\overline{B_{2k}}\qquad(k=1,2,3,\cdots).\tag{7.65}$$

(3) **欧拉数的第一定义** 某些特殊函数的幂级数展开式中会出现欧拉数 E_k, 如函数 $\sec x$ 和 $\operatorname{sech} x$. 欧拉数可定义如下:

$$\sec x=1+E_1\frac{x^2}{2!}+E_2\frac{x^4}{4!}+\cdots+E_n\frac{x^{2n}}{(2n)!}+\cdots\qquad\left(|x|<\frac{\pi}{2}\right).\tag{7.66}$$

利用系数对比法将其与 x 的方幂作比较, 可计算欧拉数. 表 7.2 列出了一些欧拉数的值.

(4) **欧拉数的第二定义** 与 (7.63) 类似, 欧拉数也可用递归公式来定义:

$$(\overline{E}+1)^k+(\overline{E}-1)^k=0 \qquad (k=1,2,3,\cdots). \tag{7.67}$$

利用二项式定理, 用 $\overline{E_v}$ 代替 $\overline{E}^v$, 可得到前几个欧拉数的值:

$$\begin{aligned}&\overline{E_2}=-1,\quad \overline{E_4}=5,\quad \overline{E_6}=-61,\quad \overline{E_8}=1385,\\&\overline{E_{10}}=-50521,\quad \overline{E_{12}}=2702765,\quad \overline{E_{14}}=-199360981,\\&\overline{E_{16}}=19391512145,\cdots,\overline{E_1}=\overline{E_3}=\overline{E_5}=\cdots=0,\end{aligned} \tag{7.68}$$

且有

$$E_k=(-1)^k\overline{E_{2k}} \qquad (k=1,2,3,\cdots). \tag{7.69}$$

表 7.2 前几个欧拉数

k	E_k	k	E_k
1	1	5	50521
2	5	6	2702765
3	61	7	199360981
4	1385		

(5) **欧拉数与伯努利数间的关系** 欧拉数与伯努利之间的关系为

$$\overline{E_{2k}}=\frac{4^{2k+1}}{2k+1}\left(\overline{B_k}-\frac{1}{4}\right)^{2k+1} \qquad (k=1,2,\cdots). \tag{7.70}$$

7.2.5 余项估计

7.2.5.1 借助强级数的估计

为了判断收敛级数的 n 项部分和与级数和的逼近程度, 必须估计级数 $\sum\limits_{k=1}^{\infty}a_k$ 的余项的绝对值

$$|S-S_n|=|R_n|=\left|\sum_{k=n+1}^{\infty}a_k\right|\leqslant\sum_{k=n+1}^{\infty}|a_k|. \tag{7.71}$$

为此, 需要利用 $\sum\limits_{k=n+1}^{\infty}|a_k|$ 的强级数, 强级数通常为一个几何级数或者为另一个比较容易求和并估计的级数.

■ 估计级数 $\mathrm{e}=\sum\limits_{n=0}^{\infty}\dfrac{1}{n!}$ 的余项. 当 $m\geqslant n+1$ 时, 比较该级数相邻两项的比值 $\dfrac{a_{m+1}}{a_m}$, 有 $\dfrac{a_{m+1}}{a_m}=\dfrac{m!}{(m+1)!}=\dfrac{1}{m+1}\leqslant\dfrac{1}{n+2}=q<1$, 因此余项 $R_n=$

$\dfrac{1}{(n+1)!}+\dfrac{1}{(n+2)!}+\dfrac{1}{(n+3)!}+\cdots$ 可用首项为 $a=\dfrac{1}{(n+1)!}$, 公比为 $q=\dfrac{1}{n+2}$ 的几何级数 (7.15) 来强化, 有

$$R_n < \frac{a}{1-q} = \frac{1}{(n+1)!}\frac{n+2}{n+1} < \frac{1}{n!}\frac{n+2}{n^2+2n} = \frac{1}{n\cdot n!}. \tag{7.72}$$

7.2.5.2 交错收敛级数

对于收敛的交错级数, 若各项的绝对值单调递减趋于 0, 则容易估计出它的余项 (参见第 621 页 7.2.3.3, 1.):

$$|R_n| = |S - S_n| < |a_{n+1}|. \tag{7.73}$$

7.2.5.3 特殊级数

对某些特殊的级数, 如泰勒级数, 有用以估计其余项的特殊公式 (参见第 630 页 7.3.3.3).

7.3 函数项级数

7.3.1 定义

(1) **函数项级数** 是各项均为关于同一自变量 x 的函数的级数:

$$f_1(x)+f_2(x)+\cdots+f_n(x)+\cdots=\sum_{n=1}^{\infty} f_n(x). \tag{7.74}$$

(2) **部分和** $S_n(x)$ 是级数 (7.74) 的前 n 项和:

$$S_n(x)=f_1(x)+f_2(x)+\cdots+f_n(x)=\sum_{k=1}^{n} f_k(x). \tag{7.75}$$

(3) **收敛域** 当 $x=a$ 时, 若函数 $f_n(x)$ 所确定的常函数级数

$$f_1(a)+f_2(a)+\cdots+f_n(a)+\cdots=\sum_{n=1}^{\infty} f_n(a) \tag{7.76}$$

收敛, 即部分和 $S_n(a)$ 的极限存在:

$$\lim_{n\to\infty} S_n(a)=\lim_{n\to\infty}\sum_{k=1}^{n} f_k(a)=S(a), \tag{7.77}$$

则称所有这样的 $x=a$ 构成的集合为函数项级数的收敛域.

(4) **级数 (7.74) 的和** 是函数 $S(x)$, 也称为级数收敛于函数 $S(x)$. $x=a$ 的值称为收敛点.

(5) **余项 $R_n(x)$** 是收敛的函数项级数的和 $S(x)$ 与它的部分和 $S_n(x)$ 之差:

$$R_n(x)=S(x)-S_n(x)=f_{n+1}(x)+f_{n+2}(x)+\cdots+f_{n+m}(x)+\cdots. \tag{7.78}$$

7.3.2 一致收敛

7.3.2.1 定义、魏尔斯特拉斯定理

由数列极限的定义 (参见第 614 页 7.1.2 和 616 页 7.2.1.1, 2.), 若对任意 $\varepsilon > 0$, 都存在某一正数 $N(x)$, 使得当 $n > N(x)$ 时, 有 $|S(x) - S_n(x)| < \varepsilon$, 则对数域 D 上的每个 x, 级数 (7.74) 都收敛于 $S(x)$. 函数项级数分为如下两种情形.

1. 一致收敛级数

若存在一个数 N, 使得级数 (7.74) 收敛域中的一切 x, 都有当 $n > N$ 时, $|S(x) - S_n(x)| < \varepsilon$, 则称级数在收敛域上**一致收敛**.

2. 非一致收敛级数

若不存在数 N, 使得对于收敛域中的每个 x 上述关系成立, 即存在 ε, 使得收敛域中的至少有一个 x 对任意大的 n , 有 $|S(x) - S_n(x)| > \varepsilon$, 则称级数**非一致收敛**.

■ **A**: 级数

$$1 + \frac{x}{1!} + \frac{x^2}{2!} + \cdots + \frac{x^n}{n!} + \cdots = \mathrm{e}^x \tag{7.79a}$$

(参见第 1373 页表 21.5) 对每个 x 均收敛, 且在 x 的每个有界区间上一致收敛. 事实上, 对每个 $|x| < a$, 利用麦克劳林公式中的余项 (参见第 631 页 7.3.3.3, 2.), 有不等式

$$|S(x) - S_n(x)| = \left|\frac{x^{n+1}}{(n+1)!}\mathrm{e}^{\Theta x}\right| < \frac{a^{n+1}}{(n+1)!}\mathrm{e}^a \quad (0 < \Theta < 1), \tag{7.79b}$$

因为对于 n, $(n+1)!$ 的增长速度要快于 a^{n+1}, 因此当 n 足够大时, 不等式右边的表达式与 x 无关, 且小于 ε. 但是该级数并非在整个数轴上一致收敛, 因为对任意大的 n, 总存在值 x, 使得 $\left|\frac{x^{n+1}}{(n+1)!}\mathrm{e}^{\Theta x}\right|$ 大于前面给定的 ε.

■ **B**: 级数

$$x + x(1-x) + x(1-x)^2 + \cdots + x(1-x)^n + \cdots \tag{7.80a}$$

对于 $[0, 1]$ 上的每个 x 都收敛, 这是因为由达朗贝尔比值审敛法 (参见第 618 页 7.2.2.2)

$$\rho = \lim_{n\to\infty}\left|\frac{a_{n+1}}{a_n}\right| = |1 - x| < 1, \quad 0 < x \leqslant 1 \quad (当\ x = 0\ 时,\ S = 0). \tag{7.80b}$$

该级数非一致收敛, 因为

$$S(x) - S_n(x) = x[(1-x)^{n+1} + (1-x)^{n+2} + \cdots] = (1-x)^{n+1} \tag{7.80c}$$

对每个 n 都存在一个 x, 满足 $(1-x)^{n+1}$ 无限趋近于 1, 即不会小于 ε. 当 $0 < a < 1$ 时, 在区间 $[a, 1]$ 上级数一致收敛.

3. 魏尔斯特拉斯一致收敛审敛法

级数 (7.81a) 在一已知区域上一致收敛, 若满足: 存在一正项收敛级数 (7.81b), 使得对于该区域的每个 x, 都有不等式 (7.81c) 成立.

$$f_1(x) + f_2(x) + \cdots + f_n(x) + \cdots, \tag{7.81a}$$

$$c_1 + c_2 + \cdots + c_n + \cdots, \tag{7.81b}$$

$$|f_n(x)| \leqslant c_n. \tag{7.81c}$$

(7.81b) 称为级数 (7.81a) 的强级数.

7.3.2.2 一致收敛级数的性质

1. 连续性

若函数 $f_1(x), f_2(x), \cdots, f_n(x), \cdots$ 在某区域上均连续, 且级数 $f_1(x) + f_2(x) + \cdots + f_n(x) + \cdots$ 在该区域上一致收敛, 则其和 $S(x)$ 仍在该区域上连续. 若级数在此区域非一致收敛, 则其和 $S(x)$ 可能在该区域不连续.

■ **A**: 级数 (7.80a) 的和不连续: 当 $x = 0$ 时, $S(x) = 0$; 当 $x > 0$ 时, $S(x) = 1$.

■ **B**: 级数 (7.79a) 的和是连续函数: 级数在整个数轴上非一致收敛, 但是在每个有限区间上一致收敛.

2. 一致收敛级数的积分与微分

在区域 $[a, b]$ 上一致收敛的级数在该区域上逐项可积, 同样, 在 $[a, b]$ 上一致收敛的级数在该区域上逐项可微, 即

$$\int_{x_0}^{x} \sum_{n=1}^{\infty} f_n(t)\mathrm{d}t = \sum_{n=1}^{\infty} \int_{x_0}^{x} f_n(t)\mathrm{d}t, \quad x_0, x \in [a, b], \tag{7.82a}$$

$$\left(\sum_{n=1}^{\infty} f_n(x)\right)' = \sum_{n=1}^{\infty} f_n'(x), \quad x \in [a, b]. \tag{7.82b}$$

7.3.3 幂级数

7.3.3.1 定义、收敛性

1. 定义

最重要的函数项级数为*幂级数*, 形为

$$a_0 + a_1 x + a_2 x^2 + \cdots + a_n x^n + \cdots = \sum_{n=0}^{\infty} a_n x^n \tag{7.83a}$$

或

$$a_0 + a_1(x - x_0) + a_2(x - x_0)^2 + \cdots + a_n(x - x_0)^n + \cdots = \sum_{n=0}^{\infty} a_n (x - x_0)^n, \tag{7.83b}$$

其中系数 a_i 及展开式的中心 x_0 为常数.

2. 绝对收敛与收敛半径

幂级数或者仅在 $x=x_0$ 收敛, 或者对所有 x 值均收敛, 或者存在一个数, 即收敛半径 $r>0$, 使得当 $|x-x_0|<r$ 时绝对收敛, 当 $|x-x_0|>r$ 时发散 (图 7.1). 若下面极限存在, 收敛半径公式为

$$r=\lim_{n\to\infty}\left|\frac{a_n}{a_{n+1}}\right| \quad 或 \quad r=\frac{1}{\lim\limits_{n\to\infty}\sqrt[n]{|a_n|}}. \tag{7.84}$$

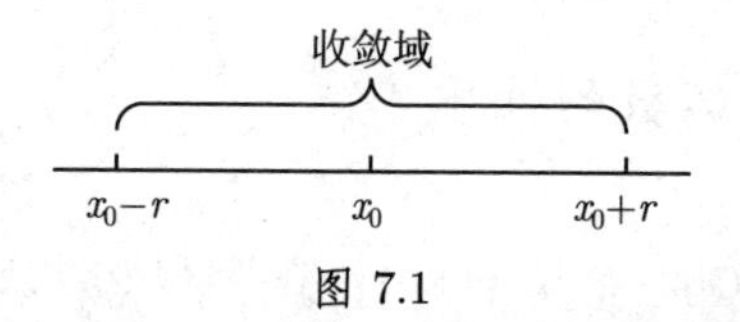

图 7.1

若这些极限不存在, 要选取上极限 ($\overline{\lim}$) 来代替通常的极限 (参见 [7.8] I 卷). 在级数 (7.83a) 的端点 $x=+r$ 和 $x=-r$, 以及级数 (7.83b) 的端点 $x=x_0+r$ 和 $x=x_0-r$ 处, 级数或者收敛或者发散.

3. 一致收敛

幂级数在收敛域的每个子区间 $|x-x_0|\leqslant r_0<r$ 上一致收敛 (阿贝尔定理).

■ 对于级数 $1+\frac{x}{1}+\frac{x^2}{2}+\cdots+\frac{x^n}{n}+\cdots$, 有 $r=\lim\limits_{n\to\infty}\frac{n+1}{n}=1$①. (7.85)

因此当 $-1<x<1$ 时级数绝对收敛, 当 $x=-1$ 时条件收敛 (参见第 620 页级数 (7.34)), 当 $x=1$ 时发散 (参见第 616 页调和级数 (7.16)).

根据阿贝尔定理, 当 r_1 为介于 0 到 1 间的任意一个数时, 级数在 $[-r_1,r_1]$ 上均一致收敛.

7.3.3.2 幂级数的计算

1. 和与积

收敛的幂级数可以在其公共的收敛域内相加、相乘或用一个常因子依次乘以每一项. 两个幂级数的积为

$$\left(\sum_{n=0}^{\infty}a_nx^n\right)\cdot\left(\sum_{n=0}^{\infty}b_nx^n\right)=a_0b_0+(a_0b_1+a_1b_0)x+(a_0b_2+a_1b_1+a_2b_0)x^2 \\ +(a_0b_3+a_1b_2+a_2b_1+a_3b_0)x^3+\cdots. \tag{7.86}$$

2. 幂级数的方幂的前几项

$$S=a+bx+cx^2+dx^3+ex^4+fx^5+\cdots, \tag{7.87}$$

① 原文有误. —— 译者注

$$S^2 = a^2 + 2abx + (b^2 + 2ac)x^2 + 2(ad + bc)x^3 + (c^2 + 2ae + 2bd)x^4 + 2(af + be + cd)x^5 + \cdots , \tag{7.88}$$

$$\sqrt{S} = S^{\frac{1}{2}} = a^{\frac{1}{2}}\left[1 + \frac{1}{2}\frac{b}{a}x + \left(\frac{1}{2}\frac{c}{a} - \frac{1}{8}\frac{b^2}{a^2}\right)x^2 + \left(\frac{1}{2}\frac{d}{a} - \frac{1}{4}\frac{bc}{a^2} + \frac{1}{16}\frac{b^3}{a^3}\right)x^3 + \left(\frac{1}{2}\frac{e}{a} - \frac{1}{4}\frac{bd}{a^2} - \frac{1}{8}\frac{c^2}{a^2} + \frac{3}{16}\frac{b^2c}{a^3} - \frac{5}{128}\frac{b^4}{a^4}\right)x^4 + \cdots\right] \quad (a > 0), \tag{7.89}$$

$$\frac{1}{\sqrt{S}} = S^{-\frac{1}{2}} = a^{-\frac{1}{2}}\left[1 - \frac{1}{2}\frac{b}{a}x + \left(\frac{3}{8}\frac{b^2}{a^2} - \frac{1}{2}\frac{c}{a}\right)x^2 + \left(\frac{3}{4}\frac{bc}{a^2} - \frac{1}{2}\frac{d}{a} - \frac{5}{16}\frac{b^3}{a^3}\right)x^3 + \left(\frac{3}{4}\frac{bd}{a^2} + \frac{3}{8}\frac{c^2}{a^2} - \frac{1}{2}\frac{e}{a} - \frac{15}{16}\frac{b^2c}{a^3} + \frac{35}{128}\frac{b^4}{a^4}\right)x^4 + \cdots\right] \quad (a > 0), \tag{7.90}$$

$$\frac{1}{S} = S^{-1} = a^{-1}\left[1 - \frac{b}{a}x + \left(\frac{b^2}{a^2} - \frac{c}{a}\right)x^2 + \left(\frac{2bc}{a^2} - \frac{d}{a} - \frac{b^3}{a^3}\right)x^3 + \left(\frac{2bd}{a^2} + \frac{c^2}{a^2} - \frac{e}{a} - 3\frac{b^2c}{a^3} + \frac{b^4}{a^4}\right)x^4 + \cdots\right] \quad (a \neq 0), \tag{7.91}$$

$$\frac{1}{S^2} = S^{-2} = a^{-2}\left[1 - 2\frac{b}{a}x + \left(3\frac{b^2}{a^2} - 2\frac{c}{a}\right)x^2 + \left(6\frac{bc}{a^2} - 2\frac{d}{a} - 4\frac{b^3}{a^3}\right)x^3 + \left(6\frac{bd}{a^2} + 3\frac{c^2}{a^2} - 2\frac{e}{a} - 12\frac{b^2c}{a^3} + 5\frac{b^4}{a^4}\right)x^4 + \cdots\right] \quad (a \neq 0). \tag{7.92}$$

3. 两个幂级数的商

$$\frac{\sum\limits_{n=0}^{\infty} a_n x^n}{\sum\limits_{n=0}^{\infty} b_n x^n} = \frac{a_0}{b_0}\frac{1 + \alpha_1 x + \alpha_2 x^2 + \cdots}{1 + \beta_1 x + \beta_2 x^2 + \cdots}$$
$$= \frac{a_0}{b_0}[1 + (\alpha_1 - \beta_1)x + (\alpha_2 - \alpha_1\beta_1 + {\beta_1}^2 - \beta_2)x^2 + (\alpha_3 - \alpha_2\beta_1 - \alpha_1\beta_2 - \beta_3 - {\beta_1}^3 + \alpha_1{\beta_1}^2 + 2\beta_1\beta_2)x^3 + \cdots] \quad (b_0 \neq 0). \tag{7.93}$$

首先把商 (7.93) 看成具有未知系数的级数, 乘以分母后再利用系数比较法得到未知系数, 进而得到上述公式.

4. 幂级数的反级数

若设级数

$$y = f(x) = ax + bx^2 + cx^3 + dx^4 + ex^5 + fx^6 + \cdots \quad (a \neq 0), \tag{7.94a}$$

则其反函数为级数

$$x = \varphi(y) = Ay + By^2 + Cy^3 + Dy^4 + Ey^5 + Fy^6 + \cdots . \tag{7.94b}$$

考虑 y 的方幂, 比较系数, 有

$$\begin{aligned}&A=\frac{1}{a},\quad B=-\frac{b}{a^3},\quad C=\frac{1}{a^5}(2b^2-ac),\quad D=\frac{1}{a^7}(5abc-a^2d-5b^3),\\&E=\frac{1}{a^9}(6a^2bd+3a^2c^2+14b^4-a^3e-21ab^2c),\\&F=\frac{1}{a^{11}}(7a^3be+7a^3cd+84ab^3c-a^4f-28a^2b^2d-28a^2bc^2-42b^5).\end{aligned}\tag{7.94c}$$

反级数的收敛性必须在各种情况下分别验证.

7.3.3.3 泰勒级数展开式、麦克劳林级数

1373 页的表 21.5 给出了最重要的初等函数的幂级数展开式, 它们通常可利用泰勒展开式得到.

1. 一元函数的泰勒级数

若函数 $f(x)$ 在 $x=a$ 具有任意阶导数, 则通常可利用泰勒公式将其表示成一个幂级数 (参见第 594 页 6.1.4.5).

a)**第一表示形式**

$$f(x)=f(a)+\frac{x-a}{1!}f'(a)+\frac{(x-a)^2}{2!}f''(a)+\cdots+\frac{(x-a)^n}{n!}f^{(n)}(a)+\cdots. \tag{7.95a}$$

对 x, 仅当在 $n\to\infty$ 时余项 $R_n=f(x)-S_n$ 趋于 0 的情况下, (7.95a) 这种表示形式才正确. 此处余项的概念与第 625 页 7.3.1 中给出的一般余项不同, 仅指表达式 (7.95b) 中的这种余项形式.

余项公式如下:

$$R_n=\frac{(x-a)^{n+1}}{(n+1)!}f^{(n+1)}(\xi)\quad(a<\xi<x \text{ 或 } x<\xi<a)\quad(\text{拉格朗日公式}), \tag{7.95b}$$

$$R_n=\frac{1}{n!}\int_a^x(x-t)^nf^{(n+1)}(t)\mathrm{d}t\quad(\text{积分公式}). \tag{7.95c}$$

b) **第二表示形式**

$$f(a+h)=f(a)+\frac{h}{1!}f'(a)+\frac{h^2}{2!}f''(a)+\cdots+\frac{h^n}{n!}f^{(n)}(a)+\cdots. \tag{7.96a}$$

余项表达式为

$$R_n=\frac{h^{n+1}}{(n+1)!}f^{(n+1)}(a+\Theta h)\qquad(0<\Theta<1), \tag{7.96b}$$

$$R_n=\frac{1}{n!}\int_0^h(h-t)^nf^{(n+1)}(a+t)\mathrm{d}t. \tag{7.96c}$$

2. 麦克劳林级数

特别地，当 $a=0$ 时，函数 $f(x)$ 的泰勒级数或幂级数展开式称为麦克劳林级数，形为

$$f(x)=f(0)+\frac{x}{1!}f'(0)+\frac{x^2}{2!}f''(0)+\cdots+\frac{x^n}{n!}f^{(n)}(0)+\cdots, \tag{7.97a}$$

余项

$$R_n=\frac{x^{n+1}}{(n+1)!}f^{(n+1)}(\Theta x)\qquad (0<\Theta<1), \tag{7.97b}$$

$$R_n=\frac{1}{n!}\int_0^x (x-t)^n f^{(n+1)}(t)\mathrm{d}t. \tag{7.97c}$$

泰勒级数及麦克劳林级数的收敛性可以通过考察余项 R_n 或者确定收敛半径 (参见第 628 页 7.3.3.1) 来证明. 后者中可能尽管级数收敛，但 $S(x)\neq f(x)$. 例如在函数 $f(x)=\begin{cases}\exp\left(-\dfrac{1}{x^2}\right), & x\neq 0,\\ 0, & x=0\end{cases}$ 中，麦克劳林级数中各项都等于 0，但 $S(x)=0\neq f(x)$.

7.3.4 近似公式

若仅考虑展开式中心足够小的一个邻域，借助泰勒展开式可为几种函数引入恰当的近似公式. 表 7.3 给出了函数的前几项，由余项估计可判断数据的精确程度. 1276 页 19.6 以及 1293 页的 19.7，利用了插值法、拟合多项式和样条函数给出了函数近似表示的其他可能性. 关于重要的级数展开式参见 1373 页表 21.5.

7.3.5 渐近幂级数

即使是发散级数也可用于函数值的计算，而计算 $|x|$ 较大时的函数值，往往要考察关于 $\dfrac{1}{x}$ 的某些渐近幂级数.

7.3.5.1 渐近性

设两函数 $f(x)$ 和 $g(x)$ 在 $x_0<x<\infty$ 上有定义，若

$$\lim_{x\to\infty}\frac{f(x)}{g(x)}=1 \tag{7.98a}$$

或

$$f(x)=g(x)+o(g(x)),\quad x\to\infty, \tag{7.98b}$$

则称它们在 $x\to\infty$ 时**渐近相等**，其中 $o(g(x))$ 为朗道 (Laudau) 符号 "小 o"(参见第 74 页 2.1.4.9). 若 $f(x)$ 和 $g(x)$ 满足 (7.98a) 或 (7.98b)，也记为 $f(x)\sim g(x)$.

■ **A**: $\sqrt{x^2+1} \sim x$.

■ **B**: $e^{\frac{1}{x}} \sim 1$.

■ **C**: $\dfrac{3x+2}{4x^3+x+2} \sim \dfrac{3}{4x^2}$.

7.3.5.2 渐近幂级数

1. 渐近级数的概念

当 $x > x_0$ 时, 若对每个 $n = 0, 1, 2, \cdots$, 都有

$$f(x) = \sum_{\nu=0}^{n} \frac{a_\nu}{x^\nu} + O\left(\frac{1}{x^{n+1}}\right), \tag{7.99}$$

则级数 $\sum\limits_{\nu=0}^{\infty} \dfrac{a_\nu}{x^\nu}$ 称为函数 $f(x)$ 的渐近幂级数, 其中 $O\left(\dfrac{1}{x^{n+1}}\right)$ 为朗道符号 "大 O"(参见第 74 页 2.1.4.9), (7.99) 也记为 $f(x) \approx \sum\limits_{\nu=0}^{\infty} \dfrac{a_\nu}{x^\nu}$.

表 7.3 一些常用函数的近似公式

近似公式	下一项	对误差 x 的容许区间 0.1% 从	0.1% 到	1% 从	1% 到	10% 从	10% 到
$\sin x \approx x$	$-\dfrac{x^3}{6}$	-0.077 $-4.4°$	0.077 $4.4°$	-0.245 $-14.0°$	0.245 $14.0°$	-0.786 $-45.0°$	0.786 $45.0°$
$\sin x \approx x - \dfrac{x^3}{6}$	$+\dfrac{x^5}{120}$	-0.580 $-33.2°$	0.580 $33.2°$	-1.005 $-57.6°$	1.005 $57.6°$	-1.632 $-93.5°$	1.632 $93.5°$
$\cos x \approx 1$	$-\dfrac{x^2}{2}$	-0.045 $-2.6°$	0.045 $2.6°$	-0.141 $-8.1°$	0.141 $8.1°$	-0.415 $-25.8°$	0.415 $25.8°$
$\cos x \approx 1 - \dfrac{x^2}{2}$	$+\dfrac{x^4}{24}$	-0.386 $-22.1°$	0.386 $22.1°$	-0.662 $-37.9°$	0.662 $37.9°$	-1.036 $-59.3°$	1.036 $59.3°$
$\tan x \approx x$	$+\dfrac{x^3}{3}$	-0.054 $-3.1°$	0.054 $3.1°$	-0.172 $-9.8°$	0.172 $9.8°$	-0.517 $-29.6°$	0.517 $29.6°$
$\tan x \approx x + \dfrac{x^3}{3}$	$+\dfrac{2}{15}x^5$	-0.293 $-16.8°$	0.293 $16.8°$	-0.519 $-29.7°$	0.519 $29.7°$	-0.895 $-51.3°$	0.895 $51.3°$
$\sqrt{a^2+x} \approx a + \dfrac{x}{2a}$ $= \dfrac{1}{2}\left(a + \dfrac{a^2+x}{a}\right)$	$-\dfrac{x^2}{8a^3}$	$-0.085a^2$	$0.093a^2$	$-0.247a^2$	$0.328a^2$	$-0.607a^2$	$1.545a^2$
$\dfrac{1}{\sqrt{a^2+x}} \approx \dfrac{1}{a} - \dfrac{x}{2a^3}$	$+\dfrac{3x^2}{8a^5}$	$-0.051a^2$	$0.052a^2$	$-0.157a^2$	$0.166a^2$	$-0.488a^2$	$0.530a^2$
$\dfrac{1}{a+x} \approx \dfrac{1}{a} - \dfrac{x}{a^2}$	$+\dfrac{x^2}{a^3}$	$-0.031a$	$0.031a$	$-0.099a$	$0.099a$	$-0.301a$	$0.301a$
$e^x \approx 1 + x$	$+\dfrac{x^2}{2}$	-0.045	0.045	-0.134	0.148	-0.375	0.502
$\ln(1+x) \approx x$	$-\dfrac{x^2}{2}$	-0.002	0.002	-0.020	0.020	-0.176	0.230

2. 渐近幂级数的性质

a) **唯一性** 若函数 $f(x)$ 的渐近幂级数存在, 则唯一, 但是渐近幂级数并不能确定唯一一个函数.

b) **收敛性** 渐近幂级数不要求收敛.

■ **A**: $e^{\frac{1}{x}} \approx \sum_{\nu=0}^{\infty} \frac{1}{\nu! x^{\nu}}$ 是一渐近级数, 且对满足 $|x| > x_0 (x_0 > 0)$ 的每个 x 均收敛.

■ **B**: 当 $x > 0$ 时积分 $f(x) = \int_0^{\infty} \frac{e^{-xt}}{1+t} dt$ 收敛, 反复分部积分可得表达式 $f(x) = \frac{1}{x} - \frac{1!}{x^2} + \frac{2!}{x^3} - \frac{3!}{x^4} \pm \cdots + (-1)^{n-1} \frac{(n-1)!}{x^n} + R_n(x)$, 其中

$$R_n(x) = (-1)^n \frac{n!}{x^n} \int_0^{\infty} \frac{e^{-xt}}{(1+t)^{n+1}} dt.$$

又 $|R_n(x)| \leqslant \frac{n!}{x^n} \int_0^{\infty} e^{-xt} dt = \frac{n!}{x^{n+1}}$, 有 $R_n(x) = O\left(\frac{1}{x^{n+1}}\right)$, 且有估计

$$\int_0^{\infty} \frac{e^{-xt}}{1+t} dt \approx \sum_{\nu=0}^{\infty} (-1)^{\nu} \frac{\nu!}{x^{\nu+1}}. \tag{7.100}$$

渐近幂级数 (7.100) 的第 $n+1$ 项与第 n 项商的绝对值为 $\frac{n}{x}$, 故该级数对每个 x 均发散, 然而它却完美地近似于 $f(x)$. 例如, 当 $x = 10$ 时, 用部分和 $S_4(10)$ 和 $S_5(10)$ 可估计出 $0.09152 < \int_0^{\infty} \frac{e^{-10t}}{1+t} dt < 0.09164$.

7.4 傅里叶级数

7.4.1 三角和与傅里叶级数

7.4.1.1 基本概念

1. 周期函数的傅里叶表示

有时需要或要用到把周期为 T 的周期函数 $f(x)$ 精确或近似地表示为三角函数和的形式

$$\begin{aligned} s_n(x) = &\frac{a_0}{2} + a_1 \cos \omega x + a_2 \cos 2\omega x + \cdots + a_n \cos n\omega x \\ &+ b_1 \sin \omega x + b_2 \sin 2\omega x + \cdots + b_n \sin n\omega x, \end{aligned} \tag{7.101}$$

上式称为傅里叶展开式. 频率 $w = \frac{2\pi}{T}$, 当 $T = 2\pi$ 时, $w = 1$. 从 635 页 7.4.2.1 的角度讲, 利用近似函数 $s_n(x)$ 可得 $f(x)$ 的最佳近似, 其中 a_k 和 $b_k (k = 0, 1, 2, \cdots, n)$

为已知函数的傅里叶系数, 且它们可由欧拉公式来确定:

$$a_k = \frac{2}{T}\int_0^T f(x)\cos k\omega x \mathrm{d}x = \frac{2}{T}\int_{x_0}^{x_0+T} f(x)\cos k\omega x \mathrm{d}x$$
$$= \frac{2}{T}\int_0^{T/2} [f(x)+f(-x)]\cos k\omega x \mathrm{d}x, \tag{7.102a}$$

$$b_k = \frac{2}{T}\int_0^T f(x)\sin k\omega x \mathrm{d}x = \frac{2}{T}\int_{x_0}^{x_0+T} f(x)\sin k\omega x \mathrm{d}x$$
$$= \frac{2}{T}\int_0^{T/2} [f(x)-f(-x)]\sin k\omega x \mathrm{d}x, \tag{7.102b}$$

此外, 这些系数也可由**调和分析法** (参见第 1287 页 19.6.4) 近似确定.

2. 傅里叶级数

若存在一组 x, 满足当 $n\to\infty$ 时, 函数序列 $s_n(x)$ 趋于极限 $s(x)$, 则对这些 x, 已知函数存在一个**收敛的傅里叶级数**, 形如

$$s(x) = \frac{a_0}{2} + a_1\cos\omega x + a_2\cos 2\omega x + \cdots + a_n\cos n\omega x + \cdots$$
$$+ b_1\sin\omega x + b_2\sin 2\omega x + \cdots + b_n\sin n\omega x + \cdots \tag{7.103a}$$

或

$$s(x) = \frac{a_0}{2} + A_1\sin(\omega x+\varphi_1) + A_2\sin(2\omega x+\varphi_2) + \cdots + A_n\sin(n\omega x+\varphi_n) + \cdots, \tag{7.103b}$$

在第二种形式中,

$$A_k = \sqrt{a_k^2+b_k^2}, \quad \tan\varphi_k = \frac{a_k}{b_k}. \tag{7.103c}$$

3. 傅里叶级数的复形式

在很多情况下, 傅里叶级数的复形式非常有用:

$$s(x) = \sum_{k=-\infty}^{+\infty} c_k \mathrm{e}^{\mathrm{i}k\omega x}, \tag{7.104a}$$

$$c_k = \frac{1}{T}\int_0^T f(x)\mathrm{e}^{-\mathrm{i}k\omega x}\mathrm{d}x = \begin{cases} \dfrac{1}{2}a_0, & k=0, \\ \dfrac{1}{2}(a_k - \mathrm{i}b_k), & k>0, \\ \dfrac{1}{2}(a_{-k}+\mathrm{i}b_{-k}), & k<0. \end{cases} \tag{7.104b}$$

7.4.1.2 傅里叶级数的重要性质

1. 函数的最小均方误差

若区间 $[0,T]$ $\left(T=\dfrac{2\pi}{w}\right)$ 上函数 $f(x)$ 能用如下三角和来近似:

$$s_n(x) = \frac{a_0}{2} + \sum_{k=1}^{n} a_k \cos k\omega x + \sum_{k=1}^{n} b_k \sin k\omega x, \tag{7.105a}$$

该三角和也称为**傅里叶和**, 则均方误差 (参见第 1278 页 19.6.2.1 和 1288 页 19.6.4.1, 2.)

$$F = \frac{1}{T}\int_0^T [f(x) - s_n(x)]^2 \mathrm{d}x \tag{7.105b}$$

最小, 其中 a_k 和 b_k 为给定函数 $f(x)$ 的傅里叶系数 (7.102a, 7.102b).

2. 函数的均方收敛、帕塞瓦尔方程

若已知函数有界且在区间 $0 < x < T$ 上分段连续, 则傅里叶级数在区间 $[0, T]\left(T = \frac{2\pi}{w}\right)$ 上均方收敛到该函数, 即

$$\int_0^T [f(x) - s_n(x)]^2 \mathrm{d}x \to 0, \quad n \to \infty. \tag{7.106a}$$

均方收敛的重要结果为**帕塞瓦尔方程**:

$$\frac{2}{T}\int_0^T [f(x)]^2 \mathrm{d}x = \frac{a_0^2}{2} + \sum_{k=1}^{\infty}(a_k^2 + b_k^2). \tag{7.106b}$$

3. 狄利克雷条件

若函数 $f(x)$ 满足**狄利克雷条件**, 即

a) 定义区间可以分成有限多个区间, 且函数 $f(x)$ 在这些区间上均连续、单调.

b) 在函数 $f(x)$ 的每个间断点定义 $f(x+0)$ 和 $f(x-0)$ 后, 函数的傅里叶级数收敛. 在函数 $f(x)$ 的连续点, 和等于 $f(x)$, 在间断点和等于 $\frac{f(x-0) + f(x+0)}{2}$.

4. 傅里叶系数的渐近性

若周期函数 $f(x)$ 及其 k 阶与 k 阶以下导数均连续, 则当 $n \to \infty$ 时, 表达式 $a_n n^{k+1}$ 和 $b_n n^{k+1}$ 均趋于 0.

7.4.2 对称函数系数的确定

7.4.2.1 各种类型的对称

1. 第一类对称

若周期为 T 的周期函数 $f(x)$ 为偶函数, 即 $f(x) = f(-x)$(图 7.2), 则其傅里叶系数为

$$a_k = \frac{4}{T}\int_0^{T/2} f(x) \cos k\frac{2\pi x}{T} \mathrm{d}x, \quad b_k = 0 \qquad (k = 0, 1, 2, \cdots). \tag{7.107}$$

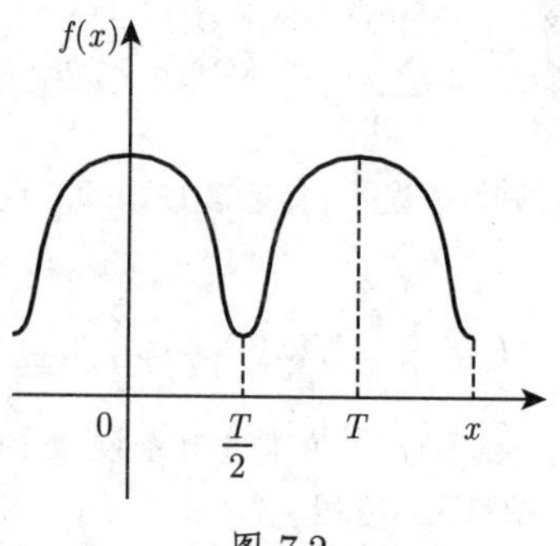

图 7.2

2. 第二类对称

若周期为 T 的周期函数 $f(x)$ 为奇函数, 即 $f(x) = -f(-x)$(图 7.3), 则其傅里叶系数为

$$a_k = 0, \quad b_k = \frac{4}{T}\int_0^{T/2} f(x)\sin k\frac{2\pi x}{T}\mathrm{d}x \qquad (k = 0, 1, 2, \cdots). \tag{7.108}$$

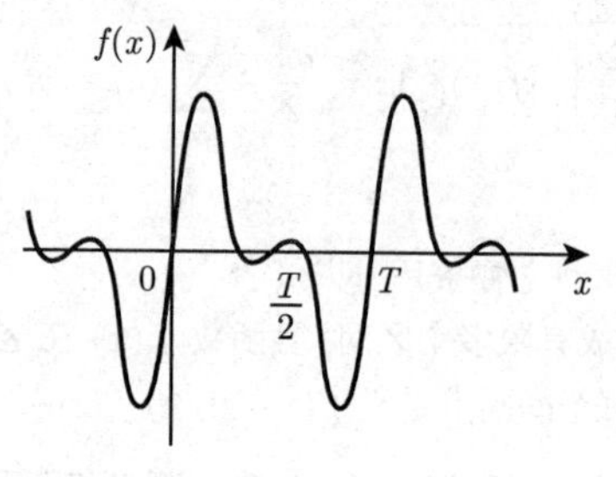

图 7.3

3. 第三类对称

若周期为 T 的周期函数 $f(x)$ 满足 $f(x + T/2) = -f(x)$(图 7.4), 则其傅里叶系数为

$$a_{2k+1} = \frac{4}{T}\int_0^{T/2} f(x)\cos(2k+1)\frac{2\pi x}{T}\mathrm{d}x, \quad a_{2k} = 0, \tag{7.109a}$$

$$b_{2k+1} = \frac{4}{T}\int_0^{T/2} f(x)\sin(2k+1)\frac{2\pi x}{T}\mathrm{d}x, \quad b_{2k} = 0 \quad (k = 0, 1, 2, \cdots). \tag{7.109b}$$

4. 第四类对称

若周期为 T 的周期函数 $f(x)$ 为奇函数, 且满足第三类对称 (图 7.5(a)), 则其傅里叶系数

$$a_k = b_{2k} = 0, \quad b_{2k+1} = \frac{8}{T}\int_0^{T/4} f(x)\sin(2k+1)\frac{2\pi x}{T}\mathrm{d}x \quad (k = 0, 1, 2, \cdots). \tag{7.110}$$

若函数 $f(x)$ 为偶函数, 且满足第三类对称 (图 7.5(b)), 则其傅里叶系数

$$b_k = a_{2k} = 0, \quad a_{2k+1} = \frac{8}{T}\int_0^{T/4} f(x)\cos(2k+1)\frac{2\pi x}{T}\mathrm{d}x \quad (k = 0, 1, 2, \cdots). \tag{7.111}$$

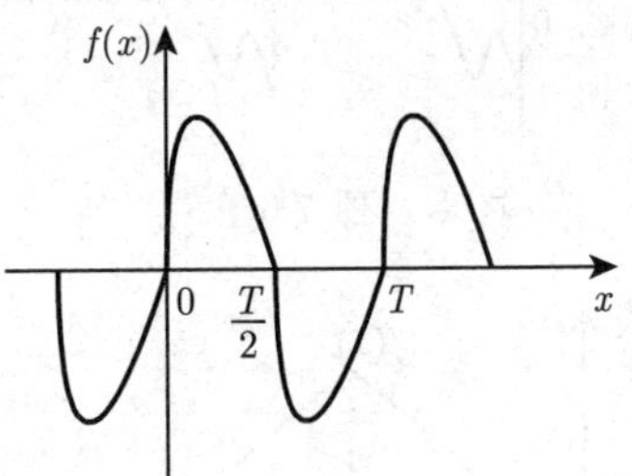

图 7.4

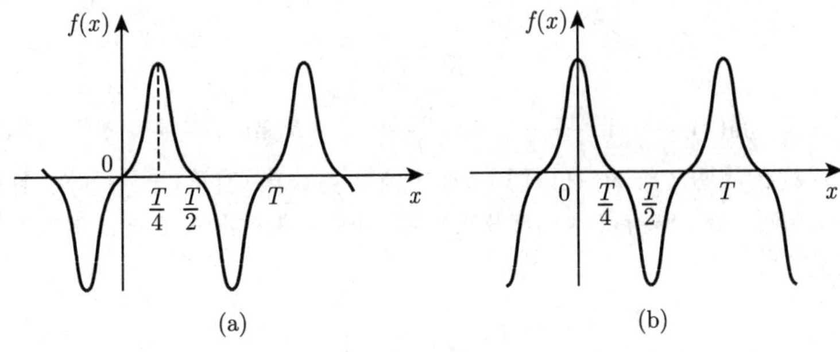

图 7.5

7.4.2.2 傅里叶级数展开形式

在区间 $[0,l]$ 上满足狄利克雷条件 (参见第 635 页 7.4.1.2, 3.) 的每个函数 $f(x)$ 都可在该区间展成如下形式的收敛级数:

(1) $$f_1(x) = \frac{a_0}{2} + a_1\cos\frac{2\pi x}{l} + a_2\cos 2\frac{2\pi x}{l} + \cdots + a_n\cos n\frac{2\pi x}{l} + \cdots + b_1\sin\frac{2\pi x}{l} + b_2\sin 2\frac{2\pi x}{l} + \cdots + b_n\sin n\frac{2\pi x}{l} + \cdots. \tag{7.112a}$$

函数 $f_1(x)$ 的周期 $T = l$; 在区间 $(0,l)$ 的连续点函数 $f_1(x)$ 与 $f(x)$ 相同 (图 7.6), 在间断点 $f_1(x) = \frac{1}{2}[f(x-0) + f(x+0)]$. 当 $w = \frac{2\pi}{l}$ 时, 展开式的系数由欧拉公式 (7.102a, 7.102b) 来确定.

(2) $$f_2(x) = \frac{a_0}{2} + a_1\cos\frac{\pi x}{l} + a_2\cos 2\frac{\pi x}{l} + \cdots + a_n\cos n\frac{\pi x}{l} + \cdots. \tag{7.112b}$$

函数 $f_2(x)$ 的周期 $T = 2l$; 在区间 $[0,l]$ 上函数 $f_2(x)$ 具有第一类对称性, 且与函数 $f(x)$ 相同 (图 7.7), $f_2(x)$ 的展开式系数可由第一类对称中 $T = 2l$ 时满足的公式来确定.

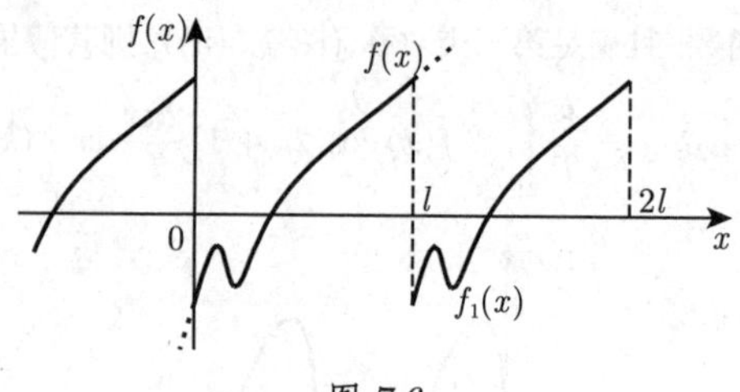

图 7.6

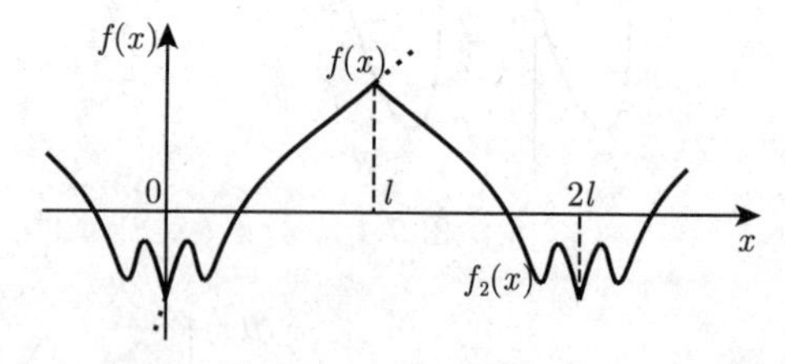

图 7.7

(3)
$$f_3(x) = b_1 \sin\frac{\pi x}{l} + b_2 \sin 2\frac{\pi x}{l} + \cdots + b_n \sin n\frac{\pi x}{l} + \cdots. \tag{7.112c}$$

函数 $f_3(x)$ 的周期 $T = 2l$; 在区间 $(0, l)$ 上函数 $f_3(x)$ 具有第二类对称性, 且与函数 $f(x)$ 相同 (图 7.8), $f_3(x)$ 的展开式系数可由第二类对称中 $T = 2l$ 时满足的公式来确定.

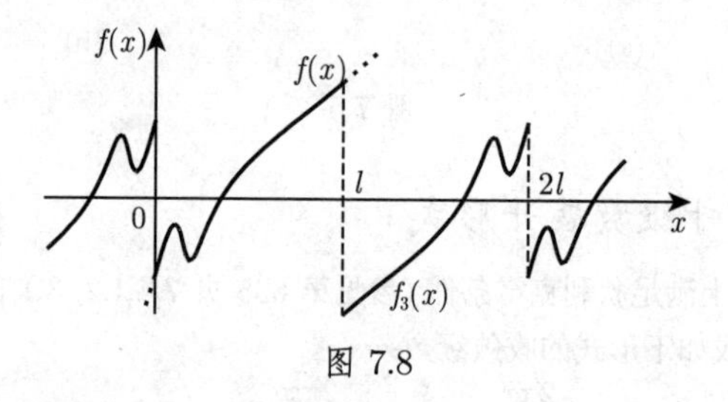

图 7.8

7.4.3　数值法对傅里叶系数的确定

若周期函数 $f(x)$ 比较复杂, 或者在区间 $[0, T)$ 上, 仅当在 $x_k = \frac{kT}{N}(k = 0, 1, 2, \cdots, N-1)$ 这些离散点处函数值已知, 则此时的傅里叶系数只能通过近似得到. 另外, N 的数值可以很大. 在上述情况中要用到数值调和分析中的方法 (参见第 1287 页 19.6.4).

7.4.4　傅里叶级数与傅里叶积分

1. 傅里叶积分

若函数 $f(x)$ 在任意有限区间上满足狄利克雷条件 (参见第 635 页 7.4.1.2, 3.),

且积分 $\int_{-\infty}^{+\infty}|f(x)|\mathrm{d}x$ 收敛 (参见第 674 页 8.2.3.2, 1.), 则下面公式成立 (傅里叶积分):

$$f(x)=\frac{1}{2\pi}\int_{-\infty}^{+\infty}\mathrm{e}^{\mathrm{i}\omega x}\mathrm{d}\omega\int_{-\infty}^{+\infty}f(t)\mathrm{e}^{-\mathrm{i}\omega t}\mathrm{d}t=\frac{1}{\pi}\int_{0}^{\infty}\mathrm{d}\omega\int_{-\infty}^{+\infty}f(t)\cos\omega(t-x)\mathrm{d}t. \tag{7.113a}$$

在间断点, 有

$$f(x)=\frac{1}{2}[f(x-0)+f(x+0)]. \tag{7.113b}$$

2. 非周期函数的极限情况

公式 (7.113a) 可看作当 $l\to\infty$ 时非周期函数 $f(x)$ 在 $(-l,l)$ 上的三角级数展开式. 借助傅里叶级数展开式, 在**离散频谱**的基础上, 周期为 T 的周期函数可表示为频率 $w_n=n\frac{2\pi}{T}(n=1,2,\cdots)$、振幅为 A_n 的谐振动之和.

利用傅里叶积分, 非周期函数 $f(x)$ 可以表示成无限多个具有连续变化频率 w 的谐振动之和. 傅里叶积分把函数 $f(x)$ 展开成**连续频谱**, 其中频率 w 对应谱密度 $g(w)$:

$$g(\omega)=\frac{1}{2\pi}\int_{-\infty}^{+\infty}f(t)\mathrm{e}^{-\mathrm{i}\omega t}\mathrm{d}t. \tag{7.113c}$$

若 $f(x)$ 为下面 a) 这种偶函数或 b) 这种奇函数, 则傅里叶积分形式更为简单.

a) $$f(x)=\frac{2}{\pi}\int_{0}^{\infty}\cos\omega x\mathrm{d}\omega\int_{0}^{\infty}f(t)\cos\omega t\mathrm{d}t; \tag{7.114a}$$

b) $$f(x)=\frac{2}{\pi}\int_{0}^{\infty}\sin\omega x\mathrm{d}\omega\int_{0}^{\infty}f(t)\sin\omega t\mathrm{d}t. \tag{7.114b}$$

■ 偶函数 $f(x)=\mathrm{e}^{-|x|}$ 的谱密度及 $f(x)$ 的表示分别为

$$g(\omega)=\frac{2}{\pi}\int_{0}^{\infty}\mathrm{e}^{-t}\cos\omega t\mathrm{d}t=\frac{2}{\pi}\frac{1}{\omega^2+1} \tag{7.115a}$$

和

$$\mathrm{e}^{-|x|}=\frac{2}{\pi}\int_{0}^{\infty}\frac{\cos\omega x}{\omega^2+1}\mathrm{d}\omega. \tag{7.115b}$$

7.4.5 关于表中某些傅里叶级数的注

1378 页的表 21.6 给出了某些简单函数在某一区间上的傅里叶展开式, 并对其进行了周期延拓, 描述了延拓函数曲线的形状.

1. 坐标变换的应用

通过改变坐标轴的标度 (度量单位) 或平移原点, 可将许多非常简单的周期函数化简成表 21.6 中所示的函数.

■ 设函数 $f(x)=f(-x)$, 且满足关系

$$y=\begin{cases}2, & 0<x<\dfrac{T}{4},\\ 0, & \dfrac{T}{4}<x<\dfrac{T}{2}\end{cases} \tag{7.116a}$$

(图 7.9), 则利用代换 $a=1$, 并引入新的变量 $Y=y-1$, $X=\dfrac{2\pi x}{T}+\dfrac{\pi}{2}$, 可化为表 21.6 中的第 5 种形式. 在级数 5 中作变量代换, 因为 $\sin(2n+1)\left(\dfrac{2\pi x}{T}+\dfrac{\pi}{2}\right)=(-1)^n\cos(2n+1)\dfrac{2\pi x}{T}$, 对函数 (7.116a), 有表达式

$$y=1+\frac{4}{\pi}\left(\cos\frac{2\pi x}{T}-\frac{1}{3}\cos 3\frac{2\pi x}{T}+\frac{1}{5}\cos 5\frac{2\pi x}{T}-\cdots\right). \tag{7.116b}$$

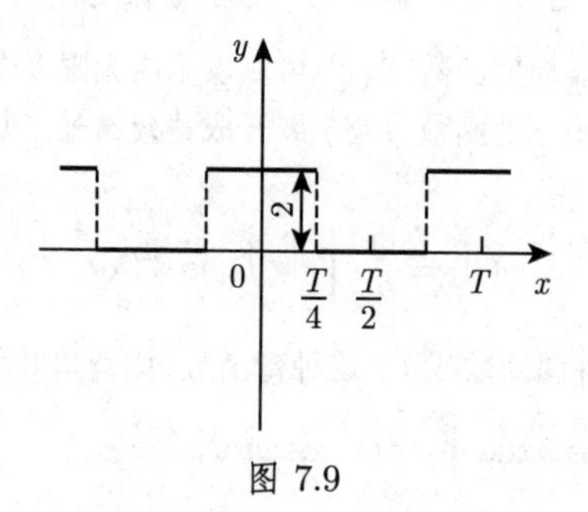

图 7.9

2. 复函数级数展开式的应用

表 21.6 将函数展开成三角级数的许多公式都可以利用复变量函数的幂级数展开得到.

■ 由函数展开式

$$\frac{1}{1-z}=1+z+z^2+\cdots\quad(|z|<1) \tag{7.117}$$

当

$$z=a\mathrm{e}^{\mathrm{i}\varphi} \tag{7.118}$$

时, 分离实部和虚部, 有

$$1+a\cos\varphi+a^2\cos 2\varphi+\cdots+a^n\cos n\varphi+\cdots=\frac{1-a\cos\varphi}{1-2a\cos\varphi+a^2},$$
$$a\sin\varphi+a^2\sin 2\varphi+\cdots+a^n\sin n\varphi+\cdots=\frac{a\sin\varphi}{1-2a\cos\varphi+a^2},\quad |a|<1. \tag{7.119}$$

(胡俊美 译)

第 8 章　积　分　学

(1) **积分与不定积分**　在下述意义下积分是微分的逆运算: 若微分计算的是给定函数 $f(x)$ 的导数 $f'(x)$, 积分则是要确定一个函数, 使其导数为前面给出的 $f'(x)$. 因积分结果不唯一, 故要引出*不定积分*的概念.

(2) **定积分**　从积分学的图形问题出发, 要确定曲线 $y = f(x)$ 与 x 轴围成的图形面积, 需要用一些小矩形来近似 (图 8.1), 由此引出*定积分*的概念.

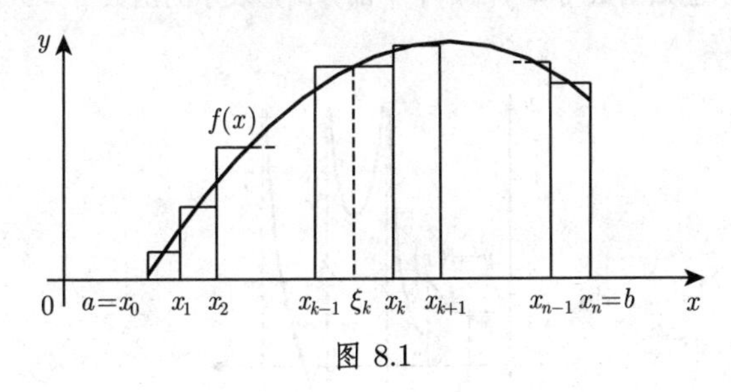

图 8.1

(3) **定积分与不定积分之间的关系**　两个积分之间的关系是*微积分基本定理* (参见第 659 页 8.2.1.2, 1.).

8.1　不 定 积 分

8.1.1　原函数或反导数

1. 定义

设 $y = f(x)$ 为区间 $[a, b]$ 上的函数, 若 $F(x)$ 在 $[a, b]$ 上处处可微, 且其导数为 $f(x)$:

$$F'(x) = f(x), \tag{8.1}$$

则 $F(x)$ 称为 $f(x)$ 的*原函数或反导数*. 因为 $F(x) + C$(C 为常数) 在微分过程中所加常数项 C 消失, 所以一个函数如果有原函数, 便会有无穷多个原函数, 且两个原函数的差为常数. 于是只要把一个特殊的原函数沿坐标轴方向平移, 便能得到所有原函数 $F_1(x), F_2(x), \cdots, F_n(x)$ 的图像 (图 8.2).

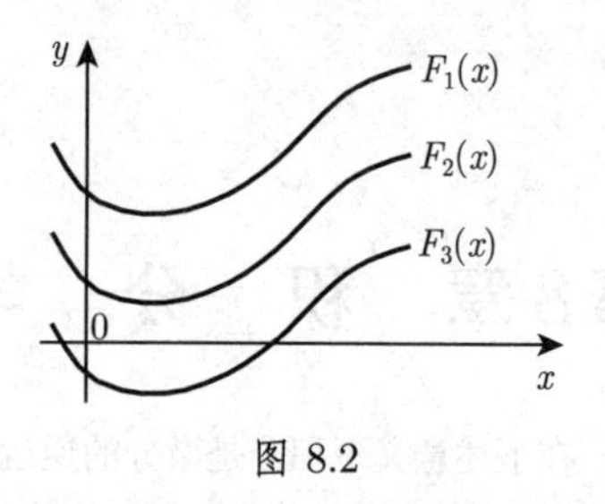

图 8.2

2. 练习

区间 $[a,b]$ 上的连续函数在该区间都存在原函数. 若存在一些间断点, 则可将该区间分解成一系列子区间, 使其原函数在这些子区间连续. 例如, 图 8.3 中, 若上半部分图形表示已知函数 $y=f(x)$, 下半部分图形表示的函数 $y=F(x)$ 则是所考虑区间的原函数.

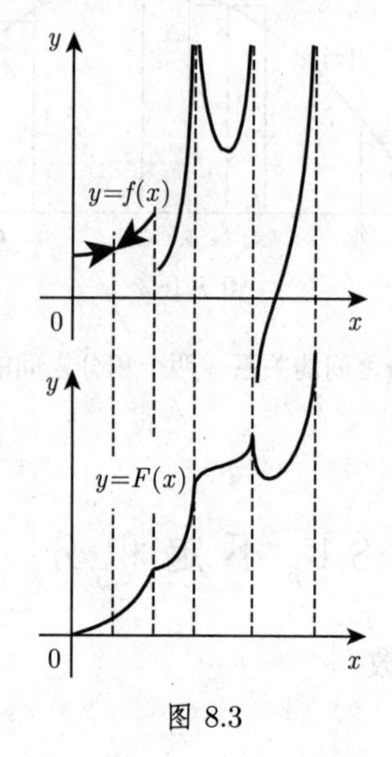

图 8.3

8.1.1.1　不定积分

函数 $f(x)$ 的**不定积分**是 $f(x)$ 所有原函数的集合:

$$F(x)+C=\int f(x)\mathrm{d}x. \tag{8.2}$$

积分号 $\int$ 下的函数 $f(x)$ 称为**被积函数**, x 称为**积分变量**, C 称为**积分常数**. 在其他学科, 特别是物理学中, 积分也是很实用的记号, 而且会把微分 $\mathrm{d}x$ 写在积分号之后, 函数 $f(x)$ 之前.

8.1.1.2 初等函数的积分

1. 基本积分

以解析形式表示的初等函数的积分可化为一系列基本积分, 而因为不定积分即为确定函数 $f(x)$ 的原函数 $F(x)$, 所以这些基本积分可由大家熟知的初等函数的导数得到.

表 8.1 中的积分公式源自 583 页表 6.1 中微分公式 (初等函数的导数) 的逆运算, 略去了积分常数 C.

表 8.1 基本积分

幂函数	指数函数
$\int x^n\mathrm{d}x = \dfrac{x^{n+1}}{n+1}\quad (n\neq -1)$	$\int \mathrm{e}^x\mathrm{d}x = \mathrm{e}^x$
$\int \dfrac{\mathrm{d}x}{x} = \ln\lvert x\rvert$	$\int a^x\mathrm{d}x = \dfrac{a^x}{\ln a}\quad (a>0, a\neq 1)$
三角函数	**双曲函数**
$\int \sin x\mathrm{d}x = -\cos x$	$\int \sinh x\mathrm{d}x = \cosh x$
$\int \cos x\mathrm{d}x = \sin x$	$\int \cosh x\mathrm{d}x = \sinh x$
$\int \tan x\mathrm{d}x = -\ln\lvert\cos x\rvert$	$\int \tanh x\mathrm{d}x = \ln\lvert\cosh x\rvert$
$\int \cot x\mathrm{d}x = \ln\lvert\sin x\rvert$	$\int \coth x\mathrm{d}x = \ln\lvert\sinh x\rvert$
$\int \dfrac{\mathrm{d}x}{\cos^2 x} = \tan x$	$\int \dfrac{\mathrm{d}x}{\cosh^2 x} = \tanh x$
$\int \dfrac{\mathrm{d}x}{\sin^2 x} = -\cot x$	$\int \dfrac{\mathrm{d}x}{\sinh^2 x} = -\coth x$
分式有理函数	**无理函数**
$\int \dfrac{\mathrm{d}x}{a^2+x^2} = \dfrac{1}{a}\arctan\dfrac{x}{a}$	$\int \dfrac{\mathrm{d}x}{\sqrt{a^2-x^2}} = \arcsin\dfrac{x}{a}\quad (\lvert x\rvert<a, a>0)$
$\int \dfrac{\mathrm{d}x}{a^2-x^2} = \dfrac{1}{a}\mathrm{Artanh}\dfrac{x}{a} = \dfrac{1}{2a}\ln\left\lvert\dfrac{a+x}{a-x}\right\rvert\quad (\lvert x\rvert<a, a>0)$	$\int \dfrac{\mathrm{d}x}{\sqrt{a^2+x^2}} = \mathrm{Arsinh}\dfrac{x}{a} = \ln\left\lvert x+\sqrt{x^2+a^2}\right\rvert\quad (a>0)$
$\int \dfrac{\mathrm{d}x}{x^2-a^2} = -\dfrac{1}{a}\mathrm{Arcoth}\dfrac{x}{a} = \dfrac{1}{2a}\ln\left\lvert\dfrac{x-a}{x+a}\right\rvert\quad (\lvert x\rvert>a, a>0)$	$\int \dfrac{\mathrm{d}x}{\sqrt{x^2-a^2}} = \mathrm{Arcosh}\dfrac{x}{a} = \ln\left\lvert x+\sqrt{x^2-a^2}\right\rvert\quad (\lvert x\rvert>a, a>0)$

2. 一般积分

为了解决积分问题, 应尽量利用代数变换、三角变换以及基本积分的积分法则将给定积分化简. 在很多情况下, 具有初等原函数的函数都能通过 8.1.2 中的积分方法加以积分. 1382 页中的表 21.7(不定积分) 列出了某些积分结果. 在积分中下面的注有着重要作用:

a) 通常可以忽略积分常数, 除非某些积分在不同形式时可用不同的任意常数来表示;

b) 若原函数中存在一个含 $\ln f(x)$ 的表达式, $\ln f(x)$ 必须用 $\ln|f(x)|$ 代替;

c) 若原函数以幂级数的形式给出, 则函数不能按初等方法积分.

[8.1] 和 [8.3] 中给出了更多的积分形式及结果.

8.1.2 积分法则

以任意初等函数作为被积函数的积分通常不是初等函数. 在某些特殊情况下, 有可能要采用一些技巧并通过反复实践才知道如何积分. 当今积分的计算基本上都可在计算机上进行.

表 8.2 列出了最终要讨论的最重要的积分法则.

1. 具有常因子的积分

在被积函数中常因子 α 可以提到积分号的前面 (**常数倍乘法则**):

$$\int \alpha f(x)\mathrm{d}x = \alpha \int f(x)\mathrm{d}x. \tag{8.3}$$

2. 和或差的积分

若各项积分分别已知, 则和或差的积分可以化为各项积分的和或差 (**和法则**):

$$\int (u+v-w)\mathrm{d}x = \int u\mathrm{d}x + \int v\mathrm{d}x - \int w\mathrm{d}x, \tag{8.4}$$

u, v, w 均为 x 的函数.

■ $\int (x+3)^2(x^2+1)\mathrm{d}x = \int (x^4+6x^3+10x^2+6x+9)\mathrm{d}x = \frac{x^5}{5} + \frac{3}{2}x^4 + \frac{10}{3}x^3 + 3x^2 + 9x + C.$

3. 被积函数的变换

对被积函数比较复杂的积分, 有时可利用代数变换或三角变换化简.

■ $\int \sin 2x \cos x\mathrm{d}x = \int \frac{1}{2}(\sin 3x + \sin x)\mathrm{d}x.$

4. 自变量的线性变换

例如, 若已知 $\int f(x)\mathrm{d}x = F(x)$, 由积分表, 有

$$\int f(ax)\mathrm{d}x = \frac{1}{a}F(ax) + C, \tag{8.5a}$$

$$\int f(x+b)\mathrm{d}x = F(x+b) + C, \tag{8.5b}$$

$$\int f(ax+b)\mathrm{d}x = \frac{1}{a}F(ax+b)+C. \tag{8.5c}$$

■ **A:** $\int \sin ax\mathrm{d}x = -\frac{1}{a}\cos ax + C.$

■ **B:** $\int \mathrm{e}^{ax+b}\mathrm{d}x = \frac{1}{a}\mathrm{e}^{ax+b}+C.$

■ **C:** $\int \frac{\mathrm{d}x}{1+(x+a)^2} = \arctan(x+a)+C.$

表 8.2　不定积分计算的重要法则

法则	积分公式
积分常数	$\int f(x)\mathrm{d}x = F(x)+C$　(C 为常数)
积分和微分	$F'(x) = \frac{\mathrm{d}F}{\mathrm{d}x} = f(x)$
常数倍乘法则	$\int \alpha f(x)\mathrm{d}x = \alpha\int f(x)\mathrm{d}x$　(α为常数)
和法则	$\int [u(x)\pm v(x)]\mathrm{d}x = \int u(x)\mathrm{d}x \pm \int v(x)\mathrm{d}x$
分部积分	$\int u(x)v'(x)\mathrm{d}x = u(x)v(x) - \int u'(x)v(x)\mathrm{d}x$
代换法	$x=u(t)$　或　$t=v(x)$; u,v互为反函数： $\int f(x)\mathrm{d}x = \int f(u(t))u'(t)\mathrm{d}t$　或 $\int f(x)\mathrm{d}x = \int \frac{f(u(t))}{v'(u(t))}\mathrm{d}t$
被积函数的特殊形式	(1) $\int \frac{f'(x)}{f(x)}\mathrm{d}x = \ln\lvert f(x)\rvert + C$　(对数积分) (2) $\int f'(x)f(x)\mathrm{d}x = \frac{1}{2}f^2(x)+C$
反函数积分	u,v 互为反函数： $\int u(x)\mathrm{d}x = xu(x) - F(u(x)) + C_1$,　其中 $F(x) = \int v(x)\mathrm{d}x + C_2$　(C_1, C_2为常数)

5. 幂积分与对数积分

a) 若被积函数为分数形式, 且满足分子是分母的导数, 则积分结果为分母绝对值的对数:

$$\int \frac{f'(x)}{f(x)}\mathrm{d}x = \int \frac{\mathrm{d}f(x)}{f(x)} = \ln\lvert f(x)\rvert + C. \tag{8.6}$$

■ **A:** $\int \frac{2x+3}{x^2+3x-5}\mathrm{d}x = \ln\lvert x^2+3x-5\rvert + C.$

b) 若被积函数为一个函数的方幂与该函数导数的乘积, 且方幂不等于 -1, 则

$$\int f'(x)f^{\alpha}(x)\mathrm{d}x = \int f^{\alpha}(x)\mathrm{d}f(x) = \frac{f^{\alpha+1}(x)}{\alpha+1} + C \quad (\alpha \text{ 为常数且} \alpha \neq -1). \tag{8.7}$$

■ **B**: $\int \frac{2x+3}{(x^2+3x-5)^3}\mathrm{d}x = \frac{1}{(-2)(x^2+3x-5)^2} + C.$

6. 代换法

若 $x = u(t)$, $t = v(x)$ 是它的反函数, 则根据微分链式法则, 有

$$\int f(x)\mathrm{d}x = \int f(u(t))u'(t)\mathrm{d}t \quad \text{或} \quad \int f(x)\mathrm{d}x = \int \frac{f(u(t))}{v'(u(t))}\mathrm{d}t. \tag{8.8}$$

■ **A**: $\int \frac{\mathrm{e}^x-1}{\mathrm{e}^x+1}\mathrm{d}x$. 作代换 $x = \ln t (t > 0)$, 则 $\frac{\mathrm{d}x}{\mathrm{d}t} = \frac{1}{t}$, 且被积函数能分解成两个部分分式:

$$\int \frac{\mathrm{e}^x-1}{\mathrm{e}^x+1}\mathrm{d}x = \int \frac{t-1}{t+1}\frac{\mathrm{d}t}{t} = \int \left(\frac{2}{t+1} - \frac{1}{t}\right)\mathrm{d}t = 2\ln(\mathrm{e}^x+1) - x + C.$$

■ **B**: $\int \frac{x\mathrm{d}x}{1+x^2}$. 作代换 $1 + x^2 = t$, 则 $\frac{\mathrm{d}t}{\mathrm{d}x} = 2x$, 故 $\int \frac{x\mathrm{d}x}{1+x^2} = \int \frac{\mathrm{d}t}{2t} = \frac{1}{2}\ln\left(1+x^2\right) + C.$

7. 分部积分

作为积的微分法则的逆运算, 有

$$\int u(x)v'(x)\mathrm{d}x = u(x)v(x) - \int u'(x)v(x)\mathrm{d}x, \tag{8.9}$$

其中 $u(x), v(x)$ 具有连续导数.

■ 对于积分 $\int x\mathrm{e}^x\mathrm{d}x$, 可令 $u = x$, $v' = \mathrm{e}^x$, 再利用分部积分计算, 有 $u' = 1$, $v = \mathrm{e}^x$, 因此 $\int x\mathrm{e}^x\mathrm{d}x = x\mathrm{e}^x - \int \mathrm{e}^x\mathrm{d}x = (x-1)\,\mathrm{e}^x + C.$

8. 非初等积分

初等函数的积分并不总是初等函数, 它们的积分计算方法大致分为下面三种, 其中的原函数按某一给定精度近似.

(1) **值表** 对于那些具有非常重要的理论与现实意义但却无法用初等函数来表示的积分, 可以用值表给出. (当然, 表格只列出某一特殊原函数的值.) 这样的特殊函数往往具有特殊的名称, 例如:

■ **A**: 对数积分 (参见第 681 页 8.2.5, 3.)

$$\int_0^x \frac{\mathrm{d}t}{\ln t} = \mathrm{Li}(x). \tag{8.10}$$

■ **B**: 第一类椭圆积分 (参见第 653 页 8.1.4.3)

$$\int_0^{\sin\varphi} \frac{\mathrm{d}t}{\sqrt{(1-x^2)(1-k^2x^2)}} = F(k,\varphi). \tag{8.11}$$

■ **C**: 误差函数 (参见第 681 页 8.2.5, 5.)

$$\frac{2}{\sqrt{\pi}} \int_0^x \mathrm{e}^{-t^2} \mathrm{d}t = \mathrm{erf}(x). \tag{8.12}$$

(2) **利用级数展开式求积分** 由被积函数的级数展开式, 若其一致收敛, 则可逐项积分.

■ **A**: $\int \frac{\sin x}{x}\mathrm{d}x$ (也可参见第 681 页的正弦积分).

■ **B**: $\int \frac{\mathrm{e}^x}{x}\mathrm{d}x$ (也可参见第 681 页的指数积分).

(3) **图形积分法** 是第三种近似方法, 将会在 664 页 8.2.1.4, 5. 加以讨论.

8.1.3 有理函数的积分

有理函数的积分总可由初等函数表示.

8.1.3.1 整有理函数 (多项式) 的积分

整有理函数的积分可直接通过逐项积分来计算:

$$\begin{aligned}&\int (a_n x^n + a_{n-1}x^{n-1} + \cdots + a_1 x + a_0)\mathrm{d}x \\ =&\frac{a_n}{n+1}x^{n+1} + \frac{a_{n-1}}{n}x^n + \cdots + \frac{a_1}{2}x^2 + a_0 x + C.\end{aligned} \tag{8.13}$$

8.1.3.2 分数有理函数的积分

被积函数为分数有理函数的积分 $\int \frac{P(x)}{Q(x)}\mathrm{d}x$, 其中 $P(x), Q(x)$ 分别为 m 次和 n 次多项式, 可用代数方法变换成易于积分的形式, 步骤如下:

(1) 利用最大公因子将分数化简, 由此 $P(x), Q(x)$ 没有公因子.

(2) 将表达式的整部与有理部分分开. 若 $m \geqslant n$, 则用 $Q(x)$ 除 $P(x)$, 得到的多项式和真分式应该可积.

(3) 将分母 $Q(x)$ 分解成线性因式与二次因式 (参见第 57 页 1.6.3.2) 的乘积:

$$Q(x) = a_n(x-\alpha)^k(x-\beta)^l\cdots(x^2+px+q)^r(x^2+p'x+q')^s\cdots, \tag{8.14a}$$

其中

$$\frac{p^2}{4} - q < 0,\ \frac{p'^2}{4} - q' < 0, \cdots. \tag{8.14b}$$

(4) 将常系数 a_n 提到积分号的外边.

(5) 将分式分解成部分分式之和: 相除后得到的真分式不能进一步化简, 但其分母被分解成了不可约因式的乘积, 进而能分解成部分分式之和 (参见第 18 页 1.1.7.3), 且每个部分分式都容易积分.

8.1.3.3 部分分式分解的四种情况

1. 分母的所有根均为实单根

$$Q(x) = (x-\alpha)(x-\beta)\cdots(x-\lambda). \tag{8.15a}$$

a) 分解形式如下:

$$\frac{P(x)}{Q(x)} = \frac{A}{x-\alpha} + \frac{B}{x-\beta} + \cdots + \frac{L}{x-\lambda}, \tag{8.15b}$$

其中

$$A = \frac{P(\alpha)}{Q'(\alpha)}, B = \frac{P(\beta)}{Q'(\beta)}, \cdots, L = \frac{P(\lambda)}{Q'(\lambda)}. \tag{8.15c}$$

b) 数 $A, B, C, \cdots, L$ 也可由待定系数法来计算 (参见第 20 页 1.1.7.3, 4.).

c) 由公式

$$\int \frac{A\mathrm{d}x}{x-\alpha} = A\ln|x-\alpha| \tag{8.15d}$$

积分.

■ $I = \int \frac{(2x+3)\mathrm{d}x}{x^3+x^2-2x}$:

$$\frac{2x+3}{x(x-1)(x+2)} = \frac{A}{x} + \frac{B}{x-1} + \frac{C}{x+2},$$

$$A = \frac{P(0)}{Q'(0)} = \left(\frac{2x+3}{3x^2+2x-2}\right)_{x=0} = -\frac{3}{2},$$

$$B = \left(\frac{2x+3}{3x^2+2x-2}\right)_{x=1} = \frac{5}{3},$$

$$C = \left(\frac{2x+3}{3x^2+2x-2}\right)_{x=-2} = -\frac{1}{6},$$

$$I = \int \left(\frac{-\frac{3}{2}}{x} + \frac{\frac{5}{3}}{x-1} + \frac{-\frac{1}{6}}{x+2}\right)\mathrm{d}x$$

$$= -\frac{3}{2}\ln|x| + \frac{5}{3}\ln|x-1| - \frac{1}{6}\ln|x+2| + C_1 = \ln\left|\frac{C(x-1)^{5/3}}{x^{3/2}(x+2)^{1/6}}\right|.$$

2. 分母的所有根均为实数, 但其中一些为多重根

$$Q(x) = (x-\alpha)^l(x-\beta)^m\cdots. \tag{8.16a}$$

a) 分解形式如下:

$$\frac{P(x)}{Q(x)}=\frac{A_1}{(x-\alpha)}+\frac{A_2}{(x-\alpha)^2}+\cdots+\frac{A_l}{(x-\alpha)^l}+\frac{B_1}{(x-\beta)}+\frac{B_2}{(x-\beta)^2}+\cdots+\frac{B_m}{(x-\beta)^m}+\cdots. \tag{8.16b}$$

b) 常数 $A_1, A_2, \cdots, A_l, B_1, B_2, \cdots, B_m, \cdots$ 可由待定系数法来计算 (参见第 20 页 1.1.7.3,4.).

c) 由公式

$$\int\frac{A_1\mathrm{d}x}{x-\alpha}=A_1\ln|x-\alpha|,\quad \int\frac{A_k\mathrm{d}x}{(x-\alpha)^k}=-\frac{A_k}{(k-1)(x-\alpha)^{k-1}}\quad (k>1) \tag{8.16c}$$

积分.

■ $I=\int\frac{x^3+1}{x(x-1)^3}\mathrm{d}x$: $\frac{x^3+1}{x(x-1)^3}=\frac{A}{x}+\frac{B_1}{x-1}+\frac{B_2}{(x-1)^2}+\frac{B_3}{(x-1)^3}$.

由待定系数法得到 $A+B_1=1$, $-3A-2B_1+B_2=0, 3A+B_1-B_2+B_3=0$, $-A=1$, 故 $A=-1, B_1=2, B_2=1, B_3=2$. 积分结果为

$$\begin{aligned}I&=\int\left[-\frac{1}{x}+\frac{2}{x-1}+\frac{1}{(x-1)^2}+\frac{2}{(x-1)^3}\right]\mathrm{d}x\\&=-\ln|x|+2\ln|x-1|-\frac{1}{x-1}-\frac{1}{(x-1)^2}+C\\&=\ln\left|\frac{(x-1)^2}{x}\right|-\frac{x}{(x-1)^2}+C.\end{aligned}$$

3. 分母的某些根为单复根

假设分母 $Q(x)$ 的所有系数均为实数, 若 $Q(x)$ 有一个单复根, 则其共轭复数也为一个根, 可将其组成一个二次多项式

$$Q(x)=(x-\alpha)^l(x-\beta)^m\cdots(x^2+px+q)(x^2+p'x+q')\cdots. \tag{8.17a}$$

因为其中的二次多项式没有 0 根, 故

$$\frac{p^2}{4}<q, \frac{p'^2}{4}<q', \cdots. \tag{8.17b}$$

a) 分解形式如下:

$$\frac{P(x)}{Q(x)}=\frac{A_1}{x-\alpha}+\frac{A_2}{(x-\alpha)^2}+\cdots+\frac{A_l}{(x-\alpha)^l}+\frac{B_1}{x-\beta}+\frac{B_2}{(x-\beta)^2}+\cdots+\frac{B_m}{(x-\beta)^m}+\frac{Cx+D}{x^2+px+q}+\frac{Ex+F}{x^2+p'x+q'}+\cdots. \tag{8.17c}$$

b) 利用待定系数法来计算常数 (参见第 20 页 1.1.7.3, 4.).

c) 由公式计算 $\dfrac{Cx+D}{x^2+px+q}$ 的积分.

$$\int \frac{(Cx+D)\mathrm{d}x}{x^2+px+q} = \frac{C}{2}\ln|x^2+px+q| + \frac{D-Cp/2}{\sqrt{q-p^2/4}}\arctan\frac{x+p/2}{\sqrt{q-p^2/4}}. \tag{8.17d}$$

■ $I=\int \dfrac{4\mathrm{d}x}{x^3+4x}$: $\dfrac{4}{x^3+4x}=\dfrac{A}{x}+\dfrac{Cx+D}{x^2+4}$. 由待定系数法可得方程 $A+C=0, D=0, 4A=4$, 故 $A=1, C=-1, D=0$, 于是

$$I=\int\left(\frac{1}{x}-\frac{x}{x^2+4}\right)\mathrm{d}x=\ln|x|-\frac{1}{2}\ln(x^2+4)+\ln|C_1|=\ln\left|\frac{C_1x}{\sqrt{x^2+4}}\right|,$$

在这种特殊情况中, arctan 这一项为 0.

4. 分母中某些根为多重复根

$$Q(x)=(x-\alpha)^k(x-\beta)^l\cdots(x^2+px+q)^m(x^2+p'x+q')^n\cdots. \tag{8.18a}$$

a) 分解形式如下:

$$\begin{aligned}\frac{P(x)}{Q(x)}=&\frac{A_1}{x-\alpha}+\frac{A_2}{(x-\alpha)^2}+\cdots+\frac{A_k}{(x-\alpha)^k}+\frac{B_1}{x-\beta}+\frac{B_2}{(x-\beta)^2}+\cdots+\frac{B_l}{(x-\beta)^l}\\ &+\frac{C_1x+D_1}{x^2+px+q}+\frac{C_2x+D_2}{(x^2+px+q)^2}+\cdots+\frac{C_mx+D_m}{(x^2+px+q)^m}\\ &+\frac{E_1x+F_1}{x^2+p'x+q'}+\frac{E_2x+F_2}{(x^2+p'x+q')^2}+\cdots+\frac{E_nx+F_n}{(x^2+p'x+q')^n}.\end{aligned} \tag{8.18b}$$

b) 利用待定系数法来计算常数.

c) 当 $m>1$ 时, 按下面步骤计算表达式 $\dfrac{C_mx+D_m}{(x^2+px+q)^m}$ 的积分:

α) 将分子作变换

$$C_mx+D_m=\frac{C_m}{2}(2x+p)+\left(D_m-\frac{C_mp}{2}\right). \tag{8.18c}$$

β) 将被积函数分解成两个加式的和, 其中第一个加式能直接进行积分:

$$\int\frac{C_m}{2}\frac{(2x+p)\mathrm{d}x}{(x^2+px+q)^m}=-\frac{C_m}{2(m-1)}\frac{1}{(x^2+px+q)^{m-1}}. \tag{8.18d}$$

γ) 第二个加式可不用考虑系数, 利用下面的递归公式积分

$$\begin{aligned}\int\frac{\mathrm{d}x}{(x^2+px+q)^m}=&\frac{x+p/2}{2(m-1)(q-p^2/4)(x^2+px+q)^{m-1}}\\ &+\frac{2m-3}{2(m-1)(q-p^2/4)}\int\frac{\mathrm{d}x}{(x^2+px+q)^{m-1}}.\end{aligned} \tag{8.18e}$$

■ $I=\int\dfrac{2x^2+2x+13}{(x-2)(x^2+1)^2}\mathrm{d}x$: $\dfrac{2x^2+2x+13}{(x-2)(x^2+1)^2}=\dfrac{A}{x-2}+\dfrac{C_1x+D_1}{x^2+1}+\dfrac{C_2x+D_2}{(x^2+1)^2}$.

由待定系数法, 可得到如下方程组:

$$A+C_1=0,\quad -2C_1+D_1=0,\quad 2A+C_1-2D_1+C_2=2,$$

$$-2C_1+D_1-2C_2+D_2=2,\quad A-2D_1-2D_2=13;$$

解得系数 $A=1, C_1=-1, D_1=-2, C_2=-3, D_2=-4$, 故

$$I=\int\left(\frac{1}{x-2}-\frac{x+2}{x^2+1}-\frac{3x+4}{(x^2+1)^2}\right)\mathrm{d}x.$$

由 (8.18e), 有

$$\int\frac{\mathrm{d}x}{(x^2+1)^2}=\frac{x}{2(x^2+1)}+\frac{1}{2}\int\frac{\mathrm{d}x}{x^2+1}=\frac{x}{2(x^2+1)}+\frac{1}{2}\arctan x,$$

最终结果

$$I=\frac{3-4x}{2(x^2+1)}+\frac{1}{2}\ln\frac{(x-2)^2}{x^2+1}-4\arctan x+C.$$

8.1.4 无理函数的积分

8.1.4.1 利用代换化为有理函数的积分

无理函数并不总能用初等方法进行积分, 1382 页的表 21.7 列出了大量无理函数的积分. 其中最简单的情况如表 8.3 所示, 即通过代换把无理函数的积分化成有理函数的积分.

表 8.3 无理函数的积分代换 I

积分*	代换
$\int R\left(x, \sqrt[n]{\frac{ax+b}{cx+e}}\right)\mathrm{d}x$	$\sqrt[n]{\frac{ax+b}{cx+e}}=t$
$\int R\left(x, \sqrt[n]{\frac{ax+b}{cx+e}}, \sqrt[m]{\frac{ax+b}{cx+e}}\right)\mathrm{d}x$	$\sqrt[r]{\frac{ax+b}{cx+e}}=t$, 其中 r 为 $m, n, \cdots$ 的最小公倍数
$\int R\left(x, \sqrt{ax^2+bx+c}\right)\mathrm{d}x$: (1) $a>0$† (2) $c>0$ (3) 若多项式 ax^2+bx+c 有不同实根: $ax^2+bx+c=a(x-\alpha)(x-\beta)$	三种欧拉代换之一: $\sqrt{ax^2+bx+c}=t-\sqrt{a}x$ $\sqrt{ax^2+bx+c}=xt+\sqrt{c}$ $\sqrt{ax^2+bx+c}=t(x-\alpha)$

* 符号 R 表示括号中表达式的有理函数. $n, m, \cdots$ 是整数.

†若 $a<0$, 且多项式 ax^2+bx+c 有复根, 则对每个实数 x, $\sqrt{ax^2+bx+c}$ 均为虚数, 所以被积函数对任意 x 都无定义, 此时积分无意义.

因为二次多项式 ax^2+bx+c 总可以写成两个完全平方的和或差, 故积分 $\int R\left(x,\sqrt{ax^2+bx+c}\right)\mathrm{d}x$ 可化为下面三种形式之一:

$$\int R(x,\sqrt{x^2+\alpha^2})\mathrm{d}x, \tag{8.19a}$$

$$\int R(x,\sqrt{x^2-\alpha^2})\mathrm{d}x, \tag{8.19b}$$

$$\int R(x,\sqrt{\alpha^2-x^2})\mathrm{d}x. \tag{8.19c}$$

接下来, 可作表 8.4 中给出的代换.

■ **A**: $4x^2+16x+17=4\left(x^2+4x+4+\dfrac{1}{4}\right)=4\left[(x+2)^2+\left(\dfrac{1}{2}\right)^2\right]=4\left[x_1^2+\left(\dfrac{1}{2}\right)^2\right]$, 其中 $x_1=x+2$.

■ **B**: $x^2+3x+1=x^2+3x+\dfrac{9}{4}-\dfrac{5}{4}=\left(x+\dfrac{3}{2}\right)^2-\left(\dfrac{\sqrt{5}}{2}\right)^2=x_1^2-\left(\dfrac{\sqrt{5}}{2}\right)^2$, 其中 $x_1=x+\dfrac{3}{2}$.

■ **C**: $-x^2+2x=1-x^2+2x-1=1^2-(x-1)^2=1^2-x_1^2$, 其中 $x_1=x-1$.

表 8.4 无理函数的积分代换 II

积分	代换		
$\int R\left(x,\sqrt{x^2+\alpha^2}\right)\mathrm{d}x$	$x=\alpha\sinh t$	或	$x=\alpha\tan t$
$\int R\left(x,\sqrt{x^2-\alpha^2}\right)\mathrm{d}x$	$x=\alpha\cosh t$	或	$x=\alpha\sec t$
$\int R\left(x,\sqrt{\alpha^2-x^2}\right)\mathrm{d}x$	$x=\alpha\sin t$	或	$x=\alpha\cos t$

8.1.4.2 二项被积函数积分

形如

$$x^m(a+bx^n)^p \tag{8.20}$$

的表达式称为*二项被积函数*, 其中 a,b 为任意实数, m,n,p 为任意正或负有理数. 由*切比雪夫定理*可知, 积分

$$\int x^m(a+bx^n)^p\mathrm{d}x \tag{8.21}$$

仅在下述 3 种情况下能够用初等函数表示:

情况 1 若 p 为整数, 则表达式 $(a+bx^n)^p$ 能用二项式定理展开, 因此去掉括号之后的被积函数为形如 cx^k 的各项之和, 很容易进行积分.

情况 2 若 $\dfrac{m+1}{n}$ 为整数, 可作代换 $t=\sqrt[r]{a+bx^n}$, r 为分数 p 的分母, 则

积分 (8.21) 可化为有理函数的积分.

情况 3 若 $\dfrac{m+1}{n}+p$ 为整数, 可作代换 $t=\sqrt[r]{\dfrac{a+bx^n}{x^n}}$, r 为分数 p 的分母, 则积分 (8.21) 可化为有理函数的积分.

■ **A:** $\displaystyle\int\frac{\sqrt[3]{1+\sqrt[4]{x}}}{\sqrt{x}}\mathrm{d}x=\int x^{-1/2}(1+x^{1/4})^{1/3}\mathrm{d}x$; $m=-\dfrac{1}{2},\ n=\dfrac{1}{4}, p=\dfrac{1}{3}$, $\dfrac{m+1}{n}=2$, (情况 2): 作代换 $t=\sqrt[3]{1+\sqrt[4]{x}}$, $x=(t^3-1)^4, \mathrm{d}x=12t^2(t^3-1)^3\mathrm{d}t$; $\displaystyle\int\frac{\sqrt[3]{1+\sqrt[4]{x}}}{\sqrt{x}}\mathrm{d}x=12\int(t^6-t^3)\mathrm{d}t=\frac{3}{7}t^4(4t^3-7)+C$.

■ **B:** $\displaystyle\int\frac{x^3\mathrm{d}x}{\sqrt[4]{1+x^3}}=\int x^3(1+x^3)^{-1/4}\mathrm{d}x$: $m=3, n=3, p=-\dfrac{1}{4}$; $\dfrac{m+1}{n}=\dfrac{4}{3}$, $\dfrac{m+1}{n}+p=\dfrac{13}{12}$.

因为不满足上述三个条件, 所以该积分不是初等函数.

8.1.4.3 椭圆积分

1. 不定椭圆积分

形如

$$\int R(x,\sqrt{ax^3+bx^2+cx+e})\mathrm{d}x,\quad \int R(x,\sqrt{ax^4+bx^3+cx^2+ex+f})\mathrm{d}x \tag{8.22}$$

的积分称为*椭圆积分*. 椭圆积分通常不能用初等函数来表示; 若一旦能用初等函数表示, 该积分称为*伪椭圆积分*. 这类积分的名称源于最初对椭圆弧长的计算 (参见第 667 页, 8.2.2.2, 2.). 椭圆积分的反函数称为椭圆函数 (参见第 995 页 14.6.1). 对于不能用初等方法积分的形如 (8.22) 的积分, 可以通过一系列变换化简成初等函数或以下三种类型的积分 (参见 [21.1], [21.2], [21.6]):

$$\int\frac{\mathrm{d}t}{\sqrt{(1-t^2)(1-k^2t^2)}}\quad(0<k<1), \tag{8.23a}$$

$$\int\frac{(1-k^2t^2)\mathrm{d}t}{\sqrt{(1-t^2)(1-k^2t^2)}}\quad(0<k<1), \tag{8.23b}$$

$$\int\frac{\mathrm{d}t}{(1+nt^2)\sqrt{(1-t^2)(1-k^2t^2)}}\quad(0<k<1). \tag{8.23c}$$

对于 (8.23c) 中的参数 n, 必须视情况加以区分 (参见 [14.1]).

通过代换 $t=\sin\varphi\left(0<\varphi<\dfrac{\pi}{2}\right)$, 积分 (8.23a, 8.23b, 8.23c) 可以转换成*勒让德形式*:

第一类椭圆积分 $$\int\frac{\mathrm{d}\varphi}{\sqrt{1-k^2\sin^2\varphi}}; \tag{8.24a}$$

第二类椭圆积分 $\int\sqrt{1-k^2\sin^2\varphi}\mathrm{d}\varphi;$ (8.24b)

第三类椭圆积分 $\int\frac{\mathrm{d}\varphi}{(1+n\sin^2\varphi)\sqrt{1-k^2\sin^2\varphi}}.$ (8.24c)

2. 定椭圆积分

与不定椭圆积分相对应的积分下限为 0 的定积分记为

$$\int_0^{\varphi}\frac{\mathrm{d}\psi}{\sqrt{1-k^2\sin^2\psi}}=F(k,\varphi), \tag{8.25a}$$

$$\int_0^{\varphi}\sqrt{1-k^2\sin^2\psi}\mathrm{d}\psi=E(k,\varphi), \tag{8.25b}$$

$$\int_0^{\varphi}\frac{\mathrm{d}\psi}{(1+n\sin^2\psi)\sqrt{1-k^2\sin^2\psi}}=\Pi(n,k,\varphi)\quad(\text{在这三种积分中, 均有}0<k<1). \tag{8.25c}$$

这三类积分分别称为第一类、第二类和第三类*不完全椭圆积分*. 当 $\varphi=\frac{\pi}{2}$ 时, 前两类称为*完全椭圆积分*, 记为

$$K=F\left(k,\frac{\pi}{2}\right)=\int_0^{\frac{\pi}{2}}\frac{\mathrm{d}\psi}{\sqrt{1-k^2\sin^2\psi}}, \tag{8.26a}$$

$$E=E\left(k,\frac{\pi}{2}\right)=\int_0^{\frac{\pi}{2}}\sqrt{1-k^2\sin^2\psi}\mathrm{d}\psi. \tag{8.26b}$$

表 21.9.1 ~ 表 21.9.3 给出了第一类与第二类不完全椭圆积分值 F 和 E, 以及完全椭圆积分值 K 与 E. K 与 E 的级数展开式可参见第 683 页 8.2.5, 7.

■ 通过椭圆弧长的计算, 可得第二类完全椭圆积分为离心率 e 的函数 (参见第 668 页 8.2.2.2, 2.). 当 $a=1.5$, $b=1$ 时, $e=0.74$. 又 $e=k=0.74$, 由 1425 页表 21.9.3, 有 $\sin\alpha=0.74$, 即 $\alpha\approx48^\circ$, 且 $E\left(k,\frac{\pi}{2}\right)=E(0.74)=1.3238$. 由此 $U=4aE(0.74)\approx4aE(\alpha\approx48^\circ)=4\cdot1.3238a\approx7.94$. 利用数值积分可进一步近似成 7.932711.

8.1.5 三角函数的积分

8.1.5.1 代换

利用代换

$$t=\tan\frac{x}{2},\quad\text{即}\quad\mathrm{d}x=\frac{2\mathrm{d}t}{1+t^2},\quad\sin x=\frac{2t}{1+t^2},\quad\cos x=\frac{1-t^2}{1+t^2}, \tag{8.27}$$

形如

$$\int R(\sin x,\cos x)\mathrm{d}x \tag{8.28}$$

的积分可转变成有理函数的积分, 其中 R 表示关于自变量的有理函数.

■ $\int \frac{1+\sin x}{\sin x(1+\cos x)}\mathrm{d}x = \int \frac{\left(1+\frac{2t}{1+t^2}\right)\frac{2}{1+t^2}}{\frac{2t}{1+t^2}\left(1+\frac{1-t^2}{1+t^2}\right)}\mathrm{d}t = \frac{1}{2}\int\left(t+2+\frac{1}{t}\right)\mathrm{d}t = \frac{t^2}{4} + t + \frac{1}{2}\ln|t| + C = \frac{\tan^2\frac{x}{2}}{4} + \tan\frac{x}{2} + \frac{1}{2}\ln\left|\tan\frac{x}{2}\right| + C.$

在某些特殊情况下可采用更简单的代换. 例如, 若 (8.28) 中的被积函数仅含有 $\sin x$ 和 $\cos x$ 的奇次幂, 则作变换 $t = \tan x$, 可以更便捷地得到一个有理函数.

8.1.5.2 简便方法

情形 1 $\int R(\sin x)\cos x\,\mathrm{d}x$. 作代换 $t = \sin x$, 有 $\cos x\,\mathrm{d}x = \mathrm{d}t$. (8.29)

情形 2 $\int R(\cos x)\sin x\,\mathrm{d}x$. 作代换 $t = \cos x$, 有 $\sin x\,\mathrm{d}x = -\mathrm{d}t$. (8.30)

情形 3 $\int \sin^n x\,\mathrm{d}x$. (8.31a)

a) $n = 2m+1$ 为奇数:

$$\int \sin^n x\mathrm{d}x = \int (1-\cos^2 x)^m \sin x\mathrm{d}x = -\int (1-t^2)^m\mathrm{d}t, \text{其中} t = \cos x. \tag{8.31b}$$

b) $n = 2m$ 为偶数:

$$\int \sin^n x\mathrm{d}x = \int \left[\frac{1}{2}(1-\cos 2x)\right]^m \mathrm{d}x = \frac{1}{2^{m+1}}\int (1-\cos t)^m\mathrm{d}t, \text{其中} t = 2x. \tag{8.31c}$$

由此被积函数的方幂减半, 把 $(1-\cos t)^m$ 去括号后, 可逐项积分.

情形 4 $\int \cos^n x\,\mathrm{d}x$. (8.32a)

a) $n = 2m+1$ 为奇数:

$$\int \cos^n x\mathrm{d}x = \int (1-\sin^2 x)^m \cos x\mathrm{d}x = \int (1-t^2)^m\mathrm{d}t, \text{其中} t = \sin x. \tag{8.32b}$$

b) $n = 2m$ 为偶数:

$$\int \cos^n x\mathrm{d}x = \int \left[\frac{1}{2}(1+\cos 2x)\right]^m \mathrm{d}x = \frac{1}{2^{m+1}}\int (1+\cos t)^m\mathrm{d}t, \text{其中} t = 2x. \tag{8.32c}$$

由此被积函数的方幂减半, 去括号后, 可逐项积分.

情形 5 $\int \sin^n x\cos^m x\,\mathrm{d}x$. (8.33a)

a) m 或 n 中有一个数为奇数, 则将其化简成情形 1 或情形 2.

■ **A:** $\int \sin^2 x\cos^5 x\mathrm{d}x = \int \sin^2 x(1-\sin^2 x)^2\cos x\mathrm{d}x = \int t^2(1-t^2)^2\mathrm{d}t + C$, 其中 $t = \sin x$.

■ **B**: $\int \frac{\sin x}{\sqrt{\cos x}} \mathrm{d}x = -\int \frac{\mathrm{d}t}{\sqrt{t}} + C$, 其中 $t = \cos x$.

b) m 和 n 均为偶数, 则利用三角公式

$$\sin x \cos x = \frac{\sin 2x}{2}, \quad \sin^2 x = \frac{1 - \cos 2x}{2}, \quad \cos^2 x = \frac{1 + \cos 2x}{2} \tag{8.33b}$$

将其方幂减半, 化简成情形 3 或情形 4.

■ $\int \sin^2 x \cos^4 x \mathrm{d}x = \int (\sin x \cos x)^2 \cos^2 x \mathrm{d}x = \frac{1}{8}\int \sin^2 2x(1 + \cos 2x)\mathrm{d}x$
$= \frac{1}{8}\int \sin^2 2x \cos 2x \mathrm{d}x + \frac{1}{16}\int (1 - \cos 4x)\mathrm{d}x = \frac{1}{48}\sin^3 2x + \frac{1}{16}x - \frac{1}{64}\sin 4x + C.$

情形 6 $\int \tan^n x \mathrm{d}x = \int \tan^{n-2} x(\sec^2 x - 1)\mathrm{d}x$

$$= \int \tan^{n-2} x(\tan x)' \mathrm{d}x - \int \tan^{n-2} x \mathrm{d}x$$

$$= \frac{\tan^{n-1} x}{n-1} - \int \tan^{n-2} x \mathrm{d}x. \tag{8.34a}$$

不断重复上述过程可降低方幂, 并根据 n 的奇偶性可得到积分

$$\int \mathrm{d}x = x \quad \text{或} \quad \int \tan x \mathrm{d}x = -\ln|\cos x|. \tag{8.34b}$$

情形 7 $\int \cot^n x \, \mathrm{d}x.$ (8.35)

解法与情形 6 类似.

注 1382 页的表 21.7 中包含几类三角函数的积分.

8.1.6 超越函数的积分

8.1.6.1 指数函数的积分

形如

$$\int R(\mathrm{e}^{mx}, \mathrm{e}^{nx}, \cdots, \mathrm{e}^{px})\mathrm{d}x \tag{8.36a}$$

的指数函数的积分可以化简成有理函数的积分, 其中 $m, n, \cdots, p$ 为有理数. 计算该积分需要作两个代换:

(1) 令 $t = \mathrm{e}^x$, 有积分

$$\int \frac{1}{t} R(t^m, t^n, \cdots, t^p)\mathrm{d}t. \tag{8.36b}$$

(2) 令 $z = \sqrt[r]{t}$, 其中 r 是分数 $m, n, \cdots, p$ 的分母的最小公倍数, 可以将其化为有理函数积分.

8.1.6.2 双曲函数的积分

双曲函数的积分, 即被积函数含有 $\sinh x, \cosh x, \tanh x, \coth x$ 的积分, 若双曲函数能用相应的指数函数来代替, 则可利用指数函数的积分来计算. 对于最常见的积分 $\int \sinh^n x\mathrm{d}x, \int \cosh^n x\mathrm{d}x, \int \sinh^n x\cosh^m x\mathrm{d}x$, 可用与三角函数积分类似的方法进行计算 (参见第 654 页 8.1.5).

8.1.6.3 分部积分的应用

若被积函数为对数函数、反三角函数、反双曲函数、x^m 与 $\ln x$、e^{ax}、$\sin ax$、$\cos ax$ 及其反函数的乘积, 则可利用一次或多次分部积分进行计算.

有些情况下反复分部积分会得到与原积分相同类型的积分, 此时必须解关于该表达式的代数方程. 例如, 对于积分 $\int \mathrm{e}^{ax}\cos bx\mathrm{d}x, \int \mathrm{e}^{ax}\sin bx\mathrm{d}x$, 可利用这种方法计算, 要用两次分部积分. 不论指数函数还是三角函数, 在上述两步中都要根据因子 u 选择相同类型的函数.

对于形如 $\int P(x)\,\mathrm{e}^{ax}\mathrm{d}x, \int P(x)\sin bx\mathrm{d}x$ 和 $\int P(x)\cos bx\mathrm{d}x$ 的积分, 其中 $P(x)$ 为多项式, 也可用分部积分来计算. (令 $u = P(x)$, 在每一步多项式都会降次.)

8.1.6.4 超越函数的积分

1382 页的表 21.7 中有很多超越函数的积分.

8.2 定 积 分

8.2.1 基本概念、法则和定理

8.2.1.1 定积分的定义与存在性

1. 定积分的定义

有界闭区间 $[a,b]$ 上的有界函数 $y = f(x)$ 的定积分是一个数, 当 $a < b$(情形 A) 或 $a > b$(情形 B) 时, 定积分为和的极限. 在后面定积分概念的推广中, 也把它看成定义在实直线上任意连通区域, 如开区间或半开区间、半实轴或整个数轴以及分段连通 (除有限个点外处处连通) 区域上的函数, 这类积分属于广义积分 (参见第 673 页 8.2.3).

2. 作为和的极限的定积分

定积分可以定义为如下步骤的极限 (参见第 641 页图 8.1):

第 1 步 在区间 $[a,b]$ 上任意选取 $n-1$ 个分点 $x_1, x_2, \cdots, x_{n-1}$, 且满足下列情形之一:

$$a = x_0 < x_1 < x_2 < \cdots < x_i < \cdots < x_{n-1} < x_n = b \qquad (\text{情形 A}) \tag{8.37a}$$

或

$$a = x_0 > x_1 > x_2 > \cdots > x_i > \cdots > x_{n-1} > x_n = b \qquad (\text{情形 B}), \tag{8.37b}$$

把区间分成 n 个**子区间**.

第 2 步 如图 8.4 所示, 在每个子区间的内部或边界任取一点 ξ_i, 使得 $x_{i-1} \leqslant \xi_i \leqslant x_i$(情形 A 中) 或 $x_{i-1} \geqslant \xi_i \geqslant x_i$(情形 B 中). (8.37c)

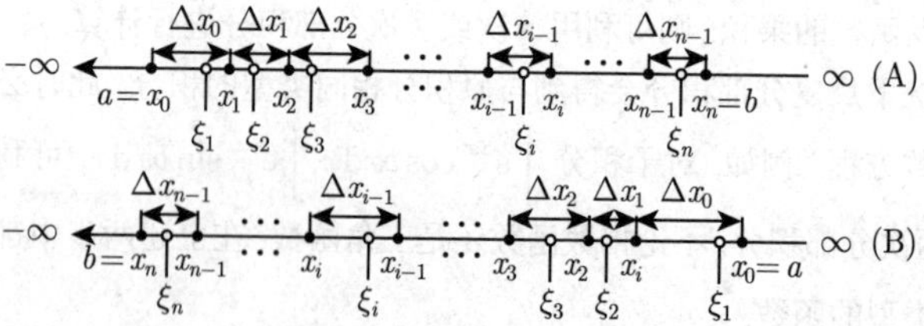

图 8.4

第 3 步 用函数 $f(x)$ 在所选点处的值 $f(\xi_i)$ 乘以子区间的长度, 即差 $\Delta x_{i-1} = x_i - x_{i-1}$, 若为情形 A, 则差取正号, 若为情形 B, 则差取负号. 情形 A 中这一步如 641 页图 8.1 所示.

第 4 步 将所有这 n 个乘积 $f(\xi_i)\Delta x_{i-1}$ 相加.

第 5 步 当每个子区间的长度都趋于 0, 故 Δx_{i-1} 也可看作无穷小量, 小区间的个数趋于 ∞ 时, 计算**积分近似和**或**黎曼和**

$$\sum_{i=1}^{n} f(\xi_i)\Delta x_{i-1} \tag{8.38}$$

的极限.

若无论 x_i 及 ξ_i 的取法如何, 极限都存在, 则称该极限为函数在所给区间上的**定黎曼积分**, 记作

$$\int_a^b f(x)\mathrm{d}x = \lim_{\substack{\Delta x_{i-1} \to 0 \\ n \to \infty}} \sum_{i=1}^{n} f(\xi_i)\Delta x_{i-1}. \tag{8.39}$$

称区间的端点为**积分限**, a 为**积分下限**, b 为**积分上限**, 区间 $[a, b]$ 为**积分区间**, x 为积分变量, $f(x)$ 为被积函数.

3. 定积分的存在性

闭区间 $[a, b]$ 上的连续函数定积分存在, 即极限 (8.39) 总存在且与 x_i 及 ξ_i 的取法无关. 若函数在区间 $[a, b]$ 有界, 且仅有有限个间断点, 则其定积分也存在. 在某一给定区间上定积分存在的函数称为该区间上的**可积函数**.

8.2.1.2 定积分的性质

表 8.5 列出了定积分极为重要的性质.

表 8.5 定积分的重要性质

性质	公式
微积分基本定理 ($f(x)$ 连续)	$\int_a^b f(x)\mathrm{d}x = F(x)\Big\vert_a^b = F(b) - F(a)$, 其中 $F(x) = \int f(x)\mathrm{d}x + C$ 或 $F'(x) = f(x)$
交换法则	$\int_a^b f(x)\mathrm{d}x = -\int_b^a f(x)\mathrm{d}x$
等积分限	$\int_a^a f(x)\mathrm{d}x = 0$
区间法则	$\int_a^b f(x)\mathrm{d}x = \int_a^c f(x)\mathrm{d}x + \int_c^b f(x)\mathrm{d}x$
积分变量记号的独立性	$\int_a^b f(x)\mathrm{d}x = \int_a^b f(u)\mathrm{d}u = \int_a^b f(t)\mathrm{d}t$
关于积分上限函数的可微性	$\frac{\mathrm{d}}{\mathrm{d}x}\int_a^x f(t)\mathrm{d}t = f(x)$, 其中 $f(x)$ 为连续函数
积分中值定理	$\int_a^b f(x)\mathrm{d}x = (b-a)f(\xi) \quad (a < \xi < b)$

1. 微积分基本定理

若被积函数 $f(x)$ 在区间 $[a,b]$ 连续, $F(x)$ 为其原函数, 则

$$\int_a^b f(x)\mathrm{d}x = \int_a^b F'(x)\mathrm{d}x = F(x)\Big\vert_a^b = F(b) - F(a), \tag{8.40}$$

即定积分的计算可以化成相应的不定积分的计算, 也就是确定反导数:

$$F(x) = \int f(x)\mathrm{d}x + C. \tag{8.41}$$

注 可积函数不一定有原函数, 但连续函数一定有原函数.

2. 几何意义及符号法则

(1) **曲线下的面积** 设对 $\forall x \in [a,b]$, 都有 $f(x) \geqslant 0$, 则和 (8.38) 可看作 641 页图 8.1 所有小矩形的总面积, 即曲线 $f(x)$ 下方面积的近似值. 因此和的极限, 即函数 $f(x)$ 的定积分等于曲线 $y = f(x)$, x 轴以及平行线 $x = a$, $x = b$ 所围成的区域 A 的面积:

$$A = \int_a^b f(x)\mathrm{d}x \quad (a < b, 且当 a \leqslant x \leqslant b 时 f(x) \geqslant 0). \tag{8.42}$$

(2) **符号法则** 若函数 $y=f(x)$ 在积分区间上分段正负 (图 8.5), 则相应子区间上的积分, 即各部分面积也有正有负, 故总区间上的积分等于各部分面积的代数和.

图 8.5(a)~(d) 给出了面积符号可能出现的四种不同情况.

■ **A**: $\int_0^{\pi}\sin x\,\mathrm{d}x$(读作从 $x=0$ 到 $x=\pi$ 上的积分)$=-\cos x\,|_0^{\pi}=(-\cos\pi+\cos 0)=2$.

■ **B**: $\int_0^{2\pi}\sin x\,\mathrm{d}x$(读作从 $x=0$ 到 $x=2\pi$ 上的积分)$=-\cos x\,|_0^{2\pi}=(-\cos 2\pi+\cos 0)=0$.

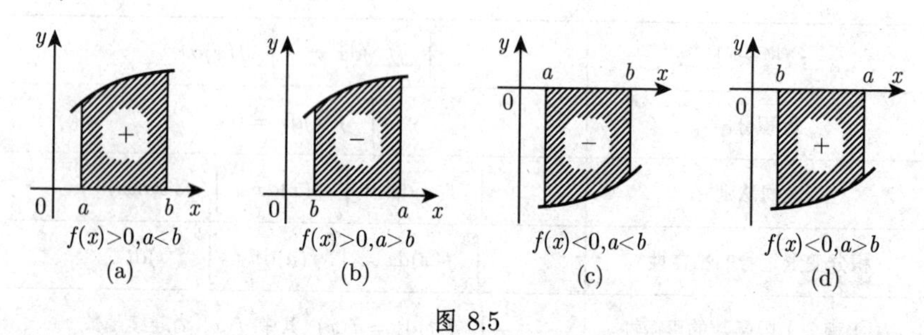

图 8.5

3. 变上限

(1) **特别积分** 若积分上限为变量 (图 8.6, 区域 $ABCD$), 则存在如下形式的面积函数:

$$S(x)=\int_a^x f(t)\mathrm{d}t \quad (a<b,\ \text{且当}\ x\geqslant a\ \text{时}\ f(x)\geqslant 0), \tag{8.43}$$

该积分称为*特别积分*.

为了避免变上限 x 与积分变量混淆, 常常把积分变量记为 t, 如 (8.43) 那样不再使用 x.

(2) **变上限定积分的微分** 若变上限定积分 $\int_0^x f(t)\,\mathrm{d}t$ 存在, 则它为上限的连续函数 $F(x)$. 若 $f(x)$ 连续, 则 $F(x)$ 关于 x 可微, 即 $F(x)$ 为被积函数的一个原函数. 因此, 若 $f(x)$ 在区间 $[a,b]$ 上连续, 则对任意 $x\in(a,b)$, 有

$$F'(x)=f(x) \quad \text{或} \quad \frac{\mathrm{d}}{\mathrm{d}x}\int_a^x f(t)\mathrm{d}t=f(x). \tag{8.44}$$

该定理的几何意义是变面积 $S(x)$ 的导数等于线段 NM 的长度 (图 8.7). 正如线段的长度一样, 此处的面积也遵循符号法则 (图 8.5).

4. 积分区间的分解

积分区间 $[a,b]$ 可以分解成子区间, 整个区间上定积分的值

$$\int_a^b f(x)\mathrm{d}x=\int_a^c f(x)\mathrm{d}x+\int_c^b f(x)\mathrm{d}x, \tag{8.45}$$

上式称为区间法则. 若被积函数有有限多个跳跃点, 则可将原区间划分成一系列子区间, 使得被积函数在每个子区间上都连续, 于是利用上面的公式, 原积分等于各个子区间上的积分之和.

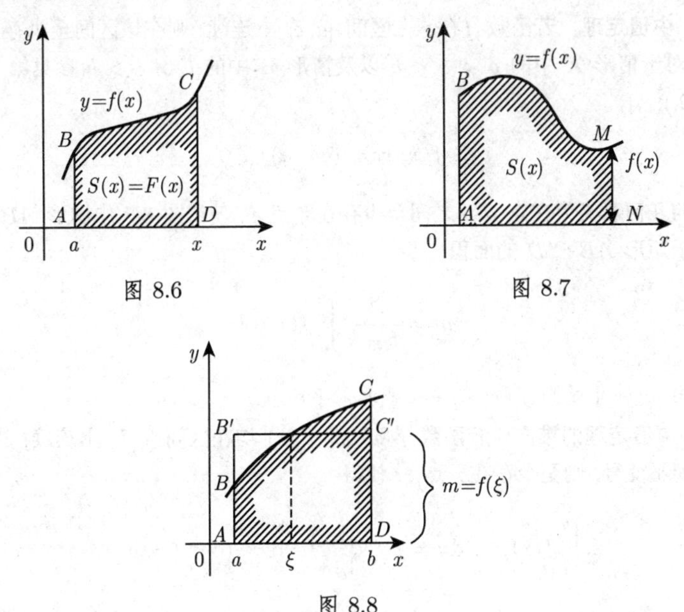

图 8.6

图 8.7

图 8.8

若函数在子区间的端点左极限或右极限存在, 可以以其定义函数的值, 若极限不存在, 则积分为广义积分 (参见第 677 页 8.2.3.3, 1.).

注 若假设等号右侧积分存在, 则当 c 位于区间 $[a,b]$ 的外部时, 上述积分公式仍成立.

8.2.1.3 关于积分限的其他定理

1. 积分变量记号的独立性

定积分的值与积分变量的符号无关:

$$\int_a^b f(x)\mathrm{d}x = \int_a^b f(u)\mathrm{d}u = \int_a^b f(t)\mathrm{d}t. \tag{8.46}$$

2. 等积分限

若积分上限和积分下限相等, 则积分值等于 0:

$$\int_a^a f(x)\mathrm{d}x = 0. \tag{8.47}$$

3. 交换积分限

交换积分的上下限后, 积分变号 (**交换法则**):

$$\int_a^b f(x)\mathrm{d}x = -\int_b^a f(x)\mathrm{d}x. \tag{8.48}$$

4. 中值定理与中值

(1) **中值定理** 若函数 $f(x)$ 在区间 $[a,b]$ 上连续, 则在该区间至少存在一点 ξ, 满足对于情形 A 中的 $a<\xi<b$ 以及情形 B 中的 $a>\xi>b$(参见第 657 页 8.2.1.1,2.), 有

$$\int_a^b f(x)\mathrm{d}x = (b-a)f(\xi). \tag{8.49}$$

该定理的几何意义为在点 a,b 之间至少存在一点 ξ, 使得图 8.8 中图形 $ABCD$ 的面积等于矩形 $AB'C'D$ 的面积.

$$m = \frac{1}{b-a}\int_a^b f(x)\mathrm{d}x \tag{8.50}$$

称为区间 $[a,b]$ 上函数 $f(x)$ 的**中值或算术平均数**.

(2) **中值定理的推广** 若函数 $f(x)$ 和 $\varphi(x)$ 均在区间 $[a,b]$ 上连续, 且 $\varphi(x)$ 在该区间不变号, 则至少存在一点 ξ, 使得

$$\int_a^b f(x)\varphi(x)\mathrm{d}x = f(\xi)\int_a^b \varphi(x)\mathrm{d}x \quad (a<\xi<b). \tag{8.51}$$

5. 定积分的估计

定积分的值介于区间 $[a,b]$ 的长度分别与函数在该区间的下确界 m 和上确界 M 的乘积之间:

$$m(b-a) \leqslant \int_a^b f(x)\mathrm{d}x \leqslant M(b-a) \quad (a<b, f(x)\geqslant 0). \tag{8.52}$$

若函数 f 连续, 则 m 为 f 的最小值, M 为 f 的最大值. 由图 8.9, 很容易看出该定理的几何意义.

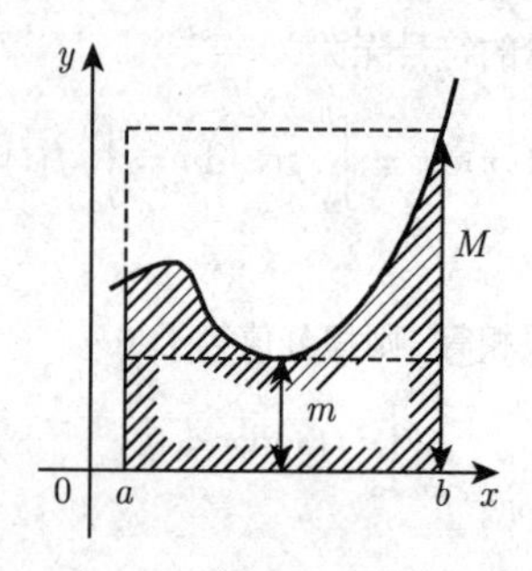

图 8.9

8.2.1.4 定积分的计算

1. 主要方法

计算定积分的主要方法是微积分基本定理, 即转化成不定积分的计算 (参见第 659 页 8.2.1.2,1.), 比如, 可利用 1382 页的表 21.7. 作积分限的代换之前, 要事先检查原积分是否为广义积分.

当今, 常用计算机代数系统可解析地计算不定积分或定积分 (参见第 20 章).

2. 定积分的变换

在很多情况下, 借助代换或分部积分, 作适当变换可计算定积分.

■ **A**: 对 $I=\int_0^a \sqrt{a^2-x^2}\,\mathrm{d}x$ 作代换法.

首先作代换: $x=\varphi(t)=a\sin t$, 有 $t=\psi(x)=\arcsin\dfrac{x}{a}$, $\psi(0)=0$, $\psi(a)=\dfrac{\pi}{2}$.

于是

$$I=\int_0^a \sqrt{a^2-x^2}\mathrm{d}x=\int_{\arcsin 0}^{\arcsin 1} a^2\sqrt{1-\sin^2 t}\cos t\mathrm{d}t$$
$$=a^2\int_0^{\frac{\pi}{2}}\cos^2 t\mathrm{d}t=a^2\int_0^{\frac{\pi}{2}}\frac{1}{2}(1+\cos 2t)\mathrm{d}t.$$

进一步作代换: $t=\varphi(z)=\dfrac{z}{2}$, 有 $z=\psi(t)=2t$, $\psi(0)=0$, $\psi\left(\dfrac{\pi}{2}\right)=\pi$, 于是

$$I=\frac{a^2}{2}t\Big|_0^{\frac{\pi}{2}}+\frac{a^2}{4}\int_0^{\pi}\cos z\mathrm{d}z=\frac{\pi a^2}{4}+\frac{a^2}{4}\sin z\Big|_0^{\pi}=\frac{\pi a^2}{4}.$$

■ **B**: 分部积分法: $\int_0^1 x\mathrm{e}^x\mathrm{d}x=[x\mathrm{e}^x]_0^1-\int_0^1\mathrm{e}^x\mathrm{d}x=\mathrm{e}-(\mathrm{e}-1)=1.$

3. 较难积分的计算方法

若不定积分的计算太过困难与复杂, 或者不能用初等函数来表示, 还可以借助其他方法分几种情况求解定积分的值, 比如复变量函数的积分 (参见 984~989 页的例子) 以及含一个参数的积分的微分定理 (参见第 679 页 8.2.4):

$$\frac{\mathrm{d}}{\mathrm{d}t}\int_a^b f(x,t)\mathrm{d}x=\int_a^b\frac{\partial f(x,t)}{\partial t}\mathrm{d}x. \tag{8.53}$$

■ $I=\int_0^1\dfrac{x-1}{\ln x}\,\mathrm{d}x$. 引入参数 $t: F(t)=\int_0^1\dfrac{x^t-1}{\ln x}\,\mathrm{d}x$; $F(0)=0$; $F(1)=I$.

对 $F(t)$ 利用 (8.53), 有

$$\frac{\mathrm{d}F}{\mathrm{d}t}=\int_0^1\frac{\partial}{\partial t}\left[\frac{x^t-1}{\ln x}\right]\mathrm{d}x=\int_0^1\frac{x^t\ln x}{\ln x}\mathrm{d}x=\int_0^1 x^t\mathrm{d}x=\frac{1}{t+1}x^{t+1}\Big|_0^1=\frac{1}{t+1}.$$

积分：$F(t)-F(0)=\int_0^t \frac{\mathrm{d}\tau}{\tau+1}=\ln(\tau+1)\Big|_0^t=\ln(t+1)$, 故 $I=F(1)=\ln 2$.

4. 利用级数展开式积分

若被积函数 $f(x)$ 可展成区间 $[a,b]$ 上一致收敛的级数

$$f(x)=\varphi_1(x)+\varphi_2(x)+\cdots+\varphi_n(x)+\cdots, \tag{8.54}$$

则积分可写成如下形式

$$\int f(x)\mathrm{d}x=\int \varphi_1(x)\mathrm{d}x+\int \varphi_2(x)\mathrm{d}x+\cdots+\int \varphi_n(x)\mathrm{d}x+\cdots \tag{8.55}$$

按此方法可将定积分表示成收敛的数项级数:

$$\int_a^b f(x)\mathrm{d}x=\int_a^b \varphi_1(x)\mathrm{d}x+\int_a^b \varphi_2(x)\mathrm{d}x+\cdots+\int_a^b \varphi_n(x)\mathrm{d}x+\cdots. \tag{8.56}$$

若函数 $\varphi_k(x)$ 易于积分, 比如若 $f(x)$ 能展开成在区间 $[a,b]$ 上一致收敛的幂级数, 则分 $\int_a^b f(x)\,\mathrm{d}x$ 可以计算到任意精度.

■ 计算积分 $\int_0^{1/2} \mathrm{e}^{-x^2}\,\mathrm{d}x$, 将其精确到 0.0001. 由阿贝尔定理 (参见第 627 页 7.3.3.1), 级数 $\mathrm{e}^{-x^2}=1-\frac{x^2}{1!}+\frac{x^4}{2!}-\frac{x^6}{3!}+\frac{x^8}{4!}-\cdots$ 在任何有限区间上一致收敛, 因此有 $\int \mathrm{e}^{-x^2}\,\mathrm{d}x=x\left(1-\frac{x^2}{1!\cdot 3}+\frac{x^4}{2!\cdot 5}-\frac{x^6}{3!\cdot 7}+\frac{x^8}{4!\cdot 9}-\cdots\right)$, 由此得到

$$\begin{aligned}I=\int_0^{1/2} \mathrm{e}^{-x^2}\mathrm{d}x&=\frac{1}{2}\left(1-\frac{1}{2^2\cdot 1!\cdot 3}+\frac{1}{2^4\cdot 2!\cdot 5}-\frac{1}{2^6\cdot 3!\cdot 7}+\frac{1}{2^8\cdot 4!\cdot 9}-\cdots\right)\\&=\frac{1}{2}\left(1-\frac{1}{12}+\frac{1}{160}-\frac{1}{2688}+\frac{1}{55296}-\cdots\right).\end{aligned}$$

为了使积分的计算精度达到 0.0001, 根据交错级数的莱布尼茨定理 (参见第 621 页 7.2.3.3, 1.), 只需考虑前四项:

$$\begin{aligned}I&\approx\frac{1}{2}(1-0.08333+0.00625-0.00037)\\&=\frac{1}{2}\cdot 0.92255=0.46127,\\\int_0^{1/2} \mathrm{e}^{-x^2}\mathrm{d}x&=0.4613.\end{aligned}$$

5. 图形积分法

图形积分法是对由曲线 AB 给出的函数 $y=f(x)$(图 8.10) 进行积分的图解法, 即利用图示计算积分 $\int_a^b f(x)\,\mathrm{d}x$, 亦即 M_0ABN 的面积.

(1) 在区间 $\overline{M_0N}$ 插入点 $x_{1/2}, x_1, x_{3/2}, x_2, \cdots, x_{n-1}, x_{n-1/2}$, 将其划为 $2n$ 个相等区间, 若插入更多分点, 结果将更精确.

(2) 在点 $x_{1/2}, x_{3/2}, \cdots, x_{n-1/2}$ 处作垂线与曲线相交, 其交点相应的纵坐标值记为 $\overline{OA_1}, \overline{OA_2}, \cdots, \overline{OA_n}$.

(3) 线段 $\overline{OP}$ 为 x 轴负半轴上的任意长度, 将 P 分别连接点 $A_1, A_2, \cdots, A_n$.

(4) 过点 M_0 作一条直线与 PA_1 平行且与直线 $x = x_1$ 相交, 即得线段 $\overline{M_0M_1}$. 过点 M_1 作一条直线与 PA_2 平行且与直线 $x = x_2$ 相交, 得线段 $\overline{M_1M_2}$, 等等, 直到最后到达横坐标为 x_n 的点 M_n.

该积分在数值上等于 $\overline{OP}$ 的长度与 $\overline{NM_n}$ 的长度之积:

$$\int_a^b f(x)\mathrm{d}x \approx \overline{OP} \cdot \overline{NM_n}. \tag{8.57}$$

通过适当地选取任意线段 $\overline{OP}$, 图示的范围会受到影响; 要想图示越小, 需要选取的线段 $\overline{OP}$ 越长. 若 $\overline{OP} = 1$, 则 $\int_a^b f(x)\,\mathrm{d}x = \overline{NM_n}$, 折线 $M_0, M_1, M_2, \cdots, M_n$ 近似地表示 $f(x)$ 的一个原函数, 即由不定积分 $\int f(x)\,\mathrm{d}x$ 给出的一个函数的图像.

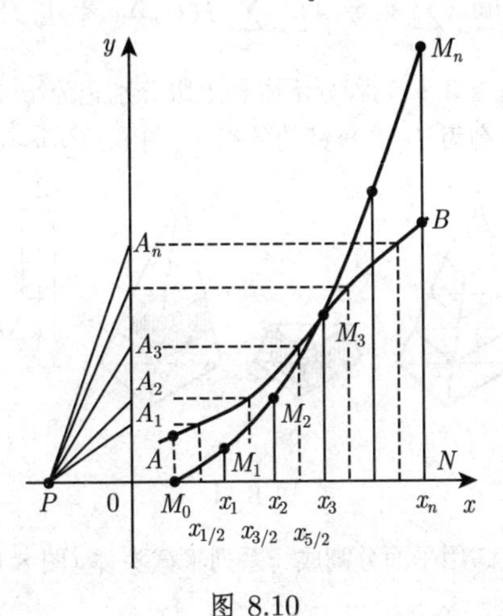

图 8.10

6. 面积仪与积分仪

面积仪是测量由封闭平面曲线所围图形面积的工具, 也可用来计算由曲线给定的函数 $y = f(x)$ 的定积分. 特殊类型的面积仪不仅可以估计 $\int y\,\mathrm{d}x$, 还可以估计 $\int y^2\,\mathrm{d}x$ 和 $\int y^3\,\mathrm{d}x$.

若函数 $y = f(x)$ 的图示已知, 积分仪是用来绘制它的一个原函数 $Y = \int_a^x f(t)\mathrm{d}t$ 的工具 (参见 [19.27]).

7. 数值积分

若定积分的被积函数太过复杂, 或其相应的不定积分不能表示成初等函数, 再或仅在一些离散的点处知道函数的值, 比如值表, 则要用到所谓的求积公式或者计算数学中的其他方法 (参见第 1252 页 19.3.1).

8.2.2 定积分的应用

8.2.2.1 定积分应用的一般原则

(1) 把要确定的量 A 分解成许多很小的量, 即分解成无穷小量:

$$A = a_1 + a_2 + \cdots + a_n. \tag{8.58}$$

(2) 把每个无穷小量 a_i 用量 $\tilde{a}_i$ 代替, 尽管每个 $\tilde{a}_i$ 与 a_i 在数值上相差都很小, 但却可由已知公式来积分, 其中误差 $\alpha_i = a_i - \tilde{a}_i$ 应该是 a_i 和 $\tilde{a}_i$ 的高阶无穷小.

(3) 用一个变量 x 和一个函数 $f(x)$ 来表示 $\tilde{a}_i$, 使得 $\tilde{a}_i$ 具有形式 $f(x_i)\Delta x_i$.

(4) 要求的量为和式的极限:

$$A = \lim_{n\to\infty}\sum_{i=1}^{n}\tilde{a}_i = \lim_{n\to\infty}\sum_{i=1}^{n} f(x_i)\Delta x_i = \int_a^b f(x)\mathrm{d}x, \tag{8.59}$$

其中对每个 i, 有 $\Delta x_i \geqslant 0$, x 的积分下限和上限分别记为 a 和 b.

■ 计算底面积为 S 和高为 H 的棱锥的体积 V(图 8.11(a)~(c)).

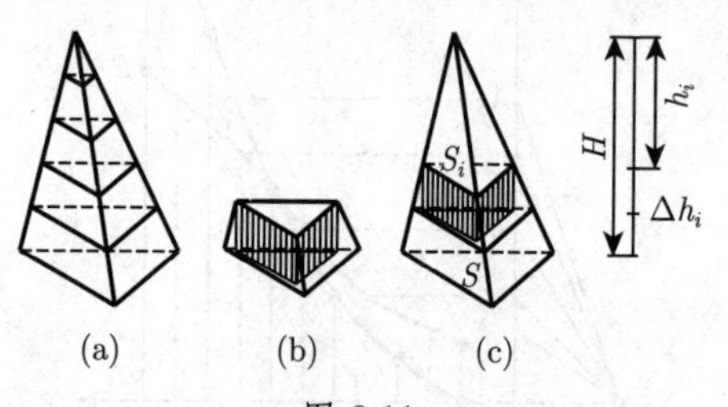

图 8.11

a) 将要求的体积 V 用平面分割成一系列平截头体 (图 8.11(a)): $V = v_1 + v_2 + \cdots + v_n$.

b) 用体积为 $\tilde{v}_i$ 的棱柱代替相应的平截头体, 其高与平截头体相同, 底面积等于平截头体上底面的面积 (图 8.11(b)). 它们的体积之差是 v_i 的高阶无穷小.

c) 把体积 $\tilde{v}_i$ 表示成 $\tilde{v}_i = S_i\Delta h_i$, 其中 h_i(图 8.11(c)) 为棱锥的顶面与顶点间的距离. 因为 $S_i : S = h_i^2 : H^2$, 故 $\tilde{v}_i = \dfrac{Sh_i^2}{H^2}\Delta h_i$.

d) 计算和的极限

$$V = \lim_{n\to\infty}\sum_{i=1}^{n}\tilde{v}_i = \lim_{n\to\infty}\sum_{i=1}^{n}\frac{Sh_i^2}{H^2}\Delta h_i = \int_0^H \frac{Sh^2}{H^2}\mathrm{d}h = \frac{SH}{3}.$$

8.2.2.2 在几何中应用

1. 平面图形的面积

(1) **B, C 间曲边梯形的面积 (图 8.12(a))** 设曲线由显形式方程 ($y = f(x)$, $a \leqslant x \leqslant b$) 或参数方程 ($x = x(t), y = y(t), t_1 \leqslant t \leqslant t_2$) 给出, 则

$$S_{ABCD} = \int_a^b f(x)\mathrm{d}x = \int_{t_1}^{t_2} y(t)x'(t)\mathrm{d}t \quad (f(x) \geqslant 0; x(t_1) = a; x(t_2) = b; y(t) \geqslant 0). \tag{8.60a}$$

(2) **G, H 间曲边梯形的面积 (图 8.12(b))** 设曲线由显形式方程 ($x = g(y), \alpha \leqslant y \leqslant \beta$) 或参数方程 ($x = x(t), y = y(t), t_1 \leqslant t \leqslant t_2$) 给出, 则

$$S_{EFGH} = \int_\alpha^\beta g(y)\mathrm{d}y = \int_{t_1}^{t_2} x(t)y'(t)\mathrm{d}t \quad (g(y) \geqslant 0; y(t_1) = \alpha; y(t_2) = \beta; x(t) \geqslant 0). \tag{8.60b}$$

(3) **曲边扇形的面积 (图 8.12(c))** 曲边扇形以 K, L 间的曲线为边界, 并且由极坐标方程 ($\rho = \rho(\varphi), \varphi_1 \leqslant \varphi \leqslant \varphi_2$) 给出, 则

$$S_{OKL} = \frac{1}{2}\int_{\varphi_1}^{\varphi_2} \rho^2 \mathrm{d}\varphi. \tag{8.60c}$$

要求更复杂图形的面积, 可将原图形化为一些简单图形, 或通过线积分 (参见第 684 页 8.3) 或二重积分 (参见第 694 页 8.4.1) 计算.

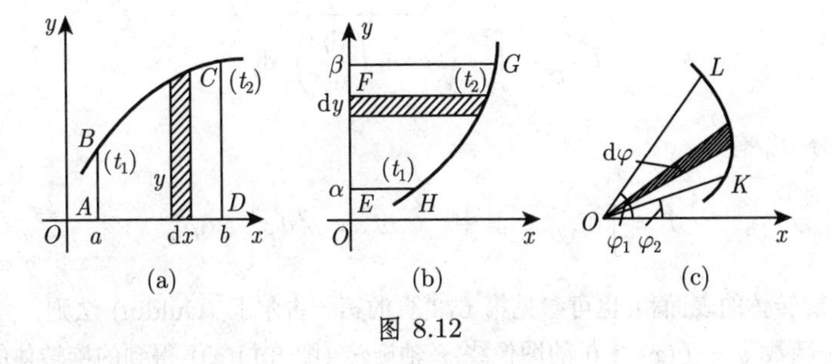

图 8.12

2. 平面曲线的弧长

(1) 由显形式 ($y = f(x)$ 或 $x = g(y)$) 或参数形式 ($x = x(t), y = y(t)$) 给出的 A, B 两点间的曲线弧长 (I), 可利用如下积分计算:

$$L_{\widehat{AB}} = \int_a^b \sqrt{1 + [f'(x)]^2}\mathrm{d}x = \int_\alpha^\beta \sqrt{[g'(y)]^2 + 1}\mathrm{d}y = \int_{t_1}^{t_2} \sqrt{[x'(t)]^2 + [y'(t)]^2}\mathrm{d}t. \tag{8.61a}$$

由弧微分 $\mathrm{d}l$, 有

$$L = \int \mathrm{d}l, \quad 其中 \quad \mathrm{d}l^2 = \mathrm{d}x^2 + \mathrm{d}y^2. \tag{8.61b}$$

■ 利用 (8.61a) 计算椭圆的周长：作代换 $x = x(t) = a\sin t$, $y = y(t) = b\cos t$, 有

$$L_{\widehat{AB}} = \int_{t_1}^{t_2} \sqrt{a^2 - (a^2 - b^2)\sin^2 t}\mathrm{d}t = a\int_{t_1}^{t_2} \sqrt{1 - e^2\sin^2 t}\mathrm{d}t,$$

其中 $e = \sqrt{a^2 - b^2}/a$ 为椭圆的离心率.

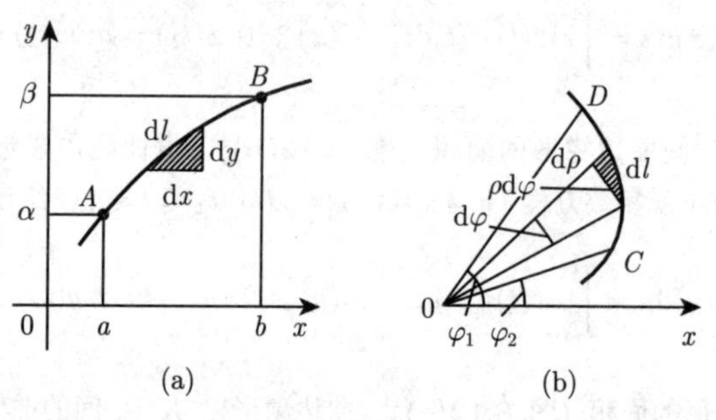

图 8.13

因为 $x = 0$ 时 $y = b$, $x = a$ 时 $y = 0$, 所以第一象限的积分限为 $t_1 = 0$, $t_2 = \pi/2$, 故椭圆的周长 $L_{\widehat{AB}} = 4a\int_0^{\pi/2} \sqrt{1 - e^2\sin^2 t}\mathrm{d}t = aE\left(k, \dfrac{\pi}{2}\right)$, 其中 $k = e$. 积分 $E\left(k, \dfrac{\pi}{2}\right)$ 的值可查表 21.9(参见第 653 页 8.1.4.3).

(2) 由极坐标 $\rho = \rho(\varphi)$ 给出的 C, D 两点间的曲线弧长 (II)(图 8.13(b)) 为

$$L_{\widehat{CD}} = \int_{\varphi_1}^{\varphi_2} \sqrt{\rho^2 + \left(\frac{\mathrm{d}\rho}{\mathrm{d}\varphi}\right)^2}\mathrm{d}\varphi. \tag{8.61c}$$

由弧微分 $\mathrm{d}l$, 有

$$L = \int \mathrm{d}l, \qquad \text{其中} \qquad \mathrm{d}l^2 = \rho^2\mathrm{d}\varphi^2 + \mathrm{d}\rho^2. \tag{8.61d}$$

3. 旋转体的表面积(也可参见第 673 页的第一古尔丁 (Guldin) 法则)

(1) 函数 $y = f(x) \geqslant 0$ 的图像绕 x 轴旋转 (图 8.14(a)) 得到的旋转体的表面积为

$$S = 2\pi\int_a^b y\mathrm{d}l = 2\pi\int_a^b y(x)\sqrt{1 + \left(\frac{\mathrm{d}y}{\mathrm{d}x}\right)^2}\mathrm{d}x. \tag{8.62a}$$

(2) 函数 $x = f(y) \geqslant 0$ 绕 y 轴旋转 (图 8.14(b)) 得到的旋转体的表面积为

$$S = 2\pi\int_\alpha^\beta x\mathrm{d}l = 2\pi\int_\alpha^\beta x(y)\sqrt{1 + \left(\frac{\mathrm{d}x}{\mathrm{d}y}\right)^2}\mathrm{d}y. \tag{8.62b}$$

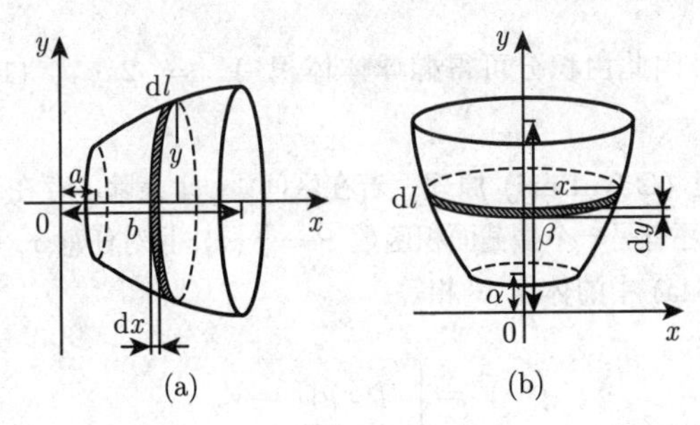

图 8.14

(3) 要计算更复杂的曲面面积, 可利用 699 页 8.4.1.3 中二重积分的应用以及 709 页 8.5.1.3 中的第一类曲面积分的应用. 700 页的表 8.9(二重积分的应用) 给出了利用二重积分求曲面面积的一般计算公式.

4. 体积 (也可参见第 673 页的第二古尔丁法则)

(1) 绕 x 轴旋转的旋转对称体 (图 8.14(a)) 的体积为

$$V = \pi\int_a^b y^2 \mathrm{d}x. \tag{8.63a}$$

(2) 绕 y 轴旋转的旋转对称体 (图 8.14(b)) 的体积为

$$V = \pi\int_\alpha^\beta x^2 \,\mathrm{d}y. \tag{8.63b}$$

(3) 截面垂直于 x 轴, 且截面面积为 $S = f(x)$ 的立体 (图 8.15) 体积为

$$V = \int_a^b f(x)\mathrm{d}x. \tag{8.64a}$$

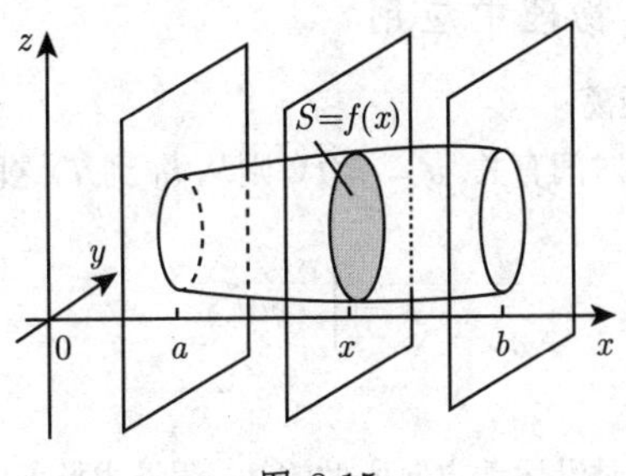

图 8.15

■ 计算以原点为中心的旋转椭球体体积. 当 $a = c$ 时旋转椭球体 $x^2/a^2 + y^2/b^2 + z^2/c^2 = 1$(参见第 302 页 3.5.3.13,2., (3.412), 以及图 8.16) 由椭圆 $y^2/b^2 + z^2/c^2 = 1$ 绕 y 轴旋转而得到, 与 zOx 面平行的圆形的横截面面积 $S = f(y) = \pi z^2 =$

$\pi c^2\left(1-y^2/b^2\right)$, 因此由积分可得椭球体体积 $V = 2\pi c^2\int_0^b\left(1-y^2/b^2\right)\mathrm{d}y = (4/3)\,\pi bc^2$.

(4) **卡瓦列里 (Cavalieri) 原理** 若在区间 $[a,b]$ 上除了存在一个横截面积函数 $S=f(x)$ 外, 还有另一个横截面积函数 $\overline{S}=\overline{f}(x)$, 且对任意 x, 有 $\overline{f}(x)=f(x)$, 则体积 $\overline{V}$ 与 (8.64a) 中的体积 V 相等:

$$\overline{V}=\int_a^b\overline{f}(x)\mathrm{d}x=V. \tag{8.64b}$$

最初的卡瓦列里原理是说: 夹在两个平行平面之间的两个立体图形, 被平行于这两个平面的任意平面所截, 如果所得的两个截面面积相等, 则这两个立体图形的体积相等 (图 8.17).

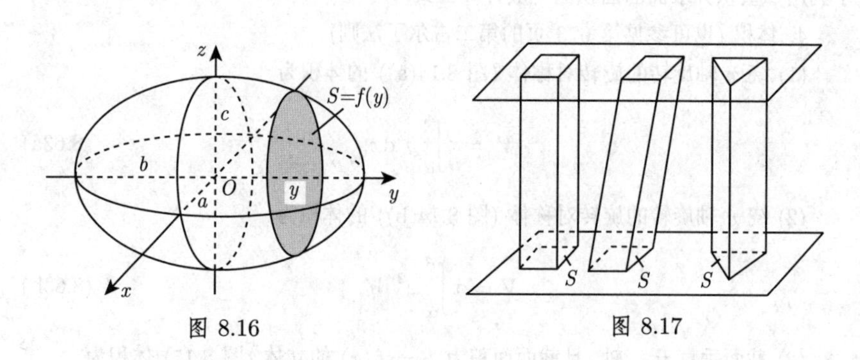

图 8.16 图 8.17

(5) **表** 表 8.9(参见第 700 页二重积分的应用) 和表 8.10(参见第 705 页三重积分的应用) 给出了用多重积分来计算体积的一般公式.

8.2.2.3 在力学与物理中应用

1. 一点所走过的距离

设一动点的速度与时间有关, $v=f(t)$, 则从 t_0 到 T 这段时间该点走过的距离为

$$s=\int_{t_0}^{T}v\mathrm{d}t. \tag{8.65}$$

2. 做功

力场中移动一物体时沿运动方向所做的功. 假设力场方向与运动方向恒定且都是沿 x 轴方向, 若力 $\vec{F}$ 为变力, 即 $|\vec{F}|=f(x)$, 则使物体从点 $x=a$ 沿 x 轴方向移动到点 $x=b$ 所做的功

$$W=\int_a^b f(x)\mathrm{d}x. \tag{8.66}$$

通常力场的方向与运动方向并不一致, 此时功可以利用力与沿给定路径 $\vec{r}$ 在每点的位移的点积的线性积分 (参见第 692 页 (8.130)) 来计算.

3. 重力压力与侧压

在地球的重力场下, 静止流体的密度为 ρ, 重力加速度为 g(参见第 1368 页的表 21.2), **重力压力**为 p, **侧压**为 p_s. 在流体表面下方深度为 x 处 (图 8.18), 重力压力为

$$p = \varrho g x. \tag{8.67a}$$

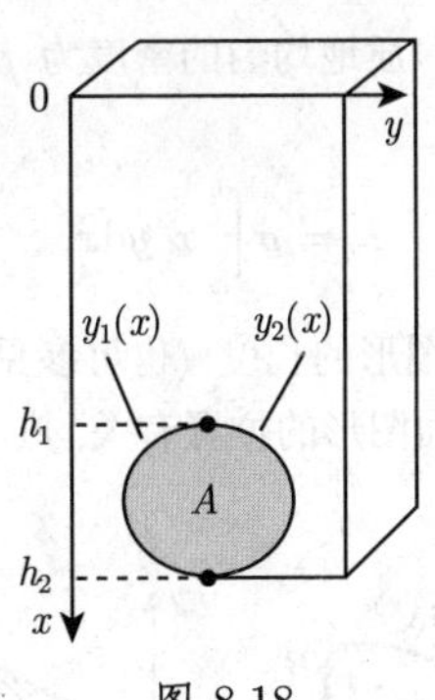

图 8.18

对于侧压 p_s, 比如作用在一个侧开口容器盖板 (表面积为 A) 上的侧压 (图 8.18) 来自于各个方向的压力 F. 流体表面下方深度 x 处垂直作用在表面微元 $\mathrm{d}A$ 的压力的微分

$$\mathrm{d}F = \varrho g x \mathrm{d}A = \varrho g x y(x) \mathrm{d}x. \tag{8.67b}$$

除以 A, 积分得

$$p_s = \frac{\varrho g}{A} \int_{h_1}^{h_2} x(y_2(x) - y_1(x)) \mathrm{d}x = \varrho g x_C. \tag{8.67c}$$

函数 $y_1(x)$ 和 $y_2(x)$ 是盖板左右侧边界的函数, x_C 为质心的横坐标 (参见下页 5. 中平面图形的重心).

注 因为侧压与 x 成比例, 故盖板的质心通常并不与压力 F 的着点一致.

4. 转动惯量

(1) **圆弧的转动惯量** 区间 $[a, b]$ 上密度为 ρ 的质地均匀的曲线段 $y = f(x)$ 关于 y 轴的转动惯量 (图 8.19(a)) 为

$$I_y = \varrho \int_a^b x^2 \mathrm{d}l = \varrho \int_a^b x^2 \sqrt{1 + (y')^2} \mathrm{d}x. \tag{8.68}$$

若密度是关于 x 的函数 $\rho(x)$, 则其解析表达式包含在被积函数中.

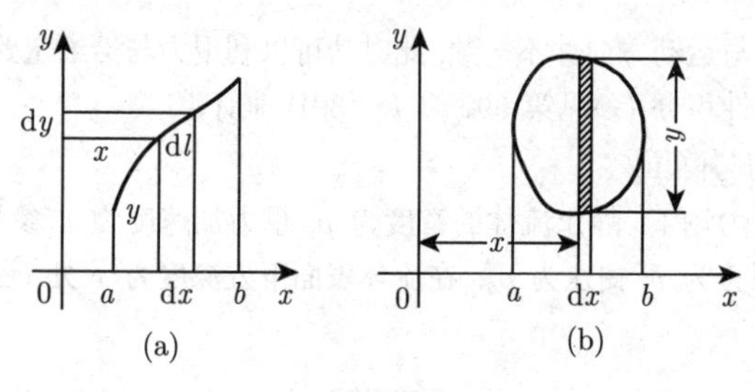

图 8.19

(2) **平面图形的转动惯量** 质地均匀的密度为 ρ 的平面图形关于 y 轴的转动惯量 (图 8.19(b)) 为

$$I_y = \varrho\int_a^b x^2 y\mathrm{d}x, \tag{8.69}$$

其中 y 为平行于 y 轴的切口图形的长度 (也可参见第 700 页表 8.9(二重积分的应用)). 若点的密度与它在平面图形的位置有关, 则其解析表达式必包含在被积函数中.

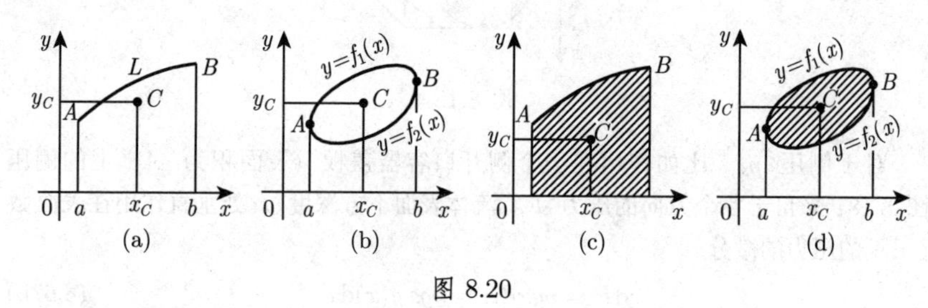

图 8.20

5. 重心与古尔丁法则

(1) **弧段的重心** 考虑到 667 页的 (8.61a), 区间 $[a,b]$ 上长为 L 的质地均匀的平面曲线弧段 $y=f(x)$(图 8.20(a)) 的重心 C 的坐标为

$$x_C = \frac{\displaystyle\int_a^b x\sqrt{1+(y')^2}\mathrm{d}x}{L}, \quad y_C = \frac{\displaystyle\int_a^b y\sqrt{1+(y')^2}\mathrm{d}x}{L}. \tag{8.70}$$

(2) **闭曲线的重心** 长为 L 的闭曲线 $y=f(x)$(图 8.20(b)) 上部分方程为 $y_1=f_1(x)$, 下部分方程为 $y_2=f_2(x)$, 则其重心 C 的坐标为

$$\begin{aligned} x_C &= \frac{\displaystyle\int_a^b x(\sqrt{1+(y_1')^2}+\sqrt{1+(y_2')^2})\mathrm{d}x}{L}, \\ y_C &= \frac{\displaystyle\int_a^b (y_1\sqrt{1+(y_1')^2}+y_2\sqrt{1+(y_2')^2})\mathrm{d}x}{L}. \end{aligned} \tag{8.71}$$

(3) **第一古尔丁法则** 设一平面曲线段绕同一平面内且不与之相交的轴旋转, 不妨取该轴为 x 轴, 则所得到的旋转体的表面积 S_{rot} 等于曲线段长 L 乘以与旋转轴距离为 r_C 的重心所画的圆的周长 $2\pi r_C$:

$$S_{\mathrm{rot}} = L \cdot 2\pi r_C. \tag{8.72}$$

(4) **曲边梯形的重心** 设 A, B 两点间的曲线段方程为 $y = f(x)$, 以该曲线为边界的质地均匀的曲边梯形的面积为 S(图 8.20(c)), 则该梯形的重心 C 的坐标为

$$x_C = \frac{\displaystyle\int_a^b xy\mathrm{d}x}{S}, \qquad y_C = \frac{\displaystyle\frac{1}{2}\int_a^b y^2\mathrm{d}x}{S}. \tag{8.73}$$

(5) **任意平面图形的重心** 设有面积为 S 任意平面图形 (图 8.20(d)), 其上下曲线段方程分别为 $y_1 = f_1(x)$ 和 $y_2 = f_2(x)$, 则该图形的重心 C 的坐标为

$$x_C = \frac{\displaystyle\int_a^b x(y_1 - y_2)\mathrm{d}x}{S}, \qquad y_C = \frac{\displaystyle\frac{1}{2}\int_a^b (y_1^2 - y_2^2)\mathrm{d}x}{S}. \tag{8.74}$$

表 8.9 (700 页二重积分的应用) 和表 8.10(705 页三重积分的应用) 给出了利用多重积分来计算重心的公式.

(6) **第二古尔丁法则** 假设一平面图形绕同一平面内且不与之相交的轴旋转, 不妨取该轴为 x 轴, 则所得到的旋转体体积等于平面图形的面积 S 乘以该旋转下重心所画的圆的周长 $2\pi r_C$:

$$V_{\mathrm{rot}} = S \cdot 2\pi r_C. \tag{8.75}$$

8.2.3 广义积分、斯蒂尔切斯积分与勒贝格积分

8.2.3.1 积分概念的推广

前面已经把定积分作为黎曼积分 (参见第 657 页 8.2.1.1) 介绍了它的概念, 当时假设函数 $f(x)$ 有界, $[a,b]$ 为有限闭区间. 在黎曼积分的推广中这两个条件都可以放宽, 接来下将会提到.

1. 广义积分

广义积分把被积函数推广到无界函数或者无限区间. 下面几段会讨论无限积分区间的积分和无界被积函数的积分.

2. 一元函数的斯蒂尔切斯积分

设在有限区间 $[a,b]$ 上给定两个有限函数 $f(x)$ 和 $g(x)$. 正如黎曼积分一样, 把区间 $[a,b]$ 划分成一系列子区间, 但与黎曼和 (8.38) 不同, 此处考虑如下形式的和:

$$\sum_{i=1}^{n} f(\xi_i)[g(x_i) - g(x_{i-1})]. \tag{8.76}$$

若无论如何选取点 x_i 和 ξ_i, 都有当子区间的长度趋于 0 时, 极限 (8.76) 存在, 则称该极限为**定斯蒂尔切斯** (Stieltjes) **积分** (也可参见 [8.14], [8.19]).

■ 若 $g(x)=x$, 则斯蒂尔切斯积分变成黎曼积分.

3. 勒贝格积分

积分的另一种推广与测度论有关 (参见第 905 页 12.9), 涉及集合的测度、测度空间、可测函数的概念. 泛函分析中的勒贝格积分正是以这些概念为基础 (参见 [8.10]) 定义的 (参见第 908 页 12.9.3.2). 相比黎曼积分而言, 这种推广可以把积分区域推广到 $\mathbb{R}^n$ 的更一般的子集上, 把积分区域划分成可测子集.

关于积分的推广还有不同的记号 (参见 [8.14]).

8.2.3.2 具有无限积分限的积分

1. 定义

a) 若被积函数的积分区间为闭半轴 $[a,+\infty)$, 则该积分可定义为

$$\int_a^{+\infty} f(x)\mathrm{d}x = \lim_{B\to\infty}\int_a^B f(x)\mathrm{d}x. \tag{8.77}$$

若极限存在, 则称该积分为**收敛广义积分**; 若极限不存在, 则广义积分 (8.77) 发散.

b) 若函数的定义域为闭半轴 $(-\infty,b]$ 或整个实数轴 $(-\infty,+\infty)$, 则可类似地把广义积分定义成

$$\int_{-\infty}^{b} f(x)\mathrm{d}x = \lim_{A\to-\infty}\int_A^b f(x)\mathrm{d}x, \tag{8.78a}$$

$$\int_{-\infty}^{+\infty} f(x)\mathrm{d}x = \lim_{\substack{A\to-\infty\\ B\to\infty}}\int_A^B f(x)\mathrm{d}x. \tag{8.78b}$$

c) (8.78b) 的上下限 A, B 都趋于无穷且相互独立, 若极限 (8.78b) 不存在, 但极限

$$\lim_{A\to\infty}\int_{-A}^{+A} f(x)\mathrm{d}x \tag{8.78c}$$

存在, 则极限 (8.78c) 称为**广义积分主值**或**柯西主值**.

注 显然, $\lim\limits_{x\to\infty} f(x)=0$ 是积分 (8.77) 收敛的必要非充分条件.

2. 无穷积分限积分的几何意义

积分 (8.77), (8.78a), (8.78b) 分别表示图 8.21 所示图形的面积.

■ **A:** $\displaystyle\int_1^{\infty}\frac{\mathrm{d}x}{x} = \lim_{B\to\infty}\int_1^B\frac{\mathrm{d}x}{x} = \lim_{B\to\infty}\ln|B| = \infty$ (发散).

■ **B:** $\displaystyle\int_2^{\infty}\frac{\mathrm{d}x}{x^2} = \lim_{B\to\infty}\int_2^B\frac{\mathrm{d}x}{x^2} = \lim_{B\to\infty}\left(\frac{1}{2}-\frac{1}{B}\right) = \frac{1}{2}$ (收敛).

■ **C:** $\displaystyle\int_{-\infty}^{+\infty}\frac{\mathrm{d}x}{1+x^2} = \lim_{\substack{A\to-\infty\\ B\to\infty}}\int_A^B\frac{\mathrm{d}x}{1+x^2} = \lim_{\substack{A\to-\infty\\ B\to\infty}}[\arctan B-\arctan A] = \frac{\pi}{2} -$

$\left(-\dfrac{\pi}{2}\right)=\pi$ (收敛).

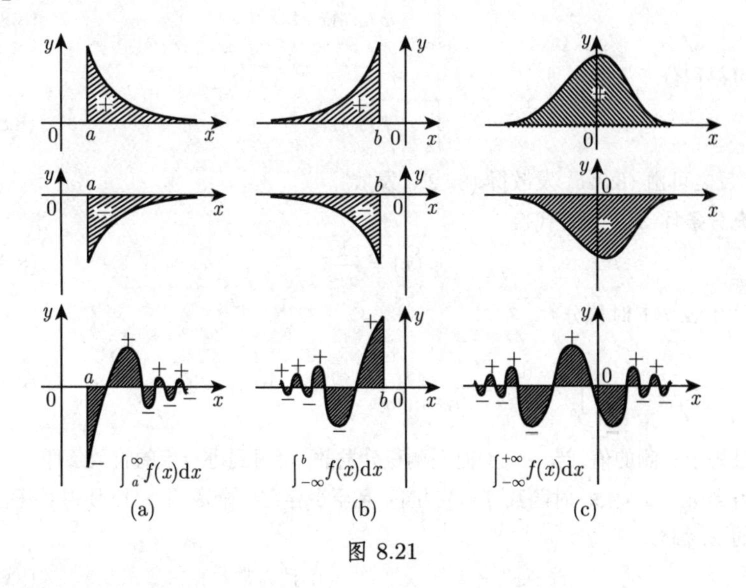

图 8.21

3. 收敛的充分条件

若直接计算极限 (8.77), (8.78a) 和 (8.78b) 比较复杂, 或者只需判断一个广义积分的敛散性, 则可利用下面的充分条件之一. 此处仅考虑 (8.77), 因为 (8.78a) 可以用 $-x$ 代换 x, 进一步转换成 (8.77) 的形式:

$$\int_{-\infty}^{a} f(x)\mathrm{d}x=\int_{-a}^{+\infty} f(-x)\mathrm{d}x. \tag{8.79}$$

而积分 (8.78b) 可分解成形如 (8.77) 和 (8.78a) 的两个积分之和:

$$\int_{-\infty}^{+\infty} f(x)\mathrm{d}x=\int_{-\infty}^{c} f(x)\mathrm{d}x+\int_{c}^{+\infty} f(x)\mathrm{d}x, \tag{8.80}$$

其中 c 为任意实数.

充分条件 1 若 f 在任意无限[①]区间 $[a,+\infty)$ 上都可积, 且积分

$$\int_{a}^{+\infty} |f(x)|\mathrm{d}x \tag{8.81}$$

收敛, 则积分 (8.77) 也收敛. 此时称 (8.77) 为**绝对收敛**, 称函数 $f(x)$ 在半轴 $[a,+\infty)$ 上绝对可积.

充分条件 2 若函数 $f(x)$ 和 $\varphi(x)$ 满足

$$f(x)>0,\ \varphi(x)>0 \quad 且当 \quad a\leqslant x<+\infty \quad 时 \quad f(x)\leqslant\varphi(x), \tag{8.82a}$$

① 原文有误. —— 译者注

则由积分

$$\int_a^{+\infty} \varphi(x)\mathrm{d}x \tag{8.82b}$$

收敛可得积分

$$\int_a^{+\infty} f(x)\mathrm{d}x \tag{8.82c}$$

收敛; 反之可由 (8.82c) 发散得 (8.82b) 发散.

充分条件 3 设有代换

$$\varphi(x) = \frac{1}{x^\alpha}, \tag{8.83a}$$

当 $a > 0, \alpha > 1$ 时积分

$$\int_a^{+\infty} \frac{\mathrm{d}x}{x^\alpha} = \frac{1}{(\alpha-1)a^{\alpha-1}} \quad (a > 0, \alpha > 1) \tag{8.83b}$$

收敛且等于右侧的值, 当 $\alpha \leqslant 1$ 时左侧积分发散, 可得到进一步的收敛条件:

若当 $a \leqslant x < \infty$ 时函数 $f(x)$ 为正, 且至少存在一个数 $\alpha > 1$, 使得对任意足够大的 x, 都有

$$f(x)x^\alpha < k < \infty \quad (k > 0 \text{ 且为常数}), \tag{8.83c}$$

则积分 (8.77) 收敛; 若 $f(x)$ 为正, 且存在一个数 $\alpha \leqslant 1$, 使得自某个 x 之后, 都有

$$f(x)x^\alpha > c > 0 \quad (c > 0 \text{ 且为常数}), \tag{8.83d}$$

则积分 (8.77) 发散.

■ $\displaystyle\int_0^{+\infty} \frac{x^{3/2}\mathrm{d}x}{1+x^2}$. 取 $\alpha = \dfrac{1}{2}$, 有 $\dfrac{x^{3/2}}{1+x^2}x^{1/2} = \dfrac{x^2}{1+x^2} \to 1$, 故积分发散.

4. 广义积分与无穷级数的关系

若 $x_1, x_2, \cdots, x_n, \cdots$ 为任意无限增加的无穷序列, 即若

$$a < x_1 < x_2 < \cdots < x_n < \cdots, \quad \lim_{n\to+\infty} x_n = \infty, \tag{8.84a}$$

且当 $a \leqslant x < \infty$ 时函数 $f(x)$ 为正, 则积分 (8.77) 的收敛问题可化成级数

$$\int_a^{x_1} f(x)\mathrm{d}x + \int_{x_1}^{x_2} f(x)\mathrm{d}x + \cdots + \int_{x_{n-1}}^{x_n} f(x)\mathrm{d}x + \cdots \tag{8.84b}$$

的收敛问题. 若级数 (8.84b) 收敛, 则积分 (8.77) 也收敛且等于 (8.84b) 的和. 若级数 (8.84b) 发散, 则积分 (8.77) 也发散. 因此可以把级数的收敛条件用于广义积分, 反之, 由级数的积分审敛法 (参见第 619 页 7.2.2.4), 可用广义积分来研究无穷级数的收敛性.

8.2.3.3 无界被积函数的积分

1. 定义

(1) **右开区间** 设函数 $f(x)$ 的定义域为右开区间 $[a,b)$, 且在点 b 其非正常极限 $\lim\limits_{x\to b-0} f(x)=\infty$, 则可如下定义广义积分:

$$\int_a^b f(x)\mathrm{d}x=\lim_{\varepsilon\to+0}\int_a^{b-\varepsilon} f(x)\mathrm{d}x. \tag{8.85}$$

若该极限存在且有限, 则广义积分 (8.85) 存在, 称其为收敛广义积分; 若该极限不存在或为无限, 则称其为发散广义积分.

(2) **左开区间** 设函数 $f(x)$ 的定义域为左开区间 $(a,b]$, 且在点 a 有 $\lim\limits_{x\to a+0} f(x)=\infty$, 则与 (8.85) 类似可如下定义广义积分:

$$\int_a^b f(x)\mathrm{d}x=\lim_{\varepsilon\to+0}\int_{a+\varepsilon}^{b} f(x)\mathrm{d}x. \tag{8.86}$$

(3) **双半开连续区间** 若函数 $f(x)$ 除了在区间 $[a,b]$ 的内点 $c(a<c<b)$ 外都有定义, 也就是函数定义在区间 $[a,c)$ 和 $(c,b]$ 上, 或者定义在 $[a,b]$ 上, 但在内点 c 处至少有一侧极限为无穷, 即 $\lim\limits_{x\to c+0} f(x)=\infty$ 或 $\lim\limits_{x\to c-0} f(x)=\infty$, 则广义积分可定义为

$$\int_a^b f(x)\mathrm{d}x=\lim_{\varepsilon\to+0}\int_a^{c-\varepsilon} f(x)\mathrm{d}x+\lim_{\delta\to+0}\int_{c+\delta}^{b} f(x)\mathrm{d}x. \tag{8.87a}$$

其中 ε 和 δ 彼此独立地趋近于 0. 若极限 (8.87a) 不存在, 但是极限

$$\lim_{\varepsilon\to+0}\left\{\int_a^{c-\varepsilon} f(x)\mathrm{d}x+\int_{c+\varepsilon}^{b} f(x)\mathrm{d}x\right\} \tag{8.87b}$$

存在, 则 (8.87b) 称为广义积分主值或柯西主值.

2. 几何意义

无界函数 (8.85), (8.86) 和 (8.87a) 的几何意义是求如图 8.22 所示的以一侧垂直渐近线为边界的图形的面积.

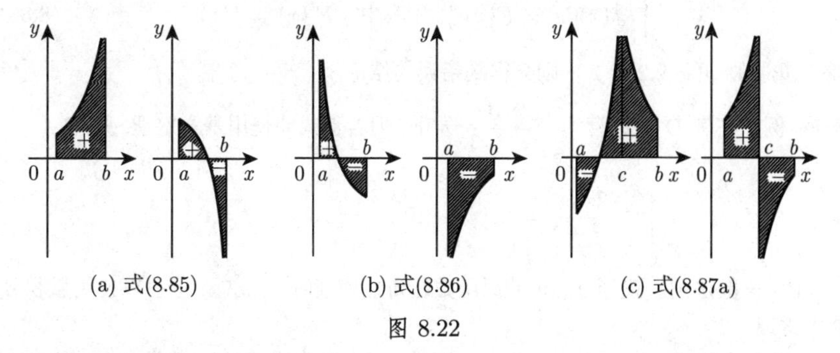

图 8.22

■ **A**: $\int_0^b \frac{\mathrm{d}x}{\sqrt{x}}$ 满足 (8.86) 的情形, $x=0$ 为奇点.

$$\int_0^b \frac{\mathrm{d}x}{\sqrt{x}} = \lim_{\varepsilon\to+0}\int_\varepsilon^b \frac{\mathrm{d}x}{\sqrt{x}} = \lim_{\varepsilon\to+0}(2\sqrt{b}-2\sqrt{\varepsilon}) = 2\sqrt{b} \quad (\text{收敛}).$$

■ **B**: $\int_0^{\pi/2} \tan x\,\mathrm{d}x$ 满足 (8.85) 的情形, $x=\frac{\pi}{2}$ 为奇点.

$$\begin{aligned}\int_0^{\pi/2} \tan x \mathrm{d}x &= \lim_{\varepsilon\to+0}\int_0^{\pi/2-\varepsilon} \tan x \mathrm{d}x \\ &= \lim_{\varepsilon\to+0}\left[\ln\cos 0 - \ln\cos\left(\frac{\pi}{2}-\varepsilon\right)\right] = \infty \quad (\text{发散}).\end{aligned}$$

■ **C**: $\int_{-1}^{8} \frac{\mathrm{d}x}{\sqrt[3]{x}}$ 满足 (8.87a) 的情形, $x=0$ 为奇点.

$$\begin{aligned}\int_{-1}^{8} \frac{\mathrm{d}x}{\sqrt[3]{x}} &= \lim_{\varepsilon\to+0}\int_{-1}^{-\varepsilon} \frac{\mathrm{d}x}{\sqrt[3]{x}} + \lim_{\delta\to+0}\int_{\delta}^{8} \frac{\mathrm{d}x}{\sqrt[3]{x}} \\ &= \lim_{\varepsilon\to+0}\frac{3}{2}(\varepsilon^{2/3}-1) + \lim_{\delta\to+0}\frac{3}{2}(4-\delta^{2/3}) = \frac{9}{2} \quad (\text{收敛}).\end{aligned}$$

■ **D**: $\int_{-2}^{2} \frac{2x\mathrm{d}x}{x^2-1}$ 满足 (8.87a) 的情形, $x=\pm1$ 为奇点.

$$\begin{aligned}\int_{-2}^{2} \frac{2x\mathrm{d}x}{x^2-1} &= \lim_{\varepsilon\to+0}\int_{-2}^{-1-\varepsilon} + \lim_{\substack{\delta\to+0\\ \nu\to+0}}\int_{-1+\delta}^{1-\nu} + \lim_{\gamma\to+0}\int_{1+\gamma}^{2} = \lim_{\varepsilon\to+0}\ln|x^2-1|\Big|_{-2}^{-1-\varepsilon} + \cdots \\ &= \lim_{\varepsilon\to+0}[\ln|1+2\varepsilon+\varepsilon^2-1| - \ln 3] + \cdots = \infty \quad (\text{发散}).\end{aligned}$$

3. 微积分基本定理的应用

(1) **注意** 在计算形如 (8.87a) 的广义积分时, 若不考虑区间 $[a,b]$ 中的奇点, 直接利用公式

$$\int_a^b f(x)\mathrm{d}x = F(x)\big|_a^b, \quad \text{其中} \quad F'(x)=f(x) \tag{8.88}$$

(参见第 667 页 8.2.2.2, 1.), 则会得到错误的结论.

■ **E**: 例如在例 D 中尽管 $\int_{-2}^{2} \frac{2x\mathrm{d}x}{x^2-1}$ 发散, 但若形式地使用基本定理, 则有

$$\int_{-2}^{2} \frac{2x\mathrm{d}x}{x^2-1} = \ln|x^2-1|\Big|_{-2}^{2} = \ln 3 - \ln 3 = 0.$$

(2) **一般法则** 仅当 $f(x)$ 的原函数在奇点连续时, (8.87a) 才可以使用微积分基本定理.

■ **F**: 例如在例 D 中, 函数 $\ln|x^2-1|$ 在 $x=\pm1$ 处不连续, 因此条件不成立. 而在

例 C 中, 函数 $y=\frac{3}{2}x^{2/3}$ 是区间 $[a,0)$ 和 $(0,b]$ 上 $\frac{1}{\sqrt[3]{x}}$ 的一个原函数, 且在 $x=0$ 处连续, 因此可利用微积分基本定理:

$$\int_{-1}^{8}\frac{\mathrm{d}x}{\sqrt[3]{x}}=\frac{3}{2}x^{2/3}\bigg|_{-1}^{8}=\frac{3}{2}(8^{2/3}-(-1)^{2/3})=\frac{9}{2}.$$

4. 无界被积函数 $\lim\limits_{x\to b-0}f(x)=\infty$ 广义积分收敛的充分条件

(1) 若广义积分 $\int_a^b|f(x)|\mathrm{d}x$ 收敛, 则广义积分 $\int_a^b f(x)\mathrm{d}x$ 也收敛, 此时称之为**绝对收敛积分**, 称定义区间上的函数 $f(x)$ 为**绝对可积函数**.

(2) 若在区间 $[a,b)$ 上函数 $f(x)$ 为正, 且存在数 $\alpha<1$, 使得对与 b 足够接近的所有 x, 都有

$$f(x)(b-x)^{\alpha}<\infty, \tag{8.89a}$$

则积分 (8.87a) 收敛. 但是若在区间 $[a,b)$ 上函数 $f(x)$ 为正, 且存在数 $\alpha>1$, 使得对与 b 足够接近的 x, 有

$$f(x)(b-x)^{\alpha}>c>0\quad(c\ 为常数), \tag{8.89b}$$

则积分 (8.87a) 发散.

8.2.4 参数积分

8.2.4.1 参数积分的定义

定积分

$$\int_a^b f(x,y)\mathrm{d}x=F(y) \tag{8.90}$$

是变量 y 的函数, 其中 y 为参数. 在很多情况中, 即使 $f(x,y)$ 是关于 x 和 y 的初等函数, 函数 $F(y)$ 也不再是初等函数. 积分 (8.90) 可能是一个普通积分, 或者是具有无限积分限或无界被积函数 $f(x,y)$ 的收敛的广义积分.

关于含一个参数的广义积分收敛性的理论说明可参见 [8.4].

■ **伽马函数或第二类欧拉积分** (参见第 682 页 8.2.5, 6.)

$$\Gamma(y)=\int_0^{\infty}x^{y-1}\mathrm{e}^{-x}\,\mathrm{d}x\quad(y>0\ 时收敛). \tag{8.91}$$

8.2.4.2 积分符号下的微分

(1) **定理** 若函数 (8.90) 在区间 $c\leqslant y\leqslant e$ 上有定义, 函数 $f(x,y)$ 在矩形区域 $a\leqslant x\leqslant b, c\leqslant y\leqslant e$ 连续, 且 $f(x,y)$ 关于 y 有连续偏导数, 则对 $\forall y\in[c,e]$, 有

$$\frac{\mathrm{d}}{\mathrm{d}y}\int_a^b f(x,y)\mathrm{d}x=\int_a^b\frac{\partial f(x,y)}{\partial y}\mathrm{d}x, \tag{8.92}$$

称之为**积分符号下的微分**.

■ 对 $\forall y>0$, $\dfrac{\mathrm{d}}{\mathrm{d}y}\displaystyle\int_0^1\arctan\frac{x}{y}\mathrm{d}x=\int_0^1\frac{\partial}{\partial y}\left(\arctan\frac{x}{y}\right)\mathrm{d}x=-\int_0^1\frac{x\mathrm{d}x}{x^2+y^2}=\frac{1}{2}\ln\frac{y^2}{1+y^2}$.

验证: $\displaystyle\int_0^1\arctan\frac{x}{y}\mathrm{d}x=\arctan\frac{1}{y}+\frac{1}{2}y\ln\frac{y^2}{1+y^2}$;

$$\frac{\mathrm{d}}{\mathrm{d}y}\left(\arctan\frac{1}{y}+\frac{1}{2}y\ln\frac{y^2}{1+y^2}\right)=\frac{1}{2}\ln\frac{y^2}{1+y^2}.$$

当 $y=0$ 时, $f(x,y)$ 不满足连续性, 因此不可导.

(2) **关于参数积分限的推广**　若假设条件同 (8.92), 函数 $\alpha(y)$ 和 $\beta(y)$ 在区间 $[c,e]$ 上有定义、连续、可微, 且曲线 $x=\alpha(y)$ 和 $x=\beta(y)$ 包含在矩形 $a\leqslant x\leqslant b,c\leqslant y\leqslant e$ 范围内, 则 (8.92) 可推广为

$$\frac{\mathrm{d}}{\mathrm{d}y}\int_{\alpha(y)}^{\beta(y)}f(x,y)\mathrm{d}x=\int_{\alpha(y)}^{\beta(y)}\frac{\partial f(x,y)}{\partial y}\mathrm{d}x+\beta'(y)f(\beta(y),y)-\alpha'(y)f(\alpha(y),y).\quad(8.93)$$

8.2.4.3　积分符号下的积分

若函数 $f(x,y)$ 在矩形区域 $a\leqslant x\leqslant b,c\leqslant y\leqslant e$ 上连续, 则函数 (8.90) 在区间 $[c,e]$ 上有定义, 且

$$\int_c^e\left[\int_a^b f(x,y)\mathrm{d}x\right]\mathrm{d}y=\int_a^b\left[\int_c^e f(x,y)\mathrm{d}y\right]\mathrm{d}x,\quad(8.94)$$

这种积分次序的交换称为**积分符号下的积分**.

■ **A**: 函数 $f(x,y)=x^y$ 在矩形区域 $0\leqslant x\leqslant 1,a\leqslant y\leqslant b$ 上积分. 函数在 $x=0,y=0$ 处不连续, 但当 $a>0$ 时连续, 因此可改变积分次序: $\displaystyle\int_a^b\left[\int_0^1 x^y\mathrm{d}x\right]\mathrm{d}y=\int_0^1\left[\int_a^b x^y\mathrm{d}y\right]\mathrm{d}x$. 左边 $\displaystyle=\int_a^b\frac{\mathrm{d}y}{1+y}=\ln\frac{1+b}{1+a}$, 右边 $\displaystyle=\int_0^1\frac{x^b-x^a}{\ln x}\mathrm{d}x$. 尽管相应的不定积分无法用初等函数来表示, 但定积分已知, 因此有

$$\int_0^1\frac{x^b-x^a}{\ln x}\mathrm{d}x=\ln\frac{1+b}{1+a}\quad(0<a<b).$$

■ **B**: 函数 $f(x,y)=\dfrac{y^2-x^2}{(x^2+y^2)^2}$ 在矩形区域 $0\leqslant x\leqslant 1,0\leqslant y\leqslant 1$ 上积分. 函数在点 $(0,0)$ 处不连续, 因此不能利用公式 (8.94), 经判断有

$$\int_0^1\frac{y^2-x^2}{(x^2+y^2)^2}\mathrm{d}x=\frac{x}{x^2+y^2}\bigg|_{x=0}^{x=1}=\frac{1}{1+y^2};\quad\int_0^1\frac{\mathrm{d}y}{1+y^2}=\arctan y\bigg|_0^1=\frac{\pi}{4};$$

$$\int_0^1\frac{y^2-x^2}{(x^2+y^2)^2}\mathrm{d}y=-\frac{y}{x^2+y^2}\bigg|_{y=0}^{y=1}=-\frac{1}{x^2+1};\quad-\int_0^1\frac{\mathrm{d}x}{x^2+1}=-\arctan x\bigg|_0^1=-\frac{\pi}{4}.$$

8.2.5 由级数展开式进行积分、特殊非初等函数

即使被积函数为初等函数, 其积分也不一定总能由初等函数来表示, 在很多情况下可以用级数展开式来表示这些*非初等积分*. 若被积函数可以展成区间 $[a,b]$ 上一致收敛的级数, 则通过逐项积分也可得到积分 $\int_a^x f(t)\mathrm{d}t$ 的一致收敛级数.

1. 正弦积分 ($|x|<\infty$, 也可参见第 987 页 14.4.3.2, 2.)

$$\mathrm{Si}(x)=\int_0^x\frac{\sin t}{t}\mathrm{d}t=\frac{\pi}{2}-\int_x^\infty\frac{\sin t}{t}\mathrm{d}t$$
$$=x-\frac{x^3}{3\cdot 3!}+\frac{x^5}{5\cdot 5!}-+\cdots+\frac{(-1)^n x^{2n+1}}{(2n+1)\cdot(2n+1)!}+\cdots. \quad (8.95)$$

2. 余弦积分($0<x<\infty$)

$$\mathrm{Ci}(x)=-\int_x^\infty\frac{\cos t}{t}\mathrm{d}t=C+\ln x-\int_0^x\frac{1-\cos t}{t}\mathrm{d}t$$
$$=C+\ln x-\frac{x^2}{2\cdot 2!}+\frac{x^4}{4\cdot 4!}-+\cdots+\frac{(-1)^n x^{2n}}{2n\cdot(2n)!}+\cdots, \quad (8.96a)$$

其中

$$C=-\int_0^\infty \mathrm{e}^{-t}\ln t\mathrm{d}t=0.577215665\cdots. \qquad \text{(欧拉常数)} \quad (8.96b)$$

3. 对数积分($0<x<1$, 当 $1<x<\infty$ 时为柯西主值)

$$\mathrm{Li}(x)=\int_0^x\frac{\mathrm{d}t}{\ln t}=C+\ln|\ln x|+\ln x+\frac{(\ln x)^2}{2\cdot 2!}+\cdots+\frac{(\ln x)^n}{n\cdot n!}+\cdots. \quad (8.97)$$

4. 指数积分($-\infty<x<0$, 当 $0<x<\infty$ 时为柯西主值)

$$\mathrm{Ei}(x)=\int_{-\infty}^x\frac{\mathrm{e}^t}{t}\mathrm{d}t=C+\ln|x|+x+\frac{x^2}{2\cdot 2!}+\cdots+\frac{x^n}{n\cdot n!}+\cdots. \quad (8.98a)$$

$$\mathrm{Ei}(\ln x)=\mathrm{Li}(x). \quad (8.98b)$$

5. 高斯误差积分与误差函数

当 $|x|<\infty$ 时可定义*高斯误差积分*, 记为 ϕ. 其具体定义和关系如下:

$$\Phi(x)=\frac{1}{\sqrt{2\pi}}\int_{-\infty}^x \mathrm{e}^{-\frac{t^2}{2}}\mathrm{d}t, \quad (8.99a)$$

$$\lim_{x\to\infty}\Phi(x)=1, \quad (8.99b)$$

$$\Phi_0(x)=\frac{1}{\sqrt{2\pi}}\int_0^x \mathrm{e}^{-\frac{t^2}{2}}\mathrm{d}t=\Phi(x)-\frac{1}{2}. \quad (8.99c)$$

函数 $\phi(x)$ 是标准正态分布的分布函数 (参见第 1070 页 16.2.4.2), 其值可通过查 1458 页的表 21.17 得到.

统计学中常常要用到**误差函数** erf (x)(也可参见第 1070 页 16.2.4.2), 此类函数与高斯误差积分存在密切关系:

$$\operatorname{erf}(x)=\frac{2}{\sqrt{\pi}}\int_0^x \mathrm{e}^{-t^2}\mathrm{d}t=2\Phi_0\left(x\sqrt{2}\right), \tag{8.100a}$$

$$\lim_{x\to\infty}\operatorname{erf}(x)=1, \tag{8.100b}$$

$$\operatorname{erf}(x)=\frac{2}{\sqrt{\pi}}\left(x-\frac{x^3}{1!\cdot 3}+\frac{x^5}{2!\cdot 5}-+\cdots+\frac{(-1)^n x^{2n+1}}{n!\cdot(2n+1)}+\cdots\right), \tag{8.100c}$$

$$\int_0^x \operatorname{erf}(t)\mathrm{d}t=x\operatorname{erf}(x)+\frac{1}{\sqrt{\pi}}\left(\mathrm{e}^{-x^2}-1\right), \tag{8.100d}$$

$$\frac{\mathrm{d}\operatorname{erf}(x)}{\mathrm{d}x}=\frac{2}{\sqrt{\pi}}\mathrm{e}^{-x^2}. \tag{8.100e}$$

6. 伽马函数与阶乘

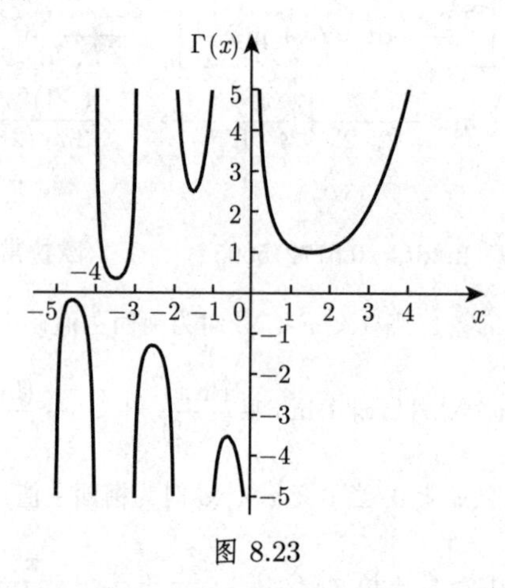

图 8.23

(1) **定义** 伽马函数又称第二类欧拉积分 (8.91), 是除了 0 和负整数之外包含复数在内的任意数 x 的阶乘的推广. 函数 $\Gamma(x)$ 的曲线如图 8.23 所示, 1426 页的表 21.10 给出了其取值. 伽马函数可由下面两种方式来定义:

$$\Gamma(x)=\int_0^\infty \mathrm{e}^{-t}t^{x-1}\mathrm{d}t \quad (x>0) \quad 或 \tag{8.101a}$$

$$\Gamma(x)=\lim_{n\to\infty}\frac{n^x\cdot n!}{x(x+1)(x+2)\cdots(x+n)} \quad (x\neq 0,-1,-2,\cdots). \tag{8.101b}$$

(2) **伽马函数的性质**

$$\Gamma(x+1)=x\Gamma(x), \tag{8.102a}$$

$$\Gamma(n+1)=n! \quad (n=0,1,2,\cdots), \tag{8.102b}$$

$$\Gamma(x)\,\Gamma(1-x)=\frac{\pi}{\sin\pi x} \quad (x\neq 0,\pm 1,\pm 2,\cdots), \tag{8.102c}$$

$$\Gamma\left(\frac{1}{2}\right) = 2\int_0^\infty \mathrm{e}^{-t^2}\mathrm{d}t = \sqrt{\pi}, \tag{8.102d}$$

$$\Gamma\left(n+\frac{1}{2}\right) = \frac{(2n)!\sqrt{\pi}}{n!2^{2n}} \quad (n=0,1,2,\cdots), \tag{8.102e}$$

$$\Gamma\left(-n+\frac{1}{2}\right) = \frac{(-1)^n n!2^{2n}\sqrt{\pi}}{(2n)!} \quad (n=0,1,2,\cdots). \tag{8.102f}$$

当自变量为复数 z 时, 只要实部 $\mathrm{Re}\,(z)>0$, 公式 (8.102a) 和 (8.102c) 也成立.

(3) **阶乘概念的推广** 当前阶乘的概念仅限于正整数 n(参见第 15 页 1.1.6.4,3.), 现将它推广到任意实数, 可得函数

$$x! = \Gamma(x+1). \tag{8.103a}$$

于是有下面等式成立:

$$当\ x\ 为正整数时：\ x! = 1\cdot 2\cdot 3\cdots x, \tag{8.103b}$$

$$若\ x=0:\quad 0! = \Gamma(1) = 1, \tag{8.103c}$$

$$当\ x\ 为负整数时：\ x! = \pm\infty, \tag{8.103d}$$

$$若\ x=\frac{1}{2}:\left(\frac{1}{2}\right)! = \Gamma\left(\frac{3}{2}\right) = \frac{\sqrt{\pi}}{2}, \tag{8.103e}$$

$$若\ x=-\frac{1}{2}:\left(-\frac{1}{2}\right)! = \Gamma\left(\frac{1}{2}\right) = \sqrt{\pi}, \tag{8.103f}$$

$$若\ x=-\frac{3}{2}:\ \left(-\frac{3}{2}\right)! = \Gamma\left(-\frac{1}{2}\right) = -2\sqrt{\pi}. \tag{8.103g}$$

当数 n 大于 10 及 n 为分数时, 都可以用斯特林 (Stirling)公式来近似确定它的阶乘:

$$n! \approx \left(\frac{n}{\mathrm{e}}\right)^n \sqrt{2\pi n}\left(1+\frac{1}{12n}+\frac{1}{288n^2}+\cdots\right), \tag{8.103h}$$

$$\ln(n!) \approx \left(n+\frac{1}{2}\right)\ln n - n + \ln\sqrt{2\pi}. \tag{8.103i}$$

7. 椭圆积分

对完全椭圆积分 (参见第 654 页 8.1.4.3, 2.), 可采用下面的级数展开式

$$K = \int_0^{\frac{\pi}{2}} \frac{\mathrm{d}\vartheta}{\sqrt{1-k^2\sin^2\vartheta}} = \frac{\pi}{2}\left[1+\left(\frac{1}{2}\right)^2 k^2 + \left(\frac{1\cdot 3}{2\cdot 4}\right)^2 k^4 + \left(\frac{1\cdot 3\cdot 5}{2\cdot 4\cdot 6}\right)^2 k^6 + \cdots\right],\quad k^2<1, \tag{8.104}$$

$$E = \int_0^{\frac{\pi}{2}} \sqrt{1-k^2\sin^2\vartheta}\,\mathrm{d}\vartheta$$

$$= \frac{\pi}{2}\left[1-\left(\frac{1}{2}\right)^2\frac{k^2}{1}-\left(\frac{1\cdot 3}{2\cdot 4}\right)^2\frac{k^4}{3}-\left(\frac{1\cdot 3\cdot 5}{2\cdot 4\cdot 6}\right)^2\frac{k^6}{5}-\cdots\right], \quad k^2<1. \quad (8.105)$$

1424 页表 21.9 给出了椭圆积分的数值.

8.3 线 积 分

积分的概念可以按几种不同的方法来推广. 正如通常定积分的定义域为数轴上的一个区间, *线积分*的定义域为一条平面曲线或空间曲线. 若积分路径是封闭的曲线, 则称之为*环路积分*, 它给出了函数沿曲线的循环. 下面将分第一类线积分、第二类线积分和一般类型的线积分三种情况进行讨论.

8.3.1 第一类线积分

8.3.1.1 定义

*第一类线积分或对弧长的积分*是满足如下形式的定积分

$$\int\limits_{(C)} f(x,y)\mathrm{d}s, \tag{8.106}$$

其中 $f(x,y)$ 是定义在一个连通区域的二元函数, 其积分在一条已知方程的平面曲线弧 $C\equiv\widehat{AB}$ 上进行, 称之为*积分路径*. 第一类线积分的值可按如下方法来确定 (图 8.24):

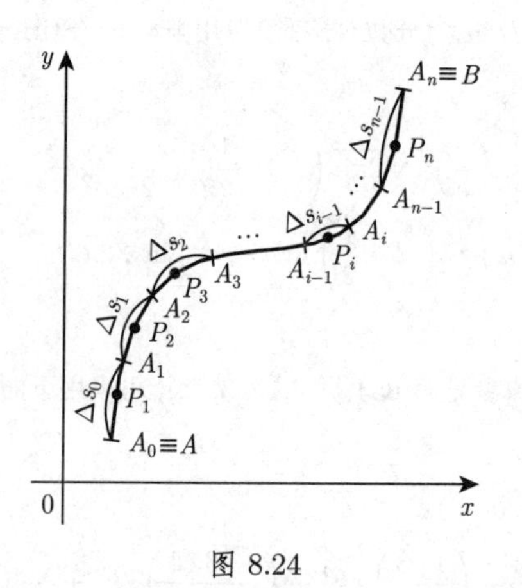

图 8.24

(1) 在可求长弧段 $\widehat{AB}$ 上任意插入一点列 $A_1, A_2, \cdots, A_{n-1}$, 其中起点为 $A\equiv A_0$, 终点为 $B\equiv A_n$, 把 $\widehat{AB}$ 分成 n 个小弧段.

(2) 在每个小弧段 $\widehat{A_{i-1}A_i}$ 的内部或端点任意选择点 P_i, 其坐标为 (ξ_i, η_i).

(3) 用函数在点 (ξ_i, η_i) 的函数值 $f(\xi_i, \eta_i)$ 乘以弧长 $\widehat{A_{i-1}A_i} = \Delta s_{i-1}$, Δs_{i-1} 为正. (因为弧可求长, 故 Δs_{i-1} 有限.)

(4) 将 n 个乘积 $f(\xi_i, \eta_i)\Delta s_{i-1}$ 相加.

(5) 当 n 趋于 ∞, 每个小曲线弧段的长 Δs_{i-1} 趋于 0 时, 计算和

$$\sum_{i=1}^{n} f(\xi_i, \eta_i)\Delta s_{i-1} \tag{8.107a}$$

的极限, 若无论 A_i 和 P_i 如何选取, (8.107a) 的极限都存在, 则该极限称为第一类线积分, 函数 $f(x, y)$ 称为沿曲线 C 可积:

$$\int\limits_{(C)} f(x, y)\mathrm{d}s = \lim_{\substack{\Delta s_i \to 0 \\ n \to \infty}} \sum_{i=1}^{n} f(\xi_i, \eta_i)\Delta s_{i-1}. \tag{8.107b}$$

类似地, 可对积分路径为空间曲线弧段上的三元函数定义**第一类线积分**:

$$\int\limits_{(C)} f(x, y, z)\mathrm{d}s = \lim_{\substack{\Delta s_i \to 0 \\ n \to \infty}} \sum_{i=1}^{n} f(\xi_i, \eta_i, \zeta_i)\Delta s_{i-1}. \tag{8.107c}$$

8.3.1.2 存在定理

设有一连续曲线弧段 C, 且 C 有连续变化的切线, 若函数 $f(x, y)$ 或 $f(x, y, z)$ 沿该曲线连续, 则第一类线积分 (8.107b) 或 (8.107c) 存在, 即无论 A_i 和 P_i 如何选取, 前面的极限都存在. 此时称 $f(x, y)$ 或 $f(x, y, z)$ 沿该曲线 C 可积.

8.3.1.3 第一类线积分的计算

为了计算第一类线积分, 可将其化为定积分.

1. 以参数形式给出的积分路径方程

若积分路径的方程为 $x = x(t)$, $y = y(t)$, 则

$$\int\limits_{(C)} f(x, y)\mathrm{d}s = \int_{t_0}^{T} f[x(t), y(t)]\sqrt{[x'(t)]^2 + [y'(t)]^2}\mathrm{d}t. \tag{8.108a}$$

当积分路径为空间曲线 $x = x(t)$, $y = y(t)$, $z = z(t)$ 时,

$$\int\limits_{(C)} f(x, y, z)\mathrm{d}s = \int_{t_0}^{T} f[x(t), y(t), z(t)]\sqrt{[x'(t)]^2 + [y'(t)]^2 + [z'(t)]^2}\mathrm{d}t, \tag{8.108b}$$

其中 t_0 是参数 t 在点 A 的值, T 是参数 t 在点 B 的值, A, B 的选取应满足 $t_0 < T$.

2. 以显形式 $y = y(x)$ 给出的积分路径方程

令 $t = x$, 对于平面曲线情形, 由 (8.108a), 得

$$\int_{(C)} f(x,y)\mathrm{d}s = \int_a^b f[x,y(x)]\sqrt{1+[y'(x)]^2}\mathrm{d}x, \tag{8.109a}$$

对于空间曲线情形, 由 (8.108b), 得

$$\int_{(C)} f(x,y,z)\mathrm{d}s = \int_a^b f[x,y(x),z(x)]\sqrt{1+[y'(x)]^2+[z'(x)]^2}\mathrm{d}x, \tag{8.109b}$$

其中 a, b 分别为点 A, B 的横坐标, 且必须满足 $a < b$. 若每个 x 都对应于曲线段 C 在 x 轴投影上的一点, 即曲线上的每一点由其横坐标唯一确定, 则可把 x 看成一个参数. 若不满足上述条件, 可把曲线段划分成满足该性质的子线段. 沿整条曲线段的线积分等于沿各个子曲线段的线积分之和.

8.3.1.4 第一类线积分的应用

表 8.6 列出了第一类线积分的一些应用. 表 8.7 列出了不同坐标系下计算线积分所用的曲线微元 $\mathrm{d}s$.

表 8.6 第一类线积分

曲线段 C 的长	$L = \int_{(C)} \mathrm{d}s$
质地不均匀的曲线段 C 的质量	$M = \int_{(C)} \varrho\mathrm{d}s$ ($\varrho = f(x,y,z)$ 为密度函数)
重心的坐标	$x_C = \frac{1}{L}\int_{(C)} x\varrho\mathrm{d}s$, $y_C = \frac{1}{L}\int_{(C)} y\varrho\mathrm{d}s$, $z_C = \frac{1}{L}\int_{(C)} z\varrho\mathrm{d}s$
平面曲线在 xOy 面的转动惯量	$I_x = \int_{(C)} x^2\varrho\mathrm{d}s$, $I_y = \int_{(C)} y^2\varrho\mathrm{d}s$
空间曲线关于坐标轴的转动惯量	$I_x = \int_{(C)} (y^2+z^2)\varrho\mathrm{d}s$, $I_y = \int_{(C)} (x^2+z^2)\varrho\mathrm{d}s$, $I_z = \int_{(C)} (x^2+y^2)\varrho\mathrm{d}s$
对于质地均匀的曲线, 令 $\rho = 1$	

表 8.7 曲线微元

xOy 面中的平面曲线	笛卡儿坐标 $x,\ y=y(x)$	$\mathrm{d}s=\sqrt{1+[y'(x)]^2}\mathrm{d}x$
	极坐标 $\varphi,\ \rho=\rho(\varphi)$, $x=\rho(\varphi)\cos\varphi,\ y=\rho(\varphi)\sin\varphi$	$\mathrm{d}s=\sqrt{\rho^2(\varphi)+[\rho'(\varphi)]^2}\mathrm{d}\varphi$
	笛卡儿坐标系下的参数形式 $x=x(t),\ y=y(t)$	$\mathrm{d}s=\sqrt{[x'(t)]^2+[y'(t)]^2}\mathrm{d}t$
空间曲线	笛卡儿坐标系下的参数形式 $x=x(t),\ y=y(t),\ z=z(t)$	$\mathrm{d}s=\sqrt{[x'(t)]^2+[y'(t)]^2+[z'(t)]^2}\mathrm{d}t$

8.3.2 第二类线积分

8.3.2.1 定义

第二类线积分或投影积分, 如在 x 轴、y 轴或 z 轴上的投影积分, 是如下形式的定积分

$$\int\limits_{(C)} f(x,y)\mathrm{d}x \tag{8.110a}$$

或

$$\int\limits_{(C)} f(x,y,z)\mathrm{d}x, \tag{8.110b}$$

其中 $f(x,y)$ 或 $f(x,y,z)$ 是定义在一连通区域上的二元或三元函数, 使其对平面曲线或空间曲线 $C\equiv\widehat{AB}$ 在 x 轴、y 轴或 z 轴上的投影进行积分, 且积分路径也位于该连通区域中. 第二类线积分的确定方法与第一类线积分类似, 但是在第 3 步中并不是用函数 $f(\xi_i,\eta_i)$ 或 $f(\xi_i,\eta_i,\varsigma_i)$ 乘以小曲线段 $\widehat{A_{i-1}A_i}$ 的弧长, 而是乘以小曲线段在坐标轴上的投影 (图 8.25).

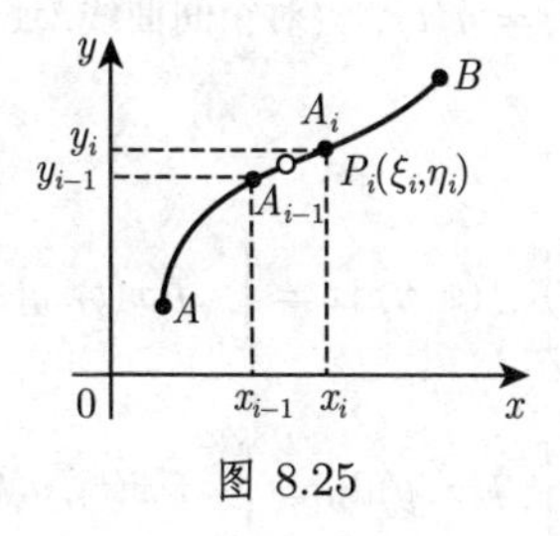

图 8.25

1. 在 x 轴上的投影

$$\mathrm{Pr}_x\,\widehat{A_{i-1}A_i}=x_i-x_{i-1}, \tag{8.111}$$

有

$$\int\limits_{(C)} f(x,y)\mathrm{d}x=\lim_{\substack{\Delta x_{i-1}\to 0\\ n\to\infty}}\sum_{i=1}^{n} f(\xi_i,\eta_i)\Delta x_{i-1}, \tag{8.112a}$$

$$\int_{(C)} f(x,y,z)\mathrm{d}x = \lim_{\substack{\Delta x_{i-1}\to 0\\ n\to\infty}} \sum_{i=1}^{n} f(\xi_i,\eta_i,\zeta_i)\Delta x_{i-1}. \tag{8.112b}$$

2. 在 y 轴上的投影

$$\int_{(C)} f(x,y)\mathrm{d}y = \lim_{\substack{\Delta y_{i-1}\to 0\\ n\to\infty}} \sum_{i=1}^{n} f(\xi_i,\eta_i)\Delta y_{i-1}, \tag{8.113a}$$

$$\int_{(C)} f(x,y,z)\mathrm{d}y = \lim_{\substack{\Delta y_{i-1}\to 0\\ n\to\infty}} \sum_{i=1}^{n} f(\xi_i,\eta_i,\zeta_i)\Delta y_{i-1}. \tag{8.113b}$$

3. 在 z 轴上的投影

$$\int_{(C)} f(x,y,z)\mathrm{d}z = \lim_{\substack{\Delta z_{i-1}\to 0\\ n\to\infty}} \sum_{i=1}^{n} f(\xi_i,\eta_i,\zeta_i)\,\Delta z_{i-1}. \tag{8.114}$$

8.3.2.2 存在定理

若函数 $f(x,y)$, $f(x,y,z)$ 及曲线沿线段 C 连续, 且曲线有连续变化的切线, 则形如 (8.112a), (8.113a), (8.112b), (8.113b) 或 (8.114) 的第二类线积分存在.

8.3.2.3 第二类线积分的计算

为了计算第二类线积分, 可将其化为定积分.

1. 以参数形式给出的积分路径

若积分路径的参数方程为

$$x = x(t), \quad y = y(t), \quad (\text{对空间曲线, 还有})z = z(t), \tag{8.115}$$

则有下面的公式

$$\text{对 (8.112a), 有} \quad \int_{(C)} f(x,y)\mathrm{d}x = \int_{t_0}^{T} f[x(t),y(t)]x'(t)\mathrm{d}t. \tag{8.116a}$$

$$\text{对 (8.113a), 有} \quad \int_{(C)} f(x,y)\mathrm{d}y = \int_{t_0}^{T} f[x(t),y(t)]y'(t)\mathrm{d}t. \tag{8.116b}$$

$$\text{对 (8.112b), 有} \quad \int_{(C)} f(x,y,z)\mathrm{d}x = \int_{t_0}^{T} f[x(t),y(t),z(t)]x'(t)\mathrm{d}t. \tag{8.116c}$$

$$\text{对 (8.113b), 有} \quad \int_{(C)} f(x,y,z)\mathrm{d}y = \int_{t_0}^{T} f[x(t),y(t),z(t)]y'(t)\mathrm{d}t. \tag{8.116d}$$

$$对 (8.114), 有 \int\limits_{(C)} f(x,y,z)\mathrm{d}z = \int_{t_0}^{T} f[x(t),y(t),z(t)]z'(t)\mathrm{d}t. \tag{8.116e}$$

其中 t_0 和 T 分别是参数 t 在弧段的起点 A 和终点 B 处的值. 与第一类线积分不同, 此处不再要求不等式 $t_0 < T$.

注 若积分路径反向, 即点 A 和 B 换位, 则积分变号.

2. 以显形式给出的积分路径

在平面曲线或空间曲线中, 积分路径方程为

$$y = y(x) \quad 或 \quad y = y(x), z = z(x), \tag{8.117}$$

其中 a, b 分别为点 A, B 的横坐标, 但不必满足条件 $a < b$, 横坐标 x 取代了 (8.112a)~(8.114) 中参数 t.

8.3.3 一般类型的线积分

8.3.3.1 定义

一般类型的线积分是沿一条曲线所有投影的第二类线积分之和. 设沿已知曲线 C 给出两个二元函数 $P(x,y)$ 和 $Q(x,y)$, 或三个三元函数 $P(x,y,z)$, $Q(x,y,z)$ 和 $R(x,y,z)$, 且相应的第二类线积分存在, 则对平面曲线或空间曲线, 下面公式成立.

1. 平面曲线

$$\int\limits_{(C)} (P\mathrm{d}x + Q\mathrm{d}y) = \int\limits_{(C)} P\mathrm{d}x + \int\limits_{(C)} Q\mathrm{d}y. \tag{8.118a}$$

2. 空间曲线

$$\int\limits_{(C)} (P\mathrm{d}x + Q\mathrm{d}y + R\mathrm{d}z) = \int\limits_{(C)} P\mathrm{d}x + \int\limits_{(C)} Q\mathrm{d}y + \int\limits_{(C)} R\mathrm{d}z. \tag{8.118b}$$

在向量分析一章 (参见第 938 页 13.3.1.1) 将会讨论一般类型线积分的向量表示及其在力学中的应用.

8.3.3.2 一般类型线积分的性质

1. 积分路径的分解

用曲线 $\widehat{AB}$ 上的一点 M, 甚至是 $\widehat{AB}$ 外一点 M (图 8.26), 可以把积分分解成两部分:

$$\int\limits_{\widehat{AB}} (P\mathrm{d}x + Q\mathrm{d}y) = \int\limits_{\widehat{AM}} (P\mathrm{d}x + Q\mathrm{d}y) + \int\limits_{\widehat{MB}} (P\mathrm{d}x + Q\mathrm{d}y).[1] \tag{8.119}$$

① 对三元函数有类似公式成立.

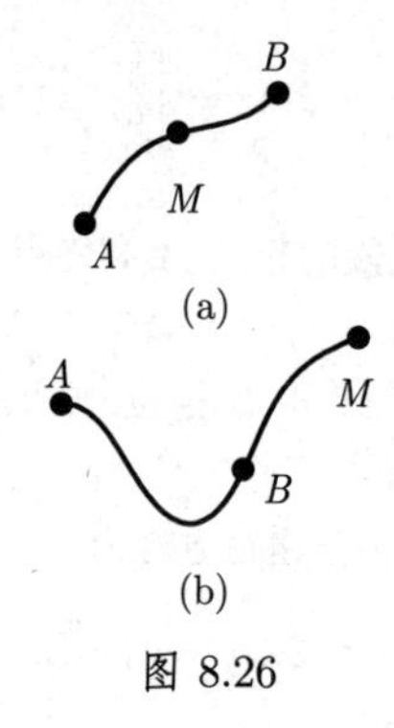

图 8.26

2. 积分路径反向

积分变号:

$$\int_{\widehat{AB}} (P\mathrm{d}x + Q\mathrm{d}y) = -\int_{\widehat{BA}} (P\mathrm{d}x + Q\mathrm{d}y).^{①} \tag{8.120}$$

3. 路径的相关性

一般地, 线积分的值不仅与起点有关, 还和积分路径有关 (图 8.27):

$$\int_{\widehat{AMB}} (P\mathrm{d}x + Q\mathrm{d}y) \neq \int_{\widehat{ADB}} (P\mathrm{d}x + Q\mathrm{d}y).^{②} \tag{8.121}$$

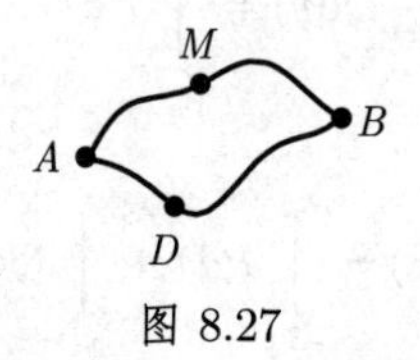

图 8.27

■ **A**: $I = \int_{(C)} (xy\mathrm{d}x + yz\mathrm{d}y + zx\mathrm{d}z)$, 其中 C 为螺旋线 $x = a\cos t, y = a\sin t, z = bt$(参见第 348 页螺旋线) 从 $t_0 = 0$ 到 $T = 2\pi$ 的一圈:

$$I = \int_0^{2\pi} (-a^3 \sin^2 t \cos t + a^2 bt \sin t \cos t + ab^2 t \cos t)\mathrm{d}t = -\frac{\pi a^2 b}{2}.$$

■ **B**: $I = \int_{(C)} \left[y^2\mathrm{d}x + \left(xy - x^2\right)\mathrm{d}y\right]$, 其中 C 为抛物线 $y^2 = 9x$ 上位于点 $A(0,0)$ 和 $B(1,3)$ 间的弧段:

$$I = \int_0^3 \left[\frac{2}{9}y^3 + \left(\frac{y^3}{9} - \frac{y^4}{81}\right)\right]\mathrm{d}y = 6\frac{3}{20}.$$

---

① 对三元函数有类似公式成立.

② 同① .

8.3.3.3 沿闭曲线的积分

(1) **沿闭曲线积分的概念** 环路积分也称为沿曲线的围道积分, 它是沿闭合的积分路径 C 的线积分, 即积分路径的起点 A 和终点 B 相同, 通常记为

$$\oint_{(C)} (P\mathrm{d}x + Q\mathrm{d}y) \quad \text{或} \quad \oint_{(C)} (P\mathrm{d}x + Q\mathrm{d}y + R\mathrm{d}z). \tag{8.122}$$

一般而言, 该积分不等于 0, 但是如它满足 (8.127) 中的条件或者积分在一个守恒场中进行 (参见第 941 页 13.3.1.6), 积分值等于 0. (也可参见第 941 页 13.3.1.6 中的零值围道积分.)

(2) **平面图形面积 S 的计算** 是应用沿闭曲线积分的典型例子, 形式如下:

$$S = \frac{1}{2}\oint_{(C)} (x\mathrm{d}y - y\mathrm{d}x), \tag{8.123}$$

其中 C 为平面图形的边界曲线. 若积分路径逆时针方向, 则积分为正.

8.3.4 线积分与积分路径无关

线积分与积分路径无关的条件也称为全微分的可积性.

8.3.4.1 二维情况

设 P 和 Q 是定义在单连通区域上的连续函数, 若积分

$$\int_{(C)} [P(x,y)\mathrm{d}x + Q(x,y)\mathrm{d}y] \tag{8.124}$$

仅与积分路径的起点 A 和终点 B 有关, 而与连接这两点的曲线无关, 即对任意 A, B 及积分路径 ACB 与 ADB(图 8.27), 都有等式

$$\int_{\widehat{ACB}} (P\mathrm{d}x + Q\mathrm{d}y) = \int_{\widehat{ADB}} (P\mathrm{d}x + Q\mathrm{d}y), \tag{8.125}$$

以上成立的充分必要条件为存在二元函数 $U(x,y)$, 其全微分是线积分的被积函数:

$$P\mathrm{d}x + Q\mathrm{d}y = \mathrm{d}U, \tag{8.126a}$$

即

$$P = \frac{\partial U}{\partial x}, \qquad Q = \frac{\partial U}{\partial y}. \tag{8.126b}$$

函数 $U(x,y)$ 是全微分 (8.126a) 的原函数. 在物理学中, 原函数 $U(x,y)$ 是向量场的势能 (参见第 941 页 13.3.1.6,4.).

8.3.4.2 原函数的存在性

原函数存在的充分必要条件, 即表达式 $P\mathrm{d}x+Q\mathrm{d}y$ 可积的充要条件为偏导数

$$\frac{\partial P}{\partial y}=\frac{\partial Q}{\partial x}, \tag{8.127}$$

且偏导数连续.

8.3.4.3 三维情况

与二维的情况类似, 积分

$$\int[P(x,y,z)\mathrm{d}x+Q(x,y,z)\mathrm{d}y+R(x,y,z)\mathrm{d}z] \tag{8.128}$$

与积分路径无关的条件是: 存在原函数 $U(x,y,z)$, 满足

$$P\mathrm{d}x+Q\mathrm{d}y+R\mathrm{d}z=\mathrm{d}U, \tag{8.129a}$$

即

$$P=\frac{\partial U}{\partial x},\quad Q=\frac{\partial U}{\partial y},\quad R=\frac{\partial U}{\partial z}. \tag{8.129b}$$

可积条件是若偏导数连续, 则它们同时满足如下三个方程

$$\frac{\partial Q}{\partial z}=\frac{\partial R}{\partial y},\quad \frac{\partial R}{\partial x}=\frac{\partial P}{\partial z},\quad \frac{\partial P}{\partial y}=\frac{\partial Q}{\partial x}. \tag{8.129c}$$

■ 功 W(参见第 670 页 8.2.2.3, 2.) 可定义为力 $\vec{F}(\vec{r})$ 与位移 $\vec{s}$ 的点积. 在守恒场中功仅与位置 $\vec{r}$ 有关, 而与速度 $\vec{v}$ 无关. 设 $\vec{F}=P\vec{e}_x+Q\vec{e}_y+R\vec{e}_z=\mathrm{grad}V$, $\mathrm{d}\vec{s}=\mathrm{d}x\vec{e}_x+\mathrm{d}y\vec{e}_y+\mathrm{d}z\vec{e}_x$, 则势能 $V(\vec{r})$ 满足关系 (8.129a) 和 (8.129b), 且有等式 (8.129c) 成立. 功与点 P_1 和 P_2 间的积分路径无关:

$$W=\int_{P_1}^{P_2}\vec{F}(\vec{r})\cdot\mathrm{d}\vec{s}=\int_{P_1}^{P_2}[P\mathrm{d}x+Q\mathrm{d}y+R\mathrm{d}z]=V(P_2)-V(P_1). \tag{8.130}$$

8.3.4.4 原函数的确定

1. 二维情况 (图 8.28)

若满足可积条件 (8.127), 则在 (8.127) 成立的区域内, 沿着连接任意固定点 $A(x_0,y_0)$ 和动点 $P(x,y)$ 的积分路径, 都有原函数 $U(x,y)$ 等于线积分

$$U=\int_{\widehat{AP}}(P\mathrm{d}x+Q\mathrm{d}y). \tag{8.131}$$

事实上, 为方便起见, 可在 (8.127) 成立的区域内选择平行于坐标轴的积分路径, 即折线 AKP 或 ALP, 故此存在两个计算原函数和全微分的公式:

$$U=U(x_0,y_0)+\int_{\overline{AK}}+\int_{\overline{KP}}=C+\int_{x_0}^{x}P(\xi,y_0)\mathrm{d}\xi+\int_{y_0}^{y}Q(x,\eta)\mathrm{d}\eta, \tag{8.132a}$$

$$U = U(x_0, y_0) + \int_{\overline{AL}} + \int_{\overline{LP}} = C + \int_{y_0}^{y} Q(x_0, \eta)\mathrm{d}\eta + \int_{x_0}^{x} P(\xi, y)\mathrm{d}\xi, \qquad (8.132\mathrm{b})$$

其中 C 为任意常数.

2. 三维情况 (图 8.29)

若满足条件 (8.129c), 由积分路径 $AKLP$, 可得原函数计算公式:

$$U = U(x_0, y_0, z_0) + \int_{\overline{AK}} + \int_{\overline{KL}} + \int_{\overline{LP}}$$

$$= \int_{x_0}^{x} P(\xi, y_0, z_0)\mathrm{d}\xi + \int_{y_0}^{y} Q(x, \eta, z_0)\mathrm{d}\eta + \int_{z_0}^{z} R(x, y, \xi)\mathrm{d}\xi + C \quad (C\text{ 为任意常数}). \qquad (8.133)$$

沿着平行坐标轴的方向还有其他 5 条可能的积分路径, 由此又可进一步得到 5 个公式.

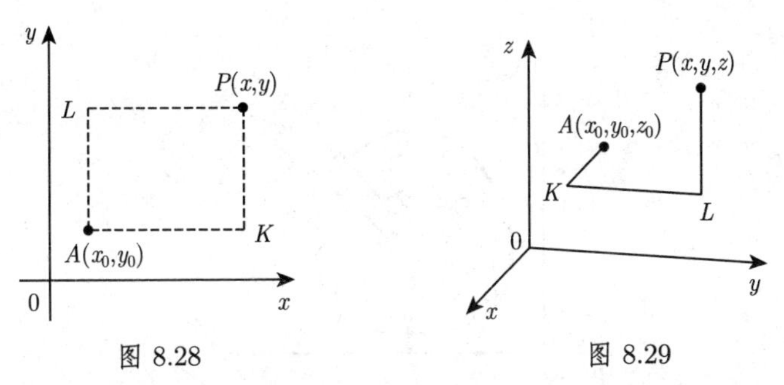

图 8.28 图 8.29

■ **A**: $P\mathrm{d}x + Q\mathrm{d}y = -\dfrac{y\mathrm{d}x}{x^2+y^2} + \dfrac{x\mathrm{d}y}{x^2+y^2}$. 满足条件 (8.129c): $\dfrac{\partial P}{\partial y} = \dfrac{\partial Q}{\partial x} = \dfrac{y^2-x^2}{(x^2+y^2)^2}$. 利用 (8.132b), 令 $x_0 = 0$, $y_0 = 1$(因为函数 P 和 Q 在点 $(0,0)$ 不连续, 故不选 $x_0 = 0$, $y_0 = 0$), 得

$$U = \int_1^y \frac{0 \cdot \mathrm{d}\eta}{0^2+\eta^2} + \int_0^x \frac{-y\mathrm{d}\xi}{\xi^2+y^2} + U(0,1) = -\arctan\frac{x}{y} + C = \arctan\frac{y}{x} + C_1.$$

■ **B**: $P\mathrm{d}x+Q\mathrm{d}y+R\mathrm{d}z = z\left(\dfrac{1}{x^2y} - \dfrac{1}{x^2+z^2}\right)\mathrm{d}x + \dfrac{z}{xy^2}\mathrm{d}y + \left(\dfrac{x}{x^2+z^2} - \dfrac{1}{xy}\right)\mathrm{d}z$. 满足条件 (8.129c), 利用 (8.133), 令 $x_0 = 1, y_0 = 1, z_0 = 0$, 得

$$U = \int_1^x 0 \cdot \mathrm{d}\xi + \int_1^y 0 \cdot \mathrm{d}\eta + \int_0^z \left(\frac{x}{x^2+\zeta^2} - \frac{1}{xy}\right)\mathrm{d}\zeta + C = \arctan\frac{z}{x} - \frac{z}{xy} + C.$$

8.3.4.5 沿闭曲线的零值积分

若积分曲线为一闭曲线, (8.127) 成立, 且该闭曲线内部不含使 $P, Q, \dfrac{\partial P}{\partial y}, \dfrac{\partial Q}{\partial x}$

不连续或没定义的点, 则 $P\mathrm{d}x+Q\mathrm{d}y$ 的线积分为 0.

注 当不满足上述条件时, 积分值也可等于 0, 但是这个值只能是进行相应计算后得到的.

8.4 多重积分

可以把积分的概念推广到更高维, 若积分区域为空间平面或曲面上的一个区域, 则称之为*曲面积分*; 若积分区域为一部分空间, 则称之为*体积积分*. 此外, 在各种特殊的应用中, 也采用其他特殊的记号.

8.4.1 二重积分

8.4.1.1 二重积分的概念

1. 定义

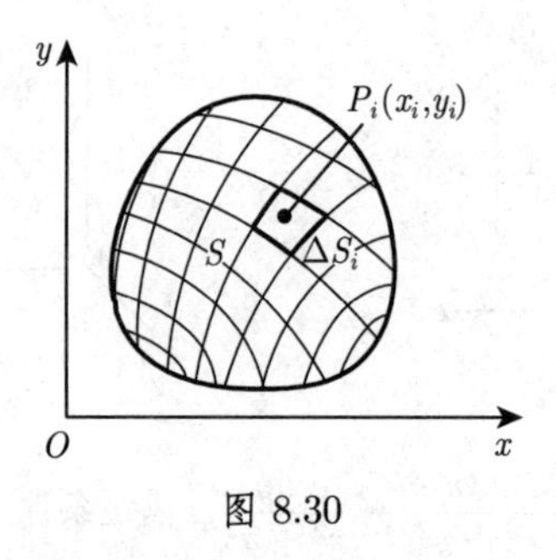

图 8.30

二元函数 $u=f(x,y)$ 在 xOy 面内平面区域 S 上的*二重积分*记为

$$\int_S f(x,y)\,\mathrm{d}S=\iint_S f(x,y)\mathrm{d}y\mathrm{d}x. \tag{8.134}$$

若二重积分存在, 则它是一个数, 且可按下面方法来定义 (图 8.30):

(1) 将区域 S 划分成 n 个小区域 ΔS_i.

(2) 在每个小区域的内部或边界任取一点 $P_i(x_i,y_i)$.

(3) 用函数在点 $P_i(x_i,y_i)$ 的值 $u=f(x_i,y_i)$ 乘以相应小区域的面积 ΔS_i.

(4) 所有乘积 $f(x_i,y_i)\Delta S_i$ 作和.

(5) 当每个小区域的直径趋于 0, 即 $\Delta S_i\to 0$, $n\to\infty$ 时, 计算和式

$$\sum_{i=1}^{n} f(x_i,y_i)\Delta S_i \tag{8.135a}$$

的极限. (点集的直径是指集合中任意两点间距离的上确界.) 此处仅要求 $\Delta S \to 0$ 还远远不够, 比如对矩形而言, 若一边足够小, 另一边不作要求, 便能满足面积趋于 0, 但所考虑的点可能彼此相距甚远. 若该极限与区域 S 划成小区域的分法无关, 与点 $P_i(x_i, y_i)$ 的取法也无关, 即极限存在, 则称其为函数 $u = f(x,y)$ 在积分区域 S 上的二重积分, 记为

$$\int\limits_S f(x,y)\mathrm{d}S = \lim_{\substack{\Delta S_i \to 0 \\ n \to \infty}} \sum_{i=1}^{n} f(x_i, y_i)\Delta S_i. \tag{8.135b}$$

2. 存在定理

若函数 $f(x,y)$ 在包含着边界的积分区域上连续, 则二重积分 (8.135b) 存在. (连续是积分存在的充分非必要条件.)

3. 几何意义

二重积分的几何意义是以 xOy 面内的区域为底, 以母线平行于 z 轴的柱面为侧面, 且以 $u = f(x,y)$ 为有界上顶面的立体的体积 (图 8.31). 和式 (8.135b) 中的每一项 $P_i(x_i, y_i)\Delta S_i$ 都对应着以 ΔS_i 为底, 以 $f(x_i, y_i)$ 为高的小柱体的体积. 体积符号的正负依曲面 $u = f(x,y)$ 在 xOy 的上方或下方而定. 若曲面与 xOy 面相交, 则所求体积为正负部分的代数和.

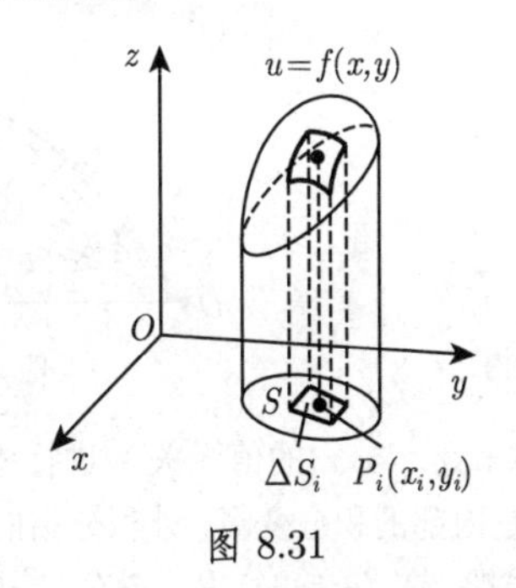

图 8.31

若函数值恒为 $1(f(x,y) \equiv 1)$, 则该体积在数值上等于 xOy 面内区域 S 的面积.

8.4.1.2 二重积分的计算

可以把二重积分的计算化成累次积分的计算, 即相继计算两个积分.

1. 笛卡儿坐标系下的计算

若二重积分存在, 可以把积分区域划分成任何类型, 如小矩形. 在用坐标线把积分区域化成无限小的矩形后 (图 8.32(a)), 可先沿小矩形的每个垂直边再沿水平边计算所有微分 $f(x,y)\,\mathrm{d}S$ 的和. (内和为关于变量 y 的积分近似和, 外和为关于 x

的积分近似和.) 若被积函数连续, 则该区域上的累次积分等于二重积分, 其解析记号为

$$\int\limits_S f(x,y)\mathrm{d}S=\int_a^b\left[\int_{\varphi_1(x)}^{\varphi_2(x)}f(x,y)\mathrm{d}y\right]\mathrm{d}x=\int_a^b\int_{\varphi_1(x)}^{\varphi_2(x)}f(x,y)\mathrm{d}y\mathrm{d}x, \tag{8.136a}$$

其中 $y=\varphi_2(x)$ 和 $y=\varphi_1(x)$ 分别为区域 S 上、下边界曲线 $(\widehat{AB})_{上}$ 和 $(\widehat{AB})_{下}$ 的方程 ($\varphi_1\leqslant\varphi_2$, 且 φ_1, φ_2 连续), a 和 b 分别为曲线最左边和最右边点的横坐标. 笛卡儿坐标系下的面积微元

$$\mathrm{d}S=\mathrm{d}x\mathrm{d}y. \tag{8.136b}$$

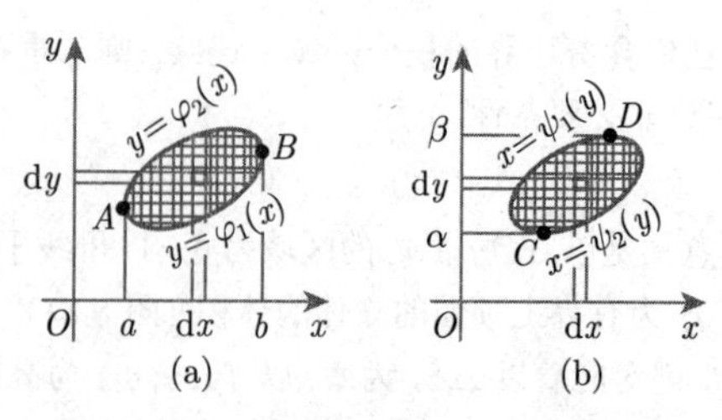

图 8.32

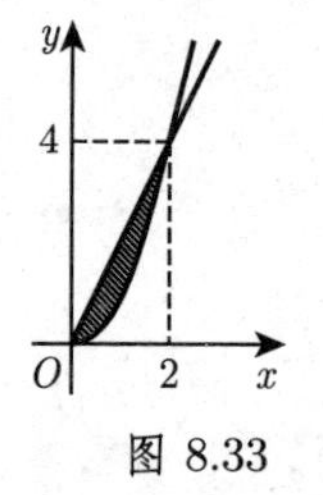

图 8.33

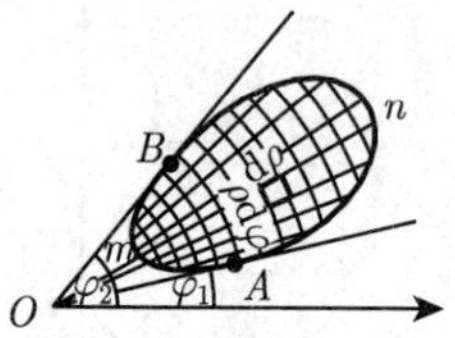

图 8.34

(小矩形的面积等于 $\Delta x\Delta y$, 与 x 的值无关.) 进行第一重积分时把 x 看成常数, 根据记号, 内积分指的是内部的积分变量, 外积分指的是外部的积分变量, 所以 (8.136a) 中的方括号可以省略. 在 (8.136a) 中, 微分号 $\mathrm{d}x$ 和 $\mathrm{d}y$ 位于被积函数的后面, 通常也可以将其放在相应积分号的右边, 被积函数的前面. 和也可逆向进行 (图 8.32(b)), 若被积函数连续, 其结果为以下二重积分:

$$\int\limits_S f(x,y)\mathrm{d}S=\int_\alpha^\beta\int_{\psi_1(y)}^{\psi_2(y)}f(x,y)\mathrm{d}x\mathrm{d}y. \tag{8.136c}$$

■ 计算 $A=\int_S xy^2\mathrm{d}S$, 其中 S 是由抛物线 $y=x^2$ 和直线 $y=2x$ 围成的平面区域 (图 8.33).

$$A=\int_0^2\int_{x^2}^{2x}xy^2\mathrm{d}y\mathrm{d}x=\int_0^2 x\mathrm{d}x\left[\frac{y^3}{3}\right]_{x^2}^{2x}=\frac{1}{3}\int_0^2(8x^4-x^7)\mathrm{d}x=\frac{32}{5}$$

或

$$A=\int_0^4\int_{y/2}^{\sqrt{y}}xy^2\mathrm{d}x\mathrm{d}y=\int_0^2 y^2\mathrm{d}y\left[\frac{x^2}{2}\right]_{y/2}^{\sqrt{y}}=\frac{1}{2}\int_0^4 y^2\left(y-\frac{y^2}{4}\right)\mathrm{d}y=\frac{32}{5}.$$

2. 极坐标系下的计算

用坐标线把积分区域分成若干个小区域, 每个小区域均以从极点出发的两个同心圆和两条射线为边界 (图 8.34). 极坐标系下小区域的面积具有形式

$$\mathrm{d}S=\rho\mathrm{d}\rho\mathrm{d}\varphi. \tag{8.137a}$$

(对于 $\Delta\rho$ 和 $\Delta\varphi$ 相同的小区域, 显然离原点越近面积越小, 离原点越远面积越大.) 若被积函数的极坐标方程为 $w=f(\rho,\varphi)$, 则可先沿小扇区再把所有扇区求和:

$$\int_S f(\rho,\varphi)\mathrm{d}S=\int_{\varphi_1}^{\varphi_2}\int_{\rho_1(\varphi)}^{\rho_2(\varphi)}f(\rho,\varphi)\rho\mathrm{d}\rho\mathrm{d}\varphi, \tag{8.137b}$$

其中 $\rho=\rho_1(\varphi)$ 和 $\rho=\rho_2(\varphi)$ 分别为平面区域 S 的内外边界曲线 ($\overset{\frown}{AmB}$) 和 ($\overset{\frown}{AnB}$) 的方程, φ_1 和 φ_2 分别为区域中点的极角的下确界和上确界, 很少先对极角再对极径积分.

■ 计算特殊积分 $A=\int_S\rho\sin^2\varphi\mathrm{d}S$, S 为半圆面 $\rho=3\cos\varphi(0\leqslant\varphi\leqslant\pi/2)$(图 8.35):

$$\begin{aligned}A&=\int_0^{\pi/2}\int_0^{3\cos\varphi}\rho^2\sin^2\varphi\mathrm{d}\rho\mathrm{d}\varphi=\int_0^{\pi/2}\sin^2\varphi\mathrm{d}\varphi\left[\frac{\rho^3}{3}\right]_0^{3\cos\varphi}\\&=9\int_0^{\pi/2}\sin^2\varphi\cos^3\varphi\mathrm{d}\varphi=\frac{6}{5}.\end{aligned}$$

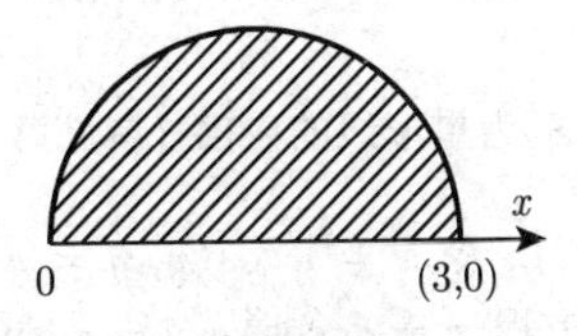

图 8.35

3. 任意曲线坐标系 u,v 下的计算

坐标定义如下:

$$x=x(u,v),\quad y=y(u,v) \tag{8.138}$$

(参见第 350 页 3.6.3.1). 若坐标线 $u=$ 常数和 $v=$ 常数把积分区域分成了一系列无穷小平面微元 (图 8.36), 且被积函数可以表示成 u,v 的函数, 则可先沿小条形区

域 (如沿 $v=$ 常数) 再把所有条形区域求和:

$$\int_S f(u,v)\mathrm{d}S=\int_{u_1}^{u_2}\int_{v_1(u)}^{v_2(u)} f(u,v)|D|\mathrm{d}v\mathrm{d}u, \tag{8.139}$$

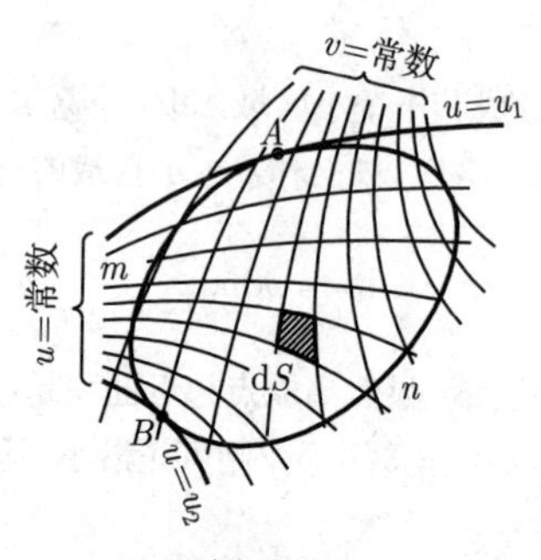

图 8.36

其中 $v=v_1(u)$ 和 $v=v_2(u)$ 分别为平面区域 S 的边界曲线 ($\overparen{AmB}$) 和 ($\overparen{AnB}$) 的方程, u_1 和 u_2 分别为区域中点 u 的下确界和上确界. $|D|$ 表示雅可比行列式 (函数行列式) 的绝对值:

$$D=\frac{D(x,y)}{D(u,v)}=\begin{vmatrix}\dfrac{\partial x}{\partial u} & \dfrac{\partial x}{\partial v}\\ \dfrac{\partial y}{\partial u} & \dfrac{\partial y}{\partial v}\end{vmatrix}. \tag{8.140a}$$

在曲线坐标系下, 易得小区域的面积

$$\mathrm{d}S=|D|\mathrm{d}v\mathrm{d}u. \tag{8.140b}$$

对极坐标 $x=\rho\cos\varphi,\ y=\rho\sin\varphi$, (8.137b) 属于 (8.139) 的特殊情况, 其中函数行列式 $D=\rho$.

所选择的曲线坐标系应该使 (8.139) 中的积分限尽可能简单, 而且被积函数不要太过复杂.

■ 计算 $A=\int_S f(x,y)\mathrm{d}S$, S 为星形线的内部 (参见第 134 页 2.13.4), 其中 $x=a\cos^3 t,\ y=a\sin^3 t$(图 8.37). 令 $x=u\cos^3 v,\ y=u\sin^3 v$, 引入曲线坐标 u,v, 坐标线 $u=c_1$ 表示一族与方程 $x=c_1\cos^3 v, y=c_1\sin^3 v$ 类似的星形线. 坐标线 $v=c_2$ 是方程为 $y=kx$ 的射线, 其中 $k=\tan^3 c_2$. 由此

$$D=\begin{vmatrix}\cos^3 v & -3u\cos^2 v\sin v\\ \sin^3 v & 3u\sin^2 v\cos v\end{vmatrix}=3u\sin^2 v\cos^2 v,$$

$$A=\int_0^a\int_0^{2\pi} f(x(u,v),y(u,v))3u\sin^2 v\cos^2 v\mathrm{d}v\mathrm{d}u.$$

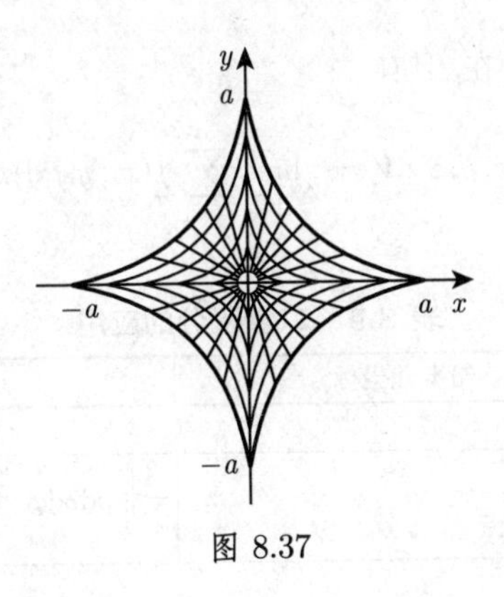

图 8.37

8.4.1.3 二重积分的应用

表 8.8 给出了笛卡儿坐标系和极坐标系下小区域的面积. 表 8.9 给出了二重积分的某些应用.

表 8.8 平面面积微元

坐标	面积微元
笛卡儿坐标 x, y	$\mathrm{d}S = \mathrm{d}y\mathrm{d}x$
极坐标 ρ, φ	$\mathrm{d}S = \rho\mathrm{d}\rho\mathrm{d}\varphi$
任意曲线坐标 u, v	$\mathrm{d}S = \|D\|\mathrm{d}u\mathrm{d}v$ (D 为雅可比行列式)

8.4.2 三重积分

三重积分是积分概念在三维区域的推广, 也称为体积积分.

8.4.2.1 三重积分的概念

1. 定义

在三维区域 V 上三元函数 $f(x,y,z)$ 的三重积分的定义方法与二重积分类似, 记为

$$\int_V f(x,y,z)\mathrm{d}V = \iiint_V f(x,y,z)\mathrm{d}z\mathrm{d}y\mathrm{d}x. \tag{8.141}$$

可将体积 V(图 8.38) 划分成一系列小体积 ΔV_i, 作积 $f(x_i,y_i,z_i)\Delta V_i$, 其中点 $P_i(x_i,y_i,z_i)$ 位于小体积的内部或边界. 随着体积 V 的划分, 当每个小体积的直径都趋于 0, 它们的个数趋于 ∞ 时, 三重积分为所有 $f(x_i,y_i,z_i)$ 与这些小体积乘积 $f(x_i,y_i,z_i)\Delta V_i$ 的和的极限. 仅当该极限与体积的划分方法及点 $P_i(x_i,y_i,z_i)$ 的取

法无关时, 三重积分才存在, 且有

$$\int_V f(x,y,z)\mathrm{d}V = \lim_{\substack{\Delta V_i \to 0 \\ n\to\infty}} \sum_{i=1}^{n} f(x_i,y_i,z_i)\Delta V_i. \tag{8.142}$$

表 8.9 二重积分的应用

一般公式	笛卡儿坐标	极坐标
1. 平面图形的面积		
$S=\int_S \mathrm{d}S$	$=\iint \mathrm{d}y\mathrm{d}x$	$=\iint \rho\mathrm{d}\rho\mathrm{d}\varphi$
2. 曲面面积		
$S_O=\int_S \dfrac{\mathrm{d}S}{\cos\gamma}$	$=\iint\sqrt{1+\left(\dfrac{\partial z}{\partial x}\right)^2+\left(\dfrac{\partial z}{\partial y}\right)^2}\mathrm{d}y\mathrm{d}x$	$=\iint\sqrt{\rho^2+\rho^2\left(\dfrac{\partial z}{\partial \rho}\right)^2+\left(\dfrac{\partial z}{\partial \varphi}\right)^2}\mathrm{d}\rho\mathrm{d}\varphi$
3. 柱体体积		
$V=\int_S z\mathrm{d}S$	$=\iint z\mathrm{d}y\mathrm{d}x$	$=\iint z\rho\mathrm{d}\rho\mathrm{d}\varphi$
4. 平面图形关于 x 轴的转动惯量		
$I_x=\int_S y^2\mathrm{d}S$	$=\iint y^2\mathrm{d}y\mathrm{d}x$	$=\iint \rho^3\sin^2\varphi\mathrm{d}\rho\mathrm{d}\varphi$
5. 平面图形关于极点 0 的转动惯量		
$I_0=\int_S \rho^2\mathrm{d}S$	$=\iint (x^2+y^2)\mathrm{d}y\mathrm{d}x$	$=\iint \rho^3\mathrm{d}\rho\mathrm{d}\varphi$
6. 密度函数为 ϱ 的平面图形的质量		
$M=\int_S \varrho\mathrm{d}S$	$=\iint \varrho\mathrm{d}y\mathrm{d}x$	$=\iint \varrho\rho\mathrm{d}\rho\mathrm{d}\varphi$
7. 质地均匀的平面图形的重心坐标		
$x_C=\dfrac{\int_S x\mathrm{d}S}{S}$	$=\dfrac{\iint x\mathrm{d}y\mathrm{d}x}{\iint \mathrm{d}y\mathrm{d}x}$	$=\dfrac{\iint \rho^2\cos\varphi\mathrm{d}\rho\mathrm{d}\varphi}{\iint \rho\mathrm{d}\rho\mathrm{d}\varphi}$
$y_C=\dfrac{\int_S y\mathrm{d}S}{S}$	$=\dfrac{\iint y\mathrm{d}y\mathrm{d}x}{\iint \mathrm{d}y\mathrm{d}x}$	$=\dfrac{\iint \rho^2\sin\varphi\mathrm{d}\rho\mathrm{d}\varphi}{\iint \rho\mathrm{d}\rho\mathrm{d}\varphi}$

2. 存在定理

三重积分的存在定理与二重积分的存在定理完全类似.

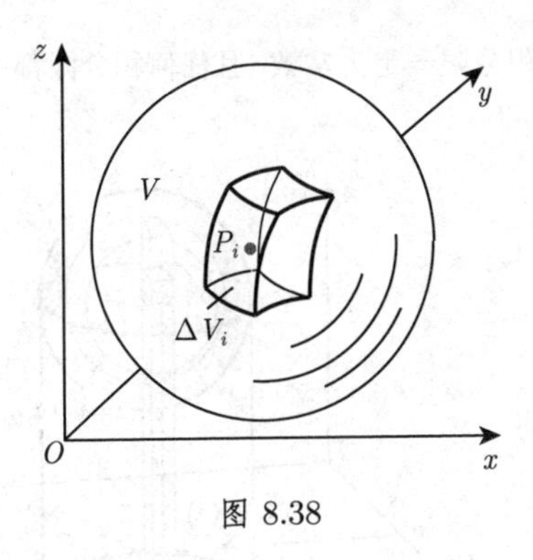

图 8.38

8.4.2.2 三重积分的计算

三重积分的计算可转化为依次计算三个普通积分. 若三重积分存在, 则其积分区域可进行任意划分.

1. 笛卡儿坐标系下的计算

在此可把积分区域看成体积 V, 用坐标曲面, 如平面, 把 V 划分成一系列无穷小的平行六面体, 使其直径为无穷小量 (图 8.39), 接下来对所有乘积 $f(x,y,z)\,\mathrm{d}V$ 作和. 这要求首先沿着竖列作和, 即关于 z 作和, 然后在小薄片的列中关于 y 作和, 最后对所有这样的薄片作和, 即关于 x 作和. 任何列的和都是一个积分的近似和, 若每个平行六面体的直径都趋于 0, 则其和往往对应相应的积分, 进一步若被积函数连续, 则此累次积分等于三重积分, 其解析表达式为

$$\int\limits_V f(x,y,z)\mathrm{d}V=\int_a^b\left\{\int_{\varphi_1(x)}^{\varphi_2(x)}\left[\int_{\psi_1(x,y)}^{\psi_2(x,y)}f(x,y,z)\mathrm{d}z\right]\mathrm{d}y\right\}\mathrm{d}x$$

$$=\int_a^b\int_{\varphi_1(x)}^{\varphi_2(x)}\int_{\psi_1(x,y)}^{\psi_2(x,y)}f(x,y,z)\,\mathrm{d}z\mathrm{d}y\mathrm{d}x, \tag{8.143a}$$

其中 $z=\psi_1(x,y)$ 和 $z=\psi_2(x,y)$ 表示积分区域 V 下曲面和上曲面方程 (参见图 8.39 中的极限曲线 $\varGamma$); $\mathrm{d}x\mathrm{d}y\mathrm{d}z$ 是笛卡儿坐标系下的体积微元; 函数 $y=\varphi_1(x)$ 和 $y=\varphi_2(x)$ 为体积在 xOy 面投影边界线 C 的下上两部分方程; $x=a$ 和 $x=b$ 表示体积 V(也可看作体积在 xOy 面上的投影) 在 x 轴坐标的极值. 对积分区域作如下假设: 设函数 $\varphi_1(x)$ 和 $\varphi_2(x)$ 在区间 $a\leqslant x\leqslant b$ 上有定义、连续, 且满足不等式 $\varphi_1(x)\leqslant\varphi_2(x)$; 函数 $\psi_1(x,y)$ 和 $\psi_2(x,y)$ 在区域 $a\leqslant x\leqslant b,\varphi_1(x)\leqslant y\leqslant\varphi_2(x)$ 上有定义且连续, 且 $\psi_1(x,y)\leqslant\psi_2(x,y)$, 即 V 中的每个点均满足关系式

$$a\leqslant x\leqslant b,\qquad \varphi_1(x)\leqslant y\leqslant\varphi_2(x),\qquad \psi_1(x,y)\leqslant z\leqslant\psi_2(x,y). \tag{8.143b}$$

正如二重积分一样, 三重积分也可以改变积分顺序, 此时相应的极限函数也发生改

变. (一般地, 最外侧的积分限一定为常数, 且任何积分限都可能仅含有外侧积分变量.)

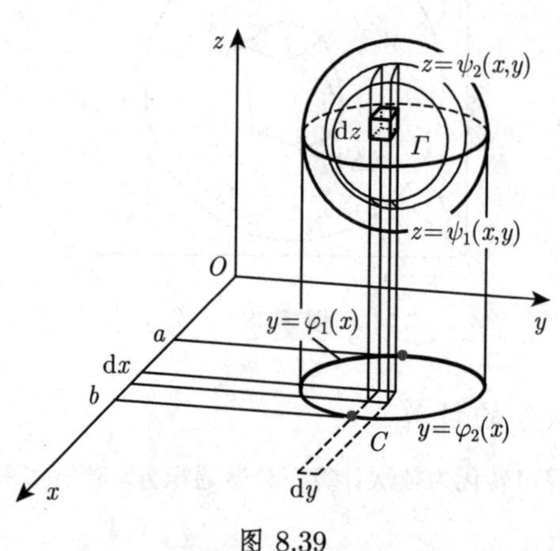

图 8.39

■ 计算积分 $I=\int\limits_V (y^2+z^2)\mathrm{d}V$, 其积分区域为坐标面与平面 $x+y+z=1$ 所围成的棱锥.

$$I=\int_0^1\int_0^{1-x}\int_0^{1-x-y}(y^2+z^2)\mathrm{d}z\mathrm{d}y\mathrm{d}x$$
$$=\int_0^1\left\{\int_0^{1-x}\left[\int_0^{1-x-y}(y^2+z^2)\mathrm{d}z\right]\mathrm{d}y\right\}\mathrm{d}x=\frac{1}{30}.$$

2. 柱面坐标系下的计算

用坐标曲面 $\rho=$ 常数, $\varphi=$ 常数和 $z=$ 常数把积分区域分成无穷小的小体积 (图 8.40), **柱面坐标系下小区域的体积** (参见第 705 页表 8.11)

$$\mathrm{d}V=\rho\mathrm{d}z\mathrm{d}\rho\mathrm{d}\varphi. \tag{8.144a}$$

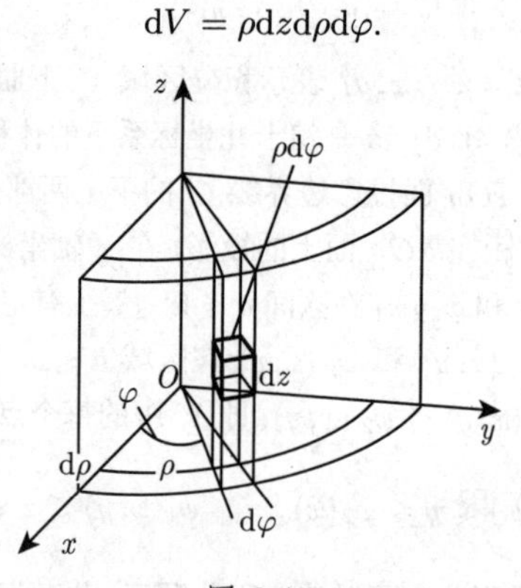

图 8.40

用柱面坐标定义被积函数 $f(\rho,\varphi,z)$ 之后, 有积分

$$\int\limits_V f(\rho,\varphi,z)\mathrm{d}V = \int_{\varphi_1}^{\varphi_2}\int_{\rho_1(\varphi)}^{\rho_2(\varphi)}\int_{z_1(\rho,\varphi)}^{z_2(\rho,\varphi)} f(\rho,\varphi,z)\rho\mathrm{d}z\mathrm{d}\rho\mathrm{d}\varphi. \tag{8.144b}$$

■ 计算积分 $I=\int\limits_V \mathrm{d}V$(图 8.41), 积分区域为以 xOy 面、zOx 面、柱面 $x^2+y^2=ax$ 和球面 $x^2+y^2+z^2=a^2$ 所围成的立体: $z_1=0,\ z_2=\sqrt{a^2-x^2-y^2}=\sqrt{a^2-\rho^2}$; $\rho_1=0,\rho_2=a\cos\varphi;\varphi_1=0,\varphi_2=\dfrac{\pi}{2}$. $I=\int_0^{\pi/2}\int_0^{a\cos\varphi}\int_0^{\sqrt{a^2-\rho^2}}\rho\mathrm{d}z\mathrm{d}\rho\mathrm{d}\varphi$ $=\int_0^{\pi/2}\left\{\int_0^{a\cos\varphi}\left[\int_0^{\sqrt{a^2-\rho^2}}\mathrm{d}z\right]\rho\mathrm{d}\rho\right\}\mathrm{d}\varphi=\dfrac{a^3}{18}(3\pi-4)$.

当 $f(\rho,\varphi,z)=1$ 时, 该积分等于立体的体积.

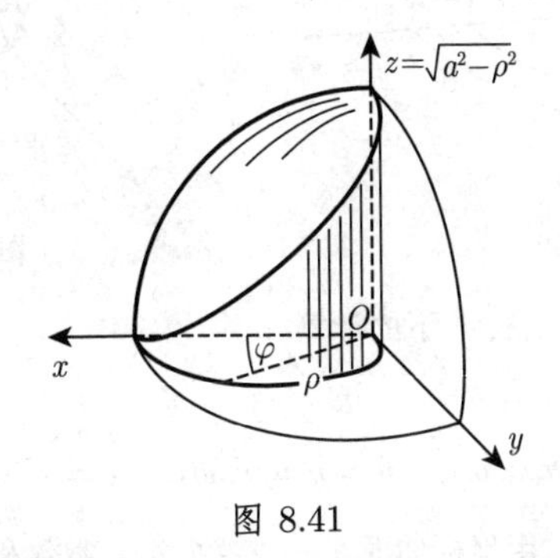

图 8.41

3. 球面坐标系下的计算

用坐标曲面 $r=$ 常数, $\varphi=$ 常数和 $\vartheta=$ 常数把积分区域分成无穷小的小体积 (图 8.42), 球面坐标系下小区域的体积 (参见第 705 页表 8.11)

$$\mathrm{d}V=r^2\sin\vartheta\mathrm{d}r\mathrm{d}\vartheta\mathrm{d}\varphi. \tag{8.145a}$$

若在球面坐标下被积函数为 $f(r,\varphi,\vartheta)$, 则

$$\int\limits_V f(r,\varphi,\vartheta)\mathrm{d}V=\int_{\varphi_1}^{\varphi_2}\int_{\vartheta_1(\varphi)}^{\vartheta_2(\varphi)}\int_{r_1(\vartheta,\varphi)}^{r_2(\vartheta,\varphi)} f(r,\varphi,\vartheta)r^2\sin\vartheta\mathrm{d}r\mathrm{d}\vartheta\mathrm{d}\varphi. \tag{8.145b}$$

■ 计算积分 $I=\int\limits_V \dfrac{\cos\vartheta}{r^2}\mathrm{d}V$, 积分区域是以原点为顶点, z 轴为对称轴, 顶角为 2α, 高为 h 的圆锥 (图 8.43), 因此:

$$r_1=0,r_2=\frac{h}{\cos\vartheta};\quad \vartheta_1=0,\vartheta_2=\alpha;\quad \varphi_1=0,\varphi_2=2\pi.$$

$$
\begin{aligned}
I &= \int_0^{2\pi}\int_0^{\alpha}\int_0^{h/\cos\vartheta}\frac{\cos\vartheta}{r^2}r^2\sin\vartheta\mathrm{d}r\mathrm{d}\vartheta\mathrm{d}\varphi \\
&= \int_0^{2\pi}\left\{\int_0^{\alpha}\cos\vartheta\sin\vartheta\left[\int_0^{h/\cos\vartheta}\mathrm{d}r\right]\mathrm{d}\vartheta\right\}\mathrm{d}\varphi \\
&= 2\pi h(1-\cos\alpha).
\end{aligned}
$$

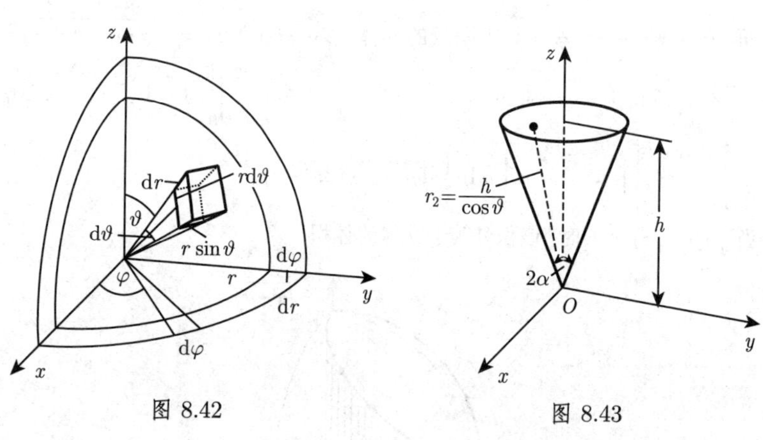

图 8.42　　图 8.43

4. 任意曲线坐标系 u, v, w 下的计算

坐标方程定义为

$$x = x(u,v,w),\quad y = y(u,v,w),\quad z = z(u,v,w) \tag{8.146}$$

(参见第 350 页 3.6.3.1). 用坐标曲面 $u=$ 常数, $v=$ 常数和 $w=$ 常数把积分区域分成无穷小的小体积, 任意坐标系下小区域的体积 (参见第 705 页表 8.11)

$$\mathrm{d}V = |D|\mathrm{d}u\mathrm{d}v\mathrm{d}w,\quad 其中\quad D = \begin{vmatrix} \frac{\partial x}{\partial u} & \frac{\partial x}{\partial v} & \frac{\partial x}{\partial w} \\ \frac{\partial y}{\partial u} & \frac{\partial y}{\partial v} & \frac{\partial y}{\partial w} \\ \frac{\partial z}{\partial u} & \frac{\partial z}{\partial v} & \frac{\partial z}{\partial w} \end{vmatrix}, \tag{8.147a}$$

即 D 为雅可比行列式. 若在曲线坐标 u,v,w 下被积函数为 $f(u,v,w)$, 则

$$\int_V f(u,v,w)\mathrm{d}V = \int_{u_1}^{u_2}\int_{v_1(u)}^{v_2(u)}\int_{w_1(u,v)}^{w_2(u,v)} f(u,v,w)|D|\mathrm{d}w\mathrm{d}v\mathrm{d}u. \tag{8.147b}$$

注　(8.144b) 和 (8.145b) 都是 (8.147b) 的特殊情况. 对柱面坐标, 有 $D=\rho$; 对球面坐标有 $D = r^2\sin\vartheta$.

若被积函数连续, 则在任意坐标系下都可以改变积分次序. 在选择曲线坐标系时, 应使得积分限 (8.147b) 的确定以及积分计算尽可能简单.

8.4.2.3 三重积分的应用

表 8.10 给出了三重积分的某些应用, 699 页的表 8.8 给出了不同坐标系下相应的面积微元, 表 8.11 给出了不同坐标系下相应的体积微元.

表 8.10 三重积分的应用

一般公式	笛卡儿坐标	柱面坐标	球面坐标
1. 立体的体积			
$V=\int\limits_V \mathrm{d}V=$	$\iiint \mathrm{d}z\mathrm{d}y\mathrm{d}x$	$\iiint \rho\mathrm{d}z\mathrm{d}\rho\mathrm{d}\varphi$	$\iiint r^2\sin\vartheta\mathrm{d}r\mathrm{d}\vartheta\mathrm{d}\varphi$
2. 关于z轴的轴向转动惯量			
$I_z=\int\limits_V \rho^2\mathrm{d}V=$	$\iiint (x^2+y^2)\mathrm{d}z\mathrm{d}y\mathrm{d}x$	$\iiint \rho^3\mathrm{d}z\mathrm{d}\rho\mathrm{d}\varphi$	$\iiint r^4\sin^3\vartheta\mathrm{d}r\mathrm{d}\vartheta\mathrm{d}\varphi$
3. 密度函数为ϱ的立体的质量			
$M=\int\limits_V \varrho\mathrm{d}V=$	$\iiint \varrho\mathrm{d}z\mathrm{d}y\mathrm{d}x$	$\iiint \varrho\rho\mathrm{d}z\mathrm{d}\rho\mathrm{d}\varphi$	$\iiint \varrho r^2\sin\vartheta\mathrm{d}r\mathrm{d}\vartheta\mathrm{d}\varphi$
4. 质地均匀的立体的中心坐标			
$x_C=\dfrac{\int\limits_V x\mathrm{d}V}{V}=$	$\dfrac{\iiint x\mathrm{d}z\mathrm{d}y\mathrm{d}x}{\iiint \mathrm{d}z\mathrm{d}y\mathrm{d}x}$	$\dfrac{\iiint \rho^2\cos\varphi\mathrm{d}\rho\mathrm{d}\varphi\mathrm{d}z}{\iiint \rho\mathrm{d}\rho\mathrm{d}\varphi\mathrm{d}z}$	$\dfrac{\iiint r^3\sin^2\vartheta\cos\varphi\mathrm{d}r\mathrm{d}\vartheta\mathrm{d}\varphi}{\iiint r^2\sin\vartheta\mathrm{d}r\mathrm{d}\vartheta\mathrm{d}\varphi}$
$y_C=\dfrac{\int\limits_V y\mathrm{d}V}{V}=$	$\dfrac{\iiint y\mathrm{d}z\mathrm{d}y\mathrm{d}x}{\iiint \mathrm{d}z\mathrm{d}y\mathrm{d}x}$	$\dfrac{\iiint \rho^2\sin\varphi\mathrm{d}\rho\mathrm{d}\varphi\mathrm{d}z}{\iiint \rho\mathrm{d}\rho\mathrm{d}\varphi\mathrm{d}z}$	$\dfrac{\iiint r^3\sin^2\vartheta\sin\varphi\mathrm{d}r\mathrm{d}\vartheta\mathrm{d}\varphi}{\iiint r^2\sin\vartheta\mathrm{d}r\mathrm{d}\vartheta\mathrm{d}\varphi}$
$z_C=\dfrac{\int\limits_V z\mathrm{d}V}{V}=$	$\dfrac{\iiint z\mathrm{d}z\mathrm{d}y\mathrm{d}x}{\iiint \mathrm{d}z\mathrm{d}y\mathrm{d}x}$	$\dfrac{\iiint \rho z\mathrm{d}\rho\mathrm{d}\varphi\mathrm{d}z}{\iiint \rho\mathrm{d}\rho\mathrm{d}\varphi\mathrm{d}z}$	$\dfrac{\iiint r^3\sin\vartheta\cos\vartheta\mathrm{d}r\mathrm{d}\vartheta\mathrm{d}\varphi}{\iiint r^2\sin\vartheta\mathrm{d}r\mathrm{d}\vartheta\mathrm{d}\varphi}$

表 8.11 体积微元

坐标	体积微元
笛卡儿坐标 x,y,z	$\mathrm{d}V=\mathrm{d}x\mathrm{d}y\mathrm{d}z$
柱面坐标 ρ,φ,z	$\mathrm{d}V=\rho\mathrm{d}\rho\mathrm{d}\varphi\mathrm{d}z$
球坐标 r,ϑ,φ	$\mathrm{d}V=r^2\sin\vartheta\mathrm{d}r\mathrm{d}\vartheta\mathrm{d}\varphi$
任意曲线坐标 u,v,w	$\mathrm{d}V=\lvert D\rvert\mathrm{d}u\mathrm{d}v\mathrm{d}w$($D$ 为雅可比行列式)

8.5 曲面积分

线积分有三种不同的类型 (参见第 684 页 8.3), 与之类似, 曲面积分也分为三类: 第一类曲面积分、第二类曲面积分和一般类型的曲面积分.

8.5.1 第一类曲面积分

第一类线积分是普通积分的推广 (参见第 684 页 8.3.1), 与之相同, **曲面积分**或**空间曲面积分**是二重积分的推广.

8.5.1.1 第一类曲面积分的概念

1. 定义

设有一定义在连通区域上的三元函数 $u = f(x, y, z)$, S 为曲面上的一个区域, 则函数在 S 上的第一类曲面积分为

$$\int\limits_S f(x, y, z)\mathrm{d}S, \tag{8.148a}$$

第一类曲面积分的数值可按如下方法来定义 (参见图 8.44):

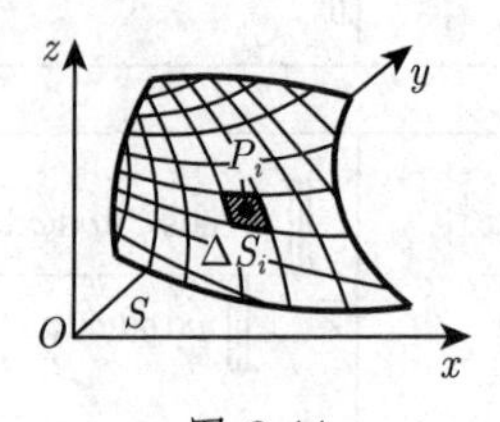

图 8.44

(1) 把区域 S 任意分成 n 个小区域 ΔS_i.

(2) 在小区域 ΔS_i 的内部或边界任取一点 $P_i(x_i, y_i, z_i)$.

(3) 用点 $P_i(x_i, y_i, z_i)$ 处的函数值 $f(x_i, y_i, z_i)$ 乘以相应小区域的面积 ΔS_i.

(4) 将所有乘积 $f(x_i, y_i, z_i)\Delta S_i$ 作和.

(5) 当每个小区域的直径都趋于 0, 即 $\Delta S_i \to 0$, $n \to \infty$ 时, 确定和式

$$\sum_{i=1}^{n} f(x_i, y_i, z_i)\Delta S_i \tag{8.148b}$$

的极限 (参见第 694 页 8.4.1.1, 1.).

若无论区域 S 的分法如何, 也不论点 $P_i(x_i, y_i, z_i)$ 的取法如何, 上述极限都存在, 则称之为函数 $u = f(x, y, z)$ 在曲面 S 上的第一类曲面积分, 记作

$$\int\limits_S f(x, y, z)\mathrm{d}S = \lim_{\substack{\Delta S_i \to 0\\ n\to\infty}} \sum_{i=1}^{n} f(x_i, y_i, z_i)\Delta S_i. \tag{8.148c}$$

2. 存在定理

若函数 $u=f(x,y,z)$ 在某区域上连续, 且定义曲面的函数有连续导数, 则第一类曲面积分存在.

8.5.1.2 第一类曲面积分的计算

第一类曲面积分的计算可化成平面区域上二重积分的计算 (参见第 694 页 8.4.1).

1. 曲面的显函数表示

设曲面方程的显形式方程为

$$z=z(x,y) \tag{8.149}$$

则

$$\int\limits_{S} f(x,y,z)\mathrm{d}S=\iint\limits_{S'} f\Big[x,y,z(x,y)\Big]\sqrt{1+p^2+q^2}\mathrm{d}x\mathrm{d}y, \tag{8.150a}$$

其中 S' 为 S 在 xOy 面的投影, $p=\dfrac{\partial z}{\partial x},q=\dfrac{\partial z}{\partial y}$. 此处假设曲面 S 中的每个点都对应 xOy 面内 S' 中的唯一一点, 即曲面中的点由它们的坐标唯一确定. 若这一条不成立, 可以把 S 分成几部分, 使得每部分都满足该条件. 由此在整个曲面的积分可以表示成 S 的各个部分积分的代数和.

因为曲面 (8.149) 的法线方程形如 $\dfrac{X-x}{p}=\dfrac{Y-y}{q}=\dfrac{Z-z}{-1}$ (参见第 353 页表 3.29), 法线方向与 z 轴夹角的余弦 $\cos\gamma=\dfrac{1}{\sqrt{1+p^2+q^2}}$, 故方程 (8.150a) 可以写成

$$\int\limits_{S} f(x,y,z)\mathrm{d}S=\iint\limits_{S_{xy}} f\Big[x,y,z(x,y)\Big]\frac{\mathrm{d}S_{xy}}{\cos\gamma}. \tag{8.150b}$$

在计算第一类曲面积分时, 总把角 γ 看成锐角, 故恒有 $\cos\gamma>0$.

2. 曲面的参数表示

若曲面 S 以参数方程的形式给出 (图 8.45)

$$x=x(u,v),\qquad y=y(u,v),\qquad z=z(u,v), \tag{8.151a}$$

则

$$\begin{aligned}&\int\limits_{S} f(x,y,z)\mathrm{d}S\\&=\iint\limits_{\varDelta} f\Big[x(u,v),y(u,v),z(u,v)\Big]\sqrt{EG-F^2}\mathrm{d}u\mathrm{d}v,\end{aligned} \tag{8.151b}$$

其中 E, F, G 均为第 353 页 3.6.3.3, 1. 给出的量, 参数形式的区域面积微元为

$$\sqrt{EG-F^2}\mathrm{d}u\mathrm{d}v=\mathrm{d}S, \tag{8.151c}$$

$\varDelta$ 是与给定的曲面区域相对应的关于参数 u, v 的区域. 关于 u, v 依次积分, 可计算曲面积分

$$\begin{aligned}&\int\limits_S \varPhi(u,v)\mathrm{d}S=\int_{u_1}^{u_2}\int_{v_1(u)}^{v_2(u)}\varPhi(u,v)\sqrt{EG-F^2}\mathrm{d}v\mathrm{d}u,\\&\varPhi=f\Big[x(u,v),y(u,v),z(u,v)\Big],\end{aligned} \tag{8.151d}$$

其中 u_1, u_2 是包含区域 S 的坐标线 $u=$ 常数的下限和上限坐标 (图 8.45), $v=v_1(u)$, $v=v_2(u)$ 是 S 的边界曲线 $\overset{\frown}{AmB}$ 和 $\overset{\frown}{AnB}$ 的方程.

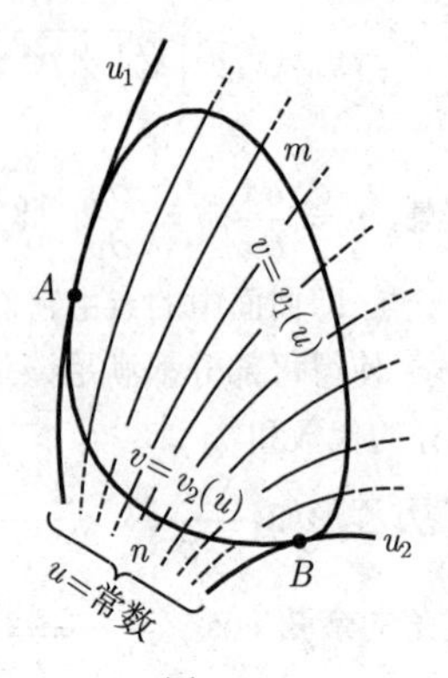

图 8.45

注　(8.150a) 是 (8.151b) 的特殊情况, 事实上,

$$u=x,\quad v=y,\quad E=1+p^2,\quad F=pq,\quad G=1+q^2. \tag{8.152}$$

3. 曲面的面积微元

表 8.12 给出了曲面的面积微元.

表 8.12　曲面面积微元

坐标	面积微元
笛卡儿坐标 $x, y, z=z(x,y)$	$\mathrm{d}S=\sqrt{1+\left(\dfrac{\partial z}{\partial x}\right)^2+\left(\dfrac{\partial z}{\partial y}\right)^2}\mathrm{d}x\mathrm{d}y$
柱面侧面, R(常数, 半径), 坐标 φ, z	$\mathrm{d}S=R\mathrm{d}\varphi\mathrm{d}z$
球面 R(常数, 半径), 坐标 ϑ, φ	$\mathrm{d}S=R^2\sin\vartheta\mathrm{d}\vartheta\mathrm{d}\varphi$
任意曲线坐标 $u, v(E, F, G$ 参见 354 页弧微分)	$\mathrm{d}S=\sqrt{EG-F^2}\mathrm{d}u\mathrm{d}v$

8.5.1.3 第一类曲面积分的应用

1. 曲面的面积

$$S=\int\limits_S \mathrm{d}S. \tag{8.153}$$

2. 质地不均匀的曲面 S 的质量

设密度 $\varrho=f(x,y,z)$ 依坐标变化, 有

$$M_S=\int\limits_S \varrho\mathrm{d}S. \tag{8.154}$$

8.5.2 第二类曲面积分

第二类曲面积分也称为**投影积分**, 与第一类曲面积分类似, 也是二重积分概念的推广.

8.5.2.1 第二类曲面积分的概念

1. 有向曲面的概念

通常曲面有两侧, 可以选择任意一侧作为外侧. 若外侧固定, 则该曲面称为**有向曲面**. 对于不能定义两侧的曲面, 此处不作讨论 (参见 [8.12]).

2. 有向曲面在坐标面上的投影

将有向曲面上一有界区域 S 向坐标面投影, 如向 xOy 面投影, 可以按如下方法规定投影 $\mathrm{Pr}_{xy}\,S$ 的正负 (图 8.46):

a) 若从 z 轴的正向看向 xOy 面时, 看到的是曲面 S 的正面 (把外侧作为正面), 则射影 $\mathrm{Pr}_{xy}\,S$ 取正号, 否则取负号 (图 8.46(a), (b)).

b) 若曲面有一部分是正面, 有一部分是反面, 则射影 $\mathrm{Pr}_{xy}\,S$ 可看作正负投影的代数和 (图 8.46(c)).

图 8.46(d) 是曲面 S 分别在 xOz 和 yOz 面上的投影 $\mathrm{Pr}_{xz}\,S$ 和 $\mathrm{Pr}_{yz}\,S$; 符号一正一负.

闭有向曲面的投影等于 0.

3. 在坐标面上投影的第二类曲面积分的定义

设 $f(x,y,z)$ 为一个定义在一连通区域上三元函数, S 是函数定义域内的一有向曲面, 且 S 上的点与其在 xOy 面上的投影一一对应, 则 $f(x,y,z)$ 的**第二类曲面积分**定义为 $f(x,y,z)$ 在该投影的积分

$$\int\limits_S f(x,y,z)\mathrm{d}x\mathrm{d}y. \tag{8.155}$$

与第一类曲面积分的计算方法类似, 但在第三步中不用 $f(x_i,y_i,z_i)$ 乘以小区域的面积 ΔS_i, 而是用 $f(x_i,y_i,z_i)$ 乘以第 709 页 8.5.2.1, 2. 中规定的 S 在 xOy 面上

的有向投影 $\mathrm{Pr}_{xy}\Delta S_i$, 于是有

$$\int\limits_S f(x,y,z)\mathrm{d}x\mathrm{d}y = \lim_{\substack{\Delta S_i\to 0\\ n\to\infty}} \sum_{i=1}^{n} f(x_i,y_i,z_i)\mathrm{Pr}_{xy}\Delta S_i. \tag{8.156a}$$

类似地可定义有向曲面 S 在 yOz 和 zOx 上投影的第二类曲面积分:

$$\int\limits_S f(x,y,z)\mathrm{d}y\mathrm{d}z = \lim_{\substack{\Delta S_i\to 0\\ n\to\infty}} \sum_{i=1}^{n} f(x_i,y_i,z_i)\mathrm{Pr}_{yz}\Delta S_i, \tag{8.156b}$$

$$\int\limits_S f(x,y,z)\mathrm{d}z\mathrm{d}x = \lim_{\substack{\Delta S_i\to 0\\ n\to\infty}} \sum_{i=1}^{n} f(x_i,y_i,z_i)\mathrm{Pr}_{zx}\Delta S_i. \tag{8.156c}$$

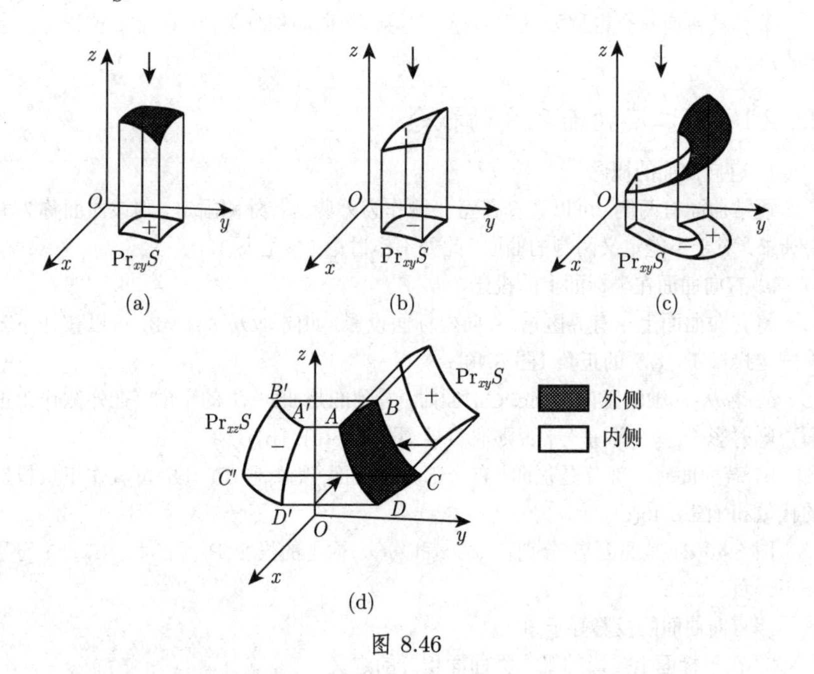

图 8.46

4. 第二类曲面积分存在定理

若函数 $f(x,y,z)$ 连续, 定义曲面的方程也连续且有连续导数, 则第二类曲面积分 (8.156a, 8.156b, 8.156c) 存在.

8.5.2.2 第二类曲面积分的计算

主要计算方法可化为二重积分的计算.

1. 由显形式给出的曲面

若曲面 S 的显形式方程为

$$z = \varphi(x, y), \tag{8.157}$$

则积分 (8.156a) 可由以下公式来计算

$$\int_S f(x,y,z)\mathrm{d}x\mathrm{d}y = \int_{\mathrm{Pr}_{xy} S} f\Big[x, y, \varphi(x,y)\Big]\mathrm{d}S_{xy}, \tag{8.158a}$$

其中 $S_{xy} = \mathrm{Pr}_{xy} S$. 类似地, 对曲面 S 在其他坐标面的投影, 函数 $f(x,y,z)$ 的曲面积分为

$$\int_S f(x,y,z)\mathrm{d}y\mathrm{d}z = \int_{\mathrm{Pr}_{yz} S} f\Big(\psi(y,z), y, z\Big)\mathrm{d}S_{yz}, \tag{8.158b}$$

其中曲面方程为 $x = \psi(y,z)$, 且 $S_{yz} = \mathrm{Pr}_{yz} S$.

$$\int_S f(x,y,z)\mathrm{d}z\mathrm{d}x = \int_{\mathrm{Pr}_{zx} S} f\Big(x, \chi(z,x), z\Big)\mathrm{d}S_{zx}, \tag{8.158c}$$

其中曲面方程为 $y = \chi(z,x)$, 且 $S_{zx} = \mathrm{Pr}_{zx} S$. 若改变曲面的方向, 即把曲面的内外两侧互换, 则投影上的积分换号.

2. 以参数形式给出的曲面

若曲面的参数方程为

$$x = x(u,v), \qquad y = y(u,v), \qquad z = z(u,v), \tag{8.159}$$

可借助如下公式计算积分 (8.156a, 8.156b, 8.156c):

$$\int_S f(x,y,z)\mathrm{d}x\mathrm{d}y = \int_\varDelta f\Big[x(u,v), y(u,v), z(u,v)\Big]\frac{D(x,y)}{D(u,v)}\mathrm{d}u\mathrm{d}v, \tag{8.160a}$$

$$\int_S f(x,y,z)\mathrm{d}y\mathrm{d}z = \int_\varDelta f\Big[x(u,v), y(u,v), z(u,v)\Big]\frac{D(y,z)}{D(u,v)}\mathrm{d}u\mathrm{d}v, \tag{8.160b}$$

$$\int_S f(x,y,z)\mathrm{d}z\mathrm{d}x = \int_\varDelta f\Big[x(u,v), y(u,v), z(u,v)\Big]\frac{D(z,x)}{D(u,v)}\mathrm{d}u\mathrm{d}v, \tag{8.160c}$$

其中表达式 $\dfrac{D(x,y)}{D(u,v)}, \dfrac{D(y,z)}{D(u,v)}, \dfrac{D(z,x)}{D(u,v)}$ 分别为 x, y, z 中每一函数对关于变量 u, v 的雅可比行列式; $\varDelta$ 为曲面 S 中 u, v 的定义域.

8.5.3 一般类型的曲面积分

8.5.3.1 一般类型的曲面积分的概念

若 $P(x,y,z), Q(x,y,z), R(x,y,z)$ 为定义在一连通区域上的三个三元函数, S 为该区域内的有向曲面, 在三个坐标面上投影的第二类积分之和称为一般类型的曲

面积分:

$$\int_S (P\mathrm{d}y\mathrm{d}z + Q\mathrm{d}z\mathrm{d}x + R\mathrm{d}x\mathrm{d}y) = \int_S P\mathrm{d}y\mathrm{d}z + \int_S Q\mathrm{d}z\mathrm{d}x + \int_S R\mathrm{d}x\mathrm{d}y. \tag{8.161}$$

该公式可化为二重积分:

$$\int_S (P\mathrm{d}y\mathrm{d}z + Q\mathrm{d}z\mathrm{d}x + R\mathrm{d}x\mathrm{d}y) = \int_\Delta \left[P\frac{D(y,z)}{D(u,v)} + Q\frac{D(z,x)}{D(u,v)} + R\frac{D(x,y)}{D(u,v)}\right]\mathrm{d}u\mathrm{d}v, \tag{8.162}$$

其中 $\dfrac{D(x,y)}{D(u,v)}, \dfrac{D(y,z)}{D(u,v)}, \dfrac{D(z,x)}{D(u,v)}$ 和 Δ 与前面的意义相同.

注 向量场理论一章讨论了向量值函数的曲面积分 (参见第 942 页 13.3.2).

8.5.3.2 曲面积分的性质

(1) 若积分区域即曲面 S 能分成两部分 S_1 和 S_2(图 8.47), 则

$$\int_S (P\mathrm{d}y\mathrm{d}z + Q\mathrm{d}z\mathrm{d}x + R\mathrm{d}x\mathrm{d}y) = \int_{S_1} (P\mathrm{d}y\mathrm{d}z + Q\mathrm{d}z\mathrm{d}x + R\mathrm{d}x\mathrm{d}y) + \int_{S_2} (P\mathrm{d}y\mathrm{d}z + Q\mathrm{d}z\mathrm{d}x + R\mathrm{d}x\mathrm{d}y). \tag{8.163}$$

(2) 若曲面改变方向, 即内外侧互换, 则积分变号:

$$\int_{S^+} (P\mathrm{d}y\mathrm{d}z + Q\mathrm{d}z\mathrm{d}x + R\mathrm{d}x\mathrm{d}y) = -\int_{S^-} (P\mathrm{d}y\mathrm{d}z + Q\mathrm{d}z\mathrm{d}x + R\mathrm{d}x\mathrm{d}y), \tag{8.164}$$

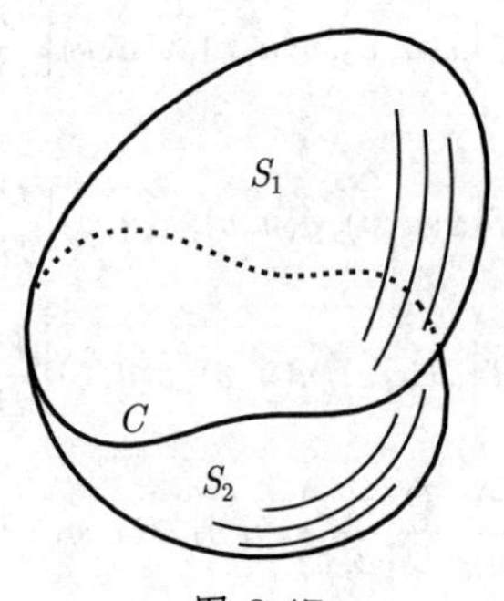

图 8.47

其中 S^+ 和 S^- 表示同一曲面的两个不同方向.

(3) 通常曲面积分与曲面区域 S 边界及曲面本身有关, 因此对于由相同闭曲线 C 张成的两个不同的非闭曲面区域 S_1 和 S_2, 它们的积分往往不同 (图 8.47):

$$\int_{S_1} (P\mathrm{d}y\mathrm{d}z + Q\mathrm{d}z\mathrm{d}x + R\mathrm{d}x\mathrm{d}y) \neq \int_{S_2} (P\mathrm{d}y\mathrm{d}z + Q\mathrm{d}z\mathrm{d}x + R\mathrm{d}x\mathrm{d}y). \tag{8.165}$$

(4) 常用曲面积分来计算以闭曲面 S 为边界的立体体积 V, 积分计算公式如下:

$$V = \frac{1}{3}\int_S (x\mathrm{d}y\mathrm{d}z + y\mathrm{d}z\mathrm{d}x + z\mathrm{d}x\mathrm{d}y), \tag{8.166}$$

$$V = \int_S x\mathrm{d}y\mathrm{d}z \quad 或 \quad V = \int_S y\mathrm{d}z\mathrm{d}x \quad 或 \quad V = \int_S z\mathrm{d}x\mathrm{d}y \quad 或 \tag{8.167a}$$

$$V = \frac{1}{3}\int_S (x\mathrm{d}y\mathrm{d}z + y\mathrm{d}z\mathrm{d}x + z\mathrm{d}x\mathrm{d}y), \tag{8.167b}$$

其中 S 是使得外侧为正的有向曲面.

■ 由球面公式 $x^2 + y^2 + z^2 = R^2$, 要想计算球体体积 V, 需要利用球坐标 $x = R\sin\vartheta\cos\varphi,\ y = R\sin\vartheta\sin\varphi,\ z = R\cos\vartheta(0 \leqslant \vartheta \leqslant \pi,\ 0 \leqslant \varphi \leqslant 2\pi)$ 以及如 (8.160a) 中那样的雅可比行列式

$$\frac{D(x,y)}{D(\vartheta,\varphi)} = \begin{vmatrix} x_\vartheta & x_\varphi \\ y_\vartheta & y_\varphi \end{vmatrix} = R^2\cos\vartheta\sin\vartheta. \tag{8.168a}$$

由 (8.167a) 中第三个积分, 有

$$V = \int_{\varphi=0}^{2\pi}\int_{\vartheta=0}^{\pi} R^3\cos^2\vartheta\sin\vartheta\mathrm{d}\vartheta\mathrm{d}\varphi = 2\pi R^3\int_0^{\pi}\cos^2\vartheta\sin\vartheta\mathrm{d}\vartheta = \frac{4}{3}\pi R^3. \tag{8.168b}$$

(胡俊美 译)

第9章　微分方程

(1) **一个微分方程**　是一个或多个变量, 这些变量的一个或多个函数, 以及这些函数关于所出现的这些变量的导数的一个方程. 一个微分方程的阶 (order) 等于其中出现的导数最高的阶数.

(2) **常微分方程和偏微分方程**　相互间的差别在于它们的自变量的数目; 在第一种情形只有一个自变量, 在第二种情形有几个自变量.

■ **A**: $\left(\dfrac{\mathrm{d}y}{\mathrm{d}x}\right)^2 - xy^5\dfrac{\mathrm{d}y}{\mathrm{d}x} + \sin y = 0$.

■ **B**: $x\mathrm{d}^2y\mathrm{d}x - \mathrm{d}y(\mathrm{d}x)^2 = \mathrm{e}^y(\mathrm{d}y)^3$.

■ **C**: $\dfrac{\partial^2 z}{\partial x\partial y} = xyz\dfrac{\partial z}{\partial x}\dfrac{\partial z}{\partial y}$.

9.1　常微分方程

1. 一般的 n 阶常微分方程

其隐式 (implicit form) 有如下形式

$$F\big[x, y(x), y'(x), \cdots, y^{(n)}(x)\big] = 0. \tag{9.1}$$

如果从这个方程中解出了 $y^{(n)}(x)$, 那么它就是一个 n 阶常微分方程的显式 (explicit form).

2. 解或积分

一个微分方程的解或积分是在一个区间 $a \leqslant x \leqslant b$ (此区间也可以是无限的) 上满足这个方程的每个函数. 一个包含 n 个任意常数 $c_1, c_2, \cdots, c_n$ 的解被称为*通解* (general solution)或*通积分* (general integral). 如果这些常数的值被确定, 就得到了一个*特别积分* (particular integral) 或一个*特解* (particular solution). 这些常数的值可以被 n 个附加条件所确定. 如果 y 及其直至 $n-1$ 阶导数的值在区间 $[a, b]$ 的一个端点处被指定, 那么求解的问题被称为一个*初值问题* (initial value problem). 如果在区间的两个端点都有给定的值, 则求解的问题被称为一个*边值问题* (boundary value problem).

■ 微分方程 $-y'\sin x + y\cos x = 1$ 有通解 $y = \cos x + c\sin x$. 对于条件 $c = 0$, 得到特解 $y = \cos x$.

3. 初值问题

如果对于一个 n 阶常微分方程的解 $y = y(x)$, 在 x_0 处给定了 n 个值 $y(x_0)$, $y'(x_0), \cdots, y^{(n-1)}(x_0)$, 那么就给出了一个*初值问题* (initial value problem). 这些值被称为*初值* (initial value) 或*初始条件* (initial conditions). 对于 n 阶常微分方程通解的 n 个未知常数 $c_1, c_2, \cdots, c_n$, 它们形成了 n 个方程的一个方程组.

■ 一个特殊的弹性弹簧–质量系统的谐运动可以通过初值问题: 具有初始条件 $y(0) = y_0, y'(0) = 0$ 的 $y'' + y = 0$ 进行建模. 其解为 $y = y_0 \cos x$.

4. 边值问题

如果一个常微分方程的解和/或其导数在其定义域中的几个点处被给出, 那么这些值被称为*边界条件* (boundary conditions). 具有边界条件的一个微分方程被称为*边值问题*.

■ 端点固定和均匀负载的细棒形成的曲线由具有边界条件 $y(0) = 0, y(1) = 0$ 的微分方程 $y'' = x - x^2 (0 \leqslant x \leqslant 1)$ 所描述. 其解为 $y = \dfrac{x^3}{6} - \dfrac{x^4}{12} - \dfrac{x}{12}$.

9.1.1 一阶微分方程

9.1.1.1 存在性定理, 方向场

1. 解的存在性

如果函数 $f(x, y)$ 在点 (x_0, y_0) 的一个邻域 G 中是连续的, 那么根据柯西 (Cauchy) 存在性定理, 微分方程

$$y' = f(x, y) \tag{9.2}$$

在 x_0 的一个邻域中至少有一个解在 $x = x_0$ 处取值 y_0. 例如, 对于某些 a 和 b, 可以把 G 取为由 $|x - x_0| < a$ 和 $|y - y_0| < b$ 所给出的区域.

2. 利普希茨条件

$f(x, y)$ 关于 y 的*利普希茨* (Lipschitz) *条件*为

$$|f(x, y_1) - f(x, y_2)| \leqslant N|y_1 - y_2|, \qquad 对所有(x, y_i) \in G, \quad i = 1, 2, \tag{9.3}$$

其中 N 不依赖于 x, y_1 和 y_2. 如果这个条件被满足, 那么通过 (x_0, y_0), 微分方程 (9.2) 就有一个唯一的解. 如果在这个邻域 G 中函数 $f(x, y)$ 有有界的偏导数 $\partial f / \partial y$, 则利普希茨条件显然被满足. 在第 722 页 9.1.1.4 中, 有一些不满足柯西存在性定理假设的例子.

3. 方向场

如果微分方程 $y'(x, y)$ 一个解的图像通过点 $P(x, y)$, 那么图像在该点处切线的斜率 $\mathrm{d}y/\mathrm{d}x$ 可以由该微分方程所确定. 因而, 在每个点处, 微分方程就确定了通过所考虑点解的切线的斜率. 这些方向的全体 (图 9.1) 形成一个*方向场* (direction field). 方向场的元素是一个点, 以及与其相关的方向. 一阶微分方程的积分在几何上意味着把一个方向场的元素连接成一条积分曲线 (integral curve), 在所有点处其切线与该方向场相应元素有相同的斜率.

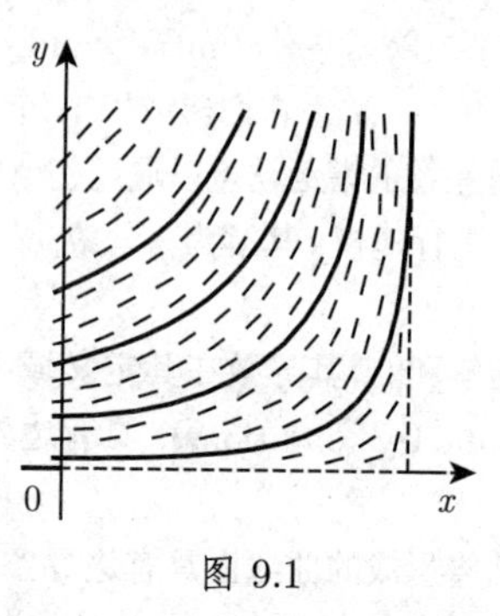

图 9.1

4. 铅垂方向

如果在一个方向场中有一个铅垂方向, 即如果函数 $f(x, y)$ 有一个极点, 那么可以交换自变量和应变量的作用, 并作为一个等价于 (9.2) 的方程, 考虑微分方程

$$\frac{\mathrm{d}x}{\mathrm{d}y} = \frac{1}{f(x, y)}. \tag{9.4}$$

在对于微分方程 (9.2) 或 (9.4) 满足存在性条件的区域中, 通过每个点 $P(x_0, y_0)$ 存在一条唯一的积分曲线 (图 9.2).

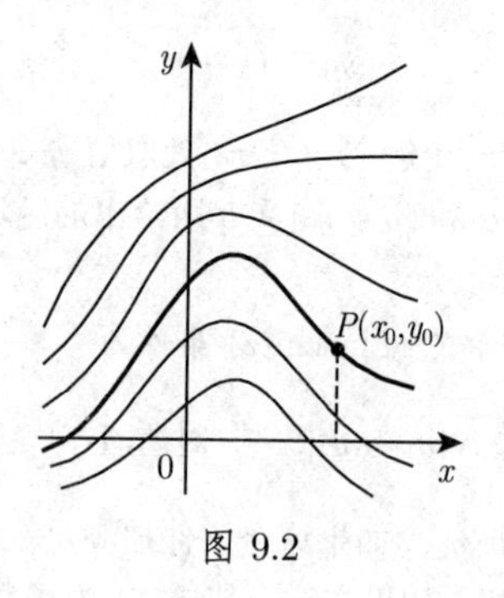

图 9.2

5. 通解

(9.2) 的所有积分曲线的集合可以被一个参数所刻画, 因而它可以由相应的单参数曲线族的方程

$$F(x, y, C) = 0 \tag{9.5a}$$

给出. 参数 C 是一个任意常数, 它可以被自由地选取, 它是每个一阶微分方程通解的一个必要的部分. 满足条件 $y_0 = \varphi(x_0)$ 的一个特解 $y = \varphi(x)$ 可以从通解 (9.5a)

得到, 如果 C 被方程

$$F(x_0, y_0, C) = 0 \tag{9.5b}$$

所表示.

9.1.1.2 重要的求解方法

1. 分离变量法

如果一个微分方程可以被变换为如下形式

$$M(x)N(y)\mathrm{d}x + P(x)Q(y)\mathrm{d}y = 0, \tag{9.6a}$$

那么它可以被重写为

$$R(x)\mathrm{d}x + S(y)\mathrm{d}y = 0, \tag{9.6b}$$

其中变量 x 和 y 被分离在两项中. 为了得到这种形式, 方程 (9.6a) 被 $P(x)N(y)$ 除即可. (9.6a) 的通解是

$$\int \frac{M(x)}{P(x)}\mathrm{d}x + \int \frac{Q(y)}{N(y)}\mathrm{d}y = C. \tag{9.7}$$

如果对于某些值 $x = \overline{x}$ 或 $y = \overline{y}$, 有 $P(x) = 0$ 或 $N(y) = 0$ 或 $P(x) = N(y) = 0$, 则常数函数 $x = \overline{x}$ 或/和 $y = \overline{y}$ 也是该微分方程的解. 它们被称为**奇异解** (singular solutions).

■ $x\mathrm{d}y + y\mathrm{d}x = 0$; $\displaystyle\int \frac{\mathrm{d}y}{y} + \int \frac{\mathrm{d}x}{x} = C$; $\ln|y| + \ln|x| = C = \ln|c|$; $yx = c$. 如果在最后一个方程中允许 $c = 0$, 则有奇异解 $y \equiv 0$ 和 $x \equiv 0$.

2. 齐次方程

如果 $M(x, y)$ 和 $N(x, y)$ 是同次的齐次函数 (参见第 158 页 2.18.2.5, 4.), 则在方程

$$M(x, y)\mathrm{d}x + N(x, y)\mathrm{d}y = 0 \tag{9.8}$$

中, 通过代换 $u = y/x$, 变量可被分离.

■ $x(x - y)y' + y^2 = 0$, 作代换 $y = u(x)x$, 得到 $(1 - u)u' + u/x = 0$, 再用分离变量法得到 $\displaystyle\int \frac{1-u}{u}\mathrm{d}u = -\int \frac{1}{x}\mathrm{d}x$. 积分后得到 $\ln x + \ln u - u = C = \ln|c|$, $ux = c\mathrm{e}^u$, $y = c\mathrm{e}^{y/x}$. 正如在分离变量法一节中可知, 直线 $x = 0$ 也是一条积分曲线.

3. 恰当微分方程

一个**恰当微分方程** (exact differential equation) 是一个形如

$$M(x, y)\mathrm{d}x + N(x, y)\mathrm{d}y = 0 \quad 或 \quad N(x, y)y' + M(x, y) = 0 \tag{9.9a}$$

的方程, 如果存在两个变量的一个函数 $\Phi(x,y)$, 使得

$$M(x,y)\mathrm{d}x+N(x,y)\mathrm{d}y\equiv\mathrm{d}\Phi(x,y), \tag{9.9b}$$

即, 如果 (9.9a) 的左端是一个函数 $\Phi(x,y)$ 的全微分 (参见第 600 页 6.2.2.1). 如果函数 $M(x,y),N(x,y)$ 及其一阶偏导数在一个连通域 G 上是连续的, 则等式

$$\frac{\partial M}{\partial y}=\frac{\partial N}{\partial x} \tag{9.9c}$$

是方程 (9.9a) 成为恰当的一个充要条件. 在此情形, (9.9a) 的通解是函数

$$\Phi(x,y)=C\quad(C=\text{常数}), \tag{9.9d}$$

它可以根据第 692 页 8.3.4.4 (8.132) 作为积分

$$\Phi(x,y)=\int_{x_0}^{x}M(\xi,y)\mathrm{d}\xi+\int_{y_0}^{y}N(x_0,\eta)\mathrm{d}\eta \tag{9.9e}$$

而被计算, 其中 x_0 和 y_0 可以在 G 中任意选取.

■ 本页 4. 将给出一些例子.

4. 积分因子

一个函数 $\mu(x,y)$ 被称为一个**积分因子** (integrating factor) 或一个**乘子** (multipier), 如果方程

$$M(x,y)\mathrm{d}x+N(x,y)\mathrm{d}y=0 \tag{9.10a}$$

乘以 $\mu(x,y)$ 后变成一个恰当微分方程. 积分因子 $\mu(x,y)$ 满足微分方程

$$N\frac{\partial\ln\mu}{\partial x}-M\frac{\partial\ln\mu}{\partial y}=\frac{\partial M}{\partial y}-\frac{\partial N}{\partial x}. \tag{9.10b}$$

这个方程的每个特解是一个积分因子. 得到这个偏微分方程的通解比解原始方程复杂得多, 因而人们通常寻找一种特殊形式的解 $\mu(x,y)$, 例如, $\mu(x),\mu(y),\mu(xy)$ 或 $\mu(x^2+y^2)$.

■ 为了解微分方程 $(x^2+y)\mathrm{d}x-x\mathrm{d}y=0$, 其积分因子的方程是 $-x\dfrac{\partial\ln\mu}{\partial x}-(x^2+y)\dfrac{\partial\ln\mu}{\partial y}=2$. 与 y 无关的积分因子必定满足 $x\dfrac{\partial\ln\mu}{\partial x}=-2$, 因而 $\mu=\dfrac{1}{x^2}$. 用 μ 乘以所给的微分方程产生 $\left(1+\dfrac{y}{x^2}\right)\mathrm{d}x-\dfrac{1}{x}\mathrm{d}y=0$. 根据 (9.9e), 其中选取 $x_0=1,y_0=0$, 则得通解为

$$\Phi(x,y)\equiv\int_1^x\left(1+\frac{y}{\xi^2}\right)\mathrm{d}\xi-\int_0^y\mathrm{d}\eta=C\quad\text{或}\quad x-\frac{y}{x}=C_1.$$

5. 一阶线性微分方程

一个**一阶线性微分方程** (first-order linear differential equation) 有如下形式

$$y' + P(x)y = Q(x), \tag{9.11a}$$

其中未知函数 y 及其导数 y' 仅以一次形式出现, $P(x)$ 和 $Q(x)$ 是给定的函数. 如果 $P(x)$ 和 $Q(x)$ 在一个有限闭区间上是连续的, 则该微分方程在这个区间中满足**皮卡–林德勒夫定理** (Picard-Lindelöf theorem) 的条件 (参见第 872 页 12.2.2.4, 4.). 这里是一个积分因子:

$$\mu = \exp\left(\int P\mathrm{d}x\right), \tag{9.11b}$$

而通解是

$$y = \exp\left(-\int P\mathrm{d}x\right)\left[\int Q\exp\left(\int P\mathrm{d}x\right)\mathrm{d}x + C\right]. \tag{9.11c}$$

在这个公式中用下界为 x_0, 上界为 x 的定积分代替不定积分, 则得到相应于 $y(x_0) = C$ 的解. 如果 y_1 是该微分方程的任一特解, 则微分方程的通解由公式

$$y = y_1 + C\exp\left(-\int P\mathrm{d}x\right) \tag{9.11d}$$

给出. 如果 y_1 和 y_2 是两个线性无关的特解 (参见第 732 页 9.1.2.3, 2.), 那么不用任何积分人们就得到通解为

$$y = y_1 + C(y_2 - y_1). \tag{9.11e}$$

■ 求解具有初始条件 $x_0 = 0, y_0 = 0$ 的微分方程 $y' - y\tan x = \cos x$. 计算 $\exp\left(-\int_0^x \tan x\mathrm{d}x\right) = \cos x$, 根据 (9.11c) 得到解

$$y = \frac{1}{\cos x}\int_0^x \cos^2 x\mathrm{d}x = \frac{1}{\cos x}\left[\frac{\sin x\cos x + x}{2}\right] = \frac{\sin x}{2} + \frac{x}{2\cos x}.$$

6. 伯努利微分方程

伯努利 (Bernoulli) **微分方程**是形如

$$y' + P(x)y = Q(x)y^n \quad (n \neq 0, n \neq 1) \tag{9.12}$$

的方程, 如果它被 y^n 除, 并引进新变量 $z = y^{-n+1}$, 就被化为一个线性微分方程.

■ 求解微分方程 $y' - \dfrac{4y}{x} = x\sqrt{y}$. 由于 $n = 1/2$, 用 $\sqrt{y}$ 除, 并引进新变量 $z = \sqrt{y}$, 得到方程 $\dfrac{dz}{dx} - \dfrac{2z}{x} = \dfrac{x}{2}$. 利用线性微分方程解的公式, 有 $\exp\left(\int P\mathrm{d}x\right) = \dfrac{1}{x^2}$ 和 $z = x^2\left[\int \dfrac{x}{2}\dfrac{1}{x^2}\mathrm{d}x + C\right] = x^2\left[\dfrac{1}{2}\ln|x| + C\right]$. 因而, 最后得到 $y = x^4\left(\dfrac{1}{2}\ln|x| + C\right)^2$.

7. 里卡蒂微分方程

里卡蒂 (Riccati) 微分方程

$$y' = P(x)y^2 + Q(x)y + R(x) \tag{9.13a}$$

通常不能用初等积分法求解, 即不能利用有限次的初等积分法求得解. 然而, 有可能通过适当的代换将其变化为一些微分方程, 而这些微分方程可以求得它们的解.

方法 1 由代换

$$y = \frac{u(x)}{P(x)} + \beta(x), \tag{9.13b}$$

里卡蒂微分方程可以被变化为**正规形式** (normal form)

$$\frac{\mathrm{d}u}{\mathrm{d}x} = u^2 + R_0(x), \tag{9.13c}$$

其中

$$R_0(x) = P^2\beta^2 + QP\beta + PR - P\beta'. \tag{9.13d}$$

因而, 微分方程中未知函数的一次项就消失了.

如果通过一个适当途径可以发现 (9.13c) 的一个特解 $u_1(x)$, 那么借助于代换

$$u = \frac{1}{z(x)} + u_1(x), \tag{9.13e}$$

(9.13c) 即被变化为 $z(x)$ 的线性微分方程:

$$z' + 2u_1(x)z - 1 = 0. \tag{9.13f}$$

利用 (9.13e) 和 (9.13b), 从 (9.13f) 的解就得到 (9.13a) 的解.

方法 2 由代换

$$y = -\frac{v'}{P(x)v(x)}, \tag{9.13g}$$

(9.13a) 可以被变化为一个二阶线性微分方程 (参见第 741 页 9.1.2.6, 1.):

$$Pv'' - (P' + PQ)v' + P^2Rv = 0. \tag{9.13h}$$

■ 求解微分方程 $y' + y^2 + \frac{1}{x}y - \frac{4}{x^2} = 0$, 即其中 $P = -1, Q = -\frac{1}{x}, R = \frac{4}{x^2}$.

方法 1 取 $\beta(x) = -\frac{1}{2x}$, 借助于 $y = -u(x) - \frac{1}{2x}$, 得到正规形式 $u' = u^2 - \frac{15}{4x^2}$. 令 $u = \frac{a}{x}$ 可以得到正规形式微分方程的特解: $u_1(x) = \frac{3}{2x}, u_2(x) = -\frac{5}{2x}$. 在代换 $u = \frac{1}{z(x)} + \frac{3}{2x}$ 后即得微分方程 $z' + \frac{3}{x}z + 1 = 0$, 其解为 $z(x) = -\frac{x}{4} + \frac{K}{x^3} = \frac{4K - x^4}{4x^3}$ (K 为常数). 逆变换给出 $y = \frac{2x^4 + 2C}{x^5 - Cx}(C = 4K)$.

方法 2 根据 (9.13h), 得到欧拉微分方程 $x^2v''+xv'-4v=0$, 其通解为 $v(x)=C_1x^2+C_2\dfrac{1}{x^2}$ (参见第 737 页欧拉微分方程). 可以自由选取常数 C_1 和 C_2 之一, 例如, 取 $C_2=-1$, 则从 (9.13h) 得到 $y=\dfrac{2x^4+2C_1}{x^5-C_1x}$.

9.1.1.3 隐式微分方程

1. 参数形式的解

给定一个隐式微分方程

$$F(x,y,y')=0. \tag{9.14}$$

那么通过一个点 $P(x_0,y_0)$ 有 n 条积分曲线, 如果下述两个条件被满足:

a) 在点 $P(x_0,y_0)$ 处方程 $F(x,y,p)=0(p=\mathrm{d}y/\mathrm{d}x)$ 有 n 个实根 $p_1,\cdots,p_n$.

b) 函数 $F(x,y,p)$ 及其诸一阶偏导数在 $x=x_0,y=y_0,p=p_i$ 处是连续的; 并且 $\partial F/\partial p\neq 0$.

如果从原来的方程可以解出 y', 那么就产生了上面所讨论的 n 个显式方程. 解这些方程得到 n 族积分曲线. 如果方程可以被写成 $x=\varphi(y,y')$ 或 $y=\psi(x,y')$ 这样的形式, 那么令 $y'=p$, 并把 p 视为辅助变量, 在关于 y 或 x 求微商后就得到 $\mathrm{d}p/\mathrm{d}y$ 或 $\mathrm{d}p/\mathrm{d}x$ 的一个方程, 导数在这个方程中被解出. 这个方程的解连同原来的方程一起决定了所希望的参数形式的解.

■ 为了得到微分方程 $x=yy'+y'^2$ 的解, 作代换 $y'=p$, 得到 $x=py+p^2$. 关于 y 求导, 并作代换 $\dfrac{\mathrm{d}x}{\mathrm{d}y}=\dfrac{1}{p}$, 得到 $\dfrac{1}{p}=p+(y+2p)\dfrac{\mathrm{d}p}{\mathrm{d}y}$, 或 $\dfrac{\mathrm{d}y}{\mathrm{d}p}-\dfrac{py}{1-p^2}=\dfrac{2p^2}{1-p^2}$. 关于 y 解这个方程, 得到 $y=-p+\dfrac{C+\arcsin p}{\sqrt{1-p^2}}$ (C 为常数). 代入原来的方程中得到参数形式的 x 的解.

2. 拉格朗日微分方程

拉格朗日 (Lagrange) **微分方程**是方程

$$a(y')x+b(y')y+c(y')=0. \tag{9.15a}$$

由上面给出的方法可以确定其解. 如果 $p=p_0$ 满足

$$a(p)+b(p)p=0, \tag{9.15b}$$

则

$$a(p_0)x+b(p_0)y+c(p_0)=0 \tag{9.15c}$$

是 (9.15a) 的一个奇异解.

3. 克莱罗微分方程

克莱罗 (Clairaut) **微分方程**是拉格朗日微分方程的特殊情形, 如果

$$a(p)+b(p)p\equiv 0, \tag{9.16a}$$

因而它可以被变化为

$$y = y'x + f(y'). \tag{9.16b}$$

其通解为

$$y = Cx + f(C). \tag{9.16c}$$

除了通解外, 克莱罗微分方程还有一个奇异解, 它可以从方程

$$y = Cx + f(C) \tag{9.16d}$$

和

$$0 = x + f'(C) \tag{9.16e}$$

中消去常数 C 而得到. 对 (9.16d) 关于 C 求导可以得到 (9.16e). 在几何上, 奇异解是解曲线族的包络 (参见第 342 页 3.6.1.7) (图 9.3).

■ 微分方程 $y = xy' + y'^2$ 的解. 通解是 $y = Cx + C^2$. 借助于方程 $x + 2C = 0$ 消去 C 得到奇异解, 因而是 $x^2 + 4y = 0$. 图 9.3 展示了这个情形.

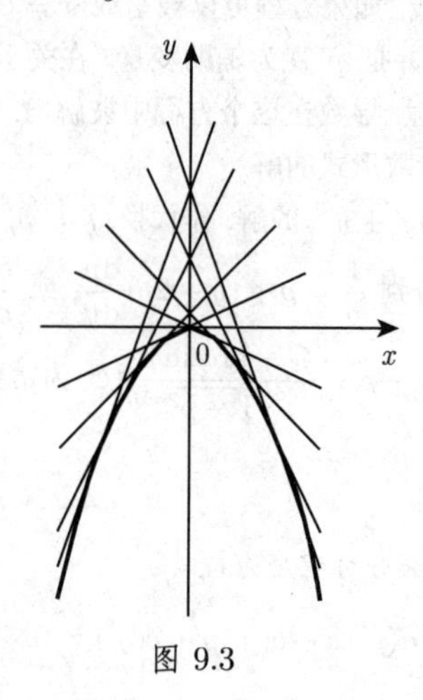

图 9.3

9.1.1.4 奇异积分和奇点

1. 奇异元素

一个元素 (x_0, y_0, y_0') 被称为微分方程的奇异元素 (singular element), 如果除了微分方程

$$F(x, y, y') = 0 \tag{9.17a}$$

外, 它还满足方程

$$\frac{\partial F}{\partial y'} = 0. \tag{9.17b}$$

2. 奇异积分

通过奇异元素的积分曲线被称为**奇异积分曲线** (singular integral curve); 一条奇异积分曲线的方程

$$\varphi(x,y)=0 \tag{9.17c}$$

被称为一个**奇异积分** (singular integral). 积分曲线的包络是奇异积分曲线 (图 9.3); 它们由奇异元素组成.

在一条奇异积分曲线的点处, 通常缺乏解的唯一性 (参见第 715 页 9.1.1.1, 1.).

3. 奇异积分的确定

通常, 对于通解的任意常数的任何值, 不能得到奇异积分. 为了确定 $p=y'$ 的微分方程 (9.17a) 的奇异解, 必须引进方程

$$\frac{\partial F}{\partial p}=0, \tag{9.17d}$$

并消去 p. 如果所得到的关系是所给微分方程的一个解, 那么它就是一个奇异解. 这个解的方程必须被变化为某种形式, 其中不包含多值函数, 特别是不包含必须考虑其复值的根式.

根式 (radicals) 是由嵌套 (nesting) 代数方程 (参见第 79 页 2.2.1) 得到的表达式. 如果已知积分曲线族的方程, 即, 已知所给微分方程的通解, 那么可以用微分几何的方法 (参见第 342 页 3.6.1.7) 确定曲线族的包络 —— 奇异积分.

■ 微分方程 $x-y-\frac{4}{9}y'^2+\frac{8}{27}y'^3=0$ 的解. 作代换 $y'=p$, 则附加的方程 (9.17d) 的运算导致 $-\frac{8}{9}p+\frac{8}{9}p^2=0$. 消去 p 得到方程① $x-y=0$ 和方程② $x-y=\frac{4}{27}$, 其中① 不是解, ② 是一个解 —— 通解 $(y-C)^2=(x-C)^3$ 的一个特殊情形. ① 和②的积分曲线在图 9.4中被展示.

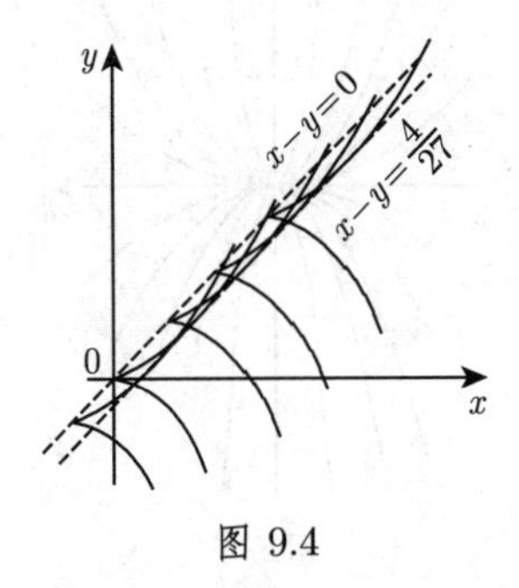

图 9.4

4. 微分方程的奇点

一个微分方程

$$y'=f(x,y) \tag{9.18a}$$

的奇点是使得该方程右端没有定义的那些点. 例如, 下述形式的微分方程就是这种情形.

(1) **具有线性函数分式的微分方程**

$$\frac{\mathrm{d}y}{\mathrm{d}x}=\frac{ax+by}{cx+ey}\quad (ae-bc\neq 0) \tag{9.18b}$$

在 (0, 0) 处有一个孤立奇点 (isolated singular point), 因为在几乎所有任意接近 (0, 0) 的点处满足存在性定理的假设, 但在 (0, 0) 处不满足. 在直线 $cx+ey=0$ 上的点处也不满足这些条件. 但通过交换自变量和应变量的作用, 并考虑微分方程

$$\frac{\mathrm{d}x}{\mathrm{d}y}=\frac{cx+ey}{ax+by}, \tag{9.18c}$$

可以使得这些条件被强行满足. 在奇点的邻域中积分曲线的性状依赖于特征方程 (characteristic equation)

$$\lambda^2-(b+c)\lambda+bc-ae=0 \tag{9.18d}$$

的诸根. 可以分类出下述一些情形.

情形 1 如果两个根都是实的, 并且有相同的符号, 那么奇点是一个分支点 (branch point). 奇点邻域中的积分曲线通过奇点, 并且如果特征方程的两个根不相等, 那么除了一条积分曲线外, 它们有公共的切线. 如果两个根相等, 那么或者所有的积分曲线都有相同的切线, 或者存在唯一一条积分曲线在每个方向通过该奇点.

■ **A**: 对于微分方程 $\frac{\mathrm{d}y}{\mathrm{d}x}=\frac{2y}{x}$, 特征方程是 $\lambda^2-3\lambda+2=0$, 其根为 $\lambda_1=2, \lambda_2=1$. 积分曲线有方程 $y=Cx^2$ (图 9.5). 考虑到 $x^2=C_1y$, 通解也包含直线 $x=0$.

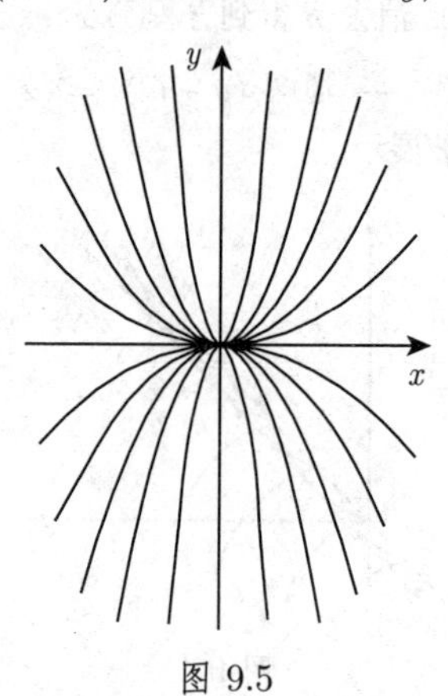

图 9.5

■ **B**: 对于 $\frac{\mathrm{d}y}{\mathrm{d}x}=\frac{x+y}{x}$, 特征方程是 $\lambda^2-2\lambda+1=0$, 其根为 $\lambda_1=\lambda_2=1$. 积分曲线是 $y=x\ln|x|+Cx$ (图 9.6). 其奇点是所谓的结点 (node).

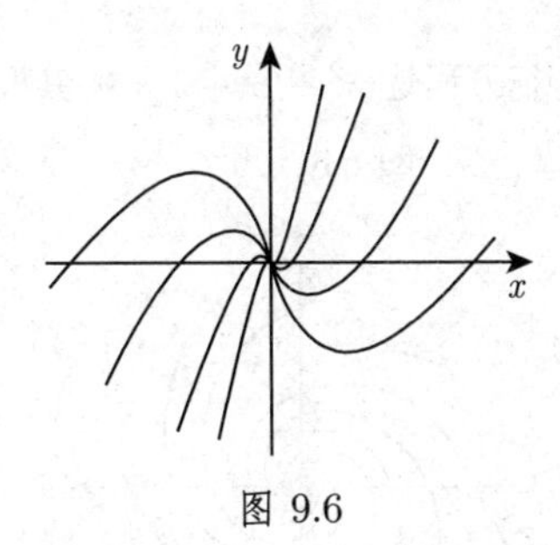

图 9.6

■ **C**: 对于 $\frac{\mathrm{d}y}{\mathrm{d}x}=\frac{y}{x}$, 特征方程是 $\lambda^2-2\lambda+1=0$, 其根为 $\lambda_1=\lambda_2=1$. 积分曲线是 $y=Cx$ (图 9.7). 其奇点是所谓的射线点 (ray point).

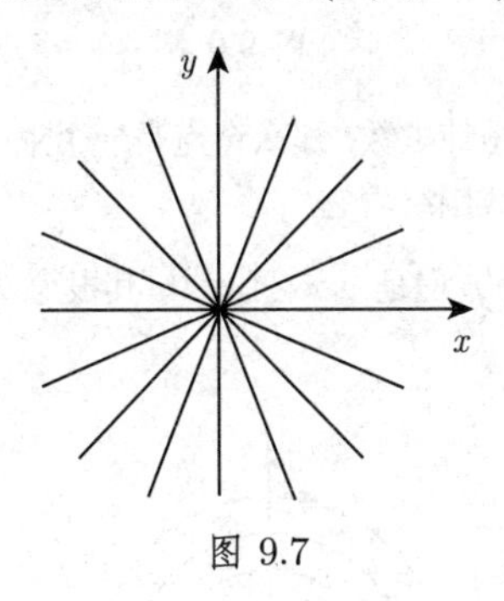

图 9.7

情形 2 如果两个根是实的并且有不同的符号, 则奇点是一个鞍点 (saddle point), 并且两条积分曲线通过它.

■ **D**: 对于 $\frac{\mathrm{d}y}{\mathrm{d}x}=-\frac{y}{x}$, 特征方程是 $\lambda^2-1=0$, 其根为 $\lambda_1=+1,\lambda_2=-1$. 积分曲线是 $xy=C$ (图 9.8). 相应于 $C=0$ 有两个特解 $x=0$ 和 $y=0$.

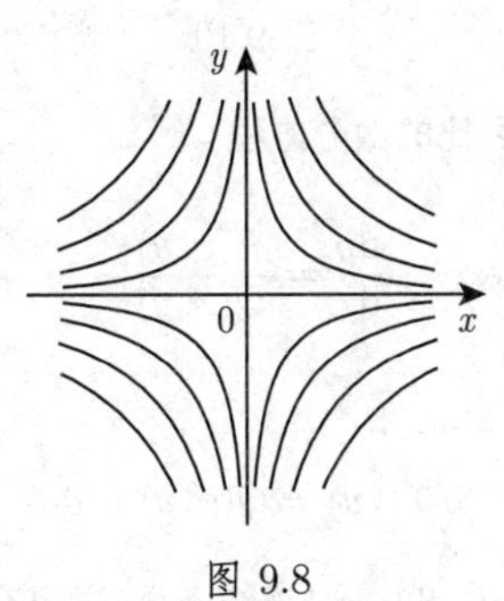

图 9.8

情形 3 如果两个根是有非零实部 ($\mathrm{Re}(\lambda)\neq 0$) 的共轭复数, 则奇点是一个螺线点 (spiral point), 也称为焦点 (focal point), 并且积分曲线卷曲地围绕这个奇点.

■ **E**: 对于 $\dfrac{\mathrm{d}y}{\mathrm{d}x} = \dfrac{x+y}{x-y}$, 特征方程是 $\lambda^2 - 2\lambda + 2 = 0$, 其根为 $\lambda_1 = 1 + \mathrm{i}, \lambda_2 = 1 - \mathrm{i}$. 极坐标下的积分曲线是 $r = C\mathrm{e}^{\varphi}$ (图 9.9).

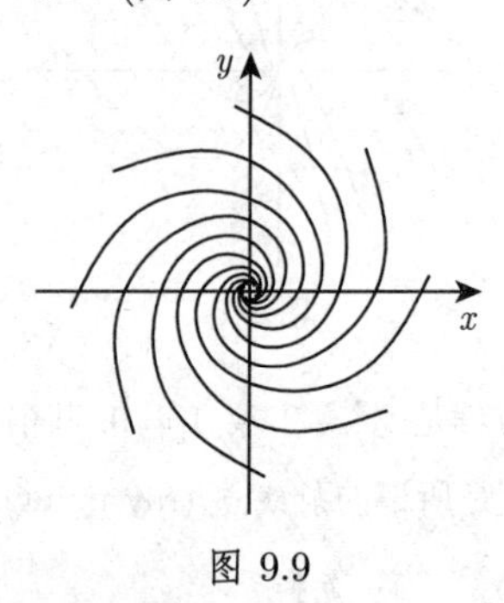

图 9.9

情形 4　如果两个根是纯虚数, 那么奇点是一个**中心点** (central point), 或者**中心** (center), 闭的积分曲线围绕着它.

■ **F**: 对于 $\dfrac{\mathrm{d}y}{\mathrm{d}x} = -\dfrac{x}{y}$, 特征方程是 $\lambda^2 + 1 = 0$, 其根为 $\lambda_1 = \mathrm{i}, \lambda_2 = -\mathrm{i}$. 积分曲线是 $x^2 + y^2 = C$ (图 9.10).

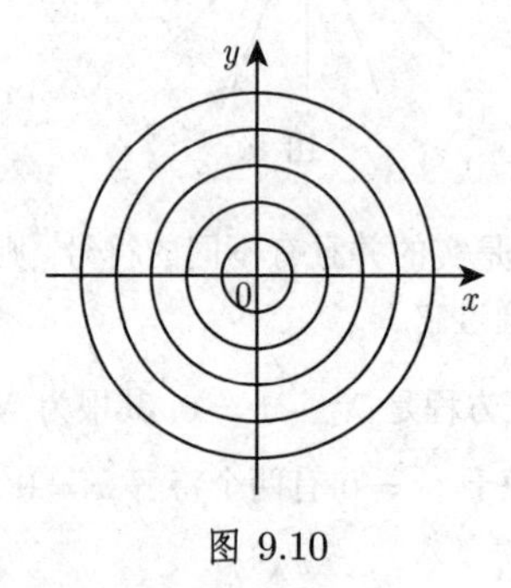

图 9.10

(2) **具有两个任意函数之比的微分方程**

$$\frac{\mathrm{d}y}{\mathrm{d}x} = \frac{P(x,y)}{Q(x,y)} \tag{9.19a}$$

在使得

$$P(x,y) = Q(x,y) = 0 \tag{9.19b}$$

的点 (x,y) 处是奇点. 如果 P 和 Q 是连续函数, 并且有连续偏导数, 那么 (9.19a) 可以被写为

$$\frac{\mathrm{d}y}{\mathrm{d}x} = \frac{a(x-x_0) + b(y-y_0) + P_1(x,y)}{c(x-x_0) + e(y-y_0) + Q_1(x,y)}. \tag{9.19c}$$

这里 x_0 和 y_0 是奇点的坐标, $P_1(x,y)$ 和 $Q_1(x,y)$ 是点 (x,y) 到奇点 (x_0,y_0) 距离的高阶无穷小. 在这些假设下, 所给微分方程 (9.19a) 的奇点类型与其略去 P_1 和 Q_1 后得到的**近似方程** (approximate equation) 的奇点类型是相同的, 除了下述一些例外:

a) 如果近似方程的奇点是一个中心, 那么原始方程的奇点或是中心, 或是焦点.

b) 如果 $ae-bc=0$, 即 $\dfrac{a}{c}=\dfrac{b}{e}$, 或 $a=c=0$, 或 $a=b=0$, 那么原始方程的奇点类型必须考察高阶项后再确定.

9.1.1.5 求解一阶微分方程的近似方法

1. 皮卡逐次逼近法

对于 $x=x_0$ 时的初始条件 $y=y_0$ 的微分方程

$$y'=f(x,y) \tag{9.20a}$$

的积分法导致不动点问题

$$y=y_0+\int_{x_0}^{x} f(x,y)\mathrm{d}x. \tag{9.20b}$$

在 (9.20b) 的右端以另一函数 $y_1(x)$ 代替 y, 其结果将是一个新的函数 $y_2(x)$; 如果 $y_1(x)$ 不是 (9.20a) 的解, 那么 $y_2(x)$ 与 $y_1(x)$ 不同. 在 (9.20b) 的右端以函数 $y_2(x)$ 代替 y, 得到一个函数 $y_3(x)$. 如果存在性定理的条件被满足 (参见第 715 页 9.1.1.1, 1.), 那么函数序列 $y_1,y_2,y_3,\cdots$ 在包含 x_0 的一个区间中收敛到所期望的解.

这个**皮卡逐次逼近法** (Picard method of successive approximation) 是一种**迭代法** (iteration method) (参见第 1233 页 19.1.1).

■ 求解具有初值 $x_0=0, y_0=0$ 的微分方程 $y'=\mathrm{e}^x-y^2$. 把这个方程写成积分形式, 并利用具有初始逼近 $y_0(x)\equiv 0$ 的逐次逼近法, 得到 $y_1=\displaystyle\int_0^x \mathrm{e}^x\mathrm{d}x=\mathrm{e}^x-1, y_2=\int_0^x\left[\mathrm{e}^x-(\mathrm{e}^x-1)^2\right]\mathrm{d}x=3\mathrm{e}^x-\frac{1}{2}\mathrm{e}^{2x}-x-\frac{5}{2}$, 等等.

2. 用级数展开求解

如果已知一个微分方程的解函数在自变量的初始值 x_0 处所有导数的值 y_0', $y_0'',\cdots,y_0^{(n)},\cdots$, 那么就可以用如下形式

$$y=y_0+(x-x_0)y_0'+\frac{(x-x_0)^2}{2}y_0''+\cdots+\frac{(x-x_0)^n}{n!}y_0^{(n)}+\cdots \tag{9.21}$$

给出该方程解的泰勒级数的表达式. 诸导数的值可以通过对原始方程逐次求导, 并代入诸初始条件而确定. 如果原微分方程可以无穷次求导, 那么所得的级数在自变量初始值的某个邻域中收敛. 这个方法也可被用于 n 阶微分方程.

注 上面的结果是函数的泰勒级数, 它可能不表示该函数本身 (参见第 630 页 7.3.3.3, 1.).

在用一个有未知系数的无穷级数替代解, 并用比较系数来确定这些系数时, 这经常是有用的.

■ **A**: 为了解微分方程 $y' = \mathrm{e}^x - y^2, x_0 = 0, y_0 = 0$, 可以考虑级数 $y = a_1x + a_2x^2 + a_3x^3 + \cdots + a_nx^n + \cdots$. 把这个表达式代入原方程, 并考虑级数平方的公式 (7.88), 得到

$$a_1 + 2a_2x + 3a_3x^2 + \cdots + [a_1^2x^2 + 2a_1a_2x^3 + (a_2^2 + 2a_1a_3)x^4 + \cdots] = 1 + x + \frac{x^2}{2} + \frac{x^3}{6} + \cdots.$$

比较系数, 得到 $a_1 = 1, 2a_2 = 1, 3a_3 + a_1^2 = \frac{1}{2}, 4a_4 + 2a_1a_2 = \frac{1}{6}$, 等等. 逐次解这些方程, 并把系数的值代入级数表达式, 得到 $y = x + \frac{x^2}{2} - \frac{x^3}{6} - \frac{5}{24}x^4 + \cdots$.

■ **B**: 用下述方法可以解具有相同初始条件的同一个微分方程: 把 $x = 0$ 代入方程, 得到 $y_0' = 1$, 逐次求导得到 $y'' = \mathrm{e}^x - 2yy', y_0'' = 1, y''' = \mathrm{e}^x - 2y'^2 - 2yy'', y_0''' = -1, y^{(4)} = \mathrm{e}^x - 6y'y'' - 2yy''', y_0^{(4)} = -5$, 等等. 从泰勒定理 (参见第 630 页 7.3.3.3, 1.) 即得 $y = x + \frac{x^2}{2!} - \frac{x^3}{3!} - \frac{5x^4}{4!} + \cdots$.

3. 微分方程的图解法

微分方程的图解积分法是基于方向场的一种方法 (参见第 715 页 9.1.1.1, 3.). 在图 9.11中的积分曲线由一条折线所表示, 它起始于给定的初始点, 由短线段组成. 这些线段的方向总是与线段在起始点处方向场的方向相同. 这也是前一线段的端点.

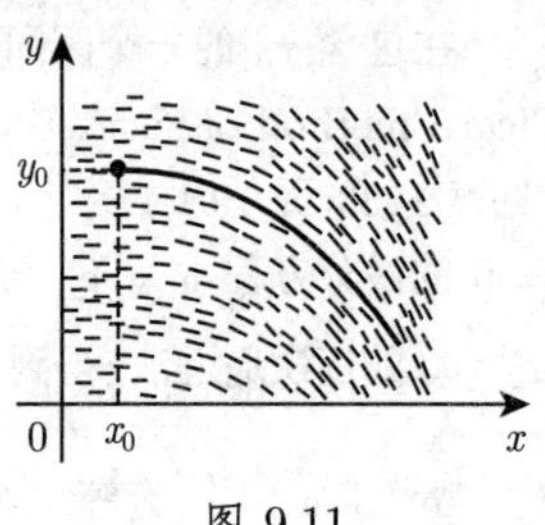

图 9.11

4. 微分方程的数值解

微分方程的数值解将在 19.4 中详细讨论. 当方程 $y' = f(x, y)$ 不属于上面所讨论的已知其解析解的那些特殊情形, 或者当函数 $f(x, y)$ 太复杂时, 数值方法被用来确定这样方程的解. 当 $f(x, y)$ 关于 y 是非线性时就是这样的情形.

9.1.2　高阶微分方程和微分方程组

9.1.2.1　基本结果

1. 解的存在性

(1) **化为微分方程组**　对于每个显式 n 阶微分方程

$$y^{(n)}=f(x,y,y',\cdots,y^{(n-1)}), \tag{9.22a}$$

通过引进新变量

$$y_1=y',y_2=y'',\cdots,y_{n-1}=y^{(n-1)}, \tag{9.22b}$$

可以把它化为 n 个一阶微分方程的一个方程组:

$$\frac{\mathrm{d}y}{\mathrm{d}x}=y_1,\frac{\mathrm{d}y_1}{\mathrm{d}x}=y_2,\cdots,\frac{\mathrm{d}y_{n-1}}{\mathrm{d}x}=f(x,y,y_1,\cdots,y_{n-1}). \tag{9.22c}$$

(2) **解组的存在性** 比方程组 (9.22c) 更一般的, 定义在一个区间 $x_0-h\leqslant x\leqslant x_0+h$ 上, 并在 $x=x_0$ 处取预先给定初始值 $y_i(x_0)=y_i^0(i=1,2,\cdots,n)$ 的 n 个微分方程的方程组

$$\frac{\mathrm{d}y_i}{\mathrm{d}x}=f_i(x,y_1,y_2,\cdots,y_n)\quad(i=1,2,\cdots,n) \tag{9.23a}$$

有一个唯一的解组

$$y_i=y_i(x)\quad(i=1,2,\cdots,n), \tag{9.23b}$$

如果诸函数 $f_i(x,y_1,y_2,\cdots,y_n)$ 关于所有变量是连续的, 并且满足下述利普希茨条件.

(3) **利普希茨条件** 对于位于给定初始值的某个邻域中的 x,y_i 和 $y_i+\Delta y_i(i=1,2,\cdots,n)$, 诸函数 f_i 满足下述不等式:

$$\begin{aligned}&|f_i(x,y_1+\Delta y_1,y_2+\Delta y_2,\cdots,y_n+\Delta y_n)-f_i(x,y_1,y_2,\cdots,y_n)|\\ \leqslant&K(|\Delta y_1|+|\Delta y_2|+\cdots+|\Delta y_n|),\end{aligned} \tag{9.24a}$$

其中 K 是一个公共常数 (参见第 715 页 9.1.1.1, 2.).

这个事实蕴涵着, 如果函数 $f(x,y,y',\cdots,y^{(n-1)})$ 是连续的, 并且满足利普希茨条件 (9.24a), 那么具有初始值 $y(x_0)=y_0,y'(x_0)=y_0',\cdots,y^{(n-1)}(x_0)=y_0^{(n-1)}$ 的微分方程

$$y^{(n)}=f\big(x,y,y',\cdots,y^{(n-1)}\big) \tag{9.24b}$$

有一个唯一解, 并且解是 $n-1$ 次连续可微的.

2. 通解

(1) 微分方程 (9.24b) 的通解包含 n 个独立的任意常数:

$$y=y(x,C_1,C_2,\cdots,C_n). \tag{9.25a}$$

(2) 方程 (9.25a) 的几何解释是, 它定义了依赖于 n 个参数的一个曲线族. 这些积分曲线中的每一条曲线, 即相应的特解的图像, 可以通过适当地选取常数

$C_1, C_2, \cdots, C_n$ 而得到. 如果解必须满足上面所说的初始条件, 那么 $C_1, C_2, \cdots, C_n$ 的值由下述方程组所确定:

$$\begin{aligned} y(x_0, C_1, \cdots, C_n) &= y_0, \\ \left[\frac{\mathrm{d}}{\mathrm{d}x} y(x, C_1, \cdots, C_n)\right]_{x=x_0} &= y_0', \\ &\cdots\cdots \\ \left[\frac{\mathrm{d}^{n-1}}{\mathrm{d}x^{n-1}} y(x, C_1, \cdots, C_n)\right]_{x=x_0} &= y_0^{(n-1)}. \end{aligned} \tag{9.25b}$$

如果对于某个区域中的任意初始值, 这些方程是不相容的, 那么在这个区域中该解不是通解, 即, 不能独立地选取这些任意常数 $C_1, C_2, \cdots, C_n$.

(3) 方程组 (9.23a) 的通解也包含 n 个任意常数. 可以用两种方式表示这个通解. 或者以 n 个未知函数都被解出的形式给出:

$$\begin{aligned} &y_1 = F_1(x, C_1, \cdots, C_n), \quad y_2 = F_2(x, C_1, \cdots, C_n), \cdots, \\ &y_n = F_n(x, C_1, \cdots, C_n), \end{aligned} \tag{9.26a}$$

或者以 n 个常数都被解出的形式给出:

$$\varphi_1(x, y_1, \cdots, y_n) = C_1, \varphi_2(x, y_1, \cdots, y_n) = C_2, \cdots, \varphi_n(x, y_1, \cdots, y_n) = C_n. \tag{9.26b}$$

在 (9.26b) 的情形, 每个关系式

$$\varphi_i(x, y_1, \cdots, y_n) = C_i \tag{9.26c}$$

是方程组 (9.23a) 的一个*首次积分* (first integral). 可以用关系式 (9.26c) 独立于通解来定义首次积分. 这也就是, 用给定方程组的任意特解代替 $y_1, y_2, \cdots, y_n$, 并用这个特解所确定的诸任意常数 C_i 代替诸常数, 则 (9.26c) 将是一个恒等式.

如果已知 (9.26c) 形的任一首次积分, 那么函数 $\varphi_i(x, y_1, y_2, \cdots, y_n)$ 满足偏微分方程

$$\frac{\partial \varphi_i}{\partial x} + f_1(x, y_1, \cdots, y_n)\frac{\partial \varphi_i}{\partial y_1} + \cdots + f_n(x, y_1, \cdots, y_n)\frac{\partial \varphi_i}{\partial y_n} = 0. \tag{9.26d}$$

反之, 偏微分方程 (9.26d) 的每个解 $\varphi_i(x, y_1, \cdots, y_n)$ 定义了方程组 (9.23a) 的 (9.26c) 形的一个首次积分. 方程组 (9.23a) 的通解可以被表示为方程组 (9.23a) 的 n 个首次积分的组, 如果相应的函数 $\varphi_i(x, y_1, \cdots, y_n)(i = 1, 2, \cdots, n)$ 是线性无关的 (参见第 732 页 9.1.2.3, 2.).

9.1.2.2 降阶

n 阶微分方程

$$f(x, y, y', \cdots, y^{(n)}) = 0 \tag{9.27}$$

最重要的解法之一是变量代换,以得到一个较为简单的微分方程, 特别是得到一个低阶方程. 可以分类为不同的情形.

1. $f = f(y, y', \cdots, y^{(n)})$, 即 x 不显式地出现:

$$f(y, y', \cdots, y^{(n)}) = 0. \tag{9.28a}$$

由代换

$$\frac{\mathrm{d}y}{\mathrm{d}x} = p, \frac{\mathrm{d}^2 y}{\mathrm{d}x^2} = p\frac{\mathrm{d}p}{\mathrm{d}y}, \cdots \tag{9.28b}$$

可以把微分方程 (9.28a) 的阶从 n 降到 $n-1$.

用代换 $y' = p, p\mathrm{d}p/\mathrm{d}y = y''$, 把微分方程 $yy'' - y'^2 = 0$ 的阶降为一阶, 它变为一个一阶微分方程 $yp\mathrm{d}p/\mathrm{d}y - p^2 = 0$, 并且 $y\mathrm{d}p/\mathrm{d}y - p = 0$ 导致 $p = Cy = \mathrm{d}y/\mathrm{d}x, y = C_1\mathrm{e}^{Cx}$. 消去 p 并不引起解的丢失, 因为 $p = 0$ 给出解 $y = C_1$, 它被包含在 $C = 0$ 的通解中.

2. $f = f(x, y', \cdots, y^{(n)})$, 即 y 不显式地出现:

$$f(x, y', \cdots, y^{(n)}) = 0. \tag{9.29a}$$

由代换

$$y' = p \tag{9.29b}$$

可以把微分方程 (9.29a) 的阶从 n 降到 $n-1$. 如果在方程 (9.29a) 中不出现前 k 阶导数, 那么一个适当的代换是

$$y^{(k+1)} = p. \tag{9.29c}$$

对于微分方程 $y'' - xy''' + (y''')^3 = 0$, 用代换 $y'' = p$, 它的阶将被降低, 此时得到一个克莱罗微分方程 $p - x\dfrac{\mathrm{d}p}{\mathrm{d}x} + \left(\dfrac{\mathrm{d}p}{\mathrm{d}x}\right)^3 = 0$, 其通解为 $p = C_1 x + C_1^3$. 因而, $y = \dfrac{C_1 x^3}{6} - \dfrac{C_1^3 x^2}{2} + C_2 x + C_3$. 从上述克莱罗微分方程的奇解 $p = \dfrac{2\sqrt{3}}{9}x^{3/2}$ 得到原始方程的奇解 $y = \dfrac{8\sqrt{3}}{315}x^{7/2} + C_1 x + C_2$.

3. $f(x, y, y', \cdots, y^{(n)})$ 是 $y, y', \cdots, y^{(n)}$ 的齐次函数 (参见第 158 页 2.18.2.5, 4.):

$$f(x, y, y', \cdots, y^{(n)}) = 0. \tag{9.30a}$$

由代换

$$z = \frac{y'}{y}, \quad 即 \quad y = \mathrm{e}^{\int z \mathrm{d}x} \tag{9.30b}$$

可以降阶.

■ 用代换 $z = y'/y$ 变换微分方程 $yy'' - y'^2 = 0$, 得到 $\dfrac{\mathrm{d}z}{\mathrm{d}x} = \dfrac{yy'' - y'^2}{y^2} = 0$, 因

而降低了一阶. 得到 $z = C_1$, 因而, $\ln|y| = C_1x + C_2$, 或者 $y = Ce^{C_1x}$, 其中 $\ln|C| = C_2$.

4. $f = f(x, y, y', \cdots, y^{(n)})$ 只是 x 的函数:

$$y^{(n)} = f(x). \tag{9.31a}$$

通过 n 次累次积分得到通解, 它有形式

$$y = C_1 + C_2x + C_3x^2 + \cdots + C_nx^{n-1} + \psi(x), \tag{9.31b}$$

其中

$$\psi(x) = \iint \cdots \int f(x)(\mathrm{d}x)^n = \frac{1}{(n-1)!}\int_{x_0}^{x} f(t)(x-t)^{n-1}\mathrm{d}t. \tag{9.31c}$$

在这里必须提到, x_0 不是一个附加的常数, 由于关系式

$$C_k = \frac{1}{(k-1)!}y^{(k-1)}(x_0), \tag{9.31d}$$

x_0 的改变导致 C_k 的改变.

9.1.2.3 n 阶线性微分方程

1. 分类

形如

$$y^{(n)} + a_1y^{(n-1)} + a_2y^{(n-2)} + \cdots + a_{n-1}y' + a_ny = F \tag{9.32}$$

的微分方程被称为 n 阶线性微分方程. 这里 F 和诸系数 a_i 是 x 的函数, 它们被假设在某个区间中是连续的. 如果 $a_1, a_2, \cdots, a_n$ 是常数, 则 (9.32) 被称为**常系数微分方程** (differential equation with constant coefficients). 如果 $F \equiv 0$, 则该线性微分方程是**齐次的** (homogeneous), 如果 $F \neq 0$, 则它是**非齐次的** (inhomogeneous).

2. 基本解组

一个齐次线性微分方程的 n 个解 $y_1, y_2, \cdots, y_n$ 的一个组被称为**基本解组** (fundamental system of solutions), 如果在所考虑的区间上这些函数是**线性无关的** (linearly independent), 即, 它们的线性组合 $C_1y_1 + C_2y_2 + \cdots + C_ny_n$ 对于 $C_1, C_2, \cdots, C_n$ 的任何值都不恒等于零, 除非 $C_1 = C_2 = \cdots = C_n = 0$. 一个线性齐次微分方程的解 $y_1, y_2, \cdots, y_n$ 在所考虑的区间上形成一个基本组, 当且仅当它们的**朗斯基行列式** (Wronskian determinant)

$$W = \begin{vmatrix} y_1 & y_2 & \cdots & y_n \\ y_1' & y_2' & \cdots & y_n' \\ \vdots & \vdots & & \vdots \\ y_1^{(n-1)} & y_2^{(n-1)} & \cdots & y_n^{(n-1)} \end{vmatrix} \tag{9.33}$$

非零. 对于一个齐次线性微分方程的每个解组,刘维尔公式 (formula of Liouville) 成立:

$$W(x)=W(x_0)\exp\left(-\int_{x_0}^{x}a_{n-1}(x)\mathrm{d}x\right). \tag{9.34}$$

由 (9.34) 即得, 如果在解区间的某处朗斯基行列式为零, 则它只能恒等于零. 这意味着, 对于齐次线性微分方程的 n 个解 $y_1,y_2,\cdots,y_n$, 即使在所考虑区间的一个点处其朗斯基行列式为零: $W(x_0)=0$, 那么这 n 个解线性相关. 如果 n 个解 $y_1,y_2,\cdots,y_n$ 形成线性齐次微分方程 (9.32) 的一个基本解组, 那么其通解由

$$y=C_1y_1+C_2y_2+\cdots+C_ny_n \tag{9.35}$$

给出. 当 n 阶线性齐次微分方程诸系数函数 $a_i(x)$ 在一个区间中连续时, 该方程在该区间上恰有 n 个线性无关解.

3. 降阶

如果已知齐次微分方程的一个特解 y_1, 通过假设

$$y=y_1(x)u(x), \tag{9.36}$$

从 $u'(x)$ 的一个 $n-1$ 阶的齐次线性微分方程可以确定一些别的解.

4. 叠加原理

如果 y_1 和 y_2 是对于不同右端 F_1 和 F_2 的微分方程 (9.32) 的两个解, 那么它们的和 y_1+y_2 是右端为 F_1+F_2 的同一个方程的解. 从这个观察即得, 为了得到一个非齐次微分方程的通解, 只需把该非齐次微分方程的任一特解加上相应的齐次微分方程的通解即可.

5. 分解定理

如果一个非齐次微分方程 (9.32) 有实系数, 并且其右端是复的, 形如 $F=F_1+\mathrm{i}F_2$, 其中 F_1 和 F_2 是实函数, 则 (9.32) 的解 $y=y_1+\mathrm{i}y_2$ 也是复的, 其中 y_1 和 y_2 分别是右端为 F_1 和 F_2 的非齐次微分方程 (9.32) 的解.

6. 非齐次微分方程借助于求积法的解

如果已知相应的齐次微分方程的基本解组 $y_1,y_2,\cdots,y_n$, 那么有下述两种解法来继续获得非齐次微分方程的解.

(1) **常数变异法** 寻找形如

$$y=C_1y_1+C_2y_2+\cdots+C_ny_n \tag{9.37a}$$

的解, 其中 $C_1,C_2,\cdots,C_n$ 是 x 的函数. 有无穷多个这样的函数, 但要求它们满足方程组

$$\begin{aligned}C_1'y_1+C_2'y_2+\cdots+C_n'y_n&=0,\\C_1'y_1'+C_2'y_2'+\cdots+C_n'y_n'&=0,\\&\cdots\cdots\\C_1'y_1^{(n-2)}+C_2'y_2^{(n-2)}+\cdots+C_n'y_n^{(n-2)}&=0,\end{aligned}\tag{9.37b}$$

把 y 代入 (9.32), 由于这些等式, 得到

$$C_1'y_1^{(n-1)}+C_2'y_2^{(n-1)}+\cdots+C_n'y_n^{(n-1)}=F.\tag{9.37c}$$

因为线性方程组 (9.37b) 和 (9.37c) 系数的朗斯基行列式不等于零, 因此对于未知函数 $C_1',C_2',\cdots,C_n'$ 得到一个唯一解, 它们的积分就给出 $C_1,C_2,\cdots,C_n$.

■ $y''+\dfrac{x}{1-x}y'-\dfrac{1}{1-x}y=x-1.$ (9.37d)

在区间 $x>1$ 或 $x<1$ 中, 关于系数的所有假设都被满足. 首先求解齐次方程 $\overline{y}''+\dfrac{x}{1-x}\overline{y}'-\dfrac{1}{1-x}\overline{y}=0.$它的一个特解是 $\varphi_1=\mathrm{e}^x$. 然后寻找形如 $\varphi_2=\mathrm{e}^xu(x)$ 的第 2 个特解, 利用记号 $u'(x)=v(x)$, 得到一阶微分方程$v'+\left(1+\dfrac{1}{1-x}\right)v=0.$ 这个方程的一个解是 $v(x)=(1-x)\mathrm{e}^{-x}$, 因而 $u(x)=\int v(x)\mathrm{d}x=\int(1-x)\mathrm{e}^{-x}\mathrm{d}x=x\mathrm{e}^{-x}$. 利用这个结果得到基本解组的第 2 个元素 $\varphi_2=x$. 齐次方程的通解是 $\overline{y}(x)=C_1\mathrm{e}^x+C_2x$. 用 $u_1(x)$ 和 $u_2(x)$ 代替 $C_1(x)$ 和 $C_2(x)$ 的常数变异得到

$$\begin{aligned}y(x)&=u_1(x)\mathrm{e}^x+u_2(x)x,\\y'(x)&=u_1(x)\mathrm{e}^x+u_2(x)+u_1'(x)\mathrm{e}^x+u_2'(x)x, &\quad u_1'(x)\mathrm{e}^x+u_2'(x)x&=0,\\y''(x)&=u_1(x)\mathrm{e}^x+u_1'(x)\mathrm{e}^x+u_2'(x), &\quad u_1'(x)\mathrm{e}^x+u_2'(x)&=x-1,\end{aligned}$$

因而

$$u_1'(x)=x\mathrm{e}^{-x},\quad u_2'(x)=-1,\quad \text{即}\quad u_1(x)=-(1+x)\mathrm{e}^{-x}+C_1,\quad u_2(x)=-x+C_2.$$

利用这个结果, 非齐次微分方程的通解为

$$y(x)=-(1+x^2)+C_1\mathrm{e}^x+(C_2-1)x=-(1+x^2)+C_1^*\mathrm{e}^x+C_2^*x.\tag{9.37e}$$

(2) **柯西方法** 在与 (9.32) 相伴的齐次微分方程的通解

$$y=C_1y_1+C_2y_2+\cdots+C_ny_n\tag{9.38a}$$

中, 对于任意参数 α, 要求满足方程组 $y=0,y'=0,\cdots,y^{(n-2)}=0,y^{(n-1)}=F(\alpha)$, 以确定其中的诸常数 C_i. 用这种方法得到齐次方程的一个特解, 表示为 $\varphi(x,\alpha)$, 此外,

$$y=\int_{x_0}^{x}\varphi(x,\alpha)\mathrm{d}\alpha\tag{9.38b}$$

是非齐次微分方程 (9.32) 的一个特解. 这个解与其直到 $n-1$ 阶导数在点 $x=x_0$ 处皆为零.

■ 用常数变异法解得与微分方程 (9.37d) 相伴的齐次方程的通解为 $y = C_1\mathrm{e}^x + C_2x$. 由此结果得到 $y(\alpha) = C_1\mathrm{e}^\alpha + C_2\alpha = 0, y'(\alpha) = C_1\mathrm{e}^\alpha + C_2 = \alpha - 1$ 和 $\varphi(x,\alpha) = \alpha\mathrm{e}^{-\alpha}\mathrm{e}^x - x$, 因而, 非齐次微分方程的满足 $y(x_0) = y'(x_0) = 0$ 的特解是 $y(x) = \int_{x_0}^{x}(\alpha\mathrm{e}^{-\alpha}\mathrm{e}^x - x)\mathrm{d}\alpha = (x_0+1)\mathrm{e}^{x-x_0} + (x_0-1)x - x^2 - 1$. 利用这个结果可以得到非齐次微分方程的通解 $y(x) = C_1^*\mathrm{e}^x + C_2^*x - (x^2+1)$.

9.1.2.4 常系数线性微分方程的解

1. 运算符号

可以把微分方程 (9.32) 象征性地写为下述形式

$$P_n(D)y \equiv \left(D^n + a_1D^{n-1} + a_2D^{n-2} + \cdots + a_{n-1}D + a_n\right)y = F, \tag{9.39a}$$

其中 D 是一个微分算子:

$$Dy = \frac{\mathrm{d}y}{\mathrm{d}x}, \quad D^ky = \frac{\mathrm{d}^ky}{\mathrm{d}x^k}. \tag{9.39b}$$

如果诸系数 a_i 是常数, 则 $P_n(D)$ 是算子 D 的一个 n 阶多项式.

2. 常系数齐次微分方程的解

为了确定 $F=0$ 时的齐次微分方程 (9.39a), 即

$$P_n(D)y = 0 \tag{9.40a}$$

的通解, 必须找到特征方程

$$P_n(r) = r^n + a_1r^{n-1} + a_2r^{n-2} + \cdots + a_{n-1}r + a_n = 0 \tag{9.40b}$$

的诸根 $r_1, r_2, \cdots, r_n$. 每个根确定了方程 $P_n(D)y=0$ 的一个解 e^{r_ix}. 如果某个根 r_i 有较高的重数 k, 则 $x\mathrm{e}^{r_ix}, x^2\mathrm{e}^{r_ix}, \cdots, x^{k-1}\mathrm{e}^{r_ix}$ 也是解. 所有这些解的线性组合即为齐次微分方程的通解:

$$y = C_1\mathrm{e}^{r_1x} + C_2\mathrm{e}^{r_2x} + \cdots + \mathrm{e}^{r_ix}\left(C_i + C_{i+1}x + \cdots + C_{i+k-1}x^{k-1}\right) + \cdots. \tag{9.40c}$$

如果诸系数 a_i 都是实的, 则特征方程的复根是成对共轭的, 并有相同的重数. 在此情形, 对于 $r_1 = \alpha + \mathrm{i}\beta$ 和 $r_2 = \alpha - \mathrm{i}\beta$, 可以用实函数 $\mathrm{e}^{\alpha x}\cos\beta$ 和 $\mathrm{e}^{\alpha x}\sin\beta$ 来代替相应的复值解函数 e^{r_1x} 和 e^{r_2x}. 可以把所得的的表达式 $C_1\cos\beta x + C_2\sin\beta x$ 写为 $A\cos(\beta x+\varphi)$ 形式, 其中 A 和 φ 是常数.

■ 微分方程 $y^{(6)} + y^{(4)} - y'' - y = 0$ 的情形, 特征方程是 $r^6 + r^4 - r^2 - 1 = 0$, 其根为 $r_1 = 1, r_2 = -1, r_{3,4} = \mathrm{i}, r_{5,6} = -\mathrm{i}$. 可以用两种方式给出原方程的通解:

$$y = C_1\mathrm{e}^x + C_2\mathrm{e}^{-x} + (C_3 + C_4x)\cos x + (C_5 + C_6x)\sin x,$$

或

$$y = C_1\mathrm{e}^x + C_2\mathrm{e}^{-x} + A_1\cos(x+\varphi_1) + xA_2\cos(x+\varphi_2).$$

3. 赫尔维茨定理

在不同的应用中, 例如, 在振动理论中, 对于常系数齐次微分方程, 知道其解在 $x\to\infty$ 时是否趋于零是重要的. 显然, 如果特征方程 (9.40b) 所有根的实部都是负的, 微分方程的解在 $x\to\infty$ 时显然趋于零. 根据赫尔维茨 (Hurwitz) 定理, 方程

$$a_nx^n + a_{n-1}x^{n-1} + \cdots + a_1x + a_0 = 0 \tag{9.41a}$$

只有实部为负的根, 当且仅当所有行列式 (其中对于 $m>n$ 有 $a_m=0$)

$$D_1 = a_1, D_2 = \begin{vmatrix} a_1 & a_0 \\ a_3 & a_2 \end{vmatrix}, D_3 = \begin{vmatrix} a_1 & a_0 & 0 \\ a_3 & a_2 & a_1 \\ a_5 & a_4 & a_3 \end{vmatrix}, \cdots,$$

$$D_n = \begin{vmatrix} a_1 & a_0 & 0 & \cdots & 0 \\ a_3 & a_2 & a_1 & \cdots & 0 \\ \vdots & \vdots & \vdots & & \vdots \\ 0 & 0 & 0 & \cdots & a_n \end{vmatrix} \tag{9.41b}$$

是正的. 系数 $a_1, a_2, \cdots, a_k (k=1,2,\cdots,n)$ 位于行列式 D_k 的对角线上, D_k 中这些系数的下标从左到右是递减的. 具有负指标的系数以及指标大于 n 的系数被置为零.

■ 对于一个三次多项式, 与 (9.14b) 一致的行列式有以下形式:

$$D_1 = a_1, \quad D_2 = \begin{vmatrix} a_1 & a_0 \\ a_3 & a_2 \end{vmatrix}, \quad D_3 = \begin{vmatrix} a_1 & a_0 & 0 \\ a_3 & a_2 & a_1 \\ 0 & 0 & a_3 \end{vmatrix}.$$

4. 常系数非齐次微分方程的解

由常数变异法, 或柯西方法, 或用算子方法 (参见第 775 页 9.2.2.3, 5.) 可以解常系数非齐次微分方程. 如果非齐次微分方程 (9.32) 的右端有特殊形式, 那么可以容易地确定其一个特解.

(1) **形式** $F(x) = A\mathrm{e}^{\alpha x}, P_n(\alpha) \neq 0$ 一个特解是 (9.42a)

$$y = \frac{A\mathrm{e}^{\alpha x}}{P_n(\alpha)}. \tag{9.42b}$$

如果 α 是特征多项式的一个 m 重的根, 即如果

$$P_n(\alpha) = P_n'(\alpha) = \cdots = P_n^{(m-1)}(\alpha) = 0, \quad P_n^{(m)}(\alpha) \neq 0, \tag{9.42c}$$

则 $y=\dfrac{Ax^m\mathrm{e}^{\alpha x}}{P_n^{(m)}(\alpha)}$ 是一个特解. 当右端是

$$F(x)=A\mathrm{e}^{\alpha x}\cos\omega x \quad 或 \quad A\mathrm{e}^{\alpha x}\sin\omega x \tag{9.42d}$$

时, 可以应用分解定理来利用这些公式. 相应的特解是具有右端为

$$F(x)=A\mathrm{e}^{\alpha x}(\cos\omega x+\mathrm{i}\sin\omega x)=A\mathrm{e}^{(\alpha+\mathrm{i}\omega)x} \tag{9.42e}$$

的同一个微分方程解的实部或虚部.

■ **A**: 对于微分方程 $y''-6y'+8y=\mathrm{e}^{2x}$, 其特征多项式为 $P(D)=D^2-6D+8$, 有 $P(2)=0$, 而 $P'(D)=2D-6$, 有 $P'(2)=2\cdot 2-6=-2$, 因而特解是 $y=-\dfrac{x\mathrm{e}^{2x}}{2}$.

■ **B**: 微分方程 $y''+y'+y=\mathrm{e}^x\sin x$ 导出方程 $(D^2+D+1)y=\mathrm{e}^{(1+\mathrm{i})x}$. 由其解 $y=\dfrac{\mathrm{e}^{(1+\mathrm{i})x}}{(1+\mathrm{i})^2+(1+\mathrm{i})+1}=\dfrac{\mathrm{e}^x(\cos x+\mathrm{i}\sin x)}{2+3\mathrm{i}}$ 得到一个特解 $y_1=\dfrac{\mathrm{e}^x}{13}(2\sin x-3\cos x)$. 这里 y_1 是 y 的虚部.

(2) **形式** $F(x)=Q_n(x)\mathrm{e}^{\alpha x}, Q_n(x)$ **是一个 n 次多项式** (9.43)

总可以找到同一形式的一个特解, 即 $y=R(x)\mathrm{e}^{\alpha x}$. 当 α 是特征方程的一个 m 重根时, $R(x)$ 是乘以 x^m 后得到的一个 n 次多项式. 把多项式 $R(x)$ 的系数看作未知量, 并把特解表达式代入非齐次微分方程, 就得到关于系数的一个线性方程组, 并且这个方程组总有一个唯一解.

对于 $F(x)=Q_n(x)$, 即 $\alpha=0$, 和 $F(x)=Q_n(x)\mathrm{e}^{rx}\cos\omega x$ 或 $F(x)=Q_n(x)\mathrm{e}^{rx}\sin\omega x$, 即 $\alpha=r\pm\mathrm{i}\omega$ 这些情形, 这个方法是特别有用的. 存在形如 $y=x^m\mathrm{e}^{rx}[M_n(x)\cos\omega x+N_n(x)\sin\omega x]$ 的一个解.

■ 与微分方程 $y^{(4)}+2y'''+y''=6x+2x\sin x$ 相伴的特征方程的根是 $k_1=k_2=0, k_3=k_4=-1$. 由于叠加原理 (参见第 733 页 9.1.2.3, 4.), 可以分别计算得到以右端的被加项为右端的非齐次微分方程的特解. 对于第 1 个被加项, 所给形式 $y_1=x^2(ax+b)$ 的代入导致右端 $12a+2b+6ax=6x$, 因而 $a=1, b=-6$. 对于第 2 个被加项, 作代换 $y_2=(cx+d)\sin x+(fx+g)\cos x$. 由 $(2g+2f-6c+2fx)\sin x-(2c+2d+6f+2cx)\cos x=2x\sin x$ 比较系数, 得到 $c=0, d=-3, f=1, g=-1$. 因而, 通解是 $y=c_1+c_2x-6x^2+x^3+(c_3x+c_4)\mathrm{e}^{-x}-3\sin x+(x-1)\cos x$.

(3) **欧拉微分方程** 欧拉微分方程

$$\sum_{k=0}^{n}a_k(cx+d)^k y^{(k)}=F(x) \tag{9.44a}$$

在代换

$$cx+d=\mathrm{e}^t \tag{9.44b}$$

下可以被变为一个常系数线性微分方程.

■ 微分方程 $x^2y''-5xy'+8y=x^2$ 是欧拉微分方程 $n=2$ 的一个特殊情形.作代换 $x=\mathrm{e}^t$, 它被变化为在第 737 页 ■ **A**中讨论的微分方程 $\dfrac{\mathrm{d}^2y}{\mathrm{d}t^2}-6\dfrac{\mathrm{d}y}{\mathrm{d}t}+8y=\mathrm{e}^{2t}$. 其通解是 $y=C_1\mathrm{e}^{2t}+C_2\mathrm{e}^{4t}-\dfrac{t}{2}\mathrm{e}^{2t}=C_1x^2+C_2x^4-\dfrac{x^2}{2}\ln|x|$.

9.1.2.5 常系数线性微分方程组

1. 正规形式

一阶常系数线性微分方程的下述简单情形被称为一个**正规组** (normal system) 或一个**正规形式** (normal form):

$$\begin{cases} y_1'=a_{11}y_1+a_{12}y_2+\cdots+a_{1n}y_n, \\ y_2'=a_{21}y_1+a_{22}y_2+\cdots+a_{2n}y_n, \\ \cdots\cdots \\ y_n'=a_{n1}y_1+a_{n2}y_2+\cdots+a_{nn}y_n. \end{cases} \tag{9.45a}$$

为了找到这样一个组的通解, 首先必须找到其特征方程

$$\begin{vmatrix} a_{11}-r & a_{12} & \cdots & a_{1n} \\ a_{21} & a_{22}-r & \cdots & a_{2n} \\ \vdots & \vdots & & \vdots \\ a_{n1} & a_{n2} & \cdots & a_{nn}-r \end{vmatrix}=0 \tag{9.45b}$$

的根. 对于这个方程的每个单根 r_i, 存在一个特解组

$$y_1=A_1\mathrm{e}^{r_ix}, y_2=A_2\mathrm{e}^{r_ix}, \cdots, y_n=A_n\mathrm{e}^{r_ix}, \tag{9.45c}$$

其系数 $A_k(k=1,2,\cdots,n)$ 由齐次线性方程组

$$\begin{gathered} (a_{11}-r_i)A_1+a_{12}A_2+\cdots+a_{1n}A_n=0, \\ \cdots\cdots \\ a_{n1}A_1+a_{n2}A_2+\cdots+(a_{nn}-r_i)A_n=0 \end{gathered} \tag{9.45d}$$

所确定. 这个方程组给出了诸系数 A_k 值之间的关系 (参见第 412 页 4.5.2.1, 2. 的平凡解和基本解). 对于每个 r_i, 用这个方法确定的特解将包含一个任意常数. 如果特征方程的所有根是不同的, 则这些特解之和包含 n 个独立的任意常数, 因而用这种方法就得到通解. 如果特征方程的某个根 r_i 是 m 重根, 那么相应于这个根的特解组有下述形式:

$$y_1=A_1(x)\mathrm{e}^{r_ix}, y_2=A_2(x)\mathrm{e}^{r_ix}, \cdots, y_n=A_n(x)\mathrm{e}^{r_ix}, \tag{9.45e}$$

其中 $A_1(x),\cdots,A_n(x)$ 是至多为 $m-1$ 次的多项式. 把这些表达式连同多项式 $A_k(x)$ 的未知系数代入微分方程组, 首先就可以消去因子 $\mathrm{e}^{r_i x}$, 接着比较 x 的不同幂次的系数, 得到多项式未知系数的线性方程组, 并且其中可以任意选取 m. 用这种方法就得到有 m 个任意常数的一部分解. 多项式的次数可以小于 $m-1$.

在方程组 (9.45a) 是对称的, 即在 $a_{ik}=a_{ki}$ 这一特殊情形时, 只需代换 $A_i(x)=$ 常数即可. 对于特征方程的复根, 用常系数微分方程情形中所示的相同方法 (参见第 735 页 9.1.2.4) 可以把通解变化为实形式.

■ 方程组 $y_1'=2y_1+2y_2-y_3, y_2'=-2y_1+4y_2+y_3, y_3'=-3y_1+8y_2+2y_3$ 的特征方程有形式

$$\begin{vmatrix} 2-r & 2 & -1 \\ -2 & 4-r & 1 \\ -3 & 8 & 2-r \end{vmatrix} = -(r-6)(r-1)^2=0.$$

对于单根 $r_1=6$, 得到 $-4A_1+2A_2-A_3=0, -2A_1-2A_2+A_3=0, -3A_1+8A_2-4A_3=0$. 从这个方程组得到 $A_1=0, A_2=\dfrac{1}{2}A_3=C_1, y_1=0, y_2=C_1\mathrm{e}^{6x}, y_3=2C_1\mathrm{e}^{6x}$. 对于二重根 $r_2=1$ 得到 $y_1=(P_1x+Q_1)\mathrm{e}^x, y_2=(P_2x+Q_2)\mathrm{e}^x, y_3=(P_3x+Q_3)\mathrm{e}^x$. 把它们代入微分方程得到方程组

$$\begin{aligned} P_1x+(P_1+Q_1)&=(2P_1+2P_2-P_3)x+(2Q_1+2Q_2-Q_3), \\ P_2x+(P_2+Q_2)&=(-2P_1+4P_2+P_3)x+(-2Q_1+4Q_2+Q_3), \\ P_3x+(P_3+Q_3)&=(-3P_1+8P_2+2P_3)x+(-3Q_1+8Q_2+2Q_3), \end{aligned}$$

它蕴涵着 $P_1=5C_2, P_2=C_2, P_3=7C_2, Q_1=5C_3-6C_2, Q_2=C_3, Q_3=7C_3-11C_2$. 通解为 $y_1=(5C_2x+5C_3-6C_2)\mathrm{e}^x, y_2=C_1\mathrm{e}^{6x}+(C_2x+C_3)\mathrm{e}^x, y_3=2C_1\mathrm{e}^{6x}+(7C_2x+7C_3-11C_2)\mathrm{e}^x$.

2. 常系数一阶齐次线性微分方程组

常系数一阶齐次线性微分方程组的一般形式为

$$\sum_{k=1}^{n} a_{ik}y_k' + \sum_{k=1}^{n} b_{ik}y_k = 0 \quad (i=1,2,\cdots,n). \tag{9.46a}$$

如果行列式 $\det(a_{ik})$ 不为零, 即

$$\det(a_{ik}) \neq 0, \tag{9.46b}$$

那么可以把方程组 (9.46a) 变化为正规形式 (9.45a).

在 $\det(a_{ik})=0$ 的情形, 进一步的研究是必要的 (参见 [9.26]).

用正规形式情形中所示的相同方法可以对上述一般形式确定其解.

特征方程有形式

$$\det(a_{ik}r + b_{ik}) = 0. \tag{9.46c}$$

相应于一个单根 r_j 的解, (9.45c) 中的系数 A_i 由方程组

$$\sum_{k=1}^{n}(a_{ik}r_j + b_{ik})A_k = 0 \quad (i = 1, 2, \cdots, n) \tag{9.46d}$$

所确定. 除此之外, 如同在正规形式情形中相同的想法可以得到解的方法.

■ 两个方程 $5y_1' + 4y_1 - 2y_2' - y_2 = 0, y_1' + 8y_1 + -3y_2 = 0$ 的特征方程是

$$\begin{vmatrix} 5r+4 & -2r-1 \\ r+8 & -3 \end{vmatrix} = 2r^2 + 2r - 4 = 0, r_1 = 1, r_2 = -2.$$

对于 $r_1 = 1$ 的系数 A_1 和 A_2 可以从方程 $9A_1 - 3A_2 = 0, 9A_1 - 3A_2 = 0$ 得到, 因而 $A_2 = 3A_1 = 3C_1$. 对于 $r_2 = -2$ 得到 $\overline{A}_2 = 2\overline{A}_1 = 2C_2$. 通解为 $y_1 = C_1\mathrm{e}^x + C_2\mathrm{e}^{-2x}, y_2 = 3C_1\mathrm{e}^x + 2C_2\mathrm{e}^{-2x}$.

3. 一阶非齐次线性微分方程组

一阶非齐次线性微分方程组的一般形式为

$$\sum_{k=1}^{n} a_{ik}y_k' + \sum_{k=1}^{n} b_{ik}y_k = F_i(x) \quad (i = 1, 2, \cdots, n). \tag{9.47}$$

(1) **叠加原理** 如果 $y_j^{(1)}$ 和 $y_j^{(2)}(j = 1, 2, \cdots, n)$ 是右端为 $F_i^{(1)}$ 和 $F_i^{(2)}$ 的非齐次微分方程组的解, 则 $y_j = y_j^{(1)} + y_j^{(2)}(j = 1, 2, \cdots, n)$ 是右端为 $F_i(x) = F_i^{(1)}(x) + F_i^{(2)}(x)$ 的该方程组的一个解. 由此, 为了得到非齐次方程组的通解, 只需把该组的一个特解加到相应的齐次方程组的通解上即可.

(2) **常数变异法** 可以被用于得到非齐次微分方程组的一个特解. 为此. 要用到齐次微分方程组的通解, 并把诸常数 $C_1, C_2, \cdots, C_n$ 看作为未知函数 $C_1(x), C_2(x), \cdots, C_n(x)$. 再把它们代入非齐次方程组. 在诸导数 y_k' 的表达式中有诸新未知函数 $C_k(x)$ 的导数. 由于 $y_1, y_2, \cdots, y_n$ 是齐次方程组的解, 因而包含新未知函数的项将被消去. 这就对诸函数 $C_k'(x)$ 给出了一个非齐次线性代数方程组, 这个方程组总有一个唯一解. 在 n 次积分后就得到函数 $C_1(x), C_2(x), \cdots, C_n(x)$. 把它们代替常数 $C_1, C_2, \cdots, C_n$ 代入齐次方程组的解之, 就得到非齐次方程组的特解.

■ 对于非齐次微分方程组 $5y_1' + 4y_1 - 2y_2' - y_2 = \mathrm{e}^{-x}, y_1' + 8y_1 - 3y_2 = 5\mathrm{e}^{-x}$, 齐次方程组的通解为 $y_1 = C_1\mathrm{e}^x + C_2\mathrm{e}^{-2x}, y_2 = 3C_1\mathrm{e}^x + 2C_2\mathrm{e}^{-2x}$. 把常数 C_1 和 C_2 看作为 x 的函数, 并把它们代入原始方程, 得到 $5C_1'\mathrm{e}^x + 5C_2'\mathrm{e}^{-2x} - 6C_1'\mathrm{e}^x - 4C_2'\mathrm{e}^{-2x} = \mathrm{e}^{-x}, C_1'\mathrm{e}^x + C_2'\mathrm{e}^{-2x} = 5\mathrm{e}^{-x}$ 或 $C_2'\mathrm{e}^{-2x} - C_1'\mathrm{e}^{-x} = \mathrm{e}^{-x}, C_1'\mathrm{e}^x + C_2'\mathrm{e}^{-2x} = 5\mathrm{e}^{-x}$. 因而 $2C_1'\mathrm{e}^x = 4\mathrm{e}^{-x}, C_1 = -\mathrm{e}^{-2x} +$ 常数, $2C_2'\mathrm{e}^{-2x} = 6\mathrm{e}^{-x}, C_2 = 3\mathrm{e}^x +$ 常数. 因为在寻找一个特解, 因此可以把每个常数取为零, 其结果为 $y_1 = 2\mathrm{e}^{-x}, y_2 = 3\mathrm{e}^{-x}$. 最后, 通解即为 $y_1 = 2\mathrm{e}^{-x} + C_1\mathrm{e}^x + C_2\mathrm{e}^{-2x}, y_2 = 3\mathrm{e}^{-x} + 3C_1\mathrm{e}^x + 2C_2\mathrm{e}^{-2x}$.

(3) **未知系数法** 是特别有用的, 如果右端是一个形如 $Q_n(x)\mathrm{e}^{\alpha x}$ 的特别的函数. 它有类似于用于 n 阶微分方程的应用.

(4) **二阶组** 上面引进的方法也可以用于高阶微分方程组. 对于方程组

$$\sum_{k=1}^{n} a_{ik}y_k'' + \sum_{k=1}^{n} b_{ik}y_k' + \sum_{k=1}^{n} c_{ik}y_k = 0 \quad (i = 1, 2, \cdots, n) \tag{9.48}$$

可以确定形如 $y_i = A_i\mathrm{e}^{r_i x}$ 的特解. 为此, 从特征方程 $\det(a_{ik}r^2 + b_{ik}r + c_{ik}) = 0$ 得到 r_i, 并从相应的齐次线性代数方程组得到 A_i.

9.1.2.6 二阶线性微分方程

许多特殊的微分方程属于这一类, 它们经常出现在具体应用中. 这一节讨论它们中的一些方程. 至于一些表示法、性质和解法, 请见 [9.26].

1. 一般方法

(1) **借助于叠加原理解非齐次微分方程**

$$y'' + p(x)y' + q(x)y = F(x). \tag{9.49a}$$

为了得到一个非齐次微分方程的通解, 只需把该非齐次微分方程的一个特解加到相应的齐次微分方程的通解上即可.

a) 相应的齐次微分方程 (即其中 $F(x) \equiv 0$) 的通解是

$$y = C_1y_1 + C_2y_2. \tag{9.49b}$$

这里 y_1 和 y_2 是 (9.49a) 的两个线性无关的特解 (参见第 732 页 9.1.2.3, 2.). 如果已经知道一个特解 y_1, 那么第 2 个特解 y_2 可以由刘维尔方程 (9.34) 所确定. 从 (9.34) 即得

$$\begin{vmatrix} y_1 & y_2 \\ y_1' & y_2' \end{vmatrix} = y_1y_2' - y_1'y_2 = y_1^2\frac{y_1y_2' - y_1'y_2}{y_1^2} = y_1^2\left(\frac{y_2}{y_1}\right)' = A\exp\left(-\int p(x)\mathrm{d}x\right), \tag{9.49c}$$

它给出了

$$y_2 = Ay_1\int\frac{\exp\left(-\int p(x)\mathrm{d}x\right)}{y_1^2}\mathrm{d}x, \tag{9.49d}$$

其中的 A 可以任意选取.

b) 由公式

$$y = \frac{1}{A}\int_{x_0}^{x} F(\xi)\exp\left(\int p(\xi)\mathrm{d}\xi\right)[y_2(x)y_1(\xi) - y_1(x)y_2(\xi)]\mathrm{d}\xi, \tag{9.49e}$$

可以确定非齐次方程的一个特解, 其中 y_1 和 y_2 是相应的齐次微分方程的两个特解.

c) 也可以用常数变异法 (参见第 733 页 9.1.2.3, 6.) 来确定非齐次微分方程的一个特解.

(2) **用待定系数法解非齐次微分方程**

$$s(x)y'' + p(x)y' + q(x)y = F(x). \tag{9.50a}$$

如果诸函数 $s(x), p(x), q(x)$ 和 $F(x)$ 是多项式, 或者在围绕使得 $s(x_0) \neq 0$ 的点 x_0 的某个区域中它们可被展开为收敛幂级数, 那么这个微分方程的解也可被展开为类似的级数, 并且这些级数在同一区域中收敛. 在这种情形, 这些级数被用待定系数法所确定. 作为级数, 所求之解有形式

$$y = a_0 + a_1(x - x_0) + a_2(x - x_0)^2 + \cdots, \tag{9.50b}$$

并且必须将其代入微分方程 (9.50a). 令相应的 ($(x - x_0)$ 的同次幂) 系数相等, 就得到确定诸系数 $a_0, a_1, a_2, \cdots$ 的方程组.

■ 为了解微分方程 $y'' + xy = 0$, 作代换 $y = a_0 + a_1x + a_2x^2 + a_3x^3 + \cdots, y' = a_1 + 2a_2x + 3a_3x^2 + \cdots$ 和 $y'' = 2a_2 + 6a_3x + \cdots$, 得到 $2a_2 = 0, 6a_3 + a_0 = 0, \cdots$. 这些方程的解是 $a_2 = 0, a_3 = -\dfrac{a_0}{2 \cdot 3}, a_4 = -\dfrac{a_1}{3 \cdot 4}, a_5 = 0, \cdots$, 因而原方程的解是

$$y = a_0\left(1 - \frac{x^3}{2 \cdot 3} + \frac{x^6}{2 \cdot 3 \cdot 5 \cdot 6} - \cdots\right) + a_1\left(x - \frac{x^4}{3 \cdot 4} + \frac{x^7}{3 \cdot 4 \cdot 6 \cdot 7} - \cdots\right).$$

(3) **齐次微分方程**

$$x^2y'' + xp(x)y' + q(x)y = 0 \tag{9.51a}$$

可以通过待定系数法求解, 如果函数 $p(x)$ 和 $q(x)$ 可以被展开为 x 的收敛幂级数. 解有形式

$$y = x^r(a_0 + a_1x + a_2x^2 + \cdots), \tag{9.51b}$$

从*定义方程* (defining equation)

$$r(r - 1) + p(0)r + q(0) = 0 \tag{9.51c}$$

可以确定指数 r. 如果定义方程的两个根是不同的, 并且其差不是整数, 那么就得到 (9.51a) 的两个线性无关解. 否则, 待定系数法只能产生一个解. 此时借助于 (9.49b) 可以得到第 2 个解, 或者至少可以用待定系数法找到第 2 个解的形式.

■ 对于贝塞尔 (Bessel) 微分方程 (9.52a), 用待定系数法只得到一个解, 形如 $y_1 = \sum_{k=0}^{\infty} a_kx^{n+2k} (a_0 \neq 0)$, 它与 $J_n(x)$ 至多相差一个常数因子. 由于 $\exp\left(-\int p\mathrm{d}x\right) =$

$\frac{1}{x}$, 利用 (9.49d) 得到第 2 个解

$$y_2 = Ay_1 \int \frac{\mathrm{d}x}{x \cdot x^{2n}\left(\sum a_k x^{2k}\right)^2} = Ay_1 \int \frac{\sum\limits_{k=0}^{\infty} c_k x^{2k}}{x^{2n+1}} \mathrm{d}x = By_1 \ln|x| + x^{-n} \sum_{k=0}^{\infty} d_k x^{2k}.$$

从诸 a_k 确定未知系数 c_k 和 d_k 是困难的. 但是可以用最后的表达式借助于待定系数法来得到解. 显然. 这个形式是函数 $Y_n(x)$ 的级数展开式 (9.53c).

2. 贝塞尔微分方程

$$x^2 y'' + xy' + (x^2 - n^2)y = 0. \tag{9.52a}$$

(1) **定义方程** 在此情形的定义方程是

$$r(r-1) + r - n^2 \equiv r^2 - n^2 = 0, \tag{9.52b}$$

因而 $r = \pm n$. 把

$$y = x^n(a_0 + a_1 x + \cdots) \tag{9.52c}$$

代入方程 (9.52a), 并让 x^{n+k} 的系数等于零, 得到

$$k(2n+k)a_k + a_{k-2} = 0. \tag{9.52d}$$

对于 $k = 1$ 得到 $(2n+1)a_1 = 0$. 对于 $k = 2, 3, \cdots$, 得到

$$\begin{aligned} &a_{2m+1} = 0 \quad (m = 1, 2, \cdots), \qquad a_2 = -\frac{a_0}{2(2n+2)}, \\ &a_4 = \frac{a_0}{2 \cdot 4 \cdot (2n+2)(2n+4)}, \cdots, a_0\text{是任意的}. \end{aligned} \tag{9.52e}$$

(2) **贝塞尔函数或柱面函数** 上面对于 $a_0 = \frac{1}{2^n \Gamma(n+1)}$ 所得的的级数是贝塞尔微分方程 (9.52a) 对于 n 的整数值的一个特解, 这里 Γ 是 Γ 函数 (参见第 682 页 8.2.5, 6.). 这个特解定义了指数 n 的第一类**贝塞尔函数** (Bessel function) 或**柱面函数** (cylindrical function) $J_n(x)$

$$\begin{aligned} J_n(x) &= \frac{x^n}{2^n \Gamma(n+1)}\left(1 - \frac{x^2}{2(2n+2)} + \frac{x^4}{2 \cdot 4 \cdot (2n+2)(2n+4)} - \cdots\right) \\ &= \sum_{k=0}^{\infty} \frac{(-1)^k \left(\frac{x}{2}\right)^{n+2k}}{k!\Gamma(n+k+1)}. \end{aligned} \tag{9.53a}$$

在图 9.12中展示了函数 J_0 和 J_1 的图像.

对于非整数 n, 贝塞尔微分方程的通解有形式

$$y = C_1 J_n(x) + C_2 J_{-n}(x), \tag{9.53b}$$

其中 $J_{-n}(x)$ 由在 $J_n(x)$ 的级数表达式中以 $-n$ 代替 n 所得到的无穷级数所定义. 对于整数 n 成立 $J_{-n}(x) = (-1)^n J_n(x)$. 在这个情形, 通解中的项 $J_{-n}(x)$ 应该被第二类贝塞尔函数

$$Y_n(x) = \lim_{m \to n} \frac{J_m(x)\cos m\pi - J_{-m}(x)}{\sin m\pi} \tag{9.53c}$$

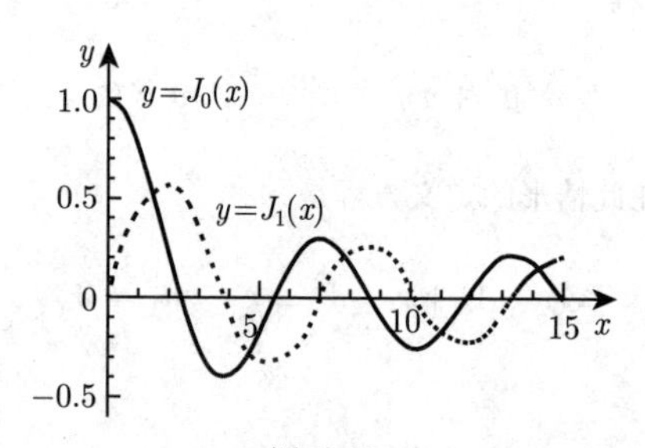

图 9.12

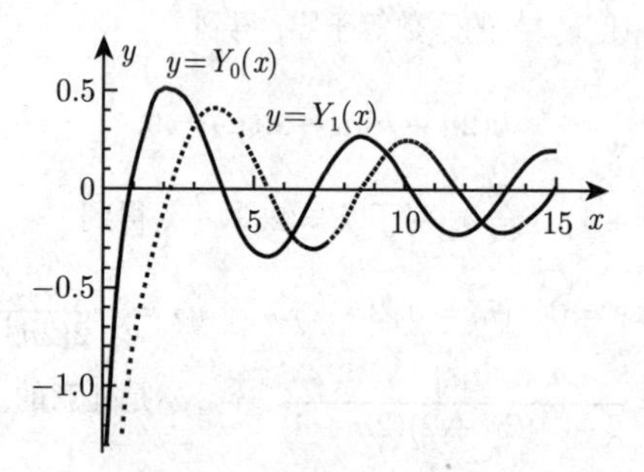

图 9.13

所代替, $Y_n(x)$ 也被称为韦伯函数 (Weber function). $Y_n(x)$ 的级数展开, 请参见 [9.26]. 在图 9.13中展示了函数 Y_0 和 Y_1 的图像.

(3) **虚变量的贝塞尔函数** 在某些应用中, 要用到纯虚变量的贝塞尔函数. 在这个情形要考虑乘积 $\mathrm{i}^{-n} J_n(\mathrm{i}x)$, 它也被表示为 $I_n(x)$:

$$I_n(x) = \mathrm{i}^{-n} J_n(\mathrm{i}x) = \frac{\left(\frac{x}{2}\right)^n}{\Gamma(n+1)} + \frac{\left(\frac{x}{2}\right)^{n+2}}{1!\Gamma(n+2)} + \frac{\left(\frac{x}{2}\right)^{n+4}}{2!\Gamma(n+3)} + \cdots. \tag{9.54a}$$

诸函数 $I_n(x)$ 是微分方程

$$x^2 y'' + xy' - (x^2 + n^2)y = 0 \tag{9.54b}$$

的解. 这个微分方程的第 2 个解是麦克唐纳函数 (MacDonald function) $K_n(x)$:

$$K_n(x)=\frac{\pi}{2}\frac{I_{-n}(x)-I_n(x)}{\sin n\pi}. \tag{9.54c}$$

当 n 收敛到一个整数时这个表达式也收敛.

函数 $I_n(x)$ 和 $K_n(x)$ 被称为变形贝塞尔函数 (modified Bessel function). 在图 9.14中展示了函数 I_0 和 I_1 的图像; 在图 9.15中展示了函数 K_0 和 K_1 的图像. 第 1427 页表 21.11 给出了函数 $J_0(x), J_1(x), Y_0(x), Y_1(x), I_0(x), I_1(x), K_0(x)$ 和 $K_1(x)$ 的值.

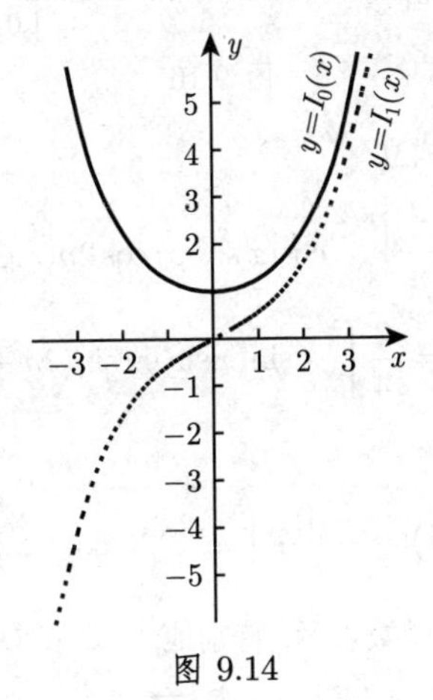

图 9.14

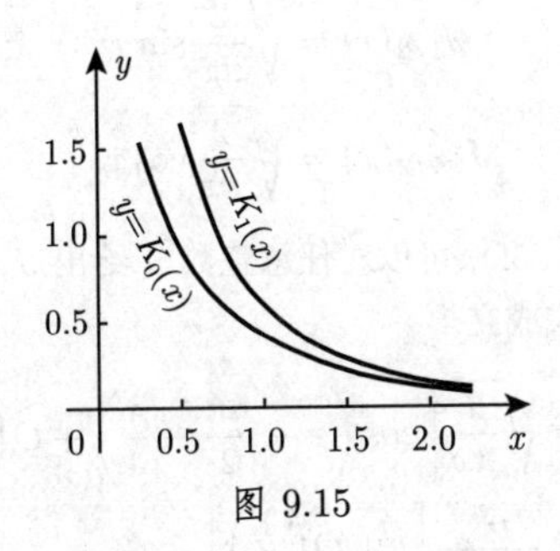

图 9.15

(4) **贝塞尔函数 $J_n(x)$ 的重要公式**

$$J_{n-1}(x)+J_{n+1}(x)=\frac{2n}{x}J_n(x),\quad \frac{\mathrm{d}J_n(x)}{\mathrm{d}x}=-\frac{n}{x}J_n(x)+J_{n-1}(x). \tag{9.55a}$$

对于韦伯函数, 公式 (9.55a) 也成立.

$$I_{n-1}(x)-I_{n+1}(x)=\frac{2nI_n(x)}{x},\qquad \frac{\mathrm{d}I_n(x)}{\mathrm{d}x}=I_{n-1}(x)-\frac{n}{x}I_n(x), \tag{9.55b}$$

$$K_{n+1}(x) - K_{n-1}(x) = \frac{2nK_n(x)}{x}, \qquad \frac{\mathrm{d}K_n(x)}{\mathrm{d}x} = -K_{n-1}(x) - \frac{n}{x}K_n(x). \tag{9.55c}$$

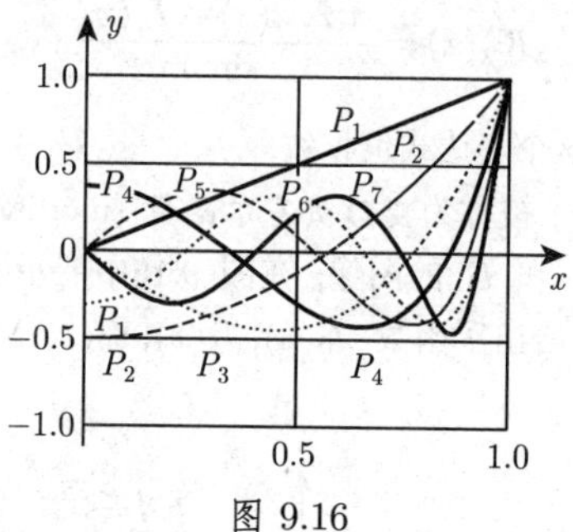

图 9.16

对于整数 n, 下述一些公式成立:

$$J_{2n}(x) = \frac{2}{\pi}\int_0^{\pi/2} \cos(x\sin\varphi)\cos 2n\varphi \mathrm{d}\varphi, \tag{9.55d}$$

$$J_{2n+1}(x) = \frac{2}{\pi}\int_0^{\pi/2} \sin(x\sin\varphi)\sin(2n+1)\varphi \mathrm{d}\varphi, \tag{9.55e}$$

或者, 用复形式表示:

$$J_n(x) = \frac{-(\mathrm{i})^n}{\pi}\int_0^{\pi} \mathrm{e}^{\mathrm{i}x\cos\varphi}\cos n\varphi \mathrm{d}\varphi. \tag{9.55f}$$

函数 $J_{n+1/2}(x)$ 可以用初等函数表示. 特别地,

$$J_{1/2}(x) = \sqrt{\frac{2}{\pi x}}\sin x, \tag{9.56a}$$

$$J_{-1/2}(x) = \sqrt{\frac{2}{\pi x}}\cos x. \tag{9.56b}$$

利用递推公式 (9.55a)~(9.55f), 可以对任意整数 n 给出 $J_{n+1/2}(x)$ 的表达式. 对于大的 x, 下述一些渐近公式成立:

$$J_n(x) = \sqrt{\frac{2}{\pi x}}\left[\cos\left(x - \frac{n\pi}{2} - \frac{\pi}{4}\right) + O\left(\frac{1}{x}\right)\right], \tag{9.57a}$$

$$I_n(x) = \frac{\mathrm{e}^x}{\sqrt{2\pi x}}\left[1 + O\left(\frac{1}{x}\right)\right], \tag{9.57b}$$

$$Y_n(x) = \sqrt{\frac{2}{\pi x}}\left[\sin\left(x - \frac{n\pi}{2} - \frac{\pi}{4}\right) + O\left(\frac{1}{x}\right)\right], \tag{9.57c}$$

$$K_n(x) = \sqrt{\frac{\pi}{2x}}\mathrm{e}^{-x}\left[1 + O\left(\frac{1}{x}\right)\right], \tag{9.57d}$$

表达式 $O\left(\frac{1}{x}\right)$ 意味着是与 $\frac{1}{x}$ 同阶的无穷小量 (参见第 73 页 2.1.4.9 朗道 (Landau)

符号).

有关贝塞尔函数进一步的性质, 见 [21.1].

(5) **球面贝塞尔函数的重要公式** 从半奇数阶指数 $n=\frac{1}{2},\frac{3}{2},\cdots$ 的第一类和第二类贝塞尔函数 $J_n(z)$ (9.53a) 和 $Y_n(z)$ (9.53c), 即得第一类和第二类球面贝塞尔函数 $j_l(z)=\sqrt{\frac{\pi}{2z}}J_{l+\frac{1}{2}}(z)$ 和 $n_l(z)=\sqrt{\frac{\pi}{2z}}Y_{l+\frac{1}{2}}(z)(l=0,1,2,\cdots)$. 它们是位势自由径向薛定谔方程 (the potential free radial Schrödinger equation) (参见第 789 页 9.2.4.6, 3. (9.137b)) 当 $V(r)=0, E=\frac{\hbar^2k^2}{2m}, z=kr$ 和 $s_l(z)=R_l(r)$ 时的正规解和奇异解:

$$z\frac{\mathrm{d}^2}{\mathrm{d}z^2}[zs_l(z)]+[z^2-l(l+1)]s_l(z)=0,\quad s_l(z)=j_l(z)\ \text{或}\ n_l(z). \tag{9.58a}$$

它们还出现在量子力学散射理论中, 在那里 $n_l(z)$ 被称为球面冯・诺伊曼 (von Neumann) 函数. 借助于瑞利 (Rayleigh) 公式

$$j_l(z)=(-z)^l\left(\frac{\mathrm{d}}{z\mathrm{d}z}\right)^l\frac{\sin z}{z},\qquad n_l(z)=(-z)^l\left(\frac{\mathrm{d}}{z\mathrm{d}z}\right)^l(-1)\frac{\cos z}{z}, \tag{9.58b}$$

有

$$j_0(z)=\frac{\sin z}{z}, j_1(z)=\frac{\sin z-z\cos z}{z^2},\cdots, \tag{9.58c}$$

$$n_0(z)=-\frac{\cos z}{z}, n_1(z)=-\frac{\cos z+z\sin z}{z^2},\cdots. \tag{9.58d}$$

在第 788 页 9.2.4.6, (9.136e), $Y_L(\vec{e})=\Theta_l^m(\vartheta)\Phi_m(\varphi)$ 中用了复球面函数 $\Phi_m(\varphi)=\mathrm{e}^{im\varphi}$. 在组合指标 $L=(l,m)$ 中, $l=0,1,2,\cdots$ 表示轨道角动量的量子数. 磁量子数 m 被限制于取 $2l+1$ 个值 $m=-l,-l+1,\cdots,+l$. 利用缩写

$$j_L(k\vec{r})=j_l(kr)Y_L(\vec{e}_r),\quad n_L(k\vec{r})=n_l(kr)Y_L(\vec{e}_r),\quad \vec{e}_r=\frac{\vec{r}}{r}, \tag{9.59a}$$

得到 Kasterining 公式:

$$\mathrm{i}^lj_L(k\vec{r})=Y_L\left(\frac{\nabla}{\mathrm{i}k}\right)\frac{\sin kr}{kr},\quad \mathrm{i}^ln_L(k\vec{r})=Y_L\left(\frac{\nabla}{\mathrm{i}k}\right)(-1)\frac{\cos kr}{kr}, \tag{9.59b}$$

其中 ∇ 表示梯度算子 (参见第 933 页 13.2.6.1). 平面波用球面贝塞尔函数或贝塞尔函数的表达式是

$$\mathrm{e}^{\mathrm{i}\vec{k}\vec{r}}=4\pi\sum_L \mathrm{i}^lj_L(k\vec{r})Y_L^*(\vec{e}_k),\quad \vec{e}_k=\frac{\vec{k}}{k},\quad \sum_L\cdots=\sum_{l=0}^{\infty}\sum_{m=-l}^{+l}\cdots. \tag{9.59c}$$

有下面一些附加的定理①

$$\mathrm{i}^lj_L(k(\vec{r}_1+\vec{r}_2))=4\pi\sum_{L_1,L_2}C_{LL_1L_2}\mathrm{i}^{l_1+l_2}j_{L_1}(k\vec{r}_1)j_{L_2}^*(k\vec{r}_2),\quad r_{1,2}=\text{任意数}, \tag{9.59d}$$

① 原文把 (9.59e) 中的 $n_{L_2}^*(k\vec{r}_2)$ 误为 $j_{L_2}^*(k\vec{r}_2)$. —— 译者注

$$\mathrm{i}^l n_L(k(\vec{r}_1+\vec{r}_2)) = 4\pi \sum_{L_1,L_2} C_{LL_1L_2}\mathrm{i}^{l_1+l_2} n_{L_1}(k\vec{r}_1)n^*_{L_2}(k\vec{r}_2), \quad r_1 > r_2, \tag{9.59e}$$

其中 $C_{LL_1L_2}$ 为克莱布施 (Clebsch)–戈丹 (Gordan) 系数 (参见第 463 页 5.3.4.7)

$$C_{LL_1L_2} = \int d^2e Y_L(\vec{e})Y^*_{L_1}(\vec{e})Y^*_{L_2}(\vec{e}). \tag{9.59f}$$

进一步的细节见 [21.1], [9.28]~[9.31].

3. 勒让德 (Legendre) 微分方程

本手册中, 对勒让德微分方程限制于考察实变量和整数参数 $n = 0, 1, 2, \cdots$ 的情形, 则勒让德微分方程有形式

$$(1-x^2)y'' - 2xy' + n(n+1)y = 0 \quad 或 \quad ((1-x^2)y')' + n(n+1)y = 0. \tag{9.60a}$$

(1) **第一类勒让德多项式或球面调和函数** 是对于整数 n 的勒让德微分方程的特解, 它们可以被表示为幂级数 $y = \sum\limits_{\nu=0}^{\infty} a_\nu x^\nu$. 待定系数法导致多项式

$$P_n(x) = \frac{(2n)!}{2^n(n!)^2}\left[x^n - \frac{n(n-1)}{2(2n-1)}x^{n-2} + \frac{n(n-1)(n-2)(n-3)}{2\cdot 4(2n-1)(2n-3)}x^{n-4} + \cdots\right]$$
$$(|x| < \infty; n = 0, 1, 2, \cdots). \tag{9.60b}$$

$$P_n(x) = F\left(n+1, -n, 1; \frac{1-x}{2}\right) = \frac{1}{2^n n!}\frac{\mathrm{d}^n(x^2-1)^n}{\mathrm{d}x^n}, \tag{9.60c}$$

其中 F 表示超几何级数 (参见第 750 页 4.). 前 8 个多项式有下述简单形式 (参见第 1430 页 21.12):

$$P_0(x) = 1, \tag{9.60d}$$

$$P_1(x) = x, \tag{9.60e}$$

$$P_2(x) = \frac{1}{2}(3x^2 - 1), \tag{9.60f}$$

$$P_3(x) = \frac{1}{2}(5x^3 - 3x), \tag{9.60g}$$

$$P_4(x) = \frac{1}{8}(35x^4 - 30x^2 + 3), \tag{9.60h}$$

$$P_5(x) = \frac{1}{8}(63x^5 - 70x^3 + 15x), \tag{9.60i}$$

$$P_6(x) = \frac{1}{16}(231x^6 - 315x^4 + 105x^2 - 5), \tag{9.60j}$$

$$P_7(x) = \frac{1}{16}(429x^7 - 693x^5 + 315x^3 - 35x). \tag{9.60k}$$

在图 9.15中展示了从 $n = 1$ 到 $n = 7$ 的函数 $P_n(x)$ 的图像. 可以容易地利用袖珍计算器或者从函数表计算出这些函数的数值.

(2) **第一类勒让德多项式性质.**

(a) **积分表示**

$$P_n(x) = \frac{1}{\pi}\int_0^{\pi}(x \pm \cos\varphi\sqrt{x^2-1})^n \mathrm{d}\varphi = \frac{1}{\pi}\int_0^{\pi}\frac{\mathrm{d}\varphi}{(x \pm \cos\varphi\sqrt{x^2-1})^{n+1}}. \quad (9.61a)$$

在两个方程中可以任意选取其中的符号.

(b) **递推公式**

$$(n+1)P_{n+1}(x) = (2n+1)xP_n(x) - nP_{n-1}(x) \quad (n \geqslant 1; P_0(x) = 1, P_1(x) = x), \quad (9.61b)$$

$$(x^2-1)\frac{\mathrm{d}P_n(x)}{\mathrm{d}x} = n[xP_n(x) - P_{n-1}(x)] \quad (n \geqslant 1). \quad (9.61c)$$

(c) **正交关系**

$$\int_{-1}^{1} P_n(x)P_m(x)\mathrm{d}x = \begin{cases} 0, & m \neq n, \\ \dfrac{2}{2n+1}, & m = n. \end{cases} \quad (9.61d)$$

(d) **根定理** $P_n(x)$ 的 n 个根都是实的单根, 并且都在区间 $(-1,1)$ 中.

(e) **母函数** 第一类勒让德多项式可以被表示为下述函数的幂级数展开:

$$\frac{1}{\sqrt{1-2rx+r^2}} = \sum_{n=0}^{\infty} P_n(x)r^n. \quad (9.61e)$$

第一类勒让德多项式进一步的性质见 [21.1].

(3) **第二类勒让德函数或球面调和函数** 由幂级数展开 $\sum_{\nu=-\infty}^{-(n+1)} b_\nu x^\nu$ 可以得到与 $P_n(x)$ (见 (9.61a)) 线性无关的、在 $|x|>1$ 中成立的第 2 个特解 $Q_n(x)$:

$$\begin{aligned} Q_n(x) &= \frac{2^n(n!)^2}{(2n+1)!}x^{-(n+1)}F\left(\frac{n+1}{2}, \frac{n+2}{2}, \frac{2n+3}{2}; \frac{1}{x^2}\right) \\ &= \frac{2^n(n!)^2}{(2n+1)!}\left[x^{-(n+1)} + \frac{(n+1)(n+2)}{2(2n+3)}x^{-(n+3)}\right. \\ &\quad \left. + \frac{(n+1)(n+2)(n+3)(n+4)}{2\cdot 4\cdot(2n+3)(2n+5)}x^{-(n+5)} + \cdots\right]. \end{aligned} \quad (9.62a)$$

在 $|x|<1$ 中成立的 $Q_n(x)$ 的表达式是

$$Q_n(x) = \frac{1}{2}P_n(x)\ln\frac{1+x}{1-x} - \sum_{k=1}^{n}\frac{1}{k}P_{k-1}(x)P_{n-k}(x). \quad (9.62b)$$

第一类和第二类球面调和函数也被称为*相伴勒让德函数* (the associated Legendre functions) (参见第 790 页 9.2.4.6, 4. (9.138c)).

4. 超几何微分方程

超几何微分方程 (hypergeometric differential equation) 是方程

$$x(1-x)\frac{\mathrm{d}^2y}{\mathrm{d}x^2}+[\gamma-(\alpha+\beta+1)x]\frac{\mathrm{d}y}{\mathrm{d}x}-\alpha\beta y=0, \tag{9.63a}$$

其中 α,β,γ 是参数. 它包含几个重要的特殊情形.

a) 对于 $\alpha=n+1,\beta=-n,\gamma=1$ 和 $x=\dfrac{1-z}{2}$, 它是勒让德微分方程.

b) 如果 $\gamma\neq 0$ 或 γ 不是一个负整数, 那么它有一个超几何级数或超几何函数的特解:

$$\begin{aligned}F(\alpha,\beta,\gamma;x)=&1+\frac{\alpha\cdot\beta}{1\cdot\gamma}x+\frac{\alpha(\alpha+1)\beta(\beta+1)}{1\cdot 2\cdot\gamma(\gamma+1)}x^2+\cdots\\&+\frac{\alpha(\alpha+1)\cdots(\alpha+n)\beta(\beta+1)\cdots(\beta+n)}{1\cdot 2\cdots(n+1)\cdot\gamma(\gamma+1)\cdots(\gamma+n)}x^{n+1}+\cdots,\end{aligned} \tag{9.63b}$$

对于 $|x|<1$, 它是绝对收敛的. 对于 $x=\pm 1$, 其收敛性依赖于 $\delta=\gamma-\alpha-\beta$ 的值. 当 $x=1$ 时, 如果 $\delta>0$, 则它是收敛的; 如果 $\delta\leqslant 0$, 则它是发散的. 当 $x=-1$ 时, 如果 $\delta<0$, 则它是绝对收敛的; 当 $-1<\delta\leqslant 0$ 时, 它是条件收敛的, 并且当 $\delta\leqslant -1$ 时它是发散的.

c) 当 $2-\gamma\neq 0$ 或不是一个负整数时, 它有一个特解

$$y=x^{1-\gamma}F(\alpha+1-\gamma,\beta+1-\gamma,2-\gamma;x). \tag{9.63c}$$

d) 在某些特殊情形, 超几何级数可以被化为初等函数, 例如,

$$F(1,\beta,\beta;x)=F(\alpha,1,\alpha;x)=\frac{1}{1-x}, \tag{9.64a}$$

$$F(-n,\beta,\beta;-x)=(1+x)^n, \tag{9.64b}$$

$$F(1,1,2;-x)=\frac{\ln(1+x)}{x}, \tag{9.64c}$$

$$F\left(\frac{1}{2},\frac{1}{2},\frac{3}{2};x^2\right)=\frac{\arcsin x}{x}, \tag{9.64d}$$

$$\lim_{\beta\to\infty}F\left(1,\beta,1;\frac{x}{\beta}\right)=\mathrm{e}^x. \tag{9.64e}$$

5. 拉盖尔微分方程

限制于考察整数参数 $(n=0,1,2,\cdots)$ 与实变量和的情形, **拉盖尔微分方程** (Laguerre differential equation) 有形式

$$xy''+(\alpha+1-x)y'+ny=0. \tag{9.65a}$$

其特解是**拉盖尔多项式** (Laguerre polynomials)

$$L_n^{(\alpha)}(x)=\frac{\mathrm{e}^x x^{-\alpha}}{n!}\frac{\mathrm{d}^n}{\mathrm{d}x^n}(\mathrm{e}^{-x}x^{n+\alpha})=\sum_{k=0}^{n}\binom{n+\alpha}{n-k}\frac{(-x)^k}{k!}. \tag{9.65b}$$

$n \geqslant 1$ 时的递推公式是

$$(n+1)L_{n+1}^{(\alpha)}(x) = (-x+2n+\alpha+1)L_n^{(\alpha)}(x) - (n+\alpha)L_{n-1}^{(\alpha)}(x), \quad (9.65\text{c})$$

$$L_0^{(\alpha)}(x) = 1, \quad L_1^{(\alpha)}(x) = 1+\alpha-x. \quad (9.65\text{d})$$

$\alpha > -1$ 时的正交性关系成立:

$$\int_0^{\infty} \mathrm{e}^{-x} x^{\alpha} L_m^{(\alpha)}(x) L_n^{(\alpha)}(x) \mathrm{d}x = \begin{cases} 0, & m \neq n, \\ \binom{n+\alpha}{n}\Gamma(1+\alpha), & m = n. \end{cases} \quad (9.65\text{e})$$

Γ 表示 Γ 函数 (参见第 682 页 8.2.5, 6.).

6. 埃尔米特 (Hermite) 微分方程

文献中经常用到两个定义方程:

第 1 型定义方程

$$y'' - xy' + ny = 0 \quad (n = 0, 1, 2, \cdots). \quad (9.66\text{a})$$

第 2 型定义方程

$$y'' - 2xy' + ny = 0 \quad (n = 0, 1, 2, \cdots). \quad (9.66\text{b})$$

其特解是埃尔米特多项式 (Hermite polynomials), 对于第 1 型定义方程是 $He_n(x)$, 对于第 2 型定义方程是 $H_n(x)$.

a) **对于第 1 型定义方程的埃尔米特多项式:**

$$\begin{aligned} He_n(x) &= (-1)^n \exp\left(\frac{x^2}{2}\right) \frac{\mathrm{d}^n}{\mathrm{d}x^n} \exp\left(-\frac{x^2}{2}\right) \\ &= x^n - \binom{n}{2} x^{n-2} + 1 \cdot 3 \binom{n}{4} x^{n-4} - 1 \cdot 3 \cdot 5 \binom{n}{6} x^{n-6} + \cdots \quad (n \in \mathbb{N}). \end{aligned} \quad (9.66\text{c})$$

对于 $n \geqslant 1$, 下述递推公式成立:

$$He_{n+1}(x) = xHe_n(x) - nHe_{n-1}(x), \quad (9.66\text{d})$$

$$He_0(x) = 1, \quad He_1(x) = x. \quad (9.66\text{e})$$

正交性关系是

$$\int_{-\infty}^{+\infty} \exp\left(-\frac{x^2}{2}\right) He_m(x) He_n(x) \mathrm{d}x = \begin{cases} 0, & m \neq n, \\ n!\sqrt{2\pi}, & m = n. \end{cases} \quad (9.66\text{f})$$

b) **对于第 2 型定义方程的埃尔米特多项式:**

$$H_n(x) = (-1)^n \exp(x^2) \frac{\mathrm{d}^n}{\mathrm{d}x^n} \exp(-x^2) \quad (n \in \mathbb{N}). \quad (9.66\text{g})$$

与第 1 型定义方程的埃尔米特多项式的关系:

$$He_n(x) = 2^{-n/2} H_n\left(\frac{x}{\sqrt{2}}\right) \quad (n \in \mathbb{N}). \quad (9.66\text{h})$$

9.1.3 边值问题

9.1.3.1 问题的表述

1. 边值问题的概念

在不同的应用中, 例如, 在数学物理中, 必须解所谓的**边值问题** (boundary value problems) 的微分方程 (参见第 776 页 9.2.3), 所求之解在自变量的一个区间的端点处必须满足事先给定的关系. 一个特殊情形是线性边值问题, 即线性微分方程的解必须满足线性边值条件. 在下一节中, 把讨论限制在具有线性边值的二阶微分方程.

2. 自伴微分方程

自伴微分方程 (self-adjoint differential equations) 是形如

$$[py']' - qy + \lambda \varrho y = f \tag{9.67a}$$

的重要的特殊的二阶微分方程. 线性边值是齐次条件

$$A_0 y(a) + B_0 y'(a) = 0, \quad A_1 y(b) + B_1 y'(b) = 0. \tag{9.67b}$$

诸函数 $p(x), p'(x), q(x), \varrho(x)$ 和 $f(x)$ 被假设在有限区间 $a \leqslant x \leqslant b$ 中是连续的. 在无穷区间的情形, 结果有很大差异 (见 [9.5]). 此外, 还假设 $p(x) > p_0 > 0, \varrho(x) > \varrho_0 > 0$. 微分方程的一个参数, 量 λ 是一个常数. 当 $f = 0$ 时, 它被称为与**非齐次边值问题** (inhomogeneous boundary value problem) 相伴的**齐次边值问题** (homogeneous boundary value problem).

每个形如

$$Ay'' + By' + Cy + \lambda Ry = F \tag{9.67c}$$

的二阶微分方程, 如果在 $[a, b]$ 中 $A \neq 0$, 那么可以把该方程乘以 p/A, 并施行以下代换

$$p = \exp\left(\int \frac{R}{A} \mathrm{d}x\right), \quad q = -\frac{pC}{A}, \quad \varrho = \frac{pR}{A}, \tag{9.67d}$$

都可以变为自伴方程 (9.67a). 为了找到满足非齐次条件

$$A_0 y(a) + B_0 y'(a) = C_0, \quad A_1 y(b) + B_1 y'(b) = C_1 \tag{9.67e}$$

的解, 要回到具有齐次边值条件的问题, 但是右端 $f(x)$ 改变了, 并且用 $y = z + u$ 代入, 这里 u 是满足非齐次边值条件的任一二次可微函数, 而 z 是满足相应的齐次条件的一个新的未知函数.

3. 斯图姆 (Sturm)–刘维尔问题

对于参数 λ 的一个给定的值, 有两种情形:

(1) 或者对任意 $f(x)$ 非齐次边值问题有一个唯一解, 同时相应的齐次问题只有恒等于零的平凡解;

(2) 相应的齐次问题还有不恒等于零的非平凡解, 但是在这个情形, 对于任意的右端, 非齐次问题并非都有解; 并且如果有解, 它是不唯一的.

使得第 2 种情形, 即齐次问题有一个不平凡解的情形出现的那些参数 λ 的值被称为边值问题的本征值 (eigenvalues of boundary value problem), 相应的非平凡解被称为本征函数 (eigenfunctions). 确定微分方程 (9.67a) 的本征值和本征函数的问题被称为斯图姆–刘维尔问题 (Sturm-Liouville problem).

9.1.3.2 本征函数和本征值的基本性质

1) 边值问题的本征值形成一个单调增的、趋向于无穷的实数序列

$$\lambda_0 < \lambda_1 < \lambda_2 < \cdots < \lambda_n < \cdots. \tag{9.68a}$$

2) 与本征值 λ_n 相伴的本征函数在区间 $a < x < b$ 中恰有 n 个根.

3) 如果 $y(x)$ 和 $z(x)$ 是属于同一个本征值 λ 的两个本征函数, 那么它们仅相差一个常数因子 c, 即

$$z(x) = cy(x). \tag{9.68b}$$

4) 与不同本征值 λ_1 和 λ_2 相伴的两个本征函数 $y_1(x)$ 和 $y_2(x)$ 具有权函数 (weight function) $\varrho(x)$ 时是相互正交的 (orthogonal)

$$\int_a^b y_1(x)y_2(x)\varrho(x)\mathrm{d}x = 0. \tag{9.68c}$$

5) 如果在 (9.67a) 中系数 $p(x)$ 和 $q(x)$ 被 $\tilde{p}(x)$ 和 $\tilde{q}(x)$ 所代替, 这里 $\tilde{p}(x) \geqslant p(x), \tilde{q}(x) \geqslant q(x)$, 则本征值不减, 即 $\tilde{\lambda}_n \geqslant \lambda_n$, 这里 $\tilde{\lambda}_n$ 和 λ_n 分别是改动后方程和原来方程的第 n 个本征值. 但是如果系数 $\varrho(x)$ 被 $\tilde{\varrho}(x) \geqslant \varrho(x)$ 所代替, 则本征值不增, 即 $\tilde{\lambda}_n \leqslant \lambda_n$. 第 n 个本征值连续依赖于方程诸系数, 即, 诸系数的小变动将导致第 n 个本征值的小变动.

6) 区间 $[a, b]$ 缩小为一个较小的区间并不导致本征值的减小.

9.1.3.3 按本征函数的展开

1. 本征函数的正规化

对于每个本征值 λ_n, 选取本征函数 $\varphi_n(x)$, 使得

$$\int_a^b [\varphi_n(x)]^2 \varrho(x)\mathrm{d}x = 1, \tag{9.69a}$$

则 $\varphi_n(x)$ 被称为一个正规化的本征函数 (normalized eigenfunction).

2. 傅里叶 (Fourier) 展开

对于每个定义在区间 $[a, b]$ 中的函数 $g(x)$, 可以用相应边值问题的诸本征函数 $\varphi_n(x)$ 指定其傅里叶级数 (Fourier series)

$$g(x) \sim \sum_{n=0}^{\infty} c_n\varphi_n(x), \quad c_n = \int_a^b g(x)\varphi_n(x)\varrho(x)\mathrm{d}x, \tag{9.69b}$$

如果 (9.69b) 中的诸积分存在.

3. 展开定理

如果函数 $g(x)$ 有连续导数, 并满足给定问题的边界条件, 则 $g(x)$ (对这个边值问题的诸本征函数) 的傅里叶级数绝对并一致收敛于 $g(x)$.

4. 帕塞瓦尔 (Parseval) 方程

如果在 (9.69b) 中右端的积分存在, 则总成立

$$\int_a^b [g(x)]^2 \varrho(x)\mathrm{d}x = \sum_{n=0}^{\infty} c_n^2. \tag{9.69c}$$

在此情形函数 $g(x)$ 的傅里叶级数平均收敛于 $g(x)$, 即

$$\lim_{N\to\infty} \int_a^b \left[g(x) - \sum_{n=0}^{N} c_n \varphi_n(x)\right]^2 \varrho(x)\mathrm{d}x = 0. \tag{9.69d}$$

9.1.3.4 奇异情形

上述类型的边值问题经常出现在用傅里叶方法解理论物理中的问题时, 然而在区间 $[a,b]$ 的端点处往往出现所论微分方程的某些奇性, 例如 $p(x)$ 为零. 在这样的奇点处, 对解提出了某些限制, 例如, 连续性, 或有限性, 或者一个有界阶下的无限增长. 这些条件起着齐次边界条件的作用 (参见第 779 页 9.2.3.3). 此外, 在某些边值问题中经常发生必须考虑齐次边界条件的情形, 使得它们与函数或其导数在区间端点处的值相联系. 经常有关系式

$$y(a) = y(b), \quad p(a)y'(a) = p(b)y'(b), \tag{9.70}$$

在 $p(a) = p(b)$ 的情形这表示周期性. 对于这样一些边值问题, 上面所说的除了陈述 (9.68b) 外仍然成立. 这个方面进一步的讨论见 [9.5].

9.2 偏微分方程

9.2.1 一阶偏微分方程

9.2.1.1 一阶线性偏微分方程

1. 线性和拟线性偏微分方程

方程

$$X_1 \frac{\partial z}{\partial x_1} + X_2 \frac{\partial z}{\partial x_2} + \cdots + X_n \frac{\partial z}{\partial x_n} = Y \tag{9.71a}$$

被称为一阶线性偏微分方程 (linear first-order partial differential equation). 这里 z 是自变量 $x_1, x_2, \cdots, x_n$ 的一个未知函数, $X_1, X_2, \cdots, X_n, Y$ 是这些变量的给定

的函数. 如果函数 $X_1, X_2, \cdots, X_n, Y$ 也依赖于 z, 则方程被称为拟线性偏微分方程 (quasilinear partial differential equation). 当

$$Y \equiv 0 \tag{9.71b}$$

时, 方程被称为齐次的.

2. 线性齐次偏微分方程的解

线性齐次偏微分方程的解与所谓的特征组 (characteristic system)

$$\frac{\mathrm{d}x_1}{X_1} = \frac{\mathrm{d}x_2}{X_2} = \cdots = \frac{\mathrm{d}x_n}{X_n} \tag{9.72a}$$

的解是等价的. 可以用两种方法解这个组:

(1) 可以把使得 $X_k \neq 0$ 的任何 x_k 取为自变量, 因而组 (9.72a) 可以被变化为形式

$$\frac{\mathrm{d}x_j}{\mathrm{d}x_k} = \frac{X_j}{X_k} \quad (j = 1, \cdots, n). \tag{9.72b}$$

(2) 一个更方便的方法是保持对称性并引进一个新变量 t, 得到

$$\frac{\mathrm{d}x_j}{\mathrm{d}t} = X_j \quad (j = 1, 2, \cdots, n). \tag{9.72c}$$

方程组 (9.72a) 的每个首次积分都是线性齐次偏微分方程 (9.72a, b) 的解, 并且反之, (9.72a, b) 的每个解都是 (9.72a) 的首次积分 (参见第 729 页 9.1.2.1, 2.). 如果 $n-1$ 个首次积分

$$\varphi_i(x_1, \cdots, x_n) = 0 \quad (i = 1, 2, \cdots, n-1) \tag{9.72d}$$

是无关的 (参见第 732 页 9.1.2.3, 2.), 则通解是

$$z = \Phi(\varphi_1, \cdots, \varphi_{n-1}). \tag{9.72e}$$

这里 Φ 是 $n-1$ 个变元 φ_i 的一个任意函数, 并且是线性齐次微分方程的一个通解.

3. 非齐次线性和拟线性偏微分方程的解

为了解一个非齐次线性和拟线性偏微分方程 (9.71a), 可以尝试发现隐形式 $V(x_1, \cdots, x_n, z) = C$ 的解 z. 函数 V 是 $n+1$ 个自变量的线性齐次微分方程

$$X_1 \frac{\partial V}{\partial x_1} + X_2 \frac{\partial V}{\partial x_2} + \cdots + X_n \frac{\partial V}{\partial x_n} + Y \frac{\partial V}{\partial z} = 0 \tag{9.73a}$$

的一个解, 该方程的特征组

$$\frac{\mathrm{d}x_1}{X_1} = \frac{\mathrm{d}x_2}{X_2} = \cdots = \frac{\mathrm{d}x_n}{X_n} = \frac{\mathrm{d}z}{Y} \tag{9.73b}$$

被称为**原始方程** (9.71a) **的特征组** (characteristic system of the original equation (9.71a)).

4. 组的几何表示和特征

在两个自变量 $x_1 = x$ 和 $x_2 = y$ 的方程

$$P(x,y,z)\frac{\partial z}{\partial x} + Q(x,y,z)\frac{\partial z}{\partial y} = R(x,y,z) \tag{9.74a}$$

的情形, 一个解 $z = f(x,y)$ 是 x,y,z 空间中的一个曲面, 因而它被称为该微分方程的**积分曲面** (integral surface). 方程 (9.74a) 意味着, 在积分曲面 $z = f(x,y)$ 的每个点处, 法向量 $\left(\frac{\partial z}{\partial x}, \frac{\partial z}{\partial y}, -1\right)$ 垂直于该点处给出的向量 (P,Q,R). 因而组 (9.73b) 就有形式

$$\frac{\mathrm{d}x}{P(x,y,z)} = \frac{\mathrm{d}y}{Q(x,y,z)} = \frac{\mathrm{d}z}{R(x,y,z)}. \tag{9.74b}$$

即得 (参见第 923 页 13.1.3.5) **这个组的积分曲线** (integral curves of this system), 即所谓的**特征** (characteristics), 与向量 (P,Q,R) 相切. 因而, 与积分曲面 $z = f(x,y)$ 有一个公共点的一条特征就完全落在该曲面上. 由于满足存在性定理的条件 (参见第 728 页 9.1.2.1, 1.), 因此过空间的每个点都有特征组的一条积分曲线, 因而积分曲面由特征组成.

5. 柯西问题

给定 $n-1$ 个自变量 $t_1, t_2, \cdots, t_{n-1}$ 的 n 个函数

$$x_1 = x_1(t_1,t_2,\cdots,t_{n-1}), x_2 = x_2(t_1,t_2,\cdots,t_{n-1}), \cdots, x_n = x_n(t_1,t_2,\cdots,t_{n-1}). \tag{9.75a}$$

微分方程 (9.71a) 的柯西问题是要找到一个解

$$z = \varphi(x_1, x_2, \cdots, x_n), \tag{9.75b}$$

使得如果把 (9.75a) 代入其中, 则所得结果即为一个事先给定的函数 $\psi(t_1, t_2, \cdots, t_{n-1})$:

$$\begin{aligned}&\varphi[x_1(t_1,t_2,\cdots,t_{n-1}), x_2(t_1,t_2,\cdots,t_{n-1}), \cdots, x_n(t_1,t_2,\cdots,t_{n-1})]\\ &= \psi(t_1,t_2,\cdots,t_{n-1}).\end{aligned} \tag{9.75c}$$

在两个自变量的情形, 问题归结为找一个通过一条给定曲线的积分曲面. 如果这条曲线在某个点处有连续依赖的切线, 并且在任何点处都不与特征相切, 则柯西问题在这条曲线的一个邻域中有一个唯一解. 这里, 积分曲面由与给定曲线相交的所有特征组成. 与柯西问题解的存在性有关的一些定理更多的数学讨论见 [9.26].

■ **A**: 对于一阶线性非齐次偏微分方程 $(mz-ny)\frac{\partial z}{\partial x} + (nx-lz)\frac{\partial z}{\partial y} = ly-mx$ $(l,m,n$是常数$)$, 其特征方程组为 $\frac{\mathrm{d}x}{mz-ny} = \frac{\mathrm{d}y}{nx-lz} = \frac{\mathrm{d}z}{ly-mx}$. 该组的积分为 $lx+$

$my + nz = C_1, x^2 + y^2 + z^2 = C_2$. 圆是其特征, 圆心位于通过原点的一条直线上, 该直线的方向余弦与 l, m, n 成比例. 积分曲面是以这条直线为轴的一个旋转曲面.

■ **B**: 确定一阶线性非齐次微分方程 $\dfrac{\partial z}{\partial x} + \dfrac{\partial z}{\partial y} = z$ 的通过曲线 $x = 0, z = \varphi(y)$ 的积分曲面. 特征方程组为 $\dfrac{\mathrm{d}x}{1} = \dfrac{\mathrm{d}y}{1} = \dfrac{\mathrm{d}z}{z}$. 通过点 (x_0, y_0, z_0) 的特征是 $y = x - x_0 + y_0, z = z_0 \mathrm{e}^{x - x_0}$. 如果作置换 $x_0 = 0, z_0 = \varphi(y_0)$，则所求积分曲面的参数表达式为 $y = x + y_0, z = \mathrm{e}^x \varphi(y_0)$. 消去 y_0 产生 $z = \mathrm{e}^x \varphi(y - x)$.

9.2.1.2 一阶非线性偏微分方程

1. 一阶偏微分方程的一般形式是隐方程

$$F\left(x_1, \cdots, x_n, z, \frac{\partial z}{\partial x_1}, \cdots, \frac{\partial z}{\partial x_n}\right) = 0. \tag{9.76a}$$

(1) **完全积分** 是依赖于 n 个参数 $a_1, \cdots, a_n$ 的解

$$z = \varphi(x_1, \cdots, x_n, a_1, \cdots, a_n), \tag{9.76b}$$

如果在所考虑的 $x_1, \cdots, x_n, z$ 的值处函数行列式 (或雅可比行列式, 参见第 159 页 2.18.2.6, 3.) 非零:

$$\frac{\partial(\varphi_{x_1}, \cdots, \varphi_{x_n})}{\partial(a_1, \cdots, a_n)} \neq 0. \tag{9.76c}$$

(2) **特征带** (9.76a) 的解被归结为特征组

$$\frac{\mathrm{d}x_1}{P_1} = \cdots = \frac{\mathrm{d}x_n}{P_n} = \frac{\mathrm{d}z}{p_1 P_1 + \cdots + p_n P_n} = \frac{-\mathrm{d}p_1}{X_1 + p_1 Z} = \cdots = \frac{-\mathrm{d}p_n}{X_n + p_n Z} \tag{9.76d}$$

的解, 其中

$$Z = \frac{\partial F}{\partial z}, \quad X_i = \frac{\partial F}{\partial x_i}, \quad p_i = \frac{\partial z}{\partial x_i}, \quad P_i = \frac{\partial F}{\partial p_i} \quad (i = 1, \cdots, n). \tag{9.76e}$$

特征组满足附加条件

$$F(x_1, \cdots, x_n, z, p_1, \cdots, p_n) = 0 \tag{9.76f}$$

的解被称为特征带 (characteristic strips).

2. 典范微分方程组

有时, 考虑一个不显式地包含未知函数 z 的方程是比较方便的. 通过引进一个附加的自变量 $x_{n+1} = z$ 和一个用方程

$$V(x_1, \cdots, x_n, z) = C \tag{9.77a}$$

来定义函数 $z(x_1, \cdots, x_n)$ 的未知函数 $V(x_1, \cdots, x_n, x_{n+1})$，可以得到这样一个方

程. 同时, 在 (9.76a) 中用函数 $-\dfrac{\partial V}{\partial x_i}\Big/\dfrac{\partial V}{\partial x_{n+1}}(i=1,\cdots,n)$ 替代 $\dfrac{\partial z}{\partial x_i}$, 则就对函数 V 的任意偏导数解了方程 (9.76a). 在对其他变量适当重新编号后, 相应的自变量将记作 x. 最后, 得到形如

$$p+H(x_1,\cdots,x_n,x,p_1,\cdots,p_n)=0,\quad p=\frac{\partial V}{\partial x},\quad p_i=\frac{\partial V}{\partial x_i}\quad(i=1,\cdots,n) \tag{9.77b}$$

的方程 (9.76a). 特征微分方程组被变为

$$\frac{\mathrm{d}x_i}{\mathrm{d}x}=\frac{\partial H}{\partial p_i},\quad \frac{\mathrm{d}p_i}{\mathrm{d}x}=-\frac{\partial H}{\partial x_i}\quad(i=1,\cdots,n) \tag{9.77c}$$

和

$$\frac{\mathrm{d}V}{\mathrm{d}x}=p_1\frac{\partial H}{\partial p_1}+\cdots+p_n\frac{\partial H}{\partial p_n}-H,\quad \frac{\mathrm{d}p}{\mathrm{d}x}=-\frac{\partial H}{\partial x}. \tag{9.77d}$$

方程组 (9.77c) 表示 $2n$ 个常微分方程的一个方程组, 它相应于 $2n+1$ 个变量的一个任意函数 $H(x_1,\cdots,x_n,x,p_1,\cdots,p_n)$. 它被称为微分方程的一个**典范组** (canonical system), 或一个**正规组** (normal system).

力学和理论物理学中的许多问题导致这种形式的方程. 知道了方程 (9.77b) 的一个完全积分

$$V=\varphi(x_1,\cdots,x_n,x,a_1,\cdots,a_n)+a, \tag{9.77e}$$

就可以找到典范组 (9.77c) 的通解, 因为 $2n$ 个任意参数 a_i 和 $b_i(i=1,\cdots,n)$ 的方程组 $\dfrac{\partial\varphi}{\partial a_i}=b_i, \dfrac{\partial\varphi}{\partial x_i}=p_i(i=1,\cdots,n)$ 确定了典范方程组 (9.77c) 的一个 $2n$ 个参数的解.

3. 克莱罗微分方程

当给定的微分方程可以被变化为形如

$$z=x_1p_1+x_2p_2+\cdots+x_np_n+f(p_1,\cdots,p_n),\quad p_i=\frac{\partial z}{\partial x_i}\quad(i=1,\cdots,n) \tag{9.78a}$$

的方程时, (9.78a) 被称为一个克莱罗微分方程. 完全积分的确定特别简单, 因为一个具有任意参数 $a_1,\cdots,a_n$ 的完全积分是

$$z=a_1x_1+a_2x_2+\cdots+a_nx_n+f(a_1,\cdots,a_n). \tag{9.78b}$$

■ **带哈密顿 (Hamilton) 函数的二体问题** 考虑平面中根据牛顿 (Newton) 场 (参见第 950 页 13.4.3.2) 在相互间引力作用下运动的两个粒子. 选取一个粒子的初始位置作为原点, 则运动方程有形式

$$\frac{\mathrm{d}^2x}{\mathrm{d}t^2}=\frac{\partial V}{\partial x},\quad \frac{\mathrm{d}^2y}{\mathrm{d}t^2}=\frac{\partial V}{\partial y};\quad V=\frac{k^2}{\sqrt{x^2+y^2}}. \tag{9.79a}$$

引进哈密顿函数

$$H=\frac{1}{2}(p^2+q^2)-\frac{k^2}{\sqrt{x^2+y^2}}, \tag{9.79b}$$

方程组 (9.79a) 即变化为正规组 (典范微分方程组)

$$\frac{\mathrm{d}x}{\mathrm{d}t}=\frac{\partial H}{\partial p},\quad \frac{\mathrm{d}y}{\mathrm{d}t}=\frac{\partial H}{\partial q},\quad \frac{\mathrm{d}p}{\mathrm{d}t}=-\frac{\partial H}{\partial x},\quad \frac{\mathrm{d}q}{\mathrm{d}t}=-\frac{\partial H}{\partial y}, \tag{9.79c}$$

其变量为

$$x,\quad y,\quad p=\frac{\mathrm{d}x}{\mathrm{d}t},\quad q=\frac{\mathrm{d}y}{\mathrm{d}t}. \tag{9.79d}$$

这样, 偏微分方程有形式

$$\frac{\partial z}{\partial t}+\frac{1}{2}\left[\left(\frac{\partial z}{\partial x}\right)^2+\left(\frac{\partial z}{\partial y}\right)^2\right]-\frac{k^2}{\sqrt{x^2+y^2}}=0. \tag{9.79e}$$

在 (9.79e) 中引进极坐标 ρ,φ, 就得到一个新的微分方程, 它有以 a,b,c 为参数的解

$$z=-at-b\varphi+c-\int_{\rho_0}^{\rho}\sqrt{2a+\frac{2k^2}{r}-\frac{b^2}{r^2}}\mathrm{d}r. \tag{9.79f}$$

从方程

$$\frac{\partial z}{\partial a}=-t_0,\quad \frac{\partial z}{\partial b}=-\varphi_0, \tag{9.79g}$$

即得方程组 (9.79c) 的通解.

4. 两个自变量的一阶微分方程

对于 $x_1=x, x_2=y, p_1=p, p_2=q$, 可以把特征带 (参见第 757 页 9.2.1.2, 1.) 几何地解释为一条曲线, 在曲线的每个点 (x,y,z) 处, 与该曲线相切的一个平面 $p(\xi-x)+q(\eta-y)=\zeta-z$ 是预先给定的. 因而, 找方程

$$F\left(x,y,z,\frac{\partial z}{\partial x},\frac{\partial z}{\partial y}\right)=0 \tag{9.80}$$

通过一个给定曲线的积分曲面的问题, 即, 解柯西问题 (参见第 756 页 9.2.1.1, 5.), 就变化为另一问题: 求通过初始曲线各点的特征带, 使得每条带相应的切平面与该曲线相切. 从方程 $F(x,y,z,p,q)=0$ 和 $p\mathrm{d}x+q\mathrm{d}y=\mathrm{d}z$ 得到在初始曲线各点处 p 和 q 的值. 在非线性微分方程的情形可以有多个解.

因而, 为了得到唯一解, 在形成柯西问题时可以假设沿着初始曲线两个连续函数 p 和 q 满足上面的诸关系式.

关于柯西问题解的存在性见 [9.26].

■ 对于偏微分方程 $pq=1$ 和初始曲线 $y=x^3, z=2x^2$, 可以沿着初始曲线取 $p=x, q=1/x$. 特征组有形式

$$\frac{\mathrm{d}x}{\mathrm{d}t}=q,\quad \frac{\mathrm{d}y}{\mathrm{d}t}=p,\quad \frac{\mathrm{d}z}{\mathrm{d}t}=2pq,\quad \frac{\mathrm{d}p}{\mathrm{d}t}=0,\quad \frac{\mathrm{d}q}{\mathrm{d}t}=0.$$

当 $t=0$ 时有初始值 x_0,y_0,z_0,p_0 和 q_0 的特征带满足诸方程 $x=x_0+q_0t, y=y_0+p_0t, z=2p_0q_0t+z_0, p=p_0, q=q_0$. 对于 $p_0=x_0, q_0=1/x_0$ 的情形, 属于通过初始曲线的点 (x_0,y_0,z_0) 的特征带的曲线的方程为

$$x=x_0+\frac{t}{x_0},\quad y=x_0^3+tx_0,\quad z=2t+2x_0^2.$$

消去参数 x_0 和 t, 得到 $z^2=4xy$. 对于沿着初始曲线 p 和 q 别的取值, 可以得到不同的解.

注 单参数积分曲面族的包络也是积分曲面. 考虑到这个事实, 可以用一个完全积分来解柯西问题. 找到与在初始曲线的点处给出的平面相切的解的单参数族, 就可以确定该族的包络.

■ 确定克莱罗微分方程 $z-px-qy+pq=0$ 通过曲线 $y=x, z=x^2$ 的积分曲面. 该微分方程的完全积分是 $z=ax+by-ab$. 由于沿着初始曲线有 $p=q=x$, 由条件 $a=b$ 即确定了单参数积分曲面族. 得到该族的包络是 $z=\frac{1}{4}(x+y)^2$.

5. 全微分形式的一阶线性微分方程

这类方程有下述形式

$$\mathrm{d}z=f_1\mathrm{d}x_1+f_2\mathrm{d}x_2+\cdots+f_n\mathrm{d}x_n, \tag{9.81a}$$

其中 $f_1,f_2,\cdots,f_n$ 是变量 $x_1,x_2,\cdots,x_n,z$ 的给定的函数. 如果在 $x_1,x_2,\cdots,x_n,z$ 间存在一个含有一个任意常数的关系, 此关系导致方程 (9.81a), 则该方程被称为**完全可积的** (completely integrable), 或**恰当微分方程** (exact differential equation). 此时, 对于自变量的初值 $x_1^0,x_2^0,\cdots,x_n^0$, 方程 (9.81a) 有一个取给定值 z_0 的唯一解 $z=z(x_1,x_2,\cdots,x_n)$. 因而, 对于 $n=2, x_1=x, x_2=y$, 通过空间的每一点有一个唯一的积分曲面.

微分方程 (9.81a) 是**完全可积的** (completely integrable), 当且仅当所有变量 $x_1,x_2,\cdots,x_n,z$ 的 $\frac{n(n-1)}{2}$ 个等式

$$\frac{\partial f_i}{\partial x_k}+f_k\frac{\partial f_i}{\partial z}=\frac{\partial f_k}{\partial x_i}+f_i\frac{\partial f_k}{\partial z}\quad (i,k=1,\cdots,n) \tag{9.81b}$$

被满足.

如果以对称形式

$$f_1\mathrm{d}x_1+f_2\mathrm{d}x_2+\cdots+f_n\mathrm{d}x_n=0 \tag{9.81c}$$

给出微分方程, 那么完全可积性的条件是对下标 i,j,k 的所有可能的组合成立

$$f_i\left(\frac{\partial f_k}{\partial x_j}-\frac{\partial f_j}{\partial x_k}\right)+f_j\left(\frac{\partial f_i}{\partial x_k}-\frac{\partial f_k}{\partial x_i}\right)+f_k\left(\frac{\partial f_j}{\partial x_i}-\frac{\partial f_i}{\partial x_j}\right)=0. \tag{9.81d}$$

如果方程是完全可积的, 那么微分方程 (9.81a) 的解可以被归结为有 $n-1$ 个参数的一个常微分方程的解.

9.2.2 二阶线性偏微分方程

9.2.2.1 两个自变量的二阶线性微分方程的分类和性质

1. 一般形式

两个自变量 x, y 和一个未知函数 u 的二阶线性偏微分方程的一般形式是形如

$$A\frac{\partial^2 u}{\partial x^2}+2B\frac{\partial^2 u}{\partial x\partial y}+C\frac{\partial^2 u}{\partial y^2}+a\frac{\partial u}{\partial x}+b\frac{\partial u}{\partial y}+cu=f \tag{9.82a}$$

的方程, 其中系数 A, B, C, a, b, c 和右端的 f 是 x 和 y 的已知函数. 这个微分方程解的形式依赖于所考虑区域中**判别式** (discriminant)

$$\delta = AC - B^2 \tag{9.82b}$$

的符号. 必须区别下述一些情形.

(1) $\delta < 0$: **双曲型** (Hyperbolic type).

(2) $\delta = 0$: **抛物型** (Parabolic type).

(3) $\delta > 0$: **椭圆型** (Elliptic type).

(4) δ 改变符号: **混合型** (Mixed type).

判别式 δ 的一个重要性质是, 其符号在自变量的任意变换下, 例如, 在 x, y 平面中引进新坐标, 是不变的. 因而, 微分方程的类型关于自变量的选取是不变的.

2. 特征

线性二阶偏微分方程的特征是微分方程

$$A\mathrm{d}y^2-2B\mathrm{d}x\mathrm{d}y+C\mathrm{d}x^2=0 \quad 或 \quad \frac{\mathrm{d}y}{\mathrm{d}x}=\frac{B\pm\sqrt{-\delta}}{A} \tag{9.83}$$

的积分曲线. 对于上面 3 种类型微分方程的特征, 下述一些陈述成立:

(1) **双曲型** 存在两族实特征.

(2) **抛物线** 只存在一族实特征.

(3) **椭圆型** 不存在实特征.

(4) 从 (9.82a) 经过坐标变换而得到的微分方程与 (9.28a) 有相同的特征.

(5) 如果一族特征与一族坐标线一致, 那么在 (9.28a) 中未知函数关于相应自变量的二阶导数那一项不存在. 在抛物型微分方程的情形, 不存在混合导数项.

3. 正规形式或典范形式

把 (9.28a) 变化为二阶线性偏微分方程的正规形式有下述一些可能性.

(1) **化为正规形式的变换** 通过引进新的自变量

$$\xi=\varphi(x,y) \quad 和 \quad \eta=\psi(x,y), \tag{9.84a}$$

可以把微分方程 (9.28a) 变化为二阶线性偏微分方程的正规形式, 根据判别式 (9.28b) 的符号, 正规形式属于以下 3 种类型之一:

$$\frac{\partial^2 u}{\partial \xi^2}-\frac{\partial^2 u}{\partial \eta^2}+\cdots=0, \quad \delta<0, \quad \text{双曲型}; \tag{9.84b}$$

$$\frac{\partial^2 u}{\partial \eta^2}+\cdots=0, \quad \delta=0, \quad \text{抛物型}; \tag{9.84c}$$

$$\frac{\partial^2 u}{\partial \xi^2}+\frac{\partial^2 u}{\partial \eta^2}+\cdots=0, \quad \delta>0, \quad \text{椭圆型}. \tag{9.84d}$$

其中不包含未知函数二阶偏导数的项用 3 个点表示.

(2) **双曲型方程到典范形式 (9.84b) 的约化** 如果在双曲型的情形, 选取两族特征为新坐标系 (9.84a) 的坐标线, 即, 如果作代换 $\xi_1=\varphi(x,y),\eta_1=\psi(x,y)$, 其中 $\varphi(x,y)=$ 常数, $\psi(x,y)=$ 常数是特征的方程, 则 (9.82a) 变为形式

$$\frac{\partial^2 u}{\partial \xi_1 \partial \eta_1}+\cdots=0. \tag{9.84e}$$

此形式也被称为*双曲型微分方程的典范形式*(canonical form of a hyperbolic type differential equation). 由此, 由代换

$$\xi=\xi_1+\eta_1, \eta=\xi_1-\eta_1 \tag{9.84f}$$

得到典范形式 (9.84b).

(3) **抛物型方程到典范形式 (9.84c) 的约化** 在这个情形给定的唯一一族特征被选为族 $\xi=$ 常数, 而 η 可以选为 x 和 y 的一个任意函数, 它必定不依赖于 ξ.

(4) **椭圆型方程到典范形式 (9.84d) 的约化** 在椭圆型的情形, 如果系数 $A(x,y),B(x,y),C(x,y)$ 是解析函数 (参见第 954 页 14.1.2.1), 则特征定义了两个复共轭曲线族 $\varphi(x,y)=$ 常数, $\psi(x,y)=$ 常数. 由代换 $\xi=\varphi+\psi$ 和 $\eta=\mathrm{i}(\varphi-\psi)$, 方程变为形式 (9.84d).

4. 一般化的形式

对于以更一般形式给出的方程

$$A(x,y)\frac{\partial^2 u}{\partial x^2}+2B(x,y)\frac{\partial^2 u}{\partial x \partial y}+C(x,y)\frac{\partial^2 u}{\partial y^2}+F\left(x,y,u,\frac{\partial u}{\partial x},\frac{\partial u}{\partial y}\right)=0, \tag{9.85}$$

关于分类和约化为典范形式的每个陈述仍然成立, 这里, 与 (9.82a) 形成对照的是, F 是未知函数 u 及其一阶偏导数 $\partial u/\partial x$ 和 $\partial u/\partial y$ 的非线性函数.

9.2.2.2 多于两个自变量的二阶线性微分方程的分类和性质

1. 一般形式

关于 $u=u(x_1,x_2,\cdots,x_n)$ 的这类微分方程有形式

$$\sum_{i,k} a_{ik}\frac{\partial^2 u}{\partial x_i \partial x_k}+\cdots=0, \tag{9.86}$$

其中 a_{ik} 是自变量的给定的函数, 省略号表示不包含未知函数的二阶导数的项.

一般而言, 不能通过自变量的变换而把微分方程 (9.86) 约化为一个简单的典范形式. 然而, 有一种类似于在第 761 页 9.2.2.1 引进的 (见 [9.5]) 重要的分类.

2. 常系数二阶线性偏微分方程

如果 (9.86) 中所有系数 a_{ik} 都是常数, 那么可以通过自变量的一个线性齐次变换把方程约化为一个比较简单的形式

$$\sum_i \kappa_i \frac{\partial^2 u}{\partial x_i^2} + \cdots = 0, \tag{9.87}$$

其中诸系数 κ_i 是 ± 1 或 0. 必须区别几个特别的情形.

(1) **椭圆型微分方程** 如果所有系数 κ_i 皆异于零, 并且有相同的符号, 那么这是*椭圆型微分方程*的情形.

(2) **双曲型和超双曲型微分方程** 如果所有系数 κ_i 皆异于零, 但是有一个与其他所有的有不同的符号, 那么这是*双曲型微分方程*的情形.如果两种符号都至少出现两次, 那么这是*超双曲型微分方程* (ultra-hyperbolic differential equation) 的情形.

(3) **抛物型微分方程** 如果系数 κ_i 之一等于零, 而其余的异于零, 并且有相同的符号, 那么这是*抛物型微分方程*的情形.

(4) **椭圆型和双曲型微分方程的简单情形** 如果不仅未知函数的二阶导数的诸系数都是常数, 而且一阶导数的系数也都是常数, 那么有可能通过代换消去对应于 $\kappa_i \neq 0$ 的那些一阶导数. 为此目的作代换

$$u = v \exp\Big(-\frac{1}{2} \sum \frac{b_k}{\kappa_k} x_k \Big), \tag{9.88}$$

其中 b_k 是 (9.87) 中 $\dfrac{\partial u}{\partial x_k}$ 的系数, 求和是对所有 $\kappa_k \neq 0$ 的 k 施行的. 用这种方法, 每个常系数的椭圆型和双曲型微分方程都可被约化为简单形式:

a) **椭圆型情形** $\Delta v + kv = g.$ (9.89)

b) **双曲型情形** $\dfrac{\partial^2 v}{\partial t^2} - \Delta v + kv = g.$ (9.90)

这里 Δ 表示拉普拉斯 (Laplace) 算子 (参见第 934 页 13.2.6.5).

$$\Delta v = \frac{\partial^2 v}{\partial x_1^2} + \frac{\partial^2 v}{\partial x_2^2} + \cdots + \frac{\partial^2 v}{\partial x_n^2}.$$

9.2.2.3 二阶线性偏微分方程的积分法

1. 分离变量法

物理学中的一些微分方程的解可以用一些特殊的代换来确定, 得到依赖于一些参数的解族, 虽然这些并不是通解. 如果寻找*乘积形式* (form of a product) 的解

$$u(x_1, \cdots, x_n) = \varphi_1(x_1)\varphi_2(x_2)\cdots\varphi_n(x_n) \tag{9.91}$$

的解, 经常可以解线性微分方程, 特别是二阶线性微分方程. 接着, 试图分离那些函数 $\varphi_k(x_k)$, 即, 对于它们中的每一个, 要确定只包含一个变量 x_k 的常微分方程. 在把乘积形式 (9.91) 的试探解代入给定的微分方程时, 在许多情形这个*分离变量* (separation of variables) 经常是成功的. 为了保证原始方程的解满足所要求的齐次边界条件, 函数 $\varphi_1(x_1), \varphi_2(x_2), \cdots, \varphi_n(x_n)$ 中的某一些满足某些边界条件就可能足够了.

利用求和、微分和积分, 从已经得到的那些解可以获得一些新的解; 必须选择参数, 使得余下的边界条件和初始条件被满足 (见例子).

最后, 不要忘了: 用这种方法得到的解, 经常是无穷级数和反常积分, 只是*形式解* (formal solutions). 也就是, 必须验证解是否有物理意义, 例如, 它是否收敛, 满足原始方程和边界条件, 是否逐项可微, 以及在边界处极限是否存在.

在本节例子中的无穷级数和反常积分是收敛的, 如果定义边界条件的那些函数满足所要求的条件, 例如, 在第一个和第二个例子中关于二阶导数的连续性假设.

■ **A: 弦振动方程** 是一个二阶线性双曲型偏微分方程

$$\frac{\partial^2 u}{\partial t^2} = a^2 \frac{\partial^2 u}{\partial x^2}. \tag{9.92a}$$

它描述了被拉紧的弦的振动. 边界条件和初始条件为

$$u\Big|_{t=0} = f(x), \quad \frac{\partial u}{\partial t}\Big|_{t=0} = \varphi(x), \quad u|_{x=0} = 0, \quad u|_{x=l} = 0. \tag{9.92b}$$

欲求形如

$$u = X(x)T(t) \tag{9.92c}$$

的解, 将其代入给定的方程 (9.92a) 后得到

$$\frac{T''}{a^2T} = \frac{X''}{X}. \tag{9.92d}$$

变量被分离了, 右端仅依赖于 x, 而左端仅依赖于 t, 因而它们都是常数. 此常数必定为负, 否则不能满足边界条件, 即, 非负常数值给出平凡解 $u(x,t)=0$. 用 $-\lambda^2$ 表示这个负常数. 其结果对于两个变量而言都是一个常系数二阶线性常微分方程. 其通解参见第 735 页 9.1.2.4. 结果是两个线性微分方程

$$X'' + \lambda^2 X = 0, \tag{9.92e}$$

$$T'' + a^2\lambda^2 T = 0. \tag{9.92f}$$

从边界条件得到 $X(0)=X(l)=0$. 因而 $X(x)$ 是斯图姆–刘维尔边值问题的本征函数, 而 λ^2 是相应的本征值 (参见第 752 页 9.1.3.1, 3.). 关于 X 解有相应边界条件的微分方程, 得到

$$X(x) = C\sin\lambda x, \quad 满足 \quad \sin\lambda l = 0, \quad 即 \quad \lambda = \frac{n\pi}{l} = \lambda_n \quad (n=1,2,\cdots). \tag{9.92g}$$

关于 T 解方程 (9.92f) 对每个本征值 λ_n 导致常微分方程 (9.92a) 的一个特解

$$u_n(x,t)=\left(a_n\cos\frac{na\pi}{l}t+b_n\sin\frac{na\pi}{l}t\right)\sin\frac{n\pi}{l}x. \tag{9.92h}$$

当 $t=0$ 时要求

$$u\Big|_{t=0}=\sum_{n=1}^{\infty}u_n(x,0)=f(x), \tag{9.92i}$$

$$\frac{\partial u}{\partial t}\Big|_{t=0}=\sum_{n=1}^{\infty}\frac{\partial u_n}{\partial t}(x,0)=\varphi(x), \tag{9.92j}$$

就得到正弦函数的傅里叶级数展开式 (参见第 633 页 7.4.1.1, 1.), 其中

$$a_n=\frac{2}{l}\int_0^l f(x)\sin\frac{n\pi x}{l}\mathrm{d}x,\quad b_n=\frac{2}{na\pi}\int_0^l\varphi(x)\sin\frac{n\pi x}{l}\mathrm{d}x. \tag{9.92k}$$

■ **B: 一根棒的纵向振动方程** 是一个二阶线性双曲型偏微分方程, 它描述一端无约束, 另一固定端处受一恒定力 p 影响的棒的纵向振动. 如 ■ **A** (参见第 764 页) 中那样来解同一个微分方程, 即

$$\frac{\partial^2 u}{\partial t^2}=a^2\frac{\partial^2 u}{\partial x^2}, \tag{9.93a}$$

它有同样的初始条件和不同的边界条件:

$$u\Big|_{t=0}=f(x),\quad \frac{\partial u}{\partial t}\Big|_{t=0}=\varphi(x), \tag{9.93b}$$

$$\frac{\partial u}{\partial x}\Big|_{x=0}=0\quad (\text{自由端}), \tag{9.93c}$$

$$\frac{\partial u}{\partial x}\Big|_{x=l}=kp. \tag{9.93d}$$

条件 (9.93c, d) 可以被齐次条件

$$\frac{\partial z}{\partial x}\Big|_{x=0}=\frac{\partial z}{\partial x}\Big|_{x=l}=0 \tag{9.93e}$$

代替, 其中替代 u 的是引进的一个新的未知函数

$$z=u-\frac{kpx^2}{2l}. \tag{9.93f}$$

微分方程变为非齐次的:

$$\frac{\partial^2 z}{\partial t^2}=a^2\frac{\partial^2 z}{\partial x^2}+\frac{a^2kp}{l}. \tag{9.93g}$$

求形如 $z=v+w$ 的解, 其中 v 满足具有下述关于 z 的初始条件和边界条件的齐次微分方程

$$z\Big|_{t=0}=f(x)-\frac{kpx^2}{2},\quad \frac{\partial z}{\partial t}\Big|_{t=0}=\varphi(x), \tag{9.93h}$$

而 w 满足零初始条件和边界条件的非齐次微分方程. 这就给出 $w = \dfrac{ka^2pt^2}{2l}$. 把未知函数 $v(x,t)$ 的乘积形式

$$v = X(x)T(t) \tag{9.93i}$$

代入微分方程 (9.93a), 如 ■ **A** (第 764 页) 中一样得到两个分离的常微分方程

$$\frac{X''}{X} = \frac{T''}{a^2T} = -\lambda^2. \tag{9.93j}$$

在边界条件 $X'(0) = X'(l) = 0$ 下积分关于 X 的微分方程, 得到本征函数

$$X_n = \cos\frac{n\pi x}{l} \tag{9.93k}$$

和相应的本征值

$$\lambda_n^2 = \frac{n^2\pi^2}{l^2} \quad (n = 0, 1, 2, \cdots). \tag{9.93l}$$

如 ■ **A** (第 764 页) 中过程一样, 最终得到

$$u = \frac{ka^2pt^2}{2l} + \frac{kpx^2}{2l} + a_0 + \frac{a\pi}{l}b_0t + \sum_{n=1}^{\infty}\left(a_n\cos\frac{an\pi t}{l} + \frac{b_n}{n}\sin\frac{an\pi t}{l}\right)\cos\frac{n\pi x}{l}, \tag{9.93m}$$

其中 a_n 和 $b_n(n = 0, 1, 2, \cdots)$ 分别是函数 $f(x) - \dfrac{kpx^2}{2}$ 和 $\dfrac{l}{a\pi}\varphi(x)$ 在区间 $(0, l)$ 中傅里叶余弦级数展开式 (参见第 633 页 7.4.1.1, 1.) 的系数.

■ **C: 圆膜振动方程** 圆膜沿着边界被固定. 该方程是一个线性双曲型偏微分方程. 它有笛卡儿坐标形式和极坐标形式 (参见第 283 页 3.5.3.2, 3.):

$$\frac{\partial^2 u}{\partial x^2} + \frac{\partial^2 u}{\partial y^2} = \frac{1}{a^2}\frac{\partial^2 u}{\partial t^2}, \tag{9.94a}$$

$$\frac{\partial^2 u}{\partial \rho^2} + \frac{1}{\rho}\frac{\partial u}{\partial \rho} + \frac{1}{\rho^2}\frac{\partial^2 u}{\partial \varphi^2} = \frac{1}{a^2}\frac{\partial^2 u}{\partial t^2}. \tag{9.94b}$$

初始条件和边界条件为

$$u|_{t=0} = f(\rho, R), \tag{9.94c}$$

$$\left.\frac{\partial u}{\partial t}\right|_{t=0} = F(\rho, \varphi), \tag{9.94d}$$

$$u|_{\rho=R} = 0. \tag{9.94e}$$

把 3 个变量的乘积形式的代换

$$u = U(\rho)\Phi(\varphi)T(t) \tag{9.94f}$$

代入极坐标形式的微分方程导致

$$\frac{U''}{U} + \frac{U'}{\rho U} + \frac{\Phi''}{\rho^2\Phi} = \frac{1}{a^2}\frac{T''}{T} = -\lambda^2. \tag{9.94g}$$

类似于例子**A** (第 764 页) 和**B** (第 765 页), 得到分离了变量的 3 个常微分方程:

$$T'' + a^2\lambda^2 T = 0, \tag{9.94h}$$

$$\frac{\rho^2 U'' + \rho U'}{U} + \lambda^2\rho^2 = -\frac{\Phi''}{\Phi} = \nu^2, \tag{9.94i}$$

$$\Phi'' + \nu^2\Phi = 0. \tag{9.94j}$$

从条件 $\Phi(0) = \Phi(2\pi), \Phi'(0) = \Phi'(2\pi)$, 即得

$$\Phi(\varphi) = a_n \cos n\varphi + b_n \sin n\varphi, \quad \nu^2 = n^2 \quad (n = 0, 1, 2, \cdots). \tag{9.94k}$$

从方程 $[\rho U']' - \dfrac{n^2}{\rho}U = -\lambda^2\rho U$ 和 $U(R) = 0$ 将确定 U 和 λ. 考虑 $U(\rho)$ 在 $\rho = 0$ 处显然的有界性条件, 并作代换 $\lambda\rho = z$, 得到

$$z^2U'' + zU' + (z^2 - n^2)U = 0, \quad 即 \quad U(\rho) = J_n(z) = J_n\left(\mu\frac{\rho}{R}\right), \tag{9.94l}$$

其中 J_n 是贝塞尔函数 (参见第 743 页 9.1.2.6, 2.), 而 $\lambda = \dfrac{\mu}{R}$, 并且 $J_n(\mu) = 0$. 当 μ_{nk} 是函数 $J_n(z)$ 的第 k 个正根时, 函数系

$$U_{nk}(\rho) = J_n\left(\mu_{nk}\frac{\rho}{R}\right) \quad (k = 1, 2, \cdots) \tag{9.94m}$$

是自伴斯图姆–刘维尔问题本征函数完全系, 它们在具有权函数 ρ 时是正交的.

问题的解可以有二重级数的形式

$$U = \sum_{n=0}^{\infty}\sum_{k=1}^{\infty}\left[(a_{nk}\cos n\varphi + b_{nk}\sin n\varphi)\cos\frac{a\mu_{nk}t}{R} + (c_{nk}\cos n\varphi + d_{nk}\sin n\varphi)\sin\frac{a\mu_{nk}t}{R}\right]J_n\left(\mu_{nk}\frac{\rho}{R}\right). \tag{9.94n}$$

从在 $t = 0$ 时的初始条件得到

$$f(\rho, \varphi) = \sum_{n=0}^{\infty}\sum_{k=1}^{\infty}(a_{nk}\cos n\varphi + b_{nk}\sin n\varphi)J_n\left(\mu_{nk}\frac{\rho}{R}\right), \tag{9.94o}$$

$$F(\rho, \varphi) = \sum_{n=0}^{\infty}\sum_{k=1}^{\infty}\frac{a\mu_{nk}}{R}(c_{nk}\cos n\varphi + d_{nk}\sin n\varphi)J_n\left(\mu_{nk}\frac{\rho}{R}\right), \tag{9.94p}$$

其中

$$a_{nk} = \frac{2}{\pi R^2 J_{n-1}^2(\mu_{nk})}\int_0^{2\pi}\mathrm{d}\varphi\int_0^R f(\rho, \varphi)\cos n\varphi J_n\left(\mu_{nk}\frac{\rho}{R}\right)\rho\mathrm{d}\rho, \tag{9.94q}$$

$$b_{nk} = \frac{2}{\pi R^2 J_{n-1}^2(\mu_{nk})}\int_0^{2\pi}\mathrm{d}\varphi\int_0^R f(\rho, \varphi)\sin n\varphi J_n\left(\mu_{nk}\frac{\rho}{R}\right)\rho\mathrm{d}\rho. \tag{9.94r}$$

在 $n = 0$ 的情形, 分子 2 要改为 1. 为了确定系数 c_{nk} 和 d_{nk}, 在 a_{nk} 和 b_{nk} 的公

式中用 $F(\rho,\varphi)$ 代替 $f(\rho,\varphi)$, 再乘以 $\dfrac{R}{a\mu_{nk}}$.

■ **D: 狄利克雷 (Dirichlet) 问题** (参见第 951 页 13.5.1) 对于长方形 $0 \leqslant x \leqslant a, 0 \leqslant y \leqslant b$ (图 9.17) 的狄利克雷问题为:

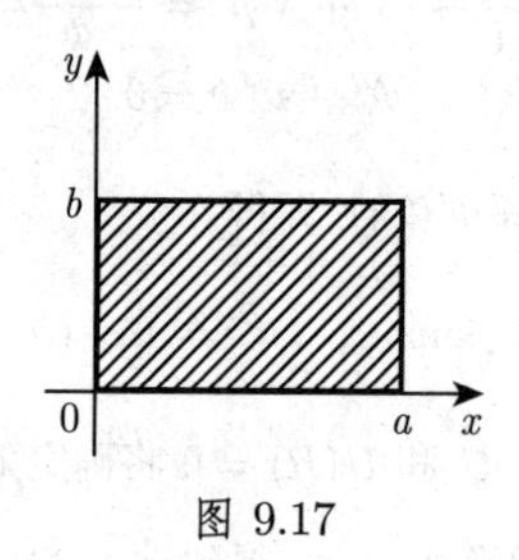

图 9.17

求满足椭圆型拉普拉斯微分方程

$$\Delta u = 0 \tag{9.95a}$$

和边界条件

$$\begin{aligned} u(0,y) &= \varphi_1(y), \quad u(a,y) = \varphi_2(y), \\ u(x,0) &= \psi_1(x), \quad u(x,b) = \psi_2(x) \end{aligned} \tag{9.95b}$$

的函数 $u(x,y)$.

第 1 步, 要确定边界条件为 $\varphi_1(y) = \varphi_2(y) = 0$ 的一个特解. 把乘积形式

$$u = X(x)Y(y) \tag{9.95c}$$

代入 (9.95a), 得到两个分离的微分方程

$$\frac{X''}{X} = -\frac{Y''}{Y} = -\lambda^2, \tag{9.95d}$$

其中本征值 λ 类似于例子**A** (第 764 页)~**C** (第 766 页). 由于 $X(0) = X(a) = 0$, 因而

$$X = C\sin\lambda x, \quad \lambda = \frac{n\pi}{a} = \lambda_n \quad (n = 1, 2, \cdots). \tag{9.95e}$$

第 2 步, 获得微分方程

$$Y'' - \frac{n^2\pi^2}{a^2}Y = 0 \tag{9.95f}$$

形如

$$Y = a_n \sinh\frac{n\pi}{a}(b-y) + b_n \sinh\frac{n\pi}{a}y \tag{9.95g}$$

的通解. 从这些方程得到 (9.95a) 的满足边界条件 $u(0,y) = u(a,y) = 0$ 的一个特解, 它有形式

$$u_n = \left[a_n \sinh\frac{n\pi}{a}(b-y) + b_n \sinh\frac{n\pi}{a}y\right]\sin\frac{n\pi}{a}x. \tag{9.95h}$$

第 3 步, 考虑级数形式的通解

$$u=\sum_{n=1}^{\infty}u_n, \tag{9.95i}$$

因而从 $y=0$ 和 $y=b$ 处的边界条件得到

$$u=\sum_{n=1}^{\infty}\left(a_n\sinh\frac{n\pi}{a}(b-y)+b_n\sinh\frac{n\pi}{a}y\right)\sin\frac{n\pi}{a}x, \tag{9.95j}$$

其中系数为

$$\begin{aligned}a_n&=\frac{2}{a\sinh\dfrac{n\pi b}{a}}\int_0^a\psi_1(x)\sin\frac{n\pi}{a}x\mathrm{d}x,\\b_n&=\frac{2}{a\sinh\dfrac{n\pi b}{a}}\int_0^a\psi_2(x)\sin\frac{n\pi}{a}x\mathrm{d}x.\end{aligned} \tag{9.95k}$$

可以用类似方法解边界条件为 $\psi_1(x)=\psi_2(x)=0$ 的问题, 并取级数 (9.95j), 就得到 (9.95a) 和 (9.95b) 的通解.

■ **E: 热导方程** 一端在无穷远, 另一端保持恒定温度的均匀棒中的热传导由一个在区域 $0\leqslant x<+\infty, t\geqslant 0$ 中的二阶抛物型线性偏微分方程

$$\frac{\partial u}{\partial t}=a^2\frac{\partial^2 u}{\partial x^2} \tag{9.96a}$$

及其满足的初始条件和边界条件

$$u|_{t=0}=f(x),\quad u|_{x=0}=0 \tag{9.96b}$$

所描述. 还假设在无穷远处温度趋于零. 在 (9.96a) 中作代换

$$u=X(x)T(t), \tag{9.96c}$$

得到两个常微分方程

$$\frac{T'}{a^2T}=\frac{X''}{X}=-\lambda^2, \tag{9.96d}$$

其参数 λ 类似于以前的例子**A** (第 764 页)~**D** (第 768 页) 而被引进. 作为 $T(t)$ 的一个解, 得到

$$T(t)=C_\lambda \mathrm{e}^{-\lambda^2a^2t}, \tag{9.96e}$$

利用边界条件 $X(0)=0$, 得到

$$X(x)=C\sin\lambda x, \tag{9.96f}$$

因而

$$u_\lambda=C_\lambda \mathrm{e}^{-\lambda^2a^2t}\sin\lambda x, \tag{9.96g}$$

其中 λ 是一个任意实数. 可以得到下述形式的解

$$u(x,t)=\int_0^{\infty}C(\lambda)\mathrm{e}^{-\lambda^2a^2t}\sin\lambda x\mathrm{d}\lambda,\tag{9.96h}$$

从初始条件 $u|_{t=0}=f(x)$ 即得 (9.96i) 及对于常数 $C(\lambda)$ 的 (9.96j)(参见第 633 页 7.4.1.1):

$$f(x)=\int_0^{\infty}C(\lambda)\sin\lambda x\mathrm{d}\lambda,\tag{9.96i}$$

$$C(\lambda)=\frac{2}{\pi}\int_0^{\infty}f(s)\sin\lambda s\mathrm{d}s.\tag{9.96j}$$

结合 (9.96j) 和 (9.96h) 就得到

$$u(x,t)=\frac{2}{\pi}\int_0^{\infty}f(s)\Big(\int_0^{\infty}\mathrm{e}^{-\lambda^2a^2t}\sin\lambda s\sin\lambda x\mathrm{d}\lambda\Big)\mathrm{d}s,\tag{9.96k}$$

或者, 在用两个余弦之差的一半代替两个正弦的乘积 (参见第 106 页 (2.122)), 并利用第 1421 页表 21.8.2中公式 (21.27), 就得到

$$u(x,t)=\int_0^{\infty}f(s)\frac{1}{2a\sqrt{\pi t}}\Big[\exp\Big(-\frac{(x-s)^2}{4a^2t}\Big)-\exp\Big(-\frac{(x+s)^2}{4a^2t}\Big)\Big]\mathrm{d}s.\tag{9.96l}$$

2. 解双曲型微分方程柯西问题的黎曼方法

$$\frac{\partial^2u}{\partial x\partial y}+a\frac{\partial u}{\partial x}+b\frac{\partial u}{\partial y}+cu=F.\tag{9.97a}$$

(1) **黎曼函数** 是一个函数 $v(x,y;\xi,\eta)$, 其中 ξ 和 η 是参数, 该函数满足齐次方程 ——(9.97a) 的伴随方程

$$\frac{\partial^2v}{\partial x\partial y}-\frac{\partial(av)}{\partial x}-\frac{\partial(bv)}{\partial y}+cv=0\tag{9.97b}$$

和条件

$$v(x,\eta;\xi,\eta)=\exp\left(\int_{\xi}^{x}b(s,\eta)\mathrm{d}s\right),\quad v(\xi,y;\xi,\eta)=\exp\left(\int_{\eta}^{y}a(\xi,s)\mathrm{d}s\right).\tag{9.97c}$$

一般而言, 二阶线性微分方程及其伴随微分方程分别有形式

$$\sum_{i,k}a_{ik}\frac{\partial^2u}{\partial x_i\partial x_k}+\sum_i b_i\frac{\partial u}{\partial x_i}+cu=f,\tag{9.97d}$$

$$\sum_{i,k}\frac{\partial^2(a_{ik}v)}{\partial x_i\partial x_k}-\sum_i\frac{\partial(b_iv)}{\partial x_i}+cv=0.\tag{9.97e}$$

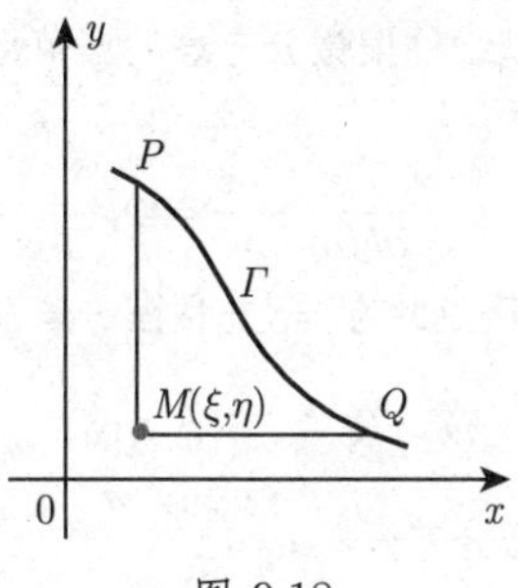

图 9.18

(2) **黎曼公式** 是一个积分公式, 它被用于确定满足所给定的微分方程 (9.97a) 的函数 $u(\xi,\eta)$, 它沿着事先给定的曲线 Γ (图 9.18) 取事先给定的值及其事先给定的在曲线的法向导数值 (参见第 327 页 3.6.1.2, 2.):

$$u(\xi,\eta)=\frac{1}{2}(uv)_P+\frac{1}{2}(uv)_Q-\int_{\widehat{PQ}}\left[buv+\frac{1}{2}\left(v\frac{\partial u}{\partial x}-u\frac{\partial v}{\partial x}\right)\right]\mathrm{d}x$$
$$-\left[auv+\frac{1}{2}\left(v\frac{\partial u}{\partial y}-u\frac{\partial v}{\partial y}\right)\right]\mathrm{d}y+\iint_{PMQ}Fv\mathrm{d}x\mathrm{d}y. \tag{9.97f}$$

光滑曲线 Γ (图 9.18) 必须没有切线平行于坐标轴, 即, 曲线 Γ 必须不与特征相切. 可以计算这个公式中的线积分, 因为由函数值及其沿着 Γ 的非切向导数值可以确定其中的偏导数的值.

在柯西问题中, 沿着 Γ 的法向导数经常被未知函数的偏导数, 例如 $\dfrac{\partial u}{\partial y}$ 的值所取代. 此时, 用另一形式的黎曼公式:

$$u(\xi,\eta)=(uv)_P-\int_{\widehat{QP}}\left(buv-u\frac{\partial v}{\partial x}\right)\mathrm{d}x-\left(auv+v\frac{\partial u}{\partial y}\right)\mathrm{d}y+\iint_{PMQ}Fv\mathrm{d}x\mathrm{d}y. \tag{9.97g}$$

■ **电报方程** (报务员方程)是一个二阶线性双曲型偏微分方程

$$a\frac{\partial^2 u}{\partial t^2}+2b\frac{\partial u}{\partial t}+cu=\frac{\partial^2 u}{\partial x^2}, \tag{9.98a}$$

其中 $a>0,b,c$ 都是常数. 该方程描述了导线中的电流. 它是弦振动微分方程的推广.

用 $u=z\exp(-(b/a)t)$ 替代未知函数 $u(x,t)$, (9.98a) 就约化为形式

$$\frac{\partial^2 z}{\partial t^2}=m^2\frac{\partial^2 z}{\partial x^2}+n^2 z\quad\left(m^2=\frac{1}{a},n^2=\frac{b^2-ac}{a^2}\right). \tag{9.98b}$$

用

$$\xi=\frac{n}{m}(mt+x),\quad \eta=\frac{n}{m}(mt-x) \tag{9.98c}$$

代替自变量, 最后得到双曲型线性偏微分方程的典范形式 (参见第 761 页 9.2.2.1, 1.)

$$\frac{\partial^2 z}{\partial\xi\partial\eta}-\frac{z}{4}=0. \tag{9.98d}$$

黎曼函数 $v(\xi,\eta;\xi_0,\eta_0)$ 必须满足此方程, 并且在 $\xi=\xi_0,\eta=\eta_0$ 处取值 1. 选取

$$w=(\xi-\xi_0)(\eta-\eta_0), \tag{9.98e}$$

其中 $v=f(w)$, 则 $f(w)$ 是微分方程

$$w\frac{\mathrm{d}^2 f}{\mathrm{d}w^2}+\frac{\mathrm{d}f}{\mathrm{d}w}-\frac{1}{4}f=0, \tag{9.98f}$$

以及初始条件 $f(0)=1$ 的一个解. 代换 $w=\alpha^2$ 把这个微分方程约化为零阶贝塞尔微分方程 (参见第 743 页 9.1.2.6, 2.)

$$\frac{\mathrm{d}^2 f}{\mathrm{d}\alpha^2}+\frac{1}{\alpha}\frac{\mathrm{d}f}{\mathrm{d}\alpha}-f=0, \tag{9.98g}$$

因而解为

$$v=I_0\left[\sqrt{(\xi-\xi_0)(\eta-\eta_0)}\right]. \tag{9.98h}$$

原始微分方程 (9.98a) 满足边界条件

$$z\Big|_{t=0}=f(x),\quad \frac{\partial z}{\partial t}\Big|_{t=0}=g(x) \tag{9.98i}$$

的解可以通过把所得到的 v 的值代入黎曼公式再回到原来的变量而得到

$$\begin{aligned}z(x,t)=&\frac{1}{2}[f(x-mt)+f(x+mt)]\\&+\frac{1}{2}\int_{x-mt}^{x+mt}\left[g(s)\frac{I_0\left(\frac{n}{m}\sqrt{m^2t^2-(s-x)^2}\right)}{m}\right.\\&\left.-f(s)\frac{ntI_1\left(\frac{n}{m}\sqrt{m^2t^2-(s-x)^2}\right)}{\sqrt{m^2t^2-(s-x)^2}}\right]\mathrm{d}s.\end{aligned} \tag{9.98j}$$

3. 解两个自变量的椭圆型微分方程边值问题的格林方法

这个方法与解双曲型微分方程柯西问题的黎曼方法非常相似.

如果想在一个给定的区域中找一个满足二阶线性椭圆型偏微分方程

$$\frac{\partial^2 u}{\partial x^2}+\frac{\partial^2 u}{\partial y^2}+a\frac{\partial u}{\partial x}+b\frac{\partial u}{\partial y}+cu=f, \tag{9.99a}$$

并在该区域的边界上取规定值的函数 $u(x,y)$, 首先必须确定该区域的**格林函数** (Green function) $G(x,y;\xi,\eta)$, 其中 ξ,η 被视作参数. 格林函数必须满足下述一些条件:

(1) 除了在点 $x=\xi, y=\eta$ 处外, 在给定的区域中函数 $G(x,y;\xi,\eta)$ 处处满足齐次伴随方程

$$\frac{\partial^2 G}{\partial x^2}+\frac{\partial^2 G}{\partial y^2}-\frac{\partial(aG)}{\partial x}-\frac{\partial(bG)}{\partial y}+cG=0. \tag{9.99b}$$

(2) 函数 $G(x,y;\xi,\eta)$ 有形式

$$U\ln\frac{1}{r}+V, \tag{9.99c}$$

其中

$$r=\sqrt{(x-\xi)^2+(y-\eta)^2}, \tag{9.99d}$$

并且 U 在点 $x=\xi, y=\eta$ 处取值 1, U 和 V 及其二阶导数在整个区域中是连续函数.

(3) 函数 $G(x,y;\xi,\eta)$ 在给定区域的边界上等于零.

第 2 步是通过下述公式用格林函数给出边值问题的解

$$u(\xi,\eta)=\frac{1}{2\pi}\int_S u(x,y)\frac{\partial}{\partial n}G(x,y;\xi,\eta)\mathrm{d}s-\frac{1}{2\pi}\iint\limits_D f(x,y)G(x,y;\xi,\eta)\mathrm{d}x\mathrm{d}y, \tag{9.99e}$$

其中 D 是所考虑的区域, S 是 D 的边界, 在 S 上假定函数 u 是已知的, 而 $\dfrac{\partial}{\partial n}$ 表示指向 D 内部的法向导数.

条件 (3) 依赖于问题的表达. 例如, 如果取代函数值, 在区域边界的法向给出未知函数导数之值, 那么条件 (3) 就变为在边界上成立条件

$$\frac{\partial G}{\partial n}-(a\cos\alpha+b\cos\beta)G=0, \tag{9.99f}$$

其中 α 和 β 分别表示区域边界的内法向和两个坐标轴之间的夹角. 在此情形, 解由下述公式给出

$$u(\xi,\eta)=-\frac{1}{2\pi}\int_S\frac{\partial u}{\partial n}G\mathrm{d}s-\frac{1}{2\pi}\iint\limits_D fG\mathrm{d}x\mathrm{d}y. \tag{9.99g}$$

4. 解三个自变量的边值问题的格林方法

微分方程

$$\Delta u+a\frac{\partial u}{\partial x}+b\frac{\partial u}{\partial y}+c\frac{\partial u}{\partial z}+eu=f \tag{9.100a}$$

的解应该在所考虑区域的边界上取给定的值. 第 1 步, 仍构造格林函数, 但现在它依赖于 3 个参数 ξ,η 和 ζ. 格林函数满足的自伴微分方程有形式

$$\Delta G-\frac{\partial(aG)}{\partial x}-\frac{\partial(bG)}{\partial y}-\frac{\partial(cG)}{\partial z}+eG=0. \tag{9.100b}$$

与在条件 (2) 中相仿, 函数 $G(x,y,z;\xi,\eta,\zeta)$ 有形式

$$U\frac{1}{r}+V, \tag{9.100c}$$

其中

$$r=\sqrt{(x-\xi)^2+(y-\eta)^2+(z-\zeta)^2}. \tag{9.100d}$$

问题的解为

$$u(\xi,\eta,\zeta)=\frac{1}{4\pi}\iint_S u\frac{\partial G}{\partial n}\mathrm{d}s-\frac{1}{4\pi}\iiint_D fG\mathrm{d}x\mathrm{d}y\mathrm{d}z. \tag{9.100e}$$

黎曼方法和格林方法有共同的想法, 即首先确定微分方程的一个特解, 然后它可被用于得到具有任意边界条件的解. 黎曼方法与格林方法的本质不同点在于, 前者仅依赖于微分方程左端的形式, 而后者还依赖于所考虑的区域. 在实践中, 找格林函数是一个特别困难的问题, 即使已知其存在; 因而, 格林方法主要被用于理论研究.

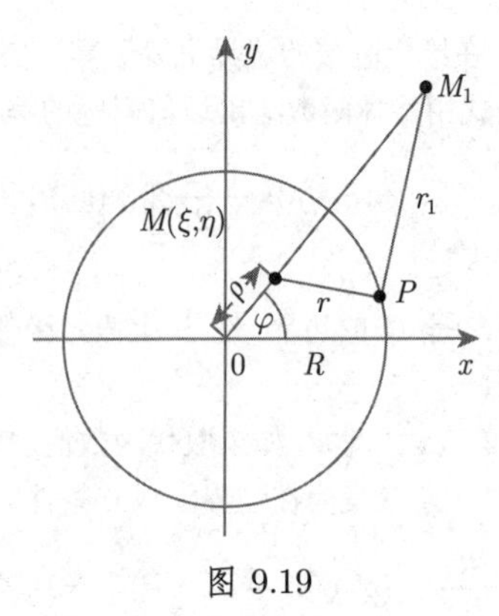

图 9.19

■ **A**: 当所考虑区域是一个圆盘 (图 9.19) 时, 拉普拉斯微分方程

$$\Delta u=0 \tag{9.101a}$$

狄利克雷问题 (参见第 951 页 13.5.1) 格林函数的构造. 格林函数是

$$G(x,y;\xi,\eta)=\ln\frac{1}{r}+\ln\frac{r_1\rho}{R}, \tag{9.101b}$$

其中 $r=\overline{MP},\rho=\overline{OM},r_1=\overline{M_1P},R$ 是所考虑圆盘的半径 (图 9.19). 点 M 和 M_1 关于圆周是对称的, 即, 两个点位于从圆心发出的同一条射线上, 并且

$$\overline{OM}\cdot\overline{OM_1}=R^2. \tag{9.101c}$$

狄利克雷问题解的公式 (9.99e), 在代入格林函数法向导数并经过一些计算后就产生了所谓的泊松 (Poisson) 积分

$$u(\xi,\eta)=\frac{1}{2\pi}\int_0^{2\pi}\frac{R^2-\rho^2}{R^2+\rho^2-2R\rho\cos(\psi-\varphi)}u(\varphi)\mathrm{d}\varphi. \tag{9.101d}$$

记号如上. $u(\varphi)$ 给出了 u 在圆盘边界上的已知值. 对于点 $M(\xi,\eta)$ 的坐标, 有 $\xi=\rho\cos\psi, \eta=\rho\sin\psi$.

■ **B**: 当所考虑区域是一个半径为 R 的球时, 拉普拉斯微分方程

$$\Delta u=0 \tag{9.102a}$$

狄利克雷问题 (参见第 951 页 13.5.1) 格林函数的构造. 此时格林函数有形式

$$G(x,y,z;\xi,\eta,\zeta)=\frac{1}{r}-\frac{R}{r_1\rho}, \tag{9.102b}$$

其中 $\rho=\sqrt{\xi^2+\zeta^2+\zeta^2}$ 是从球心到点 (ξ,η,ζ) 的距离, r 是点 (x,y,z) 与点 (ξ,η,ζ) 之间的距离, r_1 是点 (x,y,z) 与 (ξ,η,ζ) 的对称点 (根据 (9.101c)), 即与点 $\left(\frac{R\xi}{\rho},\frac{R\eta}{\rho},\frac{R\zeta}{\rho}\right)$ 的距离. 在此情形, 泊松积分有形式 (用与 ■ **A**(第 774 页) 中相同的记号)

$$u(\xi,\eta,\zeta)=\frac{1}{4\pi}\iint_S\frac{R^2-\rho^2}{Rr^3}u\mathrm{d}s. \tag{9.102c}$$

5. 算子方法

算子方法不仅可以用来解常微分方程, 而且也可以用来解偏微分方程 (参见第 1005 页 15.1.6). 它们基于从未知函数到其积分变换的转移 (参见第 1002 页 15.1). 在这个过程中, 未知函数被视为只是一个变量的函数, 而变换是关于这个变量所施行的. 其余的变量被视为参数. 确定未知函数变换的方程比原始方程的自变量少. 特别地, 如果原始微分方程是两个自变量的偏微分方程, 那么对于其作变换就得到一个常微分方程. 如果从所得到的方程能发现未知函数的变换, 那么或者从反函数的公式, 或者从变换表就得到原来的函数.

6. 逼近方法

为了解决偏微分方程的实际问题, 使用了不同的逼近方法. 它们可以被分为解析方法和数值方法.

(1) **分析方法** (analytical methods) 有可能对未知函数确定其逼近解析表达式.

(2) **数值方法** (numerical methods) 对自变量的某些值导致未知函数的逼近值. 可用下述一些方法 (参见第 1267 页 19.5):

a) **有限差分法** (finite difference method), **或格点法** (Lattice-Point Method): 导数用均差 (divided differences) 代替, 因而包括初始条件和边界条件的微分方程变为一个代数方程组. 带有初始条件和边界条件的线性微分方程变为一个线性代数方程组.

b) **有限元法** (**finite element method**), 或简称为**FEM** (参见第 1271 页 19.5.3), 这是针对边值问题的. 这里一个变分问题被指派给边值问题. 用样条方法来获得未知函数的逼近, 选取其中的系数以得到最佳解. 边值问题的区域被分成一些正规的子区域. 通过解一个极值问题来确定系数.

c) **积分方程法 (沿着一条闭曲线)** (integral equation method (along a closed curve)), 对于一些特殊的边界问题: 把边值问题叙述为沿着边值问题的区域边界的一个等价的积分方程问题. 为此, 利用向量分析的一些定理 (参见第 45 页 13.3.3), 例如格林公式. 利用适当的求积公式来数值地确定剩下的沿着闭曲线的积分.

(3) **物理解法** (physical solutions) 由实验方法可以给出微分方程的物理解法. 这基于下述事实: 同一个微分方程可以描述不同的物理现象. 为了解一个给定的方程, 首先要建立一个模拟给定问题的模型, 由此模型可以直接得到未知函数的值. 因为常常知道这样的模型, 并且可以通过在宽广的范围中变动参数来构造这样的模型, 所以可以把微分方程应用于变量的广阔领域中.

9.2.3 自然科学和工程学中的一些偏微分方程

9.2.3.1 问题和边界条件的叙述

1. 问题的叙述

经典理论物理学中不同物理现象的建模和数学处理, 特别是在为无结构或连续变动的介质, 如气体、液体、固体、经典物理场等建模时, 会导致偏微分方程的产生. 一个重要的领域是量子力学, 它基于对介质和场的不连续的认同. 最重要的关系是薛定谔方程. 二阶线性偏微分方程最频繁地出现, 它们在当今的自然科学中有特殊的重要性.

2. 初始条件和边界条件

物理学、工程学和自然科学问题的解, 通常必须满足两个基本要求:

1) 解不仅表现满足微分方程, 而且还必须满足初始条件和/或边界条件. 有这样的问题, 只有初始条件, 或只有边界条件, 或两者兼有之. 所有条件在一起必须确定微分方程的唯一解.

2) 关于初始条件和边界条件的微小变化, 解必须是稳定的, 也就是说, 解的改变在这些条件的*扰动* (pertubations) 足够小时必须可以任意小. 此时可以给出*问题的正确叙述*(correct problem formulation).

可以假设, 描述实际情况的所给问题的数学模型只有在这些条件都被满足时才是合乎需要的.

例如, 为了研究连续介质中的振动过程, 恰当地定义了双曲型微分方程的柯西问题 (参见第 756 页 9.2.1.1, 5.). 这意味着, 在一个初始流形上, 亦即在一条曲线上或一个曲面上, 给出了所求函数及其沿非切向 (通常是沿法向) 导数的值.

在椭圆型微分方程的情形 —— 出现在连续介质中定态问题和平衡问题的研究中, 形成边值问题是正确的. 如果所考虑的区域是无界的, 那么未知函数在自变量无限增长时必须满足某些给定的性质.

3. 非齐次条件和非齐次微分方程

具有非齐次初始条件或边界条件的齐次或非齐次线性偏微分方程的解, 可以被归结为一个方程的解, 该方程与原始方程的差别仅在于其自由项不包含未知函数, 以及它有齐次条件. 用原始函数与任一满足给定非齐次条件的二次可微函数之差替代原始函数即可.

一般地, 可以利用下述事实: 一个具有给定非齐次初始条件或边界条件的非齐次线性偏微分方程的解, 是具有零条件的同一个微分方程的解与具有给定条件的相应的齐次微分方程的解之和.

为了把非齐次线性偏微分方程

$$\frac{\partial^2 u}{\partial t^2} - L[u] = g(x,t) \tag{9.103a}$$

具有齐次初始条件

$$u|_{t=0} = 0, \quad \left.\frac{\partial u}{\partial t}\right|_{t=0} = 0 \tag{9.103b}$$

的解归结为相应的齐次微分方程的解, 作代换

$$u = \int_0^t \varphi(x,t;\tau)\mathrm{d}\tau, \tag{9.103c}$$

这里 $\varphi(x,t;\tau)$ 是微分方程

$$\frac{\partial^2 u}{\partial t^2} - L[u] = 0 \tag{9.103d}$$

的解, 它满足边界条件

$$u\Big|_{t=\tau} = 0, \quad \left.\frac{\partial u}{\partial t}\right|_{t=\tau} = g(x,\tau). \tag{9.103e}$$

在这个方程中, x 符号地表示 n 维问题的所有 n 个变量 $x_1, x_2, \cdots, x_n$. $L[u]$ 表示一个线性微分表达式, 它也许包含导数 $\dfrac{\partial u}{\partial t}$, 但是不包含关于 t 的高阶导数.

9.2.3.2 波方程

在均匀介质中振荡的传播是由*波方程* (wave equation)

$$\frac{\partial^2 u}{\partial t^2} - a^2\Delta u = Q(x,t) \tag{9.104a}$$

来描述的, 在没有扰动时右端 $Q(x,,t)$ 为零. 符号 x 表示 n 维问题的 n 个变量 $x_1, x_2, \cdots, x_n$. 拉普拉斯算子 Δ (也参见第 934 页 13.2.6.5) 由下述方式定义:

$$\Delta u = \frac{\partial^2 u}{\partial x_1^2} + \frac{\partial^2 u}{\partial x_2^2} + \cdots + \frac{\partial^2 u}{\partial x_n^2}. \tag{9.104b}$$

波方程的解是波函数 (wave function) u. 微分方程 (9.104a) 是双曲型的.

1. 齐次问题

具有初始条件

$$u\Big|_{t=0}=\varphi(x),\quad \frac{\partial u}{\partial t}\Big|_{t=0}=\psi(x) \tag{9.105}$$

的 $Q(x,t)=0$ 时的齐次问题的解, 在 $n=1,2,3$ 时分别由下述一些积分给出.

情形$n=3$ (基尔霍夫 (Kirchhoff) 公式):

$$u(x_1,x_2,x_3,t)=\frac{1}{4\pi a^2}\left[\iint\limits_{S_{at}}\frac{\psi(\alpha_1,\alpha_2,\alpha_3)}{t}\mathrm{d}\sigma+\frac{\partial}{\partial t}\iint\limits_{S_{at}}\frac{\varphi(\alpha_1,\alpha_2,\alpha_3)}{t}\mathrm{d}\sigma\right], \tag{9.106a}$$

其中积分是在由方程 $(\alpha_1-x_1)^2+(\alpha_2-x_2)^2+(\alpha_3-x_3)^2=a^2t^2$ 给出的球面 S_{at} 上施行的.

情形$n=2$ (泊松公式):

$$\begin{aligned}u(x_1,x_2,t)=&\frac{1}{2\pi a}\left[\iint\limits_{C_{at}}\frac{\psi(\alpha_1,\alpha_2)\mathrm{d}\alpha_1\mathrm{d}\alpha_2}{\sqrt{a^2t^2-(\alpha_1-x_1)^2-(\alpha_2-x_2)^2}}\right.\\&\left.+\frac{\partial}{\partial t}\iint\limits_{C_{at}}\frac{\varphi(\alpha_1,\alpha_2)\mathrm{d}\alpha_1\mathrm{d}\alpha_2}{\sqrt{a^2t^2-(\alpha_1-x_1)^2-(\alpha_2-x_2)^2}}\right],\end{aligned} \tag{9.106b}$$

其中积分是在由方程 $(\alpha_1-x_1)^2+(\alpha_2-x_2)^2\leqslant a^2t^2$ 给出的圆盘 C_{at} 上施行的.

情形$n=1$ (达朗贝尔 (d'Alembert) 公式):

$$u(x_1,t)=\frac{\varphi(x_1+at)+\varphi(x_1-at)}{2}+\frac{1}{2a}\int_{x_1-at}^{x_1+at}\psi(\alpha)\mathrm{d}\alpha. \tag{9.106c}$$

2. 非齐次问题

在此情形, 即 $Q(x,t)\neq0$, 必须在 (9.106a, b, c) 的右端添加正确的项.

情形$n=3$ (推迟位势) 对于由 $r:=\sqrt{(\xi_1-x_1)^2+(\xi_2-x_2)^2+(\xi_3-x_3)^2}\leqslant at$ 给出的域 K, 正确的项是

$$\frac{1}{4\pi a^2}\iiint\limits_K\frac{Q\left(\xi_1,\xi_2,\xi_3,t-\dfrac{r}{a}\right)}{r}\mathrm{d}\xi_1\mathrm{d}\xi_2\mathrm{d}\xi_3. \tag{9.107a}$$

情形$n=2$ $$\frac{1}{2\pi a}\iiint\limits_K\frac{Q(\xi_1,\xi_2,\tau)\mathrm{d}\xi_1\mathrm{d}\xi_2\mathrm{d}\tau}{\sqrt{a^2(t-\tau)^2-(\xi_1-x_1)^2-(\xi_2-x_2)^2}}, \tag{9.107b}$$

其中 K 是 ξ_1,ξ_2,τ 空间中由两个不等式 $0\leqslant\tau\leqslant t,(\xi_1-x_1)^2+(\xi_2-x_2)^2\leqslant a^2(t-\tau)^2$ 定义的域.

情形$n=1$ $$\frac{1}{2a}\iint\limits_T Q(\xi,\tau)\mathrm{d}\xi\mathrm{d}\tau, \tag{9.107c}$$

其中 T 是三角形域 $0\leqslant\tau\leqslant t,|\xi-x_1|\leqslant a|t-\tau|$, a 表示扰动的波速.

9.2.3.3 均匀介质的热导方程和扩散方程

1. 三维热导方程

在一个均匀介质中热的传播由一个二阶线性抛物型偏微分方程

$$\frac{\partial u}{\partial t}-a^2\Delta u=Q(x,t) \tag{9.108a}$$

所描述, 其中 Δ 是由位置向量 $\vec{r}$ 确定的 3 个传播方向 x_1,x_2,x_3 定义的三维拉普拉斯算子. 如果热流既无源, 又无汇, (9.108a) 的右端就消失, 因为 $Q(x,t)=0$.

用下述方式可以提出柯西问题: 对于 $t>0$ 确定一个满足 $u|_{t=0}=f(x)$ 的有界解 $u(x,t)$. 有界性的要求保证了解的唯一性. 对于 $Q(x,t)=0$ 时的齐次微分方程, 得到**波函数** (wave function)

$$\begin{aligned}u(x_1,x_2,x_3,t)=&\frac{1}{(2a\sqrt{\pi t})^n}\int_{-\infty}^{+\infty}\int_{-\infty}^{+\infty}\int_{-\infty}^{+\infty}f(\alpha_1,\alpha_2,\alpha_3)\\&\cdot\exp\left(-\frac{(x_1-\alpha_1)^2+(x_2-\alpha_2)^2+(x_3-\alpha_3)^2}{4a^2t}\right)\mathrm{d}\alpha_1\mathrm{d}\alpha_2\mathrm{d}\alpha_3.\end{aligned} \tag{9.108b}$$

在当 $Q(x,t)\neq 0$ 时的非齐次微分方程的情形, 必须在 (9.108b) 的右端添加下述表达式:

$$\begin{aligned}&\int_0^t\left[\int_{-\infty}^{+\infty}\int_{-\infty}^{+\infty}\int_{-\infty}^{+\infty}\frac{Q(\alpha_1,\alpha_2,\alpha_3)}{[2a\sqrt{\pi(t-\tau)}]^n}\right.\\&\left.\cdot\exp\left(-\frac{(x_1-\alpha_1)^2+(x_2-\alpha_2)^2+(x_3-\alpha_3)^2}{4a^2(t-\tau)}\right)\mathrm{d}\alpha_1\mathrm{d}\alpha_2\mathrm{d}\alpha_3\right]\mathrm{d}\tau.\end{aligned} \tag{9.108c}$$

如果给出值 $u(x,0)$, 用这个方法不能解确定 $t<0$ 时 $u(x,t)$ 的问题, 因为在此情形不能正确形成柯西问题.

由于温度差正比于热量, 常常引进 $u=T(\vec{r},t)$ (温度场) 和 $a^2=D_W$ (热扩散常数或热导率), 而得到

$$\frac{\partial T}{\partial t}-D_W\Delta T=Q_W(\vec{r},t). \tag{9.108d}$$

2. 三维扩散方程

类似于热方程, 均匀介质中浓度 C 的传播由相同的线性偏微分方程 (9.108a) 和 (9.108d) 所描述, 其中 D_W 由**三维扩散系数** (diffusion coefficient) D_C 替代. **扩散方程** (diffusion equation) 是

$$\frac{\partial C}{\partial t}-D_C\Delta C=Q_C(\vec{r},t). \tag{9.109}$$

在波方程的解 (9.108b) 和 (9.108c) 中改变记号即得到 (9.109) 的解.

9.2.3.4 位势方程

二阶线性偏微分方程

$$\Delta u = -4\pi\varrho \tag{9.110a}$$

被称为*位势方程* (potential equation) 或*泊松微分方程* (Poisson differential equation) (参见第 951 页 13.5.2), 它确定了有一个可能的标量点函数 $\varrho(x)$ 决定的标量场的位势 $u(x)$, 这里 x 有坐标 x_1, x_2, x_3, Δ 是拉普拉斯算子. 在第 951 页 13.5.2 讨论了 (9.110a) 的解, 在点 M 处的位势 $u_M(x_1, x_2, x_3)$.

当 $\varrho \equiv 0$ 时得到齐次微分方程的*拉普拉斯微分方程* (Laplace differential equation):

$$\Delta u = 0. \tag{9.110b}$$

9.2.4 薛定谔方程

9.2.4.1 薛定谔方程的概念

1. 确定性和依赖性

薛定谔方程的解, 即*波函数* (wave function) ψ, 描述了量子力学系统的性质, 即粒子态的性质. 薛定谔方程是波函数的一个二阶偏微分方程, 关于空间坐标它有二阶导数, 关于时间坐标它有一阶导数:

$$\mathrm{i}\hbar\frac{\partial\psi}{\partial t} = -\frac{\hbar^2}{2m}\Delta\psi + U(x_1, x_2, x_3, t)\psi = \hat{H}\psi, \tag{9.111a}$$

$$\hat{H} \equiv \frac{\hat{p}^2}{2m} + U(\vec{r}, t), \quad \hat{p} \equiv \frac{\hbar}{\mathrm{i}}\frac{\partial}{\partial\vec{r}} \equiv \frac{\hbar}{\mathrm{i}}\nabla, \tag{9.111b}$$

这里 Δ 是拉普拉斯算子, $\hbar = \dfrac{h}{2\pi}$ 是约化普朗克 (Planck) 常数, i 是虚单位, ∇ 是梯度算子. 在质量为 m 的一个自由粒子的冲量 p 和波长 λ 之间的关系是 $\lambda = h/p$.

2. 一些注记

a) 在量子力学中, 对每个可测量都配以一个算子. 出现在 (9.111a) 和 (9.111b) 中的算子 $\hat{H}$ 被称为*哈密顿算子* (Hamilton operator) (“Hamiltonian”). 它与经典力学中的哈密顿函数 (例如, 见第 758 页关于二体问题的例子) 有相同的作用. 它表示分为动能和势能的系统总能量. $\hat{H}$ 中的第 1 项是关于动能的算子, 第 2 项是关于势能的算子.

b) 虚单位显式地出现在薛定谔算子中. 因而, 波函数是复函数. 需要计算出现在 $\psi^{(1)} + \mathrm{i}\psi^{(2)}$ 中的两个实函数的可观察量. 描述粒子位于所观察区域一个任意体积元 $\mathrm{d}V$ 中概率 $\mathrm{d}w$ 的波函数的平方 $|\Psi|^2$ 必须满足特别的进一步的条件.

c) 除了*互作用* (interaction) 的位势外, 每个特解还依赖于所给问题的初始条件和边界条件. 一般地, 有这样的线性二阶边值问题, 其解只对于本征值有物理意义. 有意义解的绝对值平方处处是唯一的和正规的, 并且在无穷远处趋于零.

d) 基于波粒二象性 (wave-particle duality), 微粒子也有波和粒子性质, 因而薛定谔方程是关于德布罗意 (De Broglie) 物质波的波方程.

e) 局限于非相对论情形, 意味着相对于光速 c 而言, 粒子的速度 v 非常小 ($v \ll c$).

在理论物理学的文献中 (例如, 见 [9.5], [9.7], [9.15], [22.19]) 详细地讨论了薛定谔方程的应用. 本章只展示了一些最重要的例子.

9.2.4.2 含时薛定谔方程

含时薛定谔方程 (9.111a) 描述了在一个与位置有关的含时位势场 $U(x_1, x_2, x_3, t)$ 中质量为 m 的无自旋粒子的一般非相对论的情形. 波函数必须满足的特殊条件是:

a) 函数 ψ 必须是有界的和连续的.

b) $\partial\psi/\partial x_1, \partial\psi/\partial x_2, \partial\psi/\partial x_3$ 必须是连续的.

c) 函数 $|\psi|^2$ 必须是可积的, 即

$$\iiint\limits_V |\psi(x_1, x_2, x_3, t)|^2 \mathrm{d}V < \infty. \tag{9.112a}$$

根据归一化条件, 粒子位于所考虑区域中的概率必定等于 1. (9.112a) 足以保证此条件成立, 因为用一个适当的常数乘以 ψ, 积分值就变为 1.

含时薛定谔方程的一个解有形式

$$\psi(x_1, x_2, x_3, t) = \Psi(x_1, x_2, x_3) \exp\left(-\mathrm{i}\frac{E}{\hbar}t\right). \tag{9.112b}$$

具有角频率 $\omega = E/\hbar$ 的一个时间的周期函数描述了粒子态. 如果粒子能量有固定值 $E =$ 常数, 那么粒子位于空间元 $\mathrm{d}V$ 中的概率与时间无关:

$$\mathrm{d}\omega = |\psi|^2 \mathrm{d}V = \psi\psi^* \mathrm{d}V. \tag{9.112c}$$

此时就是粒子的平稳态 (stationary state).

9.2.4.3 定常薛定谔方程

如果位势 U 与时间无关, 即 $U = U(x_1, x_2, x_3)$, 那么 (9.111a) 就是定常薛定谔方程, 并且波函数 $\Psi(x_1, x_2, x_3)$ 足以描述粒子态. 从具有解 (9.112b) 的含时薛定谔方程 (9.111a) 得到

$$\Delta\Psi + \frac{2m}{\hbar^2}(E - U)\Psi = 0. \tag{9.113a}$$

在这个非相对论的情形, 粒子的能量是

$$E = \frac{p^2}{2m} \qquad \left(p = \frac{h}{\lambda}, h = 2\pi\hbar\right). \tag{9.113b}$$

满足微分方程 (9.113a) 的波函数 Ψ 是**本征函数** (eigenfunctions); 它们仅对某些**能量值** (energy values) E 存在, 一些特殊边界条件的问题给出了这些能量值. 本征值的全体形成粒子的**能谱** (energy spectrum). 如果 U 是一个有限深度位势, 并且在无穷远处它趋于零, 那么负本征值形成一个**离散谱** (discrete spectrum).

如果所考虑的区域是整个空间, 那么作为边界条件, 可以要求在整个空间 Ψ 在勒贝格意义下 (参见第 908 页 12.9.3.2 和 [8.9]) 是平方可积的. 如果区域是有限的, 例如, 是一个球体或圆柱体, 那么可以要求, 例如, 在边界上 $\Psi = 0$, 作为第一边界条件问题.

在 $U(x) = 0$ 的特殊情形这给出了**亥姆霍兹微分方程** (Helmholtz differential equation):

$$\Delta\Psi + \lambda\Psi = 0, \tag{9.114a}$$

其本征值为

$$\lambda = \frac{2mE}{\hbar^2}. \tag{9.114b}$$

这里经常要求 $\Psi = 0$ 作为边界条件. (9.114a) 表示有限区域内声振荡的初始数学方程.

9.2.4.4 波函数的统计解释

量子力学假设, 在时刻 t 的单粒子系统的完全描述是由作为**状态函数** (state function) 和薛定谔方程正规化解的复**波函数** (wave function) $\psi(\vec{r}, t)$ 来给出的. 因而, 波函数包含由该系统的测量所得到的所有可能的实验信息. 量子力学理论不存在可以消去量子力学的**主要统计特性** (principal statistical character) 的隐藏子结构和隐藏参量, 因为该理论包含着状态函数与 ψ 和测量结果的关联.

1. 可观察振幅和概率振幅

可以由适当的测量工具所确定的物理表达 (位置、动量、角动量、能量) 被称为**可观察的** (observable). 在量子力学中, 每个可观察量 A 由一个满足 $\hat{A}^+ = \hat{A}$ 的, 作用在波函数上的线性埃尔米特算子 $\hat{A}$ 表达. 同时, 量子力学中的算子控制着经典表达的结构.

■ 对于角动量算子 $\hat{\vec{l}}$, 其中 $\hat{\vec{r}}$ 是位置算子, $\hat{\vec{p}}$ 是动量算子, 有

$$\hat{\vec{l}} = (\hat{l}_x, \hat{l}_y, \hat{l}_z) = \hat{\vec{r}} \times \hat{\vec{p}}, \quad \text{即} \quad \hat{l}_x = \hat{y}\hat{p}_z - \hat{z}\hat{p}_y = \frac{\hbar}{\mathrm{i}}\left(y\frac{\partial}{\partial z} - z\frac{\partial}{\partial y}\right), \tag{9.115a}$$

$$\hat{l}_y = \hat{z}\hat{p}_x - \hat{x}\hat{p}_z = \frac{\hbar}{\mathrm{i}}\left(z\frac{\partial}{\partial x} - x\frac{\partial}{\partial z}\right), \quad \hat{l}_z = \hat{x}\hat{p}_y - \hat{y}\hat{p}_x = \frac{\hbar}{\mathrm{i}}\left(x\frac{\partial}{\partial y} - y\frac{\partial}{\partial x}\right). \tag{9.115b}$$

一般来说, 一个可观测量的数值首先只是通过测量的结果得到而不可能通过确定波函数来制定其数值. 唯一可能的那些测量值 A 是 $\hat{A}$ 的诸实本征值 a_i; 它们的相伴

本征函数 φ_i 形成一个完全正交系:

$$\hat{A}\varphi_i = a_i\varphi_i, \quad \iiint_V \varphi_i^*\varphi_k \mathrm{d}V = \delta_{i,k} \quad (i,k = 1,2,\cdots). \tag{9.116}$$

如果系统在任意一般态 ψ, 那么不能预测一个单个实验的结果, 即不能预测某个测量值 a_i 在一个单个测量中的出现. 设想对 $N \to \infty$ 个处于相同态 ψ 的相同系统进行测量, 那么在测量结果中每一个可能的结果 a_i 以 N_i 的频率出现. 在一个单个测量中的值 a_i 的概率 W_i 可由下式确定:

$$W_i = \lim_{N\to\infty} \frac{N_i}{N}, \quad \sum_i N_i = N. \tag{9.117}$$

为了从波函数 ψ 确定这个概率, 把 ψ 表示为诸本征函数 φ_i 的一个级数:

$$\psi = \sum_i c_i\varphi_i, \qquad c_i = \iiint_V \varphi_i^*\psi \mathrm{d}V. \tag{9.118}$$

展开式的系数 c_i 是系统 ψ 在其特征态 φ_i 中的概率, 即得到测量值 a_i 的概率. 从 c_i 绝对值的平方得到对于测量值 a_i 的概率 W_i:

$$W_i = |c_i|^2, \qquad \sum_i W_i = \iiint_V \psi^*\psi \mathrm{d}V = 1. \tag{9.119}$$

由于在每次测量中必须发现诸可能的测量值 a_i 之一, 因此诸概率 W_i 之和满足波函数 ψ 的正规化条件.

如果已知一个物理系统的两个状态 ψ_1, ψ_2, 那么从薛定谔方程的线性性即得, 叠加

$$\psi = \psi_1 + \psi_2 \tag{9.120}$$

也表示一个可能的物理态. 量子力学的这个基本的*叠加原理* (superposition principle) 解释了为什么用态函数 ψ 来确定的概率, 例如

$$|\psi|^2 = |\psi_1 + \psi_2|^2 = |\psi_1|^2 + |\psi_2|^2 + 2\mathrm{Re}(\psi_1\psi_2^*). \tag{9.121}$$

除了两个单个的概率 $|\psi_1|^2, |\psi_2|^2$ 外, 还出现了带符号的一个附加项. 这解释了量子力学惊人的干涉效应, 例如*波粒二象性* (wave-particle duality).

2. 期望值和不确定度

量子力学期望值 (quantum mechanical expectation value) $\overline{A}$ 被定义为对全同系统当 $N \to \infty$ 时众多测量结果的平均值:

$$\overline{A} = \lim_{N\to\infty} \frac{1}{N}\sum_i a_i N_i = \sum_i a_i W_i = \iiint_V \psi^*\hat{A}\psi \mathrm{d}V. \tag{9.122}$$

期望值通常与可能的测量结果不同.

■ 对态 $\psi(\vec{r},t)$ 中一粒子位置测量期望值 $\overline{\vec{r}}=(\overline{x},\overline{y},\overline{z})$ 的计算, 例如

$$\overline{x}=\iiint\limits_V x|\psi(\vec{r},t)|^2\mathrm{d}V$$

说明了波函数 $\psi(\vec{r},t)$ 被解释为概率振幅. 绝对值平方 $|\psi|^2$ 则为概率密度. 表达式

$$\mathrm{d}W=|\psi(\vec{r},t)|^2\mathrm{d}V,\quad \int\mathrm{d}W=\iiint\limits_V|\psi(\vec{r},t)|^2\mathrm{d}V=1$$

被理解为该粒子在时刻 t 位于位置 $\vec{r}$ 处体积元 $\mathrm{d}V$ 中的概率 (*位置概率* (probability of the position)).

对于某些测量中的一个一般态给定的一个可观察量 A, 借助于在期望值 $\overline{A}$ 附近的所谓的*不确定度* (uncertainty) ΔA, 可以定义 A 的测量结果分布的度量; ΔA 是通过标准误差而引进的:

$$(\Delta A)^2=\lim_{N\to\infty}\frac{1}{N}\sum_i N_i(a_i-\overline{A})^2=\sum_i W_i(a_i-\overline{A})^2. \tag{9.123}$$

借助于波函数 ψ 可以用离开平均值 $\overline{A}$ 的根方偏差的期望值来确定一个可观察量 A 的不确定度 ΔA:

$$(\Delta A)^2=\overline{(A-\overline{A})^2}=\overline{A^2}-\overline{A}^2=\iiint\limits_V\psi^*(\hat{A}-\overline{A})^2\psi\mathrm{d}V. \tag{9.124}$$

如果系统位于 $\hat{A}$ 的本征态 φ_i 中, 那么所有的测量都给出相同的测量值 a_i:

$$\overline{A}=a_i,\qquad \Delta A=0. \tag{9.125}$$

在期望值 $\overline{A}$ 附近不出现分布.

3. 不确定度关系

考虑两个可观察量 A,B, 它们的算子可对易 (commutate)[①] (参见第 478 页 5.3.6.4, 2. 李 (Lie) 括号):

$$\hat{C}=[\hat{A},\hat{B}]=\hat{A}\hat{B}-\hat{B}\hat{A}=0, \tag{9.126}$$

则 (并且仅当此时) 存在一个联合的本征函数系 $\varphi_{i,\nu}(i,\nu=1,2,\cdots)$:

$$\hat{A}\varphi_{i,\nu}=a_i\varphi_{i,\nu},\qquad \hat{B}\varphi_{i,\nu}=b_\nu\varphi_{i,\nu}. \tag{9.127}$$

① 在数学上称为 “可交换”, 在物理学上则称为 “可对易”. 同样, 下文中的对易式 (commutator) 在数学上称为 “换位子”. —— 译者注

在这个情形存在一些物理态, 其中两个算子的期望值都是本征值, 以致不确定度 ΔA 和 ΔB 同时消失:

$$\overline{A} = a_i, \quad \overline{B} = b_\nu, \quad \Delta A = \Delta B = 0. \tag{9.128}$$

在这个系统中对可观察量 A 做一个测量, 它具有测量值 a_i, 并导致态 $\varphi_{i,\nu}$, 然后接下来对 B 的测量给出了测量值 b_ν, 而不干涉在第一次测量时生成的态 (相容的可观察量, 容限测量).

对于两个由非对易算子表示的可观察量 A 和 B, 不存在联合的本征函数系. 在这个情形, 不可能找到一个物理态, 使得两个不确定度 $\Delta A, \Delta B$ 可以同时任意小. 对于这两个不确定度的乘积, 有一个由*对易式* (commutator) $\hat{C}$ 的期望值所定义的下界:

$$\Delta A \Delta B \geqslant \left| \frac{1}{2\mathrm{i}} \overline{[\hat{A}, \hat{B}]} \right|. \tag{9.129}$$

这个关系被称为*不确定度关系* (uncertainty relation). 两个分量, 例如在同一方向上的位置算符和动量算符, 之间的对易关系 (9.130) (亦见第 478 页 5.3.6.4, 2.)

$$[\hat{p}_x, \hat{x}] = \frac{\hbar}{\mathrm{i}} \tag{9.130}$$

导致海森伯 (Heisenberg) 不确定度关系 (9.131):

$$\Delta p_x \Delta x \geqslant \frac{\hbar}{2}. \tag{9.131}$$

换言之, 关于一个粒子的位置和动量在何种确切程度上可以被同时知晓存在一个本质的限制.

9.2.4.5 粒子在一方块中的自由运动

1. 问题的阐述

一个质量为 m 的粒子在一个边长分别为 a, b, c, 并且墙壁不可穿透的方块中自由移动, 因为墙壁是不可穿透的, 所以它就如同在一个 3 个方向都是无穷长的盒子中. 也就是说, 粒子出现在盒子外的概率为零, 并且波函数在盒子外亦为零. 对于这个问题的薛定谔方程和边界条件是

$$\frac{\partial^2 \Psi}{\partial x^2} + \frac{\partial^2 \Psi}{\partial y^2} + \frac{\partial^2 \Psi}{\partial z^2} + \frac{2m}{\hbar^2} E \Psi = 0, \tag{9.132a}$$

$$\Psi = 0, \quad \begin{cases} x = 0, & x = a, \\ y = 0, & y = b, \\ z = 0, & z = c \end{cases} \tag{9.132b}$$

2. 解的方法

分离变量

$$\Psi(x, y, z) = \Psi_x(x) \Psi_y(y) \Psi_z(z), \tag{9.133a}$$

并将其代入 (9.132a), 得到

$$\frac{1}{\Psi_x}\frac{\mathrm{d}^2\Psi_x}{\mathrm{d}x^2}+\frac{1}{\Psi_y}\frac{\mathrm{d}^2\Psi_y}{\mathrm{d}y^2}+\frac{1}{\Psi_z}\frac{\mathrm{d}^2\Psi_z}{\mathrm{d}z^2}=-\frac{2m}{\hbar^2}E=-B. \tag{9.133b}$$

在左端的每一项仅依赖于一个独立变量. 只有在每一项都是常数时它们之和才能对任意 x,y,z 为常数 $-B$. 在这个情形, 偏微分方程 (9.133b) 被归结为 3 个常微分方程:

$$\frac{\mathrm{d}^2\Psi_x}{\mathrm{d}x^2}=-k_x^2\Psi_x,\quad \frac{\mathrm{d}^2\Psi_y}{\mathrm{d}y^2}=-k_y^2\Psi_y,\quad \frac{\mathrm{d}^2\Psi_z}{\mathrm{d}z^2}=-k_z^2\Psi_z. \tag{9.133c}$$

分离常数 (separation constants) $-k_x^2,-k_y^2,-k_z^2$ 之间的关系为

$$k_x^2+k_y^2+k_z^2=B, \tag{9.133d}$$

因而

$$E=\frac{\hbar^2}{2m}(k_x^2+k_y^2+k_z^2). \tag{9.133e}$$

3. 解

3 个方程 (9.133c) 的解为 3 个函数

$$\Psi_x=A_x\sin k_x x,\quad \Psi_y=A_y\sin k_y y,\quad \Psi_z=A_z\sin k_z z, \tag{9.134a}$$

其中 A_x,A_y,A_z 是常数. 对于这些函数 Ψ, 当 $x=0,y=0,z=0$ 时满足边界条件 $\Psi=0$. 为了当 $x=a,y=b,z=c$ 时也满足关系式 $\Psi=0$, 必须成立

$$\sin k_x a=\sin k_y b=\sin k_z c=0, \tag{9.134b}$$

即必须满足关系式

$$k_x=\frac{\pi n_x}{a},\quad k_y=\frac{\pi n_y}{b},\quad k_z=\frac{\pi n_z}{c}, \tag{9.134c}$$

其中 n_x,n_y 和 n_z 是整数.

对于总能量, 有

$$E_{n_x,n_y,n_z}=\frac{\hbar^2}{2m}\left[\left(\frac{n_x}{a}\right)^2+\left(\frac{n_y}{b}\right)^2+\left(\frac{n_z}{c}\right)^2\right]\qquad (n_x,n_y,n_z=\pm1,\pm2,\cdots). \tag{9.134d}$$

由此公式即得, 一个粒子通过与其他粒子交换能量而导致的能量改变是不连续的, 这只可能在量子系统中发生. 数 n_x,n_y,n_z 属于能量的**本征值** (eigenvalues), 被称为**量子数** (quantum numbers).

由**正规化条件** (normalization condition)

$$(A_xA_yA_z)^2\int_0^a\int_0^b\int_0^c\sin^2\frac{\pi n_x x}{a}\sin^2\frac{\pi n_y y}{b}\sin^2\frac{\pi n_z z}{c}\mathrm{d}x\mathrm{d}y\mathrm{d}z=1 \tag{9.134e}$$

计算了 3 个常数之积 $A_xA_yA_z$ 之后, 得到由 3 个量子数所刻画的态的完全的**本征函数** (eigenfunctions)

$$\Psi_{n_x,n_y,n_z}=\sqrt{\frac{8}{abc}}\sin\frac{\pi n_x x}{a}\sin\frac{\pi n_y y}{b}\sin\frac{\pi n_z z}{c}. \tag{9.134f}$$

由于 3 个正弦函数之一在墙处等于零, 因此本征函数在墙处为零. 如果下述关系式

$$\begin{aligned}&x=\frac{a}{n_x},\frac{2a}{n_x},\cdots,\frac{(n_x-1)a}{n_x},\quad y=\frac{b}{n_y},\frac{2b}{n_y},\cdots,\frac{(n_y-1)b}{n_y},\\&z=\frac{c}{n_z},\frac{2c}{n_z},\cdots,\frac{(n_z-1)c}{n_z}\end{aligned} \tag{9.134g}$$

成立, 那么在墙外也总为零. 因而, 存在垂直于 x 轴, 或 y 轴, 或 z 轴的 n_x-1, n_y-1 个和 n_z-1 个平面, 在这些平面上 $\Psi=0$. 这些平面被称为**结点平面** (nodal planes).

4. 立方体的特殊情形, 退化

在 $a=b=c$ 立方体的特殊情形, 一个粒子可以处于有相同能量的不同的态, 这些态由不同的线性无关的本征函数所描述. 当和 $n_x^2+n_y^2+n_z^2$ 在不同的态中有相同的值时就是这种情形. 它们被称为**退化态** (degenerate states), 并且如果有 i 个态有相同能量, 则它们被称为**i 折叠退化** (i-fold degeneracy).

量子数 n_x, n_y, n_z 可以跑遍除了零之外的所有实数. 零的情形意味着波函数恒为零, 即, 在盒子的任何处都没有粒子. 粒子能量必定保持为有限值, 即使温度达到绝对零度. 对于一个块的这个**零点平移能量** (zero-point translational energy) 是

$$E_0=\frac{\hbar^2}{2m}\left(\frac{1}{a^2}+\frac{1}{b^2}+\frac{1}{c^2}\right). \tag{9.134h}$$

9.2.4.6 对称中心场中的粒子运动 (参见第 916 页 13.1.2.2)

1. 问题的阐述

所考虑的粒子在一个中心对称位势场 $V(r)$ 中运动. 这个模型再现了一个电子在一个带正电荷原子核的静电场中的运动. 由于这是一个球面对称问题, 利用球面坐标 (图 9.20) 是合理的. 下述关系成立:

$$\begin{aligned}&r=\sqrt{x^2+y^2+z^2}, &&x=r\sin\vartheta\cos\varphi,\\&\vartheta=\arccos\frac{z}{r}, &&y=r\sin\vartheta\sin\varphi,\\&\varphi=\arctan\frac{y}{x}, &&z=r\cos\vartheta,\end{aligned} \tag{9.135a}$$

其中 r 是径向量的绝对值, ϑ 是径向量与 z 轴间的夹角 (极角), φ 是径向量在 x, y 平面上的投影与 x 轴的夹角 (方位角). 对于拉普拉斯算子, 有

$$\Delta\Psi=\frac{\partial^2\Psi}{\partial r^2}+\frac{2}{r}\frac{\partial\Psi}{\partial r}+\frac{1}{r^2}\frac{\partial^2\Psi}{\partial\vartheta^2}+\frac{\cos\vartheta}{r^2\sin\vartheta}\frac{\partial\Psi}{\partial\vartheta}+\frac{1}{r^2\sin^2\vartheta}\frac{\partial^2\Psi}{\partial\varphi^2}, \tag{9.135b}$$

因而, 定常薛定谔方程是

$$\frac{1}{r^2}\frac{\partial}{\partial r}\left(r^2\frac{\partial \Psi}{\partial r}\right)+\frac{1}{r^2\sin^2\vartheta}\frac{\partial}{\partial\vartheta}\left(\sin\vartheta\frac{\partial\Psi}{\partial\vartheta}\right)+\frac{1}{r^2\sin^2\vartheta}\frac{\partial^2\Psi}{\partial\varphi^2}+\frac{2m}{\hbar^2}[E-V(r)]\Psi=0. \tag{9.135c}$$

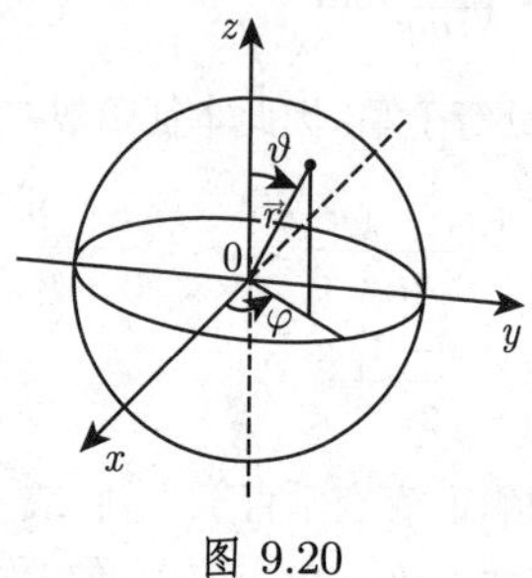

图 9.20

2. 解

求形如

$$\Psi(r,\vartheta,\varphi)=R_l(r)Y_l^m(\vartheta,\varphi) \tag{9.136a}$$

的解, 其中 R_l 是仅依赖于 r 的径向波函数, $Y_l^m(\vartheta,\varphi)$ 是依赖于两个角的波函数. 把 (9.136a) 代入 (9.135c), 得到

$$\begin{aligned}&\frac{1}{r^2}\frac{\partial}{\partial r}\left(r^2\frac{\partial R_l}{\partial r}\right)Y_l^m+\frac{2m}{\hbar^2}[E-V(r)]R_lY_l^m\\&=-\left\{\frac{1}{r^2\sin\vartheta}\frac{\partial}{\partial\vartheta}\left(\sin\vartheta\frac{\partial Y_l^m}{\partial\vartheta}\right)R_l+\frac{1}{r^2\sin^2\vartheta}\frac{\partial^2Y_l^m}{\partial\varphi^2}R_l\right\}.\end{aligned} \tag{9.136b}$$

除以 $R_lY_L^m$ 并乘以 r^2, 得到

$$\begin{aligned}&\frac{1}{R_l}\frac{\mathrm{d}}{\mathrm{d}r}\left(r^2\frac{\mathrm{d}R_l}{\mathrm{d}r}\right)+\frac{2mr^2}{\hbar^2}[E-V(r)]\\&=-\frac{1}{Y_l^m}\left\{\frac{1}{\sin\vartheta}\frac{\partial}{\partial\vartheta}\left(\sin\vartheta\frac{\partial Y_l^m}{\partial\vartheta}\right)+\frac{1}{\sin^2\vartheta}\frac{\partial^2Y_l^m}{\partial\varphi^2}\right\}.\end{aligned} \tag{9.136c}$$

方程 (9.136c) 可以被满足, 如果其左端的表达式仅依赖于 r, 而右端的表达式仅依赖于 ϑ 和 φ, 并且都等于一个常数, 即, 两端相互独立, 并等于同一个常数. 从偏微分方程即得两个常微分方程. 如果选取常数等于 $l(l+1)$, 则得到仅依赖于 r 和位势 $V(r)$ 的所谓的*径向方程* (radial equation):

$$\frac{1}{R_lr^2}\frac{\mathrm{d}}{\mathrm{d}r}\left(r^2\frac{\mathrm{d}R_l}{\mathrm{d}r}\right)+\frac{2m}{\hbar^2}\left[E-V(r)-\frac{l(l+1)\hbar^2}{2mr^2}\right]=0. \tag{9.136d}$$

为了找到也是以分离形式

$$Y_l^m(\vartheta,\varphi)=\Theta(\vartheta)\Phi(\varphi) \tag{9.136e}$$

表示的依赖于角那一部分的解, 把 (9.136e) 代入 (9.136c) 即得

$$\sin^2\vartheta\left\{\frac{1}{\Theta\sin\vartheta}\frac{\mathrm{d}}{\mathrm{d}\vartheta}\left(\sin\vartheta\frac{\mathrm{d}\Theta}{\mathrm{d}\vartheta}\right)+l(l+1)\right\}=-\frac{1}{\Phi}\frac{\mathrm{d}^2\Phi}{\mathrm{d}\varphi^2}. \tag{9.136f}$$

如果在某种合理的方式下取分离常数为 m^2, 那么所谓的*极方程* (polar equation) 即为

$$\frac{1}{\Theta\sin\vartheta}\frac{\mathrm{d}}{\mathrm{d}\vartheta}\left(\sin\vartheta\frac{\mathrm{d}\Theta}{\mathrm{d}\vartheta}\right)+l(l+1)-\frac{m^2}{\sin^2\vartheta}=0, \tag{9.136g}$$

而*方位方程* (azimuthal equation) 为

$$\frac{d^2\Phi}{d\varphi^2}+m^2\Phi=0. \tag{9.136h}$$

这两个方程是位势无关的, 因而它们对于每个有心对称位势场都成立. 对于 (9.136a) 有 3 个要求: 当 $r\to\infty$ 时它必须趋于零, 它是单值的, 在球面上它是平方可积的.

3. 径向方程的解

除了位势 $V(r)$ 之外, 径向方程 (9.136d) 还包含分离常数 $l(l+1)$. 作代换

$$u_l(r)=r\cdot R_l(r), \tag{9.137a}$$

这是由于函数 $u_l(r)$ 的平方给出了一个粒子出现在 r 和 $r+\mathrm{d}r$ 之间球壳中最小需要的概率 $|u_l(r)|^2\mathrm{d}r=|R_l(r)|^2r^2\mathrm{d}r$. 这个代换导致一维薛定谔方程

$$\frac{\mathrm{d}^2u_l(r)}{\mathrm{d}r^2}+\frac{2m}{\hbar}\left[E-V(r)-\frac{l(l+1)\hbar^2}{2mr^2}\right]u_l(r)=0. \tag{9.137b}$$

这个方程包含有效位势

$$V_{\text{eff}}=V(r)+V_l(l), \tag{9.137c}$$

它有两个部分. 旋转能量

$$V_l(r)=V_{\text{rot}}(l)=\frac{l(l+1)\hbar^2}{2mr^2} \tag{9.137d}$$

称为*离心位势* (centrifugal potential).

l 作为*轨道角动量* (orbital angular momentum) 的物理意义和一个转动粒子的下述经典转动能类似

$$E_{\text{rot}}=\frac{1}{2}\Theta\vec{\omega}^2=\frac{(\Theta\vec{\omega})^2}{2\Theta}=\frac{\vec{l}^2}{2\Theta}=\frac{\vec{l}^2}{2mr^2}, \tag{9.137e}$$

该转动粒子具有转动惯量 $\Theta=\mu r^2$ 和轨道角动量: $\vec{l}=\Theta\vec{\omega}$①:

$$\vec{l}^2=l(l+1)\hbar^2,\quad |\vec{l}|=\hbar\sqrt{l(l+1)}. \tag{9.137f}$$

的旋转粒子的.

4. 极方程的解

包含两个分离常数 $l(l+1)$ 和 m^2 的极方程 (9.136g) 的一个勒让德方程 (9.60a). 它的解用 $\Theta_l^m(\vartheta)$ 表示, 并可以用一个幂级数展开式来确定. 仅当 $l(l+1)=0,2,6,12,\cdots$ 时存在有限的, 单值的连续解. 对于 l 和 m, 有

$$l=0,1,2,\cdots,\quad |m|\leqslant l. \tag{9.138a}$$

因而, m 可以取 $2l+1$ 个值

$$-l,(-l+1),(-l+2),\cdots,(l-2),(l-1),l. \tag{9.138b}$$

对于 $m\neq 0$, 得到**相关的勒让德多项式** (corresponding Legendre polynomials), 它们由下述方式定义:

$$P_l^m(\cos\vartheta)=\frac{(-1)^m}{2^l l!}(1-\cos^2\vartheta)^{m/2}\frac{d^{l+m}(\cos^2\vartheta-1)^l}{(d\cos\vartheta)^{l+m}}. \tag{9.138c}$$

作为一个特殊情形 ($l=0,m=n,\cos\vartheta=x$), 得到第 748 页的第一类勒让德多项式 (9.60c). 它们的正规化导致方程

$$\Theta_l^m(\vartheta)=\sqrt{\frac{2l+1}{2}\cdot\frac{(l-m)!}{(l+m)!}}\cdot P_l^m(\cos\vartheta)=N_l^m P_l^m(\cos\vartheta). \tag{9.138d}$$

5. 方位方程的解

即使在由一个磁场对一个空间方向以物理赋值的情形, 粒子在位势场 $V(r)$ 中的运动也与方位角无关, 因此通解 $\Phi=\alpha\mathrm{e}^{\mathrm{i}m\varphi}+\beta\mathrm{e}^{-\mathrm{i}m\varphi}$ 可以通过令

$$\Phi_m(\varphi)=A\mathrm{e}^{\pm\mathrm{i}m\varphi} \tag{9.139a}$$

而获得明确, 因为在此情形 $|\Phi_m|^2$ 与 φ 无关. 对于唯一性, 其要求为

$$\Phi_m(\varphi+2\pi)=\Phi_m(\varphi), \tag{9.139b}$$

因此 m 只能取值 $0,\pm1,\pm2,\cdots$.

从正规化

$$\int_0^{2\pi}|\Phi|^2\mathrm{d}\varphi=1=|A|^2\int_0^{2\pi}\mathrm{d}\varphi=2\pi|A|^2, \tag{9.139c}$$

① 原文将下式中的 $|\vec{l}|$ 误为 $|\vec{l}^2|$. —— 译者注

即得

$$\Phi_m(\varphi)=\frac{1}{\sqrt{2\pi}}\mathrm{e}^{\mathrm{i}m\varphi}\qquad(m=0,\pm1,\pm2,\cdots).\tag{9.139d}$$

该量子数 m 被称为**磁量子数** (magnetic quantum number).

6. 依赖于角的完全解

与 (9.136e) 一样, 极方程和方位方程的解必须相乘:

$$Y_l^m(\vartheta,\varphi)=\Theta(\vartheta)\Phi(\varphi)=\frac{1}{\sqrt{2\pi}}N_l^mP_l^m(\cos\vartheta)\mathrm{e}^{\mathrm{i}m\varphi}.\tag{9.140a}$$

函数 $Y_l^m(\vartheta,\varphi)$ 被称为**表面球面调和函数** (surface spherical harmonics).

当径向量 $\vec{r}$ 关于原点反射时 ($\vec{r}\to-\vec{r}$), 角 ϑ 变为 $\pi-\vartheta,\varphi$ 变为 $\varphi+\pi$, 因而 Y_l^m 的符号也许会改变:

$$Y_l^m(\pi-\vartheta,\varphi+\pi)=(-1)^lY_l^m(\vartheta,\varphi).\tag{9.140b}$$

此时对于所考虑的波函数的**奇偶性** (parity), 有

$$P=(-1)^l.\tag{9.141a}$$

7. 奇偶性

奇偶性性质是用来刻画在**空间反演** (space inversion) $\vec{r}\to-\vec{r}$ (参见第 384 页 4.3.5.1, 1.) 下波函数的行为的. 反演通过反演算子或奇偶性算子 $\mathbf{P}:\mathbf{P}\Psi(\vec{r},t)=\Psi(-\vec{r},t)$ 来实行的. 用 P 表示算子 $\mathbf{P}$ 的本征值, 作用 $\mathbf{P}$ 两次, 必定产生原来的波函数: $\mathbf{PP}\Psi(\vec{r},t)=PP\Psi(\vec{r},t)=\Psi(\vec{r},t)$. 因而

$$P^2=1,\quad P=\pm1.\tag{9.141b}$$

如果波函数在空间反演下不改变符号, 则它被称为**偶波函数** (even wave function); 如果改变符号, 则它被称为**奇波函数** (odd wave function).

9.2.4.7 线性谐振子

1. 问题的阐述

当振子的拉力满足胡克 (Hooke) 定律 $F=-kx$ 时就出现**谐振动** (harmonic oscillation). 对于该振动的频率、振动回路的频率, 以及势能、成立下述一些公式:

$$\nu=\frac{1}{2\pi}\sqrt{\frac{k}{m}},\tag{9.142a}$$

$$\omega=\sqrt{\frac{k}{m}},\tag{9.142b}$$

$$E_{\mathrm{pot}}=\frac{1}{2}kx^2=\frac{\omega^2}{2}x^2.\tag{9.142c}$$

把这些代入 (9.114a), 薛定谔方程就变为

$$\frac{\mathrm{d}^2\Psi}{\mathrm{d}x^2}+\frac{2m}{\hbar^2}\left[E-\frac{\omega^2}{2}mx^2\right]\Psi=0. \tag{9.143a}$$

作代换

$$y=x\sqrt{\frac{m\omega}{\hbar}}, \tag{9.143b}$$

$$\lambda=\frac{2E}{\hbar\omega}, \tag{9.143c}$$

其中 λ 是一个参数, 而不是波长, 则 (9.143a) 可以被变为韦伯微分方程的简单形式

$$\frac{\mathrm{d}^2\Psi}{\mathrm{d}y^2}+(\lambda-y^2)\Psi=0. \tag{9.143d}$$

2. 解

可以得到韦伯微分方程的形如

$$\Psi(y)=\mathrm{e}^{-y^2/2}H(y) \tag{9.144a}$$

的解. 对其求微商, 得到

$$\frac{\mathrm{d}^2\Psi}{\mathrm{d}y^2}=\mathrm{e}^{-y^2/2}\left[\frac{\mathrm{d}^2H}{\mathrm{d}y^2}-2y\frac{\mathrm{d}H}{\mathrm{d}y}+(y^2-1)H\right]. \tag{9.144b}$$

代入 (9.143d) 得到

$$\frac{\mathrm{d}^2H}{\mathrm{d}y^2}-2y\frac{\mathrm{d}H}{\mathrm{d}y}+(\lambda-1)H=0. \tag{9.144c}$$

用级数形式

$$H=\sum_{i=0}^{\infty}a_iy^i,\quad \text{并有}\quad \frac{\mathrm{d}H}{\mathrm{d}y}=\sum_{i=1}^{\infty}ia_iy^{i-1}\quad \text{及}\quad \frac{\mathrm{d}^2H}{\mathrm{d}y^2}=\sum_{i=2}^{\infty}i(i-1)a_iy^{i-2} \tag{9.145a}$$

来确定一个解是方便的. 把 (9.145a) 代入 (9.144c) 产生

$$\sum_{i=2}^{\infty}i(i-1)a_iy^{i-2}-\sum_{i=1}^{\infty}2ia_iy^i+\sum_{i=0}^{\infty}i(\lambda-1)a_iy^i=0. \tag{9.145b}$$

比较 y^j 的系数导致递推公式

$$(j+2)(j+1)a_{j+2}=[2j-(\lambda-1)]a_j\qquad (j=0,1,2,\cdots). \tag{9.145c}$$

y 偶次幂的系数 a_j 从 a_0 开始, 奇次幂的系数 a_j 从 a_1 开始. 因而, 可以任意选择 a_0 和 a_1.

3. 物理解

可以通过一个平方可积波函数 $\Psi(x)$, 以及一个具有物理意义的本征函数, 即可正规化的, 并对于大 y 值趋于零的本征函数, 来确定在不同态中一个粒子出现的概率.

(9.144a) 中的指数函数 $\exp(-y^2/2)$ 保证了当 $y \to \infty$ 时, 如果函数 $H(y)$ 是一个多项式, 则解 $\Psi(y) \to 0$. 为了得到一个多项式, 从某个 n 开始, 对于每个 $j > n$, (9.145a) 中的系数 a_j 必须对于零:$a_n \neq 0, a_{n+1} = a_{n+2} = a_{n+3} = \cdots = 0$. 当 $j = n$ 时的递推公式 (9.145c) 为

$$a_{n+2} = \frac{2n - (\lambda - 1)}{(n+2)(n+1)} a_n. \tag{9.146a}$$

因而, 当 $a_n \neq 0$ 时可以成立 $a_{n+2} = 0$, 仅当

$$2n - (\lambda - 1) = 0, \qquad \lambda = \frac{2E}{\hbar\omega} = 2n + 1. \tag{9.146b}$$

对于 λ 的这个选取, 系数 $a_{n+2}, a_{n+4}, \cdots$ 皆为零. 此外, $a_{n-1} = 0$ 必须成立以使系数 $a_{n+1}, a_{n+3}, \cdots$ 皆为零.

对于特殊的选择 $a_n = 2^n, a_{n-1} = 0$, 从第二个定义方程 (参见第 751 页 9.1.2.6, 6.) 得到*埃尔米特多项式* (Hermite polynomial). 它们中前 6 个多项式是

$$\begin{aligned} &H_0(y) = 1, && H_3(y) = -12y + 8y^3, \\ &H_1(y) = 2y, && H_4(y) = 12 - 48y^2 + 16y^4, \\ &H_2(y) = -2 + 4y^2, && H_5(y) = 120y - 160y^3 + 32y^5. \end{aligned} \tag{9.146c}$$

对于*振动量子数* (vibration quantum number) n, 解 $\Psi(y)$ 为

$$\Psi_n = N_n \mathrm{e}^{-y^2/2} H_n(y), \tag{9.147a}$$

其中 N_n 是正规化因子. 从正规化条件 $\int \Psi_n^2 \mathrm{d}y = 1$ 得到正规化因子:

$$N_n^2 = \frac{1}{2^n n!}\sqrt{\frac{\alpha}{\pi}}, \quad 其中 \quad \sqrt{\alpha} = \frac{y}{x} = \sqrt{\frac{m\omega}{\hbar}} \quad (参见(9.143b)). \tag{9.147b}$$

从级数 (9.143c) 的有尽条件 (terminating condition) 即得振动能量的本征值

$$E_n = \hbar\omega\left(n + \frac{1}{2}\right) \qquad (n = 0, 1, 2, \cdots). \tag{9.147c}$$

能级谱是等距的. 括号中的被加数 $+1/2$ 意味着与经典情形不同, 量子力学振子有能量, 即使在 $n = 0$ 时被称为*零点振动能* (zero-point vibration energy) 的最深能级.

图 9.21展示了能态等距谱, 从 Ψ_0 到 Ψ_5 相应的波函数, 以及势能函数(9.142c)

的图示. 势能抛物线的点表示经典振子的逆向点, 因为振幅 $a = \frac{1}{\omega}\sqrt{\frac{2E}{m}}$, 所以它可以从能量 $E = \frac{1}{2}m\omega^2 a^2$ 计算而得. 一个粒子在区间 $(x, x + \mathrm{d}x)$ 中的量子力学概率由 $\mathrm{d}w_{qu} = |\Psi(x)|^2 \mathrm{d}x$ 给出. 它在区间之外也不等于零. 对于 $n = 1$, 因而对于 $E = (3/2)\hbar\omega$, 根据 $\mathrm{d}w_{qu} = 2\sqrt{\frac{\lambda}{\pi}}\mathrm{e}^{-\lambda x^2}\mathrm{d}x$, 最大出现概率位于

$$x_{\max,qu} = \frac{\pm 1}{\sqrt{\lambda}} = \pm\sqrt{\frac{\hbar}{m\omega}}. \tag{9.147d}$$

而对于相应的经典振子, 它是

$$x_{\max,kl} = \pm a = \pm\sqrt{\frac{2E}{m\omega^2}} = \pm\sqrt{\frac{3\hbar}{m\omega}}. \tag{9.147e}$$

对于大量子数 n, 量子力学概率密度函数在均值意义上趋于经典概率密度函数.

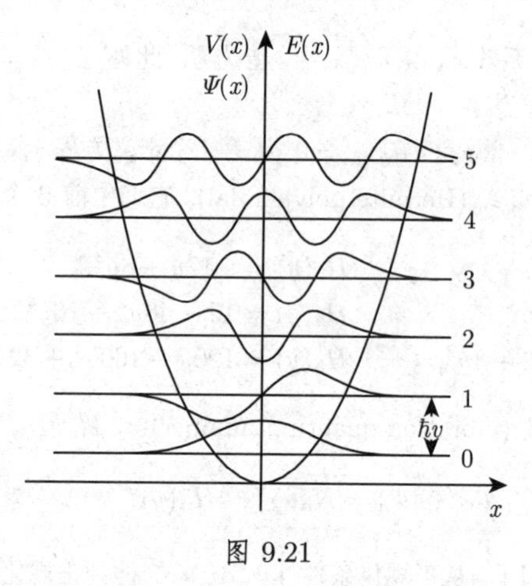

图 9.21

9.2.5 非线性偏微分方程: 孤子、周期模式和混沌

9.2.5.1 物理–数学问题的阐述

1. 孤子的概念

孤子 (solitons), 也称为孤波, 从物理学观点看, 是脉冲, 或者也是一种非线性介质或场的局部化扰动; 与这样传播的脉冲或扰动有关的能量集中在一个窄小的空间区域里. 它们出现:

- 在立体中, 例如, 在非谐振晶格中, 在约瑟夫森 (Josephson) 接触中, 在玻璃纤维中和在拟一维导体中,
- 在流体中作为表面波或自旋波,

- 在等离体中作为朗缪尔 (Langmuir) 孤子,
- 在线性分子中,
- 在经典场论和量子场论中.

孤子兼有粒子性质和波性质; 在孤子的演化中它们被局部化了, 并且局部化的区域, 或者围绕着局部化波的点, 如同一个自由粒子那样地行进; 特别地, 它也可以停止. 孤子具有持久波的结构: 基于非线性性和离差之间的平衡, 这个结构的形式不改变.

在数学上, 孤子是出现在物理学、工程学和应用数学中的某些非线性偏微分方程的特解. 它们不寻常的特点是任何耗散的缺失, 以及不能由扰动理论来控制非线性项. 耗散孤子出现在非保守系统中.

2. 具有孤子解的方程的重要例子

a) **科尔泰沃赫–德弗里斯 (Korteweg de Vries, KdV) 方程**

$$u_t + 6uu_x + u_{xxx} = 0, \tag{9.148}$$

b) **非线性薛定谔 (NLS) 方程** $\quad \mathrm{i}u_t + u_{xx} \pm 2|u|^2 u = 0, \quad$ (9.149)

c) **正弦戈登 (Gordon, SG) 方程** $\quad u_{tt} - u_{xx} + \sin u = 0. \quad$ (9.150)

下标 x 和 t 表示偏导数, 例如, $u_{xx} = \partial^2 u/\partial x^2$.

在这些方程中考虑了一维情形, 即,u 有形式 $u = u(x,t)$, 其中 x 是空间坐标, t 是时间. 这些方程以标量形式给出, 即, 这里的两个自变量 x 和 t 是无量纲量. 在实际应用中, 它们必须乘以有相应量纲并是所给问题特征的量. 对于速度亦然.

3. 孤子间的相互作用

如果两个以不同速度行进的孤子碰撞了, 在相互作用后它们又出现了, 好像它们未曾碰撞过一样. 每个孤子渐近地保持其形状和速度; 只有一个相移. 两个孤子可以相互作用而渐近地相互间并不干扰. 这被称为弹性相互作用, 它等价于一个 N-孤子解的存在性, 这里 $N(N = 1, 2, 3, \cdots)$ 是孤子的数目. 求解给定了分解为数个孤子的初始脉冲 $u(x, 0)$ 的初值问题, 孤子的数目并不依赖于脉冲的形状, 而依赖于其总量 $\displaystyle\int_{-\infty}^{+\infty} u(x, 0)\mathrm{d}x$.

4. 周期模式和非线性波

这样的非线性现象出现在一些经典的耗散系统 (即摩擦系统或阻尼系统) 中, 如果外部碰撞或外力足够大. 例如, 如果在引力场中有一层流体, 从下面对其加热, 那么在上下表面层之间的温差就相当于一个外力. 下层的较高温度减少了它的密度, 使其轻于其上部, 因而分层就变得不稳定. 到了一个充分大的温差时, 该不稳定层就自发地转为周期的对流晶胞. 它被称为从热导率态 (无对流) 到良序瑞利–贝纳尔 (Bénard) 对流的分岔 (bifurcation)①. 由于耗散进入了波的阻尼 (这里是晶胞对流),

① “分岔” 是物理学和力学上的定名; 在数学上, bifurcation 定名为 “分歧”. —— 译者注

这就减弱了外力. 外力的加强促使有序对流变为湍流和混沌 (参见第 1160 页 17.3). 在化学反应中也可以发生类似的现象. 描述这些现象的重要的方程例子有:

a) **金兹堡–兰道 (Ginsburg-Landau, GL) 方程**

$$u_t - u - (1+\mathrm{i}b)u_{xx} + (1+\mathrm{i}c)|u|^2 u = 0, \tag{9.151}$$

b) **Kuramoto-Sivashinsky (KS) 方程** $u_t + u_{xx} + u_{xxxx} + u_x^2 = 0.$ (9.152)

与无耗散的 KdV, NLS, SG 诸方程不同, 方程 (9.151) 和 (9.152) 是非线性耗散方程, 它们除了有时空周期解外, 还有时空无序 (混沌) 解. 时空模式或结构的出现是变成混沌的特征.

5. 耗散孤子

非保守系统中的孤 (孤立的) 波现象经常被称为*耗散孤子* (dissipative solitons). 在保守系统中, 孤子通常形成一个至少具有一个连续改变参数的解族; 与保守系统不同, 可以在参数空间的单个点处发现耗散孤子, 在参数空间, 一方面在离差和非线性性之间, 另一方面在能量或粒子流和耗散之间形成一种平衡. 这个性质导致耗散孤子稳定性的一个特殊类型, 虽然它们不是可积波方程的解. 用复金兹堡–兰道方程是描述耗散孤子的方式之一. 耗散孤子出现在非线性光学空化、光学半导体放大器, 以及反应扩散系统中 (也见 [9.33]).

6. 非线性发展方程

发展方程 (evolution equations) 描述一个物理量随时间的发展. 它的例子有波方程 (参见第 777 页 9.2.3.2), 热方程 (参见第 779 页 9.2.3.3) 和薛定谔方程 (参见第 780 页 9.2.4.1). 发展方程的解被称为*发展函数* (evolution functions).

与线性发展方程不同, 非线性发展方程 (9.148), (9.149) 和 (9.150) 包含非线性项 $u\partial u/\partial x, |u|^2 u, \sin u$ 和 u_x^2. 这些方程 (除了 (9.151) 是例外) 不含参数. 从物理学的观点来看, 非线性发展方程描述孤子 (弥散结构) 以及周期模式和非线性波 (耗散结构) 的结构形成.

9.2.5.2 科尔泰沃赫–德弗里斯方程 (KdV)

1. 出现

KdV 方程被用于下述一些情形的讨论中:

- 浅水中的表面波;
- 非线性格中的非谐振动;
- 等离子体物理学中的问题;
- 非线性电网.

2. 方程和解

发展函数 u 的 KdV 方程是

$$u_t + 6uu_x + u_{xxx} = 0. \tag{9.153}$$

它有孤子解

$$u(x,t)=\frac{v}{2\cosh^2\left[\dfrac{1}{2}\sqrt{v}(x-vt-\varphi)\right]}. \tag{9.154}$$

这个 KdV 孤子由两个无量纲参数 $v(v>0)$ 和 φ 唯一确定. 在图 9.22中选取了 $v=1$. 一个典型的非线性效应是, 孤子 v 的速度决定了它的振幅和宽度: 具有较大振幅和较小宽度的孤子行进快于具有较小振幅和较大宽度的孤子 (较高的波行进快于较矮的波). 孤子的相 φ 描述孤子在时刻 $t=0$ 时最大值的位置.

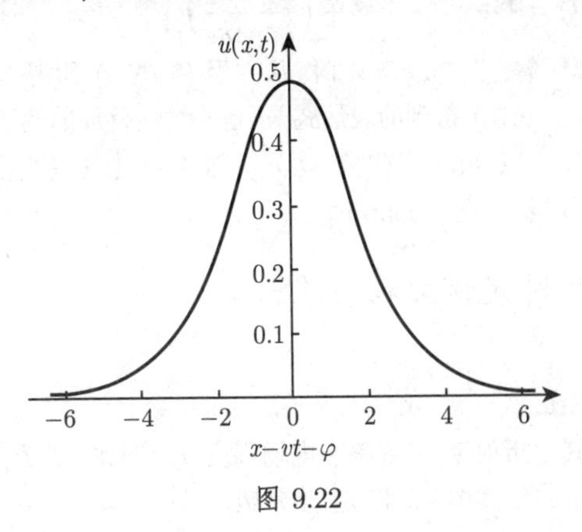

图 9.22

方程 (9.153) 也有一些 N 孤子解. 这样一个 N 孤子解可以用 1 孤子解的线性组合当 $t\to\pm\infty$ 时渐近地表示:

$$u(x,t)\sim\sum_{n=1}^{N}u_n(x,t). \tag{9.155}$$

这里每个发展函数 $u_n(x,t)$ 由一个速度 v_n 和一个相 $\varphi_n^{\pm}$ 所刻画. 在相互作用或碰撞前的初始相 φ_n^{-} 与碰撞后的最终相 φ_n^{+} 不同, 而诸速度 $v_1,v_2,\cdots,v_n$ 没有改变, 即, 这是一个弹性相互作用.

对于 $N=2$, (9.153) 有一个 2 孤子解. 在有限时间内, 它不能用一个线性叠加来表示, 并且当 $k_n=\dfrac{1}{2}\sqrt{v_n}$ 和 $\alpha_n=\dfrac{1}{2}\sqrt{v_n}(x-v_nt-\varphi_n)(n=1,2)$ 时, 它有形式:

$$u(x,t)=8\frac{k_1^2\mathrm{e}^{\alpha_1}+k_2^2\mathrm{e}^{\alpha_2}+(k_1-k_2)^2\mathrm{e}^{(\alpha_1+\alpha_2)}\left[2+\dfrac{1}{(k_1+k_2)^2}(k_1^2\mathrm{e}^{\alpha_1}+k_2^2\mathrm{e}^{\alpha_2})\right]}{\left[1+\mathrm{e}^{\alpha_1}+\mathrm{e}^{\alpha_2}+\left(\dfrac{k_1-k_2}{k_1+k_2}\right)^2\mathrm{e}^{(\alpha_1+\alpha_2)}\right]^2}. \tag{9.156}$$

方程 (9.156) 描述了当 $t\to-\infty$ 时渐近地具有速度 $v_1=4k_1^2$ 和 $v_2=4k_2^2$ 的两个无相互作用的孤子, 在它们相互作用后又变为两个没有相互作用的孤子, 当 $t\to\infty$ 时它们渐近地具有相同的速度.

非线性发展方程

$$w_t + 6(w_x)^2 + w_{xxx} = 0, \quad 其中 \quad w = \frac{F_x}{F}, \tag{9.157a}$$

有下述一些性质:

a) 对于 $F(x,t) = 1 + \mathrm{e}^{\alpha}, \alpha = \frac{1}{2}\sqrt{v}(x - vt - \varphi).$ (9.157b)

它有一个孤子解, 并且

b) 对于 $F(x,t) = 1 + \mathrm{e}^{\alpha_1} + \mathrm{e}^{\alpha_2} + \left(\frac{k_1 - k_2}{k_1 + k_2}\right)^2 \mathrm{e}^{\alpha_1 + \alpha_2}.$ (9.157c)

它有一个 2 孤子解. 当 $2w_x = u$ 时, 从方程 (9.157a) 即得 KdV 方程 (9.153). 方程 (9.156) 和由 (9.157c) 得到的表达式 w 是非线性叠加的例子.

如果在 (9.153) 中以 $-6uu_x$ 代替 $+6uu_x$, 那么 (9.154) 的右端必须乘以 (-1). 在这个情形用记号*反孤子* (antisoliton).

9.2.5.3 非线性薛定谔方程 (NLS)

1. 出现

NLS 方程出现在:

- 非线性光学中, 其中折射率 n 依赖于电场强度 $\vec{E}$, 例如, 对于克尔 (Kerr) 效应, 有 $n(\vec{E}) = n_0 + n_2|\vec{E}|^2$, 其中 n_0 和 n_2 是常数.
- 自引力 (self-gravitating) 圆盘的流体动力学中, 它使我们可以描述银河系旋臂.

2. 方程和解

发展函数 u 的 NLS 方程及其解为

$$\mathrm{i}u_t + u_{xx} \pm 2|u|^2 u = 0, \tag{9.158}$$

$$u(x,t) = 2\eta \frac{\exp(-\mathrm{i}[2\xi x + 4(\xi^2 - \eta^2)t - \chi])}{\cosh[2\eta(x + 4\xi t - \varphi)]}, \tag{9.159}$$

这里 $u(x,t)$ 是复的. NLS 孤子由 4 个无量纲的参数 η, ξ, φ 和 χ 所刻画. 波包的包络以速度 $v = -4\xi$ 行进; 波包的相速度是 $2(\eta^2 - \xi^2)/\xi$.

与 KdV 孤子 (9.154) 不同, NLS 孤子的振幅和速度可以互相独立地被选取. 图 9.23 展示了当 $\eta = 1/2$ 和 $\xi = 4$ 时 (9.159) 的实部.

(9.159) 形的解经常被称为*光孤子* (light soliton), 它们解了 "+" 号情形的聚焦(focusing) NLS 方程 (9.158). 散焦 (defocusing) NLS 方程 ("−" 号情形) 给出孤子, 在孤子位置处 $|u|^2$ 被简化为与常数背景 $|u(x \to \pm\infty)| = \eta$ 的比较. 这样的*暗孤子* (dark soliton) 有形式

$$u(x,t) = \left(\mathrm{i}\frac{v}{2} + \sqrt{\eta^2 - \frac{v^2}{4}} \tanh\left[\sqrt{\eta^2 - \frac{v^2}{4}}(x - vt)\right]\right) \cdot \exp\left[-\mathrm{i}(2\eta^2 t + \chi)\right]. \tag{9.160}$$

它们依赖于 3 个参数 η, v 和 χ, 并在平凡 (平直) 相的背景下以速度 $v < 2\eta$ 传播 (见 [9.41], [9.39]).

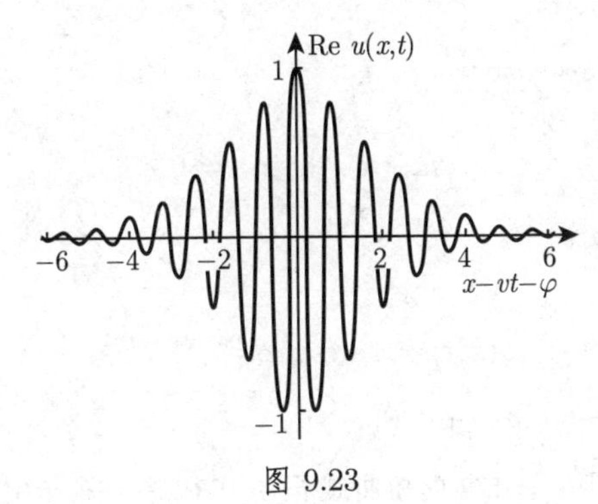

图 9.23

此外, 通解有一个相梯度, 这可以被解释为背景的速度 v, 孤子以此速度在行进. 此时通解为

$$u(x,t) = \left(\mathrm{i}\frac{v}{2} + \sqrt{\eta^2 - \frac{v^2}{4}}\right) \tanh\left[\sqrt{\eta^2 - \frac{v^2}{4}}(x - vt - ct)\right] \\ \times \exp\left[-\mathrm{i}\left(2\eta^2 t + \chi - \frac{c}{2}x + \frac{c^2}{4}t\right)\right]. \tag{9.161}$$

除了这些指数位置的孤子波之外, NLS 方程还有一些周期解, 它们可以被解释为孤子的波包. 通过要求稳定, 并积分余下的常微分方程, 可以找到这样的解. 一般地, 这些解是椭圆雅可比函数 (参见第 997 页 14.6.2, 1.). 一些相关的解见 [9.34].

在有 N 个相互作用的孤子的情形, 可以通过 $4N$ 个任意选取的参数 $\eta_n, \xi_n, \varphi_n, \chi_n (n = 1, 2, \cdots, N)$ 来刻画它们.

如果这些孤子有不同的速度, 那么 N-孤子解当 $t \to \pm\infty$ 时渐近地分裂为形如 (9.159) 的 N 个单独的孤子之和.

9.2.5.4 正弦戈登方程 (SG)

1. 出现

从空向非齐次二能级 (two-level) 量子力学系统的布洛赫 (Bloch) 方程得到 SG 方程. 它描述下述对象的传播:

- 在共振激光介质中的超短脉冲 (自感生透明);
- 在大曲面约瑟夫森接触, 即在两个超导体之间的隧道接触中的磁通量;
- 在超流氦-3 (^{3}He) 中的自旋波.

SG 方程的孤子解可以用钟摆和弹簧的力学模型予以诠释. 发展函数连续地从零到某个常数 c. SG 孤子经常被称为**扭曲孤子** (kink solotin). 如果发展函数从常

数值 c 变化到零, 则它描述一个所谓的*反扭曲孤子* (antikink solotin). 可以用这种类型的解来描述区域结构的壁垒.

2. 方程和解

发展函数 u 的 SG 方程是

$$u_{tt} - u_{xx} + \sin u = 0. \tag{9.162}$$

它有下述一些孤子解:

(1) **扭曲孤子**

$$u(x,t) = 4\arctan \mathrm{e}^{\gamma(x-x_0-vt)}, \tag{9.163}$$

其中 $\gamma = \dfrac{1}{\sqrt{1-v^2}}, -1 < v < +1.$

图 9.24 给出了当 $v = 1/2$ 时扭曲孤子 (9.163). 扭曲孤子由两个无量纲参数 v 和 x_0 所确定. 速度与振幅无关. 时间导数和位置导数是通常的局部化孤子:

$$-\frac{u_t}{v} = u_x = \frac{2\gamma}{\cosh\gamma(x-x_0-vt)}. \tag{9.164}$$

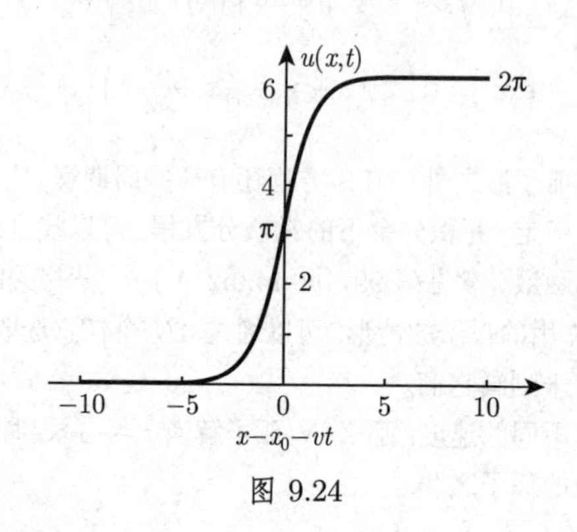

图 9.24

(2) **反扭曲孤子**

$$u(x,t) = 4\arctan \mathrm{e}^{-\gamma(x-x_0-vt)}. \tag{9.165}$$

(3) **扭曲-反扭曲孤子** 从 (9.163, 9.165), 在 $v = 0$ 时得到一个静态的扭曲-反扭曲孤子:

$$u(x,t) = 4\arctan \mathrm{e}^{\pm(x-x_0)}. \tag{9.166}$$

(9.162) 更多的解还有:

(4) **扭曲-扭曲碰撞**

$$u(x,t) = 4\arctan\left[v\frac{\sinh\gamma x}{\cosh\gamma vt}\right]. \tag{9.167}$$

(5) **扭曲-反扭曲碰撞**

$$u(x,t) = 4\arctan\left[\frac{1}{v}\frac{\sinh\gamma vt}{\cosh\gamma x}\right]. \tag{9.168}$$

(6) **双孤子或呼吸子孤子, 也称为扭曲-反扭曲偶极**

$$u(x,t) = 4\arctan\left[\frac{\sqrt{1-\omega^2}}{\omega}\frac{\sin\omega t}{\cosh\sqrt{1-\omega^2}x}\right]. \tag{9.169}$$

方程 (9.169) 表示一个定态波, 其包络由频率 ω 所调制.

(7) **局部周期扭曲格**

$$u(x,t) = 2\arcsin\left[\pm\operatorname{sn}\left(\frac{x-vt}{k\sqrt{1-v^2}},k\right)\right]+\pi. \tag{9.170a}$$

在波长 λ 和格常数 k 之间的关系为

$$\lambda = 4K(k)k\sqrt{1-v^2}. \tag{9.170b}$$

对于 $k=1$, 即对于 $\lambda\to\infty$, 得到

$$u(x,t) = 4\arctan\mathrm{e}^{\pm\gamma(x-vt)}, \tag{9.170c}$$

当 $x_0=0$ 时, 它是扭曲孤子 (9.163), 并且也是反扭曲孤子 (9.165).

注 $\operatorname{sn}x$ 是具有参数 k 和 1/4 周期 K[①] 的雅可比椭圆函数 (参见第 997 页 14.6.2):

$$\operatorname{sn}x = \sin\varphi(x,k), \tag{9.171a}$$

$$x = \int_0^{\sin\varphi(x,k)}\frac{\mathrm{d}q}{\sqrt{(1-q^2)(1-k^2q^2)}}, \tag{9.171b}$$

$$K(k) = \int_0^{\pi/2}\frac{\mathrm{d}\Theta}{\sqrt{1-k^2\sin^2\Theta}}. \tag{9.171c}$$

从第 997 页的 (14.104a), 由代换 $\sin\psi=q$ 即得方程 (9.171b). 完全椭圆积分的级数展开由第 683 页 8.2.5, 7., 方程 (8.104) 给出.

9.2.5.5 更多具有孤子解的非线性发展方程

1. 变形 KdV 方程

$$u_t \pm 6u^2u_x + u_{xxx} = 0. \tag{9.172}$$

更一般的方程 (9.173) 有孤子解 (9.174).

$$u_t + u^pu_x + u_{xxx} = 0, \tag{9.173}$$

① 即 $4K$ 是 $\operatorname{sn}x$ 的一个周期. —— 译者注

$$u(x,t)=\left[\frac{\frac{1}{2}|v|(p+1)(p+2)}{\cosh^2\left(\frac{1}{2}p\sqrt{|v|}(x-vt-\varphi)\right)}\right]^{\frac{1}{p}}. \tag{9.174}$$

2. 双曲正弦戈登方程

$$u_{tt}-u_{xx}+\sinh u=0. \tag{9.175}$$

3. 布西内斯克 (Boussinesq) 方程

$$u_{xx}-u_{tt}+(u^2)_{xx}+u_{xxxx}=0. \tag{9.176}$$

这个方程出现在非线性电网络作为电荷–电压关系的一种连续逼近的描述中.

4. 广田 (Hirota) 方程

$$u_t+\mathrm{i}3\alpha|u|^2u_x+\beta u_{xx}+\mathrm{i}\sigma u_{xxx}+\delta|u|^2u=0,\quad \alpha\beta=\sigma\delta. \tag{9.177}$$

5. 伯格斯 (Burgers) 方程

$$u_t-u_{xx}+uu_x=0. \tag{9.178}$$

在湍流模型中出现这个方程. 用霍普夫–科尔 (Hopf-Cole) 变换可以将其变为扩散方程, 即变为一个线性微分方程.

6. Kadomzev-Pedviashwili 方程

方程

$$(u_t+6uu_x+u_{xxx})_x=u_{yy} \tag{9.179a}$$

有孤子解

$$u(x,y,t)=2\frac{\partial^2}{\partial x^2}\ln\left[\frac{1}{k^2}+\left|x+\mathrm{i}ky-3k^2t\right|^2\right]. \tag{9.179b}$$

方程 (9.179a) 是具有较多自变量, 例如, 两个空间变量的孤子方程的例子.

注 本手册德文版的只读光碟存储器 (CD-ROM) 包含了更多的非线性发展方程. 再者, 展示了解线性偏微分方程的傅里叶变换和逆散射理论的一些应用.

(陆柱家 译)

第10章 变 分 法

10.1 定义问题

1. 积分表达式的极值

微分学的一个非常重要的问题是, 对哪些 x 值, 给定的函数 $y(x)$ 有极值. 变分法讨论下述问题: 对哪些函数, 被积函数依赖于未知函数和它的一些导数的某个积分有极值. 变分法对在事先给定的函数类中确定所有的函数 $y(x)$, 使得积分表达式

$$I[y]=\int_a^b F(x,y(x),y'(x),\cdots,y^{(n)}(x))\mathrm{d}x \tag{10.1}$$

有极值这件事感兴趣. 这里, 有可能对函数 $y(x)$ 及其诸导数定义一些边界条件(boundary conditions) 和辅助条件(side conditions).

2. 变分法的积分表达式

替代 (10.1) 中的 x, 还可以有多个变量. 在这个情形, 所出现的导数是偏导数, 并且 (10.1) 中的积分是多重积分. 在变分法中, 主要讨论下述一些类型的积分表达式:

$$I[y]=\int_a^b F(x,y(x),y'(x))\mathrm{d}x, \tag{10.2}$$

$$I[y_1,y_2,\cdots,y_n]=\int_a^b F(x,y_1(x),\cdots,y_n(x),y_1'(x),\cdots,y_n'(x))\mathrm{d}x, \tag{10.3}$$

$$I[y]=\int_a^b F(x,y(x),y'(x),\cdots,y^{(n)}(x))\mathrm{d}x, \tag{10.4}$$

$$I[u]=\iint\limits_{\Omega} F(x,y,u,u_x,u_y)\mathrm{d}x\mathrm{d}y. \tag{10.5}$$

最后一个表达式中未知函数是 $u=u(x,y), \Omega$ 表示一个平面积分区域.

$$I[u]=\iiint\limits_{R} F(x,y,z,u,u_x,u_y,u_z)\mathrm{d}x\mathrm{d}y\mathrm{d}z. \tag{10.6}$$

其中未知函数是 $u=u(x,y,z), R$ 表示一个空间积分区域. 此外, 对于变分问题的解, 在一维情形, 在积分区间的端点 a,b 处; 在二维情形, 在积分区域 Ω 的边界上, 可以给出其边界值. 而且还可以定义各种进一步的辅助条件, 例如, 以积分形式, 或者一

个微分方程. 一个变分问题被称为**一阶的**(first-order) 或**高阶的**(higher-order), 取决于被积函数 F 是否只包含函数 y 的一阶导数 y', 还是也包含高阶导数 $y^{(n)}(n>1)$.

3. 变分问题的参数表示

一个变分问题还可以用**参数形式**(parametric form) 来提出. 考虑一条参数形式的曲线 $x=x(t), y=y(t)(\alpha \leqslant t \leqslant \beta)$, 那么, 积分表达式 (10.2) 就有形式

$$I[x,y]=\int_{\alpha}^{\beta} F(x(t),y(t),\dot{x}(t),\dot{y}(t))\mathrm{d}t. \tag{10.7}$$

10.2 历史上的问题

10.2.1 等周问题

一般的等周问题(general isoperimetric problem) 是在给定周长的平面区域中确定一个面积最大者. 这个问题的解——具有给定周长的圆, 据传说, 起源于黛多女王 (Queen Dido), 她被允许用一张牛皮所围面积之地建立迦太基 (Carthego) 城. 她把牛皮剪成细条构成一个圆周.

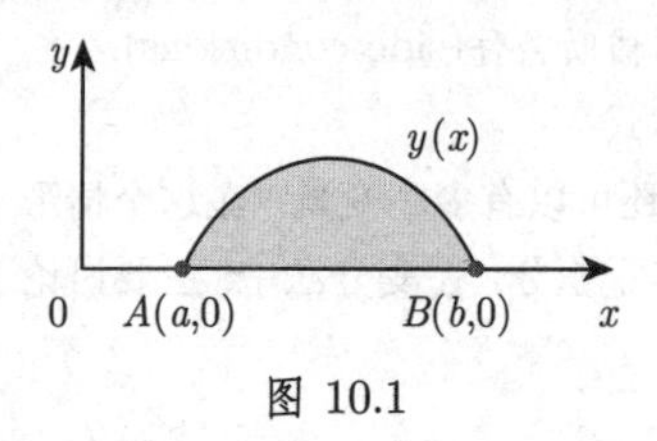

图 10.1

等周问题的一个特殊情形是, 在笛卡儿坐标系中求有给定长度 l, 并连接两点 $A(a,0)$ 和 $B(b,0)$ 的曲线 $y=y(x)$ 的方程, 使得由直线段 $\overline{AB}$ 和该曲线所围的面积最大 (图 10.1). 从数学形式上来说, 要确定一个一次连续可微函数 $y(x)$, 使得

$$I[y]=\int_{a}^{b} y(x)\mathrm{d}x=\max, \tag{10.8a}$$

$$G[y]=\int_{a}^{b} \sqrt{1+y'^2(x)}\mathrm{d}x=l, \tag{10.8b}$$

$$y(a)=y(b)=0 \tag{10.8c}$$

成立, 其中 (10.8b) 是附加条件, (10.8c) 是边界条件.

10.2.2 捷线问题

J. 伯努利在 1696 年提出了如下叙述的捷线问题: 一个质点从 x,y 铅垂面中的点 $P_0(x_0,y_0)$ 处仅在重力影响下向原点降落. 要确定曲线 $y=y(x)$, 使得质点从 $P_0(x_0,y_0)$ 沿着该曲线到达原点所用时间最短 (图 10.2). 利用下降时间 T 的

公式 (参见第 849 页 11.5.1), 下述数学描述可以用来确定一个一次连续可微函数 $y = y(x)$, 使得

$$T[y] = \int_0^{x_0} \frac{\sqrt{1+y'^2}}{\sqrt{2g(y_0 - y)}} \mathrm{d}x = \min \tag{10.9}$$

成立 (g 是重力加速度). 边值条件是

$$y(0) = 0, \quad y(x_0) = y_0. \tag{10.10}$$

对于 $x = x_0$, 在 (10.9) 中存在一个奇点.

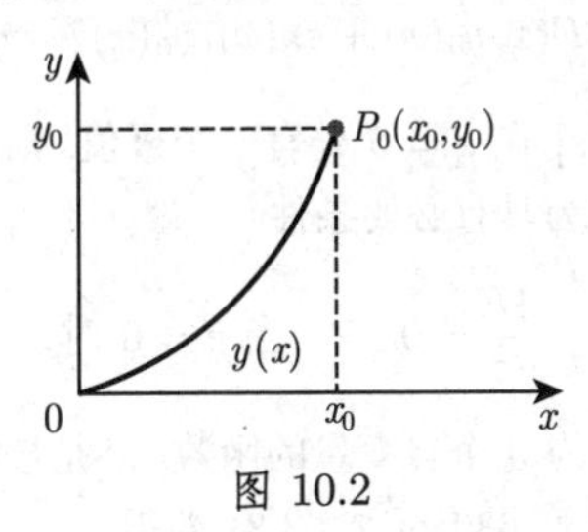

图 10.2

10.3 一个自变量的变分问题

10.3.1 简单变分问题和极值曲线

简单变分问题(simple variational problem) 是确定以下述形式

$$I[y] = \int_a^b F(x, y(x), y'(x)) \mathrm{d}x \tag{10.11}$$

给出的积分表达式的极值, 其中 $y(x)$ 是一个二次连续可微函数, 它满足边界条件 $y(a) = A, y(b) = B$. 值 a, b 和 A, B 以及函数 F 是给定的.

积分表达式 (10.11) 是所谓*泛函*(functional) 的一个例子. 一个泛函对某个函数类中的每个函数 $y(x)$ 分配以一个实数.

如果 (10.11) 中的泛函 $I[y]$ 对于一个函数 $y_0(x)$ 取得其极值, 则对于满足边界条件的每个二次连续可微函数 y 有

$$I[y_0] \geqslant I[y]. \tag{10.12}$$

曲线 $y = y_0(x)$ 被称为一条*极值曲线*(extremal curve). 有时, 变分法的欧拉微分方程所有的解被称为极值曲线.

10.3.2 变分法的欧拉微分方程

变分问题解的一个必要条件可以借助于对于由 (10.12) 所刻画的极值曲线 $y_0(x)$ 的一条**辅助曲线**(auxiliary curve) 或**可比较曲线**(comparable curve)

$$y(x) = y_0(x) + \varepsilon\eta(x) \tag{10.13}$$

来构造, 其中 $\eta(x)$ 是满足特殊边界条件 $\eta(a) = \eta(b) = 0$ 的一个二次连续可微函数; ε 是一个实参数. 把 (10.13) 代入 (10.11), 代之以泛函 $I[y]$ 而得到一个依赖于 ε 的函数

$$I[\varepsilon] = \int_a^b F(x, y_0(x) + \varepsilon\eta(x), y_0'(x) + \varepsilon\eta'(x))\mathrm{d}x. \tag{10.14}$$

如果作为 ε 的函数, $I[\varepsilon]$ 在 $\varepsilon = 0$ 处有一个极值, 则泛函 $I[y]$ 在 $y_0(x)$ 处有一个极值. 把原变分问题归结为具有必要条件

$$\frac{\mathrm{d}I}{\mathrm{d}\varepsilon} = 0, \qquad \text{当 } \varepsilon = 0 \text{ 时} \tag{10.15}$$

的一个极值问题, 并假设作为 3 个自变量的函数, F 是按需要那样多次连续可微的, 那么借助于泰勒展开 (参见第 630 页 7.3.3.3) 即得

$$I[\varepsilon] = \int_a^b \left[F(x, y_0, y_0') + \frac{\partial F}{\partial y}(x, y_0, y_0')\varepsilon\eta + \frac{\partial F}{\partial y'}(x, y_0, y_0')\varepsilon\eta' + O(\varepsilon^2)\right]\mathrm{d}x. \tag{10.16}$$

必要条件 (10.15) 导致方程

$$\int_a^b \eta\frac{\partial F}{\partial y}\mathrm{d}x + \int_a^b \eta'\frac{\partial F}{\partial y'}\mathrm{d}x = 0. \tag{10.17}$$

这个方程的部分积分以及 $\eta(x)$ 的边界条件给出

$$\int_a^b \eta\left(\frac{\partial F}{\partial y} - \frac{\mathrm{d}}{\mathrm{d}x}\left(\frac{\partial F}{\partial y'}\right)\right)\mathrm{d}x = 0. \tag{10.18}$$

从连续性假设, 以及因为对任何可考虑的 $\eta(x)$ (10.18) 中的积分皆为零知

$$\frac{\partial F}{\partial y} - \frac{\mathrm{d}}{\mathrm{d}x}\left(\frac{\partial F}{\partial y'}\right) = 0 \tag{10.19}$$

必须成立. 方程 (10.19) 给出了**简单变分问题的必要条件**(necessary condition for the simple variational problem), 并且它被称为**变分法的欧拉微分方程**(Euler differential equation of the calculus of variations). 微分方程 (10.19) 可以被写成

$$\frac{\partial F}{\partial y} - \frac{\partial^2 F}{\partial x\partial y'} - \frac{\partial^2 F}{\partial y\partial y'}y' - \frac{\partial^2 F}{\partial y'^2}y'' = 0. \tag{10.20}$$

当 $F_{y'y'} \neq 0$ 时, 这是一个二阶常微分方程.

在下面一些特殊情形中, 欧拉微分方程有一个简单的形式:

情形 1 $F(x,y,y')=F(y')$, 即 F 中不显含 x 和 y. 此时取代 (10.19), 成立

$$\frac{\partial F}{\partial y}=0, \tag{10.21a}$$

$$\frac{\mathrm{d}}{\mathrm{d}x}\left(\frac{\partial F}{\partial y'}\right)=0. \tag{10.21b}$$

情形 2 $F(x,y,y')=F(y,y')$, 即 F 中不显含 x. 由

$$\frac{\mathrm{d}}{\mathrm{d}x}\left(F-y'\frac{\partial F}{\partial y'}\right)=\frac{\partial F}{\partial y}y'+\frac{\partial F}{\partial y'}y''-y''\frac{\partial F}{\partial y'}-y'\frac{\mathrm{d}}{\mathrm{d}x}\left(\frac{\partial F}{\partial y'}\right)=y'\left(\frac{\partial F}{\partial y}-\frac{\mathrm{d}}{\mathrm{d}x}\left(\frac{\partial F}{\partial y'}\right)\right), \tag{10.22a}$$

并由于 (10.19), 即得

$$\frac{\mathrm{d}}{\mathrm{d}x}\left(F-y'\frac{\partial F}{\partial y'}\right)=0, \tag{10.22b}$$

即

$$F-y'\frac{\partial F}{\partial y'}=c \quad (c\text{ 是常数}) \tag{10.22c}$$

在 $F=F(y,y')$ 情形作为简单变分问题解的一个必要条件.

■ **A:** 在 x,y 平面中确定连接点 $P_1(a,A)$ 和 $P_2(b,B)$ 的最短曲线的泛函是

$$I[y]=\int_a^b\sqrt{1+y'^2}\mathrm{d}x=\min. \tag{10.23a}$$

从 $F=F(y')=\sqrt{1+y'^2}$ 的 (10.21b) 即得

$$\frac{\mathrm{d}}{\mathrm{d}x}\left(\frac{\partial F}{\partial y'}\right)=\frac{y''}{\left(\sqrt{1+y'^2}\right)^3}=0, \tag{10.23b}$$

因而 $y''=0$, 即, 最短曲线是直线.

■ **B:** 用曲线 $y(x)$ 连接点 $P_1(a,A)$ 和 $P_2(b,B)$, 并将此曲线绕 x 轴旋转, 所得曲面的面积为

$$I[y]=2\pi\int_a^b y\sqrt{1+y'^2}\mathrm{d}x. \tag{10.24a}$$

哪条曲线 $y(x)$ 给出最小曲面面积? 从 $F=F(y,y')=2\pi y\sqrt{1+y'^2}$ 的 (10.22c) 即得 $y=\frac{c}{2\pi}\sqrt{1+y'^2}$ 或 $y'^2=\left(\frac{y}{c_1}\right)^2-1$, 其中 $c_1=\frac{c}{2\pi}$. 此微分方程是可分离变量的 (参见第 763 页 9.2.2.3,1.), 因此其解为

$$y=c_1\cosh\left(\frac{x}{c_1}+c_2\right) \qquad (c_1,c_2\text{是常数}), \tag{10.24b}$$

这是所谓的**悬链线**(catenary curve)(参见第 139 页 2.15.1) 方程. 可以由边值 $y(a)=A$ 和 $y(b)=B$ 来确定常数 c_1 和 c_2. 因而, 这是要解一个非线性方程组 (参见第 1249 页 19.2.2), 而这并非对每个边值都能解.

10.3.3 具有附加条件的变分问题

这些问题通常是等周问题 (参见第 804 页 10.2.1): 由泛函 (10.11) 给出的、并由形如

$$\int_a^b G(x,y(x),y'(x))\mathrm{d}x = l \qquad (l\text{是常数}) \tag{10.25}$$

的附加条件所完成的简单变分问题 (参见第 804 页 10.2.1), 其中常数 l 和函数 G 是给定的. 解这个问题的一个方法由拉格朗日所给出 (具有方程形式附加条件的极值, 参见第 611 页 6.2.5.6). 考虑表达式

$$H(x,y(x),y'(x),\lambda) = F(x,y(x),y'(x)) + \lambda G(x,y(x),y'(x)), \tag{10.26}$$

其中 λ 是参数, 并作为一个没有附加条件的极值问题来解问题

$$\int_a^b H(x,y(x),y'(x),\lambda)\mathrm{d}x = \text{极值!} \tag{10.27}$$

相应的欧拉微分方程为

$$\frac{\partial H}{\partial y} - \frac{\mathrm{d}}{\mathrm{d}x}\left(\frac{\partial H}{\partial y'}\right) = 0. \tag{10.28}$$

其解 $y = y(x,\lambda)$ 依赖于参数 λ, 必须把 $y(x,\lambda)$ 代入附加条件 (10.25) 来确定 λ.

■ 对于第 804 页的等周问题 10.2.1, 得到

$$H(x,y(x),y'(x),\lambda) = y + \lambda\sqrt{1+y'^2}. \tag{10.29a}$$

由于变量 x 不出现在 H 中, 取代欧拉微分方程 (10.28), 类似于 (10.22c), 得到微分方程

$$y + \lambda\sqrt{1+y'^2} - \frac{\lambda y'^2}{\sqrt{1+y'^2}} = c_1 \quad \text{或者} \quad y'^2 = \frac{\sqrt{\lambda^2-(c_1-y)^2}}{c_1-y} \quad (c_1\text{为常数}), \tag{10.29b}$$

它的解是一族圆周

$$(x-c_2)^2 + (y-c_1)^2 = \lambda^2 \qquad (c_1, c_2, \lambda \text{ 是常数}). \tag{10.29c}$$

从条件 $y(a) = 0, y(b) = 0$ 和 A 与 B 之间的弧长是 l 这一要求来确定 c_1, c_2 和 λ 的值. 其结果对于 λ 是一个非线性方程, 用一个适当的迭代方法可以解得 λ.

10.3.4 具有高阶导数的变分问题

这里考虑两类问题.

1. $F = F(x,y,y',y'')$

变分问题是

$$I[y] = \int_a^b F(x,y,y',y'')\mathrm{d}x = \text{极值!} \tag{10.30a}$$

其边值为

$$y(a) = A, \quad y(b) = B, \quad y'(a) = A', \quad y'(b) = B', \tag{10.30b}$$

其中诸数 a, b, A, B, A', B' 和函数 F 是给定的. 与第 806 页 10.3.2 类似, 引进满足 $\eta(a) = \eta(b) = \eta'(a) = \eta'(b) = 0$ 的可比较曲线 $y(x) = y_0(x) + \varepsilon\eta(x)$, 导致**欧拉微分方程**(Euler differential equation)

$$\frac{\partial F}{\partial y} - \frac{\mathrm{d}}{\mathrm{d}x}\left(\frac{\partial F}{\partial y'}\right) + \frac{\mathrm{d}^2}{\mathrm{d}x^2}\left(\frac{\partial F}{\partial y''}\right) = 0 \tag{10.31}$$

作为变分问题 (10.30a) 解的一个必要条件. 微分方程 (10.31) 是一个四阶微分方程. 其通解包含 4 个任意常数, 可以由边值 (10.30b) 确定这些常数.

■ 考虑 $F = F(y, y', y'') = y''^2 - \alpha y'^2 - \beta y^2$ 的问题

$$I[y] = \int_0^1 (y''^2 - \alpha y'^2 - \beta y^2)\mathrm{d}x = \text{极值!} \tag{10.32a}$$

其中 α 和 β 是给定的常数. 则 $F_y = -2\beta y, F_{y'} = -2\alpha y', F_{y''} = 2y'', \frac{\mathrm{d}}{\mathrm{d}x}(F_{y'}) = -2\alpha y'', \frac{\mathrm{d}^2}{\mathrm{d}x^2}(F_{y''}) = 2y^{(4)}$, 欧拉微分方程为

$$y^{(4)} + \alpha y'' - \beta y = 0. \tag{10.32b}$$

这是一个常系数四阶线性微分方程 (参见第 732 页 9.1.2.3).

2. $F = F(x, y, y', \cdots, y^{(n)})$

在此一般情形, 当变分问题的泛函 $I[y]$ 依赖于未知函数 y 的直到 $n(n \geqslant 1)$ 阶导数时, 相应的欧拉微分方程是

$$\frac{\partial F}{\partial y} - \frac{\mathrm{d}}{\mathrm{d}x}\left(\frac{\partial F}{\partial y'}\right) + \frac{\mathrm{d}^2}{\mathrm{d}x^2}\left(\frac{\partial F}{\partial y''}\right) - \cdots + (-1)^n \frac{\mathrm{d}^n}{\mathrm{d}x^n}\left(\frac{\partial F}{\partial y^{(n)}}\right) = 0, \tag{10.33}$$

其解必须满足直到 $n-1$ 阶的、类似于 (10.30b) 的边界条件.

10.3.5 具有数个未知函数的变分问题

假设变分问题的泛函有形式

$$I[y_1, y_2, \cdots, y_n] = \int_a^b F(x, y_1, y_2, \cdots, y_n, y_1', y_2', \cdots, y_n')\mathrm{d}x, \tag{10.34}$$

其中诸未知函数 $y_1(x), y_2(x), \cdots, y_n(x)$ 在 $x = a$ 和 $x = b$ 处取给定的值. 考虑 n 个二次连续可微的可比较函数

$$y_i(x) = y_{i0}(x) + \varepsilon_i \eta_i(x) \quad (i = 1, 2, \cdots, n), \tag{10.35}$$

其中诸函数 $\eta_i(x)$ 在区间 $[a,b]$ 端点处为零, 因此在 (10.35) 下 (10.34) 即变为 $I(\varepsilon_1,\varepsilon_2,\cdots,\varepsilon_n)$. 从多个自变量函数极值的必要条件

$$\frac{\partial I}{\partial \varepsilon_i}=0 \quad (i=1,2,\cdots,n) \tag{10.36}$$

即得 n 个欧拉微分方程

$$\frac{\partial F}{\partial y_1}-\frac{\mathrm{d}}{\mathrm{d}x}\left(\frac{\partial F}{\partial y_1'}\right)=0, \frac{\partial F}{\partial y_2}-\frac{\mathrm{d}}{\mathrm{d}x}\left(\frac{\partial F}{\partial y_2'}\right)=0, \cdots, \frac{\partial F}{\partial y_n}-\frac{\mathrm{d}}{\mathrm{d}x}\left(\frac{\partial F}{\partial y_n'}\right)=0, \tag{10.37}$$

它的解 $y_1(x),y_2(x),\cdots,y_n(x)$ 必须满足给定的边界条件.

10.3.6 利用参数表达式的变分问题

对于某些变分问题, 不以显式 $y=y(x)$, 而以参数形式

$$x=x(t), \quad y=y(t) \quad (t_1 \leqslant t \leqslant t_2) \tag{10.38}$$

来确定极值是有帮助的, 其中 t_1 和 t_2 是相应于点 (a,A) 和 (b,B) 的参数值. 则简单变分问题 (参见第 805 页 10.3.1) 为

$$I[x,y]=\int_{t_1}^{t_2} F(x(t),y(t),\dot{x}(t),\dot{y}(t))\mathrm{d}t = \text{极值!} \tag{10.39a}$$

其边界条件为

$$x(t_1)=a, \quad x(t_2)=b, \quad y(t_1)=A, \quad y(t_2)=B, \tag{10.39b}$$

像在参数表达式中通常用的那样, 这里 $\dot{x}$ 和 $\dot{y}$ 表示 x 和 y 关于 t 的导数.

变分问题 (10.39a) 仅在其中积分的值与极值曲线的参数表示无关时才有意义. 为了保证 (10.39a) 中积分与连接点 (a,A) 和 (b,B) 的曲线的参数表示无关, F 必须是一个一次*正齐次函数* (positive homogeneous function), 即必须成立

$$F(x,y,\mu\dot{x},\mu\dot{y})=\mu F(x,y,\dot{x},\dot{y}) \quad (\mu>0). \tag{10.40}$$

因为变分问题 (10.39a) 可以视为 (10.34) 的一个特殊情形, 所以其相应的*欧拉微分方程*为

$$\frac{\partial F}{\partial x}-\frac{\mathrm{d}}{\mathrm{d}t}\left(\frac{\partial F}{\partial \dot{x}}\right)=0, \quad \frac{\partial F}{\partial y}-\frac{\mathrm{d}}{\mathrm{d}t}\left(\frac{\partial F}{\partial \dot{y}}\right)=0. \tag{10.41}$$

这两个方程并非相互独立, 它们等价于欧拉微分方程所谓的*魏尔斯特拉斯形式* (Weierstrass form):

$$\frac{\partial^2 F}{\partial x \partial \dot{y}}-\frac{\partial^2 F}{\partial \dot{x} \partial y}+M(\dot{x}\ddot{y}-\ddot{x}\dot{y})=0, \tag{10.42a}$$

其中

$$M = \frac{1}{\dot{y}^2}\frac{\partial^2 F}{\partial \dot{x}^2} = -\frac{1}{\dot{x}\dot{y}}\frac{\partial^2 F}{\partial \dot{x}\partial \dot{y}} = \frac{1}{\dot{x}^2}\frac{\partial^2 F}{\partial \dot{y}^2}. \tag{10.42b}$$

类似于用参数表达式给出的一条曲线 (参见第 326 页 3.6.1.1,1.) 曲率半径 R 的计算, 考虑到 (10.42a), 下式给出了**极值曲线曲率半径**(radius of curvature of the extremal curve) 的计算:

$$R = \left|\frac{(\dot{x}^2+\dot{y}^2)^{3/2}}{\dot{x}\ddot{y}-\ddot{x}\dot{y}}\right| = \left|\frac{M(\dot{x}^2+\dot{y}^2)^{3/2}}{F_{\dot{x}y}-F_{x\dot{y}}}\right|. \tag{10.42c}$$

■ 等周问题 ((10.8a)~(10.8c))(参见第 804 页 10.2.1) 用参数表达有形式

$$I[x,y] = \int_{t_1}^{t_2} y(t)\dot{x}(t)\mathrm{d}t = \max! \tag{10.43a}$$

$$\int_{t_1}^{t_2} \sqrt{\dot{x}^2(t)+\dot{y}^2(t)}\mathrm{d}t = l. \tag{10.43b}$$

根据

$$H = H(x,y,\dot{x},\dot{y}) = y\dot{x} + \lambda\sqrt{\dot{x}^2+\dot{y}^2} \tag{10.43c}$$

时的 (10.26), 该具有辅助条件的变分问题即变为一个无约束的变分问题. H 满足 (10.40), 因而它是一个一次正齐次函数. 而且成立

$$M = \frac{1}{\dot{y}^2}H_{\dot{x}\dot{x}} = \frac{\lambda}{(\dot{x}^2+\dot{y}^2)^{3/2}}, \quad H_{\dot{x}y} = 1, \quad H_{x\dot{y}} = 0, \tag{10.43d}$$

因而 (10.42c) 提供了曲率半径 $R = |\lambda|$. 因为 λ 是常数, 所以极值曲线是圆周.

10.4 多个自变量函数的变分问题

10.4.1 简单变分问题

多个自变量函数的简单变分问题之一是下述二重积分的变分问题:

$$I[u] = \iint\limits_G F(x,y,u(x,y),u_x,u_y)\mathrm{d}x\mathrm{d}y = \text{极值!}. \tag{10.44}$$

未知函数 $u = u(x,y)$ 在区域 G 的边界 Γ 上取给定值. 根据第 806 页的 10.3.2, 以形式

$$u(x,y) = u_0(x,y) + \varepsilon\eta(x,y) \tag{10.45}$$

引进一个可比较函数, 其中 $u_0(x,y)$ 是变分问题 (10.44) 的一个解, 它取给定的边界值, 而 $\eta(x,y)$ 满足条件

$$\eta(x,y) = 0 \qquad \text{在边界}\Gamma\text{上}. \tag{10.46}$$

$\eta(x,y)$ 和 $u_0(x,y)$ 都是按需要那样多次连续可微的. 量 ε 是一个参数.

其次, 要确定一个接近于解曲面 $u_0(x,y)$ 的曲面 $u=u(x,y)$. 利用 (10.45), $I[u]$ 变为 $I(\varepsilon)$, 即, 变分问题 (10.44) 变为必须满足必要条件

$$\frac{\mathrm{d}I}{\mathrm{d}\varepsilon}=0, \qquad \text{当 } \varepsilon=0 \text{ 时} \tag{10.47}$$

的一个极值问题. 由此即得,**欧拉微分方程**(Euler differential equation)

$$\frac{\partial F}{\partial u}-\frac{\partial}{\partial x}\left(\frac{\partial F}{\partial u_x}\right)-\frac{\partial}{\partial y}\left(\frac{\partial F}{\partial u_y}\right)=0 \tag{10.48}$$

作为变分问题 (10.44) 解的一个必要条件.

■ 考虑一个固定在 x,y 平面中一区域 G 边界 Γ 上的自由膜, G 的面积为

$$I_1=\iint_G \mathrm{d}x\mathrm{d}y. \tag{10.49a}$$

如果该膜由于负载而形变, 以致在每个点处在 z 方向有一伸长 $u=u(x,y)$, 那么其面积由公式

$$I_2=\iint_G \sqrt{1+u_x^2+u_y^2}\,\mathrm{d}x\mathrm{d}y \tag{10.49b}$$

计算. 把 (10.49b) 中的被积函数线性化, 并利用泰勒公式 (参见第 602 页 6.2.2.3), 即得的关系式

$$I_2\approx I_1+\frac{1}{2}\iint_G \left(u_x^2+u_y^2\right)\mathrm{d}x\mathrm{d}y. \tag{10.49c}$$

对于形变膜的势能 U, 成立

$$U=\sigma(I_2-I_1)=\frac{\sigma}{2}\iint_G \left(u_x^2+u_y^2\right)\mathrm{d}x\mathrm{d}y, \tag{10.49d}$$

其中常数 σ 表示膜的张力. 用这种方式产生了所谓的**狄利克雷变分问题**(Dirichlet variational problem): 确定函数 $u=u(x,y)$, 使得泛函

$$I[u]=\iint_G \left(u_x^2+u_y^2\right)\mathrm{d}x\mathrm{d}y \tag{10.49e}$$

有一个极值, 并且 u 在平面区域 G 的边界 Γ 上为零. 相应的欧拉微分方程为

$$\frac{\partial^2 u}{\partial x^2}+\frac{\partial^2 u}{\partial y^2}=0. \tag{10.49f}$$

它是两个变量的拉普拉斯微分方程 (参见第 951 页 13.5.1).

10.4.2 较一般的变分问题

这里考虑简单变分问题的两个推广.

1. $F = F(x, y, u(x, y), u_x, u_y, u_{xx}, u_{xy}, u_{yy})$

泛函依赖于未知函数 $u(x, y)$ 的高阶导数. 如果出现的偏导数最高阶数为二, 那么欧拉微分方程为

$$\frac{\partial F}{\partial u} - \frac{\partial}{\partial x}\left(\frac{\partial F}{\partial u_x}\right) - \frac{\partial}{\partial y}\left(\frac{\partial F}{\partial u_y}\right) + \frac{\partial^2}{\partial x^2}\left(\frac{\partial F}{\partial u_{xx}}\right) + \frac{\partial^2}{\partial x \partial y}\left(\frac{\partial F}{\partial u_{xy}}\right) + \frac{\partial^2}{\partial y^2}\left(\frac{\partial F}{\partial u_{yy}}\right) = 0. \tag{10.50}$$

2. $F = F(x_1, x_2, \cdots, x_n, u(x_1, \cdots, x_n), u_{x_1}, \cdots, u_{x_n})$

在有 n 个自变量 $x_1, x_2, \cdots, x_n$ 的情形, 欧拉微分方程为

$$\frac{\partial F}{\partial u} - \sum_{k=1}^{n} \frac{\partial}{\partial x_k}\left(\frac{\partial F}{\partial u_{x_k}}\right) = 0. \tag{10.51}$$

10.5 变分问题的数值解

在实践中, 解变分问题最经常用到两种方法.

1. 欧拉微分方程的解以及使所找到的解满足边界条件

通常, 欧拉微分方程的精确解只是在最简单的情形才是可能的, 因而用数值方法来解常微分方程或偏微分方程的边值问题 (参见第 1267 页 19.5 或第 1353 页 20.3.4).

2. 直接法

从变分问题直接产生直接法, 并且不利用欧拉微分方程. 最流行的, 并且也许是最老的方法是**里茨方法**(Ritz method). 它属于所谓的逼近方法, 这是用来获得微分方程逼近解的 (参见第 1265 页 19.4.2.2 和第 1270 页 19.5.2). 下述例子展示了这个方法.

■ 数值地解等周问题

$$\int_0^1 y'^2(x)\mathrm{d}x = \text{极值!} \tag{10.52a}$$

其中函数 $y(x)$ 要满足

$$\int_0^1 y^2(x)\mathrm{d}x = 1, \qquad y(0) = y(1) = 0. \tag{10.52b}$$

根据第 808 页 10.3.3, 没有积分辅助条件相应的变分问题是

$$I[y] = \int_0^1 \left[y'^2(x) - \lambda y^2(x)\right]\mathrm{d}x = \text{极值!} \tag{10.52c}$$

作为求一个逼近解的起始步, 可以用

$$y(x) = a_1 x(x-1) + a_2 x^2 (x-1). \tag{10.52d}$$

两个逼近函数 $x(x-1)$ 和 $x^2(x-1)$ 是线性无关的, 并且满足边界条件. 利用 (10.52d) 来约化 (10.52c), 得到

$$I(a_1, a_2) = \frac{1}{3}a_1^2 + \frac{2}{15}a_2^2 + \frac{1}{3}a_1 a_2 - \lambda\left(\frac{1}{30}a_1^2 + \frac{1}{105}a_2^2 + \frac{1}{30}a_1 a_2\right), \tag{10.52e}$$

并且必要条件 $\dfrac{\partial I}{\partial a_1} = \dfrac{\partial I}{\partial a_2} = 0$ 导致齐次线性方程组

$$\left(\frac{2}{3} - \frac{\lambda}{15}\right)a_1 + \left(\frac{1}{3} - \frac{\lambda}{30}\right)a_2 = 0, \qquad \left(\frac{1}{3} - \frac{\lambda}{30}\right)a_1 + \left(\frac{4}{15} - \frac{2\lambda}{105}\right)a_2 = 0. \tag{10.52f}$$

只有当这个方程组的系数矩阵行列式为零:

$$\lambda^2 - 52\lambda + 420 = 0, \quad 即 \quad \lambda_1 = 10, \quad \lambda_2 = 42 \tag{10.52g}$$

时该方程组有非平凡解. 对于 $\lambda = \lambda_1 = 10$, 从 (10.52f) 即得 $a_2 = 0, a_1$ 任意, 因而属于 $\lambda_1 = 10$ 的正规化解是

$$y = 5.48x(x-1). \tag{10.52h}$$

为了作一个比较, 考虑属于 (10.52f) 的欧拉微分方程. 这里边值问题

$$y'' + \lambda y = 0, \quad 并且 \ y(0) = y(1) = 0 \tag{10.52i}$$

的本征值为 $\lambda_k = k^2\pi^2 (k = 1, 2, \cdots)$, 解为 $y_k = c_k \sin k\pi x$. 对于 $k = 1$ 时, 即 $\lambda_1 = \pi^2 \approx 9.87$ 时的正规化解为

$$y = \sqrt{2}\sin \pi x, \tag{10.52j}$$

它确实与逼近解 (10.52h) 非常接近.

注 在当今计算机和科学的水平下, 把*有限元方法*(finite element method, FEM) 应用于变分问题的数值解是第一位的.

对于微分方程的数值解, 在第 1271 页 19.5.3 中给出了有限元方法的基本想法. 在那里, 微分方程和变分方程之间的相似性将被用到, 例如, *欧拉微分方程*, 或者根据 (19.146a)、(19.146b), 双线性型.

此外, 作为对非线性最优化问题的有效数值方法, *梯度方法* (gradient method) 也被用于变分问题的数值解.

10.6 增补的问题

10.6.1 一阶和二阶变分

利用一个可比较函数, 借助于被积函数的泰勒展开 (参见第 806 页 10.3.2) 对欧拉微分方程的推导, 在 ε 的线性项后即停止:

$$I(\varepsilon)=\int_a^b F(x,y_0+\varepsilon\eta,y_0'+\varepsilon\eta')\mathrm{d}x. \tag{10.53}$$

也考虑二次项, 即有

$$\begin{aligned}I(\varepsilon)-I(0)=&\varepsilon\int_a^b\left[\frac{\partial F}{\partial y}(x,y_0,y_0')\eta+\frac{\partial F}{\partial y'}(x,y_0,y_0')\eta'\right]\mathrm{d}x\\&+\frac{\varepsilon^2}{2}\int_a^b\left[\frac{\partial^2 F}{\partial y^2}(x,y_0,y_0')\eta^2+2\frac{\partial^2 F}{\partial y\partial y'}(x,y_0,y_0')\eta\eta'\right.\\&\left.+\frac{\partial^2 F}{\partial y'^2}(x,y_0,y_0')\eta'^2+O(\varepsilon)\right]\mathrm{d}x.\end{aligned} \tag{10.54}$$

(1) 泛函 $I[y]$ 的**变分** δI 用表达式

$$\delta I=\int_a^b\left[\frac{\partial F}{\partial y}(x,y_0,y_0')\eta+\frac{\partial F}{\partial y'}(x,y_0,y_0')\eta'\right]\mathrm{d}x \tag{10.55}$$

表示.

(2) 泛函 $I[y]$ 的**变分** $\delta^2 I$ 用表达式

$$\delta^2 I=\int_a^b\left[\frac{\partial^2 F}{\partial y^2}(x,y_0,y_0')\eta^2+2\frac{\partial^2 F}{\partial y\partial y'}(x,y_0,y_0')\eta\eta'+\frac{\partial^2 F}{\partial y'^2}(x,y_0,y_0')\eta'^2\right]\mathrm{d}x \tag{10.56}$$

表示, 因此可以写为

$$I(\varepsilon)-I(0)\approx\varepsilon\delta I+\frac{\varepsilon^2}{2}\delta^2 I. \tag{10.57}$$

由于这些变分, 可以形成泛函 $I[y]$ 的最优性条件 (见 [10.6]).

10.6.2 在物理学中的应用

变分法在物理学中有其坚固的地位. 例如, 牛顿力学的基本方程可以从一个变分原理推导出来, 用这种方式可以得到哈密顿–雅可比理论. 无论在原子理论, 还是在量子物理学中, 变分法也是重要的. 很显然, 经典数学概念的扩展和推广无疑是必要的. 因而, 当今的现代数学分支, 例如泛函分析和最优化, 必定会讨论变分法. 非常遗憾, 本书中只可能给出变分法经典部分的简要描述 (见 [10.3], [10.4], [10.6]).

(陆柱家 译)

第 11 章　线性积分方程

11.1　引论和分类

1. 定义

一个积分方程是未知函数出现在积分号下的方程. 不存在解积分方程的通用方法. 解的方法, 甚至于解的存在性依赖于积分方程的特别的形式.

一个积分方程被称为是*线性的*(linear), 如果作用在未知函数上的是线性运算. 线性积分方程的*一般形式* (general form) 为

$$g(x)\varphi(x)=f(x)+\lambda\int_{a(x)}^{b(x)}K(x,y)\varphi(y)\mathrm{d}y,\qquad c\leqslant x\leqslant d.\tag{11.1}$$

未知函数是 $\varphi(x)$, 函数 $K(x,y)$ 被称为*积分方程的核* (kernel of the integral equation), $f(x)$ 是所谓的*扰动函数*(perturbation function). 这些函数也可以取复值. 积分方程是*齐次的*(homogeneous), 如果函数 $f(x)$ 在所考虑的区间上恒为零, 即 $f(x)\equiv 0$, 否则它就是*非齐次的*(inhomogeneous). 通常, λ 是一个复参数.

方程 (11.1) 的两种类型具有特别的重要性. 如果积分限与 x 无关, 即 $a(x)\equiv a$, 且 $b(x)\equiv b$, 则它被称为*弗雷德霍姆积分方程*(Fredholm integral equation), 如 (11.2a), (11.2b).

$$0=f(x)+\lambda\int_a^b K(x,y)\varphi(y)\mathrm{d}y,\tag{11.2a}$$

$$\varphi(x)=f(x)+\lambda\int_a^b K(x,y)\varphi(y)\mathrm{d}y.\tag{11.2b}$$

如果 $a(x)\equiv a$, 且 $b(x)\equiv x$, 则它被称为*沃尔泰拉积分方程*(Volterra integral equation), 如 (11.2c), (11.2d).

$$0=f(x)+\lambda\int_a^x K(x,y)\varphi(y)\mathrm{d}y,\tag{11.2c}$$

$$\varphi(x)=f(x)+\lambda\int_a^x K(x,y)\varphi(y)\mathrm{d}y.\tag{11.2d}$$

如果未知函数 $\varphi(x)$ 只出现在积分号下, 即有 $g(x) \equiv 0$, 则称其为第一类(the first kind) 积分方程, 如 (11.2a),(11.2c). 积分方程被称为第二类(the second kind) 积分方程, 如果像在 (11.2b) 和 (11.2d) 中那样, $g(x) \equiv 1$.

2. 与微分方程的关系

物理学和力学中的问题相对罕见地直接导致积分方程. 这些问题主要地由微分方程来描述. 积分方程的重要性在于, 这些微分方程中的许多方程, 连同初值和边值, 可以变为积分方程.

■ 对于 $x \geqslant x_0, y(x_0) = y_0$ 的始值问题 $y'(x) = f(x, y)$, 对其从 x_0 到 x 积分, 就得到

$$y(x) = y_0 + \int_{x_0}^{x} f(\xi, y(\xi))\mathrm{d}\xi. \tag{11.3}$$

未知函数 $y(x)$ 出现在 (11.3) 的左端, 也出现在积分号下. 积分方程 (11.3) 是线性的, 如果函数 $f(\xi, y(\xi))$ 有形式①$f(\xi, y(\xi)) = a(\xi)y(\xi) + b(\xi)$, 即原始的微分方程也是线性的.

注 本章只处理第一类和第二类的弗雷德霍姆和沃尔泰拉积分方程, 也处理某些奇异积分方程.

11.2 第二类弗雷德霍姆积分方程

11.2.1 具有退化核的积分方程

如果一个积分方程的核 $K(x,y)$(kernel $K(x,y)$ of an integral equation) 是两个单变量函数积的有限和, 即一个函数仅依赖于 x, 而另一函数仅依赖于 y, 那么它被称为一个退化核(degenerate kernel), 或积核(product kernel).

1. 退化核情形的解

一个具有退化核的第二类弗雷德霍姆积分方程的解导致一个有限维方程组的解. 考虑积分方程

$$\varphi(x) = f(x) + \lambda \int_{a}^{b} K(x,y)\varphi(y)\mathrm{d}y, \tag{11.4a}$$

其中

$$K(x,y) = \alpha_1(x)\beta_1(y) + \alpha_2(x)\beta_2(y) + \cdots + \alpha_n(x)\beta_n(y). \tag{11.4b}$$

诸函数 $\alpha_1(x), \cdots, \alpha_n(x)$ 和 $\beta_1(x), \cdots, \beta_n(x)$ 在区间 $[a, b]$ 上被给出, 并被假设是连续的. 其次, 假设函数 $\alpha_1(x), \cdots, \alpha_n(x)$ 是线性无关的, 即, 具有常系数 c_k 的等式

$$\sum_{k=1}^{n} c_k\alpha_k(x) \equiv 0 \tag{11.5}$$

①原文将下式中的 $f(\xi, y(\xi))$ 误为 $f(\xi, \eta(\xi))$.—— 译者注

对每个 $x \in [a,b]$ 成立, 仅当 $c_1 = c_2 = \cdots = c_n = 0$ 时. 否则, $K(x,y)$ 可以被表示成较小数目乘积的和.

由 (11.4a) 和 (11.4b) 即得

$$\varphi(x) = f(x) + \lambda\alpha_1(x)\int_a^b \beta_1(y)\varphi(y)\mathrm{d}y + \cdots + \lambda\alpha_n(x)\int_a^b \beta_n(y)\varphi(y)\mathrm{d}y. \quad (11.6a)$$

式中的这些积分不再是变量 x 的函数, 它们是常数. 用 A_k 表示它们:

$$A_k = \int_a^b \beta_k(y)\varphi(y)\mathrm{d}y, \quad k = 1, \cdots, n. \quad (11.6b)$$

解函数 $\varphi(x)$, 如果存在, 是扰动函数 $f(x)$ 和诸函数 $\alpha_1(x), \cdots, \alpha_n(x)$ 的一个线性组合之和:

$$\varphi(x) = f(x) + \lambda A_1\alpha_1(x) + \lambda A_2\alpha_2(x) + \cdots + \lambda A_n\alpha_n(x). \quad (11.6c)$$

2. 解的系数的计算

如下计算诸系数 $A_1, \cdots, A_n$. 用 $\beta_k(x)$ 乘以方程 (11.6c), 并在区间 $[a,b]$ 上关于 x 计算其积分:

$$\begin{aligned}\int_a^b \beta_k(x)\varphi(x)\mathrm{d}x = &\int_a^b \beta_k(x)f(x)\mathrm{d}x + \lambda A_1\int_a^b \beta_k(x)\alpha_1(x)\mathrm{d}x + \cdots \\ &+ \lambda A_n\int_a^b \beta_k(x)\alpha_n(x)\mathrm{d}x.\end{aligned} \quad (11.7a)$$

根据 (11.6b), 这个方程的左端等于 A_k. 利用下述记号

$$b_k = \int_a^b \beta_k(x)f(x)\mathrm{d}x, \quad c_{kj} = \int_a^b \beta_k(x)\alpha_j(x)\mathrm{d}x, \quad (11.7b)$$

则对于 $k = 1, \cdots, n$, 有

$$A_k = b_k + \lambda c_{k1}A_1 + \lambda c_{k2}A_2 + \cdots + \lambda c_{kn}A_n. \quad (11.7c)$$

有可能不能计算 (11.7b) 中那些积分的精确值. 一旦出现这种情形, 必须用给出在第 1252 页 19.3 中的那些公式之一来计算它们的近似值. 线性方程组 (11.7c) 对于未知值 $A_1, \cdots, A_n$ 包含 n 个方程:

$$\begin{aligned}(1-\lambda c_{11})A_1 - \lambda c_{12}A_2 - \cdots - \lambda c_{1n}A_n &= b_1,\\ -\lambda c_{21}A_1 + (1-\lambda c_{22})A_2 - \cdots - \lambda c_{2n}A_n &= b_2,\\ \cdots\cdots&\\ -\lambda c_{n1}A_1 - \lambda c_{n2}A_2 - \cdots + (1-\lambda c_{nn})A_n &= b_n.\end{aligned} \quad (11.7d)$$

3. 解、本征值、本征函数的分析

从线性方程组的理论知道, (11.7d) 有且仅有一个解 $A_1,\cdots,A_n$, 如果系数矩阵行列式不等于零, 即

$$D(\lambda)=\begin{vmatrix}(1-\lambda c_{11}) & -\lambda c_{12} & \cdots & -\lambda c_{1n}\\ -\lambda c_{21} & (1-\lambda c_{22}) & \cdots & -\lambda c_{2n}\\ \vdots & \vdots & & \vdots\\ -\lambda c_{n1} & -\lambda c_{n2} & \cdots & (1-\lambda c_{nn})\end{vmatrix}\neq 0. \tag{11.8}$$

显然, $D(\lambda)$ 不恒为零, 因为有 $D(0)=1$. 因而, 存在一个数 $R>0$, 使得当 $|\lambda|<R$ 时 $D(\lambda)\neq 0$. 为了进一步的研究, 考虑两种不同的情形.

情形 $D(\lambda)\neq 0$

积分方程恰好有形如 (11.6c) 的一个解, 并且诸系数 $A_1,\cdots,A_n$ 由方程组 (11.7d) 的解给出. 如果 (11.4a) 是一个齐次积分方程, 即 $f(x)\equiv 0$, 则 $b_1=b_2=\cdots=b_n=0$. 此时齐次方程组 (11.7d) 只有平凡解 $A_1=A_2=\cdots=A_n=0$. 在这个情形只有函数 $\varphi(x)\equiv 0$ 满足积分方程.

情形 $D(\lambda)=0$

$D(\lambda)$ 是一个不高于 n 次的多项式, 因而它至多有 n 个根. 对于 λ 的这些值, $b_1=b_2=\cdots=b_n=0$ 时的齐次方程组 (11.7d) 还有非平凡解, 因而除了平凡解 $\varphi(x)\equiv 0$ 外, 齐次方程组有别的形如

$$\varphi(x)=C\cdot(A_1\alpha_1(x)+A_2\alpha_2(x)+\cdots+A_n\alpha_n(x))\quad (C\text{是一个任意常数})$$

的解. 由于 $\alpha_1(x),\cdots,\alpha_n(x)$ 是线性无关的, 因此 $\varphi(x)$ 不恒等于零. D(λ) 的根被称为积分方程的*本征值*(eigenvalues). 齐次积分方程相应的非零解被称为属于本征值 λ 的*本征函数* (eigenfunctions). 几个线性无关的本征函数可以属于同一个本征值. 如果积分方程有一个一般的核, 那么就要考虑齐次积分方程有非平凡解的所有那些本征值 λ. 有些作者把满足 $D(\lambda)=0$ 的 λ 称为特征数, 把 $\mu=\dfrac{1}{\lambda}$ 称为相应于形如 $\mu\varphi(x)=\displaystyle\int_a^b K(x,y)\varphi(y)\mathrm{d}y$ 方程的本征值.

4. 转置积分方程

现在有必要来研究在什么条件下, 如果 $D(\lambda)=0$, 齐次积分方程有解? 为此目的, 引进 (11.4a) 的*转置积分方程* (transposed integral equation)(或者, 在复情形, *伴随积分方程*(adjoint integral equation)):

$$\psi(x)=g(x)+\lambda\int_a^b K(y,x)\psi(y)\mathrm{d}y. \tag{11.9a}$$

令 λ 是一个本征值, $\varphi(x)$ 是齐次积分方程 (11.4a) 的一个解. 容易证明 λ 也是伴随积分方程的一个本征值. 现在 (11.4a) 的两端乘以齐次伴随积分方程的任一解 $\psi(x)$,

并在区间 $[a,b]$ 上关于 x 求积分:

$$\int_a^b \varphi(x)\psi(x)\mathrm{d}x = \int_a^b f(x)\psi(x)\mathrm{d}x + \int_a^b \left(\lambda \int_a^b K(x,y)\psi(x)\mathrm{d}x\right)\varphi(y)\mathrm{d}y. \tag{11.9b}$$

假设 $\psi(y) = \lambda \int_a^b K(x,y)\psi(x)\mathrm{d}x$, 则有 $\int_a^b f(x)\psi(x)\mathrm{d}x = 0$.

这就是: 对于某个本征值 λ 齐次积分方程 (11.4a) 有解, 当且仅当扰动函数 $f(x)$ 与齐次伴随积分方程的属于同一个 λ 的每个非零解正交(orthogonal). 这个陈述不仅对于具有退化核的积分方程成立, 而且对于具有一般核的积分方程也成立.

■ **A**: $\varphi(x) = x + \int_{-1}^{+1} (x^2y + xy^2 - xy)\varphi(y)\mathrm{d}y, \alpha_1(x) = x^2, \alpha_2(x) = x, \alpha_3(x) = -x, \beta_1(y) = y, \beta_2(y) = y^2, \beta_3(y) = y$. 3 个函数 $\alpha_k(x)$ 是线性相关的. 因而把原积分方程写为 $\varphi(x) = x + \int_{-1}^{+1} [x^2y + x(y^2 - y)]\varphi(y)\mathrm{d}y$. 对于这个积分方程, 有 $\alpha_1(x) = x^2, \alpha_2(x) = x, \beta_1(y) = y, \beta_2(y) = y^2 - y$. 如果有解 $\varphi(x)$ 存在, 则它有形式 $\varphi(x) = x + A_1x^2 + A_2x$.

$$c_{11} = \int_{-1}^{+1} x^3\mathrm{d}x = 0, \qquad c_{12} = \int_{-1}^{+1} x^2\mathrm{d}x = \frac{2}{3},$$
$$c_{21} = \int_{-1}^{+1} (x^4 - x^3)\mathrm{d}x = \frac{2}{5}, \quad c_{22} = \int_{-1}^{+1} (x^3 - x^2)\mathrm{d}x = -\frac{2}{3},$$

$$b_1 = \int_{-1}^{+1} x^2\mathrm{d}x = \frac{2}{3},$$
$$b_2 = \int_{-1}^{+1} (x^3 - x^2)\mathrm{d}x = -\frac{2}{3}.$$

利用这些值来确定 A_1 和 A_2 的方程组, 则有: $A_1 - \frac{2}{3}A_2 = \frac{2}{3}, -\frac{2}{5}A_1 + \left(1 + \frac{2}{3}\right)A_2 = -\frac{2}{3}$, 由它即得 $A_1 = \frac{10}{21}, A_2 = -\frac{2}{7}$, 因而 $\varphi(x) = x + \frac{10}{21}x^2 - \frac{2}{7}x = \frac{10}{21}x^2 + \frac{5}{7}x$.

■ **B**: $\varphi(x) = x + \lambda \int_0^\pi \sin(x+y)\varphi(y)\mathrm{d}y$, 即 $K(x,y) = \sin(x+y) = \sin x\cos y + \cos x\sin y, \varphi(x) = x + \lambda\sin x\int_0^\pi \cos y\ \varphi(y)\mathrm{d}y + \lambda\cos x\int_0^\pi \sin y\ \varphi(y)\mathrm{d}y$.

$$c_{11} = \int_0^\pi \sin x\cos x\mathrm{d}x = 0, \quad c_{12} = \int_0^\pi \cos^2 x\mathrm{d}x = \frac{\pi}{2}, \qquad b_1 = \int_0^\pi x\cos x\mathrm{d}x = -2,$$
$$c_{21} = \int_0^\pi \sin^2 x\mathrm{d}x = \frac{\pi}{2}, \qquad c_{22} = \int_0^\pi \cos x\sin x\mathrm{d}x = 0, \quad b_2 = \int_0^\pi x\sin x\mathrm{d}x = \pi.$$

利用这些值, 方程组 (11.7d) 即为 $A_1 - \lambda\frac{\pi}{2}A_2 = -2, -\lambda\frac{\pi}{2}A_1 + A_2 = \pi$. 因为对满

足 $D(\lambda)=\begin{vmatrix}1 & -\lambda\dfrac{\pi}{2}\\ -\lambda\dfrac{\pi}{2} & 1\end{vmatrix}=1-\lambda^2\dfrac{\pi^2}{4}\neq 0$ 的任意 λ, A_1 和 A_2 的方程组有唯一解. 因而 $A_1=\left(\lambda\dfrac{\pi^2}{2}-2\right)\Big/\left(1-\lambda^2\dfrac{\pi^2}{4}\right), A_2=\pi(1-\lambda)\Big/\left(1-\lambda^2\dfrac{\pi^2}{4}\right)$, 所以此时积分方程的解为 $\varphi(x)=x+\lambda\left[\left(\lambda\dfrac{\pi^2}{2}-2\right)\sin x+\pi(1-\lambda)\cos x\right]\Big/\left(1-\lambda^2\dfrac{\pi^2}{4}\right)$.
积分方程的本征值为 $\lambda_1=\dfrac{2}{\pi}, \lambda_2=-\dfrac{2}{\pi}$.

齐次积分方程 $\varphi(x)=\lambda_k\int_0^\pi \sin(x+y)\varphi(y)\mathrm{d}y$ 有形如 $\varphi_k(x)=\lambda_k(A_1\sin x+A_2\cos x)(k=1,2)$ 的非零解. 对于 $\lambda_1=\dfrac{2}{\pi}$, 有 $A_1=A_2$, 因而即得 $\varphi_1(x)=A(\sin x+\cos x)$, 其中 A 为任意常数. 类似地, 对于 $\lambda_2=-\dfrac{2}{\pi}$, 有 $\varphi_2(x)=B(\sin x-\cos x)$, 其中 B 为任意常数.

注 这个先前的解法相当简单, 但它只在退化核的情形有效. 这个方法也可用于在一般核的情形中获得一个好的近似解, 如果可以用退化核足够好地逼近一般核.

11.2.2 逐次逼近法、诺伊曼级数

1. 迭代法

类似于对于常微分方程解的*皮卡迭代法*(Picard iteration method)(参见第 727 页 9.1.1.5,1.), 需要给出一个迭代法来解第二类弗雷德霍姆积分方程. 从方程

$$\varphi(x)=f(x)+\lambda\int_a^b K(x,y)\varphi(y)\mathrm{d}y, \tag{11.10}$$

开始, 定义一个函数序列 $\varphi_0(x),\varphi_1(x),\varphi_2(x),\cdots$. 令第一个函数为 $\varphi_0(x)=f(x)$. 可以由下述公式得到后续的 $\varphi_n(x)$:

$$\varphi_n(x)=f(x)+\lambda\int_a^b K(x,y)\varphi_{n-1}(y)\mathrm{d}y \quad (n=1,2,\cdots;\varphi_0(x)=f(x)). \tag{11.11a}$$

按照给定的方法, 第一步是

$$\varphi_1(x)=f(x)+\lambda\int_a^b K(x,y)f(y)\mathrm{d}y. \tag{11.11b}$$

根据迭代公式, 把 $\varphi(x)$ 的这个表达式代入 (11.10) 的右端. 为了避免积分变量的误解, 在 (11.11b) 中用 η 表示 y.

$$\varphi_2(x)=f(x)+\lambda\int_a^b K(x,y)\left[f(y)+\lambda\int_a^b K(y,\eta)f(\eta)\mathrm{d}\eta\right]\mathrm{d}y \tag{11.11c}$$

$$=f(x)+\lambda\int_a^b K(x,y)f(y)\mathrm{d}y+\lambda^2\int_a^b\int_a^b K(x,y)K(y,\eta)f(\eta)\mathrm{d}y\mathrm{d}\eta. \tag{11.11d}$$

引进记号 $K_1(x,y)=K(x,y)$ 和 $K_2(x,y)=\int_a^b K(x,\xi)K(\xi,y)\mathrm{d}\xi$, 并重新把 η 记为 y, 则可以把 $\varphi_2(x)$ 写为

$$\varphi_2(x)=f(x)+\lambda\int_a^b K_1(x,y)f(y)\mathrm{d}y+\lambda^2\int_a^b K_2(x,y)f(y)\mathrm{d}y. \tag{11.11e}$$

记

$$K_n(x,y)=\int_a^b K(x,\xi)K_{n-1}(\xi,y)\mathrm{d}\xi \quad (n=2,3,\cdots), \tag{11.11f}$$

则 n 次迭代函数 $\varphi_n(x)$ 有表达式

$$\varphi_n(x)=f(x)+\lambda\int_a^b K_1(x,y)f(y)\mathrm{d}y+\cdots+\lambda^n\int_a^b K_n(x,y)f(y)\mathrm{d}y. \tag{11.11g}$$

其中 $K_n(x,y)$ 被称为 $K(x,y)$ 的**n次迭代核**(**n-th iterated kernel**).

2. 诺伊曼级数的收敛性

为了得到解 $\varphi(x)$, 需要讨论被称为诺伊曼级数的 λ 的幂级数

$$f(x)+\sum_{n=1}^{\infty}\lambda^n\int_a^b K_n(x,y)f(y)\mathrm{d}y \tag{11.12}$$

的收敛性. 如果函数 $K(x,y)$ 和 $f(x)$ 是有界的, 即成立不等式

$$|K(x,y)|<M(a\leqslant x\leqslant b,a\leqslant y\leqslant b) \quad 和 \quad |f(x)|<N \quad (a\leqslant x\leqslant b), \tag{11.13a}$$

则级数

$$N\sum_{n=0}^{\infty}|\lambda M(b-a)|^n \tag{11.13b}$$

是幂级数 (11.12) 的一个优级数. 这个几何级数对于所有

$$|\lambda|<\frac{1}{M(b-a)} \tag{11.13c}$$

是收敛的. 对于所有满足 (11.13c) 的 λ, 该诺伊曼级数是绝对和一致收敛的. 通过对诺伊曼级数项更精确的估计, 可以给出更确切的收敛区间. 据此, 对于

$$|\lambda|<\frac{1}{\sqrt{\int_a^b\int_a^b|K(x,y)|^2\mathrm{d}x\mathrm{d}y}}, \tag{11.13d}$$

诺伊曼级数是收敛的. 对于 λ 的这个限制并不意味着对任意在由 (11.13d) 所规定的有界集合外的 λ 不存在解, 而只是不能由该诺伊曼级数得到解. 表达式

$$\Gamma(x,y;\lambda)=\sum_{n=1}^{\infty}\lambda^{n-1}K_n(x,y) \tag{11.14a}$$

被称为积分方程的**预解式** (resolvent) 或**解核**(solving kernel). 利用预解式得到形如

$$\varphi(x)=f(x)+\lambda\int_a^b \Gamma(x,y;\lambda)f(y)\mathrm{d}y \tag{11.14b}$$

的解.

■ 对于第二类非齐次弗雷德霍姆积分方程 $\varphi(x)=x+\lambda\int_0^1 xy\,\varphi(y)\mathrm{d}y$, 有 $K_1(x,y)=xy, K_2(x,y)=\int_0^1 x\eta\,\eta y\mathrm{d}y=\frac{1}{3}xy, K_3(x,y)=\frac{1}{9}xy,\cdots,K_n(x,y)=\frac{xy}{3^{n-1}}$, 并由此得到 $\Gamma(x,y;\lambda)=xy\left(\sum\limits_{n=0}^{\infty}\frac{\lambda^n}{3^n}\right)$. 在限制 (11.13c) 下, 因为 $|K(x,y)|\leqslant M=1$, 所以诺伊曼级数对于 $|\lambda|<1$ 必定收敛. 预解式 $\Gamma(x,y;\lambda)=\dfrac{xy}{1-\dfrac{\lambda}{3}}$ 是一个几何级数, 它甚至当 $|\lambda|<3$ 时都是收敛的. 这样, 由 (11.14b) 即得 $\varphi(x)=x+\lambda\int_0^1\dfrac{xy^2}{1-\dfrac{\lambda}{3}}\mathrm{d}y=\dfrac{x}{1-\dfrac{\lambda}{3}}$.

注 如果对于一个给定的 λ, 关系式 (11.13d) 不成立, 此时任一连续核可以被分解为两个连续核之和 $K(x,y)=K^1(x,y)+K^2(x,y)$, 其中 $K^1(x,y)$ 是一个退化核, 而 $K^2(x,y)$ 充分小, 使得 (11.13d) 成立. 用这种方法, 对于不是本征值的任意 λ, 也有一个明确的解法.

11.2.3 弗雷德霍姆解法、弗雷德霍姆定理

11.2.3.1 弗雷德霍姆解法

1. 离散化的近似解

可以用一个线性方程组近似地表达第二类弗雷德霍姆积分方程

$$\varphi(x)=f(x)+\lambda\int_a^b K(x,y)\varphi(y)\mathrm{d}y. \tag{11.15}$$

但是必须假设函数 $K(x,y)$ 和 $f(x)$ 在 $a\leqslant x\leqslant b, a\leqslant y\leqslant b$ 上是连续的.

(11.15) 中的积分可以用所谓的左矩形公式 (参见第 1253 页 19.3.2.1) 来近似. 也可以用任意别的求积公式 (参见第 1252 页 19.3.1). 一个等距划分

$$y_k=a+(k-1)h\quad(k=1,2,\cdots,n;h=(b-a)/n) \tag{11.16a}$$

导致近似

$$\varphi(x)\approx f(x)+\lambda h[K(x,y_1)\varphi(y_1)+\cdots+K(x,y_n)\varphi(y_n)]. \tag{11.16b}$$

用精确满足 (11.16b) 的函数 $\overline{\varphi}(x)$ 代替 (11.16c) 中的 $\varphi(x)$, 得到

$$\overline{\varphi}(x)=f(x)+\lambda h[K(x,y_1)\overline{\varphi}(y_1)+\cdots+K(x,y_n)\overline{\varphi}(y_n)]. \tag{11.16c}$$

为了确定这个近似解, 必须知道 $\overline{\varphi}(x)$ 在诸插值节点 $x_k=a+(k-1)h$ 处的代换值. 在 (11.16c) 中代入 $x=x_1, x=x_2,\cdots,x=x_n$, 导致所需要的 n 个代换值 $\overline{\varphi}(x_k)$ 的一个线性方程组. 利用简便记号

$$K_{jk}=K(x_j,y_k),\quad \varphi_k=\overline{\varphi}(x_k),\quad f_k=f(x_k), \tag{11.17a}$$

这个方程组有形式

$$\begin{aligned}(1-\lambda hK_{11})\varphi_1-\lambda hK_{12}\varphi_2-\cdots-\lambda hK_{1n}\varphi_n&=f_1,\\ -\lambda hK_{21}\varphi_1+(1-\lambda hK_{22})\varphi_2-\cdots-\lambda hK_{2n}\varphi_n&=f_2,\\ \cdots\cdots&\\ -\lambda hK_{n1}\varphi_1-\lambda hK_{n2}\varphi_2-\cdots+(1-\lambda hK_{nn})\varphi_n&=f_n.\end{aligned} \tag{11.17b}$$

这个方程组的系数行列式为

$$D_n(\lambda)=\begin{vmatrix}1-\lambda hK_{11} & -\lambda hK_{12} & \cdots & -\lambda hK_{1n}\\ -\lambda hK_{21} & 1-\lambda hK_{22} & \cdots & -\lambda hK_{2n}\\ \vdots & \vdots & & \vdots\\ -\lambda hK_{n1} & -\lambda hK_{n2} & \cdots & 1-\lambda hK_{nn}\end{vmatrix}. \tag{11.17c}$$

这个行列式与具有退化核的积分方程的解中的系数行列式有相同的结构. 方程组 (11.17b) 对于每个使得 $D_n(\lambda)\neq 0$ 的 λ 有一个唯一解. 该解给出了未知函数 $\varphi(x)$ 在插值节点处的代换值. 使得 $D_n(\lambda)=0$ 的 λ 值是积分方程本征值的近似. 方程组 (11.17b) 的解可以用商的形式 (参见第 416 页 4.5.2.3, 克拉默法则) 写成

$$\varphi_k=\frac{D_n^k(\lambda)}{D_n(\lambda)}\approx\varphi(x_k),\quad k=1,\cdots,n. \tag{11.18}$$

这里, 用 $f_1,f_2,\cdots,f_n$ 替代 $D_n(\lambda)$ 中第 k 列元素即得到 $D_n^k(\lambda)$.

2. 预解式的计算

如果 n 趋于无穷, 则行列式 $D_n^k(\lambda)$ 和 $D_n(\lambda)$ 的行数和列数亦然. 行列式

$$D(\lambda)=\lim_{n\to\infty}D_n(\lambda) \tag{11.19a}$$

被用于得到形如

$$\Gamma(x,y;\lambda)=\frac{D(x,y;\lambda)}{D(\lambda)} \tag{11.19b}$$

的解核 (预解式) $\Gamma(x,y;\lambda)$(参见第 821 页 11.2.2). $D(\lambda)$ 的每个根是 $\Gamma(x,y;\lambda)$ 的一个极点. 满足 $D(\lambda)=0$ 的这些 λ, 正是积分方程 (11.15) 的本征值, 并且在此情

形齐次积分方程有非零解, 即属于该本征值的本征函数. 在 $D(\lambda)\neq 0$ 的情形, 知道了预解式 $\Gamma(x,y;\lambda)$ 后, 解的显式即为

$$\varphi(x)=f(x)+\lambda\int_a^b \Gamma(x,y;\lambda)f(y)\mathrm{d}y=f(x)+\frac{\lambda}{D(\lambda)}\int_a^b D(x,y;\lambda)f(y)\mathrm{d}y. \quad (11.19c)$$

为了得到预解式, 需要 $D(x,y;\lambda)$ 和 $D(\lambda)$ 关于 λ 的幂级数:

$$\Gamma(x,y;\lambda)=\frac{D(x,y;\lambda)}{D(\lambda)}=\frac{\sum\limits_{n=0}^{\infty}(-1)^n K_n(x,y)\cdot\lambda^n}{\sum\limits_{n=0}^{\infty}(-1)^n d_n\cdot\lambda^n}, \quad (11.20a)$$

其中 $d_0=1, K_0(x,y)=K(x,y)$. 从递推公式

$$d_n=\frac{1}{n}\int_a^b k_{n-1}(x,x)\mathrm{d}x,\quad K_n(x,y)=K(x,y)\cdot d_n-\int_a^b K(x,t)K_{n-1}(t,y)\mathrm{d}t \quad (11.20b)$$

得到其他所有的系数.

■ **A:** $\varphi(x)=\sin x+\lambda\int_0^{\frac{\pi}{2}}\sin x\cos y\,\varphi(y)\mathrm{d}y$. 这个积分方程的精确解为 $\varphi(x)=\dfrac{2}{2-\lambda}\sin x$. 对于 $n=3$, 由 $x_1=0, x_2=\dfrac{\pi}{6}, x_3=\dfrac{\pi}{3}, h=\dfrac{\pi}{6}$ 给出

$$D_3(\lambda)=\begin{vmatrix}1 & 0 & 0\\ -\dfrac{\lambda\pi}{12} & 1-\dfrac{\sqrt{3}\lambda\pi}{24} & -\dfrac{\lambda\pi}{24}\\ -\dfrac{\sqrt{3}\lambda\pi}{12} & -\dfrac{3\lambda\pi}{24} & 1-\dfrac{\sqrt{3}\lambda\pi}{24}\end{vmatrix}$$

$$=\left(1-\frac{\sqrt{3}\lambda\pi}{24}\right)^2-\frac{\lambda^2\pi^2}{192}=1-\frac{\sqrt{3}\lambda\pi}{12}\cdot\lambda=\frac{12}{\sqrt{3}\pi}\approx 2.205$$

是本征值 $\lambda=2$ 的一个近似值. 从 $f_1=0$ 的方程组 (11.17b) 的第一个方程得到 $\varphi_1=0$. 把这个结果代入第二个和第三个方程, 得到方程组: $\left(1-\dfrac{\sqrt{3}\lambda\pi}{24}\right)\varphi_2-\dfrac{\lambda\pi}{24}\varphi_3=\dfrac{1}{2}, -\dfrac{3\lambda\pi}{24}\varphi_2+\left(1-\dfrac{\sqrt{3}\lambda\pi}{24}\right)\varphi_3=\dfrac{\sqrt{3}}{2}$. 这个方程组有解 $\varphi_2=\dfrac{1}{2-\dfrac{\sqrt{3}\pi}{6}\lambda}$, $\varphi_3=\dfrac{\sqrt{3}}{2-\dfrac{\sqrt{3}\pi}{6}\lambda}$. 如果 $\lambda=1$, 则 $\varphi_1=0, \varphi_2=0.915, \varphi_3=1.585$. 精确解的代换值是: $\varphi(0)=0, \varphi\left(\dfrac{\pi}{6}\right)=1, \varphi\left(\dfrac{\pi}{3}\right)=1.732$.

为了取得更好的精度, 必须增加插值节点的数目.

■ **B:** $\varphi(x) = x + \lambda\int_0^1 (4xy - x^2)\varphi(y)\mathrm{d}y; d_0 = 1, K_0(x,y) = 4xy - x^2, d_1 = \int_0^1 3x^2\mathrm{d}x = 1, K_1(x,y) = 4xy - x^2 - \int_0^1 (4xt - x^2)(4ty - t^2)\mathrm{d}t = x + 2x^2y - \frac{4}{3}x^2 - \frac{4}{3}xy, d_2 = \frac{1}{2}\int_0^1 K_1(x,x)\mathrm{d}x = \frac{1}{18}, K_2(x,y) = \frac{1}{18}(4xy - x^2) - \int_0^1 K(x,t)K_1(t,y)\mathrm{d}t = 0$. 利用这些值得到, $d_3, K_3(x,y)$, 以及此后所有的 d_k 和 $K_k(x,y)$ 都等于零. $\Gamma(x,y;\lambda) = \dfrac{4xy - x^2 - \left[x + 2x^2y - \frac{4}{3}x^2 - \frac{4}{3}xy\right]\lambda}{1 - \lambda + \frac{\lambda^2}{18}}$. 从 $1-\lambda+\frac{\lambda^2}{18} = 0$ 得到两个本征值 $\lambda_{1,2} = 9\pm3\sqrt{7}$. 如果 λ 不是本征值, 则解是 $\varphi(x) = x+\lambda\int_0^1 \Gamma(x,y;\lambda)f(y)\mathrm{d}y = \dfrac{3x(2\lambda - 3\lambda x + 6)}{\lambda^2 - 18\lambda + 18}$.

11.2.3.2 弗雷德霍姆定理

对于第二类弗雷德霍姆积分方程

$$\varphi(x) = f(x) + \lambda\int_a^b K(x,y)\varphi(y)\mathrm{d}y, \tag{11.21a}$$

相应的转置积分方程由

$$\psi(x) = g(x) + \lambda\int_a^b K(y,x)\psi(y)\mathrm{d}y \tag{11.21b}$$

给出. 对于这一对积分方程, 下述一些陈述成立 (也参见第 817 页 11.2.1).

(1) 一个第二类弗雷德霍姆积分方程只能有有限多个或可数无穷个本征值. 这些本征值在任意有限区间中不能有聚点, 即, 对任意正数 R, 只能有有限多个本征值 λ 满足 $|\lambda| < R$.

(2) 如果 λ 不是 (11.21a) 的本征值, 那么两个非齐次积分方程对任意扰动函数 $f(x)$ 和 $g(x)$ 都有唯一解, 并且两个相应的齐次积分方程只有平凡解.

(3) 如果 λ 是 (11.21a) 的一个本征值, 那么 λ 也是转置方程 (11.21b) 的一个本征值. 两个齐次积分方程有非零解, 并且对于这两个方程, 线性无关解的数目是相同的.

(4) 对于一个本征值 λ, 可以解齐次积分方程 (11.21a), 当且仅当其扰动函数正交于齐次转置积分方程的每个解, 即, 对积分方程

$$\psi(x) = \lambda\int_a^b K(y,x)\psi(y)\mathrm{d}y \tag{11.22a}$$

的每个解 ψ, 有

$$\int_a^b f(x)\psi(x)\mathrm{d}x = 0. \tag{11.22b}$$

从这些陈述即得弗雷德霍姆择一定理(Fredholm alternative theorem): 或者对于任意扰动函数 $f(x)$ 非齐次积分方程可解, 或者相应的齐次积分方程有非平凡解.

11.2.4 第二类弗雷德霍姆积分方程的数值解法

对于一个第二类弗雷德霍姆积分方程

$$\varphi(x)=f(x)+\lambda\int_a^b K(x,y)\varphi(y)\mathrm{d}y, \tag{11.23}$$

为了获得其精确解, 用第 817 页的 11.2.1, 第 821 页的 11.2.2, 以及用第 823 页的 11.2.3 中给出的解法, 经常是不可能的, 或者要做太多的工作. 在一些这样的情形中, 为了近似可以用某些数值方法. 下面给出 3 种不同的方法来得到形如 (11.23) 积分方程的数值解.

11.2.4.1 积分的近似

1. 半离散问题

在研究积分方程 (11.23) 时, 经常用一个近似公式来代替其中的积分. 这些近似公式被称为求积公式(quadrature formulas). 它们有形式

$$\int_a^b f(x)\mathrm{d}x\approx Q_{[a,b]}(f)=\sum_{k=1}^n \omega_k f(x_k), \tag{11.24}$$

即, 代替积分, 现在用被积函数在插值节点 x_k 处赋以权值 ω_k 的代换值之和. 诸数 ω_k 要被适当地选取 (以便与 f 无关). 用近似形式, 方程 (11.23) 可以被写成

$$\varphi(x)\approx f(x)+\lambda Q_{[a,b]}(K(x,\cdot)\varphi(\cdot))=f(x)+\lambda\sum_{k=1}^n \omega_k K(x,y_k)\varphi(y_k). \tag{11.25a}$$

求积公式 $Q_{[a,b]}(K(x,\cdot)\varphi(\cdot))$ 还依赖于变量 x. 在函数变量位置上的点意味着求积公式是关于变量 y 所用的. 定义关系式

$$\overline{\varphi}(x)=f(x)+\lambda\sum_{k=1}^n \omega_k K(x,y_k)\overline{\varphi}(y_k). \tag{11.25b}$$

$\overline{\varphi}(x)$ 是精确解 $\varphi(x)$ 的一个近似. 把 (11.25b) 视为一个半离散问题(semi-discrete problem), 因为变量 y 被转为离散值, 而变量 x 仍可为任意的.

如果方程 (11.25b) 对一个函数 $\overline{\varphi}(x)$ 在每个点 $x\in[a,b]$ 处成立, 那么它必定在每个插值节点 $x=x_k$ 处成立:

$$\overline{\varphi}(x_k)=f(x_k)+\lambda\sum_{j=1}^n \omega_j K(x_k,y_j)\overline{\varphi}(y_j),\quad k=1,2,\cdots,n. \tag{11.25c}$$

这是一个关于 n 个未知值 $\overline{\varphi}(x_k)$ 的 n 个方程的一个线性方程组. 把这些解代入 (11.25b), 产生了半离散问题的解. 这个方法的精度和计算量依赖于所用的求积公式. 例如, 用*左矩形公式*(参见第 1253 页 19.3.2.1) 以及等距划分 $y_k = x_k = a + h(k-1), h = (b-a)/n(k = 1, \cdots, n)$, 产生

$$\int_a^b K(x,y)\overline{\varphi}(y)\mathrm{d}y \approx \sum_{k=1}^{n} hK(x,y_k)\overline{\varphi}(y_k). \tag{11.26a}$$

利用记号

$$K_{jk} = K(x_j, y_k), \quad f_k = f(x_k), \quad \varphi_k = \overline{\varphi}(x_k), \tag{11.26b}$$

方程组 (11.25c) 有形式:

$$\begin{aligned} &(1-\lambda hK_{11})\varphi_1 - \lambda hK_{12}\varphi_2 - \cdots - \lambda hK_{1n}\varphi_n = f_1, \\ &-\lambda hK_{21}\varphi_1 + (1-\lambda hK_{22})\varphi_2 - \cdots - \lambda hK_{2n}\varphi_n = f_2, \\ &\cdots\cdots \\ &-\lambda hK_{n1}\varphi_1 - \lambda hK_{n2}\varphi_2 - \cdots + (1-\lambda hK_{nn})\varphi_n = f_n. \end{aligned} \tag{11.26c}$$

相同的方程组被包含在弗雷德霍姆解法 (参见第 823 页 11.2.3) 中. 因为矩形公式并非足够精确, 因此为了更好地近似积分, 可以增加插值节点的数目, 但随之而来的是方程组维数的增加. 因而要寻找另外的求积公式.

2. 尼斯特伦法

在所谓的*尼斯特伦法*(Nyström method) 中, 高斯求积公式被用于求积分的近似 (参见第 1254 页 19.3.3,3.). 为了推导它, 考虑积分

$$I = \int_a^b f(x)\mathrm{d}x. \tag{11.27a}$$

用一个多项式 $p(x)$, 即 $f(x)$ 在插值节点 x_k 处的插值多项式来代替被积函数:

$$p(x) = \sum_{k=1}^{n} L_k(x) f(x_k),$$

其中

$$L_k(x) = \frac{(x-x_1)\cdots(x-x_{k-1})(x-x_{k+1})\cdots(x-x_n)}{(x_k-x_1)\cdots(x_k-x_{k-1})(x_k-x_{k+1})\cdots(x_k-x_n)}. \tag{11.27b}$$

对于这个多项式, 有

$$p(x_k) = f(x_k), \qquad k = 1, \cdots, n. \tag{11.27c}$$

用 $p(x)$ 代替被积函数 $f(x)$ 导致求积公式

$$\int_a^b f(x)\mathrm{d}x \approx \int_a^b p(x)\mathrm{d}x = \sum_{k=1}^{n} f(x_k)\int_a^b L_k(x)\mathrm{d}x = \sum_{k=1}^{n} \omega_k f(x_k), \tag{11.27d}$$

其中 $\omega_k = \int_a^b L_k(x)\mathrm{d}x$. 对于高斯求积公式, 不能任意选取插值节点, 它们必须用公式

$$x_k = \frac{a+b}{2} + \frac{b-a}{2}t_k, \quad k = 1, 2, \cdots, n \tag{11.28a}$$

来选取. 这 n 个 t_k 值是第一类勒让德多项式 (参见第 748 页 9.1.2.6, 3.)

$$P_n(t) = \frac{1}{2^n \cdot n!}\frac{d^n[(t^2-1)^n]}{dt^n} \tag{11.28b}$$

的 n 个根. 这些根都在区间 $[-1, +1]$ 中. 由代换 $x - x_k = \frac{b-a}{2}(t - t_k)$ 可以计算诸系数 ω_k, 因而:

$$\begin{aligned}\omega_k = \int_a^b L_k(x)\mathrm{d}x &= (b-a)\frac{1}{2}\int_{-1}^1 \frac{(t-t_1)\cdots(t-t_{k-1})(t-t_{k+1})\cdots(t-t_n)}{(t_k-t_1)\cdots(t_k-t_{k-1})(t_k-t_{k+1})\cdots(t_k-t_n)}\mathrm{d}t \\ &= (b-a)A_k.\end{aligned} \tag{11.29}$$

在表 11.1 中给出了第一类勒让德多项式的根和 $n = 1, \cdots, 6$ 的诸权值 A_k.

■ 用尼斯特伦法对于 $n = 3$ 解积分方程 $\varphi(x) = \cos\pi x + \frac{x}{x^2+\pi^2}(\mathrm{e}^x + 1) + \int_0^1 \mathrm{e}^{xy}\varphi(y)\mathrm{d}y$.

表 11.1 第一类勒让德多项式的根

n	t	A
1	$t_1=0$	$A_1=1$
2	$t_1=-0.5774$	$A_1=0.5$
	$t_2=0.5774$	$A_2=0.5$
3	$t_1=-0.7746$	$A_1=0.2778$
	$t_2=0$	$A_2=0.4444$
	$t_3=0.7746$	$A_3=0.2778$
4	$t_1=-0.8612$	$A_1=0.1739$
	$t_2=-0.3400$	$A_2=0.3261$
	$t_3=0.3400$	$A_3=0.3261$
	$t_4=0.8612$	$A_4=0.1739$
5	$t_1=-0.9062$	$A_1=0.1185$
	$t_2=-0.5384$	$A_2=0.2393$
	$t_3=0$	$A_3=0.2844$
	$t_4=0.5384$	$A_4=0.2393$
	$t_5=0.9062$	$A_5=0.1185$
6	$t_1=-0.9324$	$A_1=0.0857$
	$t_2=-0.6612$	$A_2=0.1804$
	$t_3=-0.2386$	$A_3=0.2340$
	$t_4=0.2386$	$A_4=0.2340$
	$t_5=0.6612$	$A_5=0.1804$
	$t_6=0.9324$	$A_6=0.0857$

$n = 3:$ $x_1 = 0.1127$, $x_2 = 0.5$, $x_3 = 0.8873$,

$A_1 = 0.2778$, $A_2 = 0.4444$, $A_3 = 0.2778$,

$f_1 = 0.96214$, $f_2 = 0.13087$, $f_3 = -0.65251$,

$K_{11} = 1.01278$, $K_{22} = 1.28403$, $K_{33} = 2.19746$,

$K_{12} = K_{21} = 1.05797$, $K_{13} = K_{31} = 1.10517$, $K_{23} = K_{32} = 1.55838$.

对于 φ_1, φ_2 和 φ_3 的方程组 (11.25c) 是

$$\begin{aligned}
0.71864\varphi_1 - 0.47016\varphi_2 - 0.30702\varphi_3 &= 0.96214, \\
-0.29390\varphi_1 + 0.42938\varphi_2 - 0.43292\varphi_3 &= 0.13087, \\
-0.30702\varphi_1 - 0.69254\varphi_2 + 0.38955\varphi_3 &= -0.65251.
\end{aligned}$$

这方程组的解是 $\varphi_1 = 0.93651, \varphi_2 = -0.00144, \varphi_3 = -0.93950$. 精确解在插值节点处的代换值是: $\varphi(x_1) = 0.93797, \varphi(x_2) = 0, \varphi(x_3) = -0.93797$.

11.2.4.2 核近似

用一个核 $\overline{K}(x,y)$ 代替核 $K(x,y)$, 使得对于 $a \leqslant x \leqslant b, a \leqslant y \leqslant b$ 有 $\overline{K}(x,y) \approx K(x,y)$. 试图选取一个核, 使得最容易获得积分方程

$$\overline{\varphi}(x) = f(x) + \lambda \int_a^b \overline{K}(x,y)\overline{\varphi}(y)\mathrm{d}y \tag{11.30}$$

的解.

1. 张量积近似

经常用到的核的近似是形如

$$K(x,y) \approx \overline{K}(x,y) = \sum_{j=0}^{n}\sum_{k=0}^{n} d_{jk}\alpha_j(x)\beta_k(y) \tag{11.31a}$$

的**张量积近似**(tensor product approximation), 其中 $\alpha_0(x), \cdots, \alpha_n(x)$ 和 $\beta_0(y), \cdots, \beta_n(y)$ 是给定的线性无关的函数, 它们的系数 d_{jk} 必须选取得使二重和在某种意义下充分地逼近核. 用一个退化核重写 (11.31a)①:

$$\begin{aligned}
\overline{K}(x,y) = \sum_{j=0}^{n} \alpha_j(x)\left[\sum_{k=0}^{n} d_{jk}\beta_k(y)\right], \quad \delta_j(y) = \sum_{k=0}^{n} d_{jk}\beta_k(y), \\
\overline{K}(x,y) = \sum_{j=0}^{n} \alpha_j(x)\delta_j(y).
\end{aligned} \tag{11.31b}$$

现在, 可以把第 817 页 11.2.1 的解法用于积分方程

$$\overline{\varphi}(x) = f(x) + \lambda \int_a^b \left[\sum_{j=0}^{n} \alpha_j(x)\delta_j(y)\right]\overline{\varphi}(y)\mathrm{d}y. \tag{11.31c}$$

应该选取诸函数 $\alpha_0(x), \cdots, \alpha_n(x)$ 和 $\beta_0(y), \cdots, \beta_n(y)$, 使得可以容易地计算 (11.31a) 中的系数 d_{jk}, 并且也使得计算 (11.31c) 的解不太困难.

---

① 原文把 (11.31b) 后两等式连在一起了: $\delta_j(y) = \sum_{k=0}^{n} d_{jk}\beta_k(y)\overline{K}(x,y) = \sum_{j=0}^{n} \alpha_j(x)\delta_j(y)$.—— 译者注

2. 特殊样条函数法

为了在积分区间 $[a,b]=[0,1]$ 上逼近一个特殊核, 选取

$$\alpha_k(x)=\beta_k(x)=\begin{cases}1-n\left|x-\dfrac{k}{n}\right|, & \dfrac{k-1}{n}\leqslant x\leqslant\dfrac{k+1}{n},\\ 0, & \text{其他情形}.\end{cases} \tag{11.32}$$

函数 $\alpha_k(x)$ 仅在所谓的承载区间(carrier interval) $\left(\dfrac{k-1}{n},\dfrac{k+1}{n}\right)$ 上有非零值 (图 11.1).

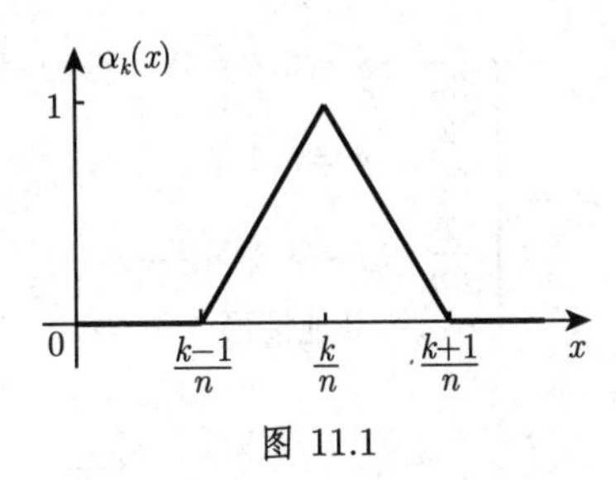

图 11.1

为了计算 (11.31a) 中的系数 d_{jk}, 在点 $x=l/n, y=i/n(l,i=0,1,\cdots,n)$ 处考虑 $\overline{K}(x,y)$. 则成立

$$\alpha_j\left(\frac{l}{n}\right)\alpha_k\left(\frac{i}{n}\right)=\begin{cases}1, & j=l,k=i,\\ 0, & \text{其他情形},\end{cases} \tag{11.33}$$

所以 $\overline{K}(l/n,i/n)=d_{li}$. 因而有代换 $d_{li}=\overline{K}\left(\dfrac{l}{n},\dfrac{i}{n}\right)=K\left(\dfrac{l}{n},\dfrac{i}{n}\right)$. 现在 (11.31a) 有形式

$$\overline{K}(x,y)=\sum_{j=0}^{n}\sum_{k=0}^{n}K\left(\frac{j}{n},\frac{k}{n}\right)\alpha_j(x)\beta_k(y). \tag{11.34}$$

如所知道的, (11.31c) 的解有形式

$$\overline{\varphi}(x)=f(x)+A_0\alpha_0(x)+\cdots+A_n\alpha_n(x). \tag{11.35}$$

表达式 $A_0\alpha_0(x)+\cdots+A_n\alpha_n(x)$ 是一个分段线性函数, 它在点 $x_k=k/n$ 处取替换值 A_k. 用对于退化核给出的方法解 (11.31c), 得到关于数 $A_0,\cdots,A_n$ 的一个线性方程组:

$$\begin{gathered}(1-\lambda c_{00})A_0-\lambda c_{01}A_1-\cdots-\lambda c_{0n}A_n=b_0,\\ -\lambda c_{10}A_0+(1-\lambda c_{11})A_1-\cdots-\lambda c_{1n}A_n=b_1,\\ \cdots\cdots\\ -\lambda c_{n0}A_0-\lambda c_{n1}A_1-\cdots+(1-\lambda c_{nn})A_n=b_n.\end{gathered} \tag{11.36a}$$

其中

$$c_{jk}=\int_0^1\delta_j(x)\alpha_k(x)\mathrm{d}x=\int_0^1\left[\sum_{i=0}^{n}K\left(\frac{j}{n},\frac{i}{n}\right)\alpha_j(x)\right]\alpha_k(x)\mathrm{d}x$$
$$=K\left(\frac{j}{n},\frac{0}{n}\right)\int_0^1\alpha_0(x)\alpha_k(x)\mathrm{d}x$$
$$+\cdots+K\left(\frac{j}{n},\frac{n}{n}\right)\int_0^1\alpha_n(x)\alpha_k(x)\mathrm{d}x. \tag{11.36b}$$

对于这些积分, 有

$$I_{jk}=\int_0^1\alpha_j(x)\alpha_k(x)\mathrm{d}x=\begin{cases}\dfrac{1}{3n}, & j=0,k=0 \quad 和 \quad j=n,k=n,\\ \dfrac{2}{3n}, & j=k,1\leqslant j\leqslant n,\\ \dfrac{1}{6n}, & j=k+1,j=k-1,\\ 0, & 其他情形.\end{cases} \tag{11.36c}$$

(11.36a) 中的数 b_k 由

$$b_k=\int_0^1 f(x)\left[\sum_{j=0}^{n}K\left(\frac{k}{n},\frac{j}{n}\right)\alpha_j(x)\right]\mathrm{d}x \tag{11.36d}$$

给出. 分别用 (11.36a) 中的数 c_{jk} 组成矩阵 $\boldsymbol{C}$, 用值 $K(j/n,k/n)$ 组成矩阵 $\boldsymbol{B}$, 用值 I_{jk} 组成矩阵 $\boldsymbol{A}$, 数 $b_0,\cdots,b_n$ 组成向量 $\underline{\boldsymbol{b}}$, 数 $A_0,\cdots,A_n$ 组成向量 $\underline{\boldsymbol{a}}$, 则方程组 (11.36a) 有形式

$$(\boldsymbol{I}-\lambda\boldsymbol{C})\underline{\boldsymbol{a}}=(\boldsymbol{I}-\lambda\boldsymbol{B}\boldsymbol{A})\underline{\boldsymbol{a}}=\underline{\boldsymbol{b}}. \tag{11.36e}$$

在此情形, 若矩阵 $(\boldsymbol{I}-\lambda\boldsymbol{B}\boldsymbol{A})$ 是正规的时, 这个方程组有一个唯一解 $\underline{\boldsymbol{a}}=(A_0,\cdots,A_n)$.

11.2.4.3　配置法

假设在区间 $[a,b]$ 中 n 个函数 $\varphi_1(x),\cdots,\varphi_n(x)$ 是线性无关的. 它们可以被用来构成解 $\varphi(x)$ 的一个近似函数 $\overline{\varphi}(x)$:

$$\varphi(x)\approx\overline{\varphi}(x)=a_1\varphi_1(x)+a_2\varphi_2(x)+\cdots+a_n\varphi_n(x). \tag{11.37a}$$

现在的问题是确定系数 $a_1,\cdots,a_n$. 通常, 不存在 $a_1,\cdots,a_n$, 使得以这种形式给出的函数 $\overline{\varphi}(x)$ 表示积分方程 (11.23) 的精确解 $\varphi(x)=\overline{\varphi}(x)$. 因而, 在积分区间中界定 n 个插值点 $x_1,\cdots,x_n$, 使得近似函数 (11.37a) 至少在这些点上满足积分方程:

$$\overline{\varphi}(x_k)=a_1\varphi_1(x_k)+\cdots+a_n\varphi_n(x_k) \tag{11.37b}$$
$$=f(x_k)+\lambda\int_a^b K(x_k,y)[a_1\varphi_1(y)+\cdots+a_n\varphi_n(y)]\mathrm{d}y \quad (k=1,\cdots,n). \tag{11.37c}$$

在一些变换下, 这个方程组取下述形式:

$$\left[\varphi_1(x_k)-\lambda\int_a^b K(x_k,y)\varphi_1(y)\mathrm{d}y\right]a_1+\cdots+\left[\varphi_n(x_k)-\lambda\int_a^b K(x_k,y)\varphi_n(y)\mathrm{d}y\right]a_n$$
$$=f(x_k)\quad (k=1,\cdots,n). \tag{11.37d}$$

定义矩阵

$$\boldsymbol{A}=\begin{pmatrix}\varphi_1(x_1) & \cdots & \varphi_n(x_1)\\ \vdots & & \vdots\\ \varphi_1(x_n) & \cdots & \varphi_n(x_n)\end{pmatrix},\qquad \boldsymbol{B}=\begin{pmatrix}\beta_{11} & \cdots & \beta_{1n}\\ \vdots & & \vdots\\ \beta_{n1} & \cdots & \beta_{nn}\end{pmatrix}, \tag{11.37e}$$

其中 $\beta_{jk}=\displaystyle\int_a^b K(x_j,y)\varphi_k(y)\mathrm{d}y$, 并定义向量

$$\underline{\boldsymbol{a}}=(a_1,\cdots,a_n)^{\mathrm{T}},\qquad \underline{\boldsymbol{b}}=(f(x_1),\cdots,f(x_n))^{\mathrm{T}}, \tag{11.37f}$$

则确定数 $a_1,\cdots,a_n$ 的方程组可以被写成矩阵形式:

$$(\boldsymbol{A}-\lambda\boldsymbol{B})\underline{\boldsymbol{a}}=\underline{\boldsymbol{b}}. \tag{11.37g}$$

■ $\varphi(x)=\dfrac{\sqrt{x}}{2}+\displaystyle\int_0^1\sqrt{xy}\ \varphi(y)\mathrm{d}y$. 近似函数为 $\overline{\varphi}(x)=a_1x^2+a_2x+a_3,\varphi_1(x)=x^2,\varphi_2(x)=x,\varphi_3(x)=1$. 插值节点为 $x_1=0,x_2=0.5,x_3=1$.

$$\boldsymbol{A}=\begin{pmatrix}0 & 0 & 1\\ \dfrac{1}{4} & \dfrac{1}{2} & 1\\ 1 & 1 & 1\end{pmatrix},\quad \boldsymbol{B}=\begin{pmatrix}0 & 0 & 0\\ \dfrac{\sqrt{2}}{7} & \dfrac{\sqrt{2}}{5} & \dfrac{\sqrt{2}}{3}\\ \dfrac{2}{7} & \dfrac{2}{5} & \dfrac{2}{3}\end{pmatrix},\quad \underline{\boldsymbol{b}}=\begin{pmatrix}0\\ \dfrac{1}{2\sqrt{2}}\\ \dfrac{1}{2}\end{pmatrix}.$$

方程组为

$$\begin{aligned}a_3&=0,\\ \left(\frac{1}{4}-\frac{\sqrt{2}}{7}\right)a_1+\left(\frac{1}{2}-\frac{\sqrt{2}}{5}\right)a_2+\left(1-\frac{\sqrt{2}}{3}\right)a_3&=\frac{1}{2\sqrt{2}},\\ \frac{5}{7}a_1+\frac{3}{5}a_2+\frac{1}{3}a_3&=\frac{1}{2},\end{aligned}$$

它的解为 $a_1=-0.8197,a_2=1.8092,a_3=0$, 因此由这些值得 $\overline{\varphi}(x)=-0.8197x^2+1.8092x$, 因而 $\overline{\varphi}(0)=0,\overline{\varphi}(0.5)=0.6997,\overline{\varphi}(1)=0.9895$.

积分方程的精确解是 $\varphi(x)=\sqrt{x}$, 因而 $\varphi(0)=0,\varphi(0.5)=0.7070,\varphi(1)=1$.

为了改进此例中的精度, 增加多项式的次数并非一个好主意, 因为较高次的多项式在数值上是不稳定的. 利用不同的样条函数要好得多, 例如, 一个分段线性逼

近 $\overline{\varphi}(x)=a_1\varphi_1(x)+a_2\varphi_2(x)+\cdots+a_n\varphi_n(x)$, 这里的函数是在 11.2.4.2 节中引进的:

$$\varphi_k(x)=\begin{cases}1-n\left|x-\dfrac{k}{n}\right|, & \dfrac{k-1}{n}\leqslant x\leqslant\dfrac{k+1}{n},\\ 0, & \text{其他情形}.\end{cases}$$

在这个情形, 解 $\varphi(x)$ 被一个折线函数 $\overline{\varphi}(x)$ 所近似.

注 就配置法插值节点的选取而论, 并不存在理论约束. 然而在此情形, 如果解函数在某个子区间中极为振荡时, 必须在这个区间中增加插值节点的数目.

11.3 第一类弗雷德霍姆积分方程

11.3.1 具有退化核的积分方程

1. 问题的叙述

考虑具有退化核的第一类弗雷德霍姆积分方程

$$f(x)=\int_a^b(\alpha_1(x)\beta_1(y)+\cdots+\alpha_n(x)\beta_n(y))\varphi(y)\mathrm{d}y\quad(c\leqslant x\leqslant d),\tag{11.38a}$$

并引进类似于在第 818 页 11.2 中所用的记号

$$A_j=\int_a^b\beta_j(y)\varphi(y)\mathrm{d}y\quad(j=1,2,\cdots,n).\tag{11.38b}$$

则 (11.38a) 有形式

$$f(x)=A_1\alpha_1(x)+\cdots+A_n\alpha_n(x),\tag{11.38c}$$

即, 仅当 $f(x)$ 是函数 $\alpha_1(x),\cdots,\alpha_n(x)$ 的线性组合时积分方程有解. 如果这个假设被满足, 则可以求得系数 $A_1,\cdots,A_n$.

2. 初步的途径

求形如

$$\varphi(x)=c_1\beta_1(x)+\cdots+c_n\beta_n(x)\tag{11.39a}$$

的解, 其中系数 $c_1,\cdots,c_n$ 是未知的, 把 (11.39a) 代入 (11.38b), 得到

$$A_i=c_1\int_a^b\beta_i(y)\beta_1(y)\mathrm{d}y+\cdots+c_n\int_a^b\beta_i(y)\beta_n(y)\mathrm{d}y,\tag{11.39b}$$

再引进记号

$$K_{ij}=\int_a^b\beta_i(y)\beta_j(y)\mathrm{d}y,\tag{11.39c}$$

则给出未知系数 $c_1,\cdots,c_n$ 的下述方程组:

$$\begin{aligned}K_{11}c_1+\cdots+K_{1n}c_n&=A_1,\\ \vdots\qquad\quad\vdots\qquad&\ \ \vdots\\ K_{n1}c_1+\cdots+K_{nn}c_n&=A_n.\end{aligned}\tag{11.39d}$$

3. 解

如果函数 $\beta_1(x),\cdots,\beta_n(x)$ 是线性无关的, 则系数矩阵是非奇异的 (参见第 858 页 12.1.3). 然而, 用 (11.39a) 所得到的解并非只有一个. 与具有退化核的第二类积分方程不同, 属于 (11.38a) 的齐次积分方程总有非平凡解. 假设 $\varphi^h(x)$ 是齐次方程这样的一个解, 并且 $\varphi(x)$ 是方程 (11.38a) 的一个解. 则 $\varphi(x)+\varphi^h(x)$ 也是 (11.38a) 的一个解.

为了确定齐次方程所有的解, 考虑 $f(x)=0$ 的方程 (11.38c). 如果函数 $\alpha_1(x)$, $\cdots,\alpha_n(x)$ 是线性无关的, 则方程 (11.38c) 成立, 当且仅当

$$A_j=\int_a^b\beta_j(y)\varphi(y)\mathrm{d}y=0\quad(j=1,2,\cdots,n),\tag{11.40}$$

即, 正交于每个函数 $\beta_j(y)$ 的每个函数 $\varphi^h(y)$ 是齐次积分方程的解.

11.3.2 分析的基础

1. 初步的途径

求解第一类弗雷德霍姆积分方程

$$f(x)=\int_a^b K(x,y)\varphi(y)\mathrm{d}y\quad(c\leqslant x\leqslant d)\tag{11.41}$$

的几种方法把它的解确定为给定的一个函数系 $(\beta_n(y))=\{\beta_1(y),\beta_2(y),\cdots\}$ 的一个函数级数, 即, 寻求形如

$$\varphi(y)=\sum_{j=1}^{\infty}c_j\beta_j(y)\tag{11.42}$$

的解, 要确定未知系数 c_j. 选取函数组, 要考虑到函数系 $(\beta_n(y))$ 必须生成整个解空间, 也要考虑到应该容易计算诸系数 c_j.

为了做一个简单的概述, 在本节中只讨论实函数. 所有的陈述亦可适用于复值函数. 由于解的方法, 需要对核函数 $K(x,y)$ 的性质提出某些要求 (见 [11.3], [11.12]). 假定这些要求总是被满足的. 其次, 需要讨论某些相关的信息.

2. 平方可积函数

一个函数 $\psi(y)$ 在区间 $[a,b]$ 上是**平方可积的**(quadratically integrable), 如果成立

$$\int_a^b|\psi(y)|^2\mathrm{d}y<\infty.\tag{11.43}$$

例如, $[a,b]$ 上的每个连续函数是平方可积的. 用 $L^2[a,b]$ 表示 $[a,b]$ 上的平方可积函数的空间.

3. 规范正交系

$[a,b]$ 上两个平方可积函数 $\beta_i(y), \beta_j(y)$ 被称为相互正交的, 如果成立等式

$$\int_a^b \beta_i(y)\beta_j(y)\mathrm{d}y = 0. \tag{11.44a}$$

空间 $L^2[a,b]$ 中的函数系 $(\beta_n(y))$ 被称为是一个规范正交系(orthonormal system), 如果下述等式为真:

$$\int_a^b \beta_i(y)\beta_j(y)\mathrm{d}y = \begin{cases} 1, & i = j, \\ 0, & i \neq j. \end{cases} \tag{11.44b}$$

一个规范正交函数系是完全的(complete), 如果在 $L^2[a,b]$ 中不存在与这个系中每个函数都正交的函数 $\tilde{\beta}(y) \neq 0$. 一个规范正交系包含可数无穷多个函数. 这些函数形成空间 $L^2[a,b]$ 的一个基 (basis). 为了把一个函数系 $(\beta_n(y))$ 变为一个规范正交系 $(\beta_n^*(y))$, 可以用施密特正交化过程 (Schmidt orthogonalization procedure). 这个过程逐次确定了系数 $b_{n1}, b_{n2}, \cdots, b_{nn} (n = 1, 2, \cdots)$, 使得函数

$$\beta_n^*(y) = \sum_{j=1}^{n} b_{nj}\beta_j(y) \tag{11.44c}$$

是规范化的, 并且正交于每个函数 $\beta_1^*(y), \cdots, \beta_{n-1}^*(y)$.

4. 傅里叶级数

如果 $(\beta_n(y))$ 是一个规范正交系, 并且 $\psi(y) \in L^2[a,b]$, 则把级数

$$\sum_{j=1}^{\infty} d_j\beta_j(y) = \psi(y) \tag{11.45a}$$

称为 $\psi(y)$ 关于 $(\beta_n(y))$ 的傅里叶级数, 诸数 d_j 是相应的傅里叶系数. 基于 (11.44b), 成立

$$\int_a^b \beta_k(y)\psi(y)\mathrm{d}y = \sum_{j=1}^{\infty} d_j \int_a^b \beta_j(y)\beta_k(y)\mathrm{d}y = d_k. \tag{11.45b}$$

如果 $(\beta_n(y))$ 是完全的, 则帕塞瓦尔等式成立:

$$\int_a^b |\psi(y)|^2\mathrm{d}y = \sum_{j=1}^{\infty} |d_j|^2. \tag{11.45c}$$

11.3.3 一个积分方程到一个线性方程组的约化

为了确定解函数 $\varphi(y)$ 对于一个规范正交系的傅里叶系数, 需要一个线性方程组. 首先, 选择一个完全规范正交系 $(\beta_n(y)), y \in [a,b]$. 对于区间 $x \in [c,d]$, 可以选取一个相应的完全规范正交系 $(\alpha_n(x))$. 对于 $(\alpha_n(x))$, 函数 $f(x)$ 有傅里叶级数

$$f(x) = \sum_{i=1}^{\infty} f_i\alpha_i(x), \quad 其中 \quad f_i = \int_c^d \alpha_i(x)f(x)\mathrm{d}x. \tag{11.46a}$$

如果用 $\alpha_i(x)$ 乘以积分方程 (11.41), 并将结果在 $[c,d]$ 区间上积分, 得到

$$\begin{aligned} f_i &= \int_c^d \int_a^b K(x,y)\varphi(y)\alpha_i(x)\mathrm{d}y\mathrm{d}x \\ &= \int_a^b \left\{ \int_c^d K(x,y)\alpha_i(x)\mathrm{d}x \right\} \varphi(y)\mathrm{d}y \quad (i=1,2,\cdots). \end{aligned} \tag{11.46b}$$

花括号中的表达式是 y 的一个函数, 其傅里叶表达式为

$$\int_c^d K(x,y)\alpha_i(x)\mathrm{d}x = K_i(y) = \sum_{j=1}^{\infty} K_{ij}\beta_j(y), \tag{11.46c}$$

其中

$$K_{ij} = \int_a^b \int_c^d K(x,y)\alpha_i(x)\beta_j(y)\mathrm{d}x\mathrm{d}y.$$

用傅里叶级数方法

$$\varphi(y) = \sum_{k=1}^{\infty} c_k\beta_k(y), \tag{11.46d}$$

即得

$$\begin{aligned} f_i &= \int_a^b \left\{ \sum_{j=1}^{\infty} K_{ij}\beta_j(y) \left(\sum_{k=1}^{\infty} c_k\beta_k(y) \right) \right\} \mathrm{d}y \\ &= \sum_{j=1}^{\infty}\sum_{k=1}^{\infty} K_{ij}c_k \int_a^b \beta_j(y)\beta_k(y)\mathrm{d}y \quad (i=1,2,\cdots). \end{aligned} \tag{11.46e}$$

由于规范正交性质 (11.44b), 方程组

$$f_i = \sum_{j=1}^{\infty} K_{ij}c_j \quad (i=1,2,\cdots) \tag{11.46f}$$

成立. 这是一个确定系数 $c_1, c_2, \cdots$ 的无穷方程组. 方程组的系数矩阵

$$\boldsymbol{K} = \begin{pmatrix} K_{11} & K_{12} & K_{13} & \cdots \\ K_{21} & K_{22} & K_{23} & \cdots \\ K_{31} & K_{32} & K_{33} & \cdots \\ \vdots & \vdots & \vdots & \end{pmatrix} \tag{11.46g}$$

被称为一个**核矩阵** (kernel matrix). 数 f_i 和 $K_{ij}(i,j=1,2,\cdots)$ 是已知的, 虽然它们依赖于所选取的规范正交系.

■ $f(x) = \dfrac{1}{\pi}\displaystyle\int_0^{\pi} \dfrac{\sin y}{\cos y - \cos x}\varphi(y)\mathrm{d}y, 0 \leqslant x \leqslant \pi$. 在柯西主值的意义上理解这个积分. 可以利用下述规范正交系:

(1) $\alpha_0(x)=\dfrac{1}{\sqrt{\pi}},\alpha_i(x)=\sqrt{\dfrac{2}{\pi}}\cos ix(i=1,2,\cdots)$, (2) $\beta_j(y)=\sqrt{\dfrac{2}{\pi}}\sin jy(j=1,2,\cdots)$.

由 (11.46d), 核矩阵系数为 (其中 $i,j=1,2,\cdots$)①

$$K_{0j}=\frac{1}{\sqrt{\pi}}\frac{1}{\pi}\sqrt{\frac{2}{\pi}}\int_0^\pi\int_0^\pi\frac{\sin y\sin jy}{\cos y-\cos x}\mathrm{d}x\mathrm{d}y=0,$$

$$K_{ij}=\frac{2}{\pi}\frac{1}{\pi}\int_0^\pi\int_0^\pi\frac{\sin y\sin jy\cos ix}{\cos y-\cos x}\mathrm{d}x\mathrm{d}y=\frac{2}{\pi^2}\int_0^\pi\sin y\sin jy\left\{\int_0^\pi\frac{\cos ix}{\cos y-\cos x}\mathrm{d}x\right\}\mathrm{d}y.$$

对于内积分, 成立方程

$$\int_0^\pi\frac{\cos ix}{\cos y-\cos x}\mathrm{d}x=-\pi\frac{\sin iy}{\sin y}. \tag{11.47}$$

因而 $K_{ij}=-\dfrac{2}{\pi}\displaystyle\int_0^\pi\sin jy\sin iy\,\mathrm{d}y=\begin{cases}0, & i\neq j,\\ -1, & i=j.\end{cases}$

从 (11.46a), 函数 $f(x)$ 的傅里叶系数是 $f_i=\displaystyle\int_0^\pi f(x)\alpha_i(x)\mathrm{d}x(i=0,1,2,\cdots)$.

方程组是 $\begin{pmatrix}0 & 0 & 0 & \cdots\\ -1 & 0 & 0 & \cdots\\ 0 & -1 & 0 & \cdots\\ \vdots & & & \vdots\end{pmatrix}\begin{pmatrix}c_1\\ c_2\\ c_3\\ \vdots\end{pmatrix}=\begin{pmatrix}f_0\\ f_1\\ f_2\\ f_3\\ \vdots\end{pmatrix}$. 根据第一个方程, 方程组可以有解, 仅当方程 $f_0=\displaystyle\int_0^\pi f(x)\alpha_0(x)\mathrm{d}x=\frac{1}{\sqrt{\pi}}\int_0^\pi f(x)\mathrm{d}x=0$ 成立时. 此时 $c_j=-f_j(j=1,2,\cdots)$, 并且 $\varphi(y)=-\sqrt{\dfrac{2}{\pi}}\sum_{j=1}^\infty f_j\sin jy=\dfrac{1}{\pi}\displaystyle\int_0^\pi\frac{\sin y}{\cos y-\cos x}f(x)\mathrm{d}x$ 成立.

11.3.4 第一类齐次积分方程的解

如果 $\varphi(y)$ 和 $\varphi^h(y)$ 分别是非齐次和齐次积分方程的任意解, 即

$$f(x)=\int_a^b K(x,y)\varphi(y)\mathrm{d}y, \tag{11.48a}$$

$$0=\int_a^b K(x,y)\varphi^h(y)\mathrm{d}y, \tag{11.48b}$$

则它们的和 $\varphi(y)+\varphi^h(y)$ 是非齐次积分方程的一个解. 因而, 要确定齐次积分方程的所有解. 这个问题与确定线性方程组

$$\sum_{j=1}^\infty K_{ij}c_j=0\quad(i=1,2,\cdots) \tag{11.49}$$

① 原文把 K_{ij} 式中的 $\sin jy$ 误为 $\sin iy$.—— 译者注

的所有非平凡解是一样的. 有时, 这个方程组不是那么容易就能解的, 下述方法可用于计算. 如果存在一个完全规范正交系 $(\alpha_n(x))$, 取函数

$$K_i(y)=\int_c^d K(x,y)\alpha_i(x)\mathrm{d}x \quad (i=1,2,\cdots). \tag{11.50a}$$

如果 $\varphi^h(y)$ 是齐次方程的任一解, 即成立

$$\int_a^b K(x,y)\varphi^h(y)\mathrm{d}y=0, \tag{11.50b}$$

则用 $\alpha_i(x)$ 乘以这个方程, 并关于 x 积分, 即给出

$$0=\int_a^b \varphi^h(y)\int_c^d K(x,y)\alpha_i(x)\mathrm{d}x\mathrm{d}y=\int_a^b \varphi^h(y)K_i(y)\mathrm{d}y \quad (i=1,2,\cdots), \tag{11.50c}$$

即, 齐次方程的每个解 $\varphi^h(y)$ 都与每个函数 $K_i(y)$ 正交. 用一个规范正交系 $(K_n^*(y))$ 代替 $(K_n(y))$, 并利用一个正交化过程, 替代 (11.50c) 而有

$$\int_a^b \varphi^h(y)K_i^*(y)\mathrm{d}y=0. \tag{11.50d}$$

把规范正交系 $(K_n^*(y))$ 拓广为一个完全规范正交系, 那么 (11.50d) 显然对新函数的每个线性组合都成立. 如果规范正交系 $(K_n^*(y))$ 已经是完全的, 那么只存在平凡解 $\varphi^h(y)=0$.

可以完全用相同的方法来计算伴随齐次积分方程的解组:

$$\int_c^d K(x,y)\psi(x)\mathrm{d}x=0. \tag{11.50e}$$

■ $\dfrac{1}{\pi}\displaystyle\int_0^\pi \dfrac{\sin y}{\cos y-\cos x}\varphi(y)\mathrm{d}y=0,\ 0\leqslant x\leqslant\pi$. 一个规范正交系是 $\alpha_i(x)=\sqrt{\dfrac{2}{\pi}}\sin ix(i=1,2,\cdots)$, $K_i(y)=\sqrt{\dfrac{2}{\pi}}\dfrac{1}{\pi}\displaystyle\int_0^\pi\dfrac{\sin x\sin ix}{\cos y-\cos x}\mathrm{d}x=\sqrt{\dfrac{2}{\pi}}\dfrac{1}{2\pi}\int_0^\pi\dfrac{\cos(i-1)x-\cos(i+1)x}{\cos y-\cos x}\mathrm{d}x$. 两次应用 (11.47) 导致 $K_i(y)=-\sqrt{\dfrac{2}{\pi}}\dfrac{1}{2}\left(\dfrac{\sin(i-1)y-\sin(i+1)y}{\sin y}\right)=\sqrt{\dfrac{2}{\pi}}\cdot\cos iy(i=1,2,\cdots)$. $(K_n(y))$ 已经是一个规范正交系了. 函数 $K_0(y)=\sqrt{\dfrac{1}{\pi}}$ 完全了这个系. 因而齐次方程仅有解 $\varphi^h(y)=c\sqrt{\dfrac{1}{\pi}}=\tilde{c}$ (c 是任意的).

11.3.5 对于一个给定核的两个特殊的规范正交系的构造

1. 预备知识

无限线性方程组的解 (参见第 836 页 11.3.3) 通常并不比原始问题的解容易. 选取适当的规范正交系 $(\alpha_n(x))$ 和 $(\beta_n(y))$ 可以使得较容易地解方程组而改变核

矩阵 $\boldsymbol{K}$ 的结构. 用下述方法可以构造两个规范正交系使得核矩阵的系数 K_{ij} 仅当 $i=j$ 和 $i=j+1$ 时是非零的.

利用前一节中所给的方法, 首先要确定两个规范正交系 $(\beta_n^h(y))$ 和 $(\alpha_n^h(x))$, 即分别是齐次积分方程和相应的伴随齐次积分方程的解组. 这意味着, 用函数 $\beta_n^h(y)$ 和 $\alpha_n^h(x)$ 的线性组合可以给出这两个积分方程所有的解. 这些规范正交系不是完全的. 用下述方法, 这两个系被一步一步地完全为完全规范正交系 $\alpha_j(x), \beta_j(y)(j=1,2,\cdots)$.

2. 过程

首先确定一个正规化函数 $\alpha_1(x)$, 它正交于每个函数 $\alpha_n^h(x)$.[①]再对 $j=1,2,\cdots$ 施行以下步骤:

(1) 由下述公式确定函数 $\beta_j(y)$ 和数 ν_j:

$$\nu_1\beta_1(y)=\int_c^d K(x,y)\alpha_1(x)\mathrm{d}x, \tag{11.51a}$$

$$\nu_j\beta_j(y)=\int_c^d K(x,y)\alpha_j(x)\mathrm{d}x-\mu_{j-1}\beta_{j-1}(y) \quad (j\neq 1), \tag{11.51b}$$

因而 $\nu_j\neq 0$, 且 $\beta_j(y)$ 是正规化的. 则 $\beta_j(y)$ 正交于所有函数 $\big((\beta_n^h(y)),\beta_1(y),\cdots,\beta_{j-1}(y)\big)$.

(2) 由公式

$$\mu_j\alpha_{j+1}(x)=\int_a^b K(x,y)\beta_j(y)\mathrm{d}y-\nu_j\alpha_j(x) \tag{11.51c}$$

确定函数 $\alpha_{j+1}(x)$ 和数 μ_j. 有两种可能性:

(a) $\mu_j\neq 0$: 函数 $\alpha_{j+1}(x)$ 正交于所有函数 $\big((\alpha_n^h(x)),\alpha_1(x),\cdots,\alpha_j(x)\big)$.

(b) $\mu_j=0$: 此时函数 $\alpha_{j+1}(x)$ 不是唯一定义的. 这里还有两种情形:

(b_1) 函数系 $\big((\alpha_n^h(x)),\alpha_1(x),\cdots,\alpha_j(x)\big)$ 已经是完全的. 则函数系 $\big((\beta_n^h(y)),\beta_1(y),\cdots,\beta_j(y)\big)$ 也是完全的, 过程结束.

(b_2) 函数系 $\big((\alpha_n^h(x)),\alpha_1(x),\cdots,\alpha_j(x)\big)$ 不是完全的. 此时再次选取一个正交于以前所有函数的任一函数 $\alpha_{j+1}(x)$.

这个过程一直被重复, 直到规范正交系是完全时为止. 在某一步之后, 情形**b)**在可数步之内不出现, 但是可数个函数 $\big((\alpha_n^h(x)),\alpha_1(x),\cdots\big)$ 仍不是完全的, 这是可能的. 此时可以由正交于以前函数系中每个函数的一个函数 $\tilde{\alpha}_1(x)$ 重新开始.

如果诸函数 $\alpha_j(x),\beta_j(y)$ 和数 ν_j,μ_j 由上面给出的过程所确定, 则核矩阵 $\boldsymbol{K}$

① 原文此处把函数 $\alpha_n^h(x)$ 写为 $(\alpha_n^h(x))$(函数系) 了. —— 译者注

有形式

$$\boldsymbol{K}=\begin{pmatrix}0&0&0&\cdots\\0&\boldsymbol{K}^1&0&\cdots\\0&0&\boldsymbol{K}^2&\cdots\\\vdots&&\cdots&\vdots\end{pmatrix}\quad\text{其中}\quad \boldsymbol{K}^m=\begin{pmatrix}\nu_1^{(m)}&0&0&\cdots\\\mu_1^{(m)}&\nu_2^{(m)}&0&\cdots\\0&\mu_2^{(m)}&\nu_3^{(m)}&\cdots\\\vdots&\ddots&\ddots&\vdots\end{pmatrix}.\tag{11.52}$$

矩阵 $\boldsymbol{K}^m$ 是有限的, 如果在过程的有限步后有 $\mu_j^{(m)}=0$. 它们是无限的, 如果对可数无穷多个 j 有 $\mu_j^{(m)}\neq 0$. 在 $\boldsymbol{K}$ 中零行和零列的数目相应于函数系 $\left(\alpha_n^h(x)\right)$ 和 $\left(\beta_n^h(y)\right)$ 中函数的数目. 如果矩阵 $\boldsymbol{K}^m$ 中只包含一个数 $\nu_1^{(m)}=\nu_m$, 即所有数 $\mu_j^{(m)}$ 都等于零, 则此情形非常简单.

利用第 836 页 11.3.3 的记号, 对于 $\alpha_j(x)\in(\alpha_n^h(x))$ 时在 $f_j=0$ 的假设下无穷方程组的解有

$$c_j=\begin{cases}\dfrac{f_j}{\nu_j}, & \beta_j(y)\notin\left(\beta_n^h(y)\right),\\ \text{任意}, & \beta_j(y)\in\left(\beta_n^h(y)\right).\end{cases}\tag{11.53}$$

11.3.6　迭代法

为了解积分方程

$$f(x)=\int_a^b K(x,y)\varphi(y)\mathrm{d}y\quad(c\leqslant x\leqslant d),\tag{11.54a}$$

从 $\alpha_0(x)=f(x)$ 开始, 对于 $n=1,2,\cdots$ 确定诸函数

$$\beta_n(y)=\int_c^d K(x,y)\alpha_{n-1}(x)\mathrm{d}x,\tag{11.54b}$$

$$\alpha_n(x)=\int_a^b K(x,y)\beta_n(y)\mathrm{d}y.\tag{11.54c}$$

如果 (11.54a) 存在一个平方可积解 $\varphi(y)$, 则下列等式成立:

$$\begin{aligned}\int_a^b\varphi(y)\beta_n(y)\mathrm{d}y&=\int_a^b\int_c^d\varphi(y)K(x,y)\alpha_{n-1}(x)\mathrm{d}x\mathrm{d}y\\&=\int_c^d f(x)\alpha_{n-1}(x)\mathrm{d}x\quad(n=1,2,\cdots).\end{aligned}\tag{11.54d}$$

函数系 (11.54b), (11.54c) 的正交化和规范化给出了规范正交系 $(\alpha_n^*(x))$ 和 $(\beta_n^*(y))$. 利用施密特正交化方法, 则 $\beta_n^*(y)$ 有形式

$$\beta_n^*(y)=\sum_{j=1}^n b_{nj}\beta_j(y)\qquad(n=1,2,\cdots).\tag{11.54e}$$

现在假设 (11.54a) 的解 $\varphi(y)$ 有级数表达式①

$$\varphi(y)=\sum_{n=1}^{\infty}c_n\beta_n^*(y). \tag{11.54f}$$

注意到 (11.54d), 对于系数 c_n 即有

$$c_n=\int_a^b\varphi(y)\beta_n^*(y)\mathrm{d}y=\sum_{j=1}^{n}b_{nj}\int_a^b\varphi(y)\beta_j(y)\mathrm{d}y=\sum_{j=1}^{n}b_{nj}\int_c^d f(x)\alpha_{j-1}(x)\mathrm{d}x. \tag{11.54g}$$

为了有形如 (11.54f) 的解, 下述两个条件都是充要条件:

(1) $\int_c^d[f(x)]^2\mathrm{d}x=\sum_{n=1}^{\infty}\left|\int_c^d f(x)\alpha_n^*(x)\mathrm{d}x\right|^2$; (11.55a)

(2) $\sum_{n=1}^{\infty}|c_n|^2<\infty.$ (11.55b)

11.4 沃尔泰拉积分方程

11.4.1 理论基础

第二类沃尔泰拉积分方程有形式

$$\varphi(x)=f(x)+\int_a^x K(x,y)\varphi(y)\mathrm{d}y. \tag{11.56}$$

要求在闭区间 $I=[a,b]$ 或半开区间 $I=[a,\infty)$ 中自变量 x 的解函数 $\varphi(x)$. 关于第二类沃尔泰拉积分方程的解有下述定理: 如果 I 上的函数 $f(x)$ 和三角形区域 $x\in I,y\in[a,x]$ 上的函数 $K(x,y)$ 是连续的, 则积分方程存在一个唯一 (unique) 解 $\varphi(x)$, 使得它在 I 上是连续的. 对于这个解, 有

$$\varphi(a)=f(a). \tag{11.57}$$

在许多情形, 第一类沃尔泰拉积分方程可以被变为第二类沃尔泰拉积分方程. 因而, 关于解的存在性和唯一性定理在某些改动下也成立.

1. 通过微商的变换

假设 $\varphi(x),K(x,y)$ 和 $K_x(x,y)$ 是连续函数, 则通过关于 x 求微商, 可以把第一类积分方程

$$f(x)=\int_a^x K(x,y)\varphi(y)\mathrm{d}y \tag{11.58a}$$

①原文把 (11.54f) 中的求和号误为 $\sum_{j=1}^{\infty}$.—— 译者注

变为下述形式

$$f'(x) = K(x,x)\varphi(x) + \int_a^x \frac{\partial}{\partial x}K(x,y)\varphi(y)\mathrm{d}y. \tag{11.58b}$$

如果对于所有 $x \in I, K(x,x) \neq 0$, 则用 $K(x,x)$ 除该方程, 就得到一个第二类积分方程.

2. 通过部分积分的变换

假设 $\varphi(x), K(x,y)$ 和 $K_y(x,y)$ 是连续的, 那么由部分积分可以对 (11.58a) 中的积分求值. 代换

$$\int_a^x \varphi(y)\mathrm{d}y = \psi(x) \tag{11.59a}$$

给出

$$\begin{aligned} f(x) &= [K(x,y)\psi(y)]_{y=a}^{y=x} - \int_a^x \left(\frac{\partial}{\partial y}K(x,y)\right)\psi(y)\mathrm{d}y \\ &= K(x,x)\psi(x) - \int_a^x \left(\frac{\partial}{\partial y}K(x,y)\right)\psi(y)\mathrm{d}y. \end{aligned} \tag{11.59b}$$

如果对于 $x \in I, K(x,x) \neq 0$, 那么用 $K(x,x)$ 除就给出一个第二类积分方程:

$$\psi(x) = \frac{f(x)}{K(x,x)} + \frac{1}{K(x,x)}\int_a^x \left(\frac{\partial}{\partial y}K(x,y)\right)\psi(y)\mathrm{d}y. \tag{11.59c}$$

对解 $\psi(x)$ 求微商导出 (11.58a) 的解 $\varphi(x)$.

11.4.2 通过微商得到的解

对于某些沃尔泰拉积分方程, 在关于 x 求微商, 或者可以作适当的代换后积分为零. 假设函数 $K(x,y), K_x(x,y)$ 和 $\varphi(x)$ 是连续的, 或者, 在第二类积分方程的情形, $\varphi(x)$ 是可微的, 对

$$f(x) = \int_a^x K(x,y)\varphi(y)\mathrm{d}y, \tag{11.60a}$$

$$\varphi(x) = f(x) + \int_a^x K(x,y)\varphi(y)\mathrm{d}y \tag{11.60b}$$

关于 x 求微商, 分别得到

$$f'(x) = K(x,x)\varphi(x) + \int_a^x \frac{\partial}{\partial x}K(x,y)\varphi(y)\mathrm{d}y, \tag{11.60c}$$

$$\varphi'(x) = f'(x) + K(x,x)\varphi(x) + \int_a^x \frac{\partial}{\partial x}K(x,y)\varphi(y)\mathrm{d}y. \tag{11.60d}$$

■ 求方程 $\int_0^x \cos(x-2y)\varphi(y)\mathrm{d}y = \frac{1}{2}x\sin x$ (I) 在 $x \in \left[0, \frac{\pi}{2}\right)$ 中的解 $\varphi(x)$. 关于 x 对此方程两次求导, 给出 $\varphi(x)\cos x - \int_0^x \sin(x-2y)\varphi(y)\mathrm{d}y = \frac{1}{2}(\sin x + x\cos x)$

(IIa) 和 $\varphi'(x)\cos x-\int_0^x\cos(x-2y)\varphi(y)\mathrm{d}y=\cos x-\frac{1}{2}x\sin x$ (IIb). 第二个方程中的积分与原始问题中的积分是一样的, 因而可以替换它. 这导致 $\varphi'(x)\cos x=\cos x$, 并且因为对于 $x\in\left[0,\frac{\pi}{2}\right)$ 有 $\cos x\neq 0$, 故有 $\varphi'(x)=1$, 因而 $\varphi(x)=x+C$.

为了确定常数 C, 在 (IIa) 中代入 $x=0$, 得到 $\varphi(0)=0$. 因而 $C=0$, 因此 (I) 的解为 $\varphi(x)=x$.

注 如果沃尔泰拉积分方程的核是一个多项式, 那么通过求微商可以把积分方程变为一个线性微分方程. 假设核中 x 的最高次是 n. 则在关于 x 对积分方程求 $n+1$ 次导数后, 在第一类积分方程的情形即得到一个 n 阶微分方程, 在第二类积分方程的情形即得到一个 $n+1$ 阶微分方程. 当然这要假设 $\varphi(x)$ 和 $f(x)$ 如需要那样地可微多次.

■ $\int_0^x[2(x-y)^2+1]\varphi(y)\mathrm{d}y=x^3(\mathrm{I}^*)$. 关于 x 三次微商后得到 $\varphi(x)+4\int_0^x(x-y)\varphi(y)\mathrm{d}y=3x^2(\mathrm{II}^*\mathrm{a})$, $\varphi'(x)+4\int_0^x\varphi(y)\mathrm{d}y=6x(\mathrm{II}^*\mathrm{b})$, $\varphi''(x)+4\varphi(x)=6(\mathrm{II}^*\mathrm{c})$. 微分方程 (II*c) 的通解是 $\varphi(x)=A\sin 2x+B\cos 2x+\frac{3}{2}$. 把 $x=0$ 代入 (II*a) 和 (II*b), 得到 $\varphi(0)=0,\varphi'(0)=0$. 因而 $A=0,B=-1.5$. 所以积分方程 (I*) 的解为 $\varphi(x)=\frac{3}{2}(1-\cos 2x)$.

11.4.3 通过诺伊曼级数得到的第二类沃尔泰拉积分方程的解

利用诺伊曼级数(参见第 823 页 11.2.3) 可以表示第二类沃尔泰拉积分方程的解. 如果方程有形式

$$\varphi(x)=f(x)+\lambda\int_a^x K(x,y)\varphi(y)\mathrm{d}y, \tag{11.61}$$

形式地作代换

$$\overline{K}(x,y)=\begin{cases}K(x,y), & y\leqslant x,\\ 0, & y>x.\end{cases} \tag{11.62a}$$

在这个变换下, (11.61) 恒同于一个弗雷德霍姆积分方程

$$\varphi(x)=f(x)+\lambda\int_a^b \overline{K}(x,y)\varphi(y)\mathrm{d}y, \tag{11.62b}$$

其中也容许 $b=\infty$. 其解有表达式

$$\varphi(x)=f(x)+\sum_{n=1}^{\infty}\lambda^n\int_a^b K_n(x,y)f(y)\mathrm{d}y. \tag{11.62c}$$

迭代核(iterated kernel)$K_1,K_2,\cdots$ 由下述一些等式所定义:

$$K_1(x,y)=\overline{K}(x,y),\quad K_2(x,y)=\int_a^b\overline{K}(x,\eta)\overline{K}(\eta,y)\mathrm{d}\eta=\int_y^x K(x,\eta)K(\eta,y)\mathrm{d}\eta,\cdots. \tag{11.62d}$$

一般地, 有

$$K_n(x,y)=\int_y^x K(x,\eta)K_{n-1}(\eta,y)\mathrm{d}\eta. \tag{11.62e}$$

对于迭代核, 当 $y>x$ 时也成立方程 $K_j(x,y)\equiv 0\ (j=1,2,\cdots)$. 与弗雷德霍姆积分方程不同, 如果沃尔泰拉积分方程 (11.61) 有解, 则与 λ 的值无关, 诺伊曼级数收敛到解.

■ $\varphi(x)=1+\lambda\int_0^x \mathrm{e}^{x-y}\varphi(y)\mathrm{d}y.K_1(x,y)=\mathrm{e}^{x-y}, K_2(x,y)=\int_y^x \mathrm{e}^{x-\eta}\mathrm{e}^{\eta-y}\mathrm{d}\eta=\mathrm{e}^{x-y}(x-y),\cdots,K_n(x,y)=\dfrac{\mathrm{e}^{x-y}}{(n-1)!}(x-y)^{n-1}$.

因而, 预解式为:$\Gamma(x,y;\lambda)=\mathrm{e}^{x-y}\sum\limits_{n=0}^{\infty}\dfrac{\lambda^n}{n!}(x-y)^n=\mathrm{e}^{(x-y)(\lambda+1)}$. 众所周知, 这个级数对于参数 λ 的任何值都收敛.

有 $\varphi(x)=1+\lambda\int_0^x \mathrm{e}^{(x-y)(\lambda+1)}\mathrm{d}y=1+\lambda\mathrm{e}^{(\lambda+1)x}\int_0^x \mathrm{e}^{-(\lambda+1)y}\mathrm{d}y$, 特别地, 当 $\lambda=-1$ 时 $\varphi(x)=1-x$, 当 $\lambda\neq-1$ 时 $\varphi(x)=\dfrac{1}{\lambda+1}\left(1+\lambda\mathrm{e}^{(\lambda+1)x}\right)$.

11.4.4 卷积型沃尔泰拉积分方程

如果一个沃尔泰拉积分方程的核有特殊形式

$$K(x,y)=\begin{cases}k(x-y), & 0\leqslant y\leqslant x,\\ 0, & 0\leqslant x<y,\end{cases} \tag{11.63a}$$

则可用拉普拉斯变换来解下列方程

$$\int_0^x k(x-y)\varphi(y)\mathrm{d}y=f(x), \tag{11.63b}$$

$$\varphi(x)=f(x)+\int_0^x k(x-y)\varphi(y)\mathrm{d}y. \tag{11.63c}$$

如果拉普拉斯变换 $\mathcal{L}\{\varphi(x)\}=\Phi(p),\mathcal{L}\{f(x)\}=F(p)$ 和 $\mathcal{L}\{k(x)\}=K(p)$ 存在, 则变换后的方程分别有形式 (参见第 1010 页 15.2.1.2, 11.)

$$K(p)\Phi(p)=F(p), \tag{11.64a}$$

$$\Phi(p)=F(p)+K(p)\Phi(p). \tag{11.64b}$$

从这两个方程分别得到

$$\Phi(p)=\frac{F(p)}{K(p)}, \tag{11.64c}$$

$$\Phi(p)=\frac{F(p)}{1-K(p)}. \tag{11.64d}$$

逆变换给出原来问题的解 $\varphi(x)$. 把第二类积分方程解的拉普拉斯变换公式重写, 导出

$$\varPhi(p) = \frac{F(p)}{1-K(p)} = F(p) + \frac{K(p)}{1-K(p)}F(p). \tag{11.64e}$$

公式

$$\frac{K(p)}{1-K(p)} = H(p) \tag{11.64f}$$

仅依赖于核, 将其逆表为 $h(x)$, 则解为

$$\varphi(x) = f(x) + \int_0^x h(x-y)f(y)\mathrm{d}y. \tag{11.64g}$$

函数 $h(x-y)$ 是原积分方程的预解核.

■ $\varphi(x) = f(x) + \int_0^x \mathrm{e}^{x-y}\varphi(y)\mathrm{d}y$: $\varPhi(p) = F(p) + \frac{1}{p-1}\varPhi(p)$, 即 $\varPhi(p) = \frac{p-1}{p-2}F(p)$. 逆变换给出 $\varphi(x)$. 从 $H(p) = \frac{1}{p-2}$ 即得 $h(x) = \mathrm{e}^{2x}$. 由 (11.64g) 知解为 $\varphi(x) = f(x) + \int_0^x \mathrm{e}^{2(x-y)}f(y)\mathrm{d}y$.

11.4.5 解第二类沃尔泰拉积分方程的数值方法

问题是对区间 $I=[a,b]$ 中的 x 求积分方程

$$\varphi(x) = f(x) + \int_a^x K(x,y)\varphi(y)\mathrm{d}y \tag{11.65}$$

的解. 数值方法的目的是用一个求积公式来逼近积分:

$$\int_a^x K(x,y)\varphi(y)\mathrm{d}y \approx Q_{[a,x]}(K(x,\cdot)\varphi(\cdot)). \tag{11.66a}$$

积分区间和求积公式都依赖于 x. 这个事实被 $Q_{[a,x]}(\cdots)$ 的下标所强调. 用下述方程作为 (11.65) 的逼近:

$$\overline{\varphi}(x) = f(x) + Q_{[a,x]}(K(x,\cdot)\overline{\varphi}(\cdot)). \tag{11.66b}$$

函数 $\overline{\varphi}(x)$ 是 (11.65) 解的一个近似. 求积公式中插值节点的数目和安排依赖于 x, 因而不允许有过多的选择. 如果 ξ 是 $Q_{[a,x]}(K(x,\cdot)\overline{\varphi}(\cdot))$ 的一个插值节点, 则 $(K(x,\xi)\overline{\varphi}(\xi))$, 特别是 $\overline{\varphi}(\xi)$ 必须是已知的. 为此目的,(11.66b) 的右端首先应该对 $x=\xi$ 求值, 这等价于在区间 $[a,\xi]$ 上的求积. 因而, 不可能利用流行的高斯求积公式.

问题是通过选取插值节点 $a = x_0 < x_1 < \cdots < x_k < \cdots$, 并用有这些插值节点 $x_0, x_1, \cdots, x_n$ 的一个求积公式 $Q_{[a,x_n]}$. 在插值节点处的函数值用简约记号 $\varphi_k = \overline{\varphi}(x_k)(k=0,1,2,\cdots)$ 来表示. 对于 φ_0, 有 (参见第 834 页 11.3.1)

$$\varphi_0 = f(x_0) = f(a), \tag{11.66c}$$

利用此, 即有

$$\varphi_1 = f(x_1) + Q_{[a,x_1]}(K(x_1,\cdot)\overline{\varphi}(\cdot)). \tag{11.66d}$$

$Q_{[a,x_1]}$ 有插值节点 x_0 和 x_1, 因而对于适当的系数 w_0 和 w_1, 它有形式

$$Q_{[a,x_1]}(K(x_1,\cdot)\overline{\varphi}(\cdot)) = w_0K(x_1,x_0)\varphi_0 + w_1K(x_1,x_1)\varphi_1. \tag{11.66e}$$

继续这个过程, 从一般的关系式

$$\varphi_k = f(x_k) + Q_{[a,x_k]}(K(x_k,\cdot)\overline{\varphi}(\cdot)), \quad k = 1, 2, 3, \cdots, \tag{11.66f}$$

即逐次确定了 φ_k 的值. 求积公式有下述形式:

$$Q_{[a,x_k]}(K(x_k,\cdot)\overline{\varphi}(\cdot)) = \sum_{j=0}^{k} w_{jk}K(x_k,x_j)\varphi_j. \tag{11.66g}$$

因而 (11.66f) 有形式:

$$\varphi_k = f(x_k) + \sum_{j=0}^{k} w_{jk}K(x_k,x_j)\varphi_j. \tag{11.66h}$$

最简单的求积公式是*左矩形公式* (left-handed rectangular formula)(参见第 1253 页 19.3.2.1). 对于这个公式, 其系数是

$$w_{jk} = x_{j+1} - x_j, \quad j < k, \quad 并且 \quad w_{kk} = 0. \tag{11.66i}$$

由此得到方程组

$$\begin{aligned}
&\varphi_0 = f(a),\\
&\varphi_1 = f(x_1) + (x_1 - x_0)K(x_1,x_0)\varphi_0,\\
&\varphi_2 = f(x_2) + (x_1 - x_0)K(x_2,x_0)\varphi_0 + (x_2 - x_1)K(x_2,x_1)\varphi_1,
\end{aligned} \tag{11.67a}$$

更一般地, 有

$$\varphi_k = f(x_k) + \sum_{j=0}^{k-1}(x_{j+1} - x_j)K(x_k,x_j)\varphi_j. \tag{11.67b}$$

可以利用*梯形公式* (trapezoidal formula)(参见第 1253 页 19.3.2.2) 得到积分的更精确的逼近. 为了做得简单些, 选取等距的插值节点 $x_k = a + kh, k = 0, 1, 2, \cdots$:

$$\int_a^b g(x)\mathrm{d}x \approx \frac{h}{2}\left[g(x_0) + 2\sum_{j=1}^{k-1} g(x_j) + g(x_k)\right]. \tag{11.67c}$$

用它来逼近 (11.66f), 得到

$$\varphi_0 = f(a), \tag{11.67d}$$

$$\varphi_k = f(x_k) + \frac{h}{2}\left[K(x_k, x_0)\varphi_0 + K(x_k, x_k)\varphi_k + 2\sum_{j=1}^{k-1} K(x_k, x_j)\varphi_j\right]. \quad (11.67e)$$

虽然未知值也出现在方程的右端, 但它们是容易被表达的.

注 利用以前的方法也可以逼近非线性积分方程的解. 利用梯形公式确定 φ_k 的值, 必须解一个非线性方程. 为了回避它, 可以在区间 $[a, x_{k-1}]$ 上用梯形公式, 而在区间 $[x_{k-1}, x_k]$ 上用矩形公式. 如果 h 足够小, 那么这个求积误差对于解没有显著的影响.

■ 问题是用矩形公式 (11.66f) 解积分方程 $\varphi(x) = 2 + \int_0^x (x-y)\varphi(y)\mathrm{d}y$. 插值节点是等距点 $x_k = k \cdot 0.1$, 因而 $h = 0.1$.

$$\begin{aligned}
\varphi_0 &= 2,\\
\varphi_1 &= f(x_1) + hK(x_1, x_0)\varphi_0\\
&= 2 + 0.1 \cdot 0.1 \cdot 2 = 2.02,\\
\varphi_2 &= f(x_2) + h(K(x_2, x_0)\varphi_0 + K(x_2, x_1)\varphi_1)\\
&= 2 + 0.1(0.2 \cdot 2 + 0.1 \cdot 2.02) = 2.0602,
\end{aligned}$$

等等.

x	精确值	矩形公式	梯形公式
0.2	2.0401	2.0602	2.0401
0.4	2.1621	2.2030	2.1620
0.6	2.3709	2.4342	2.3706
0.8	2.6749	2.7629	2.6743
1.0	3.0862	3.2025	3.0852

在上表中给出了精确解的值, 也分别给出了用矩形公式和梯形公式计算所得的近似值, 所以可以比较这些方法的精度. 所用的步长为 $h = 0.1$.

11.5 奇异积分方程

一个积分方程被称为*奇异积分方程*(singular integral equation), 如果方程中积分的范围不是有限的, 或者, 如果在积分区域的内部核有奇点. 总是假设, 积分在反常积分, 或者柯西主值 (参见第 673 页 8.2.3) 意义下存在. 奇异积分方程解的性质和条件与 “通常的” 积分方程的情形大不相同. 在下面几节中只讨论一些特殊问题. 进一步的讨论见 [11.2], [11.3], [11.7], [11.8].

11.5.1 阿贝尔积分方程

把积分方程对物理问题的首批应用之一是由阿贝尔 (Abel) 考虑的. 一个质点在一个铅垂平面中沿着一条曲线, 仅在重力影响下从点 $P_0(x_0, y_0)$ 到点 $P_1(x_1, y_1)$ (图 11.2) 运动着.

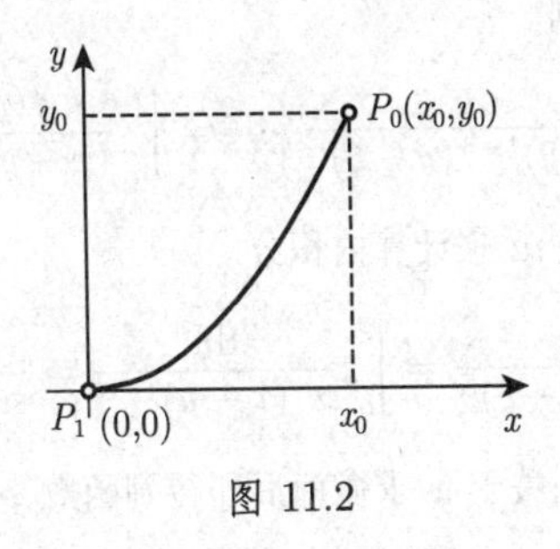

图 11.2

质点在曲线一个点处的速度是

$$v = \frac{\mathrm{d}s}{\mathrm{d}t} = \sqrt{2g(y_0 - y)}. \tag{11.68}$$

下落时间作为 y_0 的函数由下述积分所计算:

$$T(y_0) = \int_0^l \frac{\mathrm{d}s}{\sqrt{2g(y_0 - y)}}. \tag{11.69a}$$

如果 s 被视为 y 的函数, 即 $s = f(y)$, 则

$$T(y_0) = \int_0^{y_0} \frac{1}{\sqrt{2g}} \frac{f'(y)}{\sqrt{y_0 - y}} \mathrm{d}y. \tag{11.69b}$$

下一个问题是当下落时间被给定后, 作为 y_0 的函数确定曲线的形状. 由代换

$$\sqrt{2g} \cdot T(y_0) = F(y_0) \quad 以及 \quad f'(y) = \varphi(y), \tag{11.69c}$$

并改变记号, 把 y_0 记作 x, 就得到一个第一类沃尔泰拉积分方程:

$$F(x) = \int_0^x \frac{\varphi(y)}{\sqrt{x - y}} \mathrm{d}y. \tag{11.69d}$$

现在考虑稍微一般的方程

$$f(x) = \int_a^x \frac{\varphi(y)}{(x - y)^\alpha} \mathrm{d}y, \quad 其中 \quad 0 < \alpha < 1. \tag{11.70}$$

当 $y = x$ 时, 这个方程的核不是有界的. 在 (11.70) 中, 形式地用 ξ 代替变量 y, 用 y 代替变量 x. 在这些代换下, 得到形如 $\varphi = \varphi(x)$ 的解. 如果在 (11.70) 的两端都

乘以 $\dfrac{1}{(x-y)^{1-\alpha}}$, 并在 $[a,x]$ 上关于 y 积分, 即产生方程

$$\int_a^x \frac{1}{(x-y)^{1-\alpha}}\left(\int_a^y \frac{\varphi(\xi)}{(y-\xi)^\alpha}d\xi\right)\mathrm{d}y = \int_a^x \frac{f(y)}{(x-y)^{1-\alpha}}\mathrm{d}y. \tag{11.71a}$$

改变左端的积分次序, 得到

$$\int_a^x \varphi(\xi)\left\{\int_\xi^x \frac{\mathrm{d}y}{(x-y)^{1-\alpha}(y-\xi)^\alpha}\right\}\mathrm{d}\xi = \int_a^x \frac{f(y)}{(x-y)^{1-\alpha}}\mathrm{d}y. \tag{11.71b}$$

可以用代换 $y=\xi+(x-\xi)u$ 来计算内积分:

$$\int_\xi^x \frac{\mathrm{d}y}{(x-y)^{1-\alpha}(y-\xi)^\alpha} = \int_0^1 \frac{\mathrm{d}u}{u^\alpha(1-u)^{1-\alpha}} = \frac{\pi}{\sin(\alpha\pi)}. \tag{11.71c}$$

将此结果代入 (11.71b). 在关于 x 求微商后即得到函数 $\varphi(x)$:

$$\varphi(x) = \frac{\sin(\alpha\pi)}{\pi}\frac{\mathrm{d}}{\mathrm{d}x}\int_a^x \frac{f(y)}{(x-y)^{1-\alpha}}\mathrm{d}y. \tag{11.71d}$$

■ $x=\displaystyle\int_0^x \frac{\varphi(y)}{\sqrt{x-y}}\mathrm{d}y,\quad \varphi(x)=\frac{1}{\pi}\frac{\mathrm{d}}{\mathrm{d}x}\int_0^x \frac{y}{\sqrt{x-y}}\mathrm{d}y=\frac{2}{\pi}\sqrt{x}.$

11.5.2 有柯西核的奇异积分方程

11.5.2.1 问题的表述

考虑下述积分方程:

$$a(x)\varphi(x)+\frac{1}{\pi\mathrm{i}}\int_\Gamma \frac{K(x,y)}{y-x}\varphi(y)\mathrm{d}y = f(x),\quad x\in\Gamma. \tag{11.72}$$

Γ 是复平面中一组有限数目的光滑简单闭曲线, 它们形成一个包含原点的连通内部区域 S^+ 和一个外部区域 S^-. 沿着曲线行进, S^+ 总是在 Γ 的左边. 一个函数 $u(x)$ 是赫尔德连续的(Hölder continuous)(或者满足赫尔德条件 (Hölder condition)), 如果对于任意一对 $x_1,x_2\in\Gamma$ 成立关系式

$$|u(x_1)-u(x_2)|<K|x_1-x_2|^\beta,\quad 0<\beta\leqslant 1,\quad K>0. \tag{11.73}$$

假设函数 $\alpha(x), f(x)$ 和 $\varphi(x)$ 是赫尔德连续的, 其指数为 β_1, 并且 $K(x,y)$ 关于两个自变量都是赫尔德连续的, 指数为 $\beta_2(>\beta_1)$. 当 $x=y$ 时, 核 $K(x,y)(y-x)^{-1}$ 有一个强奇点. 积分作为柯西积分主值存在. 记 $K(x,x)=b(x), k(x,y)=\dfrac{K(x,y)-K(x,x)}{y-x}$, 则 (11.72) 以下述形式成立:

$$(\mathcal{L}\varphi)(x):=a(x)\varphi(x)+\frac{b(x)}{\pi\mathrm{i}}\int_\Gamma \frac{\varphi(y)}{y-x}\mathrm{d}y+\frac{1}{\pi\mathrm{i}}\int_\Gamma k(x,y)\varphi(y)\mathrm{d}y = f(x),\quad x\in\Gamma. \tag{11.74a}$$

表达式 $(\mathcal{L}\varphi)(x)$ 以缩写形式表示积分方程的左端. $\mathcal{L}$ 是一个奇异算子. 函数 $k(x,y)$ 是一个弱奇异核. 假设成立正规性条件 $a(x)^2-b(x)^2\neq 0, x\in\Gamma$. 方程

$$(\mathcal{L}_0\varphi)(x)=a(x)\varphi(x)+\frac{b(x)}{\pi\mathrm{i}}\int_\Gamma\frac{\varphi(y)}{y-x}\mathrm{d}y=f(x),\quad x\in\Gamma \tag{11.74b}$$

是与 (11.74a) 相关的特征方程 (characteristic equation). 算子 $\mathcal{L}_0$ 是算子 $\mathcal{L}$ 的特征部分.(11.74a) 的伴随积分方程导致等式

$$\begin{aligned}(\mathcal{L}^\top\psi)(y)&=a(y)\psi(y)-\frac{b(y)}{\pi\mathrm{i}}\int_\Gamma\frac{\psi(x)}{x-y}\mathrm{d}x+\frac{1}{\pi\mathrm{i}}\int_\Gamma\left(k(x,y)-\frac{b(x)-b(y)}{x-y}\right)\psi(x)\mathrm{d}x\\&=g(y),\quad y\in\Gamma.\end{aligned} \tag{11.74c}$$

11.5.2.2 解的存在性

方程 $(\mathcal{L}\varphi)(x)=f(x)$ 有解, 当且仅当齐次转置方程 $(\mathcal{L}^\mathrm{T}\psi)(y)=0$ 的每个解 $\psi(y)$ 满足正交性条件

$$\int_\Gamma f(y)\psi(y)\mathrm{d}y=0. \tag{11.75a}$$

类似地, 转置方程 $(\mathcal{L}^\mathrm{T}\psi)(y)=g(y)$ 有解, 如果齐次方程 $(\mathcal{L}\varphi)(x)=0$ 的每个解 $\varphi(x)$ 满足

$$\int_\Gamma g(x)\varphi(x)\mathrm{d}x=0. \tag{11.75b}$$

11.5.2.3 柯西型积分的性质

下述函数被称为 Γ 上的一个柯西型积分(Cauchy type integral):

$$\Phi(z)=\frac{1}{2\pi\mathrm{i}}\int_\Gamma\frac{\varphi(y)}{y-z}\mathrm{d}y,\qquad z\in\mathbb{C}. \tag{11.76a}$$

当 $z\notin\Gamma$ 时, 积分在通常的意义下存在, 并且表示一个全纯函数 (参见第 954 页 14.1.2). 还成立 $\Phi(\infty)=0$. 当 $z=x\in\Gamma$ 时, (11.76a) 被考虑为柯西积分主值

$$(\mathcal{H}\varphi)(x)=\frac{1}{2\pi\mathrm{i}}\int_\Gamma\frac{\varphi(y)}{y-x}\mathrm{d}y,\quad x\in\Gamma. \tag{11.76b}$$

柯西型积分 $\Phi(z)$ 可以从 S^+ 和 S^- 连续地延拓到 Γ 上. 当 z 趋近于 $x\in\Gamma$ 时的极限分别表示为 $\Phi^+(x)$ 和 $\Phi^-(x)$. 普勒梅利 (Plemelj) 和 Sochozki 公式成立:

$$\Phi^+(x)=\frac{1}{2}\varphi(x)+(\mathcal{H}\varphi)(x),\quad \Phi^-(x)=-\frac{1}{2}\varphi(x)+(\mathcal{H}\varphi)(x). \tag{11.76c}$$

11.5.2.4 希尔伯特边值问题

1. 关系式

特征积分方程的解与希尔伯特边值问题密切相关. 如果 $\varphi(x)$ 是 (11.74b) 的一个解, 则 (11.76a) 是 S^+ 和 S^- 上的全纯函数, 并且 $\Phi(\infty)=0$. 由于普勒梅利和 Sochozki 公式 (11.76c), 有

$$\varphi(x)=\Phi^+(x)-\Phi^-(x),\quad 2(\mathcal{H}\varphi)(x)=\Phi^+(x)+\Phi^-(x),\quad x\in\Gamma. \tag{11.77a}$$

引进记号

$$G(x)=\frac{a(x)-b(x)}{a(x)+b(x)}\quad 和\quad g(x)=\frac{f(x)}{a(x)+b(x)}, \tag{11.77b}$$

则特征积分方程有形式:

$$\Phi^+(x)=G(x)\Phi^-(x)+g(x),\quad x\in\Gamma. \tag{11.77c}$$

2. 希尔伯特边值问题

求一个函数 $\Phi(x)$, 它在 S^+ 和 S^- 上是全纯的, 在无穷远处为 0, 并且在 Γ 上满足边界条件 (11.77c). 在 (11.76a) 中给出了希尔伯特问题的一个解 $\Phi(x)$. 因而, (11.77a) 第一个方程就确定了特征积分方程的一个解 $\varphi(x)$.

11.5.2.5 希尔伯特边值问题 (简言之: 希尔伯特问题) 之解

1. 齐次边界条件

$$\Phi^+(x)=G(x)\Phi^-(x),\quad x\in\Gamma. \tag{11.78}$$

在点 x 沿着曲线 Γ_l 的单个环流期间, $\log G(x)$ 的值改变了 $2\pi\mathrm{i}\lambda_l$, 这里 λ_l 是一个整数. 在对完全的曲线组 Γ 做了单个的遍历后, 函数 $\log G(x)$ 值的改变为

$$\sum_{l=0}^{n}2\pi\mathrm{i}\lambda_l=2\pi\mathrm{i}\kappa. \tag{11.79a}$$

数 $\kappa=\sum\limits_{l=0}^{n}\lambda_l$ 被称为希尔伯特问题的指数 (index of the Hilbert problem). 现在构成一个函数 $G_0(x)$:

$$G_0(x)=(x-a_0)^{-\kappa}\Pi(x)G(x), \tag{11.79b}$$

$$\Pi(x)=(x-a_1)^{\lambda_1}(x-a_2)^{\lambda_2}\cdots(x-a_n)^{\lambda_n}, \tag{11.79c}$$

其中 $a_0\in S^+$, 而 $a_l(l=1,\cdots,n)$ 是 Γ_l 内部任意的固定点. 如果 $\Gamma=\Gamma_0$ 是一条简单闭曲线 $(n=0)$, 则定义 $\Pi(x)=1$. 令

$$I(z):=\frac{1}{2\pi\mathrm{i}}\int_{\Gamma}\frac{\log G_0(y)}{y-z}\mathrm{d}y, \tag{11.79d}$$

就得到齐次希尔伯特问题的下述称为基本解的特解

$$X(z)=\begin{cases}\varPi^{-1}(z)\exp I(z), & z\in S^{+},\\ (z-a_0)^{-\kappa}\exp I(z), & z\in S^{-}.\end{cases} \tag{11.79e}$$

对于任何有限的 z, 这个函数不为 0. 对于 $\kappa>0$, 齐次希尔伯特问题在无穷远处为 0 的最一般的解为

$$\varPhi_h(z)=X(z)P_{\kappa-1}(z),\qquad z\in\mathbb{C}, \tag{11.80}$$

其中 $P_{\kappa-1}(z)$ 是一个次数至多为 $\kappa-1$ 的任意多项式. 对于 $\kappa\leqslant 0$, 满足条件 $\varPhi_h(\infty)=0$ 的只有平凡解 $\varPhi_h(z)=0$, 因而在此情形 $P_{\kappa-1}(z)\equiv 0$. 对于 $\kappa>0$, 齐次希尔伯特问题有 κ 个线性无关解在无穷远处为 0.

2. 非齐次边界条件

非齐次希尔伯特问题的解是

$$\varPhi(z)=X(z)R(z)+\varPhi_h(z), \tag{11.81}$$

其中

$$R(z)=\frac{1}{2\pi\mathrm{i}}\int_{\varGamma}\frac{g(y)\mathrm{d}y}{X^{+}(y)(y-z)}. \tag{11.82}$$

如果 $\kappa<0$, 对于在无穷远处为 0 的解的存在性, 必须满足下述充要条件:

$$\int_{\varGamma}\frac{y^k g(y)\mathrm{d}y}{X^{+}(y)}=0\quad(k=0,1,\cdots,-\kappa-1). \tag{11.83}$$

11.5.2.6 特征积分方程的解

1. 齐次特征积分方程

如果 $\varPhi_h(z)$ 是相应的齐次希尔伯特问题的解, 从 (11.77a) 即得齐次积分方程的解

$$\varphi_h(x)=\varPhi_h^{+}(x)-\varPhi_h^{-}(x),\quad x\in\varGamma. \tag{11.84a}$$

对于 $\kappa\leqslant 0$, 只存在平凡解 $\varphi_h(x)=0$. 对于 $\kappa>0$, 通解为

$$\varphi_h(x)=[X^{+}(x)-X^{-}(x)]P_{\kappa-1}(x), \tag{11.84b}$$

其中多项式 $P_{\kappa-1}$ 的次数至多为 $\kappa-1$.

2. 非齐次特征积分方程

如果 $\varPhi(z)$ 是非齐次希尔伯特问题的通解, 那么由 (11.77a) 可以给出齐次积分方程的解:

$$\varphi(x)=\varPhi^{+}(x)-\varPhi^{-}(x) \tag{11.85a}$$

$$= X^+(x)R^+(x) - X^-(x)R^-(x) + \Phi_h^+(x) - \Phi_h^-(x), \quad x \in \Gamma. \tag{11.85b}$$

利用普勒梅利和 Sochozki 公式 (11.76c), 对于 $R(z)$ 有

$$R^+(x) = \frac{1}{2}\frac{g(x)}{X^+(x)} + \left(\mathcal{H}\frac{g}{X^+}\right)(x), \quad R^-(x) = -\frac{1}{2}\frac{g(x)}{X^+(x)} + \left(\mathcal{H}\frac{g}{X^+}\right)(x). \tag{11.85c}$$

把 (11.85c) 代入 (11.85a), 并考虑 (11.76b) 以及 $g(x) = f(x)/(a(x)+b(x))$, 最终得到解

$$\begin{aligned}\varphi(x) =& \frac{X^+(x) + X^-(x)}{2(a(x)+b(x))X^+(x)} f(x) \\ &+ (X^+(x) - X^-(x)) \frac{1}{2\pi \mathrm{i}} \int_\Gamma \frac{f(y)}{(a(y)+b(y))X^+(y)(y-x)} \mathrm{d}y \\ &+ \varphi_h(x), \quad x \in \Gamma.\end{aligned} \tag{11.86}$$

根据 (11.83), 在 $\kappa < 0$ 的情形, 为了保证解的存在性, 下述关系式必须同时成立:

$$\int_\Gamma \frac{y^k f(y)}{(a(y)+b(y))X^+(y)} \mathrm{d}y = 0 \quad (k = 0, 1, \cdots, -\kappa - 1). \tag{11.87}$$

■ 用常系数 a 和 b 给出特征积分方程: $a\varphi(x) + \dfrac{b}{\pi \mathrm{i}}\displaystyle\int_\Gamma \frac{\varphi(y)}{y-x}\mathrm{d}y = f(x)$. 这里 Γ 是一条简单闭曲线, 即 $\Gamma = \Gamma_0 (n = 0)$. 从 (11.77b) 即得 $G = \dfrac{a-b}{a+b}$ 和 $g(x) = \dfrac{f(x)}{a+b}$. G 是一个常数, 所以 $\kappa = 0$. 因而 $\Pi(x) = 1$ 以及 $G_0 = G = \dfrac{a-b}{a+b}$. $I(z) = \log\dfrac{a-b}{a+b}\dfrac{1}{2\pi\mathrm{i}}\displaystyle\int_\Gamma \frac{1}{y-x}\mathrm{d}y = \begin{cases}\log\dfrac{a-b}{a+b}, & z \in S^+,\\ 0, & z \in S^-,\end{cases}$ $X(z) = \begin{cases}\dfrac{a-b}{a+b}, & z \in S^+,\\ 1, & z \in S^-,\end{cases}$ 即 $X^+ = \dfrac{a-b}{a+b}, X^- = 1$. 由于有 $\kappa = 0$, 所以齐次希尔伯特边值问题在无穷远处为 0 的解只有函数 $\Phi_h(z) = 0$. 由 (11.86) 即得

$$\begin{aligned}\varphi(x) =& \frac{X^+ + X^-}{2(a+b)X^+} f(x) + \frac{X^+ - X^-}{2(a+b)X^+}\frac{1}{\pi \mathrm{i}}\int_\Gamma \frac{f(y)}{y-x}\mathrm{d}y \\ =& \frac{a}{a^2-b^2} f(x) - \frac{b}{a^2-b^2}\frac{1}{\pi\mathrm{i}}\int_\Gamma \frac{f(y)}{y-x}\mathrm{d}y.\end{aligned}$$

(陆柱家 译)

第12章　泛函分析

1. 泛函分析

随着科学、工程和经济等各种门类不同学科的共有结构特性不断地被揭示, 泛函分析诞生了. 从而发现了蕴涵在微积分、线性代数、几何学以及其他数学领域中通用的统一方法的一般原理.

2. 无穷维空间

有许多问题在其建模时要求引入无穷个方程或不等式组. 仅仅使用有穷维空间将无法处理微分或积分方程、逼近、变分或优化问题.

3. 线性和非线性算子

在泛函分析的最初阶段, 尤其是 20 世纪上半叶对线性或线性化问题的透彻研究, 直接导致了线性算子理论的发展. 近来, 需要解决越来越多的仅能用非线性方法描述的问题, 从而泛函分析应用于实际问题迫切要求发展非线性算子理论. 泛函分析已经越来越多地用于求解微分方程、数值分析和优化问题, 其原理和方法已经成为工程技术和其他应用科学中不可或缺的工具.

4. 基本结构

本章中我们仅介绍基本结构, 并且也仅讨论最重要的抽象空间以及这些空间中某些特殊类型的算子. 一些抽象概念将通过某些例子予以说明, 而其详细的论述将在本书其他章节中展开, 具体描述并证明这样的问题解的存在唯一性定理. 由于其抽象和一般的特性, 显然, 泛函分析以数学定理的形式阐明了众多现象的一般关系, 这些数学定理可直接用于求解各种各样的实际问题.

12.1　向量空间

12.1.1　向量空间概念

一个非空集 V 称作标量域 $\mathbb{F}$ 上的向量空间或线性空间, 是指存在 V 上的两种运算 ——V 中元素的加法和 $\mathbb{F}$ 中标量与元素的乘法 —— 使之具有如下性质:

(1) 对于任意两元素 $x, y \in V$, 存在元素 $z = x + y$, 称作两元素之和.

(2) 对于任意元素 $x \in V$ 和任意标量 (数)$\alpha \in \mathbb{F}$, 存在元素 $\alpha x \in V$, 称作 x 和 α 之积, 使得对于任意元素 $x, y, z \in V$ 和标量 $\alpha, \beta \in \mathbb{F}$, 满足如下性质, 即所谓向量空间公理 (亦可参见第 489 页 5.3.8.1):

(V1) $x + (y + z) = (x + y) + z$.　　(12.1)

(V2) 存在元素 $0 \in V$, 即零元, 使得 $x + 0 = x$. (12.2)

(V3) 对于任意向量 $x \in V$, 存在元素 $-x$ 使得 $x + (-x) = 0$. (12.3)

(V4) $x + y = y + x$. (12.4)

(V5) $1 \cdot x = x,\ 0 \cdot x = 0$. (12.5)

(V6) $\alpha(\beta x) = (\alpha\beta)x$. (12.6)

(V7) $(\alpha + \beta)x = \alpha x + \beta x$. (12.7)

(V8) $\alpha(x + y) = \alpha x + \alpha y$. (12.8)

V 称作实或复向量空间, 取决于 $\mathbb{F}$ 是实数域 $\mathbb{R}$ 还是复数域 $\mathbb{C}$. V 的元素也可以称点, 或按照线性代数, 称*向量*. 在泛函分析中一般不使用向量记号 $\vec{x}$ 或 $\underline{x}$.

任意两个向量 $x, y \in V$ 的差 $x - y$ 也可以定义为 $x - y = x + (-y)$. 从上述定义可知, 方程 $x + y = z$ 对于任意 $y, z \in V$ 都可以求解, 其解为 $x = z - y$. 从公理 (V1)~(V8) 可以得到如下进一步的性质:

- 零元是唯一确定的,
- $\alpha x = \beta x$ 且 $x \neq 0$, 则 $\alpha = \beta$,
- $\alpha x = \alpha y$ 且 $\alpha \neq 0$, 则 $x = y$,
- $-(\alpha x) = \alpha \cdot (-x)$.

12.1.2 线性和放射子集

1. 线性子集

向量空间 V 的一非空子集 V_0 称作 V 的一*线性子空间*或*线性流形*, 是指对任意两个元 $x, y \in V_0$ 和任意两个标量 $\alpha, \beta \in \mathbb{F}$, 其线性组合 $\alpha x + \beta y$ 也在 V_0 中. V_0 本身是一个向量空间, 从而也满足公理 (V1)~(V8). 子空间 V_0 可以是 V 本身, 也可以是仅含零元, 这样的子空间称为平凡子空间.

2. 放射子空间

向量空间 V 的子集称作*放射子空间*或*放射流形*, 是指它有形式

$$\{x_0 + y \in V_0 :\ y \in V_0\}, \tag{12.9}$$

其中 $x_0 \in V$ 为一给定元, 而 V_0 是一线性子空间. 它可以看作 (在 $x_0 \neq 0$ 的情形下) 不通过 $\mathbb{R}^3$ 中原点的直线或平面的推广.

3. 线性包 (linear hull)

V 中任意多个子空间之交也是一子空间. 因此对于任意非空子集 $E \subset V$, V 中存在包含 E 的最小子空间 $\mathrm{lin}(E)$, 或记作 $[E]$, 即所有包含 E 的线性子空间之交. 集合 $\mathrm{lin}(E)$ 称作*集合 E 的线性包*, 或*由集合 E 生成的线性子空间*. 它也是元素 $x_1, x_2, \cdots, x_n \in V$ 和标量 $\alpha_1, \alpha_1, \cdots, \alpha_n \in \mathbb{F}$ 的所有有穷线性组合

$$\alpha_1 x_1 + \alpha_2 x_2 + \cdots + \alpha_n x_n \tag{12.10}$$

组成的集合.

4. 序列向量空间的例子

■ **A: 向量空间** $\mathbb{F}^n$: 设 n 是一给定的自然数, V 是所有 n 数组组成的集合, 即所有 n 个标量项构成的有穷序列全体 $\{(\xi_1, \xi_2, \cdots, \xi_n): \ \xi_i \in \mathbb{F}, \ i = 1, 2, \cdots, n\}$. 其中的运算定义成逐个分量或逐项之间的运算, 即若 $x = (\xi_1, \xi_2, \cdots, \xi_n)$ 和 $y = (\eta_1, \eta_2, \cdots, \eta_n)$ 为 V 中任意两个元, α 为任一标量, $\alpha \in \mathbb{F}$, 则

$$x + y = (\xi_1 + \eta_1, \xi_2 + \eta_2, \cdots, \xi_n + \eta_n), \tag{12.11a}$$

$$\alpha \cdot x = (\alpha\xi_1, \alpha\xi_2, \cdots, \alpha\xi_n), \tag{12.11b}$$

这样就定义了向量空间 $\mathbb{F}$. 线性空间 $\mathbb{R}$ 和 $\mathbb{C}$ 则是 $n = 1$ 情形下的特例. 这个例子可以两种方式推广 (见例**B**和**C**).

■ **B: 所有序列的向量空间** $\boldsymbol{s}$: 考虑 $x = \{\xi_n\}_{n=1}^{\infty}$ 这样的无穷序列, 这里 $\xi_n \in \mathbb{F}$, 并类似于 (12.11a) 和 (12.11b) 定义无穷序列中的运算, 就得到由所有这些无穷序列组成的向量空间 $\boldsymbol{s}$.

■ **C: 所有有穷序列的向量空间** φ**(也记作** $\boldsymbol{c_{00}}$**)**: 设 V 是 s 中所有仅含有限个非零分量 (非零分量个数依赖各元而不同) 的元所组成的子集. 这个向量空间 (其中的运算定义与上述相仿) 记作 φ 或 $\boldsymbol{c_{00}}$, *称作所有有穷数列的空间*.

■ **D: 所有有界序列的向量空间** $\boldsymbol{m}$**(也记作** $\boldsymbol{\ell^{\infty}}$**)**: 序列 $x = \{\xi_n\}_{n=1}^{\infty} \in \boldsymbol{m}$, 当且仅当存在常数 C_x 使得 $|\xi_n| \leqslant C_x, \ \forall \ n = 1, 2, \cdots$, 该向量空间也记作 $\boldsymbol{\ell^{\infty}}$.

■ **E: 所有收敛序列的向量空间** $\boldsymbol{c}$: 序列 $x = \{\xi_n\}_{n=1}^{\infty} \in \boldsymbol{c}$, 当且仅当存在一数 $\xi_0 \in \mathbb{F}$, 使得 $\forall \varepsilon > 0$, 存在一标号 n_0 满足 $|\xi_n - \xi_0| < \varepsilon \ \forall \ n > n_0$(参见第 614 页 7.1.2).

■ **F: 所有零序列空间** $\boldsymbol{c_0}$: 是所有零序列组成的向量空间, 即 $\boldsymbol{c}$ 中所有收敛于零 $(\xi_0 = 0)$ 的序列组成的子空间.

■ **G: 向量空间** $\boldsymbol{\ell^p}$: 所有使得 $\sum_{n=1}^{\infty} |\xi_n|^p$ 收敛的序列 $x = \{\xi_n\}_{n=1}^{\infty}$ 组成的向量空间记作 ℓ^p. 利用闵可夫斯基不等式可以证明, $\boldsymbol{\ell^p}$ 中两个序列之和还在 $\boldsymbol{\ell^p}$ 中 (参见第 41 页 1.4.2.13).

注 对于在**A**~**G**中介绍的向量空间, 成立如下的包含关系:

$$\boldsymbol{\varphi} \subset \boldsymbol{c_0} \subset \boldsymbol{c} \subset \boldsymbol{m} \subset \boldsymbol{s}, \quad \boldsymbol{\varphi} \subset \boldsymbol{\ell^p} \subset \boldsymbol{\ell^q} \subset \boldsymbol{c_0}, \text{其中} 1 \leqslant p < q < \infty. \tag{12.12}$$

5. 函数向量空间的例子

■ **A: 向量空间** $\mathcal{F}(T)$: 设 V 是一给定集 T 上所有实值或复值函数的集合, 这里的运算定义为点点运算, 即如果 $x(t)$ 和 $y(t)$ 为 V 中任意两个元, $\alpha \in \mathbb{F}$ 为任意标量, 则我们定义 $x + y$ 和 $\alpha \cdot x$ 如下:

$$(x + y)(t) = x(t) + y(t), \quad \forall \ t \in T. \tag{12.13a}$$

$$(\alpha x)(t) = \alpha \cdot x(t), \quad \forall\, t \in T. \tag{12.13b}$$

该向量空间记作 $\mathcal{F}(T)$.

■ **B: 向量空间 $\mathcal{B}(T)$ 或 $\mathcal{M}(T)$:** $\mathcal{B}(T)$ 是 T 上所有有界函数的空间. 该向量空间有时也记作 $\mathcal{M}(T)$. 在 $T = \mathbb{N}$ 的情形下, 得到空间 $\mathcal{M}(T) = \boldsymbol{m}$, 即上节例**D**的空间$\boldsymbol{m}$.

■ **C: 向量空间 $\mathcal{C}([a,b])$:** 集合 $\mathcal{C}([a,b])$ 是区间 $[a,b]$ 上所有连续函数全体 (参见第 74 页 2.1.5.1).

■ **D: 向量空间 $\mathcal{C}^{(k)}([a,b])$:** 设 $k \in \mathbb{N}$, $k \geqslant 1$. $[a,b]$ 上所有 k-次连续可微函数的集合 $\mathcal{C}^{(k)}([a,b])$ (参见第 581 页 6.1) 是一向量空间. 在区间 $[a,b]$ 的端点 a 和 b, 导数必须分别理解为右导数和左导数.

注 对于本节例**A**~**D**中的向量空间, 当 $T = [a,b]$ 时, 成立如下的包含关系:

$$\mathcal{C}^{(k)}([a,b]) \subset \mathcal{C}([a,b]) \subset \mathcal{B}([a,b]) \subset \mathcal{F}([a,b]). \tag{12.14}$$

■ **E: $\mathcal{C}([a,b])$ 的向量子空间:** 对于任意给定的点 $t_0 \in [a,b]$, 集合 $\{x \in \mathcal{C}([a,b]) : x(t_0) = 0\}$ 构成 $\mathcal{C}([a,b])$ 的一线性子空间.

12.1.3 线性无关元

1. 线性无关性

向量空间 V 的一有穷子集 $\{x_1, x_2, \cdots, x_n\}$ 称作*线性无关的*, 是指

$$\alpha_1 x_1 + \alpha_2 x_2 + \cdots + \alpha_n x_n = 0 \ \text{ 蕴涵 } \ \alpha_1 = \alpha_2 = \cdots = \alpha_n = 0. \tag{12.15}$$

否则, 该子集称作*线性相关的*. 如果 $\alpha_1 = \alpha_2 = \cdots = \alpha_n = 0$, 那么对于 V 中的任意向量 $x_1, x_2, \cdots, x_n$, 向量 $\alpha_1 x_1 + \alpha_2 x_2 + \cdots + \alpha_n x_n$ 显然是 V 的零元. 向量 $x_1, x_2, \cdots, x_n$ 的线性无关性意味着, 为了得到零元 $0 = \alpha_1 x_1 + \alpha_2 x_2 + \cdots + \alpha_n x_n$, 必须所有系数全等于零: $\alpha_1 = \alpha_2 = \cdots = \alpha_n = 0$. 这一重要的概念在线性代数中是熟知的 (参见第 490 页 5.3.8.2), 并且被用于线性齐次微分方程的基本解组 (参见第 732 页 9.1.2.3,2.). 一个无穷子集 $E \subset V$ 称作是*线性无关的*, 是指 E 的每个有穷子集都是线性无关的. 否则, E 称作是*线性相关的*.

■ 如果第 k 个分量等于 1, 而其余分量皆为零的序列记作 e_k, 那么 e_k 属于空间 φ, 从而也属于任意一个序列空间. 集合 $\{e_1, e_2, \cdots\}$ 在任意序列空间中都是线性无关的. 在空间 $\mathcal{C}([0,\pi])$ 中, 例如函数组

$$1, \quad \sin nt, \quad \cos nt \quad (n = 1, 2, 3, \cdots)$$

是线性无关的, 而函数 $1, \cos 2t, \cos^2 t$ 则是线性相关的 (参见第 104 页 (2.97)).

2. 向量空间的基和维数

向量空间 V 的一线性无关子集 B 称作 V 的一个代数基或哈梅尔基, 是指它生成整个空间 V, 即 $\text{lin}(B) = V$(参见第 490 页 5.3.8.2). $B = \{x_\xi \mid \xi \in \Xi\}$ 是 V 的一基, 当且仅当每一向量 $x \in V$ 可以写成形式 $x = \sum_{\xi \in \Xi} \alpha_\xi x_\xi$, 其中系数 α_ξ 由 x 唯一确定而且其中仅有穷多个 (依赖于 x) 不等于零. 每一个非平凡的向量空间 V, 即 $V \neq \{0\}$, 至少有一个代数基, 并且对于 V 的每一个线性无关子集 E, V 至少有一个包含该子集的基.

向量空间 V 称作 m维的, 是指它有一个由 m 个向量组成的基, 也就是说, 存在 V 的 m 个线性无关的向量, 并且其中任意 $m+1$ 个向量都是线性相关的.

空间 $\mathbb{F}^n$ 是 n 维空间, 在例**B**~**E**中所有其他的空间都是无穷维的. 空间 $\text{lin}(\{1, t, t^2\})$ 是三维的.

在有穷维情形, 同一向量空间的任意两个基都有相同的元数目. 而无穷维向量空间中, 任意两个基都有相同的基数, 记作 $\dim(V)$. 维数是向量空间的一个不变量, 它不依赖于特定代数基的选择.

12.1.4 凸子集和凸包

12.1.4.1 凸集

实向量空间 V 的一子集 C 称作凸的, 是指对于每一对向量 $x, y \in C$, 所有向量 $\lambda x + (1 - \lambda y)$ 也属于 C, 这里 $0 \leqslant \lambda \leqslant 1$. 换句话说, 集合 C 是凸集, 如果对于任意两个元 $x, y \in C$, 整个线段

$$\{\lambda x + (1 - \lambda y) \,:\, 0 \leqslant \lambda \leqslant 1\} \tag{12.16}$$

(它也称作区间) 属于 C.(关于 $\mathbb{R}^2$ 中的凸集, 参见第 893 页图 12.5 中标记为 A 和 B 的集合)

任意多个凸集之交仍是凸集, 这里我们约定空集也是凸集. 因此, 对于每一个子集 $E \subset V$, 存在包含 E 的最小的凸集, 即 V 中包含 E 的所有凸子集之交. 它称作 E 的凸包, 记作 $\text{co}(E)$. $\text{co}(E)$ 等同于 E 中所有元的有穷凸线性组合构成的集合, 即 $\text{co}(E)$ 由所有形式为 $\lambda_1 x_1 + \lambda_2 x_2 + \cdots + \lambda_n x_n$ 的元组成的集合, 这里 $x_1, x_2, \cdots, x_n$ 为 E 中任意元, $\lambda_i \in [0, 1]$ 满足 $\lambda_1 + \lambda_2 + \cdots + \lambda_n = 1$. 线性和放射子空间总是凸的.

12.1.4.2 锥①

一个 (实) 向量空间 V 中非空子集 K 称作凸锥, 是指它满足:

(1) K 是凸集,

① 在本章中, 作者并未区分锥和凸锥, 下面所谓的锥都是指凸锥.——译者注

(2) 从 $x \in K$ 和 $\lambda \geqslant 0$ 可得 $\lambda x \in K$,

(3) 从 $x \in K$ 和 $-x \in K$ 可得 $x = 0$.

一个锥 K 也可用上述 (3) 再加上如下性质刻画:

$$x, y \in K \text{ 和 } \lambda, \mu \geqslant 0 \quad \text{推出} \quad \lambda x + \mu y \in K. \tag{12.17}$$

■ **A:** 所有具有非负分量的向量 $x = (\xi_1, \cdots, \xi_n)$ 的集合 $\mathbb{R}_+^n$ 是 $\mathbb{R}$ 中的一个锥.

■ **B:** 所有 $[a, b]$ 上非负值连续函数的集合 $\mathcal{C}_+$ 是 $\mathcal{C}([a, b])$ 中的一个锥.

■ **C:** 所有具非负分量 (即 $\xi_n \geqslant 0,\ \forall\ n$) 的实数列 $\{\xi_n\}_{n=1}^{\infty}$ 是 $\boldsymbol{s}$ 中的一个锥.

■ **D:** 给定某个 $a > 0$, 则所有满足

$$\sum_{n=1}^{\infty} |\xi_n|^p \leqslant a \tag{12.18}$$

的序列 $\{\xi_n\}_{n=1}^{\infty}$ 组成的集合 $C \subset \boldsymbol{\ell}^p (1 \leqslant p < \infty)$ 是一凸集, 但显然不是锥.

■ **E:** $\mathbb{R}^2$ 中的例子, 见图 12.1: (a) 凸集, 但非锥; (b) 非凸集; (c) 凸包.

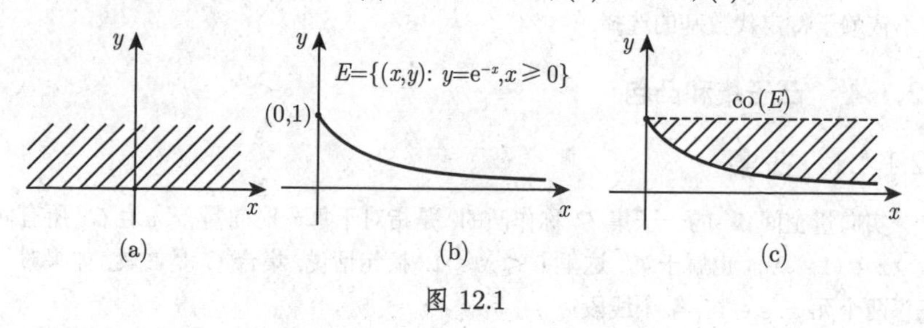

图 12.1

12.1.5 线性算子和泛函

12.1.5.1 映射

从集合 $D \subset X$ 到集合 Y 的映射 $T: D \longrightarrow Y$ 称作

- 内射, 是指

$$T(x) = T(y) \Longrightarrow x = y. \tag{12.19}$$

- 满射, 是指

$$\forall y \in Y, \text{ 存在元 } x \in D \text{ 使得 } T(x) = y. \tag{12.20}$$

D 称作映射 T 的定义域, 记作 D_T 或 $D(T)$, 而 Y 的子集 $\{y \in Y :\ \exists x \in D_T$ 使得 $T(x) = y\}$ 称作映射 T 的值域, 并记作 $\mathcal{R}(T)$ 或 $\mathrm{Im}(T)$.

12.1.5.2 同态和自同态

设 X 和 Y 是同一个域 $\mathbb{F}$ 上的两个向量空间, D 是 X 的一线性子集, 映射 $T: D \to Y$ 称作是线性的(或线性变换、线性算子或同态), 是指对于任意 $x, y \in D$

和 $\alpha, \beta \in \mathbb{F}$, 有

$$T(\alpha x + \beta y) = \alpha Tx + \beta Ty. \tag{12.21}$$

对于线性算子, 类似于线性函数那样, 习惯喜欢使用记号 Tx, 而对于一般的算子, 则使用记号 $T(x)$.

值域 $\mathcal{R}(T)$ 是使得方程 $Tx = y$ 至少有一个解的所有 $y \in Y$ 的全体组成的集合. $N(T) = \{x \in X\ :\ Tx = 0\}$ 是算子 T 的零空间或核, 有时也记作 $\ker(T)$.

向量空间 X 到其自身的映射称作自同态. 如果 T 是一个线性内射, 那么由关系

$$y \mapsto x \text{ 使得 } Tx = y,\ y \in \mathcal{R}(T) \tag{12.22}$$

确定的 $\mathcal{R}(T)$ 上的映射是线性的, 记作 $T^{-1} : \mathcal{R}(T) \to X$, 称作 T 的逆. 如果 Y 是向量空间 $\mathbb{F}$, 那么线性映射 $f : X \to \mathbb{F}$ 称作线性泛函或线性型.

12.1.5.3 同构向量空间

一个双内射 $T : X \to Y$ 称作向量空间 X 和 Y 的同构(映射). 两个向量空间称作同构的, 是指它们之间存在同构映射.

12.1.6 实向量空间的复化

每一个实向量空间 V 都可以扩张成一个复向量空间 $\tilde{V}$. 集合 $\tilde{V}$ 由所有 $x, y \in V$ 的偶对 (x, y) 组成. 其中的运算 (加法以及复数 $a + \mathrm{i}b$ 与元素的乘法) 定义如下:

$$(x_1, y_1) + (x_2, y_2) = (x_1 + x_2, y_1 + y_2), \tag{12.23a}$$

$$(a + \mathrm{i}b)(x, y) = (ax - by, bx + ay). \tag{12.23b}$$

由于有特殊关系

$$(x, y) = (x, 0) + (0, y) \quad \text{和} \quad \mathrm{i}(y, 0) = (0 + \mathrm{i}1)(y, 0) = (0, y), \tag{12.24}$$

故偶对 (x, y) 也可以写成 $x + \mathrm{i}y$. 集合 $\tilde{V}$ 是一个复向量空间, 这里集合 V 等同于线性子空间 $\tilde{V}_0 = \{(x, 0) : x \in V\}$, 即 $x \in V$ 可以看作 $(x, 0)$ 或看作 $x + i0$.

这一程序称作向量空间 V 的复化. V 中线性无关子集在 $\tilde{V}$ 中也是线性无关的. 同样的论述对于 V 中的基也成立, 从而 $\dim(V) = \dim(\tilde{V})$.

12.1.7 有序向量空间

12.1.7.1 锥和偏序

如果给定向量空间 V 中一个锥 C, 那么就可以对 V 中某些向量对引入序关系. 就是说, 如果对于 $x, y \in V$ 有 $x - y \in C$, 则我们写作 $x \geqslant y$ 或 $y \leqslant x$, 并且称作 x

大于或等于y, 或 y小于或等于x. 偶对 (V,C) 称作由锥 C 形成的有序向量空间或偏序向量空间. 元 x 称作正的, 是指 $x \geqslant 0$, 或等价于指 $x \in C$. 此外,

$$C = \{x \in V : x \geqslant 0\}. \tag{12.25}$$

如果向量空间 $\mathbb{R}^2$ 的序由其第一象限 (锥)$C = \mathbb{R}^2_+$ 所产生, 则我们会看到有序向量空间的一种典型的现象. 这就是所谓的“偏序”, 有时也称作“半序”. 也就是说, 向量空间中只有某些向量对才是可比较的. 例如, 考虑向量 $x = (1, -1)$ 和 $y = (0, 2)$, 那么无论是向量 $x - y = (1, -3)$, 还是向量 $y - x = (-1, 3)$ 都不在 C 中, 从而 $x \geqslant y$ 和 $x \leqslant y$ 都不成立. 向量空间中由锥生成的序只能是一种偏序.

可以证明, 二元关系 $\leqslant$ 有如下性质:

(O1) $x \geqslant x \ \forall\, x \in V$(自反性). (12.26)

(O2) $x \geqslant y$ 和 $y \geqslant z$ 蕴涵 $x \geqslant z$(传递性). (12.27)

(O3) $x \geqslant y$ 和 $\alpha \geqslant 0$, $\alpha \in \mathbb{R}$ 蕴涵 $\alpha x \geqslant \alpha y$. (12.28)

(O4) $x_1 \geqslant y_1$ 和 $x_2 \geqslant y_2$ 蕴涵 $x_1 + x_2 \geqslant y_1 + y_2$. (12.29)

反之, 如果在一向量空间 V 中存在一序关系, 即对某些元对定义了一种二元关系 $\geqslant$, 满足公理 (O1)~(O4), 并令

$$V_+ = \{x \in V : x \geqslant 0\}, \tag{12.30}$$

那么可以证明 V_+ 是一个锥. 在 V 中由 V_+ 诱导的序 $\geqslant_{V_+}$ 等同于原始的序 $\geqslant$, 因而在同一向量空间中引入序的这两种可能的方法是等价的.

一个锥 $C \subset V$ 称作**生成的**或**再生的**, 是指每一元 $x \in V$ 可以表示成 $x = u - v$, $u, v \in C$. 它可以写成形式 $V = C - C$.

■ **A:** 空间 $\boldsymbol{s}$(参见第 857 页例**B**) 中的一个显然的序关系可以由锥

$$C = \{x = \{\xi_n\}_{n=1}^{\infty} : \xi \geqslant 0 \ \forall\, n\} \tag{12.31}$$

诱导而成. 在序列空间中 (参见第 860 页例**C**), 通常会考虑自然的逐个坐标序. 这可通过所考虑的空间与 C(参见 (12.31)) 之交这个锥诱导而得. 于是这些有序向量空间中的正元正是具非负分量的序列. 显然, 不同的锥可以定义出不同的序, 从而可以得到与自然序不同的序关系. (见 [12.20], [12.22])

■ **B:** 在实函数空间 $\mathcal{F}(T), \mathcal{B}(T), \mathcal{C}([a,b])$ 和 $\mathcal{C}^k([a,b])$ 中 (参见第 857 页 12.1.2,5.), 两个函数 x 和 y 的自然序 $x \geqslant y$ 定义为 $x(t) \geqslant y(t)$, $\forall\, t \in T$, 或 $\forall\, t \in [a,b]$. 于是, $x \geqslant 0$ 当且仅当 x 是 T 上的非负函数. 相应的锥分别记作 $\mathcal{F}_+(T), \mathcal{B}_+(T)$ 等. 此外, 当 $T = [a,b]$ 时, 可以得到 $\mathcal{C}_+ = \mathcal{C}_+(T) = \mathcal{F}_+(T) \cap \mathcal{C}(T)$.

12.1.7.2 序有界集

设 E 是有序向量空间 V 的任一非空子集. 元 $z \in V$ 称作集合 E 的**上界**, 是指对于每个 $x \in E$, 都有 $x \leqslant z$. 元 $u \in V$ 称作集合 E 的**下界**, 是指对于每个 $x \in E$, 都有 $u \leqslant x$. 对于满足 $x \leqslant y$ 任意两个元 $x, y \in V$, 集合

$$[x,y] = \{v \in V : \ x \leqslant v \leqslant y\} \tag{12.32}$$

称作**序区间**或 (o)**区间**.

显然, 元 x, y 分别是集合 $[x,y]$ 的下界和上界, 而且它们甚至都属于这个集合. 一个集合 $E \subset V$ 称作**序有界**, 或简称 (o)**有界**, 是指 E 是某个序区间的子集, 即存在两个元 $u, z \in V$ 使得 $u \leqslant x \leqslant z \ \forall\, x \in E$, 或等价地, $E \subset [u,z]$. 一个集合称作**上有界**或**下有界**, 是指它分别有上界或有下界.

12.1.7.3 正算子

一个从有序向量空间 $X = (X, X_+)$ 到有序向量空间 $Y = (Y, Y_+)$ 的线性算子 (见 [12.2], [12.20])$T : X \to Y$ 称作**正的**, 是指

$$T(X_+) \subset Y_+, \quad 即 \quad Tx \geqslant 0, \forall\, x \geqslant 0. \tag{12.33}$$

12.1.7.4 向量格

1. 向量格

在实向量空间 $\mathbb{R}^1$ 中, (o) 有界性和 (通常意义下) 有界性是等价的. 熟知, 每一个上有界的数集都有上确界: 其所有上界的最小值 (或最小上界, 有时记作 lub). 类似地, 如果一实数集下有界, 则它有下确界, 即最大下界, 有时记作 glb. 在一般的有序向量空间中, 上确界和下确界即使对于有穷集也是无法保证的. 它们必须要利用公理来给出. 一个有序向量空间 V 称作一个**向量格**或**线性格**或**里斯** (Riesz) **空间**, 是指对于任意两个元 $x, y \in V$, 存在元 $z \in V$ 具有如下性质:

(1) $x \leqslant z$ 和 $y \leqslant z$.

(2) 如果 $u \in V$ 使得 $x \leqslant u$ 和 $y \leqslant u$, 那么 $z \leqslant u$.

这样的元是唯一确定的, 记作 $x \vee y$, 称作 x 和 y 的**上确界**(更确切地说, 由 x 和 y 组成的集合的上确界). 在向量格中, 也存在任意元 x 和 y 的下确界, 记作 $x \wedge y$. 至于正算子在向量格中的应用, 例如可见 [12.3].

一个向量格称作是**戴德金完备的**, 或称作**K 空间** (**康托洛维奇空间**), 是指每一个序上有界的非空子集 E 都有上确界 lub(E)(等价地, 每一个序下有界的非空子集 E 都有下确界 glb(E)).

■ **A:** 在向量格 $\mathcal{F}([a,b])$(参见第 857 页 12.1.2, 5.) 中, 两个函数 x 和 y 的上确界由下式逐点计算:

$$(x \vee y)(t) = \max\{x(t), y(t)\}, \quad \forall\, t \in [a,b]. \tag{12.34}$$

在 $[a,b]=[0,1]$ 的情形下, 设 $x(t) = 1 - \dfrac{1}{3}t$, $y(t) = t^2$(图 12.2), 则

$$(x \vee y)(t) = \begin{cases} 1 - \dfrac{3}{2}t, & 0 \leqslant t \leqslant \dfrac{1}{2}, \\ t^2, & \dfrac{1}{2} < t \leqslant 1. \end{cases} \tag{12.35}$$

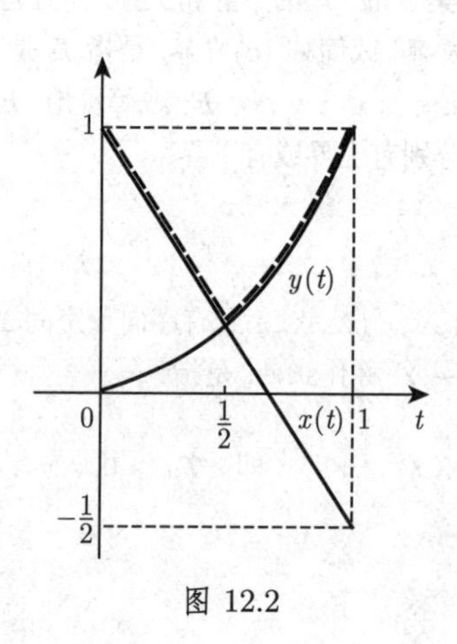

图 12.2

■ **B:** 空间 $\mathcal{C}([a,b])$ 和 $\mathcal{B}([a,b])$(参见第 857 页 12.1.2, 5.) 也是向量格, 而有序向量空间 $\mathcal{C}^{(1)}([a,b])$ 则不是向量格, 因为两个可微函数的最大或最小在区间 $[a,b]$ 上一般是不可微的.

从向量格 X 到向量格 Y 的线性算子 $T: X \to Y$ 称作**向量格同态**, 或**向量格的同态**, 是指对于所有 $x, y \in X$, 有

$$T(x \vee y) = Tx \vee Ty \quad 和 \quad T(x \wedge y) = Tx \wedge Ty. \tag{12.36}$$

2. 元的正、负部和模

对于一个向量格 V 中的任意元 x, 元

$$x_+ = x \vee 0, \quad x_- = (-x) \vee 0 \quad 和 \quad |x| = x_+ + x_- \tag{12.37}$$

分别称作元 x 的**正部**、**负部**和**模**. 对于每个元 $x \in V$, 三个元 $x_+, x_-, |x|$ 是正的, 这里对于 $x, y \in V$, 如下关系式成立:

$$x \leqslant x_+ \leqslant |x|, \quad x = x_+ - x_-, \quad x_+ \wedge x_- = 0, \quad |x| = x \vee (-x). \tag{12.38a}$$

$$(x+y)_+ \leqslant x_+ + x_-, \quad (x+y)_- \leqslant x_- + y_-, \quad |x+y| \leqslant |x| + |y|. \tag{12.38b}$$

$$x \leqslant y \quad \text{蕴涵} \quad x_+ \leqslant y_+, \quad x_- \geqslant y_-. \tag{12.38c}$$

并且对任意 $\alpha \geqslant 0$,

$$(\alpha x)_+ = \alpha x_+, \quad (\alpha x)_- = \alpha x_-, \quad |\alpha x| = \alpha |x|. \tag{12.38d}$$

在向量空间 $\mathcal{F}([a,b])$ 和 $\mathcal{C}([a,b])$ 中, 函数 $x(t)$ 的正部、负部和模可以由如下公式给出 (图 12.3):

$$x_+(t) = \begin{cases} x(t), & x(t) \geqslant 0, \\ 0, & x(t) < 0. \end{cases} \tag{12.39a}$$

$$x_-(t) = \begin{cases} 0, & x(t) > 0, \\ -x(t), & x(t) \leqslant 0. \end{cases} \tag{12.39b}$$

$$|x|(t) = |x(t)|, \quad \forall\, t \in [a,b]. \tag{12.39c}$$

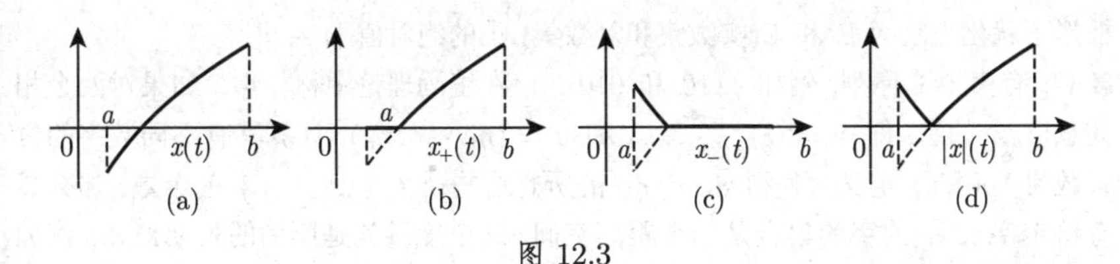

图 12.3

12.2 距 离 空 间

12.2.1 距离空间

设 X 是一集合, 并假定在 $X \times X$ 上定义了一个实值非负函数 $\rho(x,y)(x,y \in X)$. 如果函数 $\rho : X \times Y \to \mathbb{R}^1_+$ 对于任意元 $x,y,z \in X$ 满足性质 (M1)~(M3), 那么它就叫作 X 中一个*度量*或*距离*, 而偶对 $X = (X, \rho)$ 则叫作*距离空间*. 距离空间的公理是:

(M1) $\rho(x,y) \geqslant 0$ 并且 $\rho(x,y) = 0$ 当且仅当 $x = y$; (非负性) (12.40)

(M2) $\rho(x,y) = \rho(y,x)$; (对称性) (12.41)

(M3) $\rho(x,y) \leqslant \rho(x,z) + \rho(z,y)$. (三角形不等式) (12.42)

在距离空间 $X = (X, \rho)$ 的任意子集 Y 上可以用自然的方式定义一个距离, 只需把空间 X 上的距离 ρ 限制在集合 Y 上, 即把 ρ 仅仅看成是子集 $Y \times Y$ 上的函数. (Y, ρ) 称作距离空间 X 的*子空间*.

■ **A:** 集合 $\mathbb{R}^n$ 和 $\mathbb{C}^n$ 是距离空间, 其中欧几里得距离定义为: 对于点 $x=(\xi_1,\cdots,\xi_n)$ 和 $y=(\eta_1,\cdots,\eta_n)$,

$$\rho(x,y)=\sqrt{\sum_{k=1}^{n}(\xi_k-\eta_k)^2}. \tag{12.43}$$

■ **B:** 对于向量 $x=(\xi_1,\cdots,\xi_n)$ 和 $y=(\eta_1,\cdots,\eta_n)$, 函数

$$\rho(x,y)=\max_{1\leqslant k\leqslant n}|\xi_k-\eta_k| \tag{12.44}$$

也是 $\mathbb{R}^n$ 和 $\mathbb{C}^n$ 上的距离, 即所谓最大距离. 如果 $\tilde{x}=(\tilde{\xi}_1,\cdots,\tilde{\xi}_n)$ 是向量 $x=(\xi_1,\cdots,\xi_n)$ 的一近似, 人们关心的问题是要知道它们坐标之间的最大偏差 $\max\limits_{1\leqslant k\leqslant n}|\xi_k-\eta_k|$ 有多大.

对于 $x,y\in\mathbb{R}^n$(或 $\mathbb{C}^n$), 函数

$$\rho(x,y)=\sum_{k=1}^{n}|\xi_k-\eta_k| \tag{12.45}$$

也定义 $\mathbb{R}^n$ 和 $\mathbb{C}^n$ 上一个距离, 即所谓绝对值距离. 距离 (12.43)~(12.45) 在 $n=1$ 情形下就化为空间 $\mathbb{R}$ 和 $\mathbb{C}$(实数集和复数集) 上的绝对值 $|x-y|$.

■ **C:** 有穷 0-1 序列, 例如 1110 和 010110, 在编码理论中称作字. 如果对两个相同长度 n 的字, 即 $x=(\xi_1,\cdots,\xi_n)$ 和 $y=(\eta_1,\cdots,\eta_n)$, 计算其有不同数字的位置数目, $\rho(x,y)$ 定义为使得 $\xi_k\neq\eta_k$ 的所有这些 $k\in\{1,\cdots,n\}$ 的个数, 那么具有给定字长 n 的字的集合是一个距离空间, 这个度量就是所谓的汉明距离, 例如 $\rho((1110),(0100))=2$.

■ **D:** 在集合 $\boldsymbol{m}$ 及其子集 $\boldsymbol{c}$ 和 $\boldsymbol{c_0}$(参见第 857 页 (12.12)) 中, 距离可由下式定义:

$$\rho(x,y)=\sup_k|\xi_k-\eta_k|,\quad (x=(\xi_1,\xi_2,\cdots),\ y=(\eta_1,\eta_2,\cdots)). \tag{12.46}$$

■ **E:** 在序列集合 $\boldsymbol{\ell}^p(1\leqslant p<\infty)$ 中的序列 $x=(\xi_1,\xi_2,\cdots)$ 要求级数 $\sum_{k=1}^{\infty}|\xi_k|^p$ 绝对收敛, 其距离定义为

$$\rho(x,y)=\sqrt[p]{\sum_{k=1}^{\infty}|\xi_k-\eta_k|^p}\quad (x,y\in\ell^p). \tag{12.47}$$

■ **F:** 在集合 $\mathcal{C}([a,b])$ 中, 距离定义为

$$\rho(x,y)=\max_{t\in[a,b]}|x(t)-y(t)|. \tag{12.48}$$

■ **G:** 在集合 $\mathcal{C}^{(k)}([a,b])$ 中, 距离定义为

$$\rho(x,y)=\sum_{\ell=0}^{k}\max_{t\in[a,b]}|x^{(\ell)}(t)-y^{(\ell)}(t)|. \tag{12.49}$$

■ **H:** 考虑有界区域 $\Omega \subset \mathbb{R}^n$ 上勒贝格可测函数的等价类集合 $L^p(\Omega)(1 \leqslant p < \infty)$, 这里的勒贝格可测函数 $x(t)$ 几乎处处定义在 Ω 上, 并满足 $\int_\Omega |x(t)|^p \mathrm{d}\mu < \infty$(亦参见第 905 页 12.9). 该集合的距离定义为

$$\rho(x,y) = \sqrt[p]{\int_\Omega |x(t) - y(t)|^p \mathrm{d}\mu}. \tag{12.50}$$

12.2.1.1 球, 邻域和开集

距离空间 $X = (X, \rho)$ 中的元也称作点, 对于给定的实数 $r > 0$ 和点 x_0, 集合

$$B(x_0; r) = \{x \in X : \rho(x, x_0) < r\}, \tag{12.51}$$

$$\overline{B}(x_0; r) = \{x \in X : \rho(x, x_0) \leqslant r\} \tag{12.52}$$

分别称作以 x_0 为中心、r 为半径的**开球**和**闭球**.

在向量空间 $\mathbb{R}^2$ 中, 由距离 (12.43)~(12.45) 定义的中心 $x_0 = 0$ 和半径 $r = 1$ 的球 (圆) 示于图 12.4(a),(b),(c).

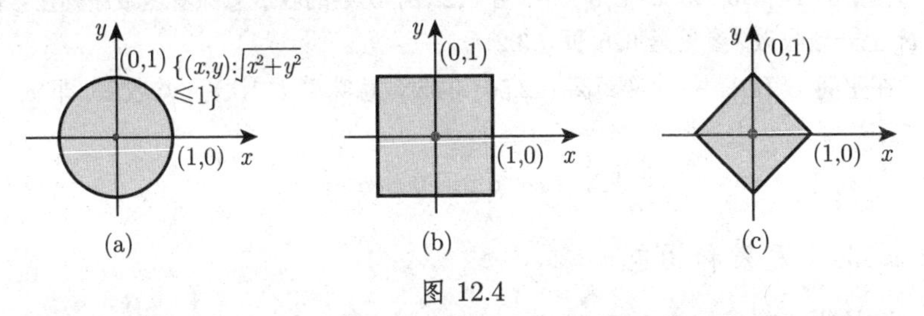

图 12.4

距离空间 $X = (X, \rho)$ 的子集 U 称作点 x_0 的一个**邻域**, 是指 U 包含中心为 x_0 的一个开球, 换句话说, 是指存在 $r > 0$ 使得 $B(x_0; r) \subset U$. 点 x 的邻域 U 也记作 $U(x)$. 显然, 每个球都是其中心的一个邻域, 一个开球是其所有点的邻域. 点 x_0 称作集合 $A \subset X$ 的一个**内点**, 是指 x_0 和其某个邻域一起属于 A, 即存在 x_0 的一个邻域 U 使得 $x_0 \in U \subset A$. 距离空间的子集称作**开集**, 是指其所有点都是内点. 显然 X 本身是一个开集.

每个距离空间中的开球, 特别是 $\mathbb{R}$ 中的开区间, 是开集的典型代表.

所有开集的集合满足如下的**开集公理**:

- 如果 G_α 是开集, $\forall\, \alpha \in I$, 则集合 $\bigcup_{\alpha \in I} G_\alpha$ 也是开集.
- 如果 $G_1, G_2, \cdots, G_n$ 是任意有穷个开集, 则集合 $\bigcap_{k=1}^n G_k$ 也是开集.
- 空集 $\varnothing$ 按定义是开集.

距离空间中的一个子集 A 称作是**有界的**, 是指集合 A 包含在某个球 $B(x_0; R)$ 中, 即 $\rho(x, x_0) < R$, $\forall\, x \in A$, 这里元 x_0 不必属于 A, 而 $R > 0$.

12.2.1.2 距离空间中的序列收敛

设 $X = (X,\rho)$ 是一距离空间, $x_0 \in X$, $x_n \in X$, $\{x_n\}_{n=1}^{\infty}$ 是 X 的序列. 序列 $\{x_n\}_{n=1}^{\infty}$ 称作收敛于点 x_0, 是指对于每个邻域 $U(x_0)$, 存在一标号 $n_0 = n_0(U(x_0))$ 使得对于所有 $n > n_0$, 有 $x_n \in U(x_0)$. 常用的收敛的记号是

$$x_n \to x_0 (n \to \infty) \text{ 或 } \lim_{n\to\infty} x_n = x_0, \tag{12.53}$$

而点 x_0 称作*序列*$\{x_n\}_{n=1}^{\infty}$*的极限*. 一个序列的极限是唯一确定的. 实际上无须考虑点 x_0 处的任意邻域, 而只要考虑任意半径的开球就够了, 由此 (12.53) 等价于: $\forall\, \varepsilon > 0$(想象为开球 $B(x_0;\varepsilon)$), 存在一标号 $n_0 = n_0(\varepsilon)$ 使得当 $n > n_0$ 时, 有 $\rho(x_n, x_0) < \varepsilon$. 注意 (12.53) 意味着 $\rho(x_n, x_0) \to 0$.

利用特定距离空间中引入的这些概念, 就可以计算点与点之间的距离, 并研究点列的收敛性. 在数值方法以及利用某些函数类的函数逼近中, 这是非常重要的 (例如, 参见第 1276 页 19.6).

如果在空间 $\mathbb{R}^n$ 中赋以前面所述的某种距离, 则其中的收敛总是坐标收敛.

在空间 $\mathcal{B}([a,b])$ 和 $\mathcal{C}([a,b])$ 中, 由 (12.48) 诱导的收敛意味着函数序列在区间 $[a,b]$ 上一致收敛 (参见第 626 页 7.3.2).

在空间 $L^2(\Omega)$ 中, 对应距离 (12.50) 的收敛意味着 (二次) 平均收敛, 即 $x_n \to x_0$ 是指

$$\int_{\Omega} |x_n - x_0|^2 \mathrm{d}\mu \to 0 \quad (n \to \infty). \tag{12.54}$$

12.2.1.3 闭集和闭包

1. 闭集

距离空间 X 中的子集 F 称作*闭集*, 是指 $X\backslash F$ 是开集. 距离空间中的每一个闭球, 特别是 $\mathbb{R}$ 中的形如 $[a,b], [a,\infty), (-\infty,a]$ 这样的区间, 都是闭集.

根据开集的公理, 距离空间中所有闭集组成的集族具有如下性质:

- 如果 F_α 是闭的, $\forall\, \alpha \in I$, 则 $\bigcap_{\alpha\in I} F_\alpha$ 是闭的.
- 如果 $F_1,\cdots,F_n$ 是有穷多个闭集, 则集合 $\bigcup_{k=1}^{n} F_k$ 是闭的.
- 空集 $\varnothing$ 依据定义是闭集.

集合 $\varnothing, X$ 是既开又闭的集合.

距离空间 X 中的点 x_0 称作子集 $A \subset X$ 的*极限点*, 是指对于每个邻域 $U(x_0)$, 有

$$U(x_0) \cap A \neq \varnothing. \tag{12.55}$$

如果对于任意邻域 $U(x_0)$, 上述交集总是至少包含一个与 x_0 不同的点, 则 x_0 称作集合 A 的*聚点*. 不是聚点的极限点称作*孤立点*.

A 的聚点不必属于集合 A, 例如, 相对于集合 $(a,b]$, 点 a 就不在集合 $(a,b]$, 但是 A 的孤立点则一定属于集合 A.

如果存在 A 中的点 x_n 组成的序列 $\{x_n\}_{n=1}^{\infty}$ 收敛于 x_0, 则 x_0 就是 A 的一个极限点.

2. 集合的闭包

距离空间 X 中的每个子集都在闭集 X 中. 因此总存在一个包含 A 的最小的闭集, 即所有包含 A 的闭集之交. 这个集合称作集合 A 的*闭包*, 通常记作 $\overline{A}$. $\overline{A}$ 等于 A 的所有极限点的集合; 其实, A 加上其所有聚点就是 $\overline{A}$. A 是闭集当且仅当 $A=\overline{A}$. 因此, 闭集可以通过如下序列方式予以刻画: A 是闭集当且仅当对于 A 中每个收敛于点 $x_0 \in X$ 的点列 $\{x_n\}_{n=1}^{\infty}$, 极限 x_0 也属于 A.

A 的*边界点*定义如下: x_0 是 A 的边界点, 是指对于每个邻域 $U(x_0)$, 有 $U(x_0)\cap A \neq \varnothing$, $U(x_0)\cap(X\setminus A)\neq\varnothing$. x_0 本身不必属于 A. 闭集的另一个特征是: 如果 A 包含其所有边界点, 则 A 是闭集. (距离空间 X 本身的边界点集是空的.)

12.2.1.4 稠子集和可分距离空间

距离空间 X 的子集 A 称作*几乎处处稠的*, 是指 $\overline{A}=X$, 即每一点 $x\in X$ 都是集合 A 的极限点. 这就是说, 对于每一点 $x \in X$, 存在一序列 $\{x_n\}_{n=1}^{\infty}$, $x_n \in X$ 使得 $x_n \to x$.

■ **A:** 根据魏尔斯特拉斯逼近定理, 有界闭区间 $[a,b]$ 上的每个连续函数都可以在距离空间 $\mathcal{C}([a,b])$ 中用多项式任意逼近, 即一致逼近. 这个定理现在可以叙述如下: 区间 $[a,b]$ 上的多项式集在 $\mathcal{C}([a,b])$ 中是几乎处处稠的.

■ **B:** 实数空间 $\mathbb{R}$ 中的有理数集 $\mathbb{Q}$ 和无理数集是几乎处处稠子集的又一例子.

距离空间 X 称作*可分的*, 是指 X 中存在一个可数的几乎处处稠子集. 例如, $\mathbb{R}^n$ 中所有含有理分量的向量的子集是几乎处处可分的. 空间 $\boldsymbol{\ell}=\boldsymbol{\ell}^1$ 也是可分的, 因为其中所有含有理分量的形如 $x=(r_1,r_2,\cdots,r_N,0,0,\cdots)$ 的点集是可分的, 这里 $N= N(x)$ 是任意自然数. 空间 $\boldsymbol{m}$ 则不是可分的.

12.2.2 完备的距离空间

12.2.2.1 柯西序列

设 $X=(X,\rho)$ 是距离空间. X 中序列 $\{x_n\}_{n=1}^{\infty}$ 称作*柯西 (序) 列*, 是指 $\forall\,\varepsilon>0$, 存在一标号 $n_0=n_0(\varepsilon)$ 使得 $\forall\, n,m>n_0$, 成立不等式

$$\rho(x_n,x_m)<\varepsilon. \tag{12.56}$$

每一个柯西序列都是有界集. 进而, 每个收敛序列都是柯西序列. 一般说来, 逆命题不成立, 见下面的例子.

■ 考虑空间 $\boldsymbol{\ell}^1$ 中赋以空间 $\boldsymbol{m}$ 的距离 (12.46). 显然, 元 $x^{(n)} = \left(1, \frac{1}{2}, \frac{1}{3}, \cdots, \frac{1}{n}, 0, 0, \cdots\right)$ 对于任意 $n = 1, 2, \cdots$ 属于 $\boldsymbol{\ell}^1$, 并且序列 $\{x^{(n)}\}_{n=1}^{\infty}$ 是该空间中一柯西列. 如果 (序列的) 序列 $\{(x^{(n)}\}_{n=1}^{\infty}$ 收敛, 则它必定按坐标收敛于元 $x^{(0)} = \left(1, \frac{1}{2}, \frac{1}{3}, \cdots, \frac{1}{n}, \frac{1}{n+1}, \cdots\right)$. 但 $x^{(0)}$ 不属于 $\boldsymbol{\ell}^1$, 因为 $\sum_{n=1}^{\infty} \frac{1}{n} = +\infty$. (参见第 616 页 7.2.1.1, 2. 调和级数)

12.2.2.2 完备距离空间

距离空间 X 称作*完备的*, 是指每个柯西列在 X 中收敛. 因此完备距离空间是这样的空间, 在其中实微积分中熟知的*柯西准则*成立: 一个序列收敛当且仅当它是柯西列. 完备距离空间中每个闭子空间 (本身看成一个距离空间) 是完备的. 逆命题在一定方式下成立: 如果一个 (不一定完备的) 距离空间 X 的子空间 Y 是完备的, 则集合 Y 在 X 中是闭的.

■ 例如, 空间 $\boldsymbol{m}, \boldsymbol{\ell}^p (1 \leqslant p < \infty), \boldsymbol{c}, \mathcal{B}(T), \mathcal{C}([a,b]), \mathcal{C}^{(k)}([a,b]), L^p(a,b) (1 \leqslant p < \infty)$ 等都是完备空间.

12.2.2.3 完备距离空间中的一些基本定理

1. 球套定理

设 X 是一完备距离空间. 如果

$$\overline{B}(x_1; r_1) \supset \overline{B}(x_2; r_2) \supset \cdots \supset \overline{B}(x_n; r_n) \supset \cdots \tag{12.57}$$

是一嵌套的闭球列, 而且半径 $r_n \to 0$, 则所有这些球之交非空, 并且仅由单点组成. 如果在某个距离空间中, 对于满足上述假设的任意球序列都有此性质, 则该距离空间是完备的.

2. 贝尔纲定理

设 X 是一完备距离空间, 而 $\{F_n\}_{n=1}^{\infty}$ 是 X 中的一列闭集, 使得 $\bigcup_{n=1}^{\infty} F_n = X$. 那么至少存在一标号 k_0 使得集合 F_{k_0} 含有内点.

3. 巴拿赫不动点定理

设 F 是完备距离空间 (X, ρ) 的一非空闭子集. 设 $T: X \longrightarrow X$ 是 F 上的压缩映射, 即存在一常数 $q \in [0, 1)$ 使得

$$\rho(Tx, Ty) \leqslant q\, \rho(x, y), \quad \forall\, x, y \in F. \tag{12.58}$$

假定 $Tx \in F$, $\forall\, x \in F$, 则如下结论成立:

a) 对于任意初始点 $x_0 \in F$, 迭代

$$x_{n+1} := Tx_n \quad (n = 0, 1, 2, \cdots) \tag{12.59}$$

是适定的, 即对于任意 $n, x_n \in F$.

b) 迭代序列 $\{x_n\}_{n=0}^{\infty}$ 收敛于某个元 $x^* \in F$.

c) $Tx^* = x^*$, 即 x^* 是算子 T 的一个不动点. (12.60)

d) T 在 F 中唯一的不动点是 x^*.

e) 如下误差估计成立:

$$\rho(x^*, x_n) \leqslant \frac{q^n}{1-q}\rho(x_1, x_0). \tag{12.61}$$

巴拿赫不动点定理有时也称作压缩映射原理.

12.2.2.4 压缩映射原理的某些应用

1. 求解线性方程组的迭代方法

给定 (n, n) 线性方程组

$$\begin{aligned} a_{11}x_1 + a_{12}x_2 + \cdots + a_{1n}x_n &= b_1, \\ a_{21}x_1 + a_{22}x_2 + \cdots + a_{2n}x_n &= b_2, \\ \cdots\cdots \\ a_{n1}x_1 + a_{n2}x_2 + \cdots + a_{nn}x_n &= b_n. \end{aligned} \tag{12.62a}$$

根据第 1242 页 19.2.1, 可以变换成等价的方程组

$$\begin{aligned} x_1 - (1-a_{11})x_1 + a_{12}x_2 + \cdots + a_{1n}x_n &= b_1, \\ x_2 + a_{21}x_1 - (1-a_{22})x_2 + \cdots + a_{2n}x_n &= b_2, \\ \cdots\cdots \\ x_n + a_{n1}x_1 + a_{n2}x_2 + \cdots - (1-a_{nn})x_n &= b_n. \end{aligned} \tag{12.62b}$$

如果算子 $T: \mathbb{F}^n \longrightarrow \mathbb{F}^n$ 定义为

$$Tx = \left(x_1 - \sum_{k=1}^{n} a_{1k}x_k + b_1, \cdots, x_n - \sum_{k=1}^{n} a_{nk}x_k + b_n\right)^{\mathrm{T}}, \tag{12.63}$$

那么上述方程组就变成距离空间 $\mathbb{F}^n$ 中的不动点问题

$$Tx = x, \tag{12.64}$$

这里在 $\mathbb{F}^n$ 中赋以欧几里得距离 (12.43)、最大值距离 (12.44) 或绝对值距离 $\rho(x,y) = \sum_{k=1}^{n}|x_k - y_k|$(比较 (12.45)). 如果三个数

$$\sqrt{\sum_{j,k=1}^{n}|a_{jk}|^2}, \quad \max_{1\leqslant j\leqslant n}\sum_{k=1}^{n}|a_{jk}|, \quad \max_{1\leqslant k\leqslant n}\sum_{j=1}^{n}|a_{jk}| \tag{12.65}$$

中有一个小于 1, 那么 T 就称为压缩算子. 根据巴拿赫不动点定理, 它恰有一个不动点, 它是从 $\mathbb{F}^n$ 中任意点出发的迭代序列的按分量收敛的极限.

2. 弗雷德霍姆积分方程

考虑第二类弗雷德霍姆积分方程 (也可参见第 817 页 11.2)

$$\varphi(x)-\int_a^b K(x,y)\varphi(y)\mathrm{d}y=f(x),\quad x\in[a,b],\tag{12.66}$$

这里核函数 $K(x,y)$ 和右端函数 $f(x)$ 都是连续的, 这个方程可以用迭代法求解. 为此, 定义算子 $T:\mathcal{C}(a,b])\to\mathcal{C}(a,b])$ 为

$$(T\varphi)(x)=\int_a^b K(x,y)\varphi(y)\mathrm{d}y+f(x),\quad \forall\ \varphi\in\mathcal{C}([a,b]),\tag{12.67}$$

于是上述积分方程就变成距离空间 $\mathcal{C}([a,b])$ 中不动点问题 $T\varphi=\varphi$(参见第 857 页 12.1.2, 4. 中例**A**). 如果 $\max\limits_{a\leqslant x\leqslant b}\int_a^b|K(x,y)|\mathrm{d}y<1$, 则 T 是压缩算子, 并且可以应用不动点定理. 于是其唯一解就是迭代序列 $\{\varphi_n\}_{n=1}^{\infty}$ 的一致极限, 这里迭代 $\varphi_n=T\varphi_{n-1}$ 从任意元 $\varphi_0\in\mathcal{C}([a,b])$ 出发. 显然, $\varphi_n=T^n\varphi_0$, 并且迭代序列是 $\{T^n\varphi_0\}_{n=1}^{\infty}$.

3. 沃尔泰拉积分方程

考虑第二类沃尔泰拉积分方程 (参见第 842 页 11.4)

$$\varphi(x)-\int_a^x K(x,y)\varphi(y)\mathrm{d}y=f(x),\quad x\in[a,b],\tag{12.68}$$

这里核函数 $K(x,y)$ 和右端函数 $f(x)$ 都是连续的. 定义沃尔泰拉积分算子

$$(V\varphi)(x):=\int_a^x K(x,y)\varphi(y)\mathrm{d}y,\quad \forall\ \varphi\in\mathcal{C}([a,b]),\tag{12.69}$$

并令 $T\varphi:=f+V\varphi$. 于是上述积分方程就化成空间 $\mathcal{C}([a,b])$ 中的不动点问题 $T\varphi=\varphi$.

4. 皮卡–林德勒夫定理

考虑微分方程

$$\dot{x}=f(t,x),\tag{12.70}$$

其中映射 $f:I\times G\longrightarrow\mathbb{R}^n$ 是连续的, I 是 $\mathbb{R}$ 的一开区间, 而 G 是 $\mathbb{R}^n$ 的一开区域. 假定函数 f 满足相对于 x 的利普希茨条件 (参见第 715 页 9.1.1.1, 2.), 即存在正常数 L 使得

$$\varrho(f(t,x_1),f(t,x_2))\leqslant L\varrho(x_1,x_2),\quad \forall(t,x_1),(t,x_2)\in I\times G,\tag{12.71}$$

其中 ϱ 是 $\mathbb{R}^n$ 的欧几里得距离 (使用范数 (参见第 874 页 12.3.1) 和公式 (12.81), $\varrho(x,y)=\|x-y\|$, 于是 (12.71) 可以写成 $\|f(t,x_1)-f(t,x_2)\|\leqslant L\|x_1-x_2\|$). 设

$(t_0, x_0) \in I \times G$. 那么存在数 $\beta > 0$ 和 $r > 0$ 使得集合 $\Omega = \{(t,x) \in \mathbb{R} \times \mathbb{R}^n : |t - t_0| \leqslant \beta, \varrho(x, x_0) \leqslant r\}$ 位于 $I \times \Omega$. 设 $M = \max_\Omega \varrho(f(t,x), 0)$, $\alpha = \min\left\{\beta, \dfrac{r}{M}\right\}$. 于是存在数 $b > 0$ 使得对于每个 $\tilde{x} \in B = \{x \in \mathbb{R}^n : \varrho(x, x_0) \leqslant b\}$, 初值问题

$$\dot{x} = f(t,x), \quad x(t_0) = \tilde{x} \tag{12.72}$$

恰有一个解 $\varphi(t, \tilde{x})$, 即 $\dot{\varphi}(t,\tilde{x}) = f(t, \varphi(t, \tilde{x}))$, $\forall\, t$, $|t - t_0| \leqslant \alpha$, 并且 $\varphi(t_0, \tilde{x}) = \tilde{x}$. 这个初值问题的解等价于积分方程

$$\varphi(t,\tilde{x}) = \tilde{x} + \int_{t_0}^{t} f(s, \varphi(s,\tilde{x}))\mathrm{d}s, \quad t \in [t_0 - \alpha, t_0 + \alpha] \tag{12.73}$$

的解.

如果 X 表示完备距离空间 $\mathcal{C}([t_0 - \alpha, t_0 + \alpha] \times B; \mathbb{R}^n)$ 中的闭球 $\{\varphi(t,x) : d(\varphi(t,x), x_0) \leqslant r\}$, 其中 d 为距离

$$d(\varphi, \psi) = \max_{(t,x) \in \{|t - t_0| \leqslant \alpha\} \times B} \varrho(\varphi(t,x), \psi(t,x)), \tag{12.74}$$

那么 X 在相应的诱导距离下是一个完备的距离空间. 如果定义算子 $T : X \longrightarrow X$ 为

$$T\varphi(t,x) = \tilde{x} + \int_{t_0}^{t} f(s, \varphi(s,\tilde{x}))\mathrm{d}s, \tag{12.75}$$

则 T 是一压缩算子, 并且积分方程 (12.73) 的解是 T 的唯一不动点, 可以通过迭代计算得到.

12.2.2.5 距离空间的完备化

每一个 (不完备的) 距离空间 X 都可以被完备; 确切地说, 存在一距离空间 $\tilde{X}$ 具有如下性质:

a) $\tilde{X}$ 包含一个与 X 等距的子空间 Y(参见第 874 页 12.2.3, 2.).

b) Y 在 $\tilde{X}$ 中是几乎处处稠的.

c) $\tilde{X}$ 是完备的距离空间.

d) 如果 Z 是任意一个具有性质 a)~c) 的距离空间, 那么 Z 和 $\tilde{X}$ 是等距的.

用这种方式在等距意义下唯一确定的这个完备距离空间称作空间 X 的完备化.

12.2.3 连续算子

1. 连续算子

设 $T : X \longrightarrow Y$ 是距离空间 $X = (X, \rho)$ 到距离空间 $Y = (Y, \varrho)$ 的映射. T 称作在点 $x_0 \in X$ 连续的, 是指对于点 $y_0 = Tx_0$ 的每个邻域 $V = V(y_0)$, 存在一邻域 $U = U(x_0)$ 使得

$$T(x) \in V, \quad \forall\, x \in U. \tag{12.76}$$

T 称作在集合 $A \subset X$ 上连续, 是指它在 A 的每一点上连续. 为了 T 在 X 上连续, 下列这些性质都是等价的:

a) 对于任意 $x \in X$ 和任意序列 $\{x_n\}_{n=1}^{\infty}$, $x_n \in X$, 若 $x_n \to x$, 则 $T(x_n) \to T(x)$. 因此, $\rho(x_n, x) \to 0$ 蕴涵 $\varrho(T(x_n), T(x)) \to 0$.

b) 对于任意开子集 $G \subset Y$, 逆值域 $T^{-1}(G)$ 也是 X 中的开子集.

c) 对于任意闭子集 $F \subset Y$, 逆值域 $T^{-1}(F)$ 也是 X 中的闭子集.

d) 对于任意子集 $A \subset X$, 有 $T(\overline{A}) \subset \overline{T(A)}$.

2. 等距空间

对于两个距离空间 $X = (X, \rho)$ 和 $Y = (Y, \varrho)$, 如果存在一双射映射 $T : X \longrightarrow Y$ 使得

$$\rho(x, y) = \varrho(T(x), T(y)), \quad \forall\, x, y \in X, \tag{12.77}$$

则空间 X, Y 称作是等距的, 而 T 称作两个空间之间的一个等距或等距同构.

12.3　赋范空间

12.3.1　赋范空间概念

12.3.1.1　赋范空间公理

设 X 是域 $\mathbb{F}$ 上的一向量空间. 函数 $\|\cdot\| : X \longrightarrow \mathbb{R}_+^1$ 称作向量空间 X 上的一个范数, 而偶对 $X = (X, \|\cdot\|)$ 称作域 $\mathbb{F}$ 上的一个赋范空间, 是指对于任意元 $x, y \in X$ 和任意标量 $\alpha \in \mathbb{F}$, 如下性质, 即所谓赋范空间公理满足:

(N1) $\|x\| \geqslant 0$, 并且 $\|x\| = 0$ 当且仅当 $x = 0$, (12.78)

(N2) $\|\alpha x\| = |\alpha| \cdot \|x\|$(齐性), (12.79)

(N3) $\|x + y\| \leqslant \|x\| + \|y\|$(三角形不等式). (12.80)

在任意赋范空间 X 中,

$$\rho(x, y) = \|x - y\|, \quad \forall\, x, y \in X, \tag{12.81}$$

诱导出一个距离. 距离 (12.81) 具有如下与向量空间结构相容的一些性质:

$$\rho(x + z, y + z) = \rho(x, y), \quad \forall\, z \in X, \tag{12.82a}$$

$$\rho(\alpha x, \alpha y) = |\alpha| \rho(x, y), \quad \forall\, \alpha \in \mathbb{F}. \tag{12.82b}$$

因此在赋范空间中, 既有向量空间性质, 也有距离空间性质. 这些性质在 (12.82a) 和 (12.82b) 的意义下是相容的. 其优点是, 大多数局部研究可以限制在球

$$B(0; 1) = \{x \in X : \|x\| < 1\} \quad 或 \quad \overline{B}(0; 1) = \{x \in X : \|x\| \leqslant 1\} \tag{12.83}$$

上来进行, 这是因为

$$B(x;r)=\{y\in X:\|y-x\|<r\}=x+rB(0;1),\ \ \forall\, x\in X,\ \forall\, r>0. \tag{12.84}$$

此外, 向量空间中的代数运算是连续的, 即

$$x_n\to x,\ y_n\to y,\alpha_n\to\alpha\ \text{蕴涵}\ x_n+y_n\to x+y,\ \alpha_n x_n\to\alpha x,\ \|x_n\|\to\|x\|. \tag{12.85}$$

在赋范空间中, 对于收敛序列,(12.53) 可以写成

$$\|x_n-x\|\to 0\ \ (n\to\infty). \tag{12.86}$$

12.3.1.2 赋范空间的某些性质

在可赋范的(即范数可以由距离引入, $\|x-y\|=\rho(x,0)$) 线性距离空间中, 其距离满足条件 (12.82a) 和 (12.82b). 两个赋范空间 X 和 Y 称作范数同构的, 是指存在一双射线性映射 $T:X\longrightarrow Y$ 使得 $\|Tx\|=\|x\|\ \forall\, x\in X$. 设 $\|\cdot\|_1$ 和 $\|\cdot\|_2$ 是向量空间 X 上的两个范数, 并用 X_1 和 X_2 分别表示相应的赋范空间, 即 $X_1=(X,\|\cdot\|_1)$ 和 $X_2=(X,\|\cdot\|_2)$.

范数 $\|\cdot\|_1$ 比范数 $\|\cdot\|_2$ 强, 是指存在数 $\gamma>0$ 使得 $\|x\|_2\leqslant\gamma\|x\|_1,\ \forall\, x\in X$. 在这种情况下, 序列 $\{x_n\}_{n=1}^{\infty}$ 按强范数收敛于 x, 即 $\|x_n-x\|_1\to 0$, 意味着该序列也按范数 $\|\cdot\|_2$ 收敛于 x, 即 $\|x_n-x\|_2\to 0$.

两个范数 $\|\cdot\|$ 和 $\|\cdot\|_1$ 称作等价的, 是指存在两个数 $\gamma_1>0,\gamma_2>0$ 使得 $\gamma_1\|x\|\leqslant\|x\|_1\leqslant\gamma_2\|x\|,\ \forall\, x\in X$. 在有穷维向量空间中, 所有范数都是彼此等价的.

赋范空间的子空间是该空间的一个闭线性子空间.

12.3.2 巴拿赫空间

完备的赋范空间称作巴拿赫空间. 通过第 873 页 12.2.2.5 给出的完备化程序, 并将代数运算和范数按自然方式扩展到 $\tilde{X}$, 从而每个赋范空间都可以完备化成一个巴拿赫空间 $\tilde{X}$.

12.3.2.1 赋范空间中的级数

在赋范空间 X 中, 可以考虑无穷级数. 这就是说, 对于给定的序列 $\{x_n\}_{n=1}^{\infty}$, $x_n\in X$, 按如下方式构建新的序列:

$$s_1=x_1,\ s_2=x_1+x_2,\ \cdots,\ s_k=x_1+x_2+\cdots+x_k=s_{k-1}+x_k,\cdots, \tag{12.87}$$

如果序列 $\{s_n\}_{n=1}^{\infty}$ 收敛, 即存在 $s\in X$ 使得 $\|s_k-s\|\to 0(k\to\infty)$, 则就定义了一个收敛级数. $s_1,s_2,\cdots,s_k,\cdots$ 称作级数的部分和. 极限

$$s=\lim_{k\to\infty}\sum_{n=1}^{k}x_n \tag{12.88}$$

就是级数的和, 并记作 $s=\sum_{n=1}^{\infty}x_n$. 级数 $\sum_{n=1}^{\infty}x_n$ 称作绝对收敛, 是指数项级数 $\sum_{n=1}^{\infty}\|x_n\|$ 收敛. 在巴拿赫空间中每个绝对收敛的级数都是收敛的, 并且 $\|s\|\leqslant\sum_{n=1}^{\infty}\|x_n\|$, 这里 s 为其和.

12.3.2.2 巴拿赫空间的例子

■ **A:** $\mathbb{F}^n$, $\|x\|=\left(\sum_{k=1}^{n}|\xi_k|^p\right)^{\frac{1}{p}}$, 如果 $1\leqslant p<\infty$; $\|x\|=\max\limits_{1\leqslant k\leqslant n}|\xi_k|$, 如果 $p=\infty$. (12.89a)

这些同一个向量空间 $\mathbb{F}^n$ 上的赋范空间通常记作 $\ell^p(n)(1\leqslant p\leqslant\infty)$. 当 $1\leqslant p<\infty$ 时, 在 $\mathbb{F}=\mathbb{R}$ 的情况下, 这些空间称作欧几里得空间, 而在 $\mathbb{F}=\mathbb{C}$ 的情况下则称作酉空间.

■ **B:** $\boldsymbol{m}$, $\|x\|=\sup\limits_{k}|\xi_k|$. (12.89b)

■ **C:** $\boldsymbol{c}$ 和 $\boldsymbol{c_0}$ 的范数与$\boldsymbol{m}$的范数相同. (12.89c)

■ **D:** $\boldsymbol{\ell^p}$, $\|x\|=\|x\|_p=\left(\sum\limits_{n=1}^{\infty}|\xi_n|^p\right)^{\frac{1}{p}}$, $1\leqslant p<\infty$. (12.89d)

■ **E:** $\mathcal{C}([a,b])$, $\|x\|=\max\limits_{t\in[a,b]}|x(t)|$. (12.89e)

■ **F:** $L^p((a,b))(1\leqslant p<\infty)$, $\|x\|=\|x\|_p=\left(\int_a^b|x(t)|^p\mathrm{d}t\right)^{\frac{1}{p}}$. (12.89f)

■ **G:** $\mathcal{C}^{(k)}([a,b])$, $\|x\|=\sum\limits_{\ell=1}^{k}\max\limits_{t\in[a,b]}|x^{(\ell)}(t)|$, 这里 $x^{(0)}(t)$ 表示 $x(t)$. (12.89g)

12.3.2.3 索伯列夫空间

设 $\Omega\subset\mathbb{R}^n$ 为一有界区域, 即具有充分光滑边界 $\partial\Omega$ 的一个开连通集. 对于 $n=1$, 或 $n=2,3$, 可以将之想象成一个区间 (a,b), 或一个有界凸集.

函数 $f:\overline{\Omega}\longrightarrow\mathbb{R}$ 称作在闭区域 $\overline{\Omega}$ 上 k-次连续可微, 是指 f 在 Ω 上 k-次连续可微, 并且其每一阶偏导数在边界上 (即当 x 逼近 $\partial\Omega$ 的任意点时) 都有有穷极限. 就是说所有的偏导数都可以连续延拓到 Ω 的边界上, 即每一阶偏导数都是 $\bar{\Omega}$ 上的连续函数. 在该向量空间中 $(p\in[1,\infty))$, 采用 $\mathbb{R}^n$ 中的勒贝格测度 λ(参见第 906 页 12.9.1, 2. 中的例**C**), 定义如下范数:

$$\|f\|_{k,p}=\|f\|=\left(\int_{\overline{\Omega}}|f(x)|^p\mathrm{d}\lambda+\sum_{1\leqslant|\alpha|\leqslant k}\int_{\overline{\Omega}}|D^{\alpha}f(x)|^p\mathrm{d}\lambda\right)^{\frac{1}{p}}. \quad (12.90)$$

如此得到的赋范空间记作 $\tilde{W}^{k,p}(\Omega)$ 或 $\tilde{W}_p^k(\Omega)$(注意空间 $\mathcal{C}^{(k)}$ 具有完全不同的范数). 这里 α 表示一个多重标号, 即非负整数组成的有序 n-数组 $(\alpha_1,\cdots,\alpha_n)$, α

的分量之和记作 $|\alpha| = \alpha_1 + \alpha_2 + \cdots + \alpha_n$. 对于函数 $f(x) = f(\xi_1, \cdots, \xi_n)$, $x = (\xi_1, \cdots, \xi_n) \in \overline{\Omega}$,(12.90) 中使用了十分简洁的记号:

$$D^\alpha f = \frac{D^{|\alpha|}}{\partial \xi_1^{\alpha_1} \cdots \partial \xi_n^{\alpha_n}}. \tag{12.91}$$

赋范空间 $\tilde{W}^{k,p}(\Omega)$ 是不完备的. 其完备化空间记作 $W^{k,p}(\Omega)$, 或者在 $p = 2$ 的情形下, 记作 $H^k(\Omega)$, 称作**索伯列夫** (Sobolev) **空间**.

12.3.3 序赋范空间

1. 赋范空间中的锥

设 X 是范数为 $\|\cdot\|$ 的实赋范空间. 一个锥 $X_+ \subset X$(参见第 859 页 12.1.4.2) 称作**实心的**, 是指 X_+ 包含一个 (正半径的) 球, 或等价地, 至少含有一个内点.

■ 空间 $\mathbb{R}$, $\mathcal{C}([a,b])$, $\boldsymbol{c}$ 中常用的这些锥都是实心的, 但在空间 $L^p((a,b))$ 和 $\boldsymbol{\ell}^p$ 中则不是实心的.

锥 X_+ 称作**正规的**, 是指 X 中的范数是**半单调的**, 即存在正常数 $M > 0$, 使得

$$0 \leqslant x \leqslant y \Longrightarrow \|x\| \leqslant M\|y\|. \tag{12.92}$$

如果 X 是巴拿赫空间, 其序由锥 X_+ 给出, 那么每个 (o) 区间相对于范数有界当且仅当锥 X_+ 是正规的.

■ 在空间 $\mathbb{R}^n, \boldsymbol{m}, \boldsymbol{c}, \boldsymbol{c_0}, \mathcal{C}([a,b]), \boldsymbol{\ell}^p$ 和 L^p 中, 分别由非负分量和非负函数的向量组成的锥是正规的.

一个锥称作**正则的**, 是指每一个单调增的上有界序列:

$$x_1 \leqslant x_2 \leqslant \cdots \leqslant x_n \leqslant \cdots \leqslant z \tag{12.93}$$

是 X 中的柯西列.

■ $\mathbb{R}^n, \boldsymbol{\ell}^p$ 和 $L^p (1 \leqslant p \leqslant \infty)$ 中这些锥是正则的, 但在 $\mathcal{C}$ 和 $\boldsymbol{c}$ 中则是非正则的.

2. 赋范向量格和巴拿赫格

设 X 是一个向量格, 同时也是一个赋范空间. X 称作**赋范格**或**赋范向量格**(参见 [12.18],[12.22], [12.25], [12.26]), 是指范数满足条件:

$$|x| \leqslant |y| \Longrightarrow \|x\| \leqslant \|y\|, \quad \forall\, x, y \in X(\text{范数的单调性}). \tag{12.94}$$

一个 (相对于范数) 完备的赋范格称作**巴拿赫格**.

■ 空间 $\mathcal{C}([a,b]), L^p, \boldsymbol{\ell}^p, \mathcal{B}([a,b])$ 都是巴拿赫格.

12.3.4 赋范代数

$\mathbb{F}$ 上的向量空间 X 称作一个代数, 是指除了在向量空间中定义的运算满足公理(V1)~(V8)(参见第 855~856 页 12.1.1) 外, 还对任意两个元 $x, y \in X$, 定义乘积 $x \cdot y$ (或用更简化的记号 xy 表示乘积), 使得对于任意 $x, y, z \in X$ 和 $\alpha \in \mathbb{F}$, 满足如下条件:

$$\text{(A1)} \quad x(yz) = (xy)z, \tag{12.95}$$

$$\text{(A2)} \quad x(y+z) = xy + xz, \tag{12.96}$$

$$\text{(A3)} \quad (x+y)z = xz + yz, \tag{12.97}$$

$$\text{(A4)} \quad \alpha(xy) = (\alpha x)y = x(\alpha y). \tag{12.98}$$

一个代数称作*交换的*, 是指对于任意两个元 x, y 都有 $xy = yx$. 代数 X 到代数 Y 的线性算子 (参见第 861 页 (12.21))$T: X \longrightarrow Y$ 称作*代数同构*, 是指对于任意 $x_1, x_2 \in X$, 有

$$T(x_1 \cdot x_2) = Tx_1 \cdot Tx_2. \tag{12.99}$$

一个代数称作*赋范代数*或*巴拿赫代数*, 是指它是一赋范空间或巴拿赫空间, 并且范数还具有如下附加性质:

$$\|x \cdot y\| \leqslant \|x\| \cdot \|y\|. \tag{12.100}$$

在一个赋范代数中, 所有运算都是连续的, 即除了 (12.85) 外, 当 $x_n \to x$ 和 $y_n \to y$ 时, 还有 $x_n y_n \to xy$(参见 [12.23]).

每个赋范代数都可以完备化成为巴拿赫代数, 这里根据 (12.100) 可以把乘积延拓至范数完备化空间.

■ **A:** $\mathcal{C}([a,b])$, 赋以范数 (12.80e), 乘积为连续函数通常的 (点点) 相乘.

■ **B:** $[0, 2\pi]$ 上所有连续并具有绝对收敛傅里叶级数展开的复值函数组成的向量空间 $W([0,2\pi])$, 若傅里叶级数展开为

$$x(t) = \sum_{n=-\infty}^{\infty} c_n \mathrm{e}^{int}, \tag{12.101}$$

则范数为 $\|x\| = \sum_{n=-\infty}^{\infty} |c_n|$, 而乘积为通常的函数相乘.

■ **C:** 赋范空间 X 上所有有界线性算子空间 $L(X)$, 取算子范数和通常的代数运算, 这里两个算子的乘积 TS 定义成 $TS(x) = T(S(x)), x \in X$.

■ **D:** 实轴上可测且绝对可积函数的空间 $L^1(-\infty, \infty)$(参见第 905 页 12.9), 赋以范数

$$\|x\| = \int_{-\infty}^{\infty} |x(t)| \mathrm{d}t, \tag{12.102}$$

并定义乘积为卷积 $(x * y)(t) = \int_{-\infty}^{\infty} x(t-s)y(s)\mathrm{d}s$, 是一巴拿赫代数.

12.4 希尔伯特空间

12.4.1 希尔伯特空间概念

12.4.1.1 标量积

域 $\mathbb{F}$(大多是 $\mathbb{F}=\mathbb{C}$) 上的向量空间 V 称作标量积空间, 或内积空间或准希尔伯特空间, 是指对于每一对元 $x,y\in V$, 指定一数 $(x,y)\in\mathbb{F}$ (x 和 y 的标量积), 使得满足标量积公理, 即对于任意 $x,y,z\in V$ 和 $\alpha\in\mathbb{F}$, 有

(H1) $(x,x)\geqslant 0$(即 (x,x) 是实数), 并且 $(x,x)=0$ 当且仅当 $x=0$, (12.103)

(H2) $(\alpha x,y)=\alpha(x,y)$, (12.104)

(H3) $(x+y,z)=(x,z)+(y,z)$, (12.105)

(H4) $(x,y)=\overline{(y,x)}$. (12.106)

(这里 $\overline{\omega}$ 表示复数 ω 的共轭, 它在 (12.133c) 中记作 ω^*. 有时标量积也记作 $\langle x,y\rangle$.)

在 $\mathbb{F}=\mathbb{R}$ 的情形,(H4) 意味着标量积的可交换性. 从而由公理可得到进一步的性质:

$$(x,\alpha y)=\overline{\alpha}(x,y) \quad 和 \quad (x,y+z)=(x,y)+(x,z). \tag{12.107}$$

12.4.1.2 酉空间及其某些性质

在一个准希尔伯特空间 $\mathbb{H}$ 中, 可以按照如下方式引入范数:

$$\|x\|=\sqrt{(x,x)} \quad (x\in\mathbb{H}). \tag{12.108}$$

赋范空间 $H=(H,\|\cdot\|)$ 称作酉空间, 是指存在一个满足 (12.108) 的标量积. 基于标量积的前述性质和酉空间中关系 (12.108), 我们有:

a) **三角形不等式**

$$\|x+y\|\leqslant\|x\|+\|y\|. \tag{12.109}$$

b) **柯西-施瓦茨不等式或施瓦茨-布尼雅可夫斯基不等式**(亦见第 38 页 1.4.2.9)

$$|(x,y)|\leqslant\sqrt{(x,x)}\sqrt{(y,y)}. \tag{12.110}$$

c) **平行四边形等式** 这刻画了赋范空间中酉空间的特征:

$$\|x+y\|^2+\|x-y\|^2=2(\|x\|^2+\|y\|^2). \tag{12.111}$$

d) **标量积的连续性**

$$x_n\to x,\ \ y_n\to y \ 蕴涵\ (x_n,y_n)\to(x,y). \tag{12.112}$$

12.4.1.3 希尔伯特空间

完备的酉空间称作希尔伯特空间. 由于希尔伯特空间也是巴拿赫空间, 故希尔伯特空间也具有巴拿赫空间的性质 (参见第 874 页 12.3.1; 第 875 页 12.3.1.2, 12.3.2). 此外, 希尔伯特空间也具有酉空间的性质 (参见第 879 页 12.4.1.2). 希尔伯特空间的子空间是一个闭子空间.

■ **A:** $\ell^2(n), \ell^2, L^2((a,b))$, 标量积分别为

$$(x,y)=\sum_{k=1}^{n}\xi_k\overline{\eta_k},\quad (x,y)=\sum_{k=1}^{\infty}\xi_k\overline{\eta_k}\quad \text{和}\quad (x,y)=\int_a^b x(t)\overline{y(t)}\mathrm{d}t. \tag{12.113}$$

■ **B:** 空间 $H^2(\Omega)$, 标量积为

$$(f,g)=\int_{\overline{\Omega}} f(x)\overline{g(x)}\mathrm{d}x+\sum_{1\leqslant|\alpha|\leqslant k}\int_{\overline{\Omega}} D^\alpha f(x)\overline{D^\alpha g(x)}\mathrm{d}x. \tag{12.114}$$

■ **C:** 设 $\varphi(t)$ 是 $[a,b]$ 上正可测函数. 所有相对于权函数 φ 在 $[a,b]$ 上二次可积的复可测函数空间 $L^2((a,b),\varphi)$ 是一个希尔伯特空间, 其中标量积定义为

$$(x,y)=\int_a^b x(t)\overline{y(t)}\varphi(t)\mathrm{d}t. \tag{12.115}$$

12.4.2 正交性

希尔伯特空间 H 中两个元 x 和 y 称作正交的(记作 $x\perp y$),是指 $(x,y)=0$(本节的概念同样适用于准希尔伯特空间和酉空间). 对于任意子集 $A\subset H$, 与 A 中每个向量都正交的所有向量的集合

$$A^\perp=\{x\in H:(x,y)=0\ \ \forall\, y\in A\} \tag{12.116}$$

是 H 的一个 (闭线性) 子空间, 称作 A 的正交空间, 或 A 的正交补. 记号 $A\perp B$ 意味着对于所有 $x\in A$ 和 $y\in B$, 有 $(x,y)=0$. 如果 A 由单个元 x 组成, 则使用记号 $x\perp B$.

12.4.2.1 正交性质

零向量与 H 的每个向量都正交. 下列命题成立:

a) $x\perp y$ 和 $x\perp z$ 蕴涵 $x\perp(\alpha y+\beta z)\ \ \forall\,\alpha,\beta\in\mathbb{C}$.

b) 从 $x\perp y_n$ 和 $y_n\to y$ 得到 $x\perp y$.

c) $x\perp A$ 当且仅当 $x\perp\overline{\mathrm{lin}(A)}$, 这里 $\overline{\mathrm{lin}(A)}$ 表示集 A 的闭线性包.

d) 如果 $x\perp A$ 并且 A 是一个基本集, 即 $\mathrm{lin}(A)$ 在 H 中几乎处处稠, 那么 $x=0$.

e) **毕达哥拉斯定理** 如果元 $x_1, \cdots, x_n$ 是两两正交的, 即 $x_k \perp x_j, \forall\, k \neq j$, 则

$$\left\| \sum_{k=1}^{n} x_k \right\|^2 = \sum_{k=1}^{n} \|x_k\|^2. \tag{12.117}$$

f) **投影定理** 如果 H_0 是 H 子空间, 那么每一个向量 $x \in H$ 可以唯一地写成

$$x = x' + x'', \quad x' \in H_0, \quad x'' \perp H_0. \tag{12.118}$$

g) **逼近定理** 此外, 方程 $\|x'\| = \rho(x, H_0) = \inf_{y \in H_0}\{\|x - y\|\}$ 成立, 从而问题

$$\|x - y\| \to \inf, \quad y \in H_0 \tag{12.119}$$

在 H_0 中有唯一解 x'. 在这个命题中, H_0 可以用 H 的凸闭非空子集代替.

元 x' 称作元 x 在 H_0 上的*投影*. 它在 H_0 中离 x 距离最近, 并且空间 H 可以分解为 $H = H_0 \oplus H_0^{\perp}$.

12.4.2.2 正交系

H 中的向量集合 $\{x_\xi : \xi \in \varXi\}$ 称作一个*正交系*, 是指它不含零向量, 并且 $x_\xi \perp x_\zeta$, $\xi \neq \zeta$. 一个正交系称作*正交规范的*, 是指除此外, 还有 $\|x_\xi\| = 1, \forall\, \xi$. 从而对于正交规范系 $\{x_\xi : \xi \in \varXi\}$, 有 $(x_\xi, x_\zeta) = \delta_{\xi\zeta}$, 其中

$$\delta_{\xi\zeta} = \begin{cases} 1, & \xi = \zeta, \\ 0, & \xi \neq \zeta \end{cases} \tag{12.120}$$

表示克罗内克符号 (参见第 362 页 4.1.2, 10.).

在可分希尔伯特空间中, 一个正交系至多能包含可数个元. 因此, 往后我们总是假定 $\varXi = \mathbb{N}$.

■ **A:** 实空间 $L^2((-\pi, \pi))$ 中的函数组

$$\frac{1}{\sqrt{2\pi}}, \frac{1}{\sqrt{\pi}}\cos t, \frac{1}{\sqrt{\pi}}\sin t, \frac{1}{\sqrt{\pi}}\cos 2t, \frac{1}{\sqrt{\pi}}\sin 2t, \cdots \tag{12.121}$$

和复空间 $L^2((-\pi, \pi))$ 中的函数组

$$\frac{1}{\sqrt{2\pi}}\mathrm{e}^{\mathrm{i}nt} \quad (n = 0, \pm 1, \pm 2, \cdots) \tag{12.122}$$

都是正交系, 二者都称作*三角函数系*.

■ **B:** 第一类勒让德多项式 (参见第 749 页 9.1.2.6, (2))

$$P_n(t) = \frac{\mathrm{d}^n}{\mathrm{d}t^n}[(t^2 - 1)^n], \quad n = 0, 1, 2, \cdots \tag{12.123}$$

构成空间 $L^2((-1,1))$ 中的正交系. 相应的正交规范系为

$$\tilde{P}_n(t)=\sqrt{n+\frac{1}{2}}\frac{1}{(2n)!!}P_n(t). \tag{12.124}$$

■ **C:** 根据埃尔米特微分方程第二定义 (9.66b) 得到的埃尔米特多项式 (参见第 751 页 9.1.2.6, 6. 和第 793 页 9.2.4, 3.)

$$H_n(t)=\mathrm{e}^{t^2}\frac{\mathrm{d}^n}{\mathrm{d}t^n}\mathrm{e}^{-t^2} \quad (n=0,1,\cdots) \tag{12.125}$$

构成空间 $L^2((-\infty,\infty))$ 中的正交系.

■ **D:** 拉盖尔多项式形成空间 $L^2((0,\infty))$ 中的一个正交系 (参见第 750 页 9.1.2.6, 5.).

每个正交系都是线性无关的, 因为排除了零向量. 反之, 如果 $x_1,x_2,\cdots,x_n,\cdots$ 是希尔伯特空间 H 中线性无关元组, 那么通过*格拉姆–施密特正交化方法*(参见第 424 页 4.6.2.2, 1.), 可以得到向量 $e_1,e_2,\cdots,e_n,\cdots$ 形成正交规范系. 它们张成同一个子空间, 并且这种方法所产生的这些向量仅差一个模为 1 的标量系数.

12.4.3 希尔伯特空间中的傅里叶级数

12.4.3.1 最佳逼近

设 H 是一可分的希尔伯特空间, 并且

$$\{e_n:n=1,2,\cdots\} \tag{12.126}$$

是 H 中一给定的正交规范系. 对于元 $x\in H$, 数 $c_n=(x,e_n)$ 称作 x 相对于正交系 (12.126) 的*傅里叶系数*. (形式) 级数

$$\sum_{n=1}^{\infty}c_ne_n \tag{12.127}$$

称作元 x 相对于正交系 (12.126) 的*傅里叶级数*(参见第 633 页 7.4.1.1, 1.). 元 x 的 n 阶部分和具有*最佳逼近性质*, 即对于固定的 n, 傅里叶级数的 n 阶部分和

$$\sigma_n=\sum_{k=1}^{n}(x,e_k)e_k \tag{12.128}$$

使得 $\left\|x-\sum_{k=1}^{n}\alpha_ke_k\right\|$ 在 $H_n=\operatorname{lin}(\{e_1,\cdots,e_n\})$ 的所有向量中达到最小值. 此外, $x-\sigma_n$ 与 H_n 正交, 并且成立如下*贝塞尔不等式*:

$$\sum_{n=1}^{\infty}|c_k|^2\leqslant\|x\|^2,\quad c_n=(x,e_n)\ \ (n=1,2,\cdots). \tag{12.129}$$

12.4.3.2 帕塞瓦尔等式、里斯–费希尔定理

任意元 $x \in H$ 的傅里叶级数总是收敛的. 其和是元 x 在 $H_0 = \overline{\text{lin}(\{e_n\}_{n=1}^{\infty})}$ 上的投影. 如果元 x 有表达式 $x = \sum_{n=1}^{\infty} \alpha_n e_n$, 那么 α_n 是 x 的傅里叶系数 $(n = 1, 2, \cdots)$. 如果 $\{\alpha_n\}_{n=1}^{\infty}$ 是满足 $\sum_{n=1}^{\infty} |\alpha_n|^2 < \infty$ 的任一数列, 那么存在唯一元 $x \in H$, 其傅里叶系数等于 α_n, 并且成立帕塞瓦尔等式:

$$\sum_{n=1}^{\infty} |(x, e_n)|^2 = \sum_{n=1}^{\infty} |\alpha_n|^2 = \|x\|^2 \quad \text{(里斯–费希尔定理)}. \tag{12.130}$$

H 中的一正交系 $\{e_n\}$ 称作**完备的**, 是指没有一个非零向量与所有 e_n 正交; 称作 H 的一个**基**, 是指每个向量 $x \in H$ 都有表达式 $x = \sum_{n=1}^{\infty} \alpha_n e_n$, 即 $\alpha_n = (x, e_n)$, 并且 x 等于其傅里叶级数之和. 在这种情况下, 我们也可以说 x 有傅里叶展开. 下列几个命题是等价的:

a) $\{e_n\}$ 是 H 的基本集.

b) $\{e_n\}$ 在 H 中是完备的.

c) $\{e_n\}$ 是 H 的基.

d) $\forall\, x, y \in H$, 其相应的傅里叶系数为 $c_n, d_n (n = 1, 2, \cdots)$, 则成立

$$(x, y) = \sum_{n=1}^{\infty} c_n \overline{d_n}. \tag{12.131}$$

e) 对于每个 $x \in H$, 帕塞瓦尔等式 (12.130) 成立.

■ **A:** 三角函数系 (12.121) 是空间 $L^2((-\pi, \pi))$ 的基.

■ **B:** 规范化勒让德多项式组 (12.124): $\tilde{P}_n(t) (n = 1, 2, \cdots)$ 在 $L^2((-1, 1))$ 中是完备的, 因此是一个基.

12.4.4 基的存在性、等距希尔伯特空间

每个可分希尔伯特空间都存在基. 据此可推出每个正交系都可以完备化成为一个基.

两个希尔伯特空间 H_1 和 H_2 称作**等距的**, 或作为希尔伯特空间是**同构的**, 是指存在一线性双射映射 $T: H_1 \longrightarrow H_2$, 满足 $(Tx, Ty)_{H_2} = (x, y)_{H_1}$(即它保持标量积不变, 同时由于 (12.108) 也是保范的). 任意两个可分的希尔伯特空间都是等距的, 特别地, 每个这样的空间都与可分空间 ℓ^2 等距.

12.5 连续线性算子和泛函

12.5.1 线性算子的有界性, 范数和连续性

12.5.1.1 线性算子的有界性和范数

设 $X=(X,\|\cdot\|)$ 和 $Y=(Y,\|\cdot\|)$ 是赋范空间. 在下面的讨论中, 用来强调空间 X 的范数记号 $\|\cdot\|_X$ 中的标号 X 将被略去, 这是因为从上下文看, 所涉及的范数和空间并不会产生混淆. 一个算子称作*有界的*, 是指存在实数 $\lambda>0$ 使得

$$\|T(x)\|\leqslant\lambda\|x\|,\quad\forall\, x\in X.\tag{12.132}$$

带常数 λ 的有界算子将每个向量至多"放大"λ 倍, 并且把 X 中的有界集变成 Y 中有界集, 特别地, X 的单位球的像在 Y 中是有界的. 上述的这个性质正是有界线性算子的特征. 线性算子是连续的 (参见第 873 页 12.2.3), 当且仅当它是有界的. 使 (12.132) 成立的最小常数 λ 称作*算子 T 的范数*, 记作 $\|T\|$, 即

$$\|T\|:=\inf\{\lambda>0:\|Tx\|\leqslant\lambda\|x\|\ x\in X\}.\tag{12.133}$$

对于连续线性算子, 如下等式成立:

$$\|T\|=\sup_{\|x\|\leqslant1}\|Tx\|=\sup_{\|x\|<1}\|Tx\|=\sup_{\|x\|=1}\|Tx\|,\tag{12.134}$$

此外, 还有如下估计:

$$\|Tx\|\leqslant\|T\|\cdot\|x\|,\quad\forall\, x\in X.\tag{12.135}$$

■ 设 T 为由积分

$$(Tx)(s)=y(s)=\int_a^b K(s.t)x(t)\mathrm{d}t\quad(s\in[a,b])\tag{12.136}$$

定义的 $\mathcal{C}([a,b])$ 中的算子, 这里 $\mathcal{C}([a,b])$ 中范数为 (12.89e), $K(s,t)$ 是矩形 $\{a\leqslant s,t\leqslant b\}$ 上的 (复值) 连续函数. 那么 T 是将 $\mathcal{C}([a,b])$ 映入 $\mathcal{C}([a,b])$ 的有界线性算子, 其范数是

$$\|T\|=\max_{s\in[a,b]}\int_a^b|K(s,t)|\mathrm{d}t.\tag{12.137}$$

12.5.1.2 线性连续算子空间

两个 (连续) 线性算子 $S,T:X\longrightarrow Y$ 之和 $U=S+T$ 及数乘 αT 由逐点定义:

$$U(x)=S(x)+T(x),\quad (\alpha T)(x)=\alpha\cdot T(x),\quad \forall\, x\in X,\quad \forall\,\alpha\in\mathbb{F}. \tag{12.138}$$

所有 X 到 Y 的有界线性算子集合 $L(X,Y)$, 有时也记作 $B(X,Y)$, 赋以运算 (12.138) 后是一个向量空间, 这里 $\|T\|$(12.133) 是其上的范数. 因此 $L(X,Y)$ 是一个赋范空间, 甚至当 Y 为巴拿赫空间时, 它也是巴拿赫空间. 于是满足公理 (V1)~(V8) 和 (N1)~(N3)(参见第 855 页 12.1.1; 第 874 页 12.3.1).

如果 $X=Y$, 则对于任意两个算子 $S,T\in L(X,X)=L(X)=B(X)$, 可以定义它们的乘积:

$$(ST)(x)=S(Tx),\quad \forall\, x\in X, \tag{12.139}$$

其满足第 878 页 12.3.4 的公理 (A1)~(A4), 以及与范数的相容性条件 (12.100). 一般说来, $L(X)$ 不是交换的赋范代数, 但若 X 是巴拿赫空间, 则它也是巴拿赫代数. 于是对于每个算子 $T\in L(X)$, 可以定义其幂次:

$$T^0=I,\quad T^n=T^{n-1}T\quad (n=1,2,\cdots), \tag{12.140}$$

这里 I 是恒等算子 $Ix=x$, $\forall\, x\in X$. 于是

$$\|T^n\|\leqslant\|T\|^n\quad (n=1,2,\cdots), \tag{12.141}$$

此外, 总存在 (有穷) 极限

$$r(T)=\lim_{n\to\infty}\sqrt[n]{\|T^n\|} \tag{12.142}$$

称作算子 T 的谱半径, 并满足关系式

$$r(T)\leqslant\|T\|,\ \ r(T^n)=[r(T)]^n,\ \ r(\alpha T)=|\alpha|r(T),\ \ r(T)=r(T^*), \tag{12.143}$$

其中 T^* 是 T 的伴随算子 (参见第 894 页 12.6 以及 (12.159)). 如果 $L(X)$ 是完备的, 那么当 $|\lambda|>r(T)$ 时, 算子 $(\lambda I-T)^{-1}$ 可以表示成诺伊曼级数形式:

$$(\lambda I-T)^{-1}=\lambda^{-1}I+\lambda^{-2}T+\cdots+\lambda^{-n}T^{n-1}+\cdots, \tag{12.144}$$

并且当 $|\lambda|>r(T)$ 时, 上述级数在 $L(X)$ 中按算子范数收敛.

12.5.1.3 算子序列的收敛性

1. 点点收敛

线性连续算子序列 $T_n:X\longrightarrow Y$ 点点收敛于算子 $T:X\longrightarrow Y$ 意指

$$T^nx\to Tx \text{ 在 } Y \text{ 中 } \forall x\in X. \tag{12.145}$$

2. 一致收敛

算子序列 $\{T^n\}_{n=1}^{\infty}$ 在 $L(X,Y)$ 中按通常的范数收敛于 T, 即

$$\|T_n - T\| = \sup_{\|x\|\leqslant 1} \|T_n x - Tx\| \to 0 \quad (n \to \infty) \tag{12.146}$$

就是在 X 的单位球上一致收敛. 一致收敛蕴涵点点收敛, 但逆命题一般不成立.

3. 应用

当插值节点数 n 趋于无穷时求积公式的收敛性、求和的性能原理、极限方法等.

12.5.2 巴拿赫空间中的连续线性算子

现在假定 X 和 Y 是巴拿赫空间.

1. 巴拿赫–施泰因豪斯 (Steinhaus) 定理 (一致有界性原理)

这个定理是说, 如果线性连续算子序列 T_n 满足条件:

a) 对于几乎处处稠子集 $D \subset X$ 的每一点 x, 序列 $\{T_n x\}$ 在 Y 中有极限;

b) 存在一常数 C 所得 $\|T_n\| \leqslant C$, $\forall\, n$;

那么序列 T_n 点点收敛于某个线性连续算子.

2. 开映射定理

这个定理告诉我们, 从 X 到 Y 的线性连续算子映射 T 是开的, 即 X 中每个开集 $G \subset X$ 的像集 $T(G)$ 是 Y 中的开集.

3. 闭图像定理

算子 $T: D_T \longrightarrow Y$(其中 $D_T \subset X$) 称作闭的, 是指若 $x_n \in D_T$, 在 X 中 $x_n \to x_0$, 并且在 Y 中 $Tx_n \to y_0$, 则 $Tx_0 = y_0$. 算子 T 是闭的充分必要条件是算子 T 在空间 $X \times Y$ 中的图像, 即

$$\Gamma_T = \{(x, Tx) : x \in D_T\} \tag{12.147}$$

是闭的, 这里 (x, y) 表示集合 $X \times Y$ 的元.

如果闭算子 T 的定义域 D_T 是闭的, 则 T 是连续的.

4. 黑林格–特普利茨 (Hellinger-Toeplitz) 定理

设 T 是希尔伯特空间 H 中的线性算子. 如果 $(x, Ty) = (Tx, y)\ \forall\, x, y \in H$, 那么 T 是连续的 (其中 (x, Ty) 表示 H 中的标量积).

5. 正线性算子的克莱因–洛桑诺夫斯基 (Losanovskij) 定理

如果 $X = (X, X_+, \|\cdot\|)$ 和 $Y = (Y, Y_+, \|\cdot\|)$ 是有序赋范空间, 其中 X_+ 是生成锥, 那么所有正线性连续算子 T(即 $TX_+ \subset Y_+$) 的集合 $L_+(X,Y)$ 是 $L(X,Y)$ 中一个锥. 克莱因和洛桑诺夫斯基定理断定 (参见 [12.20]): 如果 X 和 Y 是有序巴拿赫空间, X_+ 和 Y_+ 是闭锥, 并且 X_+ 是生成锥, 那么线性算子的正性意味着连续性.

6. 逆算子

设 X 和 Y 是任意两个赋范空间, 并设 $T: X \longrightarrow Y$ 是线性但不必连续的算子. 如果 $T(X)=Y$, 并且存在常数$m>0$ 使得 $\|Tx\| \geqslant m\|x\|, \forall\, x \in X$, 那么 T 有连续逆 $T^{-1}: Y \longrightarrow X$, 并且$\|T^{-1}\| \leqslant \dfrac{1}{m}$. 这里考虑的情形是 (12.22) 中的一个特例 (参见第 861 页 12.1.5.2), 因为在那里可以是 $D \neq X$ 和 $\mathcal{R}(T) \neq Y$.

在巴拿赫空间 X 和 Y 情形下, 成立如下定理.

7. 逆算子连续性的巴拿赫定理

如果 T 是 X 到 Y 的线性连续双射算子, 那么逆算子 T^{-1} 也是连续的.

这个定理的一个重要应用是, 例如, 只要 $\lambda I-T$ 是双射和满射, $(\lambda I-T)^{-1}$ 必定是连续的. 这一事实在研究算子谱时具有重要意义 (参见第 889 页 12.5.3.2). 它也可应用于线性微分方程初值问题解对于右端项和初始数据的连续依赖性.

8. 解对于右端项和初始数据的连续依赖性

下面的例子说明这一事实.

■ 考虑初值问题

$$\ddot{x}(t)+p_1(t)\dot{x}+p_2(t)x=q(t),\ t\in[a,b],\ \ x(t_0)=\xi,\ \dot{x}_n(t_0)=\dot{\xi}, \tag{12.148a}$$

其中 $t_0 \in [a,b], p_1(t), p_2(t) \in \mathcal{C}([a,b])$, 那么对于每个右端项 $q(t) \in \mathcal{C}([a,b])$ 和每一对数 $\xi, \dot{\xi}$, (12.148a) 正好有一个解 x 属于 $\mathcal{C}^2([a,b])$. 解 x 在如下意义下连续依赖于 $q(t), \xi$ 和 $\dot{\xi}$: 如果给定 $q_n \in \mathcal{C}([a,b]), \xi_n, \dot{\xi}_n \in \mathbb{R}^1$, 并且 $x_n \in \mathcal{C}([a,b])$ 表示

$$\ddot{x}_n(t)+p_1(t)\dot{x}_n+p_2(t)x_n(t)=q_n(t),\quad x_n(a)=\xi_n,\ \dot{x}_n(a)=\dot{\xi}_n \tag{12.148b}$$

的解, $n=1,2,\cdots$, 那么,

$$\left.\begin{array}{ll} q_n(t)\to q(t) & \text{在 } \mathcal{C}([a,b]) \text{ 中} \\ \xi_n \to \xi & \\ \dot{\xi}_n \to \dot{\xi} & \end{array}\right\} \text{蕴涵 } x_n \to x \text{ 在 } \mathcal{C}^2([a,b]) \text{ 中}. \tag{12.148c}$$

9. 逐次逼近法

考虑求解形如方程

$$x-Tx=y \tag{12.149}$$

的逐次逼近法, 其中 T 是巴拿赫空间 X 中的连续线性算子, y 是给定元. 这一方法从任意初始元 x_0 开始, 并通过公式

$$x_{n+1}=y+Tx_n \quad (n=0,1,\cdots) \tag{12.150}$$

构建近似解序列 $\{x_n\}$. 这个序列在 X 中收敛于 (12.149) 的解 x^*. 这一方法的收敛, 即 $x_n \to x^*$, 是基于级数 (12.144) 在 $\lambda=1$ 时的收敛.

设 $\|T\| \leqslant q < 1$, 那么如下结论成立:

a) 算子 $I-T$ 有连续逆算子, $\|(I-T)^{-1}\| \leqslant \frac{1}{1-q}$, 并且对于每一 y 方程 (12.149) 恰有一个解.

b) 级数 (12.144) 收敛, 并且其和正好是算子 $(I-T)^{-1}$.

c) 对于任意初始元 x_0, 如果级数 (12.144) 收敛, 则方法 (12.150) 收敛于 (12.149) 的唯一解 x^*, 并且有如下估计:

$$\|x_n - x^*\| \leqslant \frac{q^n}{1-q}\|Tx_0 - x_0\| \quad (n=1,2,\cdots). \tag{12.151}$$

如下类型的方程

$$x - \mu Tx = y, \quad \lambda x - Tx = y, \quad \mu, \lambda \in \mathbb{F} \tag{12.152}$$

可以用类似的方法处理 (参见第 821 页 11.2.2 以及 [12.9]).

12.5.3 线性算子谱理论初步

12.5.3.1 算子的预解集和预解式

为了研究方程的可解性, 人们试图把问题改写成形式

$$(I-T)x = y, \tag{12.153}$$

其中 T 是可能具有小范数的算子. 由于 (12.43) 和 (12.44), 这种形式特别适于应用泛函分析方法. 为了也能处理大值 $\|T\|$, 有必要在复巴拿赫空间中研究整个方程族

$$(\lambda I - T)x = y, \quad x \in X, \quad \lambda \in \mathbb{C}. \tag{12.154}$$

设 T 是巴拿赫空间 X 中线性但未必有界的算子. 所有使得 $(\lambda I - T)^{-1} \in B(X) = L(X)$ 的复数 λ 的集合 $\varrho(T)$ 称作**预解集**, 而算子 $R_\lambda = R_\lambda(T) = (\lambda I - T)^{-1}$ 则称作**预解式**. 现在设 T 是巴拿赫空间 X 中有界线性算子. 那么下列命题成立:

a) 集合 $\varrho(T)$ 是开的. 更确切地说, 如果 $\lambda_0 \in \varrho(T)$ 和 $\lambda \in \mathbb{C}$ 满足不等式

$$|\lambda - \lambda_0| \leqslant \frac{1}{\|R_{\lambda_0}\|}, \tag{12.155}$$

那么 R_λ 存在, 并且

$$R_\lambda = R_{\lambda_0} + (\lambda-\lambda_0)R_{\lambda_0}^2 + (\lambda-\lambda_0)^2 R_{\lambda_0}^3 + \cdots = \sum_{k=1}^{\infty}(\lambda-\lambda_0)^{k-1}R_{\lambda_0}^k. \tag{12.156}$$

b) $\{\lambda \in \mathbb{C} : |\lambda| > \|T\|\} \subset \varrho(T)$. 更确切地说, $\forall \lambda \in \mathbb{C}, |\lambda| > \|T\|$, 算子 R_λ 存在, 并且

$$R_\lambda = -\frac{1}{\lambda} - \frac{T}{\lambda^2} - \frac{T^2}{\lambda^3} - \cdots. \tag{12.157}$$

c) 如果 $\lambda\to\lambda_0$ ($\lambda,\lambda_0\in\varrho(T)$), 则 $\|R_\lambda-R_{\lambda_0}\|\to 0$, 而如果 $\lambda\to\infty$ ($\lambda\in\varrho(T)$), 则 $\|R_\lambda\|\to 0$.

d) 如果 $\lambda\to\lambda_0$, 则 $\left\|\dfrac{R_\lambda-R_{\lambda_0}}{\lambda-\lambda_0}-R_{\lambda_0}^2\right\|\to 0$.

e) 对于任意泛函 $f\in X^*$(参见第 890 页 12.5.4.1) 和任意 $x\in X$, 函数 $F(\lambda)=f(R_\lambda(x))$ 在 $\varrho(T)$ 上是正则的.

f) 对于任意 $\lambda,\mu\in\varrho(T)$, $\lambda\neq\mu$, 有

$$R_\lambda R_\mu=R_\mu R_\lambda=\frac{R_\lambda-R\mu}{\lambda-\mu}. \tag{12.158}$$

12.5.3.2 算子的谱

1. 谱的定义

集合 $\sigma(T)=\mathbb{C}\setminus\varrho(T)$ 称作算子 T 的**谱**. 由于 $I-T$ 有连续逆 (因此 (12.153) 有连续依赖于右端的解), 当且仅当 $1\in\varrho(T)$, 从而对谱 $\sigma(T)$ 必须有尽可能多的了解. 从预解集的性质直接可知谱 $\sigma(T)$ 是闭集, 并位于圆盘 $\{\lambda\in\mathbb{C}:|\lambda|\leqslant\|T\|\}$, 然而在很多情形下, $\sigma(T)$ 比这个圆盘要小得多. 复巴拿赫空间上任意一个线性连续算子的谱绝不会是空集, 并且

$$r(T)=\sup_{\lambda\in\sigma(T)}|\lambda|. \tag{12.159}$$

对于各种特殊类型算子的谱可以说得更多些. 如果 T 是有穷维空间 X 中的算子, 并且方程 $(\lambda I-T)x=0$ 仅有平凡解 (即 $\lambda I-T$ 是内射), 那么 $\lambda\in\varrho(T)$(即 $\lambda I-T$ 是满射). 如果该方程在某个巴拿赫空间中有非平凡解, 那么算子 $\lambda I-T$ 不是满射, 并且 $(\lambda I-T)^{-1}$ 一般是无法定义的.

数 $\lambda\in\mathbb{C}$ 称作线性算子 T 的**本征值**, 是指方程 $\lambda x=Tx$ 有非平凡解. 所有这些非平凡解称作**本征向量**, 或当 X 是函数空间 (这在应用中常常出现) 时, 称作算子 T 的与 λ 相关的**本征函数**. 由这些本征向量张成的子空间称作与 λ 相关的**本征空间**(或**特征空间**). T 的所有本征值的集合 $\sigma_p(T)$ 称作算子 T 的**点谱**.

2. 与线性代数比较、剩余谱

线性代数中考虑的有穷维情形与泛函分析中讨论的无穷维情形之间的本质区别在于, 在前者, $\sigma(T)=\sigma_p(T)$ 始终成立, 而在后者, 谱通常还包括不是 T 的本征值的点. 如果 $\lambda I-T$ 既是内射又是满射, 那么根据逆算子的连续性定理 (参见第 887 页 12.5.2, 7.), $\lambda\in\varrho(T)$. 在有穷维情形, 满射性自动从内射性推出, 而无穷维情形则完全不一样, 必须以非常不同的方式处理.

$\sigma(T)$ 中所有使得 $\lambda I-T$ 为内射并且 $\mathrm{Im}(\lambda I-T)$ 在 X 中稠的 λ 构成的集合 $\sigma_c(T)$ 称作**连续谱**, 而所有使得 $\lambda I-T$ 为内射但其值域在 X 中不稠的 λ 构成的集合 $\sigma_r(T)$ 称作算子 T 的**剩余谱**.

对于复巴拿赫空间 X 中的有界线性算子 T, 有

$$\sigma(T)=\sigma_p\cup\sigma_c(T)\cup\sigma_r(T), \tag{12.160}$$

其中右端各项两两不相交.

12.5.4 连续线性泛函

12.5.4.1 定义

当 $Y=\mathbb{F}$ 时, 线性映射称作*线性泛函*, 或*线性型*. 在下面的讨论中, 对于希尔伯特空间, 考虑复情形; 而在其他情形, 几乎都是考虑实情形. 所有连续线性泛函的巴拿赫空间 $L(X;\mathbb{F})$ 称作 X 的*伴随空间*或*对偶空间*, 记作 X^*(有时也记作 X'). 线性泛函 $f\in X^*$ 在 $x\in X$ 处 (在 $\mathbb{F}$ 中) 的值记作 $f(x)$, 往往也记作 (x,f)——强调 X 和 X^* 的双线性关系——也可比较里斯定理 (参见 12.5.4.2).

■ **A:** 设 $t_1,t_2,\cdots,t_n$ 是区间 $[a,b]$ 的固定点. 而 $c_1,c_2,\cdots,c_n$ 是实数. 公式

$$f(x)=\sum_{k=1}^{n}c_kx(t_k) \tag{12.161}$$

定义空间 $\mathcal{C}([a,b])$ 上一连续线性泛函; f 的范数是 $\|f\|=\sum_{k=1}^{n}|c_k|$. (12.161) 在一个固定点 $t\in[a,b]$ 情形下的特例是 δ 泛函

$$\delta_t(x)=x(t)\quad(x\in\mathcal{C}([a,b])). \tag{12.162}$$

■ **B:** 设 $\varphi(t)$ 是 $[a,b]$ 上的可积函数, 那么

$$f(x)=\int_a^b\varphi(t)x(t)\mathrm{d}t \tag{12.163}$$

在 $\mathcal{C}([a,b])$ 和 $\mathcal{B}([a,b])$ 上都是连续线性泛函, 并且两种情形下 f 的范数都是 $\|f\|=\int_a^b|\varphi(t)|\mathrm{d}t$.

12.5.4.2 希尔伯特空间中连续线性泛函、里斯表示定理

设 H 为一希尔伯特空间, 其标量积为 $(\cdot,\cdot)$, 那么每一元 $y\in H$ 由公式 $f(x)=(x,y)$ 定义一连续线性泛函, 其范数为 $\|f\|=\|y\|$. 反之, 如果 f 是 H 上一连续线性泛函, 那么存在唯一元 $y\in H$ 使得

$$f(x)=(x,y),\quad x\in H, \tag{12.164}$$

其中 $\|f\|=\|y\|$. 这就是里斯表示定理. 根据这个定理, 空间 H 和 H^* 等距同构, 可以认为是等同.

里斯表示定理暗示我们如何在任意赋范空间中引进正交概念. 设 $A \subset X, A^* \subset X^*$. 那么集合

$$A^{\perp} = \{f \in X : f(x) = 0, \forall\, x \in A\} \quad 和 \quad A^{*\perp} = \{x \in X : f(x) = 0, \forall\, f \in A^*\} \tag{12.165}$$

分别称作 A 和 A^* 的正交补.

12.5.4.3 L^p 中连续线性泛函

设 $p \geqslant 1$. 数 q 称作 p 的共轭指数, 是指 $\dfrac{1}{p} + \dfrac{1}{q} = 1$, 这里假定当 $p = 1$ 时 $q = \infty$.

基于赫尔德积分不等式 (参见第 40 页 1.4.2.12), 也可以在空间$L^p([a, b])$ 中 $(1 \leqslant p \leqslant \infty)$(参见第 910 页 12.9.4) 考虑泛函 (12.163), 这里 $\varphi \in L^q([a, b])$ 并且 $\dfrac{1}{p} + \dfrac{1}{q} = 1$. 于是其范数是

$$\|f\| = \|\varphi\| = \begin{cases} \left(\displaystyle\int_a^b |\varphi|^q \mathrm{d}t\right)^{\frac{1}{q}}, & 1 < p \leqslant \infty, \\ \operatorname*{ess\,sup}\limits_{t \in [a, b]} |\varphi|, & p = 1 \end{cases} \tag{12.166}$$

(关于 $\operatorname{ess\,sup} |\varphi|$ 的定义, 参见第 910 页 (12.221)). 对于空间 $L^p([a, b])$ 中的连续线性泛函 f, 存在唯一 (按等价类) 确定的元 $y \in L^q([a, b])$ 使得

$$f(x) = (x, y) = \int_a^b x(t)\overline{y(t)}\mathrm{d}t, \quad x \in L^p \quad 和 \quad \|f\| = \|y\|_q = \left(\int_a^b |y(t)|^q \mathrm{d}t\right)^{\frac{1}{q}}. \tag{12.167}$$

至于 $p = \infty$ 情形, 见 [12.18].

12.5.5 线性泛函的延拓

1. 准范数

设 X 为向量空间, 映射 $p : X \longrightarrow \mathbb{R}$ 称作准范数或拟范数, 是指它具有如下性质:

(NH1) $p(x) \geqslant 0,$ (12.168)

(NH2) $p(\alpha x) = |\alpha| p(x),$ (12.169)

(NH3) $p(x + y) \leqslant p(x) + p(y).$ (12.170)

比较 874 页 12.3.1, 表明准范数是范数当且仅当 $p(x) = 0$ 仅对 $x = 0$ 成立.

无论是从理论数学本身, 还是数学应用中的实际需要, 将给定在一线性子空间 $X_0 \subset X$ 上的线性泛函延拓到整个空间 (同时也是为避免无足轻重和无意义情形出现) 并使之保持某些“好”的性质, 都是一个具有基本重要性的问题. 下面的定理确保该问题的解决.

2. 哈恩–巴拿赫定理的解析形式

设 X 是 $\mathbb{F}$ 上的向量空间, p 是 X 上的拟范数. 设 X_0 是 X 的线性 (在 $\mathbb{F}=\mathbb{C}$ 情形为复, 而在 $\mathbb{F}=\mathbb{R}$ 情形为实) 子空间, 并设 f_0 是 X_0 上 (在 $\mathbb{F}=\mathbb{C}$ 情形为复值, 而在 $\mathbb{F}=\mathbb{R}$ 情形为实值) 线性泛函, 满足关系

$$|f_0(x)| \leqslant p(x), \quad \forall\, x \in X_0. \tag{12.171}$$

那么存在 X 上一线性泛函 f 使得

$$f(x) = f_0(x), \quad \forall\, x \in X_0, \quad |f(x)| \leqslant p(x), \quad \forall\, x \in X. \tag{12.172}$$

于是 f 是 f_0 在整个 X 上的延拓, 并保持了关系 (12.171). 如果 X_0 是赋范空间 X 的线性子空间, 并且 f_0 是 X_0 上的连续线性泛函, 那么 $p(x)=\|f_0\|\cdot\|x\|$ 是 X_0 上满足 (12.171) 的拟范数, 由此得到连续线性泛函的哈恩–巴拿赫延拓定理.

两个重要的推论是:

(1) 对于每一元 $x\neq 0$, 存在一泛函 $f\in X^*$ 使得 $f(x)=\|x\|$, $\|f\|=1$.

(2) 对于每一线性子空间 $X_0\subset X$ 和 $x_0\notin X_0$, 并且距离 $d=\inf_{x\in X_0}\|x-x_0\|>0$, 则存在 $f\in X^*$ 使得

$$f(x) = 0, \quad \forall\, x \in X_0, \quad f(x_0) = 1 \ \text{和}\ \|f\| = \frac{1}{d}. \tag{12.173}$$

12.5.6 凸集的分离

1. 超平面

实向量空间 X 的一线性子集 $L\neq X$ 称作过 0 点的**超子空间**或**超平面**, 是指存在元 $x_0\in X$ 使得 $X=\mathrm{lin}(x_0,L)$. 形如 $x+L$(L 为线性子集) 的集合是放射线性流形 (参见第 856 页 12.1.2). 如果 L 是一超子空间, 则这些流形称作**超平面**. 超子空间、超平面和线性泛函之间存在如下密切的关系:

a) X 上线性泛函 f 的核 $f^{-1}(0)=\{x\in X: f(x)=0\}$ 是 X 中一超子空间, 对于每个数 $\lambda\in\mathbb{R}$, 存在一元 $x_\lambda\in X$ 使得 $f(x_\lambda)=\lambda$ 并且 $f^{-1}(\lambda)=x_\lambda+f^{-1}(0)$.

b) 对于任意给定的超子空间 $L\subset X$ 和 $x_0\neq L$, $\lambda\neq 0(\lambda\in\mathbb{R})$, 总存在 X 上唯一确定的线性泛函 f 使得 $f^{-1}(0)=L$, 并且 $f(x_0)=\lambda$.

在赋范空间情形, $f^{-1}(0)$ 的闭性等价于泛函 f 的连续性.

2. 哈恩–巴拿赫延拓定理的几何形式

设 X 是赋范空间, $x_0\in X$ 并且 L 是 X 的一线性子空间. 那么对于每个与放射线性流形 x_0+L 不相交的非空凸开集 K, 必存在一闭的超子空间 H 使得 $x_0+L\subset H$ 并且 $H\cap K=\varnothing$.

3. 凸集的分离

实赋范空间 X 中的两个子集 A, B 称作被一超平面分离, 是指存在一泛函 $f \in X^*$ 使得

$$\sup_{x \in A} f(x) \leqslant \inf_{y \in B} f(y). \tag{12.174}$$

于是若令 $\alpha = \sup_{x \in A} f(x)$, 则 $f^{-1}(\alpha)$ 就给出分离超平面, 这意味着两个集合包含在不同的半空间:

$$A \subset \{x \in X : f(x) \leqslant \alpha\} \ \text{和} \ B \subset \{x \in X : f(x) \geqslant \alpha\}. \tag{12.175}$$

在图 12.5(b),(c) 中示出了由超平面分离的两种情形. 为了两个集合的分离, 它们是否相交远非是决定性的因素. 事实上, 图 12.5(a) 表示两集 E 和 B 没有被分离, 尽管 E 和 B 不相交并且 B 是凸集. 两个集合的凸性才是决定它们分离的最本质的要素. 在这种情形下, 两个集合有可能会在分离超平面中含有公共点.

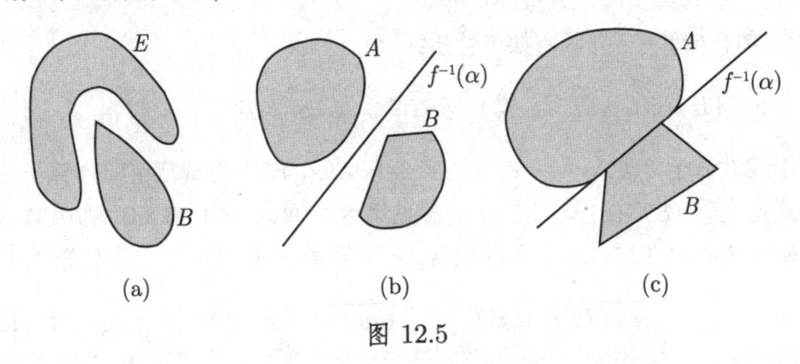

图 12.5

如果 A 是赋范空间 X 中的凸集, 具有非空内部 $\mathrm{Int}(A)$, 并且 $B \subset X$ 是非空凸集使得 $\mathrm{Int}(A) \cap B = \varnothing$, 那么 A 和 B 可以被分离. 在上述命题中, 假设 $\mathrm{Int}(A) \neq \varnothing$ 是无法省略的 (参见 [12.3], 例 4.47). 一个 (实线性) 泛函 $f \in X^*$ 称作集合 A 在点 x_0 的**支撑泛函**, 是指存在一实数 $\lambda \in \mathbb{R}$ 使得 $f(x_0) = \lambda$ 和 $A \subset \{x \in X : f(x) \leqslant \lambda\}$. $f^{-1}(\lambda)$ 称作点 x_0 处的**支撑超平面**. 对于具有非空内部的凸集 K, 在其边界上的每一点处都有支撑泛函.

注 著名的库恩–塔克定理 (参见第 1201 页 18.2) 也是基于凸集的分离, 从该定理可导出求解凸优化问题极小值的行之有效的方法.

12.5.7 第二伴随空间和自反空间

如果赋范空间 X 的伴随空间 X^* 赋以范数 $\|f\| = \sup_{\|x\| \leqslant 1} |f(x)|$, 则 X^* 也是一个赋范空间. 从而也可以考虑 X 的**第二伴随空间**, 即 $(X^*)^* = X^{**}$. **标准的嵌入映射**

$$JX \longrightarrow X^{**}, \quad \text{其中 } Jx = F_x,\ F_x(f) = f(x), \quad \forall\, f \in X^* \tag{12.176}$$

是一个等距同构 (参见第 874 页 12.3.1), 由此 X 等同于 X^{**} 的子集 $J(X) \subset X^{**}$. 巴拿赫空间称作**自反的**, 是指 $J(X) = X^{**}$. 由此可知标准嵌入映射是一个满射的范数等距同构.

■ 每个有穷维巴拿赫空间和每个希尔伯特空间, 以及空间 $L^p(1 \leqslant p < \infty)$ 都是自反的, 而 $\mathcal{C}([a,b]), L^1([0,1]), \mathbf{c_0}$ 则是非自反空间的例子.

12.6 赋范空间中的伴随算子

12.6.1 有界算子的伴随

设给定线性连续算子 $T: X \longrightarrow Y(X, Y$ 为赋范空间), 对于每个 $g \in Y^*$, 通过 $f(x) = g(Tx), \forall\, x \in X$, 定义出一新的泛函 $f \in X^*$. 由此可得一个连续线性算子

$$T^*: Y^* \longrightarrow X^*,\ (T^*g)(x) = g(Tx),\ \forall\, g \in Y^*, \quad x \in X, \tag{12.177}$$

它称作 T 的**伴随算子**, 并具有如下性质:

$$(T+S)^* = T^* + S^*, \quad (ST)^* = T^*S^*, \quad \|T^*\| = \|T\|,$$

这里对于线性算子 $T: X \longrightarrow Y,\ S: Y \longrightarrow Z(X, Y, Z$ 为赋范空间), 算子 ST 以自然方式定义为 $(ST)(x) = S(T(x))$(参见第 878 页 12.3.4, ■ **C**). 利用第 860 页 12.1.5 和第 890 页 12.5.4.2 引入的记号, 对于算子 $T \in \mathcal{B}(X, Y)$, 下列等式成立:

$$\overline{\operatorname{Im}(T)} = \ker(T^*)^{\perp},\ \overline{\operatorname{Im}(T^*)} = \ker(T)^{\perp}, \tag{12.178}$$

这里 $\operatorname{Im}(T)$ 的闭性蕴涵 $\operatorname{Im}(T^*)$ 的闭性.

从 T^* 的伴随 $(T^*)^*$ 得到的算子 $T^{**}: X^{**} \longrightarrow Y^{**}$ 称作 T 的**第二伴随**. 由于 $(T^{**}(F_x))g = F_x(T^*g) = (T^*g)(x) = g(Tx) = F_{Tx}(g)$, 算子 T^{**} 具有如下性质: 如果 $F_x \in X^{**}$, 那么 $T^{**}F_x = F_{Tx} \in Y^{**}$. 因此 $T^{**}: Y^{**} \longrightarrow X^{**}$ 是 T 的一个延拓.

在希尔伯特空间 H 中, 伴随算子也可以通过标量积来引入: $(Tx, y) = (x, T^*y)$, $x, y \in H$. 这是基于里斯表示定理, 这里 H 和 H^{**} 的等同意味着 $(\lambda T)^* = \overline{\lambda} T^*$, $I^* = I$, 并且 $T^{**} = T$. 如果 T 是双射, 则 T^* 也是双射, 并且还有 $(T^*)^{-1} = (T^{-1})^*$. 对于 T 和 T^* 的预解式, 有

$$[R_\lambda(T)]^* = R_{\overline{\lambda}}(T^*), \tag{12.179}$$

由此可得伴随算子 T^* 的谱是 $\sigma(T^*) = \{\overline{\lambda} : \lambda \in \sigma(T)\}$.

■ **A:** 设 T 是空间 $L^p([a,b])(1 < p < \infty)$ 中的积分算子:

$$(Tx)(s) = \int_a^b K(s,t)x(t)\mathrm{d}t, \tag{12.180}$$

其中 $K(s,t)$ 是连续核. T 的伴随算子也是一个积分算子, 即

$$(T^*g)(t) = \int_a^b K^*(t,s)y_g(s)\mathrm{d}s, \tag{12.181}$$

其中核 $K^*(s,t) = K(t,s)$, 而 y_g 是根据 (12.167) 与 $g \in (L^p)^*$ 相关联的 L^q 中的元.

■ **B:** 在有穷维复向量空间中, 由矩阵 $A = (a_{ij})$ 表示的算子的伴随由矩阵 $A^* = (a_{ij}^*)$ 确定, 其中 $a_{ij}^* = \overline{a_{ji}}$.

12.6.2 无界算子的伴随

设 X 和 Y 是实赋范空间, T 是定义在 (线性) 区域 $D(T) \subset X$ 取值在 Y 中的 (不必有界的) 线性算子. 对于给定的 $g \in Y^*$, 表达式 $g(Tx)$ 有意义, 并且显然关于 x 是线性的. 现在的问题是: 是否存在一个泛函 $f \in X^*$ 使得

$$f(x) = g(Tx), \quad \forall\, x \in D(T). \tag{12.182}$$

设 $D^* \subset Y^*$ 是使得表达式 (12.182) 对于某个 $f \in X^*$ 成立的所有元 $g \in Y^*$ 的集合. 如果 $\overline{D(T)} = X$, 则对于给定的泛函 g, 泛函 f 是唯一确定的. 因此借助 $f = T^*g$ 可以定义线性算子 T^*, 其定义域为 $D(T^*) = D^*$. 于是对于任意元 $x \in D(T)$, $g \in D(T^*)$, 有

$$g(Tx) = (T^*g)(x). \tag{12.183}$$

算子 T^* 总是闭的, 称作 T 的伴随. 上述伴随算子定义过程的合理性源于如下事实: $D(T^*) = Y^*$ 成立当且仅当 T 在 $D(T)$ 上有界. 在这种情形下, $T^* \in B(Y^*, X^*)$, 并且 $\|T^*\| = \|T\|$.

12.6.3 自伴算子

算子 $T \in B(H)$(H 是希尔伯特空间) 称作*自伴的*, 是指 $T^* = T$. 在这种情形下, 有

$$(Tx, y) = (x, Ty), \quad x, y \in H, \tag{12.184a}$$

并且对于每一个 $x \in H$, (Tx, x) 是实数. 于是有等式

$$\|T\| = \sup_{\|x\|=1} |(Tx, x)|, \tag{12.184b}$$

并且若记 $m = m(T) = \inf\limits_{\|x\|=1} (Tx, x)$, $M = M(T) = \sup\limits_{\|x\|=1} (Tx, x)$, 那么还成立

$$m(T)\|x\|^2 \leqslant (Tx, x) \leqslant M(T)\|x\|^2 \quad \text{和} \quad \|T\| = r(T) = \max\{m, M\}. \tag{12.185}$$

等式 (12.184a) 刻画了自伴算子的特征. 自伴 (有界) 算子的谱位于区间 $[n, M]$, 并且 $m, M \in \sigma(T)$.

12.6.3.1 正定算子

在 $B(H)$ 的所有自伴算子的集合中可以按如下方式引进偏序:

$$T \geqslant 0 \text{ 当且仅当 } (Tx,x) \geqslant 0, \quad \forall\, x \in H. \tag{12.186}$$

算子 T 当 $T \geqslant 0$ 时称作*正的*(或更确切地说, 称作*正定的*)①. 对于任意自伴算子 T(根据第 879 页 12.4.1.1 中 (H1)), 有 $(T^2x,x) = (Tx,Tx) \geqslant 0$, 从而 T^2 是正定算子. 每个正定算子都有平方根, 即存在唯一的正定算子 W 使得 $W^2 = T$. 此外, 所有自伴算子的向量空间是一个 K 空间 (康托洛维奇空间, 参见第 863 页 12.1.7.4), 其中算子

$$|T| = \sqrt{T^2}, \quad T^+ = \frac{1}{2}(|T| + T), \quad T^- = \frac{1}{2}(|T| - T) \tag{12.187}$$

是与 (12.37) 相对应的元. 在利用某些斯蒂尔切斯积分(参见第 673 页 8.2.3.1, 2. 以及 [12.1], [12.12], [12.13], [12.15], [12.18], [12.21]) 研究自伴算子的谱分解、谱表示和积分表示时, 这些结果具有特别重要的作用.

12.6.3.2 希尔伯特空间中的投影

设 H_0 是希尔伯特空间 H 是子空间. 那么根据投影定理 (参见第 881 页 12.4.2), 每个元 $x \in H$ 在 H_0 上都有投影 x', 因此利用 $Px = x'$, 可以定义 H 上取值于 H_0 的算子 P. P 称作 H_0 上的*投影算子*. 显然, P 是线性连续的, 并且 $\|P\| = 1$. H 中连续线性算子是 (某个子空间上) 投影的充分必要条件是:

a) $P = P^*$, 即 P 是自伴的, 并且

b) $P^2 = P$, 即 P 是幂等的.

12.7 紧集和紧算子

12.7.1 赋范空间的紧子集

赋范空间 X 的子集 A 称作

- *紧的*, 是指 A 的每个序列都含有一收敛子序列, 且其极限在 A 中.
- *相对紧的*, 或*预紧的*, 是指其闭包是紧的, 即 A 的每个序列都含有一收敛子序列 (其极限不必属于 A).

在实微积分中这就是 $\mathbb{R}^n$ 中有界序列的波尔查诺–魏尔斯特拉斯定理, 并且就说这样的集合具有*波尔查诺–魏尔斯特拉斯性质*.

每个紧集都是闭且有界的. 反之, 若空间 X 是有穷维的, 则每个这样的集合是紧的. 赋范空间中的单位球是紧集, 当且仅当 X 是有穷维空间.

---

① 通常称自伴算子 T 是非负的, 是指 $(Tx,x) \geqslant 0$; 称为正的, 是指其非负, 并且 $(Tx,x)=0$ 当且仅当 $x=0$ 时成立; 称为正定的, 是指存在正数 $\gamma>0$ 使得 $(Tx,x) \geqslant \gamma\|x\|^2$.——译者注

至于距离空间 (关于 ε 网存在性的豪斯多夫定理)、空间 $\boldsymbol{c}, \mathcal{C}$(阿尔泽拉–阿斯科利定理), 以及空间 $L^p(1 < p < \infty)$ 中相对紧集的某些刻画, 见 [12.18].

12.7.2 紧算子

12.7.2.1 紧算子的定义

赋范空间[①] X 到赋范空间 Y 的算子 $T: X \longrightarrow Y$ 称作*紧的*, 是指每个有界集 $A \subset X$ 的像集 $T(A)$ 是 Y 中的相对紧集. 此外, 若算子 T 还是连续的, 则 T 称作*全连续的*. 每个*紧线性*算子都是连续的, 因而是全连续的. 为了一个线性算子是紧的, 只要求它把 X 中的单位球变成 Y 中的相对紧集就够了.

12.7.2.2 线性紧算子的性质

$B(X,Y)$ 中算子的紧性也可以用序列方式刻画: 对于 X 中每个有界序列 $\{x_n\}_{n=1}^{\infty}$, 序列 $\{Tx_n\}_{n=1}^{\infty}$ 总包含一收敛子序列. 紧算子的线性组合还是紧算子. 设算子 $U \in B(W,X), T \in B(X,Y), S \in B(Y,Z)$, 如果乘积算子 TU 和 ST 中有一个相乘的算子是紧的, 那么算子 TU, ST 也是紧算子. 如果 Y 是巴拿赫空间, 则如下重要的命题成立:

a) **收敛性**: 如果紧算子序列 $\{T_n\}_{n=1}^{\infty}$ 在空间 $B(X,Y)$ 中收敛, 则其极限也是紧算子.

b) **绍德尔定理**: 如果 T 是连续线性算子, 则 T 和 T^* 或者同时是紧算子, 或者同时都不是紧算子.

c) **紧算子 T 在 (无穷维) 巴拿赫空间中的谱性质**: 零属于谱. 谱 $\sigma(T)$ 中的每个非零点 λ 都是本征值, 其本征子空间 $X_\lambda = \{x \in X : (\lambda I - T)x = 0\}$ 是有穷维的, 并且 $\forall\, \varepsilon > 0$, 在圆 $\{|\lambda| \leqslant \varepsilon\}$ 之外 T 至多只有有穷个本征值, 这里仅有零点可能是本征值集的聚点. 如果 $\lambda \neq 0$ 不是 T 的本征值, 那么当 T^{-1} 存在时, 它必是无界的.

12.7.2.3 元的弱收敛

赋范空间 X 的序列 $\{x_n\}_{n=1}^{\infty}$ 称作*弱收敛*于元 x_0 是指对于每个 $f \in X^*$, 有 $f(x_n) \to f(x_0)$(写成: $x_n \rightharpoonup x_0$ 或 $x_n \xrightarrow{w} x_0$).

显然, $x_n \to x_0$ 蕴涵 $x_n \rightharpoonup x_0$. 如果 Y 是另一个赋范空间, 并且 $T: X \to Y$ 是连续线性算子, 那么

a) $x_n \rightharpoonup x_0$ 蕴涵 $Tx_n \rightharpoonup Tx_0$,

b) 如果 T 是紧的, 那么 $x_n \rightharpoonup x_0$ 蕴涵 $x_n \to Tx_0$.

---

①只需 X 是距离 (甚至更一般的) 空间. 不过在下面的论述中并不使用这种一般性.

■ **A:** 每个有穷维算子都是紧的, 由此可见无穷维空间中的恒等算子不可能是紧的 (参见第 896 页 12.7.1).

■ **B:** 假定 $X = \ell^2$, 并设 T 是 ℓ^2 中由下列无穷矩阵给出的算子:

$$\begin{pmatrix} t_{11} & t_{12} & t_{13} & \cdots \\ t_{21} & t_{22} & t_{23} & \cdots \\ t_{31} & \cdot & \cdot & \cdots \\ \cdot & \cdot & \cdot & \cdots \\ \cdot & \cdot & \cdot & \cdots \end{pmatrix}, \quad Tx = \left(\sum_{k=1}^{\infty} t_{1k} x_k, \cdots, \sum_{k=1}^{\infty} t_{nk} x_k, \cdots \right). \tag{12.188}$$

如果 $\sum\limits_{k,n=1}^{\infty} |t_{nk}|^2 = M < \infty$, 那么 T 是 ℓ^2 到 ℓ^2 上的紧算子, 并且 $\|T\| \leqslant M$.

■ **C:** 积分算子 (12.136) 是空间 $\mathcal{C}([a,b])$ 和 $L^p([a,b])(1 < p < \infty)$ 中的紧算子.

12.7.3 弗雷德霍姆择一性

设 T 是巴拿赫空间 X 中的紧线性算子. 考虑带参数 $\lambda \neq 0$ 的 (第二类) 方程:

$$\begin{aligned} \lambda x - Tx = y, \quad \lambda x - Tx = 0, \\ \lambda f - T^* f = g, \quad \lambda f - T^* f = 0. \end{aligned} \tag{12.189}$$

下列命题成立:

a) $\dim(\ker(\lambda I - T)) = \dim(\ker(\lambda I - T^*)) < \infty$, 即两个齐次方程总有相同的线性无关解数.

b) $\operatorname{Im}(\lambda I - T) = \ker(\lambda I - T^*)^{\perp}$ 和[①] $\operatorname{Im}(\lambda I - T^*) = \ker(\lambda I - T)^{\perp}$.

c) $\operatorname{Im}(\lambda I - T) = X$ 当且仅当 $\ker(\lambda I - T) = 0$.

d) 弗雷德霍姆择一性(也称里斯–绍德尔定理):

α) 要么齐次方程仅有平凡解. 这种情形下 $\lambda \in \varrho(T)$, 算子 $(\lambda I - T)^{-1}$ 有界, 并且非齐次方程对于任意 $y \in X$ 恰有一个解.

β) 或者齐次方程至少有一个不平凡解. 这种情形下, λ 是 T 的本征值, 即 $\lambda \in \sigma(T)$, 并且非齐次方程有 (非唯一) 解的充分必要条件是, 对于伴随方程 $\lambda f - T^* f = 0$ 的每个解 f, 右端 y 满足 $f(y) = 0$. 在后一种情形下, 非齐次方程的每个解具有形式 $x = x_0 + h$, 其中 x_0 是非齐次方程的一个特定解, 而 $h \in \ker(\lambda I - T)$.

对于紧算子 T, 形如 $Tx = y$ 的方程称作第一类方程. 其数学研究一般说来更困难 (见 [12.12], [12.21]).

12.7.4 希尔伯特空间中的紧算子

设 $T : H \longrightarrow H$ 为一紧算子. 那么 T 是有穷维算子列 (在 $B(H)$ 中) 的极限. 从下面的命题可以看出紧算子与有穷维情形的相似性:

①这里涉及巴拿赫空间中正交性 (参见第 891 页 12.5.4.2).

如果 C 是一有穷维算子, 并且 $T=I-C$, 那么 T 的内射性蕴涵着 T^{-1} 的存在性, 并且 $T^{-1}\in B(H)$.

如果 C 是一紧算子, 那么下列几个命题等价:

a) 存在 T^{-1}, 并且它有界;

b) $x\neq 0\Longrightarrow Tx\neq 0$, 即 T 是内射;

c) $T(H)=H$, 即 T 是满射.

12.7.5 紧自伴算子

1. 本征值

希尔伯特空间 H 中的紧自伴算子 $T\neq 0$ 至少有一个非零本征值. 更确切地说, T 总有本征值 λ, $|\lambda|=\|T\|$. T 的本征值集至多是可数的.

任意紧自伴算子 T 具有表达式 $T=\sum_k \lambda_k P_{\lambda_k}$, 这里 λ_k 是 T 的不同的本征值, 而 P_λ 表示本征子空间 H_λ 上的投影. 在这种情形下, T 是可对角化的. 据此可知对于每个 $x\in H$, 有 $Tx=\sum_k \lambda_k(x,e_k)e_k$, 这里 $\{e_k\}$ 是 T 的本征向量的正交规范系. 如果 $\lambda\notin\sigma(T)$, 并且 $y\in H$, 那么方程 $(\lambda I-T)x=y$ 的解可以表示成 $x=R_\lambda(T)y=\sum_k \dfrac{1}{\lambda-\lambda_k}(y,e_k)e_k$.

2. 希尔伯特–施密特定理

如果 T 是可分希尔伯特空间 H 中的紧自伴算子, 那么存在由 T 的本征向量组成的基. 所谓谱 (映射) 定理 (见 [12.9], [12.11], [12.13], [12.15], [12.16], [12.21]) 可以看作希尔伯特–施密特定理在自伴 (有界或无界) 算子非紧情形的推广.

12.8 非线性算子

在非线性算子方程的理论中, 最重要的方法是基于如下几个原理:

(1) **压缩映射原理、巴拿赫不动点定理**(参见第 870 页 12.2.2.3 和 871 页 12.2.2.4). 这些原理的进一步改进, 参见 [12.9], [12.12], [12.15], [12.21].

(2) **牛顿方法推广**至无穷维情形 (参见第 1211 页 18.2.5.2 和 1234 页 19.1.1.2).

(3) **绍德尔不动点原理**(参见第 902 页 12.8.4).

(4) **勒雷–绍德尔理论**(参见第 903 页 12.8.5).

基于原理 (1) 和原理 (2) 的方法会导出有关解的存在性、唯一性、构造性等的信息, 而基于原理 (3) 和原理 (4) 的方法, 一般来说, 仅仅会得到解的定性表述. 如果能获知算子的进一步性质, 则也可参阅第 903 页 12.8.6 和第 904 页 12.8.7.

12.8.1 非线性算子的例子

一般来说, 在 884 页 12.5.1 中讨论的线性算子的连续性和有界性之间的关系, 对于非线性算子就不再成立. 在研究非线性边值问题和非线性积分方程这样的非线性算子方程时, 经常会出现如下的非线性算子. 在第 871 页 12.2.2.4 中描述的迭代方法可以用来成功求解非线性积分方程.

1. 聂梅茨基算子

设 Ω 是 $\mathbb{R}^n$ 中的开可测子集 (参见第 905 页 12.9.1), $f: \Omega \times \mathbb{R} \longrightarrow \mathbb{R}$ 为双变量函数, 并且 $f(x,s)$ 对几乎每个 s 相对于 x 连续, 而对每个 x 相对于 s 则可测 (卡拉泰奥多里条件). $\mathcal{F}(\Omega)$ 上的非线性算子 $\mathcal{N}$ 定义为

$$(\mathcal{N}u)(x) = f(x, u(x)) \ \ (x \in \Omega), \tag{12.190}$$

称作聂梅茨基算子. 如果它把 $L^p(\Omega)$ 映入 $L^q(\Omega)$, 则 $\mathcal{N}$ 是连续且有界的, 这里 $\dfrac{1}{p} + \dfrac{1}{q} = 1$. 例如, 当

$$|f(x,s)| \leqslant a(x) + b|s|^{\frac{p}{q}}, \quad \text{其中} \quad a(x) \in L^q(\Omega) \ (b > 0), \tag{12.191}$$

或当 $f: \Omega \times \mathbb{R}$ 连续时, 就是这样的情形. 仅在特殊情形下 $\mathcal{N}$ 是紧算子.

2. 哈默斯坦算子

设 Ω 是 $\mathbb{R}^n$ 的相对紧子集, f 是满足卡拉泰奥多里条件的函数, 而 $K(x,y)$ 是 $\overline{\Omega} \times \overline{\Omega}$ 上的连续函数. $\mathcal{F}(\Omega)$ 上的非线性算子

$$(\mathcal{H}u)(x) = \int_\Omega K(x,y) f(y, u(y)) \mathrm{d}y \ \ (x \in \Omega) \tag{12.192}$$

称作哈默斯坦算子. $\mathcal{H}$ 可以写成 $\mathcal{H} = \mathcal{K} \cdot \mathcal{N}$, 其中 $\mathcal{N}$ 为聂梅茨基算子, 而 $\mathcal{K}$ 为由积分核 $K(x,y)$ 确定的积分算子:

$$(\mathcal{K}u)(x) = \int_\Omega K(x,y) u(y) \mathrm{d}y \quad (x \in \Omega). \tag{12.193}$$

如果核 $K(x,y)$ 满足附加条件

$$\int_{\Omega \times \Omega} |K(x,y)|^q \mathrm{d}x\mathrm{d}y < \infty, \tag{12.194}$$

并且函数 f 满足条件 (12.191), 那么 $\mathcal{H}$ 是 $L^p(\Omega)$ 上的连续紧算子.

3. 乌雷松算子

设 $\Omega \subset \mathbb{R}^n$ 是一开可测子集, $K(x,y,s): \Omega \times \Omega \times \mathbb{R} \longrightarrow \mathbb{R}$ 是三变量函数. 那么 $\mathcal{F}(\Omega)$ 上的非线性算子 $\mathcal{U}$

$$(\mathcal{U}u)(x) = \int_\Omega K(x, y, u(y)) \mathrm{d}y \ \ (x \in \Omega) \tag{12.195}$$

称作乌雷松算子. 如果核 $K(x,y,s)$ 满足适当的条件, 则 $\mathcal{U}$ 分别是 $\mathcal{C}(\Omega)$ 和 $L^p(\Omega)$ 上的连续紧算子.

12.8.2 非线性算子的可微性

设 X, Y 是巴拿赫空间, $D \subset X$ 是一开子集, 并且 $T: D \longrightarrow Y$. 算子 T 称作在点 $x \in D$**弗雷歇可微的**(或简称可微), 是指存在线性算子 $L \in B(X, Y)$(一般说来, 依赖于点 x), 使得

$$T(x+h) - T(x) = Lh + \omega(h), \quad \text{其中} \quad \|\omega(h)\| = o(\|h\|), \tag{12.196}$$

或以等价的形式表示为

$$\lim_{\|h\| \to 0} \frac{\|T(x+h) - T(x) - Lh\|}{\|h\|} = 0, \tag{12.197}$$

即 $\forall \varepsilon > 0$, $\exists \delta > 0$ 使得 $\|h\| \leqslant \delta$ 蕴涵着 $\|T(x+h) - T(x) - Lh\| \leqslant \varepsilon\|h\|$. 算子 L 通常记作 $T'(x), T(x, \cdot)$, 或 $T'(x)(\cdot)$, 称作算子 T 在点 x 的**弗雷歇导数**. 值 $\mathrm{d}T(x; h) = T'(x)h$ 称作算子 T 在点 x(关于增量 h) 的**弗雷歇微分**.

算子在一点处的可微性蕴涵着其在该点的连续性. 如果 $T \in B(X, Y)$, 即其本身是线性连续的, 则 T 在每一点可微, 并且其导数等于 T.

12.8.3 牛顿方法

设 X, D 如 12.8.2, 且 $T: D \longrightarrow Y$. 假定 T 在 D 的每一点处可微, 于是对每一点 $x \in D$ 可对应一算子 $T'(x) \in B(X, Y)$, 从而得到算子 $T': D \longrightarrow B(X, Y)$. 假定算子 T' 在 D 上 (按算子范数) 连续, 这时称 T 在 D 上**连续可微**.

假定 $X = Y$, 并且集合 D 含有方程

$$T(x) = 0 \tag{12.198}$$

的一解 x^*. 进而假定算子 $T'(x)$ 对每一 $x \in D$ 连续可逆, 因此 $[T'(x)]^{-1} \in B(X)$. 由于 (12.196), 对于任意 $x_0 \in D$, 我们猜测元 $T(x_0) = T(x_0) - T(x^*)$ 和 $T'(x_0)(x_0 - x^*)$ 彼此相差"不远", 因此由

$$x_1 = x_0 - [T'(x_0)]^{-1} T(x_0) \tag{12.199}$$

确定的元 x_1 是 x^*(在给定假设下) 的近似. 从任意 x_0 出发, 可以构造出所谓**牛顿近似序列**

$$x_{n+1} = x_n - [T'(x_n)]^{-1} T(x_n) \quad (n = 0, 1, \cdots). \tag{12.200}$$

文献中有许多熟知的定理来讨论这一方法的特点和收敛性质. 这里我们仅列出一个最重要的结果, 以说明牛顿方法的主要性质和优点: $\forall\ \varepsilon \in (0, 1)$, 存在 X 中一球 $B = B(x_0; \delta), \delta = \delta(\varepsilon)$, 使得所有点 x_n 位于 B, 并且牛顿序列收敛于 (12.198) 的解 x^*. 此外, $\|x_n - x_0| \leqslant \varepsilon^n \|x_0 - x^*\|$, 这是一个很实用的误差估计.

如果在 (12.200) 中代替 $[T'(x_n)]^{-1}$ 使用 $[T'(x_0)]^{-1}, \forall\, n=1,2,\cdots$, 则得到*改进的牛顿方法*. 至于牛顿方法的收敛速度的进一步估计, 以及对于初始点 x_0 选择的 (一般是敏感的) 依赖性研究, 可参阅 [12.7], [12.13], [12.15], [12.21].

■ **雅可比矩阵或泛函矩阵** 给定开集 $D \subset \mathbb{R}^n$ 上的非线性算子 $T = F : D \longrightarrow \mathbb{R}^m$, 其中 $F_1, F_2, \cdots, F_m$ 为 m 个非线性坐标函数, $x_1, x_2, \cdots, x_n$ 为 n 个独立变量. 那么

$$F(x) = \begin{bmatrix} F_1(x) \\ F_2(x) \\ \vdots \\ F_m(x) \end{bmatrix} \in \mathbb{R}^m, \quad \forall\, x = (x_1, x_2, \cdots, x_n) \in D. \tag{12.201}$$

如果坐标函数 $F_i (i=1,2,\cdots,m)$ 的偏导数 $\dfrac{\partial F_i}{\partial x_k}(k=1,2,\cdots,n)$ 在 D 上存在且连续, 那么映射 (算子)F 在 D 的每个点上可微, 并且其在点 $x=(x_1,x_2,\cdots,x_n) \in D$ 的导数是线性算子 $F'(x) : \mathbb{R}^n \longrightarrow \mathbb{R}^m$, 相应的矩阵表达为

$$F'(x) = \begin{pmatrix} \dfrac{\partial F_1}{\partial x_1} & \dfrac{\partial F_1}{\partial x_2} & \cdots & \dfrac{\partial F_1}{\partial x_n} \\ \dfrac{\partial F_2}{\partial x_1} & \dfrac{\partial F_2}{\partial x_2} & \cdots & \dfrac{\partial F_2}{\partial x_n} \\ \vdots & \vdots & & \vdots \\ \dfrac{\partial F_m}{\partial x_1} & \dfrac{\partial F_m}{\partial x_2} & \cdots & \dfrac{\partial F_m}{\partial x_n} \end{pmatrix}. \tag{12.202}$$

导数 $F'(x)$ 是 (m,n) 阶矩阵, 称作 F 的*雅可比矩阵或泛函矩阵*. 应用牛顿迭代方法 (参见第 1250 页 19.2.2.2) 求解非线性方程组, 或者刻画函数独立性 (参见第 159 页 2.18.2.6, 3) 时就出现雅可比矩阵这种特殊情形.

当 $m=n$ 时, 就得到所谓的*泛函行列式或雅可比行列式*, 简记作

$$\frac{D(F_1, F_2, \cdots, F_m)}{D(x_1, x_2, \cdots, x_n)}. \tag{12.203}$$

这个行列式大多用于内部数学问题的求解 (例如, 也可参见第 712 页 8.5.3.2).

12.8.4 绍德尔不动点定理

设 $T : D \longrightarrow X$ 是定义在巴拿赫空间 X 的子集 D 上的一非线性算子. 方程 $x = T(x)$ 是否至少有一个解, 这个并非不足道的问题可以回答如下: 如果 $X = \mathbb{R}$, $D = [-1, 1]$, 那么每个将 D 映入 D 的连续函数在 D 中有一个不动点. 如果 X 是任意有穷维赋范空间 ($\dim X \geqslant 2$), 则*布劳威尔不动点定理*成立.

(1) **布劳威尔不动点定理** 设 D 是有穷维赋范空间的一非空闭有界凸子集. 如果 T 是将 D 映入自身的连续映射, 则 T 在 D 中至少有一个不动点.

在任意无穷维巴拿赫空间情形的答案则由绍德尔不动点定理给出.

(2) **绍德尔不动点定理** 设 D 是巴拿赫空间的一非空闭有界凸子集. 如果 $T: D \longrightarrow X$ 是连续且紧的 (从而是全连续的), 并且将 D 映入自身, 那么 T 在 D 中至少有一个不动点.

使用该定理, 例如, 可以证明, 只要假定右端连续, 则初值问题 (如第 872 页 (12.70)) 总有局部解.

12.8.5 勒雷–绍德尔理论

设 T 是全连续算子, 基于映射度的性质, 人们发现了方程 $x = T(x)$ 和 $(I + T)(x) = y$ 解的存在性的进一步原理. 这个原理可以成功用于证明非线性边值问题解的存在性. 这里我们仅提及这一理论在实际问题中最有用的一些结果, 并且为简单起见, 选择了一种避免使用映射度概念的表述.

勒雷–绍德尔定理: 设 D 是实巴拿赫空间 X 的开有界集, $T: \overline{D} \longrightarrow X$ 是一全连续算子. 设 $y \in D$ 使得对于每个 $x \in \partial D$, $\lambda \in [0, 1]$, 有 $x + \lambda T(x) \neq y$, 其中 ∂D 是 D 的边界. 那么方程 $(I + T)(x) = y$ 至少有一个解.

这一定理的如下形式在应用中是非常有用的:

设 T 是巴拿赫空间中的全连续算子. 如果方程族

$$x = \lambda T(x) \quad (\lambda \in [0, 1]) \tag{12.204}$$

的所有解一致有界, 即存在 $c > 0$ 使得对于满足 (12.204) 的所有 λ 和 x, 有先验估计 $\|x\| \leqslant c$, 那么方程 $x = T(x)$ 有解.

12.8.6 正非线性算子

为了成功地应用绍德尔不动点定理, 要求适当选择一个集合, 使得所考虑的算子将之映入其自身. 在应用中, 尤其是在非线性边值问题理论中, 常常考虑有序赋范函数空间和保持相应锥不变的正算子, 或者保序增算子, 即若 $x \leqslant y \Longrightarrow T(x) \leqslant T(y)$. 如果不至于混淆 (例如, 参见第 904 页 12.8.7), 这些算子也可以称作单调算子.

设 $X = (X, X_+, \|\cdot\|)$ 是一个有序巴拿赫空间, X_+ 是一闭锥, 而 $[a, b]$ 是 X 的一序区间. 如果 X_+ 是规范锥, 并且 T 是全连续 (不一定单调) 算子, 满足 $T([a, b]) \subset [a, b]$. 那么 T 在 $[a, b]$ 中至少有一个不动点 (图 12.6(b)).

注意, 如果 T 是定义在 X 的 (o) 区间 (序区间)$[a, b]$ 上的单调增算子, 并且将两个端点 a, b 映入 $[a, b]$, 即满足条件 $T(a) \geqslant a, T(b) \leqslant b$, 那么条件 $T([a, b]) \subset [a, b]$ 自动成立. 于是两个序列

$$x_0 = a, \quad x_{n+1} = T(x_n)\ (n \geqslant 0) \quad 和 \quad y_0 = b, \quad y_{n+1} = T(y_n)\ (n \geqslant 0) \tag{12.205}$$

是适定的, 即 $x_n, y_n \in [a,b]$, $n \geqslant 0$. 它们分别是单调增序列和单调减序列, 即 $a = x_0 \leqslant x_1 \leqslant \cdots \leqslant x_n \leqslant \cdots$ 和 $b = y_0 \geqslant y_1 \geqslant \cdots \geqslant y_n \geqslant \cdots$. T 的不动点 x_*, x^* 分别叫作**最小不动点**和**最大不动点**, 是指对于 T 的任意不动点 z, 分别有不等式 $x_* \leqslant z$ 和 $z \leqslant x^*$.

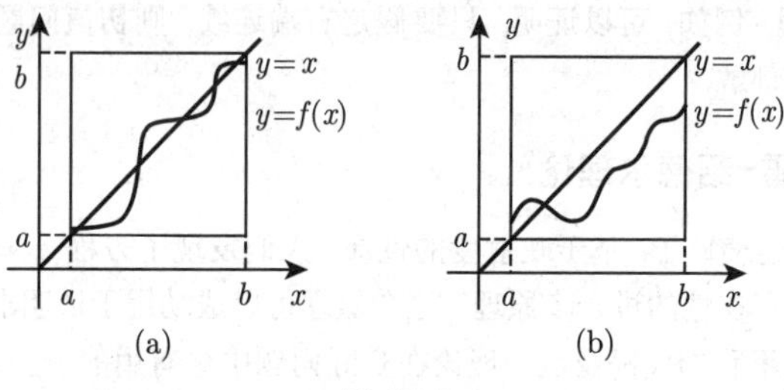

图 12.6

现在有如下命题 (图 12.6(a)): 设 X 是有序巴拿赫空间, X_+ 是闭锥, $D \subset X$, $T: D \longrightarrow X$ 是连续单调算子. 设 $[a,b] \subset D$ 使得 $T(a) \geqslant a$ 和 $T(b) \leqslant b$. 那么 $T([a,b]) \subset [a,b]$, 并且如果下列条件之一满足, 则算子 T 在 $[a,b]$ 中有不动点:

a) X_+ 是规范锥, 且 T 是紧算子;

b) X_+ 是正则锥.

于是 (12.205) 中定义的序列 $\{x_n\}_{n=0}^{\infty}$ 和 $\{y_n\}_{n=0}^{\infty}$ 分别收敛于 T 在 $[a,b]$ 中最小和最大不动点.

上解和下解的概念就是基于以上结论 (参见 [12.7], [12.13], [12.14]).

12.8.7 巴拿赫空间中的单调算子

1. 特殊性质

设 X, Y 为赋范空间, $T: D \subset X \longrightarrow Y$ 称作在点 $x_0 \in D$**半连续**, 是指对于每个 (按 X 的范数) 收敛于 x_0 的序列 $\{x_n\}_{n=1}^{\infty} \subset D$, 序列 $\{Tx_n\}_{n=1}^{\infty}$ 在 Y 中弱收敛于 x_0. T 称作在 D 上**半连续**, 是指 T 在 D 的每一点**半连续**. 本节中介绍实分析中熟知的单调性概念的另一种推广. 设 X 是一实巴拿赫空间, X^* 是其对偶, $D \subset X$, $T: D \longrightarrow X^*$ 是一非线性算子. T 称作**单调的**, 是指 $\forall\, x, y \in D$, 成立不等式 $(T(x) - T(y), x - y) \geqslant 0$. 如果 $X = H$ 是希尔伯特空间, 那么 $(\cdot,\cdot)$ 意指标量积, 而在任意巴拿赫空间情形, 则可参阅第 890 页 12.5.4.1 中介绍的记号. 算子 T 称作**强单调的**, 是指存在常数 $c > 0$, 使得 $(T(x) - T(y), x - y) \geqslant c\|x - y\|^2$, $\forall\, x, y \in D$. 算子 $T: X \longrightarrow X^*$ 称作**强制的**, 是指它满足 $\lim\limits_{\|x\| \to \infty} \dfrac{(T(x), x)}{\|x\|} = \infty$.

2. 存在性定理

这里仅通过举例说明含单调算子的算子方程解的存在性: 设 X 是实可分巴拿赫空间, 如果算子 $T: X \longrightarrow X^*$ 是单调半连续且强制的 $(D_T = X)$, 那么方程

$T(x)=f$ 对于任意 $f\in X^*$ 有解. 此外, 如果算子 T 还是强单调的, 那么其解是唯一的. 在这种情形下, 逆算子 T^{-1} 也存在.

对于希尔伯特空间 H 中单调半连续算子 $T:H\longrightarrow H$, $D_T=H$, 有 $\mathrm{Im}(I+T)=H$, 这里 $(I+T)^{-1}$ 连续. 如果假定 T 是强单调的, 那么 T^{-1} 是双射, 并且 T^{-1} 是连续的. 求解与希尔伯特空间中单调算子 T 有关的方程 $T(x)=0$ 的构造性近似方法则是基于伽辽金方法的思想 (参见第 1266 页 19.4.2.2 或 [12.11], [12.21]). 据此理论也可处理集值算子 $T:X\longrightarrow 2^{X^*}$: 通过 $(f-g,x-y)\geqslant 0,\ \forall x,y\in D_T,\ f\in T(x),g\in T(y)$, 把单调性概念推广到集值算子.

12.9 测度和勒贝格积分

12.9.1 集代数和测度

引进测度的原始想法是推广 $\mathbb{R}$ 中区间的长度、$\mathbb{R}^2$ 中区域的面积和 $\mathbb{R}^3$ 中子集的体积等的概念. 为了“度量”尽可能多的集合, 并让尽可能多的函数“可积”, 这样的推广是必须的. 例如, n 维长方体

$$Q=\{x\in\mathbb{R}^n:a_k\leqslant x_k\leqslant b_k\ (k=1,2,\cdots)\}\text{的体积为}\prod_{k=1}^{n}(b_k-a_k). \tag{12.206}$$

1. σ 代数或集代数

设 X 是一任意集合. X 的一组非空子集 $\mathcal{A}$ 称作σ 代数, 是指

a) $A\in\mathcal{A}$ 蕴涵 $X\backslash A\in\mathcal{A}$. (12.207a)

b) $A_1,A_2,\cdots,A_n,\cdots\in\mathcal{A}$ 蕴涵 $\bigcup_{n=1}^{\infty}A_n\in\mathcal{A}$. (12.207b)

2. 测度

定义在 σ 代数 $\mathcal{A}$ 上的函数 $\mu:\mathcal{A}\longrightarrow\overline{\mathbb{R}}_+=\mathbb{R}_+\cup\{+\infty\}$ 称作**测度**, 是指

a) $\mu(A)\geqslant 0,\ \ \forall A\in\mathcal{A}$, (12.208a)

b) $\mu(\varnothing)=0$, (12.208b)

c) $A_1,A_2,\cdots,A_n,\cdots\in\mathcal{A},\ A_k\cap A_\ell=\varnothing\ (k\neq\ell)$ 蕴涵 $\mu\left(\bigcup_{n=1}^{\infty}A_n\right)=\sum_{n=1}^{\infty}\mu(A_n)$. (12.208c)

性质 c) 称作测度的**可加性**. 如果 μ 是 $\mathcal{A}$ 上的测度, 并且 $A,B\in\mathcal{A},\ A\subset B$, 则 $\mu(A)\leqslant\mu(B)$(**单调性**). 如果 $A_n\in\mathcal{A}\ (n=1,2,\cdots)$, 并且 $A_1\subset A_2\subset\cdots$, 那么 $\mu\left(\bigcup_{n=1}^{\infty}A_n\right)=\lim_{n\to\infty}\mu(A_n)$(**下连续性**).

设 $\mathcal{A}$ 是 X 的子集的 σ 代数, 并且 μ 是 $\mathcal{A}$ 上的测度. 三重组 $X=(X,\mathcal{A},\mu)$ 称作**测度空间**, 并且 $\mathcal{A}$ 中的集合称作**可测集**或 **$\mathcal{A}$可测集**.

■ **A: 计数测度**　设 X 是有穷集 $\{x_1, x_2, \cdots, x_N\}$, $\mathcal{A}$ 是 X 的所有子集的 σ 代数, 并对每一 x_k 指定一非负数 p_k $(k=1,2,\cdots,N)$. 那么对于每个集合 $A \in \mathcal{A}$, $A = \{x_{n_1}, x_{n_2}, \cdots, x_{n_k}\}$, 令 $\mu(A) = p_{n_1} + p_{n_2} + \cdots + p_{n_k}$, 则 $\mathcal{A}$ 上的函数 μ 就是一个测度, 它仅取有穷多个值, 因为 $\mu(X) = p_1 + p_2 + \cdots + p_N < \infty$. 这个测度称作*计数测度*.

■ **B: 狄拉克测度**　设 $\mathcal{A}$ 是集合 X 的子集的 σ 代数, a 是 X 中任意给定的点, 令

$$\delta_a(A) = \begin{cases} 1, & a \in A, \\ 0, & a \notin A, \end{cases} \tag{12.209a}$$

则 δ_a 是一个测度 (称作*狄拉克测度*). (12.209a) 称作 (集中在 a 的) δ 函数. 由 X 到 $\{0,1\}$ 的函数 $\chi_A : X \longrightarrow \{0,1\}$ 表示子集 $A \subseteq X$ 的特征函数, 它在 $x \in A$ 处取值 1, 而在所有别的 x 处取值 0:

$$\chi_A(x) = \begin{cases} 1, & x \in A, \\ 0, & \text{其他}. \end{cases} \tag{12.209b}$$

显然, $\delta_a(A) = \delta_a(\chi_A) = \chi_A(a)$(参见第 890 页 12.5.4), 其中 χ_A 表示集合 A 的特征函数.

■ **C: 勒贝格测度**

设 X 是距离空间, $\mathcal{B}(X)$ 是包含 X 中所有开集的 X 的子集的最小 σ 代数. $\mathcal{B}(X)$ 是存在的, 它就是包含所有开集的所有 σ 代数之交, 称作*博雷尔 σ 代数*. $\mathcal{B}(X)$ 中每个元称作博雷尔集 (参见 [12.6]).

现在假定 $X = \mathbb{R}^n (n \geqslant 1)$. 使用扩张方法, 可以构建一 σ 代数和其上的测度, 而且 $\mathbb{R}^n$ 中长方体的测度正好就是其体积. 更确切地说, 存在唯一确定的 $R^n (n \geqslant 1)$ 的子集组成的 σ 代数 $\mathcal{A}$ 和 $\mathcal{A}$ 上唯一确定的测度 λ 具有如下性质:

a) $\mathbb{R}^n$ 的每个开集属于 $\mathcal{A}$, 即 $\mathcal{B}(\mathbb{R}^n) \subset \mathcal{A}$.

b) 如果 $A \in \mathcal{A}$, $\lambda(A) = 0$, 并且 $B \subset A$, 那么 $B \in \mathcal{A}$, 并且 $\lambda(B) = 0$.

c) 如果 Q 是一长方体, 那么 $Q \in \mathcal{A}$, 并且 $\lambda(Q) = \prod\limits_{k=1}^{n} (b_k - a_k)$.

d) λ 是平移不变的, 即对于每个向量 $x \in X = \mathbb{R}^n$ 和每个集合 $A \in \mathcal{A}$, 有 $x + A = \{x + y : y \in A\} \in \mathcal{A}$, 并且 $\lambda(x + A) = \lambda(A)$.

$\mathcal{A}$ 中的元称作 $\mathbb{R}^n$ 的*勒贝格可测子集*, 而 λ 是 $\mathbb{R}^n$ 中的 (n 维)*勒贝格测度*.

注　在测度论和积分理论中, 人们常说某个命题 (或性质, 或条件) 相对于测度 μ 在 X 的一个集上几乎处处或 μ 几乎处处成立, 是指命题不成立的点集的测度为零. 这个事实记作 a.e. 或 μ-a.e.①. 例如, 如果 λ 是 $\mathbb{R}$ 上的勒贝格测度, A, B 是两个不相交的集合, 使得 $\mathbb{R} = A \cup B$, 并且 f 是 $\mathbb{R}$ 上的函数, $f(x) = 1, \forall\, x \in A$, 而 $f(x) = 0, \forall\, x \in B$, 那么在 $\mathbb{R}$ 上 $f(x) = 1$, λ-a.e. 当且仅当 $\lambda(B) = 0$.

①这里以及后面, “a.e.” 是 “almost everywhere” 的缩写.

12.9.2 可测函数

12.9.2.1 可测函数

设 $\mathcal{A}$ 是集合 X 的子集的 σ 代数. 函数 $f: X \longrightarrow \overline{\mathbb{R}}$ 称作可测的, 是指对于任意 $\alpha \in \mathbb{R}$, 集合 $f^{-1}((\alpha, +\infty]) = \{x : x \in X,\ f(x) > \alpha\}$ 属于 $\mathcal{A}$. 复值函数 $g + \mathrm{i}h$ 称作可测的, 是指两个函数 g 和 h 都可测. 每个集合 $A \in \mathcal{A}$ 的特征函数 χ_A 是可测的, 因为

$$\chi_A^{-1}((\alpha, +\infty]) = \begin{cases} A, & \alpha \in (-\infty, 1), \\ \varnothing, & \alpha \geqslant 1 \end{cases} \tag{12.210}$$

成立 (参见第 906 页狄拉克测度). 如果 $\mathcal{A}$ 是 $\mathbb{R}^n$ 中勒贝格可测集的 σ 代数, 并且 $f: \mathbb{R}^n \longrightarrow \mathbb{R}$ 是连续函数, 那么根据第 874 页 12.2.3, 对于每个 $\alpha \in \mathbb{R}$, 集合 $f^{-1}((\alpha, +\infty]) = f^{-1}((\alpha, +\infty))$ 是开集, 从而 f 是可测函数.

12.9.2.2 可测函数类的性质

可测函数的概念其实不一定需要测度, 而只要 σ 代数. 设 $\mathcal{A}$ 是集合 X 的子集的 σ 代数, 而 $f, g, f_n : X \longrightarrow \overline{\mathbb{R}}$ 是可测函数. 那么如下函数 (参见第 863 页 12.1.7.4) 也是可测的:

a) $\alpha f,\ \forall\ \alpha \in \mathbb{R};\ f \cdot g$;

b) $f_+,\ f_-,\ |f|,\ f \vee g,\ f \wedge g$;

c) $f + g$, 如果其在 X 中各点处的值都不会出现表达式 $(\pm\infty) + (\mp\infty)$;

d) $\sup f_n, \inf f_n, \limsup f_n (= \lim\limits_{n\to\infty} \sup\limits_{k\geqslant n} f_n), \liminf f_n$;

e) 点点极限 $\lim f_n$, 当它存在时;

f) 如果 $f \geqslant 0$, 并且 $p \in \mathbb{R},\ p > 0$, 则 f^p 是可测函数.

函数 $f: X \longrightarrow \mathbb{R}$ 称作基本的或简单的, 是指存在有穷个两两不相交的集合 $A_1, \cdots, A_n \in \mathcal{A}$ 和实数 $\alpha_1, \cdots, \alpha_n$ 使得 $f = \sum_{k=1}^{n} \alpha_k \chi_k$, 其中 χ_k 表示集合 A_k 的特征函数. 由于每个可测集的特征函数都是可测的 (参见 (12.210)), 故每个基本函数都是可测的. 有意思的是, 每个可测函数可以用基本函数任意逼近: 对于每个可测函数 $f \geqslant 0$, 存在单调递增的非负基本函数列点点收敛于 f.

12.9.3 积分

12.9.3.1 积分的定义

设 $(X, \mathcal{A}, \mu)$ 是一个测度空间. 对于可测函数 f, 积分 $\int_X f \mathrm{d}\mu$ $\left(\text{也记作} \int f \mathrm{d}\mu\right)$ 由如下五个步骤定义:

(1) 如果 f 是基本函数 $f=\sum_{k=1}^{n}\alpha_k\chi_k$, 则

$$\int f\mathrm{d}\mu=\sum_{k=1}^{n}\alpha_k\mu(A_k). \tag{12.211}$$

(2) 如果 $f: X\longrightarrow\overline{\mathbb{R}}$ $(f\geqslant 0)$, 则

$$\int f\mathrm{d}\mu=\sup\left\{\int g\mathrm{d}\mu: g\text{是基本函数, 满足}0\leqslant g(x)\leqslant f(x),\ \forall\ x\in X\right\}. \tag{12.212}$$

(3) 如果 $f: X\longrightarrow\overline{\mathbb{R}}$, 而 f_-, f_+ 是 f 是负部和正部, 则

$$\int f\mathrm{d}\mu=\int f_+\mathrm{d}\mu-\int f_-\mathrm{d}\mu, \tag{12.213}$$

这里假定右端积分中至少有一个是有穷的 (以避免无意义的表达式: $\infty-\infty$).

(4) 对于复值函数 $f=g+\mathrm{i}h$, 如果函数 g,h 的积分 (12.213) 是有穷的, 则

$$\int f\mathrm{d}\mu=\int g\mathrm{d}\mu+\mathrm{i}\int h\mathrm{d}\mu. \tag{12.214}$$

(5) 如果对于任意可测集 A 和函数 f, 函数 $f\chi_A$ 的积分存在, 则记

$$\int_A f\mathrm{d}\mu:=\int f\chi_A\mathrm{d}\mu. \tag{12.215}$$

可测函数的积分一般是 $\overline{\mathbb{R}}$ 中的数. 函数 $f: X\longrightarrow\overline{\mathbb{R}}$ 称作可积或可和, 是指它可测且 $\int|f|\mathrm{d}\mu<\infty$.

12.9.3.2 积分的某些性质

设 $(X,\mathcal{A},\mu)$ 是一个测度空间, $f,g: X\longrightarrow\overline{\mathbb{R}}$ 是可测函数, 且 $\alpha,\beta\in\mathbb{R}$.

(1) 如果 f 可积, 那么 f 有穷, a.e., 即 $\mu(\{x\in X: |f(x)|=+\infty\})=0$.

(2) 如果 f 可积, 那么 $\left|\int f\mathrm{d}\mu\right|\leqslant\int|f|\mathrm{d}\mu$.

(3) 如果 f 可积, 且 $f\geqslant 0$, 则 $\int f\mathrm{d}\mu\geqslant 0$.

(4) 如果在 X 上 $0\leqslant g(x)\leqslant f(x)$, 并且 f 可积, 那么 g 也可积, 并且 $\int g\mathrm{d}\mu\leqslant\int f\mathrm{d}\mu$.

(5) 如果 f,g 可积, 那么 $\alpha f+\beta g$ 也可积, 并且 $\int(\alpha f+\beta g)\mathrm{d}\mu=\alpha\int f\mathrm{d}\mu+\beta\int g\mathrm{d}\mu$.

(6) 如果 f,g 在 $A\in\mathcal{A}$ 上可积, 即根据 (12.215) 存在积分 $\int_A f\mathrm{d}\mu$ 和 $\int_A g\mathrm{d}\mu$, 并且假定在 A 上 $f=g$, a.e., 那么 $\int_A f\mathrm{d}\mu=\int_A g\mathrm{d}\mu$.

如果 $X=\mathbb{R}^n$, 并且 λ 是勒贝格测度, 那么上面引入的积分是 (n 维)勒贝格积分(亦见第 674 页 8.2.3.1, 3.). 在 $n=1$ 和 $A=[a,b]$ 的情形下, 对于 $[a,b]$ 上的每个连续函数 f, 黎曼积分 $\int_a^b f\mathrm{d}x$(参见第 658 页 8.2.1.1, 2.) 和勒贝格积分 $\int_{[a,b]} f\mathrm{d}\lambda$ 都有定义. 两个积分值都有穷并且彼此相等. 进而, 如果 f 是 $[a,b]$ 上的有界黎曼可积函数, 那么它也是勒贝格可积的, 并且两个值相等.

勒贝格可积函数集比起黎曼可积函数集要大得多, 并且它有不少优点, 例如, 当积分号下取极限时, f 和 $|f|$ 同时勒贝格可积.

12.9.3.3 收敛定理

下面考虑勒贝格可测函数.

1. 关于单调收敛的莱维 (B. Levi) 定理

设 $\{f_n\}_{n=1}^{\infty}$ 是取值于 $\overline{\mathbb{R}}$ 的 a.e. 单调递增非负可积函数列. 那么

$$\lim_{n\to\infty}\int f_n\mathrm{d}\mu=\int\lim_{n\to\infty} f_n\mathrm{d}\mu. \tag{12.216}$$

2. 法图定理

设 $\{f_n\}_{n=1}^{\infty}$ 是非负 $\overline{\mathbb{R}}$ 值可测函数列. 那么

$$\int\liminf f_n\mathrm{d}\mu\leqslant\liminf\int f_n\mathrm{d}\mu. \tag{12.217}$$

3. 勒贝格控制收敛定理

设 $\{f_n\}$ 是可测函数列, 在 X 上 a.e. 收敛于某个函数. 如果存在一可积函数 g 使得 $|f_n|\leqslant g$ a.e., 那么 $f=\lim\limits_{n\to\infty} f_n$ 是可积函数, 并且有

$$\lim_{n\to\infty}\int f_n\mathrm{d}\mu=\int\lim_{n\to\infty} f_n\mathrm{d}\mu. \tag{12.218}$$

4. 拉东–尼科迪姆定理

a) **假设**: 设 $(X,\mathcal{A},\mu)$ 是 σ 有穷测度空间, 即存在集列 $\{A_n\}$, $A_n\in\mathcal{A}$ 使得 $X=\bigcup\limits_{n=1}^{\infty}A_n$, 并且 $\mu(A_n)<\infty,\forall\, n$. 在这种情形下, 测度称作 *$\sigma$有穷的*. 定义在 $\mathcal{A}$ 上的实函数 φ 称作相对于 *μ绝对连续*, 是指 $\mu(A)=0$ 蕴涵 $\varphi(A)=0$. 这一性质记作 $\varphi\prec\mu$.

对于可积函数 f, 设 $A\in\mathcal{A}$, 令 $\varphi(A)=\int_A f\mathrm{d}\mu$, 则 φ 是 σ 可加且相对于 μ 是绝对连续的函数. 这一性质的逆命题在许多理论研究及实际应用中起着重要作用.

b) **拉东–尼科迪姆定理**: 假定在 σ 代数 $\mathcal{A}$ 上给定一 σ 可加函数 φ 和测度 μ, 并且设 $\varphi\prec\mu$. 那么存在一 μ 可积函数 f, 使得对于每一 $A\in\mathcal{A}$, 有

$$\varphi(A)=\int_A f\mathrm{d}\mu. \tag{12.219}$$

函数 f 相对于等价类的范畴是唯一确定的, 并且 φ 非负当且仅当 $f\geqslant 0$ μ-a.e.

12.9.4 L^p 空间

设 $(X,\mathcal{A},\mu)$ 是一测度空间, p 是一实数, $1\leqslant p<\infty$. 对于可测函数 f, 根据第 907 页 12.9.2.2, 函数 $|f|^p$ 也可测, 从而可定义表达式

$$N_p(f)=\left(\int|f|^p\mathrm{d}\mu\right)^{\frac{1}{p}}\quad(\text{可能等于}\infty). \tag{12.220}$$

可测函数 $f:X\longrightarrow\overline{\mathbb{R}}$ 称作*p 次幂可积*或*L^p 函数*, 是指 $N_p(f)<\infty$, 或等价地, 指 $|f|^p$ 可积.

对于每一 p, $1\leqslant p<\infty$, 所有 L^p 函数集, 即所有 X 上相对 μ 为 p 次幂可积的函数集记作 $\mathcal{L}^p(\mu)$, 或 $\mathcal{L}^p(X)$, 或更详细地, 记作 $\mathcal{L}^p(X,\mathcal{A},\mu)$. 对于 $p=1$, 使用简单记号 $\mathcal{L}(X)$. 对于 $p=2$, 函数称作*二次可积的*. X 上所有可测的 μ-a.e. 有界函数集记作 $\mathcal{L}^\infty(X)$, 并且函数 f 的本质上确界定义为

$$N_\infty(f)=\text{ess sup}f=\inf\{a\in\mathbb{R}:|f(x)|\leqslant a\quad\mu\text{-a.e.}\}. \tag{12.221}$$

在 $\mathcal{L}^p(\mu)(1\leqslant p\leqslant\infty)$ 中引入可测函数通常的运算, 并考虑到积分的闵可夫斯基不等式 (参见第 41 页 1.4.2.13), 可知 $\mathcal{L}^p(\mu)$ 是一向量空间, 并且 $N_p(\cdot)$ 是其上的准范数. 如果 $f\leqslant g$ 意味着 $f(x)\leqslant g(x)\mu$-a.e. 成立, 那么 $\mathcal{L}^p(\mu)$ 还是一个向量格, 甚至是一个 K 空间 (参见第 863 页 12.1.7.4). 两个函数 f,g 称作*等价的*(或干脆称相等), 是指在 X 上 $f=g$ μ-a.e. 于是按此方式, μ-a.e. 相等的函数认为是等同的. 集合 $\mathcal{L}^p(X)$ 相对于线性子空间 $N_p^{-1}(0)$ 的商空间给出等价类的集合, 原有的代数运算和序关系可以自然地移植到此集合. 从而又得到向量格 (K 空间), 记作 $L^p(X,\mu)$ 或 $L^p(\mu)$, 其元如前一样仍称作函数, 但实际上, 现在它们是等价函数类.

非常重要的是, 现在 $\|\hat{f}\|_p=N_p(f)$ 是 $L^p(\mu)$ 上的范数 ($\hat{f}$ 表示 f 的等价类, 此后仍将简记作 f), 而对于每个 p, $1\leqslant p\leqslant\infty$, $(L^p(\mu),\|\cdot\|_p)$ 是一个巴拿赫格, 其范数和序之间有着很好的相容性. 对于 $p=2$, $L^2(\mu)$ 是希尔伯特空间 (见 [12.15]), 其标量积是 $(f,g)=\displaystyle\int f\overline{g}\mathrm{d}\mu$.

最常考虑的空间是 $L^p(\Omega)$, 其中 $\Omega\subset\mathbb{R}^n$ 是可测子集, 根据 (参见第 908 页 12.9.3.1) 的第 5 步, 这个空间的定义已不成问题.

空间 $L^p(\Omega,\lambda)$(其中 λ 是 n 维勒贝格测度) 也可以作为不完备赋范空间 $\mathcal{C}(\Omega)$ 的完备化 (参见第 873 页 12.2.2.5 和 875 页 12.3.2), 这里 $\mathcal{C}(\Omega)$ 是集合 $\Omega\subset\mathbb{R}^n$ 上所有连续函数的集合, 赋以积分范数 $\|x\|_p=\left(\displaystyle\int|x|^p\mathrm{d}\lambda\right)^{\frac{1}{p}}(1\leqslant p<\infty)$(见 [12.21]).

设 X 是有穷测度的集合, 即 $\mu(X)<\infty$, 并假定实数 $p_1,p_2,1\leqslant p_1<p_2\leqslant\infty$, 那么 $L^{p_2}(X,\mu)\subset L^{p_1}(X,\mu)$, 并且存在常数 $C=C(p_1,p_2,\mu(X))>0$(与 x 无关), 使得有估计 $\|x\|_1\leqslant C\|x\|_2$, $\forall\,x\in L^{p_2}$(这里 $\|x\|_k$ 表示 $L^{p_k}(X,\mu)$ 的范数, $k=1,2$).

12.9.5 分布

12.9.5.1 分部积分公式

对于任意 (开) 区域 $\Omega \subset \mathbb{R}^n$, $\mathcal{C}_0^\infty(\Omega)$ 表示 Ω 上具有紧支集的任意多次可微函数 φ 的集合, 这里所谓紧支集是指集合 $\operatorname{supp}(\varphi) = \overline{\{x \in \Omega : \varphi(x) \neq 0\}}$ 在 $\mathbb{R}^n$ 中是紧的, 并且位于 Ω. $\mathbb{R}^n$ 上所有相对于勒贝格测度局部可和的函数集记作 $L_{\text{loc}}^1(\Omega)$, 即在 Ω 上使得对于任意有界区域 $\omega \subset \Omega$ 有 $\int_\omega |f| \mathrm{d}\lambda < \infty$ 的可测函数 (等价类)f 的全体. 这两个集都是向量空间 (在自然的代数运算下).

对于 $1 \leqslant p \leqslant \infty$, 有 $L^p(\Omega) \subset L_{\text{loc}}^1(\Omega)$, 而对于有界集 Ω, 则有 $L^1(\Omega) = L_{\text{loc}}^1(\Omega)$. 如果 $\mathcal{C}^k(\overline{\Omega})$ 的元看作 $L^p(\Omega)$ 中对应元生成的等价类, 那么对于有界集 Ω, 有 $\mathcal{C}^k(\overline{\Omega}) \subset L^p(\Omega)$, 这里 $\mathcal{C}^k(\overline{\Omega})$ 同时也是稠的. 如果 Ω 是无界的, 那么 $\mathcal{C}_0^\infty(\Omega)$(在此意义下) 在 $L^p(\Omega)$ 中是稠的.

对于给定的函数 $f \in \mathcal{C}^k(\overline{\Omega})$ 和任意函数 $\varphi \in \mathcal{C}_0^\infty(\Omega)$, 分部积分公式具有如下形式:

$$\int_\Omega f(x) D^\alpha \varphi(x) \mathrm{d}\lambda = (-1)^{|\alpha|} \int_\Omega \varphi(x) D^\alpha f(x) \mathrm{d}\lambda, \ \forall\, \alpha, \ |\alpha| \leqslant k, \tag{12.222}$$

这里使用了事实: $D^\alpha \varphi|_{\partial\Omega} = 0$. 这个公式将作为定义函数 $f \in L_{\text{loc}}^1(\Omega)$ 的广义导数的出发点.

12.9.5.2 广义导数

假定 $f \in L_{\text{loc}}^1(\Omega)$. 如果存在一函数 $g \in L_{\text{loc}}^1(\Omega)$, 使得 $\forall\, \varphi \in \mathcal{C}_0^\infty(\Omega)$, 对于某个多重标号 α, 有

$$\int_\Omega f(x) D^\alpha \varphi(x) \mathrm{d}\lambda = (-1)^{|\alpha|} \int_\Omega g(x) \varphi(x) \mathrm{d}\lambda, \tag{12.223}$$

那么 g 称作 f 的 α 阶**广义导数(索伯列夫意义下导数, 或分布导数)**, 如同经典情形那样, 记作 $g = D^\alpha f$.

向量空间 $\mathcal{C}_0^\infty(\Omega)$ 中的序列 $\{\varphi_k\}_{k=1}^\infty$ 收敛于 φ 定义为

$$\varphi_k \longrightarrow \varphi \text{当且仅当} \begin{cases} \text{a)} & \exists\ \text{紧集}\ K \subset \Omega\ \text{使得}\ \operatorname{supp}(\varphi_k) \subset K, \ \forall\, k \\ \text{b)} & \text{对于每个多重标号}\ \alpha, \text{在}\ K\ \text{上一致}\ D^\alpha \varphi_k \longrightarrow D^\alpha \varphi. \end{cases} \tag{12.224}$$

集合 $\mathcal{C}_0^\infty(\Omega)$ 赋以这样的序列收敛后称作**基本空间**, 并记作 $\mathcal{D}(\Omega)$. 其中的元称作测试函数.

12.9.5.3 分布

$\mathcal{D}(\Omega)$ 上的连续线性泛函 ℓ 称作**广义函数**或**分布**, 这里线性泛函 ℓ 连续是指 (参见第 873 页 12.2.3):

$$\varphi, \varphi_n \in \mathcal{D}(\Omega), \quad \varphi_n \to \varphi \Longrightarrow \ell(\varphi_n) \to \ell(\varphi). \tag{12.225}$$

■ **A:** 如果 $f \in L^1_{\text{loc}}(\Omega)$, 那么

$$\ell_f(\varphi) = (f, \varphi) = \int_\Omega f(x)\varphi(x)\mathrm{d}\lambda, \quad \varphi \in \mathcal{D}(\Omega) \tag{12.226}$$

是一分布. 像 (12.226) 这样由局部可和函数定义的分布称作**正则分布**. 两个正则分布相等, 即 $\ell_f(\varphi) = \ell_g(\varphi)$, $\forall\, \varphi \in \mathcal{D}(\Omega)$, 当且仅当相对于测度 λ, $f = g$ a.e.

■ **B:** 设 $a \in \Omega$ 是任意固定点. 那么 $\ell_{\delta_a}(\varphi) = \varphi(a), \varphi \in \mathcal{D}(\Omega)$, 是 $\mathcal{D}(\Omega)$ 上的连续线性泛函, 从而是一分布, 称作狄拉克分布、δ 分布或 δ 函数.

由于 δ_a 不可能由任何局部可和函数产生 (见 [12.12], [12.27]), 因此这是非正则分布的一个例子.

所有分布的集合记作 $\mathcal{D}'(\Omega)$. 根据相比 890 页 12.5.4 中讨论的更一般的对偶理论, $\mathcal{D}'(\Omega)$ 可以作为 $\mathcal{D}(\Omega)$ 的对偶空间得到. 因而在此意义下应该写 $\mathcal{D}^*(\Omega)$ 代替 $\mathcal{D}'(\Omega)$. 在空间 $\mathcal{D}'(\Omega)$ 中, 可以定义与其元有关的运算, 以及与 $\mathcal{C}^\infty$ 的函数有关的运算, 例如, 分布的导数, 或两个分布的卷积, 从而使得 $\mathcal{D}'(\Omega)$ 不仅在理论研究中, 而且在电子工程、力学等实际应用中都起着十分重要的作用.

至于广义函数的概况和应用例子, 例如参见 [12.12], [12.27].

12.9.5.4 分布的导数

设 ℓ 是一给定的分布. 由公式

$$(D^\alpha \ell)(\varphi) = (-1)^{|\alpha|}\ell(D^\alpha \varphi), \quad \varphi \in \mathcal{D}(\Omega) \tag{12.227}$$

定义的分布 $D^\alpha \ell$ 称作 ℓ 的 **α阶导数**.

设 f 是 (比方说)$\mathbb{R}$ 上连续可微函数 (故 f 在 $\mathbb{R}$ 上局部可和, 并且可以看作是一个分布), 设 f' 是其经典导数, 而 $D^1 f$ 是其一阶分布导数. 那么

$$(D^1 f, \varphi) = \int_{\mathbb{R}} f'(x)\varphi(x)\mathrm{d}x, \tag{12.228a}$$

据此由分部积分可得

$$(D^1 f, \varphi) = -\int_{\mathbb{R}} f(x)\varphi'(x)\mathrm{d}x = (f, \varphi'). \tag{12.228b}$$

在正则分布 ℓ_f 的情形下 ($f \in L^1_{\text{loc}}(\Omega)$), 利用 (12.226) 可得

$$(D^\alpha \ell_f)(\varphi) = (-1)^{|\alpha|}\ell_f(D^\alpha \varphi) = (-1)^{|\alpha|}\int_\Omega f(x)D^\alpha \varphi \mathrm{d}\lambda, \tag{12.229}$$

这是函数 f 在索伯列夫意义下的广义导数 (见 (12.223)).

■ **A:** 非正则分布 δ 可以看作赫维赛德函数 (显然是可和的)

$$\Theta(x) = \begin{cases} 1, & x \geqslant 0, \\ 0, & x < 0 \end{cases} \tag{12.230}$$

产生的正则分布的导数.

■ **B:** 在技术和物理问题的建模中, 面临作用集中于一点 (理想化意义下) 的情形, 例如“点”作用、针偏转、碰撞等, 数学上它们可以用 δ 或赫维赛德函数来描述. 例如, 在长 ℓ 的梁上某一点 $a(0 \leqslant a \leqslant \ell)$ 处集中点质量 m, 于是其相应的质量密度为 $m\delta_a$. 假定在弦质量系统中在 t_0 时刻存在瞬间外作用力 F, 则其运动方程为 $\ddot{x} + \omega^2 x = F\delta_{t_0}$. 在初始条件 $x(0) = \dot{x}(0) = 0$ 下, 其解是 $x(t) = \dfrac{F}{\omega}\sin(\omega(t - t_0))\Theta(t - t_0)$.

(冯德兴 译)

第 13 章　向量分析和向量场

13.1　向量场理论的基本概念

13.1.1　一个标量变量的向量函数

13.1.1.1　定义

1. 一个标量变量 t 的向量函数

一个标量变量 t 的向量函数是一个向量 $\vec{a}$, 其分量是 t 的实函数:

$$\vec{a} = \vec{a}(t) = a_x(t)\vec{e}_x + a_y(t)\vec{e}_y + a_z(t)\vec{e}_z. \tag{13.1}$$

对向量 $\vec{a}(t)$, 可按分量地定义其极限、连续性、可微性等概念.

2. 向量函数的速端曲线

把向量函数 $\vec{a}(t)$ 视作点 P 的位置或径向量 $\vec{r} = \vec{r}(t)$, 则当 t 变化时, 这个函数就描绘了一条空间曲线 (图 13.1). 这条空间曲线被称为向量函数 $\vec{a}(t)$ 的**速端曲线**(hodograph).

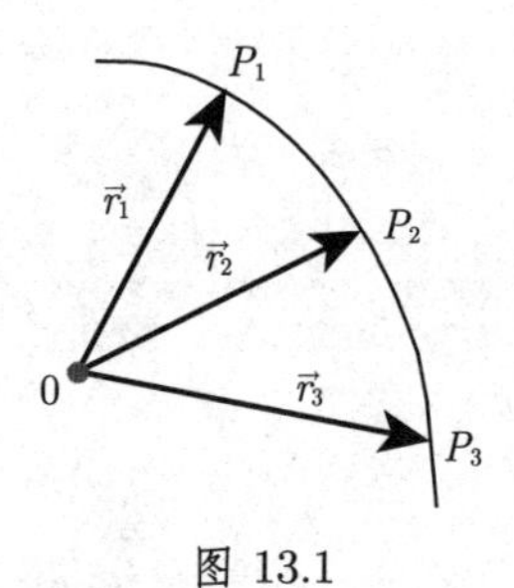

图 13.1

13.1.1.2　向量函数的导数

(13.1) 关于 t 的导数也是 t 的一个向量函数:

$$\frac{\mathrm{d}\vec{a}}{\mathrm{d}t} = \lim_{\Delta t \to 0} \frac{\vec{a}(t+\Delta t) - \vec{a}(t)}{\Delta t} = \frac{\mathrm{d}a_x(t)}{\mathrm{d}t}\vec{e}_x + \frac{\mathrm{d}a_y(t)}{\mathrm{d}t}\vec{e}_y + \frac{\mathrm{d}a_z(t)}{\mathrm{d}t}\vec{e}_z. \tag{13.2}$$

径向量的导数 $\dfrac{\mathrm{d}\vec{r}}{\mathrm{d}t}$ 的几何描述是在 P 点处的一个指向速端曲线切线方向的向量 (图 13.2). 其长度依赖于参数 t 的选取. 如果 t 是时间, 则 $\vec{r}(t)$ 描述点 P 在空

间的运动 (所述空间曲线是其路径), 而 $\dfrac{\mathrm{d}\vec{r}}{\mathrm{d}t}$ 具有这个运动的方向和大小. 如果 $t=s$ 是从某点开始度量的这条空间曲线的弧长, 则显然有 $\left|\dfrac{\mathrm{d}\vec{r}}{\mathrm{d}s}\right|=1$.

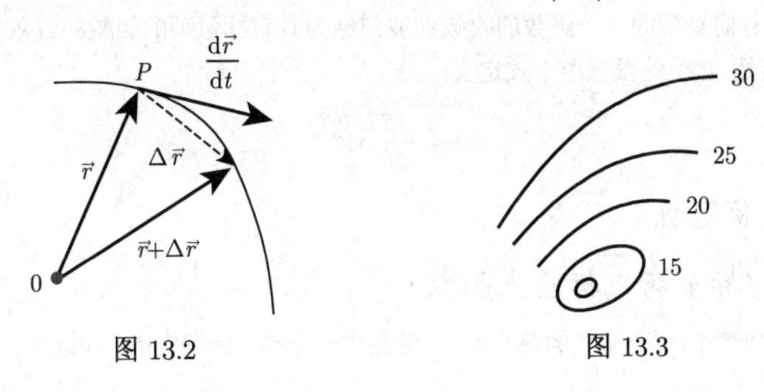

图 13.2　　图 13.3

13.1.1.3 向量的微分法则

$$\frac{\mathrm{d}}{\mathrm{d}t}(\vec{a}\pm\vec{b}\pm\vec{c})=\frac{\mathrm{d}\vec{a}}{\mathrm{d}t}\pm\frac{\mathrm{d}\vec{b}}{\mathrm{d}t}\pm\frac{\mathrm{d}\vec{c}}{\mathrm{d}t}, \tag{13.3a}$$

$$\frac{\mathrm{d}}{\mathrm{d}t}(\varphi\vec{a})=\frac{\mathrm{d}\varphi}{\mathrm{d}t}\vec{a}+\varphi\frac{\mathrm{d}\vec{a}}{\mathrm{d}t}\quad(\varphi\text{ 是 }t\text{ 的一个标量函数}), \tag{13.3b}$$

$$\frac{\mathrm{d}}{\mathrm{d}t}(\vec{a}\vec{b})=\frac{\mathrm{d}\vec{a}}{\mathrm{d}t}\vec{b}+\vec{a}\frac{\mathrm{d}\vec{b}}{\mathrm{d}t}, \tag{13.3c}$$

$$\frac{\mathrm{d}}{\mathrm{d}t}(\vec{a}\times\vec{b})=\frac{\mathrm{d}\vec{a}}{\mathrm{d}t}\times\vec{b}+\vec{a}\times\frac{\mathrm{d}\vec{b}}{\mathrm{d}t}\quad(\text{因子不必可交换}), \tag{13.3d}$$

$$\frac{\mathrm{d}}{\mathrm{d}t}\vec{a}[\varphi(t)]=\frac{\mathrm{d}\vec{a}}{\mathrm{d}\varphi}\cdot\frac{\mathrm{d}\varphi}{\mathrm{d}t}\quad(\text{链规则}). \tag{13.3e}$$

如果 $|\vec{a}(t)|=$ 常数, 即 $\vec{a}^2(t)=\vec{a}(t)\cdot\vec{a}(t)=$ 常数, 则从 (13.3c) 即得 $\vec{a}\cdot\dfrac{\mathrm{d}\vec{a}}{\mathrm{d}t}=0$, 即 $\dfrac{\mathrm{d}\vec{a}}{\mathrm{d}t}$ 和 $\vec{a}$ 相互垂直. 这个事实的例子如下:

■ **A:** 平面中一个圆周的径向量和切向量;

■ **B:** 球面上一条曲线的位置向量和切向量. 此时, 速端曲线是一条球面曲线.

13.1.1.4 向量函数的泰勒展开

$$\vec{a}(t+h)=\vec{a}(t)+h\frac{\mathrm{d}\vec{a}}{\mathrm{d}t}+\frac{h^2}{2!}\frac{\mathrm{d}^2\vec{a}}{\mathrm{d}t^2}+\cdots+\frac{h^n}{n!}\frac{\mathrm{d}^n\vec{a}}{\mathrm{d}t^n}+\cdots. \tag{13.4}$$

一个向量函数用泰勒级数的展开只是在该级数收敛时才有意义. 因为极限是按分量来定义的, 因此收敛性可以按分量来验证, 所以具有向量项的这个级数的收敛性可以用与具有复数项级数的收敛性 (参见第 980 页 14.3.2) 完全一样的方法来确定. 因而具有向量项的一个级数的收敛性被归结为具有标量项的级数的收敛性.

一个向量函数 $\vec{a}(t)$ 的微分由下式定义:

$$\mathrm{d}\vec{a} = \frac{\mathrm{d}\vec{a}}{\mathrm{d}t}\Delta t. \tag{13.5}$$

13.1.2 标量场

13.1.2.1 标量场或标量点函数

如果对于空间一个子集的每个点 P 都指定一个数 (标量值)U, 则记为

$$U = U(P), \tag{13.6a}$$

并称 (13.6a) 为一个**标量场** (scalar field) (或**标量函数** (scalar function)).

■ 一个物体的温度、密度、位势等都是标量场的例子.

一个标量场 $U = U(P)$ 可以被视作

$$U = U(\vec{r}), \tag{13.6b}$$

其中 $\vec{r}$ 是具有一个给定极 0(参见第 243 页 3.5.1.1, 6.) 的点 P 的位置向量.

13.1.2.2 标量场的一些重要特殊情形

1. 平面场

如果所论函数只是对于空间中一个平面的点有定义, 则它就是一个平面场.

2. 中心场

如果一个函数在离一个称为中心的固定点 $C(\vec{r}_1)$ 有相同距离的所有点 P 处有相同的值, 那么它被称为是一个**中心对称场** (central symmetrc field), 或**中心场** (central field), 或**球面场** (spherical field). 该函数 U 仅依赖于距离 $\overline{CP} = |\vec{r}|$:

$$U = f(|\vec{r}|). \tag{13.7a}$$

■ 一个点状源的强度场, 例如, 在极点处一个点光源的亮度场, 可以用离光源的距离 $|\vec{r}| = r$ 被描述为

$$U = \frac{c}{r^2} \quad (c\text{为常数}). \tag{13.7b}$$

3. 轴向场

如果函数 U 在位于离一条直线 (场的轴) 有相同距离的所有点 P 处有相同的值, 那么该场被称为是一个**柱面对称场** (cylindrically symmetric field), 或**轴对称场** (axially symmetric field), 或简单地称为**轴向场** (axiial field).

13.1.2.3 标量场的坐标表示

如果空间的一个子集的点用它们的坐标, 例如笛卡儿坐标、柱面坐标, 或球面坐标给出, 则一般地, 相应的标量场 (13.6a) 由一个 3 个变量的函数所表示:

$$U = \Phi(x, y, z), \quad U = \Psi(\rho, \varphi, z) \quad \text{或} \quad U = \chi(r, \vartheta, \varphi). \tag{13.8a}$$

在平面场的情形, 两个变量的函数就足够了. 它有笛卡儿坐标和极坐标的形式:

$$U = \Phi(x, y) \quad \text{或} \quad U = \Psi(\rho, \varphi). \tag{13.8b}$$

一般地, (13.8a) 和 (13.8b) 中的函数被假设是连续的, 也许除了在间断性的某些点、曲线或曲面上. 这些函数有形式:

对于中心场

$$U = U\left(\sqrt{x^2 + y^2 + z^2}\right) = U\left(\sqrt{\rho^2 + z^2}\right) = U(r), \tag{13.9a}$$

其中坐标系的原点是场的*极点* (pole),

对于轴向场

$$U = U\left(\sqrt{x^2 + y^2}\right) = U(\rho) = U(r \sin \vartheta), \tag{13.9b}$$

其中 z 轴是场的轴.

用球面坐标处理中心场最方便, 用柱面坐标处理轴向场最方便.

13.1.2.4 一个场的等值面和等值线

1. 等值面

一个等值面是空间中所有点 P 的集合, 在这些点处函数 (13.6a) 有常数值

$$U = U(P) = \text{常数}. \tag{13.10a}$$

不同的常数 $U_0, U_1, U_2, \cdots$ 定义不同的等值面. 对于每个点, 都存在一个等值面通过该点, 除非在该点处函数没有定义. 在目前所用的 3 个坐标系中的等值面方程是

$$U = \Phi(x, y, z) = \text{常数}, \quad U = \Psi(\rho, \varphi, z) = \text{常数}, \quad U = \chi(r, \vartheta, \varphi) = \text{常数}. \tag{13.10b}$$

■ 不同场的等值面的例子:

A: $U = \vec{c}\,\vec{r} = c_x x + c_y y + c_z z$: 平行平面.

B: $U = x^2 + 2y^2 + 4z^2$: 在相同位置的相似椭球面.

C: 中心场: 同心球面.

D: 轴向场: 同轴柱面.

2. 等值线

在平面场中等值线替代了等值面. 它们满足方程

$$U = 常数. \tag{13.11}$$

通常, 对于 U 的相等的间隔来画等值线, 它们中的每一条都被标以相应的 U 值 (参见第 915 页图 13.3).

■ 熟知的例子有天气图上的等压线和地形图上的等高线.

在一些特别的情形, 等值面退化为一些点或线, 等值线退化为一些分离的点.

■ 下列一些场的等值线被展示在图 13.4 中: (a) $U = xy$, (b) $U = \dfrac{y}{x^2}$, (c) $U = x^2 + y^2 = \rho^2$, (d) $U = \dfrac{1}{\rho}$.

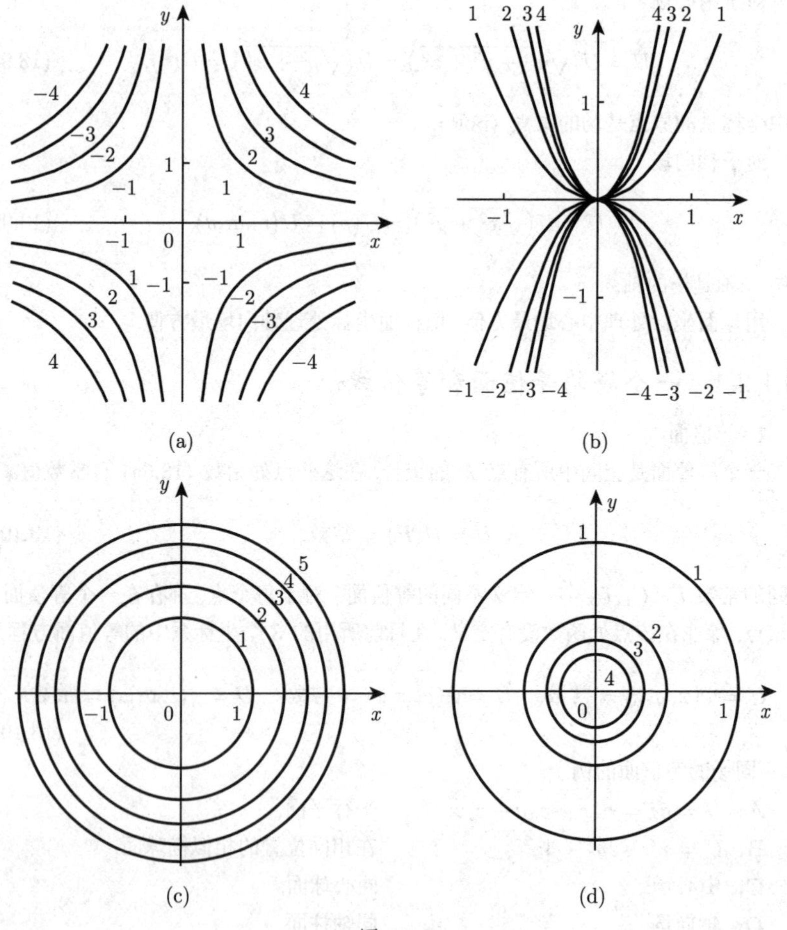

图 13.4

13.1.3 向量场

13.1.3.1 向量场或向量点函数

如果对于空间一个子集的每个点 P 都指定一个向量 $\vec{V}$, 则记为

$$\vec{V}=\vec{V}(P), \tag{13.12a}$$

并称 (13.12a) 为一个**向量场** (vector field).

■ 运动中流体的速度场、力场、磁强度场和电强度场都是向量场的例子.

一个向量场 $\vec{V}=\vec{V}(P)$ 可以被视作为一个向量函数

$$\vec{V}=\vec{V}(\vec{r}), \tag{13.12b}$$

其中 $\vec{r}$ 是具有一个给定极 0 的点 P 的位置向量. 如果 $\vec{r}$ 以及 $\vec{V}$ 的所有的值位于一个平面中, 则称此场为一个平面向量场 (参见第 254 页 3.5.2).

13.1.3.2 一些重要的向量场

1. 中心向量场

在一个中心向量场中, 所有向量 $\vec{V}$ 都位于通过一个称为**中心** (center) 的固定点 (图 13.5(a)) 直线上.

把极点置为该中心, 则向量场由公式

$$\vec{V}=f(\vec{r})\vec{r} \tag{13.13a}$$

所表示, 该场的所有向量与径向量 $\vec{r}$ 有同一方向. 用公式

$$\vec{V}=\varphi(\vec{r})\frac{\vec{r}}{r} \quad (r=|\vec{r}|). \tag{13.13b}$$

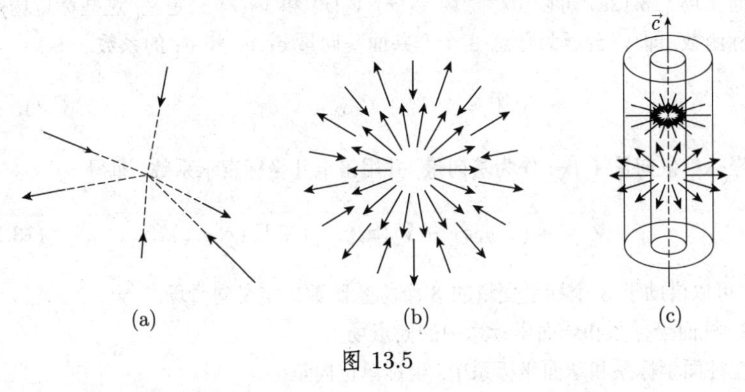

图 13.5

定义向量场常会有某些便利, 其中 $|\varphi(\vec{r})|$ 是向量 $\vec{V}$ 的长度, 而 $\frac{\vec{r}}{r}$ 是 $\vec{r}$ 方向的单位向量.

2. 球面向量场

球面向量场是中心向量场的一个特殊情形, 其中向量 $\vec{V}$ 的长度仅依赖于距离 $|\vec{r}|$(图 13.5(b)). 一个点状质量或一个点电荷的**牛顿力场** (Newton force field) 和**库仑力场** (Coulomb force field) 是球面向量场的例子:

$$\vec{V} = \frac{c}{r^3}\vec{r} = \frac{c}{r^2}\frac{\vec{r}}{r} \quad (c\text{是常数}). \tag{13.14}$$

平面球面向量场的特殊情形被称为一个**圆场**(circular field).

3. 柱面向量场

a) 所有向量 $\vec{V}$ 都位于一些与某一直线 (称为**轴** (axis)) 相交并垂直于它的直线上, 并且

b) 离轴有同样距离的点处的所有向量 $\vec{V}$ 都有同样长度, 并且它们或者指向轴, 或者背离轴 (图 13.5(c)).

把极点置于平行于单位向量 $\vec{c}$ 的轴上, 则向量场有形式

$$\vec{V} = \varphi(\rho)\frac{\vec{r}^*}{\rho}, \tag{13.15a}$$

其中 $\vec{r}^*$ 是 $\vec{r}$ 在垂直于轴的一个平面上的投影:

$$\vec{r}^* = \vec{c}\times(\vec{r}\times\vec{c}). \tag{13.15b}$$

用垂直于轴的平面截这个向量场, 总是得到相同的圆场.

13.1.3.3 向量场的坐标表示

1. 笛卡儿坐标系中的向量场

向量场 (13.12a) 可以由标量场 $V_1(\vec{r}), V_2(\vec{r})$ 和 $V_3(\vec{r})$ 来定义, 这些标量场是 $\vec{V}$ 的坐标函数, 即 $\vec{V}$ 分解为任意 3 个非共面基向量 $\vec{e}_1, \vec{e}_2$ 和 $\vec{e}_3$ 的系数:

$$\vec{V} = V_1\vec{e}_1 + V_2\vec{e}_2 + V_3\vec{e}_3. \tag{13.16a}$$

利用坐标单位向量 $\vec{i}, \vec{j}, \vec{k}$ 作为基向量, 并用笛卡儿坐标表示系数, 即得

$$\vec{V} = V_x(x,y,z)\vec{i} + V_y(x,y,z)\vec{j} + V_z(x,y,z)\vec{k}. \tag{13.16b}$$

因而, 可以借助于 3 个标量变量的 3 个标量函数来定义向量场.

2. 柱面坐标系和球面坐标系中的向量场

在柱面坐标系和球面坐标系中, 坐标单位向量

$$\vec{e}_\rho, \vec{e}_\varphi, \vec{e}_z\,(=\vec{k}) \quad \text{和} \quad \vec{e}_r\left(=\frac{\vec{r}}{r}\right), \quad \vec{e}_\vartheta, \vec{e}_\varphi \tag{13.17a}$$

在各点处切于坐标线 (图 13.6, 图 13.7). 在这个次序下, 它们总是形成一个右手坐标系. 诸系数被表示为相应坐标的函数:

$$\vec{V} = V_\rho(\rho,\varphi,z)\vec{e}_\rho + V_\varphi(\rho,\varphi,z)\vec{e}_\varphi + V_z(\rho,\varphi,z)\vec{e}_z, \tag{13.17b}$$

$$\vec{V} = V_r(r,\vartheta,\varphi)\vec{e}_r + V_\varphi(r,\vartheta,\varphi)\vec{e}_\varphi + V_\vartheta(r,\vartheta,\varphi)\vec{e}_\vartheta. \tag{13.17c}$$

在从一点转移到另一点时, 诸坐标单位向量改变其方向, 但仍保持相互垂直.

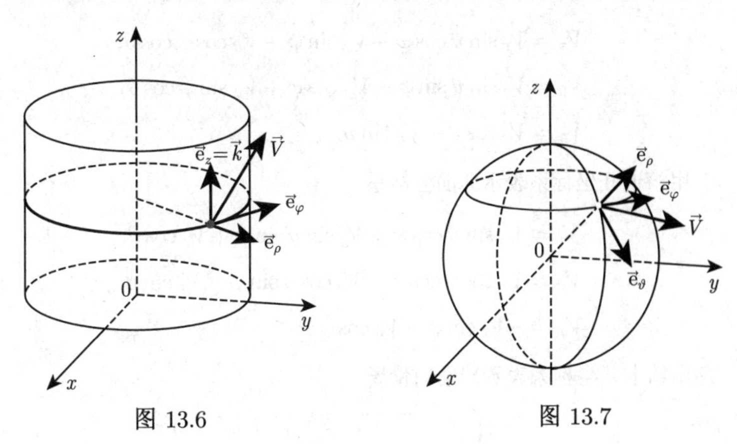

图 13.6 图 13.7

13.1.3.4 坐标系变换

亦见表 13.1.

表 13.1 笛卡儿、柱面和球面坐标系中一个向量的分量之间的关系

笛卡儿坐标系	柱面坐标系	球面坐标系
$\vec{V} = V_x\vec{e}_x + V_y\vec{e}_y + V_z\vec{e}_z$	$V_\rho\vec{e}_\rho + V_\varphi\vec{e}_\varphi + V_z\vec{e}_z$	$V_r\vec{e}_r + V_\vartheta\vec{e}_\vartheta + V_\varphi\vec{e}_\varphi$
V_x	$= V_\rho\cos\varphi - V_\varphi\sin\varphi$	$= V_r\sin\vartheta\cos\varphi + V_\vartheta\cos\vartheta\cos\varphi - V_\varphi\sin\varphi$
V_y	$= V_\rho\sin\varphi + V_\varphi\cos\varphi$	$= V_r\sin\vartheta\sin\varphi + V_\vartheta\cos\vartheta\sin\varphi + V_\varphi\cos\varphi$
V_z	$= V_z$	$= V_r\cos\vartheta - V_\vartheta\sin\vartheta$
$V_x\cos\varphi + V_y\sin\varphi$	$= V_\rho$	$= V_r\sin\vartheta + V_\vartheta\cos\vartheta$
$-V_x\sin\varphi + V_y\cos\varphi$	$= V_\varphi$	$= V_\varphi$
V_z	$= V_z$	$= V_r\cos\vartheta - V_\vartheta\sin\vartheta$
$V_x\sin\vartheta\cos\varphi + V_y\sin\vartheta\sin\varphi + V_z\cos\vartheta$	$= V_\rho\sin\vartheta + V_z\cos\vartheta$	$= V_r$
$V_x\cos\vartheta\cos\varphi + V_y\cos\vartheta\sin\varphi - V_z\sin\varphi$	$= V_\rho\cos\vartheta - V_z\sin\vartheta$	$= V_\vartheta$
$-V_x\sin\varphi + V_y\cos\varphi$	$= V_\varphi$	$= V_\varphi$

1. 用柱面坐标系表示笛卡儿坐标系

$$V_x = V_\rho \cos\varphi - V_\varphi \sin\varphi, \quad V_y = V_\rho \sin\varphi + V_\varphi \cos\varphi, \quad V_z = V_z. \tag{13.18}$$

2. 用笛卡儿坐标系表示柱面坐标系

$$V_\rho = V_x \cos\varphi + V_y \sin\varphi, \quad V_\varphi = -V_x \sin\varphi + V_y \cos\varphi, \quad V_z = V_z. \tag{13.19}$$

3. 用球面坐标系表示笛卡儿坐标系

$$\begin{aligned} V_x &= V_r \sin\vartheta \cos\varphi - V_\varphi \sin\varphi + V_\vartheta \cos\varphi \cos\vartheta, \\ V_y &= V_r \sin\vartheta \sin\varphi + V_\varphi \cos\varphi + V_\vartheta \sin\varphi \cos\vartheta, \\ V_z &= V_r \cos\vartheta - V_\vartheta \sin\vartheta. \end{aligned} \tag{13.20}$$

4. 用笛卡儿坐标系表示球面坐标系

$$\begin{aligned} V_r &= V_x \sin\vartheta \cos\varphi + V_y \sin\vartheta \sin\varphi + V_z \cos\vartheta, \\ V_\vartheta &= V_x \cos\vartheta \cos\varphi + V_y \cos\vartheta \sin\varphi - V_z \sin\vartheta, \\ V_\varphi &= -V_x \sin\varphi + V_y \cos\varphi. \end{aligned} \tag{13.21}$$

5. 用笛卡儿坐标系表示球面向量场

$$\vec{V} = \varphi\left(\sqrt{x^2+y^2+z^2}\right)(x\vec{i} + y\vec{j} + z\vec{k}). \tag{13.22}$$

6. 用笛卡儿坐标系表示柱面向量场

$$\vec{V} = \varphi\left(\sqrt{x^2+y^2}\right)(x\vec{i} + y\vec{j}). \tag{13.23}$$

在球面向量场的情形, 球面坐标系, 即形式 $\vec{V} = V(r)\vec{\mathrm{e}}_r$ 最易于进行研究; 而对于柱面向量场, 柱面坐标系, 即形式 $\vec{V} = V(\varphi)\vec{\mathrm{e}}_\varphi$ 最方便. 在平面向量场的情形 (图 13.8), 成立

$$\vec{V} = V_x(x,y)\,\vec{i} + V_y(x,y)\,\vec{j} = V\rho(\rho,\varphi)\,\vec{\mathrm{e}}_\rho + V_\varphi(\rho,\varphi)\,\vec{\mathrm{e}}_\varphi, \tag{13.24}$$

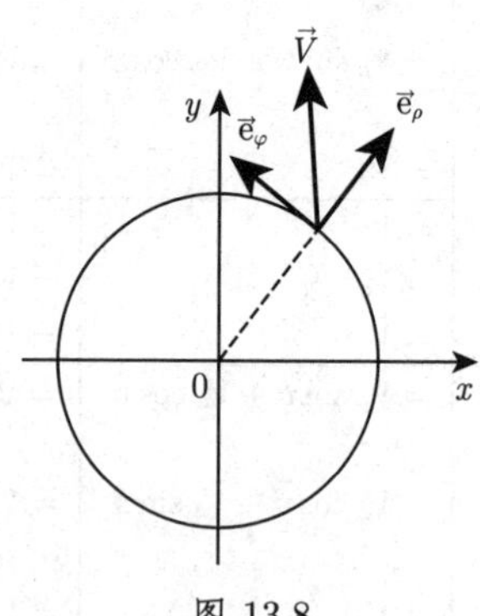

图 13.8

对于圆场, 有

$$\vec{V} = \varphi\left(\sqrt{x^2+y^2}\right)(x\vec{i}+y\vec{j}) = \varphi(\rho)\,\vec{e}_\rho. \tag{13.25}$$

13.1.3.5　向量线

一条曲线 C 被称为一个向量的线 (line of a vector), 或者向量场 $\vec{V}(\vec{r})$ 的向量线 (vector line), 如果在每一点 P 处向量 $\vec{V}(\vec{r})$ 是曲线 C 的切向量 (图 13.9). 通过向量场的每一点都有一条向量线. 向量线相互间不相交, 除非可能在函数 $\vec{V}$ 无定义的点处, 或者在一个 0 向量的点处. 在笛卡儿坐标系中, 一个向量场 $\vec{V}$ 的向量线的微分方程是

a) **一般的场**

$$\frac{\mathrm{d}x}{V_x} = \frac{\mathrm{d}y}{V_y} = \frac{\mathrm{d}z}{V_z}. \tag{13.26a}$$

b) **平面场**

$$\frac{\mathrm{d}x}{V_x} = \frac{\mathrm{d}y}{V_y}. \tag{13.26b}$$

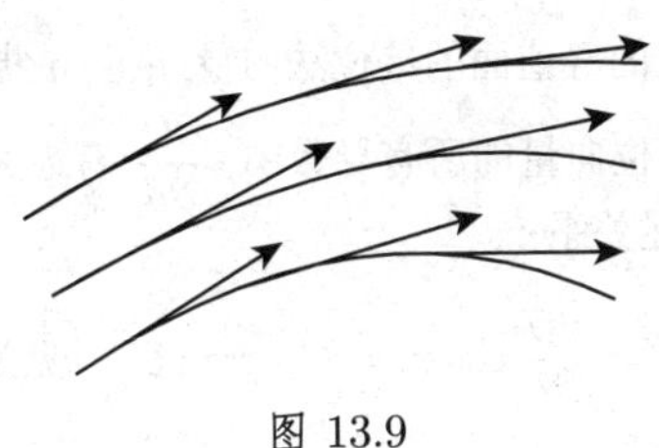

图 13.9

为了解这些微分方程, 请见第 717 页的 9.1.1.2 或第 754 页的 9.2.1.1.

■ **A:** 中心场的向量线是从向量场的中心出发的射线.

■ **B:** 向量场 $\vec{V} = \vec{c}\times\vec{r}$ 的向量线是位于垂直于向量 $\vec{c}$ 的那些平面中的圆周. 它们的圆心在平行于 $\vec{c}$ 的轴上.

13.2　空间的微分算子

13.2.1　方向导数和空间导数

13.2.1.1　一个标量场的方向导数

一个标量场 $U = U(\vec{r})$ 在具有位置向量 $\vec{r}$ 的点 P 处关于方向 $\vec{c}$ 的方向导数 (图 13.10) 由下述商的极限所定义:

$$\frac{\partial U}{\partial \vec{c}} = \lim_{\varepsilon\to 0}\frac{U(\vec{r}+\varepsilon\vec{c}) - U(\vec{r})}{\varepsilon}. \tag{13.27}$$

如果向量场 $U = U(\vec{r})$ 在点$\vec{r}$ 处关于 $\vec{c}$ 的单位向量 $\vec{c}^{\,0}$ 的方向导数记作 $\dfrac{\partial U}{\partial \vec{c}^{\,0}}$, 则函

数 U 关于向量 $\vec{c}$ 和关于其单位向量 $\vec{c}^0$ 在同一点处的方向导数有下述关系

$$\frac{\partial U}{\partial \vec{c}} = |\vec{c}|\frac{\partial U}{\partial \vec{c}^0}. \tag{13.28}$$

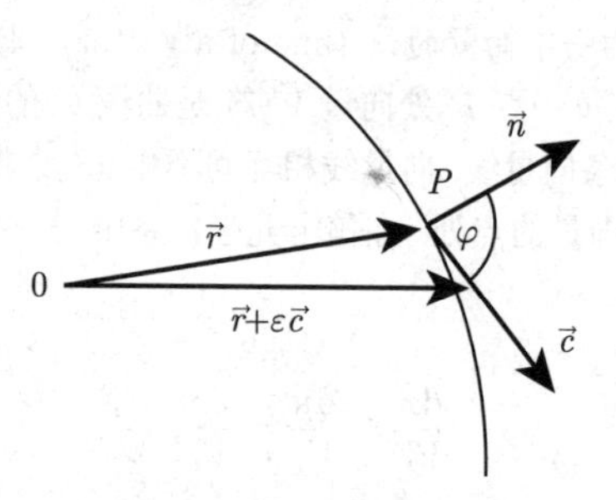

图 13.10

关于单位向量 $\vec{c}^0$ 的导数 $\dfrac{\partial U}{\partial \vec{c}^0}$ 表示函数U 在点 $\vec{r}$ 处沿着向量 $\vec{c}^0$ 方向增加的速度. 如果 $\vec{n}$ 是通过点 $\vec{r}$ 的等值面的单位法向量,并且 $\vec{n}$ 指向 U 增加的方向, 则在该点处关于不同方向的单位向量的所有导数中, $\dfrac{\partial U}{\partial \vec{n}}$ 有最大值. 在关于 $\vec{n}$ 的和关于 $\vec{c}^0$ 的方向导数之间有下述关系

$$\frac{\partial U}{\partial \vec{c}^0} = \frac{\partial U}{\partial \vec{n}}\cos(\vec{c}^0,\vec{n}) = \frac{\partial U}{\partial \vec{n}}\cos\varphi = \vec{c}^0\cdot \operatorname{grad} U \quad \text{(见第 926 页的 (13.34))}. \tag{13.29}$$

此后, 方向导数总是指关于一个单位向量的方向导数.

13.2.1.2　一个向量场的方向导数

与标量场的方向导数类似地定义向量场的方向导数. 一个向量场 $\vec{V}=\vec{V}(\vec{r})$ 在具有位置向量 $\vec{r}$ 的点 P 处关于向量 $\vec{a}$ 的方向导数 (图 13.11) 由下述商的极限所定义:

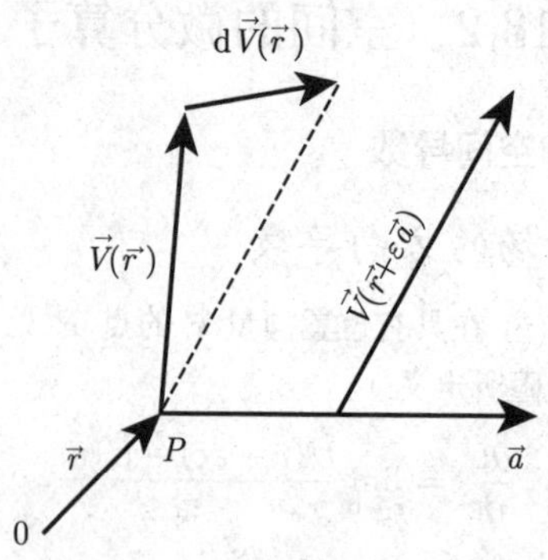

图 13.11

$$\frac{\partial \vec{V}}{\partial \vec{a}} = \lim_{\varepsilon \to 0} \frac{\vec{V}(\vec{r}+\varepsilon\vec{a}) - \vec{V}(\vec{r})}{\varepsilon}. \tag{13.30}$$

如果向量场 $\vec{V} = \vec{V}(\vec{r})$ 在点 $\vec{r}$ 处关于 $\vec{a}$ 的单位向量 $\vec{a}^{\,0}$ 的方向导数记作 $\dfrac{\partial \vec{V}}{\partial \vec{a}^{\,0}}$, 则

$$\frac{\partial \vec{V}}{\partial \vec{a}} = |\vec{a}| \frac{\partial \vec{V}}{\partial \vec{a}^{\,0}}. \tag{13.31}$$

在笛卡儿坐标系中, 即对于 $\vec{V} = V_x\vec{e}_x + V_y\vec{e}_y + V_z\vec{e}_z, \vec{a} = a_x\vec{e}_x + a_y\vec{e}_y + a_z\vec{e}_z$, 有

$$(\vec{a}\cdot\operatorname{grad})\,\vec{V} = (\vec{a}\cdot\operatorname{grad} V_x)\,\vec{e}_x + (\vec{a}\cdot\operatorname{grad} V_y)\,\vec{e}_y + (\vec{a}\cdot\operatorname{grad} V_z)\,\vec{e}_z. \tag{13.32a}$$

在一般坐标系中, 有

$$(\vec{a}\cdot\operatorname{grad})\,\vec{V} = \frac{1}{2}(\operatorname{rot}(\vec{V}\times\vec{a}) + \operatorname{grad}(\vec{a}\cdot\vec{V}) + +\vec{a}\operatorname{div}\vec{V} - \vec{V}\operatorname{div}\vec{a} - \vec{a}\times\operatorname{rot}\vec{V} - \vec{V}\times\operatorname{rot}\vec{a}). \tag{13.32b}$$

13.2.1.3 体积导数

一个标量场 $U = U(\vec{r})$ 或一个向量场 $\vec{V}$ 在一个点 $\vec{r}$ 处的体积导数是如下得到的 3 种形式的量:

(1) 用一个闭曲面 Σ 围住标量场或向量场的点 $\vec{r}$. 可以用参数形式 $\vec{r} = \vec{r}(u,v) = x(u,v)\vec{e}_x + y(u,v)\vec{e}_y + z(u,v)\vec{e}_z$ 来表示该曲面, 因而相应的向量曲面元是

$$\mathrm{d}\vec{S} = \frac{\partial \vec{r}}{\partial u} \times \frac{\partial \vec{r}}{\partial v}\,\mathrm{d}u\,\mathrm{d}v. \tag{13.33a}$$

(2) 在闭曲面上求曲面积分. 这里, 可以考虑以下 3 种类型的积分:

$$\oiint_{\Sigma} U\,\mathrm{d}\vec{S}, \quad \oiint_{\Sigma} \vec{V}\cdot\mathrm{d}\vec{S}, \quad \oiint_{\Sigma} \vec{V}\times\mathrm{d}\vec{S}. \tag{13.33b}$$

(3) 确定下列极限 (如果它们存在)

$$\lim_{V\to 0}\frac{1}{V}\oiint_{\Sigma} U\,\mathrm{d}\vec{S}, \quad \lim_{V\to 0}\frac{1}{V}\oiint_{\Sigma} \vec{V}\cdot\mathrm{d}\vec{S}, \quad \lim_{V\to 0}\frac{1}{V}\oiint_{\Sigma} \vec{V}\times\mathrm{d}\vec{S}, \tag{13.33c}$$

这里 V 表示包含具有位置向量 $\vec{r}$ 的点的、由所考虑的闭曲面 Σ 所围的空间区域的体积.

(13.33c) 中诸极限被称为体积导数. 从这些导数按给定的次序可以导出一个标量场的梯度 (gradient of a scalar field) 与一个向量场的散度 (divergence) 和旋度 (rotation). 在下一节中, 将详细地讨论这些概念 (甚至重新定义它们).

13.2.2 一个标量场的梯度

可以用不同的方式来定义标量场的梯度.

13.2.2.1 梯度的定义

一个函数 U 的梯度 (gradient) 是一个向量 $\operatorname{grad} U$, 它被指定赋予具有标量场 $U = U(\vec{r})$ 的位置向量 $\vec{r}$ 的每个点 P, 并有下述一些性质:

(1) $\operatorname{grad} U$ 的方向总是垂直于通过所考虑点 P 的等值面 $U =$ 常数 的方向,

(2) $\operatorname{grad} U$ 总是指向函数 U 增加的方向.

(3) $|\operatorname{grad} U| = \dfrac{\partial U}{\partial \vec{n}}$, 即, $\operatorname{grad} U$ 的大小等于 U 在法向 (normal direction) 的方向导数.

如果用其他方式来定义梯度, 例如作为一个体积导数, 或用微分算子来定义, 那么上面叙述的性质就变成定义的推论了.

13.2.2.2 梯度和方向导数

标量场 U 关于单位向量 $\vec{c}^{\,0}$ 的方向导数等于 $\operatorname{grad} U$ 在单位向量 $\vec{c}^{\,0}$ 方向上的投影:

$$\frac{\partial U}{\partial \vec{c}^{\,0}} = \vec{c}^{\,0} \cdot \operatorname{grad} U, \tag{13.34}$$

即可以用梯度与指向所要求方向单位向量的点积来计算方向导数.

注 在某点沿某个方向的方向导数也可能存在, 即使在该处 $\operatorname{grad} U$ 不存在.

13.2.2.3 梯度和体积导数

标量场 $U = U(\vec{r})$ 在一个点 $\vec{r}$ 处的梯度可以被定义为其体积导数 (volume derivative). 如果下述极限存在, 那么它被称为 U 在 $\vec{r}$ 处的梯度:

$$\operatorname{grad} U = \lim_{V \to 0} \frac{\displaystyle\oint\!\!\!\oint_{\Sigma} U \, \mathrm{d}\vec{S}}{V}, \tag{13.35}$$

这里 V 是在其内部包含属于 $\vec{r}$ 的点、由闭曲面 Σ 所界的空间区域的体积.(如果自变量不是一个三维向量, 则梯度由微分算子所定义.)

13.2.2.4 梯度更多的性质

(1) 在第 918 页的 13.1.2.4, 2. 中所画的等值线或等值面越稠密, 则梯度的绝对值越大.

(2) 如果在所考虑的点处 U 有一个极大值或极小值, 则梯度是零向量. 在那里等值线或等值面退化为一点.

13.2.2.5 在不同坐标系中标量场的梯度

1. 笛卡儿坐标系中的梯度

$$\operatorname{grad} U=\frac{\partial U(x,y,z)}{\partial x}\vec{i}+\frac{\partial U(x,y,z)}{\partial y}\vec{j}+\frac{\partial U(x,y,z)}{\partial z}\vec{k}. \tag{13.36}$$

2. 柱面坐标系 $(x=\rho\cos\varphi, y=\rho\sin\varphi, z=z)$ 中的梯度

$$\operatorname{grad} U=\operatorname{grad}_{\rho} U\vec{e}_{\rho}+\operatorname{grad}_{\varphi} U\vec{e}_{\varphi}++\operatorname{grad}_{z} U\vec{e}_{z} \tag{13.37a}$$

其中

$$\operatorname{grad}_{\rho} U=\frac{\partial U}{\partial \rho},\quad \operatorname{grad}_{\varphi} U=\frac{1}{\rho}\frac{\partial U}{\partial \varphi},\quad \operatorname{grad}_{z} U=\frac{\partial U}{\partial z}. \tag{13.37b}$$

3. 球面坐标系 $(x=r\sin\vartheta\cos\varphi, y=r\sin\vartheta\sin\varphi, z=r\cos\vartheta)$ 中的梯度

$$\operatorname{grad} U=\operatorname{grad}_{r} U\vec{e}_{r}+\operatorname{grad}_{\vartheta} U\vec{e}_{\vartheta}+\operatorname{grad}_{\varphi} U\vec{e}_{\varphi} \tag{13.38a}$$

其中

$$\operatorname{grad}_{r} U=\frac{\partial U}{\partial r},\quad \operatorname{grad}_{\vartheta} U=\frac{1}{r}\frac{\partial U}{\partial \vartheta},\quad \operatorname{grad}_{\varphi} U=\frac{1}{r\sin\vartheta}\frac{\partial U}{\partial \varphi}. \tag{13.38b}$$

4. 一般直角坐标系 (ξ,η,ζ) 中的梯度

对于 $\vec{r}(\xi,\eta,\zeta)=x(\xi,\eta,\zeta)\vec{i}+y(\xi,\eta,\zeta)\vec{j}+z(\xi,\eta,\zeta)\vec{k}$:

$$\operatorname{grad} U=\operatorname{grad}_{\xi} U\vec{e}_{\xi}+\operatorname{grad}_{\eta} U\vec{e}_{\eta}+\operatorname{grad}_{\zeta} U\vec{e}_{\zeta}, \tag{13.39a}$$

其中

$$\operatorname{grad}_{\xi} U=\frac{1}{\left|\dfrac{\partial \vec{r}}{\partial \xi}\right|}\frac{\partial U}{\partial \xi},\quad \operatorname{grad}_{\eta} U=\frac{1}{\left|\dfrac{\partial \vec{r}}{\partial \eta}\right|}\frac{\partial U}{\partial \eta},\quad \operatorname{grad}_{\zeta} U=\frac{1}{\left|\dfrac{\partial \vec{r}}{\partial \zeta}\right|}\frac{\partial U}{\partial \zeta}. \tag{13.39b}$$

13.2.2.6 运算法则

以下假设 $\vec{c}$ 和 c 为常数, 则下列等式成立:

$$\operatorname{grad} c=\vec{0},\quad \operatorname{grad}(U_1+U_2)=\operatorname{grad} U_1+\operatorname{grad} U_2,\quad \operatorname{grad}(cU)=c\operatorname{grad} U. \tag{13.40}$$

$$\operatorname{grad}(U_1U_2)=U_1\operatorname{grad} U_2+U_2\operatorname{grad} U_1,\quad \operatorname{grad}\varphi(U)=\frac{\mathrm{d}\varphi}{\mathrm{d}U}\operatorname{grad} U. \tag{13.41}$$

$$\operatorname{grad}(\vec{V}_1\cdot\vec{V}_2)=(\vec{V}_1\cdot\operatorname{grad})\vec{V}_2+(\vec{V}_2\cdot\operatorname{grad})\vec{V}_1+\vec{V}_1\times\operatorname{rot}\vec{V}_2+\vec{V}_2\times\operatorname{rot}\vec{V}_1. \tag{13.42}$$

$$\operatorname{grad}(\vec{r}\cdot\vec{c})=\vec{c}. \tag{13.43}$$

1. 一个标量场的微分作为函数 U 的全微分

$$\mathrm{d}U=\operatorname{grad} U\cdot\mathrm{d}\vec{r}=\frac{\partial U}{\partial x}\mathrm{d}x+\frac{\partial U}{\partial y}\mathrm{d}y+\frac{\partial U}{\partial z}\mathrm{d}z. \tag{13.44}$$

2. 一个函数沿一条空间曲线 $\vec{r}(t)$ 的微商

$$\frac{\mathrm{d}U}{\mathrm{d}t}=\frac{\partial U}{\partial x}\frac{\mathrm{d}x}{\mathrm{d}t}+\frac{\partial U}{\partial y}\frac{\mathrm{d}y}{\mathrm{d}t}+\frac{\partial U}{\partial z}\frac{\mathrm{d}z}{\mathrm{d}t}. \tag{13.45}$$

3. 中心场的梯度

$$\operatorname{grad} U(r)=U'(r)\frac{\vec{r}}{r}\quad (\text{球面场}), \tag{13.46a}$$

$$\operatorname{grad} r=\frac{\vec{r}}{r}\quad (\text{单位向量场}). \tag{13.46b}$$

13.2.3 向量梯度

关系式 (13.32a) 启发了记号

$$\frac{\partial \vec{V}}{\partial \vec{a}}=\vec{a}\cdot\operatorname{grad}(V_x\vec{e}_x+V_y\vec{e}_y+V_z\vec{e}_z)=\vec{a}\cdot\operatorname{grad}\vec{V}, \tag{13.47a}$$

其中 $\operatorname{grad}\vec{V}$ 被称为*向量梯度* (vector gradient). 从 (13.47a) 的矩阵记号即得, 向量梯度作为一个张量, 可以由一个矩阵来表示:

$$(\vec{a}\cdot\operatorname{grad})\vec{V}=\begin{pmatrix}\dfrac{\partial V_x}{\partial x} & \dfrac{\partial V_x}{\partial y} & \dfrac{\partial V_x}{\partial z}\\ \dfrac{\partial V_y}{\partial x} & \dfrac{\partial V_y}{\partial y} & \dfrac{\partial V_y}{\partial z}\\ \dfrac{\partial V_z}{\partial x} & \dfrac{\partial V_z}{\partial y} & \dfrac{\partial V_z}{\partial z}\end{pmatrix}\begin{pmatrix}a_x\\ a_y\\ a_z\end{pmatrix}, \tag{13.47b}$$

$$\operatorname{grad}\vec{V}=\begin{pmatrix}\dfrac{\partial V_x}{\partial x} & \dfrac{\partial V_x}{\partial y} & \dfrac{\partial V_x}{\partial z}\\ \dfrac{\partial V_y}{\partial x} & \dfrac{\partial V_y}{\partial y} & \dfrac{\partial V_y}{\partial z}\\ \dfrac{\partial V_z}{\partial x} & \dfrac{\partial V_z}{\partial y} & \dfrac{\partial V_z}{\partial z}\end{pmatrix}. \tag{13.47c}$$

这些类型的张量在工程学中, 例如对于张力和弹性的描述, 有非常重要的作用 (参见第 377 页 4.3.2, 4.).

13.2.4 向量场的散度

13.2.4.1 散度的定义

对于一个向量场 $\vec{V}(\vec{r})$ 可以指定一个标量场, 它被称为该向量场的*散度* (divergence). 散度被定义为向量场在点 $\vec{r}$ 处的空间导数:

$$\operatorname{div}\vec{V}=\lim_{V\to 0}\frac{\displaystyle\oiint_{\Sigma}\vec{V}\cdot\mathrm{d}\vec{S}}{V}. \tag{13.48}$$

如果向量场 $\vec{V}$ 是一个流场 (stream field), 其散度即为流体的输出或源, 因为它给出在单位体积、单位时间内流经向量场 $\vec{V}$ 所考虑点处的流体的量. 在 $\operatorname{div}\vec{V} > 0$ 时, 该点被称为源 (source), 在 $\operatorname{div}\vec{V} < 0$ 时, 该点被称为汇 (sink).

13.2.4.2 不同坐标系中的散度

1. 笛卡儿坐标系中的散度

$$\operatorname{div}\vec{V} = \frac{\partial V_x}{\partial x} + \frac{\partial V_y}{\partial y} + \frac{\partial V_z}{\partial z}, \tag{13.49a}$$

其中

$$\vec{V}(x,y,z) = V_x\vec{i} + V_y\vec{j} + V_z\vec{k}. \tag{13.49b}$$

标量场 $\operatorname{div}\vec{V}$ 可以被表示为梯度算子 ∇ 与向量 $\vec{V}$ 的点积

$$\operatorname{div}\vec{V} = \nabla \cdot \vec{V}, \tag{13.49c}$$

并且它是平移和旋转不变的, 即是标量不变量 (参见第 379 页 4.3.3.2).

2. 柱面坐标系中的散度

$$\operatorname{div}\vec{V} = \frac{1}{\rho}\frac{\partial(\rho V_\rho)}{\partial \rho} + \frac{1}{\rho}\frac{\partial V_\varphi}{\partial \varphi} + \frac{\partial V_z}{\partial z}, \tag{13.50a}$$

其中

$$\vec{V}(\rho,\varphi,z) = V_\rho\vec{e}_\rho + V_\varphi\vec{e}_\varphi + V_z\vec{e}_z. \tag{13.50b}$$

3. 球面坐标系中的散度

$$\operatorname{div}\vec{V} = \frac{1}{r^2}\frac{\partial(r^2 V_r)}{\partial r} + \frac{1}{r\sin\vartheta}\frac{\partial(\sin\vartheta V_\vartheta)}{\partial\vartheta} + \frac{1}{r\sin\vartheta}\frac{\partial V_\varphi}{\partial\varphi}, \tag{13.51a}$$

其中

$$\vec{V}(r,\vartheta,\varphi) = V_r\vec{e}_r + V_\vartheta\vec{e}_\vartheta + V_\varphi\vec{e}_\varphi. \tag{13.51b}$$

4. 一般直角坐标系中的散度

$$\operatorname{div}\vec{V} = \frac{1}{D}\left\{\frac{\partial}{\partial\xi}\left(\left|\frac{\partial\vec{r}}{\partial\eta}\right|\left|\frac{\partial\vec{r}}{\partial\zeta}\right|V_\xi\right) + \frac{\partial}{\partial\eta}\left(\left|\frac{\partial\vec{r}}{\partial\zeta}\right|\left|\frac{\partial\vec{r}}{\partial\xi}\right|V_\eta\right) + \frac{\partial}{\partial\zeta}\left(\left|\frac{\partial\vec{r}}{\partial\xi}\right|\left|\frac{\partial\vec{r}}{\partial\eta}\right|V_\zeta\right)\right\}, \tag{13.52a}$$

其中

$$\vec{r}(\xi,\eta,\zeta) = x(\xi,\eta,\zeta)\vec{i} + y(\xi,\eta,\zeta)\vec{j} + z(\xi,\eta,\zeta)\vec{k}, \tag{13.52b}$$

$$D = \left|\left(\frac{\partial\vec{r}}{\partial\xi}\frac{\partial\vec{r}}{\partial\eta}\frac{\partial\vec{r}}{\partial\zeta}\right)\right| = \left|\frac{\partial\vec{r}}{\partial\xi}\right| \cdot \left|\frac{\partial\vec{r}}{\partial\eta}\right| \cdot \left|\frac{\partial\vec{r}}{\partial\zeta}\right|, \tag{13.52c}$$

$$\vec{V}(\xi,\eta,\zeta) = V_\xi\vec{e}_\xi + V_\eta\vec{e}_\eta + V_\zeta\vec{e}_\zeta. \tag{13.52d}$$

13.2.4.3 散度的运算法则

$$\operatorname{div}\vec{c}=0,\quad \operatorname{div}(\vec{V}_1+\vec{V}_2)=\operatorname{div}\vec{V}_1+\operatorname{div}\vec{V}_2,\quad \operatorname{div}(c\vec{V})=c\operatorname{div}\vec{V}. \tag{13.53}$$

$$\operatorname{div}(U\vec{V})=U\operatorname{div}\vec{V}+\vec{V}\cdot\operatorname{grad}U\quad\left(\text{特别地},\operatorname{div}(r\vec{c})=\frac{\vec{r}\cdot\vec{c}}{r}\right). \tag{13.54}$$

$$\operatorname{div}(\vec{V}_1\times\vec{V}_2)=\vec{V}_2\cdot\operatorname{rot}\vec{V}_1-\vec{V}_1\cdot\operatorname{rot}\vec{V}_2. \tag{13.55}$$

13.2.4.4 中心场的散度

$$\operatorname{div}\vec{r}=3,\qquad \operatorname{div}\varphi(r)\vec{r}=3\varphi(r)+r\varphi'(r). \tag{13.56}$$

13.2.5 向量场的旋度

13.2.5.1 旋度的定义

1. 定义

一个向量场 $\vec{V}$ 在点 $\vec{r}$ 处的*旋度* (rotation 或 curl) 是用 $\operatorname{rot}\vec{V}$, $\operatorname{curl}\vec{V}$, 或用梯度算子 $\nabla\times\vec{V}$ 表示的一个向量, 并被定义为该向量场的负空间导数:

$$\operatorname{rot}\vec{V}=-\lim_{V\to 0}\frac{\displaystyle\oiint_{\Sigma}\vec{V}\times\mathrm{d}\vec{S}}{V}=\lim_{V\to 0}\frac{\displaystyle\oiint_{\Sigma}\mathrm{d}\vec{S}\times\vec{V}}{V}. \tag{13.57}$$

2. 定义

可以用如下方式定义向量场 $\vec{V}(\vec{r})$ 的旋度向量场:

a) 通过点 $\vec{r}$ 放置一小片曲面 S (图 13.12), 并用向量 $\vec{S}$ 来描述该曲面片, 其方向是曲面的法向 $\vec{n}$, 其绝对值等于该曲面片的面积. 该曲面的边界用 C 表示.

b) 沿曲线 C(在从曲面的法向看曲线是正定向的意义上)(图 13.12) 计算积分 $\displaystyle\oint_C\vec{V}\cdot\mathrm{d}\vec{r}$.

c) 在曲面片位置不变时确定极限 (如果存在的话) $\displaystyle\lim_{S\to 0}\frac{1}{S}\oint_C\vec{V}\cdot\mathrm{d}\vec{r}$.

d) 为了得到极限的最大值, 改变曲面片的位置. 在这个位置曲面面积是 $S_{\max}$, 相应的边界曲线是 $C_{\max}$.

e) 在点 $\vec{r}$ 处确定向量 $\operatorname{rot}\vec{V}$, 其绝对值等于上面发现的最大值, 其方向与相应的曲面的法线方向一致. 因而得到

$$|\operatorname{rot}\vec{V}|=\lim_{S_{\max}\to 0}\frac{\displaystyle\oint_{C_{\max}}\vec{V}\cdot\mathrm{d}\vec{r}}{S_{\max}}. \tag{13.58a}$$

$\mathrm{rot}\,\vec{V}$ 在面积为 S 的一曲面的法向上的投影, 即向量 $\mathrm{rot}\,\vec{V}$ 在任一方向 $\vec{n}=\vec{l}$ 上的分量为

$$\vec{l}\cdot\mathrm{rot}\,\vec{V}=\mathrm{rot}_l\vec{V}=\lim_{S\to 0}\frac{\oint_C \vec{V}\cdot\mathrm{d}\vec{r}}{S}. \tag{13.58b}$$

向量场 $\mathrm{rot}\,\vec{V}$ 的向量线被称为**向量场 $\vec{V}$ 的旋度线** (curl lines of the vector field $\vec{V}$).

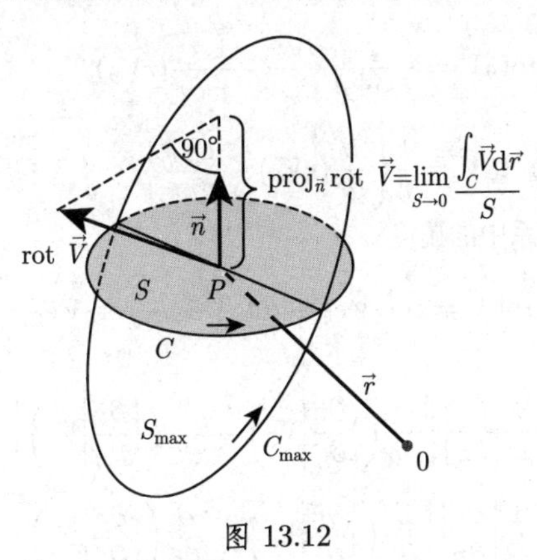

图 13.12

13.2.5.2 不同坐标系中的旋度

1. 笛卡儿坐标系中的旋度

$$\mathrm{rot}\,\vec{V}=\vec{i}\left(\frac{\partial V_z}{\partial y}-\frac{\partial V_y}{\partial z}\right)+\vec{j}\left(\frac{\partial V_x}{\partial z}-\frac{\partial V_z}{\partial x}\right)+\vec{k}\left(\frac{\partial V_y}{\partial x}-\frac{\partial V_x}{\partial y}\right)$$
$$=\begin{vmatrix}\vec{i} & \vec{j} & \vec{k}\\ \dfrac{\partial}{\partial x} & \dfrac{\partial}{\partial y} & \dfrac{\partial}{\partial z}\\ V_x & V_y & V_z\end{vmatrix}. \tag{13.59a}$$

向量场 $\mathrm{rot}\,\vec{V}$ 可以被表示为梯度算子 ∇ 和向量 $\vec{V}$ 的向量积:

$$\mathrm{rot}\,\vec{V}=\nabla\times\vec{V}. \tag{13.59b}$$

2. 柱面坐标系中的旋度

$$\mathrm{rot}\,\vec{V}=\mathrm{rot}_\rho\vec{V}\vec{\mathrm{e}}_\rho+\mathrm{rot}_\varphi\vec{V}\vec{\mathrm{e}}_\varphi+\mathrm{rot}_z\vec{V}\vec{\mathrm{e}}_z, \tag{13.60a}$$

其中

$$\mathrm{rot}_\rho\vec{V}=\frac{1}{\rho}\frac{\partial V_z}{\partial\varphi}-\frac{\partial V_\varphi}{\partial z},\ \mathrm{rot}_\varphi\vec{V}=\frac{\partial V_\rho}{\partial z}-\frac{\partial V_z}{\partial\rho},\ \mathrm{rot}_z\vec{V}=\frac{1}{\rho}\left\{\frac{\partial}{\partial\rho}(\rho V_\varphi)-\frac{\partial V_\rho}{\partial\varphi}\right\}. \tag{13.60b}$$

3. 球面坐标系中的旋度

$$\operatorname{rot}\vec{V}=\operatorname{rot}_r\vec{V}\vec{e}_r+\operatorname{rot}_\vartheta\vec{V}\vec{e}_\vartheta+\operatorname{rot}_\varphi\vec{V}\vec{e}_\varphi, \tag{13.61a}$$

其中

$$\operatorname{rot}_r\vec{V}=\frac{1}{r\sin\vartheta}\left\{\frac{\partial}{\partial\vartheta}(\sin\vartheta V_\varphi)-\frac{\partial V_\vartheta}{\partial\varphi}\right\},$$

$$\operatorname{rot}_\vartheta\vec{V}=\frac{1}{r\sin\vartheta}\frac{\partial V_r}{\partial\varphi}-\frac{1}{r}\frac{\partial}{\partial r}(rV_\varphi), \tag{13.61b}$$

$$\operatorname{rot}_\varphi\vec{V}=\frac{1}{r}\left\{\frac{\partial}{\partial r}(rV_\vartheta)-\frac{\partial V_r}{\partial\vartheta}\right\}.$$

4. 一般直角坐标系中的旋度

$$\operatorname{rot}\vec{V}=\operatorname{rot}_\xi\vec{V}\vec{e}_\xi+\operatorname{rot}_\eta\vec{V}\vec{e}_\eta+\operatorname{rot}_\zeta\vec{V}\vec{e}_\zeta, \tag{13.62a}$$

其中

$$\begin{cases}\operatorname{rot}_\xi\vec{V}=\dfrac{1}{D}\left|\dfrac{\partial\vec{r}}{\partial\xi}\right|\left[\dfrac{\partial}{\partial\eta}\left(\left|\dfrac{\partial\vec{r}}{\partial\zeta}\right|V_\zeta\right)-\dfrac{\partial}{\partial\zeta}\left(\left|\dfrac{\partial\vec{r}}{\partial\eta}\right|V_\eta\right)\right],\\ \operatorname{rot}_\eta\vec{V}=\dfrac{1}{D}\left|\dfrac{\partial\vec{r}}{\partial\eta}\right|\left[\dfrac{\partial}{\partial\zeta}\left(\left|\dfrac{\partial\vec{r}}{\partial\xi}\right|V_\xi\right)-\dfrac{\partial}{\partial\xi}\left(\left|\dfrac{\partial\vec{r}}{\partial\zeta}\right|V_\zeta\right)\right],\\ \operatorname{rot}_\zeta\vec{V}=\dfrac{1}{D}\left|\dfrac{\partial\vec{r}}{\partial\zeta}\right|\left[\dfrac{\partial}{\partial\xi}\left(\left|\dfrac{\partial\vec{r}}{\partial\eta}\right|V_\eta\right)-\dfrac{\partial}{\partial\eta}\left(\left|\dfrac{\partial\vec{r}}{\partial\xi}\right|V_\xi\right)\right].\end{cases} \tag{13.62b}$$

$$\vec{r}(\xi,\eta,\zeta)=x(\xi,\eta,\zeta)\vec{i}+(\xi,\eta,\zeta)\vec{j}+(\xi,\eta,\zeta)\vec{k};\quad D=\left|\frac{\partial\vec{r}}{\partial\xi}\right|\cdot\left|\frac{\partial\vec{r}}{\partial\eta}\right|\cdot\left|\frac{\partial\vec{r}}{\partial\zeta}\right|. \tag{13.62c}$$

13.2.5.3 旋度的运算法则

$$\operatorname{rot}(\vec{V}_1+\vec{V}_2)=\operatorname{rot}\vec{V}_1+\operatorname{rot}\vec{V}_2,\quad \operatorname{rot}(c\vec{V})=c\operatorname{rot}\vec{V}. \tag{13.63}$$

$$\operatorname{rot}(U\vec{V})=U\operatorname{rot}\vec{V}+\operatorname{grad}U\times\vec{V}. \tag{13.64}$$

$$\operatorname{rot}(\vec{V}_1\times\vec{V}_2)=(\vec{V}_2\cdot\operatorname{grad})\vec{V}_1-(\vec{V}_1\cdot\operatorname{grad})\vec{V}_2+\vec{V}_1\operatorname{div}\vec{V}_2-\vec{V}_2\operatorname{div}\vec{V}_1. \tag{13.65}$$

13.2.5.4 位势场的旋度

从斯托克斯 (Stokes) 定理 (参见第 946 页 13.3.3.2) 也可以得到一个位势场的旋度场恒为零:

$$\operatorname{rot}\vec{V}=\operatorname{rot}(\operatorname{grad}U)=\vec{0}. \tag{13.66}$$

如果施瓦茨 (Schwarz) 互换定理的假设条件被满足 (参见第 602 页 6.2.2.2, 1.), 则从 (13.59a) 即得上式对于 $\vec{V}=\operatorname{grad}U$ 也成立.

■ 对于满足 $r=|\vec{r}|=\sqrt{x^2+y^2+z^2}$ 的 $\vec{r}=x\vec{i}+y\vec{j}+z\vec{k}$, 成立下列等式: $\operatorname{rot}\vec{r}=\vec{0}$, 以及 $\operatorname{rot}(\varphi(r)\vec{r})=\vec{0}$, 其中 $\varphi(r)$ 是 r 的可微函数.

13.2.6 梯度算子和拉普拉斯算子

13.2.6.1 梯度算子

符号算子 ∇ 被称为*梯度算子* (nabla operator). 它的应用简化了空间微分算子的表达和运算. 在笛卡儿坐标系中有

$$\nabla=\frac{\partial}{\partial x}\vec{i}+\frac{\partial}{\partial y}\vec{j}+\frac{\partial}{\partial z}\vec{k}. \tag{13.67}$$

梯度算子的分量是偏微分算子, 即符号 $\dfrac{\partial}{\partial x}$ 意味着关于 x 的偏微商, 其他变量被认为是常数.

在笛卡儿坐标系中关于*空间微分算子* (spatial differential operators) 的公式可以由梯度算子与标量 U 或与向量 $\vec{V}$ 的形式乘法来得到. 例如, 在*梯度*、*向量梯度*、*散度* (gradient, vector gradient, divergence) 和*旋度* (rotation) 算子的情形, 有

$$\operatorname{grad} U=\nabla U(U\text{的梯度 (参见第 926 页13.2.2)}), \tag{13.68a}$$

$$\operatorname{grad}\vec{V}=\nabla\vec{V}(\vec{V}\text{的向量梯度 (参见第 928 页13.2.3)}), \tag{13.68b}$$

$$\operatorname{div}\vec{V}=\nabla\cdot\vec{V}(\vec{V}\text{的散度 (参见第 928 页13.2.4)}), \tag{13.68c}$$

$$\operatorname{rot}\vec{V}=\nabla\times\vec{V}\ (\vec{V}\text{的旋度(参见第 930 页13.2.5)}). \tag{13.68d}$$

13.2.6.2 梯度算子运算法则

(1) 如果 ∇ 置于系数 a_i 与点函数 X_i 的线性组合 $\sum a_iX_i$ 之前, 则与这些函数是标量函数还是向量函数无关, 有公式:

$$\nabla\left(\sum a_iX_i\right)=\sum a_i\nabla X_i. \tag{13.69}$$

(2) 如果 ∇ 作用于标量函数或向量函数的乘积, 则 ∇ 必须顺次作用在每个函数上, 其结果是它们之和. 函数符号上有 $\downarrow$ 者为被施行 ∇ 运算的函数

$$\nabla(XYZ)=\nabla(\overset{\downarrow}{X}YZ)+\nabla(X\overset{\downarrow}{Y}Z)+\nabla(XY\overset{\downarrow}{Z}),$$

即

$$\nabla(XYZ)=(\nabla X)YZ+X(\nabla Y)Z+XY(\nabla Z). \tag{13.70}$$

然后, 乘积必须根据向量代数进行变化, 因为算子 ∇ 只作用在符号 $\downarrow$ 下的一个函数上. 经过计算后就删去符号 $\downarrow$.

■ **A:**[①] $\operatorname{grad}(U\vec{V})=\nabla(U\vec{V})=\nabla(\overset{\downarrow}{U}\vec{V})+\nabla(U\overset{\downarrow}{\vec{V}})=\vec{V}\cdot\nabla U+U\nabla\cdot\vec{V}=\vec{V}\cdot\operatorname{grad}U+U\operatorname{div}\vec{V}$.

①原文将此式最左端的 grad 误为 div.—— 译者注

■ **B:** $\operatorname{grad}(\vec{V}_1\vec{V}_2) = \nabla(\vec{V}_1\vec{V}_2) = \nabla(\overset{\downarrow}{\vec{V}_1}\vec{V}_2) + \nabla(\vec{V}_1\overset{\downarrow}{\vec{V}_2})$. 因为 $\vec{b}(\vec{a}\vec{c}) = (\vec{a}\vec{b})\vec{c} + \vec{a}\times(\vec{b}\times\vec{c})$, 即得 $\operatorname{grad}(\vec{V}_1\vec{V}_2) = (\vec{V}_2\nabla)\vec{V}_1 + \vec{V}_2\times(\nabla\times\vec{V}_1) + (\vec{V}_1\nabla)\vec{V}_2 + \vec{V}_1\times(\nabla\times\vec{V}_2) = (\vec{V}_2\operatorname{grad})\vec{V}_1 + \vec{V}_2\times\operatorname{rot}\vec{V}_1 + (\vec{V}_1\operatorname{grad})\vec{V}_2 + \vec{V}_1\times\operatorname{rot}\vec{V}_2$.

13.2.6.3 向量梯度

向量梯度 $\operatorname{grad}\vec{V}$ 用梯度算子表示为

$$\operatorname{grad}\vec{V} = \nabla\vec{V}. \tag{13.71a}$$

在向量梯度 $(\vec{a}\cdot\nabla)\vec{V}$ (参见第 925 页 (13.32b)) 中出现的表达式有形式:

$$2(\vec{a}\cdot\nabla)\vec{V} = \operatorname{rot}(\vec{V}\times\vec{a}) + \operatorname{grad}(\vec{a}\vec{V}) + \vec{a}\operatorname{div}\vec{V} - \vec{V}\operatorname{div}\vec{a} - \vec{a}\times\operatorname{rot}\vec{V} - \vec{V}\times\operatorname{rot}\vec{a}. \tag{13.71b}$$

特别地, 对于 $\vec{r} = x\vec{i} + y\vec{j} + z\vec{k}$ 得到

$$(\vec{a}\cdot\nabla)\,\vec{r} = \vec{a}. \tag{13.71c}$$

13.2.6.4 作用两次的梯度算子

对于每个场 $\vec{V}$, 有

$$\nabla(\nabla\times\vec{V}) = \operatorname{div}\operatorname{rot}\vec{V} \equiv 0, \tag{13.72}$$

$$\nabla\times(\nabla U) = \operatorname{rot}\operatorname{grad}U \equiv \vec{0}, \tag{13.73}$$

$$\nabla(\nabla U) = \operatorname{div}\operatorname{grad}U = \Delta U. \tag{13.74}$$

13.2.6.5 拉普拉斯算子

1. 定义

梯度算子与其自身的内积被称为*拉普拉斯算子* (Laplace operator):

$$\triangle = \nabla\cdot\nabla = \nabla^2. \tag{13.75}$$

拉普拉斯算子不是向量. 它表示二阶偏导数之和. 它既能作用于标量函数, 也能作用于向量函数. 它对于向量函数的作用是分量式的, 其结果为向量.

拉普拉斯算子是一个*不变量* (invariant), 即它在坐标系的平移和/或旋转下是不变的.

2. 不同坐标系中关于拉普拉斯算子的公式

这里, 把拉普拉斯算子应用于标量点函数 $U(\vec{r})$. 此时结果也是标量. 把拉普拉斯算子应用于向量函数 $\vec{V}(\vec{r})$, 产生一个具有分量 $\Delta V_x, \Delta V_y, \Delta V_z$ 的向量 $\Delta\vec{V}$.

(1) 笛卡儿坐标系中的拉普拉斯算子

$$\Delta U(x,y,z)=\frac{\partial^2 U}{\partial x^2}+\frac{\partial^2 U}{\partial y^2}+\frac{\partial^2 U}{\partial z^2}. \tag{13.76}$$

(2) 柱面坐标系中的拉普拉斯算子

$$\Delta U(\rho,\varphi,z)=\frac{1}{\rho}\frac{\partial}{\partial\rho}\left(\rho\frac{\partial U}{\partial\rho}\right)+\frac{1}{\rho^2}\frac{\partial^2 U}{\partial\varphi^2}+\frac{\partial^2 U}{\partial z^2}. \tag{13.77}$$

(3) 球面坐标系中的拉普拉斯算子

$$\Delta U(r,\vartheta,\varphi)=\frac{1}{r^2}\frac{\partial}{\partial r}\left(r^2\frac{\partial U}{\partial r}\right)+\frac{1}{r^2\sin\vartheta}\frac{\partial}{\partial\vartheta}\left(\sin\vartheta\frac{\partial U}{\partial\vartheta}\right)+\frac{1}{r^2\sin\vartheta}\frac{\partial^2 U}{\partial\varphi^2}. \tag{13.78}$$

(4) 一般直角坐标系中的拉普拉斯算子

$$\Delta U(\xi,\eta,\zeta)=\frac{1}{D}\left[\frac{\partial}{\partial\xi}\left(\frac{D}{\left|\frac{\partial\vec{r}}{\partial\xi}\right|^2}\frac{\partial U}{\partial\xi}\right)+\frac{\partial}{\partial\eta}\left(\frac{D}{\left|\frac{\partial\vec{r}}{\partial\eta}\right|^2}\frac{\partial U}{\partial\eta}\right)+\frac{\partial}{\partial\zeta}\left(\frac{D}{\left|\frac{\partial\vec{r}}{\partial\zeta}\right|^2}\frac{\partial U}{\partial\zeta}\right)\right], \tag{13.79a}$$

其中

$$\vec{r}(\xi,\eta,\zeta)=x(\xi,\eta,\zeta)\vec{i}+y(\xi,\eta,\zeta)\vec{j}+z(\xi,\eta,\zeta)\vec{k}, \tag{13.79b}$$

$$D=\left|\frac{\partial\vec{r}}{\partial\xi}\right|\cdot\left|\frac{\partial\vec{r}}{\partial\eta}\right|\cdot\left|\frac{\partial\vec{r}}{\partial\zeta}\right|. \tag{13.79c}$$

3. 梯度算子和拉普拉斯算子之间的特殊关系

$$\nabla(\nabla\cdot\vec{V})=\operatorname{grad}\operatorname{div}\vec{V}, \tag{13.80}$$

$$\nabla\times(\nabla\times\vec{V})=\operatorname{rot}\operatorname{rot}\vec{V}, \tag{13.81}$$

$$\nabla(\nabla\cdot\vec{V})-\nabla\times(\nabla\times\vec{V})=\triangle\vec{V}, \tag{13.82}$$

其中

$$\triangle\vec{V}=(\nabla\cdot\nabla)\vec{V}=\triangle\vec{V}_x\vec{i}+\triangle\vec{V}_y\vec{j}+\triangle\vec{V}_z\vec{k}=\left(\frac{\partial^2 V_x}{\partial x^2}+\frac{\partial^2 V_x}{\partial y^2}+\frac{\partial^2 V_x}{\partial z^2}\right)\vec{i}$$
$$+\left(\frac{\partial^2 V_y}{\partial x^2}+\frac{\partial^2 V_y}{\partial y^2}+\frac{\partial^2 V_y}{\partial z^2}\right)\vec{j}+\left(\frac{\partial^2 V_z}{\partial x^2}+\frac{\partial^2 V_z}{\partial y^2}+\frac{\partial^2 V_z}{\partial z^2}\right)\vec{k}. \tag{13.83}$$

13.2.7 空间微分算子的回顾

13.2.7.1 空间微分算子的运算法则

U, U_1, U_2 和 F 是标量函数; c 是常数; $\vec{V}, \vec{V}_1, \vec{V}_2$ 是向量函数:

$$\operatorname{grad}(U_1 + U_2) = \operatorname{grad} U_1 + \operatorname{grad} U_2. \tag{13.84}$$

$$\operatorname{grad}(cU) = c \operatorname{grad} U. \tag{13.85}$$

$$\operatorname{grad}(U_1 U_2) = U_1 \operatorname{grad} U_2 + U_2 \operatorname{grad} U_1. \tag{13.86}$$

$$\operatorname{grad} F(U) = F'(U) \operatorname{grad} U. \tag{13.87}$$

$$\operatorname{div}(\vec{V}_1 + \vec{V}_2) = \operatorname{div} \vec{V}_1 + \operatorname{div} \vec{V}_2. \tag{13.88}$$

$$\operatorname{div}(c\vec{V}) = c \operatorname{div} \vec{V}. \tag{13.89}$$

$$\operatorname{div}(U\vec{V}) = \vec{V} \cdot \operatorname{grad} U + U \operatorname{div} \vec{V}. \tag{13.90}$$

$$\operatorname{rot}(\vec{V}_1 + \vec{V}_2) = \operatorname{rot} \vec{V}_1 + \operatorname{rot} \vec{V}_2. \tag{13.91}$$

$$\operatorname{rot}(c\vec{V}) = c \operatorname{rot} \vec{V}. \tag{13.92}$$

$$\operatorname{rot}(U\vec{V}) = U \operatorname{rot} \vec{V} - \vec{V} \times \operatorname{grad} U. \tag{13.93}$$

$$\operatorname{div} \operatorname{rot} \vec{V} \equiv 0. \tag{13.94}$$

$$\operatorname{rot} \operatorname{grad} U \equiv \vec{0}\ (\text{零向量}). \tag{13.95}$$

$$\operatorname{div} \operatorname{grad} U = \Delta U. \tag{13.96}$$

$$\operatorname{rot} \operatorname{rot} \vec{V} = \operatorname{grad} \operatorname{div} \vec{V} - \Delta \vec{V}. \tag{13.97}$$

$$\operatorname{div}(\vec{V}_1 \times \vec{V}_2) = \vec{V}_2 \cdot \operatorname{rot} \vec{V}_1 - \vec{V}_1 \cdot \operatorname{rot} \vec{V}_2. \tag{13.98}$$

13.2.7.2 笛卡儿、柱面和球面坐标系中向量分析的表达式 (表 13.2)

表 13.2 笛卡儿、柱面和球面坐标系中向量分析的表达式

	笛卡儿坐标系	柱面坐标系	球面坐标系
$\mathrm{d}\vec{s}=\mathrm{d}\vec{r}$	$\vec{e}_x\mathrm{d}x+\vec{e}_y\mathrm{d}y+\vec{e}_z\mathrm{d}z$	$\vec{e}_\rho\mathrm{d}\rho+\vec{e}_\varphi\rho\mathrm{d}\varphi+\vec{e}_z\mathrm{d}z$	$\vec{e}_r\mathrm{d}r+\vec{e}_\vartheta r\mathrm{d}\vartheta+\vec{e}_\varphi r\sin\vartheta\mathrm{d}\varphi$
$\mathrm{grad}\,U$	$\vec{e}_x\dfrac{\partial U}{\partial x}+\vec{e}_y\dfrac{\partial U}{\partial y}+\vec{e}_z\dfrac{\partial U}{\partial z}$	$\vec{e}_\rho\dfrac{\partial U}{\partial \rho}+\vec{e}_\varphi\dfrac{1}{\rho}\dfrac{\partial U}{\partial \varphi}+\vec{e}_z\dfrac{\partial U}{\partial z}$	$\vec{e}_r\dfrac{\partial U}{\partial r}+\vec{e}_\vartheta\dfrac{1}{r}\dfrac{\partial U}{\partial \vartheta}+\vec{e}_\varphi\dfrac{1}{r\sin\vartheta}\dfrac{\partial U}{\partial \varphi}$
$\mathrm{div}\,\vec{V}$	$\dfrac{\partial V_x}{\partial x}+\dfrac{\partial V_y}{\partial y}+\dfrac{\partial V_z}{\partial z}$	$\dfrac{1}{\rho}\dfrac{\partial}{\partial\rho}(\rho V_\rho)+\dfrac{1}{\rho}\dfrac{\partial V_\varphi}{\partial\varphi}+\dfrac{\partial V_z}{\partial z}$	$\dfrac{1}{r^2}\dfrac{\partial}{\partial r}(r^2V_r)+\dfrac{1}{r\sin\vartheta}\dfrac{\partial}{\partial\vartheta}(V_\vartheta\sin\vartheta)$ $+\dfrac{1}{r\sin\vartheta}\dfrac{\partial V_\varphi}{\partial\varphi}$
$\mathrm{rot}\,\vec{V}$	$\vec{e}_x\left(\dfrac{\partial V_z}{\partial y}-\dfrac{\partial V_y}{\partial z}\right)$ $+\vec{e}_y\left(\dfrac{\partial V_x}{\partial z}-\dfrac{\partial V_z}{\partial x}\right)$ $+\vec{e}_z\left(\dfrac{\partial V_y}{\partial x}-\dfrac{\partial V_x}{\partial y}\right)$	$\vec{e}_\rho\left(\dfrac{1}{\rho}\dfrac{\partial V_z}{\partial\varphi}-\dfrac{\partial V_\varphi}{\partial z}\right)$ $+\vec{e}_\varphi\left(\dfrac{\partial V_\rho}{\partial z}-\dfrac{\partial V_z}{\partial\rho}\right)$ $+\vec{e}_z\left(\dfrac{1}{\rho}\dfrac{\partial}{\partial\rho}(\rho V_\varphi)-\dfrac{1}{\rho}\dfrac{\partial V_\rho}{\partial\varphi}\right)$	$\vec{e}_r\dfrac{1}{r\sin\vartheta}\left[\dfrac{\partial}{\partial\vartheta}(V_\varphi\sin\vartheta)-\dfrac{\partial V_\vartheta}{\partial\varphi}\right]$ $+\vec{e}_\vartheta\dfrac{1}{r}\left[\dfrac{1}{\sin\vartheta}\dfrac{\partial V_r}{\partial\varphi}-\dfrac{\partial}{\partial r}(rV_\varphi)\right]$ $+\vec{e}_\varphi\dfrac{1}{r}\left[\dfrac{\partial}{\partial r}(rV_\vartheta)-\dfrac{\partial V_r}{\partial\vartheta}\right]$
ΔU	$\dfrac{\partial^2U}{\partial x^2}+\dfrac{\partial^2U}{\partial y^2}+\dfrac{\partial^2U}{\partial z^2}$	$\dfrac{1}{\rho}\dfrac{\partial}{\partial\rho}\left(\rho\dfrac{\partial U}{\partial\rho}\right)+\dfrac{1}{\rho^2}\dfrac{\partial^2U}{\partial\varphi^2}$ $+\dfrac{\partial^2U}{\partial z^2}$	$\dfrac{1}{r^2}\dfrac{\partial}{\partial r}\left(r^2\dfrac{\partial U}{\partial r}\right)$ $+\dfrac{1}{r^2\sin\vartheta}\dfrac{\partial}{\partial\vartheta}\left(\sin\vartheta\dfrac{\partial U}{\partial\vartheta}\right)$ $+\dfrac{1}{r^2\sin\vartheta}\dfrac{\partial^2U}{\partial\varphi^2}$

13.2.7.3 基本关系式和结果 (表 13.3)

表 13.3 关于空间微分算子的基本关系式

算子	符号	关系	变元	结果	意义
梯度	$\operatorname{grad} U$	∇U	标量	向量	极大增加
向量梯度	$\operatorname{grad} \vec{V}$	$\nabla \vec{V}$	向量	二阶张量	
散度	$\operatorname{div} \vec{V}$	$\nabla \cdot \vec{V}$	向量	标量	源, 汇
旋度	$\operatorname{rot} \vec{V}$	$\nabla \times \vec{V}$	向量	向量	卷曲
拉普拉斯算子	$\triangle U$	$(\nabla \cdot \nabla) U$	标量	标量	位势场源
拉普拉斯算子	$\triangle \vec{V}$	$(\nabla \cdot \nabla) \vec{V}$	向量	向量	

13.3 向量场中的积分

向量场中的积分通常是在笛卡儿、柱面或球面坐标系中所施行. 积分通常是展布在曲线、曲面或高维区域上. 对于这些计算所需要的线元、面元和体积元被汇集在表 13.4 中.

表 13.4 笛卡儿、柱面和球面坐标系中的线元、面元和体积元

	笛卡儿坐标系	柱面坐标系	球面坐标系
$\mathrm{d}\vec{r}$	$\vec{\mathrm{e}}_x \mathrm{d}x + \vec{\mathrm{e}}_y \mathrm{d}y + \vec{\mathrm{e}}_z \mathrm{d}z$	$\vec{\mathrm{e}}_\rho \mathrm{d}\rho + \vec{\mathrm{e}}_\varphi \rho \mathrm{d}\varphi + \vec{\mathrm{e}}_z \mathrm{d}z$	$\vec{\mathrm{e}}_r \mathrm{d}r + \vec{\mathrm{e}}_\vartheta r \mathrm{d}\vartheta + \vec{\mathrm{e}}_\varphi r \sin\vartheta \mathrm{d}\varphi$
$\mathrm{d}\vec{S}$	$\vec{\mathrm{e}}_x \mathrm{d}y\mathrm{d}z + \vec{\mathrm{e}}_y \mathrm{d}x\mathrm{d}z$ $+\vec{\mathrm{e}}_z \mathrm{d}x\mathrm{d}y$	$\vec{\mathrm{e}}_\rho \rho \mathrm{d}\varphi\mathrm{d}z + \vec{\mathrm{e}}_\varphi \mathrm{d}\rho\mathrm{d}z$ $+\vec{\mathrm{e}}_z \rho\mathrm{d}\rho\mathrm{d}\varphi$	$\vec{\mathrm{e}}_r r^2 \sin\vartheta \mathrm{d}\vartheta\mathrm{d}\varphi$ $+\vec{\mathrm{e}}_\vartheta r \sin\vartheta \mathrm{d}r\mathrm{d}\varphi$ $+\vec{\mathrm{e}}_\varphi r\mathrm{d}r\mathrm{d}\vartheta\mathrm{d}\varphi$
$\mathrm{d}V^*$	$\mathrm{d}X\mathrm{d}Y\mathrm{d}Z$	$\rho\mathrm{d}\rho\mathrm{d}\varphi\mathrm{d}Z$	$r^2 \sin\vartheta \mathrm{d}r\mathrm{d}\vartheta\mathrm{d}\varphi$
	$\vec{\mathrm{e}}_x = \vec{\mathrm{e}}_y \times \vec{\mathrm{e}}_z$ $\vec{\mathrm{e}}_y = \vec{\mathrm{e}}_z \times \vec{\mathrm{e}}_x$ $\vec{\mathrm{e}}_z = \vec{\mathrm{e}}_x \times \vec{\mathrm{e}}_y$	$\vec{\mathrm{e}}_\rho = \vec{\mathrm{e}}_\varphi \times \vec{\mathrm{e}}_z$ $\vec{\mathrm{e}}_\varphi = \vec{\mathrm{e}}_z \times \vec{\mathrm{e}}_\rho$ $\vec{\mathrm{e}}_z = \vec{\mathrm{e}}_\rho \times \vec{\mathrm{e}}_\varphi$	$\vec{\mathrm{e}}_r = \vec{\mathrm{e}}_\vartheta \times \vec{\mathrm{e}}_\varphi$ $\vec{\mathrm{e}}_\vartheta = \vec{\mathrm{e}}_\varphi \times \vec{\mathrm{e}}_r$ $\vec{\mathrm{e}}_\varphi = \vec{\mathrm{e}}_r \times \vec{\mathrm{e}}_\vartheta$
	$\vec{\mathrm{e}}_i \cdot \vec{\mathrm{e}}_j = \begin{cases} 0, & i \neq j^{**} \\ 1, & i = j \end{cases}$	$\vec{\mathrm{e}}_i \cdot \vec{\mathrm{e}}_j = \begin{cases} 0, & i \neq j \\ 1, & i = j \end{cases}$	$\vec{\mathrm{e}}_i \cdot \vec{\mathrm{e}}_j = \begin{cases} 0, & i \neq j \\ 1, & i = j \end{cases}$

* 这里用 V 表示体积是为了避免与向量函数的绝对值 $|\vec{V}| = V$ 混淆

** 指标 i 和 j 代替 x, y, z 或 ρ, φ, z 或 r, ϑ, φ. —— 译者注

13.3.1 向量场中的线积分和位势

13.3.1.1 向量场中的线积分

1. 定义

一个向量函数 $\vec{V}(\vec{r})$ 沿一条可求长曲线 $\widehat{AB}$ (图 13.13) 的标量值线积分或线积分是标量值

$$P = \int_{\widehat{AB}} \vec{V}(\vec{r}) \cdot \mathrm{d}\vec{r}. \tag{13.99a}$$

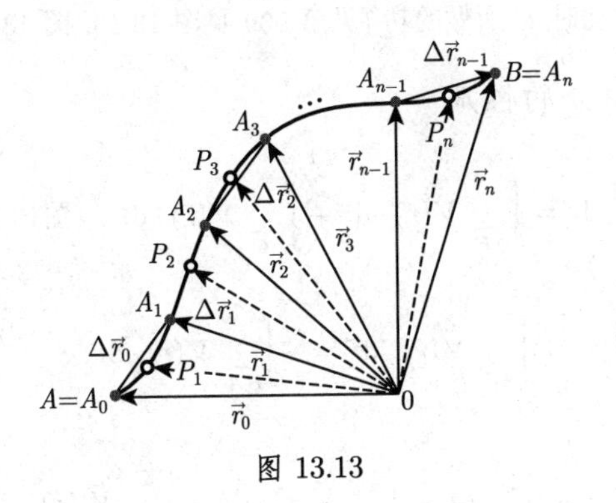

图 13.13

2. 5 个步骤计算这个积分

a) 用分点 $A_1(\vec{r}_1), A_2(\vec{r}_2), \cdots, A_{n-1}(\vec{r}_{n-1})\,(A = A_0, B = A_n)$ 把路径 $\widehat{AB}$ 分成 n 个小弧段 (图 13.13), 用向量 $\vec{r}_i - \vec{r}_{i-1} = \Delta\vec{r}_{i-1}$ 来逼近这些弧.

b) 在每个小弧段的内部或边界任意选取位置向量为 $\vec{\xi}_i$ 的点 P_i.

c) 在这些所选取的点处计算函数值 $\vec{V}(\vec{\xi}_i)$ 与相应的 $\Delta\,\vec{r}_{i-1}$ 的内积.

d) 取所有 n 个积之和.

e) 当 $|\Delta\,\vec{r}_{i-1}| \to 0$ 时, 显然亦当 $n \to \infty$ 时计算和 $\sum\limits_{i=1}^{n} \tilde{\vec{V}}(\vec{\xi}_i) \cdot \Delta\,\vec{r}_{i-1}$ 的极限.

如果这个极限与诸点 A_i 和 P_i 的选取无关, 则它被称为线积分

$$\int_{\widehat{AB}} \vec{V} \cdot \mathrm{d}\vec{r} = \lim_{\substack{|\Delta\,\vec{r}_{i-1}| \to 0 \\ n \to \infty}} \sum_{i=1}^{n} \tilde{\vec{V}}(\vec{\xi}_i) \cdot \Delta\,\vec{r}_{i-1}. \tag{13.99b}$$

线积分 (13.99a), (13.99b) 存在性的一个充分条件是, 向量函数 $\vec{V}(\vec{r})$ 和曲线 $\widehat{AB}$ 是连续的, 并且曲线有连续改变的切线. 一个向量函数 $\vec{V}(\vec{r})$ 是连续的, 如果其分量, 3 个标量函数是连续的.

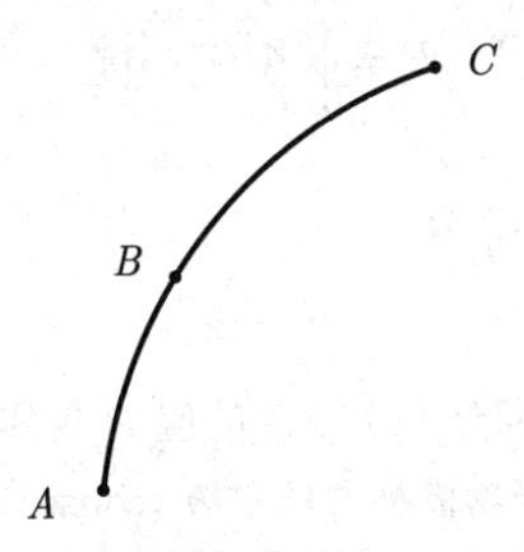

图 13.14

13.3.1.2 力学中线积分的解释

如果 $\vec{V}(\vec{r})$ 是一个力场, 即 $\vec{V}(\vec{r}) = \vec{F}(\vec{r})$, 则线积分 (13.99a) 表示当一个粒子 m 沿路径 $\widehat{AB}$ 移动时 $\vec{F}$ 所做的功 (见第 939 页图 13.13, 图 13.14).

13.3.1.3 线积分的性质

$$\int_{\widehat{ABC}} \vec{V}(\vec{r}) \cdot \mathrm{d}\vec{r} = \int_{\widehat{AB}} \vec{V}(\vec{r}) \cdot \mathrm{d}\vec{r} + \int_{\widehat{BC}} \vec{V}(\vec{r}) \cdot \mathrm{d}\vec{r} \quad (\text{图}13.14), \tag{13.100}$$

$$\int_{\widehat{AB}} \vec{V}(\vec{r}) \cdot \mathrm{d}\vec{r} = -\int_{\widehat{BA}} \vec{V}(\vec{r}) \cdot \mathrm{d}\vec{r}, \tag{13.101}$$

$$\int_{\widehat{AB}} [\vec{V}(\vec{r}) + \vec{W}(\vec{r})] \cdot \mathrm{d}\vec{r} = \int_{\widehat{AB}} \vec{V}(\vec{r}) \cdot \mathrm{d}\vec{r} + \int_{\widehat{AB}} \vec{W}(\vec{r}) \cdot \mathrm{d}\vec{r}, \tag{13.102}$$

$$\int_{\widehat{AB}} c\vec{V}(\vec{r}) \cdot \mathrm{d}\vec{r} = c\int_{\widehat{AB}} \vec{V}(\vec{r}) \cdot \mathrm{d}\vec{r} \quad (c\,\text{为常数}). \tag{13.103}$$

13.3.1.4 笛卡儿坐标系中的线积分

在笛卡儿坐标系中下述公式成立:

$$\int_{\widehat{AB}} \vec{V}(\vec{r}) \cdot \mathrm{d}\vec{r} = \int_{\widehat{AB}} (V_x\,\mathrm{d}x + V_y\,\mathrm{d}y + V_z\,\mathrm{d}z). \tag{13.104}$$

13.3.1.5 沿向量场中一条闭曲线的积分

一个线积分被称为**周线积分** (contour integral), 如果积分路径是一条闭曲线. 如果标量积分值用 P 表示, 闭曲线用 C 表示, 则用下述记号:

$$P = \oint_C \vec{V}(\vec{r}) \cdot \mathrm{d}\vec{r}. \tag{13.105}$$

13.3.1.6 保守场或位势场

1. 定义

如果一个向量场中的线积分 (13.99a) 的值 P 仅依赖于初始点 A 和终点 B, 而与连接它们的路径无关, 则该场被称为**保守场** (conservative field) 或**位势场** (potatial field).

在保守场中的周线积分之值恒为零:

$$\oint_C \vec{V}(\vec{r}) \cdot \mathrm{d}\vec{r} = 0. \tag{13.106}$$

保守场总是无旋的:

$$\operatorname{rot} \vec{V} = \vec{0}, \tag{13.107}$$

并且反之, 此等式是一个向量场成为保守场的一个充分条件. 当然, 必须假设场函数 $\vec{V}$ 关于相应的坐标的偏导数是连续的, 并且 $\vec{V}$ 的定义域是单连通的. 这个条件也称为**可积性条件** (integrability condition) (参见第 692 页 8.3.4.2), 它在笛卡儿坐标系中有下述形式

$$\frac{\partial V_x}{\partial y} = \frac{\partial V_y}{\partial x}, \quad \frac{\partial V_y}{\partial z} = \frac{\partial V_z}{\partial y}, \quad \frac{\partial V_z}{\partial x} = \frac{\partial V_x}{\partial z}. \tag{13.108}$$

2. 保守场的位势

一个保守场的位势, 或者其位势函数, 是标量函数

$$U(\vec{r}) = \int_{\vec{r}_0}^{\vec{r}} \vec{V}(\vec{r}) \cdot \mathrm{d}\vec{r}. \tag{13.109a}$$

在保守场中, 它作为具有一个固定初始点 $A(\vec{r}_0)$ 和一个变动终点 $B(\vec{r})$ 的线积分来计算

$$U(\vec{r}) = \int_{\widehat{AB}} \vec{V}(\vec{r}) \cdot \mathrm{d}\vec{r}. \tag{13.109b}$$

注 在物理学中, 一个函数 $\vec{V}(\vec{r})$ 的位势 $U^*(\vec{r})$ 经常被认为有相反的符号

$$U^*(\vec{r}) = -\int_{\vec{r}_0}^{\vec{r}} \vec{V}(\vec{r}) \cdot \mathrm{d}\vec{r} = -U(\vec{r}). \tag{13.110}$$

3. 梯度、线积分和位势之间的关系

如果关系式 $\vec{V}(\vec{r}) = \operatorname{grad} U(\vec{r})$, 则 $U(\vec{r})$ 是场 $\vec{V}(\vec{r})$ 的位势, 并且反之, $\vec{V}(\vec{r})$ 是保守场或位势场. 在物理学中, 相应于 (13.110), 经常用相反的符号.

4. 保守场中位势的计算

如果在笛卡儿坐标系中给定函数 $\vec{V}(\vec{r}) = V_x\vec{i} + V_y\vec{j} + V_z\vec{k}$, 则其位势函数 U 的全微分为

$$\mathrm{d}U = V_x\,\mathrm{d}x + V_y\,\mathrm{d}y + V_z\,\mathrm{d}z. \tag{13.111a}$$

这里, 系数 V_x, V_y, V_z 必须满足可积性条件 (13.108). 从方程组

$$\frac{\partial U}{\partial x}=V_x,\quad \frac{\partial U}{\partial y}=V_y,\quad \frac{\partial U}{\partial z}=V_z \tag{13.111b}$$

即得 U. 在实践中, 可以通过沿 3 段平行于坐标轴并相连的直线段 (图 13.15) 的积分来计算位势:

$$U=\int_{\vec{r}_0}^{\vec{r}}\vec{V}(\vec{r})\cdot\mathrm{d}\vec{r}=U(x_0,y_0,z_0)+\int_{x_0}^{x}V_x\left(x,y_0,z_0\right)\mathrm{d}x$$
$$+\int_{y_0}^{y}V_y\left(x,y,z_0\right)\mathrm{d}y+\int_{z_0}^{z}V_z\left(x,y,z\right)\mathrm{d}z. \tag{13.112}$$

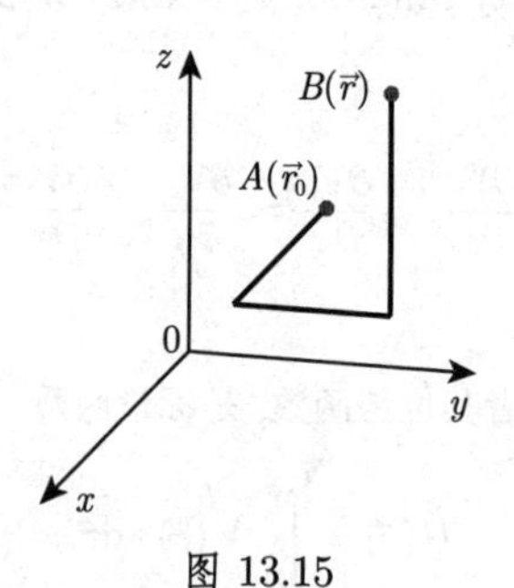

图 13.15

13.3.2 面积分

13.3.2.1 平面片向量

一般型的面积分 (参见第 692 页 8.3.4.2) 的向量表示要求对一个平面区域 S 指定一个向量 $\vec{S}$, 它垂直于这个区域, 并且其绝对值等于 S 的面积. 图 13.16(a) 展示了一个平面片的情形. 根据**右手定律** (right-hand law) (也称为**右旋法则** (right-screw rule)) 定义沿一条闭曲线 C 的正指向来给出 S 的正方向: 从向量 $\vec{S}$ 的起始点向其终点看去, 则**正指向** (positive sense) 就是顺时针方向. 由边界曲线定向的这个选择

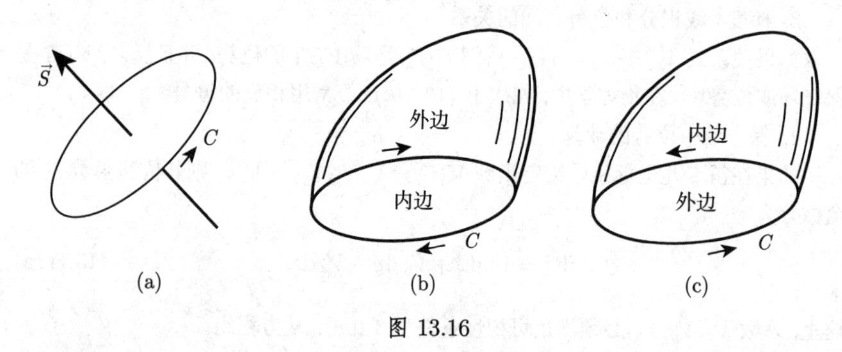

图 13.16

就确定了这个曲面区域的外边, 即向量 $\vec{S}$ 所在的那一边. 这个定义对于由一条闭曲线所界的任意曲面区域的情形都有效 (图 13.16(b),(c)).

13.3.2.2 面积分的计算

标量场或向量场中一个面积分的计算与曲面 S 是否由一条闭曲线所界或它本身就是一个闭曲面无关. 计算分 5 个步骤:

a) 在 S 的边界曲线定向所定义的外边把曲面区域 S 分成 n 个任意的基本曲面 ΔS_i(图 13.17), 使得这些面元都可被平面元素所逼近. 如在 (13.33a) 中给出的那样, 对每个面元 ΔS_i 指定一个向量 $\Delta\vec{S}_i$. 在闭曲面的情形, 定义 $\Delta\vec{S}_i$ 的正方向, 使得 S 的外边是其出发之处.

b) 在每个面元的内点集或边界上任取一点 P_i, 其位置向量为 $\vec{r}_i$.

c) 在标量场的情形作乘积 $U(\vec{r}_i)\Delta\vec{S}_i$, 在向量场的情形作乘积 $\vec{V}(\vec{r}_i)\cdot\Delta\vec{S}_i$ 或 $\vec{V}(\vec{r}_i)\times\Delta\vec{S}_i$.

d) 取所有这些积之和.

e) 当 ΔS_i 的直径趋于零, 即当 $|\Delta\vec{S}_i|\to 0$ 时, 亦当 $n\to\infty$ 时计算和之极限. 因而, 对于二重积分, 在第 694 页 8.4.1.1, 1. 中给出的意义下面元趋于零.

如果这个极限的存在与曲面 S 的划分以及点 $\vec{r}_i$ 的选取无关, 则称此极限为在给定曲面上 $\vec{V}$ 的面积分.

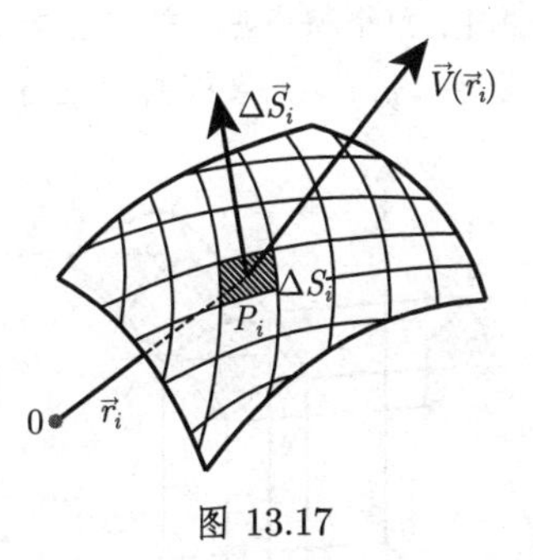

图 13.17

13.3.2.3 面积分和场流

1. 标量场的向量流

$$\vec{P}=\lim_{\substack{|\Delta\vec{S}_i|\to 0\\ n\to\infty}}\sum_{i=1}^{n}U(\vec{r}_i)\Delta\,\vec{S}_i=\int_S U(\vec{r})\,\mathrm{d}\vec{S}. \tag{13.113}$$

2. 向量场的标量流

$$Q=\lim_{\substack{|\Delta\vec{S}_i|\to 0\\ n\to\infty}}\sum_{i=1}^{n}\vec{V}(\vec{r}_i)\cdot\Delta\,\vec{S}_i=\int_S \vec{V}(\vec{r})\cdot\mathrm{d}\vec{S}. \tag{13.114}$$

3. 向量场的向量流

$$\vec{R} = \lim_{\substack{|\Delta \vec{S}_i| \to 0 \\ n \to \infty}} \sum_{i=1}^{n} \vec{V}(\vec{r}_i) \times \Delta \vec{S}_i = \int_S \vec{V}(\vec{r}) \times \mathrm{d}\vec{S}. \tag{13.115}$$

13.3.2.4 笛卡儿坐标系中作为第二型面积分的面积分

$$\int_S U\,\mathrm{d}\vec{S} = \iint_{S_{yz}} U\,\mathrm{d}y\,\mathrm{d}z\,\vec{i} + \iint_{S_{zx}} U\,\mathrm{d}z\,\mathrm{d}x\,\vec{j} + \iint_{S_{xy}} U\,\mathrm{d}x\,\mathrm{d}y\,\vec{k}. \tag{13.116}$$

$$\int_S \vec{V} \cdot \mathrm{d}\vec{S} = \iint_{S_{yz}} V_x\,\mathrm{d}y\,\mathrm{d}z + \iint_{S_{zx}} V_y\,\mathrm{d}z\,\mathrm{d}x + \iint_{S_{xy}} V_z\,\mathrm{d}x\,\mathrm{d}y. \tag{13.117}$$

$$\int_S \vec{V} \times \mathrm{d}\vec{S} = \iint_{S_{yz}} (V_z\,\vec{j} - V_y\,\vec{k})\,\mathrm{d}y\,\mathrm{d}z + \iint_{S_{zx}} (V_x\,\vec{k} - V_z\,\vec{i})\,\mathrm{d}z\,\mathrm{d}x$$

$$+ \iint_{S_{xy}} (V_y\,\vec{i} - V_x\,\vec{j})\,\mathrm{d}x\,\mathrm{d}y. \tag{13.118}$$

类似于第 710 页 8.5.2.1, 4. 中的存在性定理, 可以给出关于这些积分的存在性定理. 在上面这些公式中, 每个积分被展布在 S 在相应的坐标平面的投影上 (图 13.18), 在每个投影上变量 x, y, z 之一要根据 S 的方程由其他两个变量来表示.

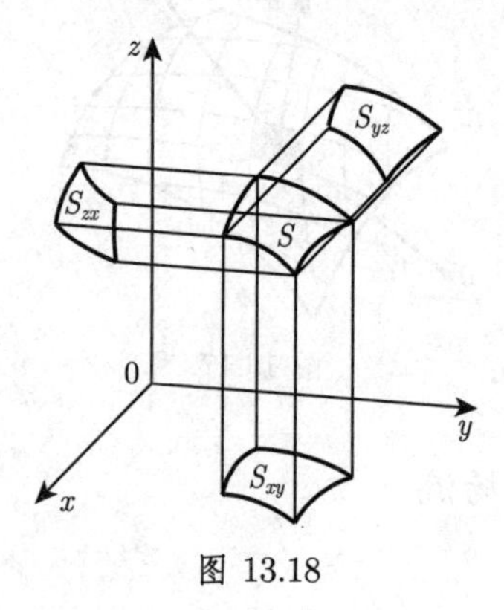

图 13.18

注 用下列式子表示在闭曲面上的积分:

$$\oint_S U\,\mathrm{d}\vec{S} = \oiint_S U\,\mathrm{d}\vec{S},\quad \oint_S \vec{V} \cdot \mathrm{d}\vec{S} = \oiint_S \vec{V} \cdot \mathrm{d}\vec{S},\quad \oint_S \vec{V} \times \mathrm{d}\vec{S} = \oiint_S \vec{V} \times \mathrm{d}\vec{S}. \tag{13.119}$$

■ **A:** 计算积分$\vec{P} = \int_S xyz\,\mathrm{d}\vec{S}$, 其中曲面 S 是由 3 个坐标平面所围的平面区域

$x+y+z=1$. 其向上的边是正边:

$$\vec{P}=\iint\limits_{S_{yz}}(1-y-z)yz\,\mathrm{d}y\,\mathrm{d}z\,\vec{i}+\iint\limits_{S_{zx}}(1-x-z)xz\,\mathrm{d}z\,\mathrm{d}x\,\vec{j}+\iint\limits_{S_{xy}}(1-x-y)xy\,\mathrm{d}x\,\mathrm{d}y\,\vec{k};$$

$$\iint\limits_{S_{yz}}(1-y-z)yz\,\mathrm{d}y\,\mathrm{d}z=\int_0^1\int_0^{1-z}(1-y-z)yz\,\mathrm{d}y\,\mathrm{d}z=\frac{1}{120}.$$

可以类似地求另两个积分. 结果为: $\vec{P}=\dfrac{1}{120}(\vec{i}+\vec{j}+\vec{k})$.

■ **B:** 在如**A**中同一平面区域上计算积分 $Q=\displaystyle\int_S\vec{r}\cdot\mathrm{d}\vec{S}=\iint\limits_{S_{yz}}x\,\mathrm{d}y\,\mathrm{d}z+\iint\limits_{S_{zx}}y\,\mathrm{d}z\,\mathrm{d}x+\iint\limits_{S_{xy}}z\,\mathrm{d}x\,\mathrm{d}y$. $\displaystyle\iint\limits_{S_{yz}}x\,\mathrm{d}y\,\mathrm{d}z=\int_0^1\int_0^{1-z}(1-y-z)\,\mathrm{d}y\,\mathrm{d}z=\frac{1}{6}$. 可以类似地求另两个积分. 结果为: $Q=\dfrac{1}{6}+\dfrac{1}{6}+\dfrac{1}{6}=\dfrac{1}{2}$.

■ **C:** 在如**A**中同一平面区域上计算积分 $\vec{R}=\displaystyle\int_S\vec{r}\times\mathrm{d}\vec{S}=\int_S(x\,\vec{i}+y\,\vec{j}+z\,\vec{k})\times(\mathrm{d}y\,\mathrm{d}z\,\vec{i}+\mathrm{d}z\,\mathrm{d}x\,\vec{j}+\mathrm{d}x\,\mathrm{d}y\,\vec{k})$. 计算后给出 $\vec{R}=\vec{0}$.

13.3.3 积分定理

13.3.3.1 高斯积分定理和高斯积分公式

1. 高斯积分定理或散度定理

高斯积分定理 (integral theorem of Gauss) 给出了在一个体积 v 上 $\vec{V}$ 的散度的体积分与在围住 v 的曲面 S 上的一个面积分之间的关系. 定义 S 的定向, 使得其外边是正边. 向量函数 $\vec{V}$ 是连续的, 并且其一阶偏导数存在并连续. 高斯积分定理如下叙述:

$$\oiint\limits_{S}\vec{V}\cdot\mathrm{d}\vec{S}=\iiint\limits_{v}\operatorname{div}\vec{V}\,\mathrm{d}v, \tag{13.120a}$$

即场 $\vec{V}$ 通过一个闭曲面 S 的标量流等于 $\vec{V}$ 在由 S 所界的体积 v 上散度的积分. 在笛卡儿坐标系中有

$$\oiint\limits_{S}(V_x\,\mathrm{d}y\,\mathrm{d}z+V_y\,\mathrm{d}z\,\mathrm{d}x+V_z\,\mathrm{d}x\,\mathrm{d}y)=\iiint\limits_{v}\left(\frac{\partial V_x}{\partial x}+\frac{\partial V_y}{\partial y}+\frac{\partial V_z}{\partial z}\right)\mathrm{d}x\,\mathrm{d}y\,\mathrm{d}z. \tag{13.120b}$$

2. 高斯积分公式

在平面的情形, 限制于 x,y 平面的高斯积分定理就变为**高斯积分公式** (integral formula of Gauss). 它表示一个线积分与其相应的面积分之间的对应. 高斯积分公式如下叙述:

$$\iint_B \left[\frac{\partial Q(x,y)}{\partial x} - \frac{\partial P(x,y)}{\partial y}\right] \mathrm{d}x\,\mathrm{d}y = \oint_C [P(x,y)\mathrm{d}x + Q(x,y)\mathrm{d}y]. \tag{13.121}$$

B 表示由 C 所界的一个平面区域. P 和 Q 是有一阶连续偏导数的连续函数.

3. 扇形公式

扇形公式 (sector formula) 是高斯积分公式用以计算平面区域面积的一个重要的特殊情形. 对于 $Q=x$, $P=-y$, 即得

$$F = \iint_B \mathrm{d}x\,\mathrm{d}y = \frac{1}{2}\oint_C [x\,\mathrm{d}y - y\,\mathrm{d}x]. \tag{13.122}$$

13.3.3.2 斯托克斯积分定理

斯托克斯积分定理 (integral theorem of Stokes) 给出了在一个定向曲面区域 S (在其上定义了向量场 $\vec{V}$) 的一个曲面积分与沿曲面 S 的边界 C 的积分之间的关系. 选取曲线 C 的指向, 使得其与曲面法线形成*右旋* (right-screw) (参见第 942 页 13.3.2.1). 向量函数 $\vec{V}$ 是连续的, 并有连续的一阶偏导数. 斯托克斯积分定理如下叙述:

$$\iint_S \operatorname{rot}\vec{V}\cdot\mathrm{d}\vec{S} = \oint_C \vec{V}\cdot\mathrm{d}\vec{r}, \tag{13.123a}$$

即向量场 $\vec{V}$ 通过由闭曲线 C 所界的曲面 S 的旋度流等于 $\vec{V}$ 沿曲线 C 的周线积分.

在笛卡儿坐标系中有

$$\iint_S \left[\left(\frac{\partial V_z}{\partial y} - \frac{\partial V_y}{\partial z}\right)\mathrm{d}y\,\mathrm{d}z + \left(\frac{\partial V_x}{\partial z} - \frac{\partial V_z}{\partial x}\right)\mathrm{d}z\,\mathrm{d}x + \left(\frac{\partial V_y}{\partial x} - \frac{\partial V_x}{\partial y}\right)\mathrm{d}x\,\mathrm{d}y\right]$$

$$= \oint_C (V_x\,\mathrm{d}x + V_y\,\mathrm{d}y + V_z\,\mathrm{d}z). \tag{13.123b}$$

在平面的情形, 就如高斯积分定理那样, 斯托克斯积分定理也变为高斯积分公式 (13.121).

13.3.3.3 格林积分定理

格林积分定理给出了体积分和面积分之间的关系. 它们是格林定理对函数 $\vec{V} = U_1 \operatorname{grad} U_2$ 的应用, 这里 U_1 和 U_2 是标量场函数, v 是由曲面 S 所围的体积. 下面一些定理成立:

(1) $$\iiint_v (U_1 \triangle U_2 + \operatorname{grad} U_2 \cdot \operatorname{grad} U_1)\,\mathrm{d}v = \oiint_S U_1 \operatorname{grad} U_2 \cdot \mathrm{d}\vec{S}, \tag{13.124}$$

(2) $$\iiint\limits_v (U_1 \triangle U_2 - U_2 \triangle U_1)\,\mathrm{d}v = \oiint\limits_S (U_1 \operatorname{grad} U_2 - U_2 \operatorname{grad} U_1)\cdot \mathrm{d}\vec{S}. \quad (13.125)$$

特别地, 对于 $U_1 = 1$, $U_2 = U$, 有如下结论.

(3) $$\iiint\limits_v \triangle U\,\mathrm{d}v = \oiint\limits_S \operatorname{grad} U \cdot \mathrm{d}\vec{S}. \quad (13.126)$$

在笛卡儿坐标系中, 第 3 个格林定理有下述形式 (比较 (13.120b)):

$$\iiint\limits_v \left(\frac{\partial^2 U}{\partial x^2} + \frac{\partial^2 U}{\partial y^2} + \frac{\partial^2 U}{\partial z^2}\right)\mathrm{d}v = \oiint\limits_S \left(\frac{\partial U}{\partial x}\,\mathrm{d}y\,\mathrm{d}z + \frac{\partial U}{\partial y}\,\mathrm{d}z\,\mathrm{d}x + \frac{\partial U}{\partial z}\,\mathrm{d}x\,\mathrm{d}y\right). \quad (13.127)$$

■ **A:** 计算线积分 $I = \oint_C (x^2y^3\,\mathrm{d}x + \mathrm{d}y + z\,\mathrm{d}z)$, 其中 C 是圆柱面 $x^2 + y^2 = a^2$ 与平面 $z = 0$ 的交线, 是一个圆周. 用斯托克斯定理 (13.123a) 得到: $I = \oint_C \vec{V} \cdot \mathrm{d}\vec{r} = \iint\limits_S \operatorname{rot}\vec{V} \cdot \mathrm{d}\vec{S} = -\iint\limits_{S^*} 3x^2y^2\,\mathrm{d}x\,\mathrm{d}y = -3\int_{\varphi=0}^{2\pi}\int_{r=0}^{a} r^5\cos^2\varphi\sin^2\varphi\,\mathrm{d}r\,\mathrm{d}\varphi = -\frac{a^6}{8}\pi$, 其中 $\operatorname{rot}\vec{V} = -3x^2y^2\,\vec{k}$, $\mathrm{d}\vec{S} = \vec{k}\,\mathrm{d}x\,\mathrm{d}y$, 圆盘 $S^*: x^2 + y^2 \leqslant a^2$.

■ **B:** 确定漂移空间 $\vec{V} = x^3\vec{i} + y^3\vec{j} + z^3\vec{k}$ 通过球面$S: x^2 + y^2 + z^2 = a^2$ 的通量 $I = \oint_S \vec{V} \cdot \mathrm{d}\vec{S}$. 高斯定理导出: $I = \oint_S \vec{V} \cdot \mathrm{d}\vec{S} = \iiint\limits_v \operatorname{div}\vec{V}\,\mathrm{d}v = 3\iiint\limits_v (x^2 + y^2 + z^2)\,\mathrm{d}x\,\mathrm{d}y\,\mathrm{d}z = 3\int_{\varphi=0}^{2\pi}\int_{\vartheta=0}^{\pi}\int_{r=0}^{a} r^4\sin\vartheta\,\mathrm{d}r\,\mathrm{d}\vartheta\,\mathrm{d}\varphi = \frac{12}{5}a^5\pi$.

■ **C:** 热导方程:一个不包含热源的空间区域 v 的热量随时间的变化由 $\frac{\mathrm{d}Q}{\mathrm{d}t} = \iiint\limits_v c\varrho\frac{\partial T}{\partial t}\,\mathrm{d}v$($c$ 为比热容、ϱ 为密度、T 为温度) 给出, 同时热流通过 v 的边界曲面 S 相应的依赖于时间的变化由 $\frac{\mathrm{d}Q}{\mathrm{d}t} = \oiint\limits_S \lambda \operatorname{grad} T \cdot \mathrm{d}\vec{S}$ (λ 为热导率) 给出.对于面积分 (13.120a) 应用高斯定理, 从 $\iiint\limits_v \left[c\varrho\frac{\partial T}{\partial t} - \operatorname{div}(\lambda \operatorname{grad} T)\right]\mathrm{d}v = 0$ 推得热导方程 $c\lambda\frac{\partial T}{\partial t} = \operatorname{div}(\lambda \operatorname{grad} T)$, 在均匀物体的情形 ($c, \varrho, \lambda$ 均为常数), 热导方程有形式 $\frac{\partial T}{\partial t} = a^2\,\Delta T$.

13.4　场的求值

13.4.1　纯源场

一个场 $\vec{V}_1$ 被称为**纯源场** (pure source field) 或**无旋源场** (irrotational source field), 当其旋度处处为零时. 若其散度 (divergence) 是 $q(\vec{r})$, 则有

$$\operatorname{div}\vec{V}_1 = q(\vec{r}), \qquad \operatorname{rot}\vec{V}_1 \equiv \vec{0}. \tag{13.128}$$

在此情形, 场有一个位势, 它在每点 P 由下述**泊松微分方程** (Poisson differential equation) (参见第 951 页 13.5.2) 所定义

$$\vec{V}_1 = \operatorname{grad} U, \qquad \operatorname{div}\operatorname{grad} U = \Delta U = q(\vec{r}), \tag{13.129a}$$

其中 $\vec{r}$ 是 P 的位置向量. (在物理学中, 经常用 $\vec{V}_1 = -\operatorname{grad} U$) 从

$$U(\vec{r}) = -\frac{1}{4\pi}\iiint \frac{\operatorname{div}\vec{V}(\vec{r}^*)\,\mathrm{d}v(\vec{r}^*)}{|\vec{r}-(\vec{r}^*)|} \tag{13.129b}$$

来计算 U. 上述积分是展布在整个空间上的 (图 13.19). $\vec{V}$ 的散度必须是可微的, 并且对于大距离是充分快地衰减的.

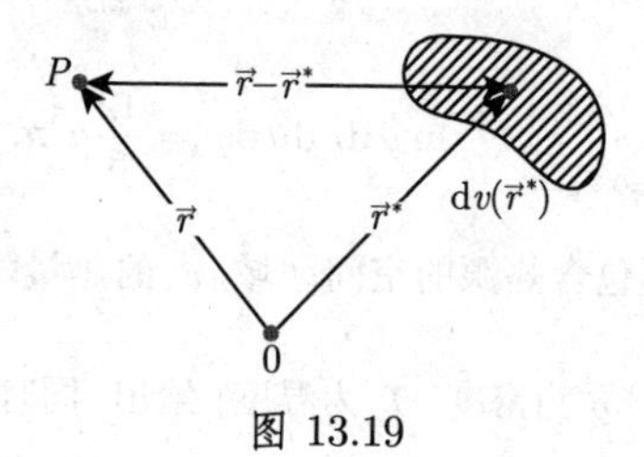

图 13.19

13.4.2　纯旋场或无散场

纯旋场 (pure rotation (或 curl) field) 或**螺线管场** (solenoidal field) 是一个向量场 $\vec{V}_2$, 其散度处处为零; 这个场是无源的. 用 $\vec{w}(\vec{r})$ 表示**旋度密度** (rotation density), 则有

$$\operatorname{div}\vec{V}_2 \equiv 0, \qquad \operatorname{rot}\vec{V}_2 = \vec{w}(\vec{r}). \tag{13.130a}$$

旋度密度 $\vec{w}(\vec{r})$ 不是任意的; 它必须满足方程 $\operatorname{div}\vec{w} = 0$. 在下述要求下

$$\vec{V}_2(\vec{r}) = \operatorname{rot}\vec{A}(\vec{r}), \quad \operatorname{div}\vec{A} = 0, \quad 即 \quad \operatorname{rot}\operatorname{rot}\vec{A} = \vec{w}, \tag{13.130b}$$

根据 (13.97) 即得

$$\operatorname{grad}\operatorname{div}\vec{A}-\Delta\vec{A}=\vec{w},\quad 即\quad \Delta\vec{A}=-\vec{w}. \tag{13.130c}$$

因而, 正如无旋场 $\vec{V}_1$ 的位势 U 一样, $\vec{A}(\vec{r})$ 形式地满足泊松微分方程 (参见第 951 页 (13.135a)), 并且这就是为什么它被称为向量位势 (vector potential). 对于每个点 P, 有

$$\vec{V}_2=\operatorname{rot}\vec{A},\quad 其中\quad \vec{A}=\frac{1}{4\pi}\iiint\frac{\vec{w}(\vec{r}^*)}{|\vec{r}-(\vec{r}^*)|}\,\mathrm{d}v(\vec{r}^*). \tag{13.130d}$$

$\vec{r}$ 如同 (13.129b) 中的含义; 上述积分是展布在全空间上的.

13.4.3 有点状源的向量场

13.4.3.1 一个点状荷的库仑场

库仑场 (Coulomb field) 是无旋场的一个例子, 它也是螺线管场, 除了在点源 —— 点荷 q 处 (图 13.20). 对于库仑力 $\vec{F}_C$, 有

$$\begin{aligned}\vec{F}_C&=\frac{1}{4\pi\varepsilon_0}\frac{q_1q_2}{r^2}\vec{e}_r=\frac{q_1}{4\pi\varepsilon_0}q_2\frac{\vec{r}}{r^3}\\&=eq_2\frac{\vec{r}}{r^3},\qquad e=\frac{q_1}{4\pi\varepsilon_0}.\end{aligned} \tag{13.131a}$$

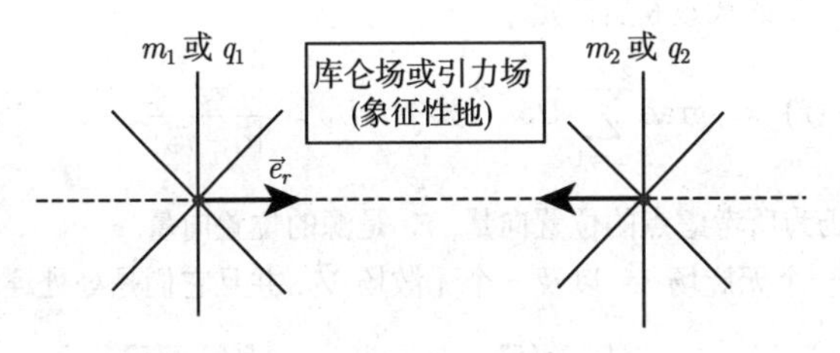

图 13.20

对于具有不同符号的电荷 q_1, q_2, 这个力相互吸引地作用着, 对于具有相同符号的点荷, 这个力相互排斥地作用着. ε_0 是电常数 (参见第 1368 页表 21.2), e 是源的强度. 在荷 q_1 周围空间产生的, 并影响荷 q_2 的电场强度和电位势由下述给出

$$\vec{E}_C=\frac{\vec{F}_C}{q_2}=\frac{e}{r^3}\vec{r}=-\operatorname{grad}U,\qquad U=\frac{e}{r}. \tag{13.131b}$$

U 表示场的电位势. 根据曲面 S 是否包含点源, 与高斯定理一致 (参见第 945 页 (13.120a)), 标量流等于 $4\pi e$ 或 0:

$$\oint_S\vec{E}\cdot\mathrm{d}\vec{S}=\begin{cases}4\pi e, & S\,包含点源,\\0, & S\,不包含点源.\end{cases} \tag{13.131c}$$

由于电场的无旋性, 有

$$\operatorname{rot} \vec{E}_{\mathrm{C}} \equiv \vec{0}. \tag{13.131d}$$

13.4.3.2 一个质点的引力场

一个质点的引力场或牛顿场是无旋场也是螺线管场的第二个例子, 除了在质心点处. 对于牛顿质量吸引力 $\vec{F}_{\mathrm{N}}$, 有

$$\vec{F}_{\mathrm{N}} = \gamma \frac{m_1 m_2}{r^2} \vec{e}_r, \tag{13.132}$$

其中 γ 是引力常数 (参见第 1368 页表 21.2). 对于库仑场成立的每个关系, 类似地对于牛顿场也成立.

13.4.4 场的叠加

13.4.4.1 离散源分布

类似于物理学中场的叠加, 向量场也相互叠加. *叠加律* (superposition law) 为: 如果向量场 $\vec{V}_\nu$ 有位势 U_ν, 则向量场

$$\vec{V} = \sum \vec{V}_\nu \text{ 有位势 } U = \sum U_\nu. \tag{13.133a}$$

对于具有源强度 $e_\nu\ (\nu = 1, 2, \cdots, n)$ 的 n 个离散点源, 它们的场被叠加, 所得的场可以由诸位势 U_ν 的代数和所确定:

$$\vec{V}(\vec{r}) = -\operatorname{grad} \sum_{\nu=1}^{n} U_\nu, \quad \text{其中} \quad U_\nu = \frac{e_\nu}{|\vec{r} - \vec{r}_\nu|}. \tag{13.133b}$$

这里, 向量 $\vec{r}$ 仍为所考虑点的位置向量, $\vec{r}_\nu$ 是源的位置向量.

如果存在一个无旋场 $\vec{V}_1$ 以及一个无散场 $\vec{V}_2$, 并且它们是处处连续的, 则

$$\vec{V} = \vec{V}_1 + \vec{V}_2 = -\frac{1}{4\pi}\left[\operatorname{grad} \iiint \frac{q(\vec{r}^*)}{|\vec{r} - \vec{r}^*|}\, \mathrm{d}v(\vec{r}^*) - \operatorname{rot} \iiint \frac{\vec{w}(\vec{r}^*)}{|\vec{r} - \vec{r}^*|}\, \mathrm{d}v(\vec{r}^*)\right]. \tag{13.133c}$$

如果向量场被拓广到无穷远, 则当 $r = |\vec{r}| \to \infty$, $|\vec{V}(\vec{r})|$ 充分快地衰减时, $\vec{V}(\vec{r})$ 的分解是唯一的. 上述积分是展布在全空间上的.

13.4.4.2 连续源分布

如果源沿空间的曲线、曲面或在一个区域中连续分布, 那么代替有限个源强度 e_ν, 有相应于源分布密度的无穷小量, 而代替和, 有展布在这些对象 (曲线、曲面或区域) 上的积分. 在源强度在空间连续分布的情形, 散度是 $q(\vec{r}) = \operatorname{div} \vec{V}$.

类似的命题对于由旋度定义的场的位势也成立. 在旋度在空间连续分布的情形,"*旋度密度*" (rotation density) 由 $\vec{w}(\vec{r}) = \operatorname{rot} \vec{V}$ 定义.

13.4.4.3 结论

一个向量场由其在空间中的源和旋度唯一确定, 如果所有这些源和旋度只局限于一个有限空间中.

13.5 向量场理论的微分方程

13.5.1 拉普拉斯微分方程

根据 $q(\vec{r})=0$ 的 (13.128), 对一个无源的向量场 $\vec{V}_1=\operatorname{grad}U$ 确定其位势的问题导致*拉普拉斯微分方程* (Laplace differential equation)

$$\operatorname{div}\vec{V}_1=\operatorname{div}\operatorname{grad}U=\Delta U=0. \tag{13.134a}$$

在笛卡儿坐标系它是

$$\Delta U=\frac{\partial^2 U}{\partial x^2}+\frac{\partial^2 U}{\partial y^2}+\frac{\partial^2 U}{\partial z^2}=0. \tag{13.134b}$$

满足这个微分方程的每个函数, 如果它是连续的, 并且具有连续的一阶和二阶偏导数, 则被称为*拉普拉斯函数* (Laplace function) 或*调和函数* (harmonic function) (亦见第 955 页 14.1.2.2, 2.).

有 3 种基本类型的边值问题:

(1) (对一个内部区域的) 边值问题或*狄利克雷问题* (Dirichlet problem): 确定一个函数 $U(x,y,z)$, 它在一个给定的空间或平面区域内部是调和的, 并在这个区域边界上取给定的值.

(2) (对一个内部区域的) 边值问题或*诺伊曼问题* (Neumann problem): 确定一个函数 $U(x,y,z)$, 它在一个给定的区域内部是调和的, 并且其法向导数 $\dfrac{\partial U}{\partial n}$ 在这个区域边界上取给定的值.

(3) (对一个内部区域的) 边值问题: 确定一个函数 $U(x,y,z)$, 它在一个给定的区域内部是调和的, 并且表达式 $\alpha U+\beta\dfrac{\partial U}{\partial n}$ (α,β 是常数, $\alpha^2+\beta^2\neq 0$) 在这个区域边界上取给定的值.

13.5.2 泊松微分方程

根据 $q(\vec{r})\neq 0$ 的 (13.128), 对一个具有给定散度的向量场 $\vec{V}_1=\operatorname{grad}U$ 确定其位势的问题导致*泊松微分方程*

$$\operatorname{div}\vec{V}_1=\operatorname{div}\operatorname{grad}U=\Delta U=q(\vec{r})\neq 0. \tag{13.135a}$$

由于在笛卡儿坐标系中有

$$\triangle U = \frac{\partial^2 U}{\partial x^2} + \frac{\partial^2 U}{\partial y^2} + \frac{\partial^2 U}{\partial z^2}, \tag{13.135b}$$

因而拉普拉斯微分方程 (13.134b) 是泊松微分方程 (13.135b) 的特殊情形. 泊松微分方程的解是 (对于质点的) 牛顿位势, 或 (对于点荷的) 库仑位势

$$U = -\frac{1}{4\pi} \iiint \frac{q(\vec{r}^*)\,\mathrm{d}v(\vec{r}^*)}{|\vec{r} - \vec{r}^*|}. \tag{13.135c}$$

上述积分是展布在全空间上的. 当 $|\vec{r}|$ 增加时, $U(\vec{r})$ 很快地趋于零.

可以如同在 13.5.1 中对于拉普拉斯微分方程的解那样, 对于泊松微分方程也可讨论同样的 3 种边值问题. 可以唯一地解第一类和第三类边值问题; 而对于第二类边值问题, 必须指定更多特殊的条件 (见 [9.5]).

(陆柱家 译)

第14章　函　数　论

14.1　复变函数

14.1.1　连续性、可微性

14.1.1.1　复函数的定义

与实函数类似, 对于复值可以指定复值与其对应, 即对于值 $z = x + \mathrm{i}y$, 可以指定一个复数 $w = u + \mathrm{i}v$ 与其对应, 其中 $u = u(x, y)$, $v = v(x, y)$ 是两个实变量 x, y 的实函数. 这个关系被记为 $w = f(z)$. 函数 $w = f(z)$ 是从复数 z 平面到复数 w 平面的一个映射.

可以与实变量的实函数那样类似地定义复函数 $w = f(z)$ 的极限、连续性和导数的概念.

14.1.1.2　复函数的极限

一个函数 $f(z)$(在 z_0 处) 的*极限* (limit) 等于复数 w_0, 如果当 z 趋于 z_0 时函数值 $f(z)$ 趋于 w_0:

$$w_0 = \lim_{z \to z_0} f(z). \tag{14.1a}$$

换言之: 对于任何正的 ε, 存在一个 (实的) $\delta > 0$, 使得对满足 (14.1b) 的每个 z, 也许除了 z_0 本身外, 成立不等式 (14.1c):

$$|z_0 - z| < \delta, \tag{14.1b}$$

$$|w_0 - w| < \varepsilon. \tag{14.1c}$$

几何意义如下: 以 z_0 为圆心, δ 为半径的圆中的任一点 z, 也许除了 z_0 本身外, 被映为 w 平面中以 w_0 为圆心, ε 为半径的圆中的点 $w = f(z)$, 如图 14.1 所展示. 半径为 δ 和 ε 的两个圆也被称为邻域 $U_\delta(z_0)$ 和 $U_\varepsilon(w_0)$.

14.1.1.3　连续的复函数

一个函数 $w = f(z)$ 在 z_0 处是连续的, 如果它在该处有极限, 并且该极限与函数在该处的值相等, 即, 如果对 w 平面中的点 $w_0 = f(z_0)$ 的任意给定的小邻域

$U_\varepsilon(w_0)$, 在 z 平面中存在 z_0 的一个邻域 $U_\delta(z_0)$, 使得对于每个点 $z \in U_\delta(z_0)$, 有 $w = f(z) \in U_\varepsilon(w_0)$. 如图 14.1 所示, 例如, $U_\varepsilon(w_0)$ 是围绕点 w_0 的半径为 ε 的圆. 用通常的记号, f 的连续性表达为①

$$\lim_{z \to z_0} f(z) = f(z_0) \quad \text{或} \quad \lim_{\delta \to 0} f(z_0 + \delta) = f(z_0). \tag{14.2}$$

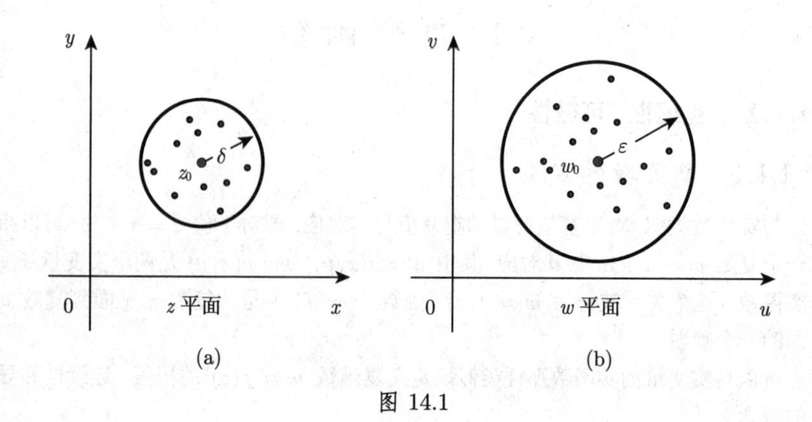

图 14.1

14.1.1.4　复函数的可微性

函数 $w = f(z)$ 在 z 处是可微的, 如果微商

$$\frac{\triangle w}{\triangle z} = \frac{f(z + \triangle z) - f(z)}{\triangle z} \tag{14.3}$$

当 $\Delta z \to 0$ 时有不依赖于 Δz 趋于零的方式的极限. 这个极限用 $f'(z)$ 表示, 并被称为 $f(z)$ 的导数.

■ 函数 $f(z) = \mathrm{Re}\, z = x$ 在任何点 $z = z_0$ 处都不是可微的, 因为平行于 x 轴趋于 z_0 时该差商的极限为 1, 而平行于 y 轴趋于 z_0 时该值为零.

14.1.2　解析函数

14.1.2.1　解析函数的定义

函数 $f(z)$ 被称为在区域 G 上是解析的, 正则的 (anlytic, regular), 或全纯的 (holomorphic), 如果它在 G 的每个点处都是可微的. G 的边界点, 在那里 $f'(z)$ 不存在, 是 $f(z)$ 的奇点.

①请读者注意, (14.2) 的第二个极限等式不能作为函数 f 在 z_0 处连续的定义. —— 译者注

函数 $f(z)=u(x,y)+\mathrm{i}v(x,y)$ 在 G 中是可微的, 如果在 G 中 u 和 v 关于 x 和 y 有连续偏导数, 并且它们满足**柯西–黎曼微分方程** (Cauchy-Riemann differential equations):

$$\frac{\partial u}{\partial x}=\frac{\partial v}{\partial y},\quad \frac{\partial u}{\partial y}=-\frac{\partial v}{\partial x}. \tag{14.4}$$

解析函数的实部和虚部满足拉普拉斯微分方程:

$$\Delta u(x,y)=\frac{\partial^2 u}{\partial x^2}+\frac{\partial^2 u}{\partial y^2}=0, \tag{14.5a}$$

$$\Delta v(x,y)=\frac{\partial^2 v}{\partial x^2}+\frac{\partial^2 v}{\partial y^2}=0. \tag{14.5b}$$

一个复变量初等函数的导数可以借助于相应实函数导数的相同公式来计算.

■ **A:** $f(z)=z^3,\ f'(z)=3z^2$;

■ **B:** $f(z)=\sin z,\ f'(z)=\cos z$.

14.1.2.2 解析函数的一些例子

1. 初等函数

除了在一些孤立奇点处外, 初等的代数函数和超越函数在整个 z 平面中是解析的. 如果一个函数在一个域上是解析的, 即它是可微的, 那么它是任意多次可微的.

■ **A:** 函数 $w=z^2$, 满足 $u=x^2-y^2, v=2xy$, 它是处处解析的.

■ **B:** 由方程组 $u=2x+y, v=x+2y$ 定义的函数 $w=u+\mathrm{i}v$ 在任意点都不解析.

■ **C:** 函数 $f(z)=z^3$, 满足 $f'(z)=3z^2$, 它是解析的.

■ **D:** 函数 $f(z)=\sin z$, 满足 $f'(z)=\cos z$, 它是解析的.

2. 函数 u 和 v 的确定

如果函数 u 和 v 都满足拉普拉斯微分方程, 那么它们是**调和函数** (harmonic functions) (参见第 951 页 13.5.1). 如果这些调和函数之一, 例如 u 是已知的, 那么第 2 个函数 v, 作为共轭调和函数, 可以利用柯西–黎曼微分方程组来确定, 只相差一个附加常数:

$$v=\int\frac{\partial u}{\partial x}\,\mathrm{d}y+\varphi(x),\quad \text{其中 } \varphi(x) \text{ 满足 } \frac{\mathrm{d}\varphi}{\mathrm{d}x}=-\left(\frac{\partial u}{\partial y}+\frac{\partial}{\partial x}\int\frac{\partial u}{\partial x}\,\mathrm{d}y\right). \tag{14.6}$$

类似地, 如果 v 已知, 也可确定 u.

14.1.2.3 解析函数的性质

1. 解析函数的绝对值或模

一个解析函数的绝对值 (模) 是

$$|w| = |f(z)| = \sqrt{[u(x,y)]^2 + [v(x,y)]^2} = \varphi(x,y). \tag{14.7}$$

曲面 $|w| = \varphi(x,y)$ 被称为它的**模曲面** (relief), 即 $|w|$ 是点 $z = x + \mathrm{i}y$ 之上的第 3 个坐标.

■ **A:** 函数 $\sin z = \sin x \cosh y + \mathrm{i} \cos x \sinh y$ 的绝对值是 $|\sin z| = \sqrt{\sin^2 x + \sinh^2 y}$. 图 14.2(a) 展示了其模曲面.

■ **B:** 函数 $w = \mathrm{e}^{1/z}$ 的模曲面在图 14.2(b) 中展示.

在 [14.8] 中有一些解析函数的模曲面.

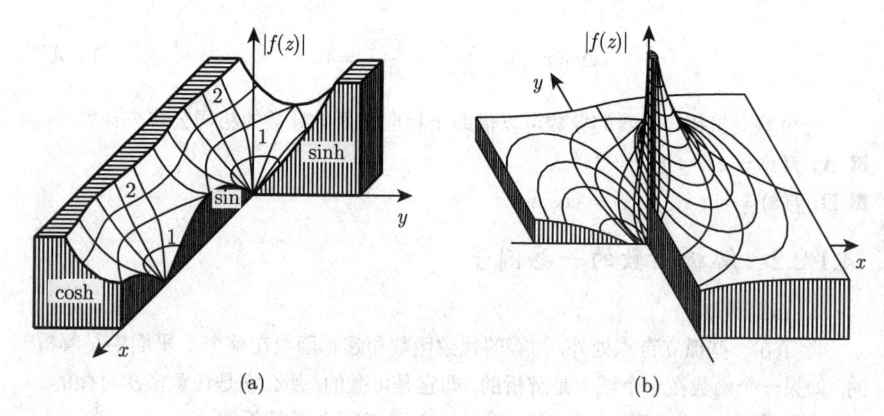

图 14.2

2. 根

由于一个函数的绝对值是正的或零, 因此模曲面总是在 z 平面之上, 除非在 $|f(z)| = 0$ (因而 $f(z) = 0$) 的点处. 使 $f(z) = 0$ 的 z 值, 被称为**函数 $f(z)$ 的根** (roots of the function $f(z)$).

3. 有界性

一个函数 $f(z)$ 在某个区域 G 中是**有界的** (bounded), 如果存在一个正数 N, 使得对所有 G 中的 z 有 $|f(z)| < N$. 在相反的情形, 如果没有这样的数 N 存在, 则该函数被称为在 G 中是无界的.

4. 关于最大值的定理

如果 $w = f(z)$ 在一个闭区域上是一个解析函数, 那么其绝对值的最大值在区域的边界上达到.

5. 关于常数的定理 (**刘维尔定理**)

如果 $w = f(z)$ 在整个 w 平面是解析的, 并且还是有界的, 那么这个函数是常数: $f(z) =$ 常数.

14.1.2.4 奇点

如果一个函数 $w=f(z)$ 在 $z=a$ 的一个邻域 (即, 在以 a 为圆心的一个小圆) 中除了 a 本身外是解析的, 则 f 在 a 处有一个奇点. 有 3 种类型的奇点:

(1) $f(z)$ 在该邻域是有界的. 则存在 $w=\lim\limits_{z\to a}f(z)$, 并且在令 $f(a)=w$ 后该函数在 a 处也变成解析的了. 在此情形, f 在 a 处有一个**可去奇点** (removable singularity).

(2) 如果 $\lim\limits_{z\to a}|f(z)|=\infty$, 则 f 在 a 处有一个极点. 关于不同阶的极点, 见第 982 页 14.3.5.1.

(3) 如果 $f(z)$ 在 a 处既不是一个可去奇点, 也不是一个极点, 则 f 在 a 处有一个**本质奇点** (essential singularity). 在此情形, 对于任意复数 w, 存在一个序列 $z_n\to a$, 使得 $f(z_n)\to w$.

■ **A:** 函数 $w=\dfrac{1}{z-a}$ 在 a 处有一个极点.

■ **B:** 函数 $w=\mathrm{e}^{1/z}$ 在 0 处有一个本质奇点.

14.1.3 共形映射

14.1.3.1 共形映射的概念和性质

1. 定义

一个从 z 平面到 w 平面的映射被称为是一个共形映射, 如果它是解析的和单射的. 在此情形,

$$w=f(z)=u+\mathrm{i}v,\qquad f'(z)\neq 0.\tag{14.8}$$

共形映射有下述一些性质:

线元 $\mathrm{d}z=\begin{pmatrix}\mathrm{d}x\\ \mathrm{d}y\end{pmatrix}$ 的变换 $\mathrm{d}w=f'(z)\mathrm{d}z$ 是数量为 $\sigma=|f'(z)|$ 的一个伸缩和角度为 $\alpha=\arg f'(z)$ 的一个旋转的组合. 这意味着无穷小的圆被变为差不多的圆, 三角形被变为 (差不多的) 相似三角形 (图 14.3). 相交的曲线保持其交角, 因而正交曲线族被变为正交曲线族 (图 14.4).

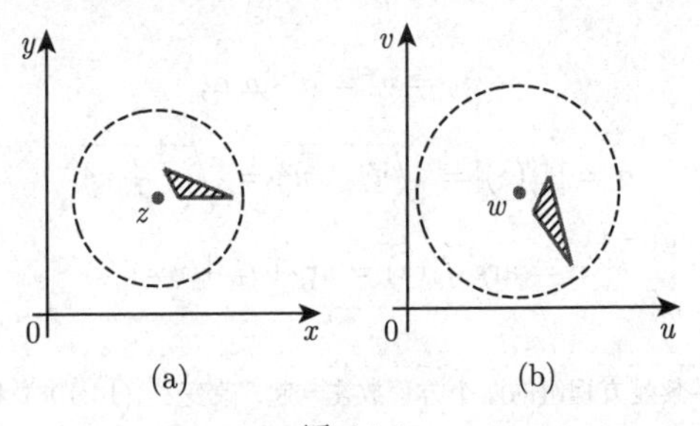

图 14.3

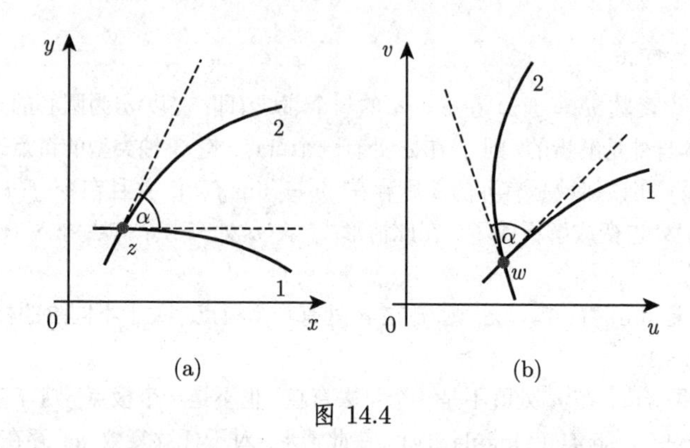

图 14.4

注 共形映射出现在物理学、电工学、流体动力学、空气动力学和其他的数学领域中.

2. 柯西–黎曼方程组

$\mathrm{d}z$ 和 $\mathrm{d}w$ 之间的映射由仿射微分变换

$$\mathrm{d}u = \frac{\partial u}{\partial x}\mathrm{d}x + \frac{\partial u}{\partial y}\mathrm{d}y, \qquad \mathrm{d}v = \frac{\partial v}{\partial x}\mathrm{d}x + \frac{\partial v}{\partial y}\mathrm{d}y \tag{14.9a}$$

所给出, 该变换用矩阵形式表为

$$\mathrm{d}w = \boldsymbol{A}\mathrm{d}z, \qquad \text{其中} \quad \boldsymbol{A} = \begin{pmatrix} u_x & u_y \\ v_x & v_y \end{pmatrix}. \tag{14.9b}$$

根据柯西–黎曼微分方程组, $\boldsymbol{A}$ 有旋转–伸缩矩阵的形式 (参见第 256 页 3.5.2.2, 2.), σ 为伸缩因子①

$$\boldsymbol{A} = \begin{pmatrix} u_x & -v_x \\ v_x & u_x \end{pmatrix} = \sigma \begin{pmatrix} \cos\alpha & -\sin\alpha \\ \sin\alpha & \cos\alpha \end{pmatrix}, \tag{14.10a}$$

$$u_x = v_y = \sigma\cos\alpha, \tag{14.10b}$$

$$-u_y = v_x = \sigma\sin\alpha, \tag{14.10c}$$

$$\sigma = |f'(z)| = \sqrt{u_x^2 + u_y^2} = \sqrt{v_x^2 + v_y^2}, \tag{14.10d}$$

$$\alpha = \arg f'(z) = \arg(u_x + \mathrm{i}v_x). \tag{14.10e}$$

① 为了把柯西–黎曼方程组的两个方程放在一起, 改变了 (14.10c) 和 (14.10d) 的次序. —— 译者注

3. 正交系

z 平面的坐标线 $x=$ 常数 和 $y=$ 常数 通过一个共形映射被变为两族正交曲线. 一般地, 一束正交曲线坐标系可以由解析函数生成; 反之, 对于每个共形映射, 存在一个正交曲线网, 它被变为一个正交坐标系.

■ **A:** 在 $u=2x+y, v=x+2y$ 的情形 (图 14.5), 正交性不成立.

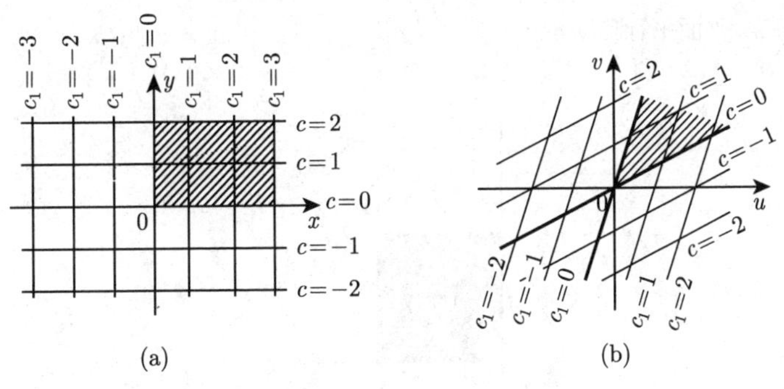

图 14.5

■ **B:** 在 $w=z^2$ 的情形正交性被保持, 除了在点 $z=0$ 处, 因为在那里 $w'=0$. 坐标线被变为两族共焦抛物线 (图 14.6), z 平面的第一象限被变为 w 平面的上半平面.

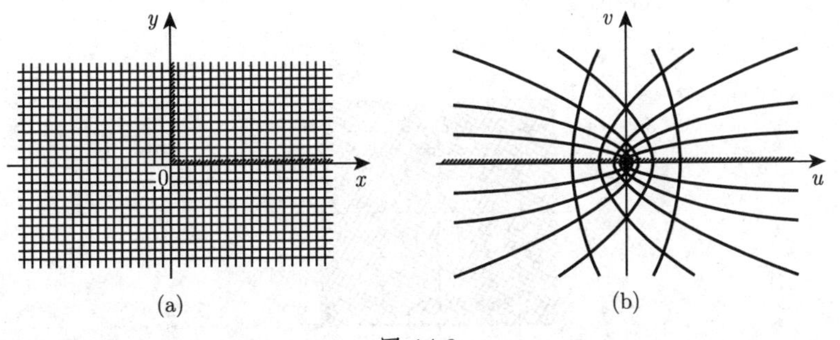

图 14.6

14.1.3.2 最简单的一些共形映射

在这一节中, 将讨论一些变换及其最重要的性质, 并且在 z 平面中给出一些等距网 (isometric nets) 的图像, 这些网被变为 w 平面中的正交笛卡儿网. z 平面中区域的边界被映入 w 平面的上半平面中, 以阴影表示. 黑色区域通过共形映射被映为 w 平面中以 $(0,0),(0,1),(1,0)$ 和 $(1,1)$ 为顶点的正方形 (图 14.7).

1. 线性函数

对于以线性函数形式

$$w = az + b \quad (a, b\ 是复常数;\ a \neq 0), \tag{14.11a}$$

给出的共形映射, 可以分 3 步完成其变换:

$$\begin{array}{ll} \text{a) } z\ 平面经过角度\ \alpha = \arg a\ 的旋转: & w_1 = \mathrm{e}^{\mathrm{i}\alpha} z. \\ \text{b) } w_1\ 平面伸缩因子为\ |a|\ 的伸缩: & w_2 = |a| w_1. \\ \text{c) } w_2\ 平面平行移动\ b: & w = w_2 + b. \end{array} \tag{14.11b}$$

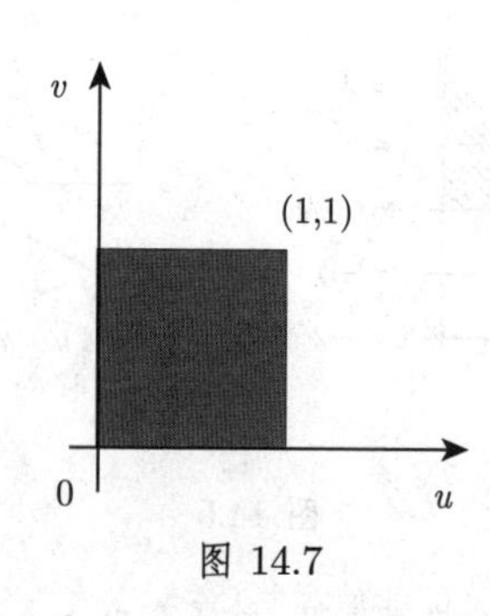

图 14.7

总之, z 平面的每个图形都被变为 w 平面的相似图形. 点 $z_1 = \infty$ 和 $a \neq 1$ 时的点 $z_2 = \dfrac{b}{1-a}$ 被变为它们自身, 因此它们被称为*不动点* (fixed points). 图 14.8 展示了被变为正交笛卡儿网的正交网.

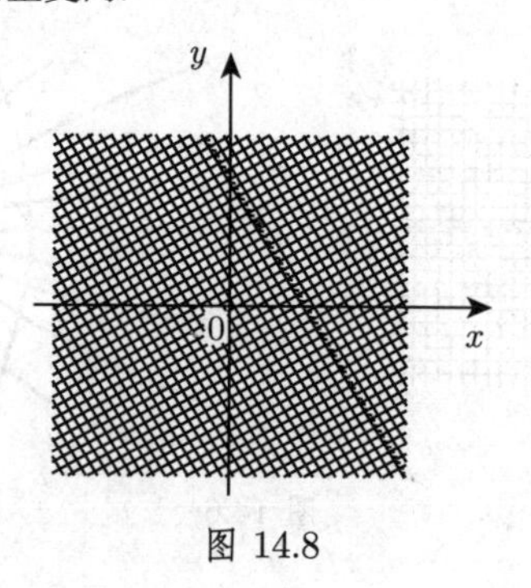

图 14.8

2. 反演

共形映射

$$w = \frac{1}{z} \tag{14.12}$$

表示关于*单位圆周* (unit circle) 的一个*反演* (inversion) 以及对实轴的一个镜射, 即 z 平面的一个绝对值为 r 以及辐角为 φ 的点 $z = r\mathrm{e}^{\mathrm{i}\varphi}$ 被变为w 平面的一个绝对值为 $1/r$ 以及辐角为 $-\varphi$ 的点 $w = \dfrac{1}{r}\mathrm{e}^{-\mathrm{i}\varphi}$ (图 14.10). 圆周变为圆周, 这里直线被视

为圆周的极限情形 (半径 $\to \infty$). 圆周的内点变为圆周的外点, 并且外点变为内点 (图 14.11). 点 $z=0$ 变为 $w=\infty$. 点 $z=-1$ 和 $z=1$ 是这个共形映射的不动点. 变换 (14.12) 的正交网展示在图 14.9 中.

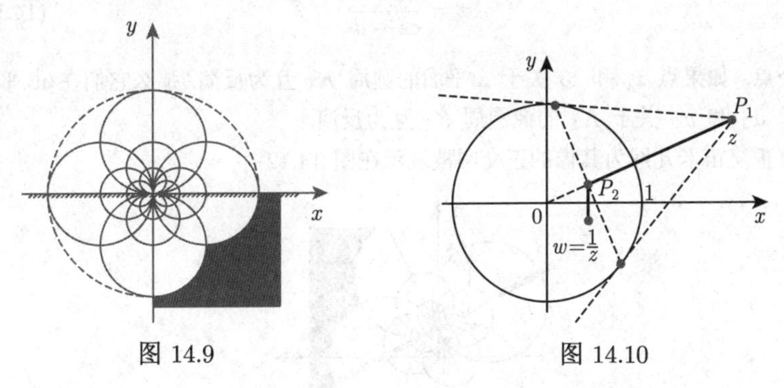

图 14.9　　　图 14.10

注 一般地, 一个几何变换被称为关于一个半径为 r 圆周的反演 (inversion with respect to a circle with radius r), 如果该圆周内部径向长度为 $r_2=\overline{OP_2}$ 的点 P_2 被变为圆外位于向量 $\overrightarrow{OP_2}$ 延长线上满足 $\overline{OP_1}=r_1=r^2/r_2$ 的点 P_1. 圆周的内点变为外点, 并且外点变为内点.

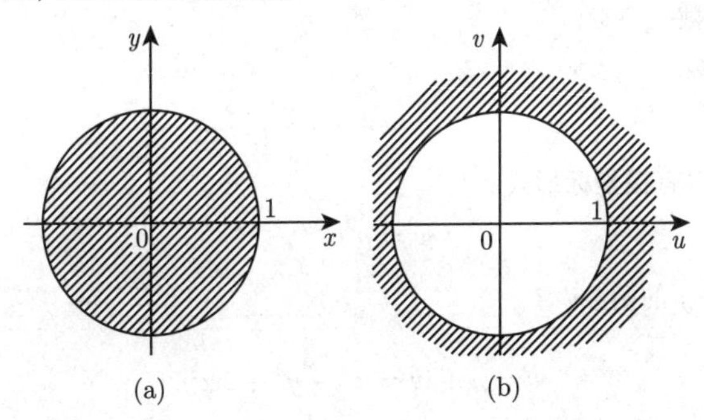

图 14.11

3. 线性分式函数

对于以线性分式函数形式

$$w=\frac{az+b}{cz+d}\quad (a,b,c,d \text{ 是复常数};\ bc-ad\neq 0; c\neq 0) \tag{14.13a}$$

给出的共形映射, 可以分 3 步实现其变换:

$$\begin{aligned} &\text{a) 线性函数:} && w_1=cz+d.\\ &\text{b) 反演:} && w_2=\frac{1}{w_1}.\\ &\text{c) 线性函数:} && w=\frac{a}{c}+\frac{bc-ad}{c}w_2. \end{aligned} \tag{14.13b}$$

圆周仍被变为圆周 (圆变换 (circular transformation)), 这里直线被视为圆周当 $r \to \infty$ 时的极限情形. 这个共形映射的不动点是满足二次方程

$$z = \frac{az+b}{cz+d} \tag{14.14}$$

的两个点. 如果点 z_1 和 z_2 关于 z 平面的圆周 K_1 互为反演, 那么它们在 w 平面中的像 w_1 和 w_2 关于 K_1 的像圆周 K_2 互为反演.

有正交笛卡儿网为其像的正交网被表示在图 14.12 中.

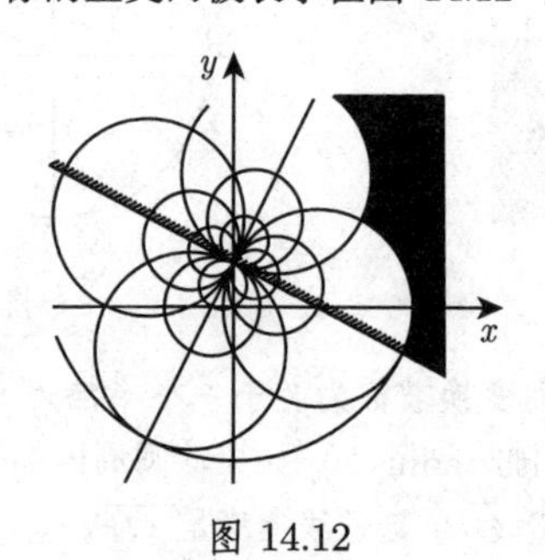

图 14.12

4. 二次函数

由二次函数

$$w = z^2 \tag{14.15a}$$

描述的共形映射有极坐标形式

$$w = \rho^2 \mathrm{e}^{\mathrm{i}2\varphi}, \tag{14.15b}$$

并可作为 x 和 y 的函数:

$$w = u + \mathrm{i}v = x^2 - y^2 + 2\mathrm{i}xy. \tag{14.15c}$$

从极坐标表达式显然可知, z 平面的上半平面被映为整个 w 平面, 即 z 平面的全部像集覆盖整个 w 平面两次.

在笛卡儿坐标中的表达式表明, w 平面的坐标线 $u =$ 常数和 $v =$ 常数来自于 z 平面的正交双曲线族 $x^2 - y^2 = u$ 和 $2xy = v$ (图 14.13).

这个映射的不动点是 $z = 0$ 和 $z = 1$. 这个映射在 $z = 0$ 处不是共形的.

5. 平方根

以 z 的平方根形式

$$w = \sqrt{z} \tag{14.16}$$

给出的共形映射把整个 z 平面或者映为 w 平面的上半平面, 或者映为它的下半平面, 即此函数是双值的, 亦即, 每个 $z\,(z \neq 0)$ 值对应于两个 w 值 (参见第 48 页

1.5.3.6). w 平面的坐标线来自于 z 平面中以原点为焦点, 并分别以正半实轴和负半实轴为轴的两族正交的共焦抛物线 (图 14.14).

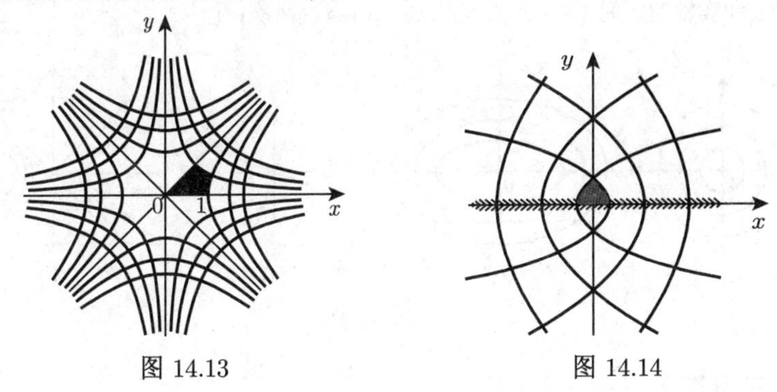

图 14.13 图 14.14

这个映射的不动点是 $z=0$ 和 $z=1$. 这个映射在 $z=0$ 处不是共形的.

6. 线性与分式线性函数之和

用函数

$$w=\frac{k}{2}\left(z+\frac{1}{z}\right) \quad (k\text{ 是一个实常数}, k>0) \tag{14.17a}$$

给出的共形映射, 根据 (14.8), 以极坐标表示 $z=\rho\mathrm{e}^{\mathrm{i}\varphi}$, 并分离其实部和虚部, 可以变为

$$u=\frac{k}{2}\left(\rho+\frac{1}{\rho}\right)\cos\varphi, \quad v=\frac{k}{2}\left(\rho-\frac{1}{\rho}\right)\sin\varphi. \tag{14.17b}$$

z 平面的圆周 $\rho=\rho_0=$常数(图 14.15(a)) 被变为 w 平面中的共焦椭圆 (图 14.15(b))

$$\frac{u^2}{a^2}+\frac{v^2}{b^2}=1, \quad \text{其中} \quad a=\frac{k}{2}\left(\rho_0+\frac{1}{\rho_0}\right), \quad b=\frac{k}{2}\left|\rho_0-\frac{1}{\rho_0}\right|. \tag{14.17c}$$

其焦点是实轴上的点 $\pm k$. z 平面的单位圆周 $\rho=\rho_0=1$ 的像为 w 平面的退化椭圆, 实轴上被跑过两次的线段 $(-k,k)$. 单位圆周的内部和外部都被变为带有截口 $(-k,k)$ 的整个 w 平面, 因而其反函数

$$z=\frac{w+\sqrt{w^2-k^2}}{k} \tag{14.17d}$$

是双值的. z 平面的直线 $\varphi=\varphi_0$ (图 14.15(c)) 变为焦点在 $\pm k$ 的共焦双曲线 (图 14.15(d)):

$$\frac{u^2}{\alpha^2}-\frac{v^2}{\beta^2}=1, \quad \text{其中} \quad \alpha=k\cos\varphi_0, \quad \beta=k\sin\varphi_0. \tag{14.17e}$$

相应于 z 平面的半坐标轴 $\left(\varphi = 0, \frac{\pi}{2}, \pi, \frac{3\pi}{2}\right)$ 的双曲线是退化的, 在轴 $u = 0$ (v 轴) 上和实轴的区间 $(-\infty, -k)$ 和 (k, ∞) (跑过两次) 上.

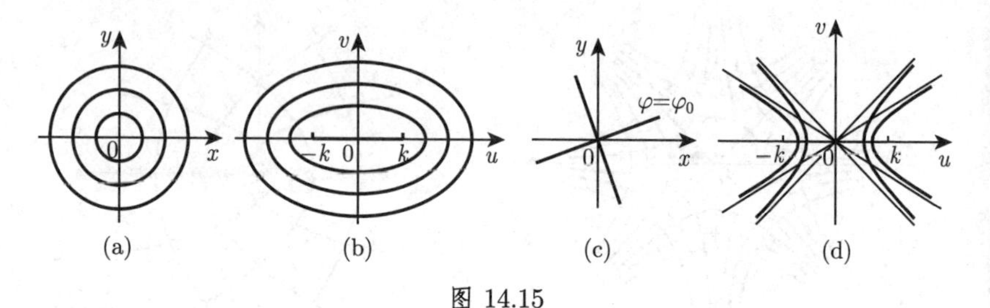

图 14.15

7. 对数

用对数函数形式

$$w = \operatorname{Ln} z \tag{14.18a}$$

给出的共形映射当 z 用极坐标给出时有形式

$$u = \ln \rho, \quad v = \varphi + 2k\pi \quad (k = 0, \pm 1, \pm 2, \cdots). \tag{14.18b}$$

从这个表达式即知, 坐标线 $u =$ 常数 和 $v =$ 常数 来自于 z 平面中以原点为中心的同心圆以及从 z 平面中以原点为起点的射线 (图 14.16). 等距网是极网.

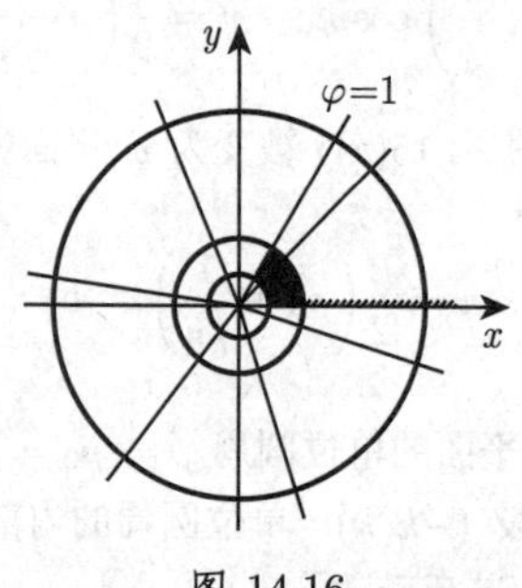

图 14.16

对数函数 $\operatorname{Ln} z$ 是无穷多值的 (参见第 990 页 (14.74c)).

局限于考察 $\operatorname{Ln} z$ 的主值 $\ln z\,(-\pi < v < \pi)$, 那么整个 z 平面被映为 w 平面中由两条直线 $v = \pm\pi$ 所界的一条带, $v = \pi$ 属于此带.

8. 指数函数

用指数函数形式 (亦见第 990 页 14.5.2,1.)

$$w = e^{z} \tag{14.19a}$$

给出的共形映射在极坐标中有形式

$$w = \rho e^{i\psi}. \tag{14.19b}$$

从 $z = x + iy$ 即得

$$\rho = e^x \quad 和 \quad \psi = y. \tag{14.19c}$$

如果 y 从 $-\pi$ 到 π 变化, 并且 x 从 $-\infty$ 到 $+\infty$ 变化, 那么 ρ 取从 0 到 ∞ 的所有值, 并且 ψ 取从 $-\pi$ 到 π 的所有值. z 平面的平行于 x 轴的 2π 宽的带被变为整个 w 平面 (图 14.17).

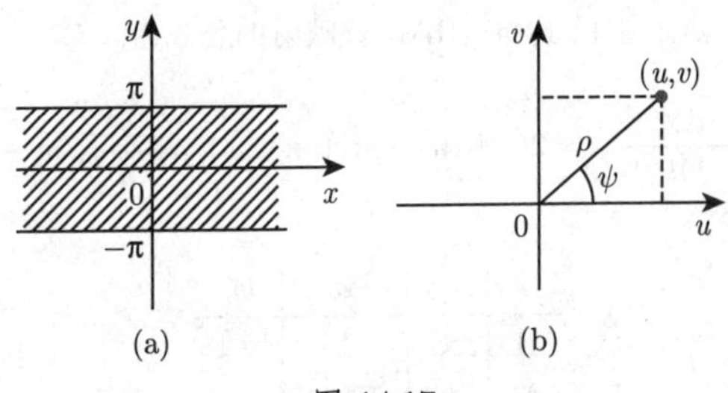

图 14.17

9. 施瓦茨–克里斯托费尔 (Christoffel) 公式

由施瓦茨–克里斯托费尔公式

$$z = C_1 \int_0^w \frac{dt}{(t - w_1)^{\alpha_1}(t - w_2)^{\alpha_2} \cdots (t - w_n)^{\alpha_n}} + C_2, \tag{14.20a}$$

z 平面中一个多边形的内部被映为 w 平面的上半平面. 该多边形有 n 个外角 $\alpha_1\pi, \alpha_2\pi, \cdots, \alpha_n\pi$ (图 14.18(a), (b)). w 平面实轴上相应于多边形顶点的那些点记为 $w_i\,(i = 1, \cdots, n)$, 积分变量记为 t. 通过这个映射, 多边形的有向边界被变为 w 平面的有向实轴. 对于大的 t 值, 被积函数性状如 $1/t^2$, 并且在无穷远处是正规的. 由于一个 n 边形的所有外角之和等于 2π, 因而

$$\sum_{\nu=1}^{n} \alpha_\nu = 2. \tag{14.20b}$$

复常数 C_1 和 C_2 产生一个旋转、一个伸缩和一个平移; 它们不依赖于多边形的形式, 而只依赖于多边形在 z 平面中的位置.

w 平面的 3 个任意点 w_1, w_2, w_3 可以被指定给 z 平面多边形的 3 个点 z_1, z_2, z_3. 在 w 平面指定一个点为无穷远点 $w_1 = \pm\infty$ 相应于 z 平面多边形的一个顶点, 例如 $z = z_1$, 此时因子 $(t - w_1)^{\alpha_1}$ 就被略去了. 如果多边形是退化的, 即一个顶点在无穷远处, 则相应的外角是 π, 因而 $\alpha_\infty = 1$, 即多边形是一个半带形.

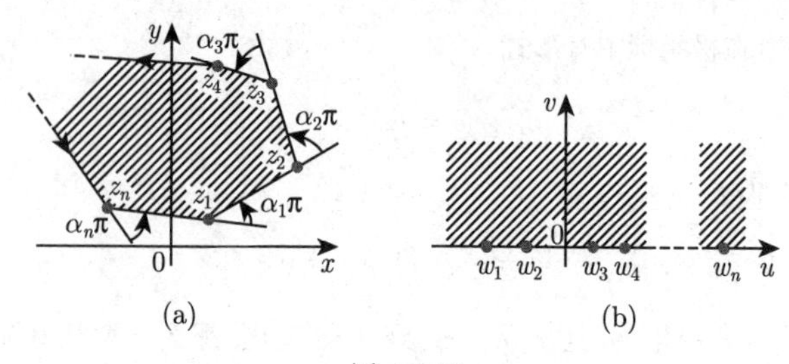

图 14.18

■ **A:** z 平面中某个区域 (图 14.19(a) 中阴影所围区域) 的映射: 考虑到 $\sum \alpha_\nu = 2$, 如右表所示取 3 个点 (图 14.19(a), (b)). 该映射的公式为

$$z = C_1 \int_0^w \frac{\mathrm{d}t}{(t+1)t^{-1/2}} = 2C_1\left(\sqrt{w} - \arctan\sqrt{w}\right) = \mathrm{i}\frac{2d}{\pi}\left(\sqrt{w} - \arctan\sqrt{w}\right).$$

	z_ν	α_ν	w_ν
A	∞	1	-1
B	0	$-1/2$	0
C	∞	$3/2$	∞

为了确定 C_1, 作替换 $t = \rho\mathrm{e}^{\mathrm{i}\varphi} - 1$, 得到

$$\mathrm{i}d = C_1 \lim_{\rho\to 0}\int_\pi^0 \frac{\left(-1+\rho\mathrm{e}^{\mathrm{i}\varphi}\right)^{1/2}\mathrm{i}\rho\mathrm{e}^{\mathrm{i}\varphi}\mathrm{d}\varphi}{\rho\mathrm{e}^{\mathrm{i}\varphi}} = C_1\pi, \quad 即 \quad C_1 = \mathrm{i}\frac{d}{\pi}.$$

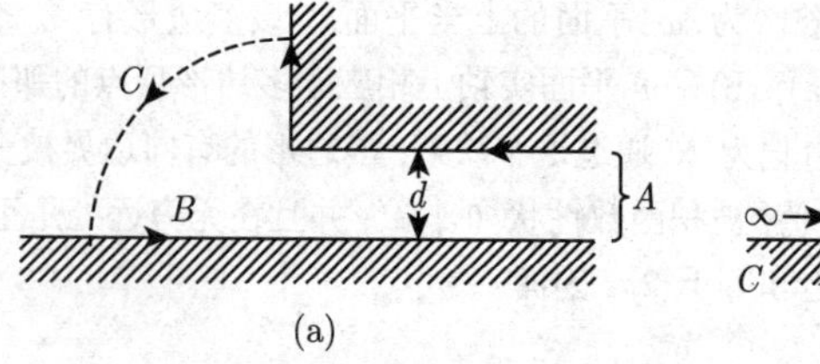

图 14.19

考虑到映射对应 “$z = 0 \to w = 0$”, 即得 $C_2 = 0$.

■ **B:** 一个矩形区域的映射. 令矩形的顶点为 $z_{1,4} = \pm K$, $z_{2,3} = \pm K + \mathrm{i}K'$. 点 z_1 和 z_2 被变为实轴上的点 $w_1 = 1$ 和 $w_2 = 1/k\,(0 < k < 1)$, z_4 和 z_3 是 z_1 和 z_2 关于虚轴的反射. 根据施瓦茨反射原理 (参见第 967 页 14.1.3.3), 它们必定相应于点 $w_4 = -1$ 和 $w_3 = -1/k$ (图 14.20(a), (b)). 因而, 上面描述的位置的矩形 ($\alpha_1 = \alpha_2 = \alpha_3 = \alpha_4 = 1/2$) 映射公式为: $z = C_1 \displaystyle\int_0^w \frac{\mathrm{d}t}{\sqrt{(t-w_1)(t-w_2)(t-w_3)(t-w_4)}} =$

$C_1 \int_0^w \frac{\mathrm{d}t}{\sqrt{(t^2-1)\left(t^2-\frac{1}{k^2}\right)}}$. 点 $z=0$ 有像 $w=0$, 而 $z=\mathrm{i}K$ 的像为 $w=\infty$. 当 $C_1=1/k$ 时即得 $z=\int_0^w \frac{\mathrm{d}t}{\sqrt{(1-t^2)(1-k^2t^2)}}=\int_0^\varphi \frac{\mathrm{d}\vartheta}{\sqrt{1-k^2\sin^2\vartheta}}=F(\varphi,k)$ (作替换 $t=\sin\vartheta$, $w=\sin\varphi$). $F(\varphi,k)$ 是第一类椭圆积分 (参见第 653 页 8.1.4.3).

考虑到映射对应 "$z=0\to w=0$", 即得 $C_2=0$.

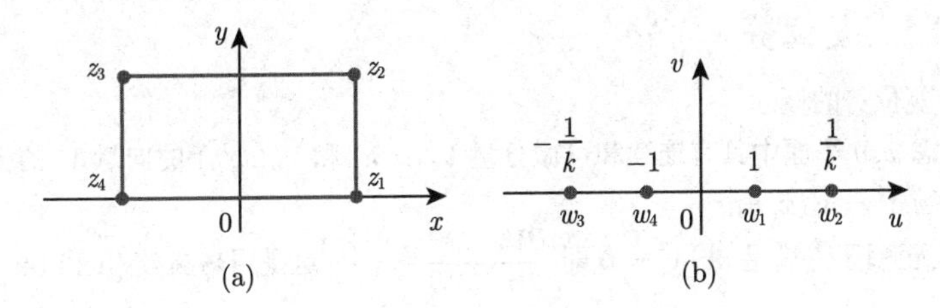

图 14.20

14.1.3.3 施瓦茨反射原理

1. 叙述

假设 $f(z)$ 是域 G 中的一个复解析函数, 并且 G 的边界包含一个线段 g_1. 如果 f 在 g_1 上是连续的, 并且它把线段 g_1 映为一个线段 g_1', 则关于 g_1 对称的两个点被变为关于 g_1' 对称的两个点 (图 14.21).

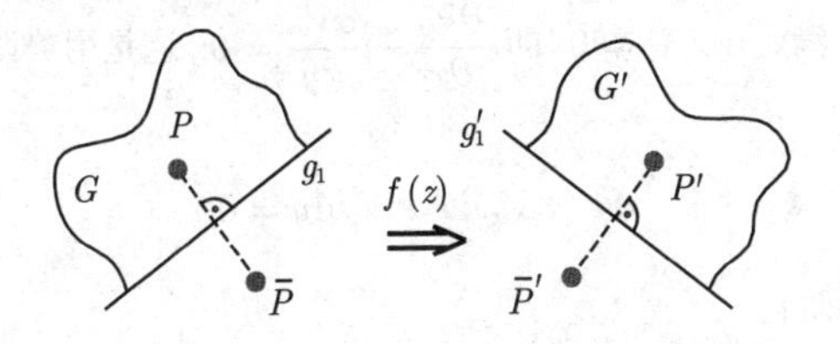

图 14.21

2. 应用

这个原理的应用使得施行运算以及具有直线边界平面区域的表示变得容易了: 如果直线边界是一条流线 (图 14.22 中的孤立边界), 那么源被反射为源, 汇被反射为汇, 并且旋度被反射为相反旋转方向的旋度. 如果直线边界是一条位势线 (图 14.23 中的高导电边界), 那么源被反射为汇, 汇被反射为源, 并且旋度被反射为相同旋转方向的旋度.

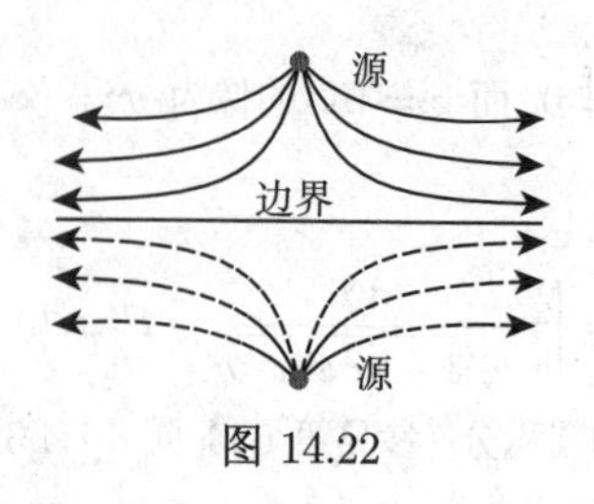

图 14.22

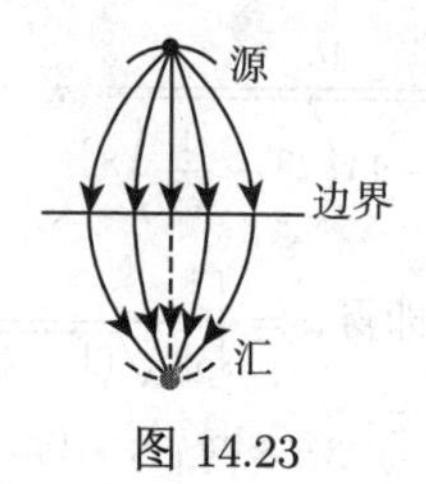

图 14.23

14.1.3.4 复位势

1. 复位势的概念

考虑 x, y 平面中具有连续和可微分量 $V_x(x,y)$ 和 $V_y(x,y)$ 的向量 $\vec{V}$ 的无源场和无旋场 $\vec{V}=\vec{V}(x,y)$.

a) **无源场** $\vec{V}$ 满足 $\operatorname{div}\vec{V}=0$,即 $\dfrac{\partial V_x}{\partial x}+\dfrac{\partial V_y}{\partial y}=0$: 这是用**场函数** (field function) 或**流函数** (stream function) $\Psi(x,y)$ 表达的微分方程

$$\mathrm{d}\Psi=-V_y\,\mathrm{d}x+V_x\,\mathrm{d}y=0 \tag{14.21a}$$

的可积性条件, 因而有

$$V_x=\frac{\partial\Psi}{\partial y},\quad V_y=-\frac{\partial\Psi}{\partial x}. \tag{14.21b}$$

对于场 $\vec{V}$ 的两个点 P_1 和 P_2, 差 $\Psi(P_2)-\Psi(P_1)$ 是通过连接点 P_1 和 P_2 的曲线 —— 当整个曲线在该场中时 —— 流量的一个度量.

b) **无旋场** $\vec{V}$ 满足 $\operatorname{rot}\vec{V}=\vec{0}$, 即 $\dfrac{\partial V_y}{\partial x}-\dfrac{\partial V_x}{\partial y}=0$: 这是用势函数 $\Phi(x,y)$ 表达的微分方程

$$\mathrm{d}\Phi=V_x\,\mathrm{d}x+V_y\,\mathrm{d}y=0 \tag{14.22a}$$

的可积性条件, 因而有

$$V_x=\frac{\partial\Phi}{\partial x},\qquad V_y=\frac{\partial\Phi}{\partial y}. \tag{14.22b}$$

如果场既是无源的, 又是无旋的, 那么函数 Φ 和 Ψ 满足柯西–黎曼微分方程 (参见第 955 页 14.1.2.1), 并且两者都满足拉普拉斯微分方程 ($\Delta\Phi=0$, $\Delta\Psi=0$). 把函数 Φ 和 Ψ 组合为解析函数

$$W=f(z)=\Phi(x,y)+\mathrm{i}\Psi(x,y), \tag{14.23}$$

那么这个函数被称为场 $\vec{V}$ 的复位势.

此时, 在物理学和电工学中通常记号意义下 (参见第 941 页 13.3.1.6, 2.) $-\Phi(x, y)$ 是向量场 $\vec{V}$ 的位势. Ψ 和 Φ 的等值线形成一个正交网. 对于复位势的导数和向量场 $\vec{V}$, 下述方程成立:

$$\frac{\mathrm{d}W}{\mathrm{d}z} = \frac{\partial \Phi}{\partial x} - \mathrm{i}\frac{\partial \Phi}{\partial y} = V_x - \mathrm{i}V_y, \qquad \overline{\frac{\mathrm{d}W}{\mathrm{d}z}} = \overline{f'(z)} = V_x + \mathrm{i}V_y. \tag{14.24}$$

2. 齐次场的复位势

当 a 是实数时, 函数

$$W = az \tag{14.25}$$

是一个场的复位势, 该场的位势线平行于 y 轴, 而方向线平行于 x 轴 (图 14.24). 而一个复数 a 则导致场的旋转 (图 14.25).

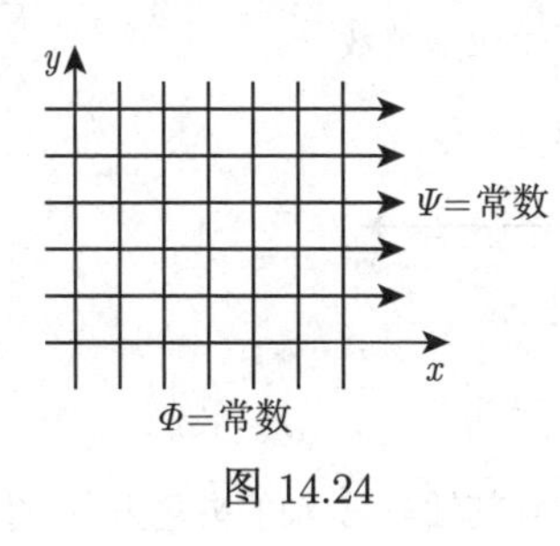

图 14.24

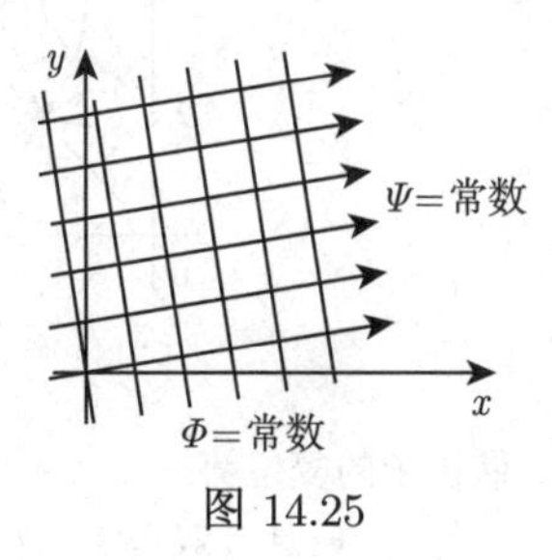

图 14.25

3. 源与汇的复位势

在点 $z = z_0$ 处有强度为 $s > 0$ 的源, 其场的复位势满足方程

$$W = \frac{s}{2\pi}\ln(z - z_0). \tag{14.26}$$

在点 $z = z_0$ 处有强度为 $s > 0$ 的汇, 其场的复位势满足方程

$$W = -\frac{s}{2\pi}\ln(z - z_0). \tag{14.27}$$

方向线从 $z = z_0$ 处径向地离去, 而位势线是以点 $z = z_0$ 为圆心的同心圆 (图 14.26).

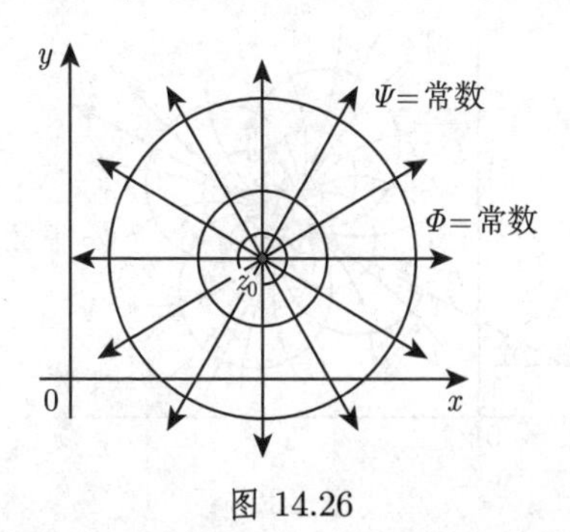

图 14.26

4. 源–汇系统的复位势

对于在点 z_1 有一源, 在点 z_2 处有一与源同样强度的汇, 通过叠加, 得到其复位势为

$$W = \frac{s}{2\pi} \ln \frac{z - z_1}{z - z_2}. \tag{14.28}$$

位势线 $\Phi =$ 常数 形成关于 z_1 和 z_2 的阿波罗尼奥斯圆 (Apollonius circles); 方向线 $\Psi =$ 常数 是通过 z_1 和 z_2 的圆 (图 14.27).

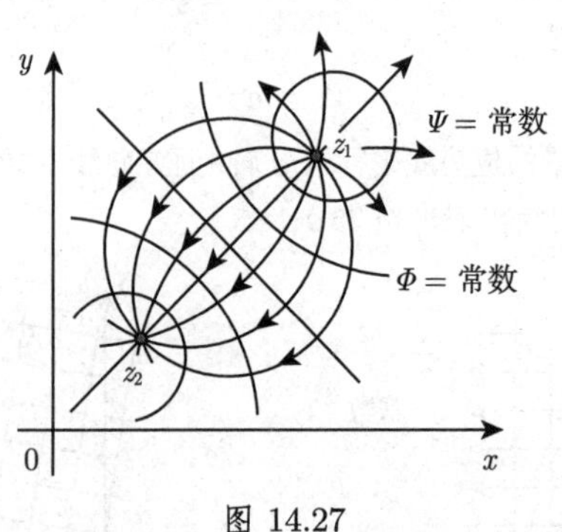

图 14.27

5. 偶极子的复位势

一个在 z_0 处具有双极矩 $M > 0$ 的, 并且其轴与 x 轴的夹角为 α 的偶极子 (图 14.28) 的复位势满足方程

$$W = \frac{M\mathrm{e}^{\mathrm{i}\alpha}}{2\pi(z - z_0)}. \tag{14.29}$$

6. 旋度的复位势

如果旋度的强度是 $|\Gamma|$, 这里 Γ 是实的, 并且其中心位于点 z_0 处, 那么它的方程是

$$W = \frac{\Gamma}{2\pi\mathrm{i}} \ln (z - z_0). \tag{14.30}$$

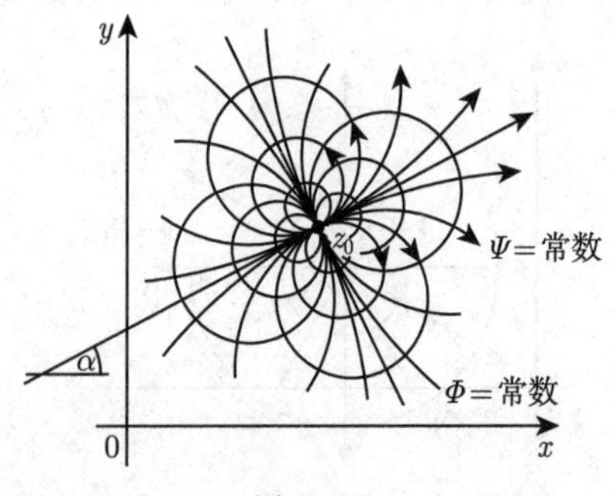

图 14.28

与图 14.26 比较, 方向线和位势线的作用互换了. 对于复的 Γ, (14.30) 给出了旋度源的位势, 其方向线和位势线形成相互正交的两族螺线 (图 14.29).

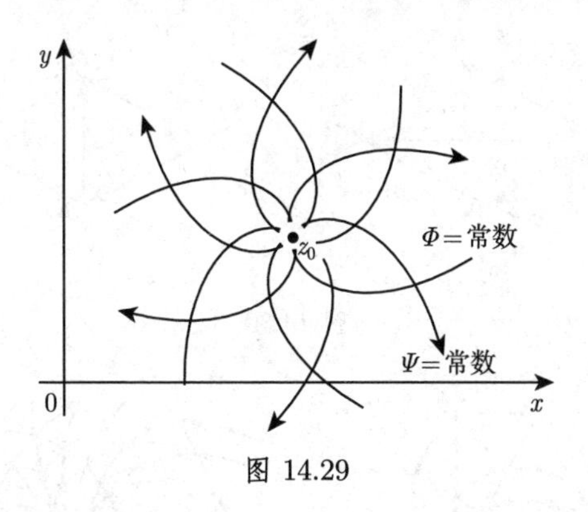

图 14.29

14.1.3.5 叠加原理

1. 复位势的叠加

一个由一些源、汇和旋度组成的系统是一些单个场的叠加, 即通过把它们的复位势和流函数相加而得到该系统的函数. 由于拉普拉斯微分方程 $\Delta\Phi = 0$ 和 $\Delta\Psi = 0$ 的线性性, 在数学上这是可能的.

2. 向量场的合成

(1) 积分　除了把复位势相加以外, 还可以通过应用于权函数的积分来构作新的场.

■ 在具有密度函数 $\varrho(s)$ 的一条曲线段上给定一个旋度. 复位势的导数由一个柯西型积分 (参见第 977 页 14.2.3) 给出

$$\frac{\mathrm{d}W}{\mathrm{d}z} = \frac{1}{2\pi \mathrm{i}}\int_{(l)} \frac{\varrho(s)\,\mathrm{d}s}{z - \zeta(s)} = \frac{1}{2\pi \mathrm{i}}\int_{(l)} \frac{\varrho^*(\zeta)}{z - \zeta}\mathrm{d}\zeta, \tag{14.31}$$

其中 $\zeta(s)$ 是具有弧长参数 s 的曲线 l 的复参数表示.

(2) 麦克斯韦 (Maxwell) 对角线方法　如果想做具有位势 Φ_1 和 Φ_2 的两个位势的叠加, 那么可以画位势线图 $[[\Phi_1]]$ 和 $[[\Phi_2]]$, 使得通过在两个系统中两条相邻的位势线之间的相同的量 h 而改变位势的值. 此时, 位势线的指向使得较大值的 Φ 位于左边. 对于由 $[[\Phi_1]]$ 和 $[[\Phi_2]]$ 形成的网元素, 位于对角线方向的线给出了场 $[[\Phi]]$ 的位势线, 其位势为 $\Phi = \Phi_1 + \Phi_2$, 或 $\Phi = \Phi_1 - \Phi_2$. 此时, 如果网元素的有向边作为向量是相加的, 则得到 $[[\Phi_1 + \Phi_2]]$ 的图 14.30(a), 如果是相减的, 则得到 $[[\Phi_1 - \Phi_2]]$ 的图 14.30(b). 通过从一条位势线到另一条对 h 作平移, 就改变了复合位势的值.

■ 强度商为 $|e_1|/|e_2| = 3/2$ 的一个源和一个汇的向量线和位势线 (图 14.31(a), (b)).

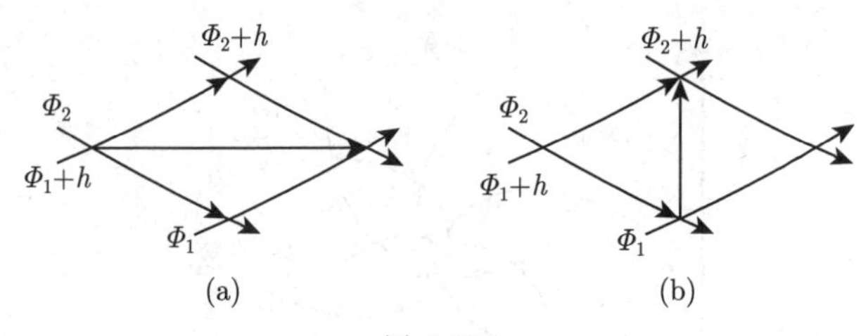

图 14.30

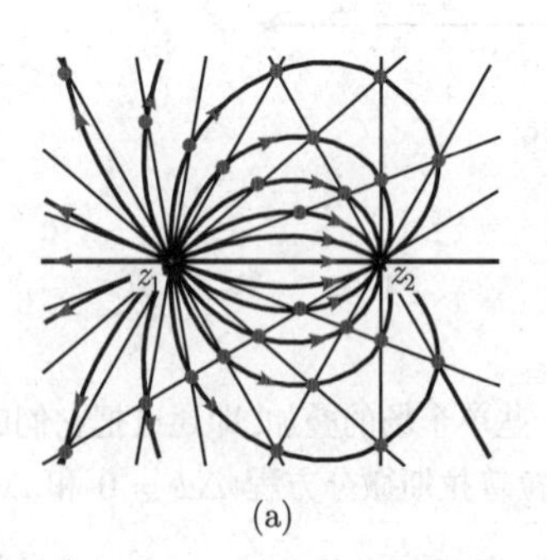

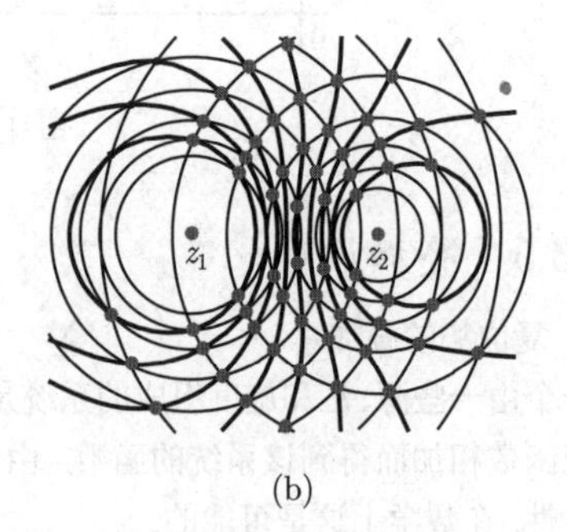

图 14.31

14.1.3.6 复平面的任意映射

函数

$$w = f(z = x + \mathrm{i}y) = u(x, y) + \mathrm{i}v(x, y) \tag{14.32a}$$

被定义, 如果实变量的两个函数 $u(x, y)$ 和 $v(x, y)$ 被定义并且是已知的. 函数 $f(z)$ 不一定是解析的, 因为解析性要求它是一个共形映射. 函数 w 把 z 平面映入 w 平面, 即, 对于每个点 z_ν, 它指定了一个对应点 w_ν.

a) **坐标线的变换**

$$\begin{aligned} y = c &\longrightarrow u = u(x, c), \quad v = v(x, c), \quad x \text{ 是参数;} \\ x = c_1 &\longrightarrow u = u(c_1, y), \quad v = v(c_1, y), \quad y \text{ 是参数.} \end{aligned} \tag{14.32b}$$

b) **几何图形的变换** z 平面中的曲线或区域这样的几何图形通常被变换为 w 平面中的曲线或区域:

$$x = x(t), \quad y = y(t) \quad \rightarrow \quad u = u(x(t), y(t)),\ v = v(x(t), y(t)), \quad t \text{ 是参数.} \tag{14.32c}$$

■对于 $u=2x+y, v=x+2y$, 一族直线 $y=c$ 被变为 $u=2x+c, v=x+2c$, 因而变为直线族 $v=\frac{u}{2}+\frac{3}{2}c$. 直线族 $x=c_1$ 被变为族 $v=2u-3c_1$(图 14.5). 图 14.5(a) 中的阴影部分被变为图 14.5(b) 中的阴影部分.

c) **黎曼曲面** 对于几个不同的 z 值, 映射 $w=f(z)$ 给出同一个 w 值, 那么函数 f 的像由几个 "相互交叠" 的平面组成. 切割这些平面, 并沿着一条曲线把它们连接起来, 就给出一个多层曲面, 即所谓的*多层黎曼曲面* (many-sheeted Riemann surface) (见 [14.16]). 在多值函数的情形, 例如函数 $\sqrt[n]{z}$, $\operatorname{Ln} z$, $\operatorname{Arcsin} z$, $\operatorname{Arctan} z$, 这个对应也可以被考虑为一个逆关系.

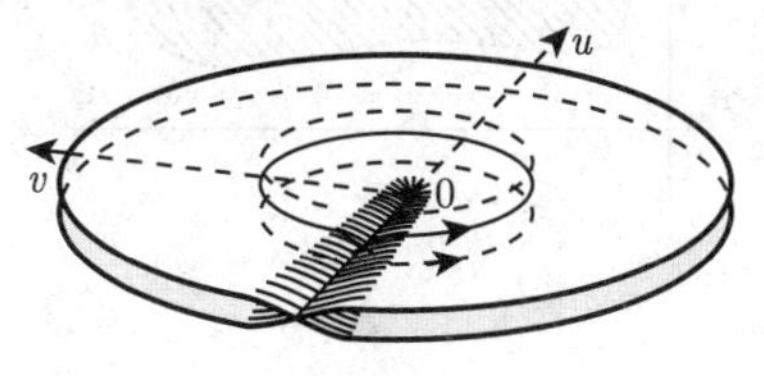

图 14.32

■ $w=z^2$: 当 $z=re^{i\varphi}$ 跑遍整个 z 平面, 即 $0\leqslant\varphi<2\pi$, 则 $w=\varrho e^{i\psi}=r^2e^{i2\varphi}$ 覆盖 w 平面两次. 根据图 14.32, 可以想象把两个 w 平面相互置于另一个之上, 沿着负实轴切割并把两个平面连接在一起. 这个曲面被称为函数 $w=z^2$ 的黎曼曲面. 原点被称为一个*分支点* (branch point). 函数 $w=e^z$ (见 (14.69)) 的像是一个无穷多层的黎曼曲面. (在许多情形, 黎曼曲面被沿着正实轴切割. 这取决于复数的主值是对于区间 $(-\pi,\pi]$ 定义, 还是对于区间 $[0,2\pi)$ 定义的.)

14.2 复平面中的积分

14.2.1 定积分和不定积分

14.2.1.1 复平面中积分的定义

1. 复定积分

假设 $f(z)$ 在一个域 G 中是连续的, 并且连接点 A 和 B 的曲线 C 完全在 G 中. 曲线 C 被任意分点 z_i 分为 n 个子弧段 (图 14.33).

在每个子弧段中选取一个点 ζ_i, 并形成和式

$$\sum_{i=1}^{n} f(\zeta_i)\Delta z_i, \quad 其中 \quad \Delta z_i = z_i - z_{i-1}. \tag{14.33a}$$

如果当 $\Delta z_i\to 0$ 以及 $n\to\infty$ 时, 与诸点 z_i 和 ζ_i 的选取无关地存在极限

$$\lim_{n\to\infty}\sum_{i=1}^{n} f(\zeta_i)\Delta z_i, \tag{14.33b}$$

则此极限被称为沿着连接点 A 和 B 的曲线 C 的**复定积分** (definite complex integral)

$$I = \int_{\widehat{AB}} f(z)\,\mathrm{d}z = (C)\int_A^B f(z)\,\mathrm{d}z. \tag{14.33c}$$

该积分的值通常依赖于积分的路径.

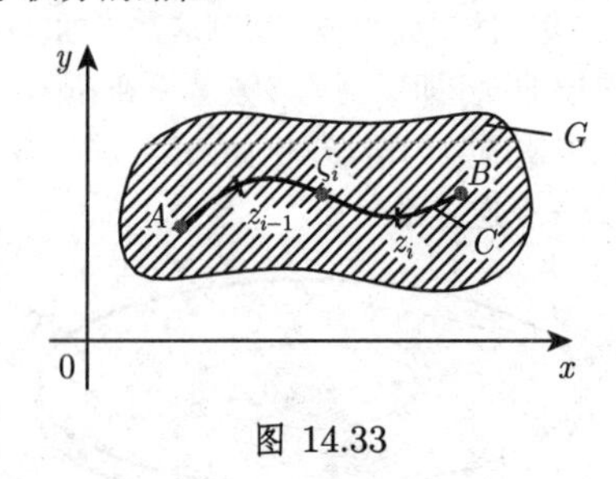

图 14.33

2. 复不定积分

如果定积分不依赖于积分路径 (参见第 976 页 14.2.2), 则成立

$$F(z) = \int f(z)\,\mathrm{d}z + C, \quad \text{其中} \quad F'(z) = f(z). \tag{14.34}$$

这里 C 是积分常数, 一般而言, 它是复的. $F(z)$ 被称为**复不定积分** (indefinite complex integral). 一个复变量初等函数的不定积分可以用一个实变量相应的初等函数的积分公式来计算.

■ **A:** $\int \sin z\,\mathrm{d}z = -\cos z + C.$ ■ **B:** $\int \mathrm{e}^z\,\mathrm{d}z = \mathrm{e}^z + C.$

3. 复定积分和复不定积分的关系

如果函数 $f(z)$ 是解析的 (参见第 954 页 14.1.2.1), 并且有一个不定积分, 则其定积分和不定积分之间的关系为

$$\int_{\widehat{AB}} f(z)\,\mathrm{d}z = \int_A^B f(z)\,\mathrm{d}z = F(z_B) - F(z_A). \tag{14.35}$$

14.2.1.2 复积分的性质和求值

1. 与第二型线积分的比较

复定积分与第二型线积分 (参见第 687 页 8.3.2) 有相同的性质:

a) 颠倒积分路径的方向, 积分改变符号.

b) 把积分路径分解成几个部分, 总积分值等于这些部分积分值之和.

2. 积分值的估计

如果在积分路径 $\widehat{AB}$ 的每个点 z 处函数 $f(z)$ 的绝对值不超过一个正数 M, 并且 $\widehat{AB}$ 有长度 s, 则

$$\left|\int_{\widehat{AB}} f(z)\,\mathrm{d}z\right| \leqslant Ms. \tag{14.36}$$

3. 用参数表示的复积分值的求值

如果用下述形式给出积分路径 $\widehat{AB}$ (或曲线 C)

$$x = x(t), \quad y = y(t), \tag{14.37}$$

其中 x 和 y 是 t 的可微函数, 并且起始点和终点的 t 值是 t_A 和 t_B, 那么可以用两个实积分来计算复定积分. 把被积函数的实部和虚部分开, 则复积分为

$$\begin{aligned}(C)\int_A^B f(z)\,\mathrm{d}z &= \int_A^B (u\,\mathrm{d}x - v\,\mathrm{d}y) + \mathrm{i}\int_A^B (v\,\mathrm{d}x + u\,\mathrm{d}y)\\ &= \int_{t_A}^{t_B} [u(t)x'(t) - v(t)y'(t)]\,\mathrm{d}t\\ &\quad + \mathrm{i}\int_{t_A}^{t_B} [v(t)x'(t) + u(t)y'(t)]\,\mathrm{d}t,\end{aligned} \tag{14.38a}$$

其中

$$f(z) = u(x,y) + \mathrm{i}v(x,y), \quad z = x + \mathrm{i}y. \tag{14.38b}$$

记号 $(C)\int_A^B f(z)\,\mathrm{d}z$ 意味着定积分是沿着在 A 和 B 之间的曲线 C 而被计算的. 记号 $\int_{\widehat{AB}} f(z)\,\mathrm{d}z$ 也经常被用到, 它有相同的含义.

■ $I = \int_{(C)} (z - z_0)^n\,\mathrm{d}z$ $(n \in \mathbb{Z})$. 令曲线 C 是半径为 r_0, 圆心为 z_0 的圆周: $x = x_0 + r_0\cos t$, $y = y_0 + r_0\sin t$, 其中 $0 \leqslant t \leqslant 2\pi$. 对于曲线 C 上的每个点 z: $z = x + \mathrm{i}y = z_0 + r_0(\cos t + \mathrm{i}\sin t)$, 有 $\mathrm{d}z = r_0(-\sin t + \mathrm{i}\cos t)\,\mathrm{d}t$. 根据棣莫弗 (de Moivre) 公式, 在代入这些值并变换后即得$I = r_0^{n+1}\int_0^{2\pi} (\cos nt + \mathrm{i}\sin nt)(-\sin t + \mathrm{i}\cos t)\,\mathrm{d}t = r_0^{n+1}\int_0^{2\pi} [\mathrm{i}\cos(n+1)t - \sin(n+1)t]\,\mathrm{d}t = \begin{cases} 0, & n \neq -1,\\ 2\pi\mathrm{i}, & n = -1.\end{cases}$

4. 与积分路径的无关性

假设在一个单连通区域中定义了一个复变量的一个函数 $f(z)$. 该函数的积分 (14.33c) 可以与连接两个固定点 $A(z_A)$ 和 $B(z_B)$ 的路径无关. 一个充要条件是: 函数 $f(z)$ 在此区域中是解析的, 即函数 u 和 v 满足柯西–黎曼微分方程 (参见第 955 页 (14.4)). 此时等式 (14.35) 也成立. 如果一个区域由一条简单闭曲线所围, 那么这个区域是*单连通的* (simply connected).

5. 沿着一条闭曲线的复积分

假设在一个单连通区域 G 中函数 $f(z)$ 是解析的. 沿着 G 的边界闭曲线 C 积分函数 $f(z)$, 根据柯西积分定理, 这个积分的值为零 (参见第 976 页 14.2.2):

$$(C)\oint f(z)\,\mathrm{d}z = 0. \tag{14.39}$$

如果 $f(z)$ 在这个区域中有奇点, 则用留数定理 (参见第 984 页 14.3.5.5), 或由公式 (14.38a) 来计算积分.

■ 在 $z = a$ 处有一个奇点的函数 $f(z) = \dfrac{1}{z-a}$ 对于以逆时针方向围绕 a 的闭曲线 C(图 14.34) 有积分值 $(C)\oint \dfrac{1}{z-a}\,\mathrm{d}z = 2\pi\mathrm{i}\,\mathrm{Res}\, f(z)|_{z=a} = 2\pi\mathrm{i}$.

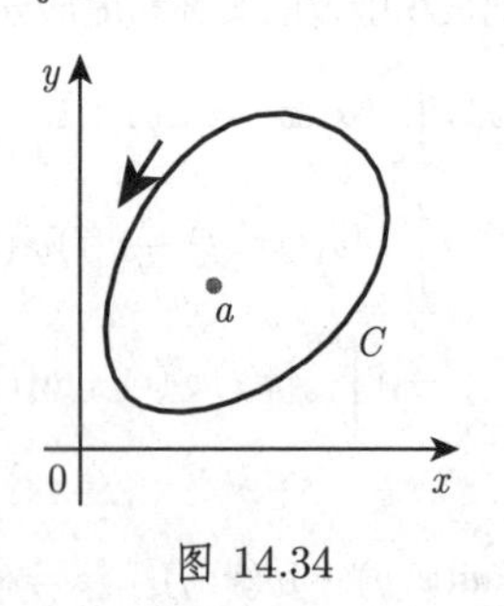

图 14.34

14.2.2 柯西积分定理

14.2.2.1 单连通区域的柯西积分定理

如果在一个单连通区域 G 中函数 $f(z)$ 是解析的, 则成立两个等价的陈述:

a) 沿着 G 中任意一条闭曲线 C, 积分等于零:

$$(C)\oint f(z)\,\mathrm{d}z = 0. \tag{14.40}$$

b) 积分 $\int_A^B f(z)\,\mathrm{d}z$ 的值与连接点 A 和 B 的, 并在 G 中的曲线 C 无关, 即它仅依赖于 A 和 B.

这就是**柯西积分定理** (Cauchy integral theorem).

14.2.2.2 多连通区域的柯西积分定理

如果 $C, C_1, C_2, \cdots, C_n$ 是一些简单闭曲线, 使得曲线 C 包围了所有的 C_ν ($\nu = 1, 2, \cdots, n$), 诸曲线 C_ν 互不包含和相交, 并且函数 $f(z)$ 在包含诸曲线以及 C 和诸 C_ν 之间区域的区域 G—— 图 14.35 中的阴影区域 —— 中是解析的, 以及诸曲线 $C, C_1, C_2, \cdots, C_n$ 有相同的定向, 如都是逆时针方向, 则有

$$\oint_C f(z)\,\mathrm{d}z = \oint_{C_1} f(z)\,\mathrm{d}z + \oint_{C_2} f(z)\,\mathrm{d}z + \cdots + \oint_{C_n} f(z)\,\mathrm{d}z. \tag{14.41}$$

当一条闭曲线 C 还包含了函数 $f(z)$ 的一些奇点在内时 (参见第 984 页 14.3.5.5), 这个定理对于沿着曲线 C 计算 $f(z)$ 的积分是很有用的.

■ 计算积分 $\oint_C \frac{z-1}{z(z+1)}\,\mathrm{d}z$, 其中 C 是包含原点和点$z=-1$ 的一条简单闭曲线(图 14.36). 应用柯西积分定理, 沿着 C 的积分等于沿着 C_1 和 C_2 的积分之和, 其中 C_1 是以原点为心, 半径为 $r_1=1/2$ 的圆周, C_2 是以 $z=-1$ 为心, 半径为 $r_2=1/2$ 的圆周. 被积函数可以被分解为部分分式. 因而得到: $\oint_C \frac{z-1}{z(z+1)}\,\mathrm{d}z = \oint_{C_1} \frac{2\,\mathrm{d}z}{z+1} + \oint_{C_2} \frac{2\,\mathrm{d}z}{z+1} - \oint_{C_1} \frac{\mathrm{d}z}{z} - \oint_{C_2} \frac{\mathrm{d}z}{z} = 0 + 4\pi\mathrm{i} - 2\pi\mathrm{i} = 2\pi\mathrm{i}$. (与第 975 页 14.2.1.2, 3. 例中的积分比较.)

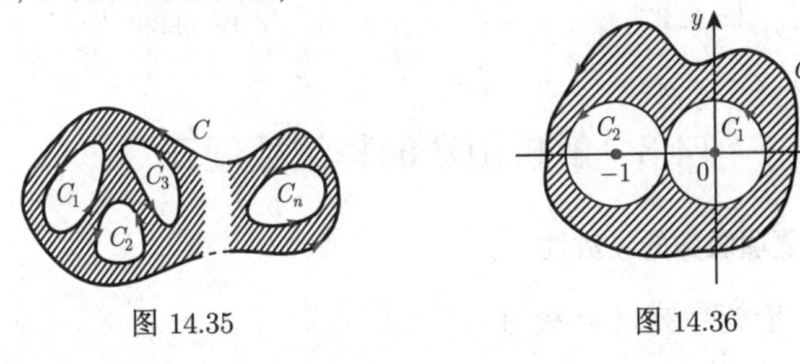

图 14.35　　图 14.36

14.2.3 柯西积分公式

14.2.3.1 在一个区域内点集上的解析函数

如果 $f(z)$ 在一条简单闭曲线 C 以及它内部的单连通区域上是解析的, 那么对于该单连通区域的每个内点 z(图 14.37), 下述表达式成立:

$$f(z) = \frac{1}{2\pi\mathrm{i}} \oint_C \frac{f(\zeta)}{\zeta - z}\,\mathrm{d}\zeta \qquad (\text{柯西积分公式}), \tag{14.42}$$

其中 ζ 逆时针地走过曲线 C. 利用这个公式, 解析函数在一个区域内部的值被该函数在区域边界上的值所表示. 从 (14.42) 即得该函数的 n 次导数的存在性以及其积分表达式在区域 G 上是解析的:

$$f^{(n)}(z) = \frac{n!}{2\pi\mathrm{i}} \oint_C \frac{f(\zeta)}{(\zeta - z)^{n+1}}\,\mathrm{d}\zeta. \tag{14.43}$$

因而, 如果一个复函数是可微的, 即, 它是解析的, 那么它是无穷多次可微的. 与此相反, 在实数的情形, 可微性并不包含反复的可微性.

方程 (14.42) 和 (14.43) 被称为柯西积分公式 (Cauchy integral formulas).

14.2.3.2 在一个区域外点集上的解析函数

如果一个函数 $f(z)$ 在平面上一条闭积分曲线 C 的整个外部是解析的, 那么函数 $f(z)$ 在此外部区域中的一点 z 处的值及其各阶导数的值可以用相同的柯西公式 (14.42), (14.43) 来给出, 但是曲线 C 现在是顺时针方向 (图 14.38).

借助于柯西积分公式还可以计算某些实积分 (参见第 984 页 14.4).

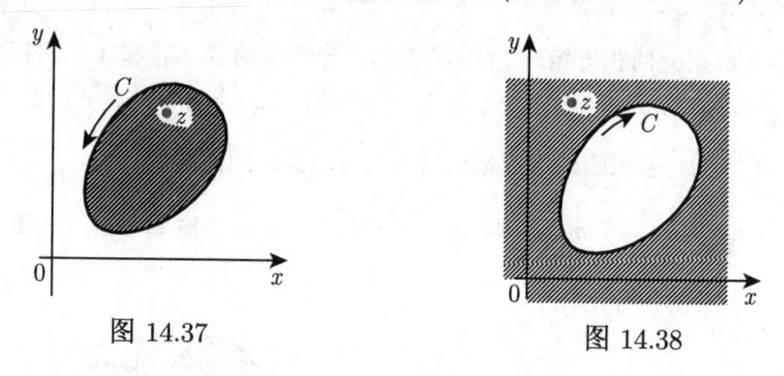

图 14.37　　图 14.38

14.3　解析函数的幂级数展开

14.3.1　复项级数的收敛性

14.3.1.1　复数序列的收敛性

复数的一个无穷序列 $z_1, z_2, \cdots, z_n, \cdots$ 有一个极限 z $(z = \lim\limits_{n\to\infty} z_n)$, 如果对每个任意给定的正数 ε, 存在一个 n_0, 使得对每个 $n > n_0$ 成立不等式 $|z - z_n| < \varepsilon$, 即, 从某个 n_0 开始, 诸数 $z_n, z_{n+1}, \cdots$ 所表示的点都在以 z 为圆心, 半径为 ε 的圆内.

■ 如果表达式 $\{\sqrt[n]{a}\}$ 表示具有最小非负辐角的根, 那么对于任意复数 $a \neq 0$ 极限等式 $\lim\limits_{n\to\infty}\{\sqrt[n]{a}\} = 1$ 成立 (图 14.39).

14.3.1.2　复项无穷级数的收敛性

具有复项 a_i 的一个级数 $a_1 + a_2 + \cdots + a_n + \cdots$ 收敛到数 s, 称为该级数的和, 如果部分和 s_n

$$s_n = a_1 + a_2 + \cdots + a_n \quad (n = 1, 2, \cdots) \tag{14.44}$$

的序列收敛到 s. 在 z 平面上用折线连接相应于诸数 $s_n = a_1 + a_2 + \cdots + a_n$ 的点, 那么收敛性就意味着折线的末端趋近于点 s.

■ **A:** $\mathrm{i} + \dfrac{\mathrm{i}^2}{2} + \dfrac{\mathrm{i}^3}{3} + \dfrac{\mathrm{i}^4}{4} + \cdots$.　■ **B:** $\mathrm{i} + \dfrac{\mathrm{i}^2}{2} + \dfrac{\mathrm{i}^3}{2^2} + \cdots$ (图 14.40).

一个级数被称为绝对收敛的 (absolutely convergent) (见■ **B**), 如果绝对值级数 $|a_1| + |a_2| + |a_3| + \cdots$ 也是收敛的. 级数被称为条件收敛的 (conditionally convergent) (见■ **A**), 如果该级数收敛, 但不是绝对收敛的. 如果级数的诸项是函数 $f_i(z)$, 如

$$f_1(z) + f_2(z) + \cdots + f_n(z) + \cdots, \tag{14.45}$$

那么其和是一个函数, 它对于使得函数值级数收敛的那些 z 值有定义.

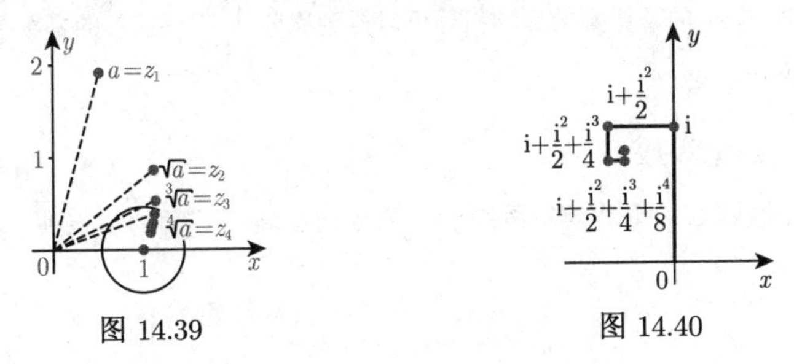

图 14.39　　　　图 14.40

14.3.1.3 复项幂级数

1. 收敛性

一个具有复系数的幂级数有形式

$$P(z-z_0)=a_0+a_1(z-z_0)+a_2(z-z_0)^2+\cdots+a_n(z-z_0)^n+\cdots, \tag{14.46a}$$

其中 z_0 是复平面中的一个固定点, 诸系数是复常数 (也可以有实值). 对于 $z_0=0$, 幂级数有形式

$$P(z)=a_0+a_1z+a_2z^2+\cdots+a_nz^n+\cdots. \tag{14.46b}$$

如果对于某个值 z_1 幂级数 $P(z-z_0)$ 收敛, 那么在以 z_0 为心, 半径为 $r=|z_1-z_0|$ 的圆内部的每个点 z, $P(z-z_0)$ 是绝对且一致收敛的.

2. 收敛圆

一个复幂级数的收敛性区域与发散性区域之间的界限是一个唯一确定的圆周. 如在实数情形一样, 如果极限

$$r=\frac{1}{\lim\limits_{n\to\infty}\sqrt[n]{|a_n|}} \quad \text{或} \quad r=\lim_{n\to\infty}\left|\frac{a_n}{a_{n+1}}\right| \tag{14.47}$$

存在, 则就确定了该圆的半径. 如果级数除了在 $z=z_0$ 外处处发散, 则 $r=0$; 如果它处处收敛, 则 $r=\infty$. 幂级数在收敛性区域的边界圆周上的性状必须逐点地加以考察.

■ 收敛半径为 1 的幂级数 $P(z)=\sum\limits_{n=1}^{\infty}\frac{z^n}{n}$ 当 $z=1$ 时是发散的 (调和级数), 当 $z=-1$ 时是收敛的 (根据交错级数的莱布尼茨准则 (参见第 621 页 7.2.3.3, 1.)). 除了点 $z=1$ 之外, 这个幂级数对于单位圆周 $|z|=1$ 上所有别的点都是收敛的.

3. 收敛圆中幂级数的导数

在收敛圆内部, 每个幂级数表示一个解析函数. 通过逐项求导得到其导数. 导数级数与原级数有相同的收敛半径.

4. 收敛圆中幂级数的积分

通过对 $f(z)$ 的幂级数的逐项积分可以得到积分 $\int_{z_0}^{z} f(\zeta)\,\mathrm{d}\zeta$ 的幂级数表达式. 收敛半径保持不变.

14.3.2 泰勒级数

在一个区域 G 中每个解析函数 $f(z)$ 对于任意 $z_0 \in G$ 都可以被唯一地展开为形如

$$f(z) = \sum_{n=0}^{\infty} a_n (z - z_0)^n \qquad (\text{泰勒级数}) \tag{14.48a}$$

的幂级数, 其收敛圆是以 z_0 为心的完全属于区域 G 的最大的圆 (图 14.41). 一般而言, a_n 是复数; 它们由下式得到

$$a_n = \frac{f^{(n)}(z_0)}{n!}. \tag{14.48b}$$

这样, 泰勒级数就可以被写为

$$f(z) = f(z_0) + \frac{f'(z_0)}{1!}(z - z_0) + \frac{f''(z_0)}{2!}(z - z_0)^2 + \cdots + \frac{f^{(n)}(z_0)}{n!}(z - z_0)^n + \cdots. \tag{14.48c}$$

每个幂级数在其收敛圆内部是其和函数的泰勒展式.

■ 第 990 页 14.5.2 中函数 e^z, $\sin z$, $\cos z$, $\sinh z$, $\cosh z$ 的级数表达式是泰勒展式的例子.

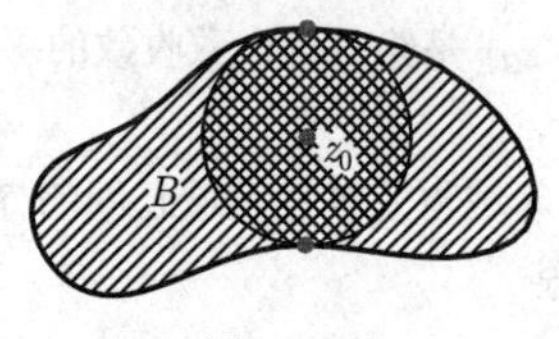

图 14.41

14.3.3 解析延拓原理

考虑两个幂级数

$$f_0(z) = \sum_{n=0}^{\infty} a_n (z - z_0)^n \quad \text{和} \quad f_1(z) = \sum_{n=0}^{\infty} b_n (z - z_1)^n, \tag{14.49a}$$

它们各自围绕 z_0 和 z_1 的收敛圆 K_0 和 K_1 有某个公共区域 (图 14.42), 并且在这个区域中它们相等:

$$f_0(z) = f_1(z). \tag{14.49b}$$

此时, 属于点 z_0 和 z_1 的两个幂级数是同一个解析函数 $f(z)$ 的泰勒展式. 函数 $f_1(z)$ 被称为只定义在 K_0 中的函数 $f_0(z)$ 在 K_1 中的**解析延拓** (analytic continuation).

■ 几何级数 $f_0(z) = \sum\limits_{n=0}^{\infty} z^n$ 围绕 $z_0 = 0$ 有收敛圆 $K_0\,(r_0 = 1)$, 函数 $f_1(z) = \dfrac{1}{1-\mathrm{i}}\sum\limits_{n=0}^{\infty}\left(\dfrac{z-\mathrm{i}}{1-\mathrm{i}}\right)^n$ 围绕 $z_1 = \mathrm{i}$ 有收敛圆 $K_1\,(r_1 = \sqrt{2})$, 在它们自己的收敛圆中它们以解析函数 $f(z) = 1/(1-z)$ 作为它们的和, 因而在两个收敛圆的公共部分 (图 14.42 中的双重阴影部分) 中亦然 $(z \neq 1)$. 所以,$f_1(z)$ 是 $f_0(z)$ 从 K_0 到 K_1 中的解析延拓 (反之亦然).

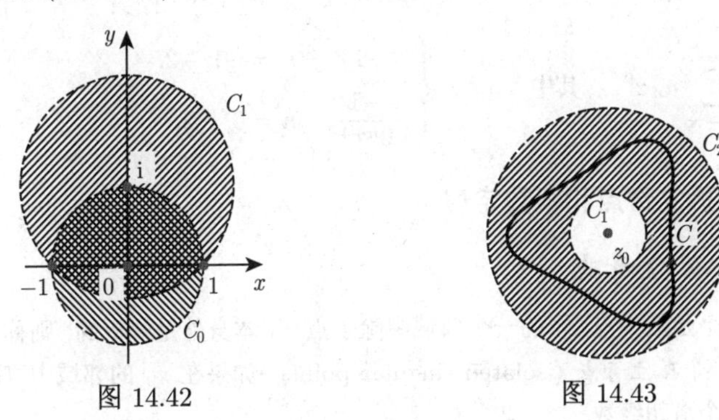

图 14.42

图 14.43

14.3.4 洛朗展开式

每个在以 z_0 为心, 半径分别为 r_1 和 r_2 的两个同心圆周之间的圆环内部解析的函数可以被展开为一个广义幂级数, 所谓的洛朗 (Laurent) 级数:

$$f(z) = \sum_{n=-\infty}^{\infty} a_n(z-z_0)^n$$
$$= \cdots + \frac{a_{-k}}{(z-z_0)^k} + \frac{a_{-k+1}}{(z-z_0)^{k-1}} + \cdots + \frac{a_{-1}}{z-z_0} + a_0 + a_1(z-z_0)$$
$$+ a_2(z-z_0)^2 + \cdots + a_k(z-z_0)^k + \cdots. \tag{14.50a}$$

诸系数 a_n 通常是复的, 它们由公式

$$a_n = \frac{1}{2\pi\mathrm{i}}\oint_C \frac{f(\zeta)}{(\zeta-z_0)^{n+1}}\mathrm{d}\zeta \qquad (n = 0, \pm1, \pm2, \cdots) \tag{14.50b}$$

唯一确定, 其中 C 表示一条任意的闭曲线, 它在圆环 $r_1 < |z| < r_2$ 中, 并且半径为 r_1 的圆在其内部, 其方向是逆时针的 (图 14.43). 如果函数 $f(z)$ 的定义域 G 大于该圆环, 那么其洛朗级数 (Laurent series) 的收敛域是以 z_0 为心, 整个包含在 G 中的最大圆环.

■ 在围绕 $z_0 = 0$ 的圆环 $1 < |z| < 2$ 中函数 $f(z) = \dfrac{1}{(z-1)(z-2)}$ 的洛朗级

数展式被确定, $f(z)$ 在此圆环中是解析的. 首先把 $f(z)$ 分解为部分分式: $f(z) = \frac{1}{z-2} - \frac{1}{z-1}$.因为在所考虑的区域中成立 $|1/z| < 1$ 和 $|z/2| < 1$, 因此这个分解的两项都可以被写为在整个圆环 $1 < |z| < 2$ 中绝对收敛的几何级数之和. 因此得到

$$f(z) = \frac{1}{(z-1)(z-2)} = -\frac{1}{z\left(1-\frac{1}{z}\right)} - \frac{1}{2\left(1-\frac{z}{2}\right)} = -\underbrace{\sum_{n=1}^{\infty} \frac{1}{z^n}}_{|z|>1} - \frac{1}{2}\underbrace{\sum_{n=0}^{\infty} \left(\frac{z}{2}\right)^n}_{|z|<2}$$

$$= \sum_{n=-\infty}^{\infty} a_n z^n, \quad \text{其中} \quad a_n = \begin{cases} -1, & n = -1, -2, \cdots, \\ \frac{-1}{2^{n+1}}, & n = 0, 1, 2, \cdots. \end{cases}$$

14.3.5 孤立奇点和留数定理

14.3.5.1 孤立奇点

如果一个函数中点 z_0 的一个邻域中除了点 z_0 本身外是解析的, 则称 z_0 为函数 $f(z)$ 的一个**孤立奇点** (isolated singular point). 如果在 z_0 的邻域中 $f(z)$ 可以被展开为一个洛朗级数

$$f(z) = \sum_{n=-\infty}^{\infty} a_n (z - z_0)^n, \tag{14.51}$$

则可以根据洛朗级数的性状对孤立奇点加以分类:

1. 如果洛朗级数不包含 $(z - z_0)$ 的任意负幂次项, 即, 对于 $n < 0$ 有 $a_n = 0$, 则洛朗级数是一个泰勒级数, 其系数由柯西积分定理给出

$$a_n = \frac{1}{2\pi \mathrm{i}} \oint_K (\zeta - z_0)^{-n-1} f(\zeta) \, \mathrm{d}\zeta = \frac{f^{(n)}(z_0)}{n!} \quad (n = 0, 1, 2, \cdots). \tag{14.52}$$

在此情形, 函数 $f(z)$ 本身在点 z_0 处也是解析的, 并且 $f(z_0) = a_0$, 或者说 z_0 是一个可去奇点.

2. 如果洛朗级数包含 $(z - z_0)$ 的有限个负幂次项, 即, 存在 $m > 0$, 使得 $a_{-m} \neq 0$, 且对于 $n > m$ 有 $a_{-n} = 0$, 则 z_0 被称为一个**极点** (pole), 一个 m **阶极点** (pole of order m), 或者一个 m **重极点** (pole of multiplicity m). 乘以 $(z - z_0)^m$, 并且不是乘以任何低次幂, $f(z)$ 就被变为一个在 z_0 及其邻域中的解析函数.

■ $f(z) = \frac{1}{2}\left(z + \frac{1}{z}\right)$ 在 $z = 0$ 处有一个一阶极点.

3. 如果洛朗级数包含 $(z - z_0)$ 的无穷多个负幂次项, 那么 z_0 是 $f(z)$ 的一个**本质奇点** (essential singularity).

趋近于一个极点, $|f(z)|$ 趋于无穷. 趋近于一个本质奇点, $f(z)$ 任意接近于任一复数 c.

■ 函数 $f(z)=\mathrm{e}^{1/z}$, 其洛朗级数为 $f(z)=\sum\limits_{n=0}^{\infty}\frac{1}{n!}\frac{1}{z^n}$, 在 $z=0$ 处有一个本质奇点.

14.3.5.2 亚纯函数

如果一个函数在除了一些都是极点的孤立奇点之外是全纯的, 那么这个函数被称为**亚纯的** (meromorphic). 亚纯函数总可以表示为两个解析函数之商.

■ 有有限个极点的有理函数, 还有如 $\tan z=\frac{\sin z}{\cos z}$ 和 $\cot z=\frac{\cos z}{\sin z}$ 的超越函数是在全平面亚纯的函数的例子.

14.3.5.3 椭圆函数

椭圆函数是双周期函数, 它的奇点是极点, 即, 它们是有两个独立周期的亚纯函数 (参见第 995 页 14.6). 如果两个周期是 ω_1 和 ω_2, 它们不是实相关的, 则

$$f(z+m\omega_1+n\omega_2)=f(z)\quad\left(m,n=0,\pm1,\pm2,\cdots;\ \mathrm{Im}\left(\frac{\omega_1}{\omega_2}\right)\neq0\right).\tag{14.53}$$

在顶点为 $0,\omega_1,\omega_1+\omega_2,\omega_2$ 的原始周期平行四边形中, $f(z)$ 已遍及其值域.

14.3.5.4 留数

设 z_0 为函数 $f(z)$ 的一个孤立奇点, 则在 z_0 的邻域中成立的 $f(z)$ 的洛朗展式中 $(z-z_0)^{-1}$ 的系数 a_{-1} 被称为在点 z_0 处函数 $f(z)$ 的**留数** (residue of the function $f(z)$). 根据 (14.50b), 有

$$a_{-1}=\mathrm{Res}\,f(z)|_{z=z_0}=\frac{1}{2\pi\mathrm{i}}\oint_K f(\zeta)\,\mathrm{d}\zeta.\tag{14.54a}$$

由公式

$$a_{-1}=\mathrm{Res}\,f(z)|_{z=z_0}=\lim_{z\to z_0}\frac{1}{(m-1)!}\frac{\mathrm{d}^{m-1}}{\mathrm{d}z^{m-1}}[f(z)(z-z_0)^m]\tag{14.54b}$$

可以计算属于一个 m 阶极点的留数. 如果函数可以表示成商 $f(z)=\varphi(z)/\psi(z)$, 其中函数 $\varphi(z)$ 和 $\psi(z)$ 在点 $z=z_0$ 处是解析的, 并且 z_0 是函数 $\psi(z)$ 的一个单根, 即有 $\psi(z_0)=0$, 且 $\psi'(z_0)\neq0$, 则 z_0 是函数 $f(z)$ 的一个一阶极点.[①] 从 (14.54b) 即得

$$\mathrm{Res}\left[\frac{\varphi(z)}{\psi(z)}\right]_{z=z_0}=\frac{\varphi(z_0)}{\psi'(z_0)}.\tag{14.54c}$$

① 为了 z_0 是函数 $f(z)$ 的一阶极点, 还需加上条件 "$\varphi(z_0)\neq0$".—— 译者注

如果 z_0 是函数 $\psi(z)$ 的一个 m 重的根, 即成立 $\psi(z_0)=\psi'(z_0)=\cdots=\psi^{(m-1)}(z_0)=0$, 且 $\psi^{(m)}(z_0)\neq 0$, 则点 $z=z_0$ 是 $f(z)$ 的一个 m 阶极点.

14.3.5.5 留数定理

借助于留数可以计算函数在沿着一条包含孤立奇点在其内部的闭曲线(图 14.44)的积分.

如果在一个其边界为闭曲线 C 的单连通区域 G 中除了有限个点 $z_0, z_1, z_2, \cdots, z_n$ 处外函数 $f(z)$ 是单值的和解析的, 则该函数沿着逆时针方向边界曲线 C 的积分为 $2\pi i$ 与所有这些奇点处留数之和的乘积:

$$\oint_C f(z)\,dz = 2\pi i \sum_{k=0}^{n} \operatorname{Res} f(z)|_{z=z_k}. \tag{14.55}$$

■ 函数 $f(z)=e^z/(z^2+1)$ 在 $z_{1,2}=\pm i$ 处有一阶极点. 相应的留数之和为 $\sin 1$. 如果 K 是以原点为心, 半径 $r>1$ 的一个圆周, 则

$$\oint_K \frac{e^z}{z^2+1}\,dz = 2\pi i\left(\frac{e^{z_1}}{2z_1}+\frac{e^{z_2}}{2z_2}\right) = 2\pi i\left(\frac{e^{i}}{2i}-\frac{e^{-i}}{2i}\right) = 2\pi i \sin 1.$$

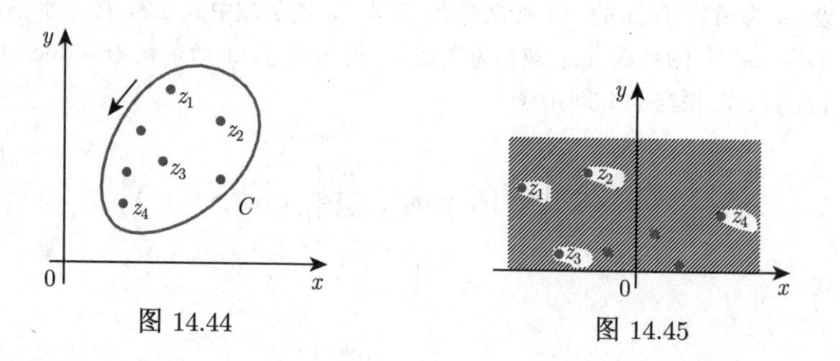

图 14.44　　图 14.45

14.4 用复积分计算实积分

14.4.1 柯西积分定理的应用

借助于柯西积分定理可以计算某些实积分的值.

■ 函数 $f(z)=e^z$ 在整个 z 平面中是解析的, 它可以用柯西积分公式 (14.42) 来表示, 其中积分路径 C 是中心为 z, 半径为 r 的圆周. 该圆周的方程为 $\zeta = z + re^{i\varphi}$. 从 (14.43) 即得

$$e^z = \frac{n!}{2\pi i}\oint_C \frac{e^\zeta}{(\zeta - z)^{n+1}}\,d\zeta = \frac{n!}{2\pi i}\int_{\varphi=0}^{\varphi=2\pi} \frac{e^{(z+re^{i\varphi})}}{r^{n+1}e^{i\varphi(n+1)}} ire^{i\varphi}\,d\varphi$$

$$= \frac{n!}{2\pi r^n}\int_0^{2\pi} e^{z+r\cos\varphi+ir\sin\varphi-in\varphi}\,d\varphi,$$

因而

$$\frac{2\pi r^n}{n!} = \int_0^{2\pi} e^{r\cos\varphi+i(r\sin\varphi-n\varphi)}\,d\varphi = \int_0^{2\pi} e^{r\cos\varphi}[\cos(r\sin\varphi - n\varphi)]\,d\varphi$$

$$+ i\int_0^{2\pi} e^{r\cos\varphi}[\sin(r\sin\varphi - n\varphi)]\,d\varphi.$$

比较实部和虚部, 既然虚部为零, 即有 $\displaystyle\int_0^{2\pi} e^{r\cos\varphi}[\cos(r\sin\varphi - n\varphi)]\,d\varphi = \frac{2\pi r^n}{n!}$.

14.4.2 留数定理的应用

借助于留数定理可以计算一个变量实函数的一些定积分. 如果在复平面的包含实轴的上半平面中除了实轴上方有限个奇点 $z_1, z_2, \cdots, z_n$ 处 (图 14.45) 外, 函数 $f(z)$ 是解析的, 并且如果方程 $f(1/z) = 0$ 的根之一有重数 $m \geqslant 2$(参见第 56 页 1.6.3.1, 1.), 则

$$\int_{-\infty}^{+\infty} f(x)\,dx = 2\pi i\sum_{i=1}^{n} \operatorname{Res} f(z)|_{z=z_i}. \tag{14.56}$$

■ 积分 $\displaystyle\int_{-\infty}^{+\infty}\frac{dx}{(1+x^2)^3}$ 的计算: 方程 $f\left(\dfrac{1}{x}\right) = \dfrac{1}{\left(1+\dfrac{1}{x^2}\right)^3} = \dfrac{x^6}{(x^2+1)^3} = 0$ 在 $x = 0$ 处有一个 6 重根. 函数 $w = \dfrac{1}{(1+z^2)^3}$在上半平面有一个单奇点 $z = i$, 它是一个 3 阶极点, 因为 i 和 $-i$ 分别是方程 $(1+z^2)^3 = 0$ 的三重根. 根据 (14.54b), 留数为①

$\operatorname{Res}\dfrac{1}{(1+z^2)^3|_{z=i}} = \dfrac{1}{2!}\dfrac{d^2}{dz^2}\left[\dfrac{(z-i)^3}{(1+z^2)^3}\right]_{z=i}$. 从 $\dfrac{d^2}{dz^2}\left(\dfrac{z-i}{1+z^2}\right)^3 = \dfrac{d^2}{dz^2}(z+i)^{-3} = 12(z+i)^{-5}$, 即得 $\operatorname{Res}\dfrac{1}{(1+z^2)^3|_{z=i}} = 6(z+i)^{-5}|_{z=i} = \dfrac{6}{(2i)^5} = -\dfrac{3}{16}i$, 再利用 (14.56), 得 $\displaystyle\int_{-\infty}^{+\infty} f(x)\,dx = 2\pi i\left(-\frac{3}{16}i\right) = \frac{3}{8}\pi$. 留数定理的进一步应用, 见 [14.18].

①函数 $\dfrac{1}{(1+z^2)^3}$ 在 $z = i$ 处留数应表示为 $\operatorname{Res}\left.\dfrac{1}{(1+z^2)^3}\right|_{z=i}$. —— 译者注

14.4.3 若尔当引理的应用

14.4.3.1 若尔当引理

在许多情形中, 可以用沿一条闭曲线的复积分来计算具有无限积分区间的实反常积分. 为了避免总是反复地估计, 若尔当引理 (Jordan lemma) 被用到形如

$$\int_{C_R} f(z)\mathrm{e}^{\mathrm{i}\alpha z}\,\mathrm{d}z \tag{14.57a}$$

的反常积分上, 其中 C_R 是以 z 平面的上半平面中心为原点, 半径为 R 的半圆弧 (图 14.46). 若尔当引理区分下述 3 种情形:

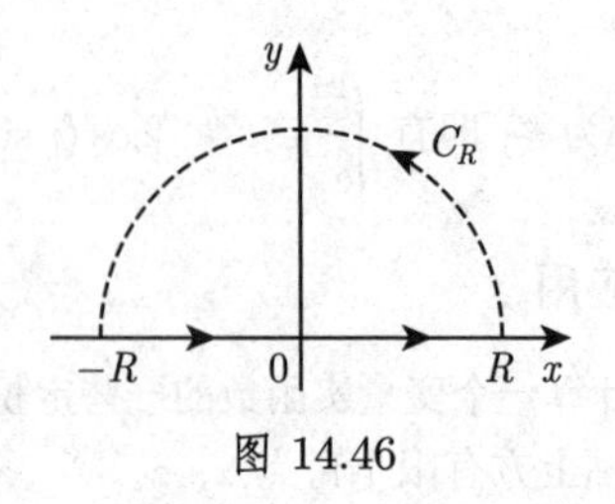

图 14.46

a) $\boldsymbol{\alpha > 0}$ 如果在上半平面以及在实轴上, 当 $|z| \to \infty$ 时, $f(z)$ 一致地趋于零, 并且 $\alpha > 0$, 则当 $R \to \infty$ 时有

$$\int_{C_R} f(z)\mathrm{e}^{\mathrm{i}\alpha z}\,\mathrm{d}z \to 0. \tag{14.57b}$$

b) $\boldsymbol{\alpha = 0}$ 如果当 $|z| \to \infty$ 时表达式 $zf(z)$ 一致地趋于零, 则上述陈述 (14.57b) 在 $\alpha = 0$ 时亦成立.

c) $\boldsymbol{\alpha < 0}$ 如果半圆 C_R 在实轴之下, 则相应于 (14.57b) 的陈述对于 $\alpha < 0$ 亦成立.

d) 如果用一个弧段代替完整的半圆, 陈述 (14.57b) 亦成立.

e) 当 C_R^* 是左半平面中的半圆或一个弧段, 而 $\alpha > 0$, 或在右半平面而 $\alpha < 0$, 则对于形如

$$\int_{C_R^*} f(z)\mathrm{e}^{\alpha z}\,\mathrm{d}z \tag{14.57c}$$

的积分, 相应于 (14.57b) 的陈述成立.

14.4.3.2 若尔当引理的例子

1. 求积分

$$\int_0^{\infty} \frac{x \sin \alpha x}{x^2 + a^2}\,\mathrm{d}x \quad (\alpha > 0,\ a \geqslant 0). \tag{14.58a}$$

对于上面的实积分, 以下述复积分与其相联:

$$2\mathrm{i}\int_0^R \underbrace{\frac{x\sin\alpha x}{x^2+a^2}}_{\text{偶函数}}\mathrm{d}x = \mathrm{i}\int_{-R}^R \frac{x\sin\alpha x}{x^2+a^2}\mathrm{d}x + \underbrace{\int_{-R}^R \frac{x\cos\alpha x}{x^2+a^2}\mathrm{d}x}_{=0\ (\text{奇被积函数})} = \int_{-R}^R \frac{x\mathrm{e}^{\mathrm{i}\alpha x}}{x^2+a^2}\mathrm{d}x. \tag{14.58b}$$

最后一个积分是复积分 $\oint_C \frac{z\mathrm{e}^{\mathrm{i}\alpha z}}{z^2+a^2}\mathrm{d}z$ 的一部分. 曲线 C 包含上面定义的半圆 C_R 和实轴上在值 $-R$ 与 R $(R>a)$ 之间的部分.这个复积分的复被积函数在上半平面中只有唯一的奇点 $z=a\mathrm{i}$. 由留数定理即得: $I=\oint_C \frac{z\mathrm{e}^{\mathrm{i}\alpha z}}{z^2+a^2}\mathrm{d}z=2\pi\mathrm{i}\lim\limits_{z\to a\mathrm{i}}\left[\frac{z\mathrm{e}^{\mathrm{i}\alpha z}}{z^2+a^2}(z-a\mathrm{i})\right]=2\pi\mathrm{i}\lim\limits_{z\to a\mathrm{i}}\frac{z\mathrm{e}^{\mathrm{i}\alpha z}}{z+a\mathrm{i}}=\pi\mathrm{i}\mathrm{e}^{-\alpha a}$, 因而 $I=\int_{C_R}\frac{z\mathrm{e}^{\mathrm{i}\alpha z}}{z^2+a^2}\mathrm{d}z+\int_{-R}^R\frac{x\mathrm{e}^{\mathrm{i}\alpha x}}{x^2+a^2}\mathrm{d}x=\pi\mathrm{i}\mathrm{e}^{-\alpha a}$. 从 $\lim\limits_{R\to\infty} I$ 和若尔当引理即得

$$\int_0^\infty \frac{x\sin\alpha x}{x^2+a^2}\mathrm{d}x=\frac{\pi}{2}\mathrm{e}^{-\alpha a}\quad(\alpha>0,\ a\geqslant 0). \tag{14.58c}$$

用类似的方法可以计算一些别的积分 (见第 1418 页表 21.8).

2. 正弦积分 (亦见第 681 页 8.2.5, 1., (8.95))

积分 $\int_0^\infty \frac{\sin x}{x}\mathrm{d}x$ 被称为**正弦积分** (sine integral) 或**积分正弦** (integral sine). 类似于上一个例子,考察复积分 $I=\oint_{C_R}\frac{\mathrm{e}^{\mathrm{i}z}}{z}\mathrm{d}z$, 其中曲线 C_R 如图 14.47 所示①. 此复积分的被积函数在 $z=0$ 处有一个一阶极点,因而 $I=2\pi\mathrm{i}\lim\limits_{z\to 0}\left[\frac{\mathrm{e}^{\mathrm{i}z}}{z}z\right]=2\pi\mathrm{i}$, 因而 $I=2\mathrm{i}\int_r^R\frac{\sin x}{x}\mathrm{d}x+\mathrm{i}\int_\pi^{2\pi}\mathrm{e}^{\mathrm{i}r(\cos\varphi+\mathrm{i}\sin\varphi)}\mathrm{d}\varphi+\int_{C_R}\frac{\mathrm{e}^{\mathrm{i}z}}{z}\mathrm{d}z=2\pi\mathrm{i}$. 当 $R\to\infty$, $r\to 0$ 时, 计算 I 的极限, 其中第 2 个积分当 $r\to 0$ 时关于 φ 一致地趋于 π②, 即此极限过程 $r\to 0$ 可以在积分号下完成. 利用**若尔当引理**即得

$$2\mathrm{i}\int_0^\infty\frac{\sin x}{x}\mathrm{d}x+\pi\mathrm{i}=2\pi\mathrm{i},\quad \text{因而}\quad \int_0^\infty\frac{\sin x}{x}\mathrm{d}x=\frac{\pi}{2}. \tag{14.59}$$

---

①这里的 C_R 应是一条闭曲线, 它由图 14.47 中的大的半圆 C_R, 实轴上的两个线段 $r<|x|<R$, 以及图 14.47 中实轴下方的半圆组成. 而下文积分限中的 C_R 只是图 14.47 中的大的半圆 C_R. —— 译者注

②原文把 π 误为 1. —— 译者注

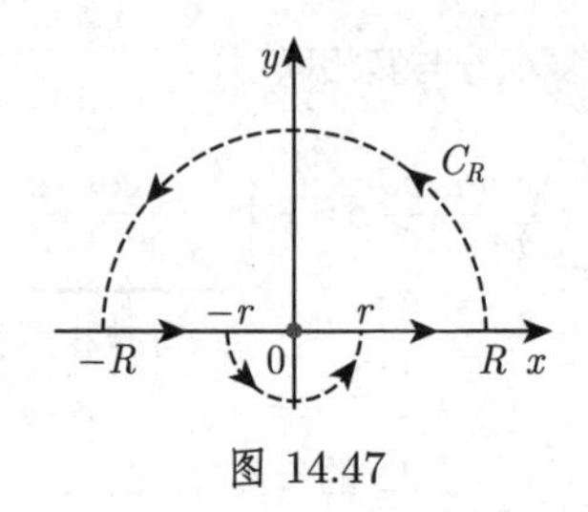

图 14.47

3. 阶梯函数

间断的实函数可以表示为复积分. 所谓的**阶梯函数** (step function) (亦见第 1011 页 15.2.1.3) 就是一个例子:

$$F(t)=\frac{1}{2\pi\mathrm{i}}\int_{-\smile\to}\frac{\mathrm{e}^{\mathrm{i}tz}}{z}\,\mathrm{d}z=\begin{cases}1, & t>0,\\ 1/2, & t=0,\\ 0, & t<0.\end{cases}\tag{14.60}$$

符号 $-\smile\to$ 表示沿着实轴 ($|R|\to\infty$) 向下绕开原点的积分路径 (图 14.47).

如果 t 表示时间, 则函数 $\Phi(t)=cF(t-t_0)$ 表示在时刻 $t=t_0$ 处从 0 通过值 $c/2$ 跳到值 c 的函数. 它被称为阶梯函数, 也被称为**赫维赛德函数** (Heaviside function). 在电工学中它被用来描述电压或电流突跳.

4. 矩形脉冲

矩形脉冲 (亦见第 1012 页 15.2.1.3) 是复积分和若尔当引理的又一个例子:

$$\Psi(t)=\frac{1}{2\pi\mathrm{i}}\int_{-\smile\to}\frac{\mathrm{e}^{\mathrm{i}(b-t)z}}{z}\mathrm{d}z-\frac{1}{2\pi\mathrm{i}}\int_{-\smile\to}\frac{\mathrm{e}^{\mathrm{i}(a-t)z}}{z}\,\mathrm{d}z=\begin{cases}0, & t<a \text{ 和 } t>b,\\ 1, & a<t<b,\\ 1/2, & t=a \text{ 和 } t=b.\end{cases}\tag{14.61}$$

5. 菲涅耳积分

为了推导**菲涅耳积分** (Fresnel integral)

$$\int_0^\infty \sin\left(x^2\right)\mathrm{d}x=\int_0^\infty \cos\left(x^2\right)\mathrm{d}x=\frac{1}{2}\sqrt{\pi/2},\tag{14.62}$$

必须考察沿展示在图 14.48 中闭积分路径的积分 $I=\int_K \mathrm{e}^{-z^2}\,\mathrm{d}z$. 根据柯西积分定理, 有 $I=I_{\mathrm{I}}+I_{\mathrm{II}}+I_{\mathrm{III}}=0$, 其中 $I_{\mathrm{I}}=\int_0^R \mathrm{e}^{-x^2}\,\mathrm{d}x$, $I_{\mathrm{II}}=\mathrm{i}R\int_0^{\pi/4}\mathrm{e}^{-R^2(\cos 2\varphi+\mathrm{i}\sin 2\varphi)+\mathrm{i}\varphi}\mathrm{d}\varphi$, $I_{\mathrm{III}}=\mathrm{e}^{\mathrm{i}\pi/4}\int_R^0 \mathrm{e}^{\mathrm{i}r^2}\,\mathrm{d}r=\frac{1}{2}\sqrt{2}\,(1+\mathrm{i})\left[\mathrm{i}\int_0^R \sin r^2\,\mathrm{d}r-\int_0^R \cos r^2\,\mathrm{d}r\right]$. I_{II} 的估计: 由于 $|\mathrm{i}|=|\mathrm{e}^{\mathrm{i}\tau}|=1$($\tau$ 为实数), 即得

$$
\begin{aligned}
|I_{\mathrm{II}}| \leqslant & R\int_0^{\pi/4} \mathrm{e}^{-R^2\cos 2\varphi}\,\mathrm{d}\varphi = \frac{R}{2}\int_0^{\alpha} \mathrm{e}^{-R^2\cos\varphi}\,\mathrm{d}\varphi + \frac{R}{2}\int_{\alpha}^{\pi/2} \mathrm{e}^{-R^2\cos\varphi}\,\mathrm{d}\varphi \\
< & \frac{R}{2}\int_0^{\alpha} \mathrm{e}^{-R^2\cos\alpha}\,\mathrm{d}\varphi + \frac{R}{2}\int_{\alpha}^{\pi/2} \frac{\sin\varphi}{\sin\alpha}\mathrm{e}^{-R^2\cos\varphi}\,\mathrm{d}\varphi \\
< & \frac{\alpha R}{2}\mathrm{e}^{-R^2\cos\alpha} + \frac{1-\mathrm{e}^{-R^2\cos\alpha}}{2R\sin\alpha} \quad \left(0<\alpha<\frac{\pi}{2}\right).
\end{aligned}
$$

施行极限过程 $\lim\limits_{R\to\infty} I$ 即给出积分I_{I} 和 I_{II} 的值: $\lim\limits_{R\to\infty} I_{\mathrm{I}} = \dfrac{1}{2}\sqrt{\pi}$, $\lim\limits_{R\to\infty} I_{\mathrm{II}} = 0$. 分离实部和虚部即可得到所给的公式 (14.62).

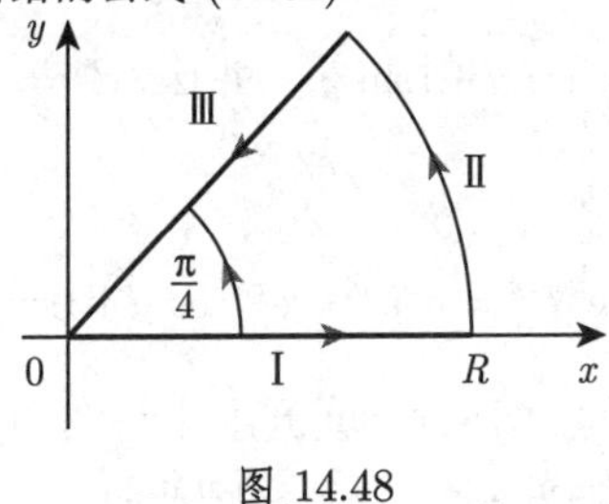

图 14.48

14.5 代数函数和初等超越函数

14.5.1 代数函数

1. 定义

一个函数, 它是对 z, 也许还对有限多个常数施行有限多次代数运算的结果, 被称为一个代数函数 (algebraic function). 一般地, 一个复代数函数 $w(z)$ 可以用一个多项式隐含地定义, 就如在实的情形一样:

$$a_1 z^{m_1} w^{n_1} + a_2 z^{m_2} w^{n_2} + \cdots + a_k z^{m_k} w^{n_k} = 0. \tag{14.63}$$

w 不能被显式地表示时有发生.

2. 代数函数的例子

$$\text{线性函数：} w = az + b. \tag{14.64}$$

$$\text{反函数：} w = \frac{1}{z}. \tag{14.65}$$

$$\text{二次函数：} w = z^2. \tag{14.66}$$

$$\text{平方根函数：} w = \sqrt{z^2 - a^2}. \tag{14.67}$$

$$\text{分式线性函数：} w = \frac{z+\mathrm{i}}{z-\mathrm{i}}. \tag{14.68}$$

14.5.2 初等超越函数

正如在代数函数的情形, 复超越函数有相应于实超越函数的定义. 它们的详细讨论, 请见 [21.1] 或 [21.11].

1. 自然指数函数

$$e^z = 1 + \frac{z}{1!} + \frac{z^2}{2!} + \frac{z^3}{3!} + \cdots. \tag{14.69}$$

此级数在整个 z 平面中是绝对收敛的.

a) 纯虚指数 $\mathrm{i}y$: 根据**欧拉关系式** (Euler relation) (参见第 45 页 1.5.2.4), 成立

$$e^{\mathrm{i}y} = \cos y + \mathrm{i}\sin y, \quad 并且 \quad e^{\pi\mathrm{i}} = -1. \tag{14.70}$$

b) 一般情形 $z = x + \mathrm{i}y$:

$$e^z = e^{x+\mathrm{i}y} = e^x e^{\mathrm{i}y} = e^x(\cos y + \mathrm{i}\sin y), \tag{14.71a}$$

$$\mathrm{Re}\,(e^z) = e^x \cos y,\ \mathrm{Im}\,(e^z) = e^x \sin y,\ |e^z| = e^x,\ \arg(e^z) = y. \tag{14.71b}$$

函数 e^z 是周期的, 其周期为 $2\pi\mathrm{i}$: $e^z = e^{z+2k\pi\mathrm{i}}\quad (k = 0, \pm 1, \pm 2, \cdots)$. (14.71c)

$$特别地:\quad e^0 = e^{2k\pi\mathrm{i}} = 1, \quad e^{(2k+1)\pi\mathrm{i}} = -1. \tag{14.71d}$$

c) 一个复数的指数形式 (参见第 45 页 1.5.2.4):

$$a + \mathrm{i}b = \rho e^{\mathrm{i}\varphi}. \tag{14.72}$$

d) **复数的欧拉关系** (Euler relation of complex numbers):

$$e^{\mathrm{i}z} = \cos z + \mathrm{i}\sin z, \tag{14.73a}$$

$$e^{-\mathrm{i}z} = \cos z - \mathrm{i}\sin z, \tag{14.73b}$$

2. 自然对数

$$w = \mathrm{Ln}\, z, \quad 如果 \quad z = e^w. \tag{14.74a}$$

由于 $z = \rho e^{\mathrm{i}\varphi}$, 则有

$$\mathrm{Ln}\, z = \ln \rho + \mathrm{i}\,(\varphi + 2k\pi) \tag{14.74b}$$

和

$$\mathrm{Re}\,(\mathrm{Ln}\, z) = \ln \rho, \quad \mathrm{Im}\,(\mathrm{Ln}\, z) = \varphi + 2k\pi \quad (k = 0, \pm 1, \pm 2, \cdots). \tag{14.74c}$$

由于 $\mathrm{Ln}\, z$ 是一个多值函数 (参见第 112 页 2.8.2), 通常只给出该**对数的主值** (principal value of the logarithm) $\ln z$:

$$\ln z = \ln \rho + \mathrm{i}\varphi \quad (-\pi < \varphi \leqslant \pi). \tag{14.74d}$$

函数 $\operatorname{Ln} z$ 对于除了 $z=0$ 以外的所有复数都有定义.

3. 一般指数函数

$$a^z = \mathrm{e}^{z \operatorname{Ln} a}. \tag{14.75a}$$

$a^z\,(a \neq 0)$ 是一个多值函数 (参见第 112 页 2.8.2), 其主值为

$$a^z = \mathrm{e}^{z \ln a}. \tag{14.75b}$$

4. 三角函数和双曲函数

$$\sin z = \frac{\mathrm{e}^{\mathrm{i}z} - \mathrm{e}^{-\mathrm{i}z}}{2\mathrm{i}} = z - \frac{z^3}{3!} + \frac{z^5}{5!} - \cdots, \tag{14.76a}$$

$$\cos z = \frac{\mathrm{e}^{\mathrm{i}z} + \mathrm{e}^{-\mathrm{i}z}}{2\mathrm{i}} = 1 - \frac{z^2}{2!} + \frac{z^4}{4!} - \cdots, \tag{14.76b}$$

$$\sinh z = \frac{\mathrm{e}^{z} - \mathrm{e}^{-z}}{2} = z + \frac{z^3}{3!} + \frac{z^5}{5!} + \cdots, \tag{14.77a}$$

$$\cosh z = \frac{\mathrm{e}^{z} + \mathrm{e}^{-z}}{2} = 1 + \frac{z^2}{2!} + \frac{z^4}{4!} + \cdots, \tag{14.77b}$$

所有这 4 个级数在整个 z 平面上是收敛的, 并且它们都是周期函数. 函数 (14.76a), (14.76b) 的周期是 2π, 函数 (14.76c), (14.76d) 的周期是 $2\pi\mathrm{i}$.

对任意实或复的 z, 这些函数之间的关系是

$$\sin \mathrm{i}z = \mathrm{i}\sinh z, \tag{14.78a}$$

$$\cos \mathrm{i}z = \cosh z, \tag{14.78b}$$

$$\sinh \mathrm{i}z = \mathrm{i}\sin z, \tag{14.79a}$$

$$\cosh \mathrm{i}z = \cos z. \tag{14.79b}$$

实三角和双曲函数的变换公式 (参见第 103 页 2.7.2 和第 117 页 2.9.3) 对于复三角和双曲函数也成立. 可以借助于 $\sin(a+b)$, $\cos(a+b)$, $\sinh(a+b)$, $\cosh(a+b)$ 的公式, 或利用欧拉关系 (参见第 45 页 1.5.2.4) 来计算变量 $z = x + \mathrm{i}y$ 的函数 $\sin z$, $\cos z$, $\sinh z$, $\cosh z$ 的值.

■ $\cos(x+\mathrm{i}y) = \cos x \cos \mathrm{i}y - \sin x \sin \mathrm{i}y = \cos x \cosh y - \mathrm{i}\sin x \sinh y.$ (14.80)

因而

$$\operatorname{Re}(\cos z) = \cos \operatorname{Re}(z) \cosh \operatorname{Im}(z), \tag{14.81a}$$

$$\operatorname{Im}(\cos z) = -\sin \operatorname{Re}(z) \sinh \operatorname{Im}(z). \tag{14.81b}$$

通过下列公式定义来函数 $\tan z$, $\cot z$, $\tanh z$, $\coth z$:

$$\tan z = \frac{\sin z}{\cos z}, \qquad \cot z = \frac{\cos z}{\sin z}, \tag{14.82a}$$

$$\tanh z = \frac{\sinh z}{\cosh z}, \quad \coth z = \frac{\cosh z}{\sinh z}. \tag{14.82b}$$

5. 反三角函数和反双曲函数

这些函数都是多值函数, 可以借助于对数函数来表示它们:

$$\operatorname{Arcsin} z = -\mathrm{i}\ \operatorname{Ln}(\mathrm{i}z + \sqrt{1-z^2}), \tag{14.83a}$$

$$\operatorname{Arsinh} z = \operatorname{Ln}(z + \sqrt{z^2+1}), \tag{14.83b}$$

$$\operatorname{Arccos} z = -\mathrm{i}\ \operatorname{Ln}(z + \sqrt{z^2-1}), \tag{14.84a}$$

$$\operatorname{Arcosh} z = \operatorname{Ln}(z + \sqrt{z^2-1}), \tag{14.84b}$$

$$\operatorname{Arctan} z = \frac{1}{2\mathrm{i}} \operatorname{Ln} \frac{1+\mathrm{i}z}{1-\mathrm{i}z}, \tag{14.85a}$$

$$\operatorname{Artanh} z = \frac{1}{2} \operatorname{Ln} \frac{1+z}{1-z}, \tag{14.85b}$$

$$\operatorname{Arccot} z = -\frac{1}{2\mathrm{i}} \operatorname{Ln} \frac{\mathrm{i}z+1}{\mathrm{i}z-1}, \tag{14.86a}$$

$$\operatorname{Arcoth} z = \frac{1}{2} \operatorname{Ln} \frac{z+1}{z-1}. \tag{14.86b}$$

反三角函数和反双曲函数的*主值* (principal values) 可以用对数 $\ln z$ 主值的相同公式来表示:

$$\arcsin z = -\mathrm{i}\ \ln(\mathrm{i}z + \sqrt{1-z^2}), \tag{14.87a}$$

$$\operatorname{arsinh} z = \ln(z + \sqrt{z^2+1}), \tag{14.87b}$$

$$\arccos z = -\mathrm{i}\ \ln(z + \sqrt{z^2-1}), \tag{14.88a}$$

$$\operatorname{arcosh} z = \ln(z + \sqrt{z^2-1}), \tag{14.88b}$$

$$\arctan z = \frac{1}{2\mathrm{i}} \ln \frac{1+\mathrm{i}z}{1-\mathrm{i}z}, \tag{14.89a}$$

$$\operatorname{artanh} z = \frac{1}{2} \ln \frac{1+z}{1-z}, \tag{14.89b}$$

$$\operatorname{arccot} z = -\frac{1}{2\mathrm{i}} \ln \frac{\mathrm{i}z+1}{\mathrm{i}z-1}, \tag{14.90a}$$

$$\operatorname{arcoth} z = \frac{1}{2}\ln\frac{z+1}{z-1}. \tag{14.90b}$$

6. 三角函数和双曲函数的实部和虚部 (表 14.1)

表 14.1 三角函数和双曲函数的实部和虚部

函数 $w=f(x+\mathrm{i}y)$	实部 $\mathrm{Re}\,(w)$	虚部 $\mathrm{Im}\,(w)$
$\sin\,(x\pm\mathrm{i}y)$	$\sin\,x\,\cosh\,y$	$\pm\cos\,x\,\sinh\,y$
$\cos\,(x\pm\mathrm{i}y)$	$\cos\,x\,\cosh\,y$	$\mp\sin\,x\,\sinh\,y$
$\tan\,(x\pm\mathrm{i}y)$	$\dfrac{\sin\,2x}{\cos\,2x+\cosh\,2y}$	$\pm\dfrac{\sinh\,2y}{\cos\,2x+\cosh\,2y}$
$\sinh\,(x\pm\mathrm{i}y)$	$\sinh\,x\,\cos\,y$	$\pm\cosh\,x\,\sin\,y$
$\cosh\,(x\pm\mathrm{i}y)$	$\cosh\,x\,\cos\,y$	$\pm\sinh\,x\,\sin\,y$
$\tanh\,(x\pm\mathrm{i}y)$	$\dfrac{\sinh\,2x}{\cosh\,2x+\cos\,2y}$	$\pm\dfrac{\sin\,2y}{\cosh\,2x+\cos\,2y}$

7. 三角函数和双曲函数的绝对值和辐角 (表 14.2)

表 14.2 三角函数和双曲函数的绝对值和辐角

函数 $w=f(x+\mathrm{i}y)$	绝对值 $\lvert w\rvert$	辐角 $\arg w$
$\sin\,(x\pm\mathrm{i}y)$	$\sqrt{\sin^2\,x+\sinh^2\,y}$	$\pm\arctan\,(\cot\,x\,\tanh\,y)$
$\cos\,(x\pm\mathrm{i}y)$	$\sqrt{\cos^2\,x+\sinh^2\,y}$	$\mp\arctan\,(\tan\,x\,\tanh\,y)$
$\sinh\,(x\pm\mathrm{i}y)$	$\sqrt{\sinh^2\,x+\sin^2\,y}$	$\pm\arctan\,(\coth\,x\,\tan\,y)$
$\cosh\,(x\pm\mathrm{i}y)$	$\sqrt{\sinh^2\,x+\cos^2\,y}$	$\pm\arctan\,(\tanh\,x\,\tan\,y)$

14.5.3 曲线用复形式的描述

一个实变量 t 的复函数可以表示为参数形式:

$$z = x(t) + \mathrm{i}y(t) = f(t). \tag{14.91}$$

当 t 变动时, 点 z 画出一条曲线 $z(t)$. 现在提出直线、圆周、双曲线、椭圆和对数螺线的方程和相应的图形表示.

1. 直线

a) **直线**, 通过一个点 (z_1,φ) (φ 是与 x 轴的夹角, 图 14.49(a)):

$$z = z_1 + t\mathrm{e}^{\mathrm{i}\varphi}. \tag{14.92a}$$

b) **直线**, 通过两个点 z_1, z_2 (图 14.49(b)):

$$z = z_1 + t\,(z_2 - z_1). \tag{14.92b}$$

2. 圆周

a) **圆周**, 半径为 r, 圆心在点 $z_0 = 0$(图 14.50(a)):

$$z = re^{\mathrm{i}t} \quad (|z| = r). \tag{14.93a}$$

b) **圆周**, 半径为 r, 圆心在点 z_0(图 14.50(b)):

$$z = z_0 + re^{\mathrm{i}t} \quad (|z - z_0| = r). \tag{14.93b}$$

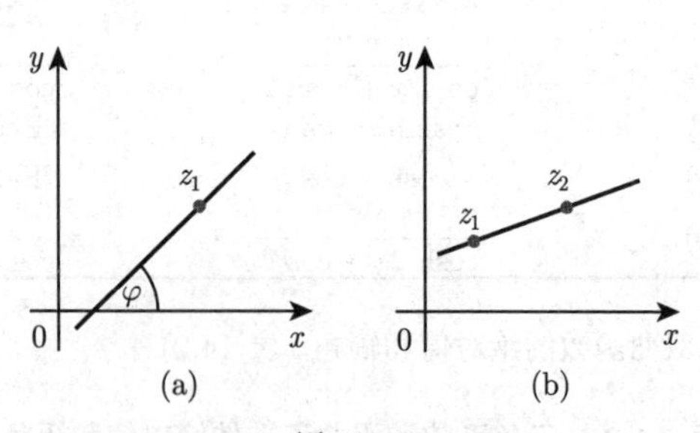

图 14.49

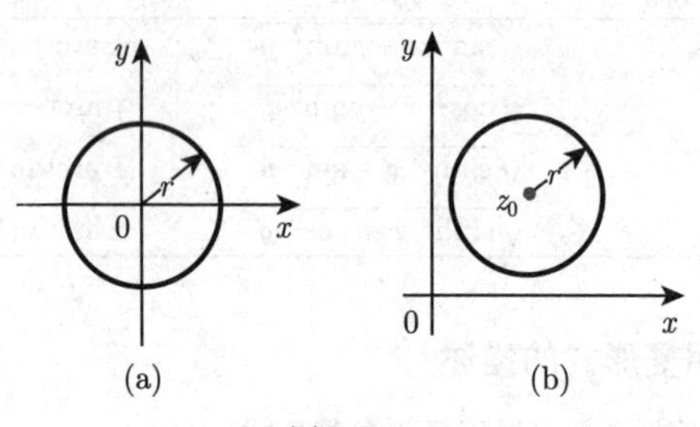

图 14.50

3. 椭圆

a) **椭圆, 范式** $\dfrac{x^2}{a^2} + \dfrac{y^2}{b^2} = 1$ (图 14.51(a)):

$$z = a \cos t + \mathrm{i}b \sin t, \tag{14.94a}$$

或

$$z = ce^{\mathrm{i}t} + de^{-\mathrm{i}t}, \tag{14.94b}$$

其中

$$c = \frac{a+b}{2}, \quad d = \frac{a-b}{2}, \tag{14.94c}$$

即 c 和 d 是任意实数.

b) **椭圆, 一般形式** (图 14.51(b)): 中心在 z_1, 轴被旋转了一个角度.

$$z = z_1 + ce^{\mathrm{i}t} + de^{-\mathrm{i}t}. \tag{14.95}$$

这里 c 和 d 是任意复数, 它们决定了椭圆轴的长度和旋转角度.

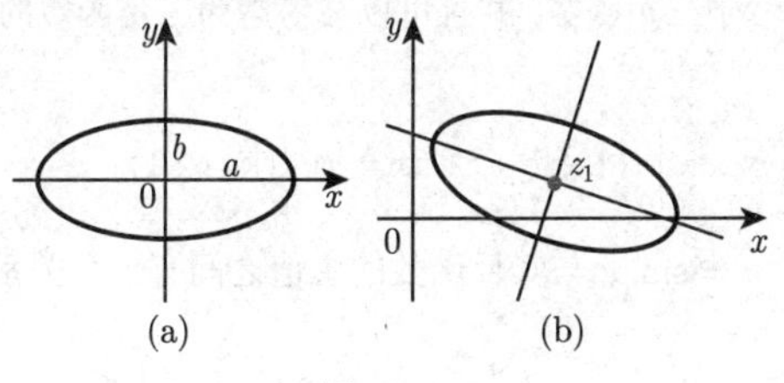

图 14.51

4. 双曲线

双曲线、范式 $\dfrac{x^2}{a^2}-\dfrac{y^2}{b^2}=1$ (图 14.52):

$$z=a\cosh t+\mathrm{i}b\sinh t, \tag{14.96}$$

或

$$z=c\mathrm{e}^t+\bar{c}\mathrm{e}^{-t}, \tag{14.97}$$

其中 c 和 $\bar{c}$ 是共轭复数:

$$c=\frac{a+\mathrm{i}b}{2},\quad \bar{c}=\frac{a-\mathrm{i}b}{2}. \tag{14.98}$$

5. 对数螺线 (图 14.53)

$$z=a\,\mathrm{e}^{\mathrm{i}bt}, \tag{14.99}$$

其中 a 和 b 是任意复数.

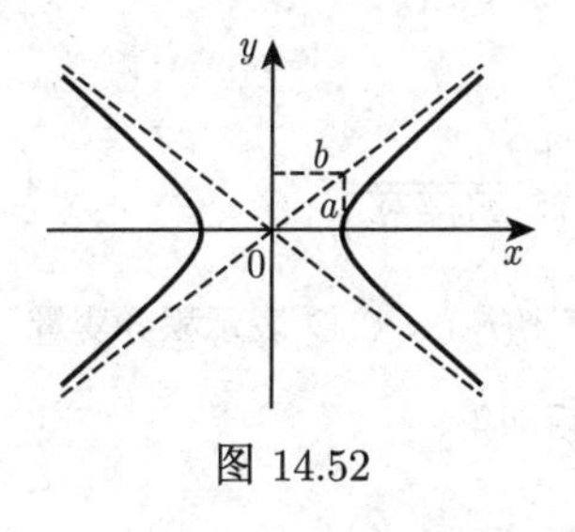

图 14.52

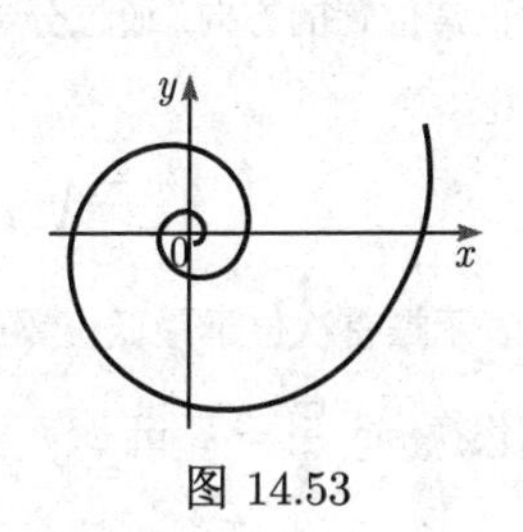

图 14.53

14.6 椭圆函数

14.6.1 与椭圆积分的关系

如果 $P(x)$ 是一个 3 次或 4 次的多项式, 除非在某些特殊情形, 则具有被积函数 $R(x,\sqrt{P(x)})$ 的 (8.22) 形的积分不能被积分成闭形式, 但是它们作为椭圆积分

(参见第 653 页 8.1.4.3) 可以被数值地计算. 椭圆积分的反函数是**椭圆函数** (elliptic functions). 它们类似于三角函数, 并且可以被考虑为三角函数的推广. 作为一个解释, 考虑特殊情形

$$\int_0^u (1-t^2)^{-\frac{1}{2}}\,\mathrm{d}t = x \quad (|u| \leqslant 1). \tag{14.100}$$

a) 在三角函数 $u = \sin x$ 与其反函数的主值之间有一个关系

$$u = \sin x \Leftrightarrow x = \arcsin u, \quad 当\ -\frac{\pi}{2} \leqslant x \leqslant \frac{\pi}{2}, -1 \leqslant u \leqslant 1\ 时. \tag{14.101}$$

b) 积分 (14.100) 等于 $\arcsin u$. 正弦函数可以被视为积分 (14.100) 的反函数. 对于椭圆函数, 类似的事情成立.

■ 质量为 m, 挂在一根长为 l 几乎无重量的非弹性绳索上一个**数学摆** (mathematical pendulum) (图 14.54) 的周期可以由一个二阶非线性微分方程来计算. 这个方程由作用在摆的质量上的力的平衡即得

$$\frac{\mathrm{d}^2\vartheta}{\mathrm{d}t^2} + \frac{g}{l}\sin\vartheta = 0,\ 并且\ \vartheta(0) = \vartheta_0, \dot{\vartheta}(0) = 0 \quad 或者\ \frac{\mathrm{d}}{\mathrm{d}t}\left[\left(\frac{\mathrm{d}\vartheta}{\mathrm{d}t}\right)^2\right] = 2\frac{g}{l}\frac{\mathrm{d}}{\mathrm{d}t}(\cos\vartheta). \tag{14.102a}$$

长度 l 和离正常位置的振幅 s 之间的关系是 $s = l\vartheta$, 因而 $\dot{s} = l\dot{\vartheta}$, 并且 $\ddot{s} = l\ddot{\vartheta}$. 作用在质量上的力是 $F = mg$, 其中 g 是重力加速度 (参见第 1368 页表 21.2), 这个力被分解为法向分量 F_N 和关于摆的路径的切向分量 F_T(图 14.54). 法向分量 $F_N = mg\cos\vartheta$ 被绳索应力所平衡. 由于它垂直于运动的方向, 因此它对于运动方程没有影响. 切向分量 F_T 产生运动的加速度. $F_T = m\ddot{s} = ml\ddot{\vartheta} = -mg\sin\vartheta$. 它总是指向正常位置的方向. 通过分离变量即得

$$t - t_0 = \sqrt{\frac{l}{g}}\int_0^{\vartheta}\frac{\mathrm{d}\Theta}{\sqrt{2(\cos\Theta - \cos\vartheta_0)}}. \tag{14.102b}$$

这里, t_0 表示摆首次位于最低位置的时刻, 即有 $\vartheta(t_0) = 0$. Θ 表示积分变量. 在一些变换和代换 $\sin\dfrac{\Theta}{2} = k\sin\psi$, $k = \sin\dfrac{\vartheta_0}{2}$ 之后即得

$$t - t_0 = \sqrt{\frac{l}{g}}\int_0^{\varphi}\frac{\mathrm{d}\psi}{\sqrt{1 - k^2\sin^2\psi}} = \sqrt{\frac{l}{g}}F(k,\varphi). \tag{14.102c}$$

这里 $F(k,\varphi)$ 是第一类的椭圆积分 (参见第 654 页 (8.25a)). 偏转角度 $\vartheta = \vartheta(t)$ 是周期为 $2T$ 的一个周期函数, 这里

$$T = \sqrt{\frac{l}{g}}F\left(k, \frac{\pi}{2}\right) = \sqrt{\frac{l}{g}}K, \tag{14.102d}$$

其中 K 表示一个第一类完全椭圆积分 (参见第 1424 页表 21.9). T 表示摆的周期 (period), 即, 两个相继极端位置 $\left(满足 \dfrac{\mathrm{d}\vartheta}{\mathrm{d}t}=0\right)$ 之间的时间. 如果振幅小, 即 $\sin\vartheta\approx\vartheta$, 则 $T=2\pi\sqrt{l/g}$.

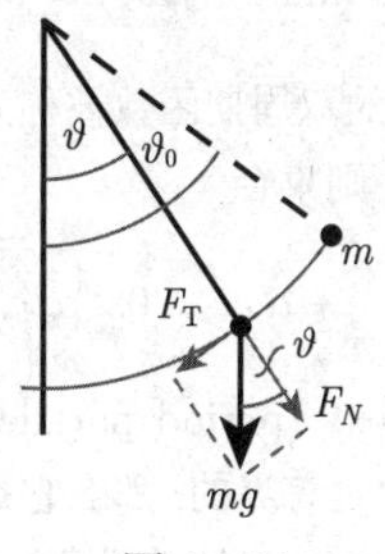

图 14.54

14.6.2 雅可比函数

1. 定义

对于第一类椭圆积分 $F(k,\varphi)$, 当 $0<k<1$ 时从表达式 (8.24a) 和 (8.25a) (参见第 653 页 8.1.4.3) 即得

$$\frac{\mathrm{d}F}{\mathrm{d}\varphi}=(1-k^2\sin^2\varphi)^{-\frac{1}{2}}>0, \tag{14.103}$$

即,$F(k,\varphi)$ 关于 φ 是严格单调的, 因而 (14.104b) 的反函数 (14.104a) 存在:

$$\varphi=\mathrm{am}\,(k,u)=\varphi\,(u), \tag{14.104a}$$

$$u=\int_0^{\varphi}\frac{\mathrm{d}\psi}{\sqrt{1-k^2\sin^2\psi}}=u\,(\varphi). \tag{14.104b}$$

此反函数被称为**振幅函数** (amplitude function). 所谓的**雅可比函数** (Jacobian functions) 被定义为

$$\mathrm{sn}\,u=\sin\varphi=\sin\mathrm{am}\,(k,u)\quad(振幅正弦), \tag{14.105a}$$

$$\mathrm{cn}\,u=\cos\varphi=\cos\mathrm{am}\,(k,u)\quad(振幅余弦), \tag{14.105b}$$

$$\mathrm{dn}\,u=\sqrt{1-k^2\mathrm{sn}^2\,u}\quad(振幅\ \delta). \tag{14.105c}$$

2. 亚纯函数和双周期函数

雅可比函数可以被解析延拓到 z 平面. 因而诸函数 $\mathrm{sn}\,z$, $\mathrm{cn}\,z$, $\mathrm{dn}\,z$ 都是**亚纯** (meromorphic) 函数 (参见第 983 页 14.3.5.2), 即, 它们的奇点只是极点. 除此之外, 它们是**双周期的** (double periodic). 这些函数 $f(z)$ 中的每一个都恰有两个周期 ω_1 和 ω_2, 满足

$$f(z+\omega_1)=f(z), \quad f(z+\omega_2)=f(z). \tag{14.106}$$

这里, ω_1 和 ω_2 是两个其比值不是实数的任意复数. 从 (14.106) 即得一般公式

$$f(z+m\omega_1+n\omega_2)=f(z), \tag{14.107}$$

其中 m 和 n 是任意整数. 全纯的双周期函数被称为**椭圆函数** (elliptic functions). 设 $z_0\in\mathbb{C}$ 为一个任意的固定点, 则集合

$$\{z_0+\alpha_1\omega_1+\alpha_2\omega_2\colon\ 0\leqslant\alpha_1,\,\alpha_2<1\} \tag{14.108}$$

被称为椭圆函数的**周期平行四边形** (period parallelogram). 如果双周期函数在整个周期平行四边形 (图 14.55) 中是有界的, 那么它是一个常数.

■ 雅可比函数 (14.105a) 和 (14.105b) 是椭圆函数. 振幅函数 (14.104a) 不是椭圆函数.

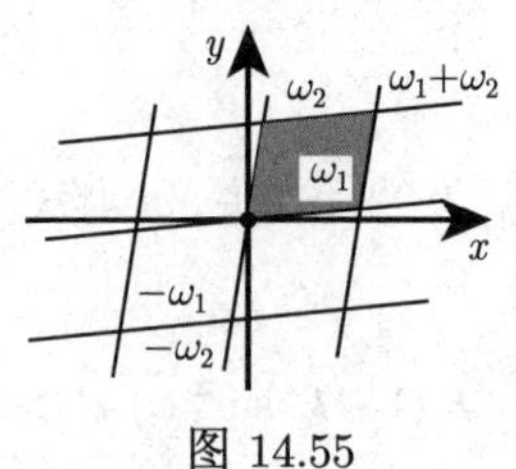

图 14.55

3. 雅可比函数的性质

由下述代换

$$k'^2=1-k^2, \quad K'=F\left(k',\frac{\pi}{2}\right), \quad K=F\left(k,\frac{\pi}{2}\right) \tag{14.109}$$

可以得到在表 14.3 中给出的雅可比函数的那些性质, 其中 m 和 n 是任意整数.

表 14.3 雅可比函数的周期、根和极点

	周期 ω_1,ω_2	根	极点
$\mathrm{sn}\,z$	$4K, 2\mathrm{i}K'$	$2mK+2n\mathrm{i}K'$	$2mK+(2n+1)\,\mathrm{i}K'$
$\mathrm{cn}\,z$	$4K, 2(K+\mathrm{i}K')$	$(2m+1)K+2n\mathrm{i}K'$	$2mK+(2n+1)\,\mathrm{i}K'$
$\mathrm{dn}\,z$	$2K, 4\mathrm{i}K'$	$(2m+1)K+(2n+1)\mathrm{i}K'$	$2mK+(2n+1)\,\mathrm{i}K'$

图 14.56 中有函数 $\mathrm{sn}\,z, \mathrm{cn}\,z$ 和 $\mathrm{dn}\,z$ 的图形. 除了在极点处外, 下列关系式对雅可比函数成立:

$$(1)\ \mathrm{sn}^2\,z+\mathrm{cn}^2\,z=1, \quad k^2\mathrm{sn}^2\,z+\mathrm{dn}^2\,z=1, \tag{14.110}$$

$$(2)\ \mathrm{sn}\,(u+v)=\frac{(\mathrm{sn}\,u)(\mathrm{cn}\,v)(\mathrm{dn}\,v)+(\mathrm{sn}\,v)(\mathrm{cn}\,u)(\mathrm{dn}\,u)}{1-k^2(\mathrm{sn}^2\,u)(\mathrm{sn}^2\,v)}, \tag{14.111a}$$

$$\operatorname{cn}(u+v)=\frac{(\operatorname{cn}u)(\operatorname{cn}v)-(\operatorname{sn}u)(\operatorname{dn}u)(\operatorname{sn}v)(\operatorname{dn}v)}{1-k^2(\operatorname{sn}^2u)(\operatorname{sn}^2v)}, \tag{14.111b}$$

$$\operatorname{dn}(u+v)=\frac{(\operatorname{dn}u)(\operatorname{dn}v)-k^2(\operatorname{sn}u)(\operatorname{cn}u)(\operatorname{sn}v)(\operatorname{cn}v)}{1-k^2(\operatorname{sn}^2u)(\operatorname{sn}^2v)}, \tag{14.111c}$$

(3) $(\operatorname{sn}z)'=(\operatorname{cn}z)(\operatorname{dn}z),$ (14.112a)

$$(\operatorname{cn}z)'=-(\operatorname{sn}z)(\operatorname{dn}z), \tag{14.112b}$$

$$(\operatorname{dn}z)'=-k^2(\operatorname{sn}z)(\operatorname{cn}z). \tag{14.112c}$$

雅可比函数的其他性质和另一些椭圆函数见 [14.10], [14.18].

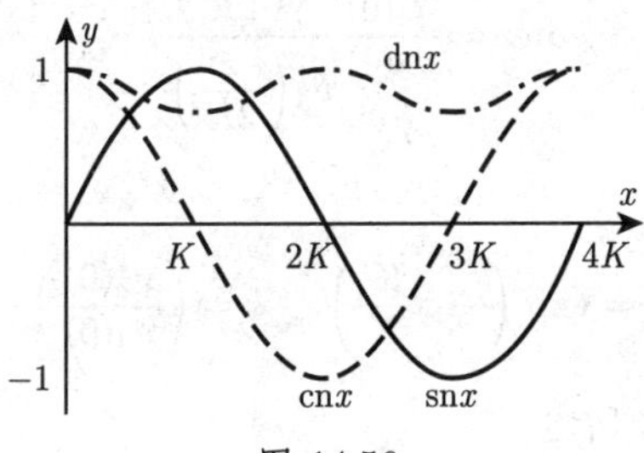

图 14.56

14.6.3 θ 函数

可以用 θ 函数 (theta functions) 来计算雅可比函数:

$$\vartheta_1(z,q)=2q^{\frac{1}{4}}\sum_{n=0}^{\infty}(-1)^n q^{n(n+1)}\sin(2n+1)z, \tag{14.113a}$$

$$\vartheta_2(z,q)=2q^{\frac{1}{4}}\sum_{n=0}^{\infty}q^{n(n+1)}\cos(2n+1)z, \tag{14.113b}$$

$$\vartheta_3(z,q)=1+2\sum_{n=1}^{\infty}q^{n^2}\cos 2nz, \tag{14.113c}$$

$$\vartheta_4(z,q)=1+2\sum_{n=1}^{\infty}(-1)^n q^{n^2}\cos 2nz. \tag{14.113d}$$

如果 $|q|<1$ (q 是复数), 则级数 (14.113a)~(14.113d) 对于每个复变量 z 都是收敛的. 当 q 是常数的情形, 用下述简单的记号:

$$\vartheta_k(z):=\vartheta_k(\pi z,q)\quad(k=1,2,3,4). \tag{14.114}$$

此时, 雅可比函数有表达式:

$$\operatorname{sn} z = 2K\frac{\vartheta_4(0)}{\vartheta_1'(0)}\frac{\vartheta_1\left(\dfrac{z}{2K}\right)}{\vartheta_4\left(\dfrac{z}{2K}\right)}, \tag{14.115a}$$

$$\operatorname{cn} z = \frac{\vartheta_4(0)}{\vartheta_2(0)}\frac{\vartheta_2\left(\dfrac{z}{2K}\right)}{\vartheta_4\left(\dfrac{z}{2K}\right)}, \tag{14.115b}$$

$$\operatorname{dn} z = \frac{\vartheta_4(0)}{\vartheta_3(0)}\frac{\vartheta_3\left(\dfrac{z}{2K}\right)}{\vartheta_4\left(\dfrac{z}{2K}\right)}, \tag{14.115c}$$

其中

$$q = \exp\left(-\pi\frac{K'}{K}\right), \quad k = \left(\frac{\vartheta_2(0)}{\vartheta_3(0)}\right)^2, \tag{14.115d}$$

以及 K, K' 如 (14.109) 所述.

14.6.4 魏尔斯特拉斯函数

魏尔斯特拉斯引进了函数

$$\wp(z) = \wp(z, \omega_1, \omega_2), \tag{14.116a}$$

$$\zeta(z) = \zeta(z, \omega_1, \omega_2), \tag{14.116b}$$

$$\sigma(z) = \sigma(z, \omega_1, \omega_2), \tag{14.116c}$$

这里 ω_1 和 ω_2 是其商非实数的两个任意复数. 做代换

$$\omega_{mn} = 2(m\omega_1 + n\omega_2), \tag{14.117a}$$

其中 m 和 n 是任意整数, 并定义

$$\wp(z, \omega_1, \omega_2) = z^{-2} + \sum_{m,n}{}'\left[(z-\omega_{mn})^{-2} - \omega_{mn}^{-2}\right]. \tag{14.117b}$$

求和号后面的撇表示忽略 $m = n = 0$ 项. 函数 $\wp(z, \omega_1, \omega_2)$ 有下列性质:

(1) 它是一个有周期 ω_1 和 ω_2 的椭圆函数.

(2) 对于每个 $z \neq \omega_{mn}$, 级数 (14.117b) 收敛.

(3) 函数 $\wp(z,\omega_1,\omega_2)$ 满足微分方程

$$\wp'^2 = 4\wp^3 - g_2\wp - g_3, \tag{14.118a}$$

其中

$$g_2 = 60\sum_{m,n}{}'\omega_{mn}^{-4}, \quad g_3 = 140\sum_{m,n}{}'\omega_{mn}^{-6}. \tag{14.118b}$$

量 g_2 和 g_3 被称为 $\wp(z,\omega_1,\omega_2)$ 的不变量 (invariants).

(4) 函数 $\wp(z,\omega_1,\omega_2)$ 是积分

$$z = \int_u^\infty \frac{\mathrm{d}t}{\sqrt{4t^3 - g_2 t - g_3}} \tag{14.119}$$

的反函数.

(5) $$\wp(u+v) = \frac{1}{4}\left[\frac{\wp'(u) - \wp'(v)}{\wp(u) - \wp(v)}\right]^2 - \wp(u) - \wp(v). \tag{14.120}$$

魏尔斯特拉斯函数

$$\zeta(z) = z^{-1} + \sum_{m,n}{}'\left[(z-\omega_{mn})^{-1} + \omega_{mn}^{-1} + \omega_{mn}^{-2}z\right], \tag{14.121a}$$

$$\begin{aligned}\sigma(z) &= z\exp\left(\int_0^z \left[\zeta(t) - t^{-1}\right]\mathrm{d}t\right)\\ &= z\prod_{m,n}{}'\left(1 - \frac{z}{\omega_{mn}}\right)\exp\left(\frac{z}{\omega_{mn}} + \frac{z^2}{2\omega_{mn}^2}\right)\end{aligned} \tag{14.121b}$$

不是双周期的, 因而它们不是椭圆函数. 下列关系式成立:

(1) $\zeta'(z) = -\wp(z), \quad \zeta(z) = \ln\sigma(z);$ (14.122)

(2) $\zeta(-z) = -\zeta(z), \quad \sigma(-z) = -\sigma(z);$ (14.123)

(3) $\zeta(z+2\omega_1) = \zeta(z) + 2\zeta(\omega_1), \quad \zeta(z+2\omega_2) = \zeta(z) + 2\zeta(\omega_2);$ (14.124)

(4) $\zeta(u+v) = \zeta(u) + \zeta(v) + \dfrac{1}{2}\dfrac{\wp'(u) - \wp'(v)}{\wp(u) - \wp(v)};$ (14.125)

(5) 每个椭圆函数是魏尔斯特拉斯函数 $\wp(z)$ 和 $\zeta(z)$ 的有理函数.

(陆柱家 译)

第15章 积 分 变 换

15.1 积分变换的概念

15.1.1 积分变换的一般定义

积分变换指两个函数 $f(t)$ 和 $F(p)$ 之间形如

$$F(p)=\int_{-\infty}^{+\infty}K(p,t)f(t)\mathrm{d}t \tag{15.1a}$$

的对应. 函数 $f(t)$ 称为*原函数*, 其定义域是*原像空间*. 函数 $F(p)$ 称为*变换*, 其定义域是*像空间*.

函数 $K(p,t)$ 称为变换的*核*. 一般情况下, t 是实变量, $p=\sigma+\mathrm{i}\omega$ 是复变量.

引入符号 $\mathcal{T}$, 对于核为 $K(p,t)$ 的积分变换, 则可使用较简洁的记号:

$$F(p)=\mathcal{T}\left\{f(t)\right\}. \tag{15.1b}$$

(15.1b) 式称为 $\mathcal{T}$ 变换.

15.1.2 特殊的积分变换

不同的核 $K(p,t)$ 和不同的原始空间生成不同的积分变换. 最广为人知的是拉普拉斯变换、拉普拉斯–卡森变换和傅里叶变换. 本书给出了关于单变量函数的积分变换综述 (可参见表 15.1). 近来, 已引入一些特殊变换, 如小波变换、加博变换和沃尔什变换, 用于模式识别和表征信号 (参见第 1052 页 15.6).

15.1.3 逆变换

一个变换的*逆变换*给出原函数, 这在应用中特别重要. 使用符号 $\mathcal{T}^{-1}$, (15.1a) 的逆积分变换为

$$f(t)=\mathcal{T}^{-1}\left\{F(p)\right\}. \tag{15.2a}$$

算子 $\mathcal{T}^{-1}$ 称为 $\mathcal{T}$ 的*逆算子*, 故

$$\mathcal{T}^{-1}\left\{\mathcal{T}\left\{f(t)\right\}\right\}=f(t). \tag{15.2b}$$

表 15.1 对单变量函数的积分变换综述

变换	核 $K(p,t)$	符号	注
拉普拉斯变换	$\begin{cases} 0, & t<0 \\ \mathrm{e}^{-pt}, & t>0 \end{cases}$	$\mathcal{L}\{f(t)\}=\int_0^{\infty}\mathrm{e}^{-pt}f(t)\mathrm{d}t$	$p=\sigma+\mathrm{i}\omega$
双侧拉普拉斯变换	e^{-pt}	$\mathcal{L}_{\mathrm{II}}\{f(t)\}=\int_{-\infty}^{+\infty}\mathrm{e}^{-pt}f(t)\mathrm{d}t$	$\mathcal{L}_{\mathrm{II}}\{f(t)1(t)\}=\mathcal{L}\{f(t)\}$ 其中 $1(t)=\begin{cases} 0, & t<0 \\ 1, & t>0 \end{cases}$
有限拉普拉斯变换	$\begin{cases} 0, & t<0 \\ \mathrm{e}^{-pt}, & 0<t<a \\ 0, & t>a \end{cases}$	$\mathcal{L}_a\{f(t)\}=\int_0^{a}\mathrm{e}^{-pt}f(t)\mathrm{d}t$	
拉普拉斯–卡森变换	$\begin{cases} 0, & t<0 \\ p\mathrm{e}^{-pt}, & t>0 \end{cases}$	$\mathcal{C}\{f(t)\}=\int_0^{\infty}p\mathrm{e}^{-pt}f(t)\mathrm{d}t$	卡森变换也可以是双侧变换和有限变换
傅里叶变换	$\mathrm{e}^{-\mathrm{i}\omega t}$	$\mathcal{F}\{f(t)\}=\int_{-\infty}^{+\infty}\mathrm{e}^{-\mathrm{i}\omega t}f(t)\mathrm{d}t$	$p=\sigma+\mathrm{i}\omega,\quad \sigma=0$
单侧傅里叶变换	$\begin{cases} 0, & t<0 \\ \mathrm{e}^{-\mathrm{i}\omega t}, & t>0 \end{cases}$	$\mathcal{F}_{\mathrm{I}}\{f(t)\}=\int_0^{\infty}\mathrm{e}^{-\mathrm{i}\omega t}f(t)\mathrm{d}t$	$p=\sigma+\mathrm{i}\omega,\quad \sigma=0$

续表

变换	核 $K(p,t)$	符号	注
有限傅里叶变换	$\begin{cases} 0, & t<0 \\ \mathrm{e}^{-\mathrm{i}\omega t}, & 0<t<a \\ 0, & t>a \end{cases}$	$\mathcal{F}_a\{f(t)\}=\int_0^a \mathrm{e}^{-\mathrm{i}\omega t}f(t)\mathrm{d}t$	$p=\sigma+\mathrm{i}\omega,\quad \sigma=0$
傅里叶余弦变换	$\begin{cases} 0, & t<0 \\ \mathrm{Re}[\mathrm{e}^{\mathrm{i}\omega t}], & t>0 \end{cases}$	$\mathcal{F}_c\{f(t)\}=\int_0^\infty f(t)\cos\omega t\mathrm{d}t$	$p=\sigma+\mathrm{i}\omega,\quad \sigma=0$
傅里叶正弦变换	$\begin{cases} 0, & t<0 \\ \mathrm{Im}[\mathrm{e}^{\mathrm{i}\omega t}], & t>0 \end{cases}$	$\mathcal{F}_s\{f(t)\}=\int_0^\infty f(t)\sin\omega t\mathrm{d}t$	$p=\sigma+\mathrm{i}\omega,\quad \sigma=0$
梅林变换	$\begin{cases} 0, & t<0 \\ t^{p-1}, & t>0 \end{cases}$	$\mathcal{M}\{f(t)\}=\int_0^\infty t^{p-1}f(t)\mathrm{d}t$	
v 阶汉克尔变换	$\begin{cases} 0, & t<0 \\ tJ_v(\sigma t), & t>0 \end{cases}$	$\mathcal{H}_v\{f(t)\}=\int_0^\infty tJ_v(\sigma t)\ f(t)\mathrm{d}t$	$p=\sigma+\mathrm{i}\omega,\quad \omega=0$ $J_v(\sigma t)$ 是 v 阶第一类贝塞尔函数
斯蒂尔切斯变换	$\begin{cases} 0, & t<0 \\ \dfrac{1}{p+t}, & t>0 \end{cases}$	$\mathcal{S}\{f(t)\}=\int_0^\infty \dfrac{f(t)}{p+t}\ \mathrm{d}t$	

计算逆变换即指求解积分方程 (15.1a), 其中函数 $F(p)$ 已知, 函数 $f(t)$ 待定. 若方程只有一个解, 则可记作形式

$$f(t) = \mathcal{T}^{-1}\{F(p)\}. \tag{15.2c}$$

对于不同的积分变换, 如对于不同的核 $K(p,t)$, 其*逆算子*的显式确定是积分变换理论的基本问题. 读者可根据相应表格 (参见第 1431 页表 21.13, 第 1436 页表 21.14 和第 1454 页表 21.15) 中所给出的变换和原函数之间的对应关系去解决实际问题.

15.1.4 积分变换的线性性质

若 $f_1(t)$ 和 $f_2(t)$ 是可变换函数, 则

$$\mathcal{T}\{k_1 f_1(t) + k_2 f_2(t)\} = k_1 \mathcal{T}\{f_1(t)\} + k_2 \mathcal{T}\{f_2(t)\}. \tag{15.3}$$

其中 k_1 和 k_2 是任意数. 也就是说, 在可 $\mathcal{T}$ 变换函数定义的集合 T 上, 积分变换满足线性性质.

15.1.5 多变量函数的积分变换

多变量函数的积分变换也称为*多重积分变换* (参见 [15.14]). 最著名的是二重拉普拉斯变换, 即两个变量函数的拉普拉斯变换, 二重拉普拉斯–卡森变换和二重傅里叶变换. 二重拉普拉斯变换的定义是

$$F(p,q) = \mathcal{L}^2\{f(x,y)\} \equiv \int_{x=0}^{\infty}\int_{y=0}^{\infty} \mathrm{e}^{-px-qy} f(x,y)\mathrm{d}x\mathrm{d}y. \tag{15.4}$$

符号 $\mathcal{L}$ 表示单变量函数的拉普拉斯变换 (参见表 15.1).

15.1.6 积分变换的应用

1. 应用领域

积分变换除了在积分方程理论和线性算子理论等基础数学领域有重要理论意义外, 在物理学和工程学实际问题求解中也有广泛应用. 应用积分变换求解问题的方法通常称为*算子方法*, 适用于求解常微分方程、偏微分方程、积分方程和差分方程.

2. 算子方法的框架图

图 15.1 给出了运用积分变换算子方法的一般框架. 为了得到问题的解, 我们不直接求解初始定义方程, 而是首先应用积分变换把方程变为另一个方程, 然后求变换方程的解, 并应用逆变换给出初始问题的解.

运用算子方法求解常微分方程包括下述三个步骤:

(1) 把关于未知函数的微分方程转化为其变换方程.

(2) 求变换方程在像空间的解. 变换方程通常不再是微分方程, 而是代数方程.

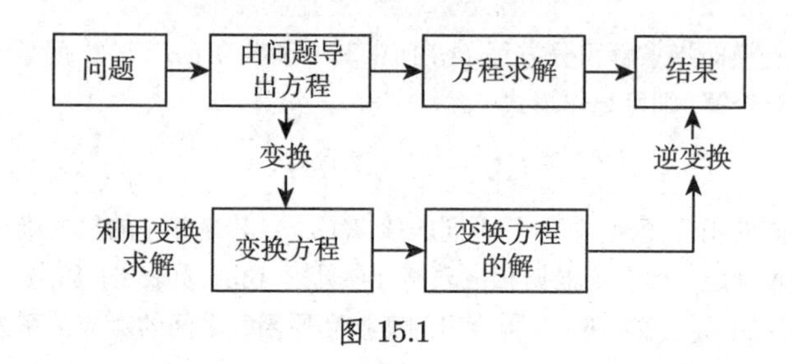

图 15.1

(3) 利用变换的逆变换 $\mathcal{T}^{-1}$ 回到原始空间, 即确定初始问题的解.

算子方法的主要困难通常不是求解变换方程, 而在于求函数变换和逆变换.

15.2 拉普拉斯变换

15.2.1 拉普拉斯变换的性质

15.2.1.1 拉普拉斯变换、原始空间和像空间

1. 拉普拉斯变换的定义

设 $f(t)$ 为实变量 t 的函数, 若下述广义积分

$$\mathcal{L}\{f(t)\}=\int_0^{\infty}\mathrm{e}^{-pt}f(t)\mathrm{d}t=F(p) \tag{15.5}$$

存在, 则定义了复变量 p 的函数 $F(p)$. $f(t)$ 称为**原函数**, $F(p)$ 称为 $f(t)$ 的**拉普拉斯变换**. 在进一步讨论中, 假定广义积分存在, 如果在**原始空间**内, 原函数 $f(t)$ 当 $t\geqslant 0$ 时分段光滑, 且对于特定的常数 $K>0,\alpha>0$, 当 $t\to\infty$ 时, $|f(t)|\leqslant K\mathrm{e}^{\alpha t}$ 成立. 变换 $F(p)$ 的定义域称为**像空间**.

在一些文献中, 拉普拉斯变换经常也以瓦格纳或拉普拉斯–卡森变换的形式

$$\mathcal{L}_W\{f(t)\}=p\int_0^{\infty}\mathrm{e}^{-pt}f(t)\mathrm{d}t=pF(p) \tag{15.6}$$

出现.

2. 收敛性

拉普拉斯积分 $\mathcal{L}\{f(t)\}$ 在半平面 $\mathrm{Re}\,p>\alpha$ 内收敛(图 15.2). 变换 $F(p)$ 是解析函数, 具有性质:

(1) $\lim\limits_{\mathrm{Re}\,p\to\infty}F(p)=0.$ (15.7a)

该性质是 $F(p)$ 成为变换的必要条件.

(2) 若原函数 $f(t)$ 的极限是有限数, 即 $\lim\limits_{\substack{t\to\infty\\(t\to 0)}}f(t)=A$, 则

$$\lim_{\substack{p\to 0\\(p\to\infty)}}pF(p)=A. \tag{15.7b}$$

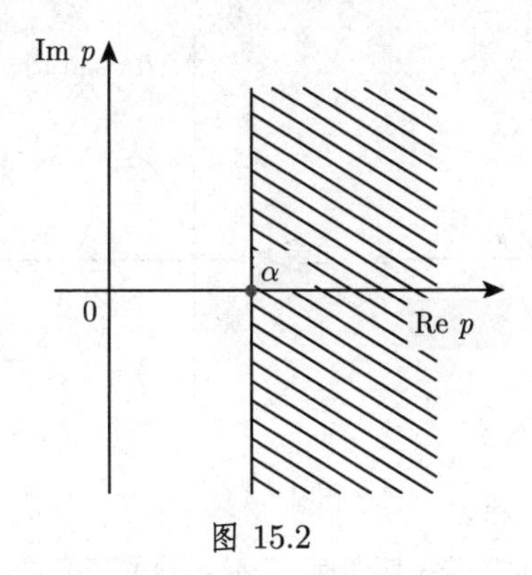

图 15.2

(3) 拉普拉斯变换的逆变换.

利用公式

$$\mathcal{L}^{-1}\{F(p)\}=\frac{1}{2\pi \mathrm{i}}\int_{c-\mathrm{i}\infty}^{c+\mathrm{i}\infty}\mathrm{e}^{pt}F(p)\mathrm{d}p=\begin{cases}f(t), & t>0,\\ 0, & t<0\end{cases} \tag{15.8}$$

可由像函数得到原函数.

该复积分的积分路径是平行于虚轴的直线 $\mathrm{Re}\,p=c$, 其中 $\mathrm{Re}\,p=c>\alpha$. 若函数 $f(t)$ 在 $t=0$ 处有跳跃, 即 $\lim\limits_{t\to+0}f(t)\neq 0$, 则积分在该点处的值为 $\dfrac{1}{2}f(+0)$.

15.2.1.2 拉普拉斯变换的运算规则

运算规则是从原始域内运算到变换空间内运算的映射.

此后, 原函数将用小写字母表示, 变换用相应的大写字母表示.

1. 加法或线性法则

只要变换存在, 函数线性组合的拉普拉斯变换是拉普拉斯变换式相同的线性组合, 即对于常数 $\lambda_1,\lambda_2,\cdots,\lambda_n$, 有

$$\mathcal{L}\{\lambda_1 f_1(t)+\lambda_2 f_2(t)+\cdots+\lambda_n f_n(t)\}=\lambda_1 F_1(p)+\lambda_2 F_2(p)+\cdots+\lambda_n F_n(p). \tag{15.9}$$

2. 相似法则

$f(at)$ ($a>0$, a 为实数) 的拉普拉斯变换是原函数除以 a, 且自变量为 p/a 的拉普拉斯变换:

$$\mathcal{L}\{f(at)\}=\frac{1}{a}F\left(\frac{p}{a}\right)\quad (a>0, a\ \text{为实数}). \tag{15.10a}$$

类似地, 对于逆变换, 有

$$\mathcal{L}^{-1}\{F(ap)\}=\frac{1}{a}f\left(\frac{t}{a}\right)\quad (a>0). \tag{15.10b}$$

图 15.3 展示了相似法则在正弦函数中的一个应用.

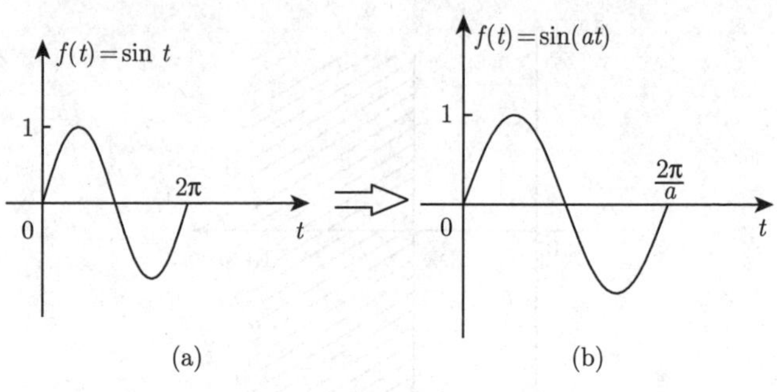

图 15.3

■ 确定 $f(t)=\sin(\omega t)$ 的拉普拉斯变换. 正弦函数的变换式为

$$\mathcal{L}\{\sin(t)\}=F(p)=1/(p^2+1).$$

运用相似法则, 可给出

$$\mathcal{L}\{\sin(\omega t)\}=\frac{1}{\omega}F(p/\omega)=\frac{1}{\omega}\frac{1}{(p/\omega)^2+1}=\frac{\omega}{p^2+\omega^2}.$$

3. 平移法则

(1) **向右平移** 原函数向右平移 a $(a>0)$ 个单位的拉普拉斯变换等于非移位原函数的拉普拉斯变换乘以因子 e^{-ap}:

$$\mathcal{L}\{f(t-a)\}=\mathrm{e}^{-ap}F(p). \tag{15.11a}$$

(2) **向左平移** 原函数向左平移 a 个单位的拉普拉斯变换等于非移位函数的拉普拉斯变换与积分 $\int_0^a f(t)\mathrm{e}^{-pt}\mathrm{d}t$ 之差乘以 e^{ap}:

$$\mathcal{L}\{f(t+a)\}=\mathrm{e}^{ap}\left[F(p)-\int_0^a \mathrm{e}^{-pt}f(t)\mathrm{d}t\right]. \tag{15.11b}$$

图 15.4 和图 15.5 显示了余弦函数的向右平移和直线的向左平移.

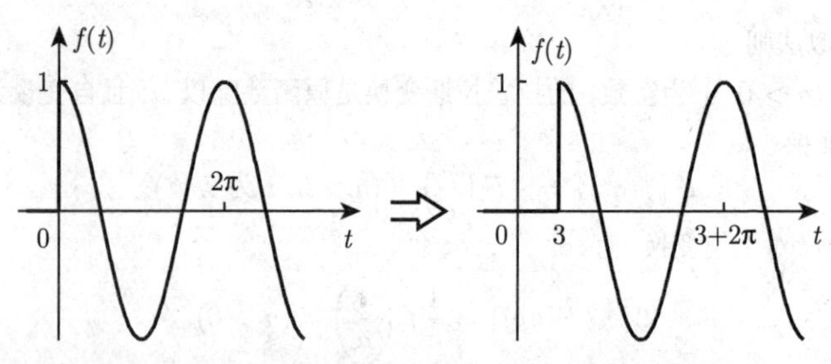

图 15.4

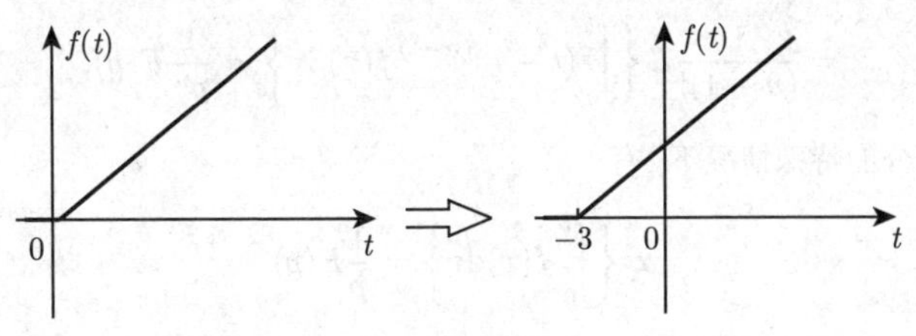

图 15.5

4. 频移定理

原函数乘以 e^{-bt} 的拉普拉斯变换等于自变量为 $p+b$ 的拉普拉斯变换 (b 是任意复数):

$$\mathcal{L}\left\{\mathrm{e}^{-bt}f(t)\right\}=F(p+b). \tag{15.12}$$

5. 在原始空间内的微分

当 $t>0$ 时, 若导数 $f'(t),f''(t),\cdots,f^{(n)}(t)$ 存在, 且 $f(t)$ 最高阶导数的变换存在, 则 $f(t)$ 的低阶导数和 $f(t)$ 也有变换, 且

$$\left.\begin{aligned}
&\mathcal{L}\{f'(t)\}=pF(p)-f(+0),\\
&\mathcal{L}\{f''(t)\}=p^2F(p)-f(+0)p-f'(+0),\\
&\cdots\cdots\\
&\mathcal{L}\left\{f^{(n)}(t)\right\}=p^nF(p)-f(+0)p^{n-1}-f'(+0)p^{n-2}-\cdots\\
&\qquad\qquad -f^{(n-2)}(+0)p-f^{(n-1)}(+0),\\
&\text{其中 } f^{(v)}(+0)=\lim_{t\to+0}f^{(v)}(t).
\end{aligned}\right\} \tag{15.13}$$

方程 (15.13) 给出了下述拉普拉斯积分表达式, 可用于逼近拉普拉斯积分:

$$\mathcal{L}\{f(t)\}=\frac{f(+0)}{p}+\frac{f'(+0)}{p^2}+\frac{f''(+0)}{p^3}+\cdots+\frac{f^{(n-1)}(+0)}{p^{n-1}}+\frac{1}{p^n}\mathcal{L}\left\{f^{(n)}(t)\right\}. \tag{15.14}$$

6. 在像空间内的微分

$$\mathcal{L}\{t^nf(t)\}=(-1)^nF^{(n)}(p). \tag{15.15}$$

变换的 n 阶导数等于原函数 $f(t)$ 的 $(-t)^n$ 倍的拉普拉斯变换:

$$\mathcal{L}\{(-1)^nt^nf(t)\}=F^{(n)}(p)\quad(n=1,2,\cdots). \tag{15.16}$$

7. 在原始空间内的积分

原函数积分的变换等于原函数的变换乘以 $1/p^n$ $(n>0)$:

$$\mathcal{L}\left\{\int_0^t\mathrm{d}\tau_1\int_0^{\tau_1}\mathrm{d}\tau_2\cdots\int_0^{\tau_{n-1}}f(\tau_n)\mathrm{d}\tau_n\right\}$$

$$= \frac{1}{(n-1)!}\mathcal{L}\left\{\int_0^t (t-\tau)^{(n-1)} f(\tau)\mathrm{d}\tau\right\} = \frac{1}{p^n}F(p). \tag{15.17a}$$

在单积分的特殊情况下, 有

$$\mathcal{L}\left\{\int_0^t f(\tau)\mathrm{d}\tau\right\} = \frac{1}{p}F(p) \tag{15.17b}$$

成立. 在原始空间内, 若初始值为 0, 则微分和积分互逆.

8. 在像空间内的积分

$$\mathcal{L}\left\{\frac{f(t)}{t^n}\right\} = \int_p^\infty \mathrm{d}p_1 \int_{p_1}^\infty \mathrm{d}p_2 \cdots \int_{p_{n-1}}^\infty F(p_n)\mathrm{d}p_n = \frac{1}{(n-1)!}\int_p^\infty (z-p)^{n-1}F(z)\mathrm{d}z. \tag{15.18}$$

仅当 $f(t)/t^n$ 存在拉普拉斯变换时, 该公式才成立. 为此, 当 $t \to 0$ 时, $f(x)$①必须足够快地趋向于 0. 积分路径可以是始于 p 点、与实轴正半轴成锐角的任意射线.

9. 除法法则

在 (15.18) 中, 对于 $n = 1$ 的特殊情况, 有

$$\mathcal{L}\left\{\frac{f(t)}{t}\right\} = \int_p^\infty F(z)\mathrm{d}z \tag{15.19}$$

成立. 若积分 (15.19) 式存在, 极限 $\lim\limits_{t\to 0}\dfrac{f(t)}{t}$ 也必须存在.

10. 对参数的微分和积分

$$\mathcal{L}\left\{\frac{\partial f(t,\alpha)}{\partial \alpha}\right\} = \frac{\partial F(p,\alpha)}{\partial \alpha}, \tag{15.20a}$$

$$\mathcal{L}\left\{\int_{\alpha_1}^{\alpha_2} f(t,\alpha)\mathrm{d}\alpha\right\} = \int_{\alpha_1}^{\alpha_2} F(p,\alpha)\mathrm{d}\alpha. \tag{15.20b}$$

借助这些公式, 有时可根据已知积分计算拉普拉斯积分.

11. 卷积

(1) 在原始空间内的卷积 两个函数 $f_1(t)$ 和 $f_2(t)$ 的卷积是积分

$$f_1 * f_2 = \int_0^t f_1(\tau)f_2(t-\tau)\mathrm{d}\tau. \tag{15.21}$$

方程 (15.21) 也称为区间 $(0,t)$ 上的**单侧卷积**. 傅里叶变换产生**双侧卷积**(区间 $(-\infty,\infty)$ 上的卷积, 参见第 1031 页 15.3.1.3, 9.). 卷积 (15.21) 满足性质:

a) 交换律: $f_1 * f_2 = f_2 * f_1$. (15.22a)

b) 结合律: $(f_1 * f_2) * f_3 = f_1 * (f_2 * f_3)$. (15.22b)

c) 分配律: $(f_1 + f_2) * f_3 = f_1 * f_3 + f_2 * f_3$. (15.22c)

在像域内, 一般的乘积对应于卷积:

① 此处 $f(x)$ 应该是 $f(t)$. —— 译者注

$$\mathcal{L}\{f_1 * f_2\} = F_1(p) \cdot F_2(p). \tag{15.23}$$

图 15.6 显示了两函数的卷积. 我们可运用卷积定理确定原函数:

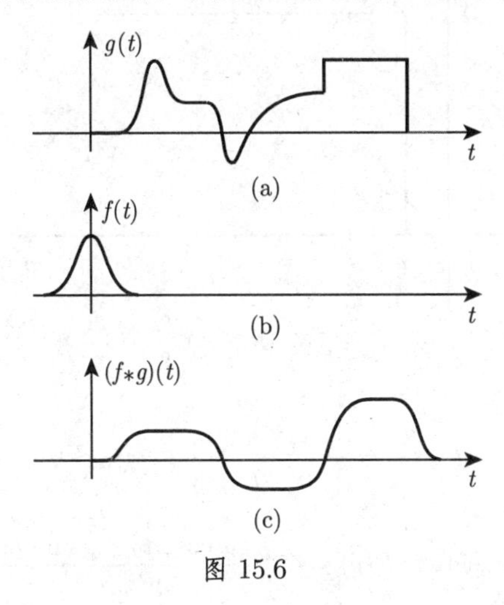

图 15.6

a) 分解像函数

$$F(p) = F_1(p) \cdot F_2(p);$$

b) 确定变换 $F_1(p)$ 和 $F_2(p)$ 的原函数 $f_1(t)$ 和 $f_2(t)$ (根据表格);

c) 在原始空间中, 结合 $F(p)$, 由 $f_1(t)$ 和 $f_2(t)$ 的卷积确定原函数 $(f(t) = f_1(t) * f_2(t))$.

(2) 在像空间内的卷积 (复卷积)

$$\mathcal{L}\{f_1(t) \cdot f_2(t)\} = \begin{cases} \dfrac{1}{2\pi\mathrm{i}} \displaystyle\int_{x_1-\mathrm{i}\infty}^{x_1+\mathrm{i}\infty} F_1(z) \cdot F_2(p-z)\mathrm{d}z, \\ \dfrac{1}{2\pi\mathrm{i}} \displaystyle\int_{x_2-\mathrm{i}\infty}^{x_2+\mathrm{i}\infty} F_1(p-z) \cdot F_2(z)\mathrm{d}z. \end{cases} \tag{15.24}$$

积分路径为沿着与虚轴平行的直线. 在第一个积分中, 必须选定 x_1 和 p, 使得 z 位于 $\mathcal{L}\{f_1\}$ 的收敛半平面内, 且 $p-z$ 位于 $\mathcal{L}\{f_2\}$ 的收敛半平面内. 对于第二个积分, 也有相应的要求.

15.2.1.3 特殊函数的变换

1. 阶梯函数

在 $t = t_0$ 处的单位跳跃称为阶梯函数 (图 15.7)(也可参见第 988 页 14.4.3.2, 3.); 也称为**赫维赛德单位阶梯函数**:

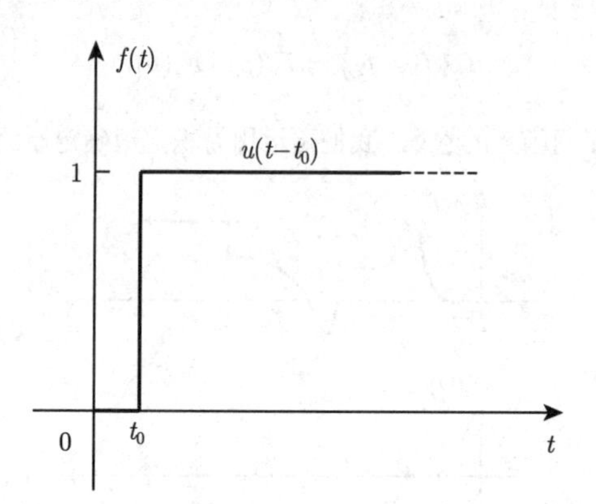

图 15.7

$$u(t-t_0)=\begin{cases}1, & t>t_0,\\ 0, & t<t_0\end{cases}\qquad (t_0>0).\tag{15.25}$$

■ **A**: $f(t)=u(t-t_0)\sin\omega t$, $F(p)=\mathrm{e}^{-t_0p}\dfrac{\omega\cos\omega t_0+p\sin\omega t_0}{p^2+\omega^2}$. (图 15.8)

■ **B**: $f(t)=u(t-t_0)\sin\omega(t-t_0)$, $F(p)=\mathrm{e}^{-t_0p}\dfrac{\omega}{p^2+\omega^2}$. (图 15.9)

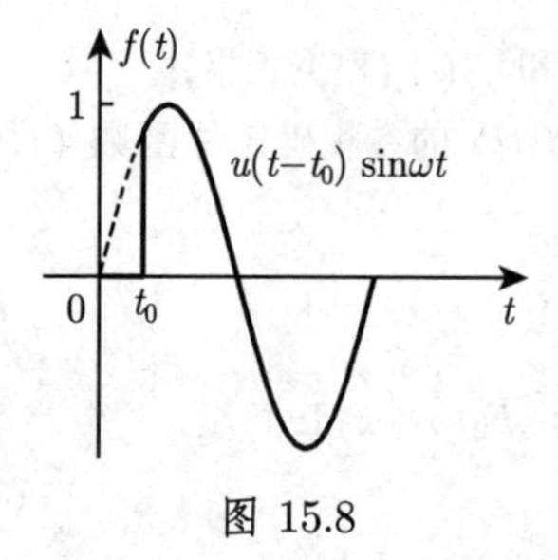

图 15.8

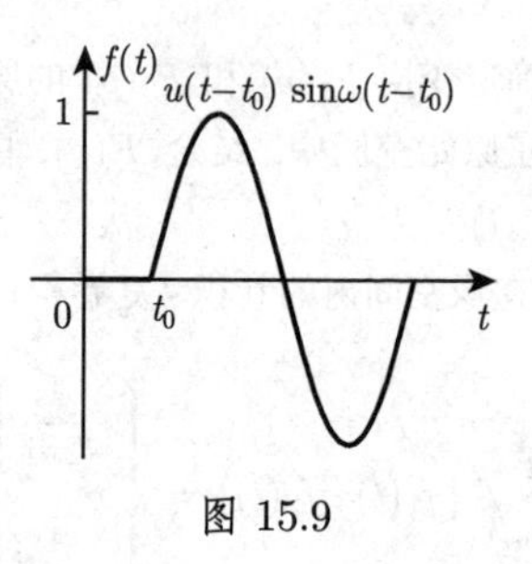

图 15.9

2. 矩形脉冲

高度为 1、宽度为 T 的矩形脉冲 (图 15.10) 由两个阶梯函数以如下形式叠加而成.

$$u_T(t-t_0)=u(t-t_0)-u(t-t_0-T)=\begin{cases}0, & t<t_0,\\ 1, & t_0<t<t_0+T,\\ 0, & t>t_0+T,\end{cases}\tag{15.26}$$

$$\mathcal{L}\left\{u_T(t-t_0)\right\}=\frac{\mathrm{e}^{-t_0p}(1-\mathrm{e}^{-Tp})}{p}.\tag{15.27}$$

3. 脉冲函数 (狄拉克 δ 函数)

(也可参见第 912 页 12.9.5.4) 脉冲函数 $\delta(t-t_0)$ 显然可解释为宽度是 T、高度是 $1/T$ 的矩形脉冲在点 $t=t_0$ 处的极限 (图 15.11):

$$\delta(t-t_0)=\lim_{T\to 0}\frac{1}{T}\left[u(t-t_0)-u(t-t_0-T)\right]. \tag{15.28}$$

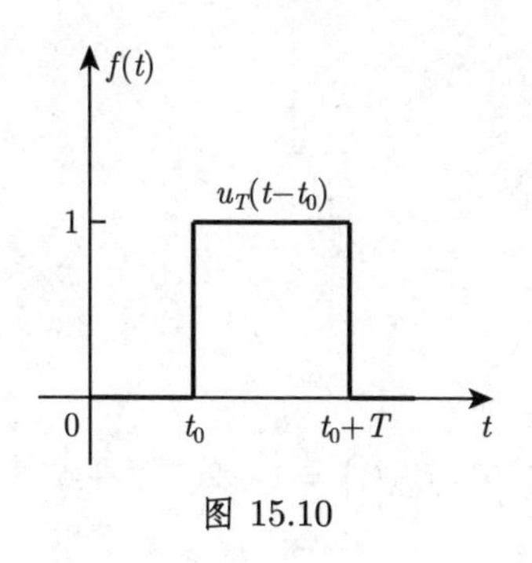

图 15.10

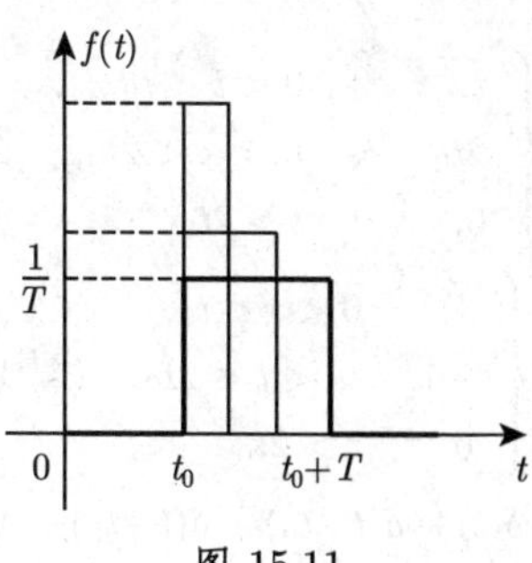

图 15.11

对于连续函数 $h(t)$,

$$\int_a^b h(t)\delta(t-t_0)\mathrm{d}t=\begin{cases} h(t_0), & t_0\in(a,b), \\ 0, & t_0\notin(a,b). \end{cases} \tag{15.29}$$

比如

$$\delta(t-t_0)=\frac{\mathrm{d}u(t-t_0)}{\mathrm{d}t},\quad \mathcal{L}\left\{\delta(t-t_0)\right\}=\mathrm{e}^{-t_0p}\quad (t_0\geqslant 0). \tag{15.30}$$

等关系式, 通常在广义函数论中进行研究 (参见第 912 页 12.9.5.3).

4. 分段可微函数

分段可微函数的变换可借助 δ 函数轻松确定: 若 $f(t)$ 是分段可微的, 且在点 t_v $(v=1,2,\cdots,n)$ 处有跳跃 a_v, 则其一阶导数可表示为

$$\frac{\mathrm{d}f(t)}{\mathrm{d}t}=f_s'(t)+a_1\delta(t-t_1)+a_2\delta(t-t_2)+\cdots+a_n\delta(t-t_n), \tag{15.31}$$

其中, $f_s'(t)$ 是 $f(t)$ 的一般导数, $f_s'(t)$ 也是可微的.

若跳跃首先出现在导数中, 则有类似的公式成立. 在这种方式下, 我们可以轻松确定由任意高度抛物线组成的曲线所对应函数的变换, 例如, 实证研究曲线. 当正式应用 (15.13) 时, 在跳跃情况下, 数值 $f(+0), f'(+0), \cdots$ 应该用 0 代替.

■ **A:**

$$f(t)=\begin{cases} at+b, & 0<t<t_0, \\ 0, & \text{其他} \end{cases}\quad (\text{图 } 15.12);$$

$$f'(t) = au_{t_0}(t) + b\delta(t) - (at_0 + b)\delta(t - t_0);$$

$$\mathcal{L}\{f'(t)\} = \frac{a}{p}(1 - \mathrm{e}^{-t_0 p}) + b - (at_0 + b)\mathrm{e}^{-t_0 p};$$

$$\mathcal{L}\{f(t)\} = \frac{1}{p}\left[\frac{a}{p} + b - \mathrm{e}^{-t_0 p}\left(\frac{a}{p} + at_0 + b\right)\right].$$

■ **B:**

$$f(t) = \begin{cases} t, & 0 < t < t_0, \\ 2t_0 - t, & t_0 < t < 2t_0, \\ 0, & t > 2t_0 \end{cases} \quad (\text{图 } 15.13);$$

$$f'(t) = \begin{cases} 1, & 0 < t < t_0, \\ -1, & t_0 < t < 2t_0, \\ 0, & t > 2t_0 \end{cases} \quad (\text{图 } 15.14);$$

$$f''(t) = \delta(t) - \delta(t-t_0) - \delta(t-t_0) + \delta(t-2t_0); \quad \mathcal{L}\{f''(t)\} = 1 - 2\mathrm{e}^{-t_0 p} + \mathrm{e}^{-2t_0 p};$$

$$\mathcal{L}\{f(t)\} = \frac{(1-\mathrm{e}^{-t_0 p})^2}{p^2}.$$

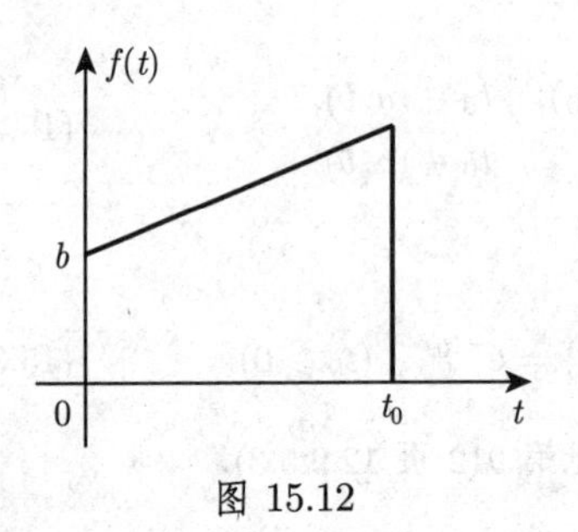

图 15.12

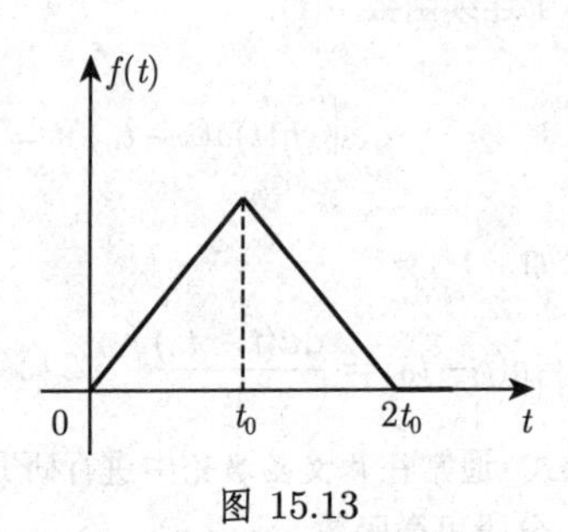

图 15.13

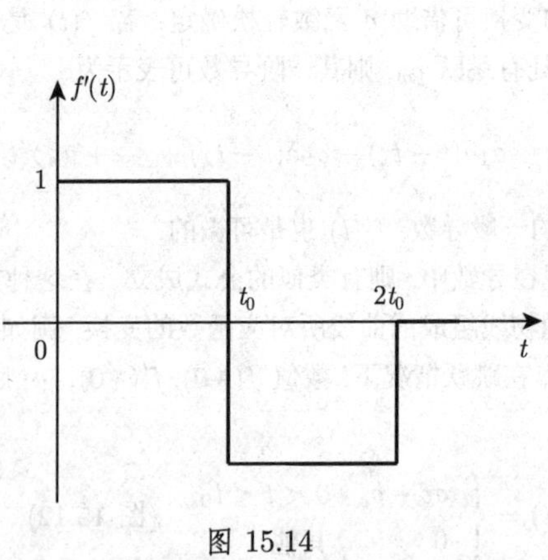

图 15.14

■ **C**: $f(t)=\begin{cases} Et/t_0, & 0<t<t_0, \\ E, & t_0<t<T-t_0, \\ -E(t-T)/t_0, & T-t_0<t<T, \\ 0, & \text{其他} \end{cases}$ (图 15.15);

$$f'(t)=\begin{cases} E/t_0, & 0<t<t_0, \\ 0, & t_0<t<T-t_0\ (t>T), \\ -E/t_0, & T-t_0<t<T, \\ 0, & \text{其他} \end{cases} \quad (\text{图 } 15.16);$$

$$f''(t)=\frac{E}{t_0}\delta(t)-\frac{E}{t_0}\delta(t-t_0)-\frac{E}{t_0}\delta(t-T+t_0)+\frac{E}{t_0}\delta(t-T);$$

$$\mathcal{L}\left\{f''(t)\right\}=\frac{E}{t_0}\left[1-\mathrm{e}^{-t_0p}-\mathrm{e}^{-(T-t_0)p}+\mathrm{e}^{-Tp}\right];$$

$$\mathcal{L}\left\{f(t)\right\}=\frac{E}{t_0}\frac{(1-\mathrm{e}^{-t_0p})(1-\mathrm{e}^{-(T-t_0)p})}{p^2}.$$

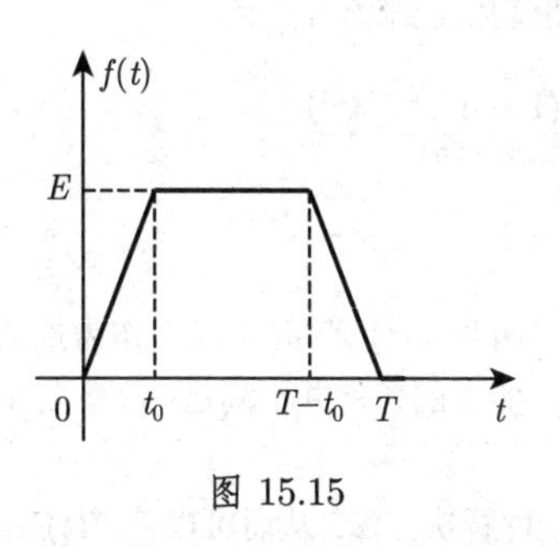

图 15.15

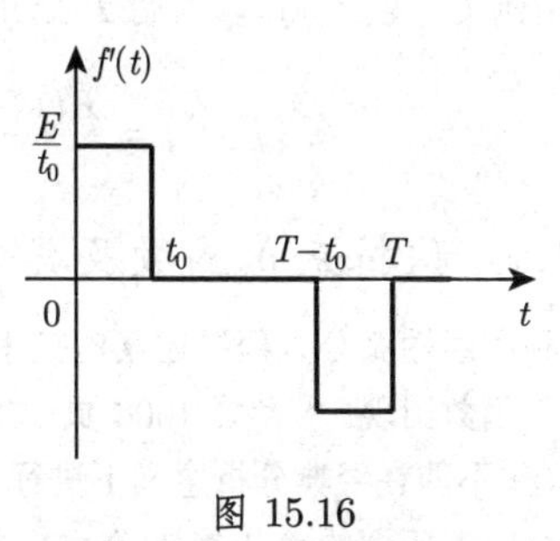

图 15.16

■ **D**:

$$f(t)=\begin{cases} t-t^2, & 0<t<1, \\ 0, & \text{其他} \end{cases} \quad (\text{图 } 15.17);$$

$$f'(t)=\begin{cases} 1-2t, & 0<t<1, \\ 0, & \text{其他} \end{cases} \quad (\text{图 } 15.18);$$

$$f''(t)=-2u_1(t)+\delta(t)+\delta(t-1);$$

$$\mathcal{L}\left\{f''(t)\right\}=-\frac{2}{p}(1-\mathrm{e}^{-p})+1+\mathrm{e}^{-p};\quad \mathcal{L}\left\{f(t)\right\}=\frac{1+\mathrm{e}^{-p}}{p^2}-\frac{2(1-\mathrm{e}^{-p})}{p^3}.$$

5. 周期函数

周期为 T 的周期函数 $f^*(t)$, 是函数 $f(t)$ 的周期延拓, 其变换可由 $f(t)$ 的拉普拉斯变换乘以周期因子

$$(1-\mathrm{e}^{-Tp})^{-1} \tag{15.32}$$

得到.

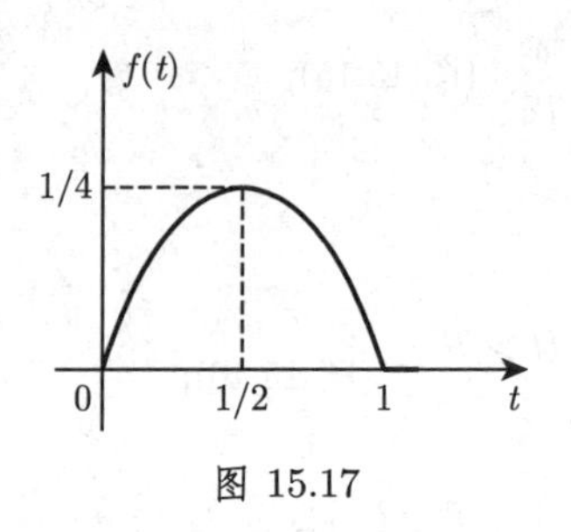

图 15.17

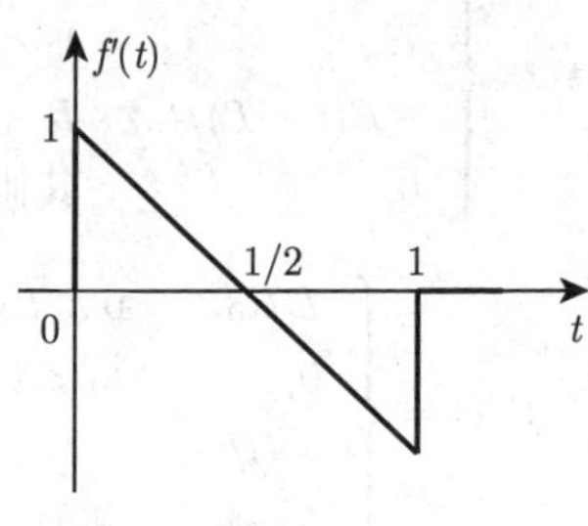

图 15.18

■ **A:** 由例 B (见上例), 以周期 $T = 2t_0$ 把 $f(t)$ 周期延拓得到 $f^*(t)$, 且

$$\mathcal{L}\{f^*(t)\} = \frac{(1-\mathrm{e}^{-t_0p})^2}{p^2} \cdot \frac{1}{1-\mathrm{e}^{-2t_0p}} = \frac{1-\mathrm{e}^{-t_0p}}{p^2(1+\mathrm{e}^{-t_0p})}.$$

■ **B:** 由例 C (见上例), 以周期 T 把 $f(t)$ 周期延拓得到 $f^*(t)$, 且

$$\mathcal{L}\{f^*(t)\} = \frac{E(1-\mathrm{e}^{-t_0p})(1-\mathrm{e}^{-(T-t_0)p})}{t_0p^2(1-\mathrm{e}^{-Tp})}.$$

15.2.1.4 狄拉克 δ 函数及其分布

在利用线性微分方程描述某些技术系统时, 函数 $u(t)$ 和 $\delta(t)$ 经常作为扰动函数和输入函数出现, 尽管第 1006 页 15.2.1.1, 1. 要求的条件并不满足: $u(t)$ 是不连续的, $\delta(t)$ 不能在经典分析意义下进行定义.

通过引入所谓的*广义函数*(*分布*), 提供了一种解决方法, 从而可以使 $\delta(t)$ 作用到已知的连续实函数, 而且还可以保证其可微性. 分布的表示有很多方式, 最著名的方式之一是由施瓦兹引入的连续实线性泛函 (参见第 911 页 12.9.5). 傅里叶系数和傅里叶级数可与周期分布唯一联系, 类似于实函数 (参见第 633 页 7.4).

1. δ 函数的近似

类似于 (15.28) 式, 脉冲函数 $\delta(t)$ 可用宽度为 ε、高度为 $1/\varepsilon(\varepsilon > 0)$ 的矩形脉冲近似:

$$f(t,\varepsilon) = \begin{cases} 1/\varepsilon, & |t| < \varepsilon/2, \\ 0, & |t| \geqslant \varepsilon/2. \end{cases} \tag{15.33a}$$

更深入的 $\delta(t)$ 近似实例是误差曲线 (参见第 94 页 2.6.3) 和洛伦兹函数 (参见第 123 页 2.11.2):

$$f(t,\varepsilon) = \frac{1}{\varepsilon\sqrt{2\pi}}\mathrm{e}^{-\frac{t^2}{2\varepsilon^2}} \quad (\varepsilon > 0), \tag{15.33b}$$

$$f(t,\varepsilon) = \frac{\varepsilon/\pi}{t^2+\varepsilon^2} \quad (\varepsilon > 0). \tag{15.33c}$$

这些函数具有共同的性质:

(1) $\int_{-\infty}^{\infty} f(t,\varepsilon)\mathrm{d}t = 1.$ (15.34a)

(2) $f(-t,\varepsilon) = f(t,\varepsilon)$, 即它们是偶函数. (15.34b)

(3) $\lim\limits_{\varepsilon\to 0} f(t,\varepsilon) = \begin{cases} \infty, & t=0, \\ 0, & t\neq 0. \end{cases}$ (15.34c)

2. δ 函数的性质

δ 函数的重要性质是

(1) $\int_{x-a}^{x+a} f(t)\delta(x-t)\mathrm{d}t = f(x) \quad (f \text{ 是连续的}, a>0).$ (15.35)

(2) $\delta(\alpha x) = \frac{1}{\alpha}\delta(x) \quad (\alpha > 0).$ (15.36)

(3) $\delta(g(x)) = \sum\limits_{i=1}^{n} \frac{1}{|g'(x_i)|}\delta(x-x_i) \quad g(x_i)=0, g'(x_i)\neq 0\ (i=1,2,\cdots,n).$ (15.37)

此处考虑了 $g(x)$ 的所有根, 且它们必须是单根.

(4) δ 函数的 n 阶导数: 对

$$f^{(n)}(x) = \int_{x-a}^{x+a} f^{(n)}(t)\delta(x-t)\mathrm{d}t, \tag{15.38a}$$

重复进行 n 次偏积分后, 可得到 δ 函数的 n 阶导数法则:

$$(-1)^n f^{(n)}(x) = \int_{x-a}^{x+a} f(t)\delta^{(n)}(x-t)\mathrm{d}t. \tag{15.38b}$$

15.2.2 到原始空间的逆变换

为进行逆变换, 有下述可能方法:

(1) 使用对应表, 即原函数和积分相对应的表格 (参见第 1431 页表 21.13).

(2) 利用变换的一些性质, 约化为已知的对应 (参见第 1018 页 15.2.2.2 和 1019 页 15.2.2.3).

(3) 借助反演公式 (参见第 1020 页 15.2.2.4).

15.2.2.1 借助表格求逆变换

通过第 1431 页表 21.13 的例子说明对表格的使用.

更多表格可见 [15.3].

■ $F(p) = \frac{1}{(p^2+\omega^2)(p+c)} = F_1(p)\cdot F_2(p),$

$$\mathcal{L}^{-1}\{F_1(p)\} = \mathcal{L}^{-1}\left\{\frac{1}{p^2+\omega^2}\right\} = \frac{1}{\omega}\sin\omega t = f_1(t),$$

$$\mathcal{L}^{-1}\{F_2(p)\} = \mathcal{L}^{-1}\left\{\frac{1}{p+c}\right\} = \mathrm{e}^{-ct} = f_2(t).$$

运用卷积定理 (15.23) 得到

$$\begin{aligned} f(t) &= \mathcal{L}^{-1}\{F_1(p)\cdot F_2(p)\} \\ &= \int_0^t f_1(\tau)\cdot f_2(t-\tau)\mathrm{d}\tau = \int_0^t \mathrm{e}^{-c(t-\tau)}\frac{\sin\omega\tau}{\omega}\mathrm{d}\tau \\ &= \frac{1}{c^2+\omega^2}\left(\frac{c\sin\omega t-\omega\cos\omega t}{\omega}+\mathrm{e}^{-ct}\right). \end{aligned}$$

15.2.2.2 部分分式分解

1. 原则

在很多应用中, 有形如 $F(p) = H(p)/G(p)$ 的变换, 其中 $G(p)$ 是关于 p 的多项式. 若 $H(p)$ 和 $1/G(p)$ 的原函数已知, 则所求 $F(p)$ 的原函数可运用卷积定理得到.

2. $G(p)$ 只有单实根

若变换 $1/G(p)$ 只有一阶极点 p_v $(v = 1, 2, \cdots, n)$, 则它有下述最简分解分式:

$$\frac{1}{G(p)} = \sum_{v=1}^{n}\frac{1}{G'(p_v)(p-p_v)}. \tag{15.39}$$

对应的原函数是

$$q(t) = \mathcal{L}^{-1}\left\{\frac{1}{G(p)}\right\} = \sum_{v=1}^{n}\frac{1}{G'(p_v)}\mathrm{e}^{p_v t}. \tag{15.40}$$

3. 赫维赛德展开定理

若分子 $H(p)$ 也是关于 p 的多项式, 且次数比 $G(p)$ 的次数低, 则可借助赫维赛德公式得到 $F(p)$ 的原函数

$$f(t) = \sum_{v=1}^{n}\frac{H(p_v)}{G'(p_v)}\mathrm{e}^{p_v t}. \tag{15.41}$$

4. 复根

即使在分母有复根的情况, 也同样可以使用赫维赛德展开定理. 对应共轭复根的项可以合并为一个二次表达式, 其逆变换也可在关于高阶重根的表格中找到.

■ $F(p) = \dfrac{1}{(p+c)(p^2+\omega^2)}$, 即

$$H(p) = 1, \quad G(p) = (p+c)(p^2+\omega^2), \quad G'(p) = 3p^2 + 2pc + \omega^2.$$

$G(p)$ 的零点 $p_1=-c$, $p_2=\mathrm{i}\omega$, $p_3=-\mathrm{i}\omega$ 都是单根. 根据赫维赛德定理, 可得到

$$f(t)=\frac{1}{\omega^2+c^2}\mathrm{e}^{-ct}-\frac{1}{2\omega(\omega-\mathrm{i}c)}\mathrm{e}^{\mathrm{i}\omega t}-\frac{1}{2\omega(\omega+\mathrm{i}c)}\mathrm{e}^{-\mathrm{i}\omega t}.$$

或通过使用部分分式分解和表格, 可得到

$$F(p)=\frac{1}{\omega^2+c^2}\left[\frac{1}{p+c}+\frac{c-p}{p^2+\omega^2}\right],\quad f(t)=\frac{1}{\omega^2+c^2}\left[\mathrm{e}^{-ct}+\frac{c}{\omega}\sin\omega t-\cos\omega t\right].$$

$f(t)$ 的上述表达式是恒等的.

15.2.2.3 级数展开

为了根据 $F(p)$ 得到 $f(t)$, 我们可试着把 $F(p)$ 展开成级数 $F(p)=\sum\limits_{n=0}^{\infty}F_n(p)$, 而项 $F_n(p)$ 是已知函数的变换, 即 $F_n(p)=\mathcal{L}\{f_n(t)\}$.

1. $F(p)$ 是绝对收敛级数

当 $|p|>R$ 时, 若 $F(p)$ 有绝对收敛级数

$$F(p)=\sum_{n=0}^{\infty}\frac{a_n}{p^{\lambda_n}},\tag{15.42}$$

其中值 λ_n 形成任意递增序列 $0<\lambda_0<\lambda_1<\cdots<\lambda_n<\cdots\to\infty$, 则逐项逆变换是可能的:

$$f(t)=\sum_{n=0}^{\infty}a_n\frac{t^{\lambda_n-1}}{\Gamma(\lambda_n)}.\tag{15.43}$$

Γ 表示 Γ 函数 (参见第 682 页 8.2.5, 6.). 特别地, 对于 $\lambda_n=n+1$, 即对于 $F(p)=\sum\limits_{n=0}^{\infty}\frac{a_{n+1}}{p^{n+1}}$, 可得到级数 $f(t)=\sum\limits_{n=0}^{\infty}\frac{a_{n+1}}{n!}t^n$, 该级数对任意实数和复数 t 收敛. 而且可以得到 $|f(t)|<C\mathrm{e}^{c|t|}$ (C, c 是实常数) 形式的估计.

■ $F(p)=\frac{1}{\sqrt{1+p^2}}=\frac{1}{p}\left(1+\frac{1}{p^2}\right)^{-1/2}=\sum\limits_{n=0}^{\infty}\binom{-\frac{1}{2}}{n}\frac{1}{p^{2n+1}}$. 逐项变换到原始空间后, 结果是 $f(t)=\sum\limits_{n=0}^{\infty}\binom{-\frac{1}{2}}{n}\frac{t^{2n}}{(2n)!}=\sum\limits_{n=0}^{\infty}\frac{(-1)^n}{(n!)^2}\left(\frac{t}{2}\right)^{2n}=J_0(t)$ (0 阶贝塞尔函数).

2. $F(p)$ 是亚纯函数

若 $F(p)$ 是**亚纯函数**, 可表示为两个没有共同根的整函数 (处处有收敛幂级数展开的函数) 之商, 则 $F(p)$ 可被重新写为整函数和无穷部分分式之和, 从而可得等式

$$\frac{1}{2\pi\mathrm{i}}\int_{c-\mathrm{i}y_n}^{c+\mathrm{i}y_n}\mathrm{e}^{tp}F(p)\mathrm{d}p=\sum_{v=1}^{n}b_v\mathrm{e}^{p_v t}-\frac{1}{2\pi\mathrm{i}}\int\limits_{(K_n)}\mathrm{e}^{tp}F(p)\mathrm{d}p,\tag{15.44}$$

此处, p_v $(v=1,2,\cdots,n)$ 是函数 $F(p)$ 的一阶极点, b_v 是相应处的留数 (参见第 983 页 14.3.5.4), y_v 是特定值, K_v 是特定曲线, 例如, 图 15.19 给出了该意义下的半圆. 解 $f(t)$ 具有形式

$$f(t)=\sum_{v=1}^{\infty} b_v \mathrm{e}^{p_v t}, \quad \text{若} \quad \frac{1}{2\pi\mathrm{i}} \int\limits_{(K_n)} \mathrm{e}^{tp} F(p)\mathrm{d}p \to 0, \tag{15.45}$$

当 $y\to\infty$ 时, 这一点通常不容易证明.

在某些情况下, 比如, 当亚纯函数 $F(p)$ 的有理部分一致为 0 时, 上述结果是赫维赛德展开定理对亚纯函数的正式应用.

15.2.2.4　逆积分

反演公式

$$f(t)=\lim_{y_n\to\infty}\frac{1}{2\pi\mathrm{i}}\int_{c-\mathrm{i}y_n}^{c+\mathrm{i}y_n}\mathrm{e}^{tp}F(p)\mathrm{d}p \tag{15.46}$$

表示特定区域内解析函数的复积分. 复函数积分理论可使用的积分方法此时都可以应用, 比如, 留数计算或根据柯西积分定理对积分路径进行变化.

■ 由于 $\sqrt{p}$, $F(p)=\dfrac{p}{p^2+\omega^2}\mathrm{e}^{-\sqrt{p}\alpha}$ 是双值函数. 因此, 我们选择下述积分路径 (图 15.20):

$$\frac{1}{2\pi\mathrm{i}}\oint\limits_{(K)}\mathrm{e}^{tp}\frac{p}{p^2+\omega^2}\mathrm{e}^{-\sqrt{p}\alpha}\mathrm{d}p=\int\limits_{\widehat{AB}}\cdots+\int\limits_{\widehat{CD}}\cdots+\int\limits_{\widehat{EF}}\cdots+\int\limits_{\overline{DA}}\cdots+\int\limits_{\overline{BE}}\cdots+\int\limits_{\overline{FC}}\cdots$$

$$=\sum \operatorname{Res}\mathrm{e}^{tp}F(p)=\mathrm{e}^{-\alpha\sqrt{\omega/2}}\cos(\omega t-\alpha\sqrt{\omega/2}).$$

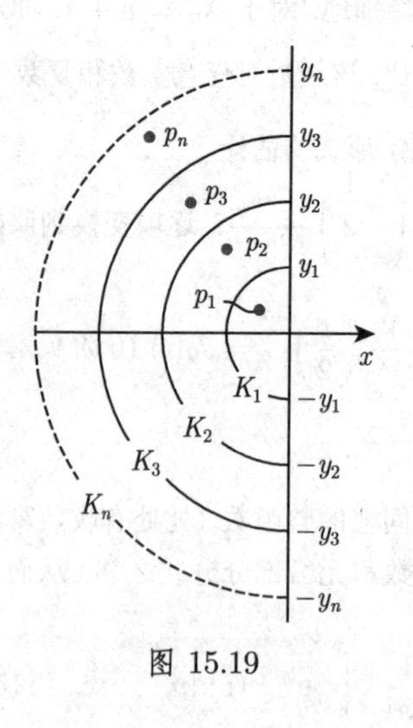

图 15.19

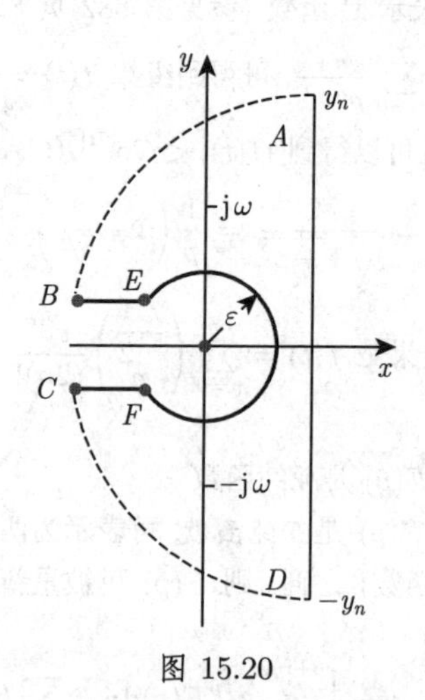

图 15.20

根据若尔当引理 (参见第 986 页 14.4.3), 当 $y_n \to \infty$ 时, $\widehat{AB}$ 和 $\widehat{CD}$ 上的积分消失. 圆周 $\widehat{EF}$ 上的积分保持有界 (留数为 ε), 且当 $\varepsilon \to 0$ 时, 积分路径的长度趋向于 0, 故这一项的积分也消失了. 只需研究两个水平线段 $\overline{BE}$ 和 $\overline{FC}$ 上的积分, 分别需要考虑实轴负半轴的上边 ($p = r\mathrm{e}^{\mathrm{i}\pi}$) 和下边 ($p = r\mathrm{e}^{-\mathrm{i}\pi}$):

$$\int_{-\infty}^{0} F(p)\mathrm{e}^{tp}\mathrm{d}p = -\int_{0}^{\infty} \mathrm{e}^{-tr}\frac{r}{r^2+\omega^2}\mathrm{e}^{-\mathrm{i}\alpha\sqrt{r}}\mathrm{d}r,$$

$$\int_{0}^{-\infty} F(p)\mathrm{e}^{tp}\mathrm{d}p = \int_{0}^{\infty} \mathrm{e}^{-tr}\frac{r}{r^2+\omega^2}\mathrm{e}^{\mathrm{i}\alpha\sqrt{r}}\mathrm{d}r.$$

最终可得

$$f(t) = \mathrm{e}^{-\alpha\sqrt{\omega/2}}\cos\left(\omega t - \alpha\sqrt{\frac{\omega}{2}}\right) - \frac{1}{\pi}\int_{0}^{\infty} \mathrm{e}^{-tr}\frac{r\sin\alpha\sqrt{r}}{r^2+\omega^2}\mathrm{d}r.$$

15.2.3 使用拉普拉斯变换求解微分方程

已经注意到, 根据拉普拉斯变换的计算法则 (参见第 1007 页 15.2.1.2), 一些复杂运算, 比如在原始空间内的微分或积分, 可借助拉普拉斯变换化为像空间内简单的代数运算. 此时要注意一些附加条件, 例如使用微分法则的初始条件. 这些条件对求解微分方程是必要的.

15.2.3.1 常系数线性常微分方程

1. 原理

形如

$$y^{(n)}(t) + c_{n-1}y^{(n-1)}(t) + \cdots + c_1 y'(t) + c_0 y(t) = f(t) \tag{15.47a}$$

的 n 阶微分方程在初始值 $y(+0) = y_0, y'(+0) = y_0', \cdots, y^{(n-1)}(+0) = y_0^{(n-1)}$ 下, 通过拉普拉斯变换, 可转化为方程

$$\sum_{k=0}^{n} c_k p^k Y(p) - \sum_{k=1}^{n} c_k \sum_{v=0}^{k-1} p^{k-v-1} y_0^{(v)} = F(p) \quad (c_n = 1). \tag{15.47b}$$

此处, $G(p) = \sum\limits_{k=0}^{n} c_k p^k = 0$ 是微分方程的特征方程 (参见第 421 页 4.6.2.1).

2. 一阶微分方程

初始方程和变换方程是

$$y'(t) + c_0 y(t) = f(t), \quad y(+0) = y_0, \tag{15.48a}$$

$$(p + c_0)Y(p) - y_0 = F(p), \tag{15.48b}$$

其中, $c_0 =$ 常数. $Y(p)$ 的解为

$$Y(p) = \frac{F(p) + y_0}{p + c_0}. \tag{15.48c}$$

特殊情况 对于 $f(t) = \lambda \mathrm{e}^{\mu t}$, 且 $F(p) = \dfrac{\lambda}{p - \mu}$ (λ, μ 为常数): (15.49a)

$$Y(p) = \frac{\lambda}{(p-\mu)(p+c_0)} + \frac{y_0}{p+c_0}, \tag{15.49b}$$

$$y(t) = \frac{\lambda}{\mu + c_0}\mathrm{e}^{\mu t} + \left(y_0 - \frac{\lambda}{\mu + c_0}\right)\mathrm{e}^{-c_0 t}. \tag{15.49c}$$

3. 二阶微分方程

初始方程和变换方程分别为

$$y''(t) + 2ay'(t) + by(t) = f(t), \quad y(+0) = y_0, \quad y'(+0) = y_0'. \tag{15.50a}$$

$$(p^2 + 2ap + b)Y(p) - 2ay_0 - (py_0 + y_0') = F(p). \tag{15.50b}$$

$Y(p)$ 的解为

$$Y(p) = \frac{F(p) + (2a + p)y_0 + y_0'}{p^2 + 2ap + b}. \tag{15.50c}$$

分情况讨论:

a) $b < a^2$: $G(p) = (p - \alpha_1)(p - \alpha_2)$ (α_1, α_2 是实数; $\alpha_1 \neq \alpha_2$), (15.51a)

$$q(t) = \mathcal{L}^{-1}\left\{\frac{1}{G(p)}\right\} = \frac{1}{\alpha_1 - \alpha_2}(\mathrm{e}^{\alpha_1 t} - \mathrm{e}^{\alpha_2 t}). \tag{15.51b}$$

b) $b = a^2$: $G(p) = (p - \alpha)^2$, (15.52a)

$$q(t) = t\mathrm{e}^{\alpha t}. \tag{15.52b}$$

c) $b > a^2$: $G(p)$ 有复根, (15.53a)

$$q(t) = \mathcal{L}^{-1}\left\{\frac{1}{G(p)}\right\} = \frac{1}{\sqrt{b - a^2}}\mathrm{e}^{-at}\sin\sqrt{b - a^2}t. \tag{15.53b}$$

分子 $Y(p)$ 的原函数和 $q(t)$ 卷积, 能够得到解 $y(t)$. 如果能够找到右边的直接变换, 则可避免使用卷积.

■ 微分方程 $y''(t) + 2y'(t) + 10y(t) = 37\cos 3t + 9\mathrm{e}^{-t}$, 且 $y_0 = 1$ 和 $y_0' = 0$, 其变换方程是

$$Y(p) = \frac{p+2}{p^2+2p+10} + \frac{37p}{(p^2+9)(p^2+2p+10)} + \frac{9}{(p+1)(p^2+2p+10)}.$$

对右边的第二项和第三项进行部分分式分解, 但并不把二次项分成一次项, 可得表达式

$$Y(p)=\frac{-p}{p^2+2p+10}-\frac{19}{p^2+2p+10}+\frac{p}{p^2+9}+\frac{18}{p^2+9}+\frac{1}{p+1}.$$

逐项变换后 (参见第 1431 页表 21.13), 可得解

$$y(t)=(-\cos 3t-6\sin 3t)\mathrm{e}^{-t}+\cos 3t+6\sin 3t+\mathrm{e}^{-t}.$$

4. n 阶微分方程

设微分方程 (见 (15.47a)) 的特征方程 $G(p)=0$ 只有单根 $\alpha_1,\alpha_2,\cdots,\alpha_n$, 且每个根都不等于 0. 对于扰动函数 $f(t)$, 需区分两种情况.

(1) 若扰动函数 $f(t)$ 是实际问题中经常出现的跳跃函数 $u(t)$, 则其解是

$$u(t)=\begin{cases}1, & t>0,\\ 0, & t<0.\end{cases} \tag{15.54a}$$

$$y(t)=\frac{1}{G(0)}+\sum_{v=1}^{n}\frac{1}{\alpha_v G'(\alpha_v)}\mathrm{e}^{\alpha_v t}. \tag{15.54b}$$

(2) 对于一般的扰动函数 $f(t)$, 由 (15.54b) 式, 根据使用卷积的达朗贝尔公式 (参见第 1010 页 15.2.1.2, 11.), 可得到解 $\widetilde{y}(t)$:

$$\widetilde{y}(t)=\frac{\mathrm{d}}{\mathrm{d}t}\int_0^t y(t-\tau)f(\tau)\mathrm{d}\tau=\frac{\mathrm{d}}{\mathrm{d}t}[y*f]. \tag{15.55}$$

15.2.3.2 变系数线性常微分方程

对于系数是关于 t 的多项式的微分方程, 也可以通过拉普拉斯变换求解. 运用 (15.16), 在像空间内可得到一个比在原始空间内阶数低的微分方程.

如果微分方程的系数是一次多项式, 则像空间内的微分方程是一阶微分方程, 可能更易求解.

■ 0 阶贝塞尔微分方程: $t\dfrac{\mathrm{d}^2 f}{\mathrm{d}t^2}+\dfrac{\mathrm{d}f}{\mathrm{d}t}+tf=0$ (参见第 743 页 (9.52a) 当 $n=0$ 时). 变换到像空间, 可得到

$$-\frac{\mathrm{d}}{\mathrm{d}p}[p^2F(p)-pf(0)-f'(0)]+pF(p)-f(0)-\frac{\mathrm{d}F(p)}{\mathrm{d}p}=0 \quad 或 \quad \frac{\mathrm{d}F}{\mathrm{d}p}=-\frac{p}{p^2+1}F(p).$$

变量分离、积分, 可得

$$\log F(p)=-\int\frac{p\mathrm{d}p}{p^2+1}=-\log\sqrt{p^2+1}+\log C,\ F(p)=\frac{C}{\sqrt{p^2+1}}\ (C\ 是积分常数),$$

$$f(t)=C\mathrm{J}_0(t)\ (参见第\ 1019\ 页\ 15.2.2.3, 1.中的\ 0\ 阶贝塞尔函数).$$

15.2.3.3 偏微分方程

1. 一般性介绍

偏微分方程的解至少是两个变量的函数：$u=u(x,t)$. 由于拉普拉斯变换只对于一个变量进行积分, 另一个变量在变换中应视为常数：

$$\mathcal{L}\{u(x,t)\}=\int_0^{\infty}\mathrm{e}^{-pt}u(x,t)\mathrm{d}t=U(x,p). \tag{15.56}$$

在对导数的变换中, x 也保持不变：

$$\begin{aligned}&\mathcal{L}\left\{\frac{\partial u(x,t)}{\partial t}\right\}=p\mathcal{L}\{u(x,t)\}-u(x,+0),\\&\mathcal{L}\left\{\frac{\partial^2 u(x,t)}{\partial t^2}\right\}=p^2\mathcal{L}\{u(x,t)\}-u(x,+0)p-u_t(x,+0).\end{aligned} \tag{15.57}$$

假设对于 x 的微分和拉普拉斯积分是可交换的：

$$\mathcal{L}\left\{\frac{\partial u(x,t)}{\partial x}\right\}=\frac{\partial}{\partial x}\mathcal{L}\{u(x,t)\}=\frac{\partial}{\partial x}U(x,p). \tag{15.58}$$

通过这种方式, 可得到像空间内的常微分方程. 而且, 边界条件和初始条件也可以转化到像空间内.

2. 均匀介质内一维热传导方程的解

(1) 问题表述　设均匀介质内零扰动的一维热传导方程形如

$$u_{xx}-a^{-2}u_t=u_{xx}-u_y=0 \tag{15.59a}$$

在原始空间内, $0<t<\infty, 0<x<t$, 且初始条件和边界条件为

$$u(x,+0)=u_0(x),\quad u(+0,t)=a_0(t),\quad u(l-0,t)=a_1(t). \tag{15.59b}$$

时间坐标用 $y=at$ 代替. (15.59a) 也是一个抛物型方程, 如同三维热传导方程一样 (参见第 763 页 9.2.2.3).

(2) 拉普拉斯变换

变换方程是

$$\frac{\mathrm{d}^2U}{\mathrm{d}x^2}=pU-u_0(x), \tag{15.60a}$$

且边界条件是

$$U(+0,p)=A_0(p),\quad U(l-0,p)=A_1(p). \tag{15.60b}$$

对于零初始温度 $u_0(x)=0$, 变换方程的解是

$$U(x,p)=c_1\mathrm{e}^{x\sqrt{p}}+c_2\mathrm{e}^{-x\sqrt{p}}. \tag{15.60c}$$

一个较好的思路是, 利用性质得到两个特解 U_1 和 U_2

$$U_1(0,p)=1, \quad U_1(l,p)=0, \tag{15.61a}$$

$$U_2(0,p)=0, \quad U_2(l,p)=1, \tag{15.61b}$$

即

$$U_1(x,p)=\frac{\mathrm{e}^{(l-x)\sqrt{p}}-\mathrm{e}^{-(l-x)\sqrt{p}}}{\mathrm{e}^{l\sqrt{p}}-\mathrm{e}^{-l\sqrt{p}}}, \tag{15.61c}$$

$$U_2(x,p)=\frac{\mathrm{e}^{x\sqrt{p}}-\mathrm{e}^{-x\sqrt{p}}}{\mathrm{e}^{l\sqrt{p}}-\mathrm{e}^{-l\sqrt{p}}}. \tag{15.61d}$$

所求变换方程的解, 具有如下形式

$$U(x,p)=A_0(p)U_1(x,p)+A_1(p)U_2(x,p). \tag{15.62}$$

(3) 逆变换

在 $l\to\infty$ 的情况下, 很容易进行逆变换:

$$U(x,p)=a_0(p)\mathrm{e}^{-x\sqrt{p}}, \tag{15.63a}$$

$$u(x,t)=\frac{x}{2\sqrt{\pi}}\int_0^t\frac{a_0(t-\tau)}{\tau^{3/2}}\exp\left(-\frac{x^2}{4\tau}\right)\mathrm{d}\tau. \tag{15.63b}$$

15.3 傅里叶变换

15.3.1 傅里叶变换的性质

15.3.1.1 傅里叶积分

1. 傅里叶积分的复形式

傅里叶变换的基础是傅里叶积分, 也称傅里叶积分公式. 若非周期函数 $f(t)$ 在任意有限区间内满足狄利克雷条件 (参见第 635 页 7.4.1.2, 3.), 而且积分

$$\int_{-\infty}^{+\infty}|f(t)|\mathrm{d}t \tag{15.64a}$$

收敛, 则

$$f(t)=\frac{1}{2\pi}\int_{-\infty}^{+\infty}\int_{-\infty}^{+\infty}\mathrm{e}^{\mathrm{i}\omega(t-\tau)}f(\tau)\mathrm{d}\omega\mathrm{d}\tau \tag{15.64b}$$

在任意连续点处成立, 在间断点处有

$$\frac{f(t+0)+f(t-0)}{2}=\frac{1}{\pi}\int_0^{\infty}\mathrm{d}\omega\int_{-\infty}^{+\infty}f(\tau)\cos\omega(t-\tau)\,\mathrm{d}\tau. \tag{15.64c}$$

2. 等价表示

傅里叶积分 (15.64b) 的其他等价形式是:

(1) $f(t)=\frac{1}{2\pi}\int_{-\infty}^{+\infty}\int_{-\infty}^{+\infty}f(\tau)\cos[\omega(t-\tau)]\,\mathrm{d}\omega\,\mathrm{d}\tau.$ (15.65a)

(2) $f(t)=\int_{0}^{\infty}[a(\omega)\cos\omega t+b(\omega)\sin\omega t]\mathrm{d}\omega,$ (15.65b)

且系数

$$a(\omega)=\frac{1}{\pi}\int_{-\infty}^{+\infty}f(t)\cos\omega t\mathrm{d}t, \tag{15.65c}$$

$$b(\omega)=\frac{1}{\pi}\int_{-\infty}^{+\infty}f(t)\sin\omega t\mathrm{d}t. \tag{15.65d}$$

(3) $f(t)=\int_{0}^{\infty}A(\omega)\cos[\omega t+\psi(\omega)]\mathrm{d}\omega.$ (15.66)

(4) $f(t)=\int_{0}^{\infty}A(\omega)\sin[\omega t+\varphi(\omega)]\mathrm{d}\omega.$ (15.67)

此处, 有下述关系式成立:

$$A(\omega)=\sqrt{a^2(\omega)+b^2(\omega)}, \tag{15.68a}$$

$$\varphi(\omega)=\psi(\omega)+\frac{\pi}{2}, \tag{15.68b}$$

$$\cos\psi(\omega)=\frac{a(\omega)}{A(\omega)}, \tag{15.68c}$$

$$\sin\psi(\omega)=\frac{b(\omega)}{A(\omega)}, \tag{15.68d}$$

$$\cos\varphi(\omega)=\frac{b(\omega)}{A(\omega)}, \tag{15.68e}$$

$$\sin\varphi(\omega)=\frac{a(\omega)}{A(\omega)}. \tag{15.68f}$$

15.3.1.2 傅里叶变换和逆变换

1. 傅里叶变换的定义

傅里叶变换是一种 (15.1a) 的积分变换, 它来自于傅里叶积分 (15.64b), 定义为

$$F(\omega)=\int_{-\infty}^{+\infty}\mathrm{e}^{-\mathrm{i}\omega\tau}f(\tau)\,\mathrm{d}\tau. \tag{15.69}$$

在实原函数 $f(t)$ 和一般的复变换 $F(\omega)$ 之间有下述关系式成立:

$$f(t)=\frac{1}{2\pi}\int_{-\infty}^{+\infty}\mathrm{e}^{\mathrm{i}\omega t}F(\omega)\,\mathrm{d}\omega. \tag{15.70}$$

为符号简洁, 可使用 $\mathcal{F}$:

$$F(\omega)=\mathcal{F}\{f(t)\}=\int_{-\infty}^{+\infty}\mathrm{e}^{-\mathrm{i}\omega t}f(t)\mathrm{d}t. \tag{15.71}$$

若积分 (15.69), 即含参数 ω 的广义积分存在, 则原函数 $f(t)$ 可傅里叶变换. 若傅里叶积分作为普通广义积分不存在, 则它可视为柯西主值 (参见第 677 页 8.2.3.3, 1.). 变换 $F(\omega)$ 也称为**傅里叶变换**; $F(\omega)$ 有界、连续, 且当 $|\omega|\to\infty$ 时, $F(\omega)$ 趋向于 0:

$$\lim_{|\omega|\to\infty}F(\omega)=0. \tag{15.72}$$

$F(\omega)$ 的存在性和有界性直接可由不等式得到

$$|F(\omega)|\leqslant\int_{-\infty}^{+\infty}|\mathrm{e}^{-\mathrm{i}\omega t}f(t)|\mathrm{d}t\leqslant\int_{-\infty}^{+\infty}|f(t)|\mathrm{d}t. \tag{15.73}$$

傅里叶变换的存在性是 $F(\omega)$ 连续和当 $|\omega|\to\infty$ 时, $F(\omega)\to 0$ 成立的充分条件. 该结论通常以下述形式使用: 若函数 $f(t)$ 在 $(-\infty,\infty)$ 内是绝对可积的, 则其傅里叶变换是 ω 的连续函数, 且式 (15.72) 成立.

下述函数是不可傅里叶变换的: 常数函数、任意周期函数 (比如 $\sin\omega t$ 和 $\cos\omega t$)、幂函数、多项式、指数函数 (比如 $\mathrm{e}^{\alpha t}$, 双曲线函数)①.

2. 傅里叶余弦变换和傅里叶正弦变换

在傅里叶变换 (15.71) 中, 被积函数可分解成正弦部分和余弦部分, 从而可得到傅里叶正弦变换和傅里叶余弦变换.

(1) 傅里叶正弦变换

$$F_s(\omega)=\mathcal{F}_s\{f(t)\}=\int_0^{\infty}f(t)\sin(\omega t)\mathrm{d}t. \tag{15.74a}$$

(2) 傅里叶余弦变换

$$F_c(\omega)=\mathcal{F}_c\{f(t)\}=\int_0^{\infty}f(t)\cos(\omega t)\mathrm{d}t. \tag{15.74b}$$

(3) 转换公式　由傅里叶正弦变换 (15.74a), 傅里叶余弦变换 (15.74b) 以及傅里叶变换 (15.71), 有下述关系式成立:

$$F(\omega)=\mathcal{F}\{f(t)\}=\mathcal{F}_c\{f(t)+f(-t)\}-\mathrm{i}\mathcal{F}_s\{f(t)-f(-t)\}, \tag{15.75a}$$

$$F_s(\omega)=\frac{\mathrm{i}}{2}\mathcal{F}\{f(|t|)\mathrm{sign}t\}, \tag{15.75b}$$

$$F_c(\omega)=\frac{1}{2}\mathcal{F}\{f(|t|)\}. \tag{15.75c}$$

① 指数函数 (比如 $\mathrm{e}^{\alpha t}$)、双曲线函数. —— 译者注

对于偶函数或奇函数 $f(t)$, 有下述关系式:

当 $f(t)$ 为偶函数时: $\mathcal{F}\{f(t)\}=2\mathcal{F}_c\{f(t)\}$;

当 $f(t)$ 为奇函数时: $\mathcal{F}\{f(t)\}=-2\mathrm{i}\mathcal{F}_s\{f(t)\}$. (15.75d)

3. 指数型傅里叶变换

与式 (15.71) 中 $F(\omega)$ 的定义不同, 变换

$$F_e(\omega)=\mathcal{F}_e\{f(t)\}=\frac{1}{2}\int_{-\infty}^{+\infty}\mathrm{e}^{\mathrm{i}\omega t}f(t)\mathrm{d}t \tag{15.76}$$

称为**指数型傅里叶变换**, 因此

$$F(\omega)=2F_e(-\omega). \tag{15.77}$$

4. 傅里叶变换表

我们要么是以公式 (15.75a)~(15.75c) 为基础, 不需要傅里叶正弦变换和傅里叶余弦变换相对应的特殊表格, 要么是使用傅里叶正弦变换和傅里叶余弦变换表, 借助 (15.75a)~(15.75c) 计算 $\mathcal{F}(\omega)$. 表 21.14.1(见 1436 页) 和表 21.14.2(见 1444 页) 分别列出了傅里叶正弦变换 $\mathcal{F}_s(\omega)$ 和傅里叶余弦变换 $\mathcal{F}_c(\omega)$, 表 21.14.3(见 1451 页) 给出了一些函数的傅里叶变换 $\mathcal{F}(\omega)$, 且表 21.14.4(见 1453 页) 给出了指数型傅里叶变换 $\mathcal{F}_e(\omega)$.

■ 单极性矩形脉冲函数当 $|t|<t_0$ 时, $f(t)=1$, 当 $|t|>t_0$ 时, $f(t)=0$(A.1) (图 15.21), 满足傅里叶积分 (15.64a) 存在性的假定. 根据 (15.65c) 和 (15.65d), 系数是

$$a(\omega)=\frac{1}{\pi}\int_{-t_0}^{+t_0}\cos\omega t\mathrm{d}t=\frac{2}{\pi\omega}\sin\omega t_0\quad 和\quad b(\omega)=\frac{1}{\pi}\int_{-t_0}^{+t_0}\sin\omega t\mathrm{d}t=0. \tag{A.2}$$

故由式 (15.65b), 可推出 $f(t)=\dfrac{2}{\pi}\displaystyle\int_0^{\infty}\frac{\sin\omega t_0\cos\omega t}{\omega}\mathrm{d}\omega.$ (A.3)

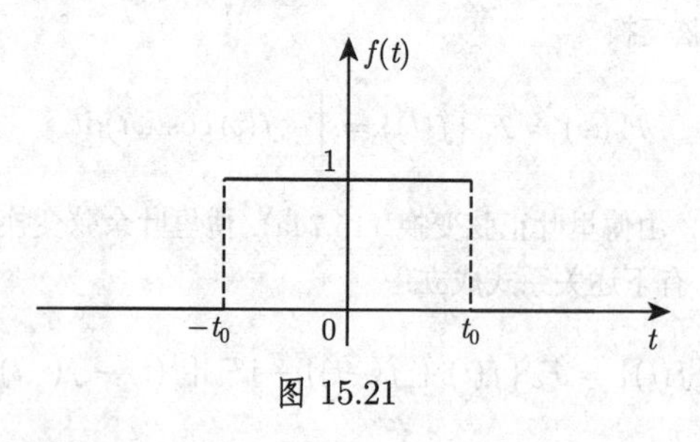

图 15.21

5. 傅里叶变换的谱解释

类似于周期函数的傅里叶级数, 非周期函数的傅里叶积分也有简单的物理解释. 根据 (15.66) 和 (15.67), 存在傅里叶积分的函数 $f(t)$, 可表示为含有持续变化频率 ω 的正弦振动之和, 其形式为

$$A(\omega)\mathrm{d}\omega\sin[\omega t+\varphi(\omega)], \tag{15.78a}$$

$$A(\omega)\mathrm{d}\omega\cos[\omega t+\psi(\omega)]. \tag{15.78b}$$

表达式 $A(\omega)\mathrm{d}\omega$ 给出了波的振幅, $\varphi(\omega)$ 和 $\psi(\omega)$ 是相位. 对于复公式有相同的解释: 函数 $f(t)$ 是依赖于 ω 形如

$$\frac{1}{2\pi}F(\omega)\mathrm{d}\omega\mathrm{e}^{\mathrm{i}\omega t} \tag{15.79}$$

的被加项之和 (或积分). 其中, 量 $\frac{1}{2\pi}F(\omega)$ 也确定了所有部分的振幅和相位.

傅里叶积分和傅里叶变换的**谱解释**在物理学和工程学应用中有很大优势. 变换

$$F(\omega)=|F(\omega)|\mathrm{e}^{\mathrm{i}\psi(\omega)} \quad 或 \quad F(\omega)=|F(\omega)|\mathrm{e}^{\mathrm{i}\varphi(\omega)} \tag{15.80a}$$

称为函数 $f(t)$ 的**谱**或**频谱**. 量

$$|F(\omega)|=\pi A(\omega) \tag{15.80b}$$

称为函数 $f(t)$ 的**振幅谱**, $\varphi(\omega)$ 和 $\psi(\omega)$ 称为 $f(t)$ 的**相位谱**. 谱 $F(\omega)$ 和系数 (15.65c) 和 (15.65d) 之间的关系为

$$F(\omega)=\pi[a(\omega)-\mathrm{i}b(\omega)], \tag{15.81}$$

由此可得到下述结论:

(1) 若 $f(t)$ 是实函数, 则振幅谱 $|F(\omega)|$ 是 ω 的偶函数, 相位谱是 ω 的奇函数.

(2) 若 $f(t)$ 是实值偶函数, 则其谱 $F(\omega)$ 是实的; 若 $f(t)$ 是实值奇函数, 则 $F(\omega)$ 是虚的.

■ 对于第 1028 页单极性矩形脉冲函数, 把结果 (A.2) 替换到 (15.81), 可得到对于变换 $F(\omega)$ 和振幅谱 $|F(\omega)|$(图 15.22), 有

$$F(\omega)=\mathcal{F}\{f(t)\}=\pi a(\omega)=2\frac{\sin\omega t_0}{\omega}, \tag{A.3}$$

$$|F(\omega)|=2\left|\frac{\sin\omega t_0}{\omega}\right|. \tag{A.4}$$

振幅谱 $|F(\omega)|$ 和双曲线 $\frac{2}{\omega}$ 的连接点是 $\omega t_0=\pm(2n+1)\frac{\pi}{2}(n=0,1,2,\cdots)$.

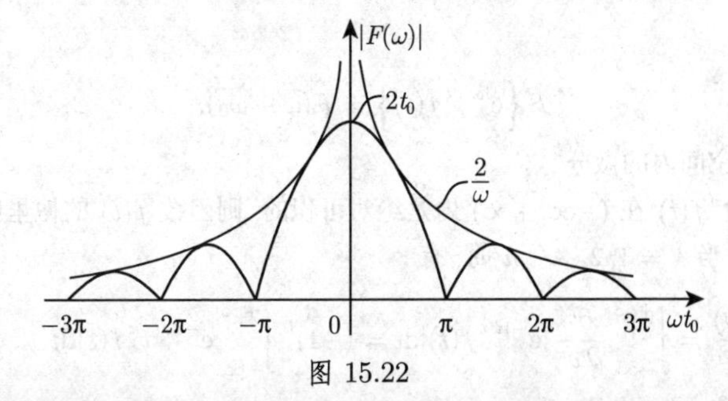

图 15.22

15.3.1.3 傅里叶变换的计算法则

正如对拉普拉斯变换所指出的, 积分变换的计算法则指在原始空间内的某些运算到像空间运算的映射. 设函数 $f(t)$ 和 $g(t)$ 在区间 $(-\infty,+\infty)$ 内都是绝对可积的, 其傅里叶变换是

$$F(\omega)=\mathcal{F}\{f(t)\} \quad \text{和} \quad G(\omega)=\mathcal{F}\{g(t)\}, \tag{15.82}$$

则下述法则成立.

1. 加法或线性法则

若 α 和 β 是 $(-\infty,+\infty)$ 内的两个系数, 则

$$\mathcal{F}\{\alpha f(t)+\beta g(t)\}=\alpha F(\omega)+\beta G(\omega). \tag{15.83}$$

2. 相似法则

对于实数 $\alpha\neq 0$, 有

$$\mathcal{F}\{f(t/\alpha)\}=|\alpha|F(\alpha\omega). \tag{15.84}$$

3. 移位定理

对于实数 $\alpha\neq 0$ 和实数 β, 有

$$\mathcal{F}\{f(\alpha t+\beta)\}=(1/|\alpha|)\mathrm{e}^{\mathrm{i}\beta\omega/\alpha}F(\omega/\alpha) \tag{15.85a}$$

或

$$\mathcal{F}\{f(t-t_0)\}=\mathrm{e}^{-\mathrm{i}\omega t_0}F(\omega). \tag{15.85b}$$

若在 (15.85b) 中用 $-t_0$ 代替 t_0, 则

$$\mathcal{F}\{f(t+t_0)\}=\mathrm{e}^{\mathrm{i}\omega t_0}F(\omega). \tag{15.85c}$$

4. 频移定理

对于实数 $\alpha>0$ 和 $\beta\in(-\infty,+\infty)$, 有

$$\mathcal{F}\left\{\mathrm{e}^{\mathrm{i}\beta t}f(\alpha t)\right\}=(1/\alpha)F((\omega-\beta)/\alpha) \tag{15.86a}$$

或

$$\mathcal{F}\left\{\mathrm{e}^{\mathrm{i}\omega_0 t}f(t)\right\}=F(\omega-\omega_0). \tag{15.86b}$$

5. 在像空间内的微分

若函数 $t^nf(t)$ 在 $(-\infty,+\infty)$ 内是绝对可积的, 则函数 $f(t)$ 的傅里叶变换有 n 阶连续导数, 当 $k=1,2,\cdots,n$ 时, 有

$$\frac{\mathrm{d}^kF(\omega)}{\mathrm{d}\omega^k}=\int_{-\infty}^{+\infty}\frac{\partial^k}{\partial\omega^k}[\mathrm{e}^{-\mathrm{i}\omega t}f(t)]\mathrm{d}t=(-1)^k\int_{-\infty}^{+\infty}\mathrm{e}^{-\mathrm{i}\omega t}t^kf(t)\mathrm{d}t, \tag{15.87a}$$

其中

$$\lim_{\omega\to\pm\infty}\frac{\mathrm{d}^k F(\omega)}{\mathrm{d}\omega^k}=0. \tag{15.87b}$$

根据上述假定, 这些关系式表明

$$\mathcal{F}\left\{t^n f(t)\right\}=\mathrm{i}^n\frac{\mathrm{d}^n F(\omega)}{\mathrm{d}\omega^n}. \tag{15.87c}$$

6. 在原始空间内的微分

(1) **一阶导数** 若函数 $f(t)$ 在 $(-\infty,+\infty)$ 内连续且绝对可积, 当 $t\to\pm\infty$ 时, 有 $f(t)\to 0$, 其导数 $f'(t)$ 除了某些点外处处存在, 且 $f'(t)$ 在 $(-\infty,+\infty)$ 内绝对可积, 则

$$\mathcal{F}\left\{f'(t)\right\}=\mathrm{i}\omega\mathcal{F}\left\{f(t)\right\}. \tag{15.88a}$$

(2) **n 阶导数** 若一阶导数定理的要求对于直到 $f^{(n-1)}$ 的所有导数都成立, 则

$$\mathcal{F}\left\{f^{(n)}(t)\right\}=(\mathrm{i}\omega)^n\mathcal{F}\left\{f(t)\right\}. \tag{15.88b}$$

这些微分法则将用于求解微分方程 (参见第 1035 页 15.3.2).

7. 在像空间内的积分

$$\int_{\alpha_1}^{\alpha_2}F(\omega)\mathrm{d}\omega=\mathrm{i}[G(\alpha_2)-G(\alpha_1)],\ \text{其中}\ G(\omega)=\mathcal{F}\left\{g(t)\right\},g(t)=\frac{f(t)}{t}. \tag{15.89}$$

8. 在原始空间内的积分和帕塞瓦尔公式

(1) **积分定理** 若假定

$$\int_{-\infty}^{+\infty}f(t)\mathrm{d}t=0 \tag{15.90a}$$

成立, 则

$$\mathcal{F}\left\{\int_{-\infty}^{t}f(t)\mathrm{d}t\right\}=\frac{1}{\mathrm{i}\omega}F(\omega). \tag{15.90b}$$

(2) **帕塞瓦尔公式** 若函数 $f(t)$ 及其平方在区间 $(-\infty,+\infty)$ 内可积, 则

$$\int_{-\infty}^{+\infty}|f(t)|^2\mathrm{d}t=\frac{1}{2\pi}\int_{-\infty}^{+\infty}|F(\omega)|^2\mathrm{d}\omega. \tag{15.91}$$

9. 卷积

双侧卷积

$$f_1(t)*f_2(t)=\int_{-\infty}^{+\infty}f_1(\tau)f_2(t-\tau)\mathrm{d}\tau \tag{15.92}$$

定义在区间 $(-\infty,+\infty)$ 内, 当假定函数 $f_1(t)$ 和 $f_2(t)$ 在区间 $(-\infty,+\infty)$ 内绝对可积时, 双侧卷积存在. 当 $t<0$ 时, 若 $f_1(t)$ 和 $f_2(t)$ 都消失, 则由 (15.92) 可得到

单侧卷积

$$f_1(t)*f_2(t)=\begin{cases}\displaystyle\int_0^t f_1(\tau)f_2(t-\tau)\mathrm{d}\tau, & t\geqslant 0,\\ 0, & t<0,\end{cases} \tag{15.93}$$

因此, 单侧卷积是双侧卷积的特殊情况. 傅里叶变换使用双侧卷积, 而拉普拉斯变换使用单侧卷积.

对于双侧卷积的傅里叶变换, 有

$$\mathcal{F}\{f_1(t) * f_2(t)\} = \mathcal{F}\{f_1(t)\} \cdot \mathcal{F}\{f_2(t)\}. \tag{15.94}$$

如果积分

$$\int_{-\infty}^{+\infty} |f_1(t)|^2 \mathrm{d}t \quad \text{和} \quad \int_{-\infty}^{+\infty} |f_2(t)|^2 \mathrm{d}t \tag{15.95}$$

都存在, 即函数及其平方在区间 $(-\infty, +\infty)$ 内可积.

■ 对于第 1028 页 15.3.1.2, 4.中的单极性矩形脉冲函数 (A.1), 计算其双侧卷积

$$\psi(t) = f(t) * f(t) = \int_{-\infty}^{+\infty} f(\tau) f(t-\tau) \mathrm{d}\tau. \tag{A.1}$$

由于

$$\psi(t) = \int_{-t_0}^{t_0} f(t-\tau) \mathrm{d}\tau = \int_{t-t_0}^{t+t_0} f(\tau) \mathrm{d}\tau, \tag{A.2}$$

可得到当 $t < -2t_0$ 和 $t > 2t_0$ 时, $\psi(t) = 0$, 当 $-2t_0 \leqslant t \leqslant 0$ 时,

$$\psi(t) = \int_{-t_0}^{t+t_0} \mathrm{d}\tau = t + 2t_0. \tag{A.3}$$

类似地, 当 $0 < t \leqslant 2t_0$ 时, 有

$$\psi(t) = \int_{t-t_0}^{t_0} \mathrm{d}\tau = -t + 2t_0 \tag{A.4}$$

成立.

总之, 对于该卷积(图 15.23), 有

$$\psi(t) = f(t) * f(t) = \begin{cases} t + 2t_0, & -2t_0 \leqslant t \leqslant 0, \\ -t + 2t_0, & 0 < t \leqslant 2t_0, \\ 0, & |t| > 2t_0 \end{cases} \tag{A.5}$$

成立. 对于单极性矩形脉冲函数 (A.1)(参见第 1028 页 15.3.1.2, 4. 和图 15.21) 的傅里叶变换 $F(\omega)$, 有

$$\Psi(\omega) = \mathcal{F}\{\psi(t)\} = \mathcal{F}\{f(t) * f(t)\} = [F(\omega)]^2 = 4\frac{\sin^2 \omega t_0}{\omega^2}, \tag{A.6}$$

且函数 $f(t)$ 的振幅谱为

$$|F(\omega)| = 2\left|\frac{\sin \omega t_0}{\omega}\right|. \tag{A.7}$$

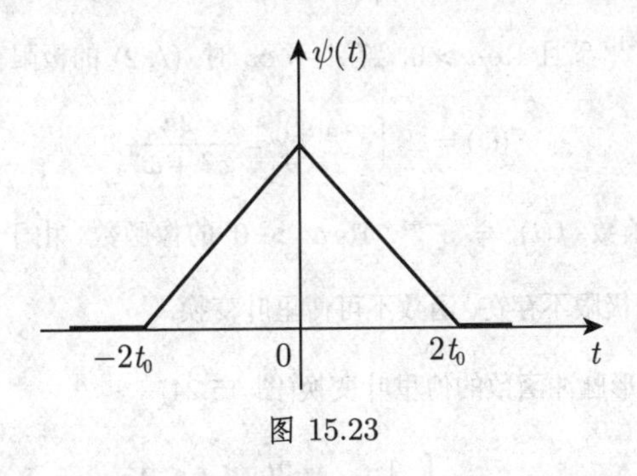

图 15.23

10. 对傅里叶变换和拉普拉斯变换的比较

傅里叶变换和拉普拉斯变换之间存在强相关性, 傅里叶变换是拉普拉斯变换在 $p = \mathrm{i}\omega$ 时的特例. 因此, 任何可傅里叶变换的函数也一定是可拉普拉斯变换的, 而对任意函数 $f(t)$, 该命题的逆命题并不成立. 表 15.2 罗列了对两个积分变换性质的比较.

表 15.2 对傅里叶变换和拉普拉斯变换性质的比较

傅里叶变换	拉普拉斯变换
$F(\omega) = \mathcal{F}\{f(t)\} = \int_{-\infty}^{+\infty} \mathrm{e}^{-\mathrm{i}\omega t} f(t)\mathrm{d}t$ ω 是实数, 有物理意义, 即频率	$F(p) = \mathcal{L}\{f(t), p\} = \int_0^{\infty} \mathrm{e}^{-pt} f(t)\mathrm{d}t$ p 是复数, $p = r + \mathrm{i}x$
一个移位定理	两个移位定理
区间: $(-\infty, +\infty)$ 求解通过双边域描述的问题和微分方程, 如波动方程 微分法则不包含初始值 傅里叶积分的收敛性只依赖于 $f(t)$ 满足双侧卷积法则	区间: $(0, +\infty)$ 求解通过单边域描述的问题和微分方程, 如热传导方程 微分法则包含初始值 拉普拉斯积分的收敛性可由因子 e^{-pt} 改善 满足单侧卷积法则

15.3.1.4 特殊函数的变换

■ **A**: 欲探寻原函数 $f(t) = \mathrm{e}^{-|a|t}, \operatorname{Re} a > 0$(A.1) 对应的像函数, 注意当 $t < 0$ 时, $|t| = -t$, 当 $t > 0$ 时, $|t| = t$, 由 (15.71) 可得

$$\begin{aligned}\int_{-A}^{+A} \mathrm{e}^{-\mathrm{i}\omega t - a|t|}\mathrm{d}t &= \int_{-A}^{0} \mathrm{e}^{-(\mathrm{i}\omega - a)t}\mathrm{d}t + \int_0^{+A} \mathrm{e}^{-(\mathrm{i}\omega + a)t}\mathrm{d}t \\ &= -\left.\frac{\mathrm{e}^{-(\mathrm{i}\omega - a)t}}{\mathrm{i}\omega - a}\right|_{-A}^{0} - \left.\frac{\mathrm{e}^{-(\mathrm{i}\omega + a)t}}{\mathrm{i}\omega + a}\right|_{0}^{+A} \\ &= \frac{-1 + \mathrm{e}^{(\mathrm{i}\omega - a)A}}{\mathrm{i}\omega - a} + \frac{1 - \mathrm{e}^{-(\mathrm{i}\omega + a)A}}{\mathrm{i}\omega + a},\end{aligned} \tag{A.2}$$

由于 $|\mathrm{e}^{-aA}| = \mathrm{e}^{-A\mathrm{Re}\,a}$ 且 $\mathrm{Re}\,a > 0$, 当 $A \to \infty$ 时, (A.2) 的极限存在, 故

$$F(\omega) = \mathcal{F}\left\{\mathrm{e}^{-a|t|}\right\} = \frac{2a}{a^2+\omega^2}. \tag{A.3}$$

■ **B**: 欲探寻原函数 $f(t) = \mathrm{e}^{-at}$, $\mathrm{Re}\,a > 0$ 的像函数, 由于当 $A \to \infty$ 时, $\int_{-A}^{A} \mathrm{e}^{-\mathrm{i}\omega t - at}\mathrm{d}t$ 的极限不存在, 函数不可傅里叶变换.

■ **C**: 确定双极矩形脉冲函数的傅里叶变换(图 15.24).

$$\varphi(t) = \begin{cases} 1, & -2t_0 < t < 0, \\ -1, & 0 < t < 2t_0, \\ 0, & |t| > 2t_0. \end{cases} \tag{C.1}$$

其中 $\varphi(t)$ 可用第 1028 页 15.3.1.2, 4. 的单极矩形脉冲方程 (A.1) 表示, 且

$$\varphi(t) = f(t+t_0) - f(t-t_0). \tag{C.2}$$

根据傅里叶变换的性质 (15.85b)、(15.85c), 可得

$$\varPhi(\omega) = \mathcal{F}\{\varphi(t)\} = \mathrm{e}^{\mathrm{i}\omega t_0}F(\omega) - \mathrm{e}^{-\mathrm{i}\omega t_0}F(\omega). \tag{C.3}$$

由此, 使用 (A.1), 可推出

$$\phi(\omega) = (\mathrm{e}^{\mathrm{i}\omega t_0} - \mathrm{e}^{-\mathrm{i}\omega t_0})\frac{2\sin\omega t_0}{\omega} = 4\mathrm{i}\frac{\sin^2\omega t_0}{\omega}. \tag{C.4}$$

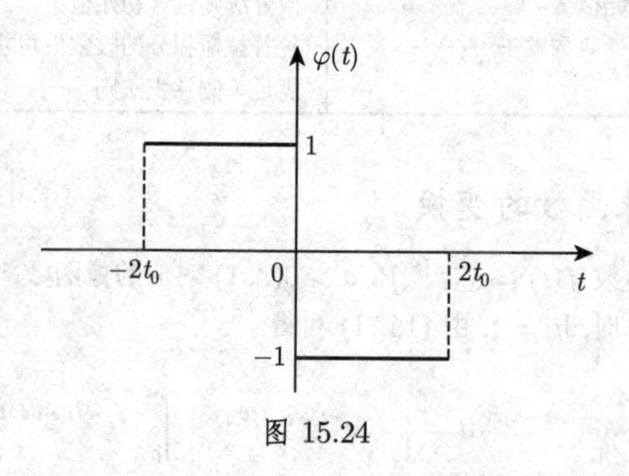

图 15.24

■ **D**: 阻尼振荡的像函数: 图 15.25(a) 显示的阻尼振荡由函数 $f(t) = \begin{cases} 0, & t < 0, \\ \mathrm{e}^{-\alpha t}\cos\omega_0 t, & t \geqslant 0 \end{cases}$ 给出. 为简化计算, 使用复函数 $f^*(t) =$

$e^{(-\alpha+i\omega_0)t}$ 计算傅里叶变换, 其中 $f(t)=\mathrm{Re}(f^*(t))$. 傅里叶变换由下式给出

$$\mathcal{F}\{f^*(t)\} = \int_0^{\infty} e^{-i\omega t} e^{(-\alpha+i\omega_0)t} dt = \int_0^{\infty} e^{(-\alpha+(\omega-\omega_0)i)t} dt$$
$$= \left. \frac{e^{-\alpha t} e^{i(\omega-\omega_0)\,t}}{-\alpha+i(\omega_0-\omega)} \right|_0^{\infty} = \frac{1}{\alpha-i(\omega_0-\omega)} = \frac{\alpha+i(\omega_0-\omega)}{\alpha^2+(\omega-\omega_0)^2}.$$

结果是洛伦兹曲线或布赖特–维格纳曲线 (也可参见第 124 页 2.11.2).

$\mathcal{F}\{f(t)\} = \dfrac{\alpha}{\alpha^2+(\omega-\omega_0)^2}$(图 15.25(b)). 时域内的阻尼振荡在频域中只有一个峰点.

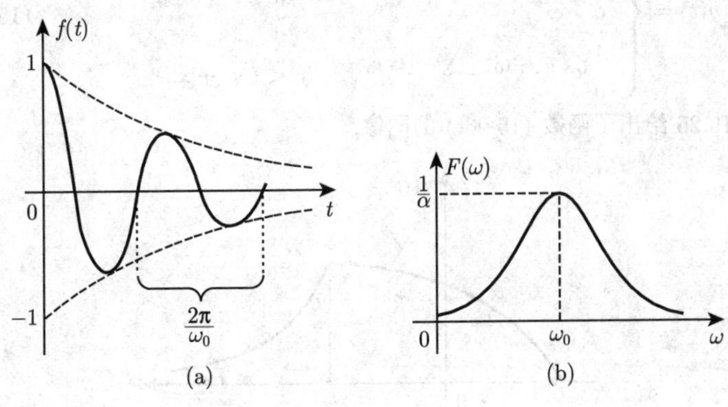

图 15.25

15.3.2 使用傅里叶变换求解微分方程

与拉普拉斯变换类似, 由于傅里叶变换可把微分方程转化为简单形式, 故傅里叶变换的一个重要应用是求解微分方程. 在常微分方程情况, 可得到代数方程, 在偏微分方程情况, 可得到常微分方程.

15.3.2.1 线性常微分方程

微分方程 $y'(t)+a\,y(t)=f(t)$, 其中

$$f(t)=\begin{cases} 1, & |t|<t_0, \\ 0, & |t|\geqslant t_0, \end{cases} \tag{15.96a}$$

即图 15.21 中的函数 $f(t)$, 通过傅里叶变换

$$\mathcal{F}\{y(t)\}=Y(\omega). \tag{15.96b}$$

微分方程转化成代数方程

$$i\omega Y+aY=\frac{2\sin\omega t_0}{\omega}, \tag{15.96c}$$

解得

$$Y(\omega)=2\frac{\sin\omega t_0}{\omega(a+\mathrm{i}\omega)}. \tag{15.96d}$$

逆变换给出

$$y(t)=\mathcal{F}^{-1}\{Y(\omega)\}=\mathcal{F}^{-1}\left\{2\frac{\sin\omega t_0}{\omega(a+\mathrm{i}\omega)}\right\}=\frac{1}{\pi}\int_{-\infty}^{+\infty}\frac{\mathrm{e}^{\mathrm{i}\omega t}\sin\omega t_0}{\omega(a+\mathrm{i}\omega)}\,\mathrm{d}\omega, \tag{15.96e}$$

且

$$y(t)=\begin{cases}0, & -\infty<t<-t_0,\\ \dfrac{1}{a}[1-\mathrm{e}^{-a(t+t_0)}], & -t_0\leqslant t\leqslant +t_0,\\ \dfrac{1}{a}[\mathrm{e}^{-a(t-t_0)}-\mathrm{e}^{-a(t-t_0)}], & t_0<t<+\infty.\end{cases} \tag{15.96f}$$ [①]

图 15.26 给出了函数 (15.96f) 的图像.

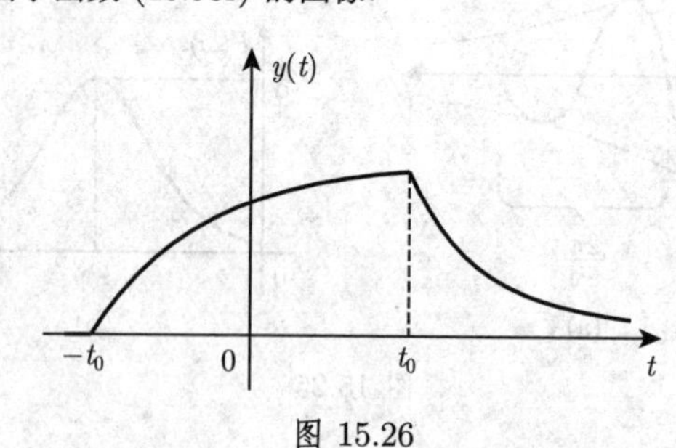

图 15.26

15.3.2.2 偏微分方程

1. 一般说明

偏微分方程的解至少是两个变量的函数：$u=u(x,t)$. 由于傅里叶变换只对于一个变量进行积分, 另一个变量在变换中应视为常数. 此处, 变量 x 为常数, 对于 t 进行变换：

$$\mathcal{F}\{u(x,t)\}=\int_{-\infty}^{+\infty}\mathrm{e}^{-\mathrm{i}\omega t}u(x,t)\mathrm{d}t=U(x,\omega). \tag{15.97}$$

在对导数的变换中, 变量 x 仍被视为常数：

$$\mathcal{F}\left\{\frac{\partial^{(n)}u(x,t)}{\partial t^n}\right\}=(\mathrm{i}\omega)^n\mathcal{F}\{u(x,t)\}=(\mathrm{i}\omega)^nU(x,\omega). \tag{15.98}$$

假设关于 x 的微分和傅里叶积分是可交换的：

$$\mathcal{F}\left\{\frac{\partial u(x,t)}{\partial x}\right\}=\frac{\partial}{\partial x}\mathcal{F}\{u(x,t)\}=\frac{\partial}{\partial x}U(x,\omega). \tag{15.99}$$

① (15.96f) 中, 当 $t_0<t<+\infty$ 时, $y(t)$ 的表达式是错误的. —— 译者注

通过这种方式, 可得到像空间内的常微分方程. 而且, 边界条件和初始条件也可转化到像空间内.

2. 均匀介质内一维波动方程的解

(1) **问题表述** 在均匀介质内, 无扰动项的一维波动方程是

$$u_{xx} - u_{tt} = 0. \tag{15.100a}$$

像三维波动方程 (参见第 777 页 9.2.3.2), 方程 (15.100a) 是双曲线类偏微分方程. 柯西问题由下述初始条件给出

$$u(x,0) = f(x) \quad (-\infty < x < \infty), \quad u_t(x,0) = g(x) \quad (0 \leqslant t < \infty). \tag{15.100b}$$

(2) **傅里叶变换** 关于 x 进行傅里叶变换, 时间坐标保持为常数:

$$\mathcal{F}\{u(x,t)\} = U(\omega,t). \tag{15.101a}$$

由此可得

$$(\mathrm{i}\omega)^2 U(\omega,t) - \frac{\mathrm{d}^2 U(\omega,t)}{\mathrm{d}t^2} = 0, \tag{15.101b}$$

且

$$\mathcal{F}\{u(x,0)\} = U(\omega,0) = \mathcal{F}\{f(x)\} = F(\omega), \tag{15.101c}$$

$$\mathcal{F}\{u_t(x,0)\} = U'(\omega,0) = \mathcal{F}\{g(x)\} = G(\omega). \tag{15.101d}$$

$$\omega^2 U + U'' = 0. \tag{15.101e}$$

此方程是带有变换参数 ω 的关于 t 的常微分方程. 该常系数微分方程的通解为

$$U(\omega,t) = C_1\mathrm{e}^{\mathrm{i}\omega t} + C_2\mathrm{e}^{-\mathrm{i}\omega t}. \tag{15.102a}$$

根据初始条件

$$U(\omega,0) = C_1 + C_2 = F(\omega), \quad U'(\omega,0) = \mathrm{i}\omega C_1 - \mathrm{i}\omega C_2 = G(\omega), \tag{15.102b}$$

确定常数 C_1 和 C_2, 可得到

$$C_1 = \frac{1}{2}\left[F(\omega) + \frac{1}{\mathrm{i}\omega}G(\omega)\right], \quad C_2 = \frac{1}{2}\left[F(\omega) - \frac{1}{\mathrm{i}\omega}G(\omega)\right]. \tag{15.102c}$$

因此, 解为

$$U(\omega,t) = \frac{1}{2}\left[F(\omega) + \frac{1}{\mathrm{i}\omega}G(\omega)\right]\mathrm{e}^{\mathrm{i}\omega t} + \frac{1}{2}\left[F(\omega) - \frac{1}{\mathrm{i}\omega}G(\omega)\right]\mathrm{e}^{-\mathrm{i}\omega t}. \tag{15.102d}$$

(3) **逆变换** 由移位定理知

$$\mathcal{F}\{f(ax+b)\} = 1/a \cdot \mathrm{e}^{\mathrm{i}b\omega/a}F(\omega/a), \tag{15.103a}$$

对等式两侧作逆变换可得

$$\mathcal{F}^{-1}\left\{\mathrm{e}^{\mathrm{i}\omega t}F(\omega)\right\}=f(x+t),\quad \mathcal{F}^{-1}\left\{\mathrm{e}^{-\mathrm{i}\omega t}F(\omega)\right\}=f(x-t). \tag{15.103b}$$

运用积分法则

$$\mathcal{F}\left\{\int_{-\infty}^{x}f(\tau)\mathrm{d}\tau\right\}=\frac{1}{\mathrm{i}\omega}F(\omega) \tag{15.103c}$$

给出

$$\begin{aligned}\mathcal{F}^{-1}\left\{\frac{1}{\mathrm{i}\omega}G(\omega)\mathrm{e}^{\mathrm{i}\omega t}\right\}&=\int_{-\infty}^{x}\mathcal{F}^{-1}\left\{G(\omega)\mathrm{e}^{\mathrm{i}\omega t}\right\}\mathrm{d}\tau\\&=\int_{-\infty}^{x}g(\tau+t)\mathrm{d}\tau=\int_{-\infty}^{x+t}g(z)\mathrm{d}z,\end{aligned} \tag{15.103d}$$

其中进行了替换 $\tau+t=z$. 与以前的积分类似, 有

$$\mathcal{F}^{-1}\left\{-\frac{1}{\mathrm{i}\omega}G(\omega)\mathrm{e}^{-\mathrm{i}\omega t}\right\}=-\int_{-\infty}^{x-t}g(z)\mathrm{d}z. \tag{15.103e}$$

最后, 在原始空间内的解是

$$u(x,t)=\frac{1}{2}f(x+t)+\frac{1}{2}f(x-t)+\int_{x-t}^{x+t}g(z)\mathrm{d}z. \tag{15.104}$$

15.4 Z 变换

在自然科学以及工程学中, 人们经常需要区分连续过程和离散过程. 连续过程可用微分方程描述, 而离散过程主要由*差分方程*描述. 求解微分方程主要使用傅里叶变换和拉普拉斯变换, 但为求解差分方程, 则必须使用其他运算方法. 已知的最好方法是 Z 变换, 它与拉普拉斯变换密切相关.

15.4.1 Z 变换的性质

15.4.1.1 离散函数

若仅知函数 $f(t)$ $(0\leqslant t<\infty)$ 在自变量离散点 $t_n=nT(n=0,1,2,\cdots;T>0$ 是常数) 处的取值, 则可记作 $f(nT)=f_n$, 且构成序列 $\{f_n\}$. 比如, 在电工学中, 在离散时间段 t_n 处 “浏览” 函数 $f(t)$, 即可产生这样的序列. 其表达式为*阶梯函数* (图 15.27).

只在自变量离散点处有定义的函数 $f(nT)$(称为*离散函数*) 和序列 $\{f_n\}$, 二者是等价的.

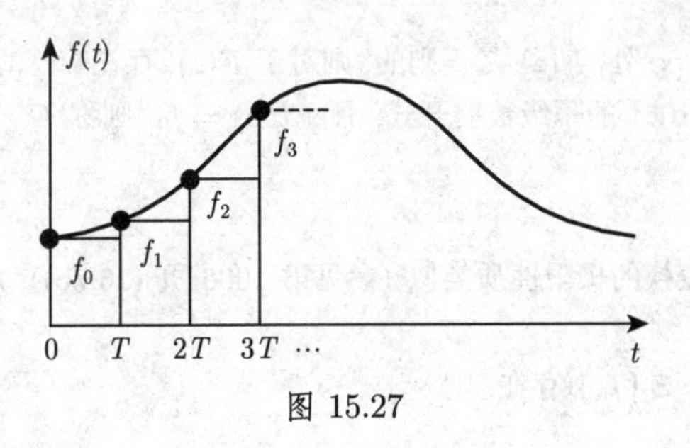

图 15.27

15.4.1.2 Z 变换的定义

1. 原序列和变换

给定序列 $\{f_n\}$, 可得到无穷级数

$$F(z)=\sum_{n=0}^{\infty} f_n\left(\frac{1}{z}\right)^n. \tag{15.105}$$

若该级数收敛, 则序列 $\{f_n\}$ 称为可 Z 变换的, 且可表示为

$$F(z)=\mathcal{Z}\{f_n\}. \tag{15.106}$$

$\{f_n\}$ 称为**原序列**, $F(z)$ 称为**变换函数**, z 表示复变量, $F(z)$ 是复值函数.

■ $f_n=1\quad(n=0,1,2,\cdots)$. 对应的无穷级数是

$$F(z)=\sum_{n=0}^{\infty}\left(\frac{1}{z}\right)^n. \tag{15.107}$$

它表示公比为 $1/z$ 的几何级数, 当 $\left|\frac{1}{z}\right|<1$ 时, 级数收敛, 其和是 $F(z)=\frac{z}{z-1}$. 当 $\left|\frac{1}{z}\right|\geqslant 1$ 时, 级数发散. 因此, 当 $\left|\frac{1}{z}\right|<1$ 时, 即对于 z 平面内单位圆 $|z|=1$ 的任何外点, 序列 $\{1\}$ 是可 Z 变换的.

2. 性质

根据式 (15.105), 变换 $F(z)$ 是复变量 $1/z$ 的幂级数, 由复幂级数 (参见第 979 页 14.3.1.3) 的性质, 可知如下结论:

a) 对于可 Z 变换的序列 $\{f_n\}$, 存在实数 R, 使得当 $|z|>1/R$ 时, 级数 (15.105) 绝对收敛, 当 $|z|<1/R$ 时, 级数发散. 当 $|z|\geqslant 1/R_0>1/R$ 时, 级数一致收敛. R 是关于 $1/z$ 的幂级数 (15.105) 的收敛半径. 若对于任意 $|z|>0$, 级数收敛, 则 $R=\infty$. 对于不可 Z 变换的序列, 有 $R=0$.

b) 若当 $|z|>1/R$ 时, $\{f_n\}$ 是可 Z 变换的, 则当 $|z|>1/R$ 时, 对应的变换 $F(z)$ 是解析函数, 且它是 $\{f_n\}$ 的唯一变换. 反之, 若当 $|z|>1/R$ 时, $F(z)$ 是解

析函数, 且在 $z=\infty$ 处, $F(z)$ 是正则的, 则对于 $F(z)$, 存在唯一的原序列 $\{f_n\}$. 若 $F(z)$ 有形如 (15.105) 的幂级数展开式, 且 $F(\infty)=f_0$, 则称 $F(z)$ 在 $z=\infty$ 处是正则的.

3. 极限定理

与拉普拉斯变换的极限性质类似 (参见第 1006 页 (15.7b)), 对于 Z 变换有下述极限定理成立.

a) 若 $F(z)=\mathcal{Z}\{f_n\}$ 存在, 则

$$f_0=\lim_{z\to\infty}F(z). \tag{15.108}$$

此处, z 可以沿着实轴或其他任何路径趋向于无穷大. 由于级数

$$z\{F(z)-f_0\}=f_1+f_2\frac{1}{z}+f_3\frac{1}{z^2}+\cdots, \tag{15.109}$$

$$z^2\left\{F(z)-f_0-f_1\frac{1}{z}\right\}=f_2+f_3\frac{1}{z}+f_4\frac{1}{z^2}+\cdots, \tag{15.110}$$

$$\vdots$$

明显是 Z 变换, 类似于式 (15.108), 可得到

$$f_1=\lim_{z\to\infty}z\{F(z)-f_0\},\quad f_2=\lim_{z\to\infty}z^2\left\{F(z)-f_0-f_1\frac{1}{z}\right\},\cdots. \tag{15.111}$$

通过这种方式, 原序列 $\{f_n\}$ 可根据其变换 $F(z)$ 来确定.

b) 若 $\lim\limits_{n\to\infty}f_n$ 存在, 则

$$\lim_{n\to\infty}f_n=\lim_{z\to 1+0}(z-1)F(z). \tag{15.112}$$

但由于上述命题不可逆, 根据式 (15.112), 只有能保证 $\lim\limits_{n\to\infty}f_n$ 存在时, 才能确定其值.

■ $f_n=(-1)^n\ (n=0,1,2,\cdots)$, 则 $\mathcal{Z}\{f_n\}=\dfrac{z}{z+1}$, 且 $\lim\limits_{z\to 1+0}(z-1)\dfrac{z}{z+1}=0$, 但 $\lim\limits_{n\to\infty}(-1)^n$ 不存在.

15.4.1.3 计算法则

在运用 Z 变换时, 了解定义在原序列上的某些运算对变换的影响及其反过来的情况, 是很重要的. 此处为了简化, 当 $|z|>1/R$ 时, 将使用记号 $F(z)=\mathcal{Z}\{f_n\}$.

1. 平移

需要区分向前平移和向后平移.

(1) 第一移位定理: $\mathcal{Z}\{f_{n-k}\}=z^{-k}F(z)\ (k=0,1,2,\cdots)$. (15.113)

当 $n-k<0$ 时, 定义 $f_{n-k}=0$.

(2) 第二移位定理: $\mathcal{Z}\{f_{n+k}\}=z^k\left[F(z)-\sum\limits_{v=0}^{k-1}f_v\left(\frac{1}{z}\right)^v\right]$ $(k=1,2,\cdots)$.

$$(15.114)$$

2. 求和

当 $|z|>\max\left(1,\frac{1}{R}\right)$ 时, 有 $\mathcal{Z}\left\{\sum\limits_{v=0}^{n-1}f_v\right\}=\frac{1}{z-1}F(z)$. (15.115)

3. 差分

对于差分

$$\Delta f_n=f_{n+1}-f_n,\quad \Delta^m f_n=\Delta(\Delta^{m-1}f_n)\quad (m=1,2,\cdots;\Delta^0 f_n=f_n) \tag{15.116}$$

有下述等式成立:

$$\begin{aligned}\mathcal{Z}\{\Delta f_n\}&=(z-1)F(z)-z\,f_0,\\ \mathcal{Z}\{\Delta^2 f_n\}&=(z-1)^2F(z)-z(z-1)f_0-z\,f_0,\\ &\vdots\\ \mathcal{Z}\{\Delta^k f_n\}&=(z-1)^kF(z)-z\sum_{v=0}^{k-1}(z-1)^{k-v-1}\Delta^v f_0.\end{aligned} \tag{15.117}$$

4. 阻尼

对于任意复数 $\lambda\neq 0$ 和 $|z|>\frac{|\lambda|}{R}$, 有

$$\mathcal{Z}\{\lambda^n f_n\}=F\left(\frac{z}{\lambda}\right). \tag{15.118}$$

5. 卷积

两个序列 $\{f_n\}$ 和 $\{g_n\}$ 的卷积是运算

$$f_n*g_n=\sum_{v=0}^{n}f_v g_{n-v}. \tag{15.119}$$

若当 $|z|>1/R_1$ 时, z 变换函数 $\mathcal{Z}\{f_n\}=F(z)$, 以及当 $|z|>1/R_2$ 时, $\mathcal{Z}\{g_n\}=G(z)$ 存在, 则对于 $|z|>\max\left(\frac{1}{R_1},\frac{1}{R_2}\right)$, 有

$$\mathcal{Z}\{f_n*g_n\}=F(z)G(z). \tag{15.120}$$

关系式 (15.120) 称为 Z 变换的*卷积定理*. 它相当于两个幂级数的乘法法则.

6. 变换的微分

$$\mathcal{Z}\{nf_n\}=-z\frac{\mathrm{d}F(z)}{\mathrm{d}z}. \tag{15.121}$$

重复运用 (15.121), 可得到 $F(z)$ 的高阶导数.

7. 变换的积分

当假定 $f_0=0$ 时, 有

$$\mathcal{Z}\left\{\frac{f_n}{n}\right\}=\int_z^\infty\frac{F(\xi)}{\xi}\mathrm{d}\xi. \tag{15.122}$$

15.4.1.4　与拉普拉斯变换的关系

把离散函数 $f(t)$(参见第 1038 页 15.4.1.1) 描述为阶梯函数, 则

$$f(t)=f(nT)=f_n, \quad \text{其中}, \quad nT \leqslant t<(n+1)T \quad (n=0,1,2,\cdots;T>0,\ T\ \text{是常数}), \tag{15.123}$$

对于该分段常数函数, 求拉普拉斯变换 (参见第 1006 页 15.2.1.1, 1.), 当 $T=1$ 时, 有

$$\begin{aligned}\mathcal{L}\{f(t)\}=F(p)&=\sum_{n=0}^{\infty}\int_{n}^{n+1} f_n \mathrm{e}^{-pt}\mathrm{d}t\\&=\sum_{n=0}^{\infty} f_n \frac{\mathrm{e}^{-np}-\mathrm{e}^{-(n+1)p}}{p}=\frac{1-\mathrm{e}^{-p}}{p}\sum_{n=0}^{\infty} f_n \mathrm{e}^{-np}.\end{aligned} \tag{15.124}$$

(15.124) 中的无穷级数称为**离散拉普拉斯变换**, 用 $\mathcal{D}$ 表示:

$$\mathcal{D}\{f(t)\}=\mathcal{D}\{f_n\}=\sum_{n=0}^{\infty} f_n \mathrm{e}^{-np}. \tag{15.125}$$

在式 (15.125) 中进行 $\mathrm{e}^p=z$ 的替换后, $\mathcal{D}\{f_n\}$ 表示关于 $1/z$ 的幂级数, 即所谓的**洛朗级数**(参见第 981 页 14.3.4). 替换 $\mathrm{e}^p=z$ 启示了 Z 变换的名称. 根据该变换, 由式 (15.124), 可最终得到, 在阶梯函数的情况下, 拉普拉斯变换和 Z 变换之间有下述关系:

$$pF(p)=\left(1-\frac{1}{z}\right)F(z) \tag{15.126a}$$

或

$$p\mathcal{L}\{f(t)\}=\left(1-\frac{1}{z}\right)\mathcal{Z}\{f_n\}. \tag{15.126b}$$

通过这种方式, 阶梯函数的 Z 变换 (参见第 1454 页表 21.15) 可转化为阶梯函数的拉普拉斯变换 (参见第 1431 页表 21.13), 反之亦然.

15.4.1.5　Z 变换的逆变换

Z 变换的逆变换是根据变换 $F(z)$, 探寻对应的唯一原序列 $\{f_n\}$:

$$\mathcal{Z}^{-1}\{F(z)\}=\{f_n\}. \tag{15.127}$$

求逆变换有不同的方法.

1. 使用表格

若表格中没有给出函数 $F(z)$, 则我们可试着把 $F(z)$ 转化为表 21.15 中已给出的函数.

2. $F(z)$的洛朗级数

若关于 $1/z$ 的 $F(z)$ 的级数展开式已知或可求出, 则使用第 1039 页定义 (15.105), 可直接求其逆变换.

3. $F\left(\frac{1}{z}\right)$的泰勒级数

由于 $F\left(\frac{1}{z}\right)$ 是关于 z 的幂递增的级数, 根据 (15.105), 使用泰勒公式, 可推出

$$f_n = \frac{1}{n!}\frac{\mathrm{d}^n}{\mathrm{d}z^n}F\left(\frac{1}{z}\right)\bigg|_{z=0} \quad (n = 0, 1, 2, \cdots). \tag{15.128}$$

4. 极限定理的应用

使用第 1040 页的极限式 (15.108) 和 (15.111), 原序列 $\{f_n\}$ 可由其变换 $F(z)$ 直接确定.

■ $F(z) = \dfrac{2z}{(z-2)(z-1)^2}$.

使用上述四种方法:

(1) 对 $F(z)/z$ 进行部分分式分解 (参见第 18 页 1.1.7.3), 可生成表 21.15 中包含的函数.

$$\frac{F(z)}{z} = \frac{2}{(z-2)(z-1)^2} = \frac{A}{z-2} + \frac{B}{(z-1)^2} + \frac{C}{z-1}.$$

故

$$F(z) = \frac{2z}{z-2} - \frac{2z}{(z-1)^2} - \frac{2z}{z-1}.$$

因此, 当 $n \geqslant 0$ 时, $f_n = 2(2^n - n - 1)$.

(2) 展开 $F(z)$, 可得到关于 z 的幂递减的级数:

$$F(z) = \frac{2z}{z^3 - 4z^2 + 5z - 2} = 2\frac{1}{z^2} + 8\frac{1}{z^3} + 22\frac{1}{z^4} + 52\frac{1}{z^5} + 114\frac{1}{z^6} + \cdots. \tag{15.129}$$

由此表达式可得 $f_0 = f_1 = 0, f_2 = 2, f_3 = 8, f_4 = 22, f_5 = 52, f_6 = 114, \cdots$, 但对于一般项 f_n, 无法得到一个闭合表达式.

(3) 对于公式 $F\left(\frac{1}{z}\right)$ 及其需要求出的导数 (见 (15.128)), 建议考虑 $F(z)$ 的部

分分式分解:

$$\left.\begin{aligned}
&F\left(\frac{1}{z}\right)=\frac{2}{1-2z}-\frac{2z}{(1-z)^2}-\frac{2}{1-z}, &&\text{即}\quad F\left(\frac{1}{z}\right)=0, &&\text{对于 } z=0\\
&\frac{\mathrm{d}F\left(\frac{1}{z}\right)}{\mathrm{d}z}=\frac{4}{(1-2z)^2}-\frac{4z}{(1-z)^3}-\frac{4}{(1-z)^2}, &&\text{即}\quad \frac{\mathrm{d}F\left(\frac{1}{z}\right)}{\mathrm{d}z}=0, &&\text{对于 } z=0\\
&\frac{\mathrm{d}^2F\left(\frac{1}{z}\right)}{\mathrm{d}z^2}=\frac{16}{(1-2z)^3}-\frac{12z}{(1-z)^4}-\frac{12}{(1-z)^3}, &&\text{即}\quad \frac{\mathrm{d}^2F\left(\frac{1}{z}\right)}{\mathrm{d}z^2}=4, &&\text{对于 } z=0\\
&\frac{\mathrm{d}^3F\left(\frac{1}{z}\right)}{\mathrm{d}z^3}=\frac{96}{(1-2z)^4}-\frac{48z}{(1-z)^5}-\frac{48}{(1-z)^4}, &&\text{即}\quad \frac{\mathrm{d}^3F\left(\frac{1}{z}\right)}{\mathrm{d}z^3}=48, &&\text{对于 } z=0\\
&\quad\vdots \qquad\qquad\qquad \vdots && \qquad\qquad \vdots && \qquad\qquad \vdots
\end{aligned}\right\} \tag{15.130}$$

由此, 根据式 (15.128), 容易得到 $f_0, f_1, f_2, f_3, \cdots$.

(4) 运用极限定理 (参见第 1040 页 15.4.1.2, 3.), 可给出:

$$f_0=\lim_{z\to\infty}F(z)=\lim_{z\to\infty}\frac{2z}{z^3-4z^2+5z-2}=0, \tag{15.131a}$$

$$f_1=\lim_{z\to\infty}z(F(z)-f_0)=\lim_{z\to\infty}\frac{2z^2}{z^3-4z^2+5z-2}=0, \tag{15.131b}$$

$$f_2=\lim_{z\to\infty}z^2\left(F(z)-f_0-f_1\frac{1}{z}\right)=\lim_{z\to\infty}\frac{2z^3}{z^3-4z^2+5z-2}=2, \tag{15.131c}$$

$$\begin{aligned}
f_3&=\lim_{z\to\infty}z^3\left(F(z)-f_0-f_1\frac{1}{z}-f_2\frac{1}{z^2}\right)\\
&=\lim_{z\to\infty}z^3\left(\frac{2z}{z^3-4z^2+5z-2}-\frac{2}{z^2}\right)=8,\cdots,
\end{aligned} \tag{15.131d}$$

其中运用了伯努利–洛必达法则(参见第 72 页 2.1.4.8, 2.). 可依次求出原序列 $\{f_n\}$.

15.4.2 Z 变换的应用

15.4.2.1 线性差分方程的一般解法

k 阶常系数线性差分方程形如

$$a_ky_{n+k}+a_{k-1}y_{n+k-1}+\cdots+a_2y_{n+2}+a_1y_{n+1}+a_0y_n=g_n \quad (n=0,1,2,\cdots), \tag{15.132}$$

其中, k 为自然数. 系数 $a_i\ (i=0,1,\cdots,k)$ 是已知的实数或复数, 且与 n 无关. a_0 和 a_k 是非零数. 序列 $\{g_n\}$ 已知, 序列 $\{y_n\}$ 待定.

为求 (15.132) 的特解, 需要已知以前的值 $y_0, y_1, \cdots, y_{k-1}$. 此时, 根据 (15.132), 当 $n=0$ 时, 可求出下一个值 y_k. 接下来, 由 $y_0, y_1, \cdots, y_k$ 和 (15.132), 当 $n=1$ 时, 可得到 y_{k+1}. 按照这种方式, 可递归计算所有的值 y_n. 但对 (15.132) 运用第二移位定理 (15.114), 利用 Z 变换, 对于值 y_n 可给出一般解:

$$a_k z^k \left[Y(z) - y_0 - y_1 z^{-1} - \cdots - y_{k-1} z^{-(k-1)}\right] + \cdots + a_1 z \left[Y(z) - y_0\right] + a_0 Y(z) = G(z). \tag{15.133}$$

其中, $Y(z) = \mathcal{Z}\{y_n\}$, $G(z) = \mathcal{Z}\{g_n\}$. 令 $a_k z^k + a_{k-1} z^{k-1} + \cdots + a_1 z + a_0 = p(z)$, 则变换方程 (15.133) 的解为

$$Y(z) = \frac{1}{p(z)} G(z) + \frac{1}{p(z)} \sum_{i=0}^{k-1} y_i \sum_{j=i+1}^{k} a_j z^{j-i}. \tag{15.134}$$

正如使用拉普拉斯变换求解线性微分方程的情况, Z 变换也有类似的优势, 即初值可包含在变换方程中, 故变换方程的解也自动包含了初值. 由 (15.134), 通过第 1042 页 15.4.1.5 中讨论的逆变换, 可推出所求解 $\{y_n\} = \mathcal{Z}^{-1}\{Y(z)\}$.

15.4.2.2 二阶差分方程 (初值问题)

二阶线性差分方程形如

$$y_{n+2} + a_1 y_{n+1} + a_0 y_n = g_n, \tag{15.135}$$

其中, y_0 和 y_1 作为初值已给出. 对 (15.135) 使用第二移位定理, 变换方程是

$$z^2 \left[Y(z) - y_0 - y_1 \frac{1}{z}\right] + a_1 z \left[Y(z) - y_0\right] + a_0 Y(z) = G(z). \tag{15.136}$$

进行替换 $z^2 + a_1 z + a_0 = p(z)$, 解得

$$Y(z) = \frac{1}{p(z)} G(z) + y_0 \frac{z(z + a_1)}{p(z)} + y_1 \frac{z}{p(z)}. \tag{15.137}$$

若多项式 $p(z)$ 的根是 α_1 和 α_2, 则 $\alpha_1 \neq 0$, $\alpha_2 \neq 0$, 否则 $a_0 = 0$, 差分方程降为一阶. 通过部分分式分解和运用表 21.15 中的 Z 变换, 可得到

$$\frac{z}{p(z)} = \begin{cases} \dfrac{1}{\alpha_1 - \alpha_2} \left(\dfrac{z}{z - \alpha_1} - \dfrac{z}{z - \alpha_2} \right), & \alpha_1 \neq \alpha_2, \\ \dfrac{z}{(z - \alpha_1)^2}, & \alpha_1 = \alpha_2, \end{cases}$$

$$\mathcal{Z}^{-1}\left\{\frac{z}{p(z)}\right\} = \{p_n\} = \begin{cases} \dfrac{\alpha_1^n - \alpha_2^n}{\alpha_1 - \alpha_2}, & \alpha_1 \neq \alpha_2, \\ n\alpha_1^{n-1}, & \alpha_1 = \alpha_2. \end{cases} \tag{15.138a}$$

由于 $p_0=0$, 利用第二移位定理, 有

$$\mathcal{Z}^{-1}\left\{\frac{z^2}{p(z)}\right\}=\mathcal{Z}^{-1}\left\{z\frac{z}{p(z)}\right\}=\{p_{n+1}\},\tag{15.138b}$$

以及利用第一移位定理

$$\mathcal{Z}^{-1}\left\{\frac{1}{p(z)}\right\}=\mathcal{Z}^{-1}\left\{\frac{1}{z}\frac{z}{p(z)}\right\}=\{p_{n-1}\},\tag{15.138c}$$

进行替换 $p_{-1}=0$, 基于卷积定理, 可得到原序列

$$y_n=\sum_{v=0}^{n}p_{v-1}g_{n-v}+y_0(p_{n+1}+a_1p_n)+y_1p_n.\tag{15.138d}$$

由于 $p_{-1}=p_0=0$, 该关系式和 (15.138a) 表明, 当 $\alpha_1\neq\alpha_2$ 时, 可推出

$$y_n=\sum_{v=2}^{n}g_{n-v}\frac{\alpha_1^{v-1}-\alpha_2^{v-1}}{\alpha_1-\alpha_2}+y_0\left(\frac{\alpha_1^{n+1}-\alpha_2^{n+1}}{\alpha_1-\alpha_2}+a_1\frac{\alpha_1^n-\alpha_2^n}{\alpha_1-\alpha_2}\right)+y_1\frac{\alpha_1^n-\alpha_2^n}{\alpha_1-\alpha_2}.\tag{15.138e}$$

该关系式可进一步简化. 由于 $\alpha_1=-(\alpha_1+\alpha_2)$ 和 $\alpha_0=\alpha_1\alpha_2$(参见第 56 页, 1.6.3.1, 3. 韦达定理), 故

$$y_n=\sum_{v=2}^{n}g_{n-v}\frac{\alpha_1^{v-1}-\alpha_2^{v-1}}{\alpha_1-\alpha_2}-y_0a_0\frac{\alpha_1^{n-1}-\alpha_2^{n-1}}{\alpha_1-\alpha_2}+y_1\frac{\alpha_1^n-\alpha_2^n}{\alpha_1-\alpha_2}.\tag{15.138f}$$

类似地, 当 $\alpha_1=\alpha_2$ 时, 有

$$y_n=\sum_{v=2}^{n}g_{n-v}(v-1)\alpha_1^{v-2}-y_0a_0(n-1)\alpha_1^{n-2}+y_1n\alpha_1^{n-1}.\tag{15.138g}$$

在二阶差分方程的情况下, 可以不进行部分分式分解, 而使用一些对应关系, 比如

$$\mathcal{Z}^{-1}\left\{\frac{z}{z^2-2az\cosh b+a^2}\right\}=a^{n-1}\frac{\sinh bn}{\sinh n},\tag{15.139}$$

以及第二移位定理, 求变换 $Y(z)$ 的逆变换. 通过替换 $a_1=-2a\cosh b$ 和 $a_0=a^2$, (15.137) 的原序列成为

$$y_n=\frac{1}{\sinh b}\left[\sum_{v=2}^{n}g_{n-v}a^{v-2}\sinh(v-1)b-y_0a^n\sinh(n-1)b+y_1a^{n-1}\sinh nb\right].\tag{15.140}$$

在数值计算中, 尤其是当 a_0 和 a_1 是复数时, 该公式非常有用.

注 注意对复变量也可以定义双曲线函数.

15.4.2.3 二阶差分方程 (边值问题)

在应用中, 经常出现, 只需对有限指数 $0 \leqslant n \leqslant N$, 求差分方程的值 y_n. 在二阶差分方程 (15.135) 的情况下, **边值** y_0 和 y_N 通常是已知的. 为求解边值问题, 可从对应初值问题的解 (15.138f) 出发, 其中利用 y_N 而不是未知的 y_1. 在 (15.138f) 中进行替换 $n = N$, 可得到 y_1, 它依赖于 y_0 和 y_N:

$$y_1 = \frac{1}{\alpha_1^N - \alpha_2^N}\left[y_0 a_0(\alpha_1^{N-1} - \alpha_2^{N-1}) + y_N(\alpha_1 - \alpha_2) - \sum_{v=2}^{N}(\alpha_1^{v-1} - \alpha_2^{v-1})g_{N-v}\right]. \tag{15.141}$$

把该值替换到 (15.138f) 中, 可得

$$y_n = \frac{1}{\alpha_1 - \alpha_2}\sum_{v=2}^{n}(\alpha_1^{v-1} - \alpha_2^{v-1})g_{n-v} - \frac{1}{\alpha_1 - \alpha_2}\frac{\alpha_1^n - \alpha_2^n}{\alpha_1^N - \alpha_2^N}\sum_{v=2}^{N}(\alpha_1^{v-1} - \alpha_2^{v-1})g_{N-v}$$
$$+ \frac{1}{\alpha_1^N - \alpha_2^N}\left[y_0(\alpha_1^N\alpha_2^n - \alpha_1^n\alpha_2^N) + y_N(\alpha_1^n - \alpha_2^n)\right]. \tag{15.142}$$

只有当 $\alpha_1^N - \alpha_2^N \neq 0$ 时, 解 (15.142) 才有意义. 否则, 边值问题没有一般解, 但与微分方程的边值问题类似, 会出现特征值和特征向量.

15.5 小波变换

15.5.1 信号

如果物体能产生可传播效果, 且可数学化描述, 比如通过函数或数列, 则称其为**信号**.

信号分析即指通过能代表信号的量来表征信号. 从数学上, 这意味着: 用来描述信号的函数或数列将被映射到另一个函数或数列, 由此可清晰掌握信号的典型性质. 当然, 通过这类映射, 也会丢失一些信息.

信号分析的逆过程, 即原始信号的重建, 称为**信号合成**.

信号分析和信号合成的关系, 可通过傅里叶变换的例子较好地体现: 信号 $f(t)$ (t 表示时间) 用频率 ω 来表征, 则公式 (15.143a) 描述信号分析, 公式 (15.143b) 描述信号合成:

$$F(\omega) = \int_{-\infty}^{\infty} \mathrm{e}^{-\mathrm{i}\omega t} f(t)\mathrm{d}t \tag{15.143a}$$

和

$$f(t) = \frac{1}{2\pi}\int_{-\infty}^{\infty} \mathrm{e}^{\mathrm{i}\omega t} F(\omega)\mathrm{d}\omega. \tag{15.143b}$$

15.5.2 小波

傅里叶变换没有定位性能, 即如果信号在一个位置发生了变化, 则傅里叶变换处处发生了变化, 不可能 "立刻" 识别发生变化的位置. 这个情况是基于傅里叶变换把信号分解成了*平面波*. 平面波通过三角函数刻画, 三角函数在任意长的时间内都以相同周期进行振荡. 但对于小波变换, 有几乎可以自由选取的函数 ψ, *小波*(小局域波) 通过平移和伸缩分析信号.

例子见哈尔小波(图 15.28(a))和墨西哥草帽小波(图 15.28(b)).

■ **A**: 哈尔小波:

$$\psi=\begin{cases}1, & 0\leqslant x<\dfrac{1}{2},\\ -1, & \dfrac{1}{2}\leqslant t\leqslant 1,\\ 0, & \text{其他}.\end{cases} \tag{15.144}$$

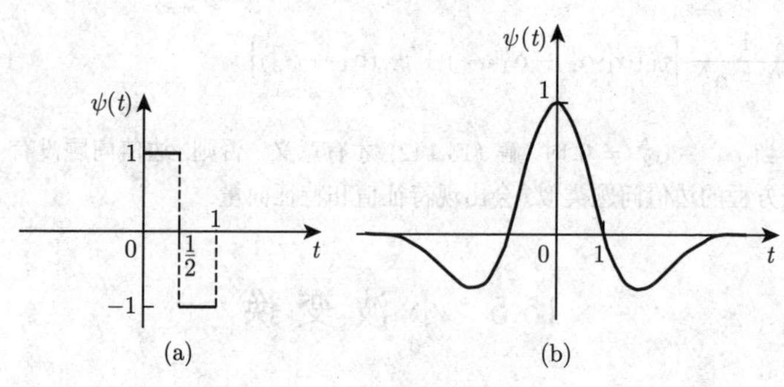

图 15.28

■ **B**: 墨西哥草帽小波:

$$\psi(x)=-\frac{\mathrm{d}^2}{\mathrm{d}x^2}\mathrm{e}^{-x^2/2} \tag{15.145}$$

$$=(1-x^2)\mathrm{e}^{-x^2/2}. \tag{15.146}$$

通常认为, 任何函数 ψ 可视为小波, 如果函数二次可积, 且根据 (15.143a), 其傅里叶变换 $\Psi(\omega)$ 生成正的有限积分

$$\int_{-\infty}^{\infty}\frac{|\Psi(\omega)|}{|\omega|}\mathrm{d}\omega. \tag{15.147}$$

关于小波, 下述性质和定义非常重要:

(1) 对于小波的均值, 有

$$\int_{-\infty}^{\infty}\psi(t)\mathrm{d}t=0. \tag{15.148}$$

(2) 下述积分称为小波 ψ 的 k 阶矩:

$$\mu_k = \int_{-\infty}^{\infty} t^k \psi(t) \mathrm{d}t \tag{15.149}$$

使得 $\mu_n \neq 0$ 的最小正整数 n, 称为小波 ψ 的阶.

■ 对于哈尔小波 (15.144), $n=1$, 对于墨西哥草帽小波 (15.146), $n=2$.

(3) 若对任意 k, 有 $\mu_k = 0$, 则 ψ 是无限阶的. 具有有界支集的小波总是有限阶的.

(4) n 阶小波与任何次数 $\leqslant n-1$ 的多项式正交.

15.5.3 小波变换

对于小波 $\psi(t)$, 可形成参数为 a 的曲线族:

$$\psi_a(t) = \frac{1}{\sqrt{|a|}} \psi\left(\frac{t}{a}\right) \quad (a \neq 0). \tag{15.150}$$

在 $|a| > 0$ 的情况下, 初始函数 $\psi(t)$ 可压缩. 当 $a < 0$ 时, 有一个附加反射, 因子 $1\Big/\sqrt{|a|}$ 是调整因子.

也可以通过第二个参数 b 平移函数 $\psi_a(t)$, 则生成两参数曲线族:

$$\psi_{a,b} = \frac{1}{\sqrt{|a|}} \psi\left(\frac{t-b}{a}\right) \quad (a, b \text{ 是实数}; \quad a \neq 0). \tag{15.151}$$

实平移参数 b 表示一阶矩, 而参数 a 给出函数 $\psi_{a,b}(t)$ 的偏差. 函数 $\psi_{a,b}(t)$ 称为联系小波变换的基函数.

函数 $f(t)$ 的小波变换定义为

$$\mathcal{L}_\psi f(a,b) = c\int_{-\infty}^{\infty} f(t)\psi_{a,b}(t)\mathrm{d}t = \frac{c}{\sqrt{|a|}}\int_{-\infty}^{\infty} f(t)\psi\left(\frac{t-b}{a}\right)\mathrm{d}t. \tag{15.152a}$$

对于其逆变换, 有

$$f(t) = c\int_{-\infty}^{\infty}\int_{-\infty}^{\infty} \mathcal{L}_\psi f(t)\psi_{a,b}(t)\frac{1}{a^2}\mathrm{d}a\mathrm{d}b, \tag{15.152b}$$

其中, c 是依赖于特殊小波 ψ 的常数.

■ 使用哈尔小波 (15.144), 可给出

$$\psi\left(\frac{t-b}{a}\right) = \begin{cases} 1, & b \leqslant t < b + a/2, \\ -1, & b + a/2 \leqslant t < b + a, \\ 0, & \text{其他}. \end{cases}$$

因此,

$$\mathcal{L}_\psi f(a,b) = \frac{1}{\sqrt{|a|}}\left(\int_b^{b+a/2} f(t)\mathrm{d}t - \int_{b+a/2}^{b+a} f(t)\mathrm{d}t\right)$$
$$= \frac{\sqrt{|a|}}{2}\left(\frac{2}{a}\int_b^{b+a/2} f(t)\mathrm{d}t - \frac{2}{a}\int_{b+a/2}^{b+a} f(t)\mathrm{d}t\right). \qquad (15.153)$$

(15.153) 中给出的值 $\mathcal{L}_\psi f(a,b)$ 表示在长度为 $\frac{|a|}{2}$、在 b 点处连接的两个相邻区间上, 函数 $f(t)$ 均值的差.

注 (1) 二元小波变换在应用中有重要作用. 函数

$$\psi_{i,j}(t) = \frac{1}{\sqrt{2^i}}\psi\left(\frac{t-2^i j}{2^i}\right) \qquad (15.154)$$

被作为基函数使用, 即通过对一个小波 $\psi(t)$ 进行宽度加倍或减半, 以及平移宽度的整数倍生成不同的基函数.

(2) 若 (15.154) 中给出的基函数形成正交系, 则称 $\psi(t)$ 为正交小波.

(3) 多贝西小波具有特别良好的数值性质. 它们是正交的具有紧支撑小波, 即仅在时间尺度的有界子集上不等于 0. 它们没有闭合表达式 (参见 [15.10]).

15.5.4 离散小波变换

15.5.4.1 快速小波变换

积分表达式 (15.152b) 是冗余的, 双重积分可用积分和代替而不会丢失信息. 在小波变换的实际应用中考虑该思想, 我们需要:

(1) 高效的变换算法, 可引出多尺度分析的概念;

(2) 高效的逆变换算法, 即根据其小波变换重建信号的高效方式, 可引出标架的概念.

有关这些概念的更多细节可参见 [15.10] 和 [15.1].

注 小波在诸多不同应用中有巨大成功, 比如

- 根据测量序列计算物理量;
- 模式与语音识别;
- 新闻传播中的数据压缩;

都建立在 “快速算法” 的基础上. 与FFT(快速傅里叶变换, 参见第 1288 页 19.6.4.2) 类似, 可在此处讨论FWT(快速小波变换).

15.5.4.2 离散哈尔小波变换

哈尔小波变换是一个离散小波变换的例子: 值 f_i $(i=1,2,\cdots,N)$ 根据信号给出, 具体的数值 d_i $(i=1,2,\cdots,N/2)$ 可计算:

$$s_i=\frac{1}{\sqrt{2}}(f_{2i-1}+f_{2i}),\quad d_i=\frac{1}{\sqrt{2}}(f_{2i-1}-f_{2i}). \tag{15.155}$$

当把 (15.155) 应用到数值 s_i 中时, 首先把数值 d_i 存储起来, 即在 (15.155) 中, 值 f_i 被 s_i 代替. 继续进行该程序, 从而最终由

$$s_i^{(n+1)}=\frac{1}{\sqrt{2}}(s_{2i-1}^{(n)}+s_{2i}^{(n)}),\quad d_i^{(n+1)}=\frac{1}{\sqrt{2}}(s_{2i-1}^{(n)}-s_{2i}^{(n)}) \tag{15.156}$$

形成了分量为 $d_i^{(n)}$ 的具体向量列. 每一个具体向量包含了有关信号性质的信息.

注 当数值 N 较大时, 离散小波变换收敛于积分小波变换 (15.152a).

15.5.5 加博变换

时域分析是当其频率出现时, 对包含频率和时间周期的信号的表征. 因此, 信号被分成时间段 (窗口), 且使用傅里叶变换, 称为窗口傅里叶变换 (WFT).

应选取窗函数使得仅在窗口中分析信号. 加博变换运用窗函数

$$g(t)=\frac{1}{\sqrt{2\pi}\sigma}\mathrm{e}^{-\frac{t^2}{2\sigma^2}}\quad (\text{图15.29}). \tag{15.157}$$

该选择可解释为: 带有 "全单位质量" 的 $g(t)$ 集中在点 $t=0$ 处, 且窗口的宽度可视为常数 (约为 2σ).

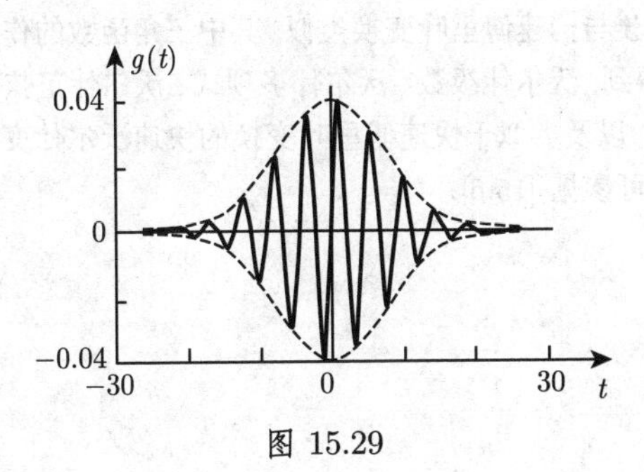

图 15.29

则函数 $f(t)$ 的加博变换形如

$$\mathcal{G}f(\omega,s)=\int_{-\infty}^{\infty}f(t)g(t-s)\mathrm{e}^{-\mathrm{i}\omega t}\mathrm{d}t. \tag{15.158}$$

由此可确定, 出现在 f 时间区间 $[s-\sigma,s+\sigma]$ 内主波 (基波)$\mathrm{e}^{\mathrm{i}\omega t}$ 的复振幅, 即在该区间内若有频率 ω, 则它有振幅 $|\mathcal{G}f(\omega,s)|$.

15.6 沃尔什函数

15.6.1 阶梯函数

正交函数系在函数逼近论中有重要作用. 例如, 使用特殊的多项式或三角函数, 由于它们是光滑的, 即它们在所考虑的区间内是足够多次可微的. 但也存在问题, 比如, 对于粗糙图像点的转换, 当光滑函数不适合于数学描述时, 阶梯函数、分段常数函数更合适. 沃尔什函数是非常简单的阶梯函数, 它们只取两个函数值 $+1$ 和 -1. 上述两函数值对应两阶段, 故可通过计算机轻松实现沃尔什函数.

15.6.2 沃尔什函数系

与三角函数类似, 也可以考虑周期阶梯函数. 把区间 $I=[0,1)$ 视为周期区间, 且分割成 2^n 个等长度的子区间. 设 S_n 是这样一个区间上周期为 1 的周期阶梯函数的集合. 属于 S_n 的不同阶梯函数可视为有限维向量空间的向量, 由于任何函数 $g\in S_n$ 可通过子区间内其值 $g_0, g_1, g_2, \cdots, g_{2^n-1}$ 进行定义, 且可视为向量:

$$\underline{g}^{\mathrm{T}}=(g_0, g_1, g_2, \cdots, g_{2^n-1}). \tag{15.159}$$

属于 S_n 的沃尔什函数在该空间内形成在适当内积下的正交基. 有多种不同方式列举基向量, 故可得到诸多不同的沃尔什函数系, 实际上却包含了相同的函数. 应该提到其中的三种函数系：沃尔什–克罗内克函数、沃尔什–喀茨马茨 (Kaczmarz) 函数和沃尔什–佩利 (Paley) 函数.

构建沃尔什变换与构建傅里叶变换类似, 其中三角函数的作用被沃尔什函数取代. 比如, 我们可得到, 沃尔什级数、沃尔什多项式、沃尔什正弦变换和沃尔什余弦变换、沃尔什积分, 以及类似于快速傅里叶变换的快速沃尔什变换. 对沃尔什函数理论和应用的介绍可参见 [15.6].

(聂淑媛 译)

第 16 章 概率论与数理统计

在做试验或进行观察时，即使在相同条件下也可能得到各种结果. 概率论与数理统计研究关于给定试验或观察的某种随机结果的规律性. (在概率论与统计学中，观察具有确定性结果，故也称为试验.) 在相同条件下，试验应该可重复进行，至少从理论上应该如此. 这些数学学科可应用于对大量现象进行统计分析，对随机现象的数学处理也归结到随机学概念中.

16.1 组 合 学

由已知集合的元素通常可构造新的集合、体系或序列. 根据不同的构造方式，可得到全排列(排序)、组合(选元) 以及部分排列或排列等概念. 排列兼顾元素的顺序和选择，组合的基本问题是对于给定元素确定可能有多少种不同的选择或排列方式.

16.1.1 全排列

1. 定义

n 个元素的一个全排列是 n 个元素的一个排序.

2. 无重复全排列数

n 个互异元素的不同全排列数是

$$\mathrm{P}_n = n!. \tag{16.1}$$

■ 16 个学生坐到教室的 16 个座位上，共有 16! 种不同的坐法.

3. 有重复全排列数

若 n 个元素中有 $k(k \leqslant n)$ 个元素相同，则其不同的全排列数 $\mathrm{P}_n^{(k)}$ 是

$$\mathrm{P}_n^{(k)} = \frac{n!}{k!}. \tag{16.2}$$

■ 把 16 个学生的书包放到教室的 16 把椅子上，其中 4 个书包是相同的，则书包的不同放置方式有 16!/4! 种.

4. 推广

若 n 个元素中包含 m 类重数分别是 $k_1, k_2, \cdots, k_m (k_1 + k_2 + \cdots + k_m = n)$ 的不同元素，则其不同的全排列数 $\mathrm{P}_n^{(k_1, k_2, \cdots, k_m)}$ 是

$$\mathrm{P}_n^{(k_1, k_2, \cdots, k_m)} = \frac{n!}{k_1! k_2! \cdots k_m!}. \tag{16.3}$$

■ 假设我们用数字 4, 4, 5, 5, 5 构造五位数, 可组成 $P_5^{(2,3)} = \frac{5!}{2!3!} = 10$ 个不同的数.

16.1.2 组合

1. 定义

组合是从 n 个不同元素中任取 k 个元素, 不管其顺序的取法, 也称为 k 阶组合, 我们将它分为有重复组合与无重复组合.

2. 无重复组合数

从 n 个不同元素中取出 k 个, 不考虑所取元素的顺序, 若每个元素最多可取出 1 次, 则其可能的不同取法 $C_n^{(k)}$ 是

$$C_n^{(k)} = \begin{pmatrix} n \\ k \end{pmatrix}, \text{其中 } 0 \leqslant k \leqslant n \quad (\text{参见第 15 页 1.1.6.4, 3.}). \tag{16.4}$$

它称为无重复组合.

■ 从 30 位参会者中挑出 4 位组成选举委员会, 共有 $\begin{pmatrix} 30 \\ 4 \end{pmatrix} = 27405$ 种可能的取法.

3. 有重复组合数

从 n 个不同元素中取出 k 个, 每个元素可重复选取, 且不考虑元素间的顺序, 则可能的取法是

$$C_n^{(k)} = \begin{pmatrix} n+k-1 \\ k \end{pmatrix}. \tag{16.5}$$

换言之, 即考虑从 n 个不同元素中任取 k 个元素的不同取法, 其中每个元素可重复选取.

■ 掷 k 颗骰子, 可能的不同结果是 $C_6^{(k)} = \begin{pmatrix} k+6-1 \\ k \end{pmatrix}$. 故掷 2 颗骰子, 有 $C_6^{(2)} = \begin{pmatrix} 7 \\ 2 \end{pmatrix} = 21$ 种不同结果.

16.1.3 排列

1. 定义

排列是从 n 个不同元素中任取 k 个元素并排序, 即排列是考虑元素顺序的组合.

2. 无重复排列数

从 n 个不同元素中选取 k 个不同元素, 且依不同顺序进行排列, 其排列数 $V_n^{(k)}$

是

$$V_n^{(k)} = k!\binom{n}{k} = n(n-1)(n-2)\cdots(n-k+1) \quad (0 \leqslant k \leqslant n). \tag{16.6}$$

■ 在一次选举会议上, 要从 30 位候选人中选出一名主席、一名副主席, 以及第一助理和第二助理各一名, 共有多少种不同的选举方法? 答案是 $\binom{30}{4}4! = 657720$ 种.

3. 有重复排列数

从 n 个不同元素中选取 k 个元素, 按照一定的顺序排成一列, 其中每个元素可取任意多次, 称为有重复排列. 其排列数是

$$V_n^{(k)} = n^k. \tag{16.7}$$

■ **A:** 一场有 12 支队伍的 Toto 杯足球赛, 共有 3^{12} 种不同的比赛结果.

■ **B:** 使用 8 位数字单元, 也称为一个字节, 可表示 $2^8 = 256$ 个不同字符 (例子可参见著名的 ASCII 表).

16.1.4 组合学公式集锦 (表 16.1)

表 16.1 组合学公式集锦

从 n 个元素中取出 k 个元素的选取类型	可能的取法	
	无重复($k \leqslant n$)	有重复($k \leqslant n$)
全排列	$P_n = n!(n=k)$	$P_n^{(k)} = \dfrac{n!}{k!}$
组合	$C_n^{(k)} = \binom{n}{k}$	$C_n^{(k)} = \binom{n+k-1}{k}$
排列	$V_n^{(k)} = k!\binom{n}{k}$	$V_n^{(k)} = n^k$

16.2 概 率 论

16.2.1 事件、频率和概率

16.2.1.1 事件

1. 不同类型的事件

在概率论中, 试验的所有可能结果称为事件, 事件构成基本概率集A.

事件分为必然事件、不可能事件和随机事件.

当进行试验时, 必然事件一定发生, 不可能事件绝不会发生; 随机事件可能发生, 也可能不发生. 试验中两两互斥的所有可能结果称为**基本事件**(也可参见表 16.2). 基本概率集 A 的事件用字母 $A, B, C, \cdots$ 表示, 必然事件用 I 表示, 不可能事件用 O 表示. 事件间的运算和关系由表 16.2 给出.

表 16.2 事件间的关系

	名称	记法	定义
(1)	事件 A 的补集	$\bar{A}$	$\bar{A}$ 发生当且仅当 A 不发生
(2)	事件 A 与 B 的和	$A+B$	$A+B$ 表示 A 或 B 发生或同时发生
(3)	事件 A 与 B 的乘积	AB	AB 表示 A 和 B 同时发生的事件
(4)	事件 A 与 B 的差	$A-B$	$A-B$ 发生当且仅当 A 发生而 B 不发生
(5)	事件作为另一事件发生的结果	$A \subseteq B$	$A \subseteq B$ 指 A 的发生必导致 B 的发生
(6)	基本事件或简单事件	E	若 $E=A+B$, 则 $E=A$ 或 $E=B$
(7)	复合事件		非基本事件
(8)	事件 A 与 B 不相容或互斥	$AB=O$	事件 A 和 B 不能同时发生

2. 运算性质

基本概率集通过表 16.2 中定义的补集、加法和乘法运算, 构成了布尔代数, 也称为**事件域**. 下列法则成立:

(1) a) $A+B=B+A,$ (16.8)

b) $AB=BA.$ (16.9)

(2) a) $A+A=A,$ (16.10)

b) $AA=A.$ (16.11)

(3) a) $A+(B+C)=(A+B)+C,$ (16.12)

b) $A(BC)=(AB)C.$ (16.13)

(4) a) $A+\bar{A}=I,$ (16.14)

b) $A\bar{A}=O.$ (16.15)

(5) a) $A(B+C)=AB+AC,$ (16.16)

b) $A+BC=(A+B)(A+C).$ (16.17)

(6) a) $\overline{A+B}=\bar{A}\bar{B},$ (16.18)

b) $\overline{AB}=\bar{A}+\bar{B}.$ (16.19)

(7) a) $B-A=B\bar{A},$ (16.20)

b) $\bar{A}=I-A.$ (16.21)

(8) a) $A(B-C)=AB-AC,$ (16.22)

b) $AB-C=(A-C)(B-C).$ (16.23)

(9) a) $O\subseteq A,$ (16.24)

b) $A\subseteq I.$ (16.25)

(10) 若 $A \subseteq B$, 则

a) $A = AB$, (16.26)

且

b) $B = A + B\bar{A}$, 反之亦然. (16.27)

(11) **完备事件组** 若事件组 A_α ($\alpha \in \theta$, θ 是有限或无限指标集) 满足

a) $A_\alpha A_\beta = O$, $\alpha \neq \beta$ (16.28)

且

b) $\sum\limits_{\alpha \in \theta} A_\alpha = I$, (16.29)

则称 A_α 为完备事件组.

■ **A**: 投掷 2 枚硬币: 独立投掷硬币的基本事件见下表.

(1) 投掷 2 枚硬币的基本事件, 如第 1 枚硬币正面朝上, 第 2 枚硬币反面朝上: $A_{11}A_{22}$.

投掷 2 枚硬币的复合事件, 如第 1 枚硬币正面朝上: $A_{11}A_{21} + A_{11}A_{22}$.

(2) 投掷 1 枚硬币的复合事件, 例如, 在第一次试验中: 第 1 枚硬币或者正面朝上或者反面朝上: $A_{11} + A_{12} = I$. 同一枚硬币正面朝上和反面朝上是互不相容事件: $A_{11}A_{12} = O$.

	正面	反面
第 1 枚硬币	A_{11}	A_{12}
第 2 枚硬币	A_{21}	A_{22}

■ **B**: 灯泡的寿命.

定义基本事件 A_n: 寿命 t 满足不等式 $(n-1)\Delta t < t \leqslant n\Delta t$ ($n = 1, 2, \cdots$, $\Delta t > 0$, 表示任意时间单位).

复合事件 A: 寿命不超过 $n\Delta t$, 即 $A = \sum\limits_{\nu=1}^{n} A_\nu$.

16.2.1.2 频率和概率

1. 频率

设 A 是试验中事件域 $\boldsymbol{A}$ 的一个基本事件, 若 n 次重复试验中事件 A 发生了 n_A 次, 则称 n_A 为事件 A 发生的**频数**, 称 $n_A/n = h_A$ 为事件 A 发生的**相对频率**. 相对频率满足可用于建立在事件域 $\boldsymbol{A}$ 中事件 A 的概率 $P(A)$ 公理化定义的某种性质.

2. 概率的定义

定义在事件域上的实函数 P 称为**概率**, 若它满足如下性质:

(1) 对于每一个事件 $A \in \boldsymbol{A}$, 有

$$0 \leqslant P(A) \leqslant 1 \quad \text{和} \quad 0 \leqslant h_A \leqslant 1. \tag{16.30}$$

(2) 对于不可能事件 O 和必然事件 I, 有

$$P(O)=0, P(I)=1 \quad 和 \quad h_O=0, h_I=1. \tag{16.31}$$

(3) 若 $\boldsymbol{A}$ 中的事件 A_i $(i=1,2,\cdots)$ 是有限或可数多个互斥事件 (当 $i \neq k$ 时, $A_iA_k=O$), 则

$$P(A_1+A_2+\cdots)=P(A_1)+P(A_2)+\cdots \quad 和 \quad h_{A_1+A_2+\cdots}=h_{A_1}+h_{A_2}+\cdots. \tag{16.32}$$

注 概率论基于上述三个条件的公理化于 1933 年由柯尔莫哥洛夫完成 (参见 [16.15], [16.8]).

3. 概率的性质

(1) 由 $B \subseteq A$ 可得 $P(B) \leqslant P(A)$. (16.33)

(2) $P(A)+P(\bar{A})=1$. (16.34)

(3) a) 对于 n 个两两互斥事件 A_i $(i=1,2,\cdots,n; A_iA_k=O, i\neq k)$, 有

$$P(A_1+A_2+\cdots+A_n)=P(A_1)+P(A_2)+\cdots+P(A_n). \tag{16.35a}$$

b) 特别地, 当 $n=2$ 时, 有

$$P(A+B)=P(A)+P(B). \tag{16.35b}$$

(4) a) 对于任意事件 A_i $(i=1,2,\cdots,n)$, 有

$$\begin{aligned}P(A_1+A_2+\cdots+A_n)=&P(A_1)+\cdots+P(A_n)-P(A_1A_2)-\cdots-P(A_1A_n)\\&-P(A_2A_3)-\cdots-P(A_2A_n)-\cdots-P(A_{n-1}A_n)\\&+P(A_1A_2A_3)+\cdots+P(A_1A_2A_n)+\cdots\\&+P(A_{n-2}A_{n-1}A_n)-\cdots+(-1)^{n-1}P(A_1A_2\cdots A_n).\end{aligned} \tag{16.36a}$$

b) 特别地, 当 $n=2$ 时, 有

$$P(A_1+A_2)=P(A_1)+P(A_2)-P(A_1A_2). \tag{16.36b}$$

(5) 等可能事件: 设有限完备事件组中的每个事件 A_i $(i=1,2,\cdots,n)$ 发生的可能性相同, 则

$$P(A_i)=\frac{1}{n}. \tag{16.37}$$

若 A 是完备事件组中 $m(m\leqslant n)$ 个等可能事件 A_i $(i=1,2,\cdots,n)$ 之和, 则

$$P(A)=\frac{m}{n}. \tag{16.38}$$

4. 概率举例

■ **A**: 掷一颗均匀骰子得到 2 点的概率是: $P(A)=\dfrac{1}{6}$.

■ **B**: 对于乐透游戏 "49 选 6", 即从数字 $1,2,\cdots,49$ 中选出 6 个数字, 猜中 4 个数字的概率是多少?

若 6 个数字已给出, 则选中 4 个数字的可能取法是 $\begin{pmatrix}6\\4\end{pmatrix}$, 另一方面, 选中错误数字的可能取法是 $\begin{pmatrix}49-6\\6-4\end{pmatrix}=\begin{pmatrix}43\\2\end{pmatrix}$. 总体上, 选出 6 个数字的不同取法是 $\begin{pmatrix}49\\6\end{pmatrix}$. 因此, 概率 $P(A_4)$ 为

$$P(A_4)=\frac{\begin{pmatrix}6\\4\end{pmatrix}\begin{pmatrix}43\\2\end{pmatrix}}{\begin{pmatrix}49\\6\end{pmatrix}}=\frac{645}{665896}=0.0968\%.$$

类似地, 选对全部 6 个数字的概率 $P(A_6)$ 为

$$P(A_6)=\frac{1}{\begin{pmatrix}49\\6\end{pmatrix}}=0.715\cdot 10^{-7}=7.15\cdot 10^{-6}\%.$$

■ **C**: k 个人中至少有两个人是同一天生日的概率 $P(A)$ 为多少? (出生年份未必相同, 且假设每人的生日在任一天的概率相同.)

考虑补集事件 $\bar{A}$ 更容易: k 个人的生日互不相同. 可得

$$P(\bar{A})=\frac{365}{365}\cdot\frac{365-1}{365}\cdot\frac{365-2}{365}\cdot\cdots\cdot\frac{365-k+1}{365}.$$

由此可推出

$$P(A)=1-P(\bar{A})=1-\frac{365\cdot 364\cdot 363\cdot\cdots\cdot(365-k+1)}{365^k}.$$

一些数值结果:

k	10	20	23	30	60
$P(A)$	0.117	0.411	0.507	0.706	0.994

由此可见, 在 23 个和 23 个以上的人中, 至少有两个人是同一天生日的概率大于 50%.

16.2.1.3 条件概率、贝叶斯定理

1. 条件概率

当已知某个事件 A 已发生时, 事件 B 发生的概率称为条件概率, 记作 $P(B|A)$, 或 $P_A(B)$(读作: A 发生条件下 B 发生的概率), 其定义为

$$P(B|A)=\frac{P(AB)}{P(A)},\quad P(A)\neq 0. \tag{16.39}$$

条件概率满足下述性质:

a) 若 $P(A)\neq 0$, 且 $P(B)\neq 0$, 则

$$\frac{P(B|A)}{P(B)}=\frac{P(A|B)}{P(A)}. \tag{16.40a}$$

b) 若 $P(A_1A_2\cdots A_n)\neq 0$, 则

$$P(A_1A_2\cdots A_n)=P(A_1)P(A_2|A_1)\cdots P(A_n|A_1A_2\cdots A_{n-1}). \tag{16.40b}$$

2. 独立事件

如果

$$P(A|B)=P(A)\quad 和\quad P(B|A)=P(B) \tag{16.41a}$$

成立, 则称事件 A 和事件 B 是独立事件. 此时,

$$P(AB)=P(A)P(B). \tag{16.41b}$$

3. 完备事件组中的事件

设 $\boldsymbol{A}$ 是事件域, 事件 $B_i\in\boldsymbol{A}$ 构成一个完备事件组, 且 $P(B_i)>0$ $(i=1,2,\cdots,n)$, 则对任意事件 $A\in\boldsymbol{A}$, 下述公式成立:

a) **全概率定理**

$$P(A)=\sum_i P(A|B_i)P(B_i). \tag{16.42}$$

b) **贝叶斯定理** 当 $P(A)>0$ 时

$$P(B_k|A)=\frac{P(A|B_k)P(B_k)}{\sum\limits_i P(A|B_i)P(B_i)}. \tag{16.43}$$

■ 某工厂三台机器生产同一类产品, 第一台机器的产量是全厂总产量的 20%, 第二台、第三台的产量分别是 30% 和 50%. 由过去的经验可知, 每台机器的次品率分别是 5%, 4% 和 2%. 通常会提出两类问题:

a) 从全部产品中随机挑出一件, 问它是次品的概率为多少?

b) 假设随机挑出的一件产品是次品, 比如, 问它是由第一台机器生产的概率为多少?

用下述符号给出:

• 事件 A_i 表示随机挑出的产品由第 i 台机器生产 $(i=1,2,3)$, 则 $P(A_1)=0.2$, $P(A_2)=0.3$, $P(A_3)=0.5$. 事件 A_i 构成完备事件组:

• $A_iA_j=O$, $A_1+A_2+A_3=I$.

• 事件 A 表示挑出的产品是次品.

• $P(A|A_1)=0.05$ 指第一台机器生产次品的概率, 类似地, $P(A|A_2)=0.04$, $P(A|A_3)=0.02$.

于是, 问题的答案是:

a) $$P(A)=P(A_1)P(A|A_1)+P(A_2)P(A|A_2)+P(A_3)P(A|A_3)$$
$$=0.2\cdot 0.05+0.3\cdot 0.04+0.5\cdot 0.02=0.032.$$

b) $$P(A_1|A)=P(A_1)\cdot\frac{P(A|A_1)}{P(A)}=0.2\cdot\frac{0.05}{0.032}=0.31.$$

16.2.2 随机变量、分布函数

要应用概率论中的分析方法, 变量和函数的概念是很有必要的.

16.2.2.1 随机变量

基本事件集可用**随机变量**X 来描述. 随机变量 X 可视为在实数子集 R 中随机取值 x 的量.

若 R 包含有限或可数多个不同的值, 则称 X 为**离散随机变量**. 对于**连续随机变量**, R 可能是全体实数或包含一些子区间. 随机变量的精确定义见第 1062 页 16.2.2.2, 2., 也存在混合随机变量.

■ **A**: 在第 1057 页例A中, 令基本事件 A_{11}, A_{12}, A_{21}, A_{22} 分别取值 1, 2, 3, 4, 则定义了一个离散随机变量 X.

■ **B**: 随机选取的灯泡寿命 T 是一个连续随机变量. 若寿命 T 等于 t, 则发生了基本事件 $T=t$.

16.2.2.2 分布函数

1. 分布函数及其性质

随机变量 X 的分布可由其分布函数

$$F(x)=P(X\leqslant x),\quad -\infty\leqslant x\leqslant\infty \tag{16.44}$$

给出, 它决定取值于 $(-\infty,x]$ 的随机变量 X 的概率, 其定义域是全体实数. 分布函数具有下述性质:

(1) $F(-\infty)=0$, $F(+\infty)=1$.

(2) $F(x)$ 是关于 x 的非减函数.

(3) $F(x)$ 是右连续的.

注　(1) 由定义可推出 $P(X=a)=F(a)-\lim\limits_{x\to a-0}F(x)$.

(2) 文献中也经常使用 $F(x)=P(X<x)$ 作为定义. 此时,

$$P(X=a)=\lim_{x\to a+0}F(x)-F(a).$$

2. 离散随机变量和连续随机变量的分布函数

a) **离散随机变量**　若离散随机变量 X 的取值为 x_i $(i=1,2,\cdots)$, 对应的概率为 $P(X=x_i)=p_i$ $(i=1,2,\cdots)$, 则其分布函数为

$$F(x)=\sum_{x_i\leqslant x}p_i. \tag{16.45}$$

b) **连续随机变量**　若存在非负函数 $f(x)$, 使得对任何可能在其上考虑积分的区域 S, 概率 $P(X\in S)$ 可表示为 $P(X\in S)=\int\limits_S f(x)\mathrm{d}x$, 则称随机变量 X 是连续的. 函数 $f(x)$ 即所谓的*密度函数*. 连续随机变量在任意给定值 x_i 处的概率为 0, 因此我们只需要考虑 X 取值于有限区间 $[a,b]$ 的概率:

$$P(a\leqslant X\leqslant b)=\int_a^b f(t)\mathrm{d}t. \tag{16.46}$$

连续随机变量有处处*连续的分布函数*:

$$F(x)=P(X\leqslant x)=\int_{-\infty}^x f(t)\mathrm{d}t. \tag{16.47}$$

在 $f(x)$ 连续的点处有 $F'(x)=f(x)$ 成立.

注　当与积分上限不混淆时, 通常用 x 代替 t 表示积分变量.

3. 概率的面积解释、分位数

通过引入 (16.47) 中的分布函数和密度函数, 概率 $P(X\leqslant x)=F(x)$ 可表示为区间 $-\infty<t\leqslant x$ 上密度函数 $f(t)$ 和 x 轴之间的图形面积 (图 16.1(a)).

通常给定一个概率值 α(经常以 % 表示), 如果

$$P(X>x)=\alpha \tag{16.48}$$

成立, 对应的横坐标值 $x=x_\alpha$ 称为*分位数*或 *α 分位数*(图 16.1(b)). 这说明密度函数 $f(t)$ 下方、x_α 右侧的图形面积等于 α.

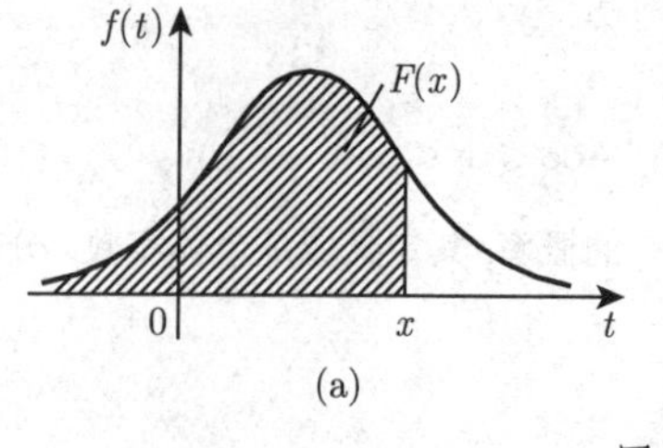

(a)

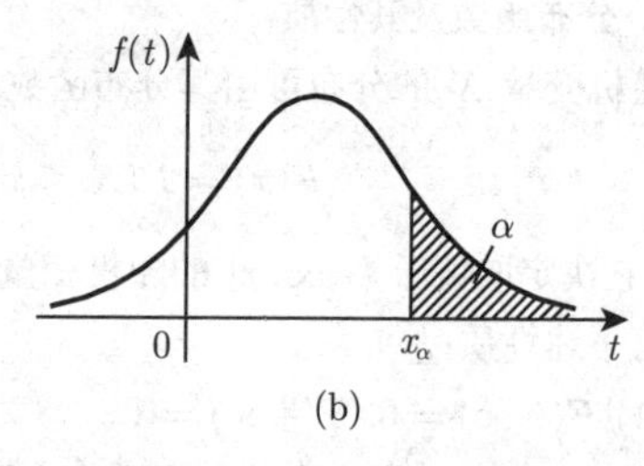

(b)

图 16.1

注 文献中也把 x_α 左侧的图形面积作为分位数的定义. 在数理统计学中, 对于一些较小的 α 值, 如 $\alpha = 5\%$ 或 $\alpha = 1\%$, 也作为*第一类显著性水平*或*犯第一类错误的概率*. 实践中一些重要分布的常用分位数已列表给出 (参见第 1456 页表 21.16 至第 1463 页表 21.20).

16.2.2.3 期望和方差、切比雪夫不等式

在粗糙描述随机变量 X 的分布时, 大多用到的参数是 μ 表示的期望和 σ^2 表示的方差. 若用力学术语来解释, 期望指由密度函数曲线 $f(x)$ 和 x 轴围成的曲面重心的横坐标. 方差是随机变量 X 偏离其期望 μ 的一个度量.

1. 期望

若 $g(X)$ 是随机变量 X 的函数, 则 $g(X)$ 也是随机变量, 其*期望值*或*期望*的定义为

a) **离散情形** $E(g(X)) = \sum\limits_k g(x_k)p_k$, 若级数 $\sum\limits_{k=1}^{\infty} |g(x_k)|\, p_k$ 存在. (16.49a)

b) **连续情形** $E(g(X)) = \displaystyle\int_{-\infty}^{+\infty} g(x)f(x)\mathrm{d}x$, 若 $\displaystyle\int_{-\infty}^{+\infty} |g(x)|\, f(x)\mathrm{d}x$ 存在. (16.49b)

当 $g(X) = X$ 时, 随机变量的期望可定义为

$$\mu_X = E(X) = \sum_k x_k p_k \quad \text{或} \quad \int_{-\infty}^{+\infty} x f(x)\mathrm{d}x, \tag{16.50a}$$

只要对应的级数或积分绝对收敛. 根据 (16.49a, 16.49b),

$$E(aX + b) = a\mu_X + b \quad (a, b \text{ 是常数}) \tag{16.50b}$$

也成立. 当然, 随机变量 $g(X)$ 的期望也可能不存在.

2. n 阶矩

我们进一步介绍:

a) **n 阶矩** $E(X^n)$. (16.51a)

b) **n 阶中心矩** $E((X - \mu_X)^n)$. (16.51b)

3. 方差和标准差

特别地, 2 阶中心矩称为*方差*或*离差*:

$$E((X - \mu_X)^2) = D^2(X) = \sigma_X^2 = \begin{cases} \sum\limits_k (x_k - \mu_X)^2 p_k \\ \text{或} \\ \displaystyle\int_{-\infty}^{+\infty} (x - \mu_X)^2 f(x)\mathrm{d}x, \end{cases} \tag{16.52}$$

若公式中的期望存在. σ_X 称为*标准差*. 下述关系式成立:

$$D^2(X) = \sigma_X^2 = E(X^2) - \mu_X^2, \quad D^2(aX + b) = a^2 D^2(X). \tag{16.53}$$

4. 加权平均和算术平均

在离散情形下, 期望显然是数值 $x_1, \cdots, x_n$ 和概率 $p_k(k=1,\cdots,n)$ 作为权重的加权平均

$$E(X) = p_1x_1 + \cdots + p_nx_n. \tag{16.54}$$

均匀分布的概率是 $p_1 = p_2 = \cdots = p_n = 1/n$, $E(X)$ 是 x_k 的算术平均:

$$E(X) = \frac{x_1 + x_2 + \cdots + x_n}{n}. \tag{16.55}$$

在连续情形下, 在有限区间 $[a, b]$ 上连续均匀分布的密度函数是

$$f(x) = \begin{cases} \dfrac{1}{b-a}, & a \leqslant x \leqslant b, \\ 0, & \text{其他}. \end{cases} \tag{16.56}$$

由此得到

$$E(X) = \frac{1}{b-a}\int_a^b x\,\mathrm{d}x = \frac{a+b}{2}, \quad \sigma_X^2 = \frac{(b-a)^2}{12}. \tag{16.57}$$

5. 切比雪夫不等式

如果随机变量 X 的期望为 μ, 标准差为 σ, 则对任意 $\lambda > 0$, 有切比雪夫不等式 (参见第 39 页 1.4.2.10):

$$P(|X-\mu| \geqslant \lambda\sigma) \leqslant \frac{1}{\lambda^2}. \tag{16.58}$$

也就是说, 随机变量 X 与期望 μ 的距离不太可能超过标准差的 λ 倍 (λ 很大).

16.2.2.4 多维随机变量

如果基本事件是指 n 个随机变量 $X_1, \cdots, X_n$ 取 n 个实值 $x_1, \cdots, x_n$, 则我们定义了一个随机向量 $\underline{\boldsymbol{X}} = (X_1, X_2, \cdots, X_n)$ (也可参见第 1084 页, 16.3.1.1, 4.). 其相应的分布函数可定义为

$$F(x_1, \cdots, x_n) = P(X_1 \leqslant x_1, \cdots, X_n \leqslant x_n). \tag{16.59}$$

若存在函数 $f(t_1, \cdots, t_n)$ 使得

$$F(x_1, \cdots, x_n) = \int_{-\infty}^{x_1} \cdots \int_{-\infty}^{x_n} f(t_1, \cdots, t_n)\mathrm{d}t_1 \cdots \mathrm{d}t_n \tag{16.60}$$

成立, 则随机向量称为连续的. 函数 $f(t_1, \cdots, t_n)$ 称为密度函数, 它是非负的. 当 $x_1, \cdots, x_n$ 中的一些变量趋于无穷时, 则得到所谓的边际分布. 关于边际分布的深入研究和例子可参考相关文献.

随机变量 $X_1, \cdots, X_n$ 是独立随机变量, 如果

$$\begin{aligned} F(x_1, \cdots, x_n) &= F_1(x_1)F_2(x_2)\cdots F_n(x_n), \\ f(x_1, \cdots, x_n) &= f_1(x_1)f_2(x_2)\cdots f_n(x_n). \end{aligned} \tag{16.61}$$

16.2.3 离散分布

1. 两阶段总体和瓮模型

设两阶段总体含有 N 个元素, 即总体包括两类元素. 一类是具有性质 A 的 M 个元素, 另一类是不具有性质 A 的 $N-M$ 个元素. 若对任意选取的元素研究概率 $P(A)=p$ 和 $P(\bar{A})=1-p$, 则必须区分两种情形: 当依次选取 n 个元素, 在选取下一个时, 以前已选取的元素要么放回, 要么不放回. 选取的 n 个元素, 其中包含具有性质 A 的 k 个元素, 称为**样本**, n 称为**样本容量**. 利用瓮模型对此进行解释.

2. 瓮模型

假设箱子里有一些黑球和白球, 问题是: 随机摸 n 个球, 其中有 k 个黑球的概率是多少? 若摸到的每个球记下颜色后, 再放回箱子里, 则在摸到的 n 个球中, 黑球的数量 k 服从**二项分布**. 若摸到的球不再放回, 且 $n \leqslant M$ 和 $n \leqslant N-M$, 则黑球的数量服从**超几何分布**.

16.2.3.1 二项分布

假设试验只有两个可能事件: 事件 A 和事件 $\bar{A}$, 试验可重复 n 次, 且每次试验的伴随概率是 $P(A)=p$ 和 $P(\bar{A})=1-p$, 则事件 A 恰好发生 k 次的概率是

$$W_p^n(k)=\binom{n}{k}p^k(1-p)^{n-k} \quad (k=0,1,2,\cdots,n). \tag{16.62}$$

由于每次独立地从总体中选取元素, 其概率是

$$P(A)=\frac{M}{N}=p, \quad P(\bar{A})=\frac{N-M}{N}=1-p=q. \tag{16.63}$$

因为选取结果互相独立, 则前 k 次选取具有性质 A 的元素, 其余 $n-k$ 次选取具有性质 $\bar{A}$ 的元素的概率是 $p^k(n-p)^{n-k}$. 选取顺序无关紧要, 因为组合事件有相同的概率, 与选取次序无关, 且事件互不相容, 故把

$$\binom{n}{k}=\frac{n!}{k!(n-k)!} \tag{16.64}$$

个相等的数相加得到所求概率.

满足 $P(X_n=k)=W_p^n(k)$ 的随机变量 X_n 称为参数是 n 和 p 的**二项分布**.

1. 期望和方差

$$E(X_n)=\mu=n\cdot p. \tag{16.65a}$$

$$D^2(X_n)=\sigma^2=n\cdot p(1-p). \tag{16.65b}$$

2. 正态分布对二项分布的逼近

若 X_n 服从二项分布, 则

$$\lim_{n\to\infty} P\left(\frac{X_n - E(X_n)}{D(X_n)} \leqslant \lambda\right) = \frac{1}{\sqrt{2\pi}}\int_{-\infty}^{t} \exp\left(-\frac{t^2}{2}\right) \mathrm{d}t. \tag{16.65c}$$

也就是说, 如果 n 很大, 且 p 或 $1-p$ 不是太小, 则二项分布可用参数为 $\mu_X = E(X_n)$ 和 $\sigma^2 = D^2(X_n)$ 的正态分布较好地逼近 (参见第 1069 页 16.2.4.1). p 越接近于 0.5, n 越大, 则近似程度越好, 但仅当 $np > 4$ 和 $n(1-p) > 4$ 时成立. 当 p 或 $1-p$ 很小时, 二项分布可由泊松分布逼近 (参见第 1068 页 16.2.3.3(16.68)).

3. 递推公式

对于二项分布的实际计算, 有下述递推公式:

$$W_p^n(k+1) = \frac{n-k}{k+1} \cdot \frac{p}{q} \cdot W_p^n(k). \tag{16.65d}$$

4. 服从二项分布的随机变量之和

若随机变量 X_n 和 X_m 分别服从参数为 n, p 和 m, p 的二项分布, 则随机变量 $X = X_n + X_m$ 也服从参数为 $n+m$, p 的二项分布.

图 16.2(a), (b), (c) 给出了参数为 $n = 5$, $p = 0.5$, 0.25 和 0.1 的三个二项分布图形. 由于二项系数是对称的, 当 $p = q = 0.5$ 时, 分布是对称的. P 偏离 0.5 越远, 分布的对称性越弱.

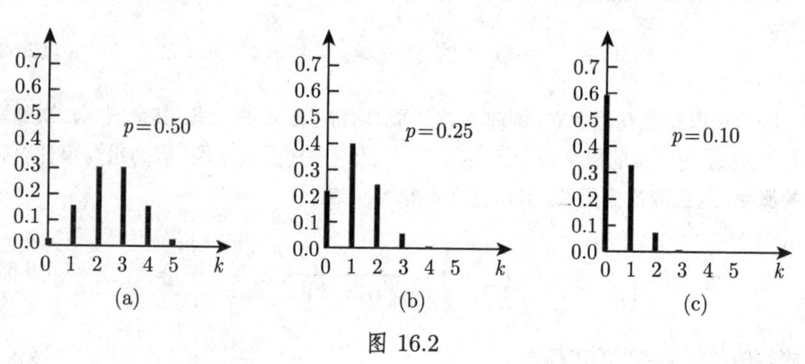

图 16.2

16.2.3.2 超几何分布

与二项分布相同, 考虑含有 N 个元素的两阶段总体, 即总体包括两类元素: 一类是具有性质 A 的 M 个元素, 另一类是不具有性质 A 的 $N-M$ 个元素. 与二项分布相反, 在摸下一个球之前, 从瓮模型中已摸到的球不再放回.

在摸到的 n 个球中, 有 k 个黑球的概率是

$$P(X=k)=W_{M,N}^{n}(k)=\frac{\begin{pmatrix}M\\k\end{pmatrix}\begin{pmatrix}N-M\\n-k\end{pmatrix}}{\begin{pmatrix}N\\n\end{pmatrix}}, \tag{16.66a}$$

其中

$$0\leqslant k\leqslant n,\quad k\leqslant M,\quad n-k\leqslant N-M. \tag{16.66b}$$

若 $n\leqslant M$ 和 $n\leqslant N-M$ 也成立, 则分布式形如 (16.66a) 的随机变量 X 称为超几何分布.

1. 超几何分布的期望和方差

$$\mu=E(X)=\sum_{k=0}^{n}k\frac{\begin{pmatrix}M\\k\end{pmatrix}\begin{pmatrix}N-M\\n-k\end{pmatrix}}{\begin{pmatrix}N\\k\end{pmatrix}}=n\frac{M}{N}, \tag{16.67a}$$

$$\sigma^2=D^2(X)=E(X^2)-[E(X)]^2=\sum_{k=0}^{n}k^2\frac{\begin{pmatrix}M\\k\end{pmatrix}\begin{pmatrix}N-M\\n-k\end{pmatrix}}{\begin{pmatrix}N\\k\end{pmatrix}}-\left(n\frac{M}{N}\right)^2$$

$$=n\frac{M}{N}\left(1-\frac{M}{N}\right)\frac{N-n}{N-1}. \tag{16.67b}$$

2. 递推公式

$$W_{M,N}^{n}(k+1)=\frac{(n-k)(M-k)}{(k+1)(N-M-n+k+1)}W_{M,N}^{n}(k). \tag{16.67c}$$

图 16.3 (a), (b), (c) 给出了当 $N=100$, $n=5$ 时, $M=50$, 25 和 10 三种情形下

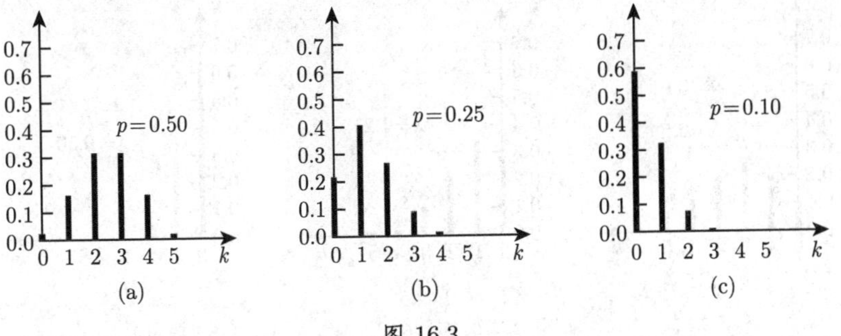

图 16.3

的超几何分布, 分别对应于图 16.2 (a), (b), (c) 中 $p = 0.5, 0.25$ 和 0.1 的情形. 这些例子中二项分布和超几何分布之间无明显区别. 如果 M 和 $N - M$ 也比 n 大很多, 则超几何分布可由二项分布很好地逼近, 二项分布的参数见 (16.63).

16.2.3.3 泊松分布

若随机变量 X 的可能取值是非负整数, 且概率为

$$P(X = k) = \frac{\lambda^k}{k!}\mathrm{e}^{-\lambda} \quad (k = 0, 1, 2, \cdots; \lambda > 0), \tag{16.68}$$

则称 X 服从参数为 λ 的**泊松分布**.

1. 泊松分布的期望和方差

$$E(X) = \lambda, \tag{16.69a}$$

$$D^2(X) = \lambda. \tag{16.69b}$$

2. 服从泊松分布的独立随机变量之和

若随机变量 X_1 和 X_2 相互独立, 且分别服从参数为 λ_1 和 λ_2 的泊松分布, 则随机变量 $X = X_1 + X_2$ 也服从参数为 $\lambda = \lambda_1 + \lambda_2$ 的泊松分布.

3. 递推公式

$$P(X = k + 1) = \frac{\lambda}{k + 1}P(X = k). \tag{16.69c}$$

4. 泊松分布和二项分布的联系

对于参数为 n, p 的二项分布, 当 $n \to \infty$, $p(p \to 0)$ 随着 n 变化, 使得 $np = \lambda =$ 常数时, 其极限即为泊松分布, 即对满足 $\lambda = np$ 的大的 n 和小的 p, 泊松分布是二项分布的良好逼近. 实际情况中, 由于泊松分布更易于计算, 当 $p \leqslant 0.08$ 和 $n \geqslant 1500p$ 时, 即使用此公式. 第 1456 页表 21.16 列出了泊松分布值. 图 16.4 (a), (b), (c) 给出了参数为 $\lambda = np = 2.5, 1.25$ 和 0.5 的三个泊松分布图, 分别与图 16.2 和图 16.3 中的参数相对应.

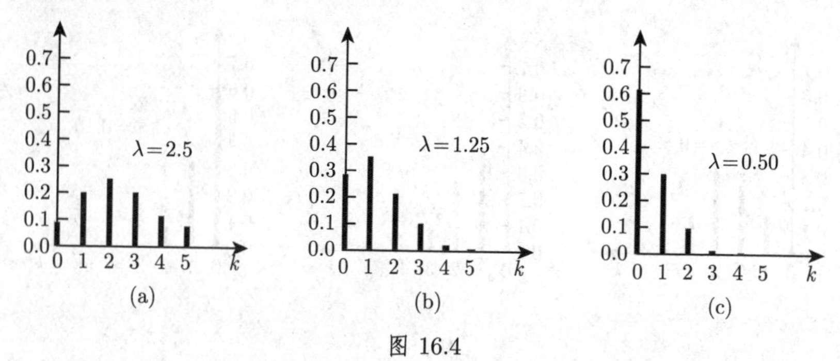

图 16.4

5. 应用

连续情形下点状不连续事件独立发生的次数通常可用泊松分布来描述, 比如特定时间段内到商店的顾客人数, 一本书中出现印刷错误的个数, 放射性衰变率等.

16.2.4 连续分布

16.2.4.1 正态分布

1. 分布函数和密度函数

随机变量 X 称为服从**正态分布**, 如果其分布函数是

$$P(X \leqslant x) = F(x) = \frac{1}{\sigma\sqrt{2\pi}}\int_{-\infty}^{x} \mathrm{e}^{-\frac{(t-\mu)^2}{2\sigma^2}}\,\mathrm{d}t. \tag{16.70a}$$

X 也称为**正态变量**, 此分布也称为参数为 (μ, σ^2) 的**正态分布**. 函数

$$f(t) = \frac{1}{\sigma\sqrt{2\pi}}\mathrm{e}^{-\frac{(t-\mu)^2}{2\sigma^2}} \tag{16.70b}$$

是正态分布的密度函数, 它在 $t=\mu$ 处取得最大值, 在 $\mu\pm\sigma$ 处有拐点 (参见第 94 页 (2.59) 和图 16.5(a)).

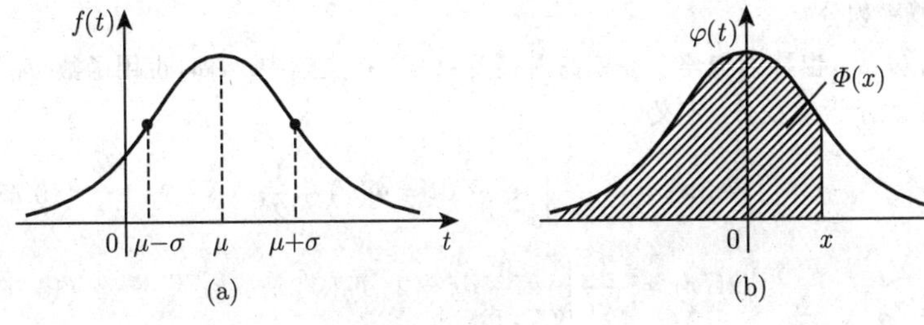

图 16.5

2. 期望和方差

正态分布的期望和方差分别是其参数 μ 和 σ^2, 即

$$E(X) = \frac{1}{\sigma\sqrt{2\pi}}\int_{-\infty}^{+\infty} x\mathrm{e}^{-\frac{(x-\mu)^2}{2\sigma^2}}\,\mathrm{d}x = \mu, \tag{16.71a}$$

$$D^2(X) = E[(X-\mu)^2] = \frac{1}{\sigma\sqrt{2\pi}}\int_{-\infty}^{+\infty} (x-\mu)^2\mathrm{e}^{-\frac{(x-\mu)^2}{2\sigma^2}}\,\mathrm{d}x = \sigma^2. \tag{16.71b}$$

若随机变量 X_1 和 X_2 相互独立, 且分别服从参数为 μ_1, σ_1 和 μ_2, σ_2 的正态分布, 则随机变量 $X = k_1X_1 + k_2X_2$(k_1, k_2 为实常数) 也服从正态分布, 其参数为 $\mu = k_1\mu_1 + k_2\mu_2$, $\sigma = \sqrt{k_1\sigma_1^2 + k_2\sigma_2^2}$.

对 (16.70a) 式进行变量代换 $\tau = \dfrac{t-\mu}{\sigma}$, 则对一般正态分布函数值的计算可转

化为 (0, 1) 正态分布函数值的计算, (0, 1) 正态分布也称为**标准正态分布**. 因此, 正态变量的概率 $P(a \leqslant X \leqslant b)$ 可用标准正态分布的分布函数 $\Phi(x)$ 表示:

$$P(a \leqslant X \leqslant b) = \Phi\left(\frac{b-\mu}{\sigma}\right) - \Phi\left(\frac{a-\mu}{\sigma}\right). \tag{16.72}$$

16.2.4.2　标准正态分布、高斯误差函数

1. 分布函数和密度函数

在 (16.70a) 式中, 当 $\mu = 0, \sigma^2 = 1$ 时, 即得到所谓**标准正态分布**的分布函数

$$P(X \leqslant x) = \Phi(x) = \frac{1}{\sqrt{2\pi}} \int_{-\infty}^{x} \mathrm{e}^{-\frac{t^2}{2}} \mathrm{d}t = \int_{-\infty}^{x} \varphi(t) \mathrm{d}t \tag{16.73a}$$

其密度函数是

$$\varphi(t) = \frac{1}{\sqrt{2\pi}} \mathrm{e}^{-\frac{t^2}{2}}, \tag{16.73b}$$

也称为**高斯误差曲线**(图 16.5(b)).

第 1458 页表 21.17 列出了标准正态分布函数 $\Phi(x)$ 的值, 表中只给出了自变量 $x > 0$ 时的函数值, 当 $x < 0$ 时, 函数值可由下式求出:

$$\Phi(-x) = 1 - \Phi(x). \tag{16.74}$$

2. 概率积分

积分 $\Phi(x)$ 也称为**概率积分**或**高斯误差积分**. 在文献中, 有时也用函数 $\Phi_0(x)$ 和 $\mathrm{erf}(x)$ 表示误差积分, 定义如下:

$$\Phi_0(x) = \frac{1}{\sqrt{2\pi}} \int_{0}^{x} \mathrm{e}^{-\frac{t^2}{2}} \mathrm{d}t = \Phi(x) - \frac{1}{2}, \tag{16.75a}$$

$$\mathrm{erf}(x) = \frac{2}{\sqrt{\pi}} \int_{0}^{x} \mathrm{e}^{-\frac{t^2}{2}} \mathrm{d}t = 2 \cdot \Phi_0(\sqrt{2}x). \tag{16.75b}$$

其中 erf 表示误差函数.

16.2.4.3　对数正态分布

1. 密度函数和分布函数

称连续随机变量 X 服从参数为 μ_L 和 σ_L^2 的**对数正态分布**, 若 X 全部取正值, 且由

$$Y = \log X \tag{16.76}$$

定义的随机变量 Y 服从期望为 μ_L 和方差为 σ_L^2 的正态分布 (参见第 1071 页 b)). 因此, 随机变量 X 有密度函数

$$f(t) = \begin{cases} 0, & t \leqslant 0, \\ \dfrac{\log \mathrm{e}}{t\sigma_L\sqrt{2\pi}} \exp\left(-\dfrac{(\log t - \mu_L)^2}{2\sigma_L^2}\right), & t > 0. \end{cases} \tag{16.77a}$$

其分布函数为

$$F(x)=\begin{cases}0, & x\leqslant 0,\\ \dfrac{1}{\sigma_L\sqrt{2\pi}}\displaystyle\int_{-\infty}^{\log x}\exp\left(-\frac{(t-\mu_L)^2}{2\sigma_L^2}\right)\mathrm{d}t, & x>0.\end{cases} \tag{16.77b}$$

实际应用中主要使用自然对数或常用对数.

2. 期望和方差

使用自然对数可得到对数正态分布的期望和方差为

$$\mu=\exp\left(\mu_L+\frac{\sigma_L^2}{2}\right),\quad \sigma^2=(\exp\sigma_L^2-1)\exp(2\mu_L+\sigma_L^2). \tag{16.78}$$

3. 注

a) 对数正态分布的密度函数处处连续, 且只对正的自变量取正值. 图 16.6 给出了 μ_L 和 σ_L 取不同值的对数正态分布密度函数图, 此处使用了自然对数.

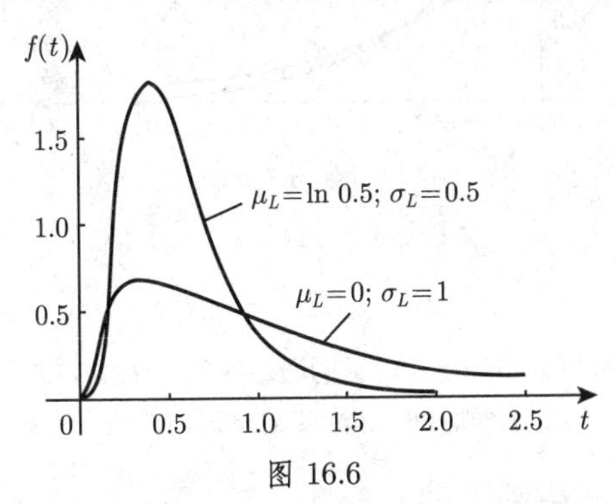

图 16.6

b) μ_L 和 σ_L^2 不是对数正态随机变量 X 本身的期望和方差, 而是变量 $Y=\log X$ 的期望和方差, 但 μ 和 σ^2 与随机变量 X 的期望和方差 (16.78) 式是一致的.

c) 对数正态分布的分布函数值 $F(x)$ 可通过标准正态分布的分布函数 $\Phi(x)$ 计算 (参见 (16.73a)), 公式如下:

$$F(x)=\Phi\left(\frac{\log x-\mu_L}{\sigma_L}\right). \tag{16.79}$$

d) 对数正态分布经常应用于经济学、技术、生物过程中的寿命分析.

e) 正态分布可用于大量独立随机变量的加法叠加, 对数正态分布可用于大量独立随机变量的乘法叠加.

16.2.4.4 指数分布

1. 密度函数和分布函数

称连续随机变量 X 服从参数为 λ $(\lambda>0)$ 的指数分布, 如果其密度函数是 (图 16.7)

$$f(t)=\begin{cases}0, & t<0,\\ \lambda \mathrm{e}^{-\lambda t}, & t\geqslant 0.\end{cases} \tag{16.80a}$$

因此, 其分布函数为

$$F(x)=\int_{-\infty}^{x} f(t)\mathrm{d}t=\begin{cases}0, & x<0,\\ 1-\mathrm{e}^{-\lambda x}, & x\geqslant 0.\end{cases} \tag{16.80b}$$

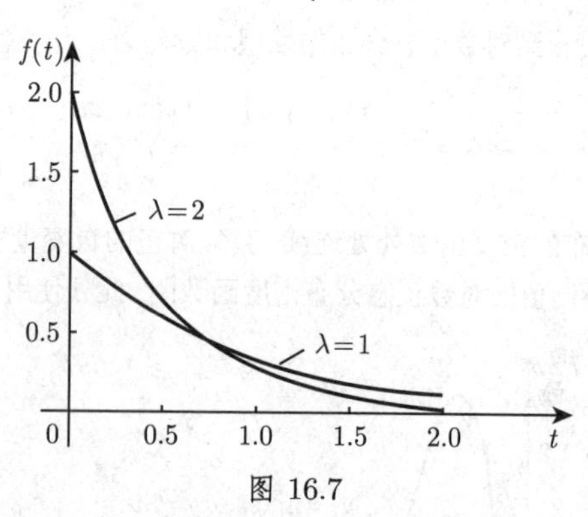

图 16.7

2. 期望和方差

$$\mu=\frac{1}{\lambda},\quad \sigma^2=\frac{1}{\lambda^2}. \tag{16.81}$$

下述问题常用指数分布描述: 电话的通话时间, 放射性粒子的寿命, 某些过程中机器在两次故障之间的工作时间, 灯泡或某建筑构件的寿命等.

16.2.4.5 韦布尔分布

1. 密度函数和分布函数

称连续随机变量 X 服从参数为 α 和 β $(\alpha>0,\ \beta>0)$ 的**韦布尔分布**, 如果其密度函数是

$$f(t)=\begin{cases}0, & t<0,\\ \dfrac{\alpha}{\beta}\left(\dfrac{t}{\beta}\right)^{\alpha-1}\exp\left[-\left(\dfrac{t}{\beta}\right)^{\alpha}\right], & t\geqslant 0.\end{cases} \tag{16.82a}$$

故其分布函数为

$$F(x)=\begin{cases}0, & x<0,\\ 1-\exp\left[-\left(\dfrac{x}{\beta}\right)^{\alpha}\right], & x\geqslant 0.\end{cases} \tag{16.82b}$$

2. 期望和方差

$$\mu=\beta\Gamma\left(1+\frac{1}{\alpha}\right),\quad \sigma^2=\beta^2\left[\Gamma\left(1+\frac{2}{\alpha}\right)-\Gamma^2\left(1+\frac{1}{\alpha}\right)\right]. \tag{16.83}$$

此处, $\Gamma(x)$ 表示 Γ 函数 (参见第 682 页 8.2.5, 6.):

$$\Gamma(x)=\int_0^{\infty} t^{x-1}\mathrm{e}^{-t}\mathrm{d}t, \quad x>0. \tag{16.84}$$

在 (16.82a) 中, α 是形状参数, β 是尺度参数 (图 16.8, 图 16.9).

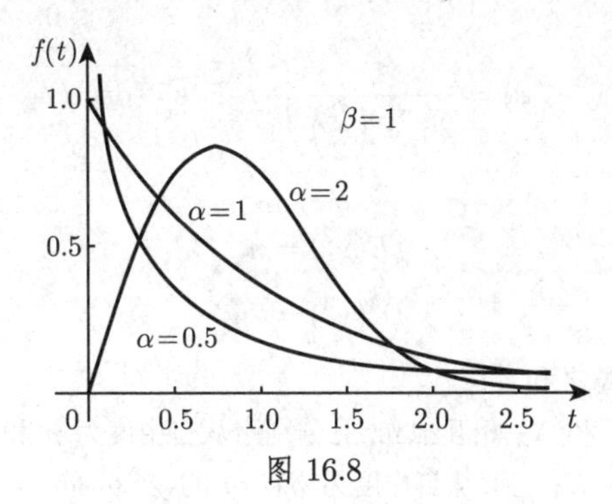

图 16.8

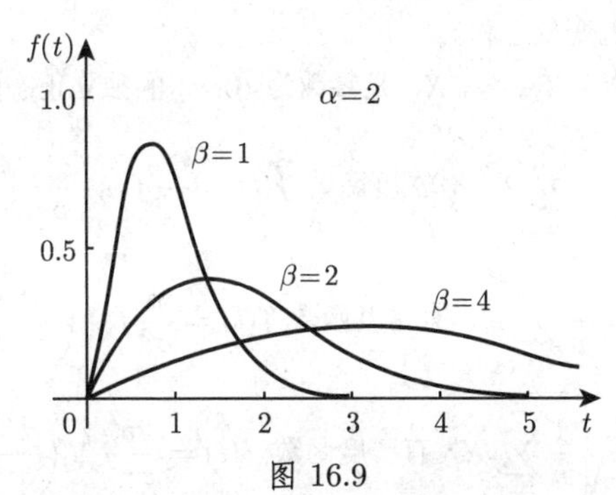

图 16.9

注 a) 当 $\alpha=1$, $\lambda=\dfrac{1}{\beta}$ 时, 韦布尔分布即为指数分布.

b) 引入位置参数 γ, 韦布尔分布也有三参数形式, 其分布函数是

$$F(x)=1-\exp\left[-\left(\frac{x-\gamma}{\beta}\right)^{\alpha}\right]. \tag{16.85}$$

c) 韦布尔分布在可靠性理论中特别有用, 比如它可以极灵活地描述建筑构件的系统寿命.

16.2.4.6 χ^2 分布

1. 密度函数和分布函数

设随机变量 $X_1, X_2, \cdots, X_n$ 是 n 个相互独立的标准正态随机变量, 则随机变量

$$\chi^2=X_1^2+X_2^2+\cdots+X_n^2 \tag{16.86}$$

的分布称为自由度 n 的 χ^2 分布. 其分布函数用 $F_{\chi^2}(x)$ 表示, 对应的密度函数用 $f_{\chi^2}(t)$ 表示.

$$f_{\chi^2}(t)=\begin{cases}\dfrac{1}{2^{n/2}\Gamma\left(\dfrac{n}{2}\right)}t^{\frac{n}{2}-1}\mathrm{e}^{-\frac{t}{2}}, & t>0,\\ 0, & t\leqslant 0.\end{cases} \tag{16.87a}$$

$$F_{\chi^2}(x)=P(\chi^2\leqslant x)=\frac{1}{2^{n/2}\Gamma\left(\dfrac{n}{2}\right)}\int_0^x t^{\frac{n}{2}-1}\mathrm{e}^{-\frac{t}{2}}\mathrm{d}t\quad(x>0). \tag{16.87b}$$

2. 期望和方差

$$E(\chi^2)=n, \tag{16.88a}$$

$$D^2(\chi^2)=2n. \tag{16.88b}$$

3. 独立随机变量之和

若随机变量 X_1 和 X_2 相互独立, 且分别服从自由度为 n 和 m 的 χ^2 分布, 则随机变量 $X=X_1+X_2$ 也服从自由度为 $n+m$ 的 χ^2 分布.

4. 独立正态随机变量之和

如果随机变量 $X_1,X_2,\cdots,X_n$ 是参数为 $(0,\sigma)$ 的独立正态随机变量, 则

$$X=\sum_{i=1}^{n}X_i^2 \text{ 有密度函数 } f(t)=\frac{1}{\sigma^2}f_{\chi^2}\left(\frac{t}{\sigma^2}\right). \tag{16.89}$$

$$X=\frac{1}{n}\sum_{i=1}^{n}X_i^2 \text{ 有密度函数 } f(t)=\frac{n}{\sigma^2}f_{\chi^2}\left(\frac{nt}{\sigma^2}\right). \tag{16.90}$$

$$X=\sqrt{\frac{1}{n}\sum_{i=1}^{n}X_i^2} \text{ 有密度函数 } f(t)=\frac{2t}{\sigma^2}f_{\chi^2}\left(\frac{t^2}{\sigma^2}\right). \tag{16.91}$$

5. 分位数

对于自由度为 m 的 χ^2 分布 (图 16.10), 其分位数 $\chi^2_{\alpha,m}$(参见第 1062 页 16.2.2.2, 3.) 满足

$$P(X>\chi^2_{\alpha,m})=\alpha. \tag{16.92}$$

χ^2 分布的分位数数值可查阅第 1460 页表 21.18.

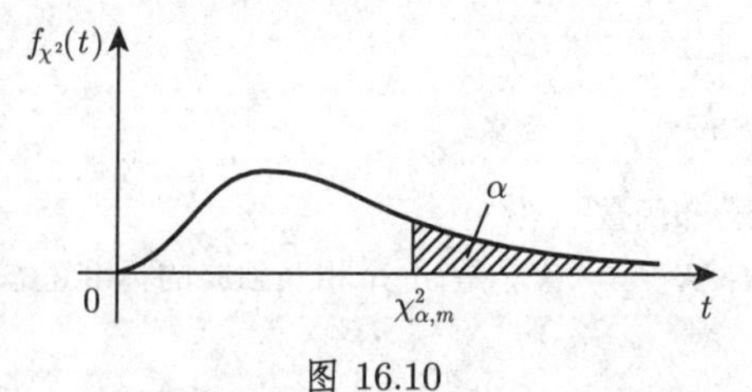

图 16.10

16.2.4.7 费希尔 F 分布

1. 密度函数和分布函数

若随机变量 X_1 和 X_2 相互独立, 且分别服从自由度为 m_1 和 m_2 的 χ^2 分布, 则随机变量

$$F_{m_1,m_2} = \frac{X_1}{m_1}\bigg/\frac{X_2}{m_2} \tag{16.93}$$

的分布是自由度为 m_1, m_2 的费希尔分布或 F分布. 其密度函数为

$$f_F(t)=\begin{cases}\left(\dfrac{m_1}{2}\right)^{m_1/2}\left(\dfrac{m_2}{2}\right)^{m_2/2}\dfrac{\Gamma\left(\dfrac{m_1}{2}+\dfrac{m_2}{2}\right)}{\Gamma\left(\dfrac{m_1}{2}\right)\Gamma\left(\dfrac{m_2}{2}\right)}\dfrac{t^{\frac{m_1}{2}-1}}{\left(\dfrac{m_1}{2}t+\dfrac{m_2}{2}\right)^{\frac{m_1}{2}+\frac{m_2}{2}}}, & t>0,\\ 0, & t\leqslant 0.\end{cases} \tag{16.94a}$$

当 $x \leqslant 0$ 时, 有 $F_F(x) = P(F_{m_1,m_2} \leqslant x) = 0$, 当 $x > 0$ 时, 有

$$\begin{aligned}F_F(x) &= P(F_{m_1,m_2} \leqslant x)\\ &= \left(\frac{m_1}{2}\right)^{m_1/2}\left(\frac{m_2}{2}\right)^{m_2/2}\frac{\Gamma\left(\dfrac{m_1}{2}+\dfrac{m_2}{2}\right)}{\Gamma\left(\dfrac{m_1}{2}\right)\Gamma\left(\dfrac{m_2}{2}\right)}\int_0^x \frac{\left(t^{\frac{m_1}{2}-1}-1\right)\mathrm{d}t}{\left(\dfrac{m_1}{2}t+\dfrac{m_2}{2}\right)^{\frac{m_1}{2}+\frac{m_2}{2}}}.\end{aligned} \tag{16.94b}$$

2. 期望和方差

$$E(F_{m_1,m_2}) = \frac{m_2}{m_2-2}, \tag{16.95a}$$

$$D^2(F_{m_1,m_2}) = \frac{2m_2^2(m_1+m_2-2)}{m_1(m_2-2)^2(m_2-4)}. \tag{16.95b}$$

3. 分位数

对于费希尔分布 (图 16.11) 的分位数 t_{α,m_1,m_2}(参见第 1062 页 16.2.2.2, 3.), 其数值可查阅第 1461 页表 21.19.

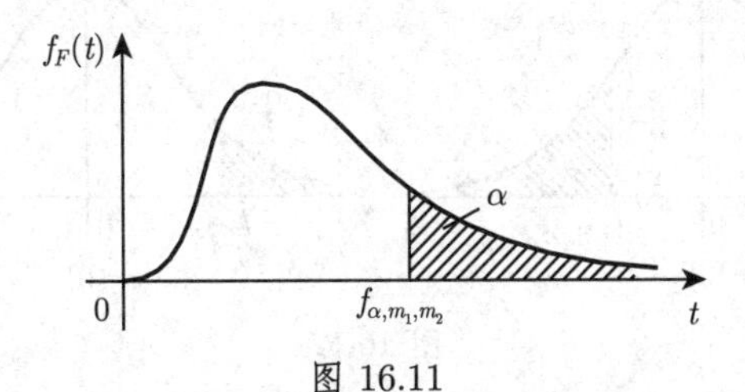

图 16.11

16.2.4.8　t 分布

1. 密度函数和分布函数

如果随机变量 X 是 $(0,1)$ 正态随机变量, Y 与 X 相互独立, 且服从自由度为 $m=n-1$ 的 χ^2 分布, 则随机变量

$$T=\frac{X}{\sqrt{Y/m}} \tag{16.96}$$

的分布称为自由度 m 的**学生 t 分布或 t 分布**. 其分布函数用 $F_S(x)$ 表示, 对应的密度函数用 $f_S(t)$ 表示.

$$f_S(t)=\frac{1}{\sqrt{m\pi}}\frac{\Gamma\left(\frac{m+1}{2}\right)}{\Gamma\left(\frac{m}{2}\right)}\frac{1}{\left(1+\frac{t^2}{m}\right)^{\frac{m+1}{2}}}. \tag{16.97a}$$

$$F_S(x)=P(T\leqslant x)=\int_{-\infty}^{x}f_S(t)\mathrm{d}t=\frac{1}{\sqrt{m\pi}}\frac{\Gamma\left(\frac{m+1}{2}\right)}{\Gamma\left(\frac{m}{2}\right)}\int_{-\infty}^{x}\frac{\mathrm{d}t}{\left(1+\frac{t^2}{m}\right)^{\frac{m+1}{2}}}. \tag{16.97b}$$

2. 期望和方差

$$E(T)=0\quad(m>1), \tag{16.98a}$$

$$D^2(T)=\frac{m}{m-2}\quad(m>2). \tag{16.98b}$$

3. 分位数

t 分布的分位数 $t_{\alpha,m}$ 和 $t_{\alpha/2,m}$(图 16.12(a), (b)) 满足

$$P(T>t_{\alpha,m})=\alpha \tag{16.99a}$$

或

$$P(|T|>t_{\alpha/2,m})=\alpha. \tag{16.99b}$$

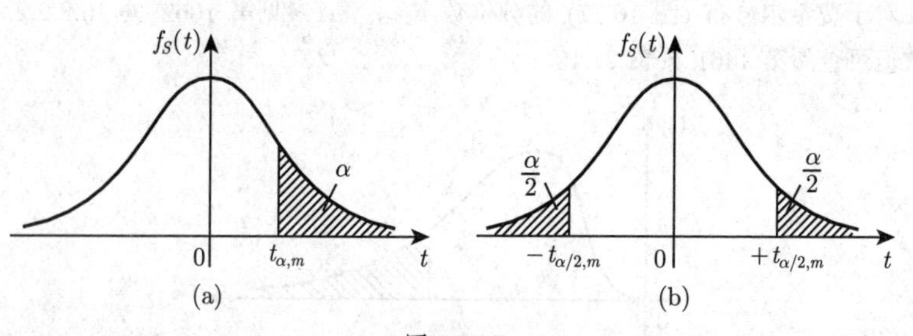

图 16.12

其数值由第 1463 页表 21.20 给出.

由戈赛特 (Gosset) 以笔名“学生”发表的 t 分布, 适用于当样本容量 n 较小, 且只能给出均值和标准差的估计的情形. 标准差 (16.98b) 不再依赖于从中取出样本的总体标准差.

16.2.5 大数定律、极限定理

大数定律研究随机事件 A 发生的概率 $P(A)$ 和它在大量重复试验中出现的相对频率 n_A/n 之间的关系.

1. 伯努利大数定律

对任意给定的 $\varepsilon > 0$ 和 $\eta > 0$, 下述不等式成立

$$P\left(\left|\frac{n_A}{n} - P(A) < \varepsilon\right|\right) \geqslant 1 - \eta, \tag{16.100a}$$

若

$$n \geqslant \frac{1}{4\varepsilon^2\eta}. \tag{16.100b}$$

其他类似定理可参见 [16.6], [16.21].

■ 一个未必均匀的骰子, 需要掷多少次, 事件“出现 6 点的相对频率与该事件发生概率的偏差小于 0.1”至少以 99% 的概率发生?

由于 $\varepsilon = 0.01$, $\eta = 0.05$, 故 $4\varepsilon^2\eta = 2\cdot 10^{-5}$, $n \geqslant 5\cdot 10^4$, 伯努利大数定律必定成立. 这是一个非常大的数, 当分布函数已知时, 次数可减少 (参见 [16.10]).

2. 林德伯格–莱维中心极限定理

如果随机变量 $X_1, X_2, \cdots, X_n$ 相互独立, 且分布相同, 期望为 μ, 方差为 σ^2, 则当 $n \to \infty$ 时, 随机变量

$$Y_n = \frac{\dfrac{1}{n}\displaystyle\sum_{i=1}^{n} X_i - \mu}{\sigma/\sqrt{n}} \tag{16.101}$$

的分布趋向于标准正态分布, 即其分布函数 $F_n(y)$ 满足

$$\lim_{n\to\infty} F_n(y) = \frac{1}{\sqrt{2\pi}}\int_{-\infty}^{y} \mathrm{e}^{-\frac{t^2}{2}}\,\mathrm{d}t. \tag{16.102}$$

当 $n > 30$ 时, $F_n(y)$ 可由标准正态分布取代 (参见 [16.1]). 更多的极限定理可参阅 [16.6], [16.10], [16.21].

■ 从一批电阻器产品中选取容量为 100 的样本. 假设其实际电阻值相互独立, 且分布相同, $\sigma^2 = 150$. 100 个电阻的平均值是 $\bar{x} = 1050\Omega$, 那么真实期望值 μ 以 99% 的概率落在哪个区域内?

寻找 ε, 使得 $P(|\bar{X} - \mu| \leqslant \varepsilon) = 0.99$ 成立. 假设随机变量 $Y = \dfrac{\bar{X} - \mu}{\sigma/\sqrt{n}}$ 服从标准正态分布 (参见 (16.101)), 由 $P(|Y| \leqslant \lambda) = P(-\lambda \leqslant Y \leqslant \lambda) = P(Y \leqslant \lambda) -$

$P(Y<-\lambda)$ 和 $P(Y\leqslant-\lambda)=1-P(Y\leqslant\lambda)$, 可推出 $P(|Y|\leqslant\lambda)=2P(Y\leqslant\lambda)-1=0.99$. 故 $P(Y\leqslant\lambda)=\Phi(\lambda)=0.995$, 查阅第 1458 页表 21.17 可得 $\lambda=2.58$. 由于 $\sigma/\sqrt{100}=1.225$, 则以 99% 的概率满足: $|1050-\mu|<2.58\cdot1.225$, 即 $1046.8\Omega<\mu<1053.2\Omega$.

16.2.6 随机过程和随机链

发生在自然界以及工程学和经济学领域研究的许多过程, 在现实中只能用时间相关随机变量进行确切描述.

■ 一个城市在特定时刻 t 的用电量是随机波动的, 它依赖于家庭和工业的实际需求. 用电量可视为连续随机变量 X. 当观察时间 t 变化时, 用电量在任意时刻都是连续随机变量, 故它是时间的函数.

对时间相关随机变量的随机分析引出了随机过程的概念, 关于随机过程有丰富的文献 (例如可参见 [16.7], [16.14], [16.5], [16.8], [16.18], [16.16]). 下面给出一些介绍性概念.

16.2.6.1 基本概念、马尔可夫链

1. 随机过程

依赖于一个参数的随机变量集称为*随机过程*, 一般情况下, 我们将时间 t 取为参数, 故随机变量用 X_t 表示, 随机过程由集合

$$\{X_t|\,t\in T\} \tag{16.103}$$

给出. 参数值的集合称为*参数空间* T, 随机变量数值的集合称为*状态空间* Z.

2. 随机链

如果参数空间和状态空间都是离散的, 即状态变量 X_t 和参数 t 的取值为有限或无限可数时, 则称该随机过程为*随机链*. 这种情形下, 不同的状态值和参数值可记为

$$Z=\{1,2,\cdots,i,i+1,\cdots\}, \tag{16.104}$$

$$T=\{t_0,t_1,\cdots,t_m,t_{m+1},\cdots\},\text{其中}0\leqslant t_0<t_1<\cdots<t_m<t_{m+1}<\cdots. \tag{16.105}$$

时间 $t_0,t_1,\cdots$ 未必是等间隔的.

3. 马尔可夫链、转移概率

如果随机过程中不同取值 $X_{t_{m+1}}$ 的概率只依赖于 t_m 时刻的状态, 则称该过程为*马尔可夫链*. 马尔可夫链的性质可由下述式子进行精确定义: 对任意 $m\in\{0,1,2,\cdots\}$ 和任意 $i_0,i_1,\cdots,i_m\in Z$,

$$P(X_{t_{m+1}}=i_{m+1}|X_{t_0}=i_0,X_{t_1}=i_1,\cdots,X_{t_m}=i_m)=P(X_{t_{m+1}}=i_{m+1}|X_{t_m}=i_m). \tag{16.106}$$

对于马尔可夫链和 t_m, t_{m+1} 时刻, 条件概率

$$P(X_{t_{m+1}}=j|\,X_{t_m}=i)=p_{ij}(t_m,t_{m+1}) \tag{16.107}$$

称为马尔可夫链的**转移概率**. 转移概率通过从 t_m 时刻状态 $X_{t_m}=i$ 到 t_{m+1} 时刻状态 $X_{t_{m+1}}=j$ 的系统变化来确定概率.

如果马尔可夫链的状态空间是有限的, 即 $Z=\{1,2,\cdots,N\}$, 则 t_1 和 t_2 时刻状态之间的转移概率 $p_{ij}(t_1,t_2)$ 可由二次矩阵 $\boldsymbol{P}(t_1,t_2)$ 表示, 二次矩阵即所谓的**转移矩阵**:

$$\boldsymbol{P}(t_1,t_2)=\begin{pmatrix} p_{11}(t_1,t_2) & p_{12}(t_1,t_2) & \cdots & p_{1N}(t_1,t_2) \\ p_{21}(t_1,t_2) & p_{22}(t_1,t_2) & \cdots & p_{2N}(t_1,t_2) \\ \vdots & \vdots & & \vdots \\ p_{N1}(t_1,t_2) & p_{N2}(t_1,t_2) & \cdots & p_{NN}(t_1,t_2) \end{pmatrix}. \tag{16.108}$$

时间 $t_1,t_2,\cdots$ 未必是相邻的.

4. 时齐的 (平稳) 马尔可夫链

如果马尔可夫链的转移概率 (16.107) 式不依赖于时间, 即

$$p_{ij}(t_m,t_{m+1})=p_{ij}, \tag{16.109}$$

则称该马尔可夫链为**时齐的**或**平稳的**. 具有有限状态空间 $Z=\{1,2,\cdots,N\}$ 的平稳马尔可夫链, 其转移矩阵为

$$\boldsymbol{P}=\begin{pmatrix} p_{11} & p_{12} & \cdots & p_{1N} \\ p_{21} & p_{22} & \cdots & p_{2N} \\ \vdots & \vdots & & \vdots \\ p_{N1} & p_{N2} & \cdots & p_{NN} \end{pmatrix}, \tag{16.110a}$$

其中

a) $p_{ij}\geqslant 0$ 对任意 i, j, 且 (16.110b)

b) $\sum\limits_{j=1}^{N} p_{ij}=1$ 对任意 i. (16.110c)

p_{ij} 不依赖于时间, 给出了单位时间内从状态 i 转移到状态 j 的转移概率.

■ 电话交换中繁忙线路的数量可用平稳马尔可夫链来建模. 为简单起见, 设只有两条线路, 因此, 状态为 $i=0,1,2$. 令时间单位比如为 1 分钟, 设转移矩阵 (p_{ij}) 为

$$(p_{ij})=\begin{pmatrix} 0.7 & 0.3 & 0.0 \\ 0.2 & 0.5 & 0.3 \\ 0.1 & 0.4 & 0.5 \end{pmatrix} \quad (i,j=0,1,2).$$

在矩阵 (p_{ij}) 中, 第一行对应状态 $i=0$. 矩阵元素 $p_{12}=0.3$(第 2 行第 3 列) 表示当已知 t_{m-1} 时刻一条线路繁忙时, 在 t_m 时刻两条线路都繁忙的概率.

注　满足性质 (16.110b) 和 (16.110c) 式的每一个 $N\times N$ 二次矩阵 $\boldsymbol{P}=(p_{ij})$, 称为**随机矩阵**. 其行向量称为**随机向量**.

虽然平稳马尔可夫链的转移概率不依赖于时间, 但是在给定时刻随机变量 X_t 的分布由概率

$$P(X_t=i)=p_i(t)\quad(i=1,2,\cdots,N) \tag{16.111a}$$

且

$$\sum_{i=1}^{N}p_i(t)=1 \tag{16.111b}$$

给出, 因为该过程在任意时刻 t 以概率为 1 处于某个状态.

5. 概率向量、转移矩阵

概率表达式 (16.111a) 可记为**概率向量**

$$\underline{\boldsymbol{p}}=(p_1(t),p_2(t),\cdots,p_N(t)) \tag{16.112}$$

的形式. 概率向量 $\underline{\boldsymbol{p}}$ 是随机向量, 它决定了 t 时期平稳马尔可夫链的状态分布. 设平稳马尔可夫链的转移矩阵 $\boldsymbol{P}$ 已给出 (根据 (16.110a), (16.110b), (16.110c)), 可从 t 时段的概率分布出发来确定 $t+1$ 时段的概率分布, 即由 $\boldsymbol{P}$ 和 $\underline{\boldsymbol{p}}(t)$ 计算 $\underline{\boldsymbol{p}}(t+1)$:

$$\underline{\boldsymbol{p}}(t+1)=\underline{\boldsymbol{p}}(t)\cdot\boldsymbol{P}. \tag{16.113}$$

进一步有

$$\underline{\boldsymbol{p}}(t+k)=\underline{\boldsymbol{p}}(t)\cdot\boldsymbol{P}^k. \tag{16.114}$$

注　(1) 当 $t=0$ 时, 由 (16.114) 式可推出

$$\underline{\boldsymbol{p}}(k)=\underline{\boldsymbol{p}}(0)\boldsymbol{P}^k, \tag{16.115}$$

即平稳马尔可夫链可由初始分布 $\underline{\boldsymbol{p}}(0)$ 与转移矩阵 $\boldsymbol{P}$ 唯一确定.

(2) 若矩阵 $\boldsymbol{A}$ 和 $\boldsymbol{B}$ 是随机矩阵, 则 $\boldsymbol{C}=\boldsymbol{AB}$ 也是随机矩阵. 因此, 若 $\boldsymbol{P}$ 是随机矩阵, 则幂 $\boldsymbol{P}^k$ 也是随机矩阵.

■ 粒子依据下述规则在 $t=1,2,3,\cdots$ 的时段沿直线改变其位置 (状态)X_t $(1\leqslant x\leqslant 5)$:

a) 如果粒子在 $x=2,3,4$ 处, 则下一个单位时间向右移动一个位置的概率是 $p=0.6$, 向左移动一个位置的概率是 $1-p=0.4$.

b) 在 $x=1$ 和 $x=5$ 处, 粒子可吸收, 即以概率 1 留在此处.

c) 在 $t=0$ 时刻, 粒子位于 $x=2$ 处.

求在 $t=3$ 的时段的概率分布 $\underline{\boldsymbol{p}}(3)$.

由 (16.115) 式, 概率分布 $\underline{\boldsymbol{p}}(3) = \underline{\boldsymbol{p}}(0) \cdot \boldsymbol{P}^3$ 成立, 其中 $\underline{\boldsymbol{p}}(0) = (0,1,0,0,0)$, 且转移矩阵为

$$\boldsymbol{P} = \begin{pmatrix} 1 & 0 & 0 & 0 & 0 \\ 0.4 & 0 & 0.6 & 0 & 0 \\ 0 & 0.4 & 0 & 0.6 & 0 \\ 0 & 0 & 0.4 & 0 & 0.6 \\ 0 & 0 & 0 & 0 & 1 \end{pmatrix}.$$

因此,

$$\boldsymbol{P}^3 = \begin{pmatrix} 1 & 0 & 0 & 0 & 0 \\ 0.496 & 0 & 0.288 & 0 & 0.216 \\ 0.160 & 0.192 & 0 & 0.288 & 0.360 \\ 0.064 & 0 & 0.192 & 0 & 0.744 \\ 0 & 0 & 0 & 0 & 1 \end{pmatrix},$$

从而, $\underline{\boldsymbol{p}}(3) = (0.496, 0, 0.288, 0, 0.216)$.

16.2.6.2 泊松过程

1. 泊松过程

在随机链的状态空间 Z 和参数空间 T 都是离散的情形下, 即随机过程只在离散时间段 $t_0, t_1, t_2, \cdots$ 处取值. 如果用连续参数空间 T 研究该过程, 则称之为*泊松过程*.

(1) **泊松过程的数学表述** 为了在数学上表述泊松过程, 我们作如下假设:

a) 令随机变量 X_t 为时间区间 $[0,t)$ 内的信号数;

b) 令概率 $p_X(t) = P(X_t = x)$ 为时间区间 $[0,t)$ 内信号数是 x 的概率.

此外, 在放射性衰变过程和许多其他随机过程中, 需要下述假设成立 (至少大概成立):

c) 在长度为 t 的时间区间内信号数是 x 的概率 $P(X_t = x)$ 只依赖于 x 和 t, 与区间在时间轴上的位置无关.

d) 在相邻时间区间内的信号数是独立随机变量.

e) 在长度为 Δt 的较短区间内至少得到一个信号的概率, 与区间长度大致成比例. 比例因子用 λ $(\lambda > 0)$ 表示.

(2) **分布函数** 由性质 a)—e) 可确定随机变量 X_t 的分布为

$$P(X_t = x) = \frac{(\lambda t)^x}{x!} \mathrm{e}^{-\lambda t}, \tag{16.116}$$

其中 $\mu = \lambda t$ 是期望值, $\sigma^2 = \lambda t$ 是方差.

(3) 注 (a) 由 (16.116) 可知, 泊松分布是泊松过程在 $t = 1$ 时的特殊情形 (参见第 1068 页 16.2.3.3).

(b) 为解释参数 λ 或根据观察数据估计 λ 的值, 可利用下述性质:

- λ 是单位时间内的平均信号数;
- $\dfrac{1}{\lambda}$ 是泊松过程中两个信号之间的平均距离 (从时间上讲).

(c) 泊松过程可解释为粒子在状态空间 $Z = \{0, 1, 2, \cdots\}$ 的随机运动. 粒子从状态 0 开始, 在每个标志处从状态 i 跳到下一个状态 $i+1$. 而且, 对于一个小间隔 Δt, 从状态 i 跳到状态 $i+1$ 的转移概率 $p_{i,i+1}$ 应该是

$$p_{i,i+1} \approx \lambda \Delta t. \tag{16.117}$$

λ 称为转移率.

(4) **泊松过程举例**

■ 放射性衰变是泊松过程的典型实例: 衰变 (信号) 数用计数器记录, 且标注到时间轴上. 与辐射物质的半周期相比, 观察间隔应相对较小.

■ 在电话交换中, 考虑到 t 时刻为止的呼叫次数, 比如, 假设单位时间内平均呼叫次数是 λ, 计算到 t 时刻为止最多记录 x 次呼叫的概率.

■ 在可靠性检验中, 使用周期内遇到的可修复系统的故障数.

■ 排队论考虑到达商店柜台处、售票处或加油站的顾客人数.

2. 生灭过程

对泊松过程的一种推广是假设 (16.117) 中的转移率 λ_i 只依赖于状态 i. 另一种推广是允许从状态 i 转移到状态 $i-1$, 对应的转移率用 μ_i 表示. 比如, 把状态 i 视为总体中的个体数量, 从状态 i 到达状态 $i+1$, 个体数增加 1, 从状态 i 到达状态 $i-1$, 个体数减少 1. 这些随机过程称为**生灭过程**. 令 $P(X_t = i) = p_i(t)$ 是随机过程在 t 时刻处于状态 i 的概率. 与泊松过程类似, 转移概率满足

$$\begin{aligned} &\text{从 } i-1 \text{ 到达 } i\text{: } p_{i-1,i} \approx \lambda_{i-1}\Delta t;\\ &\text{从 } i+1 \text{ 到达 } i\text{: } p_{i+1,i} \approx \mu_{i+1}\Delta t;\\ &\text{从 } i \text{ 到达 } i\text{: } p_{i,i} \approx 1-(\lambda_i+\mu_i)\Delta t. \end{aligned} \tag{16.118}$$

注　泊松过程是转移率为常数的纯生过程.

3. 排队论

简单的排队系统可视为根据顾客到达的先后顺序, 逐个为顾客服务的柜台. 等待室足够大, 故没有人由于房间满员而需要离开. 顾客的到达服从泊松过程, 即两个顾客的到达间隔时间服从参数为 λ 的指数分布, 且到达间隔时间互相独立. 在很多情形下, 服务时间也服从参数为 μ 的指数分布. 参数 λ 和 μ 的含义如下:

- λ: 单位时间内到达的平均数;
- $\dfrac{1}{\lambda}$: 平均到达间隔时间;
- μ: 单位时间内所服务顾客的平均数量;

- $\frac{1}{\mu}$: 平均服务时间.

注 (1) 如果等待排队的顾客人数可视为随机过程的状态, 则上述简单排队模型是出生率 λ 和死亡率 μ 都为常数的生灭过程.

(2) 上述排队模型可以多种不同方式进行修订和推广, 例如, 有多个柜台为顾客服务, 或者是到达时间和服务时间服从不同分布 (参见 [16.14], [16.27]).

16.3 数理统计学

数理统计运用概率论研究给定的大量随机现象. 其定理所作的结论是关于给定集合具有性质的某种概率, 数理统计的结论以试验结果为基础, 而由于经济原因, 试验次数较少.

16.3.1 统计量函数或样本函数

16.3.1.1 总体、样本、随机向量

1. 总体

总体是某特定研究中所关注对象的全体. 从某种意义上讲, 可以考虑任何具有共同性质的事物全体, 比如, 某个生产过程中的任一物品或在可持续重复试验中产生的所有测量序列的数值. 总体的个体数量 N 可以很大, 甚至实际上是无限的. 总体也常用来表示与个体对应的数值集合.

2. 样本

要考虑某种性质, 为了不必检查整个总体, 往往只从所谓容量为 n $(n \leqslant N)$ 的样本子集中搜集数据. 随机抽样即指总体的每个元素有同等机会被抽取. 从容量为 N 的有限总体中抽取容量为 n 的随机样本, 是指每一组容量为 n 的可能样本被选取的概率相等. 从无限总体中抽取随机样本是指每个元素被独立抽取. 随机选取可通过混合、盲取或所谓随机数产生, 样本用来表示所选元素对应的数值集合.

3. 利用随机数进行随机选取

实际上, 经常会出现这种情形, 根本不可能在现场进行随机选取, 例如, 对于混凝土之类的堆积材料. 这时, 可利用随机数进行随机选取 (参见第 1464 页表 21.21).

多数计算器可生成均匀分布于区间 $[0,1]$ 内的随机数. 按下 “RAN” 键可生成位于 $0.00\cdots0$ 和 $0.99\cdots9$ 之间的数. 小数点后的数字形成随机数序列.

随机数经常取自于表格, 1464 页表 21.21 给出了两位随机数. 如果需要更大的随机数, 可通过相继写下两位随机数组合成多位随机数.

■ 随机样本是待检查的 70 堆运输管道. 假设样本容量是 10. 首先, 把管道从 00 到 69 进行标号, 运用两位随机数表选取数字. 其次, 固定选取数字的方式, 如横

向、纵向或对角线选取. 若选取过程中, 随机数重复出现或者大于 69, 则直接放弃. 选取的随机数所对应的管道作为样本元素. 若有多位随机数表, 则分解成两位随机数.

4. 随机向量

随机变量 X 的特征可用分布函数、参数来描述, 其中分布函数本身完全由总体的性质决定. 在统计调查之初, 总体的性质是未知的, 故希望借助于样本搜集尽可能多的信息. 通常并不仅限于调查一组样本, 而是使用更多的样本 (考虑实际原因, 如果有可能, 则选取容量 n 相等的样本). 样本元素是随机选取的, 故样本的实现也随机取值, 比如, 第一组样本的第一个值通常与第二组样本的第一个值不同. 因此, 样本的第一个值自身就是一个随机变量, 用 X_1 表示. 类似地, 随机变量 $X_2, X_3, \cdots, X_n$ 可作为第二个、第三个、$\cdots$、第 n 个样本值, 上述随机变量称为**样本变量**, 样本变量合在一起构成**随机向量**

$$\underline{\boldsymbol{X}} = (X_1, X_2, \cdots, X_n). \tag{16.119a}$$

容量为 n, 元素为 x_i 的每一个样本可看作一个向量

$$\underline{\boldsymbol{x}} = (x_1, x_2, \cdots, x_n), \tag{16.119b}$$

它是随机向量的一个实现.

16.3.1.2　统计量函数或样本函数

由于样本互不相同, 其算术平均值 $\bar{x}$ 也不相同, 它们可视为用 $\bar{X}$ 表示的新随机变量的实现, 该变量依赖于**样本变量** $X_1, X_2, \cdots, X_n$.

第 1 组样本 $x_{11}, x_{12}, \cdots, x_{1n}$ 的平均值为 $\bar{x}_1$.

第 2 组样本 $x_{21}, x_{22}, \cdots, x_{2n}$ 的平均值为 $\bar{x}_2$.

$$\cdots\cdots \tag{16.120}$$

第 m 组样本 $x_{m1}, x_{m2}, \cdots, x_{mn}$ 的平均值为 $\bar{x}_m$.

第 i 组样本中第 j 个变量的实现用 x_{ij} $(i=1,2,\cdots,m;\ j=1,2,\cdots,n)$ 表示.

随机向量 $\underline{\boldsymbol{X}} = (X_1, X_2, \cdots, X_n)$ 的函数又是一个随机变量, 称为**统计量或样本函数**. 最重要的样本函数是均值、方差、中位数和极差.

1. 均值

随机变量 X_i 的平均值 $\bar{X}$ 是

$$\bar{X} = \frac{1}{n}\sum_{i=1}^{n} X_i. \tag{16.121a}$$

样本 $(x_1, x_2, \cdots, x_n)$ 的平均值 $\bar{x}$ 是

$$\bar{x} = \frac{1}{n}\sum_{i=1}^{n} x_i. \tag{16.121b}$$

在计算平均值时引入**估计值** x_0 通常很有用. 估计值可任意选取, 但应尽可能接近平均值 $\bar{x}$. 比如, 在一个较长的测量序列中, 若 $x_i\ (i = 1, 2, \cdots)$ 是多位数, 且只有最后几位数字不同, 则只使用较小的数

$$z_i = x_i - x_0 \tag{16.121c}$$

进行计算更简单. 由此可得

$$\bar{x} = x_0 + \frac{1}{n}\sum_{i=1}^{n} z_i = x_0 + \bar{z}. \tag{16.121d}$$

2. 方差

随机变量 X_i 的均值为 $\bar{X}$, 其方差 S^2 可定义为

$$S^2 = \frac{1}{n-1}\sum_{i=1}^{n}(X_i - \bar{X})^2. \tag{16.122a}$$

借助于样本 $(x_1, x_2, \cdots, x_n)$, 方差的实现是

$$s^2 = \frac{1}{n-1}\sum_{i=1}^{n}(x_i - \bar{x})^2. \tag{16.122b}$$

已证明, 在估计初始总体的方差时, 除以 $n-1$ 比除以 n 得到的估计值更精确. 使用估计值 x_0, 可得到

$$s^2 = \frac{\sum\limits_{i=1}^{n} z_i^2 - \bar{z}\sum\limits_{i=1}^{n} z_i}{n-1} = \frac{\sum\limits_{i=1}^{n} z_i^2 - n(\bar{x} - x_0)^2}{n-1}. \tag{16.122c}$$

当 $x_0 = \bar{x}$ 时, 由于 $\bar{z} = 0$, 则 $\bar{z}\sum\limits_{i=1}^{n} z_i = 0$.

3. 中位数

令样本的 n 个元素按递增 (或递减) 次序排列. 若 n 是奇数, 则**中位数** $\tilde{X}$ 是第 $\dfrac{n+1}{2}$ 项的值; 若 n 是偶数, 则第 $\dfrac{n}{2}$ 项和第 $\left(\dfrac{n}{2}+1\right)$ 项都位于中间, 中位数是这两项的平均值.

对于元素按递增 (或递减) 次序排列的特殊样本 $(x_1, x_2, \cdots, x_n)$, 中位数 $\tilde{x}$ 是

$$\tilde{x} = \begin{cases} x_{m+1}, & n = 2m+1, \\ \dfrac{x_{m+1} + x_m}{2}, & n = 2m. \end{cases} \tag{16.123}$$

4. 极差

$$R = \max_i X_i - \min_i X_i \quad (i = 1, 2, \cdots, n). \tag{16.124a}$$

特别地, 样本 $(x_1, x_2, \cdots, x_n)$ 的极差 R 是

$$R = x_{\max} - x_{\min}. \tag{16.124b}$$

除了极差 R, 样本函数的每一次个别实现用小写字母表示, 即对于特定样本 $(x_1, x_2, \cdots, x_n)$, 计算特定值 $\bar{x}, s^2, \tilde{x}$ 和 R.

■ 从正在使用的产品中选取 15 个扬声器作为样本, 关注的变量 X 是由 Tesla 度量的气隙感应 B. 由下表中的测量数据可得

$$\bar{x} = 1.0027 \text{ 或 } \bar{x} = 1.0027 \text{ 且 } x_0 = 1.00;$$

$$s^2 = 1.2095 \cdot 10^{-4} \text{ 或 } s^2 = 1.2076 \cdot 10^{-4} \text{ 且 } x_0 = 1.00; \tilde{x} = 1.00; R = 0.04.$$

i	x_i	i	x_i	i	x_i
1	1.01	6	1.00	11	1.00
2	1.02	7	0.99	12	1.00
3	1.00	8	1.01	13	1.02
4	0.98	9	1.01	14	1.00
5	0.99	10	1.00	15	1.01

16.3.2 描述性统计学

16.3.2.1 对给定数据的统计汇总与分析

为了对某元素的性质进行统计描述, 该性质必须用随机变量 X 来刻画. 性质 X 的 n 个测量或观察值 x_i 通常是统计调查的起点, 用于探寻 X 的分布的某些参数或 X 的分布本身.

如果试验或测量在相同条件下可重复进行无数次, 则每个容量为 n 的测量序列可视为无限总体的随机样本. 测量序列的容量 n 可以很大, 统计调查过程如下.

1. 规则、主要记法

测量或观察值 x_i 记录在**规则表**中.

2. 区间或分组

把样本的 n 个测量数据 x_i $(i = 1, 2, \cdots, n)$ 分到 k 个子区间, 即所谓的分组, 或者是长度或宽度为 h 的等**组距**分组, 通常分成 10~20 组.

3. 频率和频率分布

绝对频率 h_j $(j = 1, 2, \cdots, k)$ 指落在给定区间 Δx_j 的数据 (占有数) 的个数 h_j. 比值 h_j/n(用 % 表示) 称为**相对频率**. 如果值 h_j/n 用矩形表示分组, 则得到

给定频率分布的图形表示, 也称为直方图(图 16.13(a)). h_j/n 可看作概率或密度函数 $f(x)$ 的实证数值.

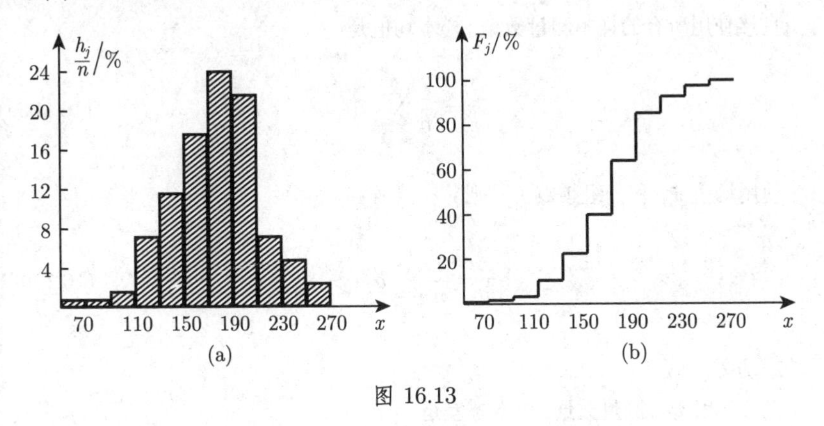

图 16.13

4. 累计频率

把绝对频率或相对频率加起来得到累计绝对频率或累计相对频率

$$F_j = \frac{h_1 + h_2 + \cdots + h_j}{n}\% \quad (j = 1, 2, \cdots, k). \tag{16.125}$$

图 16.13(b) 给出了实证分布函数图, 可看作未知基本分布函数的近似.

■ 设某研究进行了 $n = 125$ 次测量, 结果分散于区间 [50, 270] 内, 把区间分组为组数 $k = 11$、长度 $h = 20$ 是合理的. 频率表见表 16.3.

表 16.3 频率表

分组	h_i	$(h_i/n)/\%$	$F_i/\%$
50—70	1	0.8	0.8
71—90	1	0.8	1.6
91—110	2	1.6	3.2
111—130	9	7.2	10.4
131—150	15	12.0	22.4
151—170	22	17.6	40.0
171—190	30	24.0	64.0
191—210	27	21.6	85.6
211—230	9	7.2	92.8
231—250	6	4.8	97.6
251—270	3	2.4	100.0

16.3.2.2 统计参数

在总结和分析了 16.3.2.1 给定的样本数据后, 可推知下述参数是随机变量分布参数的近似值.

1. 均值

直接使用所有的样本测量数据, 样本均值是

$$\bar{x} = \frac{1}{n}\sum_{i=1}^{n} x_i. \tag{16.126a}$$

使用均值 $\bar{x}_j$ 和分组频数 h_j, 则

$$\bar{x} = \frac{1}{n}\sum_{j=1}^{k} h_j \bar{x}_j. \tag{16.126b}$$

2. 方差

直接使用所有测量数据, 样本方差是

$$s^2 = \frac{1}{n-1}\sum_{i=1}^{n}(x_i - \bar{x})^2. \tag{16.127a}$$

使用均值 $\bar{x}_j$ 和分组频数 h_j, 则

$$s^2 = \frac{1}{n-1}\sum_{j=1}^{k} h_j(\bar{x}_j - \bar{x})^2. \tag{16.127b}$$

组中点u_j(对应区间的中点) 也经常用来代替 $\bar{x}_j$.

3. 中位数

分布的分位数 $\tilde{x}$ 定义为

$$P(X < \tilde{x}) = \frac{1}{2}. \tag{16.128a}$$

分位数可能并非唯一确定的点. 样本分位数是

$$\tilde{x} = \begin{cases} x_{m+1}, & n = 2m+1, \\ \dfrac{x_{m+1} + x_m}{2}, & n = 2m. \end{cases} \tag{16.128b}$$

4. 极差

$$R = x_{\max} - x_{\min}. \tag{16.129}$$

5. 众数或最可能值

它指以最大频率出现的数值, 用 D 表示.

16.3.3 重要检验

数理统计学的一个根本问题就是从样本中推断关于总体的结论. 有两类最重要的问题如下.

(1) 分布类型已知, 欲估计其参数. 分布的特征通常可由参数 μ 和 σ^2 较好地表示 (此处, μ 是期望的精确值, σ^2 是方差的精确值), 因此, 一个至关重要的问题是, 如何根据样本较好地估计参数?

(2) 关于参数的假设已知, 欲检验其是否正确. 最常出现的问题是:

a) 期望值是否等于一个已知数?

b) 两个总体的期望是否相等?

c) 能否用参数为 μ 和 σ^2 的随机变量的分布拟合一个已知分布等?

正态分布在观察和测量中极其重要, 下面讨论对正态分布的拟合优度检验. 其基本思想也适用于其他分布.

16.3.3.1 对正态分布的拟合优度检验

在数理统计学中有不同的检验方法, 用于判断样本数据是否来自于正态分布. 此处讨论基于正态概率纸的图形检验和基于 χ^2 分布的数值检验 (“χ^2 检验”).

1. 使用概率纸进行拟合优度检验

a) **概率纸的原理** 在直角坐标系中, x 轴采用等距刻度, y 轴的刻度由下述方式得到: 对 z 等距分割, 但刻度为

$$y = \Phi(z) = \frac{1}{\sqrt{2\pi}}\int_{-\infty}^{z} \mathrm{e}^{-\frac{t^2}{2}}\,\mathrm{d}t. \tag{16.130}$$

若随机变量 X 服从期望为 μ 和方差为 σ^2 的正态分布, 则对于其分布函数 (参见第 1070 页 16.2.4.2), 有

$$F(x) = \Phi\left(\frac{x-\mu}{\sigma}\right) = \Phi(z), \tag{16.131a}$$

即

$$z = \frac{x-\mu}{\sigma} \tag{16.131b}$$

成立, 故 x 和 z 之间有线性关系, 满足

$$\begin{array}{c|c} z & x \\ \hline 0 & \mu \\ 1 & \mu+\sigma \\ -1 & \mu-\sigma \end{array} \tag{16.131c}$$

b) **概率纸的应用** 对于样本数据, 把根据 (16.125) 计算的累计相对频率作为点的纵坐标, 组上界作为横坐标, 并把对应点描绘到概率纸上. 若这些点大致落在一条直线上 (偏差很小), 则随机变量可视为正态随机变量 (图 16.14).

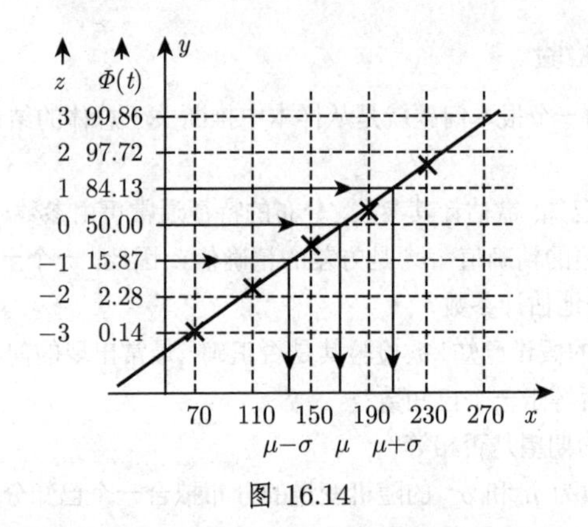

图 16.14

正如从图 16.14 中所看到的, 表 16.3 中的数据对应正态分布. 进一步可得到 $\mu \approx 176$, $\sigma \approx 37.5$(由 Z 轴上 0 和 ± 1 对应的 x 值得到).

注 如果关于 y 轴的刻度是等距的, 则累计相对频率值 F_i 更容易描绘到概率纸上, 这也意味着对于纵坐标的非等距刻度.

2. χ^2拟合优度检验

欲检验随机变量 X 是否服从正态分布 (参见第 1070 页 16.2.4.2), 可把 X 的范围分成 k 组, 第 j 组 $(j=1,2,\cdots,k)$ 的上限用 ξ_j 表示. 令 p_j 是 X 落在第 j 组的 "理论" 概率, 即

$$p_j = F(\xi_j) - F(\xi_{j-1}), \tag{16.132a}$$

其中, $F(x)$ 是 X 的分布函数 $(j=1,2,\cdots,k;\ \xi_0$ 是第一组的下限, 且 $F(\xi_0)=0)$. 由于假定 X 是正态变量, 则

$$F(\xi_j) = \Phi\left(\frac{\xi_j - \mu}{\sigma}\right) \tag{16.132b}$$

一定成立, 其中 $\Phi(x)$ 是标准正态分布的分布函数 (参见第 1070 页 16.2.4.2). 总体的参数 μ 和 σ^2 通常是未知的, 故用 $\bar{x}$ 和 s^2 作为其近似值. 对 X 的范围进行分解, 使每一组的期望频数大于 5, 即若样本容量为 n, 则 $np_j \geqslant 5$. 对于容量为 n 的样本 $(x_1, x_2, \cdots, x_n)$, 计算其相应的频数 h_j(根据上述给定的分组), 则随机变量

$$\chi_S^2 = \sum_{j=1}^{k} \frac{(h_j - np_j)^2}{np_j} \tag{16.132c}$$

近似服从 χ^2 分布. 若 μ 和 σ^2 已知, 则 χ^2 分布的自由度 $m=k-1$; 若 μ 和 σ^2 其中之一需要根据样本进行估计, 则 $m=k-2$; 若二者都需要根据 $\bar{x}$ 和 s^2 估计, 则 $m=k-3$.

如果随机变量 X 服从正态分布 (近似 χ^2 检验), 对于给定的统计量显著性水平 α 和自由度 m, 检验在于对样本的试验量 χ_S^2 和 1460 页表 21.18 中相应的 $\chi_{\alpha;m}^2$ 进行比较.

若确定了显著性水平 α, 并由 1460 页表 21.18 中得到了对应 χ^2 分布的分位数 $\chi_{\alpha;k-i}^2$(i 依赖于未知参数的个数), 则 $P(\chi_S^2 \geqslant \chi_{\alpha;k-i}^2) = \alpha$ 成立. 比较 (16.132c) 式的 χ_S^2 值和上述分位数, 若

$$\chi_S^2 < \chi_{\alpha;k-i}^2 \tag{16.132d}$$

成立, 则接受样本来自于正态分布的假设. 该检验也称为 χ^2 拟合优度检验.

■ 下述 χ^2 检验基于第 1087 页 16.3.2.1 的实例. 样本容量 $n = 125$, 且均值 $\bar{x} = 176.32$, 方差 $s^2 = 36.70$, 它们可作为总体未知参数 μ 和 σ^2 的近似值. 根据 (16.132a) 和 (16.132b) 进行计算后, 再根据 (16.132c) 确定检验统计量 χ_S^2, 所得到的数据见表 16.4.

表 16.4 χ^2 检验

ξ_j	h_j		$\frac{\xi_j-\mu}{\sigma}$	$\Phi\left(\frac{\xi_j-\mu}{\sigma}\right)$	p_j	np_j		$\frac{(h_j-np_j)^2}{np_j}$
70	1	13	−2.90	0.0019	0.0019	0.2375	12.9750	0.00005
90	1		−2.35	0.0094	0.0075	0.9375		
110	2		−1.81	0.0351	0.0257	3.2125		
130	9		−1.26	0.1038	0.0687	8.5857		
150	15		−0.72	0.2358	0.1320	16.5000		0.1635
170	22		−0.17	0.4325	0.1967	24.5875		0.2723
190	30		0.37	0.6443	0.2118	26.4750		0.4693
210	27		0.92	0.8212	0.1769	22.1125		1.0803
230	9		1.46	0.9279	0.1067	13.3375		1.4106
250	6	9	2.01	0.9778	0.0499	6.2375	8.3375	0.0526
270	3		2.55	0.9946	0.0168	2.1000		
								$\chi_S^2 = 3.4486$

由最后一列可知 $\chi_S^2 = 3.4486$. 因为要求 $np_j \geqslant 5$, 分组数量从 $k = 11$ 减少到 $k^* = k - 4 = 7$. 为计算理论频率 np_j, 用样本估计值 $\bar{x}$ 和 s^2 代替总体的 μ 和 σ^2, 故相应 χ^2 分布的自由度个数减少 2, 临界值为分位数 $\chi_{\alpha;k^*-1-2}^2$. 对于 $\alpha = 0.05$, 根据 1460 页表 21.18 可得到 $\chi_{0.05;4}^2 = 9.5$, 因此, 由不等式 $\chi_S^2 < \chi_{0.05;4}^2$ 成立, 假定样本来自于正态分布总体并无异议.

16.3.3.2 样本均值的分布

令 X 是连续随机变量. 假设可从相应总体中取出任意多组容量为 n 的样本,

则样本均值也是随机变量 $\bar{X}$, 并且也是连续的.

1. 样本均值的置信概率

如果 X 服从参数为 μ 和 σ^2 的正态分布, 则 $\bar{X}$ 也是参数为 μ 和 σ^2/n 的正态随机变量, 即 $\bar{X}$ 的密度函数 $\bar{f}(x)$ 比总体的密度函数 $f(x)$ 更集中于 μ 附近. 对任意 $\varepsilon > 0$, 有

$$P(|X-\mu| \leqslant \varepsilon) = 2\varPhi\left(\frac{\varepsilon}{\sigma}\right) - 1, \quad P(|\bar{X}-\mu| \leqslant \varepsilon) = 2\varPhi\left(\frac{\varepsilon\sqrt{n}}{\sigma}\right) - 1 \tag{16.133}$$

成立. 因此, 当样本容量 n 增加时, 样本均值是 μ 的良好近似的概率也在增加.

■ 当 $\varepsilon = \frac{1}{2}\sigma$ 时, 由 (16.133) 式得

$$P\left(|\bar{X}-\mu| \leqslant \frac{1}{2}\sigma\right) = 2\varPhi\left(\frac{1}{2}\sqrt{n}\right) - 1,$$

表 16.5 列出了 n 取不同值时所对应的概率值. 由表 16.5 可看出, 比如, 当样本容量 $n = 49$ 时, 样本均值 $\bar{x}$ 与 μ 之差小于 $\pm\frac{1}{2}\sigma$ 的概率是 99.95%.

表 16.5 样本均值的置信水平

n	$P\left(\lvert\bar{X}-\mu\rvert \leqslant \frac{1}{2}\sigma\right)$
1	38.29%
4	68.27%
16	95.45%
25	98.76%
49	99.96%

2. 总体服从任意分布时的样本均值分布

若总体服从期望为 μ, 方差为 σ^2 的任意分布, 则随机变量 $\bar{X}$ 也近似服从参数为 μ 和 σ^2/n 的正态分布. 该结论基于中心极限定理.

16.3.3.3 均值的置信限

1. 方差σ^2已知时, 均值的置信区间

如果 X 是参数为 μ 和 σ^2 的随机变量, 则根据 16.3.3.2, $\bar{X}$ 近似为参数是 μ 和 σ^2/n 的正态随机变量, 则通过变量替换

$$\bar{Z} = \frac{\bar{X}-\mu}{\sigma}\sqrt{n} \tag{16.134}$$

可生成近似服从标准正态分布的随机变量 $\bar{Z}$, 因此

$$P(|\bar{Z}| \leqslant \varepsilon) = \int_{-\infty}^{\varepsilon} \varphi(x)\mathrm{d}x = 2\varPhi(\varepsilon) - 1. \tag{16.135}$$

若给定显著性水平 α, 即

$$P(|\bar{Z}| \leqslant \varepsilon) = 1 - \alpha \tag{16.136}$$

成立, 则 $\varepsilon = \varepsilon(\alpha)$ 可由 (16.135) 确定, 比如, 对于标准正态分布, 则可由 1458 页表 21.17 得到. 由 $|\bar{Z}| \leqslant \varepsilon(\alpha)$ 和 (16.134), 可得关系式

$$\mu = \bar{x} \pm \frac{\sigma}{\sqrt{n}}\varepsilon(\alpha) \tag{16.137}$$

成立. (16.137) 中数值 $\bar{x} \pm \frac{\sigma}{\sqrt{n}}\varepsilon(\alpha)$ 称为**期望的置信限**, 二者之间的区间称为**期望值 μ 的置信区间**, 其中方差 σ^2 已知, 给定显著性水平为 α. 换言之, 期望值 μ 以概率 $1 - \alpha$ 位于 (16.137) 的置信限之间.

注 若样本容量足够大, 则 s^2 可用来代替 (16.137) 中的 σ^2. 当 $n > 100$ 时可视为大样本, 但实际应用时, 要视具体问题而定, 当 $n > 30$ 时也可视为样本充分大. 若 n 不是足够大, 则在正态总体分布情形下, 运用 t 分布确定置信限, 见 (16.140).

2. 方差σ^2未知时, 期望的置信区间

若总体近似服从正态分布, 且方差 σ^2 未知, 则在 (16.134) 中用样本方差 s^2 代替 σ^2, 可得随机变量

$$T = \frac{\bar{X} - \mu}{s}\sqrt{n}, \tag{16.138}$$

该变量服从自由度为 $m = n - 1$ 的 t 分布 (参见第 1076 页 16.2.4.8), 其中 n 是样本容量. 若 n 很大, 比如 $n > 100$, 则 T 可视为正态随机变量, 如同 (16.134) 中的 Z. 对于给定的显著性水平 α, 有

$$P(|T| \leqslant \varepsilon) = \int_{-\varepsilon}^{\varepsilon} f_t(x)\mathrm{d}x = P\left(\frac{|\bar{X} - \mu|}{s}\sqrt{n} \leqslant \varepsilon\right) = 1 - \alpha. \tag{16.139}$$

由 (16.139) 可得 $\varepsilon = \varepsilon(\alpha, n) = t_{\alpha/2;n-1}$, 其中 $t_{\alpha/2;n-1}$ 是显著性水平为 α 的 t 分布 (自由度为 $n - 1$) 的分位数 (参见第 1463 页表 21.20). 由 $|T| = t_{\alpha/2;n-1}$, 可推出

$$\mu = \bar{x} \pm \frac{s}{\sqrt{n}}t_{\alpha/2;n-1}, \tag{16.140}$$

数值 $\bar{x} \pm \frac{s}{\sqrt{n}}t_{\alpha/2;n-1}$ 称为总体方差 σ^2 未知、显著性水平为 α 时**期望值的置信限**, 位于置信限之间的区间称为**置信区间**.

■ 一组样本包含下述 6 个测量数据: 0.842, 0.846, 0.835, 0.839, 0.843, 0.838, 可得到 $\bar{x} = 0.8405$ 和 $s = 0.00394$.

若给定显著性水平 α 为 5% 或 1%, 那么, 样本均值 $\bar{x}$ 和总体分布期望 μ 的最大偏差是多少?

(1) $\alpha=0.05$：查 1463 页表 21.20 可知 $t_{\alpha/2;5}=2.57$, 因此 $|\bar{X}-\mu|\leqslant 2.57\cdot 0.00394/\sqrt{6}=0.0042$. 故样本均值 $\bar{x}=0.8405$ 和期望值 μ 之差以 95% 的可能性小于 ± 0.0042.

(2) $\alpha=0.01$：$t_{\alpha/2;5}=4.03$, $|\bar{X}-\mu|\leqslant 4.03\cdot 0.00394/\sqrt{6}=0.0065$, 即样本均值 $\bar{x}$ 和 μ 之差以 99% 的可能性小于 ± 0.0065.

16.3.3.4 方差的置信区间

若随机变量 X 服从参数为 μ 和 σ^2 的正态分布, 则随机变量

$$\chi^2=(n-1)\frac{s^2}{\sigma^2} \tag{16.141}$$

服从自由度为 $m=n-1$ 的 χ^2 分布, 其中 n 是样本容量, s^2 是样本方差. $f_{\chi^2}(x)$ 表示 χ^2 分布的密度函数, 见图 16.15. 由图可知

$$P(\chi^2<\chi_u^2)=P(\chi^2>\chi_o^2)=\frac{\alpha}{2}. \tag{16.142}$$

于是, 由 χ^2 分布的分位数表 (参见第 1460 页表 21.18) 可给出

$$\chi_u^2=\chi^2_{1-\alpha/2;\,n-1},\quad \chi_o^2=\chi^2_{\alpha/2;\,n-1}. \tag{16.143}$$

根据 (16.141) 可推出, 当显著性水平为 α 时, 总体未知方差 σ^2 的估计值:

$$\frac{(n-1)s^2}{\chi^2_{\alpha/2;\,n-1}}\leqslant\sigma^2\leqslant\frac{(n-1)s^2}{\chi^2_{1-\alpha/2;\,n-1}}. \tag{16.144}$$

对于小样本, (16.144) 所给出的 σ^2 的置信区间相当大.

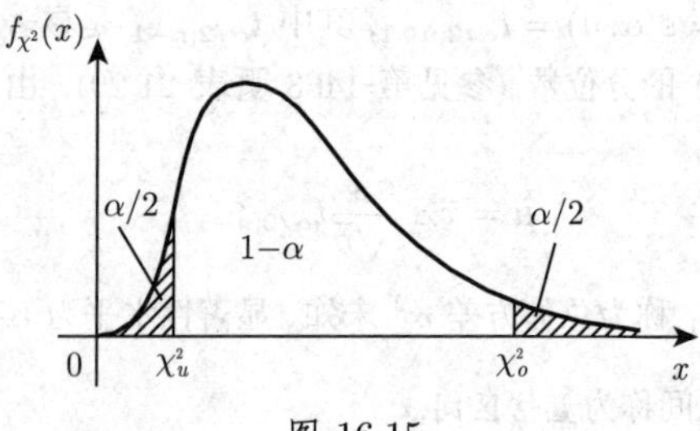

图 16.15

■ 对于有 6 个测量数据的数值实例 (见上页), 当 $\alpha=5\%$ 时, 由 1460 页表 21.18 可得到 $\chi^2_{0.025;\,5}=0.831$, $\chi^2_{0.975;\,5}=12.8$, 故由 (16.144) 可推出 $0.625\cdot s\leqslant\sigma\leqslant 2.453\cdot s$, 且 $s=0.00394$.

16.3.3.5 假设检验的结构

统计学上的假设检验具有下述结构:

(1) 首先, 要对样本来自于具有某种特定性质的总体作出假设 H. 例如,

H: 总体服从参数为 μ 和 σ^2 的正态分布 (或其他已知分布), 或者

H: 对于未知的 μ, 可通过插入近似值 (估计值) μ_0 来得到, 比如通过样本均值 $\bar{x}$ 四舍五入得到. 或者

H: 两个总体的期望相同, 即 $\mu_1 - \mu_2 = 0$ 等.

(2) 以假设 H 为基础, 确定置信区间 B(通常用表格给出). 样本函数值应以给定概率落在该区间内, 如当 $\alpha = 0.01$ 时, 以 99% 的概率落在该区间内.

(3) 计算样本函数值. 若函数值落在给定区间 B 内, 则接受假设, 否则, 拒绝该假设.

■ 给定显著性水平 α, 检验假设 H: $\mu = \mu_0$.

根据第 1093 页 16.3.3.3, 随机变量 $T = \dfrac{\bar{X} - \mu_0}{s}\sqrt{n}$ 服从自由度为 $m = n - 1$ 的 t 分布, 由此可推出, 如果 $\bar{x}$ 未落入 (16.140) 定义的置信区间, 即若

$$|\bar{X} - \mu_0| \geqslant \frac{s}{\sqrt{n}} t_{\alpha/2;n-1} \tag{16.145}$$

成立, 则拒绝该假设. 此时可称存在**显著性差异**, 对假设检验的深入探讨参见 [16.24].

16.3.4 相关和回归

相关分析根据试验数据确定总体两个或两个以上变量之间是否存在某种相关关系, **回归分析**用于确定变量间相关关系的形式.

16.3.4.1 两个可测变量的线性相关

1. 二维随机变量

下述公式通常适用于连续随机变量, 但对离散变量, 很容易用相应公式进行替换. 设 X 和 Y 构成二维随机变量 (X, Y), 其联合分布函数为

$$F(x, y) = P(X \leqslant x, Y \leqslant y) = \int_{-\infty}^{x}\int_{-\infty}^{y} f(x, y)\mathrm{d}x\mathrm{d}y, \tag{16.146a}$$

$$F_1(x) = P(X \leqslant x, Y < \infty), \quad F_2(y) = P(X < \infty, Y \leqslant y). \tag{16.146b}$$

随机变量 X 和 Y 称为**相互独立**, 如果

$$F(x, y) = F_1(x) \cdot F_2(y) \tag{16.147}$$

成立. 由其联合密度函数 $f(x, y)$ 确定、对应于 X 和 Y 的基本统计量如下:

(1) 期望

$$\mu_X = E(X) = \int_{-\infty}^{\infty}\int_{-\infty}^{\infty} x\, f(x,y)\mathrm{d}x\mathrm{d}y, \tag{16.148a}$$

$$\mu_Y = E(Y) = \int_{-\infty}^{\infty}\int_{-\infty}^{\infty} y\, f(x,y)\mathrm{d}x\mathrm{d}y. \tag{16.148b}$$

(2) 方差

$$\sigma_X^2 = E((X-\mu_X)^2), \tag{16.149a}$$

$$\sigma_Y^2 = E((Y-\mu_Y)^2). \tag{16.149b}$$

(3) 协方差

$$\sigma_{XY} = E((X-\mu_X)(Y-\mu_Y)). \tag{16.150}$$

(4) 相关系数

$$\rho_{XY} = \frac{\sigma_{XY}}{\sigma_X\sigma_Y}. \tag{16.151}$$

假定上述任一期望值都存在. 协方差也可由下述公式计算

$$\sigma_{XY} = E(XY) - \mu_X\mu_Y,\quad \text{其中} E(XY) = \int_{-\infty}^{\infty}\int_{-\infty}^{\infty} xy\, f(x,y)\mathrm{d}x\mathrm{d}y. \tag{16.152}$$

相关系数是对 X 和 Y 线性相关关系的度量, 原因如下:

若 $\rho_{XY}^2 = 1$, 则所有的点 (X,Y) 以概率 1 位于一条直线上. 若 X 和 Y 是独立随机变量, 则其协方差等于 0, $\rho_{XY} = 0$. 由 $\rho_{XY} = 0$, 并不能推出 X 和 Y 独立, 但当它们服从密度函数为

$$f(x,y) = \frac{1}{2\pi\sigma_X\sigma_Y\sqrt{1-\rho_{XY}^2}} \exp \cdot \left[-\frac{1}{2(1-\rho_{XY}^2)}\left(\frac{(x-\mu_X)^2}{\sigma_X^2} - 2\frac{\rho_{XY}(x-\mu_X)(y-\mu_Y)}{\sigma_X\sigma_Y} + \frac{(y-\mu_Y)^2}{\sigma_Y^2}\right)\right] \tag{16.153}$$

的二维正态分布时, 则由 $\rho_{XY} = 0$ 可得到 X 和 Y 独立.

2. 两个变量的独立性检验

在实践中经常遇到问题: 当 $\rho_{XY} = 0$ 时, 随机变量 X 和 Y 是否可视为相互独立? 其中样本容量为 n, 来自于二维正态分布总体, 且有测量数据 (x_i, y_i) $(i = 1, 2, \cdots, n)$. 检验方式如下.

(1) 提出假设 H: $\rho_{XY} = 0$.

(2) 确定显著性水平 α, 由 1463 页表 21.20 查出 t 分布的分位数 $t_{\alpha,m}$, 其中 $m = n-2$.

(3) 计算经验相关系数 r_{xy} 和检验统计量 (样本函数)

$$t = \frac{r_{xy}\sqrt{n-2}}{\sqrt{1-r_{xy}^2}} \tag{16.154a}$$

且

$$r_{xy} = \frac{\sum_{i=1}^{n}(x_i-\bar{x})(y_i-\bar{y})}{\sqrt{\sum_{i=1}^{n}(x_i-\bar{x})^2\sum_{i=1}^{n}(y_i-\bar{y})^2}}. \tag{16.154b}$$

(4) 若 $|t| \geqslant t_{\alpha,m}$, 则拒绝假设.

16.3.4.2 两个可测变量的线性回归

1. 确定回归直线

如果说通过相关系数可探寻变量 X 和 Y 之间的相关关系, 那么, 下一个问题就是寻找其函数关系式 $Y=f(X)$. 这时通常考虑线性关系.

在最简单的**线性回归**情形下, 假设对于任意定值 x, 总体中随机变量 Y 服从正态分布, 且期望为

$$E(Y)=a+bx, \tag{16.155}$$

方差为 σ^2, 与 x 相互独立. (16.155) 即指随机变量 Y 的均值线性依赖于定值 x. 总体的参数 a, b 和 σ^2 通常未知, 可根据样本数据 (x_i, y_i) $(i=1,2,\cdots,n)$ 运用**最小二乘法**近似估计. 最小二乘法要求

$$\sum_{i=1}^{n}[y_i-(a+bx_i)]^2=\min! \tag{16.156}$$

成立, 从而可得估计值

$$\widetilde{b}=\frac{\sum_{i=1}^{n}(x_i-\bar{x})(y_i-\bar{y})}{\sum_{i=1}^{n}(x_i-\bar{x})^2}, \quad \tilde{a}=\bar{y}-\widetilde{b}\bar{x}, \quad \tilde{\sigma}^2=\frac{n-1}{n-2}s_y^2(1-r_{xy}^2) \tag{16.157a}$$

且

$$\bar{x}=\frac{1}{n}\sum_{i=1}^{n}x_i, \quad \bar{y}=\frac{1}{n}\sum_{i=1}^{n}y_i, \quad s_y^2=\frac{1}{n-1}\sum_{i=1}^{n}(y_i-\bar{y})^2. \tag{16.157b}$$

(16.154b) 给出了经验相关系数 r_{xy}. 系数 $\tilde{a}$ 和 $\widetilde{b}$ 称为**回归系数**. 直线 $y(x)=\tilde{a}+\widetilde{b}x$ 称为**回归直线**.

2. 回归系数的置信区间

当确定了回归系数 $\tilde{a}$ 和 $\widetilde{b}$ 后, 下一个问题就是, 如何较好地近似估计理论值 a 和 b. 故检验变量形如

$$t_b=(\widetilde{b}-b)\frac{s_x\sqrt{n-2}}{s_y\sqrt{1-r_{xy}^2}} \tag{16.158a}$$

和

$$t_a = (\tilde{a} - a)\frac{s_x\sqrt{n-2}}{s_y\sqrt{1-r_{xy}^2}}\frac{\sqrt{n}}{\sqrt{\sum_{i=1}^{n} x_i^2}}. \tag{16.158b}$$

这是服从自由度为 $m = n - 2$ 的 t 分布的随机变量的实现. 给定显著性水平 α, 查 1463 页表 21.20 可得分位数 $t_{\alpha/2;m}$, 对于 $t = t_a$ 和 $t = t_b$, 由于 $P(|t| < t_{\alpha/2;m}) = 1 - \alpha$ 成立, 故

$$|\widetilde{b} - b| < t_{\alpha/2;n-2}\frac{s_y\sqrt{1-r_{xy}^2}}{s_x\sqrt{n-2}}, \tag{16.159a}$$

$$|\tilde{a} - a| < t_{\alpha/2;n-2}\frac{s_y\sqrt{1-r_{xy}^2}\cdot\sqrt{\sum_{i=1}^{n} x_i^2}}{s_x\sqrt{n-2}\cdot\sqrt{n}}. \tag{16.159b}$$

回归直线 $y = a + bx$ 的**置信域**, 可由式 (16.159a, 16.159b) 所给出的 a, b 的置信区间确定 (参见文献 [16.4], [16.26]).

16.3.4.3 多元回归

1. 函数关系

设变量 $X_1, X_2, \cdots, X_n$ 和 Y 之间存在函数关系, 该关系可用理论回归函数

$$y = f(x_1, x_2, \cdots, x_n) = \sum_{j=0}^{s} a_j g_j(x_1, x_2, \cdots, x_n) \tag{16.160}$$

描述. 函数 $g_j(x_1, x_2, \cdots, x_n)$ 是关于 n 个独立变量的已知函数. (16.160) 中的系数 a_j 是线性组合中的常数乘子. 式 (16.160) 也称为**线性回归**, 虽然 g_j 可是任意函数.

■ 函数 $f(x_1, x_2) = a_0 + a_1x_1 + a_2x_2 + a_3x_1^2 + a_4x_2^2 + a_5x_1x_2$ 是关于两个变量的完全二次多项式, 其中 $g_0 = 1$, $g_1 = x_1$, $g_2 = x_2$, $g_3 = x_1^2$, $g_4 = x_2^2$, $g_5 = x_1x_2$, 是理论线性回归函数的一个实例.

2. 向量形式的记法

在多元情形, 以向量

$$\underline{\boldsymbol{x}} = (x_1, x_2, \cdots, x_n)^{\mathrm{T}} \tag{16.161}$$

的形式记公式很方便. 此时, (16.160) 可记为

$$y = f(\underline{\boldsymbol{x}}) = \sum_{j=0}^{s} a_j g_j(\underline{\boldsymbol{x}}). \tag{16.162}$$

3. 正则方程组及求解

由于随机测量存在误差, 理论关系式 (16.160) 不能由测量值

$$(\underline{\boldsymbol{x}}^{(i)}, f_i) \quad (i = 1, 2, \cdots, N) \tag{16.163a}$$

确定. 以

$$y = \tilde{f}(\underline{\boldsymbol{x}}) = \sum_{j=0}^{s} \tilde{a}_j g_j(\underline{\boldsymbol{x}}) \tag{16.163b}$$

的形式求其解, 系数 $\tilde{a}_j$ 作为理论系数 a_j 的估计值, 可通过最小二乘法 (参见第 1097 页 16.3.4.2, 1.) 由方程

$$\sum_{i=1}^{N} [f_i - \tilde{f}(\underline{\boldsymbol{x}}^{(i)})]^2 = \min! \tag{16.163c}$$

确定. 引入记号

$$\underline{\tilde{\boldsymbol{a}}} = \begin{pmatrix} \tilde{a}_0 \\ \tilde{a}_1 \\ \vdots \\ \tilde{a}_s \end{pmatrix}, \quad \underline{\boldsymbol{f}} = \begin{pmatrix} f_1 \\ f_2 \\ \vdots \\ f_N \end{pmatrix}, \quad \boldsymbol{G} = \begin{pmatrix} g_0(\underline{\boldsymbol{x}}^{(1)}) & g_1(\underline{\boldsymbol{x}}^{(1)}) & \cdots & g_s(\underline{\boldsymbol{x}}^{(1)}) \\ g_0(\underline{\boldsymbol{x}}^{(2)}) & g_1(\underline{\boldsymbol{x}}^{(2)}) & \cdots & g_s(\underline{\boldsymbol{x}}^{(2)}) \\ \vdots & \vdots & \ddots & \vdots \\ g_0(\underline{\boldsymbol{x}}^{(N)}) & g_1(\underline{\boldsymbol{x}}^{(N)}) & \cdots & g_s(\underline{\boldsymbol{x}}^{(N)}) \end{pmatrix} \tag{16.163d}$$

由 (16.163c) 可得到所谓正则方程组

$$\boldsymbol{G}^{\mathrm{T}}\boldsymbol{G}\underline{\tilde{\boldsymbol{a}}} = \boldsymbol{G}^{\mathrm{T}}\underline{\boldsymbol{f}} \tag{16.163e}$$

用来确定 $\underline{\tilde{\boldsymbol{a}}}$. 矩阵 $\boldsymbol{G}^{\mathrm{T}}\boldsymbol{G}$ 对称, 故楚列斯基方法 (参见第 1245 页 19.2.1.2) 特别适用于求解式 (16.163e).

■ 根据下表中列出的样本数据, 试确定回归函数 (16.164) 的系数:

x_1	5	3	5	3
x_2	0.5	0.5	0.3	0.3
$f(x_1, x_2)$	1.5	3.5	6.2	3.2

$$\tilde{f}(x_1, x_2) = a_0 + a_1 x_1 + a_2 x_2. \tag{16.164}$$

由 (16.163d) 可推出

$$\underline{\tilde{\boldsymbol{a}}} = \begin{pmatrix} \tilde{a}_0 \\ \tilde{a}_1 \\ \tilde{a}_2 \end{pmatrix}, \quad \underline{\boldsymbol{f}} = \begin{pmatrix} 1.5 \\ 3.5 \\ 6.2 \\ 3.2 \end{pmatrix}, \quad \boldsymbol{G} = \begin{pmatrix} 1 & 5 & 0.5 \\ 1 & 3 & 0.5 \\ 1 & 5 & 0.3 \\ 1 & 3 & 0.3 \end{pmatrix} \tag{16.165}$$

且 (16.163e) 式为

$$\begin{aligned} 4\tilde{a}_0 + 16\tilde{a}_1 + 1.6\tilde{a}_2 &= 14.4, & \tilde{a}_0 &= 7.0, \\ 16\tilde{a}_0 + 68\tilde{a}_1 + 6.4\tilde{a}_2 &= 58.6, \quad \text{即} & \tilde{a}_1 &= 0.25, \\ 1.6\tilde{a}_0 + 6.4\tilde{a}_1 + 0.68\tilde{a}_2 &= 5.32, & \tilde{a}_2 &= -11. \end{aligned} \tag{16.166}$$

4. 注

(1) 为确定回归系数, 使用插值 $\tilde{f}(\underline{\boldsymbol{x}}^{(i)}) = f_i\,(i = 1, 2, \cdots, N)$, 即

$$\boldsymbol{G}\underline{\tilde{\boldsymbol{a}}} = \underline{\boldsymbol{f}}. \tag{16.167}$$

当 $s < N$ 时, (16.167) 是超定方程组, 可用豪斯霍尔德法求其解 (参见第 1280 页 19.6.2.2). 用 $\boldsymbol{G}^{\mathrm{T}}$ 乘以 (16.167) 式则得到 (16.163e), 也称为**高斯变换**. 若矩阵 $\boldsymbol{G}$ 的列线性无关, 即矩阵 $\boldsymbol{G}$ 的秩等于 $s+1$, 则正则方程组 (16.163e) 有唯一解, 这与由豪斯霍尔德法所得到的结果 (16.167) 一致.

(2) 在多元情形下, 也可以使用 t 分布确定回归系数的置信区间, 与 (16.159a, 16.159b) 类似.

(3) 借助于 F 分布 (参见第 1075 页 16.2.4.7), 使用所谓**等价检验分析** (16.163b) 式也是可行的. 检验可判断形如 (16.163b) 但有较少项的解是否为理论回归函数 (16.160) 的充分逼近 (参见文献 [16.9]).

16.3.5　蒙特卡罗方法

16.3.5.1　模拟

模拟法立足于构建等价的数学模型. 通过计算机分析这些模型很容易. 在这种情形下, 可使用**数字模拟**. 当一定数量的模型被随机选取时, **蒙特卡罗方法**给出了一个特殊案例. 这些随机元素可使用**随机数**选取.

16.3.5.2　随机数

随机数是满足特定分布的某些随机量的实现 (参见第 1061 页 16.2.2). 通过这种方式可区分不同类型的随机数.

1. 均匀分布的随机数

均匀分布于区间 $[0,1]$ 的随机数, 是密度函数为 $f_0(x)$、分布函数为 $F_0(x)$ 的随机变量 X 的实现:

$$f_0(x) = \begin{cases} 1, & 0 \leqslant x \leqslant 1, \\ 0, & \text{其他}, \end{cases} \qquad F_0(x) = \begin{cases} 0, & 0 \leqslant x, \\ x, & 0 < x \leqslant 1, \\ 1, & x \geqslant 1. \end{cases} \tag{16.168}$$

(1) **平方取中法** 冯·诺伊曼提出了一种产生随机数的简便方法, 也称为**平方取中法**, 它从一个 $2n$ 位小数 $z \in (0,1)$ 开始. 首先构造 z^2, 得到一个 $4n$ 位小数. 去掉其前 n 位数字和后 n 位数字, 再次得到一个 $2n$ 位数. 重复上述程序, 进一步产生新数. 通过这种方式即产生了 $[0,1]$ 区间上的 $2n$ 位小数, 可视为服从均匀分布的随机数. 根据计算机可表示的最大数选取 $2n$ 的值, 比如 $2n = 10$. 由于该程序产生了比它更小的数字, 故很少使用, 目前已发展了其他一些不同的方法.

■ $2n = 4$;

$$
\begin{aligned}
z &= z_0 = 0,1234, \quad z_0^2 = 0.01\boxed{5227}56, \\
z &= z_1 = 0,5227, \quad z_0^2 = 0.27\boxed{3215}29, \\
z &= z_2 = 0,3215 \text{ 等}.
\end{aligned}
$$

最初的三个随机数是 z_0, z_1 和 z_2.

(2) **同余法** 所谓的**同余法**应用广泛: 整数序列 z_i $(i = 0, 1, 2, \cdots)$ 由递推公式

$$
z_{i+1} \equiv c \cdot z_i \mod m \tag{16.169}
$$

生成, 其中, z_0 是任意正数, c 和 m 表示正整数, 必须合理选取. 对于 z_{i+1}, 可取满足同余式 (16.169) 的最小非负整数. 数 $\dfrac{z_i}{m}$ 位于 0 到 1 之间, 可作为均匀分布随机数.

(3) **注** a) 选取 $m = 2^r$, 其中 r 是计算机语言中的二进制数, 例如 $r = 40$, 则依 $\sqrt{m}$ 的次序选取数 c.

b) 随机数生成器使用特定算法, 可产生所谓**伪随机数**.

c) 计算器以及计算机中的 "ran" 或 "rand" 键用于生成随机数.

2. 服从其他分布的随机数

为得到服从任意分布函数 $F(x)$ 的随机数, 可使用下述程序: 对于区间 $[0,1]$ 上的均匀分布随机数序列 $\xi_1, \xi_2, \cdots$, 利用它们构造数 $\eta_i = F^{-1}(\xi_i)$, $i = 1, 2, \cdots$, 其中 $F^{-1}(x)$ 是分布函数 $F(x)$ 的逆函数, 则可得到

$$
P(\eta_i \leqslant x) = P(F^{-1}(\xi_i) \leqslant x) = P(\xi_i \leqslant F(x)) = \int_0^{F(x)} f_0(t)\mathrm{d}t = F(x), \tag{16.170}
$$

即随机数 $\eta_1, \eta_2, \cdots$ 服从分布函数为 $F(x)$ 的分布.

3. 随机数表及其应用

(1) **构造** 可通过下述方式构造随机数表. 在 10 个完全相同的筹码上标注数字 $0, 1, 2, \cdots, 9$, 把它们放在一个盒子中并摇匀. 选取其中之一, 将其对应的号码写到表格中, 然后把筹码再次放到盒子中摇匀, 选取第二个. 通过这种方式即产生一个随机数序列, 可作为一组记录到表格中 (使用更方便). 在 1464 页表 21.21 中, 4 位随机数形成一组.

在程序中, 必须保证数字 $0, 1, 2, \cdots, 9$ 总是等概率出现.

(2) **随机数表的应用** 举例说明随机数表的应用.

■ 假设从 $N = 250$ 项的总体中随机选取 $n = 20$ 项. 总体中的对象记数为 000 到 249. 然后在 1464 页表 21.21 的任意列或行中选取一个数, 明确如何选取其余 19 个数的规则, 如纵向、横向或对角线方向. 只要最初的 3 个数字取自于随机数, 且生成的数小于 250 个, 该方法即可使用.

16.3.5.3 蒙特卡罗模拟举例

求积分

$$I = \int_0^1 g(x)\mathrm{d}x \tag{16.171}$$

的近似值是模拟中应用均匀分布随机数的一个实例. 下面讨论两种求解方法.

1. 运用频率

设 $0 \leqslant g(x) \leqslant 1$. 通过积分变换总可保证该条件成立 (参见第 1103 页 (16.175)), 则积分 I 是单位正方形 E 内的区域面积 (图 16.16). 考虑区间 $[0,1]$ 内均匀分布随机数序列的数值, 把它们成对地作为单位正方形 E 内点的坐标, 可得到 n 个点 P_i $(i = 1, 2, \cdots, n)$. 用 m 表示区域 A 内点的数量, 则可使用频率把积分表示为 (参见第 1057 页 16.2.1.2)

$$\int_0^1 g(x)\mathrm{d}x \approx \frac{m}{n}. \tag{16.172}$$

使用 (16.172) 的比值, 欲得到较好的精确度, 需要大量随机数. 这正是人们探究有可能提高精度的原因. 方法之一是下述蒙特卡罗方法, 另外一些方法可查阅相关文献 (参见文献 [16.19]).

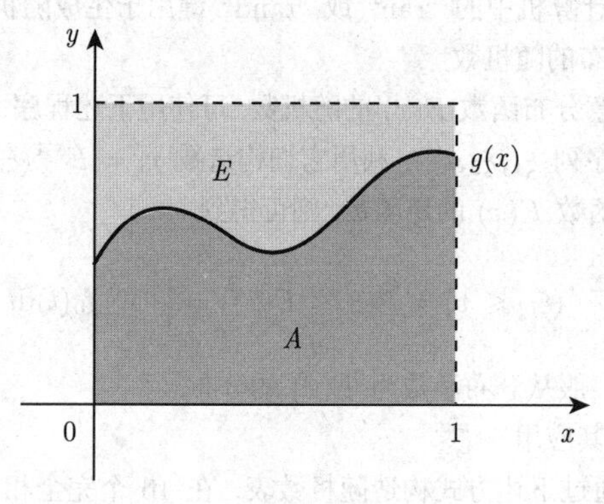

图 16.16

2. 利用均值逼近

为求解式 (16.171), 可从 n 个均匀分布随机数 $\xi_1, \xi_2, \cdots, \xi_n$ 出发, 作为均匀分布随机变量 X 的实现. 则 $g_i = g(\xi_i)$ $(i = 1, 2, \cdots, n)$ 是随机变量 $g(X)$ 的实现,

根据第 1063 页的公式 (16.49a, 16.49b), $g(X)$ 的期望是

$$E(g(X)) = \int_{-\infty}^{\infty} g(x) f_0(x) \mathrm{d}x = \int_0^1 g(x) \mathrm{d}x \approx \frac{1}{n} \sum_{i=1}^{n} g_i. \tag{16.173}$$

这种方法使用样本得到均值, 也称为**普通蒙特卡罗方法**.

16.3.5.4 在数值数学中应用蒙特卡罗方法

1. 估计多重积分

首先说明如何把单变量的定积分 (16.174a) 变换为包含积分 (16.174b) 的式子.

$$I^* = \int_a^b h(x) \mathrm{d}x, \tag{16.174a}$$

$$I = \int_0^1 g(x) \mathrm{d}x \quad 且 \quad 0 \leqslant g(x) \leqslant 1. \tag{16.174b}$$

引入下述记号:

$$x = a + (b-a)u, \quad m = \min_{x \in [a,b]} h(x), \quad M = \max_{x \in [a,b]} h(x), \tag{16.175}$$

即可使用 16.3.5.3 中给出的蒙特卡罗方法, 则 (16.174a) 变形为

$$I^* = (M-m)(b-a) \int_0^1 \frac{h(a+(b-a)u) - m}{M-m} \mathrm{d}u + (b-a)m, \tag{16.176}$$

其中被积函数 $\dfrac{h(a+(b-a)u) - m}{M-m} = g(u)$ 满足 $0 \leqslant g(u) \leqslant 1$.

■ 通过双重积分

$$V = \iint_S h(x,y) \mathrm{d}x \mathrm{d}y \quad 且 \quad h(x,y) \geqslant 0 \tag{16.177}$$

的例子, 说明如何使用蒙特卡罗方法近似估计多重积分. S 表示由不等式 $a \leqslant x \leqslant b$ 和 $\varphi_1(x) \leqslant y \leqslant \varphi_2(x)$ 所围成的平面区域, 其中 $\varphi_1(x)$ 和 $\varphi_2(x)$ 表示已知函数. 则 V 可视为与 xy 平面垂直、上表面为 $h(x,y)$ 的圆柱体的体积. 若 $h(x,y) \leqslant e$, 则圆柱体位于由不等式 $a \leqslant x \leqslant b$, $c \leqslant y \leqslant d$, $0 \leqslant z \leqslant e(a,b,c,d,e$ 为常数) 所围成的立体 Q 内. 类似于 (16.175) 进行变换, 由 (16.177) 可得到包含积分的表达式

$$V^* = \iint_{S^*} g(u,v) \mathrm{d}u \mathrm{d}v \quad 且 \quad 0 \leqslant g(u,v) \leqslant 1, \tag{16.178}$$

其中 V^* 是三维立方体内柱体 K^* 的体积. 利用蒙特卡罗方法按照下述方式可求积分 (16.178) 的近似值:

区间 $[0,1]$ 内均匀分布随机数序列的三元数组, 可视为立方体内点 P_i $(i = 1,2,\cdots,n)$ 的坐标, 查找 P_i 中位于柱体 K^* 内点的个数. 若 m 个点在 K^* 内, 与 (16.172) 类似, 可得

$$V^* \approx \frac{m}{n}. \tag{16.179}$$

注　当定积分中只有一个积分变量时, 可使用第 1252 页 19.3 中的方法. 若估计多重积分, 仍常推荐用蒙特卡罗方法.

2. 使用随机游动过程求解偏微分方程

借助随机游动过程, 蒙特卡罗方法可用于近似求解偏微分方程.

a) **边值问题举例**　考虑下述边值问题作为例子:

$$\Delta u = \frac{\partial^2 u}{\partial x^2} + \frac{\partial^2 u}{\partial y^2} = 0, \quad (x,y) \in G, \tag{16.180a}$$

$$u(x,y) = f(x,y), \quad (x,y) \in \Gamma. \tag{16.180b}$$

G 是 xy 平面内的单连通区域; Γ 表示 G 的边界 (图 16.17). 与第 1268 页 19.5.1 中的差分法类似, 用二次格覆盖 G, 不失一般性, 此处可假定步长 $h = 1$.

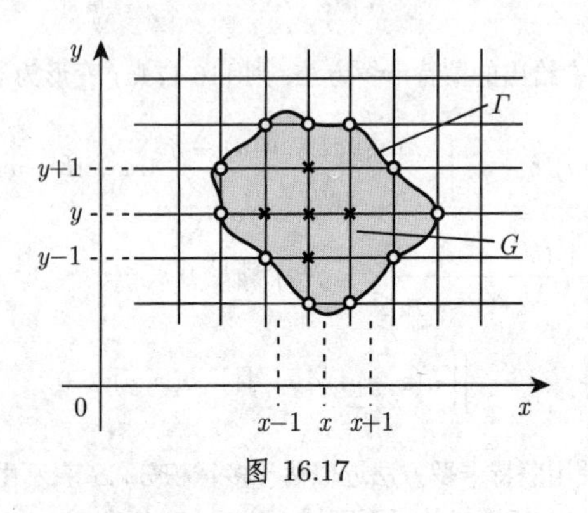

图 16.17

通过这种方式可得到内部格点 $P(x,y)$ 和边界点 R_i. 边界点 R_i 同时也是格点, 在下面的讨论中可视为 G 的边界 Γ 的点, 即

$$u(R_i) = f(R_i) \quad (i = 1,2,\cdots,N). \tag{16.181}$$

b) **求解原则**　设想粒子从内部点 $P(x,y)$ 开始随机游动, 也就是说:

(1) 粒子从 $P(x,y)$ 向四个临近点中的某一个随机移动. 假设移向每一个格点的概率是 1/4.

(2) 如果粒子到达边界点 R_i, 则随机游动以概率 1 终止.

可以证明, 无论粒子从哪一内部格点 P 开始, 经过一定步数后, 都将以概率 1 到达边界点 R_i. 用

$$p(P, R_i) = p((x,y), R_i) \tag{16.182}$$

表示始于 $P(x,y)$、将在边界点 R_i 终止的随机游动的概率, 则可得到

$$p(R_i, R_i) = 1, \quad p(R_i, R_j) = 0, \quad i \neq j, \tag{16.183}$$

$$\begin{aligned} &p((x,y), R_i) \\ &= \frac{1}{4}[p((x-1,y), R_i) + p((x+1,y), R_i) + p((x,y-1), R_i) + p((x,y+1), R_i)]. \end{aligned} \tag{16.184}$$

(16.184) 是关于 $p((x,y), R_i)$ 的差分方程. 若 n 个随机游动从点 $P(x,y)$ 开始, 其中 m_i 个在 R_i ($m_i \leqslant n$) 终止, 则

$$p((x,y), R_i) \approx \frac{m_i}{n}. \tag{16.185}$$

(16.185) 给出了差分方程 (16.180a) 的近似解, 其边界条件为 (16.181). 若进行替换

$$v(P) = v(x,y) = \sum_{i=1}^{N} f(R_i) p((x,y), R_i), \tag{16.186}$$

则满足边界条件 (16.180b). 根据 (16.184), 有 $v(R_j) = \sum\limits_{i=1}^{N} f(R_i) p(R_j, R_i) = f(R_j)$.

为计算 $v(x,y)$, 用 $f(R_i)$ 乘以 (16.184), 求和将得到下述关于 $v(x,y)$ 的差分方程:

$$v(x,y) = \frac{1}{4}[v(x-1,y) + v(x+1,y) + v(x,y-1) + v(x,y+1)]. \tag{16.187}$$

若 n 个随机游动从点 $P(x,y)$ 开始, 其中 m_j 个终止于边界点 R_i $(i = 1, 2, \cdots, N)$, 则在点 $P(x,y)$ 处边值问题 (16.180a, 16.180b) 的近似值为

$$v(x,y) \approx \frac{1}{n} \sum_{i=1}^{n} m_i f(R_i). \tag{16.188}$$

16.3.5.5 蒙特卡罗方法的进一步应用

作为随机模拟, 蒙特卡罗方法有时也称为*统计试验方法* 广泛应用于诸多不同领域. 例如:

- 核技术: 穿过材料层的中子数.
- 通信: 分离信号和噪声.
- 运筹学: 排队系统, 过程设计, 库存控制, 服务系统.

对这些问题的细节讨论可参见文献 [16.19], [16.23].

16.4 误差验算

无论多么细心，任何科学测量在进行到一定次数时，都会存在误差和不确定性。观察误差、测量方法的误差、仪器误差以及通常源于被测现象内在随机性的误差，共同构成*测量误差*.

测量过程中出现的所有测量误差称为*偏差*. 因此，用一些有效数字表示的测量值只能通过舍入误差给出，即通过一定的统计误差给出，它称为结果的*不确定性*.

(1) 测量过程的偏差应保持尽可能小. 基于此，需要尽可能估计最佳逼近，这一点可借助于*平滑方法*完成，该方法起源于高斯的最小二乘法.

(2) 要尽可能好地估计不确定性，这一点可借助于*数理统计方法*.

测量结果有随机性，它们可视为具有概率分布的统计样本 (参见第 1065 页，16.2.3, 1.)，其参数包含着所需要的信息. 从这个意义上讲，测量误差可看作样本误差.

16.4.1 测量误差及其分布

16.4.1.1 测量误差的定性特征

欲根据起因描述测量误差，需要区分下述三类误差：

(1) 粗误差由读数不准确或错误引起，这类误差是可排除的.

(2) 系统测量误差由测量设备的不精确或测量方法引起，包括读取数据的方法，以及测量系统的测量误差，这类误差并非都可以避免.

(3) 统计误差或随机测量误差源于不易或不可能控制的测量条件的随机变化，也可能由观察事件的某种随机性产生.

在测量误差理论中，通常假定粗误差和系统测量误差是可排除的，故只有统计性质和随机测量误差被纳入到误差计算中.

16.4.1.2 测量误差的密度函数

1. 测量规约

为计算不确定性特征，必须假设把测量结果作为*主要记法*列入*测量记录*中，从而可得到不确定数值的频率或密度函数 $f(x)$ 或累计频率或分布函数 $F(x)$. 所考虑的随机变量 X 的实现用 x 表示.

2. 误差密度函数

对于测量误差性质的特别假定，导致了误差分布的密度函数具有一些特殊性质.

(1) **连续密度函数** 由于随机测量误差可在某区间内取任意值，故可用连续密度函数 $f(x)$ 描述.

(2) **偶密度函数** 若绝对值相同但符号不同的测量误差是等可能的，则密度函数是偶函数：$f(-x)=f(x)$.

(3) **单调递减密度函数** 若具有较大绝对值的测量误差与具有较小绝对值的测量误差相比可能性小, 则当 $x>0$ 时, 密度函数 $f(x)$ 是单调递减的.

(4) **期望有限** 误差绝对值的期望一定是有限数:

$$E(|X|)=\int_{-\infty}^{\infty}|x|\,f(x)\mathrm{d}x<\infty. \tag{16.189}$$

误差的不同性质导致密度函数的类型各异.

3. 正态分布误差

(1) **密度函数和分布函数** 在大多数实际情况下, 可假设测量误差的分布是期望 $\mu=0$、方差为 σ^2 的正态分布, 即测量误差的密度函数 $f(x)$ 和分布函数 $F(x)$ 是

$$f(x)=\frac{1}{\sigma\sqrt{2\pi}}\mathrm{e}^{-\frac{x^2}{2\sigma^2}} \tag{16.190a}$$

和

$$F(x)=\frac{1}{\sigma\sqrt{2\pi}}\int_{-\infty}^{x}\mathrm{e}^{-\frac{t^2}{2\sigma^2}}\mathrm{d}t=\varPhi\left(\frac{x}{\sigma}\right), \tag{16.190b}$$

其中 $\varPhi(x)$ 是标准正态分布的分布函数 (参见第 1070 页 (16.73a) 和 1458 页表 21.17). 在 (16.190a, 16.190b) 情形下, 也称为*正态误差*.

(2) **几何表示** 密度函数 (16.190a) 如图 16.18(a) 所示, 图中标出了拐点和重心. 图 16.18(b) 给出了不同方差对应的密度函数. 拐点的横坐标为 $\pm\sigma$, 半区域的重心在 $\pm\eta$ 处. 当 $x=0$ 时, 函数取得最大值 $1/(\sigma\sqrt{2\pi})$. 当 σ^2 增大时, 曲线变宽, 曲线下的面积恒等于 1. 分布图显示, 小误差经常发生, 大误差很少出现.

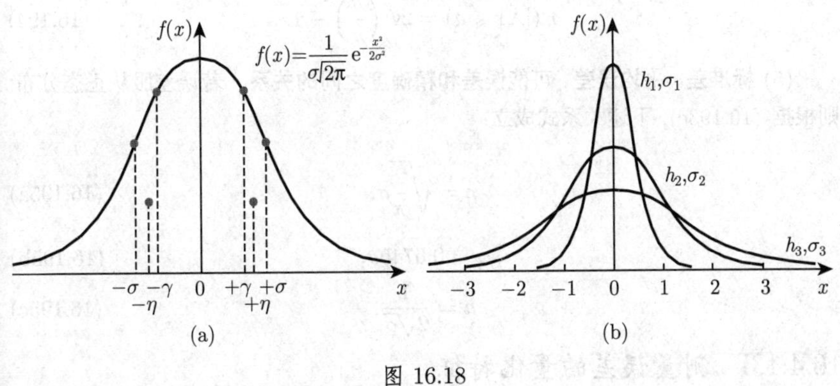

图 16.18

4. 描述正态分布误差的参数

除了方差 σ^2, 或者也被称为*均方误差*或*标准差*的标准偏差 σ, 还有其他一些参数可用于描述正态分布误差, 如*精确度* h、*平均误差* η 和*可能误差* γ.

(1) **精确度** 除了方差 σ^2, *精确度*

$$h=\frac{1}{\sigma\sqrt{2}} \tag{16.191}$$

可用来描述正态分布的宽度. 高斯曲线越窄, 精确度越高 (图 16.18(b)). 利用试验值 $\tilde{\sigma}$ 或由测量值得到的 $\tilde{\sigma}_x$ 取代 σ, 精确度可用来说明测量方法的准确性.

(2) **平均误差**　误差绝对值的期望 η 定义为

$$\eta = E(|X|) = 2\int_0^{\infty} xf(x)\mathrm{d}x = \sqrt{\frac{2}{\pi}}\sigma. \tag{16.192}$$

(3) **可能误差**　误差绝对值的边界 γ 满足性质

$$P(|X| \leqslant \gamma) = \frac{1}{2}, \tag{16.193a}$$

称为可能误差. 这意味着

$$\int_{-\gamma}^{\gamma} f(x)\mathrm{d}x = 2\varPhi\left(\frac{\gamma}{\sigma}\right) - 1 = \sqrt{\frac{2}{\pi}}\int_0^{\gamma/\sigma} \mathrm{e}^{-t^2/2}\mathrm{d}t = \frac{1}{2}, \tag{16.193b}$$

其中 $\varPhi(x)$ 是标准正态分布的分布函数. 条件 (16.193b) 是非线性方程, 可借助于计算机代数系统近似求解, 以得到 γ/σ. 其结果是

$$\frac{\gamma}{\sigma} \approx 0.6745. \tag{16.193c}$$

(4) **给定的误差界**　若已知误差的上界 $a > 0$, 则由 (16.193b) 可计算出误差落在区间 $[-a, a]$ 内的概率是

$$P(|X| \leqslant a) = 2\varPhi\left(\frac{a}{\sigma}\right) - 1. \tag{16.194}$$

(5) **标准差、平均误差、可能误差和精确度之间的关系**　若误差服从正态分布, 则根据 (16.193c), 下述关系式成立:

$$\eta = \sqrt{\frac{2}{\pi}}\sigma, \tag{16.195a}$$

$$\gamma = 0.6745\sigma, \tag{16.195b}$$

$$h = \frac{1}{2\sqrt{\sigma}}. \tag{16.195c}$$

16.4.1.3　测量误差的量化特征

1. 真实值及其近似值

一个可测量的真实值 x_w 通常是未知的. 故通过测量值 x_i $(i = 1, 2, \cdots, n)$ 实现的随机变量期望, 可作为 x_w 的估计值, 从而可把下述均值视为 x_w 的近似值.

(1) 算术平均

$$\bar{x} = \frac{1}{n}\sum_{i=1}^{n} x_i. \tag{16.196a}$$

如果测量值以绝对频率 h_j 分成 k 组, 组平均值为 $\bar{x}_j$ $(j=1,2,\cdots,k)$, 则

$$\bar{x}=\sum_{j=1}^{k}h_j\bar{x}_j. \tag{16.196b}$$

(2) 加权平均

$$\bar{x}^{(g)}=\frac{\sum_{i=1}^{n}g_ix_i}{\sum_{i=1}^{n}g_i}. \tag{16.197}$$

此时, 对单次测量值以*权重因子* g_i $(g_i>0)$ 进行加权 (参见第 1112 页 16.4.1.6, 1.).

2. 测量序列中的单次测量误差

(1) **测量序列中单次测量的真实误差**　是真实值 x_w 和测量值之差. 由于真实值通常是未知的, 测量结果为 x_i 的第 i 次测量之*真实误差* ε_i 也是未知的:

$$\varepsilon_i=x_w-x_i. \tag{16.198}$$

(2) **测量序列中单次测量的平均误差或表观误差**　是算术平均值和测量值 x_i 之差:

$$v_i=\bar{x}-x_i. \tag{16.199}$$

(3) **单次测量的均方误差或标准差**　由于 n 次测量真实误差 ε_i 之和的期望值, 以及表观误差 v_i 之和的期望值为 0(与它们多大无关), 故用误差平方和表示:

$$\varepsilon^2=\sum_{i=1}^{n}\varepsilon_i^2, \tag{16.200a}$$

$$v^2=\sum_{i=1}^{n}v_i^2. \tag{16.200b}$$

从实用观点看, 既然只有 v_i 的值可由测量过程确定, 我们仅对 (16.200b) 感兴趣. 因此, 测量序列中单次测量的均方误差可定义为

$$\tilde{\sigma}=\sqrt{\sum_{i=1}^{n}v_i^2\bigg/(n-1)}. \tag{16.200c}$$

$\tilde{\sigma}$ 是误差分布标准差 σ 的近似值.

在正态误差分布情形下, 可得到 $\tilde{\sigma}=\sigma$:

$$P(|\varepsilon|\leqslant\tilde{\sigma})=2\varPhi(1)-1=0.6826, \tag{16.200d}$$

即真实值的绝对值不超过 σ 的概率约为 68%.

(4) **单次测量的可能误差** 是数 γ, 由于

$$P(|\varepsilon| \leqslant \gamma) = \frac{1}{2}, \tag{16.201a}$$

即误差绝对值不超过 γ 的概率是 50%. 横坐标 $\pm\gamma$ 把密度函数下方左右两边的区域分成相等的两部分 (图 16.18(a)).

在正态误差分布情形下, 根据 (16.193c), 有

$$\gamma \approx 0.6745\sigma \approx 0.6745\tilde{\sigma} = \tilde{\gamma}. \tag{16.201b}$$

(5) **单次测量的平均误差** 是数 η, 它是误差绝对值的期望:

$$\eta = E(|\varepsilon|) = \int_{-\infty}^{\infty} |x|\, f(x)\mathrm{d}x. \tag{16.202a}$$

在正态误差分布情形下, 有 $\eta = \sqrt{\dfrac{2}{\pi}}\sigma$ 和

$$P(|\varepsilon| \leqslant \eta) = 2\varPhi\left(\frac{\eta}{\sigma}\right) - 1 = 2\varPhi\left(\sqrt{\frac{2}{\pi}}\right) - 1 \approx 0.5751. \tag{16.202b}$$

误差不超过 η 值的概率约为 57.6%. 密度函数下方左右两侧区域重心的横坐标是 $\pm\eta$ (图 16.18(a)). 在正态误差分布情形下:

$$\eta = \sqrt{\frac{2}{\pi}}\sigma \approx \sqrt{\frac{2}{\pi}}\tilde{\sigma} = \tilde{\eta}. \tag{16.202c}$$

3. 测量序列算术平均值的误差

测量序列算术平均值 $\bar{x}$ 的误差由单次测量误差给出.

(1) 均方误差或标准差

$$\tilde{\sigma}_{\mathrm{AM}} = \sqrt{\sum_{i=1}^{n} v_i^2 \Big/ [n(n-1)]} = \frac{\tilde{\sigma}}{\sqrt{n}}. \tag{16.203}$$

(2) 可能误差

$$\tilde{\gamma}_{\mathrm{AM}} = 0.6745\sqrt{\sum_{i=1}^{n} v_i^2 \Big/ [n(n-1)]} = 0.6745 \cdot \frac{\tilde{\sigma}}{\sqrt{n}}. \tag{16.204}$$

(3) 平均误差

$$\tilde{\eta}_{\mathrm{AM}} = 0.7979\sqrt{\sum_{i=1}^{n} v_i^2 \Big/ [n(n-1)]} = 0.7979 \cdot \frac{\tilde{\sigma}}{\sqrt{n}}. \tag{16.205}$$

(4) **误差的可达水平** 由上述 (16.203)~(16.205) 定义的三类误差, 与对应的单次测量误差 (16.200c), (16.201b), (16.202c) 成比例, 且与 n 的平方根的倒数成比例. 当达到一定次数后, 再增加测量次数则没有实际意义. 更有效的方法是提高测量方法的精确度 h(16.191).

4. 绝对误差和相对误差

(1) **绝对不确定性、绝对误差** 测量结果的不确定性用误差 $\varepsilon_i, v_i, \sigma_i, \gamma_i, \eta_i$ 或 $\varepsilon, v, \sigma, \gamma, \eta$ 来描述, 它们度量了测量的可靠性. 由绝对误差给出的绝对不确定性概念, 对所有类型的误差和误差传播的计算都有意义 (参见第 1114 页 16.4.2). 作为测量数量, 它们的维度相同.

引入 "绝对" 误差这个词汇是为了避免与相对误差概念混淆, 经常使用记号 Δx_i 或 Δx 表示. "绝对" 与绝对值的概念完全不同: 它指可测量没有符号限制的数值 (比如长度、重量、能量).

(2) **相对不确定性、相对误差** 用相对误差给出的相对不确定性, 是关于可测量数值测量方法品质的度量. 由于相对误差是绝对误差和可测量数值之商, 故与绝对误差相反, 相对误差没有维度. 若测量值未知, 可用量 x 的平均值代替:

$$\delta x_i = \frac{\Delta x_i}{x} \approx \frac{\Delta x_i}{\bar{x}}. \tag{16.206a}$$

相对误差大多数用百分数给出, 也称为百分误差:

$$\delta x_i/\% = \delta x_i \cdot 100\%. \tag{16.206b}$$

5. 最大绝对误差和最大相对误差

(1) **最大绝对误差** 欲确定量 z, 且 z 是可测量 $x_1, x_2, \cdots, x_n$ 的函数, 即 $z = f(x_1, x_2, \cdots, x_n)$, 则计算所产生的误差时必须考虑到函数 f. 有两种不同方法检测误差. 第一种方法是运用统计误差分析, 即通过最小二乘法 (使 $\sum (z_i - z)^2$ 最小) 平滑数据值. 第二种方法是确定绝对误差量的上界 $\Delta z_{\max}$. 对于 n 个独立变量 x_i, 有

$$\Delta z_{\max} = \sum_{i=1}^{n} \left| \frac{\partial}{\partial x_i} f(x_1, x_2, \cdots, x_n) \right| \Delta x_i, \tag{16.207}$$

其中平均值 $\bar{x}_i$ 被 x_i 取代.

(2) **最大相对误差** 最大相对误差是最大绝对误差除以测量值 (多数情况下用 z 的平均值):

$$\delta z_{\max} = \frac{\Delta z_{\max}}{z} \approx \frac{\Delta z_{\max}}{\bar{z}}. \tag{16.208}$$

16.4.1.4 使用误差界确定测量结果

只有也给出了期望误差时, 才可能对测量结果进行实际解释, 误差估计值和误差界是测量结果的组成部分. 根据数据必须弄清楚误差的类型、置信区间和显著性水平.

(1) **定义误差** 单次测量值可用下述形式给出

$$x = x_i \pm \Delta x \approx x_i \pm \tilde{\sigma}, \tag{16.209a}$$

且均值满足

$$x = \bar{x} \pm \Delta x_{\mathrm{AM}} \approx \bar{x} \pm \tilde{\sigma}_{\mathrm{AM}}. \tag{16.209b}$$

对于 Δx, 最常使用标准差 $\tilde{\sigma}$, 有时也用 $\tilde{\gamma}$ 和 $\tilde{\eta}$.

(2) **任意置信限法则** 若总体服从 $N(\mu, \sigma^2)$ 分布, 根据 (16.96), 量 $T = \dfrac{X - x_w}{\tilde{\sigma}_{\mathrm{AM}}}$ 服从自由度为 $f = n-1$ 的 t 分布 (见 (16.97b)). 对于预期的显著性水平 α 或接受概率 $S = 1-\alpha$, 未知量 $x_w = \mu$ 在 t 分位数 $t_{\alpha/2;f}$ 处的置信限是

$$\mu = \bar{x} \pm t_{\alpha/2;f} \cdot \tilde{\sigma}_{\mathrm{AM}}, \tag{16.210}$$

即真实值 x_w 以概率 $S = 1-\alpha$ 落在上述置信限给出的区间内.

在大多数情况下, 以尽可能低的水平保持测量序列的容量 n 很有意义. 当 $1-\alpha$ 值减小, 测量次数 n 增大时, 置信区间的长度 $2t_{\alpha/2;f}\tilde{\sigma}_{\mathrm{AM}}$ 减小. 由于 $\tilde{\sigma}_{\mathrm{AM}}$ 对应 $1/\sqrt{n}$ 成比例地减小, 自由度 $f = n-1$ 的分位数 $t_{\alpha/2;f}$ 也对应 $1/\sqrt{n}$ 成比例地减小 (对于 5 到 10 之间的 n 值, 可参见第 1463 页表 21.20), 对于上述 n 值, 置信区间的长度对应 $1/n$ 成比例减小.

16.4.1.5 精确度相同时直接测量的误差估计

若 n 次测量都有相同的标准差 σ_i, 则测量的精确度相同, $h =$ 常数. 在这种情况下, (16.200c), (16.201b) 和 (16.202b) 给出了由最小二乘法产生的误差量.

■ 下表给出的测量序列中, 包含了精确度相同的 $n = 10$ 次直接测量数据, 试确定其最终结果.

x_i	1.592	1.581	1.574	1.566	1.603	1.580	1.591	1.583	1.571	1.559
$v_i \cdot 10^3$	−12	−1	+6	+14	−23	0	−11	−3	+9	+21
$v_i^2 \cdot 10^6$	144	1	36	196	529	0	121	9	81	441

$$\bar{x} = 1.580, \quad \tilde{\sigma} = \sqrt{\sum_{i=1}^{n} v_i^2 \bigg/ (n-1)} = 0.0131, \quad \tilde{\sigma}_{\mathrm{AM}} = \tilde{\sigma}/\sqrt{n} = 0.004.$$

最终结果: $x = \bar{x} \pm \tilde{\sigma}_{\mathrm{AM}} = 1.580 \pm 0.004$.

16.4.1.6 精确度不同时直接测量的误差估计

1. 加权测量

如果直接测量值 x_i 根据不同测量方法得到, 或表示具有相同均值 $\bar{x}$、不同方差 $\tilde{\sigma}_i^2$ 的单次测量的均值, 则计算加权平均

$$\bar{x}^{(g)} = \sum_{i=1}^{n} g_i x_i \bigg/ \sum_{i=1}^{n} g_i, \tag{16.211}$$

其中 g_i 定义为

$$g_i = \frac{\tilde{\sigma}^2}{\tilde{\sigma}_i^2}. \tag{16.212}$$

此时, $\tilde{\sigma}$ 是任意正值, 通常是最小的 $\tilde{\sigma}_i$. 它可作为偏差的加权单位, 即对于 $\tilde{\sigma}_i = \tilde{\sigma}$, 有 $g_i = 1$. 由 (16.210) 可推出, 测量的权重较大时, 会产生较小的偏差 $\tilde{\sigma}_i$.

2. 标准差

加权单位的标准差可估计为

$$\tilde{\sigma}^{(g)} = \sqrt{\sum_{i=1}^{n} g_i v_i^2 \bigg/ (n-1)}. \tag{16.213}$$

必须确保 $\tilde{\sigma}^{(g)} < \tilde{\sigma}$. 相反, 若 $\tilde{\sigma}^{(g)} > \tilde{\sigma}$, 则存在带有系统偏差的 x_i 值.

单次测量的标准差是

$$\tilde{\sigma}_i^{(g)} = \frac{\tilde{\sigma}^{(g)}}{\sqrt{g_i}} = \frac{\tilde{\sigma}^{(g)}}{\tilde{\sigma}} \tilde{\sigma}_i, \tag{16.214}$$

其中预期 $\tilde{\sigma}_i^{(g)} < \tilde{\sigma}_i$.

加权平均的标准差是

$$\tilde{\sigma}_{\mathrm{AM}}^{(g)} = \sigma^{(g)} \bigg/ \sqrt{\sum_{i=1}^{n} g_i} = \sqrt{\sum_{i=1}^{n} g_i v_i^2 \bigg/ \left((n-1)\sum_{i=1}^{n} g_i\right)}. \tag{16.215}$$

3. 误差描述

可通过 1111 页 16.4.1.4 描述误差, 或通过误差的定义, 或根据自由度为 f 的 t 分位数.

■ 表 16.6 给出了具有不同均值 $\bar{x}_i$ $(i = 1, 2, \cdots, 5)$、不同标准差 $\tilde{\sigma}_{\mathrm{AM_i}}$ 的测量序列的最终结果 $(n = 5)$.

表 16.6 测量序列的误差描述

$\bar{x}_i$	$\tilde{\sigma}_{\mathrm{AM}_i}$	$\tilde{\sigma}_{\mathrm{AM}_i}^2$	g_i	z_i	$g_i z_i$	z_i^2	$g_i z_i^2$
1.573	0.010	$1.0 \cdot 10^{-4}$	0.81	$-1.2 \cdot 10^{-2}$	$-9.7 \cdot 10^{-3}$	$1.44 \cdot 10^{-4}$	$1.16 \cdot 10^{-4}$
1.580	0.004	$1.6 \cdot 10^{-5}$	5.06	$-5.0 \cdot 10^{-3}$	$-2.5 \cdot 10^{-2}$	$2.50 \cdot 10^{-5}$	$1.26 \cdot 10^{-4}$
1.582	0.005	$2.5 \cdot 10^{-5}$	3.24	$-3.0 \cdot 10^{-3}$	$-9.7 \cdot 10^{-3}$	$9.0 \cdot 10^{-6}$	$2.91 \cdot 10^{-5}$
1.589	0.009	$8.1 \cdot 10^{-5}$	1.00	$+4.0 \cdot 10^{-3}$	$4.0 \cdot 10^{-3}$	$1.6 \cdot 10^{-5}$	$1.6 \cdot 10^{-5}$
1.591	0.011	$1.21 \cdot 10^{-4}$	0.66	$+6.0 \cdot 10^{-3}$	$3.9 \cdot 10^{-3}$	$3.6 \cdot 10^{-5}$	$2.37 \cdot 10^{-5}$
$(\bar{x}_i)_m = 1.583$	$\tilde{\sigma} = 0.009$		$\sum_{i=1}^{n} g_i = 10.7$		$\sum_{i=1}^{n} g_i z_i = 3.6 \cdot 10^{-2}$		$\sum_{i=1}^{n} g_i z_i^2 = 3.1 \cdot 10^{-4}$

计算可得 $(\bar{x}_i)_m = 1.5830$, 选取 $x_0 = 1.585$ 和 $\tilde{\sigma} = 0.009$, 且 $z_i = \bar{x}_i - x_0$, $g_i = \tilde{\sigma}^2/\tilde{\sigma}_i^2$, 得到 $\bar{z} = -0.0036$ 和 $\bar{x} = x_0 + \bar{z} = 1.582$. 标准差是 $\tilde{\sigma}^{(g)} = \sqrt{\sum\limits_{i=1}^{n} g_i v_i^2 \Big/ (n-1)} = 0.0088 < \tilde{\sigma}$ 和 $\tilde{\sigma}_x = \tilde{\sigma}_{\mathrm{AM}} = 0.0027$. 最终结果是 $x = \bar{x} \pm \tilde{\sigma}_x = 1.585 \pm 0.0027$.

16.4.2 误差传播和误差分析

测量数量在最终结果中通常以相关函数形式出现, 称为误差传播. 若误差很小, 则使用略去二阶及更高阶项的误差的泰勒展开式.

16.4.2.1 高斯误差传播定律

1. 问题表述

欲确定由函数 $z = f(x_1, x_2, \cdots, x_k)$ 给出的量 z 的数值和误差, 其中 x_j $(j = 1, 2, \cdots, k)$ 是独立变量. 由测量值 n_j 得到的均值 $\bar{x}_j$ 可视为随机变量 x_j 的实现, 且方差为 σ_j^2. 问题是: 变量的误差是如何影响函数值 $f(x_1, x_2, \cdots, x_k)$ 的. 设函数 $f(x_1, x_2, \cdots, x_k)$ 可微, 其变量是随机独立的, 但服从具有不同方差 σ_j^2 的任意分布.

2. 泰勒展开

由于误差表示独立变量相对较小的变化, 函数 $f(x_1, x_2, \cdots, x_k)$ 大约可由均值 $\bar{x}_j$ 泰勒展开式的线性部分逼近, 展开式的系数为 a_j, 故误差 Δf 是

$$\Delta f = f(x_1, x_2, \cdots, x_k) - f(\bar{x}_1, \bar{x}_2, \cdots, \bar{x}_k), \tag{16.216a}$$

$$\Delta f \approx \mathrm{d}f = \frac{\partial f}{\partial x_1}\mathrm{d}x_1 + \frac{\partial f}{\partial x_2}\mathrm{d}x_2 + \cdots + \frac{\partial f}{\partial x_k}\mathrm{d}x_k = \sum_{j=1}^{k} \frac{\partial f}{\partial x_j}\mathrm{d}x_j = \sum_{j=1}^{k} a_j \mathrm{d}x_j, \tag{16.216b}$$

其中偏导数 $\partial f/\partial x_j$ 在 $(\bar{x}_1, \bar{x}_2, \cdots, \bar{x}_k)$ 处取得.

函数的方差是

$$\partial f^2 = a_1^2\sigma_{x_1}^2 + a_2^2\sigma_{x_2}^2 + \cdots + a_k^2\sigma_{x_k}^2 = \sum_{j=1}^{k} a_j^2\sigma_{x_j}^2. \tag{16.217}$$

3. 方差σ_f^2的近似值

由于独立变量 x_j 的方差未知, 可用均值的方差近似, 均值方差由单个变量的测量值 x_{jl} $(l = 1, 2, \cdots, n_l)$ 确定, 公式如下:

$$\tilde{\sigma}_{\bar{x}_j}^2 = \frac{\sum\limits_{l=1}^{n_j} (x_{jl} - \bar{x}_j)^2}{n_j(n_j - 1)}. \tag{16.218}$$

使用上述数值可得到 σ_f^2 的近似值:

$$\tilde{\sigma}_f^2 = \sum_{j=1}^{k} a_j^2 \tilde{\sigma}_{\bar{x}_j}^2. \tag{16.219}$$

公式 (16.219) 称为**高斯误差传播定律**.

4. 特殊情形

(1) **线性情形** 经常出现的情况是: 产生的误差是线性的. 当 $a_j = 1$ 时, 其误差值之和是

$$\tilde{\sigma}_f = \sqrt{\tilde{\sigma}_1^2 + \tilde{\sigma}_2^2 + \cdots + \tilde{\sigma}_k^2}. \tag{16.220}$$

■ 对于光谱辐射, 当测量探测器通道脉冲响应输出的脉冲长度时, 其误差由三部分组成:

a) 以能量 E_0 穿过光谱仪辐射的统计能量分布, 用 $\tilde{\sigma}_{\text{Str}}$ 表示.

b) 探测器中的统计干扰过程, 用 $\tilde{\sigma}_{\text{Det}}$ 表示.

c) 探测器脉冲中, 放大器的电子噪声 $\tilde{\sigma}_{\text{el}}$.

脉冲长度的总误差为

$$\tilde{\sigma}_f = \sqrt{\tilde{\sigma}_{\text{Str}}^2 + \tilde{\sigma}_{\text{Det}}^2 + \tilde{\sigma}_{\text{el}}^2}. \tag{16.221}$$

(2) **幂法则** 变量 x_j 经常以下述形式出现:

$$z = f(x_1, x_2, \cdots, x_k) = a x_1^{b_1} \cdot x_2^{b_2} \cdot \cdots \cdot x_k^{b_k}. \tag{16.222}$$

取对数差分, 相对误差为

$$\frac{\mathrm{d}f}{f} = b_1 \frac{\mathrm{d}x_1}{x_1} + b_2 \frac{\mathrm{d}x_2}{x_2} + \cdots + b_k \frac{\mathrm{d}x_k}{x_k}, \tag{16.223}$$

由此得到均值相对误差的误差传播定律为

$$\frac{\tilde{\sigma}_f}{f} = \sqrt{\sum_{j=1}^{k} \left(b_j \frac{\tilde{\sigma}_{\bar{x}_j}}{\bar{x}_j} \right)^2}. \tag{16.224}$$

■ 假设函数 $f(x_1, x_2, x_3)$ 具有形式 $f(x_1, x_2, x_3) = \sqrt{x_1} x_2^2 x_3^3$, 且标准差是 $\sigma_{x_1}, \sigma_{x_2}$ 和 σ_{x_3}, 则相对误差是

$$\delta z = \frac{\tilde{\sigma}_f}{f} = \sqrt{\left(\frac{1}{2} \frac{\tilde{\sigma}_{\bar{x}_1}}{\bar{x}_1} \right)^2 + \left(2 \frac{\tilde{\sigma}_{\bar{x}_2}}{\bar{x}_2} \right)^2 + \left(3 \frac{\tilde{\sigma}_{\bar{x}_3}}{\bar{x}_3} \right)^2}.$$

5. 最大误差的差分

规定最大绝对误差或最大相对误差的 (16.207), (16.208) 是指对测量值没作平滑. 为使用误差传播定律 (16.219) 或 (16.222) 确定相对误差或绝对误差, 测量值 x_j 之间的平滑意味着对于之前的给定水平, 确定一个置信区间. 该过程在第 1112 页 16.4.1.4 中给出.

16.4.2.2 误差分析

在计算函数 $\varphi(x_i)$ 的误差传播时, 忽略高阶项后的一般性分析称为误差分析. 在误差分析的理论框架中, 可使用输入误差 Δx_i 如何影响 $\varphi(x_i)$ 值的算法进行研究. 由此而论, 也可以讨论微分误差分析.

在计算数学中, 误差分析指研究方法误差、舍入误差、输入误差对最终结果的影响 (参见 [19.31], [19.35]).

(聂淑媛 译)

第 17 章　动力系统与混沌

17.1　常微分方程与映射

17.1.1　动力系统

17.1.1.1　基本概念

1. 动力系统与轨道的概念

*动力系统*是数学上的一个概念, 描述了物理、生物或其他现实系统随时间演化的情况. 设 M 为*相空间*, t 为时间参数, 定义动力系统是一个单参数映射族 $\varphi^t: M \to M$. 在下面的讨论中, 相空间一般取 $\mathbb{R}^n$, 或 $\mathbb{R}^n$ 的某一子集, 或一个度量空间. 时间参数 t 的取值范围是 $\mathbb{R}$(*时间连续系统*), 或是 $\mathbb{Z}$, $\mathbb{Z}_+$(*时间离散系统*). 进一步, 对任意 $x \in M$, 我们要求

a) $\varphi^0(x) = x$ 并且

b) 对任意 t, s, 有 $\varphi^t(\varphi^s(x)) = \varphi^{t+s}(x)$. 映射 φ^1 简记为 φ.

以后, 时间集合记为 Γ, 那么 $\Gamma = \mathbb{R}, \Gamma = \mathbb{R}_+, \Gamma = \mathbb{Z}$, 或者 $\Gamma = \mathbb{Z}_+$. 若 $\Gamma = \mathbb{R}$, 则该动力系统也称为*流*; 若 $\Gamma = \mathbb{Z}$ 或 $\Gamma = \mathbb{Z}_+$, 则动力系统是*离散的*. 在 $\Gamma = \mathbb{R}$ 或 $\Gamma = \mathbb{Z}$ 的情况下, 因为对任意 $t \in \Gamma$, 性质 a) 和性质 b) 成立, 所以逆映射 $(\varphi^t)^{-1} = \varphi^{-t}$ 也存在, 该动力系统称为*可逆动力系统*.

如果动力系统不可逆, 那么对任意集合 $A \subset M$ 和任意 $t > 0$, $\varphi^{-t}(A)$ 表示集合 A 在映射 φ^t 下的原像, 即 $\varphi^{-t}(A) = \left\{x \in M : \varphi^t(x) \in A\right\}$. 若对任意 $t \in \Gamma(M \subset \mathbb{R}^n)$, 映射 $\varphi^t : M \to M$ 连续或 k 阶连续可微, 则称动力系统分别是*连续的*或是 *C^k 光滑的*.

给定 $x \in M$, 映射 $t \to \varphi^t(x)$ 定义了动力系统中的一个*运动*, 该运动当 $t = 0$ 时, 初始值是 x. 以 x 为初始值的运动的像 $\gamma(x)$ 称为 x 的*轨道*, 即 $\gamma(x) = \{\varphi^t(x)\}_{t\in\Gamma}$. 类似地, 定义 $\gamma^+(x) = \{\varphi^t(x)\}_{t\geqslant 0}$ 为 x 的*正半轨*. 若 $\Gamma \neq \mathbb{R}_+$ 或 $\Gamma \neq \mathbb{Z}_+$, 则定义 $\gamma^-(x) = \{\varphi^t(x)\}_{t\leqslant 0}$ 为 x 的*负半轨*.

若 $\gamma(x) = \{x\}$, 则称轨道 $\gamma(x)$ 是*稳态的*(*平衡点*, *不动点*). 若存在 $T \in \Gamma, T > 0$, 使得对任意 $t \in \Gamma$, 有 $\varphi^{t+T}(x) = \varphi^t(x)$ 并且 $T \in \Gamma$ 是满足上述性质的最小整数, 则称轨道 $\gamma(x)$ 是 *T 周期的*. 常数 T 称为*周期*.

2. 微分方程的流

考虑微分方程

$$\dot{x} = f(x), \tag{17.1}$$

其中, $f: M \to \mathbb{R}^n$(向量场) 是 r 阶连续可微的, $M = \mathbb{R}^n$ 或者 M 是 $\mathbb{R}^n$ 中的开子集. 以后, 在 $\mathbb{R}^n$ 中采用欧几里得范数, 即对任意 $x \in \mathbb{R}^n, x = (x_1, \cdots, x_n)$, 模 $\|x\| = \sqrt{\sum\limits_{i=1}^{n} x_i^2}$. 如果将映射 f 写成分量形式 $f = (f_1, \cdots, f_n)$, 则 (17.1) 是由 n 个标量微分方程 $\dot{x}_i = f_i(x_1, \cdots, x_n), i = 1, 2, \cdots, n$ 构成的方程组.

根据微分方程解的存在唯一性定理 (皮卡–林德勒夫定理) 和解对初值的 r 阶可微性定理, 我们有对任意 $x_0 \in M$, 存在常数 $\varepsilon > 0$, 球面 $B_\delta(x_0) = \{x : \|x - x_0\| < \delta\} \subset M$ 和映射 $\varphi : (-\varepsilon, \varepsilon) \times B_\delta(x_0) \to M$, 使得

(1) $\varphi(\cdot, \cdot)$ 关于第一个变量 (时间) 是 $r+1$ 阶连续可微的, 关于第二个变量 (相变量) 是 r 阶连续可微的;

(2) 给定 $x \in B_\delta(x_0)$, $\varphi(\cdot, x)$ 是方程 (17.1) 在时间区间 $(-\varepsilon, \varepsilon)$ 上, 满足当 $t = 0$ 时, 初始值为 x 的局部唯一解, 也就是说, 对任意 $t \in (-\varepsilon, \varepsilon)$, 有 $\dfrac{\partial \varphi}{\partial t}(t, x) = \dot{\varphi}(t, x) = f(\varphi(t, x))$, $\varphi(0, x) = x$, 并且任意一个当 $t = 0$ 时, 初始值为 x 的解在 $|t|$ 很小范围内与 $\varphi(t, x)$ 重合.

假设方程 (17.1) 的每个局部解均可唯一延拓至整个 $\mathbb{R}$. 那么存在一个映射 $\varphi : \mathbb{R} \times M \to M$ 满足下面的性质:

(1) 对任意 $x \in M$, 有 $\varphi(0, x) = x$.

(2) 对任意 $t, s \in \mathbb{R}$, $x \in M$, 有 $\varphi(t+s, x) = \varphi(t, \varphi(s, x))$.

(3) $\varphi(\cdot, \cdot)$ 关于第一个变量是 $r+1$ 阶连续可微的, 关于第二个变量是 r 阶连续可微的.

(4) 给定 $x \in M$, $\varphi(\cdot, x)$ 是方程 (17.1) 在整个实数 $\mathbb{R}$ 上的一个解.

从而, 定义 $\varphi^t := \varphi(t, \cdot)$ 是由方程 (17.1) 诱导出的 C^r 光滑流. 方程 (17.1) 中流的运动 $\varphi(\cdot, x) : \mathbb{R} \to M$ 称为积分曲线.

■ 方程

$$\dot{x} = \sigma(y - x), \quad \dot{y} = rx - y - xz, \quad \dot{z} = xy - bz \tag{17.2}$$

称为对流湍流的洛伦茨 (Lorenz) 系统(参见第 1153 页 17.2.4.3). 其中, 参数 $\sigma > 0, r > 0, b > 0$. $M = \mathbb{R}^3$ 上的 C^∞ 流对应于洛伦茨系统.

3. 离散动力系统

考虑差分方程

$$x_{t+1} = \varphi(x_t), \tag{17.3}$$

也可记为 $x \to \varphi(x)$. 其中, $\varphi : M \to M$ 是连续映射, 或者当 $M \subset \mathbb{R}^n$ 时, $\varphi : M \to M$ 是 r 阶连续可微映射. 若 φ 可逆, 则通过 φ 的迭代, 方程 (17.3) 可定义可逆离散动力系统. 具体地说,

$$\text{当 } t>0 \text{ 时}, \varphi^t = \underbrace{\varphi\circ\cdots\circ\varphi}_{t\text{次}},$$

$$\text{当 } t<0 \text{ 时}, \varphi^t = \underbrace{\varphi^{-1}\circ\cdots\circ\varphi^{-1}}_{-t\text{次}}, \quad \varphi^0 = id. \tag{17.4}$$

若 φ 不可逆, 则仅当 $t \geqslant 0$ 时, 可定义映射 φ^t.

■ **A:** 差分方程

$$x_{t+1} = \alpha x_t(1-x_t), \quad t=0,1,\cdots \tag{17.5}$$

称为**逻辑斯谛**(logistic) **方程**, 其中参数 $\alpha \in (0,4]$. 这里, $M=[0,1]$, 并且对给定的 α, $\varphi:[0,1]\to[0,1]$ 定义为 $\varphi(x)=\alpha x(1-x)$. 显然, φ 是无穷阶可微的, 但是不可逆. 因此, 方程 (17.5) 定义了一个不可逆动力系统.

■ **B:** 差分方程

$$x_{t+1} = y_t + 1 - ax_t^2, \quad y_{t+1} = bx_t, \quad t=0,\pm1,\cdots, \tag{17.6}$$

称为**埃农**(Hénon) **映射**, 其中参数 $a>0$, $b\neq 0$. 在方程 (17.6) 中, 映射 $\varphi:\mathbb{R}^2\to\mathbb{R}^2$ 定义为 $\varphi(x,y)=(y+1-ax^2, bx)$. 该映射无穷阶可微并且可逆.

4. 积收缩系统和保体积系统

$M\subset\mathbb{R}^n$ 上的可逆动力系统 $\{\varphi^t\}_{t\in\Gamma}$ 称为**体积收缩或耗散的**(**保体积或保守的**), 如果对任意具有正 n 维体积 $\mathrm{vol}(A)$ 的集合 $A\subset M$, 任意 $t>0(t\in\Gamma)$, 有 $\mathrm{vol}(\varphi^t(A))<\mathrm{val}(A)$ $(\mathrm{vol}(\varphi^t(A))=\mathrm{val}(A))$.

■ **A:** 在方程 (17.3) 中, 设 φ 是 C^r **微分同胚**(即 $\varphi: M\to M$ 可逆, $M\subset\mathbb{R}^n$ 是开集, φ 和 φ^{-1} 是 C^r 光滑). 令 $D\varphi(x)$ 是 φ 在 $x\in M$ 处的雅可比矩阵. 若对任意 $x\in M$, $|\det D\varphi(x)|<1$, 则离散系统 (17.3) 是耗散系统. 若在 M 中 $|\det D\varphi(x)|\equiv 1$, 则离散系统 (17.3) 是保守系统.

■ **B:** 对于系统 (17.6), $D\varphi(x,y)=\begin{pmatrix}-2ax & 1\\ b & 0\end{pmatrix}$, 于是 $|\det D\varphi(x,y)|\equiv b$. 因此, 若 $|b|<1$, 系统 (17.6) 是耗散系统; 若 $|b|=1$, 系统 (17.6) 是保守系统.

埃农映射可以分解成三个映射 (图 17.1): 首先, 保面积映射 $x'=x, y'=y+1-ax^2$ 将初始区域伸展和弯曲; 然后, 映射 $x''=bx', y''=y'$ 将区域沿 x' 轴压缩 (当 $|b|<1$); 最后, 映射 $x'''=y'', y'''=x''$ 将区域以直线 $y''=x''$ 为轴作反射.

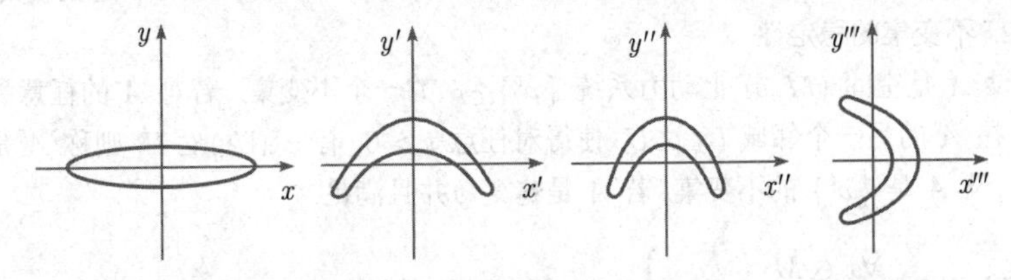

图 17.1

17.1.1.2 不变集

1. α 极限集、ω 极限集、吸收集

令 $\{\varphi^t\}_{t\in\Gamma}$ 是 M 上的动力系统. 若集合 $A\subset M$ 满足对任意 $t\in\Gamma$, 有 $\varphi^t(A)=A$, 则称 A 是 $\{\varphi^t\}$ 的**不变集**. 若集合 $A\subset M$ 满足对任意 $t\geqslant 0, t\in\Gamma$, 有 $\varphi^t(A)\subset A$, 则称 A 是 $\{\varphi^t\}$ 的**正向不变集**. 对任意 $x\in M$, x 的轨道的 ω 极限集定义为下面的集合:

$$\omega(x)=\{y\in M:\exists t_n\in\Gamma, t_n\to+\infty, \varphi^{t_n}(x)\to y \quad \text{当 } n\to+\infty\}. \tag{17.7}$$

$\omega(x)$ 中的点称为轨道的 **ω极限点**. 若动力系统是可逆的, 则对任意 $x\in M$, 集合

$$\alpha(x)=\{y\in M:\exists t_n\in\Gamma, t_n\to-\infty, \varphi^{t_n}(x)\to y \quad \text{当 } n\to+\infty\} \tag{17.8}$$

称为 **x的轨道的α极限集**; $\alpha(x)$ 中的点称为轨道的 **α 极限点**.

对于体积收缩的动力系统, 在相平面上存在一个有界集合使得随着时间的推移, 到达此集合的条轨道将留在这个集合内. 一个有界连通开集 $U\subset M$ 称为 $\{\varphi^t\}_{t\in\Gamma}$ 的**吸收集**, 如果对任意 $t>0, t\in\Gamma$, 有 $\varphi^t(\overline{U})\subset U$. ($\overline{U}$ 表示 U 的闭包.)

■ 考虑平面微分方程

$$\dot{x}=-y+x(1-x^2-y^2), \quad \dot{y}=x+y(1-x^2-y^2) \tag{17.9a}$$

根据极坐标变换 $x=r\cos\theta, y=r\sin\theta$, 方程 (17.9a) 满足当 $t=0$ 时, 初始状态为 (r_0,υ_0) 的解具有下面的形式:

$$r(t,r_0)=[1+(r_0^{-2}-1)\mathrm{e}^{-2t}]^{-1/2}, \quad \upsilon(t,\upsilon_0)=t+\upsilon_0. \tag{17.9b}$$

上述解的形式表明方程 (17.9a) 的流中存在周期为 2π 的周期轨, 它可表示为 $\gamma((1,0))=\{(\cos t,\sin t), t\in[0,2\pi]\}$. 点 p 的轨道的极限集是

$$\alpha(p)=\begin{cases}(0,0), & \|p\|<1,\\ \gamma((1,0)), & \|p\|=1,\\ \varnothing, & \|p\|>1\end{cases} \quad \text{和} \quad \omega(p)=\begin{cases}\gamma((1,0)), & p\neq(0,0),\\ (0,0), & p=(0,0).\end{cases}$$

对于系统 (17.9a), 给定 $r>1$, 任意开集 $B_r=\{(x,y):x^2+y^2<r^2\}$ 是吸收集.

2. 不变集的稳定性

设 A 是空间 (M,ρ) 上动力系统 $\{\varphi^t\}_{t\in\Gamma}$ 的一个不变集. 若对 A 的任意邻域 U, 存在 A 的另一个邻域 $U_1\subset U$, 使得对任意 $t>0$, 有 $\varphi^t(U_1)\subset U$, 则称 A 是**稳定的**. 设 A 是 $\{\varphi^t\}$ 的不变集, 若 A 是**稳定的**并且满足

$$\left.\exists\Delta>0, \quad \begin{matrix}\forall x\in M\\ \mathrm{dist}(x,A)<\Delta\end{matrix}\right\}: \text{当 } t\to+\infty, \text{有 } \mathrm{dist}(\varphi^t(x),A)\to 0, \tag{17.10}$$

其中, $\mathrm{dist}(x,A)=\inf\limits_{y\in A}\rho(x,y)$, 则称 A 是渐近稳定的.

3. 紧致集

设 (M,ρ) 是度量空间. 一族开集 $\{U_i\}_{i\in I}$ 称为 M 的开覆盖, 如果 M 中对任意一点都至少属于某个 U_i. 度量空间 (M,ρ) 称为紧致的, 如果任意 M 的开覆盖 $\{U_i\}_{i\in I}$ 都存在有限多个集合 $U_{i_1},\cdots,U_{i_r}$ 使得 $M=U_{i_1}\cup\cdots\cup U_{i_r}$. 集合 $K\subset M$ 称为紧致的, 如果 K 作为子空间是紧致的.

4. 吸引子、吸引域

设 $\{\varphi^t\}_{t\in\Gamma}$ 是 (M,ρ) 上的动力系统, A 是 $\{\varphi^t\}$ 的不变集. 那么, $W(A)=\{x\in M:\omega(x)\subset A\}$ 称为 A 的吸引域. 紧致集 $\Lambda\subset M$ 称为 M 上动力系统 $\{\varphi^t\}_{t\in\Gamma}$ 的吸引子, 如果 Λ 是 $\{\varphi^t\}$ 的不变集, 并且存在 Λ 的开邻域 U, 使得对几乎处处的 (勒贝格测度意义下)$x\in U$, 有 $\omega(x)=\Lambda$.

■$\Lambda=\gamma((1,0))$ 是方程 (17.9a) 中流的一个吸引子. 其中, $W(\Lambda)=\mathbb{R}^2\backslash\{(0,0)\}$. 在某些动力系统中, 吸引子有更广泛的含义. 存在这样的不变集 Λ, 它的任意邻域都含有周期轨, 这些周期轨没有被 Λ 吸引, 例如费根鲍姆 (Feigenbaum) 吸引子. 集合 Λ 可能不仅由单个 ω 极限集组成. 紧致集合 Λ 称为 M 上动力系统 $\{\varphi^t\}_{t\in\Gamma}$ 的米尔诺(Milnor) 吸引子, 如果 Λ 是 $\{\varphi^t\}$ 的不变集, 并且 Λ 的吸引域包含一个正的勒贝格测度集.

17.1.2 常微分方程的定性理论

17.1.2.1 流的存在性, 相空间结构

1. 解的延拓

微分方程 (17.1) 称为自治的. 除了自治方程, 还存在一类方程, 其右端项显式地依赖于时间, 称为非自治方程,

$$\dot{x}=f(t,x). \tag{17.11}$$

令 $M\subset\mathbb{R}^n$, $f:\mathbb{R}\times M\to M$ 为 C^r 映射. 引入新的变量 $x_{n+1}:=t$, 方程 (17.11) 可看作自治微分方程 $\dot{x}=f(x_{n+1},x),\dot{x}_{n+1}=1$. 方程 (17.11) 在 t_0 时刻, 初始值为 x_0 的解记为 $\varphi(\cdot,t_0,x_0)$. 为了证明方程 (17.1) 解的全局存在性和流的存在性, 我们需要下面的定理.

(1) 温特纳 (Wintner) 和康蒂 (Conti) 法则　若在方程 (17.1) 中 $M=\mathbb{R}^n$, 并且存在连续函数 $\omega:[0,+\infty)\to[1,+\infty)$, 使得对任意 $x\in\mathbb{R}^n$, 有 $\|f(x)\|\leqslant\omega(\|x\|)$ 和 $\displaystyle\int_0^{+\infty}\frac{1}{\omega(r)}\mathrm{d}r=+\infty$ 成立, 那么方程 (17.1) 的解可延拓至整个 $\mathbb{R}_+$.

■ 例如, 下面的函数满足温特纳和康蒂法则: $\omega(r)=Cr+1$ 或 $\omega(r)=Cr|\ln r|+1$, 其中常数 $C>0$.

(2) 延拓法则　若随着时间增加, 方程 (17.1) 的一个解始终有界, 则该解可延拓至整个 $\mathbb{R}_+$.

假设: 在下面的讨论中, 我们总是假设方程 (17.1) 的流是存在的.

2. 相图

a) 若 $\varphi(t)$ 是方程 (17.1) 的解, 则对任意常数 c, 函数 $\varphi(t+c)$ 也是解.

b) 方程 (17.1) 的任意两条轨线或者没有交点, 或者重合. 因此, 方程 (17.1) 的相空间可分解成不相交的轨线. 将相空间分解为不相交的轨线称为**相图**.

c) 不同于稳态解, 每条轨线都是正则光滑的曲线, 它可能闭合, 也可能不闭合.

3. 刘维尔定理

设 $\{\varphi^t\}_{t\in\mathbb{R}}$ 是方程 (17.1) 的流, $D\subset M\subset\mathbb{R}^n$ 是任意一个有界可测集, $D_t:=\varphi^t(D), V_t:=\mathrm{vol}(D_t)$ 是 D_t 的 n 维体积 (图 17.2). 那么, 对任意 $t\in\mathbb{R}$, 有 $\dfrac{\mathrm{d}}{\mathrm{d}t}V_t=\displaystyle\int_{D_t}\mathrm{div}f(x)\mathrm{d}x$. 当 $n=3$ 时, 刘维尔定理形式如下:

$$\frac{\mathrm{d}}{\mathrm{d}t}V_t=\iiint_{D_t}\mathrm{div}f(x_1,x_2,x_3)\mathrm{d}x_1\mathrm{d}x_2\mathrm{d}x_3 \tag{17.12}$$

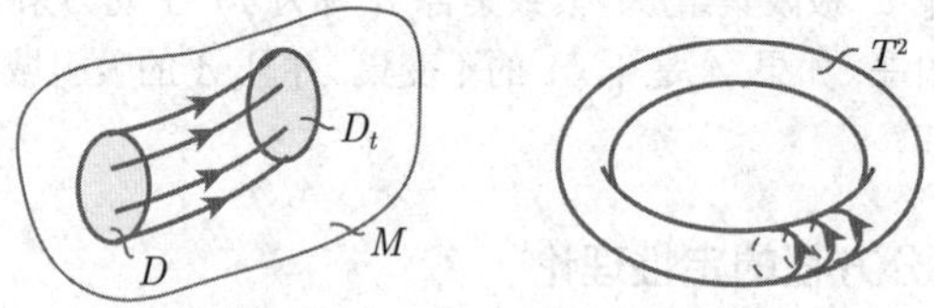

(a)　　　　(b)

图 17.2

推论　若方程 (17.1) 中在 M 上 $\mathrm{div}f(x)<0$, 则方程 (17.1) 的流是体积收缩的. 若在 M 上 $\mathrm{div}f(x)\equiv 0$, 则方程 (17.1) 的流是保体积的.

■ **A:** 对于洛伦茨系统 (17.2), 有 $\mathrm{div}f(x,y,z)\equiv-(\sigma+1+b)$. 因为 $\sigma>0,b>0$, 所以 $\mathrm{div}f(x,y,z)<0$. 由刘维尔定理, 对任意有界可测集 $D\subset\mathbb{R}^3$, 有 $\dfrac{\mathrm{d}}{\mathrm{d}t}V_t=\displaystyle\iiint_{D_t}-(\sigma+1+b)\mathrm{d}x_1\mathrm{d}x_2\mathrm{d}x_3=-(\sigma+1+b)V_t$. 线性微分方程 $\dot{V}_t=-(\sigma+1+b)V_t$ 的解是 $V_t=V_0\cdot\mathrm{e}^{-(\sigma+1+b)t}$, 于是, 当 $t\to+\infty$ 时, 有 $V_t\to 0$.

■ **B:** 令 $U\subset\mathbb{R}^n\times\mathbb{R}^n$ 是开子集, $H:U\to\mathbb{R}$ 是 C^2 函数. 那么, $\dot{x}_i=\dfrac{\partial H}{\partial y_i}(x,y),\dot{y}_i=-\dfrac{\partial H}{\partial x_i}(x,y)\quad(i=1,2,\cdots,n)$ 称为**哈密顿微分方程**. 函数 H 称为系统的哈密顿函数. 若 f 表示此微分方程的右端项, 则 $\mathrm{div}f(x,y)=\displaystyle\sum_{i=1}^{n}\left[\frac{\partial^2 H}{\partial x_i\partial y_i}(x,y)-\frac{\partial^2 H}{\partial y_i\partial x_i}(x,y)\right]\equiv 0$. 于是, 哈密顿微分方程是保体积的.

17.1.2.2 线性微分方程

1. 基本陈述

令 $\boldsymbol{A}(t)=[a_{ij}(t)]_{i,j=1}^{n}$ 是 $\mathbb{R}$ 上矩阵函数, 其中, 分量 $a_{ij}:\mathbb{R}\to\mathbb{R}$ 是连续函数. 令 $b:\mathbb{R}\to\mathbb{R}^n$ 是 $\mathbb{R}$ 上连续向量函数. 那么,

$$\dot{x}=A(t)x+b(t) \tag{17.13a}$$

称为 $\mathbb{R}^n$ 上非齐次一阶线性微分方程;

$$\dot{x}=A(t)\boldsymbol{x} \tag{17.13b}$$

称为对应的齐次一阶线性微分方程.

(1) 齐次线性微分方程组的基本定理　方程 (17.13a) 的任一解在整个 $\mathbb{R}$ 上存在. 方程 (17.13b) 的所有解全体构成 $\mathbb{R}$ 上 C^1 光滑向量函数空间的一个 n 维向量子空间 L_H.

(2) 非齐次线性微分方程组的基本定理　方程 (17.13a) 的所有解全体构成 $\mathbb{R}$ 上 C^1 光滑向量函数空间的一个 n 维仿射向量子空间 $L_I=\varphi_0+L_H$, 其中 φ_0 是方程 (17.13a) 的任意解.

令 $\varphi_1,\cdots\varphi_n$ 是方程 (17.13b) 的解, $\varPhi=(\varphi_1,\cdots,\varphi_n)$ 是对应的解矩阵. 那么, $\varPhi$ 在 $\mathbb{R}$ 上满足矩阵微分方程 $\dot{Z}(t)=A(t)Z(t)$, 其中 $Z\in\mathbb{R}^{n\cdot n}$. 若解 $\varphi_1,\cdots,\varphi_n$ 是 L_H 中一组基, 则 $\varPhi=(\varphi_1,\cdots,\varphi_n)$ 称为方程 (17.13b) 的基解矩阵. $W(t)=\det\varPhi(t)$ 称为方程 (17.13b) 关于解矩阵 $\varPhi$ 的朗斯基行列式. 刘维尔公式如下:

$$\dot{W}(t)=\operatorname{rank}A(t)W(t)\quad(t\in\mathbb{R}). \tag{17.13c}$$

对任意解矩阵, 或者在 $\mathbb{R}$ 上 $W(t)\equiv 0$, 或者对任意$t\in\mathbb{R}$, $W(t)\neq 0$. $\varphi_1,\cdots,\varphi_n$ 是 L_H 的一组基当且仅当在某时刻 t(因此, 在任意时刻 t), 有$\det(\varphi_1(t),\cdots,\varphi_n(t))\neq 0$.

(3) 常数变异法　令 $\varPhi$ 是方程 (17.13b) 的任意基解矩阵. 那么, 方程 (17.13a) 满足当 $t=\tau$ 时, 初始值为 p 的解 φ 可表示为

$$\varphi=\varPhi(t)\varPhi(\tau)^{-1}p+\int_{\tau}^{t}\varPhi(t)\varPhi(s)^{-1}b(s)\mathrm{d}s\quad(t\in\mathbb{R}). \tag{17.13d}$$

2. 自治线性微分方程组

考虑微分方程

$$\dot{x}=Ax, \tag{17.14}$$

其中, A 是 (n,n) 型的常数矩阵. 矩阵 A 的算子范数定义为 $\|A\|=\max\{\|Ax\|,x\in\mathbb{R}^n,\|x\|\leqslant 1\}$, 其中, $\mathbb{R}^n$ 中的向量取欧几里得范数.

令 A 和 B 是 (n,n) 型的矩阵. 那么,

a) $\|A+B\|\leqslant\|A\|+\|B\|$;

b) $\|\lambda A\|=|\lambda|\|A\|(\lambda\in\mathbb{R})$;

c) $\|Ax\| \leqslant \|A\|\|x\|(x \in \mathbb{R}^n)$;

d) $\|AB\| \leqslant \|A\|\|B\|$;

e) $\|A\| = \sqrt{\lambda_{\max}}$, 其中, $\lambda_{\max}$ 是 $A^{\mathrm{T}}A$ 的最大特征值.

方程 (17.14) 满足当 $t=0$ 时, 初始值为 E_n 的基解矩阵是**矩阵指数函数**

$$\mathrm{e}^{At} = E_n + \frac{At}{1!} + \frac{A^2t^2}{2!} + \cdots = \sum_{i=0}^{\infty} \frac{A^i t^i}{i!}. \tag{17.15}$$

其满足下面的性质:

a) 当 t 在任意紧致时间区间上变化时, e^{At} 的级数是一致收敛的. 对固定 t, e^{At} 的级数是绝对收敛的.

b) $\|\mathrm{e}^{At}\| \leqslant \mathrm{e}^{\|A\|t}(t \geqslant 0)$;

c) $\dfrac{\mathrm{d}}{\mathrm{d}t}(\mathrm{e}^{At}) = (\mathrm{e}^{At})^{\cdot} = A\mathrm{e}^{At} = \mathrm{e}^{At}A(t \in \mathbb{R})$;

d) $\mathrm{e}^{(t+s)A} = \mathrm{e}^{tA}\mathrm{e}^{sA}(s, t \in \mathbb{R})$;

e) 对任意 t, e^{At} 是正则的, 并且 $(\mathrm{e}^{At})^{-1} = \mathrm{e}^{-At}$;

f) 若 A, B 是 (n,n) 型的可交换矩阵, 即 $AB = BA$, 则 $B\mathrm{e}^A = \mathrm{e}^A B$, 并且 $\mathrm{e}^{A+B} = \mathrm{e}^A\mathrm{e}^B$;

g) 若 A, B 是 (n,n) 型的矩阵, 并且 B 是正则的, 则 $\mathrm{e}^{BAB^{-1}} = B\mathrm{e}^A B^{-1}$.

3. 周期系数的线性微分方程

考虑齐次线性微分方程 (17.13b), 其中 $A(t) = [a_{ij}(t)]_{i,j=1}^n$ 是 T 周期矩阵函数, 即 $a_{ij}(t) = a_{ij}(t+T) \quad (\forall t \in \mathbb{R}, i, j = 1, \cdots, n)$. 该情形下, 方程 (17.13b) 称为 *$T$ 周期线性微分方程*. 方程 (17.13b) 的任意基解矩阵 Φ 可表示为 $\Phi(t) = G(t)\mathrm{e}^{tR}$, 其中, $G(t)$ 是光滑的, 正则的 T 周期矩阵函数, R 是 (n,n) 型的常数矩阵 (弗洛凯(Floquet) 定理).

令 $\Phi(t)$ 是 T 周期微分方程 (17.13b) 的基解矩阵, 且在 $t=0$ 处正则化, 即 $\Phi(0) = E_n$. 根据弗洛凯定理, 有形式 $\Phi(t) = G(t)\mathrm{e}^{tR}$. 矩阵 $\Phi(T) = \mathrm{e}^{RT}$ 称为方程 (17.13b) 的**单值矩阵**; $\Phi(T)$ 的特征值 ρ_j 称为方程 (17.13b) 的**乘子**. $\rho \in \mathbb{C}$ 是方程 (17.13b) 的乘子当且仅当存在方程 (17.13b) 的一个解 $\varphi \neq 0$ 使得 $\varphi(t+T) = \rho\varphi(t)(t \in \mathbb{R})$.

17.1.2.3 稳定性理论

1. 李雅普诺夫稳定性与轨道稳定性

考虑非自治微分方程 (17.11). 方程 (17.11) 的解 $\varphi(t, t_0, x_0)$ 称为**李雅普诺夫意义下稳定**, 如果

$$\left.\begin{array}{l}\forall t_1 \geqslant t_0, \quad \forall \varepsilon > 0, \quad \exists \delta = \delta(\varepsilon, t_1), \qquad \forall x_1 \in M \\ \|x_1 - \varphi(t_1, t_0, x_0)\| < \delta\end{array}\right\}:$$

$$\|\varphi(t, t_1, x_1) - \varphi(t, t_0, x_0)\| < \varepsilon, \quad t \geqslant t_1. \tag{17.16a}$$

解 $\varphi(t,t_0,x_0)$ 称为**李雅普诺夫意义下渐近稳定**, 如果该解是稳定的, 并且

$$\left.\begin{array}{l}\forall t_1 \geqslant t_0, \quad \exists \varDelta=\varDelta(t_1), \qquad \forall x_1 \in M \\ \|x_1-\varphi(t_1,t_0,x_0)\|<\varDelta\end{array}\right\}: \\ \|\varphi(t,t_1,x_1)-\varphi(t,t_0,x_0)\| \rightarrow 0 \quad \text{当 } t \rightarrow +\infty. \tag{17.16b}$$

对于自治微分方程 (17.1), 除了李雅普诺夫稳定性, 还有一些其他重要的稳定性概念. 方程 (17.1) 的解 $\varphi(t,x_0)$ 称为**轨道稳定**(**渐近轨道稳定**), 如果轨道 $\gamma(x_0)=\{\varphi(t,x_0),t\in\mathbb{R}\}$ 作为不变集是稳定的 (渐近稳定的). 方程 (17.1) 平衡点对应的解是李雅普诺夫稳定的当且仅当它是轨道稳定的. 对于方程 (17.1) 的周期解, 两种稳定性的类型是不同的.

■ 给定 $\mathbb{R}^3$ 上的一个流, 它的不变集是环面 T^2. 在局部直角坐标系中, 该流可表示为 $\dot{\varTheta}_1=0,\dot{\varTheta}_2=f_2(\varTheta_1)$, 其中, $f_2:\mathbb{R}\rightarrow\mathbb{R}$ 是 2π 周期的光滑函数, 满足

$$\left.\begin{array}{l}\forall \varTheta_1 \in \mathbb{R}, \quad \exists U_{\varTheta_1}(\varTheta_1 \text{ 的邻域}), \qquad \forall \delta_1,\delta_2 \in U_{\varTheta_1} \\ \delta_1 \neq \delta_2\end{array}\right\}: f_2(\delta_1)\neq f_2(\delta_2).$$

满足初始条件 $(\varTheta_1(0),\varTheta_2(0))$ 的解在环面上可表示为

$$\varTheta_1(t)\equiv\varTheta_1(0), \quad \varTheta_2(t)=\varTheta_2(0)+f_2(\varTheta_1(0))t \quad (t\in\mathbb{R}).$$

从上述表达式可以看出, 任意解是轨道稳定的, 但不是李雅普诺夫稳定的.

2. 李雅普诺夫渐近稳定性定理

标量函数 V 在点 $p\in M\subset\mathbb{R}^n$ 的邻域 U 内是**正定的**, 如果:

(1) $V:U\subset M\rightarrow\mathbb{R}$ 连续.

(2) 对任意 $x\in U\backslash\{p\}$, 有 $V(x)>0$ 并且 $V(p)=0$.

令 $U\subset M$ 是开集, $V:U\rightarrow\mathbb{R}$ 是连续函数. 函数 V 称为方程 (17.1) 在 U 内的李雅普诺夫函数, 如果对于解 $\varphi(t)\in U$, $V(\varphi(t))$ 是非增函数. 令 $V:U\rightarrow\mathbb{R}$ 是方程 (17.1) 的**李雅普诺夫函数**, 并且 V 在点 p 的邻域 U 内是正定的. 那么, p 是稳定的. 如果对于方程 (17.1) 满足 $\varphi(t,x)\in U(t\geqslant 0)$ 的解 φ , 条件 $V(\varphi(t,x_0))=\text{constant}(t\geqslant 0)$(也就是说, 李雅普诺夫函数沿着完整轨道等于常值) 总蕴含着 $\varphi(t,x_0)\equiv p$, 那么, 该轨道一定是平衡点, 并且平衡点 p 是渐近稳定的.

■ 点 $(0,0)$ 是**平面微分方程**$\dot{x}=y,\dot{y}=-x-x^2y$ 的平衡点. 函数 $V(x,y)=x^2+y^2$ 在点 $(0,0)$ 的任意邻域是正定的, 并且沿任意满足 $x(t)y(t)\neq 0$ 的解, 导数 $\dfrac{\mathrm{d}}{\mathrm{d}t}V(x(t),y(t))=-2x(t)^2y(t)^2<0$. 因此, $(0,0)$ 是渐近稳定的.

3. 稳态解的分类和稳定性

令 x_0 是方程 (17.1) 的平衡点. 在特定假设下, 方程 (17.1) 在 x_0 的邻域内轨道的局部性质可由**变分方程**$\dot{y}=Df(x_0)y$ 描述, 其中 $Df(x_0)$ 是 f 在 x_0 的雅可比矩阵. 若 $Df(x_0)$ 没有特征值 λ_j 满足 $\text{Re}\lambda_j=0$, 则平衡点 x_0 称为**双曲的**. 若

$Df(x_0)$ 恰好有 m 个负实部的特征值和 $k=n-1-m$ 个正实部的特征值, 则称双曲平衡点 x_0 是 (m,k) 型的. (m,k) 型的双曲平衡点称为汇, 如果 $m=n$; 称为源, 如果 $k=n$; 称为鞍点, 如果 $m\neq 0$ 并且 $k\neq 0$(图 17.3). 汇是渐近稳定的; 源和鞍点是不稳定的 (一阶近似的稳定性定理). 在双曲平衡点的三种基本拓扑类型内 (汇, 源, 鞍点), 还有进一步的代数分类. 汇 (源) 称为稳定结点(不稳定结点), 如果雅可比矩阵的特征值都是实的; 称为稳定焦点(不稳定焦点), 如果雅可比矩阵有虚部非零的特征值. 当 $n=3$ 时, 鞍点可分为鞍结点和鞍焦点.

平衡点类型	汇	源	鞍点
雅可比矩阵特征值	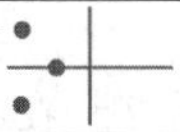	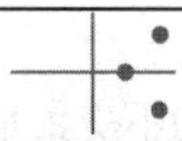	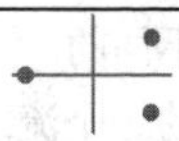
相图			

图 17.3

4. 周期轨的稳定性

设 $\varphi(t,x_0)$ 是方程 (17.1) 的 T 周期解, 其轨道是 $\gamma(x_0)=\{\varphi(t,x_0),t\in[0,T]\}$. 在特定假设下, $\gamma(x_0)$ 某个邻域的相图可由变分方程 $\dot{y}=Df(\varphi(t,x_0))y$ 描述. 因为 $A(t)=Df(\varphi(t,x_0))$ 是 (n,n) 型的 T 周期连续矩阵函数, 根据弗洛凯定理, 变分方程的基解矩阵 $\varPhi_{x_0}(t)$ 可记为 $\varPhi_{x_0}=G(t)\mathrm{e}^{Rt}$, 其中, G 是 T 周期正则光滑矩阵函数, 满足 $G(0)=E_n$, R 为 (n,n) 型的常数矩阵, 其表示不唯一. 矩阵 $\varPhi_{x_0}(T)=\mathrm{e}^{RT}$ 称为周期轨 $\gamma(x_0)$ 的单值矩阵, e^{RT} 的特征值 $\rho_1,\cdots,\rho_n$ 称为周期轨 $\gamma(x_0)$ 的乘子. 若轨道 $\gamma(x_0)$ 可由其他解 $\varphi(t,x_1)$ 表示, 即 $\gamma(x_0)=\gamma(x_1)$, 则 $\gamma(x_0)$ 和 $\gamma(x_1)$ 的乘子相同. 一个周期轨总含有等于 1 的乘子 (安德罗诺夫–维特定理). 令 $\rho_1,\cdots,\rho_{n-1},\rho_n=1$ 是周期轨 $\gamma(x_0)$ 的乘子, 令 $\varPhi_{x_0}(T)$ 是 $\gamma(x_0)$ 的单值矩阵. 那么

$$\sum_{j=1}^{n}\rho_j=\mathrm{Tr}\varPhi_{x_0}(T)\quad 并且\quad \prod_{j=1}^{n}\rho_j=\det\varPhi_{x_0}(T)=\exp\left(\int_0^T\mathrm{Tr}Df(\varphi(t,x_0))\mathrm{d}t\right)$$

$$=\exp\left(\int_0^T\mathrm{div}f(\varphi(t,x_0))\mathrm{d}t\right),\tag{17.17}$$

其中, 若 $n=2$, 则 $\rho_2=1$, $\rho_1=\exp\left(\int_0^T\mathrm{div}f(\varphi(t,x_0))\mathrm{d}t\right)$.

■ 令 $\varphi(t,(1,0))=(\cos t,\sin t)$ 是方程 (17.9a) 的 2π 周期解. 该解变分方程的矩阵 $A(t)$ 为

$$A(t)=Df(\varphi(t,(1,0)))=\begin{pmatrix}-2\cos^2 t & -1-\sin 2t\\ 1-\sin 2t & -2\sin^2 t\end{pmatrix}.$$

在 $t=0$ 处正则化的基解矩阵 $\Phi_{(1,0)}(t)$ 为

$$\Phi_{(1,0)}(t)=\begin{pmatrix} e^{-2t}\cos t & -\sin t \\ e^{-2t}\sin t & \cos t \end{pmatrix}=\begin{pmatrix} \cos t & -\sin t \\ \sin t & \cos t \end{pmatrix}\begin{pmatrix} e^{-2t} & 0 \\ 0 & 1 \end{pmatrix},$$

其中, 最后一个乘法是 $\Phi_{(0,1)}(t)$ 的弗洛凯表示. 因此, $\rho_1=e^{-4\pi},\rho_2=1$. 乘子可不采用弗洛凯表示来确定. 对于方程 (17.9a), 有 $\operatorname{div}f(x,y)=2-4x^2-4y^2$, 从而 $\operatorname{div}f(\cos t,\sin t)\equiv -2$. 根据上述公式, $\rho_1=\exp\left(\int_0^{2\pi}-2\mathrm{d}t\right)=\exp(-4\pi)$.

5. 周期轨的分类

若方程 (17.1) 的周期轨 γ 在复平面单位圆周上除了 $\rho_n=1$ 没有其他乘子, 则 γ 称为**双曲的**. 双曲周期轨是 (m,k)型的, 如果在单位圆周内部有 m 个乘子, 在单位圆周外部有 $k=n-1-m$ 个乘子. 若 $m>0$ 并且 $k>0$, 则 (m,k) 型的周期轨称为**鞍点**.

根据安德罗诺夫–维特 (Andronov-Witt) 定理, 方程 (17.1) 中 $(n-1,0)$ 型的双曲周期轨 γ 是渐近稳定的. $k>0$ 的 (m,k) 型双曲周期轨是不稳定的.

■ **A:** 平面上乘子为 ρ_1 和 $\rho_2=1$ 的周期轨 $\gamma=\{\varphi(t),t\in[0,T]\}$ 是渐近稳定的, 如果 $|\rho_1|<1$, 即 $\int_0^T\operatorname{div}f(\varphi(t))\mathrm{d}t<0$.

■ **B:** 若在复单位圆周上除了 $\rho_n=1$ 还有其他乘子, 则不能应用安德罗诺夫–维特定理. 仅根据乘子的信息无法进行周期轨的稳定性分析.

■ **C:** 例如, 设平面方程组 $\dot{x}=-y+xf(x^2+y^2),\dot{y}=x+yf(x^2+y^2)$, 其中光滑函数 $f:(0,+\infty)\to\mathbb{R}$ 满足 $f(1)=f'(1)=0$, 并且对任意 $r\neq 1,r>0$, 有 $f(r)(r-1)<0$. 显然,$\varphi(t)=(\cos t,\sin t)$ 是该方程组的 2π 周期解, 并且

$$\Phi_{(1,0)}(t)=\begin{pmatrix} \cos t & -\sin t \\ \sin t & \cos t \end{pmatrix}\begin{pmatrix} 1 & 0 \\ 0 & 1 \end{pmatrix}$$

是基解矩阵的弗洛凯表示. 从而, 有 $\rho_1=\rho_2=1$. 利用极坐标, 得 $\dot{r}=rf(r^2),\dot{\vartheta}=1$. 该形式表明周期轨 $\gamma((1,0))$ 是渐近稳定的.

6. 极限集、极限环的性质

当 $M\subset\mathbb{R}^n$, 微分方程 (17.1) 中流的 α 极限集和 ω 极限集有下列性质. 令 $x\in M$ 为任意一点, 那么:

a) 集合 $\alpha(x)$ 和 $\omega(x)$ 都是闭集.

b) 若 $\gamma^+(x)$(相应地, $\gamma^-(x)$) 是有界集, 则 $\omega(x)\neq\varnothing$ (相应地, $\alpha(x)\neq\varnothing$). 进一步, 在这种情形下, $\omega(x)$(相应地, $\alpha(x)$) 是方程 (17.1) 中流的不变连通集.

■ 例如, 若 $\gamma^+(x)$ 不是有界的, 则 $\omega(x)$ 不一定连通 (图 17.4).

对于平面自治微分方程 (17.1)(即 $M\subset\mathbb{R}^2$), 有庞加莱–本迪克松 (Poincaré-Bendixson) 定理

庞加莱-本迪克松定理 令 $\varphi(\cdot,p)$ 是方程 (17.1) 的非周期解, $\gamma^+(p)$ 是有界集. 若 $\omega(p)$ 不包含方程 (17.1) 的平衡点, 则 $\omega(x)$ 是方程 (17.1) 的周期轨.

因此, 对于平面自治微分方程, 除了平衡点或周期轨, 不存在更复杂的吸引子.

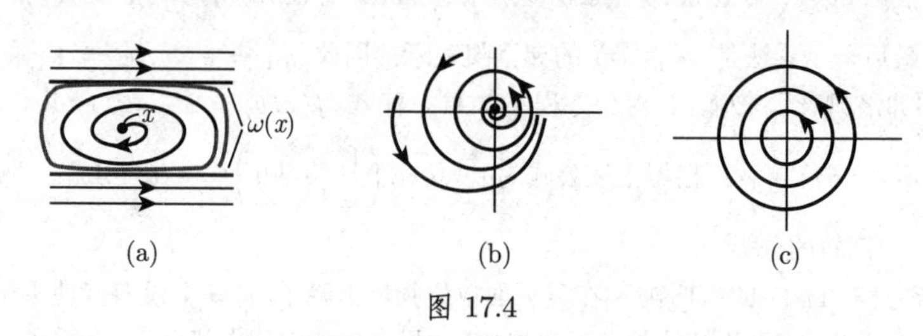

图 17.4

方程 (17.1) 的周期轨 γ 称为*极限环*, 如果存在 $x \notin \gamma$ 使得或者 $\gamma \subset \omega(x)$, 或者 $\gamma \subset \alpha(x)$. 一个极限环称为*稳定的极限环*, 如果存在 γ 的某个邻域 U, 使得对任意 $x \in U$, 有 $\gamma = \omega(x)$. 一个极限环称为*不稳定的极限环*, 如果存在 γ 的某个邻域 U, 使得对任意 $x \in U$, 有 $\gamma = \alpha(x)$.

■ **A:** 在方程 (17.9a) 的流中, 周期轨 $\gamma = \{(\cos t, \sin t), t \in [0, 2\pi)\}$ 满足对任意 $p \neq (0,0)$, 有 $\gamma = \omega(p)$. 因此, $U = \mathbb{R}^2 \backslash \{(0,0)\}$ 是 γ 的邻域, 使得 γ 是稳定极限环.

■ **B:** 相反地, 对于线性微分方程 $\dot{x} = -y, \dot{y} = x$, 轨线 $\gamma = \{(\cos t, \sin t), t \in [0, 2\pi]\}$ 是周期轨, 但不是极限环.

7. m 维嵌入不变环面

微分方程 (17.1) 可能存在 m 维的不变环面. 嵌入到相平面 $M \subset \mathbb{R}^n$ 的 m 维环面 T^m 定义为一个可微映射 $g: \mathbb{R}^m \to \mathbb{R}^n$, 满足函数 $(\Theta_1, \cdots, \Theta_m) \to g(\Theta_1, \cdots, \Theta_m)$ 对每个坐标 Θ_i 都是 2π 周期的.

■ 在简单情形下, 方程 (17.1) 在环面上的运动可表示为直角坐标系下的微分方程 $\dot{\Theta}_i = w_i (i = 1, 2, \cdots, m)$. 该方程组满足 $t = 0$ 时, 初始值为 $(\Theta_1(0), \cdots, \Theta_m(0))$ 的解是 $\Theta_i(t) = \omega_i t + \Theta_i(0) (i = 1, 2, ..m; t \in \mathbb{R})$. 连续函数 $f: \mathbb{R} \to \mathbb{R}^n$ 称为*拟周期函数*, 如果 f 可表示为 $f(t) = g(\omega_1 t, \omega_2 t, \cdots, \omega_n t)$, 其中, g 也是一个可微函数, 满足对任意分量是 2π 周期的, 并且频率 ω_i 是*不可约的*, 即不存在这样的整数 n_i, 使得 $\sum\limits_{i=1}^{m} n_i^2 > 0$ 且 $n_1\omega_1 + \cdots + n_m\omega_m = 0$.

17.1.2.4 不变流形

1. 定义、分界面

设 γ 是方程 (17.1) 的双曲平衡点或者双曲周期轨. γ 的*稳定流形* $W^s(\gamma)$(相应地, *不稳定流形* $W^u(\gamma)$) 是相空间上当 $t \to +\infty$(相应地, $t \to -\infty$) 时轨道收敛到 γ 的所有点的集合:

$$W^s(\gamma) = \{x \in M : \omega(x) = \gamma\}, \quad W^u(\gamma) = \{x \in M : \alpha(x) = \gamma\}, \tag{17.18}$$

稳定流形和不稳定流形也称为分界面.

■ 在平面上, 考虑微分方程

$$\dot{x} = -x, \quad \dot{y} = y + x^2. \tag{17.19a}$$

方程 (17.19a) 满足 $t=0$ 时, 初值为 (x_0, y_0) 的解有显式表达

$$\varphi(t, x_0, y_0) = \left(\mathrm{e}^{-t} x_0, \mathrm{e}^{t} y_0 + \frac{x_0^2}{3}(\mathrm{e}^{t} - \mathrm{e}^{-2t})\right). \tag{17.19b}$$

方程 (17.19a) 中平衡点 $(0,0)$ 的稳定流形和不稳定流形为

$$\begin{aligned} W^s((0,0)) &= \left\{(x_0, y_0) : \lim_{t \to +\infty} \varphi(t, x_0, y_0) = (0,0)\right\} \\ &= \left\{(x_0, y_0) : y_0 + \frac{x_0^2}{3} = 0\right\}, \\ W^u((0,0)) &= \left\{(x_0, y_0) : \lim_{t \to -\infty} \varphi(t, x_0, y_0) = (0,0)\right\} \\ &= \{(x_0, y_0) : x_0 = 0, y_0 \in \mathbb{R}\} \text{ (图 17.5(a))}. \end{aligned}$$

设 M, N 是 $\mathbb{R}^n$ 内的光滑曲面, L_xM, L_xN 分别是 M 和 N 在 x 处相应的切平面. 曲面 M 和 N 是横截相交的, 如果对任意 $x \in M \cap N$, 下面的关系成立:

$$\dim L_xM + \dim L_xN - n = \dim(L_xM \cap L_xN).$$

■ 在图 17.5(b) 中, $\dim L_xM = 2$, $\dim L_xN = 1$, $\dim(L_xM \cap L_xN)$, 因此它们是横截相交的.

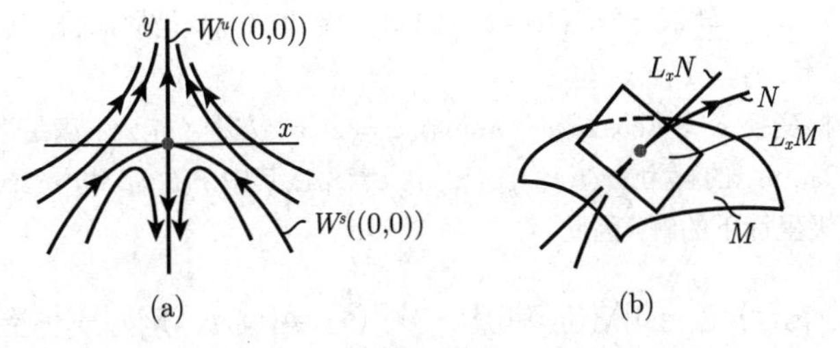

图 17.5

2. 阿达马–佩龙定理

阿达马–佩龙 (Hadamard-Perron) **定理**给出了分界面的重要性质.

设 γ 是方程 (17.1) 的双曲平衡点或双曲周期轨.

a) 流形 $W^r(\gamma)$ 和 $W^s(\gamma)$ 是广义 C^r 曲面, 其局部类似 C^r 基本曲面. 若当 $t \to +\infty$ 或对应地, $t \to -\infty$ 时, 方程 (17.1) 中一条轨道不收敛到 γ, 则当 $t \to +\infty$ 或对应地, $t \to -\infty$ 时, 该轨道会离开 γ 的某个充分小的邻域.

b) 若 $\gamma = x_0$ 是 (m, k) 型平衡点, 则 $W^s(x_0)$ 和 $W^u(x_0)$ 分别是 m 维曲面和 k 维曲面. 曲面 $W^s(x_0)$ 和 $W^u(x_0)$ 在 x_0 处分别相切于方程 $\dot{y} = Df(x_0)y$ 的稳定向量子空间

$$E^s = \{y \in \mathbb{R}^n : \mathrm{e}^{Df(x_0)t}y \to 0 \quad 当 t \to +\infty\} \tag{17.20a}$$

和不稳定向量子空间

$$E^u = \{y \in \mathbb{R}^n : \mathrm{e}^{Df(x_0)t}y \to 0 \quad 当 t \to -\infty\} \tag{17.20b}$$

c) 若 γ 是 (m,k) 型的双曲周期轨, 则 $W^s(\gamma)$ 和 $W^u(\gamma)$ 分别是 $m+1$ 维曲面和 $k+1$ 维曲面, 它们沿着 γ 是横截相交的.

■ **A:** 为了确定微分方程 (17.19a) 中稳态解 $(0,0)$ 的局部稳定流形, 我们假设 $W^s_{\text{loc}}((0,0))$ 具有下面形式:

$$W^s_{\text{loc}}((0,0)) = \{(x,y) : y = h(x), |x| < \varDelta, h : (-\varDelta, \varDelta) \to \mathbb{R}可微\}$$

令 $(x(t), y(t))$ 是方程 (17.19a) 在 $W^s_{\text{loc}}((0,0))$ 内的解. 由不变性, 当 s 靠近 0 时, 有 $y(s) = h(x(s))$. 根据方程 (17.19a) 中 $\dot{x}$ 和 $\dot{y}$ 的可微性和表达式, 我们得到关于未知函数 $h(x)$ 的初值问题 $h'(x)(-x) = h(x) + x^2, h(0) = 0$. 若考虑解的级数展开形式 $h(x) = \dfrac{a_2}{2}x^2 + \dfrac{a_3}{3!}x^3 + \cdots$, 其中, 注意到 $h'(0) = 0$, 则我们通过比较系数可得 $a_2 = -\dfrac{2}{3}$ 和当 $k \geqslant 3$ 时, $a_k = 0$.

■ **B:** 对于方程组

$$\dot{x} = -y + x(1 - x^2 - y^2), \quad \dot{y} = x + y(1 - x^2 - y^2), \quad \dot{z} = \alpha z, \tag{17.21}$$

其中, 参数 $\alpha > 0$, 轨线 $\gamma = \{(\cos t, \sin t, 0), t \in [0, 2\pi]\}$ 是周期轨, 其乘子 $\rho_1 = \mathrm{e}^{-4\pi}, \rho_2 = \mathrm{e}^{\alpha 2\pi}, \rho_3 = 1$.

在柱坐标变换 $x = r\cos\upsilon, y = r\sin\upsilon, z = z$ 下, 方程 (17.21) 满足当 $t = 0$ 时, 初值为 (r_0, υ_0, z_0) 的解为 $(r(t, r_0), \upsilon(t, \upsilon_0), \mathrm{e}^{\alpha t}z_0)$, 其中 $r(t, r_0)$ 和 $\upsilon(t, \upsilon_0)$ 是方程 (17.19a) 在极坐标下的解. 因此,

$$W^s(\gamma) = \{(x,y,z) : z = 0\} \backslash \{(0,0,0)\}, \quad W^u(\gamma) = \{(x,y,z) : x^2 + y^2 = 1\}(圆柱).$$

分界面如图 17.6 所示.

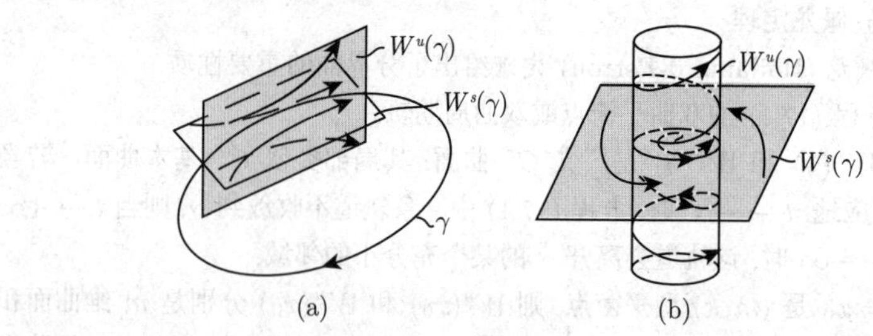

图 17.6

3. $n=3$ 时稳态解附近的局部相图

考虑当 $n=3$ 时, 方程 (17.1) 的双曲平衡点为 0. 令 $A=Df(0)$, 且 $\det(\lambda E-A)=\lambda^3+p\lambda^2+q\lambda+r$ 是 A 的特征多项式. 注意到 $\delta=pq-r, \Delta=-p^2q^2+4p^3r+4q^3-18pqr+27r^2$(特征多项式的判别式), 平衡点的类型分类见表 17.1.

表 17.1 三维相空间中的稳态类型

参数域	Δ	平衡点类型	特征多项式根	W^s 和 W^u 维数
$\delta>0\,;\,q>0\,,\,r>0$	$\Delta<0$	稳定结点	$\operatorname{Im}\lambda j=0$ $\lambda_j<0,\ j=1,2,3$	$\dim W^s=3\,,\,\dim W^u=0$
	$\Delta>0$	稳定焦点	$\operatorname{Re}\lambda_{1,2}<0$ $\lambda_3<0$	

$\Delta<0$: $\Delta>0$:

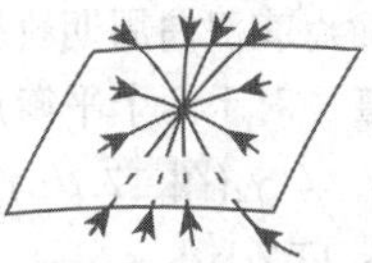

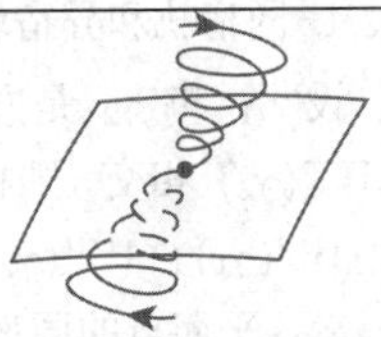

参数域	Δ	平衡点类型	特征多项式根	W^s 和 W^u 维数
$\delta<0\,;\,r<0\,,\,q>0$	$\Delta<0$	不稳定结点	$\operatorname{Im}\lambda j=0$ $\lambda_j>0,\ j=1,2,3$	$\dim W^s=0\,,\,\dim W^u=3$
	$\Delta>0$	不稳定焦点	$\operatorname{Re}\lambda_{1,2}>0$ $\lambda_3>0$	

$\Delta<0$: $\Delta>0$:

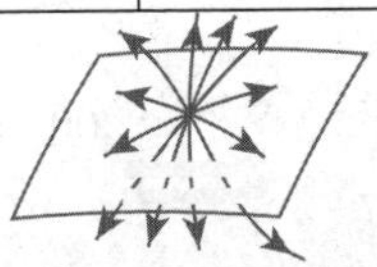

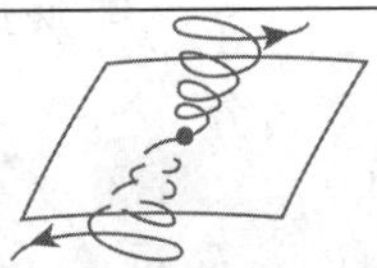

参数域	Δ	平衡点类型	特征多项式根	W^s 和 W^u 维数
$\delta>0\,;r<0\,,\,q\leqslant 0$ oder $r<0\,,\,q>0$	$\Delta<0$	稳定结点	$\operatorname{Im}\lambda_j=0$ $\lambda_{1,2}<0\,,\,\lambda_3>0$	$\dim W^s=2\,,\,\dim W^u=1$
	$\Delta>0$	稳定焦点	$\operatorname{Re}\lambda_{1,2}<0$ $\lambda_3>0$	

$\Delta<0$: $\Delta>0$:

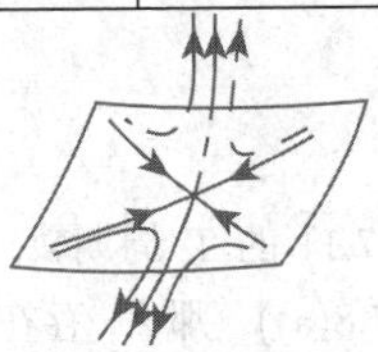

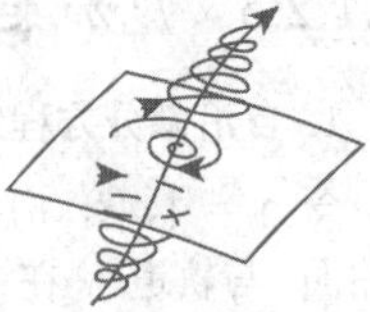

续表

参数域	Δ	平衡点类型	特征多项式根	W^s 和 W^u 维数
$\delta<0$; $r>0$, $q\leqslant 0$ oder $r>0$, $q>0$	$\Delta<0$	稳定节点	$\mathrm{Im}\lambda_j=0$ $\lambda_{1,2}>0$, $\lambda_3<0$	$\dim W^s=1$, $\dim W^u=2$
	$\Delta>0$	稳定焦点	$\mathrm{Re}\lambda_{1,2}>0$ $\lambda_3<0$	
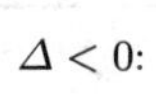 $\Delta<0$:	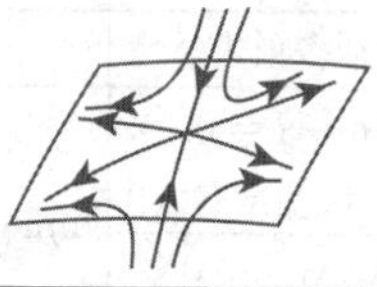		$\Delta>0$:	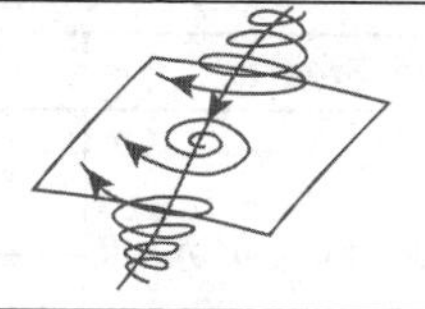

4. 同宿轨和异宿轨

设 γ_1 和 γ_2 是方程 (17.1) 的双曲平衡点或双曲周期轨. 若分界面 $W^s(\gamma_1)$ 和 $W^u(\gamma_2)$ 相交, 则相交集包含复杂的轨道. 对于两个平衡点或者周期轨, 轨线 $\gamma\subset W^s(\gamma_1)\cap W^u(\gamma_2)$ 称为异宿轨, 如果 $\gamma_1\neq\gamma_2$(图 17.7(a)); 称为同宿轨, 如果 $\gamma_1=\gamma_2$. 平衡点的同宿轨也称为分界线环(图 17.7(b)).

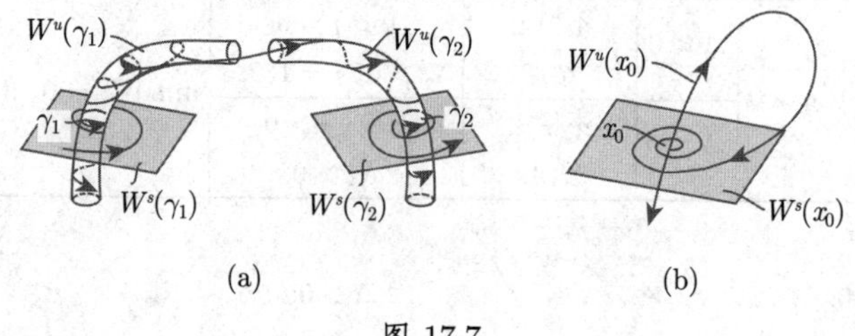

图 17.7

■ 给定参数 $\sigma=10, b=8/3$, 考虑带参数 r 的洛伦茨方程 (17.2). 当 $1<r<13.926\cdots$ 时, 方程 (17.2) 的平衡点 $(0,0,0)$ 是鞍点, 该点有一个二维稳定流形 w^s 和一个一维不稳定流形 W^s. 若 $r=13.926\cdots$, 则在 $(0,0,0)$ 处存在两个分界线环, 即当 $t\to+\infty$ 时, 不稳定流形的分支 (沿稳定流形) 回到原点.

17.1.2.5　庞加莱映射

1. 自治微分方程组的庞加莱映射

令 $\gamma=\{\varphi(t,x_0),t\in[0,T]\}$ 是方程 (17.1) 的 T 周期轨, Σ 是 $n-1$ 维光滑超曲面, 与轨道 γ 在 x_0 处横截相交 (图 17.8(a)). 那么, 存在 x_0 的邻域 U 和光滑函数 $\tau:U\to\mathbb{R}$ 使得 $\tau(x_0)=T$, 并且对任意 $x\in U$, 有 $\varphi(\tau(x),x)\in\Sigma$. 映射 $P:U\cap\Sigma\to\Sigma\quad x\to P(x)=\varphi(\tau(x),x)$ 称为 γ 在 x_0 处的庞加莱映射. 若方程 (17.1) 的右端项 f 是 r 阶连续可微的, 则 P 也是 r 阶连续可微的. 雅可比矩阵

$DP(x_0)$ 的特征值是周期轨的乘子 $\rho_1, \cdots, \rho_{n-1}$. 它们不依赖于 γ 上 x_0 的选取, 也不依赖于横截曲面的选取.

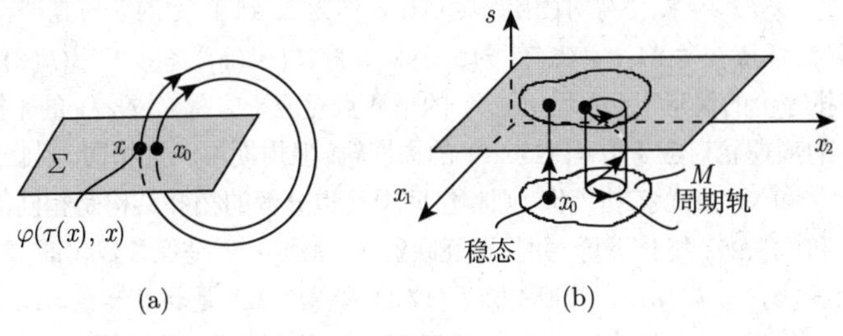

图 17.8

当 $M = U$, 且迭代点留在 U 内时, 系统 (17.3) 可与庞加莱映射联系起来. 方程 (17.1) 的周期轨对应于离散系统的平衡点, 并且这些平衡点的稳定性对应于方程 (17.1) 周期轨的稳定性.

■ 在极坐标下, 考虑方程 (17.9a) 的横截超平面

$$\Sigma = \{(r, v) : r > 0, v = v_0\}.$$

选定 $U = \Sigma$. 显然 $\tau(r) = 2\pi (\forall r > 0)$. 于是, 利用方程 (17.9a) 解的表达式, 有

$$P(r) = [1 + (r^{-2} - 1)\mathrm{e}^{-4\pi}]^{-1/2}.$$

故 $P(\Sigma) = \Sigma, P(1) = 1$ 且 $P'(1) = \mathrm{e}^{-4\pi} < 1$.

2. 非自治时间周期微分方程的庞加莱映射

考虑非自治微分方程 (17.11), 右端项 f 关于 t 是 T 周期的, 即 $f(t+T, x) = f(t, x) (\forall t \in \mathbb{R}, \forall x \in M)$. 该方程可表示为自治微分方程 $\dot{x} = f(s, x), \dot{s} = 1$, 其柱状相平面 $M \times \{s \bmod T\}$. 对任意 $s_0 \in \{s \bmod T\}$, $\Sigma = M \times \{s_0\}$ 是横截面 (图 17.8(b)). 庞加莱映射可在全局给出 $P : \Sigma \to \Sigma, \quad x_0 \to \varphi(s_0 + T, s_0, x_0)$, 其中, $\varphi(t, s_0, x_0)$ 是方程 (17.11) 满足在时刻 s_0, 初值为 x_0 的解.

17.1.2.6 微分方程的拓扑等价

1. 定义

除了方程 (17.1) 和相应的流 $\{\varphi^t\}_{t\in\mathbb{R}}$, 假设还有一个微分方程

$$\dot{x} = g(x), \tag{17.22}$$

其中, $g : N \to \mathbb{R}^n$ 是开集 $N \subset \mathbb{R}^n$ 上的 C^r 映射. 设方程 (17.22) 的流 $\{\psi^t\}_{t\in\mathbb{R}}$ 存在.

微分方程组 (17.1) 和 (17.22) (或它们的流) 称为**拓扑等价**, 如果存在同胚映射 $h : M \to N$ (即, h 是双射, h 和 h^{-1} 都是连续映射) 将方程 (17.1) 的每一条轨

道映射为方程 (17.22) 的一条轨道, 并且该映射是保定向的, 但未必保参数化. 微分方程组 (17.1) 和 (17.22) 是拓扑等价的, 如果除了同胚映射 $h: M \to N$, 还存在连续映射 $\tau: \mathbb{R} \times M \to \mathbb{R}$ 使得对固定 $x \in M$, τ 作为 $\mathbb{R}$ 到 $\mathbb{R}$ 上的映射是严格单调递增的, 并且对任意 $x \in M, t \in \mathbb{R}$, 有 $\tau(0,x) = 0$ 和 $h(\varphi^t(x)) = \psi^{\tau(t,x)}(h(x))$.

在拓扑等价的情形下, 方程 (17.1) 的平衡点对应于方程 (17.22) 的平衡点; 方程 (17.1) 的周期轨对应于方程 (17.22) 的周期轨, 但周期不一定相同. 因此, 若微分方程 (17.1) 和 (17.22) 拓扑等价, 则相空间中轨道分解的拓扑结构是相同的. 若方程 (17.1) 和 (17.22) 拓扑等价, 并且同胚映射 $h: M \to N$ 是保参数化的, 即对任意 t, x, 有 $h(\varphi^t(x)) = \psi^t(h(x))$, 则称方程 (17.1) 和 (17.22) 是**拓扑共轭的**.

拓扑等价或拓扑共轭也可在相空间 M 和 N 的子集上定义. 假设, 方程 (17.1) 定义在 $U_1 \subset M$ 上, 方程 (17.22) 定义在 $U_2 \subset N$. 那么, U_1 上方程 (17.1) **拓扑等价**于 U_2 上 (17.22), 如果存在同胚映射 $h: U_1 \to U_2$ 将方程 (17.1) 的每一条轨道与 U_1 的交集映射为方程 (17.22) 的一条轨道与 U_2 的交集, 并且该映射是保定向的.

■ **A:** 方程 (17.1) 和 (17.22) 之间的同胚映射可以拉伸和收缩轨道, 不可以截断和闭合轨道.

图 17.9(a) 和图 17.9(b) 相图中的流是拓扑等价的; 图 17.9(a) 和图 17.9(c) 相图中的流不是拓扑等价的

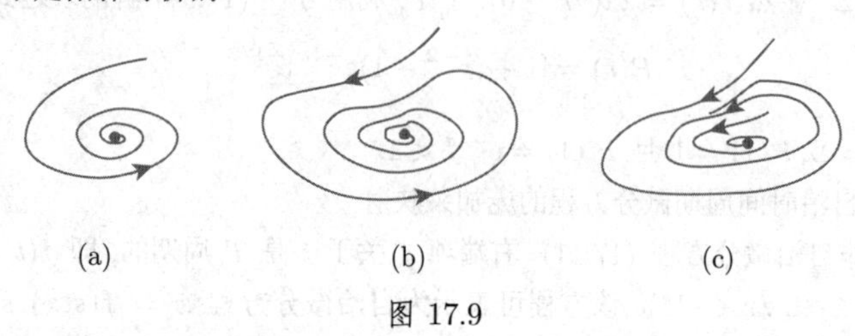

图 17.9

■ **B:** 考虑两个平面线性微分方程组 $\dot{x} = Ax$ 和 $\dot{x} = Bx$, 其中 $A = \begin{pmatrix} -1 & -3 \\ -3 & -1 \end{pmatrix}$, $B = \begin{pmatrix} 4 & 0 \\ 0 & -8 \end{pmatrix}$. 这两个系统在 $(0,0)$ 附近的相图如图 17.10(a) 和 17.10(b) 所示.

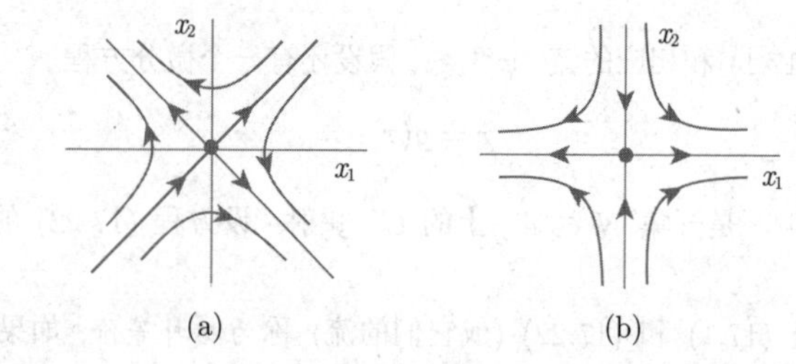

图 17.10

同胚映射 $h:\mathbb{R}^2\to\mathbb{R}^2$ 定义为 $h(x)=Rx$, 其中 $R=\dfrac{1}{\sqrt{2}}\begin{pmatrix}1&-1\\1&1\end{pmatrix}$. 函数 $\tau:\mathbb{R}\times\mathbb{R}^2\to\mathbb{R}$ 定义为 $\tau(t,x)=\dfrac{1}{2}t$, 它将第一个系统的轨道映射为第二个系统的轨道. 因此, 这两个系统是拓扑等价的.

2. 格罗布曼–哈特曼 (Grobman-Hartman) 定理

设 p 是方程 (17.1) 的双曲平衡点. 那么, 在 p 的某个邻域内, 微分方程 (17.1) 与其线性化方程 $\dot{y}=Df(p)y$ 是拓扑等价的.

17.1.3 离散动力系统

17.1.3.1 稳态、周期轨和极限集

1. 平衡点类型

当 $M\subset\mathbb{R}^n$ 时, 设 x_0 是方程 (17.3) 的平衡点. 在特定假设下, 迭代系统 (17.3) 在 x_0 附近的局部行为可由**变分方程**$y_{t+1}=D\varphi(x_0)y_t, t\in\Gamma$ 刻画. 若 $D(x_0)$ 没有特征值 λ_i 满足 $|\lambda_i|=1$, 则类似于微分方程情形, 平衡点 x_0 称为**双曲平衡点**. 双曲平衡点 x_0 是 (m,k) 型的, 如果 $Df(x_0)$ 在复单位圆周内恰有 m 个特征值, 在复单位圆周外恰有 $k=n-m$ 个特征值. (m,k) 型双曲平衡点, 当 $m=n$ 时, 称为汇; 当 $k=n$ 时, 称为源; 当 $m>0$ 且 $k>0$ 时, 称为**鞍点**. 汇是渐近稳定的; 源和鞍点是不稳定的 (**离散系统一阶近似的稳定性定理**).

2. 周期轨

令 $\gamma(x_0)=\{\varphi^k(x_0),k=0,\cdots,T-1\}$ 是方程 (17.3) 的 T 周期解 $(T\geqslant 2)$. 若 x_0 是映射 φ^T 的双曲平衡点, 则 $\gamma(x_0)$ 称为**双曲的**.

矩阵 $D\varphi^T(x_0)=D\varphi(\varphi^{T-1}(x_0))\cdots D\varphi(x_0)$ 称为**单值矩阵**, $D\varphi^T(x_0)$ 的特征值 ρ_i 是 $\gamma(x_0)$ 的**乘子**.

若 $\gamma(x_0)$ 所有乘子 ρ_i 的绝对值都小于 1, 则周期轨 $\gamma(x_0)$ 是渐近稳定的.

3. ω 极限集的性质

当 $M=\mathbb{R}^n$ 时, 系统 (17.3) 的任意 ω 极限集是闭集, 并且 $\omega(\varphi(x))=\omega(x)$. 若正半轨 $\gamma^+(x)$ 有界, 则 $\omega(x)\neq\varnothing$ 并且 $\omega(x)$ 是 φ 的不变集. 对于 α 极限集, 也有类似的性质.

■ 假设在 $\mathbb{R}$ 上 $\varphi(x)=-x$, 此时差分方程为 $x_{t+1}=-x_t, t=0,\pm1,\cdots$ 显然, 当 $x=1$ 时, 有 $\omega(1)=\{1,-1\},\omega(\varphi(1))=\omega(-1)=\omega(1)$, 并且 $\varphi(\omega(1))=\omega(1)$. 注意: $\omega(1)$ 不是连通集, 这与微分方程情形不同.

17.1.3.2 不变流形

1. 分界面

设 x_0 是系统 (17.3) 的平衡点. 那么,$W^s(x_0)=\{y\in M:\varphi^i(y)\to x_0\quad 当 i\to$

$+\infty\}$ 称为稳定流形, $W^u(x_0)=\{y\in M:\varphi^i(y)\to x_0,\ 当 i\to -\infty\}$ 称为不稳定流形. 稳定流形和不稳定流形也称为分界面.

2. 阿达马–佩龙 (Hadamard-Perron) 定理

阿达马–佩龙定理给出了当 $M\subset\mathbb{R}^n$ 时, 离散系统分界面的重要性质.

若 x_0 是系统 (17.3) 中 (m,k) 型双曲平衡点, 则 $W^s(x_0)$ 和 $W^u(x_0)$ 分别是 m 维和 k 维的广义 C^r 光滑曲面, 其局部类似 C^r 光滑基本曲面. 若当 $i\to+\infty$ 或对应地, $i\to-\infty$ 时, 方程 (17.3) 中一条轨道不收敛到 x_0, 则当 $i\to+\infty$ 或对应地, $i\to-\infty$ 时, 该轨道会离开 x_0 的某个充分小的邻域. 曲面 $W^s(x_0)$ 和 $W^u(x_0)$ 在 x_0 处分别相切于系统 $y_{i+1}=D\varphi(x_0)y_i$ 的稳定向量子空间

$$E^s=\{y\in\mathbb{R}^n:[D\varphi(x_0)]^iy\to 0\quad 当 i\to+\infty\}$$

和不稳定向量子空间

$$E^u=\{y\in\mathbb{R}^n:[D\varphi(x_0)]^iy\to 0\quad 当 i\to-\infty\}$$

■ 考虑埃农映射族导出的离散动力系统

$$x_{i+1}=x_i^2+y_i-2,\quad y_{i+1}=x_i,\quad i\in\mathbb{Z}. \tag{17.23}$$

系统 (17.23) 的两个双曲平衡点是 $P_1=(\sqrt{2},\sqrt{2})$ 和 $P_2=(-\sqrt{2},-\sqrt{2})$.

P_1 局部稳定流形和不稳定流形的确定: 利用变量替换 $x_i=\xi_i+\sqrt{2},\quad y_i=\eta_i+\sqrt{2}$, 系统 (17.23) 转化为 $\xi_{i+1}=\xi_i^2+2\sqrt{2}\xi_i+\eta_i,\quad \eta_{i+1}=\xi_i$, 其平衡点为 $(0,0)$. 雅可比矩阵 $Df((0,0))$ 对应于特征值 $\lambda_{1,2}=\sqrt{2}\pm\sqrt{3}$ 的特征向量为 $a_1=(\sqrt{2}+\sqrt{3},1)$ 和 $a_2=(\sqrt{2}-\sqrt{3},1)$. 于是, $E^s=\{ta_2,t\in\mathbb{R}\},E^u=\{ta_1,t\in\mathbb{R}\}$. 假设 $W^u_{\rm loc}((0,0))=\{(\xi,\eta):\eta=\beta(\xi),|\xi|<\Delta,\beta:(-\Delta,\Delta)\to\mathbb{R}\ 可微\}$, 我们来确定 β 的幂级数形式 $\beta(\xi)=(\sqrt{3}-\sqrt{2})\xi+k\xi^2+\cdots$. 由 $(\xi_i,\eta_i)\in W^u_{\rm loc}((0,0))$, 得 $(\xi_{i+1},\eta_{i+1})\in W^u_{\rm loc}((0,0))$. 由此可导出关于 β 展开系数的方程, 其中 $k<0$. 图 17.11(a) 给出了稳定流形和不稳定流形的形状.

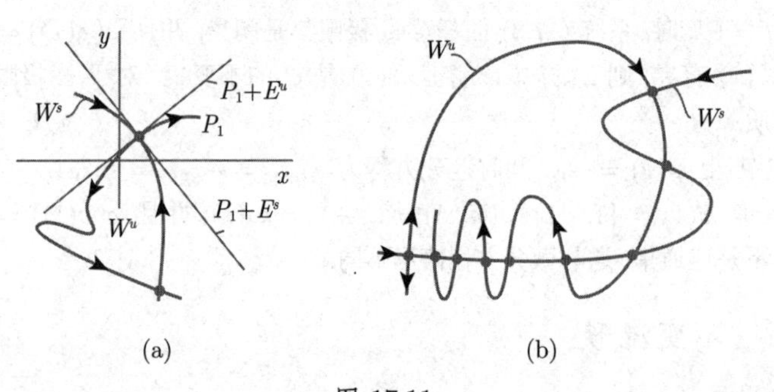

图 17.11

3. 横截同宿点

系统 (17.3) 中双曲平衡点 x_0 的分界面 $W^s(x_0)$ 和 $W^u(x_0)$ 可能相交. 若交集 $W^s(x_0)\cap W^u(x_0)$ 是横截的, 则任意点 $y\in W^s(x_0)\cap W^u(x_0)$ 称为横截同宿点.

事实上, 若 y 是横截同宿点, 则可逆系统 (17.3) 的轨道 $\{\varphi_i(y)\}$ 仅由这些横截同宿点构成.

17.1.3.3 离散系统的拓扑共轭

1. 定义

除了系统 (17.3), 假设还有一个离散系统

$$x_{t+1}=\psi(x_t), \tag{17.24}$$

其中, $N\subset\mathbb{R}^n$, $\psi:N\to N$ 是连续映射 (M 和 N 可以是一般度量空间). 离散系统 (17.3) 和 (17.24) (或映射 φ 和 ψ) 称为拓扑共轭, 如果存在同胚映射 $h:M\to N$ 使得 $\varphi=h^{-1}\circ\psi\circ h$. 若离散系统 (17.3) 和 (17.24) 是拓扑共轭的, 则同胚映射 h 将系统 (17.3) 的轨道映射为方程 (17.24) 的轨道.

2. 格罗布曼–哈特曼定理

设系统 (17.3) 中 $\varphi:\mathbb{R}^n\to\mathbb{R}^n$ 是同胚映射, x_0 是系统 (17.3) 的双曲平衡点. 那么, 在 x_0 的某个邻域内, 系统 (17.3) 与其线性化方程 $y_{t+1}=D\varphi(x_0)y_t$ 拓扑共轭.

17.1.4 结构稳定性

17.1.4.1 结构稳定的微分方程

1. 定义

微分方程 (17.1), 即向量场 $f:M\to\mathbb{R}^n$ 称为结构稳定的, 若 f 的小扰动系统与原系统拓扑等价. 严格的定义结构稳定性需要 M 上两个向量场之间距离的概念. 下面我们将研究限定在 M 中的光滑向量场, 它们有一个公共的连通吸收开集 $U\subset M$. 令 U 的边界 ∂U 是光滑的 $n-1$ 维超曲面, 并且假设有表示 $\partial U=\{x\in\mathbb{R}^n:h(x)=0\}$, 其中 $h:\mathbb{R}^n\to\mathbb{R}$ 是 C^1 函数满足在 ∂U 的某个邻域上有 $\mathrm{gradh}(x)\neq 0$. 令 $X^1(U)$ 是 M 上全体光滑向量场构成的度量空间, 装配的度量为

$$\rho(f,g)=\sup_{x\in U}\|f(x)-g(x)\|+\sup_{x\in U}\|Df(x)-Dg(x)\| \tag{17.25}$$

(右端项中第一个 $\|\cdot\|$ 表示向量的欧几里得范数, 第二个 $\|\cdot\|$ 表示算子范数). 沿 U 方向与边界 ∂U 横截相交的光滑向量场 f, 即满足 $\mathrm{gradh}(x)^Tf(x)\neq 0,(x\in\partial U)$ 且 $\varphi^t(x)\in U(x\in\partial U,t>0)$, 构成集合 $X_+^1(U)\subset X^1(U)$. 向量场 $f\in X_+^1(U)$ 称为结构稳定的, 如果存在 $\delta>0$ 使得任意满足 $\rho(f,g)<\delta$ 的向量场 $g\in X_+^1(U)$ 与 f 是拓扑等价的.

■ 考虑平面微分方程 $g(\cdot,\alpha)$

$$\dot{x} = -y + x(\alpha - x^2 - y^2), \quad \dot{y} = x + y(\alpha - x^2 - y^2), \tag{17.26}$$

其中, 参数 α 满足 $|\alpha| < 1$. 微分方程 g 属于 $X^1_+(U)$, 其中 $U = \{(x,y) : x^2 + y^2 < 2\}$(图 17.12(a)). 显然, $\rho(g(\cdot,0), g(\cdot,\alpha)) = |\alpha(\sqrt{2}+1)|$. 向量场 $g(\cdot,0)$ 是结构不稳定的. 考虑方程 (17.26) 在极坐标下表示 $\dot{r} = -r^3 + \alpha r, \quad \dot{v} = 1$. 显而易见, 存在任意靠近 $g(\cdot,0)$ 的向量场与 $g(\cdot,0)$ 不是拓扑等价的 (图 17.12(b),(c)). 当 $\alpha > 0$ 时, 存在稳定的极限环 $r = \sqrt{\alpha}$.

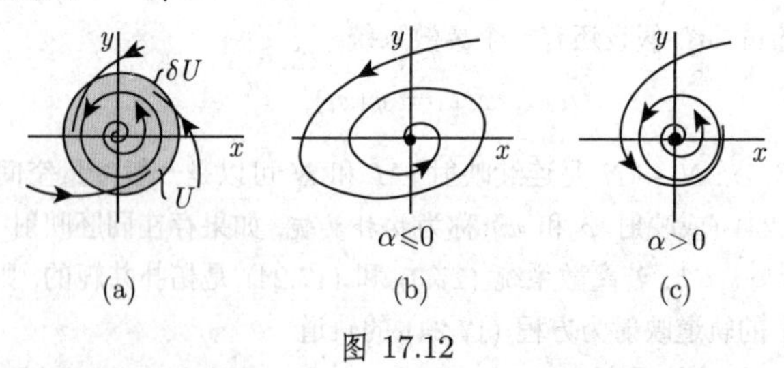

图 17.12

2. 平面上的结构稳定系统

假设 $f \in X^1_+(U)$ 的平面微分方程 (17.1) 是结构稳定的. 那么:

a) 方程 (17.1) 仅含有限个平衡点和周期轨.

b) 方程 (17.1) 中任意点 $x \in \overline{U}$ 的 ω 极限集 $\omega(x)$ 仅含有平衡点和周期点.

安德罗诺夫–蓬特里亚金 (Andronov-Pontryagin) 定理 $f \in X^1_+$ 的平面微分方程 (17.1) 是结构稳定的, 当且仅当

a) $\overline{U}$ 内所有平衡点和周期轨是双曲的.

b) 不存在分界线, 也就是说, 没有连接鞍点和鞍点的异宿轨和同宿轨.

17.1.4.2 结构稳定的时间离散系统

在时间离散动力系统 (17.3) 情形下, 即 $\varphi : M \to M$, 令 $U \subset M \subset \mathbb{R}^n$ 是有界连通开集, 并且其边界光滑. 令 $\mathrm{Diff}^1(U)$ 是 M 上所有同胚映射构成的度量空间, 装配着 U 上的 C^1 度量. 假设集合 $\mathrm{Diff}^1_+(U) \subset \mathrm{Diff}(U)$ 包含满足 $\varphi(\overline{U}) \subset U$ 的微分同胚 φ. 映射 $\varphi \in \mathrm{Diff}^1_+(U)$(和相应的动力系统 (17.3)) 称为**结构稳定的**, 如果存在 $\delta > 0$ 使得任意满足 $\rho(\varphi,\psi) < \delta$ 的 $\psi \in \mathrm{Diff}^1_+(U)$ 与 φ 是拓扑共轭的.

17.1.4.3 通有性质

1. 定义

度量空间 (M,ρ) 上的关于元素的性质称为**通有的**, 如果 M 中满足该性质的元素全体构成的集合 B 是**第二贝尔 (Baire) 纲集**, 即 B 可表示为 $B = \bigcap\limits_{m=1,2,\cdots} B_m$, 其中, 每个集合 B_m 是开集且在 M 中稠密.

■ **A:** 集合 $\mathbb{R}$ 和 $\mathbb{I}\subset\mathbb{R}$(无理数) 是第二贝尔纲集, $\mathbb{Q}$ 不是第二贝尔纲集.

■ **B:** 仅用稠密性刻画通有性是不充分的: $\mathbb{Q}\subset\mathbb{R}$ 和 $\mathbb{I}\subset\mathbb{R}$ 都是稠密的, 但不都是通有的.

■ **C:** $\mathbb{R}$ 中集合的勒贝格测度 λ 和贝尔纲集之间没有关系. 集合 $B=\bigcap\limits_{k=1,2\cdots}B_k$, 其中 $B_k=\bigcup\limits_{n\geqslant 0}\left(a_n-\dfrac{1}{k2^n},a_n+\dfrac{1}{k2^n}\right),\mathbb{Q}=\{a_n\}_{n=0}^{\infty}$ 表示有理数集合, 是第二贝尔纲集. 另一方面, 因为 $B_k\supset B_{k+1},\lambda(B_k)<+\infty$, 所以 $\lambda(B)=\lim\limits_{k\to\infty}B_k\leqslant\lim\limits_{k\to\infty}\dfrac{2}{k}\dfrac{1}{1-1/2}=0.$

2. 平面系统的通有性质、哈密顿系统

对于平面微分方程, $X_+^1(U)$ 中的全体结构稳定系统构成的集合是开集且在 $X_+^1(U)$ 中稠密. 因此, 对于平面系统, 结构稳定系统是通有的. 在 $X_+^1(U)$ 导出的平面系统中, 随着时间增加, 趋于有限个平衡点和周期轨中某一个的轨道也是通有的. 拟周期轨不是通有的. 在特定假设下, 对于哈密顿系统, 微分方程的拟周期轨在小扰动下可以保持. 因此, 哈密顿系统不是通有的.

■ 在 $\mathbb{R}^4$ 中, 给定作用变量–角变量下的哈密顿系统 $\dot{j}_1=0,\dot{j}_2=0,\dot{\Theta}_1=\dfrac{\partial H_0}{\partial j_1},\dot{\Theta}_2=\dfrac{\partial H_0}{\partial j_2}$, 其中, 哈密顿函数 $H_0(j_1,j_2)$ 是解析函数. 显然, 系统的解为 $j_1=c_1,j_2=c_2,\Theta_1=\omega_1t+c_3,\Theta_2=\omega_2t+c_4$, 其中, $c_1,\cdots,c_4$ 是常数, ω_1,ω_2 依赖与 c_1,c_2. 关系 $(j_1,j_2)=(c_1,c_2)$ 确定了一个不变环面 T^2. 现在考虑扰动的哈密顿函数 $H_0(j_1,j_2)+\varepsilon H_1(j_1,j_2,\Theta_1,\Theta_2)$, 其中 H_1 是解析函数, $\varepsilon>0$ 是小参数.

根据**柯尔莫哥洛夫–阿诺德–莫泽**(Kolmogorov-Arnold-Moser) **定理**(KAM**定理**), 若 H_0 是非退化的, 即 $\det\left(\dfrac{\partial^2H_0}{\partial j_k^2}\right)\neq 0$, 则在扰动的哈密顿系统中, 当 $\varepsilon>0$ 充分小时, 大多数的不变非共振环面不会消失, 但会有轻微的变形. “大多数环面” 指的是: 当 ε 趋于 0 时, 这些环面余集的勒贝格测度趋于 0. 用 ω_1 和 ω_2 描述的上述环面称为非共振的, 如果存在常数 $c>0$, 使得对任意正整数 p 和 q, 有不等式 $\left|\dfrac{\omega_1}{\omega_2}-\dfrac{p}{q}\right|\geqslant\dfrac{c}{q^{2.5}}$.

3. 非游荡点、莫尔斯–斯梅尔系统

设 $\{\varphi^t\}_{t\in\mathbb{R}}$ 是 n 维紧致的可定向流形 M 上的动力系统. 点 $p\in M$ 称为 $\{\varphi^t\}$ 的**非游荡点**, 如果对于 p 的任意邻域 $U_p\subset M$, 有

$$\forall T>0\quad \exists t,|t|\geqslant T:\quad \varphi^t(U_p)\cap U_p\neq\varnothing. \tag{17.27}$$

■ 稳态解和周期轨仅含有非游荡点.

方程 (17.1) 生成的动力系统中, 所有非游荡点全体构成的集合 $\Omega(\varphi^t)$ 是闭的, $\{\varphi^t\}$ 的不变集, 并且包括所有周期轨和所有 M 中点的 ω 极限集.

M 上光滑向量场生成的动力系统 $\{\varphi^t\}_{t\in\mathbb{R}}$ 称为莫尔斯–斯梅尔 (Morse-Smale) 系统, 如果满足下面的条件:

(1) 系统只有有限个平衡点和周期轨, 且它们都是双曲的.

(2) 所有平衡点和周期轨的稳定流形和不稳定流形是横截相交的.

(3) 全体非游荡点的集合仅包含平衡点和周期轨.

帕利–斯梅尔 (Palis-Smale) 定理 莫尔斯–斯梅尔系统是结构稳定的.

帕利–斯梅尔定理的逆定理不成立: 当 $n=3$ 时, 存在含有无穷多周期轨的结构稳定系统.

当 $n\geqslant 3$ 时, 结构稳定系统不是通有的.

17.2 吸引子的量化描述

17.2.1 吸引子上的概率测度

17.2.1.1 不变测度

1. 定义、支撑在吸引子上的测度

设 $\{\varphi^t\}_{t\in\Gamma}$ 是 (M,ρ) 上动力系统, $\mathcal{B}$ 为 M 上所有博雷尔 (Borel) 集合构成的 σ 代数 (参见第 905 页 12.9.1, 2.), 令 $\mu:\mathcal{B}\to[0,+\infty]$ 为 $\mathcal{B}$ 上的测度, 且对任意 $t\in\Gamma$, φ^t 关于 μ 是可测的. 如果对任意 $A\in\mathcal{B}, t>0$, 有 $\mu(\varphi^{-t}(A))=\mu(A)$, 则称 μ 为关于 $\{\varphi^t\}_{t\in\Gamma}$ 的不变测度. 如果系统 $\{\varphi^t\}_{t\in\Gamma}$ 可逆, 则上述不变测度定义可叙述为 $\mu(\varphi^t(A))=\mu(A), (A\in\mathcal{B}, t>0)$. 对博雷尔集合 $A\subset M$ 上, 如果 $\mu(M\backslash A)=0$, 则称 μ 支撑在 A 上. 设 Λ 为系统 $\{\varphi^t\}_{t\in\Gamma}$ 的一个吸引子, μ 为关于 $\{\varphi^t\}_{t\in\Gamma}$ 的不变测度, 如果对任意博雷尔集合 B 满足 $\Lambda\cap B=\varnothing$, 有 $\mu(B)=0$, 则称 μ 支撑在 Λ 上.

对测度 $\mu:\mathcal{B}\to[0,+\infty]$ 定义 μ 的支撑为所有 μ 支撑于其上的闭集合的交.

■ **A:** 对 $M=[0,1]$ 上的伯努利转移映射:

$$x_{\ell+1}=2x_\ell(\mathrm{mod}1). \tag{17.28a}$$

系统 $\varphi:[0,1]\to[0,1]$ 定义为

$$\varphi(x)=\begin{cases}2x, & 0\leqslant x\leqslant\dfrac{1}{2},\\ 2x-1, & \dfrac{1}{2}<x\leqslant 1.\end{cases} \tag{17.28b}$$

从定义可看出勒贝格测度是其不变测度. 若将 $x\in[0,1)$ 写作二进制形式 $x=\sum\limits_{n=1}^{\infty}a_n\cdot 2^{-n}$(其中$a_n=0$或1), 将其等同于 $x=.a_1a_2a_3$, 则其在算子 $2x(\mathrm{mod}1)$

下的像为 $.a_1'a_2'a_3'\cdots$, 其中 $a_i'=a_{i+1}$, 即所有数字 a_k 都向左移动一位, 同时首位数字去掉.

■ **B:** 定义映射 $\Psi:[0,1]\to[0,1]$ 为

$$\Psi(y)=\begin{cases}2y, & 0\leqslant y<\dfrac{1}{2},\\ 2(1-y), & \dfrac{1}{2}\leqslant y\leqslant 1.\end{cases} \tag{17.29}$$

该映射称为**帐篷映射**, 勒贝格测度为该映射的一个不变测度. 通过同胚 $h:[0,1)\to[0,1), h(x)=\dfrac{2}{\pi}\arcsin\sqrt{x}$ 可将系统 (17.5) 转变为系统 (17.29). 因此, 当 $\alpha=4$ 时, 系统 (17.5) 有一个绝对连续不变测度. 事实上, 对系统 (17.29) 的密度函数 $\rho_1(y)\equiv 1$, 可找到系统 (17.5) 在 $\alpha=4$ 时对应密度函数 $\rho(x)$, 二者满足关系 $\rho_1(y)=\rho(h^{-1}(y))|(h^{-1})(y)|$, 即 $\rho(x)=\dfrac{1}{\pi\sqrt{x(1-x)}}$.

■ **C:** 设 x_0 为可逆离散系统 $\{\varphi^i\}$ 的一个稳定 T 周期点, 则 $\mu=\dfrac{1}{T}\sum\limits_{i=0}^{T-1}\delta_{\varphi^i(x_0)}$ 为 $\{\varphi^i\}$ 的概率测度, 其中 δ_{x_0} 为支撑在 x_0 点的**狄拉克**(Dirac)**测度**. (参见第 905 页 12.9.1,2.).

2. 自然测度

设 $\Lambda\subset M$ 为系统 $\{\varphi^t\}_{t\in\Gamma}$ 的一个吸引子, 吸引域为 W. 对任意博雷尔集合 $A\subset W$ 及任意 $x_0\in W$, 定义

$$\mu(A;x_0):=\lim_{T\to\infty}\frac{t(T,A,x_0)}{T}, \tag{17.30}$$

其中 $t(T,A,x_0)$ 表示轨道段 $\{\varphi^t(x_0)\}_{t=0}^T$ 落入集合 A 的所有时刻构成的集合. 若对 λ-几乎处处 $x_0\in W$, 有 $\mu(A;x_0)=\alpha$, 则定义 $\mu(A)=\mu(A;x_0)$. 由于对几乎所有初始点 $x_0\in W$ 的轨道随着 t 趋向于 $+\infty$ 都趋向于 Λ, 因此 μ 是支撑在集合 Λ 上的概率测度.

17.2.1.2 遍历论基础

1. 遍历系统

称 (M,ρ) 上具有不变测度 μ 的动力系统 $\{\varphi^t\}_{t\in\Gamma}$ 是遍历的 (或测度 μ 是遍历的), 如果对所有满足 $\varphi^{-t}(A)=A(\forall t>0)$ 的博雷尔集合 A, 有 $\mu(A)=0$ 或 $\mu(M\backslash A)=0$. 对离散系统 $\{\varphi^t\}$ (17.3), 其中 $\varphi:M\to M$ 是同胚, M 是紧致度量空间, 总存在不变的遍历测度.

■ **A:** 对圆周 S^1 上的**旋转映射**

$$x_{t+1}=x_t+\Phi\ (\mathrm{mod}\ 2\pi),\quad t=0,1,\cdots, \tag{17.31}$$

$\varphi:[0,2\pi)\to[0,2\pi)$, $\varphi(x)=x+\Phi\ (\mathrm{mod}\ 2\pi)$. 勒贝格测度是关于 φ 的不变测度. 如果 $\dfrac{\Phi}{2\pi}$ 为无理数, 则系统 (17.3) 是遍历的; 如果 $\dfrac{\Phi}{2\pi}$ 为无理数, 则系统 (17.3) 不是遍历的.

■ **B:** 稳定平衡点或者稳定周期轨作为吸引子的动力系统关于自然测度是遍历的.

伯克霍夫 (Birkhoff) 遍历定理　设动力系统 $\{\varphi^t\}_{t\in\Gamma}$ 关于不变的概率测度 μ 是遍历的, 则对任意可积函数 $h\in L^1(M,\mathcal{B},\mu)$, 对 μ-几乎处处 $x_0\in M$, x_0 点沿正半轨 $\{\varphi^t x_0\}_{t=0}^{\infty}$ 的时间平均 $\bar{h}(x_0)$ 等于空间平均 $\displaystyle\int_M h\mathrm{d}\mu$, 其中对连续系统, $\bar{h}(x_0)=\displaystyle\lim_{T\to+\infty}\frac{1}{T}\int_0^T h(\varphi^t(x_0))\mathrm{d}t$, 对离散系统, $\bar{h}(x_0)=\displaystyle\lim_{n\to+\infty}\frac{1}{n}\sum_{i=0}^{n-1}h(\varphi^i(x_0))\mathrm{d}t$.

2. 物理测度或 SRB 测度

遍历定理叙述只有在测度 μ 的支撑集充分大时才有意义. 设 $\varphi:M\to M$ 是一个连续映射, $\mu:\mathcal{B}\to\mathbb{R}$ 是一个不变测度. 如果对任何连续函数 $h:M\to\mathbb{R}$, 由所有满足条件

$$\lim_{n\to+\infty}\frac{1}{n}\sum_{i=0}^{n-1}h(\varphi^i(x_0))\mathrm{d}t=\int_M h\mathrm{d}\mu \tag{17.32a}$$

的点 x_0 构成的集合具有正勒贝格测度, 则称 μ 是一个 SRB测度(该命名源于赛奈 (Sinai), 鲍恩 (Bowen) 和吕埃勒 (Ruelle), 见 [17.6]). 如果对几乎所有 $x\in M$, 测度序列

$$\mu_n:=\frac{1}{n}\sum_{i=0}^{n-1}\delta_{\varphi^i(x)} \tag{17.32b}$$

弱收敛于 μ, 即 $\displaystyle\int_M h\mathrm{d}\mu_n\to\int_M h\mathrm{d}\mu, n\to+\infty$, 其中 δ_x 为支撑在 x 点的狄拉克测度, 那么 μ 是一个 SRB 测度.

■ 对一些重要吸引子, 如埃农吸引子, SRB 测度的存在性已被证明.

3. 混合系统

称 (M,ρ) 上具有不变测度 μ 的动力系统 $\{\varphi^t\}_{t\in\Gamma}$ 是混合的, 如果对任意博雷尔集合 $A,B\subset M$, 有 $\displaystyle\lim_{t\to+\infty}\mu(A\cap\varphi^{-t}(B))=\mu(A)\mu(B)$. 对混合系统而言, 由所有满足 $t=0$ 时刻在集合 A, 经过充分长时间 φ^t 作用后落入集合 B 的点所构成的集合的测度只与乘积项 $\mu(A)\mu(B)$ 有关.

混合系统也是遍历的: 设 $\{\varphi^t\}$ 是一个混合系统, 若博雷尔集合 A 满足 $\varphi^{-t}(A)=A(t>0)$, 则有 $\mu(A)^2=\displaystyle\lim_{t\to+\infty}\mu(A\cap\varphi^{-t}(A))=\mu(A)$, 从而 $\mu(A)=0$ 或 1.

系统 (17.1) 的流 $\{\varphi^t\}$ 称为混合的, 如果对任意 $g,h\in L^2(M,\mathcal{B},\mu)$ 有

$$\lim_{t\to+\infty}\int_M[g(\varphi^t(x))-\bar{g}][h(x)-\bar{h}]\mathrm{d}\mu=0 \tag{17.33}$$

成立, 其中 $\bar{g}$ 和 $\bar{h}$ 表示空间平均, 可由时间平均替换.

■ 映射 (17.28a) 是混合的. 旋转映射 (17.31) 关于概率测度 $\dfrac{\lambda}{2\pi}$ 不是混合的.

4. 自相关函数

设M上关于不变测度μ的动力系统 $\{\varphi^t\}_{t\in\Gamma}$ 是遍历的. 设 $h: M\to\mathbb{R}$ 为某连续函数, $\{\varphi^t(x)\}_{t\geqslant 0}$ 为某半轨, 将空间平均 $\bar{h}$ 分别在连续和离散情形下被替换成时间平均, 即连续情形替换为 $\lim\limits_{T\to\infty}\dfrac{1}{T}\displaystyle\int_0^T h(\varphi^t(x))\mathrm{d}t$,离散情形替换为 $\lim\limits_{n\to\infty}\dfrac{1}{n}\sum_{i=0}^{n-1}h(\varphi^i(x))$, 则函数 h 沿半轨 $\{\varphi^t(x)\}_{t\geqslant 0}$ 到时间 $\tau\geqslant 0$ 的相关函数在流的情形定义为

$$C_h(\tau)=\lim_{T\to\infty}\frac{1}{T}\int_0^T h(\varphi^{t+\tau}(x))h(\varphi^t(x))\mathrm{d}t-\bar{h}^2, \tag{17.34a}$$

在离散情形定义为

$$C_h(\tau)=\lim_{n\to\infty}\frac{1}{n}\sum_{i=0}^{n-1}h(\varphi^{i+\tau}(x))h(\varphi^i(x))-\bar{h}^2. \tag{17.34b}$$

自相关函数也可对负向时间迭代定义, 这时 $C_h(\cdot)$ 看作 $\mathbb{R}$ 或 $\mathbb{Z}$ 上的偶函数.

周期或拟周期轨相应地导致 C_h 的周期或拟周期行为. 对任意测试函数 $h, C_h(\tau)$ 随 τ 的增加而快速减小的现象称为混沌. 如果 $C_h(\tau)$ 随 τ 的增加以指数速率衰减, 则说明系统混合.

5. 功率谱

称 $C_h(\tau)$ 的傅里叶变换为*功率谱* (参见第 1028 页 15.3.1.2, 5.), 记为 $P_h(\omega)$.

在连续时间情形下, 在假设 $\displaystyle\int_{-\infty}^{+\infty}|C_h(\tau)|\mathrm{d}\tau<\infty$ 下,

$$P_h(\omega)=\int_{-\infty}^{+\infty}C_h(\tau)\mathrm{e}^{-\mathrm{i}\omega\tau}\mathrm{d}\tau=2_0^{infty}C_h(\tau)\cos(\omega\tau)\mathrm{d}\tau \tag{17.35a}$$

在离散时间情形下, 若 $\sum\limits_{k=-\infty}^{+\infty}|C_h(k)|<+\infty$ 成立, 则

$$P_h(\omega)=C_h(0)+2\sum_{k=1}^{+\infty}C_h(k)\cos\omega k. \tag{17.35b}$$

如果 $C_h(\cdot)$ 的绝对可积或可加性假设不成立, 则在大多数重要情形下, P_h 看作一个分布. 对应于动力系统周期行为的能量谱可被刻画为等距脉冲. 对拟周期行为, 能量谱也存在脉冲, 它们是拟周期行为基本脉冲的整系数线性组合. 在宽带谱中出现奇异峰值可被认为混沌行为标志.

■ **A:** 设 φ 是系统 (17.1) 的 T 周期轨道, 试验函数 h 满足时间平均 $h(\varphi(t))$ 等于 0. 若 $h(\varphi(t))$ 的傅里叶表示为

$$h(\varphi(t))=\sum_{k=-\infty}^{+\infty}\alpha_k\mathrm{e}^{\mathrm{i}k\omega_0 t},\quad \omega_0=\frac{2\pi}{T},$$

则有

$$C_h(\tau)=\sum_{k=-\infty}^{+\infty}|\alpha_k|^2\cos(k\omega_0\tau),\quad P_h(\omega)=2\pi\sum_{k=-\infty}^{+\infty}|\alpha_k|^2\delta(\omega-k\omega_0).$$

■ **B:** 设 φ 是系统 (17.1) 的一个拟周期轨道, 试验函数 h 满足沿系统 φ 的时间平均等于 0. 设 $h(\varphi(t))$ 可表示为 (双傅里叶级数)

$$h(\varphi(t))=\sum_{k_1=-\infty}^{+\infty}\sum_{k_2=-\infty}^{+\infty}\alpha_{k_1k_2}\mathrm{e}^{\mathrm{i}(k_1\omega_1+k_2\omega_2)t},$$

则

$$C_h(\tau)=\sum_{k_1=-\infty}^{+\infty}\sum_{k_2=-\infty}^{+\infty}|\alpha_{k_1k_2}|^2\cos(k_1\omega_1+k_2\omega_2)\tau,$$

$$P_h(\omega)=2\pi\sum_{k_1=-\infty}^{+\infty}\sum_{k_2=-\infty}^{+\infty}|\alpha_{k_1k_2}|^2\delta(\omega-k_1\omega_1-k_2\omega_2).$$

17.2.2　熵

17.2.2.1　拓扑熵

设 (M,ρ) 是一个紧致度量空间, $\{\varphi^k\}_{k\in\Gamma}$ 是 M 上一个连续的离散时间动力系统. 对任意 $n\in\mathbb{N}$, 定义 M 上距离函数 ρ_n 为

$$\rho_n(x,y):=\max_{0\leqslant i\leqslant n}\rho(\varphi^i(x),\varphi^i(y)).\tag{17.36}$$

进一步地, 令 $N(\varepsilon,\rho_n)$ 表示 M 上两两之间 ρ_n 距离不小于 ε 的点构成的集合可能具有的最大基数. 离散系统 (17.3) 或映射 φ 的**拓扑熵**定义为 $h(\varphi)=\lim\limits_{\varepsilon\to 0}\limsup\limits_{n\to\infty}\dfrac{1}{n}\ln N(\varepsilon,\rho_n)$. 拓扑熵度量的是映射的某种复杂性. 进一步地, 设 (M_1,ρ_1) 为一个紧致度量空间, $\varphi_1:M_1\to M_1$ 是一个连续映射, 如果系统 φ 与 φ_1 拓扑共轭, 那么它们的拓扑熵相等. 特别地, 拓扑熵不依赖于度量. 对任意 $n\in\mathbb{N}$, 有 $h(\varphi^n)=nh(\varphi)$. 如果 φ 是一个同胚, 则有 $h(\varphi^k)=|k|h(\varphi),\forall k\in\mathbb{Z}$. 基于此, 对 $M\subset\mathbb{R}^n$ 上的流 (17.1), $\varphi^t=\varphi(t,\cdot)$ 的拓扑熵可定义为 $h(\varphi^t):=h(\varphi^1)$.

17.2.2.2　测度熵

设 $\{\varphi^t\}_{t\in\Gamma}$ 是 M 上的动力系统, Λ 为其一个吸引子, μ 是支撑在 Λ 上不变的概率测度. 对任意 $\varepsilon>0$, 考虑形如 $\{(x_1,\ldots,x_n):k_i\varepsilon\leqslant x_i<(k_i+1)\varepsilon,i=1,2,\cdots,n\}$ 的方体 $Q_1(\varepsilon),\cdots,Q_{n(\varepsilon)}(\varepsilon)$, 其中 $k_i\in\mathbb{Z}$, $\mu(Q_i)>0$. 对 Q_i 中任意点 x, 随 t 的增加可定义半轨 $\{\varphi^t(x)\}_{t=0}^{\infty}$. 取定时间间隔 $\tau>0$ (离散情形 $\tau=1$), 半轨所经过的 N 个方体的下角标依次记为 $i_1,\cdots,i_N$. $E_{i_1,\cdots,i_N}$ 表示初始点在

Λ 领域中, $t_i = i\tau(i=1,\cdots,N)$ 时刻分别进入 $Q_{i_1}\cdots,Q_{i_N}$ 的点构成的集合. 令 $p(i_1,\cdots,i_N)=\mu(E_{i_1,\cdots,i_N})$, 表示从集合 $E_{i_1,\cdots,i_N}$ 中出发的典型轨道的概率.

测度熵刻画了在对一个试验的重复进行中, 在有限个可能结果中只有某个结果发生所产生的信息量随时间的平均增长率. 在上述假设下, 该信息量可定义为

$$H_N = -\sum_{(i_1,\cdots,i_N)} p(i_1,\cdots,i_N)\ln p(i_1,\cdots,i_N), \tag{17.37}$$

其中加和项为对所有长度为 N 的可实现的符号序列 $(i_1,\cdots,i_N)$ 取加和.

在吸引子 Λ 上, $\{\varphi^t\}$ 关于不变测度 μ 的**测度熵或柯尔莫哥洛夫–赛奈 (Kolmogorov-Sinai)熵** h_μ 定义为 $h_\mu = \lim\limits_{\varepsilon\to 0}\lim\limits_{N\to\infty}\dfrac{H_N}{\tau N}$. 对离散系统, 极限 $\varepsilon\to 0$ 可省略. 设 $h(\varphi)$ 为 $\varphi:\Lambda\to\Lambda$ 的拓扑熵, 则 $h_\mu \leqslant h(\varphi)$ 总成立. 在某些情形下, $h(\varphi)=\sup\{h_\mu:\mu$ 为所有支撑在 Λ 上的概率测度$\}$.

■ **A:** 设 $\Lambda=\{x_0\}$ 是系统 (17.1) 的一个稳定平衡点, 将其看作有一个吸引子, μ 为其支撑在 x_0 上的自然测度, 则对该吸引子有 $h_\mu=0$.

■ **B:** 对转移映射 (17.28a), $h(\varphi)=h_\mu=\ln 2$, 其中 μ 为勒贝格测度.

17.2.3 李雅普诺夫指数

1. 矩阵的奇异值

设 L 是任意的 (n,n) 型矩阵, $\boldsymbol{L}$ 的奇异值 $\sigma_1\geqslant\sigma_2\geqslant\cdots\geqslant\sigma_n$ 指半正定矩阵 $\boldsymbol{L}^{\mathrm{T}}\boldsymbol{L}$ 的非负特征值 $\alpha_1\geqslant\cdots\geqslant\alpha_n\geqslant 0$, 其中 α_i 的排列将重数考虑在内.

奇异值有几何上的解释: 如果 K_ε 表示中心在原点, 半径为 $\varepsilon>0$ 的球, 则像集 $L(K_\varepsilon)$ 是一个半轴长度为 $\sigma_i\varepsilon(i=1,2,\cdots,n)$ 的椭球体 (图 17.13(a)).

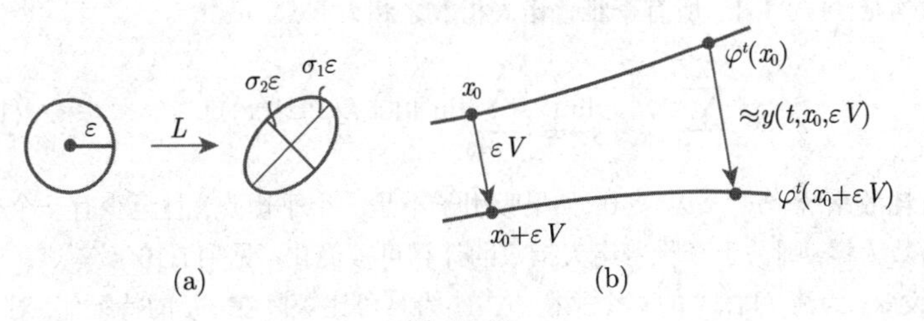

图 17.13

2. 李雅普诺夫指数的定义

设 $\{\varphi^t\}_{t\in\Gamma}$ 是 $M\subset\mathbb{R}^n$ 上的光滑动力统, Λ 为其一个吸引子, μ 为支撑在 Λ 上遍历的不变概率测度. 对任意 $t\geqslant 0$ 及 $x\in\Lambda$, $\sigma_1(t,x)\geqslant\cdots\geqslant\sigma_n(t,x)$ 表示 φ^t 在 x 点处雅可比矩阵 $D\varphi^t(x)$ 的奇异值. 则存在一列数 $\lambda_1\geqslant\cdots\geqslant\lambda_n$, 满足对 μ-几乎处处 x, $\dfrac{1}{t}\ln\sigma_i(t,x)\xrightarrow{L^1}\lambda_i, t\to+\infty$, 这一列数即为**李雅普诺夫指数**. 由 Oseledec 定理, 对 μ-几乎处处 x, 存在 $\mathbb{R}^n$ 的一列子空间

$$\mathbb{R}^n = E^x_{s_1} \supset E^x_{s_2} \supset \cdots \supset E^x_{s_{r+1}} = \{0\}, \tag{17.38}$$

满足 $\frac{1}{t}\ln\|D\varphi^t(x)v\|$ 关于 $v \in E^x_{s_j}\backslash E^x_{s_{j+1}}$ 一致地收敛于 $\{\lambda_1,\cdots,\lambda_n\}$ 中某元素 λ_{s_j}.

3. 李雅普诺夫指数的计算

若将位于 x 点的单位球面经过算子 $D\varphi^t(x)$ 作用后得到的椭球面的半轴长度记为 $\sigma_i(t,x)$. 利用某些重新正规化方法 (例如豪斯霍尔德 (Householder) 变换) 后, 通过公式 $\chi_i(x) = \lim\limits_{t\to\infty}\sup\frac{1}{t}\ln\sigma_i(t,x)$ 可计算得到李雅普诺夫指数. 函数 $y(t,x,v) = D\varphi^t(x)$ 是流 $\{\varphi^t\}$ 的半轨 $\gamma^+(x)$ 关于 v 的变分方程在 $t=0$ 时刻的解. 事实上, 如果 $\{\varphi^t\}_{t\in\mathbb{R}}$ 是 (17.1) 对应的流, 则相应的变分方程为 $\dot{y} = Df(\varphi^t(x))y$. 该方程在 $t=0$ 时刻初始值为 v 的解可表示为 $y(t,x,v) = \Phi_x(t)v$, 其中 $\Phi_x(t)$ 为变分方程在 $t=0$ 的赋范基本矩阵, 由解关于初值的可微性定理 (参见第 1117 页 17.1.1.1, 2.), 它是矩阵微分方程 $\dot{\boldsymbol{Z}} = Df(\varphi^t(x))\boldsymbol{Z}$ 关于初值条件 $\boldsymbol{Z}(0) = \boldsymbol{E}_n$ 的解.

$\chi(x,v) = \lim\limits_{t\to\infty}\sup\frac{1}{t}\ln\|D\varphi^t(x)v\|$ 描述了初始点为 $x+\varepsilon v$ 的轨道 $\gamma(x+\varepsilon v), 0 < \varepsilon \ll 1$ 关于初始轨道 $\gamma(x)$ 沿方向 v 的动力学行为. 如果 $\chi(x,v) < 0$, 则随 t 增加, 轨道沿 v 方向接近 x 点, 反之, 轨道沿 v 方向远离 x 点 (图 17.13(b)).

设 $\varLambda$ 为动力系统 $\{\varphi^t\}_{t\in\gamma}$ 的吸引子, μ 为支撑在 $\varLambda$ 上不变的遍历测度, 对 μ-几乎处处 $x \in \varLambda$, 在流的情形 (17.1) 下, 所有李雅普诺夫指数之和为

$$\sum_{i=1}^{n}\lambda_i = \lim_{t\to\infty}\frac{1}{t}\int_0^t \mathrm{div} f(\varphi^s(x))\mathrm{d}s, \tag{17.39a}$$

在离散情形 (17.3) 下, 所有李雅普诺夫指数之和为

$$\sum_{i=1}^{n}\lambda_i = \lim_{k\to\infty}\frac{1}{k}\sum_{i=0}^{k-1}\ln\|\det D\varphi(\varphi^i(x))\|. \tag{17.39b}$$

因此对耗散系统, $\sum_{i=1}^n\lambda_i < 0$. 如果吸引子不是一个平衡点, 且至少有一个李雅普诺夫指数为零, 则关于李雅普诺夫指数的计算可被简化 (见 [17.16]).

■ **A**: 设 x_0 为流 (17.1) 的一个平衡点, α_i 为雅可比矩阵在 x_0 的特征值. 对支撑在 x_0 点的测度, 李雅普诺夫指数为 $\lambda_i = \mathrm{Re}\alpha_i \ (i=1,2,\cdots,n)$.

■ **B**: 设 $\gamma(x_0) = \{\varphi^t(x_0), t\in[0,T]\}$ 为 (17.1) 的 T 周期轨, ρ_i 为 $\gamma(x_0)$ 点的相应乘子, 则对支撑在 $\gamma(x_0)$ 的测度有 $\lambda_i = \frac{1}{T}\ln|\rho_i|, i=1,2,\cdots,n$.

4. 测度熵与李雅普诺夫指数

设 $\varLambda \subset \mathbb{R}$ 为动力系统 $\{\varphi^t\}_{t\in\gamma}$ 的吸引子, μ 为支撑在 $\varLambda$ 上遍历的概率测度, h_μ 为测度熵, 则 $h_\mu \leqslant \sum_{\lambda_i>0}\lambda_i$, 其中加和项为对所正李雅普诺夫指数相加, 且记重数.

等式

$$h_\mu = \sum_{\lambda_i > 0} \lambda_i \quad (\text{佩辛 (Pesin) 熵公式}) \tag{17.40}$$

一般不成立 (可参见第 1153 页 17.2.4.4,■B). 如果 μ 绝对连续于勒贝格测度, 且 $\varphi: M \to M$ 是 C^2 微分同胚, 则佩辛熵公式成立.

17.2.4 维数

17.2.4.1 测度维数

1. 分形

动力系统的吸引子或者其他不变集在几何构造上看可以比点、线或者环面复杂的多. 分形是不依赖于动力系统的集合, 它们依据诸如碎片、多孔性、复杂性和自相似性等一个或几个特征来区分彼此. 通常, 描述光滑曲面或曲线的维数概念不能应用于分形中, 我们需要一个更加一般的维数定义, 关于这方面更多细节可参见 [17.8],[17.20],[17.4].

■ 将区间 $G_0 = [0,1]$ 分成三段长度相等的子区间, 去掉三者之中位于中间的开区间后得到集合 $G_1 = \left[0, \dfrac{1}{3}\right] \cup \left[\dfrac{2}{3}, 1\right]$. 对 G_1 的两个子区间分别进行上述同样操作后, 得到集合 $G_2 = \left[0, \dfrac{1}{9}\right] \cup \left[\dfrac{2}{9}, \dfrac{1}{3}\right] \cup \left[\dfrac{2}{3}, \dfrac{7}{9}\right] \cup \left[\dfrac{8}{9}, 1\right]$. 继续上述过程, 对集合 G_{k-1} 的所有子区间分别移去中间的三分之一开区间后得到集合 G_k, 如此下去我们得到一列集合 $G_0 \supset G_1 \supset \cdots \supset G_n \supset \cdots$, 其中每个 G_n 由 2^n 个长度为 $\dfrac{1}{3^n}$ 的区间组成.

康托尔集 C 由属于所有集合 G_n 的点组成, 即 $C = \bigcap\limits_{n=1}^{\infty} G_n$, 这是一个紧的不可数集合, 其勒贝格测度为 0 并且是完全的, 即 C 为闭集且每个点为聚点. 康托尔集即为一个分形的例子.

2. 豪斯多夫维数

该维数的定义来自基于勒贝格测度的体积计算. 假设有界集合 $A \subset \mathbb{R}^s$ 被有限个半径 r_i 不超过 ε 的球体 B_{r_i} 覆盖, 即 $\bigcup\limits_i B_{r_i} \supset A$, 则粗略地看, A 的 “体积” 为 $\sum_i \dfrac{4}{3}\pi r_i^3$. 定义 $\mu_\varepsilon(A) = \inf\left\{\sum_i \dfrac{4}{3}\pi r_i^3\right\}$, 其中下确界为在 A 的所有尺寸不超过 ε 的球体覆盖上取. 当 ε 趋于零时, 可得到集合 A 的勒贝格外测度 $\bar{\lambda}(A)$. 若 A 可测, 外测度即为 A 的体积 $\mathrm{vol}(A)$.

设 M 为欧氏空间 $\mathbb{R}^n$, 或更一般地, 度量为 ρ 的可分度量空间, $A \subset M$ 为 M

的一个子集. 对任意 $d \geqslant 0, \varepsilon \geqslant 0$, 定义

$$\mu_{d,\varepsilon}(A) = \inf\left\{\sum_i (\mathrm{diam} B_i)^d : A \subset \bigcup B_i, \mathrm{diam} B_i \leqslant \varepsilon\right\} \tag{17.41a}$$

其中 $B_i \subset M$ 为任意子集, $\mathrm{diam} B_i = \sup\limits_{x,y \in B_i} \rho(x,y)$.

定义 A 的维数为 d 的**豪斯多夫**(Hausdorff)**外测度**

$$\mu_d(A) = \lim_{\varepsilon \to 0} \mu_{d,\varepsilon}(A) = \sup_{\varepsilon > 0} \mu_{d,\varepsilon}(A), \tag{17.41b}$$

该值可能有限也可能无穷. 集合 A 的**豪斯多夫维数** $d_{\mathrm{H}}(A)$ 定义为豪斯多夫测度的(唯一) 临界点

$$d_{\mathrm{H}}(A) = \begin{cases} +\infty, & \text{如果 } \mu_d(A) \neq 0, \forall d \geqslant 0, \\ \inf\{d \geqslant 0 : \mu_d(A) = 0\}. \end{cases} \tag{17.41c}$$

注记　在 $\mathbb{R}^n$ 情形下, $\mu_{d,\varepsilon}(A)$ 也可由边长不超过 ε 的方体覆盖得到.

豪斯多夫维数的重要性质

(HD1) $d_H(\varnothing) = 0$.

(HD2) 如果 $A \subset \mathbb{R}^n$, 则 $0 \leqslant d_{\mathrm{H}}(A) \leqslant n$.

(HD3) 如果 $A \subset B$, 则 $d_{\mathrm{H}}(A) \leqslant d_{\mathrm{H}}(B)$.

(HD4) 如果 $A = \bigcup\limits_{i=1}^{\infty} A_i$, 则 $d_{\mathrm{H}}(A) = \sup\limits_i d_{\mathrm{H}}(A_i)$.

(HD5) 如果 A 为有限集或可数集, 则 $d_{\mathrm{H}}(A) = 0$.

(HD6) 设 φ 是利普希茨连续函数, 即存在 $L > 0$ 满足 $\rho(\varphi(x,\varphi(y))) \leqslant L\rho(x,y)$, $\forall x, y \in M$, 则有 $d_{\mathrm{H}}(\varphi(A)) \leqslant d_{\mathrm{H}}(A)$. 如果逆映射 φ^{-1} 存在并且也为利普希茨连续, 则有 $d_{\mathrm{H}}(A) = d_{\mathrm{H}}(\varphi(A))$.

■ 对有理数集 $\mathbb{Q}$, 由(HD5) 可知 $d_{\mathrm{H}}(\mathbb{Q}) = 0$. 康托尔集 C 的维数为 $d_{\mathrm{H}}(C) = \dfrac{\ln 2}{\ln 3} \approx 0.6309\cdots$.

3. 盒维数或容量

设 A 是度量空间 (M, ρ) 的一个紧子集, $N_\varepsilon(A)$ 表示用尺寸不超过 ε 的集合覆盖 A 所需要的集合的最小个数,

$$\bar{d}_{\mathrm{B}}(A) = \limsup_{\varepsilon \to 0} \frac{\ln N_\varepsilon(A)}{\ln \dfrac{1}{\varepsilon}} \tag{17.42a}$$

称为 A 的**上盒维数**或**上容量**,

$$\underline{d}_{\mathrm{B}}(A) = \liminf_{\varepsilon \to 0} \frac{\ln N_\varepsilon(A)}{\ln \dfrac{1}{\varepsilon}} \tag{17.42b}$$

称为 A 的**下盒维数**或**下容量**. 如果 $\bar{d}_{\mathrm{B}}(A) = \underline{d}_{\mathrm{B}}(A) := d_{\mathrm{B}}(A)$ 成立, 则称 $d_{\mathrm{B}}(A)$ 为 A 的**盒维数**. 对 $\mathbb{R}^n$ 空间中的非闭有界集合也可定义盒维数.

若集合 $A \subset \mathbb{R}^n$ 为有界集合, 那么 $N_\varepsilon(A)$ 可按如下方式定义: 将 $\mathbb{R}^n$ 分割为边长为 ε 的 n 维方体网格, 则 $N_\varepsilon(A)$ 定义为网格中与 A 相交非空的方体个数.

盒维数的重要性质

(BD1) $d_{\mathrm{H}}(A) \leqslant d_{\mathrm{B}}(A)$ 总成立.

(BD2) 对 m 维曲面 $F \subset \mathbb{R}^n$, 有 $d_{\mathrm{H}}(F) = d_{\mathrm{B}}(F) = m$.

(BD3) 对集合 A 的闭包 $\bar{A}$, 有 $d_{\mathrm{B}}(A) = d_{\mathrm{B}}(\bar{A})$ 成立, 但一般地对豪斯多夫维数, $d_{\mathrm{H}}(A) < d_{\mathrm{H}}(\bar{(A)})$.

(BD4) 如果 $A = \bigcup\limits_n A_n$, 一般地对盒维数, 等式 $d_{\mathrm{B}}(A) = \sup\limits_n d_{\mathrm{B}}(A_n)$ 不成立.

■ 设 $A = \left\{0, 1, \frac{1}{2}, \frac{1}{3}, \cdots\right\}$. 则 $d_{\mathrm{H}}(A) = 0,\ d_{\mathrm{B}}(A) = \frac{1}{2}$.

如果 A 为 $[0,1]$ 中所有有理数点构成的集合, 由 (BD2) 与 (BD3) 可知 $d_{\mathrm{B}}(A) = 1$. 另一方面, $d_{\mathrm{H}}(A) = 0$.

4. 自相似性

某些具有*自相似性质*的几何图形可由如下过程得到: 给定一个初始图形, 按比例 $q > 1$ 复制 p 个相同图形, 将它们组成一个新图形. 第 k 步得到的图形是对初始图形按上述方式连续 k 次缩放组合后得到.

■ **A**: 康托尔集: $p = 2, q = 3$

■ **B**: 科赫 (Koth) 曲线: $p = 4, q = 3$. 前三步得到图形如图 7.14 所示.

■ **C**: 谢尔平斯基 (Sierpinski) 垫圈: $p = 3, q = 2$. 前三步得到图形如图 17.15 所示.

■ **D**: 谢尔平斯基地毯: $p = 8, q = 3$. 前三步得到图形如图 17.16 所示 (白色方形被移去).

对 **A** $\sim$ **D** 中例子:

$$d_{\mathrm{B}} = d_{\mathrm{H}} = \frac{\ln p}{\ln} q.$$

图 17.14

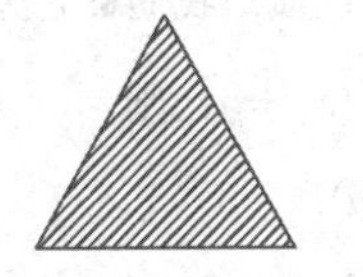
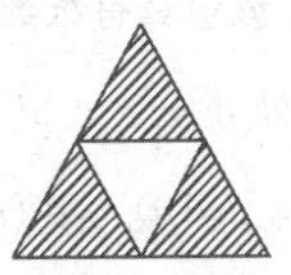
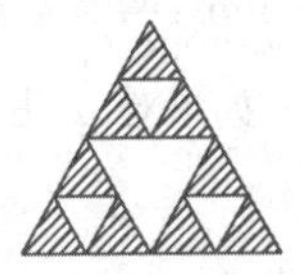

图 17.15

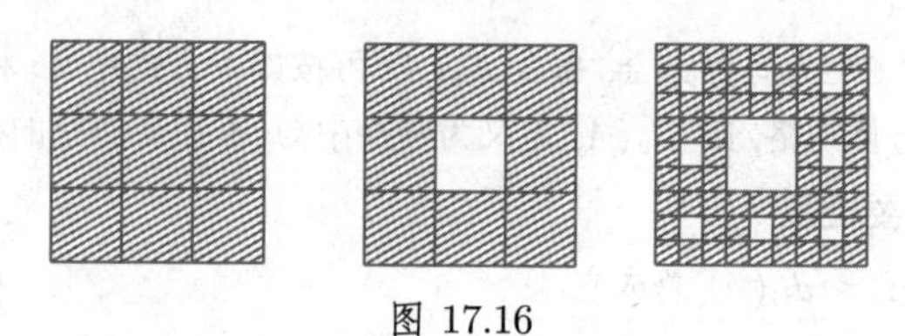

图 17.16

17.2.4.2 由不变测度定义的维数

1. 测度的维数

设 μ 为空间 (M,ρ) 上支撑在集合 Λ 上的概率测度. 任取 $x\in\Lambda$, $B_\delta(x)$ 表示 x 点为心, 半径为 δ 的球体, 则

$$\bar{b}_\mu(x)=\limsup_{\delta\to 0}\frac{\ln\mu(B_\delta(x))}{\ln\delta} \tag{17.43a}$$

与

$$\underline{b}_\mu(x)=\liminf_{\delta\to 0}\frac{\ln\mu(B_\delta(x))}{\ln\delta} \tag{17.43b}$$

分别表示 μ 在点 x 处的上与下点维数.

杨氏 (Young) 定理 1 如果对 μ 几乎处处 $x\in\Lambda$ 有 $d_\mu(x)=\alpha$, 则

$$\alpha=d_{\mathrm{H}}(\mu):=\inf_{X\subset\Lambda,\mu(X)=1}\{d_{\mathrm{H}}(X)\}.$$

称 $d_{\mathrm{H}}(\mu)$ 为测度 μ 的豪斯多夫维数.

■ 设 $M=\mathbb{R}^n$, $\Lambda\subset\mathbb{R}^n$ 为一个紧球体, 具有正的勒贝格测度, 即 $\lambda(\Lambda)>0$. 记 $\mu_\Lambda=\dfrac{\lambda}{\lambda(\Lambda)}$, 表示 μ 限制在 Λ 上的测度, 则

$$\mu(B_\delta(x))\sim\delta^n \ \text{ 且 }\ d_{\mathrm{H}}(\mu)=n. \tag{17.44}$$

2. 信息维数

设 $\{\varphi^t\}_{t\in\gamma}$ 的吸引子 Λ 被边长为 ε 的方体 $Q_1(\varepsilon),\cdots,Q_n(\varepsilon)$ 覆盖 (如第 1144 页 17.2.2.2), μ 为支撑在 Λ 上的不变概率测度. 覆盖 $Q_1(\varepsilon),\cdots,Q_n(\varepsilon)$ 的熵定义为

$$H(\varepsilon)=-\sum_{i=1}^{n(\varepsilon)}p_i(\varepsilon)\ln p_i(\varepsilon),\quad \text{其中 } p_i(\varepsilon)=\mu(Q_i(\varepsilon))\ \ (i=1,\cdots,n(\varepsilon)). \tag{17.45}$$

如果极限 $d_{\mathrm{I}}(\mu)=\lim\limits_{\varepsilon\to 0}\dfrac{H(\varepsilon)}{\ln\varepsilon}$ 存在, 该量具有维数性质, 我们称它为信息维数.

杨氏定理 2 如果对 μ 几乎处处 $x\in\Lambda$, $d_\mu(x)=\alpha$, 则

$$\alpha=d_{\mathrm{H}}(\mu)=d_{\mathrm{I}}(\mu). \tag{17.46}$$

■ **A**: 设 μ 支撑在 $\{\varphi^t\}$ 的平衡点 x_0 处. 对任意 $\varepsilon>0$, 有 $H_\varepsilon(\mu)=-1\ln 1=0$, 从而 $d_{\mathrm{I}}(\mu)=0$.

■ **B**：设 μ 为支撑在系统 $\{\varphi^t\}$ 的极限环上的测度. 对任意 $\varepsilon > 0$, 有 $H_\varepsilon(\mu) = -\ln\varepsilon$, 从而 $d_{\rm I}(\mu) = 1$.

3. 相关维数

设 $\{y_i\}_{i=1}^{+\infty}$ 为 $\{\varphi^t\}_{t\in\gamma}$ 的吸引子 Λ 上的一个典型点列, μ 是 Λ 上不变的概率测度, 任意取定 $m \in \mathbb{N}$. 对向量序列 $x_i = (y_i, \cdots, y_{i+m})$ 定义距离 ${\rm dist}k(x_i, x_j) := \max\limits_{0\leqslant s\leqslant m}\{\|y_{i+s} - y_{j+s}\|\}$, 其中 $\|\cdot\|$ 表示欧氏向量范数. 赫维赛德 (Heaviside) 函数 $\Theta = \begin{cases} 0, & x \leqslant 0, \\ 1, & x > 0, \end{cases}$

$$C^m(\varepsilon) = \limsup_{N\to+\infty} \frac{1}{N^2}{\rm card}\{(x_i, x_j) : {\rm dist}(x_i, x_j) < \varepsilon\}$$
$$= \limsup_{N\to+\infty} \frac{1}{N^2}\sum_{i,j=1}^{N}\Theta(\varepsilon - {\rm dist}(x_i, x_j)) \tag{17.47a}$$

称为相关积分,

$$d_{\rm K} = \lim_{\varepsilon\to 0}\frac{\ln C^m(\varepsilon)}{\ln\varepsilon} \tag{17.47b}$$

称为相关维数(如果极限存在).

4. 广义维数

设 $\{\varphi^t\}_{t\in\gamma}$ 在吸引子 $\Lambda \subset M$ 上有不变的概率测度 μ, Λ 被边长为 ε 的方体覆盖, 如第 1144 页 17.2.2.2. 对任意参数 $q \in \mathbb{R}, q \neq 1$,

$$H_q(\varepsilon) = \frac{1}{1-q}\ln\sum_{i=1}^{n(\varepsilon)} p_i(\varepsilon)^q, \quad 其中\ p_i(\varepsilon) = \mu(Q_i(\varepsilon)) \tag{17.48a}$$

称为关于覆盖 $Q_1(\varepsilon), \cdots, Q_{n(\varepsilon)}(\varepsilon)$ 的 q 级广义熵.

如果极限

$$d_q = -\lim_{\varepsilon\to 0}\frac{H_q(\varepsilon)}{\ln\varepsilon} \tag{17.48b}$$

存在, 称其为 q阶瑞尼(Rényi) 维数.

特殊情形下的瑞尼维数

a) $q = 0$： $d_0 = d_{\rm C}({\rm supp}\mu)$. (17.49a)

b) $q = 1$： $d_1 := \lim\limits_{q\to 1} d_q = d_{\rm I}(\mu)$. (17.49b)

c) $q = 2$： $d_2 = d_{\rm K}$. (17.49c)

5. 李雅普诺夫维数

设 $\{\varphi^t\}$ 是 $M \subseteq \mathbb{R}^n$ 上的光滑动力系统, Λ 为一个吸引子 (或不变集), μ 为支撑在 Λ 上不变的遍历概率测度. 设 $\lambda_1 \geqslant \lambda_2 \geqslant \cdots \geqslant \lambda_n$ 为关于 μ 的李雅普诺夫指数, k 为满足 $\sum_{i=1}^{k}\lambda_i \geqslant 0$ 及 $\sum_{i=1}^{k+1}\lambda_i < 0$ 的最大指标, 称

$$d_{\mathrm{L}}(\mu) = k + \frac{\sum\limits_{i=1}^{k} \lambda_i}{|\lambda_{k+1}|} \tag{17.50}$$

为测度 μ 的李雅普诺夫维数.

如果 $\sum_{i=1}^{n} \lambda_i \geqslant 0$, 则 $d_{\mathrm{L}}(\mu) = n$; 如果 $\lambda_1 < 0$, 则 $d_{\mathrm{L}}(\mu) = 0$.

列炯皮亚 (Ledrappier) 定理 设 $\{\varphi^t\}$ 是 $M \subset \mathbb{R}^n$ 上离散系统 (17.3), 其中 φ 是 M 上 C^2 映射, μ 是支撑在吸引子 Λ 上不变的遍历概率测度, 则 $d_{\mathrm{H}}(\mu) \leqslant d_{\mathrm{L}}(\mu)$.

■ **A** : 设 光滑系统 $\{\varphi^t\}$ 的吸引子 Λ 被 N_ε 个边长为 ε 的方形覆盖, $\sigma_1 > 1 > \sigma_2$ 为 $D\varphi$ 的奇异值. 该吸引子的 d_{B} 维体积 $m_{d_{\mathrm{B}}} \simeq N_\varepsilon \cdot \varepsilon^{d_{\mathrm{B}}}$. 每个边长为 ε 的方形被 φ 映射成边长大约分别为 $\sigma_1\varepsilon$ 和 $\sigma_2\varepsilon$ 的平行四边形. 若将覆盖取作边长为 $\sigma_2\varepsilon$ 的菱形, 则有 $N_{\sigma_2\varepsilon} \simeq N_\varepsilon \dfrac{\sigma_1}{\sigma_2}$. 由关系式 $N_\varepsilon \varepsilon^{d_{\mathrm{B}}} \simeq N_{\sigma_2\varepsilon}(\varepsilon\sigma_2)^{d_{\mathrm{B}}}$, 可直接得到

$$d_{\mathrm{B}} \simeq 1 - \frac{\ln \sigma_1}{\ln \sigma_2} = 1 + \frac{\lambda_1}{|\lambda_2|}. \tag{17.51}$$

李雅普诺夫维数公式即来自于这一启发式的估计.

■ **B** : 对埃农系统 (17.6) 取 $a = 1.4$, $b = 0.3$. 则 (17.6) 有吸引子 Λ(称为埃农吸引子), 该吸引子有较复杂的结构. 数值上计算可得盒维数 $d_{\mathrm{B}} \simeq 1.26$. 可证 Λ 上支撑一个 SRB 测度. 设李雅普诺夫指数分别为 λ_1 和 λ_2, 则有 $\lambda_1 + \lambda_2 = \ln|\det D\varphi(x)| = \ln b = \ln 0.3 \simeq -1.204$. 数值上计可得 $\lambda_1 \simeq 0.42$, 从而 $\lambda_2 \simeq -1.62$, 因此

$$d_{\mathrm{L}}(\mu) \simeq 1 + \frac{0.42}{1.62} \simeq 1.26. \tag{17.52}$$

17.2.4.3 来自杜阿迪和厄斯特勒的局部豪斯多夫维数

设 $\{\varphi_t\}_{t\in\gamma}$ 是 $M \subset \mathbb{R}^n$ 上的光滑动力系统, Λ 是一个紧的不变集合. 对任意取定 $t_0 \geqslant 0$, 令 $\Phi = \varphi^{t_0}$.

杜阿迪 (Douady)–厄斯特勒定理 (Desterlé) 设 $\sigma_1(x) \geqslant \cdots \geqslant \sigma_n(x)$ 为 $D\Phi(x)$ 的奇异值, 将 $d \in (0, n]$ 记作 $d = d_0 + s$, 其中 $d_0 \in \{0, 1, \cdots, n-1\}$, $s \in [0, 1]$. 如果 $\sup\limits_{x\in\Lambda}[\sigma_1(x)\sigma_2(x)\cdots\sigma_{d_0}(x)\sigma_{d_0+1}^s(x)] < 1$, 则 $d_{\mathrm{H}}(\Lambda) < d$.

对微分方程的特别版本 设 $\{\varphi^t\}_{t\in\mathbb{R}}$ 为如 (17.1) 所述的流, Λ 为一个紧不变集合, 对任意 $x \in \Lambda$, $\alpha_1(x) \geqslant \cdots \geqslant \alpha_n(x)$ 为对称的雅可比矩阵在该点的特征值. 如果将 $d \in (0, n]$ 记作 $d = d_0 + s$, 其中 $d_0 \in \{0, \cdots, n-1\}$, $s \in [0, 1]$, 且有 $\sup\limits_{x\in\Lambda}[\alpha_1(x) + \cdots + \alpha_{d_0}(x) + s\alpha_{d_0+1}(x)] < 0$ 成立, 则 $d_{\mathrm{H}}(\Lambda) < d$, 称

$$d_{DO} = \begin{cases} 0, & \alpha_1 \leqslant 0, \\ \sup\{d : 0 \leqslant d \leqslant n, \alpha_1(x) + \cdots + \alpha_{[d]}(x) \\ \quad +(d - [d])\alpha_{[d]+1}(x) \geqslant 0\}, & \text{其他} \end{cases} \tag{17.53}$$

为点 x 处的厄斯特勒维数, 其中 $[d]$ 表示 d 的整数部分. 在微分方程情形的杜阿迪–厄斯特勒定理假设下, 有 $d_{\mathrm{H}}(\Lambda) \leqslant \sup\limits_{x\in\Lambda} d_{DO}(x)$.

■ 对洛伦茨系统 (17.2), 当 $\sigma = 10, b = 8/3, r = 28$ 时, 有一个吸引子 Λ(称为洛伦茨吸引子), 数值上计算其维数为 $d_{\mathrm{H}}(\Lambda) \approx 2.06$ (图 17.17 由 Mathematica 生成). 由杜阿迪–厄斯特勒定理, 对任意 $b > 1, \sigma > 0$ 及 $r > 0$ 可得如下估计:

$$d_{\mathrm{H}}(\Lambda) \leqslant 3 - \frac{\sigma + b + 1}{\kappa}, \tag{17.54a}$$

其中

$$\kappa = \frac{1}{2}\left[\sigma + b + \sqrt{(\sigma - b)^2 + \left(\frac{b}{\sqrt{b-1}} + 2\right)\sigma r}\right] \tag{17.54b}$$

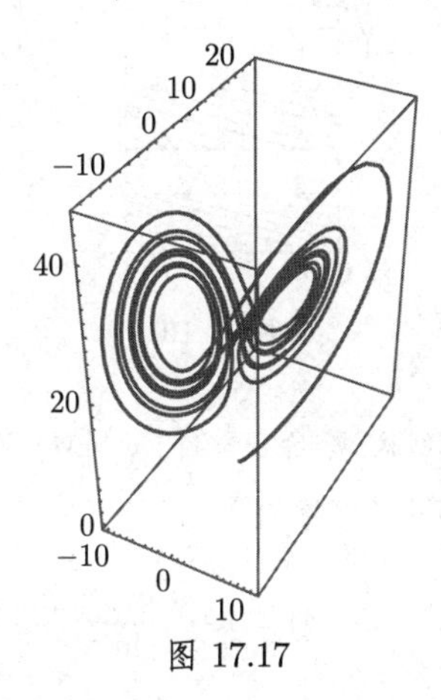

图 17.17

17.2.4.4 吸引子的例子

■ **A:** 包含稳定与不稳定流形横截交点的庞加莱映射的相关马蹄映射. 将单位方形 $M = [0,1] \times [0,1]$ 沿一个坐标方向线性拉长, 另一个坐标方向线性压缩, 将所得矩形在中间弯折 (图 17.18). 重复上述过程无穷多次, 可相应得到一列集合 $M \supset \varphi(M) \supset \cdots$, 令

$$\Lambda = \bigcap_{k=0}^{\infty} \varphi^k(M) \tag{17.55}$$

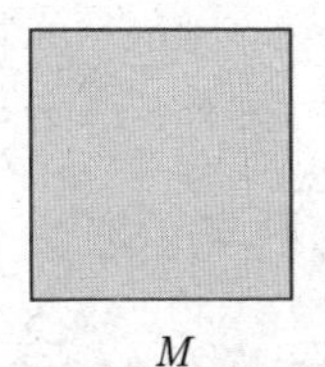

M $\varphi(M)$ $\varphi^2(M)$

图 17.18

为关于 φ 的紧不变集合. 集合 Λ 吸引 M 中所有点. 除去一点后, Λ 可局部看作"直线 $\times$ 康托尔集".

■ **B:** 设 $\alpha\in\left(1,\dfrac{1}{2}\right)$, $M=[0,1]\times[0,1]$ 为单位方形. 称映射 $\varphi: M\to M$,

$$\varphi(x,y)=\begin{cases}(2x,\alpha y), & 0\leqslant x\leqslant\dfrac{1}{2}, y\in[0,1],\\ \left(2x-1,\alpha y+\dfrac{1}{2}\right), & \dfrac{1}{2}<x\leqslant 1, y\in[0,1]\end{cases}\tag{17.56a}$$

为耗散的**面包映射**. 图 17.19 给出了面包映射的前两步迭代.

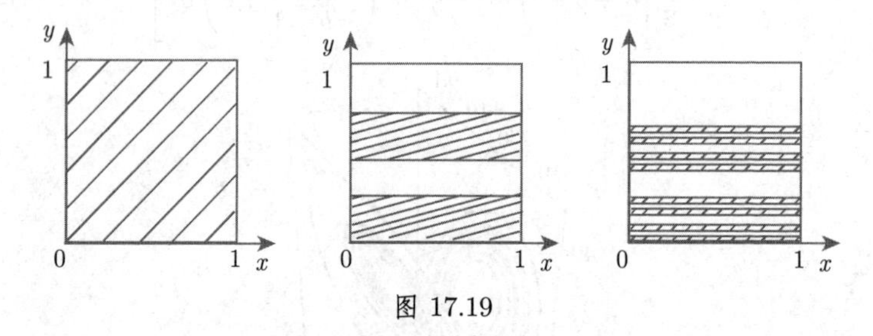

图 17.19

图中可看到"**千层酥**"结构. 集合 $\Lambda=\bigcap\limits_{k=0}^{\infty}\varphi^k(M)$ 在 φ 作用下不变且 M 中所有点均可被 Λ 吸引, 其豪斯多夫维数为

$$d_{\mathrm{H}}(\Lambda)=1+\frac{\ln 2}{-\ln\alpha}.\tag{17.56b}$$

对系统 $\{\varphi^k\}$, 在 M 上存在一个不同于勒贝格测度的不变测度 μ. 在导算子存在的点上, 雅可比矩阵为 $D\varphi((x,y))=\begin{pmatrix}2^k & 0\\ 0 & \alpha^k\end{pmatrix}$. 因此该矩阵的奇异值为 $\sigma_1(k,(x,y))=2^k$, $\sigma_2(k,(x,y))=\alpha^k$, 从而关于 μ 的李雅普诺夫指数分别为 $\lambda_1=\ln 2$, $\lambda_2=\ln\alpha$, 进而可得李雅普诺夫维数

$$d_{\mathrm{L}}(\mu)=1+\frac{\ln 2}{-\ln\alpha}=d_{\mathrm{H}}(\Lambda).\tag{17.56c}$$

此时测度熵的佩辛熵公式成立, 即

$$h_\mu=\sum_{\lambda_i>0}\lambda_i=\ln 2.\tag{17.56d}$$

■ **C:** 设 T 是局部坐标为 (Θ,x,y) 的实心环, 如图 17.20(a) 所示.

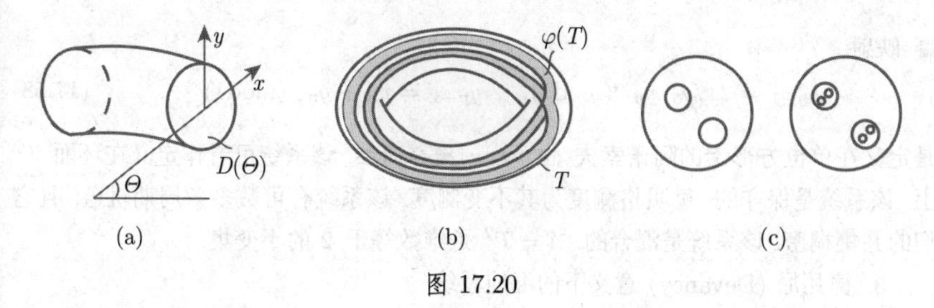

图 17.20

映射 $\varphi: T \to T$ 如下定义:

$$\Theta_{k+1} = 2\Theta_k, \quad \begin{pmatrix} x_{k+1} \\ y_{k+1} \end{pmatrix} = \frac{1}{2}\begin{pmatrix} \cos\Theta_k \\ \sin\Theta_k \end{pmatrix} + \alpha \begin{pmatrix} x_k \\ y_k \end{pmatrix} \quad (k = 0, 1, \cdots), \tag{17.57}$$

其中 $\alpha \in (0, 1/2)$. $\varphi(T) \cap D(\Theta)$ 及 $\varphi^2(T) \cap D(\Theta)$ 如 17.20(b) 和 17.20(c) 所示. 无穷交集 $\Lambda = \bigcap_{k=0}^{\infty} \varphi^k(T)$ 称为*螺线管*. 吸引子 Λ 由沿长度方向的连续曲线组成, 每根曲线在 Λ 中稠且是不稳定的, 与这些曲线横截相交的 Λ 的横截面是一个康托尔集.

Λ 的豪斯多夫维数为 $d_{\mathrm{H}}(\Lambda) = 1 - \dfrac{\ln 2}{\ln \alpha}$. Λ 有一个吸引邻域, 更进一步地, Λ 是结构稳定的, 即在 φ 的 C^1 小扰动下, 上述定性性质不变.

■ **D:** 螺线管是一个*双曲吸引子*的例子.

17.2.5 奇异吸引子与混沌

1. 混沌吸引子

设 $\{\varphi^t\}_{t\in\gamma}$ 是度量空间 (M, ρ) 上动力系统, 称该系统的吸引子 Λ 是*混沌的*, 如果系统在 Λ 上有*对初始条件的敏感依赖性*.

对 “初始条件的敏感依赖性” 可以有几种不同的解释. 例如, 如果满足下述两条件之一:

a) $\{\varphi^t\}$ 在 Λ 上的所有运动某意义上都是不稳定的.

b) $\{\varphi^t\}$ 关于支撑在 Λ 上的某不变的遍历概率测度的最大李雅普诺夫指数是正的.

■ 螺线管满足 a) 意义下的敏感依赖性. 埃农吸引子满足上述性质 b).

2. 分形与奇异吸引子

称 $\{\varphi^t\}_{t\in\gamma}$ 的吸引子 Λ 是*分形的*, 如果它既不是由有限个点、分段可微曲线或曲面组成, 也不是由闭的分段可微曲线作为边界的集合. 称一个吸引子为*奇异的*, 如果它是混沌或者分形的, 或者二者都是. 混沌、分形以及奇异的概念对紧不变集可类似定义, 即使它们不是一个吸引子. 称一个动力系统为*混沌的*, 如果它有一个紧不变的混沌集合.

■ 映射

$$x_{n+1} = 2x_n + y_n \pmod{1}, \quad y_{n+1} = x_n + y_n \pmod{1} \tag{17.58}$$

是定义在单位方形上的阿诺索夫 (Anosov)微分同胚, 该系统可看作定义在环面 T^2 上. 该系统是保守的, 勒贝格测度为其不变测度. 该系统有可数多条周期轨道, 且它们的并集稠密. 该系统是混合的. $\Lambda = T^2$ 是维数等于 2 的不变集.

3. 德瓦尼 (Devaney) 意义下的混沌系统

设 $\{\varphi^t\}_{t\in\gamma}$ 是度量空间 (M,ρ) 上的动力系统, Λ 是一个紧不变集合. 系统 $\{\varphi^t\}_{t\in\gamma}$ (或集合 Λ) 称为在德瓦尼意义下混沌, 如果:

a) $\{\varphi^t\}_{t\in\gamma}$ 在 Λ 上拓扑传递, 即存在一个在 Λ 上稠密的正半轨.

b) $\{\varphi^t\}_{t\in\gamma}$ 的周期轨道在 Λ 中稠.

c) $\{\varphi^t\}_{t\in\gamma}$ 在 Λ 上 Guckenheimer 意义下敏感依赖于初始条件, 即

$$\exists\varepsilon > 0, \forall x \in \Lambda, \forall\delta > 0, \exists y \in \Lambda \cap U_\delta(x), \exists t \geqslant 0 : \rho(\varphi^t x, \varphi^t y) \geqslant \varepsilon, \tag{17.59}$$

其中 $U_\delta(x) = \{z \in M : \rho(x,z) < \rho\}$.

■ 考虑 (0,1) 序列空间

$$\Sigma = \{s = s_0 s_1 s_2 \cdots, s_i \in \{0,1\}\ (i = 0,1,\cdots)\}.$$

对 $s = s_0 s_1 s_2 \cdots$ 及 $s' = s'_0 s'_1 s'_2 \cdots$, 定义二者距离为

$$\rho(s,s') = \begin{cases} 0, & s = s', \\ 2^{-j}, & s \neq s', \end{cases}$$

其中 j 为满足 $s_j \neq s_{j'}$ 的最小指标. 则 (σ,ρ) 是一个完备度量空间, 且是紧的.

映射 $\rho : s = s_0 s_1 s_2 \cdots \mapsto \sigma(s) = s' = s_1 s_2 s_3 \cdots$ 称为伯努利转移.

伯努利转移在德瓦尼意义下是混沌的.

17.2.6 一维映射的混沌

对紧区间到自身的连续映射, 有几个充分条件可以保证存在混沌的不变集合. 下面考虑三个例子.

赛奈 (Sinai) 定理 设 $\varphi : I \to I$ 为紧区间 $I = [0,1]$ 到自身的连续映射, 则 I 上系统 $\{\varphi^t\}$ 在德瓦尼意义下是混沌的当且仅当 φ 在 I 上的拓扑熵 $h(\varphi)$ 是正的.

沙可夫斯基 (Sharkovsky) 定理 考虑如下方式的正整数排列:

$$3 \succ 5 \succ 7 \succ \cdots \succ 2\cdot 3 \succ 2\cdot 5 \succ \cdots \succ 2^2\cdot 3 \succ 2^2\cdot 5 \succ \cdots \succ 2^3 \succ 2^2 \succ 2 \succ 1. \tag{17.60}$$

设 $\varphi : I \to I$ 为紧区间到自身的连续映射, $\{\varphi^k\}$ 在 I 上有一个 n 周期轨道, 则对 $n \succ m$, $\{\varphi^k\}$ 也有一个 m 周期轨道.

Block-Guckerheimer-Misiuriewicz 定理 设 $\varphi: I \to I$ 为紧区间 I 到自身的连续映射，若 $\{\varphi^k\}$ 有一个 $2^n m$ 周期轨道 ($m > 1$, 奇数)，则 $h(\varphi) \geqslant \dfrac{\ln 2}{2^{n+1}}$.

17.2.7 由时间序列重新构造的动力系统

17.2.7.1 基础，重构的基本性质

1. 测度函数、时间序列

考虑由映射 $\varphi \in \mathrm{Diff}_+^1(U)$(参见第 1138 页 17.1.4.2) 或向量场 $f \in X_+^1(U)$ (参见第 1137 页 17.1.4.1) 生成的系统 $\{\varphi^t\}_{t\in\Gamma}$，其中 $\Gamma \in \{\mathbb{Z}_+, \mathbb{R}_+\}$. 我们需要一个 C^1 函数 h (称其为*测量函数*)来重新构造系统. 由于实际中得到的是离散时间尺寸，我们将依照固定时间间隔 $\{k\tau, k = 1, 2, \cdots\} \subset \Gamma$, $\tau > 0$ 来选取时间序列. 对 $m \in \mathbb{N}$ 及 $\kappa \in \{-1, 1\}$, 固定时间步长为 $\tau > 0$ 的阶为 m 的时间序列

$$\{h(\varphi^{k\tau(p)}), h(\varphi^{(k+\kappa)\tau(p)}), \cdots, h(\varphi^{(k+(m-1)\kappa)\tau(p)})\}_{k=m-1}^{\infty} \tag{17.61}$$

称为轨道 $\{\varphi^t(p)\}_{t\in\Gamma}$, $p \in U$ 的基于测量函数 h 的逆向 ($\kappa = -1$) 或正向 ($\kappa = 1$) 坐标.

2. 浸入，嵌入与惠特尼定理

设 $U \subset \mathbb{R}^n$ 是一个开集合. 如果对任意 $u \in U$, C^1 映射 $\Phi : U \to \mathbb{R}^m$ 的雅可比矩阵 $D\phi(u)$ 的秩为 n, 则称 Φ 为*浸入*. 如果浸入 $\Phi : U \to \mathbb{R}^n$ 还是 U 到 $\Phi(U)$ 的一个同胚 (其中赋予 $\Phi(U)$ $\mathbb{R}^n$ 的子空间拓扑)，则称 Φ 为*嵌入*.

惠特尼 (Whitney) 定理告诉我们对有界开集 $U \subset \mathbb{R}^n$ 及 $m \geqslant 2n+1$, 由所有嵌入 $\Phi : U \to \mathbb{R}^m$ 构成的集合是 $U \to \mathbb{R}^m$ 的全体 C^1 映射构成集合的开稠子集. 因此，对 $m \geqslant 2n+1$, 通有意义下 Φ 是一个嵌入.

3. 塔肯 (Takens) 及库普卡–阿迈勒 (Kupka-Smale) 重构定理

给定集合 $\mathrm{Diff}_+^1(U)$ 及任意自然数 $m \geqslant 2n+1$, 考虑所有使得 (前向坐标下)*重构映射*

$$p \in U \mapsto \Phi_{\varphi,h}(p) = \Big(h(p), h(\varphi^1(p)), \cdots, h(\varphi^{m-1}(p))\Big) \tag{17.62}$$

为嵌入的配对 $(\varphi, h) \in \mathrm{Diff}_+^1(U) \times C^1(U, \mathbb{R})$ 构成的集合，该集合为 $\mathrm{Diff}_+^1(U) \times C^1(U, \mathbb{R})$ 的开稠子集. 因此，对 $m \geqslant 2n+1$, $\Phi_{\varphi,h}$ 为嵌入是一个通有性质, m 称为*嵌入维数*(见塔肯定理 [17.13]). 塔肯定理对取自 $X_+^1(U)$ 的微分方程也同样适用: 若 $m \geqslant 2n+1$ 为任意自然数，则所有使得 (前向坐标下)*重构映射*

$$p \in U \mapsto \Phi_{f,h}(p) = \Big(h(p), h(\varphi^1(p)), \cdots, h(\varphi^{m-1}(p))\Big) \tag{17.63}$$

为嵌入的配对 $(f, h) \in X_+^1(U) \times C^1(U, \mathbb{R})$ 构成 $X_+^1(U) \times C^1(U, \mathbb{R})$ 的开稠子集，从而 $\Phi_{\varphi,h}$ 为嵌入是一个通有性质.

■ 给定区间 $(-1-\varepsilon,1+\varepsilon)$ ($\varepsilon>0$,充分小) 上微分方程 $\dot{x}=-x\equiv f(x)$. 由于 f 连续可微且 $f(-1)=1>0$ 及 $f(1)=-1$, 显然有 $f\in X_+^1(U),U=(-1,1)$, 从该方程显示解 $\varphi^t(x)=x\mathrm{e}^{-t}(t\geqslant 0,x\in U)$ 也可看出这一点. 塔肯定理告诉我们对 $m\geqslant 3$ 及连续可微测量函数 $h:(-1,1)\to\mathbb{R}$, 通有意义下, 重构函数 $\Phi_{f,h}$ 是一个嵌入. 例如对测量函数 $h_1(x)=x$, 映射 $x\in(-1,1)\mapsto\Phi_{f,h_1}(x)=(x,x\mathrm{e}^{-1},x\mathrm{e}^{-1})$ 显然是 $\mathbb{R}^3$ 上一个嵌入. 然而对测量函数 $h:(-1,1)\to\mathbb{R}$, 重构函数 $x\in(-1,1)\mapsto\Phi_{f,h_2}(x)=(x^2,x^2\mathrm{e}^{-2},x^2\mathrm{e}^{-4})$ 不是单射, 因而不是一个嵌入.

塔肯重构定理的基础是库普卡–阿迈勒定理: 周期点双曲且任意周期点的稳定与不稳定流形横截相交的微分同胚 $\varphi\in\mathrm{Diff}_+^1(U)$ 构成贝尔第二纲集, 即满足这样条件的微分同胚在 $\mathrm{Diff}_+^1(U)$ 中是典型的. 条件 $m\geqslant 2n+1$ 来自于如下事实: 对典型的 $(\varphi,h)\in\mathrm{Diff}_+^1(U)\times C^1(U,\mathbb{R})$, 映射 $\Phi_{\varphi,h}$ 在周期点邻域中是一个浸入, 从而可以延拓成整个 U 上的一个嵌入.

4. 重构空间上的动力系统

塔肯定理蕴含对通有的 $(\varphi,h)\in\mathrm{Diff}_+^1(U)\times C^1(U,\mathbb{R})$, 对 $\Phi=\Phi_{\varphi,h}$, 集合 $\Phi(U)$ (重构空间) 是一个浸入的同胚像, 且可在 $\Phi(U)$ 上定义 $\psi=\Phi\circ\varphi\circ\Phi^{-1}$. 定义在 U 上的 (未知系统) $\{\varphi^k\}_{k\in\mathbb{Z}_+}$ 及 $\Phi(U)$ 上的 (未知) 系统 $\{\psi^k\}_{k\in\mathbb{Z}_+}$ 的平衡点和周期轨道的拓扑性质与相应雅可比矩阵的特征值相同. 类似地, 熵与维数 (如相关维数 (参见第 1158 页 17.2.7.2)), 可由相应不变测度的李雅普诺夫指数决定. $\Phi(U)$ 上的映射 ψ 完全被所给定的时间序列对应的点描述. 例如选取 $\tau=1$, 令 $x_k=(h(\varphi^k(p)),\cdots,h(\varphi^{k+m-1}(p)))\in\mathbb{R}^m,k\in\mathbb{Z}_+$. 显然 $x_k=\Phi(q_k)$, 其中 $q_k=\varphi^k(p)$, 则 $\psi(x_k)=(\Phi\circ\varphi\circ\Phi^{-1})(\Phi(q_k))=x_{k+1}$, 即 $\psi(h(q_k),\cdots,h(q_{k+m-1}))=(h(q_{k+1},h(q_{k+2},\cdots,h(q_{k+m}))$. 由定义在 $\Phi(U)$ 上的轨道 ψ $(\Gamma=\mathbb{Z}_+)$ 的测量可以得到整个 U 上的动力系统 φ.

17.2.7.2 具有普遍性质的重构

1. 通有度量的普遍性

普遍或通有的度量是有限空间上 “勒贝格–几乎处处” 这一共知的概念 (参见第 905 页 12.9.1,2) 在无穷维空间上的延展, 它不同于集合中相应的第二贝尔纲集的概念. 巴拿赫空间 B 中博雷尔集合 S 称为普遍的 (见 [17.23]), 如果存在支撑为 K 的有限博雷尔测度 μ 满足对任意 $x\in B$, $\mu(S+x)=\mu(S)=\mu(K)$.

■**A** : 有限维向量空间的补集测度为 0 的博雷尔子集都是普遍的.

■**B** : 有限多个普遍集合的交与并都是普遍的.

■**C** : 设 $C^k(\bar{U},\mathbb{R})$, $U\subset\mathbb{R}^n$ 表示 $\bar{U}$ 上有 k 阶连续导数的数值函数构成的巴拿赫空间. 如果 $U\subset\mathbb{R}^n$ 是开的连通集合, 则 $C^k(\bar{U},\mathbb{R})$ 中的普遍子集在该空间中稠密.

2. 绍尔–约克–卡斯达格利 (Sauer-Yorke-Casdagli) 重构定理

设 $\{\varphi^t\}_{t\geqslant 0}$ 是由向量场 $f\in X_+^1$(参见第 1137 页 17.1.4.1) 生成的连续动力系

统, A 为 U 的一个紧子集, 其分形维数为 $\bar{d}_{\mathrm{C}}(A)=d$. 进一步地, 令 $m>2d$ 为任意整数, 任取 $\tau>0$, 过程 $\{\varphi^t\}_{t\geqslant 0}$ 限制在 A 上至多有有限个平衡点, 无周期为 τ 或 2τ 的周期轨, 只有有限多个周期互不相同的周期为 $3\tau,4\tau,\cdots,m\tau$ 的周期轨道. 如果重构函数 $\Phi_{f,h,\tau}$

$$p\in U\mapsto \Phi_{f,h,\tau}=(h(\varphi^{(m-1)\tau(p)}),h(\varphi^{(m-2)\tau(p)}),\cdots,h(p)) \tag{17.64}$$

满足如下条件:

a) $\Phi_{f,h,\tau}$ 在 A 上为单射.

b) 对每个子集 $\tilde{U}\subset A$ 满足 $\tilde{U}=\Psi(W)$, 其中 $W=G\cap\mathbb{R}^k\times\{\underbrace{1,\cdots,1}_{n-k}\}$, $G\subset\mathbb{R}^n$ 为开集, $\Psi:G\to\mathbb{R}^n$ 为一个 C^1 映射且 $k\leqslant d$, 都有 $\Phi_{f,h,\tau}$ 在 $\tilde{U}$ 上是一个浸入. 那么所有测量函数 $h:U\to\mathbb{R}$ 构成的集合是 $C^1(\bar{U},\mathbb{R})$ 的一个普遍集 (绍尔–约克–卡斯达格利定理, 见 [17.23]).

3. 相关维数的估计

设系统 $\{\varphi^t\}_{t\in\Gamma}$, $\Gamma\in\{\mathbb{Z}_+,\mathbb{R}_+\}$, 由 $\varphi\in\mathrm{Diff}^1_+(U)$ 或 $f\in X^1_+(U)$ 生成, $\{\varphi^t\}_{t\in\Gamma}$ 在 U 中有一个吸引子 Λ 及一个不变的概率测度 μ, $h:U\to\mathbb{R}$ 为一个测量函数, $m\in\mathbb{N}$ 为阶数参数, $\tau=1$ 为单位步长时间, 对 $i=1,2,\cdots$, 定义

$$x_i=(y_i,y_{i+1},\cdots,y_{i+m})\in\mathbb{R}^{m+1} \tag{17.65}$$

其中 $y_i=h(\varphi^i(p))$ 为轨道 $\{\varphi^t\}_{t\in\Gamma}$ 在 $p\in U$ 的 $m+1$ 阶时间序列的正向迭代坐标. 定义向量 x_i 和 x_j 的距离 $\mathrm{dist}(x_i,x_j)=\max\limits_{0\leqslant s\leqslant m}|y_{i+s}-y_{j+s}|$. 设自然数 $N>m$, 实数 $\varepsilon>0$, 称

$$C^m(\varphi)=\limsup_{N\to\infty}\frac{1}{N^2}\sharp\{(x_i,x_j):i,j\in\{1,\cdots,N\},\mathrm{dist}(x_i,x_j)<\varepsilon\} \tag{17.66}$$

为 (离散的)(关于 m 和 ε) 的相关积分. 如果极限 $d_{\mathrm{K}}(m)=\lim\limits_{\varepsilon\to 0}\dfrac{\ln C^m(\varepsilon)}{\ln\varepsilon}$ 存在, 则其为相关维数 d_{K} 的一个估计. 塔肯定理蕴含对 $m\geqslant 2n$, $h\in C^1(\bar{U},\mathbb{R})$ 是通有的, 绍尔–约克–卡斯达格利定理蕴含对 $m+1\geqslant \bar{d_{\mathrm{C}}}(\Lambda)$, 在逆向时间坐标下 h 是通有的.

■洛伦茨系统 (17.2) (参见第 1118 页 17.1.1.1,2.) 属于 $X^1_+(U)$, 其中 $U=\{(x,y,z)\in\mathbb{R}^3:\frac{1}{2}[x^2+y^2+(z-\sigma-r)^2]<c\}(c>0$, 充分大). 显然, 洛伦茨吸引子 Λ $(\sigma=10,b=8/3,r=28)$ 落于 U 中. 由杜阿迪–厄斯特勒定理 (参见第 1152 页 17.2.4.3) 可以得到上界估计 $d_{\mathrm{H}}(\Lambda)\leqslant 2.421$. 由数值积分的盒计算方法可得 $d_{\mathrm{H}}(\Lambda)\approx 2.06$. 对逆向迭代下的时间序列 $(\tau\approx 0.12)$ 应用嵌入方法可以给出洛伦茨吸引子上自然测度的相关维数估计 $d_K\approx 2.03$ (格拉斯贝格 (Grassberger),[17.12]).

17.3 分岔理论和通往混沌之路

17.3.1 莫尔斯–斯梅尔系统中的分岔

令 $\{\varphi_\varepsilon^t\}_{t\in\Gamma}$ 是由 $M\subset\mathbb{R}^n$ 上的某个依赖于参数 $\varepsilon\in V\subset\mathbb{R}^l$ 的微分方程或映射生成的动力系统. 我们将每个由参数的小变化所引起的系统相图的拓扑结构的改变称为**分岔**. 若在参数 $\varepsilon=0\in V$ 的每个邻域中总存在某个 $\varepsilon\in V$ 使得在 M 上的系统 $\{\varphi_\varepsilon^t\}$ 和 $\{\varphi_0^t\}$ 不是拓扑等价或共轭的, 则称参数 $\varepsilon=0$ 是**分岔值**. 我们称产生分岔所需的参数空间的最小维数为**分岔的余维数**.

局部分岔和全局分岔的区别在于: 局部分岔发生在系统单个轨道的邻域附近, 而全局分岔影响相空间的大部分区域.

17.3.1.1 定常状态邻域中的局部分岔

1. 中心流形

考虑含参数微分方程

$$\dot{x}=f(x,\varepsilon)\quad 或\quad \dot{x}_i=f_i(x_1,\cdots,x_n,\varepsilon_1,\cdots,\varepsilon_l)\quad (i=1,2,\cdots,n) \tag{17.67}$$

其中 $M\subset\mathbb{R}^n$ 和 $V\subset\mathbb{R}^l$ 是开集, $f:M\times V\to\mathbb{R}^n$ 是 r 次连续可微的映射. 方程 (17.67) 可看作是相空间 $M\times V$ 上不含参数的方程组 $\dot{x}=f(x,\varepsilon),\dot{\varepsilon}=0$. 由皮卡德–林德勒夫定理和解关于初值的可微性定理 (参见第 1118 页 17.1.1.1, 2.) 可知, 对于任意一点 $p\in M$ 和 $\varepsilon\in V$, 在 $t=0$ 时刻, (17.67) 有以 p 为初始点的局部唯一解 $\varphi(\cdot,p,\varepsilon)$, 并且它关于 p 和 ε 是 r 次连续可微的. 假定在整个实轴 $\mathbb{R}$ 上所有解存在.

进一步, 假设当 $\varepsilon=0$ 时, 系统 (17.67) 有平衡点 $x=0$, 即 $f(0,0)=0$ 成立. 令 $\lambda_1,\cdots,\lambda_s$ 是 $D_xf(0,0)=\left[\dfrac{\partial f_i}{\partial x_j}(0,0)\right]_{i,j=1}^n$ 的特征值, 满足 $\mathrm{Re}\lambda_j=0$, $j=1,\cdots,s$.

进一步, 假定 $D_xf(0,0)$ 恰有 m 个实部为负的特征值和 $k=n-s-m$ 个实部为正的特征值.

由微分方程的**中心流形定理**(Shoshitaishvili **定理**, 见 [17.14]) 可知, 对于在 0 的邻域中的 ε, 若范数 $\|\varepsilon\|$ 充分小, 则方程 (17.67) 拓扑等价于以下系统

$$\dot{x}=F(x,\varepsilon)\equiv \boldsymbol{A}x+g(x,\varepsilon),\quad \dot{y}=-y,\quad \dot{z}=z \tag{17.68}$$

其中 $x\in\mathbb{R}^s$, $y\in\mathbb{R}^m$, $z\in\mathbb{R}^k$, $\boldsymbol{A}$ 是一个具有特征值 $\lambda_1,\cdots,\lambda_s$ 的 (s,s) 型矩阵, 并且 g 是一个 C^r 函数, 满足 $g(0,0)=0, D_xg(0,0)=0$.

由表达式 (17.68) 可知, 在 0 的邻域中的 (17.67) 的分岔可由微分方程

$$\dot{x}=F(x,\varepsilon). \tag{17.69}$$

唯一描述. 方程 (17.69) 代表约化到 (17.68) 的局部中心流形 $W^{\mathrm{c}}_{\mathrm{loc}}=\{x,y,z:y=0,z=0\}$ 的简化微分方程. *简化微分方程*经常能被转化为一个相对简单的形式. 例如, 通过一个含参数非线性坐标变换使得靠近所考虑的平衡点的相图的拓扑结构不发生改变, 而等式右边成为多项式. 这种形式就被称为*正规形式*. 一个正规形式无法被唯一决定; 一般来讲, 一个分岔能被不同的正规形式等价地描述.

2. 鞍结点分岔和跨临界分岔

取 (17.67) 中的 $l=1$, 设映射 f 至少是 2 次可微, 并且 $D_x f(0,0)$ 的特征值满足 $\lambda_1=0$, 其余特征值的实部不为零. 在此情形下, 由中心流形定理可知, 0 附近的所有 (17.67) 的分岔可由一维简化微分方程 (17.69) 描述. 显然, 此时 $F(0,0)=\dfrac{\partial F}{\partial x}(0,0)=0$. 进一步, 若 $\dfrac{\partial^2}{\partial x^2}F(0,0)\neq 0$, $\dfrac{\partial F}{\partial \varepsilon}(0,0)\neq 0$, 并且 (17.69) 的右边有泰勒展开, 则表达式可通过坐标变换 (见 [17.14]) 转化成正规形式

$$\dot{x}=\alpha+x^2+\cdots \tag{17.70}$$

$\left(\text{当 }\dfrac{\partial^2 F}{\partial x^2}(0,0)>0\text{ 时}\right)$ 或者 $\dot{x}=\alpha-x^2+\cdots$ $\left(\text{当 }\dfrac{\partial^2 F}{\partial x^2}(0,0)<0\text{ 时}\right)$, 其中可微函数 $\alpha=\alpha(\varepsilon)$ 满足 $\alpha(0)=0$, 省略号表示高阶项. 当 $\alpha<0$ 时, (17.70) 在 $x=0$ 附近有两个平衡点, 其中一个是稳定的, 另一个不稳定. 当 $\alpha=0$ 时, 这些平衡点融合成一个不稳定点 $x=0$. 当 $\alpha>0$ 时, (17.70) 在 $x=0$ 附近没有平衡点 (图 17.21(b)).

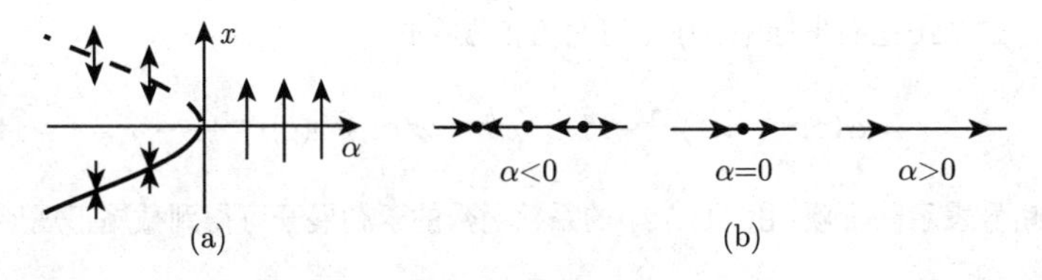

图 17.21

多维情形导致了 (17.67) 在 0 的邻域中的*鞍结点分岔*. 当 $n=2$, $\lambda_1=0$, $\lambda_2<0$ 时, 这一分岔如图 17.22 所示. 在扩充相空间中的鞍结点分岔如图 17.21(a) 所示. 对于充分光滑的向量场 (17.67), 鞍结点分岔是通有的.

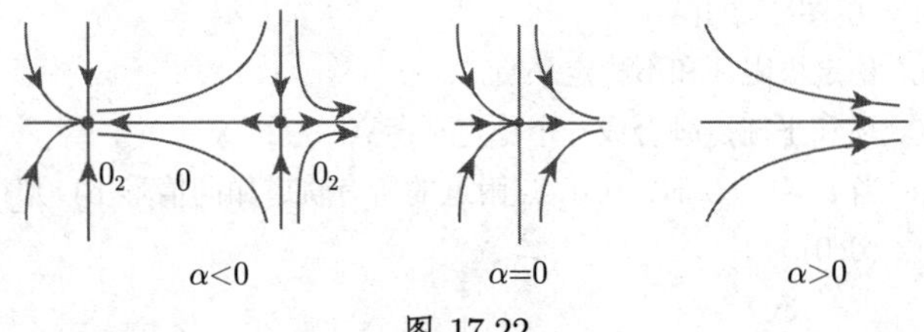

图 17.22

若在这些关于 F 的允许有鞍结点分岔的条件中, 用 $\dfrac{\partial F}{\partial \varepsilon}(0,0)=0$ 和 $\dfrac{\partial^2 F}{\partial x \partial \varepsilon}(0,0) \neq 0$ 取代 $\dfrac{\partial F}{\partial \varepsilon}(0,0) \neq 0$, 则可由 (17.69) 得到一个跨临界分岔的截尾正规形式 (没有高阶项) $\dot{x} = \alpha x - x^2$. 当 $n = 2, \lambda_2 < 0$ 时, 跨临界分岔和分岔图如图 17.23 所示. 鞍结点分岔和跨临界分岔有分岔余维数 1.

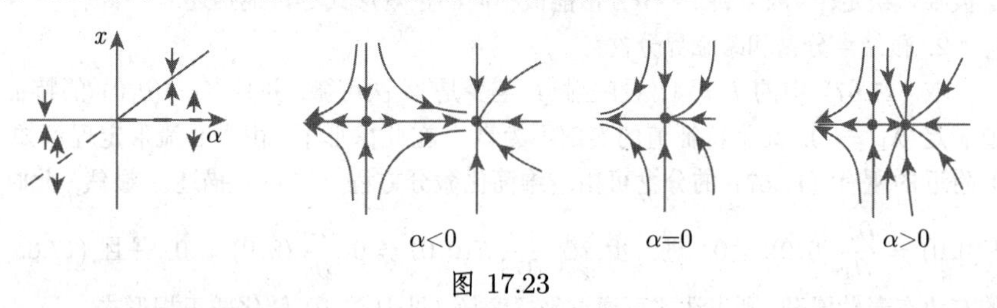

图 17.23

3. 霍普夫分歧

取 (17.67) 中的 $n \geqslant 2, l = 1, r \geqslant 4$. 假定对于所有满足条件 $|\varepsilon| \leqslant \varepsilon_0$ ($\varepsilon_0 > 0$ 且充分小) 的 ε 有 $f(0,\varepsilon) = 0$ 成立. 假设雅可比矩阵 $D_x f(0,0)$ 的特征值满足 $\lambda_1 = \overline{\lambda_2} = \mathrm{i}\omega, \omega \neq 0$, 其余特征值的实部不为零. 由中心流形定理可知, 分岔可由下列形式的简化微分方程描述

$$\dot{x} = \alpha(\varepsilon)x - \omega(\varepsilon)y + g_1(x,y,\varepsilon), \quad \dot{y} = \omega(\varepsilon)x + \alpha(\varepsilon)y + g_2(x,y,\varepsilon), \tag{17.71}$$

其中 α, ω, g_1, g_2 是可微函数, 并且满足 $\omega(0) = \omega, \alpha(0) = 0$. 通过一个非线性复坐标变换, (17.71) 在极坐标 (r, ϑ) 下可写为正规形式

$$\dot{r} = \alpha(\varepsilon)r + a(\varepsilon)r^3 + \cdots, \quad \dot{\vartheta} = \omega(\varepsilon) + b(\varepsilon)r^2 + \cdots, \tag{17.72}$$

其中省略号表示高阶项. 由 (17.72) 的系数函数的泰勒展开可得到截尾正规形式

$$\dot{r} = \alpha'(0)\varepsilon r + a(0)r^3, \quad \dot{\vartheta} = \omega(0) + \omega'(0)\varepsilon + b(0)r^2. \tag{17.73}$$

安德罗诺夫 (Andronov)–霍普夫定理确保了当 $\varepsilon = 0$ 时, (17.73) 可描述在平衡点附近的 (17.72) 的分岔.

在条件 $\alpha'(0) > 0$ 假设下, (17.73) 有下列几种可能情形:

(1) $a(0) < 0$(图 17.24(a)):

a) $\varepsilon > 0$: 稳定极限环和不稳定平衡点.

b) $\varepsilon = 0$: 环和平衡点融合成一个稳定平衡点.

c) $\varepsilon < 0$: 当 $t \to +\infty$ 时, $(0,0)$ 点附近的所有轨道如同情形 b) 那样螺旋式地趋向于平衡点 $(0,0)$.

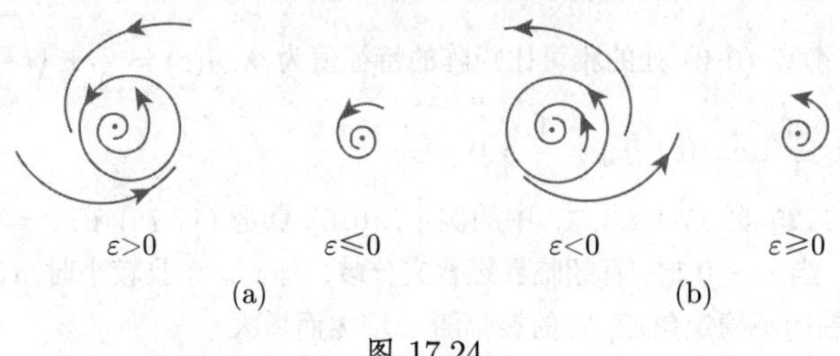

图 17.24

(2) $a(0)>0$(图 17.24(b)):

a) $\varepsilon<0$: 不稳定极限环.

b) $\varepsilon=0$: 环和平衡点融合成一个不稳定平衡点.

c) $\varepsilon>0$: 如同情形 b) 那样的螺旋型不稳定平衡点.

对于初始系统 (17.67), 上述情形的阐释展示了一个复合平衡点 (重数为 1 的复合焦点) 的极限环的分岔, 它被称为 霍普夫分歧(或者安德罗诺夫–霍普夫分歧). 当 $a(0)<0$ 时, 它也被称为超临界, 而当 $a(0)>0$ 时, 则被称为次临界 (假定 $\alpha'(0)>0$). 当 $n=3, \lambda_1=\overline{\lambda_2}=\mathrm{i}, \lambda_3<0, \alpha'(0)>0, a(0)<0$ 时, 如图 17.25 所示.

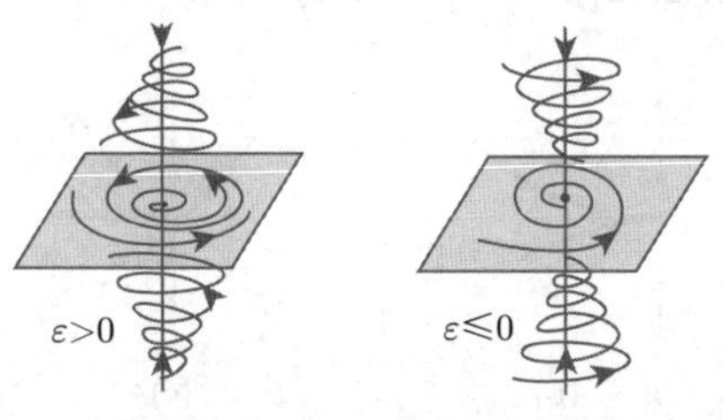

图 17.25

霍普夫分歧是通有的, 且有余维数为 1. 以上情形表明在上述假设下, 超临界霍普夫分歧可由焦点的稳定性识别: 假设在 0 处的 (17.67) 右边的雅可比矩阵的特征值满足 $\lambda_1(0),\lambda_2(0)$ 是纯虚数, 且其余特征值的实部不为零. 进一步, 假设 $\dfrac{\mathrm{d}}{\mathrm{d}\varepsilon}\mathrm{Re}\lambda_1(\varepsilon)_{|\varepsilon=0}>0$, 且在 $\varepsilon=0$ 处, 0 是系统 (17.67) 的一个渐近稳定焦点. 于是在 $\varepsilon=0$ 处, 系统 (17.67) 有一个超临界霍普夫分歧.

■ 含参数 ε 的范德波尔 (van der Pol) 微分方程 $\ddot{x}+\varepsilon(x^2-1)\dot{x}+x=0$ 可写成一个平面微分方程组

$$\dot{x}=y,\quad \dot{y}=-\varepsilon(x^2-1)y-x. \tag{17.74}$$

当 $\varepsilon=0$ 时, (17.74) 成为一个谐振子方程, 它只有周期解和一个稳定但不是渐近稳定的平衡点. 当 $\varepsilon>0$ 时, (17.74) 在变换 $u=\sqrt{\varepsilon}x, v=\sqrt{\varepsilon}y$ 下可写为平面微分方程

$$\dot{u}=v,\quad \dot{v}=-u-(u^2-\varepsilon)v. \tag{17.75}$$

(17.75) 在平衡点 (0,0) 处的雅可比矩阵的特征值为 $\lambda_{1,2}(\varepsilon)=\dfrac{\varepsilon}{2}\pm\sqrt{\dfrac{\varepsilon^2}{4}-1}$, 所以 $\lambda_{1,2}(0)=\pm\mathrm{i}$, $\dfrac{\mathrm{d}}{\mathrm{d}\varepsilon}\mathrm{Re}\lambda_1(\varepsilon)_{|\varepsilon=0}=\dfrac{1}{2}>0$.

正如第 1125 页 17.1.2.3, 1. 中的例子, (0,0) 点是 (17.75) 在 $\varepsilon=0$ 处的渐近稳定平衡点. 当 $\varepsilon=0$ 时, 有超临界霍普夫分歧, 当 $\varepsilon>0$ 且较小时, (0,0) 是一个被极限环包围的不稳定焦点, 它的振幅随 ε 增大而增大.

4. 双参数微分方程中的分岔

(1) 尖点分岔　取定 (17.67) 中 $r\geqslant 4$, $l=2$. 假设雅可比矩阵 $D_xf(0,0)$ 的特征值满足 $\lambda_1=0$, 其余特征值的实部不为零. 假设简化微分方程 (17.69) 满足 $F(0,0)=\dfrac{\partial F}{\partial x}(0,0)=\dfrac{\partial^2 F}{\partial x^2}(0,0)=0$, 且 $l_3:=\dfrac{\partial^3 F}{\partial x^3}(0,0)\neq 0$. 则由 F 在 (0,0) 附近的泰勒展开可得含参数 α_1, α_2 的截尾正规形式 (不含高阶项, 参见 [17.1])

$$\dot{x}=\alpha_1+\alpha_2 x+\operatorname{sign} l_3\, x^3, \tag{17.76}$$

集合 $\{(\alpha_1,\alpha_2,x):\alpha_1+\alpha_2 x+\operatorname{sign} l_3\, x^3=0\}$ 代表扩充相空间中的一张曲面, 这张曲面被称为**尖点**(图 17.26(a)).

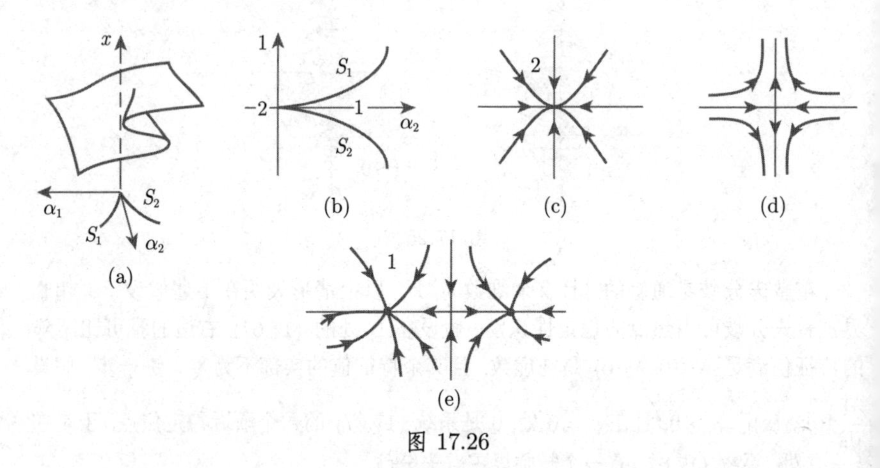

图 17.26

接下来, 假定 $l_3<0$. (17.76) 的非双曲平衡点可由方程组 $\alpha_1+\alpha_2 x-x^3=0$, $\alpha_2-3x^2=0$ 定义. 它们位于由集合 $\{(\alpha_1,\alpha_2):27\alpha_1^2-4\alpha_2^3=0\}$ 确定的曲线 S_1, S_2 上, 这些曲线形成一个**尖点**(图 17.26(b)). 若 $(\alpha_1,\alpha_2)=(0,0)$, 则 (17.76) 的平衡点 0 是稳定的. 例如取 $n=2, l_3<0, \lambda_1=0$ 时, 考虑 0 附近的 (17.67) 的相图. 当 $\lambda_2<0$ 时, 为**三重结点**, 如图 17.26(c) 所示; 当 $\lambda_2>0$ 时, 为**三重鞍点**, 如图 17.26(d) 所示 (参见 [17.14]).

从点 $(\alpha_1,\alpha_2)=(0,0)$ 转移到区域 1(图 17.26(b)) 的内部, (17.67) 的非双曲复

合结点型平衡点会分裂成三个双曲平衡点 (两个稳定结点和一个鞍点)(**超临界叉型分岔**).

(17.67) 的二维相空间情形的相图如图 17.26(c), (e) 所示. 当 $S_i\backslash\{(0,0)\}$ $(i=1,2)$ 的参数对从区域 1 横截进入区域 2 时, 则会形成一个双鞍结点型平衡点, 但它最终消失, 留下一个稳定双曲平衡点.

(2) 波格丹诺夫–塔肯 (Bogdanov-Takens) 分岔　取 (17.67) 中的 $n\geqslant 2$, $l=2$, $r\geqslant 2$, 假设矩阵 $D_xf(0,0)$ 的特征值满足 $\lambda_1=\lambda_2=0$, 其余特征值的实部不为零. 令 2 维简化微分方程 (17.69) 拓扑等价于平面系统

$$\dot{x}=y,\quad \dot{y}=\alpha_1+\alpha_2x+x^2-xy. \tag{17.77}$$

于是在曲线 $S_1=\{(\alpha_1,\alpha_2):\alpha_2^2-4\alpha_1=0\}$ 上有鞍结点分岔. 从区域 $\alpha_1<0$ 进入到区域 $\alpha_1>0$ 时, 霍普夫分岐会在曲线 $S_2=\{(\alpha_1,\alpha_2):\alpha_1=0,\alpha_2<0\}$ 上产生一个极限环, 而在曲线 $S_3=\{(\alpha_1,\alpha_2):\alpha_1=-k\alpha_2^2+\cdots\}$ (常数 $k>0$) 上, 存在一个相对于原始系统 (图 17.27) 的分界线环, 它在区域 3 中会分岔形成一个稳定极限环 (参见 [17.1], [17.17]).

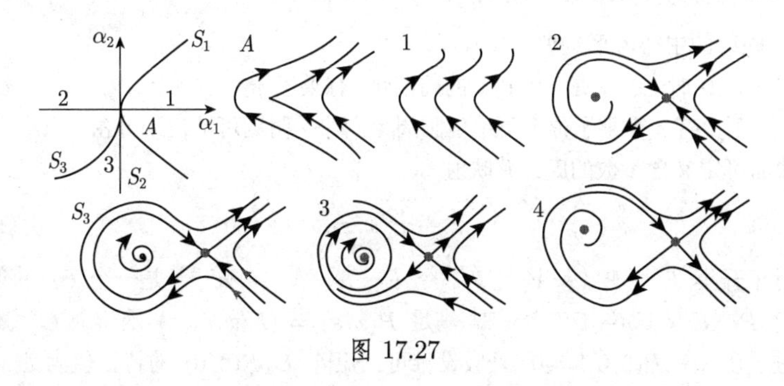

图 17.27

这种分岔具有全局属性, 我们称之为由**鞍点的同宿轨产生单一周期轨道**, 或者称之为**分界线环消失**.

(3) 广义霍普夫分岐　假定在 (17.67) 中, 对于 $r\geqslant 6$ 的霍普夫分岐的条件全部实现, 且通过坐标变换, 二维简化微分方程在极坐标下有正规形式 $\dot{r}=\varepsilon_1r+\varepsilon_2r^3-r^5+\cdots$, $\dot{\vartheta}=1+\cdots$. 这一系统的分岔图 (图 17.28) 包含直线 $S_1=\{(\varepsilon_1,\varepsilon_2):\varepsilon_1=0,\varepsilon_2\neq 0\}$, 它上面的点代表一个霍普夫分岐 (见 [17.1]). 在区域 3 中有两个周期轨, 其中一个是稳定的, 另一个不稳定. 在曲线 $S_2=\{(\varepsilon_1,\varepsilon_2):\varepsilon_2^2+4\varepsilon_2>0,\varepsilon_1<0\}$ 上, 这些非双曲极限环融合成一个在区域 2 中消失的复合环.

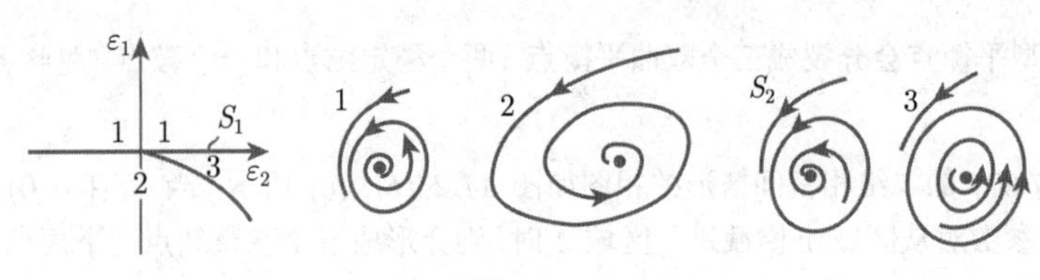

图 17.28

5. 对称破缺

某些微分方程 (17.67) 在下列意义下有**对称性**: 存在线性变换 T(或者一个变换群) 使得对于任意的 $x \in M$ 和 $\varepsilon \in V$ 有 $f(Tx, \varepsilon) = Tf(x, \varepsilon)$ 成立. 若 $T\gamma = \gamma$, 则称 (17.67) 的轨道 γ **关于 T 是对称的**.

我们讨论在 $\varepsilon = 0$ 处的分岔的**对称破缺**. 例如, 在 (17.67) 中 (取 $l = 1$). 当 $\varepsilon < 0$ 时, 若存在关于 T 对称的一个稳定平衡点或者一个稳定极限环; 而当 $\varepsilon = 0$ 时, 出现另外两个稳定定常状态或者极限环, 它们关于 T 不再是对称的.

取 $f(x, \varepsilon) = \varepsilon x - x^3$, 既然 $f(-x, \varepsilon) = -f(x, \varepsilon)$ $(x \in \mathbb{R}, \varepsilon \in \mathbb{R})$, 则系统 (17.67) 关于变换 $T : x \mapsto -x$ 是对称的. 当 $\varepsilon < 0$ 时, 点 $x_1 = 0$ 是稳定平衡点. 当 $\varepsilon > 0$, $x_1 = 0$ 时, 存在另外两个平衡点 $x_{2,3} = \pm\sqrt{\varepsilon}$; 这两个点都不具有对称性.

17.3.1.2　在周期轨邻域中的局部分岔

1. 映射的中心流形定理

当 $\varepsilon = 0$ 时, 令 γ 是 (17.67) 的周期轨, 有乘子 $\rho_1, \cdots, \rho_{n-1}, \rho_n = 1$. 若当改变 ε 时, 至少有一个乘子位于复单位圆周上, 则 γ 附近可能出现分岔. 应用横截于 γ 的曲面可定义含参数的庞加莱映射

$$x \mapsto P(x, \varepsilon). \tag{17.78}$$

于是对于开集 $E \subset \mathbb{R}^{n-1}$, $V \subset \mathbb{R}^l$, 令 $P : E \times V \to \mathbb{R}^{n-1}$ 是一个 C^r 映射, 其中映射 $\tilde{P} : E \times V \mapsto \mathbb{R}^{n-1} \times \mathbb{R}^l$ 满足 $\tilde{P}(x, \varepsilon) = (P(x, \varepsilon), \varepsilon)$ 是一个 C^r 微分同胚. 进一步, 令 $P(0, 0) = 0$, 且假设雅可比矩阵 $D_x P(0, 0)$ 的特征值满足 $|\rho_i| = 1$, $i = 1, \cdots, s$. $|\rho_j| < 1$, $j = s+1, \cdots, s+m$. $|\rho_i| > 1$, $i = s+m+1, \cdots, n-1$. 记 $k = n-s-m-1$. 于是, 由映射的**中心流形定理**可知 (见 [17.11]), 在 $(0, 0) \in E \times V$ 点附近, 映射 $\tilde{P}$ 拓扑共轭于

$$(x, y, z, \varepsilon) \mapsto (F(x, \varepsilon), \boldsymbol{A}^s y, \boldsymbol{A}^u z, \varepsilon) \tag{17.79}$$

且在 $(0, 0) \in \mathbb{R}^{n-1} \times \mathbb{R}^l$ 附近有 $F(x, \varepsilon) = \boldsymbol{A}^c x + g(x, \varepsilon)$. 其中 C^r 光滑映射 g 满足条件 $g(0, 0) = 0$, $D_x g(0, 0) = 0$. 而矩阵 $\boldsymbol{A}^c, \boldsymbol{A}^s$ 和 $\boldsymbol{A}^u$ 分别为 (s, s), (m, m) 和 (k, k) 型.

由 (17.79) 可知, (17.78) 在 $(0, 0)$ 附近的分岔由下列定义在**局部中心流形** $W^{\mathrm{c}}_{\mathrm{loc}} = \{(x, y, z) : y = 0, z = 0\}$ 上的**约化映射**

$$x \mapsto F(x, \varepsilon) \tag{17.80}$$

唯一描述.

2. 二重半稳定周期轨的分岔

在系统 (17.67) 中取定 $n \geqslant 2$, $r \geqslant 3$, $l = 1$. 在 $\varepsilon = 0$ 处, 假设系统 (17.67) 有周期轨 γ, 其乘子满足 $\rho_1 = +1$, $|\rho_i| \neq 1\,(i = 2, 3, \cdots, n-1)$, $\rho_n = 1$. 由映射的中心流形定理可得, 庞加莱映射 (17.78) 的分岔可由满足条件 $\boldsymbol{A}^c = 1$ 的 1 维约化映射 (17.80) 描述. 若假定 $\dfrac{\partial^2 F}{\partial x^2}(0,0) \neq 0$ 和 $\dfrac{\partial F}{\partial \varepsilon}(0,0) \neq 0$, 则有正规形式

$$x \mapsto \tilde{F}(x, \alpha) = \alpha + x + x^2 \quad \left(\text{当}\, \frac{\partial^2 F}{\partial x^2}(0,0) > 0\,\text{时}\right) \tag{17.81a}$$

或者

$$x \mapsto \alpha + x - x^2 \quad \left(\text{当}\, \frac{\partial^2 F}{\partial x^2}(0,0) < 0\,\text{时}\right). \tag{17.81b}$$

在 0 附近对 (17.81a) 作迭代, 对应于不同的 α 其相图如图 17.29(a) 和 17.29(b) 所示 (见 [17.1]). 当 $\alpha < 0$ 时, 在 $x = 0$ 附近有一个稳定平衡点和一个不稳定平衡点, 它们在 $\alpha = 0$ 处融合成不稳定定常状态 $x = 0$. 当 $\alpha > 0$ 时, 在 $x = 0$ 附近没有平衡点. 在 (17.80) 中由 (17.81a) 描述的分岔被称为**映射的次临界鞍结点分岔**.

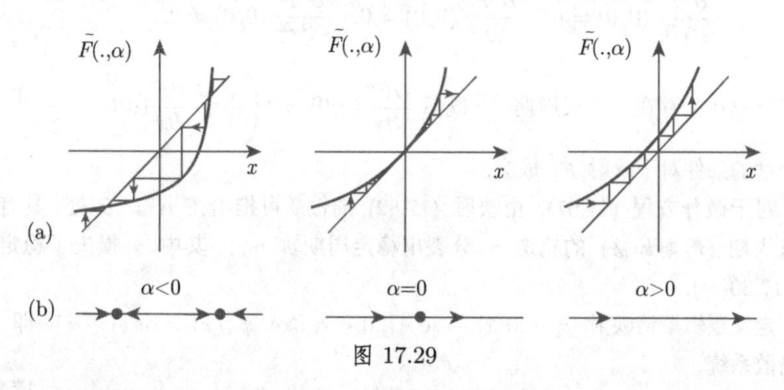

图 17.29

在微分方程 (17.67) 的情形下, 映射 (17.81a) 的性质描述了一个**二重半稳定周期轨的分岔**:当 $\alpha < 0$ 时, 存在一个稳定周期轨 γ_1 和一个不稳定周期轨 γ_2, 它们在 $\alpha = 0$ 处融合成一个半稳定轨 γ, 而当 $\alpha > 0$ 时, 这个半稳定轨消失 (图 17.30(a), (b)).

3. 周期加倍或 Flip 分岔

在系统 (17.67) 中取定 $n \geqslant 2$, $r \geqslant 4$, $l = 1$. 考虑在 $\varepsilon = 0$ 处的周期轨 γ, 其乘子满足 $\rho_1 = -1$, $|\rho_i| \neq 1\,(i = 2, 3, \cdots, n-1)$, $\rho_n = 1$. 若假定正规形式为

$$x \mapsto \tilde{F}(x, \alpha) = (-1 + \alpha)x + x^3, \tag{17.82}$$

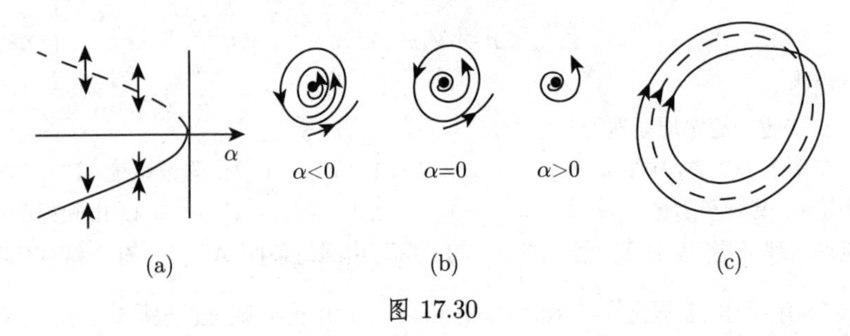

图 17.30

则在 0 附近庞加莱映射的分岔行为可由满足条件 $\boldsymbol{A}^c = -1$ 的 1 维映射 (17.80) 描述.

当 $\alpha \geqslant 0$ 且较小时, (17.82) 的定常状态 $x = 0$ 是稳定的; 当 $\alpha < 0$ 时, 则不稳定. 当 $\alpha < 0$ 时, 二次迭代映射 $\tilde{F}^2$ 除了点 $x = 0$ 外, 另有两个稳定不动点 $x_{1,2} = \pm\sqrt{-\alpha} + o(|\alpha|)$, 但它们不是 $\tilde{F}$ 的不动点. 因此, 它们都是 (17.82) 的周期为 2 的点.

一般地, 对于 C^4 光滑映射 (17.80), 若满足下列条件 (见 [17.2]):

$$\begin{aligned} &F(0,0) = 0, \qquad \frac{\partial F}{\partial x}(0,0) = -1, \quad \frac{\partial F^2}{\partial \varepsilon}(0,0) = 0, \\ &\frac{\partial^2 F^2}{\partial x \partial \varepsilon}(0,0) \neq 0, \quad \frac{\partial^2 F^2}{\partial x^2}(0,0) = 0, \quad \frac{\partial^3 F^2}{\partial x^3}(0,0) \neq 0, \end{aligned} \tag{17.83}$$

则在 $\varepsilon = 0$ 处存在一个双周期轨. 既然 $\dfrac{\partial F^2}{\partial x}(0,0) = 1\left(\text{由于 } \dfrac{\partial F}{\partial x}(0,0) = -1\right)$, 叉型分岔的条件对于映射 F^2 成立.

对于微分方程 (17.67), 由映射 (17.82) 的性质可推出在 $\alpha = 0$ 处, 具有近似双周期 (周期加倍) 的轨道 γ 分裂出稳定周期轨 γ_α, 其中 γ 损失了稳定性 (图 17.30(c)).

定义逻辑斯谛映射 $\varphi_\alpha : [0,1] \to [0,1], 0 < \alpha \leqslant 4, \varphi_\alpha(x) = \alpha x(1-x)$. 即, 可由离散系统

$$x_{t+1} = \alpha x_t(1 - x_t) \tag{17.84}$$

给出.

映射具有下列分岔行为 (见 [17.9]): 当 $0 < \alpha \leqslant 1$ 时, 系统 (17.84) 有平衡点 0, [0, 1] 是它的吸引域. 当 $1 < \alpha < 3$ 时, (17.84) 有不稳定平衡点 0 和稳定平衡点 $1 - 1/\alpha$, 后者有 (0,1) 作为吸引域. 当 $\alpha_1 = 3$ 时, 平衡点 $1 - 1/\alpha$ 是不稳定的, 会产生一个稳定的双周期轨.

当 $\alpha_2 = 1 + \sqrt{6}$ 时, 双周期轨也是不稳定的, 会产生一个周期为 2^2 的稳定轨道. 周期加倍接连出现, 当 $\alpha = \alpha_q$ 时, 会出现周期为 2^q 的稳定轨道. 数值实验表明当 $q \to \infty$ 时, $\alpha_q \to \alpha_\infty \approx 3.570\cdots$.

当 $\alpha = \alpha_\infty$ 时, 存在具有类似康托尔集结构的吸引子 F (费根鲍姆 (Feigenbaum) 吸引子). 存在任意靠近吸引子的点, 这些点在迭代中并不趋向于吸引子, 而是趋向于一个不稳定周期轨. 吸引子 F 有稠密轨道, 且有豪斯多夫维数 $d_{\mathrm{H}}(F) \approx 0.538\cdots$. 另一方面, 它对于初值的依赖性并不敏感. 在区域 $\alpha_\infty < \alpha < 4$ 中, 存在一个具有正勒贝格测度的参数集合 A 使得对于 $\alpha \in A$ 系统 (17.84) 有正勒贝格测度的混沌吸引子. 在集合 A 上散布着周期加倍发生时所对应的窗口.

逻辑斯谛映射的分岔行为也能在一类单峰映射中找到. 即, 具有单个极大值的区间 I 上的自映射. 虽然对于不同的单峰映射, 周期加倍发生时所对应的参数值 α_i 彼此不同, 但是这些参数趋向于 α_∞ 的速率是相同的: $\alpha_k - \alpha_\infty \approx C\delta^{-k}$, 其中 $\delta = 4.6692\cdots$ 是费根鲍姆常数(C 依赖于具体的映射). 当 $\alpha = \alpha_\infty$ 时, 所有吸引子 F 的豪斯多夫维数都是相同的: $d_{\mathrm{H}}(F) \approx 0.538\cdots$.

4. 环面的产生

考虑系统 (17.67), 取定 $\geqslant 3$, $r \geqslant 6$, $l = 1$. 假定系统 (17.67) 对所有充分小的 ε 存在一个周期轨 γ_ε. 令 γ_0 的乘子满足条件 $\rho_{1,2} = \mathrm{e}^{\pm \mathrm{i}\Psi}, \Psi \notin \left\{0, \frac{\pi}{2}, \frac{2\pi}{3}, \pi\right\}$ 以及 $\rho_n = 1$, 其余乘子的模长不为 1.

由中心流形定理可知, 此时存在一个 C^6 光滑的 2 维约化映射

$$x \mapsto F(x, \varepsilon) \tag{17.85}$$

对于较小的 ε 满足条件 $F(0, \varepsilon) = 0$.

若对于较小的 ε, 雅可比矩阵 $D_xF(0,\varepsilon)$ 有共轭复特征值 $\rho(\varepsilon)$, $\bar{\rho}(\varepsilon)$ 使得 $|\rho(0)| = 1$, 若 $d := \dfrac{\mathrm{d}}{\mathrm{d}\varepsilon}|\rho(\varepsilon)|_{|\varepsilon=0} > 0$ 成立, 且 $\rho(0)$ 不是 q 次单位根, $q = 1, 2, 3, 4$, 则通过一个光滑依赖于 ε 的坐标变换, (17.85) 可写为 $x \mapsto \tilde{F}(x,\varepsilon) = \tilde{F}_0(x,\varepsilon) + O(\|x\|^5)$ (O 是朗道 (Landau) 符号), 其中 $\tilde{F}_0$ 在极坐标下可写为

$$\begin{pmatrix} r \\ \vartheta \end{pmatrix} \mapsto \begin{pmatrix} |\rho(\varepsilon)|r + a(\varepsilon)r^3 \\ \vartheta + \omega(\varepsilon) + b(\varepsilon)r^2 \end{pmatrix}, \tag{17.86}$$

这里 a, ω, b 是可微函数. 假定 $a(0) < 0$ 成立. 从而, 当 $\varepsilon < 0$ 时, (17.86) 的平衡点 $r = 0$ 是渐近稳定的; 当 $\varepsilon > 0$ 时, 则不稳定. 进一步, 当 $\varepsilon > 0$ 时, 存在在映射 (17.86) 下不变的圆周 $r = \sqrt{-\dfrac{d\varepsilon}{a(0)}}$, 它是渐近稳定的 (图 17.31(a)).

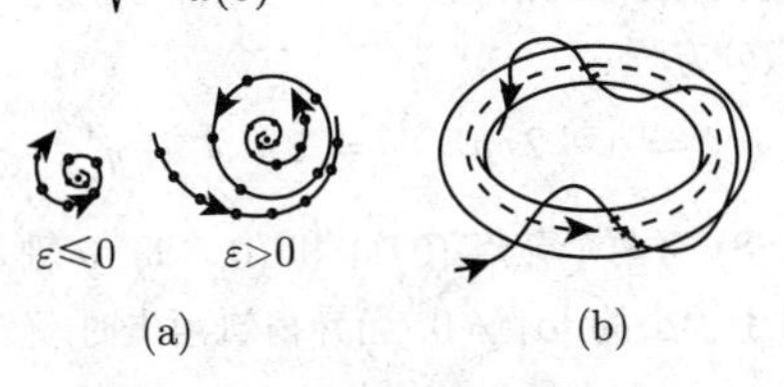

图 17.31

Neimark-Sacker 定理 (见 [17.18], [17.3]) 表明 (17.86) 的分岔行为与 $\tilde{F}$ 的分岔行为相似 (**映射的超临界霍普夫分歧**).

在映射 (17.85) 中, 取定

$$\begin{pmatrix} x \\ y \end{pmatrix} \mapsto \frac{1}{\sqrt{2}} \begin{pmatrix} (1+\varepsilon)x + y + x^2 - 2y^2 \\ -x + (1+\varepsilon)y + x^2 - x^3 \end{pmatrix},$$

在 $\varepsilon = 0$ 处有超临界霍普夫分歧.

关于微分方程 (17.67), 映射 (17.85) 的闭不变曲线的存在意味着当 $a(0) < 0$ 时, 周期轨 γ_0 是不稳定的; 当 $\varepsilon > 0$ 时, 会产生一个关于 (17.67) 不变的环面 (图 17.31(b)).

17.3.1.3 全局分岔

除了当分界线环消失时所出现的周期生成轨, (17.67) 可以有另外的全局分岔. 其中的两个作为例子在 [17.11] 中说明.

1. 源自鞍结点消失的周期轨的出现

含参数系统

$$\dot{x} = x(1 - x^2 - y^2) + y(1 + x + \alpha), \quad \dot{y} = -x(1 + x + \alpha) + y(1 - x^2 - y^2)$$

在极坐标 $x = r\cos\vartheta$, $y = r\sin\vartheta$ 下形如:

$$\dot{r} = r(1 - r^2), \quad \dot{\vartheta} = -(1 + \alpha + r\cos\vartheta). \tag{17.87}$$

显然, 对于任意参数 α, 圆周 $r = 1$ 在 (17.87) 下是不变的, 当 $t \to \infty$ 时, 所有轨道 (除了平衡点 (0,0)) 都趋向于该圆周. 当 $\alpha < 0$ 时, 在圆周上存在一个鞍点和一个稳定结点, 它们在 $\alpha = 0$ 处融合成一个复合鞍结点型平衡点. 当 $\alpha > 0$ 时, 该圆周是一个周期轨, 其上没有平衡点 (图 17.32).

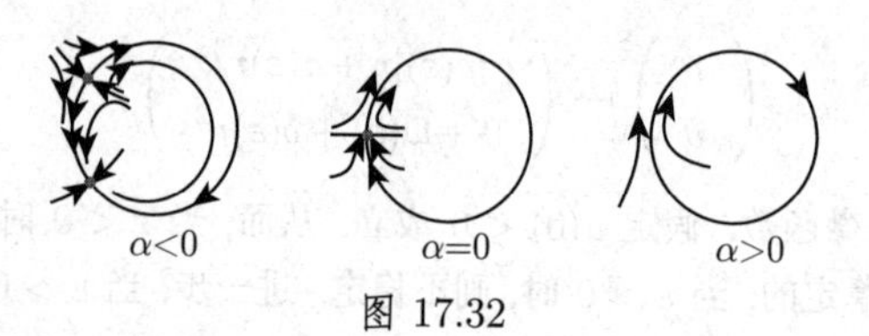

图 17.32

2. 平面上鞍–鞍形分界线环的消失

考虑含参数平面微分方程

$$\dot{x} = \alpha + 2xy, \quad \dot{y} = 1 + x^2 - y^2. \tag{17.88}$$

当 $\alpha = 0$ 时, 方程 (17.88) 有两个鞍点 $(0, 1)$ 和 $(0, -1)$, y 轴是它的不变集. 异宿轨是不变集的一部分. 对于较小的 $|\alpha| \neq 0$, 当异宿轨消失时, 鞍点被保留 (图 17.33).

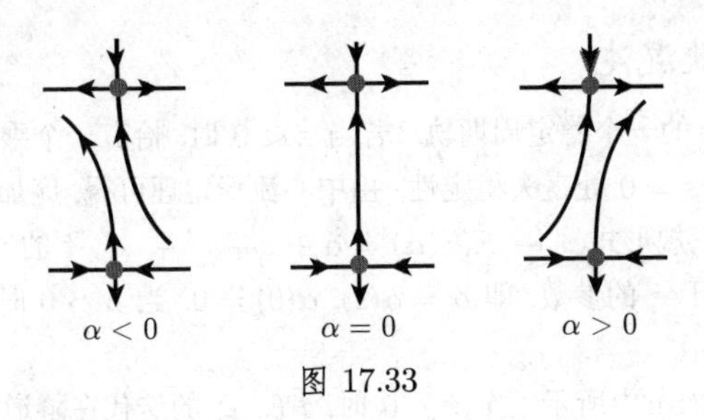

图 17.33

17.3.2 过渡到混沌

通常一个奇异吸引子不会突然出现, 而是伴随着一系列分岔而来, 这些典型的分岔见 17.3.1 中阐释. 产生奇异吸引子或奇异不变集的最重要的方式会在下述中描述.

17.3.2.1 周期倍增级联

与逻辑斯蒂方程 (17.84) 相类似, 周期倍增级联也能在连续时间系统中以如下方式产生. 当 $\varepsilon < \varepsilon_1$ 时, 假设系统 (17.67) 有稳定周期轨 $\gamma_{\varepsilon}^{(1)}$. 当 $\varepsilon = \varepsilon_1$ 时, 在 $\gamma_{\varepsilon 1}^{(1)}$ 附近发生周期加倍, 随着 $\varepsilon > \varepsilon_1$, 周期轨 $\gamma_{\varepsilon}^{(1)}$ 将丧失稳定性. 它会分裂出一个近似双周期的周期轨 $\gamma_{\varepsilon 1}^{(2)}$. 当 $\varepsilon = \varepsilon_2$ 时, 出现新的周期加倍, 此时 $\gamma_{\varepsilon 2}^{(2)}$ 将丧失稳定性, 同时出现一个具有近似双周期的稳定轨道 $\gamma_{\varepsilon 2}^{(4)}$. 对于系统 (17.67) 这些重要的类型, 周期倍增的过程会持续出现, 从而产生一组参数 $\{\varepsilon_j\}$.

对于某些微分方程 (17.67), 诸如洛伦茨系统这样的流体方程组的数值计算表明: 极限

$$\lim_{j\to\infty}\frac{\varepsilon_{j+1}-\varepsilon_j}{\varepsilon_{j+2}-\varepsilon_{j+1}}=\delta \tag{17.89}$$

存在, 其中 δ 仍然是费根鲍姆常数.

当 $\varepsilon_* = \lim\limits_{j\to+\infty}\varepsilon_j$ 时, 具有无穷周期的环会丧失稳定性, 同时出现奇异吸引子.

在(17.67)中通过一个周期倍增级联产生的奇异吸引子的几何背景如图17.34(a)所示. 庞加莱截面近似地显示为一个面包师映射, 这暗示出现了类康托尔集的结构.

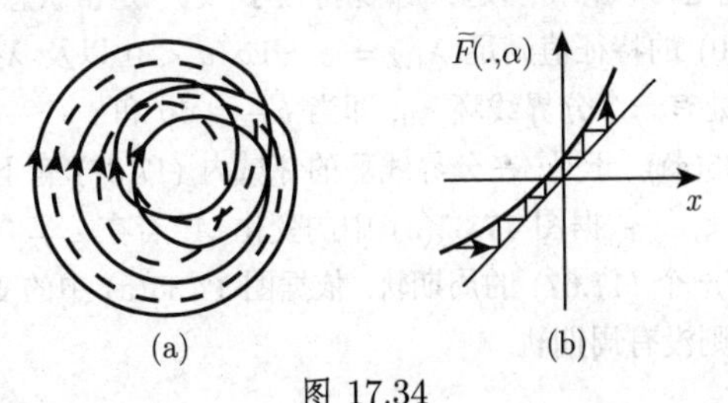

图 17.34

17.3.2.2 间歇混沌

考虑 (17.67) 的一个稳定周期轨. 若当 $\varepsilon < 0$ 时, 恰有一个乘子在单位原周内取值为 1, 则它在 $\varepsilon = 0$ 处丧失稳定性. 由中心流形定理可得, 庞加莱映射对应的鞍结点分岔可由在正规形式 $x \mapsto \tilde{F}(x, \alpha) = \alpha + x + x^2 + \cdots$ 下的一维映射描述, 其中 α 是一个依赖于 ε 的参数, 即 $\alpha = \alpha(\varepsilon)$, $\alpha(0) = 0$. 当 $\alpha > 0$ 时, $\tilde{F}(\cdot, \alpha)$ 的图像如图 17.34(b) 所示.

正如图 17.34(b) 中所示, 当 $\alpha \gtrsim 0$ 时, $\tilde{F}(\cdot, \alpha)$ 的迭代在隧道区域停留相对较长时间. 对于方程 (17.67), 这意味着对应的轨道在原始周期轨道附近停留相对较长时间. 在这期间, (17.68) 的行为是近似周期的 (*层流相*). 在通过隧道区域以后, 这些轨道开始逃逸, 表现出不规则运动 (*湍流相*). 经过某段时间以后, 轨道开始恢复, 再次出现新的层流相. 若周期轨消失, 它的稳定性也走向混沌集, 此时会产生奇异吸引子. 鞍结点分岔只是在间歇混沌的场景中起作用的典型局部分岔中的一个. 另外两个是周期加倍和环面产生.

17.3.2.3 全局同宿分岔

1. 斯梅尔定理

令 $\mathbb{R}^3$ 上的微分方程 (17.67) 在周期轨 γ 附近的庞加莱映射的不变流形如第 1136 页图 17.11 (b) 所示. 对应于 (17.67) 的同宿轨的同宿点 $P^j(x_0)$ 横截于 γ. 在 (17.67) 中这类同宿轨的存在会导致对初始条件的敏感依赖性. 斯梅尔 (Smale) 引入了与庞加莱映射相关联的马蹄映射, 得到了如下结果:

a) 在庞加莱映射 (17.80) 的横截同宿轨的每个邻域中总存在该映射的周期点 (斯梅尔定理). 因此, 横截同宿点的每个邻域内总存在一个 $P^m (m \in \mathbb{N})$ 不变集 Λ, 它具有康托尔集结构. P^m 在 Λ 上的限制共轭于一个伯努利移位, 即共轭于一个混合系统.

b) 靠近同宿轨的微分方程 (17.67) 的不变集类似于一个康托尔集与单位圆周的乘积. 若这个不变集是吸引的, 则它表示 (17.67) 的一个奇异吸引子.

2. 什尔尼科夫 (Shilnikov) 定理

考虑 $\mathbb{R}^3$ 上具有标量参数 ε 的方程 (17.67). 假定系统 (17.67) 在 $\varepsilon = 0$ 处有一个双曲鞍结点型定常状态 0, 只要 $|\varepsilon|$ 保持很小, 这一定常状态就一直存在. 设雅可比矩阵 $D_x f(0, 0)$ 的特征值满足 $\lambda_{1,2} = a \pm \mathrm{i}\omega$, $a < 0$ 以及 $\lambda_3 > 0$. 另外, 假设 (17.67) 在 $\varepsilon = 0$ 处有一个分界线环 γ_0, 即当 $t \to +\infty$ 和 $t \to -\infty$ 时, 一个趋于 0 的同宿轨 (图 17.35(a)). 于是, 在分界线环的邻域内 (17.67) 有下列相图:

a) 令 $\lambda_3 + a < 0$. 依据图 17.35(a) 中的变化 A, 若在 $\varepsilon \neq 0$ 处分界线环破裂, 则在 $\varepsilon = 0$ 处恰有一个 (17.67) 的周期轨. 依据图 17.35(a) 中的变化 B, 若在 $\varepsilon \neq 0$ 处分界线环破裂, 则没有周期轨.

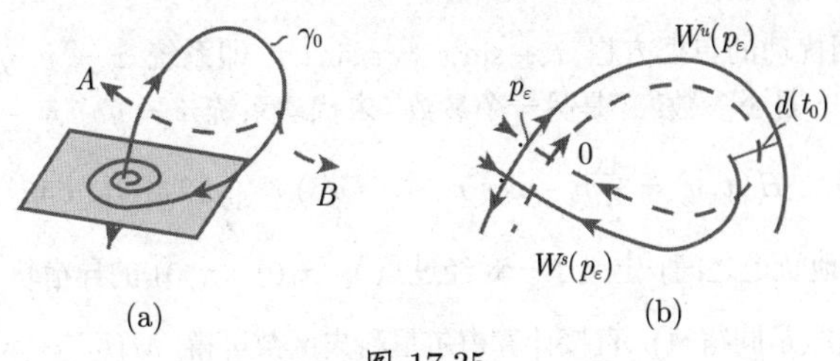

图 17.35

b) 令 $\lambda_3+a>0$. 则当 $\varepsilon=0$ 时 (分别地, 当 $|\varepsilon|$ 较小时), 在分界线环 γ_0 附近 (分别地, 在破裂环 γ_0 附近) 存在可数多个鞍点型周期轨. 关于一个横截于 γ_0 的平面的庞加莱映射在 $\varepsilon=0$ 处生成一个马蹄映射的可数集合, 而当 $|\varepsilon|\neq 0$ 且较小时, 从这个集合中仍然保留了有限多个.

3. 梅尔尼科夫方法

考虑平面微分方程

$$\dot{x}=f(x)+\varepsilon g(t,x), \tag{17.90}$$

其中 ε 是一个小参数. 当 $\varepsilon=0$ 时, 令 (17.90) 是一个哈密顿系统 (参见第 1138 页 17.1.4.3, 2.), 即对于 $f=(f_1,f_2)$, 有 $f_1=\dfrac{\partial H}{\partial x_2}, f_2=-\dfrac{\partial H}{\partial x_1}$ 成立, 其中假定 $H:U\subset\mathbb{R}^2\to\mathbb{R}$ 是一个 C^3 光滑函数. 设依赖于时间的向量场 $g:\mathbb{R}\times U\to\mathbb{R}^2$ 是 2 次连续可微的, 且关于第一个变量是 T 周期的. 进一步, 令 f, g 在有界集上是有界的. 当 $\varepsilon=0$ 时, 假定关于鞍点 0 存在一个同宿轨, 且在相空间 $\{(x_1,x_2,t)\}$, $t=t_0$ 中 (17.90) 的庞加莱截面 Σ_{t_0} 如图 17.35(b) 所示. 对于较小的 $|\varepsilon|$, 庞加莱映射 $P_{\varepsilon,t_0}:\Sigma_{t_0}\to\Sigma_{t_0}$ 在 $x=0$ 附近有鞍点 p_ε, 它具有不变流形 $W^s(p_\varepsilon)$ 和 $W^u(p_\varepsilon)$. 若定义未扰动系统的同宿轨为 $\varphi(t-t_0)$, 则沿着过 $\varphi(0)$ 点且垂直于 $f(\varphi(0))$ 的直线所测量得到的流形 $W^s(p_\varepsilon)$ 和 $W^u(p_\varepsilon)$ 之间的距离可通过以下公式计算

$$d(t_0)=\varepsilon\frac{M(t_0)}{\|f(\varphi(0))\|}+O(\varepsilon^2). \tag{17.91}$$

其中, $M(\cdot)$ 是梅尔尼科夫 (Melnikov) 函数, 定义如下

$$M(t_0)=\int_{-\infty}^{+\infty}f(\varphi(t-t_0))\wedge g(t,\varphi(t-t_0))\mathrm{d}t. \tag{17.92}$$

(对于 $a=(a_1,a_2)$, $b=(b_1,b_2)$, $\wedge$ 表示 $a\wedge b=a_1b_2-a_2b_1$.) 若梅尔尼科夫函数 M 在 t_0 处有单根, 即 $M(t_0)=0, M'(t_0)\neq 0$, 则对于充分小的 $\varepsilon>0$ 流形 $W^s(p_\varepsilon)$ 和 $W^u(p_\varepsilon)$ 横截相交. 若 M 没有根, 则 $W^s(p_\varepsilon)\cap W^u(p_\varepsilon)=\varnothing$, 即没有同宿点.

注 假定未扰动系统 (17.90) 有由 $\varphi(t-t_0)$ 定义的异宿轨, 它从鞍点 0_1 运动到鞍点 0_2. 当 $|\varepsilon|$ 较小时, 令 $p_\varepsilon^1, p_\varepsilon^2$ 是庞加莱映射 P_{ε,t_0} 的鞍点. 若通过上述计算, M 在 t_0 处有单根, 则当 $|\varepsilon|$ 较小时, $W^s(p_\varepsilon^1)$ 和 $W^u(p_\varepsilon^2)$ 横截相交.

考虑周期扰动的单摆方程 $\ddot{x}+\sin x=\varepsilon\sin\omega t$, 即系统 $\dot{x}=y, \dot{y}=-\sin x+\varepsilon\sin\omega t$, 其中 ε 是小参数, ω 是另一个参数. 未扰动系统 $\dot{x}=y, \dot{y}=-\sin x$ 是一个哈密顿系统满足 $H(x,y)=\dfrac{1}{2}y^2-\cos x$. 由 $\varphi^{\pm}(t)=\left(\pm 2\arctan(\sin t), \pm 2\dfrac{1}{\cosh t}\right)$ $(t\in\mathbb{R})$ (在其他轨道之间) 定义了一对经过点 $(-\pi,0), (\pi,0)$ 的异宿轨 (在圆柱相空间 $\mathbb{S}^1\times\mathbb{R}$ 上这些是同宿轨). 直接计算梅尔尼科夫函数可得, $M(t_0)=\mp\dfrac{2\pi\sin\omega t_0}{\cosh(\pi\omega/2)}$. 既然 M 在 $t_0=0$ 处有单根, 则当 $\varepsilon>0$ 且较小时, 扰动系统的庞加莱映射有横截同宿点.

17.3.2.4　环面的破裂

1. 从环面到混沌

(1) 湍流的霍普夫–朗道 (Hopf-Landau) 模型　从规则运动 (层流) 到不规则运动 (湍流) 的过渡问题在含扰动参数系统中是尤其引人关注的问题. 例如, 这类系统可由偏微分方程描述. 从这方面来看, 混沌可看成是在时间上不规则但在空间上有序的行为.

从另一方面看, 湍流则是在时间和空间上都不规则的系统行为. 霍普夫–朗道模型解释了如何通过一个无穷霍普夫分歧级联产生湍流: 当 $\varepsilon=\varepsilon_1$ 时, 定常状态在极限环上分岔, 导致环面 T^2 的产生, 当 $\varepsilon>\varepsilon_1$ 时, 极限环会变得不稳定. 在第 k 次这一类型分岔处, 卷绕在环面上的非闭轨道会生成一个 k 维环面. 一般来讲, 霍普夫–朗道模型不会导致出现对初始条件敏感依赖且为混合的吸引子.

(2) 吕埃勒–塔肯–纽豪斯 (Ruelle-Takens-Newhouse) 场景　在系统 (17.67) 中取定 $n\geqslant 4, l=1$. 同时假定随着参数的改变, 分岔序列“平衡点 → 周期轨 → 环面 T^2 → 环面 T^3”是由接连三个霍普夫分歧造成的.

令在 T^3 上的拟周期流是结构不稳定的. 于是, (17.67) 的某些小扰动会造成环面 T^3 的破裂和结构稳定的奇异吸引子的产生.

(3) 关于光滑性损失的阿弗莱诺维奇–什尔尼科夫 (Afraimovich-Shilnikov) 定理和环面 T^2 的破裂　对于充分光滑的系统 (17.67) 取定 $n\geqslant 3, l=2$. 对于参数值 ε_0 假定系统 (17.67) 有由稳定周期轨 γ_s、鞍点型周期轨 γ_u 和它的不稳定流形 $W^u(\gamma_u)$ 张成的光滑吸引环面 $T^2(\varepsilon_0)$(**共振环面**).

按照沿经线方向横截环面的曲面计算得到的庞加莱映射的平衡点的不变流形如图 17.36(a) 所示. 假设轨道 γ_s 的离单位圆周最近的乘子 ρ 是实数, 且为单重. 进一步, 令 $\varepsilon(\cdot):[0,1]\to V$ 是参数空间中任意一条连续曲线, 满足条件 $\varepsilon(0)=\varepsilon_0$, 且当 $\varepsilon=\varepsilon(1)$ 时, 系统 (17.67) 没有不变共振环面. 于是有下列结论成立:

a) 存在 $s_*\in(0,1)$ 使得 $T^2(\varepsilon(s_*))$ 损失光滑性, 其中, 乘子 $\rho(s_*)$ 是复的或者在 γ_s 附近不稳定流形 $W^u(\gamma_u)$ 损失光滑性.

b) 存在另一个参数值 $s_{**} \in (s_*, 1)$ 使得当 $s \in (s_{**}, 1]$ 时, 系统 (17.67) 没有共振环面. 环面会以下列方式破裂:

α) 当 $\varepsilon = \varepsilon(s_{**})$ 时, 周期轨 γ_s 丧失稳定性. 一个局部分岔以周期加倍或者环面形成的形式出现.

β) 当 $\varepsilon = \varepsilon(s_{**})$ 时, 周期轨 γ_u 和 γ_s 一致 (鞍结点分岔), 因此它们都会消失.

γ) 当 $\varepsilon = \varepsilon(s_{**})$ 时, γ_u 的稳定和不稳定流形非横截相交 (参见图 17.36(c) 中的分岔图). 喙状曲线 S_1 的点对应了 γ_s, γ_u 的融合 (鞍结点分岔). 喙状曲线的末梢 C_1 位于曲线 S_0 上, 它对应了环面的分裂.

出现光滑性损失的参数点在曲线 S_2 上, 而 S_3 上的点刻画了环面 T^2 的消散. 对于 γ_u 的稳定和不稳定流形彼此非横截相交的参数点都在曲线 S_4 上. 令 P_0 是鸟嘴的喙状末梢上的任意一点, 使得对于这一参数值有共振环面 T^2 出现. 从 P_0 过渡到 P_1, 对应了定理的情形 α). 若乘子 ρ 在 S_2 上变成 -1, 则有周期加倍. 接着周期倍增级联会导致奇异吸引子出现. 若穿过 S_2 的一对复共轭乘子 $\rho_{1,2}$ 在单位圆周上出现, 则会导致另一个环面的分裂, 此时可再次应用阿弗莱诺维奇–什尔尼科夫定理. 从 P_0 过渡到 P_2, 对应了定理的情形 β): 环面损失光滑性, 在 S_1 上穿过, 有鞍结点分岔. 环面破裂, 可能出现通过间歇性过渡到混沌. 从 P_0 过渡到 P_3, 最终对应了定理的情形 γ): 在损失光滑性之后, 在 S_4 上穿过, 会形成一个非稳健同宿曲线. 此时, 稳定环 γ_s 被保留, 出现一个非吸引的双曲集. 若 γ_s 消失, 则会产生一个来自该集合的奇异吸引子.

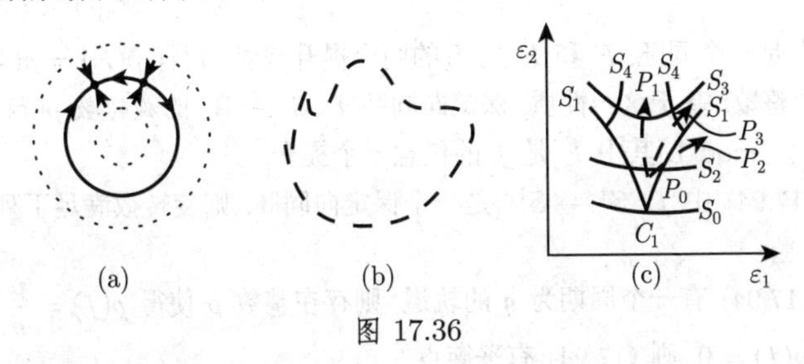

图 17.36

2. 单位圆周上的映射和旋转数

(1) 等价和提升映射　庞加莱映射的不变曲线的性质在光滑性损失和环面破裂中起到重要作用. 若在极坐标下表出庞加莱映射, 则在某些条件下可得到在单位圆上作为有益的辅助映射的角变量的解耦映射. 它们在光滑曲线情形下 (图 17.36(a)) 是可逆的, 而在非光滑曲线情形下 (图 17.36(b)) 是不可逆的. 定义映射 $F:\mathbb{R}\to\mathbb{R}$, 对任意的 $\Theta\in\mathbb{R}$ 满足 $F(\Theta+1)=F(\Theta)+1$, 它生成动力系统

$$\Theta_{n+1} = F(\Theta_n), \tag{17.93}$$

称这样的映射是等变的. 对每个这样的映射, 可分配一个单位圆周上的相伴映射 $f:\mathbb{S}^1\to\mathbb{S}^1$, 其中 $\mathbb{S}^1=\mathbb{R}/\mathbb{Z}=\{\Theta \mod 1, \Theta\in\mathbb{R}\}$. 这里若对于等价类 $[\Theta]$ 有关系

式 $x=[\Theta]$ 成立, 则记 $f(x):=F(\Theta)$. 称 F 为 f 的提升映射. 显然, 这种构造不唯一. 和 (17.93) 相对照,

$$x_{t+1}=f(x_t) \tag{17.94}$$

是圆周 $\mathbb{S}^1$ 上的动力系统.

对任意的 $\sigma\in\mathbb{R}$, 定义映射 $\tilde{F}(\sigma;\omega,K)=\sigma+\omega-K\sin\sigma$, 其中 ω, K 是参数. 对应的动力系统

$$\sigma_{n+1}=\sigma_n+\omega-K\sin\sigma_n \tag{17.95}$$

通过变换 $\sigma_n=2\pi\Theta_n$ 转变为系统

$$\Theta_{n+1}=\Theta_n+\Omega-\frac{K}{2\pi}\sin 2\pi\Theta_n, \tag{17.96}$$

其中 $\Omega=\dfrac{\omega}{2\pi}$. 有等变映射满足 $F(\Theta;\Omega,K)=\Theta+\Omega-\dfrac{K}{2\pi}\sin 2\pi\Theta_n$, 它生成**圆周映射的典范形式**.

(2) 旋转数 (17.93) 的轨道 $\gamma(\Theta)=\{F^n(\Theta)\}$ 是 (17.94) 的一个周期为 q 的轨道, 当且仅当它是 (17.93) 的一个 $\dfrac{p}{q}$ 圆周, 即若存在整数 p 使得 $\Theta_{n+q}=\Theta_n+p\ (n\in\mathbb{Z})$ 成立. 称映射 $f:\mathbb{S}^1\to\mathbb{S}^1$ 是保定向的, 若存在一个对应的提升映射 F, 它是单调递增的. 若来自 (17.93) 的 F 是一个单调递增的同胚, 则对任意的 $x\in\mathbb{R}$ 极限 $\lim\limits_{|n|\to\infty}\dfrac{F^n(x)}{n}$ 存在, 且不依赖于 x. 于是可定义表达式 $\rho(F):=\lim\limits_{|n|\to\infty}\dfrac{F^n(x)}{n}$. 若 $f:\mathbb{S}^1\to\mathbb{S}^1$ 是一个同胚, F 和 $\tilde{F}$ 是 f 的两个提升映射, 则有 $\rho(F)=\rho(\tilde{F})+k$, 其中 k 是一个整数. 基于这一性质, 保定向同胚 $f:\mathbb{S}^1\to\mathbb{S}^1$ 的**旋转数** $\rho(f)$ 可定义为 $\rho(f)=\rho(F) \mod 1$, 其中 F 是 f 的任意一个提升.

若在 (17.94) 中 $f:\mathbb{S}^1\to\mathbb{S}^1$ 是一个保定向同胚, 则旋转数满足下列性质 (见 [17.11]):

a) 若 (17.94) 有一个周期为 q 的轨道, 则存在整数 p 使得 $\rho(f)=\dfrac{p}{q}$ 成立.

b) 若 $\rho(f)=0$, 则 (17.94) 有平衡点.

c) 若 $\rho(f)=\dfrac{p}{q}$, 其中 $p\neq 0$ 是整数, 且 q 是自然数 (p, q 互素), 则 (17.94) 有一个周期为 q 的轨道.

d) $\rho(f)$ 是无理数, 当且仅当 (17.94) 既没有周期轨也没有平衡点.

定理 (当茹瓦 (Denjoy) 定理) 若 $f:\mathbb{S}^1\to\mathbb{S}^1$ 是一个保定向 C^2 微分同胚, 且旋转数 $\alpha=\rho(f)$ 是无理数, 则 f 拓扑共轭于一个纯旋转, 它的提升映射是 $F(x)=x+\alpha$.

3. 环面 T^2 上的微分方程

令

$$\dot{\Theta}_1=f_1(\Theta_1,\Theta_2),\quad \dot{\Theta}_2=f_2(\Theta_1,\Theta_2) \tag{17.97}$$

是平面上的微分方程组, 其中 f_1, f_2 是可微的, 且关于两个变量都是周期为 1 的函数. 在此情形下, (17.97) 也可看作是定义在环面 $T^2 = \mathbb{S}^1 \times \mathbb{S}^1$ 上关于 Θ_1, Θ_2 的流. 若对于任意的 (Θ_1, Θ_2), $f_1(\Theta_1, \Theta_2) > 0$, 则 (17.97) 没有平衡点, 且它等价于一阶标量微分方程

$$\frac{\mathrm{d}\Theta_2}{\mathrm{d}\Theta_1} = \frac{f_2(\Theta_1, \Theta_2)}{f_1(\Theta_1, \Theta_2)} \tag{17.98}$$

满足关系式 $\Theta_1 = t$, $\Theta_2 = x$, $f = \dfrac{f_2}{f_1}$, (17.98) 可写成一个非自治微分方程

$$\dot{x} = f(t, x), \tag{17.99}$$

它的右边关于 t, x 有周期为 1.

令 $\varphi(\cdot, x_0)$ 是 (17.99) 满足在 $t = 0$ 处有初态 x_0 的解. 故对于 (17.99) 可定义映射 $\varphi^1(\cdot) = \varphi(1, \cdot)$, 它可看成是映射 $f : \mathbb{S}^1 \to \mathbb{S}^1$ 的提升映射.

令 $\omega_1, \omega_2 \in \mathbb{R}$ 是常数, 环面上的微分方程 $\dot{\Theta}_1 = \omega_1$, $\dot{\Theta}_2 = \omega_2$ 等价于标量微分方程 $\dot{x} = \dfrac{\omega_2}{\omega_1}$, $\omega_1 \neq 0$. 于是, $\varphi(t, x_0) = \dfrac{\omega_2}{\omega_1} t + x_0$, $\varphi^1(x) = \dfrac{\omega_2}{\omega_1} + x$.

4. 圆周映射的典范形式

(1) **典范形式** 因为 $\dfrac{\partial F}{\partial \vartheta} = 1 - K \cos 2\pi\vartheta > 0$, 所以当 $0 \leqslant K < 1$ 时, 来自 (17.96) 的映射 F 是一个保定向微分同胚. 当 $K = 1$ 时, F 不再是一个微分同胚, 但它仍然是一个同胚. 而当 $K > 1$ 时, 映射不可逆, 故不再是同胚. 在参数域 $0 \leqslant K \leqslant 1$ 中, 对于映射 $F(\cdot, \Omega, K)$ 可定义旋转数 $\rho(\Omega, K) := \rho(F(\cdot, \Omega, K))$. 固定 $K \in (0, 1)$, 则 $\rho(\cdot, K)$ 在 $[0, 1]$ 上满足下列性质:

a) 函数 $\rho(\cdot, K)$ 不是递减的, 并且它是连续的但不可微.

b) 对每个有理数 $\dfrac{p}{q} \in [0, 1)$, 存在一个内部非空的区间 $I_{p/q}$ 使得对任意的 $\Omega \in I_{p/q}$, 有 $\rho(\Omega, K) = \dfrac{p}{q}$.

c) 对每个无理数 $\alpha \in (0, 1)$, 恰好存在一个 Ω 使得 $\rho(\Omega, K) = \alpha$.

(2) **魔鬼阶梯和阿诺尔德舌** 对每个 $K \in (0, 1)$, $\rho(\cdot, K)$ 是一个康托尔函数. 它的图像如图 17.37(b) 所示, 被称为魔鬼阶梯. (17.96) 的分岔图如图 17.37(a) 所示. 从 Ω 轴上的每个有理数开始, 会长出一个具有非空内部的喙状区域 (阿诺尔德 (Arnold) 舌), 其中旋转数是常数, 且等于该有理数.

频率同步化 (频率锁定)是阿诺尔德舌形成的原因.

a) 当 $0 \leqslant K < 1$ 时, 这些区域不相互交叠. 从 Ω 轴上的每个无理数开始, 总能够引出一条到达直线 $K = 1$ 的连续曲线. 在满足 $\rho = 0$ 的第一个阿诺尔德舌处, 动力系统 (17.96) 有平衡点. 若固定 K, 令 Ω 增长, 则这些平衡点中的两个会在第一个阿诺尔德舌边界上融合, 并同时消失. 由于鞍结点分岔, 在 S^1 上会出现一个稠密轨. 类似的现象在离开其他阿诺尔德舌时也能被观察到.

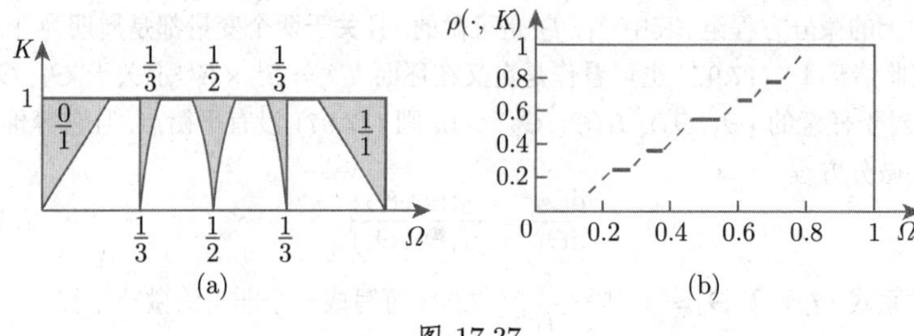

图 17.37

b) 当 $K>1$ 时, 就无法应用旋转数理论了. 动力系统变得更为复杂, 会出现过渡到混沌的情况. 这里, 类似于费根鲍姆常数的情形, 会出现另外的常数. 对于某些映射类, 这些常数相等, 标准圆周映射也属于这一类. 这些常数中的一个如下所述.

(3) **黄金分割、斐波那契数**　无理数 $\dfrac{\sqrt{5}-1}{2}$ 被称为黄金分割, 它有一个简单的连分数表示 $\dfrac{\sqrt{5}-1}{2}=\cfrac{1}{1+\cfrac{1}{1+\cfrac{1}{1+\cdots}}}=[1;1,1,\cdots]$ (参见第 4 页 1.1.1.4, 3.). 通过连分数相继赋值, 可得到一个有理数数列 $\{r_n\}$, 它收敛到 $\dfrac{\sqrt{5}-1}{2}$. 数 r_n 可表为形如 $r_n=\dfrac{F_n}{F_{n+1}}$, 其中 F_n 是斐波那契数 (参见第 501 页 5.4.1.5), 可由满足初值 $F_0=0, F_1=1$ 的迭代 $F_{n+1}=F_n+F_{n-1}\ (n=1,2,\cdots)$ 确定. 现在令 Ω_∞ 是满足条件 $\rho(\Omega_\infty,1)=\dfrac{\sqrt{5}-1}{2}$ 的 (17.96) 的参数值, 并且令 Ω_n 是满足条件 $\rho(\Omega_n,1)=r_n$ 的与 Ω_∞ 最接近的值. 通过数值计算可得到极限 $\lim\limits_{n\to\infty}\dfrac{\Omega_n-\Omega_{n-1}}{\Omega_{n+1}-\Omega_n}=-2.8336\cdots$.

(尚在久　包宏伟　孟　钢　王式柔　译)

第18章 优　化

18.1 线性规划

18.1.1 问题的提法和几何表达

18.1.1.1 线性规划问题的形式

1. 目的

线性规划的目的是寻找有穷个变量的线性目标函数(**OF**) 在有穷个线性方程或不等式约束(**CT**) 限制下的最大值或最小值.

许多实际问题都可以直接叙述为线性规划问题, 或者用线性规划问题近似建模.

2. 一般形式

线性规划问题的一般形式是

$$\textbf{OF}:\quad f(\underline{\boldsymbol{x}}) = c_1x_1 + \cdots + c_rx_r + c_{r+1}x_{r+1} + \cdots + c_nx_n = \max! \tag{18.1a}$$

$$\textbf{CT}:\quad \left.\begin{array}{lllllll} a_{1,1}x_1 & +\cdots+ & a_{1,r}x_r & + & a_{1,r+1}x_{r+1} & +\cdots+ & a_{1,n}x_n \leqslant b_1, \\ \vdots & & \vdots & & \vdots & & \vdots \qquad \vdots \\ a_{s,1}x_1 & +\cdots+ & a_{s,r}x_r & + & a_{s,r+1}x_{r+1} & +\cdots+ & a_{s,n}x_n \leqslant b_s, \\ a_{s+1,1}x_1 & +\cdots+ & a_{s+1,r}x_r & + & a_{s+1,r+1}x_{r+1} & +\cdots+ & a_{s+1,n}x_n = b_{s+1}, \\ \vdots & & \vdots & & \vdots & & \vdots \qquad \vdots \\ a_{m,1}x_1 & +\cdots+ & a_{m,r}x_r & + & a_{m,r+1}x_{r+1} & +\cdots+ & a_{m,n}x_n = b_m, \\ x_1 \geqslant 0, & \cdots & x_r \geqslant 0; & & x_{r+1}, x_{r+2}, \cdots, x_n & & \text{自由}. \end{array}\right\} \tag{18.1b}$$

采用更紧凑的向量记号, 上述问题可以写成

$$\textbf{OF}:\quad f(\underline{\boldsymbol{x}}) = \underline{\boldsymbol{c}}^{1\mathrm{T}}\underline{\boldsymbol{x}}^1 + \underline{\boldsymbol{c}}^{2\mathrm{T}}\underline{\boldsymbol{x}}^2 = \max! \tag{18.2a}$$

$$\textbf{CT}:\quad \left.\begin{array}{r} \boldsymbol{A}_{11}\underline{\boldsymbol{x}}^1 + \boldsymbol{A}_{12}\underline{\boldsymbol{x}}^2 \leqslant \underline{\boldsymbol{b}}^1, \\ \boldsymbol{A}_{21}\underline{\boldsymbol{x}}^1 + \boldsymbol{A}_{22}\underline{\boldsymbol{x}}^2 = \underline{\boldsymbol{b}}^2, \\ \underline{\boldsymbol{x}}^1 \geqslant \underline{\boldsymbol{0}}, \quad \underline{\boldsymbol{x}}^2\,\text{自由}. \end{array}\right\} \tag{18.2b}$$

这里使用如下记号:

$$\underline{\boldsymbol{c}}^1 = \begin{bmatrix} c_1 \\ c_2 \\ \vdots \\ c_r \end{bmatrix}, \quad \underline{\boldsymbol{c}}^2 = \begin{bmatrix} c_{r+1} \\ c_{r+2} \\ \vdots \\ c_n \end{bmatrix}, \quad \underline{\boldsymbol{x}}^1 = \begin{bmatrix} x_1 \\ x_2 \\ \vdots \\ x_r \end{bmatrix}, \quad \underline{\boldsymbol{x}}^2 = \begin{bmatrix} x_{r+1} \\ x_{r+2} \\ \vdots \\ x_n \end{bmatrix}, \tag{18.2c}$$

$$\boldsymbol{A}_{11} = \begin{bmatrix} a_{1,1} & a_{1,2} & \cdots & a_{1,r} \\ a_{2,1} & a_{2,2} & \cdots & a_{2,r} \\ \vdots & \vdots & & \vdots \\ a_{s,1} & a_{s,2} & \cdots & a_{s,r} \end{bmatrix},$$

$$\boldsymbol{A}_{12} = \begin{bmatrix} a_{1,r+1} & a_{1,r+2} & \cdots & a_{1,n} \\ a_{2,r+1} & a_{2,r+2} & \cdots & a_{2,n} \\ \vdots & \vdots & & \vdots \\ a_{s,r+1} & a_{s,r+2} & \cdots & a_{s,n} \end{bmatrix}, \tag{18.2d}$$

$$\boldsymbol{A}_{21} = \begin{bmatrix} a_{s+1,1} & a_{s+1,2} & \cdots & a_{s+1,r} \\ a_{s+2,1} & a_{s+2,2} & \cdots & a_{s+2,r} \\ \vdots & \vdots & & \vdots \\ a_{m,1} & a_{m,2} & \cdots & a_{m,r} \end{bmatrix},$$

$$\boldsymbol{A}_{22} = \begin{bmatrix} a_{s+1,r+1} & a_{s+1,r+2} & \cdots & a_{s+1,n} \\ a_{s+2,r+1} & a_{s+2,r+2} & \cdots & a_{s+2,n} \\ \vdots & \vdots & & \vdots \\ a_{m,r+1} & a_{m,r+2} & \cdots & a_{m,n} \end{bmatrix}. \tag{18.2e}$$

3. 约束

对于不等号“$\geqslant$”的约束, 只要乘以 (-1), 就变成上面形式的约束.

4. 极小问题

对于极小问题 $f(\underline{\boldsymbol{x}}) = \min!$, 通过目标函数乘以 (-1), 就变成等价的极大问题

$$-f(\underline{\boldsymbol{x}}) = \max! \tag{18.3}$$

5. 整数规划

有时候某些变量仅限于取整数值. 这里我们不讨论这样的离散问题.

6. 仅含非负变量和松弛变量情形的表达

在应用某些解法时, 仅仅考虑非负变量, 以及以等式形式给出的约束 (18.1b) 和 (18.2b).

$$\textbf{OF}: \quad f(\underline{\boldsymbol{x}}) = c_1x_1 + \cdots + c_rx_r + c_{r+1}x_{r+1} + \cdots + c_nx_n = \max! \tag{18.4a}$$

$$\textbf{CT:}\quad \left.\begin{array}{l} a_{1,1}x_1 + \cdots + a_{1,n}x_n = b_1, \\ \vdots \qquad\qquad\quad \vdots \qquad \vdots \\ a_{m,1}x_1 + \cdots + a_{m,n}x_n = b_m, \\ x_1 \geqslant 0, \quad \cdots, \quad x_n \geqslant 0. \end{array}\right\} \tag{18.4b}$$

每个自由变量 x_k 必须分解成两个非负变量之差 $x_k = x_k^1 - x_k^2$. 通过增加非负变量, 不等式变成等式; 这些新增的变量称作松弛变量. 这就是说, 问题可以在 (18.4a, 18.4b) 给出的形式下进行研究, 这里 n 是增加了的变量数. 写成向量形式为

$$\textbf{OF:}\quad f(\underline{\boldsymbol{x}}) = \underline{\boldsymbol{c}}^{\mathrm{T}}\underline{\boldsymbol{x}} = \max! \tag{18.5a}$$

$$\textbf{CT:}\quad \boldsymbol{A}\underline{\boldsymbol{x}} = \underline{\boldsymbol{b}}, \quad \underline{\boldsymbol{x}} \geqslant \underline{\boldsymbol{0}}. \tag{18.5b}$$

一般可以假定 $m \leqslant n$, 否则, 方程组会包含线性相关或相互矛盾的方程.

7. 可行集

所有满足 (18.2b) 的向量集合称作原问题的*可行集*. 如果自由变量做如上改写, 每个形如"$\leqslant$"的不等式都改写成如 (18.4a) 和 (18.4b) 的等式, 于是所有满足约束条件的非负向量 $\underline{\boldsymbol{x}} \geqslant \underline{\boldsymbol{0}}$ 的向量的集合称作*可行集* M:

$$M = \{\underline{\boldsymbol{x}} \in \mathbb{R}^n : \underline{\boldsymbol{x}} \geqslant \underline{\boldsymbol{0}},\ \boldsymbol{A}\underline{\boldsymbol{x}} = \underline{\boldsymbol{b}}\}. \tag{18.6a}$$

如果点 $\underline{\boldsymbol{x}}^* \in M$ 满足

$$f(\underline{\boldsymbol{x}}^*) \geqslant f(\underline{\boldsymbol{x}}), \quad \forall\ \underline{\boldsymbol{x}} \in M, \tag{18.6b}$$

则 $\underline{\boldsymbol{x}}^*$ 称作线性规划问题的*极大点*或*解点*. 显然, $\underline{\boldsymbol{x}}^*$ 的非松弛变量分量构成原问题的解.

18.1.1.2 例子和图解法

1. 生产两个产品的例子

假定为了生产两个产品 E_1 和 E_2 需要原材料 R_1, R_2 和 R_3. 表 18.1 表明为了生产 E_1 和 E_2 每一个单位产品需要多少单位的原材料, 并且还给出了可利用的原材料总数.

表 18.1

	R_1/E_i	R_2/E_i	R_3/E_i
E_1	12	8	0
E_2	6	12	10
总数	630	620	350

售出一个单位 E_1 或 E_2 产品分别可以获得 20 或 60 单位利润 (PR). 要求确定一个生产计划, 使得在至少生产 10 个单位 E_1 产品的前提下, 获得最大利润.

现在设 x_1 和 x_2 表示生产产品 E_1 和 E_2 的单位数, 问题就是

$$
\begin{aligned}
\textbf{OF}:\quad & f(\underline{x}) = 20x_1 + 60x_2 = \max!\\
\textbf{CT}:\quad & 12x_1 + 6x_2 \leqslant 630,\\
& 8x_1 + 12x_2 \leqslant 620,\\
& 10x_2 \leqslant 350,\\
& x_1 \geqslant 10.
\end{aligned}
$$

引入松弛变量 x_3, x_4, x_5, x_6, 得到

$$
\begin{aligned}
\textbf{OF}:\quad & f(\underline{x}) = 20x_1 + 60x_2 + 0\cdot x_3 + 0\cdot x_4 + 0\cdot x_5 + 0\cdot x_6 = \max!\\
\textbf{CT}:\quad & 12x_1 + 6x_2 + x_3 = 630,\\
& 8x_1 + 12x_2 + x_4 = 620,\\
& 10x_2 + x_5 = 350,\\
& -x_1 + x_6 = -10.
\end{aligned}
$$

2. 线性规划问题的性质

基于这个例子, 可以用图表示法来说明线性规划问题的某些性质. 这里不考虑松弛变量, 仅使用原始变量.

a) 直线 $a_1x_1 + a_2x_2 = b$ 把 x_1, x_2 平面分成两个半平面. 满足不等式 $a_1x_1 + a_2x_2 \leqslant b$ 的点 (x_1, x_2) 在其中的一个半平面中. 在笛卡儿坐标下, 可以通过直线作出这个点集的图表示. 箭头表示包含该不等式解的半平面. 可行解集 M, 即满足所有不等式的点集是这些半平面的交 (图 18.1). 在这个例子中, M 的点构成一多边形区域. M 无界或为空集都是有可能的. 如果有多于两条边界直线通过这个多边形的一个顶点, 则此顶点就称作退化的 (图 18.2).

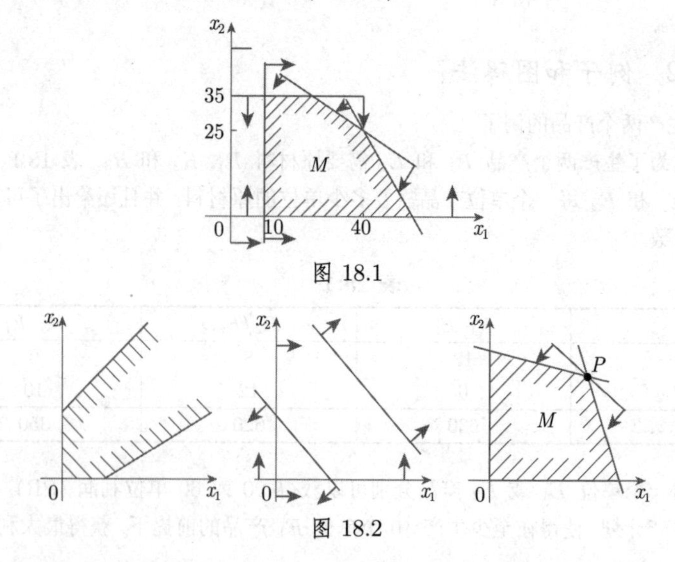

图 18.1

图 18.2

b) x_1, x_2 平面中满足等式 $f(x) = 20x_1 + 60x_2 = c_0$ 的每个点都在一条直线上, 即与值 c_0 相关的水平线上. 选择不同的 c_0, 就得到一族平行的直线, 在其每一条直线上, 目标函数的值是常数. 几何上, 规划问题的解应该是这样一些点, 它们属于可行集 M, 也位于水平线 $20x_1 + 60x_2 = c_0$, c_0 为最大值. 在这个例子中, 解点是 $(x_1, x_2) = (25, 35)$, 位于直线 $20x_1 + 60x_2 = 2600$. 水平线示于图 18.3 中, 这里箭头指向目标函数值增加的方向.

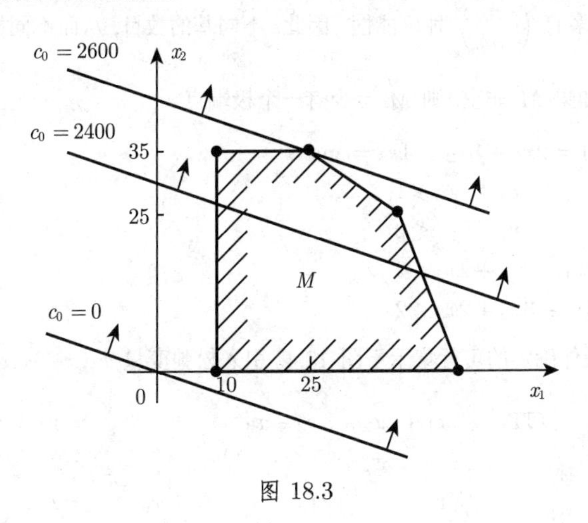

图 18.3

显然, 如果可行集 M 有界, 那么至少有一个顶点使得目标函数取到最大值. 如果可行集 M 无界, 则有可能目标函数也无界.

18.1.2 线性规划基本概念、规范形

现在考虑线性规划问题 (18.5a, 18.5b), 相应的可行集为 M.

18.1.2.1 极端点和基

1. 极端点的定义

点 $\underline{\boldsymbol{x}} \in M$ 称作 M 的极端点或顶点, 是指对于所有 $\underline{\boldsymbol{x}}_1, \underline{\boldsymbol{x}}_2 \in M$, $\underline{\boldsymbol{x}}_1 \neq \underline{\boldsymbol{x}}_2$, 有

$$\underline{\boldsymbol{x}} \neq \lambda \underline{\boldsymbol{x}}_1 + (1-\lambda)\underline{\boldsymbol{x}}_2, \quad 0 < \lambda < 1, \tag{18.7}$$

即 $\underline{\boldsymbol{x}}$ 不在连接 M 任意两不同点的线段的中间.

2. 关于极端点的定理

如果矩阵 $\boldsymbol{A}$ 中与 $\underline{\boldsymbol{x}} \in M$ 的正分量有关的那些列向量是线性无关的, 则点 $\underline{\boldsymbol{x}}$ 是 M 的极端点.

如果 $\boldsymbol{A}$ 的秩是 m, 那么 $\boldsymbol{A}$ 中线性无关列的最大数是 m. 因此一个极端点至多拥有 m 个正分量, 其分量等于零的数目至少是 $n-m$ 个. 在通常情形下, 正好有 m

个正分量. 如果正分量数小于 m, 则就称其为**退化极端点**.

3. 基

对于每一个极端点, 可以选定矩阵 $\boldsymbol{A}$ 的 m 个线性无关的列向量, 这些列对应于其正分量. 这一组线性无关列向量称作该**极端点的基**. 通常, 每一个极端点恰好有一个基. 然而, 退化的极端点就可能选定几个基. 从 $\boldsymbol{A}$ 的 n 列中选择 m 个线性无关向量, 至多有 $\begin{pmatrix} n \\ m \end{pmatrix}$ 种可能性. 因此, 不同基的数目, 从而不同极端点的数目是 $\begin{pmatrix} n \\ m \end{pmatrix}$. 如果 M 非空, 则 M 至少有一个极端点.

■ **OF**: $f(\underline{\boldsymbol{x}}) = 2x_1 + 3x_2 + 4x_3 = \max!$

$$\begin{aligned} \textbf{CT}: \quad x_1 + x_2 + x_3 &\geqslant 1, \\ x_2 \quad &\leqslant 2, \\ -x_1 \quad + 2x_3 &\leqslant 2, \\ 2x_1 - 3x_2 + 2x_3 &\leqslant 2. \end{aligned} \tag{18.8}$$

由约束条件确定的可行集示于图 18.4. 引入松弛变量 x_4, x_5, x_6, x_7 后得到

$$\begin{aligned} \textbf{CT}: \quad x_1 + x_2 + x_3 - x_4 \qquad\qquad &= 1, \\ x_2 \qquad + x_5 \qquad &= 2, \\ -x_1 \quad + 2x_3 \qquad + x_6 \quad &= 2, \\ 2x_1 - 3x_2 + 2x_3 \qquad\qquad + x_7 &= 2. \end{aligned}$$

多面体的极端点 $P_2 = (0,1,0)$ 对应于扩展系统的点 $(x_1, x_2, x_3, x_4, x_5, x_6, x_7) = (0,1,0,0,1,2,5)$. A 的 2, 5, 6, 7 列构成相应的基. 退化的极端点 P_1 对应于 $(1,0,0,0,2,3,0)$. 这一极端点的基包含 1, 5, 6 列, 以及 2, 4 或 7 列中的一列.

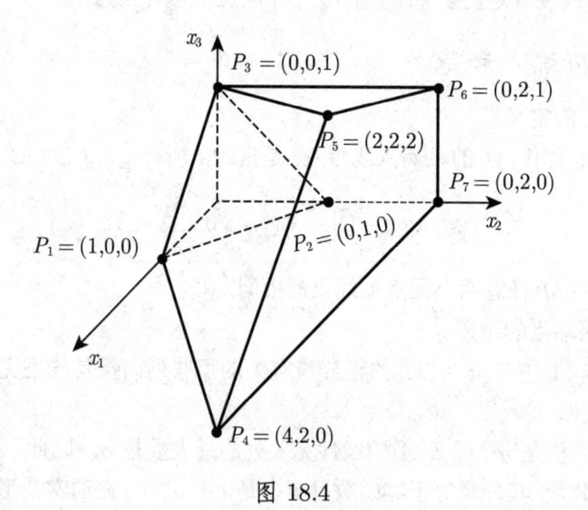

图 18.4

注 这里第一个不等式带不等号 “$\geqslant$”, 从而 x_4 前不是加号而是减号. 常常将带负号和相应 $b_i > 0$ 的这种附加变量称作*剩余变量*, 而非松弛变量. 如在第 1189 页 18.1.3.3 所见, 剩余变量的出现要在求解过程中倍加小心.

4. 目标函数取极大值的极端点

定理 如果 M 非空, 并且目标函数 $f(\underline{\boldsymbol{x}}) = \underline{\boldsymbol{c}}^{\mathrm{T}}\underline{\boldsymbol{x}}$ 在 M 上有界, 则 M 至少有一个极端点使得目标函数取极大值.

于是线性规划问题的求解就是至少确定一个极端点使得目标函数在其上达到极大值. 通常在实际问题中, 极端点的数目是非常大的, 从而需要有一种方法能够在合理的时间内找到答案. 这样的方法就是*单纯形法*, 也称作*单纯形算法*或*单纯形程序*.

18.1.2.2 线性规划问题的规范形

1. 规范形和基本解

线性规划问题 (18.4a, 18.4b) 总能通过适当的变量重新排序转换成如下形式:

$$\textbf{OF}: \quad f(\underline{\boldsymbol{x}}) = c_1x_1 + \cdots + c_{n-m}x_{n-m} + c_0 = \max! \tag{18.9a}$$

$$\begin{aligned} \textbf{CT}: \quad & a_{1,1}x_1 + \cdots + a_{1,n-m}x_{n-m} + x_{n-m+1} \qquad\qquad = b_1, \\ & \quad\vdots \qquad\qquad\qquad \vdots \qquad\qquad\qquad\qquad \ddots \qquad\quad \vdots \\ & a_{m,1}x_1 + \cdots + a_{m,n-m}x_{n-m} \qquad\qquad\qquad + x_n = b_m, \\ & x_1, \cdots, x_{n-m}, x_{n-m+1}, \cdots, x_n \geqslant 0. \end{aligned} \tag{18.9b}$$

系数矩阵的最后 m 列显然是线性无关的, 从而形成一个基. *基本解* $(x_1, x_2, \cdots, x_{n-m}, x_{n-m+1}, \cdots, x_n) = (0, \cdots, 0, b_1, \cdots, b_m)$ 可以直接从该方程组确定, 但如果 $\underline{\boldsymbol{b}} \geqslant \underline{\boldsymbol{0}}$ 不成立, 则它不是可行解.

如果 $\underline{\boldsymbol{b}} \geqslant \underline{\boldsymbol{0}}$, 则 (18.9a, 18.9b) 称作*线性规划问题的规范形*或*标准形*. 在这种情形下, 基本解也是可行解, 即 $\underline{\boldsymbol{x}} \geqslant \underline{\boldsymbol{0}}$, 并且是 M 的极端点. 变量 $x_1, \cdots, x_{n-m}$ 称作*非基变量*, 而 $x_{n-m+1}, \cdots, x_n$ 称作*基变量*. 目标函数在该极端点上取值 c_0, 因为非基变量等于零.

2. 规范形的确定

如果 M 的极端点是已知的, 则线性规划问题 (18.5a, 18.5b) 的规范形可以按如下方式得到. 从 $\boldsymbol{A}$ 的列中选择对应于该极端点的一个基. 通常, 通过极端点的正分量可以确定这些列. 假定基变量组成向量 $\underline{\boldsymbol{x}}_B$, 而非基变量组成 $\underline{\boldsymbol{x}}_N$. 与该基对应的列构成基矩阵 $\boldsymbol{A}_B$, 其余列构成矩阵 $\boldsymbol{A}_N$. 于是

$$\boldsymbol{A}\underline{\boldsymbol{x}} = \boldsymbol{A}_N\underline{\boldsymbol{x}}_N + \boldsymbol{A}_B\underline{\boldsymbol{x}}_B = \underline{\boldsymbol{b}}. \tag{18.10}$$

矩阵 $\boldsymbol{A}_B$ 是非奇异的, 其逆 $\boldsymbol{A}_B^{-1}$ 即所谓的*基逆*. 用 $\boldsymbol{A}_B^{-1}$ 乘 (18.10), 并根据非基变量适当调整目标函数, 就得到线性规划问题的标准形:

$$\mathbf{OF}: \quad f(\underline{\boldsymbol{x}}) = \underline{\boldsymbol{c}}_N^{\mathrm{T}} \underline{\boldsymbol{x}}_N + c_0, \tag{18.11a}$$

$$\mathbf{CT}: \quad \boldsymbol{A}_B^{-1}\boldsymbol{A}_N \underline{\boldsymbol{x}}_N + \underline{\boldsymbol{x}}_B = \boldsymbol{A}_B^{-1}\underline{\boldsymbol{b}}, \quad \underline{\boldsymbol{x}}_N \geqslant \underline{\boldsymbol{0}}, \ \underline{\boldsymbol{x}}_B \geqslant \underline{\boldsymbol{0}}. \tag{18.11b}$$

注 如果原始系统 (18.1b) 仅有“$\leqslant$”类约束, 并且同时 $\underline{\boldsymbol{b}} \geqslant \underline{\boldsymbol{0}}$, 那么扩展系统 (18.4b) 没有剩余变量 (参见第 1183 页 18.1.2.1). 在这种情形下, 立即可知规范形. 选择所有松弛变量作为基变量 $\underline{\boldsymbol{x}}_B$, 结果就是 $\boldsymbol{A}_B = \boldsymbol{I}$, 而 $\underline{\boldsymbol{x}}_B = \underline{\boldsymbol{b}}$, 且 $\underline{\boldsymbol{x}}_N = \underline{\boldsymbol{0}}$ 是可行极端点.

■ 在上面的例子中, $\underline{\boldsymbol{x}} = (0,1,0,0,1,2,5)$ 是一个极端点. 因此,

$$\boldsymbol{A}_B = \underset{x_2\ x_5\ x_6\ x_7}{\begin{pmatrix} 1 & 0 & 0 & 0 \\ 1 & 1 & 0 & 0 \\ 0 & 0 & 1 & 0 \\ -3 & 0 & 0 & 1 \end{pmatrix}}, \quad \boldsymbol{A}_B^{-1} = \begin{pmatrix} 1 & 0 & 0 & 0 \\ -1 & 1 & 0 & 0 \\ 0 & 0 & 1 & 0 \\ 3 & 0 & 0 & 1 \end{pmatrix}, \quad \boldsymbol{A}_N = \underset{x_1\ x_3\ x_4}{\begin{pmatrix} 1 & 1 & -1 \\ 0 & 0 & 0 \\ -1 & 2 & 0 \\ 2 & 2 & 0 \end{pmatrix}}, \tag{18.12a}$$

$$\boldsymbol{A}_B^{-1}\boldsymbol{A}_N = \underset{x_1\ x_3\ x_4}{\begin{pmatrix} 1 & 1 & -1 \\ -1 & -1 & 1 \\ -1 & 2 & 0 \\ 5 & 5 & -3 \end{pmatrix}}, \quad \boldsymbol{A}_B^{-1}\boldsymbol{b} = \begin{pmatrix} 1 \\ 1 \\ 2 \\ 5 \end{pmatrix}. \tag{18.12b}$$

$$\left.\begin{array}{rrrrrrrl} x_1 & + x_2 & + x_3 & - x_4 & & & & = 1, \\ -x_1 & & - x_3 & + x_4 & + x_5 & & & = 1, \\ -x_1 & & + 2x_3 & & & + x_6 & & = 2, \\ 5x_1 & & + 5x_3 & - 3x_4 & & & + x_7 & = 5. \end{array}\right\} \tag{18.13}$$

从 $f(\underline{\boldsymbol{x}}) = 2x_1 + 3x_2 + 4x_3$, 减去第一个约束的 3 倍, 得到变换后的目标函数为

$$f(\underline{\boldsymbol{x}}) = -x_1 + x_3 + 3x_4 + 3. \tag{18.14}$$

18.1.3 单纯形法

18.1.3.1 单纯形表

单纯形法用于产生可行集的一列极端点, 其对应的目标函数值不断增加. 为了从给定的一个极端点找出一个新的极端点, 我们从对应于给定极端点的规范形出发, 逐步到达对应于新的极端点的规范形. 为了有一个清晰的排列, 以及比较容易理解相应数字的含义, 我们将规范形 (18.9a, 18.9b) 重新表示成单纯形表 (表 18.2(a), 表 18.2(b)).

表中的第 k 行对应于约束

$$x_{n-m+k} + a_{k,1}x_1 + \cdots + a_{k,n-m}x_{n-m} = b_k. \tag{18.15a}$$

表 18.2(a)

	x_1	$\cdots$	x_{n-m}	
x_{n-m+1}	$a_{1,1}$	$\cdots$	$a_{1,n-m}$	b_1
$\vdots$	$\vdots$		$\vdots$	$\vdots$
x_n	$a_{m,1}$	$\cdots$	$a_{m,n-m}$	b_m
	c_1	$\cdots$	c_{n-m}	$-c_0$

或者更简洁地写作

表 18.2(b)

	$\underline{\boldsymbol{x}}_N$	
$\underline{\boldsymbol{x}}_N$	$\underline{\boldsymbol{A}}_N$	$\underline{\boldsymbol{b}}$
	$\underline{\boldsymbol{c}}$	$-c_0$

目标函数是

$$c_1x_1+\cdots+c_{n-m}x_{n-m}=f(\underline{\boldsymbol{x}})-c_0. \tag{18.15b}$$

从这个单纯形表, 就能找出极端点 $(\underline{\boldsymbol{x}}_N,\underline{\boldsymbol{x}}_B)=(\underline{\boldsymbol{0}},\underline{\boldsymbol{b}})$. 目标函数在这个极端点上的值是 $f(\underline{\boldsymbol{x}})=c_0$. 把 $-c_0$ 放到表的右下端有利于进行单纯形方法的计算. 在每一个表中总能找出如下三种情形中的一种:

a) $c_j\leqslant 0,\ j=1,\cdots,n-m$: 这样的表是最优的. 点 $(\underline{\boldsymbol{x}}_N,\underline{\boldsymbol{x}}_B)=(\underline{\boldsymbol{0}},\underline{\boldsymbol{b}})$ 是极大点. 如果所有 c_j 是正的, 那么这个顶点是唯一的极大点.

b) 至少有一个 j 使得 $c_j>0$, 并且 $a_{ij}\leqslant 0,\ i=1,\cdots,m$: 线性规划问题没有解, 因为目标函数在可行集上无界; 随着 x_j 的增加, 它会无穷增加.

c) 对于每个使得 $c_j>0$ 的 j, 至少有一个 i 使得 $a_{ij}>0$: 有可能从极端点 $\underline{\boldsymbol{x}}$ 移动到邻近的极端点 $\underline{\boldsymbol{x}}$ 时 $f(\underline{\boldsymbol{x}})\geqslant f(\underline{\boldsymbol{x}})$. 在非退化极端点 $\underline{\boldsymbol{x}}$ 的情形下, “>” 号总是成立的.

18.1.3.2 过渡到新的单纯形表

1. 非退化情形

如果一个表不是上述最后的情形 (情形 c), 那么新的表就按如下方式确定 (表 18.3). 基变量 x_p 和非基变量 x_q 之间通过下列计算进行转换:

a) $\tilde{a}_{pq}=\dfrac{1}{a_{pq}}$. (18.16a)

b) $\tilde{a}_{pj}=a_{pj}\cdot\tilde{a}_{pq},\quad j\neq q,\quad \tilde{b}_p=b_p\cdot\tilde{a}_{pq}$. (18.16b)

c) $\tilde{a}_{iq}=-a_{iq}\cdot\tilde{a}_{pq},\quad i\neq p,\quad \tilde{c}_q=-c_q\cdot\tilde{a}_{pq}$. (18.16c)

d) $\tilde{a}_{ij}=a_{ij}+a_{pj}\cdot\tilde{a}_{iq},\quad i\neq p,\quad j\neq q,$
$\tilde{b}_i=b_i+b_p\cdot\tilde{a}_{iq},i\neq p,$
$\tilde{c}_j=c_j+a_{pj}\cdot\tilde{c}_q,\quad j\neq q,\quad -\tilde{c}_0=-c_0+b_p\cdot\tilde{c}_q$. (18.16d)

表 18.3

	$\tilde{\underline{\boldsymbol{x}}}_N$	
$\tilde{\underline{\boldsymbol{x}}}_B$	$\tilde{\underline{\boldsymbol{A}}}_N$	$\underline{\boldsymbol{b}}$
	$\tilde{\underline{\boldsymbol{c}}}$	$-c_0$

元 a_{pq} 称作主元, 第 p 行为主行, 而第 q 列为主列. 为了选择主元, 需要考虑如下两个要求:

a) 应该有 $\tilde{c}_0 \geqslant c_0$;

b) 新的表也必须对应于一个可行解, 即必须有 $\underline{\tilde{b}} \geqslant \underline{0}$.

于是 $(\underline{\tilde{x}}_N, \underline{\tilde{x}}_B) = (\underline{0}, \underline{\tilde{b}})$ 是一个新的极端点, 在此极端点上目标函数取值 $f(\underline{\tilde{x}}) = \tilde{c}_0$ 不小于以前的值. 如果主元按如下方式选择, 则这些条件满足:

a) 为增加目标函数的值, 可以选择对应于 $c_q > 0$ 的列作为主列;

b) 为得到可行解, 主行必须选择为

$$\frac{b_p}{a_{pq}} = \min_{\substack{1 \leqslant i \leqslant m \\ a_{iq} > 0}} \left\{ \frac{b_i}{a_{iq}} \right\}. \tag{18.17}$$

如果可行集的极端点不是退化的, 则单纯形法在有穷步之后终止 ((情形 a) 或 (情形 b)).

■ 第 1183 页 18.1.2 中的规范形可以写成单纯形表 (表 18.4(a)). 这个表并不是最优的, 因为目标函数在第 3 列中有正系数. 把第 3 列选定为主列 (也可以考虑第 2 列). 对主列的每一正元计算商 a_i/a_{iq}(实际上只有一个). 这些商示于最后一列之后. 最小商就确定主行.

表 18.4(a)

	x_1	x_3	x_4		
x_2	1	1	$-\underline{1}$	1	
x_5	$-\underline{1}$	$-\underline{1}$	$\underline{\underline{1}}$	$\underline{1}$	1 : 1
x_6	−1	2	0	2	
x_7	5	5	$-\underline{3}$	5	
	−1	1	$\underline{3}$	−1	

表 18.4(b)

	x_1	x_3	x_5		
x_2	0	$\underline{0}$	1	2	
x_4	−1	$-\underline{1}$	1	1	
x_6	$-\underline{1}$	$\underline{\underline{2}}$	$\underline{0}$	$\underline{2}$	2 : 2
x_7	2	$\underline{2}$	3	8	8 : 2
	2	$\underline{4}$	−3	−6	

表 18.4(c)

	x_1	x_6	x_5		
x_2	$\underline{0}$	0	1	2	
x_4	$-\frac{3}{\underline{2}}$	$\frac{1}{2}$	1	2	
x_3	$-\frac{1}{\underline{2}}$	$\frac{1}{2}$	0	1	
x_7	$\underline{\underline{3}}$	$-\underline{1}$	$\underline{3}$	$\underline{6}$	6 : 3
	$\underline{4}$	−2	−3	−10	

表 18.4(d)

	x_7	x_6	x_5	
x_2	0	0	1	2
x_4	$-\frac{1}{2}$	0	$\frac{5}{2}$	5
x_3	$\frac{1}{6}$	$\frac{1}{3}$	$\frac{1}{2}$	2
x_1	$\frac{1}{3}$	$-\frac{1}{3}$	1	2
	$-\frac{4}{3}$	$-\frac{2}{3}$	−7	−18

如果它不是唯一的, 则对应于新表的极端点是退化的. 在实施(18.16a)~(18.16d) 几个步骤之后, 就得到表 18.4(b). 这个表确定极端点 $(0, 2, 0, 1, 0, 2, 8)$, 对应于图 18.4 中的点 P_7. 由于这个新表仍然不是最优的, 将 x_3 和 x_6 互换 (表 18.4(c)). 第 3 个表中极端点对应于图 18.4 中的点 P_6. 在作附加变换之后, 得到最优表 (表 18.4(d)), 其极大点为 $\underline{x}^* = (2, 2, 2, 5, 0, 0, 0)$, 对应于点 P_5, 并且目标函数在这

里取得最大值 $f(\underline{\boldsymbol{x}}^*) = 18$.

2. 退化情形

如果在单纯形表中无法唯一地选择下一个主元, 则表示新的表有退化极端点. 退化极端点在几何上可以解释为可行解凸多面体的重合顶点. 这样的顶点有几个基. 因此, 在这种情形下可能出现若干步后仍出不来新的顶点, 也可能得到前面已经出现的表格, 从而可能发生无限循环的情形.

在退化的极端点情形下, 解决问题的一种可能的办法是对 b_i 加上小扰动 ε^i(选择适当的 $\varepsilon^i > 0$), 使得扰动后的极端点不再退化. 如果用 $\varepsilon^i = 0$ 替换, 则从扰动问题的解就可得到退化情形的解.

如果在这种非唯一确定情形下随机选择主列, 则在实际中就可能发生无限循环这种异常情形.

18.1.3.3 初始单纯形表的确定

1. 辅助规划、人工变量

如果在原始约束 (18.1b) 中有等式或带负 b_i 的不等式, 则从单纯形法找出可行解并不是容易的事情. 为此, 在这种情形下, 我们从辅助规划开始来生成一个可行解, 并把它作为原始问题单纯形法的出发点. 系统 $\boldsymbol{A}\underline{\boldsymbol{x}} = \underline{\boldsymbol{b}}$ 的某些方程乘以 (-1) 以便满足条件 $\underline{\boldsymbol{b}} \geqslant \underline{\boldsymbol{0}}$. 现在 $\boldsymbol{A}\underline{\boldsymbol{x}} = \underline{\boldsymbol{b}}$ 中的 $\underline{\boldsymbol{b}} \geqslant \underline{\boldsymbol{0}}$, 其每一式的左端加上人工变量 $y_k(k = 1, \cdots, m)$, 并考虑辅助规划问题:

$$\mathbf{OF}^*: \quad g(\underline{\boldsymbol{x}}, \underline{\boldsymbol{y}}) = -y_1 - \cdots - y_m = \max! \tag{18.18a}$$

$$\mathbf{CT}^*: \quad \left.\begin{array}{l} a_{1,1}x_1 + \cdots + a_{1,n}x_n + y_1 \qquad = b_1, \\ \quad\vdots \qquad\qquad\quad \vdots \qquad\qquad \ddots \qquad \vdots \\ a_{m,1}x_1 + \cdots + a_{m,n}x_n + \qquad + y_m = b_m, \\ x_1, \cdots, x_n \geqslant 0; \quad y_1, \cdots, y_m \geqslant 0. \end{array}\right\} \tag{18.18b}$$

在这个问题中, 变量 $y_1, \cdots, y_m$ 是基变量, 并且可以着手做第 1 张单纯形表 (表 18.5). 这个表的最后一行包含非基变量之和, 这些和是新的辅助目标函数$\mathbf{OF}^*$

表 18.5

	x_1	$\cdots$	x_n	
y_1	$a_{1,1}$	$\cdots$	$a_{1,n}$	b_1
$\vdots$	$\vdots$		$\vdots$	$\vdots$
y_m	$a_{m,1}$	$\cdots$	$a_{m,n}$	b_m
OF	c_1	$\cdots$	c_m	0
OF*	$\sum_{j=1}^{m} a_{j,1}$	$\cdots$	$\sum_{j=1}^{m} a_{j,n}$	$\sum_{j=1}^{n} b_j = -g(\underline{\boldsymbol{0}}, \underline{\boldsymbol{b}})$

的系数. 显然, 总有 $g(\underline{x},\underline{y}) \leqslant 0$. 如果对于此辅助规划问题的某个极大点 $(\underline{x}^*,\underline{y}^*)$ 有 $g(\underline{x}^*,\underline{y}^*)=0$, 则显然有 $\underline{y}^*=\underline{0}$, 从而 $\underline{x}^*$ 是 $\boldsymbol{A}\underline{x}=\underline{b}$ 的解. 如果 $g(\underline{x}^*,\underline{y}^*)<0$, 则 $\boldsymbol{A}\underline{x}=\underline{b}$ 无解.

2. 辅助规划问题的解

我们的目的是从基中消除人工变量. 下面来准备一个表, 此表不光是为了辅助规划问题. 我们通过人工变量的列和辅助目标函数的行来完成初始表. 辅助目标函数现在包含与等式相关的行所对应的系数之和 (示于下面). 如果人工变量变成了一个非基变量, 则其列可以忽略, 因为它绝不会再次被选作基变量. 极大点 $(\underline{x}^*,\underline{y}^*)$ 一旦被确定, 则要区分两种情形:

(1) $g(\underline{x}^*,\underline{y}^*)<0$: 系统 $\boldsymbol{A}\underline{x}=\underline{b}$ 无解, 线性规划问题没有任何可行解.

(2) $g(\underline{x}^*,\underline{y}^*)=0$: 如果基变量中没有人工变量, 则这个表就是原问题的初始表. 否则, 通过单纯形法的附加步骤将基变量中所有人工变量消除.

引入人工变量可能会大大增加问题的规模. 并不是每一个方程都有必要引入人工变量. 如果在引入松弛变量和剩余变量 (参见第 1185 页 18.1.2.1,3. 中的注) 之前约束系统的形式是: $\boldsymbol{A}_1\underline{x} \geqslant \underline{b}_1$, $\boldsymbol{A}_2\underline{x}=\underline{b}_2$, $\boldsymbol{A}_3\underline{x} \leqslant \underline{b}_3$, 其中 $\underline{b}_1,\underline{b}_2,\underline{b}_3>\underline{0}$, 那么仅仅前两个系统需要引入人工变量, 至于第三个系统, 可以选松弛变量作为基变量.

■ 在第 1184 页 18.1.2 的例子中, 仅第一个方程需要人工变量:

$$\begin{array}{llrrrrrrrrl}
\mathbf{OF}^*: & g(\underline{x},\underline{y}) = & & & & - y_1 & & & & = \max! \\
\mathbf{CT}^*: & & x_1 + & x_2 + & x_3 - & x_4 + y_1 & & & & = 1, \\
& & & x_2 & & & + x_5 & & & = 2, \\
& & -x_1 & & +2x_3 & & & + x_6 & & = 2, \\
& & 2x_1 - & 3x_2 + & 2x_3 & & & & + x_7 & = 2.
\end{array}$$

在 $g(\underline{x}^*,\underline{y}^*)=0$ 之下, 相应的表 (表 18.6(b)) 是最优的. 在略去第 2 列之后, 就得到原问题的第 1 张表.

表 18.6(a)

	x_1	x_2	x_3	x_4		
y_1	$\underline{1}$	$\underline{1}$	$\underline{1}$	$-\underline{1}$	$\underline{1}$	1 : 1
x_5	0	$\underline{1}$	0	0	2	2 : 1
x_6	−1	$\underline{0}$	2	0	2	
x_7	2	$-\underline{3}$	2	0	2	
OF	2	$\underline{3}$	4	0	0	
OF*	1	$\underline{1}$	1	−1	1	

表 18.6(b)

	x_1	y_1	x_3	x_4	
x_2	1	1	1	−1	1
x_5	−1	−1	−1	1	1
x_6	−1	0	2	0	2
x_7	5	3	5	−3	5
OF	−1	−3	1	3	−3
OF*	0	−1	0	0	0

18.1.3.4 修正单纯形法

1. 修正单纯形表

假定线性规划问题由如下规范形给出:

$$\mathbf{OF}:\quad f(\boldsymbol{x}) = c_1x_1 + \cdots + c_{n-m}x_{n-m} + c_0 = \max! \tag{18.19a}$$

$$\left.\begin{array}{lllllll}\mathbf{CT}: & \alpha_{1,1}x_1 & + \cdots + & \alpha_{1,n-m}x_{n-m} & +x_{n-m+1} & & = \beta_1,\\ & \vdots & & \vdots & & \ddots & \vdots\\ & \alpha_{m,1}x_1 & + \cdots + & \alpha_{m,n-m}x_{n-m} & & +x_n & = \beta_m,\\ & x_1,\cdots,x_n \geqslant 0. & & & & & \end{array}\right\} \tag{18.19b}$$

显然, 系数向量 $\underline{\boldsymbol{\alpha}}_{n-m+i}$ $(i=1,\cdots,m)$ 是第 i 个单位向量.

为了将其改变成另一个规范形, 从而达到另一个极端点, 只需用相应的基逆矩阵乘方程组 (18.19b). (注意如下事实: 如果 $\boldsymbol{A}_B$ 表示一新的基, 则向量 $\underline{\boldsymbol{x}}$ 的坐标在新的基中可以表示成 $\boldsymbol{A}_B^{-1}\underline{\boldsymbol{x}}$. 如果已知新的基逆矩阵, 则从最初的表通过简单相乘就可以得到任意列和目标函数.) 单纯形法可以这样修改, 使得在每一步而不用通过新表就能确定基逆. 从每个表中只要计算为找出新的主元所需要的元就够了. 如果变量数远大于约束数 $(n>3m)$, 那么修改单纯形法的计算量相当小, 并有较好的精度. 修改单纯形表的一般形式示于表 18.7.

表 18.7

	x_1	$\cdots$	x_{n-m}	x_{n-m+1}	$\cdots$	x_n		x_q
x_1^B				$a_{1,n-m+1}$	$\cdots$	$a_{1,n}$	b_1	r_1
$\vdots$				$\vdots$		$\vdots$	$\vdots$	$\vdots$
x_m^B				$a_{m,n-m+1}$	$\cdots$	$a_{m,n}$	b_m	r_m
	c_1	$\cdots$	c_{n-m}	c_{n-m+1}	$\cdots$	c_n	$-c_0$	c_q

表中的符号意义如下:

$x_1^B,\cdots,x_m^B$: 现时基变量 (如同在第一步中的 $x_{n-m+1},\cdots,x_n$ 一样);

$c_1,\cdots,c_n$: 目标函数的系数 (与基变量相关的系数为零);

$b_1,\cdots,b_m$: 现时规范形的右端;

c_0: 目标函数在极端点 $(x_1^B,\cdots,x_m^B)=(b_1,\cdots,b_m)$ 的取值;

$$\boldsymbol{A}^* = \begin{pmatrix} a_{1,n-m+1} & \cdots & a_{1,n}\\ \vdots & & \vdots\\ a_{m,n-m+1} & \cdots & a_{m,n}\end{pmatrix}$$: 现时基逆, $\boldsymbol{A}^*$ 的列是对应现时规范形的 $x_{n-m+1},\cdots,x_n$ 的列;

$\underline{\boldsymbol{r}}=(r_1,\cdots,r_m)^{\mathrm{T}}$: 现时主列.

2. 修正单纯形的步骤

a) 当系数 $c_j(j=1,\cdots,n)$ 中至少有一个是正的, 则相应的单纯形表不是最优的. 当某个 $c_q>0$ 时, 选择相应的 q 列为主列.

b) 用 $\boldsymbol{A}^*$ 与原系数矩阵 (18.19b) 的第 q 列相乘, 计算出主列 $\underline{\boldsymbol{r}}$, 并将此新的向

量作为表的最后一个列向量. 第 k 个主行向量由类似于单纯形算法 (18.17) 中的方式确定.

c) 新表通过一系列转换步骤 (18.16a~18.16d) 算出, 这里 a_{iq} 形式上用 r_i 代替, 并且标号限于 $n-m+1 \leqslant j \leqslant n$. 删除列 $\underline{\tilde{r}}$, x_q 成为基变量. 对于 $j=1,\cdots,n-m$, 结果是 $\tilde{c}_j = c_j + \underline{\boldsymbol{\alpha}}_j^{\mathrm{T}} \underline{\tilde{c}}$, 其中 $\underline{\tilde{c}} = (\tilde{c}_{n-m+1},\cdots,\tilde{c}_n)^{\mathrm{T}}$, 而 $\boldsymbol{\alpha}_j$ 是 (18.19b) 的系数矩阵的第 j 列.

■ 考虑第 1184 页 18.1.2 中例子的规范形. 我们希望把 x_4 变成基. 相应的主列 $\underline{r} = \underline{\boldsymbol{\alpha}}_4$ 放置到表的最后一列 (表 18.8(a))(初始时 $\boldsymbol{A}^*$ 是单位矩阵).

对于 $j=1,3,4$, 我们得到 $\tilde{c}_j = c_j - 3\alpha_{2j}$: $(c_1,c_3,c_4)=(2,4,0)$. 这样确定的极端点 $\underline{\boldsymbol{x}} = (0,2,0,1,0,2,8)$ 对应于第 1184 页图 18.4 中的点 P_7. 下一个主列可以选在 $j=3=q$.

表 18.8(a)

	x_1	x_3	x_4	x_2	x_5	x_6	x_7		x_4	
x_2				1	0	0	0	1	$-\underline{1}$	
x_5				$\underline{0}$	$\underline{1}$	$\underline{0}$	$\underline{0}$	$\underline{1}$	$\underline{1}$	1 : 1
x_6				0	0	1	0	2	$\underline{0}$	
x_7				0	0	0	1	5	$-\underline{3}$	
	-1	1	$\underline{3}$	0	0	0	0	-3	$\underline{3}$	

表 18.8(b)

	x_1	x_3	x_4	x_2	x_5	x_6	x_7		x_3	
x_2				1	1	0	0	2	$\underline{0}$	
x_4				0	1	0	0	1	$-\underline{1}$	
x_6				$\underline{0}$	$\underline{0}$	$\underline{1}$	$\underline{0}$	$\underline{2}$	$\underline{2}$	2 : 2
x_7				0	3	0	1	8	$\underline{2}$	8 : 2
	2	$\underline{4}$	-3	0	-3	0	0	-6	$\underline{4}$	

向量 $\underline{\boldsymbol{r}}$ 由

$$\underline{\boldsymbol{r}} = (r_1,\cdots,r_m) = \boldsymbol{A}^* \underline{\boldsymbol{\alpha}}_3 = \begin{pmatrix} 1 & 1 & 0 & 0 \\ 0 & 1 & 0 & 0 \\ 0 & 0 & 1 & 0 \\ 0 & 3 & 0 & 1 \end{pmatrix} \begin{pmatrix} 1 \\ -1 \\ 2 \\ 5 \end{pmatrix} = \begin{pmatrix} 0 \\ -1 \\ 2 \\ 2 \end{pmatrix}$$

确定, 并将之放到第二个表 (表 18.8(b)) 的最后一列. 用类似于第 1187 页 18.1.3.2 中所示的方法继续做下去. 如果想回到原先的方法, 则非基变量所对应的初始列构成的矩阵必须乘以 $\boldsymbol{A}^*$, 并且只保留这些列.

18.1.3.5 线性规划中的对偶性

1. 对应

对于任意一个线性规划问题 (原始问题), 可以指定另一个线性规划问题 (对偶问题):对偶问题

原始问题

$$\textbf{OF}:\quad f(\underline{\boldsymbol{x}}) = \underline{\boldsymbol{c}}_1^{\mathrm{T}}\underline{\boldsymbol{x}}_1 + \underline{\boldsymbol{c}}_2^{\mathrm{T}}\underline{\boldsymbol{x}}_2 = \max! \tag{18.20a}$$

$$\begin{aligned}\textbf{CT}:\quad & \boldsymbol{A}_{1,1}\underline{\boldsymbol{x}}_1 + \boldsymbol{A}_{1,2}\underline{\boldsymbol{x}}_2 \leqslant \underline{\boldsymbol{b}}_1,\\ & \boldsymbol{A}_{2,1}\underline{\boldsymbol{x}}_1 + \boldsymbol{A}_{2,2}\underline{\boldsymbol{x}}_2 = \underline{\boldsymbol{b}}_2,\\ & \underline{\boldsymbol{x}}_1 \geqslant \underline{\boldsymbol{0}},\quad \underline{\boldsymbol{x}}_2\text{自由}.\end{aligned} \tag{18.20b}$$

对偶问题

$$\textbf{OF}^*:\quad g(\underline{\boldsymbol{u}}) = \underline{\boldsymbol{b}}_1^{\mathrm{T}}\underline{\boldsymbol{u}}_1 + \underline{\boldsymbol{b}}_2^{\mathrm{T}}\underline{\boldsymbol{u}}_2 = \min! \tag{18.21a}$$

$$\begin{aligned}\textbf{CT}^*:\quad & \boldsymbol{A}_{1,1}^{\mathrm{T}}\underline{\boldsymbol{u}}_1 + \boldsymbol{A}_{2,1}^{\mathrm{T}}\underline{\boldsymbol{u}}_2 \geqslant \underline{\boldsymbol{c}}_1,\\ & \boldsymbol{A}_{1,2}^{\mathrm{T}}\underline{\boldsymbol{u}}_1 + \boldsymbol{A}_{2,2}^{\mathrm{T}}\underline{\boldsymbol{u}}_2 = \underline{\boldsymbol{c}}_2,\\ & \underline{\boldsymbol{u}}_1 \geqslant \underline{\boldsymbol{0}},\quad \underline{\boldsymbol{u}}_2\text{自由}.\end{aligned} \tag{18.21b}$$

一个问题的目标函数的系数构成另一个问题约束的右端向量. 每个自由变量对应于一个等式, 而带限制符号的变量则对应于另一个问题的一个不等式.

2. 对偶性定理对偶性定理

a) 如果两个问题都有可行解, 即 $M \neq \varnothing$, $M^* \neq \varnothing$ (这里 M 和 M^* 分别表示原问题和对偶问题的可行集), 那么

$$f(\underline{\boldsymbol{x}}) \leqslant g(\underline{\boldsymbol{u}}),\quad \forall\ \underline{\boldsymbol{x}} \in M,\quad \underline{\boldsymbol{u}} \in M^*, \tag{18.22a}$$

并且两个问题都有最优解.

b) 点 $\underline{\boldsymbol{x}} \in M$ 和 $\underline{\boldsymbol{u}} \in M^*$ 是相应问题的最优解, 当且仅当

$$f(\underline{\boldsymbol{x}}) = g(\underline{\boldsymbol{u}}). \tag{18.22b}$$

c) 如果 $f(\underline{\boldsymbol{x}})$ 在 M 上没有上界, 或 $g(\underline{\boldsymbol{u}})$ 在 M^* 上没有下界, 那么 $M^* = \varnothing$ 或 $M = \varnothing$, 即对偶问题没有可行解.

d) 点 $\underline{\boldsymbol{x}} \in M$ 和 $\underline{\boldsymbol{u}} \in M^*$ 是相应问题的最优点, 当且仅当

$$\underline{\boldsymbol{u}}_1^{\mathrm{T}}(\boldsymbol{A}_{1,1}\underline{\boldsymbol{x}}_1 + \boldsymbol{A}_{1,2}\underline{\boldsymbol{x}}_2 - \underline{\boldsymbol{b}}_1) = 0 \quad\text{和}\quad \underline{\boldsymbol{x}}_1^{\mathrm{T}}(\boldsymbol{A}_{1,1}^{\mathrm{T}}\underline{\boldsymbol{u}}_1 + \boldsymbol{A}_{2,1}^{\mathrm{T}}\underline{\boldsymbol{u}}_2 - \underline{\boldsymbol{c}}_1) = 0. \tag{18.22c}$$

使用上面最后两个方程, 从对偶问题的非降秩最优解 $\underline{\boldsymbol{u}}$, 通过求解如下线性方程组可以找到原问题的最优解 $\underline{\boldsymbol{x}}$:

$$\boldsymbol{A}_{2,1}\underline{\boldsymbol{x}}_1 + \boldsymbol{A}_{2,2}\underline{\boldsymbol{x}}_2 - \underline{\boldsymbol{b}}_2 = \underline{\boldsymbol{0}}, \tag{18.23a}$$

$$(\boldsymbol{A}_{1,1}\underline{\boldsymbol{x}}_1 + \boldsymbol{A}_{1,2}\underline{\boldsymbol{x}}_2 - \underline{\boldsymbol{b}}_1)_i = \underline{\boldsymbol{0}}\ \text{当}\ u_i > 0, \tag{18.23b}$$

$$x_i = 0\ \text{当}\ (\boldsymbol{A}_{1,1}^{\mathrm{T}}\underline{\boldsymbol{u}}_1 + \boldsymbol{A}_{2,1}^{\mathrm{T}}\underline{\boldsymbol{u}}_2 - \underline{\boldsymbol{c}}_1)_i \neq 0. \tag{18.23c}$$

对偶问题也可以用单纯形法进行求解.

3. 对偶问题的应用

在如下情形下, 借助对偶问题求解可能有某些优点:

a) 如果能简单地找出对偶问题的规范形, 则从原问题切换到对偶问题.

b) 如果原问题的约束数量相比变量数大得多, 则可使用修正单纯形法处理对偶问题.

■ 考虑第 1184 页 18.1.2 中例子的原问题.

原问题

$$\begin{aligned}
\textbf{OF}:\ & f(\underline{\boldsymbol{x}}) = 2x_1 + 3x_2 + 4x_3 = \max! \\
\textbf{CT}:\ & -x_1 - x_2 - x_3 \leqslant -1, \\
& x_2 \leqslant 2, \\
& -x_1 + 2x_3 \leqslant 2, \\
& 2x_1 - 3x_2 + 2x_3 \leqslant 2, \\
& x_1, x_2, x_3 \geqslant 0.
\end{aligned}$$

对偶问题

$$\begin{aligned}
\textbf{OF}^*:\ & g(\underline{\boldsymbol{u}}) = -u_1 + 2u_2 + 2u_3 + 2u_4 = \min! \\
\textbf{CT}^*:\ & -u_1 - u_3 + 2u_4 \geqslant 2, \\
& -u_1 + u_2 - 3u_4 \geqslant 3, \\
& -u_1 + 2u_3 + 2u_4 \geqslant 4, \\
& u_1, u_2, u_3, u_4 \geqslant 0.
\end{aligned}$$

如果对偶问题是在引入松弛变量后采用单纯形法进行求解, 则得到最优解 $\underline{\boldsymbol{u}}^* = (0, 7, 2/3, 4/3)$, 并且 $g(\underline{\boldsymbol{u}}^*) = 18$. 求解系统 $(\boldsymbol{A}\underline{\boldsymbol{x}} - \underline{\boldsymbol{b}})_i = 0$, 这里 $u_i > 0$, 即 $x_2 = 2$, $-x_1 + 2x_3 = 2$, $2x_1 - 3x_2 + 2x_3 = 2$, 得到原问题的解 $\underline{\boldsymbol{x}}^* = (2, 2, 2)$, $f(\underline{\boldsymbol{x}}^*) = 18$.

18.1.4 特殊线性规划问题

18.1.4.1 运输问题

1. 建模

m 个生产者 $E_1, \cdots, E_m$ 生产一种产品, 各家生产的数量是 $a_1, \cdots, a_m$, 产品需要运输到 n 个消费者 $V_1, \cdots, V_n$, 其需求分别是 $b_1, \cdots, b_n$. 从生产者 E_i 到消费者 V_j 的单位运输成本是 c_{ij}. 从 E_i 到 V_j 运输的产品数量是 x_{ij} 件. 最优运输方案是使运输成本最小. 假定这个系统是平衡的, 即供给等于需求:

$$\sum_{i=1}^{n} a_i = \sum_{j=1}^{n} b_j. \tag{18.24}$$

首先构建成本矩阵 $\boldsymbol{C}$ 和分布矩阵 $\boldsymbol{X}$ 如下:

$$\begin{array}{cc} & E: \\ \boldsymbol{C}=\begin{pmatrix} c_{1,1} & \cdots & c_{1,n} \\ \vdots & & \vdots \\ c_{m,1} & \cdots & c_{m,n} \end{pmatrix} & \begin{array}{c} E_1 \\ \vdots \\ E_m \end{array} \\ V: \quad V_1 \quad \cdots \quad V_n & \end{array} \tag{18.25a}$$

$$\begin{array}{cc} & \sum: \\ \boldsymbol{X}=\begin{pmatrix} x_{1,1} & \cdots & x_{1,n} \\ \vdots & & \vdots \\ x_{m,1} & \cdots & x_{m,n} \end{pmatrix} & \begin{array}{c} a_1 \\ \vdots \\ a_m \end{array} \\ \sum: \quad b_1 \quad \cdots \quad b_n & \end{array} \tag{18.25b}$$

如果条件 (18.24) 不满足, 则需区分两种情形:

a) 如果 $\sum a_i > \sum b_j$, 则引入虚构消费者 V_{n+1}, 其需求为 $b_{n+1} = \sum a_i - \sum b_j$, 运输成本为 $c_{i,n+1} = 0$.

b) 如果 $\sum a_i < \sum b_j$, 则引入虚构生产者 E_{m+1}, 其产能为 $a_{n+1} = \sum b_j - \sum a_i$, 运输成本为 $c_{m+1,j} = 0$.

为了确定最优方案, 应该求解如下规划问题:

$$\textbf{OF}: \quad f(\boldsymbol{X}) = \sum_{i=1}^{m}\sum_{j=1}^{n} c_{ij}x_{ij} = \min! \tag{18.26a}$$

$$\begin{aligned} \textbf{CT}: \quad & \sum_{j=1}^{n} x_{ij} = a_i \quad (i=1,\cdots,m), \\ & \sum_{i=1}^{m} x_{ij} = b_j \quad (j=1,\cdots,n), \ x_{ij} \geqslant 0. \end{aligned} \tag{18.26b}$$

该问题的极小出现在可行集的某个顶点. 在 $m+n$ 个原始约束中有 $m+n-1$ 个线性无关的约束, 从而在非退化情形下, 解含有 $m+n-1$ 个正分量 x_{ij}. 为了确定最优解, 使用下列所谓的运输算法.

2. 基本可行解的确定

使用西北角规则可以确定初始基本可行解:

a) 选择 $x_{11} = \min\{a_1, b_1\}$. (18.27a)

b) 如果 $a_1 > b_1$, 则删去 $\boldsymbol{X}$ 的第 1 列. (18.27b)

如果 $a_1 < b_1$, 则删去 $\boldsymbol{X}$ 的第 1 行. (18.27c)

如果 $a_1 = b_1$, 则或者删去 $\boldsymbol{X}$ 的第 1 行, 或者删去 $\boldsymbol{X}$ 剩余的第 1 列. (18.27d)

如果只有一行而有几列, 则删去一列. 同样的的操作也适用于行.

c) a_1 用 $a_1 - x_{11}$ 替代, b_1 用 $b_1 - x_{11}$ 替代, 并且对缩减了的分布矩阵 $\boldsymbol{X}$ 的左上角顶重复此操作.

在 a) 中得到的变量是基变量, 所有其余变量都是取零值的非基变量.

■

$$\begin{array}{rcl} & & E: \\ \boldsymbol{C} = & \begin{pmatrix} 5 & 3 & 2 & 7 \\ 8 & 2 & 1 & 1 \\ 9 & 2 & 6 & 3 \end{pmatrix} & \begin{array}{l} E_1 \\ E_2 \\ E_3 \end{array} , \\ V: & \begin{array}{cccc} V_1 & V_2 & V_3 & V_4 \end{array} & \end{array}$$

$$\begin{array}{rcl} & & \sum: \\ \boldsymbol{X} = & \begin{pmatrix} x_{1,1} & x_{1,2} & x_{1,3} & x_{1,4} \\ x_{2,1} & x_{2,2} & x_{2,3} & x_{2,4} \\ x_{3,1} & x_{3,2} & x_{3,3} & x_{3,4} \end{pmatrix} & \begin{array}{l} a_1 = 9 \\ a_2 = 10 \\ a_3 = 3 \end{array} . \\ \sum: & \begin{array}{cccc} b_1 = 4 & b_2 = 6 & b_3 = 5 & b_4 = 7 \end{array} & \end{array}$$

使用西北角规则确定初始极端点:

第 1 步

$$\boldsymbol{X} = \begin{pmatrix} 4 & & & \\ | & & & \\ | & & & \end{pmatrix} \begin{array}{l} \cancel{9}\ \ 5 \\ 10 \\ 3 \end{array} , \qquad \begin{array}{cccc} \cancel{4} & 6 & 5 & 7 \\ 0 & & & \end{array}$$

第 2 步

$$\boldsymbol{X} = \begin{pmatrix} 4 & 5 & & \\ | & & & \\ | & & & \end{pmatrix} \begin{array}{l} \cancel{5}\ \ 0 \\ 10 \\ 3 \end{array} , \qquad \begin{array}{cccc} 0 & \cancel{6} & 5 & 7 \\ & \cancel{1} & & \end{array}$$

后续步

$$\boldsymbol{X} = \begin{pmatrix} 4 & 5 & & \\ | & 1 & 5 & 4 \\ | & | & | & 3 \end{pmatrix} \begin{array}{l} \\ \cancel{10}\ \ \begin{array}{c} 0 \\ \cancel{9} \end{array}\ \ \cancel{4}\ \ 0 \\ 3 \end{array} . \qquad \begin{array}{cccc} 0 & & \cancel{5} & \cancel{7} \\ & \cancel{1} & 0 & 3 \\ & 0 & & \end{array}$$

还有别的考虑运输成本方法也可以找出初始基本解 (例如见 [18.15] 中的沃格尔 (Vogel) 近似法), 并且通常会得到更好的初始解.

3. 采用单纯形法求解运输问题的解

如果采用通常的单纯形法求解运输问题, 则会产生含有大量零元的十分庞大的表 $((m+n)\times(m\cdot n))$: 在每一列中仅有两个元等于 1. 于是就需要构造简化表, 下面的步骤对应于单纯形步骤中仅涉及理论单纯形表的非零元. 成本数据矩阵包含目标函数的系数. 基变量在迭代过程中变换为非基变量, 而成本矩阵相应的元在每一步中都需要修改. 下面通过一个例子说明此方法.

a) 从成本矩阵 $\boldsymbol{C}$ 确定修改的成本矩阵 $\tilde{\boldsymbol{C}}$:

$$\tilde{c}_{ij} = c_{ij}p_i + q_j \quad (i = 1, \cdots, m; \quad j = 1, \cdots, n), \tag{18.28a}$$

这里要求

$$\tilde{c}_{ij}=0, \quad \text{如果 } (i,j) \text{ 对应的 } x_{ij} \text{ 是现时基变量.} \tag{18.28b}$$

$\boldsymbol{C}$ 中对应于基变量的元打上标记, 并以 $p_1=0$ 代入. 其余量 p_i 和 q_j 也称作潜在乘子或单纯形乘子, 这些量的确定应该使得 p_i, q_j 和带标记的成本 c_{ij} 之和为零:

■

$$\boldsymbol{C}=\begin{pmatrix} (5) & (3) & 2 & 7 \\ 8 & (2) & (1) & (1) \\ 0 & 2 & 6 & (3) \end{pmatrix} \begin{matrix} p_1=0 \\ p_2=1 \\ p_3=-1 \end{matrix}$$

$$q_1=-5 \quad q_2=-3 \quad q_3=-2 \quad q_4=-2$$

$$\Longrightarrow \tilde{\boldsymbol{C}}=\begin{pmatrix} 0 & 0 & 0 & 5 \\ 4 & 0 & 0 & 0 \\ 3 & \boxed{-2} & 3 & 0 \end{pmatrix}. \tag{18.28c}$$

b) 数值

$$\tilde{c}_{pq}=\min_{i,j}\{\tilde{c}_{ij}\} \tag{18.28d}$$

必须确定. 如果 $\tilde{c}_{pq}>0$, 则分布 $\boldsymbol{X}$ 是最优的; 否则, 就选 x_{pq} 作为一新的基变量. 在我们的例子中, $\tilde{c}_{pq}=\tilde{c}_{32}=-2$.

c) 在 $\tilde{\boldsymbol{C}}$ 中, 给 $\tilde{c}_{pq}$ 以及与基变量相关的成本项打上标记, 如果 $\tilde{\boldsymbol{C}}$ 包含至多有一个标记元的行或列, 则删去这些行或列. 对剩余矩阵重复这一操作, 直到不再需要进一步的删除操作.

$$\tilde{\boldsymbol{C}}=\begin{pmatrix} (0) & (0) & 0 & 5 \\ 4 & (0) & (0) & (0) \\ 3 & (-2) & 3 & (0) \end{pmatrix}. \tag{18.28e}$$

d) 与剩下的带标记的元 $\tilde{c}_{ij}$ 相关的元 x_{ij} 形成一个回路. 新的基变量 $\tilde{x}_{pq}$ 被调整到正值 δ. 与带标记元相关的其余变量 $\tilde{c}_{ij}$ 由约束确定. 在实践中, 从回路第二元减去 δ, 或将 δ 加到回路第二元. 为了保持这些变量非负, 量值 δ 必须选为

$$\delta=x_{rs}=\min\{x_{ij}:\tilde{x}_{ij}=x_{ij}-\delta\}, \tag{18.28f}$$

其中 x_{rs} 将是非基变量. 在这个例子中, $\delta=\min\{1,3\}=1$.

$$\tilde{\boldsymbol{X}}=\begin{pmatrix} 4 & 5 & & \\ & & \longleftarrow & \\ & 1-\delta & 5 & 4+\delta \\ & \downarrow & & \downarrow \\ & \delta & \longrightarrow & 3-\delta \end{pmatrix} \begin{matrix} \sum: \\ 9 \\ \\ 10 \\ \\ 3 \end{matrix}$$

$$\sum: \quad 4 \quad 6 \quad 5 \quad 7$$

$$\Longrightarrow \tilde{\boldsymbol{X}} = \begin{pmatrix} 4 & 5 & & \\ & & 5 & 5 \\ & 1 & & 2 \end{pmatrix}, \quad f(\underline{\boldsymbol{x}}) = 53. \tag{18.28g}$$

然后, 取 $\boldsymbol{X} = \tilde{\boldsymbol{X}}$, 重复上述程序.

$$\boldsymbol{C} = \begin{pmatrix} (5) & (3) & 2 & 7 \\ 8 & 2 & (1) & (1) \\ 9 & (2) & 6 & (3) \end{pmatrix} \begin{matrix} p_1 = 0 \\ p_2 = 3 \\ p_3 = 1 \end{matrix}$$
$$q_1 = -5 \quad q_2 = -3 \quad q_3 = -4 \quad q_4 = -4$$

$$\Longrightarrow \tilde{\boldsymbol{C}} = \begin{pmatrix} (0) & (0) & (\underline{-2}) & 3 \\ 6 & 2 & (0) & (0) \\ 5 & (0) & 3 & (0) \end{pmatrix}, \tag{18.28h}$$

$$\tilde{\boldsymbol{X}} = \begin{pmatrix} 4 & 5-\delta & \leftarrow & \delta & & \\ & & & \uparrow & & \\ & \downarrow & & 5-\delta & \leftarrow & 5+\delta \\ & & & & & \uparrow \\ & 1+\delta & & \rightarrow & & 2-\delta \end{pmatrix}$$

$$\overset{\delta=2}{\Longrightarrow} \tilde{\boldsymbol{X}} = \begin{pmatrix} 4 & 3 & 2 & \\ & & 3 & 7 \\ & 3 & & \end{pmatrix}, \quad f(\boldsymbol{X}) = 49. \tag{18.28i}$$

下一个矩阵 $\tilde{C}$ 不包含任何负元, 故 $\tilde{\boldsymbol{X}}$ 是最优解.

18.1.4.2 配置问题

通过一个例子说明问题.

■ 现有 n 份销售合同要分给 n 个公司, 使得每家公司恰好收到一份合同. 为此必须作出分配安排使得总成本最低, 这里第 i 个公司负担第 j 个合同的费用是 c_{ij}. 配置问题是一种特殊的运输问题, 这里 $m = n$, $a_i = b_j = 1, \forall\ i, j$:

$$\textbf{OF:}\ \ f(\underline{\boldsymbol{x}}) = \sum_{i=1}^{n} \sum_{j=1}^{n} c_{ij} x_{ij} = \min! \tag{18.29a}$$

$$\textbf{CT:}\ \ \sum_{j=1}^{n} x_{ij} = 1\ (i = 1, \cdots, n),$$
$$\sum_{i=1}^{n} x_{ij} = 1\ (j = 1, \cdots, n), \quad x_{ij} \in \{0, 1\}. \tag{18.29b}$$

每个可行分布矩阵在其每一行和每一列恰有一个 1, 所有其余元均为零. 然而在这样维度的一般运输问题中, 一个非退化基本解会有 $2n-1$ 个正变量. 因此, 该分配问题的基本可行解是高度退化的, 具有 $n-1$ 个等于零的基变量. 从可行分布矩阵 $\boldsymbol{X}$ 出发, 分配问题可以借助一般的运输算法求解. 这样做是非常耗时的. 但是, 由于基本可行解的高度退化特征, 配置问题可以通过非常有效的匈牙利(Hungarian)方法求解 (见 [18.11]).

18.1.4.3 分配问题

同样通过一个例子来说明问题.

■ m 个产品 $E_1,\cdots,E_m$ 需要生产数量分别为 $a_1,\cdots,a_m$. 每一种产品可以在 n 台机器 $M_1,\cdots,M_n$ 的任一台上生产. 在机器 M_j 上生产一件产品 E_i 需要耗时 b_{ij} 和成本 c_{ij}. 机器 $_j$ 的时间容量是 b_j. 用 x_{ij} 表示机器 M_j 生产产品 E_i 的数量. 总的生产成本应该达到最小. 这个分配问题的一般模型如下:

$$\textbf{OF}:\ f(\underline{\boldsymbol{x}})=\sum_{i=1}^{m}\sum_{j=1}^{n}c_{ij}x_{ij}=\min! \tag{18.30a}$$

$$\textbf{CT}:\ \sum_{j=1}^{m}x_{ij}=a_i\ (i=1,\cdots,m),$$

$$\sum_{i=1}^{n}b_{ij}x_{ij}\leqslant b_j\ (j=1,\cdots,n),\quad x_{ij}\geqslant 0,\quad \forall\, i,j. \tag{18.30b}$$

分配问题是运输问题的推广, 它可以用单纯形法求解. 如果所有 $b_{ij}=1$, 则可以在引入虚构产品 E_{m+1}(参见第 1194 页 18.1.4.1) 后使用更有效的运输算法 (参见第 1195 页 18.1.4.1).

18.1.4.4 游路问题

假定有 n 个地方 $O_1,\cdots,O_n$. 从 O_i 到 O_j 的旅行时间是 c_{ij}. 这里 $c_{ij}\neq c_{ji}$ 是可能的. 现在要确定游客恰好一次通过每个地方并最终返回出发点所需要的最短旅程.

与配置问题相类似, 在时间矩阵 $\boldsymbol{C}$ 的每行每列中恰好选择一个元, 使得所选元之和最小. 数值求解这个问题的难点在于带标记元需要按照如下方式排序:

$$c_{i_1,i_2},c_{i_2,i_3},\cdots,c_{i_n,i_{n+1}},\text{这里 } i\neq j \text{ 时 } i_k\neq i_j,\text{ 并且 } i_{n+1}=i_1. \tag{18.31}$$

游路问题可以用分枝法和限界法求解.

18.1.4.5 调度问题

n 种不同产品在 m 台不同的机器上按照相关产品订单进行加工. 在任何时间只能有一种产品在一台机器上加工. 每种产品在每台机器上的加工时间假定是已知

的. 一种给定产品不在加工过程而处于等待加工, 以及机器出现空闲都有可能.

要求确定加工作业的最优调度, 这里目标函数选择为全部加工完成的时间, 或者加工作业中总的等待时间, 或者总的机器闲置时间. 在无等待时间或闲置时间的情形下, 往往选择完成全部加工时间之和作为目标函数.

18.2 非线性优化问题

18.2.1 问题的提法、理论基础

18.2.1.1 问题的提法

1. 非线性优化问题

非线性优化问题的一般形式是

$$f(\underline{\boldsymbol{x}}) = \min!, \quad \underline{\boldsymbol{x}} \in \mathbb{R}^n \text{满足如下约束条件:} \tag{18.32a}$$

$$g_i(\underline{\boldsymbol{x}}) \leqslant 0, \quad i \in I = \{1, \cdots, m\}, \quad h_j(\underline{\boldsymbol{x}}) = 0, \quad j \in J = \{1, \cdots, r\}, \tag{18.32b}$$

这里函数 f, g_i, h_j 中至少有一个是非线性的. 可行解集是

$$M = \{\underline{\boldsymbol{x}} \in \mathbb{R}^n : g_i(\underline{\boldsymbol{x}}) \leqslant 0,\ i \in I,\ h_j(\underline{\boldsymbol{x}}) = 0,\ j \in J\}. \tag{18.33}$$

问题是要确定极小点.

2. 极小点

点 $\underline{\boldsymbol{x}}^* \in M$ 称作*全局极小点*, 是指它满足 $f(\underline{\boldsymbol{x}}^*) \leqslant f(\underline{\boldsymbol{x}}),\ \forall\, \underline{\boldsymbol{x}} \in M$. 如果这个关系仅对于 $\underline{\boldsymbol{x}}^*$ 的某个邻域 U 中的点 $\underline{\boldsymbol{x}}$ 成立, 则 $\underline{\boldsymbol{x}}^*$ 称作*局部极小点*. 由于等式约束 $h_j(\underline{\boldsymbol{x}}) = 0$ 可以用两个不等式约束表达:

$$-h_j(\underline{\boldsymbol{x}}) \leqslant 0, \quad h_j(\underline{\boldsymbol{x}}) \leqslant 0, \tag{18.34}$$

故可以假定集合 J 是空的, $J = \varnothing$.

18.2.1.2 最优性条件

1. 特殊方向

a) **可行方向锥** $\underline{\boldsymbol{x}} \in M$ 处的可行方向锥定义为

$$Z(\underline{\boldsymbol{x}}) = \{\underline{\boldsymbol{d}} \in \mathbb{R}^n : \exists \bar{\alpha} > 0 \text{ 使得 } \underline{\boldsymbol{x}} + \alpha \underline{\boldsymbol{d}} \in M,\ 0 \leqslant \alpha \leqslant \bar{\alpha}\}, \quad \underline{\boldsymbol{x}} \in M, \tag{18.35}$$

其中 $\underline{\boldsymbol{d}}$ 表示方向. 如果 $\underline{\boldsymbol{d}} \in Z(\underline{\boldsymbol{x}})$, 那么射线 $\underline{\boldsymbol{x}} + \alpha \underline{\boldsymbol{d}}$ 上的每个点当 α 充分小时都属于 M.

b) **下降方向** 点 $\underline{\boldsymbol{x}}$ 处的下降方向是指一向量 $\underline{\boldsymbol{d}} \in \mathbb{R}$, 存在 $\bar{\alpha} > 0$ 使得

$$f(\underline{\boldsymbol{x}} + \alpha \underline{\boldsymbol{d}}) < f(\underline{\boldsymbol{x}}), \quad \forall\, \alpha \in (0, \bar{\alpha}). \tag{18.36}$$

显然在极小点不存在可行下降方向. 如果 f 可微, 则当 $\nabla f(\underline{\boldsymbol{x}})^{\mathrm{T}} \underline{\boldsymbol{d}} < 0$ 时, $\underline{\boldsymbol{d}}$ 是下降方向. 在这里 ∇ 表示梯度算子, 故 $\nabla f(\underline{\boldsymbol{x}})$ 表示标量值函数 f 在 $\underline{\boldsymbol{x}}$ 处的梯度.

2. 最优性必要条件

如果 f 可微并且 $\underline{\boldsymbol{x}}^*$ 是一局部极小点, 那么

$$\nabla f(\underline{\boldsymbol{x}}^*)^{\mathrm{T}} \underline{\boldsymbol{d}} \geqslant 0, \quad \forall\, \underline{\boldsymbol{d}} \in \overline{Z}(\underline{\boldsymbol{x}}^*). \tag{18.37a}$$

特别地, 若 $\underline{\boldsymbol{x}}^*$ 是 M 的内点, 那么

$$\nabla f(\underline{\boldsymbol{x}}^*) = \underline{\boldsymbol{0}}. \tag{18.37b}$$

3. 拉格朗日函数和鞍点

最优性条件 (18.37a, 18.37b) 应该翻译成包含约束的更实用的形式. 根据对于具有等式约束问题的拉格朗日乘子法 (参见第 611 页 6.2.5.6), 构造所谓的拉格朗日函数:

$$L(\underline{\boldsymbol{x}}, \underline{\boldsymbol{u}}) = f(\underline{\boldsymbol{x}}) + \sum_{i=1}^{m} u_i g_i(\underline{\boldsymbol{x}}) = f(\underline{\boldsymbol{x}}) + \underline{\boldsymbol{u}}^{\mathrm{T}} g(\underline{\boldsymbol{x}}), \quad \underline{\boldsymbol{x}} \in \mathbb{R}^n, \quad \underline{\boldsymbol{u}} \in \mathbb{R}_+^m. \tag{18.38}$$

点 $(\underline{\boldsymbol{x}}^*, \underline{\boldsymbol{u}}^*) \in \mathbb{R}^n \times \mathbb{R}_+^m$ 称作 L 的鞍点, 是指

$$L(\underline{\boldsymbol{x}}^*, \underline{\boldsymbol{u}}) \leqslant L(\underline{\boldsymbol{x}}^*, \underline{\boldsymbol{u}}^*) \leqslant L(\underline{\boldsymbol{x}}, \underline{\boldsymbol{u}}^*), \quad \forall\, \underline{\boldsymbol{x}} \in \mathbb{R}^n, \quad \underline{\boldsymbol{u}} \in \mathbb{R}_+^m. \tag{18.39}$$

4. 全局库恩–塔克条件

如果存在 $\underline{\boldsymbol{u}}^* \in \mathbb{R}_+^m$, 即 $\underline{\boldsymbol{u}}^* \geqslant \underline{\boldsymbol{0}}$ 使得 $(\underline{\boldsymbol{x}}^*, \underline{\boldsymbol{u}}^*)$ 是 L 的鞍点, 则点 $\underline{\boldsymbol{x}}^*$ 满足全局库恩–塔克条件. 至于库恩–塔克条件的证明, 参见第 893 页 12.5.6.

5. 最优性充分条件

如果点 $(\underline{\boldsymbol{x}}^*, \underline{\boldsymbol{u}}^*) \in \mathbb{R}^n \times \mathbb{R}_+^m$ 是 L 的鞍点, 那么 $\underline{\boldsymbol{x}}^*$ 是 (18.32a, 18.32b) 的全局极小点. 如果函数 f 和 g_i 可微, 则可以推导出局部最优性条件.

6. 局部库恩–塔克条件

如果存在数 $u_i \geqslant 0,\ i \in I_0(\underline{\boldsymbol{x}}^*)$ 使得

$$-\nabla f(\underline{\boldsymbol{x}}^*) = \sum_{i \in I_0(\underline{\boldsymbol{x}}^*)} u_i \nabla g_i(\underline{\boldsymbol{x}}^*), \tag{18.40a}$$

其中

$$I_0(\underline{\boldsymbol{x}}) = \{i \in \{1, \cdots, m\} : g_i(\underline{\boldsymbol{x}}) = 0\} \tag{18.40b}$$

是 $\underline{\boldsymbol{x}}$ 处主动约束的标号集. $\underline{\boldsymbol{x}}^*$ 也称作库恩–塔克平稳点.

这就意味着在几何上, 如果负梯度 $-\nabla f(\underline{\boldsymbol{x}}^*)$ 位于由 $\underline{\boldsymbol{x}}^*$ 处主动约束 (即 $i \in I_0(\underline{\boldsymbol{x}}^*)$) 对应的诸梯度 $\nabla g_i(\underline{\boldsymbol{x}}^*)$ 所张成的锥中 (图 18.5), 则 $\underline{\boldsymbol{x}}^*$ 满足库恩–塔克条件.

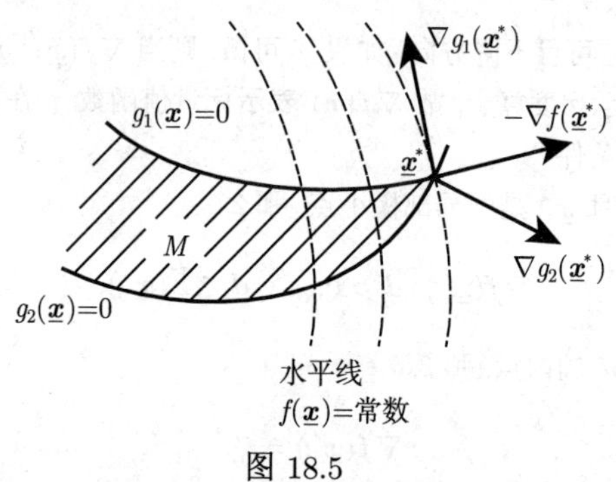

图 18.5

局部库恩–塔克条件 (18.40a, 18.40b) 的如下等价表述也是经常使用的: 如果存在 $\underline{\boldsymbol{u}}^* \in \mathbb{R}_+^m$ 使得

$$g(\underline{\boldsymbol{u}}^*) \leqslant 0, \tag{18.41a}$$

$$u_i g_i(\underline{\boldsymbol{u}}^*) = 0, \quad i = 1, \cdots, m, \tag{18.41b}$$

$$\nabla f(\underline{\boldsymbol{x}}^*) + \sum_{i=1}^{m} u_i \nabla g_i(\underline{\boldsymbol{x}}^*) = 0, \tag{18.41c}$$

那么 $\underline{\boldsymbol{x}}^* \in \mathbb{R}^n$ 满足局部库恩–塔克条件.

7. 最优性必要条件和库恩–塔克条件

如果 $\underline{\boldsymbol{x}}^* \in M$ 是 (18.32a, 18.32b) 的局部极小点, 并且可行集在 $\underline{\boldsymbol{x}}^*$ 处满足正则性条件: $\exists \underline{\boldsymbol{d}} \in \mathbb{R}^n$ 使得 $\nabla g_i(\underline{\boldsymbol{x}}^*)^{\mathrm{T}} \underline{\boldsymbol{d}} < 0, \forall\, i \in I_0(\underline{\boldsymbol{x}}^*)$, 那么 $\underline{\boldsymbol{x}}^*$ 满足库恩–塔克条件.

18.2.1.3 优化中的对偶性

1. 对偶问题

采用相关的拉格朗日函数 (18.32a, 18.32b), 构造极大问题, 即 (18.32a, 18.32b) 的所谓对偶问题:

$$L(\underline{\boldsymbol{x}}, \underline{\boldsymbol{u}}) = \max!, \quad (\underline{\boldsymbol{x}}, \underline{\boldsymbol{u}}) \in M^*, \tag{18.42a}$$

其中

$$M^* = \left\{ (\underline{\boldsymbol{x}}, \underline{\boldsymbol{u}}) \in \mathbb{R}^n \times \mathbb{R}_+^m : L(\underline{\boldsymbol{x}}, \underline{\boldsymbol{u}}) = \min_{\underline{\boldsymbol{z}} \in \mathbb{R}^n} L(\underline{\boldsymbol{z}}, \underline{\boldsymbol{u}}) \right\}. \tag{18.42b}$$

2. 对偶性定理

如果 $\underline{\boldsymbol{x}}_1 \in M$, 并且 $(\underline{\boldsymbol{x}}_2, \underline{\boldsymbol{u}}_2) \in M^*$, 那么

a) $L(\underline{\boldsymbol{x}}_2, \underline{\boldsymbol{u}}_2) \leqslant f(\underline{\boldsymbol{x}}_1)$.

b) 如果 $L(\underline{\boldsymbol{x}}_2, \underline{\boldsymbol{u}}_2) = f(\underline{\boldsymbol{x}}_1)$, 则 $\underline{\boldsymbol{x}}_1$ 是 (18.32a, 18.32b) 的极小点, 而 $(\underline{\boldsymbol{x}}_2, \underline{\boldsymbol{u}}_2)$ 是 (18.42a, 18.42b) 的极大点.

18.2.2 特殊非线性优化问题

18.2.2.1 凸优化

1. 凸问题

如果函数 f 和 g_i 是凸函数, 那么优化问题

$$f(\underline{\boldsymbol{x}}) = \max!, \quad \text{其中 } \underline{\boldsymbol{x}} \text{ 满足 } g_i(\underline{\boldsymbol{x}}) \leqslant 0 \ (i = 1, \cdots, m) \tag{18.43}$$

称作**凸问题**. 特别地, f 和 g_i 可以是线性函数. 对于凸问题, 下列论断成立:

a) f 在 M 上的局部极小也是全局极小.

b) 如果 M 非空且有界, 则 (18.43) 至少有一个解.

c) 如果 f 是严格凸的, 则 (18.43) 至多有一个解.

2. 最优性条件

a) 如果 f 有连续偏导数, $\underline{\boldsymbol{x}}^* \in M$, 并且满足

$$(\underline{\boldsymbol{x}} - \underline{\boldsymbol{x}}^*)^{\mathrm{T}} \nabla f(\underline{\boldsymbol{x}}^*) \geqslant 0, \quad \forall \ \underline{\boldsymbol{x}} \in M, \tag{18.44}$$

那么 $\underline{\boldsymbol{x}}^*$ 是 (18.43) 的解,

b) **斯莱特(Slater)条件**是可行集 M 的正则性条件. 如果存在 $\underline{\boldsymbol{x}} \in M$ 使得对于每个非放射线性函数 g_i 有 $g_i(\underline{\boldsymbol{x}}) < 0$, 则斯莱特条件满足.

c) 如果斯莱特条件满足, 则 $\underline{\boldsymbol{x}}^*$ 是 (18.43) 的极小点当且仅当存在 $\underline{\boldsymbol{u}}^* \geqslant \underline{\boldsymbol{0}}$ 使得 $(\underline{\boldsymbol{x}}^*, \underline{\boldsymbol{u}}^*)$ 是拉格朗日函数的鞍点. 此外, 如果函数 f 和 g_i 可微, 则 $\underline{\boldsymbol{x}}^*$ 是 (18.43) 的解当且仅当存在 $\underline{\boldsymbol{x}}^*$ 满足局部库恩–塔克条件.

d) 在凸规划问题中函数 f 和 g_i 可微的情形下, 对偶问题 (18.42a, 18.42b) 可以很容易表述为

$$L(\underline{\boldsymbol{x}}, \underline{\boldsymbol{u}}) = \max!, \quad (\underline{\boldsymbol{x}}, \underline{\boldsymbol{u}}) \in M^*, \tag{18.45a}$$

$$M^* = \{(\underline{\boldsymbol{x}}, \underline{\boldsymbol{u}}) \in \mathbb{R}^n \times \mathbb{R}^m_+ : \nabla_{\underline{\boldsymbol{x}}} L(\underline{\boldsymbol{x}}, \underline{\boldsymbol{u}}) = \underline{\boldsymbol{0}}\}. \tag{18.45b}$$

这里 L 的梯度只相对于 $\underline{\boldsymbol{x}}$ 进行计算.

e) 对于凸规划问题, 还成立如下的**强对偶性定理**:

如果 M 满足斯莱特条件, 并且 $\underline{\boldsymbol{x}}^* \in M$ 是 (18.43) 的解, 那么存在 $\underline{\boldsymbol{u}}^* \in \mathbb{R}^m_+$. 使得 $(\underline{\boldsymbol{x}}^*, \underline{\boldsymbol{u}}^*)$ 是 (18.45a,18.45b) 的解. 并且

$$f(\underline{\boldsymbol{x}}^*) = \min_{\underline{\boldsymbol{x}} \in M} f(\underline{\boldsymbol{x}}) = \max_{(\underline{\boldsymbol{x}}, \underline{\boldsymbol{u}}) \in M^*} L(\underline{\boldsymbol{x}}, \underline{\boldsymbol{u}}) = L(\underline{\boldsymbol{x}}^*, \underline{\boldsymbol{u}}^*). \tag{18.46}$$

18.2.2.2 二次优化

1. 问题的提法

二次优化问题的形式如下:

$$f(\underline{x}) = \underline{x}^{\mathrm{T}}\boldsymbol{C}\underline{x} + \underline{p}^{\mathrm{T}}\underline{x} = \min!, \quad \underline{x} \in M \subset \mathbb{R}^n, \tag{18.47a}$$

$$M = M_{\mathrm{I}}: \ M = \{\underline{x} \in \mathbb{R}^n: \ \boldsymbol{A}\underline{x} \leqslant \underline{b}, \ \underline{x} \geqslant \underline{\mathbf{0}}\}. \tag{18.47b}$$

这里 $\boldsymbol{C}$ 是对称 (n,n) 矩阵, $\underline{p} \in \mathbb{R}^n$, $\boldsymbol{A}$ 是 (m,n) 矩阵, 而 $\underline{b} \in \mathbb{R}^m$. 可行集 M 也可以写成下列形式:

$$M = M_{\mathrm{II}}: \ M = \{\underline{x} \in \mathbb{R}^n: \ \boldsymbol{A}\underline{x} = \underline{b}, \ \underline{x} \geqslant \underline{\mathbf{0}}\}, \tag{18.48a}$$

$$M = M_{\mathrm{III}}: \ M = \{\underline{x} \in \mathbb{R}^n: \ \boldsymbol{A}\underline{x} \leqslant \underline{b}\}. \tag{18.48b}$$

2. 拉格朗日函数和库恩–塔克条件

问题 (18.47a,18.47b) 的拉格朗日函数是

$$L(\underline{x}, \underline{u}) = \underline{x}^{\mathrm{T}}\boldsymbol{C}\underline{x} + \underline{p}^{\mathrm{T}}\underline{x} + \underline{u}^{\mathrm{T}}(\boldsymbol{A}\underline{x} - \underline{b}). \tag{18.49}$$

引入记号:

$$\underline{v} = \frac{\partial L}{\partial \underline{x}} = \underline{p} + 2\boldsymbol{C}\underline{x} + \boldsymbol{A}^{\mathrm{T}}\underline{u}, \quad \underline{y} = -\frac{\partial L}{\partial \underline{u}} = -\boldsymbol{A}\underline{x} + \underline{b}, \tag{18.50}$$

则库恩–塔克条件如下:

情形 I	**情形 II**
a) $\boldsymbol{A}\underline{x} + \underline{y} = \underline{b}$,	a) $\boldsymbol{A}\underline{x} = \underline{b}$,
b) $2\boldsymbol{C}\underline{x} - \underline{y} + \boldsymbol{A}^{\mathrm{T}}\underline{u} = -\underline{p}$,	b) $2\boldsymbol{C}\underline{x} - \underline{y} + \boldsymbol{A}^{\mathrm{T}}\underline{u} = -\underline{p}$,
c) $\underline{x} \geqslant \underline{\mathbf{0}}, \underline{v} \geqslant \underline{\mathbf{0}}, \underline{y} \geqslant \underline{\mathbf{0}}, \underline{u} \geqslant \underline{\mathbf{0}}$,	c) $\underline{x} \geqslant \underline{\mathbf{0}}, \underline{v} \geqslant \underline{\mathbf{0}}$,
d) $\underline{x}^{\mathrm{T}}\underline{v} + \underline{y}^{\mathrm{T}}\underline{u} = 0$.	d) $\underline{x}^{\mathrm{T}}\underline{v} = 0$.

情形 III

a) $\boldsymbol{A}\underline{x} + \underline{y} = \underline{b}$, (18.51a)

b) $2\boldsymbol{C}\underline{x} + \boldsymbol{A}^{\mathrm{T}}\underline{u} = -\underline{p}$, (18.51b)

c) $\underline{\boldsymbol{\alpha}} \geqslant \underline{\mathbf{0}}, \underline{y} \geqslant \underline{\mathbf{0}}$, (18.51c)

d) $\underline{y}^{\mathrm{T}}\underline{u} = 0$. (18.51d)

3. 凸性

函数 $f(\underline{x})$ 是 (严格) 凸的, 当且仅当矩阵 $\boldsymbol{C}$ 是半正定 (正定) 的. 有关凸优化问题的每个结果都可用于带半正定矩阵 $\boldsymbol{C}$ 的二次问题; 特别地, 斯莱特条件总是成立的, 从而点 $\underline{x}^*$ 为最优点的必要且充分条件是, 存在点 $(\underline{x}^*, \underline{y}, \underline{u}, \underline{v})$ 满足相应的局部库恩–塔克条件组.

4. 对偶问题

如果 C 是正定的, 那么 (18.47a,18.47b) 的对偶问题 (18.45a,18.45b) 可以表达为

$$L(\underline{x},\underline{u})=\max!,\quad (\underline{x},\underline{u})\in M^*,\tag{18.52a}$$

其中

$$M^*=\left\{(\underline{x},\underline{u})\in\mathbb{R}^n\times\mathbb{R}_+^m:\underline{x}=-\frac{1}{2}C^{-1}(\boldsymbol{A}^{\mathrm{T}}\underline{u}+\underline{p})\right\}.\tag{18.52b}$$

如果表达式 $\underline{x}=-\dfrac{1}{2}\boldsymbol{C}^{-1}(\boldsymbol{A}^{\mathrm{T}}\underline{u}+\underline{p})$ 代入对偶目标函数 $L(\underline{x},\underline{u})$, 于是得到等价的问题:

$$\varphi(\underline{u})=-\frac{1}{4}\underline{u}^{\mathrm{T}}\boldsymbol{A}\boldsymbol{C}^{-1}\boldsymbol{A}^{\mathrm{T}}\underline{u}-\left(\frac{1}{2}\boldsymbol{A}\boldsymbol{C}^{-1}\underline{p}+\underline{b}\right)^{\mathrm{T}}\underline{u}-\frac{1}{4}\underline{p}^{\mathrm{T}}\boldsymbol{C}^{-1}\underline{p}=\max!,\quad \underline{u}\geqslant\underline{0}.\tag{18.53}$$

因此, 如果 $\underline{x}^*\in M$ 是 (18.47a, 18.47b) 的解, 那么 (18.53) 有解 $\underline{u}^*\geqslant\underline{0}$, 并且

$$f(\underline{x}^*)=\varphi(\underline{u}^*).\tag{18.54}$$

问题 (18.53) 可以用如下等价的形式替代:

$$\psi(\underline{u})=\underline{u}^{\mathrm{T}}\boldsymbol{E}\underline{u}+\underline{h}^{\mathrm{T}}\underline{u}=\min!,\quad \text{约束为 } \underline{u}\geqslant\underline{0},\tag{18.55a}$$

这里

$$\boldsymbol{E}=\frac{1}{4}\boldsymbol{A}\boldsymbol{C}^{-1}\boldsymbol{A}^{\mathrm{T}},\quad \underline{h}=\frac{1}{2}\boldsymbol{A}\boldsymbol{C}^{-1}\underline{p}+\underline{b}.\tag{18.55b}$$

18.2.3 二次优化问题的解法

18.2.3.1 沃尔夫方法

1. 问题的提法和求解原理

沃尔夫 (Wolfe) 方法用于求解如下特殊类型的二次问题:

$$f(\underline{x})=\underline{x}^{\mathrm{T}}\boldsymbol{C}\underline{x}+\underline{p}^{\mathrm{T}}\underline{x}=\min!,\quad \text{约束为}\quad \boldsymbol{A}\underline{x}=\underline{b},\ \underline{x}\geqslant\underline{0}.\tag{18.56}$$

假定 $\boldsymbol{C}$ 是正定的. 基本思想是确定与问题 (18.56) 相关的库恩–塔克条件组成的系统

$$\boldsymbol{A}\underline{x}=\underline{b},\tag{18.57a}$$

$$2\boldsymbol{C}\underline{x}-\underline{v}+\boldsymbol{A}^{\mathrm{T}}\underline{u}=-\underline{p},\tag{18.57b}$$

$$\underline{x}\geqslant\underline{0},\ \underline{v}\geqslant\underline{0};\tag{18.57c}$$

$$\underline{x}^{\mathrm{T}}\underline{v}=0\tag{18.58}$$

的解 $(\underline{x}^*,\underline{u}^*,\underline{v}^*)$. 关系式 (18.57a, 18.57b, 18.57c) 表示一个线性方程组, 共有 $m+n$ 个方程和 $2n+m$ 个变量. 由于 (18.58), 必然有 $x_i=0$ 或者 $v_i=0$ $(i=1,\cdots,n)$.

因此 (18.57a, 18.57b, 18.57c) 和 (18.58) 的每个解至多有 $n+m$ 个非零分量. 从而它必定是 (18.57a, 18.57b, 18.57c) 的基本解.

2. 求解过程

首先, 我们确定系统 $\boldsymbol{A}\underline{\boldsymbol{x}}=\underline{\boldsymbol{b}}$ 的一个可行基本解 (顶点)$\underline{\bar{\boldsymbol{x}}}$. 属于 $\underline{\bar{\boldsymbol{x}}}$ 的基变量的指标构成集合 I_B. 为了找出系统 (18.57a, 18.57b, 18.57c) 的同时也满足 (18.58) 的解, 我们把问题表达成:

$$-\mu=\min! \quad (\mu\in\mathbb{R}); \tag{18.59}$$

$$\boldsymbol{A}\underline{\boldsymbol{x}}=\underline{\boldsymbol{b}}, \tag{18.60a}$$

$$2\boldsymbol{C}\underline{\boldsymbol{x}}-\underline{\boldsymbol{v}}+\boldsymbol{A}^{\mathrm{T}}\underline{\boldsymbol{u}}-\mu\underline{\boldsymbol{q}}=-\underline{\boldsymbol{p}}, \quad \underline{\boldsymbol{q}}=2\boldsymbol{C}\underline{\bar{\boldsymbol{x}}}+\underline{\boldsymbol{p}}, \tag{18.60b}$$

$$\underline{\boldsymbol{x}}\geqslant\underline{\boldsymbol{0}},\ \underline{\boldsymbol{v}}\geqslant\underline{\boldsymbol{0}},\ \mu\geqslant 0; \tag{18.60c}$$

$$\underline{\boldsymbol{x}}^{\mathrm{T}}\underline{\boldsymbol{v}}=0. \tag{18.61}$$

如果 $(\underline{\boldsymbol{x}},\underline{\boldsymbol{v}},\underline{\boldsymbol{u}},\mu)$ 是这个问题同时满足 (19.57a, 19.57b, 19.57c) 和 (18.58) 的解, 那么 $\mu=0$. 向量 $(\underline{\boldsymbol{x}},\underline{\boldsymbol{v}},\underline{\boldsymbol{u}},\mu)=(\underline{\bar{\boldsymbol{x}}},\underline{\boldsymbol{0}},\underline{\boldsymbol{0}},1)$ 是系统 (18.60a, 18.60b, 18.60c) 的已知可行解, 并且它也满足 (18.61). 与此基本解相关的基由系数矩阵

$$\begin{pmatrix} \boldsymbol{A} & \boldsymbol{0} & \boldsymbol{0} & \underline{\boldsymbol{0}} \\ 2\boldsymbol{C} & -\boldsymbol{I} & \boldsymbol{A}^{\mathrm{T}} & -\underline{\boldsymbol{q}} \end{pmatrix} \tag{18.62}$$

(这里 $\boldsymbol{I},\boldsymbol{0},\underline{\boldsymbol{0}}$ 分别表示相应维数的单位矩阵、零矩阵、零向量) 的某些列构成:

a) m 个列属于 $x_i,\ i\in I_B$,

b) $n-m$ 个列属于 $v_i,\ i\notin I_B$,

c) 所有 m 个列都属于 u_i,

d) 先删最后一列, 然后删去 b) 或 c) 中一适当的列.

如果 $\underline{\boldsymbol{q}}=\underline{\boldsymbol{0}}$, 则根据 d) 互换是不可能的. 于是, $\underline{\boldsymbol{x}}$ 已经是解了. 现在第 1 张单纯形表就可以构建出来了. 目标函数的极小将通过单纯形法求解, 不过这里要加上一个附加的规则, 即保证满足关系 $\underline{\boldsymbol{x}}^{\mathrm{T}}\underline{\boldsymbol{v}}=0$: 变量 x_i 和 $v_i(i=1,\cdots,n)$ 必须不能同时是基变量.

在系数矩阵 $\boldsymbol{C}$ 正定的情形下, 考虑到此附加规则, 单纯形法提供问题 (18.59), (18.60a, 18.60b, 18.60c), (18.61) 的一个满足 $\mu=0$ 的解. 在 $\boldsymbol{C}$ 为正半定矩阵情形下, 由于限制了主元的选择, 有可能发生: 尽管 $\mu>0$, 在无强加的附加规则下, 不可能再有交换步骤. 在这种情形下, μ 再也无法进一步减少了.

■ $f(\underline{\boldsymbol{x}})=x_1^2+4x_2^2-10x_1-32x_2=\min!, \quad x_1+2x_2+x_3=7, \quad 2x_1+x_2+x_4=8.$

$$\boldsymbol{A}=\begin{pmatrix} 1\ 2\ 1\ 0 \\ 2\ 1\ 0\ 1 \end{pmatrix}, \quad \underline{\boldsymbol{b}}=\begin{pmatrix} 7 \\ 8 \end{pmatrix}, \quad \boldsymbol{C}=\begin{pmatrix} 1\ 0\ 0\ 0 \\ 0\ 4\ 0\ 0 \\ 0\ 0\ 0\ 0 \\ 0\ 0\ 0\ 0 \end{pmatrix}, \quad \underline{\boldsymbol{p}}=\begin{pmatrix} -10 \\ -32 \\ 0 \\ 0 \end{pmatrix}.$$

在这种情形下, $\boldsymbol{C}$ 是半正定的. $\boldsymbol{A}\underline{\boldsymbol{x}} = \underline{\boldsymbol{b}}$ 的一个可行基本解是 $\underline{\bar{\boldsymbol{x}}} = (0,0,7,8)^{\mathrm{T}}$, $\underline{\boldsymbol{q}} = 2\boldsymbol{C}\underline{\bar{\boldsymbol{x}}} + \underline{\boldsymbol{p}} = (-10,-32,0,0)^{\mathrm{T}}$. 基向量的选择是: a) $\begin{pmatrix} \boldsymbol{A} \\ 2\boldsymbol{C} \end{pmatrix}$ 的第 3, 4 列; b) $\begin{pmatrix} \boldsymbol{0} \\ -\boldsymbol{I} \end{pmatrix}$ 的第 1, 2 列; c) $\begin{pmatrix} \boldsymbol{0} \\ \boldsymbol{A}^{\mathrm{T}} \end{pmatrix}$ 的列; d) 列 $\begin{pmatrix} \underline{\boldsymbol{0}} \\ -\underline{\boldsymbol{q}} \end{pmatrix}$ 代替 $\begin{pmatrix} \boldsymbol{0} \\ -\boldsymbol{I} \end{pmatrix}$ 的第 1 列. 基矩阵由这些列构成, 并计算基矩阵逆 (参见第 1179 页 18.1). 用基矩阵逆乘矩阵 (18.62) 和向量 $\begin{pmatrix} \underline{\boldsymbol{0}} \\ -\underline{\boldsymbol{p}} \end{pmatrix}$, 就得到第 1 个单纯形表 (表 18.9).

表 18.9

	x_1	x_2	v_1	v_3	v_4	
x_3	1	2	0	0	0	7
x_4	2	1	0	0	0	8
v_2	$\boxed{\frac{64}{10}}$	-8	$-\frac{32}{10}$	$\frac{12}{10}$	$\frac{54}{10}$	0
u_1	0	0	0	-1	0	0
u_2	0	0	0	0	-1	0
μ	$\frac{2}{10}$	0	$-\frac{1}{10}$	$\frac{1}{10}$	$\frac{2}{10}$	1
	$-\frac{2}{10}$	0	$\frac{1}{10}$	$-\frac{1}{10}$	$-\frac{2}{10}$	-1

根据互补约束, 只有 x_1 可以与 v_2 交换. 如此几步之后, 我们就得到解 $\underline{\boldsymbol{x}}^* = (2,5/2,0,3/2)^{\mathrm{T}}$. $2\boldsymbol{C}\underline{\boldsymbol{x}} - \underline{\boldsymbol{v}} + \boldsymbol{A}^{\mathrm{T}}\underline{\boldsymbol{u}} - \mu\underline{\boldsymbol{q}} = -\underline{\boldsymbol{p}}$ 的后两个方程是: $v_3 = u_1$, $v_4 = u_2$. 因此, 除去变量 u_1, u_2 之后, 问题的维数可以降低.

18.2.3.2 希尔德雷思–戴索普 (Hildreth-d'Esopo) 方法

1. 原理

严格凸优化问题

$$f(\underline{\boldsymbol{x}}) = \underline{\boldsymbol{x}}^{\mathrm{T}}\boldsymbol{C}\underline{\boldsymbol{x}} + \underline{\boldsymbol{p}}^{\mathrm{T}}\underline{\boldsymbol{x}} = \min!, \quad \boldsymbol{A}\underline{\boldsymbol{x}} \leqslant \underline{\boldsymbol{b}} \tag{18.63}$$

的对偶问题 (参见第 1202 页 1.) 是

$$\psi(\underline{\boldsymbol{u}}) = \underline{\boldsymbol{u}}^{\mathrm{T}}\boldsymbol{E}\underline{\boldsymbol{u}} + \underline{\boldsymbol{h}}^{\mathrm{T}}\underline{\boldsymbol{u}} = \min!, \quad \underline{\boldsymbol{u}} \geqslant 0, \text{ 其中} \tag{18.64a}$$

$$\boldsymbol{E} = \frac{1}{4}\boldsymbol{A}\boldsymbol{C}^{-1}\boldsymbol{A}^{\mathrm{T}}, \quad \underline{\boldsymbol{h}} = \frac{1}{2}\boldsymbol{A}\boldsymbol{C}^{-1}\underline{\boldsymbol{p}} + \underline{\boldsymbol{b}}. \tag{18.64b}$$

矩阵 $\boldsymbol{E}$ 是正定的, 并有正对角元 $e_{ii}(i = 1,\cdots,m)$. 变量 $\underline{\boldsymbol{x}}$ 和 $\underline{\boldsymbol{u}}$ 满足如下关系:

$$\underline{\boldsymbol{x}} = -\frac{1}{2}\boldsymbol{C}^{-1}(\boldsymbol{A}^{\mathrm{T}}\underline{\boldsymbol{u}} + \underline{\boldsymbol{p}}). \tag{18.65}$$

2. 迭代求解

对偶问题 (18.64a) 仅包含约束条件 $\underline{\boldsymbol{u}} \geqslant \underline{\mathbf{0}}$, 可以通过如下简单的迭代方法求解:

a) 代入 $\underline{\boldsymbol{u}}^1 \geqslant \underline{\mathbf{0}}$ (例如, $\mathbf{u^1} = \underline{\mathbf{0}}$), $k = 1$.

b) 根据下列公式计算 u_i^{k+1}, $i = 1, \cdots, m$:

$$w_i^{k+1} = -\frac{1}{e_{ii}}\left(\sum_{j=1}^{i-1} e_{ij}u_j^{k+1} + \frac{h_i}{2} + \sum_{j=i+1}^{m} e_{ij}u_j^k\right), \tag{18.66a}$$

$$u_i^{k+1} = \max\left\{0, w_i^{k+1}\right\}. \tag{18.66b}$$

c) 重复步骤 b), 用 $k+1$ 代替 k, 直至停止规则满足, 例如 $\left|\psi(\underline{\boldsymbol{u}}^{k+1}) - \psi(\underline{\boldsymbol{u}}^k)\right| < \varepsilon,\ \varepsilon > 0$.

假定存在 $\underline{\boldsymbol{x}}$ 使得 $\boldsymbol{A}\underline{\boldsymbol{x}} < \underline{\boldsymbol{b}}$, 则序列 $\{\psi(\underline{\boldsymbol{u}}^k)\}$ 收敛于极小值 $\psi_{\min}$, 而由 (18.65) 给出的序列 $\{\underline{\boldsymbol{x}}^k\}$ 收敛于原问题的解 $\underline{\boldsymbol{x}}^*$. 序列 $\{\underline{\boldsymbol{u}}^k\}$ 并不总是收敛的.

18.2.4 数值搜索程序

使用非线性优化程序, 通过综合几种类型的优化问题的计算成本, 可以找到能接受的近似解. 它们是基于函数值的比较原理.

18.2.4.1 一维搜索

几种优化方法都含有寻找实函数 $f(x)$ 在 $[a, b]$ 上的极小值这样的子问题. 通常只需找出极小点 x^* 的近似 $\bar{x}$ 就够了.

1. 问题的提法

函数 $f(x)$, $x \in \mathbb{R}$ 称作在区间 $[a, b]$ 上是单峰的, 是指其在每个闭子区间 $J \subseteq [a, b]$ 上正好有一个局部极小点. 设 f 是 $[a, b]$ 上的单峰函数, 而 x^* 是其全局极小点. 那么应该找到一个 $[c, d] \subseteq [a, b]$ 使得 $x^* \in [c, d]$, 并且 $d - c < \varepsilon,\ \varepsilon > 0$.

2. 一致搜索

选择一正整数 n 使得 $\delta = \dfrac{b-a}{n+1} < \dfrac{\varepsilon}{2}$, 并计算函数值 $f(x^k)$, $x^k = a + k\delta$ $(k = 1, \cdots, n)$. 如果 $f(x)$ 是这些函数值中的最小值, 则极小点 x^* 就在区间 $[x-\delta, x+\delta]$ 上. 对于给定的精度, 可以估计出所需函数值的数目:

$$n > \frac{2(b-a)}{\varepsilon} - 1. \tag{18.67}$$

3. 黄金分割法、斐波那契法

区间 $[a, b] = [a_1, b_1]$ 将被逐步缩小使得新的子区间始终包含极小点 x^*. 按如下方式确定区间 $[a_1, b_1]$ 中点 λ_1, μ_1:

$$\lambda_1 = a_1 + (1-\tau)(b_1 - a_1), \quad \mu_1 = a_1 + \tau(b_1 - a_1), \tag{18.68a}$$

其中

$$\tau=\frac{1}{2}(\sqrt{5}-1)\approx 0.618. \tag{18.68b}$$

这对应于黄金分割. 接着我们区分两种情形:

a) 如果 $f(\lambda_1)<f(\mu_1)$, 则作替换 $a_2=a_1,\ b_2=\mu_1$ 和 $\mu_2=\lambda_1$. (18.69a)

b) 如果 $f(\lambda_1)\geqslant f(\mu_1)$, 则作替换 $a_2=\lambda_1,\ b_2=b_1$ 和 $\lambda_2=\mu_1$. (18.69b)

如果 $b_2-a_2\geqslant\varepsilon$, 则在区间 $[a_2,b_2]$ 基础上重复此一程序, 这里从第 1 步已经知道了一个值, 即在情形 a) 下是 $f(\lambda_2)$, 而在情形 b) 下是 $f(\mu_2)$. 为了确定包含极小点的区间 $[a_n,b_n]$, 需要一起计算 n 个函数值. 根据要求

$$\varepsilon>b_n-a_n=\tau^{n-1}(b_1-a_1), \tag{18.70}$$

就可以估计出必要的步数 n.

使用黄金分割方法, 与斐波那契方法相比, 至多多一个函数值要确定. 在斐波那契法中, 不再是根据黄金分割法细分区间, 而是根据斐波那契数细分区间 (参见第 501 页 5.4.1.5 以及第 1178 页 17.3.2.4, 4.).

18.2.4.2 在 n 维欧几里得向量空间中的极小搜索

问题 $f(\underline{\boldsymbol{x}})=\min!$, $\underline{\boldsymbol{x}}\in\mathbb{R}$ 的极小点的近似搜索可以化成求解一列一维优化问题:

a) $\underline{\boldsymbol{x}}=\underline{\boldsymbol{x}}^1,\ k=1$, 其中 $\underline{\boldsymbol{x}}^1$ 是 $\underline{\boldsymbol{x}}^*$ 的适当的初始近似. (18.71a)

b) 对于 $r=1,\cdots,n$, 求解一维问题:

$$\varphi(\alpha_r)=f(x_1^{k+1},\cdots,x_{r-1}^{k+1},x_r^k+\alpha_r,x_{r+1}^k,\cdots,x_n^k)=\min!,\quad \alpha_r\in\mathbb{R}. \tag{18.71b}$$

如果 $\bar{\alpha}_r$ 是第 r 个一维问题的精确或近似极小点, 则作替换 $x_r^{k+1}=x_r^k+\bar{\alpha}_r$.

c) 如果两个相邻的近似彼此非常接近, 即在某种向量范数下有

$$\|\underline{\boldsymbol{x}}^{k+1}-\underline{\boldsymbol{x}}^k\|<\varepsilon_1,\quad 或\quad |f(\underline{\boldsymbol{x}}^{k+1})-f(\underline{\boldsymbol{x}}^k)|<\varepsilon_2, \tag{18.71c}$$

那么 $\underline{\boldsymbol{x}}^{k+1}$ 是 $\underline{\boldsymbol{x}}^*$ 的一近似. 否则的话, 由 $k+1$ 代替 k 重复步骤 b). b) 中的一维问题可以利用 18.2.4.1 中给出的方法求解.

18.2.5 无约束问题的解法

考虑一般的优化问题

$$f(\underline{\boldsymbol{x}})=\min!,\quad \underline{\boldsymbol{x}}\in\mathbb{R}^n, \tag{18.72}$$

这里 f 是连续可微函数. 本节描述的每一种方法一般是构建一无穷序列 $\{\underline{\boldsymbol{x}}^k\}\subset\mathbb{R}^n$, 其聚点是一平稳点. 这个点列将从 $\underline{\boldsymbol{x}}^1$ 开始, 按照如下递推公式构建:

$$\underline{\boldsymbol{x}}^{k+1}=\underline{\boldsymbol{x}}^k+\alpha_k\underline{\boldsymbol{d}}^k\quad (k=1,2,\cdots), \tag{18.73}$$

即首先在 $\underline{\boldsymbol{x}}^k$ 处确定一方向 $\underline{\boldsymbol{d}}^k$, 而步长 α_k 表示在 $\underline{\boldsymbol{x}}^k$ 沿 $\underline{\boldsymbol{d}}^k$ 方向离 $\underline{\boldsymbol{x}}^{k+1}$ 有多远. 这样的方法称作下降法, 是指

$$f(\underline{\boldsymbol{x}}^{k+1}) < f(\underline{\boldsymbol{x}}^k) \quad (k = 1, 2, \cdots). \tag{18.74}$$

等式 $\nabla f(\underline{\boldsymbol{x}}) = 0$ 刻画平稳点, 并且可以用作迭代算法的停止规则, 其中 ∇ 表示梯度算子 (参见第 933 页 13.2.6.1).

18.2.5.1 最速下降法

从现时点 $\underline{\boldsymbol{x}}^k$ 出发, 函数下降最快速的方向是

$$\underline{\boldsymbol{d}}^k = -\nabla f(\underline{\boldsymbol{x}}^k), \tag{18.75a}$$

从而,

$$\underline{\boldsymbol{x}}^{k+1} = \underline{\boldsymbol{x}}^k - \alpha_k \nabla f(\underline{\boldsymbol{x}}^k). \tag{18.75b}$$

最速下降法以 $f(\underline{\boldsymbol{x}}) = f(\underline{\boldsymbol{x}}^i)$ 为水平线的示意图见图 18.6.

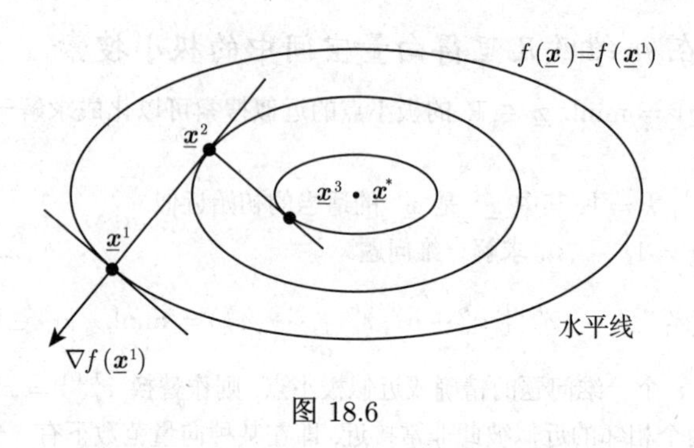

图 18.6

步长 α_k 由线搜索确定, 即 α_k 是一维问题

$$f(\underline{\boldsymbol{x}}^k + \alpha \underline{\boldsymbol{d}}^k) = \min!, \quad \alpha \geqslant 0 \tag{18.76}$$

的解. 上述问题可以用 1208 页 18.2.4 给出的方法求解.

最速下降法 (18.75b) 收敛得相当慢. 对于序列 $\{\underline{\boldsymbol{x}}^k\}$ 的每个聚点 $\underline{\boldsymbol{x}}^*$, 有 $\nabla f(\underline{\boldsymbol{x}}^*) = 0$. 在二次目标函数情形下, 即 $f(\underline{\boldsymbol{x}}) = \underline{\boldsymbol{x}}^{\mathrm{T}} \boldsymbol{C} \underline{\boldsymbol{x}} + \underline{\boldsymbol{p}}^{\mathrm{T}} \underline{\boldsymbol{x}}$, 该方法取如下特殊形式:

$$\underline{\boldsymbol{x}}^{k+1} = \underline{\boldsymbol{x}}^k + \alpha_k \underline{\boldsymbol{d}}^k, \tag{18.77a}$$

其中

$$\underline{\boldsymbol{d}}^k = -\left(2\boldsymbol{C}\underline{\boldsymbol{x}}^k + \underline{\boldsymbol{p}}\right), \quad 且 \quad \alpha_k = \frac{\underline{\boldsymbol{d}}^{k\mathrm{T}} \underline{\boldsymbol{d}}^k}{2\underline{\boldsymbol{d}}^{k\mathrm{T}} \boldsymbol{C} \underline{\boldsymbol{d}}^k}. \tag{18.77b}$$

18.2.5.2 牛顿法的应用

假定在当前的近似点 $\underline{\boldsymbol{x}}^k$ 处, 函数 f 由如下二次函数逼近:

$$q(\underline{\boldsymbol{x}}) = f(\underline{\boldsymbol{x}}^k) + (\underline{\boldsymbol{x}} - \underline{\boldsymbol{x}}^k)^{\mathrm{T}} \nabla f(\underline{\boldsymbol{x}}^k) + \frac{1}{2} (\underline{\boldsymbol{x}} - \underline{\boldsymbol{x}}^k)^{\mathrm{T}} \boldsymbol{H}(\underline{\boldsymbol{x}}^k)(\underline{\boldsymbol{x}} - \underline{\boldsymbol{x}}^k). \tag{18.78}$$

这里 $\boldsymbol{H}(\underline{\boldsymbol{x}}^k)$ 是黑塞矩阵, 即 f 在 $\underline{\boldsymbol{x}}^k$ 处的二阶偏导数矩阵. 如果 $\boldsymbol{H}(\underline{\boldsymbol{x}}^k)$ 是正定的, 则 $q(\underline{\boldsymbol{x}})$ 在 $\underline{\boldsymbol{x}}^{k+1}$ 处达到绝对极小, 且 $\nabla q(\underline{\boldsymbol{x}}^{k+1}) = 0$, 从而得到牛顿方法:

$$\underline{\boldsymbol{x}}^{k+1} = \underline{\boldsymbol{x}}^k - \boldsymbol{H}^{-1}(\underline{\boldsymbol{x}}^k) \nabla f(\underline{\boldsymbol{x}}^k) \quad (k = 1, 2, \cdots), \tag{18.79a}$$

即

$$\underline{\boldsymbol{d}}^k = -\boldsymbol{H}^{-1}(\underline{\boldsymbol{x}}^k) \nabla f(\underline{\boldsymbol{x}}^k), \quad \text{且} \quad \alpha_k \text{ 见 (18.73)}. \tag{18.79b}$$

牛顿法收敛速度快, 但它也有如下缺点:

a) 矩阵 $\boldsymbol{H}(\underline{\boldsymbol{x}}^k)$ 必须是正定的.

b) 该方法仅对充分好的初始点收敛.

c) 步长可能没有影响.

d) 该方法并不是一种下降法.

e) 计算逆矩阵 $\boldsymbol{H}^{-1}(\underline{\boldsymbol{x}}^k)$ 的计算量相当大.

通过所谓的**阻尼牛顿法**可能会适当减少某些缺点 (例如 1251 页 19.2.2.2):

$$\underline{\boldsymbol{x}}^{k+1} = \underline{\boldsymbol{x}}^k - \alpha_k \boldsymbol{H}^{-1}(\underline{\boldsymbol{x}}^k) \nabla f(\underline{\boldsymbol{x}}^k) \quad (k = 1, 2, \cdots), \tag{18.80}$$

其中的松弛因子 α_k 比如可以通过前面给出的原则来确定 (参见第 1210 页 18.2.5.1).

18.2.5.3 共轭梯度法

两个向量 $\underline{\boldsymbol{d}}^1, \underline{\boldsymbol{d}}^2$ 称作相对于对称正定矩阵 $\boldsymbol{C}$ 是**共轭向量**, 是指它们满足

$$\underline{\boldsymbol{d}}^{1\mathrm{T}} \boldsymbol{C} \underline{\boldsymbol{d}}^2 = 0. \tag{18.81}$$

如果 $\underline{\boldsymbol{d}}^1, \underline{\boldsymbol{d}}^2, \cdots, \underline{\boldsymbol{d}}^n$ 相对于矩阵 $\boldsymbol{C}$ 是两两共轭的, 那么凸二次问题 $q(\underline{\boldsymbol{x}}) = \underline{\boldsymbol{x}}^{\mathrm{T}} \boldsymbol{C} \underline{\boldsymbol{x}} + \underline{\boldsymbol{p}}^{\mathrm{T}} \underline{\boldsymbol{x}}$, $\underline{\boldsymbol{x}} \in \mathbb{R}^n$ 可以通过 n 步求解, 为此只要从 $\underline{\boldsymbol{x}}^1$ 出发构建序列 $\underline{\boldsymbol{x}}^{k+1} = \underline{\boldsymbol{x}}^k + \alpha_k \underline{\boldsymbol{d}}^k$, 其中 α_k 是最优步长. 假设 $f(\underline{\boldsymbol{x}})$ 在 $\underline{\boldsymbol{x}}^*$ 的邻域内是近似二次函数, 即 $\boldsymbol{C} \approx \dfrac{1}{2} \boldsymbol{H}(\underline{\boldsymbol{x}}^*)$, 则为二次目标函数研发的方法也可应用于更一般的函数 $f(\underline{\boldsymbol{x}})$, 而无须明着使用矩阵 $\boldsymbol{H}(\underline{\boldsymbol{x}}^*)$.

共轭梯度法分如下几个步骤:

a) $\underline{\boldsymbol{x}}^1 \in \mathbb{R}^n$, $\underline{\boldsymbol{d}}^1 = -\nabla f(\underline{\boldsymbol{x}}^1)$, 其中 $\underline{\boldsymbol{x}}^1$ 是 $\underline{\boldsymbol{x}}^*$ 的一个适当的初始近似. (18.82)

b) $\underline{\boldsymbol{x}}^{k+1} = \underline{\boldsymbol{x}}^k + \alpha_k \underline{\boldsymbol{d}}^k$ $(k = 1, \cdots, n)$, 其中 $\alpha_k \geqslant 0$ 使得 $f(\underline{\boldsymbol{x}}^k + \alpha \underline{\boldsymbol{d}}^k)$ 达到极小. (18.83a)

$$\underline{\boldsymbol{d}}^{k+1} = -\nabla f(\underline{\boldsymbol{x}}^{k+1}) + \mu_k \underline{\boldsymbol{d}}^k \quad (k = 1, \cdots, n-1), \tag{18.83b}$$

其中

$$\mu_k = \frac{\nabla f(\underline{\boldsymbol{x}}^{k+1})^{\mathrm{T}} \nabla f(\underline{\boldsymbol{x}}^{k+1})}{\nabla f(\underline{\boldsymbol{x}}^k)^{\mathrm{T}} \nabla f(\underline{\boldsymbol{x}}^k)}, \quad \underline{\boldsymbol{d}}^{n+1} = -\nabla f(\underline{\boldsymbol{x}}^{n+1}). \tag{18.83c}$$

c) 用 $\underline{\boldsymbol{x}}^{n+1}$ 和 $\underline{\boldsymbol{d}}^{n+1}$ 代替 $\underline{\boldsymbol{x}}^1$ 和 $\underline{\boldsymbol{d}}^1$, 重复步骤 b).

18.2.5.4 戴维顿 (Davidon)、弗莱彻 (Fletcher) 和鲍威尔 (Powell)(DFP) 方法

在 DFP 方法中, 从 $\underline{\boldsymbol{x}}^1$ 出发的点列根据下列公式确定:

$$\underline{\boldsymbol{x}}^{k+1} = \underline{\boldsymbol{x}}^k - \alpha_k \boldsymbol{M}_k \nabla f(\underline{\boldsymbol{x}}^k) \quad (k = 1, 2, \cdots), \tag{18.84}$$

这里 $\boldsymbol{M}_k$ 是对称正定矩阵. 在 f 为二次函数的情形下, 这一方法的想法是逆黑塞矩阵由矩阵 $\boldsymbol{M}_k$ 逐步近似. 从对称正定矩阵 $\boldsymbol{M}_1$, 例如, $\boldsymbol{M}_1 = \boldsymbol{I}$($\boldsymbol{I}$ 为单位矩阵) 出发, $\boldsymbol{M}_k$ 由 $\boldsymbol{M}_{k-1}$ 加上一个 2 秩修正矩阵确定:

$$\boldsymbol{M}_k = \boldsymbol{M}_{k-1} + \frac{\underline{\boldsymbol{v}}^k \underline{\boldsymbol{v}}^{k\mathrm{T}}}{\underline{\boldsymbol{v}}^{k\mathrm{T}} \underline{\boldsymbol{v}}^k} - \frac{(\boldsymbol{M}_{k-1}\underline{\boldsymbol{w}}^k)(\boldsymbol{M}_{k-1}\underline{\boldsymbol{w}}^k)^{\mathrm{T}}}{\underline{\boldsymbol{w}}^{k\mathrm{T}} \boldsymbol{M}_k \underline{\boldsymbol{w}}^k}, \tag{18.85}$$

其中 $\underline{\boldsymbol{v}}^k = \underline{\boldsymbol{x}}^k - \underline{\boldsymbol{x}}^{k-1}$, $\underline{\boldsymbol{w}}^k = \nabla f(\underline{\boldsymbol{x}}^k) - \nabla f(\underline{\boldsymbol{x}}^{k-1})$ $(k = 2, 3, \cdots)$. 步长 α_k 从求解下列优化问题得到:

$$f(\underline{\boldsymbol{x}}^k - \alpha \boldsymbol{M}_k \nabla f(\underline{\boldsymbol{x}}^k)) = \min!, \quad \alpha \geqslant 0. \tag{18.86}$$

如果 $f(\underline{\boldsymbol{x}})$ 是二次函数, 则 DFP 方法变成共轭梯度法, 相应的初始 $\boldsymbol{M}_1 = \boldsymbol{I}$.

18.2.6 演化策略

18.2.6.1 演化原理

演化策略是模拟自然演化的随机优化过程的例子. 它们基于突变、重组和选择三个原理.

1. 突变

从亲本 $\underline{\boldsymbol{x}}_P$, 通过随机变化 $\underline{\boldsymbol{d}}$ 形成后裔 $\underline{\boldsymbol{x}}_O = \underline{\boldsymbol{x}}_P + \underline{\boldsymbol{d}}$, 其中 $\underline{\boldsymbol{d}}$ 的分量是 $(0, \sigma_i^2)$ 正态分布随机变量 $Z(0, \sigma_i^2)$, 其在每一次突变时要重新确定:

$$\underline{\boldsymbol{d}} = \begin{pmatrix} d_1 \\ d_2 \\ \vdots \\ d_n \end{pmatrix} = \begin{pmatrix} Z(0, \sigma_1^2) \\ Z(0, \sigma_2^2) \\ \vdots \\ Z(0, \sigma_n^2) \end{pmatrix} = \begin{pmatrix} Z(0,1)\cdot\sigma_1 \\ Z(0,1)\cdot\sigma_2 \\ \vdots \\ Z(0,1)\cdot\sigma_n \end{pmatrix}. \tag{18.87}$$

在正态分布 $\underline{\boldsymbol{d}}$ 情形下, 小变化的概率很高, 而大变化则很少出现. 这种变化受标准偏差 σ_i 控制.

2. 重组

对于有 μ 个亲本的种群, 可以通过混杂随机选择的两个或更多个亲本信息获得后代. 这种重组可采取两种变化方式:

以中间形式重组　其后代作为 ϱ 个随机选择的亲本加权平均, 即

$$\underline{\boldsymbol{x}}_O = \sum_{i=1}^{\varrho} \alpha_i \underline{\boldsymbol{x}}_{P_i}, \quad \sum_{i=1}^{\varrho} \alpha_i = 1, \quad 2 \leqslant \varrho \leqslant \mu. \tag{18.88}$$

以离散形式重组　其后代 $\underline{\boldsymbol{x}}_O$ 的第 i 个分量由 ϱ 个亲本中随机选择的一个亲本的第 i 个分量确定, 即

$$x_{iO} = x_{iP_j}, \quad j \in \{1, \cdots, \varrho\}, \quad i = 1, \cdots, n. \tag{18.89}$$

3. 选择

通过突变和重组, 随机形成一组后代. 在随后的选择过程中, 目标函数 $f(\underline{\boldsymbol{x}})$ 被作为比较个体适应性的一种度量. 最适应的个体选择作为下一代. 在某些策略下, 仅仅子孙后代才参与选择. 有些策略也会考虑亲本参与选择 (参见 [18.9]).

18.2.6.2　演化算法

每一种演化策略都是基于如下算法:

a) 确定由 μ 个个体组成的适当的初始种群. 这些是第 1 代亲本 $X_P^1 = \{\underline{\boldsymbol{x}}_{P_1}^1, \cdots, \underline{\boldsymbol{x}}_{P_\mu}^1\}$.

b) 在第 k 步中, 通过当前一代亲本 $X_P^k = \{\underline{\boldsymbol{x}}_{P_1}^k, \cdots, \underline{\boldsymbol{x}}_{P_\lambda}^k\}$ 的突变和重组产生 λ 个后代 $X_O^k = \{\underline{\boldsymbol{x}}_{O_1}^k, \cdots, \underline{\boldsymbol{x}}_{O_\lambda}^k\}$.

c) 通过选择得到最佳的 μ 个个体作为下一代亲本 $X_P^{k+1} = \{\underline{\boldsymbol{x}}_{P_1}^{k+1}, \cdots, \underline{\boldsymbol{x}}_{P_\mu}^{k+1}\}$.

d) 重复步骤 b) 和 c) 直到满足停止规则. 这个规则可以是满足优化问题的最优判据, 或者是达到指定的代际数, 或者是超过给定的电脑时间, 等等.

18.2.6.3　演化策略的分类

每一个演化策略都由一列参数刻画. 最重要的参数是种群大小 μ、后代个数 λ、参与重组的亲本个数 ϱ, 以及实施突变、重组和选择的规则. 为了区分各种不同类型的策略, 通常使用一种特殊的记号. 对于仅使用突变产生后代的策略, 使用 $(\mu+\lambda)$ 或 (μ,λ) 策略记号. 策略 $(\mu+\lambda)$ 和 (μ,λ) 彼此的区别在于选择的类型不同. 在策略 (μ,λ) 中, 仅在子孙中选择新一代, 而在策略 $(\mu+\lambda)$ 中, 则新一代的选择也涉及母体. 至于使用重组策略, 所涉及的亲本数 ϱ 会在 $(\mu/\varrho+\lambda)$ 策略和 $(\mu/\varrho,\lambda)$ 策略记号中体现.

18.2.6.4　生成随机数

为了对演化程序做数值评估, 需要均匀和正态分布的随机变量. 均匀分布的随

机变量的值可以从分节第 1100 页 16.3.5.2 中给出的方法得到. 正态分布随机变量则可以根据如下方式从均匀随机变量产生:

博克斯–穆勒 (Box-Muller) 方法　如果 G_1 和 G_2 是区间 $[0,1]$ 上均匀分布的随机数, 则如下两个方程给出两个统计独立正态分布的 $(0,\sigma^2)$ 随机数 $Z_1(0,\sigma^2)$ 和 $Z_2(0,\sigma^2)$:

$$Z_1(0,\sigma^2)=\sigma\sqrt{-2\ln G_1}\cos(2\pi G_2) \quad \text{和} \quad Z_2(0,\sigma^2)=\sigma\sqrt{-2\ln G_1}\sin(2\pi G_2). \tag{18.90}$$

18.2.6.5　演化策略的应用

在实际中, 优化问题通常高度复制. 在这里, 1209 页 18.2.5 中描述的常规优化过程往往并不适合. 演化策略属于非微分解法, 它是基于目标函数值的比较. 这种解法对目标函数的结构要求很简单. 目标函数并不需要可微或连续. 从而这种演化策略适于相当广泛的优化问题.

演化策略的应用并不限于无约束连续优化问题. 带约束的优化问题也可处理, 这里约束是通过在目标函数中添加惩罚项进行处理 (参见第 1221 页 18.2.8 中的罚函数法和障碍函数法). 另一种应用场合是离散演化, 这里 $\underline{\boldsymbol{x}}$ 的部分或全部分量可能从某个离散集中取值. 一种可能的突变机制是以等概率方式用其某个相邻值取代离散分量值.

18.2.6.6　$(1+1)$ 突变–选择策略

这种方法类似于 1209 页 18.2.5 中介绍的梯度法, 差别在于方向 $\underline{\boldsymbol{d}}^k$ 是正态分布的随机向量. 种群由单个个体组成, 其在每一代只产生一个后代.

1. 突变方式

在第 k 代, 后代从亲本加上一正态分布的随机向量得到

$$\underline{\boldsymbol{x}}_O^k = \underline{\boldsymbol{x}}_P^k + \alpha\underline{\boldsymbol{d}}^k. \tag{18.91}$$

因子 α 是能反映收敛速度的参数. 我们把 α 看作突变的步长.

2. 选择方式

下一代, 即第 $k+1$ 代的新亲本的选择是比较两个个体的目标函数值, 即按照下面的公式选择:

$$\underline{\boldsymbol{x}}_P^{k+1} = \begin{cases} \underline{\boldsymbol{x}}_O^k, & f(\underline{\boldsymbol{x}}_O^k) < f(\underline{\boldsymbol{x}}_P^k), \\ \underline{\boldsymbol{x}}_P^k, & \text{其他}. \end{cases} \tag{18.92}$$

如果在达到指定的代际数时没有更好的后代, 则此程序终止. 如果这种突变多半会导致后代改善, 则可以增加步长. 而如果突变导致后代的改善较小, 则应该减少 α 值.

3. 步长控制

突变步长 α 的选择对于演化方法的收敛性具有重要影响. 为了快速收敛通常会推荐大步长, 而在邻近最优或在目标函数的快速变化或振动区域, 则要求小步长.

最优步长依赖于所研究的问题. 步长太小会导致滞止, 而步长太大则可能引起演化过程的过调.

(1) **1/5 成功法则** 在上一步中成功突变数目与突变总数之比确定成功的比值 q. 如果 $q > 1/5$, 则步长可以增加. 而如果成功比值较小, 则步长 α 应该减少:

$$\alpha_{k+1} = \begin{cases} c \cdot \alpha_k & q < 1/5, \\ \dfrac{1}{c} \cdot \alpha_k, & q > 1/5, \end{cases} \quad c = 0.8, \cdots, 0.85. \tag{18.93}$$

(2) **突变步长的确定** 1/5 的法则是一种粗略的选择, 因而在考虑某个具体问题时并不会总是令人满意的. 在一个扩展模型中, 步长 α 和标准偏差 $\sigma_i, i = 1, 2, \cdots, n$ 总是在不断修正中. 这里 α 和 σ_i 以等概率的方式乘以三个因子 $c, 1, 1/c$ 中的某一个, $c = 1.1, \cdots, 1.5$. 进一步的信息见 [18.9].

18.2.6.7 种群策略

上一节介绍的 $(1+1)$ 策略仅仅以十分简单的方式反映自然演化的原理. 在推广到种群模型时, 可能要考虑演化过程的进一步性质. 演化过程中的大量个体确保解空间的不同区域都会搜索到.

1. $(\mu+\lambda)$ 演化策略

$(\mu+\lambda)$ 策略是 $(1+1)$ 策略的推广. 从当前一代的 μ 个亲本 $X_P^k = \{\underline{\boldsymbol{x}}_{P_1}^k, \cdots, \underline{\boldsymbol{x}}_{P_\mu}^k\}$, 以等概率随机选择一组 λ 个母体. 允许重复选择, 甚至在 $\mu < \lambda$ 的情形下, 这种重复选择也是必须的. 通过突变产生 λ 个后代 $X_O^k = \{\underline{\boldsymbol{x}}_{O_1}^k, \cdots, \underline{\boldsymbol{x}}_{O_\lambda}^k\}$. 从候选组 $X_O^k \cup X_P^k$ 中选择最佳的 μ 个个体进入下一代.

由于亲本也参与到选择, 故种群从一代到下一代的质量不可能更差. $(\lambda+\mu)$ 策略的特点是它能保持已经找出的局部最优, 这是因为远离最优点要求发生的大的突变, 但出现这种情形的概率是非常小的. 这意味着, 个体可能有无限寿命. 通过对亲本的目标函数值加上惩罚项使其一代代增加, 从而可以避免这种情形出现. 用这种方法可以模拟个体变老.

2. (μ, λ) 演化策略

与 $(\mu+\lambda)$ 策略相反, 其选择方式是在 λ 个后裔中挑选 μ 个个体作为下一代, 即在这一策略中, 亲本不再活下来. 因此必须有 $\lambda > \mu$. 后代的目标函数值可能大于亲本的目标函数值. 这一程序可以从局部最优点开始.

选择压力 参与选择的个体与种群大小之比定义为选择压力 S:

$$S = \begin{cases} \dfrac{\lambda+\mu}{\mu}, & \text{对于}(\lambda+\mu)\text{策略}, \\ \dfrac{\lambda}{\mu}, & \text{对于}(\lambda,\mu)\text{策略}, \end{cases} \quad 1 \leqslant S < \infty. \tag{18.94}$$

如果选择压力接近于 1, 则这种选择方式几乎没有影响. 大量的后代, 即 $\lambda \gg \mu$ 会导致很大的选择压力, 因为当前个体集合中只有少数几个会存活到下一代.

3. 带重组的 $(\mu/\varrho+\lambda)$ 和 $(\mu/\varrho,\lambda)$ 演化策略

借助于重组概念, 建立了种群个体之间的某些关系, 从而后代中混合了几个亲本的信息. 为了产生后代, 从一组亲本 X_P^k 中以等概率方式选择 ϱ 个亲本. 假定 λ 个后代中的每个成员, 都是从 ϱ 个亲本中独立选择的. 后代是所选亲本的离散或中间重组. 用这种方法产生的后代再经突变, 并进入选择过程.

在前面描述的 $(\mu+\lambda)$ 或 (μ,λ) 策略中, 每一个体都是一系列突变应用于第 1 代亲本中一个成员的结果. 因此, 仅通过多代的突变就可能是一种比较一般的演化步骤. 但采用重组方式则可能会出现多种更一般的演化方式, 尤其是当亲本彼此相隔遥远, 其后代就会具有新的特性.

4. 带更多个种群的演化策略

上述的演化原理形式上可以扩展到多种群情形. 这就是说, 现在不再是种群个体间的竞争, 而是种群之间的竞争. 因此, 这种演化过程包含两个层级, 并用扩展的记号表示为: $[\mu_2/\varrho_2+\lambda_2(\mu_1/\varrho_1+\lambda_1)]$. 从一组 μ_2 个种群亲本, 通过 ϱ_2 个种群的重组, 产生一组 λ_2 个种群后代, 这里的重组对于每个种群后代而言都是随机选取的. 在这 λ_2 个种群后代中, 使用 $(\mu_1/\varrho_1+\lambda_1)$ 或 $(\mu_1/\varrho_1,\lambda_1)$ 策略进行优化. 在达到给定代际数之后, 基于适当准则选择出最佳种群. 种群中最佳个体的目标函数值或种群的均值可以作为种群比较的判据.

18.2.7 不等式类型约束下问题的梯度法

如果问题

$$f(\underline{\boldsymbol{x}})=\min!,\quad 约束条件为 g_i(\underline{\boldsymbol{x}})\leqslant 0, \tag{18.95}$$

需要采用如下类型的迭代法求解:

$$\underline{\boldsymbol{x}}^{k+1}=\underline{\boldsymbol{x}}^k+\alpha_k\underline{\boldsymbol{d}}^k\quad(k=1,2,\cdots), \tag{18.96}$$

那么由于有界可行集, 必须考虑另两个附加规则:

(1) 方向 $\underline{\boldsymbol{d}}^k$ 必须是 $\underline{\boldsymbol{x}}^k$ 处的可行下降方向.

(2) 步长 α_k 必须使得 $\underline{\boldsymbol{x}}^{k+1}$ 在 M 中.

基于公式 (18.96) 的各种方法的差别仅在于构造方向 $\underline{\boldsymbol{d}}^k$ 的不同. 为了确保序列 $\{\underline{\boldsymbol{x}}^k\}\subset M$ 的可行性, α_k' 和 α_k'' 按如下方式确定:

α_k' 从 $f(\underline{\boldsymbol{x}}^k+\alpha\underline{\boldsymbol{d}}^k)=\min!,\alpha>0$ 确定.

$$\alpha_k''=\{\alpha\in\mathbb{R}:\underline{\boldsymbol{x}}^k+\alpha\underline{\boldsymbol{d}}^k\in M\}. \tag{18.97}$$

然后, 我们得到

$$\alpha_k=\min\{\alpha_k',\alpha_k''\}. \tag{18.98}$$

如果在某一步 k 没有可行方向 $\underline{\boldsymbol{d}}^k$, 则 $\underline{\boldsymbol{x}}^k$ 是平稳点.

18.2.7.1 可行方向方法

1. 方向搜索程序

点 $\underline{\boldsymbol{x}}^k$ 处的可行下降方向 $\underline{\boldsymbol{d}}^k$ 可以通过求解下列优化问题予以确定:

$$\sigma = \min!, \tag{18.99}$$

$$\nabla g_i(\underline{\boldsymbol{x}}^k)^{\mathrm{T}}\underline{\boldsymbol{d}} \leqslant \sigma, \quad i \in I_0(\underline{\boldsymbol{x}}^k), \tag{18.100a}$$

$$\nabla f(\underline{\boldsymbol{x}}^k)^{\mathrm{T}}\underline{\boldsymbol{d}} \leqslant \sigma, \tag{18.100b}$$

$$\|\underline{\boldsymbol{d}}\| \leqslant 1, \tag{18.100c}$$

如果 $\sigma < 0$, 则 (18.100a) 确保该方向搜索程序结果 $\underline{\boldsymbol{d}} = \underline{\boldsymbol{d}}^k$ 的可行性, 而 (18.100b) 确保 $\underline{\boldsymbol{d}}^k$ 的下降性质. 根据规格化条件 (18.100c), 该方向搜索程序所得可行集是有界的. 如果 $\sigma = 0$, 则 $\underline{\boldsymbol{x}}^k$ 是平稳点, 因为在 $\underline{\boldsymbol{x}}^k$ 没有可行的下降方向.

由 (18.100a, 18.100b, 18.100c) 定义的方向搜索程序有可能引起序列 $\{\underline{\boldsymbol{x}}^k\}$ 的锯齿形行为, 而为避免这样的行为发生, 只需将标号集 $I_0(\underline{\boldsymbol{x}}^k)$ 代之以

$$I_{\varepsilon_k}(\underline{\boldsymbol{x}}^k) = \{i \in \{1, \cdots, m\} : -\varepsilon_k \leqslant g_i(\underline{\boldsymbol{x}}^k) \leqslant 0\}, \quad \varepsilon_k \geqslant 0, \tag{18.101}$$

即代之以在 $\underline{\boldsymbol{x}}^k$ 处的所谓 ε_k 主动约束. 于是从 $\underline{\boldsymbol{x}}^k$ 出发的局部下降方向被排除, 并且越来越接近由 ε_k 主动约束组成的 M 的边界 (图 18.7).

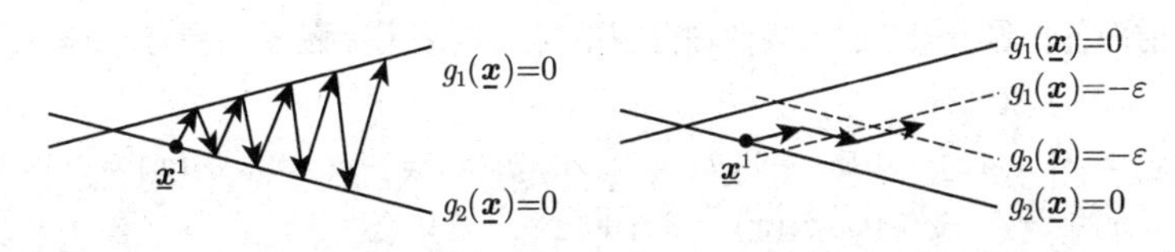

图 18.7

如果 $\sigma = 0$ 是 (18.100a, 18.100b, 18.100c) 在这样修正后的解, 那么仅当 $I_0(\underline{\boldsymbol{x}}^k) = I_{\varepsilon_k}(\underline{\boldsymbol{x}}^k)$ 时, $\underline{\boldsymbol{x}}^k$ 是平稳点. 否则, ε_k 必须减少, 从而方向搜索程序必须重复下去.

2. 线性约束的特殊情形

如果 $g_i(\underline{\boldsymbol{x}})$ 是线性的, 即 $g_i(\underline{\boldsymbol{x}}) = \underline{\boldsymbol{a}}_i^{\mathrm{T}}\underline{\boldsymbol{x}} - b_i$, 则可以建立一种比较简单的方向搜索程序:

$$\sigma = \nabla f(\underline{\boldsymbol{x}}^k)^{\mathrm{T}}\underline{\boldsymbol{d}} = \min!, \tag{18.102}$$

其中

$$\nabla\underline{\boldsymbol{a}}_i^{\mathrm{T}}\underline{\boldsymbol{d}} \leqslant 0, \quad i \in I_0(\underline{\boldsymbol{x}}^k) \quad 或 \quad i \in I_{\varepsilon_k}(\underline{\boldsymbol{x}}^k), \tag{18.103a}$$

$$\|\underline{\boldsymbol{d}}\| \leqslant 1. \tag{18.103b}$$

选择不同范数 $\|\underline{\boldsymbol{d}}\| = \max\{|d_i|\} \leqslant 1$ 或 $\|\underline{\boldsymbol{d}}\| = \sqrt{\underline{\boldsymbol{d}}^{\mathrm{T}}\underline{\boldsymbol{d}}} \leqslant 1$ 的影响示于图 18.8(a), (b).

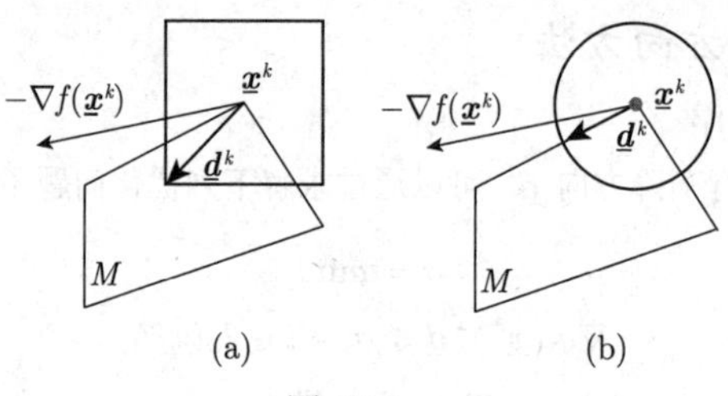

图 18.8

在某种意义上, 范数 $\|\underline{\boldsymbol{d}}\| = \|\underline{\boldsymbol{d}}\|_2 = \sqrt{\underline{\boldsymbol{d}}^{\mathrm{T}}\underline{\boldsymbol{d}}}$ 是最佳选择, 因为方向搜索程序所得到的方向 $\underline{\boldsymbol{d}}^k$ 与 $-\nabla f(\underline{\boldsymbol{x}}^k)$ 形成最小夹角. 在这种情形下, 方向搜索程序并不是线性的, 从而要求更大的计算量. 如果选择范数 $\|\underline{\boldsymbol{d}}\| = \|\underline{\boldsymbol{d}}\|_\infty = \max\{|d_i|\} \leqslant 1$, 则得到一组线性约束 $-1 \leqslant d_i \leqslant 1$ $(i = 1, \cdots, n)$, 从而方向搜索程序, 例如, 可以通过单纯形法求解.

为了确保这种可行方向方法对于二次优化问题 $f(\underline{\boldsymbol{x}}) = \underline{\boldsymbol{x}}^{\mathrm{T}}\boldsymbol{C}\underline{\boldsymbol{x}} + \underline{\boldsymbol{p}}^{\mathrm{T}}\underline{\boldsymbol{x}} = \min!$, $\boldsymbol{A}\underline{\boldsymbol{x}} \leqslant \underline{\boldsymbol{b}}$, 能够在有穷步内得到解决, 可以利用如下的共轭条件来实施方向搜索程序: 如果在某一步成立 $\alpha_{k-1} = \alpha'_{k-1}$, 即 $\underline{\boldsymbol{x}}^k$ 是一“内”点, 则在方向搜索程序中加上条件

$$\underline{\boldsymbol{d}}^{k-1\,\mathrm{T}}\boldsymbol{C}\underline{\boldsymbol{d}} = 0. \tag{18.104}$$

此外, 前面各步骤中相应的的条件均保留不变. 如果在往后的某一步有 $\alpha_k = \alpha''_k$, 则条件 (18.104) 就去掉.

■ $f(\underline{\boldsymbol{x}}) = x_1^2 + 4x_2^2 - 10x_1 - 32x_2 = \min!$, $g_1(\underline{\boldsymbol{x}}) = -x_1 \leqslant 0$, $g_2(\underline{\boldsymbol{x}}) = -x_2 \leqslant 0$, $g_3(\underline{\boldsymbol{x}}) = x_1 + 2x_2 - 7 \leqslant 0$, $g_4(\underline{\boldsymbol{x}}) = 2x_1 + x_2 - 8 \leqslant 0$.

第 1 步: 从 $\underline{\boldsymbol{x}}^1 = (3, 0)^{\mathrm{T}}$ 出发, $\nabla f(\underline{\boldsymbol{x}}^1) = (-4, -32)^{\mathrm{T}}$, $I_0(\underline{\boldsymbol{x}}^1) = \{2\}$.

方向搜索程序: $\left\{\begin{array}{c} -4d_1 - 32d_2 = \min! \\ -d_2 \leqslant 0,\ \|\underline{\boldsymbol{d}}\|_\infty \leqslant 1 \end{array}\right\} \Longrightarrow \underline{\boldsymbol{d}}^1 = (1, 1)^{\mathrm{T}}$.

最小化常数: $\alpha'_k = -\dfrac{\underline{\boldsymbol{d}}^{k\,\mathrm{T}}\nabla f(\underline{\boldsymbol{x}}^k)}{2\underline{\boldsymbol{d}}^{k\,\mathrm{T}}\boldsymbol{C}\underline{\boldsymbol{d}}^k}$, 其中 $\boldsymbol{C} = \begin{pmatrix} 1 & 0 \\ 0 & 4 \end{pmatrix}$.

最大可行步长: $\alpha''_k = \min\left\{\dfrac{-g_i(\underline{\boldsymbol{x}}^k)}{\underline{\boldsymbol{a}}_i^{\mathrm{T}}\underline{\boldsymbol{d}}^k} : i \text{ 满足 } \underline{\boldsymbol{a}}_i^{\mathrm{T}}\underline{\boldsymbol{d}}^k > 0\right\}$, $\alpha'_1 = \dfrac{18}{5}$, $\alpha''_1 = \dfrac{2}{3} \Longrightarrow \alpha_1 = \min\left\{\dfrac{18}{5}, \dfrac{2}{3}\right\} = \dfrac{2}{3}$, $\underline{\boldsymbol{x}}^2 = \left(\dfrac{11}{3}, \dfrac{2}{3}\right)^{\mathrm{T}}$.

第 2 步: $\nabla f(\underline{\boldsymbol{x}}^2) = \left(-\dfrac{8}{3}, -\dfrac{80}{3}\right)^{\mathrm{T}}$, $I_0(\underline{\boldsymbol{x}}^2) = \{4\}$.

方向搜索程序: $\left\{\begin{array}{c} -\dfrac{8}{3}d_1 - \dfrac{80}{3}d_2 = \min! \\ 2d_1 + d_2 \leqslant 0,\ \|\underline{\boldsymbol{d}}\|_\infty \leqslant 1 \end{array}\right\} \Longrightarrow \underline{\boldsymbol{d}}^2 = \left(-\dfrac{1}{2}, 1\right)^{\mathrm{T}}$, $\alpha'_2 =$

$\dfrac{152}{51}$, $\alpha_2''=\dfrac{4}{3}\Longrightarrow\alpha_2=\dfrac{4}{3}$, $\underline{\boldsymbol{x}}^3=(3,2)^{\mathrm{T}}$.

第 3 步: $\nabla f(\underline{\boldsymbol{x}}^3)=(-4,-16)^{\mathrm{T}}$, $I_0(\underline{\boldsymbol{x}}^3)=\{3,4\}$.

方向搜索程序: $\left\{\begin{array}{c}-4d_1-16d_2=\min!\\ d_1+2d_2\leqslant 0,\ 2d_1+d_2\leqslant 0,\ \|\underline{\boldsymbol{d}}\|_\infty\leqslant 1\end{array}\right\}\Longrightarrow\ \underline{\boldsymbol{d}}^3\ =$ $\left(-1,\dfrac{1}{2}\right)^{\mathrm{T}}$, $\alpha_3'=1$, $\alpha_3''=3\Longrightarrow\alpha_3=1$, $\underline{\boldsymbol{x}}^4=\left(2,\dfrac{5}{2}\right)^{\mathrm{T}}$.

接下来的方向搜索程序结果是 $\sigma=0$, 从而极小点是 $\underline{\boldsymbol{x}}^*=\underline{\boldsymbol{x}}^4$(图 18.9).

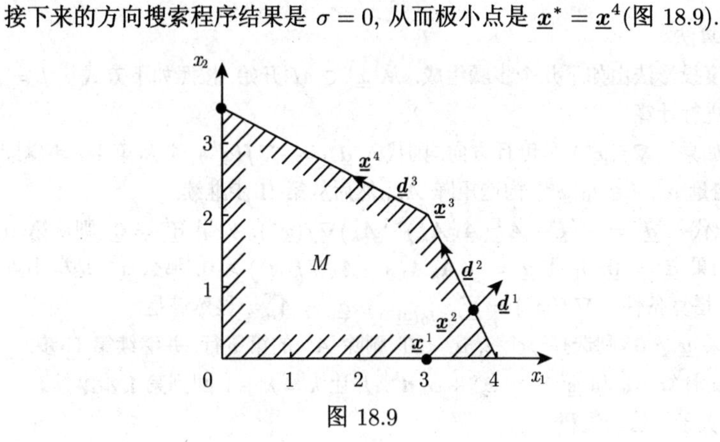

图 18.9

18.2.7.2 梯度投影方法

1. 问题的提法和求解原理

假定给定凸优化问题

$$f(\underline{\boldsymbol{x}})=\min!,\ \text{其中}\underline{\boldsymbol{x}}\text{满足}\underline{\boldsymbol{a}}_i^{\mathrm{T}}\underline{\boldsymbol{x}}\leqslant b_i,\ i=1,\cdots,m. \tag{18.105}$$

点 $\underline{\boldsymbol{x}}^k\in M$ 处的可行下降方向 $\underline{\boldsymbol{d}}^k$ 按如下方式确定:

如果 $-\nabla f(\underline{\boldsymbol{x}}^k)$ 是可行方向, 则选择 $\underline{\boldsymbol{d}}^k=-\nabla f(\underline{\boldsymbol{x}}^k)$. 否则, $\underline{\boldsymbol{x}}^k$ 在 M 的边界上, 并且 $-\nabla f(\underline{\boldsymbol{x}}^k)$ 指向 M 外. 向量 $-\nabla f(\underline{\boldsymbol{x}}^k)$ 通过一个线性映射投影到 M 边界的一个线性流形上, 该流形由 $\underline{\boldsymbol{x}}^k$ 处主动约束的子集确定. 图 18.10(a) 表示投影到一棱边, 而图 18.10(b) 表示投影到一个面上. 假定非降秩, 即如果对于每个 $\underline{\boldsymbol{x}}\in\mathbb{R}^n$, 诸向量 $\underline{\boldsymbol{a}}_i, i\in I_0(\underline{\boldsymbol{x}})$ 是线性无关的, 则

$$\underline{\boldsymbol{d}}^k=-\boldsymbol{P}_k\nabla f(\underline{\boldsymbol{x}}^k)=-\big(I-\boldsymbol{A}_k^{\mathrm{T}}(\boldsymbol{A}_k\boldsymbol{A}_k^{\mathrm{T}})^{-1}A_k\big)\nabla f(\underline{\boldsymbol{x}}^k) \tag{18.106}$$

就给出这样的投影. 这里 $\boldsymbol{A}_k$ 由这样一些向量 $\underline{\boldsymbol{a}}_i$ 组成, 其相应的约束构成一个子流形, 而 $-\nabla f(\underline{\boldsymbol{x}}^k)$ 正好投影到这个子流形.

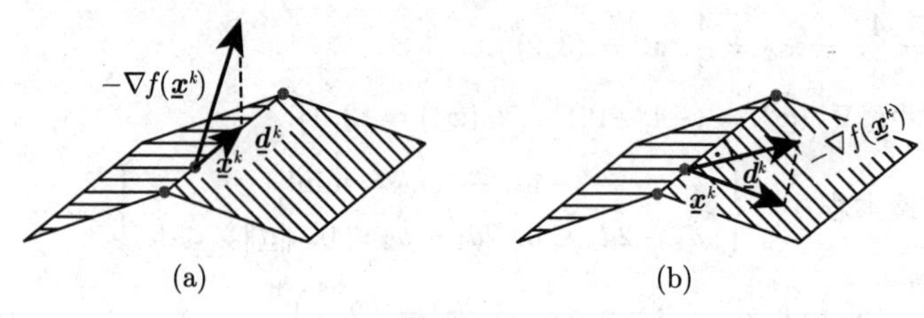

图 18.10

2. 算法

梯度投影法由如下几个步骤组成: 从 $\underline{x}^1 \in M$ 开始, 按照如下方式从 $k=1$ 出发依次进行计算.

I: 如果 $-\nabla f(\underline{x}^k)$ 是可行方向, 则代入 $\underline{d}^k = -\nabla f(\underline{x}^k)$, 并从第 III 步继续. 否则, 从向量 $\underline{a}_i,\ i \in I_0(\underline{x}^k)$ 构造矩阵 A_k, 然后从第 II 步继续.

II: 代入 $\underline{d}^k = -\left(I - A_k^{\mathrm{T}}(A_k A_k^{\mathrm{T}})^{-1}A_k\right)\nabla f(\underline{x}^k)$. 如果 $\underline{d}^k \neq \underline{0}$, 则从第 III 步继续. 如果 $\underline{d}^k = \underline{0}$, 并且 $\underline{u} = -(A_k A_k^{\mathrm{T}})^{-1}A_k \nabla f(\underline{x}^k) \geqslant \underline{0}$, 那么 $\underline{x}^k$ 是极小点. 局部库恩–塔克条件 $-\nabla f(\underline{x}^k) = \sum_{i \in I_0(\underline{x}^k)} u_i \underline{a}_i = A_k^{\mathrm{T}}\underline{u}$ 显然满足.

如果 $\underline{u} \ngeq \underline{0}$, 则选择一个 i, $\underline{u}_i < 0$, 删除 A^k 的第 i 行, 并继续第 II 步.

III: 计算 α_k 和 $\underline{x}^{k+1} = \underline{x}^k + \alpha_k \underline{d}^k$, 并让 $k = k+1$ 回到第 I 步继续.

3. 关于算法的注释

如果 $-\nabla f(\underline{x}^k)$ 不是可行方向, 则这个向量被映到包含 $\underline{x}^k$ 的最小维子流形上. 如果 $\underline{d}^k = \underline{0}$, 则 $-\nabla f(\underline{x}^k)$ 垂直于这个子流形. 如果 $\underline{u} \geqslant \underline{0}$ 不成立, 则该子流形的维数通过删去一个主动约束而增加一维, 从而有可能出现 $\underline{d}^k \neq \underline{0}$(图 18.10(b))(投影到一个 (侧) 面). 由于 A_k 往往是从 A_{k-1} 通过增加或删掉一行而得到, 故 $(A_k A_k^{\mathrm{T}})^{-1}$ 的计算可以利用 $(A_{k-1}A_{k-1}^{\mathrm{T}})^{-1}$ 而得到简化.

■ 本页 2. 中的例子问题的求解.

第 1 步: $\underline{x}^1 = (3,0)^{\mathrm{T}}$.

I: $\nabla f(\underline{x}^1) = (-4,-32)^{\mathrm{T}}$, $-\nabla f(\underline{x}^k)$ 是可行的, $\underline{d}^1 = (4,32)^{\mathrm{T}}$.

III: 如同上例, 确定步长为 $\alpha_1 = \dfrac{1}{2}$, $\underline{x}^2 = \left(\dfrac{16}{5}, \dfrac{8}{5}\right)^{\mathrm{T}}$.

第 2 步:

I: $\nabla f(\underline{x}^2) = \left(-\dfrac{18}{5}, -\dfrac{96}{5}\right)^{\mathrm{T}}$ (不可行), $I_0(\underline{x}^2) = \{4\}$, $A_2 = (2\ \ 1)$.

II: $P_2 = \dfrac{1}{5}\begin{pmatrix} 1 & -2 \\ -2 & 4 \end{pmatrix}$, $\underline{d}^2 = \left(-\dfrac{8}{25}, \dfrac{16}{25}\right) \neq \underline{0}$.

III: $\alpha_2 = \dfrac{5}{8}$, $\underline{x}^3 = (3,2)^{\mathrm{T}}$.

第 3 步:

I: $\nabla f(\underline{\boldsymbol{x}}^3)=(-4,-16)^{\mathrm{T}}$(不可行), $I_0(\underline{\boldsymbol{x}}^3)=\{3,4\},\ \boldsymbol{A}_3=\begin{pmatrix}1&2\\2&1\end{pmatrix}$.

II: $\boldsymbol{P}_3=\begin{pmatrix}0&0\\0&0\end{pmatrix},\ \underline{\boldsymbol{d}}^3=(0,0)^{\mathrm{T}},\ \underline{\boldsymbol{u}}=\left(\frac{28}{3},-\frac{8}{3}\right)^{\mathrm{T}}, u_2<0$: $\boldsymbol{A}_3=(1\ \ 2)$.

II: $\boldsymbol{P}_3=\frac{1}{5}\begin{pmatrix}4&-2\\-2&1\end{pmatrix},\ \underline{\boldsymbol{d}}^3=\left(-\frac{16}{5},\frac{8}{5}\right)^{\mathrm{T}}$.

III: $\alpha_3=\frac{5}{16},\ \underline{\boldsymbol{x}}^4=\left(2,\frac{5}{2}\right)^{\mathrm{T}}$.

第 4 步:

I: $\nabla f(\underline{\boldsymbol{x}}^4)=(-6,-12)^{\mathrm{T}}$(不可行), $I_0(\underline{\boldsymbol{x}}^4)=\{3\},\ \boldsymbol{A}_4=\boldsymbol{A}_3$.

II: $\boldsymbol{P}_4=\boldsymbol{P}_3,\ \underline{\boldsymbol{d}}^4=(0,0)^{\mathrm{T}},\ u=6\geqslant 0$.

由此可知, $\underline{\boldsymbol{x}}^4$ 是极小点.

18.2.8 罚函数法和障碍函数法

这些方法的基本原理是通过修正目标函数将约束优化问题转换成一列无约束优化问题. 修正后的问题, 例如, 可以通过 18.2.5 给出的方法求解. 通过适当构造修正的目标函数, 这一修正问题解点列的每个聚点都是原问题的一个解.

18.2.8.1 罚函数法

问题

$$f(\underline{\boldsymbol{x}})=\min!,\quad \text{约束条件为 } g_i(\underline{\boldsymbol{x}})\leqslant 0\ (i=1,\cdots,m) \tag{18.107}$$

用如下一列无约束问题代替:

$$H(\underline{\boldsymbol{x}},p_k)=f(\underline{\boldsymbol{x}})+p_kS(\underline{\boldsymbol{x}})=\min!,\quad \text{其中 } \underline{\boldsymbol{x}}\in\mathbb{R}^n, p_k>0\ (k=1,2,\cdots). \tag{18.108}$$

这里 p_k 是正参数, 而 $S(\underline{\boldsymbol{x}})$ 满足

$$S(\underline{\boldsymbol{x}})=\begin{cases}=0, & \underline{\boldsymbol{x}}\in M,\\ >0, & \underline{\boldsymbol{x}}\notin M,\end{cases} \tag{18.109}$$

即让可行集 M 用一“补偿”项 $p_kS(\underline{\boldsymbol{x}})$ 进行惩罚. 问题 (18.108) 通过一列趋于无穷的罚参数 p_k 来求解. 于是

$$\lim_{k\to\infty}H(\underline{\boldsymbol{x}},p_k)=f(\underline{\boldsymbol{x}}),\quad \underline{\boldsymbol{x}}\in M. \tag{18.110}$$

如果 $\underline{\boldsymbol{x}}^k$ 是第 k 个罚问题的解, 则

$$H(\underline{\boldsymbol{x}},p_k)\geqslant H(\underline{\boldsymbol{x}}^{k-1},p_{k-1}),\quad f(\underline{\boldsymbol{x}}^k)\geqslant f(\underline{\boldsymbol{x}}^{k-1}), \tag{18.111}$$

并且序列 $\{\underline{\boldsymbol{x}}^k\}$ 的每个聚点 $\underline{\boldsymbol{x}}^*$ 都是 (18.107) 的解. 如果 $\underline{\boldsymbol{x}}^k\in M$, 则 $\underline{\boldsymbol{x}}^k$ 是原问题的解.

例如, 如下函数是 $S(\underline{x})$ 的合适的选择:

$$S(\underline{x}) = \max{}^r\{0, g_1(\underline{x}), \cdots, g_m(\underline{x})\} \quad (r = 1, 2, \cdots) \tag{18.112a}$$

或

$$S(\underline{x}) = \sum_{i=1}^{m} \max{}^r\{0, g_i(\underline{x})\} \quad (r = 1, 2, \cdots). \tag{18.112b}$$

如果函数 $f(\underline{x})$ 和 $g_i(\underline{x})$ 可微, 那么当 $r > 1$ 时, 罚函数 $H(\underline{x}, p_k)$ 在 M 的边界上也可微, 从而可以使用解析解求解辅助问题 (18.108).

图 18.11 为罚函数方法的示意图.

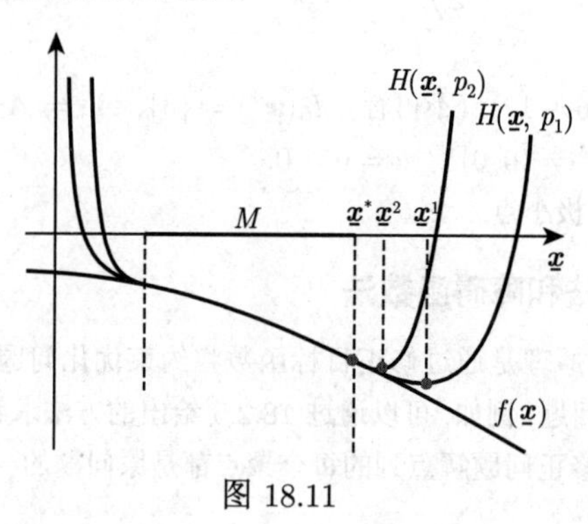

图 18.11

■ $f(\underline{x}) = x_1^2 + x_2^2 = \min!$, $x_1 + x_2 \geqslant 1$, $H(\underline{x}, p_k) = x_1^2 + x_2^2 + p_k \max^2\{0, 1 - x_1 - x_2\}$. 最优性必要条件是

$$\nabla H(\underline{x}, p_k) = \begin{pmatrix} 2x_1 - 2p_k \max\{0, 1 - x_1 - x_2\} \\ 2x_2 - 2p_k \max\{0, 1 - x_1 - x_2\} \end{pmatrix} = \begin{pmatrix} 0 \\ 0 \end{pmatrix}.$$

这里 H 的梯度是相对于 $\underline{x}$ 计算的. 两个方程相减得到 $x_1 = x_2$. 方程 $2x_1 - 2p_k \max\{0, 1 - 2x_1\} = 0$ 有唯一解 $x_1^k = x_2^k = \dfrac{p_k}{1 + 2p_k}$. 由此让 $k \in \infty$ 得到解 $x_1^* = x_2^* = \lim_{k\to\infty} \dfrac{p_k}{1 + 2p_k} = \dfrac{1}{2}$.

18.2.8.2 障碍函数法

在障碍函数法中, 考虑如下一列修正问题:

$$H(\underline{x}, q_k) = f(\underline{x}) + q_k B(\underline{x}) = \min!, \quad q_k > 0. \tag{18.113}$$

这里的项 $q_k B(\underline{x})$ 是为了避免解偏离可行集 M, 因为目标函数在接近 M 的边界时会无限增长. 正则性条件

$$M^0 = \{\underline{x} \in M: \ g_i(\underline{x}) < 0, \ i = 1, \cdots, m\} \neq \varnothing, \quad \overline{M^0} = M \tag{18.114}$$

必须满足, 即 M 的内点必须非空, 并且要求从内部可以逼近到任意边界点, 即 M^0 的闭包是 M. 函数 $B(\underline{\boldsymbol{x}})$ 要求在 M^0 上连续, 而在边界上增加到无穷大. 修正问题 (18.113) 通过一列趋于零的障碍参数 q_k 来求解. 设 $\underline{\boldsymbol{x}}^k$ 是第 k 个问题 (18.113) 的解, 则

$$f(\underline{\boldsymbol{x}}^k) \leqslant f(\underline{\boldsymbol{x}}^{k-1}), \tag{18.115}$$

并且序列 $\{\underline{\boldsymbol{x}}^k\}$ 的每个聚点都是 (18.107) 的解. 图 18.12 为障碍函数法的示意图. 例如, 函数

$$B(\underline{\boldsymbol{x}}) = -\sum_{i=1}^{m} -\ln(-g_i(\underline{\boldsymbol{x}})), \quad \underline{\boldsymbol{x}} \in M^0 \tag{18.116a}$$

或

$$B(\underline{\boldsymbol{x}}) = -\sum_{i=1}^{m} \frac{1}{[-g_i(\underline{\boldsymbol{x}})]^r} \quad (r = 1, 2, \cdots), \quad \underline{\boldsymbol{x}} \in M^0 \tag{18.116b}$$

是 $B(\underline{\boldsymbol{x}})$ 的合适的选择.

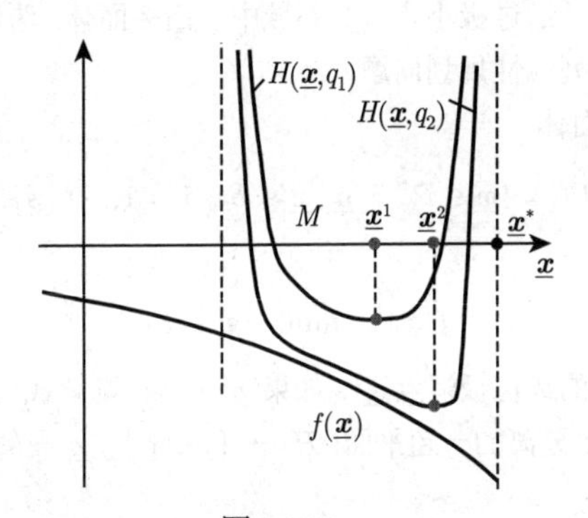

图 18.12

■ $f(\underline{\boldsymbol{x}}) = x_1^2 + x_2^2 = \min!$, $x_1 + x_2 \geqslant 1$, $H(\underline{\boldsymbol{x}}, q_k) = x_1^2 + x_2^2 + q_k(-\ln(x_1 + x_2 - 1))$, $x_1 + x_2 > 1$, $\nabla H(\underline{\boldsymbol{x}}, q_k) = \begin{pmatrix} 2x_1 - q_k \dfrac{1}{x_1 - x_2 - 1} \\ 2x_2 - q_k \dfrac{1}{x_1 + x_2 - 1} \end{pmatrix} = \begin{pmatrix} 0 \\ 0 \end{pmatrix}$, $x_1 + x_2 > 1$. 这里 H 的梯度是相对于 $\underline{\boldsymbol{x}}$ 的.

两个方程相减得到 $x_1 = x_2$, $2x_1 - q_k \dfrac{1}{2x_1 - 1} = 0$, $x_1 > \dfrac{1}{2} \Longrightarrow x_1^2 - \dfrac{x_1}{2} - \dfrac{q_k}{4} = 0$, $x_1 > \dfrac{1}{2}$, $x_1^k = x_2^k = \dfrac{1}{4} + \sqrt{\dfrac{1}{16} + \dfrac{q_k}{4}}$, $k \to \infty$, $q_k \to 0$: $x_1^* = x_2^* = \dfrac{1}{2}$.

问题 (18.108) 和 (18.113) 第 k 步的解并不依赖于前几步的解. 应用高阶罚函数和较小的障碍参数往往会引起 (18.108) 和 (18.113) 的数值解的收敛性问题, 例如, 特别是在 (18.2.4) 的方法中, 如果没有好的初始近似的话. 使用第 k 个问题的解作为第 $k+1$ 个问题的初始解, 收敛行为有可能得到改善.

18.2.9 割平面法

1. 问题的提法和求解原理

设考虑有界区域 $M \subset \mathbb{R}^n$ 上的问题

$$f(\underline{\boldsymbol{x}}) = \underline{\boldsymbol{c}}^{\mathrm{T}}\underline{\boldsymbol{x}} = \min!, \quad \underline{\boldsymbol{c}} \in \mathbb{R}^n, \tag{18.117}$$

这里 M 由凸函数 $g_i(\underline{\boldsymbol{x}})$ $(i = 1, \cdots, m)$ 以约束形式 $g_i(\underline{\boldsymbol{x}}) \leqslant 0$ 给出. 相应于非线性但凸的目标函数 $f(\underline{\boldsymbol{x}})$ 的规划问题就可以转换成这种形式, 为此只要把

$$f(\underline{\boldsymbol{x}}) - x_{n+1} \leqslant 0, \quad \underline{\boldsymbol{x}}_{n+1} \in \mathbb{R} \tag{18.118}$$

看作另一个约束, 并且在约束 $\overline{g}_i(\underline{\boldsymbol{x}}) = g_i(\underline{\boldsymbol{x}}) \leqslant 0$ 之下求解问题:

$$\overline{f}(\overline{\underline{\boldsymbol{x}}}) = x_{n+1} = \min!, \quad \forall\, \overline{\underline{\boldsymbol{x}}} = (\underline{\boldsymbol{x}}, x_{n+1}) \in \mathbb{R}^{n+1}. \tag{18.119}$$

这个方法的基本想法是通过极小点 $\underline{\boldsymbol{x}}^*$ 邻域中一凸多面体, 迭代线性逼近 M, 从而原规划问题转化成一列线性规划问题.

首先, 确定凸多面体

$$P_1 = \{\underline{\boldsymbol{x}} \in \mathbb{R}^n :\ \underline{\boldsymbol{a}}_i^{\mathrm{T}}\underline{\boldsymbol{x}} \leqslant b_i,\ i = 1, \cdots, s\}. \tag{18.120}$$

由线性规划问题

$$f(\underline{\boldsymbol{x}}) = \min!, \quad \underline{\boldsymbol{x}} \in P_1 \tag{18.121}$$

相对于 $f(\underline{\boldsymbol{x}})$ 确定 P_1 的最优极端点 $\underline{\boldsymbol{x}}^1$. 如果 $\underline{\boldsymbol{x}}^1 \in M$, 则就找到原问题的最优解. 否则, 确定将点 $\underline{\boldsymbol{x}}^1$ 和 M 分离的一超平面: $H_1 = \{\underline{\boldsymbol{x}} :\ \underline{\boldsymbol{a}}_{s+1}^{\mathrm{T}}\underline{\boldsymbol{x}} = b_{s+1}, \underline{\boldsymbol{a}}_{s+1}^{\mathrm{T}}\underline{\boldsymbol{x}}^1 > b_{s+1}\}$, 于是新的多面体包含

$$P_2 = \{\underline{\boldsymbol{x}} \in P_1 :\ \underline{\boldsymbol{a}}_{s+1}^{\mathrm{T}}\underline{\boldsymbol{x}} \leqslant b_{s+1}\}. \tag{18.122}$$

图 18.13 为割平面法的示意图.

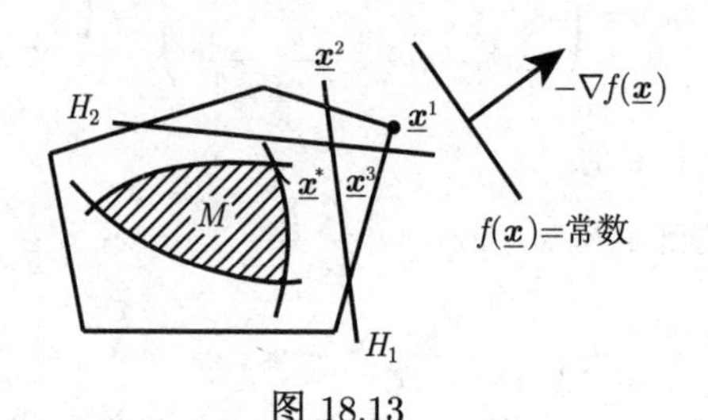

图 18.13

2. 凯利 (Kelley) 方法

不同方法之间的区别在于分离平面的选取. 采用凯利方法, H_k 的选取方法如下: 选择一标号 j_k 使得

$$g_{j_k}(\underline{\boldsymbol{x}}^k) = \max\{g_i(\underline{\boldsymbol{x}}^k) \ : \ i = 1, \cdots, m\}. \tag{18.123}$$

函数 $g_{j_k}(\underline{\boldsymbol{x}})$ 在 $\underline{\boldsymbol{x}} = \underline{\boldsymbol{x}}^k$ 的切平面为

$$T(\underline{\boldsymbol{x}}) = g_{j_k}(\underline{\boldsymbol{x}}^k) + (\underline{\boldsymbol{x}} - \underline{\boldsymbol{x}}^k)^{\mathrm{T}} \nabla g_{j_k}(\underline{\boldsymbol{x}}^k). \tag{18.124}$$

超平面 $H_k = \{\underline{\boldsymbol{x}} \in \mathbb{R}^n : \ T(\underline{\boldsymbol{x}}) = 0\}$ 把点 $\underline{\boldsymbol{x}}^k$ 与所有满足 $g_{j_k}(\underline{\boldsymbol{x}}) \leqslant 0$ 的点 $\underline{\boldsymbol{x}}$ 分离开. 于是, 对于第 $k+1$ 个线性规划问题, 增加一个约束条件 $T(\underline{\boldsymbol{x}}) \leqslant 0$. 序列 $\{\underline{\boldsymbol{x}}^k\}$ 的每个聚点 $\underline{\boldsymbol{x}}^*$ 都是原问题的一个极小点. 实际应用表明, 这种方法的收敛速度较低. 此外, 约束的数量总是不断增加.

18.3 离散动态规划

18.3.1 离散动态决策模型

很大一类优化问题可以用动态规划法求解. 我们把这样的优化问题看作自然地或形式上按时间行进的过程, 并且它由依赖时间的决策所控制. 如果这一过程可以分解成有穷或可数无穷多步, 则它称为*离散动态规划*. 本节仅讨论 n 级离散过程.

18.3.1.1 n 级决策过程

一个 n 级过程 P 从 0 级初始状态 $\underline{\boldsymbol{x}}_a = \underline{\boldsymbol{x}}_0$ 开始, 通过中间状态 $\underline{\boldsymbol{x}}_1, \underline{\boldsymbol{x}}_2, \cdots, \underline{\boldsymbol{x}}_{n-1}$ 直到进入最终状态 $\underline{\boldsymbol{x}}_n = \underline{\boldsymbol{x}}_e \in X_e \subseteq \mathbb{R}_m$. *状态向量* $\underline{\boldsymbol{x}}_j$ 在状态空间 $X_j \subseteq \mathbb{R}_m$ 中. 为了将状态 $\underline{\boldsymbol{x}}_{j-1}$ 驱动到状态 $\underline{\boldsymbol{x}}_j$, 要求找一个决策 $\underline{\boldsymbol{u}}_j$. 在状态 $\underline{\boldsymbol{x}}_{j-1}$ 处所有可能的*决策向量* $\underline{\boldsymbol{u}}_j$ 构成*决策空间* $U_j(\underline{\boldsymbol{x}}_{j-1}) \subseteq \mathbb{R}^s$. 从 $\underline{\boldsymbol{x}}_{j-1}$ 出发, 可以通过如下变换得到下一个状态 $\underline{\boldsymbol{x}}_j$(图 18.14):

$$\underline{\boldsymbol{x}}_j = g_j(\underline{\boldsymbol{x}}_{j-1}, \underline{\boldsymbol{u}}_j), \quad j = 1(1)n. \tag{18.125}$$

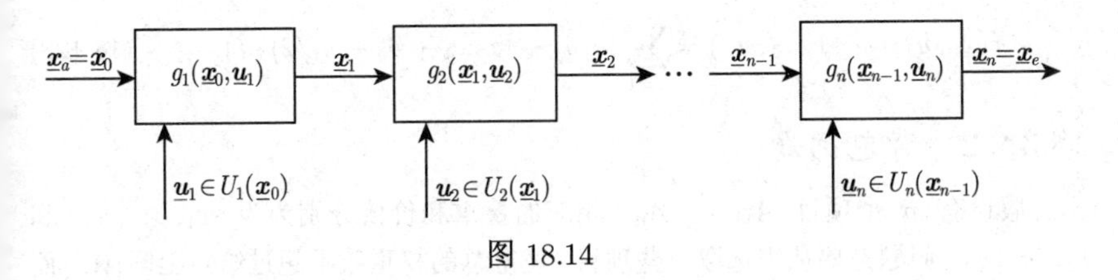

图 18.14

18.3.1.2 动态规划问题

我们的目的是确定一个*策略* $(\underline{\boldsymbol{u}}_1, \cdots, \underline{\boldsymbol{u}}_n)$ 使得过程从初始状态 $\underline{\boldsymbol{x}}_a$ 驱动至状态 $\underline{\boldsymbol{x}}_e$, 并考虑到所有的约束, 使得目标函数或*费用函数* $f(f_1(\underline{\boldsymbol{x}}_0, \underline{\boldsymbol{u}}_1), \cdots, f_n(\underline{\boldsymbol{x}}_{n-1}, \underline{\boldsymbol{u}}_n))$ 达到极小. 函数 $f_j(\underline{\boldsymbol{x}}_{j-1}, \underline{\boldsymbol{u}}_j)$ 称作*阶段费用函数*. 动态规划问题的标准形是

$$\textbf{OF:}\quad f(f_1(\underline{\boldsymbol{x}}_0,\underline{\boldsymbol{u}}_1),\cdots,f_n(\underline{\boldsymbol{x}}_{n-1},\underline{\boldsymbol{u}}_n)) \longrightarrow \min! \tag{18.126a}$$

$$\textbf{CT:}\quad \left.\begin{array}{ll} \underline{\boldsymbol{x}}_j = g_j(\underline{\boldsymbol{x}}_{j-1},\underline{\boldsymbol{u}}_j), & j=1(1)n, \\ \underline{\boldsymbol{x}}_0 = \underline{\boldsymbol{x}}_a,\ \underline{\boldsymbol{x}}_n = \underline{\boldsymbol{x}}_e \in X_e,\ \underline{\boldsymbol{x}}_j \in X_j \subseteq \mathbb{R}^m, & j=1(1)n, \\ \underline{\boldsymbol{u}}_j \in U_j(\underline{\boldsymbol{x}}_{j-1}) \subseteq \mathbb{R}^m, & j=1(1)n. \end{array}\right\} \tag{18.126b}$$

第一种类型的约束 $\underline{\boldsymbol{x}}_j$ 称作*动态约束*, 而其余约束 $\underline{\boldsymbol{x}}_0,\underline{\boldsymbol{u}}_j$ 则称作*静态约束*. 类似于 (18.126a), 也可以考虑极大问题. 满足所有约束条件的策略称作*可行约束*. 如果目标函数满足某些附加要求 (参见第 1227 页 18.3.3), 则可以应用动态规划法.

18.3.2 离散决策模型的例子

18.3.2.1 购买问题

一时间区间可以分成 n 个周期, 在其第 j 个周期内, 一工场需要某种原材料 v_j 个单位. 在第 j 个周期开始时能得到的这种材料的数量记作 x_{j-1}, 特别地, $x_0 = x_a$ 是给定的. 在每个周期结束时工场将以单位价格 c_j 购买待定数量 u_j 个单位材料. 同时给定的储存容量 K 是不能超过的, 即 $x_{j-1}+u_j \leqslant K$. 要求确定购买策略 $(u_1,\cdots,u_n)$, 使得总费用最小. 于是我们要求解如下的动态规划问题:

$$\textbf{OF:}\quad f(u_1,\cdots,u_n) = \sum_{j=1}^{n} f_j(u_j) = \sum_{j=1}^{n} c_j u_j \longrightarrow \min! \tag{18.127a}$$

$$\textbf{CT:}\quad \left.\begin{array}{ll} x_j = x_{j-1}+u_j-v_j, & j=1(1)n, \\ x_0 = x_a,\ 0 \leqslant x_j \leqslant K, & j=1(1)n, \\ U_j(x_{j-1}) = \{u_j:\ \max\{0, v_j - x_{j-1}\} & \\ \qquad\qquad \leqslant u_j \leqslant K - x_{j-1}\}, & j=1(1)n. \end{array}\right\} \tag{18.127b}$$

在 (18.127b) 中, 保证满足所需要求, 并且储存容量不会超过. 如果每个周期内还要支付每个单位储存费用 ℓ, 则在第 j 周期内的中间费用是 $(x_{j-1}+u_j-v_j/2)\ell$, 而修正的费用函数是

$$f(x_0,u_1,\cdots,x_{n-1},u_n) = \sum_{j=1}^{n}\left(c_j u_j + (x_{j-1}+u_j-v_j/2)\cdot\ell\right). \tag{18.128}$$

18.3.2.2 背包问题

假设有 n 个项目 $A_1,\cdots,A_n$, 相应的权重和价值分别为为 $w_1,\cdots,w_n$ 和 $c_1,\cdots,c_n$, 问题是要从中选取一些项目, 使得总的权重数不超过给定上限 W, 而总价值最大. 这个问题与时间无关. 我们按如下方式重新表述这个问题: 在每一阶段要作出一个有关项目 A_j 选取的决策 u_j, 这里若选取 A_j, 则 $u_j=1$, 否则, $u_j=0$. 在每一阶段开始时能得到的容量记作 x_{j-1}. 从而就得到如下动态规划问题:

$$\textbf{OF:}\qquad f(u_1,\cdots,u_n) = \sum_{j=1}^{n} c_j u_j \longrightarrow \min! \tag{18.129a}$$

$$\textbf{CT}: \quad \left.\begin{array}{ll} x_j = x_{j-1} - w_j u_j, & j=1(1)n, \\ x_0 = W,\ 0 \leqslant x_j \leqslant W, & j=1(1)n, \\ \left.\begin{array}{ll} u_j \in \{0,1\}, & x_{j-1} \geqslant w_j, \\ u_j = 0, & x_{j-1} < w_j, \end{array}\right\} & j=1(1)n. \end{array}\right\} \tag{18.129b}$$

18.3.3 贝尔曼泛函方程

18.3.3.1 费用函数的性质

为了叙述贝尔曼泛函方程, 费用函数必须满足两个性质.

1. 可分性

函数 $f(f_1(\underline{\boldsymbol{x}}_0,\underline{\boldsymbol{u}}_1),\cdots,f_n(\underline{\boldsymbol{x}}_{n-1},\underline{\boldsymbol{u}}_n))$ 称作可分的, 是指它可以由双参函数 $H_1,\cdots,H_{n-1}$ 以及函数 $F_1,\cdots,F_n$ 按如下方式给出:

$$\begin{aligned} & f(f_1(\underline{\boldsymbol{x}}_0,\underline{\boldsymbol{u}}_1),\cdots,f_n(\underline{\boldsymbol{x}}_{n-1},\underline{\boldsymbol{u}}_n)) \\ =\ & F_1(f_1(\underline{\boldsymbol{x}}_0,\underline{\boldsymbol{u}}_1),\cdots,f_n(\underline{\boldsymbol{x}}_{n-1},\underline{\boldsymbol{u}}_n)), \\ & F_1(f_1(\underline{\boldsymbol{x}}_0,\underline{\boldsymbol{u}}_1),\cdots,f_n(\underline{\boldsymbol{x}}_{n-1},\underline{\boldsymbol{u}}_n)) \\ =\ & H_1(f_1(\underline{\boldsymbol{x}}_0,\underline{\boldsymbol{u}}_1),F_2(f_2(\underline{\boldsymbol{x}}_1,\underline{\boldsymbol{u}}_2)\cdots,f_n(\underline{\boldsymbol{x}}_{n-1},\underline{\boldsymbol{u}}_n))), \\ & \cdots\cdots \\ & F_{n-1}(f_{n-1}(\underline{\boldsymbol{x}}_{n-2},\underline{\boldsymbol{u}}_{n-1}),f_n(\underline{\boldsymbol{x}}_{n-1},\underline{\boldsymbol{u}}_n)) \\ =\ & H_{n-1}(f_{n-1}(\underline{\boldsymbol{x}}_{n-2},\underline{\boldsymbol{u}}_{n-1}),F_n(f_n(\underline{\boldsymbol{x}}_{n-1},\underline{\boldsymbol{u}}_n))), \\ & F_n(f_n(\underline{\boldsymbol{x}}_{n-1},\underline{\boldsymbol{u}}_n)) = f_n(\underline{\boldsymbol{x}}_{n-1},\underline{\boldsymbol{u}}_n). \end{aligned} \tag{18.130}$$

2. 极小可交换性

函数 $H(\tilde{f}(\underline{\boldsymbol{a}}),\tilde{F}(\underline{\boldsymbol{b}}))$ 称作极小可交换的, 是指它满足

$$\min_{(\underline{\boldsymbol{a}},\underline{\boldsymbol{b}})\in A\times B} H(\tilde{f}(\underline{\boldsymbol{a}}),\tilde{F}(\underline{\boldsymbol{b}})) = \min_{\underline{\boldsymbol{a}}\in A} H\Big(\tilde{f}(\underline{\boldsymbol{a}}),\min_{\underline{\boldsymbol{b}}\in B}\tilde{F}(\underline{\boldsymbol{b}})\Big). \tag{18.131}$$

例如, 如果 H 对于每个 $\underline{\boldsymbol{a}}\in A$ 相对于第二变元是单调递增的, 即若对于每个 $\underline{\boldsymbol{a}}\in A$,

$$H(\tilde{f}(\underline{\boldsymbol{a}}),\tilde{F}(\underline{\boldsymbol{b}}_1)) \leqslant H(\tilde{f}(\underline{\boldsymbol{a}}),\tilde{F}(\underline{\boldsymbol{b}}_2)),\quad \text{若}\tilde{F}(\underline{\boldsymbol{b}}_1)\leqslant\tilde{F}(\underline{\boldsymbol{b}}_2), \tag{18.132}$$

则上述可交换性就满足. 现在对于动态规划问题的费用函数, 则要求满足 f 的可分性以及所有函数 $H_j, j=1(1)n-1$ 的极小可交换性. 以下经常出现的费用函数类型就满足这两种要求:

$$f^{\text{sum}} = \sum_{j=1}^{n} f_j(\underline{\boldsymbol{x}}_{j-1},\underline{\boldsymbol{u}}_j),\ \text{或者}\ f^{\max} = \max_{j=1(1)n} f_j(\underline{\boldsymbol{x}}_{j-1},\underline{\boldsymbol{u}}_j), \tag{18.133}$$

而函数 H_j 分别是

$$H_j^{\text{sum}} = f_j(\underline{\boldsymbol{x}}_{j-1}, \underline{\boldsymbol{u}}_j) + \sum_{k=j+1}^{n} f_k(\underline{\boldsymbol{x}}_{k-1}, \underline{\boldsymbol{u}}_k), \tag{18.134}$$

以及

$$H_j^{\max} = \max\left\{ f_j(\underline{\boldsymbol{x}}_{j-1}, \underline{\boldsymbol{u}}_j), \max_{k=j+1(1)n} f_k(\underline{\boldsymbol{x}}_{k-1}, \underline{\boldsymbol{u}}_k) \right\}. \tag{18.135}$$

18.3.3.2 列出泛函方程

首先定义如下函数:

$$\begin{aligned} \phi_j(\underline{\boldsymbol{x}}_{j-1}) = \min_{\substack{\underline{\boldsymbol{u}}_k \in U_k(\underline{\boldsymbol{x}}_{k-1}) \\ k=j(1)n}} & F_j(f_j(\underline{\boldsymbol{x}}_{j-1}, \underline{\boldsymbol{u}}_j), \\ & \cdots, f_n(\underline{\boldsymbol{x}}_{n-1}, \underline{\boldsymbol{u}}_n)), \quad j = 1(1)n, \end{aligned} \tag{18.136}$$

$$\phi_{n+1}(\underline{\boldsymbol{x}}_n) = 0. \tag{18.137}$$

如果没有策略 $(\underline{\boldsymbol{u}}_1, \cdots, \underline{\boldsymbol{u}}_n)$ 能驱动状态 $\underline{\boldsymbol{x}}_{j-1}$ 到末状态 $\underline{\boldsymbol{x}}_e \in X_e$, 则我们置 $\phi_j(\underline{\boldsymbol{x}}_{j-1}) = \infty$. 使用可分性以及对于 $j = 1(1)n$ 的极小可交换性和动态约束条件, 我们得到

$$\begin{aligned} \phi_j(\underline{\boldsymbol{x}}_{j-1}) &= \min_{\underline{\boldsymbol{u}}_j \in U_j(\underline{\boldsymbol{x}}_{j-1})} H_j\Bigg(f_j(\underline{\boldsymbol{x}}_{j-1}, \underline{\boldsymbol{u}}_j), \\ &\qquad \min_{\substack{\underline{\boldsymbol{u}}_k \in U_k(\underline{\boldsymbol{x}}_{k-1}) \\ k=j+1(1)n}} F_{j+1}\big(f_{j+1}(\underline{\boldsymbol{x}}_j, \underline{\boldsymbol{u}}_{j+1}), \cdots, f_n(\underline{\boldsymbol{x}}_{n-1}, \underline{\boldsymbol{u}}_n)\big)\Bigg), \\ &= \min_{\underline{\boldsymbol{u}}_j \in U_j(\underline{\boldsymbol{x}}_{j-1})} H_j\big(f_j(\underline{\boldsymbol{x}}_{j-1}, \underline{\boldsymbol{u}}_j), \phi_{j+1}(\underline{\boldsymbol{x}}_j)\big), \\ \phi_j(\underline{\boldsymbol{x}}_{j-1}) &= \min_{\underline{\boldsymbol{u}}_j \in U_j(\underline{\boldsymbol{x}}_{j-1})} H_j\big(f_j(\underline{\boldsymbol{x}}_{j-1}, \underline{\boldsymbol{u}}_j), \phi_{j+1}\big(g_j(\underline{\boldsymbol{x}}_{j-1}, \underline{\boldsymbol{u}}_j)\big)\big). \end{aligned} \tag{18.138}$$

方程 (18.138),(18.136) 和 (18.137) 称作*贝尔曼泛函方程*. $\phi_1(\underline{\boldsymbol{x}}_0)$ 是费用函数的最优值.

18.3.4 贝尔曼最优性原理

求解泛函方程

$$\phi_j(\underline{\boldsymbol{x}}_{j-1}) = \min_{\underline{\boldsymbol{u}}_j \in U_j(\underline{\boldsymbol{x}}_{j-1})} H_j\big(f_j(\underline{\boldsymbol{x}}_{j-1}, \underline{\boldsymbol{u}}_j), \phi_{j+1}(\underline{\boldsymbol{x}}_j)\big) \tag{18.139}$$

相当于确定最优策略 $(\underline{\boldsymbol{u}}_j^*, \cdots, \underline{\boldsymbol{u}}_n^*)$, 这一策略使得从状态 $\underline{\boldsymbol{x}}_{j-1}$ 开始, 由全过程 P 的最后 $n-j+1$ 级组成的子过程 P_j 的费用函数达到极小, 即

$$F_j(f_j(\underline{\boldsymbol{x}}_{j-1}, \underline{\boldsymbol{u}}_j), \cdots, f_n(\underline{\boldsymbol{x}}_{n-1}, \underline{\boldsymbol{u}}_n)) \longrightarrow \min! \tag{18.140}$$

初始状态为 $\underline{\boldsymbol{x}}_{j-1}$ 的子过程 P_j 的最优策略与已经将 P 驱动至状态 $\underline{\boldsymbol{x}}_{j-1}$ 的前 $j-1$ 级的决策 $(\underline{\boldsymbol{u}}_j,\cdots,\underline{\boldsymbol{u}}_n)$ 无关. 为了确定 $\phi_j(\underline{\boldsymbol{x}}_{j-1})$, 需要知道值 $\phi_{j+1}(\underline{\boldsymbol{x}}_j)$. 现在, 如果 $(\underline{\boldsymbol{u}}_j^*,\cdots,\underline{\boldsymbol{u}}_n^*)$ 是 P_j 的最优策略, 则显然 $(\underline{\boldsymbol{u}}_{j+1}^*,\cdots,\underline{\boldsymbol{u}}_n^*)$ 是初始状态为 $\underline{\boldsymbol{x}}_j=g_j(\underline{\boldsymbol{x}}_{j-1},\underline{\boldsymbol{u}}_j^*)$ 的子过程 P_{j+1} 的最优策略. 这个命题在贝尔曼最优性原理中被进一步推广为贝尔曼原理.

贝尔曼原理 如果 $(\underline{\boldsymbol{u}}_1^*,\cdots,\underline{\boldsymbol{u}}_n^*)$ 是过程 P 的最优策略, 而 $(\underline{\boldsymbol{x}}_0^*,\cdots,\underline{\boldsymbol{x}}_n^*)$ 是相应的状态序列, 则对于每个子过程 P_j, $j=1(1)n$, 在初始状态 $\underline{\boldsymbol{x}}_{j-1}^*$ 下, 策略 $(\underline{\boldsymbol{u}}_j^*,\cdots,\underline{\boldsymbol{u}}_n^*)$ 也是最优的.

18.3.5 贝尔曼泛函方程方法

18.3.5.1 最小费用的确定

基于泛函方程 (18.136),(18.137) 和 (18.138), 从 $\phi_{n+1}(\underline{\boldsymbol{x}}_n)=0$ 开始, 每一个值 $\phi_j(\underline{\boldsymbol{x}}_{j-1})$ $(\underline{\boldsymbol{x}}_{j-1}\in X_{j-1})$ 按 j 的递减顺序逐个确定. 它要求对于每一 $\underline{\boldsymbol{x}}_{j-1}\in X_{j-1}$, 最优问题的解都在决策空间 $U_j(\underline{\boldsymbol{x}}_{j-1})$. 对于每个 $\underline{\boldsymbol{x}}_{j-1}$, 存在一极小点 $\underline{\boldsymbol{u}}_j\in U_j$ 作为从 $\underline{\boldsymbol{x}}_{j-1}$ 开始的子过程 P_j 的第 1 级的最优决策. 如果诸集合 X_j 不是有限的或者它们太大, 那么可以对于一组所选择的节点 $\underline{\boldsymbol{x}}_{j-1}\in X_{j-1}$, 计算相应的 ϕ_j 值. 其中间值可以通过某种插值方法进行计算. $\phi_1(\underline{\boldsymbol{x}}_0)$ 是过程 P 的费用函数的最优值. 最优策略 $(\underline{\boldsymbol{u}}_1^*,\cdots,\underline{\boldsymbol{u}}_n^*)$ 以及相应的状态 $(\underline{\boldsymbol{x}}_0^*,\cdots,\underline{\boldsymbol{x}}_n^*)$ 可以采用如下两种方式之一来确定.

18.3.5.2 最优策略的确定

(1) **方式 1** 在求解泛函方程中, 每次计算 $\underline{\boldsymbol{x}}_{j-1}\in X_{j-1}$ 也要将计算值 $\underline{\boldsymbol{u}}_j$ 存储起来. 在计算 $\phi_1(\underline{\boldsymbol{x}}_0)$ 之后, 如果从 $\underline{\boldsymbol{x}}_0=\underline{\boldsymbol{x}}_0^*$ 和所存储的 $\underline{\boldsymbol{u}}_1=\underline{\boldsymbol{u}}_1^*$ 确定 $\underline{\boldsymbol{x}}_1^*=g_1(\underline{\boldsymbol{x}}_0^*,\underline{\boldsymbol{u}}_1^*)$, 就得到最优策略. 从 $\underline{\boldsymbol{x}}_1^*$ 和存起来的 $\underline{\boldsymbol{u}}_2^*$ 得出 $\underline{\boldsymbol{x}}_2^*$, 等等.

(2) **方式 2** 对于每个 $\underline{\boldsymbol{x}}_{j-1}\in X_{j-1}$, 仅存储 $\phi_j(\underline{\boldsymbol{x}}_{j-1})$. 在每次 $\phi_j(\underline{\boldsymbol{x}}_{j-1})$ 知道后, 就前向计算一次. 从 $j=1$ 和 $\underline{\boldsymbol{x}}_0=\underline{\boldsymbol{x}}_0^*$ 开始, 通过计算泛函方程

$$\phi_j(\underline{\boldsymbol{x}}_{j-1}^*)=\min_{\underline{\boldsymbol{u}}_j\in U_j(\underline{\boldsymbol{x}}_{j-1}^*)}H_j\big(f_j\big(\underline{\boldsymbol{x}}_{j-1}^*,\underline{\boldsymbol{u}}_j\big),\phi_{j+1}\big(g_j\big(\underline{\boldsymbol{x}}_{j-1}^*,\underline{\boldsymbol{u}}_j\big)\big)\big) \tag{18.141}$$

按 j 的递增顺序逐个确定 $\underline{\boldsymbol{u}}_j$. 然后得到 $\underline{\boldsymbol{x}}_j^*=g_j(\underline{\boldsymbol{x}}_{j-1}^*,\underline{\boldsymbol{u}}_j^*)$. 在前向计算中, 每一级都必须求解一个优化问题.

(3) **两种方式的比较** 由于是前向计算, 方式 1 计算的代价要小于方式 2 所要求的代价. 然而, 由于每一状态 $\underline{\boldsymbol{x}}_{j-1}$ 下都要存储决策 $\underline{\boldsymbol{u}}_j$, 从而在高维决策空间 $U_j(\underline{\boldsymbol{x}}_{j-1})$ 情形下, 这可能需要非常大的存储量, 而在方式 2 中, 仅需存储 $\phi_j(\underline{\boldsymbol{x}}_{j-1})$. 因此常常在计算机上使用方式 2.

18.3.6 泛函方程方法的应用例子

18.3.6.1 最优购买策略

1. 问题的提法

从第 1226 页 18.3.2.1 中的最优买入策略问题

$$\mathbf{OF}:\ f(u_1,\cdots,u_n)=\sum_{j=1}^{n}c_ju_j\longrightarrow \min! \tag{18.142a}$$

$$\mathbf{CT}:\ \left.\begin{aligned}&x_j=x_{j-1}+u_j-v_j, && j=1(1)n,\\ &x_0=x_a,\ 0\leqslant j\leqslant K, && j=1(1)n,\\ &U_j(x_{j-1})=\{u_j:\ \max\{0,v_j-x_{j-1}\}\\ &\qquad\leqslant u_j\leqslant K-x_{j-1}\}, && j=1(1)n\end{aligned}\right\} \tag{18.142b}$$

导出泛函方程

$$\phi_{n+1}(x_n)=0, \tag{18.143}$$

$$\phi_j(x_{j-1})=\max_{u_j\in U_j(x_{j-1})}\left(c_ju_j+\phi_{j+1}(x_{j-1}+u_j-v_j)\right),\quad j=1(1)n. \tag{18.144}$$

2. 数值例子

$$n=6,\ K=10,\ x_a=2.\qquad \begin{aligned}&c_1=4,\ c_2=3,\ c_3=5,\ c_4=3,\ c_5=4,\ c_6=2,\\ &v_1=6,\ v_2=7,\ v_3=4,\ v_4=2,\ v_5=4,\ v_6=3.\end{aligned}$$

后向计算 对于状态 $x_{j-1}=0,1,\cdots,10$ 分别确定函数值 $\phi_j(x_{j-1})$. 现在只需对于 u_j 的整数值进行极小搜索.

$$j=6:\ \ \phi_6(x_5)=\min_{u_6\in U_6(x_5)}c_6u_6=c_6\max\{0,v_6-x_5\}=2\max\{0,3-x_5\}.$$

根据贝尔曼泛函方程方法的方式 2, 只要将 $\phi_6(x_5)$ 的值写在最后一行中. 例如, 确定 $\phi_4(0)$ 为

$$\phi_4(0)=\min_{2\leqslant u_4\leqslant 10}\left(3u_4+\phi_5(u_4-2)\right)=\min\{28,27,26,25,24,25,26,27,30\}=24.$$

	$x_j=0$	1	2	3	4	5	6	7	8	9	10
$j=1$			75								
2	59	56	53	50	47	44	41	38	35	32	29
3	44	39	34	29	24	21	18	15	12	9	6
4	24	21	18	15	12	9	6	4	2	0	0
5	22	18	14	10	6	4	2	0	0	0	0
6	6	4	2	0	0	0	0	0	0	0	0

前向计算

$$\phi_1(2)=75=\min_{4\leqslant u_1\leqslant 8}\left(4u_1+\phi_2(u_1-4)\right).$$

于是得到 $u_1^* = 4$ 作为极小点, 因此 $x_1^* = x_0^* + u_1^* - v_1 = 0$. 对于 $\phi_2(0)$ 以及后面各级重复此方法, 得到最优策略:

$$(u_1^*, u_2^*, u_3^*, u_4^*, u_5^*, u_6^*) = (4, 10, 1, 6, 0, 3).$$

18.3.6.2 背包问题

1. 问题的提法

考虑第 1226 页 18.3.2.2 中给出的问题:

$$\textbf{OF:} \qquad f(u_1, \cdots, u_n) = \sum_{j=1}^{n} c_j u_j \longrightarrow \max! \tag{18.145a}$$

$$\textbf{CT:} \qquad \left.\begin{array}{ll} x_j = x_{j-1} - w_j u_j, & j = 1(1)n, \\ x_0 = W,\ 0 \leqslant x_j \leqslant W, & j = 1(1)n, \\ \left.\begin{array}{ll} u_j \in \{0, 1\}, & x_{j-1} \geqslant w_j, \\ u_j = 0, & x_{j-1} < w_j, \end{array}\right\} & j = 1(1)n. \end{array}\right\} \tag{18.145b}$$

由于这是一个极大问题, 故贝尔曼泛函方程现在是

$$\phi_{n+1}(x_n) = 0,$$

$$\phi_j(x_{j-1}) = \max_{u_j \in U_j(x_{j-1})} \left(c_j u_j + \phi_{j+1}(x_{j-1} - w_j u_j)\right), \quad j = 1(1)n.$$

决策只可能是 0 和 1, 故应用泛函方程方法的方式 1 是比较切合实际的. 对于 $j = n, n-1, \cdots, 1$:

$$\phi_j(x_{j-1}) = \begin{cases} c_j + \phi_{j+1}(x_{j-1} - w_j), & \text{如果} x_{j-1} \geqslant w_j, \\ & \qquad c_j + \phi_{j+1}(x_{j-1} - w_j) > \phi_{j+1}(x_{j-1}), \\ \phi_{j+1}(x_{j-1}), & \text{否则}, \end{cases}$$

$$u_j(x_{j-1}) = \begin{cases} 1, & \text{如果} x_{j-1} \geqslant w_j,\ c_j + \phi_{j+1}(x_{j-1} - w_j) > \phi_{j+1}(x_{j-1}), \\ 0, & \text{否则}. \end{cases}$$

2. 数值例子

$$W = 10, \quad n = 6. \qquad \begin{array}{llllll} c_1 = 1, & c_2 = 2, & c_3 = 3, & c_4 = 1, & c_5 = 5, & c_6 = 4, \\ w_1 = 2, & w_2 = 4, & w_3 = 6, & w_4 = 3, & w_5 = 7, & w_6 = 6. \end{array}$$

由于权重 w_j 是整数, 故 x_j 的可能值是 $x_j \in \{0, 1, \cdots, 10\}$, $j = 1(1)n$, 而 $x_0 = 10$. 下表中包含了每一级和每个状态 x_{j-1} 下的函数值 $\phi_j(x_{j-1})$ 和实际的决策 $u_j(x_{j-1})$. 例如, $\phi_6(x_5), \phi_3(2), \phi_3(6)$ 和 $\phi_3(8)$ 的计算如下:

$$\phi_6(x_5) = \begin{cases} 0, & \text{如果} x_5 < w_6 = 4, \\ c_6 = 6, & \text{否则}, \end{cases} \qquad u_6(x_5) = \begin{cases} 0, & \text{如果} x_5 < 4, \\ 0, & \text{否则}. \end{cases}$$

$\phi_3(2):\ x_2=2<w_3=3:\phi_3(2)=\phi_4(2)=3, u_3(2)=0.$

$\phi_3(6):\ x_2>w_3, c_3+\phi_3(x_2-w_3)=6+3<\phi_4(x_2)=10:\phi_3(6)=10, u_3(6)=0.$

$\phi_3(8):\ x_2>w_3, c_3+\phi_3(x_2-w_3)=6+9>\phi_4(x_2)=10:\phi_3(8)=15,\ u_3(8)=1.$

最优策略是

$$(u_1^*, u_2^*, u_3^*, u_4^*, u_5^*, u_6^*)=(0,1,1,1,0,1), \quad \phi_1(10)=19.$$

	$x_j=0$	1	2	3	4	5	6	7	8	9	10
j=1											19;0
2	0;0	3;0	4;1	7;1	9;0	10;1	13;1	13;1	15;0	16;0	19;1
3	0;0	3;0	3;0	6;1	9;1	9;0	10;0	12;1	15;1	16;1	16;0
4	0;0	3;1	3;1	3;1	6;0	9;1	10;1	10;1	10;1	13;0	16;1
5	0;0	0;0	0;0	0;0	6;0	7;1	7;1	7;1	7;1	13;1	13;1
6	0;0	0;0	0;0	0;0	6;1	6;1	6;1	6;1	6;1	6;1	6;1

(冯德兴 译)

第 19 章　数值分析

本章的主题是数值分析最重要的原理. 求解实际问题通常需要用到为计算机而发展的数值方法专业数字库. 其部分内容将在 19.8.3 (第 1310 页) 介绍. 20.1 (第 1318 页) 及 19.8.4.2 (第 1318 页) 将介绍带有求解线性方程组数值程序的专门的计算机软件 Mathematica. 19.8.2 (第 1303 页) 则将考察误差传播与计算误差.

19.1　数值求解单变量非线性方程

任何单变量方程可以转化为一般形式:

$$\text{零形式: } f(x) = 0. \tag{19.1}$$

$$\text{不动点形式: } x = \varphi(x). \tag{19.2}$$

设方程 (19.1) 和 (19.2) 可以求解. 其解用 x^* 表示. 为得到 x^* 的第一个近似值, 我们尝试将方程转化为形式 $f_1(x) = f_2(x)$, 其中函数 $y = f_1(x), y = f_2(x)$ 的曲线大致可以简单作图.

■ $f(x) = x^2 - \sin x = 0$. 根据函数 $y = x^2$, $y = \sin x$ 的形状, 容易得到 $x_1^* = 0$ 与 $x_2^* \approx 0.87$ 为其根 (图 19.1).

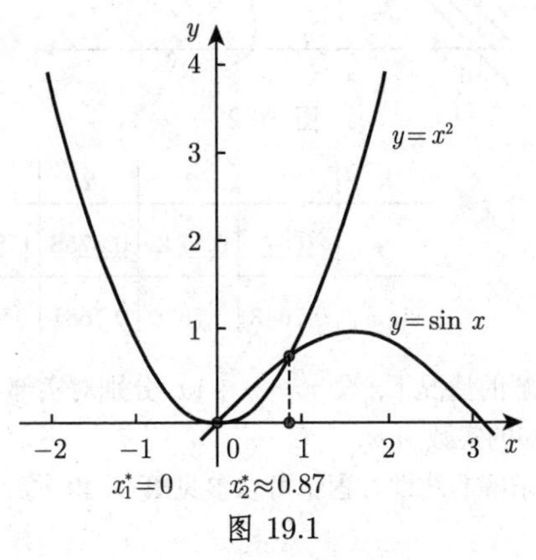

图 19.1

19.1.1　迭代法

迭代法的基本思路是: 从已知的初始值 $x_k\,(k = 0, 1, \cdots, n)$ 出发, 进一步构造更好的逼近序列, 因此给定方程的解是一个收敛序列的迭代逼近. 构造的序列要有尽可能快的收敛速度.

19.1.1.1 一般迭代法

为了求解或许已转化为不动点形式 $x=\varphi(x)$ 的给定方程, 迭代法

$$x_{n+1}=\varphi(x_n)\quad (n=0,1,\cdots;x_0\ \text{给定}) \tag{19.3}$$

称为**一般迭代法**. 如果在 x^* 邻域内满足

$$\left|\frac{\varphi(x)-\varphi(x^*)}{x-x^*}\right|\leqslant K<1, \tag{19.4}$$

其中 K 为常数, 而且初值在该邻域内, 它将收敛到解 x^*(图 19.2). 如果函数 $\varphi(x)$ 可导, 则相应的条件变为

$$\varphi'(x)\leqslant K<1, \tag{19.5}$$

常数 K 越小, 一般迭代法的收敛速度越快.

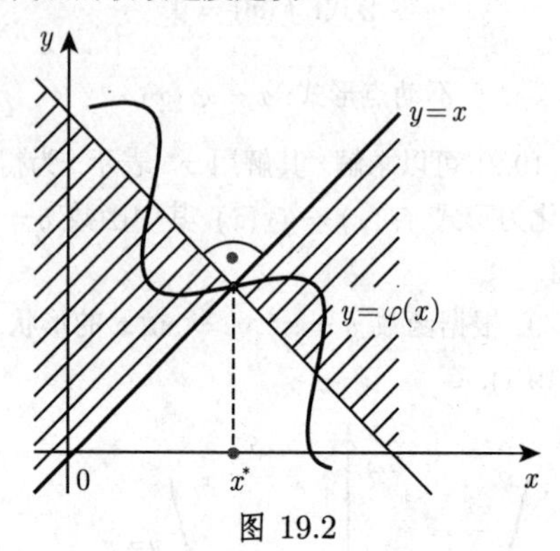

图 19.2

■ $x^2=\sin x$, 即

$x_{n+1}=\sqrt{\sin x_n}$.

迭代过程如右表.

n	0	1	2	3	4	5
x_n	0.87	0.8742	0.8758	0.8764	0.8766	0.8767
$\sin x_n$	0.7643	0.7670	0.7681	0.7684	0.7686	0.7686

注 (1) 在复数解的情况下, 设 $x=u+\mathrm{i}v$, 分别对实部与虚部组成的两个未知量的方程组求解未知的实数 u,v.

注 (2) 迭代法求解非线性方程组可以参见第 1249 页 19.2.2.

19.1.1.2 牛顿法

1. 牛顿法的公式

为了求解形如 $f(x)=0$ 的给定方程, 最常用到的**牛顿法**有如下形式:

$$x_{n+1} = x_n - \frac{f(x_n)}{f'(x_n)} \quad (n = 0, 1, \cdots; x_0 \text{ 给定}). \tag{19.6}$$

即: 为了得到新的近似值 x_{n+1}, 需要计算函数 $f(x)$ 与其一阶导数 $f'(x)$ 在点 x_n 处的值.

2. 牛顿法的收敛条件

$$f'(x) \neq 0 \tag{19.7a}$$

是牛顿法收敛的必要条件, 条件

$$\left| \frac{f(x) f''(x)}{f'^2(x)} \right| \leqslant K < 1 \tag{19.7b}$$

是牛顿法收敛的充分条件. 需要在解 x^* 及其邻域内所有的点 x_n 都满足条件 (19.7a, 19.7b). 如果牛顿法收敛, 其收敛速度非常快. 它是平方阶收敛的, 即第 $n+1$ 个近似值的误差远小于一个常数乘以第 n 个近似值的误差的平方. 在十进制中, 这意味着经过迭代准确值的位数成倍增加.

■ 求解方程 $f(x) = x^2 - a = 0$, 即计算 $x = \sqrt{a}$ ($a > 0$ 给定), 由牛顿法得到迭代公式为

$$x_{n+1} = \frac{1}{2}\left(x_n + \frac{a}{x_n}\right). \tag{19.8}$$

对于 $a = 2$, 有

n	0	1	2	3
x_n	$\underline{1}.5$	$\underline{1.4}166666$	$\underline{1.41421}57$	$\underline{1.4142136}$

3. 几何插值

牛顿法几何插值可以表示为图 19.3. 牛顿法的基本思想是用函数 $y = f(x)$ 的切线得到局部近似值.

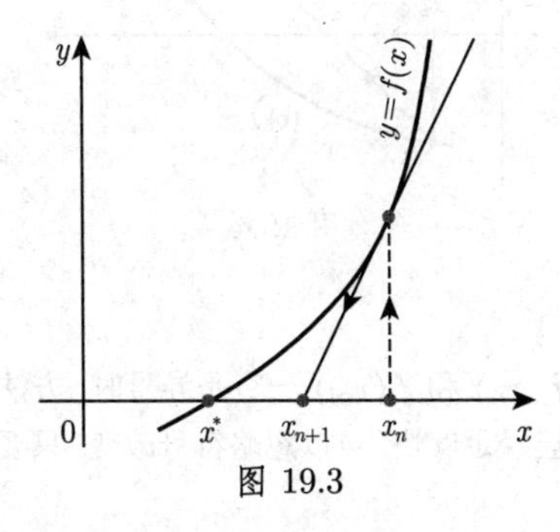

图 19.3

4. 修正牛顿法

如果在迭代过程中 $f'(x_n)$ 的数值几乎不变, 它在一段时间内保持为常数, 可用

所谓修正牛顿法

$$x_{n+1}=x_n-\frac{f(x_n)}{f'(x_m)}\quad (m\ \text{给定}, m<n). \tag{19.9}$$

这种简化的好处是其收敛阶几乎没有任何改变.

5. 复变量的可微函数

牛顿法对于复变量的可微函数同样适用.

19.1.1.3 试位法

1. 试位法的公式

为求解形如 $f(x)=0$ 的方程, **试位法**具有如下形式:

$$x_{n+1}=x_n-\frac{x_n-x_m}{f(x_n)-f(x_m)}f(x_n)\quad (n=1,2,\cdots;x_0,x_1\ \text{给定}, m<n). \tag{19.10}$$

该方法仅需要计算函数值. 该方法源于牛顿法 (19.6), 而导数 $f'(x_n)$ 由 $f(x)$ 在点 x_n 与前一个点 x_m 的有限差分近似得到 $(m<n)$.

2. 几何插值

试位法几何插值可以表示为图 19.4. 试位法的基本思想是用曲线 $y=f(x)$ 的切线得到局部近似值.

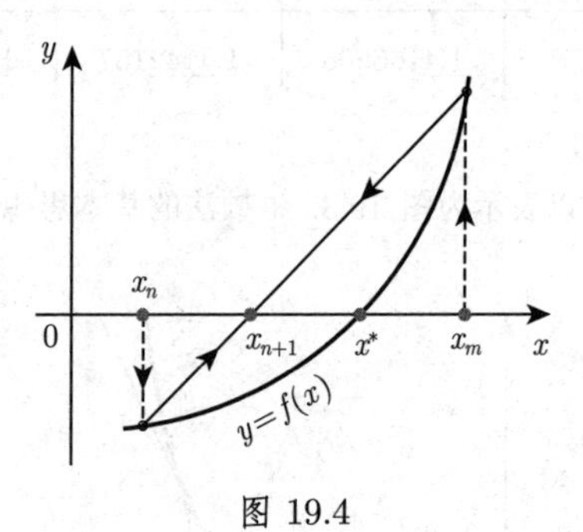

图 19.4

3. 收敛性

当选取的 m 使得 $f(x_n)$ 和 $f(x_m)$ 一直是异号时, 方法 (19.10) 是收敛的. 若在迭代过程中收敛速度已经足够快, 可以忽略符号改变, 只要用 $x_m=x_{n-1}$ 就可以增加收敛速度.

■ 计算 $f(x)=x^2-\sin x=0$.

n	$\Delta x_n = x_n - x_{n-1}$	x_n	$f(x_n)$	$\Delta y_n = f(x_n) - f(x_{n-1})$	$\frac{\Delta x_n}{\Delta y_n}$
0		$\underline{0.9}$	0.0267		
1	−0.3	$\underline{0.87}$	−0.0074	−0.0341	0.8798
2	0.0065	$\underline{0.8765}$	−0.000252	0.007148	0.9093
3	0.000229	$\underline{0.87672}9$	0.000003	0.000255	0.8980
4	−0.000003	$\underline{0.87672}6$			

如果计算过程中 $\Delta x_n/\Delta y_n$ 的数值几乎不变, 就不用一次一次地继续计算了.

4. 斯特芬森方法

应用试位法取 $x_m = x_{n-1}$ 求解方程 $f(x) = x - \varphi(x) = 0$, 其收敛速度可以提高, 尤其是 $\varphi'(x) < -1$ 的情况. 该算法被称为**斯特芬森** (Steffensen) **方法**.

■ 应用斯特芬森方法求解 $x^2 = \sin x$, 需要用到 $f(x) = x - \sqrt{\sin x} = 0$.

n	$\Delta x_n = x_n - x_{n-1}$	x_n	$f(x_n)$	$\Delta y = f(x_n) - f(x_{n-1})$	$\frac{\Delta x_n}{\Delta y_n}$
0		$\underline{0.9}$	0.014942		
1	−0.03	$\underline{0.87}$	−0.004259	−0.019201	1.562419
2	0.006654	$\underline{0.8766}54$	−0.000046	0.004213	1.579397
3		$\underline{0.87672}7$	0.000001		

19.1.2 多项式方程的解

n 次多项式方程具有如下形式:

$$f(x) = p_n(x) = a_n x^n + a_{n-1} x^{n-1} + \cdots + a_1 x + a_0 = 0. \tag{19.11}$$

为求有效解需要这些函数值 $p_n(x)$ 及其导数值的有效计算方法, 以及根的位置的初始估计.

19.1.2.1 霍纳格式

1. 实数情况

为通过 n 次多项式 $p_n(x)$ 的系数得到在 $x = x_0$ 处的根, 首先考虑如下分解:

$$p_n(x) = a_n x^n + a_{n-1} x^{n-1} + \cdots + a_1 x + a_0 = (x - x_0) p_{n-1}(x) + p_n(x_0), \tag{19.12}$$

这里 $p_{n-1}(x)$ 表示次数为 $n-1$ 次多项式

$$p_{n-1}(x) = a'_{n-1} x^{n-1} + a'_{n-2} x^{n-2} + \cdots + a'_1 x + a'_0. \tag{19.13}$$

递推公式

$$a'_{k-1} = x_0 a'_k + a_k \quad (k = n, n-1, \cdots, 0; a'_n = 0; a'_{-1} = p_n(x_0)) \tag{19.14}$$

可以根据 (19.12) 对比 x^k 的系数得到 (注意 $a'_{n-1} = a_n$). 通过这种方法, 多项式 $p_{n-1}(x)$ 的系数 a'_k 与值 $p_n(x_0)$ 可以通过 $p_n(x)$ 的系数 a_k 确定. 进一步, 重复上述 "传统" 的方法, 分解多项式 $p_{n-1}(x)$ 得到 $p_{n-2}(x)$,

$$p_{n-1}(x) = (x - x_0)\, p_{n-2}(x) + p_{n-1}(x_0), \tag{19.15}$$

即得到多项式序列 $p_n(x), p_{n-1}(x), \cdots, p_1(x), p_0(x)$. 计算多项式的系数和相应的值可以表示为

$$\begin{array}{c|cccccccc}
 & a_n & a_{n-1} & a_{n-2} & \cdots & a_3 & a_2 & a_1 & a_0 \\
x_0 & & x_0a'_{n-1} & x_0a'_{n-2} & \cdots & x_0a'_3 & x_0a'_2 & x_0a'_1 & x_0a'_0 \\
\hline
 & a'_{n-1} & a'_{n-2} & a'_{n-3} & \cdots & a'_2 & a'_1 & a'_0 & \boxed{p_n(x_0)} \\
x_0 & & x_0a''_{n-2} & x_0a''_{n-3} & \cdots & x_0a''_2 & x_0a''_1 & x_0a''_0 & \\
\hline
 & a''_{n-2} & a''_{n-3} & a''_{n-4} & \cdots & a''_1 & a''_0 & \boxed{p_{n-1}(x_0)} & \\
 & & \cdots\cdots & \cdots\cdots & \cdots\cdots & \cdots\cdots & & & \\
x_0 & & x_0a_0^{(n-1)} & & & & & & \\
\hline
 & a_1^{(n-1)} & \boxed{p_1(x_0)} & & & & & & \\
x_0 & & & & & & & & \\
\hline
 & a_0^{(n)} = p_0(x_0) & & & & & & &
\end{array} \tag{19.16}$$

从格式 (19.16) 得到多项式的值 $p_n(x_0)$ 及其导数值 $p_n^{(k)}(x_0)$ 分别为

$$p'_n(x_0) = 1!p_{n-1}(x_0), \quad p''_n(x_0) = 2!p_{n-2}(x_0), \quad \cdots, \quad p_n^{(n)}(x_0) = n!p_0(x_0). \tag{19.17}$$

■ $p_4(x) = x^4 + 2x^3 - 3x^2 - 7$. 根据 (19.16) 计算 $p_4(x)$ 及其导数在 $x_0 = 2$ 处的值.

$$\begin{array}{c|ccccc}
 & 1 & 2 & -3 & 0 & -7 \\
2 & & 2 & 8 & 10 & 20 \\
\hline
 & 1 & 4 & 5 & 10 & \boxed{13} \\
2 & & 2 & 12 & 34 & \\
\hline
 & 1 & 6 & 17 & \boxed{44} & \\
2 & & 2 & 16 & & \\
\hline
 & 1 & 8 & \boxed{33} & & \\
2 & & 2 & & & \\
\hline
 & 1 & \boxed{10} & & & \\
2 & & & & & \\
\hline
 & 1 & & & &
\end{array}$$

可得

$$p_4(2) = 13,$$
$$p'_4(2) = 44,$$
$$p''_4(2) = 66,$$
$$p'''_4(2) = 60,$$
$$p_4^{(4)}(2) = 24.$$

注 (1) 多项式 $p_n(x)$ 可以表述成 $x-x_0$ 的形式, 在这个例子中

$$p_4(x)=(x-2)^4+10(x-2)^3+33(x-2)^2+44(x-2)+13.$$

(2) 霍纳格式也可以用来计算复系数 a_k. 这种情况下我们需要根据 (19.16) 分别计算实部和虚部.

2. 复数情况

如果 (19.11) 中的系数 a_k 为实数, 则对复数值 $x_0=u_0+\mathrm{i}v_0$ 也可计算 $p_n(x_0)$. 为说明这一点, 对 $p_n(x)$ 作如下分解.

$$\begin{aligned} p_n(x)&=a_nx^n+a_{n-1}x^{n-1}+\cdots+a_1x+a_0\\ &=(x^2-px-q)(a'_{n-2}x^{n-2}+\cdots+a'_0)+r_1x+r_0, \end{aligned} \tag{19.18a}$$

其中

$$x^2-px-q=(x-x_0)(x-\overline{x}_0),\ 即\ p=2u_0,\ q=-({u_0}^2+{v_0}^2). \tag{19.18b}$$

于是

$$p_n(x_0)=r_1x+r_0=(r_1u_0+r_0)+\mathrm{i}r_1v_0. \tag{19.18c}$$

为得到 (19.18a) 科拉茨 (Collatz) 引进所谓**双列霍纳格式** (two-row Horner scheme), 其构造如下:

$$\begin{array}{c|cccccccc} & a_n & a_{n-1} & a_{n-2} & \cdots & a_3 & a_2 & a_1 & a_0\\ q & & & qa'_{n-2} & \cdots & qa'_3 & qa'_2 & qa'_1 & qa'_0\\ p & & pa'_{n-2} & pa'_{n-3} & \cdots & pa'_2 & pa'_1 & pa'_0 & \\ \hline & a'_{n-2} & a'_{n-3} & a'_{n-4} & \cdots & a'_1 & a'_0 & \multicolumn{1}{|c}{r_1} & r_0\\ & =a_n & & & & & & & \end{array} \tag{19.18d}$$

■ $p_4(x)=x^4+2x^3-3x^2-7$ 在点 $x_0=2-\mathrm{i}$ 处计算 p_4 的值, 即由 $p=4, q=-5$ 得到 $p_4(x_0)=34x_0-87=-19-34\mathrm{i}$.

$$\begin{array}{c|ccccc} & 1 & 2 & -3 & 0 & -7\\ -5 & & & -5 & -30 & -80\\ 4 & & 4 & 24 & 64 & \\ \hline & 1 & 6 & 16 & \multicolumn{1}{|c}{34} & -87 \end{array}$$

19.1.2.2 根的位置

1. 实根、斯图姆序列

笛卡儿符号法则给出了多项式方程 (19.11) 是否有实根的原始思想.

a) 正实根的个数等于系数序列

$$a_n, a_{n-1}, \cdots, a_1, a_0 \tag{19.19a}$$

改变符号的次数, 或扣除一个偶数.

b) 负实根的个数等于系数序列

$$a_0, -a_1, a_2, \cdots, (-1)^n a_n \tag{19.19b}$$

改变符号的次数, 或扣除一个偶数.

■ $p_5(x) = x^5 - 6x^4 + 10x^3 + 13x^2 - 15x - 16$ 有 1 个或者 3 个正根以及 0 个或者 2 个负根. 为了得到给定区间 (a, b) 内实根的个数, 可以用**斯图姆 (Sturm) 序列** (参见第 57 页 1.6.3.2, 2.). 在计算均匀节点 $x_v = x_0 + vh \left(h\text{常数}, v = 0, 1, 2, \cdots\right)$ 上的函数值 $y_v = p_n(x_v)$(利用霍纳格式容易执行) 后, 可得函数图形和根的位置的好的猜测. 如果 $p_n(c)$ 和 $p_n(d)$ 有不同的符号, 在 c 与 d 之间至少存在一个实根.

2. 复根

为了在有界复平面区域上限定实数根或者复数根的位置, 考察如下多项式方程, 这是 (19.11) 的简单推广:

$$f^*(x) = |a_{n-1}| r^{n-1} + |a_{n-2}| r^{n-2} + \cdots + |a_1| r + |a_0| = |a_n| r^n. \tag{19.20}$$

通过系统的重复试错, 对 (19.20) 的正根决定一个上界 r_0. 于是对 (19.11) 所有的根 $x_k^* (k = 1, 2, \cdots, n)$ 有

$$|x_k^*| \leqslant r_0. \tag{19.21}$$

■ $f(x) = p_4(x) = x^4 + 4.4x^3 - 20.01x^2 - 50.12x + 29.45 = 0$, $f^*(x) = 4.4r^3 + 20.01r^2 + 50.12r + 29.45 = r^4$, 某些试验是

$$\begin{aligned}
r = 6: &\quad f^*(6) = 2000.93 > 1296 = r^4, \\
r = 7: &\quad f^*(7) = 2869.98 > 2401 = r^4, \\
r = 8: &\quad f^*(8) = 3963.85 < 4096 = r^4.
\end{aligned}$$

据此有 $|x_k^*| < 8\,(k = 1, 2, 3, 4)$. 实际上, 对于有最大绝对值的根 x_1^*, $-7 < x_1^* < -6$ 成立.

注 为确定带负实部的复根个数, 在电子技术所谓**根轨迹理论**中发展了一种特别的方法, 该方法可用来检验稳定性 (见 [19.14][19.40]).

19.1.2.3 数值方法

1. 一般方法

在 19.1.1 讨论的方法可用来求多项式方程的实数根. 牛顿法由于其快速收敛性以及函数值 $f(x_n)$ 与导数值 $f'(x_n)$ 可用霍纳法则容易计算, 非常适用于多项式方程. 假设多项式方程 $f(x)=0$ 的根 x^* 的近似值 x_n 充分好, 则修正项 $\delta = x^* - x_n$ 可以用不动点方程

$$\delta = \frac{1}{f'(x_n)}\left[f(x_n) + \frac{1}{2}f''(x_n) + \cdots\right] = \varphi(\delta) \tag{19.22}$$

迭代修正

2. 特殊方法

贝尔斯托 (Bairstow) 法常用于求成对的根, 尤其是成对的共轭复根. 该方法类似于霍纳格式 (19.18a~19.18d), 从求给定多项式的二次因子出发, 通过确定系数 p 和 q, 使得线性余项 r_1 和 r_0 的系数等于零 ([19.38], [19.14], [19.40]).

如果需要计算根的绝对值的最大值与最小值, 可以选择使用**伯努利方法** (见 [19.38]).

格雷费 (Graeffe) 法有某些历史重要性. 它同时给出包括复共轭根在内的所有的根; 然而其计算量非常巨大 ([19.14],[19.40]).

19.2 方程组的数值解

在许多实际问题中, 对 n 个未知量 $x_i\,(i=1,2,\cdots,n)$ 有 m 个条件, 方程组的形式为

$$\begin{aligned} F_1(x_1,x_2,\cdots,x_n) &= 0,\\ F_2(x_1,x_2,\cdots,x_n) &= 0,\\ &\cdots\cdots\\ F_m(x_1,x_2,\cdots,x_n) &= 0. \end{aligned} \tag{19.23}$$

求得未知量 x_i 则得到方程组 (19.23) 的解.

通常 $m=n$ 成立, 即未知量的个数与方程的个数相等. 如果 $m>n$, (19.23) 称为**超定方程组**; 如果 $m<n$, (19.23) 称为**不定方程组**;

超定方程组通常可能没有解. 于是在欧几里得空间里用**最小二乘法**求 (19.23) 的 “最优” 解

$$\sum_{i=1}^{m} F_i^2(x_1,x_2,\cdots,x_n) = \min! \tag{19.24}$$

或者用其他极值问题来求解. 不定方程组通常有 $n-m$ 个变量的值可以自由选取, 因此 (19.23) 的解依赖于 $n-m$ 个参数, 被称为 $n-m$ **维流形解**.

线性或**非线性方程组**的差别在于, 方程对未知量是否仅是线性的或也有非线性的.

19.2.1 线性方程组

考虑线性方程组

$$
\begin{aligned}
a_{11}x_1 + a_{12}x_2 + \cdots + a_{1n}x_n &= b_1, \\
a_{21}x_1 + a_{22}x_2 + \cdots + a_{2n}x_n &= b_2, \\
&\cdots\cdots \\
a_{n1}x_1 + a_{n2}x_2 + \cdots + a_{nn}x_n &= b_n.
\end{aligned} \tag{19.25}
$$

方程组 (19.25) 可以写成矩阵形式

$$\boldsymbol{A}\underline{\boldsymbol{x}} = \underline{\boldsymbol{b}}, \tag{19.26a}$$

其中

$$\boldsymbol{A} = \begin{pmatrix} a_{11} & a_{12} & \cdots & a_{1n} \\ a_{21} & a_{22} & \cdots & a_{2n} \\ \vdots & \vdots & & \vdots \\ a_{n1} & a_{n2} & \cdots & a_{nn} \end{pmatrix}, \quad \underline{\boldsymbol{b}} = \begin{pmatrix} b_1, \\ b_2, \\ \vdots \\ b_n \end{pmatrix}, \quad \underline{\boldsymbol{x}} = \begin{pmatrix} x_1, \\ x_2, \\ \vdots \\ x_n \end{pmatrix}. \tag{19.26b}$$

如果矩阵 $\boldsymbol{A}$ 是 n 阶正定的, 则方程组 (19.25) 有唯一解 (参见第 412 页 4.5.2.1,2.). 实际求解方程 (19.25) 时, 主要有如下两类方法:

(1) 直接法 直接法基于元素变换, 据此可以直接得到方程组的解. 主元素选取的技巧 (参见第 412 页 4.5.1.2) 及其方法介绍见第 1242 页 19.2.1.1 至第 1246 页 19.2.1.3.

(2) 迭代法 始于解的初始近似值, 构成近似值的序列收敛到 (19.25) 的解 (参见第 1248 页 19.2.1.4).

19.2.1.1 矩阵的三角分解

1. 高斯消元法的原理

根据元素变换

(1) 交换行;

(2) 某一行乘以非零数;

(3) 将某一行乘以非零数加到另一行.

线性方程组 $\boldsymbol{A}\underline{\boldsymbol{x}}=\underline{\boldsymbol{b}}$ 的变换称之为行变换

$$\boldsymbol{R}\underline{\boldsymbol{x}}=\underline{\boldsymbol{c}},\text{ 其中 }\boldsymbol{R}=\begin{pmatrix} r_{11} & r_{12} & r_{13} & \cdots & r_{1n} \\ & r_{22} & r_{23} & \cdots & r_{2n} \\ & & r_{33} & \cdots & r_{3n} \\ & 0 & & \ddots & \vdots \\ & & & & r_{nn} \end{pmatrix}. \tag{19.27}$$

因为上述变换都是等价变换, 方程组 $\boldsymbol{R}\underline{\boldsymbol{x}}=\underline{\boldsymbol{c}}$ 与方程组 $\boldsymbol{A}\underline{\boldsymbol{x}}=\underline{\boldsymbol{b}}$ 有相同的解, 从 (19.27) 可得

$$x_n=\frac{c_n}{r_{nn}},\quad x_i=\frac{1}{r_{ii}}\left(c_i-\sum_{k=i+1}^{n} r_{ik}x_k\right)\quad (i=n-1,n-2,\cdots,1). \tag{19.28}$$

规则 (19.28) 称为**向后代换法**, 因为 (19.27) 的方程按倒序求解.

变换从 $\boldsymbol{A}$ 到 $\boldsymbol{R}$ 经过 $n-1$ 步, 所谓**消元**. 其第一步如下. 这一步将矩阵 $\boldsymbol{A}$ 变换成 $\boldsymbol{A}_1$:

$$\boldsymbol{A}=\begin{pmatrix} a_{11} & a_{12} & \cdots & a_{1n} \\ a_{21} & a_{22} & \cdots & a_{2n} \\ a_{31} & a_{32} & \cdots & a_{3n} \\ \vdots & \vdots & & \vdots \\ a_{n1} & a_{n2} & \cdots & a_{nn} \end{pmatrix},\quad \boldsymbol{A}_1=\begin{pmatrix} a_{11}^{(1)} & a_{12}^{(1)}\cdots a_{1n}^{(1)} \\ 0 & \boxed{\begin{matrix} a_{22}^{(1)}\cdots a_{2n}^{(1)} \\ a_{32}^{(1)}\cdots a_{3n}^{(1)} \\ \vdots \quad\quad \vdots \\ a_{n2}^{(1)}\cdots a_{nn}^{(1)} \end{matrix}} \\ 0 & \\ \vdots & \\ 0 & \end{pmatrix}. \tag{19.29}$$

于是:

(1) 选取 $a_{r1}\neq 0$(根据 (19.33)). 如果没有, $\boldsymbol{A}$ 奇异, 停止. 否则 a_{r1} 称为**主元**.

(2) 交换矩阵 $\boldsymbol{A}$ 的第一行与第 r 行, 得到矩阵 $\bar{\boldsymbol{A}}$.

(3) 第 $l_{i1}\,(i=2,3,\cdots,n)$ 乘以第一行减去矩阵 $\bar{\boldsymbol{A}}$ 第 r 行.

于是得到矩阵 $\boldsymbol{A}_1$, 与之类似得到右端 b_1 的新元素

$$\begin{aligned} a_{ik}^{(1)}&=\bar{a}_{ik}-l_{i1}\bar{a}_{1k},\text{ 其中 } l_{i1}=\frac{\bar{a}_{i1}}{\bar{a}_{11}}, \\ b_i^{(1)}&=\bar{b}_i-l_{i1}\bar{b}_1\quad (i,k=2,3,\cdots,n). \end{aligned} \tag{19.30}$$

子矩阵 $\boldsymbol{A}_1$ (见 (19.29)) 为一个 $(n-1,n-1)$ 矩阵, 它可以类似于矩阵 $\boldsymbol{A}$ 进行处理. 该方法称为**高斯消元法**或者称为**高斯算法** (参见第 417 页 4.5.2.4).

2. 三角分解

高斯消元法的结果可以归结为: 对于每个正规矩阵 $\boldsymbol{A}$, 存在一个称为**三角分解**或者 $\boldsymbol{LU}$ **因子分解**, 形如

$$\boldsymbol{PA}=\boldsymbol{LR}, \tag{19.31}$$

其中

$$
\boldsymbol{R}=\begin{pmatrix} r_{11} & r_{12} & r_{13} & \cdots & r_{1n} \\ & r_{22} & r_{23} & \cdots & r_{2n} \\ & & r_{33} & \cdots & r_{3n} \\ & 0 & & \ddots & \vdots \\ & & & & r_{nn} \end{pmatrix},\quad \boldsymbol{L}=\begin{pmatrix} 1 & & & & \\ l_{21} & 1 & & 0 & \\ l_{31} & l_{32} & 1 & & \\ \vdots & \vdots & & \ddots & \\ l_{n1} & l_{n2} & \cdots & l_{n,n-1} & 1 \end{pmatrix}. \tag{19.32}
$$

这里 $\boldsymbol{R}$ 称为**上三角矩阵**, $\boldsymbol{L}$ 称为**下三角矩阵**, $\boldsymbol{P}$ 称为**置换矩阵**. 如果一个置换矩阵的行列交叉处为 1, 其他元素都为零, 该矩阵称为二次矩阵. 乘积 $\boldsymbol{PA}$ 导致矩阵 $\boldsymbol{A}$ 的行变换. 在消元的过程中需要选择主元.

■ 用高斯消元法求解方程组

$$
\begin{pmatrix} 3 & 1 & 6 \\ 2 & 1 & 3 \\ 1 & 1 & 1 \end{pmatrix}\begin{pmatrix} x_1 \\ x_2 \\ x_3 \end{pmatrix}=\begin{pmatrix} 2 \\ 7 \\ 4 \end{pmatrix}.
$$

按图解形式, 系数矩阵与右端列向量可以靠近写在一起 (称为**增广矩阵**), 计算如下:

$$
(\boldsymbol{A},\underline{\boldsymbol{b}})=\left(\begin{array}{ccc|c} \boxed{3} & 1 & 6 & 2 \\ 2 & 1 & 3 & 7 \\ 1 & 1 & 1 & 4 \end{array}\right)\Rightarrow\left(\begin{array}{ccc|c} 3 & 1 & 6 & 2 \\ 2/3 & 1/3 & -1 & 17/3 \\ 1/3 & \boxed{2/3} & -1 & 10/3 \end{array}\right)
$$

$$
\Rightarrow\left(\begin{array}{ccc|c} 3 & 1 & 6 & 2 \\ 1/3 & 2/3 & -1 & 10/3 \\ 2/3 & 1/2 & \boxed{-1/2} & 4 \end{array}\right),
$$

即

$$
\boldsymbol{P}=\begin{pmatrix} 1 & 0 & 0 \\ 0 & 0 & 1 \\ 0 & 1 & 0 \end{pmatrix}\Rightarrow\boldsymbol{PA}=\begin{pmatrix} 3 & 1 & 6 \\ 1 & 1 & 1 \\ 2 & 1 & 3 \end{pmatrix},
$$

$$
\boldsymbol{L}=\begin{pmatrix} 1 & 0 & 0 \\ 1/3 & 1 & 0 \\ 2/3 & 1/2 & 1 \end{pmatrix},\quad \boldsymbol{R}=\begin{pmatrix} 3 & 1 & 6 \\ 0 & 2/3 & -1 \\ 0 & 0 & -1/2 \end{pmatrix}.
$$

在系数矩阵 $\boldsymbol{A},\boldsymbol{A}_1,\boldsymbol{A}_2$ 中, 主元在矩阵中用方框表示, 其解为 $x_3=-8,x_2=-7,x_1=19$.

3. 三角分解的应用

借助于三角分解, 求解线性方程组 $\boldsymbol{A}\underline{\boldsymbol{x}} = \underline{\boldsymbol{b}}$ 可以表述为以下三步:

(1) $\boldsymbol{PA} = \boldsymbol{LR}$: 确定三角分解并作代换 $\boldsymbol{R}\underline{\boldsymbol{x}} = \underline{\boldsymbol{c}}$.

(2) $\boldsymbol{L}\underline{\boldsymbol{c}} = \boldsymbol{P}\underline{\boldsymbol{b}}$: 通过向前代换确定辅助变量 $\underline{\boldsymbol{c}}$.

(3) $\boldsymbol{R}\underline{\boldsymbol{x}} = \underline{\boldsymbol{c}}$: 通过向后代换确定解向量 $\underline{\boldsymbol{x}}$.

如果如同上例中用增广矩阵 $(\boldsymbol{A}, \underline{\boldsymbol{b}})$ 处理线性方程组, 用高斯消元法求解, 那么下三角矩阵 $\boldsymbol{L}$ 并不需要显式得到. 该方法对于左边系数矩阵相同, 而右端项不同的多个线性方程组尤为适用.

4. 主元的选取

理论上, 矩阵 $\boldsymbol{A}_{k-1}$ 的任意一个第一列的非零元 $a_{i1}^{(k-1)}$ 都可以选为第 k 次消元的主元. 为了改进解的准确性 (减少运行过程中的积累误差), 建议用如下策略.

(1) **对角策略** 若有可能, 对角元素被成功选为主元, 即无行变换. 若主对角线元素的绝对值比同一行的其他元素的绝对值大得多, 这种选取可行.

(2) **列主元** 在实施第 k 步消元时, 选第 r 行使得

$$|a_{rk}^{(k-1)}| = \max_{i \geqslant k} |a_{ik}^{(k-1)}|. \tag{19.33}$$

若 $r \neq k$, 则交换第 r 行与第 k 行. 可证明该策略能使累计舍入误差小一些.

19.2.1.2 对称系数矩阵的楚列斯基方法

在许多情况下, (19.26a) 中的系数矩阵 $\boldsymbol{A}$ 不仅仅是对称的, 而且是*正定的*, 此时相应的*二次型* $Q(\underline{\boldsymbol{x}})$ 为

$$Q(\underline{\boldsymbol{x}}) = \underline{\boldsymbol{x}}^{\mathrm{T}} \boldsymbol{A} \underline{\boldsymbol{x}} = \sum_{i=1}^{n} \sum_{k=1}^{n} a_{ik} x_i x_k > 0, \tag{19.34}$$

其中 $\underline{\boldsymbol{x}} \in \mathbb{R}^n, \underline{\boldsymbol{x}} \neq \boldsymbol{0}$. 由于每一个正定矩阵存在唯一一个三角分解

$$\boldsymbol{A} = \boldsymbol{L}\boldsymbol{L}^{\mathrm{T}}, \tag{19.35}$$

其中

$$\boldsymbol{L} = \begin{pmatrix} l_{11} & & & & \\ l_{21} & l_{22} & & 0 & \\ l_{31} & l_{32} & l_{33} & & \\ \vdots & \vdots & \vdots & \ddots & \\ l_{n1} & l_{n2} & l_{n3} & \cdots & l_{nn} \end{pmatrix}, \tag{19.36a}$$

$$l_{kk} = \sqrt{a_{kk}^{(k-1)}}, \quad l_{ik} = \frac{a_{ik}^{(k-1)}}{l_{kk}} \quad (i = k, k+1, \cdots, n); \tag{19.36b}$$

$$a_{ij}^{(k)} = a_{ij}^{(k-1)} - l_{ik} l_{jk} \quad (i, j = k+1, k+2, \cdots, n). \tag{19.36c}$$

相应的线性方程组 $\boldsymbol{A}\underline{\boldsymbol{x}}=\underline{\boldsymbol{b}}$ 的解可用楚列斯基 (Cholesky) 方法通过下列步骤确定:

(1) $\boldsymbol{A}=\boldsymbol{L}\boldsymbol{L}^{\mathrm{T}}$: 确定所谓的楚列斯基分解并作代换 $\boldsymbol{L}^{\mathrm{T}}\underline{\boldsymbol{x}}=\underline{\boldsymbol{c}}$.

(2) $\boldsymbol{L}\underline{\boldsymbol{c}}=\underline{\boldsymbol{b}}$: 通过向前代换确定辅助变量 $\underline{\boldsymbol{c}}$.

(3) $\boldsymbol{L}^{\mathrm{T}}\boldsymbol{x}=\boldsymbol{c}$: 通过向后代换确定解向量 $\boldsymbol{x}$.

当 n 较大时, 楚列斯基方法的计算量大约是 $\boldsymbol{LU}$ 分解方法 (参见第 1243 页 (19.31)) 的一半.

19.2.1.3 正交化方法

1. 线性拟合问题

设超定方程组

$$\sum_{k=1}^{n}a_{ik}x_k=b_i\quad(i=1,2,\cdots,m;\ m>n)\tag{19.37}$$

的矩阵形式为

$$\boldsymbol{A}\boldsymbol{x}=\boldsymbol{b}.\tag{19.38}$$

若系数矩阵 $\boldsymbol{A}=(a_{ik})$ 为 $(m\times n)$, 满秩为 n, 即列是线性无关的. 由于超定方程组通常无解, 考虑所谓的误差方程组代替 (19.37):

$$r_i=\sum_{k=1}^{n}a_{ik}x_k-b_i\quad(i=1,2,\cdots,m;\ m>n),\tag{19.39}$$

这里 r_i 为残量, 使其平方和最小:

$$\sum_{i=1}^{m}r_i^2=\sum_{i=1}^{m}\left[\sum_{k=1}^{n}a_{ik}x_k-b_i\right]^2=F(x_1,x_2,\cdots,x_n)=\min!.\tag{19.40}$$

(19.40) 称为线性拟合问题或线性最小二乘问题 (参见第 611 页 6.2.5.5). 使得残量平方和 $F(x_1,x_2,\cdots,x_n)$ 最小的必要条件为

$$\frac{\partial F}{\partial x_k}=0\quad(k=1,2,\cdots,n).\tag{19.41}$$

于是得到线性方程组

$$\boldsymbol{A}^{\mathrm{T}}\boldsymbol{A}\underline{\boldsymbol{x}}=\boldsymbol{A}^{\mathrm{T}}\underline{\boldsymbol{b}}.\tag{19.42}$$

因为方程组 (19.42) 是由 (19.38) 应用高斯最小二乘法得到的 (参见第 611 页 6.2.5.5), 所以从 (19.38) 到 (19.42) 的变换称为高斯变换. 因为 $\boldsymbol{A}$ 是满秩的, $\boldsymbol{A}^{\mathrm{T}}\boldsymbol{A}$ 为正定的 $(n\times n)$ 矩阵, 所以正规方程 (19.42) 可以由楚列斯基方法数值求解 (参见第 1245 页 19.2.1.2).

若矩阵 $\boldsymbol{A}^{\mathrm{T}}\boldsymbol{A}$ 的条件数 (见 [19.31]) 过大, 数值求解正规方程 (19.42) 有困难, 则其解的相对误差也大. 因此最好用正交化方法数值求解线性拟合问题.

2. 正交化方法

下面是解线性最小二乘问题 (19.40) 的正交化方法基础.

(1) 在正交变换的过程中不改变向量的长度, 即向量 $\underline{\boldsymbol{x}}$ 和 $\tilde{\underline{\boldsymbol{x}}} = \boldsymbol{Q}_0\underline{\boldsymbol{x}}$ 有相同的长度, 其中

$$\boldsymbol{Q}_0^{\mathrm{T}}\boldsymbol{Q}_0 = \boldsymbol{E}. \tag{19.43}$$

(2) 对于有最大秩 $n\,(n < m)$ 的任意 (m,n) 矩阵 $\boldsymbol{A}$, 存在 (m,m) 正交矩阵 $\boldsymbol{Q}$, 使得

$$\boldsymbol{A} = \boldsymbol{Q}\hat{\boldsymbol{R}}, \tag{19.44}$$

$$\boldsymbol{Q}^{\mathrm{T}}\boldsymbol{Q} = \boldsymbol{E}, \quad \hat{\boldsymbol{R}} = \begin{pmatrix} \boldsymbol{R} \\ \boldsymbol{O} \end{pmatrix} = \begin{pmatrix} r_{11} & r_{12} & \cdots & r_{1n} \\ & r_{22} & \cdots & r_{2n} \\ & & \ddots & \vdots \\ & & & r_{nn} \\ \hdashline & & \boldsymbol{O} & \end{pmatrix}. \tag{19.45}$$

这里 $\boldsymbol{R}$ 为 (n,n) 上三角矩阵, 矩阵 $\boldsymbol{O}$ 为 $(m-n,n)$ 零矩阵.

矩阵 $\boldsymbol{A}$ 的乘积形式 (19.44) 称为矩阵 $\boldsymbol{A}$ 的 $\boldsymbol{QR}$ 分解. 因此误差方程 (19.39) 可以转化为等价的方程组

$$\begin{array}{rcl} r_{11}x_1 + r_{12}x_2 + \cdots + r_{1n}x_n \quad -\hat{b}_1 &=& \hat{r}_1\,, \\ r_{22}x_2 + \cdots + r_{2n}x_n \quad -\hat{b}_2 &=& \hat{r}_2\,, \\ \ddots \quad \vdots \qquad \vdots &=& \vdots \\ r_{nn}x_n \quad -\hat{b}_n &=& \hat{r}_n\,, \\ -\hat{b}_{n+1} &=& \hat{r}_{n+1}\,, \\ \vdots && \vdots \\ -\hat{b}_m &=& \hat{r}_m. \end{array} \tag{19.46}$$

而残量的平方和不变. 由 (19.46) 知, 当 $\hat{r}_1 = \hat{r}_2 = \cdots = \hat{r}_n = 0$ 时平方和最小, 而且最小值等于 $\hat{r}_{n+1}$ 到 $\hat{r}_m$ 的平方和. 要求的解 $\boldsymbol{x}$ 则可由向后替换得到

$$\boldsymbol{R}\underline{\boldsymbol{x}} = \underline{\hat{\boldsymbol{b}}}_0, \tag{19.47}$$

其中向量 $\underline{\hat{\boldsymbol{b}}}_0$ 由 (19.46) 的元素 $\hat{b}_1, \hat{b}_2, \cdots, \hat{b}_n$ 组成.

由 (19.39) 转化为 (19.46) 有两种常用的方法:

(1) 吉文斯 (Givens) 变换.

(2) 豪斯霍尔德变换.

矩阵 $\boldsymbol{A}$ 的 $\boldsymbol{QR}$ 分解的第一步由旋转得到, 其余则由反射得到. 数值程序可见 [19.29].

线性最小二乘逼近的实际问题多数用豪斯霍尔德变换求解, 通常会用到系数矩阵 $\boldsymbol{A}$ 的特殊带状结构.

19.2.1.4 迭代方法

1. 雅可比方法

设线性方程组 (19.25) 的系数矩阵的每个主元 $a_{ii}\ (i=1,2,\cdots,n)$ 都是非零元素. 于是第 i 行的未知量 x_i 可以由下面的迭代法则得到, 其中 μ 为迭代指标

$$x_i^{(\mu+1)}=\frac{b_i}{a_{ii}}-\sum_{\substack{k=1\\(k\neq i)}}^{n}\frac{a_{ik}}{a_{ii}}\quad (i=1,2,\cdots,n)$$

$$\left(\mu=0,1,2,\cdots;x_1^{(0)},x_2^{(0)},\cdots,x_n^{(0)}\ \text{为给定初值}\right).\tag{19.48}$$

公式 (19.48) 称为**雅可比方法**. 新向量 $x^{(\mu+1)}$ 的各个分量由 $x^{(\mu)}$ 的分量计算得到. 若至少满足下面的一个条件

$$\max_k\sum_{\substack{i=1\\(i\neq k)}}^{n}\left|\frac{a_{ik}}{a_{ii}}\right|<1\tag{19.49}$$

或

$$\max_i\sum_{\substack{k=1\\(k\neq i)}}^{n}\left|\frac{a_{ik}}{a_{ii}}\right|<1,\tag{19.50}$$

则雅可比迭代对于任意初始向量 $\boldsymbol{x}^{(0)}$ 收敛.

2. 高斯-塞德尔迭代

若第一分量 $x_1^{(\mu+1)}$ 由雅可比方法计算得到, 则该值可以用于计算 $x_2^{(\mu+1)}$. 可用类似的方法计算后面的分量, 于是得如下迭代公式

$$x_i^{(\mu+1)}=\frac{b_i}{a_{ii}}-\sum_{\substack{k=1\\(k\neq i)}}^{n}\frac{a_{ik}}{a_{ii}}x_k^{(\mu+1)}-\sum_{k=i+1}^{n}\frac{a_{ik}}{a_{ii}}x_k^{(\mu)}\quad (i=1,2,\cdots,n)$$

$$\left(\mu=0,1,2,\cdots;x_1^{(0)},x_2^{(0)},\cdots,x_n^{(0)}\ \text{为给定初值}\right).\tag{19.51}$$

公式 (19.51) 称为**高斯-塞德尔 (Gauss-Seidel) 方法**. 高斯-塞德尔方法通常比雅可比方法收敛得快, 但其收敛判据更复杂.

■
$$\begin{aligned}
10x_1-3x_2-4x_3+2x_4&=14,\\
-3x_1+26x_2+5x_3-x_4&=22,\\
-4x_1+5x_2+16x_3+5x_4&=17,\\
2x_1+3x_2-4x_3-12x_4&=-20.
\end{aligned}$$

根据 (19.51) 相应的迭代公式为

$$
\begin{aligned}
x_1^{(\mu+1)} &= \frac{1}{10}\left(14+3x_2^{(\mu)}+4x_3^{(\mu)}-2x_4^{(\mu)}\right),\\
x_2^{(\mu+1)} &= \frac{1}{26}\left(22+3x_1^{(\mu+1)}-5x_3^{(\mu)}+x_4^{(\mu)}\right),\\
x_3^{(\mu+1)} &= \frac{1}{16}\left(17+4x_1^{(\mu+1)}-5x_2^{(\mu+1)}-5x_4^{(\mu)}\right),\\
x_4^{(\mu+1)} &= \frac{1}{12}\left(-20+2x_1^{(\mu+1)}+3x_2^{(\mu+1)}-4x_3^{(\mu+1)}\right).
\end{aligned}
$$

$x^{(0)}$	$x^{(1)}$	$x^{(4)}$	$x^{(5)}$	x
0	1.4	1.5053	1.5012	1.5
0	1.0077	0.9946	0.9989	1
0	1.0976	0.5059	0.5014	0.5
0	1.7861	1.9976	1.9995	2

3. 松弛法

高斯-塞德尔方法 (19.51) 的迭代公式可以写成*修正形式*

$$
x_i^{(\mu+1)} = x_i^{(\mu)} + \left(\frac{b_i}{a_{ii}} - \sum_{k=1}^{i-1}\frac{a_{ik}}{a_{ii}}x_k^{(\mu+1)} - \sum_{k=i}^{n}\frac{a_{ik}}{a_{ii}}x_k^{(\mu)}\right),
$$

即

$$
x_i^{(\mu+1)} = x_i^{(\mu)} + d_i^{(\mu)} \quad (i=1,2,\cdots,n;\ \mu=0,1,2,\cdots). \tag{19.52}
$$

选取适当的*松弛参数* ω, 将 (19.52) 重新写成如下形式:

$$
x_i^{(\mu+1)} = x_i^{(\mu)} + \omega d_i^{(\mu)} \quad (i=1,2,\cdots,n;\ \mu=0,1,2,\cdots) \tag{19.53}
$$

以提高收敛速度. 可以证明, 仅当

$$
0<\omega<2 \tag{19.54}
$$

时该方法收敛. 当 $\omega=1$ 时, 退回高斯-塞德尔迭代. 当 $\omega>1$ 时, 称为超松弛, 此时相应的迭代法称为 SOR (逐次超松弛) *方法*. 对某些特殊类型的矩阵可确定最优松弛因子.

迭代法用来求解系数矩阵的主对角线元素 a_{ii} 按绝对值比该列或行的其他元素大得多的线性方程组, 或者通过某种方式重排方程组的行可得到这种形式的方程组.

19.2.2 非线性方程组

若含有 n 个未知量 $x_1,x_2,\cdots,x_n$ 的 n 个方程的非线性方程组

$$
F_i(x_1,x_2,\cdots,x_n)=0 \quad (i=1,2,\cdots,n) \tag{19.55}
$$

有解, 通常数值解仅可由迭代法得到.

19.2.2.1 一般迭代法

若方程 (19.55) 可以转化为不动点形式

$$x_i = f_i(x_1, x_2, \cdots, x_n) \quad (i = 1, 2, \cdots, n), \tag{19.56}$$

则可用一般迭代法. 从估计的近似值 $x_1^{(0)}, x_2^{(0)}, \cdots, x_n^{(0)}$ 出发, 通过下面的方法得到改进值.

1. 同步迭代

$$x_i^{(\mu+1)} = f_i\left(x_1^{(\mu)}, x_2^{(\mu)}, \cdots, x_n^{(\mu)}\right) \quad (i = 1, 2, \cdots, n;\ \mu = 0, 1, 2, \cdots). \tag{19.57}$$

2. 顺序迭代

$$\begin{aligned} x_i^{(\mu+1)} =& f_i\left(x_1^{(\mu+1)}, \cdots, x_{i-1}^{(\mu+1)}, x_i^{(\mu)}, x_{i+1}^{(\mu)}, \cdots, x_n^{(\mu)}\right) \\ & (i = 1, 2, \cdots, n;\ \mu = 0, 1, 2, \cdots). \end{aligned} \tag{19.58}$$

对该方法收敛性特别重要的是, 在解的邻域函数 f_i 应该较弱地依赖于未知量, 即如果函数 f_i 可微, 其偏导数的绝对值必须相当小. 我们得到收敛性条件

$$K < 1,$$

其中

$$K = \max_i \left(\sum_{k=1}^{n} \max \left| \frac{\partial f_i}{\partial x_k} \right| \right). \tag{19.59}$$

带有量 K 的误差估计如下:

$$\max_i \left| x_i^{(\mu+1)} - x_i \right| \leqslant \frac{K}{1-K} \max_i \left| x_i^{(\mu+1)} - x_i^{(\mu)} \right|, \tag{19.60}$$

这里 x_i 为要求的解的分量, $x_i^{(\mu)}$ 与 $x_i^{(\mu+1)}$ 为相应的第 μ 次和第 $\mu+1$ 次近似值.

19.2.2.2 牛顿法

牛顿法可以用来求解形如 (19.55) 的问题. 在得到初始近似值 $x_1^{(0)}, x_2^{(0)}, \cdots, x_n^{(0)}$ 后, F_i 作为 n 个独立变量 $x_1, x_2, \cdots, x_n$ 的函数按泰勒公式展开 (参见第 630 页 7.3.3.3,1.). 在线性项后终止展开, 由 (19.55) 可得线性方程组, 其迭代改进则通过如下公式得到

$$\begin{aligned} F_i\left(x_1^{(\mu)}, x_2^{(\mu)}, \cdots, x_n^{(\mu)}\right) + \sum_{k=1}^{n} \frac{\partial F_i}{\partial x_k}\left(x_1^{(\mu)}, \cdots, x_n^{(\mu)}\right)\left(x_k^{(\mu+1)} - x_k^{(\mu)}\right) = 0 \\ (i = 1, 2, \cdots, n;\ \mu = 0, 1, 2, \cdots). \end{aligned} \tag{19.61}$$

要在每一步迭代中求解的线性方程组 (19.61) 的系数矩阵为

$$\boldsymbol{F}'(\boldsymbol{x}^{(\mu)}) = \left(\frac{\partial F_i}{\partial x_k}\left(x_1^{(\mu)}, x_2^{(\mu)}, \cdots, x_n^{(\mu)}\right)\right) \quad (i, k = 1, 2, \cdots, n), \tag{19.62}$$

称之为**雅可比矩阵**. 若雅可比矩阵在解的邻域内是可逆的, 牛顿法是局部平方收敛的, 即收敛基本上依赖于是否适当选取了初始近似值. 若在 (19.61) 中代入 $x_k^{(\mu+1)} - x_k^{(\mu)} = d_k^{(\mu)}$, 则牛顿法可写成校正形式

$$x_k^{(\mu+1)} = x_k^{(\mu)} + d_k^{(\mu)} \quad (i = 1, 2, \cdots, n;\ \mu = 0, 1, 2, \cdots). \tag{19.63}$$

为降低对初值的依赖性, 与松弛法类似, 引入所谓**阻尼或步长参数** γ (**阻尼法**):

$$x_k^{(\mu+1)} = x_k^{(\mu)} + \gamma d_k^{(\mu)} \quad (i = 1, 2, \cdots, n;\ \mu = 0, 1, 2, \cdots;\ \gamma > 0). \tag{19.64}$$

确定参数 γ 的方法见 [19.31].

19.2.2.3 无导数高斯-牛顿法

为求解最小二乘问题 (19.24), 对非线性问题可以进行如下迭代:

(1) 从适当的初值 $x_1^{(0)}, x_2^{(0)}, \cdots, x_n^{(0)}$ 出发, 对于非线性函数 $F_i(x_1, x_2, \cdots, x_n)$ $(i = 1, 2, \cdots, m; m > n)$ 由牛顿法 (19.61) 的线性函数 $\tilde{F}_i(x_1, x_2, \cdots, x_n)$ 近似, 得到迭代步骤如下:

$$\tilde{F}_i(x_1, \cdots, x_n) = F_i\left(x_1^{(\mu)}, x_2^{(\mu)}, \cdots, x_n^{(\mu)}\right) + \sum_{k=1}^{n} \frac{\partial F_i}{\partial x_k}\left(x_1^{(\mu)}, \cdots, x_n^{(\mu)}\right)\left(x_k - x_k^{(\mu)}\right) \\ (i = 1, 2, \cdots, m;\ \mu = 0, 1, 2, \cdots). \tag{19.65}$$

(2) 在 (19.65) 中代入 $d_k^{(\mu)} = x_k - x_k^{(\mu)}$, 校正项 $d_k^{(\mu)}$ 由高斯最小二乘法, 即求解线性最小二乘问题确定

$$\sum_{i=1}^{m} \tilde{F}_i^2(x_1, \cdots, x_n) = \min, \tag{19.66}$$

例如借助正则方程 (见 (19.42)), 或豪斯霍尔德方法 (参见第 1280 页 19.6.2.2).

(3) 所求解的近似值由以下公式给出:

$$x_k^{(\mu+1)} = x_k^{(\mu)} + d_k^{(\mu)} \tag{19.67a}$$

或

$$x_k^{(\mu+1)} = x_k^{(\mu)} + \gamma d_k^{(\mu)} \quad (k = 1, 2, \cdots, n), \tag{19.67b}$$

其中 $\gamma\,(\gamma > 0)$ 类似于牛顿法为步长参数.

重复步骤 (2) 与步骤 (3), 用 $x_k^{(\mu+1)}$ 代替 $x_k^{(\mu)}$ 得到**高斯-牛顿法**. 于是得到近似值序列, 其收敛性依赖于初值的准确性. 误差的平方和可以通过引入参数 γ 而降低.

如果偏导数 $\frac{\partial F_i}{\partial x_k}\left(x_1^{(\mu)},\cdots,x_n^{(\mu)}\right)(i=1,2,\cdots,m;k=1,2,\cdots,n)$ 的计算量过大, 偏导数可由以下差分近似得到

$$\begin{aligned}&\frac{\partial F_i}{\partial x_k}\left(x_1^{(\mu)},\cdots,x_k^{(\mu)},\cdots,x_n^{(\mu)}\right)\\ \approx&\frac{1}{h_k^{(\mu)}}\left[F_i\left(x_1^{(\mu)},\cdots,x_{k-1}^{(\mu)},x_k^{(\mu)}+h_k^{(\mu)},x_{k+1}^{(\mu)},\cdots,x_n^{(\mu)}\right)\right.\\ &\left.-F_i\left(x_1^{(\mu)},\cdots,x_k^{(\mu)},\cdots,x_n^{(\mu)}\right)\right]\\ &(i=1,2,\cdots,m;\ k=1,2,\cdots,n;\ \mu=0,1,2,\cdots).\end{aligned}\tag{19.68}$$

所谓**离散步长** $h_k^{(\mu)}$ 可能依赖于迭代步数和变量值.

若用 (19.68) 近似, 则高斯-牛顿法仅需计算函数值 F_i, 即该方法是与**导数无关的**.

19.3 数值积分

19.3.1 一般求积公式

若被积函数 $f(x)$ 不能被初等微积分求积, 或计算太复杂, 或函数仅在区间 $[a,b]$ 上有限个**节点** x_v 已知, 定积分

$$I(f)=\int_a^b f(x)\mathrm{d}x\tag{19.69}$$

的数值计算必定是近似的. 所谓**求积公式**是用来近似计算 (19.69) 的. 有如下一般形式

$$Q(f)=\sum_{\nu=0}^{n}c_{0\nu}y_\nu+\sum_{\nu=0}^{n}c_{1\nu}y_\nu^{(1)}+\cdots+\sum_{\nu=0}^{n}c_{p\nu}y_\nu^{(p)},\tag{19.70}$$

其中 $y_v^{(\mu)}=f^{(\mu)}(x_v)\,(\mu=1,2,\cdots,p;v=1,2,\cdots,n)\,,y_v=f(x_v)$, $c_{\mu v}$ 为常数值. 显然

$$I(f)=Q(f)+R,\tag{19.71}$$

其中 R 为求积公式的误差. 使用求积公式时假设所需的被积函数 $f(x)$ 节点值及其导数值都是已知的. 仅用到节点值的公式称为**均值公式**, 用到导数值的公式称为**埃尔米特求积公式**.

19.3.2 插值求积

如下公式称为**插值求积**. 这里被积函数 $f(x)$ 在某些 (尽可能少的) 插值点被相应阶的多项式 $p(x)$ 插值, 函数 $f(x)$ 由多项式 $p(x)$ 代替. 在整个区间上的积分由和式给出. 这里给出的公式可用于大多数实际情况. 插值节点是**等距的**:

$$x_\nu = x_0 + \nu h\ (\nu = 0, 1, 2, \cdots, n), \quad x_0 = a, \quad x_n = b, \quad h = \frac{b-a}{n}. \tag{19.72}$$

对每个求积公式给出误差 $|R|$ 的上界. 这里 M_μ 表示 $\left|f^{(\mu)}(x)\right|$ 在整个区域的上界.

19.3.2.1 矩形公式

在区间 $[x_0, x_0+h]$ 上, 被积函数 $f(x)$ 由常数函数 $y = y_0 = f(x_0)$ 代替, 其被积函数在插值点 x_0 上, 称为左端矩形积分. 于是得到**简单矩形公式**

$$\int_{x_0}^{x_0+h} f(x)\,\mathrm{d}x \approx h \cdot y_0, \quad |R| \leqslant \frac{h^2}{2} M_1. \tag{19.73a}$$

复化**左端矩形公式**为

$$\int_a^b f(x)\,\mathrm{d}x \approx h(y_0 + y_1 + y_2 + \cdots + y_{n-1}), \quad |R| \leqslant \frac{(b-a)h}{2} M_1. \tag{19.73b}$$

M_1 表示 $|f'(x)|$ 在整个插值区域的上界.

类似地, 可以得到**右端矩形公式**, 在 (19.73a) 中用 y_1 代替 y_0. 有

$$\int_a^b f(x)\,\mathrm{d}x \approx h(y_1 + y_2 + \cdots + y_n), \quad |R| \leqslant \frac{(b-a)h}{2} M_1. \tag{19.74}$$

19.3.2.2 梯形公式

在区间 $[x_0, x_0+h]$ 上, 被积函数 $f(x)$ 由线性函数代替, 其插值点为 x_0 与 $x_1 = x_0 + h$. 于是得到梯形公式

$$\int_{x_0}^{x_0+h} f(x)\,\mathrm{d}x \approx \frac{h}{2}(y_0 + y_1), \quad |R| \leqslant \frac{h^3}{12} M_2. \tag{19.75}$$

所谓复化**梯形公式**为

$$\int_a^b f(x)\,\mathrm{d}x \approx h\left(\frac{y_0}{2} + y_1 + y_2 + \cdots + y_{n-1} + \frac{y_n}{2}\right), \quad |R| \leqslant \frac{(b-a)h^2}{12} M_2. \tag{19.76}$$

M_2 表示 $|f''(x)|$ 在整个插值区域的上界. 梯形公式的误差为 h^2, 即梯形公式的误差阶为 2. 若不考虑舍入误差, 当 $h \to 0 (n \to \infty)$ 时, 梯形公式收敛到定积分.

19.3.2.3 辛普森公式

在区间 $[x_0, x_0+2h]$ 上, 被积函数 $f(x)$ 由二次多项式代替, 其插值点为 x_0, $x_1=x_0+h$ 及 $x_2=x_0+2h$:

$$\int_{x_0}^{x_0+2h} f(x)\,\mathrm{d}x \approx \frac{h}{3}(y_0+4y_1+y_2), \quad |R| \leqslant \frac{h^5}{90}M_4. \tag{19.77}$$

对复化辛普森公式 n 必须为偶数. 其近似为

$$\int_a^b f(x)\,\mathrm{d}x \approx \frac{h}{3}(y_0+4y_1+2y_2+4y_3+\cdots+2y_{n-2}+4y_{n-1}+y_n), \tag{19.78}$$

$$|R| \leqslant \frac{(b-a)h^4}{180}M_4.$$

M_4 为 $\left|f^{(4)}(x)\right|$ 在整个插值区域的上界. 辛普森公式的误差阶为 4, 它对三次多项式准确成立.

19.3.2.4 埃尔米特梯形公式

在区间 $[x_0, x_0+h]$ 上, 被积函数 $f(x)$ 由三次多项式代替, 在节点 x_0 与 $x_1=x_0+h$ 处插值函数 $f(x)$ 与导数 $f'(x)$:

$$\int_{x_0}^{x_0+h} f(x)\,\mathrm{d}x \approx \frac{h}{2}(y_0+y_1)+\frac{h^2}{12}(y_0'-y_1'), \quad |R| \leqslant \frac{h^5}{720}M_4. \tag{19.79}$$

埃尔米特梯形公式通过求和得到

$$\int_a^b f(x)\,\mathrm{d}x \approx h\left(\frac{y_0}{2}+y_1+y_2+\cdots+y_{n-1}+\frac{y_n}{2}\right)+\frac{h^2}{12}(y_0'-y_n'),$$
$$|R| \leqslant \frac{(b-a)h^4}{720}M_4. \tag{19.80}$$

M_4 表示 $\left|f^{(4)}(x)\right|$ 在整个插值区域的上界. 埃尔米特梯形公式的误差阶为 4, 它对三次多项式准确成立.

19.3.3 高斯求积公式

高斯求积公式的一般形式为

$$\int_a^b f(x)\mathrm{d}x \approx \sum_{v=0}^{n} c_v y_v, \quad 其中 y_v = f(x_v), \tag{19.81}$$

这里不仅系数 c_v 是参数, 而且插值节点 x_v 也是参数. 确定这些参数使得公式 (19.81) 对于尽可能高次的多项式准确成立.

高斯求积公式导致高精度近似, 但插值节点必须以特别的方式选取.

19.3.3.1 高斯求积分式

若 (19.81) 的积分区间为 $[a,b]=[-1,1]$, 插值节点选为勒让德多项式的根 (参见第 748 页 9.1.2.6,3. 以及 1430 页 21.12), 则系数 c_v 可由使得 (19.81) 对直到 $2n+1$ 阶多项式都能准确来确定. 勒让德多项式的根是关于原点对称的. 对于 $n=1,2,3$ 的情况, 有

$$\begin{array}{lll} n=1: & x_0=-x_1, & c_0=1, \\ & x_1=\dfrac{1}{\sqrt{3}}=0.577350269\cdots, & c_1=1. \\ n=2: & x_0=-x_2, & c_0=\dfrac{5}{9}, \\ & x_1=0, & c_1=\dfrac{8}{9}, \\ & x_2=\sqrt{\dfrac{3}{5}}=0.774596669\cdots, & c_2=c_0. \\ n=3: & x_0=-x_3, & c_0=0.347854854\cdots, \\ & x_1=-x_2, & c_1=0.652145154\cdots, \\ & x_2=0.339981043\cdots, & c_2=c_1, \\ & x_3=0.861136311\cdots, & c_3=c_0. \end{array} \tag{19.82}$$

注 对于一般的积分区间 $[a,b]$ 可以通过变换 $t=\dfrac{b-a}{2}x+\dfrac{b+a}{2}(t\in[a,b],$ $x\in[-1,1])$ 变为 $[-1,1]$. 于是

$$\int_a^b f(t)\,\mathrm{d}t \approx \frac{b-a}{2}\sum_{\nu=0}^{n} c_\nu f\left(\frac{b-a}{2}x_\nu+\frac{a+b}{2}\right), \tag{19.83}$$

这里 x_ν 与 c_ν 的值由前面关于区间 $[-1,1]$ 的公式给出.

19.3.3.2 洛巴托 (Lobatto) 求积公式

在某些情况下, 选取子区间的端点作为插值节点也是合理的. 此时在 (19.81) 中有多于 $2n$ 个的自由参数. 这些值由使得对直到 $2n-1$ 阶多项式都能准确求积来确定. 对于 $n=2$ 与 $n=3$ 的情况, 有

$$\begin{array}{ll} n\ =\ 2: & \\ x_0=-1, & c_0=\dfrac{1}{3}, \\ x_1=0, & c_1=\dfrac{4}{3}, \\ x_2=1, & c_2=c_0\,. \end{array} \tag{19.84a}$$

$n\ =\ 3$:

$$\begin{aligned}
&x_0=-1, && c_0=\frac{1}{6},\\
&x_1=-x_2, && c_1=\frac{5}{6},\\
&x_2=\frac{1}{\sqrt{5}}=0.447213595\cdots, && c_2=c_1,\\
&x_3=1, && c_3=c_0.
\end{aligned} \tag{19.84b}$$

$n=2$ 的情况表示辛普森公式.

19.3.4 龙贝格方法

为提高数值积分的精度, 推荐从梯形求和序列出发, 重复对分积分步长的龙贝格 (Romberg) 方法.

19.3.4.1 龙贝格方法的算法

该方法包含以下步骤.

1. 确定梯形和

根据 19.3.2.2 的 (19.76) 确定积分 $\int_a^b f(x)\mathrm{d}x$ 关于步长

$$h_i=\frac{b-a}{2^i}\quad (i=0,1,2,\cdots,m) \tag{19.85}$$

的近似梯形和 $T(h_i)$, 这里考虑递归关系

$$\begin{aligned}
T(h_i)=&T\left(\frac{h_{i-1}}{2}\right)\\
=&\frac{h_{i-1}}{2}\left[\frac{1}{2}f(a)+f\left(a+\frac{h_{i-1}}{2}\right)+f(a+h_{i-1})+f\left(a+\frac{3}{2}h_{i-1}\right)\right.\\
&\left.+f(a+2h_{i-1})+\cdots+f\left(a+\frac{2n-1}{2}h_{i-1}\right)+\frac{1}{2}f(b)\right]\\
=&\frac{1}{2}T(h_{i-1})+\frac{h_{i-1}}{2}\sum_{j=0}^{n-1}f\left(a+\frac{h_{i-1}}{2}+jh_{i-1}\right)\quad (i=1,2,\cdots,m;\ n=2^{i-1}).
\end{aligned} \tag{19.86}$$

递归公式 (19.86) 告诉我们, 由 $T(h_{i-1})$ 计算 $T(h_i)$ 仅需在新增插值节点计算函数值.

2. 三角格式

令 $T_{0i}=T(h_i)\,(i=0,1,2,\cdots)$, 进行递归计算

$$T_{ki}=T_{k-1,i}+\frac{T_{k-1,i}-T_{k-1,i-1}}{4^k-1}\quad (k=1,2,\cdots,m;i=k,k+1,\cdots). \tag{19.87}$$

根据 (19.87) 计算得到的数值经常排列成三角格式, 其元素按逐列方式计算:

$$\begin{aligned}
&T(h_0) = T_{00} \\
&T(h_1) = T_{01} \quad T_{11} \\
&T(h_2) = T_{02} \quad T_{12} \quad T_{22} \\
&T(h_3) = T_{03} \quad T_{13} \quad T_{23} \quad T_{33} \\
&\qquad\qquad \cdots\cdots
\end{aligned} \tag{19.88}$$

该格式会一直持续下去 (对于给定的列数), 直到在右边最下面的数值几乎相同. 第二列的值 $T_{1i}\,(i=1,2,\cdots)$ 相应于由辛普森公式计算得到的值.

19.3.4.2 外推原理

龙贝格方法应用了所谓**外推原理**. 当 $k=1$ 时通过推导 (19.86) 证明之. 需要计算的积分表示为 I, 相应的梯形和 (19.76) 表示为 $T(h)$. 若 I 的被积函数在积分区间是 $2m+2$ 次连续可微的, 则能证明关于 h 的**渐进展开**对求积公式的误差 R 是成立的, 且有形式

$$R(h) = I - T(h) = a_1h^2 + a_2h^4 + \cdots + a_mh^{2m} + O(h^{2m+2}) \tag{19.89a}$$

或

$$T(h) = I - a_1h^2 - a_2h^4 - \cdots - a_mh^{2m} + O(h^{2m+2}), \tag{19.89b}$$

系数 $a_1, a_2, \cdots, a_m$ 为与 h 无关的常数.

根据 (19.89b), 考虑 $T(h)$ 与 $T\left(\dfrac{h}{2}\right)$ 及其线性组合

$$\begin{aligned}
T_1(h) = \alpha_1T(h) + \alpha_2T\left(\frac{h}{2}\right) &= (\alpha_1+\alpha_2)I - a_1\left(\alpha_1 + \frac{\alpha_2}{4}\right)h^2 \\
&\quad - a_2\left(\alpha_1 + \frac{\alpha_2}{16}\right)h^4 - \cdots.
\end{aligned} \tag{19.90}$$

若以 $\alpha_1+\alpha_2=1$ 及 $\alpha_1+\dfrac{\alpha_2}{4}=0$ 代入, 则 $T_1(h)$ 有 4 阶误差, 而 $T(h)$ 与 $T\left(\dfrac{h}{2}\right)$ 仅有 2 阶误差. 公式为

$$T_1(h) = -\frac{1}{3}T(h) + \frac{4}{3}T\left(\frac{h}{2}\right) = T\left(\frac{h}{2}\right) + \frac{T\left(\dfrac{h}{2}\right) - T(h)}{3}. \tag{19.91}$$

这是 $k=1$ 时的公式 (19.87), 根据 (19.87) 重复应用上述过程就得到近似 T_{ik}, 且

$$T_{ki} = I + O(h_i^{2k+2}). \tag{19.92}$$

■ 定积分 $I = \displaystyle\int_0^1 \frac{\sin x}{x}\mathrm{d}x$ (参见第 681 页 8.2.5,1.) 不能用基本方法得到. 计算该积分的近似值 (保留 8 位数字).

1. 龙贝格方法

k=0	k=1	k=2	k=3
0.92073549			
0.93979328	0.94614588		
0.94451352	0.94608693	0.94608300	
0.94569086	0.94608331	0.94608307	0.94608307

由龙贝格方法得到近似值 0.94608307. 按 10 位数字得到的是 0.9460830704. 根据 (19.92) 验证了误差阶为 $O\left((1/8)^8\right) \approx 6 \cdot 10^{-8}$.

2. 梯形与辛普森公式

根据龙贝格方法的格式, 对于$h_3=1/8$能直接得到梯形公式的近似值0.94569086, 而辛普森公式得到的近似值为 0.94608331.

根据 (19.79) 修正埃尔米特梯形公式得到的结果为

$$I \approx 0.94569086 + \frac{0.30116868}{64 \cdot 12} = 0.94608301.$$

3. 高斯公式

由公式 (19.83) 得

$$\begin{aligned} n = 1: \quad I &\approx \frac{1}{2}\left[c_0 f\left(\frac{1}{2}x_0 + \frac{1}{2}\right) + c_1 f\left(\frac{1}{2}x_1 + \frac{1}{2}\right)\right] \\ &= 0.94604113; \end{aligned}$$

$$\begin{aligned} n = 2: \quad I &\approx \frac{1}{2}\left[c_0 f\left(\frac{1}{2}x_0 + \frac{1}{2}\right) + c_1 f\left(\frac{1}{2}x_1 + \frac{1}{2}\right) + c_2 f\left(\frac{1}{2}x_2 + \frac{1}{2}\right)\right] \\ &= 0.94608313; \end{aligned}$$

$$\begin{aligned} n = 3: \quad I &\approx \frac{1}{2}\left[c_0 f\left(\frac{1}{2}x_0 + \frac{1}{2}\right) + \cdots + c_3 f\left(\frac{1}{2}x_3 + \frac{1}{2}\right)\right] \\ &= 0.94608307. \end{aligned}$$

可见对于 $n = 3$ 的高斯积分公式, 仅用四个函数值就可得到 8 位数字的准确值. 而用梯形公式要达到这个精度需要非常多 (大于 1000) 个函数值.

注 (1) 傅里叶分析在周期函数的积分中起重要作用 (参见第 633 页 7.4.1.1,1.). 其数值实现的细节可在调和分析的目录下找到 (参见第 1287 页 19.6.4). 实际计算基于所谓快速傅里叶变换 FFT (参见第 1288 页 19.6.4.2).

(2) 在许多应用中, 考虑积分的特殊性质是有用的. 对这些特殊情况发展了进一步的积分法则. 关于收敛性、误差分析、最优积分公式的大量讨论可见文献 (例如见 [19.7]).

(3) 文献中讨论了求多重积分值的数值方法 (例如见 [19.34]).

19.4 常微分方程的近似积分

在许多情况下, 常微分方程的解不能表示成已知基本函数的表达式. 其解在更一般的情况下存在 (参见第 715 页 9.1.1.1), 必须用数值方法确定. 这些结果仅是特殊解法, 但可能达到高精度. 由于高于一阶的微分方程可能是初值问题或边值问题, 故发展了对这两类问题的数值方法.

19.4.1 初值问题

下面讨论求解初值问题的基本方法.

$$y' = f(x, y), \quad y(x_0) = y_0 \tag{19.93}$$

在选定的插值节点集 x_i 上求解未知函数 $y(x)$ 的近似值 y_i. 通常考虑预先给定步长 h 的等距插值节点

$$x_i = x_0 + ih \quad (i = 0, 1, 2, \cdots). \tag{19.94}$$

19.4.1.1 欧拉多边形法

初值问题 (19.33) 的积分表达式可由下面的积分给出

$$y(x) = y_0 + \int_{x_0}^{x} f(x, y(x))\,\mathrm{d}x. \tag{19.95}$$

这就是近似的出发点

$$y(x_1) = y_0 + \int_{x_0}^{x_0+h} f(x, y(x))\,\mathrm{d}x \approx y_0 + hf(x_0, y_0) = y_1, \tag{19.96}$$

被推广为欧拉折线法或欧拉多边形法

$$y_{i+1} = y_i + hf(x_i, y_i) \quad (i = 0, 1, 2, \cdots; y(x_0) = y_0). \tag{19.97}$$

几何插值见图 19.5, 对比 (19.96) 与泰勒展开

$$y(x_1) = y(x_0 + h) = y_0 + f(x_0, y_0)h + \frac{y''(\xi)}{2}h^2, \tag{19.98}$$

其中 $x_0 < \xi < x_0 + h$, 表明近似值 y_1 具有 h^2 阶误差. 其精度可以通过减小步长 h 来改进. 实际计算表明步长减半可使近似值 y_i 的误差减半.

用欧拉法可以快速看到解曲线的近似形状.

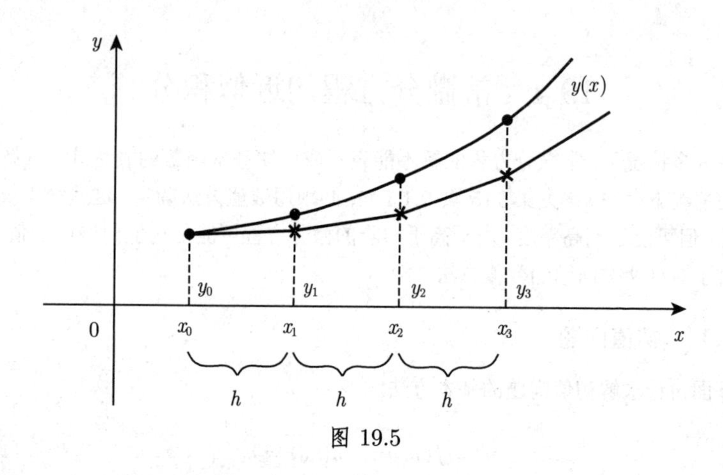

图 19.5

19.4.1.2 龙格-库塔法

1. 计算格式

方程 $y'(x) = f(x,y)$ 在每一点 (x_0, y_0) 确定一个方向, 解曲线通过点 (x_0, y_0) 的切线方向. 在下一个插值点前欧拉法沿着该方向. 龙格-库塔法在点 (x_0, y_0) 与该曲线下一个可能的点 (x_0+h, y_1) 之间考虑更多的点, 适当选取这些附加点以得到 y_1 更准确的值. 依赖于 "辅助点" 的数目与排列, 有不同阶的龙格-库塔法. 这里给出了四阶方法 (参见第 1263 页 19.4.1.5). (欧拉法是一阶龙格-库塔法.)

对从 x_0 到 $x_1 = x_0 + h$ 这一步, 四阶计算格式在 (19.99) 中得到 (19.93) 的 y_1 的近似值. 遵照同样的格式进行下一步.

根据 (19.99) 龙格-库塔法的误差在每一步有 h^5 阶, 因此适当选取步长可以得到高精度.

x	y	$k = h \cdot f(x,y)$
x_0	y_0	k_1
$x_0 + h/2$	$y_0 + k_1/2$	k_2
$x_0 + h/2$	$y_0 + k_2/2$	k_3
$x_0 + h$	$y_0 + k_3$	k_4
$x_1 = x_0 + h$	$y_1 = y_0 + \dfrac{1}{6}(k_1 + 2k_2 + 2k_3 + k_4)$	

(19.99)

■ $y' = \dfrac{1}{4}\left(x^2 + y^2\right)$, 其中 $y(0) = 0$. $y(0.5)$ 由一步确定, 即 $h = 0.5$ (见下表). 8 位数字的准确值为 0.01041860.

x	y	$k=\frac{1}{8}(x^2+y^2)$
0	0	0
0.25	0	0.00781250
0.25	0.00390625	0.00781441
0.5	0.00781441	0.03125763
0.5	0.01041858	

2. **注**

(1) 对于特殊的微分方程 $y'=f(x)$, 龙格-库塔法化为辛普森公式 (参见第 1254 页 19.3.2.3).

(2) 对于大量的积分步, 有时候必须改变步长. 改变步长可由原步长重复加倍的精度检验来决定. 若由单倍步长计算 $y(x_0+2h)$ 得近似值 $y_2(h)$, 而由双倍步长计算得 $y_2(2h)$, 则误差 $R_2(h)=y(x_0+h)-y_2(h)$ 的估计为

$$R_2(h)\approx\frac{1}{15}[y_2(h)-y_2(2h)]. \tag{19.100}$$

关于步长改变的文献见 [19.31].

(3) 龙格-库塔法对高阶常微分方程也适用, 见 [19.31]. 高阶常微分方程可写成一阶常微分方程组. 于是根据 (19.99), 尽管微分方程之间相互关联, 计算可以并行进行.

19.4.1.3 多步法

由于我们仅从 y_i 计算 y_{i+1}, 因此欧拉法 (19.97) 与龙格-库塔法 (19.99) 都称为单步法. 一般的*线性多步法*有如下形式:

$$\begin{aligned}&y_{i+k}+\alpha_{k-1}y_{i+k-1}+\alpha_{k-2}y_{i+k-2}+\cdots+\alpha_1y_{i+1}+\alpha_0y_i\\&=h(\beta_kf_{i+k}+\beta_{k-1}f_{i+k-1}+\cdots+\beta_1f_{i+1}+\beta_0f_i),\end{aligned} \tag{19.101}$$

适当选取常数 α_i 和 $\beta_j\ (j=0,1,\cdots,k;\alpha_k=1)$. 若 $\alpha_0+\beta_0\neq0$, 公式 (19.101) 称为 *k 步法*. 若 $\beta_k=0$, 因为此时 (19.101) 的右端 $f_{i+j}=f(x_{i+j},y_{i+j})$ 仅包含已知的值为 $y_i,y_{i+1},\cdots,y_{i+k-1}$, 故称为*显式的*. 若 $\beta_k\neq0$, 此时 (19.101) 两端都需要求新的值 y_{i+k}, 则称为*隐式的*.

在 k 步法中, k 个初值 $y_0,y_1,\cdots,y_{k-1}$ 必须已知. 这些初值可以由单步法求得.

若 (19.93) 中的导数 $y'(x_i)$ 由*差分公式*代替 (参见第 727 页 9.1.1.5,1.), 或 (19.95) 中的积分由*求积公式*近似 (参见第 1252 页 19.3.1), 则由特殊的多步法来求解初值问题 (19.93).

特殊多步法的例子如下.

1. 中点法则

(19.93) 中的导数 $y'(x_{i+1})$ 由插值节点 x_i 和 x_{i+2} 之间的割线斜率代替, 即

$$y_{i+2} - y_i = 2hf_{i+1}. \tag{19.102}$$

2. 米尔恩 (Milne) 法则

(19.95) 中的积分由辛普森公式近似

$$y_{i+2} - y_i = \frac{h}{3}(f_i + 4f_{i+1} + f_{i+2}). \tag{19.103}$$

3. 亚当斯-巴什福思 (Adams-Bashforth) 法则

(19.95) 中的积分由基于 k 个插值节点 $x_i, x_{i+1}, \cdots, x_{i+k-1}$ 的拉格朗日插值多项式 (参见第 1277 页 19.6.1.2) 代替. 在 x_{i+k-1} 与 x_{i+k} 之间积分得到

$$y_{i+k} - y_{i+k-1} = \sum_{j=0}^{k-1}\left[\int_{x_{i+k-1}}^{x_{i+k}} L_j(x)\,\mathrm{d}x\right] f(x_{i+j}, y_{i+j}) = h\sum_{j=0}^{k-1}\beta_j f(x_{i+j}, y_{i+j}). \tag{19.104}$$

方法 (19.104) 对于 y_{i+k} 是显式的. 系数 β_j 的计算见 [19.4].

19.4.1.4 预估-校正法

实际上, 隐式多步法相较于显式多步法有很大的优越性, 因为在相同的精度下隐式法允许大得多的步长. 但是隐式多步法通常需要求解非线性方程来得到近似值 y_{i+k}. 从 (19.101) 可得如下形式:

$$y_{i+k} = h\sum_{j=0}^{k}\beta_j f_{i+j} - \sum_{j=0}^{k-1}\alpha_j y_{i+j} = F(y_{i+k}). \tag{19.105}$$

求解方程 (19.105) 需要迭代. 其具体过程是: 根据显式公式确定初值 $y_{i+k}^{(0)}$, 称之为**预估子**, 然后用迭代公式校正

$$y_{i+k}^{(\mu+1)} = F(y_{i+k}^{(\mu)}) \quad (\mu = 0, 1, 2, \cdots), \tag{19.106}$$

这称为由隐式法得到的**校正子**. 特殊的预估-校正公式有

(1)
$$y_{i+1}^{(0)} = y_i + \frac{h}{12}(5f_{i-2} - 16f_{i-1} + 23f_i), \tag{19.107a}$$

$$y_{i+1}^{(\mu+1)} = y_i + \frac{h}{12}(-f_{i-1} + 8f_i + 5f_{i+1}^{(\mu)}) \quad (\mu = 0, 1, \cdots); \tag{19.107b}$$

(2)
$$y_{i+1}^{(0)} = y_{i-2} + 9y_{i-1} - 9y_i + 6h(f_{i-1} + f_i), \tag{19.108a}$$

$$y_{i+1}^{(\mu+1)} = y_{i-1} + \frac{h}{3}(f_{i-1} + 4f_i + f_{i+1}^{(\mu)}) \quad (\mu = 0, 1, \cdots). \tag{19.108b}$$

辛普森公式作为 (19.108b) 中的校正子在数值上是不稳定的, 它可以被替换为

$$y_{i+1}^{(\mu+1)} = 0.9y_{i-1} + 0.1y_i + \frac{h}{24}(0.1f_{i-2} + 6.7f_{i-1} + 30.7f_i + 8.1f_{i+1}^{(\mu)}). \tag{19.109}$$

19.4.1.5 收敛性、相容性、稳定性

1. 整体离散误差和收敛性

单步法可以写成一般形式

$$y_{i+1} = y_i + hF(x_i, y_i, h) \quad (i = 0, 1, 2, \cdots; y_0 \text{ 给定}), \tag{19.110}$$

这里 $F(x, y, h)$ 称为单步法的*增长函数*或者顺向函数. 由 (19.110) 得到的近似解依赖于步长 h, 记为 $y(x, h)$. 它与初值问题 (19.93) 的准确解 $y(x)$ 的差被称为*整体离散误差* $g(x, h)$(见 (19.111)). 若 p 是满足

$$g(x, h) = y(x, h) - y(x) = O(h^p) \tag{19.111}$$

的最大的自然数, 称单步法 (19.110) 是 p 阶收敛的. 公式 (19.111) 表明, 若 $h \to 0$, 步长 $h = \dfrac{x - x_0}{n}$, 对于初值问题区域内的每一 x, 近似解 $y(x, h)$ 收敛到准确解 $y(x)$.

■ 欧拉法 (19.97) 有一阶收敛性 $p = 1$. 对于龙格-库塔法 (19.99) 则有 $p = 4$.

2. 局部离散误差与相容性

根据 (19.111), 收敛阶表明近似解 $y(x, h)$ 逼近准确解 $y(x)$ 的好坏程度. 此外, 一个有趣的问题是增长函数 $F(x, y, h)$ 逼近导数 $y' = f(x, y)$ 的程度. 为此目的, 引进所谓*局部离散误差* $l(x, h)$ (见 (19.112)). 若 p 是满足

$$l(x, h) = \frac{y(x + h) - y(x)}{h} - F(x, y, h) = O(h^p) \tag{19.112}$$

的最大的自然数, 则称单步法 (19.110) 是 p 阶相容的.

由 (19.112) 直接得到对相容的单步法

$$\lim_{h \to 0} F(x, y, h) = f(x, y). \tag{19.113}$$

■ 欧拉法 (19.97) 有一阶相容性 $p = 1$. 龙格-库塔法 (19.99) 则有四阶相容性 $p = 4$.

3. 对初值扰动的稳定性

单步法在实施过程中, 舍入误差 $O(1/h)$ 加到整体离散误差 $O(h^p)$ 上. 因此我们需要选择一个不太小的有限步长 $h > 0$. 在初值扰动或者 $x_i \to \infty$ 时数值解 y_i 如何表现也是一个重要的问题.

在常微分方程理论下, 如果

$$|\tilde{y}(x) - y(x)| \leqslant |\tilde{y}_0 - y_0|, \tag{19.114}$$

则称初值问题 (19.93) *关于初值扰动是稳定的*. 这里 $\tilde{y}(x)$ 为 (19.93) 关于扰动初值 $\tilde{y}_0(x_0) = \tilde{y}_0$ 的解. 估计 (19.114) 告诉我们, 解的差的绝对值不大于初值的扰动.

一般地, 由于 (19.114) 难以检验, 因此仅考虑线性试验问题

$$y' = \lambda y, \text{ 其中 } y(x_0) = y_0 \quad (\lambda \leqslant 0 \text{ 为常数}) \tag{19.115}$$

用于这一特殊初值问题的单步法是稳定的. 若用一个步长为 $h > 0$ 的相容的方法求解上述线性试验问题 (19.115), 得到的近似解满足条件

$$|y_i| \leqslant |y_0|, \tag{19.116}$$

则称此法对初值扰动是*绝对稳定的*.

■ 应用欧拉多边形法求解方程 (19.115) 得到解 $y_{i+1} = (1 + \lambda h) y_i \, (i = 0, 1, \cdots)$. 显然, 若 $|1 + \lambda h| \leqslant 1$, 则 (19.116) 成立, 因此步长必须满足 $-2 \leqslant \lambda h \leqslant 0$.

4. 刚性微分方程组

包括化学动力学问题在内的许多应用问题, 可以归结为这样的微分方程, 其解由递减收敛到零的不同的指数项组成. 这些方程称为*刚性微分方程*. 例如

$$y(x) = C_1 \mathrm{e}^{\lambda_1 x} + C_2 \mathrm{e}^{\lambda_2 x} \quad (C_1, C_2, \lambda_1, \lambda_2 \text{ 为常数}), \tag{19.117}$$

其中 $\lambda_1 < 0, \lambda_2 < 0$ 而且 $|\lambda_1| << |\lambda_2|$, 例如 $\lambda_1 = -1, \lambda_2 = -1000$. 含 λ_2 的项对解函数并无显著影响, 但在数值方法中影响步长 h 的选取. 在这种情况下, 选取适当的数值方法特别重要 (见 [19.29], [19.6]).

19.4.2 边值问题

求解常微分方程边值问题最重要的方法用于下面二阶微分方程的简单线性边值问题:

$$y''(x) + p(x) y'(x) + q(x) y(x) = f(x) \, (a \leqslant x \leqslant b), \text{ 其中 } y(\alpha) = \alpha, y(\beta) = \beta, \tag{19.118}$$

其中函数 $p(x), q(x), f(x)$ 及常数 α, β 是已知的.

给出的方法也适于求解高阶微分方程边值问题.

19.4.2.1 *差分法*

区间 $[a, b]$ 被等距节点 $x_v = x_0 + vh \, (v = 0, 1, 2, \cdots, n; x_0 = a, x_n = b)$ 等分, 在内部插值点将所谓*有限差分*代替微分方程

$$y''(x_\nu) + p(x_\nu) y'(x_\nu) + q(x_\nu) y(x_\nu) = f(x_\nu) \quad (\nu = 1, 2, \cdots, n-1) \tag{19.119}$$

中的导数值, 例如:

$$y'(x_\nu) \approx y'_\nu = \frac{y_{\nu+1} - y_{\nu-1}}{2h}, \tag{19.120a}$$

$$y''(x_\nu) \approx y''_\nu = \frac{y_{\nu+1} - 2y_\nu + y_{\nu-1}}{h^2}. \tag{19.120b}$$

考虑到边界条件 $y_0 = \alpha, y_n = \beta$, 由此得到区间 $[a, b]$ 内关于 $n-1$ 个插值 $y_v \approx y(x_v)$ 的 $n-1$ 个线性方程. 若边界条件包含导数, 则也必须由有限差分来代替.

微分方程组 (参见第 753 页 9.1.3.2) 的特征值问题可以类似处理. 应用由 (19.119) 与 (19.120a, 19.120b) 表述的*有限差分法*即得到矩阵特征值问题 (参见第 421 页 4.6).

■ 求解带边值条件 $y(0) = y(1) = 0$ 的齐次微分方程 $y'' + \lambda^2 y = 0$ 导致矩阵特征值问题. 有限差分法将微分方程转化为差分方程 $y_{v+1} - 2y_v + y_{v-1} + h^2\lambda^2 y_v = 0$. 如果选取三个内点, 此时 $h = 1/4$, 考虑到 $y_0 = y(0) = 0, y_4 = y(1) = 0$, 则离散方程组为

$$\begin{aligned}
\left(-2+\frac{\lambda^2}{16}\right)y_1 + \qquad\qquad y_2 \qquad\qquad\qquad &= 0,\\
y_1 + \left(-2+\frac{\lambda^2}{16}\right)y_2 + \qquad\qquad y_3 &= 0,\\
y_2 + \left(-2+\frac{\lambda^2}{16}\right)y_3 &= 0.
\end{aligned}$$

仅当系数行列式为零时该齐次线性方程组有非平凡解. 该条件导致特征值 $\lambda_1^2 = 9.37, \lambda_2^2 = 32, \lambda_3^2 = 54.63$. 在这些特征值里只有最小的一个接近相应的真值 9.87.

注 差分法的精度可以这样改进:

(1) 减小步长 h;

(2) 应用导数的高阶逼近 (如 (19.120a, 19.120b) 的逼近有 $O\left(h^2\right)$ 阶误差);

(3) 应用多步法 (参见第 1261 页 19.4.1.3).

若问题是非线性边值问题, 则差分法导致未知近似值 y_ν 的非线性方程组 (参见第 1249 页 19.2.2).

19.4.2.2 用已知函数逼近

边值问题 (19.118) 的近似解是适当选取的线性无关函数 $g_i(x)$ 的线性组合, 并满足边界条件

$$y(x) \approx g(x) = \sum_{i=1}^{n} a_i g_i(x). \tag{19.121}$$

将 $g(x)$ 代入微分方程 (19.118) 得到的误差称为*亏量*:

$$\varepsilon(x; a_1, a_2, \cdots, a_n) = g''(x) + p(x)g'(x) + q(x)g(x) - f(x). \tag{19.122}$$

可用如下原则确定系数 a_i.

1. 配置法

亏量要在给定的 n 个所谓*配置点* x_v 上为零. 由条件

$$\varepsilon(x_\nu; a_1, a_2, \cdots, a_n) = 0 \quad (\nu = 1, 2, \cdots, n), \quad a < x_1 < x_2 < \cdots < x_n < b \tag{19.123}$$

得到未知系数的线性方程组.

2. 最小二乘法

依赖于系数的积分

$$F(a_1, a_2, \cdots, a_n) = \int_a^b \varepsilon^2(x; a_1, a_2, \cdots, a_n)\,\mathrm{d}x \tag{19.124}$$

应该最小. 必要条件

$$\frac{\partial F}{\partial a_i} = 0 \quad (i = 1, 2, \cdots, n) \tag{19.125}$$

给出了系数 a_i 的线性方程组.

3. 伽辽金 (Galerkin) 法

需要满足所谓*误差正交性*, 即

$$\int_a^b \varepsilon(x; a_1, a_2, \cdots, a_n) g_i(x)\,\mathrm{d}x = 0 \quad (i = 1, 2, \cdots, n), \tag{19.126}$$

由此得到未知系数的线性方程组.

4. 里茨法

解 $y(x)$ 常有使得变分积分极小化的性质

$$I[y] = \int_a^b H(x, y, y')\,\mathrm{d}x \tag{19.127}$$

(见 (10.4)). 若函数 $H(x, y, y')$ 已知, 则将 $y(x)$ 换为 (19.121) 中的近似函数 $g(x)$, $I[y] = I(a_1, a_2, \cdots, a_n)$ 极小化. 由必要条件

$$\frac{\partial I}{\partial a_i} = 0 \quad (i = 1, 2, \cdots, n) \tag{19.128}$$

得到系数 a_i 的 n 个方程.

■ 在关于函数 p, q, f, y 的一定条件下, 边值问题

$$-\left[p(x) y'(x)\right]' + q(x) y(x) = f(x), \text{ 其中 } y(\alpha) = \alpha, y(\beta) = \beta \tag{19.129}$$

与其变分问题

$$I[y] = \int_a^b \left[p(x) y'^2(x) + q(x) y^2(x) - 2f(x) y(x)\right]\mathrm{d}x = \min, \\ \text{其中 } y(\alpha) = \alpha, y(\beta) = \beta \tag{19.130}$$

等价. 于是对于边值问题 (19.129), 由 (19.130) 立即得到 $H(x, y, y')$.

代替逼近 (19.121), 常考虑

$$g(x) = g_0(x) + \sum_{i=1}^{n} a_i g_i(x), \tag{19.131}$$

其中 $g_0(x)$ 满足边值, 而函数 $g_i(x)$ 满足条件

$$g_i(a) = g_i(b) = 0 \quad (i = 1, 2, \cdots, n). \tag{19.132}$$

例如, 对问题 (19.118), 适当的选择是

$$g_0(x) = \alpha + \frac{\beta - \alpha}{b - a}(x - a). \tag{19.133}$$

注 在线性边值问题中, 由 (19.121) 和 (19.131) 可得系数的线性方程组. 对于非线性边值问题, 得到的非线性方程组可用第 1249 页 19.2.2 中给出的方法求解.

19.4.2.3 打靶法

边值问题的解用打靶法可化为初值问题的解. 该法的基本思想用**单目标打靶法**描述如下.

1. 单目标打靶法

初值问题

$$y'' + p(x)y' + q(x)y = f(x), \text{ 其中 } y(\alpha) = \alpha, y'(\alpha) = s \tag{19.134}$$

关联于边值问题 (19.118). 这里初值问题 (19.134) 的解 y 依赖于参数 s, 即 $y = y(x, s)$ 成立. 根据 (19.134), 函数 $y(x, s)$ 满足第一个边界条件 $y(a, s) = \alpha$. 参数 s 应由函数 $y(x, s)$ 满足第二个边界条件 $y(b, s) = \beta$ 来确定. 因此, 需要求解方程

$$F(s) = y(b, s) - \beta, \tag{19.135}$$

试位法 (割线法) 就是适当的求解方法. 只需要求出函数 $F(s)$ 的值, 但是对每一个特别的参数 s, 计算函数值都需要求解初值问题 (19.134) 直到 $x = b$. 19.4.1 已给出此计算方法.

2. 多目标打靶法

在所谓**多目标打靶法**中, 积分区间 $[a, b]$ 被分为子区间, 在每个子区间上用单目标打靶法. 于是要求的解由子区间上的解构成, 这里必须保证在子区间的端点连续过渡.

这就要求更多的条件. 对于大多用于非线性边值问题的多目标打靶法的数值实现, 见 [19.31].

19.5 偏微分方程的近似求解

本节仅以带有两个独立变量及相应的边值/初值条件的线性二阶偏微分方程为例, 讨论偏微分方程数值解的原理.

19.5.1 差分法

通过选取点 (x_μ, y_v), 考虑在积分区域内的正规网格. 通常选等距的矩形网格:

$$x_\mu = x_0 + \mu h,\ y_\nu = y_0 + \nu l \quad (\mu, \nu = 1, 2, \cdots). \tag{19.136}$$

当 $l = h$ 时, 得到正方形网格. 若所求的解记为 $u(x, y)$, 则按如下方式以*有限差分*代替出现在微分方程及边值或初值中的偏导数, 其中 $u_{\mu\nu}$ 表示函数 $u(x_\mu, y_\nu)$ 的近似值:

偏导数	有限差分	误差阶
$\dfrac{\partial u}{\partial x}(x_\mu, y_\nu)$	$\dfrac{1}{h}(u_{\mu+1,\nu} - u_{\mu,\nu})$ 或 $\dfrac{1}{2h}(u_{\mu+1,\nu} - u_{\mu-1,\nu})$	$O(h)$ 或 $O(h^2)$
$\dfrac{\partial u}{\partial y}(x_\mu, y_\nu)$	$\dfrac{1}{l}(u_{\mu,\nu+1} - u_{\mu,\nu})$ 或 $\dfrac{1}{2l}(u_{\mu,\nu+1} - u_{\mu,\nu-1})$	$O(l)$ 或 $O(l^2)$
$\dfrac{\partial^2 u}{\partial x \partial y}(x_\mu, y_\nu)$	$\dfrac{1}{4hl}(u_{\mu+1,\nu+1} - u_{\mu+1,\nu-1} - u_{\mu-1,\nu+1} + u_{\mu-1,\nu-1})$	$O(hl)$
$\dfrac{\partial^2 u}{\partial x^2}(x_\mu, y_\nu)$	$\dfrac{1}{h^2}(u_{\mu+1,\nu} - 2u_{\mu,\nu} + u_{\mu-1,\nu})$	$O(h^2)$
$\dfrac{\partial^2 u}{\partial y^2}(x_\mu, y_\nu)$	$\dfrac{1}{l^2}(u_{\mu,\nu+1} - 2u_{\mu,\nu} + u_{\mu,\nu-1})$	$O(l^2)$

(19.137)

在 (19.137) 中由朗道符号 O 给出误差阶.

在某些情况下, 应用带固定参数 $\sigma\,(0 \leqslant \sigma \leqslant 1)$ 的近似

$$\frac{\partial^2 u}{\partial x^2}(x_\mu, y_\nu) \approx \sigma \frac{u_{\mu+1,\nu+1} - 2u_{\mu,\nu+1} + u_{\mu-1,\nu+1}}{h^2} + (1-\sigma)\frac{u_{\mu+1,\nu} - 2u_{\mu,\nu} + u_{\mu-1,\nu}}{h^2} \tag{19.138}$$

更实用. 公式 (19.138) 表示由相应于 $y = y_\nu, y = y_{v+1}$ 的公式 (19.137) 得到的两个表达式的凸线性组合.

由公式 (19.137) 偏微分方程可以在网格的每个内点写成*差分方程*, 这里同样考虑其边值条件与初值条件. 对于小的步长 h 和 l, 关于近似值 $u_{\mu\nu}$ 的线性方程组有高的维数, 通常用迭代法 (参见第 1248 页 19.2.1.4) 来求解.

■ **A**: 设函数 $u(x, y)$ 为定义在矩形 $|x| < 1, |y| < 2$ 内部, 并在边界 $|x| = 1, |y| = 2$ 上满足 $u = 0$ 的微分方程 $\Delta u = u_{xx} + u_{yy} = -1$ 的解. 对步长为 h 的正方形网格, 相应于微分方程的差分方程为: $4u_{\mu,\nu} = u_{\mu+1,\nu} + u_{\mu,\nu+1} + u_{\mu-1,\nu} + u_{\mu,\nu-1} + h^2$. 步长 $h = 1$ (图 19.6) 导致三内点的粗网格近似: $4u_{0,1} = 0 + 0 + 0 + u_{0,0} + 1$, $4u_{0,0} = 0 + u_{0,1} + 0 + u_{0,-1} + 1$, $4u_{0,-1} = 0 + u_{0,0} + 0 + 0 + 1$.

其解为 $u_{0,0} = \dfrac{3}{7} \approx 0.429, u_{0,1} = u_{0,-1} = \dfrac{5}{14} \approx 0.357$.

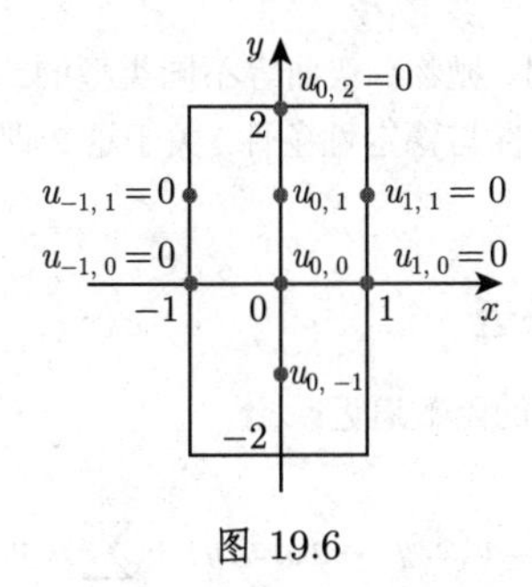

图 19.6

■ **B**: 应用差分法求解偏微分方程得到的线性方程组具有非常特殊的结构. 以下面更一般的边值问题为例说明之. 积分区域为正方形 $G: 0 \leqslant x \leqslant 1, 0 \leqslant y \leqslant 1$. 函数 $u(x,y)$ 在区域 G 内满足微分方程 $\Delta u = u_{xx} + u_{yy} = f(x,y)$, 在 G 的边界上满足 $u(x,y) = g(x,y)$. 函数 f 和 g 已知. 对步长 $h = l = 1/n$, 关联于微分方程的差分方程为

$$u_{\mu+1,\nu} + u_{\mu,\nu+1} + u_{\mu-1,\nu} + u_{\mu,\nu-1} - 4u_{\mu,\nu} = \frac{1}{n^2} f(x_\mu, y_\nu) \quad (\mu, \nu = 1, 2, \cdots, n-1).$$

当 $n=5$ 时, 按 4×4 个内点从左到右逐行排列, 考虑到边界上的函数值已知, 则近似值 $u_{\mu\nu}$ 的差分方程组的左边为

$$\left(\begin{array}{cccc|cccc|cccc|cccc}
-4 & 1 & 0 & 0 & 1 & 0 & 0 & 0 & & & & & & & & \\
1 & -4 & 1 & 0 & 0 & 1 & 0 & 0 & & & & & & & \mathbf{0} & \\
0 & 1 & -4 & 1 & 0 & 0 & 1 & 0 & & & & & & & & \\
0 & 0 & 1 & -4 & 0 & 0 & 0 & 1 & & & & & & & & \\
\hline
1 & 0 & 0 & 0 & -4 & 1 & 0 & 0 & 1 & 0 & 0 & 0 & & & & \\
0 & 1 & 0 & 0 & 1 & -4 & 1 & 0 & 0 & 1 & 0 & 0 & & & & \\
0 & 0 & 1 & 0 & 0 & 1 & -4 & 1 & 0 & 0 & 1 & 0 & & & & \\
0 & 0 & 0 & 1 & 0 & 0 & 1 & -4 & 0 & 0 & 0 & 1 & & & & \\
\hline
 & & & & 1 & 0 & 0 & 0 & -4 & 1 & 0 & 0 & 1 & 0 & 0 & 0 \\
 & & & & 0 & 1 & 0 & 0 & 1 & -4 & 1 & 0 & 0 & 1 & 0 & 0 \\
 & & & & 0 & 0 & 1 & 0 & 0 & 1 & -4 & 1 & 0 & 0 & 1 & 0 \\
 & & & & 0 & 0 & 0 & 1 & 0 & 0 & 1 & -4 & 0 & 0 & 0 & 1 \\
\hline
 & & & & & & & & 1 & 0 & 0 & 0 & -4 & 1 & 0 & 0 \\
 & \mathbf{0} & & & & & & & 0 & 1 & 0 & 0 & 1 & -4 & 1 & 0 \\
 & & & & & & & & 0 & 0 & 1 & 0 & 0 & 1 & -4 & 1 \\
 & & & & & & & & 0 & 0 & 0 & 1 & 0 & 0 & 1 & -4
\end{array}\right)
\left(\begin{array}{c}
u_{11} \\ u_{21} \\ u_{31} \\ u_{41} \\ \hline u_{12} \\ u_{22} \\ u_{32} \\ u_{42} \\ \hline u_{13} \\ u_{23} \\ u_{33} \\ u_{43} \\ \hline u_{14} \\ u_{24} \\ u_{34} \\ u_{44}
\end{array}\right). \tag{19.139}$$

系数矩阵是对称稀疏的. 这个形式称为块三对角矩阵. 显然矩阵的形式依赖于网格

节点的选取. 对于诸如椭圆、抛物、双曲等不同类型的二阶偏微分方程, 发展了更有效的方法, 并研究了收敛性与稳定性条件. 关于这一课题有大量的著述 (例如见 [19.28], [19.31], [19.20]).

19.5.2　用已知函数逼近

解 $u(x,y)$ 用如下形式的函数逼近:

$$u(x,y) \approx v(x,y) = v_0(x,y) + \sum_{i=1}^{n} a_i v_i(x,y). \tag{19.140}$$

这里需要区别两种情况:

(1) $v_0(x,y)$ 满足给定的非齐次微分方程, 而函数 $v_i(x,y)\,(i=1,2,\cdots,n)$ 满足相应的齐次微分方程 (则要求线性组合逼近给定的边界条件).

(2) $v_0(x,y)$ 满足给定的非齐次微分方程的边界条件, 而其他函数 $v_i(x,y)\,(i=1,2,\cdots,n)$ 满足齐次边界条件 (则要求线性组合在所考虑的区域内尽可能逼近微分方程的解).

将形如 (19.140) 的近似函数 $v(x,y)$ 在第一种情况代入边界条件, 在第二种情况代入微分方程, 得到称为*亏量*的误差项:

$$\varepsilon = \varepsilon(x,y;a_1,a_2,\cdots,a_n). \tag{19.141}$$

可用下列方法之一确定未知系数 a_i.

1. 配置法

亏量 ε 应该在 n 个合理的不同的点为零, 这 n 个点称为*配置点* $(x_v,y_v)\,(v=1,2,\cdots,n)$:

$$\varepsilon(x_\nu,y_\nu;a_1,a_2,\cdots,a_n)=0 \quad (\nu=1,2,\cdots,n). \tag{19.142}$$

第一种情况配置点在边界上 (称为*边界配置*), 第二种情况配置点为区域内点 (称为*区域配置*). 由 (19.142) 得到系数的 n 个方程. 边界配置通常比区域配置更受欢迎.

■ 用此方法求解 19.5.1 中用差分法求解的例题, 其中函数

$$v(x,y;a_1,a_2,a_3) = -\frac{1}{4}(x^2+y^2) + a_1 + a_2(x^2-y^2) + a_3(x^4-6x^2y^2+y^4)$$

满足微分方程, 可通过在点 $(x_1,y_1)=(1,0.5),(x_2,y_2)=(1,1.5),(x_3,y_3)=(0.5,2)$ 满足边界条件来确定系数 (边界配置). 线性方程组

$$\begin{aligned}
-0.3125 + a_1 + 0.75a_2 - 0.4375a_3 &= 0,\\
-0.8125 + a_1 - 1.25a_2 - 7.4375a_3 &= 0,\\
-1.0625 + a_1 - 3.75a_2 + 10.0625a_3 &= 0
\end{aligned}$$

的解为 $a_1 = 0.4562, a_2 = -0.200, a_3 = -0.0143$. 通过近似函数可以计算解在任意点的近似值. 将此值与有限差分法得到的近似值相比: $v(0,1) = 0.3919, v(0,0) = 0.4562$.

2. 最小二乘法

依赖于近似函数是否满足微分方程或边界条件, 需要:

(1) 在边界 C 上的线积分

$$I = \int_{(C)} \varepsilon^2(x(t), y(t)\,; a_1, \cdots, a_n)\,\mathrm{d}t = \min, \tag{19.143a}$$

其中边界曲线 C 由参数方程 $x = x(t), y = y(t)$ 给出.

(2) 或者区域 G 上的二重积分

$$I = \iint_{(G)} \varepsilon^2(x, y;\, a_1, \cdots, a_n)\,\mathrm{d}x\,\mathrm{d}y = \min \tag{19.143b}$$

由必要条件 $\dfrac{\partial I}{\partial a_i} = 0\,(i = 1, 2, \cdots, n)$ 得到确定参数 $a_1, a_2, \cdots, a_n$ 的 n 个方程.

19.5.3 有限元方法 (FEM)

在现代计算机出现后, 有限元方法成为求解偏微分方程的最重要的技术. 也容易说明这种强有力的方法产生的结果.

对于不同类型的应用, 有限元方法有很不相同的实施方式, 故这里仅介绍其基本思想. 它类似于数值求解常微分方程边值问题的里茨法 (参见第 1266 页 19.4.2.2), 也涉及样条插值 (参见第 1293 页 19.7).

有限元方法有如下步骤.

1. 定义变分问题

由已知边值问题形成变分问题. 以如下边值问题为例说明其过程:

$$\text{在 } G \text{ 的内部 } \Delta u = u_{xx} + u_{yy} = f,\ \text{在 } G \text{ 的边界上 } u = 0. \tag{19.144}$$

在微分方程 (19.144) 两边乘以在 G 的边界为零的适当的光滑函数, 并在整个区域 G 上积分, 得到

$$\iint_{(G)} \left(\frac{\partial^2 u}{\partial x^2} + \frac{\partial^2 u}{\partial y^2}\right) v\,\mathrm{d}x\,\mathrm{d}y = \iint_{(G)} fv\,\mathrm{d}x\,\mathrm{d}y. \tag{19.145}$$

应用高斯求积公式 (参见第 945 页 13.2.2.1, (2)), 将 $P(x,y) = -vu_y, Q(x,y) = vu_x$ 代入 (13.121), 从 (19.145) 得到**变分方程**

$$a(u, v) = b(v), \tag{19.146a}$$

其中

$$a(u,v) = -\iint\limits_{(G)} \left(\frac{\partial u}{\partial x}\frac{\partial v}{\partial x} + \frac{\partial u}{\partial y}\frac{\partial v}{\partial y} \right) \mathrm{d}x\,\mathrm{d}y, \quad b(v) = \iint\limits_{(G)} fv\,\mathrm{d}x\,\mathrm{d}y. \tag{19.146b}$$

2. 三角形剖分

将积分区域 G 分解为简单的子区域, 一般用三角形剖分, 即区域 G 被三角形覆盖, 且其中相邻的三角形或共有整条边, 或仅有一个公共顶点. 每个带曲线边界的区域可由三角形的联合很好地逼近 (图 19.7).

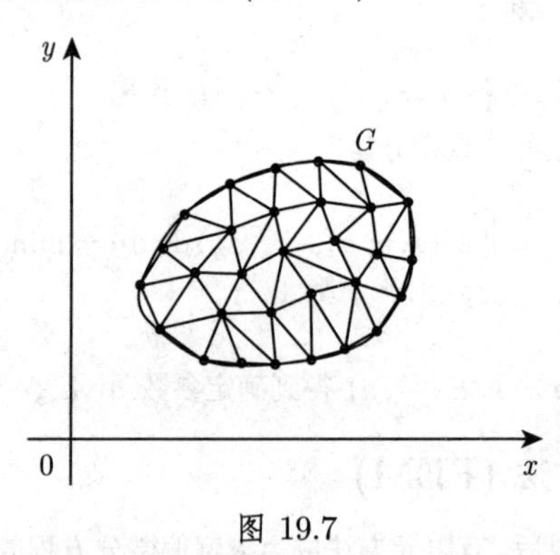

图 19.7

注 为避免数值上的困难, 三角形剖分中应该不包含钝角三角形.

单位正方形的三角形剖分见图 19.8. 从坐标为 $x_\mu = \mu h, y_\nu = \nu h(\mu, \nu = 0, 1, 2, \cdots, N; h = 1/N)$ 的网格剖分节点出发, 有 $(N-1)^2$ 个内节点. 考虑到选取解函数, 常用以 (x_μ, y_ν) 为公共顶点的六个三角形组合成的面元 $G_{\mu\nu}$ (在其他的情况下, 三角形可能不是 6 个. 这些面元显然互不排斥).

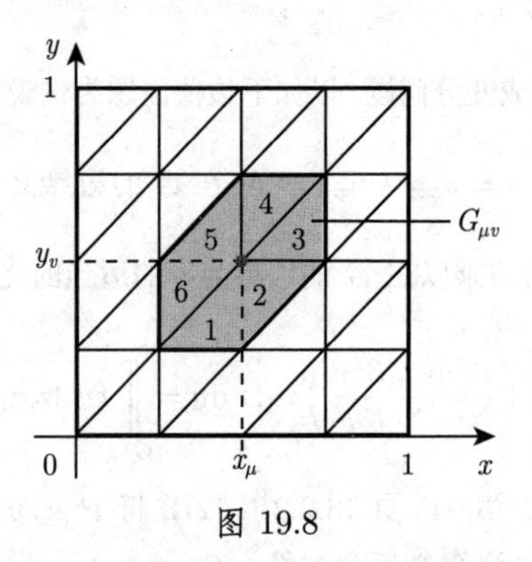

图 19.8

3. 求解

对所求的函数 $u(x, y)$ 在每一个三角形上定义假设的近似解. 带相应假设解的

三角形称为有限元. x 和 y 的多项式是最合适的选择. 在许多情况下, 线性近似

$$\tilde{u}(x,y)=a_1+a_2x+a_3y \tag{19.147}$$

已经足够. 假设近似函数在相邻三角形间必须连续, 故最终的解也是连续的.

(19.147) 中的系数 a_1,a_2,a_3 由在三角形顶点上的函数值 u_1,u_2,u_3 唯一确定. 这同时保证了相邻三角形间的连续性. 假设解 (19.147) 包含了作为未知参数的要求函数的近似值 u_i. 在整个区域 G 上用来逼近要求的解 $u(x,y)$ 的假设解选为

$$\tilde{u}(x,y)=\sum_{\mu=1}^{N-1}\sum_{\nu=1}^{N-1}\alpha_{\mu\nu}u_{\mu\nu}(x,y). \tag{19.148}$$

确定适当的系数 $\alpha_{\mu\nu}$. 对函数 $u_{\mu\nu}(x,y)$ 必须成立: 根据 (19.147), 它们在 $G_{\mu\nu}$ 的每一个三角形上是满足下面条件的线性函数:

(1) $$u_{\mu\nu}(x_k,y_l)=\begin{cases}1, & k=\mu,l=\nu,\\ 0, & \text{其他}.\end{cases} \tag{19.149a}$$

(2) $$u_{\mu\nu}(x,y)\equiv 0,\ \text{对任意}\ (x,y)\notin G_{\mu\nu}. \tag{19.149b}$$

$u_{\mu\nu}(x,y)$ 在 $G_{\mu\nu}$ 上的图形表示见图 19.9. 在 $G_{\mu\nu}$ 上, 即在图 19.8 中从 1 到 6 所有的三角形上, 计算 $u_{\mu\nu}(x,y)$. 这里仅说明三角形 1 上的计算:

$$u_{\mu\nu}(x,y)=a_1+a_2x+a_3, \tag{19.150}$$

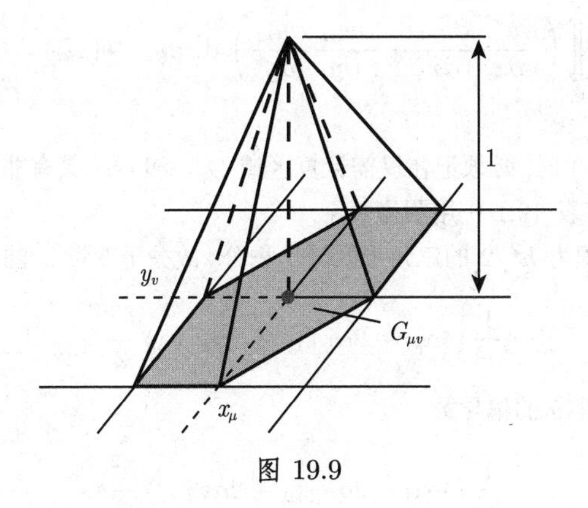

图 19.9

满足

$$u_{\mu\nu}(x,y)=\begin{cases}1, & x=x_\mu,y=y_v,\\ 0, & x=x_{\mu-1},y=y_{v-1},\\ 0, & x=x_\mu,y=y_{v-1}.\end{cases} \tag{19.151}$$

由 (19.151) 得 $a_1 = 1 - v, a_2 = 0, a_3 = 1/h$, 随之对三角形 1 有

$$u_{\mu\nu}(x,y) = 1 + \left(\frac{y}{h} - v\right). \tag{19.152}$$

类似有

$$u_{\mu\nu}(x,y) = \begin{cases} 1 - \left(\dfrac{x}{h} - \mu\right) + \left(\dfrac{y}{h} - v\right), & \text{三角形 } 2, \\ 1 - \left(\dfrac{x}{h} - \mu\right), & \text{三角形 } 3, \\ 1 - \left(\dfrac{y}{h} - v\right), & \text{三角形 } 4, \\ 1 + \left(\dfrac{x}{h} - \mu\right) + \left(\dfrac{y}{h} - v\right), & \text{三角形 } 5, \\ 1 + \left(\dfrac{x}{h} - \mu\right), & \text{三角形 } 6. \end{cases} \tag{19.153}$$

4. 计算解的系数

解的系数 $\alpha_{\mu\nu}$ 由解 (19.148) 对每个解函数 $u_{\mu\nu}$ 都满足变分问题 (19.146a) 来确定, 即在 (19.146a) 中用 $\tilde{u}(x,y)$ 代替 $u(x,y)$, 用 $u_{\mu\nu}(x,y)$ 代替 $v(x,y)$. 于是得到关于未知系数的线性方程组

$$\sum_{\mu=1}^{N-1}\sum_{\nu=1}^{N-1} \alpha_{\mu\nu} a(u_{\mu\nu}, u_{kl}) = b(u_{kl}) \quad (k,l = 1,2,\cdots,N-1), \tag{19.154}$$

其中

$$a(u_{\mu\nu}, u_{kl}) = \iint\limits_{G_{kl}} \left(\frac{\partial u_{\mu\nu}}{\partial x}\frac{\partial u_{kl}}{\partial x} + \frac{\partial u_{\mu\nu}}{\partial y}\frac{\partial u_{kl}}{\partial y}\right) \mathrm{d}x\,\mathrm{d}y, \quad b(u_{kl}) = \iint\limits_{G_{kl}} f u_{kl}\,\mathrm{d}x\,\mathrm{d}y. \tag{19.155}$$

在计算 $a(u_{\mu\nu}, u_{kl})$ 时, 必须记住仅需计算区域 $G_{\mu\nu}$ 和 G_{kl} 具有非空交集情况下的积分. 这些区域在表 19.1 中用阴影表示.

因总是在面积为 $h^2/2$ 的三角形区域上积分, 故关于变量 x 的偏导数为

$$\frac{1}{h^2}(4\alpha_{kl} - 2\alpha_{k+1,l} - 2\alpha_{k-1,l})\frac{h^2}{2}. \tag{19.156a}$$

类似得到关于变量 y 的偏导数

$$\frac{1}{h^2}(4\alpha_{kl} - 2\alpha_{k,l+1} - 2\alpha_{k,l-1})\frac{h^2}{2}. \tag{19.156b}$$

计算 (19.154) 的右端项 $b(u_{kl})$ 得

$$b(u_{kl}) = \iint\limits_{G_{kl}} f(x,y) u_{kl}(x,y)\,\mathrm{d}x\,\mathrm{d}y \approx f_{kl} V_P, \tag{19.157a}$$

其中 V_P 为由 $u_{kl}(x,y)$ 确定的 G_{kl} 上高度为 1 的棱锥的体积 (图 19.9). 因为

$$V_P = \frac{1}{3} \cdot 6 \cdot \frac{1}{2} h^2, \text{ 故其近似值为 } b(u_{kl}) \approx f_{kl} h^2. \tag{19.157b}$$

表 19.1 有限元法附表

面域	图示	三角形 G_{kl} $G_{\mu\nu}$	$\dfrac{\partial u_{kl}}{\partial x}$	$\dfrac{\partial u_{\mu\nu}}{\partial x}$	$\sum \dfrac{\partial u_{kl}}{\partial x}\dfrac{\partial u_{\mu\nu}}{\partial x}$
(1) $\mu=k$, $\nu=l$	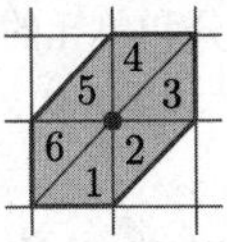 1, 2, 3, 4, 5, 6	1 1 2 2 3 3 4 4 5 5 6 6	0 $-1/h$ $-1/h$ 0 $1/h$ $1/h$	0 $-1/h$ $-1/h$ 0 $1/h$ $1/h$	$\dfrac{4}{h^2}$
(2) $\mu=k$, $\nu=l-1$	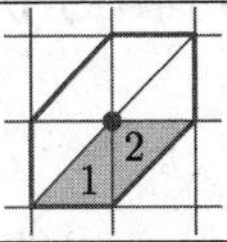 1, 2	1 5 2 4	0 $-1/h$	$1/h$ 0	0
(3) $\mu=k+1$, $\nu=l$	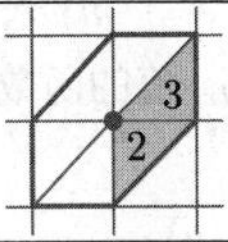 2, 3	2 6 3 5	$-1/h$ $-1/h$	$1/h$ $1/h$	$-\dfrac{2}{h^2}$
(4) $\mu=k+1$, $\nu=l+1$	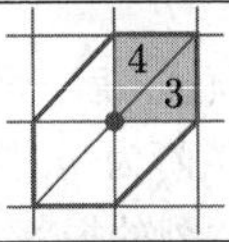 3, 4	3 1 4 6	$-1/h$ 0	0 $1/h$	0
(5) $\mu=k$, $\nu=l+1$	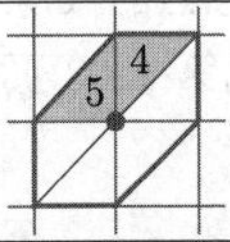 4, 5	4 2 5 1	0 $-1/h$	$1/h$ 0	0
(6) $\mu=k-1$, $\nu=l$	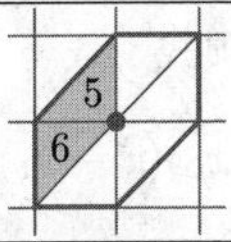 5, 6	5 3 6 2	$1/h$ $1/h$	$-1/h$ $-1/h$	$-\dfrac{2}{h^2}$
(7) $\mu=k-1$, $\nu=l-1$	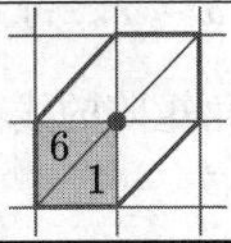 6, 1	6 4 1 3	$1/h$ 0	0 $-1/h$	0

于是变分方程 (19.154) 导致确定解系数的线性方程组

$$4\alpha_{kl} - \alpha_{k+1,l} - \alpha_{k-1,l} - \alpha_{k,l+1} - \alpha_{k,l-1} = h^2 f_{kl} \quad (k,l = 1,2,\cdots,N-1). \tag{19.158}$$

注 (1) 若解的系数可由 (19.158) 确定, 则由 (19.148) 得到的 $\tilde{u}(x,y)$ 表示其显式近似解, 可对 G 上任意点计算其值.

(2) 若积分区域必须被不规则的三角形网格覆盖, 则要引入**三角形坐标** (也称**重心坐标**). 这样容易确定点关于三角形网格的位置, 又因为每个三角形容易变换为以 $(0,0),(0,1),(1,0)$ 为顶点的单位三角形, 从而使得 (19.155) 中多重积分的计算更容易.

(3) 若需要改善解的精度或可微性, 则必须应用分片二次或三次函数以得到假设的近似 (见 [19.28]).

(4) 在实际应用中, 通常得到高维的线性方程组. 这正是发展许多特殊方法的原因, 例如, 方程组的结构依赖于三角形网格的自动剖分和单元的实际列举. 关于有限元方法的详细介绍见 [19.21], [19.13], [19.28].

19.6　插值、调整计算、调和分析

19.6.1　多项式插值

插值的基本问题是通过一系列点 $(x_v, y_v)\,(v=0,1,\cdots,n)$ 来拟合曲线. 它可以通过曲线拟合小段图示, 或通过在所谓插值点 x_v 取 y_v 值的函数 $g\,(x)$ 数值化, 即 $g\,(x)$ 满足**插值条件**

$$g(x_\nu) = y_\nu \quad (\nu = 0,1,2,\cdots,n). \tag{19.159}$$

插值函数最早用多项式, 对周期函数或用所谓三角多项式. 后一种情况为**三角插值** (参见第 1287 页 19.6.4.1,2.). 有 $n+1$ 个插值点, 插值阶为 n, 则插值多项式的最高阶至多为 n. 因为随着次数增加, 多项式可能产生强烈的振荡, 故通常不需要高阶插值. 插值区间能划分为子区间进行**样条插值** (参见第 1293 页 19.7).

19.6.1.1　牛顿插值公式

为解插值问题 (19.159), 考虑如下形式的 n 次多项式

$$\begin{aligned} g(x) = p_n(x) = a_0 + a_1(x-x_0) + a_2(x-x_0)(x-x_1) + \cdots \\ + a_n(x-x_0)(x-x_1)\cdots(x-x_{n-1}). \end{aligned} \tag{19.160}$$

这称为**牛顿插值公式**, 因为插值条件 (19.159) 导致三角矩阵的线性方程组, 故容易计算系数 $a_i\,(i=0,1,\cdots,n)$.

■ 对于 $n=2$, 由 (19.159) 得到附加的方程组. 插值多项式 $p_n\,(x)$ 由插值条件 (19.159) 唯一确定.

$$\begin{aligned} &p_2\,(x_0) = a_0 = y_0, \\ &p_2\,(x_1) = a_0 + a_1\,(x_1 - x_0) = y_1, \\ &p_2\,(x_2) = a_0 + a_1\,(x_1 - x_0) + a_2\,(x_1 - x_0)\,(x_2 - x_1) = y_2. \end{aligned}$$

函数值的计算可以由霍纳格式 (参见第 1237 页 19.1.2.1) 简化.

19.6.1.2 拉格朗日插值公式

n 次多项式可以用 $n+1$ 个点 $(x_v, y_v)\,(v=0,1,\cdots,n)$ 的拉格朗日公式来拟合:

$$g(x)=p_n(x)=\sum_{\mu=0}^{n} y_\mu L_\mu(x). \tag{19.161}$$

这里 $L_\mu(x_v)\,(v=0,1,\cdots,n)$ 为拉格朗日插值多项式. 方程 (19.161) 满足插值条件 (19.159), 因为

$$L_\mu(x_v)=\delta_{\mu v}=\begin{cases}1, & \mu=\nu,\\ 0, & \mu\neq\nu,\end{cases} \tag{19.162}$$

其中 $\delta_{\mu\nu}$ 为克罗内克 (Kronecker) 记号. 拉格朗日插值多项式定义为

$$\begin{aligned}L_\mu &=\frac{(x-x_0)(x-x_1)\cdots(x-x_{\mu-1})(x-x_{\mu+1})\cdots(x-x_n)}{(x_\mu-x_0)(x_\mu-x_1)\cdots(x_\mu-x_{\mu-1})(x_\mu-x_{\mu+1})\cdots(x_\mu-x_n)}\\ &=\prod_{\substack{\nu=0\\ \nu\neq\mu}}^{n}\frac{x-x_\nu}{x_\mu-x_\nu}.\end{aligned} \tag{19.163}$$

■ 由下表中给出的点来拟合多项式.

x	0	1	3
y	1	3	2

利用拉格朗日插值多项式 (19.161):

$$L_0(x)=\frac{(x-1)(x-3)}{(0-1)(0-3)}=\frac{1}{3}(x-1)(x-3),$$

$$L_1(x)=\frac{(x-0)(x-3)}{(1-0)(1-3)}=-\frac{1}{2}x(x-3),$$

$$L_2(x)=\frac{(x-0)(x-1)}{(3-0)(3-1)}=\frac{1}{6}x(x-1);$$

$$p_2(x)=1\cdot L_0(x)+3\cdot L_1(x)+2\cdot L_2(x)=-\frac{5}{6}x^2+\frac{17}{6}x+1.$$

拉格朗日插值多项式显式且线性依赖于函数值 y_μ. 这在理论上是重要的 (例如参见第 1262 页 19.4.1.3,3. 亚当斯-巴什福斯法则). 但在实际计算中, 拉格朗日插值公式并不常用.

19.6.1.3 艾特肯-内维尔插值

在许多实际情况中, 我们并不需要多项式 $p_n(x)$ 的显形式, 只需要插值区域内给定点 x 处的值就可以. 这些函数值可以由艾特肯 (Aitken) 和内维尔 (Neville) 发展的递推方法得到. 记号

$$p_n(x)=p_{0,1,\cdots,n}(x) \tag{19.164}$$

表示以 $x_0, x_1, \cdots, x_n$ 为插值点的 n 次多项式. 注意到

$$p_{0,1,\cdots,n}(x) = \frac{(x-x_0)p_{1,2,\cdots,n}(x) - (x-x_n)p_{0,1,2,\cdots,n-1}(x)}{x_n - x_0}, \tag{19.165}$$

即函数值 $p_{0,1,\cdots,n}(x)$ 可由两个次数低于 $n-1$ 的多项式 $p_{1,2,\cdots,n}(x)$ 和 $p_{0,1,\cdots,n-1}(x)$ 的线性组合得到. 应用 (19.165), 对于 $n=4$ 的情况有

$$\begin{array}{c|ccccccc} x_0 & y_0 & = & p_0 & & & & \\ x_1 & y_1 & = & p_1 & p_{01} & & & \\ x_2 & y_2 & = & p_2 & p_{12} & p_{012} & & \\ x_3 & y_3 & = & p_3 & p_{23} & p_{123} & p_{0123} & \\ x_4 & y_4 & = & p_4 & p_{34} & p_{234} & p_{1234} & \underline{p_{01234} = p_4(x).} \end{array} \tag{19.166}$$

逐列计算 (19.166) 的元素. 格式中的新值由其左边及左上的数值得到.

$$p_{23} = \frac{(x-x_2)p_3 - (x-x_3)p_2}{x_3 - x_2} = p_3 + \frac{x-x_3}{x_3-x_2}(p_3 - p_2), \tag{19.167a}$$

$$p_{123} = \frac{(x-x_1)p_{23} - (x-x_3)p_{12}}{x_3 - x_1} = p_{23} + \frac{x-x_3}{x_3-x_1}(p_{23} - p_{12}), \tag{19.167b}$$

$$p_{1234} = \frac{(x-x_1)p_{234} - (x-x_4)p_{123}}{x_4 - x_1} = p_{234} + \frac{x-x_4}{x_4-x_1}(p_{234} - p_{123}). \tag{19.167c}$$

为在计算机上实施艾特肯-内维尔 (Aitken-Neville) 算法, 只需引进有 $n+1$ 个分量的向量 $\underline{\boldsymbol{p}}$ (见 [19.7]), 根据规则依次取 (19.166) 中的列值, 第 k 列的值 $p_{i-k,i-k+1,\cdots,i}$ $(i=k,k+1,\cdots,n)$ 正是 $\underline{\boldsymbol{p}}$ 的第 i 个分量 p_i. 由于必须向下计算 (19.166) 的列, 故 $\underline{\boldsymbol{p}}$ 包含所有必要的数值. 算法有如下两步:

(1) 对 $i=0,1,\cdots,n$, 设 $p_i = y_i$. (19.168a)

(2) 对 $k=1,2,\cdots,n$ 及 $i=n,n-1,\cdots,k$, 计算 $p_i = p_i + \dfrac{x-x_i}{x_i - x_{i-k}}(p_i - p_{i-1})$ (19.168b)

在结束 (19.168b) 的计算后, 我们得到元素 p_n 在点 x 处要求的函数值 $p_n(x)$.

19.6.2 平均逼近

平均逼近的原理是**高斯最小二乘法**. 在计算中, 区别连续与离散两种情况.

19.6.2.1 连续问题、正规方程

函数 $f(x)$ 被区间 $[a,b]$ 上的函数 $g(x)$ 近似, 使得依赖于 $g(x)$ 所包含的参数的表达式

$$F = \int_a^b \omega(x)[f(x) - g(x)]^2 \, \mathrm{d}x \tag{19.169}$$

取极小值. $\omega(x)$ 表示给定的权函数, 且在积分区间上 $\omega(x) > 0$.

设最佳逼近 $g(x)$ 有如下形式:

$$g(x)=\sum_{i=0}^{n} a_i g_i(x), \tag{19.170}$$

其中函数 $g_0(x), g_1(x), \cdots, g_n(x)$ 线性无关, 则 (19.169) 取极值的必要条件为

$$\frac{\partial F}{\partial a_i}=0 \quad (i=0,1,\cdots,n). \tag{19.171}$$

由此得到所谓**正规方程组**

$$\sum_{i=0}^{n} a_i(g_i,g_k)=(f,g_k) \quad (k=0,1,\cdots,n) \tag{19.172}$$

以确定未知系数 a_i. 这里记号

$$(g_i,g_k)=\int_a^b \omega(x)g_i(x)g_k(x)\,\mathrm{d}x, \tag{19.173a}$$

$$(f,g_k)=\int_a^b \omega(x)f(x)g_k(x)\,\mathrm{d}x \quad (i,k=0,1,\cdots,n) \tag{19.173b}$$

看作两个指示函数的**内积**.

因为函数 $g_0(x), g_1(x), \cdots, g_n(x)$ 线性无关, 故正规方程组有唯一解. 方程组 (19.172) 的系数矩阵是对称的, 故可用楚列斯基方法 (参见第 1245 页 19.2.1.2). 若函数组 $g_i(x)$ 是**正交**的, 即若

$$(g_i,g_k)=0, \quad i\neq k, \tag{19.174}$$

则不用求解方程组就可直接确定系数 a_i. 若

$$(g_i,g_k)=\begin{cases}0, & i\neq k,\\ 1, & i=k\end{cases} \quad (i,k=0,1,\cdots,n), \tag{19.175}$$

称方程组为**正交的**. 满足 (19.175) 的正规方程 (19.172) 简化为

$$a_i=(f,g_i) \quad (i=0,1,\cdots,n). \tag{19.176}$$

线性无关函数组可以正交化. 依赖于权函数和积分区间, 从幂函数 $g_i(x)=x^i(i=0,1,\cdots,n)$ 得到表 19.2 中的**正交多项式**.

表 19.2 正交多项式

$[a,b]$	$\omega(x)$	多项式名称	见页码
$[-1,1]$	1	勒让德多项式 $P_n(x)$	566
$[-1,1]$	$\dfrac{1}{\sqrt{1-x^2}}$	切比雪夫多项式 $T_n(x)$	989
$[0,\infty)$	e^{-x}	拉盖尔多项式 $L_n(x)$	568
$(-\infty,\infty)$	$\mathrm{e}^{-x^2/2}$	埃尔米特多项式 $H_n(x)$	568

(19.177)

这些多项式可在任意区间上应用.

(1) 有限近似区间.

(2) 一端无限的近似区间, 如在依赖于时间的问题中.

(3) 两端都是无限的近似区间, 如在流问题中.

每个有限区间 $[a, b]$ 可通过变换

$$x=\frac{b+a}{2}+\frac{b-a}{2}t \quad (x\in[a,b]\,,\,t\in[-1,1]) \tag{19.178}$$

化为区间 $[-1,1]$.

19.6.2.2 离散问题、正规方程、豪斯霍尔德方法

设 (x_v, y_v) 为 N 对给定的测量值. 为了确定函数 $g(x)$, 使其值 $g(x_v)$ 与给定值 y_v 之差的平方表达式

$$F=\sum_{\nu=1}^{N}[y_\nu-g(x_\nu)]^2 \tag{19.179}$$

为极小. F 的值依赖于包含在函数 $g(x)$ 中的参数. 公式 (19.179) 表示经典的**残量平方和**. 残量平方和的极小化称为最小二乘法. 从假设 (19.170) 和 (19.179) 对系数极小化的必要条件 $\frac{\partial F}{\partial a_i}=0\,(i=0,1,\cdots,n)$, 得到**正规方程**:

$$\sum_{i=0}^{n}a_i[g_ig_k]=[yg_k] \quad (k=0,1,\cdots,n). \tag{19.180}$$

在下面的记号中用到高斯求和符号:

$$[g_ig_k]=\sum_{\nu=1}^{N}g_i(x_\nu)g_k(x_\nu), \tag{19.181a}$$

$$[yg_k]=\sum_{\nu=1}^{N}y_\nu g_k(x_\nu) \quad (i,k=0,1,\cdots,n). \tag{19.181b}$$

通常 $n\ll N$.

■ 对多项式 $g(x)=a_0+a_1x+\cdots+a_nx^n$, 正规方程为 $a_0\left[x^k\right]+a_1\left[x^{k+1}\right]+\cdots+a_n\left[x^{k+n}\right]=\left[x^ky\right](k=0,1,\cdots,n)$, 其中 $\left[x^k\right]=\sum\limits_{v=1}^{N}x_v^k, \left[x^0\right]=N, \left[x^ky\right]=\sum\limits_{v=1}^{N}x_v^ky_v, [y]=\sum\limits_{v=1}^{N}y_v$. 正规方程 (19.180) 的系数矩阵是对称的, 可以用楚列斯基方法数值求解.

正规方程 (19.180) 和残量平方和 (19.179) 有如下紧形式:

$$\boldsymbol{G}^{\mathrm{T}}\boldsymbol{G}\underline{\boldsymbol{a}}=\boldsymbol{G}^{\mathrm{T}}\underline{\boldsymbol{y}}, \quad F=\left(\underline{\boldsymbol{y}}-\boldsymbol{G}\underline{\boldsymbol{a}}\right)^{\mathrm{T}}\left(\underline{\boldsymbol{y}}-\boldsymbol{G}\underline{\boldsymbol{a}}\right), \tag{19.182a}$$

其中

$$\boldsymbol{G}=\begin{pmatrix} g_0(x_1) & g_1(x_1) & g_2(x_1) & \cdots & g_n(x_1)\\ g_0(x_2) & g_1(x_2) & g_2(x_2) & \cdots & g_n(x_2)\\ g_0(x_3) & g_1(x_3) & g_2(x_3) & \cdots & g_n(x_3)\\ \vdots & \vdots & \vdots & & \vdots\\ g_0(x_N) & g_1(x_N) & g_2(x_N) & \cdots & g_n(x_N)\end{pmatrix},$$

$$\underline{\boldsymbol{y}}=\begin{pmatrix} y_1\\ y_2\\ y_3\\ \vdots\\ y_N\end{pmatrix},\quad \underline{\boldsymbol{a}}=\begin{pmatrix} a_0\\ a_1\\ a_2\\ \vdots\\ a_n\end{pmatrix}. \tag{19.182b}$$

若以求解 N 点 (x_ν, y_ν) 的插值问题, 代替求解残量和的极小化, 则需求解如下方程组:

$$\boldsymbol{G}\underline{\boldsymbol{a}}=\underline{\boldsymbol{y}}. \tag{19.183}$$

若 $n<N-1$, 则方程组超定, 通常无任何解. 方程组 (19.180) 或 (19.182a) 可由 (19.183) 乘以 $\boldsymbol{G}^{\mathrm{T}}$ 得到.

从数值角度看, 推荐用豪斯霍尔德方法 (参见第 420 页 4.5.3.2, 2.) 解方程 (19.183), 其解导致极小的残量平方和 (19.179).

19.6.2.3 多维问题

1. 调整计算

设函数 $f(x_1,x_2,\cdots,x_n)$ 有 n 个独立变量 $x_1,x_2,\cdots,x_n$. 其显形式未知, 仅给出 N 个通常为测量值的代入值 f_ν. 这些数值记在下表中 (见 (19.184)).

$$\begin{array}{c|cccc} x_1 & x_1^{(1)} & x_1^{(2)} & \cdots & x_1^{(N)}\\ x_2 & x_2^{(1)} & x_2^{(2)} & \cdots & x_2^{(N)}\\ \vdots & \vdots & \vdots & & \vdots\\ x_n & x_n^{(1)} & x_n^{(2)} & \cdots & x_n^{(N)}\\ \hline f & f_1 & f_2 & \cdots & f_N \end{array} \tag{19.184}$$

通过引进下列向量可更清晰地给出调整问题:

$\underline{\boldsymbol{x}}=(x_1,x_2,\cdots,x_n)^{\mathrm{T}}$: 有 n 个独立变量的向量,

$\underline{\boldsymbol{x}}^{(\nu)}=\left(x_1^{(\nu)},x_2^{(\nu)},\cdots,x_n^{(\nu)}\right)^{\mathrm{T}}$: 第 ν 个插值点的向量 $(\nu=1,\cdots,N)$,

$\underline{\boldsymbol{f}}=(f_1,f_2,\cdots,f_N)^{\mathrm{T}}$: 在 N 个插值点的 N 个函数值向量.

$f(x_1,x_2,\cdots,x_n)=f(\underline{\boldsymbol{x}})$ 由形如

$$g\left(x_1,x_2,\cdots,x_n\right)=\sum_{i=0}^{m}a_ig_i\left(x_1,x_2,\cdots,x_n\right) \tag{19.185}$$

的函数近似. 这里 $g_i\left(x_1,x_2,\cdots,x_n\right)=g_i\left(\underline{\boldsymbol{x}}\right)$ 是 $m+1$ 个适当选取的函数.

■ **A**: n 变量的线性近似 $g_i\left(x_1,x_2,\cdots,x_n\right)=a_0+a_1x_1+a_2x_2+\cdots+a_nx_n$.

■ **B**: 三变量的完全二次近似

$$\begin{aligned}g\left(x_1,x_2,x_3\right)=&a_0+a_1x_1+a_2x_2+a_3x_3+a_4x_1^2+a_5x_2^2\\&+a_6x_3^2+a_7x_1x_2+a_8x_1x_3+a_9x_2x_3.\end{aligned}$$

系数由极小化 $\sum\limits_{\nu=1}^{N}\left[f_\nu-g\left(x_1^{(c)},x_2^{(c)},\cdots,x_n^{(c)}\right)\right]^2$ 选定.

2. 正规方程组

把插值点 x_ν 换为向量插值点 $\underline{\boldsymbol{x}}^{(\nu)}$ $(\nu=1,2,\cdots,N)$, 类似于 (19.182b) 构造矩阵 $\boldsymbol{G}$. 为确定系数, 可以用正规方程组

$$\boldsymbol{G}^{\mathrm{T}}\boldsymbol{G}\underline{\boldsymbol{a}}=\boldsymbol{G}^{\mathrm{T}}\underline{\boldsymbol{f}} \tag{19.186}$$

或超定的方程组

$$\boldsymbol{G}\underline{\boldsymbol{a}}=\underline{\boldsymbol{f}}. \tag{19.187}$$

■ 对于多维回归的例子参见第 1099 页 16.3.4.3,3.

19.6.2.4 非线性最小二乘问题

对一维离散问题讨论其主要思想. 近似函数 $g\left(x\right)$ 非线性依赖于某些参数.

■ **A**: $g\left(x\right)=a_0\mathrm{e}^{a_1x}+a_2\mathrm{e}^{a_3x}$, 该表达式并非线性依赖于参数 a_1,a_3.

■ **B**: $g\left(x\right)=a_0\mathrm{e}^{a_1x}+\cos a_2x$, 该函数并非线性依赖于参数 a_1,a_2.

记号

$$g=g(x,\underline{\boldsymbol{a}})=g(x;a_0,a_1,\cdots,a_n) \tag{19.188}$$

指出了近似函数 $g\left(x\right)$ 依赖于参数向量 $\underline{\boldsymbol{a}}=(a_0,a_1,\cdots,a_n)^{\mathrm{T}}$ 的事实. 假设给定 N 对数值 $(x_\nu,y_\nu)\,(\nu=1,2,\cdots,N)$. 极小化残量平方和

$$\sum_{\nu=1}^{N}[y_\nu-g(x_\nu;a_0,a_1,\cdots,a_n)]^2=F(a_0,a_1,\cdots,a_n), \tag{19.189}$$

由必要条件 $\dfrac{\partial F}{\partial a_i}=0\,(i=0,1,\cdots,n)$ 得到非线性正规方程组, 必须用迭代法, 例如牛顿法 (参见第 1250 页 19.2.2.2) 求解.

在实际问题中常用的求解此问题的另一途径是为解非线性最小二乘问题 (19.24) 而给出的高斯-牛顿法 (参见第 1251 页 19.2.2.3). 下面的步骤用来解非线性逼近问题 (19.189):

(1) 借助关于 a_i 的泰勒公式线性化近似函数 $g(x,\underline{\boldsymbol{a}})$. 为此, 需要近似值 $a_i^{(0)}$ $(i=0,1,\cdots,n)$:

$$g(x,\underline{\boldsymbol{a}}) \approx \tilde{g}(x,\underline{\boldsymbol{a}}) = g(x,\underline{\boldsymbol{a}}^{(0)}) + \sum_{i=0}^{n} \frac{\partial g}{\partial a_i}(x,\underline{\boldsymbol{a}}^{(0)})(a_i - a_i^{(0)}). \tag{19.190}$$

(2) 借助正规方程组

$$\tilde{\boldsymbol{G}}^{\mathrm{T}}\tilde{\boldsymbol{G}}\underline{\boldsymbol{\Delta a}} = \tilde{\boldsymbol{G}}^{\mathrm{T}}\underline{\boldsymbol{\Delta y}} \tag{19.191}$$

或豪斯霍尔德方法, 求解线性极小化问题

$$\sum_{\nu=1}^{N}[y_\nu - \tilde{g}(x_\nu,\underline{\boldsymbol{a}})]^2 = \min! \tag{19.192}$$

在 (19.191) 中向量 $\underline{\boldsymbol{a}}$ 和 $\underline{\boldsymbol{y}}$ 的分量由下式给出:

$$\Delta a_i = a_i - a_i^{(0)} \quad (i=0,1,2,\cdots,n), \tag{19.193a}$$

$$\Delta y_\nu = y_\nu - g(x_\nu,\underline{\boldsymbol{a}}^{(0)}) \quad (\nu=1,2,\cdots,N). \tag{19.193b}$$

可类似于 (19.182b) 中的 $\boldsymbol{G}$ 确定矩阵 $\tilde{\boldsymbol{G}}$, 其中 $g_i(x_v)$ 换为

$$\frac{\partial g}{\partial a_i}(x_\nu,\underline{\boldsymbol{a}}^{(0)}) \quad (i=0,1,\cdots,n;\ \nu=1,2,\cdots,N).$$

(3) 计算新的近似

$$a_i^{(1)} = a_i^{(0)} + \Delta a_i \quad 或 \quad a_i^{(1)} = a_i^{(0)} + \gamma\Delta a_i \quad (i=0,1,2,\cdots,n), \tag{19.194}$$

其中 $\gamma>0$ 为步长参数.

用 $a_i^{(1)}$ 代替 $a_i^{(0)}$ 重复步骤 2 和步骤 3, 等等, 得到要求参数的一列近似值, 其收敛性强烈依赖于初始近似的精度. 残量的平方和的值可由引入乘子 γ 得到.

19.6.3 切比雪夫逼近

19.6.3.1 问题的定义和交替点定理

1. 切比雪夫逼近原理

连续情况的**切比雪夫逼近**或**一致逼近**如下: 函数 $f(x)$ 在区间 $[a,b]$ 内被函数 $g(x)=g(x;a_0,a_1,\cdots,a_n)$ 逼近, 使得由

$$\max_{a\leqslant x\leqslant b}|f(x) - g(x;a_0,a_1,\cdots,a_n)| = \Phi(a_0,a_1,\cdots,a_n) \tag{19.195}$$

定义的误差对于适当选取的参数 $a_i\,(i=0,1,\cdots,n)$ 尽可能小. 如果 $f(x)$ 存在这样的近似函数, 则误差的绝对值至少在区间的 $n+2$ 点 x_ν 上取得极大, 在这些所谓的**交替点**误差变号 (图 19.10). 这正是**交替点定理**对于切比雪夫多项式逼近问题的解的特征化的含义.

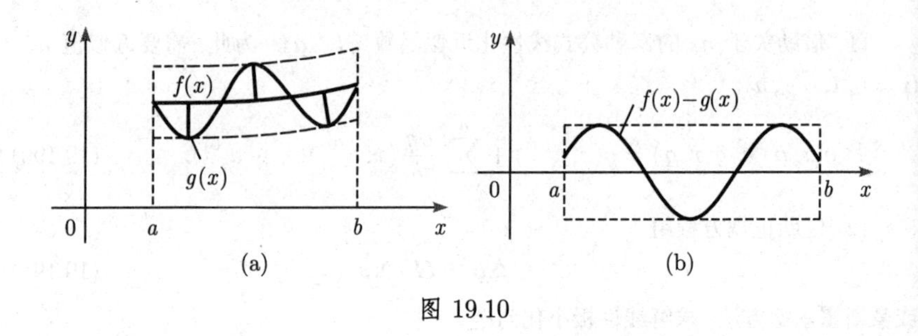

图 19.10

若函数 $f(x) = x^n$ 在区间 $[-1,1]$ 上在切比雪夫意义下被次数 $\leqslant n-1$ 的多项式近似, 则切比雪夫多项式 $T_n(x)$ 可作为最大模为 1 的误差函数. 位于区间端点和区间内 $n-1$ 个点的交替点恰好相应于 $T_n(x)$ 的极值点 (图 19.11(a)～(f)).

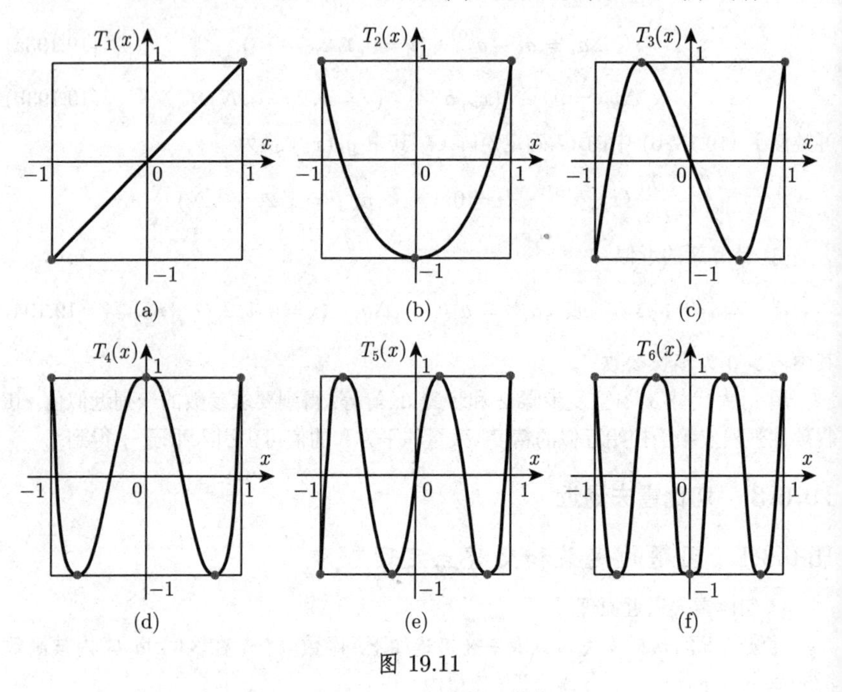

图 19.11

19.6.3.2 切比雪夫多项式的性质

1. 表达式

$$T_n(x) = \cos(n \arccos x), \tag{19.196a}$$

$$T_n(x) = \frac{1}{2}\left[\left(x+\sqrt{x^2-1}\right)^n + \left(x-\sqrt{x^2-1}\right)^n\right], \tag{19.196b}$$

$$T_n(x)=\begin{cases}\cos nt, & x=\cos t, \quad |x|<1,\\ \cosh nt, & x=\cosh t, \quad |x|>1\end{cases} \quad (n=1,2,\cdots). \tag{19.196c}$$

2. $T_n(x)$ 的根

$$x_\mu=\cos\frac{(2\mu-1)\pi}{2n} \quad (\mu=1,2,\cdots,n). \tag{19.197}$$

3. 当 $x\in[-1,1]$ 时 $T_n(x)$ 极值点的位置

$$x_\nu=\cos\frac{\nu\pi}{n} \quad (\nu=0,1,2,\cdots,n). \tag{19.198}$$

4. 递推公式

$$T_{n+1}=2xT_n(x)-T_{n-1}(x) \quad (n=1,2,\cdots;\ T_0(x)=1,\ T_1(x)=x). \tag{19.199}$$

例如, 递推得到

$$T_2(x)=2x^2-1, \quad T_3(x)=4x^3-3x, \tag{19.200a}$$

$$T_4(x)=8x^4-8x^2+1, \quad T_5(x)=16x^5-20x^3+5x, \tag{19.200b}$$

$$T_6(x)=32x^6-48x^4+18x^2-1, \tag{19.200c}$$

$$T_7(x)=64x^7-112x^5+56x^3-7x, \tag{19.200d}$$

$$T_8(x)=128x^8-256x^6+160x^4-32x^2+1, \tag{19.200e}$$

$$T_9(x)=256x^9-576x^7+432x^5-120x^3+9x, \tag{19.200f}$$

$$T_{10}(x)=512x^{10}-1280x^8+1120x^6-400x^4+50x^2-1. \tag{19.200g}$$

19.6.3.3 列梅兹 (Remes) 算法

1. 交替点定理的推论

数值求解连续切比雪夫逼近问题源于交替点定理. 逼近函数选为

$$g(x)=\sum_{i=0}^{n}a_ig_i(x), \tag{19.201}$$

有 $n+1$ 个线性无关的已知函数, 切比雪夫问题的解的系数记为 $a_i^*\ (i=0,1,\cdots,n)$, 根据 (19.195) 最小偏差记为 $\rho=\varPhi(a_0^*,a_1^*,\cdots,a_n^*)$. 此时当函数 f 和 $g_i(i=0,1,\cdots,n)$ 可微, 由交替点定理有

$$\sum_{i=0}^{n}a_i^*g_i(x_\nu)+(-1)^\nu\varrho=f(x_\nu), \qquad \sum_{i=0}^{n}a_i^*g_i'(x_\nu)=f'(x_\nu) \qquad (\nu=1,2,\cdots,n+2). \tag{19.202}$$

交替点 x_ν 满足

$$a\leqslant x_1<x_2<\cdots<x_{n+2}\leqslant b. \tag{19.203}$$

方程组 (19.202) 对切比雪夫逼近问题的 $2n+4$ 个未知量, 包括 $n+1$ 个系数、$n+2$ 个交替点及最小偏差 ρ, 给出了 $2n+4$ 个条件. 若区间端点也是交替点, 则在该处导数条件不是必要条件.

2. 根据列梅兹算法确定最小解

根据列梅兹算法, 数值确定最小解的步骤如下.

(1) 根据 (19.203) 确定交替点 $x_\nu^{(0)}\,(i=1,2,\cdots,n+2)$ 的近似值, 例如等距节点或 $T_{n+1}(x)$ 的极值点 (见 19.6.3.2).

(2) 求解线性方程组

$$\sum_{i=0}^{n} a_i g_i({x_\nu}^{(0)}) + (-1)^\nu \varrho = f({x_\nu}^{(0)}) \quad (\nu=1,2,\cdots,n+2),$$

其解为近似值 $a_i^{(0)}\,(i=0,1,\cdots,n)$ 和 ρ_0.

(3) 确定交替点新的近似值 $x_\nu^{(1)}\,(i=1,2,\cdots,n+2)$, 例如误差函数 $f(x)-\sum\limits_{i=0}^{n} a_i^{(0)} g_i(x)$ 极值点的位置. 此时可以应用这些点作为近似值.

以 $x_\nu^{(1)}, a_\nu^{(1)}$ 代替 $x_\nu^{(0)}, a_\nu^{(0)}$, 重复步骤 2 和步骤 3, 等等, 即得到关于系数和交替点的逼近序列, 其收敛性在某些条件下可以得到 (见 [19.33]). 若某个迭代指标 μ 使得

$$|\varrho_\mu| = \max_{a\leqslant x\leqslant b}\left|f(x)-\sum_{i=0}^{n} {a_i}^{(\mu)} g_i(x)\right| \tag{19.204}$$

满足充分的精度, 则计算停止.

19.6.3.4 离散切比雪夫逼近和最优化

从连续切比雪夫逼近问题

$$\max_{a\leqslant x\leqslant b}\left|f(x)-\sum_{i=0}^{n} a_i g_i(x)\right| = \min! \tag{19.205}$$

若选取 N 个点 $x_\nu\,(\nu=1,2,\cdots,N;N\geqslant n+2)$ 满足性质 $a\leqslant x_1 < x_2 < \cdots \leqslant x_N \leqslant b$ 并要求:

$$\max_{\nu=1,2,\cdots,N}\left|f(x_\nu)-\sum_{i=0}^{n} a_i g_i(x_\nu)\right| = \min! \tag{19.206}$$

可得相应的离散问题, 代入

$$\gamma = \max_{\nu=1,2,\cdots,N}\left|f(x_\nu)-\sum_{i=0}^{n} a_i g_i(x_\nu)\right|, \tag{19.207}$$

显然有推论

$$\left|f(x_\nu)-\sum_{i=0}^{n} a_i g_i(x_\nu)\right| \leqslant \gamma \qquad (\nu=1,2,\cdots,N). \tag{19.208}$$

从 (19.208) 消去绝对值, 得到关于系数 a_i 和 γ 的线性不等式组, 从而 (19.206) 化为线性规划问题 (参见第 1179 页 18.1.1.1):

$$\gamma = \min!,\ \text{满足} \begin{cases} \gamma + \sum_{i=0}^{n} a_i g_i(x_\nu) \geqslant \quad f(x_\nu), \\ \gamma - \sum_{i=0}^{n} a_i g_i(x_\nu) \geqslant -f(x_\nu) \end{cases} \quad (\nu = 1, 2, \cdots, N). \quad (19.209)$$

对 $\gamma > 0$ 方程 (19.209) 有极小解. 对于足够大的点数 N 及某些进一步的条件, 离散问题的解可看作连续问题的解.

若用非线性依赖参数 $a_0, a_1, \cdots, a_n$ 的非线性逼近函数 $g(x) = g(x; a_0, a_1, \cdots, a_n)$ 代替线性逼近函数 $g(x) = \sum_{i=0}^{n} a_i g_i(x)$, 则类似可得**非线性最优化问题**. 其通常即使在简单函数形式下也是非凸的. 这从本质上减少了非线性最优化问题的数值解法 (参见第 1203 页 18.2.2.1).

19.6.4 调和分析

以公式或经验给出的以 2π 为周期的周期函数 $f(x)$, 应以**三角多项式**或**傅里叶和**逼近:

$$g(x) = \frac{a_0}{2} + \sum_{k=1}^{n} (a_k \cos kx + b_k \sin kx), \quad (19.210)$$

其中系数 a_0, a_k, b_k 是未知实数. 确定这些系数正是调和分析的课题.

19.6.4.1 三角插值公式

1. 傅里叶系数公式

因为函数系 $1, \cos kx, \sin kx\ (k = 1, 2, \cdots, n)$ 在区间 $[0, 2\pi]$ 内关于权函数 $\omega = 1$ 是正交的, 根据 (19.172) 应用连续最小二乘法得到系数公式

$$a_k = \frac{1}{\pi} \int_0^{2\pi} f(x) \cos kx \, dx, \quad b_k = \frac{1}{\pi} \int_0^{2\pi} f(x) \sin kx \, dx \quad (k = 0, 1, 2, \cdots, n). \quad (19.211)$$

由公式 (19.211) 计算得到的系数 a_k, b_k 称为周期函数 $f(x)$ 的**傅里叶系数** (参见第 633 页 7.4).

若 (19.211) 中的积分复杂或函数 $f(x)$ 仅在离散点上已知, 则傅里叶系数只可由数值积分近似确定.

使用有 $N+1$ 个等距节点的梯形公式 (参见第 1253 页 19.3.2.2)

$$x_\nu = \nu h\ (\nu = 0, 1, \cdots, N), \quad h = \frac{2\pi}{N} \quad (19.212)$$

得近似公式

$$a_k \approx \tilde{a}_k = \frac{2}{N}\sum_{\nu=1}^{N} f(x_\nu)\cos kx_\nu, \quad b_k \approx \tilde{b}_k = \frac{2}{N}\sum_{\nu=1}^{N} f(x_\nu)\sin kx_\nu \quad (k=0,1,2,\cdots,n). \tag{19.213}$$

在周期函数的情况下梯形公式变为非常简单的矩形公式. 如下事实使它有更高的精度: 若 $f(x)$ 是周期函数且 $2m+2$ 次可微, 则梯形公式的误差阶为 $O\left(h^{2m+2}\right)$.

2. 三角插值

以 $\tilde{a}_k, \tilde{b}_k$ 为近似系数的某些特殊的三角多项式有重要的性质. 这里介绍其中的两个性质.

(1) **插值** 假设 $N=2n$ 成立. 系数由 (19.123) 给出的特殊的三角多项式

$$\tilde{g}_1(x) = \frac{1}{2}\tilde{a}_0 + \sum_{k=1}^{n-1}(\tilde{a}_k\cos kx + \tilde{b}_k\sin kx) + \frac{1}{2}\tilde{a}_n\cos nx \tag{19.214}$$

在插值点 x_v (19.212) 满足插值条件

$$\tilde{g}_1(x_\nu) = f(x_\nu) \quad (\nu = 1,2,\cdots,N). \tag{19.215}$$

由 $f(x)$ 的性质, 成立 $f(x_0) = f(x_N)$.

(2) **平均近似** 假设 $N=2n$ 成立. 特殊的三角多项式

$$\tilde{g}_2(x) = \frac{1}{2}\tilde{a}_0 + \sum_{k=1}^{m}(\tilde{a}_k\cos kx + \tilde{b}_k\sin kx), \tag{19.216}$$

对于 $m<n$, 系数 (19.123) 按离散二次平均关于 N 个节点 x_ν (19.212) 逼近函数 $f(x)$, 即残量平方和

$$F = \sum_{\nu=1}^{N}\left[f(x_\nu) - \tilde{g}_2(x_\nu)\right]^2 \tag{19.217}$$

取得极小. 公式 (19.213) 正是用不同方法有效计算傅里叶系数的出发点.

19.6.4.2 快速傅里叶变换 (FFT)

1. 计算傅里叶系数的计算量

公式 (19.213) 中的求和也与离散傅里叶变换相关联, 例如在电工学、脉冲和图像处理中. 这里 N 可能非常大, 因为计算傅里叶系数的 N 个近似值 (19.213) 需要大约 N^2 个加法和乘法运算, 所以必须以合理的方法计算求和.

对于 $N=2^p$ 的特殊情况, 借助所谓快速傅里叶变换 (FFT), 乘法运算的计算量可由 $N^2\left(=2^{2p}\right)$ 减少为 $pN\left(=p2^p\right)$. 该减少量可以由右边的例子说明.

p	N^2	pN
10	$\sim 10^6$	$\sim 10^4$
20	$\sim 10^{12}$	$\sim 10^7$

(19.218)

该方法如此有效地减少计算量和计算时间，使得在重要的应用领域小型计算机也够用了.

FFT 将 N 单位根, 即方程 $z^N=1$ 的解的性质应用于 (19.213) 中的逐次求和.

2. 傅里叶和的复数表达

若在傅里叶和 (19.210) 中代入如下公式:

$$\cos kx=\frac{1}{2}\left(\mathrm{e}^{\mathrm{i}kx}+\mathrm{e}^{-\mathrm{i}kx}\right),\quad \sin kx=\frac{\mathrm{i}}{2}\left(\mathrm{e}^{-\mathrm{i}kx}-\mathrm{e}^{\mathrm{i}kx}\right), \tag{19.219}$$

则 FFT 的原理可以相当简单地表述为复数形式

$$\begin{aligned} g(x)&=\frac{1}{2}a_0+\sum_{k=1}^{n}(a_k\cos kx+b_k\sin kx)\\ &=\frac{1}{2}a_0+\sum_{k=1}^{n}\left(\frac{a_k-\mathrm{i}b_k}{2}\mathrm{e}^{\mathrm{i}kx}+\frac{a_k+\mathrm{i}b_k}{2}\mathrm{e}^{-\mathrm{i}kx}\right). \end{aligned} \tag{19.220}$$

通过代换

$$c_k=\frac{a_k-\mathrm{i}b_k}{2}, \tag{19.221a}$$

由 (19.211), 有

$$c_k=\frac{1}{2\pi}\int_0^{2\pi}f(x)\mathrm{e}^{-\mathrm{i}kx}\,\mathrm{d}x, \tag{19.221b}$$

故 (19.220) 化为傅里叶和的复数表达式

$$g\,(x)=\sum_{k=-n}^{n}c_k\mathrm{e}^{\mathrm{i}kx},\ \text{其中}\quad c_{-k}=\bar{c}_k. \tag{19.222}$$

若复系数 c_k 已知, 则要求的实傅里叶系数可以由下面简单的方法得到

$$a_0=2c_0,\quad a_k=2\mathrm{Re}(c_k),\quad b_k=-2\mathrm{Im}(c_k)\quad (k=1,2,\cdots,n). \tag{19.223}$$

3. 复傅里叶系数的数值计算

为数值确定 c_k, 类似于 (19.212) 和 (19.213), 可对 (19.221b) 应用梯形公式, 从而得到离散复傅里叶系数 $\tilde{c}_k$:

$$\tilde{c}_k=\frac{1}{N}\sum_{\nu=0}^{N-1}f(x_\nu)\mathrm{e}^{-\mathrm{i}kx_\nu}=\sum_{\nu=0}^{N-1}f_\nu\omega_N^{k\nu}\quad (k=0,1,2,\cdots,n), \tag{19.224a}$$

$$f_\nu=\frac{1}{N}f(x_\nu),\quad x_\nu=\frac{2\pi\nu}{N}\quad (\nu=0,1,2,\cdots,N-1),\quad \omega_N=\mathrm{e}^{-\frac{2\pi\mathrm{i}}{N}}. \tag{19.224b}$$

关系式 (19.224a) 和 (19.224b) 称为数值 $f_\nu\ (\nu=0,1,2,\cdots,N-1)$ 的长度为 N 的**离散复傅里叶变换**.

指数 $w_N^\nu=z\,(\nu=0,1,2,\cdots,N-1)$ 满足方程 $z^N=1$, 称之为 **N 次单位根**. 因 $\mathrm{e}^{-2\pi\mathrm{i}}=1$, 故

$$\omega_N^N=1,\quad \omega_N^{N+1}=\omega_N^1,\quad \omega_N^{N+2}=\omega_N^2,\cdots. \tag{19.225}$$

长度为 $N=2n$ 的离散复傅里叶变换可以按下列方式化为两个长度为 $\frac{N}{2}=n$ 的变换, 利用这一事实可有效计算 (19.224a):

a) 对于每个偶数指标的系数 $\tilde{c}_k$, 即 $k=2l$, 成立

$$\tilde{c}_{2l}=\sum_{\nu=0}^{2n-1} f_\nu\omega_N^{2l\nu}=\sum_{\nu=0}^{n-1}\left[f_\nu\omega_N^{2l\nu}+f_{n+\nu}\omega_N^{2l(n+\nu)}\right]=\sum_{\nu=0}^{n-1}\left[f_\nu+f_{n+\nu}\right]\omega_N^{2l\nu}, \tag{19.226}$$

这里用到等式 $w_N^{2l(n+\nu)}=w_N^{l2n}w_N^{2l\nu}=w_N^{2l\nu}$.

代入

$$y_\nu=f_\nu+f_{n+\nu}\quad(\nu=0,1,2,\cdots,n-1), \tag{19.227}$$

并考虑到 $w_N^2=w_n$, 和式

$$\tilde{c}_{2l}=\sum_{\nu=0}^{n-1} y_\nu\omega_n^{l\nu}\quad(\nu=0,1,2,\cdots,n-1) \tag{19.228}$$

便是以 $\frac{N}{2}$ 为长度的数值 $y_\nu\,(\nu=0,1,2,\cdots,n-1)$ 的离散复傅里叶变换.

b) 对每个奇数指标的系数 $\tilde{c}_k$, 即 $k=2l+1$, 类似可得

$$\tilde{c}_{2l+1}=\sum_{\nu=0}^{2n-1} f_\nu\omega_N^{(2l+1)\nu}=\sum_{\nu=0}^{n-1}\left[(f_\nu-f_{n+\nu})\omega_N^\nu\right]\omega_N^{2l\nu}, \tag{19.229}$$

代入

$$y_{n+\nu}=(f_\nu-f_{n+\nu})\omega_N^\nu\quad(\nu=0,1,2,\cdots,n-1) \tag{19.230}$$

并考虑到 $w_N^2=w_n$, 则和式

$$\tilde{c}_{2l+1}=\sum_{\nu=0}^{n-1} y_{n+\nu}\omega_n^{l\nu}\quad(\nu=0,1,2,\cdots,n-1) \tag{19.231}$$

是以 $\frac{N}{2}$ 为长度的数值 $y_{n+\nu}\,(\nu=0,1,2,\cdots,n-1)$ 的离散复傅里叶变换.

若 N 为 2 的幂次, 即 $N=2^p$(p 为自然数), 则根据 a) 和 b) 的归化, 即将离散复傅里叶变换化为两个一半长度的离散复傅里叶变换, 是可以继续下去的. 应用 p 次归化后则称 FFT.

根据 (19.230) 每步归化要求 $N/2$ 次复乘法运算, FFT 方法的计算量为

$$\frac{N}{2}p=\frac{N}{2}\log_2 N. \tag{19.232}$$

4. FFT 的格式

对于特殊情况 $N=8=2^3$, 根据 (19.227) 和 (19.230), FFT 的三个相应的归化步骤由如下格式 1 说明.

格式 1

	第 1 步	第 2 步	第 3 步	
f_0	$y_0 = f_0 + f_4$	$y_0 := y_0 + y_2$	$y_0 := y_0 + y_1$	$= \tilde{c}_0$
f_1	$y_1 = f_1 + f_5$	$y_1 := y_1 + y_3$	$y_1 := (y_0 - y_1)\omega_2^0$	$= \tilde{c}_4$
f_2	$y_2 = f_2 + f_6$	$y_2 := (y_0 - y_2)\omega_4^0$	$y_2 := y_2 + y_3$	$= \tilde{c}_2$
f_3	$y_3 = f_3 + f_7$	$y_3 := (y_1 - y_3)\omega_4^1$	$y_3 := (y_2 - y_3)\omega_2^0$	$= \tilde{c}_6$
f_4	$y_4 = (f_0 - f_4)\omega_8^0$	$y_4 := y_4 + y_6$	$y_4 := y_4 + y_5$	$= \tilde{c}_1$
f_5	$y_5 = (f_1 - f_5)\omega_8^1$	$y_5 := y_5 + y_7$	$y_5 := (y_4 - y_5)\omega_2^0$	$= \tilde{c}_5$
f_6	$y_6 = (f_2 - f_6)\omega_8^2$	$y_6 := (y_4 - y_6)\omega_4^0$	$y_6 := y_6 + y_7$	$= \tilde{c}_3$
f_7	$y_7 = (f_3 - f_7)\omega_8^3$	$y_7 := (y_5 - y_7)\omega_4^1$	$y_7 := (y_6 - y_7)\omega_2^0$	$= \tilde{c}_7$
	$N = 8,\ n := 4,$ $\omega_8 = \mathrm{e}^{-\frac{2\pi\mathrm{i}}{8}}$	$N := 4,\ n := 2,$ $\omega_4 = \omega_8^2$	$N := 2,\ n := 1,$ $\omega_2 = \omega_4^2$	

可以注意到偶数及奇数指标项是如何出现的. 在格式 2 中 (19.233) 阐述了该方法的结构.

格式 2

$$
\tilde{c}_k \Rightarrow \begin{cases}
\tilde{c}_{2k} \quad \Rightarrow \begin{cases}
\tilde{c}_{4k} \quad \Rightarrow \begin{cases} \tilde{c}_{8k} \\ \tilde{c}_{8k+4} \end{cases} \\
\tilde{c}_{4k+2} \quad \Rightarrow \begin{cases} \tilde{c}_{8k+2} \\ \tilde{c}_{8k+6} \end{cases}
\end{cases} \\
\tilde{c}_{2k+1} \quad \Rightarrow \begin{cases}
\tilde{c}_{4k+1} \quad \Rightarrow \begin{cases} \tilde{c}_{8k+1} \\ \tilde{c}_{8k+5} \end{cases} \\
\tilde{c}_{4k+3} \quad \Rightarrow \begin{cases} \tilde{c}_{8k+3} \\ \tilde{c}_{8k+7} \end{cases}
\end{cases}
\end{cases}
\tag{19.233}
$$

$(k = 0, 1, \cdots, 7) \quad (k = 0, 1, 2, 3) \quad (k = 0, 1)(k = 0).$

若将系数 $\tilde{c}_k$ 代入格式 1, 并在第 1 步前和第 3 步后考虑指标的二进制形式, 则易知通过简单反转二进制形式指标的位数顺序, 可得要求的系数的阶. 这显示在格式 3 中.

格式 3

标志		第 1 步	第 2 步	第 3 步	标志
$\tilde{c}_0$	000	$\tilde{c}_0$	$\tilde{c}_0$	$\tilde{c}_0$	000
$\tilde{c}_1$	00L	$\tilde{c}_2$	$\tilde{c}_4$	$\tilde{c}_4$	L00
$\tilde{c}_2$	0L0	$\tilde{c}_4$	$\tilde{c}_2$	$\tilde{c}_2$	0L0
$\tilde{c}_3$	0LL	$\tilde{c}_6$	$\tilde{c}_6$	$\tilde{c}_6$	LL0
$\tilde{c}_4$	L00	$\tilde{c}_1$	$\tilde{c}_1$	$\tilde{c}_1$	00L
$\tilde{c}_5$	L0L	$\tilde{c}_3$	$\tilde{c}_5$	$\tilde{c}_5$	L0L
$\tilde{c}_6$	LL0	$\tilde{c}_5$	$\tilde{c}_3$	$\tilde{c}_3$	0LL
$\tilde{c}_7$	LLL	$\tilde{c}_7$	$\tilde{c}_7$	$\tilde{c}_7$	LLL

考虑以 2π 为周期的函数 $f(x)=\begin{cases}2\pi^2, & x=0,\\ x^2, & 0<x<2\pi,\end{cases}$ 将 FFT 用于离散傅里叶变换. 选取 $N=8$, $x_\nu=\dfrac{2\pi}{8}$, $f_\nu=\dfrac{1}{8}f(x_\nu)\,(\nu=0,1,2,\cdots,7)$, $w_8=\mathrm{e}^{-\frac{2\pi\mathrm{i}}{8}}=0.707107(1-\mathrm{i})$, $w_8^2=-\mathrm{i}, w_8^3=-0.707107(1+\mathrm{i})$. 得到格式 4.

格式 4

	第 1 步	第 2 步	第 3 步
$f_0=2.467401$	$y_0=3.701102$	$y_0=6.785353$	$y_0=13.262281=\tilde{c}_0$
$f_1=0.077106$	$y_1=2.004763$	$y_1=6.476928$	$y_1=0.308425=\tilde{c}_4$
$f_2=0.308425$	$y_2=3.084251$	$y_2=0.616851$	$y_2=0.616851+2.467402\,\mathrm{i}=\tilde{c}_2$
$f_3=0.693957$	$y_3=4.472165$	$y_3=2.467402\,\mathrm{i}$	$y_3=0.616851-2.467402\,\mathrm{i}=\tilde{c}_6$
$f_4=1.233701$	$y_4=1.233700$	$y_4=1.233700+2.467401\,\mathrm{i}$	$y_4=2.106058+5.956833\,\mathrm{i}=\tilde{c}_1$
$f_5=1.927657$	$y_5=-1.308537(1-\mathrm{i})$	$y_5=0.872358+3.489432\,\mathrm{i}$	$y_5=0.361342-1.022031\,\mathrm{i}=\tilde{c}_5$
$f_6=2.775826$	$y_6=2.467401\,\mathrm{i}$	$y_6=1.233700-2.467401\,\mathrm{i}$	$y_6=0.361342+1.022031\,\mathrm{i}=\tilde{c}_3$
$f_7=3.778208$	$y_7=2.180895(1+\mathrm{i})$	$y_7=-0.872358+3.489432\,\mathrm{i}$	$y_7=2.106058-5.956833\,\mathrm{i}=\tilde{c}_7$

通过三步归化, 根据 (19.233) 得到要求的实傅里叶系数 (见 (19.234)).

$$\begin{aligned}
&a_0 = 26.524\,562 \\
&a_1 = \ \ 4.212\,116 \quad b_1 = -11.913\,666 \\
&a_2 = \ \ 1.233\,702 \quad b_2 = -\ \ 4.934\,804 \\
&a_3 = \ \ 0.722\,684 \quad b_3 = -\ \ 2.044\,062 \\
&a_4 = \ \ 0.616\,850 \quad b_4 = \ \ 0
\end{aligned} \tag{19.234}$$

在该例中, 可注意到离散复傅里叶系数的一般性质

$$\tilde{c}_{N-k} = \tilde{c}_k.$$

当 $k = 1, 2, 3$ 时, 即有 $\tilde{c}_7 = \tilde{c}_1, \tilde{c}_6 = \tilde{c}_2, \tilde{c}_5 = \tilde{c}_3$.

19.7 曲线和曲面用样条表示

19.7.1 三次样条

因为高次插值逼近多项式通常有并不想要的振荡, 故将近似区间用所谓的节点分为子区间并考虑在每个子区间用相对简单的近似函数是有用的. 特别地, 常使用三次多项式. 这类分片逼近要求在节点处光滑过渡.

19.7.1.1 插值样条

1. 三次插值样条的定义和性质

设给定 N 个插值点 $(x_i, f_i)\,(i = 1, 2, \cdots, N; x_1 < x_2 < \cdots < x_N)$. **三次插值样条** $S(x)$ 由下列性质唯一确定:

(1) $S(x)$ 满足插值条件 $S(x_i) = f_i\,(i = 1, 2, \cdots, N)$.

(2) $S(x)$ 在任一子区间 $[x_i, x_{i+1}]\,(i = 1, 2, \cdots, N-1)$ 内为次数不高于 3 的多项式.

(3) $S(x)$ 在整个插值区间 $[x_1, x_N]$ 上是二次连续可微的.

(4) $S(x)$ 满足特殊的边界条件

a) $S''(x_1) = S''(x_N) = 0$ (我们称之为自然样条) 或

b) $S'(x_1) = f_1', S'(x_N) = f_N'$($f_1', f_N'$ 为已知值) 或

c) 当 $f_1 = f_N$ 时, $S(x_1) = S(x_N)$, $S'(x_1) = S'(x_N)$ 和 $S''(x_1) = S''(x_N)$ (称为周期样条).

由这些性质可得, 对所有满足插值条件 $g(x_i) = f_i\,(i = 1, 2, \cdots, N)$ 的二次连续可微函数 $g(x)$, 有

$$\int_{x_1}^{x_N} [S''(x)]^2\,\mathrm{d}x \leqslant \int_{x_1}^{x_N} [g''(x)]^2\,\mathrm{d}x \tag{19.235}$$

成立 (霍拉迪 (Holladay) 定理). 依据 (19.235), 可称 $S(x)$ 有最小全曲率, 因为对已知曲线的曲率 κ, 其首次逼近为 $\kappa \approx S''$ (参见第 331 页 3.6.1.2,4.). 可见若称为样条的细弹性尺穿过点 $(x_i, f_i)\,(i = 1, 2, \cdots, N)$, 则其弯曲线沿着三次样条 $S(x)$.

2. 确定样条系数

三次插值样条 $S(x)$ 在区间 $[x_i, x_{i+1}]$ 上具有如下形式:

$$S(x) = S_i(x) = a_i + b_i(x - x_i) + c_i(x - x_i)^2 + d_i(x - x_i)^3 \quad (i = 1, 2, \cdots, N - 1). \tag{19.236}$$

子区间的长度记为 $h_i = x_{i+1} - x_i$. 自然样条的系数以如下方式确定.

(1) 由插值条件得

$$a_i = f_i \quad (i = 1, 2, \cdots, N - 1). \tag{19.237}$$

引入不出现在多项式里的附加系数 $a_N = f_N$ 是合理的.

(2) $S''(x)$ 在内节点的连续性要求

$$d_{i-1} = \frac{c_i - c_{i-1}}{3h_{i-1}} \quad (i = 2, 3, \cdots, N - 1). \tag{19.238}$$

由自然条件得到 $c_1 = 0$, 且若引入 $c_N = 0$, (19.238) 对 $i = N$ 依旧成立.

(3) 由 $S(x)$ 在内节点的连续性得到关系

$$b_{i-1} = \frac{a_i - a_{i-1}}{h_{i-1}} - \frac{2c_{i-1} + c_i}{3}h_{i-1} \quad (i = 2, 3, \cdots, N). \tag{19.239}$$

(4) $S'(x)$ 在内节点的连续性要求

$$c_{i-1}h_{i-1} + 2(h_{i-1} + h_i)c_i + c_{i+1}h_i = 3\left(\frac{a_{i+1} - a_i}{h_i} - \frac{a_i - a_{i-1}}{h_{i-1}}\right) \quad (i = 2, 3, \cdots, N-1). \tag{19.240}$$

因为 (19.237), 用来确定系数 $c_i\,(i = 2, 3, \cdots, N - 1; c_1 = c_N = 0)$ 的线性方程组 (19.240) 的右端已知. 其左端有如下形式:

$$\begin{pmatrix} 2(h_1 + h_2) & h_2 & & & & \\ h_2 & 2(h_2 + h_3) & h_3 & & \mathbf{0} & \\ & h_3 & 2(h_3 + h_4) & h_4 & & \\ & & \ddots & \ddots & \ddots & \\ & \mathbf{0} & & & & h_{N-2} \\ & & & & h_{N-2} & 2(h_{N-2} + h_{N-1}) \end{pmatrix} \begin{pmatrix} c_2 \\ c_3 \\ c_4 \\ \vdots \\ \\ c_{N-1} \end{pmatrix}. \tag{19.241}$$

系数矩阵是三对角的, 故由 LR 分解 (参见第 1243 页 19.2.1.1,2.), 非常容易数值求解线性方程组 (19.240). 于是 (19.239) 和 (19.238) 的所有其他系数 c_i 可以确定.

19.7.1.2 光滑样条

在实际应用中已知的函数值 f_i 通常是测量值, 故有某些误差. 在这种情况下, 插值要求并不合理. 这就是引进**三次光滑样条**的原因. 若在三次插值样条中将插值要求换为

$$\sum_{i=1}^{N}\left[\frac{f_i - S(x_i)}{\sigma_i}\right]^2 + \lambda\int_{x_1}^{x_N}\left[S''(x)\right]^2\,\mathrm{d}x = \min! \tag{19.242}$$

可得此类样条. 保持 S, S', S'' 连续性的这一要求, 使得确定系数的问题是一个带方程形式条件的约束最优化问题. 使用拉格朗日函数 (参见第 611 页 6.2.5.6) 即可得到解. 详情可见 [19.34], [19.35].

在 (19.242) 中, $\lambda\,(\lambda > 0)$ 表示事先给定的**光滑参数**. 作为特殊情况, 当 $\lambda = 0$ 时为三次插值样条. 当 λ 很大时得到光滑的近似曲线, 但回到测量值不准确. 作为另一种特殊情况, 当 $\lambda = \infty$ 时结果是逼近回归线. 可适当选取 λ, 例如通过机屏对话. 在 (19.242) 中的参数 $\sigma_i\,(\sigma_i > 0)$ 表示数值 $f_i\,(i = 1, 2, \cdots, N)$ 的测量误差的**标准偏差** (参见第 1109 页 16.4.1.3, 2.).

插值点和测量点的坐标至今与样条函数的节点坐标是一致的. 对大的 N, 该方法导致包含大量三次函数 (19.236) 的样条. 由于在许多实际应用中, 只有段数很少的样条才是满意的, 一个可能的解答是自由选取节点的数目和位置. 从数值观点看, 以下面形式的样条代替 (19.236) 也是合理的:

$$S(x) = \sum_{i=1}^{r+2} a_i N_{i,4}(x), \tag{19.243}$$

这里 r 表示自由选取的节点的个数, 而函数 $N_{i,4}\,(x)$ 是所谓 4 阶正规化 B 样条 (**基样条**), 即关于第 i 个节点的三次多项式. 详情可见 [19.8], [19.6].

19.7.2 双三次样条

19.7.2.1 使用双三次样条

双三次样条用于如下问题: x, y 平面的矩形 $R: a \leqslant x \leqslant b, c \leqslant y \leqslant d$, 被**节点** $(x_i, y_j)\,(i = 0, 1, \cdots, n; j = 0, 1, \cdots, m)$ 剖分为子区域 R_{ij},

$$a = x_0 < x_1 < \cdots < x_n = b, \qquad c = y_0 < y_1 < \cdots < y_m = d, \tag{19.244}$$

其中**子区域** R_{ij} 包含点 (x, y): $x_i \leqslant x \leqslant x_{i+1}, y_j \leqslant y \leqslant y_{j+1} (i = 0, 1, \cdots, n; j = 0, 1, \cdots, m)$. 在节点给定函数值 $f\,(x, y)$:

$$f(x_i, y_j) = f_{ij} \quad (i = 0, 1, \cdots, n;\ j = 0, 1, \cdots, m). \tag{19.245}$$

要求 R 上可能简单的光滑曲面逼近点 (19.245).

19.7.2.2 双三次插值样条

1. 性质

双三次插值样条 $S(x,y)$ 由下列性质唯一确定.

(1) $S(x,y)$ 满足插值条件

$$S(x_i,y_j)=f_{ij}\quad (i=0,1,\cdots,n;\ j=0,1,\cdots,m). \tag{19.246}$$

(2) $S(x,y)$ 在矩形 R 的每个子区域 R_{ij} 恒等于一个双三次多项式, 即在 R_{ij} 有

$$S(x,y)=S_{ij}(x,y)=\sum_{k=0}^{3}\sum_{l=0}^{3}a_{ijkl}(x-x_i)^k(y-y_j)^l, \tag{19.247}$$

故 $S_{ij}(x,y)$ 由 16 个系数确定, 而为了确定 $S(x,y)$ 需要 $16mn$ 个系数.

(3) 导数

$$\frac{\partial S}{\partial x},\quad \frac{\partial S}{\partial y},\quad \frac{\partial^2 S}{\partial x\partial y} \tag{19.248}$$

在区域 R 上是连续的, 从而在整个曲面上保证某种光滑性.

(4) $S(x,y)$ 满足特殊的边界条件:

$$\begin{aligned}
&\frac{\partial S}{\partial x}(x_i,y_i)=p_{ij},\quad i=0,n;\quad j=0,1,\cdots,m,\\
&\frac{\partial S}{\partial y}(x_i,y_i)=q_{ij},\quad i=0,1,\cdots,n;\quad j=0,m,\\
&\frac{\partial^2 S}{\partial x\partial y}(x_i,y_i)=r_{ij},\quad i=0,n;\quad j=0,m,
\end{aligned} \tag{19.249}$$

这里 p_{ij},q_{ij},r_{ij} 是预先给定的值.

一维三次样条插值的结果可用来确定系数 a_{ijkl}.

(1) 线性方程组的个数 $2n+m+3$ 非常大, 但其系数矩阵是三对角矩阵.

(2) 线性方程组仅右端项不同.

一般对于计算量和精度来说, 双三次插值样条是有用的. 故对于实际应用它们是合适的. 计算系数的实际方法见文献.

2. 张量积方法

双三次样条法 (19.247) 是形如

$$S(x,y)=\sum_{i=0}^{n}\sum_{j=0}^{m}a_{ij}g_i(x)h_j(y) \tag{19.250}$$

的所谓张量积方法的一个例子. 该法特别适用于矩形网格上的逼近. 函数 $g_i(x)\,(i=0,1,\cdots,n)$ 和 $h_j(x)\,(j=0,1,\cdots,m)$ 组成两个线性无关的函数组. 从数值观点看张量积方法有大的优势, 例如二维插值问题 (19.246) 可以降为一维问题求解. 进一步说, 若:

(1) 函数 $g_i(x)$ 关于插值节点 $x_0, x_1, \cdots, x_n$ 的一维插值问题, 以及

(2) 函数 $h_j(x)$ 关于插值节点 $y_0, y_1, \cdots, y_m$ 的一维插值问题都是唯一可解的, 则二维插值问题 (19.246) 用方法 (19.250) 唯一可解. 一个重要的张量积方法是使用三次 B 样条:

$$S(x, y) = \sum_{i=1}^{r+2} \sum_{j=1}^{p+2} a_{ij} N_{i,4}(x) N_{j,4}(y), \tag{19.251}$$

这里, 函数 $N_{i,4}(x)$ 和 $N_{j,4}(y)$ 为 4 阶正规化 B 样条, r 表示关于 x 的节点个数, p 表示关于 y 的节点个数. 节点可自由选取, 但其位置必须满足插值问题的某种可解性条件.

B 样条方法得到有带状结构系数矩阵的线性方程组, 这是对数值求解有用的结构.

用双三次 B 样条求解不同的插值问题见文献.

19.7.2.3 双三次光滑样条

一维三次近似样条主要以最优条件 (19.242) 为特征. 对于二维情况可能有一整列相应的最优条件, 但是仅有很少特殊的情况可能存在唯一解. 用双三次 B 样条解逼近问题的适当的最优条件和算法见文献.

19.7.3 曲线和曲面的伯恩斯坦-贝济埃表示

1. 伯恩斯坦-贝济埃多项式

曲线和曲面的伯恩斯坦-贝济埃 (Bernstein–Bézier) 表示 (简记 B-B 表示) 使用伯恩斯坦多项式

$$B_{i,n}(t) = \begin{pmatrix} n \\ i \end{pmatrix} t^i (1-t)^{n-i} \quad (i = 0, 1, \cdots, n) \tag{19.252}$$

并利用如下基本性质:

(1) $$0 \leqslant B_{i,n}(t) \leqslant 1, \quad 0 \leqslant t \leqslant 1, \tag{19.253}$$

(2) $$\sum_{i=0}^{n} B_{i,n}(t) = 1. \tag{19.254}$$

公式 (19.254) 由二项式定理 (参见第 14 页 1.1.6.4) 直接得到.

■ **A** :$B_{01}(t) = 1 - t$, $B_{1,1}(t) = t$ (图 19.12).

■ **B** :$B_{03}(t) = (1-t)^3$, $B_{1,3}(t) = 3t(1-t)^2$, $B_{2,3}(t) = 3t^2(1-t)$ $B_{3,3}(t) = t^3$ (图 19.13).

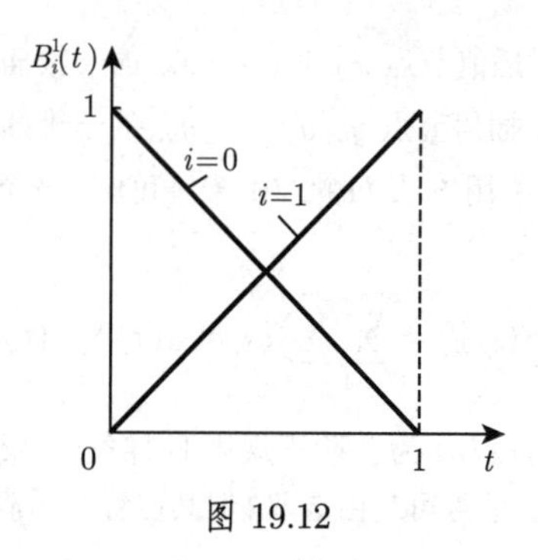

图 19.12

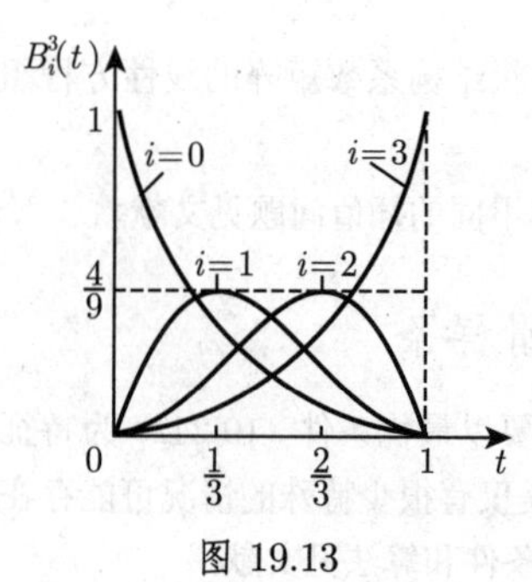

图 19.13

2. 向量表示

参数表达式为 $x = x(t), y = y(t), z = z(t)$ 的空间曲线记为向量形式

$$\vec{r} = \vec{r}(t) = x(t)\,\vec{e}_x + y(t)\,\vec{e}_y + z(t)\,\vec{e}_z, \tag{19.255}$$

这里 t 为曲线的参数. 相应的曲面表达式为

$$\vec{r} = \vec{r}(u,v) = x(u,v)\,\vec{e}_x + y(u,v)\,\vec{e}_y + z(u,v)\,\vec{e}_z. \tag{19.256}$$

其中 u 和 v 为曲面参数.

19.7.3.1　B-B 曲线表示的原理

设给定位置向量为 $\vec{P}_i$ 的三维多边形的 $n+1$ 个顶点 $P_i\,(i = 0, 1, \cdots, n)$. 引入向量值函数

$$\vec{r}(t) = \sum_{i=0}^{n} B_{i,n}(t)\vec{P}_i. \tag{19.257}$$

由这些点确定的空间曲线称为 B-B 曲线. 由于 (19.254)、公式 (19.257) 可看作这些给定点的 “变量凸组合”. 三维曲线 (19.257) 有如下重要性质:

(1) P_0 和 P_n 为插值点.

(2) 向量 $\overrightarrow{P_0P_1}$ 和向量 $\overrightarrow{P_{n-1}P_n}$ 为点 P_0 和 P_n 处 $\vec{r}(t)$ 的切线.

多边形与 B-B 曲线间的关系见图 19.14.

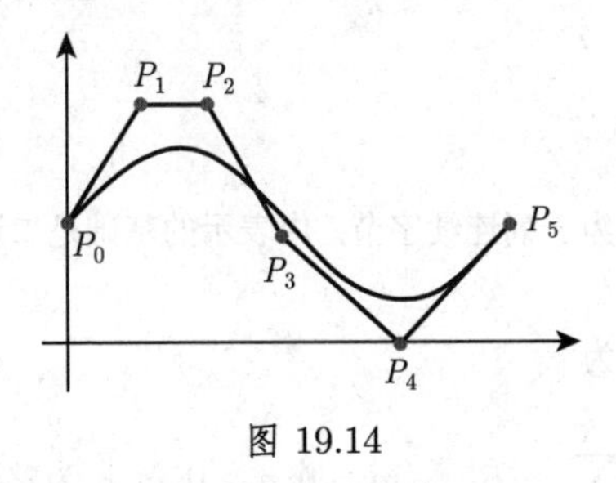

图 19.14

B-B 表示可用来设计曲线, 因为通过改变多边形的顶点容易改变曲线的形状.

常用正则化的 B 样条代替伯恩斯坦多项式.

相应的空间曲线称为 B 样条曲线. 其形状基本相应于有如下优点的 B-B 曲线:

(1) 更好逼近多边形.

(2) 若改变多边形顶点, 仅局部改变 B 样条曲线.

(3) 除局部改变曲线形状外, 也可能影响其可微性.

因此, 可能产生间断的点和线段.

19.7.3.2 B-B 曲面表示

设给定位置向量为 $\vec{P}_{ij}$ 的点 $P_{ij}\,(i=0,1,\cdots,n;j=0,1,\cdots,m)$, 可以考虑沿曲面参数曲线的网格节点. 类似于 B-B 曲线 (19.257), 对网格节点由

$$\vec{r}(u,v)=\sum_{i=0}^{n}\sum_{j=0}^{m}B_{i,n}(u)B_{j,m}(v)\vec{P}_{ij} \tag{19.258}$$

确定曲面. 因为改变网格节点就能改变曲面, 表达式 (19.258) 对于曲面设计是有用的. 但是, 每个格点的影响是全局的, 故应该将伯恩斯坦多项式改为 (19.258) 中的 B 样条.

19.8 使用计算机

19.8.1 内符号表示

计算机是用符号工作的机器. 解释和处理这些符号由软件确定和控制. 外符号、字母、密码和特殊符号由内部的二进制代码按照存储单元序列的形式代表. 一个取值 0 和 1 的存储单元 (二进制数字) 是最小的可代表信息的单元. 八个存储单元构成下一个单位, 即字节. 一个字节, 可区分 2^8 种存储单元组合, 故可确定 256 个

符号. 这样的指定称为代码. 有不同的代码, 最普及的是 ASCII (美国信息交换标准码).

19.8.1.1 数制

1. 表示律

数在计算机里表示为一列连续字节. 内表示的基础是二进制, 这是类似于十进制的多元数制.

多元数制的表示律为

$$a = \sum_{i=-m}^{n} z_i B^i \quad \left(m > 0, n \geqslant 0; m, n \text{ 为整数}\right), \tag{19.259}$$

其中 B 为基数, $z_i\,(0 \leqslant z_i < B)$ 为该数制的数码. $i \geqslant 0$ 的位置构成整数, 而 $i < 0$ 的位置则为该数的小数部分.

数 139.8125 的十进制数表示, 即 $B = 10$, 有形式

$$139.8125 = 1 \cdot 10^2 + 3 \cdot 10^1 + 9 \cdot 10^0 + 8 \cdot 10^{-1} + 1 \cdot 10^{-2} + 2 \cdot 10^{-3} + 5 \cdot 10^{-4}.$$

在表 19.3 中可见计算机里最常出现的数制.

表 19.3 数制

数制	基数	数码
二进制	2	0, 1
八进制	8	0, 1, 2, 3, 4, 5, 6, 7
十六进制	16	0,1,2,3,4,5,6,7,8,9,A,B,C,D,E,F (字母 A~F 赋值 10~15)
十进制	10	0,1,2,3,4,5,6,7,8,9

2. 转换

从一个数制到另一个数制的转变称为转换. 若同时使用不同的数制, 为了避免混乱用不同的下标表示基数.

■ 十进制数 139.8125 的不同表示: $139.8125_{10} = 10001011.1101_2 = 213.64_8 = 8B.D_{16}$.

(1) **二进制数转换为八进制或十六进制数** 将二进制数转换为八进制或十六进制数是非常简单的. 从二进制小数点出发向左和向右三位或四位构成一组, 确定其值. 这些值就是八进制或十六进制的数字.

(2) **十进制数转换为二进制、八进制或十六进制数** 将十进制数转换为别的数制, 对整数部分和分数部分分别应用如下规则:

a) **整数部分** 若 G 为十进制整数, 则对基数为 B 的数制, 构造律 (19.259) 为

$$G=\sum_{i=0}^{n} z_i B^i \quad (n \geqslant 0). \tag{19.260}$$

若 G 除以 B, 则得到整数部分和余数:

$$\frac{G}{B}=\sum_{i=1}^{n} z_i B^{i-1}+\frac{z_0}{B}. \tag{19.261}$$

这里 z_0 的值可为 $0,1,\cdots,B-1$, 即要求的数的最低位数字. 若重复此法求商, 便可得进一步的数字.

b) **分数部分** 若 g 是真分数, 则将其转换为以 B 为基数的数的方法为

$$gB=z_{-1}+\sum_{i=2}^{m} z_{-i} B^{-i+1}, \tag{19.262}$$

即下一位数字可由乘积 gB 的整数部分得到. 用同样的方式可得数值 $z_{-2}, z_{-3}, \cdots$.

■ **A**: 将十进制数 139 转化为二进制数

$139:2=69$	余数	1	$(1=z_0)$
$69:2=34$	余数	1	$(1=z_1)$
$34:2=17$	余数	0	$(0=z_2)$
$17:2=8$	余数	1	:
$8:2=4$	余数	0	:
$4:2=2$	余数	0	:
$2:2=1$	余数	0	:
$1:2=0$	余数	1	$(1=z_7)$

$139_{10}=10001011_2$

■ **B**: 将小数 0.8125 转化为二进制数

$0.8125\cdot 2=1.625$	$(1=z_{-1})$
$0.625\cdot 2=1.25$	$(1=z_{-2})$
$0.25\cdot 2=0.5$	$(0=z_{-3})$
$0.5\cdot 2=1.0$	$(1=z_{-4})$
$0.0\cdot 2=0.0$	

$0.8125_{10}=0.1101_2$

(3) **二进制、八进制或十六进制数转换为十进制数** 二进制、八进制或十六进制数转换为十进制数的算法如下:

$$a\sum_{i=-m}^{n} z_i B^i \quad (m>0, n \geqslant 0; m, n \text{ 为整数}), \tag{19.263}$$

其中十进制小数点在 z_0 的后边.

转换计算用霍纳法则 (参见第 1237 页 19.1.2.1).

■ $11101_2=1\cdot 2^4+1\cdot 2^3+1\cdot 2^2+0\cdot 2^1+1=29$.

	1	1	1	0	1
2		2	6	14	28
	1	3	7	14	29

相应的霍纳格式见右边.

19.8.1.2 内部数字表示 INR

二进制数在计算机里用一个或多个字节表示. 区别两种表示形式, 即定点数和浮点数. 第一种情况, 小数点在一个固定的位置; 第二种情况, 它随着指数的改变而浮动.

1. 定点数

带给定参数的定点数的范围为

$$0 \leqslant |a| \leqslant 2^t - 1, \tag{19.264}$$

定点数可用图 19.15 的形式表示.

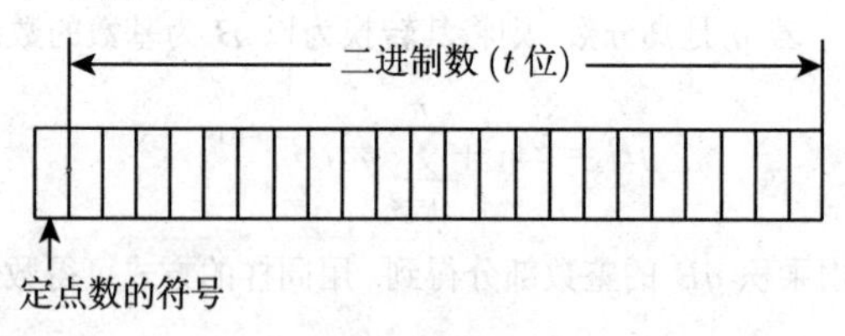

图 19.15

2. 浮点数

基本上用两种不同的形式表示浮点数, 其内部完成可以详细改变.

(1) **正规化半对数形式** 在第一种形式中, 数 a 的指数 E 和尾数 M 的符号是分别存储的

$$a = \pm MB^{\pm E}, \tag{19.265a}$$

这里选取指数 E 使得尾数

$$1/B \leqslant M < 1 \tag{19.265b}$$

成立. 这称为正规化半对数形式 (图 19.16).

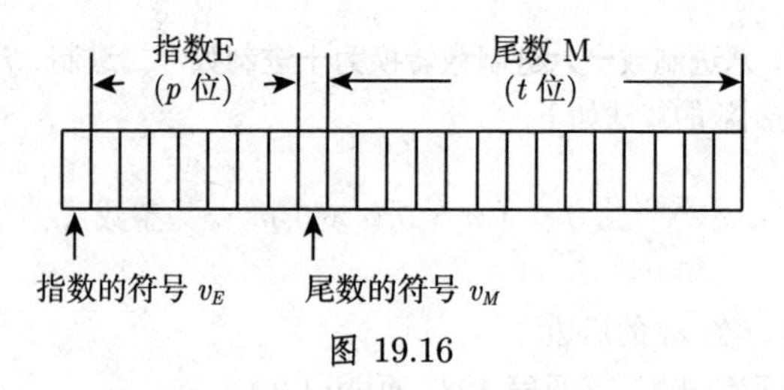

图 19.16

带给定参数的浮点数的绝对值范围是

$$2^{-2^p} \leqslant |a| \leqslant (1 - 2^{-t}) \cdot 2^{(2^p - 1)}. \tag{19.266}$$

(2) **IEEE 标准** 浮点数的第二个 (目前使用的) 形式相应于 1985 年通过的

IEEE 标准. 它处理计算机算术、舍入行为、算术运算、数的转换、比较运算和处理如上溢和下溢的特殊情况等要求.

浮点数表示见图 19.17.

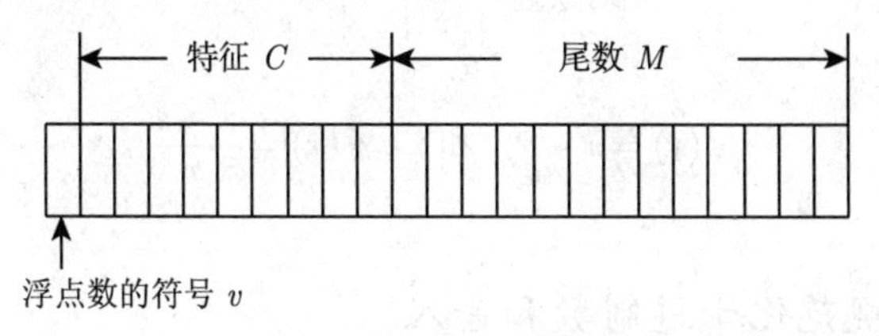

图 19.17

特征 C 来自指数 E 加上适当的常数 K. 这样的选取使得特征只是正数, 可表示的数为

$$a = (-1)^v \cdot 2^E \cdot 1.b_1 b_2 \cdots b_{t-1}, \text{ 其中 } E = C - K. \tag{19.267}$$

因为保存 $C = 0, C = 255$, 这里 $C_{\min} = 1, C_{\max} = 256$.

该标准给出两个基本的表示形式 (单精度和双精度浮点数), 但也有其他的表示形式. 表 19.4 包含了基本形式的参数.

表 19.4 基本形式的参数

参数	单精度	双精度
存储单元字长	32	64
最大指数 $E_{\max}$	+127	+1023
最小指数 $E_{\min}$	−126	−1022
常数 K	+127	+1023
指数位数	8	11
尾数位数	24	53

19.8.2 计算机计算中的数值问题

19.8.2.1 引言、误差类型

计算机计算的一般性质与手工计算基本相同, 然而某些方面需要特别注意, 因为精度来自数的表示和关于计算机误差的判断. 更进一步, 计算机要比人类手工能做的实施多得多的计算步骤.

因此, 存在如何影响和控制误差的问题, 例如在数学上等价的方法中选用最适当的数值方法.

在后面的讨论中用到如下符号, 其中 x 表示在大多情况下未知的量的准确值,

$\tilde{x}$ 表示 x 的近似值:

$$\text{绝对误差}\ |\Delta x| = |x - \tilde{x}|. \tag{19.268}$$

$$\text{相对误差}\ \left|\frac{\Delta x}{x}\right| = \left|\frac{x - \tilde{x}}{x}\right|. \tag{19.269}$$

记号

$$\varepsilon(x) = x - \tilde{x} \quad \text{和} \quad \varepsilon_{\mathrm{rel}}(x) = \frac{x - \tilde{x}}{x} \tag{19.270}$$

也经常用到.

19.8.2.2 规范化十进制数和舍入

1. 规范化十进制数

每个实数 $x \neq 0$ 可表示为形如

$$x = \pm 0.b_1 b_2 \cdots \cdot 10^E \quad (b_1 \neq 0) \tag{19.271}$$

的十进制数. 这里由数字 $b_i \in \{0, 1, 2, \cdots, 9\}$ 构成的 $0.b_1b_2\cdots$ 称为尾数. 数 E 为整数, 是所谓关于基 10 的指数. 因为 $b_1 \neq 0$, (19.271) 称为**正规十进制数**.

因为真实的计算机只能处理有限多的字节, 故必须限制尾数数字的固定数目 t 和指数 E 的固定范围. 故形如 (19.271) 的数根据舍入 (在实际计算中常用) 得到

$$\tilde{x} = \begin{cases} \pm 0.b_1 b_2 \cdots b_t \cdot 10^E, & b_{t+1} < 5(\text{舍}), \\ \pm(0.b_1 b_2 \cdots b_t + 10^{-t})10^E, & b_{t+1} \geqslant 5(\text{入}), \end{cases} \tag{19.272}$$

由舍入引起的绝对误差为

$$|\Delta x| = |x - \tilde{x}| \leqslant 0.5 \cdot 10^{-t} 10^E. \tag{19.273}$$

2. 基本运算和数值计算

每个数值过程都是一系列基本运算. 特别用有限位浮点表示提出问题. 这里给出简要综述. 设 x 和 y 是非零的同号规范化无误差浮点数:

$$x = m_1 B^{E_1}, \qquad y = m_2 B^{E_2} \tag{19.274a}$$

$$m_i = \sum_{k=1}^{t} a_{-k}^{(i)} B^{-k}, \quad a_{-1}^{(i)} \neq 0, \tag{19.274b}$$

$$a_{-k}^{(i)} = 0 \text{ 或 } 1 \text{ 或} \cdots \text{或 } B - 1, \quad k > 1 \quad (i = 1, 2). \tag{19.274c}$$

(1) **加法** 若 $E_1 > E_2$, 因为正规化仅允许左移, 则公共指数变为 E_1. 随后尾数相加.

若

$$B^{-1} \leqslant \left| m_1 + m_2 B^{-(E_1 - E_2)} \right| < 2 \tag{19.275a}$$

和

$$\left|m_1 + m_2 B^{-(E_1-E_2)}\right| \geqslant 1, \tag{19.275b}$$

则将十进制小数点向左移一位而指数增加 1.

■ $0.9604 \cdot 10^3 + 0.5873 \cdot 10^2 = 0.9604 \cdot 10^3 + 0.05873 \cdot 10^3 = 1.01913 \cdot 10^3 = 0.1019 \cdot 10^4$.

(2) **减法** 如同在加法的情况均衡指数, 随后尾数相减. 若

$$\left|m_1 - m_2 B^{-\left(E_1-E^2\right)}\right| < 1 - B^{-t}, \tag{19.276a}$$

以及

$$\left|m_1 - m_2 B^{-(E_1-E^2)}\right| < B^{-t}, \tag{19.276b}$$

则将十进制小数点右移 t 的最大值位, 而指数相应减少.

■ $0.1004 \cdot 10^3 - 0.9988 \cdot 10^2 = 0.1004 \cdot 10^3 - 0.09988 \cdot 10^3 = 0.00052 \cdot 10^3 = 0.5200 \cdot 10^0$.

此例显示了减法的临界情况. 因为位数有限 (这里是 4), 从右边引进零代替准确字符.

(3) **乘法** 指数相加而尾数相乘, 若

$$m_1 m_2 < B^{-1}, \tag{19.277}$$

则十进制小数点向右移一位, 且指数减少 1.

■ $\left(0.1004 \cdot 10^3\right) \cdot \left(0.2504 \cdot 10^5\right) = 0.07952704 \cdot 10^8 = 0.7953 \cdot 10^7$.

(4) **除法** 指数相减而尾数相除. 若

$$\frac{m_1}{m_2} \geqslant 1 \tag{19.278}$$

则十进制小数点向左移一位, 且指数增加 1.

■ $\left(0.3176 \cdot 10^3\right) / \left(0.2504 \cdot 10^5\right) = 1.2683706 \cdot 10^{-2} = 0.1268 \cdot 10^{-1}$.

(5) **结果的误差** 在假定无误差项的四种基本运算中, 结果的误差是舍入误差. 对于位置为 t 基为 B 的数, 相对误差的上限为

$$\frac{B}{2} B^{-t}. \tag{19.279}$$

(6) **减法相消** 如上所述, 几乎相等的浮点数的减法是临界运算. 若有可能, 应通过改变运算阶或利用某种等式来避免这种情况.

■ $x = \sqrt{1985} - \sqrt{1984} = 0.4455 \cdot 10^2 - 0.4454 \cdot 10^2 = 0.1 \cdot 10^{-1}$ 或

$x = \sqrt{1985} - \sqrt{1984} = \dfrac{1985 - 1984}{\sqrt{1985} + \sqrt{1984}} = 0.1122 \cdot 10^{-1}$.

19.8.2.3 数值计算的精度

1. 误差类型

数值方法有误差. 有几类误差, 最后结果的总误差正是由这些误差积累的 (图 19.18).

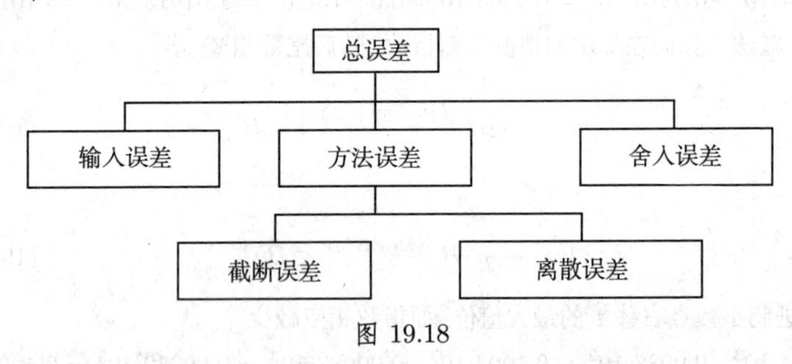

图 19.18

2. 输入误差

(1) **输入误差的概念** *输入误差*是由不准确的输入数据产生的误差. 输入数据的轻微不准确称为*扰动*. 确定输入数据误差称为*误差计算的直接问题*. 其反问题如下: 输入数据可有多大的误差能够保证最终的输入误差不超过可以接受的允许值. 在相当复杂的问题里估计输入误差是非常困难且通常几乎是不可能的. 一般对实值函数 $y = f(\underline{\boldsymbol{x}}), \underline{\boldsymbol{x}} = (x_1, x_2, \cdots, x_n)^{\mathrm{T}}$, 若对 $y = f(\underline{\boldsymbol{x}}) = f(x_1, x_2, \cdots, x_n)$ 应用带线性余项的泰勒公式 (参见第 630 页 7.3.3.3), $\xi_1, \xi_2, \cdots, \xi_n$ 表示中间值, $\tilde{x}_1, \tilde{x}_2, \cdots, \tilde{x}_n$ 表示 $x_1, x_2, \cdots, x_n$ 的近似值, 则输入误差的绝对值为

$$
\begin{aligned}
|\Delta y| &= |f(x_1, x_2, \cdots, x_n) - f(\tilde{x}_1, \tilde{x}_2, \cdots, \tilde{x}_n)| \\
&= \left| \sum_{i=1}^{n} \frac{\partial f}{\partial x_i}(\xi_1, \xi_2, \cdots, \xi_n)(x_i - \tilde{x}_i) \right| \\
&\leqslant \sum_{i=1}^{n} \left(\max_{x} \left| \frac{\partial f}{\partial x_i}(\underline{\boldsymbol{x}}) \right| \right) |\Delta x_i|,
\end{aligned}
\tag{19.280}
$$

近似值是扰动了的输入数据. 这里也考虑高斯误差传播定律 (参见第 1114 页 16.4.2.1)

(2) **简单算术运算的输入误差** 已知简单算术运算的输入误差. 对四种基本运算用 (19.268)~(19.270) 的记号:

$$\varepsilon\,(x \pm y) = \varepsilon\,(x) \pm \varepsilon\,(y)\,, \tag{19.281}$$

$$\varepsilon\,(xy) = y\varepsilon\,(x) + x\varepsilon\,(y) + \varepsilon\,(x)\,\varepsilon\,(y)\,, \tag{19.282}$$

$$\varepsilon\left(\frac{x}{y}\right) = \frac{1}{y}\varepsilon\,(x) - \frac{x}{y^2}\varepsilon\,(y) + \varepsilon \text{ 的高阶项}, \tag{19.283}$$

$$\varepsilon_{\mathrm{rel}}\,(x \pm y) = \frac{\varepsilon_{\mathrm{rel}}\,(x) \pm \varepsilon_{\mathrm{rel}}\,(y)}{x \pm y}, \tag{19.284}$$

$$\varepsilon_{\mathrm{rel}}(xy)=\varepsilon_{\mathrm{rel}}(x)+\varepsilon_{\mathrm{rel}}(y)+\varepsilon_{\mathrm{rel}}(x)\varepsilon_{\mathrm{rel}}(y), \tag{19.285}$$

$$\varepsilon_{\mathrm{rel}}\left(\frac{x}{y}\right)=\varepsilon_{\mathrm{rel}}(x)+\varepsilon_{\mathrm{rel}}(y)+\varepsilon \text{ 的高阶项}. \tag{19.286}$$

公式表明: 对于乘法和除法, 输入数据的相对误差小, 导致结果的相对误差也小. 对于加法和减法, 若 $|x\pm y|\ll|x|+|y|$, 相对误差可能非常大.

3. 方法的误差

(1) **方法误差的记号** *方法误差*源于理论上连续的现象作为极限以不同的方式被数值逼近的事实. 因此, 在极限过程中有*截断误差* (例如在迭代法中) 及在用有限离散系 (例如数值积分) 逼近连续现象时的*离散误差*. 方法误差与输入和舍入误差无关, 因此, 仅在关系到应用解法的方法论时研究方法误差.

(2) **应用迭代法** 若使用迭代法, 可能出现两种情况: 得到问题的正确解或错误解. 也可能尽管有解但不能用迭代法得到.

为使迭代法更清晰安全, 应考虑如下建议:

a) 为避免 "无穷迭代", 若步数超过预定值即停止过程 (即尚未达到要求的精度便停止).

b) 应在屏幕上以数值或者图表的形式跟踪中间结果的位置.

c) 应该用到解的所有已知性质如梯度、单调性等.

d) 应研究变量和函数计量的可能性.

e) 应通过改变步长、截断条件、初始值等进行多种试验.

4. 舍入误差

产生*舍入误差*是因为中间结果被舍入. 这对按精度要求判断数学方法时有本质的重要性. 舍入误差与输入误差和方法误差一起决定给定的方法是强*稳定*、弱稳定或*不稳定*. 若总误差随着步数增加分别减少、有相同的阶或增加, 便发生强稳定、弱稳定或不稳定.

在不稳定性方面, 我们区别舍入误差和*离散误差* (数值不稳定) 以及理论上准确的计算中初始数据误差 (自然不稳定) 的灵敏度. 若数值不稳定不大于自然不稳定, 则计算过程是合适的.

对于舍入误差的局部误差传播, 即从一个计算步到下一步的误差传递, 可使用在输入误差中用过的同样的估计过程.

5. 数值计算的例子

上述某些问题用数值例子来说明.

■ **A: 二次方程的根** 带实系数 a,b,c 的二次方程 $ax^2+bx+c=0$, $D=b^2-4ac\geqslant 0$(实根). 临界状态为

a) $|4ac|\ll b^2$ 和 b) $4ac\approx b^2$. 推荐程序:

i) $x_1=-\dfrac{b+\operatorname{sign}(b)\sqrt{D}}{2a}$, $x_2=\dfrac{c}{ax_1}$ (韦达根定理, 参见第 56 页 1.6.3.1, 3.).

ii) 用直接法难免把 D 化零. 因为 $|b| \gg \sqrt{D}$ 成立, 将发生减法抵消, 除非 $\left(b + \operatorname{sign}\left(b\sqrt{D}\right)\right)$ 中误差不是太大.

■ **B: $h \leqslant r$ 的薄锥壳的体积** 因为 $(r+h) \approx r$, $V = 4\pi\dfrac{(r+h)^3 - r^3}{3}$ 存在减法消去的情况. 而在等式 $V = 4\pi\dfrac{3r^2h + 3rh^2 + h^3}{3}$ 中则没有这个问题.

■ **C: 求和** $S = \sum\limits_{k=1}^{\infty}\dfrac{1}{k^2+1}$ $(S = 1.07667\cdots)$ 要求有三位有效数字的精度. 用 8 位数字进行计算, 大约需要加 6000 项. 在作恒等变换 $\dfrac{1}{k^2+1} = \dfrac{1}{k^2} - \dfrac{1}{k^2(k^2+1)}$ 后, 成立

$$S = \sum_{k=1}^{\infty}\frac{1}{k^2} - \sum_{k=1}^{\infty}\frac{1}{k^2(k^2+1)} \quad 及 \quad S = \frac{\pi^2}{6} - \sum_{k=1}^{\infty}\frac{1}{k^2(k^2+1)}.$$

通过这一变换后, 则只需考虑 8 项.

■ **D: 避免 $\dfrac{0}{0}$ 的状态** 当 $x = y = 0$ 时, 函数 $z = \left(1 - \sqrt{1+x^2+y^2}\right)\dfrac{x^2-y^2}{x^2+y^2}$ 分子和分母同时乘以 $\left(1 + \sqrt{1+x^2+y^2}\right)$ 即可避免这一状态.

■ **E: 不稳定递推过程的例子** 若满足条件 $\left|\dfrac{a}{2} \pm \sqrt{\dfrac{a^2}{4} + b}\right| < 1$, 则一般形式的算法 $y_{n+1} = ay_n + by_{n-1}\,(n = 1, 2, \cdots)$ 是稳定的. 特殊情况 $y_{n+1} = -3y_n + 4y_{n-1}\,(n = 1, 2, \cdots)$ 是不稳定的. 若 y_0 和 y_1 有误差 ε 和 $-\varepsilon$, 则对 $y_2, y_3, y_4, y_5, y_6, \cdots$ 误差为 $7\varepsilon, -25\varepsilon, 103\varepsilon, -409\varepsilon, 1639\varepsilon, \cdots$, 该过程对于参数 $a = -3$ 与 $b = 4$ 是不稳定的.

■ **F: 微分方程的数值求积** 数值求解一阶常微分方程

$$y' = f(x, y), \quad 其中\ f(x, y) = ay, \tag{19.287}$$

其初值用 $y(x_0) = y_0$ 表示.

a) **天然不稳定** 准确解 $y(x)$ 有准确初值 $y(x_0) = y_0$, 设 $u(x)$ 为扰动初值的解. 不失一般性, 设扰动解形如:

$$u(x) = y(x) + \varepsilon\eta(x), \tag{19.288a}$$

其中 $\varepsilon\,(0 < \varepsilon < 1)$ 为参数, 而 $\eta(x)$ 是所谓扰动函数. 考虑 $u'(x) = f(x, u)$ 从泰勒展开式得到 (参见第 630 页 7.3.3.3)

$$u'(x) = f(x, y(x) + \varepsilon\eta(x)) = f(x, y) + \varepsilon\eta(x)\,f_y(x, y) + \text{高阶项}. \tag{19.288b}$$

这意味着微分变差方程

$$\eta'(x) = f_y(x, y)\eta(x). \tag{19.288c}$$

由 $f(x,y)=ay$, 问题的解为

$$\eta(x)=\eta_0\mathrm{e}^{a(x-x_0)},\quad \text{其中 } \eta_0=\eta(x_0). \tag{19.288d}$$

对 $a>0$, 即便是小的初始扰动 η_0 也导致无限增长的扰动 $\eta(x)$. 故为天然不稳定.

b) **梯形公式的误差研究** 当 $a=-1$ 时, 稳定的微分方程 $y'(x)=-y(x)$ 有准确解

$$y(x)=y_0\mathrm{e}^{a(x-x_0)},\quad \text{其中} y_0=y(x_0). \tag{19.289a}$$

梯形公式为

$$\int_{x_i}^{x_{i+1}} y(x)\mathrm{d}x\approx\frac{y_i+y_{i+1}}{2}h,\quad \text{其中 } h=x_{i+1}-x_i. \tag{19.289b}$$

对给定微分方程用上述公式, 成立

$$\tilde{y}_{i+1}=\tilde{y}_i+\int_{x_i}^{x_{i+1}}(-y)\mathrm{d}x=\tilde{y}_i-\frac{\tilde{y}_i+\tilde{y}_{i+1}}{2}h,\quad \tilde{y}_{i+1}=\frac{2-h}{2+h}\tilde{y}_i,$$

$$\tilde{y}_i=\left(\frac{2-h}{2+h}\right)^i\tilde{y}_0, \tag{19.289c}$$

其中 $x_i=x_0+ih$, 即对 $0\leqslant h<2$ 有 $i=(x_i-x_0)/h$, 得到

$$\begin{aligned}\tilde{y}_i&=\left(\frac{2-h}{2+h}\right)^{(x_i-x_0)/h}\tilde{y}_0=\tilde{y}_0\mathrm{e}^{c(h)(x_i-x_0)},\\ c(h)&=\frac{\ln\left(\dfrac{2-h}{2+h}\right)}{h}=-1-\frac{h^2}{12}-\frac{h^4}{80}-\cdots.\end{aligned} \tag{19.289d}$$

若 $\tilde{y}_0=y_0$, 则 $\tilde{y}_i<y_i$, 且对 $h\to 0$, $\tilde{y}_i$ 也趋向于准确解 $y_0\mathrm{e}^{-(x_i-x_0)}$.

c) **在 b) 中的输入误差** 设准确和近似的初值相同. 现研究当 $\tilde{y}_0\neq y_0$ 及 $|\tilde{y}_0-y_0|<\varepsilon_0$ 时的性态.

因为 $(\tilde{y}_{i+1}-y_{i+1})\leqslant\dfrac{2-h}{2+h}(\tilde{y}_i-y_i)$, 有

$$(\tilde{y}_{i+1}-y_{i+1})\leqslant\left(\frac{2-h}{2+h}\right)^{i+1}(\tilde{y}_0-y_0), \tag{19.290a}$$

故 ε_{i+1} 最多和 ε_0 同阶, 且该方法关于初值是稳定的. 应该提到, 在用辛普森方法求解上述微分方程时引进了人为的不稳定. 此时, 对 $h\to 0$, 得到通解如:

$$\tilde{y}_i=C_1\mathrm{e}^{-x_i}+C_2(-1)^i\mathrm{e}^{x_i/3}. \tag{19.290b}$$

问题是该数值解法使用了比相应的微分方程的阶更高阶的差分.

19.8.3　数值方法库

一些年来, 用不同语言的数值方法互相独立地发展了函数与程序的库. 因为在其发展中考虑了大量的计算经验, 故在求解实际数值问题时需要选用其中一个程序库. 对现有的运行系统如 WINDOWS, UNIX 和 LINUX, 以及绝大多数类型的计算问题, 都有可用的程序, 它们保持某种约定, 故或多或少易于使用.

应用程序库中的数值方法并不能减少用户对于理想结果思考的必要性. 提醒用户应该知道要用的数学方法的优点、缺点和弱点.

19.8.3.1　NAG 库

NAG 库(数值算法组) 是用 FORTRAN 77, FORTRAN 90 和 C 等编程语言编写的函数与子函数/程序的数值方法的丰富集成. 这里是内容概况:

1. Komplexe Arithmetik
2. Nullstellen von Polynomen
3. Wurzeln transzendenter Gleichungen
4. Reihen
5. Integration
6. Gewöhnliche Differentialgleichungen
7. Partielle Differentzalgleichungen
8. Numerische Differentzation
9. Integralgleichungen
10. Interpolation
11. Approxim. v. Daten d. Kurven und Flächen
12. Minima/Maxima einer Funktion
13. Matrixoperationen, Inversion
14. Eigenwerte und Eigenvektoren
15. Determinanten
16. Simultane lineare Gleichungen
17. Orthogonalisierung
18. Lineare Algebra
19. Einfache Berechnng. von statist. Daten
20. Korrelation und Regressionsanalyse
21. Zufallszahlengeneratoren
22. Nichtparametrische Statistik
23. Zeitreihenanalyse
24. Operationsforschung
25. Spezielle Funktionen
26. Mathem. und Maschinenkonstanten

此外, NAG 库还包含涉及统计和金融数学的大量软件.

19.8.3.2　IMSL 库

IMSL 库(国际数学和统计库) 同时包含三部分:

一般数学方法,

统计问题,

特殊函数.

子库包含用 FORTRAN 77, FORTRAN 90 和 C 编写的函数和子程序, 这里是内容概况:

一般数学方法

1. Lineare Systeme
2. Eigenwerte
3. Interpolation und Approximation
4. Integration und Differentzation
5. Differentzalgleichungen
6. Transformationen
7. Nichtlineare Gleichungen
8. Optimierung
9. Vektor-und Matrixoperationen
10. Ellipische Funktionen, Funktionen von Weierstrass und verwandte Funktionen
11. Wahrscheinlichkeitsverteilungen
12. Verschiedene Funktionen

统计问题

1. Grundlegende Kennzahlen
2. Regression
3. Korrelation
4. Varianzanalyse
5. Kategoriale und diskrete Datenanalyse
6. Nichtparametrische Statistik
7. Anpassungstests und Test auf Zufälligkeit
8. Zeitreihenanalyse und Vorhersage
9. Kovarianz-und Faktoranalyse
10. Diskriminanz-Analyse
11. Cluster-Analyse
12. Stichprobenerhebung
13. Lebensdauerverteilgn. und Zuverlässigkt.
14. Mehrdimensionale Skalierung
15. Schätzung der Dichte-und Hasard- bzw. Risikofunktion
16. Zeilendrucker-Grapfik
17. Wahrscheinlichkeitsverteilungen
18. Zufallszahlen-Generatoren
19. Hilfsalgorithmen
20. Mathematische Hilfsmittel

特殊函数

1. Elementare Funktionen
2. Trigonometrische und hyperbolische Funktionen
3. Exponentialfunktion und verwandte
4. Gamma–Funktionen und verwandte
5. Fehler–Funktionen und verwandte
6. Bessel–Funktionen
7. Kelvin–Funktionen
8. Bessel–Funktionen gebrochener Ordnung
9. Elliptische Integrale von Weierstrass und verwandte Funktionen
10. Verschiedene Funktionen

19.8.3.3 Aachen 库

Aachen 库以 G. Engeln-Mullges (Fachhochschule Aachen) 和 F. Reutter (Rhei Westfalische Technische Hochschule Aachen) 收集的数值方法公式为基础. 它使用 BASIC, QUICKBASIC, FORTRAN 77, FORTRAN 90, C, MODULA 2 和 TURBO PASCAL 等程序语言. 主要包括:

1. Numerische Verfahren zur Lösung nichtlinearer und speziell algebraischer Gleichungen
2. Direkte und iterative Verfahren zur Lösung linearer Gleichungssysteme
3. Systeme nichtlinearer Gleichungen
4. Eigenwerte und Eigenvektoren von Matrizen
5. Lineare und nichtlineare Approximation
6. Polynomiale und rationale Interpolation sowie Polynomsplines
7. Numerische Differentiation
8. Numerische Quadratur und Kubatur
9. Anfangswertprobleme bei gewöhnlichen Differentialgleichungen
10. Randwertprobleme bei gewöhnlichen Differentialgleichungen

Aachen 库的程序特别适于研究数值数学的单个算法.

19.8.4 交互程序系统和计算机代数系统的应用

19.8.4.1 Matlab

商用程序系统 Matlab (矩阵实验室) 是一个数学求解公式问题的交互环境, 同时也是科学技术计算的高级原本语言. 优先设置线性代数的问题和算法. Matlab 很方便地将实现数值程序及数据和结果的先进的图形表示统一起来. 根据 IEEE 标准 (表 19.4) 计算大多以双精度浮点数运行. 能与 Matlab 兼容的进一步的选择是可免费下载的 Scilab 和 Octave 系统.

1. 函数概述

下面是 Matlab 中程序和函数的简要概述.

Allgemeine mathematische Funktionen

1. Trigonometrie
2. Exponentialfunktion, Logarithmen
3. Spezielle Funktionen
4. Komplexe Arithmetik
5. Koordinatentransformationen
6. Rundung und gebrochener Teil
7. Diskrete Mathematik
8. Mathematische Konstanten

Numerische lineare Algebra

1. Manipulation von Feldern und Matrizen
2. Spezielle Matrizen
3. Matrix-Analysis (Normen, Kondition)
4. Lineare Gleichungssysteme
5. Eigenwerte und Singulärwerte
6. Matrix-Faktorisierungen
7. Matrixfunktionen
8. Verfahren für dünn besetzte Matrizen

Numerische Verfahren

1. Berechnung statistischer Daten
2. Korrelation und Regression
3. Diskrete Fouriertransformation
4. Polynome und Splines
5. Ein- und mehrdimensionale Interpolation
6. Triangulationen und Zerlegungen
7. Ermittlung der konvexen Hülle
8. Numerische Integration
9. Gewöhnliche Differentialgleichungen
10. Partielle Differentialgleichungen
11. Nichtlineare Gleichungen
12. Minimierung von Funktionen

此外, Matlab 有许多用来求解不同类型的特殊数学问题的程序包, 即所谓工具箱. 作为某些例子, 这里提到曲线拟合、滤波器、商业数学、时间序列分析、信号和模式处理、神经网络、优化、偏微分方程、样条、统计和小波.

在下面的段落中, 以简单的例子来说明 Matlab 的应用. 在后面 Mathematica 和 Maple 的数值应用中, 将同样讨论这些问题.

2. 数值线性代数

在开启 Matlab 命令提示符 “>>” 后, 命令窗口显示等待接受命令. 若命令不以分号 “; ” 结束, 则在命令窗口出现结果. 求解线性方程组 $\boldsymbol{A\underline{x}} = \underline{\boldsymbol{b}}$ 的基本命令 (参见第 1242 页 19.2.1) 是反斜杠算符 “\”.

■ 给定矩阵 $\boldsymbol{A} = \begin{pmatrix} 1 & 0 & 3 \\ 2 & 1 & 1 \\ 1 & 2 & 3 \end{pmatrix}$ 和向量 $\underline{\boldsymbol{b}} = (-2,\ 3,\ 2)^{\mathrm{T}}$. 输入

```
>>    A = [1 0 3; 2 1 1; 1 2 3],    b = [-2; 3; 2],    x = A\b,    norm(A * x - b)
```

输出为

$$\mathtt{A} = \begin{matrix} 1 & 0 & 3 \\ 2 & 1 & 1 \\ 1 & 2 & 3 \end{matrix} \qquad \mathtt{b} = \begin{matrix} -2 \\ 3 \\ 2 \end{matrix} \qquad \mathtt{x} = \begin{matrix} 1.0000 \\ 2.0000 \\ -1.0000 \end{matrix} \qquad \mathtt{ans} = \mathtt{8.8818e-016}$$

残量的欧几里得范数表明, 得到的解 (并未显示所有的数字) 以允许的计算机浮点数表示的精度满足方程组.

若矩阵 A 是非奇异的方阵, 则线性方程组有唯一解. 由反斜杠算符 "\" 用通常的列主元高斯消元法, 得三角分解 $PA = LA$ (参见第 1242 页 19.2.1.1).

■ 矩阵 A 的三角分解也可由输入

```
>> [L,R,P] = lu(A)
```

实现. 得到输出

$$\mathtt{L}=\begin{pmatrix} 1.0000 & 0 & 0 \\ 0.5000 & 1.0000 & 0 \\ 0.5000 & -0.3333 & 1.0000 \end{pmatrix}, \quad \mathtt{R}=\begin{pmatrix} 2.0000 & 1.0000 & 1.0000 \\ 0 & 1.5000 & 2.5000 \\ 0 & 0 & 3.3333 \end{pmatrix},$$

$$\mathtt{P}=\begin{pmatrix} 0 & 1 & 0 \\ 0 & 0 & 1 \\ 1 & 0 & 0 \end{pmatrix}$$

(这里为了避免混乱用括号表示矩阵).

反斜杠算符首先测试系数矩阵 A 的性质, 若 A 是一个三角矩阵排列, 则求解相应的梯队形式. 若是对称矩阵 A, 则应用楚列斯基方法 (参见第 1245 页 19.2.1.2).

若系数矩阵 A 的条件数太大, 则求解时可能产生数值问题. 因此在 Matlab 运行期间, 估计条件数的倒数值, 若此数过小, 给出警告提示.

■ $n = 13$ 阶的希尔伯特矩阵可作为例子, 其中 $h_{ik} = 1/(i + k - 1)$.

```
>> x = hilb(13) \ ones(13,1);
 Warning: Matrix is close to singular or badly scaled.
    Results may be inaccurate. RCOND = 2.409320e-017.
```

在超定线性方程组的情况下, 相应的线性拟合问题由正交化过程处理, 即由正交变换得到 QR 分解

$$A = QR$$

(参见第 1246 页 19.2.1.3).

■
```
>>  A=[1 0 3;2 1 1;1 2 3;1 1 -1];  b=[-2;3;2;1];  x=A\b,
    norm(A*x-b)
```

$$\mathtt{x}=\begin{matrix} 0.4673 \\ 1.4393 \\ -0.4953 \end{matrix} \qquad \mathtt{ans}=2.0508$$

```
>>  [Q,R]=qr(A)
```

$$\mathtt{Q}=\begin{pmatrix} -0.3780 & -0.4583 & 0.6466 & 0.4785 \\ -0.7559 & -0.2750 & -0.2321 & -0.5469 \\ -0.3780 & 0.8250 & 0.4145 & -0.0684 \\ -0.3780 & 0.1833 & -0.5969 & 0.6836 \end{pmatrix},$$

$$R=\begin{pmatrix} -2.6458 & -1.8898 & -2.6458 \\ 0 & 1.5584 & 0.6417 \\ 0 & 0 & 3.5480 \\ 0 & 0 & 0 \end{pmatrix}$$

反斜杠算符也对欠定和缺秩的线性方程组给出了有意义的结果. 如何处理大型稀疏矩阵的方法的详细介绍可见相应的 Matlab 文件和说明 [19.15],[19.30].

3. 方程的数值求解

在 Matlab 中用行向量 $(a_n, a_{n-1}, \cdots, a_1, a_0)$ 表示多项式

$$p(x) = a_n x^n + a_{n-1} x^{n-1} + \cdots + a_1 x + a_0$$

的系数. 有多个函数可用来处理多项式.

■ 作为例子, 确定多项式 $p(x) = x^6 + 3x^2 - 5$ 在 1 处的值、导数 (即导数多项式的系数向量) 及根.

```
>> p = [1 0 0 0 3 0 -5];
>> polyval(p,1)  ans = -1
>> polyder(p)  ans = 6 0 0 0 6 0
>> roots(p)  ans = 0.8673 + 1.1529i, 0.8673 - 1.1529i, 1.0743,
                   -0.8673 + 1.1529i, -0.8673-1.1529i, -1.0743
```

根作为相应伴随矩阵的特征值被确定. 命令 fzero 用来求非线性标量方程的近似解.

■ 计算方程 $e^{-x^3} - 4x^2 = 0$ 的三个解.

```
>> fzero(@(x)exp( -x^3) -4*x^2, 1) ans = 0.4741
>> fzero(@(x)exp( -x^3) -4*x^2, 0) ans = -0.5413
>> fzero(@(x)exp( -x^3) -4*x^2, -1) ans = -1.2085
```

在命令 fzero 下输入方程作为未命名的函数. 显然它依赖于第二个变量的给定初值, 其解是近似的. 迭代过程用二分法和试位法的组合完成 (参见第 1236 页 19.1.1.3).

4. 插值

基于给定数据的函数拟合可以通过插值 (参见第 1276 页 19.6.1) 或最佳函数逼近 (参见第 1280 页 19.6.2.2) 得到. 在 Matlab 中, 命令 plot 是以图形表示数据集合的最简单的方式. 在自打开图表窗口的菜单中包含编辑图形 (线型、符号、标题和说明) 的工具, 用于输出和打印基本拟合.

基本拟合是工具箱的子程序, 提供了多种插值方法和不同阶的最佳逼近多项式. 由函数 “interp1” 和 “polyfit” 来实现.

■ 根据输入

```
>> plot([1.70045, 1.2523, 0.638803, 0.423479, 0.249091, 0.160321,
        0.0883432, 0.0570776, 0.0302744, 0.0212794]);
```

数据值被置于数据位置 1,2, $\cdots$, 10 且用图形表示. 图 19.19(a) 展示了相应的三次插值样条和四阶最佳逼近多项式的数据集.

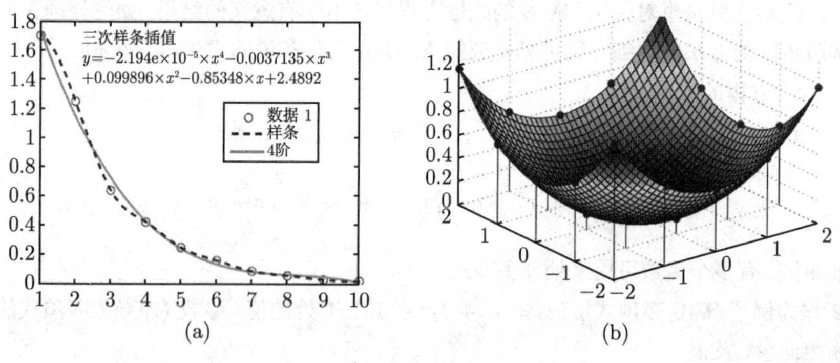

图 19.19

函数 interp2 提供在二维矩形网格上给定数据作插值的适当方法 (参见第 1295 页 19.7.2.1). 对于非规则分布的数据作插值调用 griddata.

■ 命令序列

```
>> [X,Y]=meshgrid(-2:1:2); F=4-sqrt(16-X.^2-Y.^2);
>> [Xe,Ye]=meshgrid(-2:0.1:2); S=interp2(X,Y,F,Xe,Ye,'spline');
>> surf(Xe,Ye,S)
>> hold on; stem3(X,Y,F, 'fill')
```

实现了函数 $f(x,y) = \sqrt{16-x^2-y^2}$ 在给定网格上的二元三次样条插值. 插值样条在较细的矩形网格上求值. 图 19.19(b) 描绘了插值函数而且也显示了数据点.

5. 数值积分

在 Matlab 中程序 quad 和 quadl 可用于数值积分. 这两个程序基于自适应选取步长递归应用插值求积. Quad 基于辛普森公式, quadl 应用高阶洛巴托公式 (参见第 1253 页 19.3.2). 在被积函数充分光滑的情况及较高的精度要求下, quadl 比 quad 更有效.

■ 作为第一个例子, 考虑近似计算定积分 $I=\int_0^1 \frac{\sin x}{x}\mathrm{d}x$ (正弦积分参见第 681 页 8.2.5,1.).

```
>> format long; [I,fwerte]=quad(@(x)(sin(x)./x),0,1)
Warning: Divide by zero.  > In @(x)(sin(x)./x) In quad at 62
I=0.94608307007653 fwerte = 14
>> format long; [I, fwerte]=quadl(@(x)(sin(x)./x),0,1)
```

```
Warning: Divide by zero.  > In @(x)(sin(x)./x) In quadl at 64
I = 0.94608307036718 fwerte = 19
```

两个程序显然都认知被积函数在区间左端的不连续性, 但得到积分的近似值并无困难. 基于同一例子在 1257 页 19.3.4.2 中的结果, 函数求值的数目看来很大, 但可自适应递归确定.

```
>> format long; [I,fwerte]=quad(@(x)(sin(x)./x),0,1,1e-14)
I = 0.94608307036718 fwerte = 258
>> format long; [I, fwerte]=quadl(@(x)(sin(x)./x),0,1,1e-14)
I = 0.94608307036718 fwerte = 19
```

(这里没有重复警告信息). 作为进一步的论证给出确定的精度为 10^{-14}(容忍误差为 10^{-6}), 在这一情况下显然可见 quad1 的优越性.

■ 确定定积分 $I = \int_{-1000}^{1000} \mathrm{e}^{-x^2}\mathrm{d}x$.

```
>> format long; [I,fwerte]=quad(@(x)(exp(-x.^2)),-1000,1000,1e-10)
I = 1.77245385094233 fwerte = 585
>> format long; [I, fwerte]=quadl(@(x)(exp(-x.^2)),-1000,1000,1e-10)
I = 1.77245385090571 fwerte =768
```

被积函数在积分区间的非常宽广的部分形状平坦, 而在 $x = 0$ 处有相当陡峭的峰值, 使得 quad 在这一情况下较好.

6. 微分方程的数值解

Matlab 提供了许多数值求解一阶常微分方程初值问题的程序. 标准的程序为 ode45, 其中应用带自适应步长选取的 4 阶和 5 阶龙格-库塔法 (参见第 1260 页 19.4.1.2). 为达到高精度, 使用预估–校正型线性多步法的程序 ode113 更有效 (参见第 1262 页 19.4.1.4). 此外, 还有些程序对刚性微分方程组特别有效 (参见第 1264 页 19.4.1.5,4.).

■ 用龙格-库塔法 (参见第 1260 页 19.4.1.2) 求解区间 $[0,1]$ 上的问题 $y' = \frac{1}{4}(x^2 + y^2), y(0) = 0$, 输入:

```
>> [x,y]=ode45(@ (x,y)((x.^2+y.^2)./4),[0 1],0); plot(x,y)
```

得到的解如图 19.20(a) 所示.

■ 在区间 $0 \leqslant t \leqslant 50$ 上求解特殊的洛伦茨方程组 (参见第 1153 页 17.2.4.3)

$$x_1' = 10(x_2 - x_1), \quad x_2' = 28x_1 - x_2 - x_1x_3, \quad x_3' = x_1x_2 - \frac{8}{3}x_3$$

其初值条件为 $x(0) = (0,\ 1,\ 0)^{\mathrm{T}}$. 使用如下命令:

```
>> [t,x]=ode45(@(t,x)([10*(x(2)-x(1));
     28*x(1)-x(2)-x(1)*x(3);x(1)*x(2)-8*x(3)/3]), [0 50],[0;1;0]);
>> plot(x(:,1),x(:,3))
```

最后的命令给出了在 x_1, x_3 平面的相图 (图 19.20(b)).

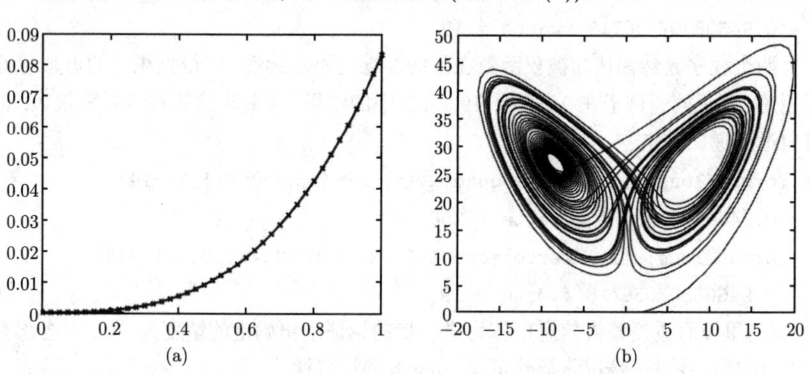

图 19.20

19.8.4.2　Mathematica

1. 求解数学问题的工具

计算机代数系统 Mathematica 是能用来求解大量数值数学问题的非常有效的工具. Mathematica 的数学程序完全不同于符号计算. 根据某些预先给定的原则, 类似于图像表示的情况, Mathematica 确定所考虑函数的数值表, 并利用这些数值确定要求的解. 因为点数必须是有限的, 这可能是一个 "坏" 性态函数的问题. 尽管 Mathematica 在问题区域内试图选取更多的节点, 我们必须假定在所考虑区域上的某种连续性. 这可能在最终的结果中产生误差. 建议尽可能使用所考虑问题的许多信息, 且若有可能, 在符号形式下进行计算, 即使这仅对子问题有可能.

在表 19.5 中, 我们介绍了用于数值计算的算子.

表 19.5　数值运算

NIntegrate	计算定积分
NSum	计算和 $\sum\limits_{i=1}^{n} f(i)$
NProduct	计算积
NSolve	数值计算求解代数方程
NDSolve	数值计算求解微分方程

在启动 Mathematica 的 " Prompt" 之后显示 *In[l]* :=; 这表示系统准备接受输入. Mathematica 用 *out[l]* 表示相应的输出. 一般在行中 *In[n]* := 表示输入, *out[n]* := 表示 Mathemetica 返回的答案. 表达式中的箭头 → 表示 x 用值 a 代替.

2. 曲线拟合与插值

(1) **曲线拟合**　Mathematica 可用最小二乘法选取函数拟合数据集 (参见第 609

页 6.2.5), 且平均逼近离散问题 (参见第 1280 页 19.6.2.2). 一般的指令为

$$\texttt{Fit}[\{y_1, y_2, \cdots\}, funkt, x] \tag{19.291}$$

这里数值 y_i 组成数据表, funkt 为用于数据拟合的可选函数表, x 表示独立变量的相应区域. 若 funkt 选定, 例如为 Table $[x\hat{}i, \{i, 0, n\}]$, 则是用 n 次多项式进行拟合.

■ 设给定如下数据表:

In[1] $:= l = \{1.70045, 1.2523, 0.638803, 0.423479, 0.249091, 0.160321, 0.0883432,$

$0.0570776, 0.0302744, 0.0212794\}$

输入

In[2] $:= f1 = \texttt{Fit}[l, \{1, x, x\hat{}2, x\hat{}3, x\hat{}4\}, x]$

若 l 的元素对应 x 赋值 $1, 2, \cdots, 10$. 其结果为如下四次逼近多项式

Out[2] $= 2.48918 - 0.853487x + 0.0998996x^2 - 0.00371393x^3 - 0.0000219224x^4$

用命令

In[3] $:= \texttt{Plot}[\texttt{ListPlot}[l, \{x, 10\}], f1, \{x, 1, 10\}, \texttt{AxesOrigin->} \{0, 0\}]$

可得数据表示及图 19.21(a) 给出的近似曲线.

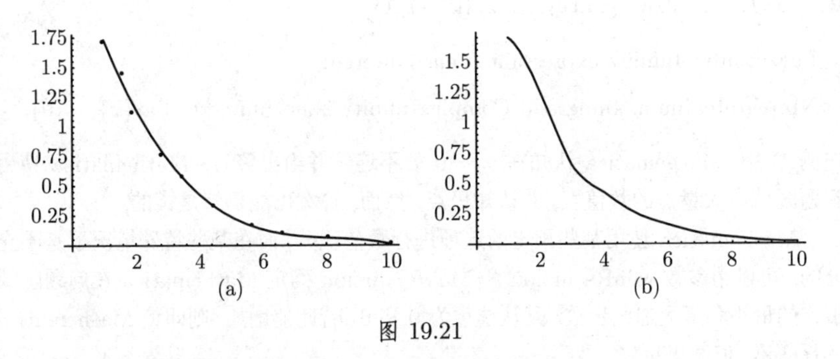

图 19.21

这完全满足给定的数据. $e^{1-0.5x}$ 的级数展开取了前四项.

(2) **插值** Mathematica 提供特殊的算法确定插值函数. 它们表示为类似于纯函数构成的所谓插值函数类. 表 19.6 给出了其使用指南. 取代单独的函数值 y_i, 可在给定点给出一列函数值与指定的导数值.

■ 用 *In[3]* :=`Plot[Interpolation[`l`][`x`],{`x`,1,10}]` 得图 19.21(b). 显然 Mathematica 给出了精确对应于数据表的结果.

表 19.6 插值命令

Interpolation$[\{y_1, y_2, \cdots\}]$	对 i 为整数, x_i 取 y_i 值, 给出近似函数
Interpolation$[\{\{x_1, y_1\}, \{x_2, y_2\}, \cdots\}]$	对点列 (x_i, y_i) 给出近似函数

3. 多项式方程的数值解

如同在第 1348 页 20.3.2.1 中所示, Mathematica 能数值确定多项式的根. 命令是

$$\texttt{NSolve}[p(x) == 0, x, n]$$

其中 n 为计算需达到的精度. 若忽略 n, 则计算达到机器精度. 若输入 m 次多项式, 则能得到全部 m 个根.

■*In[1]* := NSolve[x^6 + 3x^2 − 5 == 0]

Out[1] = {x−> −1.07432}, {x−> −0.867262 − 1.15292I},
{x−> −0.867262 + 1.15292I}, {x−> 0.867262 − 1.15292I},
{x−> 0.867262 + 1.15292I}, {x−> 1.07432}

4. 数值积分

Mathematica 为数值积分提供了程序 NIntegrate. 不同于符号方法, 它用被积函数的数值表工作. 考虑以两个非正常积分为例 (参见第 673 页 8.2.3).

■**A** : *In[1]* := NIntegrate[Exp[−x^2], {x, −Infinity, Infinity}] *Out[1]* = 1.77245.

■**B** : *In[2]* := NIntegrate[1/x^2, {x, −1, 1}]

Power::infy: Infinite expression $\frac{1}{0}$ encountered.

NIntegrate::inum: Integrand ComplexInfinity is not numerical at$\{x\} = \{0\}$.

在例 B 中, Mathematica 认知在 $x = 0$ 处不连续并给出警告. Mathematica 使用问题区域内大量点的数值表, 并认知极点. 然而, 答案可能仍然是错的.

Mathematica 使用某些预定的选项进行数值积分, 而在某些特殊情况下是不充分的. 可以用参数 MinRecursion 和 MaxRecursion 确定 Mathematica 在问题区域工作的最小和最大递归步数. 默认选项为 0 和 6. 若此值增加, 则即使 Mathematica 运行变慢, 但结果更好.

■ *In[3]* :=NIntegrate[Exp[−$x\wedge 2$], {x, −1000, 1000}], 因为积分区域太大, Mathematica 找不到 $x = 0$ 的峰值, 答案是

NIntegrate::ploss:

数值积分因失去精度停止. 无法达到要求的精度或准确度的目标; 怀疑有如下情况: 高振荡的被积函数或积分的真值为 0.

$$Out[3] = 1.34946 \cdot 10^{-26}$$

若要求为

$$In[4] := \texttt{NIntegrate}[\texttt{Exp}[-x\hat{\ }2], \{x, -1000, 1000\},$$
$$\texttt{MinRecursion}{-}{>}\ 3, \texttt{MaxRecursion}{-}{>}\ 10]$$

则结果是

$$Out[4] = 1.77245$$

类似地, 可用命令

$$\texttt{NIntegrate}[fun, \{x, x_a, x_1, x_2, \cdots, x_e\}] \tag{19.292}$$

得到接近于积分真实值的结果. 给出积分上下限间的奇点 x_i, 可使 Mathematica 求值更准确.

5. 微分方程的数值解

Mathematica 介绍了用 InterpolatingFunction 数值求解常微分方程和方程组的结果, 可得到解在给定区间任意点的数值及解函数的简略图形表示. 最常用的命令见表 19.7.

表 19.7 微分方程数值解命令

$\texttt{NDSolve}[dgl, y, \{x, x_a, x_e\}]$	在 x_a 和 x_e 之间的区域计算微分方程数值解
$\texttt{InterpolatingFunction}[liste][x]$	给出点 x 处的解
$\texttt{Plot}[\texttt{Evaluate}[y[x]/.\ l\ddot{o}s]], \{x, x_a, x_e\}]$	解的图形表示

■ 求解描述重物在有摩擦的介质中运动的微分方程. 二维运动方程为

$$\ddot{x} = -\gamma\sqrt{\dot{x}^2 + \dot{y}^2} \cdot \dot{x}, \qquad \ddot{y} = -g - \gamma\sqrt{\dot{x}^2 + \dot{y}^2} \cdot \dot{y}.$$

设摩擦正比于速度. $g = 10, \gamma = 0.1$, 初值为 $x(0) = 0, y(0) = 10, \dot{x}(0) = 100, \dot{y}(0) = 200$, 则下面的命令可用来求解运动方程:

$$In[1] := dg = \texttt{NDSolve}[\{x''[t] == -0.1\texttt{Sqrt}[x'[t]\hat{\ }2 + y'[t]\hat{\ }2]\ x'[t], y''[t] == -10$$
$$-\ 0.1\texttt{Sqrt}[x'[t]\hat{\ }2 + y'[t]\hat{\ }2]\ y'[t], x[0] == y[0] == 0, x'[0] == 100, y'[0] == 200\},$$
$$\{x, y\}, \{t, 15\}]$$

Mathematica 通过插值函数给出答案:

$$Out[1] = \{\{x{-}{>}\ \texttt{InterpolatingFunction}[\{0., 15.\}, <>],$$
$$y{-}{>}\ \texttt{InterpolatingFunction}[\{0., 15.\}, <>]\}\}$$

则解

$In[2]$:= ParametricPlot$[\{x[t], y[t]\}/.dg, \{t, 0, 2\}$, PlotRange-> All$]$

表示为参数曲线 (图 19.22(a)).

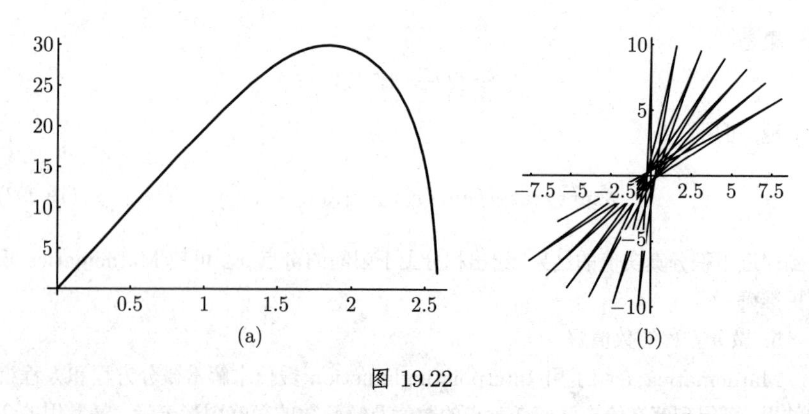

图 19.22

NDSolve 接受影响结果精度的多种选择.

计算的精度可由命令 AccuracyGoal 给出. 类似运行命令 PrecisionGoal. 计算过程中 Mathematica 根据所谓的 WorkingPrecision 运行, 在要求更高精度的计算中应增加五个单位.

Mathematica 在所考虑区域内的工作步数规定为 500. Mathematica 一般在问题区域的邻域增加节点数, 在奇点邻域可能耗尽步数极限. 在这种情况下, 可用 MaxSteps 增加步数, 也可对 MaxSteps 用命令 Infinity.

■ 傅科摆 (Foucault) 方程为

$$\ddot{x}(t) + \omega^2 x(t) = 2\Omega \dot{y}(t), \quad \ddot{y}(t) + \omega^2 y(t) = -2\Omega \dot{x}(t),$$

其中 $\omega = 1, \Omega = 0.025$, 初值条件为 $x(0) = 0, y(0) = 10, \dot{x}(0) = \dot{y}(0) = 0$, 其解为

$In[3]$:= $dg3$ = NDSolve$[\{x''[t] == -x[t] + 0.05y'[t], y''[t] == -y[t] - 0.05x'[t],$
$x[0] == 0, y[0] == 10, x'[0] == y'[0] == 0\}, \{x, y\}, \{t, 0, 40\}]$

$Out[3]$ = $\{\{x->$ InterpolatingFunction$[\{0., 40.\}, <>]$,
$y->$ InterpolatingFunction$[\{0., 40.\}, <>]\}\}$

加上

$In[4]$:= ParametricPlot$[\{x[t], y[t]\}/.dg3, \{t, 0, 40\}$, AspectRatio-> 1$]$

得图 19.22(b).

19.8.4.3 Maple

计算机代数系统 Maple 能用内置逼近法求解许多数值数学问题. 计算要求的节点数, 可由规定整体变量 Digits 的任意值 n 确定. 但应记住选取比规定值大的 n 会导致计算速度降低.

1. 表达式和函数的数值计算

在启动 Maple 后, 显示符号 "Prompt", 这表示准备输入. 输入和输出通常连在一行中表示, 由箭头算子 "→" 分开.

(1) **算子 evalf** 能作为实数求值的包含内置和用户定义函数的表达式的数值, 可用命令

$$\texttt{evalf}(expr, n) \tag{19.293}$$

计算. $expr$ 为其值待定的表达式, 参数 n 可选, 估计达到 n 位精度. 默认的精度由全局变量 Digits 确定.

■ 求函数 $y = f(x) = \sqrt{x} + \ln x$ 的数值表. 首先由箭头算子定义函数:

$$> f := z \text{ -> } \texttt{sqrt}(z) + \ln(z); \longrightarrow f := z \text{ -> } \sqrt{x} + \ln x$$

则用命令 evalf $(f(x))$ 可得到要求的函数值; 其中 x 应以数值代替.

在 1 和 4 之间步长为 0.2 的函数值表可用命令

$$> \texttt{for } x \texttt{ from } 1 \texttt{ by } 0.2 \texttt{ to } 4 \texttt{ do print}(f[x] = \texttt{evalf}(f(x), 12)) \texttt{ od}$$

得到. 这里要求用 12 位字节计算.

Maple 以形如 $f_{[3.2]} = 2095200519181$ 的元素的一栏表格形式给出结果.

(2) **算子 evalhf (exp r)** 除了算子 evalf 外还有算子 evalhf. 其用法类似于 evalf. 其变量也是实值表达式. 使用计算机上可行的硬件浮点双精度计算, 求符号表达式的数值. 回到 Maple 浮点值. 在大多数情况下使用 evalhf 加速计算, 但同时使用 evalf 和 Digits 会损失定义的精度. 例如, 在 1303 页 19.8.2 的问题中, 可能产生相当大的误差.

2. 方程的数值解

大多数情况下使用 Maple 可以数值求解方程或方程组. 其命令是 fsolve. 其句法为

$$\texttt{fsolve}(eqn, var, option) \tag{19.294}$$

该命令确定实数解. 若 eqn 是多项式形式, 则结果都是实根. 若 eqn 不是多项式形式, 则很可能 fsolve 仅返回一个解. 可用的选项在表 19.8 中给出.

表 19.8 命令fsolve的选择

complex	确定一个复根 (或多项式的所有根)
maxsols $= n$	确定至少 n 个根 (仅对多项式方程)
fulldigits	保证不减少计算中用到的位数
intervall	在给定区间内求根

■ **A:** 确定多项式方程 $x^6+3x^3-5=0$ 的所有解. 由

$$> \ eq := x\hat{}6+3*x\hat{}2-5=0$$

得

$$> \ \texttt{fsolve}(eq,x); \longrightarrow -1.074323739,\ 1.074323739$$

Maple 仅得到两个实根. 选择 complex, 也得到复根:

$> \texttt{fsolve}(eq,x,\texttt{complex});$

$-1.074323739, -0.8672620244-1.152922012\mathrm{I}, -0.8672620244+1.152922012\mathrm{I},$

$0.8672620244-1.152922012\mathrm{I}, 0.8672620244+1.152922012\mathrm{I}, 1.074323739$

■ **B:** 确定超越方程 $\mathrm{e}^{-x^3}-4x^2=0$ 的两个解. 定义方程

$$> \ eq := \texttt{exp}(-x\hat{}3)-4*x\hat{}2=0$$

正根的结果为

$$> \ \texttt{fsolve}(eq,x); \longrightarrow 0.4740623572$$

由

$$> \ \texttt{fsolve}(eq,x,x=-2..0); \longrightarrow -0.5412548544$$

Maple 也确定第二个 (负) 根.

3. 数值积分

通常只可能用数值方法计算定积分的值. 当被积函数太复杂, 或原函数不能表示成基本函数时, 正是这种情况. 在 Maple 中确定定积分的命令为 evalf:

$$\texttt{evalf}(\texttt{int}(f(x),x=a..b),n) \tag{19.295}$$

Maple 通过使用逼近公式计算定积分.

■ 计算定积分 $\int_{-2}^{2}\mathrm{e}^{-x^3}\mathrm{d}x$. 因为原函数未知, 对于积分命令, 得到如下答案:

$$> \texttt{int}(\texttt{exp}(-x\hat{\ }3), x = -2..2); \longrightarrow \int_{-2}^{2} \mathrm{e}^{-x^3}\, \mathrm{d}x$$

若

$$> \texttt{evalf}(\texttt{int}(\texttt{exp}(-x\hat{\ }3), x = -2..2), 15)$$

则答案为: 277.745841695583.

Maple 使用内置逼近法计算有 15 位数字的数值积分.

在某些情况下, 尤其若积分区间太大, 该方法失效. 此时可试用库的另一个逼近程序

$$\texttt{readlib}('\texttt{evalf/int}'):$$

该程序使用自适应牛顿法.

■ 输入

$$> \texttt{evalf}(\texttt{int}(\texttt{exp}(-x\hat{\ }2), x = -1000..1000));$$

得到误差信息. 由

$$> \texttt{readlib}('\texttt{evalf/int}'):$$

$$> '\texttt{evalf/int}'(\texttt{exp}(-x\hat{\ }2), x = -1000..1000, 10, \texttt{\_NCrule});$$

$$1.772453851$$

得到正确的结果. 第三个参量规定精度, 最后一个规定逼近法的内部记号.

4. 微分方程的数值解

常微分方程可用 Maple 运算 dsolve 求解. 然而在大多数情况下, 不可能确定封闭形式的解. 在这些情况下必须给定相应的初值条件, 可以数值求解.

为了做到这一点, 使用如下形式的命令 dsolve:

$$\texttt{dsolve}(deqn, var, \texttt{numeric}), \tag{19.296}$$

其中选项 numeric 作为第三参量. 这里参量 deqn 包含实际的微分方程和初值条件. 运算结果是一个程序, 若记为 f, 则使用命令 $f(t)$, 得到独立变量在 t 处的解函数值.

Maple 应用龙格-库塔法得到该结果 (参见第 1260 页 19.4.1.2). 相对误差和绝对误差的默认精度为 $10^{-\text{Digits}+3}$. 用户可通过整体符号_RELERR 和_ABSERR 修改这些默认容许误差. 若在计算中有某些问题, 则 Maple 给出不同的错误信息.

■ 在解 19.4.1.2 龙格-库塔法一节中给出的问题时, Maple 给出:

$$> r := \texttt{dsolve}(\{\texttt{diff}(y(x), x) = (1/4) * (x\hat{\ }2 + y(x)\hat{\ }2), y(0) = 0\}, y(x), \texttt{numeric});$$

$$r := \texttt{proc}'\texttt{dsolve/numeric/result2}'(x, 1592392, [1])\ \texttt{end}$$

其中

$$> \mathtt{r}(0.5); \longrightarrow \{x(.5) = 0.5000000000, y(x)(.5) = 0.01041860472\}$$

我们能确定解, 例如在 $x = 0.5$ 处的值.

(余德浩 李 金 译)

第 20 章 计算机代数系统 —— 以 Mathematica 为例

20.1 引 言

20.1.1 对计算机代数系统的简要描述

20.1.1.1 计算机代数系统的一般用途

计算机的发展使得引入计算机代数系统来 “做数学” 成为可能. 它们是些能够形式地进行数学运算的软件系统. 这些系统, 如 Macsyma, Reduce, Derive, Maple, Mathematica, Matlab, Sage 也能够在小型计算机 (PC) 上使用, 借助它们, 我们能变换复杂的表达式, 计算导数和积分, 解方程组, 用图形表示一元函数和多元函数, 等等. 它们可以处理数学表达式, 即如果能以封闭形式来处理, 它们能够按照数学规则变换和简化数学表达式. 它们也能提供范围广泛的具有所要求精度的数值解, 并且能用图形表示两个数据集之间的函数依赖关系.

大部分计算机代数系统能够输入和输出数据. 除了在系统每次启动时被激活的基本定义和指令外, 大多数系统还提供各种各样来自专门数学领域的指令库和程序包, 它们可以按要求加载和激活 (见 [20.15], [20.16]). 计算机代数系统允许用户建立他们自己的程序包 [20.7]—[20.14].

然而, 计算机代数系统的潜在价值不应被高估. 它们虽然使我们摆脱了乏味且耗时的机械计算与变换的烦恼, 但却不能代替我们思考.

对于经常出现的错误, 见第 1303 页, 19.8.2.

20.1.1.2 限于 Mathematica

这些系统仍处于不断的开发中. 因此, 每一具体的表述仅反映一种暂时的状态. 这里, 我们将介绍这些系统的基本概念以及对于最重要的数学领域的应用. 它们将帮助我们初步掌握计算机代数系统. 特别地, 我们将讨论 Mathematica (包括与第 10 版兼容的各版本). 该系统似乎在用户中非常流行, 而其他系统的基本结构是类似的.

在本书中, 我们不讨论如何将计算机代数系统安装在计算机上. 我们假定已经启动了计算机代数系统, 并且它已准备好通过命令行进行通信或处于类似 Windows

的图形环境中.

对于 Mathematica 来说, 输入和输出总是按行并以区别于其他文本部分的形式来表示 (参见第 1318 页 19.8.4.2, 1.), 例如

$$\textit{In[1]} := \texttt{Solve}[3\ \ x - 5 == 0, x] \tag{20.1}$$

系统专门符号 (命令, 类型符号, 等等) 将用打字机字体表示.

为了节省空间, 在本书中我们常把输入和输出写在同一行中, 并用符号 → 将它们分开.

20.1.1.3　两个基本应用领域的实例介绍

1. 公式操作

这里公式操作是指在最广泛意义上所说的变换数学表达式, 例如, 简化或变换成某种有用的形式, 用代数表达式表示方程或方程组的解, 将函数微分或确定不定积分, 解微分方程, 构造无穷级数, 等等.

■ 求解下列二次方程:

$$x^2 + ax + b = 0, \quad \text{其中 } a, b \in \mathbb{R}. \tag{20.2a}$$

在 Mathematica 中, 键入:

$$\texttt{Solve}[x^2 + a\ \ x + b == 0, x] \tag{20.2b}$$

在按下相应的输入 (ENTER 或 SHIFT+ENTER, 取决于操作系统) 键后, Mathematica 将这一行替换成

$$\textit{In[1]} := \texttt{Solve}[x^2 + a\ \ x + b == 0, x] \tag{20.2c}$$

并启动求值过程. 不一会儿, 答案就显示在新的一行中

$$\textit{Out[1]} = \left\{\left\{x\text{->}\ \frac{1}{2}(-a - \sqrt{a^2 - 4b})\right\}, \left\{x\text{->}\ \frac{1}{2}(-a + \sqrt{a^2 - 4b})\right\}\right\} \tag{20.2d}$$

Mathematica 已经求解完这个方程并将两个解表示成由两个子列表组成的列表形式.

2. 数值计算

计算机代数系统提供了许多程序来处理数学中的数值问题. 这些问题包括代数方程、线性方程组和超越方程的求解、定积分计算、微分方程的数值解和插值问题, 等等.

■ 问题: 解方程

$$x^6 - 2x^5 - 30x^4 + 36x^3 + 190x^2 - 36x - 150 = 0. \tag{20.3a}$$

尽管这个六次方程不能用公式来求解，但它有 6 个实根，并且可以从数值上确定它们.

在 Mathematica 中的输入是

$$\mathit{In[1]} := \texttt{NSolve}[x^6 - 2x^5 - 30x^4 + 36x^3 + 190x^2 - 36x - 150 == 0, x] \quad (20.3b)$$

它产生的解答是

$$\mathit{Out[1]} = \{\{x\text{->} -4.42228\}, \{x\text{->} -2.14285\}, \{x\text{->} -0.937347\}, \{x\text{->} 0.972291\}, \{x\text{->} 3.35802\}, \{x\text{->} 5.17217\}\} \quad (20.3c)$$

这是具有一定精度的 6 个解的列表，我们将在后面讨论精度问题.

20.2 Mathematica 的重要结构要素

Mathematica 是由沃尔夫勒姆 (Wolfram) 研究公司开发的一种计算机代数系统. 关于 Mathematica 的详细描述可以在 [20.11]—[20.16] 中找到. 对于目前的版本 10，参见在线帮助中的虚拟书.

20.2.1 Mathematica 的基本结构要素

在 Mathematica 中，基本结构要素被称为*表达式*. 它们的句法是 (再强调一下，目前的对象是由它们相应的符号和名称给定的):

$$\texttt{obj}_0[\texttt{obj}_1, \texttt{obj}_2, \cdots, \texttt{obj}_n] \quad (20.4)$$

$\texttt{obj}_0$ 称为表达式的头; 对它指派了数 0. $\texttt{obj}_i$ $(i = 1, \cdots, n)$ 称为表达式的*元素*或*自变量*，可以用它们的数 $1, \cdots, n$ 指称它们. 在许多情形中表达式的头是一个算子或函数，元素则是头作用于其上的运算对象或变元.

并且，头作为一个表达式的元素也可以是一个表达式. Mathematica 中的方括号专门用来表示一个表达式，它们只能用于这种关系.

■ 在 Mathematica 中，项 $x\hat{}2 + 2 * x + 1$ 也能以这种中缀形式 (或以更漂亮也更可取的形式 $x^2 + 2x + 1$) 键入，它的完整形式 (`FullForm`)

$$\texttt{Plus}[1, \texttt{Times}[2, x], \texttt{Power}[x, 2]]$$

也是一个表达式. `Plus`, `Power` 和 `Times` 表示相应的算术运算. 这个例子表明，所有单一的数学算子都存在用于在内部表示的前缀形式，而项表示法只是 Mathematica 的一个方便功能.

表达式的部分可以被分离. 这可以用 `Part`$[expr, i]$ 做到，其中 i 是对应元的数. 特别，$i = 0$ 时得到的是该表达式的头.

■ 在 Mathematica 中键入

$$\texttt{In[1]} := x^2 + 2x + 1$$

则当 SHIFT 和 ENTER 键一起按下时, Mathematica 的解答是

$$\texttt{Out[1]} = 1 + 2x + x^2$$

Mathematica 分析了输入后将其复原为数学标准形式. 如果输入以分号结束, 则输出将被禁止.

如果键入

$$\texttt{In[2]} := \texttt{FullForm}[\%]$$

则解答是

$$\texttt{Out[2]} = \texttt{Plus}[1, \texttt{Times}[2, x], \texttt{Power}[x, 2]]$$

方括号中的符号%告诉 Mathematica 这次输入的自变量是上一次的输出. 从这个表达式有可能得到, 比如第三个元素

$$\texttt{In[3]} := \texttt{Part}[\%, 3] \quad \text{为} \quad \texttt{Out[3]} = x^2$$

在该情形中仍然是一个表达式.

Mathematica 中的*符号*是基本对象的表示法; 它们可以是任何一列字母和数字, 但一定不能以数字开始. 也允许使用专门记号$. 字母区分大写和小写. 留作专用的符号要么以大写字母开始, 要么以记号$开始. 而在复合词中, 如果第二个词具有单独意义, 那么它也以大写字母开始. 建议用户创建他们自己的符号时以小写字母开始.

20.2.2 Mathematica 中数的类型

20.2.2.1 数的基本类型

Mathematica 认识表 20.1 中所表示的四种数的类型.

表 20.1　Mathematica 中数的类型

数的类型	头	特征	输入
整数	`Integer`	精确整数, 任意长	*nnnnn*
有理数	`Rational`	形式为`Integer/Integer`的互素的分数	*pppp/qqqq*
实数	`Real`	浮点数, 任意给定精度	*nnnn.mmmm*
复数	`Complex`	形式为 *number* + *number*∗I 的复数	

实数, 即浮点数可以任意地长. 如果一个整数 *nnn* 写作 *nnn*. 的形式, 则 Mathematica 将其看成一个浮点数, 即 `Real` 类型的数.

一个数 x 的类型, 可以用命令 Head[x] 确定. 因此, *In[1]* :=Head[51] 的结果是 *Out[1]* = Integer, 而 *In[2]* :=Head[51.] 的结果是 *Out[2]* = Real. 一个复数的实部和虚部可以属于任何数的类型. Mathematica 将一个数如 5.731 + 0 I 看成 Real 类型, 而 5.731 + 0. I 是 Complex 类型, 因为 0. 被看成接近于 0 的一个浮点.

存在着一些进一步的运算, 它们给出有关数的信息. 因此,

$$In[3] := \text{NumberQ}[51], \text{ 结果是 } Out[3] = \text{True} \tag{20.5a}$$

否则, 如果 x 表面上不是一个数, 例如 $x = \pi$, 则输出是 *Out[3]* = False. 然而, NumericQ[π]得出 True. 这里, True 和 False 是表示布尔常数的符号. IntegerQ[x] 检验 x 是否是一个整数, 因此

$$In[4] := \text{IntegerQ}[2.] \longrightarrow Out[4] = \text{False}$$

对于具有头 EvenQ, OddQ 和PrimeQ 的数可以进行类似的检验. 它们的意义是显然的. 因此, 我们有

$$In[5] := \text{PrimeQ}[1075643] \longrightarrow Out[5] = \text{True} \tag{20.5b}$$

而

$$In[6] := \text{PrimeQ}[1075641] \longrightarrow Out[6] = \text{False} \tag{20.5c}$$

上述检验属于一组检验算子, 称为谓词或判据, 它们都以 Q 作为结尾并且总是在逻辑检验 (包括类型检查) 的意义上回答 True 或 False.

20.2.2.2 特殊的数

在 Mathematica 中, 常常需要一些特殊的数, 它们能以任意精度被调入. 这些数包括以符号 Pi 表示的 π, 以符号 E 表示的 e, 以常数 Degree 表示的从角度到弧度的变换因子 $\dfrac{\pi}{180°}$, 表示符号 ∞ 的 Infinity和虚单位 I.

20.2.2.3 数的表示与转换

数可以用不同形式表示, 它们可以相互转换. 因此, 每个实数 x 可以表示成一个具有 n 位精确度的浮点数 N[x, n].

$$IN[1] := \text{N}[E,\ 20] \quad \longrightarrow \quad Out[1] = 2.7182818284590452354 \tag{20.6a}$$

使用 Rationalize[x, dx], 具有精度为 dx 的数 x 可以转换成一个有理数, 即转换成两个整数作成的分数.

$$In[2] := \text{Rationalize}[E,\ 10\hat{}-5] \longrightarrow Out[2] = \frac{1071}{394} \tag{20.6b}$$

Mathematica 用一个具有 0 准确度的有理数, 给出了数 x 可能的最佳逼近.

不同数制的数可以相互转换. 使用 BaseForm[x, b], 以十进制给出的数 x 被转换成相应的具有数基 $b \leqslant 36$ 的数制中的数. 如果 $b > 10$, 则字母表中依次出现的字母 $a, b, c, \cdots$ 就被进一步用于具有大于十含义的数位.

■ **A**:　　*In[1]* := BaseForm[255, 16]　$\longrightarrow$ *Out[1]* = ff_{16}　　(20.7a)

In[2] := BaseForm[N[E, 10], 8]　$\longrightarrow$　*Out[2]* = 2.557605213_8　　(20.7b)

反向的变换可以用 b^^$mmmm$ 来执行.

■ **B**:　　*In[1]* := 8^^ 735 $\longrightarrow$ *Out[1]* = 477　　(20.7c)

数可以用任意精度 (这里默认的是硬件精度) 来表示, 对于大数则使用所谓的科学形式, 即形如 $n.mmmm$10^ $\pm qq$ 的形式.

20.2.3　重要算子

几个基本算子, 可以像数学中的经典形式那样写成中置形式 $< symb_1\, op\, symb_2 >$. 然而, 无论哪种情形, 这一简化记法的完整形式都是表达式 $op[symb_1, symb_2]$. 表 20.2 汇集了最常出现的算子及其完整形式. 其中大部分符号是显然的. 对于形如 $a\ b$ 的乘法, 两个因子之间的空隙非常重要.

表 20.2　Mathematica 中的重要算子

$a + b$	Plus[a, b]	$u == v$	Equal[u, v]
$a\ b$ 或 $a * b$	Times[a, b]	$w! = v$	Unequal[w, v]
a^b 或 a^b	Power[a, b]	$r > t$	Greater[r, t]
a/b	Times[a, Power[b, -1]]	$r \geqslant t$	GreaterEqual[r, t]
u-> v	Rule[u, v]	$s < t$	Less[s, t]
$r = s$	Set[r, s]	$s \leqslant t$	LessEqual[s, t]

下面解释具有头 Rule 和 Set 的表达式. Set 指派值给右手边的表达式 s, 例如一个数, 给左手边的表达式 r 指派, 例如一个变元. 由此开始, r 表示这个值, 直到该指派改变为止. 这一改变, 要么由一个新指派做出, 要么由 x =. 或 Clear[x] 做出, 即去除到目前为止的所有指派. 结构 Rule应被看成一种变换规则. 它与替换算子/. 一同出现.

Replace[t, u− > v] 或 t/. u− > v 意思是指表达式 t 中 u 的每个出现将被替换为表达式 v.

■ *In[1]* := $x + y^2$ /. y-> $a + b \longrightarrow$ *Out[1]* = $(a+b)^2 + x$

对于这两个算子来说, 典型的情况是在进行指派或运用变换规则后右手边即刻求出值来. 因此, 在后面每次调用时左手边将被这个算出值的右手边取代.

在此, 还要提到具有延迟赋值的两个算子.

$$u := v \text{ 的 } \texttt{FullForm} \text{ 是 } \texttt{SetDelayed}[u, v] \tag{20.8a}$$

$$u :-> v \text{ 的 } \texttt{FullForm} \text{ 是 } \texttt{RuleDelayed}\ [u, v] \tag{20.8b}$$

指派或变换规则在此也有效, 直到它被改变. 尽管左手边总是被右手边取代, 但是只是当调用左手边的那一刻右手边才第一次算出值来.

如果 u 和 v 是恒等的, 表达式 $u == v$ 或 Equal $[u, v]$ 回复 True. Equal 用于如处理方程中.

20.2.4 列表

20.2.4.1 概念

在 Mathematica 中列表是处理整组量的重要工具, 后者在高维代数和分析中是重要的.

一个列表是由几个对象汇集成的一个新对象. 在列表中, 每个对象仅由其在列表中的位置来区分. 如果元素可以简单地枚举出来, 则列表的构造由下面两个命令中任何一个来确定.

$$\texttt{List}[a1, a2, a3, \cdots] \text{ 或 } \{a1, a2, a3, \cdots\} \tag{20.9}$$

下面用一个特定的列表, 记作 $l1$, 来解释列表的机制:

$$\textit{In[1]} := l1 = \texttt{List}[a1,\ a2,\ a3,\ a4,\ a5,\ a6] \longrightarrow \textit{Out[1]} = \{a1,\ a2,\ a3,\ a4,\ a5,\ a6\} \tag{20.10}$$

Mathematica 应用于列表输出的是一种短形式: 它被置于花括号中.

表 20.3 表示的是从一个表中选取一个或多个元素的命令, 其输出是一个 “子列表”.

表 20.3 选取列表元素的命令

First[l], Last[l]	选取第一个/最后一个元素
Most[l], Rest[l]	选取除最后一个/第一个元素以外的元素
Part[l, n] 或 l[[n]]	选取第 n 个元素
Part[l, {$n1$, $n2$, $\cdots$}]	给出具有给定数目的元素的一个列表
l[[{$n1$, $n2$, $\cdots$}]]	等价于前面的运算
Take[l, m]	给出 l 的前 m 个元素构成的列表
Take[l, {m, n}]	给出从第 m 个元素到第 n 个元素构成的列表
Drop[l, n]	给出没有前 n 个元素的列表
Drop[l, {m, n}]	给出没有从第 m 个元素到第 n 个元素的列表

■ 对于 (20.9) 中的列表 $l1$, 我们有, 例如

$$\mathit{In[2]} := \texttt{First}[l1] \longrightarrow \mathit{Out[2]} = a1$$

$$\mathit{In[3]} := l1[[3]] \longrightarrow \mathit{Out[3]} = a3$$

$$\mathit{In[4]} := l1[[\{2,\ 4,\ 6\}]] \longrightarrow \mathit{Out[4]} = \{a2,\ a4,\ a6\}$$

$$\mathit{In[5]} := \texttt{Take}[l1,\ 2] \longrightarrow \mathit{Out[5]} = \{a1,\ a2\}$$

20.2.4.2 嵌套列表

列表中的元素也可以是列表, 因此, 可以得到嵌套列表. 例如, 对于前面的列表 $l1$ 的元素 (20.10), 键入

$$\mathit{In[1]} := a1 = \{b11,\ b12,\ b13,\ b14,\ b15\}$$

$$\mathit{In[2]} := a2 = \{b21,\ b22,\ b23,\ b24,\ b25\}$$

$$\mathit{In[3]} := a3 = \{b31,\ b32,\ b33,\ b34,\ b35\}$$

类似地, 对于 $a4$, $a5$ 和 $a6$ 做同样的事情, 则由 (20.10) 而得到一个嵌套列表 (一个列阵), 在此没有明确地将其显示出来. 我们可以用命令 Part $[l,i,\ j]$ 指第 i 个子列表的第 j 个元素. 表达式 $l[[i,j]]$ 有相同的结果. 例如, 在本页上面的例子中,

$$\text{由 } \mathit{In[4]} := l1[[3,\ 4]] \text{ 得到 } \mathit{Out[4]} = b34$$

此外, Part$[l,\ \{i1,\ i2,\ \cdots\},\ \{j1,\ j2,\ \cdots\}]$ 或 $l[[\{i1,\ i2,\ \cdots\},\ \{j1,\ j2,\ \cdots\}]]$ 的结果是从标号为 $i1,\ i2,\ \cdots$ 的列表得到标号为 $j1,\ j2,\ \cdots$ 的元素组成的一个列表.

■ 对于 20.2.4.1 中的例子,

$$\mathit{In[1]} := l1[[\{3,\ 5\},\ \{2,\ 3,\ 4\}]] \longrightarrow \mathit{Out[1]} = \{\{b32,\ b33,\ b34\},\ \{b52,\ b53,\ b54\}\}$$

从这些例子看, 嵌套列表的概念是显然的. 容易造出三维或高维的列表, 并且容易指出相应的元素.

20.2.4.3 列表的运算

Mathematica 还提供了另外几个运算, 借此可以对列表进行检验、扩展或缩短 (表 20.4).

■ 应用 Delete, 可以删除 $a6$ 而将原来的列表 $l1$ (20.10) 缩短:

$$\mathit{In[1]} := l2 = \texttt{Delete}[l1,\ 6] \longrightarrow \mathit{Out[1]} = \{a1,\ a2,\ a3,\ a4,\ a5\}$$

在输出中 ai 显示为它们的值 —— 它们本身是列表.

表 20.4 列表的运算

Position[l, a]	给出 a 在该列表中出现的位置的一个列表
MemberQ[l, a]	检验 a 是否是该列表的一个元素
Select[l, $crit$]	挑出该列表中满足特定条件的所有元素
Cases[l, $pattern$]	给出匹配该模式的元素的一个列表
FreeQ[l, a]	检验 a 是否不出现在该列表中
Prepend[l, a]	将 a 添加到前面改变该列表
Append[l, a]	将 a 添加到末尾改变该列表
Insert[l, a, i]	在该列表的第 i 个位置插入 a
Delete[l, {i, j, $\cdots$}]	从该列表删除位置 $i, j, \cdots$ 处的元素
ReplacePart[l, a, i]	将位置 i 处的元素替换为 a

20.2.4.4 表格

在 Mathematica 中, 有好几种运算用于创建列表. 其中之一是表 20.5 中显示的命令 Table, 它常出现在涉及数学函数的时候.

表 20.5 Table运算

Table[f, {$imax$}]	创建 f 具有 $imax$ 值: $f(1), f(2), \cdots, f(imax)$ 的一个列表
Table[f, {i, $imin$, $imax$}]	创建 f 具有从 $imin$ 到 $imax$ 的值的一个列表
Table[f, {i, $imin$, $imax$, di}]	和上面一个相同, 但增量为 di

■ 就 $n = 7$ 创建二项式系数的一个列表:

```
In[1] := Table[Binomial[7, i], {i, 0, 7}]
    ⟶ Out[1] = {1, 7, 21, 35, 35, 21, 7, 1}
```

使用 Table, 也可以创建高维列阵. 表达式

```
Table[f, {i, i1, i2}, {j, j1, j2}, ···]
```

将产生一个高维、多重嵌套表, 即键入

```
In[2] := Table[Binomial[i, j], {i, 1, 7}, {j, 0, i}]
```

将得到直至 7 次的二项式系数:

```
Out[2] ={{1, 1}, {1, 2, 1}, {1, 3, 3, 1}, {1, 4, 6, 4, 1},
         {1, 5, 10, 10, 5, 1}, {1, 6, 15, 20, 15, 6, 1},
         {1, 7, 21, 35, 35, 21, 7, 1}}
```

运算 Range 将产生连续数或等间距数的一个列表:

$$\texttt{Range}[n]\text{产生列表}\{1, 2, \cdots, n\}$$

类似地, Range[$n1$, $n2$] 和Range[$n1$, $n2$, dn] 产生从 $n1$ 到 $n2$ 具有步长分别是 1 或 dn 的数 (算术序列) 的列表. 命令 Array 使用函数 (相对于 Table 使用的函数值) 创建列表. Array[Exp, 5] 产生$\{\mathrm{e}, \mathrm{e}^2, \mathrm{e}^3, \mathrm{e}^4, \mathrm{e}^5\}$.

20.2.5　作为列表的向量和矩阵

20.2.5.1　创建适当的列表

有几个特殊的 (列表) 命令可用来定义向量和矩阵. 形如

$$v = \{v1, v2, \cdots, vn\} \tag{20.11}$$

的一个一维列表总可以看成 n 维空间中具有分量 $v1$, $v2$, $\cdots$, vn 的一个向量. 特殊运算 Array[v, n] 产生列表 (向量) $\{v[1], v[2], \cdots, v[n]\}$. 用这种形式定义的向量可以进行符号向量运算.

二维列表 $l1$ (参见第 1334 页 20.2.4.2) 和 $l2$ (参见第 1334 页 20.2.4.3) 可以看成具有 i 行和 j 列的矩阵. 在此情形下 bij 就是该矩阵第 i 行和第 j 列处的元素. $l1$ 定义的是 (6,5) 型长方矩阵, $l2$ 定义的是 (5,5) 型方阵.

运算 Array[b,$\{n, m\}$] 产生一个 (n, m) 型矩阵, 其元素记作 $b[i, j]$. 行数用 i 标记, i 从 1 变到 n; 列数用 j 标记, j 从 1 变到 m. 按这种符号形式可以将 $l1$ 创建成

$$l1 = \texttt{Array}[b, \{6, 5\}] \tag{20.12a}$$

其中

$$b[i, j] = bij \quad (i = 1, \cdots, 6;\ \ j = 1, \cdots, 5) \tag{20.12b}$$

总之, 列表可以通过枚举创建, 也可以通过使用函数 Array, Range, Table 创建. 注意列表不同于数学中的集合.

运算 IdentityMatrix[n] 产生 n 阶单位矩阵.

利用运算 DiagonalMatrix[*list*] 可以产生一个对角矩阵, 其主对角线上的元素即是列表中的元素.

运算 Dimension[*list*] 给出一个矩阵的大小 (行列数), 矩阵的结构由一个列表给定. 最后, 使用命令 MatrixForm[*list*], 人们得到该列表的一个矩阵型表示. 以下是定义矩阵的另一种方式: 设 $f\ (i, j)$ 是整数 i 和 j 的一个函数. 则运算 Table[$f\ [ij]$, $\{i, n\}$, $\{j, m\}$] 定义一个 (n, m) 型矩阵, 其元素是对应的 $f\ (i, j)$.

20.2.5.2 矩阵和向量的运算

Mathematica 允许对矩阵和向量进行形式操作. 可以应用表 20.6 中给出的运算.

表 20.6 矩阵的运算

$c\,a$	用标量 c 乘矩阵 a
$a\,.\,b$	矩阵 a 和 b 的乘积
`Det`[a]	矩阵 a 的行列式
`Inverse`[a]	矩阵 a 的逆
`Transpose`[a]	矩阵 a 的转置
`MatrixExp`[a]	矩阵 a 的指数函数
`MatrixPower`[a, n]	矩阵 a 的 n 次幂
`Eigenvalues`[a]	矩阵 a 的本征值
`Eigenvectors`[a]	矩阵 a 的本征向量

■ **A**: *In[1]* := r = `Array`[a, {4, 4}] ⟶ *Out[1]*

$$= \{\{a[1,\ 1], a[1,\ 2], a[1,\ 3], a[1,\ 4]\},\\ \{a[2,\ 1], a[2,\ 2], a[2,\ 3], a[2,\ 4]\},\\ \{a[3,\ 1], a[3,\ 2], a[3,\ 3], a[3,\ 4]\},\\ \{a[4,\ 1], a[4,\ 2], a[4,\ 3], a[4,\ 4]\}\}$$

In[2] := `Transpose`[r] ⟶ *Out[2]*

$$= \{\{a[1,\ 1], a[2,\ 1], a[3,\ 1], a[4,\ 1]\},\\ \{a[1,\ 2], a[2,\ 2], a[3,\ 2], a[4,\ 2]\},\\ \{a[1,\ 3], a[2,\ 3], a[3,\ 3], a[4,\ 3]\},\\ \{a[1,\ 4], a[2,\ 4], a[3,\ 4], a[4,\ 4]\}\}$$

在此产生的是 r 的转置矩阵 r^{T}.

设用

In[3] := v = `Array`[u, 4] ⟶ *Out[3]* = $\{u[1],\ u[2],\ u[3],\ u[4]\}$

来定义一般的四维向量 v. 于是, 矩阵 r 与向量 v 的乘积仍是一个向量 (见矩阵的计算, 第 365 页 4.1.4).

In[4] := $r\,.\,v$ ⟶ *Out [4]*

$$= \{a[1,\ 1]\ u[1] + a[1,\ 2]\ u[2] + a[1,\ 3]\ u[3] + a[1,\ 4]\ u[4],\\ a[2,\ 1]\ u[1] + a[2,\ 2]\ u[2] + a[2,\ 3]\ u[3] + a[2,\ 4]\ u[4],\\ a[3,\ 1]\ u[1] + a[3,\ 2]\ u[2] + a[3,\ 3]\ u[3] + a[3,\ 4]\ u[4],\\ a[4,\ 1]\ u[1] + a[4,\ 2]\ u[2] + a[4,\ 3]\ u[3] + a[4,\ 4]\ u[4]\}$$

在 Mathematica 中对于行向量和列向量不做区分. 一般来说, 矩阵的乘法不是交换的 (见矩阵的计算, 第 365 页 4.1.4). 表达式 $r.v$ 相应于线性代数中一个矩阵被一个列向量右乘时的乘积, 而 $v.r$ 的意思是被一个行向量左乘.

■ **B**: 在关于克拉默法则那一节 (参见第 416 页 4.5.2.3), 线性方程组 $pt = b$ 是用矩阵

$$\mathit{In[1]} := \texttt{MatrixForm}[p = \{\{2,\ 1,\ 3\},\ \{1,\ -2,\ 1\},\ \{3,\ 2,\ 2\}\}] \longrightarrow \mathit{Out[1]}$$

$$= \begin{pmatrix} 2 & 1 & 3 \\ 1 & -2 & 1 \\ 3 & 2 & 2 \end{pmatrix}$$

和向量

$$\mathit{In[2]} := t = \texttt{Array}[x,\ 3] \longrightarrow \mathit{Out[2]} = \{x[1],\ x[2],\ x[3]\}$$

$$\mathit{In[3]} := b = \{9,\ -2,\ 7\} \longrightarrow \mathit{Out[3]} = \{9,\ -2,\ 7\}$$

来求解的. 由于在此情形有 $\texttt{Det}[p] == 13 \neq 0$, 因此该方程组的解可以写成 $t = p^{-1}b$. 这可以由 $\mathit{In[4]} := \texttt{Inverse}[p].\ b$ 来实现, 而输出的解向量是 $\mathit{Out[4]} = \{-1,\ 2,\ 3\}$.

注意 `a b` 计算的是依分量所做的乘积, 而 `Exp[a]` 给出的是由矩阵 `a` 的元素的指数函数值构成的矩阵.

20.2.6 函数

20.2.6.1 标准函数

我们将 Mathematica 认识的若干标准数学函数列于表 20.7 中.

表 20.7 若干标准函数

指数函数	Exp[x]
对数函数	Log[x], Log[b,x]
三角函数	Sin[x], Cos[x], Tan[x], Cot[x], Sec[x], Csc[x]
反三角函数	ArcSin[x], ArcCos[x], ArcTan[x], ArcCot[x], ArcSec[x], ArcCsc[x]
双曲函数	Sinh[x], Cosh[x], Tanh[x], Coth[x], Sech[x], Csch[x]
反双曲函数	ArcSinh[x], ArcCosh[x], ArcTanh[x], ArcCoth[x], ArcSech[x], ArcCsch[x]

所有这些函数也都可以使用复自变量.

在每种情形下, 我们必须考虑该函数的单值性. 对于实函数 (如果需要的话) 必须选择函数的一支; 对于以复数为自变量的函数应该选择主值 (见第 989 页, 14.5).

20.2.6.2 特殊函数

Mathematica 还认识若干特殊函数, 我们将其中的一些列于表 20.8 中.

表 20.8 特殊函数

贝塞尔函数 $J_n(z)$ 和 $Y_n(z)$	BesselJ[n,z], BesselY[n,z]
变形贝塞尔函数 $I_n(z)$ 和 $K_n(z)$	BesselI[n,z], BesselK[n,z]
勒让德多项式 $P_n(x)$	LegendreP[n,x]
球面调和函数 $Y_l^m(\vartheta,\phi)$	SphericalHarmonicY[l,m,θ,ϕ]

更多的这种函数可以从 Mathematica 相应的专门程序包加载.

20.2.6.3 纯函数

Mathematica 支持使用所谓的纯函数. 一个纯函数是一个无名函数, 一个没有赋予名称的运算. 它们被记作 Function[x, *body*]. 第一个自变量指定形式参数, 第二个自变量是函数主体, 即主体 (body) 是变元 x 的函数的一个表达式.

$$In[1] := \texttt{Function}[x,\ x^3 + x^2] \longrightarrow Out[1] = \texttt{Function}[x,\ x^3 + x^2] \quad (20.13)$$

因此

$$In[2] := \texttt{Function}[x,\ x^3 + x^2][c] \text{ 给出 } \quad Out[2] = c^2 + c^3 \quad (20.14)$$

我们可以使用该命令的简化形式. 它的形式是 *body*&, 其中变元表示为#. 代替前面的两行我们也可以写

$$In[3] := (\#^3\ +\ \#^2)\ \&\ [c] \quad Out[3] = c^2 + c^3 \quad (20.15)$$

也可以定义具有多个变元的纯函数:

Function[{x_1, x_2, $\cdots$}, *body*] 或简化形式 *body*&, 其中主体中的变元用元素#1, #2, $\cdots$ 表示. 用于结束表达式的符号& 非常重要, 因为从这个符号可以看出前面的表达式应该被认作一个纯函数. 要指出的是#& 即恒等函数: 对于任何自变量 x 它指派 x. 类似地, #1& 相应于在第一个坐标轴上的投影.

20.2.7 模式

Mathematica 允许用户定义他们自己的函数并在计算中使用它们. 使用命令

$$In[1] := \texttt{f}[x\_] := \text{Polynomial}[x] \quad (20.16)$$

用户就定义了一个特殊函数, 其中 Polynomial(x) 是变元 x 的一个任意多项式. 在函数f的定义中, 没有单一的 x, 而是带有表示空白符号_的 x_(读作 x 空白). 符号

$x_$的意思是 "具有名称 x 的某个东西". 由此开始, 每当表达式f[*something*] 出现时, Mathematica 就用上面给出的它的定义替换它. 这种类型的定义称为一个*模式*. 符号空白_表示一个模式的基本元素; $y_$代表作为一个模式的 y. 也可以在相应的定义中仅使用一个 "_", 即 y^_ . 这个模式代表 y 的具有任何指数的任意次幂, 因此, 代表具有相同结构的表达式的整个类.

模式的本质在于它定义了一个*结构*. 当 Mathematica 关于某个模式检查一个表达式时, 它是将该表达式元素的结构比作该模式的元素, Mathematica 不检查数学相等性! 这在下面的例子中是重要的: 令 l 是列表

$$\texttt{In[2]} := l = \{1, y, y^a, y^{\sqrt{x}}, \{\mathtt{f}[y^{r/q}], 2^y\}\} \tag{20.17}$$

如果我们写

$$\texttt{In[3]} := l\ /.\ y\hat{}\_ \to yes \tag{20.18}$$

则 Mathematica 返回列表

$$\texttt{Out[3]} = \{1, y, yes, yes, \{\mathtt{f}[yes], 2^y\}\} \tag{20.19}$$

Mathematica 就该列表的元素检查它们与模式 y^_ 的结构一致性, 并在确定相符的每一种情形将相应的元素替换为 yes. 元素 1 和 y 不被替换, 因为它们不具有给定的结构, 尽管有 $y^0 = 1$, $y^1 = y$ 成立.

评论　模式比较总是出现在 FullForm 中. 如果检验

$$\texttt{In[4]} := b/y\ /.\ y\hat{}\_ \to yes, \quad \text{则有} \quad \texttt{Out[4]} = b\ yes \tag{20.20}$$

造成这一结果的原因为 b/y 的 FullForm 是 Times[b, Power[y, -1]], 就结构比较而言Times的第二个自变量等同于该模式的结构.

定义

$$\texttt{In[5]} := \mathtt{f}[x\_] := x^3 \tag{20.21a}$$

相应于给定模式, Mathematica 替换

$$\texttt{In[6]} = \mathtt{f}[r] \quad \text{为} \quad \texttt{Out[6]} = r^3, \quad \text{等等.} \tag{20.21b}$$

$$\text{由 } \texttt{In[7]} := \mathtt{f}[a] + \mathtt{f}[x] \quad \text{得出} \quad \texttt{Out[7]} = a^3 + x^3 \tag{20.21c}$$

然而, 如果

$$\texttt{In[8]} := \mathtt{f}[x] := x^3, \quad \text{则对于相同的输入} \quad \texttt{In[9]} := \mathtt{f}[a] + \mathtt{f}[x] \tag{20.21d}$$

输出将是

$$\texttt{Out[9]} = \mathtt{f}[a] + x^3 \tag{20.21e}$$

在此情形只有 (固定的、唯一的) 输入 x 符合定义.

20.2.8 函数运算

函数对于数和表达式做运算. Mathematica 也可以对函数进行运算, 因为函数的名称是作为表达式来处理的, 所以它们也可以当作表达式来处理.

(1) **反函数、级数反演** 确定一个已知函数 f 的反函数可以通过函数运算 `InverseFunction` 或 `InverseSeries` 来进行.

■ **A**: *In[1]* := InverseFunction[f] [x] ⟶ *Out[1]* = f^{-1} [x]

■ **B**: *In[1]* := InverseFunction[Exp] ⟶ *Out[1]* = Log

■ **C**: *In[1]* := InverseSeries[Series[g[x], {x, 0, 2}]]

$$\mathit{Out[1]} = \frac{x - g[0]}{g'[0]} - \frac{g''[0](x - g[0])^2}{2g'[0]^3} + O[x - g[0]]^3$$

(2) **微分** Mathematica 依据的是函数的微分可以看成函数空间中的一个映射. 在 Mathematica 中, 微分算子是 Derivative[1][f] 或简记为 f′. 如果定义了函数 f, 则其导数可以由 f′得到.

■ *In[1]* := f[x_] := Sin[x] Cos[x] 由

In[2] := f′ 得 *Out[2]* = Cos[#1]^2 − Sin[#1]^2 &

因此 f′ 被表示成一个纯函数, 于是

In[3] := % [x] ⟶ *Out[3]* = Cos[x]^2 − Sin[x]^2

(3) **Nest** 命令 Nest[f, x, n] 的意思是函数 f 作用于 x 后被嵌套进自身 n 次. 结果是 f[f[⋯ f[x]⋯]].

(4) **NestList** 应用 NestList[f, x, n] 将显示列表{x, f[x], f[f[x]], ⋯}, 最终的 f 被嵌套 n 次. FoldList[f, x, *list*] 则是对两个变元的函数做迭代.

(5) **FixedPoint** 对于 FixedPoint[f, x] 而言, 是指重复应用该函数直到结果不再改变.

(6) **FixedPointList** 函数运算 FixedPointList[f, x] 显示的是应用 f 后结果的连续列表, 直到这个值不再改变.

■ 作为这种类型的函数运算的一个例子, 我们将使用 NestList 运算根据牛顿法 (参见第 1234 页 19.1.1.2) 对方程 $f(x) = 0$ 的根作逼近. 在 $3\pi/2$ 的邻域中求方程 $x\cos x = \sin x$ 的一个根:

In[1] := f[x_] := x − Tan[x]

In[2] := f′[x] ⟶ *Out[2]* = 1 − Sec[x]^2

In[3] = g[x_] := x − f[x]/f′[x]

In[4] := NestList[g, 4.6, 4] ⟶ *Out[4]*

$$= \{4.6,\ 4.54573,\ 4.50615,\ 4.49417,\ 4.49341\}$$

$$\mathit{In[5]}\ := \texttt{FixedPoint}[g,\ 4.6] \longrightarrow \mathit{Out[5]} = 4.49341$$

该结果还可以达到更高的精度.

(7) **Apply**　设 f 是一个函数, 它与列表$\{a, b, c, \cdots\}$有关. 则

$$\texttt{Apply}[f,\ \{a,\ b,\ c,\ \cdots\}] \longrightarrow f[a,\ b,\ c,\cdots] \tag{20.22}$$

■ $\mathit{In[1]} := \texttt{Apply}[\texttt{Plus},\ \{u,\ v,\ w\}] \longrightarrow \mathit{Out[1]} = u+\ v+\ w$

$$\mathit{In[2]} := \texttt{Apply}[\texttt{List},\ a+\ b+\ c] \longrightarrow \mathit{Out[2]} = \{a,\ b,\ c\}$$

在此, 我们可以容易地看出 Mathematica 如何处理表达式的表达式之一般流程. 最后运算的完整形式是

$$\mathit{In[3]} := \texttt{FullForm}[\texttt{Apply}[\texttt{List},\ \texttt{Plus}[a,\ b,\ c]]] \longrightarrow \mathit{Out[3]} = \texttt{List}[a,\ b,\ c]$$

显然, 函数运算 `Apply` 以所求的 `List` 来代替所考虑的表达式 `Plus` 的头.

(8) **Map**　对于一个有定义的函数 f, 运算 `Map` 给出

$$\texttt{Map}[f,\ \{a,\ b,\ c,\cdots\}] \longrightarrow \{f[a],\ f[b],\ f[c],\cdots\} \tag{20.23}$$

`Map` 生成一个列表, 其元素是当把 f 应用于原来列表时的值.

■ 设 f 是函数 $f\ (x) = x^2$. 它被定义为

$$\mathit{In[1]} := \texttt{f}[x\_] := x^2 \quad \text{对于这个 } f \text{ 我们得到}$$

$$\mathit{In[2]} := \texttt{Map}[f,\ \{u,\ v,\ w\}] \longrightarrow \mathit{Out[2]} = \{u^2,\ v^2,\ w^2\}$$

`Map` 可以被应用于更一般的表达式:

$$\mathit{In[3]} := \texttt{Map}[f,\ \texttt{Plus}[a,\ b,\ c]] \longrightarrow \mathit{Out[3]} = a^2+\ b^2+\ c^2$$

20.2.9　程序设计

Mathematica 可以处理其他程序设计语言中所熟知的循环结构. 两个基本命令是

$$\texttt{Do}[expr,\ \{i, i1, i2, di\}] \tag{20.24a}$$

和

$$\texttt{While}[test,\ expr] \tag{20.24b}$$

第一个命令给表达式 $expr$ 赋值, 其中 i 以步长 di 从 $i1$ 到 $i2$ 取值. 如果略去 di, 则步长为一. 如果也略去 $i1$, 则它从 1 开始.

第二个命令给表达式赋值, 只要 $test$ 具有值 True.

■ 为了确定 e^2 的一个近似值, 需要使用指数函数的级数展开:

$$
\begin{aligned}
&\texttt{In[1]} := sum = 1.0;\\
&\qquad \texttt{Do}[sum = sum + (2\hat{}\,i/i!), \{i, 1, 10\}];\\
&\qquad sum\\
&\texttt{Out[1]} = 7.38899
\end{aligned}
\tag{20.25}
$$

Do 循环按照事先给定的次数对其自变量赋值, 而 While 循环赋值直到事先给定的条件失效.

除此之外, Mathematica 还提供了定义和使用局部变元的可能性. 这可以通过命令

$$\texttt{Module}[\{t1, t2, \cdots\}, procedure] \tag{20.26}$$

来执行.

包括在列表中的变元或常数在该模块中是局部可用的; 这里指派给它们的值在该模块之外即无效.

■ **A**: 定义一个程序用来计算从 1 到 n 的整数平方根之和:

$$
\begin{aligned}
&\texttt{In[1]} := sumq[n\_] :=\\
&\qquad \texttt{Module}[\{sum = 1.\},\\
&\qquad\qquad \texttt{Do}[sum = sum + N[\texttt{Sqrt[i]}], \{i, 2, n\}];\\
&\qquad\qquad sum];
\end{aligned}
\tag{20.27}
$$

调用 $sumq[30]$ 得到的结果是 112.083.

Mathematica 的程序设计功能的真正力量, 首先在于使用函数方法, 通过运算 Nest, NestWhile, Apply, Map, MapThread, Distribute和另外一些运算使这成为可能.

■ **B**: 对于要求有十位精确数字的情形, 可以用函数方式将例 A 写成

$$sumq[n\_] := \texttt{N[Apply[Plus, Table[Sqrt}[i], \{i, 1, n\}]], 10]$$

$sumq[30]$ 的结果是 112.0828452. $\texttt{Total}[\sqrt{\texttt{N[Range[n], 10]}}]$ 给出相同的结果, 而不使用下标, 不连续递增其值, 也无须变元 sum 及其初始值.

详细情况, 见 [20.16].

20.2.10 关于句法、信息、消息的补充

20.2.10.1 语境、属性

Mathematica 必须处理好些符号; 其中有一些要用于请求进一步加载的程序模块. 为避免模棱两可, Mathematica 中的符号名称包括两部分: 语境和短名称.

短名称在这里是指表达式的头和元素的名称 (参见第 1329 页 20.2). 另外, 为了命名一个符号, Mathematica 需要确定该符号所属的程序部分. 这将由语境给出, 它拥有相应程序部分的名称. 一个符号的完整名称包括语境和短名称, 它们通过 ' 号相连.

当 Mathematica 启动时, 总是有两个语境出现: *System*' 和 *Global*'. 使用命令 `Contexts[ ]` 可以得到有关其他可用的程序模块的信息.

Mathematica 的所有内置函数属于 *System*' 语境, 而由用户定义的函数则属于 *Global*' 语境.

如果一个语境得以实现 (这样, 相应的程序部分被加载), 则这些符号就能被其短名称所指称.

对于由 <<`NamePackage` 输入的另一个 Mathematica 程序模块, 相应的语境将被打开并被引入到先前的列表中. 可能会发生这种情况: 在加载这一模块之前就已经以某个名称引入了一个符号, 在这一新近打开的语境中相同的名称伴随着另一个定义而出现. 在此情形下, Mathematica 将对用户发出一个警告. 接着使用命令 `Remove[Global‘name]` 可以擦去先前定义的名称, 或者对于新近载入的符号可以应用完整的名称.

符号除了按定义具有的性质外, 我们可以对它们指定一些其他的一般性质, 称为属性, 像 `Orderless`, 即无序的或可交换的, `Protected`, 即不能更改的值, 或 `Locked`, 即不能改变的属性, 等等. 使用 `Attributes[`f`]` 可以得到所考虑的对象现有属性的有关信息.

使用 `Protect[somesymbol]` 可以保护一些符号; 那样的话对此符号不能引入任何其他定义. 这一属性可以用命令 `Unprotect`除去.

20.2.10.2 信息

使用下面的命令可以得到关于对象的基本性质的信息.

?*symbol* 关于给定名称为 *symbol* 的对象的信息,

??*symbol* 关于该对象的详细信息,

?B∗ 关于所有名称以 B 打头的 Mathematica 对象的信息.

也可以获得有关特殊算子的信息, 例如, 用? := 得到关于 `SetDelayed`算子的信息. 然而, 最实用的一种做法是将光标置于单元中含有所考虑的对象符号处, 接着按压 F1 键.

20.2.10.3 消息

Mathematica 有一个消息系统, 可以将其激活并出于不同理由来使用它们. 消息是在计算期间产生和显示的. 其呈现具有统一的形式: *symbol*:: *tag*, 提供的是后面指称它们的那种可能性. (这种消息也可以由用户来建立.) 作为说明, 我们考虑下面的例子.

■ **A**: *In[1]* := f[x_] := 1/x; *In[2]* := f[0]

Power: :infy:Infinite expression $\frac{1}{0}$ encountered.

Out[2] = ComplexInfinity

■ **B**: *In[1]* := Log[3, 16, 25]

Log: :argt:Log called with 3 arguments; 1 or 2 arguments are expected.

Out[1] = Log[3, 16, 25]

在例 A 中, Mathematica 警告我们当给一个表达式赋值时得到的值是 ∞. 计算本身可以执行. 在例 B 中, 调用的对数函数包含 3 个自变量, 按定义这是不允许的. 计算无法执行. Mathematica 对于该表达式不能做任何事情. 使用 Off[s :: tag] 用户可以关掉一条消息. 换成 On 该消息将再次出现. Quiet 则将关掉所有的消息.

使用 Messages[*symbol*] 能够重新调用与名称为 *symbol* 的符号有关联的所有消息.

20.3 Mathematica 的重要应用

本节讲述如何利用计算机代数系统处理数学问题. 我们对于所考虑问题的选择和组织, 根据的是它们在实践中出现的频率, 再就是用计算机代数系统求解它们的可能性. 我们将就函数、命令、运算和附加句法给出一些例子. 当我们认为重要时, 也会简要讨论相应的专门程序包.

20.3.1 对于代数表达式的操作

实践中, 通常必须要对出现的代数表达式 (参见第 12 页 1.1.5) 做进一步的运算, 如微分、积分、级数表示、求极限值或数值、变换等. 一般来说, 这些表达式是在整数环 (参见第 483 页 5.3.7) 上或实数域 (参见第 484 页 5.3.7.1,3.) 上来考虑的. 建议感兴趣的读者去看专门文献. 有理数域上的多项式的代数运算特别重要. 为了对代数表达式进行变换, Mathematica 提供了函数和运算, 它们被表示在表 20.9 中. 也见菜单项面板 | 其他 | 代数操作.

20.3.1.1 表达式的乘法

表达式的乘法运算总是可以进行的. 系数也可以是未定义的表达式.

■ *In[1]* := Expand[$(x+y-z)^4$] 给出

Out[1] = $x^4+4x^3y+6x^2y^2+4xy^3+y^4-4x^3z-12x^2yz-12xy^2z-4y^3z$

$$+6x^2z^2+12xyz^2+6y^2z^2-4xz^3-4yz^3+z^4$$

表 20.9　用于操作代数表达式的命令

Expand[p]	用乘法展开一个多项式 p 的幂和积
Expand[p,r]	仅乘开 p 中包含 r 的部分
PowerExpand[a]	也展开积的幂以及幂的幂
Factor[p]	将一个多项式完全因式分解
Collect[p,x]	将多项式按 x 的幂排序
Collect[$p,\{x,y,\cdots\}$]	与前面一个相同, 针对多个变元
ExpandNumerator[r]	仅展开一个有理表达式的分子
ExpandDenominator[r]	仅展开分母
ExpandAll[r]	将分子和分母都完全展开
Together[r]	将表达式中具有同分母的项合并
Apart[r]	将表达式表示成部分分式
Cancel[r]	消去分式中的公因式

类似地,

In[3] := Expand[$(a\,x+b\,y^2)(c\,x^3-d\,y^2)$]

Out[3] $=a\,c\,x^4-a\,d\,x\,y^2+b\,c\,x^3\,y^2-b\,d\,y^4$

20.3.1.2　多项式的因式分解

如有可能 Mathematica 将进行整数环或有理数域上的因式分解. 否则将返回原来的表达式.

■ *In[1]* := $p=x^6+7x^5+12x^4+6x^3-25x^2-30x-25$;

In[2] := Factor[p],　得到

Out[2] $=(5+x)\left(1+x+x^2\right)\left(-5+x^2+x^3\right)$

Mathematica 将该多项式分解成三个因式, 它们在有理数域上是不可约的.

如果一个多项式能够在高斯整数环上被完全分解, 那么这可以通过选择 GaussianIntegers而得到.

■ *In[1]* := Factor[x^2-2x+5] $\longrightarrow$ *Out[1]* $=5-2x+x^2$,

In[2] := FactorGaussianIntegers -> True]

Out[2] $=(-1-2\mathrm{I}+x)(-1+2\mathrm{I}+x)$

20.3.1.3　关于多项式的运算

表 20.10 汇集了能够在有理数域上对多项式进行代数操作的运算.

表 20.10 代数多项式的运算

PolynomialGCD[$p1, p2$]	确定 $p1$ 和 $p2$ 的最大公因式
PolynomialLCM[$p1, p2$]	确定 $p1$ 和 $p2$ 的最小公倍式
PolynomialQuotient[$p1, p2, x$]	用 $p2$ 除 $p1$ (作为 x 的函数), 略去余式
PolynomialRemainder[$p1, p2, x$]	确定 $p2$ 除 $p1$ 时的余式
MonomialList[p]	给出多项式 p 中所有单项式的列表

■ 定义两个多项式:

$$\textit{In[1]} := p = x^6 + 7x^5 + 12x^4 + 6x^3 - 25x^2 - 30x - 25;$$
$$q = x^4 + x^3 - 6x^2 - 7x - 7$$

对这些多项式执行下面的运算:

$\textit{In[2]} :=$ PolynomialGCD[p, q] $\longrightarrow$ $\textit{Out[2]} = 1 + x + x^2$

$\textit{In[3]} :=$ PolynomialLCM[p, q]//Factor

$\textit{Out[3]} = (5 + x)(-7 + x^2)(1 + x + x^2)(-5 + x^2 + x^3)$

$\textit{In[4]} :=$ PolynomialQuotient[p, q, x] $\longrightarrow$ $\textit{Out[4]} = 12 + 6x + x^2$

$\textit{In[5]} :=$ PolynomialRemainder[p, q, x] $\longrightarrow$ $\textit{Out[5]} = 59 + 96x + 96x^2 + 37x^3$

关于最后两个结果我们有

$$\frac{x^6 + 7x^5 + 12x^4 + 6x^3 - 25x^2 - 30x - 25}{x^4 + x^3 - 6x^2 - 7x - 7} = x^2 + 6x + 12 + \frac{37x^3 + 96x^2 + 96x + 59}{x^4 + x^3 - 6x^2 - 7x - 7}.$$

20.3.1.4 部分分式分解

Mathematica 可以将两个多项式组成的分式分解为部分分式, 当然, 是在有理数数域上进行的. 任何部分的分子的次数, 总是小于分母的次数.

■ 使用前例中的多项式 p 和 q, 我们得到

$$\textit{In[1]} := \text{Apart}[q/p] \longrightarrow \textit{Out[1]} = \frac{6}{35\,(5 + x)} + \frac{-55 + 11\,x + 6\,x^2}{35\,(-5 + x^2 + x^3)}$$

20.3.1.5 对于非多项式表达式的操作

借助命令 Simplify, 常常可以简化复杂的表达式, 而不必是多项式. 无论符号量的性质如何, Mathematica 总是试图对代数表达式进行操作. 此时, 要应用某种内置知识. Mathematica 知晓乘幂规则 (参见第 9 页 1.1.4.1):

$$\textit{In[1]} := \text{Simplify}[a^n/a^m)] \longrightarrow \textit{Out[1]} = a^{-m+n} \tag{20.28}$$

使用选项 `Trig->True`, 命令 `Expand` 和 `Factor`可以用具有倍自变量的三角函数表达三角函数的乘幂, 反之亦然. 可供选择的应用有 `TrigExpand`, `TrigFactor`, `TrigFactorList`, `TrigReduce`, `ExpToTrig`, `TrigToExp`.

■ *In[1]* := TrigExpand[Sin[2x] Cos[2y]]

Out[1] = 2 Cos[x] Cos[y]^2 Sin[x] − 2 Cos[x] Sin[x]Sin[y]^2

In[2] := Factor[sin[4x], Trig−> True] − 8Cos[x]^3Sin[x] + 4Cos[x]Sin[x]

Out[2] = 0

In[3] := Factor[Cos[5x], Trig−> True]

Out[3] = Cos[x](1 − 2Cos[2x] + 2Cos[4x])

评论　命令 ComplexExpand[*expr*] 假定了一个实变元 *expr*, 而在命令 ComplexExpand[*expr*, {*x*1,*x*2,⋯}] 中变元 *xi* 假定为复变元.

■ *In[1]* := ComplexExpand[Sin[2x], {x}]

Out[1] = Cosh[2 Im[x]] Sin[2 Re[x]] + I Cos[2 Re[x]] Sinh[2 Im[x]]

20.3.2　方程和方程组的解

计算机代数系统知晓解方程和方程组的步骤. 如果一个方程能够明确地在代数数域中求解, 那么这个解将借助根式来表示. 如果它不能给出封闭形式的解, 那么至少可以找到具有给定精度的数值解. 以下将介绍一些基本的命令. 线性方程组 (参见第 412 页 4.5.2) 的解在此将在专门的一节 (参见第 1350 页 20.3.2.4) 中讨论.

20.3.2.1　作为逻辑表达式的方程

Mathematica 允许在广泛的范围内对方程进行操作和求解. 在 Mathematica 中, 一个方程被看作一个逻辑表达式. 如果我们写

$$\mathit{In[1]} := g = x^2 + 2x - 9 == 0, \tag{20.29a}$$

则 Mathematica 将其视为定义了一个布尔值函数. 给定输入

$$\mathit{In[2]} := \%/.\ x\text{->}\ 2, \longrightarrow \quad \mathit{Out[2]} = \texttt{False}, \tag{20.29b}$$

因为对于 x 的这个值左边与右边不相等.

命令 Roots[g,x] 将上面的等式变换成明确含有 x 的形式. Mathematica 将借助逻辑 “或” 以一个逻辑命题形式表示这一结果:

$$\mathit{In[3]} := \texttt{Roots}[g, x] \ \longrightarrow\ \mathit{Out[3]} = x == -1 - \sqrt{10} || x == -1 + \sqrt{10} \tag{20.29c}$$

就此意义而言, 逻辑运算可以利用方程来进行.

借助运算 ToRules, 上面的逻辑型方程可以变换如下:

$$\textit{In[4]} := \{\texttt{ToRules}[\%]\}$$

$$\textit{Out[4]} = \{\{x \text{->} -1-\sqrt{10}\},\{x \text{->} -1+\sqrt{10}\}\} \tag{20.29d}$$

20.3.2.2 多项式方程的解

Mathematica 提供了命令 Solve 来解方程. 在某种意义上, Solve 相继进行了 Roots 和 ToRules 运算.

Mathematica 以符号形式解直到四次的多项式方程, 因为对于这些方程可以给出具有代数表达式形式的解. 然而, 如果较高次的代数方程能够通过代数变换, 比如因式分解变换为一个比较简单的形式, 那么 Mathematica 就提供符号解. 在这些情形中, Solve 尝试运用内置运算 Expand 和 Decompose.

Mathematica 也提供数值解.

■ 求一个三次方程的一般解:

$$\textit{In[1]} := \texttt{Solve}[x^3 + a\,x^2 + b\,x + c == 0, x]$$

Mathematica 给出

$$\textit{Out[1]} = \Bigg\{\Bigg\{x \text{->} -\frac{a}{3} - \frac{2^{1/3}\left(-a^2+3\,b\right)}{3\left(-2a^3+9ab-27c+3^{3/2}\sqrt{-(a^2\,b^2)+4b^3+4a^3\,c-18abc+27c^2}\right)^{1/3}} + \frac{\left(-2a^3+9ab-27c+3^{3/2}\sqrt{-(a^2b^2)+4b^3+4a^3c-18abc+27c^2}\right)^{1/3}}{32^{1/3}}\Bigg\}, \ldots\Bigg\}$$

由于项的长度, 这里的解列表仅明确显示了第一项. 如果要解具有给定系数 a, b, c 的一个方程, 那么最好是用命令 Solve 处理该方程本身, 而不是将 a, b, c 代入解公式.

■ **A**: 对于三次方程 (参见第 52 页, 1.6.2.3) $x^3 + 6x + 2 = 0$, 我们有

$$\textit{In[1]} := \texttt{Solve}[x^3 + 6\,x + 2 == 0, x]$$

$$\textit{Out[1]} = \Bigg\{\{x \text{->} 2^{1/3} - 2^{2/3}\}, \Bigg\{x \text{->} \frac{1-\mathrm{I}\sqrt{3}}{2^{1/3}} - \frac{1+\mathrm{I}\sqrt{3}}{2^{2/3}}\Bigg\}, \Bigg\{x \text{->} -\frac{1-\mathrm{I}\sqrt{3}}{2^{2/3}} + -\frac{1+\mathrm{I}\sqrt{3}}{2^{1/3}}\Bigg\}\Bigg\}$$

■ **B:** 解一个六次方程:

In[2] := Solve$[x^6-6x^5+6x^4-4x^3+65x^2-38x-120==0,x]$

Out[2] $=\{\{x->-1\},\{x->-1-2\mathrm{I}\},\{x->-1+2\mathrm{I}\},\{x->2\},\{x->3\},\{x->4\}\}$

Mathematica 使用内部工具将 B 中的方程成功地分解因式, 因此它被毫无困难地解决.

如果需要求数值解, 那么可以使用命令 NSolve.

■ 下面的方程是用 NSolve解的:

In[3] : = NSolve$[x^6-4x^5+6x^4-5x^3+3x^2-4x+2==0,x]$

Out[3] $=\{\{x->-0.379567-0.76948\,\mathrm{I}\},\{x->-0.379567+0.76948\,\mathrm{I}\},$

$\{x->0.641445\},\{x->1.-1.\,\mathrm{I}\},\{x->1.+1.\,\mathrm{I}\},\{x->2.11769\}\}$

20.3.2.3 超越方程的解

Mathematica 同样可以解超越方程. 一般来说, 这不可能是符号形式的解, 而且这些方程常常具有无穷多的解. 在这些情形中, 应该给出 Mathematica 必须在其中求解的区域的一个估计. 这可以用命令 FindRoot$[g,\{x,\ x_s\}]$ 做到, 其中 x_s 是用来寻找根的初始值.

■ *In[1]* := FindRoot$[x+$ ArcCoth$[x]-4==0,\{x,1.1\}]$

Out[1] $=\{x->1.00502\}$ 且

In[2] := FindRoot$[x+$ ArcCoth$[x]-4==0,\{x,5\}]$ $\longrightarrow$ *Out[2]* $=\{x->3.72478\}$

20.3.2.4 方程组的解

Mathematica 可以解联立方程. 表 20.11 显示的是为此目的而内置的运算, 它们提供的是符号解而非数值解.

与一个未知数的情形类似, 命令 NSolve将给出数值解. 线性方程组的解将在第 1351 页, 20.3.3 中讨论.

表 20.11 用于解方程组的运算

Solve$[\{l_1==r_1,l_2==r_2,\cdots\},vars]$	关于 *vars* 解给定的方程组
Eliminate$[\{l_1==r_1,\cdots\},vars]$	从方程组消去 *vars*
Reduce$[\{l_1==r_1,\cdots\},vars]$	化解方程组并给出可能的解
FindInstance$[expr,vars]$	找出一个使 *expr* 为真的 *vars* 的例证

20.3.3 线性方程组与本征值问题

在第 1333 页 20.2.4 矩阵概念和关于矩阵的几种运算是以列表为基础定义的. Mathematica 将这些概念应用于线性方程组理论. 在以下命令中, m, n 表示已知整数而非变元.

$$P = \texttt{Array}[p, \{m, n\}] \tag{20.30}$$

定义了一个具有元素 $p_{ij}=\texttt{p}[[i,\, j]]$ 的 $(m,\, n)$ 型矩阵. 此外

$$X = \texttt{Array}[x, \{n\}] \quad \text{和} \quad B = \texttt{Array}[b, \{m\}] \tag{20.31}$$

是 n 维和 m 维向量. 利用这些定义, 一般的齐次线性方程组或非齐次线性方程组可以写成如下形式 (参见第 412 页 4.5.2)

$$P\,.\,X == B \qquad P\,.\,X == 0 \quad \text{或} \quad \texttt{Thread[P.X == B]} \qquad \texttt{Thread[P.X == 0]} \tag{20.32}$$

1. 特殊情形 $n = m, \det P \neq 0$

在特殊情形 $n = m$, $\det P \neq 0$ 中, 非齐次线性方程组具有唯一解, 它可以直接由

$$X = \texttt{Inverse}[P]\,.\,B \tag{20.33}$$

确定. Mathematica 可以在合理的时间内 (依赖于计算机系统) 处理具有最多约 5000 个左右未知数的这种方程组, 利用 LinearSolve[P, B] 将更快地得到一个等价的解.

2. 一般情形

使用命令 LinearSolve 和 NullSpace, 可以处理所有可能的情形, 正如在第 412 页 4.5.2 讨论的那样, 即可以首先确定是否存在任何解, 如果存在, 则将它计算出来.

现在我们就来讨论第 412 页及其后 4.5.2 中的一些例子.

■ **A**: 第 414 页 4.5.2.1, 2. 中的例子是一个齐次方程组

$$\begin{aligned} x_1 - x_2 + 5x_3 - x_4 &= 0 \\ x_1 + x_2 - 2x_3 + 3x_4 &= 0 \\ 3x_1 - x_2 + 8x_3 + x_4 &= 0 \\ x_1 + 3x_2 - 9x_3 + 7x_4 &= 0 \end{aligned}$$

它具有非平凡解. 这些解是矩阵 p 的零空间的基向量的线性组合. 它是 n 维向量空间的子空间, 经由变换 p 映射到零. 这一空间的一个基可以由命令 NullSpace[p] 生成. 输入一个矩阵

In[1] $:= p = \{\{1,-1,5,-1\},\{1,1,-2,3\},\{3,-1,8,1\},\{1,3,-9,7\}\}$

其行列式有定义, 实际上是零 (可以通过计算 Det$[p]$ 检验). 现输入

In[2] := NullSpace$[p]$　则显示　*Out[2]* $= \{\{-1,-2,0,1\},\{-3,7,2,0\}\}$

这是四维空间两个线性无关向量的一个列表, 它构成了矩阵 p 的二维零空间的一个基. 这些向量的任意一个线性组合也都在此零空间中, 因此它是该齐次线性方程组的一个解. 这个解与在第 414 页 4.5.2.1, 2. 中找到的解是一致的.

■ **B**: 考虑第 413 页 4.5.2.1, 2. 中的例 A

$$\begin{aligned} x_1 - 2x_2 + 3x_3 - x_4 + 2x_5 &= 2 \\ 3x_1 - x_2 + 5x_3 - 3x_4 - x_5 &= 6 \\ 2x_1 + x_2 + 2x_3 - 2x_4 - 3x_5 &= 8 \end{aligned}$$

以及 (3,5) 型矩阵 $m1$ 和向量 $b1$

In[1] := $m1 = \{\{1,-2,3,-1,2\},\{3,-1,5,-3,-1\},\{2,1,2,-2,-3\}\}$

In[2] := $b1 = \{2,6,8\}$

对于命令

In[3] := LinearSolve$[m1, b1]$　所作的回答是

LinearSolve : : nosol: Linear equation encountered which has no solution.

于是, 输入作为输出显示.

■ **C**: 按照第 413 页 4.5.2.1, 2. 的例 B

$$\begin{aligned} x_1 - x_2 + 2x_3 &= 1 \\ x_1 - 2x_2 - x_3 &= 2 \\ 3x_1 - x_2 + 5x_3 &= 3 \\ -2x_1 + 2x_2 + 3x_3 &= -4 \end{aligned}$$

输入为

In[1] := $m2 = \{\{1,-1,2\},\{1,-2,-1\},\{3,-1,5\},\{-2,2,3\}\}$

In[2] := $b2 = \{1,2,3,-4\}$

为了了解有几个方程左边是独立的, 我们输入命令

In[3] := RowReduce$[m2]$; $\longrightarrow$ *Out[3]* $= \{\{1,0,0\},\{0,1,0\},\{0,0,1\},\{0,0,0\}\}$

接着输入

In[4] := LinearSolve$[m2, b2]$; $\longrightarrow$ *Out[4]* $= \left\{\frac{10}{7}, -\frac{1}{7}, -\frac{2}{7}\right\}$

这个答案是已知的解.

3. 本征值与本征向量

在第 421 页 4.6 我们定义了矩阵的本征值和本征向量. Mathematica 使用专门的命令, 为确定本征值与本征向量提供了可能性. 于是, 命令 Eigenvalues[m] 产生方阵 m 的本征值的一个列表, Eigenvectors[m] 创建 m 的特征向量的一个列表, 而 Eigensystem[m] 则给出两者. 如果 N[m] 被用来代替 m, 那么我们将得到数值特征值. 一般来说, 如果矩阵的阶数大于四 ($n > 4$), 则得不到任何代数表达式, 因为特征多项式的次数大于四. 在这种情形, 我们应该求数值特征值.

■ *In[1]* := $h = \texttt{Table}[1/(i+j-1), \{i,5\}, \{j,5\}]$

这将产生一个五维的所谓希尔伯特矩阵.

$$\textit{Out[1]} = \left\{\left\{1, \frac{1}{2}, \frac{1}{3}, \frac{1}{4}, \frac{1}{5}\right\}, \left\{\frac{1}{2}, \frac{1}{3}, \frac{1}{4}, \frac{1}{5}, \frac{1}{6}\right\}, \left\{\frac{1}{3}, \frac{1}{4}, \frac{1}{5}, \frac{1}{6}, \frac{1}{7}\right\}, \left\{\frac{1}{4}, \frac{1}{5}, \frac{1}{6}, \frac{1}{7}, \frac{1}{8}\right\}, \left\{\frac{1}{5}, \frac{1}{6}, \frac{1}{7}, \frac{1}{8}, \frac{1}{9}\right\}\right\}$$

使用命令

In[2] := Eigenvalues[h]

答案 (它可能是没用的) 是

$$\{\mathrm{Root}[-1 + 307505\ \#1 - 1022881200\ \#1^2 + \cdots]\}$$

但使用命令

In[3] := Eigenvalues[$N[h]$] 我们得

Out[3] $= \{1.56705, 0.208534, 0.0114075, 0.000305898, 3.28793 \times 10^{-6}\}$

20.3.4 微积分

在第 1341 页 20.2.8, 我们引入了导数概念作为一个函数算子. Mathematica 为应用分析运算提供了好几种可能, 例如, 确定任意高阶导数、偏导数、全微分, 确定不定积分和定积分, 函数的级数展开, 以及解微分方程.

20.3.4.1 导数的计算

1. 微分算子

微分算子 (参见第 1341 页 20.2.8) 是 Derivative. 它的完整形式是

$$\texttt{Derivative}[n_1, n_2, \cdots] \tag{20.34}$$

自变量表明该函数关于目前变元要求多少次导. 就此意义而言, 它是一个偏微分算子. Mathematica 试图将这一结果表示为一个纯函数.

2. 函数的求导法

一个已知函数的求导可以使用算子 D 以一种简化的方式来进行. 应用 D[f[x], x], 将确定函数 f 在自变量 x 处的导数.

D 属于在表 20.12 中列出的一组微分算子.

表 20.12 求导运算

D[f[x], {x, n}]	得到函数 $f(x)$ 关于 x 的 n 阶导数
D[f, {x_1, n_1}, {x_2, n_2}, $\cdots$]	多重导数, 关于 x_i $(i=1,2,\cdots)$ 的 n_i 阶导数
Dt[f]	函数 f 的全微分
Dt[f, x]	函数 f 的全导数 $\dfrac{df}{dx}$
Dt[f, x_1, x_2, $\cdots$]	多元函数的全导数

■ **A**: *In[1]* := D[Sqrt[x^3 Exp[4x] Sin[x]], x]

$$Out[1] = \frac{E^{4x} x^3 \,\mathrm{Cos}[x] + 3E^{4x} x^2 \mathrm{Sin}[x] + 4E^{4x} x^3 \mathrm{Sin}[x]}{2\sqrt{E^{4x} x^3 \mathrm{Sin}[x]}}$$

■ **B**: *In[1]* := D[$(2x+1)^{3x}$, x] $\longrightarrow$ *Out[1]* $= (1+2x)^{3x}\left(\dfrac{6x}{1+2x} + 3\mathrm{Log}[1+2x]\right)$

命令 Dt 得到的结果是全导数或全微分.

■ **C**: *In[1]* := Dt[$x^3 + y^3$] $\longrightarrow$ *Out[1]* $= 3x^2\mathrm{Dt}[x] + 3y^2\,\mathrm{Dt}[y]$

■ **D**: *In[1]* := Dt[$x^3 + y^3$, x] $\longrightarrow$ *Out[1]* $= 3x^2 + 3y^2\mathrm{Dt}[y, x]$

在最后一个例子中, Mathematica 假定 y 是 x 的函数, 它是未知的, 因此该导数的第二部分是以符号方式来写的. 更可取的书写形式为: D[$x[t^3]$ + $y[t]^3$, t] 和 D[x^3 + $y[x]^3$, x] , 明确显示独立变元.

如果 Mathematica 在计算导数时发现一个符号函数, 那么它将保持这个一般形式, 用 f' 表示其导数.

■ **E**: *In[1]* := D[x f[x]^3, x] $\longrightarrow$ *Out[1]* $=$ f[x]^3 + 3xf[x]^{2}f$'$[x]

Mathematica 知道乘积和商的求导法则, 它也知道链式法则并能形式地应用这些法则:

■ **F**: *In[1]* := D[f[u[x]], x] $\longrightarrow$ *Out[1]* $=$ f$'$[u[x]] u$'$[x]

■ **G**: *In[1]* := D[u[x]/v[x], x] $\longrightarrow$ *Out[1]* $= \dfrac{\mathrm{u}'[x]}{\mathrm{v}[x]} - \dfrac{\mathrm{u}[x]\ \mathrm{v}'[x]}{\mathrm{v}[x]^2}$

20.3.4.2 不定积分

Mathematica 尝试用命令 Integrate[f, x] 确定不定积分 $\int f(x)\mathrm{d}x$. 如果 Mathematica 知道该积分, 那么它就会给出其不带积分常数的表达式. Mathematica 假定每个不包含积分变元的表达式不依赖于它.

一般来说, 如果不定积分能够用初等函数, 如有理函数、指数函数和对数函数、三角函数及其反函数等表示成封闭形式, 那么 Mathematica 将会把它找出. 如果 Mathematica 无法找出积分, 则它将返回原来的输入. Mathematica 认识某些非初等积分定义的特殊函数, 如椭圆函数和其他一些函数.

为了表明 Mathematica 的现有能力, 我们将展示第 641 页 8.1 中讨论过的一些例子.

1. 有理函数的积分 (也见第 648 页 8.1.3.3)

■ **A**: *In[1]* := Integrate$[(2x+3)/(x^3+x^2-2x), x]$

Out[1] $= \frac{5}{3}\text{Log}[-1+x] - \frac{3\text{Log}[x]}{2} - \frac{1}{6}\text{Log}[2+x]$

■ **B**: *In[1]* := Integrate$[(x^3+1)/(x(x-1)^3), x]$

$$\textit{Out[1]} = -\frac{1}{(-1+x)^2} - \frac{1}{-1+x} + 2\,\text{Log}[-1+x] - \text{Log}[x] \tag{20.35}$$

在屏幕上可以看到下一个单元左边角落处的一个加号. 点击它我们可以选择自由格式输入或 Wolfram-Alpha 查询. 如果我们将积分键入两者之一, 则能够查看积分过程的所有细节.

2. 三角函数的积分 (也见第 654 页 8.1.5)

■ **A**: 计算第 655 页 8.1.5.2 中的例 A 积分 $\int \sin^2 x \cos^5 x \mathrm{d}x$ (如果需要, 程序自动做替换):

In[1] := Integrate$[\text{Sin}[x]^2\text{Cos}[x]^5, x]$

Out[1] $= \frac{5\,\text{Sin}[x]}{64} - \frac{1}{192}\text{Sin}[3\,x] - \frac{3}{320}\text{Sin}[5\,x] - \frac{1}{448}\text{Sin}[7\,x]$

■ **B:** 计算第 650 页 8.1.5.2 中的例 B 积分 $\int \frac{\sin x}{\sqrt{\cos x}}\mathrm{d}x$:

In[1] := Integrate$[\text{Sin}[x]/\text{Sqrt}[\text{Cos}[x]], x$ $\longrightarrow$ *Out[1]* $= -2\sqrt{\text{Cos}[x]}$

评论 在非初等积分的情形下, Mathematica 可能什么也不做.

■ *In[1]* := $\int x^x \mathrm{d}x \longrightarrow$ *Out[1]* $= \int x^x \mathrm{d}x$

20.3.4.3 定积分和重积分

1. 定积分

使用命令 Integrate$[f,\{x, x_a, x_e\}]$, Mathematica 可以计算函数 $f(x)$ 积分下限为 x_a 而上限为 x_e 的定积分值.

■ **A**: *In[1]* := Integrate$[\text{Exp}[-x^2], \{x, 0, \text{Infinity}\}]$ $\longrightarrow$ *Out[1]* $= \frac{\sqrt{\pi}}{2}$

(见第 1418 页表 21.8, 25. 取 $a=1$)

■ **B**：如果输入是

$$In[1] := \texttt{Integrate}\left[\frac{1}{x^2}, \{x, -1, 1\}\right] \quad \text{则得}$$

$$Out[1] = \text{Integrate::idiv: "Integral of } \frac{1}{x^2} \text{ does not converge on } \{-1, 1\}.\text{"}$$

在定积分的计算中我们应该小心谨慎. 如果被积函数的性质未知, 则建议积分前在所考虑的区域内寻求该函数的一个图形表示.

2. 重积分

通过命令

$$\texttt{Integrate}[\texttt{f}[x, y], \{x, x_a, x_e\}, \{y, y_a, y_e\}] \tag{20.36}$$

可以调用二重定积分.

求值过程从右到左进行, 因此, 先关于 y 求积分值. 积分限 y_a 和 y_b 可以是 x 的函数, 它们被代入原函数中. 然后再关于 x 求积分值.

■ 对于第 695 页 8.4.1.2 中的积分 A: 计算抛物线和与它相交两次的直线之间的面积, 我们有

$$In[1] := \texttt{Integrate}[x\ y^2, \{x, 0, 2\}, \{y, x^2, 2x\}] \longrightarrow Out[1] = \frac{32}{5}.$$

同样在此情形中, 重要的是要注意被积函数的不连续性. 积分区域也可以由不等式来限定: $\texttt{Integrate}[\texttt{Boole}[x^2 + y^2 \leqslant 1, \{x, -1, 1\}, \{y, -1, 1\}]]$ 得到 π.

20.3.4.4 微分方程的解

如果可以给出封闭形式的解, 则 Mathematica 可以符号地处理常微分方程. 在此情形, Mathematica 给出一般解. 这里讨论的命令列于表 20.13 中.

表 20.13 求解微分方程的命令

$\texttt{DSolve}[deq, y[x], x]$	(如果有可能) 对于 $y[x]$ 求解微分方程; $y[x]$ 可以用隐式给出
$\texttt{DSolve}[deq, y, x]$	以纯函数的形式给出微分方程的解
$\texttt{DSolve}[\{deq_1, deq_2, \cdots\}, y, x]$	解常微分方程组

这些解 (参见第 714 页 9.1) 表示为具有任意常数 $C[i]$ 的通解. 初始值和边界条件可以在包含方程或方程组的列表部分引入. 在这一情形的回答是一个特解. 作为例子, 我们在此解第 717 页 9.1.1.2 中的两个微分方程.

■ **A**：确定微分方程 $y'(x) - y(x)\tan x = \cos x$ 的解.

$$In[1] := \texttt{DSolve}[y'[x] - y[x]\ \texttt{Tan}[x] == \texttt{Cos}[x], y, x]$$

Mathematica 解这个方程, 并将解作为一个带有积分常数 $C[1]$ 的纯函数给出.

$$Out[1] = \left\{\left\{y \rightarrow \texttt{Function}\left[x, \texttt{C}[1]\texttt{Sec}[x] + \texttt{Sec}[x]\left(\frac{x}{2} + \frac{1}{4}\texttt{Sin}[2x]\right)\right]\right\}\right\}$$

如果要求得到解值 $y[x]$, 则 Mathematica 给出

$$In[2] := y[x]/.\%1 \longrightarrow Out[2] = \left\{\mathrm{C}[1]\mathtt{Sec}[x] + \mathtt{Sec}[x]\left(\frac{x}{2} + \frac{1}{4}\mathtt{Sin}[2x]\right)\right\}$$

我们也可以对其他的量做替换, 例如替换 $y'[x]$ 或 $y[1]$. 这里使用纯函数的优点是显然的.

■ **B**: 确定微分方程 $y'(x)x(x-y(x))+y^2(x)=0$ (参见第 717 页 9.1.1.2, 2.) 的解.

$$In[1] := \mathtt{DSolve}[y'[x]\ x(x-y[x]) + y[x]\hat{}2 == 0, y[x], x]$$

$$Out[1] = \left\{\left\{y[x] \longrightarrow -x\mathtt{ProductLog}\left[-\frac{E^{-\mathrm{C}[i]}}{x}\right]\right\}\right\}$$

这里 ProductLog$[z]$ 给出的是 $z = we^w$ 中 w 的主解. 这一微分方程的解由隐式给出 (参见第 717 页 9.1.1.2, 2.).

如果 Mathematica 不能解一个微分方程, 那么它将返回到输入而没有任何评论. 在这种情形下, 或者, 如果符号解过于复杂, 则可以求数值解 (参见第 1321 页 19.8.4.2, 5.). 也和求不定积分一样, 在求微分方程符号解的情形中 Mathematica 的能力不应被高估. 如果结果不能用初等函数的一个代数表达式来表示, 那么唯一的方法就是寻求数值解.

评论 甚至在复杂的多维区域, Mathematica 也能求某些偏微分方程的符号解和数值解.

20.4 用 Mathematica 绘图

通过提供三维空间中诸如函数、空间曲线和曲面等数学关系的图形表示程序, 现代计算机代数系统为结合和处理尤其是分析、向量演算和微分几何中的公式提供了广阔可能性, 并且为工程设计提供了巨大帮助. 绘图是 Mathematica 的一项专长.

20.4.1 基本图形元素

Mathematica 由内置图形基元构建图形对象. 这些基元是诸如点 (Point)、线 (Line) 和多边形 (Polygon) 这种对象, 以及这些对象的诸如粗细度和颜色这种性质.

Mathematica 对于规定绘图环境以及应该如何表示图形对象具有多种选项.

使用命令 Graphics[*list*](其中 *list* 是图形基元的一个列表), Mathematica 被调用从列出的对象生成一个图. 这个对象列表可以遵从有关图像显示的一列选项.

输入

$$In[1] := g = \mathtt{Graphics}[\{\mathtt{Line}[\{\{0,0\},\{5,5\},\{10,3\}\}], \mathtt{Circle}[\{5,5\},4], \tag{20.37a}$$

$$\text{Text[Style["Example","Helvetica", Bold,25], \{5,6\}]\},}$$
$$\text{AspectRatio->Automatic]} \tag{20.37b}$$

就从以下元素构建了一个图:

a) 从点 (0, 0) 出发穿过点 (5, 5) 到点 (10, 3) 画两线段组成的折线.

b) 以 (5,5) 为圆心、4 为半径画圆.

c) 以粗体 Helvetica 字体写入文字内容 "Example"(文字内容的显示以参考点 (5,6) 为中心).

调用命令 Show[g], Mathematica 则显示这个图形 (图 20.1)

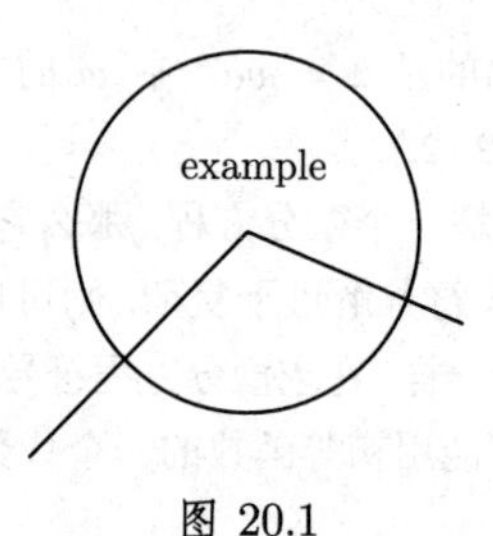

图 20.1

可以预先指定一些选项. 此处的选项 AspectRatio 是为 Automatic 所设的.

Mathematica 以缺省方式制作图形的高宽比为 1 : GoldenRatio (例如见第 258 页 3.5.2.3,3.). 它相应于沿 x 方向的长度与沿 y 方向的长度之比 1:1/1.618 = 1:0.618. 按这一选项该圆将变形为一个椭圆. 选项值 Automatic 则确保该图像不变形.

20.4.2 图形基元

表 20.14 列举了 Mathematica 提供的二维图形对象.

表 20.14 二维图形对象

Point[$\{x, y\}$]	位置 x, y 处的点
Line[$\{\{x_1, y_1\}, \{x_2, y_2\}, \cdots\}$]	通过已知点的折线
Rectangle[$\{x_{lu}, y_{lu}\}, \{x_{ro}, y_{ro}\}$]	填充具有给定的左下, 右上坐标的矩形
Polygon[$\{\{x_1, y_1\}, \{x_2, y_2\}, \cdots\}$]	填充具有给定顶点的多边形
Circle[$\{x, y\}, r$]	以 x, y 为中心、半径为 r 的圆
Circle[$\{x, y\}, r, \{\alpha_1, \alpha_2\}$]	以给定角为界限的圆弧
Circle[$\{x, y\}, \{a, b\}$]	具有半轴 a 和 b 的椭圆
Circle[$\{x, y\}, \{a, b\}, \{\alpha_1, \alpha_2\}$]	椭圆弧
Disk[$\{x, y\}, r$] Disk[$\{x, y\}, \{a, b\}$]	填充圆或椭圆
Text[$text, \{x, y\}$]	以点 x, y 为中心写入文字

除这些对象外, Mathematica 还进一步提供了用于控制图像显示的基元, 即图形命令. 它们规定应该如何表示图形对象. 这些命令列于表 20.15.

表 20.15 图形命令

PointSize[a]	描绘半径为 a 的一个点作为整个图像的一部分
AbsolutePointSize[b]	(以美制度量单位 pt(0.3515mm)) 表示该点的绝对半径 b
Thickness[a]	描绘相对粗细度为 a 的线
AbsoluteThickness[b]	描绘绝对粗细度为 b (也以 pt 度量) 的线
Dashing[{$a_1, a_2, a_3, \cdots$}]	描绘由一系列具有给定长度 (按相对单位度量) 的线条构成的线
AbsoluteDashing[{$b_1, b_2, \cdots$}]	和前面一样但按绝对单位度量
GrayLevel[p]	指定灰度水平 ($p = 0$ 表示黑, $p = 1$ 表示白)

还有规模广泛的颜色可供选择, 但其定义这里不做讨论.

20.4.3 图形选项

Mathematica 提供了多个图形选项, 它们对于整个图像的显示具有影响. 表 20.16 给出了一批最重要的命令. 至于详细的解释, 参见 [20.7]—[20.11].

表 20.16 一些图形选项

AspectRatio -> w	设置高宽比 w. Automatic, 由绝对坐标确定 w; 默认设置为 $w = 1$: GoldenRatio
Axes -> True	画坐标轴
Axes -> False	不画坐标轴
Axes -> {True, False}	仅显示 x 轴
Frame -> True	显示框
GridLines -> Automatic	显示网格线
AxesLabel -> {x_{symbol}, y_{symbol}}	以给定符号表示轴
Ticks -> Automatic	自动表示刻度标记; 使用None它们将被禁止
Ticks -> {{$x_1, x_2, \cdots$}, {$y_1, y_2, \cdots$}}	将刻度标记置于给定的节点处

20.4.4 图形表示的句法

20.4.4.1 构建图形对象

如果图形对象是从基元构建, 那么首先应以形式

$$\{object_1, object_2, \cdots\} \tag{20.38a}$$

给出一列对应的对象及其全部定义, 其中对象本身可以是图形对象的列表. 例如, 设对象 1 是

$$\textit{In[1]} := o1 = \{\texttt{Circle}[\{5,5\},\{5,3\}],\texttt{Line}[\{\{0,5\},\{10,5\}\}]\}$$

于是如同在图 20.1 中那样, 相应于它

$$\textit{In[2]} := o2 = \{\texttt{Circle}[\{5,5\},3]\}$$

如果一个图形对象, 例如 $o2$, 是由某些图形命令规定, 那么它应该按相应的命令

$$\textit{In[3]} := o3 = \{\texttt{Thickness}[0.01], o2\}$$

写入一个列表.

这个命令对于对应花括号中的所有对象都成立, 也对嵌套对象成立, 但对列表中花括号以外的对象不成立.

从生成对象可以定义两个不同的图形列表:

$$\textit{In[4]} := g1 = \texttt{Graphics}[\{o1,o2\}]\ ;\ g2 = \texttt{Graphics}[\{o1,o3\}]$$

它们仅在第二个对象处表明圆的粗细度不同. 调用命令

$$\texttt{Show}[g1] \quad \text{和} \quad \texttt{Show}[g2, \texttt{Axes} -> \texttt{True}] \tag{20.38b}$$

给出图 20.2 中表示的图像.

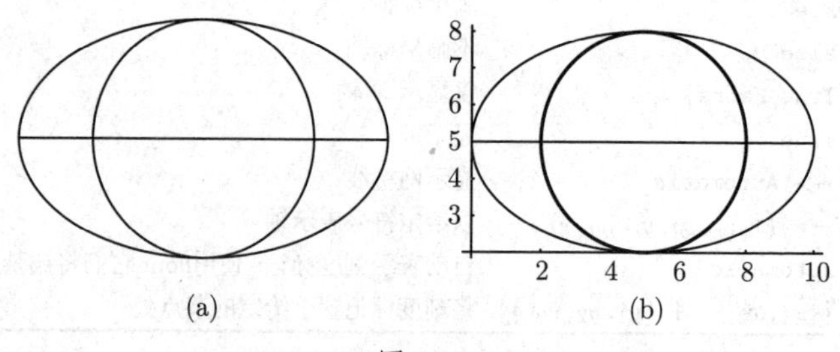

图 20.2

在调用图 20.2b 中的图像时, 选项 `Axes -> True` 被激活. 这将导致描绘其上带有 Mathematica 选取的标记和相应刻度的轴.

20.4.4.2 函数的图形表示

Mathematica 具有供函数图形表示的特殊命令. 应用

$$\texttt{Plot}[\texttt{f}[x],\{x,x_{min},x_{max}\}] \tag{20.39}$$

函数 f 的图形被表示在 $x = x_{min}$ 与 $x = x_{max}$ 之间的定义域上. Mathematica 通过内部算法产生一个函数表, 接着利用图形基元从这个表产生图形.

■ 如果要把函数 $x \mapsto \sin 2x$ 的图形表示在 -2π 与 2π 之间的定义域上, 那么输入是

$$In[1] := \texttt{Plot}[\texttt{Sin}[2x], \{x, -2\texttt{Pi}, 2\texttt{Pi}\}]$$

Mathematica 产生的图形显示在图 20.3 中.

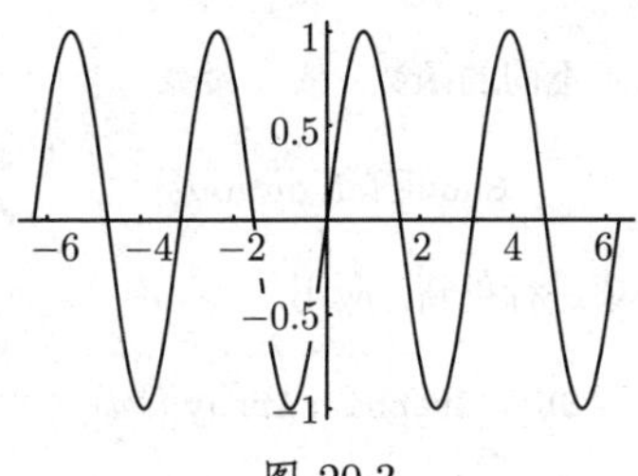

图 20.3

显然 Mathematica 在描绘图形时使用了在第 1357 页 20.4.1 中提到的某些默认图形选项. 因此, 坐标轴是被自动绘制的, 它们的刻度由相应的 x 和 y 的值所标记. 在这个例子中, 可以看到默认的 AspectRatio 的影响. 整个宽与整个高之比是 1:0.618.

使用命令 InputForm[%] 可以显示图形对象的全部图像. 对于前面的例子我们有

```
Graphics[{{{}, {}, {Directive[Opacity[1.], RGBColor[0.368417, 0.506779, 0.709798],
AbsoluteThickness[1.6]], Line[{{-6.283185050723043, 2.5645654335783057*^-7},
..., {6.283185050723043, -2.5645654335783057*^-7}}]}}, {DisplayFunction->
Identity, AspectRatio-> GoldenRatio^(-1), Axex-> {True, True}, AxesLabel->
{None, None}AxesOrigin- > {0, 0}, DisplayFunction :> Identity,
Frame- > {{False, False}, {False, False}}, FrameLabel- > {{None, None},
{None, None}}, FrameTicks- > {{Automatic, Automatic}, {Automatic, Automatic}},
GridLines- > {None, None}, GridLinesStyle- > Directive[GrayLevel[0.5, 0.4]],
Method-> {"DefaultBoundaryStyle"-> Automatic," ScalingFunctions"-> None},
PlotRange- > {{-2 * Pi, 2 * Pi}, {-0.9999996654606427, 0.9999993654113022}},
PlotRangeClipping- > True, PlotRangePadding- > {{Scaled[0.02], Scaled[0.02]},
Scaled[0.05], Scaled[0.05]}}, Ticks- > {Automatic, Automatic}}]
```

因此, 图形对象由一些子列表组成. 第一个子列表包含图形基元 Line (稍作修改), 应用它内置算法将曲线上计算出来的点用线连起来. 第二个子列表包含所给图形所需的选项. 这些是默认选项. 如果要在某个位置改变图像, 那么在主输入后必须

在 Plot 命令中进行新的设置. 应用

$$\textit{In[2]} := \texttt{Plot}[\texttt{Sin}[2x], \{x, -2\texttt{Pi}, 2\texttt{Pi}\}, \texttt{AspectRatio} -> 1] \tag{20.40}$$

图像将按等长的 x 轴和 y 轴描绘出来.

可以一个接一个地同时给出若干选项. 输入

$$\texttt{Plot}[\{f_1[x], f_2[x], \cdots\}, \{x, x_{min}, x_{max}\}] \tag{20.41}$$

将在同一个图形中显示不同的函数. 依靠命令

$$\texttt{Show}[plot, options] \tag{20.42}$$

早先的图像可以由其他选项进行更新. 应用

$$\texttt{Show}[\texttt{GraphicsArray}[list]] \tag{20.43}$$

($list$ 代表图形对象列表) 可以将图像一个接一个地从上到下摆放出来, 或者将它们安排成矩阵形式.

20.4.5 二维曲线

作为例子这里将展示讨论函数一章中的一系列曲线及其图像 (参见第 61 页 2.1).

20.4.5.1 指数函数

Mathematica 用以下输入产生几个指数函数 (参见第 92 页 2.6.1) 的一族曲线 (图 20.4(a)):

```
In[1] := f[x_] := 2^x; g[x_] := 10^x;
In[2] := h[x_] := (1/2)^x; j[x_] := (1/E)^x; k[x_] := (1/10)^x
```

这些是所考虑的函数的定义. 无需定义函数 e^x, 因为它已被内置于 Mathematica 中. 在第二步将产生以下图形:

```
In[3] := p1 = Plot[{f[x], h[x]}, {x, -4, 4}, PlotStyle-> Dashing[{0.01, 0.02}]]
In[4] := p2 = Plot[{Exp[x], j[x]}, {x, -4, 4}]
In[5] := p3 = Plot[{g[x], k[x]}, {x, -4, 4},
        PlotStyle-> Dashing[{0.005, 0.02, 0.01, 0.02}]]
```

可以由

```
In[6] := Show[{p1, p2, p3}, PlotRange-> {0, 18}, AspectRatio-> 1.2]
```

得到整个图像 (图 20.4(a)).

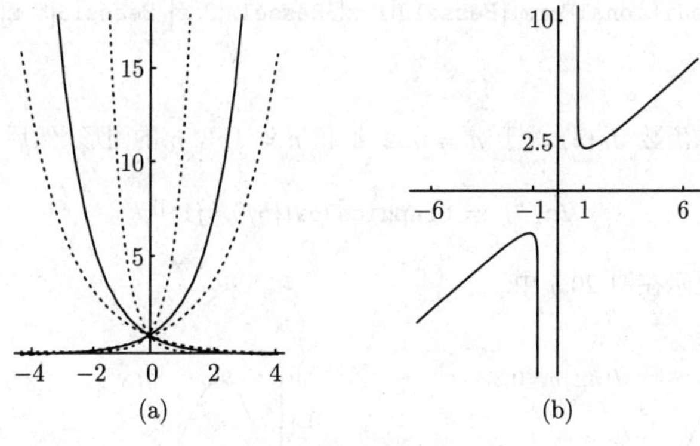

图 20.4

这里没有讨论如何在曲线上书写文字的问题. 用图形基元 `Text` 这是可以做到的.

20.4.5.2 函数 $y = x + \mathrm{Arcoth}x$

考虑在第 120 页 2.10 讨论过的函数 Arcoth$x$ 的性质, 可以用以下方式描绘函数 $y = x + \mathrm{Arcoth}x$ 的图形:

```
In[1] := f1 = Plot[x + ArcCoth[x], {x, 1.000000000005, 7}]
In[2] := f2 = Plot[x + ArcCoth[x], {x, −7, −1.000000000005}]
In[3] := Show[{f1, f2}, PlotRange−> {−10, 10}, AspectRatio−> 1.2, Ticks−>
         {{{−6, −6}, {−1, −1}, {1, 1}, {6, 6}}, {{2.5, 2.5}, {10, 10}}},
     AxesOrigin−> 0, 0]
```

在 1 和 −1 的闭域邻内选取高精度的 x 值, 是为了对所要求的 y 的值域得到足够大的函数值. 结果显示在图 20.4(b) 中.

20.4.5.3 贝塞尔函数 (参见第 743 页, 9.1.2.6, 2.)

调用

```
In[1] := bj0 = Plot[{BesselJ[0, z], BesselJ[2, z],
          BesselJ[4, z]}], {z, 0, 10}, PlotLabel−>
          TraditionalForm[{BesselJ[0, z], BesselJ[2, z], BesselJ[4, z]}]  (20.44a)
In[2] := bj1 = Plot[{BesselJ[1, z], BesselJ[3, z],
```

BesselJ[5, z]}, {z, 0, 10}, PlotLabel->

TraditionalForm[{BesselJ[1, z], BesselJ[3, z], BesselJ[5, z]}]]

(20.44b)

将产生贝塞尔函数 $J_n(z)$ 关于 $n = 0, 2, 4$ 和 $n = 1, 3, 5$ 的图形, 然后调用

In[3] := GraphicsRow[{$bj0$, $bj1$}]]

则将其接连显示在图 20.5 中.

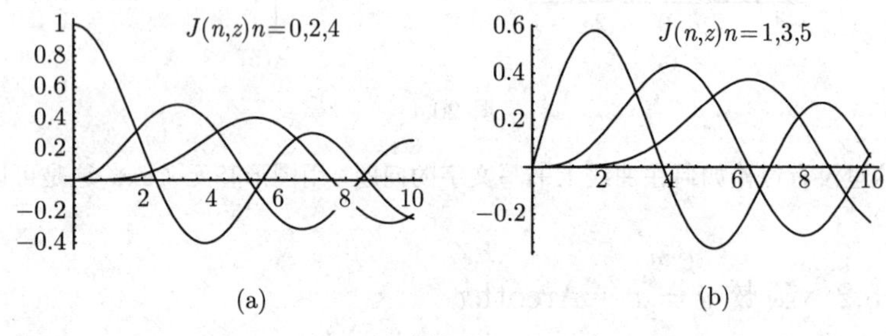

图 20.5

20.4.6　参数形式曲线的绘图

Mathematica 有一个特殊的图形命令, 利用它可以描绘出由参数形式给出的曲线的图像. 这个命令是

ParametricPlot[{$f_x(t), f_y(t)$}, {t, t_1, t_2}]　　(20.45)

它提供了在一个图形中显示多条曲线的可能性. 在命令中必须给出若干曲线的一个列表. 利用选项 AspectRatio − > Automatic, Mathematica 以其自然形式显示曲线.

图 20.6 中的参数曲线是阿基米德螺线 (参见第 136 页 2.14.1) 和对数螺线 (参见第 137 页 2.14.3). 它们的图像由输入

In[1] : = ParametricPlot[{t Cos[t], t Sin[t]}, {t, 0, 3Pi},

AspectRatio-> Automatic]

和

In[2] : = ParametricPlot[{Exp[0.1t] Cos[t], Exp[0.1t] Sin[t]}, {t, 0, 3Pi},

AspectRatio-> Automatic]

绘出.

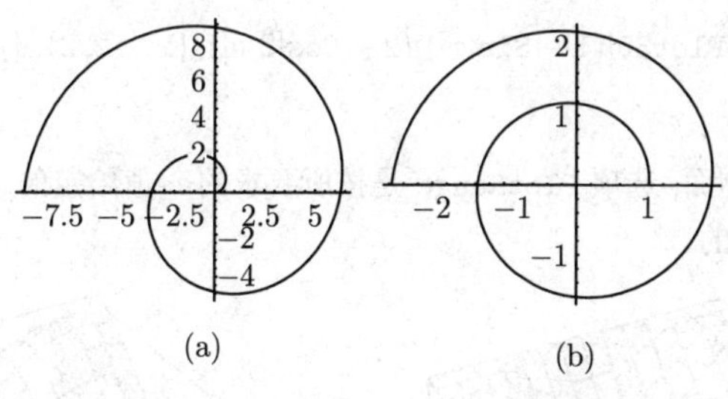

图 20.6

利用

In[3] := ParametricPlot[{$t-2$ Sin[t], $1-2$ Cos[t]}, {t, −Pi, 11Pi},

AspectRatio−> 0.3]

将产生 (图 20.7) 一条次摆线 (参见第 132 页 2.13.2).

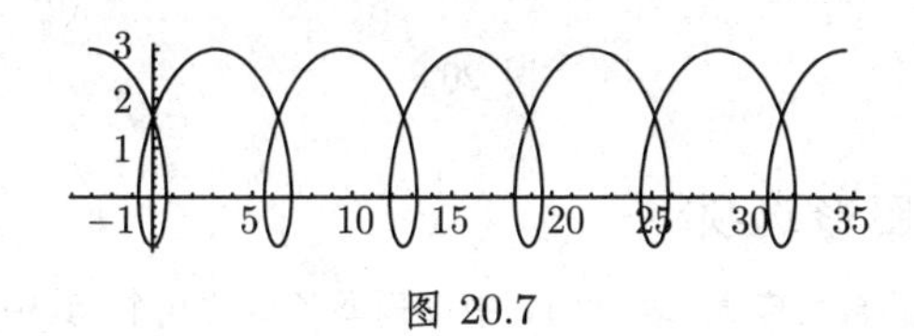

图 20.7

20.4.7 曲面和空间曲线的绘图

Mathematica 提供了表示三维图形基元的可能性.

与二维情形类似, 应用不同的选项可以生成三维图形. 可以按不同的观点和从不同的视角表示和观察这一对象. 同样在三维空间中表示曲面, 即二元函数的图形表示是可能的. 而且有可能在三维空间中表示曲线, 例如, 当它们是以参数形式给定时. 关于三维图形基元的详细描述见 [20.5]. 对于这些表示的引入类似于二维情形.

20.4.7.1 曲面的图形表示

命令 Plot3D 就其基本形式而言需要一个二元函数的定义和这两个变元的定义域:

$$\text{Plot3D}[\text{f}[x,y],\{x,x_a,x_e\},\{y,y_a,y_e\}] \tag{20.46}$$

所有选项都有默认设置.

■ 对于函数 $z=x^2+y^2$, 输入

In[1] := Plot3D[x^2+y^2, {x, −5, 5}, {y, −5, 5}, PlotRange−> {0, 25}]

我们得到图 20.8(a), 而图 20.8(b) 则是由命令

$$\textit{In[2]} := \texttt{Plot3D}[(1 - \texttt{Sin}[x])\ (2 - \texttt{Cos}[2\ y]), \{x, -2, 2\}, \{y, -2, 2\}]$$

产生的.

对于这个抛物面, 选项 PlotRange 是按所要求的 z 值给定的, 因为这个立体是在 $z = 25$ 时切割的.

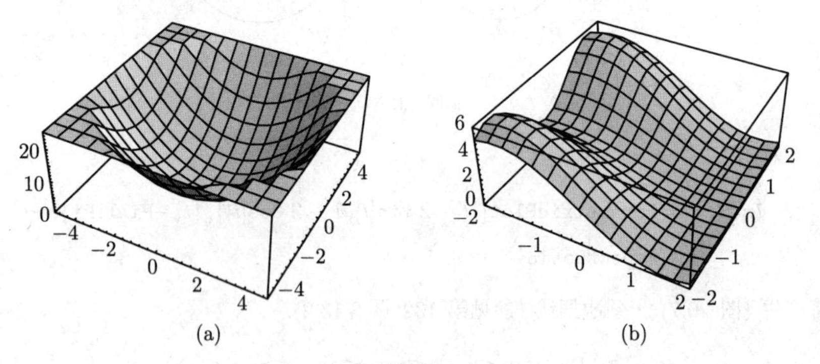

(a) (b)

图 20.8

20.4.7.2 3D 图形选项

3D 图形选项的数目庞大. 表 20.17 中仅列举了少数几个, 其中已知的 2D 图形选项没有包括在内. 它们可以在类似的意义下被应用. 选项 ViewPoint 特别重要, 利用它可以选取非常不同的观察视角.

表 20.17 3D 图形选项

Boxed	默认设置是 True; 它描绘一个环绕曲面的三维框
HiddenSurface	设置曲面的不透明度; 默认设置是 True
ViewPoint	指定空间中的点 (x, y, z), 由此处观察曲面. 默认值是 $\{1.3, -2.4, 2\}$
Shading	默认设置是 True; 在曲面上加阴影; False 得到白色曲面
PlotRange	对于值 All 可以选择 $\{z_a, z_e\}$, $\{\{x_a, x_e\}, \{y_a, y_e\}, \{z_a, z_e\}\}$. 默认是 Automatic

20.4.7.3 参数表示的三维对象

类似于 2D 图形, 也可以描绘由参数表示给出的三维对象. 利用

$$\texttt{ParametricPlot3D}[\{f_x[t, u], f_y[t, u], f_z[t, u]\}, \{t, t_a, t_e\}, \{u, u_a, u_e\}] \tag{20.47}$$

将描绘一个由参数给出的曲面, 而用

$$\texttt{ParametricPlot3D}[\{f_x[t], f_y[t], f_z[t]\}, \{t, t_a, t_e\}] \tag{20.48}$$

则生成一条由参数表示的三维曲线.

■ 图 20.9(a) 和图 20.9(b) 是用命令

$$In[3] := \texttt{ParametricPlot3D}[\{\texttt{Cos}[t]\ \texttt{Cos}[u], \texttt{Sin}[t]\ \texttt{Cos}[u], \texttt{Sin}[u]\}, \{t, 0, 2\texttt{Pi}\} \{u, -\texttt{Pi}/2, \texttt{Pi}/2\}] \quad (20.49a)$$

$$In[4] := \texttt{ParametricPlot3D}[\{\texttt{Cos}[t], \texttt{Sin}[t], t/4\}, \{t, 0, 20\}] \quad (20.49b)$$

描绘的.

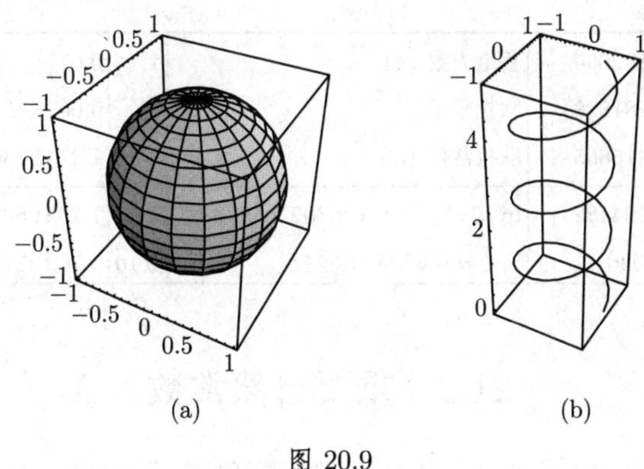

(a) (b)

图 20.9

Mathematica 提供了更多的命令, 利用它们可以生成密度图和轮廓图、条形图和扇形图, 也可以生成不同类型的图的组合.

■ 用 Mathematica 可以很容易地生成洛伦茨吸引子的图像 (参见第 1153 页 17.2.4.3).

有一系列近期的发展, 其中大部分没有展示在书中. 人们可以轻松地构建一个 GUI(图形用户界面) 来利用该程序的交互功能. 大部分计算是自动并行的, 但是像 `Parallelize` 和 `ParallelMap`, 为用户提供了创建他/她自己的并行程序这样的功能. 使用如 `CUDALink`, `OpenCLFunctionLoad` 等这样的功能可以 (相对于其他语言) 在一个非常高的层次上编程设计极其快速的图形卡. 动态交互性工具的一个非常有用的例子是 `Manipulate`, 它将以最简单的实例向你展示一族曲线的参数依赖性. 还应该提及在云中工作或使用树莓派计算机 (Raspberry Pi, 它已得到 Mathematica 的免费使用许可).

(程 钊 译)

第21章　表　　格

21.1　常用数学常数

π	$3.141592654\cdots$	鲁道夫数 (π)	1%	0.01	百分比
e	$2.718281828\cdots$	欧拉数 (e)	1‰	0.001	千分比
C	$0.577215665\cdots$	欧拉常数 (C)	$\sqrt{2}$	$1.414\,2136\cdots$	
$\lg e = M$	$0.434294482\cdots$	$\ln 10 = M^{-1} = 2.302585093\cdots$	$\sqrt{3}$	$1.732\,0508\cdots$	
$\lg 2$	$0.301\,030\cdots$	$\ln 2 = 0.693\,1472\cdots$	$\sqrt{10}$	$3.162\,2777\cdots$	

21.2　重要自然常数

该表使用 [21.12], [21.13], [21.15] 编制. 圆括号中标注的两位数字表示所给数值的最后数字的相对标准误差. 标注 (精确) 表示这是通过定义确定的值.

基本常数		
阿伏伽德罗常量	N_{A}	$= 6.022\,141\,29(27)\cdot 10^{23}/\mathrm{mol}$
真空中光速	c_0	$= 299\,792\,458\ \mathrm{m/s}$ (精确)
重力常数	G	$= 6.673\,84\,(80)\cdot 10^{-11}\mathrm{m}^3/(\mathrm{kg}\cdot\mathrm{s}^2)$
基本电荷	e	$= 1.602\,176\,565(35)\cdot 10^{-19}\ \mathrm{C}$
精细结构常数	α	$= \mu_0 c_0 e^2/(2h) = 7.297\,352\,5698(24)\cdot 10^{-3}$
索末菲常数	α^{-1}	$= 137.035\,999\,074(44)$
普朗克常数	h	$= 6.626\,069\,57(29)\cdot 10^{-34}\mathrm{J}\cdot\mathrm{s} = 4.135\,667\,516(91)\cdot 10^{-15}\mathrm{eV}\cdot\mathrm{s}$
普朗克量子 $h/(2\pi)$	$\hbar$	$= 1.054\,571\,726(47)\cdot 10^{-34}\mathrm{J}\cdot\mathrm{s}$
		$= 6.582\,119\,28(15)\cdot 10^{-16}\mathrm{eV}\cdot\mathrm{s}$

电磁常数		
特定的电子电荷	$-e/m_{\mathrm{e}}$	$= -1.758\,820\,088(39)\cdot 10^{11}\ \mathrm{C}\cdot\mathrm{kg}^{-1}$
真空磁导率	μ_0	$= 4\pi\cdot 10^{-7}\ \mathrm{N/A}^2 = 12.566\,370\,614\cdot 10^{-7}\ \mathrm{V{\cdot}s/Am}$ (精确)
真空电容率	ε_0	$= 1/(\mu_0 c_0^2) = 8.854\,187\,817\cdot 10^{-12}\ \mathrm{A{\cdot}s/Vm}$ (精确)

电磁常数	
磁通量子	$\Phi_0 = h/(2e) = 2.067\,833\,758(46) \cdot 10^{-15}$ Wb
约瑟夫森常数	$K_J = 2e/h = 483\,597.870(11) \cdot 10^9$ Hz/V
冯·克利青常数	$R_K = h/e^2 = 25\,812.807\,4434(84)\,\Omega$
电导量子	$G_0 = 2e/h = 7.748\,091\,7346(25) \cdot 10^{-5}$ S
阻抗特性 (真空)	$Z_0 = 376.730\,313\,461\ \Omega$ (精确)
法拉第常数	$F = eN_A = 96\,485.3365(21)$ As/mol

物理化学，热力学，力学常数		
玻尔兹曼常数	k	$= R_0/N_A = 1.380\,6488(13) \cdot 10^{-23}$ J/K
		$= 8.617\,3324(78) \cdot 10^{-5}$ eV/K
通用 (摩尔) 气体常数	R_0	$= N_A k = 8.314\,4621(75)$ J/(mol·K)
惰性气体摩尔体积	V_{m_0}	$= R_0T_0/p_0 = 22.710\,953(21) \cdot 10^{-3}$ m^3/mol
($T_0 = 273.15$ K, $p_0 = 100$ kPa)		
惰性气体摩尔体积	V_{m_1}	$= R_0T_0/p_0 = 22.413\,968(20) \cdot 10^{-3}$ m^3/mol
($T_0 = 273.15$ K, $p_1 = 101.325$ kPa)		
洛施密特常数 (T_0, p_0)	n_{00}	$= N_A/V_{m_0} = 2.651\,6462(24) \cdot 10^{25}/\text{m}^3$
洛施密特常数 (T_0, p_1)	n_{01}	$= N_A/V_{m_1} = 2.686\,7805(24) \cdot 10^{25}/\text{m}^3$
标准重力加速度	g_n	$= 9.806\,65$ m·s^{-2} (精确)
(地球, 45° 地理纬度、海平面)		

原子电子壳及原子核		
原子质量单位 u	m_u	$= (10^{-3}\text{kg/mol})/N_A = \frac{1}{12} m_{\text{Atom}}(^{12}\text{C})$
		$= 1.660\,538\,921(73) \cdot 10^{-27}$ kg
量子循环 (电子)	s	$= h/(2m_e) = 3.636\,947\,5520(24) \cdot 10^{-4}$ m^2/s
玻尔半径	a_0	$= \hbar^2/(E_0(e)e^2) = r_e/\alpha^2 = 0.529\,177\,210\,92(17) \cdot 10^{-10}$ m
经典电子半径	r_e	$= \alpha^2 a_0 = 2.817\,940\,3267(27) \cdot 10^{-15}$ m
汤姆森截面	σ_0	$= 8\pi r_e^2/3 = 0.665\,245\,8734(13) \cdot 10^{-28}$ m^2
玻尔磁子	μ_B	$= e\hbar/(2m_e) = 927.400\,968\,(20) \cdot 10^{-26}$ J/T
		$= 5.788\,381\,8066(38) \cdot 10^{-5}$ eV/T
核磁子	μ_k	$= e\hbar/(2m_p) = 5.050\,783\,53(11) \cdot 10^{-27}$ J/T
		$= 3.152\,451\,2605(22) \cdot 10^{-8}$ eV/T
核半径	R	$= r_0 A^{1/3}$; $r_0 = (1.2 \sim 1.4)$ fm; $1 \leqslant A \leqslant 250$:
		$9\ \text{fm} \geqslant R \geqslant r_0$

原子电子壳及原子核		
静止能量		
原子质量单位	$E_0(\mathrm{u})$	$= 931.494\,061(21)$ MeV
电子	$E_0(\mathrm{e})$	$= 0.510\,998\,928(11)$ MeV
质子	$E_0(\mathrm{p})$	$= 938.272\,046(21)$ MeV
中子	$E_0(\mathrm{n})$	$= 939.565\,379(21)$ MeV
静止质量		
电子	m_e	$= 9.109\,382\,91(40)\cdot 10^{-31}$ kg $= 5.485\,799\,0946(22)\cdot 10^{-4}$ u
质子	m_p	$= 1.672\,621\,71(29)\cdot 10^{-27}$ kg $= 1\,836.152\,672\,61(85)\,m_\mathrm{e}$
		$= 1.007\,276\,466\,812(90)$ u
中子	m_n	$= 1.674\,927\,351(74)\cdot 10^{-27}$ kg $= 1\,838.683\,659\,8(13)\,m_\mathrm{e}$
		$= 1.008\,664\,915\,60(55)$ u
磁矩		
电子	μ_e	$= -1.001\,159\,652\,1859(41)\ \mu_\mathrm{B}$
		$= -928.476\,412(80)\cdot 10^{-26}$ J/T
质子	μ_p	$= +2.792\,847\,356(23)\,\mu_\mathrm{k} = 1.410\,606\,71(12)\cdot 10^{-26}$ J/T
中子	μ_n	$= -1.913\,042\,72(45)\,\mu_\mathrm{k} = 0.966\,236\,47(23)\cdot 10^{-26}$ J/T

21.3 (公制) 前缀表

前缀	科学记数法	缩写	前缀	科学记数法	缩写
幺 [科托]	10^{-24}	y	十	10^{1}	da
仄 [普托]	10^{-21}	z	百	10^{2}	h
阿 [托]	10^{-18}	a	千	10^{3}	k
飞 [母托]	10^{-15}	f	兆	10^{6}	M
皮 [可]	10^{-12}	p	吉 [咖]	10^{9}	G
纳 [诺]	10^{-9}	n	太 [拉]	10^{12}	T
微	10^{-6}	μ	拍 [它]	10^{15}	P
毫	10^{-3}	m	艾 [可萨]	10^{18}	E
厘	10^{-2}	c	泽 [它]	10^{21}	Z
分	10^{-1}	d	尧 [它]	10^{24}	Y

■$10^3 = 1000$. ■$10^{-3} = 0.001$. ■$10^3\mathrm{m} = 1\mathrm{km}$. ■$1\mu\mathrm{m} = 10^{-6}\mathrm{m}$. ■$1\mathrm{nm} = 10^{-9}\mathrm{m}$.

21.4 国际物理单位制 (SI 单位)

物理单位进一步信息见 [21.7].[21.17],[21.18].

国际单位制的基本单位			
长度	m	米	
时间	s	秒	
质量	kg	千克	
热力学温度	K	开尔文	
电流	A	安培	
物质的量	mol	摩尔 (1 mol $=N_{\mathrm{A}}$ Stück, N_{A} = 阿伏伽德罗常量)	
发光强度	cd	坎德拉	
国际单位制的辅助单位			
平面角	rad	弧度	$\alpha = l/r$, $1\,\mathrm{rad} = 1\,\mathrm{m}/1\,\mathrm{m}$
立体角	sr	球面角	$\Omega = S/r^2$, $1\,\mathrm{sr} = 1\,\mathrm{m}^2/1\,\mathrm{m}^2$
国际单位制导出单位专门名称及符号示例 (具有专门名称符号的 SI 导出单位)			
频率	Hz	赫兹	$1\,\mathrm{Hertz} = 1/\mathrm{s}$
力	N	牛顿	$1\,\mathrm{N} = 1\,\mathrm{kg}\cdot\mathrm{m}\cdot\mathrm{s}^2$
压力	Pa	帕斯卡	$1\,\mathrm{Pa} = 1\,\mathrm{N}/\mathrm{m}^2 = 1\,\mathrm{kg}/(\mathrm{m}\cdot\mathrm{s}^2)$
能量	J	焦耳	$1\,\mathrm{J} = 1\,\mathrm{N}\cdot\mathrm{m} = 1\,\mathrm{kg}\cdot\mathrm{m}^2/\mathrm{s}^2$
热量	kW·h	千瓦小时	$1\,\mathrm{kW}\cdot\mathrm{h} = 3.6\cdot10^6\,\mathrm{J}$
力	W	瓦特	$1\,\mathrm{W} = 1\,\mathrm{N}\cdot\mathrm{m}/\mathrm{s} = 1\,\mathrm{J}/\mathrm{s} = 1\,\mathrm{kg}\cdot\mathrm{m}^2/\mathrm{s}^3$
电荷	C	库仑	$1\,\mathrm{C} = 1\,\mathrm{A}\cdot\mathrm{s}$
电压	V	伏特	$1\,\mathrm{V} = 1\,\mathrm{W}/\mathrm{A} = 1\,\mathrm{kg}\cdot\mathrm{m}^2/(\mathrm{A}\cdot\mathrm{s}^3)$
电容量	F	法拉	$1\,\mathrm{F} = 1\,\mathrm{C}/\mathrm{V} = 1\,\mathrm{A}^2\,\mathrm{s}^2/\mathrm{J} = 1\,\mathrm{A}^2\cdot\mathrm{s}^4/(\mathrm{kg}\cdot\mathrm{m}^2)$
电阻	Ω	欧姆	$1\Omega = 1\,\mathrm{V}/\mathrm{A} = 1\,\mathrm{kg}\cdot\mathrm{m}^2/(\mathrm{A}^2\cdot\mathrm{s}^3)$
电导	S	西门子	$1\,\mathrm{S} = 1/\Omega = 1\,\mathrm{A}^2\cdot\mathrm{s}^3/(\mathrm{kg}\cdot\mathrm{m}^2)$
磁通量	Wb	韦伯	$1\,\mathrm{Wb} = 1\,\mathrm{V\,s} = 1\,\mathrm{kg}\cdot\mathrm{m}^2/(\mathrm{A}\cdot\mathrm{s}^2)$
磁通量密度	T	特斯拉	$1\,\mathrm{T} = 1\,\mathrm{Wb}/\mathrm{m}^2 = 1\,\mathrm{kg}/(\mathrm{A}\cdot\mathrm{s}^2)$
电感	H	亨利	$1\,\mathrm{H} = 1\,\mathrm{Wb}/\mathrm{A} = 1\,\mathrm{kg}\cdot\mathrm{m}^2/(\mathrm{A}^2\cdot\mathrm{s}^2)$
光通量	lm	流明	$1\,\mathrm{lm} = 1\,\mathrm{cd\ sr}$
光照度	lx	勒克斯	$1\,\mathrm{lx} = 1\,\mathrm{cd\ sr}/\mathrm{m}^2$

无专门名称的 (国际 SI 单位制) 导出单位

速度	m/s	加速度	m/s^2
角速度	rad/s	角加速度	rad/s^2
动量	$kg \cdot m/s$	角动量	$kg \cdot m^2/s$
扭矩	$N \cdot m$	转动惯量	$kg \cdot m^2$
作用	$J \cdot s$	能量	$W \cdot s$
面积	m^2	体积	m^3
密度	kg/m^3	粒子数密度	m^{-3}
电场强度	V/m	磁场强度	A/m
热容量	J/K	比热容量	$J/(K \cdot kg)$
熵	J/K	焓	J

SI 导出单位 (特殊名称和符号)

活性	Bq	贝可勒尔 (放射性活度单位, 简称贝可)	$Bq=1s^{-1}$
剂量当量	Sv	希沃特 (辐射效果单位, 简称希)	$Sv=Jkg^{-1}$
吸收剂量	Gy	格雷	$Gy=Jkg^{-1}$

SI 之外使用中的部分单位

面积	ar	Ar	$1\ ar = 100\,m^2$
面积	b	仓	$1\ barn = 10^{-28}\ m^2$
体积	L	升	$1\ L = 10^{-3}\ m^3$
速度	km/h		$1\ km/h = 0.277\,778\,m/s$
质量	u	统一原子质量单位	$1\ u = 1.660\,5655 \cdot 10^{-27}\ kg$
	t	公吨	$1\ t = 1000\,kg$
能量	eV	电子伏特	$1\ eV = 1.602\,176\,565(35) \cdot 10^{-19}\ Nm$
光焦度	dpt	屈光度	$1\ dpt = 1/m$
压力	bar	巴	$1\ bar = 10^5\ Pa$
	mmHg	mmHg 柱 (Torr)	$1\ mmHg = 133.322\ Pa$
平面角	度	$1^\circ = \pi/180\,rad$	$1^\circ = 0.017\,453\,293 \cdots rad$
	分	$1' = (1/60)^\circ = \pi/108\,00\,rad$	$1' = 0.000\,290\,888 \cdots rad$
	秒	$1'' = (1/60)' = \pi/648\,000\,rad$	$1'' = 0.000\,004\,848 \cdots rad$
时间	min	分	$1\ min = 60\,s$
	h	时	$1\ h = 3.6 \cdot 10^3\ s$
	d	日	$1\ d = 8.64 \cdot 10^4\ s$
	a	年	$1\ a = 365\,d = 8760\,h$

SI 之外目前接受使用的部分单位

长度	AE	天文单位	$1\text{AE} = 149.597870 \cdot 10^9$ m
	pc	秒差距	$1\text{pc} = 30.857 \cdot 10^{15}$ m
	Lj	光导	$1\text{Lj} = 9.46044763 \cdot 10^{15}$ m
	Å	埃	1 Å $= 10^{-10}$ m
	sm	海里	1 sm = 1852 m
体积	bbl	桶	$1\ \text{bbl} = 0.158988\,\text{m}^3$
平面角	gon	新度	$1^{\text{g}} = 0.5\pi \cdot 10^{-2}$ rad
		新分	$1^{\text{c}} = 0.5\pi \cdot 10^{-4}$ rad
		新秒	$1^{\text{cc}} = 0.5\pi \cdot 10^{-6}$ rad
速度	kn	节	1 kn = 1sm/h = 0.5144 m/s
能量	cal	卡路里	1 cal = 4.1868 J
压力	atm	标准大气	$1\ \text{atm} = 1.01325 \cdot 10^5$ Pa
活度	Ci	居里	$1\ \text{Ci} = 3.7 \cdot 10^{10}$ Bq

说明: $1\ \text{Pa} = 1\text{N}\cdot\text{m}^{-2} = 10^{-5}\ \text{bar} = 7.52 \cdot 10^{-3}\ \text{Torr} = 9.86923 \cdot 10^{-6}\ \text{atm}$;
1 atm = 760 Torr = 101325 Pa; 1 Torr = 133.32 Pa = 1mmHg; 1 bar = 0.987 atm = 760.06 Torr .

仅在欧盟部分国家中使用的单位见 [21.18]

21.5 重要级数展开

函数	幂级数展开	收敛域
	代数函数	
	二项式级数	
$(a \pm x)^m$	转化为 $a^m\left(1 \pm \dfrac{x}{a}\right)^m$, 得到下列级数:	$\|x\| \leqslant a,\ m > 0$ $\|x\| < a,\ m < 0$
	正指数二项式级数	
$(1 \pm x)^m$ $(m > 0)$	$1 \pm mx + \dfrac{m(m-1)}{2!}x^2 \pm \dfrac{m(m-1)(m-2)}{3!}x^3 + \cdots$ $+ (\pm 1)^n \dfrac{m(m-1)\cdots(m-n+1)}{n!}x^n + \cdots$	$\|x\| \leqslant 1$
$(1 \pm x)^{\frac{1}{4}}$	$1 \pm \dfrac{1}{4}x - \dfrac{1 \cdot 3}{4 \cdot 8}x^2 \pm \dfrac{1 \cdot 3 \cdot 7}{4 \cdot 8 \cdot 12}x^3 - \dfrac{1 \cdot 3 \cdot 7 \cdot 11}{4 \cdot 8 \cdot 12 \cdot 16}x^4 \pm \cdots$	$\|x\| \leqslant 1$

续表

函数	幂级数展开	收敛域
$(1\pm x)^{\frac{1}{3}}$	$1\pm\frac{1}{3}x-\frac{1\cdot 2}{3\cdot 6}x^2\pm\frac{1\cdot 2\cdot 5}{3\cdot 6\cdot 9}x^3-\frac{1\cdot 2\cdot 5\cdot 8}{3\cdot 6\cdot 9\cdot 12}x^4\pm\cdots$	$\lvert x\rvert\leqslant 1$
$(1\pm x)^{\frac{1}{2}}$	$1\pm\frac{1}{2}x-\frac{1\cdot 1}{2\cdot 4}x^2\pm\frac{1\cdot 1\cdot 3}{2\cdot 4\cdot 6}x^3-\frac{1\cdot 1\cdot 3\cdot 5}{2\cdot 4\cdot 6\cdot 8}x^4\pm\cdots$	$\lvert x\rvert\leqslant 1$
$(1\pm x)^{\frac{3}{2}}$	$1\pm\frac{3}{2}x+\frac{3\cdot 1}{2\cdot 4}x^2\mp\frac{3\cdot 1\cdot 1}{2\cdot 4\cdot 6}x^3+\frac{3\cdot 1\cdot 1\cdot 3}{2\cdot 4\cdot 6\cdot 8}x^4\mp\cdots$	$\lvert x\rvert\leqslant 1$
$(1\pm x)^{\frac{5}{2}}$	$1\pm\frac{5}{2}x+\frac{5\cdot 3}{2\cdot 4}x^2\pm\frac{5\cdot 3\cdot 1}{2\cdot 4\cdot 6}x^3-\frac{5\cdot 3\cdot 1\cdot 1}{2\cdot 4\cdot 6\cdot 8}x^4\mp\cdots$	$\lvert x\rvert\leqslant 1$
	负指数二项式级数	
$(1\pm x)^{-m}$ $(m>0)$	$1\mp mx+\frac{m(m+1)}{2!}x^2\mp\frac{m(m+1)(m+2)}{3!}x^3+\cdots$ $+(\mp 1)^n\frac{m(m+1)\cdots(m+n-1)}{n!}x^n+\cdots$	$\lvert x\rvert<1$
$(1\pm x)^{-\frac{1}{4}}$	$1\mp\frac{1}{4}x+\frac{1\cdot 5}{4\cdot 8}x^2\mp\frac{1\cdot 5\cdot 9}{4\cdot 8\cdot 12}x^3+\frac{1\cdot 5\cdot 9\cdot 13}{4\cdot 8\cdot 12\cdot 16}x^4\mp\cdots$	$\lvert x\rvert<1$
$(1\pm x)^{-\frac{1}{3}}$	$1\mp\frac{1}{3}x+\frac{1\cdot 4}{3\cdot 6}x^2\mp\frac{1\cdot 4\cdot 7}{3\cdot 6\cdot 9}x^3+\frac{1\cdot 4\cdot 7\cdot 10}{3\cdot 6\cdot 9\cdot 12}x^4\mp\cdots$	$\lvert x\rvert<1$
$(1\pm x)^{-\frac{1}{2}}$	$1\mp\frac{1}{2}x+\frac{1\cdot 3}{2\cdot 4}x^2\mp\frac{1\cdot 3\cdot 5}{2\cdot 4\cdot 6}x^3+\frac{1\cdot 3\cdot 5\cdot 7}{2\cdot 4\cdot 6\cdot 8}x^4\mp\cdots$	$\lvert x\rvert<1$
$(1\pm x)^{-1}$	$1\mp x+x^2\mp x^3+x^4\mp\cdots$	$\lvert x\rvert<1$
$(1\pm x)^{-\frac{3}{2}}$	$1\mp\frac{3}{2}x+\frac{3\cdot 5}{2\cdot 4}x^2\mp\frac{3\cdot 5\cdot 7}{2\cdot 4\cdot 6}x^3+\frac{3\cdot 5\cdot 7\cdot 9}{2\cdot 4\cdot 6\cdot 8}x^4\mp\cdots$	$\lvert x\rvert<1$
$(1\pm x)^{-2}$	$1\mp 2x+3x^2\mp 4x^3+5x^4\mp\cdots$	$\lvert x\rvert<1$
$(1\pm x)^{-\frac{5}{2}}$	$1\mp\frac{5}{2}x+\frac{5\cdot 7}{2\cdot 4}x^2\mp\frac{5\cdot 7\cdot 9}{2\cdot 4\cdot 6}x^3+\frac{5\cdot 7\cdot 9\cdot 11}{2\cdot 4\cdot 6\cdot 8}x^4\mp\cdots$	$\lvert x\rvert<1$
$(1\pm x)^{-3}$	$1\mp\frac{1}{1\cdot 2}(2\cdot 3x\mp 3\cdot 4x^2+4\cdot 5x^3\mp 5\cdot 6x^4+\cdots)$	$\lvert x\rvert<1$
$(1\pm x)^{-4}$	$1\mp\frac{1}{1\cdot 2\cdot 3}(2\cdot 3\cdot 4x\mp 3\cdot 4\cdot 5x^2$ $+4\cdot 5\cdot 6x^3\mp 5\cdot 6\cdot 7x^4+\cdots)$	$\lvert x\rvert<1$
$(1\pm x)^{-5}$	$1\mp\frac{1}{1\cdot 2\cdot 3\cdot 4}(2\cdot 3\cdot 4\cdot 5x\mp 3\cdot 4\cdot 5\cdot 6x^2$ $+4\cdot 5\cdot 6\cdot 7x^3\mp 5\cdot 6\cdot 7\cdot 8x^4+\cdots)$	$\lvert x\rvert<1$

续表

函数	幂级数展开	收敛域
	三角函数	
$\sin x$	$x-\frac{x^3}{3!}+\frac{x^5}{5!}-\cdots+(-1)^n\frac{x^{2n+1}}{(2n+1)!}\pm\cdots$	$\|x\|<\infty$
$\sin(x+a)$	$\sin a+x\cos a-\frac{x^2\sin a}{2!}-\frac{x^3\cos a}{3!}$ $+\frac{x^4\sin a}{4!}+\cdots+\frac{x^n\sin\left(a+\frac{n\pi}{2}\right)}{n!}\cdots$	$\|x\|<\infty$
$\cos x$	$1-\frac{x^2}{2!}+\frac{x^4}{4!}-\frac{x^6}{6!}+\cdots+(-1)^n\frac{x^{2n}}{(2n)!}\pm\cdots$	$\|x\|<\infty$
$\cos(x+a)$	$\cos a-x\sin a-\frac{x^2\cos a}{2!}+\frac{x^3\sin a}{3!}$ $+\frac{x^4\cos a}{4!}-\cdots+\frac{x^n\cos\left(a+\frac{n\pi}{2}\right)}{n!}\pm\cdots$	$\|x\|<\infty$
$\tan x$	$x+\frac{1}{3}x^3+\frac{2}{15}x^5+\frac{17}{315}x^7+\frac{62}{2835}x^9+\cdots$ $+\frac{2^{2n}(2^{2n}-1)B_n}{(2n)!}x^{2n-1}+\cdots$	$\|x\|<\frac{\pi}{2}$
$\cot x$	$\frac{1}{x}-\left[\frac{x}{3}+\frac{x^3}{45}+\frac{2x^5}{945}+\frac{x^7}{4725}+\cdots\right.$ $\left.+\frac{2^{2n}B_n}{(2n)!}x^{2n-1}+\cdots\right]$	$0<\|x\|<\pi$
$\sec x$	$1+\frac{1}{2}x^2+\frac{5}{24}x^4+\frac{61}{720}x^6+\frac{277}{8064}x^8+\cdots$ $+\frac{E_n}{(2n)!}x^{2n}+\cdots$	$\|x\|<\frac{\pi}{2}$
$\csc x$	$\frac{1}{x}+\frac{1}{6}x+\frac{7}{360}x^3+\frac{31}{15120}x^5+\frac{127}{604800}x^7+\cdots$ $+\frac{2(2^{2n-1}-1)}{(2n)!}B_nx^{2n-1}+\cdots$	$0<\|x\|<\pi$
	指数函数	
e^x	$1+\frac{x}{1!}+\frac{x^2}{2!}+\frac{x^3}{3!}+\cdots+\frac{x^n}{n!}+\cdots$	$\|x\|<\infty$
$a^x=e^{x\ \ln a}$	$1+\frac{x\ \ln a}{1!}+\frac{(x\ \ln a)^2}{2!}+\frac{(x\ \ln a)^3}{3!}+\cdots+\frac{(x\ \ln a)^n}{n!}+\cdots$	$\|x\|<\infty$
$\frac{x}{e^x-1}$	$1-\frac{x}{2}+\frac{B_1\,x^2}{2!}-\frac{B_2\,x^4}{4!}+\frac{B_3\,x^6}{6!}-\cdots$ $+(-1)^{n+1}\frac{B_n\,x^{2n}}{(2n)!}\pm\cdots$	$\|x\|<2\pi$

续表

函数	幂级数展开	收敛域
	对数函数	
$\ln x$	$2\left[\frac{x-1}{x+1}+\frac{(x-1)^3}{3(x+1)^3}+\frac{(x-1)^5}{5(x+1)^5}+\cdots+\frac{(x-1)^{2n+1}}{(2n+1)(x+1)^{2n+1}}+\cdots\right]$	$x>0$
$\ln x$	$(x-1)-\frac{(x-1)^2}{2}+\frac{(x-1)^3}{3}-\frac{(x-1)^4}{4}+\cdots+(-1)^{n+1}\frac{(x-1)^n}{n}\pm\cdots$	$0<x\leqslant 2$
$\ln x$	$\frac{x-1}{x}+\frac{(x-1)^2}{2x^2}+\frac{(x-1)^3}{3x^3}+\cdots+\frac{(x-1)^n}{nx^n}+\cdots$	$x>\frac{1}{2}$
$\ln(1+x)$	$x-\frac{x^2}{2}+\frac{x^3}{3}-\frac{x^4}{4}+\cdots+(-1)^{n+1}\frac{x^n}{n}\pm\cdots$	$-1<x\leqslant 1$
$\ln(1-x)$	$-\left(x+\frac{x^2}{2}+\frac{x^3}{3}+\frac{x^4}{4}+\frac{x^5}{5}+\cdots+\frac{x^n}{n}+\cdots\right)$	$-1\leqslant x<1$
$\ln\left(\frac{1+x}{1-x}\right)$ $=2\,\mathrm{Artanh}x$	$2\left(x+\frac{x^3}{3}+\frac{x^5}{5}+\frac{x^7}{7}+\cdots+\frac{x^{2n+1}}{2n+1}+\cdots\right)$	$\|x\|<1$
$\ln\left(\frac{x+1}{x-1}\right)$ $=2\,\mathrm{Arcoth}x$	$2\left[\frac{1}{x}+\frac{1}{3x^3}+\frac{1}{5x^5}+\frac{1}{7x^7}+\cdots+\frac{1}{(2n+1)\,x^{2n+1}}+\cdots\right]$	$\|x\|>1$
$\ln\|\sin x\|$	$\ln\|x\|-\frac{x^2}{6}-\frac{x^4}{180}-\frac{x^6}{2835}-\cdots-\frac{2^{2n-1}B_n\,x^{2n}}{n\,(2n)!}-\cdots$	$0<\|x\|<\pi$
$\ln\cos x$	$-\frac{x^2}{2}-\frac{x^4}{12}-\frac{x^6}{45}-\frac{17x^8}{2520}-\cdots-\frac{2^{2n-1}(2^{2n}-1)B_n\,x^{2n}}{n(2n)!}-\cdots$	$\|x\|<\frac{\pi}{2}$
$\ln\|\tan x\|$	$\ln\|x\|+\frac{1}{3}x^2+\frac{7}{90}x^4+\frac{62}{2835}x^6+\cdots+\frac{2^{2n}(2^{2n-1}-1)B_n}{n(2n)!}x^{2n}+\cdots$	$0<\|x\|<\frac{\pi}{2}$

续表

函数	幂级数展开	收敛域
	反三角函数	
$\arcsin x$	$x+\frac{x^3}{2\cdot 3}+\frac{1\cdot 3\,x^5}{2\cdot 4\cdot 5}+\frac{1\cdot 3\cdot 5\,x^7}{2\cdot 4\cdot 6\cdot 7}+\cdots$ $+\frac{1\cdot 3\cdot 5\cdots(2n-1)\,x^{2n+1}}{2\cdot 4\cdot 6\cdots(2n)(2n+1)}+\cdots$	$\|x\|<1$
$\arccos x$	$\frac{\pi}{2}-\left[x+\frac{x^3}{2\cdot 3}+\frac{1\cdot 3\,x^5}{2\cdot 4\cdot 5}+\frac{1\cdot 3\cdot 5\,x^7}{2\cdot 4\cdot 6\cdot 7}+\cdots\right.$ $\left.+\frac{1\cdot 3\cdot 5\cdots(2n-1)\,x^{2n+1}}{2\cdot 4\cdot 6\cdots(2n)(2n+1)}+\cdots\right]$	$\|x\|<1$
$\arctan x$	$x-\frac{x^3}{3}+\frac{x^5}{5}-\frac{x^7}{7}+\cdots+(-1)^n\,\frac{x^{2n+1}}{2n+1}\pm\cdots$	$\|x\|<1$
$\arctan x$	$\pm\frac{\pi}{2}-\frac{1}{x}+\frac{1}{3\,x^3}-\frac{1}{5\,x^5}+\frac{1}{7\,x^7}-\cdots$ $+(-1)^{n+1}\,\frac{1}{(2n+1)\,x^{2n+1}}\pm\cdots$	$\|x\|>1$
$\operatorname{arccot} x$	$\frac{\pi}{2}-\left[x-\frac{x^3}{3}+\frac{x^5}{5}-\frac{x^7}{7}+\cdots+(-1)^n\,\frac{x^{2n+1}}{2n+1}\pm\cdots\right]$	$\|x\|<1$
	双曲函数	
$\sinh x$	$x+\frac{x^3}{3!}+\frac{x^5}{5!}+\frac{x^7}{7!}+\cdots+\frac{x^{2n+1}}{(2n+1)!}+\cdots$	$\|x\|<\infty$
$\cosh x$	$1+\frac{x^2}{2!}+\frac{x^4}{4!}+\frac{x^6}{6!}+\cdots+\frac{x^{2n}}{(2n)!}+\cdots$	$\|x\|<\infty$
$\tanh x$	$x-\frac{1}{3}\,x^3+\frac{2}{15}x^5-\frac{17}{315}x^7+\frac{62}{2835}x^9-\cdots$ $+\frac{(-1)^{n+1}\,2^{2n}(2^{2n}-1)}{(2n)!}\,B_n x^{2n-1}\pm\cdots$	$\|x\|<\frac{\pi}{2}$
$\coth x$	$\frac{1}{x}+\frac{x}{3}-\frac{x^3}{45}+\frac{2x^5}{945}-\frac{x^7}{4725}+\cdots$ $+\frac{(-1)^{n+1}\,2^{2n}}{(2n)!}\,B_n x^{2n-1}\pm\cdots$	$0<\|x\|<\pi$

续表

函数	幂级数展开	收敛域
$\operatorname{sech} x$	$1-\frac{1}{2!}x^2+\frac{5}{4!}x^4-\frac{61}{6!}x^6+\frac{1385}{8!}x^8-\cdots$ $+\frac{(-1)^n}{(2n)!}E_n x^{2n}\pm\cdots$	$\lvert x\rvert<\frac{\pi}{2}$
$\operatorname{csch} x$	$\frac{1}{x}-\frac{x}{6}+\frac{7x^3}{360}-\frac{31x^5}{15120}+\cdots$ $+\frac{2(-1)^n(2^{2n-1}-1)}{(2n)!}B_n x^{2n-1}+\cdots$	$0<\lvert x\rvert<\pi$
	面积函数	
$\operatorname{Arsinh} x$	$x-\frac{1}{2\cdot3}x^3+\frac{1\cdot3}{2\cdot4\cdot5}x^5-\frac{1\cdot3\cdot5}{2\cdot4\cdot6\cdot7}x^7+\cdots$ $+(-1)^n\cdot\frac{1\cdot3\cdot5\cdots(2n-1)}{2\cdot4\cdot6\cdots2n(2n+1)}x^{2n+1}\pm\cdots$	$\lvert x\rvert<1$
$\operatorname{Arcosh} x$	$\pm\left[\ln(2x)-\frac{1}{2\cdot2x^2}-\frac{1\cdot3}{2\cdot4\cdot4x^4}-\frac{1\cdot3\cdot5}{2\cdot4\cdot6x^6}-\cdots\right]$	$x>1$
$\operatorname{Artanh} x$	$x+\frac{x^3}{3}+\frac{x^5}{5}+\frac{x^7}{7}+\cdots+\frac{x^{2n+1}}{2n+1}+\cdots$	$\lvert x\rvert<1$
$\operatorname{Arcoth} x$	$\frac{1}{x}+\frac{1}{3x^3}+\frac{1}{5x^5}+\frac{1}{7x^7}+\cdots+\frac{1}{(2n+1)x^{2n+1}}+\cdots$	$\lvert x\rvert>1$

21.6 傅里叶级数

1. $y=x,\ 0<x<2\pi$

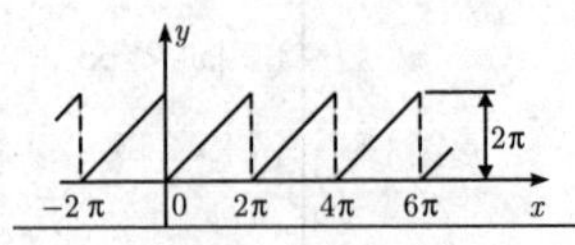

$$y=\pi-2\left(\frac{\sin x}{1}+\frac{\sin 2x}{2}+\frac{\sin 3x}{3}+\cdots\right)$$

2. $y=x,\ 0\leqslant x\leqslant\pi$

   $y=2\pi-x,\ \pi<x\leqslant 2\pi$

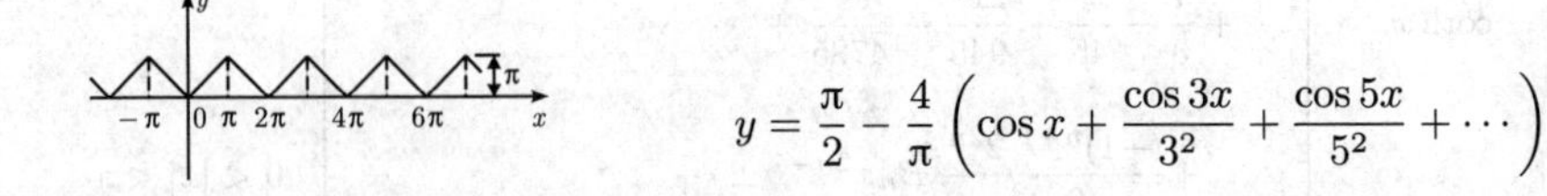

$$y=\frac{\pi}{2}-\frac{4}{\pi}\left(\cos x+\frac{\cos 3x}{3^2}+\frac{\cos 5x}{5^2}+\cdots\right)$$

续表

3.　$y=x,\ -\pi<x<\pi$

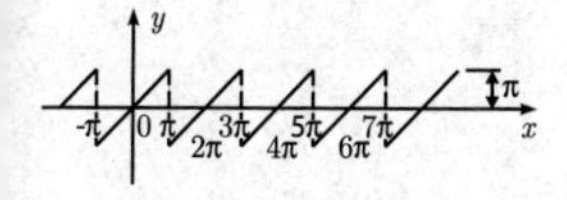

$$y=2\left(\frac{\sin x}{1}-\frac{\sin 2x}{2}+\frac{\sin 3x}{3}-\cdots\right)$$

4.　$y=x,-\dfrac{\pi}{2}\leqslant x\leqslant\dfrac{\pi}{2}$

$y=\pi-x,\dfrac{\pi}{2}\leqslant x\leqslant\dfrac{3\pi}{2}$

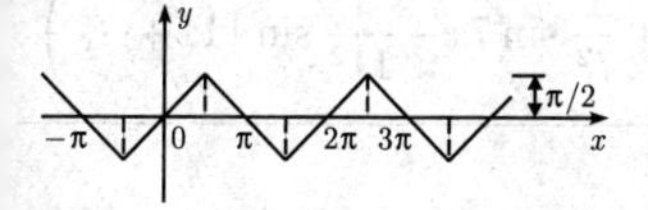

$$y=\frac{4}{\pi}\left(\sin x-\frac{\sin 3x}{3^2}+\frac{\sin 5x}{5^2}-\cdots\right)$$

5.　$y=a\ ,\ 0<x<\pi$

$y=-a,\ \pi<x<2\pi$

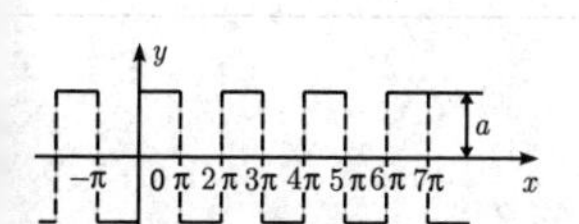

$$y=\frac{4a}{\pi}\left(\sin x+\frac{\sin 3x}{3}+\frac{\sin 5x}{5}+\cdots\right)$$

6.　$y=0,\ 0\leqslant x<\alpha$ 和 $\pi-\alpha<x\leqslant\pi+\alpha$ 和 $2\pi-\alpha<x\leqslant 2\pi$

$y=a,\ \alpha<x<\pi-\alpha$

$y=-a,\pi+\alpha<x\leqslant 2\pi-\alpha$

$$y=\frac{4a}{\pi}\left(\cos\alpha\sin x+\frac{1}{3}\cos 3\alpha\sin 3x\right.$$
$$\left.+\frac{1}{5}\cos 5\alpha\sin 5x+\cdots\right)$$

续表

7. $y=\dfrac{ax}{\alpha},\quad -a\leqslant x\leqslant a$

$y=a,\quad \alpha\leqslant x\leqslant \pi-\alpha,$

$y=\dfrac{a(\pi-x)}{\alpha},\quad \pi-\alpha\leqslant x\leqslant \pi+\alpha,$

$y=-a,\quad \pi+\alpha\leqslant x\leqslant 2\pi-\alpha$

$$y=\frac{4}{\pi}\frac{a}{\alpha}\left(\sin\alpha\sin x+\frac{1}{3^2}\sin 3\alpha\sin 3x+\frac{1}{5^2}\sin 5\alpha\sin 5x+\cdots\right)$$

特别地, 当 $\alpha=\dfrac{\pi}{3}$时, $y=\dfrac{6\sqrt{3}a}{\pi^2}\left(\sin x-\dfrac{1}{5^2}\sin 5x+\dfrac{1}{7^2}\sin 7x-\dfrac{1}{11^2}\sin 11x+\cdots\right)$

8. $y=x^2,\quad -\pi\leqslant x\leqslant \pi$

$$y=\frac{\pi^2}{3}-4\left(\frac{\cos x}{1}-\frac{\cos 2x}{2^2}+\frac{\cos 3x}{3^2}-\cdots\right)$$

9. $y=x(\pi-x),\quad 0\leqslant x\leqslant \pi$

$$y=\frac{\pi^2}{6}-\left(\frac{\cos 2x}{1^2}+\frac{\cos 4x}{2^2}+\frac{\cos 6x}{3^2}+\cdots\right)$$

10. $y=x(\pi-x),\quad 0\leqslant x\leqslant \pi$

$y=(\pi-x)(2\pi-x),\quad \pi\leqslant x\leqslant 2\pi$

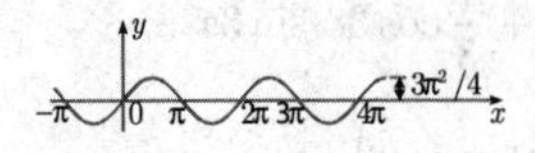

$$y=\frac{8}{\pi}\left(\sin x+\frac{1}{3^3}\sin 3x+\frac{1}{5^3}\sin 5x+\cdots\right)$$

11. $y=\sin x,\quad 0\leqslant x\leqslant \pi$

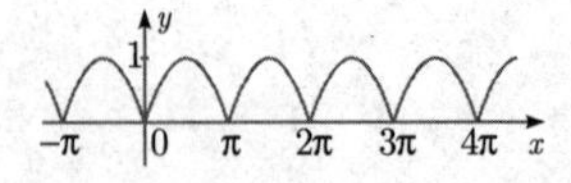

$$y=\frac{2}{\pi}-\frac{4}{\pi}\left(\frac{\cos 2x}{1\cdot 3}+\frac{\cos 4x}{3\cdot 5}+\frac{\cos 6x}{5\cdot 7}+\cdots\right)$$

续表

12. $y=\cos x,\quad 0<x<\pi$

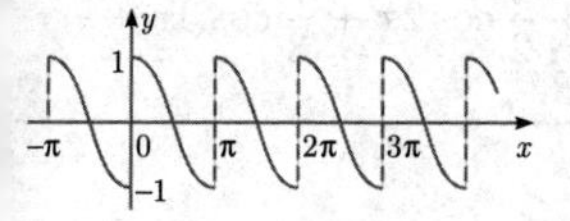

$$y=\frac{4}{\pi}\left(\frac{2\sin 2x}{1\cdot 3}+\frac{4\sin 4x}{3\cdot 5}+\frac{6\sin 6x}{5\cdot 7}+\cdots\right)$$

13. $y=\sin x,\quad 0\leqslant x\leqslant \pi$

$y=0,\quad \pi\leqslant x\leqslant 2\pi$

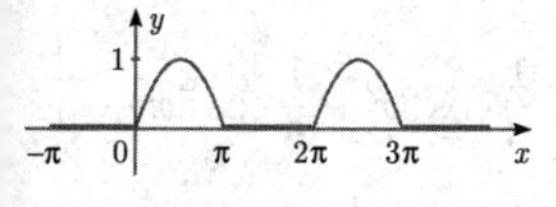

$$y=\frac{1}{\pi}+\frac{1}{2}\sin x-\frac{2}{\pi}\left(\frac{\cos 2x}{1\cdot 3}+\frac{\cos 4x}{3\cdot 5}+\frac{\cos 6x}{5\cdot 7}+\cdots\right)$$

14. $y=\cos ux,\quad -\pi\leqslant x\leqslant \pi$

$$y=\frac{2u\sin u\pi}{\pi}\left(\frac{1}{2u^2}-\frac{\cos x}{u^2-1}+\frac{\cos 2x}{u^2-4}-\frac{\cos 3x}{u^2-9}+\cdots\right)$$

(u 为任意非整数)

15. $y=\sin ux,\quad -\pi<x<\pi$

$$y=\frac{2\sin u\pi}{\pi}\left(\frac{\sin x}{1-u^2}-\frac{2\sin 2x}{4-u^2}+\frac{3\sin 3x}{9-u^2}+\cdots\right)$$

(u 为任意非整数)

16. $y=x\cos x,\quad -\pi<x<\pi$

$$y=-\frac{1}{2}\sin x+\frac{4\sin 2x}{2^2-1}-\frac{6\sin 3x}{3^2-1}+\frac{8\sin 4x}{4^2-1}-\cdots$$

续表

17. $y=-\ln\left(2\sin\frac{x}{2}\right),\quad 0<x\leqslant\pi$ $y=\cos x+\frac{1}{2}\cos 2x+\frac{1}{3}\cos 3x+\cdots$
18. $y=\ln\left(2\cos\frac{x}{2}\right),\quad 0\leqslant x<\pi$ $y=\cos x-\frac{1}{2}\cos 2x+\frac{1}{3}\cos 3x-\cdots$
19. $y=\frac{1}{2}\ln\cot\frac{x}{2},\quad 0<x<\pi$ $y=\cos x+\frac{1}{3}\cos 3x+\frac{1}{5}\cos 5x+\cdots$

21.7 不定积分

(指导使用下列表参见第 643 页 8.1.1.2,2.).

21.7.1 有理函数的积分

21.7.1.1 含 $X=ax+b$ 的积分

注 $X=ax+b$

1. $\int X^n\,\mathrm{d}x=\frac{1}{a(n+1)}X^{n+1}(n\neq-1)$；当 $n=-1$时，参见**2**.

2. $\int\frac{\mathrm{d}x}{X}=\frac{1}{a}\ln X.$

3. $\int xX^n\,\mathrm{d}x=\frac{1}{a^2(n+2)}X^{n+2}-\frac{b}{a^2(n+1)}X^{n+1}\quad(n\neq-1,\neq-2);$

当 $n=-1,=-2$时，参见**5** 和 **6**.

4. $\int x^mX^n\,\mathrm{d}x=\frac{1}{a^{m+1}}\int(X-b)^mX^n\,\mathrm{d}X\qquad(n\neq-1,\neq-2,\cdots,\neq-m).$

积分中 $m<n$, 或 m 为整数, n 为分数; 在此情况下 $(X-b)^m$ 用二项式定理展开(参见第 14 页 1.1.6.4)

5. $\int\frac{x\,\mathrm{d}x}{X}=\frac{x}{a}-\frac{b}{a^2}\ln X.$

6. $\int\frac{x\,\mathrm{d}x}{X^2}=\frac{b}{a^2X}+\frac{1}{a^2}\ln X.$

7. $\displaystyle\int \frac{x\,\mathrm{d}x}{X^3} = \frac{1}{a^2}\left(-\frac{1}{X} + \frac{b}{2X^2}\right)$.

8. $\displaystyle\int \frac{x\,\mathrm{d}x}{X^n} = \frac{1}{a^2}\left[\frac{-1}{(n-2)X^{n-2}} + \frac{b}{(n-1)X^{n-1}}\right] (n \neq 1, 2)$.

9. $\displaystyle\int \frac{x^2\,\mathrm{d}x}{X} = \frac{1}{a^3}\left(\frac{1}{2}X^2 - 2bX + b^2 \ln X\right)$.

10. $\displaystyle\int \frac{x^2\,\mathrm{d}x}{X^2} = \frac{1}{a^3}\left(X - 2b\ln X - \frac{b^2}{X}\right)$.

11. $\displaystyle\int \frac{x^2\,\mathrm{d}x}{X^3} = \frac{1}{a^3}\left(\ln X + \frac{2b}{X} - \frac{b^2}{2X^2}\right)$.

12. $\displaystyle\int \frac{x^2\,\mathrm{d}x}{X^n} = \frac{1}{a^3}\left[\frac{-1}{(n-3)X^{n-3}} + \frac{2b}{(n-2)X^{n-2}} - \frac{b^2}{(n-1)X^{n-1}}\right] \quad (n \neq 1, 2, 3)$.

13. $\displaystyle\int \frac{x^3\,\mathrm{d}x}{X} = \frac{1}{a^4}\left(\frac{X^3}{3} - \frac{3bX^2}{2} + 3b^2X - b^3\ln X\right)$.

14. $\displaystyle\int \frac{x^3\,\mathrm{d}x}{X^2} = \frac{1}{a^4}\left(\frac{X^2}{2} - 3bX + 3b^2\ln X + \frac{b^3}{X}\right)$.

15. $\displaystyle\int \frac{x^3\,\mathrm{d}x}{X^3} = \frac{1}{a^4}\left(X - 3b\ln X - \frac{3b^2}{X} + \frac{b^3}{2X^2}\right)$.

16. $\displaystyle\int \frac{x^3\,\mathrm{d}x}{X^4} = \frac{1}{a^4}\left(\ln X + \frac{3b}{X} - \frac{3b^2}{2X^2} + \frac{b^3}{3X^3}\right)$.

17. $\displaystyle\int \frac{x^3\,\mathrm{d}x}{X^n} = \frac{1}{a^4}\left[\frac{-1}{(n-4)X^{n-4}} + \frac{3b}{(n-3)X^{n-3}} - \frac{3b^2}{(n-2)X^{n-2}} + \frac{b^3}{(n-1)X^{n-1}}\right]$
$(n \neq 1, 2, 3, 4)$.

18. $\displaystyle\int \frac{\mathrm{d}x}{xX} = -\frac{1}{b}\ln\frac{X}{x}$.

19. $\displaystyle\int \frac{\mathrm{d}x}{xX^2} = -\frac{1}{b^2}\left(\ln\frac{X}{x} + \frac{ax}{X}\right)$.

20. $\displaystyle\int \frac{\mathrm{d}x}{xX^3} = -\frac{1}{b^3}\left(\ln\frac{X}{x} + \frac{2ax}{X} - \frac{a^2x^2}{2X^2}\right)$.

21. $\displaystyle\int \frac{\mathrm{d}x}{xX^n} = -\frac{1}{b^n}\left[\ln\frac{X}{x} - \sum_{i=1}^{n-1}\binom{n-1}{i}\frac{(-a)^i x^i}{iX^i}\right] \quad (n \geqslant 1)$.

22. $\displaystyle\int \frac{\mathrm{d}x}{x^2X} = -\frac{1}{bx} + \frac{a}{b^2}\ln\frac{X}{x}$.

23. $\displaystyle\int \frac{\mathrm{d}x}{x^2X^2} = -a\left(\frac{1}{b^2X} + \frac{1}{ab^2x} - \frac{2}{b^3}\ln\frac{X}{x}\right)$.

24. $\displaystyle\int \frac{\mathrm{d}x}{x^2X^3} = -a\left(\frac{1}{2b^2X^2} + \frac{2}{b^3X} + \frac{1}{ab^3x} - \frac{3}{b^4}\ln\frac{X}{x}\right).$

25. $\displaystyle\int \frac{\mathrm{d}x}{x^2X^n} = -\frac{1}{b^{n+1}}\left[-\sum_{i=2}^{n}\binom{n}{i}\frac{(-a)^i x^{i-1}}{(i-1)X^{i-1}} + \frac{X}{x} - na\ln\frac{X}{x}\right] \quad (n \geqslant 2).$

26. $\displaystyle\int \frac{\mathrm{d}x}{x^3X} = -\frac{1}{b^3}\left(a^2\ln\frac{X}{x} - \frac{2aX}{x} + \frac{X^2}{2x^2}\right).$

27. $\displaystyle\int \frac{\mathrm{d}x}{x^3X^2} = -\frac{1}{b^4}\left(3a^2\ln\frac{X}{x} + \frac{a^3x}{X} + \frac{X^2}{2x^2} - \frac{3aX}{x}\right).$

28. $\displaystyle\int \frac{\mathrm{d}x}{x^3X^3} = -\frac{1}{b^5}\left(6a^2\ln\frac{X}{x} + \frac{4a^3x}{X} - \frac{a^4x^2}{2X^2} + \frac{X^2}{2x^2} - \frac{4aX}{x}\right).$

29. $$\int \frac{\mathrm{d}x}{x^3X^n} = -\frac{1}{b^{n+2}}\left[-\sum_{i=3}^{n+1}\binom{n+1}{i}\frac{(-a)^i x^{i-2}}{(i-2)X^{i-2}} + \frac{a^2X^2}{2x^2} - \frac{(n+1)aX}{x}\right.$$
$$\left. + \frac{n(n+1)a^2}{2}\ln\frac{X}{x}\right] \quad (n \geqslant 3).$$

30. $\displaystyle\int \frac{\mathrm{d}x}{x^mX^n} = -\frac{1}{b^{m+n-1}}\sum_{i=0}^{m+n-2}\binom{m+n-2}{i}\frac{X^{m-i-1}(-a)^i}{(m-i-1)x^{m-i-1}}.$

若求和后面中的通项中分母为 0, 则这些项由 $\binom{m+n-2}{m-1}(-a)^{m-1}\ln\frac{X}{x}$ 代替.

注 $\Delta = bf - ag$

31. $\displaystyle\int \frac{ax+b}{fx+g}\,\mathrm{d}x = \frac{ax}{f} + \frac{\Delta}{f^2}\ln(fx+g).$

32. $\displaystyle\int \frac{\mathrm{d}x}{(ax+b)(fx+g)} = \frac{1}{\Delta}\ln\frac{fx+g}{ax+b} \quad (\Delta \neq 0).$

33. $\displaystyle\int \frac{x\,\mathrm{d}x}{(ax+b)(fx+g)} = \frac{1}{\Delta}\left[\frac{b}{a}\ln(ax+b) - \frac{g}{f}\ln(fx+g)\right] \quad (\Delta \neq 0).$

34. $\displaystyle\int \frac{\mathrm{d}x}{(ax+b)^2(fx+g)} = \frac{1}{\Delta}\left(\frac{1}{ax+b} + \frac{f}{\Delta}\ln\frac{fx+g}{ax+b}\right) \quad (\Delta \neq 0).$

35. $\displaystyle\int \frac{x\,\mathrm{d}x}{(a+x)(b+x)^2} = \frac{b}{(a-b)(b+x)} - \frac{a}{(a-b)^2}\ln\frac{a+x}{b+x} \quad (a \neq b).$

36. $$\int \frac{x^2\,\mathrm{d}x}{(a+x)(b+x)^2} = \frac{b^2}{(b-a)(b+x)} + \frac{a^2}{(b-a)^2}\ln(a+x)$$
$$+ \frac{b^2-2ab}{(b-a)^2}\ln(b+x) \quad (a \neq b).$$

37. $\displaystyle\int \frac{\mathrm{d}x}{(a+x)^2(b+x)^2} = \frac{-1}{(a-b)^2}\left(\frac{1}{a+x} + \frac{1}{b+x}\right) + \frac{2}{(a-b)^3}\ln\frac{a+x}{b+x} \quad (a \neq b).$

38. $$\int \frac{x\,\mathrm{d}x}{(a+x)^2(b+x)^2}=\frac{1}{(a-b)^2}\left(\frac{a}{a+x}+\frac{b}{b+x}\right)-\frac{a+b}{(a-b)^3}\ln\frac{a+x}{b+x}\quad(a\neq b).$$

39. $$\int \frac{x^2\,\mathrm{d}x}{(a+x)^2(b+x)^2}=\frac{-1}{(a-b)^2}\left(\frac{a^2}{a+x}+\frac{b^2}{b+x}\right)+\frac{2ab}{(a-b)^3}\ln\frac{a+x}{b+x}\quad(a\neq b).$$

21.7.1.2 含 $X=ax^2+bx+c$ 的积分

注 $X=ax^2+bx+c$; $\Delta=4ac-b^2$

40. $$\begin{aligned}\int\frac{\mathrm{d}x}{X}&=\frac{2}{\sqrt{\Delta}}\arctan\frac{2ax+b}{\sqrt{\Delta}} &&(\Delta>0)\\ &=-\frac{2}{\sqrt{-\Delta}}\mathrm{Artanh}\frac{2ax+b}{\sqrt{-\Delta}} &&(\Delta<0)\\ &=\frac{1}{\sqrt{-\Delta}}\ln\frac{2ax+b-\sqrt{-\Delta}}{2ax+b+\sqrt{-\Delta}} &&(\Delta<0).\end{aligned}$$

41. $$\int\frac{\mathrm{d}x}{X^2}=\frac{2ax+b}{\Delta X}+\frac{2a}{\Delta}\int\frac{\mathrm{d}x}{X}$$ (参见**40**).

42. $$\int\frac{\mathrm{d}x}{X^3}=\frac{2ax+b}{\Delta}\left(\frac{1}{2X^2}+\frac{3a}{\Delta X}\right)+\frac{6a^2}{\Delta^2}\int\frac{\mathrm{d}x}{X}$$ (参见**40**).

43. $$\int\frac{\mathrm{d}x}{X^n}=\frac{2ax+b}{(n-1)\Delta X^{n-1}}+\frac{(2n-3)2a}{(n-1)\Delta}\int\frac{\mathrm{d}x}{X^{n-1}}.$$

44. $$\int\frac{x\,\mathrm{d}x}{X}=\frac{1}{2a}\ln X-\frac{b}{2a}\int\frac{\mathrm{d}x}{X}$$ (参见**40**).

45. $$\int\frac{x\,\mathrm{d}x}{X^2}=-\frac{bx+2c}{\Delta X}-\frac{b}{\Delta}\int\frac{\mathrm{d}x}{X}$$ (参见**40**).

46. $$\int\frac{x\,\mathrm{d}x}{X^n}=-\frac{bx+2c}{(n-1)\Delta X^{n-1}}-\frac{b(2n-3)}{(n-1)\Delta}\int\frac{\mathrm{d}x}{X^{n-1}}.$$

47. $$\int\frac{x^2\,\mathrm{d}x}{X}=\frac{x}{a}-\frac{b}{2a^2}\ln X+\frac{b^2-2ac}{2a^2}\int\frac{\mathrm{d}x}{X}$$ (参见**40**).

48. $$\int\frac{x^2\,\mathrm{d}x}{X^2}=\frac{(b^2-2ac)x+bc}{a\Delta X}+\frac{2c}{\Delta}\int\frac{\mathrm{d}x}{X}$$ (参见**40**).

49. $$\int\frac{x^2\,\mathrm{d}x}{X^n}=\frac{-x}{(2n-3)aX^{n-1}}+\frac{c}{(2n-3)a}\int\frac{\mathrm{d}x}{X^n}-\frac{(n-2)b}{(2n-3)a}\int\frac{x\,\mathrm{d}x}{X^n}$$ (参见**43**和**46**).

50. $$\int\frac{x^m\,\mathrm{d}x}{X^n}=-\frac{x^{m-1}}{(2n-m-1)aX^{n-1}}+\frac{(m-1)c}{(2n-m-1)a}\int\frac{x^{m-2}\,\mathrm{d}x}{X^n}-\frac{(n-m)b}{(2n-m-1)a}\int\frac{x^{m-1}\,\mathrm{d}x}{X^n}\quad(m\neq 2n-1);$$

当$m=2n-1$时, 参见**51**.

51. $\displaystyle\int\frac{x^{2n-1}\,\mathrm{d}x}{X^n}=\frac{1}{a}\int\frac{x^{2n-3}\,\mathrm{d}x}{X^{n-1}}-\frac{c}{a}\int\frac{x^{2n-3}\,\mathrm{d}x}{X^n}-\frac{b}{a}\int\frac{x^{2n-2}\,\mathrm{d}x}{X^n}.$

52. $\displaystyle\int\frac{\mathrm{d}x}{xX}=\frac{1}{2c}\ln\frac{x^2}{X}-\frac{b}{2c}\int\frac{\mathrm{d}x}{X}$ (参见**40**).

53. $\displaystyle\int\frac{\mathrm{d}x}{xX^n}=\frac{1}{2c(n-1)X^{n-1}}-\frac{b}{2c}\int\frac{\mathrm{d}x}{X^n}+\frac{1}{c}\int\frac{\mathrm{d}x}{xX^{n-1}}.$

54. $\displaystyle\int\frac{\mathrm{d}x}{x^2X}=\frac{b}{2c^2}\ln\frac{X}{x^2}-\frac{1}{cx}+\left(\frac{b^2}{2c^2}-\frac{a}{c}\right)\int\frac{\mathrm{d}x}{X}$ (参见**40**).

55. $$\int\frac{\mathrm{d}x}{x^mX^n}=-\frac{1}{(m-1)cx^{m-1}X^{n-1}}-\frac{(2n+m-3)a}{(m-1)c}\int\frac{\mathrm{d}x}{x^{m-2}X^n}-\frac{(n+m-2)b}{(m-1)c}\int\frac{\mathrm{d}x}{x^{m-1}X^n}\quad(m>1).$$

56. $$\int\frac{\mathrm{d}x}{(fx+g)X}=\frac{1}{2(cf^2-gbf+g^2a)}\left[f\ln\frac{(fx+g)^2}{X}\right]+\frac{2ga-bf}{2(cf^2-gbf+g^2a)}\int\frac{\mathrm{d}x}{X}$$ (参见**40**).

21.7.1.3 含 $X=a^2\pm x^2$ 的积分

注 $X=a^2\pm x^2$,

$$Y=\begin{cases}\arctan\dfrac{x}{a}, & \text{取“+”符号},\\ \operatorname{Artanh}\dfrac{x}{a}=\dfrac{1}{2}\ln\dfrac{a+x}{a-x}, & \text{取“−”符号且}|x|<a,\\ \operatorname{Arcoth}\dfrac{x}{a}=\dfrac{1}{2}\ln\dfrac{x+a}{x-a}, & \text{取“−”符号且}|x|>a.\end{cases}$$

公式中有两个符号, 上面的符号属于 $X=a^2+x^2$, 下面符号为 $X=a^2-x^2, a>0$.

57. $\displaystyle\int\frac{\mathrm{d}x}{X}=\frac{1}{a}Y.$

58. $\displaystyle\int\frac{\mathrm{d}x}{X^2}=\frac{x}{2a^2X}+\frac{1}{2a^3}Y.$

59. $\displaystyle\int\frac{\mathrm{d}x}{X^3}=\frac{x}{4a^2X^2}+\frac{3x}{8a^4X}+\frac{3}{8a^5}Y.$

60. $\displaystyle\int\frac{\mathrm{d}x}{X^{n+1}}=\frac{x}{2na^2X^n}+\frac{2n-1}{2na^2}\int\frac{\mathrm{d}x}{X^n}.$

61. $\displaystyle\int\frac{x\,\mathrm{d}x}{X}=\pm\frac{1}{2}\ln X.$

62. $\int \frac{x\,\mathrm{d}x}{X^2} = \mp \frac{1}{2X}.$

63. $\int \frac{x\,\mathrm{d}x}{X^3} = \mp \frac{1}{4X^2}.$

64. $\int \frac{x\,\mathrm{d}x}{X^{n+1}} = \mp \frac{1}{2nX^n}(n \neq 0).$

65. $\int \frac{x^2\,\mathrm{d}x}{X} = \pm x \mp aY.$

66. $\int \frac{x^2\,\mathrm{d}x}{X^2} = \mp \frac{x}{2X} \pm \frac{1}{2a}Y.$

67. $\int \frac{x^2\,\mathrm{d}x}{X^3} = \mp \frac{x}{4X^2} \pm \frac{x}{8a^2X} \pm \frac{1}{8a^3}Y.$

68. $\int \frac{x^2\,\mathrm{d}x}{X^{n+1}} = \mp \frac{x}{2nX^n} \pm \frac{1}{2n}\int \frac{\mathrm{d}x}{X^n}(n \neq 0).$

69. $\int \frac{x^3\,\mathrm{d}x}{X} = \pm \frac{x^2}{2} - \frac{a^2}{2}\ln X.$

70. $\int \frac{x^3\,\mathrm{d}x}{X^2} = \frac{a^2}{2X} + \frac{1}{2}\ln X.$

71. $\int \frac{x^3\,\mathrm{d}x}{X^3} = -\frac{1}{2X} + \frac{a^2}{4X^2}.$

72. $\int \frac{x^3\,\mathrm{d}x}{X^{n+1}} = -\frac{1}{2(n-1)X^{n-1}} + \frac{a^2}{2nX^n} \quad (n > 1).$

73. $\int \frac{\mathrm{d}x}{xX} = \frac{1}{2a^2}\ln \frac{x^2}{X}.$

74. $\int \frac{\mathrm{d}x}{xX^2} = \frac{1}{2a^2X} + \frac{1}{2a^4}\ln \frac{x^2}{X}.$

75. $\int \frac{\mathrm{d}x}{xX^3} = \frac{1}{4a^2X^2} + \frac{1}{2a^4X} + \frac{1}{2a^6}\ln \frac{x^2}{X}.$

76. $\int \frac{\mathrm{d}x}{x^2X} = -\frac{1}{a^2x} \mp \frac{1}{a^3}Y.$

77. $\int \frac{\mathrm{d}x}{x^2X^2} = -\frac{1}{a^4x} \mp \frac{x}{2a^4X} \mp \frac{3}{2a^5}Y.$

78. $\int \frac{\mathrm{d}x}{x^2X^3} = -\frac{1}{a^6x} \mp \frac{x}{4a^4X^2} \mp \frac{7x}{8a^6X} \mp \frac{15}{8a^7}Y.$

79. $\int \frac{\mathrm{d}x}{x^3X} = -\frac{1}{2a^2x^2} \mp \frac{1}{2a^4}\ln \frac{x^2}{X}.$

80. $\int \frac{\mathrm{d}x}{x^3X^2} = -\frac{1}{2a^4x^2} \mp \frac{1}{2a^4X} \mp \frac{1}{a^6}\ln \frac{x^2}{X}.$

81. $\displaystyle\int \frac{\mathrm{d}x}{x^3X^3} = -\frac{1}{2a^6x^2} \mp \frac{1}{a^6X} \mp \frac{1}{4a^4X^2} \mp \frac{3}{2a^8}\ln\frac{x^2}{X}.$

82. $\displaystyle\int \frac{\mathrm{d}x}{(b+cx)X} = \frac{1}{a^2c^2 \pm b^2}\left[c\ln(b+cx) - \frac{c}{2}\ln X \pm \frac{b}{a}Y\right].$

21.7.1.4　含 $X = a^3 \pm x^3$ 的积分

注　$a^2 \pm x^3 = X$; 公式中的上下两个符号，分别指 $X = a^3 + x^3, X = a^3 - x^3$.

83. $\displaystyle\int \frac{\mathrm{d}x}{X} = \pm\frac{1}{6a^2}\ln\frac{(a\pm x)^2}{a^2 \mp ax + x^2} + \frac{1}{a^2\sqrt{3}}\arctan\frac{2x \mp a}{a\sqrt{3}}.$

84. $\displaystyle\int \frac{\mathrm{d}x}{X^2} = \frac{x}{3a^3X} + \frac{2}{3a^3}\int\frac{\mathrm{d}x}{X}$　　(参见**83**).

85. $\displaystyle\int \frac{x\,\mathrm{d}x}{X} = \frac{1}{6a}\ln\frac{a^2 \mp ax + x^2}{(a\pm x)^2} \pm \frac{1}{a\sqrt{3}}\arctan\frac{2x \mp a}{a\sqrt{3}}.$

86. $\displaystyle\int \frac{x\,\mathrm{d}x}{X^2} = \frac{x^2}{3a^3X} + \frac{1}{3a^3}\int\frac{x\,\mathrm{d}x}{X}$　　(参见**85**).

87. $\displaystyle\int \frac{x^2\,\mathrm{d}x}{X} = \pm\frac{1}{3}\ln X.$

88. $\displaystyle\int \frac{x^2\,\mathrm{d}x}{X^2} = \mp\frac{1}{3X}.$

89. $\displaystyle\int \frac{x^3\,\mathrm{d}x}{X} = \pm x \mp a^3\int\frac{\mathrm{d}x}{X}$　　(参见**83**).

90. $\displaystyle\int \frac{x^3\,\mathrm{d}x}{X^2} = \mp\frac{x}{3X} \pm \frac{1}{3}\int\frac{\mathrm{d}x}{X}$　　(参见**83**).

91. $\displaystyle\int \frac{\mathrm{d}x}{xX} = \frac{1}{3a^3}\ln\frac{x^3}{X}.$

92. $\displaystyle\int \frac{\mathrm{d}x}{xX^2} = \frac{1}{3a^3X} + \frac{1}{3a^6}\ln\frac{x^3}{X}.$

93. $\displaystyle\int \frac{\mathrm{d}x}{x^2X} = -\frac{1}{a^3x} \mp \frac{1}{a^3}\int\frac{x\,\mathrm{d}x}{X}$　　(参见**85**).

94. $\displaystyle\int \frac{\mathrm{d}x}{x^2X^2} = -\frac{1}{a^6x} \mp \frac{x^2}{3a^6X} \mp \frac{4}{3a^6}\int\frac{x\,\mathrm{d}x}{X}$　　(参见**85**).

95. $\displaystyle\int \frac{\mathrm{d}x}{x^3X} = -\frac{1}{2a^3x^2} \mp \frac{1}{a^3}\int\frac{\mathrm{d}x}{X}$　　(参见**83**).

96. $\displaystyle\int \frac{\mathrm{d}x}{x^3X^2} = -\frac{1}{2a^6x^2} \mp \frac{x}{3a^6X} \mp \frac{5}{3a^6}\int\frac{\mathrm{d}x}{X}$　　(参见**83**).

21.7.1.5 含 $X = a^2 + x^2$ 的积分

97. $\displaystyle\int \frac{\mathrm{d}x}{a^4+x^4} = \frac{1}{4a^3\sqrt{2}} \ln \frac{x^2+ax\sqrt{2}+a^2}{x^2-ax\sqrt{2}+a^2} + \frac{1}{2a^3\sqrt{2}} \arctan \frac{ax\sqrt{2}}{a^2-x^2}.$

98. $\displaystyle\int \frac{x\,\mathrm{d}x}{a^4+x^4} = \frac{1}{2a^2} \arctan \frac{x^2}{a^2}.$

99. $\displaystyle\int \frac{x^2\,\mathrm{d}x}{a^4+x^4} = -\frac{1}{4a\sqrt{2}} \ln \frac{x^2+ax\sqrt{2}+a^2}{x^2-ax\sqrt{2}+a^2} + \frac{1}{2a\sqrt{2}} \arctan \frac{ax\sqrt{2}}{a^2-x^2}.$

100. $\displaystyle\int \frac{x^3\,\mathrm{d}x}{a^4+x^4} = \frac{1}{4} \ln(a^4+x^4).$

21.7.1.6 含 $X = a^2 - x^4$ 的积分（或 $X = a^4 - x^4$ 型积分）

101. $\displaystyle\int \frac{\mathrm{d}x}{a^4-x^4} = \frac{1}{4a^3} \ln \frac{a+x}{a-x} + \frac{1}{2a^3} \arctan \frac{x}{a}.$

102. $\displaystyle\int \frac{x\,\mathrm{d}x}{a^4-x^4} = \frac{1}{4a^3} \ln \frac{a^2+x^2}{a^2-x^2}.$

103. $\displaystyle\int \frac{x^2\,\mathrm{d}x}{a^4-x^4} = \frac{1}{4a} \ln \frac{a+x}{a-x} - \frac{1}{2a} \arctan \frac{x}{a}.$

104. $\displaystyle\int \frac{x^3\,\mathrm{d}x}{a^4-x^4} = -\frac{1}{4} \ln(a^4-x^4).$

21.7.1.7 若干部分分式分解例子

105. $\displaystyle\frac{1}{(a+bx)(f+gx)} \equiv \frac{1}{fb-ag}\left(\frac{b}{a+bx} - \frac{g}{f+gx}\right).$

106. $\displaystyle\frac{1}{(x+a)(x+b)(x+c)} \equiv \frac{A}{x+a} + \frac{B}{x+b} + \frac{C}{x+c},$

其中$\displaystyle A = \frac{1}{(b-a)(c-a)},\ B = \frac{1}{(a-b)(c-b)},\ C = \frac{1}{(a-c)(b-c)}.$

107. $\displaystyle\frac{1}{(x+a)(x+b)(x+c)(x+d)} \equiv \frac{A}{x+a} + \frac{B}{x+b} + \frac{C}{x+c} + \frac{D}{x+d},$

其中$\displaystyle A = \frac{1}{(b-a)(c-a)(d-a)},\ B = \frac{1}{(a-b)(c-b)(d-b)}$ 等.

108. $\displaystyle\frac{1}{(a+bx^2)(f+gx^2)} \equiv \frac{1}{fb-ag}\left(\frac{b}{a+bx^2} - \frac{g}{f+gx^2}\right).$

21.7.2 无理函数积分

21.7.2.1 含 $\sqrt{x}$ 和 $a^2 \pm b^2 x$ 的积分

注

$$X = a^2 \pm b^2 x\,,\ Y = \begin{cases} \arctan \dfrac{b\sqrt{x}}{a}, & \text{取符号 “+”}, \\ \dfrac{1}{2}\ln \dfrac{a+b\sqrt{x}}{a-b\sqrt{x}}, & \text{取符号 “−”}. \end{cases}$$

公式中的上下两个符号，分别指 $X = a^2 + b^2 x$, $X = a^2 - b^2 x$.

109. $\displaystyle\int \frac{\sqrt{x}\,\mathrm{d}x}{X} = \pm\frac{2\sqrt{x}}{b^2} \mp \frac{2a}{b^3}Y.$

110. $\displaystyle\int \frac{\sqrt{x^3}\,\mathrm{d}x}{X} = \pm\frac{2}{3}\frac{\sqrt{x^3}}{b^2} - \frac{2a^2\sqrt{x}}{b^4} + \frac{2a^3}{b^5}Y.$

111. $\displaystyle\int \frac{\sqrt{x}\,\mathrm{d}x}{X^2} = \mp\frac{\sqrt{x}}{b^2 X} \pm \frac{1}{ab^3}Y.$

112. $\displaystyle\int \frac{\sqrt{x^3}\,\mathrm{d}x}{X^2} = \pm\frac{2\sqrt{x^3}}{b^2 X} + \frac{3a^2\sqrt{x}}{b^4 X} - \frac{3a}{b^5}Y.$

113. $\displaystyle\int \frac{\mathrm{d}x}{X\sqrt{x}} = \frac{2}{ab}Y.$

114. $\displaystyle\int \frac{\mathrm{d}x}{X\sqrt{x^3}} = -\frac{2}{a^2\sqrt{x}} \mp \frac{2b}{a^3}Y.$

115. $\displaystyle\int \frac{\mathrm{d}x}{X^2\sqrt{x}} = \frac{\sqrt{x}}{a^2 X} + \frac{1}{a^3 b}Y.$

116. $\displaystyle\int \frac{\mathrm{d}x}{X^2\sqrt{x^3}} = -\frac{2}{a^2 X\sqrt{x}} \mp \frac{3b^2\sqrt{x}}{a^4 X} \mp \frac{3b}{a^5}Y.$

21.7.2.2 含 $\sqrt{x}$ 的其他积分

117. $\displaystyle\int \frac{\sqrt{x}\,\mathrm{d}x}{a^4 + x^2} = -\frac{1}{2a\sqrt{2}}\ln\frac{x + a\sqrt{2x} + a^2}{x - a\sqrt{2x} + a^2} + \frac{1}{a\sqrt{2}}\arctan\frac{a\sqrt{2x}}{a^2 - x}.$

118. $\displaystyle\int \frac{\mathrm{d}x}{(a^4 + x^2)\sqrt{x}} = \frac{1}{2a^3\sqrt{2}}\ln\frac{x + a\sqrt{2x} + a^2}{x - a\sqrt{2x} + a^2} + \frac{1}{a^3\sqrt{2}}\arctan\frac{a\sqrt{2x}}{a^2 - x}.$

119. $\displaystyle\int \frac{\sqrt{x}\,\mathrm{d}x}{a^4 - x^2} = \frac{1}{2a}\ln\frac{a + \sqrt{x}}{a - \sqrt{x}} - \frac{1}{a}\arctan\frac{\sqrt{x}}{a}.$

120. $\displaystyle\int \frac{\mathrm{d}x}{(a^4 - x^2)\sqrt{x}} = \frac{1}{2a^3}\ln\frac{a + \sqrt{x}}{a - \sqrt{x}} + \frac{1}{a^3}\arctan\frac{\sqrt{x}}{a}.$

21.7.2.3 含 $\sqrt{ax+b}$ 的积分

注 $X = ax + b$

121. $\int \sqrt{X}\,\mathrm{d}x = \frac{2}{3a}\sqrt{X^3}.$

122. $\int x\sqrt{X}\,\mathrm{d}x = \frac{2(3ax-2b)\sqrt{X^3}}{15a^2}.$

123. $\int x^2\sqrt{X}\,\mathrm{d}x = \frac{2(15a^2x^2-12abx+8b^2)\sqrt{X^3}}{105a^3}.$

124. $\int \frac{\mathrm{d}x}{\sqrt{X}} = \frac{2\sqrt{X}}{a}.$

125. $\int \frac{x\,\mathrm{d}x}{\sqrt{X}} = \frac{2(ax-2b)}{3a^2}\sqrt{X}.$

126. $\int \frac{x^2\,\mathrm{d}x}{\sqrt{X}} = \frac{2(3a^2x^2-4abx+8b^2)\sqrt{X}}{15a^3}.$

127. $$\int \frac{\mathrm{d}x}{x\sqrt{X}} = \begin{cases} -\frac{2}{\sqrt{b}}\operatorname{Arcoth}\sqrt{\frac{X}{b}} = \frac{1}{\sqrt{b}}\ln\frac{\sqrt{X}-\sqrt{b}}{\sqrt{X}+\sqrt{b}}, & b>0, \\ \frac{2}{\sqrt{-b}}\arctan\sqrt{\frac{X}{-b}}, & b<0. \end{cases}$$

128. $\int \frac{\sqrt{X}}{x}x = 2\sqrt{X} + b\int\frac{\mathrm{d}x}{x\sqrt{X}}$ (参见**127**).

129. $\int \frac{\mathrm{d}x}{x^2\sqrt{X}} = -\frac{\sqrt{X}}{bx} - \frac{a}{2b}\int\frac{\mathrm{d}x}{x\sqrt{X}}$ (参见**127**).

130. $\int \frac{\sqrt{X}}{x^2}\mathrm{d}x = -\frac{\sqrt{X}}{x} + \frac{a}{2}\int\frac{\mathrm{d}x}{x\sqrt{X}}$ (参见**127**).

131. $\int \frac{\mathrm{d}x}{x^n\sqrt{X}} = -\frac{\sqrt{X}}{(n-1)bx^{n-1}} - \frac{(2n-3)a}{(2n-2)b}\int\frac{\mathrm{d}x}{x^{n-1}\sqrt{X}}.$

132. $\int \sqrt{X^3}\,\mathrm{d}x = \frac{2\sqrt{X^5}}{5a}.$

133. $\int x\sqrt{X^3}\,\mathrm{d}x = \frac{2}{35a^2}\left(5\sqrt{X^7}-7b\sqrt{X^5}\right).$

134. $\int x^2\sqrt{X^3}\,\mathrm{d}x = \frac{2}{a^3}\left(\frac{\sqrt{X^9}}{9}-\frac{2b\sqrt{X^7}}{7}+\frac{b^2\sqrt{X^5}}{5}\right).$

135. $\int \frac{\sqrt{X^3}}{x}\,\mathrm{d}x = \frac{2\sqrt{X^3}}{3} + 2b\sqrt{X} + b^2\int\frac{\mathrm{d}x}{x\sqrt{X}}$ (参见**127**).

136. $\int \frac{x\,\mathrm{d}x}{\sqrt{X^3}} = \frac{2}{a^2}\left(\sqrt{X}+\frac{b}{\sqrt{X}}\right).$

137. $\displaystyle\int \frac{x^2\,\mathrm{d}x}{\sqrt{X^3}} = \frac{2}{a^3}\left(\frac{\sqrt{X^3}}{3} - 2b\sqrt{X} - \frac{b^2}{\sqrt{X}}\right).$

138. $\displaystyle\int \frac{\mathrm{d}x}{x\sqrt{X^3}} = \frac{2}{b\sqrt{X}} + \frac{1}{b}\int \frac{\mathrm{d}x}{x\sqrt{X}}$ (参见**127**).

139. $\displaystyle\int \frac{\mathrm{d}x}{x^2\sqrt{X^3}} = -\frac{1}{bx\sqrt{X}} - \frac{3a}{b^2\sqrt{X}} - \frac{3a}{2b^2}\int \frac{\mathrm{d}x}{x\sqrt{X}}$ (参见**127**).

140. $\displaystyle\int X^{\pm n/2}\,\mathrm{d}x = \frac{2X^{(2\pm n)/2}}{a(2\pm n)}$

141. $\displaystyle\int xX^{\pm n/2}\,\mathrm{d}x = \frac{2}{a^2}\left(\frac{X^{(4\pm n)/2}}{4\pm n} - \frac{bX^{(2\pm n)/2}}{2\pm n}\right).$

142. $\displaystyle\int x^2X^{\pm n/2}\,\mathrm{d}x = \frac{2}{a^3}\left(\frac{X^{(6\pm n)/2}}{6\pm n} - \frac{2bX^{(4\pm n)/2}}{4\pm n} + \frac{b^2X^{(2\pm n)/2}}{2\pm n}\right).$

143. $\displaystyle\int \frac{X^{n/2}\,\mathrm{d}x}{x} = \frac{2X^{n/2}}{n} + b\int \frac{X^{(n-2)/2}}{x}\mathrm{d}x.$

144. $\displaystyle\int \frac{\mathrm{d}x}{xX^{n/2}} = \frac{2}{(n-2)bX^{(n-2)/2}} + \frac{1}{b}\int \frac{\mathrm{d}x}{xX^{(n-2)/2}}.$

145. $\displaystyle\int \frac{\mathrm{d}x}{x^2X^{n/2}} = -\frac{1}{bxX^{(n-2)/2}} - \frac{na}{2b}\int \frac{\mathrm{d}x}{xX^{n/2}}.$

21.7.2.4 含 $\sqrt{ax+b}$ 和 $\sqrt{fx+g}$ 的积分

注 $X = ax+b,\ Y = fx+g,\ \varDelta = bf - ag$

146. $$\int \frac{\mathrm{d}x}{\sqrt{XY}} = \begin{cases} -\dfrac{2}{\sqrt{-af}}\arctan\sqrt{-\dfrac{fX}{aY}}, & af<0, \\ \dfrac{2}{\sqrt{af}}\mathrm{Artanh}\sqrt{\dfrac{fX}{aY}}, & af>0, \\ \dfrac{2}{\sqrt{af}}\ln\left(\sqrt{aY}+\sqrt{fX}\right), & af>0. \end{cases}$$

147. $\displaystyle\int \frac{x\,\mathrm{d}x}{\sqrt{XY}} = \frac{\sqrt{XY}}{af} - \frac{ag+bf}{2af}\int \frac{\mathrm{d}x}{\sqrt{XY}}$ (参见**146**).

148. $\displaystyle\int \frac{\mathrm{d}x}{\sqrt{X}\sqrt{Y^3}} = -\frac{2\sqrt{X}}{\varDelta\sqrt{Y}}.$

149. $$\int \frac{\mathrm{d}x}{Y\sqrt{X}} = \begin{cases} \dfrac{2}{\sqrt{-\varDelta f}}\arctan\dfrac{f\sqrt{X}}{\sqrt{-\varDelta f}}, & \varDelta f<0, \\ \dfrac{1}{\sqrt{\varDelta f}}\ln\dfrac{f\sqrt{X}-\sqrt{\varDelta f}}{f\sqrt{X}+\sqrt{\varDelta f}}, & \varDelta f>0. \end{cases}$$

150. $\displaystyle\int \sqrt{XY}\,\mathrm{d}x = \frac{\varDelta+2aY}{4af}\sqrt{XY} - \frac{\varDelta^2}{8af}\int \frac{\mathrm{d}x}{\sqrt{XY}}$ (参见**146**).

151. $\displaystyle\int\sqrt{\frac{Y}{X}}\mathrm{d}x=\frac{1}{a}\sqrt{XY}-\frac{\Delta}{2a}\int\frac{\mathrm{d}x}{\sqrt{XY}}$ (参见**146**).

152. $\displaystyle\int\frac{\sqrt{X}\,\mathrm{d}x}{Y}=\frac{2\sqrt{X}}{f}+\frac{\Delta}{f}\int\frac{\mathrm{d}x}{Y\sqrt{X}}$ (参见**149**).

153. $\displaystyle\int\frac{Y^n\,\mathrm{d}x}{\sqrt{X}}=\frac{2}{(2n+1)a}\left(\sqrt{X}Y^n-n\Delta\int\frac{Y^{n-1}\,\mathrm{d}x}{\sqrt{X}}\right).$

154. $\displaystyle\int\frac{\mathrm{d}x}{\sqrt{X}Y^n}=-\frac{1}{(n-1)\Delta}\left\{\frac{\sqrt{X}}{Y^{n-1}}+\left(n-\frac{3}{2}\right)a\int\frac{\mathrm{d}x}{\sqrt{X}Y^{n-1}}\right\}.$

155. $\displaystyle\int\sqrt{X}Y^n\,\mathrm{d}x=\frac{1}{(2n+3)f}\left(2\sqrt{X}Y^{n+1}+\Delta\int\frac{Y^n\,\mathrm{d}x}{\sqrt{X}}\right)$ (参见**153**).

156. $\displaystyle\int\frac{\sqrt{X}\,\mathrm{d}x}{Y^n}=\frac{1}{(n-1)f}\left(-\frac{\sqrt{X}}{Y^{n-1}}+\frac{a}{2}\int\frac{\mathrm{d}x}{\sqrt{X}Y^{n-1}}\right).$

21.7.2.5 含 $\sqrt{a^2-x^2}$ 的积分

注 $X=a^2-x^2$

157. $\displaystyle\int\sqrt{X}\,\mathrm{d}x=\frac{1}{2}\left(x\sqrt{X}+a^2\arcsin\frac{x}{a}\right).$

158. $\displaystyle\int x\sqrt{X}\,\mathrm{d}x=-\frac{1}{3}\sqrt{X^3}.$

159. $\displaystyle\int x^2\sqrt{X}\,\mathrm{d}x=-\frac{x}{4}\sqrt{X^3}+\frac{a^2}{8}\left(x\sqrt{X}+a^2\arcsin\frac{x}{a}\right).$

160. $\displaystyle\int x^3\sqrt{X}\,\mathrm{d}x=\frac{\sqrt{X^5}}{5}-a^2\frac{\sqrt{X^3}}{3}.$

161. $\displaystyle\int\frac{\sqrt{X}}{x}\mathrm{d}x=\sqrt{X}-a\ln\frac{a+\sqrt{X}}{x}.$

162. $\displaystyle\int\frac{\sqrt{X}}{x^2}\mathrm{d}x=-\frac{\sqrt{X}}{x}-\arcsin\frac{x}{a}.$

163. $\displaystyle\int\frac{\sqrt{X}}{x^3}\mathrm{d}x=-\frac{\sqrt{X}}{2x^2}+\frac{1}{2a}\ln\frac{a+\sqrt{X}}{x}.$

164. $\displaystyle\int\frac{\mathrm{d}x}{\sqrt{X}}=\arcsin\frac{x}{a}.$

165. $\displaystyle\int\frac{x\,\mathrm{d}x}{\sqrt{X}}=-\sqrt{X}.$

166. $\displaystyle\int\frac{x^2\,\mathrm{d}x}{\sqrt{X}}=-\frac{x}{2}\sqrt{X}+\frac{a^2}{2}\arcsin\frac{x}{a}.$

167. $\int \frac{x^3\,\mathrm{d}x}{\sqrt{X}} = \frac{\sqrt{X^3}}{3} - a^2\sqrt{X}.$

168. $\int \frac{\mathrm{d}x}{x\sqrt{X}} = -\frac{1}{a}\ln\frac{a+\sqrt{X}}{x}.$

169. $\int \frac{\mathrm{d}x}{x^2\sqrt{X}} = -\frac{\sqrt{X}}{a^2x}.$

170. $\int \frac{\mathrm{d}x}{x^3\sqrt{X}} = -\frac{\sqrt{X}}{2a^2x^2} - \frac{1}{2a^3}\ln\frac{a+\sqrt{X}}{x}.$

171. $\int \sqrt{X^3}\,\mathrm{d}x = \frac{1}{4}\left(x\sqrt{X^3} + \frac{3a^2x}{2}\sqrt{X} + \frac{3a^4}{2}\arcsin\frac{x}{a}\right).$

172. $\int x\sqrt{X^3}\,\mathrm{d}x = -\frac{1}{5}\sqrt{X^5}.$

173. $\int x^2\sqrt{X^3}\,\mathrm{d}x = -\frac{x\sqrt{X^5}}{6} + \frac{a^2x\sqrt{X^3}}{24} + \frac{a^4x\sqrt{X}}{16} + \frac{a^6}{16}\arcsin\frac{x}{a}.$

174. $\int x^3\sqrt{X^3}\,\mathrm{d}x = \frac{\sqrt{X^7}}{7} - \frac{a^2\sqrt{X^5}}{5}.$

175. $\int \frac{\sqrt{X^3}}{x}\,\mathrm{d}x = \frac{\sqrt{X^3}}{3} + a^2\sqrt{X} - a^3\ln\frac{a+\sqrt{X}}{x}.$

176. $\int \frac{\sqrt{X^3}}{x^2}\,\mathrm{d}x = -\frac{\sqrt{X^3}}{x} - \frac{3}{2}x\sqrt{X} - \frac{3}{2}a^2\arcsin\frac{x}{a}.$

177. $\int \frac{\sqrt{X^3}}{x^3}\,\mathrm{d}x = -\frac{\sqrt{X^3}}{2x^2} - \frac{3\sqrt{X}}{2} + \frac{3a}{2}\ln\frac{a+\sqrt{X}}{x}.$

178. $\int \frac{\mathrm{d}x}{\sqrt{X^3}} = \frac{x}{a^2\sqrt{X}}.$

179. $\int \frac{x\,\mathrm{d}x}{\sqrt{X^3}} = \frac{1}{\sqrt{X}}.$

180. $\int \frac{x^2\,\mathrm{d}x}{\sqrt{X^3}} = \frac{x}{\sqrt{X}} - \arcsin\frac{x}{a}.$

181. $\int \frac{x^3\,\mathrm{d}x}{\sqrt{X^3}} = \sqrt{X} + \frac{a^2}{\sqrt{X}}.$

182. $\int \frac{\mathrm{d}x}{x\sqrt{X^3}} = \frac{1}{a^2\sqrt{X}} - \frac{1}{a^3}\ln\frac{a+\sqrt{X}}{x}.$

183. $\int \frac{\mathrm{d}x}{x^2\sqrt{X^3}} = \frac{1}{a^4}\left(-\frac{\sqrt{X}}{x} + \frac{x}{\sqrt{X}}\right).$

184. $\int \frac{\mathrm{d}x}{x^3\sqrt{X^3}} = -\frac{1}{2a^2x^2\sqrt{X}} + \frac{3}{2a^4\sqrt{X}} - \frac{3}{2a^5}\ln\frac{a+\sqrt{X}}{x}.$

21.7.2.6 含 $\sqrt{x^2+a^2}$ 的积分

注 $X=x^2+a^2$

185. $$\int\sqrt{X}\,\mathrm{d}x=\frac{1}{2}\left(x\sqrt{X}+a^2\operatorname{Arsinh}\frac{x}{a}\right)+C$$
$$=\frac{1}{2}\left[x\sqrt{X}+a^2\ln\left(x+\sqrt{X}\right)\right]+C_1.$$

186. $$\int x\sqrt{X}\,\mathrm{d}x=\frac{1}{3}\sqrt{X^3}.$$

187. $$\int x^2\sqrt{X}\,\mathrm{d}x=\frac{x}{4}\sqrt{X^3}-\frac{a^2}{8}\left(x\sqrt{X}+a^2\operatorname{Arsinh}\frac{x}{a}\right)+C$$
$$=\frac{x}{4}\sqrt{X^3}-\frac{a^2}{8}\left[x\sqrt{X}+a^2\ln\left(x+\sqrt{X}\right)\right]+C_1.$$

188. $$\int x^3\sqrt{X}\,\mathrm{d}x=\frac{\sqrt{X^5}}{5}-\frac{a^2\sqrt{X^3}}{3}.$$

189. $$\int\frac{\sqrt{X}}{x}\,\mathrm{d}x=\sqrt{X}-a\ln\frac{a+\sqrt{X}}{x}.$$

190. $$\int\frac{\sqrt{X}}{x^2}\,\mathrm{d}x=-\frac{\sqrt{X}}{x}+\operatorname{Arsinh}\frac{x}{a}+C=-\frac{\sqrt{X}}{x}+\ln\left(x+\sqrt{X}\right)+C_1.$$

191. $$\int\frac{\sqrt{X}}{x^3}\,\mathrm{d}x=-\frac{\sqrt{X}}{2x^2}-\frac{1}{2a}\ln\frac{a+\sqrt{X}}{x}.$$

192. $$\int\frac{\mathrm{d}x}{\sqrt{X}}=\operatorname{Arsinh}\frac{x}{a}+C=\ln\left(x+\sqrt{X}\right)+C_1.$$

193. $$\int\frac{x\,\mathrm{d}x}{\sqrt{X}}=\sqrt{X}.$$

194. $$\int\frac{x^2\,\mathrm{d}x}{\sqrt{X}}=\frac{x}{2}\sqrt{X}-\frac{a^2}{2}\operatorname{Arsinh}\frac{x}{a}+C=\frac{x}{2}\sqrt{X}-\frac{a^2}{2}\ln\left(x+\sqrt{X}\right)+C_1.$$

195. $$\int\frac{x^3\,\mathrm{d}x}{\sqrt{X}}=\frac{\sqrt{X^3}}{3}-a^2\sqrt{X}.$$

196. $$\int\frac{\mathrm{d}x}{x\sqrt{X}}=-\frac{1}{a}\ln\frac{a+\sqrt{X}}{x}.$$

197. $$\int\frac{\mathrm{d}x}{x^2\sqrt{X}}=-\frac{\sqrt{X}}{a^2x}.$$

198. $$\int\frac{\mathrm{d}x}{x^3\sqrt{X}}=-\frac{\sqrt{X}}{2a^2x^2}+\frac{1}{2a^3}\ln\frac{a+\sqrt{X}}{x}.$$

199. $$\int \sqrt{X^3}\,\mathrm{d}x = \frac{1}{4}\left(x\sqrt{X^3} + \frac{3a^2x}{2}\sqrt{X} + \frac{3a^4}{2}\operatorname{Arsinh}\frac{x}{a}\right) + C$$
$$= \frac{1}{4}\left(x\sqrt{X^3} + \frac{3a^2x}{2}\sqrt{X} + \frac{3a^4}{2}\ln\left(x+\sqrt{X}\right)\right) + C_1.$$

200. $$\int x\sqrt{X^3}\,\mathrm{d}x = \frac{1}{5}\sqrt{X^5}.$$

201. $$\int x^2\sqrt{X^3}\,\mathrm{d}x = \frac{x\sqrt{X^5}}{6} - \frac{a^2x\sqrt{X^3}}{24} - \frac{a^4x\sqrt{X}}{16} - \frac{a^6}{16}\operatorname{Arsinh}\frac{x}{a} + C$$
$$= \frac{x\sqrt{X^5}}{6} - \frac{a^2x\sqrt{X^3}}{24} - \frac{a^4x\sqrt{X}}{16} - \frac{a^6}{16}\ln\left(x+\sqrt{X}\right) + C_1.$$

202. $$\int x^3\sqrt{X^3}\,\mathrm{d}x = \frac{\sqrt{X^7}}{7} - \frac{a^2\sqrt{X^5}}{5}.$$

203. $$\int \frac{\sqrt{X^3}}{x}\,\mathrm{d}x = \frac{\sqrt{X^3}}{3} + a^2\sqrt{X} - a^3\ln\frac{a+\sqrt{X}}{x}.$$

204. $$\int \frac{\sqrt{X^3}}{x^2}\,\mathrm{d}x = -\frac{\sqrt{X^3}}{x} + \frac{3}{2}x\sqrt{X} + \frac{3}{2}a^2\operatorname{Arsinh}\frac{x}{a} + C$$
$$= -\frac{\sqrt{X^3}}{x} + \frac{3}{2}x\sqrt{X} + \frac{3}{2}a^2\ln\left(x+\sqrt{X}\right) + C_1.$$

205. $$\int \frac{\sqrt{X^3}}{x^3}\mathrm{d}x = -\frac{\sqrt{X^3}}{2x^2} + \frac{3}{2}\sqrt{X} - \frac{3}{2}a\ln\left(\frac{a+\sqrt{X}}{x}\right).$$

206. $$\int \frac{\mathrm{d}x}{\sqrt{X^3}} = \frac{x}{a^2\sqrt{X}}.$$

207. $$\int \frac{x\,\mathrm{d}x}{\sqrt{X^3}} = -\frac{1}{\sqrt{X}}.$$

208. $$\int \frac{x^2\,\mathrm{d}x}{\sqrt{X^3}} = -\frac{x}{\sqrt{X}} + \operatorname{Arsinh}\frac{x}{a} + C = -\frac{x}{\sqrt{X}} + \ln\left(x+\sqrt{X}\right) + C_1.$$

209. $$\int \frac{x^3\,\mathrm{d}x}{\sqrt{X^3}} = \sqrt{X} + \frac{a^2}{\sqrt{X}}.$$

210. $$\int \frac{\mathrm{d}x}{x\sqrt{X^3}} = \frac{1}{a^2\sqrt{X}} - \frac{1}{a^3}\ln\frac{a+\sqrt{X}}{x}.$$

211. $$\int \frac{\mathrm{d}x}{x^2\sqrt{X^3}} = -\frac{1}{a^4}\left(\frac{\sqrt{X}}{x} + \frac{x}{\sqrt{X}}\right).$$

212. $$\int \frac{\mathrm{d}x}{x^3\sqrt{X^3}} = -\frac{1}{2a^2x^2\sqrt{X}} - \frac{3}{2a^4\sqrt{X}} + \frac{3}{2a^5}\ln\frac{a+\sqrt{X}}{x}.$$

21.7.2.7 含 $\sqrt{x^2-a^2}$ 的积分

注 $X = x^2 - a^2$

213. $$\int \sqrt{X}\,\mathrm{d}x = \frac{1}{2}\left(x\sqrt{X} - a^2 \operatorname{Arcosh}\frac{x}{a}\right) + C = \frac{1}{2}\left[x\sqrt{X} - a^2\ln\left(x+\sqrt{X}\right)\right] + C_1.$$

214. $$\int x\sqrt{X}\,\mathrm{d}x = \frac{1}{3}\sqrt{X^3}.$$

215. $$\int x^2\sqrt{X}\,\mathrm{d}x = \frac{x}{4}\sqrt{X^3} + \frac{a^2}{8}\left(x\sqrt{X} - a^2\operatorname{Arcosh}\frac{x}{a}\right) + C = \frac{x}{4}\sqrt{X^3} + \frac{a^2}{8}\left[x\sqrt{X} - a^2\ln\left(x+\sqrt{X}\right)\right] + C_1.$$

216. $$\int x^3\sqrt{X}\,\mathrm{d}x = \frac{\sqrt{X^5}}{5} + \frac{a^2\sqrt{X^3}}{3}.$$

217. $$\int \frac{\sqrt{X}}{x}\,\mathrm{d}x = \sqrt{X} - a\arccos\frac{a}{x}.$$

218. $$\int \frac{\sqrt{X}}{x^2}\,\mathrm{d}x = -\frac{\sqrt{X}}{x} + \operatorname{Arcosh}\frac{x}{a} + C = -\frac{\sqrt{X}}{x} + \ln\left(x+\sqrt{X}\right) + C_1.$$

219. $$\int \frac{\sqrt{X}}{x^3}\,\mathrm{d}x = -\frac{\sqrt{X}}{2x^2} + \frac{1}{2a}\arccos\frac{a}{x}.$$

220. $$\int \frac{\mathrm{d}x}{\sqrt{X}} = \operatorname{Arcosh}\frac{x}{a} + C = \ln\left(x+\sqrt{X}\right) + C_1.$$

221. $$\int \frac{x\,\mathrm{d}x}{\sqrt{X}} = \sqrt{X}.$$

222. $$\int \frac{x^2\,\mathrm{d}x}{\sqrt{X}} = \frac{x}{2}\sqrt{X} + \frac{a^2}{2}\operatorname{Arcosh}\frac{x}{a} + C = \frac{x}{2}\sqrt{X} + \frac{a^2}{2}\ln\left(x+\sqrt{X}\right) + C_1.$$

223. $$\int \frac{x^3\,\mathrm{d}x}{\sqrt{X}} = \frac{\sqrt{X^3}}{3} + a^2\sqrt{X}.$$

224. $$\int \frac{\mathrm{d}x}{x\sqrt{X}} = \frac{1}{a}\arccos\frac{a}{x}.$$

225. $$\int \frac{\mathrm{d}x}{x^2\sqrt{X}} = \frac{\sqrt{X}}{a^2x}.$$

226. $$\int \frac{\mathrm{d}x}{x^3\sqrt{X}} = \frac{\sqrt{X}}{2a^2x^2} + \frac{1}{2a^3}\arccos\frac{a}{x}.$$

227. $\displaystyle\int \sqrt{X^3}\,\mathrm{d}x = \frac{1}{4}\left(x\sqrt{X^3} - \frac{3a^2x}{2}\sqrt{X} + \frac{3a^4}{2}\operatorname{Arcosh}\frac{x}{a}\right) + C$

$\displaystyle= \frac{1}{4}\left[x\sqrt{X^3} - \frac{3a^2x}{2}\sqrt{X} + \frac{3a^4}{2}\ln\left(x + \sqrt{X}\right)\right] + C_1.$

228. $\displaystyle\int x\sqrt{X^3}\,\mathrm{d}x = \frac{1}{5}\sqrt{X^5}.$

229. $\displaystyle\int x^2\sqrt{X^3}\,\mathrm{d}x = \frac{x\sqrt{X^5}}{6} + \frac{a^2x\sqrt{X^3}}{24} - \frac{a^4x\sqrt{X}}{16} + \frac{a^6}{16}\operatorname{Arcosh}\frac{x}{a} + C$

$\displaystyle= \frac{x\sqrt{X^5}}{6} + \frac{a^2x\sqrt{X^3}}{24} - \frac{a^4x\sqrt{X}}{16} + \frac{a^6}{16}\ln\left(x + \sqrt{X}\right) + C_1.$

230. $\displaystyle\int x^3\sqrt{X^3}\,\mathrm{d}x = \frac{\sqrt{X^7}}{7} + \frac{a^2\sqrt{X^5}}{5}.$

231. $\displaystyle\int \frac{\sqrt{X^3}}{x}\,\mathrm{d}x = \frac{\sqrt{X^3}}{3} - a^2\sqrt{X} + a^3\arccos\frac{a}{x}.$

232. $\displaystyle\int \frac{\sqrt{X^3}}{x^2}\,\mathrm{d}x = -\frac{\sqrt{X^3}}{2} + \frac{3}{2}x\sqrt{X} - \frac{3}{2}a^2\operatorname{Arcosh}\frac{x}{a} + C$

$\displaystyle= -\frac{\sqrt{X^3}}{2} + \frac{3}{2}x\sqrt{X} - \frac{3}{2}a^2\ln\left(x + \sqrt{X}\right) + C_1.$

233. $\displaystyle\int \frac{\sqrt{X^3}}{x^3}\,\mathrm{d}x = -\frac{\sqrt{X^3}}{2x^2} + \frac{3\sqrt{X}}{2} - \frac{3}{2}a\arccos\frac{a}{x}.$

234. $\displaystyle\int \frac{\mathrm{d}x}{\sqrt{X^3}} = -\frac{x}{a^2\sqrt{X}}.$

235. $\displaystyle\int \frac{x\,\mathrm{d}x}{\sqrt{X^3}} = -\frac{1}{\sqrt{X}}.$

236. $\displaystyle\int \frac{x^2\,\mathrm{d}x}{\sqrt{X^3}} = -\frac{x}{\sqrt{X}} + \operatorname{Arcosh}\frac{x}{a} + C = -\frac{x}{\sqrt{X}} + \ln\left(x + \sqrt{X}\right) + C_1.$

237. $\displaystyle\int \frac{x^3\,\mathrm{d}x}{\sqrt{X^3}} = \sqrt{X} - \frac{a^2}{\sqrt{X}}.$

238. $\displaystyle\int \frac{\mathrm{d}x}{x\sqrt{X^3}} = -\frac{1}{a^2\sqrt{X}} - \frac{1}{a^3}\arccos\frac{a}{x}.$

239. $\displaystyle\int \frac{\mathrm{d}x}{x^2\sqrt{X^3}} = -\frac{1}{a^4}\left(\frac{\sqrt{X}}{x} + \frac{x}{\sqrt{X}}\right).$

240. $\displaystyle\int \frac{\mathrm{d}x}{x^3\sqrt{X^3}} = \frac{1}{2a^2x^2\sqrt{X}} - \frac{3}{2a^4\sqrt{X}} - \frac{3}{2a^5}\arccos\frac{a}{x}.$

21.7.2.8 含 $\sqrt{ax^2+bx+c}$ 的积分

> **注** $X=ax^2+bx+c,\ \Delta=4ac-b^2,\ k=\dfrac{4a}{\Delta}$

241. $$\int\frac{\mathrm{d}x}{\sqrt{X}}=\begin{cases}\dfrac{1}{\sqrt{a}}\ln\left(2\sqrt{aX}+2ax+b\right)+C, & a>0,\\ \dfrac{1}{\sqrt{a}}\operatorname{Arsinh}\dfrac{2ax+b}{\sqrt{\Delta}}+C_1, & a>0,\ \Delta>0,\\ \dfrac{1}{\sqrt{a}}\ln(2ax+b), & a>0,\ \Delta=0,\\ -\dfrac{1}{\sqrt{-a}}\arcsin\dfrac{2ax+b}{\sqrt{-\Delta}}, & a<0,\ \Delta<0.\end{cases}$$

242. $$\int\frac{\mathrm{d}x}{X\sqrt{X}}=\frac{2(2ax+b)}{\Delta\sqrt{X}}.$$

243. $$\int\frac{\mathrm{d}x}{X^2\sqrt{X}}=\frac{2(2ax+b)}{3\Delta\sqrt{X}}\left(\frac{1}{X}+2k\right).$$

244. $$\int\frac{\mathrm{d}x}{X^{(2n+1)/2}}=\frac{2(2ax+b)}{(2n-1)\Delta X^{(2n-1)/2}}+\frac{2k(n-1)}{2n-1}\int\frac{\mathrm{d}x}{X^{(2n-1)/2}}.$$

245. $$\int\sqrt{X}\,\mathrm{d}x=\frac{(2ax+b)\sqrt{X}}{4a}+\frac{1}{2k}\int\frac{\mathrm{d}x}{\sqrt{X}}$$ (参见**241**).

246. $$\int X\sqrt{X}\,\mathrm{d}x=\frac{(2ax+b)\sqrt{X}}{8a}\left(X+\frac{3}{2k}\right)+\frac{3}{8k^2}\int\frac{\mathrm{d}x}{\sqrt{X}}$$ (参见**241**).

247. $$\int X^2\sqrt{X}\,\mathrm{d}x=\frac{(2ax+b)\sqrt{X}}{12a}\left(X^2+\frac{5X}{4k}+\frac{15}{8k^2}\right)+\frac{5}{16k^3}\int\frac{\mathrm{d}x}{\sqrt{X}}$$ (参见**241**).

248. $$\int X^{(2n+1)/2}\,\mathrm{d}x=\frac{(2ax+b)X^{(2n+1)/2}}{4a(n+1)}+\frac{2n+1}{2k(n+1)}\int X^{(2n-1)/2}\,\mathrm{d}x.$$

249. $$\int\frac{x\,\mathrm{d}x}{\sqrt{X}}=\frac{\sqrt{X}}{a}-\frac{b}{2a}\int\frac{\mathrm{d}x}{\sqrt{X}}$$ (参见**241**).

250. $$\int\frac{x\,\mathrm{d}x}{X\sqrt{X}}=-\frac{2(bx+2c)}{\Delta\sqrt{X}}.$$

251. $$\int\frac{x\,\mathrm{d}x}{X^{(2n+1)/2}}=-\frac{1}{(2n-1)aX^{(2n-1)/2}}-\frac{b}{2a}\int\frac{\mathrm{d}x}{X^{(2n+1)/2}}$$ (参见**244**).

252. $$\int\frac{x^2\,\mathrm{d}x}{\sqrt{X}}=\left(\frac{x}{2a}-\frac{3b}{4a^2}\right)\sqrt{X}+\frac{3b^2-4ac}{8a^2}\int\frac{\mathrm{d}x}{\sqrt{X}}$$ (参见**241**).

253. $$\int\frac{x^2\,\mathrm{d}x}{X\sqrt{X}}=\frac{(2b^2-4ac)x+2bc}{a\Delta\sqrt{X}}+\frac{1}{a}\int\frac{\mathrm{d}x}{\sqrt{X}}$$ (参见**241**).

254. $\int x\sqrt{X}\,\mathrm{d}x = \frac{X\sqrt{X}}{3a} - \frac{b(2ax+b)}{8a^2}\sqrt{X} - \frac{b}{4ak}\int\frac{\mathrm{d}x}{\sqrt{X}}$ (参见**241**).

255. $\int xX\sqrt{X}\,\mathrm{d}x = \frac{X^2\sqrt{X}}{5a} - \frac{b}{2a}\int X\sqrt{X}\,\mathrm{d}x$ (参见**246**).

256. $\int xX^{(2n+1)/2}\,\mathrm{d}x = \frac{X^{(2n+3)/2}}{(2n+3)a} - \frac{b}{2a}\int X^{(2n+1)/2}\,\mathrm{d}x$ (参见**248**).

257. $\int x^2\sqrt{X}\,\mathrm{d}x = \left(x - \frac{5b}{6a}\right)\frac{X\sqrt{X}}{4a} + \frac{5b^2-4ac}{16a^2}\int\sqrt{X}\,\mathrm{d}x$ (参见**245**).

258.
$$\int\frac{\mathrm{d}x}{x\sqrt{X}} = \begin{cases} -\frac{1}{\sqrt{c}}\ln\left(\frac{2\sqrt{cX}}{x} + \frac{2c}{x} + b\right) + C, & c>0, \\ -\frac{1}{\sqrt{c}}\mathrm{Arsinh}\,\frac{bx+2c}{x\sqrt{\Delta}} + C_1, & c>0,\ \Delta>0, \\ -\frac{1}{\sqrt{c}}\ln\frac{bx+2c}{x}, & c>0,\ \Delta=0, \\ \frac{1}{\sqrt{-c}}\arcsin\frac{bx+2c}{x\sqrt{-\Delta}}, & c<,\ \Delta<0. \end{cases}$$

259. $\int\frac{\mathrm{d}x}{x^2\sqrt{X}} = -\frac{\sqrt{X}}{cx} - \frac{b}{2c}\int\frac{\mathrm{d}x}{x\sqrt{X}}$ (参见**258**).

260. $\int\frac{\sqrt{X}\,\mathrm{d}x}{x} = \sqrt{X} + \frac{b}{2}\int\frac{\mathrm{d}x}{\sqrt{X}} + c\int\frac{\mathrm{d}x}{x\sqrt{X}}$ (参见**241**和**258**).

261. $\int\frac{\sqrt{X}\,\mathrm{d}x}{x^2} = -\frac{\sqrt{X}}{x} + a\int\frac{\mathrm{d}x}{\sqrt{X}} + \frac{b}{2}\int\frac{\mathrm{d}x}{x\sqrt{X}}$ (参见**241** 和**258**).

262. $\int\frac{X^{(2n+1)/2}}{x}\mathrm{d}x = \frac{X^{(2n+1)/2}}{2n+1} + \frac{b}{2}\int X^{(2n-1)/2}\,\mathrm{d}x + c\int\frac{X^{(2n-1)/2}}{x}\mathrm{d}x$
(参见**248** 和**260**).

263. $\int\frac{\mathrm{d}x}{x\sqrt{ax^2+bx}} = -\frac{2}{bx}\sqrt{ax^2+bx}.$

264. $\int\frac{\mathrm{d}x}{\sqrt{2ax-x^2}} = \arcsin\frac{x-a}{a}.$

265. $\int\frac{x\,\mathrm{d}x}{\sqrt{2ax-x^2}} = -\sqrt{2ax-x^2} + a\arcsin\frac{x-a}{a}.$

266. $\int\sqrt{2ax-x^2}\,\mathrm{d}x = \frac{x-a}{2}\sqrt{2ax-x^2} + \frac{a^2}{2}\arcsin\frac{x-a}{a}.$

267. $\int\frac{\mathrm{d}x}{(ax^2+b)\sqrt{fx^2+g}}$

$= \frac{1}{\sqrt{b}\sqrt{ag-bf}}\arctan\frac{x\sqrt{ag-bf}}{\sqrt{b}\sqrt{fx^2+g}} \quad (ag-bf>0)$

$$= \frac{1}{2\sqrt{b}\sqrt{bf-ag}} \ln \frac{\sqrt{b}\sqrt{fx^2+g}+x\sqrt{bf-ag}}{\sqrt{b}\sqrt{fx^2+g}-x\sqrt{bf-ag}} \qquad (ag-bf<0).$$

21.7.2.9 其他无理表达式积分

268. $\displaystyle\int \sqrt[n]{ax+b}\,\mathrm{d}x = \frac{n(ax+b)}{(n+1)a}\sqrt[n]{ax+b}.$

269. $\displaystyle\int \frac{\mathrm{d}x}{\sqrt[n]{ax+b}} = \frac{n(ax+b)}{(n-1)a}\frac{1}{\sqrt[n]{ax+b}}.$

270. $\displaystyle\int \frac{\mathrm{d}x}{x\sqrt{x^n+a^2}} = -\frac{2}{na}\ln\frac{a+\sqrt{x^n+a^2}}{\sqrt{x^n}}.$

271. $\displaystyle\int \frac{\mathrm{d}x}{x\sqrt{x^n-a^2}} = \frac{2}{na}\arccos\frac{a}{\sqrt{x^n}}.$

272. $\displaystyle\int \frac{\sqrt{x}\,\mathrm{d}x}{\sqrt{a^3-x^3}} = \frac{2}{3}\arcsin\sqrt{\left(\frac{x}{a}\right)^3}.$

21.7.2.10 二项式微分型积分的递推公式

273. $\displaystyle\int x^m(ax^n+b)^p\,\mathrm{d}x$

$$= \frac{1}{m+np+1}\left[x^{m+1}(ax^n+b)^p + npb\int x^m(ax^n+b)^{p-1}\,\mathrm{d}x\right]$$

$$= \frac{1}{bn(p+1)}\left[-x^{m+1}(ax^n+b)^{p+1} + (m+n+np+1)\int x^m(ax^n+b)^{p+1}\,\mathrm{d}x\right]$$

$$= \frac{1}{(m+1)b}\left[x^{m+1}(ax^n+b)^{p+1} - a(m+n+np+1)\int x^{m+n}(ax^n+b)^p\,\mathrm{d}x\right]$$

$$= \frac{1}{a(m+np+1)}\left[x^{m-n+1}(ax^n+b)^{p+1} - (m-n+1)b\int x^{m-n}(ax^n+b)^p\,\mathrm{d}x\right].$$

21.7.3 三角函数积分

含有 $\sin x, \cos x$ 的双曲和指数函数积分在超越函数的积分表中 (参见第 1412 页 21.7.4).

21.7.3.1 正弦函数积分

274. $\displaystyle\int \sin ax\,\mathrm{d}x = -\frac{1}{a}\cos ax.$

275. $\displaystyle\int \sin^2 ax\,\mathrm{d}x = \frac{1}{2}x - \frac{1}{4a}\sin 2ax.$

276. $\displaystyle\int \sin^3 ax\,\mathrm{d}x = -\frac{1}{a}\cos ax + \frac{1}{3a}\cos^3 ax.$

277. $\displaystyle\int \sin^4 ax\,\mathrm{d}x = \frac{3}{8}x - \frac{1}{4a}\sin 2ax + \frac{1}{32a}\sin 4ax.$

278. $\displaystyle\int \sin^n ax\,\mathrm{d}x = -\frac{\sin^{n-1} ax\cos ax}{na} + \frac{n-1}{n}\int \sin^{n-2} ax\,\mathrm{d}x$ (n 为整数 >0).

279. $\displaystyle\int x\sin ax\,\mathrm{d}x = \frac{\sin ax}{a^2} - \frac{x\cos ax}{a}.$

280. $\displaystyle\int x^2\sin ax\,\mathrm{d}x = \frac{2x}{a^2}\sin ax - \left(\frac{x^2}{a} - \frac{2}{a^3}\right)\cos ax.$

281. $\displaystyle\int x^3\sin ax\,\mathrm{d}x = \left(\frac{3x^2}{a^2} - \frac{6}{a^4}\right)\sin ax - \left(\frac{x^3}{a} - \frac{6x}{a^3}\right)\cos ax.$

282. $\displaystyle\int x^n\sin ax\,\mathrm{d}x = -\frac{x^n}{a}\cos ax + \frac{n}{a}\int x^{n-1}\cos ax\,\mathrm{d}x$ ($n>0$).

283. $\displaystyle\int \frac{\sin ax}{x}\mathrm{d}x = ax - \frac{(ax)^3}{3\cdot 3!} + \frac{(ax)^5}{5\cdot 5!} - \frac{(ax)^7}{7\cdot 7!} + \cdots.$

定积分 $\displaystyle\int_0^x \frac{\sin t}{t}\,\mathrm{d}t$ 称作正弦积分 (参见第 681 页 8.2.5) 写作 $\mathrm{si}(x)$.

积分计算参见第 987 页 14.4.3.2, 2.. 幂级数展开为 $\mathrm{si}(x) = x - \dfrac{x^3}{3\cdot 3!} + \dfrac{x^5}{5\cdot 5!} - \dfrac{x^7}{7\cdot 7!} + \cdots$ (参见第 681 页 8.2.5).

284. $\displaystyle\int \frac{\sin ax}{x^2}\mathrm{d}x = -\frac{\sin ax}{x} + a\int \frac{\cos ax\,\mathrm{d}x}{x}$ (参见**322**).

285. $\displaystyle\int \frac{\sin ax}{x^n}\mathrm{d}x = -\frac{1}{n-1}\frac{\sin ax}{x^{n-1}} + \frac{a}{n-1}\int \frac{\cos ax}{x^{n-1}}\,\mathrm{d}x$ (参见**324**).

286. $\displaystyle\int \frac{\mathrm{d}x}{\sin ax} = \int \csc ax\,\mathrm{d}x = \frac{1}{a}\ln\tan\frac{ax}{2} = \frac{1}{a}\ln(\csc ax\cot ax).$

287. $\displaystyle\int \frac{\mathrm{d}x}{\sin^2 ax} = -\frac{1}{a}\cot ax.$

288. $\displaystyle\int \frac{\mathrm{d}x}{\sin^3 ax} = -\frac{\cos ax}{2a\sin^2 ax} + \frac{1}{2a}\ln\tan\frac{ax}{2}.$

289. $\displaystyle\int \frac{\mathrm{d}x}{\sin^n ax} = -\frac{1}{a(n-1)}\frac{\cos ax}{\sin^{n-1} ax} + \frac{n-2}{n-1}\int \frac{\mathrm{d}x}{\sin^{n-2} ax} \quad (n>1).$

290. $\displaystyle\int \frac{x\,\mathrm{d}x}{\sin ax} = \frac{1}{a^2}\left(ax + \frac{(ax)^3}{3\cdot 3!} + \frac{7(ax)^5}{3\cdot 5\cdot 5!} + \frac{31(ax)^7}{3\cdot 7\cdot 7!} + \frac{127(ax)^9}{3\cdot 5\cdot 9!} + \cdots + \frac{2(2^{2n-1}-1)}{(2n+1)!}B_n(ax)^{2n+1} + \cdots\right),$

B_n 表示伯努利数 (参见第 623 页 7.2.4.2).

291. $\displaystyle\int \frac{x\,\mathrm{d}x}{\sin^2 ax} = -\frac{x}{a}\cot ax + \frac{1}{a^2}\ln\sin ax.$

292. $\displaystyle\int \frac{x\,\mathrm{d}x}{\sin^n ax} = -\frac{x\cos ax}{(n-1)a\sin^{n-1} ax} - \frac{1}{(n-1)(n-2)a^2\sin^{n-2} ax} + \frac{n-2}{n-1}\int \frac{x\,\mathrm{d}x}{\sin^{n-2} ax} \quad (n>2).$

293. $\displaystyle\int \frac{\mathrm{d}x}{1+\sin ax} = -\frac{1}{a}\tan\left(\frac{\pi}{4} - \frac{ax}{2}\right).$

294. $\displaystyle\int \frac{\mathrm{d}x}{1-\sin ax} = \frac{1}{a}\tan\left(\frac{\pi}{4} + \frac{ax}{2}\right).$

295. $\displaystyle\int \frac{x\,\mathrm{d}x}{1+\sin ax} = -\frac{x}{a}\tan\left(\frac{\pi}{4} - \frac{ax}{2}\right) + \frac{2}{a^2}\ln\cos\left(\frac{\pi}{4} - \frac{ax}{2}\right).$

296. $\displaystyle\int \frac{x\,\mathrm{d}x}{1-\sin ax} = \frac{x}{a}\cot\left(\frac{\pi}{4} - \frac{ax}{2}\right) + \frac{2}{a^2}\ln\sin\left(\frac{\pi}{4} - \frac{ax}{2}\right).$

297. $\displaystyle\int \frac{\sin ax\,\mathrm{d}x}{1\pm\sin ax} = \pm x + \frac{1}{a}\tan\left(\frac{\pi}{4} \mp \frac{ax}{2}\right).$

298. $\displaystyle\int \frac{\mathrm{d}x}{\sin ax(1\pm\sin ax)} = \frac{1}{a}\tan\left(\frac{\pi}{4} \mp \frac{ax}{2}\right) + \frac{1}{a}\ln\tan\frac{ax}{2}.$

299. $\displaystyle\int \frac{\mathrm{d}x}{(1+\sin ax)^2} = -\frac{1}{2a}\tan\left(\frac{\pi}{4} - \frac{ax}{2}\right) - \frac{1}{6a}\tan^3\left(\frac{\pi}{4} - \frac{ax}{2}\right).$

300. $\displaystyle\int \frac{\mathrm{d}x}{(1-\sin ax)^2} = \frac{1}{2a}\cot\left(\frac{\pi}{4} - \frac{ax}{2}\right) + \frac{1}{6a}\cot^3\left(\frac{\pi}{4} - \frac{ax}{2}\right).$

301. $\displaystyle\int \frac{\sin ax\,\mathrm{d}x}{(1+\sin ax)^2} = -\frac{1}{2a}\tan\left(\frac{\pi}{4} - \frac{ax}{2}\right) + \frac{1}{6a}\tan^3\left(\frac{\pi}{4} - \frac{ax}{2}\right).$

302. $\displaystyle\int \frac{\sin ax\,\mathrm{d}x}{(1-\sin ax)^2} = -\frac{1}{2a}\cot\left(\frac{\pi}{4} - \frac{ax}{2}\right) + \frac{1}{6a}\cot^3\left(\frac{\pi}{4} - \frac{ax}{2}\right).$

303. $\displaystyle\int \frac{\mathrm{d}x}{1+\sin^2 ax} = \frac{1}{2\sqrt{2}a}\arcsin\left(\frac{3\sin^2 ax - 1}{\sin^2 ax + 1}\right).$

304. $\displaystyle\int \frac{\mathrm{d}x}{1-\sin^2 ax} = \int \frac{\mathrm{d}x}{\cos^2 ax} = \frac{1}{a}\tan ax.$

305. $\displaystyle\int \sin ax\sin bx\,\mathrm{d}x = \frac{\sin(a-b)x}{2(a-b)} - \frac{\sin(a+b)x}{2(a+b)} \quad (|a| \neq |b|);$

当 $|a|=|b|$ 时, 参见**275**.

306. $$\int\frac{\mathrm{d}x}{b+c\sin ax}=\frac{2}{a\sqrt{b^2-c^2}}\arctan\frac{b\tan ax/2+c}{\sqrt{b^2-c^2}}\qquad(b^2>c^2)$$
$$=\frac{1}{a\sqrt{c^2-b^2}}\ln\frac{b\tan ax/2+c-\sqrt{c^2-b^2}}{b\tan ax/2+c+\sqrt{c^2-b^2}}\qquad(b^2<c^2).$$

307. $$\int\frac{\sin ax\,\mathrm{d}x}{b+c\sin ax}=\frac{x}{c}-\frac{b}{c}\int\frac{\mathrm{d}x}{b+c\sin ax}$$ (参见**306**).

308. $$\int\frac{\mathrm{d}x}{\sin ax(b+c\sin ax)}=\frac{1}{ab}\ln\tan\frac{ax}{2}-\frac{c}{b}\int\frac{\mathrm{d}x}{b+c\sin ax}$$ (参见**306**).

309. $$\int\frac{\mathrm{d}x}{(b+c\sin ax)^2}=\frac{c\cos ax}{a(b^2-c^2)(b+c\sin ax)}+\frac{b}{b^2-c^2}\int\frac{\mathrm{d}x}{b+c\sin ax}$$ (参见**306**).

310. $$\int\frac{\sin ax\,\mathrm{d}x}{(b+c\sin ax)^2}=\frac{b\cos ax}{a(c^2-b^2)(b+c\sin ax)}+\frac{c}{c^2-b^2}\int\frac{\mathrm{d}x}{b+c\sin ax}$$ (参见**306**).

311. $$\int\frac{\mathrm{d}x}{b^2+c^2\sin^2 ax}=\frac{1}{ab\sqrt{b^2+c^2}}\arctan\frac{\sqrt{b^2+c^2}\tan ax}{b}\qquad(b>0)$$

312. $$\int\frac{\mathrm{d}x}{b^2-c^2\sin^2 ax}=\frac{1}{ab\sqrt{b^2-c^2}}\arctan\frac{\sqrt{b^2-c^2}\tan ax}{b}\qquad(b^2>c^2,\ b>0),$$
$$=\frac{1}{2ab\sqrt{c^2-b^2}}\ln\frac{\sqrt{c^2-b^2}\tan ax+b}{\sqrt{c^2-b^2}\tan ax-b}\qquad(c^2>b^2,\ b>0).$$

21.7.3.2 含余弦函数的积分

313. $$\int\cos ax\,\mathrm{d}x=\frac{1}{a}\sin ax.$$

314. $$\int\cos^2 ax\,\mathrm{d}x=\frac{1}{2}x+\frac{1}{4a}\sin 2ax.$$

315. $$\int\cos^3 ax\,\mathrm{d}x=\frac{1}{a}\sin ax-\frac{1}{3a}\sin^3 ax.$$

316. $$\int\cos^4 ax\,\mathrm{d}x=\frac{3}{8}x+\frac{1}{4a}\sin 2ax+\frac{1}{32a}\sin 4ax.$$

317. $$\int\cos^n ax\,\mathrm{d}x=\frac{\cos^{n-1}ax\sin ax}{na}+\frac{n-1}{n}\int\cos^{n-2}ax\,\mathrm{d}x.$$

318. $$\int x\cos ax\,\mathrm{d}x=\frac{\cos ax}{a^2}+\frac{x\sin ax}{a}.$$

319. $$\int x^2\cos ax\,\mathrm{d}x=\frac{2x}{a^2}\cos ax+\left(\frac{x^2}{a}-\frac{2}{a^3}\right)\sin ax.$$

320. $\displaystyle\int x^3\cos ax\,\mathrm{d}x=\left(\frac{3x^2}{a^2}-\frac{6}{a^4}\right)\cos ax+\left(\frac{x^3}{a}-\frac{6x}{a^3}\right)\sin ax.$

321. $\displaystyle\int x^n\cos ax\,\mathrm{d}x=\frac{x^n\sin ax}{a}-\frac{n}{a}\int x^{n-1}\sin ax\,\mathrm{d}x.$

322. $\displaystyle\int\frac{\cos ax}{x}\mathrm{d}x=\ln(ax)-\frac{(ax)^2}{2\cdot 2!}+\frac{(ax)^4}{4\cdot 4!}-\frac{(ax)^6}{6\cdot 6!}+\cdots$

定积分 $\displaystyle-\int_x^\infty\frac{\cos t}{t}\,\mathrm{d}t$ 称作余弦积分, 表示为 $\mathrm{Ci}(x)$，其幂级数展式为:

$\displaystyle\mathrm{Ci}(x)=C+\ln x-\frac{x^2}{2\cdot 2!}+\frac{x^4}{4\cdot 4!}-\frac{x^6}{6\cdot 6!}+\cdots$ (参见第 681 页 8.2.5,2.),

C 表示欧拉常数 (参见第 681 页 8.2.5,2.).

323. $\displaystyle\int\frac{\cos ax}{x^2}\mathrm{d}x=-\frac{\cos ax}{x}-a\int\frac{\sin ax\,\mathrm{d}x}{x}$ (参见**283**).

324. $\displaystyle\int\frac{\cos ax}{x^n}\mathrm{d}x=-\frac{\cos ax}{(n-1)x^{n-1}}-\frac{a}{n-1}\int\frac{\sin ax\,\mathrm{d}x}{x^{n-1}}\quad(n\neq 1)$ (参见**285**).

325. $\displaystyle\int\frac{\mathrm{d}x}{\cos ax}=\frac{1}{a}\mathrm{Artanh}(\sin ax)=\frac{1}{a}\ln\tan\left(\frac{ax}{2}+\frac{\pi}{4}\right)=\frac{1}{a}\ln(\sec ax+\tan ax).$

326. $\displaystyle\int\frac{\mathrm{d}x}{\cos^2 ax}=\frac{1}{a}\tan ax.$

327. $\displaystyle\int\frac{\mathrm{d}x}{\cos^3 ax}=\frac{\sin ax}{2a\cos^2 ax}+\frac{1}{2a}\ln\tan\left(\frac{\pi}{4}+\frac{ax}{2}\right).$

328. $\displaystyle\int\frac{\mathrm{d}x}{\cos^n ax}=\frac{1}{a(n-1)}\frac{\sin ax}{\cos^{n-1}ax}+\frac{n-2}{n-1}\int\frac{\mathrm{d}x}{\cos^{n-2}ax}\quad(n>1).$

329. $$\int\frac{x\,\mathrm{d}x}{\cos ax}=\frac{1}{a^2}\left(\frac{(ax)^2}{2}+\frac{(ax)^4}{4\cdot 2!}+\frac{5(ax)^6}{6\cdot 4!}+\frac{61(ax)^8}{8\cdot 6!}+\frac{1385(ax)^{10}}{10\cdot 8!}+\cdots\right.$$
$$\left.+\frac{E_n(ax)^{2n+2}}{(2n+2)(2n!)}+\cdots\right),$$

E_n 表示欧拉数 (参见第 623 页 7.2).

330. $\displaystyle\int\frac{x\,\mathrm{d}x}{\cos^2 ax}=\frac{x}{a}\tan ax+\frac{1}{a^2}\ln\cos ax.$

331. $$\int\frac{x\,\mathrm{d}x}{\cos^n ax}=\frac{x\sin ax}{(n-1)a\cos^{n-1}ax}-\frac{1}{(n-1)(n-2)a^2\cos^{n-2}ax}$$
$$+\frac{n-2}{n-1}\int\frac{x\,\mathrm{d}x}{\cos^{n-2}ax}\quad(n>2).$$

332. $\displaystyle\int\frac{\mathrm{d}x}{1+\cos ax}=\frac{1}{a}\tan\frac{ax}{2}.$

333. $\int \frac{dx}{1-\cos ax} = -\frac{1}{a}\cot\frac{ax}{2}.$

334. $\int \frac{x\,dx}{1+\cos ax} = \frac{x}{a}\tan\frac{ax}{2} + \frac{2}{a^2}\ln\cos\frac{ax}{2}.$

335. $\int \frac{x\,dx}{1-\cos ax} = -\frac{x}{a}\cot\frac{ax}{2} + \frac{2}{a^2}\ln\sin\frac{ax}{2}.$

336. $\int \frac{\cos ax\,dx}{1+\cos ax} = x - \frac{1}{a}\tan\frac{ax}{2}.$

337. $\int \frac{\cos ax\,dx}{1-\cos ax} = -x - \frac{1}{a}\cot\frac{ax}{2}.$

338. $\int \frac{dx}{\cos ax(1+\cos ax)} = \frac{1}{a}\ln\tan\left(\frac{\pi}{4}+\frac{ax}{2}\right) - \frac{1}{a}\tan\frac{ax}{2}.$

339. $\int \frac{dx}{\cos ax(1-\cos ax)} = \frac{1}{a}\ln\tan\left(\frac{\pi}{4}+\frac{ax}{2}\right) - \frac{1}{a}\cot\frac{ax}{2}.$

340. $\int \frac{dx}{(1+\cos ax)^2} = \frac{1}{2a}\tan\frac{ax}{2} + \frac{1}{6a}\tan^3\frac{ax}{2}.$

341. $\int \frac{dx}{(1-\cos ax)^2} = -\frac{1}{2a}\cot\frac{ax}{2} - \frac{1}{6a}\cot^3\frac{ax}{2}.$

342. $\int \frac{\cos ax\,dx}{(1+\cos ax)^2} = \frac{1}{2a}\tan\frac{ax}{2} - \frac{1}{6a}\tan^3\frac{ax}{2}.$

343. $\int \frac{\cos ax\,dx}{(1-\cos ax)^2} = \frac{1}{2a}\cot\frac{ax}{2} - \frac{1}{6a}\cot^3\frac{ax}{2}.$

344. $\int \frac{dx}{1+\cos^2 ax} = \frac{1}{2\sqrt{2}a}\arcsin\left(\frac{1-3\cos^2 ax}{1+\cos^2 ax}\right).$

345. $\int \frac{dx}{1-\cos^2 ax} = \int \frac{dx}{\sin^2 ax} = -\frac{1}{a}\cot ax.$

346. $\int \cos ax\cos bx\,dx = \frac{\sin(a-b)x}{2(a-b)} + \frac{\sin(a+b)x}{2(a+b)} \qquad (|a| \neq |b|);$

(当$|a| = |b|$ 时, 参见**314**).

347. $$\int \frac{dx}{b+c\cos ax} = \frac{2}{a\sqrt{b^2-c^2}}\arctan\frac{(b-c)\tan\frac{ax}{2}}{\sqrt{b^2-c^2}} \qquad (b^2>c^2)$$
$$= \frac{1}{a\sqrt{c^2-b^2}}\ln\frac{(c-b)\tan\frac{ax}{2}+\sqrt{c^2-b^2}}{(c-b)\tan\frac{ax}{2}-\sqrt{c^2-b^2}} \qquad (b^2<c^2).$$

348. $\int \frac{\cos ax\,dx}{b+c\cos ax} = \frac{x}{c} - \frac{b}{c}\int\frac{dx}{b+c\cos ax}$ (参见**347**).

349. $\int \frac{dx}{\cos ax(b+c\cos ax)} = \frac{1}{ab}\ln\tan\left(\frac{ax}{2}+\frac{\pi}{4}\right) - \frac{c}{b}\int\frac{dx}{b+c\cos ax}$ (参见**347**).

350. $$\int \frac{dx}{(b+c\cos ax)^2} = \frac{c\sin ax}{a(c^2-b^2)(b+c\cos ax)} - \frac{b}{c^2-b^2}\int \frac{dx}{b+c\cos ax}$$

(参见**347**).

351. $$\int \frac{\cos ax\,dx}{(b+c\cos ax)^2} = \frac{b\sin ax}{a(b^2-c^2)(b+c\cos ax)} - \frac{c}{b^2-c^2}\int \frac{dx}{b+c\cos ax}$$

(参见**347**).

352. $$\int \frac{dx}{b^2+c^2\cos^2 ax} = \frac{1}{ab\sqrt{b^2+c^2}}\arctan\frac{b\tan ax}{\sqrt{b^2+c^2}} \qquad (b>0).$$

353. $$\begin{aligned}\int \frac{dx}{b^2-c^2\cos^2 ax} &= \frac{1}{ab\sqrt{b^2-c^2}}\arctan\frac{b\tan ax}{\sqrt{b^2-c^2}} \qquad (b^2>c^2,\ b>0)\\ &= \frac{1}{2ab\sqrt{c^2-b^2}}\ln\frac{b\tan ax-\sqrt{c^2-b^2}}{b\tan ax+\sqrt{c^2-b^2}} \qquad (c^2>b^2,\ b>0).\end{aligned}$$

21.7.3.3 含正弦和余弦函数的积分

354. $$\int \sin ax\cos ax\,dx = \frac{1}{2a}\sin^2 ax.$$

355. $$\int \sin^2 ax\cos^2 ax\,dx = \frac{x}{8} - \frac{\sin 4ax}{32a}.$$

356. $$\int \sin^n ax\cos ax\,dx = \frac{1}{a(n+1)}\sin^{n+1} ax \qquad (n\neq -1).$$

357. $$\int \sin ax\cos^n ax\,dx = -\frac{1}{a(n+1)}\cos^{n+1} ax \qquad (n\neq -1).$$

358. $$\int \sin^n ax\cos^m ax\,dx = -\frac{\sin^{n-1} ax\cos^{m+1} ax}{a(n+m)} + \frac{n-1}{n+m}\int \sin^{n-2} ax\cos^m ax\,dx$$

(降低指数 n; $m, n>0$)

$$= \frac{\sin^{n+1} ax\cos^{m-1} ax}{a(n+m)} + \frac{m-1}{n+m}\int \sin^n ax\cos^{m-2} ax\,dx$$

(降低指数 m; $m, n>0$).

359. $$\int \frac{dx}{\sin ax\cos ax} = \frac{1}{a}\ln\tan ax.$$

360. $$\int \frac{dx}{\sin^2 ax\cos ax} = \frac{1}{a}\left[\ln\tan\left(\frac{\pi}{4}+\frac{ax}{2}\right) - \frac{1}{\sin ax}\right].$$

361. $$\int \frac{dx}{\sin ax\cos^2 ax} = \frac{1}{a}\left(\ln\tan\frac{ax}{2} + \frac{1}{\cos ax}\right).$$

362. $$\int \frac{dx}{\sin^3 ax\cos ax} = \frac{1}{a}\left(\ln\tan ax - \frac{1}{2\sin^2 ax}\right).$$

363. $\int \frac{\mathrm{d}x}{\sin ax \cos^3 ax} = \frac{1}{a}\left(\ln\tan ax + \frac{1}{2\cos^2 ax}\right).$

364. $\int \frac{\mathrm{d}x}{\sin^2 ax \cos^2 ax} = -\frac{2}{a}\cot 2ax.$

365. $\int \frac{\mathrm{d}x}{\sin^2 ax \cos^3 ax} = \frac{1}{a}\left[\frac{\sin ax}{2\cos^2 ax} - \frac{1}{\sin ax} + \frac{3}{2}\ln\tan\left(\frac{\pi}{4} + \frac{ax}{2}\right)\right].$

366. $\int \frac{\mathrm{d}x}{\sin^3 ax \cos^2 ax} = \frac{1}{a}\left(\frac{1}{\cos ax} - \frac{\cos ax}{2\sin^2 ax} + \frac{3}{2}\ln\tan\frac{ax}{2}\right).$

367. $\int \frac{\mathrm{d}x}{\sin ax \cos^n ax} = \frac{1}{a(n-1)\cos^{n-1} ax} + \int \frac{\mathrm{d}x}{\sin ax \cos^{n-2} ax} \qquad (n \neq 1)$

(参见**361**, **363**)

368. $\int \frac{\mathrm{d}x}{\sin^n ax \cos ax} = -\frac{1}{a(n-1)\sin^{n-1} ax} + \int \frac{\mathrm{d}x}{\sin^{n-2} ax \cos ax} \qquad (n \neq 1)$

(参见**360**, **362**)

369. $\int \frac{\mathrm{d}x}{\sin^n ax \cos^m ax} = -\frac{1}{a(n-1)} \cdot \frac{1}{\sin^{n-1} ax \cos^{m-1} ax} + \frac{n+m-2}{n-1}$

$\int \frac{\mathrm{d}x}{\sin^{n-2} ax \cos^m ax}$

(降低指数 n; $m > 0$, $n > 1$)

$= \frac{1}{a(m-1)} \cdot \frac{1}{\sin^{n-1} ax \cos^{m-1} ax} + \frac{n+m-2}{n-1}$

$\int \frac{\mathrm{d}x}{\sin^n ax \cos^{m-2} ax}$

(降低指数 m; $n > 0$, $m > 1$).

370. $\int \frac{\sin ax\,\mathrm{d}x}{\cos^2 ax} = \frac{1}{a\cos ax} = \frac{1}{a}\sec ax.$

371. $\int \frac{\sin ax\,\mathrm{d}x}{\cos^3 ax} = \frac{1}{2a\cos^2 ax} + C = \frac{1}{2a}\tan^2 ax + C_1.$

372. $\int \frac{\sin ax\,\mathrm{d}x}{\cos^n ax} = \frac{1}{a(n-1)\cos^{n-1} ax}.$

373. $\int \frac{\sin^2 ax\,\mathrm{d}x}{\cos ax} = -\frac{1}{a}\sin ax + \frac{1}{a}\ln\tan\left(\frac{\pi}{4} + \frac{ax}{2}\right).$

374. $\int \frac{\sin^2 ax\,\mathrm{d}x}{\cos^3 ax} = \frac{1}{a}\left[\frac{\sin ax}{2\cos^2 ax} - \frac{1}{2}\ln\tan\left(\frac{\pi}{4} + \frac{ax}{2}\right)\right].$

375. $\int \frac{\sin^2 ax\,\mathrm{d}x}{\cos^n ax} = \frac{\sin ax}{a(n-1)\cos^{n-1} ax} - \frac{1}{n-1}\int \frac{\mathrm{d}x}{\cos^{n-2} ax} \qquad (n \neq 1)$

(参见**325**, **326**, **328**).

376. $\int \frac{\sin^3 ax\,\mathrm{d}x}{\cos ax} = -\frac{1}{a}\left(\frac{\sin^2 ax}{2} + \ln\cos ax\right).$

377. $\displaystyle\int \frac{\sin^3 ax\,\mathrm{d}x}{\cos^2 ax} = \frac{1}{a}\left(\cos ax + \frac{1}{\cos ax}\right).$

378. $\displaystyle\int \frac{\sin^3 ax\,\mathrm{d}x}{\cos^n ax} = \frac{1}{a}\left[\frac{1}{(n-1)\cos^{n-1} ax} - \frac{1}{(n-3)\cos^{n-3} ax}\right] (n \neq 1,\ n \neq 3).$

379. $\displaystyle\int \frac{\sin^n ax}{\cos ax}\,\mathrm{d}x = -\frac{\sin^{n-1} ax}{a(n-1)} + \int \frac{\sin^{n-2} ax\,\mathrm{d}x}{\cos ax} (n \neq 1).$

380. $\displaystyle\int \frac{\sin^n ax}{\cos^m ax}\mathrm{d}x = \frac{\sin^{n+1} ax}{a(m-1)\cos^{m-1} ax} - \frac{n-m+2}{m-1}\int \frac{\sin^n ax}{\cos^{m-2} ax}\mathrm{d}x \quad (m \neq 1)$

$$= -\frac{\sin^{n-1} ax}{a(n-m)\cos^{m-1} ax} + \frac{n-1}{n-m}\int \frac{\sin^{n-2} ax\,\mathrm{d}x}{\cos^m ax} \quad (m \neq n)$$

$$= \frac{\sin^{n-1} ax}{a(m-1)\cos^{m-1} ax} - \frac{n-1}{m-1}\int \frac{\sin^{n-1} ax\,\mathrm{d}x}{\cos^{m-2} ax} \quad (m \neq 1).$$

381. $\displaystyle\int \frac{\cos ax\,\mathrm{d}x}{\sin^2 ax} = -\frac{1}{a\sin ax} = -\frac{1}{a}\mathrm{cosec}ax.$

382. $\displaystyle\int \frac{\cos ax\,\mathrm{d}x}{\sin^3 ax} = -\frac{1}{2a\sin^2 ax} + C = -\frac{\cot^2 ax}{2a} + C_1.$

383. $\displaystyle\int \frac{\cos ax\,\mathrm{d}x}{\sin^n ax} = -\frac{1}{a(n-1)\sin^{n-1} ax}.$

384. $\displaystyle\int \frac{\cos^2 ax\,\mathrm{d}x}{\sin ax} = \frac{1}{a}\left(\cos ax + \ln\tan\frac{ax}{2}\right).$

385. $\displaystyle\int \frac{\cos^2 ax\,\mathrm{d}x}{\sin^3 ax} = -\frac{1}{2a}\left(\frac{\cos ax}{\sin^2 ax} - \ln\tan\frac{ax}{2}\right).$

386. $\displaystyle\int \frac{\cos^2 ax\,\mathrm{d}x}{\sin^n ax} = -\frac{1}{(n-1)}\left(\frac{\cos ax}{a\sin^{n-1} ax} + \int \frac{\mathrm{d}x}{\sin^{n-2} ax}\right) \quad (n \neq 1)$(参见**289**).

387. $\displaystyle\int \frac{\cos^3 ax\,\mathrm{d}x}{\sin ax} = \frac{1}{a}\left(\frac{\cos^2 ax}{2} + \ln\sin ax\right).$

388. $\displaystyle\int \frac{\cos^3 ax\,\mathrm{d}x}{\sin^2 ax} = -\frac{1}{a}\left(\sin ax + \frac{1}{\sin ax}\right).$

389. $\displaystyle\int \frac{\cos^3 ax\,\mathrm{d}x}{\sin^n ax} = \frac{1}{a}\left[\frac{1}{(n-3)\sin^{n-3} ax} - \frac{1}{(n-1)\sin^{n-1} ax}\right] \quad (n \neq 1, n \neq 3).$

390. $\displaystyle\int \frac{\cos^n ax}{\sin ax}\,\mathrm{d}x = \frac{\cos^{n-1} ax}{a(n-1)} + \int \frac{\cos^{n-2} ax\,\mathrm{d}x}{\sin ax} \qquad (n \neq 1).$

391. $$\int \frac{\cos^n ax\,dx}{\sin^m ax} = -\frac{\cos^{n+1} ax}{a(m-1)\sin^{m-1} ax} - \frac{n-m+2}{m-1}\int \frac{\cos^n ax\,dx}{\sin^{m-2} ax} \quad (m \neq 1)$$
$$= \frac{\cos^{n-1} ax}{a(n-m)\sin^{m-1} ax} + \frac{n-1}{m-1}\int \frac{\cos^{n-2} ax\,dx}{\sin^m ax} \quad (m \neq n)$$
$$= -\frac{\cos^{n-1} ax}{a(m-1)\sin^{m-1} ax} - \frac{n-1}{m-1}\int \frac{\cos^{n-2} ax\,dx}{\sin^{m-2} ax} \quad (m \neq 1).$$

392. $$\int \frac{dx}{\sin ax(1 \pm \cos ax)} = \pm\frac{1}{2a(1 \pm \cos ax)} + \frac{1}{2a}\ln\tan\frac{ax}{2}.$$

393. $$\int \frac{dx}{\cos ax(1 \pm \sin ax)} = \mp\frac{1}{2a(1 \pm \sin ax)} + \frac{1}{2a}\ln\tan\left(\frac{\pi}{4} + \frac{ax}{2}\right).$$

394. $$\int \frac{\sin ax\,dx}{\cos ax(1 \pm \cos ax)} = \frac{1}{a}\ln\frac{1 \pm \cos ax}{\cos ax}.$$

395. $$\int \frac{\cos ax\,dx}{\sin ax(1 \pm \sin ax)} = -\frac{1}{a}\ln\frac{1 \pm \sin ax}{\sin ax}.$$

396. $$\int \frac{\sin ax\,dx}{\cos ax(1 \pm \sin ax)} = \frac{1}{2a(1 \pm \sin ax)} \pm \frac{1}{2a}\ln\tan\left(\frac{\pi}{4} + \frac{ax}{2}\right).$$

397. $$\int \frac{\cos ax\,dx}{\sin ax(1 \pm \cos ax)} = -\frac{1}{2a(1 \pm \cos ax)} \pm \frac{1}{2a}\ln\tan\frac{ax}{2}.$$

398. $$\int \frac{\sin ax\,dx}{\sin ax \pm \cos ax} = \frac{x}{2} \mp \frac{1}{2a}\ln(\sin ax \pm \cos ax).$$

399. $$\int \frac{\cos ax\,dx}{\sin ax \pm \cos ax} = \pm\frac{x}{2} + \frac{1}{2a}\ln(\sin ax \pm \cos ax).$$

400. $$\int \frac{dx}{\sin ax \pm \cos ax} = \frac{1}{a\sqrt{2}}\ln\tan\left(\frac{ax}{2} \pm \frac{\pi}{8}\right).$$

401. $$\int \frac{dx}{1 + \cos ax \pm \sin ax} = \pm\frac{1}{a}\ln\left(1 \pm \tan\frac{ax}{2}\right).$$

402. $$\int \frac{dx}{b\sin ax + c\cos ax} = \frac{1}{a\sqrt{b^2 + c^2}}\ln\tan\frac{ax+\theta}{2} \quad \left(\sin\theta = \frac{c}{\sqrt{b^2+c^2}},\ \tan\theta = \frac{c}{b}\right).$$

403. $$\int \frac{\sin ax\,dx}{b + c\cos ax} = -\frac{1}{ac}\ln(b + c\cos ax).$$

404. $$\int \frac{\cos ax\,dx}{b + c\sin ax} = \frac{1}{ac}\ln(b + c\sin ax).$$

405. $$\int \frac{dx}{b + c\cos ax + f\sin ax} = \int \frac{d\left(x + \frac{\theta}{a}\right)}{b + \sqrt{c^2 + f^2}\sin(ax + \theta)}$$

$$\left(\sin\theta = \frac{c}{\sqrt{c^2+f^2}}\ ,\tan\theta = \frac{c}{f}\right) \qquad (参见\mathbf{306}).$$

406. $\displaystyle\int \frac{\mathrm{d}x}{b^2\cos^2 ax + c^2\sin^2 ax} = \frac{1}{abc}\arctan\left(\frac{c}{b}\tan ax\right).$

407. $\displaystyle\int \frac{\mathrm{d}x}{b^2\cos^2 ax - c^2\sin^2 ax} = \frac{1}{2abc}\ln\frac{c\tan ax + b}{c\tan ax - b}.$

408. $\displaystyle\int \sin ax\cos bx\,\mathrm{d}x = -\frac{\cos(a+b)x}{2(a+b)} - \frac{\cos(a-b)x}{2(a-b)} \qquad (a^2 \neq b^2)$;
当$a=b$时，参见**354**.

21.7.3.4 正切函数积分

409. $\displaystyle\int \tan ax\,\mathrm{d}x = -\frac{1}{a}\ln\cos ax.$

410. $\displaystyle\int \tan^2 ax\,\mathrm{d}x = \frac{\tan ax}{a} - x.$

411. $\displaystyle\int \tan^3 ax\,\mathrm{d}x = \frac{1}{2a}\tan^2 ax + \frac{1}{a}\ln\cos ax.$

412. $\displaystyle\int \tan^n ax\,\mathrm{d}x = \frac{1}{a(n-1)}\tan^{n-1} ax - \int \tan^{n-2} ax\,\mathrm{d}x.$

413. $\displaystyle\int x\tan ax\,\mathrm{d}x = \frac{ax^3}{3} + \frac{a^3x^5}{15} + \frac{2a^5x^7}{105} + \frac{17a^7x^9}{2835} + \cdots + \frac{2^{2n}(2^{2n}-1)B_n a^{2n-1}x^{2n+1}}{(2n+1)!} + \cdots,$

B_n 表示伯努利数 (参见第 623 页 7.2.4.2).

414. $\displaystyle\int \frac{\tan ax\,\mathrm{d}x}{x} = ax + \frac{(ax)^3}{9} + \frac{2(ax)^5}{75} + \frac{17(ax)^7}{2205} + \cdots + \frac{2^{2n}(2^{2n}-1)B_n(ax)^{2n-1}}{(2n-1)(2n!)} + \cdots.$

415. $\displaystyle\int \frac{\tan^n ax}{\cos^2 ax}\,\mathrm{d}x = \frac{1}{a(n+1)}\tan^{n+1} ax \qquad (n \neq -1).$

416. $\displaystyle\int \frac{\mathrm{d}x}{\tan ax \pm 1} = \pm\frac{x}{2} + \frac{1}{2a}\ln(\sin ax \pm \cos ax).$

417. $\displaystyle\int \frac{\tan ax\,\mathrm{d}x}{\tan ax \pm 1} = \frac{x}{2} \mp \frac{1}{2a}\ln(\sin ax \pm \cos ax).$

21.7.3.5 余切函数积分

418. $\displaystyle\int \cot ax\,\mathrm{d}x = \frac{1}{a}\ln\sin ax.$

419. $\displaystyle\int \cot^2 ax\,\mathrm{d}x = -\frac{\cot ax}{a} - x.$

420. $\int \cot^3 ax\,\mathrm{d}x = -\frac{1}{2a}\cot^2 ax - \frac{1}{a}\ln\sin ax.$

421. $\int \cot^n ax\,\mathrm{d}x = -\frac{1}{a(n-1)}\cot^{n-1} ax - \int \cot^{n-2} ax\,\mathrm{d}x \quad (n \neq 1).$

422. $\int x\cot ax\,\mathrm{d}x = \frac{x}{a} - \frac{ax^3}{9} - \frac{a^3x^5}{225} - \cdots - \frac{2^{2n}B_n a^{2n-1}x^{2n+1}}{(2n+1)!} - \cdots,$

B_n 表示伯努利数 (参见第 623 页 7.2.4.2).

423. $\int \frac{\cot ax\,\mathrm{d}x}{x} = -\frac{1}{ax} - \frac{ax}{3} - \frac{(ax)^3}{135} - \frac{2(ax)^5}{4725} - \cdots - \frac{2^{2n}B_n(ax)^{2n-1}}{(2n-1)(2n)!} - \cdots.$

424. $\int \frac{\cot^n ax}{\sin^2 ax}\mathrm{d}x = -\frac{1}{a(n+1)}\cot^{n+1} ax \qquad (n \neq -1).$

425. $\int \frac{\mathrm{d}x}{1 \pm \cot ax} = \int \frac{\tan ax\,\mathrm{d}x}{\tan ax \pm 1}$ (参见**417**).

21.7.4 其他超越函数积分

21.7.4.1 双曲函数积分

426. $\int \sinh ax\,\mathrm{d}x = \frac{1}{a}\cosh ax.$

427. $\int \cosh ax\,\mathrm{d}x = \frac{1}{a}\sinh ax.$

428. $\int \sinh^2 ax\,\mathrm{d}x = \frac{1}{2a}\sinh ax\cosh ax - \frac{1}{2}x.$

429. $\int \cosh^2 ax\,\mathrm{d}x = \frac{1}{2a}\sinh ax\cosh ax + \frac{1}{2}x.$

430. $\int \sinh^n ax\,\mathrm{d}x$

$$= \frac{1}{an}\sinh^{n-1} ax\cosh ax - \frac{n-1}{n}\int \sinh^{n-2} ax\,\mathrm{d}x \qquad (n > 0)$$

$$= \frac{1}{a(n+1)}\sinh^{n+1} ax\cosh ax - \frac{n+2}{n+1}\int \sinh^{n+2} ax\,\mathrm{d}x \qquad (n < 0)\,(n \neq -1).$$

431. $\int \cosh^n ax\,\mathrm{d}x$

$$= \frac{1}{an}\sinh ax\cosh^{n-1} ax + \frac{n-1}{n}\int \cosh^{n-2} ax\,\mathrm{d}x \qquad (n > 0)$$

$$= -\frac{1}{a(n+1)}\sinh ax\cosh^{n+1} ax + \frac{n+2}{n+1}\int \cosh^{n+2} ax\,\mathrm{d}x \qquad (n < 0)\,(n \neq -1)$$

132. $\int \frac{\mathrm{d}x}{\sinh ax} = \frac{1}{a} \ln \tanh \frac{ax}{2}$.

133. $\int \frac{\mathrm{d}x}{\cosh ax} = \frac{2}{a} \arctan \mathrm{e}^{ax}$.

134. $\int x \sinh ax \, \mathrm{d}x = \frac{1}{a} x \cosh ax - \frac{1}{a^2} \sinh ax$.

135. $\int x \cosh ax \, \mathrm{d}x = \frac{1}{a} x \sinh ax - \frac{1}{a^2} \cosh ax$.

136. $\int \tanh ax \, \mathrm{d}x = \frac{1}{a} \ln \cosh ax$.

137. $\int \coth ax \, \mathrm{d}x = \frac{1}{a} \ln \sinh ax$.

138. $\int \tanh^2 ax \, \mathrm{d}x = x - \frac{\tanh ax}{a}$.

139. $\int \coth^2 ax \, \mathrm{d}x = x - \frac{\coth ax}{a}$.

140. $\int \sinh ax \sinh bx \mathrm{d}x = \frac{1}{a^2 - b^2} (a \sinh bx \cosh ax - b \cosh bx \sinh ax) \quad (a^2 \neq b^2)$.

141. $\int \cosh ax \cosh bx \mathrm{d}x = \frac{1}{a^2 - b^2} (a \sinh ax \cosh bx - b \sinh bx \cosh ax) \quad (a^2 \neq b^2)$.

142. $\int \cosh ax \sinh bx \mathrm{d}x = \frac{1}{a^2 - b^2} (a \sinh bx \sinh ax - b \cosh bx \cosh ax) \quad (a^2 \neq b^2)$.

143. $\int \sinh ax \sin ax \, \mathrm{d}x = \frac{1}{2a} (\cosh ax \sin ax - \sinh ax \cos ax)$.

144. $\int \cosh ax \cos ax \, \mathrm{d}x = \frac{1}{2a} (\sinh ax \cos ax + \cosh ax \sin ax)$.

145. $\int \sinh ax \cos ax \, \mathrm{d}x = \frac{1}{2a} (\cosh ax \cos ax + \sinh ax \sin ax)$.

146. $\int \cosh ax \sin ax \, \mathrm{d}x = \frac{1}{2a} (\sinh ax \sin ax - \cosh ax \cos ax)$.

21.7.4.2 指数函数积分

147. $\int \mathrm{e}^{ax} \, \mathrm{d}x = \frac{1}{a} \mathrm{e}^{ax}$.

148. $\int x \mathrm{e}^{ax} \, \mathrm{d}x = \frac{\mathrm{e}^{ax}}{a^2} (ax - 1)$.

149. $\int x^2 \mathrm{e}^{ax} \, \mathrm{d}x = \mathrm{e}^{ax} \left(\frac{x^2}{a} - \frac{2x}{a^2} + \frac{2}{a^3} \right)$.

450. $\int x^n e^{ax}\,\mathrm{d}x = \frac{1}{a}x^n\mathrm{e}^{ax} - \frac{n}{a}\int x^{n-1}\mathrm{e}^{ax}\,\mathrm{d}x.$

451. $\int \frac{\mathrm{e}^{ax}}{x}\,\mathrm{d}x = \ln x + \frac{ax}{1\cdot 1!} + \frac{(ax)^2}{2\cdot 2!} + \frac{(ax)^3}{3\cdot 3!} + \cdots.$

定积分 $\int_{-\infty}^{x}\frac{\mathrm{e}^t}{t}\,\mathrm{d}t$ 称作指数函数积分 (参见第 681 页 8.2.5) 并记作 $\mathrm{Ei}(x), x>0$ 时, 积分在 $t=0$ 收敛这种情况下, 我们考虑反常积分 $\mathrm{Ei}(x)$ 的主值 (参见第 681 页 8.2.5, 4.)

$$\int_{-\infty}^{x}\frac{\mathrm{e}^t}{t}\,\mathrm{d}t = C + \ln|x| + \frac{x}{1\cdot 1!} + \frac{x^2}{2\cdot 2!} + \frac{x^3}{3\cdot 3!} + \cdots + \frac{x^n}{n\cdot n!} + \cdots.$$

C 表示欧拉常数 (参见第 681 页 8.2.5, 2).

452. $\int \frac{\mathrm{e}^{ax}}{x^n}\,\mathrm{d}x = \frac{1}{n-1}\left(-\frac{\mathrm{e}^{ax}}{x^{n-1}} + a\int\frac{\mathrm{e}^{ax}}{x^{n-1}}\mathrm{d}x\right) \quad (n\neq 1).$

453. $\int \frac{\mathrm{d}x}{1+\mathrm{e}^{ax}} = \frac{1}{a}\ln\frac{\mathrm{e}^{ax}}{1+\mathrm{e}^{ax}}.$

454. $\int \frac{\mathrm{d}x}{b+c\mathrm{e}^{ax}} = \frac{x}{b} - \frac{1}{ab}\ln(b+c\mathrm{e}^{ax}).$

455. $\int \frac{\mathrm{e}^{ax}\,\mathrm{d}x}{b+c\mathrm{e}^{ax}} = \frac{1}{ac}\ln(b+c\mathrm{e}^{ax}).$

456. $\int \frac{\mathrm{d}x}{b\mathrm{e}^{ax}+c\mathrm{e}^{-ax}} = \frac{1}{a\sqrt{bc}}\arctan\left(\mathrm{e}^{ax}\sqrt{\frac{b}{c}}\right) \quad (bc>0)$

$= \frac{1}{2a\sqrt{-bc}}\ln\frac{c+\mathrm{e}^{ax}\sqrt{-bc}}{c-\mathrm{e}^{ax}\sqrt{-bc}} \quad (bc<0).$

457. $\int \frac{x\mathrm{e}^{ax}\,\mathrm{d}x}{(1+ax)^2} = \frac{\mathrm{e}^{ax}}{a^2(1+ax)}.$

458. $\int \mathrm{e}^{ax}\ln x\,\mathrm{d}x = \frac{\mathrm{e}^{ax}\ln x}{a} - \frac{1}{a}\int\frac{\mathrm{e}^{ax}}{x}\,\mathrm{d}x$ (参见**451**).

459. $\int \mathrm{e}^{ax}\sin bx\,\mathrm{d}x = \frac{\mathrm{e}^{ax}}{a^2+b^2}(a\sin bx - b\cos bx).$

460. $\int \mathrm{e}^{ax}\cos bx\,\mathrm{d}x = \frac{\mathrm{e}^{ax}}{a^2+b^2}(a\cos bx + b\sin bx).$

461. $\int \mathrm{e}^{ax}\sin^n x\,\mathrm{d}x = \frac{\mathrm{e}^{ax}\sin^{n-1}x}{a^2+n^2}(a\sin x - n\cos x)$

$+\frac{n(n-1)}{a^2+n^2}\int\mathrm{e}^{ax}\sin^{n-2}x\,\mathrm{d}x$ (参见**447, 459**).

462. $\int \mathrm{e}^{ax}\cos^n x\,\mathrm{d}x = \frac{\mathrm{e}^{ax}\cos^{n-1}x}{a^2+n^2}(a\cos x + n\sin x)$

$$+\frac{n(n-1)}{a^2+n^2}\int \mathrm{e}^{ax}\cos^{n-2}x\,\mathrm{d}x \qquad (参见\mathbf{447},\ \mathbf{460}).$$

463. $$\int x\mathrm{e}^{ax}\sin bx\,\mathrm{d}x=\frac{x\mathrm{e}^{ax}}{a^2+b^2}(a\sin bx-b\cos bx)-\frac{\mathrm{e}^{ax}}{(a^2+b^2)^2}[(a^2-b^2)\sin bx-2ab\cos bx].$$

464. $$\int x\mathrm{e}^{ax}\cos bx\,\mathrm{d}x=\frac{x\mathrm{e}^{ax}}{a^2+b^2}(a\cos bx+b\sin bx)-\frac{\mathrm{e}^{ax}}{(a^2+b^2)^2}[(a^2-b^2)\cos bx+2ab\sin bx].$$

21.7.4.3 含对数函数的积分

465. $$\int \ln x\,\mathrm{d}x=x\ln x-x.$$

466. $$\int(\ln x)^2\,\mathrm{d}x=x(\ln x)^2-2x\ln x+2x.$$

467. $$\int(\ln x)^3\,\mathrm{d}x=x(\ln x)^3-3x(\ln x)^2+6x\ln x-6x.$$

468. $$\int(\ln x)^n\,\mathrm{d}x=x(\ln x)^n-n\int(\ln x)^{n-1}\,\mathrm{d}x \qquad (n\neq -1).$$

469. $$\int\frac{\mathrm{d}x}{\ln x}=\ln\ln x+\ln x+\frac{(\ln x)^2}{2\cdot 2!}+\frac{(\ln x)^3}{3\cdot 3!}+\cdots.$$

定积分 $\int_0^x\frac{\mathrm{d}t}{\ln t}$ 称作对数积分 (参见第 681 页 8.2.5) 并记作 $\mathrm{Li}(x)$. 当 $x>1$ 时, 积分在 $t=1$ 处收敛. 这种情况下我们考虑反常积分 $\mathrm{Li}(x)$ 的主值对数积分与指数积分之间关系是:

$$\mathrm{Li}(x)=\mathrm{Ei}(\ln x).$$

470. $$\int\frac{\mathrm{d}x}{(\ln x)^n}=-\frac{x}{(n-1)(\ln x)^{n-1}}+\frac{1}{n-1}\int\frac{\mathrm{d}x}{(\ln x)^{n-1}} \quad (n\neq 1) \qquad (参见\mathbf{469}).$$

471. $$\int x^m\ln x\,\mathrm{d}x=x^{m+1}\left[\frac{\ln x}{m+1}-\frac{1}{(m+1)^2}\right] \qquad (m\neq -1).$$

472. $$\int x^m(\ln x)^n\,\mathrm{d}x=\frac{x^{m+1}(\ln x)^n}{m+1}-\frac{n}{m+1}\int x^m(\ln x)^{n-1}\,\mathrm{d}x \quad (m\neq -1, n\neq -1) \qquad (参见\mathbf{470}).$$

473. $$\int\frac{(\ln x)^n}{x}\,\mathrm{d}x=\frac{(\ln x)^{n+1}}{n+1}.$$

474. $$\int\frac{\ln x}{x^m}\,\mathrm{d}x=-\frac{\ln x}{(m-1)x^{m-1}}-\frac{1}{(m-1)^2x^{m-1}} \qquad (m\neq 1).$$

475. $\int \frac{(\ln x)^n}{x^m}\,\mathrm{d}x = -\frac{(\ln x)^n}{(m-1)x^{m-1}} + \frac{n}{m-1}\int \frac{(\ln x)^{n-1}}{x^m}\mathrm{d}x \quad (m \neq 1)$

(参见**474**).

476. $\int \frac{x^m\,\mathrm{d}x}{\ln x} = \int \frac{\mathrm{e}^{-y}}{y}\,\mathrm{d}y \quad (y = -(m+1)\ln x)$ (参见**451**).

477. $\int \frac{x^m\,\mathrm{d}x}{(\ln x)^n} = -\frac{x^{m+1}}{(n-1)(\ln x)^{n-1}} + \frac{m+1}{n-1}\int \frac{x^m\,\mathrm{d}x}{(\ln x)^{n-1}} \quad (n \neq 1).$

478. $\int \frac{\mathrm{d}x}{x\ln x} = \ln\ln x.$

479. $\int \frac{\mathrm{d}x}{x^n\ln x} = \ln\ln x - (n-1)\ln x + \frac{(n-1)^2(\ln x)^2}{2\cdot 2!} - \frac{(n-1)^3(\ln x)^3}{3\cdot 3!} + \cdots.$

480. $\int \frac{\mathrm{d}x}{x(\ln x)^n} = \frac{-1}{(n-1)(\ln x)^{n-1}} \quad (n \neq 1).$

481. $\int \frac{\mathrm{d}x}{x^p(\ln x)^n} = \frac{-1}{x^{p-1}(n-1)(\ln x)^{n-1}} - \frac{p-1}{n-1}\int \frac{\mathrm{d}x}{x^p(\ln x)^{n-1}} \quad (n \neq 1).$

482. $\int \ln\sin x\,\mathrm{d}x = x\ln x - x - \frac{x^3}{18} - \frac{x^5}{900} - \cdots - \frac{2^{2n-1}B_n x^{2n+1}}{n(2n+1)!} - \cdots.$

B_n 表示伯努利数 (参见第 623 页 7.2.4.2).

483. $\int \ln\cos x\,\mathrm{d}x = -\frac{x^3}{6} - \frac{x^5}{60} - \frac{x^7}{315} - \cdots - \frac{2^{2n-1}(2^{2n}-1)B_n}{n(2n+1)!}x^{2n+1} - \cdots.$

484. $\int \ln\tan x\,\mathrm{d}x = x\ln x - x + \frac{x^3}{9} + \frac{7x^5}{450} + \cdots + \frac{2^{2n}(2^{2n-1}-1)B_n}{n(2n+1)!}x^{2n+1} + \cdots.$

485. $\int \sin\ln x\,\mathrm{d}x = \frac{x}{2}(\sin\ln x - \cos\ln x).$

486. $\int \cos\ln x\,\mathrm{d}x = \frac{x}{2}(\sin\ln x + \cos\ln x).$

487. $\int \mathrm{e}^{ax}\ln x\,\mathrm{d}x = \frac{1}{a}\mathrm{e}^{ax}\ln x - \frac{1}{a}\int \frac{\mathrm{e}^{ax}}{x}\mathrm{d}x$ (参见**451**).

21.7.4.4 含反三角函数的积分

488. $\int \arcsin\frac{x}{a}\,\mathrm{d}x = x\arcsin\frac{x}{a} + \sqrt{a^2 - x^2}.$

489. $\int x\arcsin\frac{x}{a}\,\mathrm{d}x = \left(\frac{x^2}{2} - \frac{a^2}{4}\right)\arcsin\frac{x}{a} + \frac{x}{4}\sqrt{a^2 - x^2}.$

490. $\int x^2\arcsin\frac{x}{a}\,\mathrm{d}x = \frac{x^3}{3}\arcsin\frac{x}{a} + \frac{1}{9}(x^2 + 2a^2)\sqrt{a^2 - x^2}.$

491. $\displaystyle\int\frac{\arcsin\dfrac{x}{a}\,\mathrm{d}x}{x}=\frac{x}{a}+\frac{1}{2\cdot3\cdot3}\frac{x^3}{a^3}+\frac{1\cdot3}{2\cdot4\cdot5\cdot5}\frac{x^5}{a^5}+\frac{1\cdot3\cdot5}{2\cdot4\cdot6\cdot7\cdot7}\frac{x^7}{a^7}+\cdots.$

492. $\displaystyle\int\frac{\arcsin\dfrac{x}{a}\,\mathrm{d}x}{x^2}=-\frac{1}{x}\arcsin\frac{x}{a}-\frac{1}{a}\ln\frac{a+\sqrt{a^2-x^2}}{x}.$

493. $\displaystyle\int\arccos\frac{x}{a}\,\mathrm{d}x=x\arccos\frac{x}{a}-\sqrt{a^2-x^2}.$

494. $\displaystyle\int x\arccos\frac{x}{a}\,\mathrm{d}x=\left(\frac{x^2}{2}-\frac{a^2}{4}\right)\arccos\frac{x}{a}-\frac{x}{4}\sqrt{a^2-x^2}.$

495. $\displaystyle\int x^2\arccos\frac{x}{a}\,\mathrm{d}x=\frac{x^3}{3}\arccos\frac{x}{a}-\frac{1}{9}(x^2+2a^2)\sqrt{a^2-x^2}.$

496. $\displaystyle\int\frac{\arccos\dfrac{x}{a}\,\mathrm{d}x}{x}=\frac{\pi}{2}\ln x-\frac{x}{a}-\frac{1}{2\cdot3\cdot3}\frac{x^3}{a^3}-\frac{1\cdot3}{2\cdot4\cdot5\cdot5}\frac{x^5}{a^5}-\frac{1\cdot3\cdot5}{2\cdot4\cdot6\cdot7\cdot7}\frac{x^7}{a^7}-\cdots.$

497. $\displaystyle\int\frac{\arccos\dfrac{x}{a}\,\mathrm{d}x}{x^2}=-\frac{1}{x}\arccos\frac{x}{a}+\frac{1}{a}\ln\frac{a+\sqrt{a^2-x^2}}{x}.$

498. $\displaystyle\int\arctan\frac{x}{a}\,\mathrm{d}x=x\arctan\frac{x}{a}-\frac{a}{2}\ln(a^2+x^2).$

499. $\displaystyle\int x\arctan\frac{x}{a}\,\mathrm{d}x=\frac{1}{2}(x^2+a^2)\arctan\frac{x}{a}-\frac{ax}{2}.$

500. $\displaystyle\int x^2\arctan\frac{x}{a}\,\mathrm{d}x=\frac{x^3}{3}\arctan\frac{x}{a}-\frac{ax^2}{6}+\frac{a^3}{6}\ln(a^2+x^2).$

501. $\displaystyle\int x^n\arctan\frac{x}{a}\,\mathrm{d}x=\frac{x^{n+1}}{n+1}\arctan\frac{x}{a}-\frac{a}{n+1}\int\frac{x^{n+1}\,\mathrm{d}x}{a^2+x^2}\qquad(n\neq-1).$

502. $\displaystyle\int\frac{\arctan\dfrac{x}{a}\,\mathrm{d}x}{x}=\frac{x}{a}-\frac{x^3}{3^2a^3}+\frac{x^5}{5^2a^5}-\frac{x^7}{7^2a^7}+\cdots\qquad(|x|<|a|).$

503. $\displaystyle\int\frac{\arctan\dfrac{x}{a}\,\mathrm{d}x}{x^2}=-\frac{1}{x}\arctan\frac{x}{a}-\frac{1}{2a}\ln\frac{a^2+x^2}{x^2}.$

504. $\displaystyle\int\frac{\arctan\dfrac{x}{a}\,\mathrm{d}x}{x^n}=-\frac{1}{(n-1)x^{n-1}}\arctan\frac{x}{a}+\frac{a}{n-1}\int\frac{\mathrm{d}x}{x^{n-1}(a^2+x^2)}\quad(n\neq1).$

505. $\displaystyle\int\operatorname{arccot}\frac{x}{a}\,\mathrm{d}x=x\operatorname{arccot}\frac{x}{a}+\frac{a}{2}\ln(a^2+x^2).$

506. $\displaystyle\int x\operatorname{arccot}\frac{x}{a}\,\mathrm{d}x=\frac{1}{2}(x^2+a^2)\operatorname{arccot}\frac{x}{a}+\frac{ax}{2}.$

507. $\displaystyle\int x^2\operatorname{arccot}\frac{x}{a}\,\mathrm{d}x=\frac{x^3}{3}\operatorname{arccot}\frac{x}{a}+\frac{ax^2}{6}-\frac{a^3}{6}\ln(a^2+x^2).$

508. $\int x^n \operatorname{arccot}\frac{x}{a}\,\mathrm{d}x = \frac{x^{n+1}}{n+1}\operatorname{arccot}\frac{x}{a} + \frac{a}{n+1}\int \frac{x^{n+1}\mathrm{d}x}{a^2+x^2} \qquad (n \neq -1).$

509. $\int \frac{\operatorname{arccot}\frac{x}{a}\,\mathrm{d}x}{x} = \frac{\pi}{2}\ln x - \frac{x}{a} + \frac{x^3}{3^2a^3} - \frac{x^5}{5^2a^5} - \frac{x^7}{7^2a^7} - \cdots.$

510. $\int \frac{\operatorname{arccot}\frac{x}{a}\,\mathrm{d}x}{x^2} = -\frac{1}{x}\operatorname{arccot}\frac{x}{a} + \frac{1}{2a}\ln\frac{a^2+x^2}{x^2}.$

511. $\int \frac{\operatorname{arccot}\frac{x}{a}\,\mathrm{d}x}{x^n} = -\frac{1}{(n-1)x^{n-1}}\operatorname{arccot}\frac{x}{a} - \frac{a}{n-1}\int \frac{\mathrm{d}x}{x^{n-1}(a^2+x^2)} \qquad (n \neq 1).$

21.7.4.5　反双曲函数积分

512. $\int \operatorname{Arsinh}\frac{x}{a}\,\mathrm{d}x = x\operatorname{Arsinh}\frac{x}{a} - \sqrt{x^2+a^2}.$

513. $\int \operatorname{Arcosh}\frac{x}{a}\,\mathrm{d}x = x\operatorname{Arcosh}\frac{x}{a} - \sqrt{x^2-a^2}.$

514. $\int \operatorname{Artanh}\frac{x}{a}\,\mathrm{d}x = x\operatorname{Artanh}\frac{x}{a} + \frac{a}{2}\ln(a^2-x^2).$

515. $\int \operatorname{Arcoth}\frac{x}{a}\,\mathrm{d}x = x\operatorname{Arcoth}\frac{x}{a} + \frac{a}{2}\ln(x^2-a^2).$

21.8　定　积　分

21.8.1　含三角函数的定积分

m, n 为自然数.

1. $\int_0^{2\pi} \sin nx\,\mathrm{d}x = 0. \qquad (21.1)$

2. $\int_0^{2\pi} \cos nx\,\mathrm{d}x = 0. \qquad (21.2)$

3. $\int_0^{2\pi} \sin nx \cos mx\,\mathrm{d}x = 0. \qquad (21.3)$

4. $\int_0^{2\pi} \sin nx \sin mx\,\mathrm{d}x = \begin{cases} 0, & m \neq n, \\ \pi, & m = n. \end{cases} \qquad (21.4)$

5. $$\int_0^{2\pi} \cos nx \cos mx \, \mathrm{d}x = \begin{cases} 0, & m \neq n, \\ \pi, & m = n. \end{cases} \tag{21.5}$$

6. $$\int_0^{\frac{\pi}{2}} \sin^n x \, \mathrm{d}x = \begin{cases} \frac{2}{3}\frac{4}{5}\frac{6}{7}\frac{8}{9}\cdots\frac{n-1}{n}, & n \text{ 为奇数}, \\ \frac{\pi}{2}\frac{1}{2}\frac{3}{4}\frac{5}{6}\cdots\frac{n-1}{n}, & n \text{ 为偶数} \end{cases} \quad (n \geqslant 2). \tag{21.6}$$

7a. $$\int_0^{\pi/2} \sin^{2\alpha+1} x \cos^{2\beta+1} x \, \mathrm{d}x = \frac{\Gamma(\alpha+1)\Gamma(\beta+1)}{2\Gamma(\alpha+\beta+2)} = \frac{1}{2}\mathrm{B}(\alpha+1, \beta+1). \tag{21.7a}$$

$B(x,y) = \dfrac{\Gamma(x)\,\Gamma(y)}{\Gamma(x+y)}$ 表示 β 函数或第一型欧拉积分. $\Gamma(x)$ 表示伽马函数或第二型欧拉积分 (参见第 682 页 8.2.5, 6.).

公式 (21.7a) 对任意 α, β 成立；我们用它来定义积分，如：

$$\int_0^{\pi/2} \sqrt{\sin x} \, \mathrm{d}x, \quad \int_0^{\pi/2} \sqrt[3]{\sin x} \, \mathrm{d}x, \quad \int_0^{\pi/2} \frac{\mathrm{d}x}{\sqrt[3]{\cos x}} \quad \text{等}.$$

α, β 为正整数:

7b. $$\int_0^{\pi/2} \sin^{2\alpha+1} x \cos^{2\beta+1} x \, \mathrm{d}x = \frac{\alpha!\beta!}{2(\alpha+\beta+1)!}. \tag{21.7b}$$

8. $$\int_0^{\infty} \frac{\sin ax}{x} \mathrm{d}x = \begin{cases} \frac{\pi}{2}, & a > 0, \\ -\frac{\pi}{2}, & a < 0. \end{cases} \tag{21.8}$$

9. $$\int_0^{\alpha} \frac{\cos ax \, \mathrm{d}x}{x} = \infty \quad (\alpha \text{ 取任意 (正) 数}). \tag{21.9}$$

10. $$\int_0^{\infty} \frac{\tan ax \, \mathrm{d}x}{x} = \begin{cases} \frac{\pi}{2}, & a > 0, \\ -\frac{\pi}{2}, & a < 0. \end{cases} \tag{21.10}$$

11. $$\int_0^{\infty} \frac{\cos ax - \cos bx}{x} \mathrm{d}x = \ln \frac{b}{a}. \tag{21.11}$$

12. $$\int_0^{\infty} \frac{\sin x \cos ax}{x} \mathrm{d}x = \begin{cases} \frac{\pi}{2}, & |a| < 1, \\ \frac{\pi}{4}, & |a| = 1, \\ 0, & |a| > 1. \end{cases} \tag{21.12}$$

13. $\int_0^{\infty} \frac{\sin x}{\sqrt{x}} \mathrm{d}x = \int_0^{\infty} \frac{\cos x}{\sqrt{x}} \mathrm{d}x = \sqrt{\frac{\pi}{2}}$. (21.13)

14. $\int_0^{\infty} \frac{x \sin bx}{a^2 + x^2} \mathrm{d}x = \pm \frac{\pi}{2} \mathrm{e}^{-|ab|}$ (符号同 b 的符号). (21.14)

15. $\int_0^{\infty} \frac{\cos ax}{1 + x^2} \mathrm{d}x = \frac{\pi}{2} \mathrm{e}^{-|a|}$. (21.15)

16. $\int_0^{\infty} \frac{\sin^2 ax}{x^2} \mathrm{d}x = \frac{\pi}{2}|a|$. (21.16)

17. $\int_{-\infty}^{+\infty} \sin(x^2) \mathrm{d}x = \int_{-\infty}^{+\infty} \cos(x^2) \mathrm{d}x = \sqrt{\frac{\pi}{2}}$. (21.17)

18. $\int_0^{\pi/2} \frac{\sin x \, \mathrm{d}x}{\sqrt{1 - k^2 \sin^2 x}} = \frac{1}{2k} \ln \frac{1+k}{1-k}$ ($|k| < 1$). (21.18)

19. $\int_0^{\pi/2} \frac{\cos x \, \mathrm{d}x}{\sqrt{1 - k^2 \sin^2 x}} = \frac{1}{k} \arcsin k$ ($|k| < 1$). (21.19)

20. $\int_0^{\pi/2} \frac{\sin^2 x \, \mathrm{d}x}{\sqrt{1 - k^2 \sin^2 x}} = \frac{1}{k^2}(K - E)$ ($|k| < 1$). (21.20)

此处及以下, E 和 K 表示完全椭圆积分 (参见第 654 页 8.1.4.3, 2.):

$E = E\left(k, \frac{\pi}{2}\right)$, $K = F\left(k, \frac{\pi}{2}\right)$ (也参见第 1424 页, 椭圆积分表 21.9)

21. $\int_0^{\pi/2} \frac{\cos^2 x \, \mathrm{d}x}{\sqrt{1 - k^2 \sin^2 x}} = \frac{1}{k^2}[E - (1 - k^2) K]$. (21.21)

22. $\int_0^{\pi} \frac{\cos ax \, \mathrm{d}x}{1 - 2b \cos x + b^2} = \frac{\pi b^a}{1 - b^2}$ (整数 $a \geqslant 0$, $|b| < 1$). (21.22)

21.8.2 含指数函数的定积分

(部分地与代数、三角及对数函数的组合)

23. $$\int_0^{\infty} x^n e^{-ax}\,dx = \frac{\Gamma(n+1)}{a^{n+1}} \quad (a>0,\ n>-1) \tag{21.23a}$$

$$= \frac{n!}{a^{n+1}} \qquad (a>0, n=0,1,2,\cdots). \tag{21.23b}$$

$\Gamma(x)$ 表示伽马函数 (参见第 682 页 8.2.5, 6.), 也参见伽马函数表 21.10.

24. $$\int_0^{\infty} x^n e^{-ax^2} dx = \frac{\Gamma\left(\frac{n+1}{2}\right)}{2a^{\left(\frac{n+1}{2}\right)}} \quad (\ a>0,\ n>-1\,) \tag{21.24a}$$

$$= \frac{1\cdot 3\cdots(2k-1)\sqrt{\pi}}{2^{k+1}a^{k+1/2}} \quad (\ n=2k\ (k=1,2,\cdots),\ a>0\,) \tag{21.24b}$$

$$= \frac{k!}{2a^{k+1}} \quad (\ n=2k+1\ (k=0,1,2,\cdots),\ a>0\,). \tag{21.24c}$$

25. $$\int_0^{\infty} e^{-a^2x^2}\,dx = \frac{\sqrt{\pi}}{2a} \quad (a>0\,). \tag{21.25}$$

26. $$\int_0^{\infty} x^2 e^{-a^2x^2}\,dx = \frac{\sqrt{\pi}}{4a^3} \quad (a>0\,). \tag{21.26}$$

27. $$\int_0^{\infty} e^{-a^2x^2}\cos bx\,dx = \frac{\sqrt{\pi}}{2a}\cdot e^{-b^2/4a^2} \quad (a>0\,). \tag{21.27}$$

28. $$\int_0^{\infty} \frac{x\,dx}{e^x-1} = \frac{\pi^2}{6}\,. \tag{21.28}$$

29. $$\int_0^{\infty} \frac{x\,dx}{e^x+1} = \frac{\pi^2}{12}\,. \tag{21.29}$$

30. $$\int_0^{\infty} \frac{e^{-ax}\sin x}{x}dx = \operatorname{arccot} a = \arctan\frac{1}{a} \quad (a>0\,). \tag{21.30}$$

31. $$\int_0^{\infty} e^{-x}\ln x\,dx = -C \approx -0.5772. \tag{21.31}$$

C 为欧拉常数 (参见第 681 页 8.2.5, 2.)

21.8.3 含对数函数的定积分

(与代数和三角函数组合)

32. $\int_0^1 \ln|\ln x|\,\mathrm{d}x = -C = -0.5772$ (可简化为 (21.31)). (21.32)

C 为欧拉常数 (参见第 681 页 8.2.5, 2.)

33. $\int_0^1 \frac{\ln x}{x-1}\,\mathrm{d}x = \frac{\pi^2}{6}$ (可简化为 (21.28)). (21.33)

34. $\int_0^1 \frac{\ln x}{x+1}\,\mathrm{d}x = -\frac{\pi^2}{12}$ (可简化为 (21.29)). (21.34)

35. $\int_0^1 \frac{\ln x}{x^2-1}\,\mathrm{d}x = \frac{\pi^2}{8}$. (21.35)

36. $\int_0^1 \frac{\ln(1+x)}{x^2+1}\,\mathrm{d}x = \frac{\pi}{8}\ln 2$. (21.36)

37. $\int_0^1 \left(\frac{1}{x}\right)^a \mathrm{d}x = \Gamma(a+1) \quad (-1 < a < \infty)$. (21.37)

$\Gamma(x)$ 表示伽马函数 (参见第 682 页 8.2.5,6.; 也参见第 1426 页伽马函数表 21.10).

38. $\int_0^{\pi/2} \ln\sin x\,\mathrm{d}x = \int_0^{\pi/2} \ln\cos x\,\mathrm{d}x = -\frac{\pi}{2}\ln 2$. (21.38)

39. $\int_0^{\pi} x\ln\sin x\,\mathrm{d}x = -\frac{\pi^2\ln 2}{2}$. (21.39)

40. $\int_0^{\pi/2} \sin x\ln\sin x\,\mathrm{d}x = \ln 2 - 1$. (21.40)

41. $\int_0^{\pi} \ln(a \pm b\cos x)\,\mathrm{d}x = \pi\ln\frac{a+\sqrt{a^2-b^2}}{2} \quad (a \geqslant b)$. (21.41)

42. $\int_0^{\pi} \ln(a^2 - 2ab\cos x + b^2)\,\mathrm{d}x = \begin{cases} 2\pi\ln a, & a \geqslant b > 0, \\ 2\pi\ln b, & b \geqslant a > 0. \end{cases}$ (21.42)

43. $\int_0^{\pi/2} \ln\tan x\,\mathrm{d}x = 0$. (21.43)

44. $\int_0^{\pi/4} \ln(1+\tan x)\,\mathrm{d}x = \frac{\pi}{8}\ln 2$. (21.44)

21.8.4 含代数函数的定积分

45. $$\int_0^1 x^a(1-x)^\beta\,\mathrm{d}x = 2\int_0^1 x^{2\alpha+1}(1-x^2)^\beta\,\mathrm{d}x = \frac{\Gamma(\alpha+1)\Gamma(\beta+1)}{\Gamma(\alpha+\beta+2)}$$

$$= \mathrm{B}\,(\alpha+1,\,\beta+1)\quad(\text{简化为 (21.7a)}). \tag{21.45}$$

$\mathrm{B}(x,y)=\dfrac{\Gamma(x)\,\Gamma(y)}{\Gamma(x+y)}$ 表示 β 函数 (参见第 1419 页 21.8.1) 或欧拉第一型欧拉积分.

$\Gamma(x)$ 表示伽马函数（参见第 682 页 8.2.5, 6.）或第二型欧拉积分.

46. $$\int_0^\infty \frac{\mathrm{d}x}{(1+x)x^a} = \frac{\pi}{\sin a\pi}\quad(a<1). \tag{21.46}$$

47. $$\int_0^\infty \frac{\mathrm{d}x}{(1-x)x^a} = -\pi\cot a\pi\quad(a<1). \tag{21.47}$$

48. $$\int_0^\infty \frac{x^{a-1}}{1+x^b}\,\mathrm{d}x = \frac{\pi}{b\sin\dfrac{a\pi}{b}}\qquad(0<a<b). \tag{21.48}$$

49. $$\int_0^1 \frac{\mathrm{d}x}{\sqrt{1-x^a}} = \frac{\sqrt{\pi}\,\Gamma\left(\dfrac{1}{a}\right)}{a\,\Gamma\left(\dfrac{2+a}{2a}\right)}. \tag{21.49}$$

$\Gamma(x)$ 表示伽马函数 (参见第 682 页 8.2.5,6., 也参见第 1426 页伽马函数表 21.10).

50. $$\int_0^1 \frac{\mathrm{d}x}{1+2x\cos a+x^2} = \frac{a}{2\sin a}\quad\left(0<a<\frac{\pi}{2}\right). \tag{21.50}$$

51. $$\int_0^\infty \frac{\mathrm{d}x}{1+2x\cos a+x^2} = \frac{a}{\sin x}\qquad\left(0<a<\frac{\pi}{2}\right). \tag{21.51}$$

21.9 椭圆积分

21.9.1 第一型 (类) 椭圆积分 $F(\varphi, k), k = \sin\alpha$

φ /(°)	α /(°)									
	0	10	20	30	40	50	60	70	80	90
0	0.0000	0.0000	0.0000	0.0000	0.0000	0.0000	0.0000	0.0000	0.0000	0.0000
10	0.1745	0.1746	0.1746	0.1748	0.1749	0.1751	0.1752	0.1753	0.1754	0.1754
20	0.3491	0.3493	0.3499	0.3508	0.3520	0.3533	0.3545	0.3555	0.3561	0.3564
30	0.5236	0.5243	0.5263	0.5294	0.5334	0.5379	0.5422	0.5459	0.5484	0.5493
40	0.6981	0.6997	0.7043	0.7116	0.7213	0.7323	0.7436	0.7535	0.7604	0.7629
50	0.8727	0.8756	0.8842	0.8982	0.9173	0.9401	0.9647	0.9876	1.0044	1.0107
60	1.0472	1.0519	1.0660	1.0896	1.1226	1.1643	1.2126	1.2619	1.3014	1.3170
70	1.2217	1.2286	1.2495	1.2853	1.3372	1.4068	1.4944	1.5959	1.6918	1.7354
80	1.3963	1.4056	1.4344	1.4846	1.5597	1.6660	1.8125	2.0119	2.2653	2.4362
90	1.5708	1.5828	1.6200	1.6858	1.7868	1.9356	2.1565	2.5046	3.1534	∞

21.9.2 第二型 (类) 椭圆积分 $E(\varphi, k), k = \sin\alpha$

φ /(°)	α /(°)									
	0	10	20	30	40	50	60	70	80	90
0	0.0000	0.0000	0.0000	0.0000	0.0000	0.0000	0.0000	0.0000	0.0000	0.0000
10	0.1745	0.1745	0.1744	0.1743	0.1742	0.1740	0.1739	0.1738	0.1737	0.1736
20	0.3491	0.3489	0.3483	0.3473	0.3462	0.3450	0.3438	0.3429	0.3422	0.3420
30	0.5236	0.5229	0.5209	0.5179	0.5141	0.5100	0.5061	0.5029	0.5007	0.5000
40	0.6981	0.6966	0.6921	0.6851	0.6763	0.6667	0.6575	0.6497	0.6446	0.6428
50	0.8727	0.8698	0.8614	0.8483	0.8317	0.8134	0.7954	0.7801	0.7697	0.7660
60	1.0472	1.0426	1.0290	1.0076	0.9801	0.9493	0.9184	0.8914	0.8728	0.8660
70	1.2217	1.2149	1.1949	1.1632	1.1221	1.0750	1.0266	0.9830	0.9514	0.9397
80	1.3963	1.3870	1.3597	1.3161	1.2590	1.1926	1.1225	1.0565	1.0054	0.9848
90	1.5708	1.5589	1.5238	1.4675	1.3931	1.3055	1.2111	1.1184	1.0401	1.0000

21.9.3 完全椭圆积分, $k = \sin\alpha$

α /(°)	K	E	α /(°)	K	E	α /(°)	K	E
0	1.5708	1.5708	**30**	1.6858	1.4675	**60**	2.1565	1.2111
1	1.5709	1.5707	31	1.6941	1.4608	61	2.1842	1.2015
2	1.5713	1.5703	32	1.7028	1.4539	62	2.2132	1.1920
3	1.5719	1.5697	33	1.7119	1.4469	63	2.2435	1.1826
4	1.5727	1.5689	34	1.7214	1.4397	64	2.2754	1.1732
5	1.5738	1.5678	**35**	1.7312	1.4323	**65**	2.3088	1.1638
6	1.5751	1.5665	36	1.7415	1.4248	66	2.3439	1.1545
7	1.5767	1.5649	37	1.7522	1.4171	67	2.3809	1.1453
8	1.5785	1.5632	38	1.7633	1.4092	68	2.4198	1.1362
9	1.5805	1.5611	39	1.7748	1.4013	69	2.4610	1.1272
10	1.5828	1.5589	**40**	1.7868	1.3931	**70**	2.5046	1.1184
11	1.5854	1.5564	41	1.7992	1.3849	71	2.5507	1.1096
12	1.5882	1.5537	42	1.8122	1.3765	72	2.5998	1.1011
13	1.5913	1.5507	43	1.8256	1.3680	73	2.6521	1.0927
14	1.5946	1.5476	44	1.8396	1.3594	74	2.7081	1.0844
15	1.5981	1.5442	**45**	1.8541	1.3506	**75**	2.7681	1.0764
16	1.6020	1.5405	46	1.8691	1.3418	76	2.8327	1.0686
17	1.6061	1.5367	47	1.8848	1.3329	77	2.9026	1.0611
18	1.6105	1.5326	48	1.9011	1.3238	78	2.9786	1.0538
19	1.6151	1.5283	49	1.9180	1.3147	79	3.0617	1.0468
20	1.6200	1.5238	**50**	1.9356	1.3055	**80**	3.1534	1.0401
21	1.6252	1.5191	51	1.9539	1.2963	81	3.2553	1.0338
22	1.6307	1.5141	52	1.9729	1.2870	82	3.3699	1.0278
23	1.6365	1.5090	53	1.9927	1.2776	83	3.5004	1.0223
24	1.6426	1.5037	54	2.0133	1.2681	84	3.6519	1.0172
25	1.6490	1.4981	**55**	2.0347	1.2587	**85**	3.8317	1.0127
26	1.6557	1.4924	56	2.0571	1.2492	86	4.0528	1.0080
27	1.6627	1.4864	57	2.0804	1.2397	87	4.3387	1.0053
28	1.6701	1.4803	58	2.1047	1.2301	88	4.7427	1.0026
29	1.6777	1.4740	59	2.1300	1.2206	89	5.4349	1.0008
						90	∞	1.0000

21.10 伽马函数

x	$\Gamma(x)$	x	$\Gamma(x)$	x	$\Gamma(x)$	x	$\Gamma(x)$
1.00	1.00000	**1.25**	0.90640	**1.50**	0.88623	**1.75**	0.91906
01	0.99433	26	0.90440	51	0.88659	76	0.92137
02	0.98884	27	0.90250	52	0.88704	77	0.92376
03	0.98355	28	0.90072	53	0.88757	78	0.92623
04	0.97844	29	0.89904	54	0.88818	79	0.92877
1.05	0.97350	**1.30**	0.89747	**1.55**	0.88887	**1.80**	0.93138
06	0.96874	31	0.89600	56	0.88964	81	0.93408
07	0.96415	32	0.89464	57	0.89049	82	0.93685
08	0.95973	33	0.89338	58	0.89142	83	0.93969
09	0.95546	34	0.89222	59	0.89243	84	0.94261
1.10	0.95135	**1.35**	0.89115	**1.60**	0.89352	**1.85**	0.94561
11	0.94740	36	0.89018	61	0.89468	86	0.94869
12	0.94359	37	0.88931	62	0.89592	87	0.95184
13	0.93993	38	0.88854	63	0.89724	88	0.95507
14	0.93642	39	0.88785	64	0.89864	89	0.95838
1.15	0.93304	**1.40**	0.88726	**1.65**	0.90012	**1.90**	0.96177
16	0.92980	41	0.88676	66	0.90167	91	0.96523
17	0.92670	42	0.88636	67	0.90330	92	0.96877
18	0.92373	43	0.88604	68	0.90500	93	0.97240
19	0.92089	44	0.88581	69	0.90678	94	0.97610
1.20	0.91817	**1.45**	0.88566	**1.70**	0.90864	**1.95**	0.97988
21	0.91558	46	0.88560	71	0.91057	96	0.98374
22	0.91311	47	0.88563	72	0.91258	97	0.98768
23	0.91075	48	0.88575	73	0.91467	98	0.99171
24	0.90852	49	0.88592	74	0.91683	99	0.99581
1.25	0.90640	**1.50**	0.88623	**1.75**	0.91906	**2.00**	1.00000

注: $x < 1(x \neq 0, -1, -2, \cdots)$ 及 $x > 2$ 时的伽马函数的值可由下列公式计算出:

$$\Gamma(x) = \frac{\Gamma(x+1)}{x}, \quad \Gamma(x) = (x-1)\,\Gamma(x-1).$$

$$\mathbf{A}: \Gamma(0.7) = \frac{\Gamma(1.7)}{0.7} = \frac{0.90864}{0.7} = 1.2981.$$

$$\mathbf{B}: \Gamma(3.5) = 2.5 \cdot \Gamma(2.5) = 2.5 \cdot 1.5 \cdot \Gamma(1.5) = 2.5 \cdot 1.5 \cdot 0.88623 = 3.32336.$$

21.11　贝塞尔函数 (柱面函数)

x	$J_0(x)$	$J_1(x)$	$Y_0(x)$	$Y_1(x)$	$I_0(x)$	$I_1(x)$	$K_0(x)$	$K_1(x)$
0.0	+1.0000	+0.0000	$-\infty$	$-\infty$	+1.000	0.0000	∞	∞
0.1	0.9975	0.0499	−1.5342	−6.4590	1.003	+0.0501	2.4271	9.8538
0.2	0.9900	0.0995	1.0181	3.3238	1.010	0.1005	1.7527	4.7760
0.3	0.9776	0.1483	0.8073	2.2931	1.023	0.1517	1.3725	3.0560
0.4	0.9604	0.1960	0.6060	1.7809	1.040	0.2040	1.1145	2.1844
0.5	+0.9385	+0.2423	−0.4445	−1.4715	1.063	0.2579	0.9244	1.6564
0.6	0.9120	0.2867	0.3085	1.2604	1.092	0.3137	0.7775	1.3028
0.7	0.8812	0.3290	0.1907	1.1032	1.126	0.3719	0.6605	1.0503
0.8	0.8463	0.3688	−0.0868	0.9781	1.167	0.4329	0.5653	0.8618
0.9	0.8075	0.4059	+0.0056	0.8731	1.213	0.4971	0.4867	0.7165
1.0	+0.7652	+0.4401	+0.0883	−0.7812	1.266	0.5652	0.4210	0.6019
1.1	0.7196	0.4709	0.1622	0.6981	1.326	0.6375	0.3656	0.5098
1.2	0.6711	0.4983	0.2281	0.6211	1.394	0.7147	0.3185	0.4346
1.3	0.6201	0.5220	0.2865	0.5485	1.469	0.7973	0.2782	0.3725
1.4	0.5669	0.5419	0.3379	0.4791	1.553	0.8861	0.2437	0.3208
1.5	+0.5118	+0.5579	+0.3824	−0.4123	1.647	0.9817	0.2138	0.2774
1.6	0.4554	0.5699	0.4204	0.3476	1.750	1.085	0.1880	0.2406
1.7	0.3980	0.5778	0.4520	0.2847	1.864	1.196	0.1655	0.2094
1.8	0.3400	0.5815	0.4774	0.2237	1.990	1.317	0.1459	0.1826
1.9	0.2818	0.5812	0.4968	0.1644	2.128	1.448	0.1288	0.1597
2.0	+0.2239	+0.5767	+0.5104	−0.1070	2.280	1.591	0.1139	0.1399
2.1	0.1666	0.5683	0.5183	−0.0517	2.446	1.745	0.1008	0.1227
2.2	0.1104	0.5560	0.5208	+0.0015	2.629	1.914	0.08927	0.1079
2.3	0.0555	0.5399	0.5181	0.0523	2.830	2.098	0.07914	0.09498
2.4	0.0025	0.5202	0.5104	0.1005	3.049	2.298	0.07022	0.08372
2.5	−0.0484	+0.4971	+0.4981	+0.1459	3.290	2.517	0.06235	0.07389
2.6	0.0968	0.4708	0.4813	0.1884	3.553	2.755	0.05540	0.06528
2.7	0.1424	0.4416	0.2605	0.2276	3.842	3.016	0.04926	0.05774
2.8	0.1850	0.4097	0.4359	0.2635	4.157	3.301	0.04382	0.05111
2.9	0.2243	0.3754	0.4079	0.2959	4.503	3.613	0.03901	0.04529
3.0	−0.2601	+0.3391	+0.3769	+0.3247	4.881	3.953	0.03474	0.04016
3.1	0.2921	0.3009	0.3431	0.3496	5.294	4.326	0.03095	0.03563
3.2	0.3202	0.2613	0.3070	0.3707	5.747	4.734	0.02759	0.03164
3.3	0.3443	0.2207	0.2691	0.3879	6.243	5.181	0.02461	0.02812
3.4	0.3643	0.1792	0.2296	0.4010	6.785	5.670	0.02196	0.02500

续表

x	$J_0(x)$	$J_1(x)$	$Y_0(x)$	$Y_1(x)$	$I_0(x)$	$I_1(x)$	$K_0(x)$	$K_1(x)$
3.5	−0.3801	+0.1374	+0.1890	+0.4102	7.378	6.206	0.01960	0.02224
3.6	0.3918	0.0955	0.1477	0.4154	8.028	6.793	0.01750	0.01979
3.7	0.3992	0.0538	0.1061	0.4167	8.739	7.436	0.01563	0.01763
3.8	0.4026	+0.0128	0.0645	0.4141	9.517	8.140	0.01397	0.01571
3.9	0.4018	−0.0272	+0.0234	0.4078	10.37	8.913	0.01248	0.01400
4.0	−0.3971	−0.0660	−0.0169	+0.3979	11.30	9.759	0.01116	0.01248
4.1	0.3887	0.1033	0.0561	0.3846	12.32	10.69	0.009980	0.01114
4.2	0.3766	0.1386	0.0938	0.3680	13.44	11.71	0.008927	0.009938
4.3	0.3610	0.1719	0.1296	0.3484	14.67	12.82	0.007988	0.008872
4.4	0.3423	0.2028	0.1633	0.3260	16.01	14.05	0.007149	0.007923
4.5	−0.3205	−0.2311	−0.1947	+0.3010	17.48	15.39	0.006400	0.007078
4.6	0.2961	0.2566	0.2235	0.2737	19.09	16.86	0.005730	0.006325
4.7	0.2693	0.2791	0.2494	0.2445	20.86	18.48	0.005132	0.005654
4.8	0.2404	0.2985	0.2723	0.2136	22.79	20.25	0.004597	0.005055
4.9	0.2097	0.3147	0.2921	0.1812	24.91	22.20	0.004119	0.004521
							0.00	0.00
5.0	−0.1776	−0.3276	−0.3085	+0.1479	27.24	24.34	3691	4045
5.1	0.1443	0.3371	0.3216	0.1137	29.79	26.68	3308	3619
5.2	0.1103	0.3432	0.3313	0.0792	32.58	29.25	2966	3239
5.3	0.0758	0.3460	0.3374	0.0445	35.65	32.08	2659	2900
5.4	0.0412	0.3453	0.3402	+0.0101	39.01	35.18	2385	2597
5.5	−0.0068	−0.3414	−0.3395	−0.0238	42.69	38.59	2139	2226
5.6	+0.0270	0.3343	0.3354	0.0568	46.74	42.33	1918	2083
5.7	0.0599	0.3241	0.3282	0.0887	51.17	46.44	1721	1866
5.8	0.0917	0.3110	0.3177	0.1192	56.04	50.95	1544	1673
5.9	0.1220	0.2951	0.3044	0.1481	61.38	55.90	1386	1499
6.0	+0.1506	−0.2767	−0.2882	−0.1750	67.23	61.34	1244	1344
6.1	0.1773	0.2559	0.2694	0.1998	73.66	67.32	1117	1205
6.2	0.2017	0.2329	0.2483	0.2223	80.72	73.89	1003	1081
6.3	0.2238	0.2081	0.2251	0.2422	88.46	81.10	09001	09691
6.4	0.2433	0.1816	0.1999	0.2596	96.96	89.03	08083	08693
6.5	+0.2601	−0.1538	−0.1732	−0.2741	106.3	97.74	07259	07799
6.6	0.2740	0.1250	0.1452	0.2857	116.5	107.3	06520	06998
6.7	0.2851	0.0953	0.1162	0.2945	127.8	117.8	05857	06280
6.8	0.2931	0.0652	0.0864	0.3002	140.1	129.4	05262	05636
6.9	0.2981	0.0349	0.0563	0.3029	153.7	142.1	04728	05059

续表

x	$J_0(x)$	$J_1(x)$	$Y_0(x)$	$Y_1(x)$	$I_0(x)$	$I_1(x)$	$K_0(x)$	$K_1(x)$
7.0	+0.3001	−0.0047	−0.0259	−0.3027	168.6	156.0	04248	04542
7.1	0.2991	+0.0252	+0.0042	0.2995	185.0	171.4	03817	04078
7.2	0.2951	0.0543	0.0339	0.2934	202.9	188.3	03431	03662
7.3	0.2882	0.0826	0.0628	0.2846	222.7	206.8	03084	03288
7.4	0.2786	0.1096	0.0907	0.2731	244.3	227.2	02772	02953
7.5	+0.2663	+0.1352	+0.1173	−0.2591	268.2	249.6	02492	02653
7.6	0.2516	0.1592	0.1424	0.2428	294.3	274.2	02240	02383
7.7	0.2346	0.1813	0.1658	0.2243	323.1	301.3	02014	02141
7.8	0.2154	0.2014	0.1872	0.2039	354.7	331.1	01811	01924
7.9	0.1944	0.2192	0.2065	0.1817	389.4	363.9	01629	01729
8.0	+0.1717	+0.2346	+0.2235	−0.1581	427.6	399.9	01465	01554
8.1	0.1475	0.2476	0.2381	0.1331	469.5	439.5	01317	01396
8.2	0.1222	0.2580	0.2501	0.1072	515.6	483.0	01185	01255
8.3	0.0960	0.2657	0.2595	0.0806	566.3	531.0	01066	01128
8.4	0.0692	0.2708	0.2662	0.0535	621.9	583.7	009588	01014
8.5	+0.0419	+0.2731	+0.2702	−0.0262	683.2	641.6	008626	009120
8.6	+0.0146	0.2728	0.2715	+0.0011	750.5	705.4	007761	008200
8.7	−0.0125	0.2697	0.2700	0.0280	824.4	775.5	006983	007374
8.8	0.0392	0.2641	0.2659	0.0544	905.8	852.7	006283	006631
8.9	0.0653	0.2559	0.2592	0.0799	995.2	937.5	005654	005964
9.0	−0.0903	+0.2453	+0.2499	+0.1043	1094	1031	005088	005364
9.1	0.1142	0.2324	0.2383	0.1275	1202	1134	004579	004825
9.2	0.1367	0.2174	0.2245	0.1491	1321	1247	004121	004340
9.3	0.1577	0.2004	0.2086	0.1691	1451	1371	003710	003904
9.4	0.1768	0.1816	0.1907	0.1871	1595	1508	003339	003512
9.5	−0.1939	+0.1613	+0.1712	+0.2032	1753	1658	003036	003160
9.6	0.2090	0.1395	0.1502	0.2171	1927	1824	002706	002843
9.7	0.2218	0.1166	0.1279	0.2287	2119	2006	002436	002559
9.8	0.2323	0.0928	0.1045	0.2379	2329	2207	002193	002302
9.9	0.2403	0.0684	0.0804	0.2447	2561	2428	001975	002072
10.0	−0.2459	+0.0435	+0.0557	+0.2490	2816	2671	001778	001865

21.12 第一类勒让德多项式

$P_0(x) = 1;$ $P_1(x) = x;$

$P_2(x) = \frac{1}{2}(3x^2 - 1);$ $P_3(x) = \frac{1}{2}(5x^3 - 3x);$

$P_4(x) = \frac{1}{8}(35x^4 - 30x^2 + 3);$ $P_5(x) = \frac{1}{8}(63x^5 - 70x^3 + 15x);$

$P_6(x) = \frac{1}{16}(231x^6 - 315x^4 + 105x^2 - 5);$

$P_7(x) = \frac{1}{16}(429x^7 - 693x^5 + 315x^3 - 35x).$

$x = P_1(x)$	$P_2(x)$	$P_3(x)$	$P_4(x)$	$P_5(x)$	$P_6(x)$	$P_7(x)$
0.00	−0.5000	0.0000	0.3750	0.0000	−0.3125	0.0000
0.05	−0.4962	−0.0747	0.3657	0.0927	−0.2962	−0.1069
0.10	−0.4850	−0.1475	0.3379	0.1788	−0.2488	−0.1995
0.15	−0.4662	−0.2166	0.2928	0.2523	−0.1746	−0.2649
0.20	−0.4400	−0.2800	0.2320	0.3075	−0.0806	−0.2935
0.25	−0.4062	−0.3359	0.1577	0.3397	+0.0243	−0.2799
0.30	−0.3650	−0.3825	+0.0729	0.3454	0.1292	−0.2241
0.35	−0.3162	−0.4178	−0.0187	0.3225	0.2225	−0.1318
0.40	−0.2600	−0.4400	−0.1130	0.2706	0.2926	−0.0146
0.45	−0.1962	−0.4472	−0.2050	0.1917	0.3290	+0.1106
0.50	−0.1250	−0.4375	−0.2891	+0.0898	0.3232	0.2231
0.55	−0.0462	−0.4091	−0.3590	−0.0282	0.2708	0.3007
0.60	+0.0400	−0.3600	−0.4080	−0.1526	0.1721	0.3226
0.65	0.1338	−0.2884	−0.4284	−0.2705	+0.0347	0.2737
0.70	0.2350	−0.1925	−0.4121	−0.3652	−0.1253	+0.1502
0.75	0.3438	−0.0703	−0.3501	−0.4164	−0.2808	−0.0342
0.80	0.4600	+0.0800	−0.2330	−0.3995	−0.3918	−0.2397
0.85	0.5838	0.2603	−0.0506	−0.2857	−0.4030	−0.3913
0.90	0.7150	0.4725	+0.2079	−0.0411	−0.2412	−0.3678
0.95	0.8538	0.7184	0.5541	+0.3727	+0.1875	+0.0112
1.00	1.0000	1.0000	1.0000	1.0000	1.0000	1.0000

21.13 拉普拉斯变换

(参见第 1006 页 15.2.1.1)

$$F(p)=\int_0^\infty \mathrm{e}^{-pt}f(t)\,\mathrm{d}t\,,\quad f(t)=0\qquad (t<0).$$

C 为欧拉常数.

$C=0.577216$ (参见第 681 页 8.2.5,2.).

编号	$F(p)$	$f(t)$
1	0	0
2	$\dfrac{1}{p}$	1
3	$\dfrac{1}{p^n}$	$\dfrac{t^{n-1}}{(n-1)!}$
4	$\dfrac{1}{(p-\alpha)^n}$	$\dfrac{t^{n-1}}{(n-1)!}\mathrm{e}^{\alpha t}$
5	$\dfrac{1}{(p-\alpha)(p-\beta)}$	$\dfrac{\mathrm{e}^{\beta t}-\mathrm{e}^{\alpha t}}{\beta-\alpha}$
6	$\dfrac{p}{(p-\alpha)(p-\beta)}$	$\dfrac{\beta\mathrm{e}^{\beta t}-\alpha\mathrm{e}^{\alpha t}}{\beta-\alpha}$
7	$\dfrac{1}{p^2+2\alpha p+\beta^2}$	$\dfrac{\mathrm{e}^{-\alpha t}}{\sqrt{\beta^2-\alpha^2}}\sin\sqrt{\beta^2-\alpha^2}\,t$
8	$\dfrac{\alpha}{p^2+\alpha^2}$	$\sin\alpha t$
9	$\dfrac{\alpha\cos\beta+p\sin\beta}{p^2+\alpha^2}$	$\sin(\alpha t+\beta)$
10	$\dfrac{p}{p^2+2\alpha p+\beta^2}$	$\left(\cos\sqrt{\beta^2-\alpha^2}\,t-\dfrac{\alpha}{\sqrt{\beta^2-\alpha^2}}\sin\sqrt{\beta^2-\alpha^2}\,t\right)\mathrm{e}^{-\alpha t}$
11	$\dfrac{p}{p^2+\alpha^2}$	$\cos\alpha t$
12	$\dfrac{p\cos\beta-\alpha\sin\beta}{p^2+\alpha^2}$	$\cos(\alpha t+\beta)$
13	$\dfrac{\alpha}{p^2-\alpha^2}$	$\sinh\alpha t$
14	$\dfrac{p}{p^2-\alpha^2}$	$\cosh\alpha t$

续表

编号	$F(p)$	$f(t)$
15	$\dfrac{1}{(p-\alpha)(p-\beta)(p-\gamma)}$	$-\dfrac{(\beta-\gamma)\mathrm{e}^{\alpha t}+(\gamma-\alpha)\mathrm{e}^{\beta t}+(\alpha-\beta)\mathrm{e}^{\gamma t}}{(\alpha-\beta)(\beta-\gamma)(\gamma-\alpha)}$
16	$\dfrac{1}{(p-\alpha)(p-\beta)^2}$	$\dfrac{\mathrm{e}^{\alpha t}-[1+(\alpha-\beta)t]\,\mathrm{e}^{\beta t}}{(\alpha-\beta)^2}$
17	$\dfrac{p}{(p-\alpha)(p-\beta)^2}$	$\dfrac{\alpha\,\mathrm{e}^{\alpha t}-[\alpha+\beta(\alpha-\beta)t]\mathrm{e}^{\beta t}}{(\alpha-\beta)^2}$
18	$\dfrac{p^2}{(p-\alpha)(p-\beta)^2}$	$\dfrac{\alpha^2\mathrm{e}^{\alpha t}-[2\alpha-\beta+\beta(\alpha-\beta)t]\,\beta\mathrm{e}^{\beta t}}{(\alpha-\beta)^2}$
19	$\dfrac{1}{(p^2+\alpha^2)(p^2+\beta^2)}$	$\dfrac{\alpha\sin\beta t-\beta\sin\alpha t}{\alpha\beta(\alpha^2-\beta^2)}$
20	$\dfrac{p}{(p^2+\alpha^2)(p^2+\beta^2)}$	$\dfrac{\cos\beta t-\cos\alpha t}{\alpha^2-\beta^2}$
21	$\dfrac{p^2+2\alpha^2}{p(p^2+4\alpha^2)}$	$\cos^2\alpha t$
22	$\dfrac{2\alpha^2}{p(p^2+4\alpha^2)}$	$\sin^2\alpha t$
23	$\dfrac{p^2-2\alpha^2}{p(p^2-4\alpha^2)}$	$\cosh^2\alpha t$
24	$\dfrac{2\alpha^2}{p(p^2-4\alpha^2)}$	$\sinh^2\alpha t$
25	$\dfrac{2\alpha^2 p}{p^4+4\alpha^4}$	$\sin\alpha t\cdot\sinh\alpha t$
26	$\dfrac{\alpha(p^2+2\alpha^2)}{p^4+4\alpha^4}$	$\sin\alpha t\cdot\cosh\alpha t$
27	$\dfrac{\alpha(p^2-2\alpha^2)}{p^4+4\alpha^4}$	$\cos\alpha t\cdot\sinh\alpha t$
28	$\dfrac{p^3}{p^4+4\alpha^4}$	$\cos\alpha t\cdot\cosh\alpha t$
29	$\dfrac{\alpha p}{(p^2+\alpha^2)^2}$	$\dfrac{t}{2}\sin\alpha t$

续表

编号	$F(p)$	$f(t)$
30	$\dfrac{\alpha p}{(p^2-\alpha^2)^2}$	$\dfrac{t}{2}\sinh\alpha t$
31	$\dfrac{\alpha\beta}{(p^2-\alpha^2)(p^2-\beta^2)}$	$\dfrac{\beta\sinh\alpha t-\alpha\sinh\beta t}{\alpha^2-\beta^2}$
32	$\dfrac{p}{(p^2-\alpha^2)(p^2-\beta^2)}$	$\dfrac{\cosh\alpha t-\cosh\beta t}{\alpha^2-\beta^2}$
33	$\dfrac{1}{\sqrt{p}}$	$\dfrac{1}{\sqrt{\pi t}}$
34	$\dfrac{1}{p\sqrt{p}}$	$2\sqrt{\dfrac{t}{\pi}}$
35	$\dfrac{1}{p^n\sqrt{p}}$	$\dfrac{n!}{(2n)!}\dfrac{4^n}{\sqrt{\pi}}t^{n-\frac{1}{2}}$ $(n>0$, 整数)
36	$\dfrac{1}{\sqrt{p+\alpha}}$	$\dfrac{1}{\sqrt{\pi t}}\mathrm{e}^{-\alpha t}$
37	$\sqrt{p+\alpha}-\sqrt{p+\beta}$	$\dfrac{1}{2t\sqrt{\pi t}}\left(\mathrm{e}^{-\beta t}-\mathrm{e}^{-\alpha t}\right)$
38	$\sqrt{\sqrt{p^2+\alpha^2}-p}$	$\dfrac{\sin\alpha t}{t\sqrt{2\pi t}}$
39	$\sqrt{\dfrac{\sqrt{p^2+\alpha^2}-p}{p^2+\alpha^2}}$	$\sqrt{\dfrac{2}{\pi t}}\sin\alpha t$
40	$\sqrt{\dfrac{\sqrt{p^2+\alpha^2}+p}{p^2+\alpha^2}}$	$\sqrt{\dfrac{2}{\pi t}}\cos\alpha t$
41	$\sqrt{\dfrac{\sqrt{p^2-\alpha^2}-p}{p^2-\alpha^2}}$	$\sqrt{\dfrac{2}{\pi t}}\sinh\alpha t$
42	$\sqrt{\dfrac{\sqrt{p^2-\alpha^2}+p}{p^2-\alpha^2}}$	$\sqrt{\dfrac{2}{\pi t}}\cosh\alpha t$
43	$\dfrac{1}{p\sqrt{p+\alpha}}$	$\dfrac{2}{\sqrt{\alpha\pi}}\cdot\displaystyle\int_0^{\sqrt{\alpha t}}\mathrm{e}^{-\tau^2}\mathrm{d}\tau$
44	$\dfrac{1}{(p+\alpha)\sqrt{p+\beta}}$	$\dfrac{2\mathrm{e}^{-\alpha t}}{\sqrt{\pi(\beta-\alpha)}}\cdot\displaystyle\int_0^{\sqrt{(\beta-\alpha)t}}\mathrm{e}^{-\tau^2}\mathrm{d}\tau$

续表

编号	$F(p)$	$f(t)$
45	$\dfrac{\sqrt{p+\alpha}}{p}$	$\dfrac{\mathrm{e}^{-\alpha t}}{\sqrt{\pi t}}+2\sqrt{\dfrac{\alpha}{\pi}}\cdot\int_0^{\sqrt{\alpha t}}\mathrm{e}^{-\tau^2}\mathrm{d}\tau$
46	$\dfrac{1}{\sqrt{p^2+\alpha^2}}$	$J_0(\alpha t)$ (0 阶贝塞尔函数参见第743页 9.1.2.6,2.,(2)),
47	$\dfrac{1}{\sqrt{p^2-\alpha^2}}$	$I_0(\alpha t)$ (0 阶修正贝塞尔函数参见第 744 页 9.1.2.6, 2.,(3))
48	$\dfrac{1}{\sqrt{(p+\alpha)(p+\beta)}}$	$\mathrm{e}^{-\frac{\alpha+\beta}{2}t}\cdot I_0\left(\dfrac{\alpha-\beta}{2}t\right)$
49	$\dfrac{1}{\sqrt{p^2+2\alpha p+\beta^2}}$	$\mathrm{e}^{-\alpha t}\cdot J_0\left(\sqrt{\alpha^2-\beta^2}\,t\right)$
50	$\dfrac{\mathrm{e}^{1/p}}{p\sqrt{p}}$	$\dfrac{\sinh 2\sqrt{t}}{\sqrt{\pi}}$
51	$\arctan\dfrac{\alpha}{p}$	$\dfrac{\sin\alpha t}{t}$
52	$\arctan\dfrac{2\alpha p}{p^2-\alpha^2+\beta^2}$	$\dfrac{2}{t}\sin\alpha t\cdot\cos\beta t$
53	$\arctan\dfrac{p^2-\alpha p+\beta}{\alpha\beta}$	$\dfrac{\mathrm{e}^{\alpha t}-1}{t}\sin\beta t$
54	$\dfrac{\ln p}{p}$	$-C-\ln t$
55	$\dfrac{\ln p}{p^{n+1}}$	$\dfrac{t^n}{n!}[\psi(n)-\ln t],\quad \psi(n)=1+\dfrac{1}{2}+\cdots+\dfrac{1}{n}-C$
56	$\dfrac{(\ln p)^2}{p}$	$(\ln t+C)^2-\dfrac{\pi^2}{6}$
57	$\ln\dfrac{p-\alpha}{p-\beta}$	$\dfrac{1}{t}\left(\mathrm{e}^{\beta t}-\mathrm{e}^{\alpha t}\right)$
58	$\ln\dfrac{p+\alpha}{p-\alpha}=2\mathrm{artanh}\dfrac{\alpha}{p}$	$\dfrac{2}{t}\sinh\alpha t$
59	$\ln\dfrac{p^2+\alpha^2}{p^2+\beta^2}$	$2\cdot\dfrac{\cos\beta t-\cos\alpha t}{t}$
60	$\ln\dfrac{p^2-\alpha^2}{p^2-\beta^2}$	$2\cdot\dfrac{\cosh\beta t-\cosh\alpha t}{t}$

续表

编号	$F(p)$	$f(t)$
61	$\mathrm{e}^{-\alpha\sqrt{p}}$, $\mathrm{Re}\,\alpha>0$	$\dfrac{\alpha}{2\sqrt{\pi}}\dfrac{\mathrm{e}^{-\alpha^2/4t}}{t\sqrt{t}}$
62	$\dfrac{1}{\sqrt{p}}\mathrm{e}^{-\alpha\sqrt{p}}$, $\mathrm{Re}\,\alpha\geqslant 0$	$\dfrac{\mathrm{e}^{-\alpha^2/4t}}{\sqrt{\pi t}}$
63	$\dfrac{\left(\sqrt{p^2+\alpha^2}-p\right)^\nu}{\sqrt{p^2+\alpha^2}}$, $\mathrm{Re}\nu>-1$	$\alpha^\nu J_\nu(\alpha t)$ (参见第 743 页 9.1.2.6, 2.,(2), 贝塞尔函数)
64	$\dfrac{\left(p-\sqrt{p^2-\alpha^2}\right)^\nu}{\sqrt{p^2-\alpha^2}}$, $\mathrm{Re}\nu>-1$	$\alpha^\nu I_\nu(\alpha t)$ (参见第 743 页 9.1.2.6, 2.,(2), 贝塞尔函数)
65	$\dfrac{1}{p}\mathrm{e}^{-\beta p}$ ($\beta>0$，实数)	$\begin{cases}0, & t<\beta\\ 1, & t>\beta\end{cases}$
66	$\dfrac{\mathrm{e}^{-\beta\sqrt{p^2+\alpha^2}}}{\sqrt{p^2+\alpha^2}}$	$\begin{cases}0, & t<\beta\\ J_0\left(\alpha\sqrt{t^2-\beta^2}\right), & t>\beta\end{cases}$
67	$\dfrac{\mathrm{e}^{-\beta\sqrt{p^2-\alpha^2}}}{\sqrt{p^2-\alpha^2}}$	$\begin{cases}0, & t<\beta\\ I_0\left(\alpha\sqrt{t^2-\beta^2}\right), & t>\beta\end{cases}$
68	$\dfrac{\mathrm{e}^{-\beta\sqrt{(p+\alpha)(p+\beta)}}}{\sqrt{(p+\alpha)(p+\beta)}}$	$\begin{cases}0, & t<\beta\\ \mathrm{e}^{-(\alpha+\beta)\frac{t}{2}}I_0\left(\dfrac{\alpha-\beta}{2}\sqrt{t^2-\beta^2}\right), & t>\beta\end{cases}$
69	$\dfrac{\mathrm{e}^{-\beta\sqrt{p^2+\alpha^2}}}{p^2+\alpha^2}\left(\beta+\dfrac{1}{\sqrt{p^2+\alpha^2}}\right)$	$\begin{cases}0, & t<\beta\\ \dfrac{\sqrt{t^2-\beta^2}}{\alpha}J_1\left(\alpha\sqrt{t^2-\beta^2}\right), & t>\beta\end{cases}$
70	$\dfrac{\mathrm{e}^{-\beta\sqrt{p^2-\alpha^2}}}{p^2-\alpha^2}\left(\beta+\dfrac{1}{\sqrt{p^2-\alpha^2}}\right)$	$\begin{cases}0, & t<\beta\\ \dfrac{\sqrt{t^2-\beta^2}}{\alpha}I_1\left(\alpha\sqrt{t^2-\beta^2}\right), & t>\beta\end{cases}$
71	$\mathrm{e}^{-\beta p}-\mathrm{e}^{-\beta\sqrt{p^2+\alpha^2}}$	$\begin{cases}0, & t<\beta\\ \dfrac{\beta\alpha}{\sqrt{t^2-\beta^2}}J_1\left(\alpha\sqrt{t^2-\beta^2}\right), & t>\beta\end{cases}$
72	$\mathrm{e}^{-\beta\sqrt{p^2-\alpha^2}}-\mathrm{e}^{-\beta p}$	$\begin{cases}0, & t<\beta\\ \dfrac{\beta\alpha}{\sqrt{t^2-\beta^2}}I_1\left(\alpha\sqrt{t^2-\beta^2}\right), & t>\beta\end{cases}$
73	$\dfrac{1-\mathrm{e}^{-\alpha p}}{p}$	$\begin{cases}0, & t>\alpha\\ 1, & 0<t<\alpha\end{cases}$
74	$\dfrac{\mathrm{e}^{-\alpha p}-\mathrm{e}^{-\beta p}}{p}$	$\begin{cases}0, & 0<t<\alpha\\ 1, & \alpha<t<\beta\\ 0, & t>\beta\end{cases}$

21.14 傅里叶变换

表中的符号以下面方式定义:

C : 欧拉常数 ($C = 0.577215\cdots$)

$\Gamma(z) \quad = \int_0^{\infty} \mathrm{e}^{-t} t^{z-1}\,\mathrm{d}t, \quad \mathrm{Re}\, z > 0$ (伽马函数, 参见第 682 页 8.2.5,6.),

$J_\nu(z) = \sum\limits_{n=0}^{\infty} \dfrac{(-1)^n (\frac{1}{2}z)^{\nu+2n}}{n!\,\Gamma(\nu+n+1)}$ (贝塞尔函数, 参见第 743 页 9.1.2.6,2.,(2)),

$K_\nu(z) = \dfrac{1}{2}\pi(\sin(\pi\nu))^{-1}[I_{-\nu}(z) - I_\nu(z)]$, 其中 $I_\nu(z) = \mathrm{e}^{-\frac{1}{2}\mathrm{i}\pi\nu} J_\nu(z\,\mathrm{e}^{\frac{1}{2}\mathrm{i}\pi})$ (修正贝塞尔函数, 参见第 744 页 9.1.2.6,2.,(3)),

$$\left.\begin{aligned} C(x) &= \frac{1}{\sqrt{2\pi}} \int_0^x \frac{\cos t}{\sqrt{t}}\,\mathrm{d}t \\ S(x) &= \frac{1}{\sqrt{2\pi}} \int_0^x \frac{\sin t}{\sqrt{t}}\,\mathrm{d}t \end{aligned}\right\}$$ (菲涅耳积分, 参见第 988 页 14.4.3.2, 5.),

$$\left.\begin{aligned} \mathrm{Si}(x) &= \int_0^x \frac{\sin t}{t}\,\mathrm{d}t \\ \mathrm{si}(x) &= -\int_x^{\infty} \frac{\sin t}{t}\,\mathrm{d}t = \mathrm{Si}(x) - \frac{\pi}{2} \end{aligned}\right\}$$ (正弦积分, 参见第 681 页 8.2.5,1.),

$\mathrm{Ci}(x) = -\int\limits_x^{\infty} \dfrac{\cos t}{t}\,\mathrm{d}t$ (余弦积分, 参见第 681 页 8.2.5,2.).

表中函数的缩写形式对应于相应章节中的介绍.

21.14.1 傅里叶余弦变换

编号	$f(t)$	$F_c(\omega) = \int_0^{\infty} f(t)\cos(t\,\omega)\,\mathrm{d}t$
1	$1, \quad 0 < t < a$ $0, \quad t > a$	$\dfrac{\sin(a\,\omega)}{\omega}$

续表

编号	$f(t)$	$F_c(\omega)=\int_0^\infty f(t)\cos(t\,\omega)\,\mathrm{d}t$
2	$t,\quad 0<t<1$ $2-t,\quad 1<t<2$ $0,\quad t>2$	$4\left(\cos\omega\sin^2\dfrac{\omega}{2}\right)\omega^{-2}$
3	$0,\quad 0<t<a$ $\dfrac{1}{t},\quad t>a$	$-\mathrm{Ci}(a\,\omega)$
4	$\dfrac{1}{\sqrt{t}}$	$\sqrt{\dfrac{\pi}{2}}\,\dfrac{1}{\sqrt{\omega}}$
5	$\dfrac{1}{\sqrt{t}},\quad 0<t<a$ $0,\quad t>a$	$\sqrt{\dfrac{\pi}{2}}\,\dfrac{2\,C(a\omega)}{\sqrt{\omega}}$
6	$0,\quad 0<t<a$ $\dfrac{1}{\sqrt{t}},\quad t>a$	$\sqrt{\dfrac{\pi}{2}}\,\dfrac{1-2\,C(a\omega)}{\sqrt{\omega}}$
7	$(a+t)^{-1},\quad a>0$	$-\mathrm{si}\,(a\omega)\sin(a\omega)-\mathrm{Ci}(a\omega)\cos(a\omega)$
8	$(a-t)^{-1},\quad a>0$	$\cos(a\omega)\mathrm{Ci}(a\omega)+\sin(a\omega)\left(\dfrac{\pi}{2}+\mathrm{Si}\,(a\omega)\right)$
9	$(a^2+t^2)^{-1}$	$\dfrac{\pi}{2}\,\dfrac{\mathrm{e}^{-a\omega}}{a}$
10	$(a^2-t^2)^{-1}$	$\dfrac{\pi}{2}\,\dfrac{\sin(a\omega)}{\omega}$
11	$\dfrac{b}{b^2+(a-t)^2}+\dfrac{b}{b^2+(a+t)^2}$	$\pi\,\mathrm{e}^{-b\omega}\cos(a\omega)$

续表

编号	$f(t)$	$F_c(\omega)=\int_0^\infty f(t)\cos(t\omega)\,\mathrm{d}t$
12	$\frac{a+t}{b^2+(a+t)^2}+\frac{a-t}{b^2+(a-t)^2}$	$\pi\,\mathrm{e}^{-b\omega}\sin(a\omega)$
13	$(a^2+t^2)^{-\frac{1}{2}}$	$K_0(a\omega)$
14	$(a^2-t^2)^{-\frac{1}{2}},\quad 0<t<a$ $0,\quad t>a$	$\frac{\pi}{2}J_0(a\omega)$
15	$t^{-\nu},\ 0<\mathrm{Re}\,\nu<1$	$\sin\left(\frac{\pi\nu}{2}\right)\Gamma(1-\nu)\,\omega^{\nu-1}$
16	e^{-at}	$\frac{a}{a^2+\omega^2}$
17	$\frac{\mathrm{e}^{-bt}-\mathrm{e}^{-at}}{t}$	$\frac{1}{2}\ln\left(\frac{a^2+\omega^2}{b^2+\omega^2}\right)$
18	$\sqrt{t}\,\mathrm{e}^{-at}$	$\frac{\sqrt{\pi}}{2}(a^2+\omega^2)^{-\frac{3}{4}}\cos\left(\frac{3}{2}\arctan\left(\frac{\omega}{a}\right)\right)$
19	$\frac{\mathrm{e}^{-at}}{\sqrt{t}}$	$\sqrt{\frac{\pi}{2}}\left(\frac{a+(a^2+\omega^2)^{\frac{1}{2}}}{a^2+\omega^2}\right)^{\frac{1}{2}}$
20	$t^n\,\mathrm{e}^{-at}$	$n!\,a^{n+1}(a^2+\omega^2)^{-(n+1)}\cdot\sum_{0\leqslant 2m\leqslant n+1}(-1)^m\binom{n+1}{2m}\left(\frac{\omega}{a}\right)^{2m}$
21	$t^{\nu-1}\,\mathrm{e}^{-at}$	$\Gamma(\nu)(a^2+\omega^2)^{-\frac{\nu}{2}}\cos\left(\nu\arctan\left(\frac{\omega}{a}\right)\right)$

续表

编号	$f(t)$	$F_c(\omega)=\int_0^\infty f(t)\cos(t\,\omega)\,\mathrm{d}t$
22	$\frac{1}{t}\left(\frac{1}{2}-\frac{1}{t}+\frac{1}{\mathrm{e}^t-1}\right)$	$-\frac{1}{2}\ln(1-\mathrm{e}^{-2\pi\omega})$
23	$\mathrm{e}^{-a\,t^2}$	$\frac{\sqrt{\pi}}{2}a^{-\frac{1}{2}}\mathrm{e}^{-\frac{\omega^2}{4a}}$
24	$t^{-\frac{1}{2}}\mathrm{e}^{-\frac{a}{t}}$	$\sqrt{\frac{\pi}{2}}\frac{1}{\sqrt{\omega}}\mathrm{e}^{-\sqrt{2a\omega}}(\cos\sqrt{2a\omega}-\sin\sqrt{2a\omega})$
25	$t^{-\frac{3}{2}}\mathrm{e}^{-\frac{a}{t}}$	$\sqrt{\frac{\pi}{a}}\,\mathrm{e}^{-\sqrt{2a\omega}}\cos\sqrt{2a\omega}$
26	$\ln t,\quad 0<t<1$ $0,\quad t>1$	$-\frac{\mathrm{Si}\,(\omega)}{\omega}$
27	$\frac{\ln t}{\sqrt{t}}$	$-\sqrt{\frac{\pi}{2\omega}}\left(C+\frac{\pi}{2}+\ln 4\omega\right)$
28	$(t^2-a^2)^{-1}\ln\left(\frac{t}{a}\right)$	$\frac{\pi}{2}\frac{1}{a}(\sin(a\omega)\,\mathrm{Ci}(a\omega)-\cos(a\omega)\mathrm{si}\,(a\omega))$
29	$(t^2-a^2)^{-1}\ln(bt)$	$\frac{\pi}{2}\frac{1}{a}\{\sin(a\omega)\,[\mathrm{Ci}(a\omega)-\ln(ab)]-\cos(a\omega)\mathrm{si}(a\omega)\}$
30	$\frac{1}{t}\ln(1+t)$	$\frac{1}{2}\left[\left(\mathrm{Ci}\left(\frac{\omega}{2}\right)\right)^2+\left(\mathrm{si}\left(\frac{\omega}{2}\right)\right)^2\right]$
31	$\ln\left\|\frac{a+t}{b-t}\right\|$	$\frac{1}{\omega}\left\{\frac{\pi}{2}[\cos(b\omega)-\cos(a\omega)]+\cos(b\omega)\,\mathrm{Si}\,(b\omega)+\cos(a\omega)\,\mathrm{Si}\,(a\omega)-\sin(a\omega)\,\mathrm{Ci}(a\omega)-\sin(b\omega)\,\mathrm{Ci}(b\omega)\right\}$

续表

编号	$f(t)$	$F_c(\omega)=\int_0^{\infty} f(t)\,\cos(t\,\omega)\,\mathrm{d}t$
32	$\mathrm{e}^{-at}\,\ln t$	$-\dfrac{1}{a^2+\omega^2}\left[aC+\dfrac{a}{2}\,\ln(a^2+\omega^2)+\omega\,\arctan\left(\dfrac{\omega}{a}\right)\right]$
33	$\ln\left(\dfrac{a^2+t^2}{b^2+t^2}\right)$	$\dfrac{\pi}{\omega}\,(\mathrm{e}^{-b\omega}-\mathrm{e}^{-a\omega})$
34	$\ln\left\|\dfrac{a^2+t^2}{b^2-t^2}\right\|$	$\dfrac{\pi}{\omega}\,(\cos(b\omega)-\mathrm{e}^{-a\omega})$
35	$\dfrac{1}{t}\,\ln\left(\dfrac{a+t}{a-t}\right)^2$	$-2\,\pi\,\mathrm{si}\,(a\omega)$
36	$\dfrac{\ln(a^2+t^2)}{\sqrt{a^2+t^2}}$	$-\left[\left(C+\ln\left(\dfrac{2\omega}{a}\right)\right)\,K_0\,(a\omega)\right]$
37	$\ln\left(1+\dfrac{a^2}{t^2}\right)$	$\pi\,\dfrac{1-\mathrm{e}^{-a\omega}}{\omega}$
38	$\ln\left\|1-\dfrac{a^2}{t^2}\right\|$	$\pi\,\dfrac{1-\cos(a\omega)}{\omega}$
39	$\dfrac{\sin(at)}{t}$	$\dfrac{\pi}{2},\quad \omega<a$ $\dfrac{\pi}{4},\quad \omega=a$ $0,\quad \omega>a$
40	$\dfrac{t\,\sin(at)}{t^2+b^2}$	$\dfrac{\pi}{2}\,\mathrm{e}^{-ab}\,\cosh(b\omega),\quad \omega<a$ $-\dfrac{\pi}{2}\,\mathrm{e}^{-b\omega}\,\tanh(ab),\quad \omega>a$
41	$\dfrac{\sin(at)}{t\,(t^2+b^2)}$	$\dfrac{\pi}{2}\,b^{-2}\,(1-\mathrm{e}^{-ab}\,\cosh(b\omega)),\quad \omega<a$ $\dfrac{\pi}{2}\,b^{-2}\,\mathrm{e}^{-b\omega}\,\tanh(ab),\quad \omega>a$

续表

编号	$f(t)$	$F_c(\omega)=\int_0^{\infty} f(t)\cos(t\omega)\,\mathrm{d}t$
42	$\mathrm{e}^{-bt}\sin(at)$	$\frac{1}{2}\left[\frac{a+\omega}{b^2+(a+\omega)^2}+\frac{a-\omega}{b^2+(a-\omega)^2}\right]$
43	$\frac{\mathrm{e}^{-t}\sin t}{t}$	$\frac{1}{2}\arctan\left(\frac{2}{\omega^2}\right)$
44	$\frac{\sin^2(at)}{t}$	$\frac{1}{4}\ln\left\|1-4\frac{a^2}{\omega^2}\right\|$
45	$\frac{\sin(at)\sin(bt)}{t}$	$\frac{1}{2}\ln\left\|\frac{(a+b)^2-\omega^2}{(a-b)^2-\omega^2}\right\|$
46	$\frac{\sin^2(at)}{t^2}$	$\frac{\pi}{2}\left(a-\frac{1}{2}\omega\right)$, $\omega<2a$ 0, $\omega>2a$
47	$\frac{\sin^3(at)}{t^2}$	$\frac{1}{8}\{(\omega+3a)\ln(\omega+3a)+(\omega-3a)\ln\lvert\omega-3a\rvert-(\omega+a)\ln(\omega+a)-(\omega-a)\ln\lvert\omega-a\rvert\}$
48	$\frac{\sin^3(at)}{t^3}$	$\frac{\pi}{8}(3a^2-\omega^2)$, $0<\omega<a$ $\frac{\pi}{4}\omega^2$, $\omega=a$ $\frac{\pi}{16}(3a-\omega)^2$, $a<\omega<3a$ 0, $\omega>3a$
49	$\frac{1-\cos(at)}{t}$	$\frac{1}{2}\ln\left\|1-\frac{a^2}{\omega^2}\right\|$

续表

编号	$f(t)$	$F_c(\omega)=\int_0^\infty f(t)\cos(t\,\omega)\,\mathrm{d}t$
50	$\dfrac{1-\cos(at)}{t^2}$	$\dfrac{\pi}{2}(a-\omega),\quad \omega<a$ $0,\quad \omega>a$
51	$\dfrac{\cos(at)}{b^2+t^2}$	$\dfrac{\pi}{2}\dfrac{e^{-ab}\cosh(b\omega)}{b},\quad \omega<a$ $\dfrac{\pi}{2}\dfrac{\mathrm{e}^{-b\omega}\cosh(ab)}{b},\quad \omega>a$
52	$\mathrm{e}^{-bt}\cos(at)$	$\dfrac{b}{2}\left[\dfrac{1}{b^2+(a-\omega)^2}+\dfrac{1}{b^2+(a+\omega)^2}\right]$
53	$\mathrm{e}^{-bt^2}\cos(at)$	$\dfrac{1}{2}\sqrt{\dfrac{\pi}{b}}\,\mathrm{e}^{-\frac{a^2+\omega^2}{4b}}\cosh\left(\dfrac{a\omega}{2b}\right)$
54	$\dfrac{t}{b^2+t^2}\tan(at)$	$\pi\cosh(b\omega)\,(1+\mathrm{e}^{2ab})^{-1}$
55	$\dfrac{t}{b^2+t^2}\cot(at)$	$\pi\cosh(b\omega)\,(\mathrm{e}^{2ab}-1)^{-1}$
56	$\sin(at^2)$	$\dfrac{1}{2}\sqrt{\dfrac{\pi}{2a}}\left[\cos\left(\dfrac{\omega^2}{4a}\right)-\sin\left(\dfrac{\omega^2}{4a}\right)\right]$
57	$\sin[a(1-t^2)]$	$-\dfrac{1}{2}\sqrt{\dfrac{\pi}{a}}\cos\left(a+\dfrac{\pi}{4}+\dfrac{\omega^2}{4a}\right)$
58	$\dfrac{\sin(at^2)}{t^2}$	$\dfrac{\pi}{2}\omega\left[S\left(\dfrac{\omega^2}{4a}\right)-C\left(\dfrac{\omega^2}{4a}\right)\right]+\sqrt{2a}\sin\left(\dfrac{\pi}{4}+\dfrac{\omega^2}{4a}\right)$
59	$\dfrac{\sin(at^2)}{t}$	$\dfrac{\pi}{2}\left\{\dfrac{1}{2}-\left[C\left(\dfrac{\omega^2}{4a}\right)\right]^2-\left[S\left(\dfrac{\omega^2}{4a}\right)\right]^2\right\}$

续表

编号	$f(t)$	$F_c(\omega)=\int_0^{\infty} f(t)\cos(t\omega)\,\mathrm{d}t$
60	$\mathrm{e}^{-at^2}\sin(bt^2)$	$\frac{\sqrt{\pi}}{2}(a^2+b^2)^{-\frac{1}{4}}\mathrm{e}^{-\frac{1}{4}a\omega^2(a^2+b^2)^{-1}} \cdot \sin\left[\frac{1}{2}\arctan\left(\frac{b}{a}\right)-\frac{b\omega^2}{4(a^2+b^2)}\right]$
61	$\cos(at^2)$	$\frac{1}{2}\sqrt{\frac{\pi}{2a}}\left[\cos\left(\frac{\omega^2}{4a}\right)+\sin\left(\frac{\omega^2}{4a}\right)\right]$
62	$\cos[a(1-t^2)]$	$\frac{1}{2}\sqrt{\frac{\pi}{a}}\sin\left(a+\frac{\pi}{4}+\frac{\omega^2}{4a}\right)$
63	$\mathrm{e}^{-at^2}\cos(bt^2)$	$\frac{\sqrt{\pi}}{2}(a^2+b^2)^{-\frac{1}{4}}\mathrm{e}^{-\frac{1}{4}a\omega^2(a^2+b^2)^{-1}} \cdot \cos\left[\frac{b\omega^2}{4(a^2+b^2)}-\frac{1}{2}\arctan\left(\frac{b}{a}\right)\right]$
64	$\frac{1}{t}\sin\left(\frac{a}{t}\right)$	$\frac{\pi}{2}J_0(2\sqrt{a\omega})$
65	$\frac{1}{\sqrt{t}}\sin\left(\frac{a}{t}\right)$	$\frac{1}{2}\sqrt{\frac{\pi}{2\omega}}\left[\sin(2\sqrt{a\omega})+\cos(2\sqrt{a\omega})-\mathrm{e}^{-2\sqrt{a\omega}}\right]$
66	$\left(\frac{1}{\sqrt{t}}\right)^3\sin\left(\frac{a}{t}\right)$	$\frac{1}{2}\sqrt{\frac{\pi}{2a}}\left[\sin(2\sqrt{a\omega})+\cos(2\sqrt{a\omega})+\mathrm{e}^{-2\sqrt{a\omega}}\right]$
67	$\frac{1}{\sqrt{t}}\cos\left(\frac{a}{t}\right)$	$\frac{1}{2}\sqrt{\frac{\pi}{2\omega}}\left[\cos(2\sqrt{a\omega})-\sin(2\sqrt{a\omega})+\mathrm{e}^{-2\sqrt{a\omega}}\right]$
68	$\left(\frac{1}{\sqrt{t}}\right)^3\cos\left(\frac{a}{t}\right)$	$\frac{1}{2}\sqrt{\frac{\pi}{2a}}\left[\cos(2\sqrt{a\omega})-\sin(2\sqrt{a\omega})+\mathrm{e}^{-2\sqrt{a\omega}}\right]$
69	$\frac{1}{\sqrt{t}}\sin(a\sqrt{t})$	$2\sqrt{\frac{\pi}{2\omega}}\left[C\left(\frac{a^2}{4\omega}\right)\sin\left(\frac{a^2}{4\omega}\right)-S\left(\frac{a^2}{4\omega}\right)\cos\left(\frac{a^2}{4\omega}\right)\right]$

续表

编号	$f(t)$	$F_c(\omega)=\int_0^\infty f(t)\cos(t\,\omega)\,\mathrm{d}t$
70	$\mathrm{e}^{-bt}\sin(a\sqrt{t})$	$\frac{a}{2}\sqrt{\pi}\,(a^2+b^2)^{\frac{3}{4}}\,\mathrm{e}^{-\frac{1}{4}a^2b\,(b^2+\omega^2)^{-1}}$ $\cdot x\cos\left[\frac{a^2\omega}{4\,(b^2+\omega^2)}-\frac{3}{2}\arctan\left(\frac{\omega}{b}\right)\right]$
71	$\frac{\sin(a\sqrt{t})}{t}$	$\pi\left[S\left(\frac{a^2}{4\omega}\right)+C\left(\frac{a^2}{4\omega}\right)\right]$
72	$\frac{1}{\sqrt{t}}\cos(a\sqrt{t})$	$\sqrt{\frac{\pi}{\omega}}\sin\left(\frac{\pi}{4}+\frac{a^2}{4\omega}\right)$
73	$\frac{\mathrm{e}^{-at}}{\sqrt{t}}\cos(b\sqrt{t})$	$\sqrt{\pi}\,(a^2+\omega^2)^{-\frac{1}{4}}\,\mathrm{e}^{-\frac{1}{4}ab^2\,(a^2+b^2)^{-1}}$ $\cdot\cos\left[\frac{b^2\omega}{4\,(a^2+\omega^2)}-\frac{1}{2}\arctan\left(\frac{\omega}{a}\right)\right]$
74	$\mathrm{e}^{-a\sqrt{t}}\cos(a\sqrt{t})$	$\sqrt{\pi}\,a\,(2\omega)^{-\frac{3}{2}}\,\mathrm{e}^{-\frac{a^2}{2\omega}}$
75	$\frac{\mathrm{e}^{-a\sqrt{t}}}{\sqrt{t}}[\cos(a\sqrt{t})-\sin(a\sqrt{t})]$	$\sqrt{\frac{\pi}{2\omega}}\,\mathrm{e}^{-\frac{a^2}{2\omega}}$

21.14.2 傅里叶正弦变换

编号	$f(t)$	$F_s(\omega)=\int_0^\infty f(t)\sin(t\,\omega)\,\mathrm{d}t$
1	$1 \quad 0<t<a$ $0, \quad t>a$	$\frac{1-\cos(a\omega)}{\omega}$
2	$t, \quad 0<t<1$ $2-t, \quad 1<t<2$ $0, \quad t>2$	$4\omega^{-2}\sin\omega\sin^2\left(\frac{\omega}{2}\right)$

续表

编号	$f(t)$		$F_s(\omega)=\int_0^\infty f(t)\,\sin(t\,\omega)\,\mathrm{d}t$
3	$\frac{1}{t}$		$\frac{\pi}{2}$
4	$\frac{1}{t}$, 0 ,	$0<t<a$ $t>a$	$\mathrm{Si}\,(a\omega)$
5	0 , $\frac{1}{t}$,	$0<t<a$ $t>a$	$-\mathrm{si}\,(a\omega)$
6	$\frac{1}{\sqrt{t}}$		$\sqrt{\frac{\pi}{2}}\,\frac{1}{\sqrt{\omega}}$
7	$\frac{1}{\sqrt{t}}$, 0,	$0<t<a$ $t>a$	$\sqrt{\frac{\pi}{2}}\,\frac{2\,S(a\omega)}{\sqrt{\omega}}$
8	0 , $\frac{1}{\sqrt{t}}$,	$0<t<a$ $t>a$	$\sqrt{\frac{\pi}{2}}\,\frac{1-2\,S(a\omega)}{\sqrt{\omega}}$
9	$\left(\frac{1}{\sqrt{t}}\right)^3$		$\sqrt{\pi\,2\,\omega}$
10	$(a+t)^{-1}$	$(a>0)$	$\sin(a\omega)\,\mathrm{Ci}(a\omega)-\cos(a\omega)\,\mathrm{si}\,(a\omega)$
11	$(a-t)^{-1}$	$(a>0)$	$\sin(a\omega)\,\mathrm{Ci}(a\omega)-\cos(a\omega)\,\left(\frac{\pi}{2}+\mathrm{Si}(a\omega)\right)$
12	$\frac{t}{a^2+t^2}$		$\frac{\pi}{2}\,\mathrm{e}^{-a\omega}$

续表

编号	$f(t)$	$F_s(\omega)=\int_0^\infty f(t)\,\sin(t\,\omega)\,\mathrm{d}t$
13	$(a^2-t^2)^{-1}$	$\frac{1}{a}\,[\sin(a\omega)\,\mathrm{Ci}(a\omega)-\cos(a\omega)\,\mathrm{Si}(a\omega)]$
14	$\frac{b}{b^2+(a-t)^2}-\frac{b}{b^2+(a+t)^2}$	$\pi\,\mathrm{e}^{-b\omega}\sin(a\omega)$
15	$\frac{a+t}{b^2+(a+t)^2}-\frac{a-t}{b^2+(a-t)^2}$	$\pi\,\mathrm{e}^{-b\omega}\cos(a\omega)$
16	$\frac{t}{a^2-t^2}$	$-\frac{\pi}{2}\cos(a\omega)$
17	$\frac{1}{t\,(a^2-t^2)}$	$\frac{\pi}{2}\,\frac{1-\cos(a\omega)}{a^2}$
18	$\frac{1}{t\,(a^2+t^2)}$	$\frac{\pi}{2}\,\frac{1-\mathrm{e}^{-a\omega}}{a^2}$
19	$t^{-\nu}$，$0<\mathrm{Re}\,\nu<2$	$\cos\left(\frac{\pi\nu}{2}\right)\Gamma(1-\nu)\,\omega^{\nu-1}$
20	e^{-at}	$\frac{\omega}{a^2+\omega^2}$
21	$\frac{\mathrm{e}^{-at}}{t}$	$\arctan\left(\frac{\omega}{a}\right)$
22	$\frac{\mathrm{e}^{-at}-\mathrm{e}^{-bt}}{t^2}$	$\frac{1}{2}\,\omega\,\ln\left(\frac{b^2+\omega^2}{a^2+\omega^2}\right)+b\,\arctan\left(\frac{\omega}{b}\right)$ $-a\,\arctan\left(\frac{\omega}{a}\right)$

续表

编号	$f(t)$	$F_s(\omega)=\int_0^{\infty} f(t)\,\sin(t\,\omega)\,\mathrm{d}t$
23	$\sqrt{t}\,\mathrm{e}^{-at}$	$\dfrac{\sqrt{\pi}}{2}\,(a^2+\omega^2)^{-\frac{3}{4}}\,\sin\left[\dfrac{3}{2}\,\arctan\left(\dfrac{\omega}{a}\right)\right]$
24	$\dfrac{\mathrm{e}^{-at}}{\sqrt{t}}$	$\left(\dfrac{(a^2+\omega^2)^{\frac{1}{2}}-a}{a^2+\omega^2}\right)^{\frac{1}{2}}$
25	$t^n\,\mathrm{e}^{-at}$	$n\,!a^{n+1}(a^2+\omega^2)^{-(n+1)}\sum\limits_{m=0}^{[\frac{1}{2}n]}(-1)^m\dbinom{n+1}{2m+1}\left(\dfrac{\omega}{a}\right)^{2m+1}$
26	$t^{\nu-1}\,\mathrm{e}^{-at}$	$\Gamma(\nu)\,(a^2+\omega^2)^{-\frac{\nu}{2}}\,\sin\left[\nu\,\arctan\left(\dfrac{\omega}{a}\right)\right]$
27	$\mathrm{e}^{-\frac{1}{2}t}\,(1-\mathrm{e}^{-t})^{-1}$	$-\dfrac{1}{2}\,\tanh\,(\pi\omega)$
28	$t\,\mathrm{e}^{-at^2}$	$\sqrt{\dfrac{\pi}{a}}\,\dfrac{\omega}{4a}\,\mathrm{e}^{-\frac{\omega^2}{4a}}$
29	$t^{-\frac{1}{2}}\,\mathrm{e}^{-\frac{a}{t}}$	$\sqrt{\dfrac{\pi}{2\omega}}\,\mathrm{e}^{-\sqrt{2a\omega}}\,[\cos\sqrt{2a\omega}+\sin\sqrt{2a\omega}]$
30	$t^{-\frac{3}{2}}\,\mathrm{e}^{-\frac{a}{t}}$	$\sqrt{\dfrac{\pi}{\omega}}\,\mathrm{e}^{-\sqrt{2a\omega}}\,\sin\sqrt{2a\omega}$
31	$\ln t\,,\quad 0<t<1$ $0\,,\quad t>1$	$\dfrac{\mathrm{Ci}(\omega)-C-\ln\omega}{\omega}$

续表

编号	$f(t)$	$F_s(\omega)=\int_0^{\infty} f(t)\,\sin(t\,\omega)\,\mathrm{d}t$
32	$\dfrac{\ln t}{t}$	$-\dfrac{\pi}{2}\,(C+\ln\omega)$
33	$\dfrac{\ln t}{\sqrt{t}}$	$\sqrt{\dfrac{\pi}{2\omega}}\,\left[\dfrac{\pi}{2}-C-\ln 4\omega\right]$
34	$t\,(t^2-a^2)^{-1}\,\ln(bt)$	$\dfrac{\pi}{2}\,[\cos(a\omega)\,(\ln(ab)-\mathrm{Ci}(a\omega))-\sin(a\omega)\cdot\mathrm{si}(a\omega)]$
35	$t\,(t^2-a^2)^{-1}\,\ln\left(\dfrac{t}{a}\right)$	$-\dfrac{\pi}{2}\,[\cos(a\omega)\,\mathrm{Ci}(a\omega)+\sin(a\omega)\,\mathrm{si}\,(a\omega)]$
36	$\mathrm{e}^{-at}\,\ln t$	$\dfrac{1}{a^2+\omega^2}\,\left[a\arctan\left(\dfrac{\omega}{a}\right)-C\omega-\dfrac{1}{2}\,\omega\,\ln(a^2+\omega^2)\right]$
37	$\ln\left\|\dfrac{a+t}{b-t}\right\|$	$\dfrac{1}{\omega}\,\Big\{\ln\left(\dfrac{a}{b}\right)+\cos(b\omega)\,\mathrm{Ci}(b\omega)-\cos(a\omega)\,\mathrm{Ci}(a\omega)$ $+\sin(b\omega)\,\mathrm{Si}(b\omega)-\sin(a\omega)\,\mathrm{Si}(a\omega)$ $+\dfrac{\pi}{2}\,[\sin(b\omega)+\sin(a\omega)]\Big\}$
38	$\ln\left\|\dfrac{a+t}{a-t}\right\|$	$\dfrac{\pi}{\omega}\,\sin(a\omega)$
39	$\dfrac{1}{t^2}\,\ln\left(\dfrac{a+t}{a-t}\right)^2$	$\dfrac{2\pi}{a}\,[1-\cos(a\omega)-a\omega\,\mathrm{si}(a\omega)]$
40	$\ln\left(\dfrac{a^2+t^2+t}{a^2+t^2-t}\right)$	$\dfrac{2\pi}{\omega}\,\mathrm{e}^{-\omega\sqrt{a^2-\frac{1}{4}}}\,\sin\left(\dfrac{\omega}{2}\right)$
41	$\ln\left\|1-\dfrac{a^2}{t^2}\right\|$	$\dfrac{2}{\omega}\,[C+\ln(a\omega)-\cos(a\omega)\,\mathrm{Ci}(a\omega)-\sin(a\omega)\,\mathrm{Si}(a\omega)]$

续表

编号	$f(t)$	$F_s(\omega)=\int_0^\infty f(t)\,\sin(t\,\omega)\,\mathrm{d}t$
42	$\ln\left(\dfrac{a^2+(b+t)^2}{a^2+(b-t)^2}\right)$	$\dfrac{2\pi}{\omega}\,\mathrm{e}^{-a\omega}\,\sin(b\omega)$
43	$\dfrac{1}{t}\,\ln\|1-a^2t^2\|$	$-\pi\,\mathrm{Ci}\left(\dfrac{\omega}{a}\right)$
44	$\dfrac{1}{t}\,\ln\left\|1-\dfrac{a^2}{t^2}\right\|$	$\pi\left[C+\ln(a\omega)-\mathrm{Ci}(a\omega)\right]$
45	$\dfrac{\sin(at)}{t}$	$\dfrac{1}{2}\,\ln\left\|\dfrac{\omega+a}{\omega-a}\right\|$
46	$\dfrac{\sin(at)}{t^2}$	$\dfrac{\pi}{2}\omega\,;\quad 0<\omega<a$ $\dfrac{\pi}{2}a\,,\quad \omega>a$
47	$\dfrac{\sin(\pi t)}{1-t^2}$	$\sin\omega\,,\quad 0\leqslant\omega\leqslant\pi$ $0\,,\quad \omega\geqslant\pi$
48	$\dfrac{\sin(at)}{b^2+t^2}$	$\dfrac{\pi}{2}\,\dfrac{\mathrm{e}^{-ab}}{b}\,\tanh(b\omega)\,,\quad 0<\omega<a$ $\dfrac{\pi}{2}\,\dfrac{\mathrm{e}^{-b\omega}}{b}\,\tanh(ab)\,,\quad \omega>a$
49	$\mathrm{e}^{-bt}\,\sin(at)$	$\dfrac{1}{2}\,b\left[\dfrac{1}{b^2+(a-\omega)^2}-\dfrac{1}{b^2+(a+\omega)^2}\right]$
50	$\dfrac{\mathrm{e}^{-bt}\,\sin(at)}{t}$	$\dfrac{1}{4}\,\ln\left(\dfrac{b^2+(\omega+a)^2}{b^2+(\omega-a)^2}\right)$
51	$\mathrm{e}^{-bt^2}\,\sin(at)$	$\dfrac{1}{2}\sqrt{\dfrac{\pi}{b}}\,\mathrm{e}^{-\frac{1}{4}\,\frac{a^2+\omega^2}{b}}\,\tanh\left(\dfrac{a\omega}{2b}\right)$

续表

编号	$f(t)$	$F_s(\omega)=\int_0^\infty f(t)\,\sin(t\,\omega)\,\mathrm{d}t$
52	$\frac{\sin^2(at)}{t}$	$\frac{\pi}{4}$, $0<\omega<2a$ $\frac{\pi}{8}$, $\omega=2a$ 0, $\omega>2a$
53	$\frac{\sin(at)\,\sin(bt)}{t}$	0, $0<\omega<a-b$ $\frac{\pi}{4}$, $a-b<\omega<a+b$ 0, $\omega>a+b$
54	$\frac{\sin^2(at)}{t^2}$	$\frac{1}{4}\Big[(\omega+2a)\,\ln(\omega+2a)$ $+(\omega-2a)\ln\lvert\omega-2a\rvert-\frac{1}{2}\omega\ln\omega\Big]$
55	$\frac{\sin^2(at)}{t^3}$	$\frac{\pi}{4}\omega\left(2a-\frac{\omega}{2}\right)$, $0<\omega<2a$ $\frac{\pi}{2}a^2$, $\omega>2a$
56	$\frac{\cos(at)}{t}$	0, $0<\omega<a$ $\frac{\pi}{4}$, $\omega=a$ $\frac{\pi}{2}$, $\omega>a$
57	$\frac{t\,\cos(at)}{b^2+t^2}$	$-\frac{\pi}{2}\,\mathrm{e}^{-ab}\,\tanh(b\omega)$, $0<\omega<a$ $\frac{\pi}{2}\,\mathrm{e}^{-b\omega}\,\cosh(ab)$, $\omega>a$
58	$\sin(at^2)$	$\sqrt{\frac{\pi}{2a}}\left[\cos\left(\frac{\omega^2}{4a}\right)\,C\left(\frac{\omega^2}{4a}\right)+\sin\left(\frac{\omega^2}{4a}\right)\,S\left(\frac{\omega^2}{4a}\right)\right]$

续表

编号	$f(t)$	$F_s(\omega)=\int_0^{\infty} f(t)\,\sin(t\,\omega)\,\mathrm{d}t$
59	$\dfrac{\sin(at^2)}{t}$	$\dfrac{\pi}{2}\left[C\left(\dfrac{\omega^2}{4a}\right)-S\left(\dfrac{\omega^2}{4a}\right)\right]$
60	$\cos(at^2)$	$\sqrt{\dfrac{\pi}{2a}}\left[\sin\left(\dfrac{\omega^2}{4a}\right)\ C\left(\dfrac{\omega^2}{4a}\right)-\cos\left(\dfrac{\omega^2}{4a}\right)\ S\left(\dfrac{\omega^2}{4a}\right)\right]$
61	$\dfrac{\cos(at^2)}{t}$	$\dfrac{\pi}{2}\left[C\left(\dfrac{\omega^2}{4a}\right)+S\left(\dfrac{\omega^2}{4a}\right)\right]$
62	$\mathrm{e}^{-a\sqrt{t}}\ \sin(a\sqrt{t})$	$\sqrt{\dfrac{\pi}{2}}\ \dfrac{a}{2\omega\,\sqrt{\omega}}\ \mathrm{e}^{-\frac{a^2}{2\omega}}$

21.14.3 傅里叶变换

根据 (15.75a), $F(\omega)$ 可以由傅里叶余弦变换 F_{c} 和傅里叶正弦变换 F_{s} 表示, 此处仍给出了几个直接变换 $F(\omega)$.

编号	$f(t)$	$F(\omega)\ =\int_{-\infty}^{\infty}\mathrm{e}^{-\mathrm{i}\omega t}f(t)\,\mathrm{d}t$
1	$\delta(t)$ (狄拉克 δ 函数)	1
2	$\delta^{(n)}(t)$	$(\mathrm{i}\,\omega)^n$
3	$\delta^{(n)}(t-a)$	$(\mathrm{i}\,\omega)^n\mathrm{e}^{-\mathrm{i}a\omega}\quad(n=0,1,2,\cdots)$
4	1	$2\pi\delta(\omega)$
5	t^n	$2\pi\mathrm{i}^n\,\delta^{(n)}(\omega)\quad(n=1,2,\cdots)$

续表

编号	$f(t)$	$F(\omega)=\int_{-\infty}^{\infty}\mathrm{e}^{-\mathrm{i}\omega t}f(t)\,\mathrm{d}t$
6	$H(t)=1,\quad t>0$ $H(t)=0,\quad t<0$ (单位阶梯函数)	$\frac{1}{\mathrm{i}\,\omega}+\pi\delta(\omega)$
7	$t^n\,H(t)$	$\frac{n!}{(\mathrm{i}\,\omega)^{n+1}}+\pi\mathrm{i}^n\delta^{(n)}(\omega)\quad(n=1,2,\cdots)$
8	$\mathrm{e}^{-at}\,H(t)=\mathrm{e}^{-at},\quad t>0$ $\mathrm{e}^{-at}\,H(t)=0,\quad t<0$	$\frac{1}{a+\mathrm{i}\,\omega}\quad(a>0)$
9	$\frac{1}{\sqrt{4\pi a}}\mathrm{e}^{-t^2/(4a)}$	$\mathrm{e}^{-a\omega^2}\quad(a>0)$
10	$\frac{1}{2a}\mathrm{e}^{-a\|t\|}$	$\frac{1}{\omega^2+a^2}\quad(a>0)$
11	$\frac{1}{t^2+a^2}$	$\frac{\pi}{a}\mathrm{e}^{-a\|\omega\|}$
12	$\frac{t}{t^2+a^2}$	$-\mathrm{i}\pi\mathrm{e}^{-a\|\omega\|}\mathrm{sign}\,\omega$
13	$H(t+a)-H(t-a)=1,\ \|t\|<a$ $H(t+a)-H(t-a)=0,\ \|t\|>a$	$\frac{2\sin a\,\omega}{\omega}$
14	$\mathrm{e}^{\mathrm{i}\,at}$	$2\pi\delta(\omega-a)$
15	$\cos at$	$\pi[\delta(\omega+a)+\delta(\omega-a)]$
16	$\sin at$	$\mathrm{i}\,\pi[\delta(\omega+a)-\delta(\omega-a)]$
17	$\frac{1}{\cosh t}$	$\frac{\pi}{\cosh\frac{\pi\omega}{2}}$

续表

编号	$f(t)$	$F(\omega)=\int_{-\infty}^{\infty}\mathrm{e}^{-\mathrm{i}\omega t}f(t)\,\mathrm{d}t$
18	$\frac{1}{\sinh t}$	$-\mathrm{i}\pi\tanh\frac{\pi\omega}{2}$
19	$\sin at^2$	$\sqrt{\frac{\pi}{a}}\left(\frac{\omega^2}{4a}+\frac{\pi}{4}\right)\quad(a>0)$
20	$\cos at^2$	$\sqrt{\frac{\pi}{a}}\left(\frac{\omega^2}{4a}-\frac{\pi}{4}\right)\quad(a>0)$

21.14.4 指数傅里叶变换

根据 (15.77), 指数傅里叶变换 $F_{\mathrm{e}}(\omega)$ 可以由傅里叶变换 $F(\omega)$ 表示, 例如 $F_{\mathrm{e}}(\omega)=\frac{1}{2}F(-\omega)$, 此处仍给出几种直接变换.

编号	$f(t)$	$F_{\mathrm{e}}(\omega)=\frac{1}{2}\int_{-\infty}^{\infty}f(t)\,\mathrm{e}^{\mathrm{i}t\omega}\,\mathrm{d}t$
1	$f(t)=A,\ a\leqslant t\leqslant b$ $f(t)=0$, 其他	$\frac{\mathrm{i}A}{2\omega}(\mathrm{e}^{\mathrm{i}a\omega}-\mathrm{e}^{\mathrm{i}b\omega})$
2	$f(t)=t^n,\ 0\leqslant t\leqslant b$ $f(t)=0$, 其他 $(n=1,2,\cdots)$	$\frac{1}{2}\left[n!(-\mathrm{i}\omega)^{-(n+1)}-\mathrm{e}^{\mathrm{i}b\omega}\cdot\sum_{m=0}^{n}\frac{n!}{m!}(-\mathrm{i}\omega)^{m-n-1}b^m\right]$
3	$\frac{1}{(a+\mathrm{i}t)^{\nu}}$, $\mathrm{Re}\nu>0$	$\frac{\pi}{\Gamma(\nu)}\omega^{\nu-1}\mathrm{e}^{-a\omega},\quad\omega>0$ $0,\quad\omega<0$
4	$\frac{1}{(a-\mathrm{i}t)^{\nu}}$, $\mathrm{Re}\nu>0$	$0,\quad\omega>0$ $\frac{\pi}{\Gamma(\nu)}(-\omega)^{\nu-1}\mathrm{e}^{a\omega},\quad\omega<0$

21.15　Z 变换

定义参见第 1039 页 15.4.1.2, 计算法则参见第 1040 页 15.4.1.3., 逆变换参见第 1042 页 15.4.1.5.

编号	原始序列 f_n	变换 $F(z) = Z(f_n)$	收敛域
1	1	$\dfrac{z}{z-1}$	$\|z\| > 1$
2	$(-1)^n$	$\dfrac{z}{z+1}$	$\|z\| > 1$
3	n	$\dfrac{z}{(z-1)^2}$	$\|z\| > 1$
4	n^2	$\dfrac{z(z+1)}{(z-1)^3}$	$\|z\| > 1$
5	n^3	$\dfrac{z(z^2+4z+1)}{(z-1)^4}$	$\|z\| > 1$
6	e^{an}	$\dfrac{z}{z-\mathrm{e}^a}$	$\|z\| > \|\mathrm{e}^a\|$
7	a^n	$\dfrac{z}{z-a}$	$\|z\| > \|a\|$
8	$\dfrac{a^n}{n!}$	$\mathrm{e}^{\frac{a}{z}}$	$\|z\| > 0$
9	$n\,a^n$	$\dfrac{za}{(z-a)^2}$	$\|z\| > \|a\|$
10	$n^2\,a^n$	$\dfrac{az(z+a)}{(z-a)^3}$	$\|z\| > \|a\|$
11	$\dbinom{n}{k}$	$\dfrac{z}{(z-1)^{k+1}}$	$\|z\| > 1$
12	$\dbinom{k}{n}$	$\left(1+\dfrac{1}{z}\right)^k$	$\|z\| > 0$
13	$\sin bn$	$\dfrac{z\sin b}{z^2-2z\cos b+1}$	$\|z\| > 1$
14	$\cos bn$	$\dfrac{z(z-\cos b)}{z^2-2z\cos b+1}$	$\|z\| > 1$
15	$\mathrm{e}^{an}\sin bn$	$\dfrac{z\mathrm{e}^a\sin b}{z^2-2z\mathrm{e}^a\cos b+\mathrm{e}^{2a}}$	$\|z\| > \|\mathrm{e}^a\|$

续表

编号	原始序列 f_n	变换$F(z)=Z(f_n)$	收敛域
16	$\mathrm{e}^{an}\cos bn$	$\dfrac{z(z-\mathrm{e}^a\cos b)}{z^2-2z\mathrm{e}^a\cos b+\mathrm{e}^{2a}}$	$\lvert z\rvert>\lvert\mathrm{e}^a\rvert$
17	$\sinh bn$	$\dfrac{z\sinh b}{z^2-2z\cosh b+1}$	$\lvert z\rvert>\max\{\lvert\mathrm{e}^b\rvert,\lvert\mathrm{e}^{-b}\rvert\}$
18	$\cosh bn$	$\dfrac{z(z-\cosh b)}{z^2-2z\cosh b+1}$	$\lvert z\rvert>\max\{\lvert\mathrm{e}^b\rvert,\lvert\mathrm{e}^{-b}\rvert\}$
19	$a^n\sinh bn$	$\dfrac{za\sinh b}{z^2-2za\cosh b+a^2}$	$\lvert z\rvert>\max\{\lvert a\mathrm{e}^b\rvert,\lvert a\mathrm{e}^{-b}\rvert\}$
20	$a^n\cosh bn$	$\dfrac{z(z-a\cosh b)}{z^2-2za\cosh b+a^2}$	$\lvert z\rvert>\max\{\lvert a\mathrm{e}^b\rvert,\lvert a\mathrm{e}^{-b}\rvert\}$
21	$f_n=0,\quad n\neq k,$ $f_k=1$	$\dfrac{1}{z^k}$	$\lvert z\rvert>0$
22	$f_{2n}=0,\quad f_{2n+1}=2$	$\dfrac{2z}{z^2-1}$	$\lvert z\rvert>1$
23	$f_{2n}=0,$ $f_{2n+1}=2(2n+1)$	$\dfrac{2z(z^2+1)}{(z^2-1)^2}$	$\lvert z\rvert>1$
24	$f_{2n}=0,$ $f_{2n+1}=\dfrac{2}{2n+1}$	$\ln\dfrac{z-1}{z+1}$	$\lvert z\rvert>1$
25	$\cos\dfrac{n\pi}{2}$	$\dfrac{z^2}{z^2+1}$	$\lvert z\rvert>1$
26	$(n+1)\,\mathrm{e}^{an}$	$\dfrac{z^2}{(z-\mathrm{e}^a)^2}$	$\lvert z\rvert>\lvert\mathrm{e}^a\rvert$
27	$\dfrac{\mathrm{e}^{b(n+1)}-\mathrm{e}^{a(n+1)}}{\mathrm{e}^b-\mathrm{e}^a}$	$\dfrac{z^2}{(z-\mathrm{e}^a)(z-\mathrm{e}^b)}$	$\lvert z\rvert>\max\{\lvert\mathrm{e}^a\rvert,\lvert\mathrm{e}^b\rvert\},\ a\neq b$
28	$\dfrac{1}{6}(n-1)n(n+1)$	$\dfrac{z^2}{(z-1)^4}$	$\lvert z\rvert>1$
29	$f_0=0,\quad f_n=\dfrac{1}{n},\quad n\geqslant 1$	$\ln\dfrac{z}{z-1}$	$\lvert z\rvert>1$
30	$\dfrac{(-1)^n}{(2n+1)!}$	$\sqrt{z}\sin\dfrac{1}{\sqrt{z}}$	$\lvert z\rvert>0$
31	$\dfrac{(-1)^n}{(2n)!}$	$\cos\dfrac{1}{\sqrt{z}}$	$\lvert z\rvert>0$

21.16 泊松分布

泊松分布公式参见第 1068 页 16.2.3.3.

k	λ					
	0.1	0.2	0.3	0.4	0.5	0.6
0	0.904837	0.818731	0.740818	0.670320	0.606531	0.548812
1	0.090484	0.163746	0.222245	0.268128	0.303265	0.329287
2	0.004524	0.016375	0.033337	0.053626	0.075816	0.098786
3	0.000151	0.001091	0.003334	0.007150	0.012636	0.019757
4	0.000004	0.000055	0.000250	0.000715	0.001580	0.002964
5		0.000002	0.000015	0.000057	0.000158	0.000356
6			0.000001	0.000004	0.000013	0.000035
7					0.000001	0.000003

k	λ					
	0.7	0.8	0.9	1.0	2.0	3.0
0	0.496585	0.449329	0.406570	0.367879	0.135335	0.049787
1	0.347610	0.359463	0.365913	0.367879	0.270671	0.149361
2	0.121663	0.143785	0.164661	0.183940	0.270671	0.224042
3	0.028388	0.038343	0.049398	0.061313	0.180447	0.224042
4	0.004968	0.007669	0.011115	0.015328	0.090224	0.168031
5	0.000696	0.001227	0.002001	0.003066	0.036089	0.100819
6	0.000081	0.000164	0.000300	0.000511	0.012030	0.050409
7	0.000008	0.000019	0.000039	0.000073	0.003437	0.021604
8	0.000001	0.000002	0.000004	0.000009	0.000859	0.008102
9				0.000001	0.000191	0.002701
10					0.000038	0.000810
11					0.000007	0.000221
12					0.000001	0.000055
13						0.000013
14						0.000003
15						0.000001

续表

k	λ					
	4.0	5.0	6.0	7.0	8.0	9.0
0	0.018316	0.006738	0.002479	0.000912	0.000335	0.000123
1	0.073263	0.033690	0.014873	0.006383	0.002684	0.001111
2	0.146525	0.084224	0.044618	0.022341	0.010735	0.004998
3	0.195367	0.140374	0.089235	0.052129	0.028626	0.014994
4	0.195367	0.175467	0.133853	0.091126	0.057252	0.033737
5	0.156293	0.175467	0.160623	0.127717	0.091604	0.060727
6	0.104194	0.146223	0.160623	0.149003	0.122138	0.091090
7	0.059540	0.104445	0.137677	0.149003	0.139587	0.117116
8	0.029770	0.065278	0.103258	0.130377	0.139587	0.131756
9	0.013231	0.036266	0.068838	0.101405	0.124077	0.131756
10	0.005292	0.018133	0.041303	0.070983	0.099262	0.118580
11	0.001925	0.008242	0.022529	0.045171	0.072190	0.097020
12	0.000642	0.003434	0.011264	0.026350	0.048127	0.072765
13	0.000197	0.001321	0.005199	0.014188	0.029616	0.050376
14	0.000056	0.000472	0.002228	0.007094	0.016924	0.032384
15	0.000015	0.000157	0.000891	0.003311	0.009026	0.019431
16	0.000004	0.000049	0.000334	0.001448	0.004513	0.010930
17	0.000001	0.000014	0.000118	0.000596	0.002124	0.005786
18		0.000004	0.000039	0.000232	0.000944	0.002893
19		0.000001	0.000012	0.000085	0.000397	0.001370
20			0.000004	0.000030	0.000159	0.000617
21			0.000001	0.000010	0.000061	0.000264
22				0.000003	0.000022	0.000108
23				0.000001	0.000008	0.000042
24					0.000003	0.000016
25					0.000001	0.000006
26						0.000002
27						0.000001

21.17 标准正态分布

标准正态分布公式参见第 1070 页 16.2.4.2.

21.17.1 $0.00 \leqslant x \leqslant 1.99$ 的标准正态分布

x	$\Phi(x)$	x	$\Phi(x)$	x	$\Phi(x)$	x	$\Phi(x)$	x	$\Phi(x)$
0.00	**0.5000**	**0.20**	**0.5793**	**0.40**	**0.6554**	**0.60**	**0.7257**	**0.80**	**0.7881**
0.01	0.5040	0.21	0.5832	0.41	0.6591	0.61	0.7291	0.81	0.7910
0.02	0.5080	0.22	0.5871	0.42	0.6628	0.62	0.7324	0.82	0.7939
0.03	0.5120	0.23	0.5910	0.43	0.6664	0.63	0.7357	0.83	0.7967
0.04	0.5160	0.24	0.5948	0.44	0.6700	0.64	0.7389	0.84	0.7995
0.05	0.5199	0.25	0.5987	0.45	0.6736	0.65	0.7422	0.85	0.8023
0.06	0.5239	0.26	0.6026	0.46	0.6772	0.66	0.7454	0.86	0.8051
0.07	0.5279	0.27	0.6064	0.47	0.6808	0.67	0.7486	0.87	0.8079
0.08	0.5319	0.28	0.6103	0.48	0.6844	0.68	0.7517	0.88	0.8106
0.09	0.5359	0.29	0.6141	0.49	0.6879	0.69	0.7549	0.89	0.8133
0.10	**0.5398**	**0.30**	**0.6179**	**0.50**	**0.6915**	**0.70**	**0.7580**	**0.90**	**0.8159**
0.11	0.5438	0.31	0.6217	0.51	0.6950	0.71	0.7611	0.91	0.8186
0.12	0.5478	0.32	0.6255	0.52	0.6985	0.72	0.7642	0.92	0.8212
0.13	0.5517	0.33	0.6293	0.53	0.7019	0.73	0.7673	0.93	0.8238
0.14	0.5557	0.34	0.6331	0.54	0.7054	0.74	0.7704	0.94	0.8264
0.15	0.5596	0.35	0.6368	0.55	0.7088	0.75	0.7734	0.95	0.8289
0.16	0.5636	0.36	0.6406	0.56	0.7123	0.76	0.7764	0.96	0.8315
0.17	0.5675	0.37	0.6443	0.57	0.7157	0.77	0.7794	0.97	0.8340
0.18	0.5714	0.38	0.6480	0.58	0.7190	0.78	0.7823	0.98	0.8365
0.19	0.5753	0.39	0.6517	0.59	0.7224	0.79	0.7852	0.99	0.8389
1.00	**0.8413**	**1.20**	**0.8849**	**1.40**	**0.9192**	**1.60**	**0.9452**	**1.80**	**0.9641**
1.01	0.8438	1.21	0.8869	1.41	0.9207	1.61	0.9463	1.81	0.9649
1.02	0.8461	1.22	0.8888	1.42	0.9222	1.62	0.9474	1.82	0.9656
1.03	0.8485	1.23	0.8907	1.43	0.9236	1.63	0.9484	1.83	0.9664
1.04	0.8508	1.24	0.8925	1.44	0.9251	1.64	0.9495	1.84	0.9671
1.05	0.8531	1.25	0.8944	1.45	0.9265	1.65	0.9505	1.85	0.9678
1.06	0.8554	1.26	0.8962	1.46	0.9279	1.66	0.9515	1.86	0.9686
1.07	0.8577	1.27	0.8980	1.47	0.9292	1.67	0.9525	1.87	0.9693
1.08	0.8599	1.28	0.8997	1.48	0.9306	1.68	0.9535	1.88	0.9699
1.09	0.8621	1.29	0.9015	1.49	0.9319	1.69	0.9545	1.89	0.9706

续表

x	$\Phi(x)$	x	$\Phi(x)$	x	$\Phi(x)$	x	$\Phi(x)$	x	$\Phi(x)$
1.10	**0.8643**	**1.30**	**0.9032**	**1.50**	**0.9332**	**1.70**	**0.9554**	**1.90**	**0.9713**
1.11	0.8665	1.31	0.9049	1.51	0.9345	1.71	0.9564	1.91	0.9719
1.12	0.8686	1.32	0.9066	1.52	0.9357	1.72	0.9573	1.92	0.9726
1.13	0.8708	1.33	0.9082	1.53	0.9370	1.73	0.9582	1.93	0.9732
1.14	0.8729	1.34	0.9099	1.54	0.9382	1.74	0.9591	1.94	0.9738
1.15	0.8749	1.35	0.9115	1.55	0.9394	1.75	0.9599	1.95	0.9744
1.16	0.8770	1.36	0.9131	1.56	0.9406	1.76	0.9608	1.96	0.9750
1.17	0.8790	1.37	0.9147	1.57	0.9418	1.77	0.9616	1.97	0.9756
1.18	0.8810	1.38	0.9162	1.58	0.9429	1.78	0.9625	1.98	0.9761
1.19	0.8830	1.39	0.9177	1.59	0.9441	1.79	0.9633	1.99	0.9767

21.17.2　$2.00 \leqslant x \leqslant 3.90$ 的标准正态分布

x	$\Phi(x)$	x	$\Phi(x)$	x	$\Phi(x)$	x	$\Phi(x)$	x	$\Phi(x)$
2.00	**0.9773**	**2.20**	**0.9861**	**2.40**	**0.9918**	**2.60**	**0.9953**	**2.80**	**0.9974**
2.01	0.9778	2.21	0.9864	2.41	0.9920	2.61	0.9955	2.81	0.9975
2.02	0.9783	2.22	0.9868	2.42	0.9922	2.62	0.9956	2.82	0.9976
2.03	0.9788	2.23	0.9871	2.43	0.9925	2.63	0.9957	2.83	0.9977
2.04	0.9793	2.24	0.9875	2.44	0.9927	2.64	0.9959	2.84	0.9977
2.05	0.9798	2.25	0.9878	2.45	0.9929	2.65	0.9960	2.85	0.9978
2.06	0.9803	2.26	0.9881	2.46	0.9931	2.66	0.9961	2.86	0.9979
2.07	0.9808	2.27	0.9884	2.47	0.9932	2.67	0.9962	2.87	0.9979
2.08	0.9812	2.28	0.9887	2.48	0.9934	2.68	0.9963	2.88	0.9980
2.09	0.9817	2.29	0.9890	2.49	0.9936	2.69	0.9964	2.89	0.9981
2.10	**0.9821**	**2.30**	**0.9893**	**2.50**	**0.9938**	**2.70**	**0.9965**	**2.90**	**0.9981**
2.11	0.9826	2.31	0.9896	2.51	0.9940	2.71	0.9966	2.91	0.9982
2.12	0.9830	2.32	0.9894	2.52	0.9941	2.72	0.9967	2.92	0.9983
2.13	0.9834	2.33	0.9901	2.53	0.9943	2.73	0.9968	2.93	0.9983
2.14	0.9838	2.34	0.9904	2.54	0.9945	2.74	0.9969	2.94	0.9984
2.15	0.9842	2.35	0.9906	2.55	0.9946	2.75	0.9970	2.95	0.9984
2.16	0.9846	2.36	0.9909	2.56	0.9948	2.76	0.9971	2.96	0.9985
2.17	0.9850	2.37	0.9911	2.57	0.9949	2.77	0.9972	2.97	0.9985
2.18	0.9854	2.38	0.9913	2.58	0.9951	2.78	0.9973	2.98	0.9986
2.19	0.9857	2.39	0.9916	2.59	0.9952	2.79	0.9974	2.99	0.9986
3.00	**0.9987**	**3.20**	**0.9993**	**3.40**	**0.9997**	**3.60**	**0.9998**	**3.80**	**0.9999**
3.10	0.9990	3.30	0.9995	3.50	0.9998	3.70	0.9999	3.90	0.9999

21.18 χ^2 分布

χ^2 分布公式参见第 1073 页 16.2.4.6.

χ^2 分布: 分位数 $\chi^2_{\alpha,\mathrm{m}}$.

自由度 m	概率 α					
	0.99	0.975	0.95	0.05	0.025	0.01
1	0.00016	0.00098	0.0039	3.8	5.0	6.6
2	0.020	0.051	0.103	6.0	7.4	9.2
3	0.115	0.216	0.352	7.8	9.4	11.3
4	0.297	0.484	0.711	9.5	11.1	13.3
5	0.554	0.831	1.15	11.1	12.8	15.1
6	0.872	1.24	1.64	12.6	14.4	16.8
7	1.24	1.69	2.17	14.1	16.0	18.5
8	1.65	2.18	2.73	15.5	17.5	20.1
9	2.09	2.70	3.33	16.9	19.0	21.7
10	2.56	3.25	3.94	18.3	20.5	23.2
11	3.05	3.82	4.57	19.7	21.9	24.7
12	3.57	4.40	5.23	21.0	23.3	26.2
13	4.11	5.01	5.89	22.4	24.7	27.7
14	4.66	5.63	6.57	23.7	26.1	29.1
15	5.23	6.26	7.26	25.0	27.5	30.6
16	5.81	6.91	7.96	26.3	28.8	32.0
17	6.41	7.56	8.67	27.6	30.2	33.4
18	7.01	8.23	9.39	28.9	31.5	34.8
19	7.63	8.91	10.1	30.1	32.9	36.2
20	8.26	9.59	10.9	31.4	34.2	37.6
21	8.90	10.3	11.6	32.7	35.5	38.9
22	9.54	11.0	12.3	33.9	36.8	40.3
23	10.2	11.7	13.1	35.2	38.1	41.6
24	10.9	12.4	13.8	36.4	39.4	43.0
25	11.5	13.1	14.6	37.7	40.6	44.3
26	12.2	13.8	15.4	38.9	41.9	45.6
27	12.9	14.6	16.2	40.1	43.2	47.0
28	13.6	15.3	16.9	41.3	44.5	48.3
29	14.3	16.0	17.7	42.6	45.7	49.6
30	15.0	16.8	18.5	43.8	47.0	50.9
40	22.2	24.4	26.5	55.8	59.3	63.7
50	29.7	32.4	34.8	67.5	71.4	76.2
60	37.5	40.5	43.2	79.1	83.3	88.4
70	45.4	48.8	51.7	90.5	95.0	100.4
80	53.5	57.2	60.4	101.9	106.6	112.3
90	61.8	65.6	69.1	113.1	118.1	124.1
100	70.1	74.2	77.9	124.3	129.6	135.8

21.19 费希尔 F 分布

费希尔分布公式参见第 1075 页 16.2.4.7.

费希尔 F 分布: 分位数 $f_{\alpha,m_1,m_2}(\alpha=0.05)$.

m_2	m_1											
	1	2	3	4	5	6	8	12	24	30	40	∞
1	161.4	199.5	215.7	224.6	230.2	234.0	238.9	243.9	249.0	250.0	251.0	254.3
2	18.51	19.00	19.16	19.25	19.30	19.33	19.37	19.41	19.45	19.46	19.47	19.50
3	10.13	9.55	9.28	9.12	9.01	8.94	8.85	8.74	8.64	8.62	8.59	8.53
4	7.71	6.94	6.59	6.39	6.26	6.16	6.04	5.91	5.77	5.75	5.72	5.63
5	6.61	5.79	5.41	5.19	5.05	4.95	4.82	4.68	4.53	4.50	4.46	4.36
6	5.99	5.14	4.76	4.53	4.39	4.28	4.15	4.00	3.84	3.81	3.77	3.67
7	5.59	4.74	4.35	4.12	3.97	3.87	3.73	3.57	3.41	3.38	3.34	3.23
8	5.32	4.46	4.07	3.84	3.69	3.58	3.44	3.28	3.12	3.08	3.05	2.93
9	5.12	4.26	3.86	3.63	3.48	3.37	3.23	3.07	2.90	2.86	2.83	2.71
10	4.96	4.10	3.71	3.48	3.33	3.22	3.07	2.91	2.74	2.70	2.66	2.54
11	4.84	3.98	3.59	3.36	3.20	3.09	2.95	2.79	2.61	2.57	2.53	2.40
12	4.75	3.89	3.49	3.26	3.11	3.00	2.85	2.69	2.51	2.47	2.43	2.30
13	4.67	3.81	3.41	3.18	3.03	2.92	2.77	2.60	2.42	2.38	2.34	2.21
14	4.60	3.74	3.34	3.11	2.96	2.85	2.70	2.53	2.35	2.31	2.27	2.13
15	4.54	3.68	3.29	3.06	2.90	2.79	2.64	2.48	2.29	2.25	2.20	2.07
16	4.49	3.63	3.24	3.01	2.85	2.74	2.59	2.42	2.24	2.19	2.15	2.01
17	4.45	3.59	3.20	2.96	2.81	2.70	2.55	2.38	2.19	2.15	2.10	1.96
18	4.41	3.55	3.16	2.93	2.77	2.66	2.51	2.34	2.15	2.11	2.06	1.92
19	4.38	3.52	3.13	2.90	2.74	2.63	2.48	2.31	2.11	2.07	2.03	1.88
20	4.35	3.49	3.10	2.87	2.71	2.60	2.45	2.28	2.08	2.04	1.99	1.84
21	4.32	3.47	3.07	2.84	2.68	2.57	2.42	2.25	2.05	2.01	1.96	1.81
22	4.30	3.44	3.05	2.82	2.66	2.55	2.40	2.23	2.03	1.98	1.94	1.78
23	4.28	3.42	3.03	2.80	2.64	2.53	2.37	2.20	2.00	1.96	1.91	1.76
24	4.26	3.40	3.01	2.78	2.62	2.51	2.36	2.18	1.98	1.94	1.89	1.73
25	4.24	3.39	2.99	2.76	2.60	2.49	2.34	2.16	1.96	1.92	1.87	1.71
26	4.23	3.37	2.98	2.74	2.59	2.47	2.32	2.15	1.95	1.90	1.85	1.69
27	4.21	3.35	2.96	2.73	2.57	2.46	2.31	2.13	1.93	1.88	1.84	1.67
28	4.20	3.34	2.95	2.71	2.56	2.45	2.29	2.12	1.91	1.87	1.82	1.65
29	4.18	3.33	2.93	2.70	2.55	2.43	2.28	2.10	1.90	1.85	1.80	1.64
30	4.17	3.32	2.92	2.69	2.53	2.42	2.27	2.09	1.89	1.84	1.79	1.62
40	4.08	3.23	2.84	2.61	2.45	2.34	2.18	2.00	1.79	1.74	1.69	1.51
60	4.00	3.15	2.76	2.53	2.37	2.25	2.10	1.92	1.70	1.65	1.59	1.39
125	3.92	3.07	2.68	2.44	2.29	2.17	2.01	1.83	1.60	1.55	1.49	1.25
∞	3.84	3.00	2.60	2.37	2.21	2.10	1.94	1.75	1.52	1.46	1.39	1.00

费希尔分布: 分位数 $f_{\alpha,m_1,m_2}(\alpha = 0.01)$.

m_2	m_1											
	1	2	3	4	5	6	8	12	24	30	40	∞
1	4052	4999	5403	5625	5764	5859	5981	6106	6235	6261	6287	6366
2	98.50	99.00	99.17	99.25	99.30	99.33	99.37	99.42	99.46	99.47	99.47	99.50
3	34.12	30.82	29.46	28.71	28.24	27.91	27.49	27.05	26.60	26.50	26.41	26.12
4	21.20	18.00	16.69	15.98	15.52	15.21	14.80	14.37	13.93	13.84	13.74	13.46
5	16.26	13.27	12.06	11.39	10.97	10.67	10.29	9.89	9.47	9.38	9.29	9.02
6	13.74	10.92	9.78	9.15	8.75	8.47	8.10	7.72	7.31	7.23	7.14	6.88
7	12.25	9.55	8.45	7.85	7.46	7.19	6.84	6.47	6.07	5.99	5.91	5.65
8	11.26	8.65	7.59	7.01	6.63	6.37	6.03	5.67	5.28	5.20	5.12	4.86
9	10.56	8.02	6.99	6.42	6.06	5.80	5.47	5.11	4.73	4.65	4.57	4.31
10	10.04	7.56	6.55	5.99	5.64	5.39	5.06	4.71	4.33	4.25	4.17	3.91
11	9.65	7.21	6.22	5.67	5.32	5.07	4.74	4.40	4.02	3.94	3.86	3.60
12	9.33	6.93	5.95	5.41	5.06	4.82	4.50	4.16	3.78	3.70	3.62	3.36
13	9.07	6.70	5.74	5.21	4.86	4.62	4.30	3.96	3.59	3.51	3.43	3.16
14	8.86	6.51	5.56	5.04	4.70	4.46	4.14	3.80	3.43	3.35	3.27	3.00
15	8.68	6.36	5.42	4.89	4.56	4.32	4.00	3.67	3.29	3.21	3.13	2.87
16	8.53	6.23	5.29	4.77	4.44	4.20	3.89	3.55	3.18	3.10	3.02	2.75
17	8.40	6.11	5.18	4.67	4.34	4.10	3.79	3.46	3.08	3.00	2.92	2.65
18	8.29	6.01	5.09	4.58	4.25	4.01	3.71	3.37	3.00	2.92	2.84	2.57
19	8.18	5.93	5.01	4.50	4.17	3.94	3.63	3.30	2.92	2.84	2.76	2.49
20	8.10	5.85	4.94	4.43	4.10	3.87	3.56	3.23	2.86	2.78	2.69	2.42
21	8.02	5.78	4.87	4.37	4.04	3.81	3.51	3.17	2.80	2.72	2.64	2.36
22	7.95	5.72	4.82	4.31	3.99	3.76	3.45	3.12	2.75	2.67	2.58	2.31
23	7.88	5.66	4.76	4.26	3.94	3.71	3.41	3.07	2.70	2.62	2.54	2.26
24	7.82	5.61	4.72	4.22	3.90	3.67	3.36	3.03	2.66	2.58	2.49	2.21
25	7.77	5.57	4.68	4.18	3.86	3.63	3.32	2.99	2.62	2.54	2.45	2.17
26	7.72	5.53	4.64	4.14	3.82	3.59	3.29	2.96	2.58	2.50	2.42	2.13
27	7.68	5.49	4.60	4.11	3.78	3.56	3.26	2.93	2.55	2.47	2.38	2.10
28	7.64	5.45	4.57	4.07	3.76	3.53	3.23	2.90	2.52	2.44	2.35	2.06
29	7.60	5.42	4.54	4.04	3.73	3.50	3.20	2.87	2.49	2.41	2.33	2.03
30	7.56	5.39	4.51	4.02	3.70	3.47	3.17	2.84	2.47	2.38	2.30	2.01
40	7.31	5.18	4.31	3.83	3.51	3.29	2.99	2.66	2.29	2.20	2.11	1.80
60	7.08	4.98	4.13	3.65	3.34	3.12	2.82	2.50	2.12	2.03	1.94	1.60
125	6.84	4.78	3.94	3.48	3.17	2.95	2.66	2.33	1.94	1.85	1.75	1.37
∞	6.63	4.60	3.78	3.32	3.02	2.80	2.51	2.18	1.79	1.70	1.59	1.00

21.20 学生 t 分布

学生 t 分布公式参见第 1076 页 16.2.4.8.

学生 t 分布: 分位数 $t_{\alpha,m}$, 或 $t_{\alpha/2,m}$.

自由度 m	双侧问题概率 α					
	0.10	0.05	0.02	0.01	0.002	0.001
1	6.31	12.7	31.82	63.7	318.3	637.0
2	2.92	4.30	6.97	9.92	22.33	31.6
3	2.35	3.18	4.54	5.84	10.22	12.9
4	2.13	2.78	3.75	4.60	7.17	8.61
5	2.01	2.57	3.37	4.03	5.89	6.86
6	1.94	2.45	3.14	3.71	5.21	5.96
7	1.89	2.36	3.00	3.50	4.79	5.40
8	1.86	2.31	2.90	3.36	4.50	5.04
9	1.83	2.26	2.82	3.25	4.30	4.78
10	1.81	2.23	2.76	3.17	4.14	4.59
11	1.80	2.20	2.72	3.11	4.03	4.44
12	1.78	2.18	2.68	3.05	3.93	4.32
13	1.77	2.16	2.65	3.01	3.85	4.22
14	1.76	2.14	2.62	2.98	3.79	4.14
15	1.75	2.13	2.60	2.95	3.73	4.07
16	1.75	2.12	2.58	2.92	3.69	4.01
17	1.74	2.11	2.57	2.90	3.65	3.96
18	1.73	2.10	2.55	2.88	3.61	3.92
19	1.73	2.09	2.54	2.86	3.58	3.88
20	1.73	2.09	2.53	2.85	3.55	3.85
21	1.72	2.08	2.52	2.83	3.53	3.82
22	1.72	2.07	2.51	2.82	3.51	3.79
23	1.71	2.07	2.50	2.81	3.49	3.77
24	1.71	2.06	2.49	2.80	3.47	3.74
25	1.71	2.06	2.49	2.79	3.45	3.72
26	1.71	2.06	2.48	2.78	3.44	3.71
27	1.71	2.05	2.47	2.77	3.42	3.69
28	1.70	2.05	2.46	2.76	3.40	3.66
29	1.70	2.05	2.46	2.76	3.40	3.66
30	1.70	2.04	2.46	2.75	3.39	3.65
40	1.68	2.02	2.42	2.70	3.31	3.55
60	1.67	2.00	2.39	2.66	3.23	3.46
120	1.66	1.98	2.36	2.62	3.17	3.37
∞	1.64	1.96	2.33	2.58	3.09	3.29
	0.05	0.025	0.01	0.005	0.001	0.0005
	单侧问题概率 α					

21.21 随 机 数

随机数的意义 (含义) 参见第 1100 页 16.3.5.2.

4730	1530	8004	7993	3141	0103	4528	7988	4635	8478	9094	9077	5306	4357	8353
0612	2278	8634	2549	3737	7686	0723	4505	6841	1379	6460	1869	5700	5339	6862
0285	1888	9284	3672	7033	4844	0149	7412	6370	1884	0717	5740	8477	6583	0717
7768	9078	3428	2217	0293	3978	5933	1032	5192	1732	2137	9357	5941	6564	2171
4450	8085	8931	3162	9968	6369	1256	0416	4326	7840	6525	2608	5255	4811	3763
7332	6563	4013	7406	4439	5683	6877	2920	9588	3002	2869	3746	3690	6931	1230
4044	1643	9005	5969	9442	7696	7510	1620	4973	1911	1288	6160	9797	8755	6120
0067	7697	9278	4765	9647	4364	1037	4975	1998	1359	1346	6125	5078	6742	3443
5358	5256	7574	3219	2532	7577	2815	8696	9248	9410	9282	6572	3940	6655	9014
0038	4772	0449	6906	8859	5044	8826	6218	3206	9034	0843	9832	2703	8514	4124
8344	2271	4689	3835	2938	2671	4691	0559	8382	2825	4928	5379	8635	8135	7299
7164	7492	5157	8731	4980	8674	4506	7262	8127	2022	2178	7463	4842	4414	0127
7454	7616	8021	2995	7868	0683	3768	0625	9887	7060	0514	0034	8600	3727	5056
3454	6292	0067	5579	9028	5660	5006	8325	9677	2169	3196	0357	7811	5434	0314
0401	7414	3186	3081	5876	8150	1360	1868	9265	3277	8465	7502	6458	7195	9869
6202	0195	1077	7406	4439	5683	6877	2920	9588	3002	2869	3746	3690	2705	6251
8284	0338	4286	5969	9442	7696	7510	1620	6973	1911	1288	6160	9797	1547	4972
9056	0151	7260	4765	9647	4364	1037	4975	1998	1359	1346	6125	5078	3424	1354
9747	3840	7921	3219	2532	7577	2815	8696	9248	9410	9282	6572	3940	8969	3659
2992	8836	3342	6906	8859	5044	8826	6218	3206	9034	0843	9832	2703	5225	8898
6170	4595	2539	7592	1339	4802	5751	3785	7125	4922	8877	9530	6499	6432	1516
3265	8619	0814	5133	7995	8030	7408	2186	0725	5554	5664	6791	9677	3085	8319
0179	3949	6995	3170	9915	6960	2621	6718	4059	9919	1007	6469	5410	0246	3687
1839	6042	9650	3024	0680	1127	8088	0200	5868	0084	6362	6808	3727	8710	6065
2276	8078	9973	4398	3121	7749	8191	2087	8270	5233	3980	6774	8522	5736	3132
4146	9952	7945	5207	1967	7325	7584	3485	5832	8118	8433	0606	2719	2889	2765
3526	3809	5523	0648	3326	1933	6265	0649	6177	2139	7236	0441	1352	1499	3068
3390	7825	7012	9934	7022	2260	0190	1816	7933	2906	3030	6032	1685	3100	1929
4806	9286	5051	4651	1580	5004	8981	1950	2201	3852	6855	5489	6386	3736	0498
7959	5983	0204	4325	5039	7342	7252	2800	4706	6881	8828	2785	8375	7232	2483
8245	9611	0641	7024	3899	8981	1280	5678	8096	7010	1435	7631	7361	8903	8684
7551	4915	2913	9031	9735	7820	2478	9200	7269	6284	9861	2849	2208	8616	5865
5903	2744	7318	7614	5999	1246	9759	6565	1012	0059	2419	0036	2027	5467	5577
9001	4521	5070	4150	5059	5178	7130	2641	7812	1381	6158	9539	3356	5861	9371
0265	3305	3814	0973	4958	4830	6297	0575	4843	3437	5629	3496	5406	4790	9734

(潘丽云 译)

参考文献

1. 算术

[1.1] Asser, G.: Grundbegriffe der Mathematik. Mengen, Abbildungen, natürliche Zahlen. — Deutscher Verlag der Wissenschaften 1980.

[1.2] Bosch, K.: Finanzmathematik. — Oldenbourg–Verlag 1991.

[1.3] Heilmann, W.–R.: Grundbegriffe der Risikotheorie. — Verlag Versicherungswirtschaft 1986.

[1.4] Isenbart, F., Münzer, H.: Lebensversicherungsmathematik für Praxis und Studium. — Verlag Gabler, 2. Auflage 1986.

[1.5] Dück, W.; Körth, H.; Runge, W.; Wunderlich, L.: Mathematik für Ökonomen, Bd. 1 u. 2. — Verlag H. Deutsch 1989.

[1.6] Fachlexikon ABC Mathematik. — Verlag H. Deutsch 1978.

[1.7] Heitzinger, W.; Troch, I.; Valentin, G.: Praxis nichtlinearer Gleichungen. — C. Hanser Verlag 1984.

[1.8] Nickel, H. (Hrsg.): Algebra und Geometrie für Ingenieure. — Verlag H. Deutsch 1990.

[1.9] Pfeifer, A.: Praktische Finanzmathematik. — Verlag H. Deutsch 1995.

[1.10] Wisliceny, J.: Grundbegriffe der Mathematik. Rationale, reelle und komplexe Zahlen. — Verlag H. Deutsch 1988.

2. 函数

[2.1] Asser, G.: Einführung in die mathematische Logik, Teil I bis III. — Verlag H. Deutsch 1976–1983.

[2.2] Fetzer, A.; Fränkel, H.: Mathematik Lehrbuch für Fachhochschulen, Bd. 1. — VDI–Verlag 1995.

[2.3] Fichtenholz, G.M.: Differential- und Integralrechnung, Bd. 1. — Deutscher Verlag der Wissenschaften 1964; Verlag H. Deutsch 1989–1992, seit 1994 Verlag H. Deutsch.

[2.4] Görke, L.: Mengen – Relationen – Funktionen. — Verlag H. Deutsch 1974.

[2.5] Papula, L.: Mathematik für Ingenieure, Bd. 1 bis 3. — Verlag Vieweg 1994–1996.

[2.6] Sieber, N.; Sebastian, H.J.; Zeidler, G.: Grundlagen der Mathmatik, Abbildungen, Funktionen, Folgen. — BSB B. G. Teubner, Leipzig, (MINÖL, Bd. 1), 1973; Verlag H. Deutsch, (MINÖA, Bd. 1), 1978.

[2.7] SMIRNOW, W.I.: Lehrgang der höheren Mathematik, Bd. 1. — Deutscher Verlag der Wissenschaften 1953; Verlag H. Deutsch 1987–1991, seit 1994 Verlag H. Deutsch unter dem Titel Lehrbuch der höheren Mathematik.

[2.8] STÖCKER, H. (HRSG.): Analysis für Ingenieurstudenten, Bd. 1. — Verlag H. Deutsch 1995.

3. 几何学

[3.1] BÄR, G.: Geometrie. — B. G. Teubner 1996.

[3.2] BAULE, B.: Die Mathematik des Naturforschers und Ingenieurs, Bd. 1 u. 2. — Verlag H. Deutsch 1979.

[3.3] BÖHM, J.: Geometrie, Bd. 1 u. 2. — Verlag H. Deutsch 1988.

[3.4] DRESZER, J.: Mathematik–Handbuch für Technik und Naturwissenschaft. — Verlag H. Deutsch 1975.

[3.5] EFIMOW, N.V.: Höhere Geometrie, Bd. 1 u. 2. — Verlag Vieweg 1970.

[3.6] FISCHER, G.: Analytische Geometrie. — Verlag Vieweg 1988.

[3.7] Kleine Enzyklopädie Mathematik. — Verlag Enzyklopädie, Leipzig 1967. — Gekürzte Ausgabe: Mathematik Ratgeber. — Verlag H. Deutsch 1988.

[3.8] KLINGENBERG, W.: Lineare Algebra und Geometrie. — Springer–Verlag 1993.

[3.9] KLOTZEK, B.: Einführung in die Differentialgeometrie, Bd. 1 u. 2. — Verlag H. Deutsch 1995.

[3.10] KOECHER, M.: Lineare Algebra und analytische Geometrie. — Springer–Verlag 1992.

[3.11] MANGOLDT, H. V.; KNOPP, K.: Einführung in die höhere Mathematik, Bd. II. — S. Hirzel Verlag 1978.

[3.12] MARSOLEK, L.: BASIC im Bau– und Vermessungswesen. — B. G. Teubner 1986.

[3.13] MATTHEWS, V.: Vermessungskunde Teil 1 u. 2. — B. G. Teubner 1993.

[3.14] NICKEL, H. (HRSG.): Algebra und Geometrie für Ingenieure. — Verlag H. Deutsch 1990.

[3.15] PAULI, W. (HRSG.): Lehr- und Übungsbuch Mathematik, Bd. 2 Planimetrie, Stereometrie und Trigonometrie der Ebene. — Verlag H. Deutsch 1989.

[3.16] RASCHEWSKI, P.K.: Riemannsche Geometrie und Tensoranalysis. — Verlag H. Deutsch 1995.

[3.17] ROTHE, R.: Höhere Mathematik für Mathematiker, Physiker, Ingenieure, Teil III. Flächen im Raum. Linienintegrale und mehrfache Integrale. Gewöhnliche und partielle Differentialgleichungen nebst Anwendungen. — BSB B. G. Teubner, Leipzig, 12. Auflage 1962.

[3.18] SCHÖNE, W.: Differentialgeometrie. — BSB B. G. Teubner, Leipzig, (MINÖL, Bd. 6), 1975; Verlag H. Deutsch, (MINÖA, Bd. 6) 1978.

[3.19] SCHRÖDER, E.: Darstellende Geometrie. — Verlag H. Deutsch 1980.

[3.20] SIGL, R.: Ebene und sphärische Trigonometrie. — Verlag H. Wichmann 1977.

[3.21] STEINERT, K.-G.: Sphärische Trigonometrie. — B. G. Teubner 1977.

[3.22] ZHIGANG XIANG, PLASTOCK, R.A.: Computergraphik. — mitp–Verlag Bonn, 2003.

4. 线性代数

线性代数: 总论

[4.1] BAULE, B.: Die Mathematik des Naturforschers und Ingenieurs, Bd. 1 u. 2. — Verlag H. Deutsch 1979.

[4.2] BERENDT, G.; WEIMAR, E.: Mathematik für Physiker, Bd. 1. — VCH, Weinheim 1990.

[4.3] BOSECK, H.: Einführung in die Theorie der linearen Vektorräume. — Verlag H. Deutsch 1984.

[4.4] BUNSE, W.; BUNSE–GERSTNER, A.: Numerische lineare Algebra. — B. G. Teubner 1985.

[4.5] FADDEJEW, D.K.; FADDEJEWA, W.N.: Numerische Methoden der linearen Algebra. — Deutscher Verlag der Wissenschaften 1970.

[4.6] JÄNICH, K.: Lineare Algebra. — Springer–Verlag 1993.

[4.7] KIEŁBASIŃSKI, A.; SCHWETLICK, H.: Numerische lineare Algebra. Eine computerorientierte Einführung. — Verlag H. Deutsch 1988.

[4.8] KLIN, M.CH.; PÖSCHEL, R.; ROSENBAUM, K.: Angewandte Algebra. — Verlag H. Deutsch 1988.

[4.9] KLINGENBERG, W.: Lineare Algebra und Geometrie. — Springer–Verlag 1993.

[4.10] KOECHER, M.: Lineare Algebra und analytische Geometrie. — Springer–Verlag 1992.

[4.11] LIPPMANN, H.: Angewandte Tensorrechnung. Für Ingenieure, Physiker und Mathematiker. — Springer–Verlag 1993.

[4.12] MANTEUFFEL, K.; SEIFFART, E.; VETTERS, K.: Lineare Algebra. — BSB B. G. Teubner, Leipzig (MINÖL, Bd. 13), 1975; Verlag H. Deutsch, (MINÖA, Bd. 13), 1978.

[4.13] NICKEL, H. (HRSG.): Algebra und Geometrie für Ingenieure. — Verlag H. Deutsch 1990.

[4.14] PFENNINGER, H.R.: Lineare Algebra. — Verlag H. Deutsch 1991.

[4.15] RASCHEWSKI, P.K.: Riemannsche Geometrie und Tensoranalysis. — Verlag H. Deutsch 1995.

[4.16] SCHULTZ–PISZACHICH, W.: Tensoralgebra und -analysis. — BSB B. G. Teubner, Leipzig, (MINÖL, Bd. 11), 1977; Verlag H. Deutsch, (MINÖA, Bd. 11), 1979.

[4.17] SMIRNOW, W.I.: Lehrgang der höheren Mathematik, Teil III,1. — Deutscher Verlag der Wissenschaften 1953; Verlag H. Deutsch 1989–1991, seit 1994 Verlag H. Deutsch unter dem Titel Lehrbuch der höheren Mathematik.

[4.18] ZURMÜHL, R.; FALK, S.: Matrizen und ihre Anwendung – 1. Grundlagen. — Springer–Verlag 1992.

线性代数：四元数

[4.19] DAM; E.B.; KOCH, M.; LILLHOLM, M.: Quaternions, Interpolation and Animation. Technical Report DIKU-TR-98/5. — Department of Computer Sciences, University of Copenhagen, 1998.

[4.20] GÜRLEBECK, K.; HABETHA, K.; SPRÖSSIG, W.: Funktionentheorie in der Ebene und im Raum. — Birkhäuser–Verlag 2006.

[4.21] HANSON, A.J.: Visualizing Quaternions. — Morgan Kaufmann Publ., Elsevier, 2006.

[4.22] KUIPERS, J.P.: Quaternions and Rotation Sequences. A Primer with Applications to Orbits, Aerospace and Virtual Reality. — Princton University Press, Princton and Oxford, 1999.

[4.23] LAM, T.Y.: Hamilton's Quaternions. — University of Calefornia, Berkeley, Ca 94720, http://www.math.berkeley.edu/ lam/quat.ps.

[4.24] LOUNESTO, P.: Introduction to Clifford Algebras. In: ABŁAMOWICZ, R.; SOBCZYK, G.: Lectures on Clifford geometric algebras. Conf. Ed., 6th Conf. on Clifford Algebras and their Applications in Mathematical Physics, 2002.

[4.25] MEISTER, L.: Quaternions and their applications in photogrammetry and navigation. Habilitationsschrift. — TU Bergakademie Freiberg, Fakultät für Mathematik und Informatik, 1998.

[4.26] SCHNEIDER, P.J.; EBERLY, D.H.: Geometric Tools for Computer Graphics. — Morgan Kaufmann, San Francisco 2003.

[4.27] SELIG, J.M.: Clifford Algebras in Engineering. In: ABŁAMOWICZ, R.; SOBCZYK, G.: Lectures on Clifford geometric algebras. — Conf. Ed., 6th Conf. on Clifford Algebras and their Applications in Mathematical Physics, 2002.

[4.28] SHOEMAKE, K.: Animation with Quaternions. — Computer Graphics (SIGGRAPH '85 Proceedings) vol. 19, pp. 245–254, 1985.

5. 代数和离散数学

代数和离散数学: 总论

[5.1] AIGNER, M.: Diskrete Mathematik. — Verlag Vieweg 1993.

[5.2] BELKNER, H.: Determinanten und Matrizen. — Verlag H. Deutsch 1988.

[5.3] BURRIS, S.; SANKAPPANAVAR, H. P.: A Course in Universal Algebra. — Springer–Verlag 1981.

[5.4] DÖRFLER, W.; PESCHEK, W.: Einführung in die Mathematik für Informatiker. — C. Hanser Verlag 1988.

[5.5] EHRIG, H.; MAHR, B.: Fundamentals of Algebraic Specification 1. — Springer–Verlag 1985.

[5.6] FISCHER, G.: Lineare Algebra — Verlag Vieweg 2005.

[5.7] HACHENBERGER, D.: Mathematik für Informatiker — Pearson Studium 2008.

[5.8] LIDL, R.; PILZ, G.: Applied Abstract Algebra — Springer–Verlag 1997.

[5.9] METZ, J.; MERBETH, G.: Schaltalgebra — Verlag Harri Deutsch 1970.

[5.10] WECHLER, W.: Universal Algebra for Computer Scientists. — Springer–Verlag 1992.

[5.11] WINTER, R.: Grundlagen der formalen Logik. — Verlag H. Deutsch 1996.

代数和离散数学: 群论

[5.12] ALEXANDROFF, P.S.: Einführung in die Gruppentheorie. — Verlag H. Deutsch 1992.

[5.13] BELGER, M., EHRENBERG, L.: Theorie und Anwendungen der Symmetriegruppen. — BSB B. G. Teubner, Leipzig, (MINÖL Bd. 23), 1981; Verlag H. Deutsch (MINÖA Bd. 23), 1981.

[5.14] FÄSSLER, A.; STIEFEL, E.: Gruppentheoretische Methoden und ihre Anwendungen. — Birkhäuser–Verlag 1992.

[5.15] HEIN, W.: Struktur und Darstellungstheorie der klassischen Gruppen. — Springer–Verlag 1990.

[5.16] HEINE, V.: Group Theory in Quantum Mechanics. — Dover, Mineola 1993.

[5.17] LIDL, R., PILZ, G.: Angewandte abstrakte Algebra I. — BI–Wissenschaftverlag 1982.

[5.18] LUCHA, W.; SCHÖBERL, F. F.: Gruppentheorie. — B.I. Wissenschaftsverlag 1993.

[5.19] LUDWIG, W., FALTER, C.: Symmetries in Physics. Group Theory Applied to Physical Problems. — Springer–Verlag 1996.

[5.20] MARGENAU, M., MURPHY, G.M.: Die Mathematik für Physik und Chemie. — B. G. Teubner, Leipzig 1964; Verlag H. Deutsch 1965.

[5.21] MATHIAK, K., STINGL, P.: Gruppentheorie für Chemiker, Physiko–Chemiker, Mineralogen. — Deutscher Verlag der Wissenschaften 1970.

[5.22] STIEFEL, E., FÄSSLER, A.: Gruppentheoretische Methoden und ihre Anwendung. — B. G. Teubner 1979.

[5.23] VARADARAJAN, V.: Lie Groups, Lie Algebras and their Representation. — Springer–Verlag 1990.

[5.24] VAN DER WAERDEN, B.: Gruppentheoretische Methoden in der Quantenmechanik. — Springer–Verlag 1932.

[5.25] WIGNER, E.: Group Theory and its Application to the Quantum Mechanics of Atomic Spectra. — Academic Press 1959.

[5.26] WEYL, H.: The Theory of Groups and Quantum Mechanics. — Dover, Mineola 1993.

[5.27] ZACHMANN, H.G.: Mathematik für Chemiker. — VCH, Weinheim 1990.

代数和离散数学: 李群, 李代数

[5.28] Chirikjian, G.S.; Kyatkin, A.B.: Engineering Applications of Noncommutative Harmonic Analysis with Emphasis on Rotation and Motion Groups. — CRC Press, 2001.

[5.29] Drummond, T.; Cipolla, R.: Application of Lie Algebras to Visual Servoing. Int. J. of Computer Vision 37(1), 21–41, 2000.

[5.30] Gallier, J.: Geometric Methods and Applications for Computer Science and Engineering. — Springer–Verlag 2001.

[5.31] Hall, B.C.: Lie Groups, Lie Algebras and Representations. An Elementary Introduction, Graduate Texts in Mathematics 222. — Springer Science + Buisness Media, LLC, 2. Auflage, 2004.

[5.32] Hall, B.C.: Lie Groups, Lie Algebras and Representations. An Elementary Introduction, Graduate Texts in Mathematics 222. — Springer Science + Buisness Media, LLC, 2. Auflage, 2004.

[5.33] Selig, J.M.: Lie Groups and Lie Algebras in Robotics. NATO workshop on Computational Noncommutative Algebra and Applications, 6th – 19th July 2003, Principal Lecture. — NATO Adv. Study Inst. Il Ciocco Resort, Tuscany, Italy.

[5.34] Selig, J.M.: Geometric Fundamentals of Robotics. Monographs in Computer Science. — Springer Science + Buisness Media, LLC, 2. Auflage, 2004.

代数和离散数学：数论

[5.35] BUNDSCHUH, P.: Einführung in die Zahlentheorie. — Springer–Verlag 1992.

[5.36] PADBERG, F.: Elementare Zahlentheorie. — BI– Wissenschaftsverlag 1991.

[5.37] RIVEST, R.L., SHAMIR, A., ADLEMAN, L.: A Method for Obtaining Digital Signatures and Public Key Cryptosystems. — Comm. ACM 21, (1978), 12 – 126.

[5.38] SCHEID, H.: Zahlentheorie. — BI– Wissenschaftsverlag 1991, 2. Auflage Spektrum Akademischer Verlag 1995.

[5.39] SCHULZ, R.: Codierungstheorie. — Verlag Vieweg 2001.

代数和离散数学：密码学

[5.40] BAUER, F. L.: Kryptologie — Methoden und Maximen. — Springer–Verlag 1993.

[5.41] SCHNEIDER, B.: Angewandte Kryptologie — Protokolle, Algorithmen und Sourcecode in C. — Addison–Wesley–Longman 1996.

[5.42] STINSON, D.: Cryptography. Theory and Practice. — CRC Press Company 2002.

[5.43] WILLEMS, W.: Kodierungstheorie und Kryptographie — Birkäuser–Verlag 2008.

[5.44] WOBST, R.: Methoden, Risiken und Nutzen der Datenverschlüsselung. — Addison–Wesley–Longman 1997.

[5.45] http://csrc.nist.gov/publications/fips/fips46-3/fips46-3.pdf.

[5.46] http://csrc.nist.gov/publications/fips/fips197/fips-197.pdf.

代数和离散数学：图论

[5.47] BIESS, G.: Graphentheorie. — Verlag H. Deutsch 1979.

[5.48] EDMONDS, J.: Paths, Trees and Flowers. — Canad. J. Math. 17, (1965), 449-467.

[5.49] EDMONDS, J., JOHNSON, E.L.: Matching, Euler Tours and the Chinese Postman. — Math. Programming 5, (1973), 88-129.

[5.50] NÄGLER, G., STOPP, F.: Graphen und Anwendungen — B. G. Teubner 1995.

[5.51] SACHS, H.: Einführung in die Theorie der endlichen Graphen. — B. G. Teubner, Leipzig 1970.

[5.52] VOLKMANN, L.: Graphen und Diagraphen. — Springer–Verlag 1991.

代数和离散数学：模糊逻辑

[5.53] BANDEMER, H., GOTTWALD, S.: Einführung in Fuzzy–Methoden – Theorie und Anwendungen unscharfer Mengen. — Akademie–Verlag, 4. Auflage 1993.

[5.54] DRIANKOV, D., HELLENDORN, H., REINFRANK, M.: An Introduction to Fuzzy Control.— Springer–Verlag 1993.

[5.55] DUBOIS, D., PRADE, H.: Fuzzy–Sets and System–Theory and Applications. — Academic Press, Inc., London 1980.

[5.56] GOTTWALD, S.: Mehrwertige Logik. Eine Einführung in Theorie und Anwendungen. — Akademie–Verlag, Berelin 1989.

[5.57] GRAUEL, A.: Fuzzy-Logik. Einführung in die Grundlagen mit Anwendungen. — B.I. Wissenschaftsverlag, Mannheim 1995.

[5.58] KAHLERT, J., FRANK, H: Fuzzy–Logik und Fuzzy–Control. Eine anwendungsorientierte Einführung mit Begleitssoftware. — Verlag Vieweg 1993.

[5.59] KRUSE, R., GEBHARDT, J., KLAWONN, F.: Fuzzy–Systeme. — B.G.Teubner 1993.

[5.60] PEDRYCZ, W.: Fuzzy Evolutionary Computations. Ch. 2.3. — Kluwer Academic Publishers, Boston 1997.

[5.61] ZIMMERMANN, H-J., ALTROCK, C.: Fuzzy–Logik, Bd. 1, Technologie. — Oldenbourg–Verlag 1993.

6. 微分学

[6.1] BAULE, B.: Die Mathematik des Naturforschers und Ingenieurs, Bd. 1 u. 2. — Verlag H. Deutsch 1979.

[6.2] FETZER, A.; FRÄNKEL, H.: Mathematik Lehrbuch für Fachhochschulen, Bd. 1, 2. — VDI–Verlag 1995.

[6.3] FICHTENHOLZ, G.M.: Differential- und Integralrechnung, Bd. 1 bis 3. — Deutscher Verlag der Wissenschaften 1964; Verlag H. Deutsch 1989–92, seit 1994 Verlag H. Deutsch.

[6.4] HARBARTH, K.; RIEDRICH, T.: Differentialrechnung für Funktionen mit mehreren Variablen. — BSB B. G. Teubner, Leipzig (MINÖL, Bd. 4), 1976; Verlag H. Deutsch, (MINÖA, Bd. 4) 1978.

[6.5] JOOS, G.E.; RICHTER, E.: Höhere Mathematik. Ein kompaktes Lehrbuch für Studium und Beruf. — Verlag H. Deutsch 1994.

[6.6] KNOPP, K.: Theorie und Anwendung der unendlichen Reihen. — Springer–Verlag 1964.

[6.7] KÖRBER, K.-H.; PFORR, E.A.: Integralrechnung für Funktionen mit mehreren Variablen. — BSB B. G. Teubner, Leipzig, (MINÖL, Bd. 5), 1974; Verlag H. Deutsch, (MINÖA, Bd. 5), 1980.

[6.8] MANGOLDT, H. v.; KNOPP, K.: Einführung in die höhere Mathematik, Bd. 2 u. 3. — S. Hirzel Verlag 1978–81.

[6.9] PAPULA, L.: Mathematik für Ingenieure, Bd. 1 bis 3. — Verlag Vieweg 1994–1996.

[6.10] PFORR, E.A.; SCHIROTZEK, W.: Differential- und Integralrechnung für Funktionen mit einer Variablen. — BSB B. G. Teubner, Leipzig, (MINÖL, Bd. 2), 1973; Verlag H. Deutsch, (MINÖA, Bd. 2) 1978.

[6.11] ROTHE, R.: Höhere Mathematik für Mathematiker, Physiker, Ingenieure, Teil I. Differentialrechnung und Grundformeln deer Integralrechnung nebst Anwendungen. — BSB B. G. Teubner, Leipzig, 20. Auflage 1962.

[6.12] SMIRNOW, W.I.: Lehrgang der höheren Mathematik, Bd. II u. III. — Deutscher Verlag der Wissenschaften 1953; Verlag H. Deutsch 1987–1991, seit 1994 Verlag H. Deutsch unter dem Titel Lehrbuch der höheren Mathematik.

[6.13] STÖCKER, H. (HRSG.): Analysis für Ingenieurstudenten. — Verlag H. Deutsch 1995.

[6.14] ZACHMANN, H.G.: Mathematik für Chemiker. — VCH, Weinheim 1990.

7. 无穷级数

[7.1] APELBLAT, A.: Tables of Integrals and Series. — Verlag H. Deutsch 1996.

[7.2] BAULE, B.: Die Mathematik des Naturforschers und Ingenieurs, Bd. 1 u. 2. — Verlag H. Deutsch 1979.

[7.3] FETZER, A.; FRÄNKEL, H.: Mathematik Lehrbuch für Fachhochschulen, Bd. 1, 2. — VDI–Verlag 1995.

[7.4] FICHTENHOLZ, G.M.: Differential- und Integralrechnung, Bd. 1 bis 3. — Deutscher Verlag der Wissenschaften 1964; Verlag H. Deutsch 1989–92, seit 1994 Verlag H. Deutsch.

[7.5] HARBARTH, K.; RIEDRICH, T.: Differentialrechnung für Funktionen mit mehreren Variablen. — BSB B. G. Teubner, Leipzig, (MINÖL, Bd. 4), 1976; Verlag H. Deutsch, (MINÖA, Bd. 4), 1978.

[7.6] KNOPP, K.: Theorie und Anwendung der unendlichen Reihen. — Springer–Verlag 1964.

[7.7] KÖRBER, K.-H.; PFORR, E.A.: Integralrechnung für Funktionen mit mehreren Variablen. — BSB B. G. Teubner, Leipzig (MINÖL, Bd. 5), 1974; Verlag H. Deutsch, (MINÖA, Bd. 5), 1980.

[7.8] MANGOLDT, H. V.; KNOPP, K., HRG. F. LÖSCH: Einführung in die höhere Mathematik, Bd. 1 bis 4. — S. Hirzel Verlag 1989.

[7.9] PAPULA, L.: Mathematik für Ingenieure, Bd. 1 bis 3. — Verlag Vieweg 1994–1996.

[7.10] PLASCHKO, P.; BROD, K.: Höhere mathematische Methoden für Ingenieure und Physiker. —Springer–Verlag 1989.

[7.11] PFORR, E.A.; SCHIROTZEK, W.: Differential- und Integralrechnung für Funktionen mit einer Variablen. — BSB B. G. Teubner, Leipzig, (MINÖL, Bd. 2), 1973; Verlag H. Deutsch, (MINÖA, Bd. 2), 1978.

[7.12] ROTHE, R.: Höhere Mathematik für Mathematiker, Physiker, Ingenieure, Teil II. Integralrechnung. Unendliche Reihen. Vektorrechnung nebst Anwendungen. — BSB B. G. Teubner, Leipzig, 17. Auflage 1965.

[7.13] SCHELL, H.-J.: Unendliche Reihen. — BSB B. G. Teubner, Leipzig, (MINÖL, Bd. 3), 1974; Verlag H. Deutsch, (MINÖA, Bd. 3), 1978.

[7.14] SMIRNOW, W.I.: Lehrgang der höheren Mathematik, Bd. II u. III. — Deutscher Verlag der Wissenschaften 1953; Verlag H. Deutsch 1987–1991, seit 1994 Verlag H. Deutsch unter dem Titel Lehrbuch der höheren Mathematik.

[7.15] STÖCKER, H.(HRSG.): Analysis für Ingenieurstudenten. — Verlag H. Deutsch 4. Auflage 2000.

8. 积分学

[8.1] APELBLAT, A.: Tables of Integrals and Series. — Verlag H. Deutsch 1996.

[8.2] BAULE, B.: Die Mathematik des Naturforschers und Ingenieurs, Bd. 1 u. 2. — Verlag H. Deutsch 1979.

[8.3] BRYTSCHKOW, J.A.; MARITSCHEW, O.I.; PRUDNIKOV, A.P.: Tabellen unbestimmter Integrale. — Verlag H. Deutsch 1992.

[8.4] COURANT, R.: Vorlesungen über Differential- und Integralrechnung, Bd. 1 und 2. — Springer–Verlag 19771–72.

[8.5] FETZER, A.; FRÄNKEL, H.: Mathematik Lehrbuch für Fachhochschulen, Bd. 1, 2. — VDI–Verlag 1995.

[8.6] FICHTENHOLZ, G.M.: Differential- und Integralrechnung, Bd. 1 bis 3. — Deutscher Verlag der Wissenschaften 1964; Verlag H. Deutsch 1989–92, seit 1994 Verlag H. Deutsch.

[8.7] HARBARTH, K.; RIEDRICH, T.: Differentialrechnung für Funktionen mit mehreren Variablen. — BSB B. G. Teubner, Leipzig, (MINÖL, Bd. 4), 1978; Verlag H. Deutsch, (MINÖA, Bd. 4) 1978.

[8.8] JOOS, G.E.; RICHTER, E.: Höhere Mathematik. Ein kompaktes Lehrbuch für Studium und Beruf. — Verlag H. Deutsch 1994.

[8.9] KAMKE, E.: Das Lebesgue–Stieltjes–Integral. — B. G. Teubner; Leipzig 1960.

[8.10] KNOPP, K.: Theorie und Anwendung der unendlichen Reihen. — Springer–Verlag 1964.

[8.11] KÖRBER, K.-H.; PFORR, E.A.: Integralrechnung für Funktionen mit mehreren Variablen. — BSB B. G. Teubner, Leipzig, (MINÖL, Bd. 5), 1974; Verlag H. Deutsch, (MINÖA, Bd. 5), 1979.

[8.12] MANGOLDT, H. V.; KNOPP, K., HRG. F. LÖSCH: Einführung in die höhere Mathematik, Bd. 1 bis 4. — S. Hirzel Verlag 1989.

[8.13] MANGOLDT, H. V.; KNOPP; LÖSCH: Einführung in die höhere Mathematik, Bd. IV. — S. Hirzel Verlag 1975.

[8.14] PAPULA, L.: Mathematik für Ingenieure, Bd. 1 bis 3. — Verlag Vieweg 1994–1996.

[8.15] PFORR, E.A.; SCHIROTZEK, W.: Differential- und Integralrechnung für Funktionen mit einer Variablen. — BSB B. G. Teubner, Leipzig, (MINÖL, Bd. 2), 1973; Verlag H. Deutsch, (MINÖA, Bd. 2), 1978.

[8.16] ROTHE, R.: Höhere Mathematik für Mathematiker, Physiker, Ingenieure, Teil I. Differentialrechnung und Grundformeln deer Integralrechnung nebst Anwendungen. — BSB B. G. Teubner, Leipzig, 20. Auflage 1962.

[8.17] ROTHE, R.: Höhere Mathematik für Mathematiker, Physiker, Ingenieure, Teil II. Integralrechnung. Unendliche Reihen. Vektorrechnung nebst Anwendungen. — BSB B. G. Teubner, Leipzig, 17. Auflage 1965.

[8.18] ROTHE, R.: Höhere Mathematik für Mathematiker, Physiker, Ingenieure, Teil III. Flächen im Raum. Linienintegrale und mehrfache Integrale. Gewöhnliche und partielle Differentialgleichungen nebst Anwendungen. — BSB B. G. Teubner, Leipzig, 12. Auflage 1962.

[8.19] SCHELL, H.-J.: Unendliche Reihen. — BSB B. G. Teubner, Leipzig, (MINÖL, Bd. 3), 1974; Verlag H. Deutsch, (MINÖA, Bd. 3), 1978.

[8.20] SMIRNOW, W.I.: Lehrgang der höheren Mathematik, Bd. II u. III. — Deutscher Verlag der Wissenschaften 1953; Verlag H. Deutsch 1987–1991, seit 1994 Verlag H. Deutsch unter dem Titel Lehrbuch der höheren Mathematik.

[8.21] STÖCKER, H. (HRSG.): Analysis für Ingenieurstudenten. — Verlag H. Deutsch 1995.

[8.22] ZACHMANN, H.G.: Mathematik für Chemiker. — VCH, Weinheim 1990.

9. 微分方程

常微分方程和偏微分方程

[9.1] BAULE, B.: Die Mathematik des Naturforschers und Ingenieurs, Bd. 1 u. 2. — Verlag H. Deutsch 1979.

[9.2] BRAUN, M.: Differentialgleichungen und ihre Anwendungen. — Springer–Verlag 1991.

[9.3] COLLATZ, L.: Differentialgleichungen. — B. G. Teubner 1990.

[9.4] COLLATZ, L.: Eigenwertaufgaben mit technischen Anwendungen. — Akademische Verlagsgesellschaft 1963.

[9.5] COURANT, R.; HILBERT, D.: Methoden der mathematischen Physik, Bd. 1 u. 2. — Springer–Verlag 1968.

[9.6] FETZER, A.; FRÄNKEL, H.: Mathematik Lehrbuch für Fachhochschulen, Bd. 1, 2. — VDI–Verlag 1995.

[9.7] FRANK, PH.; MISES, R. V.: Die Differential- und Integralgleichungen der Mechanik und Physik, Bd. 1 u. 2. — Verlag Vieweg 1961.

[9.8] GOLUBEW, V.V.: Differentialgleichungen im Komplexen. — Deutscher Verlag der Wissenschaften 1958.

[9.9] GREINER, W.: Quantenmechanik, Teil 1. — Verlag H. Deutsch 1992.

[9.10] GREINER, W.; MÜLLER, B.: Quantenmechanik, Teil 2. — Verlag H. Deutsch 1990.

[9.11] HEUSER, H.: Gewöhnliche Differentialgleichungen: Einführung in Lehre und Gebrauch. — B. G. Teubner 1991.

[9.12] KAMKE, E.: Differentialgleichungen, Bd. 1–2. — B. G. Teubner, Leipzig 1969, 1965.

[9.13] KAMKE, E.: Differentialgleichungen, Lösungsmethoden und Lösungen, Teil 1 u. 2. — BSB B. G. Teubner, Leipzig 1977.

[9.14] KUNTZMANN, J: Systeme von Differentialgleichungen. — Berlin 1970.

[9.15] LANDAU, L.D.; LIFSCHITZ, E.M.: Quantenmechanik. — Akademie–Verlag 1979, Verlag H. Deutsch 1992.

[9.16] MAGNUS, K.: Schwingungen. — B. G. Teubner 1986.

[9.17] MEINHOLD, P.; WAGNER, E.: Partielle Differentialgleichungen. — BSB B. G. Teubner, Leipzig, (MINÖL, Bd. 8), 1975; Verlag H. Deutsch, (MINÖA, Bd. 8), 1979.

[9.18] MICHLIN, S.G.: Partielle Differentialgleichungen in der mathematischen Physik. — Verlag H. Deutsch 1978.

[9.19] PETROWSKI, I.G.: Vorlesungen über die Theorie der gewöhnlichen Differentialgleichungen. — B. G. Teubner, Leipzig 1954.

[9.20] PETROWSKI, I.G.: Vorlesungen über partielle Differentialgleichungen. — B. G. Teubner, Leipzig 1955.

[9.21] POLJANIN, A.D.; SAIZEW, V.F.: Sammlung gewöhnlicher Differentialgleichungen. — Verlag H. Deutsch 1996.

[9.22] ROTHE, R.: Höhere Mathematik für Mathematiker, Physiker, Ingenieure, Teil III. Flächen im Raum. Linienintegrale und mehrfache Integrale. Gewöhnliche und partielle Differentialgleichungen nebst Anwendungen. — BSB B. G. Teubner, Leipzig, 12. Auflage 1962.

[9.23] ROTHE, R.; SZABÓ, I.: Höhere Mathematik für Mathematiker, Physiker, Ingenieure, Teil VI. Integration und Reihenentwicklung im Komplexen. Gewöhnliche und partielle Differentialgleichungen. — B. G. Teubner, Stuttgart, 2. Auflage 1958.

[9.24] SMIRNOW, W.I.: Lehrgang der höheren Mathematik, Teil 2. — Deutscher Verlag der Wissenschaften 1953; Verlag H. Deutsch 1987–1991, seit 1994 Verlag H. Deutsch unter dem Titel Lehrbuch der höheren Mathematik.

[9.25] SOMMERFELD, A.: Partielle Differentialgleichungen der Physik. — Verlag H. Deutsch 1992.

[9.26] STEPANOW, W.W.: Lehrbuch der Differentialgleichungen. — Deutscher Verlag der Wissenschaften 1982.

[9.27] WENZEL, H.: Gewöhnliche Differentialgleichungen 1 und 2. — BSB B. G. Teubner, Leipzig, (MINÖL, Bd. 7/1, 7/2), 1974; Verlag H. Deutsch, (MINÖA, Bd. 7/1, 7/2), 1981.

[9.28] WLADIMIROW, V.S.: Gleichungen der mathematischen Physik. — Deutscher Verlag der Wissenschaften 1972.

[9.29] Ziesche, P.; Lehmann, G.: Elektronentheorie der Metalle. - Springer, Berlin 1983, S. 532-543.

[9.30] Ziesche, P.: Proof of an Addition Theorem for the Spherical von Neumann Functions Using Kasterin'sFormula. - ZAMM **52**, 375 (1972).

[9.31] Ziesche, P.: Certain Sum Rules for Spherical Bessel Functions. - ZAMM, **57**, 194 (1977).

非线性偏微分方程：孤子等

[9.32] ABLOWITZ, M.J., CLARKSON, P.A.: Solitons, Nonlinear Evolution Equations and Inverse Scattering. — Cambridge University Press 1991.

[9.33] AKHMEDIEV, N.N.;ANKIEWICZ, A. (Eds.): Dissipative Solitons. Lect. Notes Phys. — Springer–Verlag, Berlin 2005.

[9.34] CARR, L.D.; REINHARDT, W.P.: Phys. Rev. A **62**, 063610 (2000), *ibid.* **62**, 063611 (2000).

[9.35] DAUXOIS, T., PEYRARD, M.: Physics of Solitons. — Cambridge University Press 2006.

[9.36] EILENBERGER, G.: Solitons: Mathematical Methods for Physicists. — Springer–Verlag 1983.

[9.37] GU CHAOHAO (Ed.): Soliton Theory and Its Applications. — Springer–Verlag 1995.

[9.38] NETTEL, S.: Wave Physics. Oscillations–Solitons–Chaos. — Springer–Verlag 1995.

[9.39] PITAEVSKII, L.; STRINGARI, S.: Bose–Einstein condensation. — Oxford University Press 2003.

[9.40] TODA, M.: Nonlinear Waves and Solitons. — Verlag Kluwer 1989.

[9.41] TSUZUKI, T.: Low Temp. Phys. **4**, 441 (1971).

[9.42] VVEDENSKY, D.: Partial Differential Equations with Mathematica. — Addison-Wesley 1993.

10. 变分法

[10.1] BLANCHARD, P.; BRÜNING, E.: Variational methods in mathematical physics. — Springer–Verlag 1992.

[10.2] KLINGBEIL, E.: Variationsrechnung. — BI–Verlag 1988.

[10.3] KLÖTZLER, R.: Mehrdimensionale Variationsrechnung. — Birkhäuser–Verlag 1970.

[10.4] KOSMOL, P.: Optimierung und Approximation. — Verlag W. de Gruyter 1991.

[10.5] MICHLIN, S.G.: Numerische Realisierung von Variationsmethoden. — Akademie-Verlag 1969.

[10.6] ROTHE, R., VON SCHMEIDLER, W.: Höhere Mathematik für Mathematiker, Physiker, Ingenieure, Teil VII. Räumliche und ebene Potentialfunktionen. Konforme Abbildung. Integralgleichungen. Variationsrechnung. — B. G. Teubner, Suttgart, 2. Auflage 1956.

[10.7] SCHWANK, F.: Randwertprobleme. — B. G. Teubner, Leipzig 1951.

11. 线性积分方程

[11.1] CORDUNEANU, I.C.: Integral Equations and Applications. — Cambridge University Press 1991.

[11.2] ESTRADA, R.; KANWAL, R.P.: Singular Integral Equations. — John Wiley 1999.

[11.3] FENYÖ, S.; STOLLE, H.W.: Theorie und Praxis der linearen Integralgleichungen Bd. 1 bis 4. — Birkhäuser–Verlag 1998.

[11.4] HACKBUSCH, W.: Integralgleichungen. Theorie und Numerik. — B. G. Teubner 1989, Springer–Verlag 1995.

[11.5] KANWAL, R.P.: Linear Integral Equations. — Springer–Verlag 1996.

[11.6] KRESS, R.: Linear Integral Equations. — Springer–Verlag 1999.

[11.7] MICHLIN, S.G., PRÖSSDORF, S.: Singular Integral Operators. — Springer–Verlag 1986.

[11.8] MUSCHELISCHWILI, N.I.: Singuläre Integralgleichungen. — Akademie–Verlag 1965.

[11.9] PIPKIN, A.C.: A Course on Integral Equations. — Springer–Verlag 1991.

[11.10] POLYANIN, A.D.; MANZHIROV, A.V.: Handbook of Integral Equations. — CRC–Press 1998.

[11.11] ROTHE, R., VON SCHMEIDLER, W.: Höhere Mathematik für Mathematiker, Physiker, Ingenieure, Teil VII. Räumliche und ebene Potentialfunktionen. Konforme Abbildung. Integralgleichungen. Variationsrechnung. — B. G. Teubner, Suttgart, 2. Auflage 1956.

[11.12] SCHMEIDLER, W.: Integralgleichungen mit Anwendungen in Physik und Technik. — Akademische Verlagsgesellschaft 1950.

[11.13] SMIRNOW, W.I.: Lehrgang der höheren Mathematik, Bd. IV/1. — Deutscher Verlag der Wissenschaften 1953; Verlag H. Deutsch 1987–1993, seit 1994 Verlag H. Deutsch unter dem Titel Lehrbuch der höheren Mathematik , Bd. IV/1.

12. 泛函分析

[12.1] ACHIESER, N.I.; GLASMANN, I.M.: Theorie der linearen Operatoren im Hilbert–Raum. — Berlin 1975.

[12.2] ALIPRANTIS, C.D.; BURKINSHAW, O.: Positive Operators. — Academic Press Inc., Orlando 1985.

[12.3] ALIPRANTIS, C.D.; BORDER, K.C.; LUXEMBURG, W.A.J.: Positive Operators, Riesz Spaces and Economics. — Springer–Verlag 1991.

[12.4] ALT, H.W.: Lineare Funktionalanalysis — Eine anwendungdorientierte Einführung. — Springer–Verlag 1976.

[12.5] BALAKRISHNAN, A.V.: Applied Functional Analysis. — Springer–Verlag 1976.

[12.6] BAUER, H.: Maß- und Integrationstheorie. — Verlag W. de Gruyter 1990.

[12.7] BRONSTEIN, I.N.; SEMENDAJEW, K.A.: Ergänzende Kapitel zum Taschenbuch der Mathematik. — BSB B. G. Teubner, Leipzig 1970; Verlag H. Deutsch 1990.

[12.8] COLLATZ, L.: Funktionalanalysis und Numerische Mathematik. — Springer–Verlag 1964.

[12.9] DUNFORD, N.; SCHWARTZ, J.T.: Linear Operators Teil I bis III. — Intersciences Publishers New York, London 1958, 1963, 1971.

[12.10] EDWARDS, R.E.: Functional Analysis. — Holt, Rinehart and Winston, New York 1965.

[12.11] GAJEWSKI, H.; GRÖGER, K.; ZACHARIAS, K.: Nichtlineare Operatorengleichungen und Operatordifferentialgleichungen. — Akademie–Verlag 1974.

[12.12] GÖPFERT, A.; RIEDRICH, T.: Funktionalanalysis. — BSB B. G. Teubner, Leipzig, (MINÖL, Bd. 22), 1980; Verlag H. Deutsch, (MINÖA, Bd. 22), 1980.

[12.13] HALMOS, P.R.: A Hilbert Space Problem Book. — Van Nostrand Comp. Princeton 1967.

[12.14] HEUSER, H.: Funktionalanalysis. — B. G. Teubner 1986.

[12.15] HUTSON, V.C.L.; PYM, J.S.: Applications of Functional Analysis and Operator Theory. — Academic Press, London 1980.

[12.16] HEWITT, E.; STROMBERG, K.: Real and Abstract Analysis. — Springer–Verlag 1965.

[12.17] JOSHI, M.C.; BOSE, R.K.: Some Topics in Nonlinear Functional Analysis. — Wiley Eastern Limited, New Delhi 1985.

[12.18] KANTOROWITSCH, L.V.; AKILOW, G.P.: Funktionalanalysis (in Russisch) — Nauka, Moskau 1977.

[12.19] KOLMOGOROW, A.N.; FOMIN, S.W.: Reelle Funktionen und Funktionalanalysis. — Akademie–Verlag 1975.

[12.20] KRASNOSEL'SKIJ, M.A.; LIFSHITZ, J.A., SOBOLEV, A.V.: Positive Linear Systems. — Heldermann Verlag Berlin 1989.

[12.21] LJUSTERNIK, L.A.; SOBOLEW, W.I.: Elemente der Funktionalanalysis. — Akademie–Verlag, 4. Auflage 1968, Nachdruck: Verlag H. Deutsch 1975.

[12.22] MEYER-NIEBERG, P.: Banach Lattices. — Springer–Verlag 1991.

[12.23] NEUMARK, M.A.: Normierte Algebren. — Berlin 1959.

[12.24] RUDIN, W.: Functional Analysis. — McGraw–Hill, New York 1973.

[12.25] SCHAEFER, H.H.: Topological Vector Spaces. — Macmillan, New York 1966.

[12.26] SCHAEFER, H.H.: Banach Lattices and Positive Operators. — Springer–Verlag 1974.

[12.27] YOSIDA, K.: Functional Analysis. — Springer–Verlag 1965.

13. 向量分析和向量场

[13.1] BAULE, B.: Die Mathematik des Naturforschers und Ingenieurs, Bd. 1 u. 2. — Verlag H. Deutsch 1979.

[13.2] BREHMER, S.; HAAR, H.: Differentialformen und Vektoranalysis. — Berlin 1972.

[13.3] DOMKE, E.: Vektoranalysis: Einführung für Ingenieure und Naturwissenschaftler. — BI–Verlag 1990.

[13.4] REICHARDT, H.: Vorlesungen über Vektor- und Tensorrechnung. — Deutscher Verlag der Wissenschaften 1968.

[13.5] ROTHE, R.: Höhere Mathematik für Mathematiker, Physiker, Ingenieure, Teil II. Integralrechnung. Unendliche Reihen. Vektorrechnung nebst Anwendungen. — BSB B. G. Teubner, Leipzig, 17. Auflage 1965.

[13.6] SCHARK, R.: Vektoranalysis für Ingenieurstudenten. — Verlag H. Deutsch 1992.

13.7] WUNSCH, G.: Feldtheorie. — Verlag Technik, Leipzig 1971.

14. 函数论

14.1] ABRAMOWITZ, M.; STEGUN, I. A.: Pocketbook of Mathematical Functions. — Verlag H. Deutsch 1984.

14.2] BAULE, B.: Die Mathematik des Naturforschers und Ingenieurs, Bd. 1 u. 2. — Verlag H. Deutsch 1979.

14.3] BEHNKE, H.; SOMMER, F.: Theorie der analytischen Funktionen einer komplexen Veränderlichen. — Springer–Verlag 1976.

14.4] FICHTENHOLZ, G.M.: Differential- und Integralrechnung, Bd. 2. — Deutscher Verag der Wissenschaften 1964; Verlag H. Deutsch 1989–92, seit 1994 Verlag H. Deutsch.

14.5] FISCHER, W.; LIEB, I.: Funktionentheorie. — Verlag Vieweg 1992.

14.6] FREITAG, E.; BUSAM, R.: Funktionentheorie. — Springer–Verlag, 2., erweiterte Auflage 1994.

14.7] GREUEL, O.: Komplexe Funktionen und konforme Abbildungen. — BSB B. G. Teubner, Leipzig, (MINÖL, Bd. 9), 1978; Verlag H. Deutsch, (MINÖA, Bd. 9), 1978.

14.8] JAHNKE, E.; EMDE, F.: Tafeln höherer Funktionen. — B. G. Teubner, Leipzig 1960.

14.9] JÄNICH, K.: Funktionentheorie. Eine Einführung. — Springer–Verlag 1993.

14.10] KNOPP: Funktionentheorie. — Verlag W. de Gruyter 1976.

14.11] LAWRENTJEW, M.A.; SCHABAT, B.W.: Methoden der komplexen Funktionentheorie. — Deutscher Verlag der Wissenschaften 1966.

14.12] MAGNUS, W.; OBERHETTINGER, F.: Formeln und Sätze für die speziellen Funktionen der mathematischen Physik. — Springer–Verlag 1948.

14.13] OBERHETTINGER, F.; MAGNUS, W.: Anwendung der elliptischen Funktionen in Physik und Technik. — Springer–Verlag 1949.

14.14] ROTHE, R.; SZABÓ, I.: Höhere Mathematik für Mathematiker, Physiker, Ingenieure, Teil VI. Integration und Reihenentwicklung im Komplexen. Gewöhnliche und partielle Differentialgleichungen. — B. G. Teubner, Stuttgart, 2. Auflage 1958.

[14.15] ROTHE, R.; VON SCHMEIDLER, W.: Höhere Mathematik für Mathematiker, Physiker, Ingenieure, Teil VII. Räumliche und ebene Potentialfunktionen. Konforme Abbildung. Integralgleichungen. Variationsrechnung. — B. G. Teubner, Suttgart, 2. Auflage 1956.

[14.16] RÜHS, F.: Funktionentheorie. — Deutscher Verlag der Wissenschaften 1976.

[14.17] SCHARK, R.: Funktionentheorie für Ingenieurstudenten. — Verlag H. Deutsch 1993.

[14.18] SMIRNOW: Lehrgang der höheren Mathematik, Bd. III. — Deutscher Verlag der Wissenschaften 1954, Verlag H. Deutsch 1987–91, seit 1994 Verlag H. Deutsch unter dem Titel Lehrbuch der höheren Mathematik.

[14.19] WUNSCH, G.: Feldtheorie. — Verlag Technik 1975.

15. 积分变换

[15.1] BLATTER, C.: Wavelets – Eine Einführung. — Vieweg 1998.

[15.2] DOETSCH, G.: Handbuch der Laplace–Transformation, Bd. 1 bis 3. — Birkhäuser–Verlag 1950–1958.

[15.3] DOETSCH, G.: Anleitung zum praktischen Gebrauch der Laplace–Transformation — Oldenbourg–Verlag, 6. Auflage 1989.

[15.4] FETZER, V.: Integral–Transformationen. — Hüthig Verlag 1977.

[15.5] FÖLLINGER, O.: Laplace– und Fourier–Transformation. — Hüthig, 6.Auflage 1993.

[15.6] GAUSS, E.: WALSH–Funktionen für Ingenieure und Naturwissenschaftler. — B. G. Teubner 1994.

[15.7] GELFAND, I.M.; SCHILOW, G.E.: Verallgemeinerte Funktionen (Distributionen), Bd. 1 bis 4. — Deutscher Verlag der Wissenschaften 1962–66.

[15.8] HUBBARD, B.B.: Wavelets. Die Mathematik der kleinen Wellen. — Birkhäuser 1997.

[15.9] JENNISON, R.C.: Fourier Transforms and convolutions for the experimentalist. — Pergamon Press 1961.

[15.10] LOUIS, A. K.; MAASS, P.; RIEDER, A.: Wavelets. Theorie und Anwendungen. — B. G. Teubner Stuttgart 1994.

[15.11] OBERHETTINGER, F.: Tabellen zur Fourier–Transformation. — Springer–Verlag 1990.

[15.12] OBERHETTINGER, F.; BADIL, L.: Tables of Laplace Transforms. — Springer–Verlag 1973.

[15.13] STOPP, F.: Operatorenrechnung. — BSB B. G. Teubner, Leipzig, (MINÖL, Bd. 10), 1976; Verlag H. Deutsch, (MINÖA, Bd. 10), 1978.

[15.14] VICH, R.: Z–Transformation, Theorie und Anwendung. — Verlag Technik 1964.

[15.15] VOELKER, D.; DOETSCH, G.: Die zweidimensionale Laplace–Transformation. — Birkhäuser–Verlag 1950.

[15.16] WAGNER, K.W.: Operatorenrechnung und Laplacesche Transformation. — J.A. Barth Verlag 1950.

[15.17] ZYPKIN, J.S.: Theorie der linearen Impulssysteme. — Verlag Technik 1967.

16. 概率论与数理统计

[16.1] BANDEMER, H.; BELLMANN, A.: Statistische Versuchsplanung. — BSB B. G. Teubner, Leipzig, (MINÖL, Bd. 19/2), 1976; Verlag H. Deutsch, (MINÖA, Bd. 19/2), 1979.

[16.2] BAULE, B.: Die Mathematik des Naturforschers und Ingenieurs, Bd. 1 u. 2. — Verlag H. Deutsch 1979.

[16.3] BEHNEN, K., NEUHAUS, G.: Grundkurs Stochastik. — B. G. Teubner, 3. Auflage 1995.

[16.4] BEYER, O. et al.: Wahrscheinlichkeitsrechnung und mathematische Statistik. — BSB B. G. Teubner, Leipzig, (MINÖL, Bd. 17), 1976; Verlag H. Deutsch, (MINÖA, Bd. 17), 1980.

[16.5] BEYER, O. ET AL.: Stochastische Prozesse und Modelle. — BSB B. G. Teubner, Leipzig, (MINÖL, Bd. 19/1), 1976; Verlag H. Deutsch, (MINÖA, Bd. 19/1), 1980.

[16.6] FISZ, M.: Wahrscheinlichkeitsrechnung und mathematische Statistik. — Deutscher Verlag der Wissenschaften, 11. Auflage 1988.

[16.7] FRIEDRICH, H.; LANGE, C.: Stochastische Prozesse in Natur und Technik. — Verlag H. Deutsch 1999.

[16.8] GNEDENKO, B.W.: Lehrbuch der Wahrscheinlichkeitstheorie. 10. Auflage — Verlag H. Deutsch 1997.

[16.9] HARTMANN; LEZKI; SCHÄFER: Mathematische Methoden in der Stoffwirtschaft. — Deutscher Verlag für Grundstoffindustrie.

[16.10] HEINHOLD, J.; GAEDE, K.-W.: Ingenieurstatistik. — Oldenbourg–Verlag 1964.

[16.11] HOCHSTÄDTER, D.: Statistische Methodenlehre. — Verlag H. Deutsch 1993.

[16.12] HOCHSTÄDTER, D., KAISER, U.: Varianz– und Kovarianzanalyse. — Verlag H. Deutsch 1988.

[16.13] HÖPCKE, W.: Fehlerlehre und Ausgleichrechnung. — Verlag W. de Gruyter 1980.

[16.14] HÜBNER, G.: Stochastik. Eine anwendungsorientierte Einführung für Informatiker, Ingenieure und Mathematiker. — Vieweg, 3. Auflage 2000.

[16.15] KOLMOGOROFF: Grundbegriffe der Wahrscheinlichkeitsrechnung. — Springer–Verlag 1933, 1977.

[16.16] KRENGEL, U.: Einführung in die Wahrscheinlichkeitstheorie und Statistik. — Vieweg 2008.

[16.17] LAHRES: Einführung in die diskreten Markoff–Prozesse und ihre Anwendungen. — Verlag Vieweg 1964.

[16.18] MANTEUFFEL, K.; STUMPE, D.: Spieltheorie. — BSB B. G. Teubner, Leipzig, (MINÖL, Bd. 21/1), 1977; Verlag H. Deutsch, (MINÖA, Bd. 21/1)1979.

[16.19] PIEHLER, J.; ZSCHIESCHE, H.–U.: Simulationsmethoden. — BSB B. G. Teubner, Leipzig, (MINÖL, Bd. 20), 1976; Verlag H. Deutsch, (MINÖA, Bd. 20), 1978.

[16.20] PRECHT, M.; VOIT, K.; KRAFT, R.: Mathematik 1 für Nichtmathematiker. — Oldenbourg–Verlag 1990.

[16.21] RÈNY, A.: Wahrscheinlichkeitsrechnung. — Deutscher Verlag der Wissenschaften 1966.

[16.22] RINNE, H.: Taschenbuch der Statistik. — Verlag H. Deutsch, 2. Auflage 1997.

[16.23] SOBOL, I.M.: Die Monte–Carlo–Methode. — Verlag H. Deutsch 1991.

[16.24] STORM, R.: Wahrscheinlichkeitsrechnung, mathematische Statistik und statistische Qualitätskontrolle. — Fachbuchverlag, 10. Auflage 1995.

[16.25] TAYLOR, J.R.: Fehleranalyse. — VCH, Weinheim 1988.

[16.26] WEBER, E.: Grundriß der biologischen Statistik für Naturwissenschaftler, Landwirte und Mediziner. — Gustav Fischer Verlag 1972.

[16.27] WEBER, H.: Einführung in die Wahrscheinlichkeitsrechnung und Statistik für Ingenieure. — B. G. Teubner, 3. Auflage 1992.

[16.28] ZURMÜHL, R.: Praktische Mathematik für Ingenieure und Physiker. — Springer–Verlag 1984.

17. 动力系统与混沌

[17.1] AFRAIMOVICH, V.S.; ILYASHENKO, YU.S.; SHILNIKOV, L.P.: Bifurcations. — In: Dynamical Systems, **5**. Springer–Verlag 1991.

[17.2] ARGYRIS, J.; FAUST, G.; HAASE, M.: Die Erforschung des Chaos. — Verlag Vieweg 1994.

[17.3] ARROWSMITH, D.K.; PLACE, C.M.: An Introduction to Dynamical Systems. — Cambridge University Press 1990.

[17.4] BOICHENKO, V.A.; LEONOV, G.A.; REITMANN, V.: Dimension Theory for Ordinary Differential Equations. — B.G. Teubner 2005.

[17.5] BRÖCKER, TH.: Analysis III. — Wissenschaftsverlag Zürich 1992.

[17.6] DE MELO, W.; VAN STRIEN, S.: One–Dimensional Dynamics. — Springer–Verlag 1993.

[17.7] EDGAR, G.A.: Measure, Topology and Fractal Geometry. — Springer–Verlag 1990.

[17.8] FALCONER, K.: Fractal Geometry. — Wiley 1990.

[17.9] GREBOGI, C.; OTT, E.; PELIKAN, S.; YORKE, J.A.: Strange attractors that are not chaotic. — Physica 13 D 1984.

[17.10] GUCKENHEIMER, J.; HOLMES, P.: Nonlinear Oscillations, Dynamical Systems and Bifurcations of Vector Fields. — Springer–Verlag 1990.

[17.11] HALE, J.; KOÇAK, H.: Dynamics and Bifurcations. — Springer–Verlag 1991.

[17.12] KANTZ, H.; SCHREIBER, T.: Nonlinear Time Series Analysis. — Cambridge University Press 1997.

[17.13] KIRCHGRABER, U.: Chaotisches Verhalten in einfachen Systemen. — Elemente der Mathematik 1992.

[17.14] KUZNETSOV, YU., A.: Elements of Applied Bifurcation Theory, **112**. In: Applied Mathematica Series. — Springer–Verlag 1995.

[17.15] LEONOV, G.A., REITMANN, V.; SMIRNOVA, V.B.: Non–Local Methods for Pendulum–Like Feedback Systems — B. G. Teubner 1987.

[17.16] LEVEN, R.W.; KOCH, B.-P.; POMPE, B.: Chaos in dissipativen Systemen. — Akademie–Verlag 1994.

[17.17] MAREK, M.; SCHREIBER, I.: Chaotic Behaviour of Deterministic Dissipative Systems. — Cambridge University Press 1991.

[17.18] MEDVED', M.: Fundamentals of Dynamical Systems and Bifurcations Theory. — Adam Hilger 1992.

[17.19] PERKO, L.: Differential Equations and Dynamical Systems. — Springer–Verlag 1991.

[17.20] PESIN, YA.B.: Dimension Theory in Dynamical Systems. Contemporary Views and Applications. Chicago Lectures in Mathematics. The University of Chicago Press 1997.

[17.21] PILYUGIN, S. YU.: Introduction to Structurally Stable Systems of Differential Equations. — Birkhäuser 1992.

[17.22] REITMANN, V.: Reguläre und chaotische Dynamik. — B. G. Teubner 1996.

[17.23] SAUER, T.; YORKE, J. A.; CASDAGLI, M.: Embedology. — J. Stat. Phys.. **65** (3/4) (1991) 579–616.

[17.24] TAKENS, F.: Detecting strange attractors in turbulence. In: Dynamical Systems and Turbulence. Editors: RAND, D. A.; YOUNG, L. S. Lecture Notes in Mathematics 898. – Springer-Verlag 1981, 366–381.

18. 优化

[18.1] BELLMAN, R.: Dynamic Programming. — Princeton University Press 1957.

[18.2] BERTSEKAS, D.P.: Nonlinear Programming. — Athena Scientific 1999.

[18.3] CHVATAL, V: Linear Programming. — W.H. Freeman 1983.

[18.4] DANTZIG, G.B.: Linear Programming and Extensions. — Princeton University Press 1998.

[18.5] ELSTER, K.-H.: Einführung in die nichtlineare Optimierung. — B. G. Teubner 1978.

[18.6] GROSSMANN, C.; KLEINMICHEL, H.: Verfahren der nichtlinearen Optimierung. — B. G. Teubner, Leipzig 1976.

[18.7] GROSSMANN, TERNO, J.: Numerik der Optimierung. — B. G. Teubner 1997.

[18.8] KOSMOL: Methoden zur numerischen Behandlung nichtlinearer Gleichungen und Optimierungsaufgaben. — B. G. Teubner, 2. Auflage 1992.

[18.9] KOST, B.: Optimierung mit Evolutionsstrategien. — Verlag Harri Deutsch 2003.

[18.10] KRELLE, W.; KÜNZI, H.P.; RANDOW, R. V.: Nichtlineare Programmierung. — Springer–Verlag 1979.

[18.11] KUHN, H.W.: The Hungarian Method for the Assignment Problem. — Naval. Res. Logist. Quart., **2** (1995).

[18.12] Optimierung und optimale Steuerung. Lexikon der Optimierung. — Akademie–Verlag 1986.

[18.13] PONTRJAGIN, L.S. ET AL.: Mathematische Theorie der optimalen Prozesse. — Deutscher Verlag der Wissenschaften 1964.

[18.14] ROCKAFELLAR, R.T.: Convex Analysis. — Princeton University Press 1996.

[18.15] SEIFFART, E.; MANTEUFFEL, K.: Lineare Optimierung. — BSB B. G. Teubner, Leipzig, (MINÖL, Bd. 14), 1974; Verlag H. Deutsch, (MINÖA, Bd. 14), 1981.

[18.16] THAPA, M.N.; DANTZIG, G.B.: Linear Programming 1: Introduction. — Springer-Verlag 1997.

19. 数值分析

[19.1] BENKER, M.: Mathematik mit Mathcad. — Springer–Verlag 1996.

[19.2] BURKHARDT, W.: Erste Schritte mit Mathematica. — Springer–Verlag, 2. Auflage 1996.

[19.3] BURKHARDT, W.: Erste Schritte mit Maple. — Springer–Verlag, 2. Auflage 1996.

[19.4] CHAPRA, S.C.; CANALE, R.P.: Numerical Methods for Engineers. — McGraw–Hill Book Co. 1989.

[19.5] COLLATZ, L.: Numerical Treatment of Differential Equations. — Springer 1966.

[19.6] DAHMEN, W,; REUSKEN, A.: Numerik für Ingenieure und Naturwissenschaftler. — Springer–Verlag 2006.

[19.7] DAVIS, P.J.; RABINOWITZ, P: Methods of numerical integration. — Academic Press 1984.

[19.8] DE BOOR, C.: A Practical Guide to Splines. — Springer–Verlag, Revised Edition 2001.

[19.9] ENGELN–MÜLLGES, G.; NIEDERDERNK, K.; WODICKA, R.: Numerik–Algorithmen. — Springer–Verlag 2005.

[19.10] FREUND, R.W.; HOPPE, R.H.W.: Numerische Mathematik 1. — Springer–Verlag, 10. Auflage 2007.

[19.11] GLOGGENGIESSER, H.: Maple V. — Verlag Markt & Technik 1993.

[19.12] GRÄBE, H.-G.; KOFLER, M.: Mathematica. Einführung, Anwendung, Referenz. — Addisin Wesley 1999.

[19.13] GROSSMANN, CH.; ROOS, H.-G.: Numerik partieller Differentialgleichungen. — B. G. Teubner, 3. Auflage 2005.

[19.14] HEITZINGER, W.; TROCH, I.; VALENTIN, G.: Praxis nichtlinearer Gleichungen. — C. Hanser Verlag 1984.

[19.15] HIGHAM, D.J.; HIGHAM, N.J.: Matlab Guide. — SIAM 2000.

[19.17] HOFFMANN, A.; MARX, B.; VOGT, W.: Mathematik für Ingenieure, Bd. 1 u. 2. — Pearson 2005.

[19.18] HUCKLE, T.; SCHNEIDER, S.: Numerische Methoden. Eine Einführung für Informatiker, Naturwissenschaftler, Ingenieure und Mathematiker. — Springer-Verlag, 2. Auflage 2006.

[19.19] KIEŁBASIŃSKI, A.; SCHWETLICK, H.: Numerische lineare Algebra. Eine computerorientierte Einführung. — Verlag H. Deutsch 1988.

[19.20] KNABNER, P.; ANGERMANN, L.: Numerik partieller Differentialgleichungen. — Springer–Verlag 2000.

[19.21] KNOTHE, K.; WESSELS, H.: Finite Elemente. Eine Einführung für Ingenieure. — Springer–Verlag 1992.

[19.22] LANCASTER, P; SALKAUSKA, S.K.: Curve and Surface Fitting. — Academic Press 1986.

[19.23] LOCHER, F.: Numerische Mathematik für Informatiker. — Springer–Verlag, 2. Auflage 2007.

[19.24] MÜHLIG, H.; STEFAN, F.: Approximation von Flächen mit Hilfe von B–Splines. — Wiss. Z. TU Dresden 1991.

[19.25] MULANSKY, B.: Glättung mittels zweidimensionaler Tensorprodukt–Spline–Funktionen. — Wiss. Z. TU Dresden 1990.

[19.26] MUNZ, C.-D.; WESTERMANN, T.: Numerische Behandlung gewöhnlicher und partieller Differentialgleichungen. Ein interaktives lehrbuch für Ingenieure. — Springer–Verlag 2006.

[19.27] SCHWANDT, H.: Parallele Numerik. — B. G. Teubner 2003.

[19.28] SCHWARZ, H.R.: Methode der finiten Elemente. — B. G. Teubner Stuttgart, 3. Aufl. 1991.

[19.29] SCHWARZ, H.R.; KÖCKLER, N.: Numerische Mathematik. — B. G. Teubner Stuttgart, Leipzig, Wiesbaden, 5. Aufl. 2005.

[19.30] SCHWEIZER, W.: Matlab kompakt. — Oldenbourg Wissenschaftsverlag 2007.

[19.31] SCHWETLICK, H.; KRETZSCHMAR, H.: Numerische Verfahren für Naturwissenschaftler und Ingenieure. — Fachbuchverlag 1991.

[19.32] SPÄTH, H.: Spline–Algorithmen zur Konstruktion glatter Kurven und Flächen. — Oldenbourg–Verlag 1983.

[19.33] STOER, J.; BULIRSCH, R.: Numerische Mathematik 2. — Springer–Verlag 5. Auflage 2005.

[19.34] STROUD, A.H.: Approximate calculation of multiple integrals. — Prentice Hall 1971.

[19.35] STUMMEL, F.; HAINER, K.: Praktische Mathematik. — B. G. Teubner Stuttgart, 2. Aufl. 1982.

[19.36] ÜBERHUBER, C.: Computer–Numerik 1, Computer–Numerik 2. — Springer–Verlag 1995.

[19.37] WELLER, F.: Numerische Mathematik für Ingenieure und Naturwissenschaftler. — Verlag Vieweg 1995.

[19.38] WILLERS, F.A.: Methoden der praktischen Analysis. — Akademie–Verlag 1951.

[19.39] WOLFRAM, S.: The Mathematica Book. — Cambridge University Press 1999, Addison Wesley 1992.

[19.40] ZURMÜHL, R.: Praktische Mathematik für Ingenieure und Physiker. — Springer–Verlag 1984.

20. 计算机代数系统

[20.1] BENKER, M.: Mathematik mit Mathcad. — Springer–Verlag 1996.

[20.2] BURKHARDT, W.: Erste Schritte mit Mathematica. — Springer–Verlag, 2. Auflage 1996.

[20.3] BURKHARDT, W.: Erste Schritte mit Maple. — Springer–Verlag, 2. Auflage 1996.

[20.4] CHAR, GEDDES, GONNET, LEONG, MONAGAN, WATT: Maple V Library, Reference Manual. — Springer–Verlag 1991.

[20.5] DAVENPORT, J.H., SIRET, Y.; TOURNIER, E.: Computer Algebra. — Academic Press 1993.

[20.6] GLOGGENGIESSER, H.: Maple V. — Verlag Markt & Technik 1993.

[20.7] GRÄBE, H.-G.; KOFLER, M. Mathematica. Einführung, Anwendung, Referenz. — Addison Wesley 1999.

[20.8] JENKS, R.D.; SUTOR, R.S.: Axiom. — Springer–Verlag 1992.

[20.9] KOFLER, M.: Maple V, Release 4, —Addison Wesley, (Deutschland) GmbH, Bonn 1996.

[20.10] MAEDER, R.: Programmierung in Mathematica, Second Edition. — Addison Wesley 1991.

[20.11] TROTT, M.: The Mathematica Guide Book for Programming. — Springer-Verlag 2004.

[20.12] TROTT, M.: The Mathematica Guide Book for Graphics. — Springer-Verlag 2004.

[20.13] TROTT, M.: The Mathematica Guide Book for Numerics. — Springer-Verlag 2006.

[20.14] TROTT, M.: The Mathematica Guide Book for Symbolics. — Springer-Verlag 2006.

[20.15] WOLFRAM, S.: The Mathematica Book. — Cambridge University Press 1999. — Addison Wesley 1992.

[20.16] WOLFRAM, S.: The Mathematica Book. — Cambridge University Press 1999. — Addison Wesley 1992.

21. 表格

[21.1] ABRAMOWITZ, M.; STEGUN, I. A.: Pocketbook of Mathematical Functions. — Verlag H. Deutsch 1984.

[21.2] APELBLAT, A.: Tables of Integrals and Series. — Verlag H. Deutsch 1996.

[21.3] BRYTSCHKOW, JU.A.; MARITSCHEW, O.I.; PRUDNIKOW, A.P.: Tabellen unbestimmter Integrale. — Verlag H. Deutsch 1992.

[21.4] EMDE, F.: Tafeln elementarer Funktionen. — B. G. Teubner, Leipzig 1959.

[21.5] GRADSTEIN,I.S.; RYSHIK, I.M.: Summen–, Produkt– und Integraltafeln, Bd. 1 u. 2. — Verlag H. Deutsch 1981.

[21.6] GRÖBNER, W.; HOFREITER, N.: Integraltafel, Teil 1: Unbestimmte Integrale, Teil 2: Bestimmte Integrale. — Springer–Verlag, Teil 1, 5. Auflage 1975; Teil 2, 5. Auflage 1973.

[21.7] a) ISO 1000: 11.92-SI units and recommendations for the use of their multiples and of certain other units. b) ISO 31-0 bis ISO 31-XIII.

[21.8] JAHNKE, E.; EMDE, F.; LÖSCH, F.: Tafeln höherer Funktionen. — B. G. Teubner, Leipzig 1960.

[21.9] MADELUNG, E.: Die mathematischen Hilfsmittel des Physikers. — Springer–Verlag, 7. Auflage 1964.

[21.10] MAGNUS, W.; OBERHETTINGER, F.: Formeln und Sätze für die speziellen Funktionen der mathematischen Physik. — Springer–Verlag 1948.

[21.11] MEYER ZUR CAPELLEN, W.: Integraltafeln. — Springer–Verlag 1950.

[21.12] MOHR, P.J; TAYLOR, N.: Summery of the 2002 adjustment, including the covariance matrix of selected constants: Rev. Mod. Phys. **77**[1] (2005); CODATA Recommended Values of the Fundamental Physical Constants 1998: J. Phys. a. Chem. Ref. Data **28**[6] (1999).

[21.13] The NIST Reference on Constants, Units, and Uncertainty. Fundamental Physical Constants. http://physics.nist.gov./cuu/Constants/archive2002.html Last update see http://physics. nist.gov/cuu/Constants/.

[21.14] MÜLLER, H.P.; NEUMANN, P.; STORM, R.: Tafeln der mathematischen Statistik. — C. Hanser Verlag 1979.

[21.15] http://physics.nist.gov/constants. Sourc:2010 CODATA recommendet values.

[21.16] POLJANIN, A.D.; SAIZEW, V.F.: Sammlung gewöhnlicher Differentialgleichungen. — Verlag H. Deutsch 1996.

[21.17] PTB-Broschüre: Die gesetzlichen Einheiten in Deutschland. — Phys. Techn. Bundesanstalt.

[21.18] Richtlinie 80/181/EWG des Rates über Einheiten im Meßwesen vom 20.12.1979. (Abl.Nr.**L39/40** vom 15.12.1980, geändert durch Richtlinie 89/617/EWG.)

[21.19] SCHÜLER: Acht– und neunstellige Tabellen zu den elliptischen Funktionen, dargestellt mittels des JACOBIschen Parameters q. — Springer–Verlag 1955.

[21.20] SCHULER, M.; GEBELEIN, H.: Acht– und neunstellige Tabellen zu den elliptischen Funktionen. — Springer–Verlag 1955.

[21.21] SCHÜTTE, K.: Index mathematischer Tafelwerke und Tabellen. — München 1966.

22. 手册、指南和参考书

[22.1] ABRAMOWITZ, M.; STEGUN, I. A.: Pocketbook of Mathematical Functions. — Verlag H. Deutsch 1984.

[22.2] ARENS, T.; HETTLICH, F.; KARPFINGER, CH.; KOCKELKORN, U.; LICHTENEGGER, K.; STACHEL, H.: Mathematik — Spektrum Akademischer Verlag 2008.

[22.3] BAULE, B.: Die Mathematik des Naturforschers und Ingenieurs, Bd. 1 u. 2. — Verlag H. Deutsch 1979.

[22.4] BERENDT, G.; WEIMAR, E.: Mathematik für Physiker, Bd. 1 u. 2. — VCH, Weinheim 1990.

[22.5] BRONSTEIN, J.N.; SEMENDJAJEW, K.A.: Taschenbuch der Mathematik. — B. G. Teubner Leipzig 1976, 17. Auflage; Verlag H. Deutsch 1977.

[22.6] BRONSTEIN, J.N.; SEMENDJAJEW, K.A.: Taschenbuch der Mathematik, Ergänzende Kapitel. — Verlag H. Deutsch 1991.

[22.7] BRONSTEIN, J.N.; SEMENDJAJEW, K.A.; MUSIOL, G.; MÜHLIG, H.: Taschenbuch der Mathematik. 7. überarbeitete und erweiterte Auflage. — Verlag H. Deutsch 2008.

[22.8] BRONSTEIN, J.N.; SEMENDJAJEW, K.A.; MUSIOL, G.; MÜHLIG, H.: Handbook of Mathematics. 5th Edition. — Springer–Verlag 2007.

[22.9] DALLMANN, H.; ELSTER, K.–H.; ELSTER, R.: Einführung in die höhere Mathematik, Bd. 1–3. — Gustav Fischer Verlag 1991.

[22.10] DRESZER, J.: Mathematik–Handbuch für Technik und Naturwissenschaft. — Verlag H. Deutsch 1975.

[22.11] Fachlexikon ABC Mathematik. — Verlag H. Deutsch 1978.

[22.12] FICHTENHOLZ, G.M.: Differential- und Integralrechnung, Bd. 1 u. 3. — Deutscher Verlag der Wissenschaften 1964; Verlag H. Deutsch 1989–92, seit 1994 Verlag H. Deutsch.

[22.13] FISCHER, H.; KAUL, H.: Mathematik für Physiker, 1. — B. G. Teubner 1990.

[22.14] GROSCHE, G.; ZIEGLER, V.; ZEIDLER, E.; ZIEGLER, D. (HRSG.): Teubner–Taschenbuch der Mathematik, Teil II. 8. durchges. Auflage. — Springer Vieweg Verlag 2003.

[22.15] HAINZL, J.: Mathematik für Naturwissenschaftler. — B. G. Teubner 1985.

[22.16] JOOS, G.; RICHTER, E.W.: Höhere Mathematik für den Praktiker. — Verlag H. Deutsch 1994.

[22.17] Kleine Enzyklopädie Mathematik. — Verlag Enzyklopädie, Leipzig 1967. — Gekürzte Ausgabe: Mathematik Ratgeber. — Verlag H. Deutsch 1988.

[22.18] MANGOLDT, H. V.; KNOPP, K., HRG. F. LÖSCH: Einführung in die höhere Mathematik, Bd. 1 bis 4. — S. Hirzel Verlag 1989.

[22.19] MARGENAU, H.; MURPHY, G.M.: Die Mathematik für Physik und Chemie, Bd. 1 u. 2. — Verlag H. Deutsch 1965–67.

[22.20] Mathematik für Ingenieure, Naturwissenschaftler, Ökonomen und sonstige anwendungsorientierte Berufe. — Verlag H. Deutsch, (MINÖA, Bd. 1–23) 1973-1981.

[22.21] NETZ, H.; RAST, J.: Formeln der Mathematik. — C. Hanser Verlag 1986.

[22.22] PAPULA, L.: Mathematik für Ingenieure, Bd. 1 bis 3. — Verlag Vieweg 1994–1996.

[22.23] PLASCHKO, P.; BROD, K.: Höhere mathematische Methoden für Ingenieure und Physiker. — Springer–Verlag 1989.

[22.24] PRECHT, M.; VOIT, K.; KRAFT, R.: Mathematik für Nichtmathematiker, Bd. 1 u. 2. — Oldenbourg–Verlag 1991.

[22.25] ROTHE, R.: Höhere Mathematik für Mathematiker, Physiker, Ingenieure, Teile I bis VII. — BSB B. G. Teubner Leipzig, Teile I bis V 1962 – 1965; B. G. Teubner Stuttgart, Teile VI, VII 1956 – 1958.

[22.26] SCHMUTZER, E.: Grundlagen der theoretischen Physik, Bd. 1 u. 4. — Deutscher Verlag der Wissenschaften 1991.

[22.27] SMIRNOW, W.I.: Lehrgang der höheren Mathematik, Bd. 1 bis 5. — Deutscher Verlag der Wissenschaften 1953; Verlag H. Deutsch 1987–1991, seit 1994 im Verlag H. Deutsch unter dem Titel Lehrbuch der höheren Mathematik.

[22.28] SPINDLER, K.: Höhere Mathematik. —- Verlag H. Deutsch 2010.

[22.29] STÖCKER, H.: Taschenbuch mathematischer Formeln und moderner Verfahren. — Verlag H. Deutsch 1995.

[22.30] ZEIDLER, E. (HRSG.): Teubner–Taschenbuch der Mathematik, 2. durchges. Auflage. — Springer Vieweg Verlag 2003.

数 学 符 号

关 系 符 号

$=$	等于	$\approx$	约等于	$\leqslant$	小于或等于
$\equiv$	恒等于	$<$	小于	$\geqslant$	大于或等于
$:=$	根据定义等于	$>$	大于	$\neq$	不等于，不同于
$\gg$	远大于	$\ll$	远小于	$\widehat{=}$	相当于
$\prec$	序关系号 (通 $<$)	$\succ$	序关系号 (通 $>$)		

希腊字母

Aα	阿尔法	Bβ	贝塔	Γγ	伽马	Δ δ	德耳塔	Eε	艾普西隆	Zζ	截塔
Hη	艾塔	Θθϑ	西塔	Iι	约塔	Kκ	卡帕	Λλ	兰布达	Mμ	米尤
Nν	纽	Ξ ξ	克西	Oo	奥密克戎	Ππ	派	Pρ	洛	Σ σ	西格马
Tτ	陶	Υυ	宇普西隆	Φφ	斐	Xχ	喜	Ψψ	普西	Ωω	奥墨伽

常数符号

const	常数	$C = 0.57722\ldots$	欧拉常数
$\pi = 3.14159\ldots$	圆周率，圆周的长与其直径的比	$\mathrm{e} = 2.71828\ldots$	自然对数的底

代数符号

A, B	命题 A, B	$\neg A, \overline{A}$	非 A
$A \wedge B, \sqcap$	A 和 B，逻辑和	$A \vee B, \sqcup$	A 或 B，逻辑或
$A \Rightarrow B$	蕴涵，若 A，则 B	$A \Leftrightarrow B$	等价，A 当且仅当 B
$A, B, C, \cdots$	集合 $A, B, C, \cdots$	$\mathbb{N}$, $\mathbf{N}$	自然数集
$\overline{A}$	集合 A 的闭集或 A 的补集	$\mathbb{Z}$, $\mathbf{Z}$	整数集
$A \subset B$	A 是 B 的真子集	$\mathbb{Q}$, $\mathbf{Q}$	有理数集
$A \subseteq B$	A 是 B 的子集	$\mathbb{R}$, $\mathbf{R}$	实数集
$A \backslash B$	A 和 B 的差	$\mathbb{R}_+$, $\mathbf{R}_+$	正实数集
$A \triangle B$	A 和 B 的对称差	$\mathbb{R}^n$, $\mathbf{R}^n$	n 维欧氏向量空间
$A \times B$	A 和 B 的笛卡儿积	$\mathbb{C}$, $\mathbf{C}$	复数集
$x \in A$	x 是集合 A 的元素	$R \circ S$	关系积
card A	集合 A 的基数	$x \notin A$	x 不是集合 A 的元素
$A \cap B$	交集	$\varnothing$	空集

$A\cup B$	并集	$\bigcap_{i=1}^{n}A_i$	诸集 $A_1,\ldots,A_i$ 的交集
$\forall x$	全域量词：任一 x	$\bigcup_{i=1}^{n}A_i$	诸集 $A_1,\ldots,A_i$ 的并集
$\{x\in X:p(x)\}$	X 中具有性质 $p(x)$ 的所有 x 的子集	$\exists x$	存在量词：存在 x
$T:X\to Y$	空间 X 到空间 Y 的映射 T	$\{x:p(x)\}$, $\{x\mid p(x)\}$	所有具有性质 $p(x)$ 的 x 的集合
$\oplus$	剩余类加法	$\cong$	群同构
$H=H_1\oplus H_2$	H 空间正交分解	$\sim_R$	等价关系
supp	支撑	$\odot$	剩余类乘法
sup M	非空集合 M 的上确界	$\boldsymbol{A}\otimes\boldsymbol{B}$	克罗内克积
inf M	非空集合 M 的下确界	iff	当且仅当

$[a,b]$	闭区间；集合 $\{x\in\mathbf{R}:a\leqslant x\leqslant b\}$
$(a,b),]a,b[$	开区间；集合 $\{x\in\mathbf{R}:a<x<b\}$
$(a,b],]a,b]$	左半开区间；集合 $\{x\in\mathbf{R}:a<x\leqslant b\}$
$[a,b),[a,b[$	右半开区间；集合 $\{x\in\mathbf{R}:a\leqslant x<b\}$

sign a	a 的符号函数，如 sign $(\pm3)=\pm1$, sign $0=0$
$\lvert a\rvert$	a 的绝对值
$\lfloor a\rfloor$	大于或等于 a 的整数 (对比 $[x]$)
a^m	a 的 m 次方
$\sqrt{a}$	a 的平方根
$\sqrt[n]{a}$	a 的 n 次方根
$\log_b^a$	以 b 为底的 a 的对数
$\log a$	十进制对数 (以 10 为底)
$\ln a$	自然对数 (以 e 为底)

a/b	a 是 b 的除数，a 除以 b，a 与 b 的比值
$a\nmid b$	a 不是 b 的因数
$a\equiv b \mod m, a\equiv b(m)$	a 模 m 同余于 b, 即 $b-a$ 能被 m 整除
g.c.d.$(a_1,a_2,\ldots,a_n)$	$a_1,a_2,\ldots,a_n$ 的最大公因子
l.c.m.$(a_1,a_2,\ldots,a_n)$	$a_1,a_2,\ldots,a_n$ 的最小公倍数
$\binom{n}{k}$	二项式系数，n 选 k
$\left(\frac{a}{b}\right)$	勒让德符号
$n!=1\cdot2\cdot3\cdot\ldots\cdot n$	阶乘，如 $6!=1\cdot2\cdot3\cdot4\cdot5\cdot6=720$;
$(2n)!!=2\cdot4\cdot6\cdot\ldots\cdot(2n)=2^n\cdot n!$;	特别地：$0!=1!=1$
$(2n+1)!!=1\cdot3\cdot5\cdot\ldots\cdot(2n+1)$	

$\boldsymbol{A}=(a_{ij})$	矩阵 $\boldsymbol{A}$ 的元素 a_{ij}	$\boldsymbol{A}^{\mathrm{T}}$	转置矩阵
$\boldsymbol{A}^{-1}$	逆矩阵	$\boldsymbol{A}^{\mathrm{H}}$	伴随矩阵
$\boldsymbol{E}=(\delta_{ij})$	单位矩阵	$\mathbf{0}$	零矩阵
rank	矩阵的秩	trace	矩阵的迹

$\det \boldsymbol{A}$, D	方阵 $\boldsymbol{A}$ 的行列式
δ_{ij}	克罗内克符号: 当 $i \neq j$ 时，$\delta_{ij}=0$; 当 $i=j$ 时，$\delta_{ij}=1$
$\underline{\boldsymbol{a}}$	$\mathbf{R}^n$ 的列向量
$\underline{\boldsymbol{a}}^0$	(平行于)$\underline{\boldsymbol{a}}$的单位向量
$\Vert\underline{\boldsymbol{a}}\Vert$	$\underline{\boldsymbol{a}}$的范数
$\vec{\boldsymbol{a}}, \vec{\boldsymbol{b}}, \vec{\boldsymbol{c}}$	$\mathbb{R}^3$ 中的向量
$\vec{\boldsymbol{i}}, \vec{\boldsymbol{j}}, \vec{\boldsymbol{k}} \quad \vec{\boldsymbol{e}}_x, \vec{\boldsymbol{e}}_y, \vec{\boldsymbol{e}}_z$	笛卡儿坐标系的基 (正交) 向量
a_x, a_y, a_z	向量 $\vec{\boldsymbol{a}}$ 的坐标 (分量)
$\vert\vec{\boldsymbol{a}}\vert$	向量 $\vec{\boldsymbol{a}}$ 的绝对值，长度
$\alpha\underline{\boldsymbol{a}}$	向量乘以标 (数) 量
$\vec{\boldsymbol{a}} \cdot \vec{\boldsymbol{b}}, \vec{\boldsymbol{a}}\vec{\boldsymbol{b}}, (\vec{a}\vec{\boldsymbol{b}})$	标量积，点积
$\vec{a} \times \vec{b}, [\vec{\boldsymbol{a}}\vec{\boldsymbol{b}}]$	向量积，叉积
$\vec{\boldsymbol{a}}\vec{\boldsymbol{b}}\vec{\boldsymbol{c}} = \vec{\boldsymbol{a}} \cdot (\vec{\boldsymbol{b}} \times \vec{\boldsymbol{c}})$	（三个向量）的混合积
$\underline{\mathbf{0}}, \vec{0}$	零向量
$\boldsymbol{T}$	张量
$G=(V,E)$	由顶点集 V 和边集 E 构成的图

几何符号

$\perp$	正交 (垂直)	//	平行
#	相等且平行	$\backsim$	相似，例如，$\triangle ABC \backsim \triangle DEF$；成比例
$\triangle$	三角形	$\measuredangle$	角
$\frown$	弧段，例如 $\overset{\frown}{AB}$ 是 A 和 B 之间的弧	rad	弧度
$\circ$	度		
$'$	分		
$''$	秒		
gon	(角的) 百分度测量 ($360^\circ = 400$gon, 参见第 170 页和第 193 页表 3.5)		
$\overline{AB}$	A 和 B 之间的线段		
$\overrightarrow{AB}$	从 A 到 B 的有向线段，A 到 B 的向量		

复数

i(有时写作 j)	虚数单位 ($\mathrm{i}^2=-1$)	I	计算机代数中的虚数单位
$\mathrm{Re}(z)$	数 z 的实部	$\mathrm{Im}(z)$	数 z 的虚部
$\vert z\vert$	z 的绝对值	$\arg(z)$	数 z 的辐角
$\overline{z}, z^*$	z 的复共轭，例如 $z=2+3\mathrm{i}$, $\overline{z}=2-3\mathrm{i}$	$\mathrm{Ln}\, z$	复数 z 的 (自然) 对数

三角函数、双曲函数符号

sin	正弦	cos	余弦
tan	正切	cot	余切

sec	正割	cosec	余割
arcsin	反正弦	arccos	反余弦
arctan	反正切	arccot	反余切
arcsec	反正割	arccosec	反余割
sinh	双曲正弦	cosh	双曲余弦
tanh	双曲正切	coth	双曲余切
sech	双曲正割	cosech	双曲余割
Arsinh	反双曲正弦	Arcosh	反双曲余弦
Artanh	反双曲正切	Arcoth	反双曲余切
Arsech	反双曲正割	Arcosech	反双曲余割

分析符号

$\lim\limits_{n\to\infty} x_n = A$	A 是序列 (x_n) 当 $n\to\infty$ 时的极限。也记作 $x_n \to A$，例如 $\lim\limits_{n\to\infty}(1+\frac{1}{n})^n = e$
$\lim\limits_{x\to a} f(x) = B$	B 是函数 $f(x)$ 当 x 趋向于 a 时的极限
$[x] = \mathrm{int}(x)(\mathrm{entier}(x))$	小于等于 x 的最大整数
$f = \mathrm{o}(g),\ x \to a$	兰道记号“小 o”表示：$f(x)/g(x) \to 0$（当 $x \to a$）
$f = \mathrm{O}(g),\ x \to a$	兰道记号“大 O”表示：$f(x)/g(x) \to C(C$ 是常数，$C \neq 0)$（当 $x \to a$）
$\sum\limits_{i=1}^{n}, \sum_{i=1}^{n}$	i 从 1 到 n 的 n 项和
$\prod\limits_{i=1}^{n}, \prod_{i=1}^{n}$	i 从 1 到 n 的 n 项乘积
$f(), \varphi()$	函数符号，如 $y = f(x), u = \varphi(x,y,z)$
Δ	差分或增量，例如 Δx
d	微分，例如，$\mathrm{d}x$（x 的微分）
$\frac{\mathrm{d}}{\mathrm{d}x}, \frac{\mathrm{d}^2}{\mathrm{d}x_2}, \cdots, \frac{\mathrm{d}^n}{\mathrm{d}x_n}$	关于 x 的第一，二，$\cdots$，第 n 阶导数运算
$f'(x), f''(x), f'''(x), f^{(4)}(x), \cdots, f^{(n)}(x)$ 或 $\dot{y}, \ddot{y}, \cdots, y^{(n)}$	函数 $f(x)$ 或函数 y 第一，二，$\cdots$，n 阶导数
$\frac{\partial}{\partial x}, \frac{\partial}{\partial y}, \frac{\partial^2}{\partial x^2}, \cdots$	一，二，$\cdots$，n 阶偏导数运算
$\frac{\partial^2}{\partial x \partial y}$	先对 x 然后对 y 取偏导的二阶偏导数运算
$f_x, f_y, f_{xx}, f_{xy}, f_{yy}, \cdots$	函数 $f(x,y)$ 的一，二，$\cdots$ 阶偏导数
D	微分运算，例如 $Dy = y', D^2y = y''$
grad	标量场的梯度 ($\mathrm{grad}\ \varphi = \nabla\varphi$)
div	向量场的散度 ($\mathrm{div}\ \vec{v} = \nabla \cdot \vec{\boldsymbol{v}}$)

rot	向量场的旋度 (rot $\vec{v} = \nabla \times \vec{v}$)
$\nabla = \frac{\partial}{\partial x}\vec{i} + \frac{\partial}{\partial y}\vec{j} + \frac{\partial}{\partial z}\vec{k}$	笛卡儿坐标系中的纳勃拉 (nabla) 算子 (也称哈密顿微分算子，不要与量子力学中的哈密顿算子混淆)
$\Delta = \frac{\partial^2}{\partial x^2} + \frac{\partial^2}{\partial y^2} + \frac{\partial^2}{\partial z^2}$	拉普拉斯算子
$\frac{\partial\varphi}{\partial\vec{a}}$	方向导数，即标量场 φ 在方向 $\vec{a}$ 上的导数：$\frac{\partial\varphi}{\partial\vec{a}} = \vec{a}\cdot\mathrm{grad}\varphi$
$\int\limits_a^b f(x)\mathrm{d}x$	函数 f 在积分限 a 和 b 之间的定积分
$\int\limits_C f(x,y,z)\mathrm{d}s$	弧长 s 的空间曲线 C 的第一类线积分
$\oint\limits_C f(x,y,z)\mathrm{d}s$	沿闭合曲线的积分 (围道积分)
$\iint\limits_S f(x,y)\mathrm{d}S = \iint\limits_S f(x,y)\mathrm{d}x\mathrm{d}y$	平面区域 S 上二重积分
$\int\limits_S f(x,y,z)\mathrm{d}S = \iint\limits_S f(x,y,z)\mathrm{d}S$	空间曲面 S 上的第一类曲面积分
$\int\limits_V f(x,y,z)\mathrm{d}V = \iiint\limits_V f(x,y,z)\mathrm{d}x\mathrm{d}y\mathrm{d}z$	体积 V 上的三重积分或体积分
$\left.\begin{array}{l} \oint\limits_{(S)} U(\vec{r})\mathrm{d}\vec{S} = \oiint\limits_{(S)} U(\vec{r})\mathrm{d}\vec{S} \\ \oint\limits_{(S)} \vec{V}(\vec{r})\cdot\mathrm{d}\vec{S} = \oiint\limits_{(S)} \vec{V}(\vec{r})\cdot\mathrm{d}\vec{S} \\ \oint\limits_{(S)} \vec{V}(\vec{r})\times\mathrm{d}\vec{S} = \oiint\limits_{(S)} \vec{V}(\vec{r})\times\mathrm{d}\vec{S} \end{array}\right\}$	向量分析中闭曲面上的曲面积分

人名译名对照表*

1. 中文 — 外文译名

(按姓氏汉语拼音排序)

A

阿贝尔 N. H. Abel, 1802~1829
阿波罗尼奥斯 Apollonius of Perga, 约公元前 262~ 前 190
阿布・卡米勒 Abū Kāmil, 约 850~930
阿布・瓦法 Abu'l-Wafa, 940~997?
阿达马 J. Hadamard, 1865~1963
阿德拉德 Adelard of Bath, 约 1120
阿蒂亚 M. F. Atiyah, 1929~
阿尔巴内塞 G. Albanese, 1890~1947
阿尔贝蒂 L. B. Alberti, 1404~1472
阿尔伯特 A. A. Albert, 1905~1972
阿尔福斯 L. V. Ahlfors, 1907~1996
阿尔冈 R. Argand, 1768~1822
阿尔泽拉 C. Arzelà, 1847~1912
阿基米德 Archimedes, 公元前 287~ 前 212
阿克曼 F. W. Ackermann, 1896~1962
阿罗 K. J. Arrow, 1921~
阿涅西 M. Agnesi, 1718~1799
阿诺尔德 V. I. Arnol'd, 1937~
阿诺索夫 D. V. Anosov, 1936~
阿佩尔 K. Appel, 1932~
阿佩尔 P.-E. Appell, 1855~1930
阿契塔斯 Archytas, 约公元前 375
阿廷 E. Artin, 1898~1962
阿耶波多第一 Aryabhata I, 476~ 约 550
埃尔德什 P. Erdös, 1913~1996
埃尔米特 C. Hermite, 1822~1901
埃拉托色尼 Eratosthenes, 约公元前 276~ 前 195
埃雷斯曼 C. Ehresmann, 1905~1979
艾里 G. B. Airy, 1801~1892
艾伦伯格 S. Eilenberg, 1913~1998
艾伦多弗 C. B. Allendoerfer, 1911~1974
艾森哈特 L. P. Eisenhart, 1876~1965
艾森斯坦 F. G. M. Eisenstein, 1823~1852
艾特肯 A. C. Aitken, 1895~1967
爱因斯坦 A. Einstein, 1879~1955
安岛直圆 Ajima Naonobu, 约 1732~1798
安德森 T. W. Anderson, 1918~
安蒂丰 Antiphon, 约公元前 480~ 前 411
安纳萨哥拉斯 Anaxagoras, 约公元前 500~ 前 428
安培 A.-M. Ampére, 1775~1836
安托尼兹 A. Anthonisz, 约 1543~1560
奥布霍夫 A. M. Obuhov
奥恩斯坦 D. S. Ornstein, 1943~
奥尔 O. Ore, 1899~1968
奥尔利奇 W. Orlicz, 1903~1990
奥昆科夫 A. Y. Okounkov, 1969~
奥雷姆 N. Oresme, 1323?~1382
奥马・海亚姆 O. Khayyam(或 Al-Khayyāmī), 约 1048~1131
奥斯古德 W. Osgood, 1864~1943
奥斯特罗格拉茨基 M. V. Ostrogradsky, 1801~1862
奥特雷德 W. Oughtred, 1575~1660
奥托 V. Otto, 约 1550~1605

B

巴贝奇 C. Babbage, 1792~1871
巴布斯卡 I. Babuška, 1926~
巴恩斯 E. W. Barnes, 1874~1953
巴格曼 V. Bargmann, 1908~1989
巴哈杜尔 R. R. Bahadur, 1924~1997
巴克斯 J. Backus, 1924~2007
巴克斯特 R. J. Baxter, 1940~
巴罗 I. Barrow, 1630~1677
巴门尼德斯 Parmenides, 约公元前 515~ 前 450
巴拿赫 S. Banach, 1892~1945
巴塔尼 al-Battānī, 约 858~929
巴塔恰里亚 A. Bhattacharyya, 1915~1996

---

* 为方便读者使用, 中文版增设了"人名译名对照表", 本表摘自《数学大辞典》(王元主编. 北京: 科学出版社, 2010: 1121~1138).

巴歇　C.-G. Bachet, 1581~1638
白尔　R. Baer, 1902~1979
拜伦　A. A. Byron, 1815~1852
邦　T. Bang, 1917~
邦贝利　R. Bombelli, 约 1526~1573
邦别里　E. Bombieri, 1940~
鲍尔　F. L. Bauer, 1924~
鲍尔　G. C. Bauer, 1820~1906
鲍尔　H. Bauer, 1928~
鲍尔　M. Bauer, 1874~1945
鲍里布鲁克　A. A. Bolibruch
鲍威尔　M. J. D. Powell, 1936~
贝蒂　E. Betti, 1823~1892
贝尔　E. T. Bell, 1883~1960
贝尔　R. L. Baire, 1874~1932
贝尔曼　R. Bellman, 1920~1984
贝尔奈斯　P. Bernays, 1888~1977
贝尔斯　L. Bers, 1914~1993
贝尔特拉米　E. Beltrami, 1835~1899
贝克　A. Baker, 1939~
贝克　A. L. Baker, 1853~1934
贝克　H. F. Baker, 1866~1956
贝克　T. Baker, 17 世纪
贝克隆　A. V. Bäcklund, 1845~1922
贝塞尔　F. W. Bessel, 1784~1846
贝沙加　C. Bessaga, 1932~
贝特朗　J. Bertrand, 1822~1900
贝叶斯　T. Bayes, 1702~1761
贝祖　É. Bézout, 1730~1783
本迪克松　I. O. Bendixson, 1861~1935
比安基　L. Bianchi, 1856~1928
比伯巴赫　L. Bieberbach, 1886~1982
比察捷　A. V. Bitsadze, 1916~1994
比德　V. Beda, 674~735
比尔吉　J. Bürgi, 1552~1632
比鲁尼　al-Bīrūnī, 973~1050
比内　J. P. M. Binet, 1786~1856
比耶克内斯　V. Bjerknes, 1862~1951
彼得罗夫　G. I. Petrov, 1912~
彼得罗夫斯基　I. G. Petrovsky, 1901~1973
彼得松　H. Petersson, 1902~1984
彼得松　K. M. Peterson, 1828~1881
毕奥　J.-B. Biot, 1774~1862
毕达哥拉斯　Pythagoras of Samos, 约公元前 580~ 前 500
宾　R. H. Bing, 1914~1986
波尔查诺　B. Bolzano, 1781~1848
波尔约　J. Bolyai, 1802~1860
波戈列洛夫　A. V. Bogorelov, 1913~
波利亚　G. Polya, 1887~1985
波斯特　E. L. Post, 1897~1954
波伊尔巴赫　G. Peurbach, 1423~1461
玻尔　H. Bohr, 1887~1951
玻尔兹曼　L. E. Boltzmann, 1844~1906
伯恩赛德　W. Burnside, 1852~1927
伯恩斯坦　F. Bernstein, 1878~1956
伯恩斯坦　S. N. Bernstein, 1880~1968
伯格曼　S. Bergman, 1898~1977
伯克霍夫　G. Birkhoff, 1911~1996
伯克霍夫　G. D. Birkhoff, 1884~1944
伯克莱　G. Berkeley, 1685~1753
伯努利, 丹尼尔　Daniel Bernoulli, 1700~1782
伯努利, 尼古拉第一　Nicolaus Bernoulli I, 1687~1759
伯努利, 尼古拉第二　Nicolaus Bernoulli II, 1695~1726
伯努利, 雅各布第一　Jacob Bernoulli I, 1654~1705
伯努利, 雅各布第二　Jacob Bernoulli II, 1759~1789
伯努利, 约翰第一　John Bernoulli I, 1667~1748
伯努利, 约翰第二　John Bernoulli II, 1710~1790
伯努利, 约翰第三　John Bernoulli III, 1744~1807
伯奇　B. J. Birch, 1931~
博恩　M. Born, 1882~1970
博尔扎　O. Bolza, 1857~1942
博戈柳博夫　N. N. Bogolyubov, 1909~1992

博赫纳 S. Bochner, 1889~1982
博克斯 G. E. P. Box, 1919~
博雷尔 A. Borel, 1923~2003
博雷尔 E. Borel, 1871~1956
博内 P.-O. Bonnet, 1819~1892
博切尔兹 R. E. Borcherds, 1959~
博斯 A. Bosse, 1602~1676
博特 R. Bott, 1923~2005
博耶 C. B. Boyer, 1906~1976
博伊西斯 A. M. S. Boethius, 约 480~524
柏拉图 Plato, 公元前 427~ 前 347
布尔 G. Boole, 1815~1864
布尔巴基 N. Bourbaki
布尔盖恩 J. Bourgain, 1954~
布拉德沃丁 T. Bradwardine, 约 1290~1349
布拉里–福蒂 C. Burali-Forti, 1861~1931
布拉施克 W. Blaschke, 1885~1962
布拉维 A. Bravais, 1811~1863
布莱克韦尔 D. Blackwell, 1919~
布劳德 F. E. Browder, 1927~
布劳德 W. Browder, 1934~
布劳威尔 L. E. J. Brouwer, 1881~1966
布里昂雄 C.-J. Brianchon, 1783~1864
布里格斯 H. Briggs, 1561~1631
布里松 Bryson of Heraclea, 公元前 450 年左右
布里渊 M. L. Brillouin, 1854~1948
布龙克尔 W. Brouncker, 1620~1684
布卢门塔尔 L. O. Blumenthal, 1876~1944
布伦 V. Brun, 1885~1978
布洛赫 A. Bloch, 1893~1948
布吕阿 F. Bruhat, 1929~2007
布尼亚科夫斯基 V. Ya. Bunyakovskiĭ, 1804~1889
布饶尔 R. D. Brauer, 1901~1977
布斯曼 H. Busemann, 1905~1994
布西 R. S. Bucy, 1935~
布西内斯克 J. V. Boussinesq, 1842~1929

C

策梅洛 E. F. F. Zermelo, 1871~1953
查普曼 S. Chapman, 1888~1970
陈建功 Chen Kien-Kwong, 1893~1971
陈景润 Chen Ching-Jun, 1933~1996
陈省身 Chern Shiing-Shen, 1911~2004
措伊滕 H. G. Zeuthen, 1839~1920

D

达布 G. Darboux, 1842~1917
达尔文 C. G. Darwin, 1887~1962
达尔文 G. H. Darwin, 1845~1912
达·芬奇 L. da Vinci, 1452~1519
达朗贝尔 J. L. R. d'Alembert, 1717~1783
达文波特 H. Davenport, 1907~1969
戴德金 J. W. R. Dedekind, 1831~1916
戴尔 S. E. Dyer, Jr. 1929~
戴维斯 M. D. Davis, 1928~
丹齐格 G. B. Dantzig, 1914~2005
当茹瓦 A. Denjoy, 1884~1974
道格拉斯 J. Douglas, 1897~1965
道格拉斯 R. G. Douglas, 1938~
德拜 P. J. W. Debye, 1884~1966
德布朗斯 L. de Branges, 1932~
德布鲁 G. Debreu, 1921~2004
德恩 M. Dehn, 1878~1952
德弗里斯 G. de Vries
德拉姆 G. de Rham, 1903~1990
德拉瓦莱普桑 C.-J.-G. N. de la Vallée-Poussin, 1866~1962
德利涅 P. R. Deligne, 1944~
德林费尔德 V. G. Drinfel'd, 1954~
德摩根 A. De Morgan, 1806~1871
德谟克利特 Democritus, 约公元前 460~前 370
德乔治 E. de Giorgi, 1928~1996
德萨格 G. Desargues, 1591~1661
邓福德 N. Dunford, 1906~1986
邓肯 E. B. Dynkin, 1924~
狄克森 L. E. Dickson, 1874~1954

狄拉克 P. A. M. Dirac, 1902~1984
狄利克雷 P. G. Dirichlet, 1805~1859
狄诺斯特拉托斯 Dinostratus, 公元前 4 世纪
迪厄多内 J. A. Dieudonné, 1906~1992
迪尼 U. Dini, 1845~1918
迪潘 P. C. F. Dupin, 1784~1873
笛卡儿 R. du P. Deacartes, 1596~1650
蒂茨 J. L. Tits, 1930~
蒂奇马什 E. C. Titchmarsh, 1899~1963
蒂索 N. A. Tissot, 1824~1904
棣莫弗 A. de Moivre, 1667~1754
丁伯根 J. Tinbergen, 1903~1994
丢番图 Diophantus, 公元 250 左右
丢勒 A. Dürer, 1471~1528
杜阿梅尔 J. M. C. Duhamel, 1797~1872
杜布 J. L. Doob, 1910~2004
杜布瓦雷蒙 P. D. G. du Bois-Reymond, 1831~1889
段学复 Tuan Hsio-Fu, 1914~2005
多伊林 M. F. Deuring, 1907~1984

E

恩奎斯特 B. Engquist, 1920~
恩斯库格 D. Enskog, 1884~1947

F

法尔廷斯 G. Faltings, 1954~
法捷耶夫 L. D. Faddeev, 1934~
法卡斯 J. Farkas, 1847~1930
法里 J. Farey, 1766~1826
法尼亚诺 G. C. Fagnano, 1682~1766
法诺 G. Fano, 1871~1952
法图 P. J. L. Fatou, 1878~1929
樊㙊 Fan Ky, 1914~2010
范德波尔 B. van der Pol, 1889~1959
范德科普 J. G. van der Corput, 1890~1975
范德蒙德 A. T. Vandermonde, 1735~1796
范德瓦尔登 B. L. van der Waerden, 1903~1996
范坎彭 E. R. van Kampen, 1908~1942
范斯霍滕 F. van Schooten, 1615~1660
范因 H. B. Fine, 1858~1928
菲尔兹 J. C. Fields, 1863~1932
菲赫金戈尔兹 G. M. Fikhtengol'tz, 1888~1959
菲隆 L. N. G. Filon, 1875~1937
菲涅尔 A. J. Fresnel, 1788~1827
菲廷 H. Fitting, 1906~1938
菲托里斯 L. Vietoris, 1891~2002
斐波那契 L. Fibonacci, 约 1170~1250
费奥尔 A. M. Fior, 1535 左右
费德雷尔 H. Federer, 1920~
费弗曼 C. L. Fefferman, 1949~
费拉里 L. Ferrari, 1522~1565
费勒 W. Feller, 1906~1970
费罗 S. Ferro, 1465~1526
费洛劳斯 Philolaus, 约卒于公元前 390
费马 P. de Fermat, 1601~1665
费舍尔 E. Fischer, 1875~1959
费特 W. Feit, 1930~2004
费希尔 R. A. Fisher, 1890~1962
费耶 L. Fejér, 1880~1959
芬克 T. Fink, 1561~1656
芬斯勒 P. Finsler, 1894~1970
冯・米泽斯 R. von Mises, 1883~1953
冯・诺依曼 J. von Neumann, 1903~1957
弗兰克 P. Frank, 1884~1973
弗勒利希 A. Frohlich, 1916~2001
弗雷德霍姆 E. I. Fredholm, 1866~1927
弗雷格 F. L. G. Frege, 1848~1925
弗雷歇 M.-R. Frechet, 1878~1973
弗里德里希斯 K. O. Friedrichs, 1901~1983
弗里德曼 M. Freedman, 1951~
弗里施 R. Frisch, 1895~1973
弗伦克尔 A. A. Fraenkel, 1891~1965
弗罗贝尼乌斯 F. G. Frobenius, 1849~1917
弗罗伊登塔尔 H. Freudenthal, 1905~1991

弗斯腾伯格 H. Furstenberg, 1935～
福原满洲雄 Hukuhara Masuo, 1905～2007
富比尼 G. Fubini, 1879～1943
富克斯 I. L. Fuchs, 1833～1902
傅里叶 J. B. J. Fourier, 1768～1830

G

盖尔范德 I. M. Gelfand, 1913～2009
盖尔丰德 A. O. Gelfond, 1906～1968
盖根鲍尔 L. Gegenbauer, 1849～1903
高尔顿 F. Galton, 1822～1911
高尔斯 W. T. Gowers, 1963～
高木贞治 Takagi Teiji, 1875～1960
高斯 C. F. Gauss, 1777～1855
戈丹 P. A. Gordan, 1837～1912
戈登 T. W. Gordon, 1904～1969
戈杜诺夫 S. K. Godunov, 1929～
戈尔德施泰因 H. H. Goldstein, 1913～
戈尔丁 L. Gårding, 1919～
戈卢别夫 V. V. Golubev, 1884～1954
戈伦斯坦 D. Gorénstein, 1923～1999
戈莫里 R. E. Gomory, 1929～
戈塞特 W. S. Gosset, 1876～1937
哥德巴赫 C. Goldbach, 1690～1764
哥德尔 K. Gödel, 1906～1978
格拉姆 J. P. Gram, 1850～1916
格拉斯曼 H. G. Grassmann, 1809～1877
格兰迪 G. Grandi, 1671～1742
格朗沃尔 T. H. Gronwall, 1877～1932
格雷戈里 J. Gregory, 1638～1675
格里菲斯 P. A. Griffiths, 1938～
格里斯 R. L. Griess, 1945～
格利姆 J. Glimm, 1934～
格利森 A. M. Gleason, 1921～2008
格林 G. Green, 1793～1841
格罗莫夫 M. Gromov, 1943～
格罗斯曼 M. Grossmann, 1878～1936
格罗滕迪克 A. Grothendieck, 1928～
格涅坚科 B. V. Gnedenko, 1912～1995
根岑 G. Gentzen, 1909～1945
古德曼 C. Gudermann, 1798～1852
古尔萨 É. J. B. Goursat, 1858～1936
谷山丰 Taniyama Yutaka, 1927～1958
关孝和 Seki Takakazu, 约 1642～1768
广中平佑 Hironaka Heisuke, 1931～

H

哈代 G. H. Hardy, 1877～1947
哈尔 A. Haar, 1885～1933
哈尔莫斯 P. R. Halmos, 1916～2006
哈雷 E. Halley, 1656～1743
哈里希-钱德拉 Harish-Chandra, 1923～1983
哈梅尔 G. K. W. Hamel, 1877～1954
哈密顿 R. Hamilton, 1943～
哈密顿 W. R. Hamilton, 1805～1865
哈默斯坦 A. Hammerstein, 1888～1945
哈纳克 C. G. A. Harnack, 1851～1888
哈塞 H. Hasse, 1898～1979
海拜什・哈西卜 H. al Hāsib, 约卒于 864～874
海尔布伦 H. Heilbronn, 1908～1975
海伦 Heron of Alexander, 约公元 1 世纪
海曼 W. K. Hayman, 1926～
海涅 H. E. Heine, 1821～1881
海森伯 W. K. Heisenberg, 1901～1976
海廷 A. Heyting, 1888～1980
亥姆霍兹 H. L. F. Helmholtz, 1821～1894
汉克尔 H. Hankel, 1839～1873
汉明 R. W. Hamming, 1915～1998
豪斯多夫 F. Hausdorff, 1868～1942
豪斯霍尔德 A. S. Householder, 1904～1993
河田敬义 Kawada Yukiyoshi, 1916～1993
赫尔德 O. L. Hölder, 1859～1937
赫尔默特 F. R. Helmert, 1843～1917
赫尔维茨 A. Hurwitz, 1859～1919
赫戈 P. Heegaard, 1871～1948
赫克 E. Hecke, 1887～1947
赫维赛德 O. Heaviside, 1850～1925
黑夫利格尔 A. Haefliger, 1929～

黑林格 E. Hellinger, 1883~1950
亨特 G. A. Hunt, 1916~2008
亨廷顿 E. V. Huntington, 1874~1952
亨泽尔 K. Hensel, 1861~1941
胡尔维奇 W. Hurewicz, 1904~1957
胡明复 Minfu Tan Hu, 1891~1927
花拉子米 al-Khowārizmi, 约 783~850
华林 E. Waring, 1734~1798
华罗庚 Hua Loo-keng, 1910~1985
怀伯恩 G. T. Whyburn, 1904~1969
怀尔德 R. L. Wilder, 1896~1982
怀尔斯 A. Wiles, 1953~
怀特黑德 A. N. Whitehead, 1861~1947
怀特黑德 G. W. Whitehead, 1918~2004
怀特黑德 J. H. G. Whitehead, 1904~1960
惠更斯 C. Huygens, 1629~1695
惠特克 E. T. Whittaker, 1873~1956
惠特尼 H. Whitney, 1907~1989
会田安明 Aida Yasuaki, 1747~1817
霍布斯 T. Hobbes, 1588~1679
霍尔 M. Hall, Jr. 1910~1990
霍尔 P. Hall, 1904~1982
霍尔曼德 L. V. Hörmander, 1931~
霍赫希尔德 G. P. Hochschild, 1915~
霍金 S. W. Hawking, 1942~
霍姆格伦 E. Holmgren, 1873~1943
霍纳 W. G. Horner, 1786~1837
霍普夫 E. Hopf, 1902~1983
霍普夫 H. Hopf, 1894~1971
霍普金斯 W. Hopkins, 1793~1866
霍奇 W. V. D. Hodge, 1903~1975
霍特林 H. Hotelling, 1895~1973

J

基尔霍夫 G. R. Kirchhoff, 1824~1887
基弗 J. C. Kiefer, 1924~1981
基灵 W. K. J. Killing, 1847~1923
吉布斯 J. W. Gibbs, 1839~1903
吉洪诺夫 A. N. Tikhonov, 1906~1993
吉拉尔 A. Girard, 1593~1632
吉田耕作 Yosida Kosaku, 1909~1999
吉文斯 J. W. Givens, Jr. 1910~1993
加勒 J. G. Galle, 1812~1910
加藤敏夫 Kato Tosio, 1917~1999
伽利略 Galilei(Galileo), 1564~1642
伽辽金 B. G. Galërkin, 1871~1945
伽罗瓦 E. Galois, 1811~1832
嘉当 E. J. Cartan, 1869~1951
嘉当 H. P. Cartan, 1904~2008
建部贤弘 Takebe Katahiro, 1664~1739
姜立夫 Chan-chan Tsoo(L. F. Chiang), 1890~1978
江泽涵 Kiang Tsai-han, 1902~1994
焦赫里 al-Jawhari, 活跃于 830 前后
角谷静夫 Kakutani Shizuo, 1911~2004
杰拉德 Gerard of Cremona, 约 1114~1187
杰洛涅 B. N. Delone, 1890~1980
杰文斯 W. S. Jevons, 1835~1882

K

卡茨 M. Kac, 1914~1984
卡德里 C. G. Khatri, 1931~
卡尔达诺 G. Cardano, 1501~1576
卡尔德龙 A. P. Caldrön, 1920~1998
卡尔曼 R. E. Kalman, 1930~
卡尔平斯基 L. C. Karpinsky, 1878~1956
卡尔松 B. C. Carlson, 1924~
卡尔松 F. Carlson, 1898~1952
卡吉耶 P. E. Cartier, 1932~
卡拉比 E. Calabi, 1923~
卡拉泰奥多里 C. Caratheòdory, 1873~1950
卡莱曼 T. Carleman, 1892~1949
卡勒松 L. A. E. Carleson, 1928~
卡林 S. Karlin, 1924~2007
卡姆克 E. Kamke, 1890~1961
卡诺 L.-N.-M. Carnot, 1753~1823
卡普兰斯基 I. Kaplansky, 1917~2006
卡塞尔斯 J. W. S. Cassels, 1922~
卡塔兰 E. C. Catalan, 1814~1894

卡瓦列里 B. Cavalieri, 1598~1647
卡西 al-Kāshī, ?~1429
卡约里 F. Cajory, 1859~1930
开尔文勋爵 (即汤姆森) Lord Kelvin
开普勒 J. Kepler, 1571~1630
凯尔迪什 M. V. Keldysh, 1911~1978
凯拉吉 al-Karajī, 10 世纪末 11 世纪初
凯莱 A. Cayley, 1821~1895
凯勒 J. Keller, 1923~
凯洛格 O. D. Kellogg, 1878~1932
坎贝尔 J. E. Campbell, 1862~?
坎帕努斯 Campanus of Novara, ?~1296
康德 I. Kant, 1724~1804
康福森 S. Cohn-Vossen, 1902~1936
康托尔 G. Cantor, 1845~1918
康托尔 M. B. Cantor, 1829~1920
康托洛维奇 L. V. Kantorovich, 1912~1986
康韦 J. H. Conway, 1937~
考克斯特 H. S. M. Coxeter, 1907~2003
考纽 M. A. Cornu, 1841~1902
科茨 R. Cotes, 1682~1716
科恩 P. J. Cohen, 1934~2007
科尔 F. N. Cole, 1861~1926
科尔莫戈罗夫 A. N. Kolmogorov, 1903~1987
科尔泰沃赫 D. J. Korteweg, 1848~1941
科马克 A. M. Cormack, 1924~1998
科斯居尔 J.-L. Koszul, 1921~
科斯坦特 B. Kostant, 1928~
柯蒂斯 C. W. Curtis, 1926~
柯赫 H. von Koch, 1870~1924
柯瓦列夫斯卡娅 S. V. Kovalevskaya, 1850~1891
柯西 A.-L. Cauchy , 1789~1851
克贝 P. Koebe, 1882~1945
克拉夫丘克 M. F. Kravchuk, 1892~1942
克拉默 H. Cramèr, 1893~1985
克拉维乌斯 C. Clavius, 1537~1612
克莱罗 A.-C. Clairaut, 1713~1765
克莱姆 G. Cramer, 1704~1752
克莱因 F. Klein, 1849~1925
克莱因 L. R. Klein, 1920~
克莱因 M. Kline, 1908~1992
克莱因伯格 J. Kleinberg
克赖因 M. G. Krein, 1907~1989
克雷尔 A. L. Crelle, 1780~1855
克雷莫纳 A. L. G. G. Cremona, 1830~1903
克里斯托费尔 E. B. Christoffel, 1829~1900
克利福德 A. H. Clliford, 1908~1992
克利福德 W.-K. Clliford, 1845~1879
克林 S. C. Kleene, 1909~1994
克卢斯特曼 H. D. Kloosterman, 1900~1968
克鲁尔 W. Krull, 1899~1971
克鲁斯卡尔 M. D. Kruskal, 1925~2006
克罗内克 L. Kronecker, 1823~1891
克吕格尔 G. S. Klügel, 1739~1812
克努特 D. E. Knuth, 1938~
克诺普 K. Knopp, 1882~1957
肯德尔 D. G. Kendall, 1918~2007
肯普 A. B. Kempe, 1849~1922
孔采维奇 M. Kontsevich, 1964~
孔多塞 M.-J.-A.-N. C. M de Condorcet, 1743~1794
孔涅 A. Connes, 1947~
库拉 T. ibn Qurra, 约 826~901
库拉托夫斯基 K. Kuratowski, 1896~1980
库朗 R. Courant, 1888~1972
库洛什 A. G. Kurosh, 1908~1971
库默尔 E. E. Kummer, 1810~1893
库珀 W. S. Cooper, 1935~
库普曼斯 T. C. Koopmans, 1910~1985
库塔 W. M. Kutta, 1867~1944
库赞 J. A. Cousin, 1739~1800
奎伦 D. G. Quillen, 1940~

L

拉奥 C. R. Rao, 1920~

拉道 J. C. R. Radau, 1835～1911
拉德马赫 H. Rademacher, 1892～1969
拉德任斯卡娅 O. A. Ladyzhenskaya, 1922～2004
拉东 J. Radon, 1887～1956
拉夫连季耶夫 M. A. Lavrent'ev, 1900～1980
拉弗森 J. Raphson, 1648～1715
拉福格 L. Lafforgue, 1966～
拉盖尔 E. N. Laguerre, 1834～1886
拉格朗日 J. L. Lagrange, 1736～1813
拉克鲁瓦 S. F. Lacroix, 1765～1843
拉克斯 P. D. Lax, 1926～
拉朗德 J. de Lalande, 1732～1807
拉马努金 S. A. Ramanujan, 1887～1920
拉梅 G. Lamé, 1795～1870
拉姆齐 F. P. Ramsey, 1903～1950
拉普拉斯 P.-S. M. de Laplace, 1749～1827
拉特纳 M. Ratner, 1938～
拉伊尔 P. de La Hire, 1640～1718
拉兹波洛夫 A. A. Razbborov, 1963～
莱布勒 R. A. Leibler, 1914～2003
莱布尼茨 G. W. Leibniz, 1646～1716
莱夫谢茨 S. Lefschetz, 1884～1972
莱默 D. H. Lehmer, 1905～1991
莱维 B. Levi, 1875～1961
莱维 P. P. Levy, 1886～1971
莱文森 N. Levinson, 1912～1975
赖德迈斯特 K. W. F. Reidemeister, 1893～1971
兰 S. Lang, 1927～2005
兰伯特 J. H. Lambert, 1728～1777
兰彻斯特 W. L. Lanchester, 1865～1946
兰道 E. G. H. Landau, 1877～1938
兰登 J. Landen, 1719～1790
兰金 R. A. Rankin, 1915～2001
兰乔斯 C. Lanczos, 1893～1974
朗兰兹 R. P. Langlands, 1936～
朗斯基 H. J. M. Wronski, 1776～1853
勒贝格 H. L. Lebesgue, 1875～1941
勒尔 H. Röhrl, 1927～
勒雷 J. Leray, 1906～1998
勒让德 A.-M. Legendre, 1752～1833
勒维耶 U. J. J. Le Verrier, 1811～1877
雷蒂库斯 G. J. Rheticus, 1514～1576
雷恩 C. Wren, 1632～1723
雷尼 A. Rényi, 1921～1970
雷诺 O. Reynolds, 1842～1912
雷乔蒙塔努斯 J. Regiomontanus, 1436～1476
黎曼 G. F. B. Riemann, 1826～1866
里茨 W. Ritz, 1878～1909
里卡蒂 J. F. Ricatti, 1676～1754
里奇 C. G. Ricci, 1853～1925
里斯 F. Riesz, 1880～1956
里特 J. F. Ritt, 1893～1951
李 S. Lie, 1842～1899
李特尔伍德 J. E. Littlewood, 1885～1977
李雅普诺夫 A. M. Lyapunov, 1857～1918
李郁荣 Yuk Wing Lee, 1904～1988
理查森 A. R. Richardson, 1881～1954
利布 E. H. Lieb, 1932～
利玛窦 M. Ricci, 1552～1610
利普希茨 R. Lipschitz, 1832～1903
利斯廷 J. B. Listing, 1808～1882
利翁斯 J.-L. Lions, 1928～2001
利翁斯 P.-L. Lions, 1956～
列昂惕夫 W. Leontief, 1906～1999
列梅兹 E. Ya. Remes, 1896～1975
列维–齐维塔 T. Levi-Civita, 1873～1941
列维坦 B. M. Levitan, 1914～2004
林德勒夫 E. L. Lindeloef, 1870～1946
林德曼 C. L. F. Lindemann, 1852～1939
林鹤一 Hayashi Tsuruichi, 1873～1935
林加翘 Lin Chia-Chiao, 1916～
林尼克 Yu V. Linnik, 1915～1972
刘维尔 J. Liouville, 1809～1882
龙格 C. D. T. Runge, 1856～1927
卢津 N. N. Luzin, 1883～1950
卢米斯 E. Loomis, 1811～1889
卢伊 H. Lewy, 1904～1988
鲁宾逊 A. Robinson, 1918～1974

鲁宾逊 G. de B. Robinson, 1918~1992
鲁宾逊 J. B. Robinson, 1906~1985
鲁菲尼 P. Ruffini, 1765~1822
罗巴切夫斯基 N. I. Lobachevsky, 1792~1856
罗宾 G. Robin, 1855~1897
罗伯特 Robert of Chester, 12 世纪
罗伯瓦尔 G. P. Roberval, 1602~1675
罗德里格斯 O. Rodrigues, 1794~1851
罗尔 M. Rolle, 1652~1719
罗赫 G. Roch, 1839~1866
罗赫林 V. A. Rokhlin, 1919~1984
罗杰斯 C. A. Rogers, 1920~2005
罗森 J. B. Rosen, 1922~
罗森菲尔德 B. A. Rozenfel'd, 1917~2008
罗素 B. A. W. Russell, 1872~1970
罗特 K. F. Roth, 1925~
罗瓦兹 L. Lovász, 1948~
洛必达 G.-F.-A. de L'Hospital, 1661~1704
洛朗 P. A. Laurent, 1813~1854
洛伦兹 H. A. Lorentz, 1853~1928
洛雅希维奇 S. Lojasiewicz, 1926~2002

M

马蒂雅舍维奇 Y. V. Matiyasevich, 1947~
马尔德西奇 S. Mardešić, 1927~
马尔古利斯 G. A. Margulis, 1946~
马尔可夫 A. A. Markov, 1856~1922
马尔库舍维奇 A. I. Markushevich, 1908~1979
马格内斯 E. Magenes, 1923~
马哈维拉 Māhāvira, 9 世纪
马勒 K. Mahler, 1903~1988
马利亚万 P. Malliavin, 1925~
马宁 Y. I. Manin, 1937~
麦克莱恩 S. MacLane, 1909~2005
麦克劳林 C. Maclaurin, 1698~1746
麦克马伦 C. T. McMullen, 1958~
麦克沙恩 E. J. MacShane, 1904~1989
麦克斯韦 J. C. Maxwell, 1831~1879
芒德布罗 B. B. Mandelbrot, 1924~
芒福德 D. B. Mumford, 1937~
梅卡托 N. Mercator, 约 1620~1687
梅雷 H. C. R. Méray, 1835~1911
梅内克缪斯 Menaechmus, 公元前 4 世纪中
梅森 M. Mersenne, 1588~1648
门纳劳斯 Menelaus
蒙蒂克拉 J.-É. Montucla , 1725~1799
蒙哥马利 D. Montgomery, 1909~1992
蒙日 G. Monge, 1746~1818
蒙泰尔 P. A. Montel, 1876~1975
弥永昌吉 Iyanaga Shokichi, 1906~2006
米尔诺 J. W. Milnor, 1931~
米尔斯 R. L. Mills, 1927~1999
米勒 (即雷乔蒙塔努斯) J. Müller
米塔-列夫勒 M. G. Mittag-Leffler, 1846~1927
闵可夫斯基 H. Minkowski, 1864~1909
末纲恕一 Suetuna Zyoiti , 1898~1970
莫德尔 L. J. Mordell, 1888~1972
莫尔顿 F. R. Moulton, 1872~1952
莫尔斯 H. M. Morse, 1892~1977
莫根施特恩 O. Morgenstern, 1902~1977
莫拉维兹 C. S. Morawetz, 1923~
莫利 F. Morley, 1860~1937
莫佩蒂 P. L. M. de Maupertuis, 1698~1759
莫斯特勒 F. Mosteller, 1916~2006
莫斯托 G. D. Mostow, 1923~
莫斯托夫斯基 A. Mostowski, 1913~1975
莫泽 J. K. Moser, 1928~1999
默比乌斯 A. F. Möbius, 1790~1868
默里 J. D. Murray, 1931~
穆尼阁 J. N. Smogolenski, 1611~1656

N

纳皮尔 J. Napier, 1550~1617
纳什 J. F. Nash, 1928~
纳维 C.-L.-M.-H. Navier, 1785~1836
纳西尔·丁 N. al-Dīn al-Tūsī, 1201~1274

奈马克　M. A. Naimark, 1909~1978
奈曼　J. Neyman, 1894~1981
奈旺林纳　R. H. Nevanlinna, 1895~1980
内龙　A. Néron, 1922~1985
尼科马可斯　Nichomachus, 约公元 100
尼科米德　Nichomedes, 约公元前 250
尼伦伯格　J. Nirenberg, 1925~
牛顿　I. Newton, 1642~1727
纽曼　M. H. A. Newman, 1897~1984
纽文泰特　B. Nieuwentijt, 1654~1718
诺特　E. Noether, 1882~1935
诺特　M. Noether, 1844~1921
诺维科夫　S. P. Novikov, 1938~
诺伊格鲍尔　O. Neugebauer, 1899~1990
诺伊曼　C. G. Neumann, 1832~1925

O

欧德莫斯　Eudemus of Rhodes, 约公元前 320 年
欧多克索斯　Eudoxus of Cnidus, 约公元前 408~ 前 347
欧几里得　Euclid of Alexandria, 约公元前 300
欧拉　L. Euler, 1707~1783
欧姆　M. Ohm, 1792~1872

P

帕波斯　Puppus, 约 300~350
帕德　H. E. Padé, 1863~1953
帕朗　A. Parent, 1666~1716
帕帕基利亚科普洛斯　C. D. Papakyriakopoulos, 1914~1976
帕乔利　L. Pacioli, 约 1445~1517
帕塞瓦尔　M. A. Parseval des Chênes, 1755~1836
帕施　M. Pasch, 1843~1930
帕斯卡　B. Pascal, 1623~1662
潘勒韦　P. Painlevé, 1863~1933
庞加莱　J. H. Poincaré, 1854~1912
庞特里亚金　L. S. Pontryagin, 1908~1988
佩尔　J. Pell, 1611~1685
佩雷尔曼　G. Perelman, 1966~
佩龙　O. Perron, 1880~1975
佩亚诺　G. Peano, 1858~1932
彭罗斯　R. Penrose, 1931~
蓬斯莱　J.-V. Poncelet, 1788~1867
皮尔斯　C. S. Peirce, 1839~1914
皮尔逊　E. S. Pearson, 1895~1980
皮尔逊　K. Pearson, 1857~1936
皮卡　C. È. Picard, 1856~1941
皮科克　G. Peacock, 1791~1858
皮亚捷茨基–沙皮罗　I. Piatetski-Shapiro, 1929~2009
平斯克　A. G. Pinsker, 1905~1985
平斯克　M. S. Pinsker, 1925~2003
泊松　S.-D. Poisson, 1781~1840
婆罗摩笈多　Brahmagupta, 598~665 以后
婆什迦罗第二　Bhāskara II, 1114~ 约 1185
珀西瓦尔　I. C. Percival, 1931~
普法夫　J. F. Pfaff, 1765~1825
普拉托　J. A. F. Plateau, 1801~1883
普拉托　Plato of Tivoli, 12 世纪上半叶
普莱菲尔　J. Playfair, 1748~1819
普朗克　M. K. E. D. Planck, 1858~1947
普朗特　R. L. Prandtl, 1875~1953
普勒梅利　J. Plemelj, 1873~1967
普里瓦洛夫　I. I. Privalov, 1891~1941
普鲁塔克　Plutarch, 约 46~120
普罗克鲁斯　Proclus, 410~485
普吕弗　H. Prüfer, 1896~1934
普吕克　J. Plücker, 1801~1868
普特南　H. Putnam, 1924~
蒲丰　G. L. L. Buffon, 1707~1788

Q

齐平　L. Zippin, 1905~1995
奇恩豪斯　E. W. Tschirnhaus, 1651~1708
恰普雷金　S. A. Chaplygin, 1869~1942
切比雪夫　P. L. Chebyshev, 1821~1894
切赫　E. Čech, 1893~1960
切萨罗　E. Cesaro, 1859~1906

琼斯 D. S. Jones, 1922~
琼斯 V. F. R. Jones, 1952~
丘成桐 Yau Shing-Tung, 1949~
丘奇 A. Church, 1903~1995

R

热尔贝 Gerbert, 约 950~1003
热尔岗 J.-D. Gergonne, 1771~1859
热尔曼 S. Germain, 1776~1831
热夫雷 M. J. Gevrey, 1884~1957
茹科夫斯基 N. E. Zhukovsky, 1847~1921
茹利亚 G. M. Julia, 1893~1978
瑞利勋爵 (即斯特拉特) Lord Rayleigh
若尔当 M. E. C. Jordan, 1838~1921

S

萨凯里 G. Saccheri, 1667~1733
萨缪尔森 P. A. Samuelson, 1915~2009
塞尔 J.-P. Serre, 1926~
塞尔贝格 A. Selberg, 1917~2007
塞弗特 H. K. I. Seifert, 1907~1996
塞格雷 C. Segre, 1863~1924
塞曼 E. C. Zeeman, 1925~
塞毛艾勒 al-Samaw'al, 约 1130~1180?
塞翁 Theon of Alexandria, 4 世纪晚期
赛德尔 P. L. von Seidel, 1821~1896
三上义夫 Mikami Yoshio, 1875~1950
瑟凯法尔维–纳吉 B. Szökefalvi-Nagy, 1913~1998
瑟斯顿 W. P. Thurston, 1946~
森重文 Mori Shigefumi, 1951~
沙比 P. Charpit, ?~1784
沙法列维奇 I. R. Shafarevich, 1923~
沙勒 M. Chasles, 1793~1880
沙利文 D. P. Sullivan, 1941~
绍德尔 J. P. Schauder, 1899~1943
舍恩菲尔德 A. H. Schoenfeld, 1899~1943
施蒂费尔 M. Stifel, 约 1487~1567
施蒂克贝格 L. Stickelberger, 1850~1936
施罗德 F. W. K. E. Schröder, 1841~1902
施密德 H.-L. Schmid, 1908~1956
施密德 W. Schmid, 1943~
施密特 E. Schimidt, 1876~1959
施奈德 T. Schneider, 1911~1988
施尼雷尔曼 L. G. Shnirel'man, 1905~1938
施佩纳 E. Sperner, 1905~1980
施泰纳 J. Steiner, 1796~1863
施泰尼兹 E. Steinitz, 1871~1928
施坦豪斯 H. Steinhaus, 1887~1972
施陶特 K. G. C. von Staudt, 1798~1867
施图姆 F. O. R. Sturm, 1841~1919
施瓦茨 H. A. Schwarz, 1843~1921
施瓦兹 L. Schwartz, 1915~2002
史密斯 D. E. Smith, 1860~1944
舒伯特 H. C. H. Schubert, 1848~1911
舒尔 I. Schur, 1875~1941
斯蒂尔切斯 T. Jan Stieltjes, 1856~1894
斯蒂弗尔 E. L. Stiefel, 1909~1978
斯蒂文 S. Stevin, 约 1548~1620
斯杰克洛夫 V. A. Steklov, 1864~1926
斯杰潘诺夫 V. V. Stepanov, 1889~1950
斯科伦 A. T. Skolem, 1887~1963
斯里达拉 Sridhara, 9 世纪
斯吕塞 R.-F. de Sluse, 1622~1685
斯梅尔 S. Smale, 1930~
斯米尔诺夫 V. I. Smirnov, 1887~1974
斯涅尔 W. Snell, 1580~1626
斯潘塞 D. C. Spencer, 1912~2001
斯坦 E. M. Stein, 1931~
斯坦贝格 R. Steinberg, 1922~
斯特拉特 J. W. Strutt, 1842~1919
斯特林 J. Stirling, 1692~1770
斯特罗伊克 D. J. Struik, 1894~2000
斯廷罗德 N. E. Steenrod, 1910~1971
斯通 M. H. Stone, 1903~1989
斯图姆 C.-F. Sturm, 1803~1855
斯托克斯 G. G. Stokes, 1819~1903
斯温纳顿–戴尔 H. P. F. Swinnerton-Dyer, 1927~
松永良别 Matsunaga Yoshisuke, 1693~1744
苏步青 Su Bu-Chin, 1902~2003

苏丹 M. Sudan, 1966~
苏斯林 M. Y. Suslin, 1894~1919
索伯列夫 S. L. Sobolev, 1908~1989

T

塔尔塔利亚 Tartaglia(本名 Niccolo Fontana), 1499~1557
塔尔杨 R. E. Taryan, 1948~
塔克 A. W. Tucker, 1905~1995
塔马金 J. D. Tamarkin, 1888~1945
塔内里 J. Tannery, 1848~1910
塔内里 P. Tannery, 1843~1904
塔斯基 A. Tarski, 1901~1983
泰勒 B. Taylor, 1685~1731
泰勒 R. L. Taylor, 1962~
泰勒斯 Thales of Miletus, 约公元前 625~前 547
泰特 J. T. Tate, 1925~
泰特 T. T. Tate, 1807~1888
泰特托斯 Theaetetus, 约公元前 417~前 369
泰希米勒 O. Teichmueller, 1913?~1943?
汤川秀树 Yukawa Hideki, 1907~1981
汤姆森 W. Thomson, 1824~1907
汤普森 J. G. Thompson, 1932~
唐纳森 S. K. Donaldson, 1957~
陶伯 A. Tauber, 1866~1942?
陶哲轩 T. Tao, 1975~
特里科米 F. G. Tricomi, 1897~1978
特利夫斯 J. F. Treves, 1930~
特鲁斯德尔 C. A. Truesdell, 1919~2000
特普利茨 O. Toeplitz, 1881~1940
图基 J. W. Tukey, 1915~2000
图灵 A. M. Turing, 1912~1954
图灵 P. Turing, 1910~1976
托勒密 Ptolemy, 约 100~170
托里拆利 E. Torricelli, 1608~1647
托姆 R. Thom, 1923~2002
托内利 L. Tonelli, 1885~1946

W

洼田忠彦 Kubota Tadahiko, 1885~1952
瓦尔德 A. Wald, 1902~1950
瓦尔拉 L. Walras, 1834~1910
瓦格纳 D. H. Wagner, 1925~1997
瓦拉德汉 S. R. S. Varadhan, 1946~
瓦拉哈米希拉 Varāhamihira, 约 505~587
瓦利龙 G. Valiron, 1884~1955
瓦林特 L. Valiant, 1949~
外尔 H. Weyl, 1885~1955
王浩 Wang Hao, 1921~1995
王宪钟 Wang Hsien-Chung, 1918~1978
王湘浩 Wang Shianghaw, 1915~1993
旺策尔 P.-L. Wantzel, 1814~1848
威顿 E. Witten, 1951~
威尔克斯 S. S. Wilkes, 1906~1964
威尔莫 T. J. Willmore, 1919~2005
威格森 A. Wigderson, 1956~
威曼 A. Wiman, 1865~1959
威沙特 J. Wishart, 1898~1956
韦伯 W. Weber, 1842~1913
韦达 F. Vieta, 1540~1603
韦德伯恩 J. H. M. Wedderburn, 1882~1948
韦塞尔 C. Wessel, 1745~1818
韦伊 A. Weil, 1906~1998
维布伦 O. Veblen, 1880~1960
维恩 J. Venn, 1834~1923
维尔 J. Ville, 1910~1989
维尔纳 J. Werner, 1468~1528
维尔纳 W. Werner, 1968~
维纳 N. Wiener, 1894~1964
维诺格拉多夫 I. M. Vinogradov, 1891~1983
维特 E. Witt, 1911~1991
维特比 A. Viterbi, 1935~
维特根斯坦 L. Wittgenstein, 1889~1951
维维亚尼 V. Viviani, 1622~1703
伟烈亚力 A. Wylie, 1815~1887
魏尔斯特拉斯 K. Weierstrass, 1815~1897
温特纳 A. Wintner, 1903~1958
沃尔 C. T. C. Wall, 1936~

沃尔夫　R. Wolf, 1887~1981
沃尔什　J. E. Walsh, 1919~1972
沃尔什　J. L. Walsh, 1895~1973
沃尔泰拉　V. Volterra, 1860~1940
沃利斯　J. Wallis, 1616~1703
沃森　J. D. Watson, 1928~
沃耶沃茨基　V. Voevodsky, 1966~
乌尔班尼克　K. Urbanik, 1930~
乌格里狄西　Al-Uqlīdīsī, 公元 10 世纪
乌拉姆　S. M. Ulam, 1909~1984
乌雷松　P. S. Uryson, 1898~1924
乌鲁伯格　Ulūgh Beg, 1394~1449
乌伦贝克　K. Uhlenbeck, 1942~
吴文俊　Wu Wen-Tsün, 1919~
伍鸿熙　Wu Hung-Hsi

X

西奥多罗斯　Theodorus of Cyrene, 约公元前 465~ 前 399
西奥多修斯　Theodosius of Bithynia, 公元前 2 世纪后半叶
西尔维斯特　J. J. Sylvester, 1814~1897
西格尔　C. L. Siegel, 1896~1981
西罗　P. L. M. Sylow, 1832~1918
西蒙　H. A. Simon, 1916~2001
西奈　Y. G. Sinaĭ, 1935~
希比阿斯　Hippias of Ellis, 约公元前 400
希波克拉底　Hippocrates of Chios, 公元前 460~ 约前 370
希策布鲁赫　F. E. P. Hirzebruch, 1927~
希尔　C. E. Hill, 1894~1980
希尔　G. W. Hill, 1838~1914
希尔　L. S. Hill, 1890~1961
希尔　R. Hill, 1921~
希尔伯特　D. Hilbert, 1862~1943
希格曼　G. Higman, 1917~2008
希拉　S. Shelah, 1945~
希帕蒂娅　Hypatia, 约 370~415
希帕科斯　Hipparchus, 约公元前 180~ 前 125
希帕索斯　Hippasus, 公元前 470 年左右
希思　T. L. Heath, 1861~1940
希伍德　P. Heawood, 1861~1955
香农　C. E. Shannon, 1916~2001
项武义　Hsiang Wu Yi, 1937~
肖尔　P. W. Shor, 1959~
萧荫堂　Siu Yum-Tong, 1943~
小平邦彦　Kodaira Kunihiko, 1915~1997
谢尔品斯基　W. Sierpiński, 1882~1969
谢拉赫　S. Shelah, 1945~
谢瓦莱　C. Chevalley, 1909~1984
辛格　I. M. Singer, 1924~
辛普森　T. Simpson, 1710~1761
辛钦　A. Y. Khinchin, 1894~1959
熊庆来　King Lai Hiong, 1893~1969
休厄尔　W. Whewell, 1794~1866
许宝騄　Hsu Pao-lu, 1910~1970
许德　J. Hudde, 1628~1704
许凯　N. Chuquet, 15 世纪下半叶
薛定谔　E. Schrödinger, 1887~1961

Y

雅各布森　N. Jacobson, 1910~1999
雅可比　C. G. J. Jacobi, 1804~1851
亚当斯　J. C. Adams, 1819~1892
亚当斯　J. F. Adams, 1930~1989
亚里士多德　Aristotle, 公元前 384~ 前 322
亚历山大　J. W. Alexander, 1888~1971
亚历山德罗夫　A. D. Aleksandrov, 1912~1999
亚历山德罗夫　P. S. Aleksandrov, 1896~1982
岩泽健吉　Iwasawa Kenkichi, 1917~1998
扬科　Z. Janko, 1932~1979
杨　J. R. Young, 1799~1885
杨　J. W. Young, 1879~1932
杨武之　Yang Ko-Chuen, 1898~1975
杨振宁　Yang Chen-Ning, 1922~
耶茨　F. Yates, 1902~1994
叶菲莫夫　N. V. Efimov, 1910~1982
叶戈罗夫　D. F. Egorov, 1869~1931

尹本・海塞姆 Ibn al-Haytham, 965～1040?
伊藤清 Itō Kiyosi, 1915～2008
因费尔德 L. Infeld, 1898～1968
英斯 E. L. Ince, 1891～1941
永田雅宜 Nagata Masayosi, 1927～2008
尤登 W. J. Youden, 1900～1971
尤什凯维奇 A. P. Yushkevich, 1906～1993
约翰 F. John, 1910～1994
约柯兹 J.-C. Yoccoz, 1957～

Z

泽尔曼诺夫 E. I. Zelmanov, 1955～
曾炯之 Tsen Chiung-tze, 1898～1940
扎布斯基 N. J. Zabusky, 1929～
扎德 L. A. Zadeh, 1921～
扎里斯基 O. Zariski, 1899～1986
张圣蓉 Chang Sun-Yung Allice, 1948～
正田建次郎 Shoda Kenjiro, 1902～1977
郑之藩 Tsen Tze-fan, 1887～1963
芝诺 Zeno of Elea, 约公元前 490～ 前 430
志村五郎 Shimura Goro, 1930～
中山正 Nakayama Tadasi, 1912～1964
钟开莱 Chun Kai-Lai, 1917～2009
周炜良 Chou Wei-Liang, 1911～1995
佐恩 M. Zorn, 1906～1993
佐藤干夫 Sato Mikio, 1928～
佐佐木重夫 Sasaki Shigeo, 1912～1987

2. 外文 — 中文译名

(按姓氏字母排序)

A

Abel, N. H. 阿贝尔
Abū Kāmil 阿布・卡米勒
Abu'l-Wafa 阿布・瓦法
Ackermann, F. W. 阿克曼
Adams, J. C. 亚当斯
Adams, J. F. 亚当斯
Adelard of Bath 阿德拉德
Agnesi, M. 阿涅西
Ahlfors, L. V. 阿尔福斯
Aida Yasuaki 会田安明
Airy, G. B. 艾里
Aitken, A. C. 艾特肯
Ajima Naonobu 安岛直圆
Albanese, G. 阿尔巴内塞
al-Battānī 巴塔尼
Albert, A. A. 阿尔伯特
Alberti, L. B. 阿尔贝蒂
al-Bīrūnī 比鲁尼
al-Dīn al-Tūsī, N. 纳西尔・丁
al Hāsib, H. 海拜什・哈西卜
Aleksandrov, A. D. 亚历山德罗夫
Aleksandrov, P. S. 亚历山德罗夫
Alexander, J. W. 亚历山大
al-Jawhari 焦赫里
al-Karajī 凯拉吉
al-Kāshī 卡西
al-Khowārizmi 花拉子米
Allendoerfer, C. B. 艾伦多弗
al-Samaw'al 塞毛艾勒
al-Uqlīdīsī 乌格里狄西
Ampére, A.-M. 安培
Anaxagoras 安纳萨哥拉斯
Anderson, T. W. 安德森
Anosov, D. V. 阿诺索夫
Anthonisz, A. 安托尼兹
Antiphon 安蒂丰
Apollonius of Perga 阿波罗尼奥斯
Appel, K. 阿佩尔
Appell, P.-E. 阿佩尔
Archimedes 阿基米德
Archytas 阿契塔斯
Argand, R. 阿尔冈
Aristotle 亚里士多德
Arnol'd, V. I. 阿诺尔德
Arrow, K. J. 阿罗
Artin, E. 阿廷
Aryabhata I 阿耶波多第一
Arzelà, C. 阿尔泽拉
Atiyah, M. F. 阿蒂亚

B

Babbage, C. 巴贝奇
Babuška, I. 巴布斯卡
Bachet, C.-G. 巴歇
Bäcklund, A. V. 贝克隆
Backus, J. 巴克斯
Baer, R. 白尔
Bahadur, R. R. 巴哈杜尔
Baire, R. L. 贝尔
Baker, A. 贝克
Baker, A. L. 贝克
Baker, H. F. 贝克
Baker, T. 贝克
Banach, S. 巴拿赫
Bang, T. 邦
Bargmann, V. 巴格曼
Barnes, E. W. 巴恩斯
Barrow, I. 巴罗
Bauer, F. L. 鲍尔
Bauer, G. C. 鲍尔
Bauer, H. 鲍尔
Bauer, M. 鲍尔
Baxter, R. J. 巴克斯特
Bayes, T. 贝叶斯
Beda, V. 比德
Bell, E. T. 贝尔
Bellman, R. 贝尔曼
Beltrami, E. 贝尔特拉米
Bendixson, I. O. 本迪克松
Bergman, S. 伯格曼
Berkeley, G. 伯克莱
Bernays, P. 贝尔奈斯
Bernoulli, Daniel 丹尼尔·伯努利
Bernoulli, Jacob I 雅各布·伯努利第一
Bernoulli, Jacob II 雅各布·伯努利第二
Bernoulli, John I 约翰·伯努利第一
Bernoulli, John II 约翰·伯努利第二
Bernoulli, John III 约翰·伯努利第三
Bernoulli, Nicolaus I 尼古拉·伯努利第一
Bernoulli, Nicolaus II 尼古拉·伯努利第二
Bernstein, F. 伯恩斯坦
Bernstein, S. N. 伯恩斯坦
Bers, L. 贝尔斯
Bertrand, J. 贝特朗
Bessaga, C. 贝沙加
Bessel, F. W. 贝塞尔
Betti, E. 贝蒂
Bézout, É. 贝祖
Bhāskara II 婆什迦罗第二
Bhattacharyya, A. 巴塔恰里亚
Bianchi, L. 比安基
Bieberbach, L. 比伯巴赫
Binet, J. P. M. 比内
Bing, R. H. 宾
Biot, J.-B. 毕奥
Birch, B. J. 伯奇
Birkhoff, G. 伯克霍夫
Birkhoff, G. D. 伯克霍夫
Bitsadze, A. V. 比察捷
Bjerknes, V. 比耶克内斯
Blackwell, D. 布莱克韦尔
Blaschke, W. 布拉施克
Bloch, A. 布洛赫
Blumenthal, L. O. 布卢门塔尔
Bochner, S. 博赫纳
Boethius, A. M. S. 博伊西斯
Bogolyubov, N. N. 博戈柳博夫
Bogorelov, A. V. 波戈列洛夫
Bohr, H. 玻尔
Bolibruch, A. A. 鲍里布鲁克
Boltzmann, L. E. 玻尔兹曼
Bolyai, J. 波尔约
Bolza, O. 博尔扎
Bolzano, B. 波尔查诺
Bombelli, R. 邦贝利
Bombieri, E. 邦别里
Bonnet, P.-O. 博内
Boole, G. 布尔
Borcherds, R. E. 博切尔兹
Borel, A. 博雷尔
Borel, E. 博雷尔

Born, M. 博恩
Bosse, A. 博斯
Bott, R. 博特
Bourbaki, N. 布尔巴基
Bourgain, J. 布尔盖恩
Boussinesq, J. V. 布西内斯克
Box, G. E. P. 博克斯
Boyer, C. B. 博耶
Bradwardine, T. 布拉德沃丁
Brahmagupta 婆罗摩笈多
Brauer, R. D. 布饶尔
Bravais, A. 布拉维
Brianchon, C.-J. 布里昂雄
Briggs, H. 布里格斯
Brillouin, M. L. 布里渊
Brouncker, W. 布龙克尔
Brouwer, L. E. J. 布劳威尔
Browder, F. E. 布劳德
Browder, W. 布劳德
Bruhat, F. 布吕阿
Brun, V. 布伦
Bryson of Heraclea 布里松
Bucy, R. S. 布西
Bürgi, J. 比尔吉
Buffon, G. L. L. 蒲丰
Bunyakovskiĭ, V. Ya. 布尼亚科夫斯基
Burali-Forti, C. 布拉里–福蒂
Burnside, W. 伯恩赛德
Busemann, H. 布斯曼
Byron, A. A. 拜伦

C

Cajory, F. 卡约里
Calabi, E. 卡拉比
Caldrön, A. P. 卡尔德龙
Campanus of Novara 坎帕努斯
Campbell, J. E. 坎贝尔
Cantor, G. 康托尔
Cantor, M. B. 康托尔
Caratheòdory, C. 卡拉泰奥多里
Cardano, G. 卡尔达诺
Carleman, T. 卡莱曼
Carleson, L. A. E. 卡勒松
Carlson, B. C. 卡尔松
Carlson, F. 卡尔松
Carnot, L.-N.-M. 卡诺
Cartan, E. J. 嘉当
Cartan, H. P. 嘉当
Cartier, P. E. 卡吉耶
Cassels, J. W. S. 卡塞尔斯
Catalan, E. C. 卡塔兰
Cauchy , A.-L. 柯西
Cavalieri, B. 卡瓦列里
Cayley, A. 凯莱
Čech, E. 切赫
Cesaro, E. 切萨罗
Chan-chan Tsoo 姜立夫
Chang Sun-Yung Allice 张圣蓉
Chaplygin, S. A. 恰普雷金
Chapman, S. 查普曼
Charpit, P. 沙比
Chasles, M. 沙勒
Chebyshev, P. L. 切比雪夫
Chen Ching-Jun 陈景润
Chen Kien-Kwong 陈建功
Chern Shiing-Shen 陈省身
Chevalley, C. 谢瓦莱
Chiang L. F. 姜立夫
Chou Wei-Liang 周炜良
Christoffel, E. B. 克里斯托费尔
Chun Kai-Lai 钟开莱
Chuquet, N. 许凯
Church, A. 丘奇
Clairaut, A.-C. 克莱罗
Clavius, C. 克拉维乌斯
Clliford, A. H. 克利福德
Clliford, W.-K. 克利福德
Cohen, P. J. 科恩
Cohn-Vossen, S. 康福森
Cole, F. N. 科尔
Condorcet, M.-J.-A.-N. C. M de 孔多塞
Connes, A. 孔涅
Conway, J. H. 康韦

Cooper, W. S. 库珀
Cormack, A. M. 科马克
Cornu, M. A. 考纽
Cotes, R. 科茨
Courant, R. 库朗
Cousin, J. A. 库赞
Coxeter, H. S. M. 考克斯特
Cramer, G. 克莱姆
Cramèr, H. 克拉默
Crelle, A. L. 克雷尔
Cremona, A. L. G. G. 克雷莫纳
Curtis, C. W. 柯蒂斯

D

d'Alembert, J. L. R. 达朗贝尔
da Vinci, L. 达·芬奇
Dantzig, G. B. 丹齐格
Darboux, G. 达布
Darwin, C. G. 达尔文
Darwin, G. H. 达尔文
Davenport, H. 达文波特
Davis, M. D. 戴维斯
de Branges, L. 德布朗斯
de Giorgi, E. 德乔治
de la Vallée-Poussin, C.-J.-G. N. 德拉瓦莱普桑
de Maupertuis, P. L. M. 莫佩蒂
de Moivre, A. 棣莫弗
De Morgan, A. 德摩根
de Rham, G. 德拉姆
de Sluse, R.-F. 斯吕塞
de Vries, G. 德弗里斯
Deacartes, R. du P. 笛卡儿
Debreu, G. 德布鲁
Debye, P. J. W. 德拜
Dedekind, J. W. R. 戴德金
Dehn, M. 德恩
Deligne, P. R. 德利涅
Delone, B. N. 杰洛涅
Democritus 德谟克利特
Denjoy, A. 当茹瓦
Desargues, G. 德萨格
Deuring, M. F. 多伊林
Dickson, L. E. 狄克森
Dieudonné, J. A. 迪厄多内
Dini, U. 迪尼
Dinostratus 狄诺斯特拉托斯
Diophantus 丢番图
Dirac, P. A. M. 狄拉克
Dirichlet, P. G. 狄利克雷
Donaldson, S. K. 唐纳森
Doob, J. L. 杜布
Douglas, J. 道格拉斯
Douglas, R. G. 道格拉斯
Drinfel'd, V. G. 德林费尔德
du Bois-Reymond, P. D. G. 杜布瓦雷蒙
Dürer, A. 丢勒
Duhamel, J. M. C. 杜阿梅尔
Dunford, N. 邓福德
Dupin, P. C. F. 迪潘
Dyer, S. E. Jr. 戴尔
Dynkin, E. B. 邓肯

E

Efimov, N. V. 叶菲莫夫
Egorov, D. F. 叶戈罗夫
Ehresmann, C. 埃雷斯曼
Eilenberg, S. 艾伦伯格
Einstein, A. 爱因斯坦
Eisenhart, L. P. 艾森哈特
Eisenstein, F. G. M. 艾森斯坦
Engquist, B. 恩奎斯特
Enskog, D. 恩斯库格
Eratosthenes 埃拉托色尼
Erdös, P. 埃尔德什
Euclid of Alexandria 欧几里得
Eudemus of Rhodes 欧德莫斯
Eudoxus of Cnidus 欧多克索斯
Euler, L. 欧拉

F

Faddeev, L. D. 法捷耶夫

Fagnano, G. C. 法尼亚诺
Faltings, G. 法尔廷斯
Fan Ky 樊𰌶
Fano, G. 法诺
Farey, J. 法里
Farkas, J. 法卡斯
Fatou, P. J. L. 法图
Federer, H. 费德雷尔
Fefferman, C. L. 费弗曼
Feit, W. 费特
Fejér, L. 费耶
Feller, W. 费勒
Fermat, P. de 费马
Ferrari, L. 费拉里
Ferro, S. 费罗
Fibonacci, L. 斐波那契
Fields, J. C. 菲尔兹
Fikhtengol'tz, G. M. 菲赫金戈尔兹
Filon, L. N. G. 菲隆
Fine, H. B. 范因
Fink, T. 芬克
Finsler, P. 芬斯勒
Fior, A. M. 费奥尔
Fischer, E. 费舍尔
Fisher, R. A. 费希尔
Fitting, H. 菲廷
Fourier, J. B. J. 傅里叶
Fraenkel, A. A. 弗伦克尔
Frank, P. 弗兰克
Frechet, M.-R. 弗雷歇
Fredholm, E. I. 弗雷德霍姆
Freedman, M. 弗里德曼
Frege, F. L. G. 弗雷格
Fresnel, A. J. 菲涅尔
Freudenthal, H. 弗罗伊登塔尔
Friedrichs, K. O. 弗里德里希斯
Frisch, R. 弗里施
Frobenius, F. G. 弗罗贝尼乌斯
Frohlich, A. 弗勒利希
Fubini, G. 富比尼
Fuchs, I. L. 富克斯
Furstenberg, H. 弗斯腾伯格

G

Galërkin, B. G. 伽辽金
Galileo(Galilei) 伽利略
Galle, J. G. 加勒
Galois, E. 伽罗瓦
Galton, F. 高尔顿
Gårding, L. 戈尔丁
Gauss, C. F. 高斯
Gegenbauer, L. 盖根鲍尔
Gelfand, I. M. 盖尔范德
Gelfond, A. O. 盖尔丰德
Gentzen, G. 根岑
Gerard of Cremona 杰拉德
Gerbert 热尔贝
Gergonne, J.-D. 热尔岗
Germain, S. 热尔曼
Gevrey, M. J. 热夫雷
Gibbs, J. W. 吉布斯
Girard, A. 吉拉尔
Givens, J. W. Jr. 吉文斯
Gleason, A. M. 格利森
Glimm, J. 格利姆
Gnedenko, B. V. 格涅坚科
Gödel, K. 哥德尔
Godunov, S. K. 戈杜诺夫
Goldbach, C. 哥德巴赫
Goldstein, H. H. 戈尔德施泰因
Golubev, V. V. 戈卢别夫
Gomory, R. E. 戈莫里
Gordan, P. A. 戈丹
Gordon, T. W. 戈登
Gorénstein, D. 戈伦斯坦
Gosset, W. S. 戈塞特
Goursat, É. J. B. 古尔萨
Gowers, W. T. 高尔斯
Gram, J. P. 格拉姆
Grandi, G. 格兰迪
Grassmann, H. G. 格拉斯曼
Green, G. 格林

Gregory, J. 格雷戈里
Griess, R. L. 格里斯
Griffiths, P. A. 格里菲斯
Gromov, M. 格罗莫夫
Gronwall, T. H. 格朗沃尔
Grossmann, M. 格罗斯曼
Grothendieck, A. 格罗滕迪克
Gudermann, C. 古德曼

H

Haar, A. 哈尔
Hadamard, J. 阿达马
Haefliger, A. 黑夫利格尔
Hall, M. Jr. 霍尔
Hall, P. 霍尔
Halley, E. 哈雷
Halmos, P. R. 哈尔莫斯
Hamel, G. K. W. 哈梅尔
Hamilton, R. 哈密顿
Hamilton, W. R. 哈密顿
Hammerstein, A. 哈默斯坦
Hamming, R. W. 汉明
Hankel, H. 汉克尔
Hardy, G. H. 哈代
Harish-Chandra 哈里希–钱德拉
Harnack, C. G. A. 哈纳克
Hasse, H. 哈塞
Hausdorff, F. 豪斯多夫
Hawking, S. W. 霍金
Hayashi Tsuruichi 林鹤一
Hayman, W. K. 海曼
Heath, T. L. 希思
Heaviside, O. 赫维赛德
Heawood, P. 希伍德
Hecke, E. 赫克
Heegaard, P. 赫戈
Heilbronn, H. 海尔布伦
Heine, H. E. 海涅
Heisenberg, W. K. 海森伯
Hellinger, E. 黑林格
Helmert, F. R. 赫尔默特
Helmholtz, H. L. F. 亥姆霍兹
Hensel, K. 亨泽尔
Hermite, C. 埃尔米特
Heron of Alexander 海伦
Heyting, A. 海廷
Higman, G. 希格曼
Hilbert, D. 希尔伯特
Hill, C. E. 希尔
Hill, G. W. 希尔
Hill, L. S. 希尔
Hill, R. 希尔
Hipparchus 希帕科斯
Hippasus 希帕索斯
Hippias of Ellis 希比阿斯
Hippocrates of Chios 希波克拉底
Hironaka Heisuke 广中平佑
Hirzebruch, F. E. P. 希策布鲁赫
Hobbes, T. 霍布斯
Hochschild, G. P. 霍赫希尔德
Hodge, W. V. D. 霍奇
Hölder, O. L. 赫尔德
Holmgren, E. A. 霍姆格伦
Hopf, E. 霍普夫
Hopf, H. 霍普夫
Hopkins, W. 霍普金斯
Hörmander, L. V. 霍尔曼德
Horner, W. G. 霍纳
Hotelling, H. 霍特林
Householder, A. S. 豪斯霍尔德
Hsiang Wu Yi 项武义
Hsu Pao-lu 许宝騄
Hua Loo-keng 华罗庚
Hudde, J. 许德
Hukuhara Masuo 福原满洲雄
Hunt, G. A. 亨特
Huntington, E. V. 亨廷顿
Hurewicz, W. 胡尔维奇
Hurwitz, A. 赫尔维茨
Huygens, C. 惠更斯
Hypatia 希帕蒂娅

I

Ibn al-Haytham 伊本·海塞姆
Ince, E. L. 英斯
Infeld, L. 因费尔德
Itō Kiyosi 伊藤清
Iwasawa Kenkichi 岩泽健吉
Iyanaga Shokichi 弥永昌吉

J

Jacobi, C. G. J. 雅可比
Jacobson, N. 雅各布森
Jan Stieltjes, T. 斯蒂尔切斯
Janko, Z. 扬科
Jevons, W. S. 杰文斯
John, F. 约翰
Jones, D. S. 琼斯
Jones, V. F. R. 琼斯
Jordan, M. E. C. 若尔当
Julia, G. M. 茹利亚

K

Kac, M. 卡茨
Kakutani Shizuo 角谷静夫
Kalman, R. E. 卡尔曼
Kamke, E. 卡姆克
Kant, I. 康德
Kantorovich, L. V. 康托洛维奇
Kaplansky, I. 卡普兰斯基
Karlin, S. 卡林
Karpinsky, L. C. 卡尔平斯基
Kato Tosio 加藤敏夫
Kawada Yukiyoshi 河田敬义
Keldysh, M. V. 凯尔迪什
Keller, J. B. 凯勒
Kellogg, O. D. 凯洛格
Kelvin, Lord 开尔文勋爵 (即汤姆森)
Kempe, A. B. 肯普
Kendall, D. G. 肯德尔
Kepler, J. 开普勒
Khatri, C. G. 卡德里
Khayyam, O. 奥马·海亚姆
Khinchin, A. Y. 辛钦
Kiang Tsai-han 江泽涵
Kiefer, J. C. 基弗
Killing, W. K. J. 基灵
King Lai Hiong 熊庆来
Kirchhoff, G. R. 基尔霍夫
Kleene, S. C. 克林
Klein, F. 克莱因
Klein, L. R. 克莱因
Kleinberg, J. 克莱因伯格
Kline, M. 克莱因
Kloosterman, H. D. 克卢斯特曼
Klügel, G. S. 克吕格尔
Knopp, K. 克诺普
Knuth, D. E. 克努特
Koch, H. von 柯赫
Kodaira Kunihiko 小平邦彦
Koebe, P. 克贝
Kolmogorov, A. N. 科尔莫戈罗夫
Kontsevich, M. 孔采维奇
Koopmans, T. C. 库普曼斯
Korteweg, D. J. 科尔泰沃赫
Kostant, B. 科斯坦特
Koszul, J.-L. 科斯居尔
Kovalevskaya, S. V. 柯瓦列夫斯卡娅
Kravchuk, M. F. 克拉夫丘克
Krein, M. G. 克赖因
Kronecker, L. 克罗内克
Krull, W. 克鲁尔
Kruskal, M. D. 克鲁斯卡尔
Kubota Tadahiko 洼田忠彦
Kummer, E. E. 库默尔
Kuratowski, K. 库拉托夫斯基
Kurosh, A. G. 库洛什
Kutta, W. M. 库塔

L

L'Hospital, G.-F.-A. de 洛必达
La Hire, P. de 拉伊尔
Lacroix, S. F. 拉克鲁瓦
Ladyzhenskaya, O. A. 拉德任斯卡娅

Lafforgue, L. 拉福格
Lagrange, J. L. 拉格朗日
Laguerre, E. N. 拉盖尔
Lalande, J. de 拉朗德
Lambert, J. H. 兰伯特
Lamé, G. 拉梅
Lanchester, W. L. 兰彻斯特
Lanczos, C. 兰乔斯
Landau, E. G. H. 兰道
Landen, J. 兰登
Lang, S. 兰
Langlands, R. P. 朗兰兹
Laplace, P.-S. M. de 拉普拉斯
Laurent, P. A. 洛朗
Lavrent'ev, M. A. 拉夫连季耶夫
Lax, P. D. 拉克斯
Le Verrier, U. J. J. 勒维耶
Lebesgue, H. L. 勒贝格
Lefschetz, S. 莱夫谢茨
Legendre, A.-M. 勒让德
Lehmer, D. H. 莱默
Leibler, R. A. 莱布勒
Leibniz, G. W. 莱布尼茨
Leontief, W. 列昂惕夫
Leray, J. 勒雷
Levi, B. 莱维
Levi-Civita, T. 列维–齐维塔
Levinson, N. 莱文森
Levitan, B. M. 列维坦
Levy, P. P. 莱维
Lewy, H. 卢伊
Lie, S. 李
Lieb, E. H. 利布
Lin Chia-chiao 林加翘
Lindeloef, E. L. 林德勒夫
Lindemann, C. L. F. 林德曼
Lions, J.-L. 利翁斯
Lions, P.-L. 利翁斯
Liouville, J. 刘维尔
Lipschitz, R. 利普希茨
Listing, J. B. 利斯廷
Littlewood, J. E. 李特尔伍德
Lobachevsky, N. I. 罗巴切夫斯基
Lojasiewicz, S. 洛雅希维奇
Loomis, E. 卢米斯
Lorentz, H. A. 洛伦兹
Lovász, L. 罗瓦兹
Luzin, N. N. 卢津
Lyapunov, A. M. 李雅普诺夫

M

MacLane, S. 麦克莱恩
Maclaurin, C. 麦克劳林
MacShane, E. J. 麦克沙恩
Magenes, E. 马格内斯
Māhāvira 马哈维拉
Mahler, K. 马勒
Malliavin, P. 马利亚万
Mandelbrot, B. B. 芒德布罗
Manin, Y. I. 马宁
Mardešić, S. 马尔德西奇
Margulis, G. A. 马尔古利斯
Markov, A. A. 马尔可夫
Markushevich, A. I. 马尔库舍维奇
Matiyasevich, Y. V. 马蒂雅舍维奇
Matsunaga Yoshisuke 松永良别
Maxwell, J. C. 麦克斯韦
McMullen, C. T. 麦克马伦
Menaechmus 梅内克缪斯
Menelaus 门纳劳斯
Méray, H. C. R. 梅雷
Mercator, N. 梅卡托
Mersenne, M. 梅森
Mikami Yoshio 三上义夫
Mills, R. L. 米尔斯
Milnor, J. W. 米尔诺
Minfu Tan Hu 胡明复
Minkowski, H. 闵可夫斯基
Mittag-Leffler, M. G. 米塔–列夫勒
Möbius, A. F. 默比乌斯
Monge, G. 蒙日
Montel, P. A. 蒙泰尔

Montgomery, D. 蒙哥马利
Montucla , J.-É. 蒙蒂克拉
Morawetz, C. S. 莫拉维兹
Mordell, L. J. 莫德尔
Morgenstern, O. 莫根施特恩
Mori Shigefumi 森重文
Morley, F. 莫利
Morse, H. M. 莫尔斯
Moser, J. K. 莫泽
Mosteller, F. 莫斯特勒
Mostow, G. D. 莫斯托
Mostowski, A. 莫斯托夫斯基
Moulton, F. R. 莫尔顿
Müller, J. 米勒 (即雷乔蒙塔努斯)
Mumford, D. B. 芒福德
Murray, J. D. 默里

N

Nagata Masayosi 永田雅宜
Naimark, M. A. 奈马克
Nakayama Tadasi 中山正
Napier, J. 纳皮尔
Nash, J. F. 纳什
Navier, C.-L.-M.-H. 纳维
Néron, A. 内龙
Neugebauer, O. 诺伊格鲍尔
Neumann, C. G. 诺伊曼
Nevanlinna, R. H. 奈旺林纳
Newman, M. H. A. 纽曼
Newton, I. 牛顿
Neyman, J. 奈曼
Nichomachus 尼科马可斯
Nichomedes 尼科米德
Nieuwentijt, B. 纽文泰特
Nirenberg, J. 尼伦伯格
Noether, E. 爱米·诺特
Noether, M. 马克斯·诺特
Novikov, S. P. 诺维科夫

O

Obuhov, A. M. 奥布霍夫
Ohm, M. 欧姆
Okounkov, A. Y. 奥昆科夫
Ore, O. 奥尔
Oresme, N. 奥雷姆
Orlicz, W. 奥尔利奇
Ornstein, D. S. 奥恩斯坦
Osgood, W. 奥斯古德
Ostrogradsky, M. V. 奥斯特罗格拉茨基
Otto, V. 奥托
Oughtred, W. 奥特雷德

P

Pacioli, L. 帕乔利
Padé, H. E. 帕德
Painlevé, P. 潘勒韦
Papakyriakopoulos, C. D. 帕帕基利亚科普洛斯
Parent, A. 帕朗
Parmenides 巴门尼德斯
Parseval des Chênes, M. A. 帕塞瓦尔
Pascal, B. 帕斯卡
Pasch, M. 帕施
Peacock, G. 皮科克
Peano, G. 佩亚诺
Pearson, E. S. 皮尔逊
Pearson, K. 皮尔逊
Peirce, C. S. 皮尔斯
Pell, J. 佩尔
Penrose, R. 彭罗斯
Percival, I. C. 珀西瓦尔
Perelman, G. 佩雷尔曼
Perron, O. 佩龙
Peterson, K. M. 彼得松
Petersson, H. 彼得松
Petrov, G. I. 彼得罗夫
Petrovsky, I. G. 彼得罗夫斯基
Peurbach, G. 波伊尔巴赫
Pfaff, J. F. 普法夫
Philolaus 费洛劳斯
Piatetski-Shapiro, I. 皮亚捷茨基–沙皮罗
Picard, C. È. 皮卡

Pinsker, A. G. 平斯克
Pinsker, M. S. 平斯克
Planck, M. K. E. D. 普朗克
Plateau, J. A. F. 普拉托
Plato of Tivoli 普拉托
Plato 柏拉图
Playfair, J. 普莱菲尔
Plemelj, J. 普勒梅利
Plücker, J. 普吕克
Plutarch 普鲁塔克
Poincaré, J. H. 庞加莱
Poisson, S.-D. 泊松
Polya, G. 波利亚
Poncelet, J.-V. 蓬斯莱
Pontryagin, L. S. 庞特里亚金
Post, E. L. 波斯特
Powell, M. J. D. 鲍威尔
Prandtl, R. L. 普朗特
Privalov, I. I. 普里瓦洛夫
Proclus 普罗克鲁斯
Prüfer, H. 普吕弗
Ptolemy 托勒密
Puppus 帕波斯
Putnam, H. 普特南
Pythagoras of Samos 毕达哥拉斯

Q

Quillen, D. G. 奎伦
Qurra, T. ibn 库拉

R

Radau, J. C. R. 拉道
Rademacher, H. 拉德马赫
Radon, J. 拉东
Ramanujan, S. A. 拉马努金
Ramsey, F. P. 拉姆齐
Rankin, R. A. 兰金
Rao, C. R. 拉奥
Raphson, J. 拉弗森
Ratner, M. 拉特纳
Rayleigh, Lord 瑞利勋爵 (即斯特拉特)
Razbborov, A. A. 拉兹波洛夫
Regiomontanus, J. 雷乔蒙塔努斯
Reidemeister, K. W. F. 赖德迈斯特
Remes, E. Ya. 列梅兹
Rényi, A. 雷尼
Reynolds, O. 雷诺
Rheticus, G. J. 雷蒂库斯
Ricatti, J. F. 里卡蒂
Ricci, C. G. 里奇
Ricci, M. 利玛窦
Richardson, A. R. 理查森
Riemann, G. F. B. 黎曼
Riesz, F. 里斯
Ritt, J. F. 里特
Ritz, W. 里茨
Robert of Chester 罗伯特
Roberval, G. P. 罗伯瓦尔
Robin, G. 罗宾
Robinson, A. 鲁宾逊
Robinson, G. de B. 鲁宾逊
Robinson, J. B. 鲁宾逊
Roch, G. 罗赫
Rodrigues, O. 罗德里格斯
Rogers, C. A. 罗杰斯
Rohrl, H. 勒尔
Rokhlin, V. A. 罗赫林
Rolle, M. 罗尔
Rosen, J. B. 罗森
Roth, K. F. 罗特
Rozenfel'd, B. A. 罗森菲尔德
Ruffini, P. 鲁菲尼
Runge, C. D. T. 龙格
Russell, B. A. W. 罗素

S

Saccheri, G. 萨凯里
Samuelson, P. A. 萨缪尔森
Sasaki Shigeo 佐佐木重夫
Sato Mikio 佐藤干夫
Schauder, J. P. 绍德尔
Schimidt, E. 施密特
Schmid, H.-L. 施密德

Schmid, W. 施密德
Schneider, T. 施奈德
Schoenfeld, A. H. 舍恩菲尔德
Schröder, F. W. K. E. 施罗德
Schrödinger, E. 薛定谔
Schubert, H. C. H. 舒伯特
Schur, I. 舒尔
Schwartz, L. 施瓦兹
Schwarz, H. A. 施瓦茨
Segre, C. 塞格雷
Seidel, P. L. von 赛德尔
Seifert, H. K. I. 塞弗特
Seki Takakazu 关孝和
Selberg, A. 塞尔贝格
Serre, J.-P. 塞尔
Shafarevich, I. R. 沙法列维奇
Shannon, C. E. 香农
Shelah, S. 希拉
Shelah, S. 谢拉赫
Shimura Goro 志村五郎
Shnirel'man, L. G. 施尼雷尔曼
Shoda Kenjiro 正田建次郎
Shor, P. W. 肖尔
Siegel, C. L. 西格尔
Sierpiński, W. 谢尔品斯基
Simon, H. A. 西蒙
Simpson, T. 辛普森
Sinaĭ, Y. G. 西奈
Singer, I. M. 辛格
Siu Yum-Tong 萧荫堂
Skolem, A. T. 斯科伦
Smale, S. 斯梅尔
Smirnov, V. I. 斯米尔诺夫
Smith, D. E. 史密斯
Smogolenski, J. N. 穆尼阁
Snell, W. 斯涅尔
Sobolev, S. L. 索伯列夫
Spencer, D. C. 斯潘塞
Sperner, E. 施佩纳
Sridhara 斯里达拉
Steenrod, N. E. 斯廷罗德
Stein, E. M. 斯坦
Steinberg, R. 斯坦贝格
Steiner, J. 施泰纳
Steinhaus, H. 施坦豪斯
Steinitz, E. 施泰尼茲
Steklov, V. A. 斯杰克洛夫
Stepanov, V. V. 斯杰潘诺夫
Stevin, S. 斯蒂文
Stickelberger, L. 施蒂克贝格
Stiefel, E. L. 斯蒂弗尔
Stifel, M. 施蒂费尔
Stirling, J. 斯特林
Stokes, G. G. 斯托克斯
Stone, M. H. 斯通
Struik, D. J. 斯特罗伊克
Strutt, J. W. 斯特拉特
Sturm, C.-F. 斯图姆
Sturm, F. O. R. 施图姆
Su Bu-Chin 苏步青
Sudan, M. 苏丹
Suetuna Zyoiti 末纲恕一
Sullivan, D. P. 沙利文
Suslin, M. Y. 苏斯林
Swinnerton-Dyer, H. P. F. 斯温纳顿-戴尔
Sylow, P. L. M. 西罗
Sylvester, J. J. 西尔维斯特
Szökefalvi-Nagy, B. 瑟凯法尔维-纳吉

T

Takagi Teiji 高木贞治
Takebe Katahiro 建部贤弘
Tamarkin, J. D. 塔马金
Taniyama Yutaka 谷山丰
Tannery, J. 塔内里
Tannery, P. 塔内里
Tao, T. 陶哲轩
Tarski, A. 塔斯基
Tartaglia(本名 Niccolo Fontana) 塔尔塔利亚
Taryan, R. E. 塔尔杨

Tate, J. T. 泰特
Tate, T. T. 泰特
Tauber, A. 陶伯
Taylor, B. 泰勒
Taylor, R. L. 泰勒
Teichmueller, O. 泰希米勒
Thales of Miletus 泰勒斯
Theaetetus 泰特托斯
Theodorus of Cyrene 西奥多罗斯
Theodosius of Bithynia 西奥多修斯
Theon of Alexandria 塞翁
Thom, R. 托姆
Thompson, J. G. 汤普森
Thomson, W. 汤姆森
Thurston, W. P. 瑟斯顿
Tikhonov, A. N. 吉洪诺夫
Tinbergen, J. 丁伯根
Tissot, N. A. 蒂索
Titchmarsh, E. C. 蒂奇马什
Tits, J. L. 蒂茨
Toeplitz, O. 特普利茨
Tonelli, L. 托内利
Torricelli, E. 托里拆利
Treves, J. F. 特利夫斯
Tricomi, F. G. 特里科米
Truesdell, C. A. 特鲁斯德尔
Tschirnhaus, E. W. 奇恩豪斯
Tsen Chiung-tze 曾炯之
Tsen Tze-fan 郑之藩
Tuan Hsio-Fu 段学复
Tucker, A. W. 塔克
Tukey, J. W. 图基
Turing, A. M. 图灵
Turing, P. 图灵

U

Uhlenbeck, K. 乌伦贝克
Ulam, S. M. 乌拉姆
Ulūgh Beg 乌鲁伯格
Urbanik, K. 乌尔班尼克
Uryson, P. S. 乌雷松

V

Valiant, L. 瓦林特
Valiron, G. 瓦利龙
van der Corput, J. G. 范德科普
van der Pol, B. 范德波尔
van der Waerden, B. L. 范德瓦尔登
van Kampen, E. R. 范坎彭
van Schooten, F. 范斯霍滕
Vandermonde, A. T. 范德蒙德
Varadhan, S. R. S. 瓦拉德汉
Varāhamihira 瓦拉哈米希拉
Veblen, O. 维布伦
Venn, J. 维恩
Vieta, F. 韦达
Vietoris, L. 菲托里斯
Ville, J. 维尔
Vinogradov, I. M. 维诺格拉多夫
Viterbi, A. 维特比
Viviani, V. 维维亚尼
Voevodsky, V. 沃耶沃茨基
Volterra, V. 沃尔泰拉
von Mises, R. 冯·米泽斯
von Neumann, J. 冯·诺依曼
von Staudt, K. G. C. 施陶特

W

Wagner, D. H. 瓦格纳
Wald, A. 瓦尔德
Wall, C. T. C. 沃尔
Wallis, J. 沃利斯
Walras, L. 瓦尔拉
Walsh, J. E. 沃尔什
Walsh, J. L. 沃尔什
Wang Hao 王浩
Wang Hsien-Chung 王宪钟
Wang Shianghaw 王湘浩
Wantzel, P.-L. 旺策尔
Waring, E. 华林
Watson, J. D. 沃森
Weber, W. 韦伯
Wedderburn, J. H. M. 韦德伯恩

Weierstrass, K. 魏尔斯特拉斯
Weil, A. 韦伊
Werner, J. 维尔纳
Werner, W. 维尔纳
Wessel, C. 韦塞尔
Weyl, H. 外尔
Whewell, W. 休厄尔
Whitehead, A. N. 怀特黑德
Whitehead, G. W. 怀特黑德
Whitehead, J. H. G. 怀特黑德
Whitney, H. 惠特尼
Whittaker, E. T. 惠特克
Whyburn, G. T. 怀伯恩
Wiener, N. 维纳
Wigderson, A. 威格森
Wilder, R. L. 怀尔德
Wiles, A. 怀尔斯
Wilkes, S. S. 威尔克斯
Willmore, T. J. 威尔莫
Wiman, A. 威曼
Wintner, A. 温特纳
Wishart, J. 威沙特
Witt, E. 维特
Witten, E. 威顿
Wittgenstein, L. 维特根斯坦
Wolf, R. 沃尔夫
Wren, C. 雷恩
Wronski, H. J. M. 朗斯基
Wu Hung-Hsi 伍鸿熙
Wu Wen-Tsün 吴文俊
Wylie, A. 伟烈亚力

Y

Yang Chen-Ning 杨振宁
Yang Ko-Chuen 杨武之
Yates, F. 耶茨
Yau Shing-Tung 丘成桐
Yoccoz, J.-C. 约柯兹
Yosida Kosaku 吉田耕作
Youden, W. J. 尤登
Young, J. R. 杨
Young, J. W. 杨
Linnik, Yu V. 林尼克
Yuk Wing Lee 李郁荣
Yukawa Hideki 汤川秀树
Yushkevich, A. P. 尤什凯维奇

Z

Zabusky, N. J. 扎布斯基
Zadeh, L. A. 扎德
Zariski, O. 扎里斯基
Zeeman, E. C. 塞曼
Zelmanov, E. I. 泽尔曼诺夫
Zeno of Elea 芝诺
Zermelo, E. F. F. 策梅洛
Zeuthen, H. G. 措伊滕
Zhukovsky, N. E. 茹科夫斯基
Zippin, L. 齐平
Zorn, M. 佐恩

索　引

C

D

G

K

L

M

N

O

P

T

W

Y

Z

其他